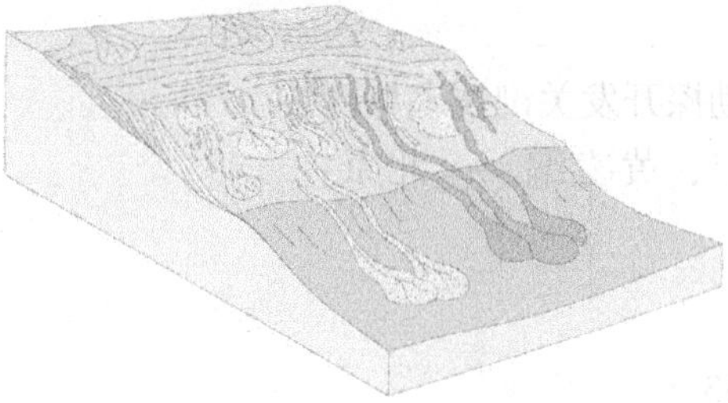

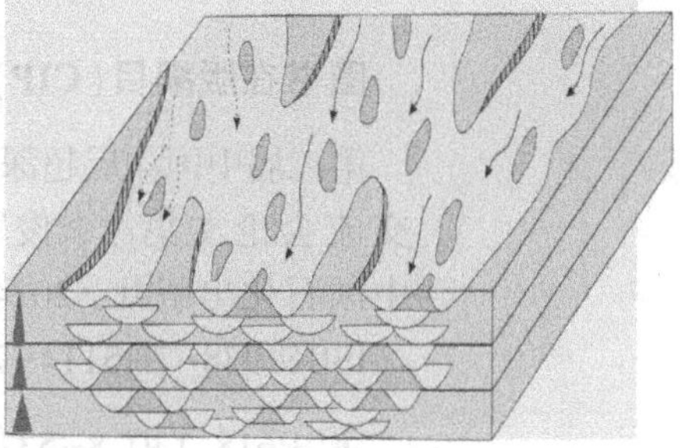

第二届中国深层超深层油气勘探开发关键技术与装备交流会论文集

李俊军　宋　宁　黄　凌　等◎编

中国石化出版社
·北京·

图书在版编目(CIP)数据

第二届中国深层超深层油气勘探开发关键技术与装备交流会论文集/李俊军，宋宁，黄凌编．— 北京：中国石化出版社，2024.7

ISBN 978-7-5114-7605-0

Ⅰ. P618.130.8-53；TE3-53

中国国家版本馆 CIP 数据核字第 2024U03Y10 号

中国石化出版社出版发行

地址：北京市东城区安定门外大街 58 号

邮编：100011 电话：(010)57512500

发行部电话：(010)57512575

http://www.sinopec-press.com

E-mail:press@sinopec.com

北京鑫益晖印刷有限公司印刷

全国各地新华书店经销

*

880 毫米×1230 毫米 16 开本 58.5 印张 1748 千字

2024 年 7 月第 1 版　2024 年 7 月第 1 次印刷

定价：280.00 元

序

为全面贯彻落实习近平总书记和党的二十大对石油工业的指示批示精神，中国油气企业始终牢记总书记“能源的饭碗必须端在自己手里”殷切嘱托，坚守保障国家能源安全、稳固油气供给重要职责，全面贯彻落实国家油气增储上产“七年行动计划”，持续加大油气勘探开发力度，提高增储上产水平，同时加快油气勘探开发向海洋深水深层、陆地深层超深层(“两深”)和非常规领域进军步伐，以及油气开发与新能源融合发展步伐，油气保供能力进一步稳固提升。特别是相关领域关键核心技术不断创新和突破，为推动行业高质量发展，培育新质生产力提供了新动能。

为更好服务于深地科学战略，推动“两深”油气勘探开发领域新质生产力发展，展示近几年在“两深”油气勘探开发理论、技术、装备等方面的创新成果，中国石油学会联合中国石油油气和新能源分公司、中国石化油田勘探开发事业部和中国海洋石油有限公司勘探开发部联合举办“第二届中国深层超深层油气勘探开发关键技术与装备交流会”，旨在为加快我国“两深”领域油气勘探开发理论创新和关键技术突破赋能。

本次大会配套出版的论文集，系统梳理了近年来在“两深”复杂构造地震成像与储集层预测、地球物理勘探与装备、油气藏评价及开发、复杂油气藏地质建模和数值模拟、安全高效钻井工艺、高效开发压裂及工程装备等方面的最新研究进展，总结了“两深”勘探开发技术创新、管理创新等方面的成功经验，公布了一系列具有推广意义的先进技术，对于推动“两深”领域增储上产，缓解能源短缺压力，保障国家能源安全将起到积极的推动作用。

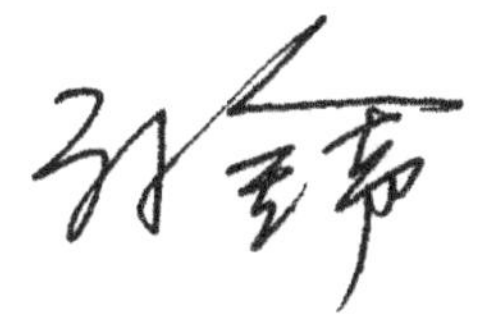

中国工程院院士

2024 年 7 月 18 日

前　言

随着我国国民经济高速发展，石油和天然气消费需求逐年增长，油气对外依存度短期内难以下降。加大国内油气资源勘探开发力度，推动油气增储上产，是保障国家能源安全的重大战略。我国海洋深水深层、陆地深层超深层（“两深”）油气资源丰富，其中南海深水油气资源约300亿吨油当量，陆上深层-超深层油气资源达670亿吨油当量，是目前油气增储上产的新阵地。近年来，我国各油气企业持续加大海洋深水深层、陆地超深层油气勘探开发力度，陆续发现并建成了天然气储量超万亿方的博孜-大北气田和超千亿方的深海一号气田等大型油气田，有力支撑了我国经济社会发展需求增长。

为深入贯彻落实习近平总书记“能源的饭碗必须端在自己手里”的重要指示精神，充分展示“两深”油气勘探开发关键技术与装备研发最新成果，促进本领域科技工作者相互交流，共谋发展，更好地服务于深地科学战略，推动“两深”油气勘探开发领域新质生产力发展，中国石油学会联合中国石油油气和新能源分公司、中国石化油田勘探开发事业部和中国海洋石油有限公司勘探开发部，以“担当‘两深’勘探开发新使命，迈向油气增储上产新征程”为主题，于2024年7月24日~26日在新疆乌鲁木齐市共同举办“第二届中国深层超深层油气勘探开发关键技术与装备交流会”。通过聚焦深地深海油气经济与能源政策，重点围绕“两深”油气勘探开发关键技术和装备研究前沿及最新成果开展交流研讨，共享最新技术成果和勘探开发范例，助力“两深”领域增储上产，缓解能源短缺压力，保障国家能源安全。

本次大会得到了国家有关部委、中国石油、中国石化、中国海油、延长石油、中国地质调查局油气资源调查中心、相关高等院校和科研院所等各单位广大油气勘探开发专家和科技工作者的大力支持。大会共征集论文240余篇，中国石油学会学术交流部组织专家经认真审核，择优收入115篇辑册成集并公开出版发行。全集共分三篇，分别为深层、超深层油气勘探技术篇，深层、超深层油气开发技负责审稿排版，李俊军最终审定，内容涵盖“两深”油气精细勘探理论与关键技术、成储成藏理论与预测技术、安全高效钻完井关键技术与装备、水下生产与集输关键技术与装备、页岩油气勘探开发关键技术与装备等领域。

本书收录论文的作者都是我国油气勘探开发领域科研生产一线直接参与者和业务骨干，其中有声名卓著的专家、教授，也有崭露头角的中青年专家学者。他们为大会提供了最新的科研成果和技术方法，展现了我国近年来“两深”油气勘探开发理论创新与技术进步的良好发展前景。本论文集聚焦“两深”油气勘探开发业务需求，围绕生产与实践技术痛点开展交流，有力推进理论与技术创新，将对石油企业生产方式转变、提高生产效率、实现管理模式变革以及“两深”油气勘探开发领域新质生产力的发展起到积极推动作用。

本书编委会

2024 年 7 月

目 录

第一篇 深层、超深层油气勘探技术篇

第二篇 深层、超深层油气开发技术篇

第三篇　深层、超深层油气工程技术篇

第一篇　深层、超深层油气勘探技术篇

随着油气勘探开发不断深入，深层超深层已成为我国当前及未来重要的增储上产领域。近年来，我国各大油公司强化深层超深层成烃、成储、成藏等基础地质研究和工程技术攻关，相继在塔里木盆地、四川盆地、准噶尔盆地、松辽盆地、渤海湾盆地陆地及海域、莺歌海-琼东南盆地等深层超深层及深水领域取得了一系列重大发现，展示了深层超深层巨大油气勘探潜力和良好开发前景。本篇汇集了有关我国近期深层超深层油气勘探领域地质研究、工程技术攻关与勘探实践进展的优秀论文，主题包括深层超深层不同类型油气藏形成地质条件、优质规模储层发育机制、油气成藏富集规律与资源潜力及勘探方向，以及地震采集处理解释、复杂岩性测井流体识别、深层超深层录井和钻完井技术与装备等。这些文章对指导我国深层超深层油气勘探开发具有重要意义。

海域深层地震勘探提升分辨率方法研究

李艳青[1]　尹　涛[2]　陈　磅[1]　钟亚聪[1]

[1. 中海油田服务股份有限公司；2. 中海石油(中国)有限公司天津分公司]

摘　要　中国海域地震勘探目标逐渐从浅部走向深部，能量弱、信噪比低以及分辨率低是面临的三大难题。深层目标分辨率低是三个问题中最难的问题，也是亟需解决的首要问题。围绕这个问题，针对海域地震勘探的特定场景研发了多波场融合拓频技术，相位勘探技术和小入射角增强采集技术，并在生产中经过规模化的试验验证。多波场融合拓频技术建立了标量传感器和矢量传感器的立体采集模式，通过观测到的多物理场的相位的差异性消除干扰信号提取宽频带信号；正交调制拓频技术，消除了不同频率振幅的差异性，获取到了相位地震数据，达到拓展频带的目的；优势入射角增强技术通过调整小偏移距在观测系统中的比例达到宽频信号强度的方法达到高频增强拓展频带的目的。当下三项技术正在推向工业化应用，对提升深层勘探目标分辨率具有重要的参考意义。

关键词　水陆检合并；波场延拓；AVO；AVA；希尔伯特变换

1　引言

杜向东等在其论文中指出中国海上油气勘探开发正面临着从浅层目标向中深层、由构造油气藏向复杂岩性油气藏转移的新形势和新任务，勘探难度的不断增大，对地震勘探技术提出了更高的要求，中国海洋油气勘探开发的迫切需求新的技术带动。近10年，在中国海域开展了大规模的“两宽两高”新型地震勘探技术的应用，在实际中遇到了很多的难题，采样密度和分辨率是最先要解决的问题。按照惯例为了提升采样密度，必须要缩小空间采样距离，直接带来的是更多的采集装备的投入，经济压力巨大。吴志强论述了传统海洋地震采集方式，很难在地震信号的分辨率、宽频带和勘探深度这几方面做到完全兼顾。

以中国南海北部和深水区油气勘探所面临的地震勘探问题为例，根据朱伟林和谢玉洪等的论述，南海深水区水深大，坡度陡，海底地形崎岖，水道纵横，火山活动频繁，具有复杂的海底地形地貌和地质结构，地震资料的采集、处理、成像还面临着一系列地球物理难题，造成深水区地震资料存在着中深层成像品质较差、多次波干扰严重、构造畸变等问题。这些问题成为制约南海深水油气综合评价和高效勘探的瓶颈，也影响南海西部深水区的钻探成功率。

面对这些复杂的地质问题，结合中国海域盆地的特殊地质条件，从采集和处理两个方面入手，引入宽频、高密度等采集处理方法，有效改善了地震资料品质。海上宽频地震采集技术针对不同地质条件，针对性应用了上下双缆采集、倾斜电缆采集、双检电缆采集、四分量拖缆采集等多种方法。高密度高分辨三维地震采集技术也得到了应用。采集上缩小了资料的面元尺寸，同时优化了震源、电缆等施工参数；同时，进行有针对性的高分辨处理。成果资料在横向和纵向分辨率上都有很大提高，反映的地质信息更为丰富，有效改善了断层、基底成像及地层接触关系等方面。3000～5000m深部地层的成像分辨率是海洋地震勘探领域继续突破解决的问题，现有地震波在此深度主频10~20Hz左右，倍频程在2左右，频带窄，无法满足实际的勘探需求。

薄储层的勘探识别是驱动拓展地震数据频带技术发展的动力，地震勘探行业内针对拓频处理开发了很多方法。共分为三类技术，第一类纯粹基于数据驱动，如季焕成所提出的双向拓频技术，针对传统拓频技术存在的振幅、相位失真等问题，提出一种双向拓频高分辨率地震技术，其主要通过Butterworth子波载波调制在低频和高频两个方向上来压制地震记录子波旁瓣，进而大幅拓宽地震记录频，并将所提出的方法应用到乌夏断裂带的地震数据拓频中，目的层地震资料频带拓宽了43Hz，频带由10～55Hz变为7～95Hz，极大地提高了地震资料识别薄储层的分辨能力。第二类基于测井数据驱动，如焦小石将谱蓝化技术应用的煤田地震勘探中，谱蓝化技术原理是首先利用反褶积将原始地震数据中衰减及缺失的高频部分进行恢复，然后将反褶积后的地震反射系数与测井数据中获得的反射系数相比对，获得匹配算子，测井数据中提取的反射系数表明地震频率与地震振幅正相关，因此，基于测井控制的拓频思路理论上可提高地震数据的纵向分辨率。处理后的地震数据的振幅谱形态与地层反射系数保持一致，确保了地层反射系数的保真度。第三类基于稀疏机器学习类的方法，如朱焱辉所提出的基于压缩感知的地震频带拓宽方法，在假设短时窗内的地震波形具有平稳信号特征的基础上，利用傅里叶变换和反射系数奇偶分解方法，推导出 L_1 范数约束条件下的反射系数反演目标函数。采用压缩感知原理和坐标轴下降算法对目标函数进行求解。对求解出的反射系数序列再褶积一宽频带通子波，滤除甚低频和过高频带的虚假信息，从而实现了地震资料频带的拓宽。

2　多波场融合拓频技术

多波场传感器波场延拓技术是针对海域地震勘探中拖缆（TS）和海底地震（OBS）两种技术综合应用所研发的方法，主要涉及到水陆检合并技术和上下缆组合两项关键技术，这两项技术的源起应当追溯到 1950 年 A. A. 兹维达也夫对组合法的探讨上。

水陆检的合并公式是基于陆检接收到的为质点振动速度信号推导的，声波方程是线性的二阶偏微分方程，声波方程存在两个独立的解，因此从声波方程出发，地震波场是由速度场和压力场构成的耦合场组成的，速度场 W 和压力场 P 的耦合关系满足牛顿第一定律和虎克定律。将来自于检波器所处的水深的纵坐标作为 z 轴采集零点，z 轴垂直向下指向地心，对于来自检波器下方的检波器定义为上行波 U，则对于来自检波器上方的地震波，如海面反射鬼波，定义为下行波 D，可以用上行波 U 的延迟形式表示。如果用 r 表示反射系数，τ_0 为由于电缆深度引起的上下行波之间的时差。则下行波 D 可以表示为 U 的延迟形式 $U(t+\tau_0)$，则有公式(1)。

$$\begin{cases} P = rU(t+\tau_0) + U(t) \\ W = \dfrac{1}{\rho c}[rU(t+\tau_0) - U(t)] \end{cases} \tag{1}$$

公式(1)在频率域的表达式，公式(2)。

$$\begin{cases} P_\varpi = (1 - e^{-2\pi f \tau_0 i})U_\varpi \\ W_\omega = -\dfrac{1}{\rho c}(1 + e^{-2\pi f \tau_0 i})U_\varpi \end{cases} \tag{2}$$

目前采集中还有一类加速度检型波器，记录的加速度信号为 W 对时间的导数。则由式(2)结合傅里叶变换的时域微分特性，可以得到加速度信号的频率域形式，公式(3)。

$$A_\varpi = i\varpi W_\varpi = -i\frac{2\pi f}{\rho c}(1 + e^{-2\pi f \tau_0 i})U_\varpi \tag{3}$$

压力和速度信号合并压制鬼波的频率域表达式如公式(4)。

$$\frac{1}{2}(P_\varpi + \rho c W_\varpi) = U \tag{4}$$

压力和加速度存合并压制鬼波的频率域表达式如公式(5)。

$$\frac{1}{2}\left(P_\varpi + i\frac{\rho c}{2\pi f}A_\varpi\right) = U_\varpi \tag{5}$$

上式为压力信号和加速度信号合并压制鬼波的频率域表达式。鬼波压制后即达到水陆检合并拓展频带的目的。

图 1 是多波场联合采集示意图。

Z_1 为拖缆的沉放深度，Z_2 为海底地震仪器的沉放深度，H_1 位拖缆采集压力传感器，H_2 和 G_2 为海底地震布设的压力传感器和速度/加速度传感器。则拖缆记录到压力信号 $P1$，海底地震仪器记录到 P_2 和 A_2 信号，这里 A_2 考虑记录到的为加速度信号。则频率域三个信号同上行波场 U 存在如下的表达式。

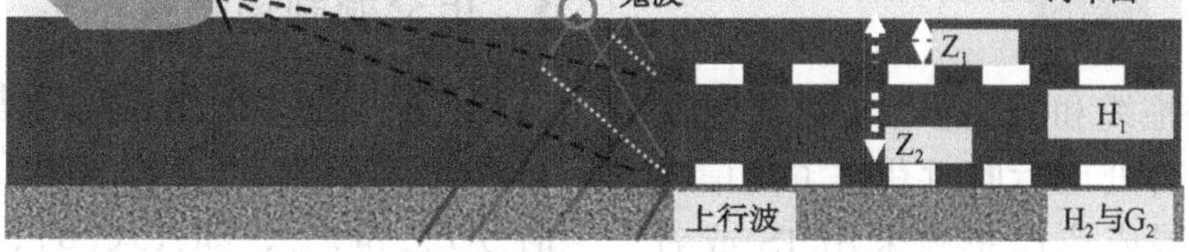

图 1　多波场联合采集示意图

$$\begin{cases} P_{1\varpi} = (1 - e^{-2\pi f \tau_1 i}) U_{\varpi} \\ P_{2\varpi} = (1 - e^{-2\pi f \tau_2 i}) U_{\varpi} \\ A_{2\varpi} = - i \dfrac{2\pi f}{\rho c}(1 + e^{-2\pi f \tau_2 i}) U_{\varpi} \end{cases} \tag{6}$$

则在公式(6)的基础上可以得到四种波场延拓分离上行波拓展频带的采集方式，包括拖缆水检 H_1 和海底地震水检 H_2 联合上下缆采集技术，海底地震水检 H_2 和陆检 G_2 合并技术，拖缆水检 H_1 和海底地震陆检 G_2 合并技术，拖缆水检 H_1、海底地震水检 H_2 和陆检 G_2 合并技术。四种合并方式频率域融合分离上行波的表达式如公式(7)。

$$\begin{cases} H_1H_2：\dfrac{1}{2}(P_{1\varpi} - P_{2\varpi})(1 + i\cot\pi f\Delta\tau) = U_{\varpi} \\ H_2G_2：\dfrac{1}{2}\left(P_{2\varpi} + \dfrac{i\rho c}{2\pi f}A_{2\varpi}\right) = U_{\varpi} \\ H_1G_2：\dfrac{1}{2\cos(\pi f\Delta\tau)}\left(e^{\pi f \tau i}P_{1\varpi} + \dfrac{i\rho c}{2\pi f}e^{-\pi f \tau i}A_{2\varpi}\right) = U_{\varpi} \\ H_1H_2\mathrm{G}_2：\ -\dfrac{1}{2}\left(P_{1\varpi} - P_{2\varpi} - \dfrac{i\rho c}{2\pi f}A_{2\varpi}\right)\dfrac{e^{\pi f(\tau_0+\Delta\tau) i}}{\cos[\pi f(\tau_0 + \Delta\tau)]} = U_{\varpi} \end{cases} \tag{7}$$

针对多波场延拓方式压制鬼波拓展频带的方式进行了测试，表1为同一目标工区的拖缆和海底地震的采集参数。

表1　拖缆和海底多波场联合采集参数

采集方式	TS	OBS
排列线距	50m	200m
道距	25m	25m
炮距	25m	50m×100m
面元尺寸	12. 5m×25m	12. 5m×25m
覆盖次数	60 次	200 次=4×50
最小炮检距	244m	27. 95m
最大炮检距	3300m	5047. 35m
采集方式	单源单缆	8 线 4 炮束线

图2为多波场延拓获取到的成果，图2中(a)图为单独拖缆成像结果，TS数据整体信噪比偏低，断层成像较差，断点模糊识别困难，但在很多位置分辨率要占有优势。

图2中(b)图为海底地震水陆检合并后的成像结果，OBS数据得益于较高覆盖次数，整体的信噪比较高，断层成像较优秀，但分辨率存在提升空间。

图2中(c)图是拖缆和海底多波场联合成像结果，TS和OBS联合处理后同时获得了高信噪比和高分辨率；断层成像比单独采用TS或者OBS数据要好，断点更干脆；地层的纵向分辨率得到大幅提升，地层横向不均质性产生的断续反射特征得到精准刻画。

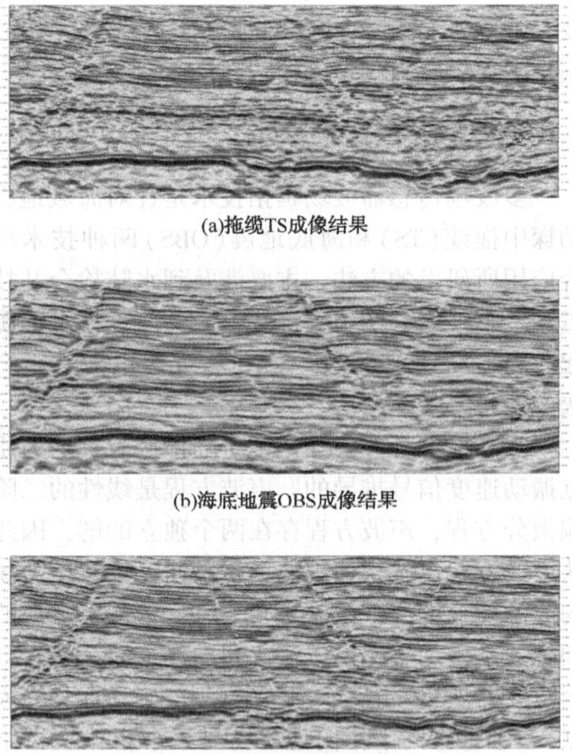

(a)拖缆TS成像结果

(b)海底地震OBS成像结果

(c)TS+OBS联合成像结果

图2　多波场延拓成像效果

3　正交调制拓频技术

在原始采集的地震数据基础上利用希尔伯特变化可以构建出同上行波相关的两个正交的解析信号 F_{w+} 和 F_{w-}，如公式(8)，式中 f 为地震信号频率，θ_0 为拓展算子，通过调整算子达到分离上行波的目的。

$$\begin{cases} F_{w+} = [\cos(2\pi f\theta_0) - i\sin(2\pi f\theta_0)]U_{\varpi} \\ F_{w-} = [\cos(2\pi f\theta_0) + i\sin(2\pi f\theta_0)]U_{\varpi} \end{cases} \tag{8}$$

两个解析信号 F_{w+} 和 F_{w-} 存在如公式 9 的关系，公式中 · 号代表点乘。

$$F_{w+} \cdot F_{w-} = U_{\varpi} \cdot U_{\varpi} \tag{9}$$

由原始信号构建两个正交的解析信号 F_{w+} 和 F_{w-} 后通过多次迭代，获得宽频带信号，多次迭代后 U 可作为获取到的宽频带信号。图 3 是做的 30Hz 单主频 Ricker 子波的测试，图 3(a)图中红色曲线为原始 30Hz 主频 Ricker 子波，在设计好的拓频算子 θ_0 第 1 次应用后子波形态变为蓝色曲线，第 2 次应用后变为绿色曲线，第 3 次应用后变为黑色曲线。子波有几个明显特征变化，子波的旁瓣变小，主瓣被压缩，符合时域子波拓频要达到的目的。尤其第 3 次迭代后，更符合“俞氏子波”图钉信号的宽频特征。图 3(b)图中为多次迭代拓频后，频谱形态的变化，随着迭代此次的增加，频谱越来越宽。

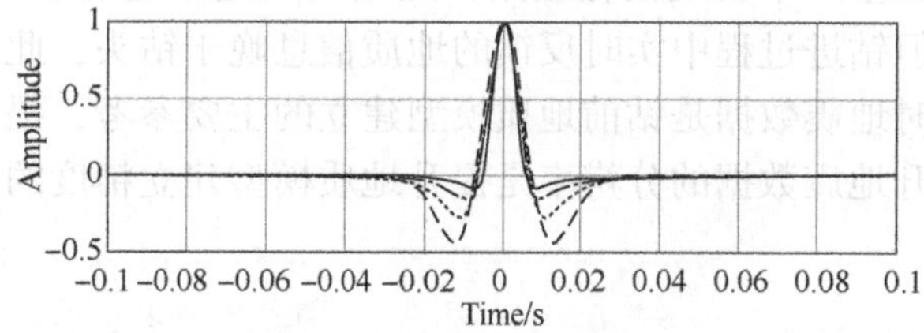

(a)时域子波形态

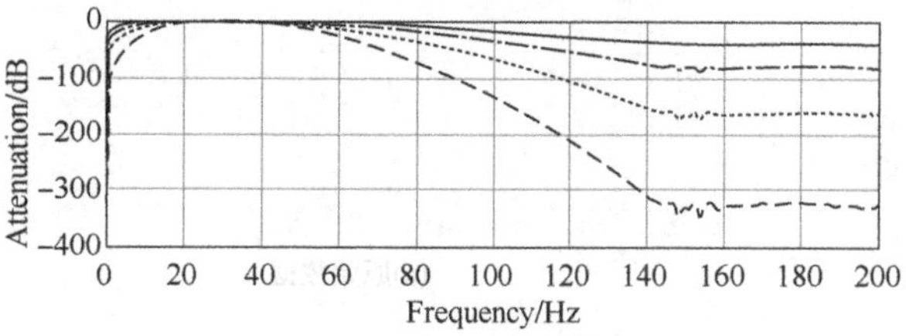

(b)频率域振幅谱

图 3　正交调制拓频三次迭代后拓频效果

理论上经过反复多次迭代后频率域振幅趋近于 1。此时可将振幅随频率的变化近似消除，得到纯的相位数据。在实际地震数据中也进行了测试，测试结果如图 4 所示，抽取了多次迭代过程中第 2 次，第 4 次和第 8 次的结果同原始数据进行了比较。

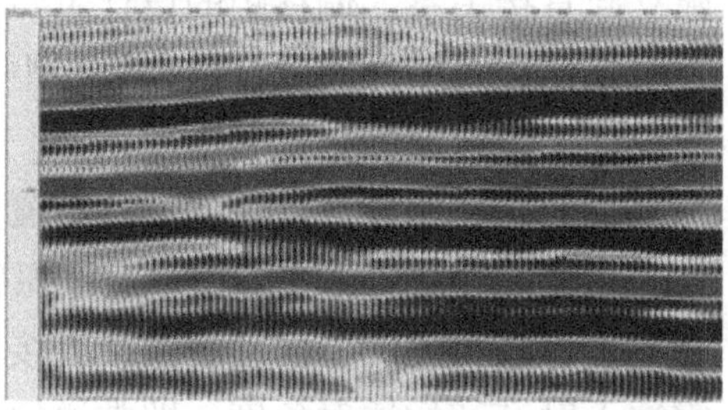
(a)原始数据

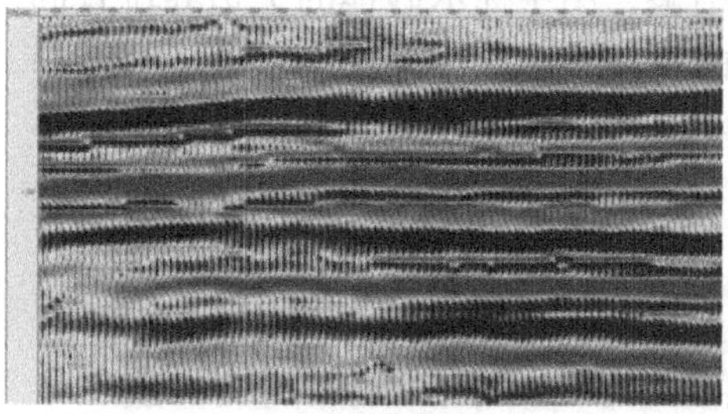
(b)迭代2次

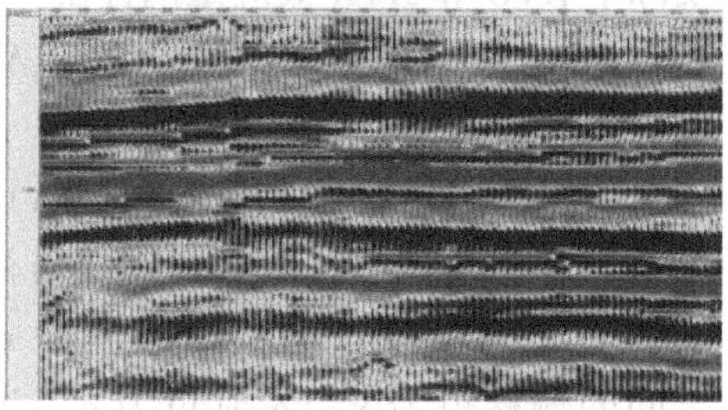
(c)迭代4次

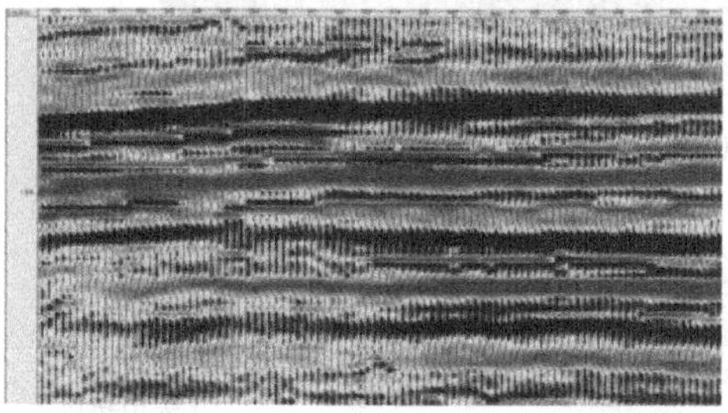
(d)迭代8次

图 4　实际地震数据上多次迭代拓频结果

图 4 中(a)图为原始数据，为一套礁灰岩储层内幕的刻画地震数据，内幕发育了多套叠置灰岩，内幕微断裂发育，原始数据刻画能力达到极限。迭代 2 次后(b)图中内幕地层得到更清晰的刻画，微断裂成像提升，断点清晰。再继续迭代，提升能力达到地质分辨率极限，改善效果有限度。图 5 是图 4 剖面迭代多次对应的频谱，可以明显的观察到随着迭代次数的增加，频谱拓宽。

海上油田面临大范围的开发，地质导向技术

在生产中被规模化应用，随钻决策越来越重要。但钻进过程中实时反馈的地质信息晚于钻头，此时地震数据是钻前地质模型建立的主要参考，提升地震数据的分辨率是提升地质模型建立精度的一项重要工作，将本节提到的正交调制的方法应用在随钻探边地质模型的建立上，初步验证了所研发拓频方法的有效性。

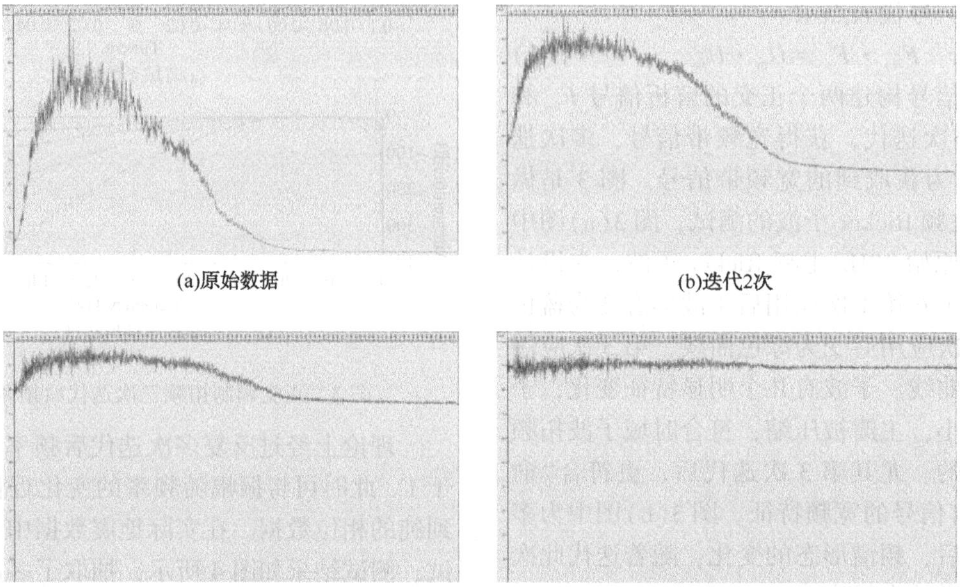

(a)原始数据　(b)迭代2次

(c)迭代4次　(d)迭代8次

图5　实际地震数据上迭代频谱

图6中(a)图为本方法拓频后协同随钻探边的联合解释结果，图中标示砂体的上边界位置同探边结果匹配度更高。(b)图中90°相移的结果只能粗略判断砂体的分布方向，对砂体薄层基本无法识别。

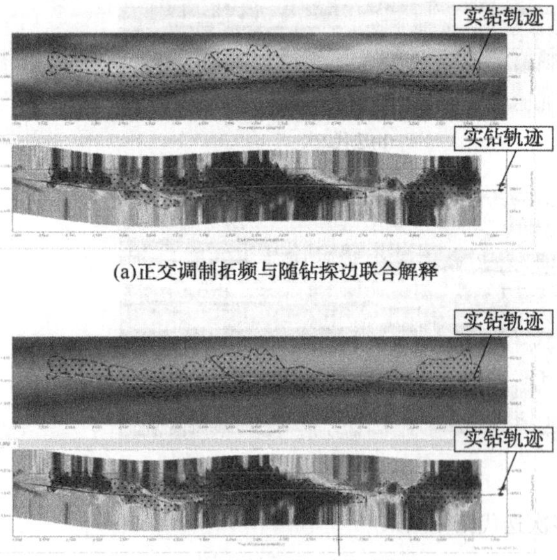

(a)正交调制拓频与随钻探边联合解释

(b)90°相移与随钻探边联合解释

图6　正交调制拓频在随钻探边中的应用

4　优势入射角增强技术

在传统的地震观测系统设计，一般按照AVO效应将观测系统偏移距和地震波振幅变化建立起直接关系。偏移距的设计主要包括最小偏移距、偏移距采样间隔、最大偏移距和最大非纵距设计，设计准则是针对地质目标、兼顾浅部和深部目的层成像设计合理的偏移距覆盖。基于对Zoeppritz方程的认识实际中地震波振幅同偏移距并不是直接相关的，同地震波最直接相关的是地震波入射/反射/透射角度，即常说的AVA效应。实际中AVO和AVA效应是耦合在一起，是可以相互之间转换的。如图7中描述了AVO和AVA效应的几何耦合关系。

如图7展示的2D耦合模型(a)图中所示，勘探目标深度为h，炮点到勘探目标的投影距离为x_1，到检波点的投影距离为x_2，炮检点之间的偏移距为x，入射角为α，地层倾角为γ。则构造产状和采集参数存在如下的耦合关系。

$$\begin{cases} x = \dfrac{2h\sin 2\alpha}{\cos 2\alpha + \cos 2\gamma} \\ x_1 = h\tan(\alpha - \gamma) \\ x_2 = h\tan(\alpha + \gamma) \end{cases} \tag{10}$$

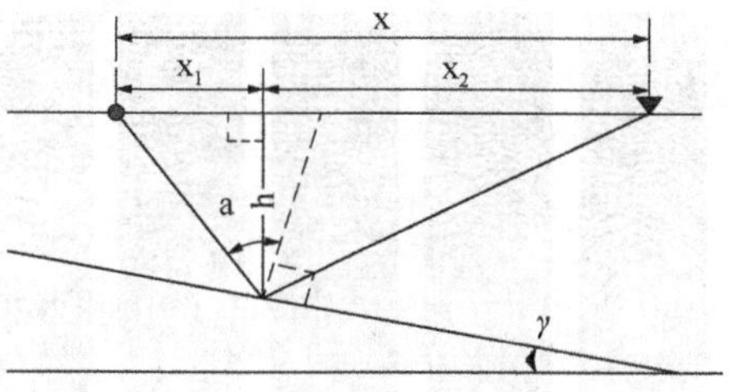

(a)2D耦合模型

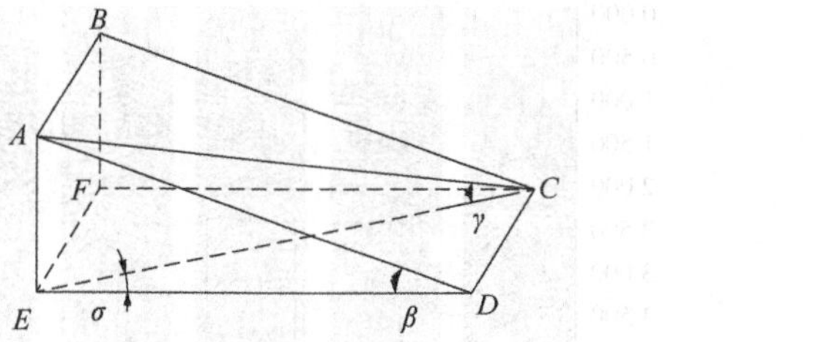

(b)3D耦合模型

图 7　AVO 和 AVA 效应的几何耦合模型

将 2D 模型拓展到 3D，采用如下的 3D 耦合模型，图 7 中(b)图，引入方位角 σ，应用三角关系中的“犄角旮旯”公式，可以得到 3D 耦合模型的数学公式 11。建立了偏移距同入射角、方位角地层倾角的映射几何关系式，AVO 和 AVA 效应的几何耦合关系。

$$\begin{cases} \tan\gamma = \tan\beta\cos\sigma \\ x = \dfrac{2h\sin2\alpha}{\cos2\alpha + \dfrac{1-\tan^2\gamma}{1+\tan^2\gamma}} = \dfrac{2h\sin2\alpha}{\cos2\alpha + \dfrac{1-\tan^2\beta\cos^2\sigma}{1+\tan^2\beta\cos^2\sigma}} \\ x_1 = h\dfrac{\tan\alpha - \tan\gamma}{1+\tan\alpha\tan\gamma} = h\dfrac{\tan\alpha - \tan\beta\cos\sigma}{1+\tan\alpha\tan\beta\cos\sigma} \\ x_2 = h\dfrac{\tan\alpha + \tan\gamma}{1-\tan\alpha\tan\lambda} = h\dfrac{\tan\alpha + \tan\beta\cos\sigma}{1-\tan\alpha\tan\beta\cos\sigma} \end{cases} \tag{11}$$

在此基础上建立了偏移距道集映射到角道集的理论基础，当要对地下目标评价时，从入射角道集出发，评价优势入射角的范围，在设计观测系统时在将入射角道集转换到偏移距道集完成观测系统设计，图 8 是偏移距道集和入射角道集示意。

图 9 是对地震数据不同入射角范围的数据进行评价的示例。图(a)中分入射角扫描成像完成对方框中标示目标的优势成像入射角范围评价，入射角扫描范围在 0~70°，扫描间隔 7°。

图 9(b)中是频率随入射角范围变化规律：主频随入射角增大降低，频带随之变窄；图 9(c)中是信噪比随入射角变化规律：信噪比随入射角范围并不是呈线性规律变化，存在高低变化，如本例中高信噪比数据集中在 21°~28°范围，信噪比以 21°~28° 为中心向两侧递减。基于入射角道集完成目标评价完成后，即可将认识应用到偏移距的设计中，基于此，提出了入射角双船增强方案，如图 10 所示。整个方案在传统的单船作业基础上增加一条辅助震源船，如图 10(a)，通过调整观测系统中对应的 *DA* 和 *DC* 方向的偏移距，增强观测系统中特定入射角范围内的信息，达到优势成像入射角增强的目的。

图 10(b)主船主要提供 36°角之内的信息。辅船的入射角信息主要集中在 24°之内，在 8°~24°内小入射角内的信息增加了 40%。小于 8°的入射角信息主要由主船提供。图 10(c)主船的强振幅集中在 0.25；图 10(d)中震源船在电缆侧面，强振幅集中在 0.42，相对主船提升 56%。通过增加辅助震源船并优化辅船的 *DA* 位置，带来丰富的小入射角内信息，相应的带来振幅增强。

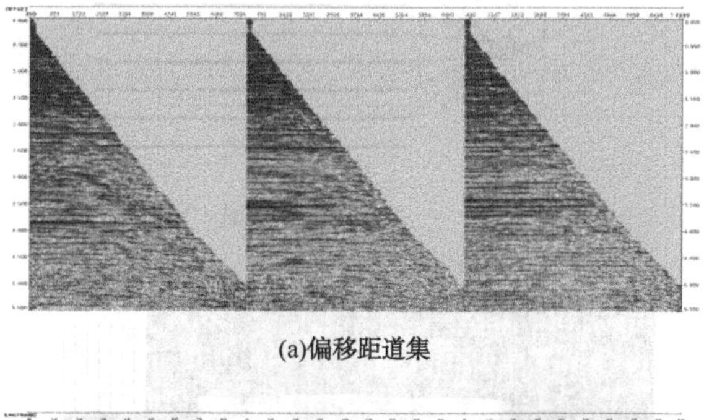

(a)偏移距道集

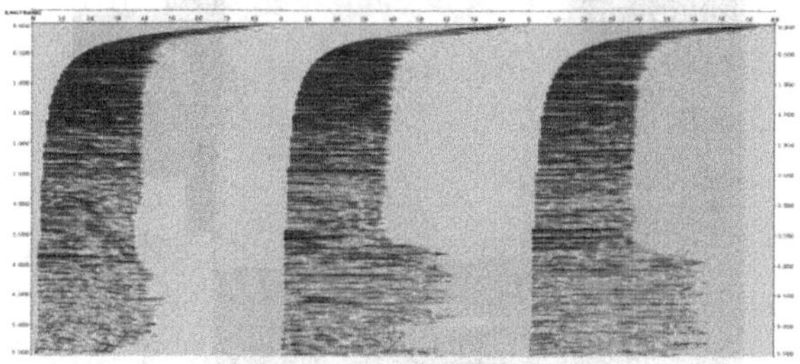

(b)入射角道集

图 8　偏移距道集和入射角道集相互映射

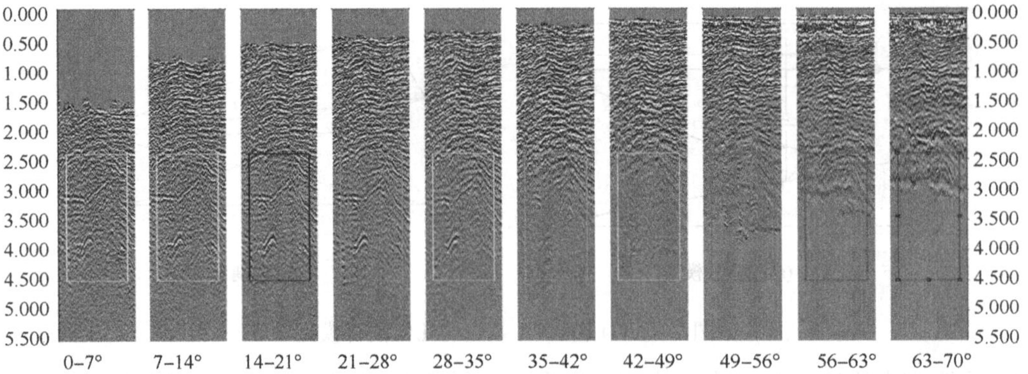

(a)分入射角扫描成像

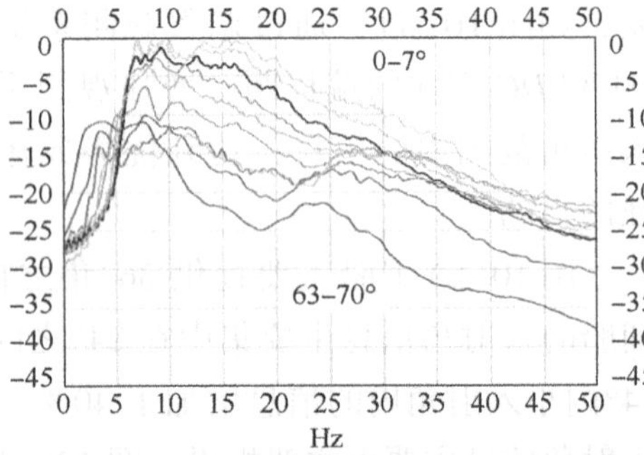

(b)频率变化图

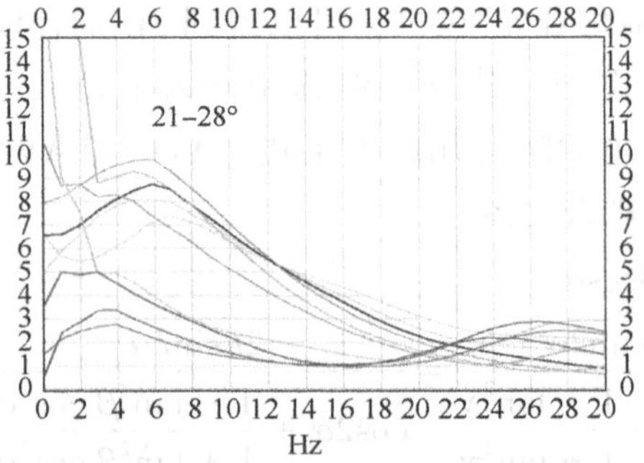

(c)信噪比变化图

图 9　频率和信噪比随入射角变化

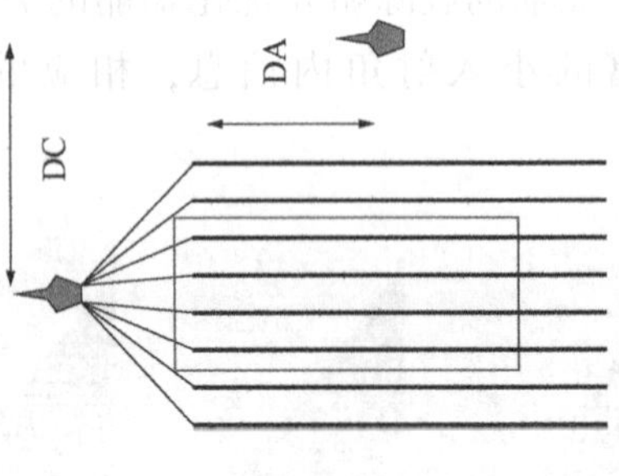

(a)双船增强方案

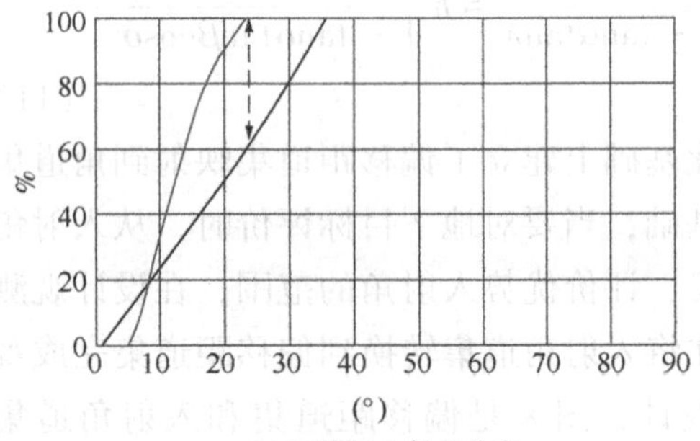

(b)主/辅船入射角分布

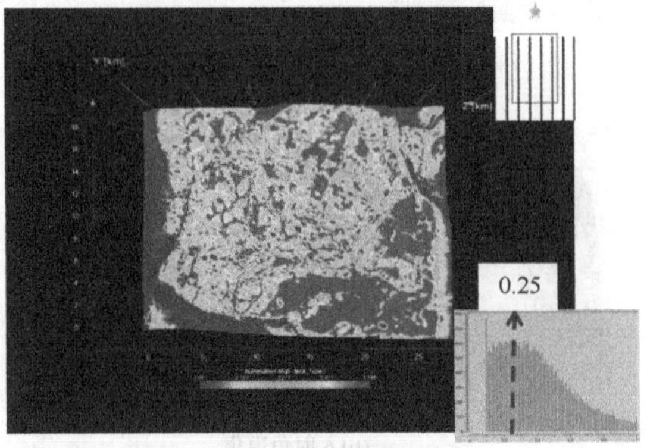

(c)主船模拟偏移振幅

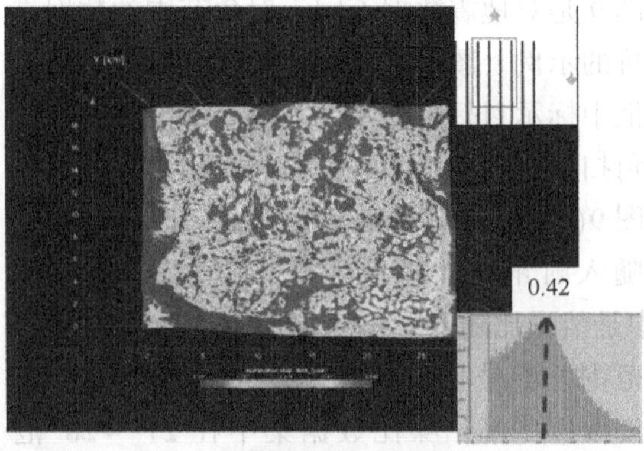

(d)辅船模拟偏移振幅

图 10　优势入射角增强技术方案实例

5 结论与认识

目前国内的勘探目标主要集中在3000~5000m古近系的深部地层，本文提及的三种方法是针对海域深部目标勘探提出来的可行性方法，从基础理论到生产实践得到了有效验证，在未来深部勘探中有潜在的应用价值。

（1）多传感器技术从地震采集接收端提出了多传感器水陆检合并和波场延拓压制干扰拓宽频带的方法，有利于提升深部地层的分辨率。

（2）正交调制的拓频技术从处理角度提出了基于希尔伯特正交分解拓频的思路，该方法的主要优点在于算法收敛于地质分辨率极限，有利于避免拓频过程中的假象。

（3）优势入射角增强技术从采集方法建立AVO和AVA的几何耦合关系出发，打下偏移距道集和入射角道集相互转换的理论基础。基于入射角道集完成基于目标评价后，在通过耦合关系完成观测系统优势入射角增强设计。这个方法整体拓展了观测系统设计的维度。

未来的海域地震勘探面临的地质环境会越来越复杂，需要系统的考虑采集设备、处理方法和采集方法，才能突破深层高分辨率需求带来的挑战。

参 考 文 献

[1] 杜向东．中国海上地震勘探技术新进展[J]．石油物探，2018，57(3)：321-331.

[2] 吴志强，闫桂京，童思友等．海洋地震采集技术新进展及对我国海洋油气地震勘探的启示[J]．地球物理学进展．2013，28(6)：3056-3065.

[3] 朱伟林．南海北部深水区油气勘探关键地质问题[J]．地质学报．2009，83(8)：1059-1064.

[4] 谢玉洪．南海西部深水区自营油气田勘探开发现状及展望[J]．石油钻采公艺．2015，37(1)：5-7.

[5] 朱伟林．中国海洋石油总公司“十二五”油气勘探进展及“十三五”展望[J]．中国石油勘探．2016，21(4)：1-12.

[6] 李言言，李志明，王琴．基于非凸张量秩最小化的三维地震数据插值[J]．工程地球物理学报，2022，19(3)：410-418.

[7] 季焕成，王江，刘荷冲等．双向拓频高分辨率地震技术在乌夏断裂带的应用．地球物理学进展．2022，37(1)：0201-0212.

[8] 焦小石，马丽，薛海军等．谱蓝化与波形分类联合处理解释在煤层分岔识别中的应用．山西煤炭．2019，39(4)：91-96.

[9] 朱焱辉．基于压缩感知的地震频带拓宽方法—以珠江口盆地东部惠州地区为例．中外能源 2023，28(1)：44-52.

[10] A. A. 兹维达也夫著，刘光鼎等译：《地震勘探组合法》．北京：石油工业出版社，1958．55-57.

人工智能技术在声电成像测井处理解释中的探索与应用

徐大年　侯振学　周　全　张　璋　刘世伟　王冬冬　刘耀伟　梁　栋

（中海油田服务股份有限公司）

摘　要　声电测井图像的识别和解释工作高度依赖解释人员的知识结构和工作经验，测井解释的精度和效率往往不高。本文提出了一种基于卷积神经网络的 Mask R-CNN 算法来自动识别测井图像中的地质特征方法，对识别出来的正弦型裂缝结果进行正弦曲线拟合标注，以及对诱导缝、孔洞和层理的识别和相关量化指标进行计算，取得了较好的效果。

关键词　卷积神经网络；Mask R-CNN；Hough 变换；声电测井；图像识别

声电测井图像对于研究地质构造，油气物性、储量评估都具有十分重要的作用。声电测井图像一般是用颜色深浅来标记相关参数的平面图，通过对这些颜色的分析解释我们就可以判断地下层理、裂缝等的发育情况，为油气勘探和开采提供重要的数据支撑。

传统上图像解释工作是由人工来完成的，结合工作人员丰富的专业知识及作业经验就可以从图像中找出反映地下结构的形态特征，比如是否有裂缝发育等。后来计算机专业测井解释软件使得这项工作更加便捷，然而目前的主流软件仍然需要依靠人工协助识别和提取相应的特征，在当前油气行业业务量日益增加的大背景下，面临着海量的测井图像资料，人工作业效率就显得相对不足。为了更好地满足作业现场对声电图像测井解释成果时效性的要求，亟需研究如何提高声电测井图像的解释效率。

近些年，随着芯片算力的显著提升，机器学习算法的不断成熟，人工智能深度学习等新兴技术手段正越来越多地被应用在各行各业。人工智能关于图像的识别技术已经在智能监控及人脸付款等领域得到广泛的应用，应用效果非常显著，极大地便利了人们的生活。因此，将图像识别技术应用在油气行业中的声电测井图的智能识别工作中可以预期同样也具有广阔的应用前景，将会极大地提高识别的效率，降低对人工的依赖。鉴于此，本文通过 AI 图像识别技术结合传统图像处理手段在测井图像的地质特征的自动识别方面做了挑战尝试和相应的技术开发，在保证识别效果和准确度的同时作业效率也获得显著提升。

1　图像识别技术概述

图像识别处理是 20 世纪 60 年代随着计算机行业兴起而产生的新型技术，在实际应用和发展中获得了重要应用成果。它是利用形状及颜色等特征来挖掘信息以识别不同图像特征。

图像识别的流程一般分为以下三步：第一步是搜集和整理图片并进行一定的简单处理；第二步是进行图像特征的提取；最后一步就是图像的识别。最常用的图像特征提取方法叫做边缘检测法，在此领域产生过不少经典算法。最近几年，随着深度学习的不断成熟，新的算法正不断涌现出来。经过调研发现当今主流算法模型有 AlexNet 模型、区域卷积神经网络模型（R-CNN）、空间金字塔池化模型（SPP-Net）、快速区域卷积神经网络模型（Fast R-CNN）、超快速区域卷积神经网络（Faster R-CNN）算法模型以及本文使用的 Mask R-CNN 算法模型等。

区域卷积神经网络模型的缺陷是要求输入图片的尺寸必须一致，而且卷积计算后需要 SVM 验证，因此运算效率低，较难推广应用；为了解决这一问题，空间金字塔池化模型被提了出来，该模型调换了分割区域与特征提取的工作顺序，从而减少了计算次数，提高了效率；快速区域卷积神经网络和超快速区域卷积神经网络则分别用分类回归和区域建议网络(RPN)代替了SVM和特征框提取，提高了训练和识别的速度。Mask R-CNN算法引入了掩码(Mask)分支，将输入的图片通过强化的基础网络提取特征，再经过区域建议网络提取兴趣区域(ROI)，此外还添加了一个双线性插值过程，降低掩码(Mask)的误差，进一步提高识别准确度。

针对声电测井图像在深度尺度上具有连续性的特点，且测井图像特征较为细微复杂，裂缝、层理及孔洞特征各异，因此通过综合分析对比，本文优选Mask R-CNN算法模型来更好地识别声电测井图像中的这些细微结构特点。

2 声电测井图像识别技术原理

本文声电测井图像识别工作主要分两步：一是基于深度学习的Mask R-CNN模型，根据其在图像特征提取领域的广泛运用的特性，实现声电测井图像中正弦型裂缝的提取；二是结合传统图像处理技术，基于人工标注的数据训练模型，实现对上一步提取出的正弦型裂缝结果进行正弦曲线拟合标注，以及对诱导缝、孔洞和层理的识别和相关量化指标的计算。

2.1 Mask R-CNN原理

Mask R-CNN首先通过卷积神经网络提取图片对应的特征图，然后对特征图进行ROI操作，获得多个候选兴趣(ROI)区域，随后采用区域建议网络(RPN)进行二值分类区分前景和背景，进行Box回归，过滤掉一部分候选框，接着对剩下的候选框进行兴趣区域对齐操作(ROI Align)，将最后一层的特征图经过映射关系在原图上找到相应的候选区域，这样就能将特征图和原图对应起来，最后对这些候选区域进行类别分类、Box回归和掩码(Mask)生成。

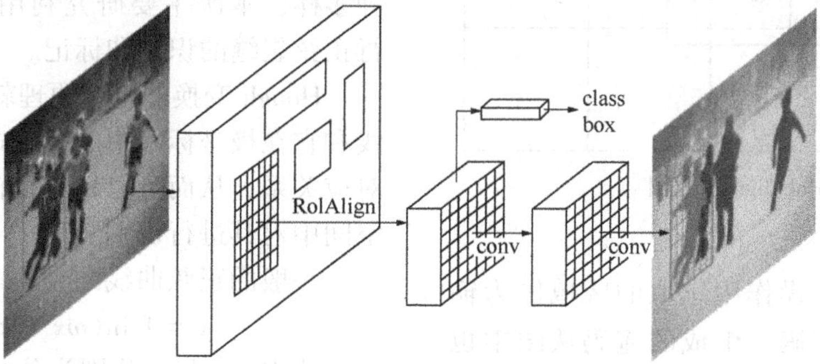

图1　Mask RCNN框架图

2.1.1 区域建议网络(RPN)

区域建议网络(region proposal network)使用滑动窗口的方式来扫描图像，被扫描的区域称为anchor，anchor就是在图像区域上分布的矩形。通过区域建议网络的扫描就有可能选出被预期的区域，并对其位置和尺寸进行适当的调整并传递到下一个处理流程中，如图2所示：

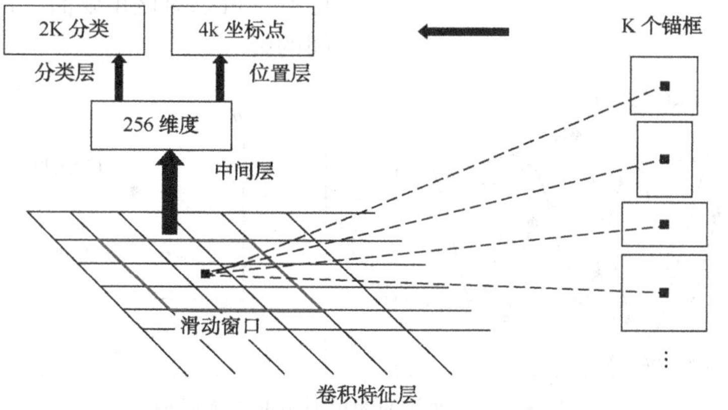

图2　RPN框架图

2.1.2　兴趣区域对准操作(ROIAlign)

为了克服传统快速卷积网络中特征图与原始图像不对准的缺陷，Mask R-CNN 提出了兴趣区域对准操作的方法来取代 ROI 池化操作。如图 3 所示：兴趣区域对准操作可以保留大致的空间位置，在特征图的不同点采样，并应用双线性插值，从而减少图像特征损失。

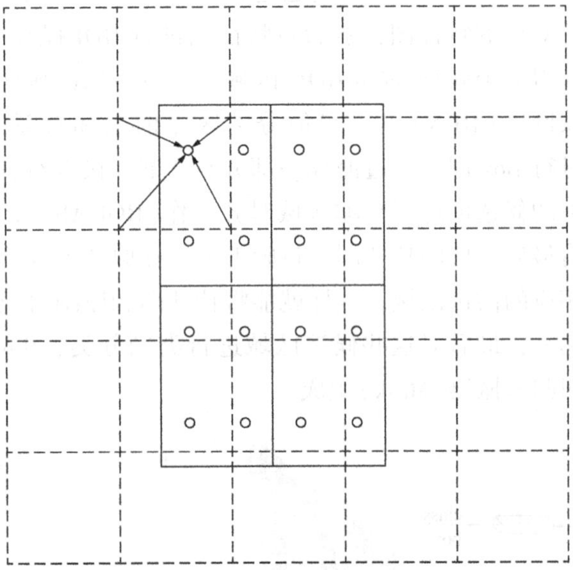

图 3　RoIAlign 示意图

2.1.3　分割掩码

将兴趣区域对准操作中选取的区域作为输入，并生成它们的掩码。生成的掩码从图中也可以看出是小尺寸的，这有助于增加运算的效率。在实际训练过程中，我们将真实的掩码缩小为 28×28 来计算损失函数，在推断过程中，我们将预测的掩码放大为 ROI 边框的尺寸以给出最终的掩码结果，每个目标有一个掩码。如 4 所示。

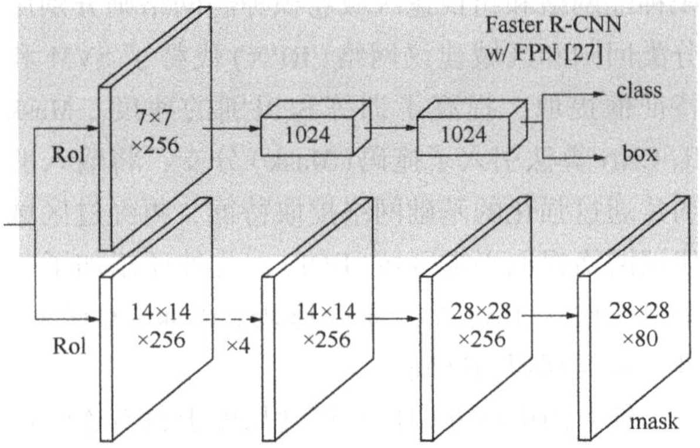

图 4　Mask 预测分支示意图

2.2　传统图像处理原理

2.2.1　图像裂缝识别原理

裂缝是由于岩石在地下受地应力作用超过其破裂压力而发生破裂却没有明显位移的一种现象。裂缝是油气资源很好的储集和流通渠道，同时对安全的钻井作业也至关重要，因此裂缝是从业者非常关注的一种地质构造特点。裂缝类型多种多样，本次主要研究利用 Hough 变换原理进行正弦裂缝的识别和标记。

Hough 变换的基本原理就是空间中的一条直线和它在极坐标系中的表达式参数存在着唯一的对应关系，从而可以将直线转移到另外一个参数空间中对其进行识别。

一般的正弦曲线的表达式可表示为：

$$y = A\sin(\omega x + \varphi) + y_0$$

式中，x 和 y 分别为公式中的自变量和因变量。A 是正弦曲线的振幅，角频率 ω，初相位 φ，中线 y_0(基线)。

正弦曲线的随机 Hough 变换如图 5 所示，图像空间中同属于一条正弦曲线上的点通过收敛映射变换到参数空间中的同一个点上。通过 3 个采样点，可以对该正弦曲线进行拟合，得到参数空间的解。

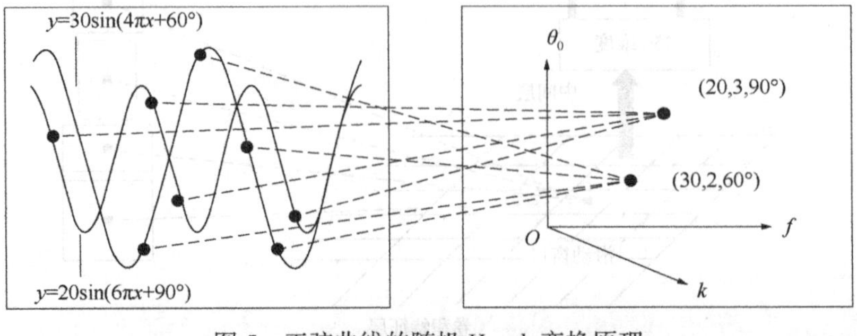

图 5　正弦曲线的随机 Hough 变换原理

2.2.2　图像层理识别原理

相对于地层中的裂缝，地层界面在电成像测井图像上常常是一组相互平行或接近平行的电导率异常，不仅成组出现，而且数量大，相邻层面之间距离较近。因此，不可能像提取裂缝一样，采用交互式处理方法在地层界面轨迹上选择3个或更多的点拟合出一条正弦曲线，依据正弦曲线参数计算其产状；也不可能采用非常复杂耗时的Hough变换等方法自动检测地层界面。另一方面，电成像测井图像上的地层界面．尤其是层理面，通过层内灰度微细变化显示出来，相邻界面之间距离很近，边缘弱小，所以采用边缘检测、边缘追踪等常规图像处理手段很难精确地提取这些界面的轨迹。

针对当前基于图像处理方法确定地层界面产状存在的速度及精度问题，本文提出一种新的基于图像识别的地层界面检测方法，基于电成像测井的优势，利用图像识别技术对电成像测井图像进行定量处理和分析，确定地层界面，求取地层产状等参数。

根据穿过垂直井眼的倾斜地层界面及其展开的平面图对应关系如图6所示，要检测穿过垂直井眼的地层界面，只需要检测0～360″展开平面图上的正弦曲线。

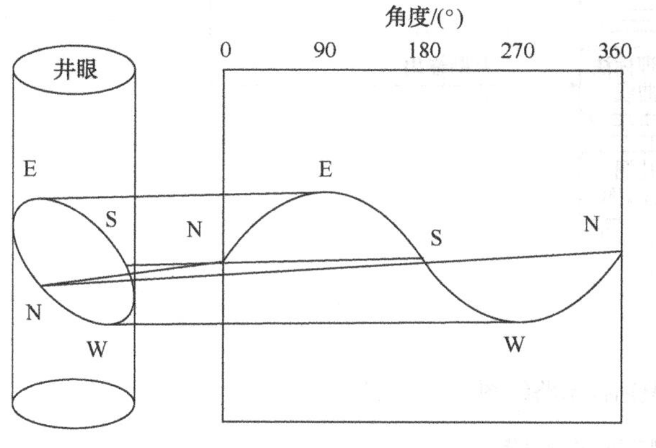

a

图6　穿过垂直井眼的倾斜地层界面展开

图7是电成像测井图像沿井壁图像展开平面图，通过检测电成像测井图像上的正弦曲线，就可以间接地检测穿过井眼的各种地层界面产状。

基于图像识别技术对地层界面进行检测，首先要将电阻率(或电导率)剖面图转换为灰度级图像，地层界面周围的电阻率差异对应灰度图像上正弦曲线周围的灰度级差异。检测电阻率剖面上的地层界面就是检测灰度图像上灰度级差异的正弦曲线。

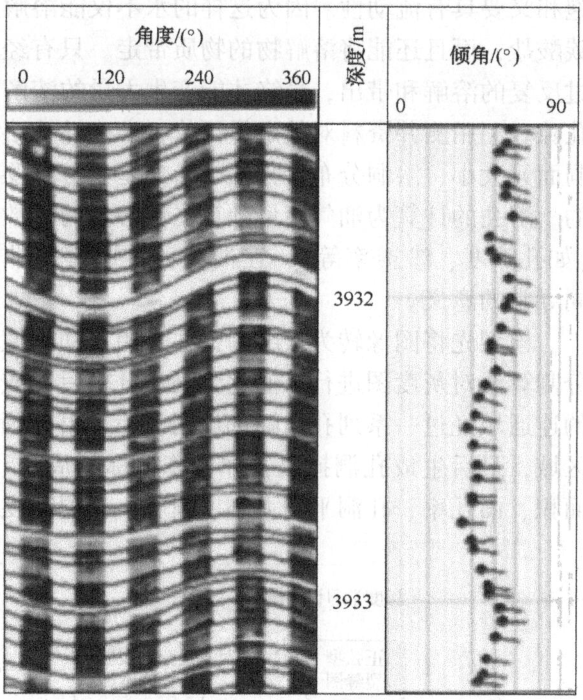

图7　倾斜地层段电成像图像

标准的正弦曲线公式如下：

$$y = A\sin(\omega x + \varphi) + y_0$$

式中：A表示正弦曲线的幅值；表示正弦曲线的角频率，表达式为$=2\pi/T$或$=2\pi f$，与正弦曲线的周期或频率有关；φ表示正弦曲线的初始相位；表示正弦曲线的基准线。各参数分别对应地层界面特定的含义，其中A表示地层界面的起伏高低；表示正弦曲线的角频率．周期为电成像测井图像的宽度，实际资料处理时为一固定值；φ表示地层界面正弦曲线起始位置的相位；y对应地层界面纵向不同的深度。

在正弦曲线包括的4个参数中，角频率φ是已知的，其它3个参数(即幅值A，初始相位φ与基准线是未知的，因此，只要确定了这3个参数，就可描述地层界面的正弦曲线。

2.2.3　图像孔洞识别原理

碳酸盐岩储层在油气资源勘探中占有重要地位，溶孔构造在碳酸盐岩地层中经常发育，而溶孔又是油气储藏的有利场所。在南方许多蕴涵石油和天然气的构造中，都有溶孔构造发育。

溶孔、溶洞是由于碳酸盐沉积物或碳酸盐岩中孔隙水的性质发生了变化，从而引起了碳酸盐矿物或其它成分发生了溶解作用的原因形成的。为了保持长期而稳定的溶解过程，孔隙水既要不饱和又要具有流动性。因为这样的水不仅能溶解碳酸盐，而且还能将溶解物的物质带走。只有经过反复的溶解和带出，最终才能产生大量的溶解孔隙。利用测井资料对其定量评价，准确计算溶洞面元大小、溶洞分布百分比等参数是非常重要的。溶孔的计算为油气储量计算提供必需的参数（如孔隙度、渗透率等），在油气评价中有着非同寻常的意义。

模型先将图像转为灰度图，并采用自动阈值分割算法对灰度图进行二值化分割，分割后生成的连通域经过一系列孔洞筛选规则，筛选出孔洞区域，最后生成孔洞掩码，并计算目标的周长、面积、面孔率、孔洞平均大小、圆度、孔洞密度等参数。

2.2.4　图像诱导缝识别原理

诱导缝识别同样利用自动阈值分割算法，将图像转灰度图并对成像图进行阈值分割，与孔洞识别不同的是，连通域的筛选规则不同，且筛选出诱导缝后，需要计算诱导缝标注线的起始位置，并计算诱导缝标注线的各项参数。

3　实施路线

声电成像测井图识别技术路线主要由两部分组成：一是图像深度学习识别技术；二是图像传统处理技术。如图8所示。

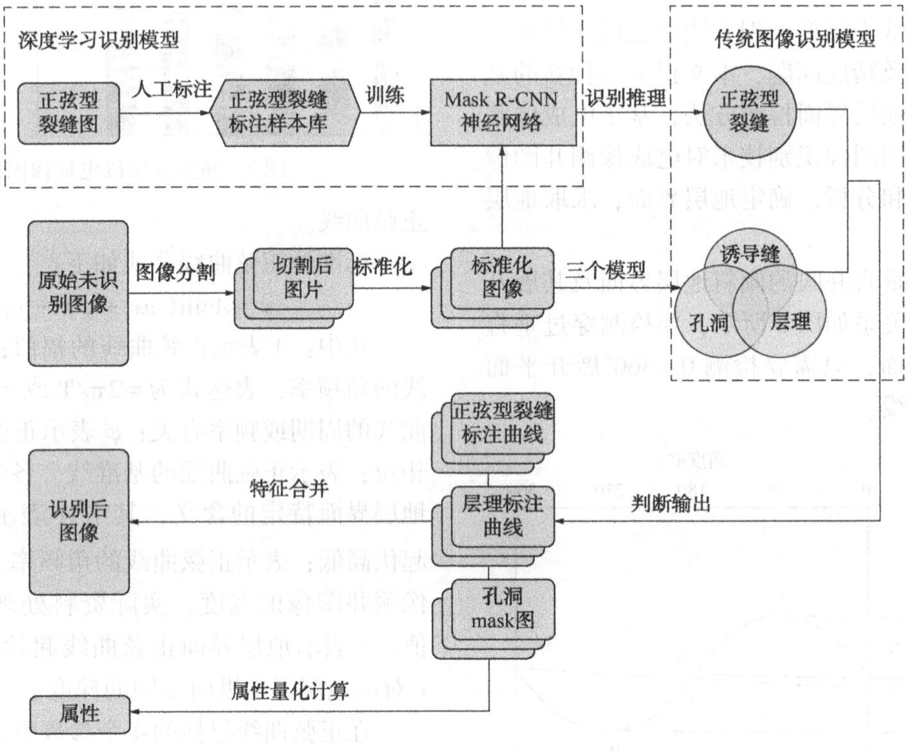

图8　声电成像图像识别技术路线图

技术路线图中左边虚线框为深度学习图像识别技术，运用Mask R-CNN网络模型对经过人工标注的正弦型裂缝图像数据集进行学习，输出正弦型裂缝俺码；图中右边虚线框为传统图像识别技术，包括对正弦型裂缝Mask进行正弦线拟合标注，和对诱导缝、孔洞和层理进行识别与标注；最后，将所有特征识别结果进行合并，同时计算出相应特征的量化属性。

结合图像识别和标注的技术可以减少人手工提取地质特征的时间，实现自动化提取图像地质特征的手段。

4　应用分析

本文选取46口井的修复图像，其中有原数据（即电阻率数值数据）共计21口井，无原数据仅有图片图像的共计25口井，运用本文图像识别模型，完成了对这46口井声电成像的全部识别标注工作，获得了较好的结果。

声电成像测井图像需要识别的地质特性大方向主要分成三类：裂缝、孔洞、层理；其中裂缝主要是正弦裂缝；孔洞则分成大孔洞以及小孔洞；层理划分成水平层理、波状层理、交错层理、块状层理等。其中裂缝的识别较为困难，因为其地质特征与层理具有相似性，所以容易识别错误，需要通过增加后期的人工交互可以达到一个较高的准确度。

4.1　裂缝识别效果

声电测井图像上的裂缝特点一般表征为一条规则的正弦曲线，通过图像识别就可以快速地判断裂缝特征。如图 9 所示。

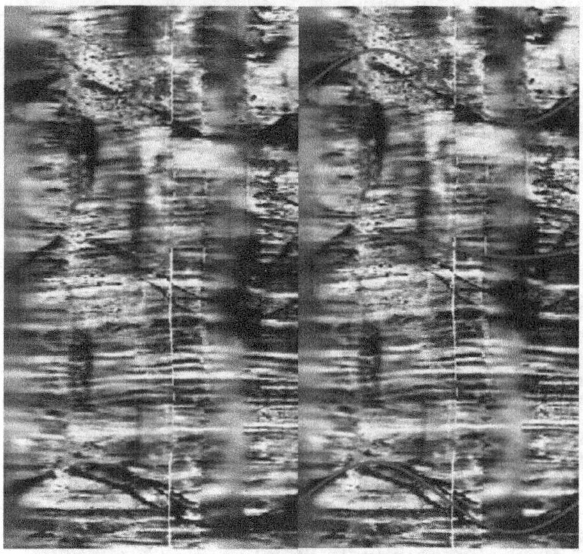

图 9　正弦裂缝长图识别对比图

复杂裂缝难于识别需要手工干预的主要原因是：地质图像变化较多，同一个地层之间或许有不同的地质变换，有连续裂缝，层界面和裂缝夹杂等，针对复杂裂缝提取效果较差，通过手动协助方法，也可以较好的将其识别出来。如图 10 所示。

复杂裂缝识别对比图一

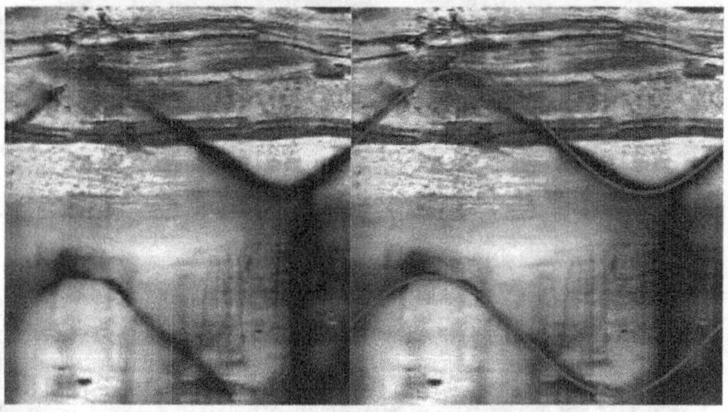

复杂裂缝识别对比图二

图 10　裂缝识别效果图

4.2　孔洞提取

孔洞是用于碳酸盐沉积物或碳酸盐岩中孔隙水的性质发生了变化，从而引起了碳酸盐矿物或其他成分发生了溶解作用的原因形成的，通过图像标注提取，对其进行属性定量评价，准确计算孔洞打大小，百分比等参数。如图 11 ~ 图 13 所示。

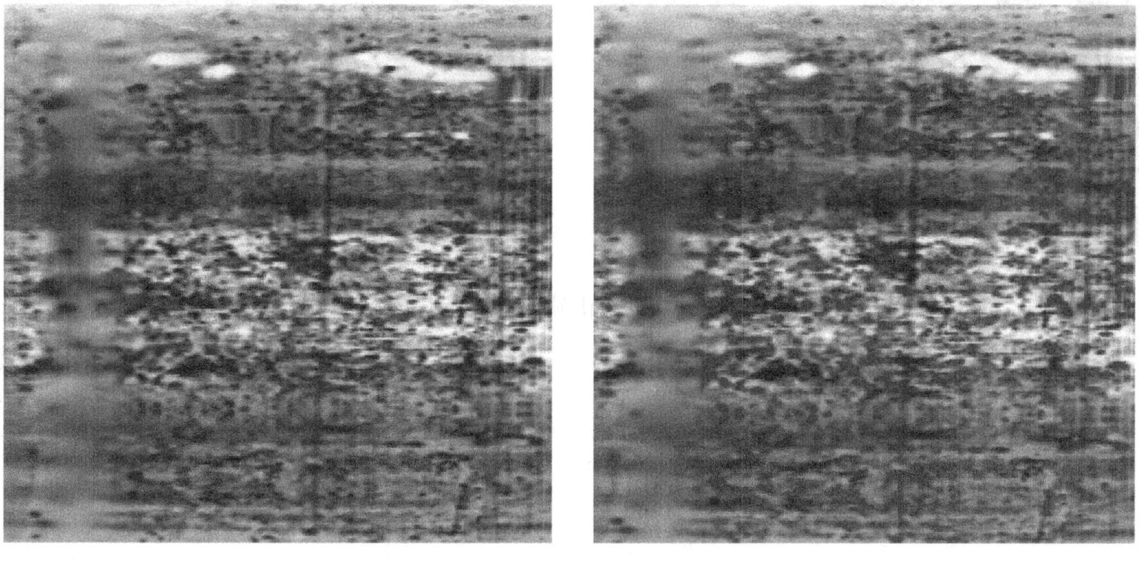

图 11　小孔洞识别对比图

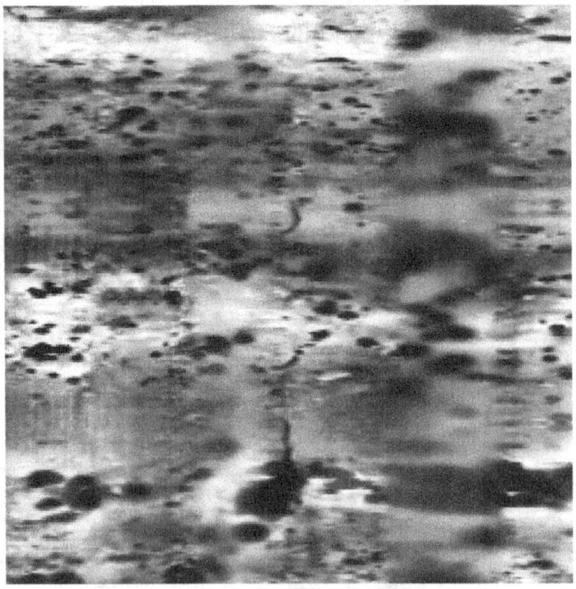
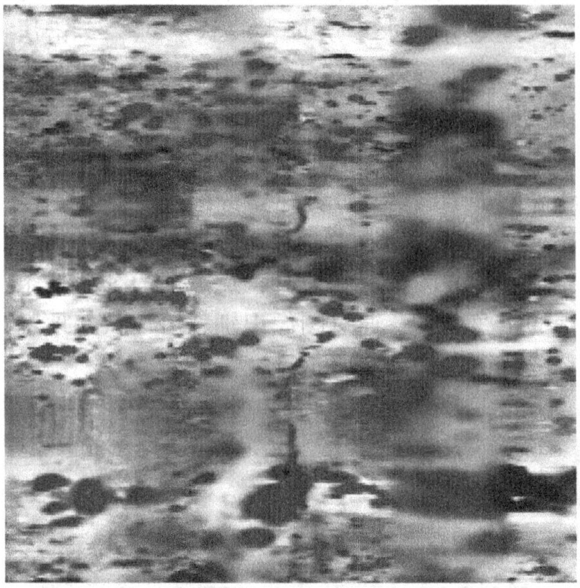

图 12　大孔洞识别对比图

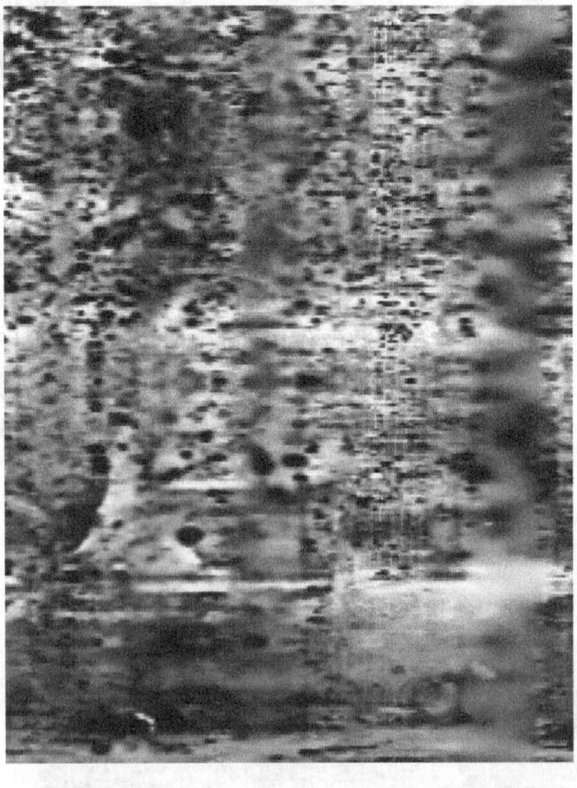
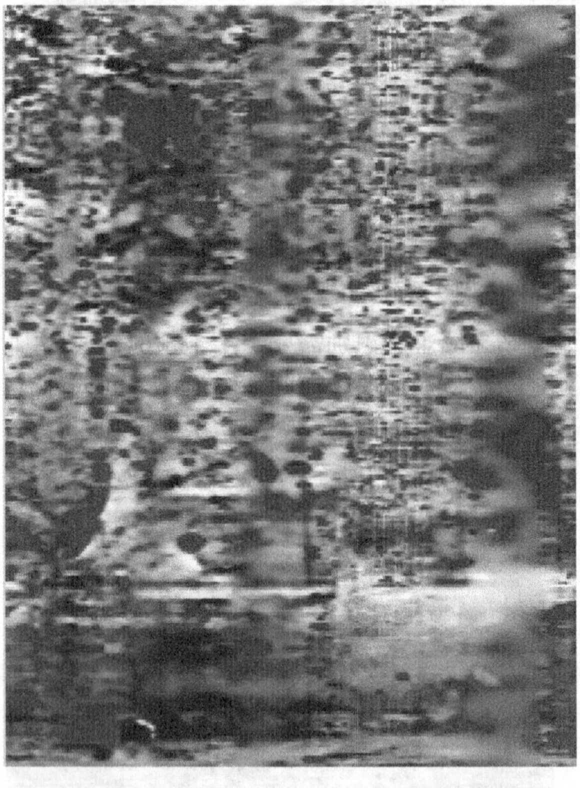

图 13　大小孔洞识别对比图

4.3　层理提取

地层是不同地质历史时期形成的层状岩石，层与层之间通常以明显的界面或沉积间断面分开，相对于地层中的裂缝，地层界面在电成像测井图像上常常是一组组相互平行或接近平行的电导率异常，不仅成组出现，而且数量大，相邻层面之间距离较近，主要分成水平层理、波状层理、交错层理、块状层理。如图 14~图 18 所示。

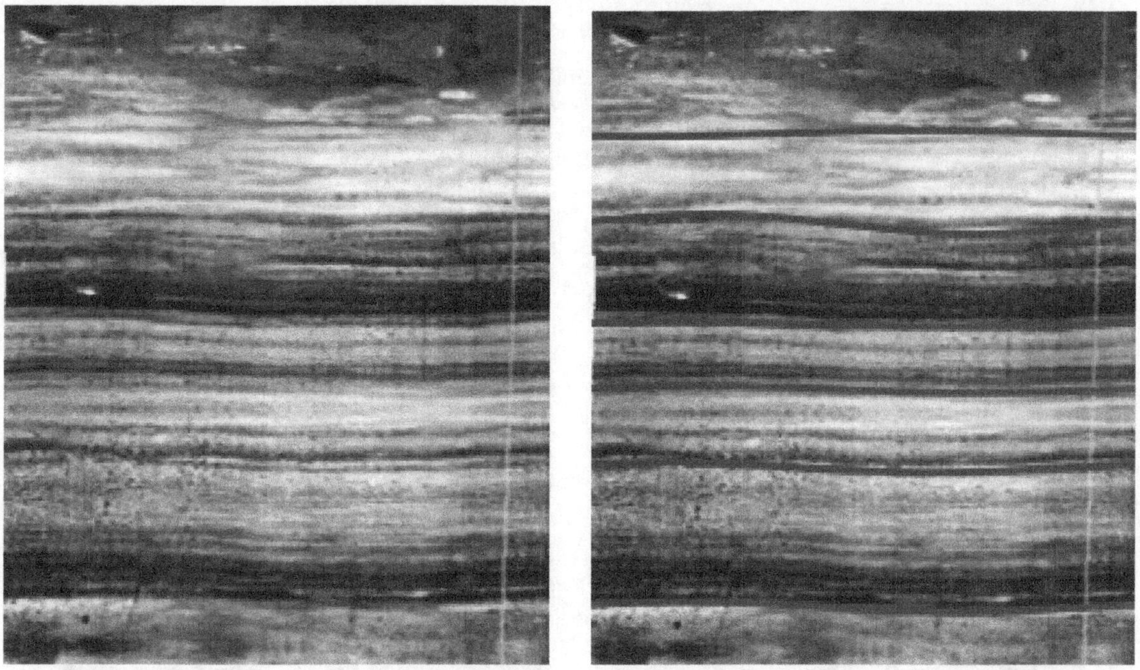

图 14　水平层理识别对比图

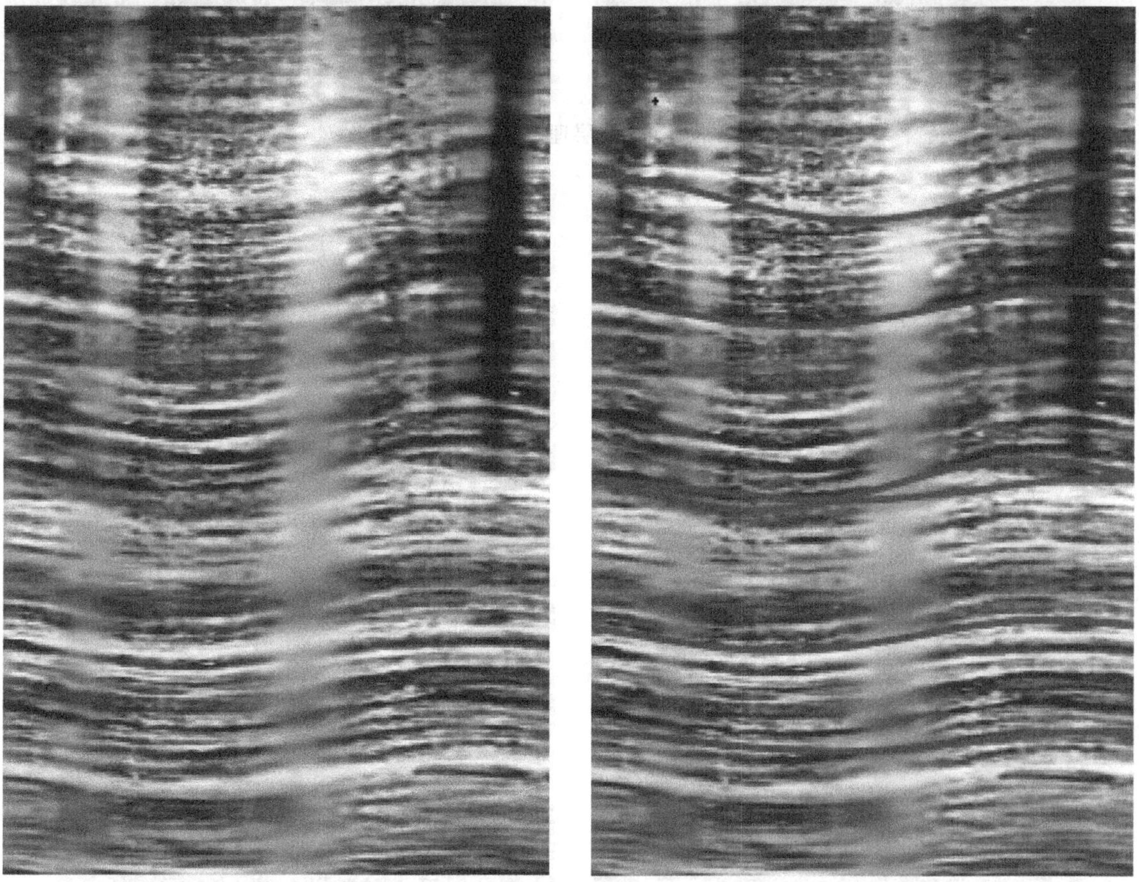

图 15　波状层理识别对比图

综合识别效果图是对图像自动化分类对一个井段其中的一节进行展示，这个井段是对图像进行分类后自动识别标注的结果，综合效果图 1（图 17）是对层理和和孔洞的自动识别和标注，综合效果图 2（图 18）是对正弦型裂缝和层理特征的识别和标注。

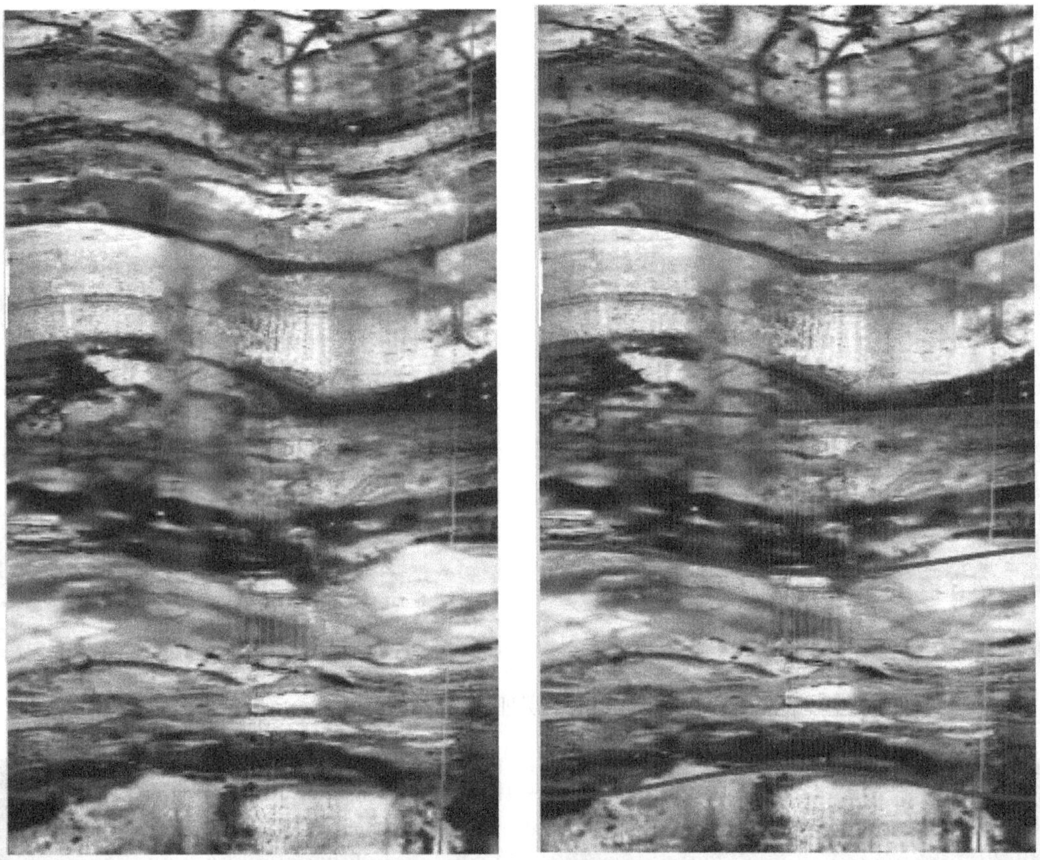

图 16　交错层理识别对比图

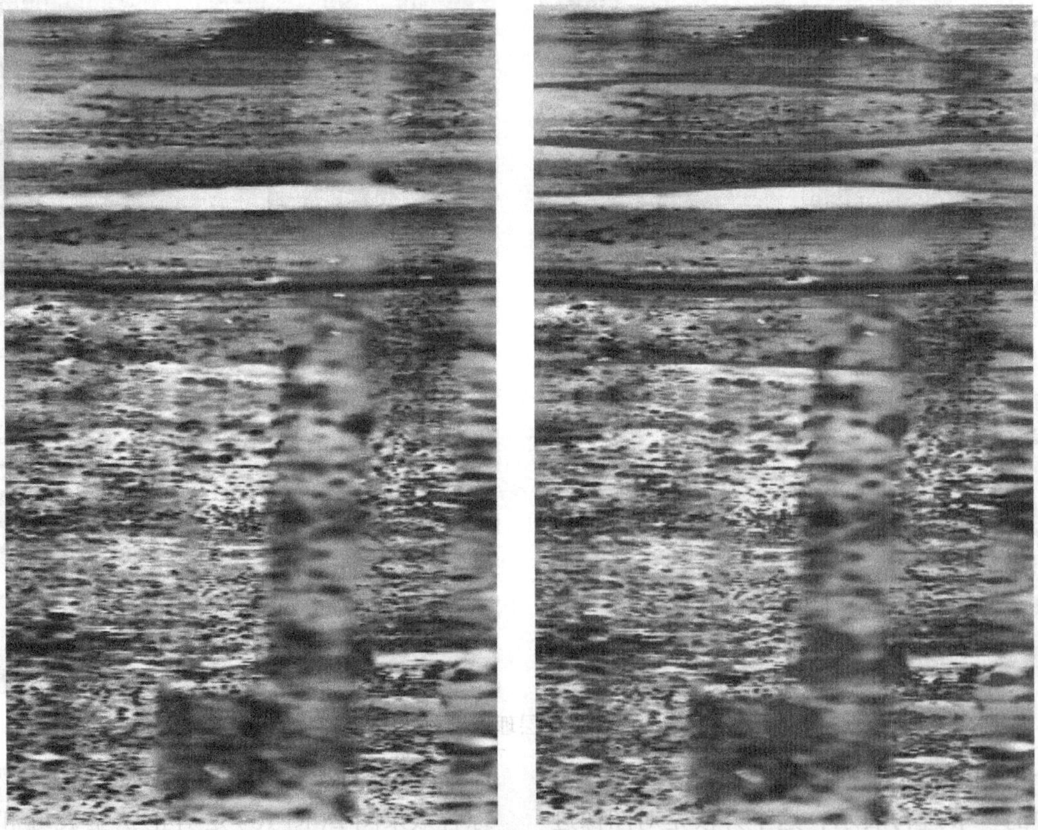

图 17　综合识别效果图 1

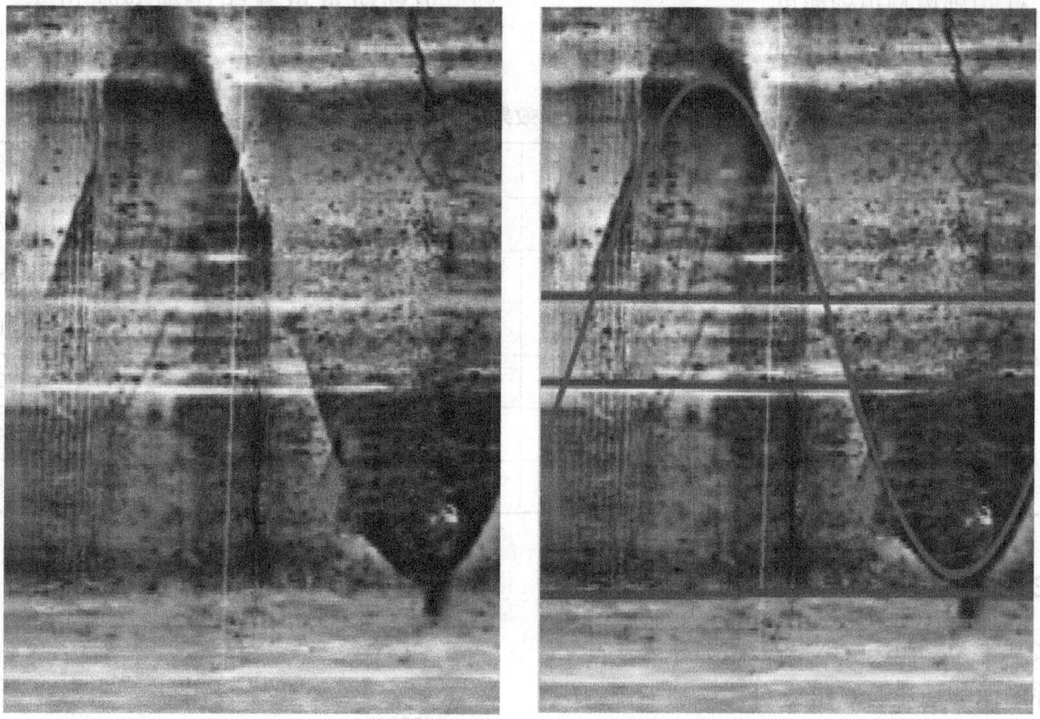

图 18　综合识别效果图 2

4.4　图像识别运算效率测试

电成像测井图像训练及识别模型已在多环境下进行了适配和封装，并对不同情况下的计算效率进行了测试对比：

(1) 模型已完成以下环境的适配

操作系统：Win10、Linux(sentos/ubantu)；

设备配置：纯 CPU、单卡/多卡 GPU；

操作系统：python3. 6. 5、cuda10. 0、cuda11. 1、tensorflow1. 14. 0、tensorflow2. 4. 0

(2) AI 识别训练模型在不同 GPU 超算环境配置下速度对比测试如表 1 所示。

表 1　AI 识别训练模型不同配置下速度对比记录表

显卡	显卡数量	cuda	cudnn	tensorflow	训练次数	所需时间
GTX1660	1	10	7. 5. 3	1. 14. 0	100w	2. 3 天
GTX1080ti	1	10	7. 5. 3	1. 14. 0	100w	1. 8 天
GTX1080ti	2	10	7. 5. 3	1. 14. 0	100w	1. 5 天
RTX3090	1	11. 1	8. 0. 4	2. 4. 0	100w	1. 2 天
RTX3090	4	11. 1	8. 0. 4	2. 4. 0	100w	0. 6 天

该测试中训练样本数量为 1142 组(569MB)，根据测试结果表明：计算机配置越高，训练计算速度越快。

(3) AI 识别模型在 1080ti 显卡下对 300m 长图进行特征识别耗时记录如表 2 所示。

表 2　AI 识别模型不同配置下速度对比记录表

<table>
<tr><th>特征类别</th><th>特征数量/个</th><th>单特征识别耗时/s</th><th>单特征效率/(个/min)</th><th>全特征识别耗时/s</th><th>全特征识别效率/s</th></tr>
<tr><td>高导缝</td><td>34</td><td>113. 11</td><td>18. 04</td><td rowspan="5">291. 64s</td><td rowspan="5">64. 76m/min
6686. 68 个特征/min</td></tr>
<tr><td>高阻缝</td><td>41</td><td>117. 48</td><td>20. 94</td></tr>
<tr><td>诱导缝</td><td>62</td><td>29. 78</td><td>124. 91</td></tr>
<tr><td>层理</td><td>899</td><td>89. 58</td><td>602. 14</td></tr>
<tr><td>孔洞</td><td>31466</td><td>24. 93</td><td>75732. 96</td></tr>
</table>

（4）AI 识别模型识别效果

在对大量不同成像效果的图像进行特征识别，识别效果也都能达到 80% 以上，如表 3 所示。

表 3　AI 识别模型对不同成像效果的图像特征识别效果记录表

成像效果	评价指标	高导缝	高阻缝	诱导缝	层理	孔洞	所有特征
效果较好	识全率	88.31%	82.35%	91.32%	88.43%	87.13%	87.51%
	识准率	86.24%	83.33%	82.02%	89.94%	88.27%	85.96%
效果较差	识全率	81.36%	80.79%	80.12%	81.61%	81.57%	81.09%
	识准率	81.39%	80.46%	81.22%	81.43%	80.23%	80.95%
整体	识全率	84.84%	81.57%	85.72%	85.02%	84.35%	84.30%
	识准率	83.82%	81.89%	81.62%	85.69%	84.25%	83.45%

5　结论

本文基于 Mask R-CNN 图像识别算法开展对声电测井图像的地质特点进行自动识别工作，相比于传统的人工手动识别标注地质特征，处理效率有不少的提升，针对不同的地质特征也可以很好的识别出来。将该方法应用在 46 口井的声电测井图像上，成功地识取出图像中的裂缝曲线，识别准确度高，实现了自动化图像分类识别标注，效率明显提升。

不过当前仍有部分复杂地质识别效果不佳，例如裂缝结合孔洞、重复层理、裂缝与层理重叠等情况同时出现在测井图像当中，容易识别有误差。在之后的工作会通过增加图像分类的样本库以及人工手动干预的方法，完善图像识别的效果，以达到更好的识别准确度，通过优化算法代码，也可以排除部分识别误差的错误率。

参考文献

[1] 牛林林，张小兵，李海龙等．随钻测井的现状与展望[J]．国外测井技术，2008，6：7-13.

[2] 谭延栋．用现代测井技术提高油气勘探效益[J]．石油勘探与开发，1999，26(2)：46-49.

[3] 彭吴生，丁院平，施振飞等．Log view 声电成像解释成果图的绘图技巧[J]．西部探矿工程，2006，128(12)：146-147.

[4] 张明，肖小玲．基于电成像测井的图像形状特征提取与应用[J]．长江大学学报(自然科学版)，2019，16(02)：27-30+5-6.

[5] 段傲，李莉，杨旭．基于 AlexNet 的图像识别与分类算法[J]．天津职业技术师范大学学报，2022，32(01)：63－66. DOI：10.19573/j.issn2095－0926.202201011.

[6] Rafael C. Gonzalez，Richard E. Woods. Digital Image Processing Second Edition[M]．House of Electronics Industry. 2003.

[7] 陈庆超，韩松，毛钧毅．采用多层次特征融合 SPP-net 的暂态稳定多任务预测[J]．控制与决策，2022，37(05)：1279-1288. DOI：10.13195/j.kzyjc.2020.1568.

[8] 华尉然．基于改进 Faster R-CNN 的人脸表情检测研究[D]．湖北师范大学，2020. DOI：10.27796/d.cnki.ghbsf.2020.000140.

[9] Dougherty，E. R. Random Processesfor Image and Signal Processing[M]．IEEE Press. 2000.

[10] 张明，肖小玲．基于电成像测井的图像形状特征提取与应用[J]．长江大学学报(自然科学版)，2019，16(02)：27-30+5-6.

[11] 张明．电成像测井图像特征提取与应用研究[D]．长江大学，2018.

[12] 唐泽民．基于卷积神经网络的图像识别技术研究[D]．苏州大学，2020.

[13] Gonzalez，R. C. Image Enhancement and Restoration[C]．In Handbook of Pattern Recognition and Image Processing，Academic Press，New York，pp. 191～213.

[14] 林龙生，王文文，彭文春．基于常规测井和电成像测井的裂缝识别方法应用[J]．中国石油和化工标准与质量，2021，41(10)：116-117.

[15] 杜小强，刘鑫，薛志波，张伟，张建勇．基于深度学习的电成像测井裂缝自动识别方法初探[J]．化工管理，2019，{4}(24)：204-205.

[16] 余晗．基于Hough变换的成像测井裂缝检测方法研究[J]．科技创新与应用，2020，{4}(20)：23-25+30.

[17] Li Yuanyuan，Zhang Qianqian，Yoon Sang Won. Gaussian process regression-based learning rate optimization in convolutional neural networks for medical images classification[J]. Expert Systems With Applications，2021，184{5}.

[18] 陈建华，杨丽丽，赵延静，赵虎，张文灏，方光兵，吴伟．深度神经网络模型在测井电成像图像处理中的应用[J]．电子测量技术，2021，44(04)：138-143.

中深层火成岩屏蔽区成像关键处理技术研究

桂红兵　程　耀　陈文贵

（中海油田服务股份有限公司）

摘　要　有效地进行火成岩下伏地层精细地震成像在寻找火成岩油气藏过程中非常重要。本文以火成岩为目标地质体，A区块发育多套大面积火成岩，火成岩与围岩阻抗差异大，对下伏地层形成较强的屏蔽作用，只有低频信号穿透，15Hz以上几乎没有有效信号，核心区潜山内幕有效信号弱。火成岩下伏潜山内幕反射杂乱，连续性差，不同位置火成岩和平面展布速度场的刻画难度大，潜山内幕信号杂乱，速度建模困难。采用全波形反演、多方位联合非线性层析反演、非线性包络反演等针对性处理技术，形成对火成岩区域地震处理技术研究和思考，从而为提高火成岩机构刻画提供了技术支持。

关键词　火成岩；地震；全波形反演；处理；各向异性

渤海海域位于渤海湾盆地中东部，中生界火成岩广泛发育。靶区A油田在中深层目的层段内广泛发育多种岩相的火成岩。A区块受多期构造运动的影响，断裂发育且断裂复杂，再加之火成岩发育，严重影响了火成岩发育区的地震资料成像品质。受地震资料采集质量的限制，该区火成岩构造特征和火成岩储成像难度大，制约着区内油气勘探和火成岩研究的进程。

本次研究区域A区块海底地势较为平缓，大部水深位于25m左右，工区发育三套火成岩，如图1所示，三套火成岩均成连片分布，最长主测线方向8.8km，沿联络线方向4km。目标区受东营组火山岩的影响，面临潜山顶面不清晰、断裂及地层岩性难以识别等亟需解决的地质难题。

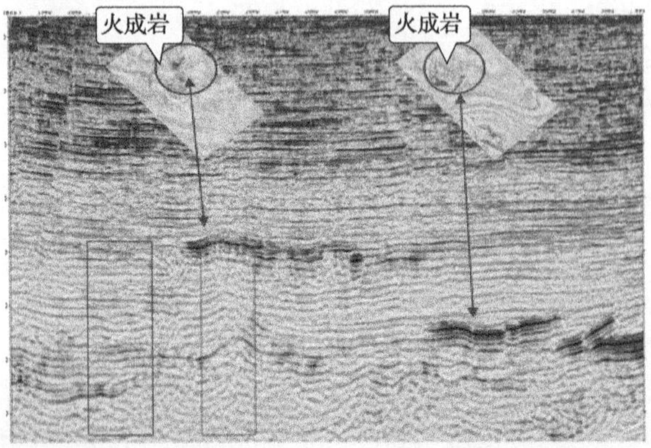

图1　火成岩连片区下伏信号屏蔽特征

1　地震波场反射特征模拟分析

1.1　地球物理模型

A区域沙河街组~馆陶组地层中发育多套火成岩系，不同相带的火成岩岩性、物性变化较大，有的致密可以成为盖层，有的孔隙发育可以作为较好的储层。区域馆陶组速度约为3125m/s，密度为2.3g/cm^3，火成岩速度约为4500m/s，密度为2.4g/cm^3。由于火山岩顶底的强反射，地震波透过该层火山岩后下传能量将严重衰减，针对中生界火成岩成像等对波场特征进行分析，正演时采用基于有限差分二维波动方程方法，观测系统采用最大偏移距为7km排列长度正演模拟参数。

图2为开展火成岩套数、厚度、空间位置等影响因素的正演模拟。最终成像结果显示套数越多，层间多次波越发育，下伏地层成像越差。厚度越大，距离下伏地层越近，下伏地层成像越差。

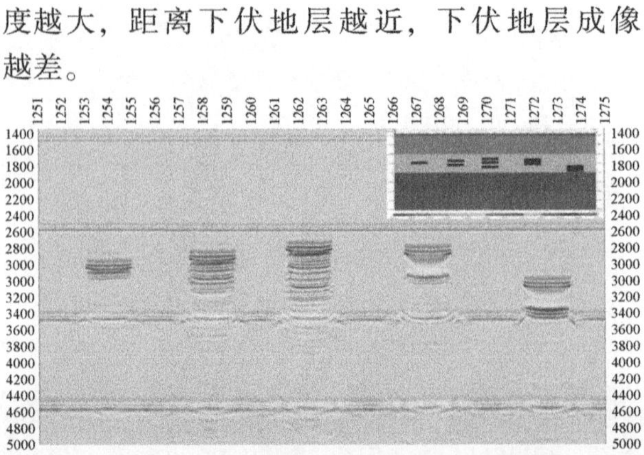

图2　不同厚度和套数火成岩正演示意图

2　火成岩针对性技术研究

2.1　火成岩下伏地层信号恢复

本次研究通过充分论证分析，鬼波是地震资料中一种干扰波，指由爆炸点向上传播，遇到低速带底面或地面后，又向下反射传播，最后又从下面的反射界面再反射至地面的现象。海上勘探时，如图3所示。利用鬼波和一次波视速度的差异，在tau-p变换公式中创新性地引入鬼波算子，将tau-p变换算子修改为包含一次波算子和鬼波算子两部分的形式。在反变换中，只保留一次波算子，可得到压制鬼波后的数据。通过消除鬼波与一次波混叠在一起造成地震资料在“陷波”现象，鬼波压制后拓宽了地震资料的频带宽度，对火成岩下伏地层成像更为有利，能量信息更为充分，如图4、图5所示。

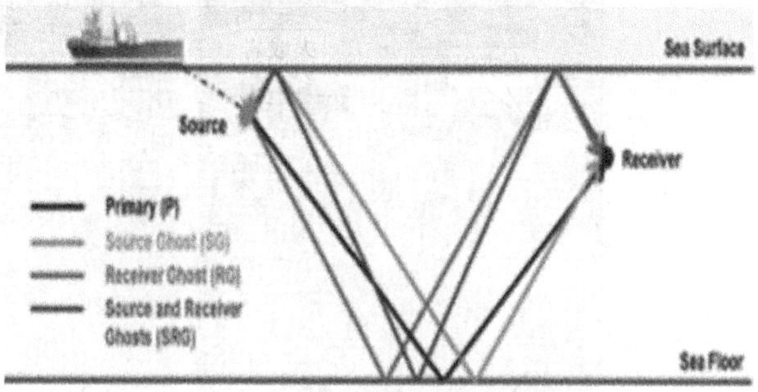

图3　鬼波产生路径示意图

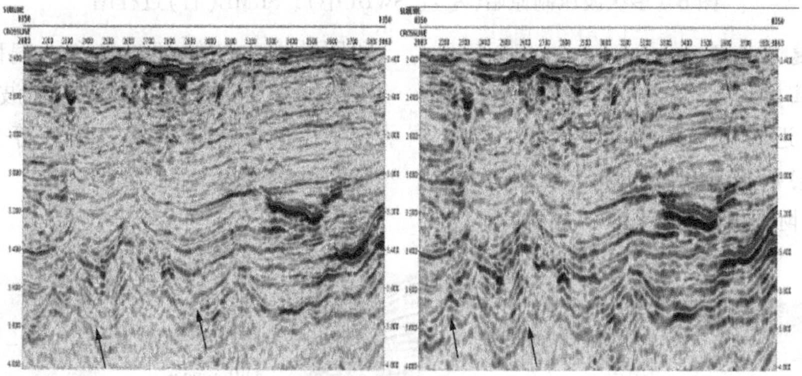
图4　鬼波压制前(左)、后(右)能量变化图

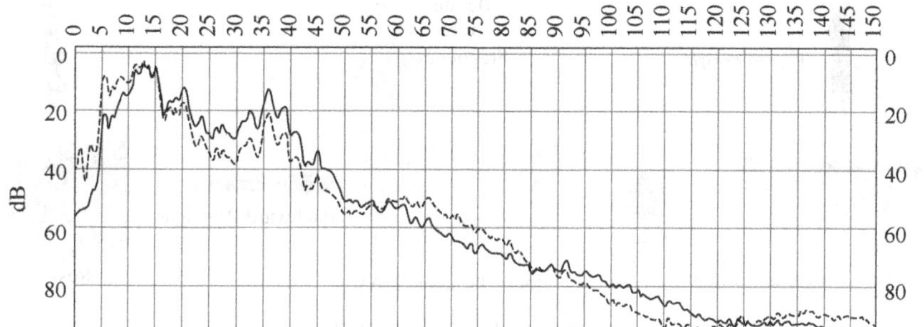

图5　鬼波压制前(蓝色)、后(红色)中深层频谱

2.2　火成岩相关多次波压制

浅水去多次算法源于对SRME算法的改进，通过构建水底的有效反射，从而预测与水层相关的多次波，最后实现压制。在构建水底的有效反射时，是根据已知的水层情况，包括水深，水层中的传播速度等参数，建立一个水层模型，通过模拟水底有效反射的格林函数，从而实现有效反射的构建。构建好水底格林函数之后，与原始记录的地震数据褶积，就能得到预测出的多次波数据。

本次研究提出利用原始地震数据通过多道自相关估算出含有海底信息的多道预测算子，然后再利用估算的算子重构海底反射，最后将重构的海底反射结合现有三维SRME技术，进行技术流程优化，打破其应用障碍，使其在浅水区可以应用。

经过针对性浅水去多次波衰减，研究分析前后的剖面、自相关及频谱的变化，资料中与水层相关的多次波得到有效衰减，陷波补偿效果较好，从自相关上可看到一次波得到凸显。有效恢复地层的真实形态。采用多方法组合，重点加强三维 SRME 应用优化，提高火层岩相关多次波压制效果，如图 6 所示。

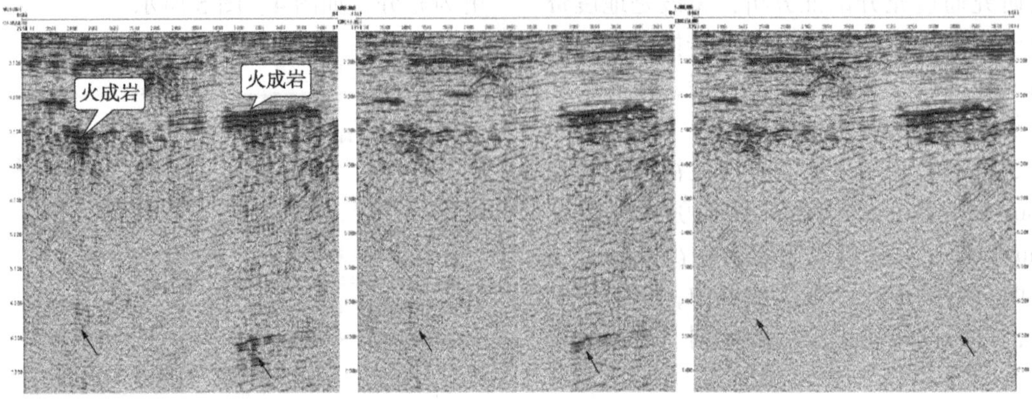

图 6　多次波压制原始（左）、SWD（中）、SRME（右）过程图

2.3　火成岩相关速度建模

2.3.1　全波形反演技术

全波形反演是近年来速度反演的热点技术，如图 7 所示，与层析反演拾取剩余曲率不同，FWI 是直接利用实际数据进行反演，它可以充分利用数据中的低频信息和大偏移距信息。传统层析反演主要用反射波的一次波，而 FWI 反演用到了反射波、折射波、鬼波等全波场信息，因此反演的速度精度更高。

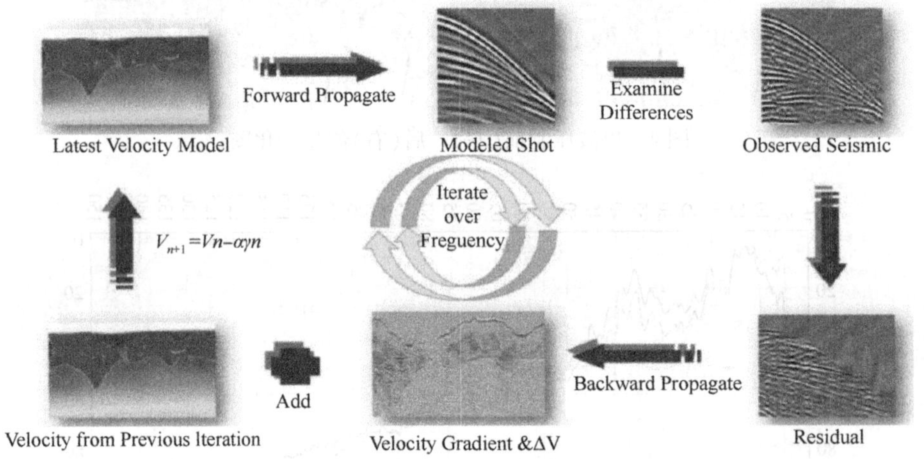

图 7　全波形反演的流程

虽然常规全波形反演的处理流程比较复杂和耗时，但每一步处理都至关重要，初始模型的构建、地震子波的选择、地震数据的预处理等都会对反演结果产生很大的影响。本次全波形反演建模速度更新之后，速度模型与构造的吻合成都较高，如图 8 所示，且道集也被较好的拉平，并取得了较好的效果。

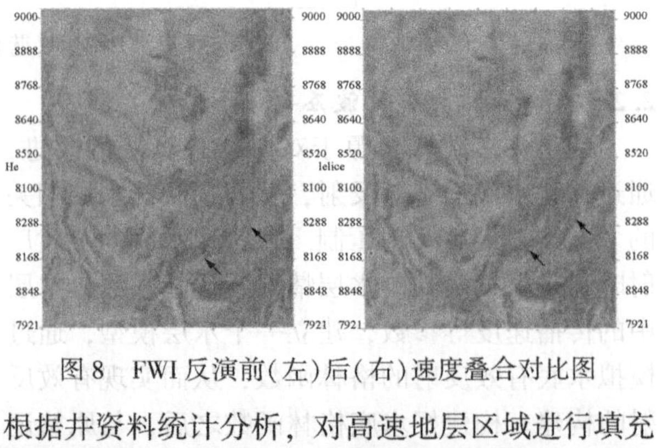

图 8　FWI 反演前（左）后（右）速度叠合对比图

2.3.2　非线性包络反演技术

高精度包络反演技术进行高速地层速度反演更新，该方法是先对地震数据进行属性反演，突出高速地层成像，再对地震数据进行属性编辑，根据井资料统计分析，对高速地层区域进行填充约束反演。利用火成岩强波阻抗强振幅特点，根

据振幅差异为反演提供较准确的引导速度。

由于火成岩在该靶区厚度较厚，横向分布更是不均匀，其他的反演更新方法无法实现对火成岩速度的准确更新，采用该方法后火成岩区域速度得到较好的校正，速度变化趋势准确，使地层更连续，断层更清楚。如图 9 所示。

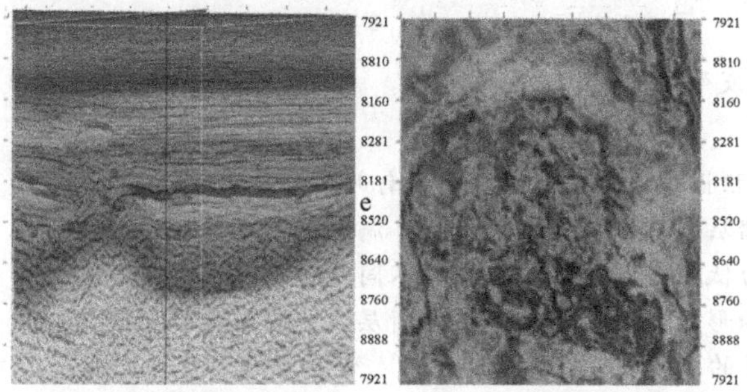

图 9　包络反演后速度叠合(左)、时间叠合(右)图

2.4　取得的效果

本次研究攻关效果与老成果进行对比，图 10 所示攻关成在潜山顶面及内幕波组、火山通道、内幕地层方面有一定改善改善较老成果新生界火山锥体特征更明确。

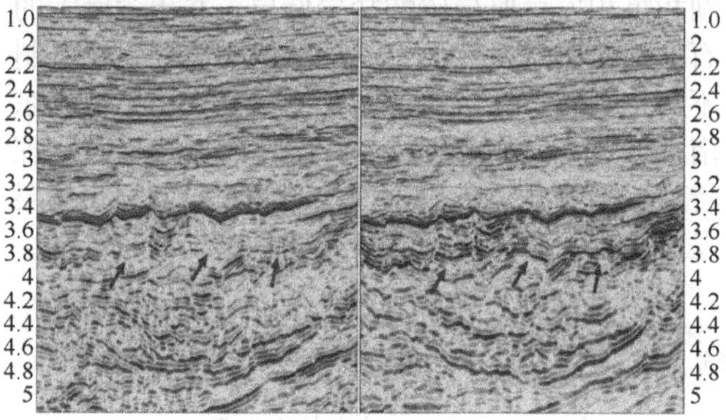

图 10　潜山顶面及波组改善老(左)、新(右)对比图

3　结论

本次研究针对火成岩采用弱信号频率域恢复、全波形反演、高速异常体包络反演等建模模式新思路，使得中深层波组特征较明显，火成岩下伏潜山顶面连续性有所提高，潜山内幕火山通道与断层比较清晰，地层界面较明显，但受地质因素及采集照明影响，火成岩下伏地层成像仍有难度，仍需在采集上优化富低频震源、宽方位方式，处理上尝试逆时偏移等高端偏移算法。

参　考　文　献

[1] 张丽伟．渤海湾盆地火成岩地震采集方法研究与应用[D]．山东：中国石油大学，2020.

[2] 江怀友，鞠斌山，江良冀．世界火成岩油气勘探开发现状与展望[J]．特种油气藏，2011，18(2)：1-7.

[3] 谢家莹，陶奎元．中国东南大陆中生代火山地质及火山-侵入杂岩．北京：地质出版社，1996：40-7.

[4] Orton G J. Volcanic environments. Sedimentary Env－ironments：Processes，Facies and Stratigrap hy (The third edition)，1996，485～567.

[5] 韩站一．火成岩下伏地层地震反射波场特征研究．石油物探，2009，48(3)：226-231.

[6] 梁正中，李宁．地震多属性体融合识别混合岩相火山机构[J]．天然气与石油．2019(03)：56-60.

[7] 谢玉洪．中国海油“十三五”油气勘探重大成果与“十四五”前景展望[J]．中国石油勘探，2021，26(1)：43-54.

伊拉克东南部深层 Yamama 组潟湖相储层发育机制

李峰峰　李　蕾

（中国石油勘探开发研究院）

摘　要　基于钻井取心、铸体薄片、物性数据和 CT 扫描等资料，以伊拉克东南部下白垩系 Yamama 组为例，通过分析储层孔隙类型和成因，明确深层潟湖相储层发育机制。结果表明：潟湖相储层孔隙包括铸模孔、微孔、溶孔、晶间孔和少量裂缝。潟湖沉积水动力低，灰泥含量高，富含不同类型的生物介壳，灰泥是微孔的重要载体，生物碎屑在准同生期被选择性溶蚀形成大量铸模孔，临近断层发生埋藏溶蚀形成溶孔和裂缝，生物扰动形成的潜穴中发生白云石化形成少量的晶间孔。

关键词　伊拉克东南部；下白垩系；Yamama 组；深层；潟湖；沉积作用

伊拉克东南部发育多个巨型碳酸盐岩油田，主力油藏发育于白垩系和第三系，已开发油藏埋深多小于 3500m，且侧重于沉积能量较高的礁滩相和潮坪相储层，储层的成因机理和分布规律研究深入。随着油田开发上产和长期稳产的需求，伊拉克东南部油田逐渐开启对深层油藏的研究。Yamama 组为早白垩系 Thamama 群中的一套生物碎屑灰岩地层（图 1），埋深介于 3500～4500m，地层为异常高压，且含 H_2S 和 CO_2 等酸性气体。受钻采成本、开发技术及环境安全等因素制约，长期未受到关注。国外学者对 Yamama 组研究主要侧重于地层划分、成藏运移和油源对比等，国内尚无 Yamama 组地质相关报道。伊拉克东南部 Yamama 组主体沉积于潟湖环境。潟湖水体较浅，沉积水动力较低，循环受限导致盐度不正常，灰泥含量高，油藏开发中，潟湖沉积通常作为差储层或隔夹层。伊拉克东南部 Yamama 组潟湖相沉积发育厚层碳酸盐岩储层，并蕴含巨大的石油地质储量，然而，深层潟湖相储层发育机制不清，制约了储层评价与预测。论文以伊拉克东南部 X 油田为例，基于 Yamama 组储层岩石物理特征，阐明孔隙形成机理，明确深层潟湖相储层发育机制，为深层油藏开发评价奠定地质依据。

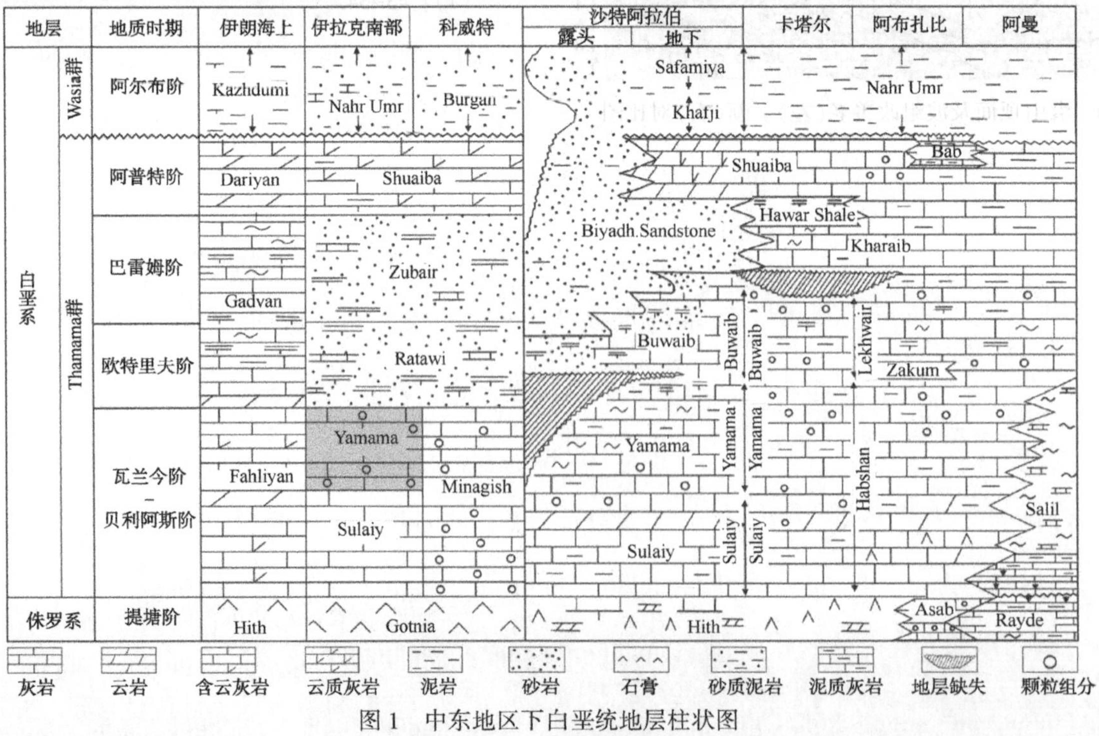

图 1　中东地区下白垩统地层柱状图

1 研究区概况及区域沉积背景

X 油田位于伊拉克东南部，构造上属于美索不达米亚盆地前缘带(图 2)。油田为一南北向长轴背斜，东北部发育多条北西-南东向正断层，研究区面积约 $400km^2$。X 油田目前正处于开发上产的关键阶段，Yamama 组油藏需尽快投入开发以满足上产需求，亟需深化 Yamama 组储层地质认识。Yamama 组属于下白垩系统贝利阿斯阶-瓦兰今阶，与下伏的 Sulaiy 组和上覆的 Ratawi 组均呈整合接触关系，地层界面不明显(图 2)。Yamama 组平均地层厚度约 300m，垂向上划分为 Yamama Upper、YRA、YB-1、YRB、YB-2 和 YRC 共 6 个段。X 油田有 6 口取心井钻遇，主要集中在研究区的中部和北部(图 1)，其中有 5 口取心井资料可获得。取心段涵盖了 Yamama 组所有层段，但 Yamama Upper 取心段较少，YRC 段下部未被取心。岩心累计长度 685m，铸体薄片 881 个，物性样品 1547 个，岩心 CT 扫描约 200m。

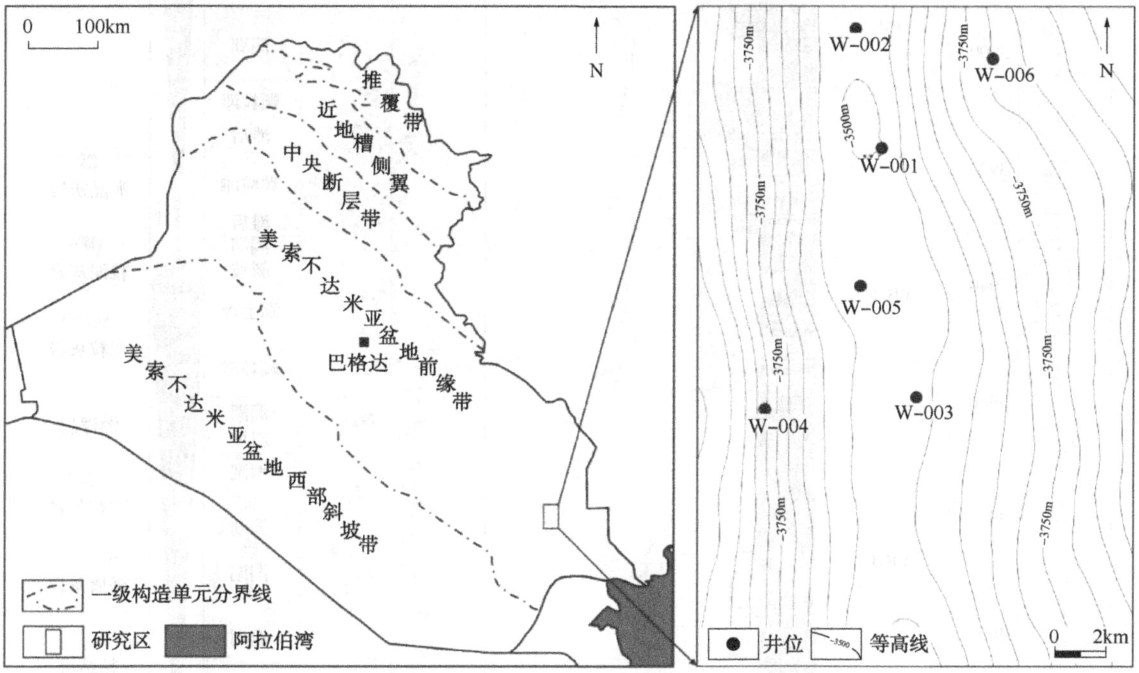

图 2　研究区构造地理位置和研究区地层柱状图

晚侏罗世，两伊地区构造沉降形成 Gotina 次盆地，受 Bitlis-Bisitoun 陆块阻挡，次盆地与新特提斯洋不连通，水体局限，沉积厚层的蒸发岩和泥质灰岩。早白垩世，阿拉伯板块和新特提斯洋持续伸展造成地幔下沉，在 Bitlis-Bisitoun 陆块中裂陷形成南新特提斯洋。南新特提斯洋为北西-南东向的狭窄水槽，为新特提斯洋向阿拉伯板块内陆的延伸，南新特提斯洋的开启连通了 Gotina 次盆地与新特提斯洋，Gotina 次盆地由局限水体转变为半局限水体，蒸发岩停止发育，转变为碳酸盐岩沉积。X 油田 Yamama 组沉积于碳酸盐岩缓坡环境，主要沉积于内缓坡和中缓坡，自陆向海发育潮上坪、潟湖、滩后、颗粒滩、点礁和开阔陆棚。

X 油田发育 3 期三级层序，层序驱动下，沉积相不断发生演化。Yamama 组早期为开阔的水体环境，YRC 段以开阔陆棚沉积为主，上部发育点礁和颗粒滩，至 YB-2 逐渐过渡为潟湖环境。由于点礁和颗粒滩没有形成障壁，潟湖为半局限环境。YRB 大规模潟湖沉积与颗粒滩频繁交替演化，局部发育小规模点礁和斜坡。随着海平面的降低，至 YB-1，工区主体演变为潮上坪，局部为潟湖环境。YRA 仍以半局限潟湖为主，并发育大规模的颗粒滩和滩后，至 Yamama Upper 再次为潮上坪和潟湖。X 油田潟湖沉积厚度约占 Yamama 组地层厚度的 60%(图 3)，地质储量占比近 50%，是 Yamama 油藏的重要储层相。半局限沉积环境下，潟湖水介质条件和水动力条件具有特殊性，储层特征及形成机理复杂。

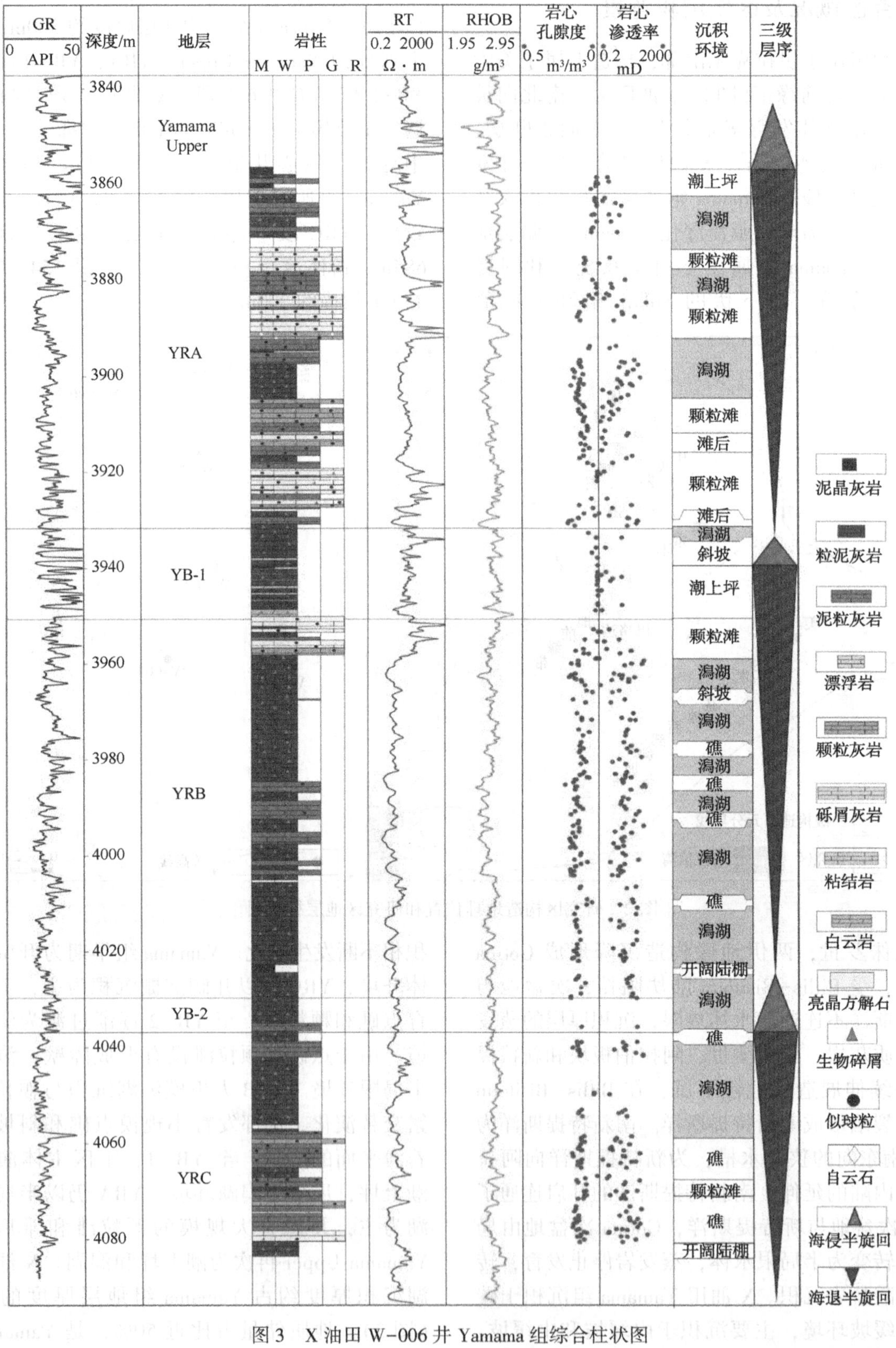

图3　X油田W-006井Yamama组综合柱状图

2　潟湖相储层孔隙类型

铸体薄片881张铸体薄片镜下观察，识别潟湖相储层孔隙类型，并通过网格分割方法定量计算孔隙体积。潟湖相储层孔隙主要为铸模孔、溶孔、晶间孔、微孔和裂缝。铸模孔主要形成于粒泥灰岩，少量发育于泥粒灰岩中，孔隙半径介于 50μm~1000μm，铸模孔形状呈长柱状，短柱状，椭圆状或不规则状（图 4a~图 4b），铸模孔广泛发育，孔隙占比 55%。微孔粒径通常小于 10μm，肉眼不可见，铸体薄片中呈雾霾蓝，微孔可发育于泥晶和粉屑中（图 4d~图 4f），占比高达 30%，微孔在各层段均有发育，在 YRA 和 YRB 中发育程度最高。晶间孔主要发育于生物扰动形成的潜穴中（图 4g），孔隙占比较低。溶孔发育于粒泥灰岩，孔隙多大于 2000μm（图 4h 和图 4i），CT 扫描中溶孔显著大于其它孔隙，且通常伴生裂缝（图 4j~图 4l），溶孔占比较低，约 10%，主要在 YRB 发育，YRC 局部发育。裂缝规模介于 5~20cm，产状不规则（图 4j~图 4l），部分裂缝被胶结物充填，裂缝占比较低，仅在 W-006 井 YRC 局部可见。

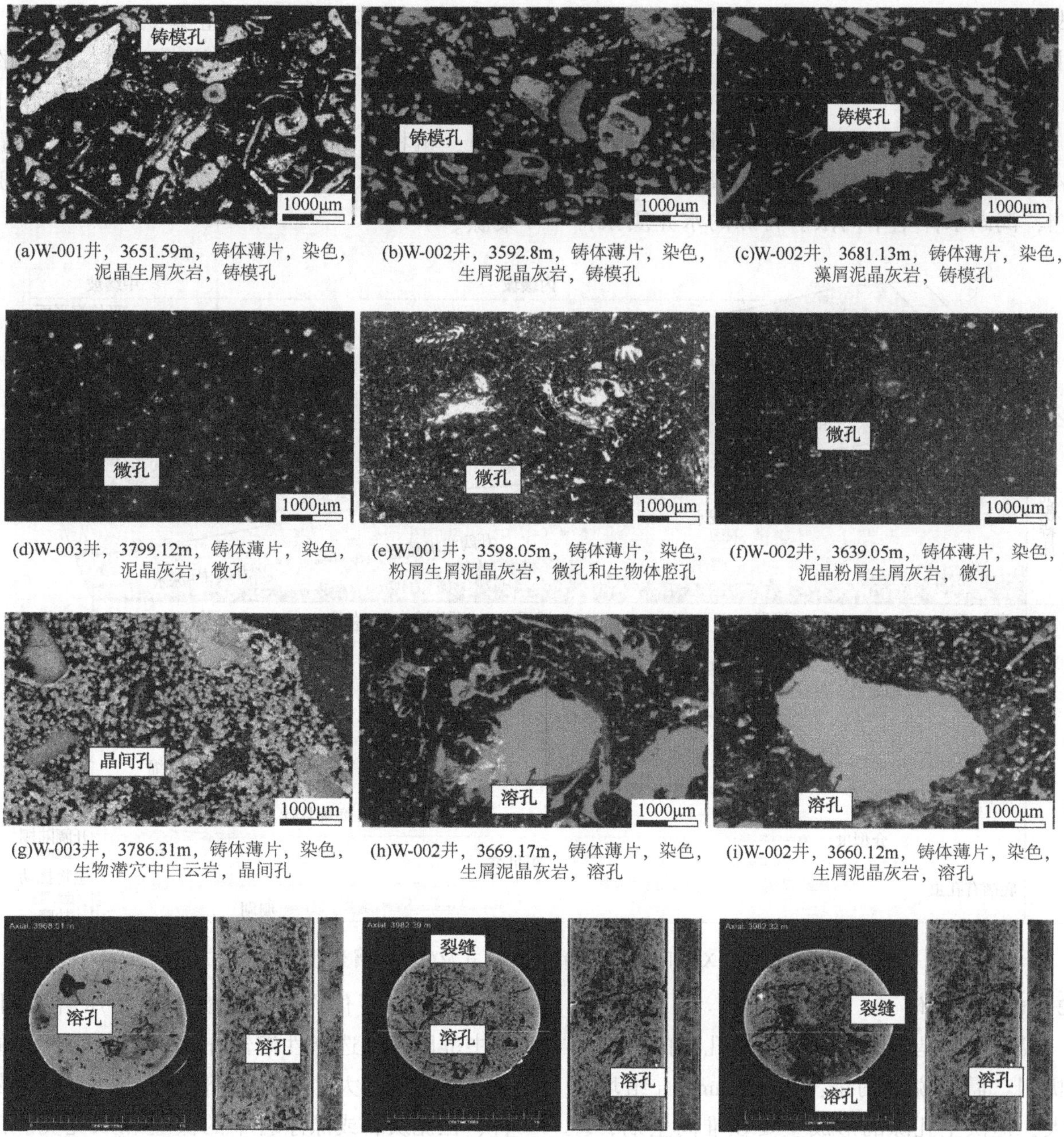

(a)W-001井，3651.59m，铸体薄片，染色，泥晶生屑灰岩，铸模孔
(b)W-002井，3592.8m，铸体薄片，染色，生屑泥晶灰岩，铸模孔
(c)W-002井，3681.13m，铸体薄片，染色，藻屑泥晶灰岩，铸模孔
(d)W-003井，3799.12m，铸体薄片，染色，泥晶灰岩，微孔
(e)W-001井，3598.05m，铸体薄片，染色，粉屑生屑泥晶灰岩，微孔和生物体腔孔
(f)W-002井，3639.05m，铸体薄片，染色，泥晶粉屑生屑灰岩，微孔
(g)W-003井，3786.31m，铸体薄片，染色，生物潜穴中白云岩，晶间孔
(h)W-002井，3669.17m，铸体薄片，染色，生屑泥晶灰岩，溶孔
(i)W-002井，3660.12m，铸体薄片，染色，生屑泥晶灰岩，溶孔
(j)W-006井，3968.51m，岩心CT扫描，溶孔和裂缝
(k)W-006井，3982.39m，岩心CT扫描，溶孔和裂缝
(l)W-006井，3982.32m，岩心CT扫描，溶孔和裂缝

图 4　Yamama 组潟湖相储层孔隙特征

3 潟湖相储层发育机制

基于储层孔隙类型，根据沉积学原理、岩石学和储层地质学理论，X 油田 Yamama 组潟湖相储层成因机制包括沉积作用、成岩作用、构造作用和生物作用。沉积作用控制了储层原始物性和结构组分，控制了微孔的发育程度；成岩作用主要指准同生期溶蚀作用，是铸模孔发育的主要机制；构造作用控制了溶孔和裂缝的发育及分布，生物扰动形成的潜穴是晶间孔的主要载体。

3.1 沉积作用

X 油田 Yamama 组沉积于潟湖主导的碳酸盐岩缓坡，颗粒滩和点礁等未形成完整的障壁遮挡，潟湖水体呈半局限。特殊的水介质条件和水动力条件导致潟湖相储层原始物性和结构组分复杂，并奠定了差异成岩演化的物质基础。潟湖水体较浅，沉积能量较弱，灰泥含量较高，原生粒间孔不发育，原始物性较差，泥晶是微孔的重要载体，准同生期，潟湖沉积中微孔体积较高，埋藏压实过程中，微孔体积降低幅度较大。半局限潟湖水体对窄盐性生物和广盐性生物均适应，生物碎屑具有多样性，其中以藻类、双壳类、介型虫、腹足类、底栖有孔虫等最为富集，偶见似球粒、厚壳蛤、棘皮类和胞网菌等(图 5)。富集的生物碎屑中，藻类种属最多，包括轮藻、叶状藻、粗枝藻和绿藻等，对储层的影响也最强，藻类和双壳类是选择性溶蚀的主要物质来源。

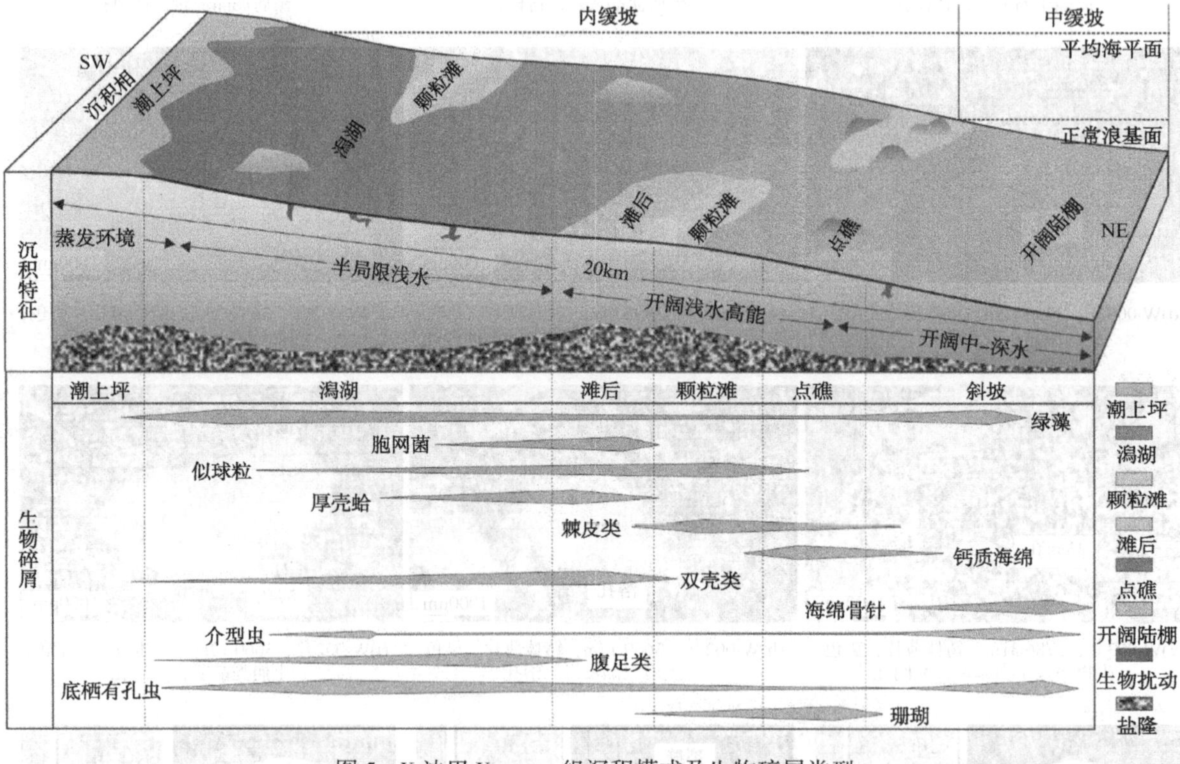

图 5　X 油田 Yamama 组沉积模式及生物碎屑类型

3.2 选择性溶蚀

成岩作用是潟湖相储层次生孔隙的主要形成机制。需要说明的是：尽管 Yamama 组埋深较大，但次生孔隙的形成主要在准同生期，埋藏期受成岩流体的来源、运移和排输等因素制约，难以发生大规模的运移。X 油田 Yamama 组成岩作用包括溶蚀作用、胶结作用、泥晶化作用、白云石化作用、压实作用和压溶作用，其中准同生期选择性溶蚀作用对潟湖相储层的建设性作用最大。选择性溶蚀主要针对泥粒灰岩、粒泥灰岩或漂浮岩中的藻类和双壳类。藻类和双壳类主要为文石质或高镁方解石质，化学性质不稳定，而泥晶多为低镁方解石质，化学性质稳定，大气淡水环境下生屑被选择性溶蚀形成大量铸模孔。

通过识别成岩作用类型和成岩环境，建立了潟湖相储层成岩演化模式(图6)。潟湖环境下，沉积物为粒泥灰岩，粒间孔隙不发育，微孔赋存在泥晶中，基质中散落大量的藻类碎屑，局部可见少量的棘皮类(图6a)。海水成岩环境下，藻屑和棘皮发生泥晶化作用，形成泥晶套，藻类被选择性溶蚀，形成大量的铸模孔，溶蚀后的流体发生饱和，形成大量的针状方解石，充填在铸模孔的内壁(图6b)。当海平面下降，沉积物暴露于大气淡水环境，流体的溶蚀作用强烈，孔隙中的针状方解石被溶蚀，泥晶中的易溶组分也被溶蚀，提高了微孔的体积(图6c)。随着溶蚀作用的继续，泥晶套被大气淡水冲刷破坏，形成离散的泥晶，充填在铸模孔中，许多粒径较小的铸模孔被充填殆尽(图6d)。埋藏环境下，成岩流体由于过饱和而发生胶结作用，铸模孔内壁发生等厚环边胶结，少量的等轴粒状方解石分布于孔隙内壁，少量的棘皮碎屑发生压实破碎(图6e)，成岩流体在封闭埋藏环境无法排出，压实作用形成异常高压，对于孔隙的保存具有重要意义，最终形成铸体薄片中结构组分特征(图6f)。

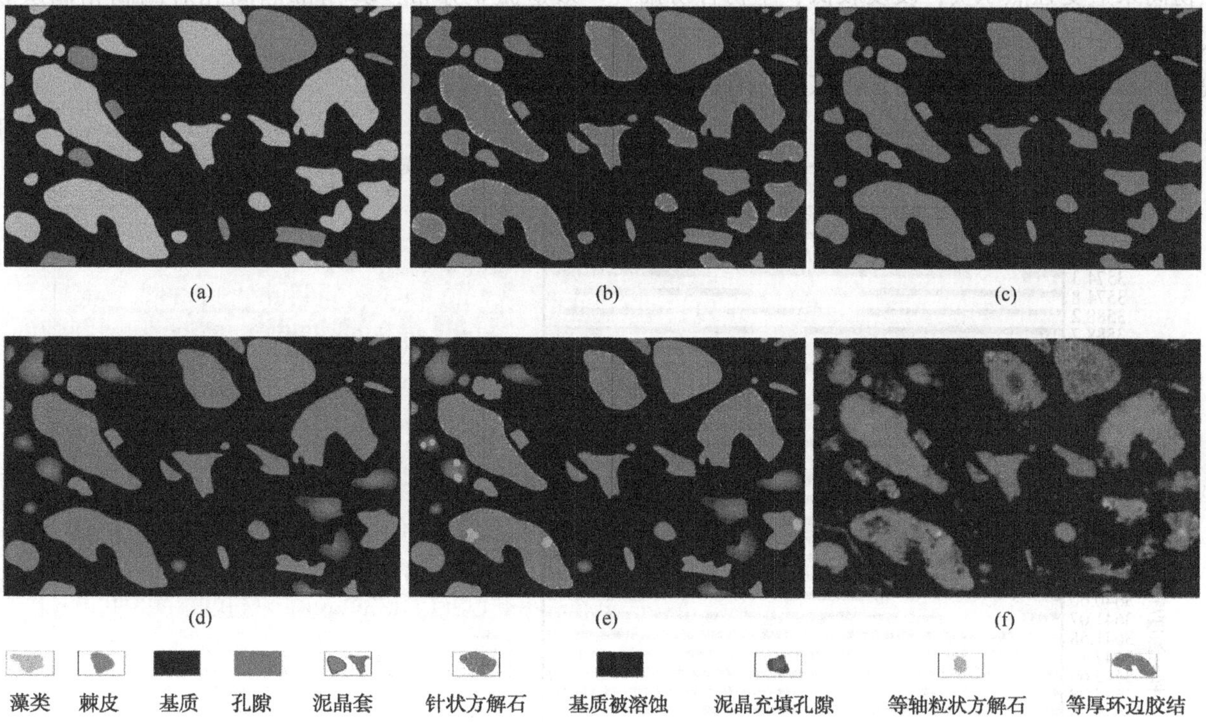

图6　X 油田 Yamama 组潟湖相储层成岩演化模式

通过定量统计发现，藻类含量与铸模孔体积、泥晶含量与微孔体积具有良好的相关性。如3574.8~3599.62m 之间，藻类较少发育，其对应深度铸模孔不发育或发育程度较低，自3638.04m 向下，藻类普遍发育，铸模孔体积也普遍发育，且随着藻类含量增多，与其对应深度的铸模孔体积也增高，在 3641.07m、3647.93m、3673.73m 和 3694.02m 藻类含量较高，相对应深度的铸模孔体积也最高。在3638.04m~3639.05m，泥晶含量最高，与其对应深度的微孔体积也最高，在 3553.1m 和599.62m，泥晶含量较低，微孔不发育，其它深度随着泥晶含量的变化，其对应深度的微孔体积也会相应变化(图7)。

3.3　构造作用

X 油田 Yamama 组断层主要分布于工区东北部，倾向为东北方向，主要作用于 YRC 段。取心井中，仅 W-001 井和 W-006 井临近断层，但 W-001 井 YRC 段未取心。断层对 Yamama 组溶孔和裂缝具有重要影响。断层可作为成岩流体运移的通道，断层附近可形成溶蚀带，溶蚀后的流体向下运移，形成胶结带(图 8a)。溶蚀带的流体溶蚀性较强，可形成溶孔，岩心上可见厘米级的溶孔(图 8b~图 8c)。岩心上胶结带中普遍充填巨晶方解石，最大可达 5cm(图 8f~图 8i)。溶孔和裂缝的发育受断层控制，目前仅在 W-006 井 Yamama 组下部识别少量裂缝，其它远离断层的井中，YRC 段未见裂缝、溶洞和巨晶方解石等。

3.4 生物扰动作用

生物扰动作用在低能环境中普遍发育，尤其是在浅水潟湖中发育程度最高。低能环境中，沉积物尚未遭受强烈压实，硬度较低，生物容易掘穴。潜穴中生物新陈代谢产生的有机质。当潜穴脱离沉积界面被快速埋藏后，潜穴中的有机质得以保存。埋藏过程中，潜穴中生物分泌或排泄产生的有机质，为微生物和还原细菌提供了丰富的营养物质，还原细菌可以去除绑定 Mg^{2+} 的 SO_{42-} 硫酸根离子，提高 Mg^{2+} 的相对含量，而且有机质中的氨气可与水分子反映形成碱性环境，促进了白云化作用的发生，埋藏环境下的温、压条件也促进了白云石化。此外，埋藏过程中裂缝或缝合线可提供外来的 Mg^{2+}，提高 Mg^{2+} 的绝对含量，促进白云石化。当潜穴中灰质组分被白云石完全交代，由于白云石的摩尔体积比方解石要小，发育晶间孔。Yamama 组中的晶间孔主要是潜穴中白云石化作用形成，由于潜穴多是孤立分布，其内部晶间孔对潟湖相储层物性的影响较小。

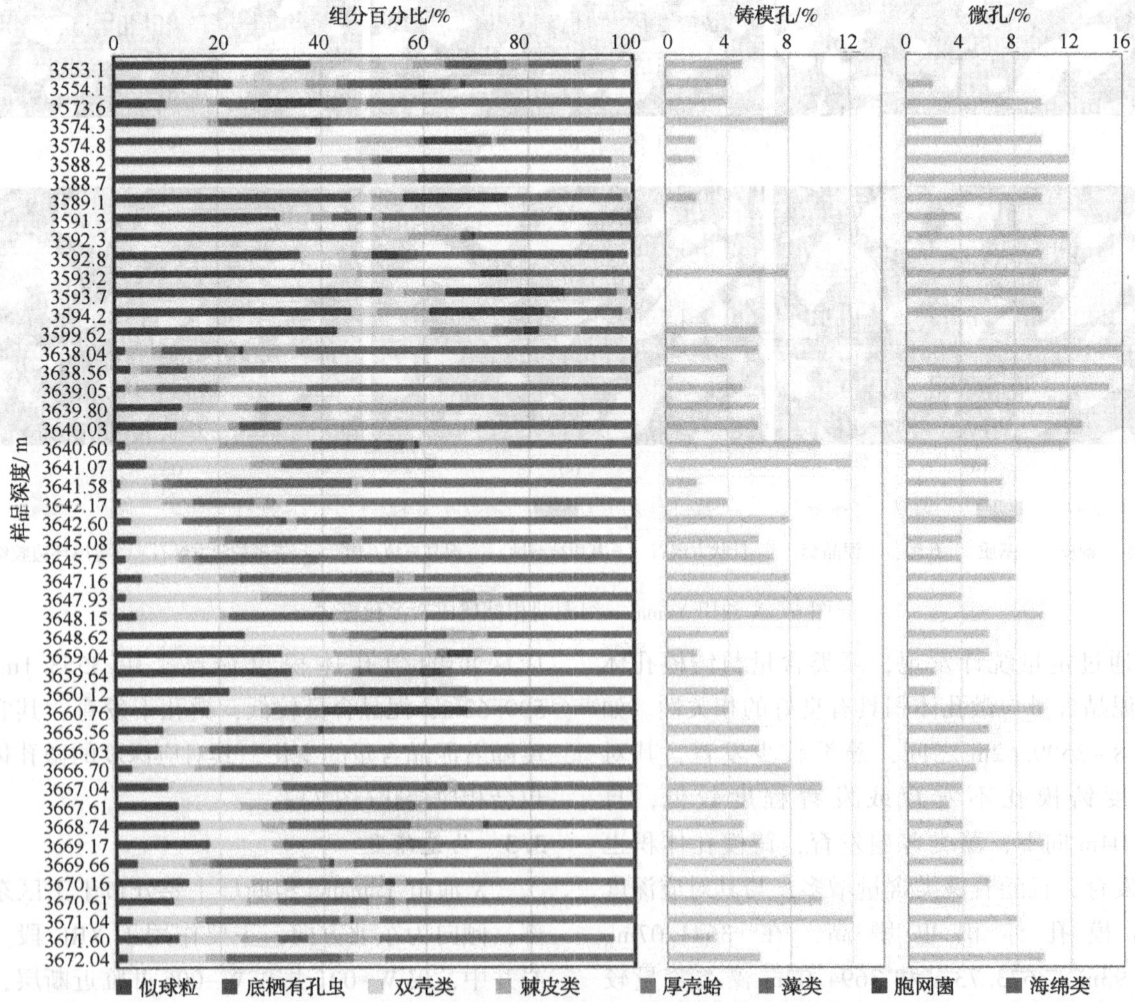

图 7　X 油田 Yamama 组结构组分与孔隙关系

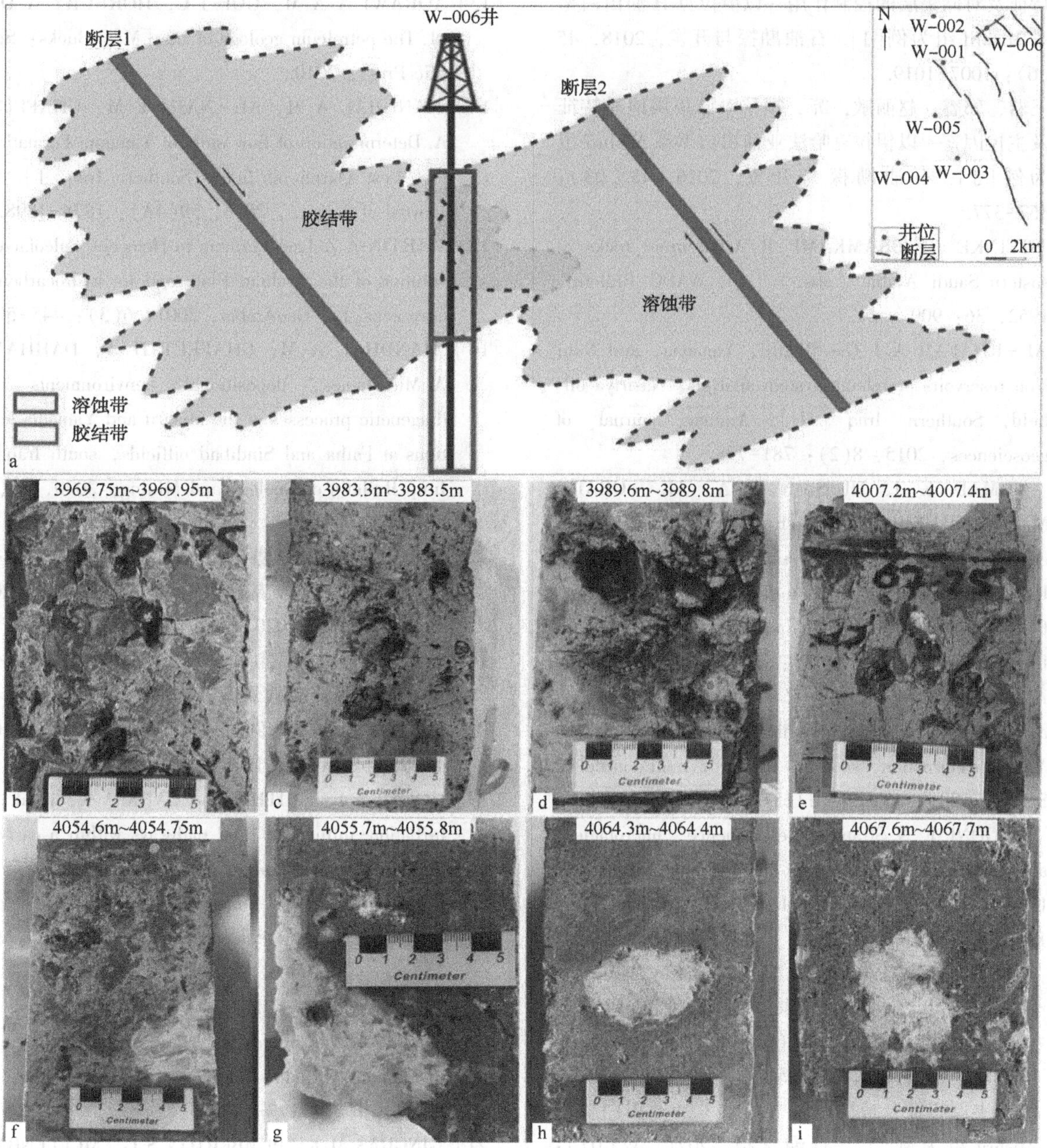

图 8　X 油田 Yamama 组构造作用对储层的影响

4　结论

（1）潟湖相储层灰泥含量高，不发育原生粒间孔，储层孔隙以铸模孔和微孔为主，两者孔隙体积占比达 85%，伴随少量的溶孔、晶间孔和裂缝。潟湖相储层排驱压力较高，压力传导慢，适宜小井距开发，注水开发中，宜采用温和注水，均匀驱替不同孔隙中的石油。

（2）沉积作用控制了潟湖相储层原始物性和结构组分，泥晶是微孔的主要载体，潟湖中富含的绿藻生屑，在准同生期发生选择性溶蚀，形成大量的铸模孔；局部构造作用形成断层和裂缝，断层附近发生溶蚀形成溶孔；生物潜穴中发生白云石化形成少量晶间孔。

参 考 文 献

［1］宋新民，李勇．中东碳酸盐岩油藏注水开发思路与对策［J］．石油勘探与开发，2018，45（04）：679-689.

［2］宋新民，李勇，李峰峰，等．中东巨厚复杂碳酸盐岩油藏分层系均衡注水开发技术［J］．石油勘探与开发，2024，51(03)：578-587.

［3］余义常，孙龙德，宋新民，等．厚壳蛤滩沉积成岩

特征及对储集层的控制作用—以伊拉克 H 油田白垩系 Mishrif 组为例[J]. 石油勘探与开发, 2018, 45(6): 1007-1019.

[4] 王君, 郭睿, 赵丽敏, 等. 颗粒滩储集层地质特征及主控因素—以伊拉克哈法亚油田白垩系 Mishrif 组为例[J]. 石油勘探与开发, 2016, 43(03): 367-377.

[5] STEINKE A, BRAMKAMP R A. Mesozoic rocks of eastern Saudi Arabia (abs.) [J]. AAPG Bulletin, 1952, 36: 909.

[6] AL-KHAFAJI A J. The Mishrif, Yamama, and Nahr Umr reservoirs petroleum system analysis, Nasiriya oilfield, Southern Iraq [J]. Arabian journal of geosciences, 2015, 8(2): 781-798.

[7] AHMAD K I, HUSSAIN S A, AL-OBAIDI M. Paleoceanographic Reconstruction of Upper Cretaceous, Black Shale Succession, Northeastern Iraq Using Geochemical Proxies to Indicate Paleoredox and Paleoenvironment Conditions [J]. Diyala Journal for Pure Science, 2018, 14(3): 237-264.

[8] AL MAFRAJI T G Z, AL-ZAIDY A A H. Microfacies architecture and stratigraphic development of the Yamama Formation, southern Iraq[J]. Iraqi Journal of Science, 2019, 60(5): 1115-1128.

[9] SADOONI F N. Stratigraphie sequence, microfacies, and petroleum prospects of the Yamama Formation, Lower Cretaceous, Southern Iraq[J]. AAPG bulletin, 1993, 77(11): 1971-1988.

[10] 李峰峰, 郭睿, 刘立峰, 等. 伊拉克 M 油田白垩系 Mishrif 组潟湖环境碳酸盐岩储集层成因机理[J]. 地球科学, 2021, 46(01): 228-241.

[11] 李峰峰, 宋新民, 郭睿, 等. 厚层生物碎屑灰岩油藏隔夹层特征及成因—以中东地区 M 油田白垩系 Mishrif 组为例[J]. 石油学报, 2021, 42(07): 853-864.

[12] AL-KHAFAJI A J, AL-NAJM F M, AL-REDAIA R A K, et al. Source rock evaluation and petroleum generation of the Lower Cretaceous Yamama Formation: Its ability to contribute to generating and expelling petroleum to cretaceous reservoirs of the Mesopotamian Basin, Iraq[J]. Journal of Petroleum Science and Engineering, 2022, 217: 110919.

[13] AQRAWI A A M, GOF J C, HORBURY A D, et al. The petroleum geology of Iraq[M]. Bucks: Scientific Press, 2010.

[14] HANDHAL A M, AL-NAJM F M, CHAFEET H A. Determination of flow units of Yamama Formation in the West Qurna oil field, Southern Iraq [J]. Iraqi Journal of Science, 2018, 59(4A): 1878-1898.

[15] MARTIN A Z. Late Permian to Holocene paleofacies evolution of the Arabian Plate and its hydrocarbon occurrences[J]. GeoArabia, 2001, 6(3): 445-504.

[16] HANDHAL A M, CHAFEET H A, DAHHAM N A. Microfacies, depositional environments and diagenetic processes of the Mishrif and Yamama formations at Faiha and Sindibad oilfields, south Iraq[J]. Iraqi Bulletin of Geology and Mining, 2020, 16(2): 51-74.

[17] 马永生, 何登发, 蔡勋育, 等. 中国海相碳酸盐岩的分布及油气地质基础问题[J]. 岩石学报, 2017, 33(04): 1007-1020.

[18] 叶禹, 李峰峰, 宋新民, 等. 生物扰动与成岩作用耦合对泥质碳酸盐岩改造机理—以中东美索不达米亚盆地白垩系为例[J]. 石油勘探与开发, 2021, 48(06): 1187-1201.

[19] GOLAB J A, SMITH J J, CLARK A K, et al. Bioturbation-influenced fluid pathways within a carbonate platform system: the Lower Cretaceous (Aptian-Albian) Glen Rose Limestone[J]. Palaeogeography, Palaeoclimatology, Palaeoecology, 2016, 465: 138-155.

[20] GHABRA A, TATUM D, GARDINER A, et al. Carbonate reservoir characteristics and porosity distribution in Souedih Oilfield, northeast Syria[J]. Geoarabia, 2014, 19(2): 177-192.

[21] GINGRAS M K, PEMBERTON S G, MUELENBACHS K, et al. Conceptual models for burrow-related, selective dolomitization with textural and isotopic evidence from the Tyndall Stone, Canada [J]. Geobiology, 2004, 2(1): 21-30.

[22] 张学丰, 刘波, 蔡忠贤, 等. 白云岩化作用与碳酸盐岩储层物性[J]. 地质科技情报, 2010, 29(3): 79-85.

盐下深层碳酸盐岩气藏储层类型识别和评价
——以阿姆河盆地东部逆冲构造带气藏为例

李　铭[1,2]　张培军[2]　张文起[1,2]　龚辛林[2]　张良杰[1,2]　罗　敏[2]　杨唐斌[2]　王思琦[1,2]　邢玉忠[1,2]
刘晓燕[1,2]　郭春秋[1,2]　陈鹏羽[1,2]　史海东[1,2]　王雯雯[1,2]

（1. 中国石油勘探开发研究院；2. 中国石油阿姆河天然气勘探开发有限公司）

摘　要　阿姆河右岸东部气田发育盐下深水斜坡缓坡礁滩气藏，气藏埋藏深度大致在3500~4000m之间，属于盐下深层生物礁滩气藏。相比中部和西部的浅水斜坡和台地气藏，不属于储层发育的优势沉积相带。但是因为受到逆冲构造的影响，造成复杂的孔-洞-缝的储层类型和储集空间，平均的基质孔隙度虽然只有3~4%，但是实际测试和生产的产能却接近百万/天。这种复杂的深层碳酸盐储层的划分和有效性评价难度大，储层有效性评价难度大，而且不同储层类型的截止值确定难。本文综合岩心资料、常规和成像、核磁等测井资料，开展缝、洞等储集空间特征综合分析研究，建立起复杂孔洞缝储层类型的划分标准及识别方法。最后结合岩心孔渗分析，压汞等方法建立不同储层类型储层的截止值。以上针对阿姆河右岸东部盐下复杂碳酸盐储层类型的划分和截止值的求取较大程度地提高了碳酸盐储层类型识别的精度，也为储层预测和储量计算打下了坚实的基础。

关键词　阿姆河盆地；储层类型；储层截至值；裂缝；逆冲构造；阿姆河盆地

阿姆河右岸东部盐下气田发育深水斜坡缓坡礁滩气藏，这些缓坡礁滩气藏基质孔隙度较小，平均孔隙度只有3%~4%个左右，在卡洛夫—牛津阶碳酸盐岩沉积期，水体较深，礁滩体发育规模较小，受后期胶结作用影响，原生孔隙基本消失殆尽。新近纪喜山运动时期，吉萨尔山全面隆升，研究区发生大规模构造运动，在大规模断层及碎裂带的改造下，形成了复杂的孔、缝、洞碳酸盐储层。这些复杂的孔洞缝性碳酸盐储层的非均值性强，有效地划分和识别这些不同储层类型的碳酸盐储层是东部逆冲构造带碳酸盐储层评价的重要和核心内容，也是储层预测和储量计算的基础。

1　地质概况

阿姆河右岸位于阿姆河盆地东北部，面积约$1.43\times10^4km^2$，自西向东可划分为查尔朱隆起、坚基兹库尔隆起、卡拉别克坳陷、桑迪克雷隆起、别什肯特坳陷与西南吉萨尔逆冲带（图1）。阿姆河右岸东部研究地区是指吉萨尔山前构造区，横跨别什肯特坳陷和吉萨尔逆冲带，面积约为$2100km^2$，受吉萨尔山隆升挤压影响，整体表现为东高西低构造形态。

阿姆河盆地是在古生界基底上发育形成的中—新生代沉积盆地，目的层卡洛夫—牛津期碳酸盐岩地层划分为6段，自下而上依次为致密层状泥晶灰岩层（XVI）、含生屑块状灰岩层（XVa2）、致密灰岩层（Z）、含生屑块状灰岩层（XVa1）、含生屑厚层状灰岩层（XVhp）以及高伽马钙质泥岩层（GAP）（图1）。研究区在卡洛夫—牛津阶碳酸盐岩沉积期，水体较深，礁滩体发育规模较小，受后期胶结作用影响，原生孔隙基本消失殆尽。新近纪喜山运动时期，吉萨尔山全面隆升，研究区发生大规模构造运动，在大规模断层及碎裂带的改造下，形成了复杂的孔、缝、洞储层。

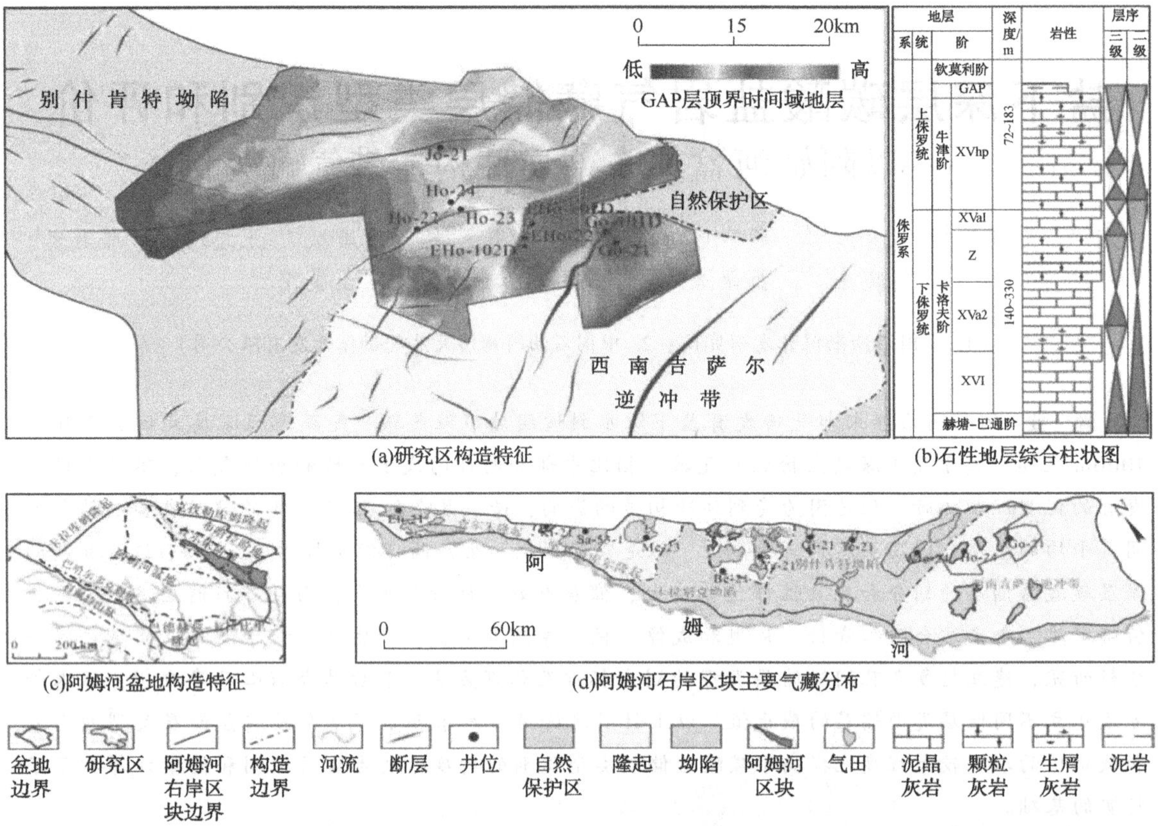

图 1　阿姆河右岸东部地区构造特征及地层综合柱状图

2　储层特征

从卡洛夫-牛津阶岩心观察和薄片鉴定，东部典型气田卡洛夫-牛津阶储层段主要岩性为泥-粉晶生屑灰岩、泥-微晶砂屑灰岩、泥微晶藻团块灰岩(图 2～图 5)，以及部分裂缝、溶蚀孔洞发育较好的含生屑微晶灰岩、含砂屑微晶灰岩。生屑类型主要包括海绵、海胆刺、腕屑、有孔虫、苔藓虫、海百合、薄壳等。

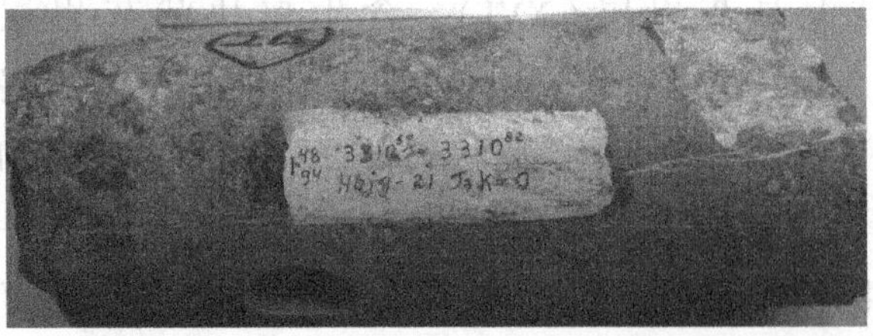

图 2　HX21 3310. 50-3310. 82m，灰色泥-微晶生屑灰岩

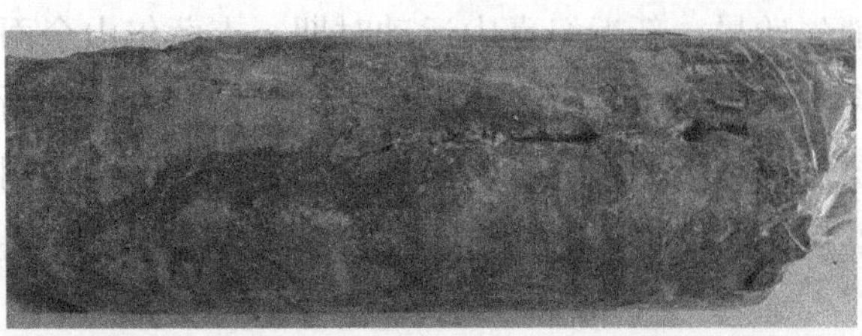

图 3　HX22 3395-3-3395. 5m，灰色泥-微晶生屑灰岩

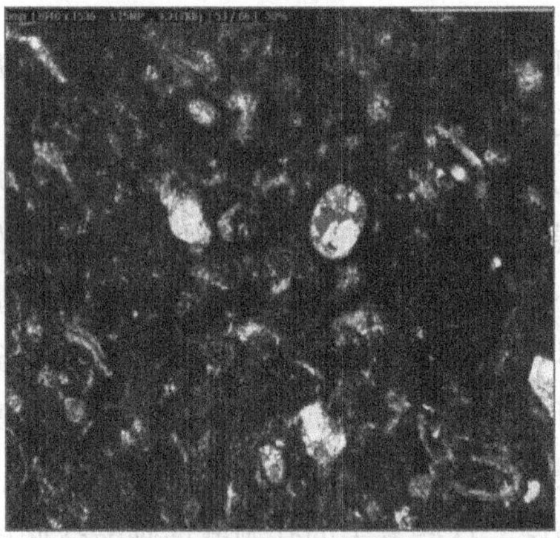

图 4　HX21(3350. 55m)泥-微晶生屑灰岩

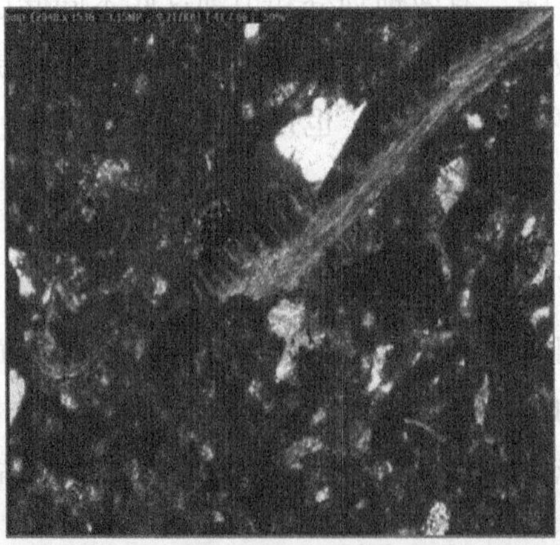

图 5　HX21(3320. 48m)，泥-微晶生屑灰岩

根据岩心观察，卡洛夫-牛津阶储层溶蚀孔洞较发育，该区域主要以深水低能的下缓坡沉积为主，仅局部层段发育少量易发生溶蚀的含生屑、砂屑泥-微晶灰岩等颗粒灰岩，因此，该区溶蚀孔洞主要以沿裂缝溶蚀为主要特点(图 6)。溶蚀孔洞直径以<10mm 的小-中型溶蚀孔洞最为常见，偶见直径大于 10mm 的大型溶洞。绝大部分溶蚀孔洞为有效洞，可作为良好的储集空间。

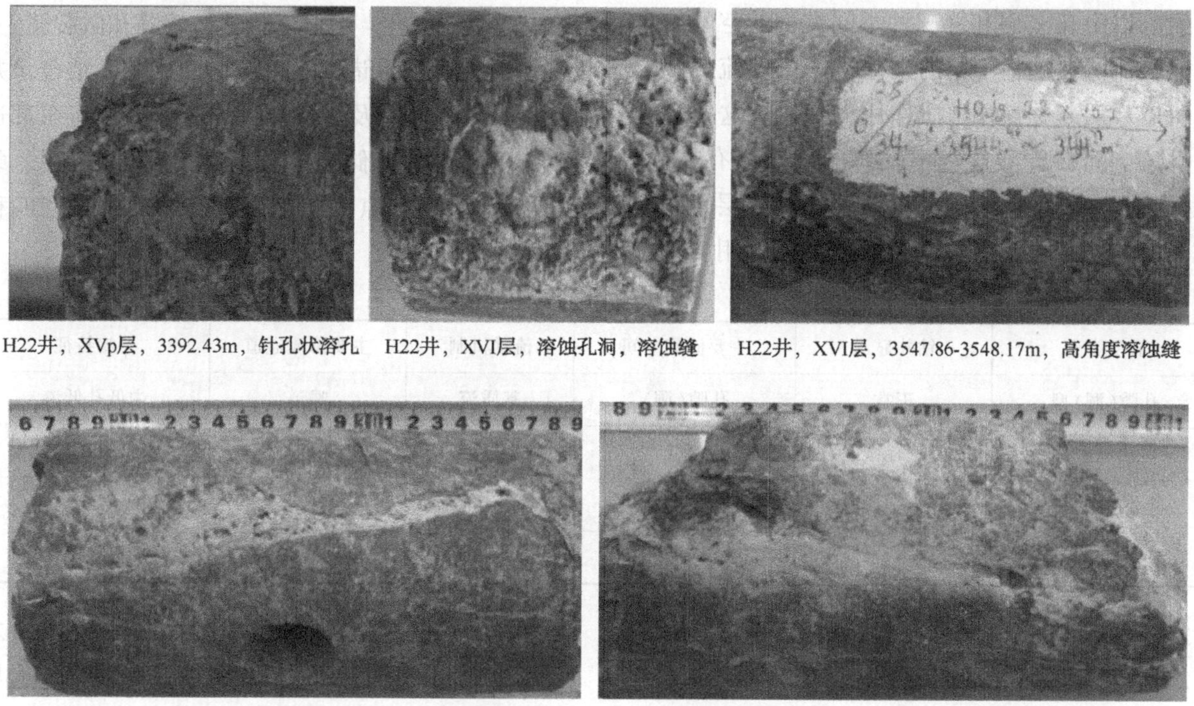

H22井，XVp层，3392.43m，针孔状溶孔　H22井，XVI层，溶蚀孔洞，溶蚀缝　H22井，XVI层，3547.86-3548.17m，高角度溶蚀缝

H22井，XV层，3546.84-3547.02m，高角度溶蚀缝　H22井，XVI层，3545.74-3545.85m，高角度溶蚀缝

图 6　卡洛夫-牛津阶岩心溶蚀孔洞特征图

岩心资料分析表明东部某典型气田碳酸盐孔隙度最小值 0.1%，最大值 8.92%，算术平均值 2.73%；岩心渗透率资料分析最小值 0.0001mD，最大值 2860.26mD，几何平均值 0.072mD。其中，63.8%岩心样品孔隙度<3%，反映出气田储层基质物性差，具低孔、低渗特征(图 7)。此外根据测井储层孔隙度均值 5.43%，基质渗透率均值 0.26mD，但是根据试井渗透率均值为 393mD，反映出高渗的特点，说明储层的动静态差异较大(表 1)。实际的动态渗透率跟接近储层大尺度范围的实际渗流特性，实际的测试和生产产能页接近百万方/天。

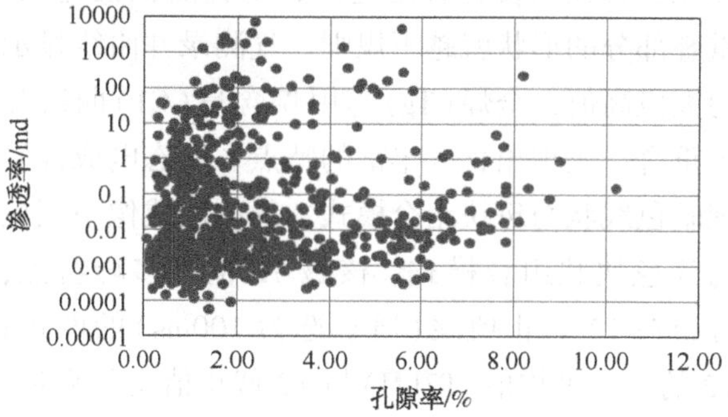

图 7　岩心孔渗关系图

表 1　东部某典型气田测井和测试渗透率对比

测井和试井分析对比	物性	井名						
		HX-21	HX22	HX-23	HX-24	HX-101D	HX-102D	HX-103D
测井	孔隙度/%	4.66	5.54	4.63	4.46	6.16	6.11	5.28
	渗透率/mD	0.02	0.26	0.28	0.23	0.41	0.43	0.1
试井	层位	GAP-XVhp	XVhp-XVI	XVhp-XVa1	XVhp-XVa1	XVI	Gap-XVI	XVhp-XVa1
	试井渗透率/mD	728	514	0.17	0.011	139	672	0.086

3　储层类型划分及识别综合评价

3.1　储层类型划分

碳酸盐岩储集层作为一种多孔介质，其储集空间可以由孔、洞和缝三种不同类型的空间组合构成，流体在这些不同的空隙空间中渗流的状况有明显差别。受各种地质作用的控制，这三种类型空隙空间在碳酸盐岩中发育的程度会有差异，这样就形成了具有不同储渗系统的储集层，它们在油气的勘探开发中有不同的表现和作用。基于第二节所示储层的特征结合成像测井解释等分析认为，东部逆冲带卡洛夫-牛津阶碳酸盐岩的储层空隙类型有孔隙、裂缝、局部井段有溶蚀孔洞，储集空间类型主要为受后期溶蚀作用、构造作用形成的粒内溶孔、溶洞、构造扩溶缝和微裂缝。

考虑储层的储渗能力与物性特征，结合录井信息、岩心分析及成像测井解释结果，将东部逆冲带复杂碳酸盐储层主要分为孔隙(洞)型、裂缝型、裂缝-孔隙(洞)型以及孔缝洞复合型四种(表2)。

表2　研究区主要储层类型划分

储层类型	钻井显示	主要储集空间	流动机制	主要渗流通道	孔渗特征
孔隙(洞)型	正常	孔隙(洞)	基质流	喉道	中低孔低渗
裂缝型	放空、轻微漏失	裂缝	裂缝流	裂缝	低孔高渗
裂缝-孔隙(洞)型	轻微钻时加快	孔隙(洞)	裂缝-基质流	裂缝、喉道	中低孔中高渗
孔缝洞复合型	放空、明显漏失	孔隙、溶洞、裂缝	裂缝-基质流	裂缝、喉道	中高孔高渗

3.2　储层类型测井响应特征及模式图

3.2.1　孔缝洞复合型储层

岩心显示特征为高角度裂缝与溶蚀孔洞发育。常规电阻率曲线呈多段“L”形，深电阻率-声波时差重叠法显示，声波测井曲线(在右)与深电阻率测井曲线(在左)之间具有较大的重叠面积，且孔洞发育程度越高，重叠面积就越大，重叠部分的形状就越不规则。气测录井曲线显示为大段高值，全烃(Tg)与甲烷含量(C1)曲线几乎重合，表现出含气丰富的特点。动态电成像呈现暗色线状与斑块组合模式，静态电成像呈亮色与浅色块状组合模式。核磁T2谱呈多峰特点，分布在T2截止值线(通常选为100ms)的两边；T2的对数平均值(T2LM)与T2截止值交替靠近。孔渗关系呈基质流与裂缝流共存的特点，孔渗变化范围均较大，表现出极强的储渗性能。压汞曲线显示，排驱压力较低，进汞曲线呈标准的座椅形且平直段较长，最大进汞饱和度高，孔喉呈高值且较宽的分布特点(图8)。

3.2.2　裂缝-孔隙型储层

岩心显示特征为发育有不完全充填的高角度张开缝，有时可见溶孔。常规电阻率曲线呈“U”形，深电阻率-声波时差重叠法显示，通常声波测井曲线(在右)与深电阻率测井曲线(在左)之间具有较小的重叠面积。气测录井曲线显示为局部中高值，全烃(Tg)与甲烷含量(C1)曲线较为接近。动态电成像呈现亮暗色交替出现的线状模式为主。核磁T2谱呈分离的双峰形态，分布在T2截止值线的两边。孔渗关系表现出基质流与裂缝流共存的特点，孔渗变化范围较孔缝洞复合型储层要小。压汞曲线显示排驱压力较高，进汞曲线平直段较短；孔喉分布区间较窄且与渗透率贡献分布一致(图8)。

3.2.3　裂缝型储层

岩心显示特征为发育有不完全充填的高角度张开缝。常规电阻率曲线呈“V”形，深电阻率-声波时差重叠法显示，通常声波测井曲线(在左)与深电阻率测井曲线(在右)之间具有较小的分离程度，有时可见尖峰重叠部分。气测录井曲线显示为小段中高值，全烃(Tg)与甲烷含量(C1)曲线较为接近。动态电成像呈现暗色线状模式为主，静态电成像呈浅色块状模式。核磁T2谱呈单一的宽峰形态，分布在T2截止值线的左边；T2的对数平均值(T2LM)与T2截止值明显分离。孔渗关系表现出裂缝流的特点，基质孔隙度小于3%，渗透率变化范围的级差达6个数量级。压汞曲线显示排驱压力较高，进汞曲线缺乏平直段，呈快速推进的裂缝流特点；虽然最大进汞饱和度稍小，但残留汞饱和度较低，退汞效率呈高值；孔喉分布区间较窄，且高孔喉对应的渗透率贡献大(图8)。

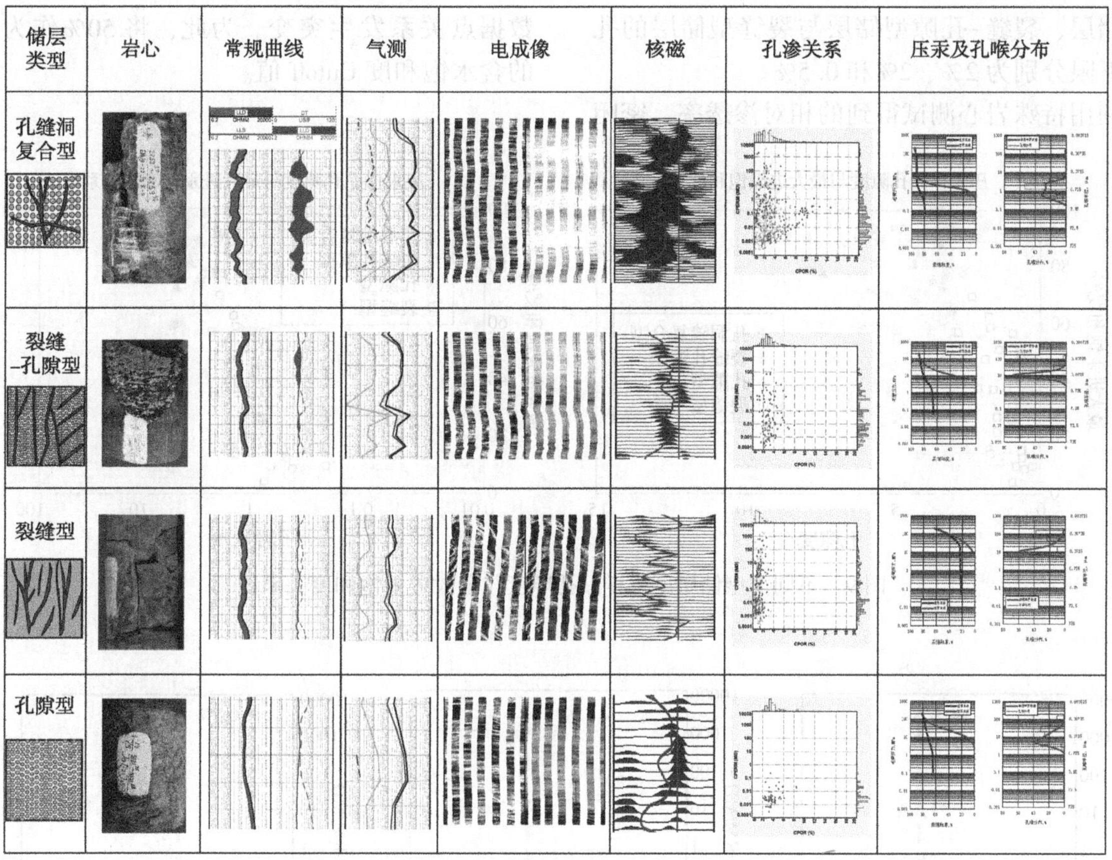

图8　东部研究区储层类型综合识别模式图

3.2.4　孔隙型储层

岩心显示特征为不发育裂缝，有时可见溶孔。常规电阻率曲线呈较为平直的括弧形，深电阻率-声波时差重叠法显示，通常声波测井曲线(在左)与深电阻率测井曲线(在右)之间具有较小的分离程度，且对应曲线形态较为一致。气测录井曲线显示为小段中高值，全烃(Tg)与甲烷含量(C1)曲线在储层顶底明显分离且呈低值。动态电成像有时可见针状暗色斑点，静态电成像呈深色块状模式。核磁T2谱主要呈单一的窄峰形态，主峰一般分布在T2截止值线的右边；T2的对数平均值(T2LM)较高，且与T2cutoff值接近。孔渗关系表现出基质流的特点，中孔中低渗范围。压汞曲线显示排驱压力中等，进汞曲线的平直段较短，退汞效率较低；孔喉分布区间稍宽，且高孔喉对应的渗透率贡献大(图8)。

3.2.5　不同类型储层Cutoff值的确定

图9为不同类型储层压汞样品孔隙度与最大进汞饱和度关系图，其中左图孔隙度轴为线性刻度，右图孔隙度轴为对数刻度。可以看出，当孔隙度≥2%时，裂缝-孔隙型和孔缝洞复合型储层压汞样品的最大进汞饱和度存在明显的突变关系；孔隙度≥4%时，孔隙型储层压汞样品的最大进汞饱和度存在明显的突变关系；对于裂缝型储层样品，由右图可以看出，当孔隙度≥0.5%时，压汞样品的最大进汞饱和度集中分布在30%～60%，故确定裂缝型储层的孔隙度下限为0.5%。

根据以上分析得出，裂缝-孔隙型和孔缝洞复合型储层的孔隙度下限值为2%，裂缝型储层的孔隙度下限值为0.5%，而孔隙型储层的孔隙度下限值为4%。

图10为3种不同类型储层常规岩心分析渗

透率与孔隙度关系图。确定岩心分析渗透率明显存在由低到高的突变关系，且孔隙度直方图急剧上升的点为相应储层类型的孔隙度 cutoff 值。故基于常规岩心分析孔渗资料，分别确定孔缝洞复合型储层、裂缝-孔隙型储层与裂缝型储层的孔隙度下限分别为 2%、2%和 0.5%。

利用特殊岩心测试得到的相对渗透率、密闭取心分析的饱和度与孔隙度建立关系等方法可以确定含水饱和度 Cutoff 值。

图 11 为岩心压汞样品最大进汞饱和度与孔隙度关系图，可以看出，饱和度大于 50%时，数据点关系发生突变。为此，将 50%作为储层的含水饱和度 Cutoff 值。

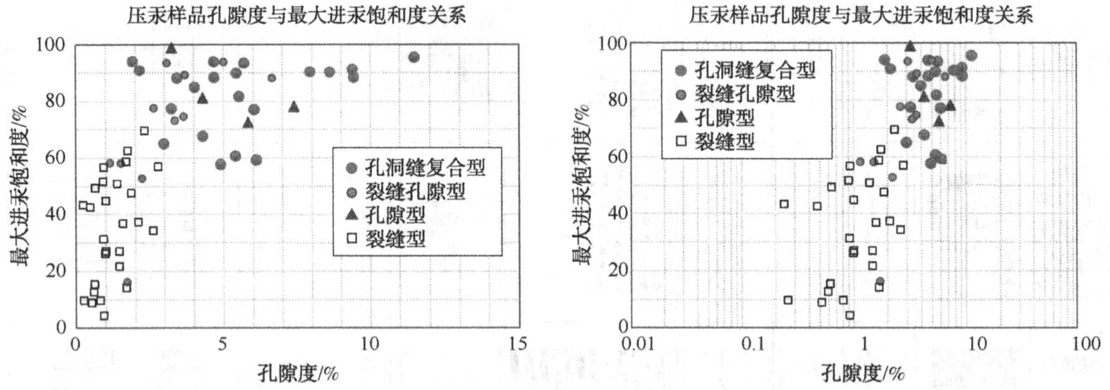

图 9　不同类型储层压汞样品孔隙度与最大进汞饱和度关系图

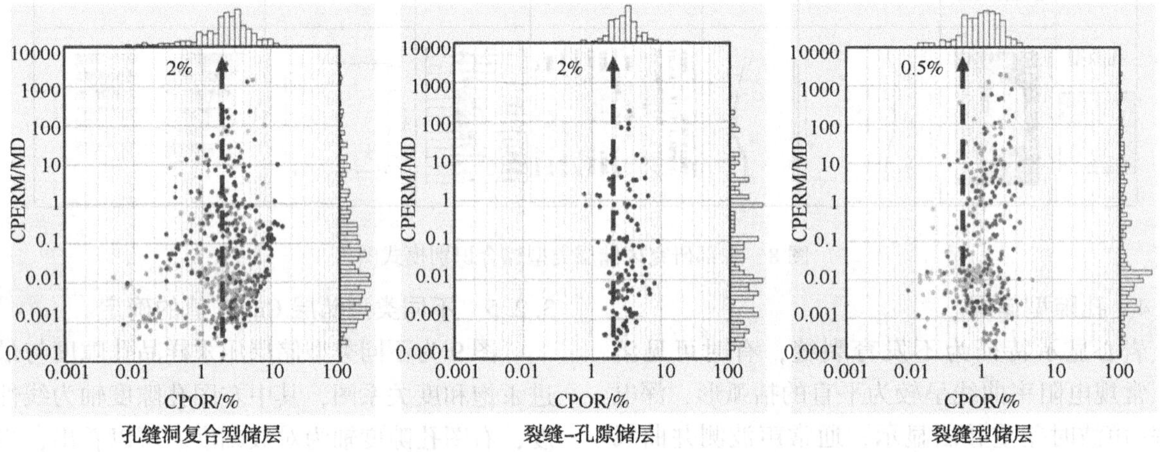

图 10　不同类型储层常规岩心分析渗透率与孔隙度关系图

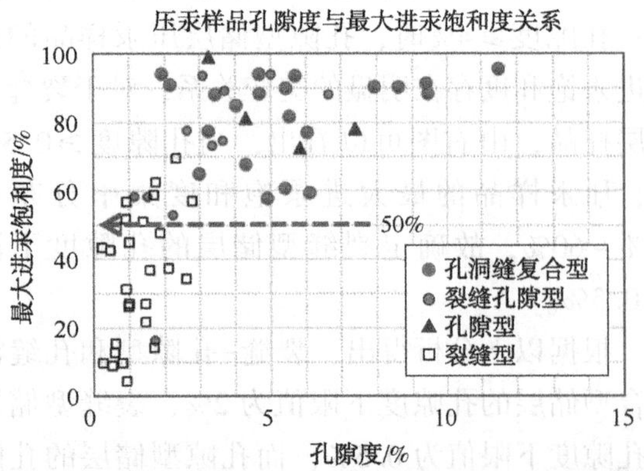

图 11　岩心压汞样品最大进汞饱和度与孔隙度关系图

4　储层类型划分和应用实例分析

图 12 为应用东部复杂碳酸盐储层划分的标准和模式开展储层类型划分的实例结果。该井综合利用以上的储层类型模式和方法划分了具体的储层类型，和以前的储层解释和划分标准来比，解释的有效储层段厚度明显的增加(如图 12 中红框对比所示)，提高了储层类型和储层有效厚度解释的精度，为储层类型的预测和储量计算打下了坚实的基础。

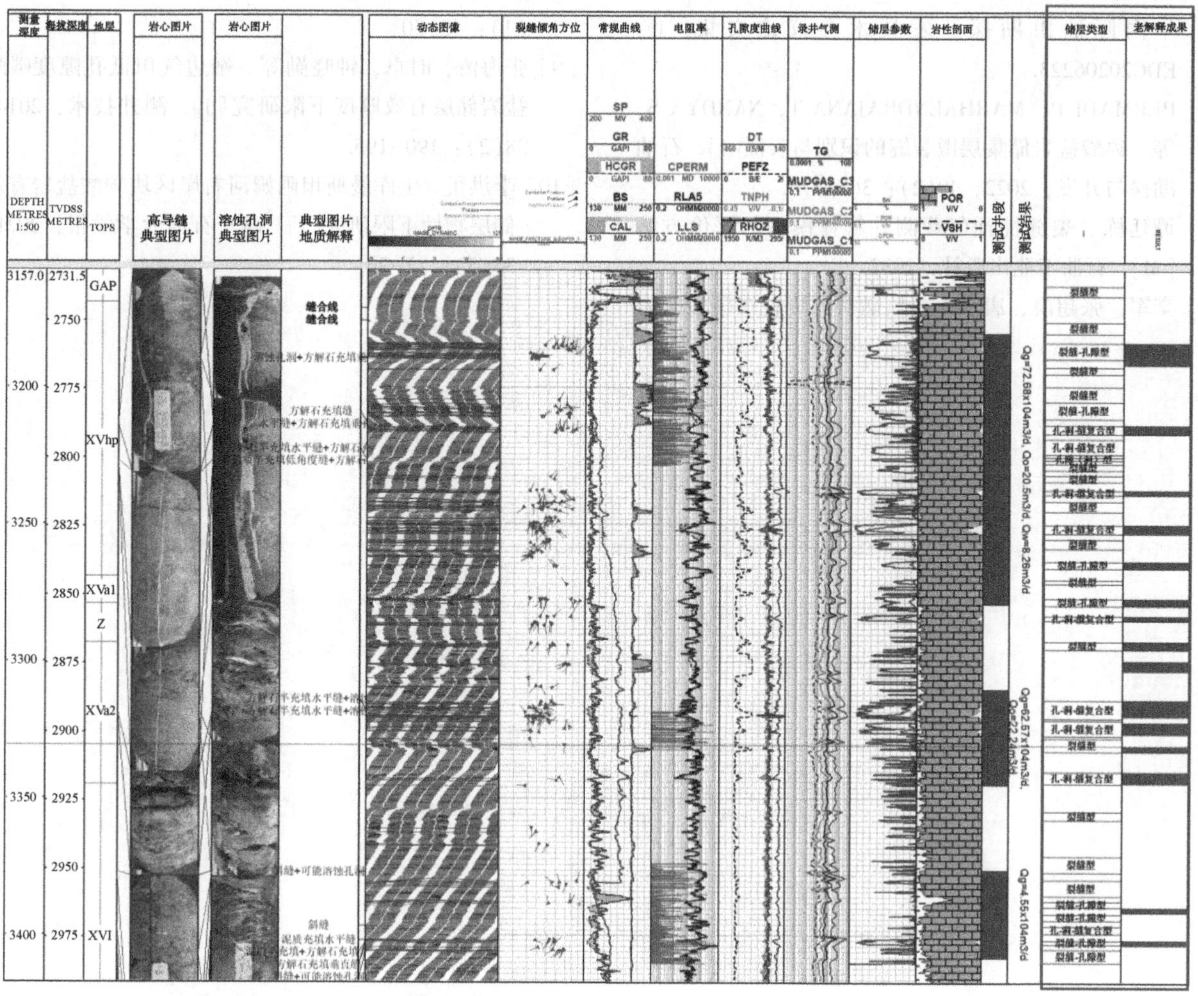

图 12　东部气田某井复杂碳酸盐储层类型划分实例

5　结论

（1）阿姆河右岸东部逆冲构造带气田储层基质储层物性较差，但是由于收到断层的改造导致储层中发育缝洞，极大程度地改善了储层物性，形成高产缝洞型碳酸盐气藏

（2）基于东部逆冲构造带碳酸盐岩储层的储渗能力与物性特征，结合录井信息、岩心分析及成像测井解释结果，将东部逆冲带复杂碳酸盐储层类型主要分为孔隙(洞)型、裂缝型、裂缝-孔隙(洞)型以及孔缝洞复合型四种，并建立了相应的识别标准和识别图版。

（3）结合岩心压汞和岩心孔渗分析等资料建立了不同储层类型的截止值标准，其中孔缝洞复合型储层、裂缝-孔隙型储层与裂缝型储层的孔隙度下限分别为 2%、2% 和 0.5%，将 50% 作为各种储层类型的含水饱和度 Cutoff 值标准。

（4）目前以上的储层类型和截止值得标准目前需要分层测试和 PLT 生产测井结果的进一步验证。

参　考　文　献

[1] 吕功训，刘合年，邓民敏，等．阿姆河右岸盐下碳酸盐岩大型气田勘探与开发[M]. 北京：科学出版社，2013.

[2] 余一欣，殷进垠，郑俊章，等．阿姆河盆地成藏组合划分与资源潜力评价[J]. 石油勘探与开发，2015，42(6)：750-756.

[3] 聂明龙，吴蕾，刘斌，等．土库曼斯坦阿姆河右岸地区断裂特征及其控藏作用[J]. 新疆石油地质，2013，34(3)：365-368.

[4] 王红军 张良杰 陈怀龙等 阿姆河右岸盐下侏罗系大中型气田地质特征与分布规律[J]. 中国石油勘探，2020，25(4)：52-64.

[5] 马文辛，陈怀龙，欧阳诚等 阿姆河盆地东部侏罗系

碳酸盐岩成藏地质特征与主控因素差异性[J]. 2020年国际油田勘探开发技术会议论文集，IFEDC20206223.

[6] PERMADI P，MARHAENDRAJANA T，NANDYA S，等. 碳酸盐岩储集层微裂缝的识别与表征[J]. 石油勘探与开发，2022，49(2)：366-376.

[7] 谭廷栋. 裂缝性油气藏测井解释模型与评价方法[M]. 石油工业出版社，1987.

[8] 李军，张超谟，唐小梅. 核磁共振资料在碳酸盐岩储层评价中的应用[J]. 江汉石油学报，2004，26(1)：48-50.

[9] 张海涛，时卓，钟晓勤等. 靖边气田低孔隙度碳酸盐岩储层有效厚度下限研究[J]. 测井技术，2014：38(2)：190-195.

[10] 李洪玺. 土库曼斯坦阿姆河右岸区块碳酸盐岩有效储层物性下限研究[J]. 西安石油大学学报，2021，36(5)：22-26.

差异源汇控制下的储层新认识与惠州凹陷恩平组勘探实践

熊万林[1,2]　刘　培[1,2]　宋朋霖[1,2]　刘汉卿[1,2]　韩　博[1,2]

[1. 中海石油(中国)有限公司深圳分公司；2. 中海石油深海开发有限公司]

摘　要　近年来，随着南海东部近海勘探逐渐走向深层“双古”领域，恩平组作为断-拗转换期过渡层系，具有“近油源、埋深浅”的先天优势，具备发育大中型油气田的现实条件。因此，富烃洼陷周缘恩平组富砂层系逐渐作为新的主要勘探对象，并相继获得一系列勘探发现。本文系统分析制约惠州凹陷深层恩平组勘探的“成砂”、“成储”、“成藏”三大关键问题。研究表明：1)恩平组早晚期成砂效应受沉积期“构造、气候、水体”联合控制，形成了恩平早期发育中型扇辫沉积体系、恩平晚期发育大型扇辫体的砂体发育格局；2)明确恩平组早期砂体埋深较大，颗粒较粗，抗压保孔能力强；恩平组晚期砂体埋深浅，高成熟度、中粒砂岩更有利。不同母岩成砂效率半定量计算结果显示：二长花岗岩风化速度较慢，经中短距离(7km)搬运变为中成熟-粗砂岩；花岗闪长岩风化速度较快，经短距离(4km)搬运变为高成熟-中砂岩；3)针对扇三角洲沉积体系不同类型储层开展油气充注过程物理模拟实验，明确储层物性和充注动力控制油气富集程度，1mD以上砂体为有效储集层，经历“快速-缓慢-稳定”有序充注；0.01mD以下砂体为致密封堵层，充注弱、含油性差；恩平组自下而上，充注动力逐渐降低，富集模式表现为“分带含油”，恩平组中-下段为中-高充满带，易于形成大规模连片油气藏。研究认识成果为惠州凹陷恩平组新层系油气藏勘探指明了新方向，并实现了油气勘探重大突破。

关键词　珠江口盆地；惠州凹陷；恩平组；沉积储层；油气富集规律

截至2022年底，珠江口盆地(东部)探区共发现探明储量近15亿吨油当量，其中83%集中在新近系，惠州凹陷作为珠江口盆地最主要的油气产区，贡献了全盆地近50%油气产量。但随着勘探程度的不断增高，浅层剩下可供钻探的圈闭规模越来越小，勘探成效越来越低，勘探对象向深层拓展是必然趋势。近五年来，古近系和古潜山“双古”领域已然成为惠州凹陷主要的勘探层系，并获得了以惠州26-6“双古”领域为代表的大中型油气田，但发现主要集中在文昌组和古潜山。传统观点认为恩平组满盆含砂，难以规模富集。但恩平组作为断-拗转换期过渡层系，处于进军深层的必经之路，具有“近油源、埋深浅”的先天优势，是新的储量增长点，惠州凹陷富洼区恩平组剩余资源量约3亿方，具备发育大中型油气田以及快速增储上产的现实条件。但新的钻井也为恩平组勘探带来了新的认识和挑战：1)恩平组断-拗转换期，短物源区能否形成规模砂体；2)近源沉积、断距离搬运能否形成有效储层；3)恩平组不同含油气系统成藏规模差异大，能否形成连片富集的油藏。

本文围绕惠州凹陷最富生烃洼陷惠州26洼，基于恩平组钻井、岩心、地球化学及最新全覆盖三维地震数据等大量实物资料，分析了制约恩平组进一步拓展勘探的“成砂、成储、成藏”三大关键石油地质条件，总结了惠州26洼南部陡坡带油气田“含油分带”成藏特征及富集机理，以期推动南海东部富洼周缘恩平组油气勘探实践。

1　区域地质概况

南海珠江口盆地位于广东大陆以南，海南、台湾两岛之间，呈NE-SW向展布，面积约26万平方公里，是我国南海最大的产油气区之一。珠江口盆地属于大型中、新生代沉积盆地，发育在中国南海北部大陆边缘，处于欧亚、太平洋和印度洋三大板块交汇处，是在较为复杂的基底上发育的被动大陆边缘盆地。珠江口盆地呈南北分带，包括盆地北侧的北部断阶带与北部坳陷带、盆地中心的中央隆起带、盆地南侧的南部坳陷带与南部隆起带，构造格局呈现“三隆两坳”的形态(图1)。

珠一坳陷位于盆地北部近海浅水区(图1)，

是盆地北部坳陷带的一个负向构造单元，走向为NE向，且大致与海岸线平行。该坳陷西北邻北部断阶带，东南部受控于中央隆起带，西南与珠三坳陷相接，东北毗邻澎湖北港隆起。珠一坳陷发育的北西向低凸起及北东向断裂体系共同控制了内部具有东西分块构造特征的凹陷分布格局。

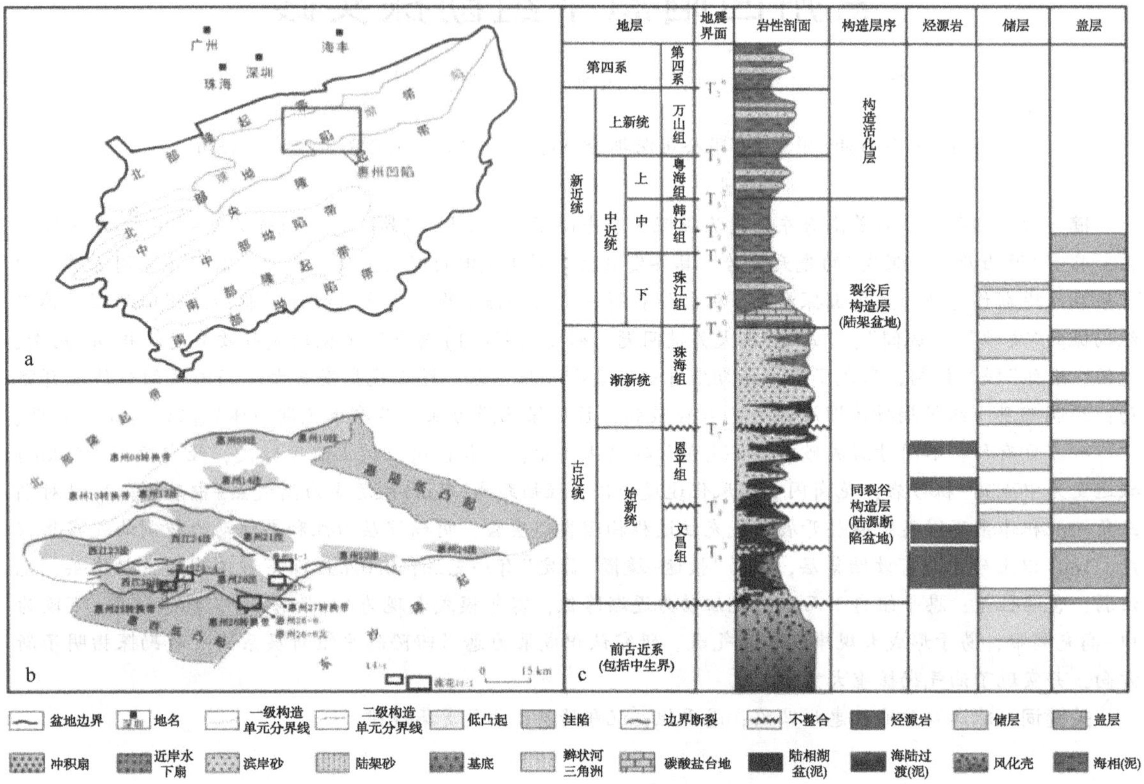

图1　惠州凹陷及惠州26-6周缘构造单元划分与地层综合柱状图

惠州凹陷位于珠江口盆地珠一坳陷中部，东西毗邻陆丰凹陷和西江凹陷，是该盆地已证实的最富烃凹陷之一。据基底断裂和古近系沉积厚度分布，惠州凹陷可进一步划分为惠州26洼、西江30洼和西江24洼等11个洼陷(图1)。古近系主要发育近NEE和NWW走向的两组断裂，控制了洼陷结构和沉积充填特征。其中，凹陷边缘具有典型的转换断裂强烈活动特征，发育惠州27、惠州26、惠州25和西江30等多个构造转换带，直接调控砂体分布、堆积。因此，在烃源岩供烃充足条件下，凹陷边缘构造转换带易形成“自生自储”及“下生上储”古近系油气藏，为惠州凹陷深层油气勘探奠定坚实的地质基础。

2　惠州26洼烃源岩特征

优质烃源物质基础是勘探向深层拓展的物质基础，惠州凹陷是珠江口盆地最富的生烃凹陷，而惠州26洼则是惠州凹陷地质资源量最大、探明储量最大、勘探程度最高的生烃洼陷。惠州26洼洼陷面积约588km^2，文昌组最大厚度达2676m，平均值约1034m，最大埋深约7400m，广泛分布的文昌组半深-深湖相黑灰色泥岩是洼陷主力烃源岩。周缘已钻井揭示的烃源岩地球化学分析资料显示，文昌组半深-深湖相烃源岩TOC(总有机碳含量)分布范围为平均值4.1%，HI(氢指数)分布范围为平均值为432mg烃/gTOC，有机质类型为II1-I型，结合烃源岩生物标志化合物特征，认为该泥岩为典型的倾油型优质烃源岩。盆地模拟结果表明，洼陷文昌组主力烃源岩在16Ma(韩江初期)进入成熟阶段，10Ma(韩江末期)进入中-晚期成熟阶段，现今洼陷进入高成熟阶段，以生气为主。根据最新洼陷资源量计算结果，烃源岩排油量约42.44亿吨，排气量约23.37亿吨，具有“早期大量生油、晚期大量排气”的典型油型烃源岩排烃特征，为惠州26洼周缘深层古近系油气成藏提供了充足的物质基础。

3　恩平组“构造-气候-水体”转换控砂

3.1　裂点迁移控制流域面积

裂点是河床纵剖面上，缓坡段与陡坡段的截然转折处。裂点上下，河流坡度通常表现为快速的由小变大。裂点的发育通常受控于流域盆地地区岩性的差异，以及差异性的构造抬升(逆断层、正断层)或者海平面变化和河流袭夺而引起的侵蚀基准下降。在前人研究的基础上，本次研究主要是基于研究区的地震资料及已恢复的古地貌资料，借助 petrel 软件，对裂点的发育位置进行定量拾取并在地貌图上加以表征，并对对物源区水系进行定量拾取，恢复研究区恩平组早期及恩平组晚期水系。借助地震、测井资料明确沉积区扇体沉积边界，将水系与沉积区扇体进行一一对应，划分“源-汇”级次单元，分析研究区恩平组各沉积期“源-汇”匹配关系。

分析结果表明，恩平组早期，源区地貌形态高陡(3.83°)，主要是近源堆积，源区面积较小，剥蚀范围由局限($43km^2$)，沉积扇体规模也相对较小，恩平组晚期，越过初始裂点，源区地貌形态向平缓(1.02°)转变，流域面积扩大，向开阔($76km^2$)转变，河网水系更为发育，沉积扇体规模形态变大(图 2)。

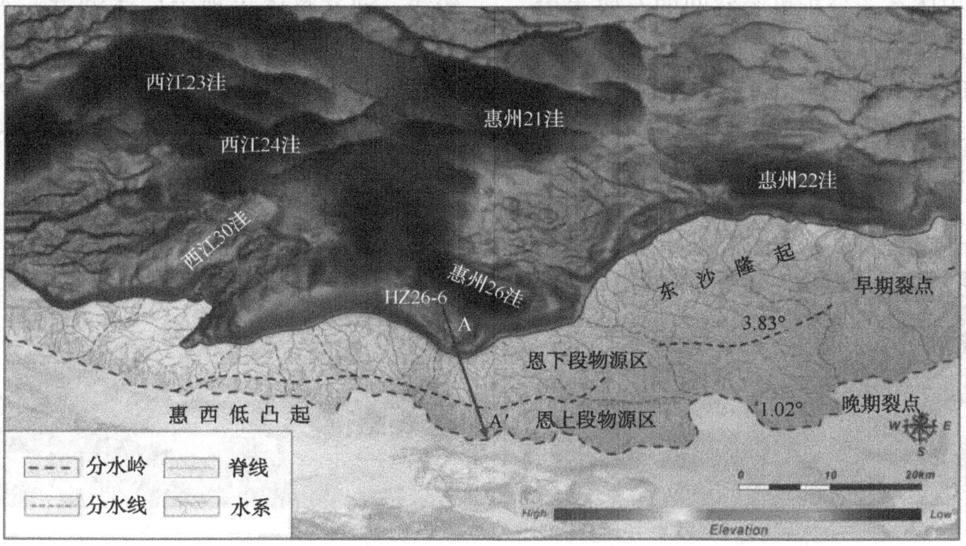

图 2　惠州 26 洼南缘陡坡带恩平组源区特征及分水体系分布图

3.2　气候冷暖控制沉积物供给量

本研究采用的古气候定量恢复方法是基于植物群落稳态及古纬度日照量强度的孢粉古气候因子法，该方法通过获取研究区已有钻井的孢粉含量以及类型数据，将之与陆生孢粉气温-降水转换数据库中的孢粉对比，进而得到对应的气候数值(古气温、古降水量)，做等深度求和得到对应的气温指数及降水指数。分析不同深度的优势植物孢粉，确定所属植物群落，确定其群落气温系数及群落降水系数，进行第一次群落校正，并获取初始古气温值和初始古降水量。同时进行古纬度日照系数(Sun)和蒸发系数(Eva)校正，进而得到气候和降水的古纬度校正倍数，再将校正倍数分别乘对应的最小值、平均值、最大值进而得到校正后的古气温、古降水值(图 3)。

恩平组早期生态群落图　　恩平组晚期生态群落图

图 3　惠州凹陷恩平组气候-沉积响应模型

惠州凹陷早恩平期古气温平均值为22.1℃，年均古降水量范围1314～1512mm，平均降水量1412mm，暖湿气候，植物群落以丰富的落叶针叶-常绿阔叶混交林为主，固土强，风化成砂效率中等；晚期气候转凉变干，平均气温20.2℃，年均古降水量范围1290～1466mm，平均降水量1373mm，植物群落丰度单一，以低丰度针叶-落叶阔叶混交林为主，生物固土能力明显减弱，风化成砂效率变高。因此，相比于早期，恩平组晚期沉积物供给通量也会明显增大(图3)。

3.3 湖盆水深控制沉积规模

恢复古水深是建立沉积环境、模拟沉积过程、判断沉积体系、分析可容空间的有效手段。利用化学元素恢复古水深是目前最常见的恢复方法之一，同时也是可信度和可操作性最强的古水深恢复方法之一。但是此方法无法对无取心或无微量元素测试的井段进行水深的恢复。研究区现有的微量元素分析化验资料不足，本次研究主要是通过利用Co元素来定量计算古水深并与米兰科维奇天文旋回理论全井段相对沉积速率进行拟合，建立多点全井段沉积速率与古水深的关系函数进而绘制研究区恩平组不同时期水深平面等值线图(图4)。

研究区水深分析结果表明：恩下段沉积期古水深恢复平面表明，该时期断裂活动强度大，总体为窄陡湖盆，水深分布范围在8-13m，惠州26-6目标区平均古水深约13m，湖盆沉积体表现为重力流主控形成的“大平原、小前缘”中型朵页体。恩上段沉积期，惠州凹陷地区水体总体较浅，湖盆整体表现为广浅湖盆，水体连片发育，无相对明显的水体中心，平均水深范围为3.5-9m，惠州26-6北目标区平均古水深约9m，湖盆沉积体表现为牵引流主控形成的“小平原、大前缘”大型朵页体(图4)。

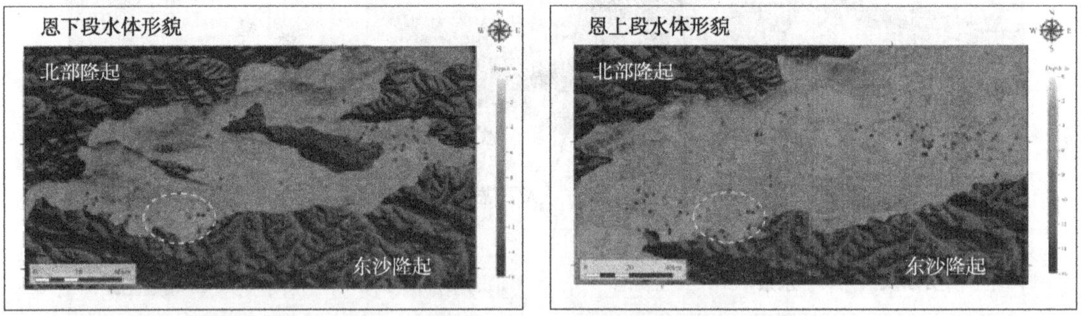

图4　惠州凹陷恩平组古水深分布图

因此，对于惠州26-6北转换带扇三角洲而言，短物源区受构造裂点、气候冷暖及水体深浅的影响，形成了上恩平大型扇辫体、下恩平中型扇辫体的砂体发育格局。

4　恩平组“粒度-成熟度”控储

源区母岩风化剥蚀后的碎屑物质经过搬运系统搬运，最终在沉积区汇集沉积。源区物源提供沉积砂体发育的物质基础，砂岩矿物组分、粒度、分选性等对储层原生孔渗条件有一定控制作用，影响储层成岩作用及演化。惠州26地区沉积物碎屑由东沙隆起供源，该地区母岩类型丰富，主要母岩类型为二长花岗岩，占比44%，其次为花岗闪长岩占比42%。研究区恩平组不同时期储层元素对比分析结果显示，恩平组早期母岩类型以二长花岗岩为主，晚期以花岗闪长岩为主。

结合研究区已钻井岩石学特征，建立不同母岩风化响应关系，沉积物随搬运距离增加，岩石组分成分成熟度和结构成熟度均逐渐变高(图5)。恩平组下段沉积时期，母岩类型为较稳定的二长花岗岩，成为中成熟粗砂岩需要中短距离(7km)搬运，恩平组下段沉积时期，母岩类型为次稳定的花岗闪长岩，成为高成熟中砂岩需要短距离(4km)搬运。

结合已钻井物性分析，恩下段埋深3700～4400m，埋深较大，粒度是影响储层物性的主要因素，强压实作用背景下，粒度较粗的砂岩抗压实能力强，原生孔隙大、吼道粗，其孔隙保存较好。恩上段埋深3200～3900m，埋深相对较浅，成分成熟度影响更大，高成熟度的中砂岩更易于形成有效储层。因此，恩平组早期入湖距离7km的中成熟粗砂岩有利，晚期入湖距离4km的高成熟中砂有利。

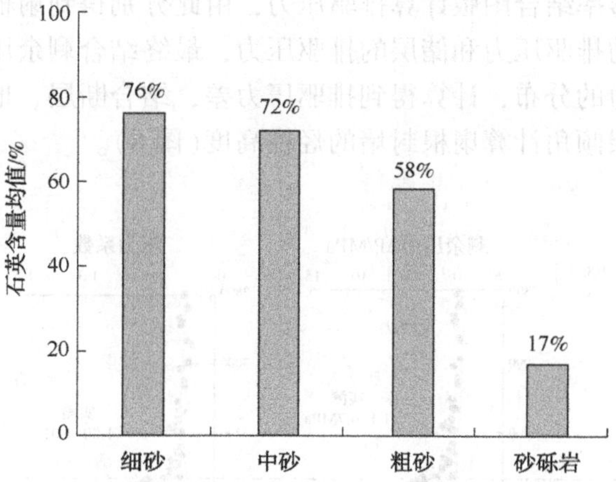

图5　惠州26洼不同粒径储层成熟度特征

5　恩平组油气富集规律

5.1　油气有序充注-分带含油

通过物理模式实验分析数据，建立了研究区孔隙度-充注压力-含油饱和度关系图版，有利于油气充注过程动态分析，以及不同储层物性、动力条件下的含油饱和度预测。明确储层物性和充注动力控制油气富集程度，1mD以上砂体为有效储集层，经历“快速-缓慢-稳定”有序充注；0.01mD以下砂体为致密封堵层，充注弱、含油性差(图6)。

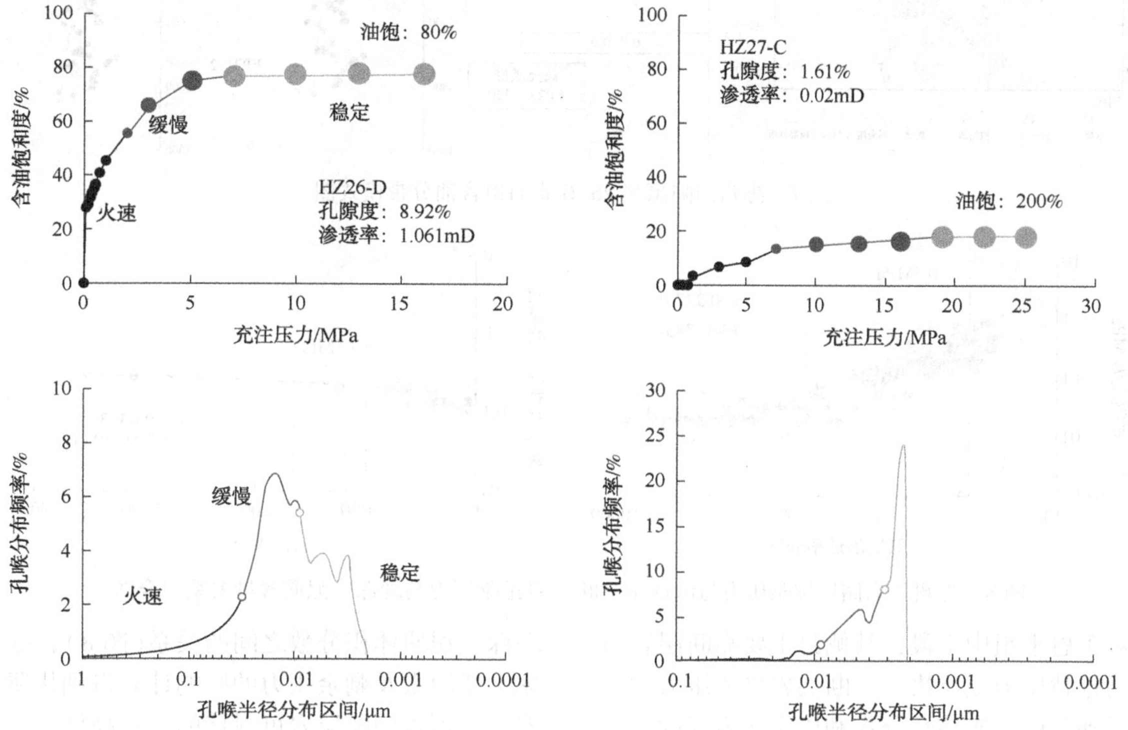

图6　惠州凹陷不同类型储层孔喉结构特征及充注过程

研究区剩余压力数值模拟结果显示，纵向上异常压力段主要发育在恩平组底部和文昌组，恩平组顶部为常压段，平面上远离边界断层，越靠近洼陷中心，超压强度越大(图7)。油气充注时期洼陷中心最大剩余压力约37.5MPa，目标区靠近洼陷中心的前缘相带剩余压力为10~15MPa，靠近边界断层方向的前缘相带为2.5~7.5MPa，平原相带剩余压力可忽略不计。因此，从扇三角洲平原向前缘相带，随着剩余压力增加，压力梯度同样增加，油气充注动力更强，自上而下建立分带含油模式，EP23层以下中-高充满带易于形成大规模连片油气藏。

5.2　油气藏烃柱高度定量预测

本次研究综合考虑油气浮力、油气层剩余压力、有效储层排替压力、断层岩排替压力、扇三角洲平原排替压力，参考前期学者创建的断层侧封理论，形成了恩平组油气藏烃柱高度定量预测技术。由于惠州26南缘陡坡带扇三角洲沉积体系的差异，惠州26-6北构造恩平组表现为两种圈闭侧封机制：一种为强活动断裂EP23层之下的致密扇三角洲平原封堵，另一种为弱活动断裂控制下EP21-EP22层的断层岩封堵。

对于恩平组中下段，圈闭侧封能力主要扇三角洲平原与侧向对接的前缘砂体的排驱压力的相对大小以及储层剩余压力大小，排驱压力差值越大，封堵能力越强，反之则越弱。对于依靠扇平原封堵的评价方法相对简单：第一步，确定平原和前缘相带储层排替压力；第二步，确定储层剩余压力；第三步：计算烃柱高度。通过建立排驱压力和渗透率关系图版，即可通过井壁心实测渗透率结合图版计算排驱压力，由此分别得到扇根的排驱压力和储层的排驱压力，最终结合剩余压力的分布，计算得到排驱压力差，结合断层、地层倾角计算扇根封堵的烃柱高度(图8)。

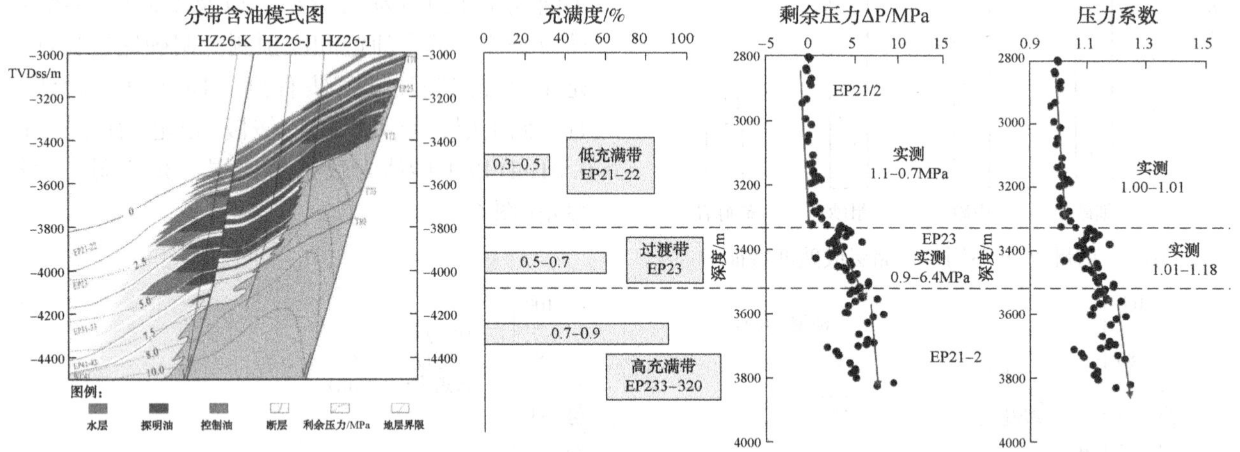

图7　惠州凹陷惠州26-6北油田含油分带模式图

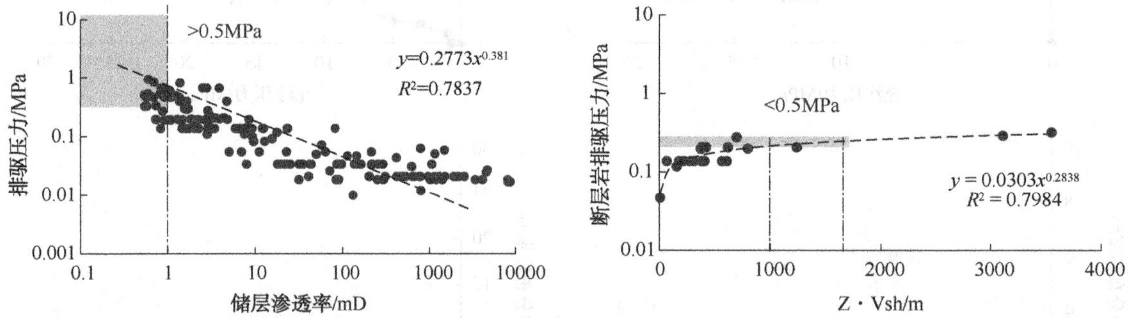

图8　惠州凹陷储层排驱压力与渗透率—断层岩排驱压力与埋深、泥质含量关系拟合图

对于恩平组中上段，其侧封主要靠断层岩与储层的排替压力差所决定，断层岩排驱压力大小主要受到其内泥质体积分数和压实成岩程度的影响，断层岩压实成岩程度主要受埋深及成岩压实时间所控制。首先，建立断层岩的排替压力和泥质含量、压实成岩埋深之间的函数关系式[26-27]；其次，选取惠州凹陷区域各壁心、岩心样品排驱压力数据，建立该区沉积地层岩石排驱压力与其埋深、泥质体积分数之间的关系(图8)，综合考虑上述因素及剩余压力的影响计算得到排驱压力差，即可得到断层岩可封堵的烃柱高度。

通过以上两种方法，分别对惠州26-6北构造不同层系烃柱高度进行计算，计算结果表明(表1)：扇根排驱压力大于断层岩排驱压力，因此EP23层之下地层圈闭侧封效果更好，更易出现高充满度油气藏。

表1　惠州26-6构造烃柱高度计算表

层位	排替压差 ΔP/MPa	最大烃柱高度/m		充满度
		预测	实际	
EP21-22层	0.115	143	150	0.3~0.5
EP231层	0.241	357	223	0.5~0.7
EP233层-EP320	0.299	547	524	0.7~0.9

5.3 恩平组油气富集规律

综合以上分析，受油气充注动力，不同储层所处沉积相带以及不同层系圈闭侧封条件所控制，恩平组扇三角洲沉积体系具有“有序充注、分带含油、前缘富集”的成藏规律，参考本次计算的烃柱高度，EP23、EP32 层位于中-高充满度，易于形成大规模连片的构造岩性复合油气藏，而 EP21-22 层位于低充满带，发育局部高点富集的构造油气藏。

6 勘探成效及方向

本文提出的“构造、气候、水体”联合控砂、差异母岩“成熟度-粒度”控储、“有序充注、分带含油”控藏的相关研究成果，成功指导了惠州26 洼南部陡坡带扇三角洲沉积体系超五千万方级油气田突破，为具有类似地质条件的沉积体系的勘探奠定了理论及技术基础。珠江口盆地珠一坳陷其他富烃洼陷同样发育转换斜坡型和、单断陡坡型扇辫复合沉积体系，油气资源潜力数亿方，潜力巨大。

7 结论

1）恩平组早晚期成砂效应受沉积期“构造、气候、水体”联合控制，形成了恩平早期发育中型扇辫沉积体系、恩平晚期发育大型扇辫体的砂体发育格局；

2）明确恩平组早期砂体埋深较大，颗粒较粗，抗压保孔能力强，距离物源 7km 易于形成中等成熟度粗粒砂岩；恩平组晚期砂体埋深浅，高成熟度、中粒砂岩更有利，距离物源 4km 易于形成高成熟度中粒砂岩；

3）扇三角洲沉积体系储层物性和充注动力控制油气富集程度，1mD 以上砂体为有效储集层，经历“快速-缓慢-稳定”有序充注；0.01mD 以下砂体为致密封堵层，充注弱、含油性差；恩平组自下而上，充注动力逐渐降低，富集模式表现为“分带含油”，恩平组中-下段为中-高充满带，易于形成大规模连片油气藏。

参 考 文 献

[1] 谢玉洪．中国海油“十三五”油气勘探重大成果与“十四五”前景展望[J]．中国石油勘探，2021，26(1)：43-54.

[2] 徐长贵．中国近海油气勘探新进展与勘探突破方向[J]．中国海上油气，2022，34(1)：8.

[3] 徐长贵，范彩伟．南海西部近海大中型油气田勘探新进展与思考[J]．中国海上油气，2021，33(2)：13-25.

[4] 徐长贵．中国近海油气勘探新进展与勘探突破方向[J]．中国海上油气，2022，34(1)：9-16.

[5] 徐长贵，赖维成，张新涛，等．中国海油油气勘探新进展与未来勘探思考[J]．中国海上油气，2023，35(2)：1-12.

[6] 徐长贵，龚承林．从层序地层走向源-汇系统的储层预测之路[J]．石油与天然气地质，2023，44(3)：521-538.

[7] 田立新，刘杰，张向涛，刘军，代一丁．珠江口盆地惠州 26-6 大中型泛潜山油气田勘探发现及成藏模式[J]．中国海上油气，2020，32(4)：1-11.

[8] 田立新，施和生，刘杰等，珠江口盆地惠州凹陷新领域勘探重大发现及意义，中国石油勘探，2020，25(4)：22-30.

[9] 施和生，高阳东，刘军等，珠江口盆地惠州 26 洼“源-汇-聚”特征与惠州 26-6 大油气田发现启示[J]．石油与天然气地质，2022，43(4)：777-791.

[10] 刘杰，徐国盛，温华华，等．珠江口盆地惠州 26-6 构造古潜山—古近系油气成藏主控因素[J]．天然气工业，2021，41(11)：54-63.

[11] 刘杰，何陵沅．惠州 26-6 油气田探明地质储量 5000 万立方米古潜山探宝[J]．中国石油石化，2021(6)：44-45.

[12] 陈长民，施和生，许仕策，等．珠江口盆地(东部)第三系油气藏形成条件[M]．北京：科学出版社，2003.

[13] 施和生，舒誉，杜家元，等．珠江口盆地古近系石油地质[M]．北京：地质出版社，2017.

[14] 朱明，代一丁，朱俊章，等．珠江口盆地惠州凹陷古近系油藏地质特征及成藏机理[J]．中国海上油气，2017，29(1)：1-11.

[15] 施和生，舒誉，杜家元，等．珠江口盆地古近系石油地质[M]．北京：地质出版社，2017.

[16] 徐长贵，杜晓峰，徐伟，等．沉积盆地“源-汇"系统研究新进展[J]．石油与天然气地质，2017，38(1)：1-11.

[17] 施和生，杜家元，梅廉夫，等．珠江口盆地惠州运动及其意义[J]．石油勘探与开发，2020，47(3)：447-461.

[18] 施和生，朱俊章，姜正龙，等．珠江口盆地珠一坳陷油气资源再评价[J]．中国海上油气，2009，21(1)：9-14.

[19] 彭光荣，王绪诚，陈维涛，等 珠江口盆地惠州 26 洼东南缘古近系恩平组上段断-拗转换期源-汇系

统及勘探意义[J]. 石油与天然气地质，2023，44(3)：613-625.
[20] 王绪诚，杜家元，张琴，等 惠西南地区古近系转换带型源-汇系统研究及其勘探意义[J]. 中国海上油气，2020，32(5)：44-53.
[21] 陈维涛，杜家元，施和生，等. 珠江口盆地惠西南地区复式油气成藏特征及富集规律[J]. 石油勘探与开发，2015，42(2)：194-199.
[22] 徐长贵，杜晓峰，徐伟，等. 沉积盆地“源-汇”系统研究新进展[J]. 石油与天然气地质，2017，38(1)：1-11.
[23] 杜家元，张向涛，刘培，等. 珠江口盆地珠一坳陷古近系“源-汇”系统分类及石油地质意义[J]. 地球科学，2021，46(10)：3690-3706.
[24] 朱红涛，李森，刘浩冉，等. 陆相断陷湖盆迁移型层序构型及意义：以珠Ⅰ坳陷古近系文昌组为例[J]. 地球科学，2016，41(3)：361-372.
[25] 郑民，李建忠，吴晓智，等. 致密储集层原油充注物理模拟——以准噶尔盆地吉木萨尔凹陷二叠系芦草沟组为例[J]. 石油勘探与开发，2016，43(02)：219-227.
[26] 孙同文，高喜成，吕延防，等. 断裂转换带作为油气侧向、垂向运移通道的研究进展[J]. 石油与天然气地质，2019，40(05)：1011-1021.
[27] 李军，唐勇，吴涛，等. 准噶尔盆地玛湖凹陷砾岩大油区超压成因及其油气成藏效应[J]. 石油勘探与开发，2020，47(4)：679-690.

白云凹陷珠江组上陆坡岩性圈闭类型与发育模式

汪旭东[1,2,3]　彭光荣[2,3]　张向涛[2,3]　张丽丽[2,3]
陈北辰[2,3]　邱楠生[1]　向绪洪[2,3]　敖　威[2,3]　张应鳞[2,3]

[1. 中国石油大学(北京)油气资源与工程全国重点实验室；
2. 中海石油(中国)有限公司深圳分公司；3. 中海石油深海开发有限公司]

摘　要　上陆坡环境中重力流水道搬运的砂体与深海富泥岩环境的组合，是深水油气勘探岩性圈闭的有利条件。然而水道分布非均质性强，水道砂岩性尖灭位置的识别往往超过了地震分辨率，制约了油气勘探及储层评价工作。珠江口盆地白云凹陷流花28构造带目标评价过程中，识别出3种不同类型的上陆坡岩性圈闭：(1)孤立水道型圈闭，砂体具有较强下切能力，在平面展布上呈现出迁移摆动的特征；(2)水道化朵叶圈闭，在剖面上呈席状分布的样式，在平面上呈现出侧向减薄尖灭的特征；(3)泥质水道侧封圈闭，泥质水道有效的切割了早期发育的砂体，在侧向形成了有效封堵。为了对储层空间形态及岩性边界进行研究，本次研究使用了多种地球物理的手段进行分析。通过岩石物理交回分析，发现低纵横波速度比(V_p/V_s)能有效的对圈闭边界进行精细刻画。本研究系统总结了陆架边缘三角洲前端上陆坡环境中的岩性圈闭类型，通过对比全球典型被动大陆边缘上陆坡沉积演化特征，建立了白云凹陷珠江组上陆坡的沉积模式，并有效的指导了流花28构造的勘探工作，为上陆坡区域复杂地质环境中的岩性圈闭精细刻画提供了良好的参考依据。

关键词　珠江口盆地；白云凹陷；上陆坡；水道；岩性圈闭

随着油气勘探理论与技术的进步，世界海洋油气勘探的重点已逐渐转入深水区，海域深水成为全球油气勘探的热点及油气增储上产的主要领域(贾承造，2020；屈红军等，2022；张功成等，2022)。近十年来全球已发现大型油气田近300个，其中来自深水、超深水的油气田近150个(张功成等，2022)。南海作为我国深水油气勘探开发的主战场，深水区面积可达$1.5\times10^6km^2$(屈红军等，2022；米立军等，2022)。珠江口盆地作为我国海上油气勘探的热点区域，具有巨大的油气勘探潜力和广阔的油气勘探前景(龙祖烈等，2020；张向涛等，2022)。白云凹陷作为珠江口盆地中新生代最大的沉积凹陷，近年来获得一系列油气发现。勘探研究表明白云凹陷已探明天然气储量约2120亿方，而珠江组发现的储量占比高达74%，其中珠江组四段和五段所发育的重力流砂体是该地区主力油气富集区(王琪等，2017)。

深水盆地上陆坡环境中具有巨大的沉积物总量和丰富的油气资源，是深水重力流沉积形成发育的必经之路和重要场所，可以作为深水油气田的优质储层(Shanmugan and moiola，1985；谈明轩等，2022；蔺鹏等，2022)。在全球发育上陆坡环境的深水盆地中，巴西外海善提瓜尔盆地具有窄陆架、陡陆坡的地形地貌背景，在该背景下盆地上陆坡发育深水水道和末端朵叶两个沉积单元，其中深水水道在剖面上连续无间断发育，呈多期叠置状，在平面上水道-朵叶复合体规模较小，无溢岸沉积(田纳新等，2023)。西非被动大陆边缘下刚果盆地中上陆坡发育有重力流水道、天然堤和末端朵叶沉积(李全等，2019)。琼东南盆地受坡折带的控制，中上陆坡发育内扇主水道、中扇分支水道和朵叶复合体等沉积微相(谭建财等，2017)。

前人利用岩心、测井以及地震资料等对白云凹陷重力流沉积开展了深入的研究，并在其沉积演化、内部构型、主控因素、发育模式等方面取得了丰硕的研究成果(王永凤等，2012；郑荣才等，2013；王家豪等，2022)。郑荣才等(2013)认为珠江组海底扇由非沟道体系的液化沉积物流以及沟道体系的颗粒流、碎屑流、近源浊流和远源浊流等重力流沉积通过不同亚相差异叠合而成，具有进积转为加积再转向退积的演化序列。王家豪等(2022)对中新统珠江组海底扇进行了分析，认为海底扇发育在浅海背景，这一沉积背景对应的是强制海退-低位时期海平面大幅下降至陆架坡折带之下。

白云凹陷流花 28 构造带珠江组时期处于陆架坡折带的背景。在上陆坡环境中，存在多期重力流砂体相互叠置的现象。此外，受海底地貌的影响地震成像品质相对较差，导致岩性圈闭边界识别难度的较大。本文以珠江口盆地白云凹陷流花 28 构造带珠江组下段重力流岩性圈闭为目标，通过岩性物性资料、地震相识别、地震属性分析及 V_p/V_s 地球物理反演刻画等手段，对研究区上陆坡重力流沉积砂体的进行了识别与精细雕刻，识别出上陆坡环境中三种有效的岩性圈闭类型，落实了岩性圈闭物性尖灭的特征，建立了上陆坡重力流沉积演化模式，有效指导了流花 28 构造带岩性圈闭的勘探工作。

1　区域地质背景

珠江口盆地处是发育在南海北部大陆边缘的新生代沉积盆地，整体呈 NE-SW 向展布，盆地内隆凹相间配置，具有明显的“南北分带、东西分块”的构造格局（龚再升，1977；杨川恒，2000；廖计华，2016）。盆地的发育演化主要受 NEE 向断裂控制，整体上呈现“南北分带、东西分块、三隆三坳”的构造格局（庞雄等，2022）。盆地自北向南依次划分为北部断阶带、北部坳陷带、中央隆起带、南部坳陷带和南部隆起带等 5 个构造单元，各个构造单元又细分为若干个凹陷和低隆起。珠江口盆地新生代主要经历了 6 次重要的构造运动，即神狐运动、珠琼运动一幕、珠琼运动二幕、南海运动、白云运动以及东沙运动。

23.8Ma 伊始，白云凹陷经历一次大规模强热沉降作用，白云运动。该重大构造事件导致白云凹陷物源供给、构造格局和沉积环境发生重大改变，发育大量东西、北西向在珠江组持续活动的雁列式断裂带，在强烈的断层旋扭作用下，白云凹陷表现为斜坡背景下的地堑式凹陷构造样式（吴宇翔等，2022；郭伟等，2022）。受区域热沉降影响，相对海平面大幅度上升，陆架坡折带由先前珠海组沉积时期的荔湾凹陷大规模后撤至白云凹陷北部番禺低隆起处，白云凹陷沉积环境也由先前陆架坡折之上的陆架浅水区转变为陆架坡折前方陆坡深水区。在陆架坡折带附近发育陆架边缘三角洲、斜坡扇、水道化朵叶和深水水道等多种沉积类型。

研究区白云凹陷位于珠江口盆地南部坳陷带中部，面积大于 20000km²，水深为 200~2000m，距离香港 SE 方向约 270km，是珠江口盆地面积最大、沉积最厚的凹陷（图 1）。白云凹陷中新统珠江组下段沉积了相对富砂的陆架边缘三角洲、陆坡重力流水道和深水扇沉积系统。研究区位于白云凹陷主洼东侧，由凹陷北侧和北西侧的陆架边缘三角洲提供物源，发育重力流水道砂岩储层，是珠江口盆地深水勘探的主力区块。

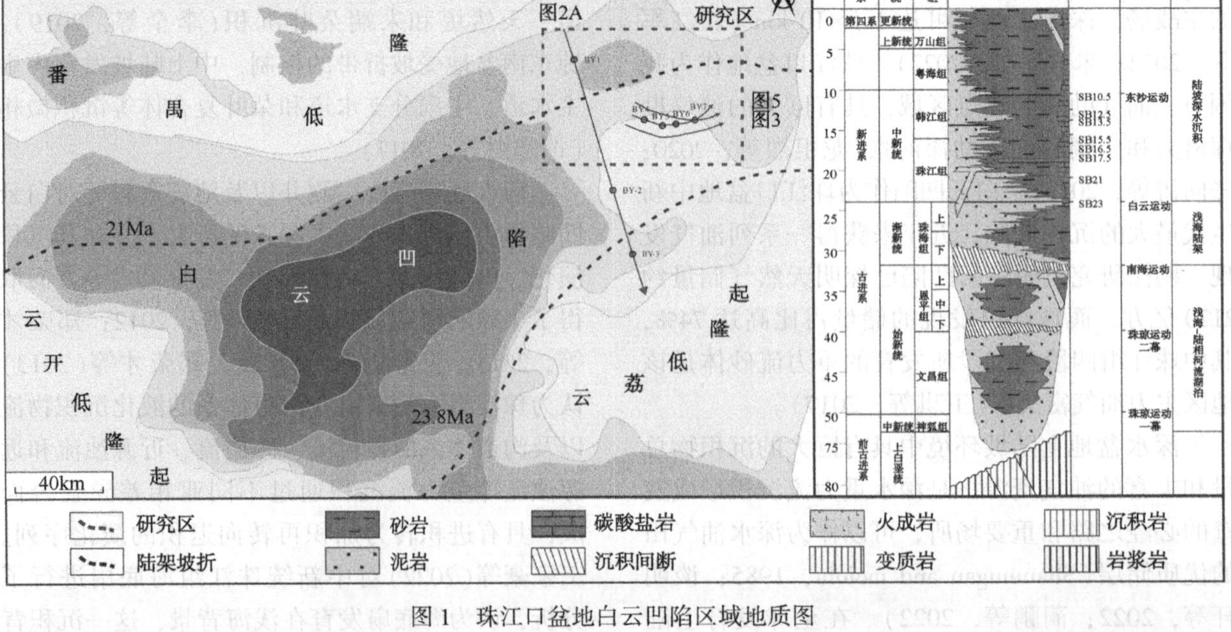

图 1　珠江口盆地白云凹陷区域地质图

2 地层划分与特征

根据区域地质综合研究，白云凹陷含油气地层主要划分为中中新统韩江组、下中新统珠江组以及渐新统珠海组。在地震剖面中，在珠江组层段主要识别出了SB23.8、SB21两个层序界别以及MFS18.5体系域界面，三者均具有显著的地震响应特征(图2)。

2.1 珠江组层序地层

SB23.8到SB21界面之间被划分为珠江组五段，主要发育一个砂层组ZJ560。SB21到T50之间被划分为珠江组四段，区域主要发育两个砂层组，即ZJ460和ZJ470，为主要的油气富集层段。早期珠海组坡折发育在23.8Ma，位于白云凹陷的南侧(图1)。随后发育南海洋脊跃迁、古珠江物源突变等白云运动重大事件，白云凹陷由浅水沉积的环境换变为深水沉积，导致陆架坡折向北侧发生跃迁。距今21Ma左右，珠江组陆架坡跃迁到白云凹陷北侧(图2)，其位置至今基本维持不变(柳保军，2011)。在珠江四段地层中发育了强制海退事件，珠江组陆架坡出现了短暂而快速向海迁移的现象，由图2中蓝色三角形位置迁移至红色三角形位置的位置。陆架坡折带之下毗邻区为上陆坡沉积环境。

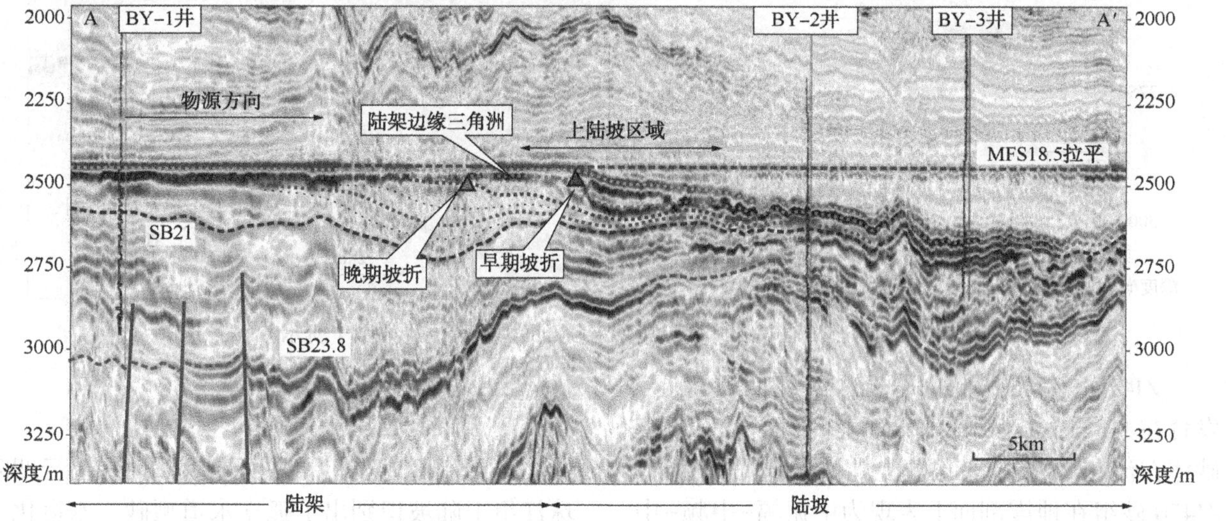

图2 白云凹陷珠江组五段和四段下部层序(剖面位置如图1所示)

SB23.8为珠江组底界面，界面之下可见大规模顶超地震反射终止关系，代表一系列向海推进的楔状前积体，指示珠海组陆架边缘三角洲逐渐向海进积的过程。在地震剖面中可以识别出一系列具有典型三角洲斜交"S"型前积组合反射结构，积体的顶超面与下超面特征显著，水平落差大，代表了珠海组时期砂泥互层频繁沉积厚度大、分布面积广的陆架边缘三角洲沉积组合。

SB21界面之下，在白云凹陷主洼区域可见顶超地震反射终止关系，为一陆架边缘三角洲顶超包络面(图2)。受白云运动影响，白云主洼构造沉降显著，相对海平面快速上升，陆架坡折发生大规模后撤。由SB23.8北迁至白云凹陷北部番禺低隆起地区。界面之下发育了一套向盆底方向减薄的楔状沉积体。

SB21界面之上，原先陆架区域发育多套大型三角洲沉积体，三角洲前积体坡角形成了沉积型的陆架坡折，如图2中蓝色三角形所示。随后相对海平面的快速下降，形成了系列强制海退域三角洲砂体，即ZJ470砂组。强制海退形成的楔状体显著的改变了地貌，成为新的陆架坡折，如图2中红色三角形所示。随后相对海平面上升，陆架坡折之下发育低位域重力流砂体，即ZJ460砂组。

MFS18.5界面为珠江组最大规模的海泛面，地震剖面上表现为强振幅连续波峰反射(图2)，该界面在全区连续稳定分布。界面之上可见下超地震反射终止关系，为三角洲下超包络面。该界面形成于全区最大规模的海侵事件，陆架坡折进一步北迁，界面之上整体富泥，为区域稳定有效的盖层。

2.2 上陆坡沉积特征

区域钻井揭示出珠江组下段(SB23.8－MFS19.1)经历了海侵-海退-海侵过程，珠江组五段海侵规模相对较小，全区珠江组五段灰岩较不发育，陆架上未见厚层灰岩，因此珠江组五段晚期发育的下切水道充填物质以泥质为主，地震反射上表现为断续弱反射或连续的中强振幅反射；而珠江组四段海侵规模较大，受显著的海侵影响造成碎屑物源供给不足，在白云东多口钻井均揭示了灰岩的发育，在白云凹陷东部的陆架及上陆坡均有灰岩层发育，故该时期之后发育的水道充填物质明显含灰，地震上表现出明显的高阻抗特征。

白云凹陷东部在 23.8Ma 之后陆架坡折向北迁移，研究区(图 3)发育上陆坡重力流沉积体系，中下陆坡以水道化朵叶为主。ZJ560 砂组属于珠江组五段地层，发育在 SB21 和 SB23.8 界面之间(图 3)。该砂组沉积时期白云凹陷处于快速沉降阶段，陆架坡折展现出由南向北快速迁移的趋势，为陆架边缘三角洲向陆坡深水沉积过渡地层中的砂体，在研究区地区表现为中强振幅-中频-中低连续波谷反射，钻井证实该套波谷反射相对富砂。

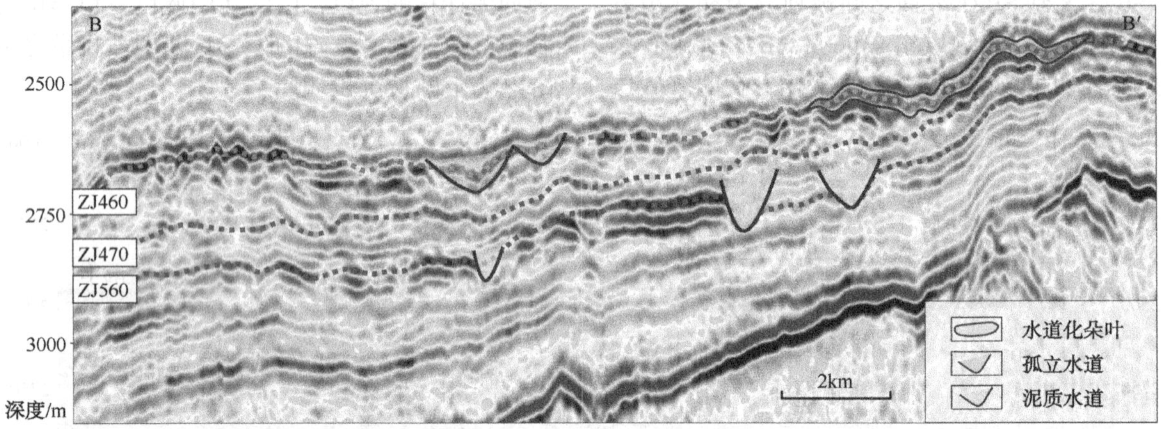

图 3　白云凹陷珠江组下段典型地震剖面(剖面位置如图 1 所示)

ZJ470、ZJ460 砂组属于珠江组四段地层，发育在 MFS19.1 和 SB21 界面之间(图 3)。该套砂体在流花 28 构造带属于上陆坡深水沉积背景。ZJ470 砂组在地震剖面上表现为中振幅-中频-中低连续波谷反射，钻井证实该套波谷反射中等富砂。ZJ460 砂组在地震剖面上表现为强振幅-高频-中连续波谷反射，钻井证实该套波谷反射为研究区内最为富砂的砂组。

3　重力流沉积特征

基于剖面地震相和平面地貌属性在白云凹陷珠江组上陆坡识别出了孤立水道型砂、水道化朵叶砂和泥质/灰质水道三种类型的重力流沉积体，通过地震剖面和最小振幅属性分析，识别特征如表 1 所示。

表 1　上陆坡沉积砂体地震剖面及平面属性特征

沉积单元	地震相特征	地震剖面	平面属性(最小振幅)
1. 孤立水道	在地震剖面上呈 U 形下切样式，早期过路后期充填，水道内砂体向两侧尖灭。	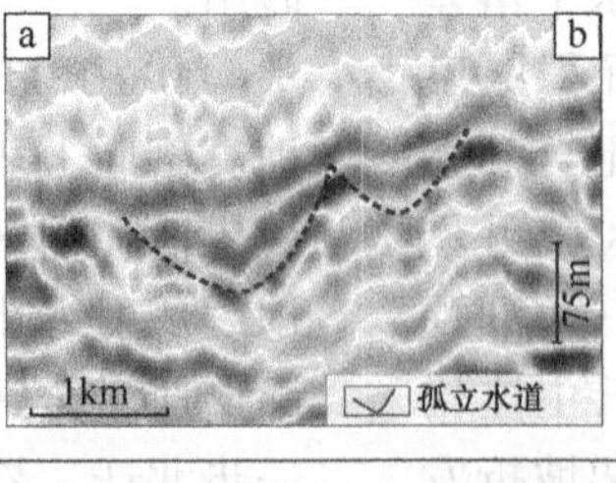	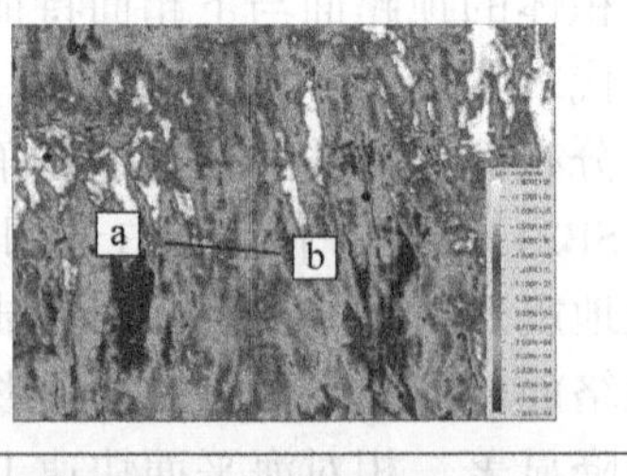
2. 水道化朵叶	在地震剖面上呈条带状样式，多期水道单向迁移，侧向尖灭。	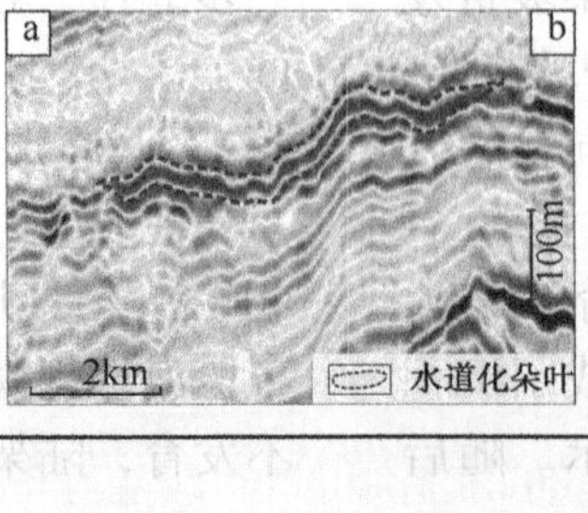	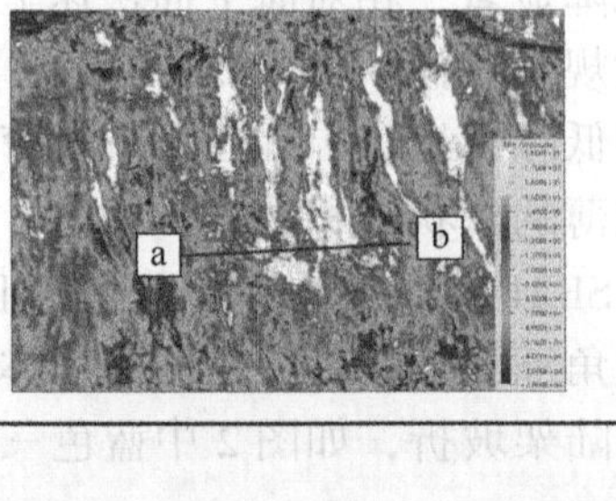

续表

沉积单元	地震相特征	地震剖面	平面属性(最小振幅)
3. 泥/灰质水道	地震剖面上呈V形下切的泥/灰质水道切割了早期水道化朵叶砂	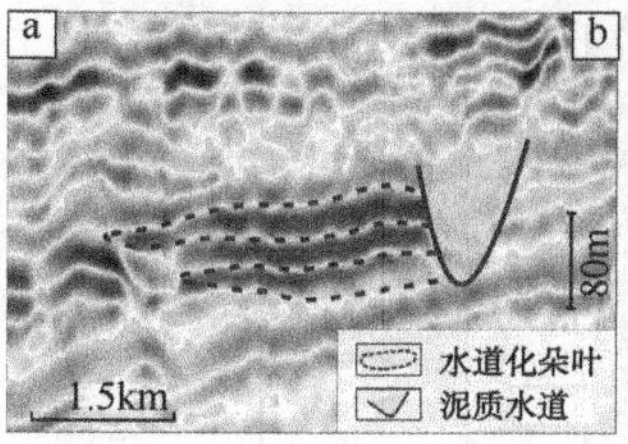	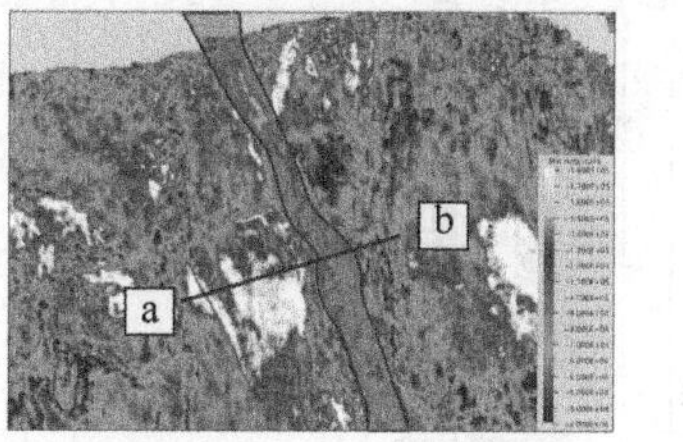

3.1 孤立水道

流花28地区珠江组四段位于陆架坡折之下，发育了一系列顺物源方向上连通性较好的孤立型水道。孤立型水道在地震剖面上具有“宽缓U形，强振幅-高频-中等连续”样式(表1)。水道的侵蚀下切能力较强，对下伏海相泥岩进行明显的切割，两翼不发育天然堤等溢岸沉积，砂体展现出向两侧快速尖灭的特征。图4A所示水道宽度在1.2~1.5km之间，深度约40~50m。在表1所示最小振幅属性上，孤立水道具有条带状亮色强振幅响应，同一时期多条孤立型水道展现出迁移摆动的特征。通常情况下，剖面上呈顶平底凸的宽缓U形、具有强振幅反射充填特征，平面上弯曲度相对较低的孤立水道沉积单元往往是由“高浓度、粗粒度、高密度浊流”重力流事件冲刷滞留的产物(龚承林等，2023)。

3.2 水道化朵叶

水道化朵叶型砂体主要发育在ZJ460和ZJ470砂组，具有“席状，强振幅-中频-高连续”地震反射特征，朵叶中间厚度较大，向两侧逐渐减薄直至尖灭(表1)。与孤立型水道相比，水道化朵叶侵蚀能力较弱，未对下伏地层造成明显的侵蚀切割，整体宽深比较大，表1所示水道化朵叶宽约6km左右，深度约20~30m。在平面最小振幅属性上，水道化朵叶表现为扇状或朵状亮色属性特征(表1)。通常情况下，剖面上呈席状强振幅特征，平面上呈朵状亮色属性的水道化朵叶沉积，是由浊流在上陆坡平缓微古地貌的控制下发生流体性质的转换，导致重力流搬运能力降低，从而发生沉积物卸载堆积所形成，储层物性较好。

3.3 泥/灰质水道

水道侧封型砂体主要发育在ZJ460和ZJ560砂组，为泥质/灰质水道和早期砂体复合发育的沉积单元。该沉积单元是由重力流水道和被水道所侵蚀切割的下伏席状砂体复合而成。在地震剖面上，这一重力流水道表现为“V形，弱振幅-中频-中连续”地震反射特征(表1)。与前述孤立水道相比，泥质水道的侵蚀下切能力明显较强，其内部充填的地震相振幅相对较弱。水道宽约600~700m，深度约100~120m。被水道切割的早期朵叶化砂体宽度约1.5~1.8km，砂体厚度约30~40m左右。在平面最小振幅属性上，泥/灰质水道呈条带状展布，呈弱振幅属性特征(表1)。通常情况下，剖面上呈V形下切特征表明此时水道具有较强的侵蚀能力，地震反射呈弱振幅、平面上呈暗色条带状展布特征这一现象表明下切水道内部为富泥的沉积物。整体上这一沉积单元表现为晚期泥/灰质的水道切割了早期砂体。

4 储层物性特征

从过井剖面中可以观察到ZJ460砂组主要发育孤立水道和水道化朵叶两类典型的沉积砂体。水道化朵叶主要被BY-4井所钻遇(图4)，在GR曲线上表现为箱形特征，岩性以细砂岩为主，部分深灰色粗-中砂岩，砂体厚度约20m，孔隙度范围为14.4%~25.8%，平均孔隙度为22.4%；渗透率范围为688~3258mD，平均渗透率为1935mD。孤立水道被BY-5井所钻遇(图4)，在GR曲线上呈现漏斗形特征，岩性以黄色细砂岩和钙质细砂岩为主，可见灰质胶结，砂体厚度约40m，孔隙度范围为17.9%~24.2%，平均孔隙度为20.6%；渗透率范围为18.9~1705mD，平均渗透率为412mD。ZJ560砂组主要发育水道侧封型砂，该类砂体被BY-6井所钻遇(图4)，在GR曲线上呈现齿化钟形+箱形特征，岩性以灰色细砂岩为主，砂体厚度约30m。

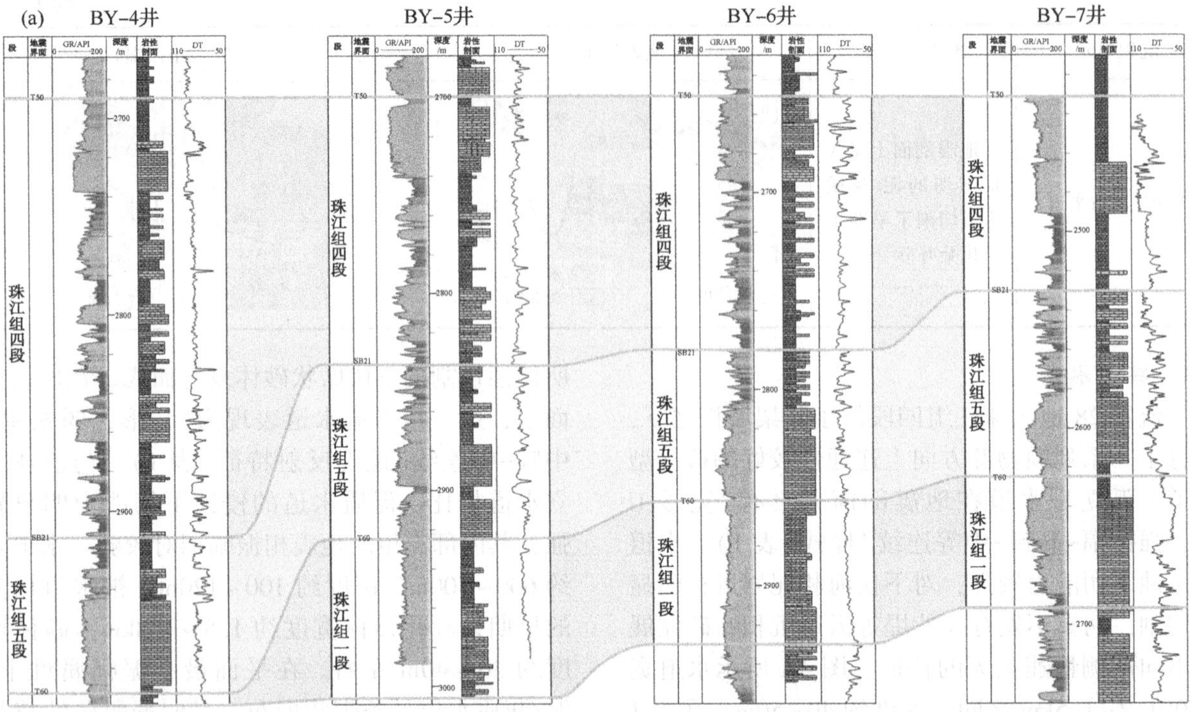

图4　BY-4、BY-5、BY-6和BY-7典型连井剖面图

5　岩性边界刻画

流花28构造带广泛发育孤立水道型砂、水道化朵叶砂和泥质/灰质水道三种类型的重力流沉积体，富砂的水道与朵叶在深海富泥的背景下容易形成有利的岩性圈闭。然而，水道/朵叶砂体的分布非均质性强，砂体尖灭位置的识别往往超过了地震分辨率，制约了圈闭有效性及储层规模的评估。

现有典型4口已钻井BY4、BY5、BY6和BY7，均钻遇主要目的层ZJ460和ZJ560，岩石物性参数及测井资料均较为齐全，适宜使用地球物理手段包括波阻抗特征，低纵横波速度比(V_p/V_s)，以及Lambda-Rho属性对目标区储层精细分析。因此本次研究在优选出对岩性敏感的弹性参数——纵横波速度比V_p/V_s的基础上，采用叠前反演技术，利用叠前深度偏移处理的速度场作为预测地层弹性横向变化的基础，使用高精度层序地层和沉积微相解释层位约束横向外推，将速度场信息、测井信息结合，对研究区的岩性边界进行了精细刻画。

5.1　岩石物理交会分析

岩石物理交会分析是通过测井获得的地层电性、弹性等参数进行数据交会分析，选择对储层物性敏感的因子，实现岩石物理的建模分析。研究区钻探的四口井测井资料均较为齐全，根据V_p/V_s和波阻抗交会分析可知[图5(a)]，ZJ460和ZJ560砂岩储层阻抗整体上比泥岩阻抗值低，但仍有相当一部分的叠置，因此波阻抗难以清晰有效的刻画砂体。而V_p/V_s可作为岩性识别参数，从交会图看，V_p/V_s小于1.85，均能代表砂岩[图5(a)]。在白云深水地区，Lambda-Rho属性也是岩性区分的重要参数，通过V_p/V_s和Lambda-Rho的交汇分析，可以看出Lambda-Rho对于优质砂岩可以非常清晰划定其门槛值(LMR<2.5E+7)，但并不能去对全部的砂岩进行刻画[图5(b)]。综合来看，V_p/V_s是本地区识别储层的有利参数。

5.2　波阻抗特征

白云凹陷珠江组地层中砂岩对应的波谷振幅易受上覆盖层含灰程度的影响，其能量并不能完全代表砂岩分布。在该情况下，基于区域勘探实践和子波旁瓣的理论，认为ZJ460层的下波峰可以更好的表征优势砂体的发育。从下波峰的均方根振幅属性看(图6)，ZJ460层砂岩水道化特征很明显，主要是重力流水道砂岩，BY4 井处钻遇的是水道化朵叶砂体，即多条水道在该井处叠加以致在平面上砂岩连片分布。而 BY6 井钻遇一条孤立的重力流水道，且两井之间还分布多条重力流水道，水道之间的沉积物可能为相对早期的半深水或深水泥岩。在沉积上 ZJ560 层主要发育厚层砂体，表现为朵叶的多期叠置，泥质水道相对不如 ZJ460 层发育，ZJ560 层砂体比 ZJ460 砂体厚，其平面连通性更好，由于砂体沉积环境较好，虽然埋深比 ZJ460 要深，但物性与其相当。

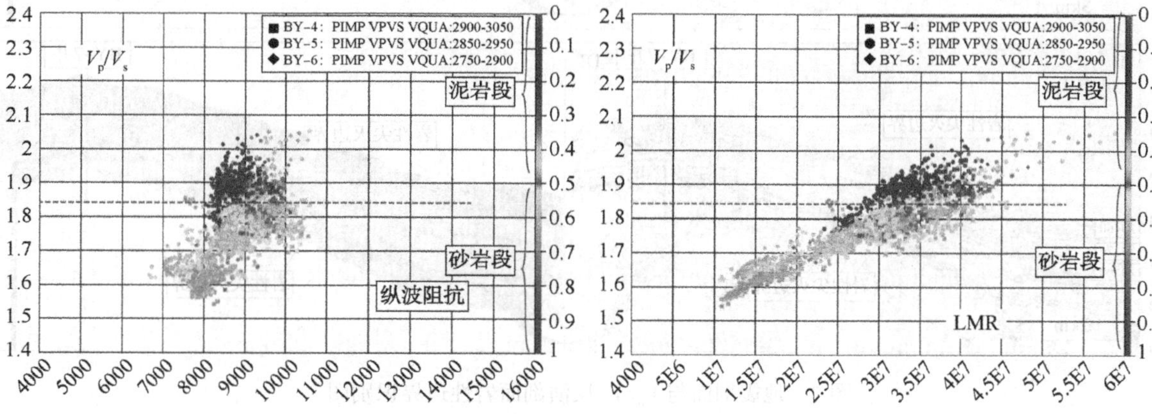

图 5　BY-5、6 井纵波阻抗与 V_p/V_s 交会图(a)和 V_p/V_s 与 LMR 交会图(b)

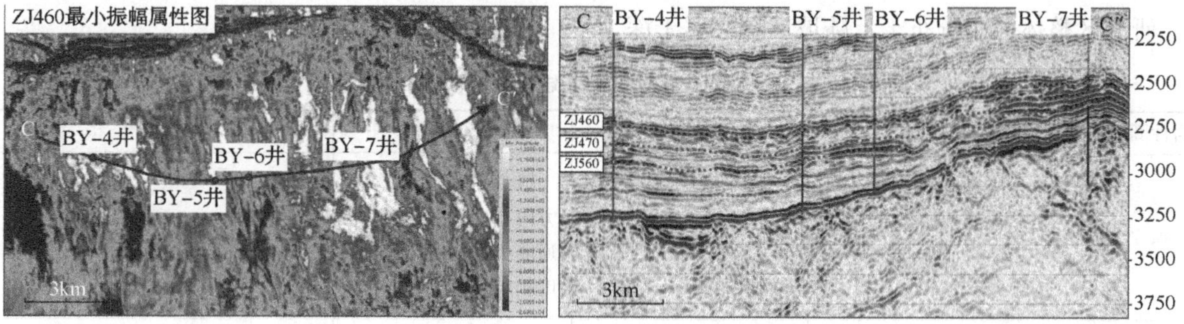

图 6　ZJ460 下波峰最下振幅属性图及典型地震剖面图

5.3　V_p/V_s 反演属性

通过地震速度趋势约束相控叠前反演技术，在 V_p/V_s 反演剖面中可以更为有效的识别储层(图 7)，且 $V_p/V_s \leqslant 1.75$(门槛值)可覆盖绝大多数的砂岩样本。因此本次研究将 V_p/V_s 属性作为该地区岩性边界精细刻画的重要手段。反演结果显示，$1.45 \leqslant V_p/V_s \leqslant 1.65$ 部分为最富砂区域，$1.65 \leqslant V_p/V_s \leqslant 1.75$ 部分为相对富砂区域，$V_p/V_s \geqslant 1.75$ 部分为富泥区域。

V_p/V_s 反演剖面中珠江组整体展现出富泥特征，为富泥背景，与研究区处于下陆坡深水环境的认识相符。ZJ460，ZJ470，ZJ560 砂体在剖面中表现为明显的红色，为富砂特征。在图 6C-C″地震剖面中，仅依据地震同相轴的变化趋势，难以识别出砂岩在横向上尖灭的特征，而在图 7C-C′的 V_p/V_s 反演剖面中，ZJ460 砂组在 BY-4 井与 BY-6 井之间，在横向上识别出明显减薄尖灭的现象，ZJ560 砂组在 BY-6 井与 BY-7 井之间，可以识别出两个泥质水道，有效的切割了砂层并形成了侧向封堵。在图 6C-C″剖面中，若依据地震同相轴特征，可以会造成 ZJ460 和 ZJ470 砂层在横向上是连续的误解。然而通过图 7D-D′的 V_p/V_s 反演剖面分析，则发现 ZJ460 砂层在横向上出现了减薄尖灭，而 ZJ470 砂层的两侧均被泥质水道切割，形成了有效的岩性封堵。

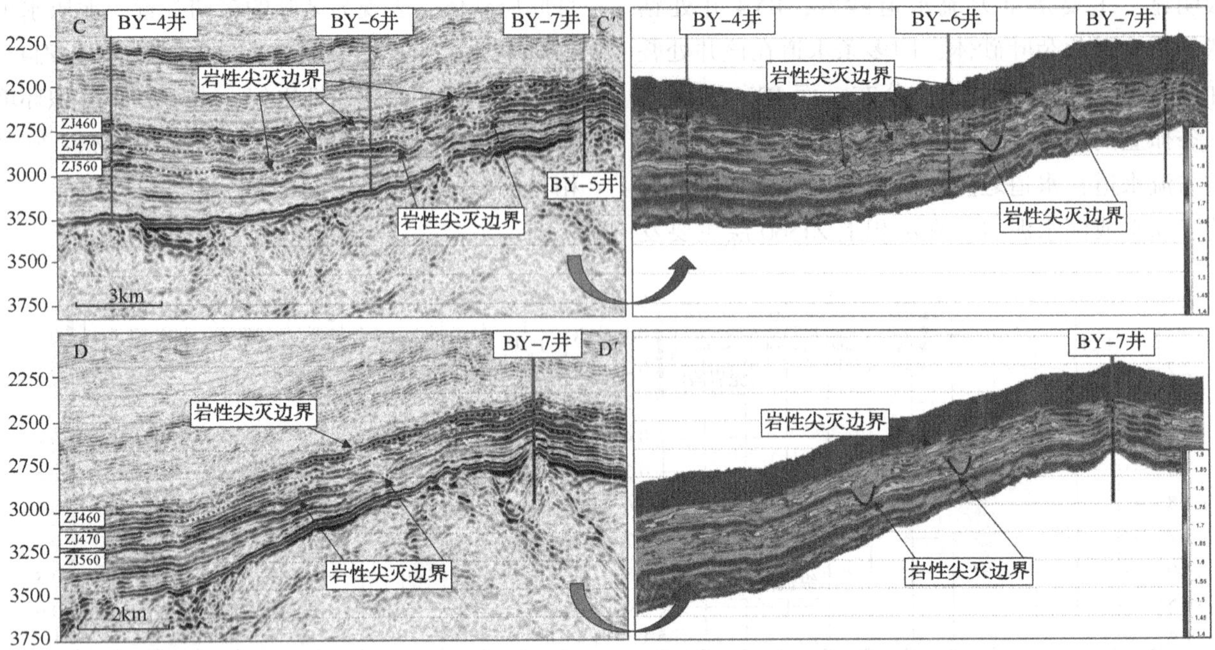

图 7　地震剖面与 V_p/V_s 反演剖面岩性边界识别图

6　上陆坡岩性圈闭类型

6.1　岩性圈闭类型

研究区整体属于分布于上陆坡区域，属于深海富泥背景，基于沉积学研究和地球物理反演约束，本次研究共识别出三种类型的岩性圈闭(详见表 2)，并对其岩性边界进行了精细刻画。

表 2　白云凹陷珠江组上陆坡岩性圈闭特征

岩性圈闭类型	储层物性	识别特征	特征描述	模式图
孤立水道	以细砂岩为主，可见钙质胶结。平均孔隙度为 20.6%，平均渗透率为 400mD	GR 曲线上呈现漏斗形特征。砂层最厚约 40m，水道宽度最约 600~700m	孤立水道在顺物源方向上具有较好的连通能力。平面上弯曲度相对较低	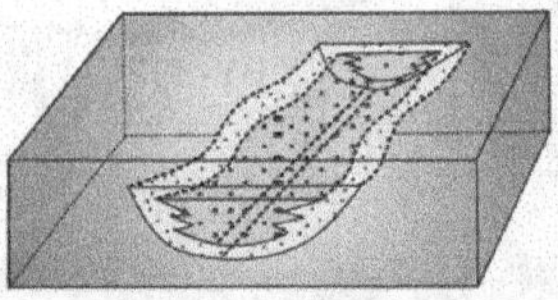
水道化朵叶	以细砂岩为主，局部发育中-粗砂岩。平均孔隙度为 22.4%，平均渗透率约 2000mD	在 GR 曲线上表现为箱形特征。砂层最厚度约 20m。水道化朵叶体宽度最大约 600~700m	朵叶化水道在平面上呈现出席状砂体的特征。在横向上呈现出双向减薄的特征。	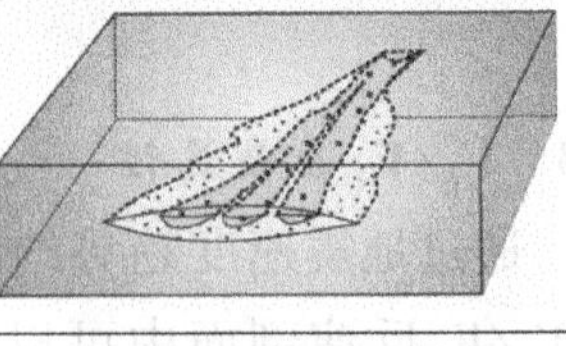
泥质/灰质水道侧封	以细-中砂岩为主，局部含粗砂岩。平均孔隙度 18.5%，平均渗透率约 1500mD	在 GR 曲线上呈齿化钟形+箱形特征。砂体厚度约 30m	泥质/灰质水道在地震剖面呈 V 型下切特征，有效切了前期砂体并提供了侧向封堵的能力。	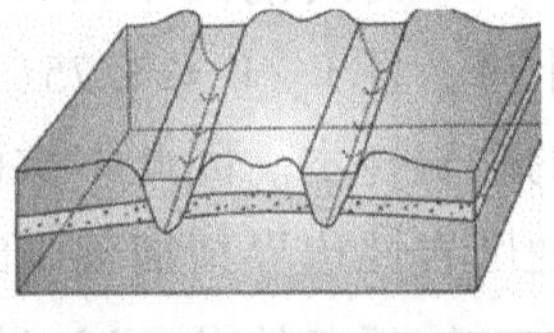

孤立型水道圈闭主要分布在研究区东部地区。储层为深水重力流沉积产物，水道下切能力较强。砂体粒度较粗，主要为中至粗砂。空间上以顺物源方向的条带状为主(表 2)，整体连通性较好。地震剖面上水道两侧尖灭特征清晰，且属性上水道边界特征明显。孤立型水道两翼无溢岸沉积，各砂岩条带之间为大套相对富泥沉积，具备发育良好岩性圈闭的条件。

水道化朵叶圈闭主要分布在研究区西部地区。储层由多期水道平面发生摆动导致水道之间相互叠加连片，形成朵叶状的形态(表 2)。水道下切能力通常较弱，砂体粒度中等，主要为中至细砂。在剖面上，水道化朵叶砂在垂直物源方向上呈现出席状砂体样式，与周缘披覆泥的沉积形成了有效的岩性圈闭。

水道侧封型砂主要分布在研究区东部地区，早期发育的砂体续性较好、分布较为稳定，呈现朵叶状特征，砂体连片分布，具有一定水道化特征。晚期发育的泥质水道具有 V 型下切的形态特征(表2)，该类型水道下切能力强，形态上笔直样式，不发育左右摇摆的形态。经过钻井证实，形成了有效的岩性侧封。

6.2　岩性圈闭模式

珠江口盆白云凹陷珠江组时期，陆架边缘三角洲推进到 21 Ma 陆架坡折附近，重力流沉积体系的发育切割了整体富泥的上陆坡环境，发育近南北向展布的重力流砂体(图 8)，形成三种类型的岩性圈闭，即孤立水道圈闭、水道化朵叶圈闭和泥质水道侧封型圈闭。前人研究认为被动陆缘陆坡体系整体相对富泥，而粗粒碎屑物质通常通过重力流搬运至下陆坡沉积，例如安哥拉和墨西哥湾北部(Weimer and Slatt，2004)，上陆坡并不是岩性圈闭发育的有利区域。但研究区白云凹陷北部 LH28 区域在上陆坡的环境中形成多种的岩性圈闭类型，均属于重力流搬运的初始阶段，砂体沉积整体粒度较好，区别于传统长距离搬运沉积的深水扇。经研究证实，这几种类型的岩性圈闭在发育陆架边缘三角洲区域的上陆坡地带普遍发育，是油气勘探进一步突破的重点目标。

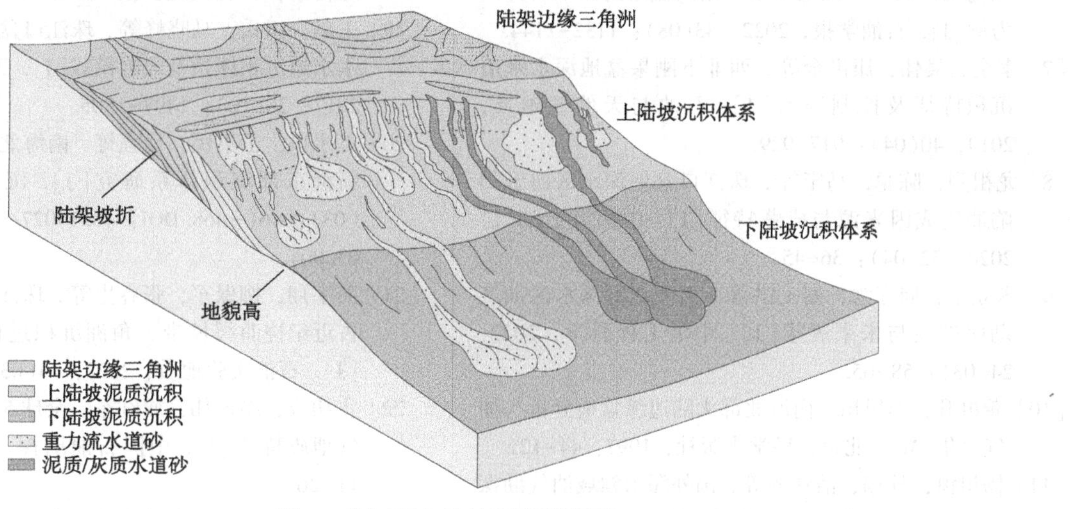

图 8　珠江组上陆坡沉积模式图

7　结论

(1) 白云凹陷珠江组上陆坡区域发育三种典型的岩性圈闭，即孤立型水道圈闭，水道化朵叶圈闭和泥质水道侧封圈闭。上述三种圈闭的有效性均已被钻探证实，其形态及储层物性可作为上陆坡岩性圈闭识别的典型案例。

(2) 孤立型水道砂岩粒度以中砂-粗砂为主，具有较强的下切能力，在平面上相对顺直、且延伸距离长。水道化朵叶粒度以细沙-中砂为主，下切能力较弱，展现出较强侧向迁移叠置的特征，在平面上成朵叶状样式。泥质/灰质水道具有良好的下切能力，有效的分割早期形成的砂岩体，形成侧向封堵。

(3) 对水道分布非均质性强，水道间连通和分隔的部位往往超过地震分辨率的问题。研究结果表明，通过岩石物理交会分析，使用地球物理反演手段低纵横波速度比 vp/vs，可以有效的落实砂泥边界，识别岩性边界范围。

(4) 本研究有效指导了流花 28 构造带的勘探工作。区域多口钻井钻遇三种岩性圈闭类型，并获得了商业油气发现，证实了圈闭的有效性，并为深水盆地上陆坡岩性圈闭勘探提供了重要的指导依据。

参 考 文 献

[1] GONG C L, STEEL R J, QI K, et al. Deep-water channel morphologies, architectures, and population densities in relation to stacking trajectories and climate states [J]. GSA Bulletin, 2021, 133 (1/2): 287-306.

[2] Shanmugam G, Moiola R J. Submarine fan models: Problems and solutions. Bouma A H, Normark W R,

Barnes N E. Submarine fans and related turbidite systems. New York, NY: Springer, 1985: 29-35.

[3] Weimer P, Slatt R M. Deepwater reservoir elements: Channels and their sedimentary fill[J]. Petroleum Systems of Deepwater Settings: Tulsa, Society of Exploration Geophysicists and European Association of Geoscientists and Engineers, Distinguished Instructor Series, 2004, 7: 490.

[4] 郭伟，徐国强，柳保军等．珠江口盆地白云凹陷文昌组构造-沉积响应关系[J]．地球科学，2022，47(07)：2433-2453.

[5] 贾承造．中国石油工业上游发展面临的挑战与未来科技攻关方向[J]．石油学报，2020，41(12)：1445-1464.

[6] 蔺鹏，吴胜和，王高飞等．陆坡海底水道类型与沉积构型模式——以尼日尔三角洲盆地的深水研究区为例[J]．石油学报，2022，43(08)：1132-1144.

[7] 李全，吴伟，康洪全等．西非下刚果盆地深水水道沉积特征及控制因素[J]．石油与天然气地质，2019，40(04)：917-929.

[8] 龙祖烈，陈聪，马宁等．珠江口盆地深水区白云凹陷油气成因来源与成藏特征[J]．中国海上油气，2020，32(04)：36-45.

[9] 米立军，周守为，谢玉洪等．南海北部深水区油气勘探进展与未来展望[J]．中国工程科学，2022，24(03)：58-65.

[10] 龚再升，李思田．南海北部大陆边缘盆地分析与油气聚集[M]．北京：科学出版社，1997：44-122.

[11] 杨川恒，杜栩，潘和顺等．国外深水领域油气勘探新进展及我国南海北部陆坡深水区油气勘探潜力[J]．地学前缘，2000，7(3)：247-256.

[12] 廖计华；徐强；陈莹；王颖；蔡露露；邹梦君；曾清波；焦振华．白云-荔湾凹陷珠江组大型深水水道体系沉积特征及成因机制[J]．地球科学，2016，(06)：1041-1054.

[13] 庞雄，郑金云，任建业等．南海北部陆缘超伸展区白云凹陷断陷结构演化与岩浆作用[J]．地球科学，2022，47(07)：2303-2316.

[14] 舒梁锋；张丽丽；雷胜兰；高中亮；韩霄；于飒．南海北部白云南洼陆架坡折带演化特征及其控制因素[J]．石油地球物理勘探，2022，(03)：686-696+495-496.

[15] 柳保军；庞雄；颜承志；刘军；连世勇；何敏；申俊．珠江口盆地白云深水区渐新世—中新世陆架坡折带演化及油气勘探意义[J]．石油学报，2011，(02)：234-242.

[16] 屈红军，张功成，孙晓晗等．中国深水盆地油气勘探及成藏研究进展——以中国南海北部为例[J]．西北大学学报(自然科学版)，2022，52(06)：1028-1043.

[17] 谭建财，范彩伟，宋鹏等．琼东南盆地中中新统古沟谷和坡折带特征及油气勘探意义[J]．油气地质与采收率，2017，24(03)：30-36+43.

[18] 王家豪，庞雄，王华等．珠江口盆地白云凹陷中新统珠江组潮流改造的砂质海底扇沉积[J/OL]．地球科学：1-13[2023-09-25].

[19] 王琪，田兵，马晓峰等．珠江口盆地白云深水区深水水道沉积体系及成因模式[J]．天然气地球科学，2017，28(10)：1497-1505.

[20] 王永凤，王英民，徐强等．南海北部白云凹陷早中新世东部沉积体系研究[J]．沉积报，2012，30(03)：461-468. DOI：10.14027/j.cnki.cjxb.2012.03.004.

[21] 吴宇翔，柳保军，张春生等．珠江口盆地白云凹陷古近纪挠曲缓坡带三角洲沉积过程响应水槽模拟[J]．石油实验地质，2022，44(03)：476-486.

[22] 张功成，冯杨伟，屈红军．全球5个深水盆地带油气地质特征[J]．中国石油勘探，2022，27(02)：11-26.

[23] 张向涛，李军，向绪洪等．珠江口盆地深水区白云凹陷超压成因机制及其勘探意义[J]．石油学报，2022，43(01)：41-57.

[24] 郑荣才，郑哲，高博禹等．珠江口盆地白云凹陷珠江组海底扇深水重力流沉积特征[J]．岩性油气藏，2013，25(02)：1-8.

[25] 朱一杰，龚承林，邵大力等．孟加拉湾若开陆缘晚中新世以来渐进式深水水道形态-沉积演化及其源-汇成因[J]．地学前缘，2023，30(04)：182-195.

冀中坳陷饶阳凹陷南部深层成藏主控因素研究

王海燕　张　丽　赵　旭　刘　辰　汤小琪　周　妍　王瀚卿　王四成　焦亚先

（中国石油华北油田公司勘探开发研究院）

摘　要　渤海湾盆地冀中坳陷深层勘探程度低，剩余资源量大，是老区寻找规模接替的有利领域。2022年在饶阳凹陷南部杨武寨构造带部署钻探Q104X井，实现沙三下段新层系勘探突破，证实在深层发育效益富集油藏。但后续钻探的评价、开发井位井间储层发育情况、含油情况差异较大制约了效益勘探开发。本次重点开展对其沉积、储层特征及成藏主控因素研究，综合分析认为，冀中坳陷饶阳凹陷南部深层沙三下段为一个三级层序，Ⅰ、Ⅱ油组发育优质烃源岩，Ⅲ、Ⅳ油组普遍发育厚砂体、粗粒度优质储层。优质储层能否形成效益油藏主要取决于源储配置关系，下源上储式油藏为深层效益油藏，具备高效勘探开发潜力。

关键词　饶阳凹陷南部；深层油藏；源储配置；成藏模式；主控因素

冀中坳陷是渤海湾盆地的主要富油气坳陷之一。自1974年以来，冀中坳陷经历了潜山、构造、岩性地层以及多领域精细勘探四个阶段，目前油气年产量占公司总产量70%，是华北油田“压舱石”。主要富油凹陷钻井密度大于0.2口/km^2，属于高成熟探区，高效规模发现难度越来越大，亟需加大新领域、新类型油气勘探，为油田产量稳定与良性发展提供资源保障。我国学者将深度在3500～4500m的东部盆地定义为“深层”，将深度为4500～6000m的西部盆地定义为“深层”。根据最新油气资评结果，渤海湾盆地冀中坳陷富油凹陷中浅层探明率为69.4%，整体勘探程度较高；而深层-超深层剩余资源量5.9亿吨，探明率为16.3%，深层（大于3500m）探井密度0.025口/km^2，勘探程度极低，深化勘探的资源潜力较大。2022年，针对饶阳凹陷南部沙三下段新层系部署钻探Q104X井，4300m深度试油获产油量为75.84t/d的高产工业油流，深层勘探获重大突破，坚定了深层领域勘探信心。而后续钻探的评价、开发井位，井间储层发育情况、含油情况差异较大，早期地质特征认识不足以支撑深层领域油藏的效益动用。因此，本文重点开展沉积、储层特征及成藏主控因素研究，明确源储及其空间匹配关系是控制深层油藏形成及分布的关键，以期对下一步深层油藏高效勘探开发提供借鉴和指导。

1　区域地质概况

饶阳凹陷位于冀中坳陷中部，东起献县凸起，西至高阳低凸起、南至衡水断层，北接霸县凹陷，是一个北东东走向、东断西超的新生界箕状凹陷，勘探面积约5280km^2。饶阳凹陷南部发育留西—留楚、杨武寨、虎北三个生油洼漕，工区内包括留楚、皇甫村、杨武寨、武强、孙虎、大冯营六个次级构造带，其北至留西构造带，南至榆科，东至献县凸起，西到刘村低凸起，勘探面积约950km^2（图1）。饶阳凹陷沙三段主要以辫状河三角洲-滨浅湖沉积环境为主，沉积体系物源充足。

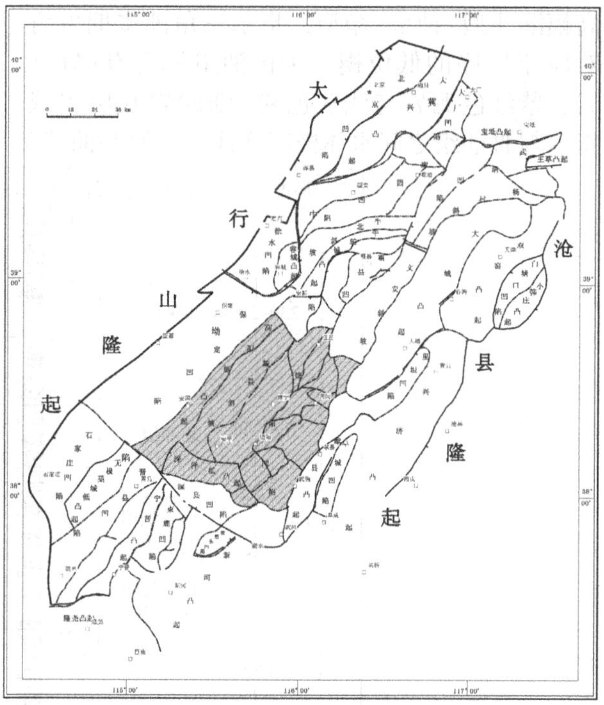

图1　冀中坳陷构造纲要图

2　层序划分及沉积体系展布特征

本次对饶阳凹陷沙三下段进行了地震层序界面的识别。研究认为 T61’为层序顶界面，具备顶超界面标志，底面 T6 为一个区域不整合面。为此，将沙三下厘定为一个三级层序（图 2）。在此基础上，以测井资料为依据，结合准层序叠加样式特征，识别了初次湖泛面、最大湖泛面。初次湖泛面和最大湖泛面将沙三下段分隔成 3 个体系域——低位、湖扩和高位体系域。

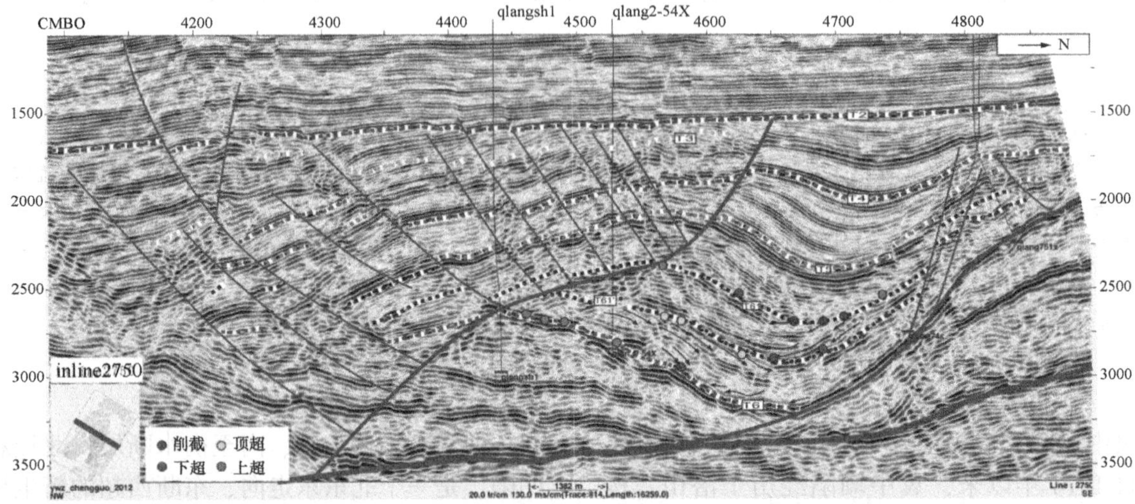

图 2　饶阳凹陷南部杨武寨地区 Inline2750 测线地震层序解释

通过层序地层分析厘清了该区沙三下段油组的层序归属（图 3）：①Ⅰ油组具备特高的 RT 曲线——泥灰岩特殊岩性段，识别为 3 个准层序，对应于高位体系域；②Ⅱ油组以厚层泥岩夹砂泥岩薄互层，测井曲线呈薄的齿状-指状，是沙三下段沉积物粒度最细、含砂率最低的层位，对应于湖扩体系域，底部具有岩性突变细的标志—初泛面；③Ⅲ油组属层序的富砂层段，测井曲线呈高幅漏斗型-钟型-箱型，指示三角洲多期发育，对应于层序的低位楔。④Ⅳ油组发育有厚层砂岩、紫红色泥岩与浅灰色粉-细砂岩互层组成，指示与Ⅲ油组之间水体极度变浅，其测井曲线呈高幅漏斗型-钟型-箱型，指示多期湖底扇叠置，对应于层序的低位体系域低位扇。下伏沙四段发育紫红色泥岩和膏岩，具特高幅 RT 曲线标志。

总体看来，沙三下段层序发育于凹陷的新一幕裂陷期，湖盆范围小，沉积物供给充足，地层厚度最大，且含砂率最高，也是烃源岩主力发育的层序。其中，该层序低位体系域是含砂率最高的层段，且富砂段累计厚度大，为优质储层发育段，该层序的高位体系域与湖侵体系域具有超高 Rt2.5 的电性标志，厘定为油页岩、泥灰岩等烃源岩发育层段，并作为沙三下段与上覆层序划分的标志层。

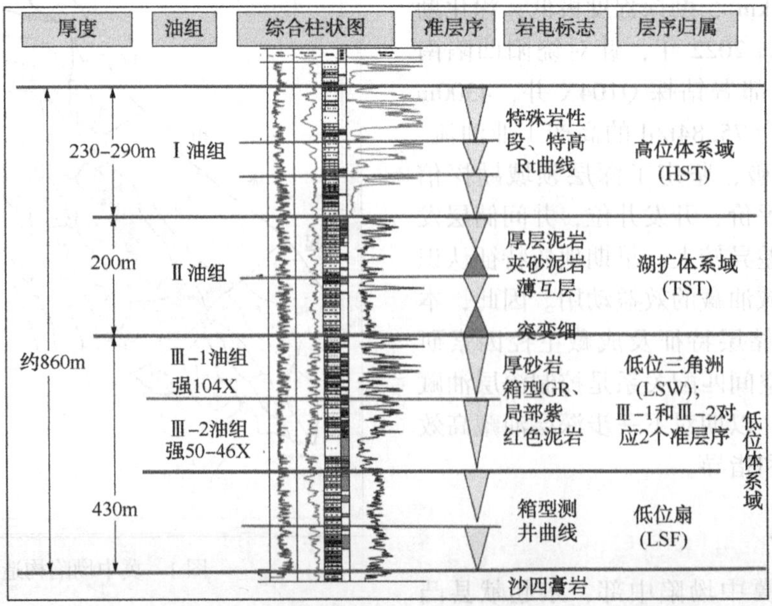

图 3　沙三下段层序地层、岩性组成和测井响应特征及与油组的对应关系

低位体系域湖平面总体低，物源供给最充足。沉积物能越过东部次级凹陷和西部宽阔的缓坡，越过坡折带，在武强洼槽中心形成大型的湖底扇沉积，对应凹陷中心的前积反射，Q104X等多口井钻遇湖底扇沉积。经过统计，钻井砂岩一般大于100m，地层含砂率普遍超过30%。相比沙三下层序低位体系域，湖扩体系域沉积相展布发生重大转变。由于湖平面快速上升，沉积物供给受到抑制，导致砂层减薄和地层含砂率下降。统计的砂层累计厚20~45m，地层含砂率20%~50%为主。西侧发育三角洲，每个三角洲之前发育1~3个湖底扇。东侧发育辫状河三角洲，每个辫状河三角洲之前发育1个湖底扇。虽然该时期也大面积发育湖底扇沉积，但湖底扇以外扇席状朵叶微相为主，重力流水道的规模较小。总体上，相比低位体系域，沉积相的类型相同，但略微向凹陷边缘收缩，数量略有减少。高位体系域对应于湖平面上升至最高的时期，沉积物供给回返增强。钻井揭示该层段的数量较多。统计的砂层累计主要在20~50m之间，地层含砂率主要在20%~50%之间。沉积相的类型相同与湖扩域相同，总体略向盆缘退缩(图4)。

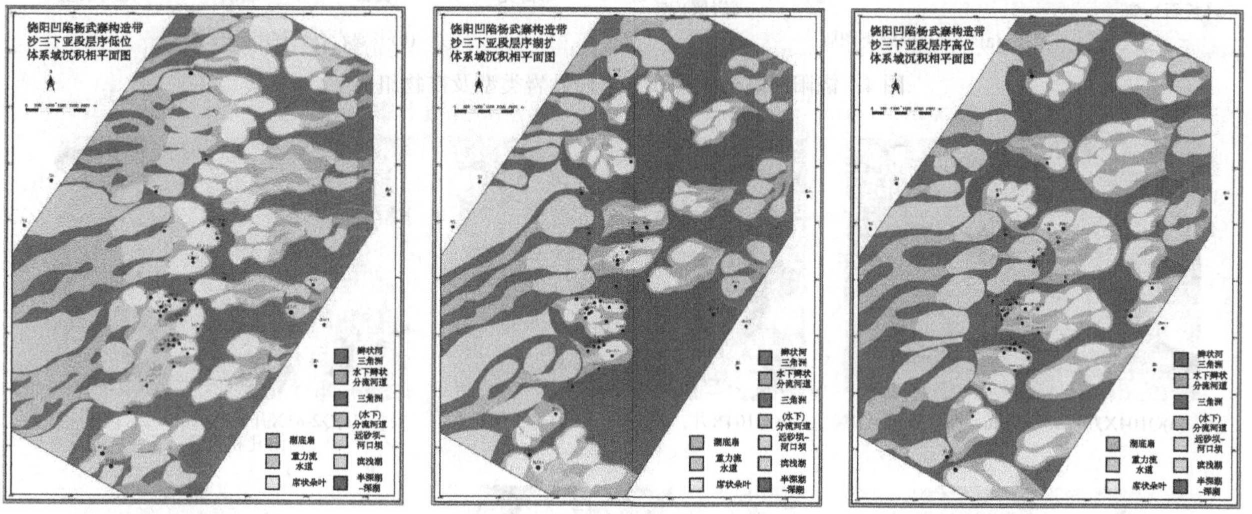

图4　沙三下段各体系域沉积相平面图

总结研究区沙三下各油组特征，发现Ⅰ油组为特殊岩性段，发育油页岩、泥质灰岩，砂质储层欠发育；Ⅱ油组为泥岩发育段，砂体较薄，横向变化块；Ⅲ、Ⅳ油组为单砂体平均厚度高，砂体规模大。沙三下段自下而上为三角洲相-半深湖-深湖相逐步演变。

3　储层特征及控制因素

3.1　储层基本特征

对89件岩石薄片的岩石含量统计，冀中坳陷饶阳凹陷南部沙三下段砂岩以石英为主，平均含量52.15%，长石次之，平均含量29.11%，岩屑含量变化大，在10%~41%之间，平均含量17.98%，岩屑类型以酸性喷出岩为主，其次是以碳酸盐岩为主的少量沉积岩屑和以石英岩、千枚岩等为主的变质岩岩屑。泥质杂基含量整体较低，在3%~38%之间，平均含量3.61%。通过砂岩分类图版投点，杨武寨地区沙三下砂岩类型主要为岩屑质长石砂岩，其次为长石质岩屑砂岩(图5)。

储层中储集空间主要为有原生孔隙和次生孔隙。原生孔隙因后期压实原生孔隙缩小并呈三角形状或条状，有的被自生矿物充填变形。次生孔隙—粒间溶孔主要是在原生粒间孔的基础上溶蚀扩大形成，在饶阳凹陷深层砂岩中广泛发育，本区主要发育酸性的长石溶孔，溶蚀易沿解理面进行(图6c)，溶蚀程度进一步增加会产生铸模孔(图6d)等。Q2-81X(图6e)、Q104X(图6a)薄片中观察到明显的方解石胶结物溶蚀残余存在孔隙中，说明孔隙早期被方解石胶结，之后被溶蚀形成。

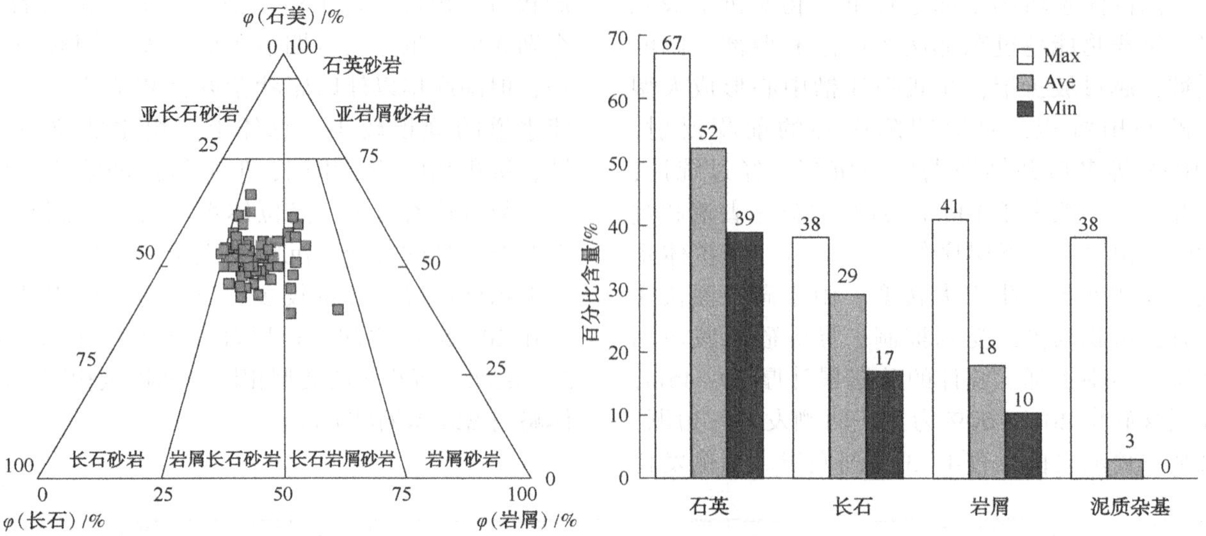

(a)砂岩岩相分类图版　　(b)主要岩石矿物组分及含量

图 4　饶阳凹陷杨武寨沙三下段砂岩类型及矿物组成

(a)Q104X井，4375.26m，原生粒间孔隙　(b)Q104X井，4376.11m，原生粒间孔隙　(c)Q2-81X井，3863m，长石粒内溶孔和粒缘溶孔

(d)Q104X井，4375.07m，铸模孔　(e)Q2-81X井，3782m，碳酸盐胶结溶孔　(f)Q2-53X井，3902.94m，板岩粒内溶孔

图 6　杨武寨构造带沙三下段储集空间特征

研究区沙三下段岩心实测物性 199 件。根据频率分布统计，孔隙度主要分布区间为 10%～15%，其次为 5%～10%，孔隙度平均值 10.1%；渗透率主要分布区间在 0.01～10md 之间，平均值为 5.13md，杨武寨沙三下段储层整体处于特低孔-低孔、超低渗-低渗的背景。纵向上，根据大量的测井计算物性数据，纵向上孔隙度和渗透率随深度呈降低趋势，在埋深小于 3200m 时，物性随深度增加而明显下降，当埋深超过 3200m 时，物性降低的速率明显下降，可能说明机械压实达到极限，而转为化学压实。

3.2　优质储层控制因素

优质储层作为油田勘探和开发的重点对象，关系着油气藏开发潜力及经济效益，优质储层发育机理研究为重中之重。控制中深层碎屑岩优质储层形成因素较多，主要有沉积条件、古地温、成岩作用、异常高压、膏岩等。沉积微相、成岩作用、油气早期充注是饶阳凹陷南部深层优质储层发育的主控因素。沉积条件是储层形成的物质基础，决定砂体的宏观分布与原始物性的好坏。杨武寨地区各井沙三下段主要处于三角洲前缘-湖底扇沉积体系，进一步可分为西部缓坡控制下三角洲前缘-湖底扇体系和东部陡坡控制的辫状河三角洲前缘-湖底扇体系，整体粒度较细。统计显示，重力流水道孔隙度和渗透率明显好于席状朵叶微相。不同沉积环境由于水动力的不同其岩石结构也存在差异。粒度中值与孔隙度、渗透率呈正相关，分选系数与孔隙度、渗透率呈负相关，说明粒度越大、分选越好，则孔隙度越好。低位体系域重力流水道微相粒度以中砂为主，细砂次之，并含一部分粗砂，分选系数约为 1.5 左右，分选较好；水下辫状分流河道微相粒度以细砂、极细砂为主，分选系数接近 2，分选比重力流水道微相差；席状朵叶微相以极细砂为主，分选系数在 2~2.5 之间，分选差(图 7)。重力流水道微相粒度粗、分选好，物性相对好于其他微相，是优势储层发育有利相带。

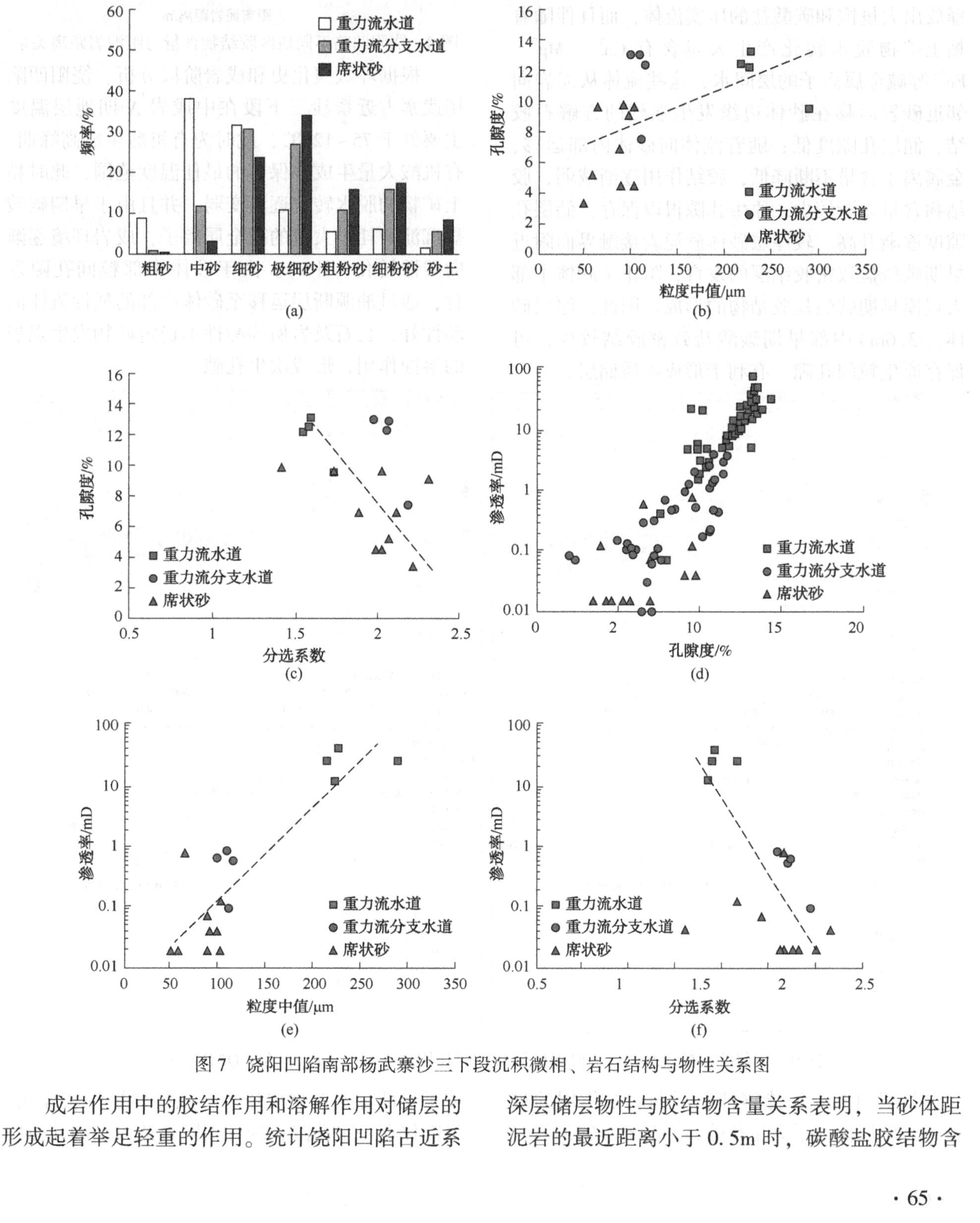

图 7　饶阳凹陷南部杨武寨沙三下段沉积微相、岩石结构与物性关系图

成岩作用中的胶结作用和溶解作用对储层的形成起着举足轻重的作用。统计饶阳凹陷古近系深层储层物性与胶结物含量关系表明，当砂体距泥岩的最近距离小于 0.5m 时，碳酸盐胶结物含

量普遍大于10%，平均孔隙度为7.2%，发育低孔隙度储层；当砂体距泥岩的最近距离为0.5～1.8m时，碳酸盐胶结物含量一般为5.9%～10%，平均孔隙度为12.8%，发育高孔隙度储层；当砂体距泥岩的最近距离大于1.8m时，储层中碳酸盐胶结物含量一般小于4%，平均孔隙度为16.5%，发育异常高孔隙度储层(图8)。分析认为，成岩过程中泥岩在上覆地层压力下快速释放出大量饱和碳酸盐的压实流体，而且伴随着粘土矿物脱水转化产生大量含有Ca^{2+}、Mg^{2+}、Fe^{2+}等碱金属离子的层间水，这些流体从泥岩向邻近砂岩运移在砂体边缘发生强烈的方解石胶结，储层孔隙度低；随着流体向砂体内部运移，金属离子含量不断降低，胶结作用逐渐减弱，胶结物含量逐渐较少，原生孔隙得以保存，储层孔隙度逐渐升高。较厚层砂体砂泥岩接触界面附近早期碳酸盐致密胶结层的发育，阻止了砂体中部大规模早期碳酸盐胶结物的形成。因此，厚层砂体(>3.6m)中部早期碳酸盐致密胶结较少，可保存原生粒间孔隙，有利于形成优质储层。

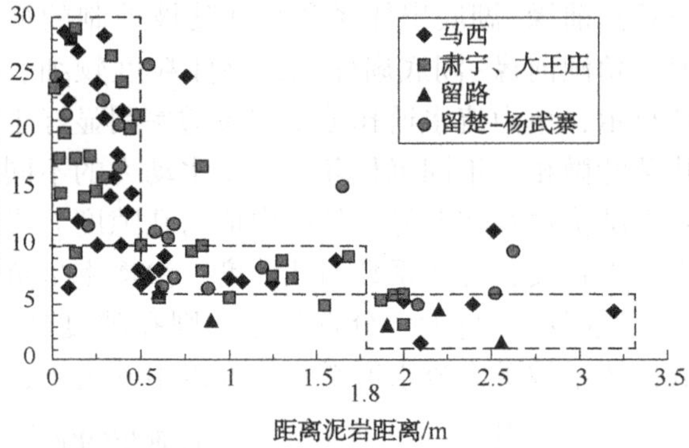

图8　饶阳凹陷不同地区胶结物含量与距泥岩距离关系

根据埋藏演化史和成岩阶段分析，饶阳凹陷杨武寨古近系沙三下段在中成岩A期地层温度主要处于75～120℃，此时为有机酸生成高峰期，有机酸大量生成并保存的最佳温度范围，此时黏土矿物的脱水转化逐渐变弱，并且由于早期碳酸盐沉淀消耗了大量的碱金属离子，成岩环境逐渐向酸性转化(图9)。由于砂体中部粒间孔隙发育，通过油源断层运移至砂体内部的酸性流体流动性好，长石及岩屑等酸性不稳定矿物发生强烈的溶蚀作用，形成次生孔隙。

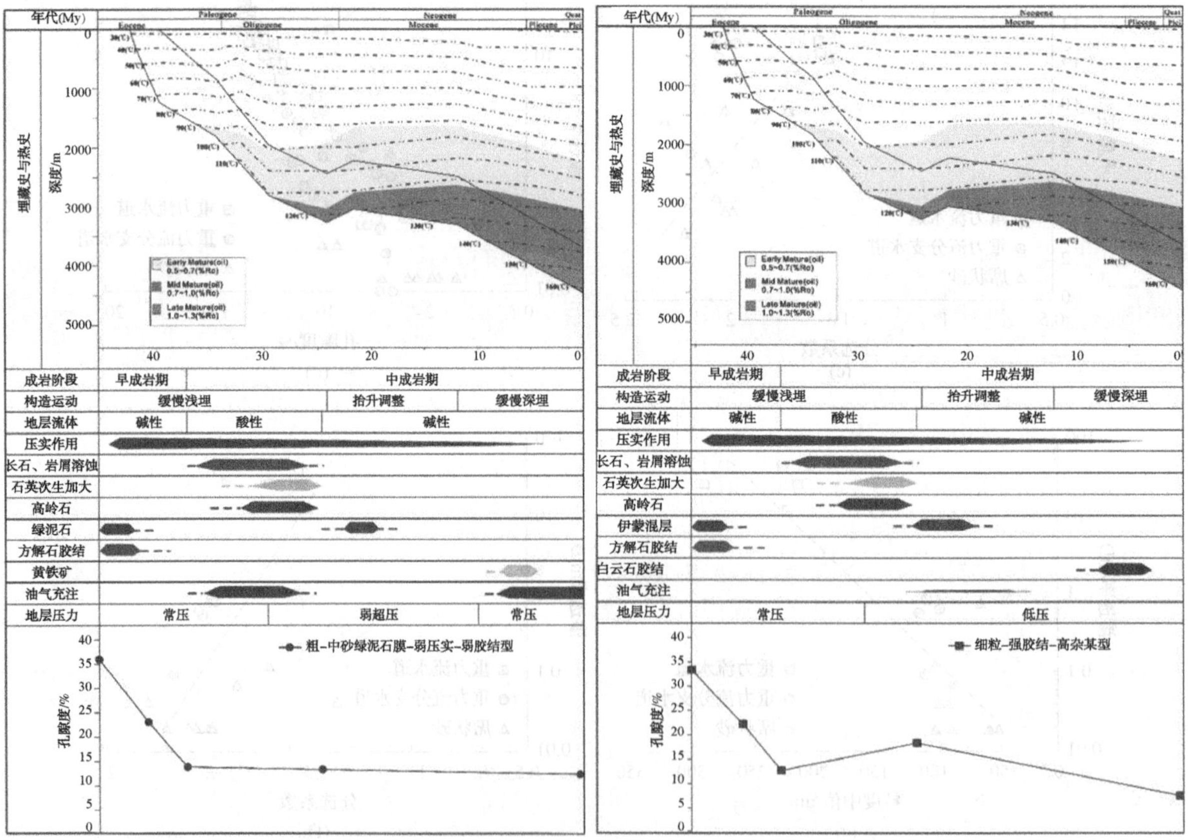

图9　饶阳凹陷杨武寨沙三下段深层储层成岩作用事件图(Q104X：左；Q75X，右)

早期油气充注能够抑制后期胶结作用的进行，为储层保存了大量孔隙，同时充注的油气流体承受部分上覆岩层压力，减缓储层压实作用，也能保存一定孔隙；统计不同含油级别的孔隙度和渗透率显示，随着含油级别的提高，储层物性变好(图10)。铸体薄片观察和统计显示，孔隙中有烃类存在的储层面孔率更高(Q104X)，而烃类少或没有的储层面孔率相对低，且白云石、铁方解石等形成相对较晚的碳酸盐矿物含量更多(Q2-81X、Q75X)。由此印证了油气对碳酸盐胶结物的抑制作用。较早的油气充注抑制晚期碳酸盐胶结作用，能使砂体储层中晚期碳酸盐胶结物含量较少，有效地保护了储层原生孔隙与次生溶解孔隙，是饶阳凹陷杨武寨构造带深层有效储层形成的要素之一。

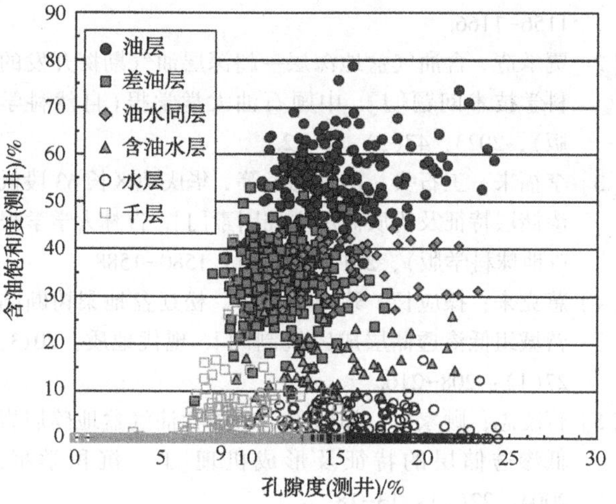

图10 杨武寨沙三下段不同含油级别储层孔隙度和渗透率

结合沉积、成岩、油气充注三大主控因素与研究区沙三下段各油组特征，认为Ⅰ油组为特殊岩性段，发育油页岩、泥质灰岩，为优质烃源岩发育区；Ⅱ油组为暗色泥岩发育段，砂体较薄，相对致密，同样为优质烃源岩发育区；Ⅲ、Ⅳ油组为单砂体平均厚度高，砂体规模大，粒度粗，厚砂体和粗粒度共同控制该层段普遍发育优质储层，该层段渗透砂岩砂地比可达47.1%。

4 成藏主控因素分析

沙三下段整体呈现顶部发育优质烃源岩，中下部发育优质储层的特征。分析认为储层质量及源储关系配置是控制本区油藏序列分布的主要因素。根据烃源岩和源储配置关系划分为源储共生(亦称之为“三明治”型)、旁生侧储和下生上储等源储组合类型，控制杨武寨Ⅰ油组—Ⅱ油组—Ⅲ、Ⅳ油组自上而下储层粒度逐渐变细，油藏由页岩—致密—常规过渡，整体沙三下段为一套自上而下的页岩-致密-常规油气序列分布的全油气系统。

Ⅰ、Ⅱ油组为源储共生型组合，泥灰岩、油页岩、暗色泥岩均为中等-好烃源岩，Ⅰ油组为大规模分布的自生自储，成藏动力为生烃增压的页岩油气藏，Ⅱ油组较细，主要为暗色泥岩夹薄砂层，为大规模分布的自生自储的夹层型致密油藏。Ⅰ、Ⅱ油组油藏具备“源内供烃-砂体控储-广覆发育”源内成藏模式。湖盆沉积中心发育优质烃源岩，有机质丰度高，厚度大。还发育类型多样的薄层、透镜状砂体，该砂体叠加连片，成群成带。源内油气具有自生自储的特征，源岩层中的砂体、裂缝和小断层构成主要的油气运移通道，这类油藏位于烃源岩内，为油气初次运移形成，形成类型主要受砂体发育情况控制。在洼槽深陷区聚集形成砂岩透镜体油藏，在靠近陡坡带及洼中断裂带形成砂岩上倾尖灭油藏和构造-岩性油藏。具有厚度小、分布范围较大、多期叠加连片、满洼分布等特点。

Ⅲ油组自身生烃能力有限，主要为“旁生侧储”、“下生上储”在高部位形成常规构造油气藏，是深层效益勘探开发的主要层系。发育“双侧供烃-酸溶控储-背景聚油”近源成藏模式。该套层段由沙三下段烃源岩供烃，正断层导致上盘优质烃源岩向下错动，直接对接断层上升盘发育的沙三下沉积早期大规模砂体，以断层及砂体作为输导路径，烃源岩层油气侧向汇聚，油源断层与烃源岩内部砂体相配合，油气向旁侧层系运移，并在厚层近源强溶蚀作用形成的有利储层中富集成藏。从成藏背景看，饶阳凹陷南部拆离滑覆体系形成的多个大型正向构造圈闭群，形成的优质储层双侧被沙三下段优质烃源岩包围，是深层油气区域上有利聚集区带。下步工作重点是精细刻画Ⅲ油组层间断层，厘清构造特征，明确供烃窗口，确定含油气性及含油高度，精准设计井位实现深层效益勘探开发。

沙三下Ⅳ油组发育紫红色泥岩夹厚层砂岩，发育优质储层，但目前尚未发现油藏。分析原因，主要是杨武寨中央隆起带供油断层断距相对较小，Ⅳ油组缺乏有效供烃窗口。Ⅰ、Ⅱ油组为细段，烃源岩发育，当供油断层断距大于细段厚度，Ⅲ、Ⅳ油组厚砂体可成藏；当供油断层断距小于细段厚度，Ⅲ、Ⅳ油组厚砂体不成藏(图11)。Ⅳ油组优质储层无有效供烃窗口，未形成“旁生侧储”或“下生上储”源断组合，下步可寻找供油断层断距更大的有利目标或更深层系发育沙四-孔店组烃源岩的有利目标，以期发现沙三下段Ⅳ油组效益油藏。

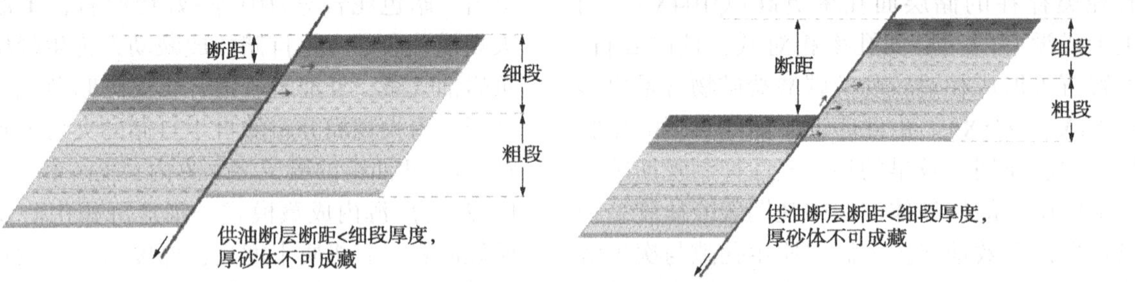

图 11　饶阳凹陷南部源储关系匹配示意图

5　结论

（1）饶阳凹陷南部沙三下段为一个三级层序，研究区沙三下Ⅰ油组对应高位体系域，Ⅱ油组对应湖扩体系域，Ⅲ、Ⅳ油组对应低位体系域。主要发育东西双向物源，低位体系域发育大型湖底扇沉积，湖扩体系域、高位体系域发育三角洲-湖泊沉积。

（2）沙三下段储层主要为岩屑长石砂岩，沉积微相、成岩作用、油气早期充注是饶阳凹陷南部深层优质储层发育的主控因素。Ⅲ、Ⅳ油组为单砂体平均厚度高，砂体规模大，粒度粗，厚砂体和粗粒度共同控制该层段普遍发育优质储层，该层段渗透砂岩砂地比可达 47.1%。

（3）储层质量及源储关系配置控制沙三下段油藏序列分布。杨武寨Ⅰ油组—Ⅱ油组—Ⅲ、Ⅳ油组自上而下储层粒度逐渐变细，油藏由页岩—致密—常规过渡，整体沙三下段为一套自上而下的页岩-致密-常规油气序列分布的全油气系统。

（4）Ⅲ油组主要为“旁生侧储”、“下生上储”在高部位形成常规构造油气藏，是深层效益勘探开发的主要层系，精细落实该油组构造情况为效益勘探开发关键。Ⅳ油组为潜在含油层系，下步可寻找供油断层断距大于细段厚度或更深层系发育沙四-孔店组烃源岩的有利目标。

参 考 文 献

[1] 张光亚，马锋，梁英波，等．全球深层油气勘探领域及理论技术进展[J]．石油学报，2015，36(9)：1156-1166.

[2] 贾承造．含油气盆地深层—超深层油气勘探开发的科学技术问题[J]．中国石油大学学报(自然科学版)，2023，47(5)：1-12.

[3] 李福来，王石头，苗顺德，等．华庆地区长 63 段低渗储层特征及优质储层主控因素[J]．吉林大学学报(地球科学版)，2015，45(6)：1580-1588

[4] 蒽克来，操应长，蔡来星，等．松辽盆地梨树断陷营城组低渗透储层成因机制[J]．现代地质，2013，27(1)：208-216.

[5] 蒋凌志，顾家裕，郭彬程．中国含油气盆地碎屑岩低渗透储层的特征及形成机理[J]．沉积学报，2004，22(1)：13-18.

[6] 孙靖，宋永，王仕莉，等．准噶尔盆地深层致密油储层特征及致密化成因：以莫索湾—莫北地区侏罗系八道湾组为例[J]．吉林大学学报(地球科学版)，2017，47(1)：25-33.

[7] 钟大康，朱筱敏，王红军．中国深层优质碎屑岩储层特征与形成机理分析[J]．中国科学 D 辑：地球科学，2008，38(增刊 1)：11-18.

[8] 李会军，吴泰然，吴波，等．中国优质碎屑岩深层储层控制因素综述[J]．地质科技情报，2004，23(4)：76-82.

[9] 操应长，远光辉，杨海军，等．含油气盆地深层—超深层碎屑岩油气勘探现状与优质储层成因研究进展[J]．石油学报，2022，43(1)：112-140.

[10] 肖正录，李勇等．2022. 源储接触关系及其对近源致密油富集的影响_以鄂尔多斯盆地陇东地区长 8_1油藏为例[J]．石油试验地质，2022，44(5)：825-834.

南海北部珠一坳陷深层油气差异富集特征及勘探潜力

陈维涛

［中海石油(中国)有限公司深圳分公司］

摘　要　南海北部珠江口盆地是中国近海重要的含油气盆地，伴随着勘探程度的提高，珠一坳陷深层古近系已经成为重点勘探领域。针对珠一坳陷洼陷众多，地质条件差异显著的特点，系统梳理珠一坳陷洼陷形成机制、富生烃洼陷深层古近系油气富集规律，探索古近系勘探潜力。珠一坳陷断陷期具有"多洼多隆、洼隆相间"的构造格局，洼陷贫富和烃源岩展布是深层油气差异富集的首要控制因素。珠一坳陷古近系构造演化主要受控于先存断裂活化机制、控洼断裂活动强度和结构样式，多期继承型和生长-连接型控洼断裂形成的洼陷规模大、湖盆深，演化时间长，是富生烃洼陷的典型特征。洼陷的供汇规模影响沉积充填，对于潜在富生烃洼陷和边缘新洼陷是否规模生烃具有重要的影响，低供汇比洼缘往往具有"小而肥"特征，是新洼探索的重要类型。富生烃洼陷和潜在富生烃洼陷是现阶段深层勘探的重点。对于文昌组，油气成藏以"自生自储、旁生侧储"的近源成藏为主，洼陷结构和源汇系统控制了油气富集，其中缓坡带和转换带是大型源汇体系发育的位置，往往也是晚期抬升油气汇聚的地区，是最为有利的勘探区带。恩平组紧邻文昌组烃源层系，油气成藏具有"相对近源、相对浅埋、相对优储"的特征，有效储盖组合和断砂疏导体系是其成藏的关键。恩平期处于弱裂陷阶段，具有"浅水广盆、整体富砂、局部富泥"的沉积特征，泥岩盖层控制了油气的分布和富集，其分布越稳定、厚度越大的地区，油气越富集。早期消亡型和长期继承型两类断裂均切割文昌组和恩平组，"源、断、砂"立体输导控制恩平组油气聚集。珠一坳陷古近系整体勘探程度较低，勘探潜力巨大，富生烃洼陷、潜在富生烃洼陷、部分新洼陷均具有古近系勘探的烃源基础，邻近烃源、断裂发育是古近系的成藏优势，有利源汇系统和优质储层发育是古近系勘探的关键。现阶段应立足已证实富生烃、潜在富生烃洼陷及部分新洼陷，分层系开展恩平组和文昌组针对性研究，落实关键成藏要素，优选有利成藏区带，有序推动古近系勘探。

关键词　珠一坳陷；深层；富生烃洼陷；成藏规律；勘探潜力

位于南海北部陆缘的珠江口盆地是中国海域重要的含油气盆地，长期以来针对该盆地的油气成藏，认为古近系文昌组和恩平组是主要烃源层系，新近系珠江组、韩江组为主力储盖层系，油气成藏为典型的下生上储；油气勘探主要针对上构造层系，已发现油气超10亿吨油当量，储量占比超过80%；对于下构造层系文昌组和恩平组虽有探索，但储量发现占比比较小。伴随着中浅层勘探程度提高，新近系有利圈闭及规模性圈闭不断减少，向深层探索已经成为必然的选择。在向深层拓展的过程中，主要面临如下两方面的挑战：1. 珠江口盆地裂陷期形成的洼陷众多，不同洼陷贫富差异显著，洼陷构造控烃机制及烃源岩展布规律不清楚，影响对深层油气成藏的认识；2. 恩平组、文昌组源储配置不同，成藏主控因素差异大，需要针对性的开展油气成藏主控因素研究，落实不同层系的成藏规律。针对上述问题，本文以珠一坳陷为重点，通过洼陷发育演化机制分析，文昌组、恩平组成藏特征和成藏主控因素分析，研究总结珠一坳陷油气差异富集规律及控制因素，以期对于该盆地深层的后续勘探研究和类似盆地的对比分析提供借鉴。

1　区域地质概况

珠江口盆地是受欧亚板块和印澳板块的碰撞以及太平洋板块俯冲所形成的新生代含油气盆地，位于南海北部大陆边缘的东区，面积约 $26.68\times10^4\ km^2$（施和生等，2017；陈维涛等，2012；庞雄等，2007；柳保军等，2019）。珠江口盆地构造线为NE-NEE走向，自北向南可划分为北部隆起带、北部坳陷带（包括珠一坳陷和珠三坳陷）、中央隆起带、南部坳陷带（包括珠二坳陷）和南部隆起带共计5个主要的构造单元（图1）；沉积地层由老到新依次发育古近系神狐组（古新统）、文昌组（始新统）、恩平组—珠海组（渐新统），新近系珠江组—韩江组—粤海组（中新统）、万山组（上新统）和第四系（图2）。盆地内沉积类型丰富，古近系以断陷期湖相沉积为主，到古近系晚期逐渐过渡到断拗转换期的海陆过渡相沉积，是主要的烃源岩发育层段；新近系以拗陷期浅海陆架三角洲沉积体系、滨浅海相和深海相沉积为主，发育优质的储盖组合(施和生等，2017；庞雄等，2007；柳保军等，2011；钟志洪等，2014)。

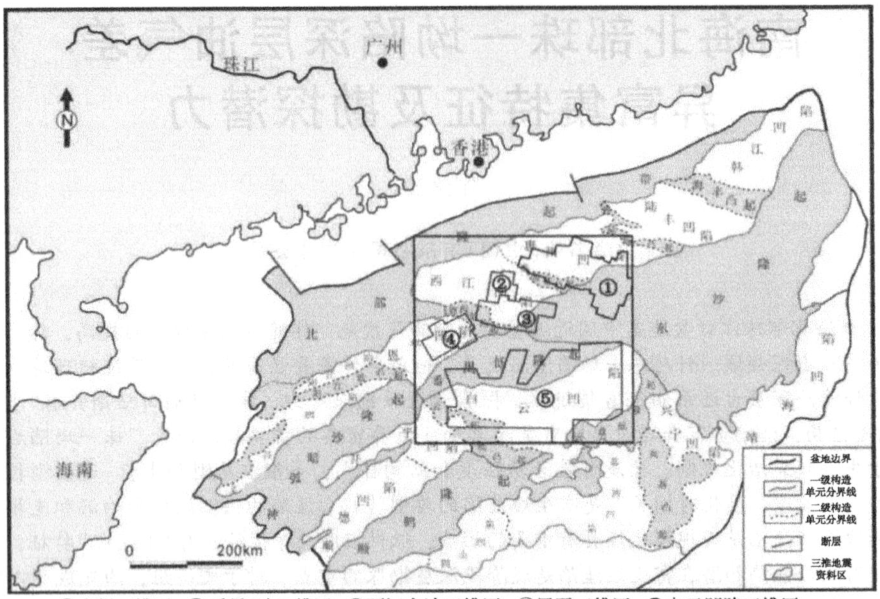

①惠州三维区 ②番禺4洼三维区 ③西江主洼三维区 ④恩平三维区 ⑤白云凹陷三维区

图1　珠江口盆地构造单元划分及研究区位置(黑色实线框为本文研究区，带有编号的不规则区域为三维地震区)

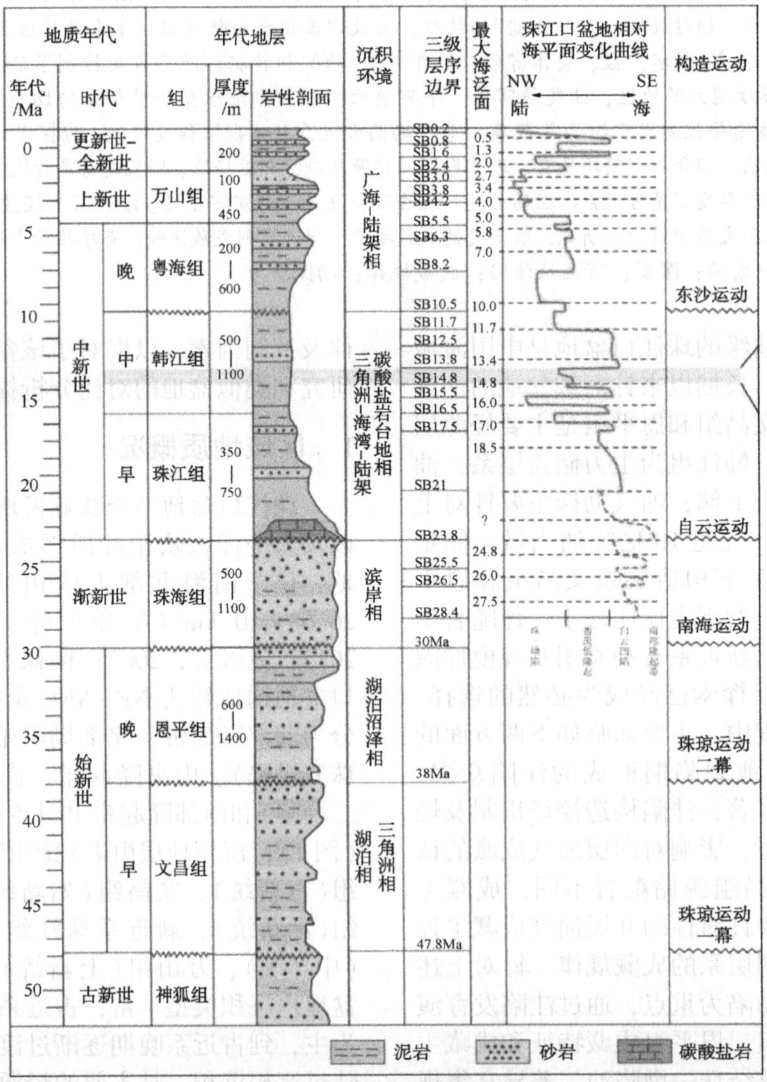

图2　珠江口盆地综合柱状图

本文研究靶区位于珠江口盆地北部坳陷带，整体呈 NE-SW 向展布；同时受到北西向断裂切割，从东到西划分为 5 个凹陷。主要目的层是古近系文昌组和恩平组，该时期是珠江口盆地强烈裂陷到断拗转换的初期，盆地被隆起区分割成多个凹陷，每个凹陷又由多个半地堑组成。该层段既是盆地主力烃源岩发育的层段，目前也已成为重要的勘探目的层。

2 油气差异富集规律及主控因素

2.1 富生烃洼陷控制深层油气规模富集

珠一坳陷具有“多洼多隆、洼隆相间”的构造格局，洼陷之间贫富差异巨大。珠一坳陷可划分为 33 个洼陷，已证实富洼 7 个，潜在富洼 4 个，已证实生烃洼陷 14 个，潜力洼陷 8 个，富洼资源量占整个盆地资源量的 64%。深层已发现 9 个大中型油气田，探明储量达 3.5 亿方，全部集中在 7 个富生烃洼陷。如图 3 所示。

烃源岩是油气成藏的物质基础，湖盆裂陷期形成的断陷湖盆是烃源岩发育的主要场所。进入断拗转换期之后，虽然湖盆连通性变好，规模变大，但是湖盆变浅，周边大型物源注入，导致湖盆整体富砂，仅西江和惠北等局部地区发育浅湖相，因此，珠一坳陷的烃源岩主要位于文昌组，局部发育恩平组烃源岩。珠海组及以上地层主要是海陆过渡相和海相沉积，在珠一坳陷不发育泥岩或泥岩埋藏浅，不能成为有效烃源岩。因此文昌组断陷湖盆的规模及烃源岩的发育是深层油气富集的首要因素。

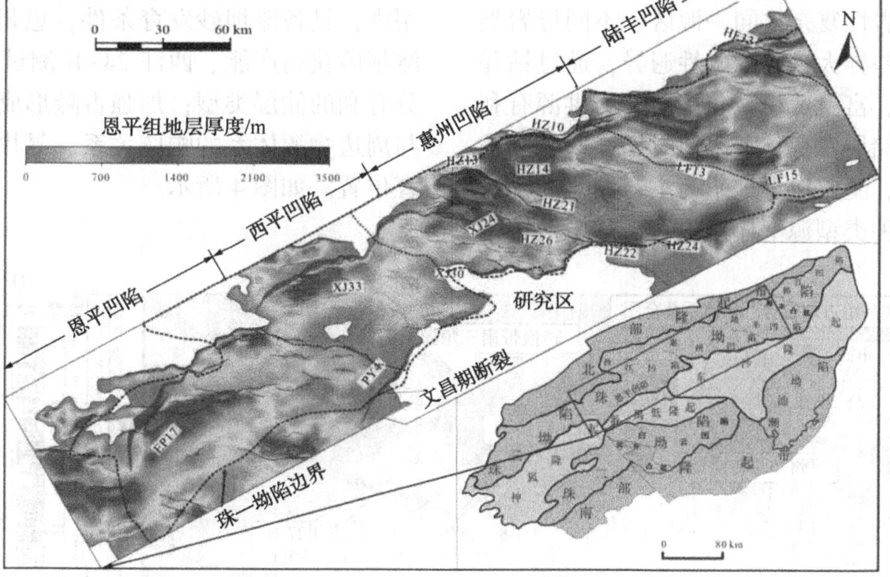

图 3　珠一坳陷构造单元划分及不同类型洼陷分布

珠一坳陷是在中生代基底上发育的新生代盆地，盆地的形成演化受控于先存断裂、裂陷期断层的差异活化，应力场的旋转以及岩浆作用等。中生代挤压构造背景发育两期先存逆冲构造体系：①EW-NWW 向(侏罗-早白垩纪，太平洋板块向欧亚板块的俯冲)；②NE-NEE 向(晚白垩纪，西太平洋俯冲带后撤及印度与欧亚板块碰撞)；NE-NEE 向断裂控制主裂陷轴，形成隆坳边界；EW-NWW 向断裂导致裂陷迁移调整，控制洼陷格局。开始早、强度大、继承发育的洼陷，易于形成规模、稳定的沉降中心，有利于富生烃洼陷形成。

裂陷期区域应力场由 NW 向 SN 顺时针偏转，NE 向断裂活化由强转弱、近 EW 向断裂活化由弱转强，形成多期继承型、生长-连接型、调控型 3 种成因机制的富生烃洼陷。规模较大的 NE 向、明显弯曲的先存断裂，主要分布在西江-番禺和恩平地区；近 EW 向呈弧形/平直延伸，主要分布在陆丰和惠州地区；NS 向主要出现在恩平、西江早、晚文昌期之间惠州运动导致断裂活动中心迁移，进而形成不同类型的生烃中心迁移叠置发育样式，控制烃源岩发育位置；早、晚文昌期之间地壳由初始张裂到快速减薄转变，为下地幔部分熔融提供条件，岩浆底辟大规模发育，造成湖盆掀斜旋转，可容纳空间急剧增大。

珠一坳陷古近系已获得8个商业发现和8个潜在商业发现，三级储量超3亿吨，主要集中在富生烃洼陷。勘探程度差异大，惠西南、陆丰南、番禺4洼取得商业突破，恩平、西江主洼等需进一步探索。

2.2　源储配置形成两套富集层系

珠一坳陷发育了两套烃源岩层系，即始新统文昌组烃源岩和始新统-渐新统恩平组烃源岩(朱伟林等，2008)。文昌组烃源岩主要为中深湖相暗色泥岩，是珠一坳陷的主要烃源岩；恩平组烃源岩主要为湖沼相含煤泥岩，是珠一坳陷的重要源岩(李友川等，2009)。勘探层系上，古近系文昌组、恩平组均获商业突破，成藏主控因素差异大。

文昌组，自生自储，近源成藏；储层非均质性强，低渗储量占比高，落实优质储层是关键。珠一坳陷基底岩性复杂，同一源区、不同母岩类型，储层物性差异大，含油气性迥异，通过钻井揭示石英砂岩、富石英粗粒花岗岩母岩供源有利于区域型优质储层发育。文昌组时期，珠一坳陷处于强裂陷期，主要以半地堑为主，湖盆周缘多物源注入，多种类型源汇体系展布。其中缓坡带辫状河三角洲、转换带扇/辫三角洲、洼陷带滩坝相等具备发育优质储层条件。缓坡带以辫状河三角洲为主，大型稳定物源及沟谷体系控制厚层优质沉积砂体展布。主要有两种类型，一种是稳定物源，大源对大汇(以陆丰东低凸起为例)，形成的辫状河三角洲沉积厚度大、展布面积大、优质储层发育。第二种是由于构造的影响，上下文昌期物源发育变化；上、下文昌源汇体系差异大，以惠陆低凸起为例，下文昌文五段发育优质储层，上文昌储层非均质性强。陡坡带往往具有“短源短汇、坡陡扇窄”特征，发育单断型和转换型两类，沉积体规模受汇水面积和沟谷形态控制。单断型以扇三角洲/近岸水下扇为主，储层物性普遍较差；转换型陡坡带揭示扇/辫状河三角洲，是惠州凹陷古近系勘探的重点区带。水下低隆背景往往具有高能水动力环境，湖浪改造作用强，具备滩坝砂发育条件，惠州25-D文昌组滩坝砂获高产能、西江24-B测试流度高，是十分有利的储层类型；加强古隆形成演化分析及其与周边物源体系的响应关系，寻找有利滩坝砂发育位置。如图4所示。

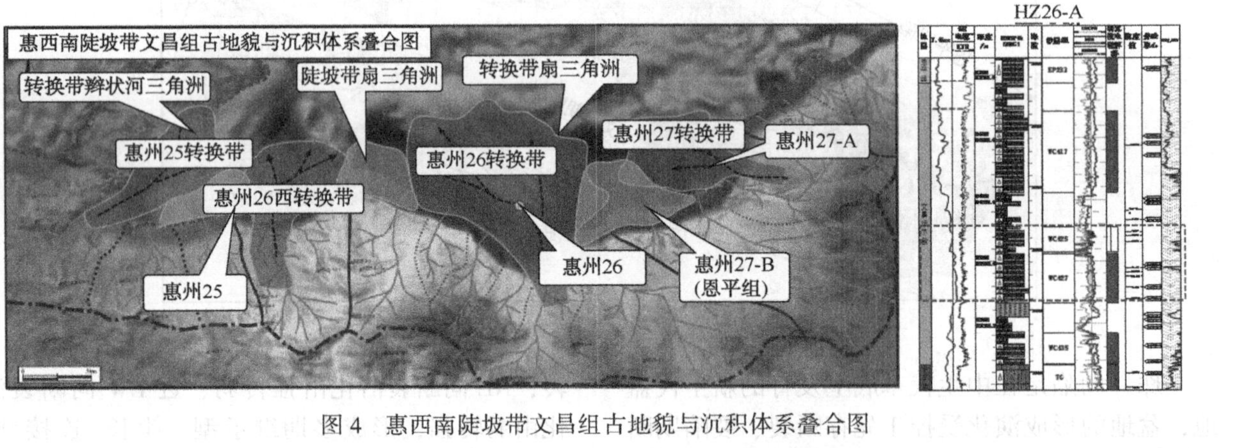

图4　惠西南陡坡带文昌组古地貌与沉积体系叠合图

恩平组，下生上储，邻近烃源；物性相对较好，但含砂率高，储盖组合和断裂控藏是关键。在恩平组沉积早期，珠一坳陷仍表现为断陷特征，但是控洼断层活动性变弱，整体以辫状河三角洲沉积为主，在半地堑形态较明显的洼陷靠近断层部位的陡坡带可发育局部河相沼泽沉积和滨浅湖相沉积。在恩平组晚期，珠一坳陷向坳陷过渡，湖盆进一步联通，水体变浅，主要发育河流三角洲沉积体系。整体来看，恩平期古地貌趋于平缓，以规模辫状河三角洲沉积为主，储层十分发育，地层含砂率高，平均65%~90%。针对这样的沉积背景，通过研究指出在浅水广盆沉积环境下，小幅度湖平面变化即可影响较大的湖盆范围，形成虽薄但相对稳定的有效泥岩盖层，同时，在近油源油气强充注区，相对较薄泥岩即具有较好的封盖能力，实现盖层从“找被子”到“找盖子”的转变。如图5所示。

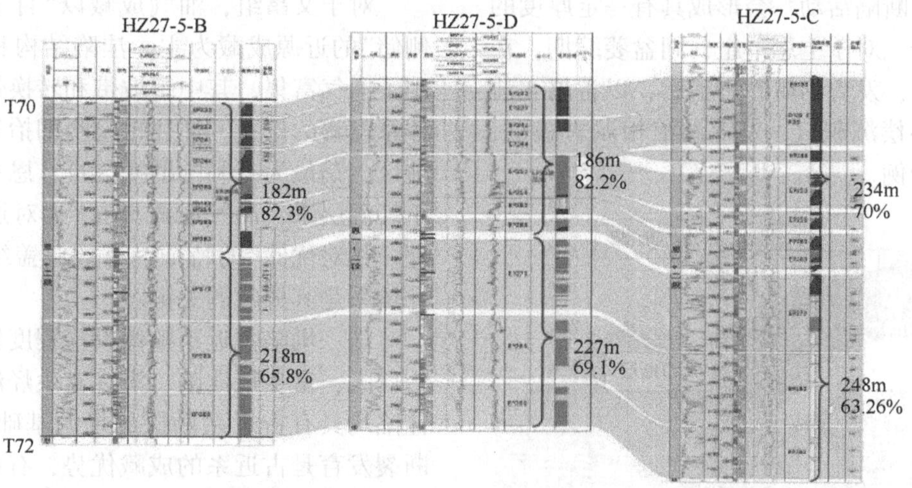

图5　惠西南惠州27-f地区恩平组上段连井对比

在沉积储层上，明确断拗转换期构造控相机制，指出断层活动差异、断裂组合样式、断面形态是恩平组相带差异的主控因素，恩平组整体呈现出“早扇晚洲、洲扇连片，以洲为主”的沉积格局。断层凹面区、断裂转换区与长期继承性沟谷匹配，控制优势物源通道，形成的辫状河三角洲储层最为有利。如图6所示。

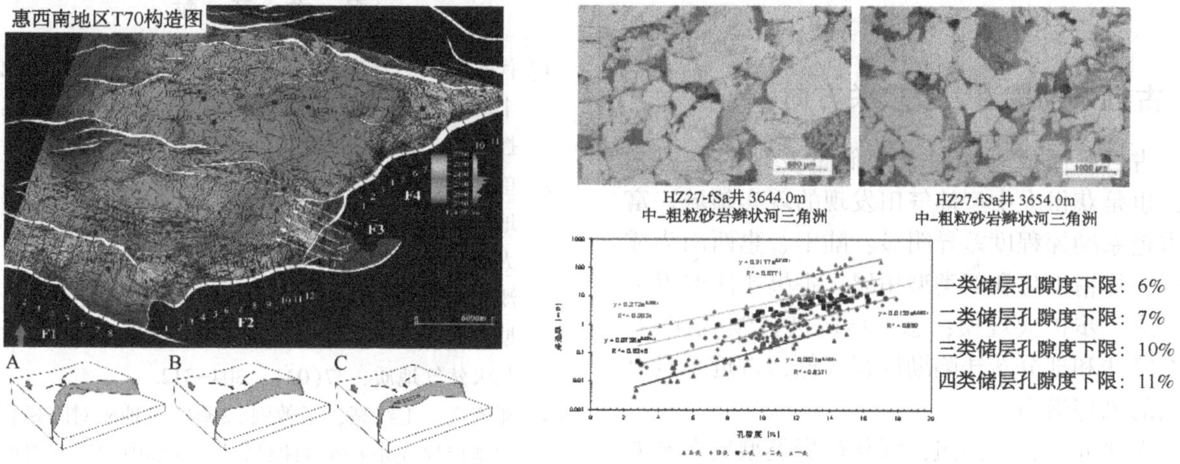

惠西南地区恩平期断裂组合样式及断面形态　　惠州27-f优质储层带来古近系油层孔隙度下限突破

图6　惠西南恩平组断裂组合特征与储层发育

在成藏模式上，重新审视断拗转换期早期消亡型断裂“渗流”输导机理，指出断裂上盘具有垂向输导能力，呈现“断至油至”特征。通过构造变形与烃类充注一体化物理模拟，实现恩平组高含砂条件下层内聚集定量表征：断距/泥厚≤5~7倍。

2.3　不同区带差异聚集

优势相带控制甜点储层发育位置，进而控制古近系经济产能油藏的分布；尤其是文昌组源储对接，相带类型多，差异大，相带控制作用更加明显。因此，文昌组发育断块油气藏和构造岩性油气藏。

早晚文昌转换期岩浆底侵及构造抬升，导致基底隆升或断块旋转，烃源岩掀斜抬升，成为油气富集的有利区带。比如惠州27-E：岩浆底侵与断裂转换形成长期继承性鼻状隆起构造带，控制油气富集。惠州12-K：岩浆底侵形成“高隆-强剥-多期不整合”地层结构，成为上覆圈闭高效聚油有利输导体系。如图7所示。

珠一坳陷发育早期消亡型、长期继承型和晚期新生型三类断裂，其中长期继承型和早期消亡型断裂控制古近系断块发育，同时对古近系油气具有垂向疏导作用，控制油气成藏层系对高含砂率恩平组，盖层厚度对油气富集程度具有重要影响。在恩平组主要两类泥岩盖层，在下恩平，湖盆尚有较强的断陷活动，会形成具有一定厚度的区域湖泛泥岩。对于上恩平组，湖盆萎缩期，在过补偿沉积区，发育钙质砂岩盖层，以番禺4洼为例；在欠补偿沉积区，发育湖沼相泥岩盖层，以西江主洼为例。

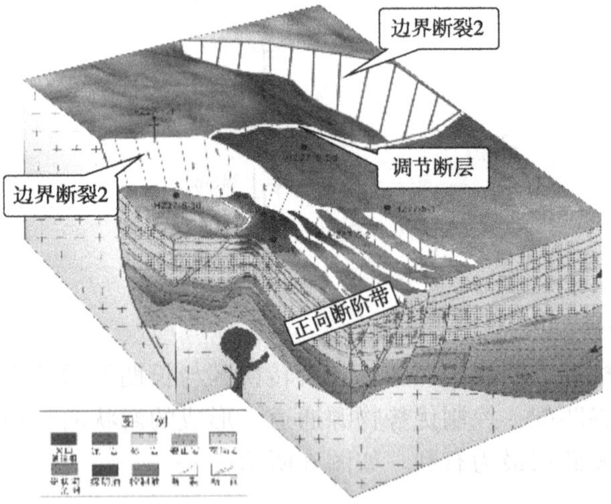

图7　惠西南惠州27-f地区岩浆底侵-断裂转换油气富集模式

3　古近系勘探潜力及攻关方向

古近系已成为南海东部储量发现的主要领域，也是获得大中型油气田发现的现实领域。富洼古近系勘探程度差异明显：陆丰、惠西南为成熟区，往精细化和新类型拓展；番禺4洼取得突破，进一步扩大规模；恩平地区进行领域探索。潜在富洼和部分新洼陷勘探程度低，古近系具有较大的勘探潜力。

在研究上，文昌组，深化母岩类型展布及差异控储研究，明确甜点发育模式；深化基于原型盆地恢复的源汇体系定量刻画技术研究；精细三级层序格架下源汇体系特征，建立完整的沉积体沉积模式。恩平组主攻方向：1）有利储盖组合：沉积旋回分析确定湖泛影响范围、源汇体系分析寻找有利储盖区；2）早期断裂控藏：富砂背景下的早期消亡型断层输导、封堵机理

4　结论

珠一坳陷古近系具有“多洼多隆、洼隆相间”的构造格局，洼陷贫富差异巨大。先存断裂活化机制、控洼断裂活动强度和结构样式控制了洼陷烃源岩的展布和规模，是洼陷是否富烃的主控因素。富生烃洼陷和潜在富生烃洼陷是现阶段古近系勘探的重点。

对于文昌组，油气成藏以“自生自储、旁生侧储”的近源成藏为主，洼陷结构和源汇系统控制了油气富集，其中缓坡带和转换带是大型源汇体系发育的位置，往往也是晚期抬升油气汇聚的地区，是最为有利的勘探区带。恩平组紧邻文昌组烃源层系，油气成藏具有“相对近源、相对浅埋、相对优储”的特征，有效储盖组合和断砂疏导体系是其成藏的关键。

珠一坳陷古近系整体勘探程度较低，勘探潜力巨大，富生烃洼陷、潜在富生烃洼陷、部分新洼陷均具有古近系勘探的烃源基础，邻近烃源、断裂发育是古近系的成藏优势，有利源汇系统和优质储层发育是古近系勘探的关键。

现阶段应立足已证实富生烃、潜在富生烃洼陷及部分新洼陷，分层系开展恩平组和文昌组针对性研究，落实关键成藏要素，优选有利成藏区带，有序推动古近系勘探。

参考文献

[1] 代一丁，牛子铖，汪旭东，等. 2019. 珠江口盆地陆丰凹陷古近系与新近系油气富集规律的差异及其主控因素. 石油学报，40(S1)：41-52.

[2] 单玄龙，热西提·亚力坤，刘培等. 2023. 珠江口盆地西江主洼珠琼运动的沉积响应及构造意义. 吉林大学学报(地球科学版)，53(02)：329-342.

[3] 淡永，邹灏，梁彬，等. 2016. 塔北哈拉哈塘加里东期多期岩溶古地貌恢复与洞穴储层分布预测. 石油与天然气地质，37(03)：304-312.

[4] 邓宏文，王红亮，王敦则. 2001. 古地貌对陆相裂谷盆地层序充填特征的控制——以渤中凹陷西斜坡区下第三系为例. 石油与天然气地质，(04)：293-296+303.

[5] 高阳东，汪旭东，林鹤鸣，等. 2021. 珠江口盆地陆丰凹陷恩平组内部构造——沉积转换面识别及意义. 天然气地球科学，32(07)：961-970.

[6] 葛家旺，筱敏，潘荣，等. 2015. 珠江口盆地惠州凹陷文昌组砂岩孔隙定量演化模式—以HZ-A地区辫状河三角洲储层为例. 沉积学报，33(01)：183-193.

[7] 龚承林，徐长贵，官大勇等. 2023. 渤中凹陷断拗转换期湖扩—湖退型层序及其对规模湖底扇发育展布的控制. 古地理学报，25(05)：992-1010.

[8] 侯读杰，张善文，肖建新，等. 2008. 陆相断陷湖盆优质烃源岩形成机制与成藏贡献：以济阳勒陷为例. 北京地质出版社.

[9] 雷永昌，赵鹏，肖张波，等. 2023. 珠江口盆地陆丰

凹陷陆丰 15 洼与 22 洼古近系文昌组源-汇系统与沉积演化．世界地质，42(03)：501-515.

[10] 施和生，何敏，张丽丽，等.2014. 珠江口盆地(东部)油气地质特征、成藏规律及下一步勘探策略．中国海上油气，26(03)：11-22.

[11] 施和生，雷永昌，吴梦霜，等.2008. 珠一坳陷深层砂岩储层孔隙演化研究．地学前缘，(01)：169-175.

[12] 施和生.2013. 论油气资源不均匀分布与分带差异富集—以珠江口盆地珠一坳陷为例．中国海上油气，25(05)：1-8+25+93.

[13] 舒誉，施和生，杜家元，等.2014. 珠一坳陷古近系油气成藏特征及勘探方向．中国海上油气，26(03)：37-42.

[14] 张向涛，彭光荣，王光增，等.2022. 珠江口盆地惠州运动的断裂响应研究：以阳江东凹为例．地学前缘，29(05)：161-175.

[15] 张向涛，汪旭东，舒誉，等.2017. 珠江口盆地陆丰凹陷大中型油田地质特征及形成条件．中南大学学报(自然科学版)，48(11)：2979-2989.

[16] 朱俊章，施和生，龙祖烈，等.2015. 珠一坳陷半地堑成藏系统成藏模式与油气分布格局．中国勘探，20(01)：24-37.

[17] 朱俊章，朱明，史玉玲，等.2022. 珠一坳陷油气成藏组合划分及有利成藏组合预测．海洋地质前沿，38(05)：67-75.

[18] 彭光荣，刘培，宋朋霖，等.2023. 珠江口盆地惠州凹陷恩平组“扇-辫”复合体发育规律及有利储层主控因素．地球科学进展：1-18.

[19] 施和生，高阳东，刘军.2022. 珠江口盆地惠州 26 洼“源-汇-聚”特征与惠州 26-6 大油气田发现启示．石油与天然气地质，43(04)：777-791.

[20] 柳保军，庞雄，颜承志，刘军，连世勇，何敏，申俊.2011. 珠江口盆地白云深水区渐新世—中新世陆架坡折带演化及油气勘探意义．石油学报，32(2)：234-242.

[21] 施和生，代一丁，刘丽华，姜航，李洪博，白静.2015. 珠江口盆地珠一坳陷油气藏地质特征与分布发育基本模式．石油学报，36(2)：120-132.

南海东部深层复杂沉积区低渗储层预测关键技术与开发实践
——以珠江口盆地陆丰A油田为例

董　政　刘道理　徐　超　汪生好　纪甜甜　张星宇

（中海石油（中国）有限公司深圳分公司）

摘　要　南海珠江口盆地陆丰A油田古近系文昌组地质模式及砂体叠置复杂，辫状河水道砂体变化快，储层纵横向展布与连通关系不落实；受深层地震资料品质及方法技术局限，砂体预测分辨率低、优质储层展布刻画存在多解性，难以满足开发阶段低渗储层精细研究需求；为此，从海域特点、技术现状出发，建立了一套采集处理-解释、地震-地质综合解剖一体化的古近系低渗储层精细预测技术对策。针对深层地震资料品质低、储层内幕成像不清晰问题，采用新老资料插线高密度采集+各向异性速度建模+高清优化处理技术组合，很好保持信噪比的基础上有效拓宽频带，提升古近系储层内幕结构成像品质，提升井震相关性；总结6类地层沉积组合和小尺度朵叶砂体地震正演特征，通过地震构形化相研究和双面双域综合解释，明确地震波形指示意义，实现深层5级复合砂体逐级精细解剖，提出双朵叶供源、北断南超沉积模式，厘清7个沉积朵叶叠置关系及平面展布；基于地震构形导向的分频反演技术，采用纯数据驱动充分融合各频段地震信息迭代反演，实现稀井网、复杂沉积模式下高分辨率储层反演预测，系列技术应用指导开发井储层钻遇率提升10%以上，砂体连通性与开发井动态认识吻合率超80%，为油田开发方案实施、注采井网优化和综合调整提供了有力指导。

关键词　高清优化处理；分辨率；地震正演；地震构形；井震解剖；分频反演

南海珠江口盆地深层古近系低渗砂岩储层油气成藏规模大，伴随中浅层海相砂岩油藏开发逐步进入“双特高”阶段，深层油气田的开发挖潜势在必行。陆丰A油田主力油藏埋深大（大于3500m）、地层陡倾、断裂复杂，地震资料信噪比、分辨率较低，给井震砂体精细解剖和高分辨率储层反演预测带来较大难度；同时，油田深层古近系陆相碎屑岩沉积地层厚度变化大、沉积模式复杂，河道砂体频繁改道，砂体叠置关系、储层平面展布及连通性存在不确定性，为油田经济有效开发带来诸多挑战。特别是油田前期已钻探4口开发井揭示储层物性差异大、自然产能低（$5m^3/d\sim30m^3/d$）、产量不及预期；其中一口开发井水平段砂体钻遇率不足50%，进一步揭示储层内幕结构和纵横向展布的复杂性，基于目前500米注采井距设计模式，难以实现油田经济有效开发。

针对A油田复杂沉积区低渗储层预测，从海域特点、技术现状出发，建立了一套采集处理-解释、地震-地质综合解剖一体化的古近系低渗储层精细预测技术对策，综合运用井控高清优化处理、辫状河三角洲砂体地震响应机理研究、河道复合体井震解剖和分频构形地震反演等技术，有效改善深层地震资料成像品质；总结形成6类典型砂体沉积组合和朵叶叠置模式地震响应图版，首次完成深层古近系$11km^2$范围内微古地貌、微构造控沉积作用研究；同时，井震结合地震构形化相研究，系统完成深层5级分流河道复合体构型地震解剖；基于地震构形导向的分频反演研究，解决常规反演低频信息不足、反演结果模型化问题，通过纯数据驱动分频迭代反演，提升储层预测分辨率、降低反演多解性，为油田开发井注采井网优化、方案实施和调整提供了有力支撑。

1　地质概况

珠江口盆地陆丰A油田位于珠江口盆地珠Ⅰ坳陷陆丰凹陷，主要为发育在基底隆起上受两条近EW走向大断层控制、中间发育系列小断层的断块构造，油藏整体埋深3500~4200m，构造东西低、中间高，走向主要为近东西向（图1）；从南北向连井对比剖面上可以看出，地层呈北厚南薄、北断南超的特征(图 2)。

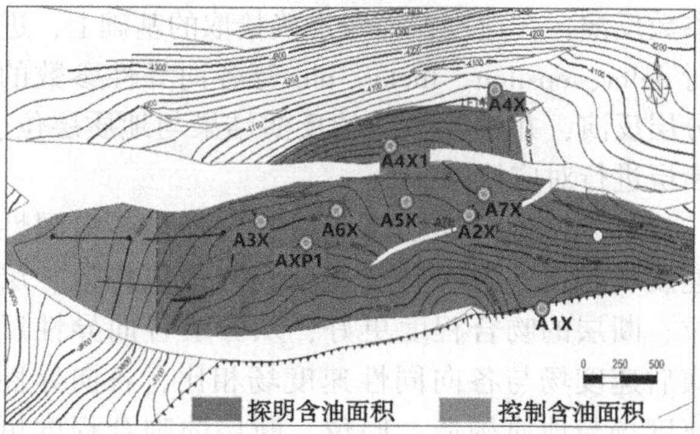

图 1　A 油田主力层 W53 顶含油面积图

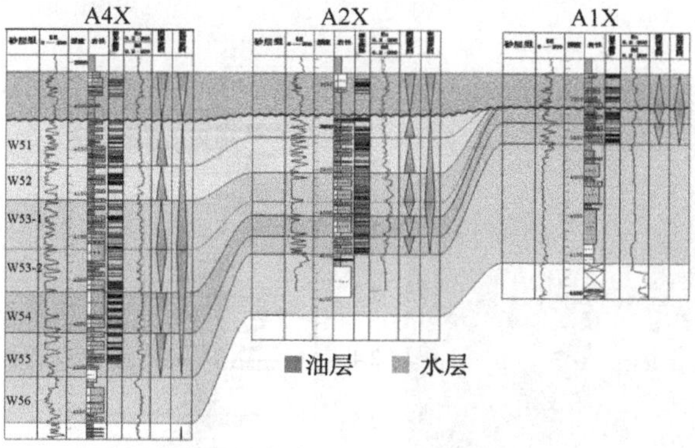

图 2　A 油田连井对比剖面图

受构造运动、物源供给、沉积环境等影响，辫状河水道频繁摆动，砂体叠置复杂、储层非均质性强。陆丰 A 油田主体为发育在大型缓坡背景下的辫状河三角洲沉积，以辫状河三角洲前缘水下分流河道沉积为主；从南部缓坡向北部湖盆中心，砂体连续发育且厚度逐渐增大；主力含油层系为文昌组文五段 W51-W55 层，主要开发层系为文五段下部(W53-W54 地层)，地层厚度约 5~60 米，其中靠近南部缓坡区文五段下部地层以超覆沉积为主，整体属于低孔(10.2%~12.7%)、低渗-特低渗(2.4~52.6mD)储层(图 3)。

针对开发井实施阶段面临的储层横向变化快、物性差异大、水平井有效储层钻遇率低、砂体叠置关系及平面展布不明确等问题，有必要系统开展古近系文昌组文五段复合沉积砂体叠置关系解剖及连通性分析，精细预测优质储层平面展布，为油田低渗油藏有效开发提供支撑。

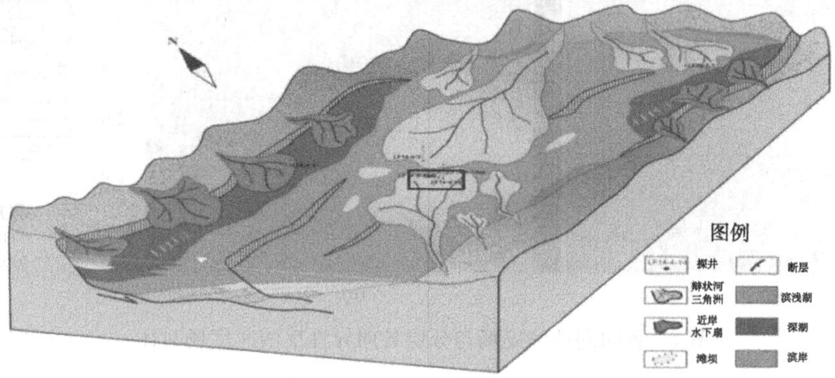

图 3　A 油田沉积模式图

2　关键技术与效果

2.1　复杂构造地震资料高清处理

陆丰 A 油田古近系文昌组主力油层埋深大、复杂断裂、地层高陡、速度横向变化快，现有地震资料储层内幕信号弱，砂组结构揭示不清晰、内幕细节成像品质有待提高。针对油田地质问题，首先从地震二次三维采集入手，加大缆长(6500m×10 缆)、提高覆盖次数、增加照明度，为深层复杂沉积区高精度速度建模及高清地震成像提供坚实基础资料保障；同时，采用逐层各向异性高精度速度反演、逐级多域提高分辨率技术，有效改善深层古近系成像品质。

(1) 分层各向异性层析反演速度建模技术

层析反演的主要特点是主要以数据驱动为主，原则上来说不需要构造解释的介入，这种特点对构造复杂、地质认识不清的地区，有明显优势。由于地震各向异性对反射校正量具有强烈影响，用于完全各向同性模型的成像道集拉平速度分析方法常常导致错误的速度场及失真的成像剖面[3,4]。利用已知井的信息，结合层位解释结果，首先求取垂向各向异性参数，再求取共成像道集的横向各向异性参数，通过线性网格层析反演完成各向异性深度速度模型建立。

通过井资料的联合应用，求取用于各向异性深度速度建模的 delta、epsilon、theta、phi 等各向异性参数，再次通过层析反演，得到最终深度速度偏移模型，从而实现三维体偏移。考虑陆丰A油田深层断层及内幕构造复杂，全局层析难以精确控制速度变化，因此在该区创新应用了分层各向异性反演建模技术，由浅至深逐步反演得到真实准确的速度模型。a. 初始速度模型建立以各向同性反演的最终速度模型转深度域为初始模型，为后续分层各向异性反演奠定良好的速度模型基础；b. 在层位约束拾取过程中，对各层速度误差量 RMO 进行分层精确拾取，保证浅层速度误差不会影响到深层速度；c. 分层各向异性参数反演：在速度误差量准确拾取的基础上，进行 delta、epsilon、theta、phi 等各向异性参数的分层反演，并将各参数的反演结果与地质层位、断层进行对应检查。

从分层各向异性反演后速度场与各向同性速度场相比，各向异性速度场与地质构造、层位、断层的吻合程度更好；从分层各向异性反演后速度场与各向同性速度场相比，各向异性速度场与地质构造、层位、断层的吻合程度更好(图4)

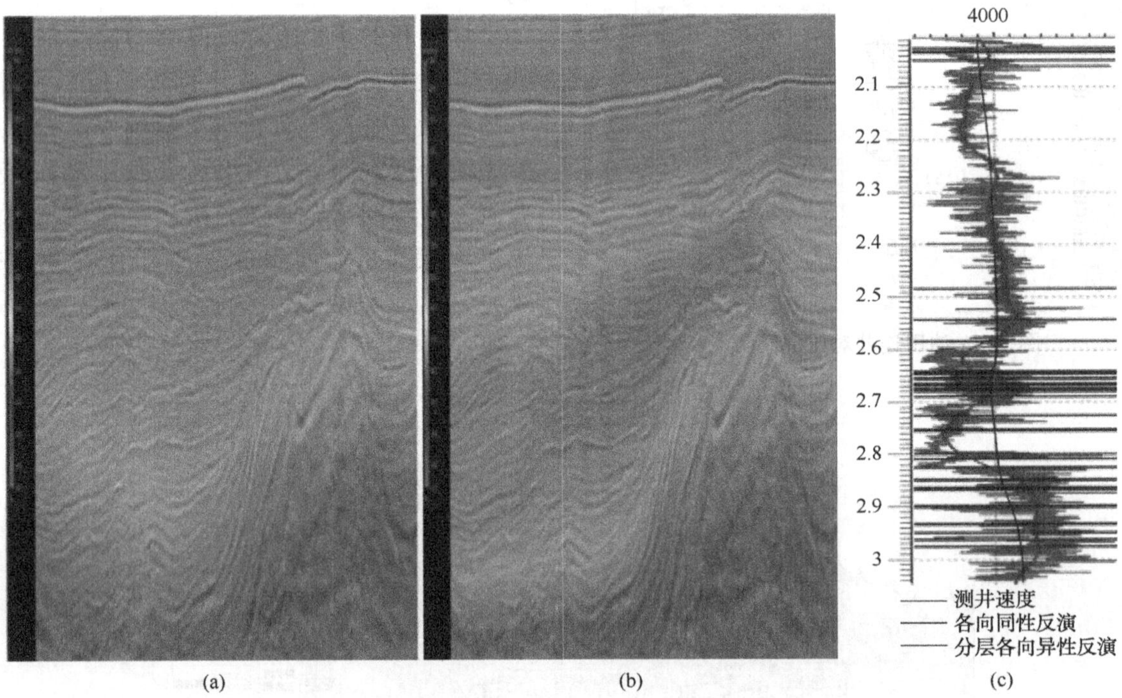

图4　各向同性速度场与分层各向异性反演速度场对比

(2) 井控储层保结构高清优化处理

现有提高地震资料分辨率的方法大致可分为三类，一种是“变换类”，主要包括小波变换和S变换等方法，此类方法是在满足设定的假设条件下，对地震资料本身应用数学变换来放大频率成分，方法本身赋予实际地质意义较少；第二是“统计类”，主要包括反褶积和部分反Q滤波方法，此类方法的误差受假设条件及统计结果(如子波统计)影响较大。第三是“约束类”，如井约束反褶积等，此类方法以其他观测方式得到的可信数据作为补充，补偿地震资料本身不足的频率成分，提高剖面分辨率。井控储层保结构高清优化处理技术与第三类方法相近，主要原理是设计一个不受大地滤波器影响的期望输出频谱，将期望输出频谱与实际地震数据频谱做短时傅里叶变换得到一个零相位的子波算子(图5)，再将这个算子应用到实际地震数据中，得到拓频后的地震数据。

该算法不会引入任何影响后续宽频处理的剖面“假频”现象，技术更有利于低频信息保护，对AVO是友好的。通过该方法处理，油田主力层文昌组地震频带拓宽 10～15Hz，主频提升7Hz，信噪比有较好提升，井震标定波组波系可对比性更优，满足下一步高分辨率砂体解剖与储层预测要求(图6)。

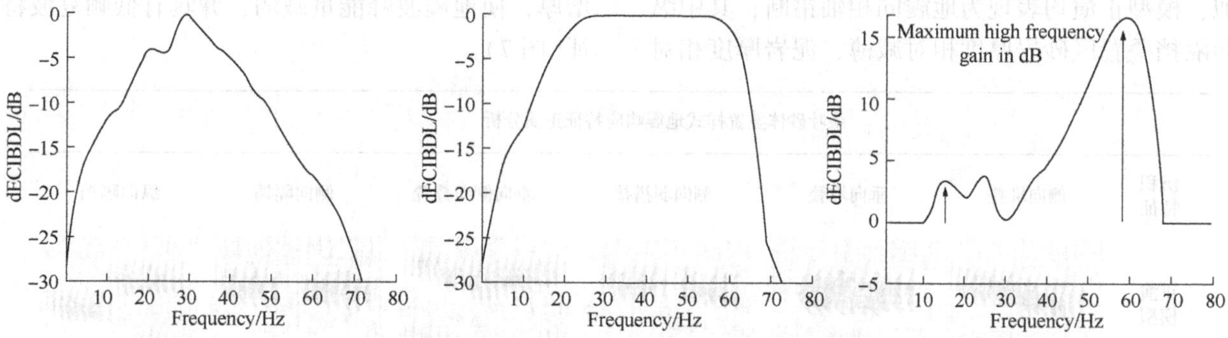

图 5　地震数据实际频谱(左)、期望频谱(中)和子波算子(右)

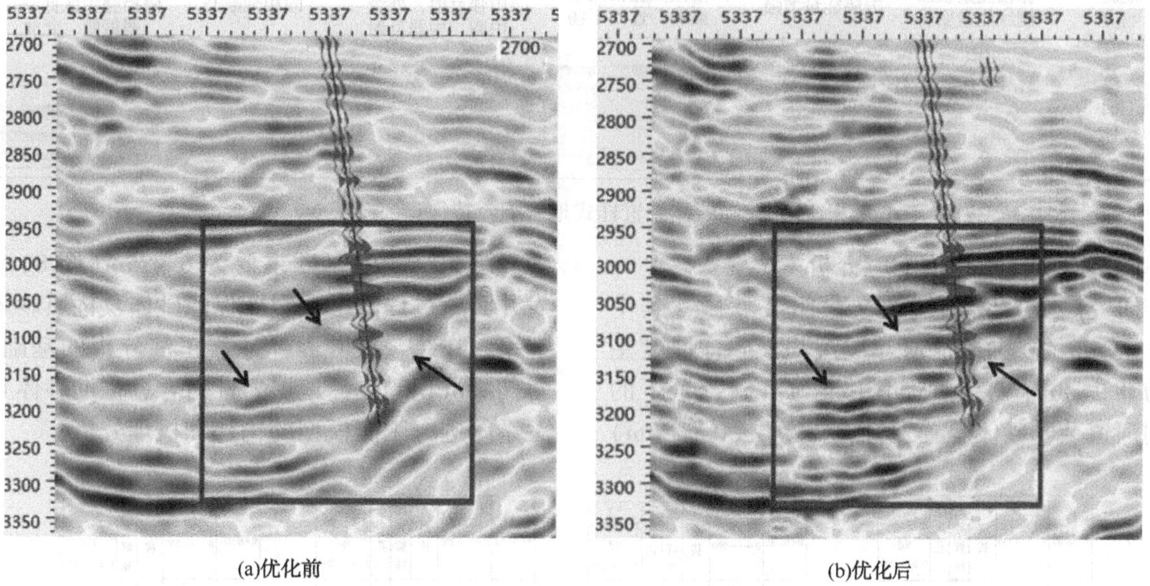

图 6　井控储层保结构高清优化处理前(a)、后(b)地震剖面对比

2.2　小尺度砂体地震正演研究

(1) 朵叶砂体叠置样式正演

结合钻井岩心、测井资料和高清地震资料综合分析揭示，砂体的厚度、岩性物性、形态、叠置关系与地震振幅大小、能量强弱、波形特征具有较为明显的联系。A 油田复合水道砂体厚度约 15~30m，砂岩表现为高速、低密度下的高阻抗特征，泥岩表现为低速、高密度下的低阻抗特征，具体参数见表 1。

表 1　陆丰 A 油田岩性参数统计表

岩性划分	储层类型	渗透率	密度/(g/cm^3)	纵波速度/(m/s)
砂岩	优质储层	K>10mD	2.40~2.43	3950~4150
	相对优质储层	K>5mD	2.43~2.46	4170~4250
泥岩	非储层	—	2.46~2.58	3700~3820

针对 A 油田深层文五段沉积砂体储层结构复杂、地震波形指示不明确，砂体平面展布不确定问题，从地震正演研究入手，总结形成 6 类典型朵叶叠置模式及砂体沉积组合地震响应图版。其中朵叶侧向堆叠砂体表现为两套单砂朵体叠置区振幅能量强、向两侧砂体尖灭位置波峰能量减弱的弱振幅特征；朵叶砂体垂向堆叠表现为砂体厚度增大的波峰反射、振幅能量增强特征；侧向朵叶弱搭接表现为搭接区地震振幅能量减弱、连而不畅，同相轴断开特征；垂向侧向朵叶叠置地震响应与侧向堆叠砂体类似，但由于纵向两套砂体叠置夹薄层泥岩，使波峰能量有一定减弱，同时由于下部朵叶砂体纵向叠置使正演地震表现为中低频反射特征；朵叶纵向隔挡与侧向隔挡类

似，模型正演均表现为地震同相轴错断，其中纵向隔挡叠置区砂岩厚度相对减薄、泥岩厚度相对增厚，使地震波峰能量减弱，并具有低频复波特征(图7)。

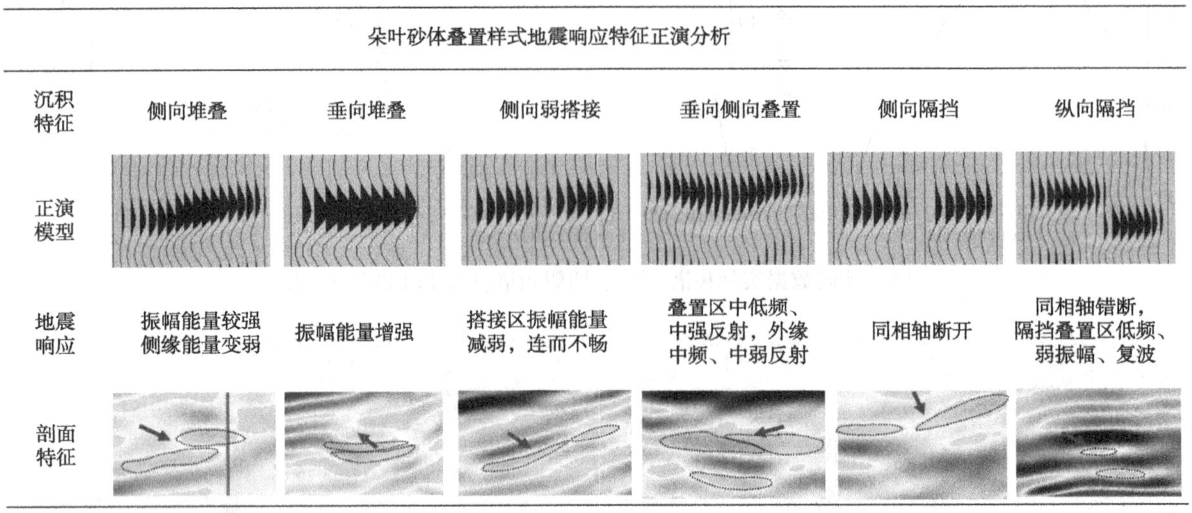

图7　朵叶砂体叠置样式地震响应特征正演图版

(2) 有利储层地震响应分析

研究区主要目的层为文昌组文五段，其中W51-W52主要为砂泥薄互层沉积，砂体厚度主要为0.2~8m；W53-W54主要为富砂背景下的多期河道朵叶砂体叠置发育，夹薄层(0.5~5m)泥岩沉积，砂体厚度主要为6~25m(图8)。开发井实施过程需最大限度保障砂体及优质砂体钻遇率，在结合朵叶砂体地震正演分析的基础上，对储层沉积韵律、地层岩性组合、多期砂体叠置关系等进行正演模型的构建和机理分析。

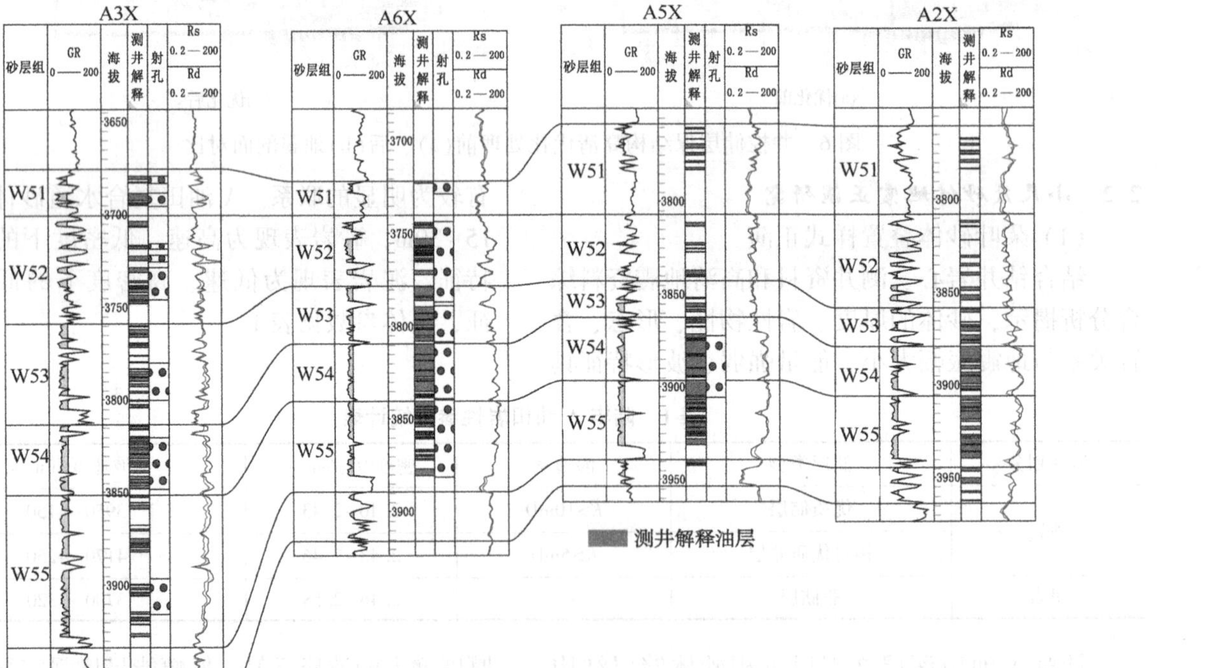

图8　陆丰A油田连井地层对比图

文五段W53-W54沉积时期，物源供给充足，主要发育辫状河三角洲水下分流河道沉积，沉积砂体较厚、粒度相对较粗，以中粗砂岩、砂砾岩为主，夹薄层泥岩；文五段W51-W52沉积时期，湖盆范围扩大，水体快速上涨，物源供给相对不足，主要发育席状砂、反韵律河口坝等，岩性主要以细粉砂岩、粉砂质泥岩的砂泥互层沉积为主。结合均质模型，通过正演模拟 3m 正韵律河道砂、反韵律河口坝沉积砂体可以看出，韵律变化对薄层砂泥组合的地震波形、振幅影响较小，模型正演波形叠合及波形峰值变化率不足 3%，因此不同韵律下的薄层岩性组合带来的振幅及能量变化在主力开发层系的井震砂体解剖中不作考虑(图 9)。

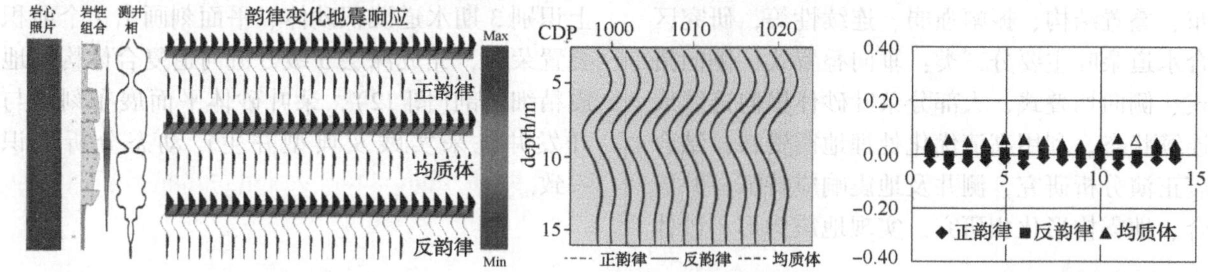

(a)韵律变化地震正演　(b)模型正演波形叠合　(c)正演波形峰值变化率

图 9　陆丰 A 油田薄层砂体韵律变化地震响应

主力开发层系 W53-W54 油藏相对富砂，砂岩储层密度约 2.44g/cm³、纵波速度约 4205m/s，其中物性相对较好的优质储层对开发井产能贡献大，优质储层密度约 2.42g/cm³、纵波速度约 4050m/s，相对高渗。通过砂岩模型中设计多期 2 米优质砂体叠合发育，发现随优质砂体层数增多，正演地震均方根振幅、能量属性值逐次呈减小趋势，最大变化率可达 20%；固定优质储层砂体厚度不变，将其做 1 至 4 等分发现，随砂岩储层非均质变化，正演地震波形及能量变化基本无差异(图 10)；结合模型正演及振幅、相位、弧长、频率等敏感属性优选认为，优质砂体储层敏感类属性为振幅、平均能量类属性。

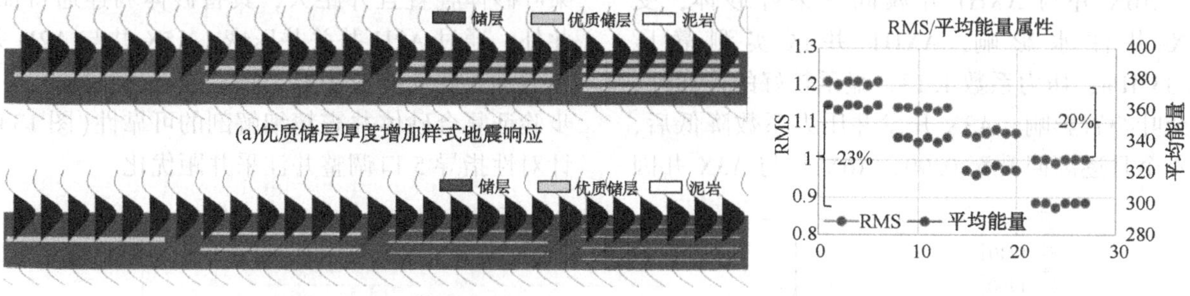

(b)优质储层非均质性增强样式地震响应　(c)优质储层厚度增加振幅、能量统计

图 10　陆丰 A 油田优质储层组合变化地震响应

进一步结合砂岩组合模型正演分析，认为纵向叠置砂岩夹薄泥层组合，正演地震表现为低频复波-弱振幅、能量的地震响应特征；砂岩储层夹优质砂岩(相对低密)，正演地震表现为中低频-能量减弱的特征；高密砂岩与泥岩组合，正演地震表现为相对高频-强能量特征。结合已钻开发井地震响应特征规律分析，基本明确主力层 W53-W54 层砂泥组合关系、物性与地震波形、频率和能量关系，中低频-中弱能量波峰特征为有利储层发育部位(图 11)，除 A5X 井(中高频率)外，其它几口井均钻遇中低频-中弱能量地震反射，储层物性条件较好。

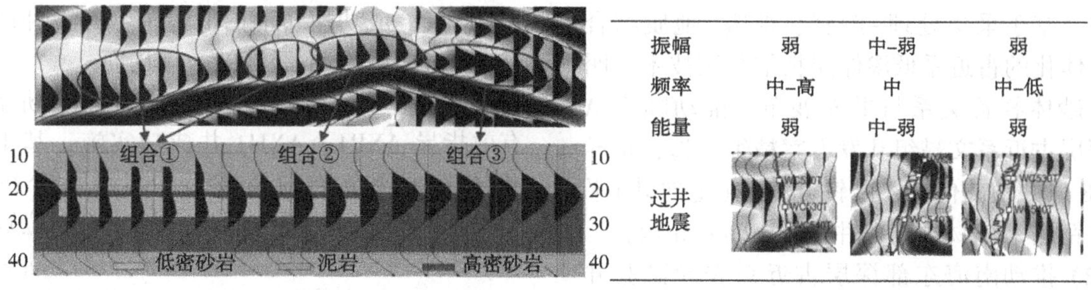

(a)砂泥岩组合模式地震正演　(b)开发井实钻地震响应特征

图 11　陆丰 A 油田砂岩组合模型正演及实钻井地震响应特征分析

2.3 复合砂体井震精细解剖

复合水道是仅次于水道体系的中等尺度的砂体构型单元。A 油田 W53-W54 层整体为富砂背景下的复合水道沉积，依据复合水道砂体纵横向展布、叠置结构、振幅强弱、连续性等，研究区复合水道朵叶主要分三类：垂向叠置式、侧向搭接式、侧向切叠式，大部分朵叶砂体横向连续或弱连续状态。利用高清优化处理地震资料，结合地震正演分析研究、测井及地震响应特征，井震结合、地震构形化相研究，实现地震构形、砂体朵叶追踪多维度闭环解释；综合测井年代域旋回划分、地震时间域剖面朵叶解剖，并与平面形状(振幅属性)交互投影综合分析，提高朵叶砂体刻画精度。A 油田 W53-W54 主力开发层系纵向上识别 3 期水道沉积砂体、平面刻画出 7 个前积叠置朵叶，完成深层 5 级分流河道复合体构型地震精细解剖(图 12)，朵叶砂体平面展布刻画与开发井注采实践及典型井生产动态分析认识一致。

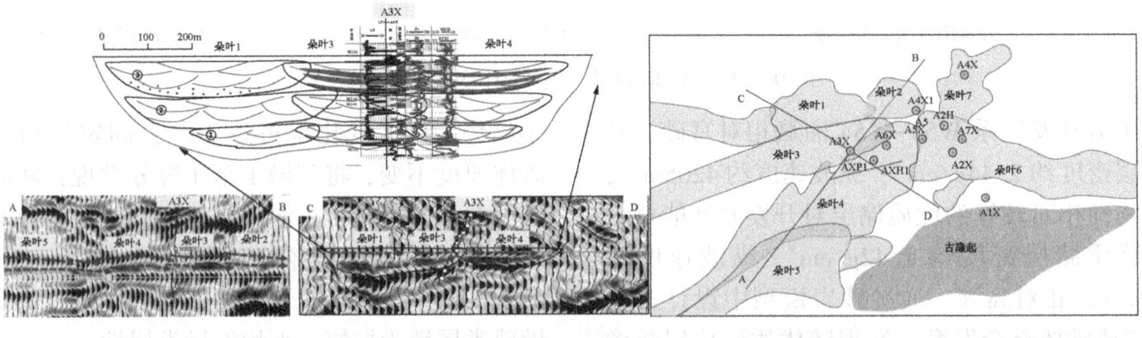

图 12　陆丰 A 油田复合砂体分级精细解剖

A6X 井与 AXH1 井属同一朵叶砂体，受 A6X 井注水影响，AXH1 井区实测静压 43.33MPa，压力系数 1.13，显示较好的连通性；受朵叶叠置影响，A3X 开发井压力系数降低后，井 4 个月逐渐回升至 0.99，A6X 井与 A3X 井因朵叶砂体叠置且井距大，具备砂体弱连通特征。此外，通过 A2H 井关井压恢，A5X 井与 A2H 井压力动态联动响应明显，具有强连通特征，进一步验证复合砂体井震精细解剖的可靠性(图 13)，针对性指导 5 口调整井注采井距优化。

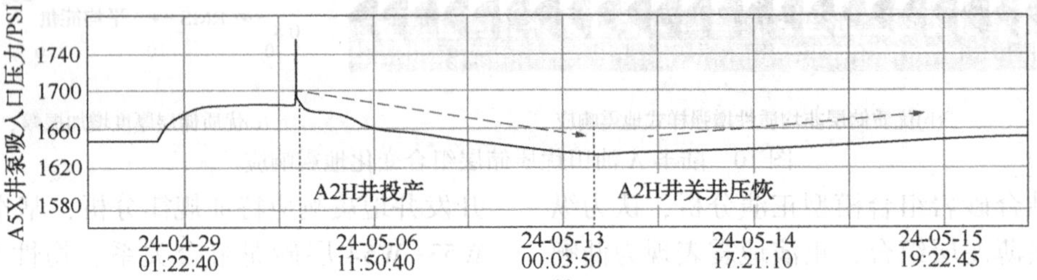

图 13　陆丰 A 油田 A2H 对 A5X 井泵吸入口压力影响

3　应用成效

(1) 基于采集处理-解释、地震-地质综合解剖一体化的古近系低渗储层精细预测技术，明确朵叶砂体叠置关系与平面展布。推动陆丰 A 油田深层古近系文昌组开发方案精细实施，指导油田 18 口井钻前优化，已钻开发井(定向井)平均砂体钻遇率 87%，较探井提升 12%(图 14)。

(2) 推动南海东部深层古近系先导试验井 A7X 井上钻，砂岩钻遇率大于 80%，优质储层(k>10mD)钻遇率 42%、相对优质储层(k>5mD)钻遇率 89%，并实现初期日产油近百方，稳产 40 方/天，成功扭转油田低渗油藏开发井产能低(5~15m^3/天)、不经济的被动局面。

(3) 井震复合砂体精细解剖与高分辨率反演有效指导 AXP1、AXH1 井成功实施；基于朵叶砂体平面展布刻画及波形能量属性分析指导 AXH1 井水平段沿中-低频、弱波峰部位顺利实施，水平段储层钻遇率达 91%，日产油 88 方。结合水平井段随钻伽马曲线与地震波形响应特征剖面分析，水平井钻遇中低频-中弱反射特征位置(位置①)储层发育好、基本不含泥、储层渗透性好；钻遇中低频-中强反射特征位置(位置②)储层含砂率偏低、储层渗透性偏差；钻遇中低频-中弱反射、复波波谷位置(位置③)储层物性较好，但夹零星薄层泥岩(图 15)；基于复合砂体正演与井震精细解剖预测结果与实钻具备较好吻合性。

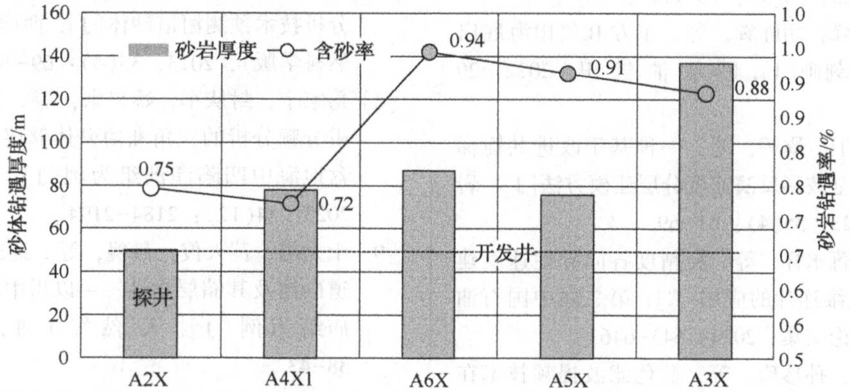

图 14　陆丰 A 油田开发井实钻砂体厚度统计

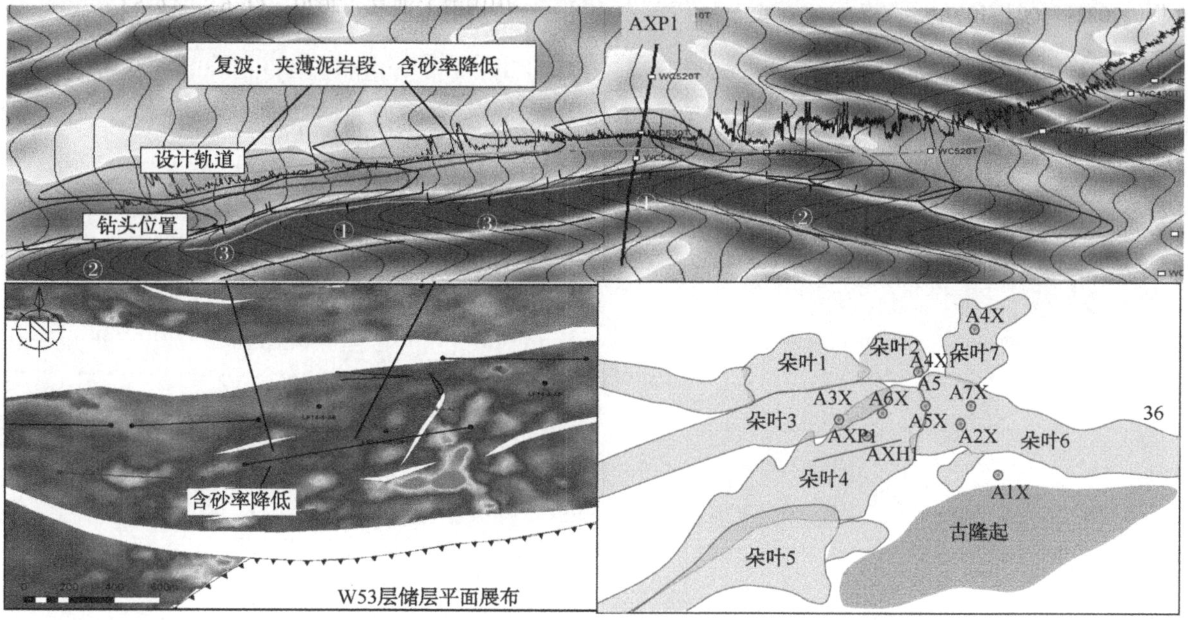

图 15　陆丰 A 油田 AXP1 井水平段随钻分析砂体预测图

4　结论

（1）从海域特点、技术现状出发，建立了一套采集处理-解释、地震-地质综合解剖一体化的古近系低渗储层精细预测技术对策，综合运用井控高清优化处理、辫状河三角洲砂体地震响应机理研究、河道复合体井震解剖和分频构形地震反演等技术，提升了复杂沉积区复合砂体解剖及预测精度，通过矿场应用取得较好成效，显示了该套方法较好的可预测性与可行性，可为后续类似油田开发调整提供经验和技术借鉴。

（2）通过地震模型正演及井震结合复合砂体精细解剖，基本明确 A 油田古近系砂体厚度、岩性物性、形态、叠置关系与地震振幅、能量、波形特征的关系；综合分析认为中低频、中弱能量波峰反射为有利砂体钻探部位，中低频复波特征反应储层夹薄泥特征，开发井水平段钻探尽可能规避，以保证储层高钻遇率；

（3）深层复杂沉积区砂体叠置关系及储层展布复杂，不同地区岩石物理关系存在较大差异，在确保基础资料品质的基础上，需加强多专业综合分析为指导的砂体正反演研究，加强地震地质沉积信息融合，降低砂体解剖与储层预测的多解性。

参 考 文 献

[1] 王保全，王志萍，于喜通，等．基于高频层序格架的储层定量预测技术在砂体刻画中的应用[J]．海洋地质前沿，2022，38(9)：78-85.

[2] 晁彩霞，于俊峰，胡胜辉，等．东方B气田海底扇复杂砂体地震刻画[J]．断块油气田，2022，29(1)：66-71.

[3] 王立德，王小卫，周辉，等．一种基于改进共轭梯度法的弹性波全波形反演速度分层建模方法[J]．岩性油气藏，2023，35(4)：61-69.

[4] 李维，李涛，蒋永祥，等．高精度各向异性速度建模技术在A三维连片的应用[C]．第二届中国石油物探学术年会论文集，2024：643-646.

[5] 罗杰，杨懋新，孙珍珍，等．蓝色滤波提频技术在提高致密油叠置砂体薄互储层预测精度中的应用[C]．中国石油学会2022年物探技术研讨会论文集，2022：1004-1007.

[6] 罗琪，黄时卓，史德锋，等．利用能量半衰属性识别涠西南凹陷砂泥薄互层组合中浊积砂体[J]．地学前缘(中国地质大学(北京)；北京大学)，2021，28(1)：273-281.

[7] 曹卿荣，李佩，全敏波，等．基于地震正演和属性分析技术预测河道砂体[J]．西南石油大学学报(自然科学版)，2013，35(4)：69-74.

[8] 葛家宇，封从军，姚兴宗，等．基于正演模拟和地震分频分析的三角洲薄砂体储层预测——以北部湾盆地海中凹陷涠洲组为例[J]．天然气地球科学，2023，34(12)：2184-2194.

[9] 干大勇，黄天俊，吕龑，等．地震振幅能量表征河道砂体及其储层物性——以川中地区中侏罗统沙溪庙组为例[J]．天然气工业，2020，40(10)：38-43.

[10] 刘巍，胡林，廖仪，等．陵水凹陷中央峡谷水道砂体构型地震响应正演模拟及有利分布区预测[J]．中国海上油气，2020，32(6)：43-53.

深层中孔、低–特低渗砂岩储层特征及成因
——以琼东南盆地宝岛 A 区陵水组三段为例

张　冲　叶　青　陈　建　孟　迪　王攀荣　陈儒贤　杨　瑞

[中海石油(中国)有限公司海南分公司]

摘　要　宝岛 A 区为我国首个深水深层低渗大气田，储层表现为中孔、低–特低渗特征，物性主控因素复杂，储层低渗透成因不明确。根据岩心和壁心观察、薄片镜下鉴定、扫描电镜、包裹体测温等实验分析结果，系统解剖了陵水组三段储层发育特征，并揭示了其微观差异，厘清了研究区储层受沉积岩性、热液流体、埋深多重作用的低渗透成因。研究结果表明：(1)岩性粗细影响储层抵抗压实作用的能力，平均粒径大于 0.1mm 的相对粗粒储层相比细粒储层粒间孔隙更发育，储层渗透率在同等埋深情况下相对更高；(2)溶蚀作用在主体区属于破坏性成岩作用，断裂通道使深部热液对储层进行了高古地温环境下差异化的成岩改造，虽利于溶蚀孔隙发育，但易造成钾长石–高岭石–伊利石循环转化，在相同埋深情况下，距热液通道越近、储层溶蚀强度越高，物性越差，溶蚀作用起到了“增孔–锁喉–减渗”的作用，也是中孔、低渗–特低渗储层形成的根本原因；(3)岩性相对较粗、分选均质、埋深较浅、远离热液断裂的区域是优质储层有利分布区。研究成果可为低渗储层有利目标的评价提供指导依据。

关键词　中孔、低渗–特低渗储层；储层成因；溶蚀作用；热液活动；成岩作用；陵水组三段；琼东南盆地

随着海上油气资源的规模越来越大，类型也越来越丰富，深水、深层、低渗油气藏正成为海上油气增储上产的关键领域之一。深层油气储层地温和有效应力明显高于中浅层，使得储层的孔隙难以大量保存，特别是其中的原生粒间孔隙常在深层就已逐渐消失，表现出低孔、低渗–特低渗特征，物性较差，孔隙结构发育也极其复杂，原生粒间孔隙的保有量决定了深层碎屑岩甜点储层的发育规模。近年来，随着海上油气勘探的不断深入，陆续发现了深层低渗背景下的中孔、中渗甜点储层。

琼东南盆地宝岛 A 区发现了中孔、低–特低渗气藏，也是我国首个深水(水深最高可达 1568m)深层(地层埋深在 4000~5000m)低渗大气田，其目的层为古近系陵水组三段主要为一套大型辫状河三角洲沉积，物源供应充足，以水下分流河道为主，平面分布范围广且连续性较好。B1 井深层储层测试最高日产超 50 万方/天，其储层平均孔隙度 12.7%，渗透率平均 $3.2\times10^{-3}\mu m^2$，其中甜点储层发育段孔隙度度最高可达 16.7%，渗透率最高可达 $267\times10^{-3}\mu m^2$，薄片资料分析显示储层原生粒间孔较为发育，溶蚀作用相对较弱，胶结物含量偏低。宝岛 A 区中孔、低–特低渗气田储层物性远远高于南海海域部分新近系梅山组、黄流组地层，乐东区黄流组、梅山组地层的孔隙度一般小于 12%，普遍在 8%~10%之间。这类深层中孔、低渗–特低渗储层的成因与影响因素是学术界和海上油气开发关注的重要科学问题。前人主要针对区域构造、断裂系统、油气成藏、沉积演化、砂体分布开展了研究，对这种深层中孔、低渗–特低渗的成因、成岩作用和物性差异等方面的研究比较薄弱。因此，本文根据钻井、岩心或壁心、测井及物探等资料，基于各类岩矿和地化测试分析，对宝岛 A 区陵水组三段的储层特征、储层深埋中孔、低渗成因和物性差异等开展系统研究，以对宝岛 A 区低渗气藏的井位部署提供理论依据。

1　区域地质概况

琼东南盆地位于南海北部，总体围绕海南岛南部呈弧形展布。盆地呈现“南北分带、东西分块”的区域构造格局。“南北分带”指的是北部隆起带、中央凹陷带和南部隆起带三个二级构造单元[图 1(a)]。北部隆起带发育 NE 向断层控制的一系列小型地堑和半地堑，包括崖北、崖南等凹陷；中央坳陷带具有较大规模，包含乐东、宝

岛等凹陷，中央坳陷带的形成主要受大型长距离、低角度的拆离断层控制；大型拆离断层的活动使得中央凹陷带内的地壳发生强烈减薄，并形成了巨厚的沉积层。“东西分块”表现为盆地由东向西主控断层的变化。盆地北部隆起带属于陆架浅水区，平均水深小于 200m，中央凹陷带和南部隆起带属于陆坡深水区，最大水深大于 1500m。研究区位于宝岛凹陷北部，主要目的层为古近系陵水组三段[图 1(b)]。

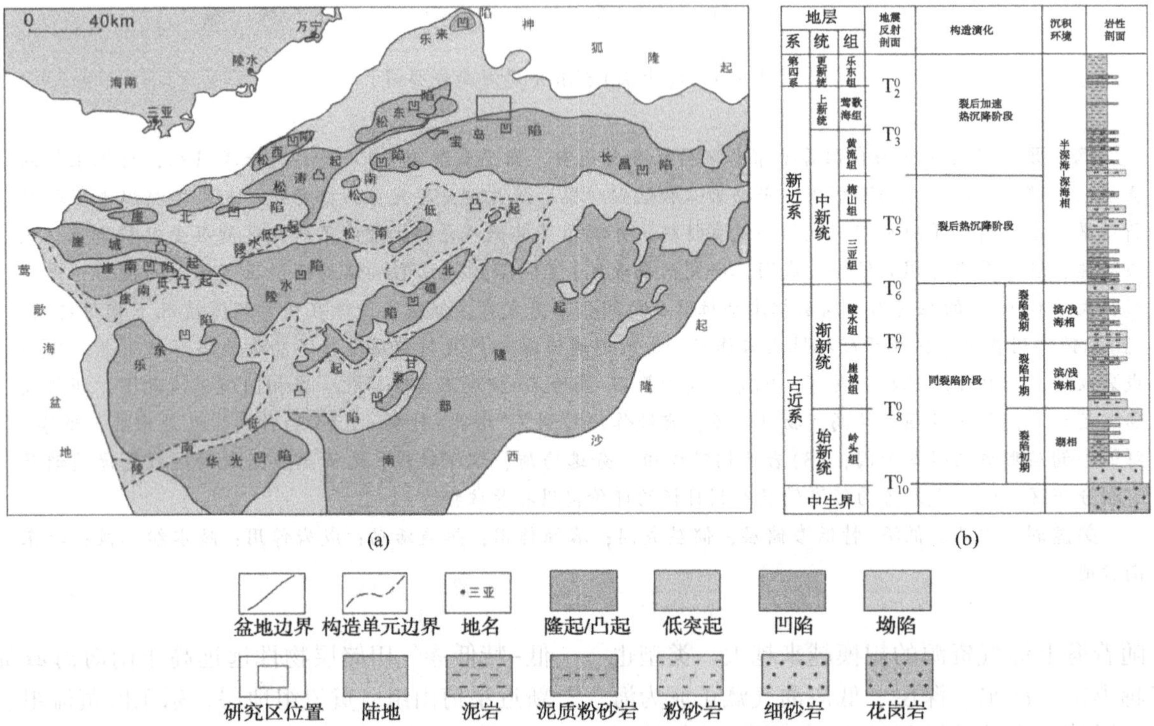

图 1　琼东南盆地构造区划及研究区位置图

2　中孔、低渗–特低渗储层特征

2.1　岩石学特征

陵水组三段储层主要为富含长石和岩屑的长石岩屑质石英砂岩，占比约 54.42%，次为长石质石英砂岩，占比为 38.42%；三角图中石英端元指单晶石英和多晶石英；长石普遍大于 10%，且以钾长石为主；岩屑主要为变质岩，喷出岩和云母含量较低。按岩石粒径，研究区岩性主要分为中—细砂岩、细砂岩、极细—细砂岩，次为部分的含砾砂岩和粗砂岩。

2.2　物性特征

研究区陵水组三段主要的含气层位为 L_3 Ⅱa 和 L_3 Ⅲa 气组，根据岩心、壁心常规物性的分析结果，112 块砂岩样品的孔隙度在 11.0% ~ 17.7%之间，中值为 12.9%，平均为 13.2%[图 2(a)]；渗透率在 0.50×10^{-3} ~ $267.67\times10^{-3}\ \mu m^2$ 之间，平均 $6.02\times10^{-3}\ \mu m^2$[图 2(b)]。

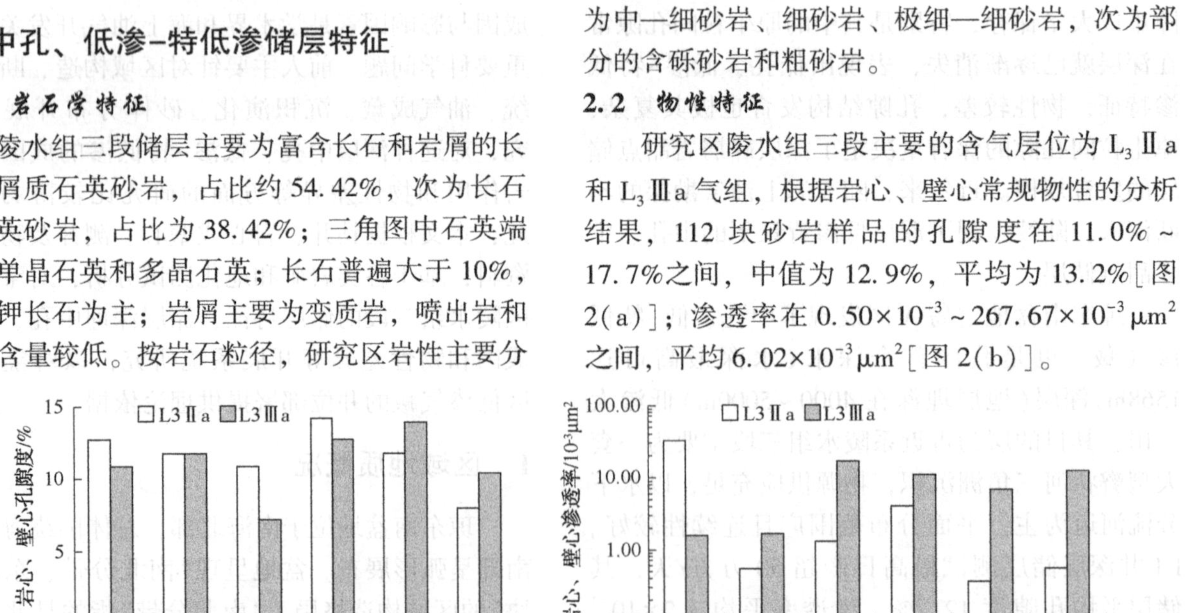

图 2　宝岛 A 区陵水组三段岩心、壁心物性分布图

2.3 储集空间类型

陵水组三段储层的孔隙类型包括原生粒间孔[图3(a)]、长石溶孔[图3(b)]、铸模孔、粒间溶孔和海绿石溶孔[图3(c)]、生物体腔孔等多种类型，其中原生粒间孔、长石溶孔和粒间溶孔为主要的孔隙类型。由于复杂的沉积、成岩作用，孔隙的发育具有较强的非均质性，相似沉积部位、相似埋深的情况下，储层的孔隙类型也具有显著差异。B1和B2井位于气田主体区，处于沉积中部位置，沉积部位和相带相似，均为辫状河三角洲水下分流河道，B1井的孔隙度与B2井相差不大，但渗透率差异明显，L_3ⅡA气组B1渗透率明显高于B2井。根据孔隙类型定量统计显示(图3)，B1井L_3ⅡA气组的孔隙类型以原生粒间孔为主，平均占比为59.0%，其次为长石粒内溶孔，平均占比为14.5；B2井分布趋势则相反，以长石粒内溶孔为主，平均占比为54.0，其次为粒间溶孔，平均占比为20.0%，原生粒间孔仅占12.0%。以上特征均显示，该区可能存在复杂的成岩作用过程导致相同沉积部位的储层孔隙类型和物性产生显著差异(图4)。

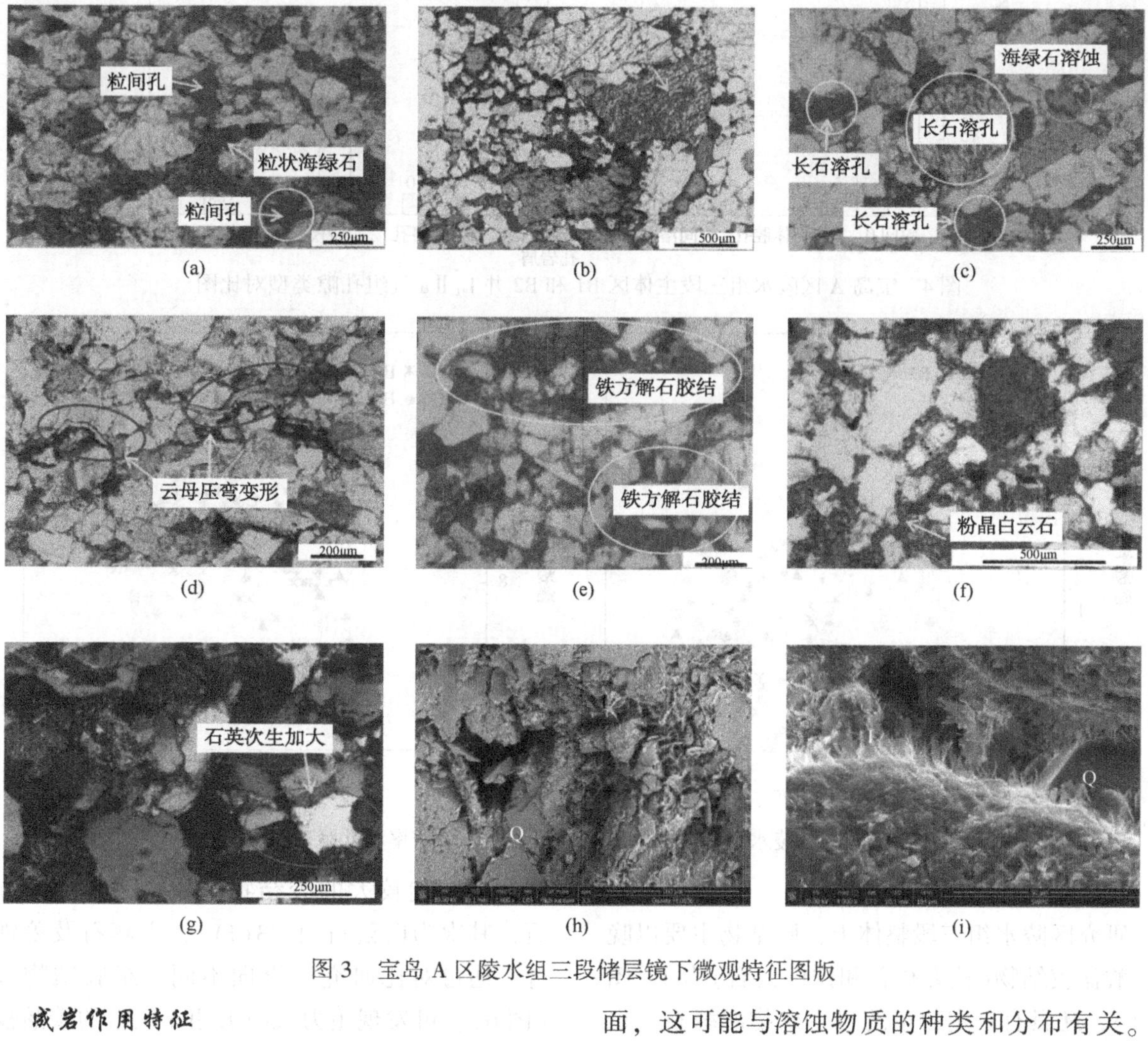

图3　宝岛A区陵水组三段储层镜下微观特征图版

2.4 成岩作用特征

通过对研究区陵水组三段储层的铸体薄片进行观察和鉴定，结合扫描电镜、X-射线衍射分析等岩矿分析技术的综合应用，对研究区的成岩作用进行了系统研究。研究发现，陵水组三段储层经历了多种成岩作用，破坏性成岩作用对储层的物理性质产生了显著影响。在本研究区，溶蚀作用在主体区表现出破坏性的一面，这可能与溶蚀物质的种类和分布有关。这种作用的复杂性增加了储层评价的难度，也提示在油气勘探开发过程中需要更加细致地考虑成岩作用的多样性。

(1)压实作用

陵水组三段埋深在3650m到4946m之间，其中主要目的层的埋深在4000~5000m之间，通过镜下薄片观察，部分井可见压实作用导致的云母被压弯或变形的特征，碎屑颗粒成线接触，定向排列等，显示出成岩较明显的成岩压实作用[图3(d)]。所有砂岩薄片观察统计显示，砂岩碎屑颗粒之间接触关系整体以线接触为主，随储层埋深增大，压实作用强度有增强的趋势。统计了陵水组三段储层岩石的石英含量与储层物性的关系，可以看出随石英含量增加孔隙度也增大，反映刚性颗粒的含量越高，抵抗机械压实的能力也越强，石英颗粒含量与渗透率的关系相对较差(图5)。根据压实率的计算公式确定了362块薄片样品的压实率，储层压实率在40%~80%之间，以中等压实为主，局部强压实。

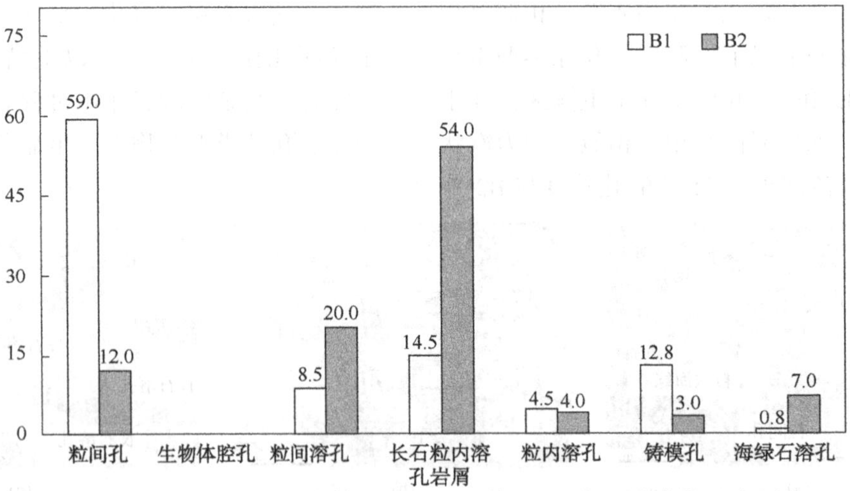

图4　宝岛A区陵水组三段主体区B1和B2井L_3Ⅱa气组孔隙类型对比图

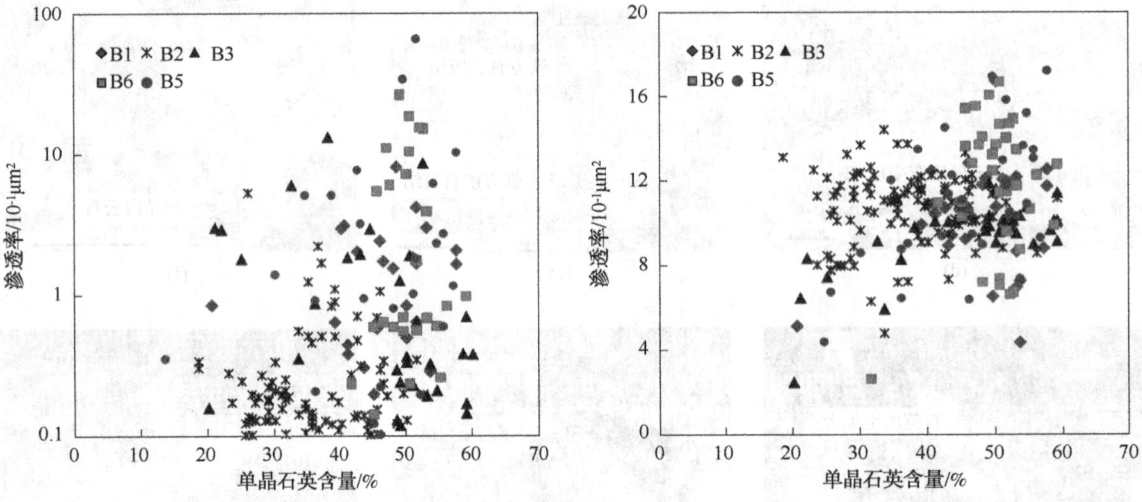

图5　宝岛A区陵水组三段单晶石英含量与储层渗透率和孔隙度的关系图

(2) 胶结作用

研究区陵水组三段整体上，胶结物主要以晚期碳酸盐胶结物(铁方解石和铁白云石)为主[图3(e)]，还具有一定数量的自生矿物海绿石，也存在硅质胶结和粘土胶结物。根据薄片鉴定资料，各样品的胶结物总含量平均为8.5%，含量最高20.0%；白云石、方解石、菱铁矿平均含量分别为2.3%、1.8%、1.4%。

碳酸盐矿物胶结：研究区碳酸盐胶结物包括铁方解石、铁白云石、方解石、白云石及菱铁矿等，其中含量相对较高、薄片中普遍存在且对储层物性影响较大的胶结物是铁白云石、铁方解石，其次为白云石[图3(f)]、方解石及菱铁矿等。通过对比研究区纵向不同气组胶结物含量(图6)，可发现主力气组L_3Ⅱa气组的碳酸盐胶结物以铁方解石为主，L_3Ⅲa气组则以铁白云石碳酸胶结物为主；从平面上可得出，对比研究区平面上各井区碳酸盐胶结物含量可看出，B2井碳酸盐胶结物含量比B1井高，且以铁白云石为主，推测B2井陵水组地温所处位置比其他井要高，应与深部热液相关。

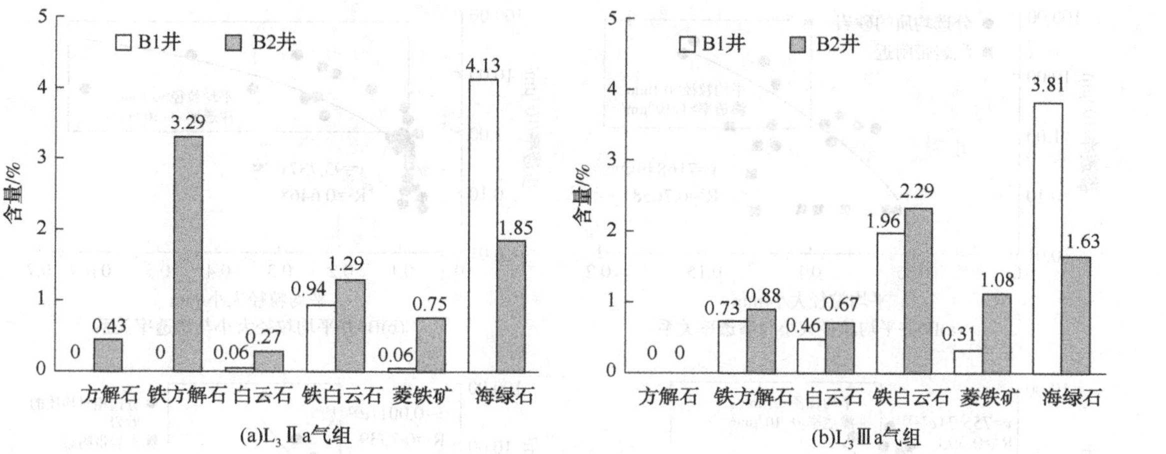

图6 B1、B2井胶结物类型及含量对比图

硅质胶结作用：硅质胶结物在研究区含量相对较低，在单偏光薄片观察中可看到主要以石英次生加大为主[图3(h、i)]，胶结方式主要以次生加大式胶结与孔隙填充式为主，根据铸体薄片鉴定资料，研究区大部分储层石英加大边较窄(宽度小于50.0μm)，含量较低；但部分井可见频繁的石英加大，反映成岩作用在整个研究区是非均匀发生的。

粘土矿物胶结作用：扫描电镜下可见粘土矿物以伊利石和伊蒙混层为主，伊利石呈片、丝缕状充填溶蚀孔隙中[图3(f)]，伊蒙混层以薄膜式或搭桥式，充填于粒间或位于颗粒表面，导致孔隙吼道的空间变小，将孔隙切割成微细的束缚孔隙，孔渗性降低，物性变差。根据泥岩段岩屑样品的粘土矿物X衍射资料：粘土矿物中，伊利石占比平均为74.4%，高岭石占比平均6.3%，绿泥石平均为3.3%，伊蒙混层均大于10%，平均15.0%。

(3) 溶蚀作用

研究区的溶蚀作用主要普遍表现为长石溶解，长石普遍被强烈溶蚀形成长石溶孔，在各气组此类次生孔隙均有发育，部分长石溶孔被完全溶蚀为铸模状，形成铸模孔；有的沿解理剧烈溶蚀，形成锯齿状边缘；或被溶蚀出港湾状边缘；扫描电镜下，见长石溶蚀并呈现出向丝缕状伊利石转化的中间状态，或见钾长石颗粒剧烈溶蚀并伴随着丝缕状伊利石的溶蚀产出[图3(h)]。此外还有碳酸盐矿物被溶蚀产生的生物体腔孔、长石粒内溶孔的发育。

3 低渗储层中孔、低渗成因机理

3.1 沉积对储层的控制作用

沉积对储层得控制主要体现在岩性对物性得控制。陵水组三段岩石粒度大小对储层物性具有较大的影响，各井目的层砂岩的平均粒径与储层渗透率呈较好的正相关，反映储层物性受沉积影响比较明显，特别是B3和B7井；B2和B7井粒度影响较为复杂，表现为分选极差与泥质比较重、生物碎屑比较多的砂岩中，粒度影响不突出，在分选相对均质的砂岩中渗透率受粒度大小的影响比较明显(图7)。根据以上特征可以看出，相对粗粒岩性是研究区陵水组三段优质储层发育的关键因素。粒度相对较粗、分选较好的粗-中砂岩，其物性最好，如B1井L_3Ⅱa气组局部甜点为粗-中砂岩，孔隙度可达到17.7%，渗透率最高可达200×10^{-3} μm^2，为全区钻井揭示物性最好的一套储层。进一步基于粒度分析结果，统计粒度大小与储层渗透率关系，结果表明，各井砂岩储层的平均粒径大于0.1mm时，储层渗透率总体大于$1\times10^{-3}\mu m^2$，储层表现出粒度越粗则物性越好的规律。

3.2 溶蚀-胶结对储层物性的控制作用

研究主体区成岩溶蚀作用对储层物性具有负向的控制作用。根据对研究区镜下铸体薄片及扫描电镜观察，发现研究区溶蚀作用普遍较为强烈，发育较多次生孔隙，长石颗粒溶解、方解石溶解、骨架颗粒溶解等，形成长石溶孔、铸模孔、粒内溶孔以及粒间溶蚀的扩大孔[图3(b、c、e、f)]，在B3井L_3Ⅱa气组还可见海绿石被溶蚀形成海绿石溶孔[图3(c)]。

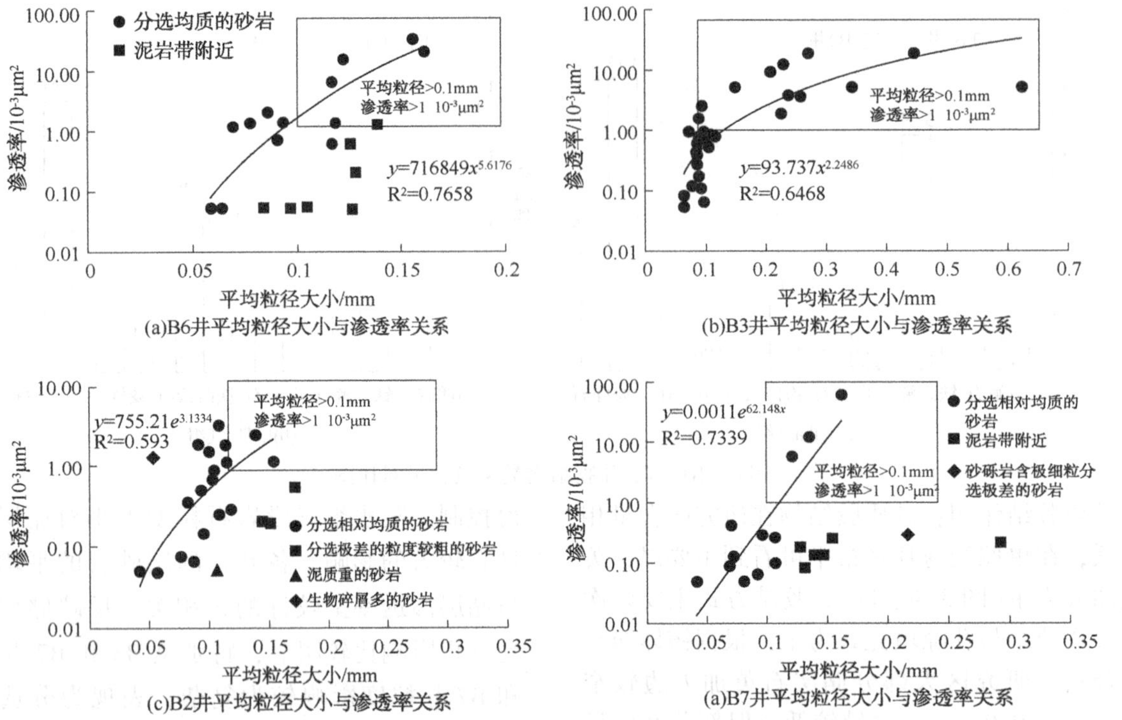

图7　宝岛A区陵水组三段储层岩石平均粒径与储层渗透率关系图

研究区溶解介质主要包括无机与有机两种：一种是无机成因流体，一般是在埋深较浅的地层中，与大气水相关，但研究区陵水组三段地层处于深层，各项资料也没证实其受到过大气水影响，而研究区断层非常发育，特别是北部深大断裂与地幔沟通，成为深部热液潜在的输送通道，靠近热液通道的储层可能受到热液的溶蚀改造作用，如主体区B2井所在的区域；另一种是有机成因流体(有机酸)，在一定埋深条件下，有机质成熟过程中，烃源岩生成大量有机酸，或者粘土矿物转化层间脱水产生H^+。主体区B6井所在的区域属于这种有机酸溶蚀环境，溶蚀强度越高，渗透率越高，但B2井溶蚀作用对储层物性的影响则极为复杂，由于受到深部热液流体活动的影响，溶蚀作用同样强烈，造成次生孔隙大量发育，储层孔隙度增加，但随着溶蚀作用的发生，粘土矿物的产生和石英加大变得频繁，孔喉变小，储层渗透率大幅降低。具体的成因机理如下：

① 不同种类长石在酸性溶液中溶蚀形成高岭石或硅质，溶解物质或沉淀于孔隙中，或随介质运移到孔隙喉道之外，形成粒内溶孔或全部被溶蚀后形成的铸模孔；发生溶蚀的化学反应如下：

钾长石：$2KAl_2Si_3O_8+2H^++H_2O = 2K^++Al_2SiO_2O_5(OH)_4+4SiO_2$

钠长石：$2NaAl_2Si_3O_8+2H^++H_2O = 2Na^++Al_2Si_2O_5(OH)_4+4SiO_2$

② 石英颗粒也有一定溶蚀作用，有的是在其边缘呈不规则状、港湾状溶蚀，有的是沿石英次生加大边溶蚀。

研究区溶蚀作用整体发育强烈，不同的井区内溶蚀强度差异较大。将B2井与B1井对比发现，两口井沉积部位相同，岩性差异细微，均以长石岩屑石英砂岩为主[图8(a)]，储层孔隙度相当，但两口井渗透率差异极大，其中B2井储层渗透率最低[图8(b)]，但溶蚀强度更高，次生孔隙更为发育，钾长石溶蚀异常强烈[图8(f)]，且石英加大边较宽，更为常见[图8(c)]，菱铁矿与粘土矿物相对更为丰富[图8(g)]，发育自生白云石[图8(d)]，以伊利石与伊蒙混层为主[图8(e)]。下面对同沉积相带下储层渗透率具有明显差异的原因进行探讨：

① 成岩环境

根据烃类充注期次分析，发现B1、B2两口井的烃类充注时间均较晚(图9)，基本在地层温度达到140℃以上烃类才开始充注，随着温度越高，CO_2分压显著升高，在高温环境下，储层流体发生二元羧酸脱羧的现象，导致流体的酸性程度大幅度减弱，溶蚀强度不高，因此认为烃类充注对主体区储层的溶蚀贡献相对较小。

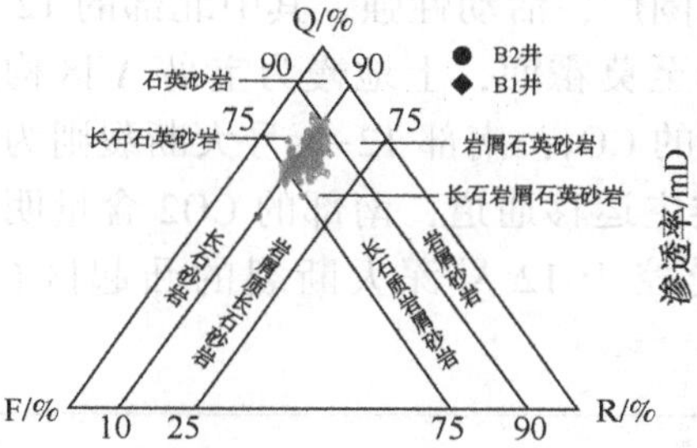

(a)主体区B1、B2井岩石三角图

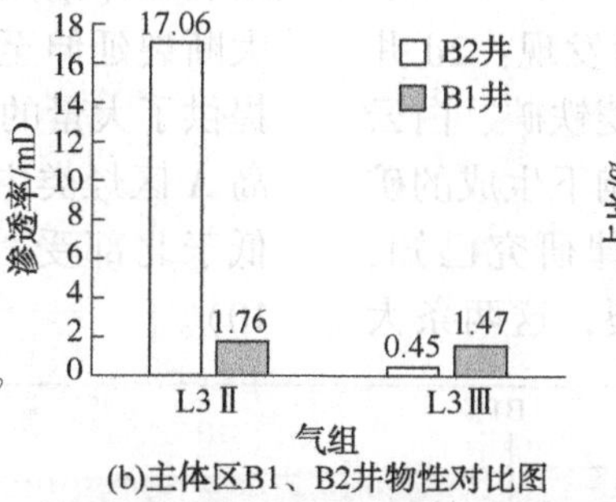

(b)主体区B1、B2井物性对比图

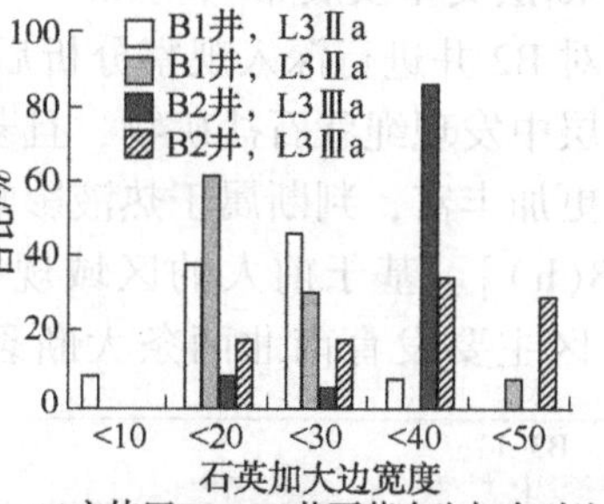

(c)主体区B1、B2井石英次生加大对比

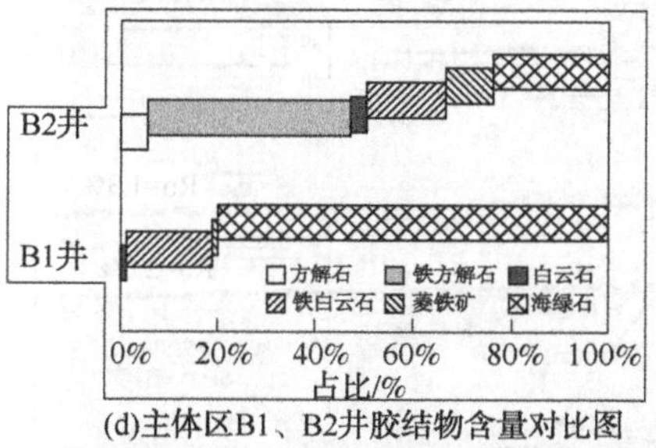

(d)主体区B1、B2井胶结物含量对比图

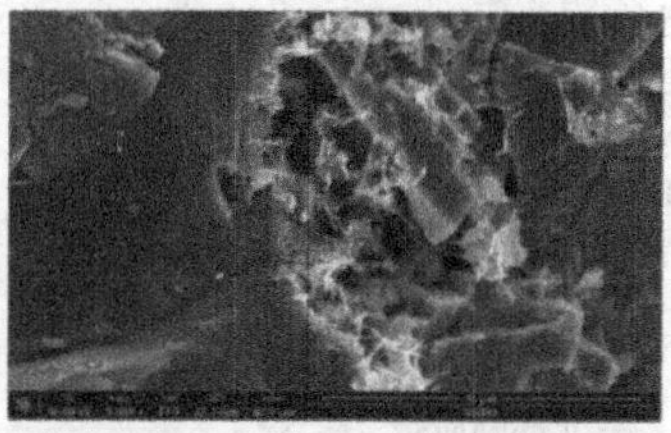

(e)B2井溶蚀孔隙被铁白云石、伊利石、伊蒙混层充填-典型照片

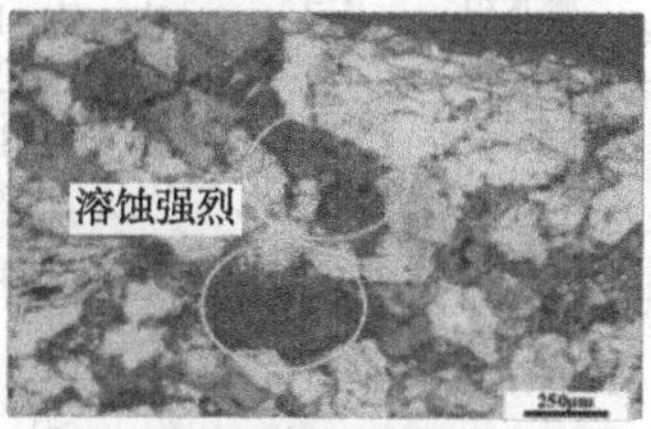

(f)钾长石溶蚀异常强烈偏光照片

(g)B2井粒间孔被自形的菱铁矿、伊蒙混层等矿物充填

(h)B2井绳状石盐镶嵌于颗粒表面呈螺旋状生长，颗粒表面见伊蒙混层

图8　宝岛A区陵水组三段储层溶蚀-胶结成因证据链

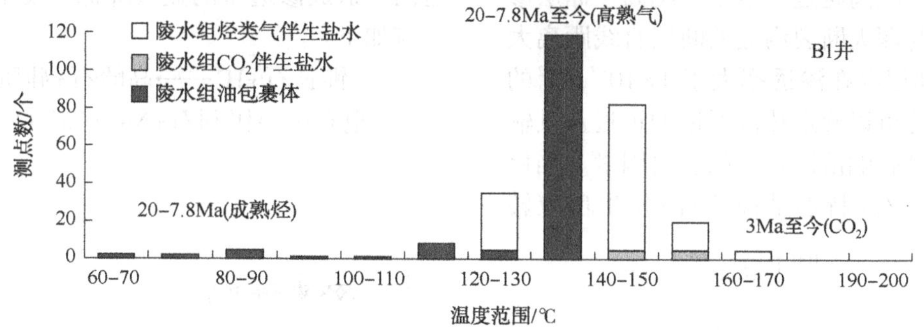

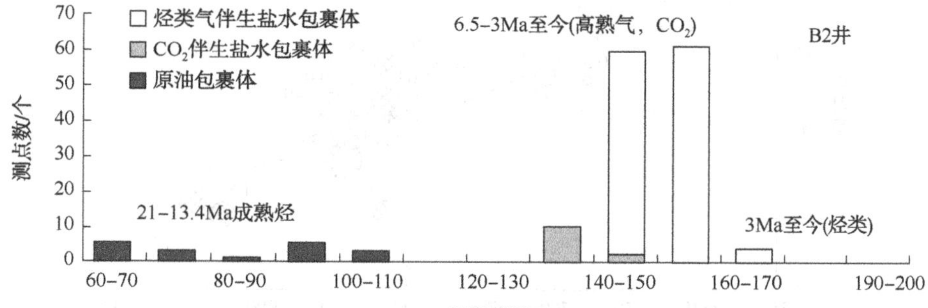

图9　宝岛A区B1井和B2井包裹体测温分布图

② 断层类型及展布

在对 B2 井进行深入观察分析后发现：2d 井深部地层中发现绳状石盐矿物，且菱铁矿、白云石含量更加丰富，判断属于热液影响下生成的矿物[图 8(h)]。基于前人的区域规律研究已知，宝岛 A 区主要发育南北两条大断裂，这两条大断裂延伸范围广，活动性强。其中北部的 12 号大断裂延伸至莫霍面，上地幔为宝岛 A 区构造提供了大量的 CO_2；南部 12-1 号大断裂则为宝岛 A 区烃类主运移通道，南部的 CO2 含量明显低于北部受控于 12 号深大断裂的凸起区(图 10)。

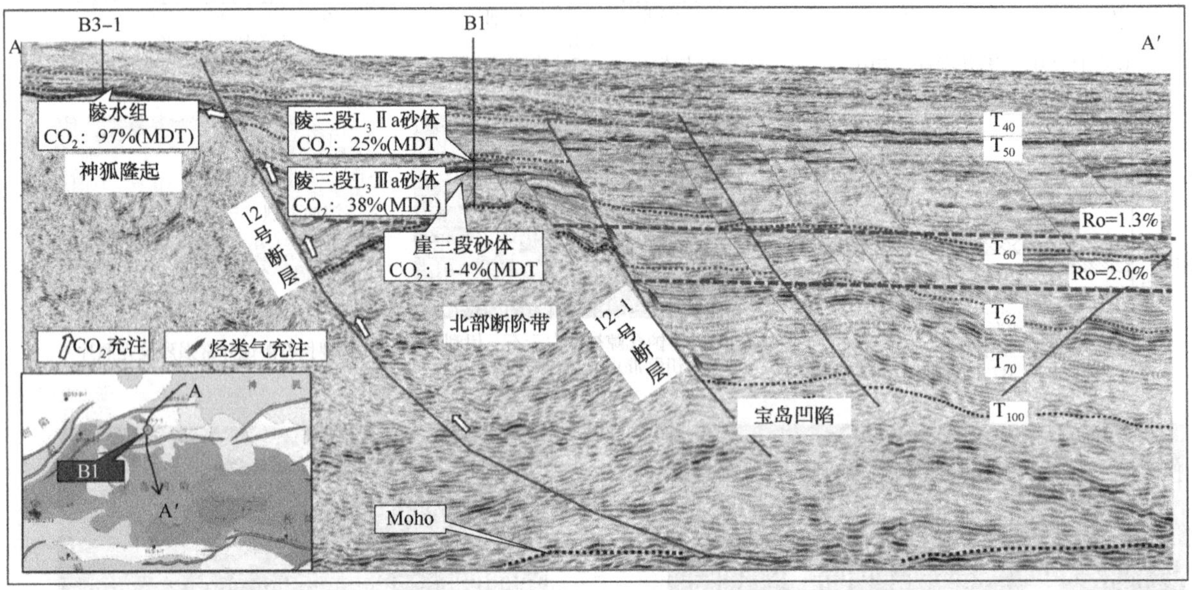

图 10　过 12 号与 12-1 号大断裂宝岛 A 区构造运移剖面图

利用地震剖面测线追踪，对区域内断层进行精细刻画，厘清了热液通道断裂的分布规律。通过平面图测量，分析了井与断层的距离、溶蚀率以及物性数据的关系可以看出(图 11)，与深大断裂沟通的断层距离越近，溶蚀率越高，储层渗透率越低；当与深大断裂沟通的断层直线距离大于 800m 时，储层存在渗透率大于 $1\times10^{-3}\ \mu m^2$ 的相对甜点，因此可以确定热液通道的远近及其输送的深部热液是影响溶蚀强度的主要因素。当储层溶蚀强烈，长石(特别是钾长石)发生反应转化成硅质物质，表现为石英加大现象，同时生成大量高岭石，高岭石在高温环境下转化为堵塞孔喉的伊利石、伊蒙混层等粘土矿物；当溶蚀的不彻底，地层流体反应形成大量粘土矿物堵塞于喉道内，造成渗透率的显著降低；发生溶蚀的化学反应如下：

$$钾长石+H^{+}\longrightarrow 高岭石+硅质+K^{+} \quad (1)$$

$$K^{+}+蒙皂石\longrightarrow 伊利石+Na^{+}+Ca^{2+}+Fe^{3+}+Mg^{2+}+S^{4+} \quad (2)$$

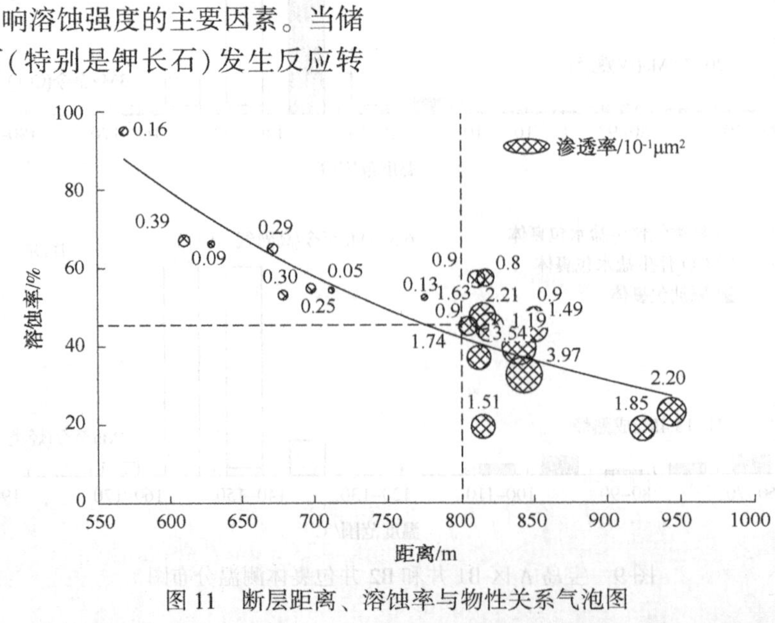

图 11　断层距离、溶蚀率与物性关系气泡图

通过上述分析，认为宝岛 A 区主体部位储层溶蚀作用国强不利于低渗储层喉道系统发保存，强溶蚀对储层物性具有增孔减渗的负面影响。

3.3 岩性-压实-溶蚀综合控储规律

综合上述的岩性、溶蚀、储层物性的综合关系(图 12)，同时考虑埋藏深度对储层物性的影响。即在相同埋深的情况下，距热液通道越近、储层溶蚀强度越高，物性越差；当储层距离热液通道较远，且平均粒度>0.1mm 时，相对粗粒砂岩有利储层的门槛埋深下限为 4400m，当储层埋深小于 4400m，储层粒间孔保存较好，属于优势储层；当平均粒度<0.1mm 时，相对细粒砂岩有利储层的门槛埋深下限为 4200m，当储层埋深小于 4200m，相对细粒砂岩储层属于相对有利区。综上所述，宝岛 A 区低渗储层受到沉积-岩性、溶蚀以及埋深-压实的共同作用影响。

4 低渗储层分布规律

根据影响研究区低渗储层物性的成因分析，利用沉积-地震属性相结合的手段，评价了相对粗粒岩性、负向和正向溶蚀区带，结合埋深对不同粒度储层物性的影响，综合加权耦合对研究区主力气组有利储层发育区进行预测(图 13)。

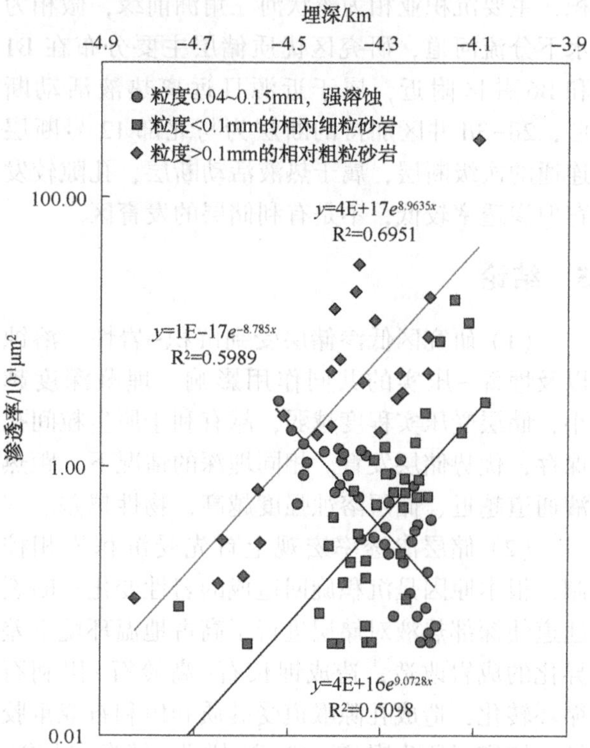

图 12　溶蚀、岩性与埋深对储层渗透率复杂控制关系图

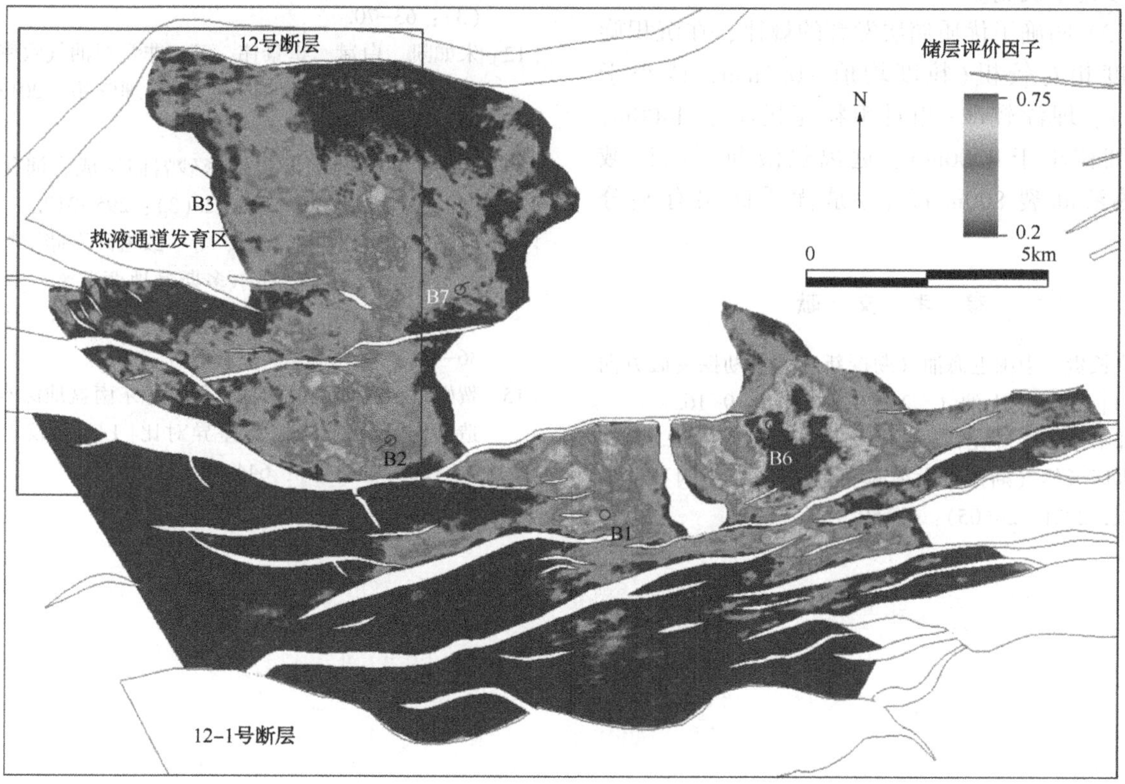

图 13　L_3Ⅲa 气组低渗储层渗透率平面分布图

L_3Ⅲa 气组含气范围位于气田西侧，包括 B1、B2、B3、B6 和 B7 井区。物源来自西北侧，该沉积时期处于高位体系域，砂体以加积模式沉积，主要沉积亚相为辫状河三角洲前缘，微相为水下分流河道，研究区优质储层主要分布在 B1 和 B6 井区附近，属于近源且远离热液活动断层，2d-3d 井区加持的断层为与北部 12 号断层连通的次级断层，属于热液活动断层，孔隙较发育但渗透率较低，不是有利储层的发育区。

5 结论

（1）研究区低渗储层受到沉积-岩性、溶蚀以及埋深-压实的共同作用影响。埋藏深度越小，储层受压实程度越弱，越有利于原生粒间孔保存，优势储层发育。相同埋深的情况下，距热液通道越近、储层溶蚀强度越高，物性越差。

（2）储层渗透率宏观上首先受沉积岩相控制，根本原因是沉积旋回造成的岩性变化；断裂通道使深部热液对储层进行了高古地温环境下差异化的成岩改造，造成钾长石-高岭石-伊利石循环转化，造成孔隙喉道受硅质和伊利石双重胶结，堵塞了原生喉道，造成“增孔-锁喉-减渗”的低渗透率机制。

（3）明确了优质储层发育的规律，在沉积旋回粒度相对较粗（粒度均值>0.1mm，或小于 3.3Φ）、埋深较浅（相对粗粒海拔小于 4400m，相对细粒小于 4200m）、远离热液断裂的区域（距热液断裂 800m 以上）是优质储层有利分布区。

参 考 文 献

[1] 徐长贵．中国近海油气勘探新进展与勘探突破方向[J]．中国海上油气，2022，34 (01)：9-16.

[2] 郭书生，廖高龙，梁豪等．琼东南盆地 BD21 井深水区天然气勘探重大突破及意义[J]．中国石油勘探，2021，26(05)：49-59.

[3] 施和生，杨计海，张迎朝，等．琼东南盆地地质认识创新与深水领域天然气勘探重大突破[J]．中国石油勘探，2019，24(6)：691-698.

[4] 徐长贵，尤丽．琼东南盆地松南—宝岛凹陷北坡转换带特征及其对大中型气田的控制[J]．石油勘探与开发，2022，49(06)：1061-1072.

[5] 尤丽，权永彬，庹雷 等．琼东南盆地深水区宝岛 21-1 气田天然气来源及输导体系[J]．石油与天然气地质，2023，44(05)：1270-1278.

[6] 李绪深，张迎朝，杨希冰等．莺歌海-琼东南盆地天然气勘探新认识与新进展[J]．中国海上油气，2017，29(06)：1-11.

[7] 邓勇，裴健翔，胡林 等．南海西部海域宝岛 21-1 气田的发现与成藏模式[J]．中国海上油气，2022，34(05)：13-22.

[8] 乔岳强，曾佐勋，杨钢等．北京周口店地区杨家屯组粒度特征及沉积环境分析[J]．科学技术与工程，2018，18(12)：10-15.

[9] 张浩．阿尔凹陷腾一段储层微观孔隙结构与渗流特征研究[D]．西安：西北大学，2017：31-57.

[10] 卫弘媛，谢然红，王跃祥，等．四川盆地沙溪庙组致密砂岩储层孔隙结构与分类[J]．东北石油大学学报，2023，47(3)：34-43.

[11] 蒋裕强，陈林，蒋婵，等．致密储层孔隙结构表征技术及发展趋势[J]．地质科技情报，2014，33(3)：63-70.

[12] 朱如凯，白斌，崔景伟，等．非常规油气致密储集层微观结构研究进展[J]．古地理学报，2013，15(5)：615-623.

[13] 高航．东濮凹陷潜山致密砂岩储层成岩演化特征[J]．断块油气田，2021. 28(3)：295-317.

[14] 付炜，胡望水，王晓晨，等．致密砂岩储层特征及质量影响因素：以鄂尔多斯盆地西北部二叠系下石盒子组为例[J]．东北石油大学，2023，47(5)：36-48.

[15] 贺婉慧，汪伟，尹宏伟，等．琼东南盆地深水区构造演化及东西 段构造差异对比[J]．高校地质学报，2022，28(5)：644-654.

塔里木盆地中-下寒武统层序地层格架及沉积充填模式

尚　凯[1]　何　卿[2]　耿　锋[1]　廖启丰[1]　白翔宇[2]　姜伟民[2]　刘　波[2]　石开波[2]

(1. 中国石化西北油田分公司勘探开发研究院；2. 北京大学地球与空间科学学院)

摘　要　本文基于野外露头及目前钻遇中-下寒武统钻井资料，通过关键层序界面识别，明确塔里木盆地中-下寒武统由两个二级层序组成，分别对应于下寒武统和中寒武统，下寒武统进一步划分为3个三级层序(层序Ⅰ-层序Ⅲ)，中寒武统进一步划分为2个三级层序(层序Ⅳ-层序Ⅴ)。层序Ⅰ发育于泥质缓坡背景，沉积水体较深且泥质含量较高；层序Ⅱ发育于碳酸盐岩缓坡背景，沉积水体较浅且发育微生物丘和颗粒滩；层序Ⅲ发育于混积型缓坡背景，海平面几乎覆盖全盆且陆源碎屑含量较高；层序Ⅳ发育于弱镶边台地背景，台地边缘微生物丘和颗粒滩发育，台地内部具有开阔台地-局限台地-蒸发台地演化的特征；层序Ⅴ演化为强镶边台地，台地镶边程度更高，内部蒸发台地-局限台地分布范围扩大。总体上，层序Ⅰ至层序Ⅴ表现为由泥质缓坡-碳酸盐岩缓坡-镶边碳酸盐岩台地的演化特征。

关键词　塔里木盆地；中-下寒武统；层序地层；体系域；沉积充填

塔里木盆地中-下寒武统蒸发岩-碳酸盐岩层系的划分和对比主要是基于岩石地层学和生物地层学特征，然而，由于寒武纪早期仍处于地球生命演化历程的早期阶段，并未出现珊瑚、海绵以及苔藓虫等具有钙质骨骼的宏观造礁生物，主要以钙质微生物为主。塔里木盆地台地相区中-下寒武统古生物化石稀少、标志层缺乏，此外，由于塔里木盆地寒武系勘探程度较低，盆地内部钻遇中-下寒武统的钻井较少且取芯不连续，岩石学资料较缺乏，因此，上述基于岩石学和古生物学的地层划分对比方案已经无法满足当前深层盐下白云岩储层的油气勘探需求。因此，本文在前人研究基础上，基于野外露头及目前钻遇中下寒武统钻井资料，以关键层序界面识别为基础，开展塔里木盆地中下寒武统蒸发盐岩-碳酸盐岩层三级层序地层划分对比，在层序地层格架内，探讨塔里木盆地中-下寒武统沉积充填过程和空间展布特征，以期进一步深化对深层中-下寒武统生储盖分布特征的认识，为塔里木盆地深层-超深层碳酸盐岩油气勘探提供基础地质理论支撑。

1　区域地质背景

塔里木盆地位于新疆维吾尔自治区，夹持于天山、西昆仑山和阿尔金山三大褶皱造山带之间，整体呈菱形，东西向展布，面积56×10^4 km^2，是我国西部最大的含油气盆地。现今，盆地周缘分布着四个隆起带，包括东北部库鲁克塔格隆起带、西北部的柯坪隆起带、西南部的铁克里克隆起带和东南部的阿尔金隆起带，组成盆地边缘隆起区，盆地内部被沙漠覆盖。前人根据盆地基底顶面起伏及其大型断裂发育展布特征将塔里木盆地划分为“三隆四坳”七个一级构造单元，即库车坳陷、塔北隆起、北部坳陷、中央隆起、西南坳陷，塔南隆起和东南坳陷。然而，随着油气勘探的深入和对塔里木盆地地质认识的加深，发现在古生代柯坪断隆属于塔里木盆地的一部分，因此，为了方便系统研究塔里木盆地古生界地层，可将塔里木盆地划分为10个一级构造单元。根据前人对寒武系沉积格局及大量古生物地层的研究结果，塔里木盆地寒武系可划分为西部台地相区和东部盆地相区(图1)。西部台地相区中下寒武统自下而上依次划分为玉尔吐斯组、肖尔布拉克组、吾松格尔组、沙依里克组、阿瓦塔格组。玉尔吐斯组，厚8~35m，下部为磷块岩、硅质岩和泥岩，中部和上部为瘤状灰岩、白云岩以及生屑白云岩，整体为陆棚相-开阔台地相沉积；肖尔布拉克组，厚110~160m，岩性主要为泥质白云岩、泥晶白云岩、颗粒白云岩和微生物白云岩，整体为开阔台地相-局限台地相沉积；吾松格尔组，厚60~160m，岩性为泥质白云岩、砾屑白云岩、泥晶白云岩、颗粒白云岩和混积岩，整体为局限台地相沉积；沙依里克组，厚75~325m，下部为膏质白云岩与蒸发岩互层，上部则以生屑灰岩为主，整体为局限台地相–开阔台地相沉积；阿瓦塔格组，厚143~542m，岩性为蒸发岩与泥质白云岩互层，整体为局限台地–蒸发台地相沉积。东部盆地相区中下寒武统自下而上划分为西山布拉克组、西大山组、莫合尔山组。西山布拉克组，厚41m左右，岩性为硅质岩、硅质泥岩、泥岩以及泥质灰岩；西大山组、莫合尔山组，岩性为泥岩夹泥质灰岩、泥质白云岩，中–下寒武统整体为深水盆地相沉积。整体来看，塔里木盆地下寒武统玉尔吐斯组和同时期沉积的西山布拉克组–西大山组烃源岩、肖尔布拉克组和吾松格尔组微生物白云岩、颗粒白云岩、中寒武统蒸发盐岩和泥质白云岩构成了一套良好的生储盖组合，是塔里木盆地深层油气勘探的潜在目的层系。

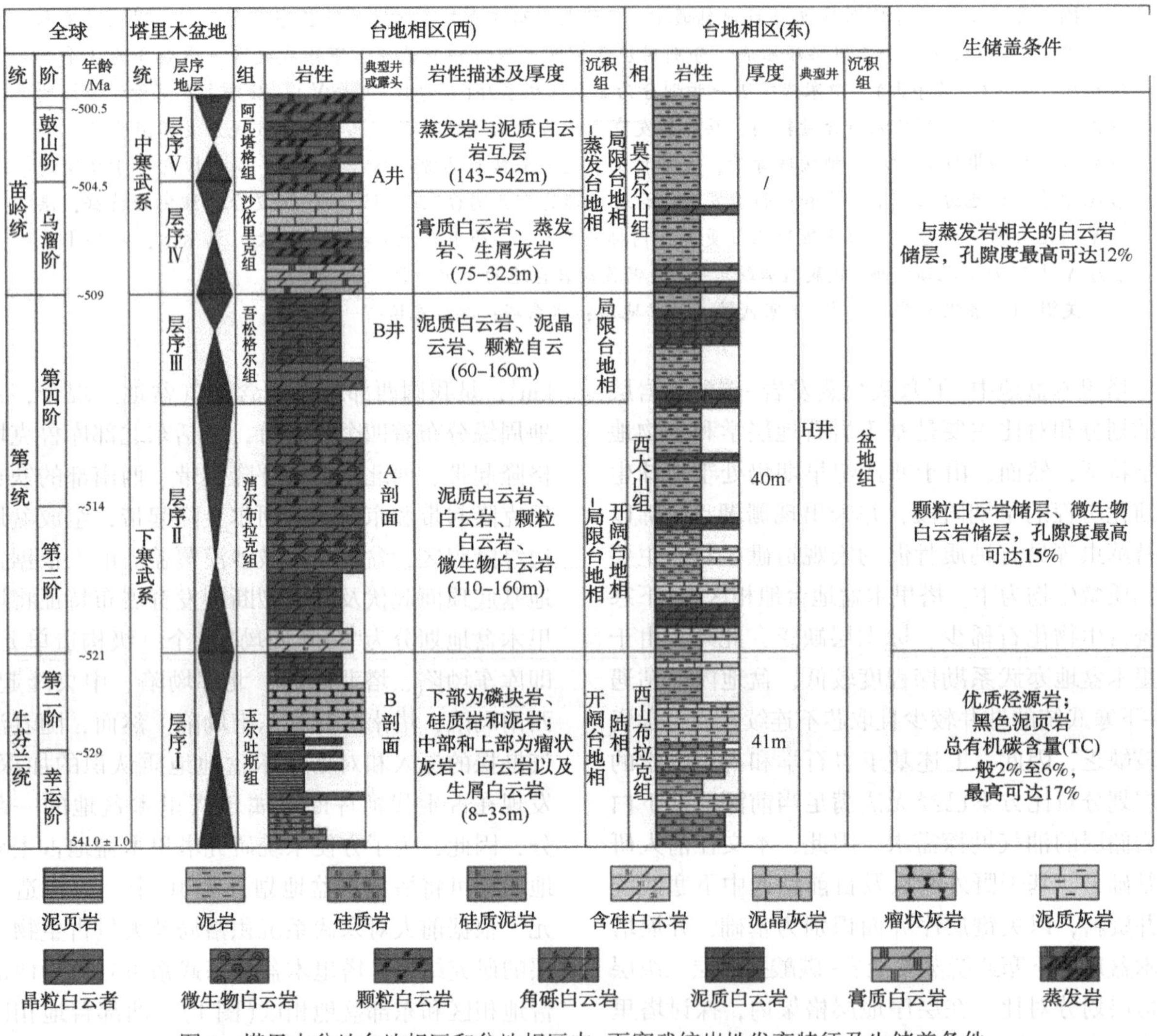

图1　塔里木盆地台地相区和盆地相区中–下寒武统岩性发育特征及生储盖条件

2　中–下寒武统层序划分

针对塔里木盆地中–下寒武统层序地层研究，前人进行了大量研究，但由于层序地层划分标准和资料掌握程度的不同，三级层序划分数量、层序界面发育位置并未达成一致(表1)。目前，中–下寒武统层序地层划分的主要存在两个问题：第一，层序级别的有效界定，即基于各种层序界面、地层叠置方式以及层序持续周期等识别的层序到底是二级层序还是三级层序，抑或是更高频的准层序、四级层序；第二，所划分的层序(三级或四级层序、高频层序)能否在不同类型资料之间进行有效的识别和在台盆尺度下实现横向对比追踪，进而指导深层中–下寒武统岩性油气藏的精细定靶。

表 1　前人关于塔里木盆地中-下寒武统层序地层划分方案

<table>
<tr><td colspan="2">地层系统</td><td colspan="9">层序地层划分方案</td></tr>
<tr><td>统</td><td>组</td><td>陈国俊(1999)</td><td>王毅(1999)</td><td>于炳松(2001)</td><td>焦存礼(2003)</td><td>赵宗举(2010)</td><td>郭峰(2011)</td><td>杨永剑(2011)</td><td>蔡习尧(2014)</td><td>王坤(2016)</td></tr>
<tr><td rowspan="5">中寒武统</td><td rowspan="3">阿瓦塔格组</td><td rowspan="2">层序Ⅲ</td><td rowspan="3">层序Ⅳ</td><td rowspan="5">层序Ⅷ
–
层序Ⅻ</td><td rowspan="5">层序Ⅱ</td><td rowspan="5">层序Ⅳ</td><td rowspan="2">层序Ⅶ</td><td>层序Ⅹ</td><td rowspan="4">层序Ⅳ</td><td rowspan="4">层序Ⅵ</td></tr>
<tr><td rowspan="2">层序Ⅸ</td></tr>
<tr><td rowspan="3">层序Ⅱ</td><td rowspan="2">层序Ⅵ</td></tr>
<tr><td rowspan="2">沙依里克组</td><td rowspan="2">层序Ⅲ</td><td>层序Ⅷ</td></tr>
<tr><td>层序Ⅴ</td><td>层序Ⅶ</td><td>层序Ⅲ</td><td>层序Ⅴ</td></tr>
<tr><td rowspan="7">下寒武统</td><td rowspan="2">吾松格尔组</td><td rowspan="7">层序Ⅰ</td><td rowspan="6">层序Ⅱ</td><td rowspan="7">层序Ⅰ
–
层序Ⅶ</td><td rowspan="7">层序Ⅰ</td><td rowspan="2">层序Ⅲ</td><td rowspan="2">层序Ⅳ</td><td>层序Ⅵ</td><td rowspan="6">层序Ⅱ</td><td rowspan="2">层序Ⅳ</td></tr>
<tr><td>层序Ⅴ</td></tr>
<tr><td rowspan="4">肖尔布拉克组</td><td rowspan="4">层序Ⅱ</td><td rowspan="2">层序Ⅲ</td><td>层序Ⅳ</td><td rowspan="2">层序Ⅲ</td></tr>
<tr><td rowspan="2">层序Ⅲ</td></tr>
<tr><td rowspan="2">层序Ⅱ</td><td rowspan="2">层序Ⅱ</td></tr>
<tr><td>层序Ⅱ</td></tr>
<tr><td>玉尔吐斯组</td><td>层序Ⅰ</td><td>层序Ⅰ</td><td>层序Ⅰ</td><td>层序Ⅰ</td><td>层序Ⅰ</td><td>层序Ⅰ</td></tr>
</table>

2.1　*层序级别的界定*

自层序地层学诞生以来，基于层序地层的不同属性特征，如时间属性、几何学特征、层序界面相对整合程度(relatively conformable)等，国外不同学者先后提出了不同的层序级别划分方案，但这些层序级别划分方案并不能适用于所有的沉积体系和构造环境，具有各自的局限性。关于层序级别的命名方案则主要有两种(图 2)：一种是数字命名法，如一级层序、二级层序等；另一种是用专有名词对不同级别层序进行单独命名，如巨层序、超层序、层序等。以数字名字的不同级别的层序的地层结构单元的命名方案具有一致性。本文对不同层序级别的命名采用数字命名法，主要描述二级层序、三级层序以及高频旋回(四级层序)。三级层序或旋回一般具有板块范围内的横向可对比性，同时，与碎屑岩层序地层学相比，由于碳酸盐沉积物物源的盆内多源性且可容纳空间与沉积物供应速率相互影响，三级层序是碳酸盐岩层序地层划分与对比的重要依据，作为实用层序级别并被广泛采用。

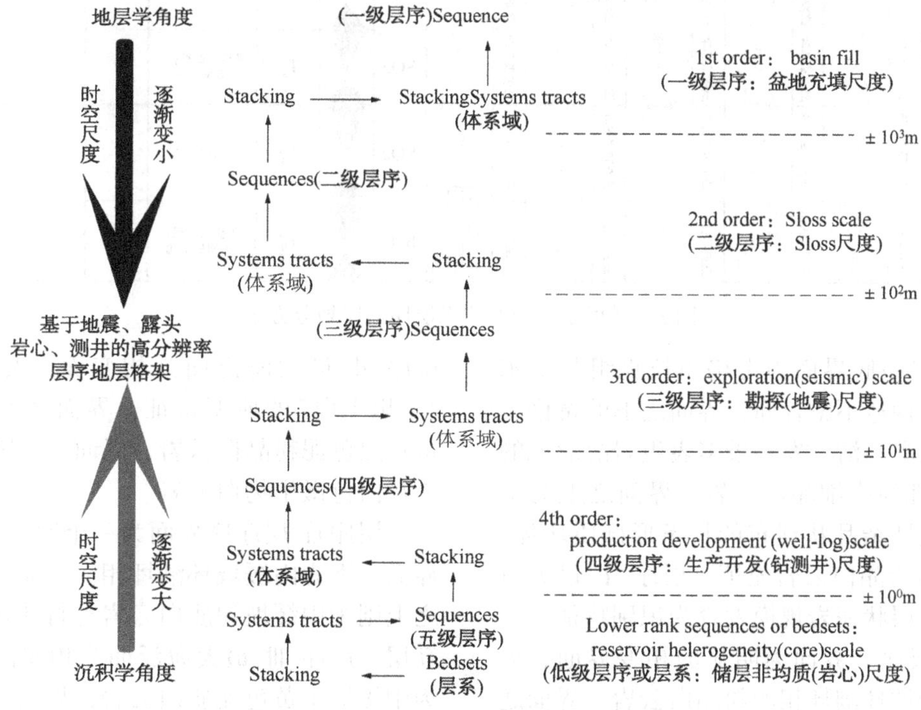

图 2　层序地层格架不同级别划分示意图

2.2　三级层序划分

由于区域性不整合面在地震、露头以及钻测井上均易于识别且其形成机制研究较为清楚，王毅等认为寒武系-中-下奥陶统地层为一个完整的一级层序，形成于裂陷后克拉通边缘盆地，底界面为震旦系顶部的不整合面，顶界面为中-上奥陶统之间的 T_{74} 地震界面，其中，中-下寒武统为一级层序的海侵体系域内部地层单元；刘忠宝等、杨永剑通过地震剖面、野外露头以及钻测井分析，将寒武系划分为了三个二级层序，二级层序的形成主要受控于周期性全球性海平面变化，二级层序界面为地震剖面上可识别暴露剥蚀界面 T_{80}、T_{82}、T_{84} 和 T_{90}，其中，中、下寒武统分别对应于一个完整的二级层序。

在前人大量层序地层学研究的基础上，本文通过对塔西北地区 14 条野外露头样品、巴楚地区(A 井、B 井、C 井)和塔北地区(D 井)共 4 口重点钻井岩屑样品等的详细岩相学、沉积学、测井特征以及层序地层学研究，对塔里木盆地台地相区中-下寒武统进行了三级层序地层划分，认为塔里木盆地中-下寒武统共可划分为五个完整的三级层序，分别对应于玉尔吐斯组、肖尔布拉克组、吾松格尔组、沙依里克组以及阿瓦塔格组，但由于经典碳酸盐岩台地和缓坡层序地层格架的低位体系域(LST)主要发育于深水环境，而本文研究区主要位于塔里木盆地西部浅水碳酸盐岩台地相区，因此，三级层序主要由海侵体系域(TST)和高位体系域(HST)组成，三级层序界面的识别主要依据主要的地震标志层、地震内部反射结构(平行、亚平行、下超以及削截等)、沉积相变、碳同位素以及测井曲线等(图 3)。

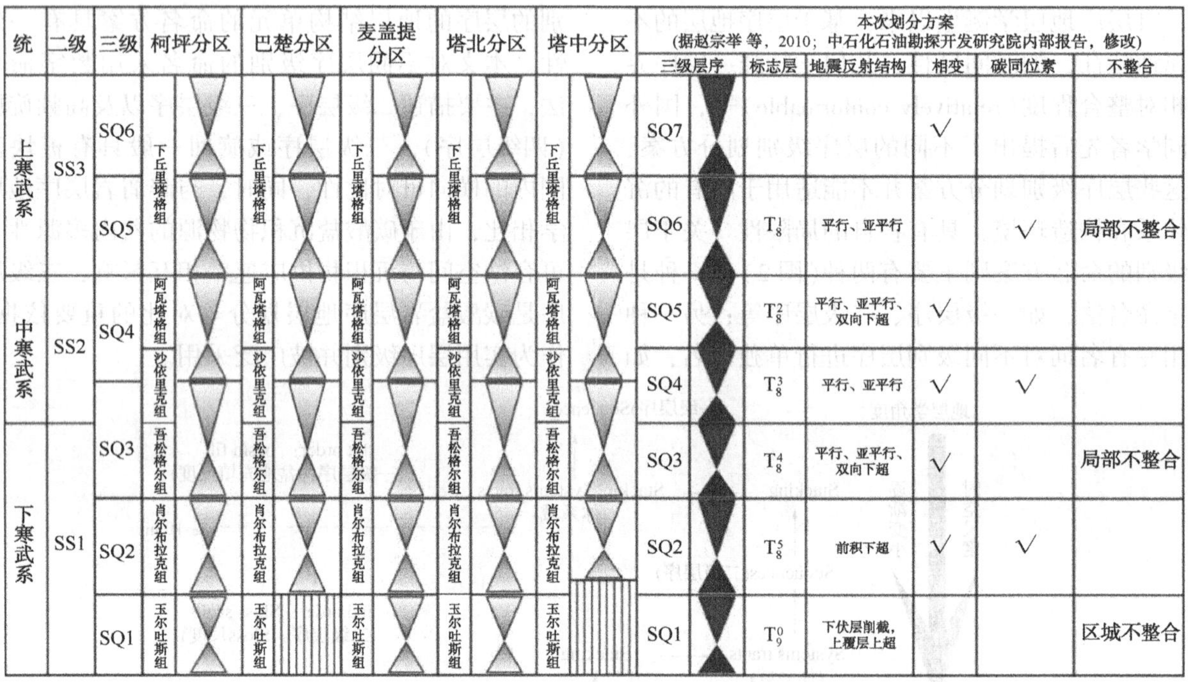

图 3　塔里木盆地寒武系层序地层划分方案

层序Ⅰ 层序底界面为奇格布拉克组与玉尔吐斯组之间的构造不整合面，界面之下的奇格布拉克组地层杂乱不清，发育较多表生岩溶形成的溶孔/洞，岩性为中细晶白云岩，界面之上为玉尔吐斯组中缓坡杂乱状展布的长条形硅质块体，硅质块体之间粉晶白云岩充填。层序 Ⅰ 最大海泛面以黑色纹层状泥岩规模发育为识别特征。

层序Ⅱ 层序底界面为明显的相变界面，界面之下为内缓坡环潮坪相泥粉晶白云岩，界面之上则为中缓坡外带含生屑/生屑中细晶白云岩。层序 Ⅱ 最大海泛面为相变面，宏观上表现为“下黑上白”的典型特征，界面之下为中缓坡外带灰黑色泥粉晶白云岩，界面之下则为中缓坡内带灰白色微生物白云岩。

层序Ⅲ 层序底界面为一个明显的相变界面，界面之下为内缓坡环潮坪相泥粉晶白云岩，界面之上则为中缓坡泥质白云岩与竹叶状砾屑白云岩互层。层序 Ⅲ 最大海泛面为相变面，界面之下为中缓坡土黄色泥质白云岩，界面之上为内缓坡浅滩灰黑色亮晶颗粒白云岩。

层序Ⅳ 层序底界面为一个明显的相变界面，界面之下为内缓坡潮上带土黄色内碎屑泥粉晶白云岩，界面之上为开阔台地深灰色泥晶灰岩，界面起伏不平。层序 Ⅳ 最大海泛面为一个相变面，界面之下为内缓坡潟湖橙黄色云质泥岩(可能为含云膏质泥岩暴露地表之后溶蚀垮塌而形成)，界面之上为开阔台地含生屑泥晶灰岩，层序 Ⅳ 高位体系域早期整体表现为开阔台地台内滩薄层状泥晶生物砾屑灰岩与泥晶灰岩薄互层。

层序Ⅴ 层序顶界面为一个明显相变界面，界面之下蒸发台地膏云坪薄层状浅红色泥质白云岩，界面之上为开阔台地潮下带薄层状泥晶白云岩-潮间带中薄层状亮晶砂屑白云岩-潮上带-纹层状泥晶白云岩(泥裂构造)组成的向上变浅的米级高频旋回。

2.3 三级层序地层格架

震旦纪-早奥陶世时期，塔里木板块为伸展-弱伸展构造背景体制，塔里木板块前寒武纪古裂谷的空间展布及纵向演化特征对上覆寒武系碳酸盐岩层序-沉积充填作用具有明显的控制作用，使得寒武系岩相古地理特征具有“向前相似”的特征。

将所有钻遇中-下寒武统的钻井按离塔南隆起距离远近以及沉积水体相对深度从左至右依次排列并进行三级层序地层对比，从而建立了塔里木盆地西部台地相区中-下寒武统三级层序地层格架，层序 Ⅰ 主要发育于台内洼地边缘和台地边缘区域，如柯坪断隆、塔北隆起以及巴楚隆起A井、E井一带；层序 Ⅱ 在整个塔西台地均有分布，靠近塔南隆起部位，部分缺失海侵体系域(SQⅡ-TST)，如F井、G井，而在台内洼地，岩性由白云岩变为灰岩，地层厚度加大，如A井；层序 Ⅲ 在塔西台地厚度分布较稳定，仅在台地内部局部地区由于蒸发岩的快速沉积，地层厚度加大，如A井；层序 Ⅳ-Ⅴ 在整个塔西台地内部均有分布，且厚度稳定易于横向对比，仅在台地边缘由于中寒武统镶边台地的形成，地层厚度急剧加大，如C井。

3 层序地层格架内中-下寒武统沉积充填

层序Ⅰ：受控于同沉积断裂活动、海底热液活动以及上升洋流等，层序 Ⅰ 形成时期，主要发育内缓坡环潮坪、(碎屑岩-混积岩)浅滩，泥质、灰质、云质中缓坡以及外缓坡-盆地等沉积环境。

在层序Ⅰ 的形成过程中，同沉积断裂幕式活动及伴生的海底热液活动强烈改造了同沉积期沉积物，形成了以连续薄层状硅质岩和断续条块状硅质岩为典型特征的事件沉积。

层序Ⅱ受控于沉积古地貌、表面波(主要是正常浪基面)、内波以及相对海平面变化等，层序Ⅱ 形成时期，主要发育内缓坡环潮坪、潟湖、浅滩，中缓坡内带(微生物丘/层、微生物丘间)，中缓坡外带以及外缓坡-盆地等沉积环境。

层序Ⅲ受控于受风暴浪作用、干旱古气候和相对海平面变化等，层序Ⅲ 形成时期，主要发育内缓坡潮上萨布哈、潮间混积坪、浅滩，中缓坡以及外缓坡-盆地等沉积环境。

层序Ⅳ时期，在轮南-古城一带，微生物丘/鲕粒滩大规模发育，形成镶边台地边缘微生物建隆，受控于台地边缘微生物丘/鲕粒滩镶边程度(纵向加积速度与横向联结程度)和相对海平面变化，塔西台地内部主要发育开阔台地灰云坪、台内滩，局限台地潟湖(膏湖、盐湖)以及蒸发台地膏云坪沉积环境。

层序Ⅴ 时期，位于二级层序海退旋回末期，轮南-古城一带的微生物丘/鲕粒滩由于可容纳空间不断减小，台地边缘向海前积，塔西台地内部发育的蒸发台地的膏湖、盐湖、膏云坪等沉积环境分布范围不断扩大。

4 结论

(1) 塔里木盆地中-下寒武统划分为两个二级层序，分别对应于下寒武统和中寒武统，下寒武统进一步划分为3个三级层序(层序Ⅰ-层序Ⅲ)，中寒武统进一步划分为2个三级层序(层序Ⅳ-层序Ⅴ)。

(2) 层序结构-沉积充填特征表明层序 Ⅰ-层序 Ⅲ 时期主要为缓坡沉积，具有泥质缓坡-碳酸盐岩缓坡-混积型缓坡演化的特征；层序Ⅳ-层序 Ⅴ 时期则为弱镶边-镶边碳酸盐岩台地沉积，台地内部表现为局限台地-开阔台地-局限台地-蒸发台地演化的特征，台地边缘微生物丘和颗粒滩发育。

参 考 文 献

[1] Wood R, Liu A G, Bowyer F, et al. Integrated records of environmental change and evolution challenge the

Cambrian Explosion [J]. Nature ecology & evolution, 2019, 3(4): 528-538.

[2] Zhuravlev A Y, Riding R. The ecology of the Cambrian radiation [M]. Columbia University Press, 2001: 1-525.

[3] 周志毅，陈丕基．塔里木生物地层和地质演化[M]．科学出版社，1990：1-366.

[4] 贾承造．中国塔里木盆地构造特征与油气[M]．北京：石油工业出版社，1997：1-438.

[5] 吴根耀，李曰俊，刘亚雷，等．塔里木西北部乌什—柯坪—巴楚地区古生代沉积—构造演化及成盆动力学背景[J]．古地理学报，2013，15(2)：203-218.

[6] 严威，邬光辉，张艳秋，等．塔里木盆地震旦纪-寒武纪构造格局及其对寒武纪古地理的控制作用[J]．大地构造与成矿学，2018，42(03)：455-466.

[7] 陈永权，严威，韩长伟，等．塔里木盆地寒武纪/前寒武纪构造——沉积转换及其勘探意义[J]．天然气地球科学，2019，30(01)：39-50

[8] 杨海军，陈永权，潘文庆，等．塔里木盆地南华纪—中寒武世构造沉积演化及其盐下勘探选区意义[J]．中国石油勘探，2021，26(04)：84-98.

[9] 韩剑发，邬光辉，肖中尧等．塔里木盆地寒武系烃源岩分布的重新认识及其意义[J]．地质科学，2020，55(01)：17-29.

[10] 管树巍，张春宇，任荣等．塔里木北部早寒武世同沉积构造——兼论寒武系盐下和深层勘探[J]．石油勘探与开发，2019，46(06)：1075-1086.

[11] 张天付，黄理力，倪新锋等．塔里木盆地柯坪地区下寒武统吾松格尔组岩性组合及其成因和勘探意义——亚洲第一深井轮探1井突破的启示[J]．石油与天然气地质，2020，41(05)：928-940.

[12] 郑剑锋，潘文庆，沈安江等．塔里木盆地柯坪露头区寒武系肖尔布拉克组储集层地质建模及其意义[J]．石油勘探与开发，2020，47(03)：499-511.

[13] 季天愚，杨威，武雪琼等．塔里木盆地台盆区寒武系盖层评价及对油气盖层有利区的优选[J]．中国地质，2022，49(02)：369-382.

[14] 林潼，王铜山，李志生等．塔里木盆地塔中地区中下寒武统油气充注演化过程与勘探方向[J]．中国石油大学学报（自然科学版），2021，45(03)：42-54.

[15] 魏国齐，朱永进，郑剑锋，等．塔里木盆地寒武系盐下构造-岩相古地理、规模源储分布与勘探区带评价[J]．石油勘探与开发，2021，(06)：1114-1126.

[16] 陈国俊，史基安，薛莲花，等．塔里木西部古生代层序地层特征[J]．沉积学报，1999，(04)：63-68.

[17] 焦存礼，吕延仓，朱俊玲，等．塔中地区古生界层序地层学与非构造圈闭研究[J]．中国石油勘探，2003，(04)：17-23+5.

[18] 王毅．塔里木盆地震旦系—中泥盆统层序地层分析[J]．沉积学报，1999 (03)：414-421.

[19] 郭峰，郭岭．柯坪地区肖尔布拉克寒武系层序及沉积演化[J]．地层学杂志，2011，35(02)：164-171.

[20] 于炳松，陈建强，林畅松．塔里木地台北部寒武纪—奥陶纪层序地层及其与扬子地台和华北地台的对比[J]．中国科学：地球科学，2001 (01)：17-26.

[21] 蔡习尧，窦丽玮，蒋华山，等．塔里木盆地塔东地区寒武系划分与对比[J]．石油实验地质，2014，36(05)：539-545.

[22] 王坤，刘伟，黄擎宇，等．多资料约束下的塔里木盆地寒武系层序地层划分与对比[J]．海相油气地质，2016，21(03)：1-12.

[23] 杨永剑．塔里木盆地寒武系层序岩相古地理及生储盖特征研究[博士学位论文]．成都理工大学，2011.

[24] 赵宗举，张运波，潘懋，等．塔里木盆地寒武系层序地层格架[J]．地质论评，2010，56(05)：609-620.

[25] Catuneanu O. Model-independent sequence stratigraphy [J]. Earth-science reviews, 2019, 188: 312-388.

[26] Neal J, Abreu V. Sequence stratigraphy hierarchy and the accommodation succession method [J]. Geology, 2009, 37(9): 779-782.

[27] Vail P R, Mitchum Jr R M, Thompson III S. Seismic stratigraphy and global changes of sea level. In: Payton C W (Eds.), Seismic Stratigraphy--Applications to Hydrocarbon Exploration [M]. AAPG Memoir 26, 1977: 83-97.

[28] Embry A F. Sequence boundaries and sequence hierarchies: problems and proposals. In: Steel R J, Felt V L, Johannessen E P, Mathieu C. (Eds.), Sequence stratigraphy on the Northwest European Margin. Norwegian Petroleum Society (NPF) [M]. Special Publication, 1995: 1-11.

[29] Sprague A R, Patterson P E, Sullivan M D, et al. Physical stratigraphy of clastic strata: a hierarchical approach to the analysis of genetically related stratigraphic elements for improved reservoir prediction. S. Tex. Geol. Soc. Bull., 2003, 44: 7.

[30] Pomar L, Hallock P. Carbonate factories: a conundrum

in sedimentary geology [J]. Earth-Science Reviews, 2008, 87(3-4): 134-169.

[31] Pomar L, Haq B U. Decoding depositional sequences in carbonate systems: Concepts vs experience [J]. Global and Planetary Change, 2016, 146: 190-225.

[32] Schlager W. Carbonate Sedimentology and Sequence Stratigraphy [M]. SEPM, Tulsa, Oklahoma, 2005: 1-200.

[33] 贾承造. 塔里木盆地构造特征与油气聚集规律[J]. 新疆石油地质, 1999, (03): 3-9+94.

[34] 张光亚, 赵文智, 王红军, 等. 塔里木盆地多旋回构造演化与复合含油气系统[J]. 石油与天然气地质, 2007, (05): 653-663.

[35] 刘忠宝, 杨圣彬, 焦存礼等. 塔里木盆地巴楚隆起中、下寒武统高精度层序地层与沉积特征[J]. 石油与天然气地质, 2012, 33(01): 70-76.

[36] Burchette T P, Wright V P. Carbonate ramp depositional systems[J]. Sedimentary geology, 1992, 79(1-4): 3-57.

[37] 白莹, 罗平, 周川闽, 等. 塔西北下寒武统肖尔布拉克组层序划分及台地沉积演化模式[J]. 石油与天然气地质, 2017, 38(01): 152-164.

[38] 高孝巧. 塔里木盆地巴楚—塔中地区肖尔布拉克组沉积特征及控储机理[博士学位论文]. 中国地质大学(北京), 2018.

[39] 李京昌, 焦存礼, 王向伟, 等. 塔里木盆地寒武纪构造演化研究[J]. 地质科学, 2012, 47(3): 575-587.

[40] 吴林, 管树巍, 任荣, 等. 前寒武纪沉积盆地发育特征与深层烃源岩分布——以塔里木新元古代盆地与下寒武统烃源岩为例[J]. 石油勘探与开发, 2016, 43(6): 905-915.

[41] 崔志强, 胥值礼, 李飞. 塔西南高精度航磁油气地质构造调查[J]. 物探与化探, 2021, 45(4): 846-858.

[42] 田雷, 张虎权, 刘军, 等. 塔里木盆地西南部南华纪—震旦纪裂谷分布及原型盆地演化[J]. 石油勘探与开发, 2020, 47(6): 1122-1133.

[43] 陈槚俊, 何登发, 孙方源, 等. 温宿凸起构造几何学与运动学特征[J]. 新疆石油地质, 2018, 39(3): 318-325.

珠江口盆地恩平17洼深层源岩成烃机理及有效烃源灶分布预测

石　创[1,2]　彭光荣[1,2]　龙祖烈[1,2]　曹雨菡[1,2]　马　宁[1,2]　汪晓萌[1,2]　何金海[1,2]

[1. 中海石油(中国)有限公司深圳分公司 2. 中海石油深海开发有限公司]

摘　要　珠江口盆地恩平17洼已获得多个商业性油田发现，证实为富烃洼陷。然而对洼陷主力烃源岩生烃机理以及有效烃源灶的研究相对较少，亟需开展洼陷深层烃源岩成烃机理分析并进行有效源灶分布预测，为下一步深层勘探部署提供依据。在系统分析洼陷地质背景、源岩发育环境和已钻井地化特征的基础上，借助热压模拟实验分析源岩成烃机理。结果表明恩平17洼主要发育文昌组半深湖—深湖相和浅湖相两套烃源岩，半深湖—深湖相泥岩油气产率均较高，具有“生油集中，晚期爆发式生气”特征；浅湖相泥岩产气率相对较高，具有“宽窗持续生气”，“生气下限”较高的特征。同时，基于地质—地化—地球物理联合方法优选地震属性，建立烃源岩TOC预测模型，通过神经网络优化模型，预测有效烃源灶分布。结果表明：纵向上优质烃源岩主要分布在文五段—文三段，以文四段最有利；平面上优质烃源岩主要分布在洼陷中心和北部近洼区。盆地模拟显示恩平17洼文昌组烃源岩已达到高成熟—过成熟演化阶段，洼陷优质烃源岩分布区即为有效烃源岩灶分布区，洼陷内优质烃源岩在高热演化作用下，油气兼生，为珠江口盆地富油洼陷寻找天然气提供资源基础。

关键词　成烃机理；有效烃源灶；TOC预测；文昌组；恩平17洼；珠江口盆地

恩平17洼是珠江口盆地恩平凹陷重要的油气富集区，围绕着恩平17洼，历经多年的油气勘探和地质研究，发现了多个中型油田群，证实恩平17洼为富烃洼陷，展示出该区巨大的勘探潜力。恩平凹陷已发现油气主要分布在恩平17洼南、北两侧构造带的新近系储层中，其古近纪断裂在晚中新世构造活化期多未继承性活动，新近系缺少直接沟通文昌组烃源岩的长期活动断裂，前人研究显示洼陷中生成的石油经文昌组砂岩输导体系与隆起带断裂输导体系进行“先横后纵”运移，系统总结出区域性砂岩输导层(中转站)及断裂体系进行“接力式”运移及通过“断裂复合汇聚脊”进行远源富集等成藏模式，诠释了新近系成藏过程。在古近系勘探进程中，围绕恩平17洼洼中隆区，先后钻探两口探井，获得天然气发现，虽未取得商业突破，但具有重要的领域意义，为珠江口盆地浅水区富油洼陷寻找天然气开拓了领地。虽然恩平凹陷获得大量的石油发现，但受前期钻井数量和研究手段的限制，对该凹陷主力烃源岩生烃机理以及有效烃源灶的研究相对较少，因此笔者通过对洼陷结构的细致研究，结合已钻井地球化学分析明确主力烃源岩生烃机理，借助地球物理方法和盆地模拟手段预测有效烃源灶分布，为该区下一步勘探提供基础支撑。

1　区域地质背景

恩平凹陷位于珠江口盆地一级构造单元珠一坳陷最西端，西边为阳江凹陷，东边为西江凹陷，南北分别与番禺低隆起及海南隆起相邻，凹陷总体走向为NE－SW向，面积约5000km^2，海水深度为80～100m(图1)。恩平凹陷是古近纪开始发育的断陷拗陷盆地，经历了裂陷阶段(晚白垩世至早渐新世)、拗陷阶段(晚渐新世至中中新世)以及断块升降阶段(晚中新世至今)，形成了下断上坳双层结构和先陆相后海相2种沉积体系。根据凹陷结构特征及文昌组分布范围，恩平凹陷可进一步划分为三个次洼，分别是恩平17洼、恩平18洼和恩平12洼。三个次洼均为北断南超型箕状半地堑。钻井揭示恩平凹陷自下而上发育：始新统文昌组和恩平组，渐新统珠海组，中新统珠江组、韩江组和粤海组，上新统万山组及第四系。其中，裂陷阶段湖相沉积广泛发育，文昌组和恩平组是烃源岩发育层系，恩平组烃源岩由于埋深浅、类型差是次要源岩；钻井原油地球化学特征显示具有高 C_{30} 4-甲基甾烷特征，是珠江口盆地文昌组半深湖—深湖相烃源岩的主要标志，间接证实了凹陷文昌组半深湖—深湖相优质烃源岩的存在。文昌组是主力生烃层系，自下而上分为六个层段，分别是文六段、文五段、文四段、文三段、文二段和文一段，文六段至文四段统称为文昌组下段，文三段至文一段统称为文昌组上段；文昌组自下而上分为六个层段，分别是文六段、文五段、文四段、文三段、文二段和文一段，文六段至文四段统称为文昌组下段，文三段至文一段统称为文昌组上段。

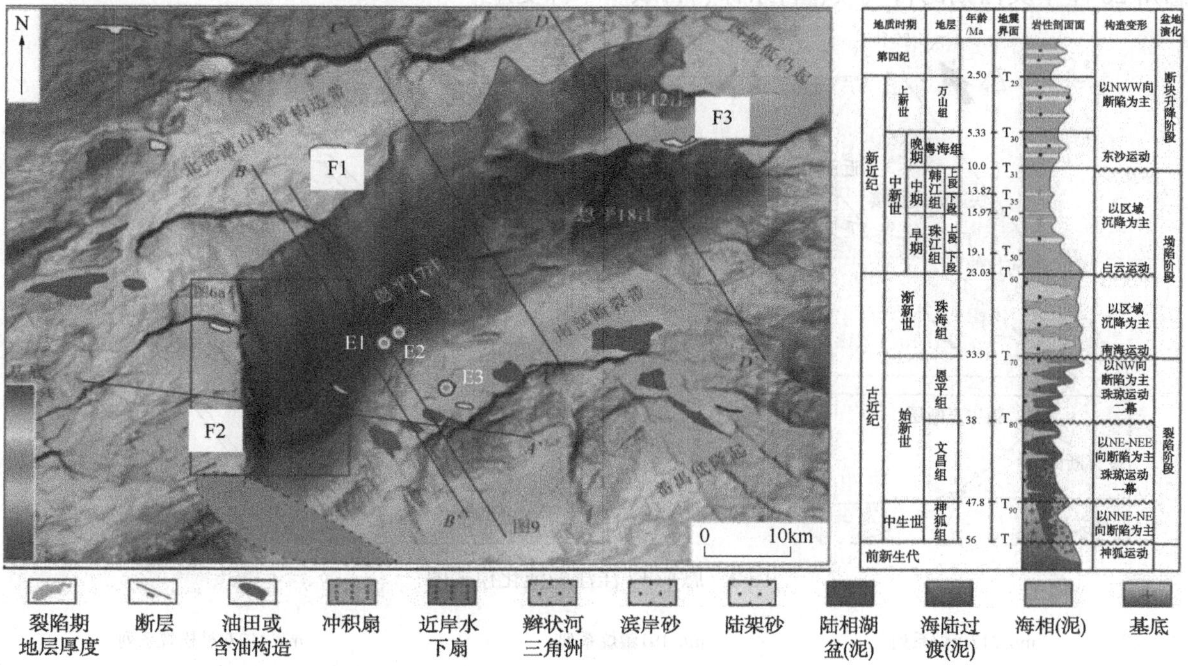

图1　恩平凹陷构造位置与地层综合柱状图(据参考文献[4]、[6]修编)

2　烃源岩发育条件

2.1　烃源岩发育地质背景

恩平17洼裂陷期受北部NE向低角度边界拆离断层F1主控，西部高角度近N-S向边界走滑断层F2起次级控洼作用。F1沿走向分段差异活动，从早文昌期到晚文昌—恩平期逐渐由中低角度断层向低角度断层转变；而F2从早文昌期到晚文昌期逐渐由中等角度断裂向高角度断裂转变。两条断裂多于恩平末期停止活动。早文昌期，F1处于软连接状态，断层西南部具有强烈的重力滑脱特征，断层上盘断块掀斜作用强烈，恩平17洼形成为窄条形深断箕状半地堑，沉积中心由边界控洼断层控制。随着断陷作用不断加剧，湖盆持续扩大，形成欠补偿环境，有利于稳定的厚层半深湖—深湖相沉积发育，三角洲规模较小。晚文昌期，F1北东段和西南段发生硬连接，成为完整的拆离断层，凹陷中部和北部断层活化并派生出多条调节断层，造成沉降中心向洼陷中北部迁移，湖盆面积大幅扩张并连通成片，形成宽缓湖盆。随着沉降中心持续向洼陷中北部迁移，F1横向伸展量占据较大断层滑移调剂空间，半深湖—深湖相向洼陷中北部小规模拓展。如图2所示。

2.2　烃源岩发育环境分析

岩石中的元素在岩石风化、搬运和沉积过程中受外部环境的影响，会发生规律性的分散和富集，使得元素的含量或不同元素间的比值出现规律性变化。通过元素地球化学方法表征烃源岩发育的古沉积环境已在油气勘探领域广泛应用。恩平17洼未揭示文昌组下段地层，钻井仅钻遇文昌组上段，文昌组上段泥岩生物标志物特征显示 C_{30} 4-甲基甾烷含量非常低，双杜松烷含量高，与已发现原油生物标志化合物特征差异显著(图3)。恩平17洼主体发现两类原油，第一类原油富含 C_{30} 4-甲基甾烷，双杜松烷含量极低，与邻区惠州26洼(已证实富烃洼陷)文昌组下段半深湖—深湖相烃源岩相似(图3)；第二类原油同样富含 C_{30} 4-甲基甾烷，双杜松烷含量中等(图3)，推测可能为半深湖—深湖相与浅湖相源岩生成的混源油。因此，恩平17洼早文昌期湖泊古环境类比惠州26洼，通过常量和微量元素测试化验结果分析恩平17洼恩平期、晚文昌期以及惠州26洼早文昌期的古气候、古水深、古氧相和古生产力等环境指标(表1)，类比惠州26洼早文昌期沉积环境推测恩平17洼早文昌期气候湿热，湖盆水体较深，整体处于亚还原环境，水体营养程度较高，有利于优质烃源岩的发育；晚文昌期气候略微转凉，但湖泊其他古环境仍有利于烃源岩发育；恩平期湖泊古环境指标均总体降低，特别是古生产力降低明显，烃源岩发育条件变差。

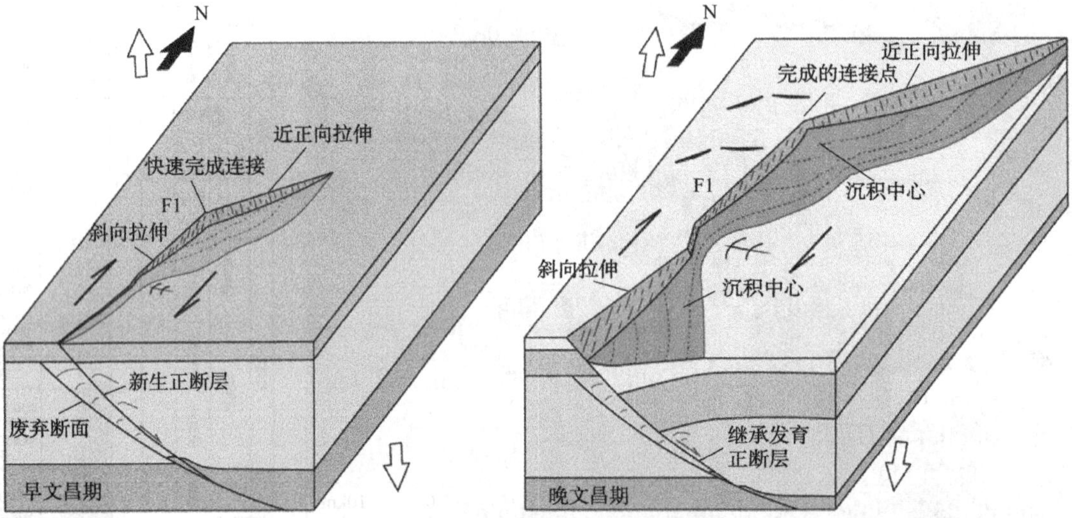

图2　恩平17洼洼陷演化模式图

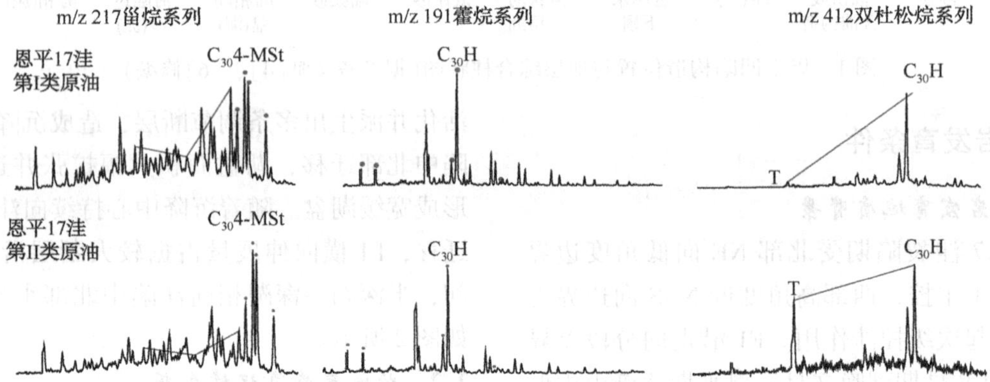

图3　恩平凹陷不同类型原油和泥岩生物标志化合物特征

(注：C_{30}4-Mst 为 C_{30}4-甲基甾烷、C_{30}H 为 C_{30}藿烷、T 为双杜松烷)

表1　恩平17洼和惠州26洼烃源岩发育古环境指标

洼陷(层段)	井号	古水深		古气候		古氧相		古生产力	
		Mn/Fe	M值	MgO(%)	Sr/Cu	Th/U	V/(V+Ni)	P/Ti(%)	P/Al(%)
恩平17洼(恩平组)	E1	0.8-1.3 / 1.0	6.2-8.2 / 7.1	1.2-1.5 / 1.3	0.6-3.3 / 1.8	3.0-4.2 / 3.7	0.52-0.78 / 0.68	5.5-10.1 / 7.0	0.23-0.37 / 0.30
恩平17洼(上文昌)	E1	1.5-4.1 / 2.9	4.3-6.3 / 5.3	0.8-1.2 / 1.0	0.6-2.2 / 1.2	3.1-3.5 / 3.3	0.65-0.75 / 0.72	10.9-63.3 / 36.3	0.37-1.88 / 1.11
惠州26洼(下文昌)	H1	0.8-4.2 / 1.8	4.8-6.3 / 5.5	0.7-5.4 / 2.4	4.4-18.6 / 9.0	2.7-5.7 / 4.5	0.60-0.84 / 0.73	7.2-28.4 / 18.1	0.26-3.22 / 1.23

注：$\frac{\text{最小值—最大值}}{\text{平均值}}$，M值为$(MgO/Al_2O_3)\times100$。

3　已钻井烃源岩特征

3.1　烃源岩地球化学特征

恩平17洼共有3口钻井钻遇文昌组上段泥岩，其中，E1和E2井位于洼中隆起区，E3井位于洼陷西南缘(图1)。E1和E2钻井遇较厚文昌组上段地层(文一段–文三段)，E3仅钻遇文昌组表层(文一段)。通过烃源岩综合评价图分析得到，文昌组泥岩有机碳含量(TOC)在0.9%~4.2%之间，均值为1.7%，*HI*介于38~158mg/g，均值为91mg/g，有机质类型以Ⅱ$_1$–Ⅱ$_2$型为主，T_{max}处于428~481℃(图4)。

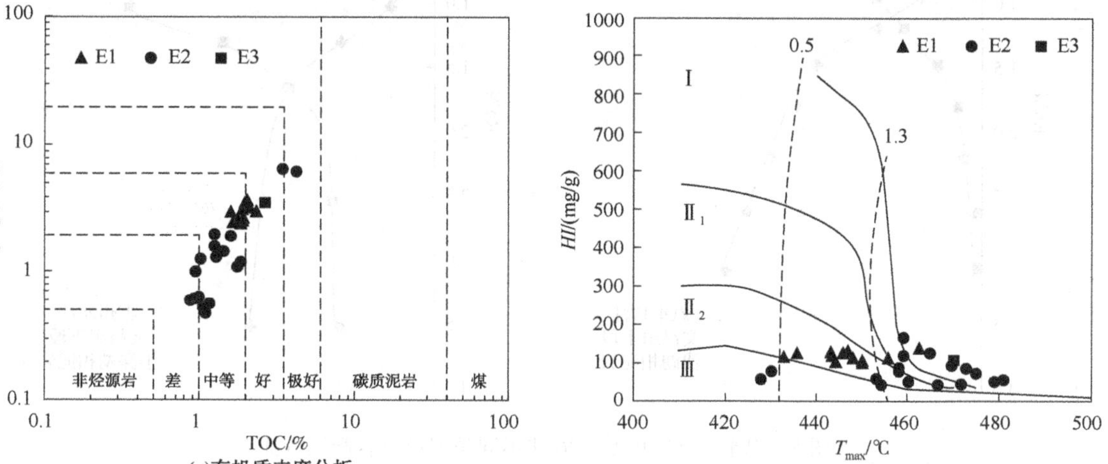

(a)有机质丰度分析　　(b)有机质类型及成熟度分析

图4　恩平17洼文昌组烃源岩评价图

恩平17洼文昌组上段发育有机质丰度中等—好烃源岩，但生烃潜量和氢指数普遍较低，样品数据点普遍分布在Ⅱ$_1$—Ⅱ$_2$型附近，其文昌组R_o和T_{max}相对较高，R_o多位于1.3%附近，T_{max}普遍大于450℃，显示文昌组上段烃源岩已达到成熟—高成熟阶段(图4)。洼陷较高的地温梯度(3.2~3.3℃/100m)和钻井文昌组埋深大(大于4000m)是本地区烃源岩高热演化的主要原因。已钻井泥岩生物标志物特征显示文昌组上段泥岩姥植比主体介于2.1~2.4，C_{30} 4–甲基甾烷含量非常低，双杜松烷含量高(图3)，指示物源高等植物输入明显，是珠江口盆地浅水区典型的浅湖相泥岩特征。

3.2　烃源岩生烃机制

恩平17洼已证实发育文昌组两种类型烃源岩：①文昌组半深湖—深湖相烃源岩(原油生物标志物特征揭示)，②文昌组浅湖相烃源岩(钻井证实)。原油生物标志化合物特征证实恩平17洼发育类似惠州26洼文昌组下段半深湖—深湖相烃源岩，因此，选取惠州26洼文昌组下段半深湖—深湖相泥岩和E1井实钻浅湖相泥岩进行黄金管高温高压封闭体系进行模拟实验，进而研究恩平17洼不同类型烃源岩的生烃特征。

Easy-R_o 对于半深湖相泥岩，藻类勃发型湖盆的惠州 26 洼文昌组下段半深湖相泥岩生烃窗口较窄（图 5），在 Easy-R_o 约 1.0%左右达到生油高峰，最大产油率可达近 500mg/g. toc，在 Easy-R_o 约 1.3%～2.0%左右快速生气，烃气最大产率可达近 300mg/g. toc，在 2.5% EasyRo 之后达到"生气下限"，整体呈现出早期快速生油晚期"爆发式"生气特征。恩平 17 洼文昌组上段浅湖相泥岩生烃窗口较宽，0.8% Easy-R_o 阶段最大产油率仅 108mg/g. toc 左右（图 5），远低于藻类勃发型湖盆惠州 26 洼文昌组下段半深湖相泥岩产油率，但烃气最大产率较高，可达到近 250mg/g. toc 左右，同样呈现出在 EasyRo 约 1.3%～2.0%左右快速生气，之后受原油裂解气贡献影响生气产率持续增加。综合文昌组泥岩产油气特征可知，文昌组半深湖相泥岩具有较高的生烃能力，油气产率均较高，具有"生油集中，晚期爆发式生气"特征。文昌组浅湖相泥岩具有较好的生干酪根裂解气能力，且产气率相对较高，具有"宽窗持续生气"特征，"生气下限"高于半深湖相泥岩，对于较高地温、较大埋深的恩平凹陷而言，此类烃源岩可作为一类较好的生干酪根裂解气能力较强的气源岩，为珠江口盆地富油洼陷寻找天然气提供资源基础。

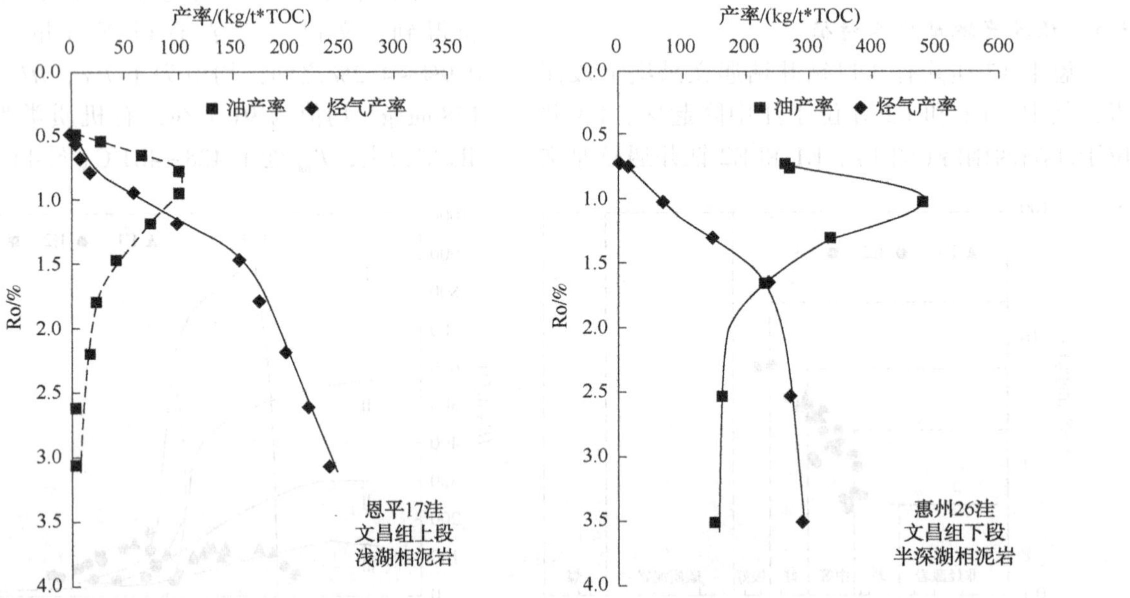

图 5　恩平 17 洼和惠州 26 洼不同类型烃源岩产烃特征

4　有效烃源灶分布预测

烃源灶是指具有高丰度有机质源岩的集合，是一系列能生烃源岩的集合体，并非指单层源岩，特指有机质丰度高、类型好、生烃潜力大、达到生油门限且证实为已发现油气聚集提供油气源的烃源岩发育区。

4.1　文昌组烃源岩有机碳含量测井预测

前人研究显示烃源岩 TOC 与电阻率、自然伽马、声波时差、中子孔隙度和密度测井之间具有较弱的相关关系，其中，与前 4 项测井参数之间有弱的正相关关系，与密度测井呈较弱负相关关系，通过五元回归方程建立烃源岩 TOC 测井参数定量预测模型［式（1）］，预测精度显著提高。

$$TOC=\frac{k_1CNL+k_2DT+k_3GR+k_4RT+k_5}{DEN}+C \quad (1)$$

式中，k_1、k_2、k_3、k_4、k_5 和 C 均为常数；CNL 为中子孔隙度测井参数，%；DT 为声波时差测井参数，us · ft^{-1}；GR 为自然伽马测井参数，API；RT 为电阻率测井参数，Ω · m；DEN 为密度测井参数，g · cm^{-3}。

根据上述原理并结合实测 TOC 数据，建立恩平 17 洼 3 口钻井文昌组烃源岩 TOC 单井预测模型：

E1 井：$TOC=-0.001GR+0.178RT+0.641$

R′=0.860　　(2)

E2 井：$TOC = (0.755CNL - 0.656DT - 0.152GR - 0.001RT + 38.002)/DEN + 8.315$　R′=0.826　　(3)

E3 井：$TOC = (0.156RT + 97.056)/DEN - 36.83$　R′=0.988　　(4)

（注：由于W-2井和W-4井缺少部分测井参数，因此选择了2种测井参数进行TOC预测）

分析测井预测结果得到三口钻井预测结果相关系数较高，均大于0.8。文昌组TOC测井预测结果显示E1井文昌组烃源岩TOC最大可达3.9%，平均值为1.6%，为中等—好烃源岩；E2井由于砂泥互层，烃源岩TOC差异较大，文昌组烃源岩预测TOC最大可达6.5%，平均值为1.3%，中等—极好烃源岩均有发育，非均质性强；E3井位于洼陷边缘，钻遇文昌组顶部薄层泥岩，文昌组烃源岩预测TOC最大可达2.9%，平均值为1.6%，以中等烃源岩为主，总体预测结果与实测结果吻合(图6)。

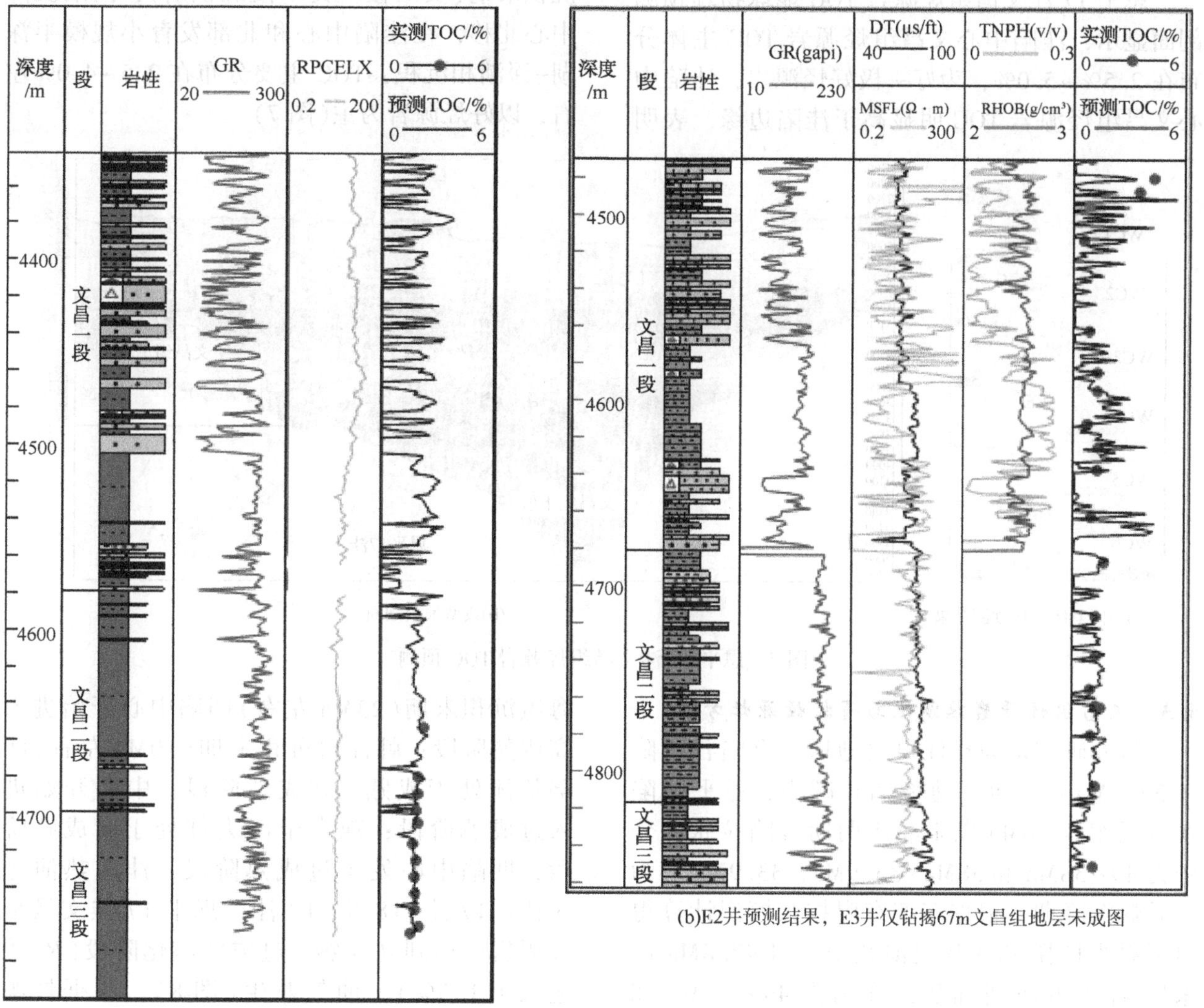

(a)E1井预测结果

(b)E2井预测结果，E3井仅钻揭67m文昌组地层未成图

图6　文昌组烃源岩TOC测井预测

4.2　文昌组烃源岩有机碳含量地球物理预测

为了匹配时间域的地震数据资料，对测井数据进行准确的时深转换。以时深转换后的文昌组烃源岩TOC测井预测曲线为目标，通过HRS软件中Emerge模块分析目标曲线与地震属性的关联性，优选属性组合，建立到地震属性与TOC之间的最佳拟合方程，最终提取6个属性与烃源岩TOC测井预测曲线进行拟合分析，建立烃源岩TOC地球物理预测模型[式(5)]。

$$TOC = 3.164256\times10^{-1}A_1 - 6.137585\times10^{-5}A_2 + 8.377158\times10^{-4}A_3 - 2.667656\times10^{-10}A_4 +$$

$$1.436242\times10^{-9}A_5+2.672651\times10^{-9}A_6+4.835621 \qquad (5)$$

式中，A_1为时间、A_2为地震道X坐标、A_3为主频、A_4为余弦瞬时相位、A_5为滤波、A_6为振幅加权余弦相位。此组合相关性最高，达到0.76，误差最小，为0.62%。在此基础上引入神经网络对模型进行优化，优化后的模型相关系数达到0.89，误差减小到0.59%。运用模型于地震数据体，得到恩平17洼高精度文昌组烃源岩TOC数据体。

恩平17洼文昌组烃源岩TOC地球物理预测剖面显示，洼陷中心文昌组烃源岩TOC主体分布在2.5%~5.0%，为好—极好烃源岩，洼陷中心文昌组烃源岩TOC明显高于洼陷边缘，表明洼陷中心是优质烃源岩的主要发育场所；受珠琼运动一幕的影响，早文昌期(文六段—文五段沉积早期)主体发育规模有限的滨浅湖相沉积，TOC预测结果显示文昌组底部烃源岩TOC分布普遍小于3.0%，主要发育中等—好烃源岩(图7)；文昌组沉积中期(文五段沉积末期—文三段沉积期)，洼陷主体沉积了半深湖—深湖相泥岩，垂向上沉积体系具有良好的继承性，TOC预测结果显示文昌组中部烃源岩TOC主要分布在4.0%~5.0%，为极好烃源岩(图7)；文昌组沉积末期(文二段—文一段沉积期)，洼陷沉降中心北移，在洼陷中心和北部发育小规模半深湖-深湖相沉积，TOC主要分布在2.5~4.0%左右，以好烃源岩为主(图7)。

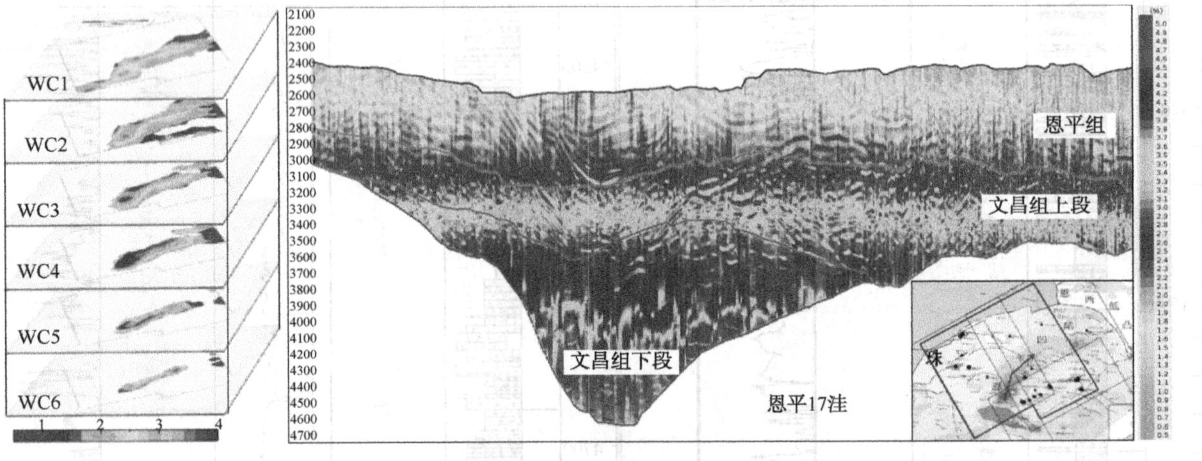

(a)不同三级层序预测结果　　(b)典型预测剖面

图7　恩平17洼文昌组烃源岩TOC预测

4.3　文昌组烃源岩热演化与有效烃源灶分布

前人研究认为珠江口盆地珠一坳陷各凹陷在33.9Ma后，沉降速率明显减小，恩平凹陷在古近纪47.8Ma以来经历两期裂陷拉张，分别为49~38Ma和38Ma~33.9Ma，33.9Ma后为裂后热沉降期，根据多期有限拉张模型计算得出了恩平凹陷基底热流演化史，自47.8Ma以来凹陷经历两期加热，分别为49~38Ma和38~33.9Ma，在33.9Ma达到最高基底热流。在次基础上，根据恩平凹陷实测R_o%数据，采用Easy-R_o%动力学模型，利用Petromod盆地模拟软件对恩平凹陷文昌组进行烃源岩热演化史及生烃史进行模拟分析，模拟结果显示恩平凹陷文昌组烃源岩在恩平组沉积末期(33.9Ma左右)凹陷中心处于成熟阶段；在珠海组沉积末期(23Ma左右)凹陷中心开始进入高成熟阶段；韩江组沉积末期(10Ma左右)凹陷整体处于成熟—高成熟阶段，中心开始进入过成熟阶段；现今全区大部处于高成熟阶段，凹陷中心处于过成熟阶段，洼陷热演化对比：17洼>18洼>12洼，恩平17洼文昌组烃源岩已达到高成熟—过成熟演化阶段(R_o普遍大于1.5%)，油气兼生(图8)。根据烃源岩热演化模拟结果和生烃机制研究成果显示，恩平17洼有效烃源岩灶分布区即为优质烃源岩分布区，主要分布在洼陷中心和北部近洼区，半深湖—深湖相烃源岩为该区主力油气源岩，而文昌组上段浅湖相烃源岩为该地区另一套重要气源岩。

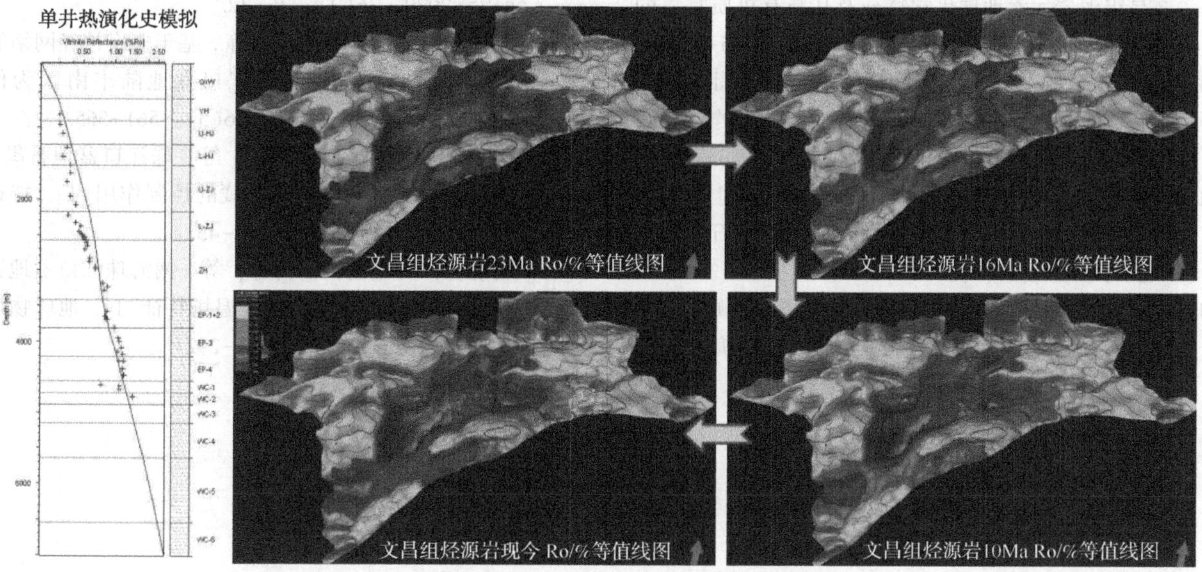

图8　恩平凹陷文昌组烃源岩热演化史恢复

5　结论

（1）早文昌期受边界控洼断层控制，恩平17洼为窄条形深断箕状半地堑，沉积中心集中在控洼断层活动性强的部位，为烃源岩发育提供可容纳空间，半深湖—深湖相沉积靠近控洼断裂（洼陷中心处）发育；晚文昌期受控洼断裂拆离作用影响，造成沉降中心向洼陷中北部迁移，半深湖—深湖相向洼陷中北部小规模拓展。

（2）钻井揭示恩平17洼文昌组上段浅湖相烃源岩，有机质类型为$Ⅱ_1$—$Ⅱ_2$，而已发现原油生物标志化合物特征类似于惠州26洼文昌组下段半深湖—深湖相烃源岩，间接证实恩平17洼半深湖相烃源岩发育。文昌组半深湖—深湖相泥岩具有较高的生烃能力，油气产率均较高，具有“生油集中，晚期爆发式生气”特征。文昌组浅湖相泥岩具有较好的生干酪根裂解气能力，且产气率相对较高，具有“宽窗持续生气”特征，“生气下限”高于半深湖相泥岩。

（3）基于地质—地化—地球物理联合方法优选地震属性，建立烃源岩TOC预测模型，通过神经网络优化模型。结果表明：纵向上优质烃源岩主要分布在文五段—文三段，以文四段最有利；平面上优质烃源岩主要分布在洼陷中心和北部近洼区。盆地模拟结果显示恩平17洼文昌组烃源岩已达到高成熟—过成熟演化阶段，洼陷优质烃源岩分布区即为有效烃源岩灶分布区，洼陷内优质烃源岩在高热演化作用下，油气兼生，为珠江口盆地富油洼陷寻找天然气提供资源基础。

参　考　文　献

[1] 吴静，朱定伟，赵鹏，等．断裂复合汇聚脊对新近系油气远距离富集的控制作用—以珠江口盆地阳江东凹与恩平凹陷为例[J]．大地构造与成矿学，2007. 45(1)：131-139.

[2] 朱定伟，彭光荣，张忠涛，等．油气“穿断运移”模式、评价方法与应用—以珠江口盆地恩平凹陷为例[J]．大地构造与成矿学，2007. 45(1)：140-147.

[3] 许新明，刘丽华，陈胜红，等．珠江口盆地恩平凹陷新近系油气成藏主控因素分析[J]．地质科技情报，2015，34(1)：100-106.

[4] 赵鹏，彭光荣，吴静，等．油气穿越未成岩断裂运移富集成藏模式与主控因素—以珠江口盆地恩平凹陷为例[J]．大地构造与成矿学，2007. 45(1)：148-157.

[5] 熊万林，朱俊章，杨兴业，等．恩平凹陷北部隆起构造带油气成因来源及成藏过程研究[J]．中国海上油气，2020，32(1)：54-65.

[6] 蔡国富，彭光荣，吴静，等．珠江口盆地浅水陆架区拆离断陷的构造变形与沉积充填响应：以恩平凹陷为例[J]．地球科学，2022. 47(7)：2391-2409.

[7] 彭光荣，龙祖烈，史玉玲，等．低钻揭洼陷有利烃源岩空间展布地质与地球物理综合识别方法—以珠江口盆地珠一坳陷恩平17洼为例[J]．石油实验地质，2022. 44(6)：1116-1122.

[8] 石创，龙祖烈，朱俊章，等．珠江口盆地白云凹陷恩平组泥岩元素地球化学特征及环境指示意义[J]．海洋地质与第四纪地质，2020，40(5)：79-86.

[9] 彭光荣，石创，龙祖烈，等．珠江口盆地恩平21洼

文昌组泥岩元素地球化学特征及其与有机质富集的关系[J]. 海洋地质前沿, 2023, 39(6): 65-74.
[10] 王力, 金强. 柴达木盆地西部第三系烃源灶及其对油气聚集的控制作用[J]. 石油与天然气地质, 2005, 26(4): 467-472.
[11] 杨帆, 曹正林, 刘海磊, 等. 准噶尔盆地上三叠统烃源岩评价与有效烃源灶分布预测[J]. 石油实验地质, 2024, 46(2): 380-392.
[12] 石创, 朱俊章, 龙祖烈, 等. 井震联合预测珠江口盆地番禺4洼文昌组烃源岩有机碳[J]. 海洋地质前沿. 2020, 36(2): 26-32.
[13] 石创, 朱俊章, 龙祖烈, 等. 基于概率神经网络的烃源岩TOC预测—以珠江口盆地陆丰南区为例[J]. 断块油气田. 2019, 26(5): 561-565.
[14] 彭光荣, 刘从印, 吴建耀, 等. 珠江口盆地番禺4洼晚期断裂系统对油气成藏的控制作用[J]. 特种油气藏, 2013, 20(3): 41-45.
[15] 唐晓音, 黄少鹏, 杨树春, 等. 南海珠江口盆地钻井BHT温度校正及现今地温场特征[J]. 地球物理学报, 2016, 59(8): 2911-2921.

辽河坳陷荣胜堡洼陷深层有效气源岩分布及天然气运聚特征

徐建斌　刘兴周　王延山　黄双泉　闫红星　李宗亮　侯　拓　邱　雯

（中国石油辽河油田勘探开发研究院）

摘　要　以辽河坳陷荣胜堡洼陷深层烃源岩为研究对象，通过分析油气地球化学实验数据，明确烃源岩地球化学平面分布特征；确定有效气源岩标准，通过地质建模，建立荣胜堡洼陷地质模型，明确有效气源岩空间分布及体积；开展生运聚模拟，预测有利区带。研究认为烃源岩呈现一期生烃特征，沙四一亚段以生气为主，沙三四亚段以生油为主；前进构造带的沙三三和沙三四亚段是天然气藏聚集区，深洼区沙四一亚段岩性圈闭可能发育煤型气气藏。

关键词　荣胜堡洼陷；有效气源岩；三维建模；生烃演化；运聚模拟

荣胜堡洼陷为辽河坳陷大民屯凹陷最大的负向构造单元，东北部以荣胜堡断层为界，西北部以前进断层为界，南部以韩三家子-法哈牛断层为界(图1)。研究区以荣胜堡洼陷为中心，包括前进构造带、荣胜堡洼陷带、韩三家子断阶带和法哈牛构造带局部四个主要二级构造单元，面积约300km²，根据钻井揭露，研究区自下而上地层分别为太古界，新生界古近系房身泡组、沙河街组沙四段、沙三段、沙一段、东营组和新近系馆陶组、明化镇组及第四系，洼陷区内勘探程度较低，洼陷中部仅钻探6口探井。本文针对荣胜堡洼陷深层有效气源岩分布及天然气运聚特征开展研究。

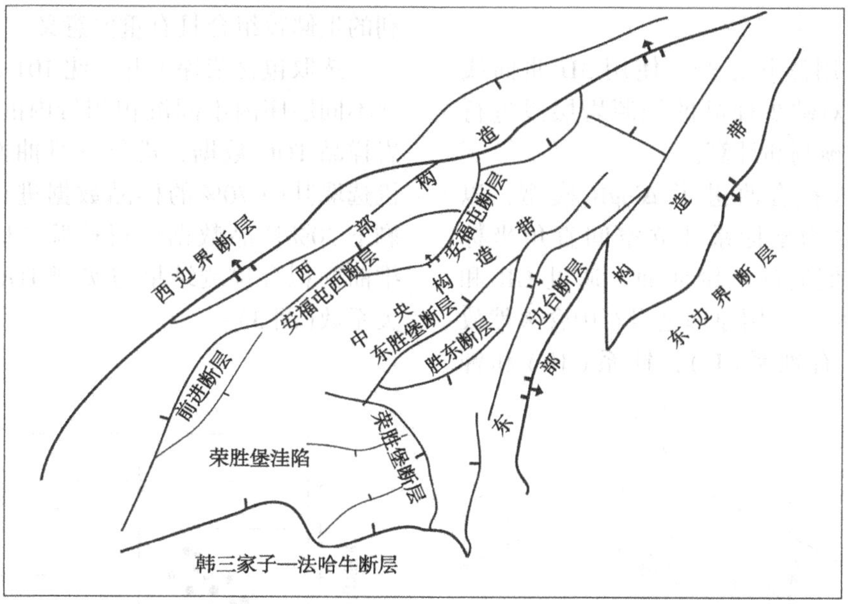

图1　辽河大民屯凹陷荣胜堡洼陷构造纲要图

1　烃源岩平面分布及地球化学特征

1.1　烃源岩厚度平面分布特征

荣胜堡洼陷沙四一亚段泥岩具有两个沉积中心，总厚度在100~700m之间。主沉积中心位于洼陷东北部，最大厚度超过600m，次沉积中心位于洼陷西南部，最大沉积厚度超过400m。烃源岩厚度自东向西逐渐减薄，至西部斜坡带烃源岩厚度仅为约100~200m。沙三四亚段沉积时期，大民屯凹陷进一步裂陷下沉，凹陷北部出现抬升，沉积中心南移，荣胜堡洼陷经历湖扩，湖盆范围增大，使得洼陷西部斜坡带区域泥岩厚度相较于沙四一亚段泥岩增大，约200~400m。此外洼陷内仍具有两个沉积中心，位于洼陷西部，且厚度最大超过600m(图2)。

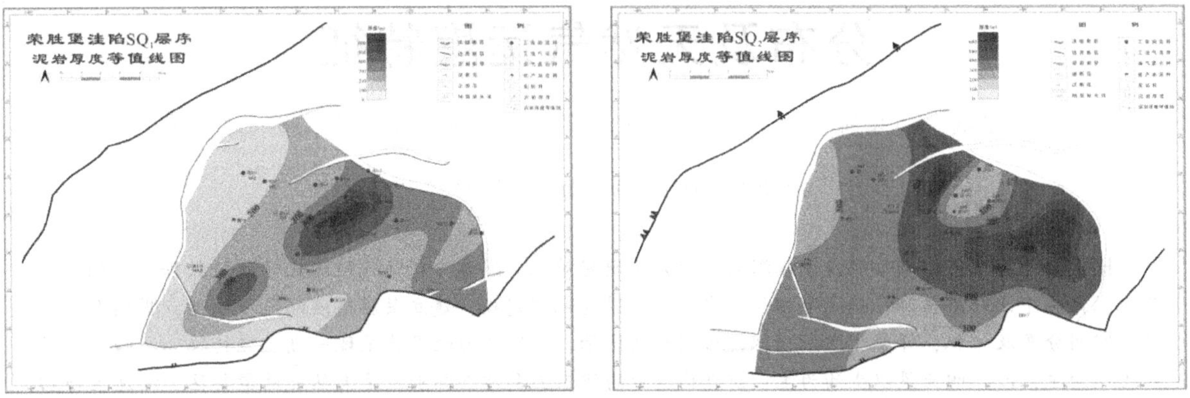

图2　荣胜堡洼陷泥岩厚度平面分布图(左：沙四一亚段；右：沙三四亚段)

1.2　烃源岩TOC平面分布特征

TOC空间分布特征以及基于TOC的优质烃源岩空间刻画，是油气勘探研究关注的重要基础问题。目前对于烃源岩TOC的描述主要是基于烃源岩样品的地球化学分析。实验结果又到受探井数少、样品数量少、取样间隔较大的局限。利用取平均值和插值法得到TOC的平面分布存在一定的误差，不能充分提供烃源岩有机质丰度的信息，不能准确刻画有效、优质烃源岩的范围。

在本研究应用测井数据，使用3D曲面线性拟合的方法，对缺少样品的烃源岩层段进行了有机碳含量的预测和计算。

3D曲面线性拟合改进了ΔlogR模型，以ΔlogR、GR、TOC为坐标系建立空间直角坐标系，得到双谐插值后的三维曲面。通过GR和ΔlogR测定TOC值。应用原理是岩石中含天然放射性核素，主要有铀系(U)，钍系(Th)和钾(K)，自然衰变时产生不同能量的伽马射线；自然伽马测井是测量岩石的自然伽马射线强度，表征岩石中天然放射性核素的丰度。有机质对238U有还原和强吸附作用，因此有机碳丰度越高，^{238}U或$^{238}U/^{40}K$越高；有机质含量与自然伽马呈正相关。三维曲面拟合方法能有效消除岩性变化频繁造成的误差，为泥岩夹层提供最佳的TOC估算。此外，三维曲面拟合方法能够有效区分烃源岩和非烃源岩，对烃源岩评价和优选有利的生储盖组合具有重要意义。

选取包含荣探1井、沈101井、沈307井等井不同层序内不同沉积相带内的共计85件烃源岩样品TOC数据，进行三维曲面拟合建模。随机选取其中70%的样品数据进行曲面拟合，用剩下30%样品数据进行检验。检验结果表明三维曲面拟合预测结果与实测TOC具有较高的相关系数(图3)。

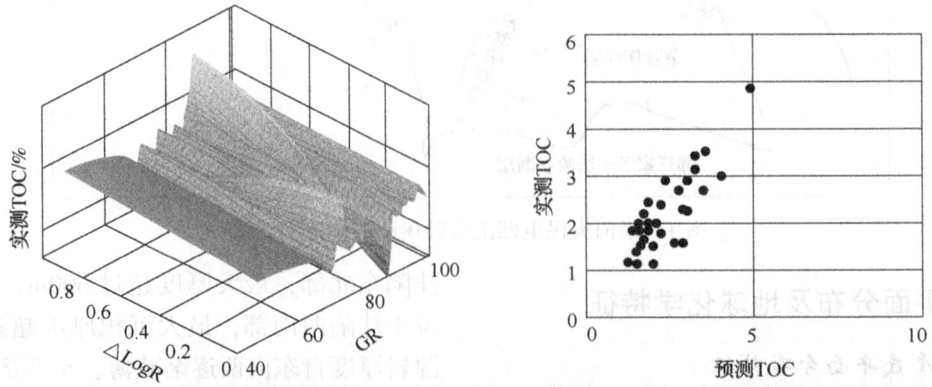

图3　三维曲线拟合建模模型图(左)和TOC预测与实测结果对比图(右)

本次研究根据三维曲面拟合TOC结果，并结合实测样品TOC数据进行矫正，分别绘制荣胜堡洼陷沙四一亚段和沙三四亚段烃源岩TOC平面分布图。总体而言，烃源岩TOC与泥岩沉积中心具有一定的一致性。沙三四亚段烃源岩TOC值整体高于沙四一亚段，洼陷中心烃源岩TOC均大于2%，属于优质烃源岩(图4)。

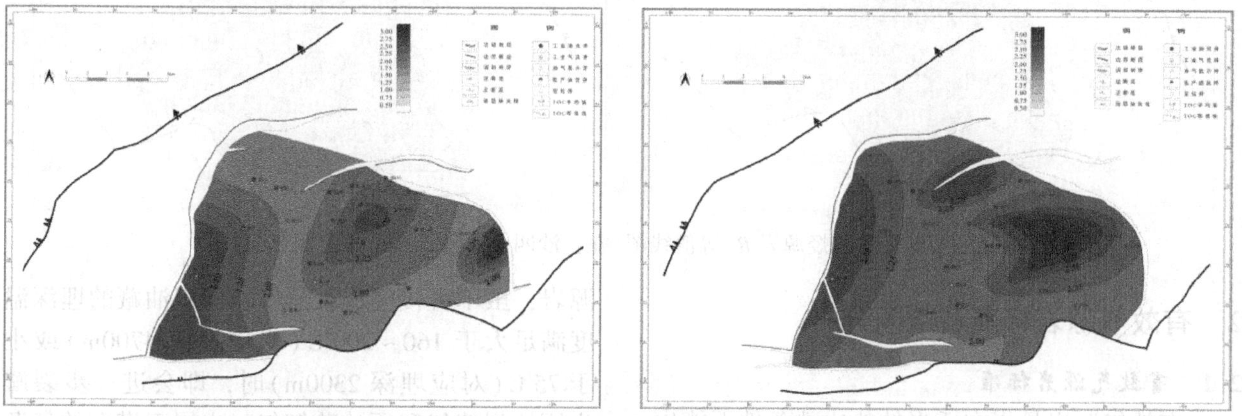

图4　荣胜堡洼陷烃源岩TOC平面分布图(左：沙四一亚段；右：沙三四亚段)

1.3　烃源岩有机质类型平面分布特征

荣胜堡洼陷沙四一亚段主要发育Ⅱ-Ⅲ型烃源岩，分布范围约各占洼陷面积的一半。洼陷东侧主要发育湖相烃源岩，即$Ⅱ_1$-$Ⅱ_2$型烃源岩，此外$Ⅱ_1$发育在湖盆中心区域；而西侧主要发育泛滥平原河道亚相烃源岩和三角洲相烃源岩，即Ⅲ型烃源岩。沙三四亚段时期，湖扩导致湖相烃源岩的沉积范围增大，故Ⅱ型烃源岩分布范围扩大。此外泛滥平原沼泽及洼地亚相的烃源岩的沉积进一步扩大了Ⅱ型烃源岩的分布范围。$Ⅱ_1$型烃源岩分布范围也随之扩大，且分布范围也随着湖盆中心西移。Ⅲ型烃源岩仅仅分布在洼陷东西两端，且分布面积较小(图5)。

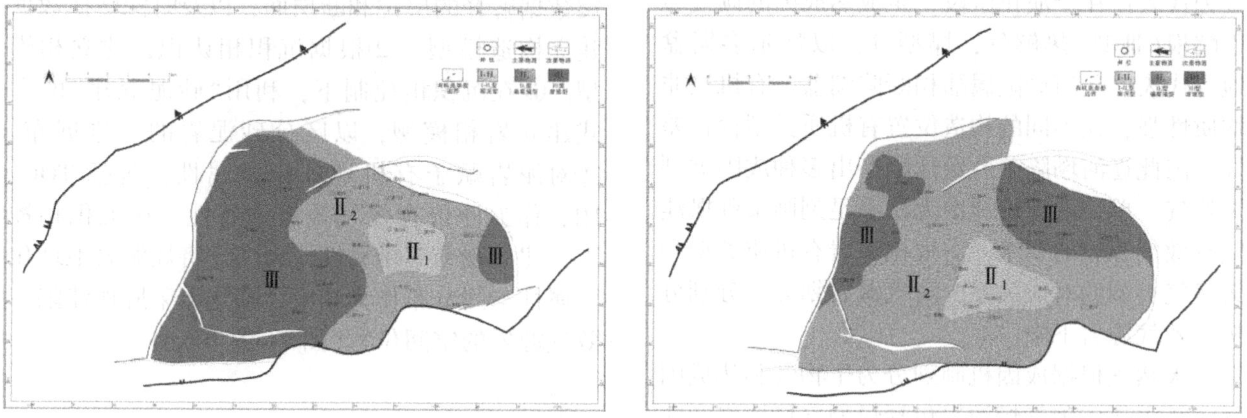

图5　荣胜堡洼陷烃源岩有机质类型平面分布图(左：沙四一亚段；右：沙三四亚段)

1.4　烃源岩R_o平面分布特征

认识烃源岩有机质成熟度在平面上的变化特征是确定烃源灶分布及演化的主要研究内容之一。对于有钻井揭示位置，利用实测的R_o约束，对于洼陷中心无井区或未钻穿地层等无法获得实测R_o数据的位置，R_o和深度计算模型，基于层面的构造等高线约束，绘制R_o等值线分布。

结果表明，荣胜堡洼陷沙四一亚段烃源岩整体处于成熟-高成熟阶段($0.5\%<R_o<2.0\%$)，是洼陷主力的生油气岩层。高成熟烃源岩($R_o>1.3\%$)主要分布于洼陷南部，拥有两个成熟中心，R_o最大超过1.4%。沙三四亚段烃源岩整体属于成熟度阶段($R_o>0.5\%$)，主要分布于洼陷中心区域，R_o最大超过0.8%，是洼陷内主要的生油岩层(图6)。

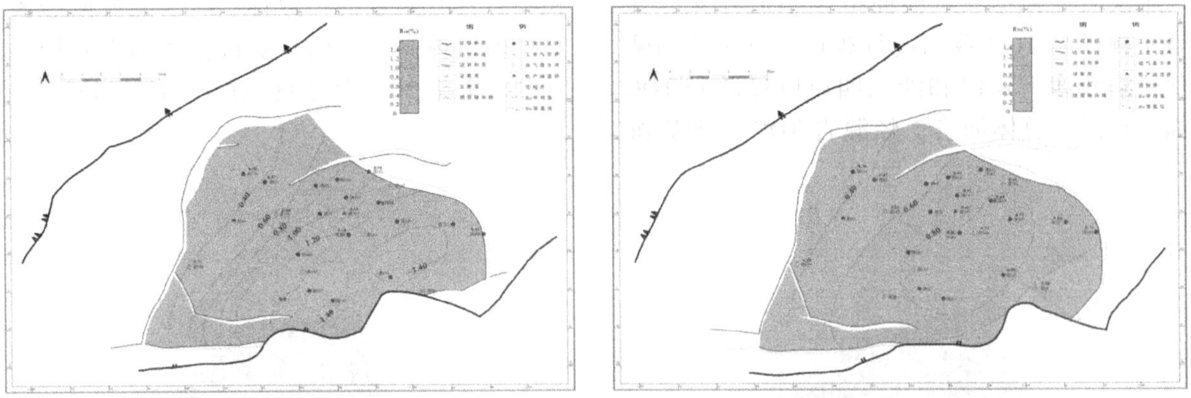

图6　荣胜堡洼陷烃源岩 R_o 等值线图(左：沙四一亚段；右：沙三四亚段)

2　有效气源岩标准及空间分布

2.1　有效气源岩标准

有效气源岩是指在适当的热成熟条件下能生成足够量的气态烃类，使岩石的孔隙和表面充分饱和，并能排出气态烃类使之形成气藏的沉积岩。天然气和原油的生、排烃模式存在差异。不同于原油，天然气在烃源岩生烃的全演化阶段(未熟-成熟-高熟)均有生成。在低熟阶段，生成低熟气、包括生物气以及原油细菌裂解气，以柴达木盆地的生物气为代表；在高熟阶段，生成热成因的原油裂解气，以四川盆地的古油藏裂解气为代表；在全演化阶段，生成热成因的倾气型干酪根(Ⅲ型)热解气，煤型气，以鄂尔多斯盆地为代表。辽河坳陷属陆相断陷湖盆，有机质非均质性强，在不同的构造位置有机质类型存在差异，因此辽河坳陷荣胜堡洼陷产出多种成因类型天然气。单一的评价标准无法满足刻画荣胜堡洼陷有效气源岩的要求，需根据源岩有机质类型和天然气类型的对应关系，对气源岩划分，分别分析有效气源岩下限。

天然气根据成因机制划分为生物气和热成因气，其中热成因气烃源岩包括煤型气烃源岩和油型气烃源岩，针对不同生气机制所对应的烃源岩有效性分别建立标准。①生物气源岩的主要约束条件是微生物的存活条件，即埋藏温度小于75℃(对应埋深2300m)和有机质丰度(TOC>1%)。②煤型气源岩的特征为全阶段生气，也就是从成岩之后到高-过成熟阶段后均生气，因此认为III型有机质的烃源岩，达到排烃门限之后(对应埋深3700m)，均为有效气源岩。③油型气源岩中，干酪根在高-过成熟阶段(R_o>1.3%)直接热解生气；而处于主要生油阶段的油源岩，虽不直接生成天然气，但当油藏的埋深温度满足大于160~200℃(对应埋深4700m)或小于75℃(对应埋深2300m)时，即会进一步裂解为原油裂解气和原油菌解气，也属于潜在的气源岩。综上，将气源岩分为三类讨论，即生物气源岩、煤型气源岩、油型气源岩。

2.2　有效气源岩三维建模

利用地质统计学软件Petrel，建立地质模型，刻画烃源岩在三维空间中的概率分布，并通过计算网格数量和体积，计算每类有效气源岩的绝对量。

地质建模方法：①首先通过井分层数据，地震数据解释的层位和断层面，以及时深转换数据建立构造模型。②根据沉积相认识，建立相模型。③在沉积相控制下，利用“砂泥混建”的方式建立岩相模型，以区分砂泥岩的三维展布。④对泥岩赋予有机地球化学属性，包括TOC、HI，作为评价有效气源岩的属性，在沉积相控下，建立现今三维属性模型。⑤将烃源岩地球化学属性空间分布作为约束，筛选出荣胜堡洼陷有效气源岩的空间位置(图7~图10)。

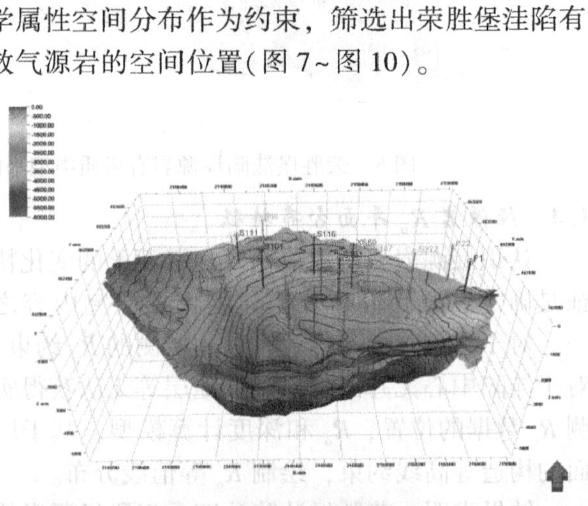

图7　荣胜堡洼陷构造模型

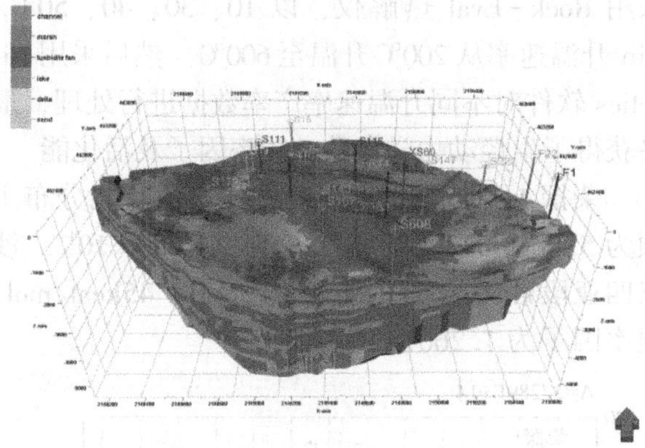

图 8　荣胜堡洼陷相模型

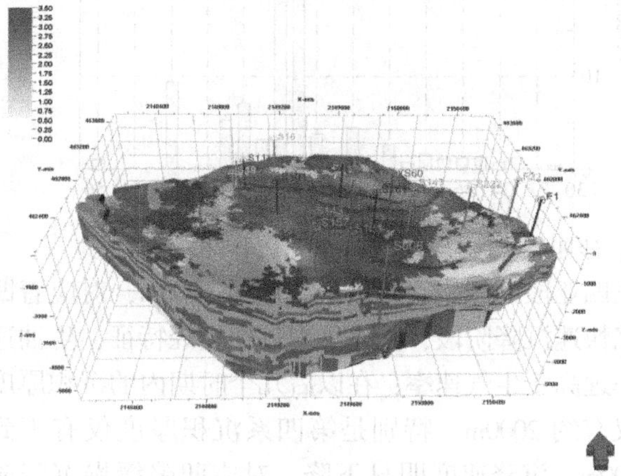

图 9　荣胜堡洼陷烃源岩 TOC 模型

2.3　有效气源岩空间分布

根据有效气源岩标准，对有效气源岩属性模型进行约束和计算，得出荣胜堡洼陷有效气源岩的三维空间展布(图 11)。

根据有效气源岩三维空间展布，洼陷内部主要发育煤型气源岩、生物气源岩和小面积的油型气源岩。沙四一亚段烃源岩在东西两端发育煤型气源岩，并在洼陷深洼区底部发育油型气源岩；沙三四亚段烃源岩在洼陷中央虽沉积大套Ⅱ型有机质烃源岩，但是成熟度太低导致其不能成为有效的油型气源岩，仅在洼陷东北部发育煤型气源岩。如图 12 所示。

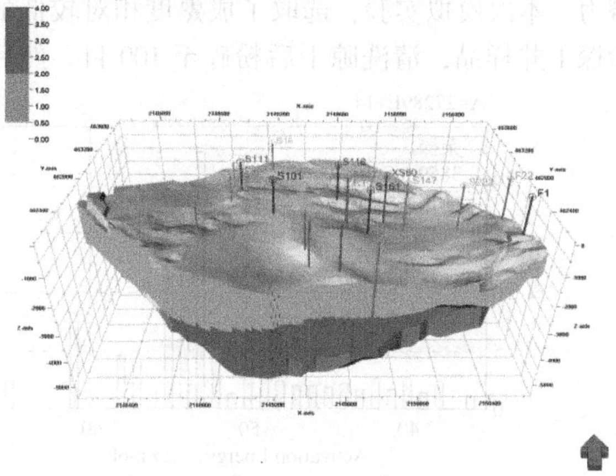

图 10　荣胜堡洼陷烃源岩 R_o 模型

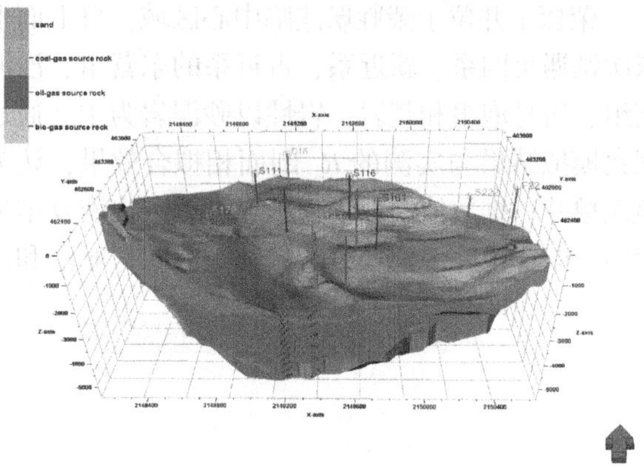

图 11　荣胜堡洼陷有效气源岩模型

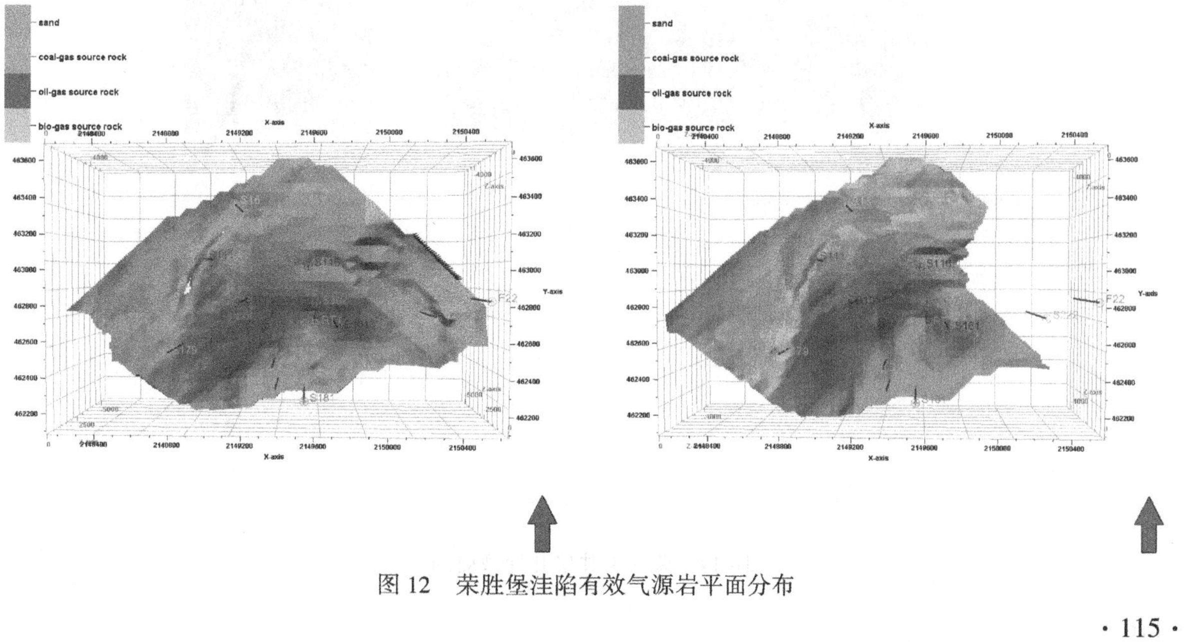

图 12　荣胜堡洼陷有效气源岩平面分布

3　烃源岩生烃演化特征

3.1　生烃动力学特征

频率因子(A_0)和活化能(E_A)是生烃动力学研究基本参数，也是盆地模拟中计算生烃史的重要数据，为了研究沙河街组烃源岩的生烃史及生烃潜力。本次模拟实验，选取了成熟度相对较低的荣探1井样品，清洗晾干后粉碎至100目。然后采用Rock-Eval热解仪，以10、30、40、50℃/min升温速率从200℃升温至600℃。然后采用Kinetics软件对不同升温速率产率数据进行处理，最终获得了生烃动力学参数，频率因子及活化能。

荣探1井沙四一亚段烃源岩，活化能分布主频为53kcal/mol，频率因子为2.7289×10^{14}；沙三四亚段烃源岩活化能分布主频为45kcal/mol，频率因子为1.2607×10^{12}。

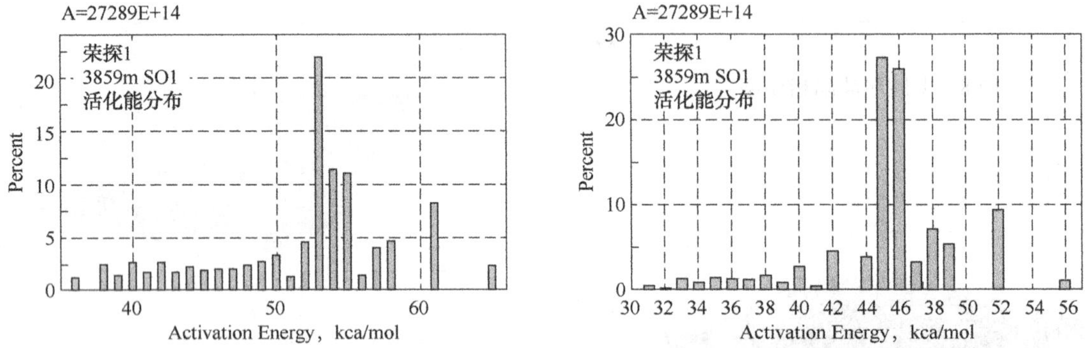

图13　荣胜堡洼陷烃源岩活化能分布(左：沙四一亚段；右：沙三四亚段)

3.2　烃源岩单井生烃史

荣探1井位于荣胜堡洼陷中心区域，自上而下依次钻遇第四系、新近系、古近系的东营组、沙河街组、房身泡组和基岩，岩性以砂泥岩为主。通过观察模拟结果与实测的R_o剖面相拟合效果，认为该次单井一维数值模拟较为可靠。埋藏史恢复结果表明，荣探1井主力烃源岩分别是沙四一亚段和沙三四亚段的泥岩，厚度最大超过3000m，对应着凹陷快速沉降阶段，整体呈现一期生烃特征，生油速率远高于生气速率；在以后几个时期内的沉积厚度仅有约2000m，特别是第四系沉积厚度仅有不到600m，沉降速度明显下降，对应凹陷缓慢沉降阶段，洼陷在39Ma左右发生抬升剥蚀，使得整个沙二段和沙三段顶部遭受剥蚀(图14)。

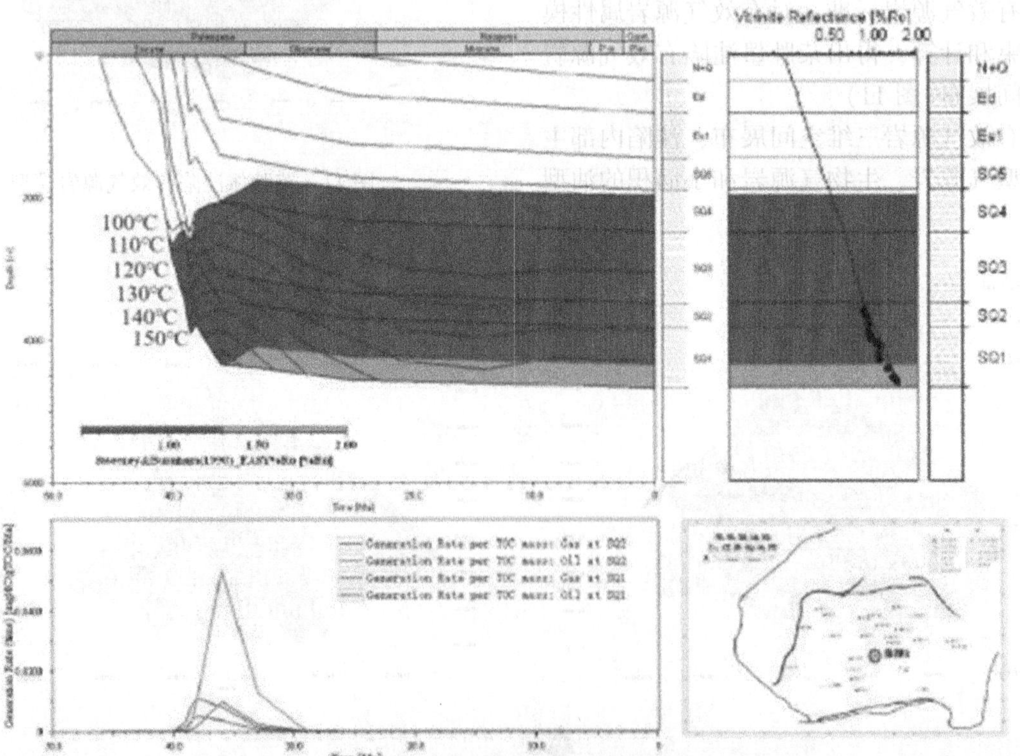

图14　荣探1井单井埋藏史图

3.3 烃源岩剖面生烃史

沙四一亚段从46Ma开始快速沉积，其深洼区底部在40Ma左右时进入成熟阶段，即将进入生油窗。38Ma时，盆地的快速沉降和地层快速的埋深使得沙四一亚段和沙三四亚段烃源岩快速成熟，沙四一亚段在深洼区整体进入成熟阶段；沙三四亚段最深处 R_o = 0.72%，进入成熟阶段。36Ma时，热成熟度进一步增高，沙四一亚段底部 R_o 最大为1.41%，已经进入高成熟阶段，开始生湿气阶段；沙三四亚段最深处成熟度 R_o = 0.99%，处于大量生油阶段。现今，沙四一亚段底部 R_o 最大为2.02%，已经进入过成熟阶段，开始生干气阶段，沙三四亚段在深洼处烃源岩成熟度 *Ro* 最大为1.51%，已经进入生湿气阶段。(图15)

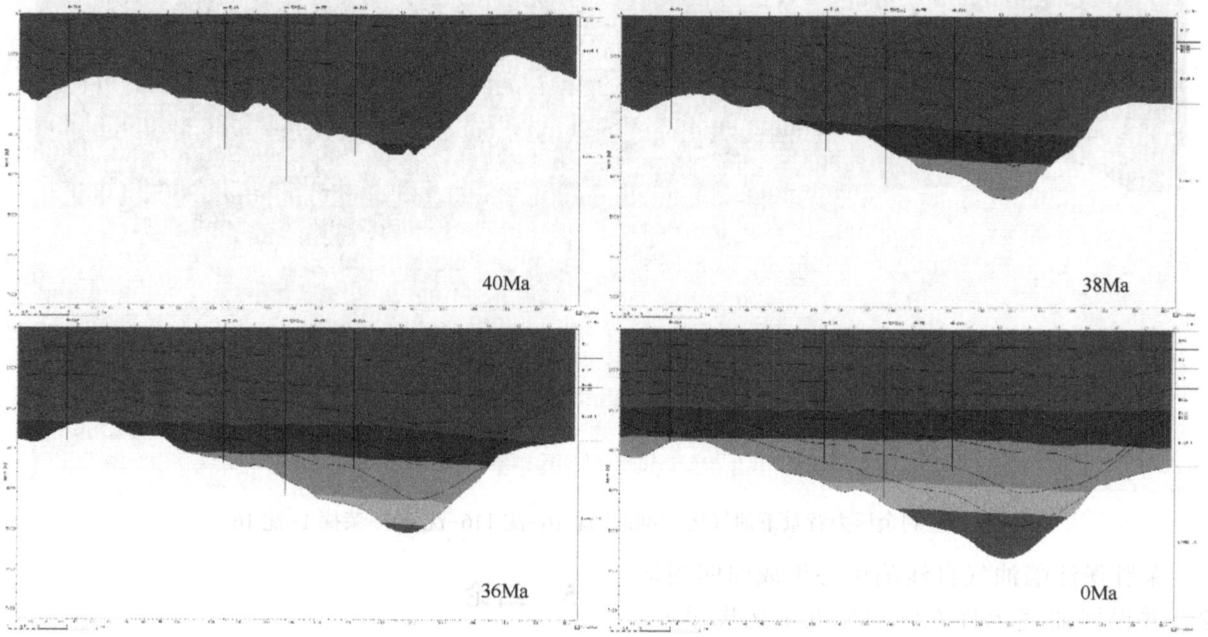

图15　荣胜堡洼陷不同历史时期烃源岩热演化图

4　深层天然气运聚特征

4.1 输导体系特征

输导体系主要包括高渗岩性、断层和不整合面。高渗岩性的物性(孔隙度和渗透率)以荣探1、沈179等20余口井的测井预测孔隙度、渗透率曲线为基础，采用高斯随机方程模拟的方法获得，并采用实测数据点进行校正。断层体的搭建是基于断层体数据，参考了各层位地震反射界面断裂纲要图，依次逐条明确各个断层展布范围、方位、走向及断穿层位，基于此，搭建每条断层体的深度数据体，在宏观地质背景和地震反射界面断裂纲要图的约束下完成了荣胜堡洼陷断层数据体3D图的构建(图16)。

不整合面主要根据荣胜堡洼陷重要的抬升剥蚀来设置，剥蚀使得沙二段整体和沙三段顶部形成不整合面，剥蚀厚度在100~300m之间。荣胜堡洼陷整个不整合面的宏观构造格架类型梳理分析有褶皱、平行、断层-褶皱、削截-超覆、断层-超覆和多期削截等6种不整合面类型。其中多期削截、褶皱和断层-褶皱不整合面为构造成因，断层-超覆和削截-超覆不整合面是构造和沉积双重因素引起的，形成平行不整合面的主因为沉积。

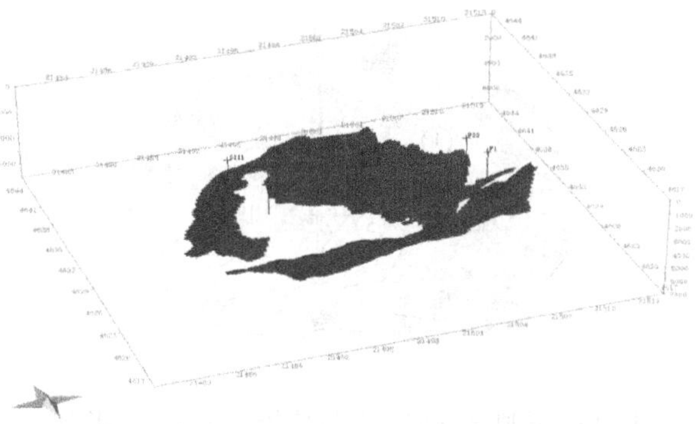

图16　荣胜堡洼陷主要断层三维展布图

4.2 天然气运聚特征

利用PetroMod软件，进行油气二维和三维运聚成藏模拟。荣胜堡洼陷油气藏类型以构造-岩性油气藏和岩性油气藏为主，主要分布在沙三三地层，整体以油藏为主。天然气藏主要分布在前进构造带的沙三四-沙三三地层，被封闭的断层和上覆的泥岩所封盖。前进边界断层的油气藏气源主要来源于三四亚段烃源岩，主要运移方式是油气的横向运移；沙四一亚段和沙三四亚段烃源岩对位于断阶带上的油气藏贡献程度基本一致，主要的运移方式是通过高渗连通砂体的横向运移和通过开启断层的纵向运移(图17)。

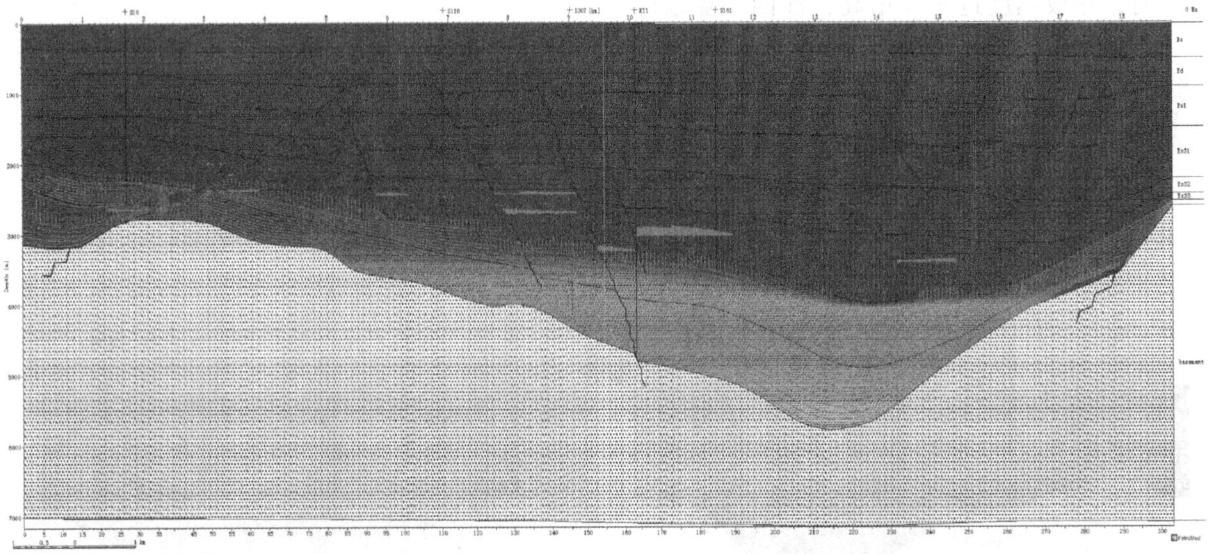

图17　剩余压力背景下油气运聚剖面(沈16-沈116-沈307-荣探1-沈161)

荣胜堡洼陷油气自洼陷中心生成向四周运移，并根据油气运移方向划分五个运聚单元：①前进披覆构造带运聚单元；②法哈牛构造带运聚单元；③韩三家子断阶带运聚单元；④洼陷深洼带运聚单元；⑤泥岩底辟运聚单元。油气通过横向和纵向上的运移在主要的断层附近和泥岩底辟两翼聚集成藏，洼陷南部不是有利的运移方向。

利用盆地模拟正演荣胜堡洼陷总生气量为3021亿方，其中沙四一亚段生气量为646亿方，沙三四亚段生气量为646亿方。(图18)

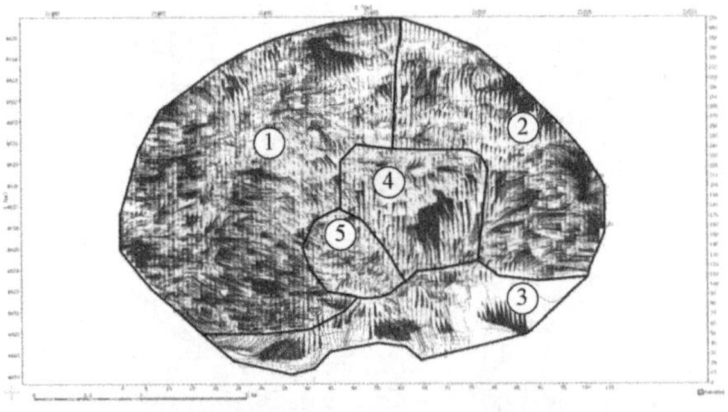

图18　荣胜堡洼陷三维流体势和油气藏聚集图

5　结论

5.1 深层烃源岩空间预测

刻画了荣胜堡洼陷烃源岩地球化学性质和展布，建立了有效气源岩评价标准，刻画了有效气源岩的平面分布范围和厚度。

5.2 深层烃源岩生排烃史

荣胜堡洼陷烃源岩呈现一期生烃特征，沙四一亚段烃源岩以生气为主，38Ma达到生烃高峰；沙三四亚段烃源岩以生油为主，36Ma达到生烃高峰。

5.3 天然气有利区带预测

荣胜堡洼陷前进披覆构造带的沙三三亚段和沙三四亚段是该区天然气藏聚集的主要区带和层位；荣胜堡洼陷深洼区沙四一亚段深层岩性圈闭可能找到高成熟度的煤型气。

参 考 文 献

[1] 李晓光，郭彦民，蔡国刚，等. 2007. 大民屯凹陷隐蔽型潜山成藏条件与勘探[J]. 石油勘探与开发，34(2)：135-141.

[2] 史彦尧，谢庆宾，彭仕宓，等，2007. 大民屯凹陷沙四段层序地层学研究[J]. 西安石油大学学报(自然科学版)，22(3)：14-18.
[3] 王丹，陈永成，潘克，等 .2007. 大民屯凹陷沙四段沉积体系特征及展布[J]. 特种油气藏，14(2)：36-39.
[4] 王延山，胡英杰，黄双泉，等 . 渤海湾盆地辽河坳陷天然气地质条件、资源潜力及勘探方向[J]. 天然气地球科学，2018，29(10)：1422-1432.
[5] 卢双舫，王振平，冯亚丽，等 . 塔里木盆地泥质气源岩有效性判别标准[J]. 石油与天然气地质，1999，(04)：299-301.
[6] 钟宁宁，卢双舫，黄志龙，等 . 烃源岩生烃演化过程TOC值的演变及其控制因素[J]. 中国科学(D辑：地球科学)，2004，(S1)：120-126.
[7] 李美俊，周东升 . 层序地层地球化学—地球化学研究的新进展[J]. 石油实验地质，2003，(05)：487-491+497.

鄂尔多斯盆地中东部深层寒武系沉积演化及其地质意义

刘　刚[1]　万永平[1]　王泉波[1]　高其宇[1]　边　疆[1]　陈　瑞[1]
黄国丽[2]　吴小斌[2]　张　茜[2]　韩　进[2]　刘江斌[2]

［1. 陕西延长石油(集团)有限责任公司气田公司；2. 延安大学石油工程与环境工程学院］

摘　要　2024年延长气田首次在深层寒武系徐庄组试气的重大发现，为鄂尔多斯盆地中东部深层寒武系气藏的研究奠定了战略性依据。针对以往研究重点关注鄂尔多斯古陆周边剥蚀区寒武系的沉积、储层及成藏，而古陆间认识程度普遍偏低的现状，本文通过野外露头考察、岩心观察，借助薄片分析、X衍射元素录井等资料的分析应用，揭示鄂尔多斯盆地中东部寒武系的沉积演化特征，并分析其在生储及圈闭形成中的地质意义。根据岩石学标志、沉积构造结合化学指标分析认为，盆地中东部延长气区寒武系从早期温暖潮湿型潮坪演化至气候多变的镶边型半局限台地。徐庄组鲕粒生屑滩、张夏组颗粒鲕粒滩、受风化影响的风化三山子组顶部云质滩为最有利储层相带；徐庄组生屑滩及顶部泥质洼地是最有利的烃源岩层；这些有利相带与砂泥坪、泥质洼地、灰云质滩间的共存具备了形成有利岩性圈闭的条件，后续还需进一步对烃源岩、储层进行论证，来更好的指导延长气田寒武系气藏勘探。

关键词　地质意义；沉积演化；X衍射元素分析；寒武系；鄂尔多斯盆地

四川盆地、塔里木盆地、鄂尔多斯盆地是我国重要的海相碳酸盐岩油气藏分布区，根据不同学者和中国石油企业标准，至少深度超过3500m的油气藏才属于深层油气藏。我国塔里木盆地在深层、超深层油气藏领域勘探成果卓越，相比之下，鄂尔多斯盆地深层油气藏勘探起步晚。2012年(长庆油田)在盆地南部中寒武统张夏组、上寒武统三山子组发现寒武系储层，之后在盆地西南部古隆起东侧下古生界寒武系三山子组、张夏组和毛庄组试气获$1\times10^4m^3/日\sim10\times10^4m^3/日$的天然气流，显示寒武系的产气潜力。但是这些井位于镇原古陆及其周缘，奥陶系、寒武系地层剥蚀量大，致使整体埋深变浅，部分勘探成果已不属于深层油气藏范畴。

2023年延长石油部署第一批油气立体综合勘探井，2024年6月在鄂尔多斯盆地中东部延××井徐庄组试气点火成功，成为鄂尔多斯盆地中东部深层寒武系勘探的重大发现。早古生代寒武纪时期，自鄂尔多斯古陆被海侵水体分割成三大古陆之后，中东部延长气区一直位于古陆间，寒武系顶面距上覆奥陶系古风化壳深度达到550~998m，镇原古陆周边的成藏条件与成藏模式在该区域不适用。由于前期钻探未在此区域发现勘探价值，本次研究依据的新钻井资料成为重新认识其油气地质条件的关键信息，据此开展的沉积演化特征分析能为后续勘探奠定沉积学基础，是延长气田在该区域深层寒武系气藏研究的重要起步。

1　地层发育特征

鄂尔多斯盆地中东部延长气区变质岩基底为古元古界(Pt1)吕梁群，北东方向龙探1井、南西方向庆深1井都钻遇吕梁群黑云母片麻岩、绿泥石化、及云母化斜长片麻岩。本研究区探井钻至该套基底［如图1(a)］，电测曲线表现为高GR，高密度，低声波时差，电阻率与上覆岩层之间呈平台式陡增。

吕梁群之上钻遇一套碎屑岩系［图1(b)、(c)］，其中浅灰色中粒石英砂岩归属于长城系滨岸砂，而杂色砂砾岩、红色花岗岩归属不明。区域地震研究成果显示，在乌海—定边—华池—洛川一线以东，子州—石楼河津一线以西长城系剥蚀出露，寒武系与长城系不整合接触。甘泉地区长城系顶部钻遇的石英砂岩中含红色花岗岩岩屑。按长城系古地理格局，位于西北部子洲地区的这套杂色-红色岩系更靠近古陆。在长城系以陆源碎屑为主的前提下，近物源区砾屑更大，符合地质规律；同时，长城系中花岗岩砾屑也符合区域背景。综合对比，笔者认为子洲地区西南部该套杂色碎屑岩归属于长城系，而下伏红色花岗岩为早期花岗岩侵入体的风化产物。

寒武系海侵初期，研究区毛庄组顶底都存在陆源碎屑岩沉积，甘泉地区钻遇紫红色泥页岩。往上徐庄组连续沉积，底部以紫红、灰绿色页岩及薄层灰岩为主；往上徐庄组为薄层-中厚层粉晶、泥晶白云岩、泥质条带状灰岩为主，局部夹生物碎屑灰岩、竹叶状灰岩[图1(d)]。张夏组发育厚层残余鲕粒云岩[图1(e)]，夹薄层泥晶灰岩，下部地层以灰岩为主，向上过渡为鲕粒白云岩和晶粒白云岩。怀远运动从张夏组沉积末期开始，至马家沟组早期结束，造成部分井张夏组、三山子组明显减薄。三山子组由下向上沉积泥质白云岩，晶粒白云岩(以粉晶云岩为主)，局部可见下部与中部夹晶粒灰岩、泥质灰岩。

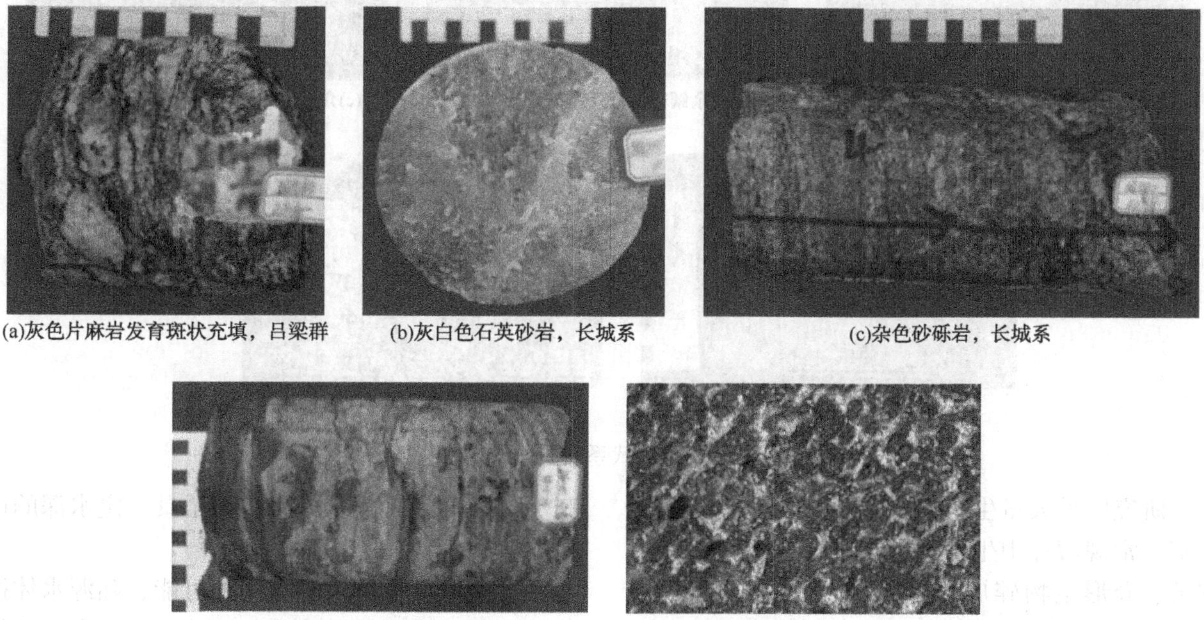

(a)灰色片麻岩发育斑状充填，吕梁群　(b)灰白色石英砂岩，长城系　(c)杂色砂砾岩，长城系

(d)灰色竹叶状灰岩，徐庄组　(e)深灰色亮晶残余鲕粒云岩，张夏组，2.5×10(-)

图1　延长气田寒武系及前寒武系典型岩性照片

2　沉积相标志

2.1　岩石学特征

(1) 碳酸盐岩类型

碳酸盐岩类型是判断沉积环境的直接证据，特别是其中的结构成分。研究区寒武系样品(N=191)以白云岩为主，仅徐庄组出现大量石灰岩(层内占比53.3%)。无异化颗粒的晶粒碳酸盐岩占比66.5%，其中粉晶碳酸盐岩占比48%，集中在徐庄组和三山子组；细晶碳酸盐岩占比22%，各层均有分布；仅在徐庄组样品中分布细粉晶和泥晶碳酸盐岩，分别占比11.8%、16.5%，其中超过90%为灰质细粉晶白云岩。含鲕粒、残余鲕粒碳酸盐岩占比29.3%，主要集中在张夏组(组内占比84.7%)，其次为徐庄组。含生屑碳酸盐岩占比5.2%，全部位于徐庄组(组内占比16.7%)。总体来看，毛庄组发育细晶云岩，徐庄组以粉晶、泥晶白云岩为主，仅在徐庄组见硅质泥晶白云岩，同时研究区甘泉地区徐庄组见少量竹叶状砾屑灰岩、鲕粒灰岩；张夏组67.8%为残余鲕粒云岩；三山子组71.9%为粉晶云岩。

(2) 异化颗粒

碳酸盐岩中发育的各种异化颗粒能反应其沉积环境，根据冯增昭等(1991)提出的碳酸盐岩分类方案，研究区主要发现如下3种颗粒，及少量藻团块。

内碎屑是盆地中已固结或半固结碳酸盐沉积物因水体搅动后再次沉积形成的一种碎屑结构。研究区样品中三山子组见角砾白云岩，毛庄组见砂质细晶云岩。徐庄组见竹叶状灰岩[图1(d)]，灰质碎屑与层面近平行，定向排列，非风暴成因。张夏组见砾屑堆积形成深灰色亮晶残余颗粒云岩[图2(a)]，还见4.05mm砾屑，颗粒圆、次圆，指示磨蚀作用强的高能水体环境。

鲕粒也是碳酸盐岩中一种常见的颗粒类型，研究区寒武系张夏组因处于海侵最大阶段，发育鲕粒，但是由于普遍发生白云石化，仅见大量残余鲕粒［图2(b)］，分选好-中等，大小在0.16~2.98μm，因成岩作用见拉伸变形现象，基本不见原始同心层。徐庄组内见少量砂屑、砾屑颗粒，分选中等，磨圆较好，成分多为富含藻迹的泥晶方解石，见少量生屑。

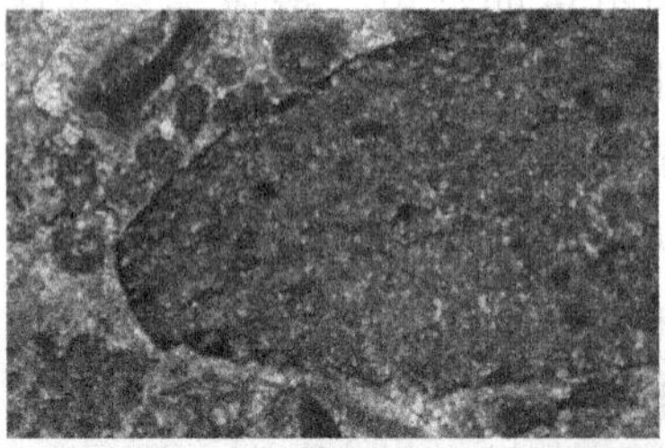

(a)颗粒云岩，砾屑，张夏组，2.5×10(-)

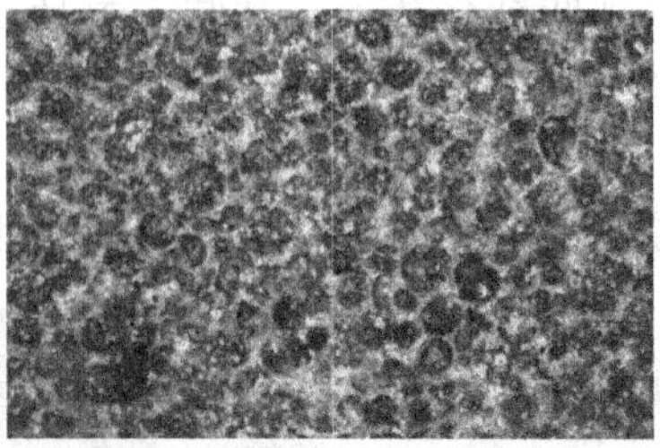

(b)残余鲕粒，张夏组，2.5×10(-)

(c)介形生物碎屑，徐庄组，4×10(-)

(d)富菌藻丝，徐庄组；

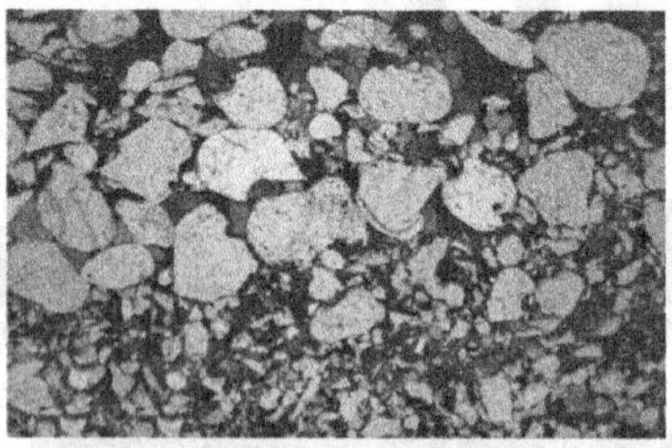

(e)不等粒石英砂岩，毛庄组，4×10(-)

图2　延长气田寒武系岩石颗粒发育特征

研究区见大量生物碎屑颗粒，以徐庄组最为丰富，常规薄片中生物碎屑以介形类为主，见棘皮类、介形生物碎屑［图2(c)］、钙藻类生屑，偶见苔藓类生屑碎片；岩心中见三叶虫化石，部分取心段富含<1cm菌藻丝［图2(d)］。徐庄组中发现大量介形生物碎屑与鲕粒、藻团块混杂堆积，岩心中发现的古生物化石也多不完整，应该不属于原始生存环境，可能为动荡水体搬运沉积产物或风暴堆积。

(3) 陆源碎屑颗粒

寒武纪早期海侵阶段海水影响不稳定，毛庄组第一次海侵在甘泉地区形成块状碳酸盐岩中夹陆源灰色粗中粒含云粒石英砂岩、岩屑石英砂岩，不等粒石英砂岩［图2(e)］，局部见石英岩岩屑、云岩岩屑，粒间泥质充填，蚀变绢云母化，发育铁白云石胶结孔隙式胶结、连晶胶结。灰色细晶云岩中偶见硅质颗粒充填白云石晶粒间，硅质发生次生长大，指示有过短暂的陆源控制变强，局部时期为混合水体环境。

(4) 次生矿物

黄铁矿是还原环境的产物，能指示沉积水体环境，研究区寒武系岩心中多层理缝内见黄铁矿，在层面呈团块状分布，指示具一定水深的还原水体环境。

研究区硅质的来源有两种可能，陆源水体携带，生物碎屑溶蚀，除毛庄组陆源碎屑中出现的硅质胶结外，徐庄组硅质交代生物碎屑可能与生物碎屑溶蚀相关。

膏质是蒸发环境的产物，由于寒武系持续海侵影响，膏质不发育，仅在毛庄组灰色细晶云岩内见硬石膏斑状充填白云石晶粒间，出现过短暂蒸发环境。

2.2　沉积构造

研究区寒武系可见各种沉积构造，如平行层理、块状层理、波状层理、缝合线构造、鸟眼构造、变形构造等。块状层理是稳定水体的产物，研究区毛庄组、张夏组、三山子组部分取心段相对发育；毛庄组中出现的波状层理、透镜状层理都是潮坪沉积的典型标志；海侵高能动荡水体不仅形成徐庄组竹叶状灰岩及其下部层面的揉皱变形，还造成大量鲕粒、生物碎屑杂乱堆积(如前述)；张夏组内出现的鸟眼构造形状不规则，可能为潮间带藻类腐烂或沉积层残留空气产生的。如图3所示。

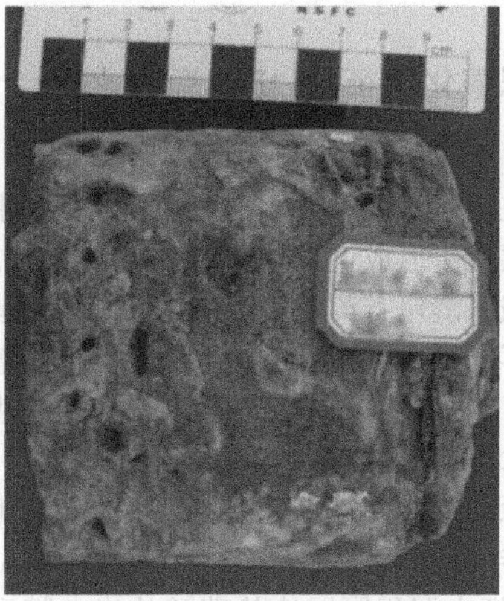

(a)溶蚀构造，灰质颗粒云岩，三山子组

(b)鸟眼构造，深灰色残余鲕粒云岩，张夏组

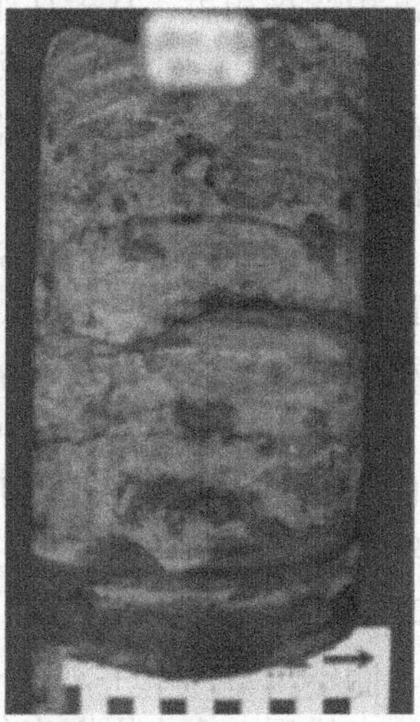

(c)层面揉皱，深灰色竹叶状灰岩，徐庄组

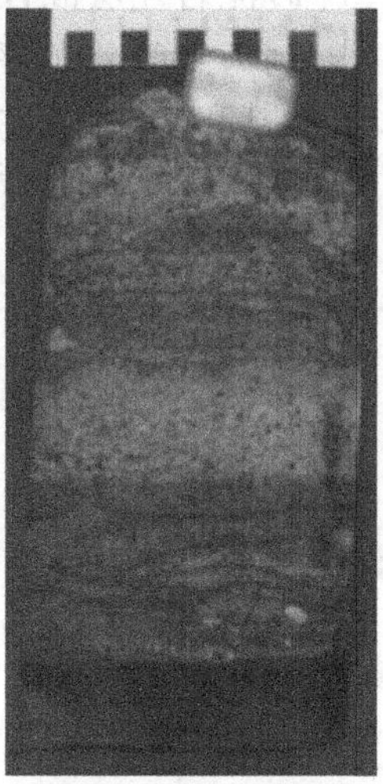

(d)透镜状层理、粒序层理，毛庄组

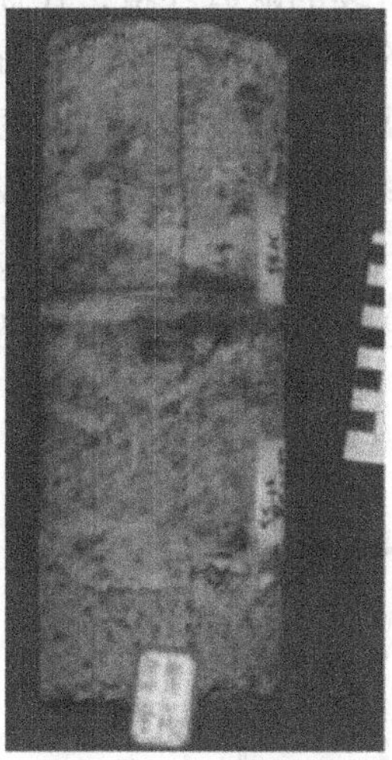

(e)块状层理，方解石充填鸟眼构造，深灰色云岩，毛庄组

图 3　延长气田寒武系沉积构造发育特征

2.3　元素化学标志

沉积物在沉积过程中受元素分解、迁移、聚集等因素影响会保留沉积水体中的部分化学特征，根据元素化学分析，如 Sr/Ba、Sr/Cu、V/(V+Ni)等，可以判断当时水体环境。因泥岩沉积与陆源供给相关，在寒武系普遍海侵背景下，避免陆源信息的干扰，仅对碳酸盐岩元素录井资料进行分析，判断碳酸盐岩沉积时期的水体环境。如表 1 所示。

表 1　沉积水体环境元素化学判断标准

判断指标		古气候	判断指标		古盐度	判断指标		氧化还原条件
Sr/Cu	Mg/Ca		Sr/Ba	Na/Ca		V/(V+Ni)	Ni/Co	
1.3~5.0	低	温暖潮湿	<0.6	低	淡水	<0.46	<5.0	富氧
5.0~10.0	↓	半潮湿-半干旱	0.6~1.0	↓	半咸水	0.46~0.6	5.0~7.0	贫氧
>10.0	高	炎热干旱	>1.0	高	咸水	>0.6	>7.0	缺氧

从各项地化指标来看，部分层段 Na/Ca、Mg/Ca、Ni/Co 响应不明显，有的仅在陆源碎屑段变化明显，Sr/Ba、Sr/Cu、V/(V+Ni)在碳酸盐岩段有明显响应，可能与碳酸盐岩段整体属

于海相沉积背景相关，从毛庄组棕红色岩心可以看出富氧环境，海水影响陆源碎屑中 Ca、Mg、Na 分布。但是该区域碳酸盐岩普遍发生白云石化，纵向上 Mg、Ca 分异不大，而不受白云石化影响的 Sr 元素更能体现碳酸盐岩中海水条件的差异，最终选定 Sr/Cu、Sr/Ba、V/(V+Ni)来判断沉积期古气候、古盐度和氧化还原条件。

由各化学指标的纵向演化可以看出，寒武系徐庄组时期出现长时间的半潮湿-半干旱气候，引起持续的半咸水-咸水环境，此时水体较浅，以富氧环境为主。往上张夏组、三山子组气候温暖潮湿，偶尔短暂出现半潮湿-半干旱气候，古盐度变化也呈现 2 个大周期变化，仍以富氧环境为主古气温稍高于徐庄组。从毛庄组至三山子组碳酸盐岩沉积段未出现持续的缺氧环境，在徐庄组和张夏组末期有短暂的贫氧环境。温暖潮湿气候条件下，富氧水体古盐度的快速变化可能与障壁环境相关，判断寒武纪时期该区域为镶边型台地。

3　沉积演化特征

（1）毛庄组潮湿的混合水潮坪

毛庄组是寒武纪时期受海水和陆源浑水共同影响的层位，形成上下陆源碎屑夹块状细晶白云岩。长城系滨岸石英砂岩沉积之后区域海退，延长气区再次接受沉积时已到毛庄组。温暖潮湿的环境下，潮水往复，半咸水至咸水短暂过渡，后转为清水沉积，潮坪背景下混合水体影响明显。早期陆源浑水控制(潮退)的砂泥坪形成薄层砂泥岩，转变到阶段海侵最大时(潮进高水位稳定期)，云坪内沉积厚层块状碳酸盐岩，随后潮水往复频繁，形成波状、透镜状层理、页理发育的砂泥岩互层混合坪，至上部又转为受陆源浑水控制为主的砂泥坪沉积。尚未钻遇过受潮道控制的砂坪，说明毛庄组时期以混合水潮坪为主，仅早期发育清水云坪。如图 4 所示。

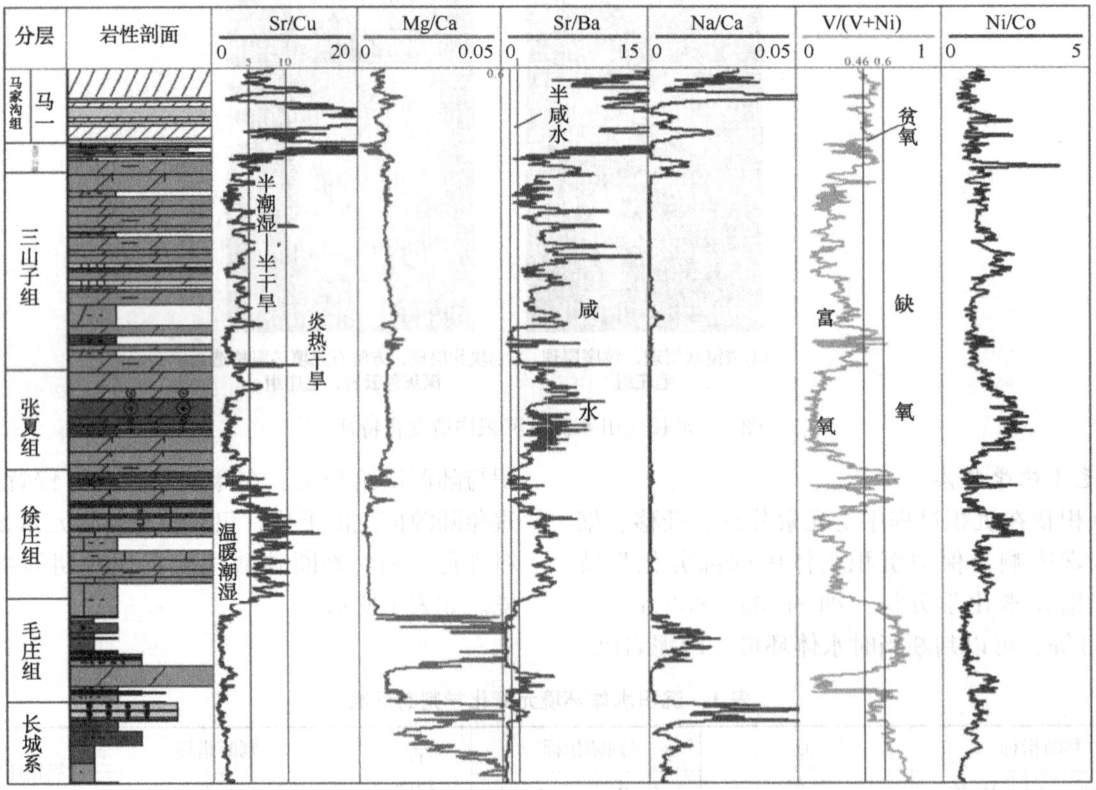

图 4　延长气区寒武系元素化学指标演化

（2）徐庄组半潮湿-半干旱镶边型半局限台地

从徐庄期开始陆源水体影响逐渐变小，海水不断侵入，该时期半潮湿-半干旱气候，海水咸度明显提升，海水侵入早期形成高泥质碳酸盐岩，部分区域为泥岩夹薄层灰质泥岩，为泥质台洼。随着规模海侵，台洼间动荡高能水体中大量古生物(介形虫、三叶虫、棘皮类、藻类)搬运再堆积，形成台内生屑滩；由于镶边障壁影响，半干旱加快海水咸化，高盐度海水成为该时期碳酸盐岩白云石化的主要动力，同时适应盐度变化的介形虫、藻类发育。徐庄组晚期海侵至寒武系最大，之后海平面趋于稳定，温暖潮湿的气候带来部分淡水，海水转变为咸水-半咸水不稳定变化，形成灰云质台洼，部分区域发育高水位云质滩。

(3) 张夏组温暖潮湿型半局限台地

张夏组为温暖潮湿气候下，海侵最大稳定期，古气候、古盐度都相对稳定。受镶边影响，台地泛滥的高水位期该区域仍位于潮间带，形成潮间咸水动荡水体，不仅有利于碳酸盐岩形成，而且在研究区形成厚层块状鲕粒碳酸盐岩，形成鲕粒滩。滩间为高水背景下的灰云质台洼。但是该时期水深远低于碳酸盐岩补偿深度，粒间、晶间充填程度，溶蚀孔洞充填亮晶胶结物，形成鸟眼构造。

(4) 三山子组不稳定半局限台地

该阶段海侵开始，早期延续张夏组末期格局，温暖潮湿气候下，淡水供给带来古盐度迅速下降，泥质含量明显提升，形成台内碳酸盐岩台地与高泥质滩间。海退期间受障壁影响大的局限区域形成咸化的膏质蒸发台地，发育膏质云岩、含盐云岩；随后该区伴随多次周期性半干旱、潮湿的气候变化，古盐度尖峰状突变，由于海水供应不畅，陆源影响变大，形成台内滩与滩间，台内滩中见陆源泥质砾屑。高流通性海水控制区域形成台地内碳酸盐岩滩。

4 油气地质意义

(1) 生储条件

毛庄组至徐庄组受陆源影响较大砂泥坪氧化环境明显，岩层呈现棕红色，有机质难以保存。徐庄组上部海洋来源有机质(古生物、藻类)富集，时同期缺氧-贫氧事件，为有机质的保存创造有利条件，成为延长气区目前最具生烃潜力的层位。三山子组底部也出现一次类似的贫氧环境，该时期地势低洼地带发育泥质滩间，且横向都有分布，也具备有机质保存的条件。

碳酸盐岩中以白云岩储层为主，前人研究表明张夏期发育的鲕粒滩、砾滩属于储层发育的优质相带。延长气田寒武系镶边型半局限台地内徐庄组鲕粒生屑滩，张夏组内发育的颗粒滩、鲕粒滩，徐庄组、三山子组、张夏组内发育的云质滩为储层奠定沉积相基础，其中徐庄组鲕粒生屑滩、张夏组鲕粒滩、受风化影响的风化三山子组顶部云质滩最有利。由于徐庄组末期海侵已达到最大，潮道控制下的砂泥坪内泥质含量通常较高，未见有利的纯砂坪沉积，砂体储层发育受限。

(2) 圈闭条件

圈闭的形成需要储层及其配套的遮挡盖层，延长气区寒武系存在岩性圈闭条件。毛庄组清水云坪分布局限，横向多发育砂泥坪(泥质含量高)，纵向往上也是高泥质的砂泥坪。徐庄组鲕粒生屑滩、云质滩间都夹高泥质台间洼地，是有利的圈闭类型。张夏组鲕粒滩上下都发育白云岩，仅夹薄层高泥质层，上覆有利的遮挡盖层位于三山子组底部的泥质滩间，横向遮挡条件受白云化程度影响。生屑滩、颗粒滩、鲕粒滩与致密带的空间配置使徐庄组、张夏组具备形成大型岩性圈闭的条件。三山子组中部存在膏质蒸发台地，成为层内云质滩的遮挡层之一，但是该台地横向分布不稳定；三山子组上覆奥陶系底部泥质岩层和高盐岩层的区域性遮挡，成为寒武系和奥陶系气藏成藏模式存在差异的根源。

5 结论

盆地中东部延长气区寒武系经历了从早期温暖潮湿型潮坪演化至气候多变的镶边型半局限台地。毛庄组发育潮坪环境下的云坪和砂泥坪。从徐庄组开始转变为受障壁影响的半局限台地。徐庄组发育鲕粒生屑滩、泥质台洼，张夏组发育颗粒鲕粒滩、灰云质滩间、泥质洼地，三山子组与张夏组相似，但因海退影响，不发育颗粒鲕粒滩。

徐庄组鲕粒生屑滩、张夏组颗粒鲕粒滩、受风化影响的风化三山子组顶部云质滩为最有利储层相带，其次为各层分布的云质滩、云坪；徐庄组生屑滩大量堆积的古生物，泥质洼地内发育的藻类使其成为寒武系最有利的烃源岩层；这些有利相带与砂泥坪、泥质洼地、灰云质滩间的空间配置可形成有利的岩性圈闭。

寒武系虽然奠定了海相有机质和碳酸盐岩储层的沉积基础，但是还需要进一步研究烃源岩的品质。同时储层的发育受到成岩作用、后生作用、表生作用等多因素的影响，有利相带内储层还有待进一步论证。

参 考 文 献

[1] 妥进才．深层油气研究现状及进展[J]．地球科学进展，2002，17(04)：565-571.

[2] 何登发，张义杰，王绪龙，等．准噶尔盆地大油气田的勘探方向[J]．新疆石油地质，2004，25(02)：117-121.

[3] 何登发，陈新发，张义杰，等．准噶尔盆地油气富集规律[J]．石油学报，2004，(03)：1-10.

[4] 李会军，吴泰然，吴波，等．中国优质碎屑岩深层储层控制因素综述[J]．地质科技情报，2004，(04)：76-82.

[5] 贾承造，庞雄奇．深层油气地质理论研究进展与主要发展方向[J]．石油学报，2015，36(12)：1457-1469.

[6] 欧阳征健，冯娟萍，姚韦卓，等．鄂尔多斯盆地及周缘寒武系烃源岩地质特征及有利区带优选[J]．地质科学，2023，58(04)：1291-1308.

[7] 刘瑞东．鄂尔多斯盆地陇东地区寒武系储层特征研究[D]．西安石油大学，2015.

[8] 张春林．鄂尔多斯盆地西部奥陶系古岩溶储层形成机理及勘探目标评价[D]．中国地质大学(北京)，2013.

[9] 吴富强，鲜学福．深部储层勘探、研究现状及对策[J]．沉积与特提斯地质，2006，(02)：68-71.

[10] 汤锡元，赵重远，王定一．陕甘宁盆地前石炭系基底大地构造及其含油远景[J]．西北大学学报(自然科学版)，1978，(03)：21-46+97-98.

[11] 陈贤，张传恒，刘家军，等．蓟县常州沟组沉积特征及其地质意义[J]．地层学杂志，2014，38(02)：236-244.

[12] 冯增昭．碳酸盐岩分类[J]．石油学报，1982，(01)：11-18+96-98.

[13] 邓宏文，钱凯．沉积地球化学与环境分析[M]．兰州：甘肃科学技术出版社，1993：18-28.

[14] 郑荣才，柳梅青．鄂尔多斯盆地长6油层组古盐度研究[J]．石油与天然气地质，1999，20(1)：20-25.

[15] 李进龙，陈东敬．古盐度定量研究方法综述[J]．油气地质与采收率，2003，10(5)：1-3.

[16] 宋明水．东营凹陷南斜坡沙四段沉积环境的地球化学特征[J]．矿物岩石，2005，25(1)：67-73.

[17] 田景春，陈高武，张翔，等．沉积地球化学在层序地层分析中的应用[J]．成都理工大学学报(自然科学版)，2006，33(01)：30-35.

[18] 陈杰．鄂尔多斯盆地寒武纪地层分布规律及盆地演化过程[D]．长安大学，2016.

[19] 包洪平，邵东波，郝松立，等．鄂尔多斯盆地基底结构及早期沉积盖层演化[J]．地学前缘，2019，26(1)：33-43.

[20] 周进高，席胜利，邓红婴，等．鄂尔多斯盆地寒武系—奥陶系深层海相碳酸盐岩构造—岩相古地理特征[J] 天然气工业，2020，40(2)：41-531.

鄂尔多斯盆地中东部元古界长城系地层特征及其含气性认识

万永平[1] 刘 刚[1] 王泉波[1] 刘宝平[1] 王 猛[1] 吴小斌[2] 黄国丽[2] 张 茜[2]

[1. 陕西延长石油(集团)有限责任公司气田公司；2. 延安大学石油工程与环境工程学院]

摘 要 伴随着传统石油地质学的理论、观点经历着一些新的认识和变革，鄂尔多斯盆地天然气勘探开发在新领域、新层系、新类型取得了一系列的突破。近年来，延长石油气田公司创新理论认识，向盆地深部下古生界寒武系-元古界长城系地层进军。受以往钻井数量少、沉积环境、成岩作用，岩性复杂多变及深部地层整体勘探认识程度低的影响，制约着以下古生生界—中元古界长城系地层及其整个含油气系统的认知。基于此，本文通过野外露头考察、岩心观察、薄片分析、锆石定年等测试分析方法，对鄂尔多斯盆地中东部元古界长城系地层、沉积、构造、源储组合关系及含气性进行了研究。研究表明：经锆石定年，实际钻遇长城系地层年龄为1.8Ga，与区域地质认识一致。长城系砂岩以灰白色-红棕色不等粒砂质结构为主，硅质胶结，成熟度高，以溶蚀孔及原生粒间孔为主；沉积环境以滨岸-浅海沉积为主，在盆地拗拉槽沉积厚度大，向东逐渐减薄，可形成自生自储气藏。储层单层厚度大，物性差，含气饱和度低，采用前置酸处理、前置二氧化碳、胍胶压裂液单层压裂工艺可有效改造储层。该研究对于推动中元古界天然气深部勘探具有重要意义。

关键词 长城系；地层特征；锆石定年；含气性；延安气田；鄂尔多斯盆地

鄂尔多斯盆地天然气大规模勘探开始于上世纪八十年代，主要为上古界气藏和下古生界马家沟组顶部风化壳气藏，盆地内寒武系勘探成果较少。伴随着传统石油地质学的理论、观点经历着一些新的认识和变革，鄂尔多斯盆地天然气勘探开发在新领域、新层系、新类型取得了一系列的突破，陆续在鄂尔多斯盆地下古生生界(盐下地层-深层)、下古寒武系地层及中元古界在多口钻井中见良好含油气显示。如陇东地区陇18井等十口探井相继在三山子组、张夏组测试获得天然气流，表明下古生界寒武系气藏勘探新区带，有望成为新的千亿立方米规模的天然气储量接替区。受伊盟隆起影响，该区下古地层大半缺失，致使上覆煤系地层与中元古界长城系(3527～3530m)直接接触，经中途测试获23970m^3/d天然气流，形成上生下储气藏。这一新发现表明元古界是鄂尔多盆地下一个重要的勘探领域(欧阳征建等，2020)。通过成藏模式的分析，部分盐下气藏及现已有区域发现的油气资源大多与上覆煤系地层生烃沿着长城系顶部、三山组子、马家沟组顶部的不整合面的侧向或垂向运移有关。

延安气田自2017年首次提出“盐下气藏勘探”思路以来，历时7年，相继从马家沟组中下组合勘探、盐岩勘探、气盐兼探、寒武系深层勘探等方面进行了深入的研究，积累了深层勘探的大量理论基础。2023年，针对奥陶系中深层及寒武系部署了第一批油气立体综合勘探井，部署目的是获取奥陶系中深层、寒武系烃源岩、储集层地质资料，了解油气成藏基本地质特征。2024年6月从延安气田深层勘探井延××井试气现场获悉，该井一次试气点火成功，这是延安气田在鄂尔多斯盆地寒武系徐庄组首次获得天然气发现，标志着延长石油在寒武系深层勘探领域迈出了重要的第一步(图1)。

同时，在区域上远离庆阳-镇原古陆，在垂向地层发育数百米的多层盐岩层，封闭了侧向及垂向运移的路径。因此，也侧面证实了盐下地层—寒武系—长城系自身自储的天然气成藏条件。然而，在这一认识取得过程中，还有很多基础工作需要进一步去研究。例如，关于地层的认识和对比，沉积相、烃源岩、气源对比、储层发育特征、成藏模式及远景资源量等问题。受以往钻井数量少、沉积环境、成岩作用，岩性复杂多变及深部地层整体勘探认识程度低的影响，制约着制约着以下古生生界(盐下地层-深层)—寒武系地层—中元古界长城系地层及其整个含油气系统的认识。基于此，本文通过野外露头考察、岩心观察、薄片分析、锆石定年等测试分析方法，对鄂尔多斯盆地中东部元古界长城系地层、沉积、构造、源储组合关系及含气性进行了研究。

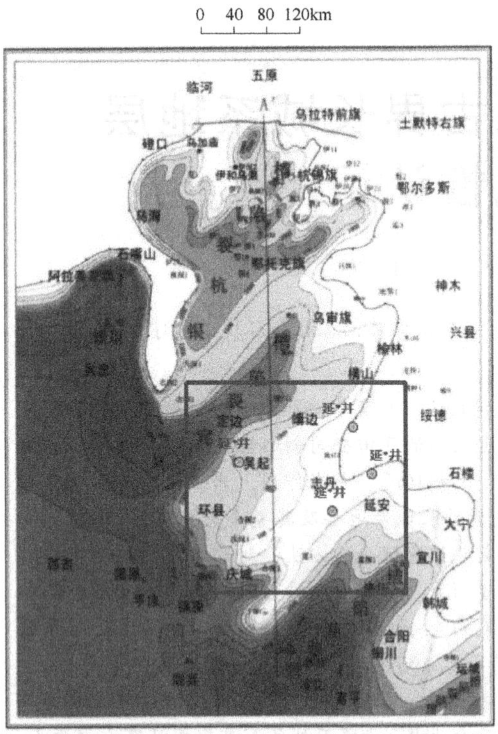

图 1　鄂尔多斯盆地长城系地层分布及研究区范围

1　长城系地层定年

关于长城系地层年代的认识，本次沿用《中国区域年代地层（地质年代）表说明书》（全国地层委员会，2002）中的中元古底界 1800Ma 的年代地层方案，将长城系整体划归为中元古代。本次结合吴起××井长城系的红褐色石英砂岩的锆石定年资料（图 2），锆石以火山岩来源为主、碎屑岩次之。研究表明：锆石年龄集中在两个区间，其中最早时间集中在 1.8 Ga，最晚时间集中在 2.5 Ga。在甘泉××井长长城系石英砂岩中可见更古老的花岗岩以角砾状沉积在其中，代表着 2.5Ga 花岗岩、片麻岩结晶基地的年龄。

这与北京十三陵地区长城系砂岩用 SHRIMP 方法测定的常州沟组底部碎屑锆石（万渝生等 2003）的同位素年龄（1.8~2.6 Ga）一致，与全球古元古代哥伦比亚超大陆-陆碰撞构造热事件响应的年龄记录基本吻合。

另外，在鄂尔多斯盆地东南部熊耳山地区，发育一套形成时代为 1.80~1.75Ga（赵太平等，2007），岩性以以玄武安山岩、安山岩为主的火山杂岩（熊耳群）。该套火山杂岩也被认为是长城纪最早期的区域性岩浆活动的标志。三者之间的锆石定年结果与地质认识结果保持一致，表明地层划分具有一定的合理性和科学性。

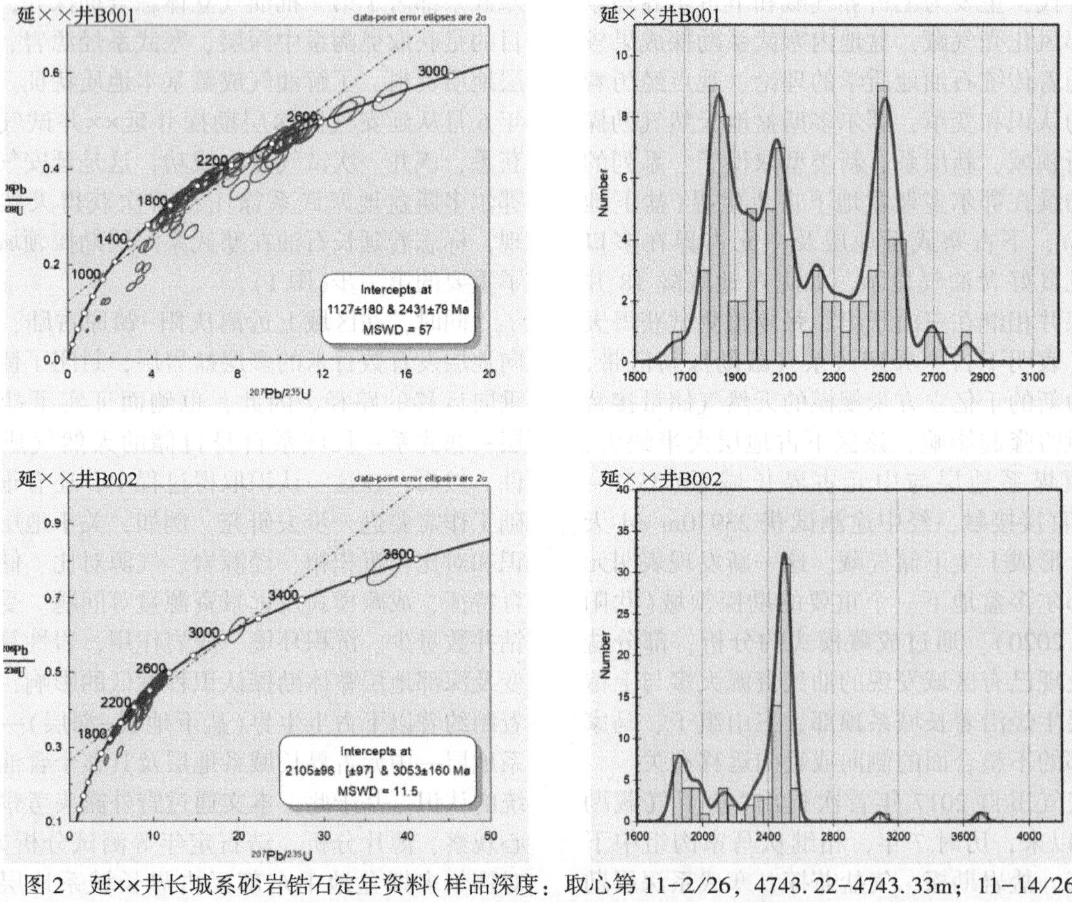

图 2　延××井长城系砂岩锆石定年资料（样品深度：取心第 11-2/26，4743.22-4743.33m；11-14/26，4744.690-4744.89m；11-15/26，4744.890-4745.00m；11-17/26，4745.07-4745.18m；11-2/26，4746.20-4746.36m）

2 长城系地层认识

华北克拉通长城纪为裂谷充填阶段：南缘裂谷拉张，海水侵入，碎屑岩沉积，以石英砂岩为主，夹砂泥岩和泥灰岩。根据文献调研，近年来盆地里钻遇寒武系地层的钻井数量为93口，在斜坡单元钻遇长城紧约12口井，大多在毛庄、徐庄等层位完钻。其中南部旬探1井钻遇蓟县系地层厚度235m，钻遇长城系厚度54m，为一套泥质较纯的高伽玛段泥岩，表明为北东-南西向展布的秦晋拗拉槽充填。在裂陷槽沉积厚度可达3000m，向北东部逐渐减薄，在子长-子洲-延川-大宁-韩城一带仅10多米厚度。以桃59井为代表12口钻井等均钻遇中元古界长城系，海滩沉积为浅灰色、灰白色、紫色、红褐色中细砂岩，夹薄层棕褐色泥页岩、碳质泥岩，砂岩成分和结构成熟度较高。(高建平，2016)。

晋宁运动海退阶段：在伊陕斜坡构造单元，仅有旬探1井、宁探1井和灵1井钻遇蓟县系，岩性主要灰色、褐灰色硅质条带或硅质条纹白云岩、灰色藻纹层白云岩，偶夹极薄层的砂质泥岩。青白口系和震旦系缺失。宜探1等其余井都缺失蓟县系，致使寒武系徐庄组、毛庄组的灰岩、灰质页岩、泥灰岩、砂岩直接覆盖在长城系砂、泥岩上，可形成下生上储的组合关系。

对鄂尔多斯盆地中新元古界油气资源、生烃潜力还在研究探索过程，但是根据盆地周缘野外调研表明鄂尔多斯地区中元古界有较好的生烃潜力和生烃历史。其中西缘古沥青油藏(如甘肃平凉、华亭和崇信等地)和长城系灰黑色板岩(苏峪口地区)，TOC达3.00%；北缘裂陷露头处发现了优质烃源岩；南缘永济和洛南露头处也发现了有效的长城系烃源岩；盆地中部甘陕裂陷槽边缘桃59井钻遇长城系烃源岩，TOC一般0.21%~5.50%。

在延安气田钻遇的长城系砂岩，东部以灰白色，浅灰色滨岸相石英砂岩，局部弱变质，西部及北部颜色以滨浅海环境的红棕色为主的石英砂岩(图3)；分别和露头上的河津剖面、永济水幽沟剖面、华亭马峡等剖面具有可对比性。本次在甘泉、子洲、延川、吴起等部署的均钻遇上元古界长城系，其中甘泉××井长城系与宜探1井相似，钻遇了灰白色石英砂岩、肉红色含长石石英砂岩，属滨岸砂沉积；研究区东部宜探1岩性呈逆粒序，发育冲刷泥砾，发育为三角洲前缘分流河道河口坝沉积；西南部旬探1井为泻湖泥岩沉积；西北部合探2井砂泥岩变化频繁，可见泥包砂，为临滨亚相沉积。中元古界长城系自南西向北东海相和辫状河-三角洲等沉积相。海滩沉积在长城系广泛发育。浅海—深海主要发育鄂尔多斯地区西南部及定边一带，岩性主要为灰色、灰黑色泥岩，水平层理非常发育，可形成自生自储的组合关系。

河津剖面长城系砂岩野外露头照片

河津剖面长城系砂岩断面照片

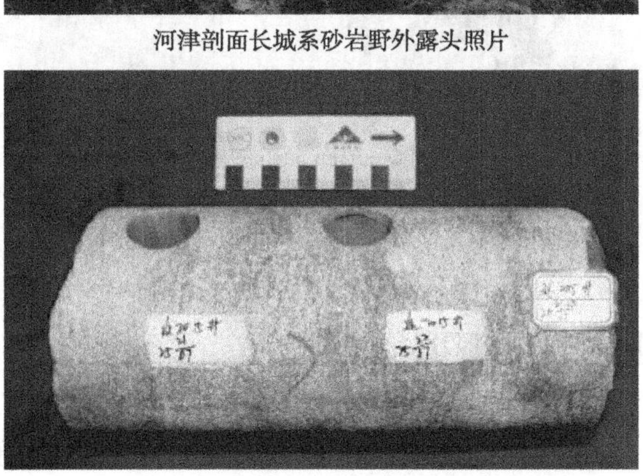
延××井 长城灰白色石英砂岩

延××井 长城红棕色石英砂岩

图3　不同观察尺度下长城系砂岩照片

延××井 长城系顶部灰白色含砾石英砂岩3938.5m

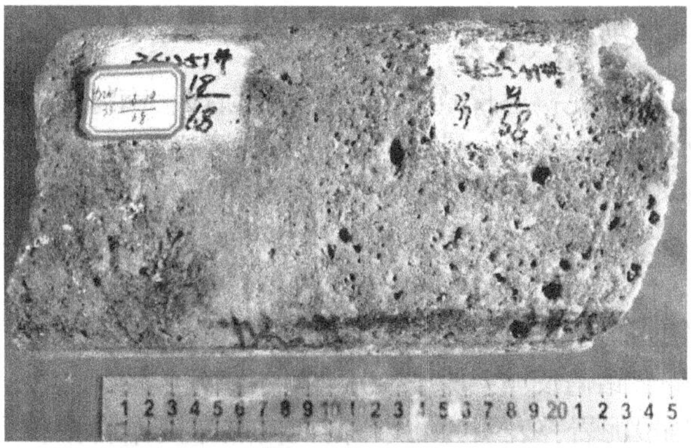

延××井 长城系含砾石英砂岩/含红色泥砾3940.8m

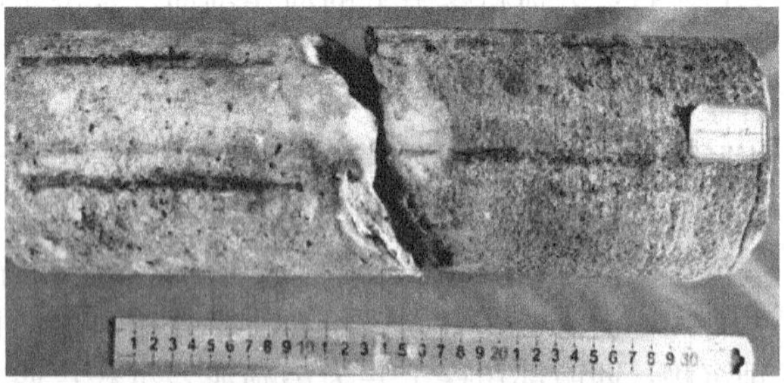

延××井 长城系顶部淡灰绿色含砾石英砂岩/含红色泥砾3944.1m

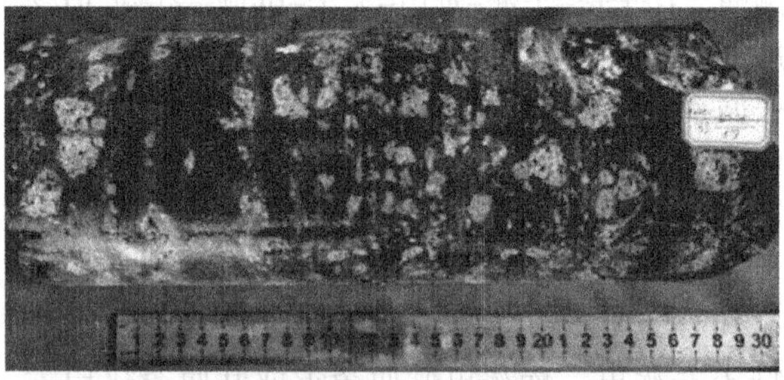

延××井 长城系顶部灰绿色含砾石英砂岩/含红色泥砾3946.1m

延××井 长城系砂岩岩心断面照片

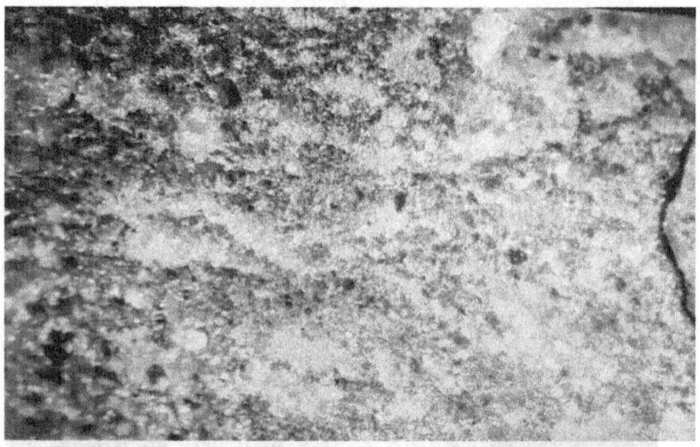

延××井 长城系砂岩岩心断面放大镜下照片

延××井 长城系砂岩录井岩屑照片

延××井 长城系岩屑放大镜下照片

图3　不同观察尺度下长城系砂岩照片

在鄂尔多斯盆地中东部，长城系地层厚度自西向东依次减薄，发育红褐色-灰白色石英砂岩为主，镜下观察表明：以不等粒砂质结构为主，分别为细粒、中粒、粗粒为主，岩石结构不均一，成熟度高。石英颗粒次生加大现象普遍（图4），硅质胶结；少量见波状消光，见锆石、针状电气石矿物包裹体。岩屑主要为石英岩岩屑，少量喷出岩岩屑、蚀变碎屑、偶见泥化碎屑。岩石内见晶粒状赤褐铁矿围绕颗粒分布，见晶粒状高岭充填粒间。重矿物见锆石、电气石、金红石。部分弱变质作用。

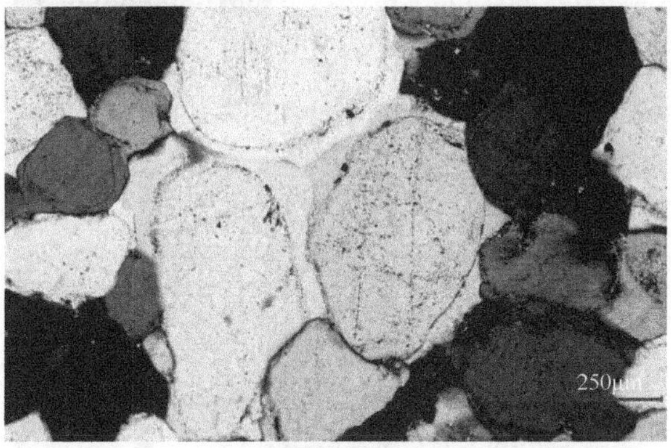

延××井11-2/26 石英次生加大10×10(+)

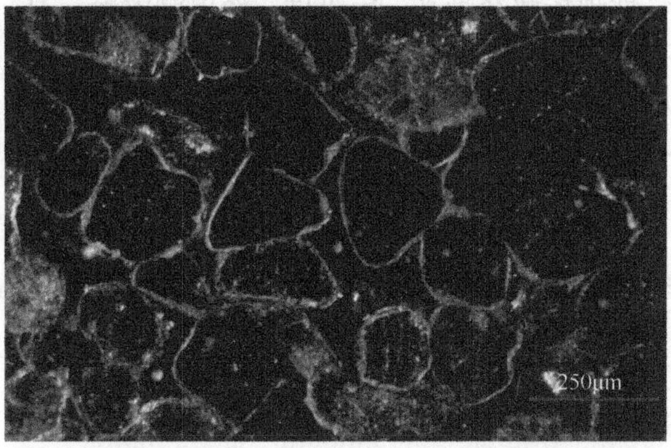

晶粒状赤褐铁矿围绕颗粒分布10×10(反射光)

延××井11-15/26电气石10×10(+)

延××井11-14/26石英次生加大10×10 (+)

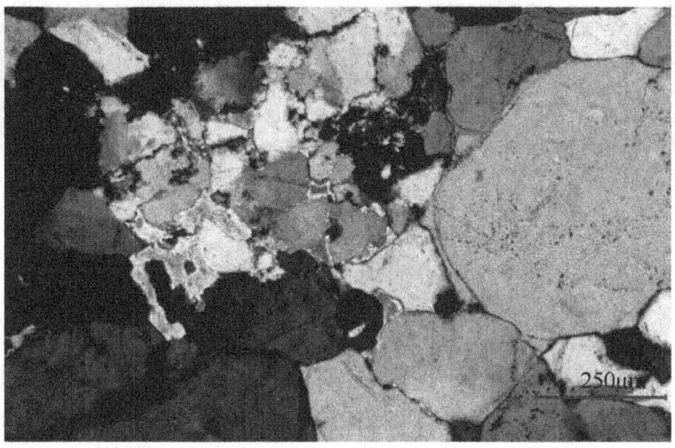

延××井11-26/26零星见硬石膏胶结10×10(+)

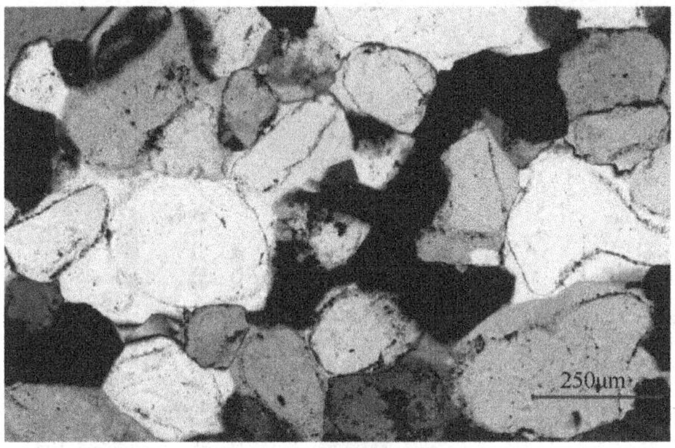

延××井11-26/26石英次生加大10×10(+)

图4　显微镜下长城系砂岩照片

3　长城系含气性认识

长城系石英砂岩储层非均质性强、部分发生弱变质作用，硬度大，自下而上云灰质成分增加，自西向东石英含量增高。甘泉区域沉积的滨—浅海相石英砂岩一般在3.5%~7%，渗透率为(0.10~1.5)×10^{-3} μm^2，主体小于1.0×10^{-3} μm^2。孔隙类型多以岩屑溶孔和残余粒间孔为主，岩屑以花岗岩岩屑为主，其易风化形成孔隙。铁方解石、硅质、硬石膏胶结作用常见。10多亿年的成岩作用：一方面经受长期的地质作用，发生重结晶、硅质胶结、弱变质作用而变得非常致密；另一方面长石、黄岗岩角砾等易溶蚀成分，发育较多的次生溶孔。因此，致使长城系储层的孔隙分布及其不均匀，含气性差异大。

此外，受钻井泥浆的影响，自钻遇马家沟马5段之后，气测值平缓，鲜有异常值，给储层的含气性现场解释带来一定难度。经电测解释，其中在甘泉延××井钻遇1层含气水层(10m)，在吴起延××井钻遇可疑气层2层，厚度分别为17.8m和9.0m。甘泉延××井录井显示岩性为灰白色细砂岩，岩心描述为上部灰白色含砾石英砂岩，局部砂砾岩，双向、板状交错层理；中部浅灰绿色(含红色砂泥砾)石英砂岩，局部石英砂砾岩，局部夹薄层灰绿色泥质条带，孔洞发育，为充填物被钻井液冲洗所致；下部灰绿色含红色砂泥砾中~细砂岩，砾多为棱角、次棱角状凌乱分布。整体岩心粒间孔发育，滴酸扩散快。

气测峰值0.310，基值0.148；电测声波时差201.49μs/m；电阻8.762Ω·m；密度2.59g/cm；孔隙度6.27%；含水饱和度78.05%；渗透率$0.29\times10^{-3}\mu m^2$；经核磁、成像等测井综合解释为含气水层(图5~图7)。

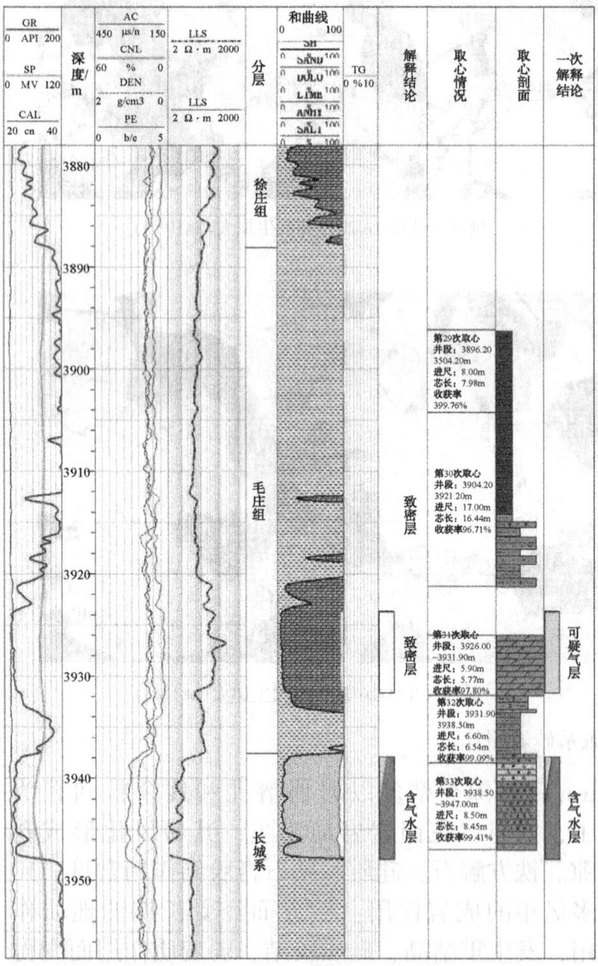

图5　延××井长城系测井解释图

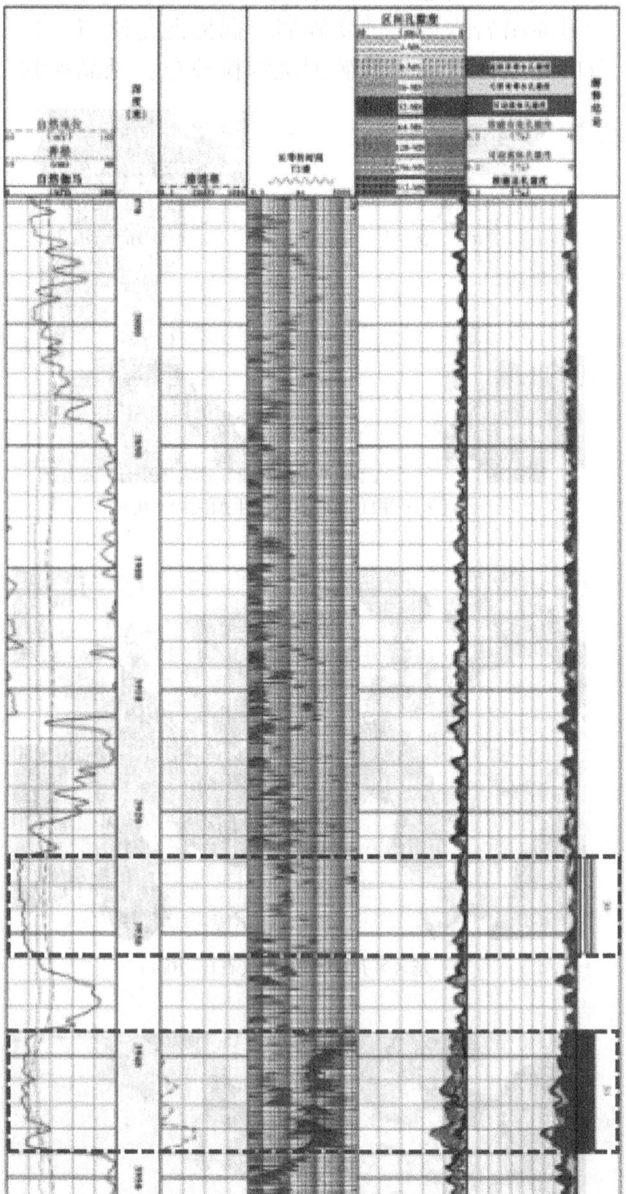

图6　延××井长城系核磁测井解释图

经过论证，建议甘泉延××井长城系崔庄组9.9m砂岩进行试气，射孔段＊＊~＊＊m，厚度3m。2023年11月，对延2251井长城系砂岩采用前置酸处理、前置二氧化碳、胍胶压裂液单层压裂工艺。注入前置酸10m³，二氧化碳150m³，加砂量40m³，入地总液量471.4m³，平均排量5.1m³/min，顺利完成压裂。压后返排特征为最大关井油压1.3Pa，最大关井套压11.4MPa。后续采用更换管柱并进行多次气举排液作业，至12月8日返排率103.1%。目前正在敞放排液，油压0MPa，套压10.1~9.6MPa。

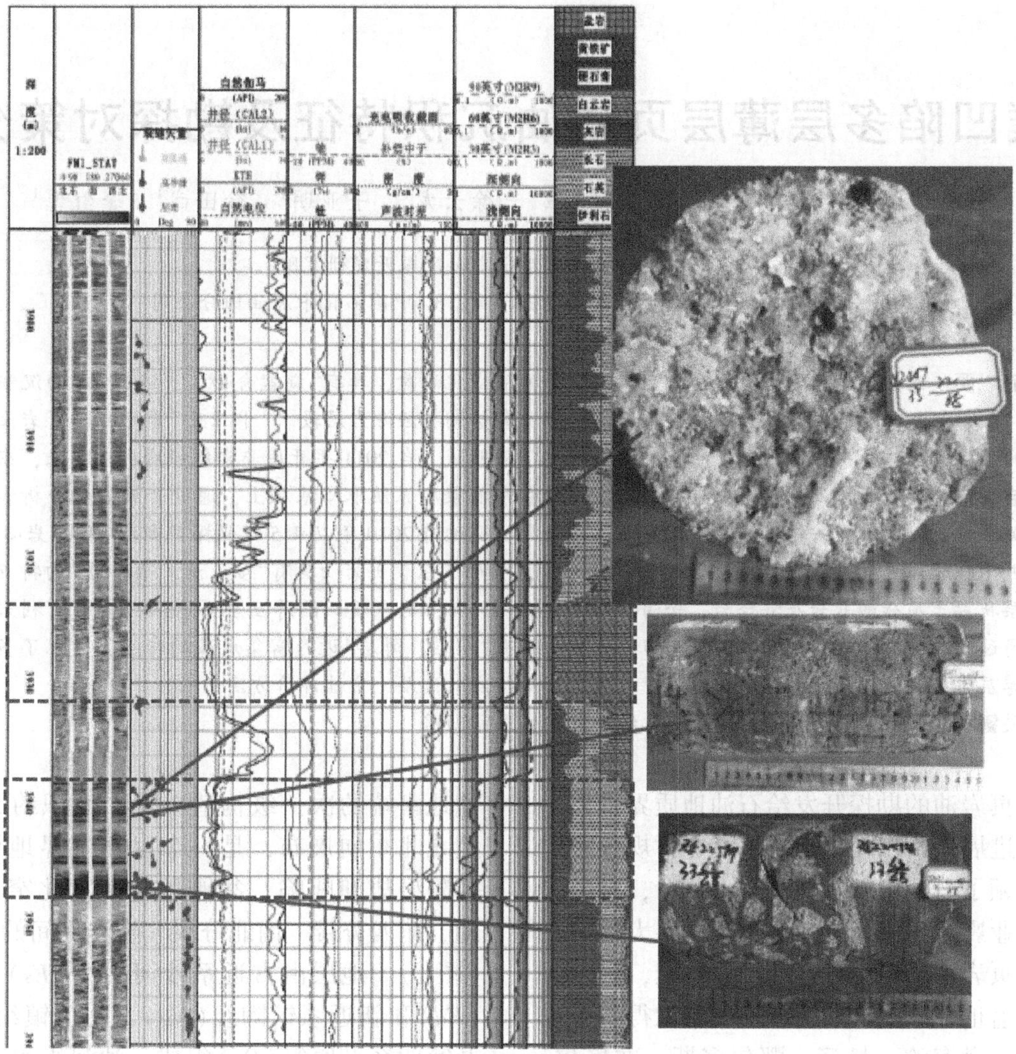

图7 延××井长城系成像测井解释图

4 结论与认识

(1) 经锆石定年，实际钻遇长城系地层年龄为1.8Ga，与区域地质认识一致。

(2) 长城系砂岩以灰白色-红棕色不等粒砂质结构为主，硅质胶结，成熟度高，以溶蚀孔及原生粒间孔为主。

(3) 沉积环境以滨岸-浅海沉积为主，在盆地拗拉槽沉积厚度大，向东逐渐减薄，可形成自生自储气藏。

(4) 储层单层厚度大，物性差，含气饱和度低，采用前置酸处理、前置二氧化碳、胍胶压裂液单层压裂工艺可有效改造储层。

参 考 文 献

[1] 杨华，张文正，昝川莉，等．鄂尔多斯盆地东部奥陶系盐下天然气地球化学特征及其对靖边气田气源再认识[J]．天然气地球科学，2009，20(1)：8-14

[2] 杨华，包洪平，马占荣，等．侧向供烃成藏—鄂尔多斯盆地奥陶系膏盐下天然气成藏新认识[J]．天然气工业，2014，34(04)：19-26

[3] 李文厚，陈强，李智超，等．鄂尔多斯地区早古生代岩相古地理[J]．古地理学报，2012，14(1)：85-100.

[4] 陈启林，白云来，黄勇，等．鄂尔多斯盆地寒武纪层序岩相古地理[J]．石油学报，2012，33(S.2)：82-94.

[5] 张春林，张福东，朱秋影，等．鄂尔多斯克拉通盆地寒武纪古构造与岩相古地理再认识[J]．石油与天然气地质，2017，38(2)：281-291.

[6] 白海峰，包洪平，李泽敏，等．鄂尔多斯盆地元古界长城系沉积特征及天然气成藏潜力[J]．地质科学，2020，55(32)：672-691.

[7] 冯娟萍，丁雪峰，欧阳征建，等．鄂尔多斯南缘中元古界长城系烃源岩地球化学特征[J]．西安科技大学学报，2015，35(6)：749-754.

[8] 欧阳征建，冯娟萍，马海勇，等．鄂尔多斯南缘地区中元古界长城系沉积特征研究[J]．西北大学学报(自然科学版)，2020，50(1)：105-112.

东濮凹陷多层薄层页岩油沉积特征及勘探对策分析

杨栋栋[1]　李胜玉[2]　袁　波[1]　李令喜[3]　徐云龙[1]　王亚明[1]　徐田武[1]　李红磊[1]

（1. 中国石化中原油田分公司勘探开发研究院；
2. 重庆科技大学石油与天然气工程学院；3. 中国石化中原油田分公司）

摘　要　东濮凹陷作为渤海湾盆地南缘的一个断陷咸化湖盆，具有“满盆含砂、普遍偏细”的沉积充填特点，细粒沉积岩普遍发育，古近系自下而上发育5套盐湖相烃源岩层段。“十三五”资评显示页岩油具有较大的资源潜力，是中原探区未来油气勘探的重要接替领域。自2011年开展非常规领域勘探以来，东濮凹陷先后经历了两轮页岩油评价，在老井回顾性评价和常非兼顾系统取心基础上，通过开展岩相分析和单井四性关系评价，完成新一轮页岩油勘探基础地质研究。通过对2019年以来5口兼探井新取414m岩心和29口老井1000m岩心进行厘米级描述和系统测试分析，明确了东濮页岩油具有“多、薄、杂、近”的特点，认为纹层状黏土质碳酸盐岩及混合岩，含油性好，TOC>1.5%，是东濮凹陷薄互层页岩油探索的有利岩相类型。通过新钻井勘探实践，明确了东濮凹陷页岩油具有“多层、薄层”近源富集成藏的特点，建立了多层楼式的薄层页岩油勘探模式，探索出适用于东濮页岩油特点的选层、定注评价方法。

关键词　薄互层页岩组合；页岩油；细粒沉积；东濮凹陷

北美页岩油的勘探开发给石油地质界带来了革命性的进展，不仅提出了一整套非常规成藏理论，还引领了石油工程领域的技术革命，对中国的油气工业影响深远。近年来，国内各大油田在借鉴北美页岩油勘探经验和技术基础上，国内各大含油气盆地在页岩油勘探开发领域取得积极进展，四川、渤海湾、松辽、鄂尔多斯、准格尔、柴达木、苏北等盆地都取得了页岩油气勘探开发的大突破，中石化胜利、华东及四川盆地的几家油田分公司都取得页岩油气的大发现。（邹才能等，2015；孙焕泉等，2019；朱如凯等，2019）国内外学者普遍认为，源内页岩油资源量远大于源外常规石油资源量，从源外向源内转变是石油工业持续发展的必然选择。（黎茂稳等，2020；金之钧等，2021a，2021b；杨智等，2021）“十三五”资源评价证实东濮凹陷页岩油资源量约7.29亿吨，资源潜力巨大，是东濮凹陷增储稳产的规模接替领域。东濮凹陷地质条件复杂，基础资料匮乏，导致目前东濮凹陷页岩油勘探仍面临很多挑战，需要进一步解放思想、反思经验，从基础地质特征入手针对东濮页岩油成藏特征寻求勘探突破。

1　地质背景

东濮凹陷位于鲁、豫两省交界处，是渤海湾盆地南端的次一级构造单元，面积约5300km^2，呈北北东向展布，是一个以新生界地层为主的断陷型盐湖凹陷。盆地具有南宽北窄、东断西超、东西分带、南北分块、隆洼相间的构造格局（图1）。地层由古近系沙河街组（Es）、东营组（Ed）和新近系馆陶组（Ng）、明化镇组（Nm）以及第四系平原组（Qp）组成。沙河街组（Es）为主要油气勘探层系，自下而上分为沙四段（Es_4）、沙三段（Es_3）、沙二段（Es_2）和沙一段（Es_1）。

东濮凹陷古近系盆地沉积充填厚度可达4000~6000m，岩性以粉砂岩、砂岩和泥岩夹膏-盐岩为主，具有“满盆含砂、普遍偏细、砂泥岩薄互层、膏盐岩发育”的特点。自下而上发育5套盐湖相烃源岩层段，分布稳定，见良好油气显示，具备页岩油勘探潜力。（王金萍等，2018；刘秀岩等，2020）

2　东濮凹陷页岩油勘探回顾性评价

随着国内外页岩油革命的不断推进，东濮页岩油勘探经历了两个阶段：第一阶段（2010~2012年）为早期探索探阶段，也是中石化页岩油大规模勘探阶段。紧跟美国页岩油革命风潮，根据当时页岩油评价标准，在东濮凹陷北部区域部署了5口非常规水平井（见表1-1），其中W88-1HF因井眼垮塌为能成功完井。其他四口页岩

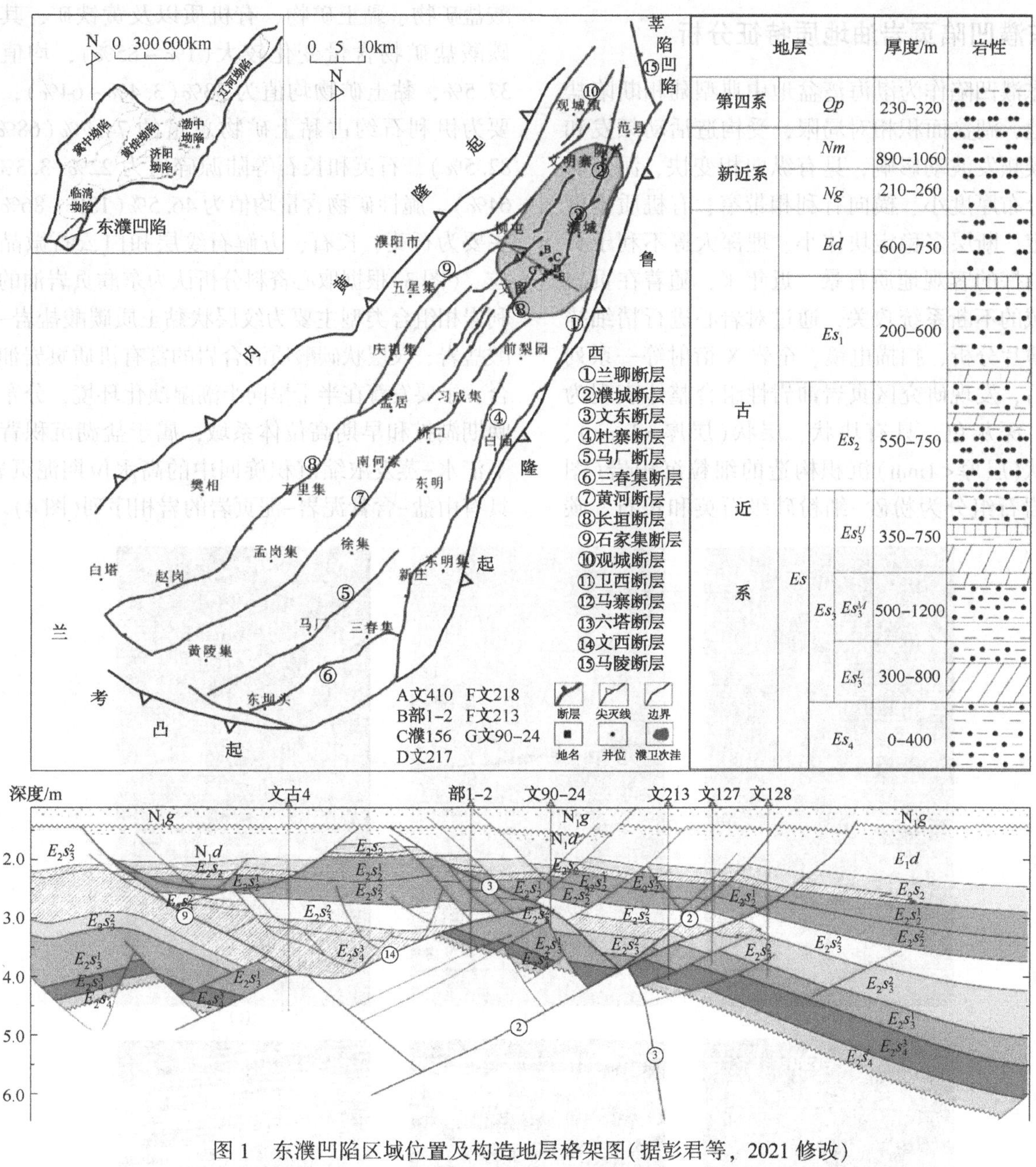

图 1　东濮凹陷区域位置及构造地层格架图(据彭君等，2021 修改)

油探井分别以薄砂条，小部分为页岩和碳酸盐岩为目的层，对沙三中 4、沙三中 5 砂组和沙一下亚段页岩油进行了探索，按现今页岩油分类标准可分为基质型(V68-1HF)、盐间夹层型(V383-2HF)、盐间互层型(V383-1HF)和泥质白云岩缝洞型(P1-1HF)。四类页岩油初产都获得油流，最高日产油可达到 13.7t，但受当时压裂工艺及完钻井技术影响各井累产不高，总体评价认为页岩油的初期勘探总体不成功。回顾性分析认为主要有如下原因：一是页岩油选层选区随意性强，未进行系统的选层选区评价；二是目的层上下有盐层，固井质量差，有三口井均是由于套管错断、管外窜、盐堵等因素造成关井；三是压裂工艺不成熟，当时水平井压裂以造长缝、主缝为主，压裂液中加入胍胶，对微裂缝进行刻意封堵，加之液量、砂量无法足量供给使得地层能量低无法支撑后期产能。但以现今页岩油评价标准对东濮页岩重新回顾性评价，上述页岩油探井在当时虽然未形成规模性产能但展现了巨大的资源潜力。第二阶段(2019～2021 年)重新认识评价东濮页岩油阶段。该阶段以取全取准页岩油资料为主，针对沙四、沙三下、沙三中亚段重点潜力页岩组合，先后部署了 W410、V456、V457HF、P161、W318 等 5 口页岩油专探井，完成累计取心 414m，在此基础上开展东濮页岩油基础地质再评价再认识。

3　东濮凹陷页岩油地质特征分析

东濮凹陷作为渤海湾盆地中典型陆相断陷盐湖盆地，湖盆面积相对局限，受构造活动频发和古气候频发波动影响，具有纵向相变快、泥页岩连续分布厚度小、横向有利相带窄、有机质丰度不稳定、断层多稳定块体小、埋深大等不利于页岩油勘探的客观地质背景。近年来，随着在页岩油领域的不断系统攻关，通过对岩心进行精细描述和薄片分析、扫描电镜、全岩 X 衍射等一系列分析后，发现研究区页岩油岩性组合整体表现为灰色、深灰色，具有块状、层状(层厚>1mm)、纹层状(层厚<1mm)沉积构造的细粒沉积岩(图2)，岩石组分为粉砂-细粉砂级石英和长石、碳酸盐矿物、黏土矿物、有机质以及黄铁矿，其中碳酸盐矿物含量变化较大(1%~85%)，均值为37.5%，黏土矿物均值为33%(3.4%~64%)，主要为伊利石约占黏土矿物总量的74.7%(68%~82.5%)，石英和长石等陆源碎屑为22%(3.3%~64%)。脆性矿物含量均值为46.5%(13%~86%)，主要为石英、长石、方解石纹层和白云石微晶颗粒。(图3)根据取心资料分析认为东濮页岩油的有利岩相组合类型主要为纹层状黏土质碳酸盐岩-碳酸盐岩、纹层状碳酸质混合岩的富有机质页岩油组合，主要发育在半干旱向半潮湿演化环境，分布在晚期湖扩和早期高位体系域，属于盐湖沉积背景下汇水-蒸发浓缩沉积旋回中的高水位期泥页岩，具有由盐-含膏泥岩-泥页岩的岩相序列(图4)。

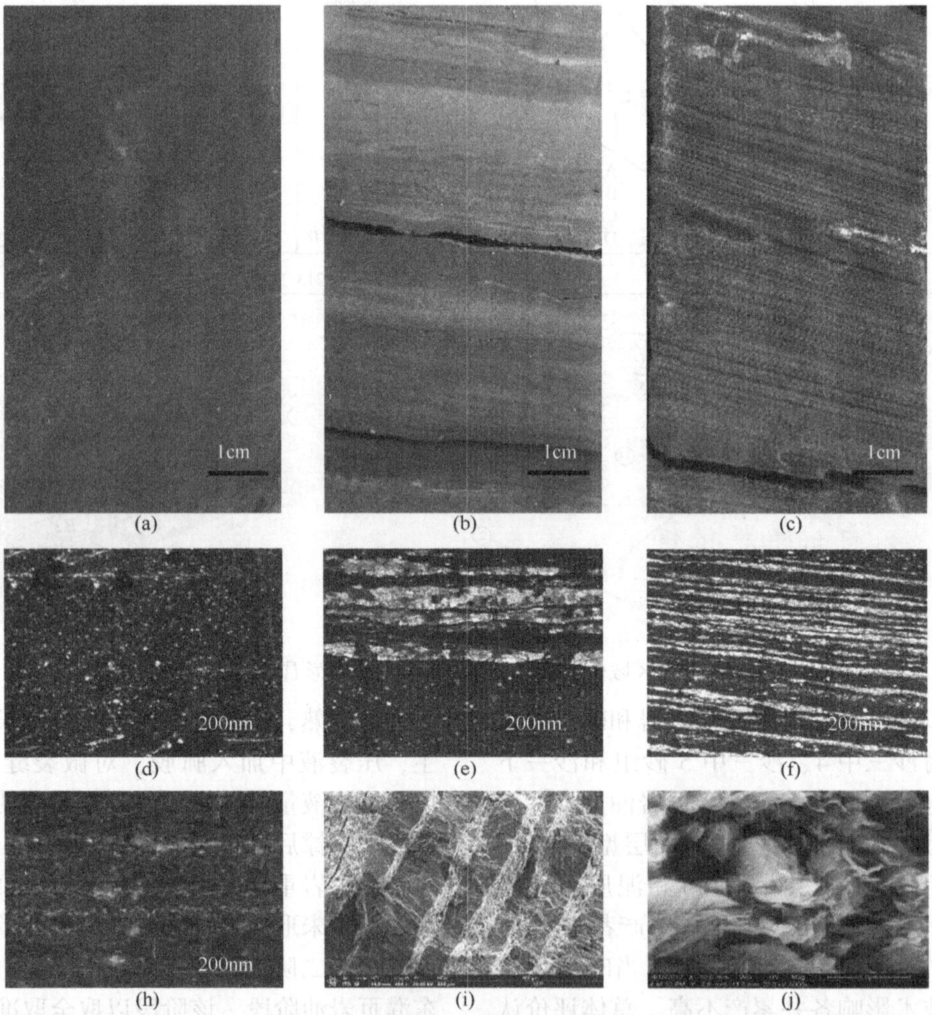

图2　东濮凹陷典型细粒沉积岩宏观与微观特征

(a)W410井3550.74m，块状构造；(b)W410井3546.70m，层状构造；(c)V457HF井3676.47m，纹层状构造；(d)W410井3550.74m，灰色含粉砂泥岩，微裂缝发育，10×5(单偏光)。(e)V457HF井3701.50m深灰色层状碳酸盐质黏土岩，层状(>1mm)方解石与泥岩互层，10×5(单偏光)；(f)V457HF井3675.00m深灰色纹层状黏土质灰岩，纹层状(<1mm方解石与黏土层)10×5(单偏光)；(h)W410井3588.55m，深灰色纹层状白云质泥岩，微裂缝发淡黄色荧光，TOC=2.8%，10×5(荧光)；(i)V457HF井3797.57m,，纹层状方解石与黏土层互层，484×(扫描电镜下)；(j)W410井3139.60m，黏土纹层中晶间微孔隙，8000×(扫描电镜)

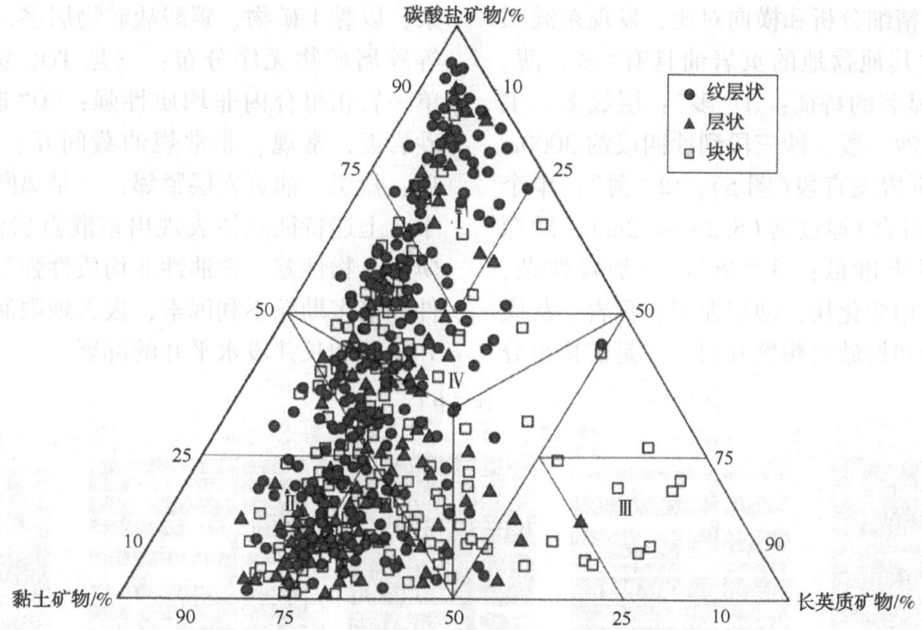

图3　东濮凹陷沙三–沙四段细粒成分及类型频率图

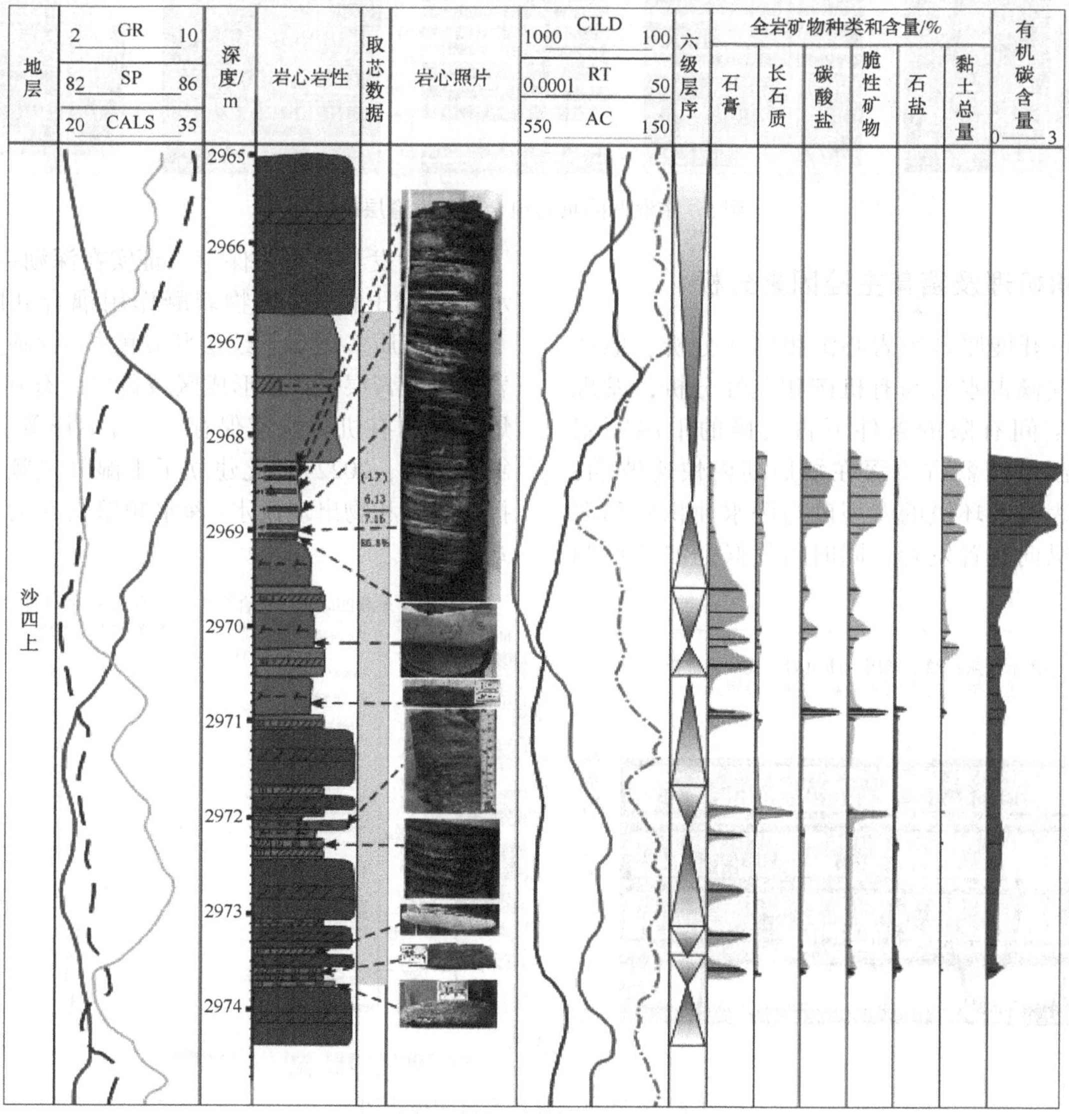

图4　东濮凹陷 W26 井细粒沉积单井综合柱状图

通过岩心精细分析和横向对比，发现东濮凹陷页岩油相比其他盆地的页岩油具有“多、薄、杂、近”四个显著的特征：①“多”：层数多，主力层不明。从沙一段、沙三段到沙四段约3000m地层有56层页岩发育段(图5)；②“薄”：单个页岩油层系(组合)厚度薄(5.2~34.2m)，勘探空间小，储量丰度低；③“杂”：一是岩性杂，页岩组合内岩相变化快，薄层泥岩、页岩、灰质泥岩、泥灰岩和粉砂岩频繁互层；二是矿物组分杂，以黏土矿物、碳酸盐矿物居多，石英、长石等碎屑矿物无序分布；三是TOC纵向差异大，单一岩相组合内非均质性强；④“近”：一是离砂岩近，常规、非常规油藏间互；二是离盐岩近，盐层、油页岩层紧邻；三是离断层近，块体小。上述特征总体表现出东濮页岩油具有多层、薄层、物性差、含油性非均质性强等复杂地质条件和诸多勘探不利因素，极大地限制了钻井、固井工艺和长井段水平井的部署。

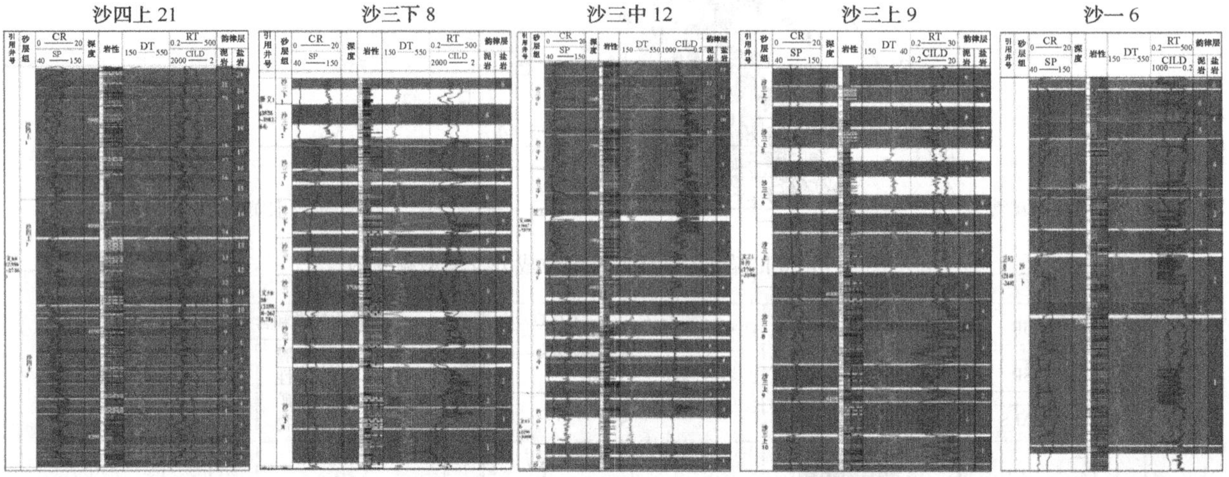

图5　东濮凹陷页岩组合纵向发育层位

4　沉积机理及富集主控因素分析

通过开展厘米级岩心沉积韵律分析、地球化学古气候古水深与有机碳相关性分析，发现在可容空间有限的条件下古气候的干湿频繁交，控制了湖盆古水深在短周期内快速波动，造成代表浅水环境的滩坝砂与深水浊积砂和泥岩页岩纵向叠置发育；同时古气候的波动控制了藻类勃发与有机质保存，证实在深湖-半深湖水体中黏土机械-生物絮凝作用耦合共同控制下，有机质多富集于纹层状碳酸盐岩/碳酸质泥岩中，盐膏层沉积后形成区域盖层，有利于富含烃组分的有机质快速保存。(马小祥等，2019；舒徐洁等，2022)据此建立了干湿气候频繁交替控制下沉积物出现浅水-深水频繁交互的沉积模式(图6)。

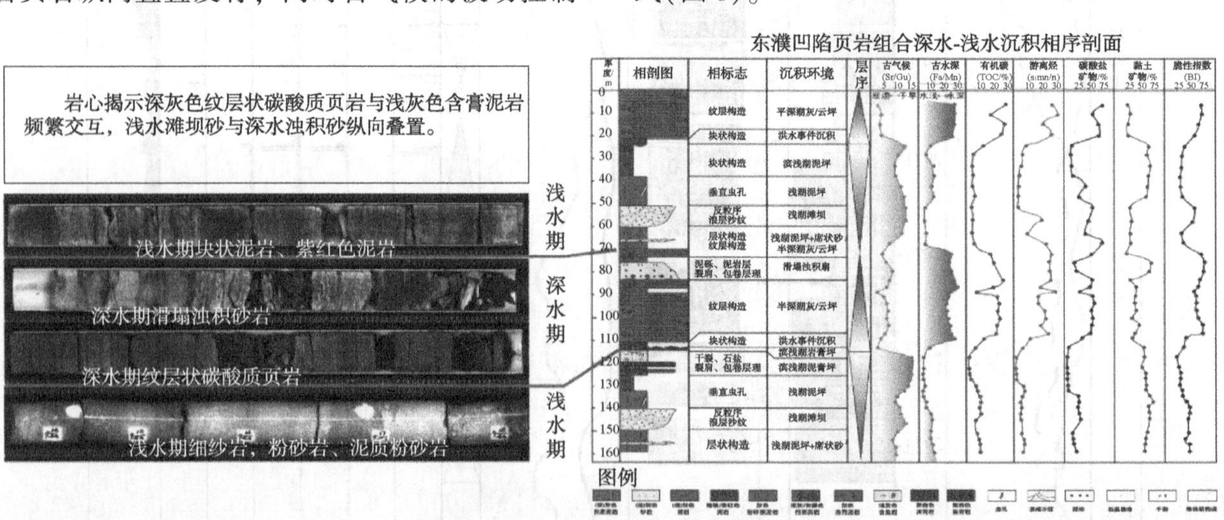

图6　东濮页岩油组合沉积模式图

通过宏观分析和激光共聚焦扫描、核磁共振、CT扫描等微观解剖，开展东濮细粒沉积机理和页岩油富集主控因素研究，表明在有机质含量高的纹层状泥页岩组合中烃类物质成层富集，轻质烃类主要集中在层理缝、生烃增压缝和晶间孔中，据此厘定了东濮页岩油“箱体”含油气系统富集主控因素：富有机质纹层状碳酸质页岩有利岩相+厚度+主生烃期超压发育+稳定且有规模块体，明确了东濮凹陷薄互层型页岩油“沉积-有机相控烃、岩相-超压控储、源储一体、三元耦合”的富集机理(图7)。

5　东濮凹陷页岩油勘探难点及对策分析

根据东濮页岩油单层厚度薄、纵向相变快的特点，结合中国石化统一的页岩油选区评价标准，探索出了东濮页岩油选层选区评价原则。首先按照页岩组合厚度分级、页岩品质分类、页岩分布范围、油气显示四因素建立选层原则(表1)，沙三中4页岩组合是优先探索的页岩油层，其次是沙三下6、沙三下8页岩组合(表2)。针对东濮凹陷多旋回沉降沉积中心不断迁移导致古沉积中心与现今构造洼陷不一致特点，结合页岩油层系地层压力及显示等情况，建立了深湖页岩相(沉积中心)、现今稳定负向构造与高压发育区叠合的选洼方法，明确了前梨园洼陷、柳屯洼陷及海通集洼陷3个页岩油有利区带(图8)，其中前梨园洼陷沙三中4页岩组合三因素叠合有利区面积大($131km^2$)、资源规模大(3810万吨)、埋藏适中(小于4200m面积$79km^2$)，是页岩油勘探的首选区带。

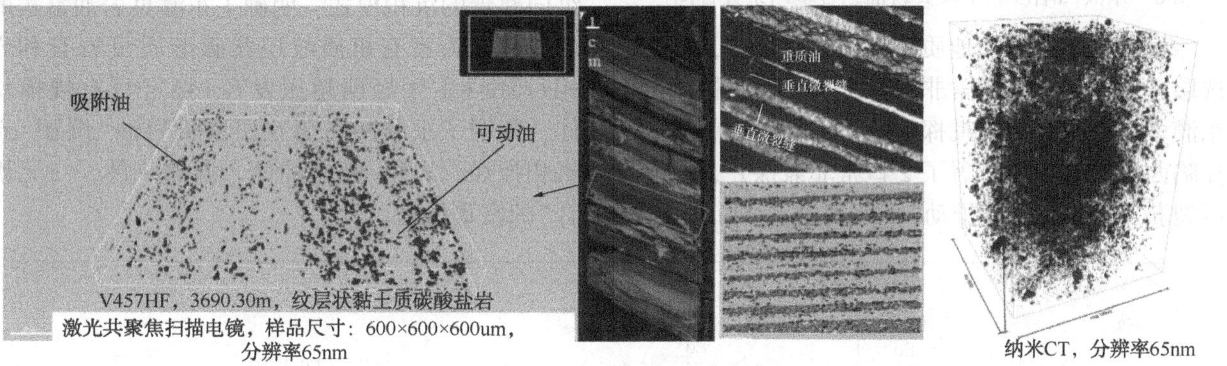

图7　东濮页岩油微观富集特征

表1　东濮凹陷页岩油选层评价参数

参数名称		分类评价		
		Ⅰ类	Ⅱ类	Ⅲ类
页岩油厚度分类	单层厚度/m	>30	30~20	20~10
页岩油品质分类	有机质类型	Ⅰ型-$Ⅱ_1$型	$Ⅱ_1$型为主	$Ⅱ_2$型-Ⅲ型
	TOC/%	>1.5	1.1~1.5	0.5~1.0
	R_o	1.1~1.3	0.9~1.1	0.7~0.9
	游离烃S_1/(mg/g)	>1.5	1.1~1.5	0.5~1.0

表2　东濮页岩油单层页岩组合资源潜力

层位	页岩段连续厚度/m	级别划分	页岩品质			压力系数	5000m以浅有利岩相面积/km^2	有利区资源量/(10^4t)
			TOC/%	S_1/(mg/g)	R_o/%			
沙三中4	21	Ⅱ	0.16~6.32/1.9	0.01~2.9/1.4	0.98	>1.2	1388.2	6381
沙三下6	34	Ⅰ	0.52~2.27/1.53	0.01~6.31/1.2	1.05	>1.2	1070.4	6135
沙三下8	28	Ⅱ	0.41~3.74/1.52	0.01~4.59/1.4	1.1	>1.2	1108.5	5337
合计								34681

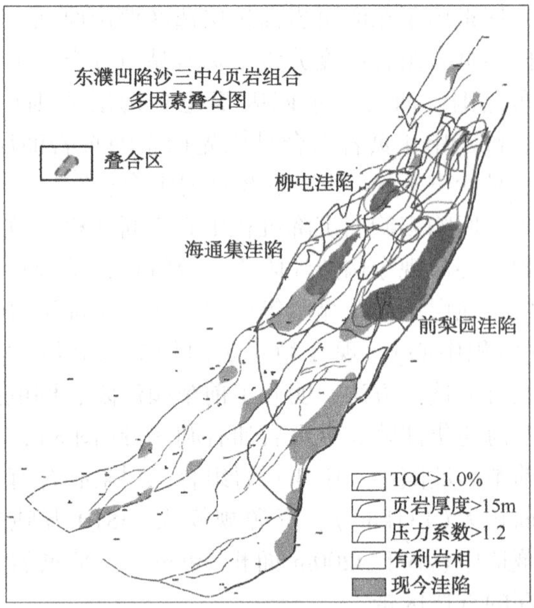

图 8　东濮凹陷沙三中 4 页岩油组合多因素叠合图

根据东濮页岩油地质特征及富集规律，结合选层选区评价，按照常非兼顾勘探思路，探索出东濮多层楼式页岩油勘探模式(图 9)。在前梨园洼陷西翼南北两端部署了 2 口常非兼探井，直井压裂获工业油气流，推动“一场多井、一井多层”页岩油高效能井场立体勘探部署，有望拓展中国石化在陆相页岩油领域新类型。

6　结论

东濮页岩油历经两轮规模性勘探，取得了宝贵经验和系统资料，本次研究在回顾性评价基础上结合兼探取心资料，对东濮页岩油开展地质认识再评价工作。通过系统取心、厘米级岩心分析、全岩、薄片、扫描电镜、激光共聚焦、CT 扫描等宏观和微观分析手段，明确了东濮页岩油具有“多、薄、杂、近”的客观地质特征，通过元素地球化学和有机地球化学综合分析，进一步明确了古气候对页岩油细粒沉积的控制作用和对藻类生物勃发的影响及与有机质富集的关系，建立了干湿古气候频繁波动条件下深-浅水沉积物纵向叠置的沉积模式，明确了东濮页岩油富集的主控因素为富有机质纹层状碳酸质页岩有利岩相+厚度+主生烃期超压发育+稳定且有规模块体，阐明了东濮凹陷薄互层型页岩油“沉积-有机相控烃、岩相-超压控储、源储一体、三元耦合”的富集机理。

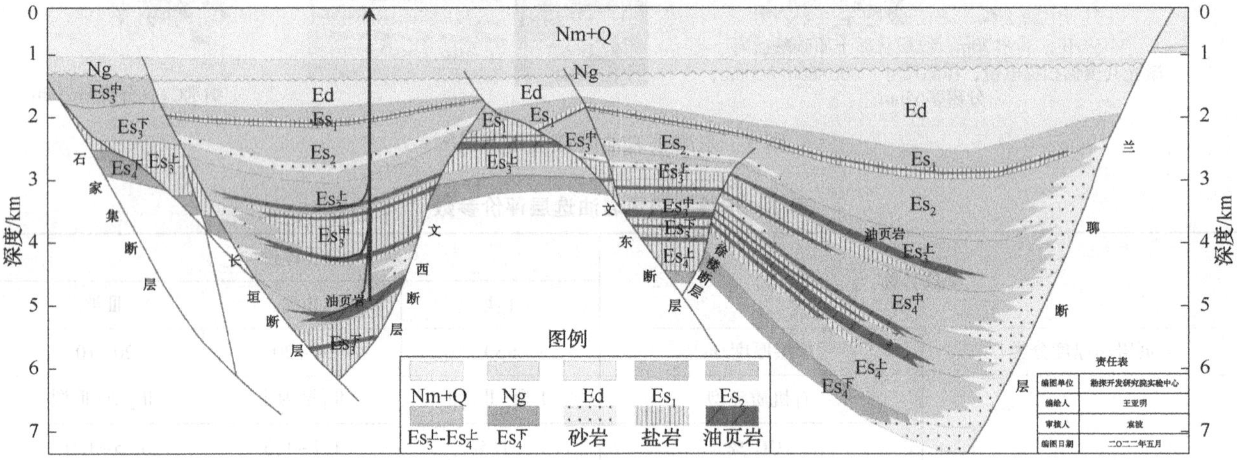

图 9　东濮凹陷页岩油多层楼式勘探模式图

根据东濮页岩油存在的客观地质条件等不利因素，针对性提出了适合东濮页岩油勘探的选层选区评价原则，优选出 3 套有利层系及 1 个优先勘探的有利区，按照“一场多井、一井多层”的勘探思路部署两口兼探井均见良好油气显示，为拓展中国石化在陆相页岩油领域新类型奠定基础。

参　考　文　献

[1] 金之钧，王冠平，刘光祥，等. 中国陆相页岩油研究进展与关键科学问题[J]. 石油学报，2021，42(07)：821-835.

[2] 金之钧，朱如凯，梁新平，等. 当前陆相页岩油勘探开发值得关注的几个问题[J]. 石油勘探与开发，2021，48(06)：1276-1287.

[3] 金忠慧. 东营凹陷古近系沙四上亚段细粒岩沉积环境研究[D]：中国地质大学(北京)，2017.

[4] 靳亚勤，杨栋栋，蒋飞虎，等. 东濮凹陷碎屑岩沉积充填特征及变化对构造活动的响应[J]. 科学技术与工程，2019，19(29)：83-89.

[5] 黎茂稳，金之钧，董明哲，等. 陆相页岩形成演化与页岩油富集机理研究进展[J]. 石油实验地质，

2020，42(04)：489-505.
[6] 李红磊，张云献，周勇水，等. 东濮凹陷优质烃源岩生烃演化机理[J]. 断块油气田，2020，27(02)：143-148.
[7] 刘惠民，王勇，李军亮，等. 济阳坳陷始新统页岩岩相发育主控因素及分布特征[J]. 古地理学报，2023，25(04)：752-767.
[8] 刘秀岩，陈红汉，张洪安，等. 多套烃源岩联合供烃下的原油成藏特征及其与压力的耦合关系：以东濮凹陷濮城地区沙河街组为例[J]. 地球科学，2020，45(06)：2210-2220.
[9] 马小祥，姚素平，张柏林，等. 渤海湾盆地东濮凹陷古近系古湖盆氧化还原条件及其优质烃源岩的发育模式[J]. 高校地质学报，2019，25(06)：801-812.
[10] 彭君，周勇水，李红磊，等. 渤海湾盆地东濮凹陷盐间细粒沉积岩岩相与含油性特征[J]. 断块油气田，2021，28(02)：212-218.
[11] 舒徐洁，杨栋栋，程成，等. 陆相断陷湖盆生烃潜力的古气候波动响应研究——以东濮凹陷古近系文古4井为例[J]. 岩石矿物学杂志，2022，41(01)：87-94.
[12] 孙焕泉，蔡勋育，周德华，等. 中国石化页岩油勘探实践与展望[J]. 中国石油勘探，2019，24(05)：569-575.
[13] 孙业峰. 东濮凹陷沙河街组页岩油资源潜力评价[D]：东北石油大学，2014.
[14] 王金萍，黄泽贵，张云献，等. 东濮凹陷优质烃源岩的岩性特征及宏观展布规律[J]. 断块油气田，2018，25(05)：549-554.
[15] 赵贤正，蒲秀刚，周立宏，等. 深盆湖相区页岩油富集理论、勘探技术及前景——以渤海湾盆地黄骅坳陷古近系为例[J]. 石油学报，2021，42(02)：143-162.
[16] 朱如凯，邹才能，吴松涛，等. 中国陆相致密油形成机理与富集规律[J]. 石油与天然气地质，2019，40(06)：1168-1184.
[17] 邹才能，杨智，朱如凯，等. 中国非常规油气勘探开发与理论技术进展[J]. 地质学报，2015，89(06)：979-1007.

辽河西部凹陷深层天然气成藏条件研究

蔡国刚　杨光达　汪百齐　张东伟　周　艳　翁文胜　王伟成　康龄蒴

（中国石油辽河油田勘探开发研究院）

摘　要　辽河油田陆上资源3500m以上中浅层探明率达61.4%，已进入高成熟勘探阶段，勘探增储走向深层势在必行。尤其是近年来西部凹陷双兴1井的成功，揭示了深层天然气资源潜力的良好苗头。针对深层有无资源潜力、是否发育规模储集体等问题，展开攻关研究，明确了深层烃源岩规模与品质、沉积物源及储集体分布、油气成藏模式，形成了具有辽河特色深层天然气成藏条件认识，为储量发现提供依据。

关键词　天然气；深层；西部凹陷；成藏条件

辽河坳陷历经五十多年勘探中浅层已进入高成熟阶段，陆上探明率达61.4%，深层是勘探增储的现实领域，是油田千万吨稳产战略需求。近年来国内外油气勘探发展趋势表明，深层—超深层持续获得突破发现，逐渐成为中国陆上储量、产量增长的重要领域。对于“深层”的定义，采用国内学者广泛认可的标准，东部地区埋深3500~4500m或前新生界为深层，埋深大于4500m为超深层。按照深层界定，主要研究区集中于西部凹陷的清水洼陷及周边地区。

目前，辽河坳陷深层勘探程度低，深层面积近4000km^2，钻探证实了天然气资源存在。如西部凹陷双兴1井在5028.7~5060.7m获得成功，日产气39873m^3，累产气110.1987×10^{4}m^3，拉开了深层天然气的勘探序幕。但受资料和认识制约，深层勘探的主要问题是深层资源和烃源岩品质、深部储层成因及聚集成藏等认识不明确。针对这些问题，开展成藏条件研究，为勘探提供依据。

1　地质背景

西部凹陷清水洼陷为辽河坳陷新生界埋藏最深、规模最大的断陷湖盆。该区位于辽河断陷西部凹陷中南部，为典型东断西超的狭长箕状湖盆，构造线整体走向北东，东侧紧邻中央凸起，西侧为双台子—双南断裂背斜带，北接兴隆台潜山带，南侧与鸳鸯沟洼陷隔隆相望，洼陷构造带面积约200km^2，最大埋深区域位于清水洼陷的北部。受东侧台安—大洼断层持续活动的控制，清水洼陷为西部凹陷继承性的沉积-沉降中心。自新生代以来经历了地壳拱张、裂陷和坳陷三大地质发育阶段，沉积了沙四段、沙三段、沙一二段、东营组、馆陶-第四系五个构造层，代表了新生代湖盆形成和演化的五个阶段。

初始裂陷期（沙四段沉积期）：湖盆沉积-沉降中心位于清水洼陷的北部，地层沉积受断层控制不明显，洼陷基底正断层发育，东侧边界断层（台安-大洼断裂）逐渐开始发育。强烈裂陷期（沙三段沉积期）：东侧边界断层强烈活动，控制沉积作用明显，地层厚度变化大，基底断层活动减弱，形成东断西超的半地堑结构。构造回返期（沙一二段沉积期）：边界断层活动渐弱，总体上表现为断坳结构，沉降-沉积中心向西南迁移，地层沉积分布范围广。晚期边界断裂受区域应力改造，与伸展、走滑相关的盖层断裂开始发育。断坳转换期（东营组沉积期）：边界断裂强烈走滑活动导致构造反转，洼陷东西两侧差异升降明显，西侧主要发育东西走向、南掉的阶梯式断层，东侧依托台安—大洼断层发育北东走向北掉断层，并呈锐角与之相交。沉积地层分布范围广，厚度变化较大。坳陷期（馆陶-第四系沉积期）：构造活动明显减弱，以坳陷整体变形为主要特征，沉积地层厚度变化不大。对东营期的走滑变形有明显的继承作用，发育断层多为继承性正断层。

总体上，西部凹陷清水洼陷现今构造形态主要受断、坳两期断裂系统控制，以沙三段中部（最大湖泛面MFS）大套泥岩地层为界，可划分为上下两个断裂系统，即下部断裂系统和上部断裂系统（图1）。下部断裂系统发育在沙四、沙三段下部构造层，多为拉张正断层，控制洼陷格局和地层沉积；上部断裂系统主要在沙一二段及上部构造层发育，多为走滑正断层，控制地层沉积作用不明显。

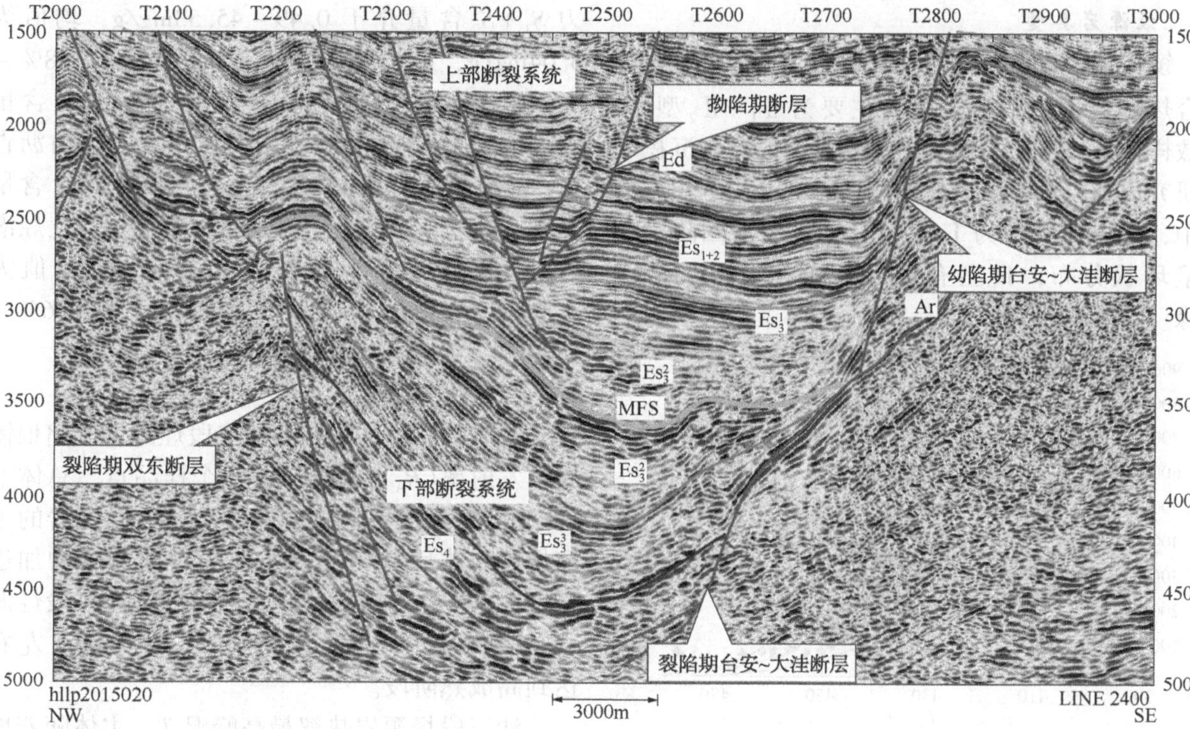

图 1　西部凹陷清水洼陷构造形态解释剖面图

裂陷期沉积了巨厚的烃源岩，后来构造活动逐渐减弱，沙一二期开始发生走滑活动，仅有少数断层断至沙三上部地层，使得沙三期最大湖泛面之下的深层原生油气藏得以完好保存，西部凹陷清水洼陷中深层也成为高成熟天然气勘探的有利场所。

2　烃源岩分布与地化特征

2.1　烃源岩厚度

西部凹陷主力烃源岩是沙四段和沙三中亚段湖相泥页岩，厚度大、分布广，它的规模存在为深层气藏提供了充足的气源条件。据钻井数据，并结合地震资料分析，西部凹陷沙四段烃源岩（图 2）最大厚度达 400m，西侧斜坡部位厚度较薄，一般为 50~100m。沙三段中亚段烃源岩（图 3）最大厚度 800m，沉积中心靠近控凹断层一侧，厚度普遍大于 600m，西侧斜坡部位厚度变薄，一般为 50~400m。

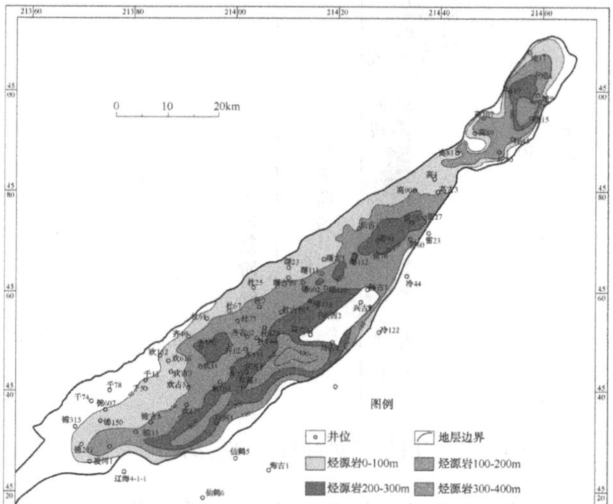

图 2　西部凹陷沙四段源岩等厚图

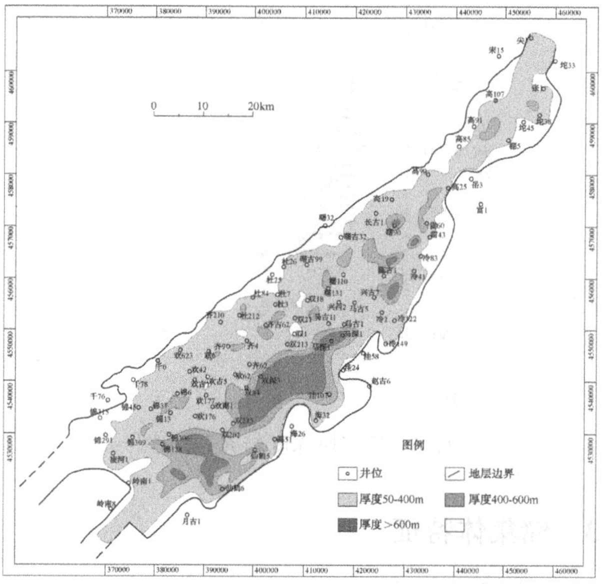

图 3　西部凹陷沙三中段源岩等厚图

2.2 烃源岩类型

镜检结果显示西部凹陷烃源岩类型为Ⅱ$_1$型，结合热解数据(图4)，认为主要为Ⅱ$_1$－Ⅱ$_2$型，少数样品点有机质类型为Ⅰ型和Ⅲ型。综合沉积相研究成果，分析认为在凹陷中心的湖相沉积环境中，有机质类型为Ⅰ型，Ⅱ$_1$－Ⅱ$_2$型沿凹陷边缘呈环状分布，Ⅲ型有机质分布在西部凹陷边缘。

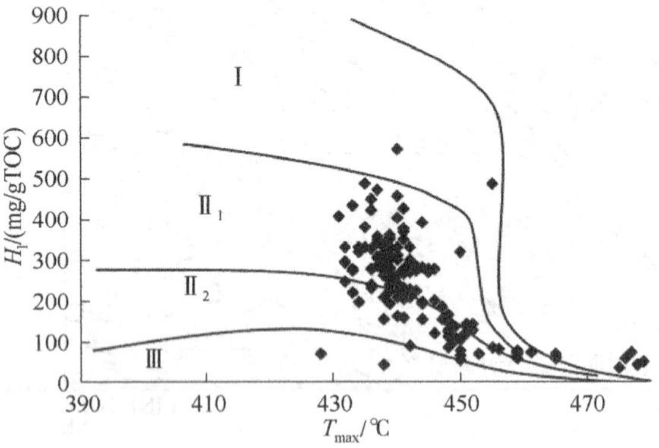

图4　西部凹陷深层有机质类型判别图版

2.3 有机质丰度

据西部凹陷揭露深部地层的11口探井沙三段烃源岩地化数据，有机碳丰度指标显示该区沙三段烃源岩为好烃源岩。沙三上亚段TOC含量介于0.68%~7.32%，平均值为1.92%，生烃潜力S_1+S_2含量介于0.49~45.53mg/g，均值为6.04mg/g，氯仿沥青“A”含量介于0.08%~0.64%，均值为0.27%；沙三中亚段TOC含量平均值为1.61%，S_1+S_2均值4.06%；氯仿沥青“A”含量均值为0.472%；沙三下亚段TOC含量介于0.67%~2.29%，平均值为1.49%，生烃潜力S_1+S_2含量介于0.43~13.31mg/g，均值为2.21mg/g，氯仿沥青“A”含量介于0.006%~1.005%，均值为0.243%。

2.4 热演化程度

同时分析这些深井的沙三段烃源岩干酪根镜质体发射率(R_o)数据，共70个样品点，总体上处于成熟－高成熟演化阶段。沙三段烃源岩的干酪根镜质体反射率(R_o)主体随着埋深的增加逐渐增大(图5)。由图可知，西部凹陷沙三段烃源岩在3000m左右进入成熟阶段，在4300m左右达到高成熟阶段。

沙三段烃源岩热解最高峰温T_{max}主体随着埋深的增加逐渐增大，部分样品点的T_{max}值随埋深的增加呈现不变的特征(图6)。由图可知，西部凹陷沙三上亚段烃源岩主要处于低成熟阶段，沙三中亚段烃源岩主要处于成熟阶段，部分达到高成熟和过成熟阶段，沙三下亚段烃源岩主要处于成熟－高成熟阶段。

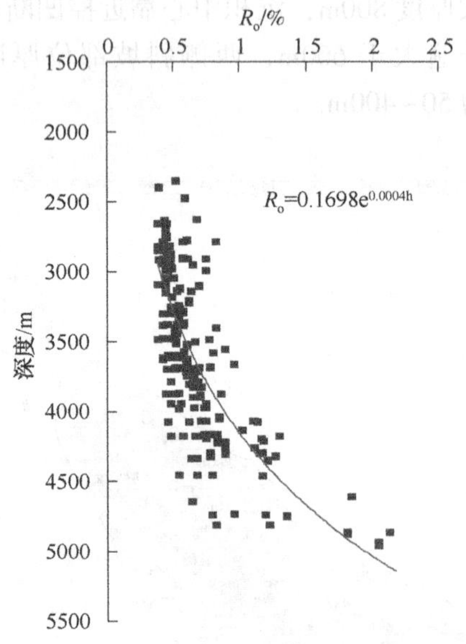

图5　沙三段深度与R_o关系图

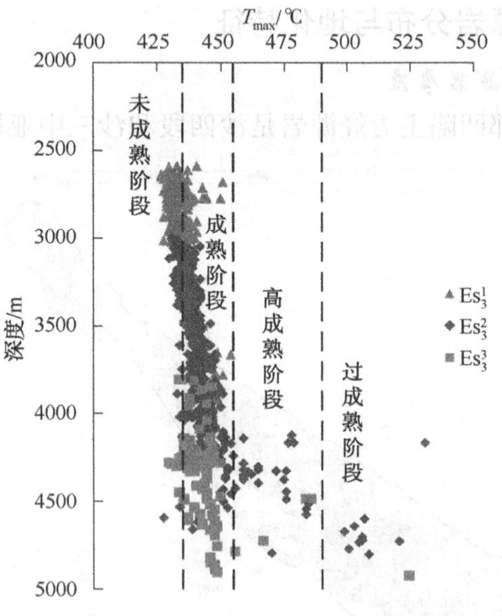

图6　沙三段热解最高峰温T_{max}剖面

3 储集体特征

3.1 物源体系

据沙三段重矿物特征对比(图7)，位于清水洼陷北侧的马深1井和冷家地区重矿物分析锆石含量均小于35%，电气石含量均在3%以下，而西斜坡锆石含量均大于35%，电气石含量均大于3%。表明清水洼陷东侧物源重矿物特征与北部冷家地区相类似，同受来自东部中央凸起的物源控制。通过沙三中段岩屑成分统计分析，洼陷内的清东-清北扇体与冷家地区母岩性质相近，以变质岩为主，岩浆岩次之；而西斜坡的齐家和欢喜岭地区母岩则以岩浆岩为主，变质岩次之。

另外，东侧中央凸起多口钻井揭露古潜山地层遭受严重剥蚀，推算横向剥蚀区可达6km，纵向剥蚀厚度达800m。顺物源方向剖面显示，在边界大断裂的持续活动控制下，碎屑物质易整体滑塌直接入湖，清水洼陷为主要卸载区。整体上为一个受古地貌背景和边界断裂控制的物源体系，对应沉积了多个扇体。

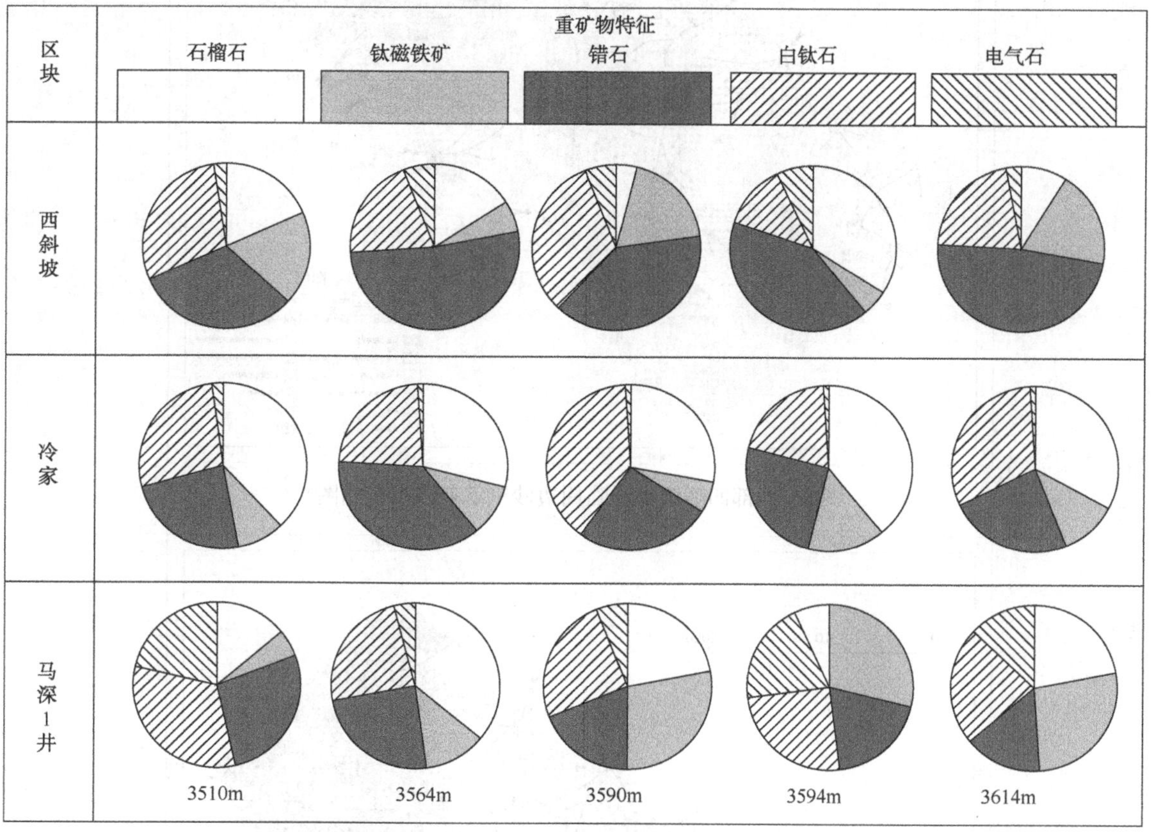

图7　西部凹陷清水地区周边沙三中段重矿物特征对比图

3.2　沉积相及扇体分布

西部凹陷清水洼陷及周边发育的沉积相类型主要有扇三角洲相、湖底扇相和近岸水下扇相。由于深层基本无钻井资料，为了确定两大物源体系控制的扇体分布，开展了以地震相为主，辅以地震属性的低勘探程度区扇体识别与刻画。结果显示沙三下段沉积时期，清水洼陷西部缓坡带为缓坡型扇三角洲相，洼陷中心为湖底扇相，洼陷东部陡坡带为陡坡型扇三角洲相图(图8)。此时，湖盆水域面积较小，水体相对较浅，处于低位体系，地形差异最大，主要发育古地貌沟槽控制的扇三角洲砂体。沙三中段沉积时期，洼陷西部缓坡带和洼陷中心主要为大面积的湖底扇相，而东部陡坡带则为近岸水下扇相(图9)。该时期清水洼陷处于水进体系域，此时，湖盆水域面积达到最大，水体达到最深，东侧发育清北-清东两大近岸水下扇砂体，是清水洼陷深层主要储集体。

3.3　储层特征

3.3.1　储集岩性

根据西部凹陷清水洼陷周边探井沙三中段岩石薄片鉴定结果，岩性有岩屑长石砂岩、岩屑砂岩、砂砾岩、砂质砾岩和长石岩屑砂岩等，其中以岩屑长石砂岩和长石岩屑砂岩为主。石英含量为16%~37%，平均值为27%，含量偏低。长石含量为15%~55%，平均值为35%；岩屑的岩性以变质岩和岩浆岩为主，平均含量为36%。碎屑岩填隙物中杂基以泥质为主，平均值为3.3%，泥质含量较低；胶结物以方解石和石英为主。从石英、长石和岩屑的含量来看，清水洼陷深层碎屑岩为低成分成熟度，矿物和岩屑不稳定，有利于次生孔隙的发育。

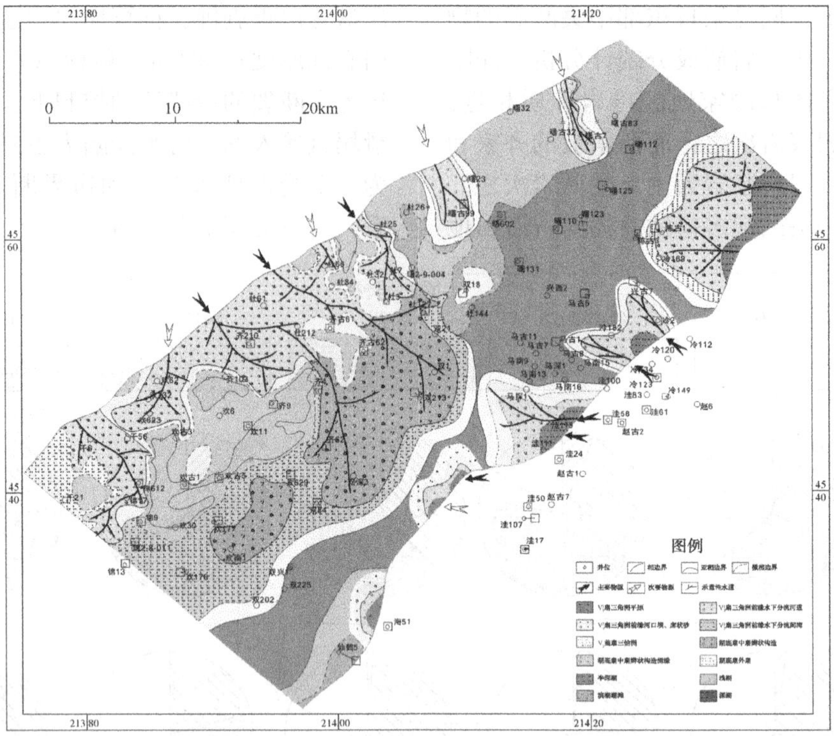

图 8　西部凹陷清水洼陷周边沙三下亚段沉积相图

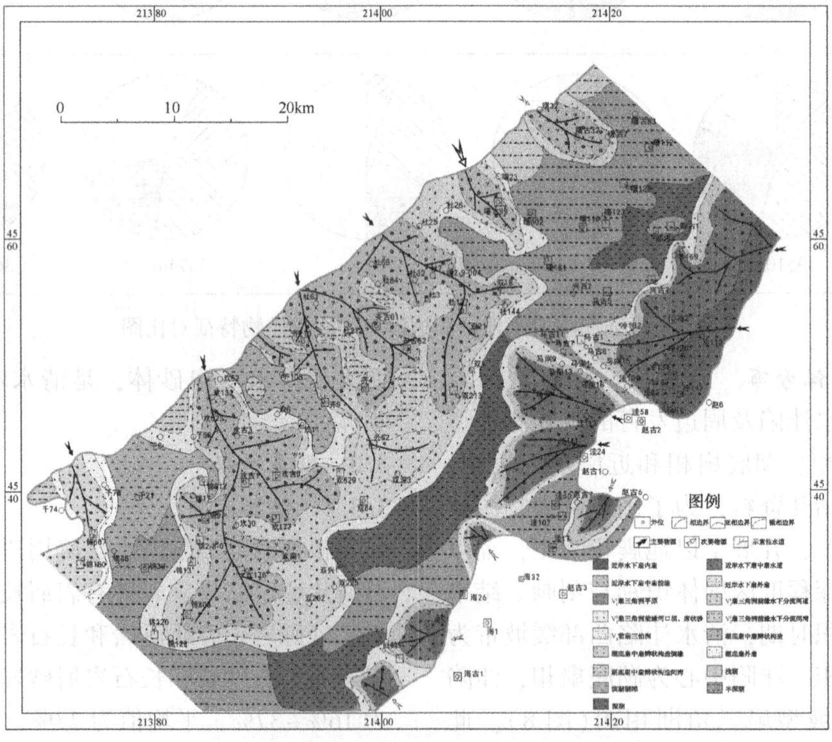

图 9　西部凹陷清水洼陷周边沙三中亚段沉积相图

3.3.2　储层孔隙特征

镜下薄片显示深层砂岩孔隙以粒内溶孔和粒间溶孔为主，其次是粒间扩大孔，原生粒间孔隙少见。粒内溶孔为为长石、岩屑等碎屑颗粒部分溶蚀形成的孔隙。粒间溶孔是由于颗粒间的胶结物、杂基及颗粒表面被溶蚀所形成的胶结物溶孔和杂基溶孔，主要是碳酸盐胶结物部分溶蚀形成的孔隙，还有菱铁矿和高岭石等溶蚀形成的孔隙。

3.3.3　储层物性特征

通过研究区沙三段 48 口井岩心实测孔隙度与渗透率分析(图 10)，认为沙三段碎屑岩储层主要为中-低孔、低渗-特低渗型致密储层。孔隙度值集中分布在5%~20%之间，渗透率值集中分布在0.1~100mD之间。

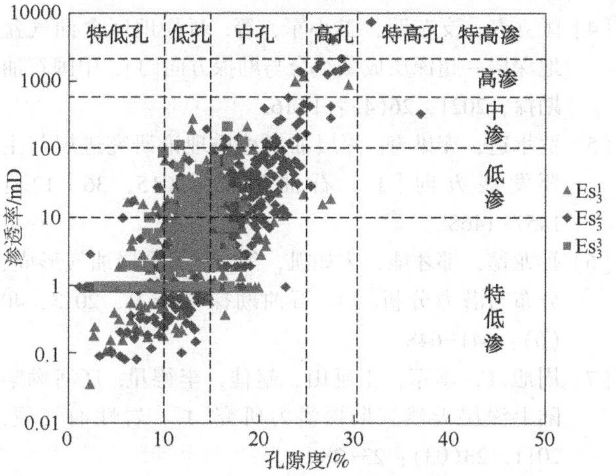

图10 西部凹陷清水洼陷周边沙三段实测孔隙度与渗透率交汇图

尽管物性致密，但从目前取得的资料分析，辽河坳陷深层3500m以下的储集层绝大部分物性都高于天然气储层物性下限值，可以满足天然气的储集条件。

4 成藏模式及勘探潜力

4.1 深层天然气成藏模式

西部凹陷清水地区发育断、坳两期断裂系统，由于沙三中湖泛面附近暗色泥岩的封盖分隔为上、下两个成藏组合，深层天然气属于下部成藏组合，为一个封闭的原生气藏（图11）。油气成藏史研究揭示该区主要有两期油气充注，早期以油为主，晚期以高熟天然气为主。东营时期，油气大量生成，在晚期断层活动的沟通下，在上部储集体中聚集成藏。馆陶、明化镇时期，清水洼陷深层烃源岩生成大量高熟气，而早期形成的古油藏及液态烃，随着埋深、温压的增大，也逐渐向天然气藏裂解转化，但由于受湖泛期厚层烃源岩所覆盖，油气在烃源岩内部储层中富集，形成原生气藏。因此，以沙三中湖泛面为界，清水洼陷发育上、下两套成藏组合。目前，上部成藏组合勘探程度较高，下部成藏组合尚处于勘探空白区，具有很大的勘探潜力。

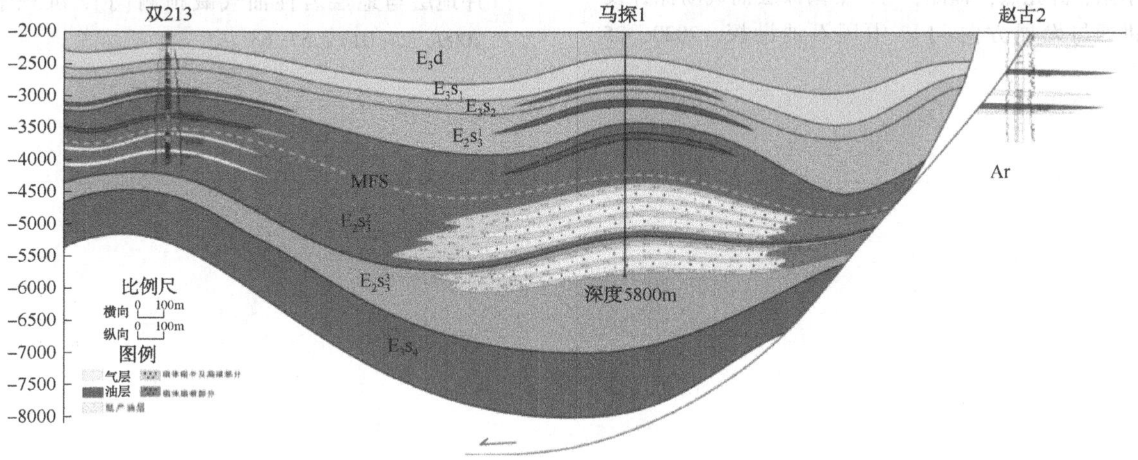

图11 西部凹陷清水洼陷深层天然气成藏模式图

4.2 勘探潜力

西部凹陷清水洼陷发育沙四、沙三段两套烃源岩，分布范围广、厚度大。其中，沙四段烃源岩厚度主体在200m以上，最大厚度达400m，沙三中段源岩厚度主体在400m以上，最大厚度800m。烃源岩指标证实，沙四段深层烃源岩TOC最大值达3.2%以上，中心区 R_o 最大可达2.5%；沙三中段深层烃源岩TOC最大值为2.49%，R_o 普遍大于1.3%；沙三下段深层烃源岩TOC最大值为3.35%，R_o 普遍大于2.0%，可形成高成熟天然气。

利用软件模拟清水洼陷深层源岩的生烃强度，并计算资源量。结果显示，沙四段生气强度最大值 $140\times10^8m^3/km^2$，沙三下亚段生气强度最大值 $500\times10^8m^3/km^2$，沙三中亚段生气强度最大值 $650\times10^8m^3/km^2$。总生气量达 $4.79\times10^{12}m^3$，参照我国已发现大气田的源岩生气强度，西部凹陷清水洼陷深层具备形成大气田的资源基础。

5 结论

（1）西部凹陷清水洼陷深层沙三、沙四段高成熟源岩的规模发育，奠定了大气田形成的资源基础。暗色泥岩厚度大，分布广，主力烃源岩有机碳丰度大于 1.5%，平均值为 2.0%，为好烃源岩，均处于成熟-高熟演化阶段为高成熟、强生气阶段，总生气量达 4.79 万亿立方米。

（2）东侧陡岸带储集体的规模发育，基于重矿物和岩屑成分的分析，证实其东侧紧邻的中央凸起为长期的继承性物源供给区，清水洼陷为主要卸载区。沙三下低位期，水体相对较浅，主要发育清北扇三角洲扇体；沙三中水进期，水体大幅加深，坡度变陡，主要发育断裂控制的清北-清东近岸水下扇体。

（3）受清水洼陷断、拗两期断裂影响，加之沙三中湖泛期区域泥岩的封盖作用，划分为上、下两个成藏组合，深层天然气属于下部成藏组合，属于封闭成藏系统。油气在烃源岩内部储层中富集，形成原生气藏，具有很大的勘探潜力。

参 考 文 献

[1] 姚根顺，熊湘华，胡素云，等. 深层油气地质理论与勘探实践[M]. 北京：石油工业出版社，2019.

[2] 李阳，薛兆杰，程喆，等. 中国深层油气勘探开发进展与发展方向[J]. 中国石油勘探，2020，25(1)：46-56.

[3] 李剑，佘源琦，高阳，等. 中国陆上深层—超深层天然气勘探领域及潜力[J]. 中国石油勘探，2019，24(4)：403-417.

[4] 匡立春，支东明，王小军，等. 新疆地区含油气盆地深层—超深层成藏组合与勘探方向[J]. 中国石油勘探，2021，26(4)：1-16.

[5] 贾承造，庞雄奇. 深层油气地质理论研究进展与主要发展方向[J]. 石油学报，2015，36(12)：1457-1468.

[6] 孙龙德，邹才能，朱如凯，等. 中国深层油气形成、分布与潜力分析[J]. 石油勘探与开发，2013，40(6)：641-648.

[7] 周旭红，李军，王延山，赵佳，李德星. 辽河坳陷陆上深层天然气勘探潜力研究[J]. 岩性油气藏，2011，23(03)：23-28.

[8] 丁志刚，吴敬哲，于涛，李东风. 下辽河西部凹陷下第三系地层及沉积特征[J]. 辽宁工程技术大学学报(自然科学版)，2011，30(S1)：30-33.

[9] 谢玉华，朱筱敏，赵坤. 辽河西部凹陷古近系层序地层格架[J]. 科技导报，2010，28(06)：58-64.

[10] 冯有良，鲁卫华，门相勇. 辽河西部凹陷古近系层序地层与地层岩性油气藏预测[J]. 沉积学报，2009，27(01)：57-63.

东部凹陷沙河街组深层玄武岩储层条件与成藏特征

郭　强

（中国石油辽河油田公司勘探开发研究院）

摘　要　火山岩油气藏是辽河坳陷油气勘探的重点领域之一，发现了多个以粗面岩为代表的中浅层火山岩油藏，但在深层玄武岩领域未获发现，为寻求规模资源发现开展了针对深层玄武岩的攻关研究。研究表明，东部凹陷深层沙三段烃源岩具有规模生气潜力，为天然气规模成藏提供了丰厚的物质基础；火山岩物性受埋深影响小，特别是水下喷发的玄武质角砾岩具备良好的储集条件；烃源岩层系中的火山岩被泥岩包裹，泥岩既是气源岩又是盖层，具有得天独厚的成藏条件。

关键词　东部凹陷；火山岩；玄武岩；储层特征

火山岩油气藏已是我国油气资源勘探开发的重要新领域，目前已在松辽、渤海湾、海拉尔、二连、四川等盆地内发现了多种类型的火山岩油气藏，展现了较大的勘探潜力。辽河坳陷火山岩的发育整体受郯庐断裂控制，古新世的岩浆活动在辽河坳陷广泛发育，始新世开始，岩浆活动中心整体转移到东部凹陷，东部凹陷古近系沙河街组三段(简称沙三段)是辽河东部凹陷火山岩油气勘探的主要层系和领域。辽河东部凹陷是我国较早发现火山岩油气藏并获得规模油气储量的地区之一，早在20世纪70~80年代，就已认识到火山岩可以作为储集岩，先后发现了黄沙坨、欧利坨子、热河台等火山岩油藏，已发现油藏具有岩性单一(粗面岩为主)、埋藏较浅(埋深<3500m)、油多气少的特点。近年来，针对东部凹陷深层天然气加大了研究力度，尤其是针对玄武岩勘探领域开展攻关，在天然气成因与来源、火山岩岩性岩相、火山岩储层评价等方面取得了一系列新认识，落实了东部凹陷南部深层多个火山岩体，揭示了东部凹陷火山岩勘探的巨大潜力，对辽河坳陷深层天然气勘探意义重大。

1　油气地质条件

1.1　火山岩发育特征

辽河东部凹陷沙河街组三段火山岩在平面上具有十分广泛的分布，在东部凹陷中南部铁匠炉—大平房地区具有区域连片分布，北部仅在青龙台和茨榆坨地区局部发育。纵向上可将沙三段火山岩划分为5个喷发期次(图1)，沙三中下亚段自下而上依次发育期次一(玄武岩)、期次二(玄武岩)、期次三(粗面岩)、期次四(玄武岩)、沙三上亚段发育期次五(玄武岩)，玄武岩最为发育，是近年来深层油气勘探的主要目标。

1.2　烃源岩条件

东部凹陷沙三段广泛发育的湖相暗色泥岩是沙三段最重要的烃源岩，烃源岩的热解演化资料表明，沙三段烃源岩埋藏深度在2700m左右，镜质体反射率(R_o)能达到0.5%的生烃门限；埋藏深度在4300m左右，镜质体反射率(R_o)能达到1.3%的高成熟生热解气阶段。东部凹陷沙三段地层埋藏深度大都超过2700m，最大埋深可达8000m，反映了沙三段大部分烃源岩已达到生气门限。同时，东部凹陷已有井发现天然气甲烷碳同位素较重，与四川盆地过成熟气指标相似，表明东部凹陷发育深层裂解气，在东部凹陷北部完钻的永3井天然气$\delta^{13}C_1$为-29.43‰，进一步说明深层发育过成熟源岩的裂解气，为探索深层天然气提供了依据。

1.3　火山岩储层特征

东部凹陷沙三段玄武岩依据碎屑组分和结构差异，可划分为玄武质角砾岩、气孔玄武岩和块状玄武岩三大类。通过对野外剖面勘查、岩心观察、岩石薄片分析等方法，分析总结玄武岩的储集空间、储层物性及其组合规律。

玄武质角砾岩主要发育于火山通道相的火山颈亚相、隐爆角砾岩亚相，爆发相的空落亚相、热基浪亚相、火山碎屑流亚相，以及溢流相的玻质碎屑岩亚相(水下环境)。由于基性岩浆粘度低，火山通道相和爆发相的规模普遍较小，这两

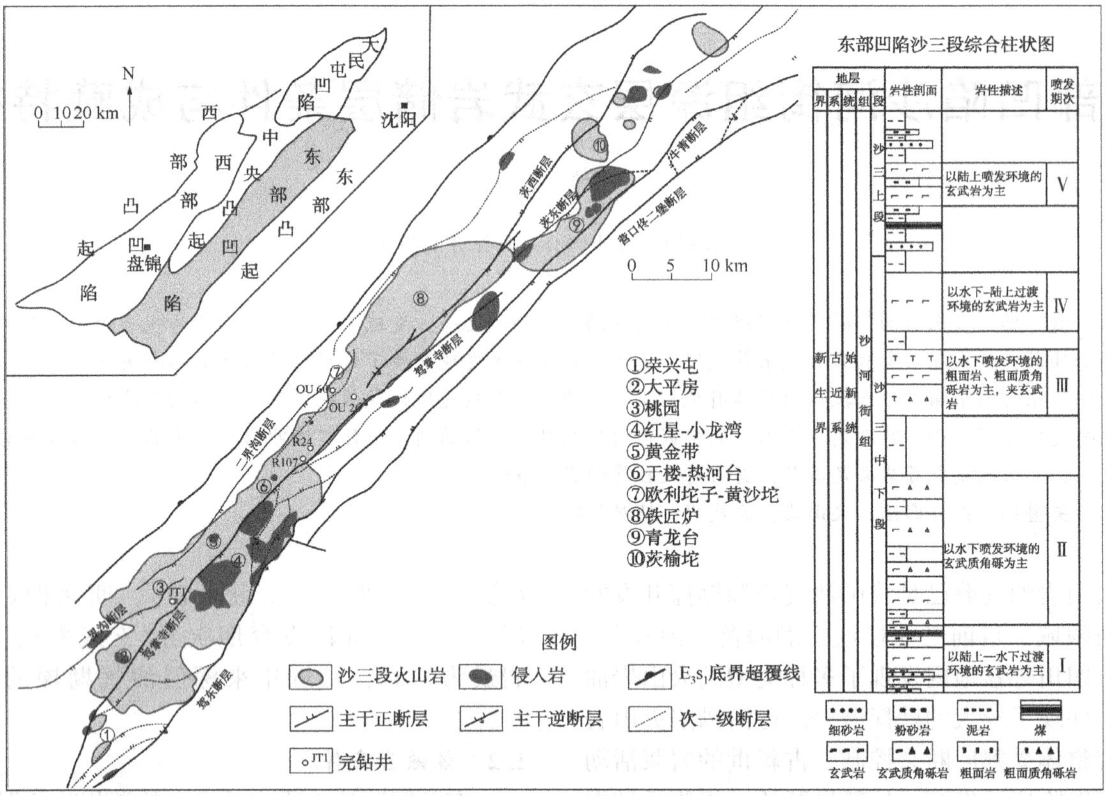

图 1　东部凹陷沙三段火山岩区域分布图

类岩相的玄武质角砾岩发育规模有限。溢流相的玻质碎屑岩亚相属于水下喷发环境，熔浆与水体直接接触，经淬火冷凝而快速堆积形成的各种粒级的角砾状碎屑岩，通常呈丘状、透镜状，厚度大，常与暗色泥岩互层状分布。该类岩石的储集空间主要为原生的砾/粒间孔缝[图 2(a)、(b)、(c)]、次生的溶蚀孔缝[图 2(d)]和构造裂缝，基质孔隙度主要分布在 7%~20%之间，平均孔隙度 13.26%，基质渗透率主要分布在(0.1~10)×$10^{-3}\mu m^2$之间，平均渗透率 3.78×$10^{-3}\mu m^2$。

气孔玄武岩主要发育于溢流相复合熔岩流亚相，呈辫状分布，厚度小(单层厚度通常<6m)，面积小，储集空间主要为原生的气孔、杏仁体内孔[图 2(e)、(f)]以及次生的溶蚀孔和构造裂缝[图 2(e)]，由于气孔玄武岩多位于流动单元顶部或底部，且脱玻化孔和气孔多发育在界面附近，因此气孔玄武岩通常受后期界面流体改造较强。基质孔隙度主要分布在 5%~20%之间，平均孔隙度 13.4%，基质渗透率主要分布在(0.01~3)×$10^{-3}\mu m^2$之间，平均渗透率 1.39×$10^{-3}\mu m^2$。

块状玄武岩[图 2(g)、(h)]主要发育于溢流相板状熔岩流亚相，层状分布，厚度大，面积范围最广。储集空间为原生水平及柱状节理缝、少量原生气孔、次生溶蚀孔和裂缝。由于基质整体结晶程度较高，原生少量孔缝多不连通，因此块状玄武岩原生孔隙整体对储层贡献不大。块状玄武岩多位于流动单元内部，受界面改造溶蚀相对较少，是整体物性较差的主要原因。基质孔隙度主要分布在 3%~10%之间，平均孔隙度 4.74%，基质渗透率主要分布在(0.01~1)×10^{-3} μm^2之间，平均渗透率 0.41×$10^{-3}\mu m^2$。

1.4　断层与储层和成藏的关系

断层控制火山岩储层和油气成藏主要表现为：(1)沙三段火山岩分布主要受东部凹陷中南部的驾掌寺断层和驾东断层控制，靠近大断层的构造高部位，通常是古火山口相对较发育的地区，且火山口沿大断层具有呈串珠状分布的规律(图 3)。(2)东部凹陷古近纪经历了裂陷→断陷→断坳转化→走滑—构造反转等构造活动，这种持续活动断层附近的火山岩体，易于形成多期裂缝，有利于储层的构造作用、溶蚀作用等多期改造，通常距离主断层 3km 范围内是裂缝改造区；JT1 井距离驾掌寺断层距离<2km，位于裂缝集中发育区，该井高产气层段玄武质角砾岩岩心构造裂缝发育，取心收获率仅为 29%。(3)沙三中下深层成熟—过成熟烃源岩是 JT1 井获得成功的气源保障，上

覆厚层超压泥岩是 JT1 井获得成功的盖层保障；水下喷发玄武质角砾岩，是遇水淬火冷凝、炸裂破碎所形成，原生的角砾间孔和微裂缝十分发育[图 2(a)、(b)、(c)]，岩体内部储层连同性好，后期沿微裂缝的溶蚀改造作用非常强[图 2(d)]，近主干断裂的裂缝改造作用进一步改善、丰富了储集空间，原生孔缝发育、后期储层改造作用强的火山角砾岩优质储层是 JT1 井获得成功的关键。

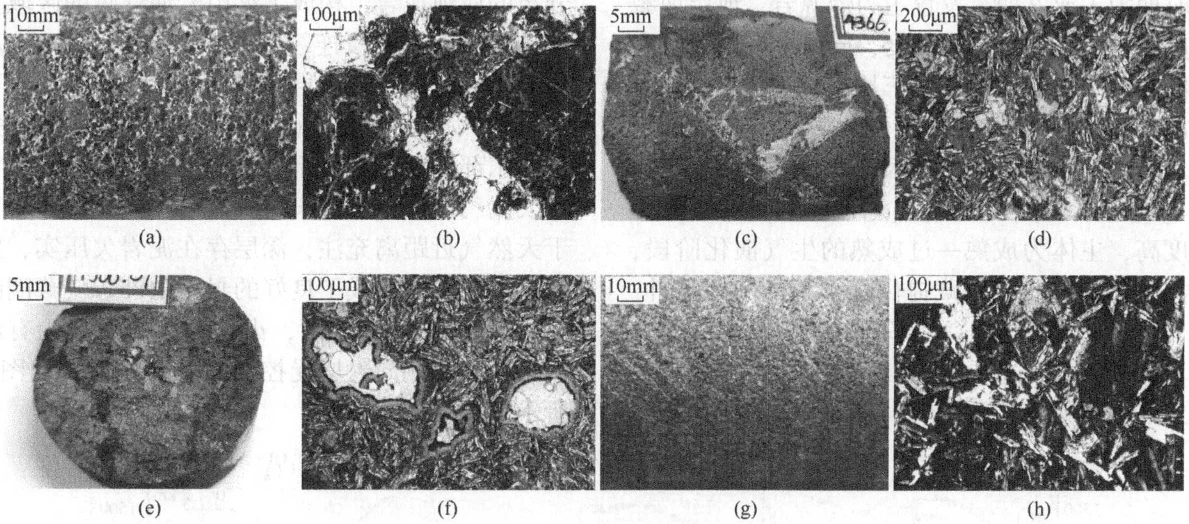

图 2 东部凹陷玄武岩类储层储集空间特征

(a)欧 606-1 井 3167.2m，玄武质角砾岩，发育砾/粒间孔缝；(b)欧 606-1 井 3187.51m，玄武质角砾岩，发育砾/粒间缝，铸体薄片(-)；(c)驾探 1 井 4366.0m，玄武质角砾岩，发育构造缝、砾间缝；(d)驾探 1 井 4366.32m，玄武质角砾岩，基质溶蚀孔发育，铸体薄片(-)；(e)驾探 1 井 4366.09m，玄武质角砾岩，角砾原岩见气孔杏仁构造，发育裂缝、杏仁体内孔；(f)驾探 1 井 4366.63m，玄武质角砾岩，角砾原岩发育杏仁体内孔、气孔，铸体薄片(-)；(g)驾 31 井 3731.8m，块状玄武岩，发育少量微孔；(h)驾 31 井 3731.8m，块状玄武岩，岩石薄片(+)。

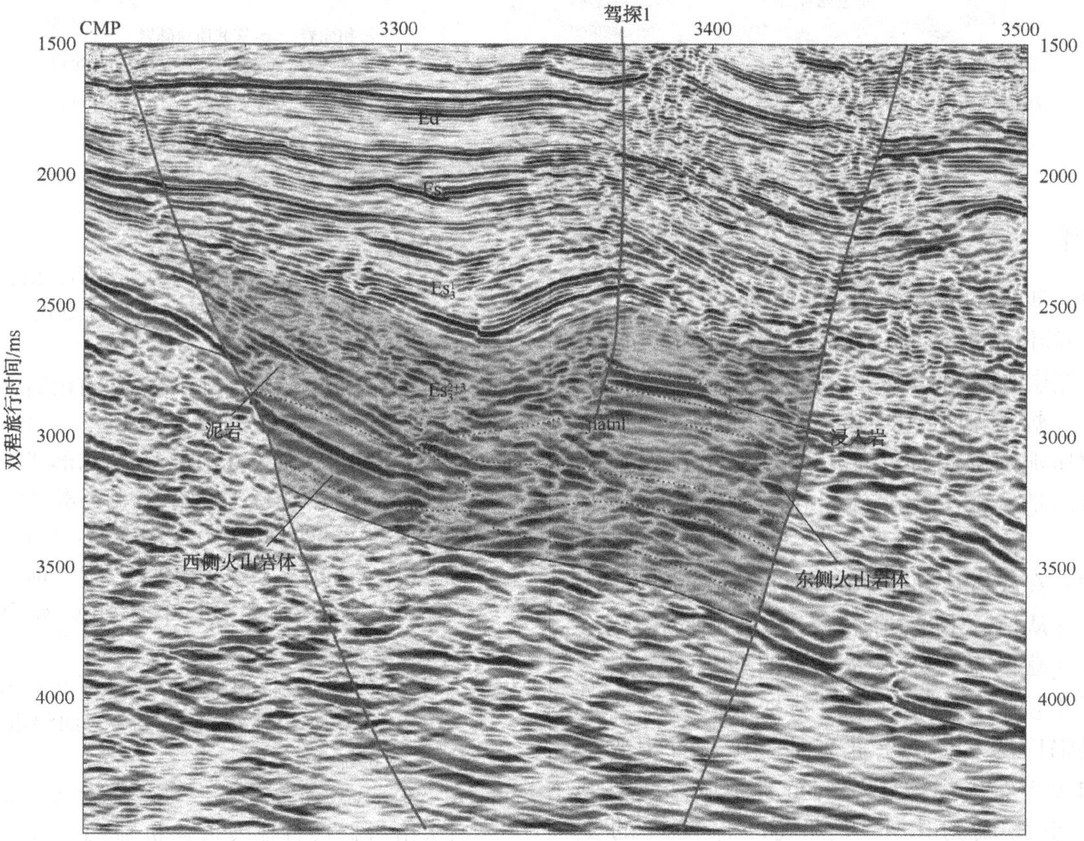

图 3 过 JT1 井地震剖面图

2 成藏特征

勘探实践证实，深层火山岩气藏具有以下有利成藏条件：(1)具备优越的烃源岩条件，沙三段时期为主成盆期，发育主力烃源岩，地层埋藏深度控制了烃源岩的成熟度，同时影响了油藏和气藏的分布；北部地区沙三段地层埋深<4300m，烃源岩 R_o<1.3%，主体为低成熟—成熟演化阶段，以生油为主；南部地区沙三段地层埋深能达到5500m以上，烃源岩 R_o>1.3%，有机质演化程度高，主体为成熟—过成熟的生气演化阶段，为深层火山岩油气成藏提供了优越的气源条件。(2)良好的储集条件，东部凹陷沙三段内部发育区域展布、叠置连片的火山岩体(图3)，受水下喷发环境影响，玻质碎屑岩亚相的玄武质角砾岩广泛发育，厚度大，储集条件好，驾探1井在沙三中亚段共揭露玄武质角砾岩和辉绿岩厚度168.6m，测井解释气层厚度达123.9m。(3)稳定的盖层条件，沙三段深层火山岩之上发育区域分布的质纯泥岩，构成了火山岩油气藏的区域盖层，驾探1井上覆连续泥岩段厚度达294m，从而有效地封闭了火山岩储层中的天然气，形成了本区的火山岩气藏。(4)良好的生储盖组合关系，东部凹陷火山岩油气藏具有近源成藏的特征，沙三段烃源岩与火山岩储层直接接触，有利于天然气近距离充注，深层存在泥岩欠压实，发育超压系统，形成了良好的封盖条件。气藏圈闭类型为构造-岩性圈闭，火山岩体都可作为有利储层，圈闭侧向封堵受控于断层与构造。如图4所示。

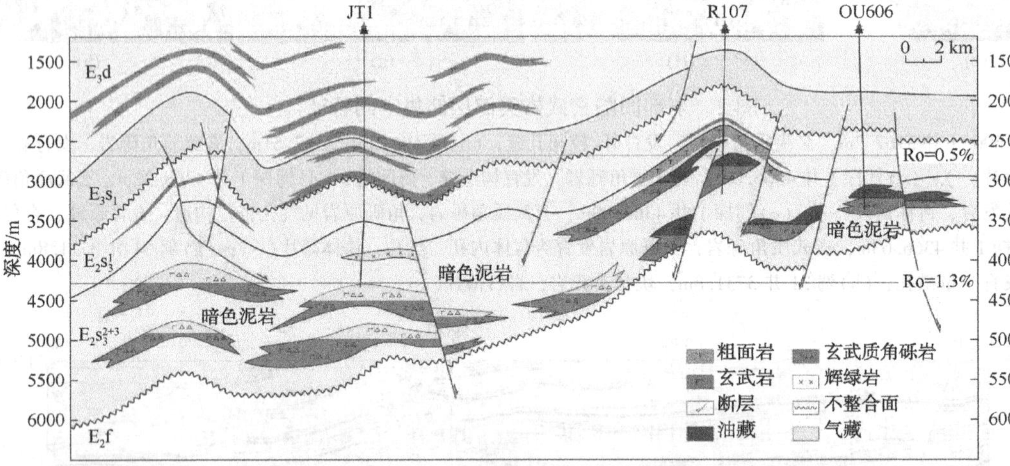

图4　东部凹陷中南部沙三段火山岩油藏剖面图

3 结论

(1)沙三段是玄武岩油气勘探的主要层系，水下喷发环境的玄武质角砾岩具有厚度大、分布稳定、储层物性好等特征，是深层气藏的良好储集体。烃源岩层系中的火山岩被泥岩包裹，厚层超压泥岩强封盖，保存条件好。在近油源和裂缝改造区的火山岩体是深层气藏勘探最有利目标。

(2)玄武岩从勘探禁区到勘探热点地区，深层天然气从信心不足到信心满满，辽河坳陷深层火山岩气藏的勘探发现充分表明"勘探无禁区，认识无止境"。驾探1井的钻探成功，解放了辽河坳陷广泛发育的玄武岩油气藏，有望成为辽河油田天然气规模建产的重要领域，辽河坳陷深层也将成为未来天然气勘探发现的主战场。

参考文献

[1] 孟卫工，陈振岩，张斌，等. 辽河坳陷火山岩油气藏勘探关键技术[J]. 中国石油勘探，2015，20(3)：45-57.

[2] 张占文，陈振岩，蔡国刚，等. 辽河坳陷火山岩油气藏勘探[J]. 中国石油勘探，2005，4：16-23.

[3] 张斌，顾国忠，单俊峰，等. 辽河东部凹陷新生界火山岩岩性、岩相特征和储层控制因素[J]. 吉林大学学报(地球科学版)，2019，49(2)：279-293.

[4] 陈星州，童亨茂，李冰，杨烁. 辽河东部凹陷火山岩储层识别技术研究[J]. 岩性油气藏，2014，26(5)：40-46.

[5] 王岩泉，胡大千，蔡国刚，等. 辽河盆地东部凹陷火山岩储层特征与主控因素[J]. 石油学报，2013，34(5)：896-904.

[6] 黄玉龙，王璞珺，舒萍，等. 松辽盆地营城组中基性火山岩储层特征及成储机理[J]. 岩石学报，2010，26(1)：82-92.

东海深层烃源岩测井评价及地震定量预测研究

张 岩 秦德文 于 杰

[中海石油(中国)有限公司上海分公司]

摘 要 烃源岩预测是油气成藏理论研究的核心和富生烃凹陷资源潜力精细评价的基础。针对东海陆架盆地H凹陷平湖组和宝石组烃源岩，提出一种岩相进阶约束的地球物理定量预测方法。首先以本区实测岩心岩相数据为约束，将归一化乘积法与最优化解释技术引入测井评价中，提高单井纵向TOC预测的准确性和合理性。然后结合岩心微相分析，建立碎屑烃源岩岩石物理模型。通过正演保真修复测井响应，进而拟合搭建TOC敏感统计学方程。在此基础上，融合叠前和叠后信息优势开展基于岩性岩相约束的波阻抗反演，并转化得到有机碳TOC数据体。最后根据烃源岩丰度指标预测有效烃源岩平面厚度发育区。结果显示与单井实测TOC匹配度较高，从而验证了方法的有效性和适用性。

关键词 烃源岩有机碳；测井评价；岩石物理；地震反演；岩相约束

东海陆架盆地面积广阔，地层充填巨厚，生烃物质充足，油气资源丰富，勘探潜力巨大，但勘探开发程度却很低。H凹陷是东海油气勘探开发的主要领域，深层古新统广泛发育半深水-深水沉积环境的海相烃源岩。目前发现的大中型油气田均分布于凹陷生烃中心附近，生烃中心控制油气田的分布是H凹陷油气成藏的主控因素。评价烃源岩规模、烃源岩质量和生烃潜力是落实该区勘探设计部署和资源量估算的重要基础保障。由于海上钻井数量少、岩心岩屑样品分析化验成本昂贵、地震资料品质较低等因素的限制，给烃源岩评价工作的开展带来了巨大挑战，烃源岩预测精度难以满足精细勘探评价的需求。经过近几十年国内外学者的深入研究，特别是地球化学、石油地质和地球物理等多学科的交叉融合，有力推动了该项技术研究维度的进阶，为烃源岩有机碳(TOC，Total organic carbon)空间展布规律刻画和定量评价带来了新的曙光。

烃源岩有机碳评价技术的发展历程主要分为三个阶段：1)烃源岩有机碳岩心岩屑样品的地球化学研究(点)；2)烃源岩纵向测井TOC定性识别与定量评价(线)；3)井震联合烃源岩定性-半定量-定量预测(体)。通过单井岩心岩屑样品分析化验地球化学参数是获取烃源岩信息的最直接手段，但其具有显著的缺陷：实现周期长、成本费用高、离散性突出和易受外界影响等严重制约了评价结果的推广应用；测井资料的经济性以及高度的纵向连续性和分辨能力能够有效弥补上述缺陷，自20世纪中叶，国内外学者开始尝试利用烃源岩独特的测井响应特征开展测井识别评价研究，烃源岩测井评价可统一归纳为四大类方法：敏感参数定性判别法(共性组合、参数构建和交会图版等)、参数递归拟合法(单参数、多参数)、ΔLogR基线重叠法(多元等)和非线性数模解析法(人工神经网络、测井处理解释和岩石物理反演等)，Zhu等、Guo等、董宁等和邓继新等结合岩石物理实验和岩石微相特征，建立了烃源岩岩石物理模型并定量研究了烃源岩有机碳对岩石弹性性质和地震弹性响应的影响。

单井纵向烃源岩测井评价仅仅可反映一孔之见的问题，难以对有机质横向非均质性特征进行描述。地震响应是地层岩性、物性和含油气性等多种因素综合影响的结果，蕴含着丰富的潜在信息。针对不同地区的勘探实际，地球物理学者将井震结合提出了四大类由定性识别到定量预测的烃源岩有机碳地震评价方法，分别为：层序地层学与地震速度分析法、地震相分析法、多属性预测法以及地震反演法，每种方法都有独特的适用性和需求导向，需紧密结合工区实际优选组合使用。针对研究区东海西湖凹陷地质、地化和地震特点，本文提出一种岩相进阶约束的烃源岩有机碳地球物理定量预测方法。

1 研究区概况及主要烃源岩特征

H凹陷位于东海陆架盆地浙东坳陷东部，构造上属于东海盆地浙东拗陷内的三级构造单元，其东与钓鱼岛隆褶带毗邻，北接福江坳陷，南临钓北凹陷，西以虎皮礁、海礁、鱼山凸起为界，通过长江湾和钱塘湾，与长江凹陷和钱塘凹陷相通，总面积约 5.18 万 km^2，新生代最大沉积厚度>12000m，系我国东海海域油气勘探的重点凹陷。

本研究区存在暗色泥岩、碳质泥岩和煤三种类型烃源岩，除了煤层可作为好的烃源层外，H 凹陷平湖组的暗色泥岩、碳质泥岩是主力烃源岩层，宝石组暗色泥岩是重要烃源岩，结合岩心标定厘定该凹陷烃源岩具有“三高一低”，即高伽马、高声波、高中子和低密度的测井岩石物理特征。H 凹陷平湖组地层形成于三角洲—局限海沉积环境，以厚层泥岩和薄层砂岩不等厚互层沉积，其间夹有多层 0.5m～4m 不等的煤层，泥岩以深灰色–灰黑色为主，有机质丰度高，有机碳平均 1.35%，为好的烃源岩。宝石组地层形成于局限海沉积环境，发育较厚泥岩，煤层不发育，泥岩有机质丰度较高，有机碳平均 1.03，为中等–好的烃源岩。

2 有机碳地球物理预测技术流程

本文针对研究区烃源岩评价提出了岩相进阶约束的地球物理定量预测方法，研究思路为：将多阶岩相信息层层递进融入的思想作为主导。以实测岩心岩样数据(岩心岩相)为约束，将归一化乘积法与最优化解释技术引入测井评价中，提高单井纵向 TOC 估算的准确性和合理性，并结合地化分析成果(岩心微相)，建立适合研究区的碎屑烃源岩岩石物理模型，最大限度地保真修复真实地层的测井响应特征，由此构建的 TOC 敏感统计学方程更加准确可靠，充分发挥叠前叠后各类地震数据的突出优势，开展岩相体(岩性岩相)约束反演，提高烃源岩有机碳地震定量预测精度的同时兼顾了实现效率，最终结合研究区各类烃源岩丰度划分标准，实现有效烃源岩 TOC 的定量预测和平面展布规律刻画。主要技术路线如图 1 所示：

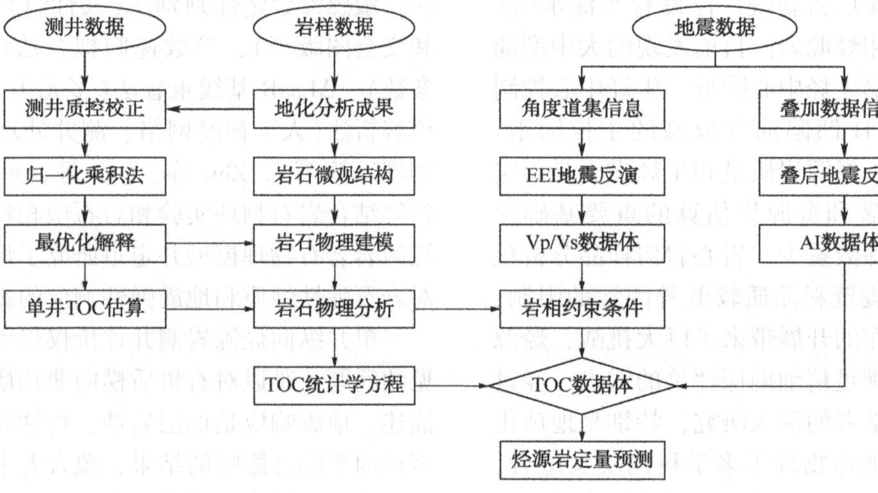

图 1　岩相进阶约束的烃源岩有机碳测井评价与地震定量预测技术路线

3 烃源岩有机碳测井评价

3.1 单井纵向 TOC 估算

高质量测井数据为烃源岩测井评价与地震预测结果提供了重要的基础资料保障，但是由于测井仪器、井筒质量和测量环境的差异性，使得局部段测井曲线数据失真以及多井间缺乏一致性现象普遍存在。研究发现西湖凹陷平湖组大量发育煤层，且煤层段 TOC 含量很高。从而导致在 TOC 测井评价建模时出现大量异常点，严重影响单井估算精度。工区 TOC 数据是基于钻井岩屑实验分析，不是真实深度岩层特性的体现，岩屑录井深度系统与测井深度系统之间存在一定偏差。因此，在单井纵向 TOC 评价之前，必须开展坏井眼校正、测井资料标准化、煤层扣除以及岩屑深度校正等测井资料质控和优化处理。

研究区多口探井具有实测岩心数据，有机质跨度较大，从差到很好均有分布，常规方法对样品数量和分析化验点的代表性要求较高，TOC 估算精度较低。本文根据西湖凹陷地层岩性和测井响应特点，提出一种归一化差值乘积法的有机碳测井评价方法。当泥岩中有机质含量增加时，伽马值和声波时差均增大，两者归一化后的乘积会放大这种效应，利用该差值曲线与实测 TOC 匹配拟合可得到相关度较高的连续TOC曲线(图2)。

公式如下：

$$GR'=\frac{GR-GR_{min}}{GR_{max}-GR_{min}},\ DT'=\frac{DT-DT_{min}}{DT_{max}-DT_{min}},\ TOC=GR'*DT'*\xi \tag{1}$$

式中，GR'表示伽马曲线归一化后的数值；DT'表示声波时差曲线归一化后的数值；ξ表示拟合比例因子；TOC表示单井有机碳估算值。

有机碳作为岩石组分需满足岩石单位体积的物理原则。本文将上述结果作为输入，通过引入最优化解释技术，在保障合理性的基础上，进一步提高了预测精度。最优化解释结果与单井岩心岩屑资料相关性由64%提高到86%(图3)。

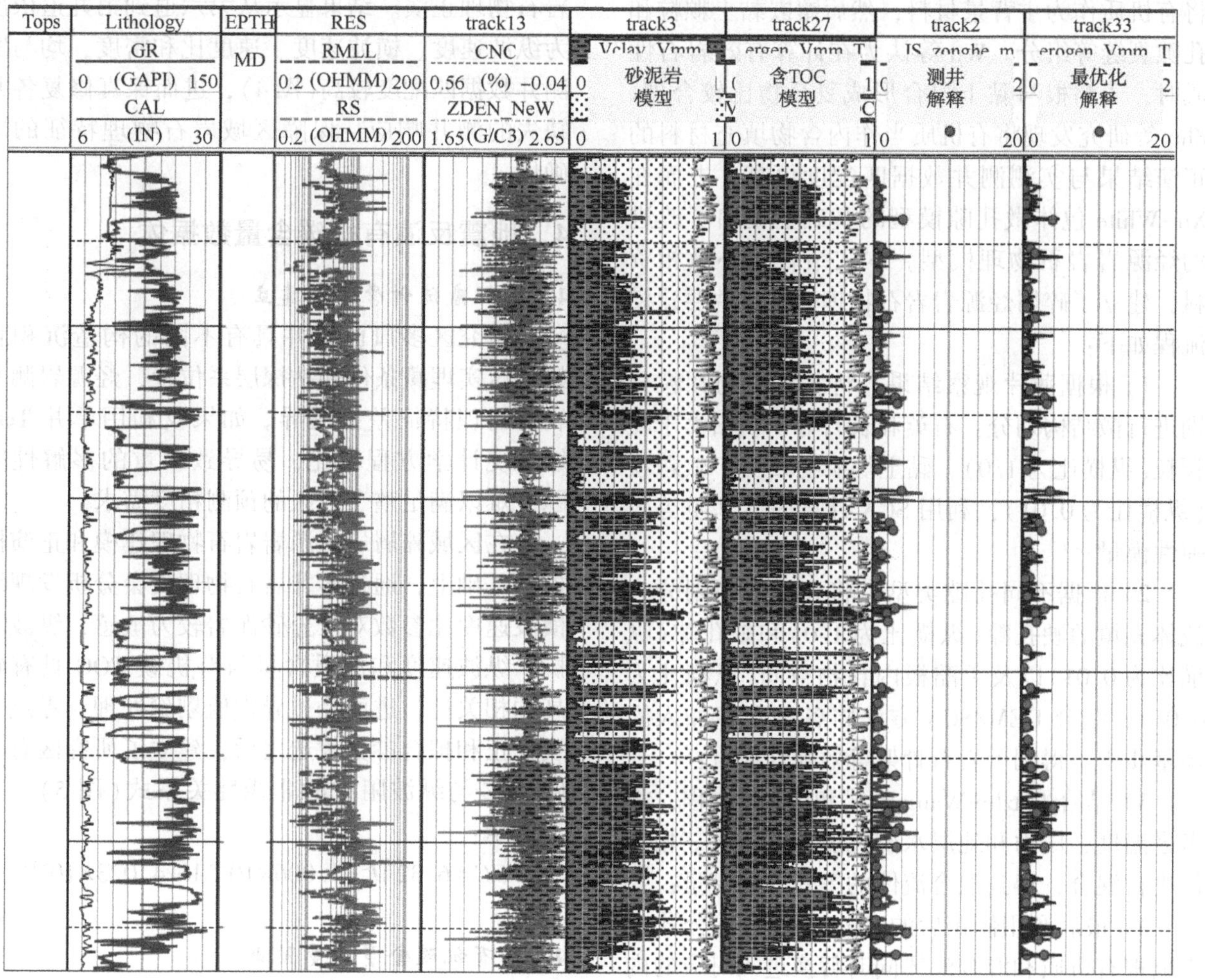

图2　单井有机碳(TOC)测井评价结果

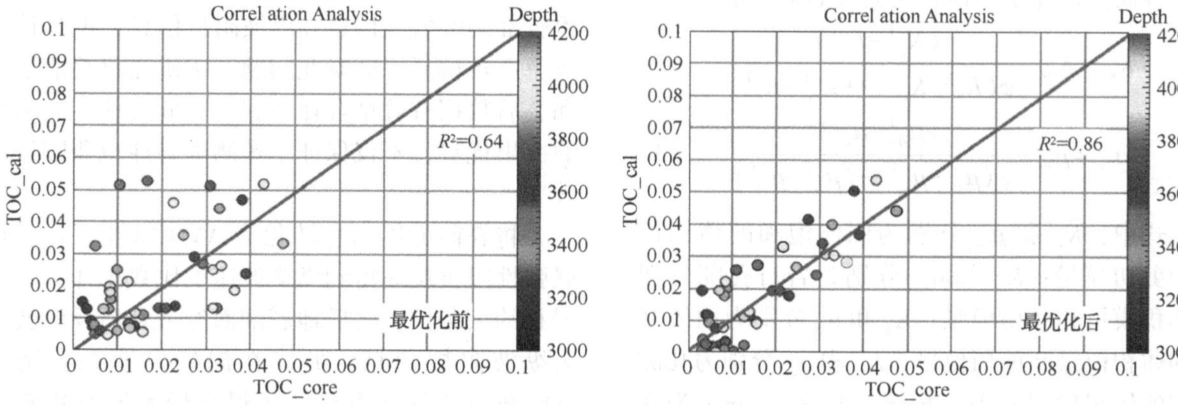

图3　优化前后的有机碳(TOC)解释与实测值相关性对比

3.2 烃源岩岩石物理建模

有机碳(TOC)作为岩石组分中不同于孔隙流体的类固体材料，具有非零体积模量和剪切模量，不仅指示生烃潜力，而且具有独特的速度、密度和电阻率等特性，有机质在岩石中以作为固体基质的组成部分或是内含物空间的形式存在。Bayuk 等提出一种富有机质页岩岩石物理模型，将有机质作为主背景材料，然后镶嵌黏土颗粒和孔隙裂缝等组分。Wu 等认为在计算有效岩石性质时，干酪根与黏土混合形成复合物比较合理。Zhu 等研究发现将有机质当作内含物填充材料的正演结果与实测测井数据匹配度更高，进而在 Xu-White 包体微孔隙模型的基础上提出了改进的烃源岩岩石物理模型。本文结合岩心微相资料，建立了碎屑烃源岩岩石物理模型。主要建模流程如下：

1) 根据薄片观察结果，将各种矿物颗粒分别进行微结构划分：石英和长石等矿物归类于硬颗粒(纵横比为 1.0)，黏土等矿物归类于软颗粒(纵横比为 0.01)，利用 SCA 计算固体基质等效弹性模量；

2) 根据不同孔隙类型，将孔隙空间划分为流体充填的硬孔隙(纵横比为 1.0)和软孔隙(纵横比为 0.01)以及干酪根内含物空间(纵横比为 0.01)，结合 DEM/SCA 方法将各种孔隙加入固体基质中，得到干岩石骨架等效弹性模量；

3) 结合 Batzle-Wang 公式和 Wood 方程，将考虑温度、压力和地层水矿化度的油气水三相流体进行混合，得到混合流体的等效弹性模量；

4) 最后利用修正后的 Ciz-Shapiro 等公式将干酪根有机质和混合流体同时替换进入对应的内含物空间中，得到饱和岩石的弹性模量。

各向同性介质固体替换公式如下所示：

$$\tilde{K}_{\mathrm{sat}}^{-1}=K_{\mathrm{dry}}^{-1}-\frac{(K_{\mathrm{dry}}^{-1}-K_{\mathrm{gr}}^{-1})^{2}}{\varphi(K_{\mathrm{if}}^{-1}-K_{\varphi}^{-1})+(K_{\mathrm{dry}}^{-1}-K_{\mathrm{gr}}^{-1})} \tag{2}$$

$$\tilde{\mu}_{\mathrm{sat}}^{-1}=\mu_{\mathrm{dry}}^{-1}-\frac{(\mu_{\mathrm{dry}}^{-1}-\mu_{\mathrm{gr}}^{-1})^{2}}{\varphi(\mu_{\mathrm{if}}^{-1}-\mu_{\varphi}^{-1})+(\mu_{\mathrm{dry}}^{-1}-\mu_{\mathrm{gr}}^{-1})} \tag{3}$$

式中，$\tilde{K}_{\mathrm{sat}}$ 和 $\tilde{\mu}_{\mathrm{sat}}$ 分别为固体饱和的体积模量和剪切模量；K_{dry} 和 μ_{dry} 分别为岩石孔隙骨架的体积模量和剪切模量；K_{gr} 和 μ_{gr} 分别为固体基质的体积模量和剪切模量；K_{φ} 和 μ_{φ} 分别为孔隙空间的体积模量和剪切模量；K_{if} 和 μ_{if} 分别为新定义的孔隙空间中填充材料的体积模量和剪切模量。公式(2)和(3)表示固体饱和多孔岩石的各向同性 Gassmann 方程，当孔隙空间中充填流体时，上述公式就蜕化为标准形式的 Gassmann 方程。

选取研究区内一口资料品质较高并具有实测有机碳(TOC)的探井 A 为试验井，将单井纵向 TOC 评价之后获得的体积模型作为输入，开展岩石物理正演。结果显示从第六道到第九道依次为纵波速度、横波速度、速度比和密度，均与实测井数据匹配度较高(图 4)，进而保真修复各井缺失的测井响应，保障区域岩石物理特征的准确性。

4 地震反演有机碳含量数据体

4.1 敏感统计学方程建立

研究区多口已钻井具有不同的构造沉积背景、压实埋藏条件和钻探层系位置，烃源岩测井岩石物理特征差别迥异。如果仅利用单井 TOC 敏感统计学方程转化，易导致严重的多解性问题，难以满足整个地区的预测精度需求。

在区域碎屑岩烃源岩岩石物理建模和正演模拟的基础上，通过多井岩石物理交会分析发现纵横波速度比参数对区分砂泥岩较为敏感，纵波阻抗、纵波速度和泥质含量与有机碳 TOC 具有较高的相关性。进而经过异常值剔除处理、零点基线校正和拟合参数优选之后，建立了研究区有机碳 TOC 与纵波阻抗的非线性关系式(图 5)。如下所示：

$$TOC=6.32AI^{2}-1.006\times10^{-6}AI+4.023\times10^{-14} \tag{4}$$

4.2 有机碳含量定量预测

区域烃源岩预测通常面临着地震数据量巨大、计算成本较高等难点，叠前同步反演能够获得较准确的岩性信息和纵波阻抗信息，但是计算效率严重偏低。针对此问题，本研究将叠前信息和叠后数据有效结合在一起，充分发挥各类数据的突出优势，不仅保证了预测准确性也兼顾计算效率。

将叠前道集信息转化为 AVO 属性，开展扩展弹性阻抗反演得到纵横波速度比数据体，建立岩相约束条件，将后地震剖面经过叠后反演转化为纵波阻抗信息，最终在泥岩发育区，结合 TOC 敏感统计学方程转化得到烃源岩有机碳数据体。

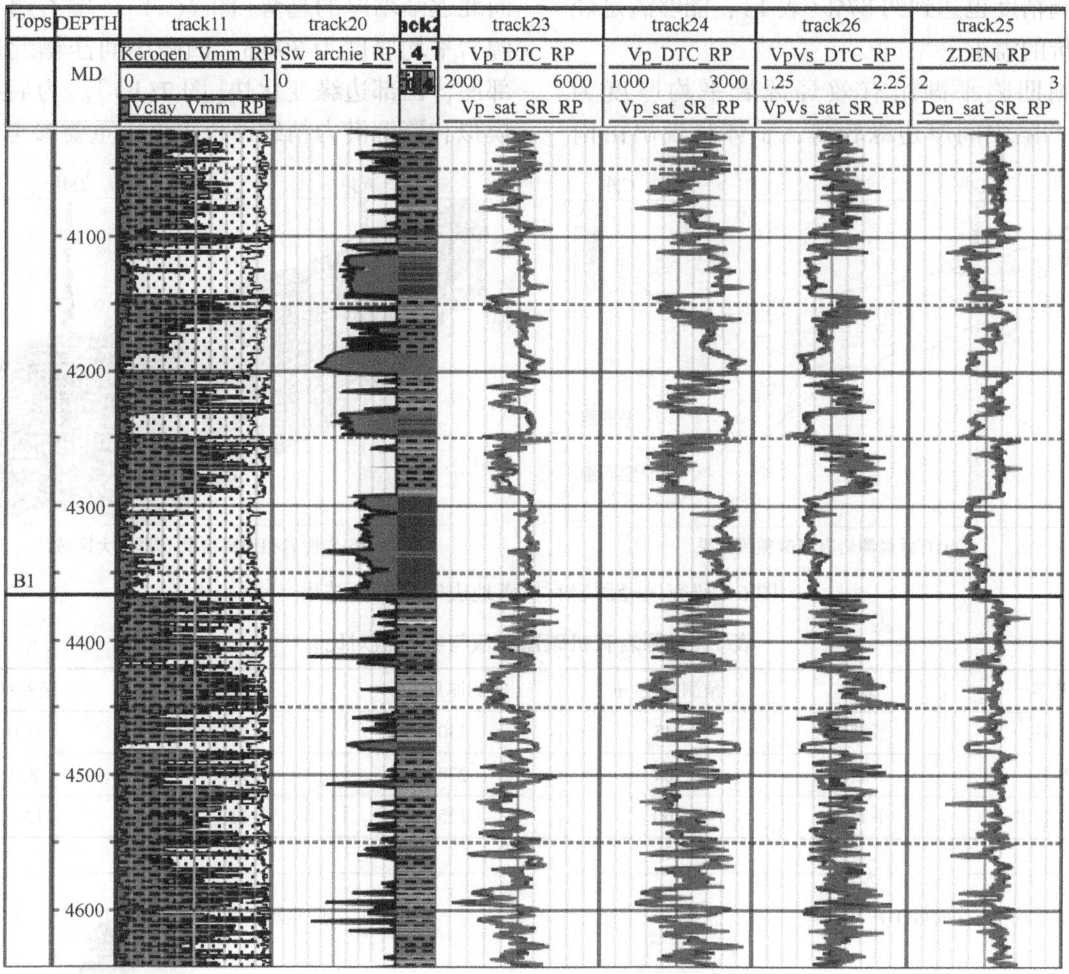

图 4　碎屑烃源岩岩石物理模型正演结果与实测值对比

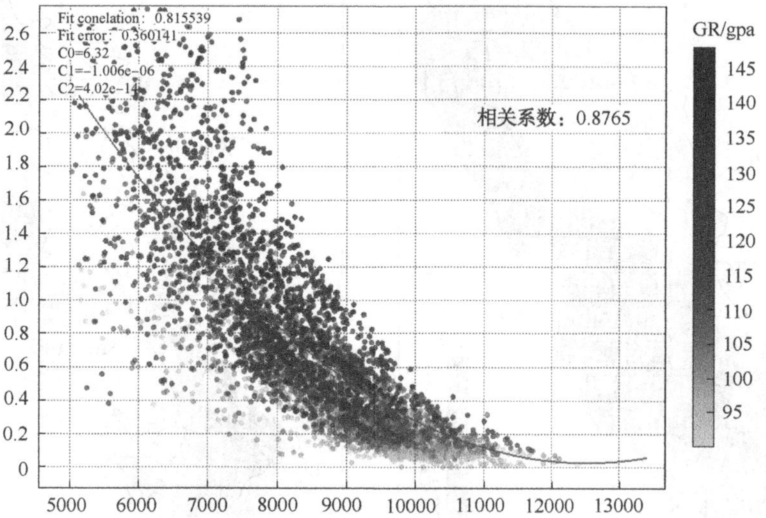

图 5　有机碳 TOC 与纵波阻抗的非线性拟合

5　有效烃源岩预测及评价

根据研究区烃源岩综合评价成果可知，有机碳 TOC 大于 0.5%为有效烃源岩。利用岩相进阶约束的烃源岩地震定量预测数据体与单井实测 TOC 值具有较高的匹配度[图 6(a)和 6(b)]。抽样西部斜坡带的两口参与反演井 A 井和 B 井预测误差均小于 10%，中央反转构造带盲井 C 井处的预测精度也达到约87%(表1)，能够满足烃源岩评价的需求。

西湖凹陷平湖组有效烃源岩平均厚度为550m，凹陷中间厚边缘较薄，整体呈现出由南向北逐渐增厚的趋势[图7(a)]；宝石组有效烃源岩平均厚度为390m，凹陷中间洼槽北部较南部厚，西部边缘变化快[图7(b)]。为后续盆地模拟和资源潜力精细评价提供了重要参考。

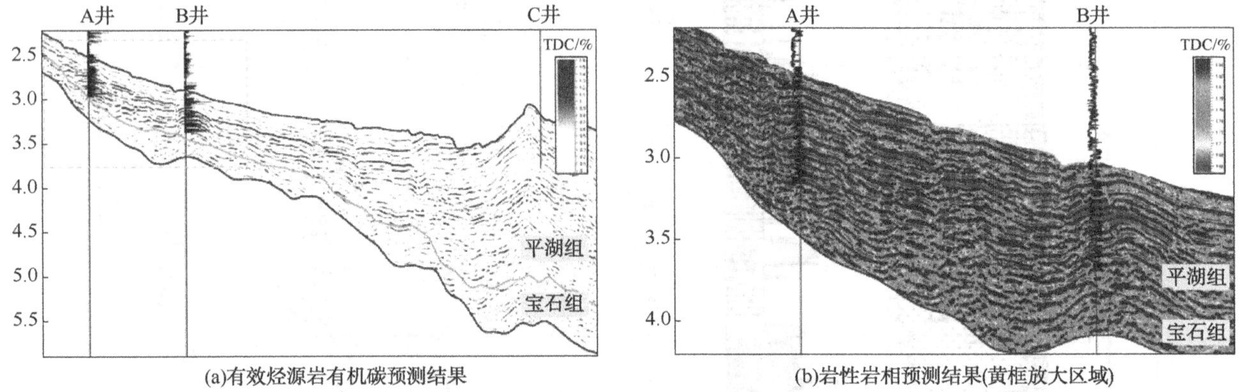

图6　研究区烃源岩有机碳地震定量预测结果

表1　烃源岩有机碳预测值与实测值对比

井名	层位	预测厚度/m	实测厚度/m	误差/m	误差/%
A井	平湖组	245	230	15	6.0
B井	平湖组	304	278	26	8.5
C井(盲井)	平湖组	260	225	35	13.4

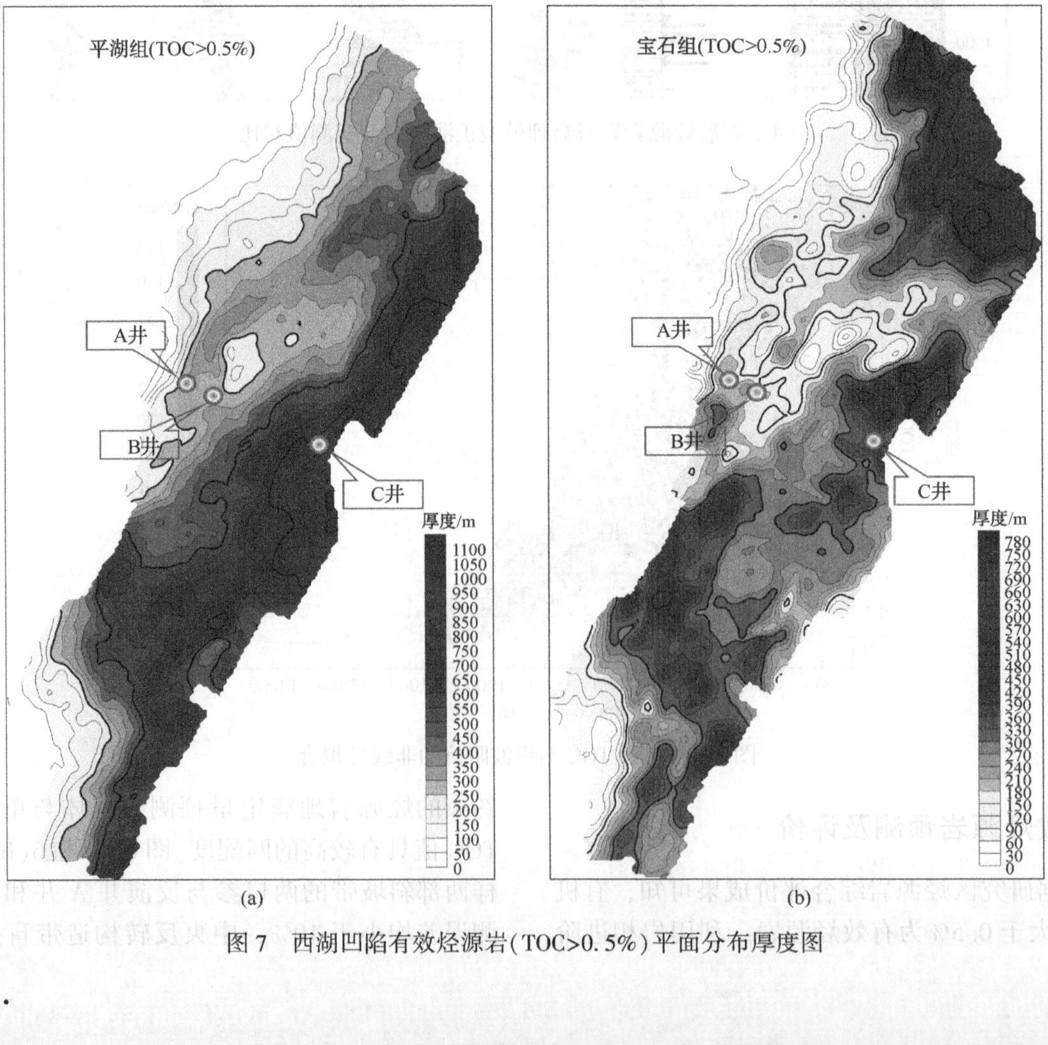

图7　西湖凹陷有效烃源岩(TOC>0.5%)平面分布厚度图

6 结论与认识

1）本文将多阶岩相信息层层递进融入到烃源岩有机碳测井评价与地震定量预测关键技术环节中，确保预测结果既满足精度需求，又符合区域地质认识；

2）基于岩心岩相约束的归一化乘积与最优化解释相结合的单井纵向 TOC 评价方法，提高预测准确性的同时保证了合理性；基于岩心微相约束的碎屑烃源岩岩石物理建模方法，保真修复了地层真实测井响应；由此拟合构建的 TOC 敏感统计学方程更加可靠；

3）基于岩性岩相约束的烃源岩有机碳地震反演结果，与单井实测 TOC 值吻合度平均可达90%以上。根据研究区烃源岩综合评价标准，厘清了平湖组和宝石组有效烃源岩的厚度分布范围。对研究区油气成藏理论研究和资源潜力精细评价具有重要参考意义；

4）烃源岩有机碳含量对岩石弹性特性的影响分析，碎屑烃源岩不同岩性组合的地震反射模式以及烃源岩有机碳人工智能预测方法等研究需要未来深入开展。

参 考 文 献

[1] 陈琳琳，王文强. 东海陆架盆地西湖凹陷深层烃源岩探讨[J]. 海洋石油，1999，100(2)：1-8.

[2] 张功成，梁建设，徐建永，等. 中国近海潜在富烃凹陷评价方法与烃源岩识别[J]. 中国海上油气，2013，25(1)：12-18.

[3] 陆俊泽，叶加仁，黄胜兵，等. 西湖凹陷平北地区烃源岩特征及生排烃史[J]. 海洋石油，2009，29(4)：38-43.

[4] 李松峰，徐思煌，薛罗，等. 稀井区烃源岩有机碳的地球物理预测方法——珠江口盆地恩平凹陷恩平组烃源岩勘探实例[J]. 石油地球物理勘探，2014，49(2)：369-374.

[5] 徐新德，陶倩倩，曾少军，等. 基于地化-测井-地震联合反演的优质烃源岩研究方法及其应用：以涠西南凹陷为例[J]. 中国海上油气，2013，25(3)：10-15.

[6] 母国妍，钟宁宁，刘宝，等. 湖湘泥质烃源岩的定量评价方法及其应用[J]. 石油学报，2010，31(2)：218-226.

[7] 张益明，韩利，刘春成，等. 2016. 井震联合预测白云深水区海相烃源岩 TOC[J]. 地球物理学进展，31(5)：2270-2275.

[8] 王贵文，朱振宇，朱广宇. 烃源岩测井识别与评价方法研究[J]. 石油勘探与开发，2002，29(4)：50-52.

[9] 李延钧，张烈辉，冯媛媛，等. 页岩有机碳含量测井评价方法及其应用[J]. 天然气地球科学，2013，24(1)：169-175.

[10] Yaping Zhu., and Shiyu Xu, 2012, Improved Rock-Physics Model for Shale Gas Reservoirs: 82th Annual International Meeting, SEG, Expanded Abstracts, 1-5.

[11] Zhiqi Guo, Xiangyang Li, 2013, A rock physics workflow for the modeling of the effect of kerogen content and maturity level in shales: 83th Annual International Meeting, SEG, Expanded Abstracts, 2948-2952.

[12] 董宁，霍志周，孙赞东，等. 泥页岩岩石物理建模研究[J]. 地球物理学报，2014，57(6)：1990-1998.

[13] 邓继新，王欢，周浩，等. 龙马溪组页岩微观结构、地震岩石物理特征与建模[J]. 地球物理学报，58(6)：2123-2136.

[14] 顾礼敬，徐守余，苏劲，等. 利用地震资料预测和评价烃源岩[J]. 天然气地球科学，2011，22(3)：554-560.

[15] 张寒，朱光有. 利用地震和测井信息预测和评价烃源岩——以渤海盆地富油凹陷为例[J]. 石油勘探与开发，2007，34(1)：55-59.

[16] 金吉能，潘仁芳，王鹏，等. 地震多属性反演预测页岩总有机碳含量[J]. 石油天然气学报，2012，34(11)：68-72.

[17] 刘军，汪瑞良，舒誉，等. 烃源岩 TOC 地球物理定量预测新技术及在珠江口盆地的应用[J]. 成都理工大学学报(自然科学版)，2012，39(4)：415-419.

[18] 赵兴齐，陈践发，郭望，等. BP 神经网络在西湖凹陷烃源岩评价中的应用[J]. 测井技术，2013，37(5)：567-571.

[19] 陈祖庆，海相页岩 TOC 地震定量预测技术及其应用——以四川盆地焦石坝地区为例[J]. 天然气工业，2014，34(6)：24-29.

[20] 郭旭升，尹正武，李金磊. 海相页岩含气量地震定量预测技术及其应用——以四川盆地焦石吧地区为例[J]. 石油地球物理勘探，2015，50(1)：144-149.

[21] 刘志斌，牛聪，刘方. 基于地震反演的烃源岩定量评价方法——以渤海盆地辽西凹陷为例[J]. 中国海上油气，2016，28(5)：16-21.

[22] 王健，石万忠，舒志国，等. 富有机质页岩 TOC

含量的地球物理定量化预测[J]. 石油地球物理勘探，2016，51(3)：596-604.

[23] 牛聪，刘志斌，王彦春，等. 应用地球物理技术定量评价辽西凹陷沙河街组烃源岩[J]. 石油地球物理勘探，2017，52(1)：131-137.

[24] 申雯龙，漆滨汶，许广臣，等. 基于地震反演的烃源岩有机质丰度预测方法及其在丽水凹陷的应用[J]. 中国海上油气，2019，31(3)：68-74.

[25] 于景强，于正军，毛振强，等. 陆相页岩油烃源岩总有机碳含量叠前地震反演预测方法与应用[J]. 石油物探，2020，59(5)：823-830.

[26] 姚军，乐幸福，陈娟，等. 基于拟三维多属性反演的优质烃源岩分布预测[J]. 岩性油气藏 2021，33(1)：248-257.

[27] 彭光荣，龙祖烈，史玉玲，等. 低钻揭洼陷有利烃源岩空间展布地质与地球物理综合识别方法——以珠江口盆地珠一坳陷恩平 17 洼为例[J]. 石油实验地质，2022，44(6)：1116-1122.

[28] 张佳佳，李宏兵，姚逢昌. 油页岩的地球物理识别和评价方法[J]. 石油学报，2012，33(4)：625-632.

[29] Bayuk, I. O., M. Ammerman, and E. M. Chesnokov, 2008, Upscaling of elastic properties of anisotropic sedimentary rocks[J]. Geophysical Journal International, 172, 842-860.

[30] Wu, X., M. Chapman, X. Y. Li, and H. Dai, 2012, Anisotropic elastic modeling for organic shales: 74th Conference & Exhibition, EAGE, Extended Abstracts.

[31] Sun, Z., D., Sun, Y., Y., Liu., Z., S., Dual porosity rck physics model for organic-rich shale. 84th Annual International Meeting, SEG, Expanded Abstracts, 3010-3014.

[32] Ciz, R., and S. Shapiro, 2007, Generalization of Gassmann equations for porous media saturated with a solid material[J]. Geophysics, 72, no.6, A75-A79.

基于时域变换的多次波自适应衰减技术在西湖凹陷中深层的研究与应用

尹文笋　李　键　石　辉　秦德文　王晓培　李　琴

[中海石油(中国)有限公司上海分公司]

摘　要　提出基于时域变换道的曲波域多次波自适应衰减方法，其首先利用波动方程预测得到的多次波记录生成多阶时域积分与时域微分记录，并通过曲波变换将上述记录变换至曲波域，然后在该域中应用多道最小平方滤波消除原始数据中的多次波成分，最后将多次波压制结果反变换至时空域。理论模型实验与野外资料处理实验结果均表明，该方法兼顾了时域变换对多次波预测误差的适应性以及曲波变换对一次波和多次波的分离优势，可在保持一次波信号的同时有效地压制多次波干扰，从而解决复杂海域因多次波预测不准而导致的多次波衰减难题。

关键词　多次波自适应衰减；时域积分记录；时域微分记录；曲波变换；扩展滤波

在海洋地震勘探中，空气海水界面可近似为自由界面，而海底通常表现为高阻抗界面，所以在海洋地震炮集中通常高能量、强发育的海水鸣震、交混回响等多次波。多次波与有效反射干涉影响地震振幅分析，降低地震资料的信噪比，尤其在东海西湖凹陷中深层反射段，地层的压实作用使砂泥岩孔隙减少至极限，导致砂泥岩阻抗差异较少，形成弱反射段。而强发育的多次波会完全掩盖真实地层信息，影响构造解释及储层预测。

多次波衰减方法较多，诸如波场外推法(Wiggins，1988)、自由界面多次波衰减方法(Surface - related Multiple Elimination，SRME)(Dirk et al.，1992；Berkhout and Verschuur，1997；Verschuur and Berkhout，1997)及逆散射级数法(Weglein，1997)等基于波动方程理论的多次波剔除方法在实际生产中应用广泛，其中SRME方法已成为当前生产中多次波压制的主流技术手段。基于波动理论的多次波剔除方法通常包括多次波预测和多次波衰减两个步骤，即首先需根据波动理论预测出地震记录中的多次波成分，然后根据预测出的多次波记录应用各种多次波匹配衰减方法将原始地震记录中的多次波剔除。虽然预测的多次波在传播路径上做到了与实际的匹配，但在波的相位、时间、振幅等方面缺少充分的考虑，预测得到的多次波与实际的多次波相比具有一定差异，从地震资料中直接减去预测的多次波可能会得到错误的一次波信息，所以需要对预测得到的多次波与原始数据先进行匹配再进行相减。故多次波匹配相减技术为其中的关键技术。

当前应用于波动方程类多次波匹配衰减方法主要有两大类，第一类为基于最小平方滤波的时域/频率域滤波法，代表方法有频率域最小能量优化、时间域单道维纳滤波、伪多道维纳滤波等。Verschuur et al.(1992，1997)首先根据最小平方准则成功消除了预测的自由界面多次波，从而使SRME能够真正地应用于实际。Wang(2003)基于上述理论提出了伪多道匹配滤波和扩展多道匹配滤波法，它不仅与其地震多道进行匹配，也加入了如一阶导数、hilbert变换及其导数的匹配，从而显著提升了维纳滤波类方法压制多次波的能力；而Li et al.(2011)发展了具有更好保幅性能的扩展伪多道匹配滤波方法。随后Li et al.(2007)提出了均衡拟多道匹配滤波法，即在一次波和多次波非正交的情况下提高自适应衰减的效果；Li et al.(2010)提出了L1范数约束下均衡多道的多次波自适应衰减方法。应用于波动方程类多次波剔除方法的另一类多次波自适应衰减方法为基于各种数学变换域的匹配衰减法。Zhou et al.(1996)提出了一种应用于抛物线拉冬域的匹配衰减法，其首先对原始地震记录与多次波记录进行抛物线拉冬变换，然后通过蒙版滤波消除原始记录中的多次波成分。Wang(2003)利用拉冬域数据作为滤波器的模板，在时间域实现自适应相减；Shi(2012)将预测的多次波在拉冬域的投影作为拉冬域非线性滤波器设计参数做自适应相减。此外，Herrmann(2008)还提出了曲波域的一次波和多次波分离方法；而 Dong et al.(2015)在此基础上实现了基于复曲波变换的多次波自适应衰减。除上述两大类方法之外，人们还提出了其它约束条件的匹配衰减方法，譬如基于模式的自适应相减技术(Simon，1999)、基于独立变量分析的自适应衰减(Lu et al.，2004)、基于多维预测误差滤波的自适应相减技术(Guitton，2005)、非平稳回归自适应相减技术(Fomels，2008)、逆子波域去除所预测多次波的方法(Jin et al.，2008)以及基于多道卷积信号盲分离的多次波自适应相减方法(Li et al.，2012)等等。通常情况下，多道维纳滤波类方法对各类多次波都可进行有效压制，但当一次波与多次波同相轴交叉(或部分重合)时其极易损伤有效波信息；相对而言，数学变换域的匹配衰减类方法对于与一次波同相轴发生交叉的多次波有更好的剔除效果，但对多次波的预测精度具有更高的要求(多次波与一次波在变换域难以匹配)。

利用波动方程法(包括波场外推法、自由界面多次波衰减方法及逆散射级数法)进行多次波预测时，由于输入记录中多道加权求和的计算过程，使得多次波记录的频带宽度明显变窄，且主频由高频端向低频端移动。此外，由于克希霍夫积分孔径的有限性(Dragoset and Jericevic，1998)、二维侧面反射效应、野外观测误差及无法获得准确的自由界面因子等因素的影响，预测的多次波在传播时间与信号波形上均存在一定差异(在远偏移距道上尤为显著)，从而严重影响传统多次波匹配衰减方法的多次波剔除效果。本文对多次波匹配相减问题进行了深入研究，将时域变换道引入至曲波变换域，进而实现曲波域多道最小平方滤波的多次波匹配衰减方法，其兼顾了时域变换对多次波预测误差的适应性以及曲波变换对一次波和多次波的分离优势，据此解决复杂海域因多次波预测不准而导致的多次波衰减难题。

1　方法原理

1.1　曲波变换

Candès 等(2006，2008)先后提出了第一代和第二代曲波变换(Curvelet)。第一代曲波变换(Candès et al，2006)是通过脊波变换来间接实现的，其在提取图像边缘信息方面表现优异，然而由于存在结构复杂、冗余度偏高以及计算量较大等缺点，限制了该方法的进一步发展与应用。直至 2010 年，Candès 等摒弃了传统的脊波变换而直接从底层构建曲波基函数，从而提出了新的曲波构造方法，形成了第二代曲波变换。与初代曲波变换相比，新的变换结构更为简洁，计算速度快，相应的变换公式为

$$c(j,\ l,\ k)=\iint d(x,\ t)\overline{\varphi_{j,l,k}(x,\ t)}\,\mathrm{d}x\mathrm{d}t \quad (1)$$

式中，$d(x,\ t)$表示地震记录；$\overline{\varphi_{j,l,k}(x,\ t)}$为曲波基函数；$c(j,\ l,\ k)$代表曲波系数，$j$、$l$、$k$分别表示曲波的尺度、方向和位置；$x$、$t$分别为空间位置与旅行时。

曲波在时空域中呈现中间粗、两边细的“针状”形态，并且在某固定方向震荡、其它方向是平滑的。正是由于曲波存在方向性强的特点，当沿着地震同相轴方向时相关性好因而能获得极大的曲波系数；而当方向与地震同相轴方向逐渐偏离时，对应的曲波系数值迅速衰减；在与地震同相轴垂直时曲波系数达到最小，其数值接近于零。因此，曲波变换能够较好地提取地震数据的方向特征，实现地震数据的稀疏表示。由于多次波与一次波同相轴在时空域普遍存在相交甚至部分重叠，因此该域中难以在有效保持一次波的前提下消除多次波干扰，而曲波变换可根据相交同相轴方向上的差异达到显著分离二者的目的。

1.2　多次波记录的时域变换

曲波变换属于多尺度的数学变换，其中，粗尺度参数提取的为数据的低频成分，用以描述数据的概貌；而细尺度参数提取的为数据的高频特征，反映地震同相轴的细节特征。因此，若要在曲波域有效去除多次波，则预测多次波记录与原始数据应具有相近的尺度特征，即二者的振幅谱要基本一致。但是，利用波动方程法(包括波场外推法、自由界面多次波衰减方法及逆散射级数法)进行多次波预测时，由于输入记录中多道加权求和的计算过程，使得多次波记录的频带宽度明显变窄，且主频由高频端向低频端移动，从而影响了多次波的压制效果。

为了更好的匹配原始记录中的多次波成分，可以利用预测的多次波记录构建主频具有明显差异的多次波数据，然后进行基于多记录的多次波

自适应衰减。众所周知，对地震数据沿时间方向求积分可使主频向低频端移动，反之，对地震道求时间导数则可使主频向高频端移动。为了保证处理过程的稳定性，需要借助傅里叶变换实现上述时域积分或时域微分的处理过程。输入时空域的多次波记录 $m(x,\ t)$，利用傅里叶变换将其变换到频率域，傅里叶正变换与反变换可表示为

$$\begin{cases} M(x,\ \omega)=\int_{-\infty}^{+\infty} m(x,\ t)e^{-j\omega t}\mathrm{d}t \\ m(x,\ t)=\frac{1}{2\pi}\int_{-\infty}^{+\infty} M(x,\ \omega)e^{j\omega t}\mathrm{d}\omega \end{cases} \tag{2}$$

式中，ω 表示角频率，$M(x,\ \omega)$为频率域的多次波记录。

根据傅里叶变换的性质，对 $m(x,\ t)$求时域积分等价于频率域多次波记录除以 $j\omega$，即

$$\int_{-\infty}^{t} m(x,\ t)\mathrm{d}t \leftrightarrow \frac{1}{j\omega}M(x,\ \omega) \tag{3}$$

因此，多次波记录 $m(x,\ t)$的 n 次时域积分结果可表示为

$$m_n^I(x,\ t)=\frac{1}{2\pi}\int_{-\infty}^{+\infty}(j\omega)^{-n}M(x,\ \omega)e^{j\omega t}\mathrm{d}\omega \tag{4}$$

式中，要求 $n>0$。

同理，对 $m(x,\ t)$求时域微分等价于频率域多次波记录 $M(x,\ \omega)$乘以 $j\omega$，即

$$\frac{\mathrm{d}[m(x,\ t)]}{\mathrm{d}t} \leftrightarrow j\omega M(x,\ \omega) \tag{5}$$

因此，多次波记录的 n 次时域微分可表示为

$$m_n^D(x,\ t)=\frac{1}{2\pi}\int_{-\infty}^{+\infty}(j\omega)^{n}M(x,\ \omega)e^{j\omega t}\mathrm{d}\omega \tag{6}$$

式中，要求 $n>0$。

综合公式(4)与公式(6)可以统一多次波记录的时域微积分过程

$$\tilde{m}^q(x,\ t)=\frac{1}{2\pi}\int_{-\infty}^{+\infty}(j\omega)^{q}M(x,\ \omega)e^{j\omega t}\mathrm{d}\omega \tag{7}$$

式中，$\tilde{m}^q(x,\ t)$表示多次波记录的时域积分或时域微分结果。

在公式(7)中，当 $q<0$ 时，$\tilde{m}^q(x,\ t)$表示时域积分记录，其主频向低频端移动；而 $q>0$ 时，$\tilde{m}^q(x,\ t)$为时域微分记录，主频向高频端移动；当 $q=0$ 时，$\tilde{m}^q(x,\ t)$表示多次波记录本身。

1.3　基于时域变换道曲波域滤波的多次波自适应相减

为了有效匹配衰减存在预测误差的多次波干扰，设置时域变换阶数 q 的范围 $q\in[q_1,\ q_2]$，利用预测的多次波记录 $m(x,\ t)$创建系列时域积分与时域微分记录 $\tilde{m}^q(x,\ t)$。由于多次波自适应相减是在曲波域中进行的，因此基于公式将原始地震记录 $d(x,\ t)$与系列多次波记录 $\tilde{m}^q(x,\ t)$全部转换至曲波域，从而获得各记录的曲波系数 c 与 $\tilde{c}^q$。对于任一尺度、方向的曲波系数，以目标点为中心设置方形窗口，截取其中的数据块构建求取滤波因子的表达式

$$\begin{bmatrix} \tilde{c}_1^1 & \tilde{c}_1^2 & \cdots & \tilde{c}_1^q \\ \tilde{c}_2^1 & \tilde{c}_2^2 & \cdots & \tilde{c}_2^q \\ \vdots & \vdots & \vdots & \vdots \\ \tilde{c}_k^1 & \tilde{c}_k^2 & \cdots & \tilde{c}_k^q \end{bmatrix} \begin{bmatrix} f_1 \\ f_2 \\ \vdots \\ f_q \end{bmatrix} = \begin{bmatrix} c_1 \\ c_2 \\ \vdots \\ c_k \end{bmatrix} \tag{8}$$

式中，f_i为待求取的滤波因子，c_i与 $\tilde{c}_i^j$ 分别所截取记录块中的各样点，i 表示样点序号($1\leqslant i\leqslant k$)；k 为截取记录块中的样点数(为保证方程求解的稳定性，通常要求 $k\geqslant q$)。

可基于最小平方准则求取滤波因子 f_i，则公式(8)可转化为下式描述的最小二乘问题，即

$$\boldsymbol{f}=\underset{f}{\arg\min}\ \|\boldsymbol{C}-\boldsymbol{Mf}\|_2 \tag{9}$$

式中，$\boldsymbol{f}$ 为滤波因子向量$[f_1,\ f_2,\ f_3,\ \cdots f_q]^T$，$\boldsymbol{M}$ 表示截取记录块中各样点 $\tilde{c}_i^1$、$\tilde{c}_i^2$、…、$\tilde{c}_i^q$ 构成的矩阵，$\boldsymbol{C}$ 表示记录块中各样点 c_i 组成的向量。

通常公式(8)所描述的方程组为超定方程组，因此采用阻尼最小二乘方法进行求解。求取滤波因子 $\boldsymbol{f}$ 的表达式可表示为

$$\boldsymbol{f}=(\boldsymbol{M}^T\boldsymbol{M}+\varepsilon\boldsymbol{I})^{-1}(\boldsymbol{M}^T\boldsymbol{C}) \tag{10}$$

其中，$\boldsymbol{M}^T$为 $\boldsymbol{M}$ 的转置矩阵，$\boldsymbol{I}$ 表示单位矩阵，ε 为阻尼系数[$\varepsilon\in(0,\ 1)$，通常取 0.001]。

求出滤波因子 $\boldsymbol{f}$ 之后，即可实现针对原始数据曲波系数目标点的多次波匹配相减处理，即

$$p_i=c_i-f_1c_i^1-f_2c_i^2-f_3c_i^3-\cdots-f_qc_i^q \tag{11}$$

式中，p_i 表示曲波域目标点的自适应相减结果。

针对原始地震记录所有尺度、方向的曲波系数矩阵 $\boldsymbol{C}$，对其中每个样点重复式(8)~式(11)的处理步骤，即可获得消除多次波的系列曲波系

数矩阵，将其反变换回时空域进而得到压制多次波的地震记录。

对于崎岖海域的多次波记录，该方法能够有效处理由于多次波预测不准造成的多次波匹配衰减困难问题，基本步骤总结如下：

(1) 基于公式(7)计算多次波预测记录 $m(x, t)$ 的系列时域积分与时域微分记录 $\tilde{m}^q(x, t)$，利用这些时域变换记录更好地匹配原始记录中的多次波成分；

(2) 将原始地震记录以及上述时域变换记录均变换至曲波域，从而获得各记录的曲波系数 c 与 $\tilde{c}^q$；

(3) 以曲波域中的每个样点为中心，截取适当大小的方形窗口，利用截取的数据构建最小平方滤波方程[见公式(8)]，并将其转化为公式(9)所示的最小二乘问题，然后根据公式(10)所表示的阻尼最小二乘方法解出滤波因子 f_1，f_2，f_3，$\cdots f_q$；

(4) 利用公式(11)实现曲波域多次波自适应衰减，得到曲波域中一个样点的压制结果，对于曲波域中的每个样点重复步骤(3)，可获得曲波域整体记录的自适应相减结果；

(5) 对多次波自适应衰减的曲波系数 p 做曲波反变换，可得到最终的时空域多次波压制结果。

2　理论模型实验

对于多次波自适应衰减方法而言，消除与一次波同相轴交叉或接近重合的多次波是最具说服力的实验。本实验建立多次波同相轴与一次波同相轴具有较小时差的理论模型，然后采用主频为35Hz的雷克子波作为震源，通过弹性波方程的有限差分法模拟含有多次波的地震记录。原始炮记录如图1(a)所示，每炮含有200道，其最小偏移距与道间距分别为0和10m。输入模拟的原始地震数据，利用基于反馈环理论的自由界面多次波预测方法获得仅包含多次波的炮集记录[图1(b)]，其中箭头指向的即为强多次波同相轴。二套数据的振幅谱对比如图2所示，其中红色曲线为原始数据的振幅谱，而蓝色曲线为多次波记录的振幅谱。由于输入记录中多道加权求和的计算过程，使得多次波记录的频带宽度明显变窄，且主频由高频端向低频端移动，并且存在波形与相位的差异。

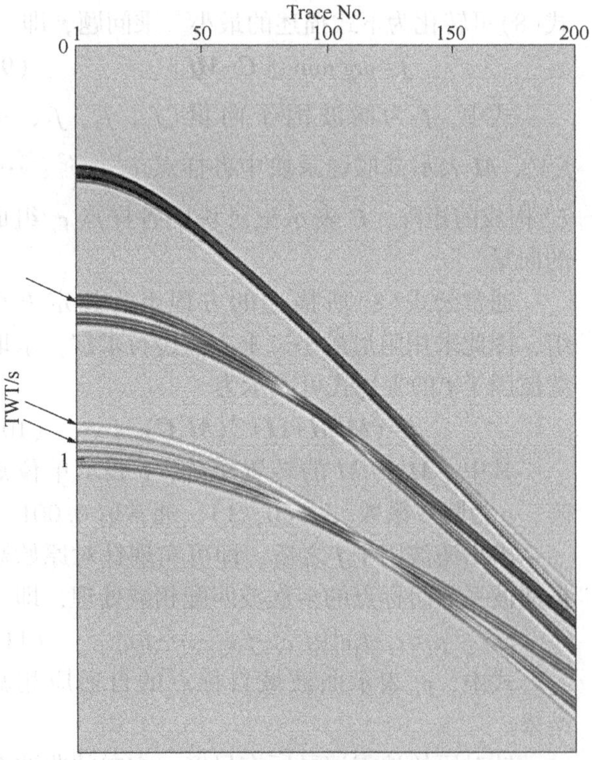

(a)原始炮集记录

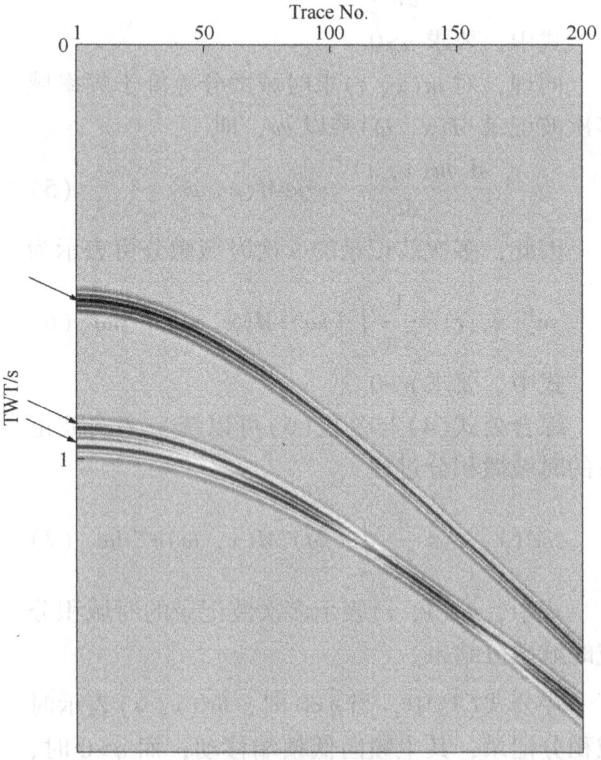

(b)预测的多次波记录

图1　模拟地震记录：(a)原始炮集记录；(b)预测的多次波记录

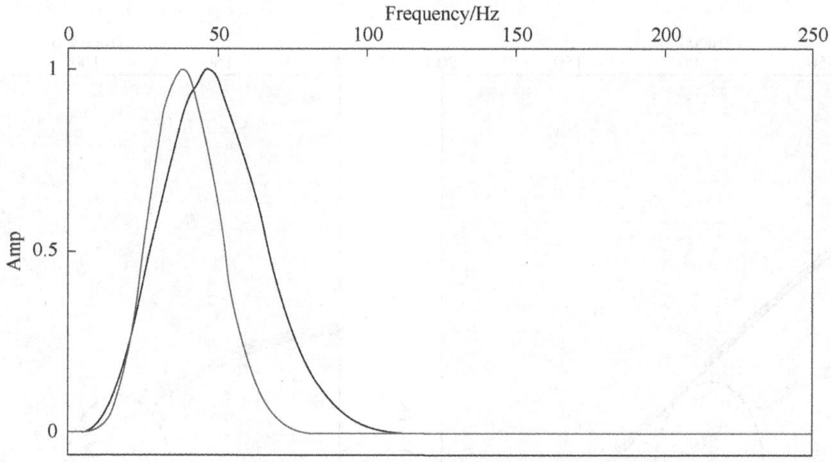

图 2　原始记录与多次波记录的振幅谱对比

输入图 1(b)所示的多次波记录，分别利用时空域扩展滤波常规曲波变换与文中方法针对图 1(a)所示炮记录进行多次波自适应相减，所得结果分别如图 3(a)、图 4(a)与图 5(a)所示，通过对比三种方法的多次波衰减结果能够看出，在一次波与多次波同相轴交叉位置(虚线圈内)，由于同相轴过于接近，时空域扩展滤波难免在交叉位置出现有效波损伤；而常规曲波变换能够将不同尺度、方向的同相轴变换到曲波域的不同位置，减少了有效波的损伤，但由于预测多次波与实际多次波记录存在波形相位上的差异，箭头指向的近道位置存在明显的多次波残余；而本文采用的基于时域变换道曲波域滤波的多次波匹配衰减方法能够在多次波预测不准的情况下仍可较好地压制多次波干扰，有效波同相轴更为连续，如图 5(a)所示。减去的多次波干扰则分别见图 3(b)、图 4(b)与图 5(b)。对比处理结果可知：文中方法可以有效压制与一次反射波相交(或相近)的多次波同相轴，同时较好地保持一次反射波信息；时空域扩展滤波会损伤一次反射波信息[见图 3(a)中的椭圆范围]，致使去除多次波的记录中存在明显的一次波信息[见图 3(b)中的椭圆范围]。

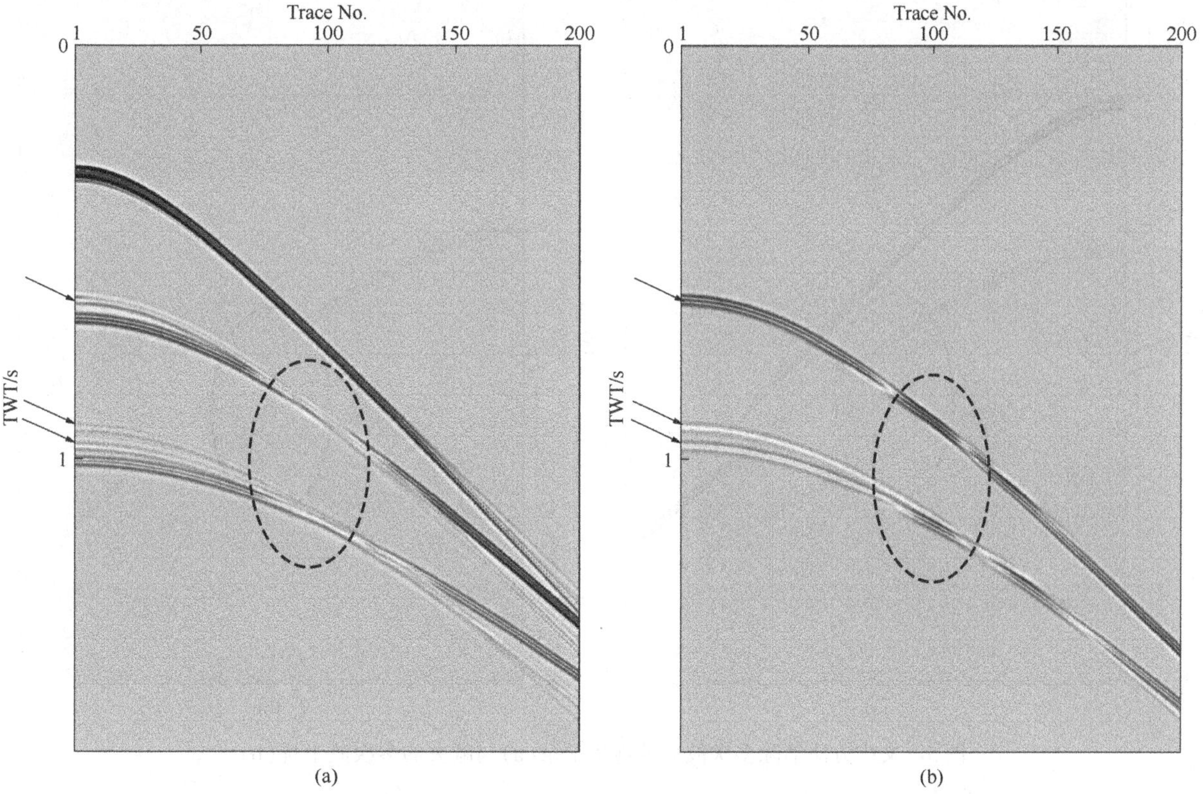

图 3　时空域扩展滤波法消除多次波后的炮集记录(a)与减去的多次波干扰(b)

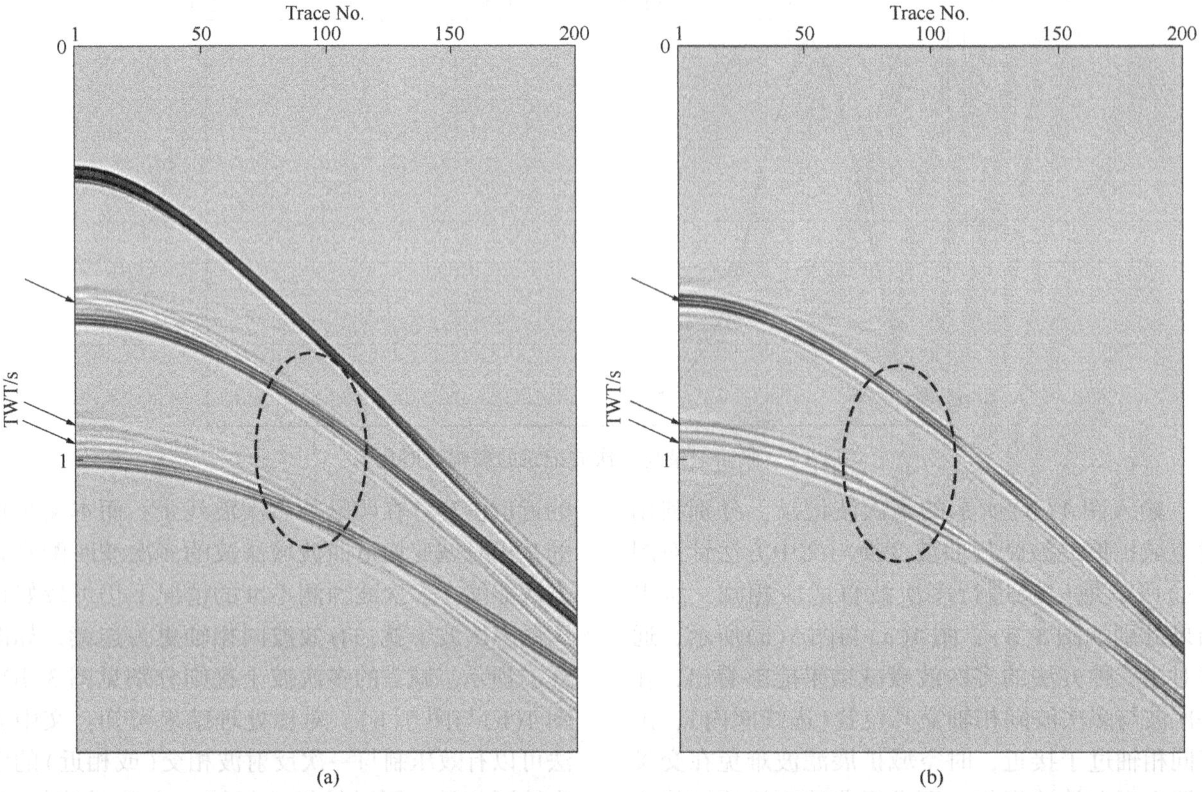

图4　常规曲波变换法消除多次波后的炮集记录(a)与减去的多次波干扰(b)

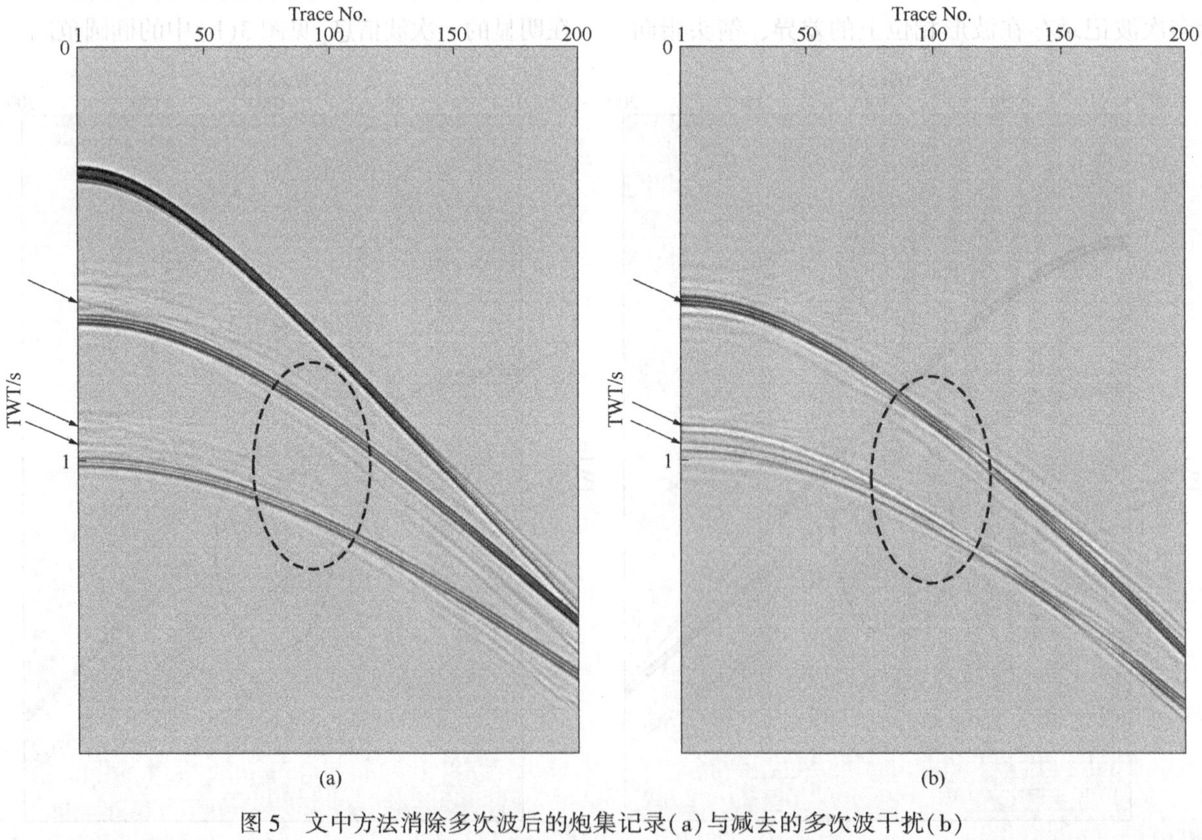

图5　文中方法消除多次波后的炮集记录(a)与减去的多次波干扰(b)

3　野外资料处理实验

三维地震所在海域为东海西湖凹陷地区，海底水深于90~110m之间变化，相应的原始炮集记录中发育有强自由界面多次波和其它复杂类型多次波。该测线的野外采集参数为：炮间距25m，道间隔12.5m，最小偏移距为139m。

在进行自由界面多次波预测之前，首先对原始炮集进行了预处理：①切除各炮记录中的直达波信号；②通过带通滤波消除原始地震记录中3Hz以下的低频信号；③为增强炮集记录中深部较弱的反射信息，进行了球面扩散补偿处理。经过预处理的炮记录如图6所示，由于海底较浅，整个采集时段内强烈发育多次波，掩盖有效信号。

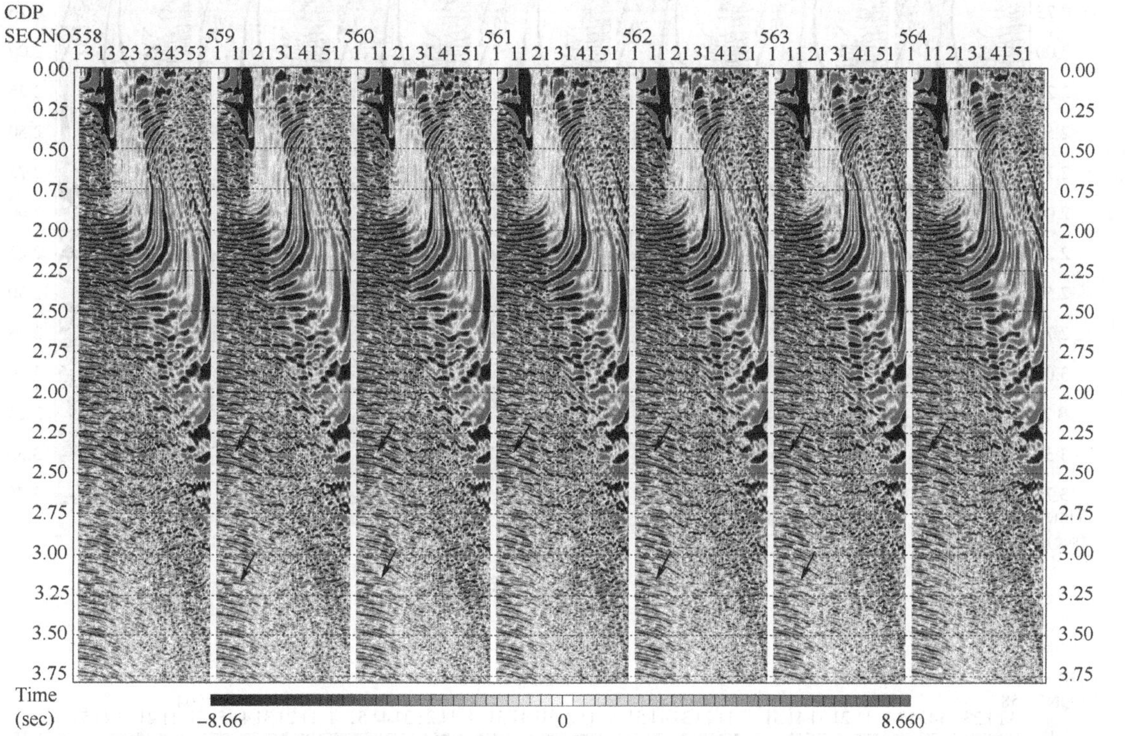

图6　实际地震记录：原始炮集记录

基于图6的原始炮集记录可以预测多次波记录，分别利用常规曲波变换法与时域变换道曲波域滤波法进行多次波自适应衰减，二者采用相同窗口大小(10×10)，后者的时域变换参数 q 取值范围为 $-1 \leqslant q \leqslant 2$。图7、图8给出了常规方法及本方法消除多次波后的炮集记录示例。通过比较可知，图7及图8中的海底及下伏波阻抗界面的强鸣震多次波已被基本消除，但是图7部分多次波反射由于与有效波曲率较相似，且有效波仅近道有显示，导致还存在部分多次波残留。基于时域变换道曲波域滤波的多次波匹配衰减方法结合了时域变换与曲波变换的优势，能够在保护有效波的前提下较好地压制多次波干扰(见图8)。

利用一次波的偏移速度场，对原始炮集记录与压制多次波的炮集记录进行克希霍夫积分叠前时间偏移处理，所得剖面分别如图9~图11所示。可以看出在利用一次波偏移速度的成像过程中，多次波信息受到了一定压制，但虚线框内的位置仍存在着较强的多次波同相轴(见图9)。通过比较图10与图11所示的两种方法压制多次波后的剖面可知，基于时域变换道曲波域滤波的多次波匹配衰减方法得到的剖面中虚线框内的强多次波同相轴已被基本消除，常规曲波变换方法得到的剖面中仍存在着的多次波残余。上述实验结果表明：即便是在浅水多次波极为复杂的情况下，与传统的曲波变换方法相比，文中方法仍可在保持一次波信息的前提下显著改善多次波的匹配衰减效果。

4　结论

本文提出了一种基于时域变换道曲波域滤波的多次波匹配衰减方法，该方法综合利用了时域变换对波形和相位的适应性以及曲波变换对一次波与多次波的分离作用，其对浅水多次波可进行有效压制，并可最大限度地减少一次波的损伤。理论模型实验与野外资料的处理实验结果均显示该方法多次波剔除效果明显优于常规的曲波变换方法。

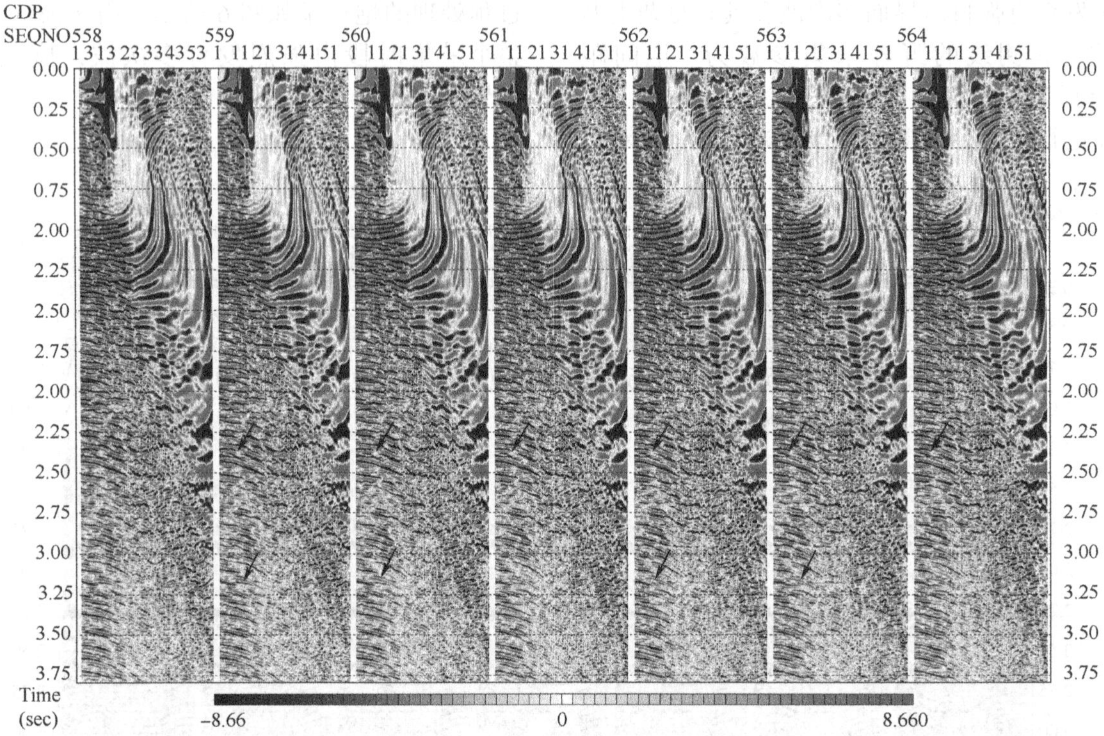

图 7　常规曲波变换法道集

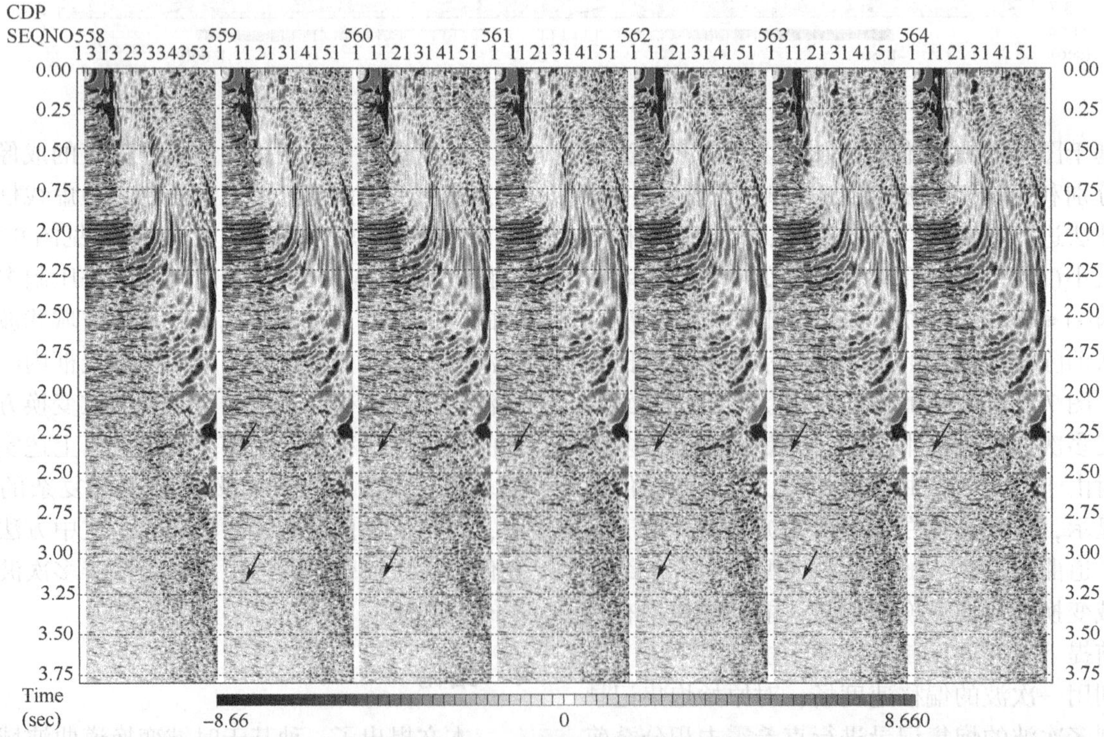

图 8　基于时域变换道曲波域滤波法

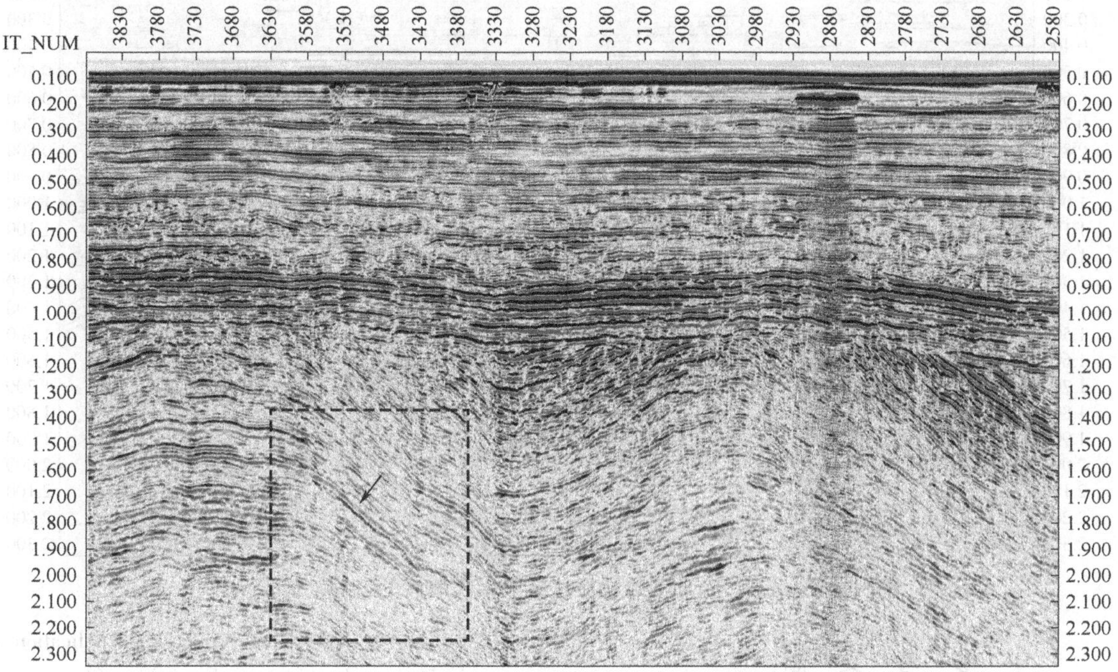

图 9　原始炮集记录的偏移剖面示例

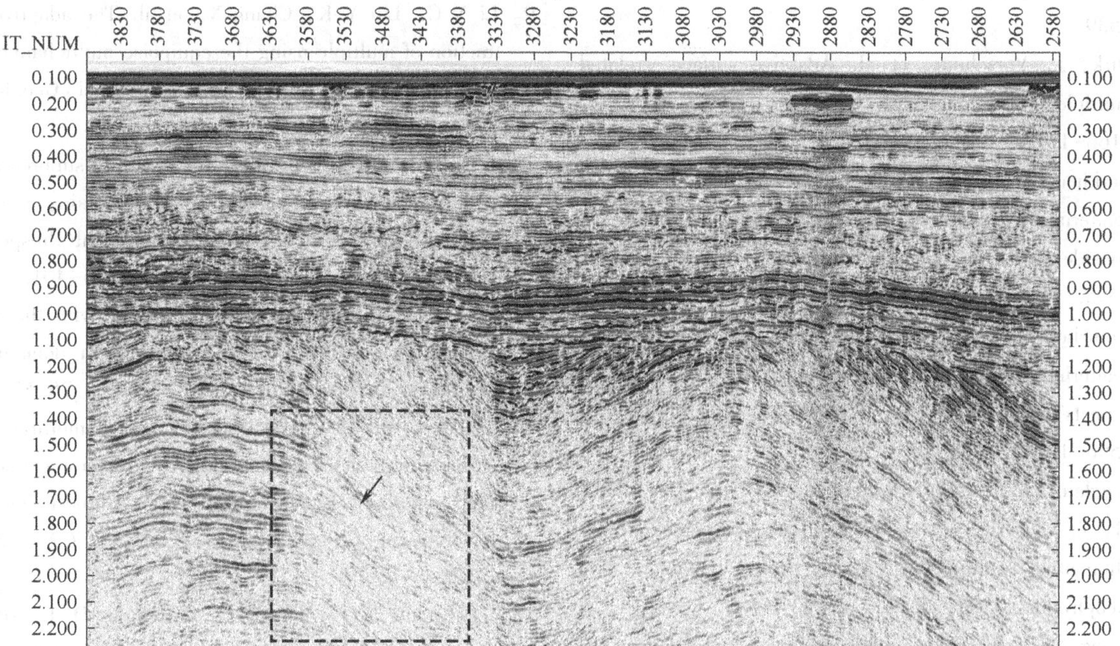

图 10　常规曲波变换法衰减多次波后的偏移剖面示例

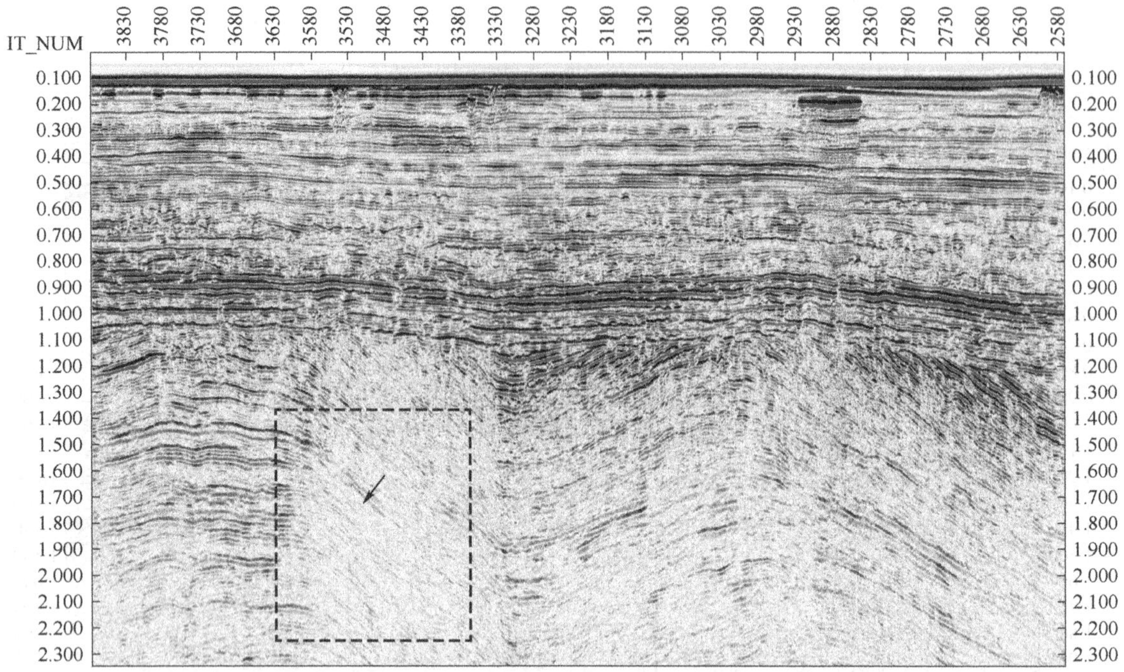

图 11　时域变换道曲波域滤波法衰减多次波后的偏移剖面示例

参 考 文 献

[1] Wiggins, Wendell J. Attenuation of complex water - bottom multiples by wave-equation-based prediction and subtraction[J]. Geophysics, 1988, 53(12): 1527-1539.

[2] Dirk, J, Verschuur, et al. Adaptive surface - related multiple elimination[J]. Geophysics, 1992, 57(9): 1166-1177.

[3] Berkhout A J, Verschuur D J. Estimation of multiple scattering by iterative inversion, Part Ⅰ: Theoretical considerations[J]. Geophysics, 1997, 62(5): 1586-1595.

[4] Verschuur D J, Berkhout A J. Estimation of multiple scattering by iterative inversion, Part Ⅱ: Practical aspects and examples[J]. Geophysics, 1997, 62(5): 1596-1611.

[5] Weglein A B, Gasparotto, Fernanda Araújo, Carvalho P M, et al. An inverse - scattering series method for attenuating multiples in seismic reflection data [J]. Geophysics, 1997, 62(6): 1975-1989.

[6] Wang Y. Multiple subtraction using an expanded multichannel matchingfilter[J]. Geophysics, 2003, 68(1), 346-354.

[7] Li Z C, Liu J H, Guo C B, et al. Amplitude-preserved multiple suppression based on expanded pseudo - multi - channel matching [J]. Oil Geophysical Prospecting, 2011, 46(2): 207-210.

[8] Li P, Liu Y K, Chang X, et al. Application of the equipoise pseudomultichannel matching filter in multiple elimination using wave - equation method [J]. Chinese Journal of Geophysics-Chinese Edition, 2007, 50(6): 1844-1853.

[9] Li X C, Liu Y K, Chang X, et al. The adaptive subtraction of multiple using the equipoise multichannel L1-norm matching [J]. Chinese Journal of Geophysics, 2010, 53(4): 963-973.

[10] ZhouBinzhong, Stewart, et al. Multiple suppression by 2D filtering in the parabolic τ - p domain: a wave - equation-based method[J]. Geophysical Prospecting, 1996. Geophysical Prospecting, 44, 375-401.

[11] Wang Y. Multiple attenuation: coping with the spatial truncation effect in the Radon transform domain [J]. Geophysical Prospecting, 2010, 51(1): 75-87.

[12] Shi Y, Wang W H. Surface - related multiple suppression approach by combining wave equation prediction and hyperbolic Radon transform[J]. Chinese Journal of Geophysics-Chinese Edition, 2012, 55(9): 3115-3125.

[13] Herrmann F J, Wang D, Verschuur D J. Adaptive curvelet - domain primary - multiple separation [J]. Society of Exploration Geophysicists, 2008, 73(3), A17.

[14] Dong L Q, Li P M, Zhang K, et al. Primary and multiple separation method based on complex curvelet transform[J]. Chinese Journal of Geophysics, 2015, 58(10), 3783-3790.

[15] Simon, Spitz. Pattern recognition, spatial predictability, and subtraction of multiple events[J]. Leading Edge, 1999, 18(1), 55-58.

[16] Lu W K, Luo Y, Zhao B, et al. Adaptive multiple wave subtraction using independent component analysis [J]. Chinese Journal of Geophysics, 2004, 47(5): 886-891.

[17] Guitton A. Multiple attenuation in complex geology with a pattern-based approach[J]. Geophysics, 2005, 70 (4), 97-107.

[18] Fomel, Sergey. Adaptive multiple subtraction using regularized nonstationary regression [J]. Geophysics, 2008, 74(1): 25-33.

[19] Jin D G, Chang X, Liu, Y K. Research of multiple elimination method in inverse wavelet domain [J]. Chinese Journal Of Geophysics, 20008, 51(1), 250-259.

[20] Li, Z X, Lu W K, Pang T H, et al. Adaptive multiple subtraction based on multi-traces convolutional signal blind separation [J]. Chinese Journal Of Geophysics, 2012, 55(4), 1325-1334.

[21] Dragoset, W H, Jericevic, Z. Some remarks on surface multiple attenuation[J]. Geophysics, 1998, 63(2), 772-789.

地质-地球物理综合甜点预测技术及其在Z气田中的应用

娄　敏　段冬平　何贤科　李文俊　汪文基　李炳颖　刘彬彬　陈　晨

[中海石油(中国)有限公司上海分公司]

摘　要　(1)目的：特低渗气藏的开发关键在于甜点的刻画。通过甜点刻画指导气田高效开发。H3a甜点厚度薄，地震预测难度大，轨迹设计难度大。为了提高产能，钻井需提高甜点钻遇率。(2)方法：充分利用井、震资料，采用地质、建模、工程一体化思路开展轨迹优化设计。从甜点成因及分布规律出发，明确甜点水平和纵向发育区。在此基础上，采用地质建模，井震结合多尺度精细表征靶区甜点三维空间展布，指导轨迹优化。最后，利用模型甜点预测成果创新设计串糖葫芦式多分支波动井，先切深揭示纵向甜点段后波动轨迹，大幅提高甜点钻遇率。(3)结果：通过地质-建模-工程一体化高效井轨迹优化技术成功指导A3M井随钻轨迹优化，甜点钻遇率较地质设计提高200%，大大提高了单井产能。(4)结论：甜点的研究方法及轨迹优化思路在其他油气田轨迹优化中具有广泛的推广价值。

关键词　地质-地震结合预测甜点；地质-建模-工程一体化高效井轨迹优化技术

甜点的预测对低渗油气田的开发具有重要的意义，通过提高钻遇甜点长度可以实现低渗气田的有效开发。目前甜点预测的方法主要包括地球物理定量预测和地质定性预测两大类。甜点的地质预测主要从沉积、成岩和构造三方面开展，基于沉积相和成岩相研究，明确储层物性的演化和甜点发育的主控因素。沉积作用提供了甜点发育的物质基础，成岩作用是甜点发育的关键因素。地球物理方面，主要寻找甜点敏感的地球物理参数，通过反演来定量预测甜点空间展布。地质甜点预测多为定性结果，只能指导甜点发育的预测方向；地球物理预测甜点需要在地震分辨率范围内且甜点地震响应明显的条件下，甜点预测结果才可靠。

Z气田H3a层孔隙度5.4~12.4%，平均9.2%；渗透率0.1~59mD，中值1.30mD。甜点厚度薄，单层甜点厚度仅1~3m，远远超过地震分辨率；同时甜点储层孔隙度差异小，甜点与非甜点存在同孔不同渗的特点。地震为弹性波反射，对渗透率的变化无明显响应，地震较难预测储层渗透率。因此，无法直接通过地球物理手段预测甜点储层。本次研究在甜点成因模式指导和古地貌的约束下，综合砂体厚度和地震属性等实现甜点区定性评价；采用多属性融合岩相概率体约束下的地质建模实现甜点定量表征。甜点的空间分布预测是指导井位设计的基础，合理的井轨迹设计是实现低渗气藏有效开发的关键。在甜点预测的基础上，设计高效井型井位实现特低渗气藏的有效开发。

1　地质概况

Z气田位于西湖凹陷中北部，为中新世晚期(龙井运动)东西向挤压应力背景下形成的大型背斜构造，晚期近东西向断层不发育，对油气藏的再改造作用较弱，油气保存较好。Z气田目前有4口探井、6口开发井(图1)。研究目的层为渐新统花港组，主要发育河流-三角洲相沉积。Z气田主要开发层系为H3层(花港组第三层)。H3砂体垂厚约200m，储集层非均质强，渗透率差异大。H3层进一步可以细分为H3a、H3b、H3c三个小层(图1)。随着埋藏深度的增加，孔隙度和渗透率降低，H3a整体埋深大于3500m，渗透率0.1~59mD，渗透率中值0.4mD；孔隙度7%~11%，孔隙度中值9%；为特低孔特低渗储集层。H3a已钻井揭示砂体垂厚40~60m，均为气层，含气饱和度48%~69%，平均含气饱和度59%。甜点的预测对H3a特低渗气藏的有效开发至关重要。如何有效识别深层甜点储集层是下一步开发方案设计的关键。

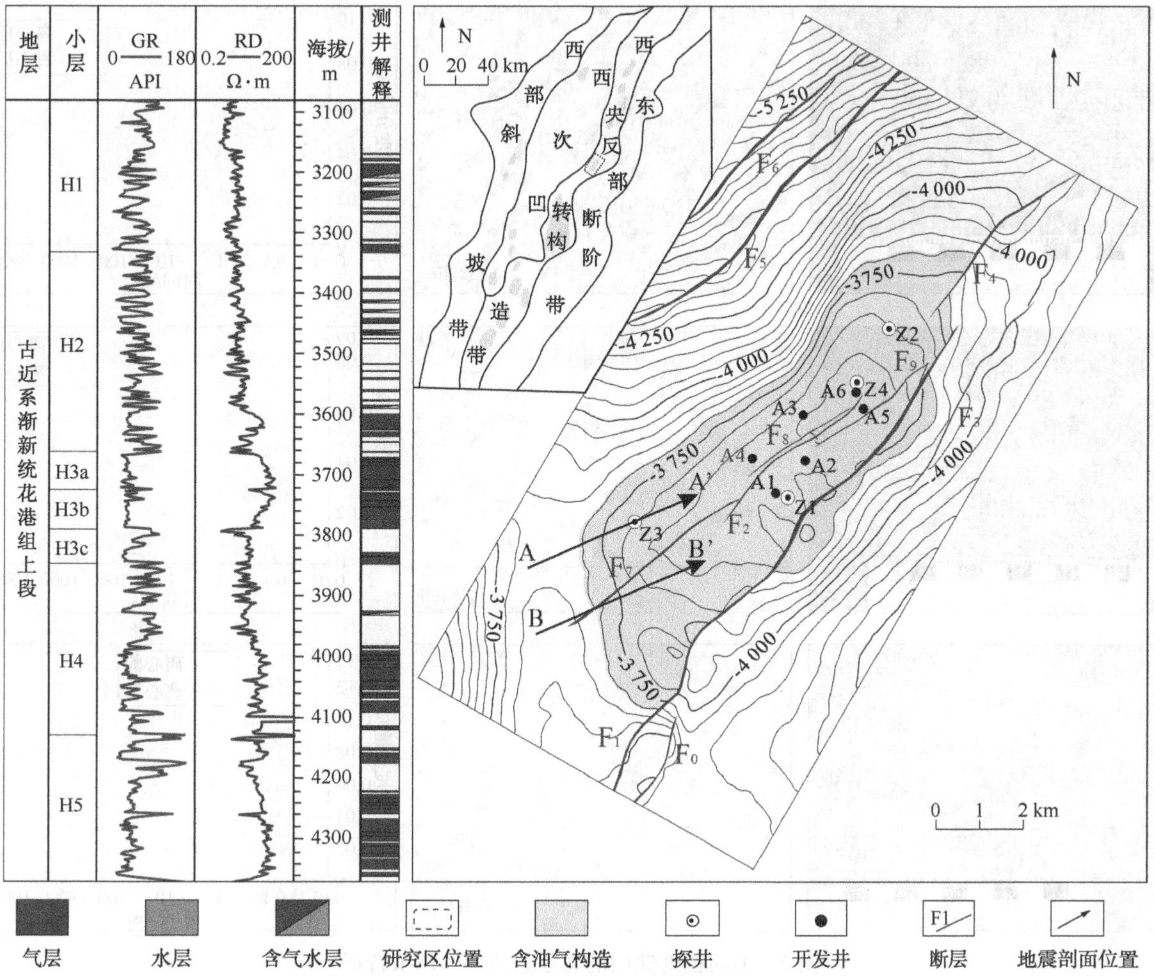

图1　研究区单井柱状图及井位平面分布

2　甜点的地质成因及分布规律

甜点与非甜点在岩心、薄片、测井和地震上有较大的差异。岩心上，甜点储层粒度更粗，甜点储层段油基泥浆侵入明显。通过薄片观察，甜点储层的溶蚀作用明显，发育大量次生溶蚀孔。通过压汞资料分析，表明甜点储层以大孔吼为主，且孔隙与喉道的分选较好，孔隙结构优越(图2)。测井上，甜点段储层具有"低自然伽马、高电阻"的"测井响应。

在单井分析的基础上，通过连井对比分析发现。H3a从上至下，可以划分为三期正旋回(图3)，分别为H3a1小层、H3a2小层和H3a3小层。甜点纵向上主要位于每期河道的中下部，平面上甜点主要发育在北部的井区，南部Z3井甜点较不发育。通过分析H3a储层的成岩演化序列及不同类型储层的孔隙度演化(图4)发现，H3a储层主要处于中成岩A期，黏土矿物以绿泥石和高岭石为主，石英次生加大不明显，储层溶蚀作用强。不同粒度的储层孔隙度演化具有差异性，中粗砂岩最终保存的孔隙度大于中细砂岩和粉砂岩。中粗砂岩为研究区有利的岩相，形成中粗砂岩的高能辫状水道为有力的沉积相。总体上，甜点的成因为沉积主控，优势的沉积相带甜点发育的概率大。高能水道水动力强，岩相粗、厚度大，抗压实能力强，高能水道叠置的厚砂区是寻找甜点的有利方向。因此，建立了H3a辫状河三角洲沉积晚期"北厚南薄、纵向三期"薄层甜点发育模式(图5)。

3　甜点的地球物理定性预测

H3a储层埋深3500m，储层物性差，为Ⅱ类AVO储层。近道地震为波峰，远道地震为波谷，在常规全叠加剖面上，砂体顶面不稳定，储层刻画难度大。相比常规全叠加地震，近道优势道集叠加可以突出Ⅱ类AVO储层的地震响应。研究区地震资料处理效果好，近道受波次波影响较弱；同时已钻井井旁地震道集近道3°~15°为稳

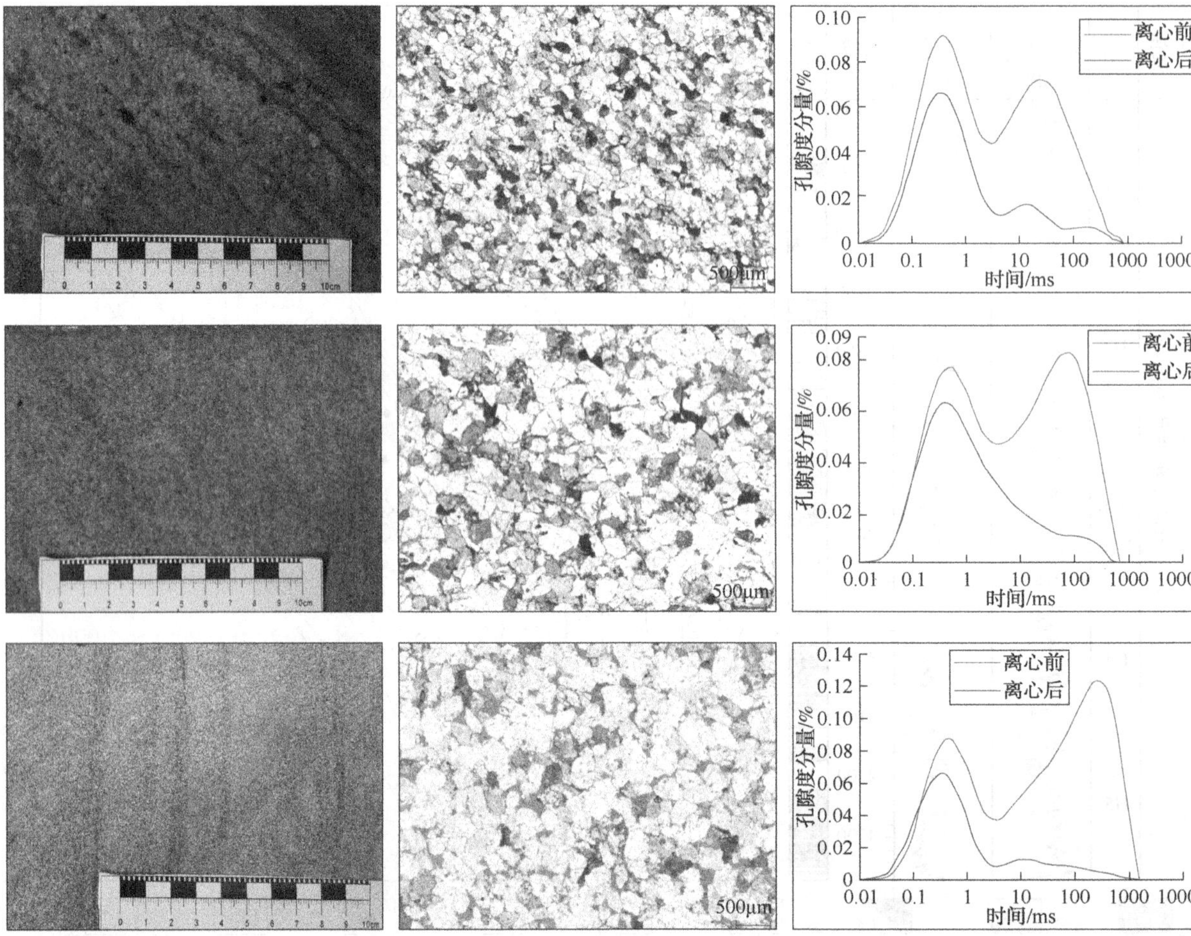

图2　不同粒度储层的岩心、薄片及压汞特征

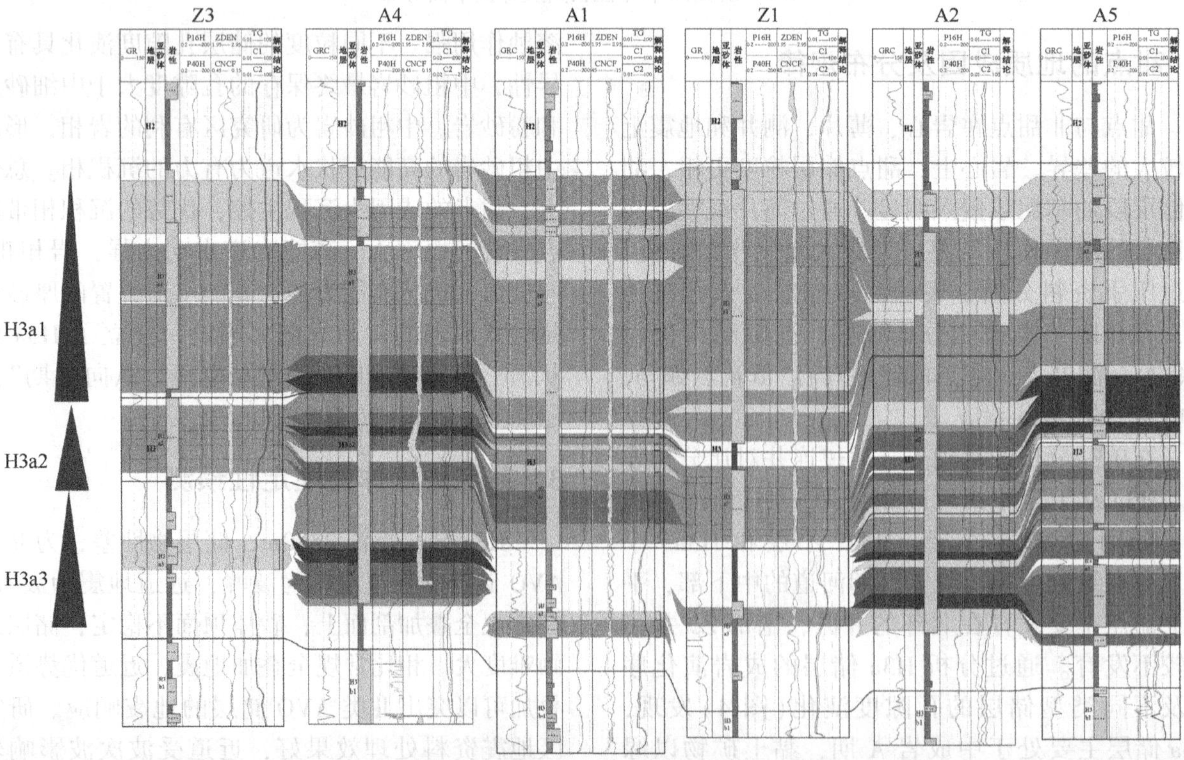

图3　连井甜点分布图

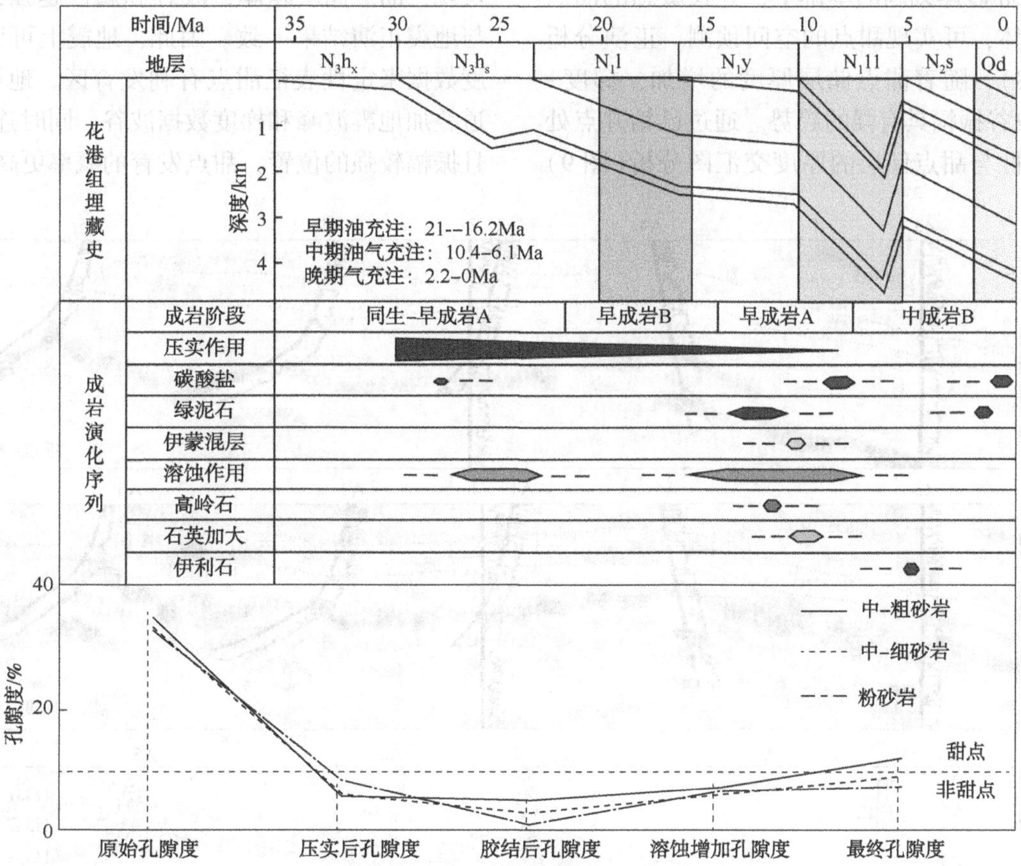

图4 成岩演化序列及不同类型储层的孔隙度演化

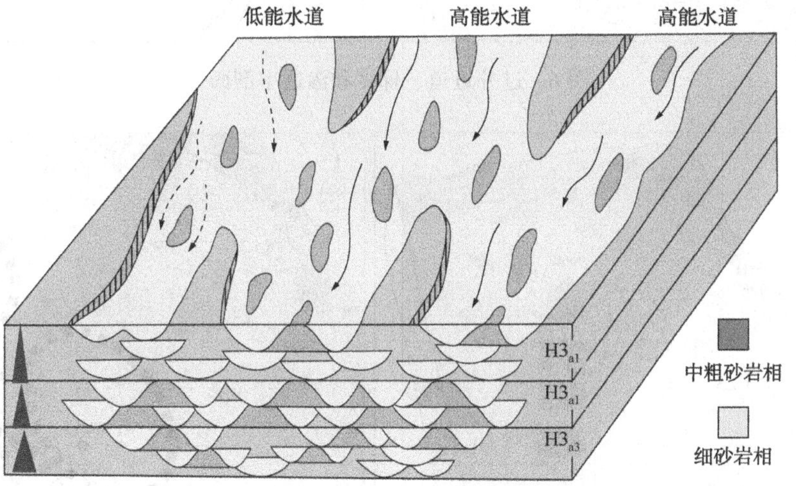

图5 甜点发育模式图

定的波峰反射，具备优势道集叠加的条件。因此，采用3°~15°近道优势叠加-90°相移地震表征H3a储层(图6)。在常规地震上，H3a砂顶相位不稳定，3°~15°近道优势叠加-90°相移地震能更好反映H3a砂体顶底，利用该地震数据体对H3a顶底进行精细解释，得到了H3a砂体厚度图(图7)。H3a储层在主井区稳定发育，向西和南部储层有减薄的趋势，厚砂区多为辫状河道叠置区，甜点发育的概率大。此外，通过微古地貌的刻画可一定程度反映储层的有利发育区。微古地貌低洼区，可容纳空间大，砂体更发育，甜点发育的概率高。结合微古地貌和H3a砂体厚度图，优选处研究区北区A4、A2和A5三个甜点有利区。

在H3a砂体刻画的基础上，寻找敏感的甜点地震数据体，可实现甜点的空间预测。正演分析表明(图8)，随着甜点储层厚度的增加，梯度-90°相移波谷振幅具有强的趋势。通过已钻井点处波谷和属性与甜点储层的厚度交汇图分析(图9)发现，甜点储层越厚，波谷和属性越强，该规律与地震正演结果一致。因此，地震上可以采用梯度数据来定性表征甜点有利发育区。地震上，近道叠加地震波峰和梯度数据波谷，同时连续稳定、且振幅较强的位置，甜点发育的概率更高。

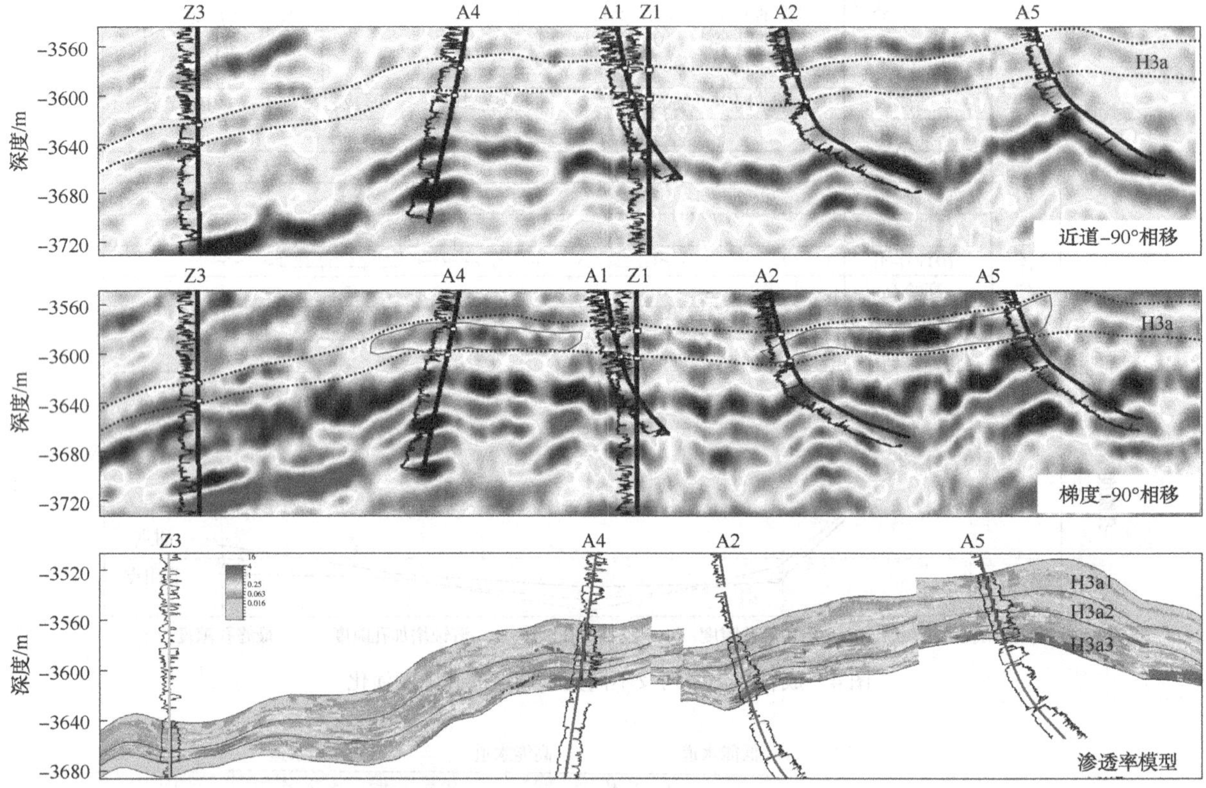

图6　过井近道、梯度和渗透率剖面

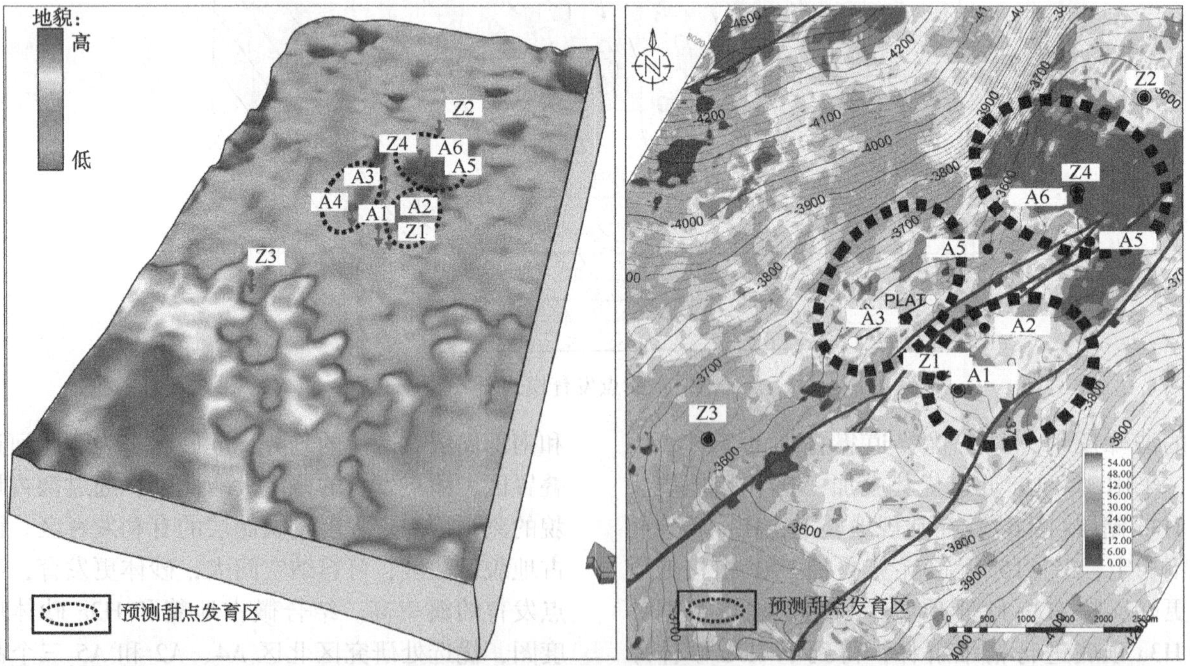

图7　古地貌及砂厚平面图

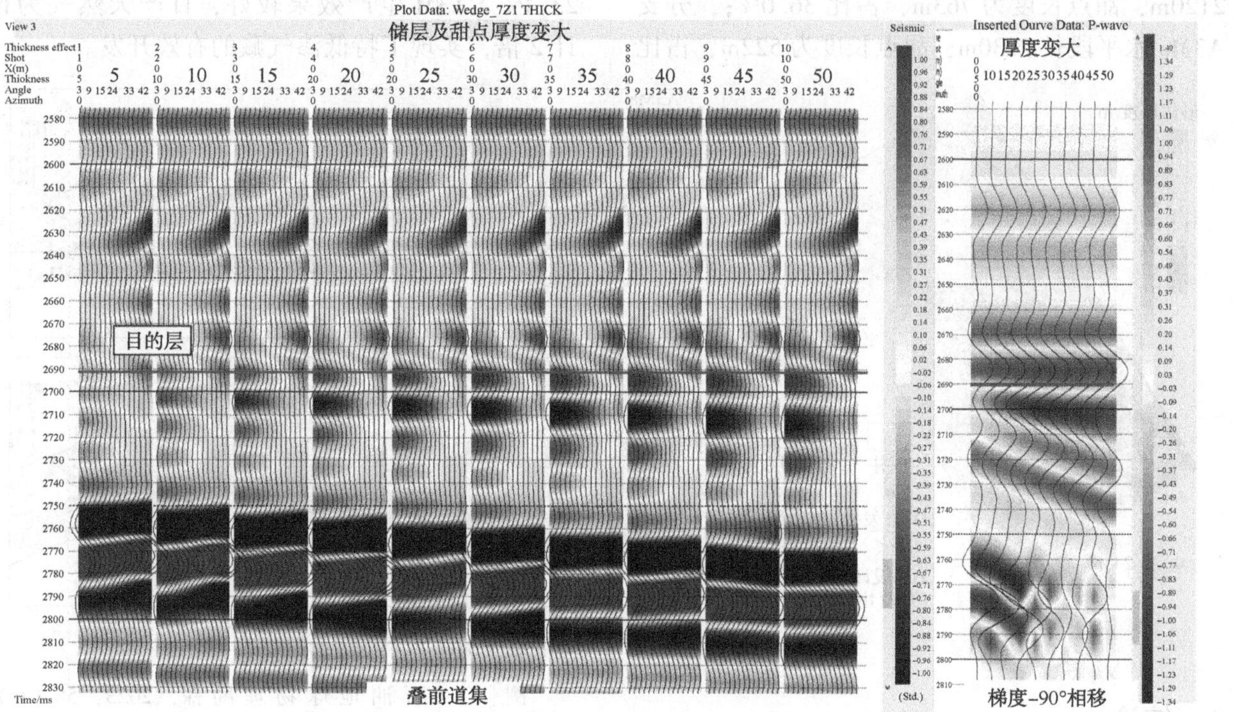

图8　不同厚度甜点地震响应正演分析

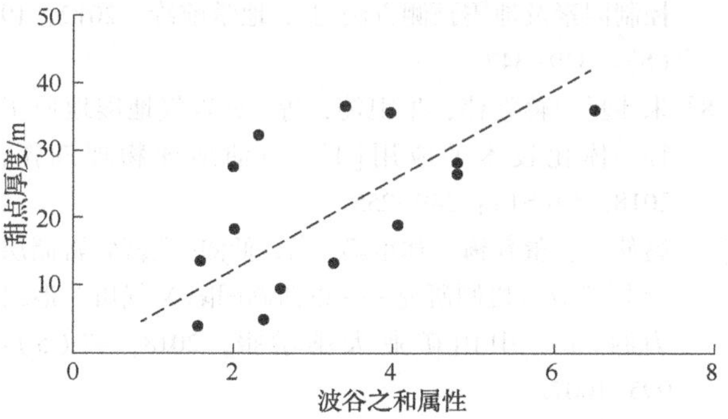

图9　波谷之和属性与甜点厚度的相关性

4　甜点的地震-地质建模定量表征

地质建模是实现钻井、地震及地质规律，综合全面表征的手段。在甜点定性预测的基础上，采用地质建模实现甜点的定量表征。由于早期H3b层11口开发井均过路H3a层，使得H3a钻井信息较丰富，模型表征的精度较高，甜点预测的结果相对可靠。

在现代沉积类比的基础上，基于沉积数值模拟开展辫状河三角洲平原演化过程分析建立定量构型知识库，指导岩相模型的构建。在岩性模型构建的基础上，进一步构建孔隙度模型和渗透率模型。利用渗透率模型表征甜点的空间展布，指导井位的设计和随钻跟踪。渗透率模型表明(图6)，甜点纵向上位于每期河道的中下部，H3a2物性最好，H3a3物性期次，H3a1物性最差；平面上位于研究区的北部。

5　甜点预测对井位部署的指导

特低渗气藏的开发需要提高提高甜点钻遇率，来实现气藏的有效开发。特低渗气藏开发初期以甜点储层产出为主，后期非甜点气体渗流至甜点区，再从甜点流入井筒而产出。因为，H3a单一甜点的规模小，需要增加设计井的轨迹长度和甜点钻遇段。采用甜点区带动非甜点区，实现特低渗气藏储量的充分动用。

针对H3a甜点纵向分为3期、横向甜点规模较小的特点，设计波动-多分支井(图10)实现H3a特低渗气藏的有效开发和充分动用。平面上，采用“鱼叉式”长分支井增加储量的动用范围和甜点钻遇的长度。纵向上，波动对称型双分支长水平井串糖葫芦式沟通多期甜点。同时依据实钻井测井信息实时更新渗透率模型，指导轨迹的调整与优化，提高甜点的钻遇率。A3M井为双分支井，平面上位于A5井甜点发育区，分支间距约600m。主支A3M位于东侧，纵向上主要动用H3a1和H3a3的甜点；分支A3Ma位于西侧，纵向主要动用H3a2甜点储量。整体上，双分支甜点钻遇长度较长，且垂向上具有高程差，能实现充分动用。钻后数据统计，主支A3M水平段长

2120m，甜点长度为763m，占比36.0%；，分支A3Ma水平段长2230m，甜点长度为522m，占比23.4%。A3M生产效果较好，日产天然气为设计2倍，实现了特低渗气藏的有效开发。

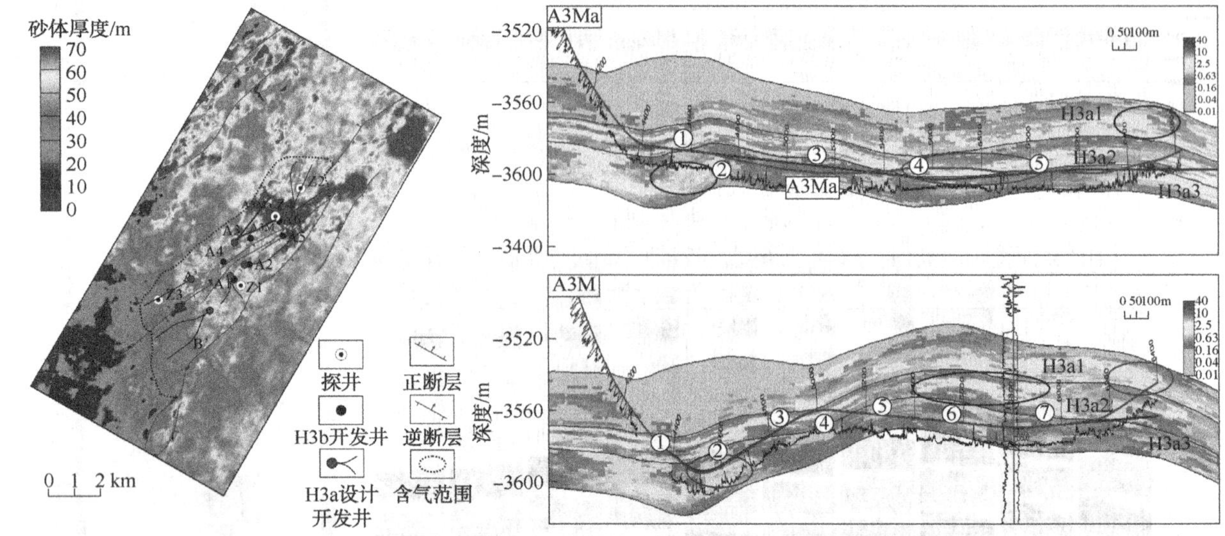

图10　过双分支井的渗透率剖面

6　结论

(1) 通过岩心相-测井相-地震相分析，建立了甜点发育的地质模式，定性预测了甜点发育的有利区。

(2) 基于近道优势道集叠加和梯度数据实现了特低渗储层的刻画和甜点的定性预测。

(3) 采用地质建模，融合多学科信息实现甜点的定量表征。在甜点预测的基础上，设计波动-多分支井实现特低渗气藏的充分动用和有效开发。

参 考 文 献

[1] 于江龙，陈刚，吴俊军，等. 玛湖凹陷风城组页岩油地质工程甜点地震预测方法及应用[J]. 新疆石油地质，2022，43(6)：757-766.

[2] 梁兴，朱斗星，韩冰，等. 地震地质工程一体化技术及其在山地页岩气勘探开发中的应用[J]. 天然气工业，2022，42(S1)：8-15.

[3] 赵虎，冯艺丹，王轶，等. 川东高峰场地区凉高山组致密砂岩甜点储层地质特征及地震综合预测技术[J]. 天然气地球科学，2022，33(1)：153-167.

[4] 王巍. 渤海致密砂岩甜点地质模式及地震识别预测分析[J]. 石油物探，2023，62(4)：741-750.

[5] 李炳颖，涂齐催，刘江，等. 低渗储层岩石物理建模新方法及其在东海Z气田中的应用[J]. 海洋地质前沿，2024，40(2)：59-67.

[6] 何贤科，娄敏，涂齐催，等. 厚层低渗气藏"甜点"预测——以东海陆架盆地西湖凹陷Z气田花港组为例[J]. 石油地球物理勘探，2023，58(6)：1410-1422.

[7] 杨瑞召，赵争光，庞海玲，等. 页岩气富集带地质控制因素及地震预测方法[J]. 地学前缘，2012，19(5)：339-347.

[8] 朱斗星，蒋立伟，牛卫涛，等. 页岩气地震地质工程一体化技术的应用[J]. 石油地球物理勘探，2018，53(S1)：249-255.

[9] 赵仲祥，董春梅，林承焰，等. 低渗-致密砂岩储层"甜点"成因机制研究——以西湖凹陷X气田花港组为例[J]. 中国矿业大学学报，2018，47(5)：995-1007.

[10] 赵仲祥，董春梅，林承焰，等. 西湖凹陷深层低渗-致密气藏"甜点"类型划分及成因探讨[J]. 石油与天然气地质，2018，39(4)：778-790.

[11] 李锦锋，杨连如，张凤博，等. 下寺湾油田延长组长8段致密油富集主控因素及"甜点"模式[J]. 油气藏评价与开发，2019，9(6)：1-9.

[12] 蔡勋育，邱桂强，孙冬胜，等. 中国中西部大型盆地致密砂岩油气"甜点"类型与特征[J]. 石油与天然气地质，2020，41(4)：684-695.

[13] 刘君龙，胡宗全，刘忠群，等. 四川盆地川西坳陷新场须家河组二段气藏甜点模式及形成机理[J]. 石油与天然气地质，2021，42(4)：852-862.

[14] 车国琼，王立恩，汪轰静，等. 断层对致密砂岩气藏甜点区的控制作用——以四川盆地中部蓬莱地区须二段气藏为例[J]. 天然气工业，2019，39(9)：22-32.

[15] 陈雪珍，曲永强，许多年，等. 准噶尔盆地玛北斜坡区甜点储层分类及成因模式[J]. 天然气地球科

学，2020，31(11)：1524-1536.
[16] 娄敏，蔡华，何贤科，等. 地震沉积学在东海陆架盆地西湖凹陷河流-三角洲相储集层刻画中的应用[J]. 石油勘探与开发，2023，50(1)：125-138.
[17] 何贤科，娄敏，李炳颖，等. Z气田深层储集层地球物理预测[J]. 物探与化探，2024，48(3)：1-9.
[18] 李青元，张洛宜，曹代勇，等. 三维地质建模的用途、现状、问题、趋势与建议[J]. 地质与勘探，2016，52(04)：759-767. DOI：10.13712/j.cnki.dzykt.2016.04.018.
[19] 吴胜和，李宇鹏. 储层地质建模的现状与展望[J]. 海相油气地质，2007，(03)：53-60.
[20] 武强，徐华. 三维地质建模与可视化方法研究[J]. 中国科学（D辑：地球科学），2004，(01)：54-60.

西湖凹陷中央背斜带玉泉构造储层致密成因及成藏过程分析

张　武　肖晓光　余　箐　王皖丽

[中海石油(中国)有限公司上海分公司]

摘　要　通过铸体薄片、扫描电镜、物性测试、含烃盐水包裹体测试、天然气碳同位素等实验分析，结合埋藏史-热史、断裂演化特征，论述西湖凹陷玉泉构造储层致密成因、成藏与储层致密化关系及气藏调整破坏过程、储层致密化与成藏关系。结果表明，西湖凹陷玉泉构造以低渗-致密储层为主，埋深、埋藏速率、侧向挤压强度及热史演化均影响储层致密程度，玉泉组沉积末构造经历历史最大埋深及最高温度，花下段储层约13Ma即致密化。花港组下段深层-超深层为先致密后成藏气藏，具有明显的物性控藏特征，邻近断层处形成局部高气饱甜点。明确了玉泉构造气田的主要成藏事件，明确玉泉构造气藏13~10Ma为主要成藏期，平湖组上段烃源岩生成的油气垂向运移在花港组上段成藏；5Ma花港组上段油气藏遭到东西向断裂破坏，油气沿着断层垂向运移分馏，调整到龙井组成藏。建立"花港组垂向多期充注、龙井组调整横向分馏运移"成藏模式，指出花上段刻画未被晚期断层破坏气藏，龙井组浅层刻画次生调整型气藏。

关键词　西湖凹陷；深层-超深层；致密气藏；成藏过程

西湖凹陷中央凹陷带中北部发育多个大型构造圈闭，目前已探明多个千亿方大气田，多个大气田待进一步勘探评价，中北部花港组勘探面临着储层致密化、成藏过程复杂的问题，玉泉构造高部位钻4口探井花港组主力层多为"气帽子"，晚期成藏为主，东西向断层形成时间与主充注期同时进行，花港组均钻遇气水界面，油气充注量受到质疑。本文通过对花港组储层致密成因、成藏期次、成藏时间等展开系统研究，以理清中北部花港组储层致密化与成藏的关系，恢复主成藏期储层物性、充注条件、构造特征等，为花港组深层勘探提供技术支撑。

1　地质概况

东海陆架盆地西湖凹陷是中国东部近海最大的含油气凹陷，总面积约 $5.9\times10^4km^2$，盆地周缘为北部虎皮椒隆起、西部海礁隆起及渔山低凸起、东部钓鱼岛隆褶带，凹陷东西方向上划分位西部斜坡带、西次凹、中央反转构造带、东次凹和东部断阶带。西湖凹陷内以新生代碎屑沉积为主，沉积地层从老到新分别为始新统平湖组、渐新统花港组、中新统龙井组-玉泉组-柳浪组、上新统三潭组及更新统东海群(图1)。始新统平湖组同时发育一套煤系烃源岩，煤系地层分布范围广、厚度大，有机质类型主要为腐殖型和含腐泥的腐殖型，热演化程度已达高成熟-过成熟阶段，油气兼生产气为主。渐新统花港组H3-H5砂组主力气藏沉积相类型为浅水环境下的辫状河三角洲沉积体系，厚层砂岩为辫状水道沉积，储层厚度大，且分布稳定。区域盖层主要为花港组沉积末期H1-H2的巨厚泥岩盖层，对油气形成区域性的封盖。

2　储层致密化成因及储层有效下限

玉泉花港组储层埋深多在2800~4500m，多口井实测物性3500m以下细砂岩渗透率已经<1mD，测压多为干点或极低的流度，储层特低渗(图2)，气层含气饱和度低，储层物性及充注条件制约了深层勘探成效。

通过镜下薄片微观特征及扫描电镜特征，玉泉气田储层压胶图来看以中强压实、弱胶结为主，压实减孔主导孔隙变差(图3)，龙井运动强侧向挤压是储层致密化重要因素，中成岩B期发丝状伊利石及片状绿泥石堵塞喉道使储层致密化(图4)。

成岩演化程度归根结底受到地层埋藏史-热史的影响，从黏土矿物演化序列来看，玉泉气田3300m即进入中成岩B期，临近区域成岩演化程

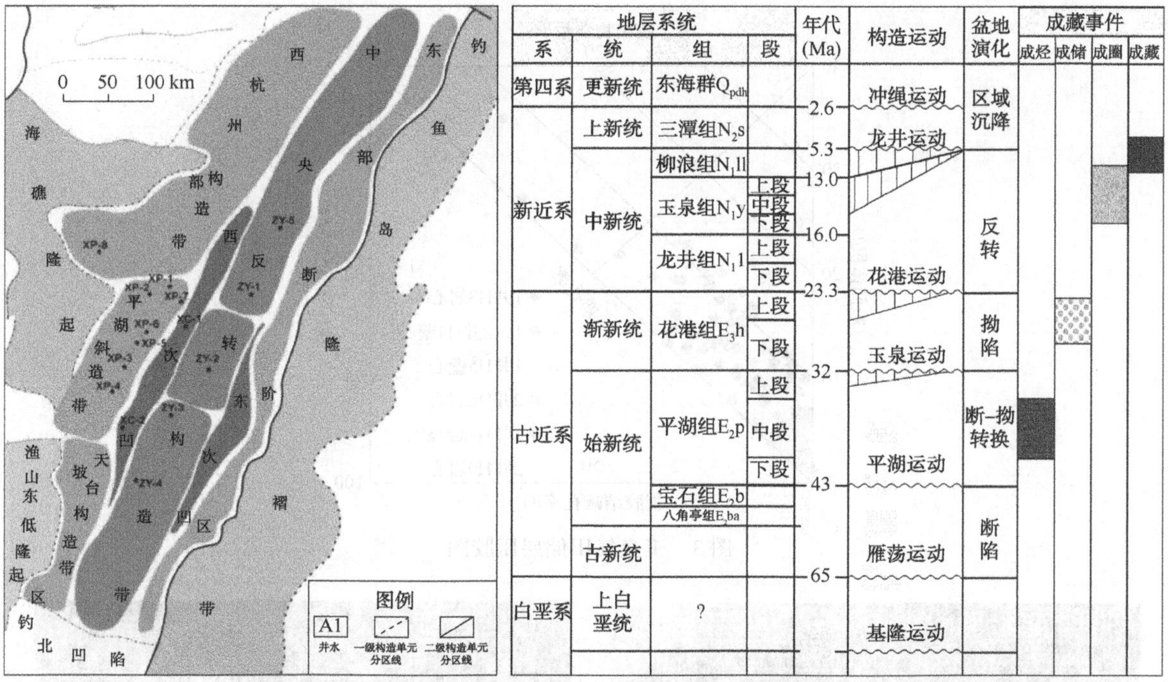

图 1　西湖凹陷玉泉构造位置及地层简表

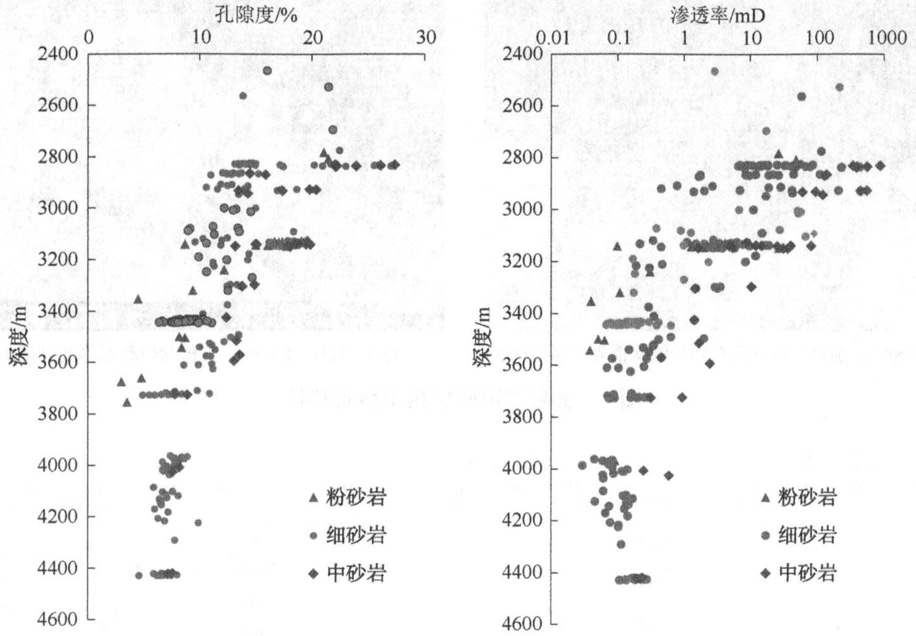

图 2　玉泉气田储层物性特征

度对比来看，玉泉构造成岩演化程度相对更高，通过 DST 测试计算玉泉现今地温梯度为 3.6～3.7℃/100m，3300m 埋深现今地层温度仅 130℃左右，与成岩演化程度不符，通过钻井实测地层温度与包裹体测温数据，对比古今地层温度的差异，玉泉构造同层位现今地层温度低于历史经历最大温度 10～15℃，构造核部反转前经历历史最大埋深及最高温度，储层致密时间较早。

玉泉组沉积末期经历深埋，龙井运动不同构造反转幅度差异巨大，通过磷灰石裂变径迹 t-T 轨迹数据恢复花港组储层的埋藏史-热史，玉泉构造龙井运动反转剥蚀量超过 1200m，花港组 13Ma 经历历史最大埋深（比现今深 200m），盆模恢复龙井运动前古地温梯度达到古地温梯度 4.1～4.2℃/100m，砂体埋藏方式、热演化程度直接控制了储层成岩、孔隙的演化，玉泉构造 13Ma 即经历最大埋深、最高温度，H5 以下储层 13Ma 进入致密化（图 11）。

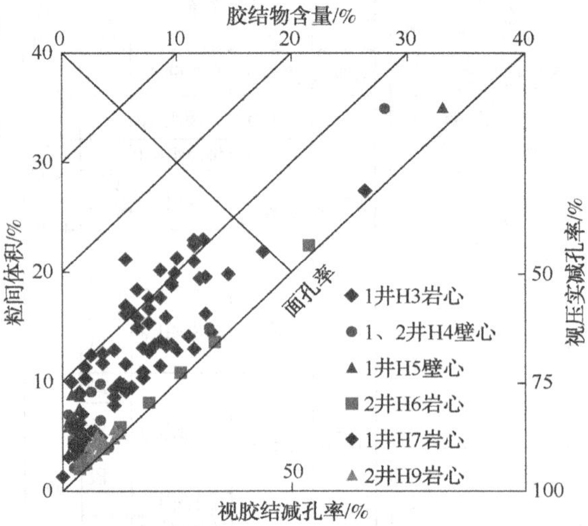

图 3　玉泉气田储层压胶图

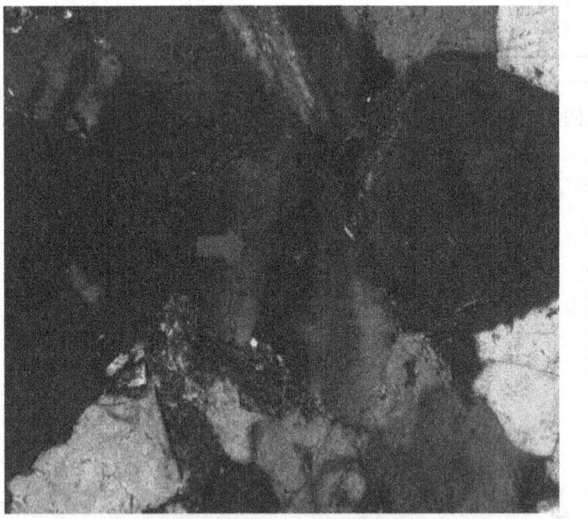

Q-1井，3988.1，强挤压造成石英颗呈波状消光，20×10(-)

Q-1、H7，4006m，搭桥状伊利石堵塞吼道，1366×

图 4　玉泉气田储层典型微观特征

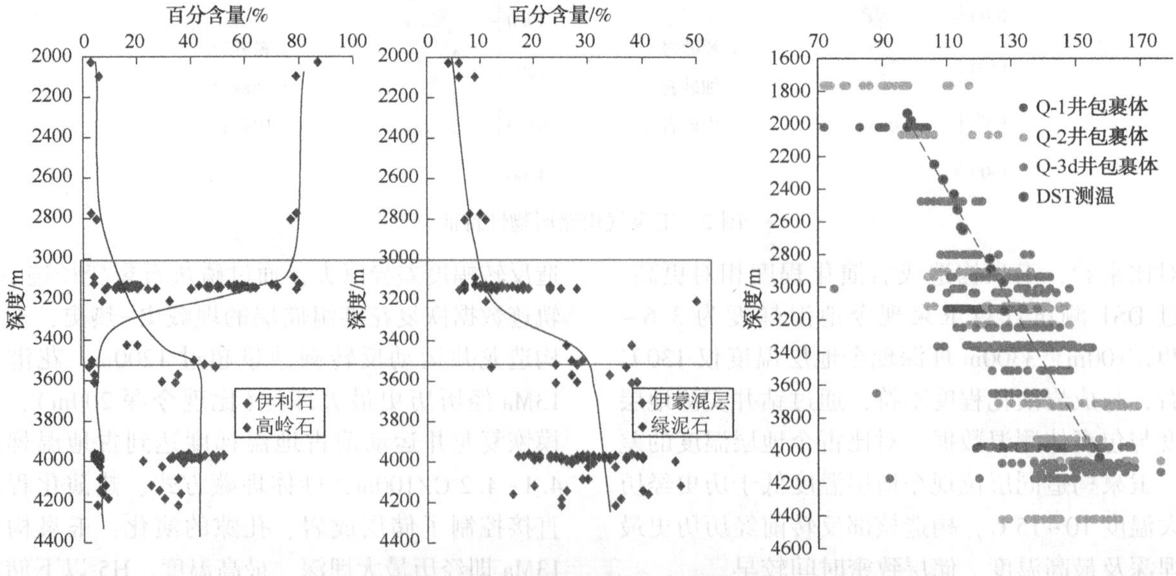

图 5　玉泉构造构造黏土矿物演化序列及古今地温对比

3　玉泉构造成藏过程与富集规律

通过两组断裂演化特征、包裹体测试、天然气碳同位素等分析，结合埋藏史-热史恢复了玉泉构造花港组先成藏后调整破坏至浅层过程，指出花上段构造翼部岩性圈闭及浅层调整型气藏为主要勘探方向。

（1）断裂演化

玉泉组沉积末期（15－13Ma 龙井运动早中幕）断层挤压活化控制大型反转背斜发育，早幕（T15-T12）为构造主幕，强度大，晚幕（T10）强度弱；龙井运动挤压形成巨型背斜为典型特征，但构造核部发育不同程度的 E-W 向断层，主油气源断层、东西向调整断层具有明显分期分段性，气源断裂长期具有运移能力，东西向晚期悬挂断裂为龙井运动挤压构造核部破裂形成（龙井运动早幕），悬挂断层断距具有中间大两头小的特征，随着龙井运动挤压强度的增大逐步增长向上下地层延伸的过程，最大断距在 T17-T12 地层之间，H3 断距小于 T10 断距，推断晚期悬挂断裂形成年龄约 15Ma，5.3Ma 之后下断至 H3（图 6、图 7）。

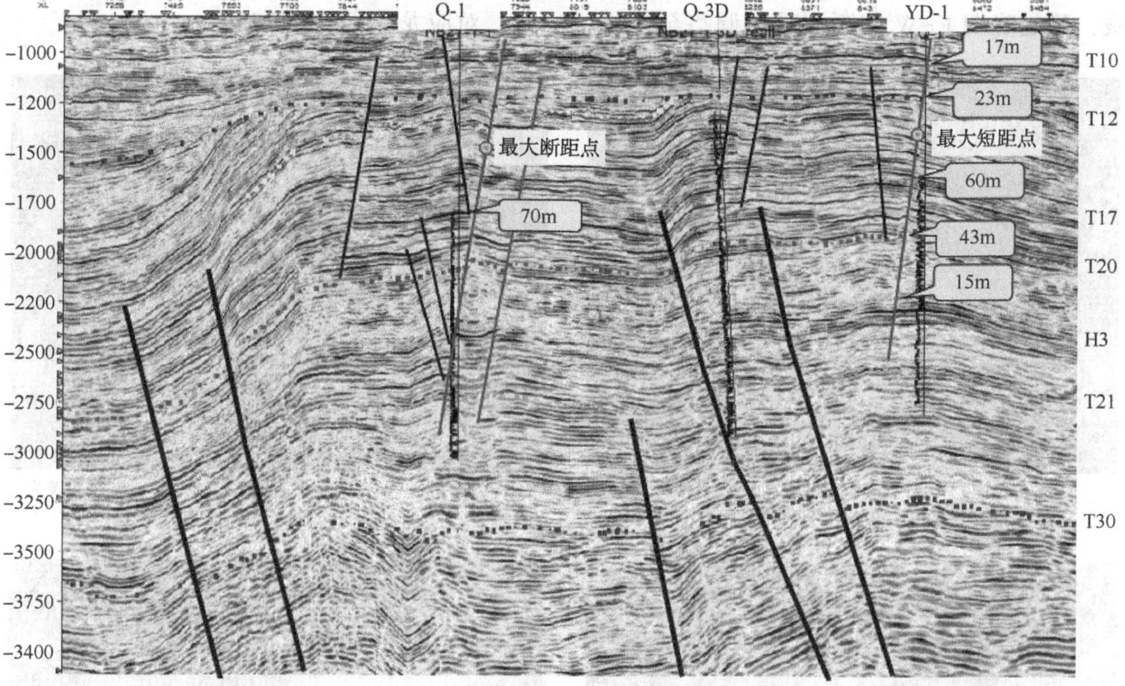

图 6　玉泉构造断裂组合特征

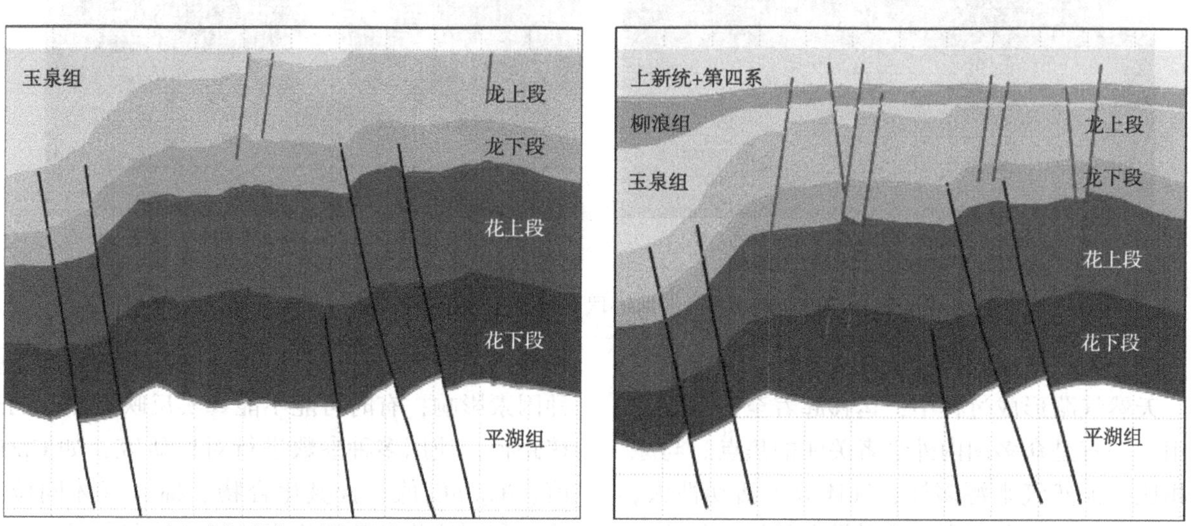

玉泉组晚期(龙井运动早幕约15Ma)　　柳浪组时期(龙井运动晚幕5.3Ma)

图 7　玉泉构造主油气源断层、东西向调整断层演化特征

（2）包裹体特征及花港组古油气藏界面

利用核工业 LINKAM THMS600 型冷热台对玉泉构造 H3a、H3b 气层、气水同层及水层全层段开展包裹体 GOI 分析及颗粒荧光定量分析（图 9），一般认为含烃包裹体 GOI≥5%、QGF-index ≥4 作为古油气藏的依据，可以看出 Q-1 井 H3a 含烃包裹体 GOI 在 3090m<5%，将 3090m 作为古气水界面；H3a 含烃包裹体 GOI 在 3198m<5%，将 3198m 作为古气水界面。通过古油气藏界面的恢复，Q-1 井 H3a 古气层厚度 25m，H3b 古气层厚度 80m，证实玉泉构造 H3a、H3b 为破坏残余气藏，花上段曾经出现过大规模天然气聚集成藏，只是晚期 E-W 向断裂破坏调整至浅层成藏。

玉泉构造花港组发育两期油气充注，含烃盐水包裹体沿切及石英颗粒加大边的成带分布，发绿色、黄绿色荧光（图 8）。第Ⅰ期丰度较低（GOI 为 1%±），早期石英颗粒不定向微裂隙或石英颗粒次生加大边内、油气两相、黄绿色-绿色荧光显示；第二期为主充注期（GOI 为 6-12%±），切穿早期石英颗粒微裂隙或切穿加大边的晚期（共轭）微裂隙内、油气两相或富气相、蓝绿色-蓝色荧光显示；H3 包裹体均一温度 120~140℃（图 10），结合埋藏史-热史及构造演化特征，明确玉泉构造 H3 气藏 12-8Ma 主充注期成藏，对应龙井运动（图 11）。

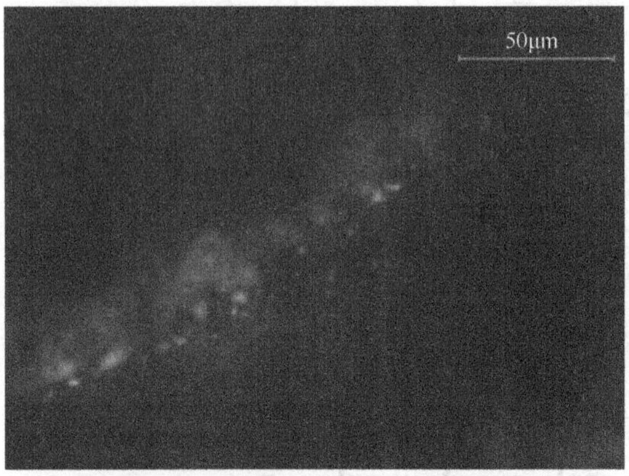

Q-1，3129.5m，沿切及石英颗粒加大边的成带分布、呈透明无色-灰色的气液烃包裹体

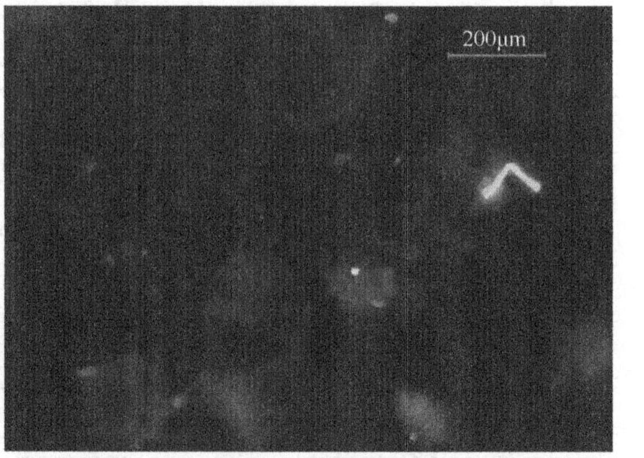

Q-1，3129.5m，砂岩含油，局部粒间孔隙显示蓝绿色荧光

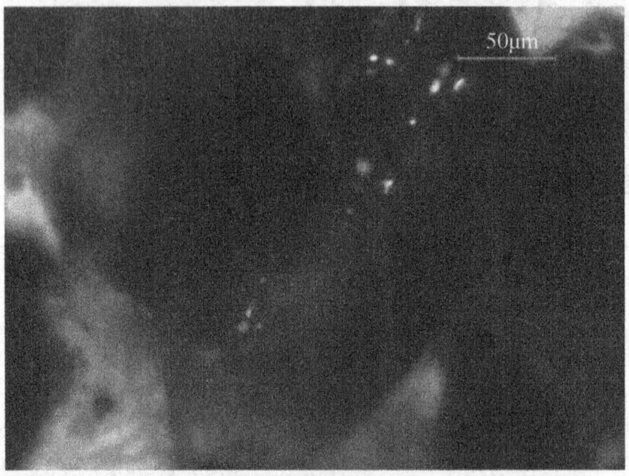

Q-1，3134m，成带分布、呈淡黄色-灰色、显示黄色、黄绿色荧光的气液烃包裹体

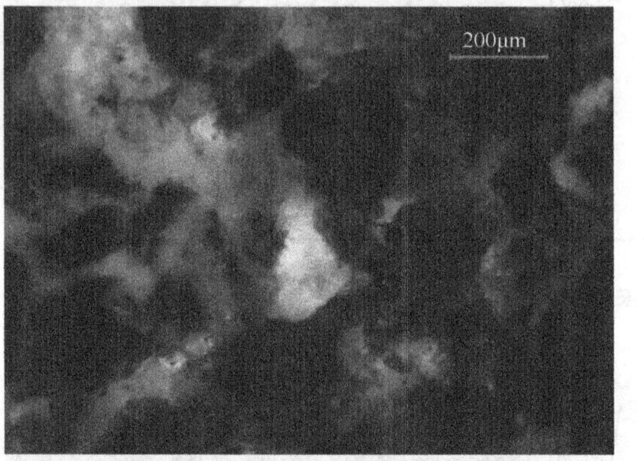

Q-1，3134m，砂岩含油，显示较强的绿色、黄绿色荧光

图 8　Q-1 井 H3 取心段含烃包裹体微观特征

（3）天然气碳同位素特征

天然气藏形成过程中，运移起着至关重要的作用，一直是众多国内外学者关注的焦点。与原油相比，天然气来源多样、气体分子活动性大，运移过程更加复杂多变，要科学有效地示踪其运移路径也更加困难。碳同位素是有效的天然气运移路径示踪参数之一，但是碳同位素的分馏受多种因素影响，有时可能不能真实反映天然气的运移路径，使用多种参数进行对比研究，如 C_1/C_2 值、iC_4/nC_4 值、含氮化合物、稀有气体同位素等，利用这些参数评价天然气运移路径可以更加真实反映其运移特征，获得更加科学的认识。天

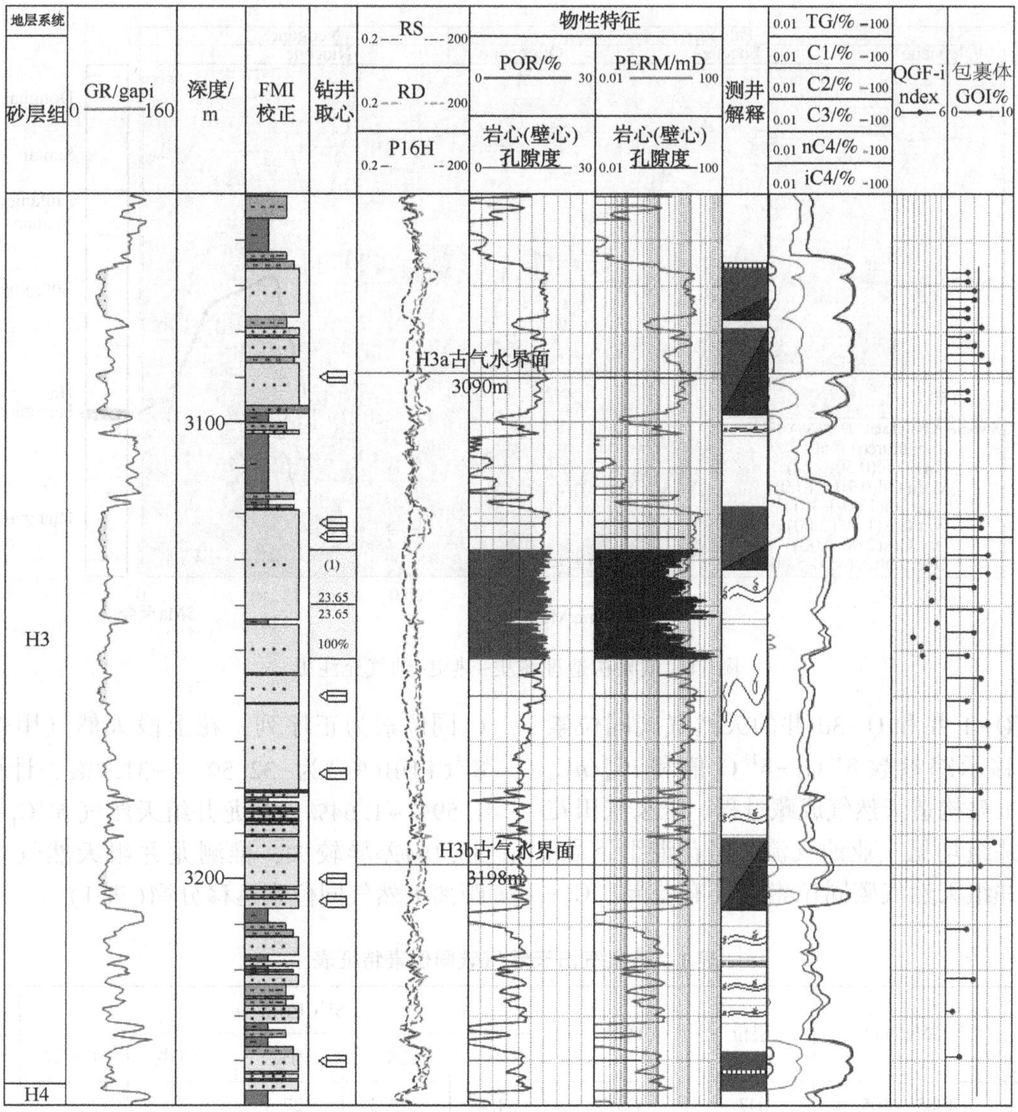

图 9　Q-1 井 H3 包裹体 GOI 及颗粒定量荧光特征

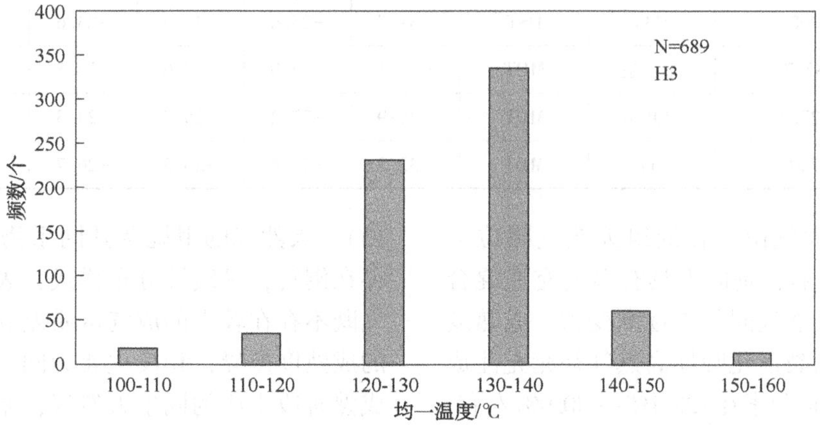

图 10　Q-1 井花港组 H3 包裹体均一温度特征

然气在运移过程中成分发生色层效应，其中甲烷等轻组分的渗透运移速度较大，而重烃组分会受到黏土矿物较强的束缚。随着运移距离的增加，天然气逐渐变成干气，同时不同输导层中正构烷烃和异构烷烃的运移速率存在着明显差别。前人的研究也证实了天然气运移可以造成烃类同位素的分馏，其中甲烷碳同位素对运移条件及过程较为敏感，可以作为研究天然气运移方向的指标。

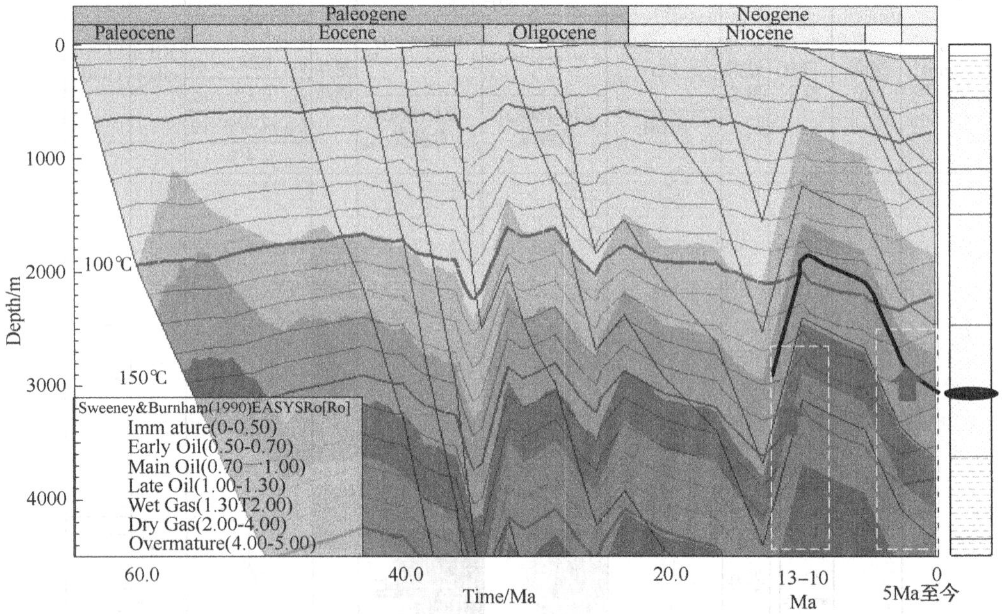

图 11　玉泉构造埋藏史-热史-油气充注史

选取 Q-1 井和 Q-3d 井的天然气碳同位素相关的运移示踪参数 $\delta^{13}C_2-\delta^{13}C_1$ 值和 iC_4/nC_4 值，探讨玉泉构造天然气成藏过程。玉泉气田花港组、龙井组均见工业油气流，但花港组下段、上段、龙井组天然气碳同位素特征有差异，C_1-C_4同位素为正序列，花上段天然气甲烷同位素 δ^{13}CPDB(‰)为-32.5‰~-31.7‰，计算成熟度1.59%~1.64%，与龙井组天然气 $\delta^{13}C_1$-40.9~-38.1‰差异较大，推测龙井组天然气具有中远距离天然气同位素运移分馏(表 1)。

表 1　玉泉气田天然气碳同位素特征表

井号	深度/m	层位	样品	δ^{13}CPDB/‰					成熟度/%
				甲烷	乙烷	丙烷	异丁烷	正丁烷	
Q-1	4085-4105	H7	DST	-34.4	-28.3	-27.1			1.48
	2933-2938.5	H2	DST	-32.1	-24.5	-23.1	-23	-23.3	1.62
Q-3d	3008	H3a	DST	-31.7	-25.6	-23.0	-23.6	-23.3	1.64
	1482.72	龙井组	MDT	-38.1	-25.0	-23.6	-23.8	-23.7	—
Q-4d	2127.8	龙井组	MDT	-40.9	-27.2	-25.7	-24.3	-20.9	—
Q-5	3740	H4	MDT	-32.5	-27.4	-26.5	-26.7	-25.5	1.59

中央背斜带大气田区花港组天然气同位素在-30%~-32‰左右，垂向上具有多期充注混合特征，由深至浅天然气同位素逐渐变重，成熟度变高，反应油源断裂活化晚期高熟气补充充注成藏；龙井组天然气同位素在-38.1%~-40.9‰左右，具有明显早期充注天然气，二次运移分馏特征，证实花港组天然气破坏调整的成藏过程(图 12)。

天然气碳同位素特征主要受成气母质类型、成熟度和运移成藏过程的影响。玉泉构造花港组上段和龙井组天然气在 $1/C_n-\delta^{13}C$ 图版上(图 13)，天然气的甲烷及其同系物碳同位素组成不存在倒转，呈线性分布样式，表明玉泉构造天然气既不存在较大的成气母质差异，也不存在较大的成熟度差异，相反主要为同一成气母质在同一成熟阶段生成的同生天然气，来源于平湖组上段烃源岩。Q-1 井和 Q-3d 井天然气甲烷碳同位素值随地层埋深变浅，天然气中甲烷碳同位素趋于变轻，分布在-38.10‰~-30.50‰之间，偏负了7.6‰，纵向上天然气甲烷碳同位素的规律变化主要为运移分馏所致(图 13)。

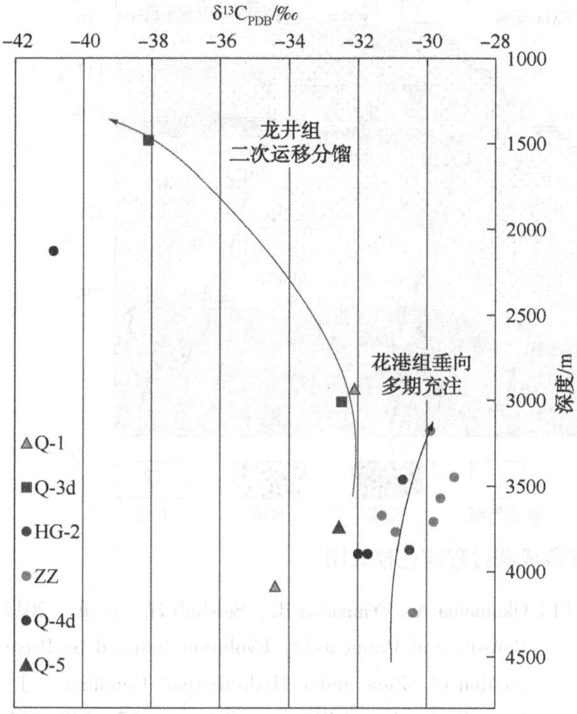

图 12　玉泉气田天然气甲烷同位素特征

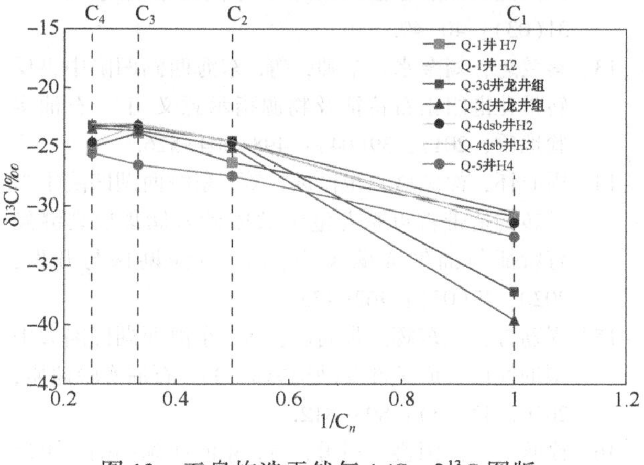

图 13　玉泉构造天然气 $1/C_n$–$\delta^{13}C$ 图版

基于运移分馏参数 $\delta^{13}C_2$–$\delta^{13}C_1$ 值和 iC_4/nC_4 值的大小，对玉泉构造内花港组上段原生油气藏和龙井组次生油气藏之间的油气调整规律和运移路径开展了研究。已有研究表明，在源岩母质类型相同的情况下，随着运移距离的增加，$\delta^{13}C_2$–$\delta^{13}C_1$ 值和 iC_4/nC_4 值均增大。天然气的 $\delta^{13}C_2$–$\delta^{13}C_1$ 值随花港组上段到龙井组过程中，从 6.46‰增加到 13.06‰，偏正了 6.6‰，天然气的 iC_4/nC_4 值从 1.49 增加到 2.22，增加了 0.74。可见 2 个运移分馏参数随着距离的增加而增加，表明油气从花港组上段至龙井组运移模式为沿着断层垂向运移分馏。Q-1 井与 Q-3d 井之间距离约为 10 公里，龙井组高程差在 265m 左右，埋深浅，物性条件好，孔隙度在 28.6%～34.1%，平均值为 31.1%，渗透率在 $139.41\times10^{-3}\mu m^2$～$760.6\times10^{-3}\mu m^2$ 之间，平均值为 $374.0\times10^{-3}\mu m^2$，在 Q-1 井与 Q-3d 井均位于砂体的优势运移通道上。除此之外，Q-3d 井 H3a 未被断层破坏，龙上段不具备垂向运移成藏条件。因此，认为 Q-1 井区通过断层垂向运移分馏运移至龙井组上段的天然气，在进入龙井组上段储层中后，沿着储层砂体继续进行中长距离的侧向运移。

因此，综上所述，通过对构造演化、埋藏史-热史、包裹体均一温度及天然气碳同位素的精细厘定，明确了玉泉气田的主要成藏事件，认为玉泉构造的油气藏在第一期(13Ma–10Ma)即主要成藏期，平湖组上段烃源岩生成的油气垂向运移在花港组上段成藏；而在第二期(5Ma–至今)，柳浪组时期，花港组上段油气藏遭到东西向断裂破坏，油气沿着断层垂向运移分馏，调整到龙井组，之后运移至龙井组上段储层中的天然气沿储层砂体继续进行侧向运移，并在浅层成藏(图 14)。建立三级逆断层强充注、晚期断裂破坏“局部富集”中转成藏模式，指出花上段刻画未被晚期断层破坏气藏，圈闭有效性决定了充满度，玉泉 N 北翼部构造岩性圈闭运移条件好、侧向挤压弱，是花港组油气富集区。

4　结论

(1) 玉泉构造以低渗-致密储层为主，埋深、埋藏速率、侧向挤压强度及热史演化均影响储层致密化，花下段储层玉泉组沉积末进入致密阶段，花上段为先成藏未致密气藏，花下段为先致密后成藏气藏。

(2) 将微观包裹体、天然气同位素与埋藏史-热史、断裂演化等宏观成藏要素结合，明确玉泉构造气藏 13Ma–10Ma 为主要成藏期，平湖组上段烃源岩生成的油气垂向运移在花港组上段成藏；5Ma 花港组上段油气藏遭到东西向断裂破坏，油气沿着断层垂向运移分馏，调整到龙井组成藏。

(3) 形成一套基于天然气碳同位素运移分馏的成藏过程恢复技术，能有效示踪天然气运移成藏、破坏调整过程与路径，可推广应用于其他盆地深层天然气藏成藏过程解剖。

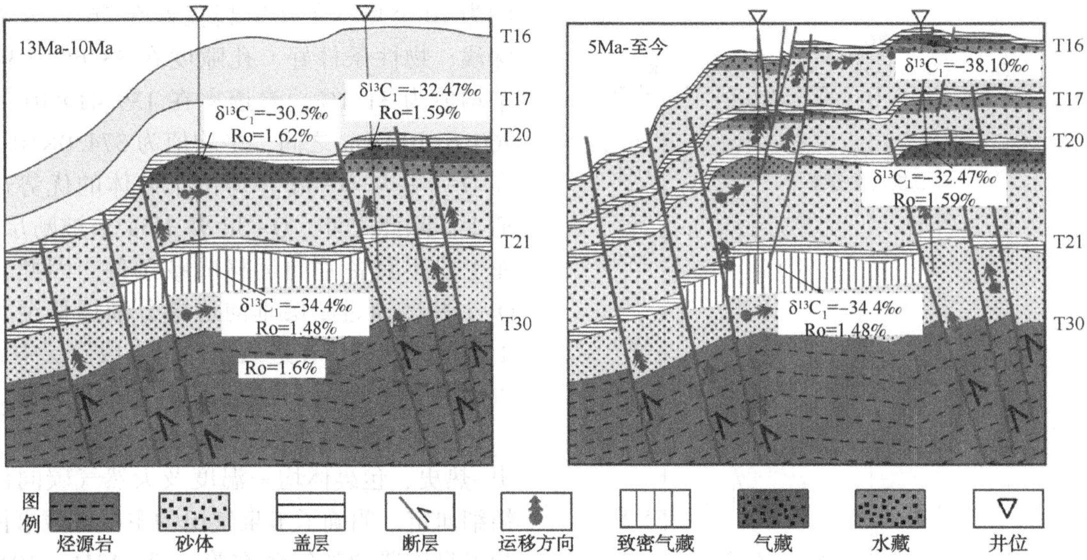

图 14　玉泉构造原生与次生油气藏成藏过程演化模式图

参 考 文 献

[1] 曹茜，周文，刘岩，等，2017. 西湖凹陷斜坡带深层异常高孔隙储层特征及成因[J]. 中南大学学报(自然科学版)，48(3)：751-760.

[2] 陈智远，徐志星，徐国盛，等，2017. 东海盆地西湖凹陷中央反转构造带异常高压与油气成藏的耦合关系[J]. 石油与天然气地质，38(3)：570-581.

[3] 冯佳睿，高志勇，崔京钢，等，2017. 深层、超深层碎屑岩储层勘探现状与研究进展[J]. 地球科学进展，31(7)：718-736.

[4] 林承焰，孙小龙，马存飞，等，2017. 西湖凹陷中央反转构造带花港组储层物性演化[J]. 中国矿业大学学报，46(4)：820-829.

[5] 刘金水，唐健程，2013. 西湖凹陷低渗储层微观孔隙结构与渗流特征及其地质意义——以 HY 构造花港组为例[J]. 中国海上油气，25(2)：18-23.

[6] 苏奥，陈红汉，胡飞，等，2015. 西湖凹陷中央构造带中南部油气成藏条件、特征及富集规律[J]. 地质科技情报，34(2)：123-129.

[7] 陶士振，邹才能，2005. 东海盆地西湖凹陷天然气成藏及分布规律[J]. 石油勘探与开发，32(4)：103-110.

[8] 杨晓萍，赵文智，邹才能，等，2007. 低渗透储层成因机理及优质储层形成与分布[J]. 石油学报，28(4)：57-61.

[9] 钟大康，朱筱敏，王红军，2008. 中国深层优质碎屑岩储层特征与形成机理分析[J]. 中国科学(D 辑：地球科学)，38(S1)：11-18.

[10] Merletti G. D.，Spain D. R.，Melick J.，et al.，2017. Integration of depositional，petrophysical，and petrographic facies for predicting permeability in tight gas reservoirs[J]. Interpretation，5(2)：29-41.

[11] Okamotoa A.，Yamadaa R.，Saishub H.，et al.，2017. Porosity and Permeability Evolution Induced by Precipitation of Silica under Hydrothermal Conditions[J]. Procedia Earth and Planetary Science，17：249-252.

[12] 张武，侯国伟，肖晓光，等. 西湖凹陷低渗储层成因及优质储层主控因素[J]. 中国海上油气，2019，31(03)：40-49.

[13] 秦兰芝，刘金水，李帅，等. 东海西湖凹陷中央反转带花港组锆石特征及物源指示意义[J]. 石油实验地质，2017，39(04)：498-504+526.

[14] 周心怀，徐国盛，崔恒远，等. 东海西湖凹陷中央反转构造带古近系花港组致密砂岩储集层裂缝发育特征与油气成藏关系[J]. 石油勘探与开发，2020，47(03)：462-475.

[15] 周荔青，江东辉，张尚虎，等. 东海西湖凹陷大中型油气田形成条件及勘探方向[J]. 石油实验地质，2020，42(05)：803-812.

[16] 徐昉昊，徐国盛，刘勇，等. 东海西湖凹陷中央反转构造带古近系花港组致密砂岩储集层控制因素[J]. 石油勘探与开发，2020，47(01)：98-109.

[17] 刘勇，徐国盛，曾兵，等. 东海盆地西湖凹陷花港组储层孔隙演化与油气充注关系[J]. 石油实验地质，2018，40(02)：168-176.

[18] 李宣玥. XH 凹陷中南部背斜带油气分布特征与成藏主控因素[J]. 海洋地质前沿，2024，40(06)：75-83. DOI:10.16028/j.1009-2722.2024.031.

[19] 李宣玥，赵洪，常吟善. 西湖凹陷中南部 H 构造断裂发育特征及控藏作用[J]. 上海国土资源，2024，45(01)：1147-1151.

[20] 刘金水，陆永潮，秦兰芝. 源—汇系统分析方法在大型储集体研究中的应用——以西湖凹陷中央反转带花港组为例[J]. 石油实验地质，2019，41(03)：303-310.

东海盆地西湖凹陷深层-超深层天然气富集特征及勘探潜力

刘金水　张　武

[中海石油(中国)有限公司上海分公司]

摘　要　通过铸体薄片、扫描电镜、物性测试、含烃包裹体测温及煤系烃源岩热模拟等实验分析，结合地温场及埋藏史-热史特征，论述西湖凹陷深层-超深层有效储层特征、储层致密化与成藏关系及资源潜力。结果表明，西湖凹陷深层-超深层以低渗-致密储层为主，地温场的差异控制不同构造带成岩演化程度，低地温梯度是深层-超深层发育有效储层的基础，粗粒相带、有机酸溶蚀作用及生烃超压保孔共同控制了优质储层的发育。花港组深层-超深层为先致密后成藏气藏，具有明显的物性控藏特征，邻近断层处形成局部高气饱甜点；平湖组源内早期成藏易形成高压高气饱致密气藏。明确了有效储层形成条件及有效下限，理清了储层致密化与成藏的关系及油气富集规律。从资源潜力来看，西湖凹陷深层、超深层油气资源占比77%，是西湖凹陷勘探未来最重要的增储领域之一。

关键词　西湖凹陷；深层-超深层；低渗致密气藏；富集规律；勘探方向

近10年来，深层-超深层油气在新增探明储量中占据主体地位，小于4000m、4000~6000m和大于6000m的层系天然气探明储量分别占新增探明储量的39%、40%和21%，当前，我国深层、超深层油气资源达671亿吨油当量，占全国油气资源总量的34%，深层已成为中国油气勘探开发规模增储上产的重要领域。受益于水力压裂、水平井和分支井等技术的普及，先后在塔里木盆地、四川盆地、渤海湾盆地、鄂尔多斯盆地、松辽盆地等地区取得重大突破。全球新发现油气田不断向深层、深水发展，深层/超深层成烃及热演化机制、有效储层成因机理与预测技术及油气成藏与富集规律是目前面临的重要挑战和亟待解决的问题。

东海盆地西湖凹陷主要目的层为古近系平湖组、新近系花港组，埋深多在3500~5000m，现今地温梯度2.8~4℃/100m，成岩演化程度高，整体属于低渗-致密储层。“十三五”资源量评价显示西湖凹陷低渗-致密气资源量1.06万亿方，占整个西湖凹陷资源量的47%，资源结构及勘探实践证实深层/超深层已成为勘探的必然。西湖凹陷深层-超深层具有单井产能低、商业经济下限高的特点，储层品质及油气富集机理一直制约着油气深层/超深层的勘探开发效率。“十三五”以来，通过对深层-超深层效储层成因、成藏富集机理等的系统研究，明确了有效储层形成条件及有效下限，理清了储层致密化与成藏的关系，论述了深层-超深层有效储层分布规律，为西湖凹陷深层/超深层油气价值勘探提供技术支撑，解放亿吨级的低渗-致密储量，指出深层-超深层领域潜力方向。

1　地质概况

东海陆架盆地西湖凹陷是中国东部近海最大的含油气凹陷，总面积约$5.9\times10^4km^2$，盆地周缘为北部虎皮椒隆起、西部海礁隆起及渔山低凸起、东部钓鱼岛隆褶带，凹陷东西方向上划分位西部斜坡带、西次凹、中央反转构造带、东次凹和东部断阶带。西湖凹陷内以新生代碎屑沉积为主，沉积地层从老到新分别为始新统平湖组、渐新统花港组、中新统龙井组-玉泉组-柳浪组、上新统三潭组及更新统东海群(图1)。其中始新统平湖组和渐新统花港组是西湖凹陷深层-超深层主要的勘探层系，平湖组为三角洲-局限海沉积背景，储层主要发育于水下分流河道、潮汐砂坝及潮道等微相，单砂层厚度20~70m不等，岩性以厚层细-中砂岩、含砾砂岩为主，埋深超过4600m依然具有自然商业产能；始新统平湖组同时发育一套煤系烃源岩，煤系地层分布范围广、厚度大，有机质类型主要为腐殖型和含腐泥的腐殖型，热演化程度已达高成熟-过成熟阶段，油气兼生产气为主。渐新统花港组 H3-H5 砂组主力气藏沉积相类型为浅水环境下的辫状河三角洲沉积体系，厚层砂岩为辫状水道沉积，储层厚度大，且分布稳定。区域盖层主要为花港组沉积末期 H1-H2 的巨厚泥岩盖层，对油气形成区域性的封盖。

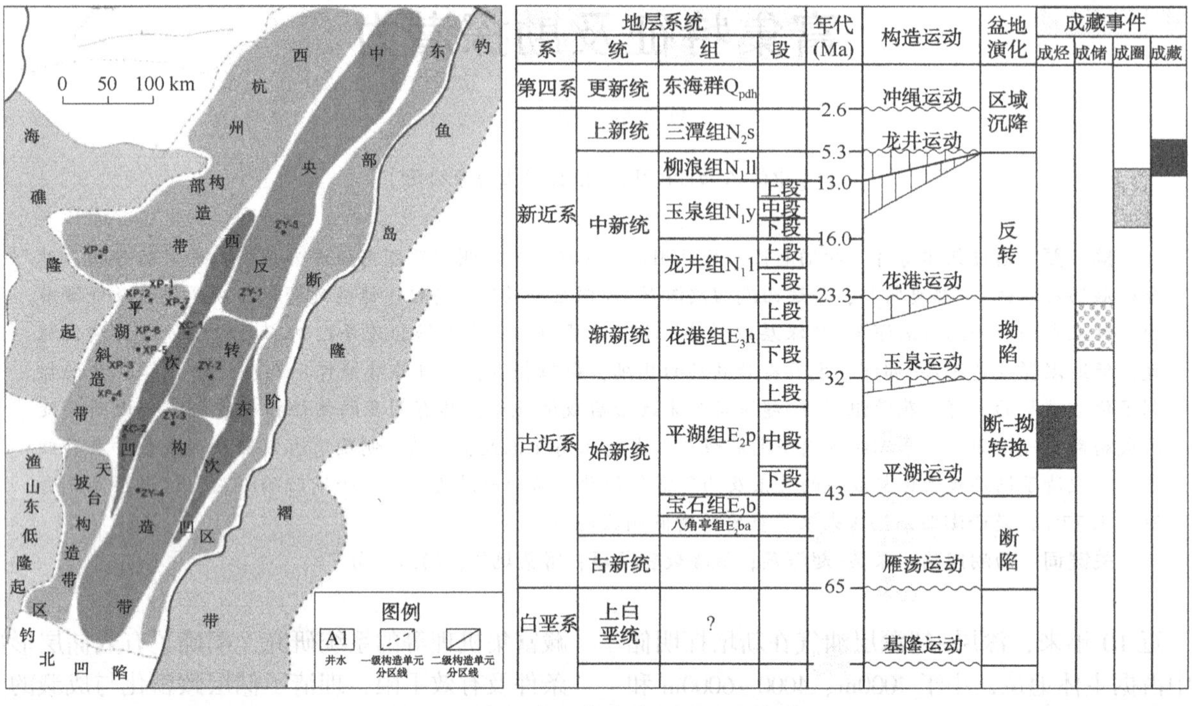

图 1　西湖凹陷 Y 构造位置及地层简表

2　深层-超深层气藏特征

2.1　储层微观特征

根据西湖凹陷平湖组、花港组储层以长石岩屑质石英砂岩为主。岩石组分中刚性颗粒含量占比较高，石英颗粒含量平均 63.6%，长石平均为 16.9%，岩屑平均 19.6%。以细-中粒砂岩、中粒砂岩及含砾砂岩为主。分选中-好，磨圆度主要为次棱-次圆，压实作用强常见凹凸-线接触。泥质杂基较低平均含量 2.73%。胶结物主要为碳酸盐胶结物(方解石、白云石)，平均含量为 2.68%，硅质平均含量为 1.03%，其他类型胶结物少见。高刚性颗粒含量、低泥质杂基、弱胶结作用是西湖凹陷深层-超深层发育有效储层的基础。

根据镜下微观特征显示，西湖凹陷平湖组、花港组组为孔隙型储层，溶蚀作用发育，溶蚀孔占总面孔率 60%~80%，储层在仍保留部分原始孔隙的前提下，大量发育粒间溶蚀孔、粒内溶孔和铸模孔，局部孔隙被钙质胶结充填，局部地区粒表发育环边绿泥石，粒间常见高岭石、片状伊利石及绒球状绿泥石，微裂缝少见[图 2(a)~(d)]。

深层-超深层储层孔喉结构复杂，传统的高压压汞难以区分孔隙、喉道对储层渗流能力的影响，利用恒速压汞技术可以区分开孔隙、喉道半径，不同物性储层孔隙半径差异不大，而喉道大小直接控制了渗透率大小。西湖凹陷储层孔喉半径主要分布在微米~亚微米级别，渗流能力好的储层主要喉道半径在>1μm 的微米级，如图 4 所示，渗透率 9.92mD 的样品，其喉道半径峰值为 4.5μm，而渗透率<0.5mD 的两个样品，其喉道半径分布都在<1μm 的亚微米区间内。不同孔隙类型对渗透率贡献差异大，优质高渗带在于其发育经溶蚀改造的扩大喉道半径(图 3)。

2.2　物性特征

参照国土资源部发布的《海上石油天然气储量计算规范》中有关分类标准，西湖凹陷现行的标准将<10mD 储层作为低渗储层。岩、壁心实测物性统计(图 4)表明，西湖凹陷平湖组储层孔隙度分布范围 4.3%~23.1%，其中孔隙度<15.0%的占到 65.0%；渗透率范围 0.03~542mD，其中渗透率<10mD 占到 46%，<50mD 占到 70.1%。花港组储层孔隙度分布范围 2.7%~24.6%，其中孔隙度<15.0%的占到 94.3%，渗透率范围

(a)

XC1井，花上段，4338.5m，溶蚀扩大孔发育，孔隙连通性好，10×10(-)

(b)

HZ35，4396m，花下段，原生孔隙发育，点-线接触，10×10(-)

(c)

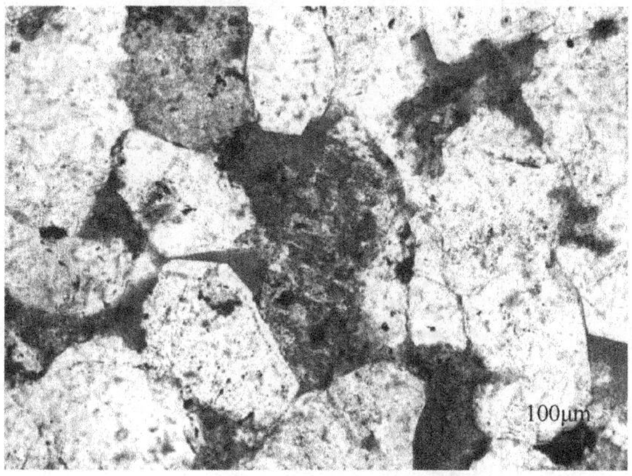

XP6，平湖组，4744.5m，长石溶蚀孔隙发育10×10(-)

(d)

HZ35，平湖组，4911.6m，原生孔隙、喉道发育，点-线接触，10×10(-)

图 2　西湖凹陷深层-超深层储层孔隙微观特征

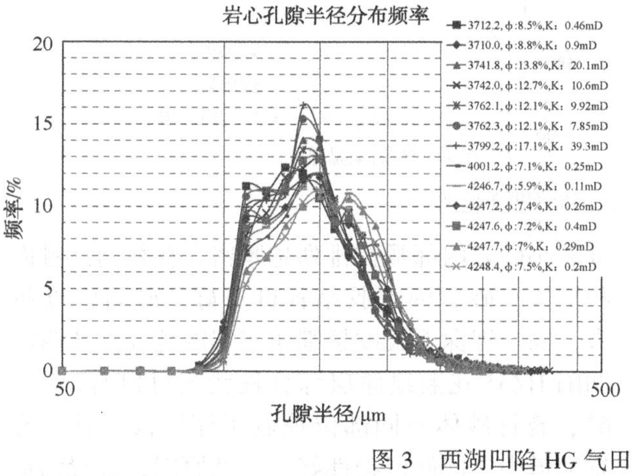

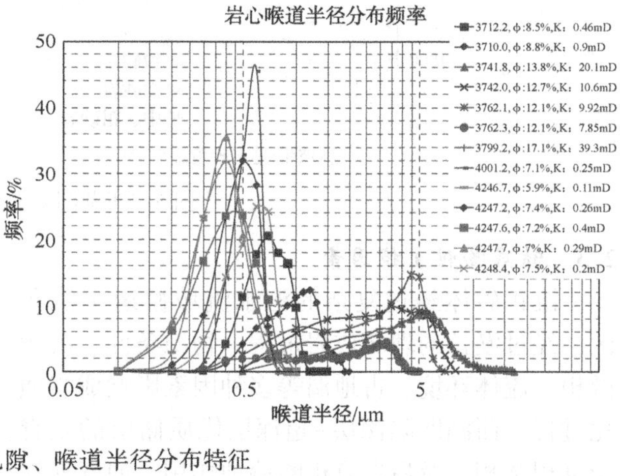

图 3　西湖凹陷 HG 气田孔隙、喉道半径分布特征

0.02~850mD，其中渗透率<10mD 占到 90.3%，<50mD 占到 97.1%。纵向上，花港组 3500~4000m 深度段发育大量中-低渗储层，4000m 以下主要发育致密储层（$<1\times10^{-3}\mu m^2$）；平湖组 3500~4500m 以中-低渗储层为主，同埋深平湖组储层物性明显优于花港组(图 5)。

西湖凹陷地温场的差异造成盆地不同构造带成岩程度差异的主因，通过对比花港组、平湖组典型构造 DST 实测地层温度数据，中央反转带花港组地温梯度约 3.6℃/100m，而西斜坡平湖组地温梯度相对较低 2.9℃/100m 左右，因此花港组 4000m 左右储层致密化，西斜坡平湖组 4600m 左右储层致密化，低地温梯度是深层-超深层发育有效储层的关键(图 5)。

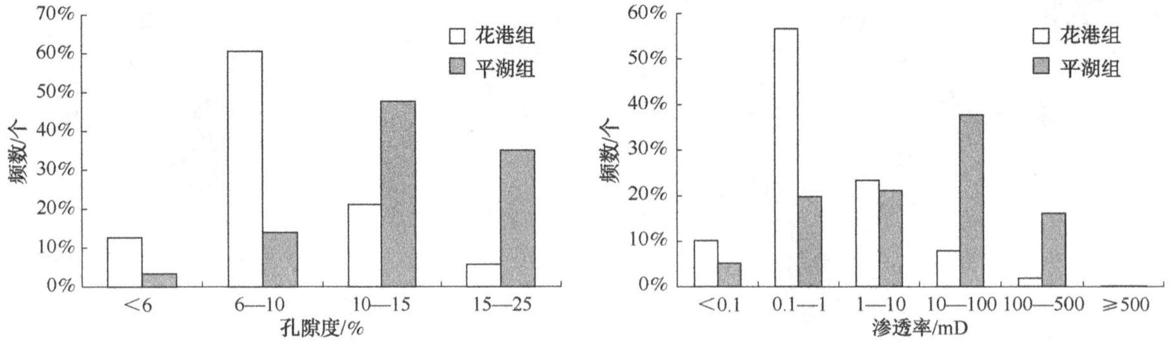

图 4　西湖凹陷储层物性特征直方图

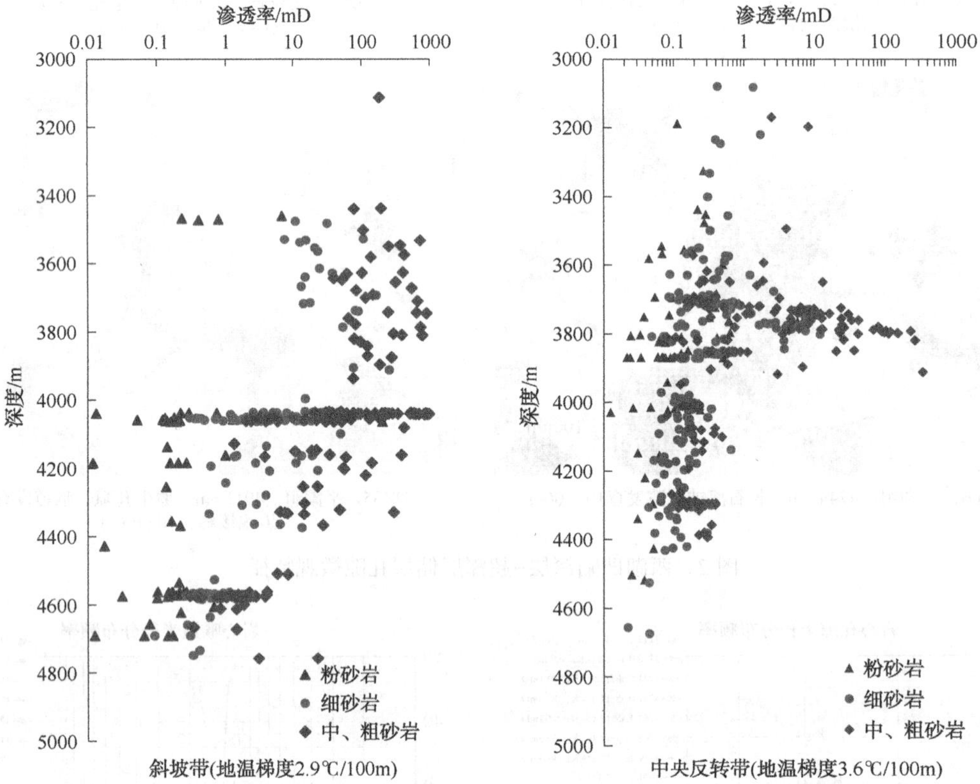

图 5　西湖凹陷储层物性随深度变化图

2.3　储层物性主控因素

沉积砂体经过复杂的汇水流域搬运至沉积区，经过漫长的埋藏成岩过程，物源条件、沉积微相、流体环境、古地温等多种因素影响成岩演化过程。西湖凹陷深层-超深层优质储层的发育受沉积微相、及后期有机酸溶蚀作用、油气充注保孔共同作用的结果。

2.3.1　沉积微相

西湖凹陷主要勘探层位平湖组、花港组埋深多在 3500~4800m，深埋条件下压实减孔是储层物性变差主因，不同粒度储层抗压实能力有差异，从前人对粗粒砂岩、中粒砂岩和细粒砂岩进行常规三轴试验和三轴压缩全过程渗透试验，粒度越小砂岩内部颗粒排列越紧密，颗粒间接触面积更大，砂岩内部胶结程度更好，砂岩强度越大，同一埋深下粒度越细压实程度越高。从西湖凹陷 HZ35 花港组储层综合柱状图可以看出(图 6)，叠置砂体不同部位控制了储层渗透性，叠置河道中下部储层物性好。究其原因，叠置河道中下部发育中粗砂岩且淘洗干净，原始沉积条件决定了流体运移方式及差异胶结作用，同一套砂岩里离子总是在孔隙结构差的地方先富集，导致物性变差(图 7)。随着埋深的加大，粒度对物性的控制越来越明显，深层-超深层对粗相带的刻画尤为重要。

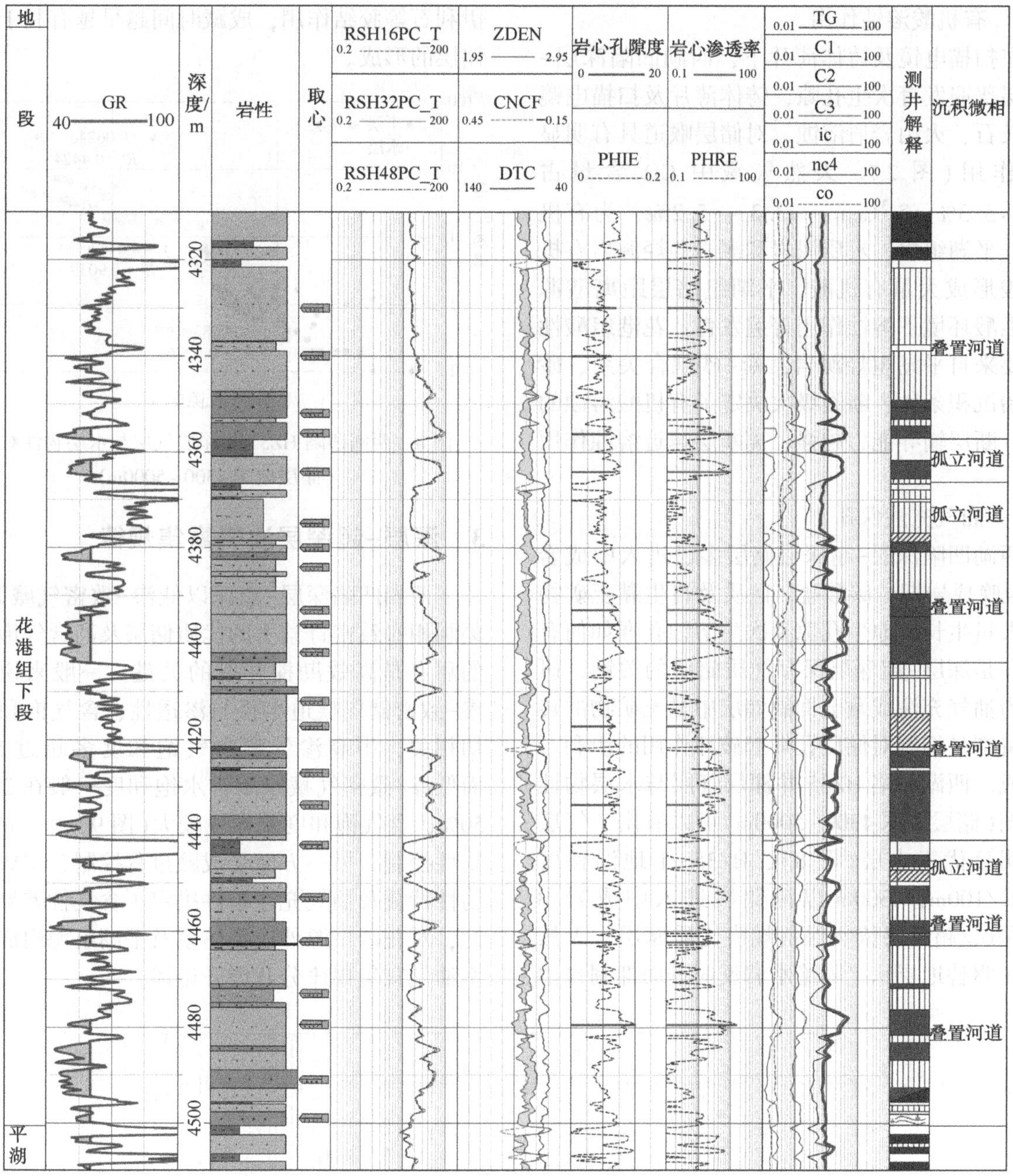

图6　西湖凹陷 HZ35 花港组储层综合柱状图

HZ35，4417.2m，河道侧缘，细砂岩，自生石英、丝状伊利石充填孔隙，3000×

HZ35，4433.6m，叠置河道主体，中砂岩，见绿泥石包膜、次生石英，3000×

图7　西湖凹陷 HZ35 不同微相储层微观特征对比

2.3.2　有机酸溶蚀作用

在扫描电镜及铸体薄片下，西湖凹陷深层-超深层普遍发育次生孔隙，铸体薄片及扫描电镜常见长石、火山岩屑溶蚀，对储层喉道具有明显改善作用（图 2）。天然气藏中 CO_2 含量占 2.3%~5.3%，$\delta^{13}C_{co_2}$：-3.3~-5.2‰，为有机成因，平湖组煤、炭质泥岩和泥岩等烃源岩有机质脱羧形成大量有机酸，平湖组储层距离酸源近，强酸环境下溶蚀作用普遍发育；花港组酸性水主要来自平湖组烃源岩，断-砂耦合关系、砂体原始沉积条件、断裂级次决定了有机酸溶蚀的差异，断层输导能力越强、离断层越近溶蚀作用越强。

2.3.3　油气充注保孔

西湖凹陷深层-超深层储层多已进入中成岩 B 期至晚成岩期，碳酸盐、硅质及自生黏土矿物开始大量生长，原生孔隙及次生溶蚀孔喉如何有效保存是深层-超深层保存优质储层的关键，研究认为油气充注成藏会抑制储层中黏土矿物的转化，特别是抑制对储层孔喉起破坏作用的伊利石的形成。西湖凹陷 HZ35 井深层气层与水层物性对比图（储层埋深 4300~5000m）可以看出，气层物性明显优于水层（图 8），HZ35-1 地温梯度 3.35℃/100m，4300m 以深储层进入中成岩 B 期，深层/超深层依然保留规模优质储层，天然气充注驱替地层水，隔绝水岩反应进而抑制自生伊利石等胶结作用，成藏时间越早越有利于优质储层的形成。

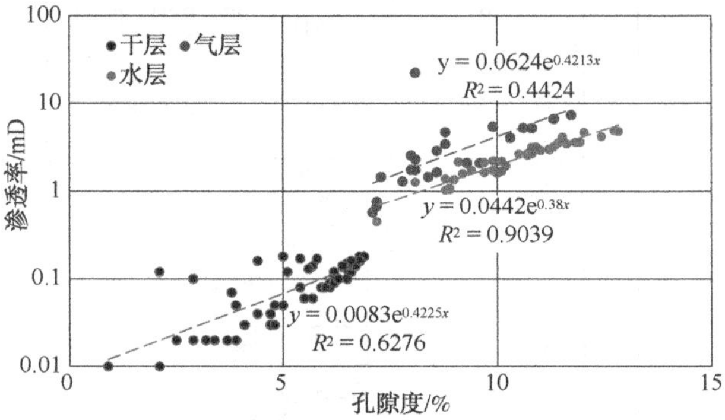

图 8　西湖凹陷 HZ35 井深层气层与水层物性对比（储层埋深 4300~5000m）

3　深层-超深层油气富集规律

西湖凹陷深层-超深以低渗-致密气藏为主，刻画相对致密背景下的优质储层及高含气饱和度的甜点是高效勘探开发的关键。一般来说，低渗-致密储层喉道半径与渗透性、含气饱和度密切相关，中高渗气藏含气饱和度多超过 50%，而低渗-致密气藏原始含水饱和度一般在 30%~50%，含气饱和度差异性较大（图 9），一方面受物性控制，另一方面受成藏过程控制，主成藏期物性特征及油气充注条件决定了含气性差异。因此，对花港组源外成藏体系及平湖组源内成藏体系油气富集规律分开展开论述。

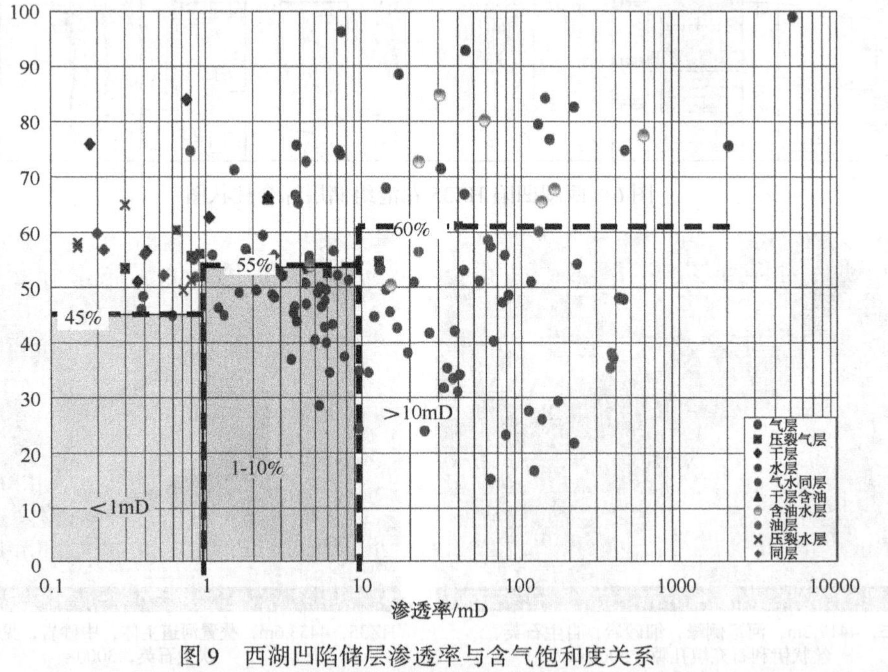

图 9　西湖凹陷储层渗透率与含气饱和度关系

3.1　花港组气藏成藏模式

通过对比西湖凹陷同一构造不同部位花港组天然气碳同位素序列特征，结合天然气流体包裹体及埋藏史-热史，明确中央反转带花港组成藏过程分析，花港组含烃盐水包裹体均一温度及盐度分析，其均一温度在130~160℃，盐度有两个区间，分别是10%~12%、0~4%，具有两期充注特征，第Ⅰ期包裹体液烃显示绿色、黄绿色荧光(GOI为1%±)，充注时间为13-10Ma，大量酸性流体溶蚀改造储层；第Ⅱ期包裹体气烃显示深灰色，发育丰度高(GOI为5%±)充注时间为5Ma至今。花港组天然气同位素显示C_1-C_4序列具有两期成藏特征(图10)，构造翼部受三级断裂控制的XC-4井H5气藏甲烷同位素-33.2‰，为早期充注成藏，气柱高度65m，平均孔隙度14.2%，渗透率56mD；而构造高部位受四级调节断裂控制的XC-2井H5气藏甲烷同位素-30.7‰，为晚期充注成藏，气柱高度25m，H5b平均孔隙度10.9%，渗透率4.1mD。可以看出三级断裂及相对早期成藏控制酸性流体的充注改造及油气的富集汇聚成藏。

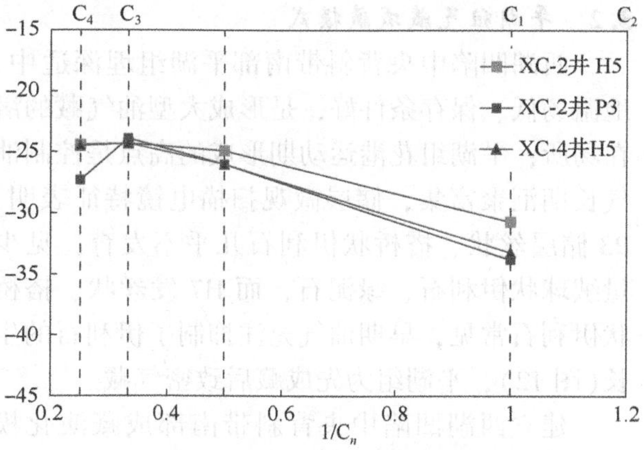

图10　西湖凹陷花港组天然气碳同位素序列特征

对花港组储层致密成因、成藏期次、有效储层分布规律等展开系统研究。建立了"断-溶"控藏的甜点发育模式(图11)。该模式是指有机质成熟过程中伴生的酸性流体、油气沿着运移大断层运移至储层，对储层进行溶蚀改造，断砂耦合控制了强溶蚀区的发育及晚期高熟气的强充注，从而在邻近断层处形成高气饱甜点，形成有利勘探区域。该模式推动了中央反转带花港组深层构造-岩性气藏的勘探，该区有望建成凹中背斜带第三个千亿方大气田。

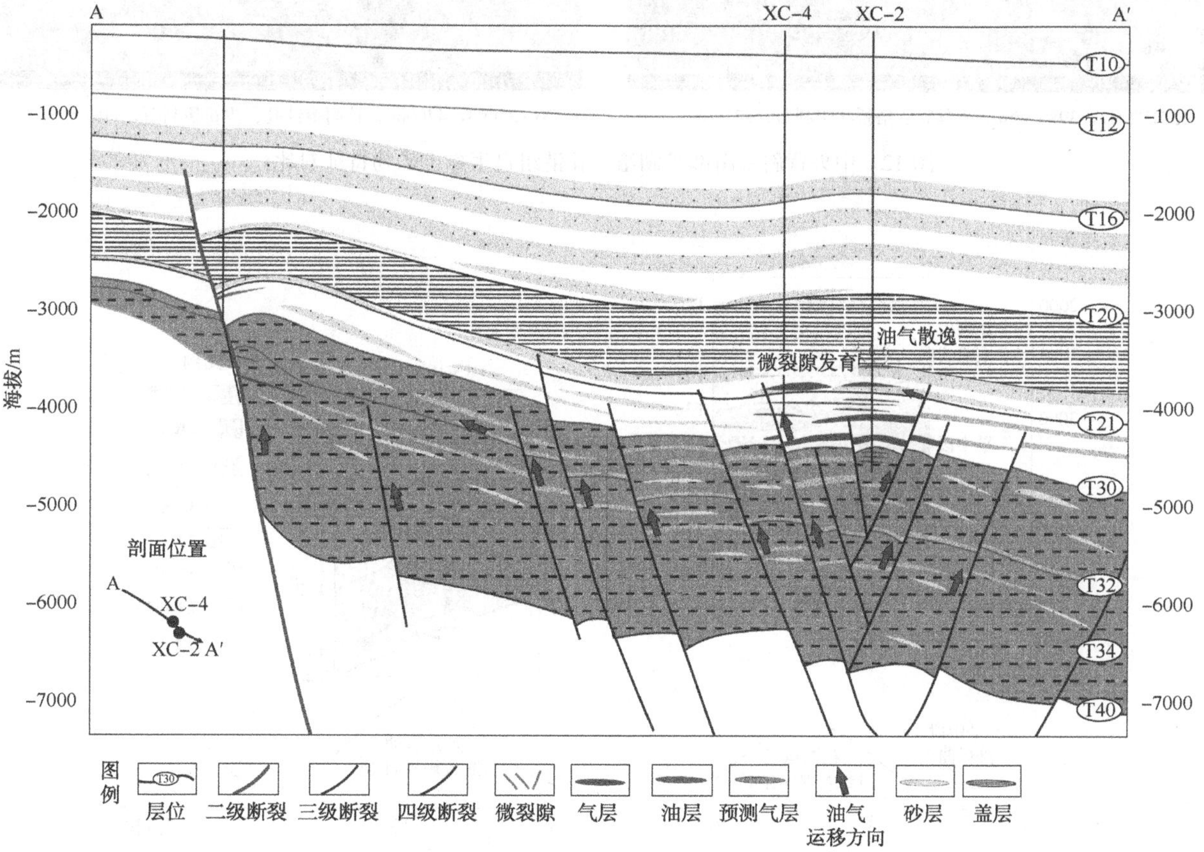

图11　西湖凹陷花港组"断-溶"控藏甜点发育模式

3.2 平湖组气藏成藏模式

西湖凹陷中央背斜带南部平湖组埋深适中、地温场低、保存条件好，是形成大型油气藏的潜在场所；平湖组花港运动期形成的高点是控制油气长期汇聚富集，储层微观扫描电镜特征表明，P3 储层丝状、搭桥状伊利石几乎不发育，见少量绒球状伊利石、绿泥石，而 H7 发丝状、搭桥状伊利石常见，早期油气充注抑制了伊利石的生长(图 12)，平湖组为先成藏后致密气藏。

建立西湖凹陷中央背斜带南部成藏演化模式：花港运动(23Ma)平湖组中段烃源岩第Ⅰ期大规模排烃，近源充注平上段储层(3000m 埋深)，后续接受压实，平湖组先成藏后致密。龙井运动(13－10Ma)平湖组中段烃源岩第Ⅱ期大规模排烃，此时平上段表现为高气饱、高压、低渗；花下段(埋深 3500m)细砂岩已致密，不能接受第Ⅱ期大规模充注，表现为低气饱、物性控藏，为先致密后成藏气藏(图 13)。西湖凹陷南部平湖组资源规模超千亿方、圈闭以构造为主、近烃源成藏条件优越,"低熟、高气饱、高压"致密气藏可开展长水平井、压裂等措施释放产能，有望突破低渗-致密气藏勘探领域。

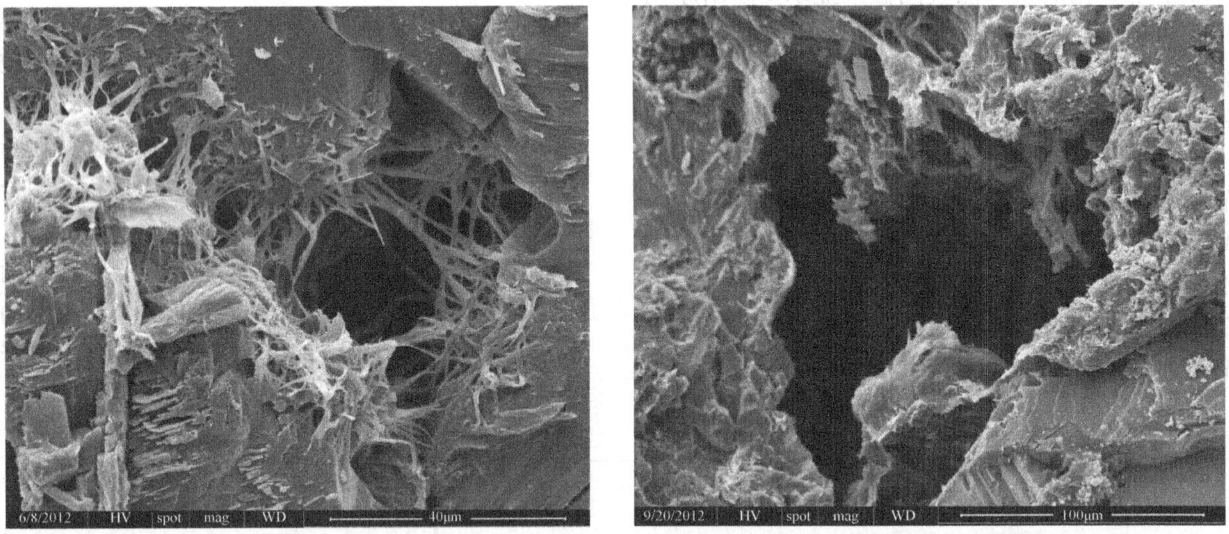

XC-2井H7，3989.38m，发丝状、搭桥状伊利石，2745×　　XC-2井P3，4706m，粒间溶蚀孔，少量伊利石，1107×

图 12　中央背斜带南部平湖组、花港组自生黏土矿物特征对比

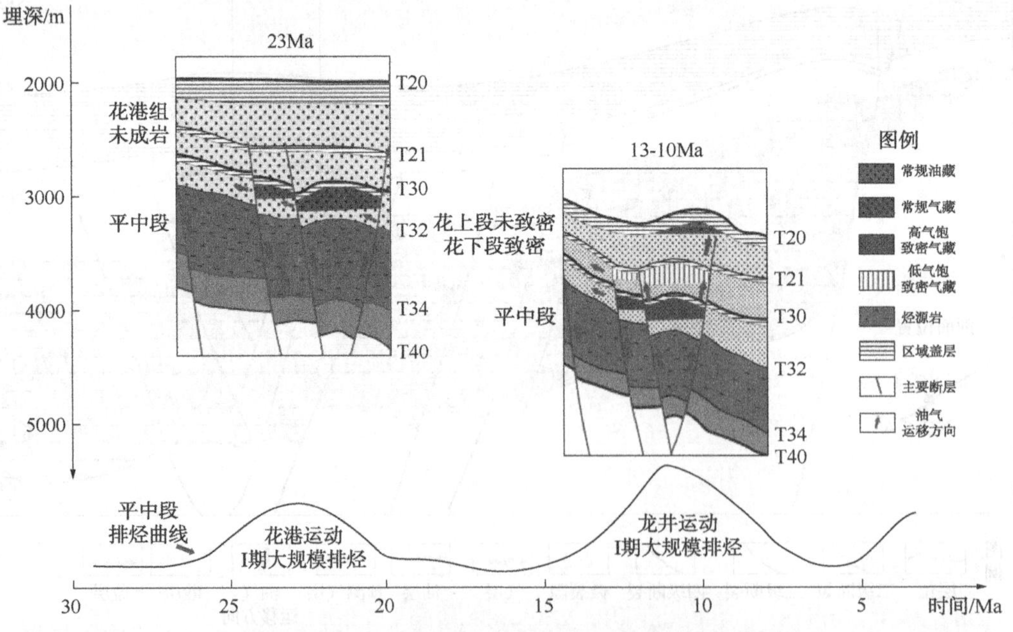

图 13　西湖凹陷中央背斜带南部成藏演化模式

4 深层-超深层勘探潜力

西湖凹陷为东海陆架盆地明确的富生烃凹陷，通过深度分级摸清西湖凹陷深层、超深层资源潜力。资源潜力的评价方法包括成因法、统计法和类比法等，本文采用成因法中盆地模拟法，结合西湖凹陷括烃源岩特征、不同类型烃源岩生烃物理模拟等，明确西湖凹陷深层、超深层资源潜力。

西湖凹陷总资源量为35亿吨油当量，其中石油9.24亿吨油当量，天然气25.86亿吨油当。中浅层石油0.46亿吨油当量，天然气1.03亿吨油当量；中深层石油3.33亿吨油当量，天然气4.91亿吨油当量；深层石油2.86亿吨油当量，天然气8.53亿吨油当量；超深层石油2.59亿吨油当量，天然气11.38亿吨油当量(图14)。西湖凹陷深层、超深层油气资源占比77%，深层、超深层勘探机遇与挑战并存，面临的关键问题需要持续的攻关。

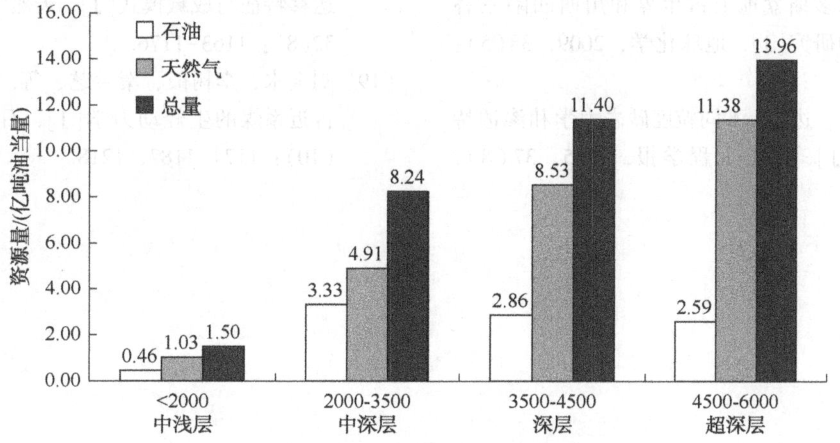

图14　西湖凹陷不同深度油气资源分布特征

5 结论

（1）西湖凹陷深层-超深层以低渗-致密储层为主，地温场的差异控制不同构造带成岩演化程度，花港组4000m左右储层致密化，西斜坡平湖组4600m左右储层致密化，低地温梯度是深层-超深层发育有效储层的关键。

（2）西湖凹陷花港组深层-超深层为先致密后成藏气藏，具有明显的物性控藏特征，建立了“断-溶”控藏的甜点发育模式，断砂耦合控制了强溶蚀区的发育及晚期高熟气的充注，从而在邻近断层处形成局部高气饱甜点。

（3）西湖凹陷南部平湖组近烃源成藏条件优越，“低熟、高气饱、高压”先成藏后致密气藏可开展长水平井、压裂等措施释放产能，突破低渗-致密气藏勘探领域。

参 考 文 献

[1] 李剑，佘源琦，高阳，等. 中国陆上深层—超深层天然气勘探领域及潜力[J]. 中国石油勘探，2019，24(04)：403-417.

[2] 操应长，远光辉，杨海军，等. 含油气盆地深层—超深层碎屑岩油气勘探现状与优质储层成因研究进展[J]. 石油学报，2022，43(1)：112-140.

[3] 郭旭升，胡东风，黄仁春. 四川盆地深层—超深层天然气勘探进展与展望[J]. 天然气工业，2020，40(5)：1-14.

[4] 朱筱敏，潘荣，朱世发，等. 致密储层研究进展和热点问题分析[J]. 地学前缘，2018，25(2)：141-146.

[5] 邹才能，朱如凯，吴松涛，等. 常规与非常规油气聚集类型、特征、机理及展望——以中国致密油和致密气为例[J]. 石油学报，2012，33(2)：173-178.

[6] 李进步，崔越华，黄有根，等. 鄂尔多斯盆地低渗-致密气藏水平井全生命周期开发技术及展望[J]. 石油与天然气地质，2023，44(2)：480-494.

[7] 戴金星，倪云燕，吴小奇，等. 中国致密砂岩气及在勘探开发上的重要意义[J]. 石油勘探与开发，2012，39(4)：257-264.

[8] 张武，侯国伟，肖晓光，等. 西湖凹陷低渗储层成因及优质储层主控因素[J]. 中国海上油气，2019，31(3)：40-49.

[9] 徐长贵，赖维成，张新涛，等. 中国海油油气勘探新进展与未来勘探思考[J]. 中国海上油气，2023，35(2)：1-12.

[10] 卓勤功. 深层超压低孔渗、致密砂岩储层物性新认识[J]. 天然气地球科学，2022，33(10)：

1628-1636.

[11] 周心怀，蒋一鸣，唐贤君. 西湖凹陷成盆背景、原型盆地演化及勘探启示[J]. 中国海上油气，2019，31(3)：1-10.

[12] 刁慧，刘金水，侯读杰. 中国近海断—坳转换期煤系烃源岩特征——以西湖凹陷平湖组烃源岩为例[J]. 海洋地质与第四纪地质，2019，39(6)：102-114.

[13] 黄思静，黄可可，冯文立，等. 成岩过程中长石、高岭石、伊利石之间的物质交换与次生孔隙的形成：来自鄂尔多斯盆地上古生界和川西凹陷三叠系须家河组的研究[J]. 地球化学，2009，38(5)：498-506.

[14] 邹航，刘建锋，边宇. 不同粒度砂岩力学和渗透特性试验研究[J]. 岩土工程学报，2015，37(8)，1462-1468.

[15] 张武，肖晓光，苗清，等. 西湖凹陷中北部花港组优质储层主控因素及强溶蚀区预测[J]. 成都理工大学学报(自然科学版)，2019，46(5)：597-608.

[16] 刘金水，张国栋，刘云. 西湖凹陷A洼陷异常高压封存箱成因机制与控藏作用[J]. 中国海上油气，2023，35(3)：25-33.

[17] 陈建平，王绪龙，陈践发，等. 2021. 甲烷碳同位素判识天然气及其源岩成熟度新公式. 中国科学：地球科学，51(4)：560-581.

[18] 刘金水，张书平. 东海盆地西湖凹陷中北部天然气运移特征与成藏模式[J]. 天然气地球科学，2021，32(8)：1163-1176.

[19] 刘金水，李树霞，秦兰芝，等. 东海盆地西湖凹陷古近系煤的生烃动力学[J]. 石油学报，2020，41(10)：1174-1187，1218.

极复杂断块油藏解释建模一体化技术

高江博　罗波波　陈道远　赵宗波　杨　肖　张天兵

（中国石化中原油田分公司勘探开发研究院）

摘　要　极复杂断块油藏，断层多且切割关系复杂，断块破碎，地震解释和精细构造建模难度大，造成模型和构造解释的认识不一致，使得地质模型一直不能在井位设计及方案编制中发挥真正的作用。为破解这一实际问题，开展解释建模一体化探索，改进解释建模传统流程，由先解释后建模转变为同步协同解释建模，创新形成复杂断块循环迭代构造解释建模一体化技术，通过解释与建模实时交互印证，实现地震解释和构造建模同步更新迭代，地震解释完即构造建模完，地震解释、构造模型和构造图件高度吻合。解决了极复杂构造建模准确性及效率低的难题，对于复杂切割关系断层及曲率变化复杂断层，断面模型位置精度提升至95%，精细刻画出0.01km²以上小断块，建模周期缩短40%。通过该技术在7个极复杂断块的实践，验证这项技术能够大幅提升极复杂断块构造研究和建模的效率和精度，在断块油藏具有较大推广价值。

关键词　复杂切割关系；循环迭代；一体化；研究效率；模型精度

中原油田以复杂断块油藏为主，其中极复杂断块油藏占相当大的比重，在该类油藏中，断层多且切割关系复杂，断块破碎，地震解释和精细构造建模难度大。传统研究流程中，地震解释、构造成图和构造建模是顺序开展，这一流程存在以下问题：一是断层、层位的解释和建模过程中存在重复性工作，建模时要再花费精力用解释生成的构造图再建立断层和层位；二是极复杂断块上下砂组构造格局变化大，难以用构造图生成断面模型；三是角点法建模难以处理复杂断层切割关系，易造成网格扭曲及断层位置误差大等问题。上述这些因素制约着极复杂断块构造研究的效率和建模的精度，造成构造模型和构造解释的认识不一致，使得地质模型一直不能在井位设计及方案编制中发挥真正的作用。因此，有必要改造传统研究流程，探索适用极复杂断块的解释建模一体化技术。

为破解这些问题，开展解释建模一体化探索，改进了解释建模传统流程，由先解释后建模转变为同步协同解释建模，创新形成复杂断块循环迭代构造解释建模一体化技术，解决了极复杂构造建模准确性及效率低的难题。

1　解释建模一体化循环迭代技术

1.1　技术思路

构建解释建模一体化循环迭代闭环回路，将解释和建模融合为一体，既相互支撑，又相互质检；以断层建模为导向，层位建模反向验证断层格架解释方案为质控，迭代循环，不断完善构造模型，直至断点、断层、层位填充及油水关系完全匹配统一（图1），最终构造模型与地震解释和构造图件高度吻合一致，实现地震解释完即构造建模完。

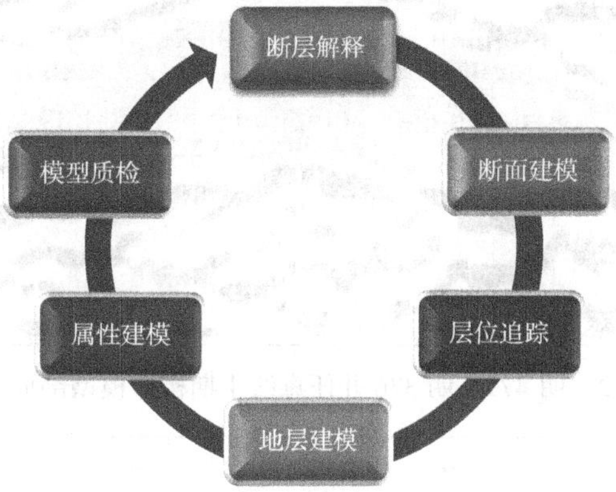

图1　极复杂断块地震解释建模一体化技术流程图

解释建模一体化技术，既不是传统流程中单纯的构造建模，而不分析地震和油水关系；也不是单纯的地震解释，而是要以构造建模为手段，提高地震解释的精度和可靠程度。也就是说在运用一体化技术时，要融合地震、地质、油藏动态分析多学科，综合手工剖面、地震解释、方差体、地层填充、油水关系等多手段多方法，以建模技术为手段，实现地震解释与断面、地层填充三维协同建模。解释建模一体化技术要求研究人员具有地震解释和地质建模双重知识背景，要有较高综合素质。

1.2 实例剖析

本次研究尝试通过对明 14 块极复杂断块油藏地震解释和构造建模整个循环迭代过程的剖析，形象诠释解释建模一体化技术的思想理念，展示这一变革所带来的构造研究效率和建模精度的提升。

明 14 块位于中原油田文明寨油田东南部，属极复杂断块油藏，该块平面上为被断层复杂化的穹隆状构造，纵向上，被明 5、明 7 和明 14 三条大断层所夹持，油藏顶部部分地层被明 7 断层所削截，底部部分地层被明 14 断层削截，油藏内部被大量低序级小断层复杂化。

（1）Ⅰ期解释建模

该期为地震解释和建模的初期，对于开发时间较长的老区，已钻井较多，可以先不进行断层解释，而直接应用井上的分层数据进行层位内插，这样可以快速得出研究区的笼统构造特征，从图 2、图 3 中可以看出，Ⅰ期的明 14 块构造模型基本展现出了明 14 块穹隆状构造特征。

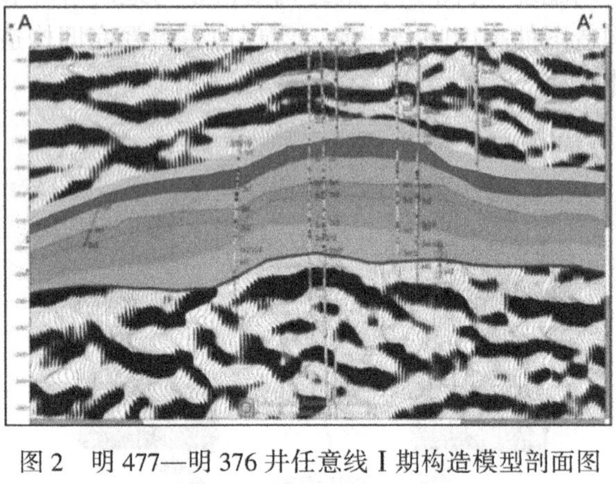

图 2　明 477—明 376 井任意线Ⅰ期构造模型剖面图

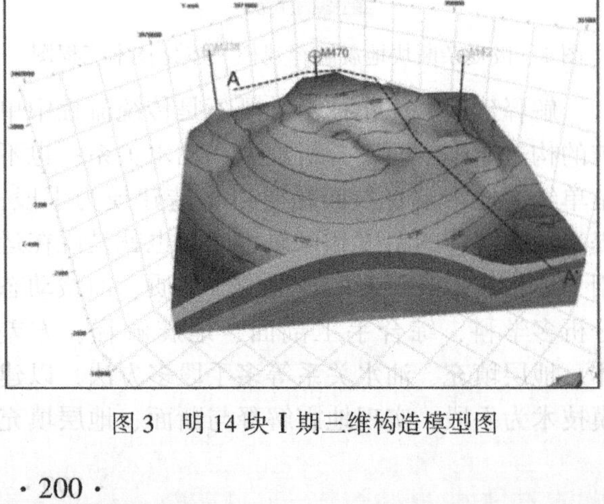

图 3　明 14 块Ⅰ期三维构造模型图

（2）Ⅱ期解释建模

该期开展边界大断层的解释，并在Ⅰ期模型的基础上开展断面建模和层位充填，这一时期主要将边界断层以外区域的地层去掉。在进行边界大断层解释时，主要参考地震反射特征及井上断点数据，并通过断点数据对断面进行校正，使断面位置更加精准。通过对比Ⅰ期模型，可以看出，Ⅱ期模型明 7 断层上部地层、明 14 断层下部地层和明 5 断层东部地层均被去掉（图 4、图 5）。

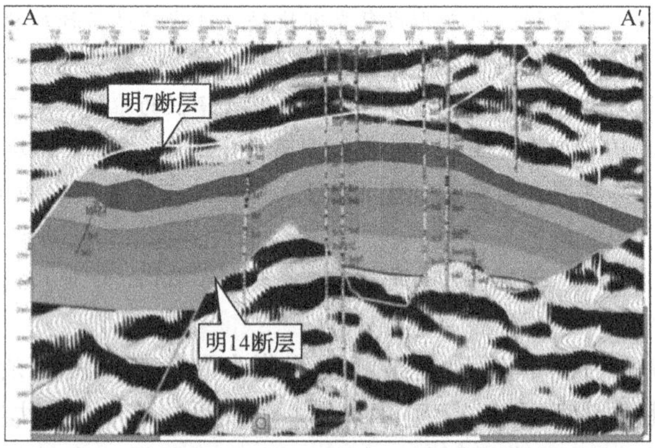

图 4　明 477—明 376 井任意线Ⅱ期构造模型剖面图

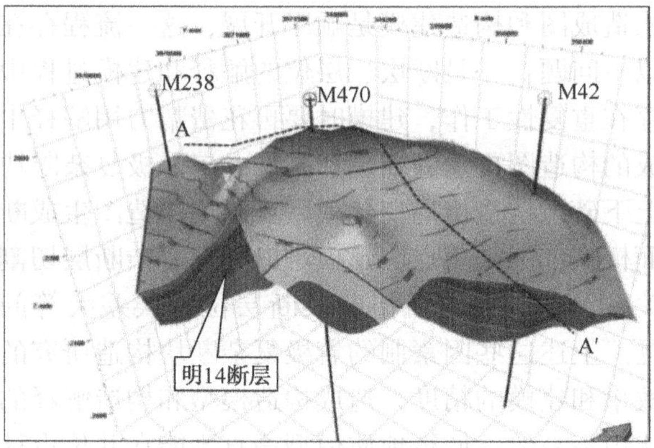

图 5　明 14 块Ⅱ期三维构造模型图

（3）Ⅲ期解释建模

该期在明 14 块开展控结构断层的解释，并在此结构下开展块内层位追踪，层位追踪后，及时和分层点数据协同开展层位填充。通过对比Ⅱ期模型，可以看出，Ⅲ期模型增加了明 384、明 132 和明 61 等块内大断层，这些块内大断层将明 14 块分割为多个大的断块，地层出现了较大的错断（图 6、图 7）。

（4）Ⅳ期解释建模

该期开展大断块内部精细低序级小断层解释，这些断层的解释要综合地震、地层填充矛

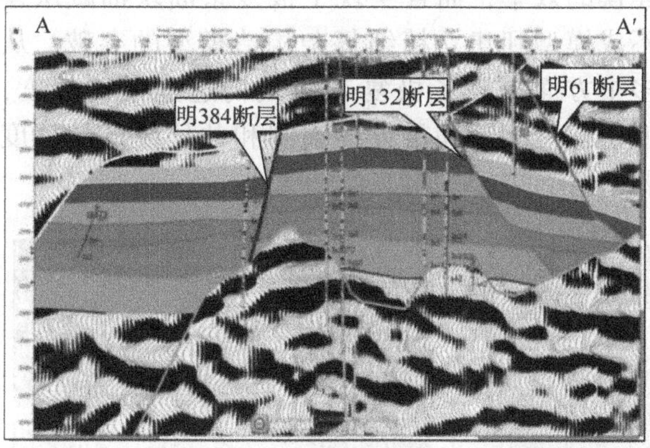

图6　明477—明376井任意线Ⅲ期构造模型剖面图

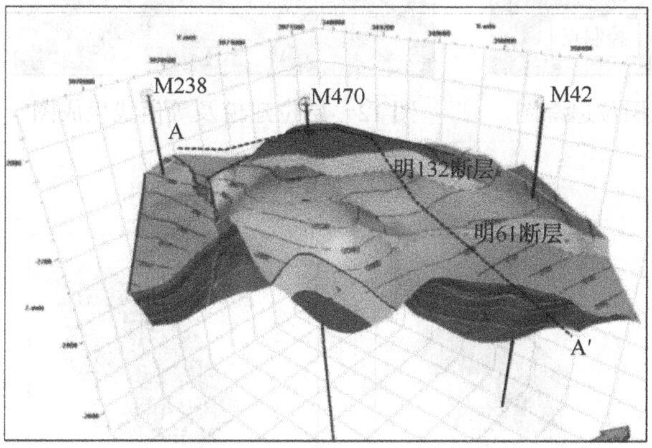

图7　明14块Ⅲ期三维构造模型图

盾、动态分析和油水关系等多种资料进行解释，在小断层解释后开展层位追踪和填充。该期模型是最终模型，要满足井上断点和断层匹配、井上分层和层位匹配、地层填充及油水关系合理、断层和层位与地震反射特征匹配等原则。通过对比Ⅲ期模型，可以看出，Ⅳ期模型增加了明237、明66、明313和明141等低序级小断层，这些小断层进一步将明14块分割成了破碎小断块(图8、图9)。

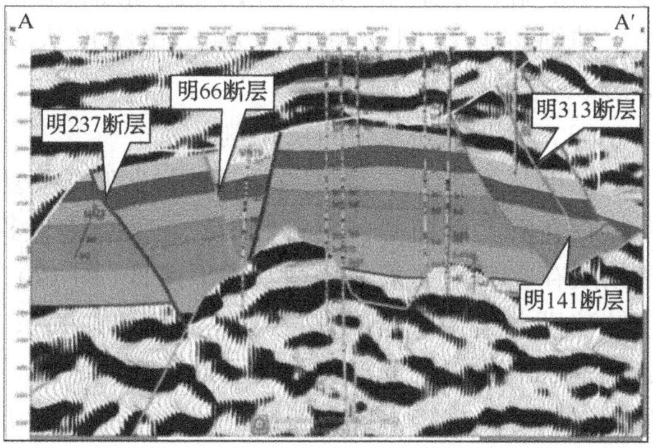

图8　明477—明376井任意线Ⅳ期构造模型剖面图

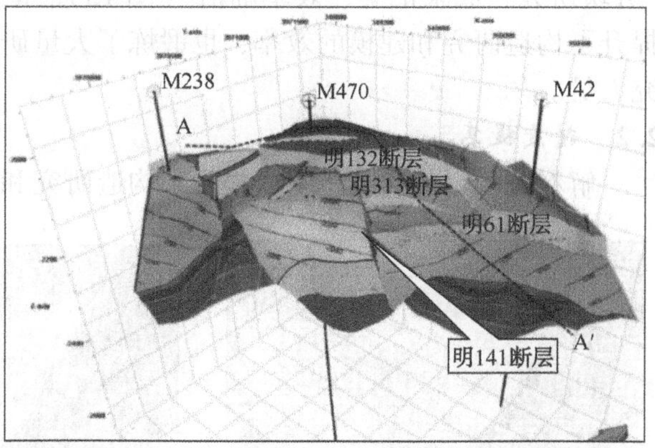

图9　明14块Ⅳ期三维构造模型图

2　解释建模一体化产生的效果

2.1　效率提升

复杂断块油藏断层多，层位多，传统研究模式制约研究效率，一体化研究模式从单人效率提升和多人协同两个方面提升整体研究效率。实现解释人员即建模人员，解释完毕即建模完毕，极大提升研究效率。

(1) 断层和层位解释效率提升

传统方法进行断层解释时，多为在二维窗口间隔多条测线解释，进行连续测线解释时耗费时间长，且不易从整体上观察把控整个断层追踪解释的质量。解释建模一体化技术进行二维与三维同步协同断层解释，解释完即可生成断面，既可以三维视角从宏观上检查断层解释的质量，也可以通过二维窗口在任一测线、任一角度检查断面与地震匹配程度，快随修正断层解释方案，提升断层解释效率(图10、图11)。

传统方法在进行层位追踪时，要花费大量时间进行闭合和加密，解释建模一体化技术依托层位建模功能，通过少量的解释数据和控制点，同时实现多个层位快速追踪闭合，减少了地震层位追踪的工作量，解决传统层位追踪闭合耗时长的问题，提高了层位闭合的质量(图11、图12)，完成了从地震解释到建模再到构造成图的一体化研究，提高了工作效率。

(2) 多人协同提升研究效率

当复杂断块断层多，层位多时，一个人独立开展解释和建模，既耗费个人的精力也制约工作的快速推进，因此，需要根据断块的特点，按断层进一步分解为多个断块，交由多人同步开展解释建模一体化工作，然后进行整体合并，实现

"分块研究、成果汇集、效率翻倍"(图 13)。既提升了构造研究和建模的效率，也锻炼了大量研究人员。

2.2 精度提高

解释建模一体化技术不仅提升了构造研究和建模的效率，而且实现了极复杂断块油藏从建不成模型到建立精细复杂构造模型的突破，从多个方面提高了极复杂断块构造建模的精度，使得模型能够满足方案编制和井位设计的精度要求。

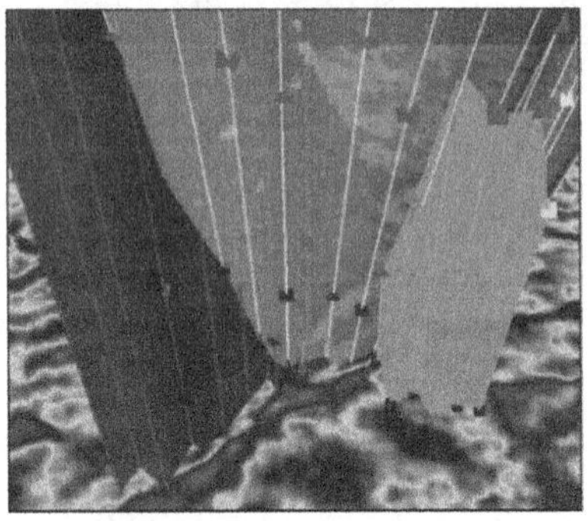

图 10　三维断层解释图

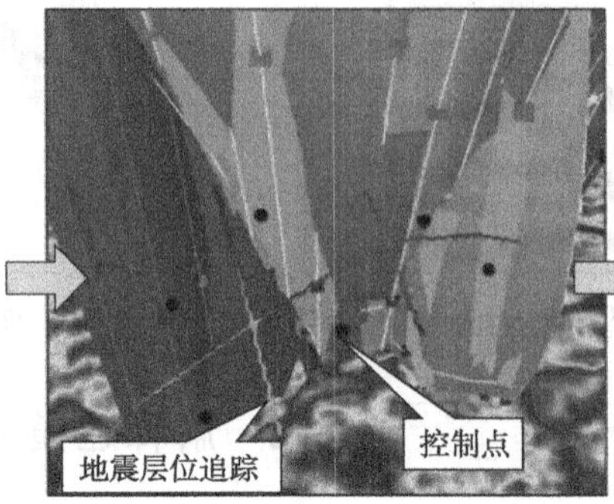

图 11　断面建模及层位追踪图

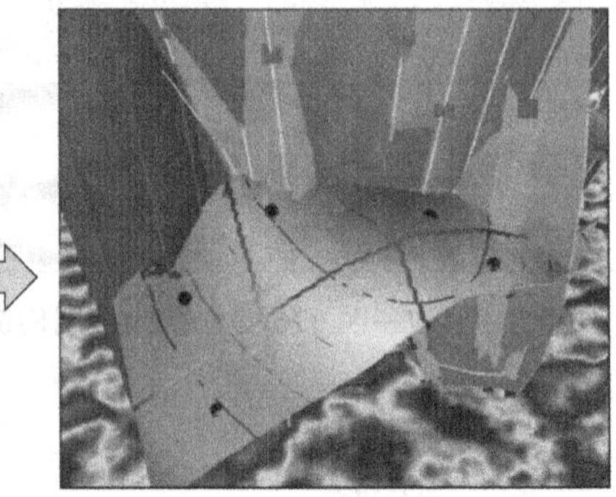

图 12　层位建模及等值线生成图

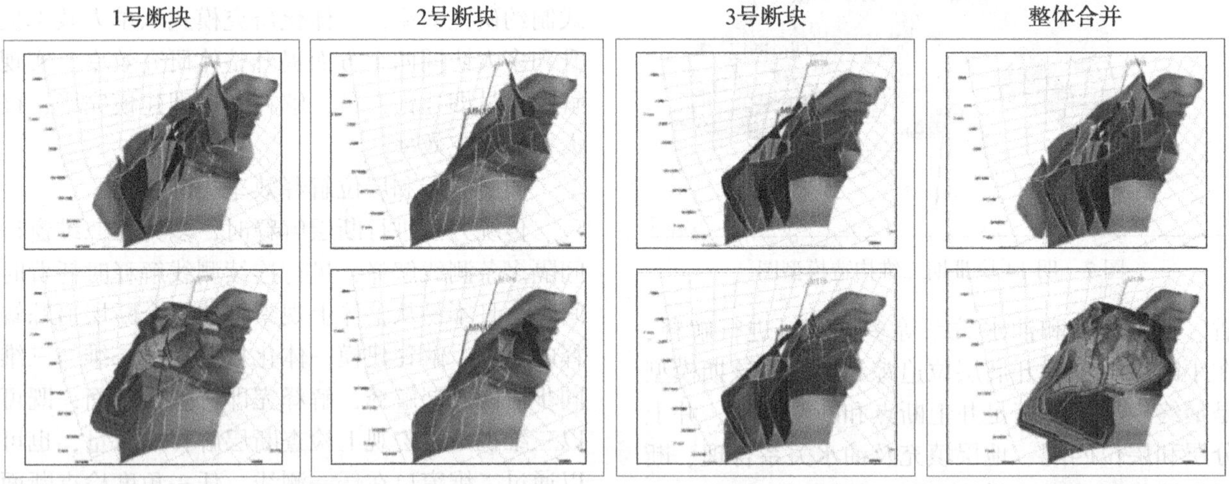

图 13　分断块多人同步解释建模一体化示意图

(1) 快速识别隐蔽小断层

对于井间隐蔽小断层的识别，通过层位建模的反向质控，可以快速发掘隐蔽小断层存在的线索，进而结合传统方法和其他资料分析解释井间隐蔽小断层。如明 175 与明 385 井间，下部地层出现扭曲，与上部地层产状不同，这与拉张盆地内同一小段块地层产状相对稳定的规律不符，添加隐蔽小断层后，新生成断块内地层产状稳定且与邻块接近，符合该区域的地层填充规律(图 14)。

(2) 精细刻画断面形态

近断层井的设计对断面形态和位置要求较高，传统断面建模最多用 5 点 pillar 建立，控制点少，在刻画曲面断层时误差大，从图 15 中可以看出，用 2 点法建立断面时，有大量地层被削掉，5 点法建立的断面较接近实际断层位置，但仍有一些地层被削掉，造成构造模型不能用于贴断层井设计。从图 15、图 16 中可以看出，利用地震断层解释数据点多的优势，加上断点校正曲面，精细刻画出明 7 断层产状变化幅度大的形态。

(3) 精准建立复杂断层切割关系

在极复杂断块，断层多，断层切割关系复杂，存在着上下切割、左右切割，一条断层与多条断层存在切割关系，且切割类型多样(图 17)。传统建模方法无法精准建立这些复杂切割关系，造成模型中断面位置与实际断层误差大(图 18)。解释建模一体化技术强化三维环境和二维剖面协同解释，以三维宏观视角把握断层复杂切割关系，精准建立复杂断层切割关系。

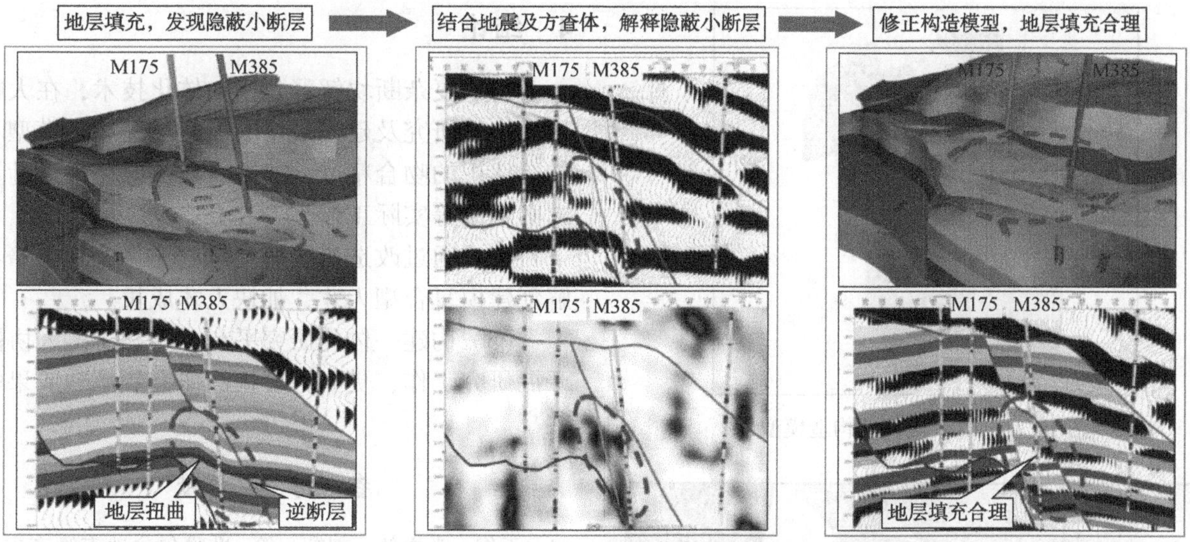

图 14　明 175—明 385 井区隐蔽小断层识别示意图

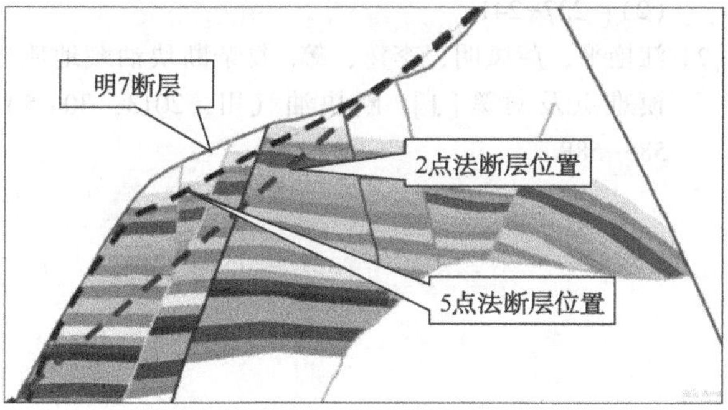

图 15　明 7 断层不同建模方法位置图

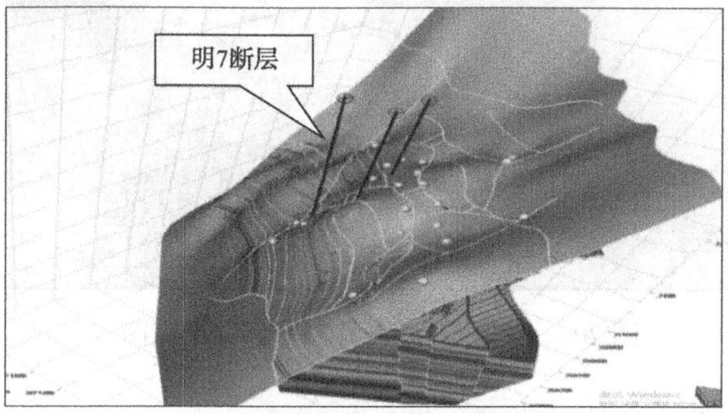

图 16　明 7 断层三维断面图

图 17　明 14 块三维断面图

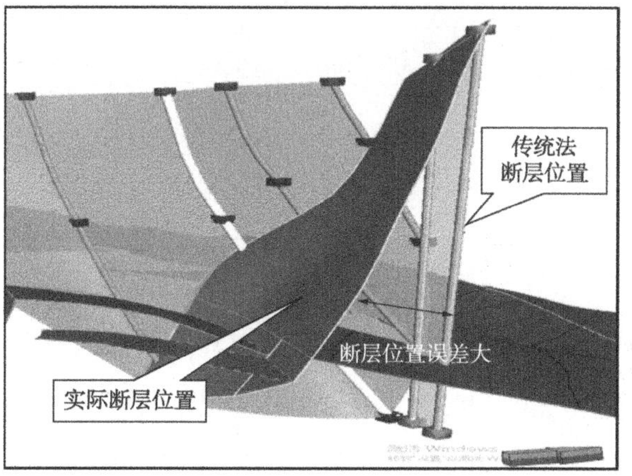

图 18　传统断层建模法处理复杂切割关系示意图

3　应用

该项技术在文明寨明 14 块、马寨卫 95 及庆祖集庆 11 块等 7 个极复杂断块已经得到较好应用，提升了构造研究和构造建模的效率，建模周期缩短 40%，提高了断面、复杂破碎小断块三维空间形状和叠置关系的刻画精度，断面模型位置精度提升至 95%，精细刻画出 0.01km^{2}以上小断块(图 19)。在精细刻画极复杂断块断面位置、断块空间叠置特征和准确预测剩余油基础上，综合应用三维地质模型中的多种构造及储层属性，开展方案编制和贴断面井、串断块井等复杂结构井的三维空间优化设计(图 20)。方案实施后，新增可采储量 56 万吨，采收率提高 1.5 个百分点。

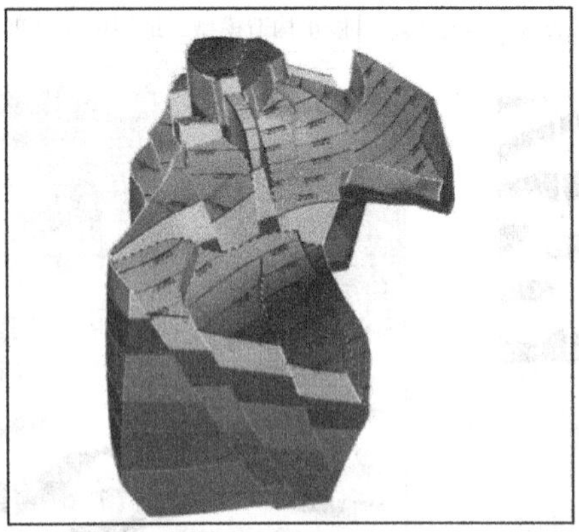

图 19　明 14 块极复杂构造模型

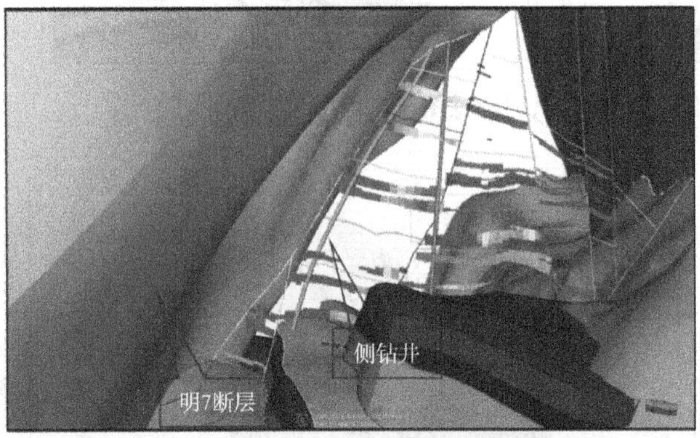

图 20　全三维环境设计贴断面井示意图

4　结论

（1）复杂断块解释建模一体化技术，在大幅提升构造研究及建模效率的同时，提高了模型和构造认识的吻合精度，能够有效支撑井位设计及方案编制等实际工作。

（2）通过改造传统研究流程，将有利于培养解释建模复合型人才，加快人才成长。

（3）构建一体化研究平台，有利于多人协同开展研究工作，更大程度提高研究效率和成果的共享。

参　考　文　献

[1] 王俊，肖立新，刘翔，等. 准噶尔盆地南缘齐古背斜复杂构造建模技术应用[J]. 新疆地质，2019，37(2)：237-241.

[2] 江艳平，芦凤明，李涛，等. 复杂断块油藏地质建模难点及对策[J]. 断块油气田，2013，30(5)：585-588.

多属性裂缝预测技术在大民屯凹陷深层潜山中的应用

李英菊　雷文文　戚雪晨　周晓龙　李子敬

（中国石油辽河油田公司）

摘　要　大民屯凹陷静安堡潜山是以裂缝为主要储集空间，如何确定裂缝的发育和分布规律是裂缝型油气藏勘探开发的一个关键问题，但是由于裂缝型储层具有极强的非均质性，储层发育的控制因素很多，因此裂缝储层空间分布预测的难度非常大。本文基于 Petrel 软件，利用单井裂缝数据分析结果结合反映构造和断裂发育规律的蚂蚁体，预测了潜山井间裂缝发育程度。预测结果与钻探成果吻合度较高，为确定内幕油藏发育有利区提供了依据。

关键词　静安堡潜山；裂缝；蚂蚁体；内幕油藏

辽河坳陷大民屯凹陷主要发育太古界和元古界古潜山，已探明石油地质储量过亿吨，而古潜山地层裂缝的发育，是控制油气富集的主要因素。近年来，基岩油气藏的勘探越来越引起勘探和开发上的重视，随老油区勘探程度的提高，勘探难度越来越大，后备储量严重不足的问题日趋突出，老油区的产量急剧下降。对国外近十年的储量增长研究发现，84%的储量来自于老油田，10%是在已发现而尚未开发的新油田中找到的，而在新盆地中找到的储量仅占 5.6%，老油田深层的基岩油藏已成为油气勘探的重点领域之一。

1　地质背景

静安堡潜山位于大民屯凹陷中央潜山带中部，是大民屯凹陷发现较早的太古宇潜山，已上报探明石油地质储量 1943×10^4t，探明含油面积 18.7km^2，探明油藏主要分布在潜山顶部的风化壳，油藏底界埋深 3000m。实际钻探成果表明，静安堡潜山深层有多口井在探明含油底界以下见油层，例如胜西低潜山 S311 井油层分布于潜山内部，初期日产油就达到百吨，近期完钻的 S333 井在静安堡潜山 3057～3112.4m 出油，均证实了静安堡潜山深层仍具有较大的勘探潜力。寻找内幕油藏发育的有利区是该地区的重点工作，勘探实践表明，潜山油气富集程度与裂缝发育程度有直接的关系，潜山内幕裂缝预测是制约该地区勘探的一个难点问题。本文重点工作就是预测静安堡潜山内幕裂缝发育情况，然而，目前对基岩储层的裂缝空间预测缺少针对性研究手段，有效储层识别及预测难度大。

2　裂缝预测技术应用

本次研究就是在石油地质条件分析，基岩顶部构造形态准确落实及内幕侵入岩脉追踪的基础上，基于 Petrel 软件，将蚂蚁追踪获得的能够反映构造和断裂发育规律的大尺度、中等尺度裂缝及井上获得的微小尺度裂缝有机统一，合并搭建离散裂缝网格模型，通过调节裂缝的长度及方位等参数来预测潜山内幕裂缝发育情况。该方法适用于静安堡潜山裂缝预测，预测方法主要分为下面三个步骤。

2.1　“蚂蚁追踪”预测大尺度及中等尺度裂缝

大裂缝及中等裂缝信息是从三维地震数据体中提取的。在 Petrel 软件中，通过“蚂蚁追踪”技术提取反映构造和断裂发育规律的地震属性体（蚂蚁体）来描述裂缝分布规律。蚂蚁追踪技术具有独特的优势，首先，与相干体相比，蚂蚁追踪技术所体现的断裂分布规律更加清晰，并且受外界环境的影响较小。其次，与人工解释相比，蚂蚁追踪技术不但可以对断距较大的断裂进行解释，还可以对断距较小的断裂和裂缝等进行解释。

蚂蚁追踪技术之所以能够取得很好的处理效果，主要是因为工作过程科学合理。一般，蚂蚁追踪技术第一步是处理构造平滑，通过某种信号，对基于局部构造的平滑进行引导，从而使地震反射的连续性增强，同时噪音降低；第二步是处理混沌，以使地震数据的强振幅变得更强、弱振幅变得更弱。第三步是通过方差等边缘检测方法对地震数据在空间上的不连续性进行检测，压制噪声和剔除非断层因素波动算法，生成蚂蚁追踪体(如图1)，进一步突出断层特征，并在一定的程序下自动提取断裂面信息。

根据地质认识，设定本次在静安堡潜山提取的断裂片(如图2)的主要方位是北东-南西向，因为大民屯凹陷区域构造应力场是北东东-南西西方向，造成该区主干断裂沿着北东-南西向展布，裂缝发育的优势方向及密度明显受到断层走向的控制。在Petrel软件中，以到裂缝片距离分析作为变量，得到该潜山构造裂缝密度属性(如图3)。

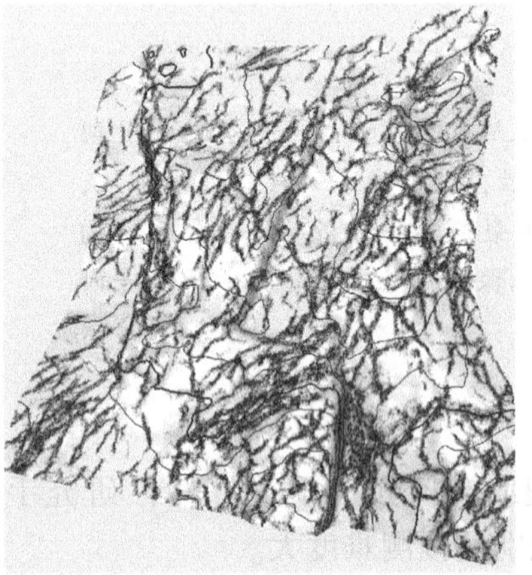

图1　蚂蚁追踪体

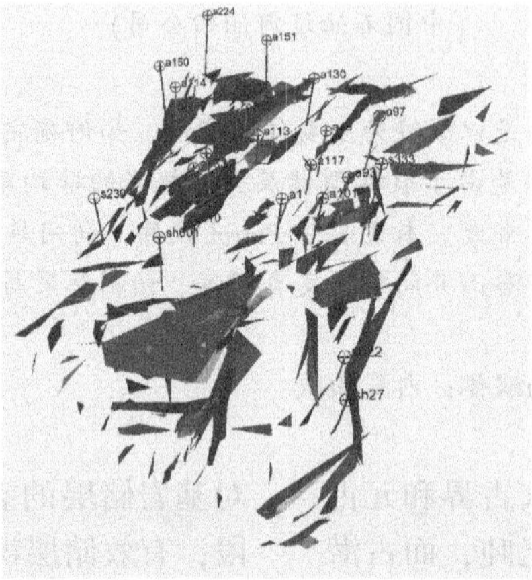

图2　断裂片

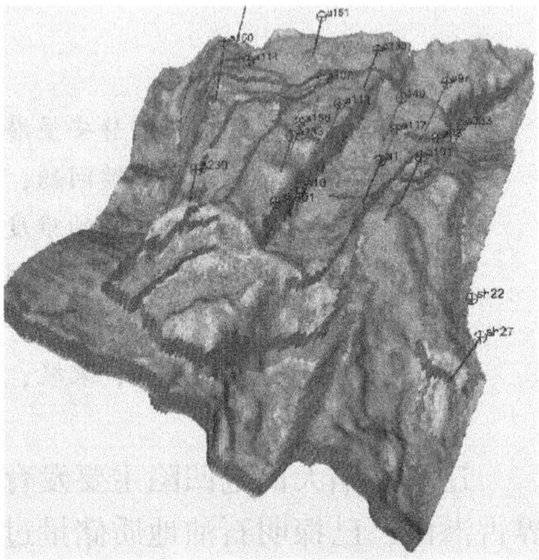

图3　构造裂缝密度属性

2.2　微小尺度裂缝分析

大尺度裂缝、中等尺度裂缝通过上述蚂蚁追踪方法获得了，而其它的微小裂缝则是通过井数据获得的。首先，对该潜山成像测井资料和岩心资料进行裂缝产状的统计分析，例如从S333井(图4)的成像测井图上发现，高角度缝比较发育，张开缝呈深色或黑色条纹，而高电阻率致密岩块或充填缝呈白色或浅色，提取S333井的张开缝，主要发育北东、北西向两组裂缝。

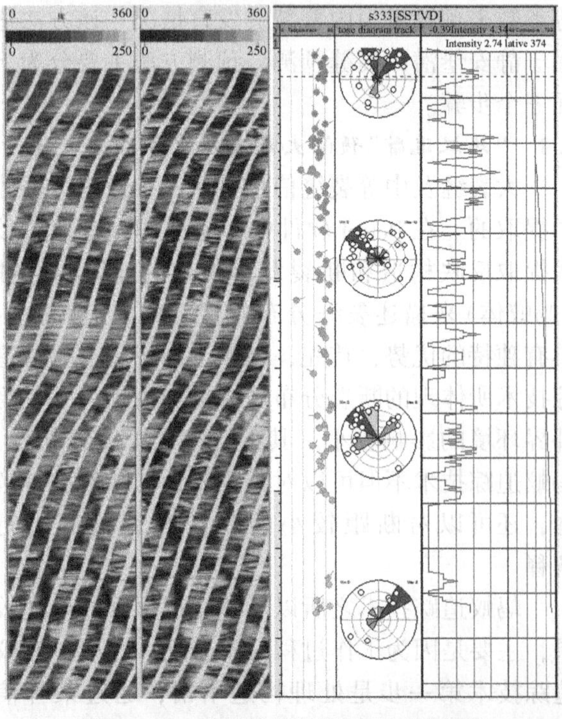

图4　S333井成像测井资料及裂缝分析

利用A150等十几口井的裂缝产状数据，生成单井裂缝密度曲线，将密度曲线进行粗化，进而在三维网格的作用下得到单井裂缝密度属性(图5)。

图5　井裂缝密度属性

2.3　离散裂缝网格模型

通过前面两个方面的分析，将静安堡潜山油藏大尺度、中等尺度裂缝及微小尺度裂缝统一合并成裂缝网络模型，即通过展布于三维空间中的各类裂缝片组成的裂缝网络模型来构建一个整体的裂缝模型，实现了对裂缝系统从几何形态直到其渗流行为的逼真细致的有效描述。利用 Petrel 软件，采用 Create discrete fracture network 离散裂缝网格建模模块，设定裂缝的长度、方位、倾角、长度等参数，将单井生成的裂缝密度属性体作为最重要的约束，同时加入符合地质认识规律的地震解释获得的常规断层 pologan 趋势为第二约束条件，通过序贯高斯模拟生成裂缝密度体。

该方法中利用地震蚂蚁体提取的断裂片同时参与运算裂缝网络的搭建，综合了零散性裂缝和隐性裂缝，是一种去除了离散化缺陷的建模方法，预测结果更加准确。

3　地质效果分析

对获得的裂缝密度体提取风化壳及内幕两层的裂缝密度分布图。图 6 为静安堡潜山风化壳裂缝预测结果，黑色圆圈为工业油流井，白色圆圈为油气显示井，将该裂缝预测结果与试油、产能资料对比分析，发现预测结果与各井具有较好的吻合度，工业油流井能落入裂缝密度大的红色区域，符合率可以达到 70%以上，验证了该方法是合理的，因此将该方法继续应用到潜山内幕裂缝预测中。

图 7 为潜山内幕裂缝预测结果，与潜山顶面相比，裂缝发育程度降低，这是由于变质岩内部储层的非均质性严重造成的。此外看出，内幕裂缝在主干断裂附近发育，静安堡潜山揭露深度大于 3000m(探明含油底界)的探井有 10 口，均见到油气显示，试油为油层的是安 1、沈 333 两口井，这两口井位置处内幕裂缝密度大，因为它们靠近东胜堡和胜东两条大断层，有利于裂缝发育，同时进一步验证了深层油气分布与这些大断层密切相关。因此，确定东胜堡断层和胜东断层附近为内幕油藏勘探的首选目标，围绕这两条油源断层落实内幕圈闭两个，分别静安堡内幕圈闭和静安堡东内幕圈闭，圈闭面积分别为 $10km^2$ 和 $12.5km^2$，合计圈闭面积 $22.5km^2$，预测储量达到 $2250×10^4t$。预测裂缝发育部位建议部署四口探井，以期落实静安堡深层的含油气性，近期完钻的沈 380 井在基岩风化壳和内幕见油气层显示。

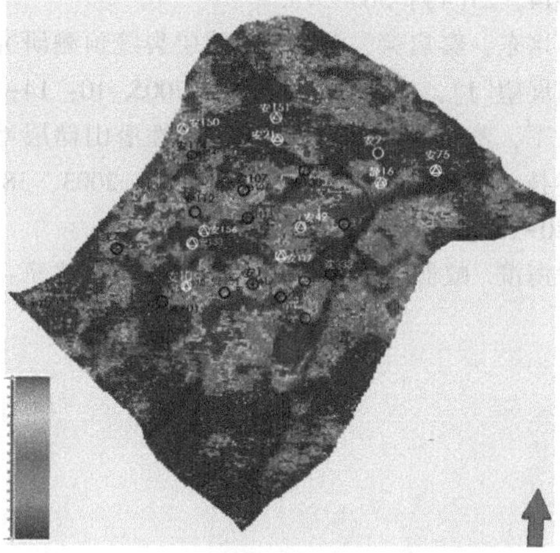

图 6　静安堡潜山风化壳裂缝预测结果

图 7　静安堡潜山内幕裂缝预测结果

4　结论

本文应用蚂蚁追踪获得大尺度、中等尺度裂缝与井上获得的微小尺度裂缝联合预测裂缝发育情况的方法，预测了静安堡潜山内幕裂缝发育情况，确定了东胜堡断层和胜东断层附近为潜山内幕油藏勘探的有利目标区，但是，由于该技术方法预测裂缝的过程中采用的是序贯高斯模拟算法，想通过随机模拟算法获得较准确的预测结果需要大量的调试工作，这个过程是比较费时的。此外，由于裂缝是变质岩潜山内幕唯一的储集空间，该方法对变质岩潜山裂缝预测具有较好的适用性，但是对于沉积型潜山裂缝预测的适用性还有待进一步研究。

参 考 文 献

[1] 任芳祥，龚姚进，张吉昌，等. 潜山内幕油藏裂缝发育段地震响应特征研究[J]. 天然气地球科学，

2014，25(4)：565-573.

[2] 苏培东，秦启荣，黄润秋. 储层裂缝预测研究现状与展望[J]，成都西南石油报，2005. 10：14-17.

[3] 王军，董臣强，罗霞，等. 裂缝性潜山储层地震描述技术[J]. 石油地球物理勘探，2003，38(2)：180-182.

[4] 段海滨. 蚁群算法原理及其应用[M]. 北京：科学出版.

[5] 张淑娟，王延斌，梁星如，等. 蚂蚁追踪技术在潜山油藏裂缝预测中的应用[J]. 断块油气田，2011，(01)：51-54.

[6] 程超，杨洪伟，周大勇，等. 蚂蚁追踪技术在任丘潜山油藏的应用[J]. 西南石油大学学报(自然科学版)，2010，(02)：48-52+197-198.

超深层横波井旁隐蔽储集体探测与评价技术

张承森[1,2]　吴兴能[1,2]　段文星[1,2]　郭清滨[1,2]　陈　旭[1,2]　黄林林[1,2]　李清山[1,2]　曹鸿飞[1,2]

（1. 中国石油天然气集团有限公司超深层复杂油气藏勘探开发技术研发中心；
2. 新疆维吾尔自治区超深层复杂油气藏勘探开发工程研究中心）

摘　要　中国西部塔里木盆地的碳酸盐岩蕴藏着丰富的油气资源，目的层大多埋藏在6500m以下的超深层，缝洞发育、非均质1性强，受常规测井探测深度和地震资料分辨率的制约，井旁隐蔽储集体难以探测和识别。深横波成像测井技术利用正交偶极子发射声源，对接收到的四分量信号，通过压制直达波、分离上下行波，压缩子波等信号处理方法，提取横波反射信号，然后根据横波方位特性，获得某一特定方位的SH波反射信号，采用类似地震资料偏移的处理方法对SH波偏移成像，得到此方位的横波反射成像剖面。深横波成像具有指向性强及探测深度大的特点，使得井旁30m范围内的隐蔽储集体有效评价成为可能。本文通过对偶极子测井资料进行深横波成像处理，提出沿井周每隔十度进行切片成像，实现了井旁缝洞体的清晰成像，并能够准且确定储集体相对于井眼的方位；研究建立了井旁储集体评价典型图版，可以对井旁储集体类型进行精细评价。现场应用实践表明，深横波成像测井技术能有效指导酸压试油方案及面临报废的井进行微侧钻并获得成功，应用效果显著。

关键词　深横波成像，碳酸盐岩，井旁，隐蔽储集体，反射波，评价图版

碳酸盐岩在中国西部沙漠腹地奥陶系分布十分广泛，其埋藏多在6500m以下的超深层。塔里木奥陶系碳酸盐岩主要特点是埋藏深、地层老、成藏复杂；储层基质孔隙度低，纵横向表现出强烈的非均质性；主要的储集类型有裂缝—溶洞型、裂缝—孔洞型、裂缝型。近年来，碳酸盐岩作为塔里木盆地油气勘探的热点和重点领域，已经成为最主要的油气储量和产量增长点。但由于碳酸盐岩地层岩性复杂，储集空间及储层类型多样，具有强烈的非均质性和各向异性，这给测井评价带来了挑战性的难题。受现有测井仪器径向探测深度的制约，测井仅能够对井筒附近3m范围内储层进行评价。对碳酸盐岩储层，井周储层不好，井旁可能有缝洞发育；而测井响应显示井筒附近储层较差，在酸化压裂后却能获得高产油气流，测井解释与酸压测试结果矛盾时有发生。

为解决远离井壁的井旁储层评价问题，塔里木油田自2009年引入了远探测声波测井。随着远探测声波规模化采集，使得测井评价逐渐从井筒拓展到了井旁；但由于远探测声波测井采用纵波反射纵波对井旁储集体进行成像，缺乏反射体方位的有效指向，这极大限制了其在科研生产中的应用。2014年塔里木油田开始开展深横波远探测采集，该仪器具有探测范围深，达30m，信噪比高，具有方位指向性的特点，逐渐受到现场研究人员的青睐。该技术的引入，有效填补了常规测井探测范围(3m)和地震资料尺度(数十米)之间的隐蔽储集体探测与评价的空白。

1　深横波成像测井理论背景

声波测井在井中激发声源，接收器接收到的信号按传播路径主要分为直达波与反射波两类。单井反射声波成像技术利用井中声源向井外地层辐射的声场，探测从井旁地质构造反射回来的能量，通过分析处理接收器接收到的全波列信号，可以对井周围的地层构造进行声场成像，获得比地震资料分辨率更高的井旁地质构造信息，早在1989年Hornby利用反射波并将地震勘探的偏移方法应用到了声波测井成像处理中得到了井旁地层结构变化的图像，2001年Chabot L利用单极子全波列信号分离出上下行反射波剖面，并采用叠前偏移方法对波形成像。国内王乃星、薛梅、车小花、乔文孝等针对单极声源条件下的反射声波开展了大量的研究工作。大港油田测井公司于2005年研制了新型远探测声波反射波测井仪器，在中国华北、大庆等油田裂缝性储层评价以及在塔里木缝洞型碳酸盐岩储集层评价的应用中取得了一定的效果。但单极子纵波法频率高衰减快，

探测半径一般为数米至十米，并且无方位敏感性，难以准确确定反射体走向，因此限制了其推广应用。

贝克休斯公司的Tang于2004年首次将偶极子声源引入到单井声波反射成像测井中，并提出了偶极横波成像方法。2005年贝克休斯公司的Zheng采用改进的F-K偏移成像方法对偶极横波全波列数据进行成像，试验数据表明成像剖面能有效地提供井旁地层构造信息。2007年Tang等通过井中反射声波的偏移距分析，将原始全波列偶极声波数据重组为共反射器阵列与共接收器阵列，分别对应下行波与上行波剖面，偏移成像后的剖面信噪比得到大幅提高。2009年Tang与Douglas Patterson对横波远探测技术进行了系统研究，通过井中波动方程理论推导，提出横波SH、SV分量在井外存在不同的振动与覆盖特效，采用贝克休斯交叉偶极横波测井工具XMAC-F1测得的四分量横波数据分离出SH与SV剖面，成像剖面质量得到显著提高，SH波剖面显示出敏感的方位特性，并且成功地将这项技术推向商业应用。

2　深横波成像测井资料处理方法

反射声波测井(图1)井中记录到的远探测反射信号受一系列因素影响，具体表达式如下：

$$RWV(\omega)=S(\omega)\cdot RD(\omega)\cdot RC(\omega)\cdot e^{\frac{-\omega T}{2Q}}\cdot RF/D \tag{1}$$

其中RWV为井孔中接收到的反射信号；S为包括仪器的发射和接受系统的传递函数；RD为声源在远场的辐射指向性；RC为井孔接收调制；RF为进入地层声波在反射界面处的反射系数；反射波在地层中传播过程中会衰减，由两个因素控制，分别为沿传播路径D的几何扩散$1/D$和衰减$e^{\frac{-\omega}{2Q}}$，T为沿传播路径D传播的总时间，Q为衰减因子。若记录到的波形时间大于T，且反射信号大于噪声，即可从偶极数据中提取到反射波信号，并对井旁反射体成像。

将井眼接收特性定义为井中流体位移与入射SH或SV波位移之比，研究接收振幅比随入射角变化的关系。当SH波入射时，在非常宽的入射角均有较好的响应，意味着较广的井周覆盖性；而当SV波入射时，随入射角接近90度时，振幅比快速衰减为0，意味着当射线接近垂直井眼时，将无法接收到SV波。井眼对于S入射波的此种响应特征对于深横波成像的进一步研究非常重要。

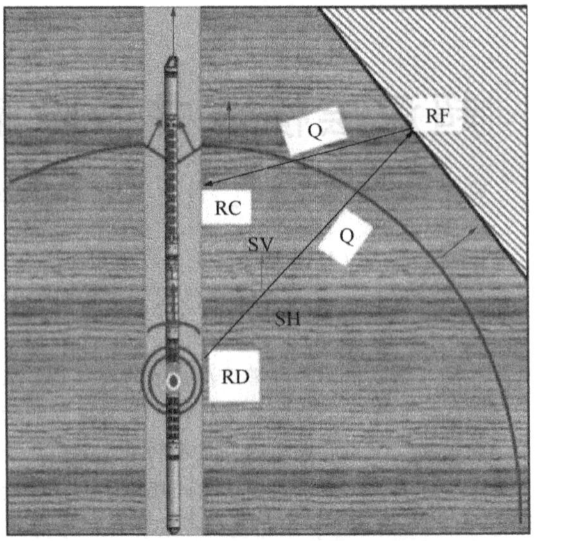

图1　深横波反射成像示意图

在直井内，偶极声源激发产生的SH和SV波具有如下方位特性：

$$\begin{aligned}&u_\theta \propto \sin\phi；SV\text{波，极化方向为竖直平面}\\&u_\phi \propto \cos\phi；SH\text{波，极化方向为水平}\end{aligned} \tag{2}$$

其中ϕ为方位角，θ为与井轴夹角，u_θ、u_ϕ分别为SV、SH波位移，关于SH、SV波极化的如图2所示。

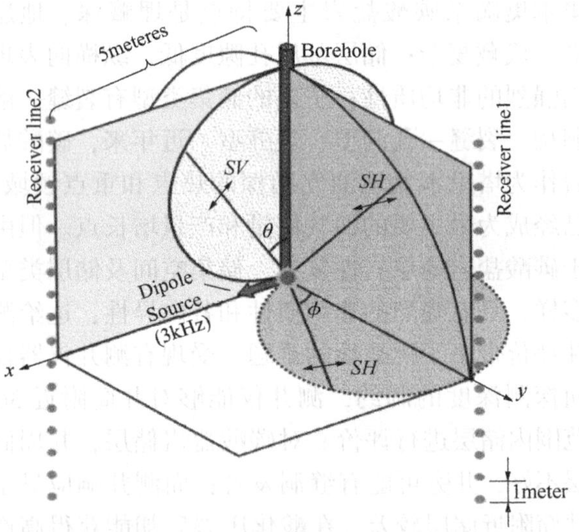

图2　偶极声源远场辐射示意图

SH信号强度与入射角θ无关，仅受球面扩散影响；而SV波由于同时受入射角θ与球面扩散影响。因此，对于深横波成像而言，理论上SH分量信号成像质量将优于SV分量信号。

SH、SV波与偶极四分量信号关系为：

$$\begin{aligned}SH&=xx\cdot\cos^2\phi-(xy+yx)\cdot\sin\phi\cdot\cos\phi+yy\cdot\sin^2\phi\\SV&=xx\cdot\sin^2\phi+(xy+yx)\cdot\sin\phi\cdot\cos\phi+yy\cdot\cos^2\phi\end{aligned} \tag{5}$$

式中 xx、yy、xy、yx 为坐标校正后的四分量数据。通过四分量数据提取 SH、SV 波数据后，就可以对其进行偏移成像。具体流程如图 3 所示，其中主要包括 1) 反褶积预处理：压缩子波，提供分辨率；2) 上下波场分离：压缩直达波，提取反射信号；3) 偏移归位：反射信号偏移归位至真实位置。

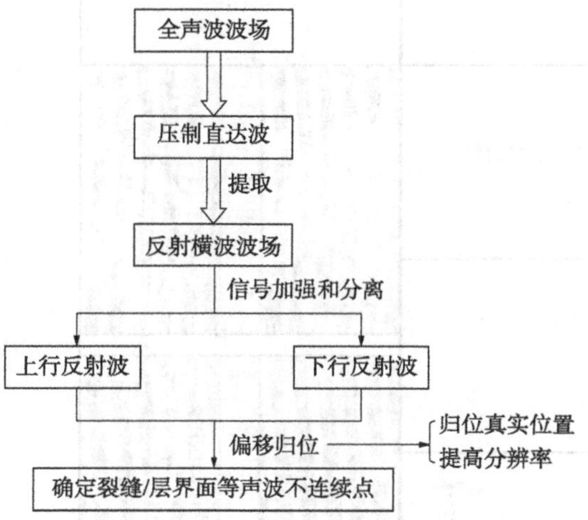

图 3　深横波成像处理流程示意图

3　深横波成像井旁隐蔽缝洞储层评价技术

对深横波测井资料进行处理成像以后，需要对资料进行解释评价。资料具有方位指向性，需要对不同深度、井旁各个方位上的反射体成像进行评价；为了达到这个目的，研究形成了旋转剖面能量变化识别有效反射体的方法。为了进一步评价井旁反射体的类型，结合常规及电成像测井资料，建立了不同井旁反射类型的测井响应图版，为科研生产应用奠定基础。

3.1　旋转剖面能量变化识别有效反射体

深横波资料具有方位指向性，因此，不同方位上的有效反射体评价尤为重要。有效的反射体在方位俯视图的某一方位上，具有能量最强(图 4)特征；结合方位俯视图可以明确成像的方位，进而对反射体进行解释，计算出反射体离井壁的距离及产状。

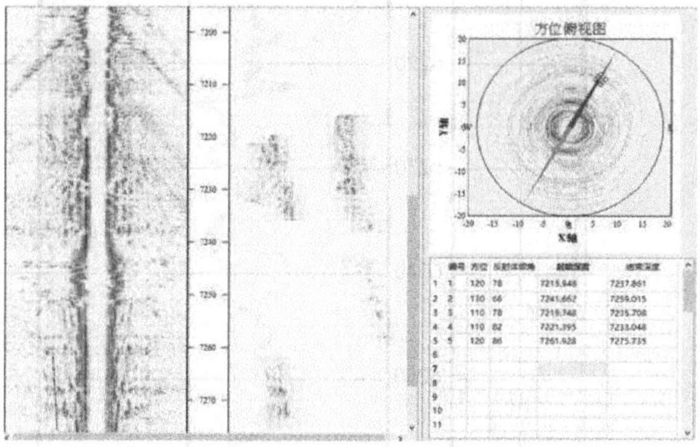

图 4　旋转剖面能量变化解释反射体实例

为进一步对解释成果进行标定展示，提出对每 10°间隔旋转剖面的能量变化与解释成果叠加(图 5)，准确识别有效反射体。采集这种深度上方位上的综合解释评价方法，可以有效地对不同类型井旁反射体进行解释评价。

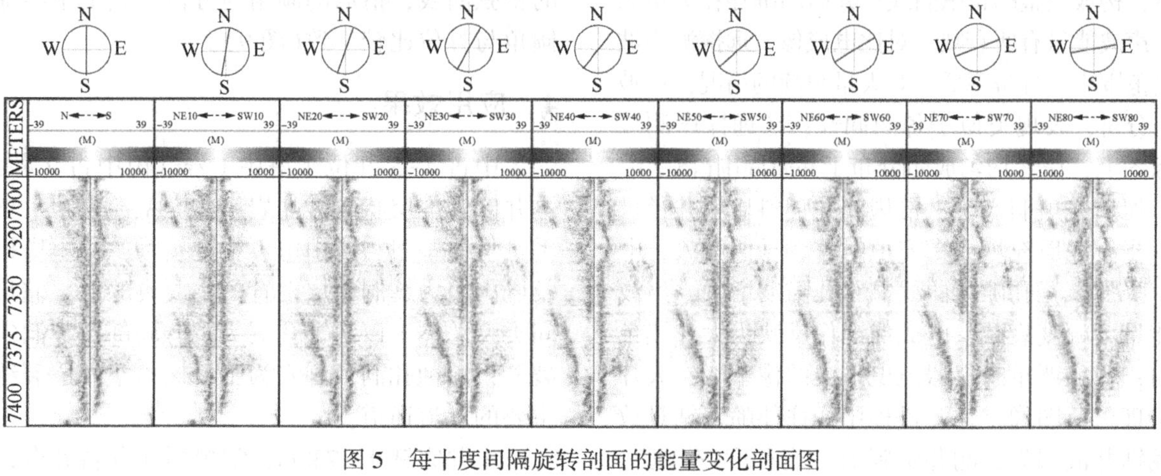

图 5　每十度间隔旋转剖面的能量变化剖面图

3.2　不同井旁反射类型测井响应图版

不同类型的井旁储集体在深横波成像上反映不同，根据常规测井资料，结合电成像测井资料，对不同深横波反射图像类型进行了标定，形成了具有指导性的图版，为深横波资料的科研生产应用奠定基础。

井旁裂缝反射型，反射体离井筒有一定的距离，反射体同相轴相连呈线性特征，一般在上行波反射图像及下行波反射图像上均有显示(图 6)。但在常规测井及电成像测井图像上，不一定会有显示；在少数井中，沿解释的井旁裂缝方向延伸至井筒相交深度处，电成像图像上能见过井壁裂缝发育；但在大多数井旁裂缝发育井中，常规及电成像反映井筒过井壁裂缝欠发育。

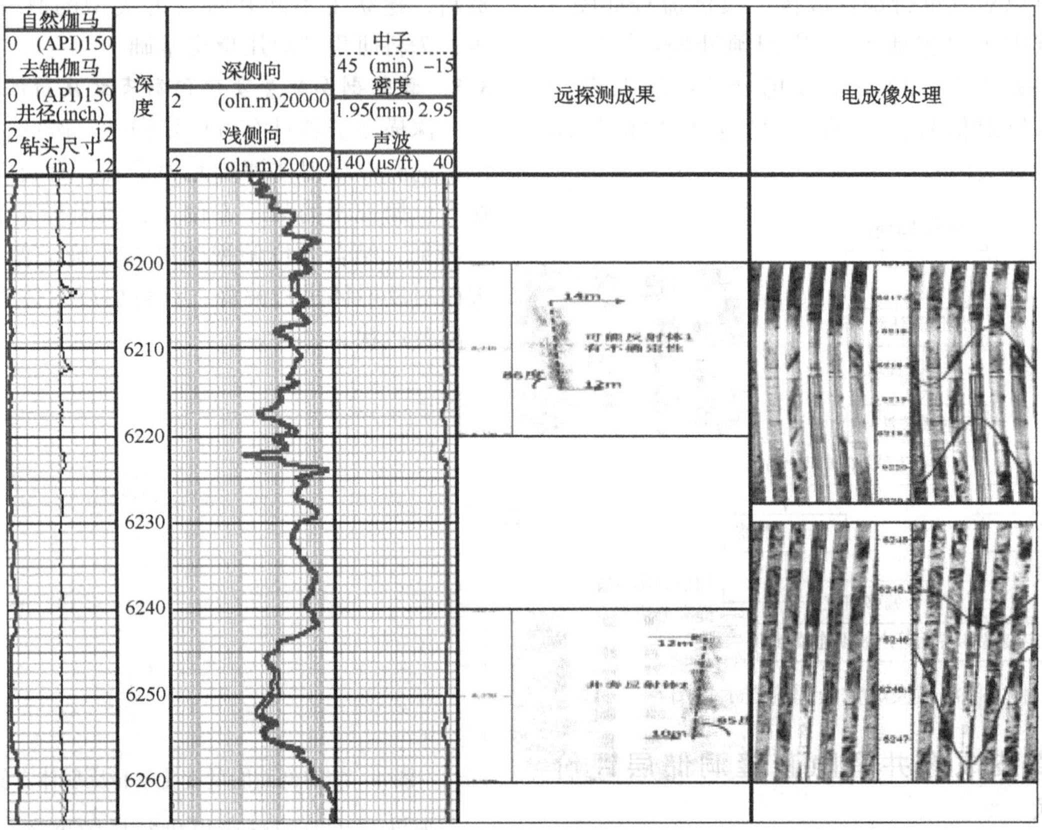

图6　井旁裂缝反射成像

过井网状缝型，井筒周围裂缝大量发育，常规电测上与储存段比较一致。碳酸盐岩背景下，电阻率减小，三孔隙度变大；在电成像上看，裂缝比较发育，构成完整的正弦曲线；井筒周围存在大量裂缝，声波能量有所衰减。对比电成像，远探测声波探测范围广，分辨率低，对大量裂缝的情况，声波无法分辨，表现类似于各向同性；在远探声测波成像图上，信号均匀成团分布于井筒周围(图7)。

泥质充填洞穴型，常规测井资料显示井径扩大，当有泥质充填或半充填时，伽马值增大，电阻率降低，三孔隙度曲线显示孔隙度增大，声波波能量大幅度衰减，电成像图像反映为大片黑色低阻；扩径严重时仪器拖曳造成图像不清，大片无层理黑色图像；钻井过程中往往伴随着钻具放空或钻井液漏失，测井资料有一定程度“失真”。在深横波测井反射图像上，由于声波能量衰减，信号向井筒中心集中(图8)。

泥质界面反射体型，由于反射界面过井筒，反射界面在常规电测曲线及成像测井图对应深度或大或小都有反应。以碳酸盐岩为背景情况下，反射体与井筒相交处，伽马值增大，电阻率减小，中子增大，密度减小，声波值增大；在电成像上看，能看到明显的低阻泥质条带，构成完整的正弦曲线，拾取的倾角与方位与其上下的地层倾角与方位比较一致(图9)。

4　应用效果

中古7-5井位于塔中Ⅰ号气田中古7井区，本井区为准层状碳酸盐岩风化壳型油气藏，奥陶系良里塔格组与鹰山组不整合接触，良里塔格组及鹰山组为缝洞储层发育的主要目的层，储集空间类型总体上以溶蚀孔洞为主，局部发育洞穴及裂缝；溶蚀孔洞及洞穴为主要储集空间，裂缝为主要的渗流通道。

本井完钻于x738m，常规测井资料齐全，并采集了电成像及XMAC-F1深横波测井资料。如图10所示，常规测井资料显示，全井段物性差，x690~x745m井段仅解释Ⅲ级储层13.5m/2层，其余均为干层。气测、成像测井均未有良好显示，初步判断钻井未能中靶有效缝洞体。

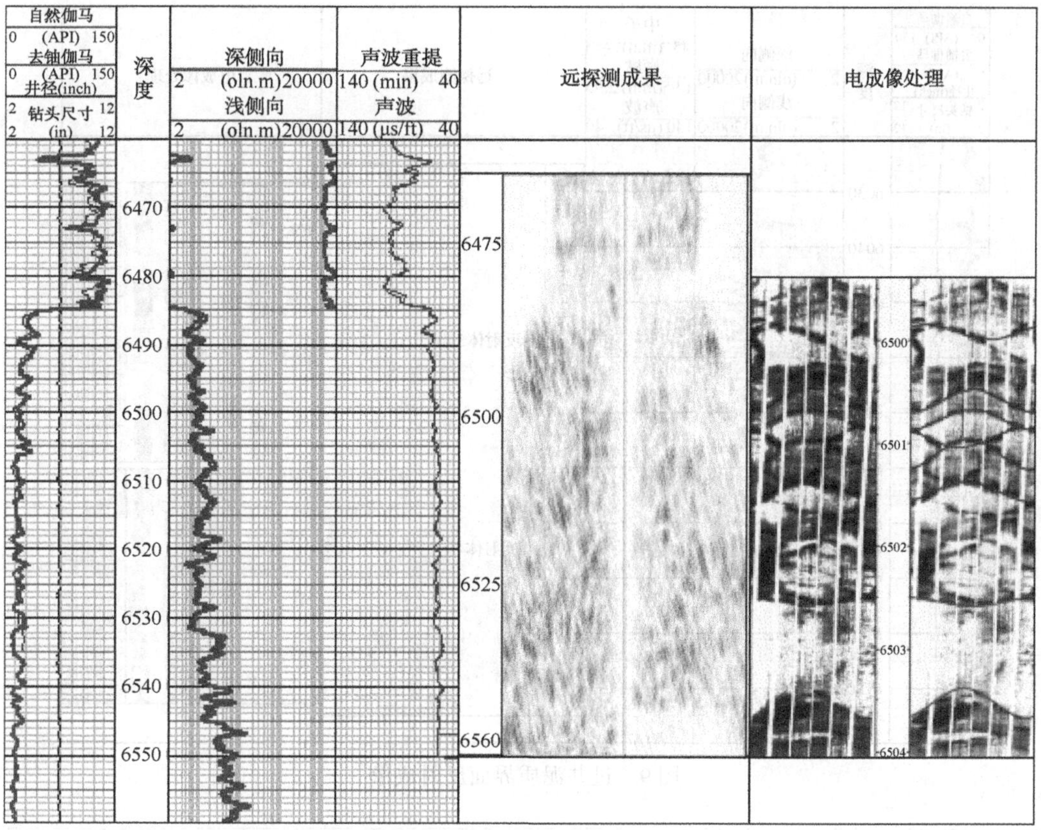

图 7 过井网状缝反射成像

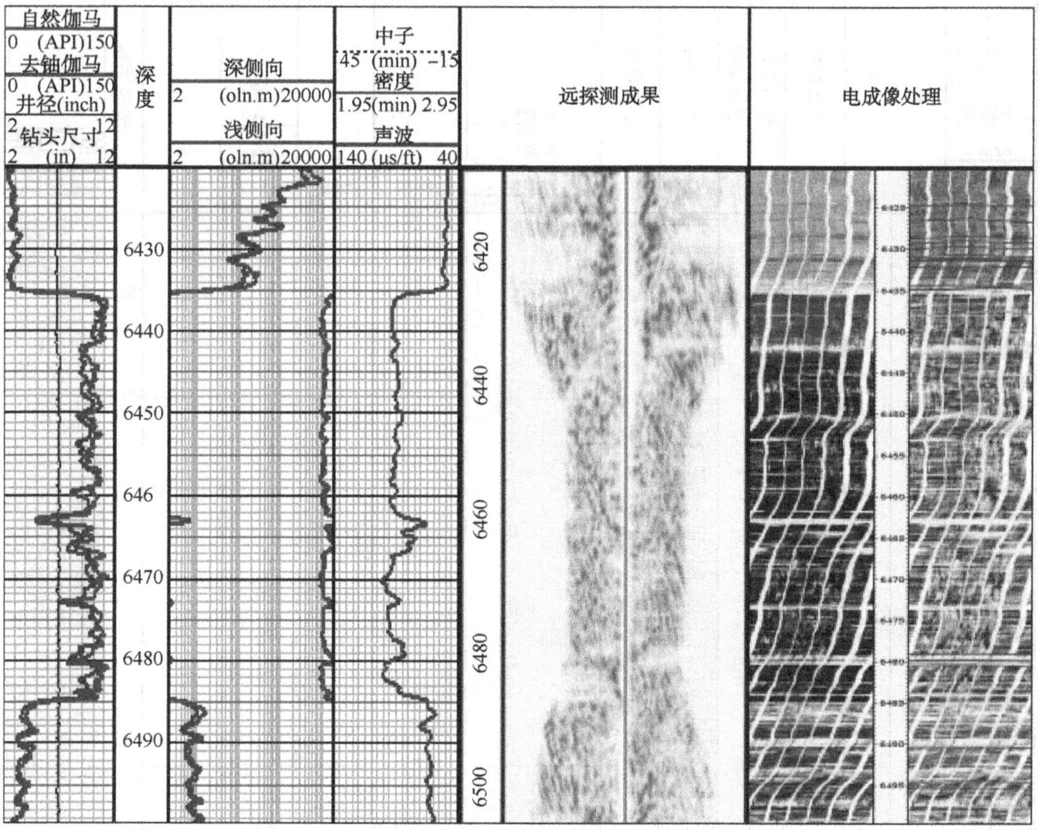

图 8 洞穴(泥质充填)反射成像

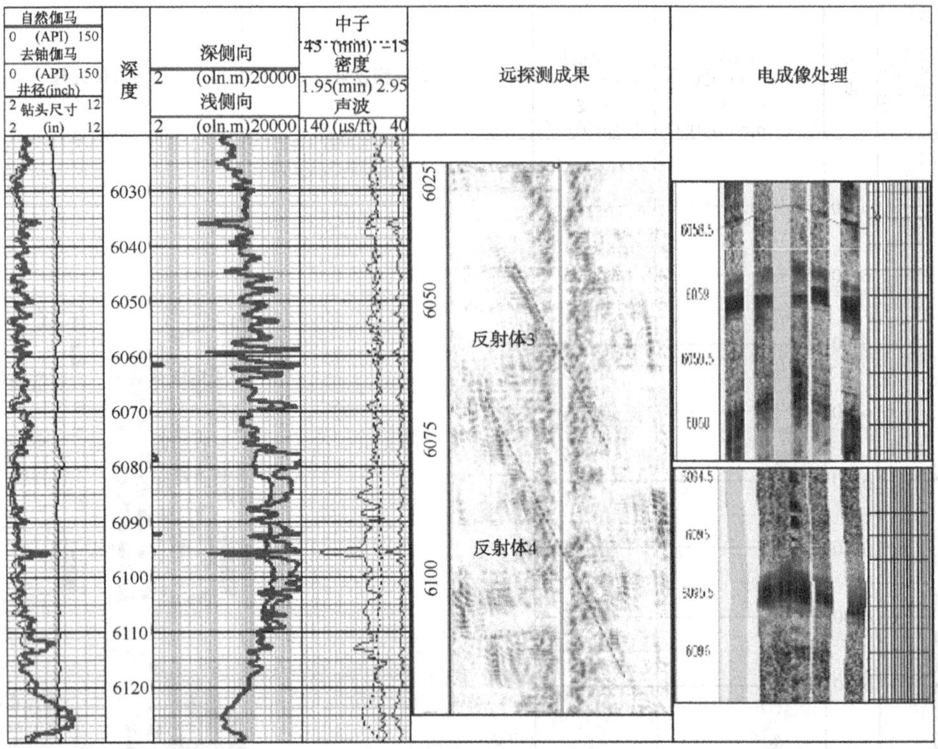

图 9　过井泥质界面反射成像

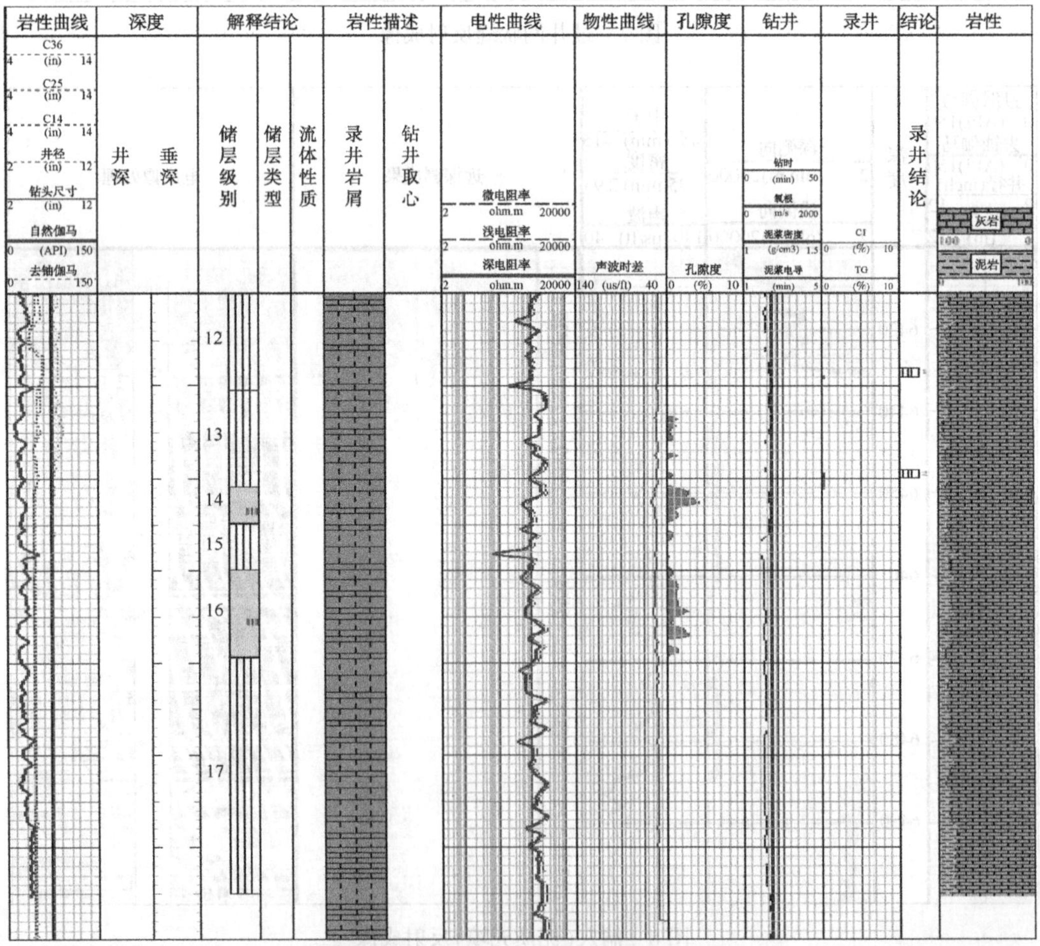

图 10　中古 7-5 井测井综合解释成果图

将波场分离后的上行波与下行波分别进行偏移成像处理。对南-北与东-西向剖面进行成像，进行10°为间隔的方位角成像扫描，检查反射体在各方位反射能量的变化。作为一种质控方法，同时确定反射体离井筒距离及产状。由图可见，在过井东西向剖面上有明显的反射体成像（图11），且其成像能量随方位变化，通过反演确定此反射体走向为北东65°。

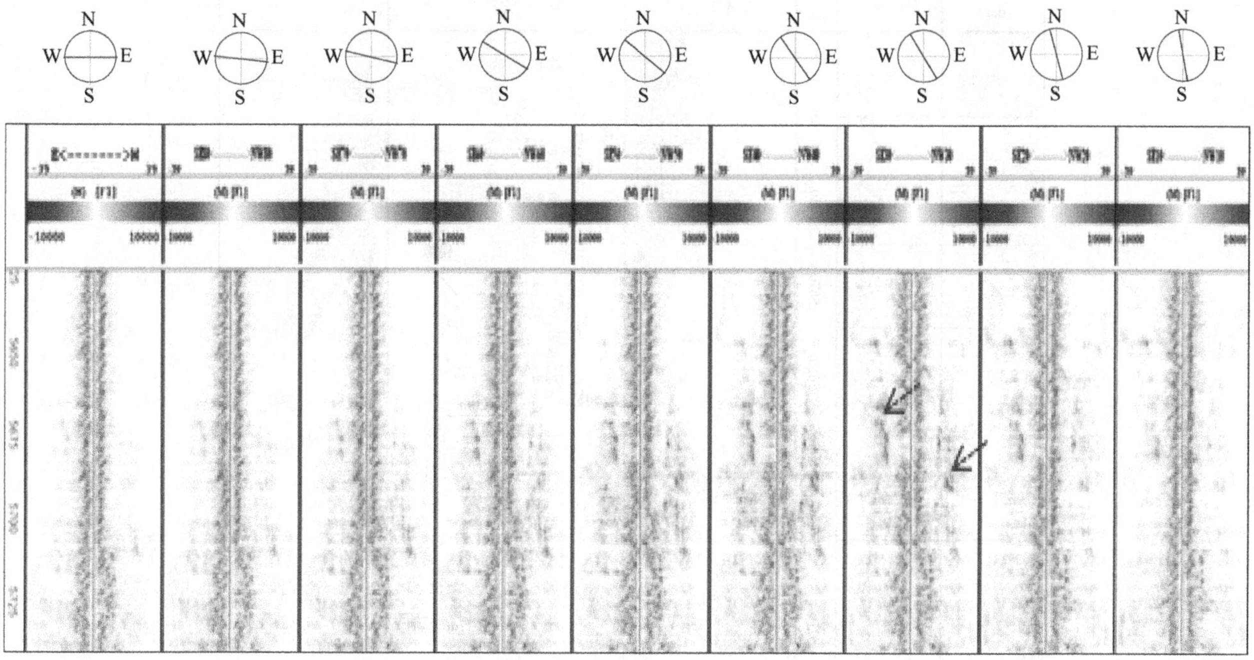

图11　中古7-5方位成像对比剖面

图12为此井北西25°过井成像剖面，剖面显示在x645-5684、x686-x712m分别发育两个强反射体，反射体未与井相交，距井眼距离为14~27m；远远超过常规测井径向探测范围，且反射体规模较大，反射能量较强，预测可能为井旁缝洞体。结合地震及其它地质资料，综合制定了侧钻方案，将井回填至x500m往北西25°侧钻。方案实施后，侧钻井钻至井深x691m时发生井漏，发生井漏位置与深横波成像预测反射体位置吻合，证实此方位大型缝洞体发育。侧钻井于2016年对x655~x718m井段酸压试油，5mm油嘴放喷求产，日产油140m^3，日产气90000m^3；试油结论为油层。

跃满22井塔北哈拉哈塘的一口开发井，该井储层储集空间同样为洞穴、溶蚀孔洞及裂缝。本井在目的层解释了相邻的两套有效储层（图13），而中间存在约20m的夹层。深横波成像资料显示（图14），x332~x390m井段井旁发育两个强反射体，预测可能为大型缝洞体，反射体1下部与反射体2上部深度上存在叠置，因此预测上下两套储层可能通过缝洞体连通。在此认识基础上，制定了试油方案，直接对第上部储层试油。本井于2017年对x273.51~x370m井段酸压试油，5mm油嘴放喷求产，折日产油150m^3，折日产气16000m^3；测试结论为油层。此井获得高产，深横波成像资料提供的井外裂缝发育情况，为制定试油方案提供了重要技术支持，进而有效地降低了试油成本。

对塔里木油田碳酸盐岩井中所有XMAC-F1（35口）深横波资料应用效果进行统计分析，通过与试油结果对比，应用效果好共12口井，应用效果较好16口井，应用效果一般1口井，应用效果差4口井；总有效率达到87.8%。

根据应用效果可分为三种情况（表1）：第一，井筒附近储层不发育，远探测反映井旁储层发育，应用效果好；第二，井筒附近储层欠发育，有一定厚度，远探测反映井旁储层发育这种远探测效果也较好；第三，井筒附近储层发育，储层物性好，远探测反映井旁储层差，这种远探测声波效果一般或差。

总体来看，当井筒附近储层不发育，钻井无漏失、放空，常规解释无Ⅰ级储层，整体应用效果好；井筒附近储层发育，钻井有漏失、放空，且常规解释有Ⅰ级储层时，应用效果一般或较差。

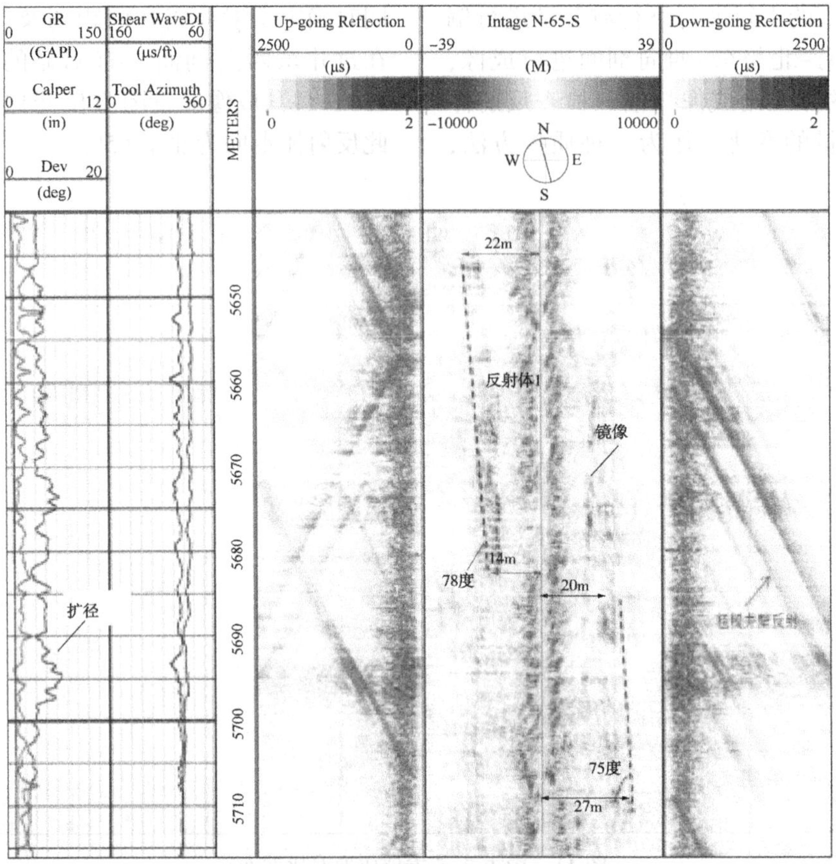

图 12　中古 7-5 井北西 25 度过井成像剖面

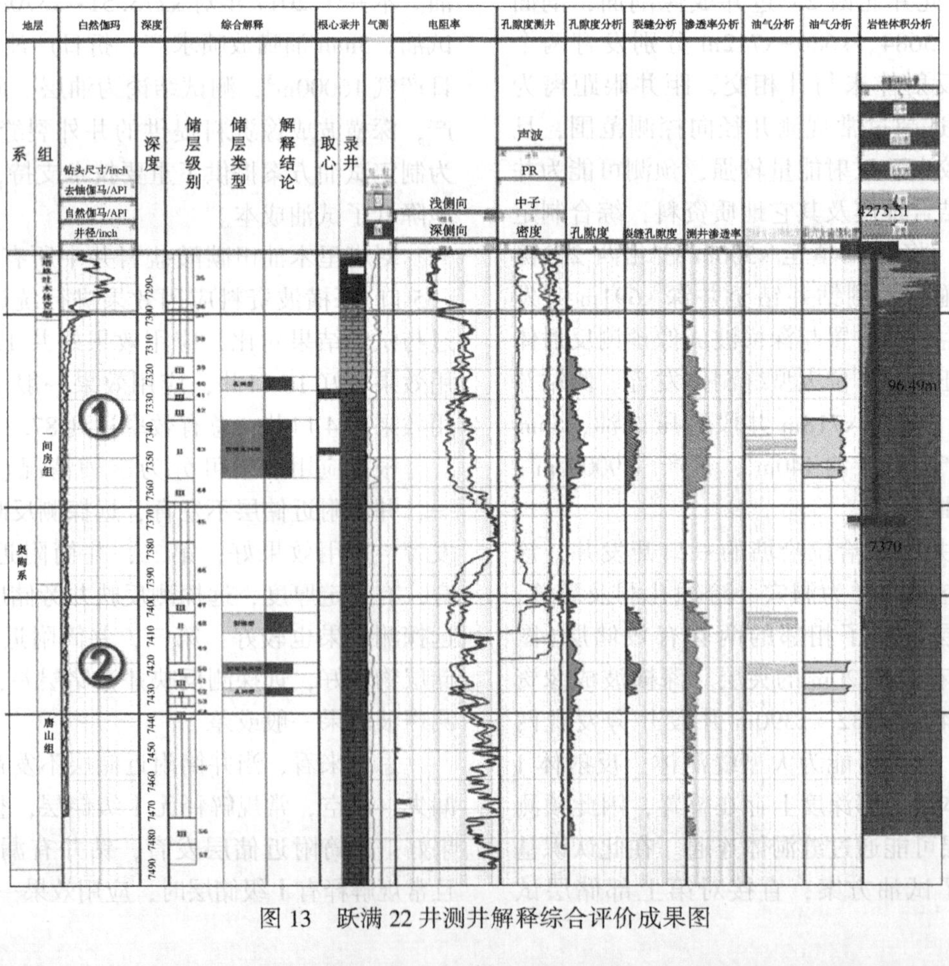

图 13　跃满 22 井测井解释综合评价成果图

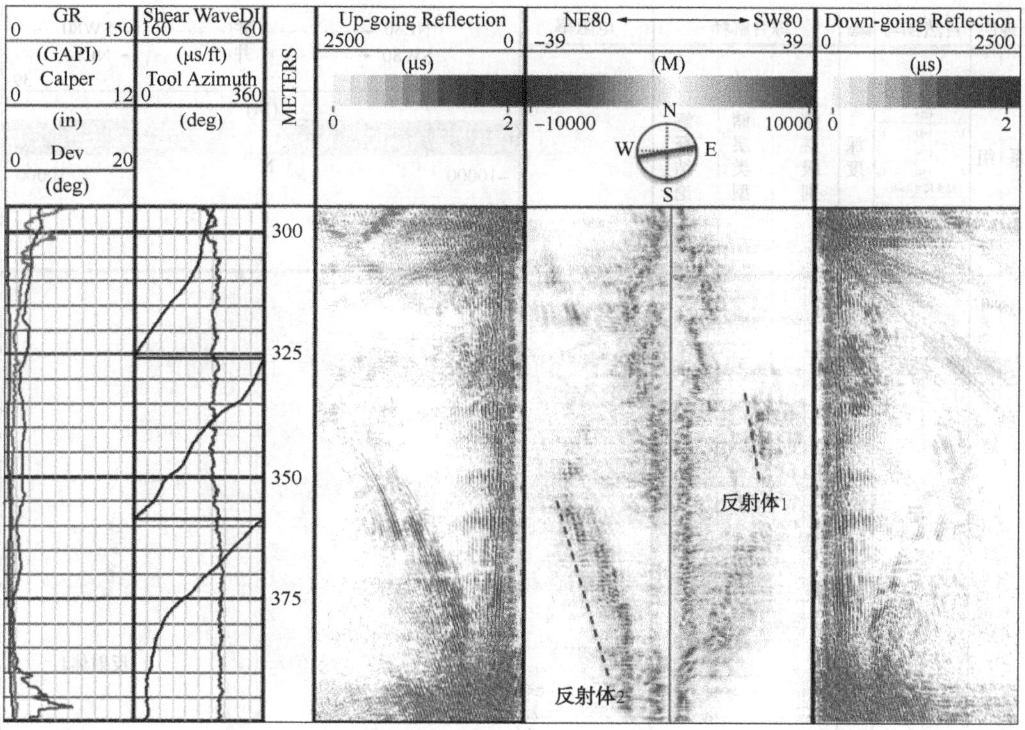

图 14 跃满 22 井深横波成像剖面图

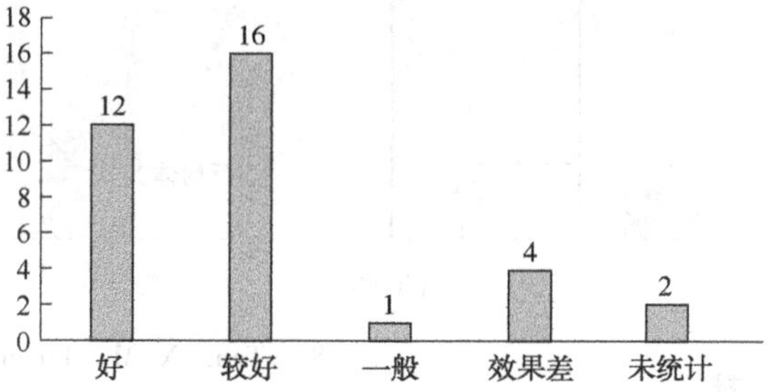

图 15 塔里木深横波测井资料应用效果统计直方图

表 1 井筒储层发育情况与深横波应用效果统计表

序号	常规、电成像反映井筒附近储层	深横波反映井旁储层	试油情况	深横波效果
1	无Ⅱ类及以上储层 二类储层厚度<10m	反射信号强 反射体厚度大	酸压、侧钻 获工业油气流	好
2	二类储层厚度>10m	反射信号强 反射体厚度大	酸压、侧钻 获工业油气流	较好
3	放空、漏失，物性好 裂缝发育	反射体个数少， 反射信号弱	直接投产 获工业油气流	差

5 结论与认识

深横波井旁储层评价技术在塔里木油田奥陶系碳酸盐岩油气藏中应用效果显著，能够较为准确地提供井旁储集体所在的方位及产状，为科研生产提供技术支撑。

1）利用深横波成像对井旁缝洞体的类型、距离、产状等参数进行评价，结合常规及电成像测井资料，可以更准确地综合评价碳酸盐岩储层；

2）对钻井未中靶有效缝洞体的碳酸盐岩井，通过利用深横波资料对井旁缝洞体的评价，能为侧钻井方案编制提供有力的技术支撑；

3）深横波井旁缝洞体评价成果能够为酸压试油方案提供有效指导，进行试油层位优选，节约试油成本。

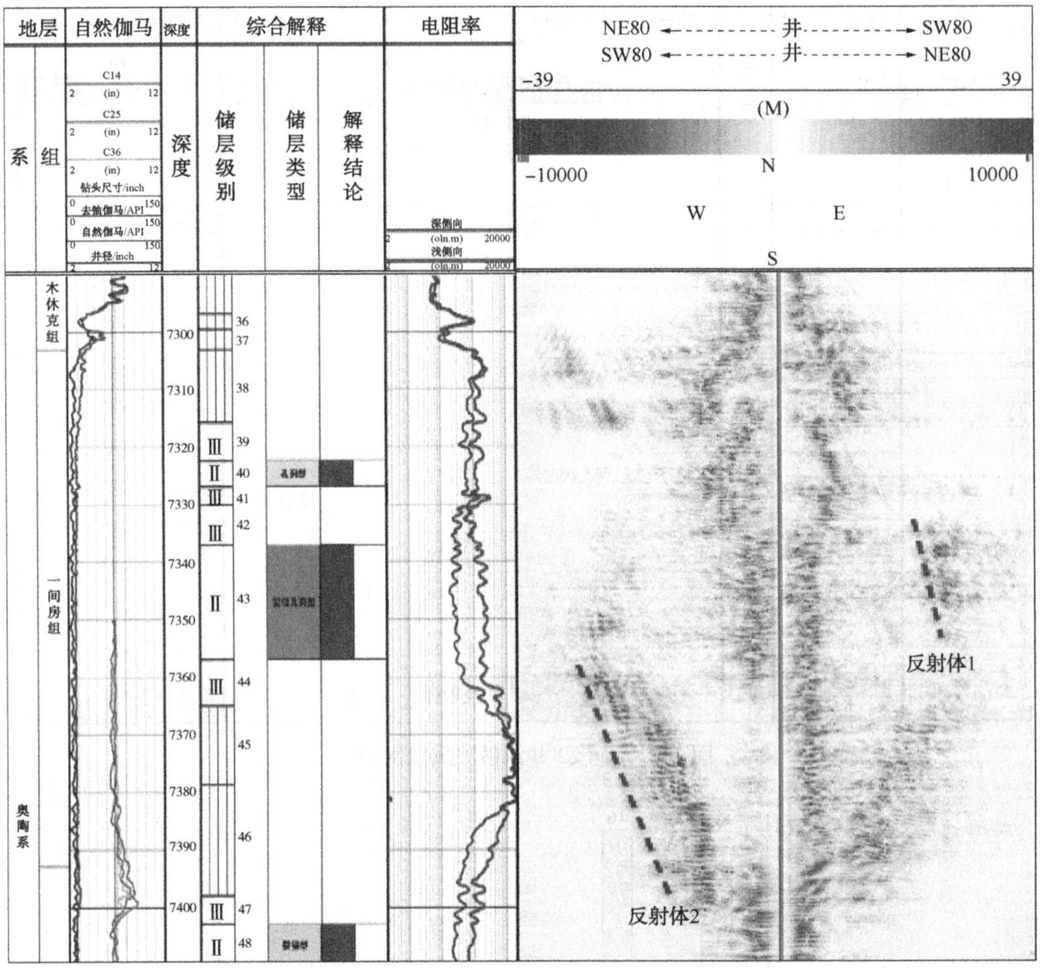

图 16

参 考 文 献

[1] Hornby B E. Imaging of Near-borehole Structure Using Full-waveform Sonic Data[J]. Geophysics1989. 54(6): 747-757.

[2] Chabot L et al. Single-well Imaging Using the Full Waveform of an Acoustic Sonic. 71st Ann. Internat. Mtg. Soc. Expl. Geophysics. Expanded Abstracts. 2001: 420-423.

[3] 王乃星，苏华，刘文明，等. 声波全波列测井在反射波成像分析[J]. 测井技术.

[4] 薛梅，远探测声波反射波测井研究[D]. 北京：中国石油大学，2002.

[5] 车小花，乔文孝，等. 相控线阵声波辐射技术在反射声波测井中的应用探讨[J]. 测井技术，2004，28(2)：108-111.

[6] 乔文孝等，反射声波成像测井的物理模拟[J]，石油物探，2004，43(3)：294-297.

[7] 张承森，肖承文，等. 远探测声波测井在缝洞型碳酸盐岩储集层评价中的应用[J]. 新疆石油地质，2011，32(3)：325-328.

[8] Tang X M, Imaging Near Borehole Structure Using Directional Acoustic Wave Measurement [J], Geophysics, 2004, 69(6): 1378-1386.

[9] Zheng Y, Tang X M, Imaging Near-borehole Structure Using Acoustic Logging Data with Pre-stack F-K Migration [C]//75th Annual International Meeting, SEG, Expanded Abstract, 2005: 360-363.

[10] Tang X M, Y Zheng, D. Patterson, Processing Array Acoustic Logging Data to Image Near-borehole Geologic Structure, 2007, Geophysics, 72, no.2, E87-E97.

[11] Tang X M, D. Patterson, Single-well S-wave Imaging Using Multi-component Dipole acoustic Log data, Geophysics, 2009, 74(6)211-223.

[12] Schmitt. D. P, 1988, Shear-wave logging in elastic formations, Journal of the acoustical society of America, 84, 2215-2229.

高温高压直推存储式测井系统研究

樊方方　王水航　童茂松　陈章龙　王　俊　王金刚

（中国石油测井有限公司测井技术研究院）

摘　要　在高温高压、超深大斜度等特殊复杂井况下，由于工艺和仪器的局限性，直推储存式测井系统等测井新工艺被广泛应用。通过提高仪器机械强度及耐高温高压性能、优化通讯和存储电路，研制出主体外径92mm、耐温230℃、耐压170MPa、抗拉抗压强度达到20T的直推测井系统和配套工具。该系统具有电缆和存储两种测量模式，高温高压复杂井况适应能力大幅提高，对解决勘探开发遭遇类似测井难题有一定的借鉴意义，具有广泛的推广价值。

关键词　高温高压；高强度；直推式测井；双模式；测井仪器

1　引言

当前，测井技术的发展日新月异，常见的电缆测井、湿接头测井、泵出式测井技术经过多年的发展，已经成为非常成熟的测井技术。但随着页岩气、海相超深井的发展，超长水平段测井、超深定向井测井，带来的井下高温、测量井段超长、测量项目多等现状，让测井技术的发展遇到了新的挑战。

电缆传输测井只适用于直井和小斜度井；湿接头测井作业流程复杂、影响因素多、成功率低；泵出存储式测井由于仪器尺寸较小的原因，其声波、电阻率等测井项目资料优质率不高；随钻测井技术还处于发展初期，很多项目受限；上述几种测井技术都无法满足日益严苛的测井需求。而直推存储式测井技术恰好可以解决部分关键问题。其工作原理为：在钻具底部连接组装测井仪器，依靠钻具的移动带动仪器串完成测井。与湿接头、泵出存储式测井工艺相比，作业流程大幅度简化，测井耗时短，作业风险低，测井成功率高，资质量优，适用于进行各种大斜度井、水平井测井，仪器能满足深井、超深井对温度和压力的需求，是一种最经济、最可靠的测井系统。

2　系统概况

高温高压高强度直推存储式测井系统仪器外径92mm、耐温压指标230℃/170MPa，抗拉抗压强度达到20T，具有电缆和存储测试两种工作模式，仪器采用统一化标准接口，扩展性强，仪器之间可自由组合挂接。主要由地面系统、井下仪器、配套工附具等三部分组成。井下仪器在提高仪器强度的基础上，通过电路模块化、集成化设计，减少器件使用数量、缩短了仪器线路长度，提高热扩散效率，实现降低总功耗，达到仪器可靠性应用。配套工附具用于保障井下仪器功能的设备，具有丰富的功能和应用，能够提高仪器串作业的可靠性，满足特殊需求，并提升施工的安全性和操作性，仪器总性能指标见表1。

表1　高温高压高强度直推存储式测井系统技术参数简表

技术指标	参数要求
仪器外径	ϕ92mm
额定温压指标	230℃/170MPa
抗压强度	单支仪器≥20T，仪器串≥10T
抗拉强度	单支仪器≥30T，仪器串≥20T
连续工作时长	175℃≥30h，185℃≥10h，200℃≥4h
存储容量	连续存储时长≥80h，擦/写≥10万次
存储格式	与CAN协议保持一致
存储读取接口	推荐采用USB2.0接口
工作方式	电缆测井/存储式测井

2.1　地面系统

地面系统具有集成度高、体积小、移动方便等特点，主要包括仪器监测与控制系统和深度采集与处理系统。地面系统支持电缆测井和存储式测井两种模式，主要完成为测井仪器供电和测井数据采集功能，地面系统构成示意图如图1所示，每个面板都是独立的功能模块，与测井计算机数据交互均基于标准的TCP/IP网络协议。系统主要由直流电源面板、CPLOG深度与缆芯安全控制面板、深度张力采集箱、数据读取箱等组成，交换机集成到 CPLOG 面板中。CPLOG 面板处于整个地面系统与电缆接口的最前端，负责七芯电缆、地面系统输入电源的安全通断控制，与井下遥传通讯以及模拟信号采集，同时完成采集深度信号、张力信号、磁记号的采集，面板中的交换机将整个系统构成一个星型以太网结构，计算机可以通过以太网对所有设备进行通讯。

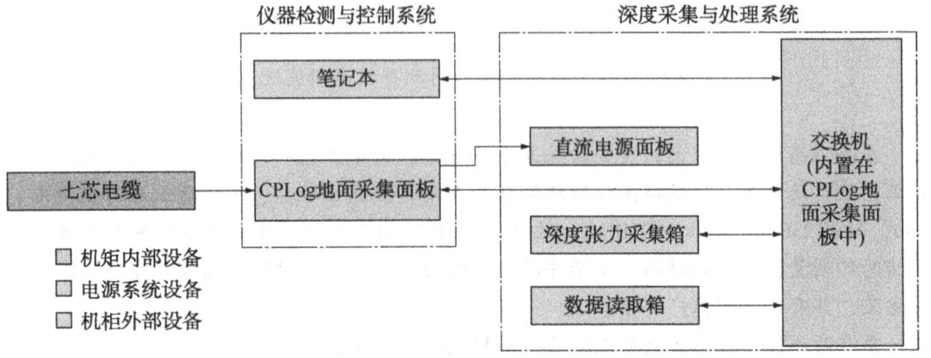

图 1　直推存储式测井系统地面系统构成示意图

2.2　井下仪器

井下仪器与传统电缆测井仪器在功能和应用原理上存在相似之处。但该系统仪器自身具备存储功能。所有井下仪器均采用统一的机电接口、通讯和存储协议，使得仪器可以进行自由组合，以满足不同的测井需求。

井下仪器主要划分为四个系列，包括常规仪器系列、核测井仪器系列、基础短节系列和成像仪器系列。在常规仪器系列中，涵盖了四参数、连斜方位、四臂井径、双侧向、数字声波、伽马能谱等传统测井仪器。核测井仪器系列则包含岩性密度、补偿中子等放射性仪器。基础短节系列涵盖了遥传短节、主控短节、电控短节、电芯短节等基础短节。成像仪器系列包括阵列感应、阵列侧向、阵列声波等高端成像仪器。随着直推式仪器的发展，更多高端成像仪器正在进行直推化设计和研发，例如核磁共振仪器、电成像仪器、地层元素仪器、远探测声波和偏心核磁等高端先进测井仪器。井下仪器主要组成如图 2 所示。

图 2　直推存储式测井系统井下仪器

2.3　配套工具

配套工具是井下仪器功能的有效保障和施工工艺适应性提升的设备，其主要作用是提高仪器串作业的可靠性，满足仪器的特殊需求，同时提高施工的安全性和可操作性。配套工附具主要由转换短节、绝缘短节、旋转短节、柔性短节、无磁短节、导向缓冲短节以及姿态保持器、偏心器、各类扶正器等工具组成，如图 3 所示。

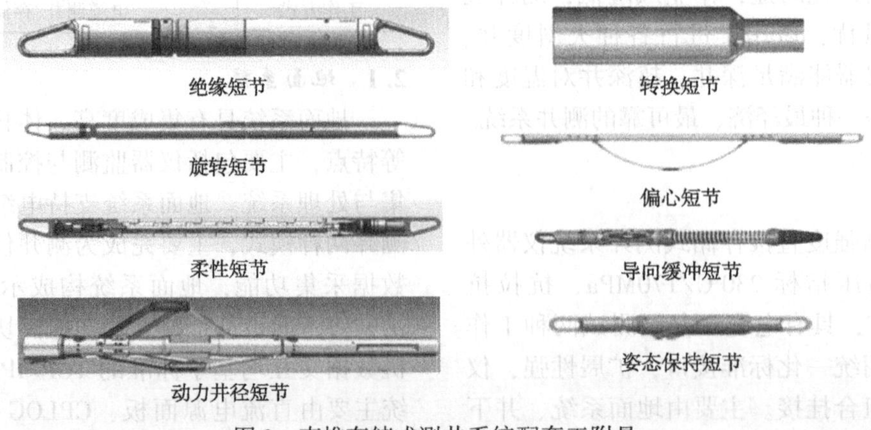

图 3　直推存储式测井系统配套工附具

2.4　双模式测井

高温高压高强度直推存储式测井系统是将常规电缆测井与存储式测井融合在一起新型测井系统，相对于常规电缆测井模式具有更高的适应性和灵活性，可满足不同测井作业需求。

在常规电缆测井模式下，地面综合箱体通过电缆连接马笼头、遥传短节及井下仪器串组合。其中，地面综合箱体进行地面供电和数据存储，电缆马龙头用于井下仪器吊装、供电及数据传输，遥传短节进行数据实时传送，并将测得的数据通过电缆实时传输传回地面进行分析和记录，井下仪器可根据测井需求进行任何声、电、核、放射性仪器组合测井。缆测示意图如图4所示。

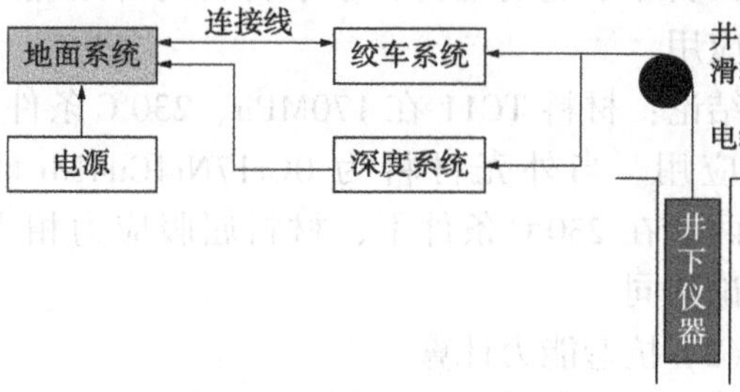

图4　电缆测井示意图

在存储式测井模式下，井下仪器由钻具连接转换短节、主控短节、电控短节、电芯短节及井下仪器串组合。仪器通过钻具传输方式推动在井下进行上、下测，并直接记录测井数据。由于仪器使用高强度、耐磨性设计，可承受钻具10T上下推拉力了，在一般遇阻或卡钻时，仪器可以直接承担通井工具功能，轻松通过，使施工工艺更加加大，适合在大斜度井和长水平井作业，特别在复杂地层或高井控风险井段测井，具有更好的施工效率，直推存储测井示意图如图5所示。

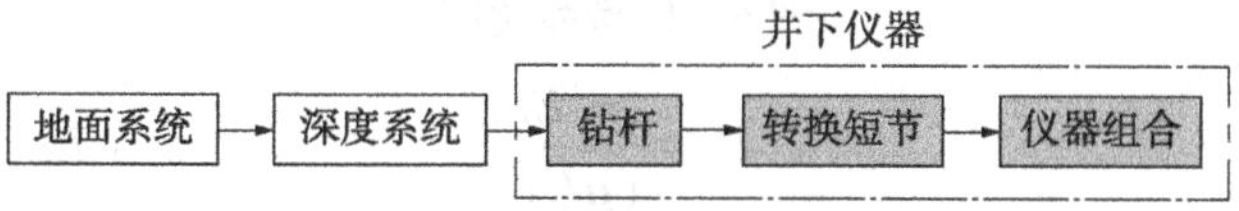

图5　直推存储测井示意图

存储测井模式测井采用锂电池供电，无需依赖电缆连接，降低了作业的准备和收尾时间，提高了整体的作业效率。还无需受到电缆长度和布置的限制，可以更方便地适应不同井深和井径的情况，更加灵活地应对各种工作环境。存储测井仪器采用高速存储设备，可以实时记录和存储测井数据。相比传统电缆测井仪器，数据采集速度更快，可以更快地获取和分析地下储层的信息。快速的数据采集和存储有助于提高作业效率和准确性。高温高压高强度直推存储式测井系统常用井下仪器组合包含常规串、成像串、放射性串和组合串。高温高压高强度直推存储式测井系统井下仪器组合见表2。

表2　高温高压高强度直推存储式测井系统井下仪器组合

序号	仪　器　种　类
组合一	自然电位+硬电极+四参数+旋转+绝缘+主控+方位+双侧向+数字声波+绝缘+旋转+四臂+能谱+底部缓冲
组合二	自然电位+硬电极+四参数+旋转+绝缘+主控+方位+阵列侧向+数字声波+绝缘+旋转+四臂+能谱+底部缓冲
组合三	四参数+主控+旋转+方位+井径+阵列声波+阵列感应+底部缓冲
组合四	四参数+主控+旋转+方位+井径+阵列声波+阵列侧向+底部缓冲
组合五	四参数+旋转+伽马能谱+柔性+中子+密度+底部缓冲
组合六	转换短节+主控+四参数+电池+旋转短节+补偿中子+姿态保持器+岩性密度+柔性+旋转短节+伽马能谱+隔离短节+旋转短节+主控+电池+井斜方位+阵列声波+姿态保持器+四臂井径+伽马能谱+阵列感应+底部缓冲

3　仪器设计

3.1　高强度井下仪器机械设计

现有井下仪器抗拉抗压能力较弱，施工过程中容易损坏，为了应对这一问题，高温高压高强度的直推存储式测井仪器进行了改进，增强了井下仪器的结构设计。该系列仪器的抗压和抗拉强度均达到了20T，满足大部分长水平井、复杂井的测井作业需要。

高温高压高强度直推存储式井下仪器的设计指标为外壳尺寸外径92mm，内径65mm(上接头外径65mm，内径39.2mm)，温度最高230℃，压力最大170MPa。仪器最大长度预设15米，最大推力20吨。需满足8000m以内的井，根据设计指标和测井仪器常用材料特性，初步选择TC11、TC18和0Cr17Ni4Cu4Nb三种材料作为仪器承压外壳，其材料力学性能如表3所示。

表 3　材料机械性能参数

性能指标＼材料种类	TC11		TC18	0Cr17Ni4Cu4Nb	单位	备注
屈服强度 $\sigma_{0.2}$	20℃	930	1030	830	MPa	
	175℃	800	895	805	MPa	
	230°	796	850	797	MPa	插值法
弹性模量 E	20℃	123	111	206	GPa	
	175℃	116	100	203	GPa	
	230°	114	97.5	198	GPa	
硬度(HRC)	常温	32~35	32~35	32~35		
比例极限 σ_p	230°	640	720	640		预估

仪器在轴向压力作用下的失效方式为屈曲变形，抗屈曲能力可由公式(1)、公式(2)模拟计算。通过对比公式(1)、公式(2)模型分析认为，材料选择应尽量避免使用低弹性模量的材料，例如钛合金；增大仪器外径，减小内径并缩短长度以提高其抗失效的能力。

$$P \propto EI/L2 \tag{1}$$

$$I \propto (D4-d4) \tag{2}$$

式中，P 为屈曲压力载荷；E 为材料弹性模量；I 为横截面惯性矩；L 为长度；D 为外径；d 为内径。

通过上述模型模拟计算，当仪器外壳尺寸增加到 92mm 以上时，壁厚达到 13mm 以上，机械抗拉抗压指标达到 20T，并通过大量的分析和对比确定结果的有效性。

(1) 外壳承压计算公式

厚壁圆筒承压结构外壳上任一点(r)上的径向应力 σ_r、切向应力 σ_τ、轴向应力 σ_z 分别由公式(3)、公式(4)、公式(5)、计算得出：

$$\sigma_r = -\frac{\mathrm{Pr}_2^2}{r_2^2-r_1^2}\left(1-\frac{r_1^2}{r^2}\right) \tag{3}$$

$$\sigma_\tau = -\frac{\mathrm{Pr}_2^2}{r_2^2-r_1^2}\left(1+\frac{r_1^2}{r^2}\right) \tag{4}$$

$$\sigma_z = -\frac{\mathrm{Pr}_2^2}{r_2^2-r_1^2} \tag{5}$$

依据材料力学，第四强度理论，内壁上的最大综合应力 σ_s：

$$\sigma_s = \frac{1}{\sqrt{2}}\sqrt{(\sigma_r-\sigma_\tau)^2+(\sigma_\tau-\sigma_z)^2+(\sigma_z-\sigma_r)^2} \tag{6}$$

当外壳材料为 TC11 时，按照尺寸和压力带入公式(6)计算得出：

$$\sigma_{s外壳}=584(\mathrm{MPa})\text{和}\sigma_{s接头}=462(\mathrm{MPa})$$

其中，$\sigma_{s外壳}$ 为外壳实际承受的应力，$\sigma_{s接头}$ 为接头实际承受的应力，小于材料的许用应力，可以应用。

结论：材料 TC11 在 170MPa、230℃条件下可以应用。当外壳材料为 0Cr17Ni4Cu4Nb 时，由于两者在 230℃条件下，材料屈服应力相当，故结论相同。

(2) 抗弯能力计算

针对大柔度杆，我们通过对压杆的受力类型进行计算来确定其抗压性能。考虑到仪器串的长度较长，我们首先假设该直推式测井仪器属于大柔度杆。因此，在进行测井时，若遇到阻力，我们将简化其模型如图 6 所示。压杆截面的临界载荷力可通过欧拉公式(7)进行计算得到 TC11 和 0Cr17Ni4Cu4Nb 的不同长度对应不同推力表，见表 4 和表 5。

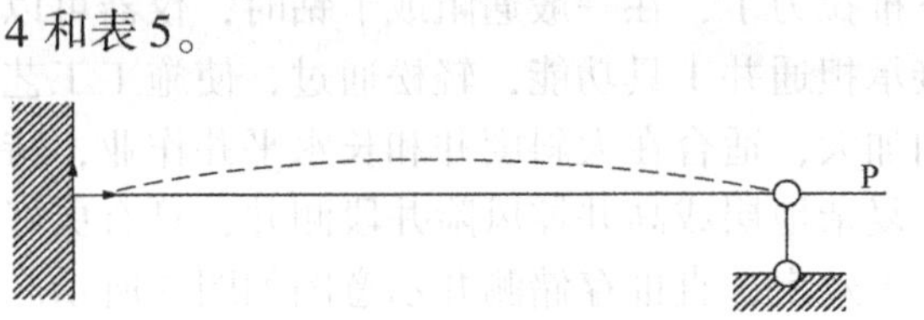

图 6　模型简化图

$$P_{cr} = \frac{\pi^2 EI}{(\mu L)^2} \tag{7}$$

表 4　材料为 TC11 的抗弯值

长度/m	3	5	7	10	13	15
推力/t	67	24	12	6	3.6	2.7

表 5　材料为 0Cr17Ni4Cu4Nb 的抗弯值

长度/m	3	5	7	10	13	15
推力/t	117	42	21.4	10.5	6.2	4.7

高温高压直推存储式测井仪器的设计原则，以压缩仪器串长度为主导思想，尽可能选取最大

仪器直径，而有色金属抗弯能力弱，材料优选黑色金属 0Cr17Ni4Cu4Nb 最佳。

因此，高温高压直推存储式井下仪器的连接器采用 PH17-4 不锈钢高性能材料为承压外壳，满足仪器承压、耐磨、抗弯等需求；使用保温瓶结构进行系统电路温度控制；使用 32 芯双向承压盘实现仪器独立承压。井下仪器总体机械结构如图 7 所示。

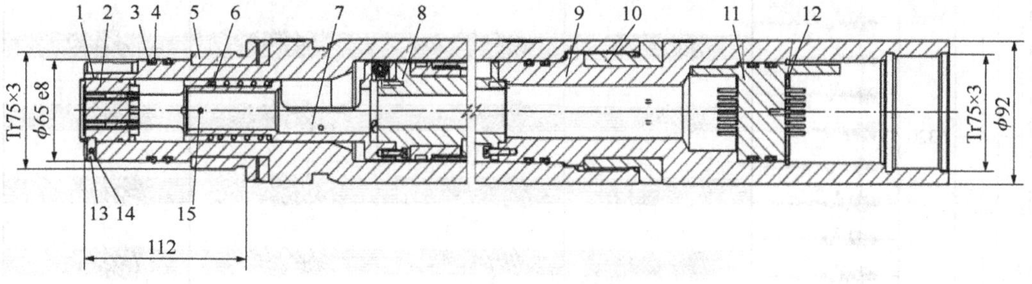

图 7　井下仪器总体机械结构图

1—上外壳体；2—32 芯高温插座；3—挡圈(PEEK)；4—全氟密封圈 Parker2-229(FFKM)；5—螺套组件；6—压缩弹簧；7—骨架上接头；8—带保温瓶电路总成；9—下承压外壳体；10—32 芯双向承压插头；11—承压插头挡圈；12—内螺套组件；13—插座限位销；14—弹性圆柱销 φ3×24；15—弹性圆柱销 φ3×8

3.2　智能管理设计

3.2.1　电池短节

电池短节是该系列中不可或缺的重要组成部分。通过对电芯短节的控制，它向仪器串中的其他仪器分配 65~72V 直流工作电源，实现了对整个仪器串的控制，包括加电、时间同步、仪器状态检测、定时发射控制等操作，并同时记录了测井过程中的关键参数。内部的总存储板用于备份所有仪器测井数据。

为了确保测井的安全性，电池短节采用了多重保护措施，其中包括欠压保护和超温保护算法，能够及时检测并解决电池电压和温度异常问题。它还能实时监测电池电压和电流，以保证数据准确性。此外，电池短节具备记录功能，能够记录电池的使用时间和使用功率的累加情况。通过多个电池的协同工作，成功解决了仪器串功率较大时单支电池难以带动的问题。

为应对仪器功率大、上电瞬间电池电压下降的情况，新增的储能板模块能够为自身供电，避免控制电路的重启。此外，通过 1 和 4 芯的分时控制上电的方式，有效防止了带电拆装仪器的风险。综合而言，电池短节集成了多种功能和保护措施，确保了测井操作的安全性和稳定性。

3.2.2　主控短节

主控短节的主要功能是对仪器串的工作状态进行控制。它通过实施加电、时间同步、仪器状态检测、定时发射控制等操作，全面掌控整个仪器串的运行，并记录测井过程中的关键参数。在主控短节内部，配备了加速度传感器，能够将仪器在下放和上提的过程中产生的加速度变化转换为电压信号，以供采集控制模块进行处理。此外，主控短节壳体内部按照一定规则布置了应变片，并结合处理电路，使得仪器扭矩能够被转化为电压信号，同样供采集处理模块采集处理。

主控短节还具备智能定时与泥浆压力协同控制测井工作的特性。它能够在仪器断电超长时间后同步，确保仪器实现精准对时。此外，它还能完成井口仪器的巡检，监测仪器的工作状态。主控短节还采用双主控工作模式，能够间接解决大满贯仪器通讯问题。

然而，需要注意的是，由于高温高压直推仪器功率较大，上电瞬间可能会降低电压，从而导致电池线路的重新启动。为了解决这一问题，特别设计了电源短节，其功能在短时间内为电池线路提供电流。

4　应用效果

高温高压直推存储式测井仪器在陇东庆 H42-5 井进行资料对比，岩性密度和补偿中子放射性仪器的测井曲线一致性、重复性好，资料品质与常规 CPLOGFITS 系统采集数据一致，符合储层评价需求，如图 8 所示。

在西安标准井和新疆库尔勒轮深 2 标准井(未加扶正器)测得资料进行了对比实验，测量项目为伽马能谱、连斜方位、数字声波、双侧向、阵列声波、阵列感应、阵列侧向、电池短节、主控短节。此外，通过时深转换系统得到主控短节的存储数据与缆测结果一致。

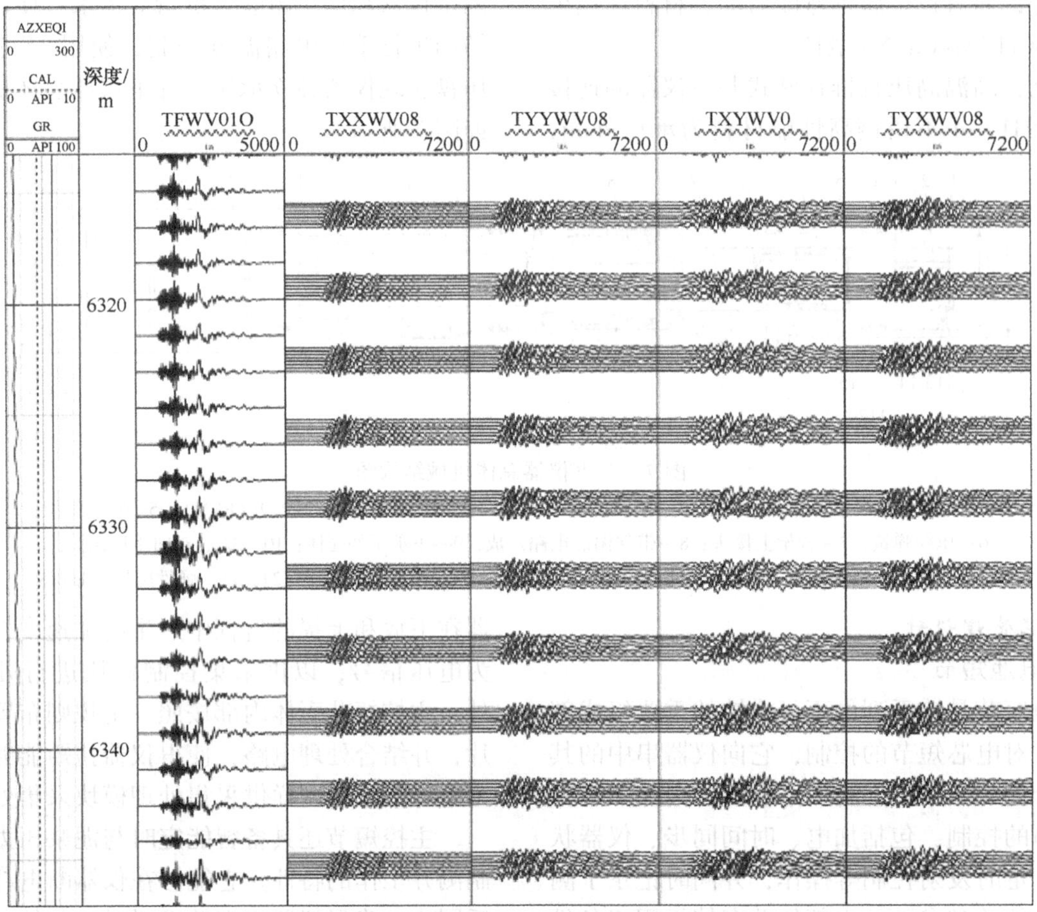

图 8　阵列声波质控(原始波形)

图 8 至图 12 展示了阵列声波的数据解释图。单极波基线平稳，纵向、横向和斯通利波界面清晰。偶极波形的初至时间、波形和波幅一致，四分量基线相对平稳。远处的单极纵波时差提取置信度高，频谱集中。斯通利波时差置信度也高，并在设计的频带宽度内频谱集中。偶极横波时差置信度高，频谱同样集中，低频 4~5k 处与真实横波速度一致。采样点达到标准，可进行远程探测成像，数据满足质量要求。

图 13 至图 15 是双侧向、数字声波、阵列感应和伽马能谱在轮深 2 标准井测井资料对比图，图中显示高温高压直推存储式测井仪器资料曲线与标准井具有很好的一致性，认为资料是可靠的，符合储层评价需求。

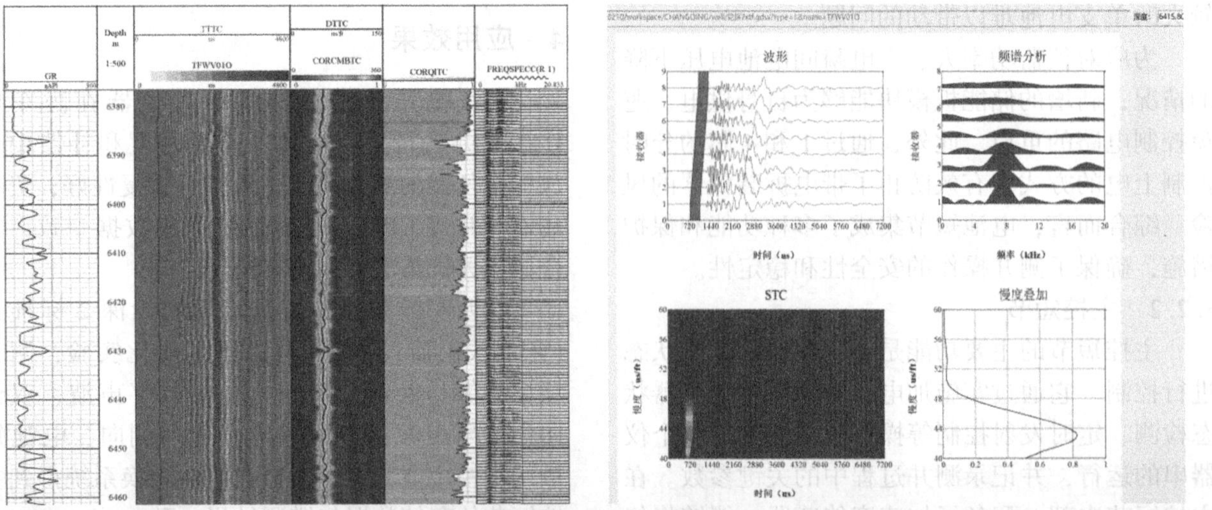

图 9　阵列声波质控(纵波速度分析)

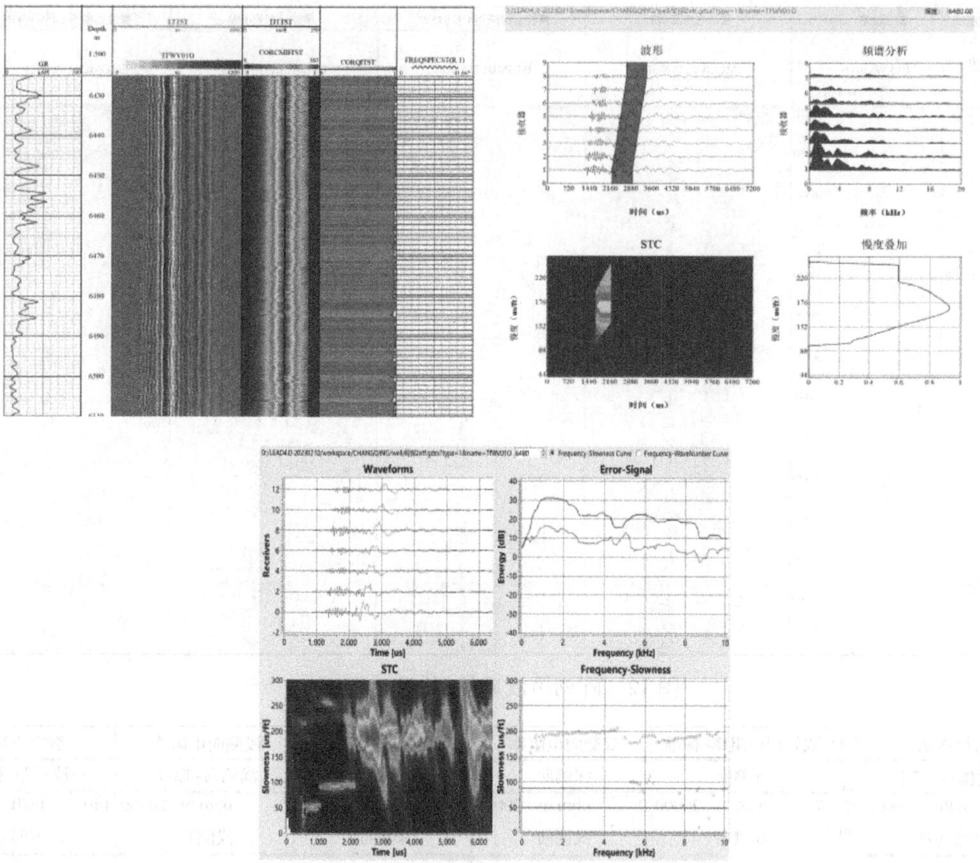

图 10　阵列声波质控(斯通利波速度分析)

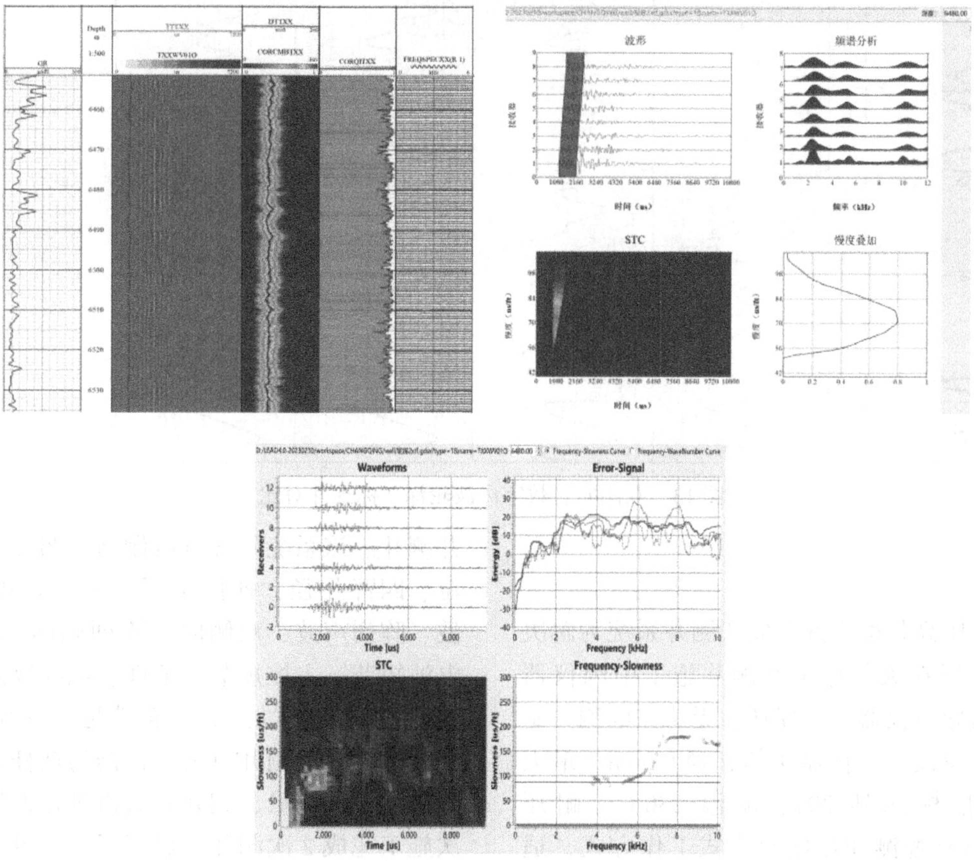

图 11　阵列声波质控(偶极横波速度分析)

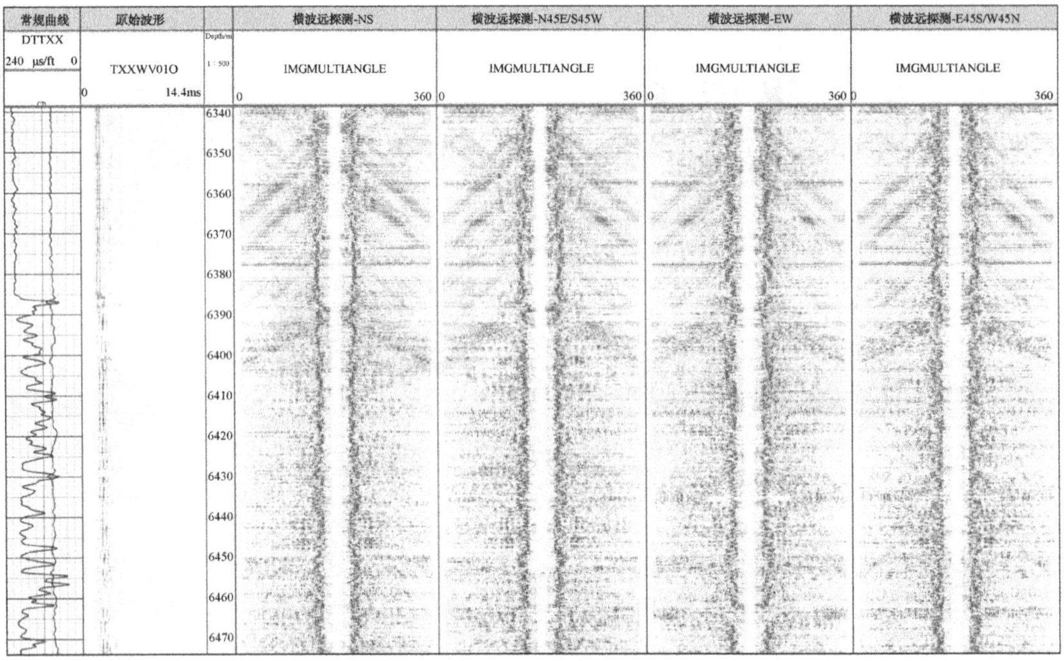

图 12　阵列声波质控(横波远探测)

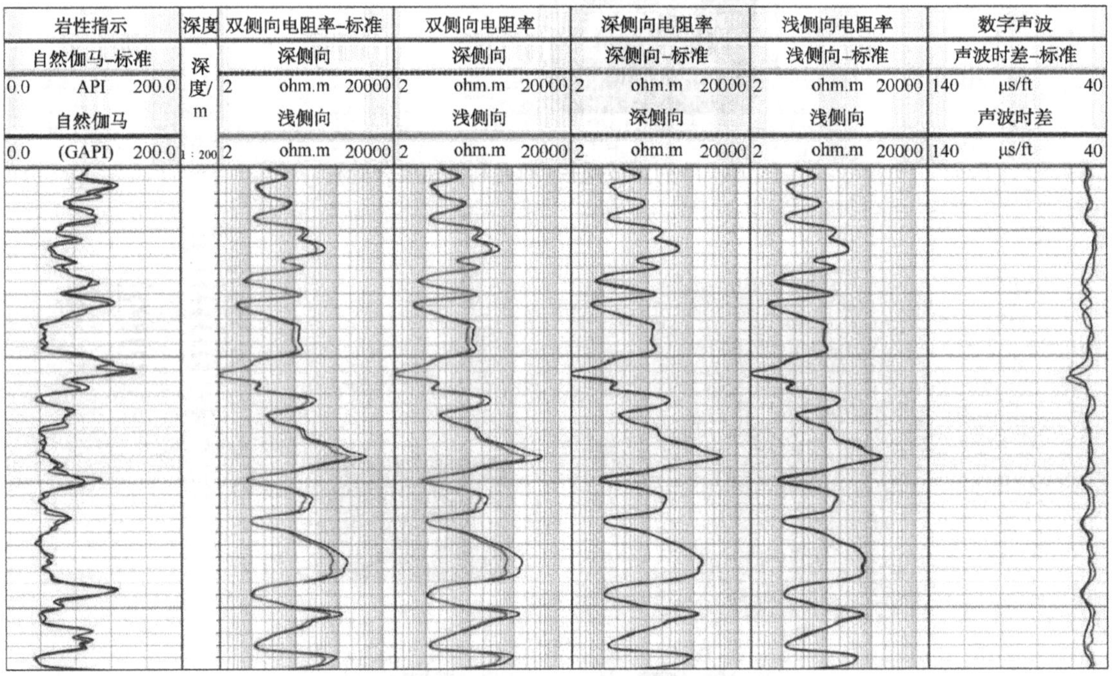

图 13　双侧向、数字声波轮深 2 标准井对比

5　结论

高温高压高强度直推存储式测井系统为解决传统测井仪器在大位移水井测井施工中因仪器长、脆软而导致仪器容易损坏、无法完成测井施工任务而开发设计。仪器主体直径 92mm，最大抗拉抗压指标达到 20T，耐温 230℃，耐压 170MPa，具有缆测和存储双模式工作方式，适合常规井况和条件恶劣的大斜度井和长位移水平井测井。该系统包含自然伽马、四参数、井斜方位、四臂井径、补偿中子、岩性密度、数字声波、阵列声波、双侧向、阵列侧向、阵列感应、电池短节、主控短节、柔性、绝缘以及硬电极等辅助短节等仪器，全方面满足了储层评价的需求。存储方式测井时由于仪器与钻杆直连，可以先进行下放测量，到井底后再进行上提测井，一次施工完成 2 次测井，提高了测井可靠性和测井曲线质量。

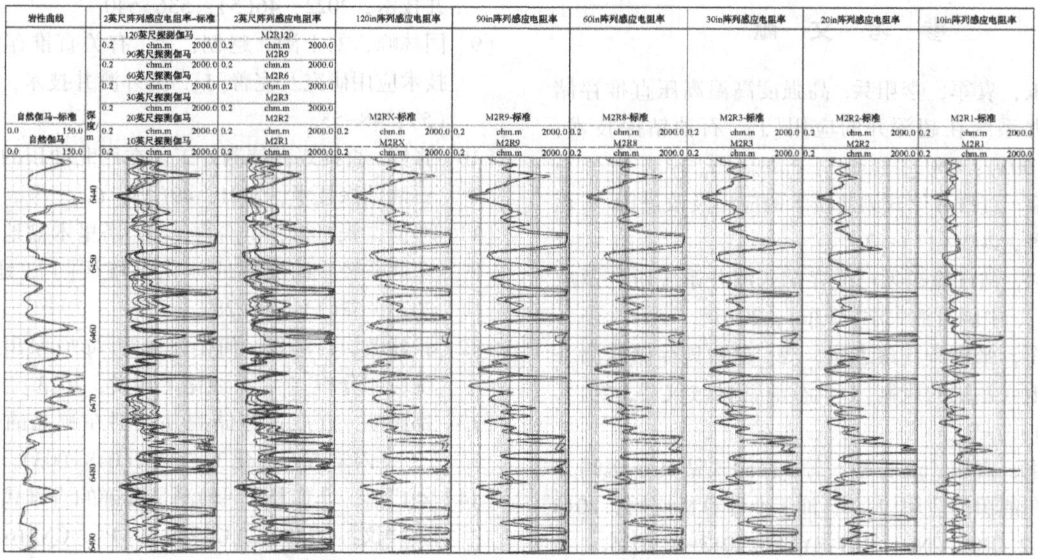

图 14　阵列感应轮深 2 标准井对比

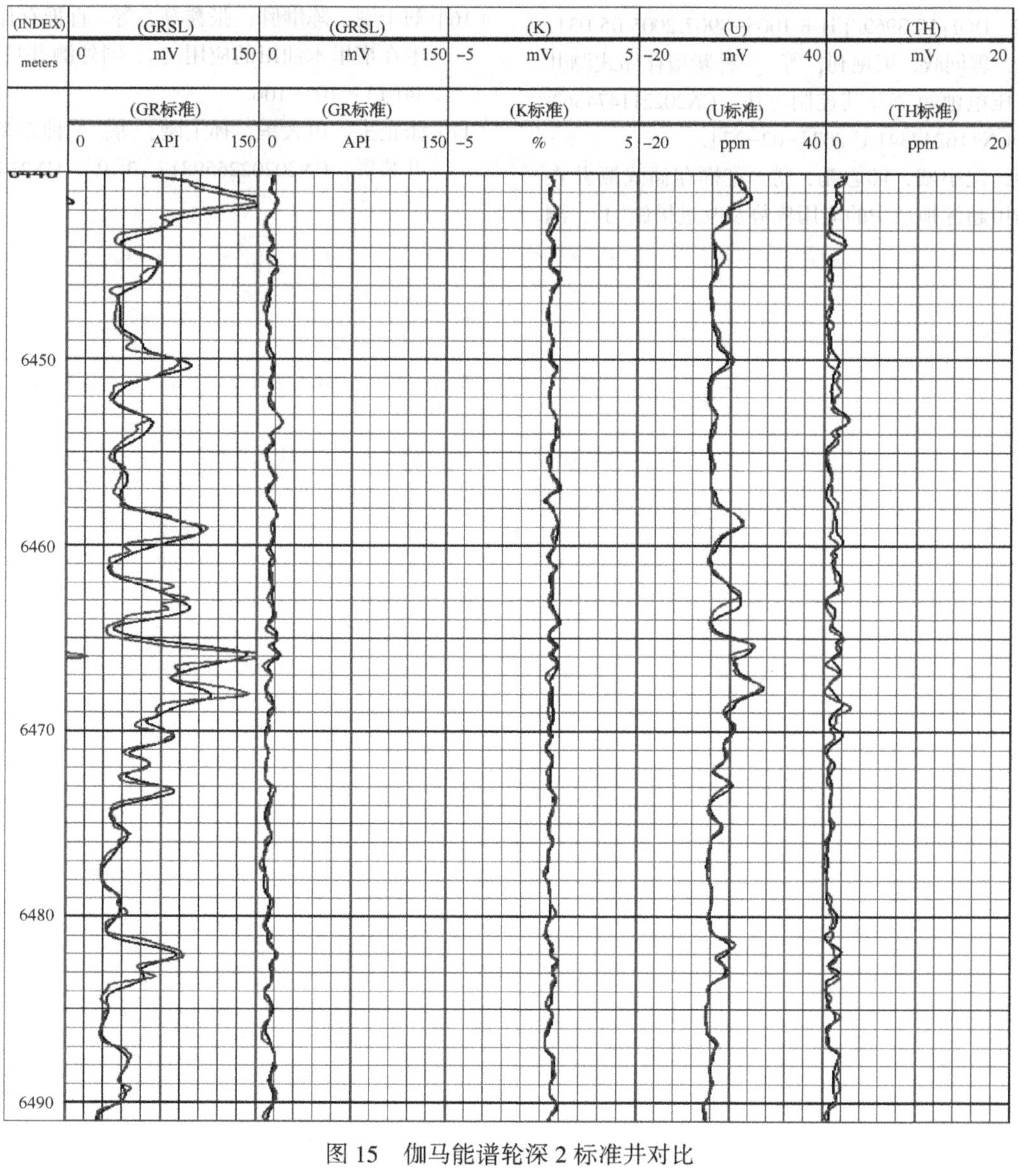

图 15　伽马能谱轮深 2 标准井对比

参　考　文　献

[1] 张正玉，袁军，李阳兵. 高强度高温高压直推存储式测井系统在超深井的应用[J]. 石油钻探技术，2022(005)：050.

[2] 林毓宸. 直推存储式测井技术的应用及改进[J]. 化工管理，2021(11)：2.

[3] 田东兴. 钻杆输送无电缆存储式测井系统研究及应用[D]. 中国石油大学(华东)，2016.

[4] 陈召军，张雄辉，蔡志明，等. 过钻具存储式测井仪器地面系统的研制[J]. 石油管材与仪器，2014，28(2)：7-9.

[5] 郑宇生，占庆，赵长胜，等. 存储式钻具输送测井系统在油田的应用[J]. 石油工业计算机应用，2013(1)：2. DOI:CNKI:SUN:SYGS.0.2013-01-035.

[6] 程建国，刘星普，李俊舫，等. 存储式测井技术在油田开发中的应用[J]. 断块油气田，2005，12(5)：2. DOI:10.3969/j.issn.1005-8907.2005.05.031.

[7] 孙志远，郭同政，殷艳利，等. 一种新型存储式测井高温高压电池短节及其控制方法：CN202211474562.0[P]. CN116247341A[2024-02-27].

[8] 蔡万春，倪小威，郇志鹏，等. 直推存储式测井在富满油田超深地层中的应用优势及改进措施[J]. 测井技术，2022，46(5)：536-540.

[9] 闫林峰，刘士潮，赵创，等. 有关直推存储式测井技术应用研究及完善[J]. 国外测井技术，2022，43(5)：48-53.

[10] 张钰. 直推式存储测井工艺在西北油田的应用[J]. 石油钻探技术，2021，49(1)：6.

[11] 邓倩，张海祖，王浩哲，等. 塔里木盆地轮探1井寒武系轻质油成藏地球化学特征[J]. 地球化学，2023，52(1)：20-28.

[12] 张建波，吕港建，何艳海，等. φ70泵出式测井系统应用分析[J]. 石油化工建设，2023.

[13] 邵国明. 直推式存储测井仪器在顺北油田的应用[J]. 内蒙古石油化工，2022(048-003).

[14] 刘广盛，李彦朴. 一种测量准确的直推式岩性密度测井仪：CN202123322739. 9[P]. CN216381358U.

[15] 吕元颖. 存储式多参数测井仪[D]. 太原：中北大学[2024-05-07]. DOI:10.7666/d.y901327.

[16] 刘士潮，陈继胜，张鑫磊，等. 直推存储式测井技术在塔里木油田的应用[J]. 国外测井技术，2023，44(1)：101-106.

[17] 张正玉，田太华，孙玉刚，等. 一种新型直推式测井装置：CN202022659817. 3[P]. CN214196285U.

构造约束井震联合速度建模技术在超深复杂构造 Walkaway-VSP 处理中的应用

王腾宇[1,2,3]　汪　洋[1,2]　郑多明[1,2,3]　闫　婷[1,2,3]　张　振[1,2]

（1. 中国石油天然气股份有限公司塔里木油田公司；
2. 中国石油天然气集团有限公司超深层复杂油气藏勘探开发技术研发中心；3. 新疆超深油气重点实验室）

摘　要　速度建模是 Walkaway-VSP 精准成像的核心，尤其是超深、高陡复杂构造，速度模型精度直接影响成像质量。本文主要提出了基于构造约束井震联合速度建模的方法，充分利用地面地震数据模型、构造解释成果，初步确定山地高陡复杂构造的速度结构，并以此作为约束，利用零偏 VSP 获得的一维速度、地层沉积规律对初始速度模型进行校正，实现井震联合的速度建模，并在成像中不断更新优化。该方法应用在塔里木盆地库车坳陷大北构造带 A 井的 Walkaway-VSP 速度建模中，取得了较好的应用效果。

关键词　库车坳陷；Walkaway-VSP；井震联合；高陡复杂构造；速度建模

速度分析和建模是地震资料处理、解释的关键问题之一。通过精细的地面地震速度分析，获得了较为合理的速度横向变化规律，但精度和分辨率不高。随着 VSP 技术的发展和成熟，零偏 VSP 速度分析的一维速度结果精度可信度都较高。所以，如何利用零偏 VSP 获得的一维速度对地面地震速度进行优化是一直以来业界关注的问题。

在最近的十多年里，基于射线追踪算法的网格层析速度建模已经成为一种标准的建模方法。早期的时间域速度扫描方法逐渐被以为速度反演和 Deregowski 环速度分析法所取代。到 90 年代后期，基于射线理论的深度偏移（PSDM）开始通过偏移速度分析的方法进行速度反演。其中一部分将层位作为约束条件去求解层间的速度梯度来更新速度。还有的则是利用网格的数据驱动算法来实现速度分析。Brandsberg 等人在角度域共成像点道集（ADCIGs）进行层析速度分析，ADCIGs 能够较为准确的反映速度和深度的耦合关系，降低了成像假象。Berkhout 基于共聚焦点（CFP）实现了射线层析。Wang 通过反复利用不同速度进行叠前深度偏移并拾取剩余曲率的方法实现层析反演，但该方法受到计算成本的制约。侯爱源提出了一种基于置信度和射线长度的 VSP 初至旅行时双加权层析反演的算法。该方法用更为可靠的初至数据进行速度计算，通过零偏 VSP 速度加权外推建立初始速度模型。

在塔里木盆地库车坳陷复杂山地区，地面地震的反射数据信噪比很低，这导致常用的基于地震反射数据 ADCIGs 等方法无法求取深层的速度场。在本文的方法中，以地面地震反演得到的速度作为初始速度模型，利用改进后的射线追踪方法计算出正演初至与实际 VSP 的初至差，根据初至差对射线上的面元速度修改，在不断更新迭代中逐渐降低初至差，从而获得更加准确的速度场。本文通过实际数据和成像检验了该方法的有效性。

1　构造约束的井震速度建模

针对山地复杂地质构造，逆掩推覆构造通常较为发育，导致难以获得准确的速度结构。随着 VSP 技术的发展，零偏 VSP 处理分析获得的一维速度可靠性较高。利用一维零偏 VSP 速度进行井震联合的速度建模成为了解决该问题的一种可行方案。具体技术方案共有三个阶段：

1.1　构造约束的零偏 VSP 校正初始速度模型建立

充分利用 VSP 一维速度的可靠性、地面地震速度模型的低频速度背景和构造模型的形态特征信息。形成如图 1 所示的初始模型构建流程。

通过精细的初至拾取，可以获得相对准确、可靠性高的一维速度。特别是深层区域，零偏 VSP 有准确的深度（检波器深度），同时，初至拾取可以获得准确的时差，从而可以计算出准确的速度。

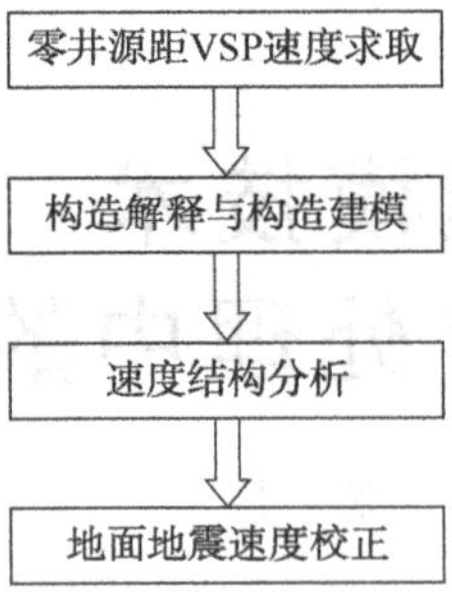

图 1　井震联合速度建模技术方案

由于零偏 VSP 处理获得的速度是一维的，只能控制井周区域，对中远偏的速度需要构造进行约束和控制。与地面地震构造解释不同，速度建模的构造解释是为了获得精细的速度控制，所以，需要对每一个井分层和速度曲线变化较大的深度进行层位解释。同时，逆断层推覆构造需要进行准确的断层解释。在此基础上进行构造建模，形成块状地质模型。通常认为每一个块内的速度具有相似的变化规律，在解释和构造建模的基础上，分析每一个地质块的沉积模式。沉积模式主要有三种情况，如图 2 所示。

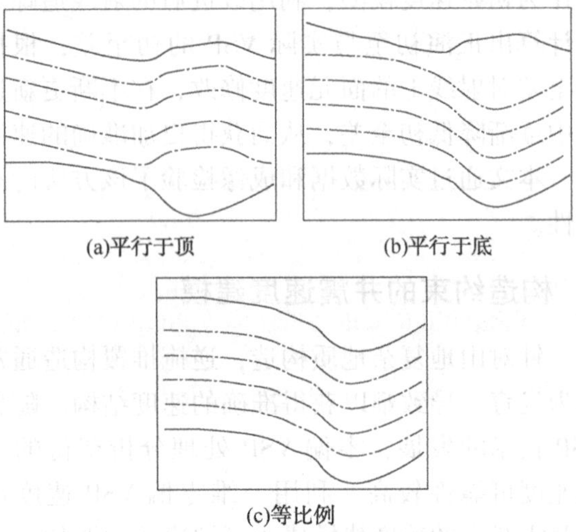

图 2　沉积模式图

不同的沉积模式反应了每个地层的沉积过程，利用该信息进行块内小层划分，建立块内的层序结构，形成块内纵向速度变化模式，获得速度结构。通过速度结构分析，可以获得每一个速度网格点所在的块，同时利用层序模型可以计算块内每一个网格点所在的小层序号。利用地面地震速度作为初始速度网格模型。在井经过的网格点 P 既有原始的地面地震速度 V_0，又有零偏 VSP 处理的一维速度 V_1，则校正量 $r=V_1/V_0$。同时，在网格点 P 所在的块内，P 的对应的层序为 Q，则该块内所有层位为 Q 的速度校正量为 r，利用该思想形成地面地震速度的校正量矩阵 M。通过 M 对地面地震的速度进行校正，形成最终的校正速度模型。

1.2　速度反演

利用校正的速度模型作为 Walkaway VSP 的初始速度模型。结合 Walkaway VSP 观测系统，则可以进行速度反演。

首先，通过射线正演可以计算出每一炮和每一检波器的旅行时表(炮或检波器到每一个速度网格点的最小旅行时)。根据旅行时表可以提取每一个成像点的道集和初至波及其对应射线的轨迹 P。则速度模型应满足公式：

$$D\times S=T \tag{1}$$

其中，D 为射线经过网格的距离，如果没有经过则为0，S 为网格慢度模型，T 为旅行时。对于直达波，旅行时为初至，可以直接计算时差 τ 直。对于反射波，通过提取共成像点道集(按检波器深度升序排列)。道集可能存在三种情况(图 3)。

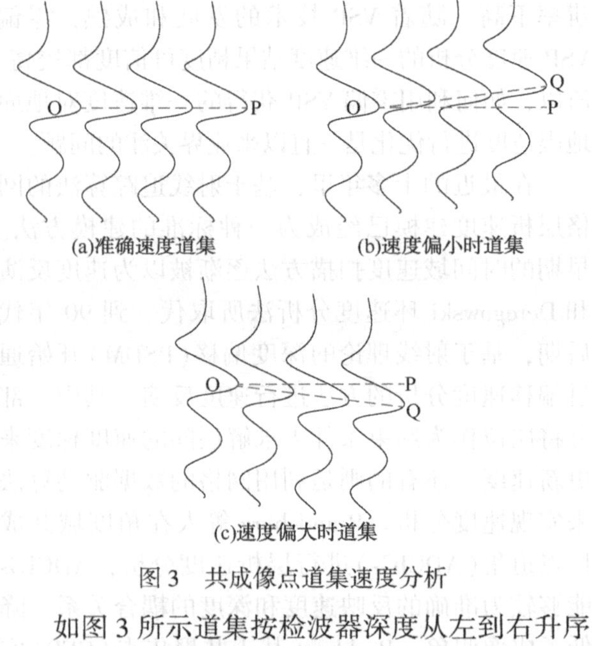

图 3　共成像点道集速度分析

如图 3 所示道集按检波器深度从左到右升序排列，如果速度准确，则如 3(a) 所示，强轴为水平；如果速度不准确，则为 3(b) 和 3(c) 所示，其中 3(b) 为深层检波器的射线经过的网格速度偏小，3(c) 为深层检波器的射线速度偏大。故可以计算出每一条射线对应的时差 τ 反。利用直达波与初至时差和反射波射线的时差，计算出每条射线经过的网格速度调整量 r 为：

$$r=\frac{\tau}{t} \tag{2}$$

基于该原理，可以统计出每一个速度网格的调整速度，如图 4 所示。

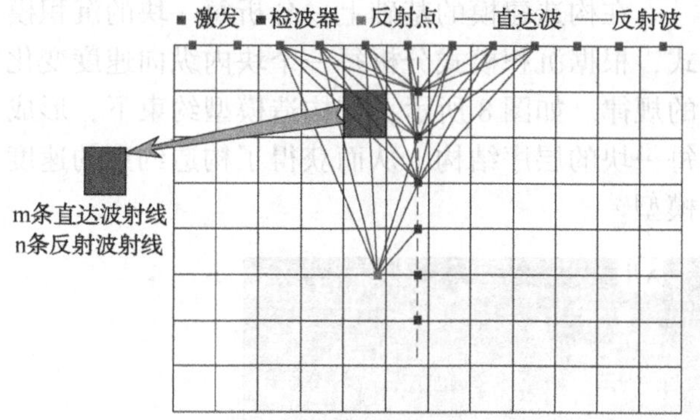

图 4　速度反演示意图

假设经过网格的射线为 m 条直达波射线，n 条反射波射线。则可以计算出 $m+n$ 个速度调整量 r。

$$r=E[r_i]=\frac{\sum_{i=0}^{m+n-1} r_i}{m+n} \tag{3}$$

根据调整量 r 修正后的速度经过 1.3 中速度平滑，得到新的速度模型，重新计算射线轨迹，进行算法迭代，实现 Walkaway VSP 速度反演。

1.3　构造约束的速度平滑

根据速度调整得到的速度模型由于没有受到构造约束，导致速度模型形态上与构造不相吻合。需要对调整后的速度模型进行速度平滑。结合层序结构模型，沿小层横向平滑，从而实现构造对速度模型的约束。

2　应用效果分析

A 井位于塔里木盆地库车坳陷大北 A 号构造高点，如图 5 所示，目标区构造复杂且速度横向变化剧烈，建立高精度速度模型是精准成像的关键。本次利用该技术方案开展井震联合二维速度建模，有效提高了速度模型精度，取得了良好效果。

2.1　零偏 VSP 处理

通过零偏 VSP 处理可以获得相对准确的一维速度信息。如图 6 所示，浅层 400m、深层 7900m 处有较大的速度变化，而这些速度变化信息在地面地震速度[图 10(a)]缺失，需要用零偏 VSP 速度分析结果对地面地震进行校正。

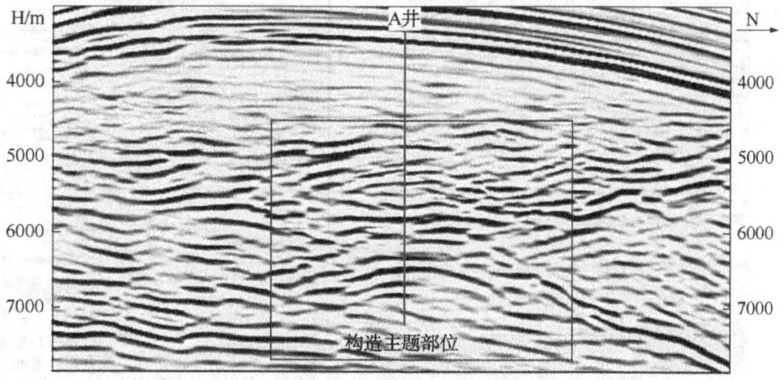

图 5　过 A 井南北向叠前深度偏移剖面

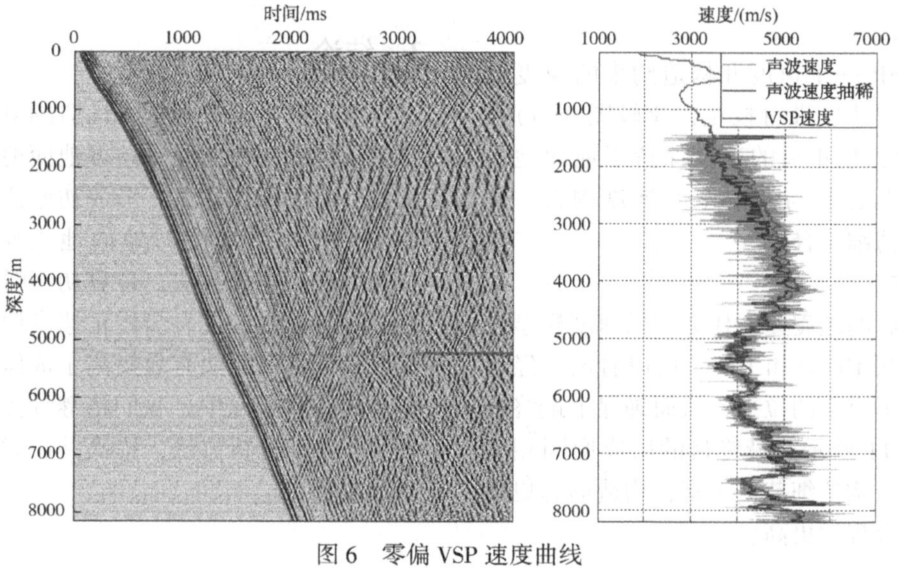

图 6　零偏 VSP 速度曲线

2.2 精细构造解释和建模

零偏VSP获得了相对准确的速度，但只是只是控制的井周的速度。为了控制和校正中、远偏速度，需要利用构造信息进行有效控制。通过对A井构造开展精细解释，在每一个速度层和实钻分层处增加解释控制层，构建块状地质模型。如图7所示，我们认为每一个地质块内有相似的速度变化规律。

2.3 速度结构分析

在构造建模的基础上，分析每一块的沉积模式，根据沉积模式分析每一个块内纵向速度变化的规律。如图8所示，在构造模型约束下，形成每一块的层序结构，从而获得了构造约束的速度模型。

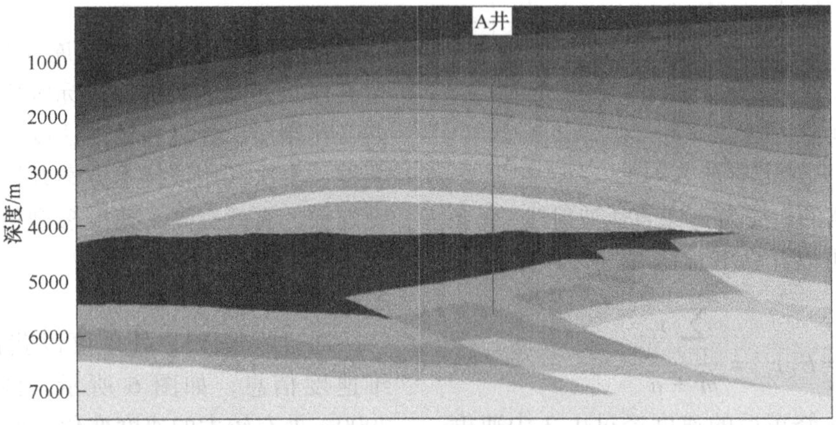

图7　过A井地震剖面构造解释模型

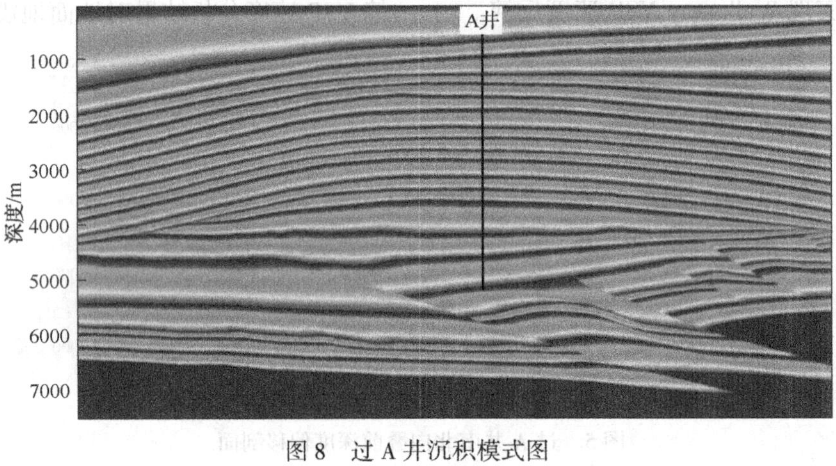

图8　过A井沉积模式图

2.4 速度校正

用零偏VSP一维速度和构造约束的速度模型，对地面地震速度进行校正，比较图9(a)和9(b)可以看出，校正后的速度保持了地面地震速度的低频背景，且与零偏VSP速度吻合，同时速度模型更精细、合理。

2.5 速度反演

利用校正后的地震速度作为初始速度模型进行反演，对比图10(a)和10(b)可以看出，经过速度反演实现了道集的拉平，从而确保了最终成像质量。如图11所示，最终目的层成像同相轴更清晰、连续，构造细节更丰富，构造形态更准确，与实钻吻合程度更高。

3 结论

本文提出了一套基于构造约束的井震联合速度建模技术方案。充分挖掘地面地震剖面的构造信息、速度低频信息，形成初始速度结构，利用零偏VSP一维速度对地面地震速度进行校正，并利用射线追踪方法，计算初至时差和共成像点道集时差分析，进一步校正速度模型。通过成像效果分析，该方法有效提高了成像质量及可靠程度。在后续研究中，我们将继续探索共成像点道集时差自动分析方法，提高井震联合速度建模精度和效率。

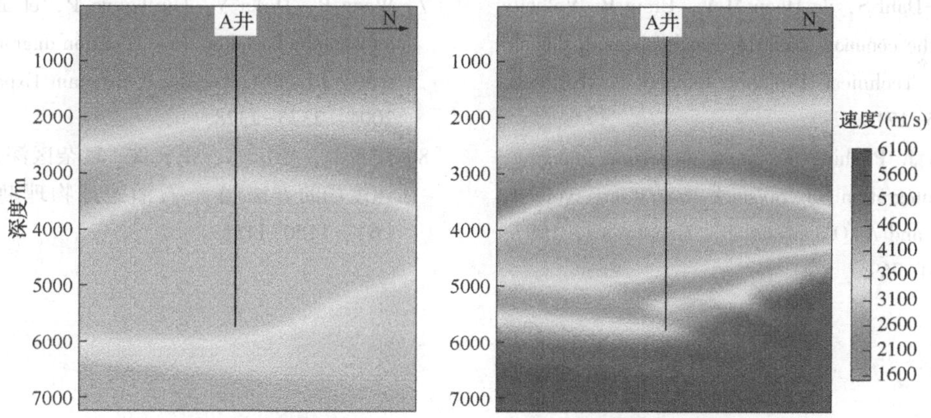

(a)原始地震速度模型　(b)校正后地震速度模型

图 9　校正前后地震速度模型对比图

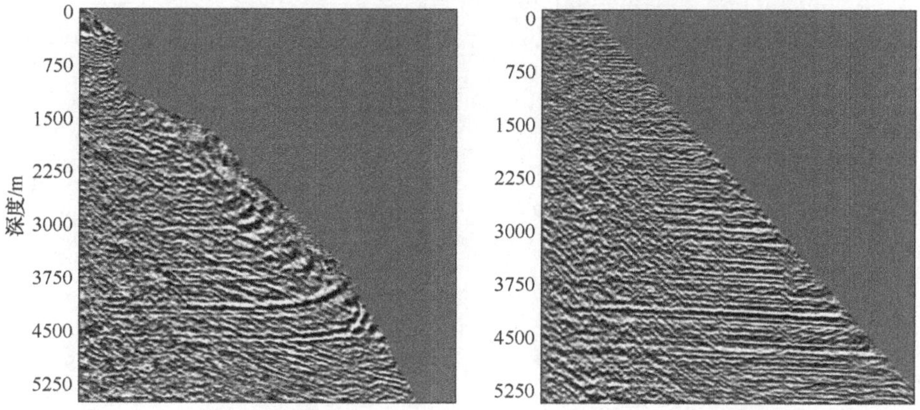

(a)校正前道集不平　(b)校正后道集水平

图 10　共成像点道集校正前后对比图

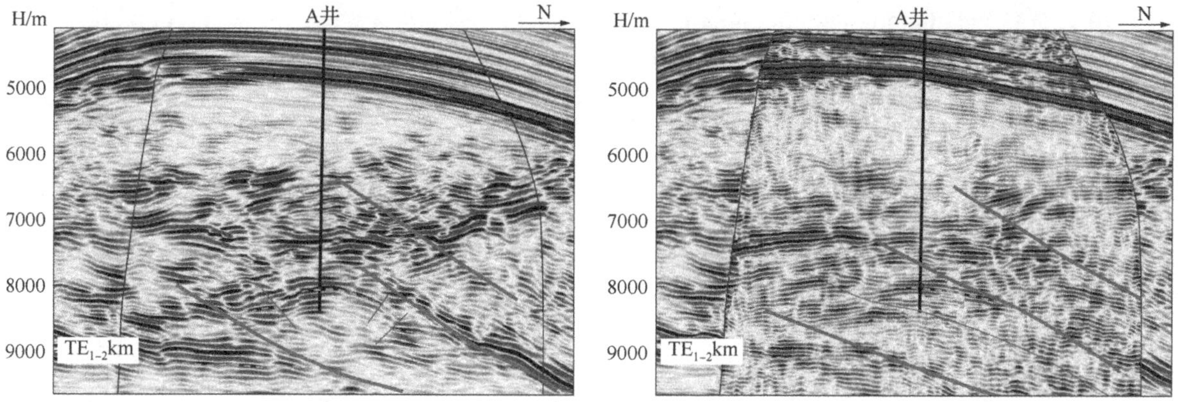

(a)地面地震成像　(b)Walkaway VSP成像

图 11　过 A 井成像效果对比图

参　考　文　献

[1] Deregowski S M. Common-offset migrations and velocity analysis[J]. First break, 1990, 8(1232).

[2] Stork C. Reflection tomography in the postmigrated domain [J]. Geophysics, 1992, 57(5): 680-692.

[3] Bloor R. Building velocity models using tomography[J]. SEG Technical Program Expanded Abstracts, 1998: 195-1198.

[4] Woodward M, Farmer P, Nichols D, et al. Automated 3D tomographic velocity analysis of residualmoveout in prestack depth migrated common image point gathers [J]. SEG Technical Program Expanded Abstracts, 1998: 1218-1221.

[5] Brandsberg-Dahl S, de Hoop M V, Ursin B. Velocity analysis in the common scattering-angle/azimuth domain [J]. SEG Technical Program Expanded Abstracts, 1999: 1715-1718.

[6] Berkhout A J. Pushing the limits of seismic imaging, Part II: Integration of prestack migration, velocity estimation, and AVO analysis[J]. Geophysics, 1997, 62(3): 954-969.

[7] Wang B, Dirks V, Guillaume P, et al. 3D sub-salt tomography based on wave equation migration perturbation scans[J]. SEG Technical Program Expanded Abstracts 2004: 2375-2378.

[8] 侯爱源，李庆忠，张文波. 复杂区深井 VSP 层析求速度场的方法[J]. 石油地球物理勘探，2017，52(6)：1150-1155.

国产电成像在超深碳酸盐岩的现场试验与应用

吴兴能[1~7] 刘 妮[2] 陈 旭[2,6,7] 唐保勇[2] 张鑫磊[8] 黄林林[2] 李清山[2]

[1. 中国石油大学(华东)地球科学与技术学院;
2. 中国石油天然气股份有限公司塔里木油田公司勘探开发研究院;
3. 中国石油天然气集团有限公司超深层复杂油气藏勘探开发技术研发中心;
4. 新疆维吾尔自治区超深层复杂油气藏勘探开发工程研究中心;
5. 新疆超深油气重点实验室; 6. 国家能源碳酸盐岩油气重点实验室;
7. 中国石油天然气集团有限公司碳酸盐岩储层重点实验室; 8. 中国石油塔里木油田分公司工程技术部]

摘 要 随着进口电成像仪器在油田现场应用年限的增长，仪器老化严重，超深领域国产电成像仪器替代进口仪器成为趋势。对比国产电成像仪器 ERMI 及 MCI，在仪器结构与性能、现场试验情况与测井资料品质、资料处理解释与勘探应用成效等方面进行了研究。研究表明在碳酸盐岩地层采集的图像效果整体较好，测井资料质量可靠，图像能够反映地层构造信息及储层孔、洞、缝特征；ERMI 电成像仪器分辨率更高，图像更清晰，在中低电阻率碳酸盐岩地层图像质量更好；MCI 电成像仪器测量电阻率范围更宽，在碳酸盐岩高电阻率地层同样能保持较好的图像响应特征；ERMI 和 MCI 均能进行裂缝参数与孔洞参数定量计算，有效指导储层有效性评价；根据电成像测井资料处理的孔隙度谱能够准确地划分有效储层段，处理的视地层水电阻率谱能够有效区分油水层，进行流体类型判别，应用效果显著。

关键词 国产电成像；碳酸盐岩；ERMI；MCI；电成像视地层水电阻率谱

塔里木超深缝洞型碳酸盐岩储层非均质性强，各向异性明显，储层评价与流体识别困难，而常规测井评价能力较弱，微电阻率成像测井技术在碳酸盐岩储层评价、裂缝定性及定量评价、流体识别、地应力分析等方面发挥了重要作用。目前，塔里木使用的电成像测井仪器主要有斯伦贝谢的 FMI/FMS 及哈里伯顿的 EMI/XRMI，这些仪器现场应用均已达十五年以上。随着勘探开发的深入，新的问题与挑战层出不穷，这对测井装备和技术提出了更高的要求；尤其是在高温高压超深井环境下，随着进口仪器应用年限的增长，仪器老化日益严重，仪器一次下井成功率及资料优等率逐年下降，已严重影响到超深缝洞型碳酸盐岩储层测井解释评价工作，逐步推广国产电成像仪器成为新的趋势。MCI (Micro Conductivity Imaging Logging Tool)是中油测井研制的微电阻率成像测井仪，现场应用已经见到较好的效果；ERMI(Enhanced Resistivity Micro Imager)为中海油服研制的增强型微电阻率扫描电成像测井仪，具有常规和高温高压两种类型，该仪器较少在深层碳酸盐岩地层中应用。

国产 ERMI 和 MCI 电成像仪器与国外成熟的仪器测量原理基本相同，但仪器结构及技术指标存在较大差异。它们是否适应塔里木深层碳酸盐岩地层的资料采集，以及采集的资料是否能够应用已有的电成像分析技术和电成像谱分析定量处理技术，是亟待明确的问题。为此，在塔里木深层碳酸盐岩地层中进行现场试验，通过资料质控与资料品质分析、图像效果分析、精细处理解释对比研究及应用效果分析，明确了仪器的适应性及定量处理效果的差异性，对深层碳酸盐岩国产电成像资料采集有较好的参考作用，为后续的规模化推广应用奠定基础。

1 国产 ERMI 与 MCI 仪器基本性能与情况

ERMI 与 MCI 测井仪器测量原理基本相同，但电极个数及排列方式有较大差异，对井眼的覆盖率有所不同，性能指标对比见表 1。

MCI 由 6 个极板共 144 个钮扣电极构成，分两排排列，纵向分辨率为 5mm，对 8in 井眼覆盖率达 60%(图 1)。ERMI 由 6 个极板共 150 个钮扣电极构成，分三排排列，深度上的采样间隔 0.1in，探测深度 4in，仪器分辨率 0.2in，对 8.5in 井眼覆盖率达 60%(图 1)。

表 1　ERMI 与 MCI 仪器性能指标对比

指标＼类型	ERMI	MCI
井眼大小	5.5~13in	6.3~19.7in
井斜	0~90°	0~90
最大耐温	200℃	155℃
最大耐压	140MPa	100MPa
分辨率	0.2in	0.2in
井壁覆盖率	60%(8.5in)	60%(8in)
极板数目	6	6
电极数目	25	24
测井速度	6m/min	3.75m/min
测量范围	0.2~10000Ω·m	0.2~5000Ω·m

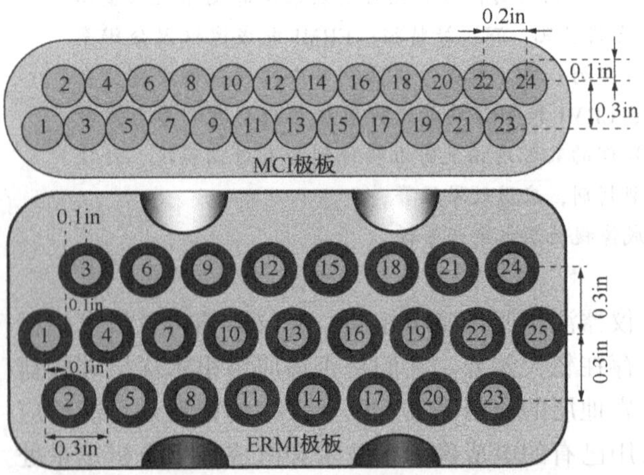

图 1　MCI 与 ERMI 仪器测量极板及电极排列

ERMI 与 MCI 都采用独立推靠，能够保证在井不规则条件下也能良好的贴靠井壁，采集到合格的图像资料。两种仪器钮扣电极数目相当，但 ERMI 钮扣电极分三排排列，极板钮扣结构更为紧凑，适合小井眼电成像测井资料采集；而目前的 MCI 仪器暂不能在小井眼中应用。

2　现场试验情况与资料品质

为了研究 ERMI 与 MCI 在塔里木高温高压超深井环境下仪器的适应性，在跃满 X 井相同的层段采集了 ERMI 和 MCI 资料，通过对资料质控，获得了较高质量的图像效果；通过试验，进一步明确了仪器的电阻率动态测量范围及适应性。

2.1　现场试验情况

跃满井区奥陶系为典型的缝洞型碳酸盐岩储层，在本区选取跃满 X 井进行 EMRI 和 MCI 现场对比试验，具有十分重要的意义。跃满 X 井目的层段采用 6.75in 钻头钻探，井眼稳定、井壁平滑，无严重的井眼垮塌；该井最大井深 7490m，井底温度 151.3℃，压力 71.35MPa，温压条件均在 ERMI 和 MCI 的性能指标范围内。在采集电成像资料前，将裸眼段钻井液替换成总矿化度不超过 10000mg/L 的低矿化度钻井液，使得钻井液电阻率、黏度等参数符合 ERMI 和 MCI 的采集条件。通过现场精细组织和实施，安全、准确地采集到了 ERMI 和 MCI 测井原始资料，为后续资料处理解释、储层评价和地质应用奠定了基础。

2.2　资料品质综合分析

电成像测井资料质控主要有两个方面，即导航数据的质控和对图像数据本身的质控。对方位导航数据，一是检查仪器转速是否满足行业标准，二是通过检查三轴加速度曲线与三轴磁分量曲线是否准确，进一步确保井斜角、方位角、1 号极板方位数据可靠；同时也可以对成像导航测斜数据与常规的测量相互对比，确保测量数值可靠。对图像数据本身的质控，主要是检查图像是否清晰，极板数据死电扣个数是否满足上限要求，图像拉伸变形严重程度，极板图像整体匹配性是否良好，静态图像与常规电阻率曲线是否吻合，图像能否正确反映地层的地质现象等。通过对数据在这两方面的质控，数据基本满足后续处理分析要求。

2.2.1　图像速度校正效果分析

从图像整体处理效果来看，ERMI 图像速度校正效果好，拉伸现象基本得到恢复；而 MCI 图像有多达 14 处出现拉伸现象，拉伸长度累计 3.3m，且难以对其进行恢复。通过进一步深入研究分析，MCI 帧采样时间难以准确反映仪器的运动状态，致使资料速度校正效果较差；为减少拉伸致使图像的畸变次数，MCI 资料采集时应多次试验采取合理的极板压力，以获得更好的图像资料(图 2)。

2.2.2　电阻率适应范围分析

从仪器的性能指标对比可知，ERMI 与 MCI 仪器分辨率都是 0.2in，但 ERMI 电阻率测量范围更广，电阻率上限达 10000Ω·m，MCI 仪 5000Ω·m。但是从实际资料对比分析，ERMI 分辨率更高，处理的图像更清晰，而 MCI 对电阻率测量范围更宽。

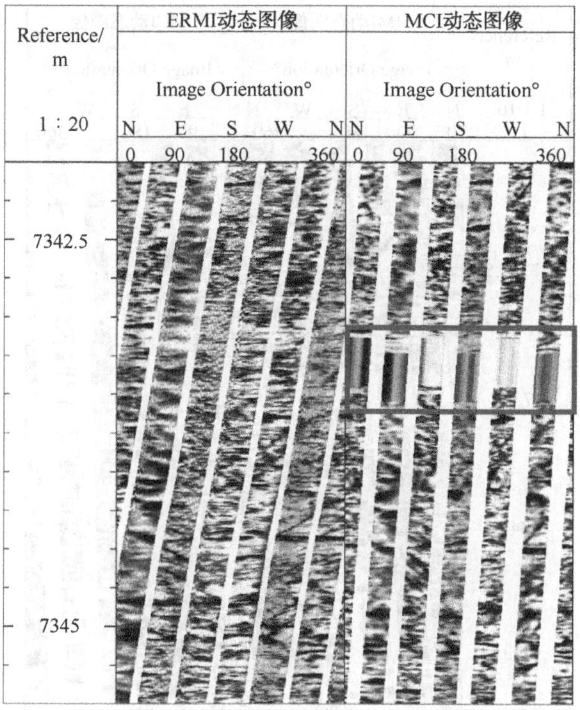

图 2　ERMI 与 MCI 图像速度校正效果对比

在高电阻率地层段（大于 2000Ω·m），ERMI 图像呈高阻亮色背景，图像比较模糊，看不出任何地质现象及内部结构，张力曲线表明并非是由于仪器运动不正常造成的；而 MCI 图像效果虽然清晰度不足，但仍然可见小的溶蚀孔洞发育，基本上能够反映地质特征。可见，MCI 对碳酸盐岩高阻地层测量效果较好。

在低电阻率地层段（小于 500Ω·m），ERMI 图像分辨率更高，图像效果明显优于 MCI，反映的地层层理边界清晰；而 MCI 图像分辨率稍差，图像较模糊，局部有些层理未能反映。可见，ERMI 仪器分辨率更高，图像更清晰（图 3）。

2.2.3　井壁孔洞缝测井响应分析

碳酸盐岩储层次生溶蚀孔洞缝发育，由于泥浆的侵入，电阻率往往整体降低。此时，ERMI 及 MCI 均能获得较为清晰的图像。从局部精细对比来看，在溶蚀裂缝发育处，ERMI 测量裂缝宽度较 MCI 的裂缝宽度小，可见其分辨程度应该更高；但 ERMI 由于电阻率测量范围较窄，在井壁电阻率相对较高的方位上，ERMI 有四个极板响应较为模糊，整体仍不如 MCI 清晰。在溶蚀孔洞发育井段，ERMI 与 MCI 均能清晰反映溶蚀孔洞特征，但 MCI 图像更清晰，孔洞边界及内部结构清楚，亮色斑块清晰可见；ERMI 受电阻率的影响，整体图像效果不如 MCI（图 4）。

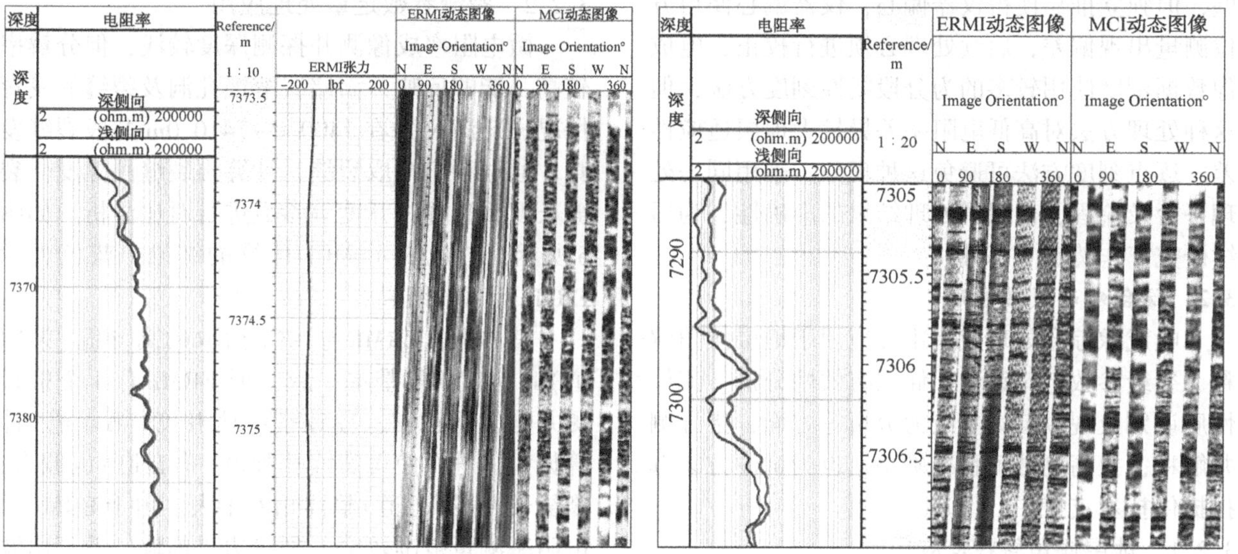

图 3　ERMI 与 MCI 在碳酸盐岩高电阻率与低电阻率地层中的对比

3　资料处理解释与勘探应用效果

跃满 X 井奥陶系为浅海台地相碳酸盐岩沉积，岩性整体以石灰岩为主，有低电阻率的泥灰岩、含泥灰岩段，也有高电阻率的纯石灰岩；储集空间主要以次生溶蚀孔洞及裂缝为主。采用相同的处理技术及平台对 ERMI 和 MCI 资料进行了综合处理，确保处理成果的准确性及资料的可对比性。

3.1　资料处理解释

对 ERMI 和 MCI 资料处理，目前尚无统一平台。本次研究为了开展图像的精细对比及定量处理分析，在同一测井软件平台上建立两种资料的处理方法和技术流程。处理方法对图像速度校

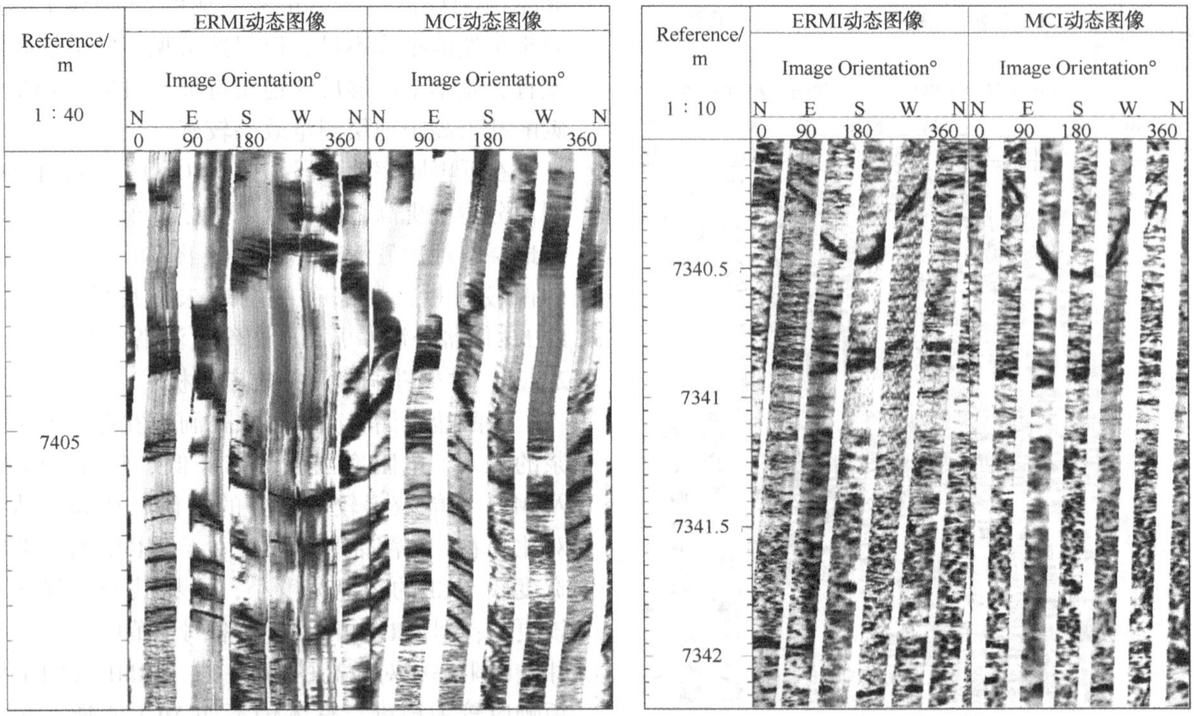

图 4　ERMI 与 MCI 图像裂缝与孔洞测井响应对比

正、仪器偏心校正及数据定量刻度做了优化。图像速度校正使用了帧采样时间及 Z 轴加速度曲线进行校正；独立推靠臂使得极板更好地贴靠井壁，但独立推靠使得仪器偏心，仪器偏心使得方位测量出现偏差，后续处理必须进行校正；电成像数据刻度使用较多的为分段线性刻度方法，但这种处理方法对高低电阻率差异较大地层适应性差，逐点刻度方法可避免这种现象。采用同一处理平台及流程，确保了处理结果的准确性，为后续研究工作奠定了基础。

3.2　综合处理成果应用

电成像综合处理成果主要应用于地层倾角解释、裂缝参数定量评价、储层有效性分析、流体性质识别及现今最大主应力分析等方面，指导测井解释，提高测井解释准确率，也为试油方案选择提供技术支持。

3.2.1　地层倾角解释及应用

该井区奥陶系吐木休克组是区域上重要的对比标志层，岩性以泥灰岩、泥质灰岩及灰质泥岩为主，地层产状稳定，为低角度层理。从地层倾角处理成果可见(图 5)，处理的倾角基本在 0~5°之间(第四道)，倾向也基本一致；处理的蝌蚪基本重合，统计的方位频率图倾向吻合度较好(第五道)。该井吐木休克组为低幅度背斜构造，地层向北东倾斜，蝌蚪图与方位频率图均显示该深度段内地层倾向为北东向，与该井的实际构造状况完全吻合；可见，ERMI 及 MCI 资料地层倾角处理成果整体满足地质应用要求。

3.2.2　裂缝参数定量处理应用

微电阻率成像测井探测深度较浅，但分辨率较高，能够反映井筒储层溶蚀孔洞及裂缝的发育情况。跃满 X 井在 7400.0~7410.0m 井段裂缝发育，通过手工拾取裂缝，计算出裂缝孔隙度、裂缝长度、裂缝张开度等参数进行对比分析。如图 6 所示，红色表示 MCI 计算的结果，蓝色表示 ERMI 计算的结果。

整体上，ERMI 与 MCI 拾取的高导缝(第四道)倾向和倾角基本一致，但 ERMI 有 4 个极板测井响应不正常，导致裂缝张开度(第六道)计算偏大，进而使得裂缝孔隙度(第五道)也偏大；裂缝长度(第七道)整体相差不大。由于 ERMI 对电阻率测量范围较窄，裂缝边界模糊，看不出波峰(波谷)状的正弦线，因此整体上 MCI 计算的裂缝参数更为准确。

但由于分辨率及图像对较小目标测量的放大效应，计算的参数必须经过区域岩心资料刻度后才能准确地反映真实地层参数。

3.2.3　电成像谱分析处理成果应用

利用电成像孔隙度谱评价储层有效性，视地层水电阻率谱可以判别储层流体性质，该技术在

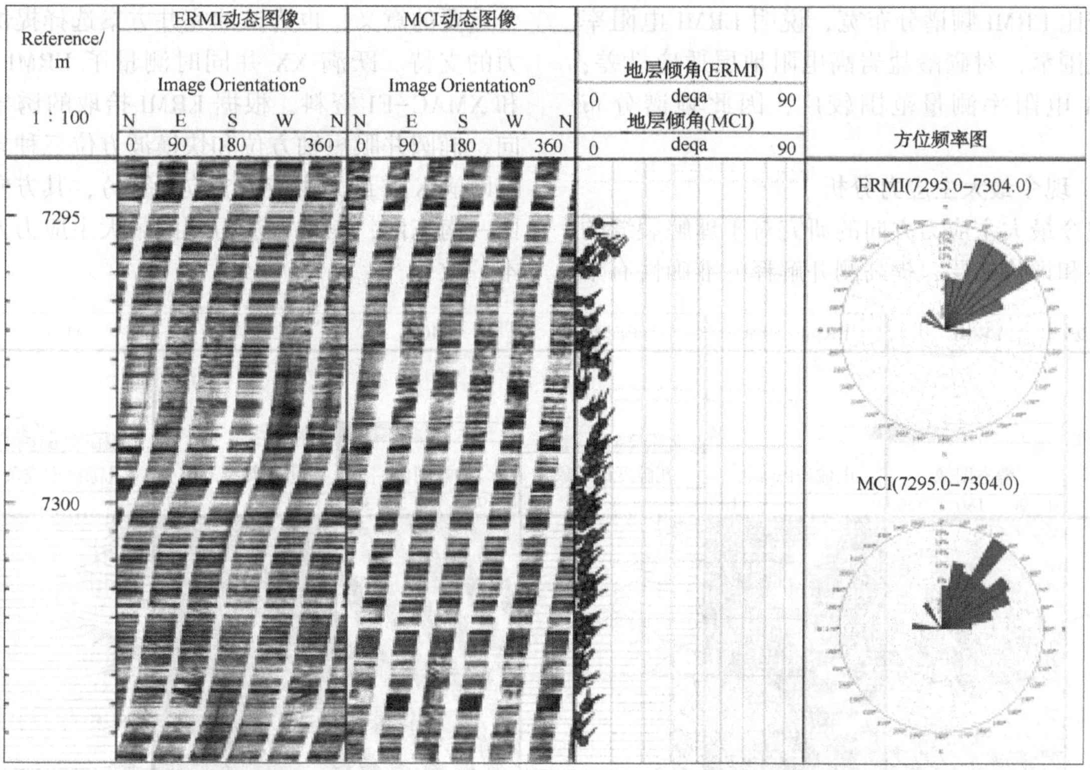

图 5　ERMI 与 MCI 地层倾角处理成果图

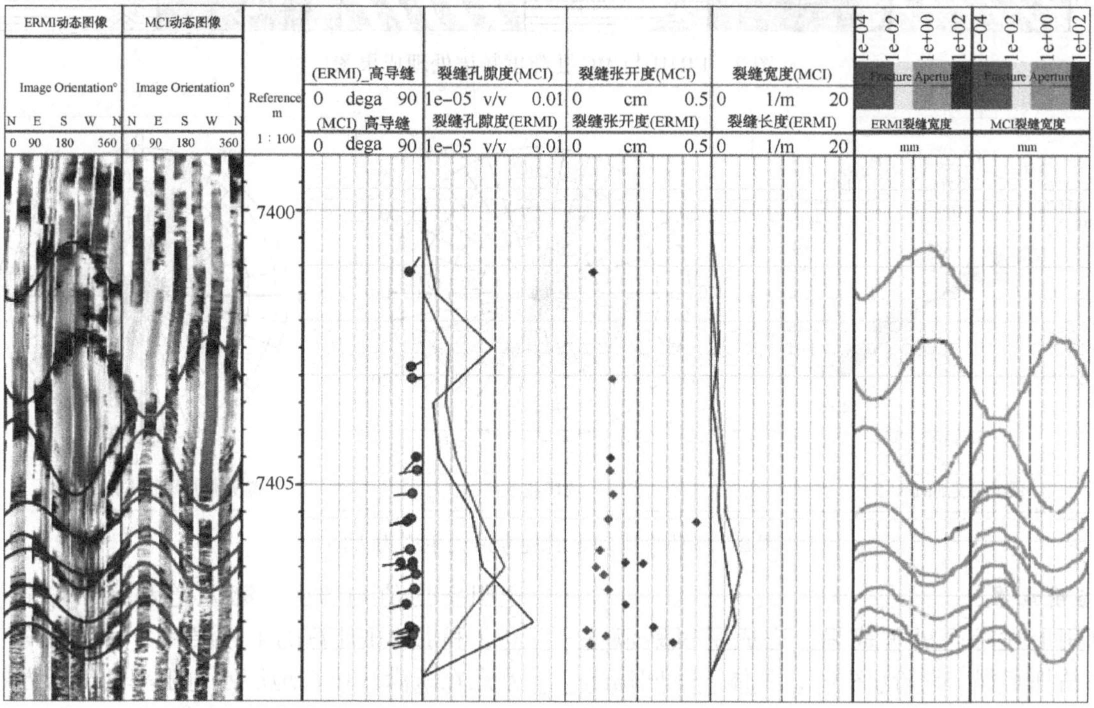

图 6　ERMI 与 MCI 裂缝参数处理成果图

塔里木深层碳酸盐岩储层评价及流体性质识别方面已取得了良好应用效果。

如图 7 所示，孔隙度谱(第四道和第七道)能够反映地层中孔隙度的分布，能清楚的划分有效储层段。由于 ERMI 对电阻率适应范围较窄，处理的孔隙度谱相对集中，谱峰较窄；MCI 对电阻率适应范围较广，处理的孔隙度谱较宽且拖尾现象明显。

整体上 ERMI 和 MCI 视地层水电阻率谱(第三道和第六道)反映的油气层测井响应特征一致，Rwa 谱偏离基线且拖尾现象明显，呈油气层响应特征，可以用于流体性质判别。MCI 处理的

Rwa 谱比 ERMI 频谱分布宽，说明 ERMI 电阻率测量范围窄，对碳酸盐岩高电阻地层适应性差；而 MCI 电阻率测量范围较广，因此频谱分布较宽。

3.2.4　现今最大主应力分析

现今最大主应力方向的研究对于理解裂缝的有效性和评价储层，提高测井解释的准确性有十分重要的意义，也为试油完井方案选择提供了有力的支持。跃满 XX 井同时测量了 ERMI、MCI 和 XMAC-F1 资料，根据 ERMI 拾取的诱导缝走向、椭圆井眼短轴方位和快横波方位三种方法确定跃满 X 井最大主应力方向(图 8)，其方向为北西—南东向，三种方法得到的最大主应力方向基本一致。

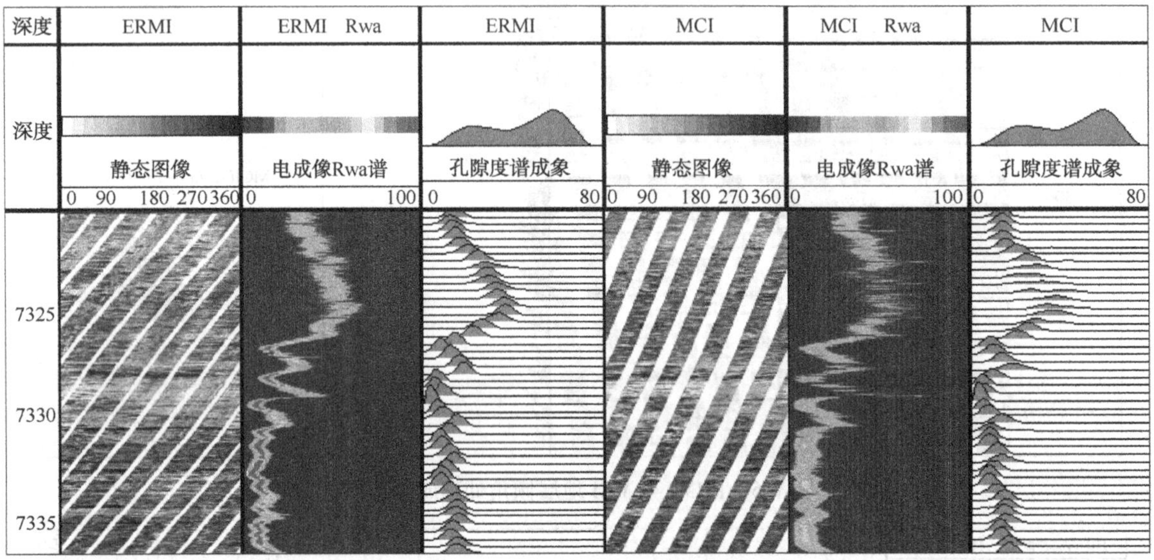

图 7　ERMI 与 MC 孔隙度频谱处理成果图

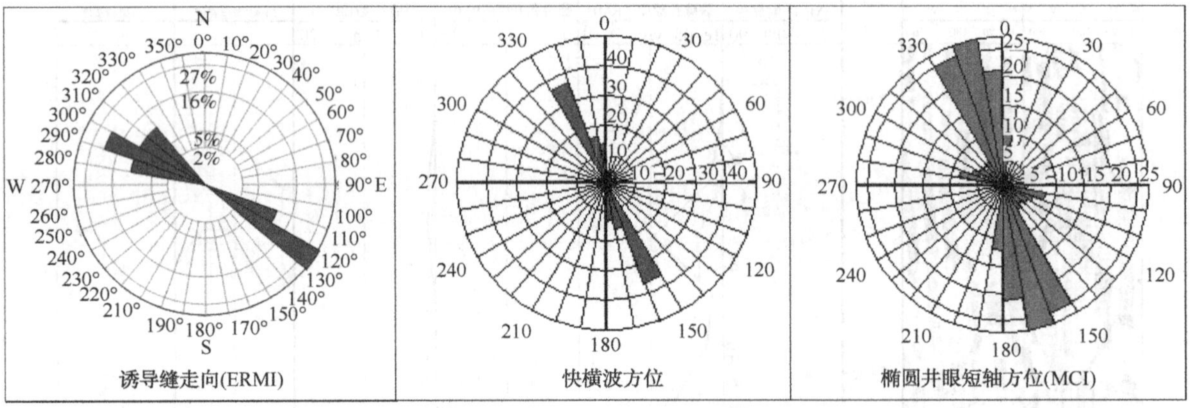

图 8　三种方法确定的现今最大主应力方向

3.3　应用效果

利用上述综合处理成果，完成了对跃满 X 井测井精细解释与评价(图 9)；整体上一间房组物性较好，利用常规资料计算储层孔隙度分布在 1.8%～3.9%之间，电成像孔隙度谱(第八道和第十一道)反映储层有效性好，综合评价为Ⅱ类储层。电成像视地层水电阻率谱(第七道和第十道)偏离基线且拖尾现象明显，呈油气层响应特征。

在此基础上，提取孔隙度谱参数，即地层水电阻率均值与方差(第九道和第十二道)，将 MCI 和 ERMI 计算的 1 号层和 2 号层的均值与方差点在跃满区块视地层水电阻率均值与方差交会图版上(图 10)，识别流体性质。图中，绿色代表 MCI 计算的结果，黄色代表 ERMI 计算的结果。MCI 计算的地层水均值与方差均比 ERMI 大，这与 MCI 电阻率测量范围广，Rwa 谱分布较宽有关，但两种仪器计算的均值与方差均落在区域图版上的油气区，综合判断流体性质为差油层(图 7)；综合解释Ⅱ类差油层 2 层共 24.5m。

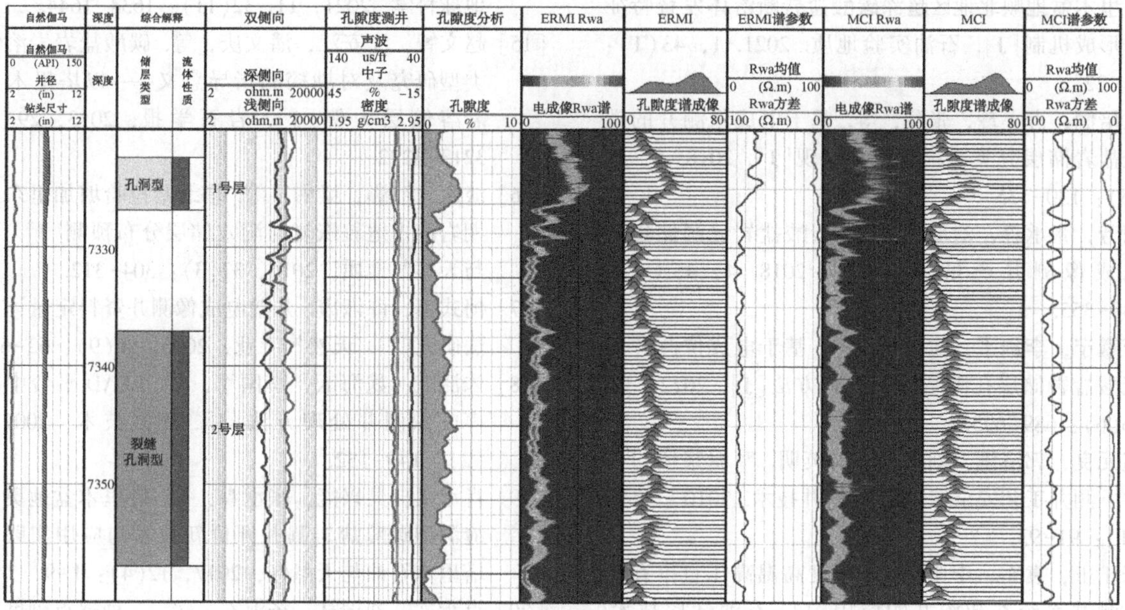

图 9 ERMI 与 MC 孔隙度频谱处理成果图

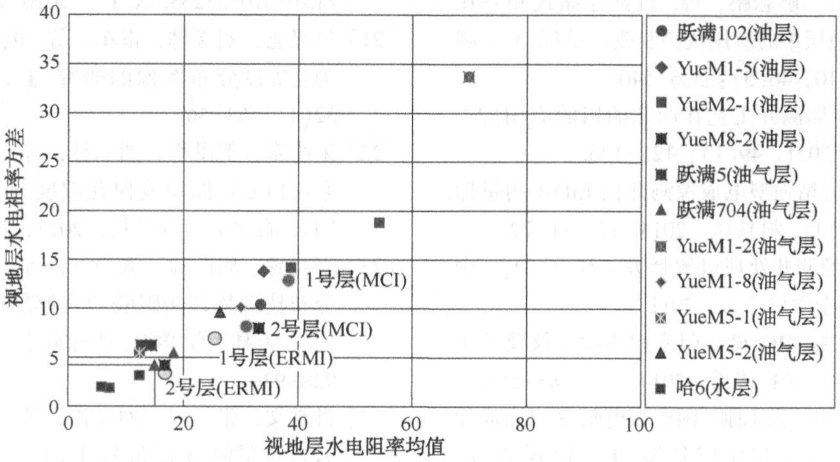

图 10 ERMI 与 MCI 视地层水电阻率谱参数流体判别图版

该井现今最大主应力方向与裂缝走向一致，有利于储层酸压改造。本井在 7273.51～7370m 进行酸压测试，日产油 $150m^3$，日产气 $1.7\times10^4m^3$，测试结论为油层，与测井评价认识相符合。

4 结论与认识

通过研究，基本明确了国产微电阻率成像仪器 ERMI 及 MCI 的特点及适应性，对今后深层碳酸盐岩测井资料采集有较强的指导与参考作用，也为国产微电阻率成像仪器的推广与规模化应用奠定基础。

(1) 现场试验结果表明，在碳酸盐岩中低电阻率地层，ERMI 与 MCI 图像效果均良好，能够反映碳酸盐岩储层孔、洞、缝等典型地质特征，资料满足科研生产。

(2) 实际资料研究表明，ERMI 仪器分辨率更高，图像清晰度更好；而 MCI 电阻率测量范围更广，MCI 在碳酸盐岩高电阻率地层测量效果相对更好。

(3) ERMI 和 MCI 均能进行裂缝参数定量计算，计算结果可以定量评价裂缝发育情况；处理的孔隙度谱能够清晰划分有效储层段、视地层水电阻率谱可以区分油气水层，用于流体性质判别。

参 考 文 献

[1] 孙崇浩，朱光有，郑多明，等. 塔里木盆地哈拉哈塘地区超深碳酸盐岩缝洞型储集层特征与控制因素[J]. 矿物岩石地球化学通报. 2016，35(5)：1028-1036.

[2] 塔里木盆地顺北地区超深碳酸盐岩断溶体发育特征与形成机制[J]. 石油实验地质. 2021. 1, 43(1): 14-22.

[3] 吴培侗，肖小玲，张翔，等. 基于电成像测井的碳酸盐岩储层分类系统设计与实现[J]. 2018. 5, 40(5): 130-135

[4] 谢芳，张承森，刘瑞林，等. 碳酸盐岩缝洞储集层电成像测井产量预测[J]. 2018. 4, 45(2): 349-355.

[5] 李曦宁，李剑平，沈金松，等. 基于电成像测井的碳酸盐岩储层孔隙结构识别新方法[J]. 2022, 12. 46(6): 689-695.

[6] 赵元良，郭清滨，刘长新，吴英明. 窄泥浆窗口条件下测井工艺安全探讨[J]. 测井技术. 2010, 2. 34(1): 91-93.

[7] 张正玉，袁军，李阳兵. 高强度高温高压直推存储式测井系统在超深井的应用[J]. 石油钻探技术. 2022, 9. 50(5): 117-124.

[8] 蔡万春，倪小威，郇志鹏，等. 直推存储式测井在富满油田超深地层中的应用优势及改进措施[J]. 测井技术. 2022. 10, 46(5): 536-540.

[9] 张钰. 直推式存储测井工艺在西北油田的应用[J]. 石油钻探技术. 2021, 49(1): 121-126.

[10] 王荣，廖胜军. 增强型电成像测井仪 ERMI 测量探头设计与应用[J]. 科技风, 2014. 11: 71-72.

[11] 赖富强. 电成像测井处理机解释方法研究[D]. 中国石油大学博士学位论文, 2011.

[12] 田博宁，马世杰. MCI 微电阻率扫描测井仪及其实践应用探讨[J]. 科技传播, 2014. 15: 183+169.

[13] 于增辉，刘耀伟，张志刚. 国产微电阻率扫描成像测井仪 ERMI 开发与应用效果[J]. 海洋石油, 2012, 32(2): 75-81.

[14] 韩永科，张志遥，陈玮岩，等. 塔里木盆地跃满地区超深油藏成藏地质条件与演化过程[J]. 天然气地球科学. 2021, 11. 32(11): 1634-1644.

[15] 赵文智，沈安江，潘文庆，等. 碳酸盐岩岩溶储层类型研究及对勘探的指导意义——以塔里木盆地岩溶储层为例[J]. 岩石学报, 2013, 29(9): 3213-3222.

[16] 淡永，邹灏，梁彬，等. 塔北哈拉哈塘加里东期多期岩溶古地貌恢复与洞穴储层分布预测[J]. 石油与天然气地质, 2016, 37(3): 304-312.

[17] 柯式镇，许淑霞. 井壁电成像测井资料定量评价方法研究[J]. 天然气工业, 2006, 26(9): 62-64.

[18] 朱涵斌，魏海云，李国军，等. LEAD 平台中的电声成像测井处理方法[J]. 测井技术, 2007, 31(2): 149-152.

[19] 肖承文，吴兴能，张承森，等. 塔里木盆地奥陶系缝洞型碳酸盐岩测井评价新技术与应用实践[J]. 塔里木石油与天然气, 2017, 12(4): 1-9.

[20] 肖承文，刘瑞林，杨海军，等. 一种逐点刻度电成像资料计算视地层水电阻率谱及参数的方法: ZL201010522233. X[P]. 2010-10-22.

[21] 吴兴能，刘瑞林，雷军，等. 电成像测井资料变换为孔隙度分布图像的研究[J]. 测井技术, 2008, 32(1): 53-56.

[22] 朱小露，贺洪举，刘瑞林，等. 川中地区震旦系灯影组白云岩储层成像孔隙度分布谱响应特征研究[J]. 石油天然气学报, 2013, 35(4): 83-88.

[23] 李晓辉，周彦球，缑艳红，等. 电成像测井孔隙度分布技术及其在碳酸盐岩储层产能预测中的应用[J]. 吉林大学学报(地球科学版), 2012, 42(4): 928-934.

[24] 肖承文，张承森，刘世伟，等. 塔中寒武系深层白云岩储层测井评价技术[J]. 天然气地球科学, 2015, 26(7): 1323-1333.

[25] 陈海祥，刘瑞林. 成像测井资料视地层水电阻率计算方法研究[J]. 内蒙古石油化工, 2008, 6: 122.

库车超深超高压裂缝性致密砂岩录井解释评价技术与应用

郑鹏飞[1,2]　胡　伟[1,2,3,4]　韩　闯[1,3,4]　陈　慧[1,2,3,4]　买　振[1,2,3,4]　王国瓦[1,2,3,4]

（1. 中国石油塔里木油田公司；2. 新疆超深油气重点实验室；
3. 中国石油天然气集团有限公司超深层复杂油气藏勘探开发技术研发中心；
4. 新疆维吾尔自治区超深层复杂油气藏勘探开发工程研究中心）

摘　要　库车坳陷超深超高压裂缝性砂岩储层在录井评价中存在岩性识别缺乏有效手段、录井评价方法单一、气水共存时水识别困难等难点。由此，塔里木油田加强针对库车超深超高压裂缝性致密砂岩录井解释评价技术的系统化攻关，在加强常规录井解释评价技术研究的基础上，逐步建立了 XRD 矿物分析岩性识别方法、Fisher 准则气测评价方法等录井技术，与现用方法相比有较大提升，评价应用效果显著。

关键词　录井技术；XRD 录井；岩性识别；气测图版；Fisher 准则

1　存在问题

随着库车坳陷勘探领域的不断扩大，尤其是克深—大北区块白垩系巴什基奇克（K_1bs）深层复杂地质条件下受工程影响，钻井取心极少或者因井径不规则而造成测井资料失真，从而给油气水层的判断及解释评价工作带来很大困难。在超深复杂的钻井条件下，气测录井的准确性受多种因素影响，油气显示的准确识别存在一定的难度，环境校正缺乏理论依据和实验室模拟手段；在高成本的压力下，录井技术单一，录井综合解释评价手段和能力不足，目前主要依靠气测录井。具体表现在：致密性砂岩油藏水的识别困难。库车地区白垩系目的层钻井过程中，气测录井主要表现特征为气测组分 C1 含量>95%，气测组分不全，个别井甚至没有 C3，气测解释过程中，以比值法为基础的大量派生参数失效，录井解释符合率不能满足勘探需求。

2　库车超深超高压裂缝性致密砂岩录井解释评价技术

针对库车克深—大北区块录井解释评价难点及生产需求，重点开展了应用 XRD 矿物录井技术识别岩性、多因素录井解释方法及建立判别标准等研究工作。

2.1　运用 XRD 技术建立库车克深、大北区块 K1bs 岩性识别方法

XRD 衍射岩性识别技术是目前国内较为先进的技术，该技术直接测定出岩石中的各种矿物组成（黏土含量、石英、钾长石、斜石、方解石、白云石、黄铁矿等），并通过软件计算出各种矿物的相对含量，是岩性识别从定性化到定量化的技术革新。

2.1.1　XRD 射线衍射基本原理

X 射线与物质的相互作用有几种情形，其中之一是被物质中原子的壳层电子相干弹性散射。当固态物质的结构为晶体时，从周期性排列的物质原子相干散射出的 X 射线会在某些特定的方向上相干增强，而在其他方向上相干减弱或湮灭。当一定波长的入射束照射到处于相邻晶面的原子上，晶面间距为 d，在与入射角相等的反射方向上产生其散射线（图 1）。当光程差等于波长的整数倍时，光线就可以出现干涉加强，即发生了衍射。相干增强发生，满足布拉格定律特定的晶面取向上。其布拉格定律为：

$$2d\cdot\sin\theta=n\lambda \tag{1}$$

式中，d 为晶面间距；λ 为射线的波长；θ 为入射线和反射线之间的夹角；n 为衍射级数。

X 射线衍射分析包括对物质反射 X 射线的角度和强度的测量。每一个晶体结构有一套固定

可能的反射，在 X 射线束中这些反射发生在适当的晶体取向上。通过测量样品在一固定角度范围内所有可能的反射，可以确定晶格结构或其结构性质。

2.1.2　克深、大北 XRD 矿物分析情况

对克深-大北区块岩屑、岩心样品分析石英、硬石膏、白云石、蒙脱石、伊利石、重晶石、斜长石、方解石等八种主要矿物成分。依据各矿物相对百分含量进行岩性识别。

以克深 5X 井为例，岩心砂、泥岩矿物含量频率直方图中(图 2、图 3)分析，我们可以得到克深岩心砂岩、泥岩的矿物相对含量与矿物比值判别标准(表 1、表 2)。

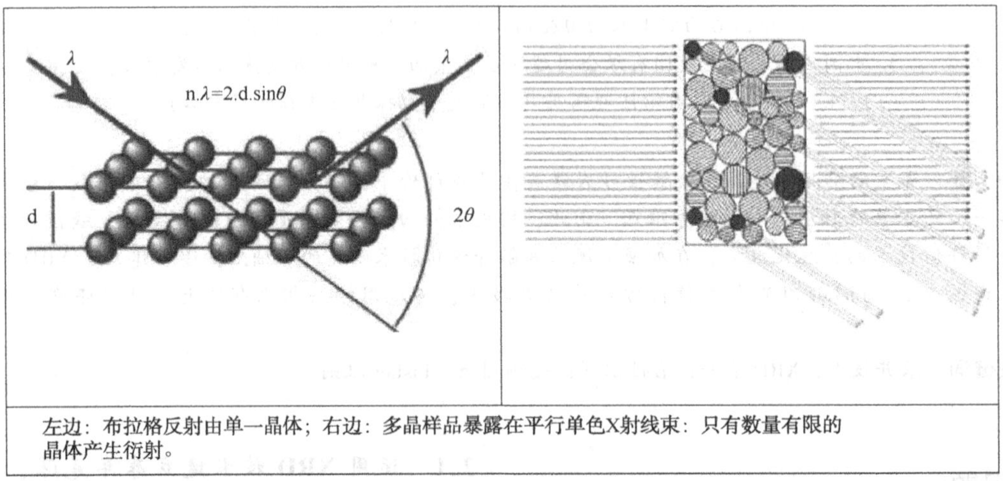

图 1　布拉格定律示意图

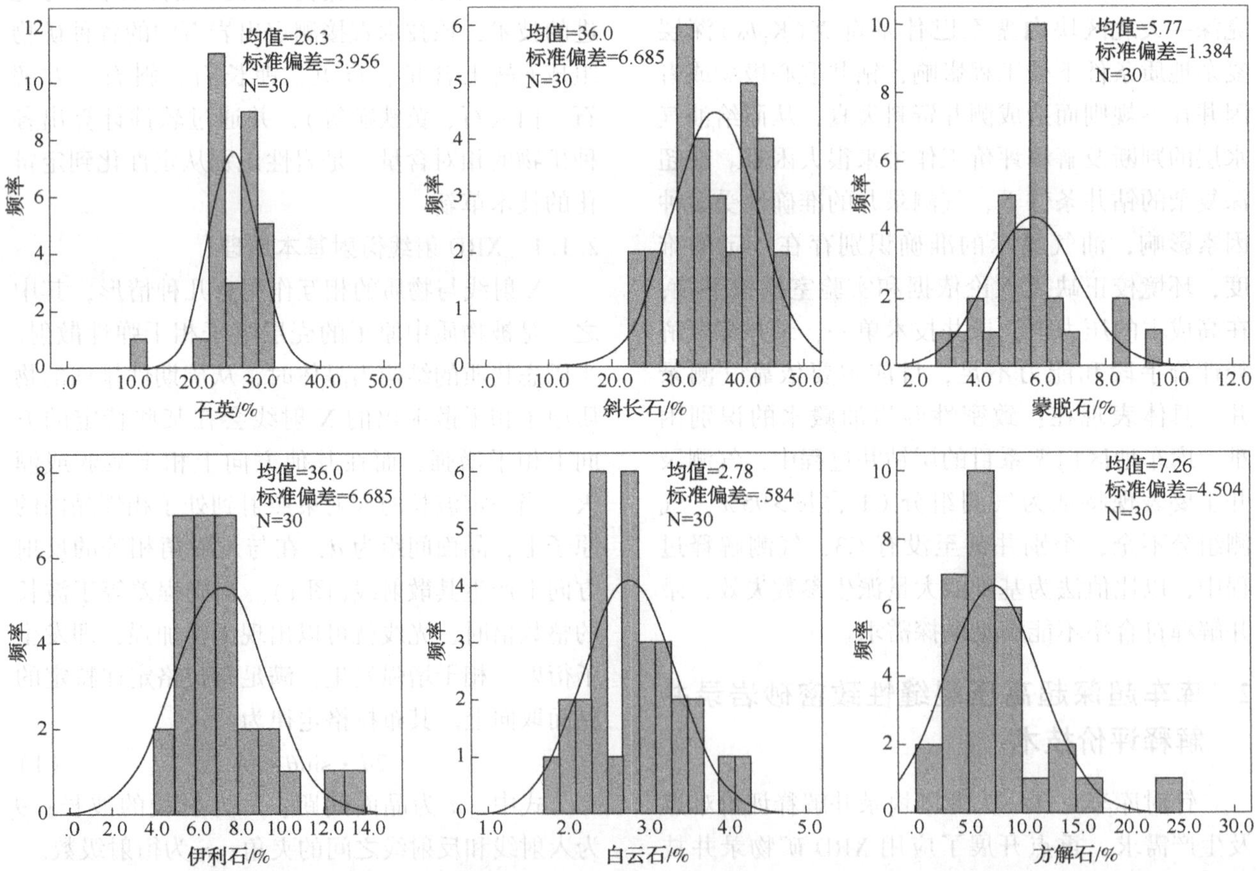

图 2　克深 5XX 井砂岩岩心矿物含量频率直方图

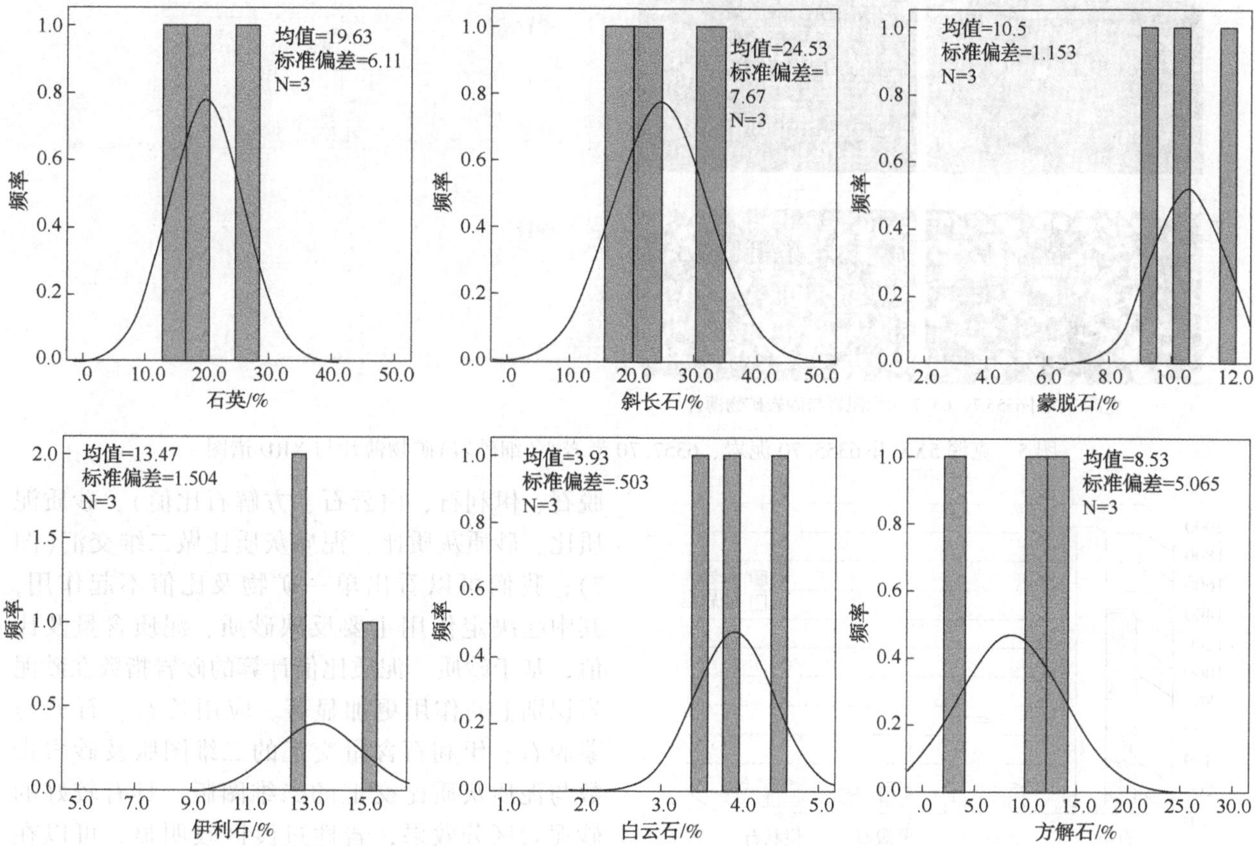

图3　克深5XX井泥岩岩心矿物含量频率直方图

表1　克深5XX井岩心矿物含量砂泥岩判别标准

碎屑岩类型	矿物含量/%					
	石英	长石	蒙脱石	伊利石	白云石	方解石
纯砂岩(中、细、粉砂岩)	>22.0	>30	<7.0	<10.0	<3.2	与砂泥关系不显著
过渡岩	22.0~20.0	30~25	7.0~9	10.0~12.5	3.2~3.5	
纯泥岩	<20.0	<25	>9	>12.5	>3.5	

表2　克深5XX井岩心矿物比值砂泥岩判别标准

碎屑岩类型	矿物含量/%						
	石英/蒙脱石	长石/蒙脱石	石英/伊利石	长石/伊利石	石英/白云石	长石/白云石	XRD砂岩指数
纯砂岩	>3.6	>3.8	>3.0	>3.6	>8.8	>9.5	>61
过渡岩	3.6~2.8	3.8~2.8	3.0~1.5	3.6~2.8	8.8~7.7	9.5~8.1	61~55
纯泥岩	<2.8	<2.8	<1.5	<2.8	<7.7	<8.1	<55

备注：XRD砂岩指数为(石英+长石)/(石英+长石+蒙脱石+伊利石+白云石+方解石)。

2.1.3　XRD岩性定名方法

通过对克深-大北区块岩屑、岩心样品XRD矿物录井进行分析实验和数据归纳，总结出XRD岩性定名方法有下列两种：图谱法、矿物比值交汇法等。

2.1.3.1　图谱法

一般情况下，石英、长石代表砂质含量，蒙脱石、伊利石反映泥质含量，白云石、方解石反映灰质含量。通过克深5井区岩屑样品XRD分析谱图(图5)，肉眼观察XRD谱图中石英、长石、蒙脱石、伊利石、白云石、方解石等矿物的相对含量，可快速、大致判断识别岩性(图6)。

2.1.3.2　*矿物及矿物比值交汇法*

选择最能代表砂质含量的石英、长石含量与泥质含量的蒙脱石、伊利石含量做二维交汇，或者使用砂岩指数(石英、长石与石英、长石、蒙

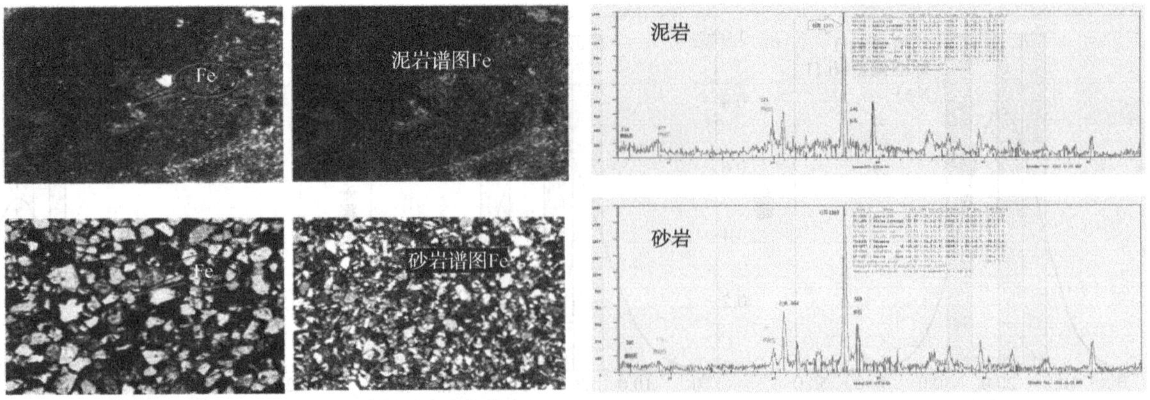

克深5XX井6355.7、6357.70米泥岩与砂岩矿物薄片

图 5　克深 5XX 井 6355.70 泥岩、6357.70 米岩心(细砂岩)矿物薄片与 XRD 谱图

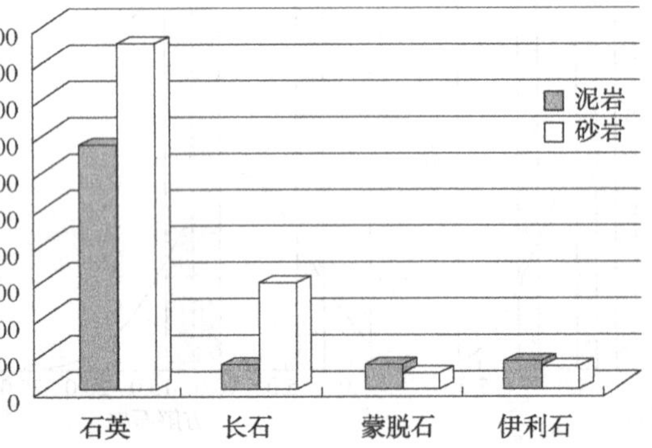

图 6　克深 5XX 井 6355.70 泥岩、6357.70 米岩心(细砂岩)XRD 矿物含量

脱石、伊利石、白云石、方解石比值)、砂质泥质比、砂质灰质比、泥质灰质比做二维交汇(图 7);我们可以看出单一矿物及比值不起作用,其中起决定作用主要反映砂质、泥质含量及比值,基于砂质、泥质比值计算的砂岩指数在砂泥岩识别上的作用更加显著。应用长石、石英与蒙脱石、伊利石含量交汇的二维图版及砂岩指数与泥质灰质比交汇的二维图版,具有较好的砂泥岩区分效果,岩性过渡区较明显,可以在克深、大北区块推广使用。岩性识别标准见表 3、表 4。

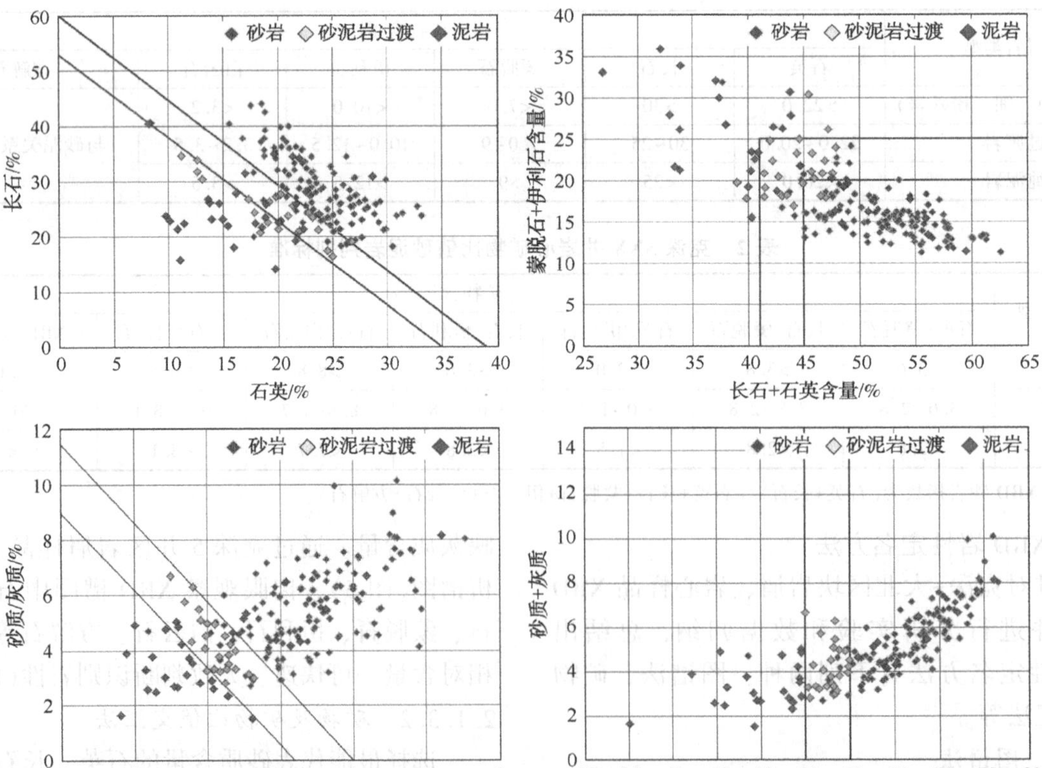

图 7　克深–大北区块矿物含量二维图版

表 3　克深–大北区块 XRD 分析岩性识别标准

碎屑岩类型	矿物含量/%	
	长石+石英	蒙脱石+伊利石
砂岩	>45.0	<20.0
砂泥过渡岩性	45.0~41.0	20.0~25.0
泥岩	<41.0	或>25.0

表 4　克深–大北区块 XRD 分析岩性识别标准

碎屑岩类型	砂岩指数
砂岩	>61.0
砂泥过渡岩性	61~55.0
泥岩	<55.0

2.1.3.3　克深 XRD 矿物岩性解释符合率统计

经过分析研究，岩心与岩屑、不同井矿物含量及比值的砂泥标准略有差异。我们分别按各井标准解释岩屑 XRD 岩性剖面，并自动提取解释剖面每段砂层、泥岩层 XRD 分析的矿物相对含量值，依此建立克深–大北区块岩屑 XRD 岩性判别标准，样本回判砂岩 91.5%，泥岩 88.0%，过渡岩性 89.3%，录井岩性 XRD 解释符合率 98.5%。

2.2　多因素录井解释方法

2.2.1　现用气测解释方法分析

克深—大北区块现用录井解释方法主要基于气测录井的派生参数建立的解释图版。其应用机理为：相同或相近的地球化学环境生油母岩会产生具有相似成分的烃类。同一地区同样性质的油气层，产生的油气显示的烃类组分相似，如果通过对已经证实的油气层的流体样品进行色谱分析，找出不同性质油气烃类组分的规律，就可利用这些规律来判识显示层的性质。常用派生参数名称、意义及计算公式如下：

（1）湿度比：指重烃占组分的百分比，不同层位、不同储层的油层湿度比存在差别。

$$湿度比=100\times(C2+C3+nC4+iC4+nC5+iC5)/(C1+C2+C3+nC4+iC4+nC5+iC5)。\quad (2)$$

（2）烃斜率：指 $C2/C3$ 的比值，该值从大向小的变化反映地层烃类物质是由轻到重的变化。

$$烃斜率=C2/C3 \quad (3)$$

（3）同分异构比：亦称同源系数，是用来对比油气，追踪油气源岩的一个指标，高的异构体含量值是地层含水的一个反应侧面。同分异构比 $=nC4/iC4$。

（4）三角指数：指三角图版价值区的数字化，三角正负、大小能反映出地层含油气类型和油质轻重。

$$三角=100\times(1-5\times(C2+C3+nC4)/(C1+C2+C3+nC4+iC4+nC5+iC5)) \quad (4)$$

（5）轻重比：该参数能因储层流体性质的不同，反应出不同的区间范围。

$$轻重比=C1/(C2+C3+nC4+iC4+nC5+iC5) \quad (5)$$

对目前克深–大北区块现用的气测图版进行落点分析，气层与水层的落点混杂，气水识别效果差(图 8)。

2.2.2　敏感参数挖掘

为解决传统气测解释图版气水层识别率差的问题，对克深–大北区块 30 余口试气井 63 层录井及试气数据进行统计分析，运用方差分析法，依据统计概率 P 值进行显著性分析，如果 $0.01<P<0.05$，则为差异显著；如果 $P<0.01$，则差异极显著。筛选出对气水识别的录井敏感参数共 15 个，差异极显著的主要包括气测烃相系数 Uh（气测显示厚度与储层厚度的比值）、烃特征（CH）、烃组分递减系数、相对钻时（R）及 $\ln B/Fjb$ 等（表 5）。差异显著的主要包括湿度比（WH）、全烃影响系数（B）等。

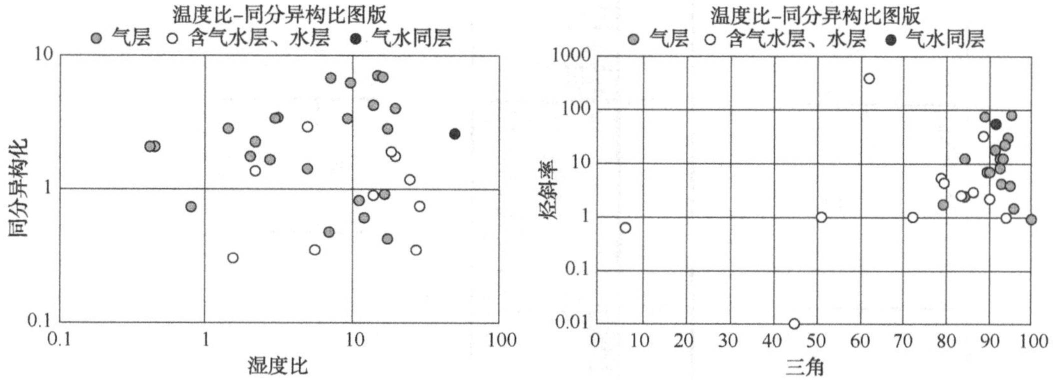

图 8　克深–大北区块气测解释图版

表 5　克深区块录井参数方差分析统计表

统计项目 / 录井参数	组均值（价值层）	组均值（非价值层）	总均值	自由度（$a-1$）	自由度（$b-a$）	V（总方差）	Vb（组间方差）	Vw（组内方差）	F 值	F_α（0.05）	F_α（0.01）	概率值 P
全烃	14.64	6.38	12.81	1	61	12666	742	11923	3.80	4.00	7.07	0.06
WH	7.32	13.50	8.69	1	61	5386	415	4970	5.10	4.00	7.07	0.03
BH	379.05	61.23	308.42	1	61	2.2×10^7	0.1×10^7	2.1×10^7	3.13	4.00	7.07	0.08
CH	0.59	2.68	1.05	1	61	365.59	47.86	317.74	9.19	4.00	7.07	0.00
WH-BH 差值	371.74	59.46	302.35	1	61	2.2×10^7	0.1×10^7	2.1×10^7	3.00	4.00	7.07	0.09
烃斜率-C2/C3	22.01	2.68	17.71	1	61	6.1×10^5	4067	6.1×10^5	0.41	4.00	7.07	0.53
三角指数	99.64	99.47	99.61	1	61	11.93	0.31	11.62	1.65	4.00	7.07	0.20
轻重比	76.36	27.44	65.49	1	61	9.3×10^5	0.2×10^5	9.1×10^5	1.75	4.00	7.07	0.19
lnB/fjb	10.83	7.71	10.14	1	61	299.75	105.55	194.20	33.16	4.00	7.07	0.00
lnC1/lnC2	-0.25	0.22	-0.14	1	61	737.16	2.43	734.73	0.20	4.00	7.07	0.65
Uh	0.90	0.74	0.86	1	61	1.47	0.28	1.19	14.23	4.00	7.07	0.00
烃组分递减系数(K)	-1.95	-1.17	-1.78	1	61	43.38	6.54	36.85	10.82	4.00	7.07	0.00
全烃影响系数(B)	26.92	0.84	21.12	1	61	1.1×10^5	7409	1.0×10^5	4.11	4.00	7.07	0.05
峰基比(Fjb)	24.56	4.36	20.07	1	61	2.9×10^5	4441	2.8×10^5	0.94	4.00	7.07	0.34
相对钻时(R)	1.88	1.30	1.75	1	61	25.43	3.68	21.75	10.32	4.00	7.07	0.00

2.2.3　融合多参数，创建气水层评价新图版

通过前述分析，在现用图版效果欠佳的情况下，利用挖掘的录井敏感参数，创建适应克深—大北区块的多因素录井解释方法和图版。

2.2.3.1　气测形态法

气测形态解释方法是在收集试油证实的油(气)层、油(气)水同层、水层气测显示特征资料的基础上，运用数据挖掘技术筛选特征参数，融合现场经验，将反映物性的钻时资料与反映含油性的气测资料以“量值、形态、组分”进行组合，创建新的评价参数，从而建立气测形态评价图版，进行解释评价。

筛选的特征参数包括：烃相系数、烃峰系数、用以表征烃组分分布形态指数方程的 B 系数与 K 指数。

(1) 烃相系数(Uh)

指气测显示层厚度与储层厚度的比值，其值大小反映储层中油气的充满程度(图 9)。计算公式：

$$Uh = Hq/Ht \tag{6}$$

其中：Ht 为气测异常显示段所属的低钻时段储层厚度，以半幅点为界，单位为 m；Hq 为气测异常显示厚度，以半幅点为界，单位为 m。

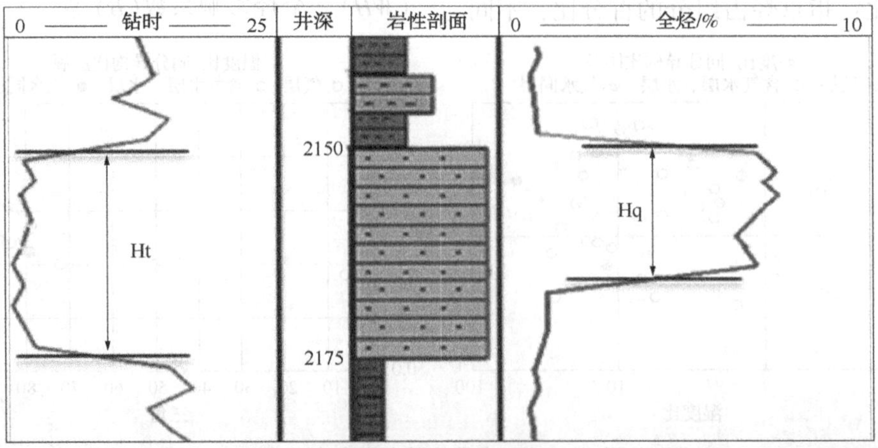

图 9　烃相系数示意图

(2) 烃峰系数(Nc)

烃组分出峰情况，一定程度上反映了地层的含油(气)性。为描述烃组分的出峰情况，引入了烃峰系数。其确定方法权重平均法，计算公式：

$$Nc = Ni/7 \tag{7}$$

其中：Nc 为烃峰系数；Ni 为显示层组分出峰个数。

(3) B 系数与 K 指数

由于烃组分的变化随 $C1$ 至 $C5$ 呈递减趋势，可用指数函数进行拟合，得到表征烃组分分布形态的函数方程：$Y = B \times e^{-Kx}$。利用气测组分值散点图拟合出指数趋势线就可确定 B 系数及 K 指数(图 10)。利用创建的新评价参数，建立形态法评价参数公式如下：

$$Xt = Uh \times Nc \times Ln(1 + B \times (1 - 1/Fjb) \times Ropmax/Roppj)/K \tag{8}$$

其中：Xt 为形态法评价参数；$Ropmax$ 为围岩钻时最大值，单位为 min/m；$Roppj$ 为储层钻时平均值，单位为 min/m；Fjb 为气测全烃峰基比；Uh 为烃相系数；Nc 为烃峰系数；K 为烃组分递减率；B 为气测全烃影响系数，与含油(气)丰度正相关。

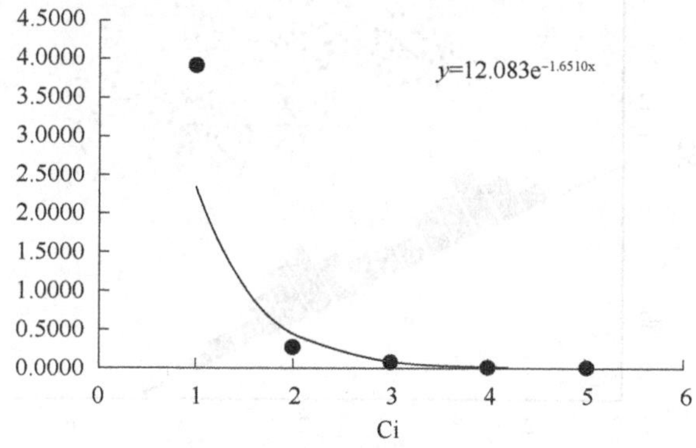

图 10　烃组分散点图

收集克深—大北区块试气段气测资料作为样本点，按照上述方法求取烃相系数(Uh)、形态法评价参数(Xt)，进行交会图版分析(图 11)，划分不同流体性质区间，据此建立油气解释评价标准(表 6)。

所建图版效果较好，回判符合率分别为：克深区块 56/63 = 88.8%，大北区块 25/30 = 83.3%。

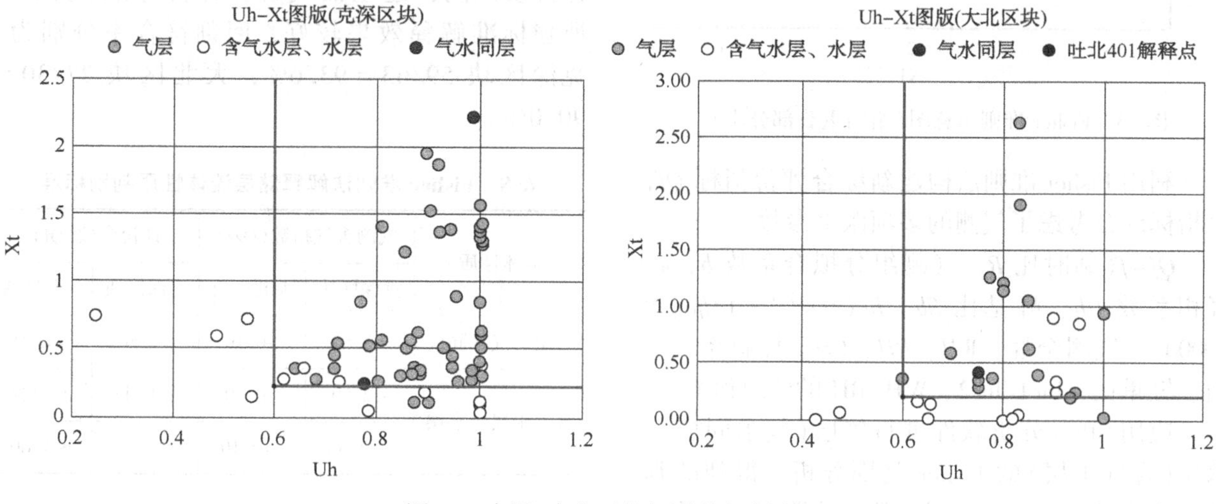

图 11　克深-大北区块气测形态法图版

表 6　气测形态法解释图版储层流体性质判别标准

流体性质	烃相系数(Uh)	形态法评价参数(Xt)	
		克深区块	大北区块
气层、气水同层	>0.60	>0.22	>0.20
含气水层、水层	<0.60	不限制	不限制
	≥0.60	≤0.22	≤0.20

2.2.3.2　Fisher 准则法

Fisher 线性判别参数是研究判别函数中最有影响的方法之一，其原理：以两个指标 $x1$、$x2$ 为例，用单一指标 $x1$ 或 $x2$ 不能很好地分辨 A、B 两组(图 12)，但通过原点做适当方向的直线，则可实现有效区分的目的(图 13)。指标 y 即为 $x1$、$x2$ 的综合指标，计算公式：

$$y = c1 * x1 + c2 * x2 + 常数\ C \tag{9}$$

式中，$c1$、$c2$ 分别为变量 $x1$、$x2$ 的系数。

Fisher 准则：要求两组重叠部分尽可能的小，即要求 y 的值在两组之间的差异要尽可能是的大，而在各组内差异要尽可能的小。

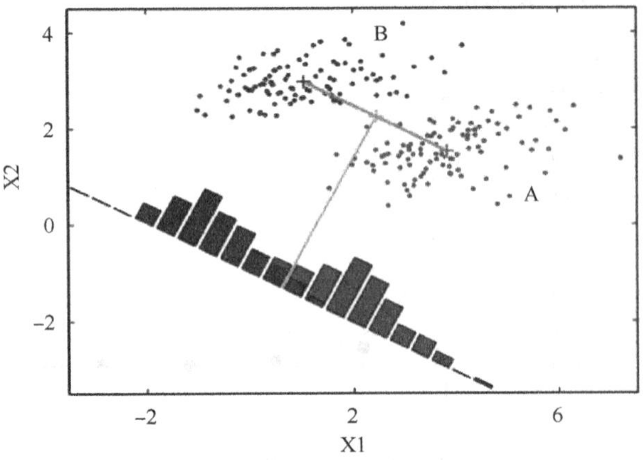

图12　Fisher准则示意图（组间重叠部分大）

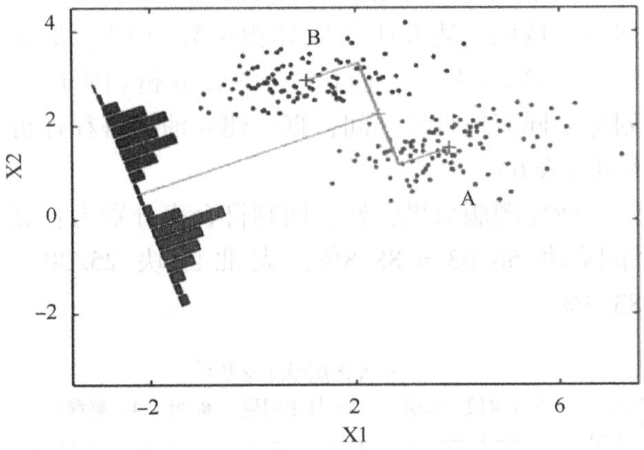

图13　Fisher准则示意图（组间重叠部分小）

利用Fisher准则法构建新综合评价指标 Qf，该指标综合考虑了气测的多项派生参数。

$Qf=f$（钻时比 R、气测组分拟合系数 b、k、烃相系数 Uh、峰基比 fjb、$\ln(b\times(1-1/fjb)\times 10000)$、气测全烃、$WH$、$BH$、$CH$、烃斜率、三角、轻重比、lnc1/lnc2、WH-BH的绝对值）。

应用SPSS分析软件进行气层（气水同层）、水层（含气水层）的Fisher判别分析，得到的判别方程式系数，建立判别函数，计算可得评价指标 Qf。

$$Qf=c1*x1+c2*x2+c3*x3+\cdots+cn*xn+\text{常数}\ C \qquad (10)$$

（1）Uh—Qf 图版

克深区块共收集试气样本点63个，其中气层47个，气水同层2个，含气水层6个，水层8个。大北区块共收集试气样本点30个，其中气层16个，含水气层1个，气水同层1个，含气水层12个。

按照上述方法计算烃相系数（Uh）、Fisher综合指标Qf，进行交会图版分析，划分不同流体性质区间，据此建立油气解释评价标准（表7）。

表7　Fisher准则法解释储层流体性质判别标准

流体性质	烃相系数（Uh）	评价参数（Qf）	
		克深区块	大北区块
气层、气水同层	>0.60	>3.50	>4.00
含气水层、水层	<0.60	不限制	不限制
	≥0.60	≤3.50	≤4.00

所建图版效果较好，回判符合率分别为：克深区块59/63=93.6%，大北区块28/30=93.3%。

（2）Qzs—Qf 图版

气测含气指数（Qzs）是对形态法评价指标Xt的扩展，综合考虑了气测显示厚度（Hq）对储层含气性评价的作用。计算公式为：$Qzs=Hq*Xt$。再与Fisher综合指标 Qf 结合划分不同流体性质区间，建立油气解释评价标准（表8）。所建标准解释效果较好，回判符合率分别为：克深区块59/63=93.6%，大北区块27/30=90.0%。

表8　Fisher准则法解释储层流体性质判别标准

流体性质	气测含气指数（Qzs）		评价参数（Qf）	
	克深区块	大北区块	克深区块	大北区块
气层、气水同层	>2.50	>0.10	>3.50	>4.00
含气水层、水层	<2.50	<0.10	不限制	不限制
	≥2.50	≥0.10	≤3.50	≤4.00

（3）$Uh*TG_{平均}/TG_{最大}*100$—Qf 图版

气测全烃曲线形态能够直接反映气测的好坏，在其它条件一致的情况下，箱状反映烃类充满程度高，尖峰状、三角形状则相对较弱（图14~图16）。通过统计分析，考虑采用气测异常段全烃平均值与最大值之比来描述这种变化，与烃相系数相乘构建新指标，即 $Uh*TG_{平均}/TG_{最大}*100$。再与Fisher综合指标 Qf 交会建立二维评价图版（图17），并划分不同流体性质区间，建立油气解释评价标准（表9）。

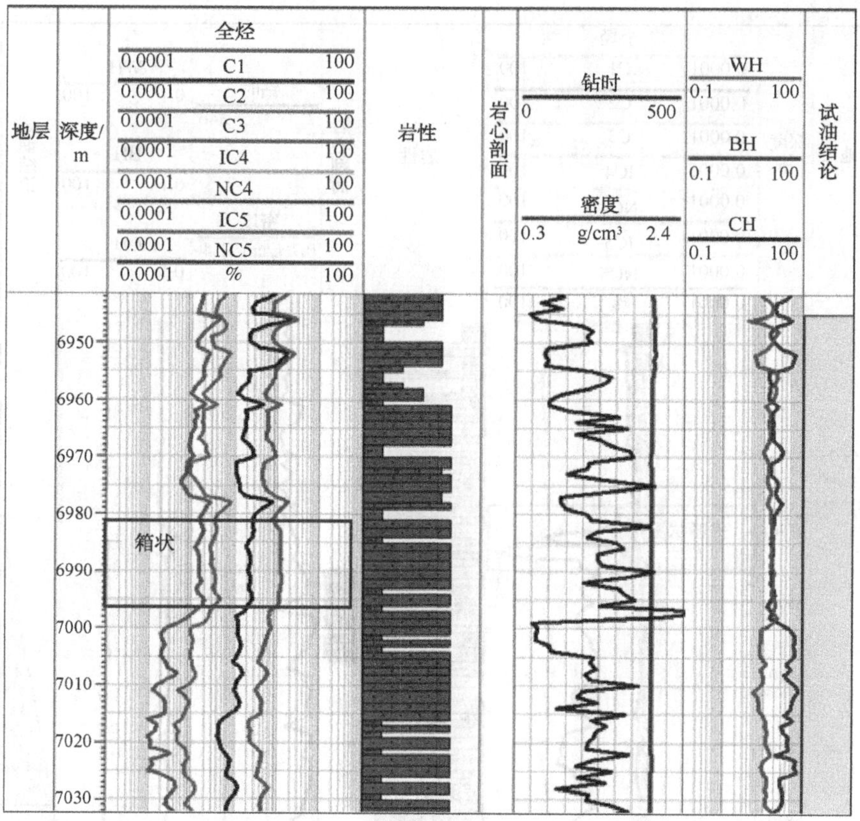

图 14　克深 1XX 井录井图

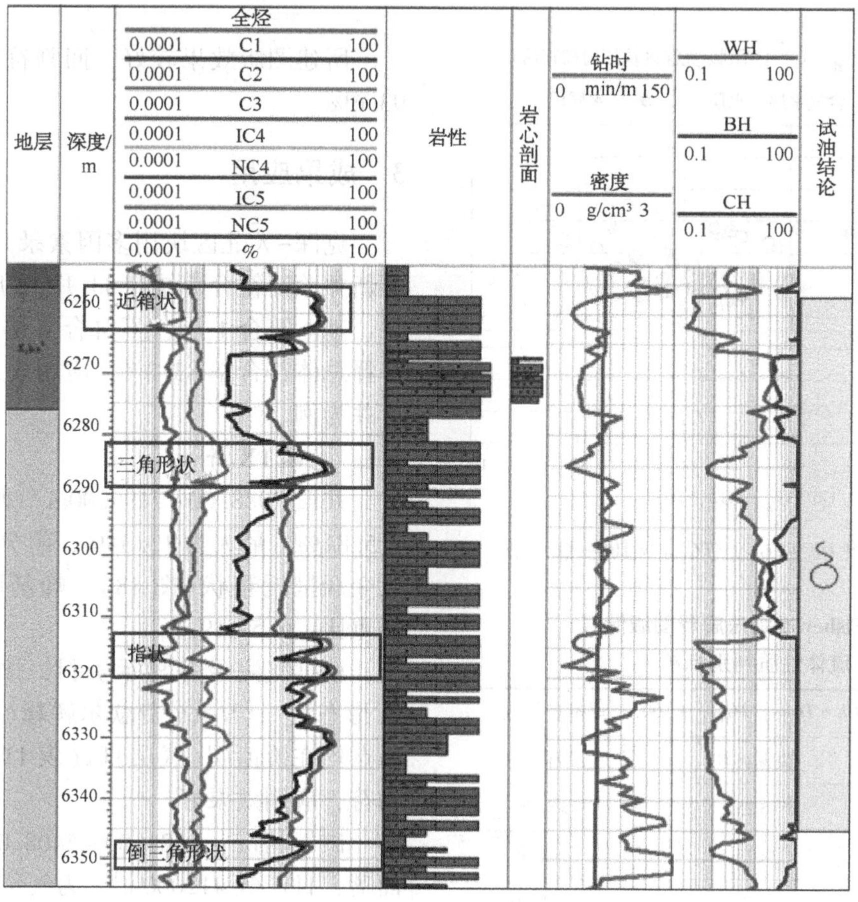

图 15　克深 1X 井录井图

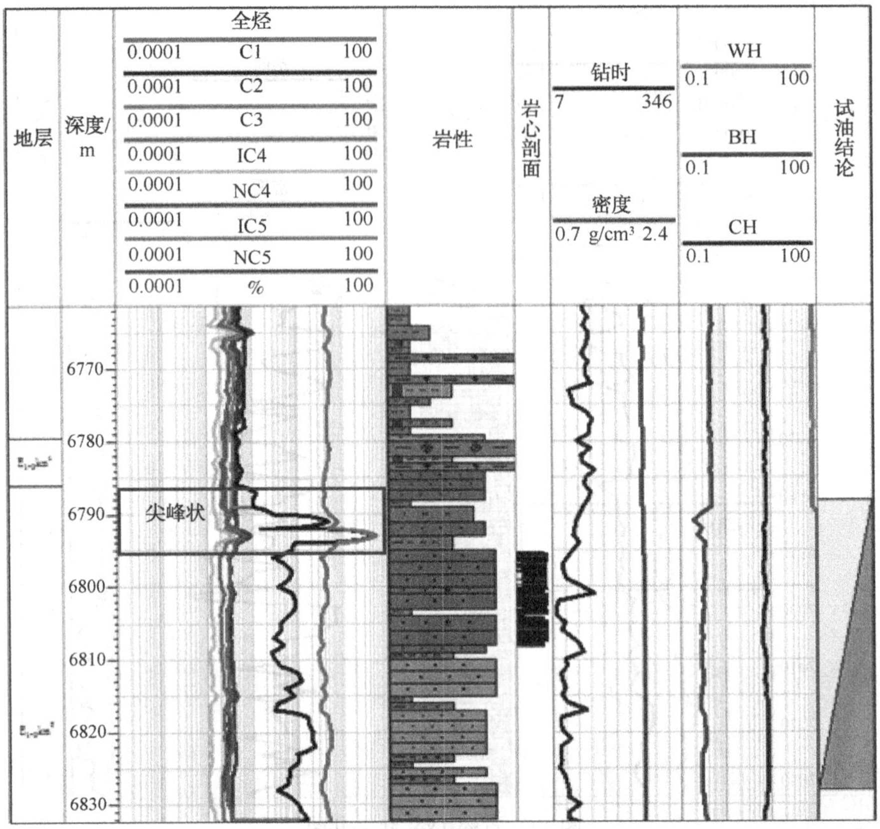

图 16　克深 2XX 井录井图

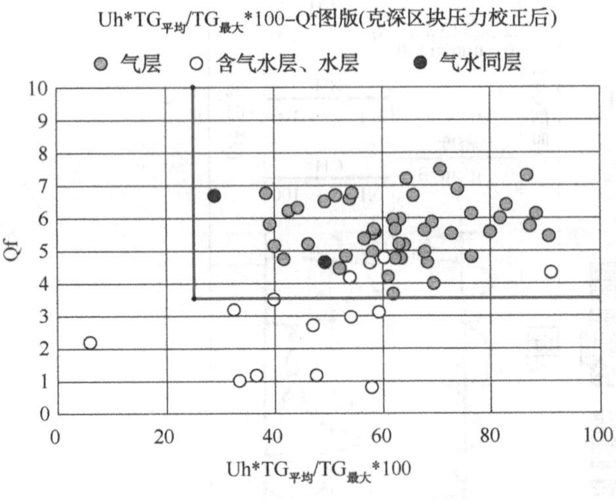

图 17　克深区块 $Uh*TG_{平均}/TG_{最大}*100$—Qf 图版

表 9　Fisher 准则法解释图版储层流体性质判别标准

流体性质	$Uh*TG_{平均}/TG_{最大}*100$	评价参数(Qf)
	克深区块	克深区块
气层、气水同层	>25	>3.50
含气水层、水层	<25	不限制
	≥25	≤3.50

所建图版效果较好，回判符合率为 59/63 = 93.6%。

3　成果应用

克深-大北区块用多因素录井解释方法解释的新井验证符合率统计 11 井 12 层，完全符合 9 层、基本符合 1 层，不符合 2 层(表 10)；新井解释总体符合率 83.3%，应用效果好。以其中 2 口井为例。

3.1　克深 1X 井

井段 7088.00~7199.00m 气测：全烃 0.48% ↑5.81%，最大为 13.34%，组分出至 C4。异常段全烃呈近箱状(图 18)。峰基比：5.5~12.1；轻重比：6.5~19.9；

根据气测录井显示资料，按创新图版 *UH-Xt* 形态法、*UH-Qf* 费歇尔解释(图 19、图 20)，落点均在价值层(气层)区(表 11)，与试气结果相符，应用效果好。

试气情况：5328.00~5408.00m 酸化，6mm 油嘴，日产气 412000m³，为气层。

表 10　新井应用图版符合率统计

序号	井号	解释井段/m	*UH-QF* 费歇尔图版	*UH-XT* 形态法图版	试油井段	日产油、气	试油结论	符合情况
1	克深 10XX	6465~6538	气层	气层	6472.5~6535	日产气 19.4 万方	凝析气层	符合
2	克深 1X	7092~7110	气层	气层	7100~7115	日产气 41.2 万方	气层	符合
3	大北 1X	6318~6387	气层	气层	6320~6372	累产油 12.7 万方；日产气 23.28 万方	凝析气层	符合
4	大北 1XX	5412~5525	气层	气层	5412~5525	日产气 9.52 万方	凝析气层	符合
5	大北 12XX	5524~5634	差气层、气层	差气层、气层	5524~5620	油 5.76 方；日产气 3.17 万方	凝析气层	符合
6	大北 12XX	5524~5634	差气层、气层	差气层、气层	5470~5800	日产气 15.4 万方	气层	符合
7	ZQ X	6050~6160	油气同层	油气同层	6073.00~6182.00	油 17.7m^3；日产气 32 万方	油气同层	符合
8	博孜 X	7828~7840	气层	气层	7677—7760.5	油 167m^3；日产气 71 万方	凝析气层	符合
9	克深 11XX	6557~6567	气层	气层	6564~6575	日产气 10.85 万方	气层	符合
10	ZQ1XX	6262~6292	油气同层	油气同层	6270.50~6290.50	日产气 7.05 万方；折地层水 57.6 方	气水同层	不符合
11	克深 2X	7057~7058	干层差气层	干层	7056~7079	折气 0.55 万方，水 14 方	含气水层	基本符合
12	大北 XX	4073~4170	气层	气层	4069~4330	见气；水 266 方	含气水层	不符合

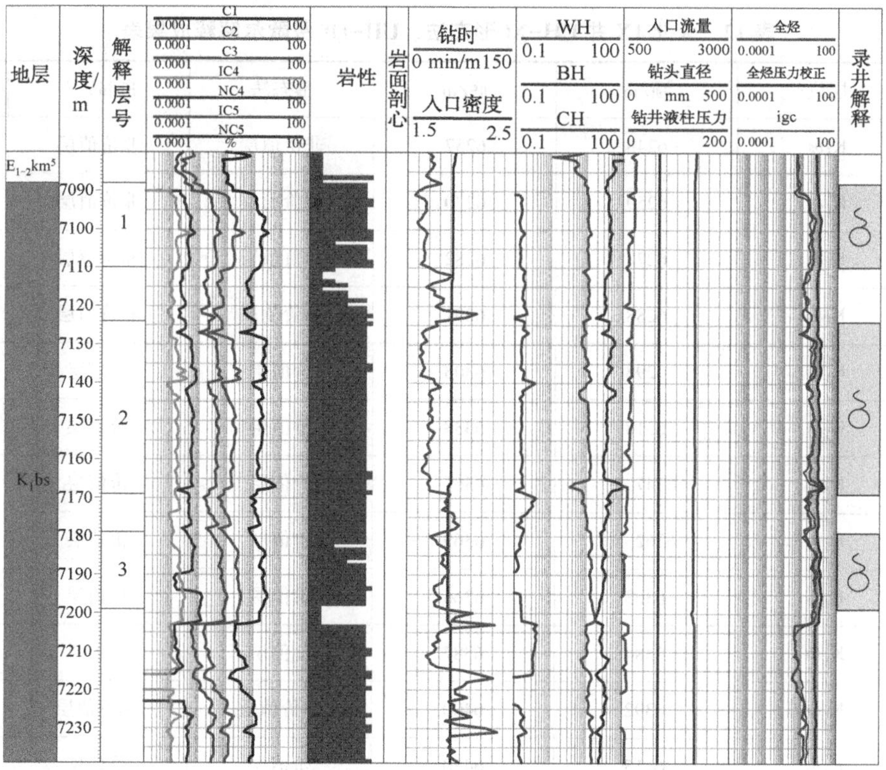

图 18　克深 1X 井录井评价图

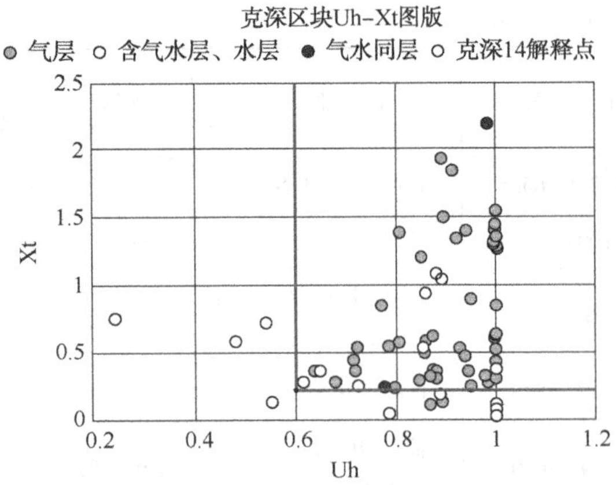

图 19　克深 1X 井 UH-Xt 形态法图版

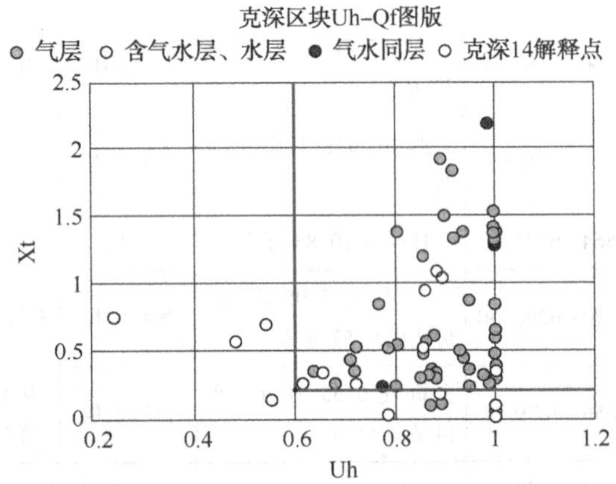

图 20　克深 1X 井 UH-Qf 费歇尔图版

表 11　克深 1X 井 *UH-Xt* 形态法、*UH-Qf* 费歇尔解释成果表

解释层号	层位	顶界深度/m	底界深度/m	厚度/m	解释结论
1	K_1bs	7088	7110	22	气层
2	K_1bs	7124	7169	45	气层
3	K_1bs	7179	7199	20	气层

3.2　大北 1X 井

井段 6320.00~6372.00m 气测；Tg/C1 小于 10，反映地层真实异常显示，非油基钻井液污染；气测：全烃 0.2% ↑ 3.2%，最大为 10.20%，组分出至 iC4。异常段全烃呈近块状、指状(图 21)。峰基比：1.03~11.2；轻重比：5.4~67.5；

根据气测录井显示资料，按创新图版 UH-Xt 形态法、UH-Qf 费歇尔解释(图 22、图 23)，试气段解释 4 层，4 层落点在价值层(气层)区，解释为气层(表 12)。试气段落点均在价值层(气层)区，与试气结果相符，应用效果好。

试气情况：6320.00 ~ 6372.00m；酸化，6mm 油嘴，日产油 13m^3，日产气 230000m^3，为气层。

表 12　大北 1X 井 UH-Xt 形态法、UH-Qf 费歇尔解释成果表

解释层号	层位	顶/m	底/m	形态法	Fisher 法	综合解释
1	K_1bs	6248	6257	非价值层	非价值层	差气层
2	K_1bs	6259	6270	非价值层	非价值层	差气层
3	K_1bs	6273	6282	非价值层	非价值层	差气层
4	K_1bs	6288	6291	非价值层	非价值层	差气层
5	K_1bs	6298	6308	价值层	价值层	气层
6	K_1bs	6318	6338	价值层	价值层	气层
7	K_1bs	6347.5	6361	价值层	价值层	气层
8	K_1bs	6362.5	6369	价值层	价值层	气层
9	K_1bs	6363	6366	价值层	价值层	气层
10	K_1bs	6384	6387	价值层	价值层	气层
11	K_1bs	6392	6400	非价值层	非价值层	差气层
12	K_1bs	6415	6420	价值层	价值层	气层
13	K_1bx	6430	6444	价值层	价值层	气层

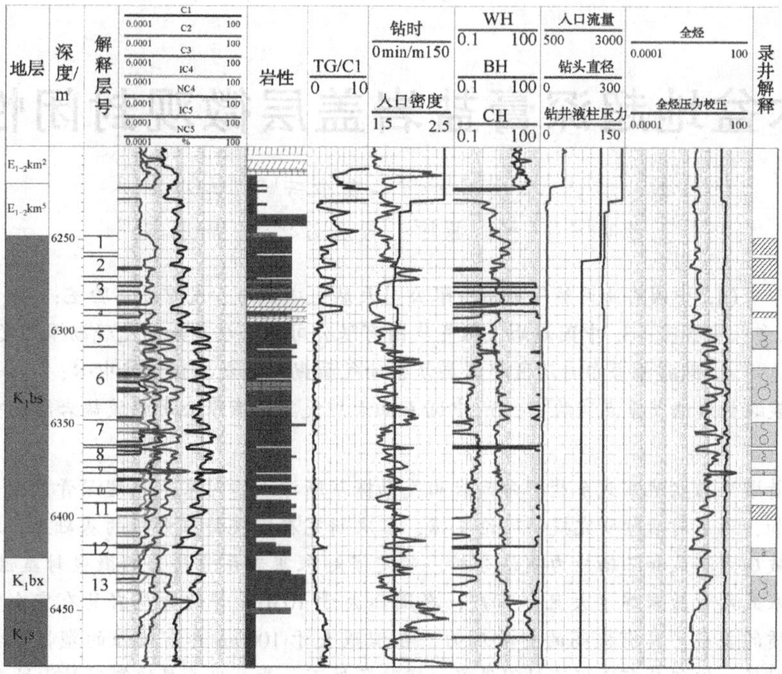

图 21　大北 1X 井录井评价图

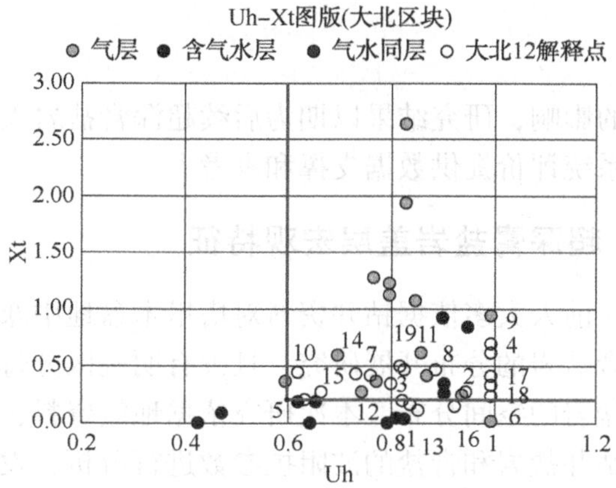

图 22　大北 1X 井 UH-Xt 形态法图版

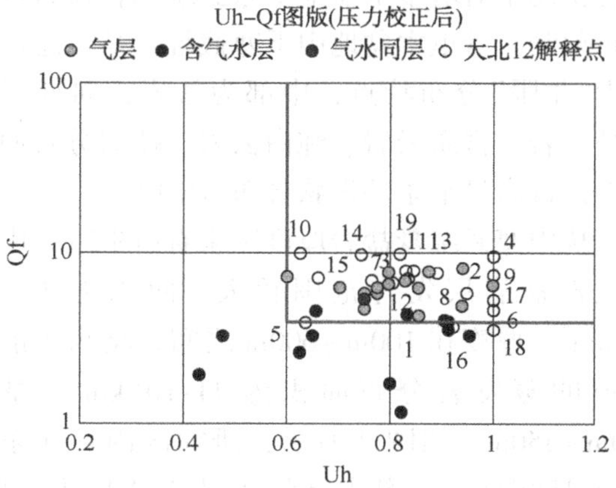

图 23　大北 1X 井 UH-Qf 费歇尔图版

4　结论

（1）克深、大北开展巴什基奇克组岩屑 XRD 矿物录井技术，建立了岩屑 XRD 矿物谱图法、二维岩性识别判别图版，XRD 矿物解释剖面回判符合率 89.5%，说明该方法有助于准确判别岩性。

（2）录井气测形态法与 Fisher 准则法组成的多因素录井解释评价模型新井应用 11 口探井，试气 12 层，其中 10 层完全符合，图版解释符合率在 83.3%以上，较现用评价方法符合率有较大提升，创建图版应用效果显著。尤其准确评价的克深 1X、大北 1X 等一批重点预探井试气获高产工业油气流，为塔里木油田勘探发现提供技术支持。

（3）该方法计算过程较为繁琐，不利于现场推广，应用区域也有局限性，还需要进一步深化研究。

参 考 文 献

[1] 王清华，郭清滨，王国瓦，等. 超深复杂油气藏录井技术[M]. 北京：石油工业出版社，2017.

[2] 陈恭洋，王志战. 录井地质学[M]. 北京：石油工业出版社，2016.

[3] 占蓉，邹筱春，李芳. 随钻 X 射线衍射分析录井技术应用研究[J]. 录井工程，2012，23(04)：1-5+79.

[4] 方锡贤. X 射线衍射全岩矿物分析录井技术应用拓展[J]. 录井工程，2016，27(01)：14-18+89.

[5] 田兵. Fisher 判别分析及其应用[J]. 渭南师范学院学报，2014，29(23)：18-11.

塔里木盆地超深膏盐岩盖层微观封闭性研究

娄　洪[1,2]　袁文芳[1,3,4,5]　曹少芳[1,6]　左小军[1,3]
王孝明[1,3,4]　杨　果[1,7]　段云江[1,3,4]　周思宇[1,2]

（1. 中国石油天然气集团有限公司天然气成藏与开发重点实验室；
2. 新疆超深油气重点实验室；3. 中国石油天然气集团有限公司超深层复杂油气藏勘探开发技术研发中心；
4. 新疆维吾尔自治区超深层复杂油气藏勘探开发工程研究中心；
5. 国家能源碳酸盐岩油气重点实验室；6. 中国石油天然气集团有限公司碳酸盐岩储层重点实验室）

摘　要　随着塔里木盆地寒武系盐下白云岩油气勘探不断深入，对寒武系超深膏盐岩封闭性能的研究精度需求逐渐增加，为了对后续研究提供理论支撑，本次研究在宏观特征分析的基础上，综合开展了一系列物性测试、突破压力测试和三轴应力测试分析，确定了超深寒武系膏盐岩的微观封盖性及其影响因素。结果表明：超深寒武系膏盐岩厚度大且分布广，在围压大于10MPa时的膏盐岩具有完全塑性，封闭性能强；盐岩是最优质的盖层，具有极高的突破压力，在埋藏大于1000m具有极强的塑性；膏岩突破压力较小，塑性强度相对低，但仍具有良好的封闭性能。实验条件下，膏盐岩盖层的微观封闭性受岩石的非均质、脆塑性、突破压力和样品长度影响。

关键词　塔里木盆地；超深；膏盐岩盖层；微观封闭性

国内外大中型油气田盖层岩性主要为泥岩、膏盐岩和碳酸盐岩，不同岩性盖层封闭的最大烃柱高度存在明显差异，膏盐岩封闭烃柱高度最大，其次为泥岩和碳酸盐岩，砂岩最小。据统计，在世界上334个大油气田中，盖层为盐岩、膏岩的约占33%。我国陆相盆地不同岩性盖层的封闭能力也具有从膏盐岩、泥岩、碳酸盐岩和砂岩依次变差的规律。

塔里木盆地寒武纪-奥陶纪为大型碳酸盐岩台地发育的主要时期，盆地经历了从伸展到挤压阶段的台地发展-扩张-收缩-消亡的全过程，沉积了多套优质储盖组合，其中，寒武系主要的储盖组合为下寒武统白云岩储层和中寒武统膏盐岩盖层。这套白云岩储层厚度超过2100m，面积达$41\times10^4km^2$，具有地层厚度大、、分布面积广、勘探潜力大、研究程度低的特点。2013年以来，随着位于塔中隆起的ZS1井在寒武系盐下白云岩获得突破，坚定了在该领域寻找大型油气田的信心。但是目前对超深条件下膏盐岩盖层微观特征、控制因素、封盖能力缺乏系统评价，严重影响了超深层油气勘探的进程。为了尝试解决这一问题，本次研究在盖层宏观特征研究的基础上，针对不同岩性盖层开展一系列实验测试，研究了不同岩性盖层的封盖性能和膏盐岩盖层与埋藏深度的影响，研究结果以期为后续超深膏盐岩盖层的系统评价提供数据支撑和参考。

1　超深膏盐岩盖层宏观特征

前人大多依据钻井资料对塔里木盆地中寒武统膏盐岩的分布开展研究，且没有明确区分膏盐和盐岩的空间分布。本次研究依据地震资料，对已钻井盐岩和膏盐的波阻抗参数进行分析，发现膏岩、盐岩的阻抗存在较大差异，据此，结合蒸发沉积模型对塔里木盆地中寒武统的膏盐岩进行分布预测。塔里木盆地中下寒武统膏盐岩总体展现为“牛眼”分布特点，中部为盐岩，向外层依次是膏岩、膏质云岩、纯白云岩。盐岩分布面积最大，膏岩呈窄条环带状分布(图1)。

从中寒武统膏盐岩厚度图来看(图2)，中寒武统膏盐岩层发育范围较大，面积为$12.3\times10^4km^2$，厚度在100m~600m之间，略高于前人报道的蒸发岩分布面积约$11x10^4km^2$、厚度200m~450m。如图2所示，研究区内存在东西两个厚度中心，东部主要在H4井与YT1井之间，厚度范围在400m~700m之间，面积为$4.14\times10^4km^2$。西部主要分布在F1井与T1井之间，范围较小，厚度范围在400m~700m之间，面积为$0.86\times10^4km^2$。

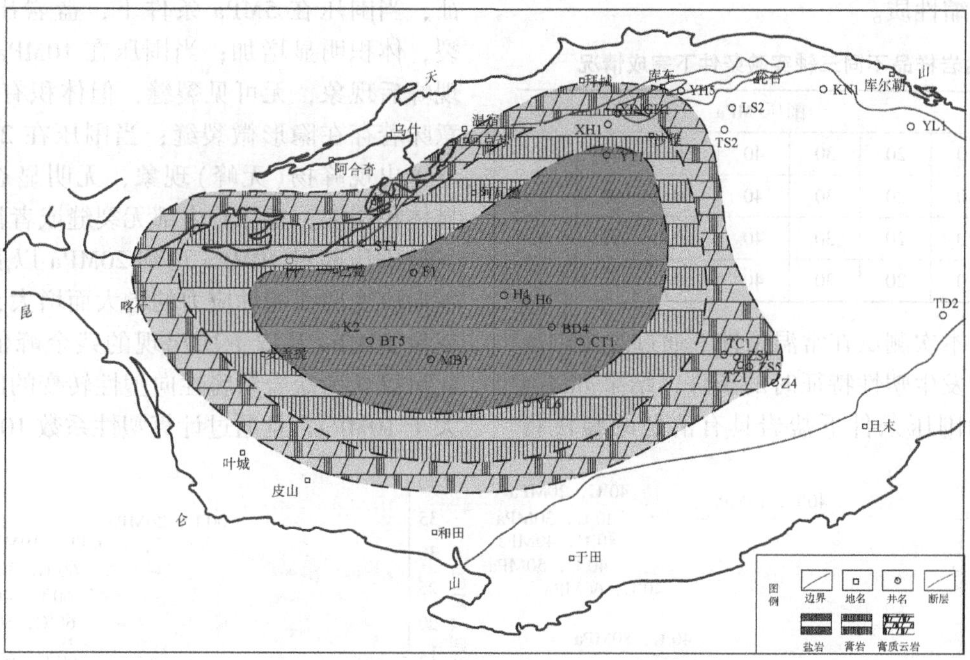

图 1　塔里木盆地中寒武统膏盐岩分布

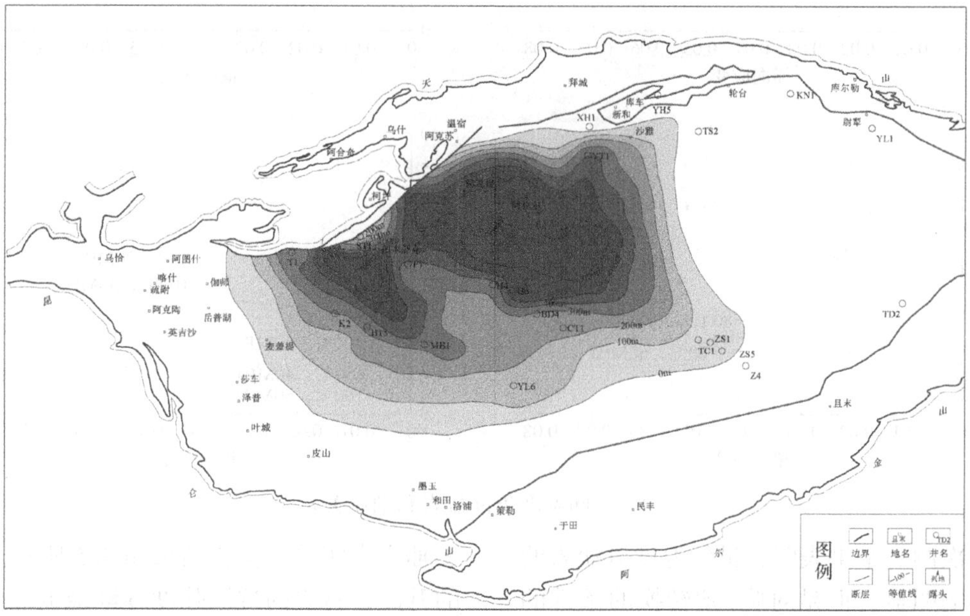

图 2　塔里木盆地中寒武统膏盐岩厚度等值线

2　超深膏盐岩盖层微观封闭性分析

2.1　膏盐岩盖层脆塑性特征

随着埋藏深度增加、成岩程度、物性及温压环境发生改变，泥质岩盖层和膏盐岩盖层均发生力学性质变化，存在 3 个过程变形过程，即脆性、脆—韧性和韧性。不同变形阶段的盖层封闭能力及破裂方式不同。

2.1.1　盐岩三轴应力实验结果与认识

本次测试是在较大的围压区间内进行的，如表 1 所示，围岩变化范围在 10MPa ~ 80MPa 之间。不同温度条件下盐岩和围压的关系曲线如图 3 所示，随着温度的增大，盐岩的抗压能力逐渐减弱，这是因为盐岩在较高的温度条件下容易软化而表现出抗压能力变差的特征。在 40℃、10MPa 的条件下盐岩的峰值强度能达到 45MPa，而在 100℃、10MPa 条件下仅为 20MPa。当温度固定时，盐岩的抗压强度又随着围压的增大而减小，这种结果与前人对泥岩和碳酸盐岩三轴压缩实验时得出的结果刚好相反，这说明了盐岩具有独特的抗压缩性质。

表 1　盐岩样品不同三轴实验条件下完成情况

温度/℃	围压/MPa						
40	10	20	30	40	50	60	80
60	10	20	30	40	50	60	
80	10	20	30	40	50	60	
100	10	20	30	40	50		

为了，本次测试在常温条件下通过改变围压获取了盐岩发生塑性特征时的条件，结果如图 4 所示，不同围压条件下盐岩具有清楚的脆性特征，当围压在 5MPa 条件下，盐岩出现明显破裂，体积明显增加；当围压在 10MPa 条件下出现峰后现象，无可见裂缝，但体积有明显增加，意味着存在隐形微裂缝；当围压在 20MPa 条件下，出现峰扬(无峰)现象，无明显裂缝，无明显体积增加，意味着内部无裂缝或者被愈合。当实验围压超过 10MPa 达到 20MPa 以后，盐岩的轴向应变曲线随轴应力的增大而增大，并没有出现像 10MPa 及以下所出现的残余峰值特征，因此可以认为盐岩从脆性向塑性转变的围压条件略大于 10MPa，且通过计算塑性系数 10~30。

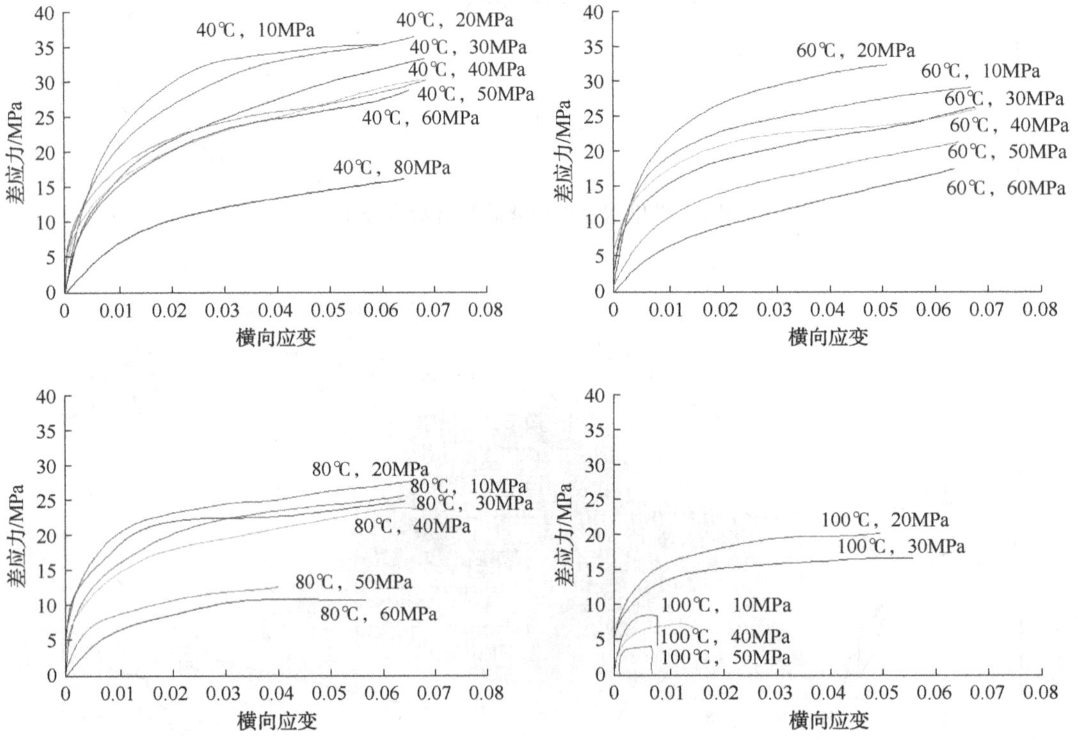

图 3　不同温度条件盐岩和围压关系

以上两次测试结果表明，虽然温度对盐岩的抗压强度影响明显，但是对脆-塑转换的条件的影响并不明显。从第一次的实验结果来看，在温度更高的条件下盐岩发生塑性所需的围压更低，因而在地层条件下盐岩发生柔塑性围压的数值比常温条件下应该更小，综合分析认为盐岩的脆-塑转换条件围压基本在 10MPa 附近。

2.1.2　膏岩样品三轴应力实验结果与认识

塔里木盆地寒武系膏岩层地温可达 150℃，而前人所开展的膏岩三轴应力实验主要是在室温条件下进行的，不符合盆地的实际情况，因此必须考虑温度对膏岩的三轴应力效应。

本次实验设计了 40℃和 100℃条件下膏岩的三轴应力实验，实验结果如图 5 所示。随着温度的升高，膏岩的抗压强度逐渐减弱。在 5MPa 围压条件下，40℃时膏岩的峰值强度为 45MPa，而在 100℃时峰值强度为 20MPa，塑性系数 5~20；在 10MPa 围压条件下，40℃时膏岩的峰值强度为 50MPa，而在 100℃时峰值强度为 40MPa。虽然随温度的升高膏岩的抗压强度减弱，但是从图 5 中也能看出膏岩的脆-塑转换的围压都发生在 10MPa 附近，因此可以认为温度对膏岩的脆-塑转换的界限影响较弱。

2.2　超深膏盐岩盖层物性封闭性

由于盖层的孔喉系统发育程度远低于储层，且在水润湿条件下，毛细管力是烃类运移的阻

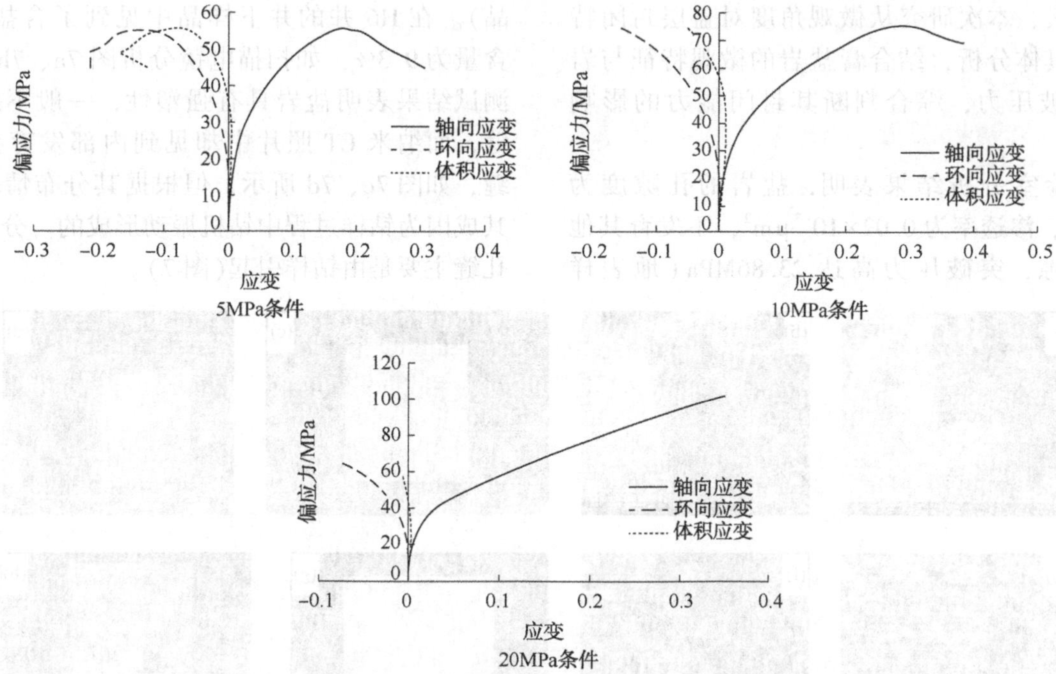

图4　盐岩在5MPa、10MPa、20MPa条件下三轴压缩应力-应变曲线

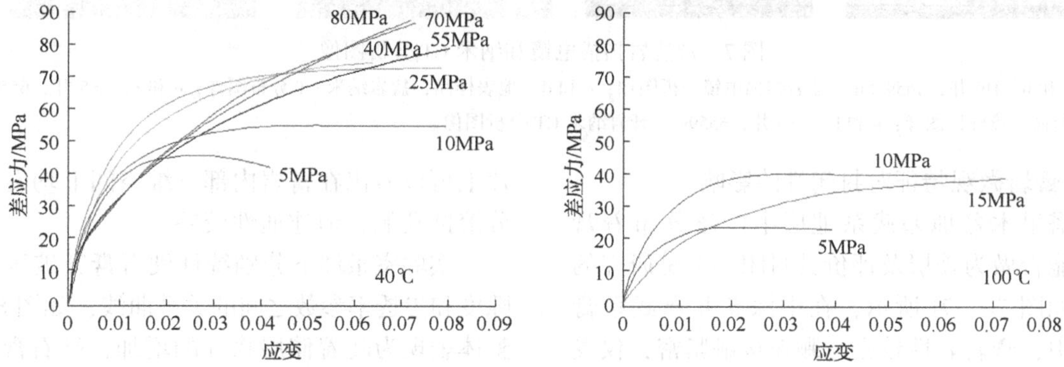

图5　不同温度条件下膏岩应力应变曲线

力，盖层与储层之间的物性差异是盖层具有封闭能力的本质原因。当盖层的毛细管压力大于油气柱产生的浮压时，就能有效封盖油气，因此，盖层的物性封闭能力主要通过孔隙度、渗透率、孔喉半径和突破压力等参数进行表征。其中，最主要的参数是突破压力，本次主要采用驱替法和直接法对突破压力进行定量化对比分析。

塔里木盆地寒武系不同岩性突破压力分析结果如图6所示，膏岩、盐岩的平均突破压力相对较高，均大于5MPa，其中盐岩最高，达23.86MPa恒压48小时未突破(大于14MPa的岩样数据统计为14MPa)；粉细晶白云岩、颗粒白云岩、颗粒灰岩、膏质砂岩的平均突破压力小于3MPa。不同岩性之间突破压力的巨大差异是区别盖层和非盖层的重要指标，据此，可以认为膏岩、盐岩是塔里木盆地寒武系的主要盖层岩性，而粉细晶白云岩、颗粒白云岩、颗粒灰岩、膏质砂岩则总体属于非盖层岩性。

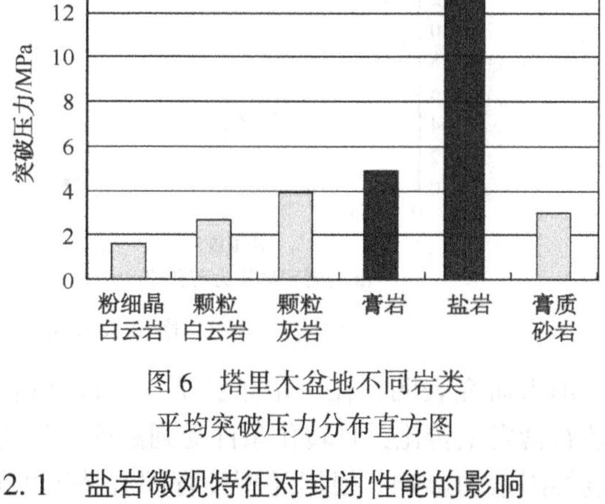

图6　塔里木盆地不同岩类平均突破压力分布直方图

2.2.1　盐岩微观特征对封闭性能的影响

为了更准确地评价膏盐岩盖层封闭能力的

影响因素，本次研究从微观角度对盖层封闭特征进行具体分析，结合膏盐岩的微观特征与岩样的突破压力，综合判断其封闭能力的影响因素。

实验室分析结果表明，盐岩的孔隙度为0.704%，渗透率为0.02×$10^{-3}\mu m^2$，不发育其他次生孔隙，突破压力高达23.86MPa（地表样品）。在H6井的井下样品中见到了含盐云岩，含量为9.3%，如扫描电镜分析图7a、7b所示。测试结果表明盐岩具有强塑性，一般不发育裂缝，而纳米CT照片中却见到内部发育少量孔缝，如图7c、7d所示，但根据其分布情况判断其成因为钻样过程中钻机振动形成的。分析认为孔缝主要是由钻样引起(图7)。

图7　膏盐岩扫描电镜和纳米CT分析图像

a和b、H6井，5659.5m，盐岩扫描电镜分析图像；c和d、地表样品，盐岩纳米CT分析图像；e和f、ZS5井，6559m，膏岩扫描电镜分析图像；g和h、ZS5井，6559m，膏岩纳米CT分析图像。

2.2.2　膏岩微观特征对封闭性的影响

在塔里木盆地寒武系地层中广泛分布着膏岩，其能否做为盖层及评价其封闭能力是研究的重点。如图7e、7f所示，在中深5井寒武系膏岩样品中，膏岩岩性致密，颗粒接触紧密，仅发育少量晶间孔隙，而颗粒表面次生溶蚀现象明显(图8)。如图7g、7h，在膏岩样品的纳米CT照片上可以看出在膏岩内部三维空间上均发育着部分溶蚀孔洞，但连通性较差。

实验室条件下分别统计硬石膏突破压力与孔隙度和渗透率参数之间的关系曲线，如图8所示，整体表现为随着储层物性的增加，硬石膏的突破压力呈下降的趋势，但结合盖层突破压力的数值判断，仍有部分硬石膏的孔隙度和渗透率数值偏高。

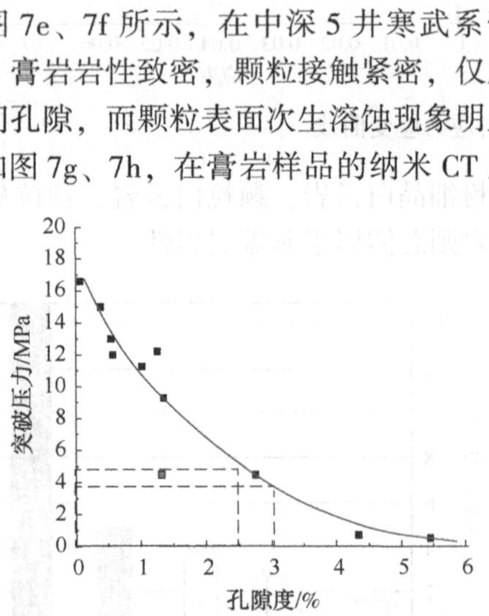

(a)膏岩突破压力与孔隙度关系

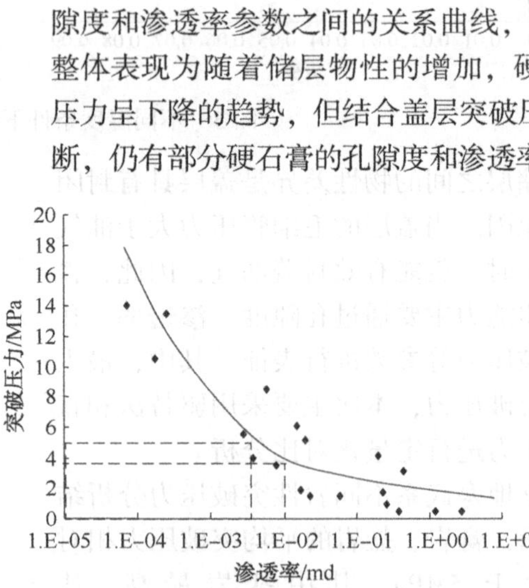

(b)膏岩突破压力与渗透率关系

图8　塔里木盆地膏岩突破压力分布及与渗透率关系

前人研究表明，在一定条件下，石膏会脱水向硬石膏发生转化，且转化条件受到温度、压力、盐度等因素的影响。根据晶型发育固有特征的理论推导，在没有压实作用下，石膏完全脱水可以产生39%的孔隙。而本次实际膏岩样品薄片的镜下观察显示，井下的硬石膏发育大量晶间空隙及晶间溶孔，如图9(a)所示。同样，在纳米CT扫描照片上也观察到大量孔隙，如图9(b)所示。

本区样品的突破压力与埋深两者间的关系曲线如图10所示，硬石膏岩的突破压力与最大埋深有一定的相关性，在埋深超过4900m时，其突破压力超过5MPa，而当埋深大于4400m时，突破压力大于3MPa，最大埋深大于4900m，突破压力大于5MPa(图10)。

综合上述结论，高孔硬石膏是突破压力低的主要因素，随着埋藏深度增加，硬石膏被压实，孔隙度减少，突破压力增大。

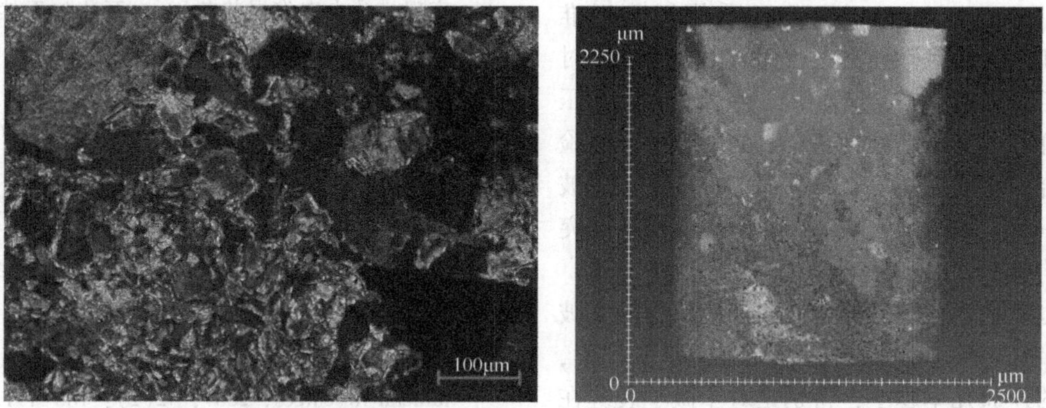

(a)ST1井，1675.4m，普通薄片　　(b)膏岩纳米CT图像

图9　膏岩普通薄片和纳米CT图像

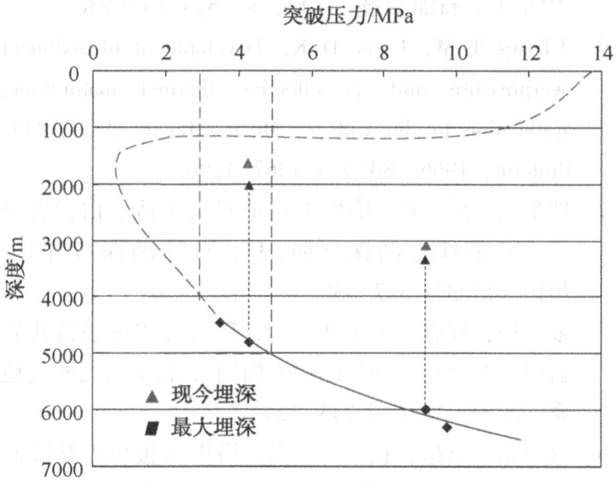

图10　塔里木盆地膏岩最大埋深与突破压力关系

3　影响膏盐岩盖层封闭性的其他因素

3.1　样品长度

在以往研究中，许多学者认为盖层厚度与封盖能力之间存在着正相关关系。但在膏盐岩为盖层的情况下，却鲜有样品长度与突破压力之间关系的相关报道。为了尝试在实验室条件下研究盖层厚度与盖层封闭能力的关系，本次研究分别选取了膏岩、盐岩不同长度柱塞样进行突破压力的分析，测试结果如表2所示，可以看出盐岩样品的突破压力值与长度无关，膏岩样品突破压力值与长度的关系不明显。但是，在恒压条件下(充注压力必须大于样品排替压力)，突破时间与样品的长度则具有较好的相关性，即样品越长，样品突破所用的时间也越长(表3)。

表2　不同岩性不同长度岩样突破压力常规分析

岩性	物性		长度/cm		行标	
	孔隙度/%	渗透率/mD			突破压力/MPa	突破时间/min
膏岩	15.423	0.06	长	4.825	1.45	228
			中	3.292	0.32	42
			短	2.623	0.32	50
			短+长	7.448	1.91	357
			短+中	5.915	0.72	113
盐岩	0.704	0.00002	中	3.6	23.86	48小时未突破
			短	2.3	23.86	

表3　恒压条件下不同岩性-长度岩样突破压力与时间关系

岩性	物性		长度/cm		恒压	
	孔隙度/%	渗透率/mD			突破压力/MPa	突破时间/min
膏岩	15.423	0.058	长	4.825	0.32	24小时未突破
					1.45	109
			中	3.292	0.32	36
			短	2.623	0.32	128
			短+长	7.448	1.45	247
			短+中	5.915	0.32	293
盐岩	0.704	0.00002	中	3.6	23.86	48小时未突破
			短	2.3	23.86	

3.2　岩石非均质性

膏岩的孔隙分布表现为极强的非均值性，为研究膏岩孔隙的非均质性对封闭性的影响，在孔隙度为15.42%，渗透率为$58\times10^{-3}\mu m^2$的膏岩地表样品上钻取了3个柱塞样品，长度分别为2.623cm、3，291cm、4.825cm。采用行业标准的方法和恒压实验条件下进行突破压力和突破时间的测定，结果如表4所示，总体表现为突破压力随着样品长度的增加而增大。但在恒压实验中，组合样品的突破压力与其中单一最大的突破压力值一致，如短加长的突破压力与长样品的突破压力均为1.45MPa。

这也反映了在非均值地层中，地层总体突破压力受小喉道发育层段控制，且盖层厚度越大，大喉道的连通几率越小，特别是对于微小裂缝在纵向上的连通盖层几率越小，盖层突破压力值就越大，其封闭性能就越好。

表4　行标和恒压条件下不同岩性-长度岩样突破压力与时间关系

长度/cm		行标		恒压	
		突破压力/MPa	突破时间/min	突破压力/MPa	突破时间/min
短	2.623	0.32	50	0.32	128
中	3.292	0.32	42	0.32	36
长	4.825	1.45	228	0.32	24小时未突破
				1.45	109
短+中	5.915	0.72	113	0.32	293
短+长	7.448	1.91	357	1.45	247

4　结论

（1）塔里木盆地超深寒武系膏岩、盐岩在围压大于10MPa时具有完全塑性，封闭性能好。其中，盐岩是最优质的盖层，具有极高的突破压力在埋藏大于1000m具有极强的塑性，塑性系数10~30。

（2）虽然膏岩是仅次于盐岩的强塑性岩石，但由于石膏向硬石膏转化过程中产生了大量的孔隙，导致其突破压力较低，因此，膏岩的物性封闭能力较差。

（3）盖层封闭能力的影响因素既包括自身因素，也包括其所封盖的储层相关因素，具体为岩石的非均质、脆塑性、突破压力和样品长度等，其中，岩石脆塑性和突破压力是主要因素。

参　考　文　献

[1] 付晓飞，吴桐，吕延防，等. 油气藏盖层封闭性研究现状及未来发展趋势[J]. 石油与天然气地质，2018，39(3). 455-468.

[2] Skerlec G M. 顶部封闭与断层封闭性评价[C]//刘德来，薛良清. 油气圈闭勘探. 北京：石油工业出版社，2002：395-444.

[3] 付广，王浩然，胡欣蕾. 断裂带盖层油气封盖断接厚度下限的预测方法及其应用[J]. 中国石油大学学报(自然科学版)，2015，39(3)：30-37.

[4] Ovcharenko A V, Ermakov B V, Myatchin K M, et al. Caprocks in hydrocarbon fields [J]. Lithology and Mineral Resources, 2007, 42(2): 180-191.

[5] 卓勤功，赵孟军，李勇，等. 膏盐岩盖层封闭性动态演化特征与油气成藏——以库车前陆盆地冲断带为例[J]. 石油学报，2014，35(5)：847-856.

[6] Ulisses T M, Carry D K, Development of sediment overpressure and its effective thermal maturation: application to the Gulf of Mexico Basin [J]. AAPG Bulletin, 1966, 80(9): 1367-1396.

[7] 杜金虎，潘文庆. 塔里木盆地寒武系盐下白云岩油气成藏条件与勘探方向[J]. 石油勘探与开发，2016，43(3). 327-338.

[8] 金之钧，周雁，云金表，等. 我国海相地层膏盐岩盖层分布与近期油气勘探方向[J]. 石油与天然气地质，2010，31(6)：715-724

[9] 蔡习尧，李越，钱一雄，等. 塔里木板块巴楚降起区寒武系盐下勘探潜力分析[J]. 地层学杂志，2010，34(3)：283-288.

[10] 俞凌杰，张文涛，范明，等. 膏岩三轴压缩试验及高温相变特征研究[J]. 岩石力学，2012，33(11)：3318-3322，3330.

[11] 李双建，周雁，孙冬胜. 评价盖层有效性的岩石力学实验研究[J]. 石油实验地质，2013，35(5)：574-578，586.

[12] 黄英华，潘懿，唐绍辉. 硬石膏常规三轴压缩性能试验研究[J]. 中国非金属矿工业导刊，2008，6：34-36.

[13] 卓勤功，赵孟军，李勇，等. 膏盐岩盖层封闭性动态演化特征与油气成藏——以库车前陆盆地冲断带为例[J]. 石油学报，2014，35(5)：847-856.

[14] 卓勤功，李勇，宋岩，等. 塔里木盆地库车坳陷克拉苏构造带古近系膏盐岩盖层演化与圈闭有效性[J]. 石油实验地质，2013，35(1)：42-47.

[15] 吴桐，付晓飞，王海学，等. 膏盐岩脆塑性变形特征及封闭能力定量评价[J]. 地质评论，2016，62(1)：127-137.
[16] 潘林华，张士诚，程礼军，等. 围压-孔隙压力作用下碳酸盐岩力学特性实验[J]. 西安石油大学学报(自然科学版)，2014，29(5)：18-20.
[17] 付广，张发强，吕延防. 厚度在泥岩盖层封盖油气中的作用[J]. 天然气地球科学，1998，9(6)：20-25.
[18] 吕延防，张绍臣，王亚明. 盖层封闭能力与盖层厚度的定量关系[J]. 石油学报，2000，21(2)：27-30.
[19] 张蕾. 盖层物性封闭力学机制新认识[J]. 天然气地球科学，2010，21(1)：112-116.

塔西南“双复杂”区波场照明分析与观测参数优化设计

陈飞旭[1,2,3,4]　裴广平[1,2,3,4]　王兴军[1,2,3,4]　邬　龙[1,5]　雷云山[1,5]

（1. 中石油超深油气勘探开发技术研发中心；2. 自治区超深层复杂油气藏勘探开发工程研究中心；
3. 新疆超深油气重点实验室；4. 中国石油塔里木油田公司勘探开发研究院；
5. 中国石油东方地球物理公司采集技术中心）

摘　要　在塔里木盆地西南部的柯东断裂构造带，地表广泛覆盖着巨厚的黄土层，这导致了地震波激发和接收条件的恶化，从而给地震数据采集过程中观测系统参数的优化选择带来了挑战。为了满足该区域勘探的地质需求，本研究从过去的勘探解释成果和地质认识出发，针对黄土层带来的采集难题，进行了考虑地表起伏和巨厚黄土层的正演模拟与照明分析。通过分析，确定了针对勘探目标的最大偏移距选取，并结合实际资料评估了黄土区对近偏移距数据质量的影响，评估了勘探目标的三维观测方位需求。基于模型的模拟成像结果和实际资料的成像需求，本研究优选了适合该区域勘探的观测系统参数。从理论论证的角度，实现了目标区域勘探参数的设计，并深化了对塔西南“双复杂”区勘探观测参数的理解。这些研究成果对于该区域未来勘探观测参数的选择具有重要的指导作用。

关键词　“双复杂区”；波动方程正演模拟；观测系统设计；有效覆盖；纵横比

塔里木盆地的西南坳陷区是油气勘探的关键战略区域，尤其是自2018年以来，为了促进塔里木油田向3000万吨级油气田的发展，该地区因其多样的储油圈闭类型而显示出巨大的油气寻找潜力，成为了地震勘探的热点。这一区域位于帕米尔-西昆仑造山带与塔中隆起之间，覆盖了从喀什凹陷到叶城-和田凹陷的广泛地带，并主要由西昆仑山山前带、南天山山前带和麦盖提斜坡组成。虽然西昆仑山山前带富含油气资源，但其地表覆盖着厚厚的黄土层，这给地震勘探带来了信号衰减和严重干扰的问题，增加了提高数据质量的难度。对于黄土对资料品质的影响，近年来国内外进行了大量关于黄土塬地震勘探的研究，并在塔西南黄土塬区开展了多次地震采集技术攻关，取得了很多新的认识，本研究从实际资料的认识出发，开展正演模拟研究，针对表层厚黄土对资料品质的影响，开展不同厚度黄土与“黑三角”影响关系研究，针对复杂的地下构造，根据目的层资料采集需求，开展反向照明研究。研究结果表明，基于正演模拟和照明分析的分析方法与实际资料的认识非常相近，是很好的分析方法，可为实际资料采集提供指导。

1　双复杂区地震地质特征

1.1　表层结构

自20世纪90年代起，对塔西南黄土区进行了深入的表层调查研究，涉及地表地质调查、小折射和常规微测井、超深微测井、浅层地震反射、露头微测井、露头高程调查、黄土山速度调查以及非地震调查等多种方法。这些工作揭示了该区浅层结构的特征和高速层的顶界面变化规律，为解决静校正问题提供了重要依据。通过综合分析这些调查结果，我们发现塔西南黄土区的地表结构极为复杂，黄土层厚度可达数百米，且横向变化显著。第四系堆积的黄土层厚度变化大，质地松散，风化程度高，速度分布在300m/s至1600m/s之间。黄土层中夹杂的砾石层分布不均，厚度从几十厘米到几十米不等，速度大约为2000m/s。黄土层下方是第四系砾石层，速度超过2500m/s。最底层为砂泥岩层，具有较大的倾角和高速度，介于3500m/s至4500m/s之间。厚黄土是产生“黑三角”的主要原因，“黑三角”干扰波整体能量强，呈杂乱不相干状态，频带从几赫兹到近百赫兹。不同探区的不同炮记录中“黑三角”干扰波的能量强弱与探区的地震地质条件(地形起伏程度、沙层厚度、潜水面深度)密切相关，分布范围与低速带和降速带的速度关系密切，井炮震源同样也会产生，这些地层的复杂配置和速度变化对地震资料的采集和处理提出了更高的挑战。

1.2 地下构造

塔西南巨厚黄土区主要位于昆仑山前陆冲带柯东断裂构造带，由于昆仑山的强烈挤压作用，柯东构造带呈现出独特的“三排三段”构造格局。从南北向看，区域分为北部斜坡带、中部凸起带和南部平缓区；而从东西向划分，则包括普西段、普东段和柯东段。中部凸起带的结构主要是近东西向的长轴复式背斜，其构造样式复杂多变。

该区域的构造类型主要包括断背斜构造、迭瓦状构造以及断层三角带，这些构造特征使得地层产状变化极大，倾角较大，甚至出现了直立的底层。断裂的发育和破碎程度高，导致地震波在传播过程中遭遇严重的散射和干扰，资料品质较差，见图1。这为地震资料的采集和处理带来了极大的挑战。此外，地层的复杂性还表现在不同地质年代的岩石层序交织，以及多种岩性类型的交错分布，这些因素共同作用，使得地震波场的预测和解释变得极为复杂。因此，塔西南巨厚黄土区的地下构造复杂性不仅体现在地层的空间分布和结构形态上，而且还体现在地震波传播的路径和反射信号的识别上，这些都需要在地震勘探中加以仔细分析和考虑。

2　正演模拟与波场分析

根据“双复杂区”资料的难点与特点，开展两个方面的建模与正演研究，首先从“黑三角”资料特征出发，模拟针对表层厚黄土对资料品质的影响，开展不同厚度黄土与“黑三角”影响关系研究。针对复杂的地下构造，根据目的层资料采集需求，开展反向照明研究。

2.1 “黑三角”噪音模拟与特征分析

为充分考虑模拟噪音影响因素的唯一性，以尽量保持对比因素的单一性为原则，本次建模未考虑起伏地表的变化，黄土厚度变化是主要的变化因素。建立正演模拟的为二维模型，地下为11层的层状模型，其中，浅层模型(低降速带)包含4层，厚度为200m，模型的大小为横向7km，纵向6km，纵波速度范围在450~6000m/s之间，见图2。

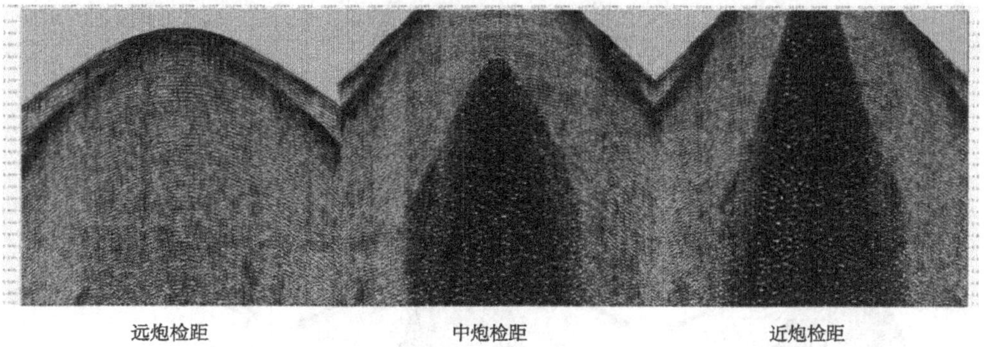

图1　双复杂区典型单炮示意图

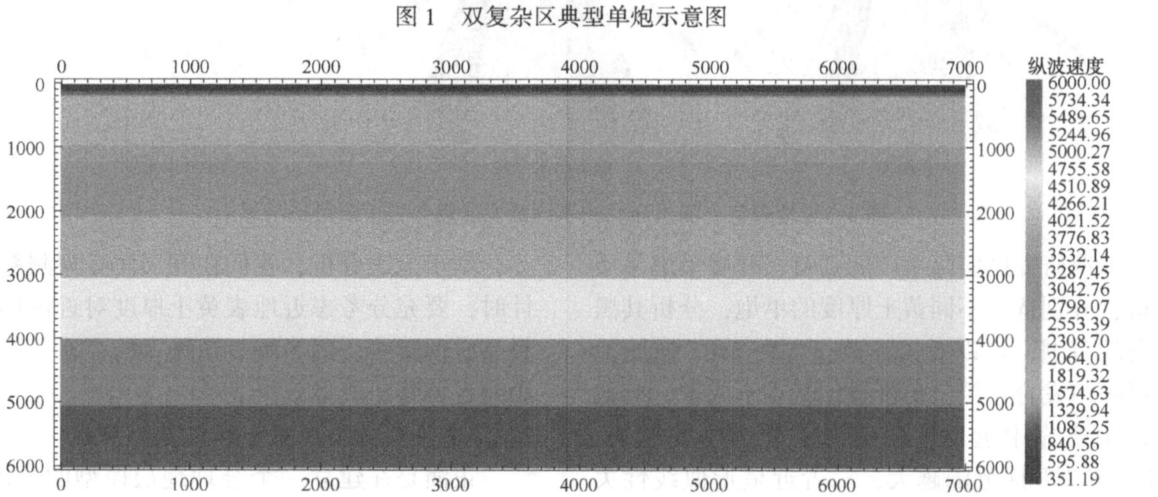

图2　二维正演模型图

分两种情况讨论黄土厚度对资料的影响。首先对无随机介质模型进行正演模拟，即浅层的四层模型为各向同性介质，分别采用不同的激发深度(0m，41m，201m)进行模拟，接收统一采用地表接收。通过正演我们可以看到，在面波三角形区域内，没有出现实际施工的那种“黑三角”噪音，如图3所示。可以直观的说明，如果在地下波传播过程种，如果不发生复杂的波场散射，是不会出现黑三角噪音的，通过正演模拟，是能够说明近地表散射发育是产生黑三角噪音的其中一种原因。

对低降速带的介质更新为随机介质，为了说明黑三角区与黄土厚度的关系，这里通过假设不同的随机介质厚度进行论证。假定随机介质厚度为10m，设定随机介质速度在350~400m/s之间的随机速度填充，开展不同的激发深度(0m，41m，201m)进行模拟，模拟结果表明在地表和地下41m激发，三角形区域出现了一定的噪音干扰，当震源激发深度达到201m，三角形区域的随机干扰消失，进一步说明，黑三角噪音的产生与近地表随机速度的介质有关，进一步更新低降速带随机介质厚度，使其不断增加随机介质厚度，开展相同不同激发深度模拟研究，从正演结果可以看出，随着随机介质的厚度的增加，黑三角噪音越来越严重，当震源激发深度处于低降速带中时，黑三角噪音一直都会存在，当震源的激发深度处于高速层后，黑三角噪音消失，根据模拟，我们可以得出，黑三角区噪音的强弱程度与近地表随机介质是正相关关系，随着厚度的增加，影响范围越来越大，见图4。

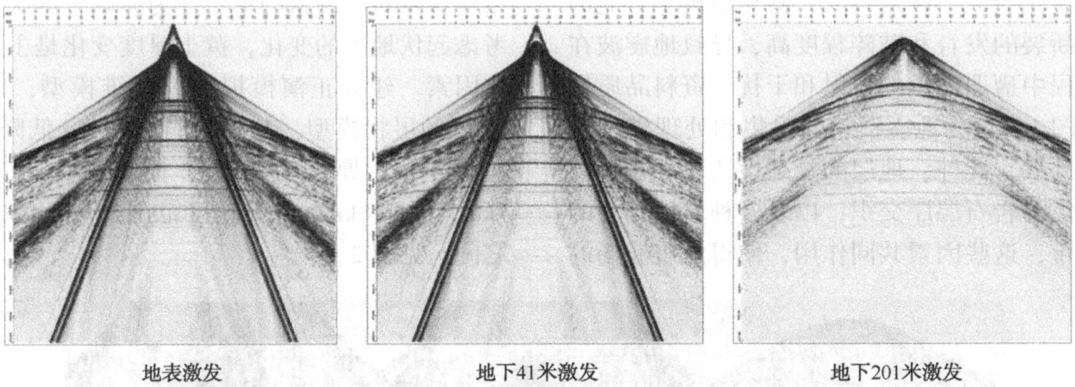

图3　各向同性介质不同激发深度单炮正演模拟结果

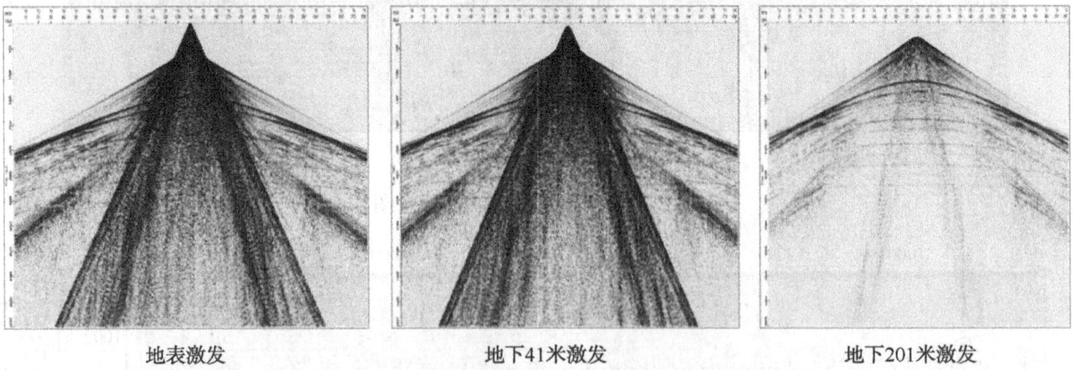

图4　近地表包含随机介质的不同激发深度单炮正演模拟结果

选取研究区实际生产的资料，开展单炮品质分析，分别选取不同黄土厚度的单炮，分析其黑三角的范围，可以看出，黄土“黑三角”强能量散射噪声发育，黑三角带叠加基本不成像，有效覆盖主要靠中远偏移距信息，黄土厚度越大，“黑三角”干扰范围越大，二者近呈近似线性关系，见图5。

基于上述分析，我们在开展实际观测系统设计时，要充分考虑近地表黄土厚度对近偏移距资料品质的影响，因为黑三角噪音的存在，将严重影响近偏移距成像效果。

2.2　复杂构造的照明分析与反向照明

正演是在建立一个合理地层模型的基础上，模拟地震波传播、成像的过程，正演手段可以更

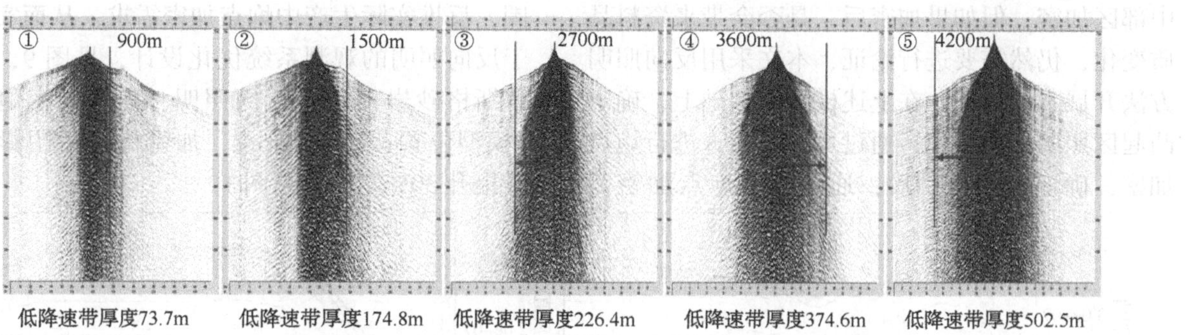

图5　不同黄土厚度激发的单炮及其黑三角噪音的影响范围

直观地反映地层反射特征，为地震采集提供指导，为地震解释合理性提供保证。地震波照明分析是一种对地下地震波传播特征和能量分布进行定量分析的技术。不同的观测系统对地下入射波和反射波的能量分布会产生不同的影响，因此需要研究地震波在地下介质中的传播及能量分布规律，这都将对地震数据采集系统设计、数据处理解释中采集系统分析评价和地下复杂构造对地震波传播路径影响分析评价提供有力证据。

以研究区实际地震地质条件出发，建立考虑复杂起伏地表的及表层速度渐变的地质模型，同时该区存在多排带叠瓦状构造，南北向为北部斜坡带、中部凸起带和南部平缓区展布，建立地质模型，模型速度选择在1800~5400之间变化，表层速度在1800~2200之间变化，如图6所示。

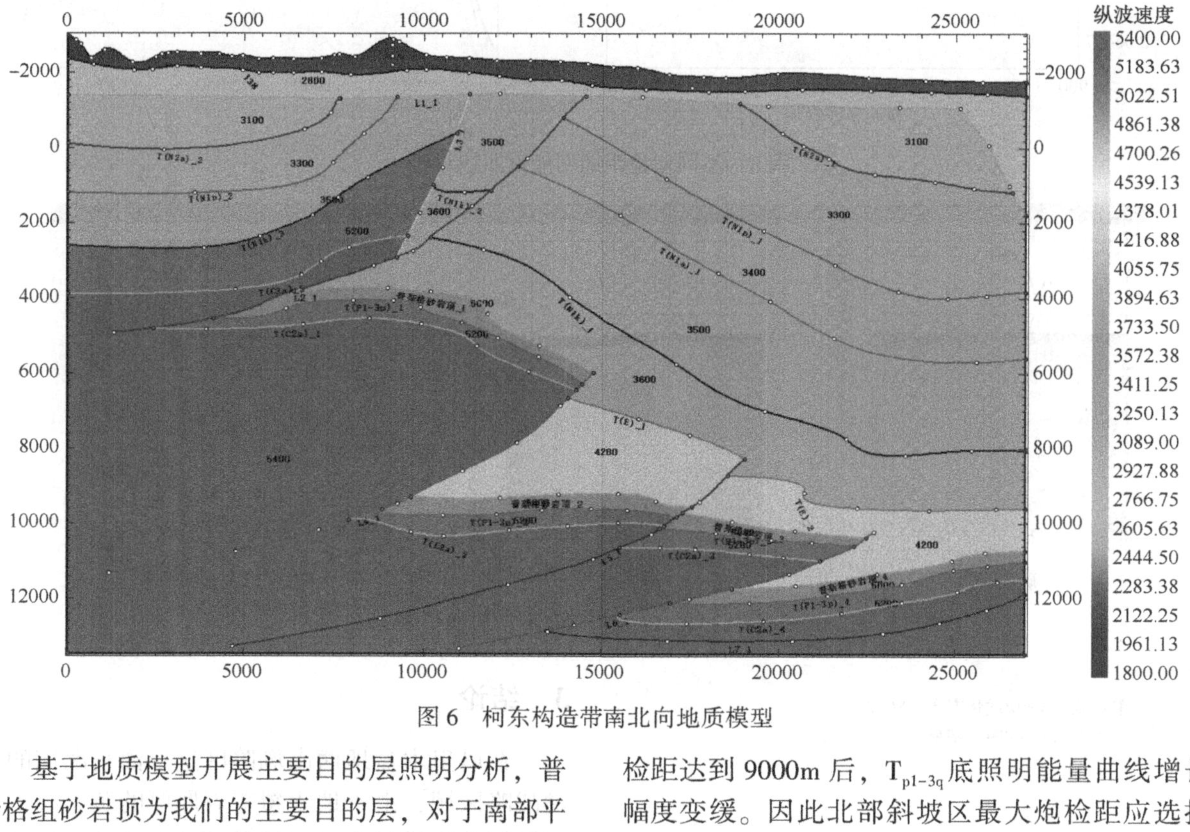

图6　柯东构造带南北向地质模型

基于地质模型开展主要目的层照明分析，普斯格组砂岩顶为我们的主要目的层，对于南部平缓区，从照明能量曲线可看出，在南部复杂构造区，为保障普斯格组砂岩顶的成像效果，炮检距达到7000m后，Tp1-3q底照明能量曲线增长幅度变缓，但仍有增长。因此南部复杂构造区最大炮检距应选择在7000m以上，见图7，对于北部斜坡区，为保障普斯格组砂岩顶的成像效果，炮检距达到9000m后，T_{p1-3q}底照明能量曲线增长幅度变缓。因此北部斜坡区最大炮检距应选择9000m，见图8。

由于地下构造的复杂性，同一区带上，地震勘探面对的勘探目标截然不同，因此需要对不同的目标开展分段设计，通过照明分析，可以将偏移距的选择给出较直观的结论。同时，该区中部凸起带资料品质差，需要在观测系统设计时考虑中部区加密，但如果加密后，是否会带来资料品质变化，仍然需要进行论证，本文采用反向照明方法开展本次论证。在上述模型的基础上，确定凸起区照明薄弱层位，通过反向照明，进行炮点加密，确定加密范围后，通过模型炮点加密范围，反推实际生产中炮点加密需求，从而实现基于反向照明的观测系统优化设计，见图9，选择普斯格砂岩顶进行反向照明，确定加密炮范围（模型位置：10～18km），加密优化后阴影区能量提升30%左右，见图10。

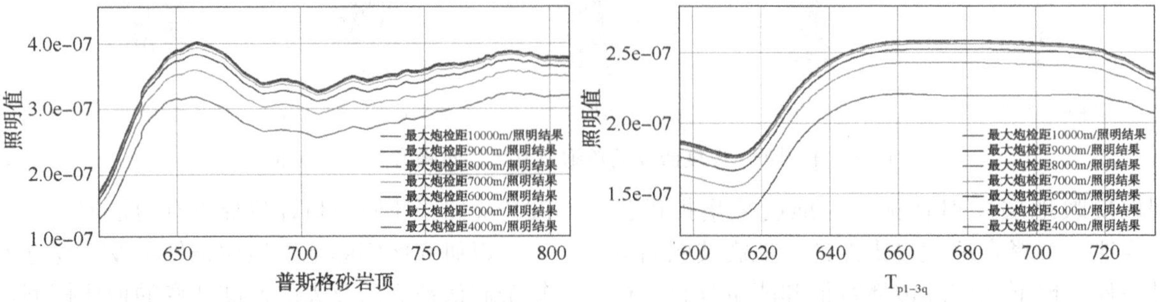

图7　不同炮检距照明能量曲线对比

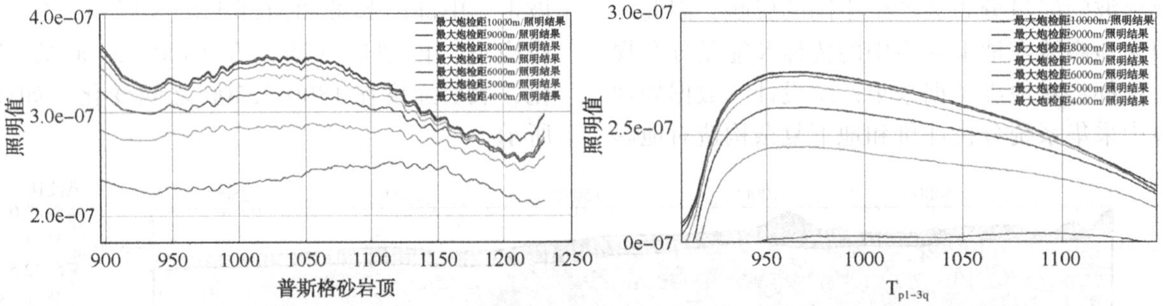

图8　不同炮检距照明能量曲线对比

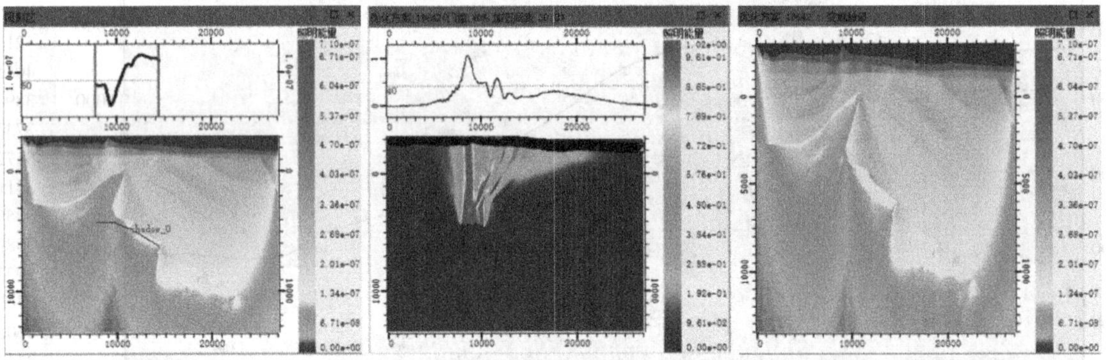

确定阴影区　　　反向照明　　　加密优化后照明结果

图9　目的层反向照明与加密后成果图

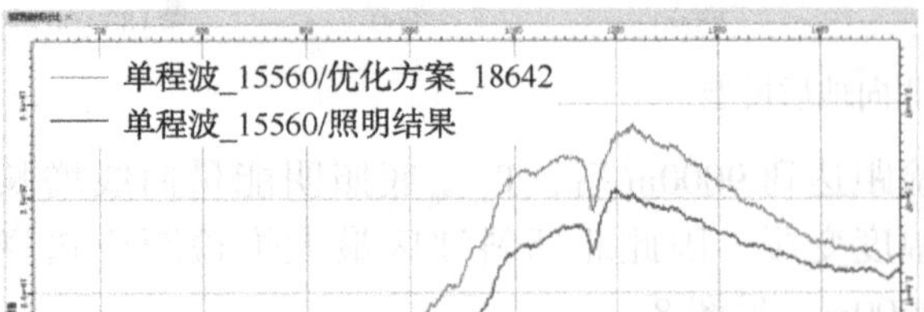

图10　加密前后普斯格砂岩顶能量曲线对比

3　结论

在塔里木盆地西南坳陷区这一油气勘探的关键战略区域，由于地表覆盖着厚厚的黄土层，地震勘探数据质量受到了信号衰减和严重干扰的问题。为了解决这一问题，研究人员通过对黄土塬地震勘探的深入研究和技术攻关，获得了关于黄土层对地震资料品质影响的新认识。利用正演模拟研究，分析了不同厚度黄土层与“黑三角”区域地震资料品质的关系，有助于理解黄土层对地震波传播的影响。同时，对于复杂的地下构造，采用反向照明技术研究目的层资料采集需求，能够更好地理解地下结构。研究结果表明，基于正演模拟和照明分析的分析方法与实际资料的认识非常相近，可为实际资料采集提供指导，以改善数据质量并提高油气勘探的准确性。

参 考 文 献

[1] 赵邦六，刘依谋，李大军，等．塔里木盆地塔西南山前带地震技术攻关进展及发展方向[J]．石油物探，2024，63(02)：265-278.

[2] 周旭，王彦峰，焦义堂，等．塔西南巨厚黄土覆盖区激发参数选择探讨[C]//中国石油学会石油物探专业委员会，中国地球物理学会勘探地球物理委员会．2022年中国石油物探学术年会论文集(上册).

[3] 王彦峰，范瑞阁，陈学强，等．塔西南巨厚黄土区地震噪声分析及压制[C]//中国石油学会石油物探专业委员会，中国地球物理学会勘探地球物理委员会．中国石油学会2021年物探技术研讨会论文集.

[4] 王春明，师骏，王棣，等．塔西南山前三维模型正演及波场分析[C]//中国石油学会石油物探专业委员会，中国地球物理学会勘探地球物理委员会．中国石油学会2021年物探技术研讨会论文集.

[5] 张涛，王建华，王孝，等．巨厚黄土覆盖区的特殊噪音压制技术与应用[C]//中国石油学会石油物探专业委员会，中国地球物理学会勘探地球物理委员会．中国石油学会2021年物探技术研讨会论文集.

[6] 陈建国，周旭，孔德政，等．塔西南黄土塬区地震采集方法探讨[C]//中国石油学会石油物探专业委员会，中国地球物理学会勘探地球物理委员会．中国石油学会2019年物探技术研讨会论文集.

[7] 李鸿．复杂地表复杂构造三维建模及正演模拟研究[D]．北京：中国地质大学(北京)，2017．DOI：10.27493/d.cnki.gzdzy.2017.000322.

[8] 范增辉，欧阳诚，刘树根，等．塔里木盆地西南部黄土塬地区地震采集技术[J]．石油地球物理勘探，2014，49(04)：627-633+1．DOI：10.13810/j.cnki.issn.1000-7210.2014.04.001.

[9] 罗仁泽．塔西南巨厚黄土覆盖区地震采集技术研究[O]．成都：西南石油大学，2014-05-16.

[10] 张向权，刘之的，刘永雷，等．巨厚黄土塬近地表正演模拟及约束层析反演[J]．物探化探计算技术，2022，44(05)：539-547.

[11] 罗仁泽．叶城凹陷柯东构造黄土塬地震信号衰减规律及机制模型研究[O]．成都：四川省，西南石油大学，2011-05-13.

西昆仑山前柯东冲断带高密度三维地震勘探实例及认识

陈飞旭[1,2,3,4]　裴广平[1,2,3,4]　王兴军[1,2,3,4]　张　岩[1,5]　周　旭[1,5]

（1. 中石油超深油气勘探开发技术研发中心；2. 自治区超深层复杂油气藏勘探开发工程研究中心；3. 新疆超深油气重点实验室；4. 中国石油塔里木油田公司勘探开发研究院；5. 中国石油东方地球物理公司塔里木物探处）

摘　要　塔里木盆地塔西南地区是塔里木油田公司重点战略接替区，具有良好的油气资源和勘探潜力，针对柯东冲断带复杂的地震地质条件开展了高密度三维地震勘探攻关。采用高密度宽方位小线距观测，基于反射系数激发深度优选技术，多种表层调查手段及静校正方法联合计算，应用高精度航测数据。甫沙三维基本解决了复杂构造南北两侧的成像问题，高陡构造成像精度进一步提高。通过对三维地震数据分析，明确了高密度宽方位小线距观测，是获得高品质地震资料的基础；多种静校正方法联合计算，详细解剖了浅表层结构特征，支撑了高精度叠前深度偏移速度场的建立；应用高精度航测数据，提高了物理点位与室内设计的吻合度。甫沙三维为厘清柯东冲断构造模式的提供重要依据，是叶探1井获得重大突破的关键因素，明确了柯东冲断带三维地震勘探工作的发展方向。

关键词　高密度三维；反射系数；静校正；速度场

塔西南地区处于“环青藏高原盆山体系”，具有地层变形、断裂活动、物质运动和应力集中的特色力学环境，强挤压和断裂活动，促使油气资源规模聚集。受南天山和昆仑山夹持，挤压强烈，构造变形强，叠置程度非常高，构造内部的挤压应力达到岩体规模破裂极限，构造破碎，断层-裂缝发育。柯东冲断带位于塔西南坳陷西部，处于垂向挤压区，构造有序发育，南部发育基底卷入带，前缘为滑脱冲断带，构造完整且规模大，规律性强，发育三套规模储层—杜瓦组高位域砂体、普斯格组低位域砂体、碳酸盐岩高能滩，南北向发育三排构造，二叠系-中新生界多层系立体复式成藏，目前构造显1181km²/41个，资源量天然气6900亿方、石油3.4亿吨，柯东冲断带具备形成规模油气田群的基本条件，勘探潜力巨大。

塔西南地区一直是物探技术攻关策源地，自1991年以来，历经四次地震勘探技术变革升级，配套技术不断进步，资料品质得到了显著的提升。地震采集上以问题为导向，发展了宽线、线束地震等采集技术。2006年起采用宽线+双大组合采集提高了黄土区信噪比，落实了一批构造；2010年开始实施三维地震采集，进一步落实了复杂构造形态，井震吻合度提高；2018年起实施的线束地震在宽线基础上创建线束地震，实现均匀强采样，地震信噪比大幅提升，成为锁定圈闭目标的重要手段；近年来，在总结本区以往勘探经验、简介其他地区基础成果的基础上，针对柯东冲断带“双复杂”勘探问题，开展了基于模型正演的三维观测系统设计技术、基于反射系数的激发深度设计技术、基于递进偏移距的深表层速度建模技术等。这些技术的研发和应用，使该区油气勘探向更复杂区域持续挺进，并获得油气发现和突破。本文梳理、归纳了这些技术的研究方法，并展示了实际应用效果。

1　研究区概述

1.1　近地表条件

柯东冲断带地表主要被黄土覆盖，地表沟壑纵横，地形起伏剧烈，激发引起的散射波极为发育，影响原始单炮信噪比，同时加大了施工难度大。

相比沟壑纵横的疏松黄土层，该区的近地表条件更为复杂，是影响柯东冲断带地震资料品质的主要因素之一。近地表覆盖的黄土层平均厚度150m以上，最大厚度可达500m以上，采用井炮激发难以实现高速顶下激发，可控震源又难以到位，因此，黄土塬区主要采用井炮组合井激发方式，疏松黄土激发条件差，低信噪比问题突出。井炮激发能量主要集中在地表附近的黄土层，以噪声形式存在，下传的能量弱，强能量面波和多次折射波遍布整个单炮，信噪比极低。同时疏松巨厚的黄土源地震波吸收衰减严重，接收条件差，同源信号，黄土区接收能量不到戈壁砾石区的一半，近道能量与沙漠区相当情况下，远偏移距能量比沙漠区低2个数量级。

复杂近地表结构建模难度大，导致不同单位处理浅层建模和成像结果区别明显。黄土区近地表的复杂性，不仅仅体现在黄土层上，黄土覆盖层之下的地层结构也极为复杂，黄土、砾石、砾石黏土夹层，表层结构纵横向变化大。剖面显示浅层不仅有黄土底界反射，之下还有其他浅层反射信息，可能是砾石层反射，钻井揭示黄土层下发育巨厚第四系砾石层初步证实了该推断。

1.2 深层地质条件

柯东冲断带为垂向挤压模式下，构造有序抬升，形成隆起带-陡阶带-缓阶带有序过渡格局，南北向发育三排构造，二叠系-中新生界多层系立体复式成藏；发育三套规模储层—杜瓦组高位域砂体、普斯格组低位域砂体、碳酸盐岩高能滩。隆起带埋深浅、构造完整，条件最优，中部凸起带构造高陡，甫沙4井实钻地层倾角60~80°，陡倾角成像对速度精度要求高，没有高精度速度模型支撑，特别是浅层模型，高陡浅层难以成像；陡倾角反射和多次折射都能成像，去噪和切除时难以区分，稍有不慎易伤害有效信息，处理难度大。

2 地震采集方法

2.1 针对"双复杂"特征的三维观测系统设计技术

2.1.1 基于模型正演的理论分析

柯东地区复杂的地震地质条件是影响地震成像质量的关键因素，其中陡阶带高陡地层成像难度最大，为此，建立了不同倾角(倾角范围15~86°)数学模型，采用波动方程模型正演方式分析陡倾角地层对地震数据采集的影响及提高陡倾角地层成像质量的采集方法。

地震波倾斜入射时会分裂为反射横波、反射纵波和透射横波和透射纵波，其能量分配问题十分复杂，国外许多研究结构在这方面做了大量研究和计算工作，得出了以下认识：当入射角度较小时，能量主要分配在透射纵波和反射纵波上，随着入射角度的加大，纵波的某些能量转化为反射横波和透射横波，反射波能量会大大降低。因此，地面位移的振幅大小会受入射角度的影响，入射角度越大，振幅越小。所以，就理论而言，地层倾角越大，地面接收到的反射波振幅会越小。对上述理论认识，我们利用波动方程正演进行了验证。在3个不同角度的单一倾斜地层模型上，距倾斜界面相同距离处激发，各得到一个正演单炮，如图1所示。从图上可以明显看出，地层倾角越大，倾斜地层的反射波能量越弱。这一现象与理论分析得到的认识一致，即地层倾角越大地面接收到的反射波振幅会越小。

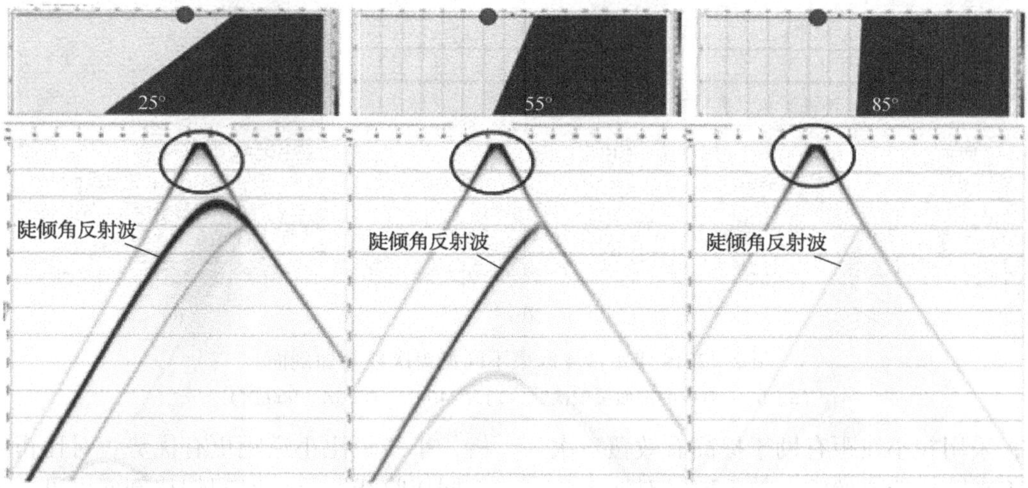

图1　不同倾角地层模型的正演单炮
（a、b、c对应的倾角为25°、55°、85°）

通过上述理论分析和模型正演验证可知，倾斜地层的反射波能量与地层倾角相关，倾角越大，反射波能量越弱。在实际勘探中，由于大量线性和随机噪声的存在，陡倾角弱反射信息基本上会被噪声淹没，而且由于陡倾角地层反射波视速度低，与线性噪声相近，难以从噪声中分离出来，因而浅层高陡构造很难得到较好的成像效果。

模型正演数据进行叠前深度偏移处理，通常都会直接采用模型速度来进行处理，所以一般都能够得到高质量的成像效果。然而，实际生产中，建立准确的速度模型是十分困难的，因此叠前偏移的速度模型总会不同程度的存在速度误差。为了分析速度误差对成像效果的影响，将应用调整后的正演速度模型进行成像处理，得到了存在不同误差的速度场的偏移结果。通过不同程度减小速度，随着速度向低误差越大，绕射波收敛得越来越差，在地层走向转折点形成了一些类似蝴蝶结的交叉同相轴，速度越低蝴蝶结解开的越不彻底，这是一种收敛不足的情况。相同方法，不同程度增加速度，随着速度增加误差增大，绕射曲线反转，在地层走向转折点速度越大双曲线反转形成的笑脸越明显。比较而言，增大速度对偏移成像效果的影响更严重。在减小速度的剖面上，能够勉强看出 60°地层区（红圈所示区域）的构造的形态，而在增加 10%以上速度的剖面上 60°倾角的地层基本不成像。

上述对比说明，速度误差是影响偏移效果的重要因素，使用过低和过高的速度会使陡倾角同相轴出现偏移不足和偏移过度的现象，导致同相轴的位置错误，且速度误差越大和地层倾角越大，偏移不足和偏移过度的程度越大。因此，越是高陡的地区对成像精度的要求越高，确保高陡浅层成像首先应解决好速度建模问题，地震资料信噪比直接影响速度建模的精度，因此，提高地震资料信噪比是提高该区地震成像的关键因素。

2.1.2　基于实际数据的论证分析

基于上述理论分析指导，对该区域 2019 年三维线束地震数据分析，得出以下几点认识：第一，采用较高的覆盖次数是提高黄土塬剖面信噪比的基础。合理的覆盖次数能够有效的压制干扰噪声，改善资料品质，高覆盖次数是提高资料品质最有效的手段之一。覆盖次数的大小也是影响叠加面元中炮检距分布的主要因素之一。若覆盖次数较低，则炮检距分布较差，影响动校正叠加速度及叠加响应。覆盖次数的选择应以提高资料信噪比，保证主要目的层有足够的有效覆盖次数为主。将 2019 年甫沙 4 线束地震数据退化处理，可以清晰看到，随覆盖次数的增加，陡倾角地层及浅层成像质量均得到明显的提升（图 2），该区覆盖次数大于 480 次。

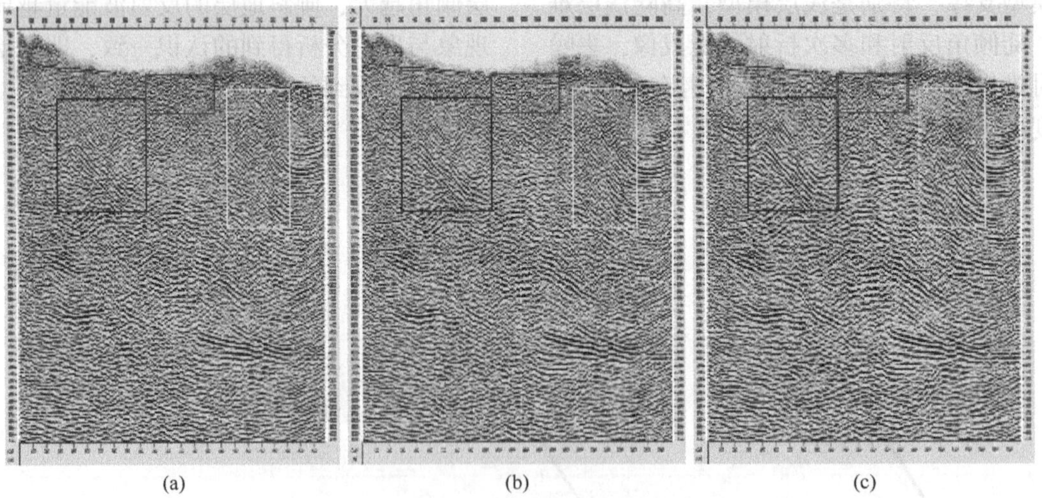

(a)　(b)　(c)

图 2　2019 年甫沙 4 线束不同覆盖次数叠加剖面

（a、b、c 对应的剖面覆盖次数分别为 240 次、480 次、960 次）

第二，采用较小线距有助于提高有效覆盖次数，是改善高陡构造成像的有效手段。对比甫沙 4 线束相同炮道密度下不同接收线距叠前时间偏移剖面（图 3），从有利于陡倾角成像的角度分析，小线距比小道距更有优势。对比甫沙 4 线束不同接收线距叠前时间偏移剖面可见，缩小线距有利于增加浅层覆盖次数，提高浅层资料信噪比，进而提高浅层成像能力。从不同接收线距叠前时间偏移剖面看，在相同接收线数(相同覆盖次数)条件下，小线距增加了近偏移距信息，改善浅层成像效果，随着接收线距增加，信噪比逐渐降低，接收线距 120m 为门槛值。

第三，采用较小的道距，有利于提高陡倾角成像、去噪和表层反演效果。面元尺寸要考虑满足横向分辨率和反射波、绕射波不产生空间假频的要求。在低信噪比地区，当工区存在较强的相干噪音时，还需考虑满足干扰波不出现空间假频的情况。沙 4 线束不同道距去噪 CMP 道集和叠前时间偏移剖面对比结果表明：面元尺寸 15m 与 30m 差异不大，15m 略优于 45m(图 4)。

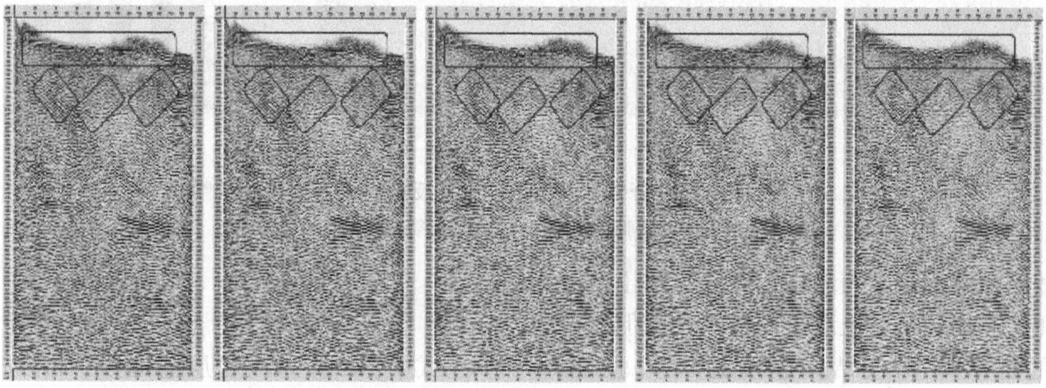

(a)　(b)　(c)　(d)　(e)

图 3　2019 年甫沙 4 线束相同覆盖次数不同接收线距叠加剖面

(a、b、c、d、e 对应的剖面接收线距分别为 30m、60m、120m、180m、240m)

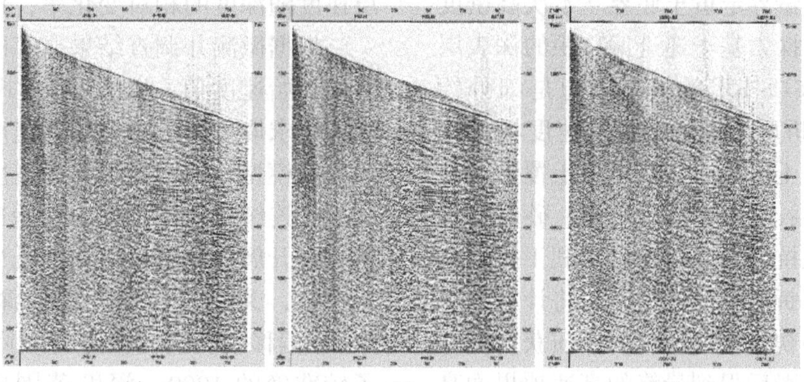

(a)　(b)　(c)

图 4　2019 年甫沙 4 线束不同道距去噪后 CMP 道集

(a、b、c 对应的 CMP 道集道距分别为 15m、30m、45m)

2.2　基于反射系数激发深度优选技术

研究区超深微测井数据表明，黄土塬具有准连续介质特性，常规认知中，激发深度越深单炮质量越高，但是以往实际资料并不是这样的结果。地震勘探中通常利用近地表虚反射来增强下传能量，相对较强波阻抗界面下激发，选择适当的激发深度，使反射波与虚反射叠加，达到增强能量的效果。通过对柯东地区黄土塬浅层反射界面调查，得到了黄土低降速层中的反射信息，证实黄土层中存在能够形成虚反射的界面，根据微测井调查数据建立前表层模型并开展不同激发深度的单炮波动方程正演工作，正演单炮结果表明：在较强波阻抗界面之下 2~7m 范围内激发能量较强。在理论分析基础上开展了野外不同激发深度的试验工作，野外试验结果与理论分析结果吻合，激发深度 20m(较强波阻抗界面下 1.9m)单炮反射波能量最强、信噪比最高(图 5)。因此，该区可利用虚反射与反射波叠加，增强反射波能量，从而提高原始单炮信噪比方法设计激发深度，关键是选择好相对波阻抗较强的界面。

2.3　静校正建模技术

表层调查的任务不能局限在仅搞清黄土底界，需要向下把砾石层查清，才能提高速度建模精度。黄土之下还有复杂砾石层，但地震资料浅层有效信息少，难以在处理过程中求准浅层砾石速度。2001 年，通过浅层小反射、非地震、稀

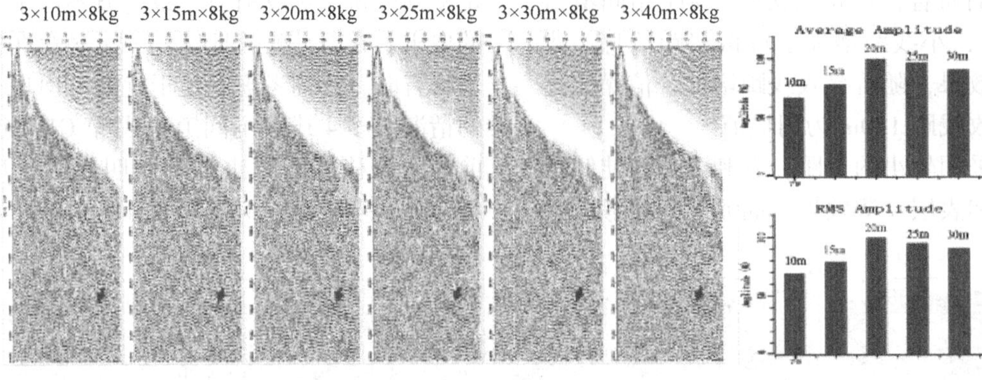

(a)　　(b)

图 5　不同激发深度野外试验单炮记录及反射波能量分析柱状图

(a)不同激发深度试验单炮数据；(b)是反射波能量分析柱状图

疏超深微测井解剖近地表结构，查清了黄土层底界的特征，并揭示了黄土之下的复杂性，但该方法获得的深表层调查结果精度还有待验证。2012~2013 年，针对黄土层开展了小道距层析表层调查线、黄土露头调查，能够定性描述黄土底界的分布规律，但打穿黄土底界的微测井稀少，缺少约束，无法定量界定黄土底界。本次高密度三维实施过程中，探索基于递进偏移距的深表层速度建模技术，该项技术的核心思想是细分约束+递进偏移距层析反演拓展了可信速度场的深度。塔西南巨厚黄土区地表为巨厚黄土覆盖，表现为连续介质特性；黄土下伏为砾岩、砂岩，黄土底界面为强波阻抗界面。该特点有利于折射波的准确分层，提高折射反演的精度。将计算的风化层平均速度作为初始条件，折射反演获得高速顶界面高程，小平滑后得到最终的高速顶界面高程。与理论高速顶界面高程相比，折射反演得到的高速顶界面与理论高速顶界面几乎完全重合。可见，折射反演获得的高速顶界面高程精度能够满足表层建模精度需求。

通过层析、折射迭代反演，获得了能够满足表层建模精度需求的近地表模型，该模型为层状介质，与实际的近地表结构不符。连续介质速度公式如下：

$$v(z)=v_0(1+\beta z) \tag{1}$$

式中：z 为深度，单位 m；$v(z)$ 是深度为 z 时的速度值，单位 m/s；v_0 是在地面($z=0$)的速度值，单位 m/s；β 是速度随深度的相对变化率，即速度随深度的变化率同 v_0 之比，单位 1/m。

根据地震波在地层中传播的垂直时间等效原理，有：

$$\frac{h_{总}}{v_{均}}=\sum_{i=1}^{n}\frac{\Delta h}{v_i} \tag{2}$$

式中，h 总为风化层总厚度，m；v 均为风化层平均速度，m/s；Δh 为风化层细小分层的厚度，m；v_i 为第 i 层的速度，m/s；n 为自地表向下以 Δh 为间距的分层数，无量纲；β 为风化层速度随深度的相对变化率，1/m。

根据微测井调查结果或工区特点给定一个经验的初始速度值，联立 2、3 式，通过迭代的方法即可求取每一细小分层的速度，从而将层状介质速度模型转换为连续介质速度模型。

将连续介质模型作为初始速度模型，采用大偏移距开展约束层析反演，既可以保证浅表层模型精度，又能拓展速度场的深度。利用细分约束+分偏移距反演方法进行实际资料反演，获得了较准确的 1000m 深度范围内的浅层速度场，反映出了黄土层下深表层速度变化较大的特点，且与声波测井速度有较高的吻合度，应用于剖面处理得到的成像效果更好(图 6)。

3　实际应用及效果

甫沙三维采用三精两高三维地震采集技术(高精度的静校正方法、高精度激发参数设计、高精度接收参数设计、高密度、高覆盖)，60 线 2 炮 48 道观测系统，接收线距 120m，覆盖次数 900 次，炮道密度达到 200 万/km^2，采集参数基本与分析论证结果相符，原始单炮品质较以往有明显的提升，波组特征清晰，深层可见明显的有效反射，甫沙三维相比以往宽线资料，剖面整体信噪比高，波组特征清晰，地层接触关系明确，黄土底界反射清楚，甫沙三维基本解决了复杂构造南北两侧的成像问题，高陡构造成像精度进一步提高(图7)。甫沙三维为厘清柯东冲断断构造模式的提供重要依据，是叶探1井获得重大突破的关键因素。

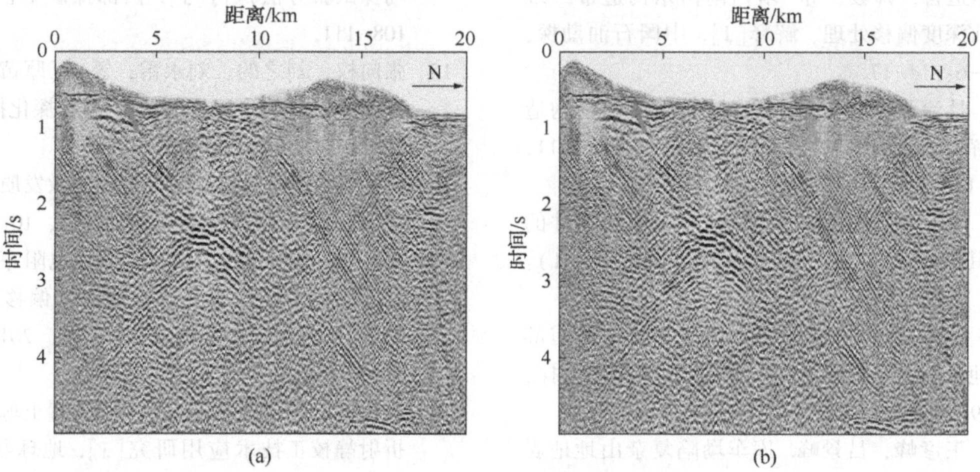

图6　不同静校正方法叠加剖面

(a)常规层析反演；(b)层析、折射联合反演

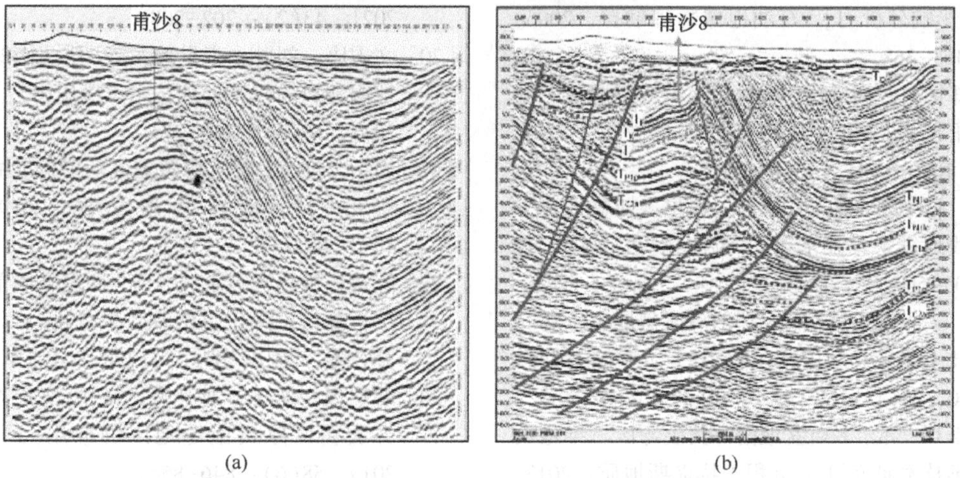

图7　线束地震与高密度三维叠前深度偏移剖面对比

(a)线束地震剖面；(b)高密度三维地震剖面

4　结论

根据上述分析，可以得出以下认识与结论：

(1) 高密度观测是低信噪比复杂构造区三维地震勘探技术发展趋势，基于提高信噪比改善成像质量考虑，应首先保证有较高的覆盖次数，同时采用小线距采集，提高浅层高陡构造成像质量，面元尺寸主要考虑地层倾角，倾角越大需要的面元尺寸越小；

(2) 具有准连续介质特征的黄土塬在相对较大反射系数界面下激发，可以有效利用反射波与虚反射的叠加效应，增加反射波能量及信噪比，同时相比以往30m固定激发深度又可以适当降低钻井深度，实现技术经济双赢的效果；

(3) 细分约束+递进偏移距层析反演技术，在兼顾了浅表层速度场的前提下，拓展了可信速度场的深度，整体提高了深表层速度场的精度，改善了剖面的成像质量，整体效果优于以往常规方法。

参考文献

[1] 刘军，田雷，杨丽莎，等. 塔里木盆地塔西南坳陷古生界成藏条件特殊性与油气勘探意义[J]. 天然气工业，2023，43(9)：61-72.

[2] 杨海军，王步清，杨芝林，等. 塔里木盆地西南坳陷柯东构造建模与油气勘探[J]. 地质科学，2011，46(2)：456-465.

[3] 黄文宇，潘长春，于爽，等. 塔里木盆地塔西南坳

陷柯东构造带甫沙 4 井原油来源及充注过程[J]. 天然气地球科学，2022，33(11)：1836-1847.
[4] 周翼，李道善，师骏，等. 塔西南柯东构造带二维资料叠前深度偏移处理、解释[J]. 中国石油勘探，2011，5-6：14-17.
[5] 曾昌民，杜治利，周学慧，等. 昆仑山前柯东构造带构造解析及形成机制[J]. 新疆石油地质，2011，32(2)：133-136.
[6] 杜金虎，王招明，雷刚林，等. 柯东 1 风险探井的突破及其战略意义[J]. 勘探战略，2011，2(1)：1-11.
[7] 范增辉，欧阳诚，刘树根，等. 塔里木盆地西南部黄土塬地区地震采集技术[J]. 石油地球物理勘探，2014，49(4)：627-633.
[8] 陈学强，王彦峰，吕景峰. 库车坳陷复杂山地地震采集适用技术及应用效果[J]. 石油地球物理勘探，2022，57(4)：806-814.
[9] 狄帮让，熊金良，岳英，等. 面元大小对地震成像分辨率的影响分析[J]. 石油地球物理勘探，2006，41(4)：363-368.
[10] 苏海，郑德德，高棒棒，等. 鄂尔多斯盆地黄土塬地震采集技术进展[J]. 地球物理学进展，2019，34(3)：1096-1104.
[11] 孙景旺，杜中东，任文军，等. 鄂尔多斯盆地黄土塬区多线地震采集技术[J]. 石油物探，2003，42(4)：505-507.
[12] 付锁堂，王大兴，姚宗惠. 鄂尔多斯盆地黄土塬三维地震技术突破及勘探开发效果[J]. 中国石油勘探，2020，25(1)：67-76.
[13] 朱丹，李邦. 鄂尔多斯盆地南部黄土塬区三维地震激发关键技术研究[J]. 沉积于特提斯地质，2013，33(4)：74-80.
[14] 郭子华，田伟，李新程. 巨厚黄土塬地区三维地震勘探试验方法探讨[J]. 西部探矿工程，2012，8：108-111.
[15] 张向权，刘之的，刘永雷，等. 巨厚黄土塬近地表正演模拟及约束层析反演[J]. 物探化探计算技术，2022，44(5)：539-548.
[16] 卢湘鹏. 提高黄土塬地区地震波激发质量的几点认识[J]. 工程地球物理学报，2013，10(1)：71-76.
[17] 冯许魁，熊兴银，刘永雷，等. 电阻率约束下的地震反演技术在库车某区叠前深度偏移速度建场中的应用[J]. 地球物理学进展，2016，31(1)：0170-0176.
[18] 喻岳钰，曹代勇，邢春颖，等. 黄土塬区模型约束折射静校正技术应用研究[J]. 地球物理学进展，2013，31(3)：1373-1380.
[19] 郭念民，雷刚林，崔永福，等. 黄土塬区模型约束折射静校正技术应用研究[J]. 物探化探计算技术，2021，43(2)：202-208.
[20] 文雪康，刘胜，李世琼，等. 塔西南厚黄土戈壁区地震资料静校正处理技术及应用[J]. 物探与化探，2012，36(5)：766-771.
[21] 周衍，饶莹. 黄土塬覆盖区的层析反演静校正方法研究[J]. 地球物理学报，2019，62(11)：4393-4400.
[22] 陈猛，魏巍，刁永波，等. 西昆仑山前巨厚黄土区层析静校正深化应用及效果分析[J]. 物探化探计算技术，2016，39(6)：798-804.
[23] 邬达理，李洋，刘卫华，等. 标志层控制的静校正方法在巨厚黄土塬地区的应用[J]. 石油物探，2019，58(6)：846-854.

三维地震数据模型驱动下的超深全层系复杂构造地应力建模

张　辉[1,2,3,4]　徐　珂[1,2,3,4]　王海应[1,2,3,4]　强剑力[1,2,3]　梁景瑞[1]　张　禹[1]　杨科夫[1]

（1. 中国石油天然气股份有限公司塔里木油田公司；
2. 中国石油天然气集团有限公司超深层复杂油气藏勘探开发技术研发中心；
3. 新疆维吾尔自治区超深层复杂油气藏勘探开发工程研究中心；4. 新疆超深油气重点实验室）

摘　要　在超深地层环境中，构造复杂性显著增加，使得传统数值模拟方法难以准确预测地应力场分布，直接影响了后续钻井和开采作业的可行性与安全性。为了应对这一挑战，本文充分利用高分辨率三维叠前地震资料和岩石力学测井数据，通过运用PNN（概率神经网络）预测技术，有效解决了井上横波曲线缺失的问题；采用了叠前AVO反演技术，构建了全工区600km^{2}的超大纵波速度、横波速度和密度模型，实现了对目标区域弹性参数的精细刻画；基于考虑超深层异常高压影响的Eaton公式，实现了全层系三维地层压力精确预测；最后，基于融入构造曲率的组合弹簧模型和协克里金插值技术，高效地建立了从地表到目的层的全构造三维高精度地应力模型，为建立大规模的“透明盆地”奠定了关键方法与技术基础，最后对地应力分布主控因素进行了分析，为优化油田开发方案和降低开采风险提供了中重要依据。

关键词　PNN神经网络；AVO反演，协克里金插值，全层系地应力三维建模；

1　引言

地应力的测量与预测涉及到了地球物理、岩石力学等不同学科之间的交叉。这一研究对于非常规天然气资源的开发具有重要指导意义，可以帮助分析地应力对煤层渗透性的影响，进而优化压裂改造和开采技术。

地应力测量主要采用岩心实验测量法和测井计算法，这些方法分辨率高且准确，但是成本高，只能提供井上地应力数据。对于大尺度范围内的地应力预测，常用的数值模拟方法包括有限元模拟和基于地震数据反演等方法。其中，有限元模拟方法应用最为广泛。李冬冬通过模拟不同时期的构造应力场，明确了应力分布范围和所处应力状态；Wang等人利用有限元方法建立了地质力学模型，分析了不同背景环境下盐结构的应力场，并探讨了其在盐系统中的扰动规律及其对盐系统中安全泥浆重量窗口的影响；徐珂等针对塔里木盆地复杂地质条件，提出了单井地应力测井解释与三维地应力场模拟相结合的方法，开展三维非均质性地应力场研究；刘明等人通过应力场模拟成果，揭示了裂缝开启性和发育信息，并对裂缝型储层进行了评价。

基于地震数据的反演预测方法在地应力研究方面展示出显著优势。该方法充分利用现有资料，以测井数据为精准约束，以实际地震资料约束井间属性，极大提高了稀进地区井间属性预测结果的可靠性。Starr等人基于三维地震数据进行地应力场的预测，利用泊松比来计算最小水平应力；Gray考虑了裂缝引起的各向异性，基于三维地震数据计算了HTI介质的水平应力；马妮等人推导并实现了基于正交各向异性介质的地应力预测；Shuai等人推导了HTI介质的组合弹簧模型方程，实现了HTI介质三维地应力场预测；Shuai等人考虑地层形变，提出了由三维构造曲率定量表示应变的方法，进一步提高了构造应力预测的精度。

目前的地应力建模方法主要聚焦在目的层，而忽视了从地表到目的层之间的上覆地层。然而在施工过程中，目的层之上的应力特征缺失会导致工程风险，特别是在深井工程中。全层系地应力模型对全油气系统整体评价、多目的层立体开发等工作具有重要意义。但是目前传统的地应力场数值模拟方法在复杂裂缝型储层建模和全层系建模方面存在一定的局限性。例如：直接插值方法在井间缺乏力学依据，建模精度低；半解析法使用恒定构造应力系数，不能准确刻画地层构造变形；基于有限元的地质力学建模虽然在井上精度高，但对于稀井地区的井间预测不够准确，而且工作量大、效率低。

为了解决上述问题，本研究聚焦超深复杂构造地质体的全层系三维地应力场预测，建立了地震数据驱动的全层系地应力建模流程(图1)。其难点在于获取全层系测井曲线。以横波数据为例，我们使用PNN概率神经网络预测了缺失的测井数据，并将其应用于叠前AVO反演技术，得到全层系三维弹性参数数据体；然后建立了速度、密度与杨氏模量、泊松比、上覆应力和孔隙压力之间的定量关系，得到全构造属性体；最后，将属性值代入融入曲率的组合弹簧模型方程，获得三维最大和最小水平应力数据体。本研究较大程度上克服了趋势控制差、多尺度数据融合难的问题，显著提高了计算效率。

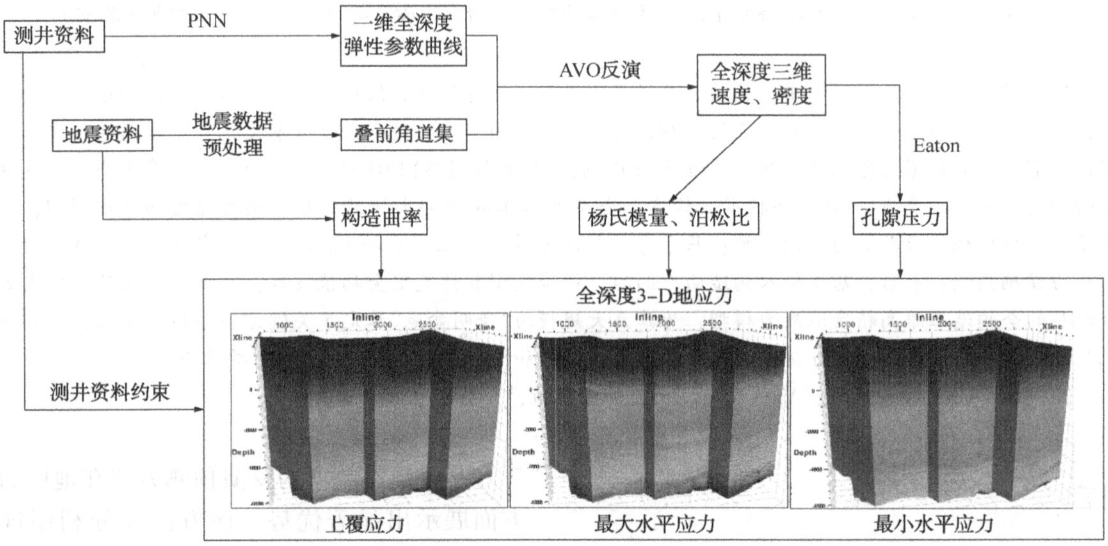

图1　地应力建模流程图

2　地球物理驱动的全层系三维地应力预测

全层系三维地应力预测的关键在于获得高精度的三维纵波速度、横波速度和密度体，因此，全层系一维测井曲线的高精度预测是重要的数据前提。对于缺失的测井数据，本文采用PNN概率神经网络对横波数据进行预测，PNN作为一种先进的神经网络模型，能够基于现有数据进行学习，并通过概率推理来处理不确定性，从而有效预测缺失的横波数据；然后，将其应用于AVO叠前反演获得全层系弹性参数体，包括杨氏模量、泊松比等；最后选用融入曲率的组合弹簧模型进行地应力预测与建模。

2.1　PNN横波时差预测

PNN是一种有监督前馈神经网络。其主要是利用贝叶斯规则，将错误分类的期望风险最小化，其待测值映射到值域中的概率表达式为：

$$P(\omega_j \mid x)=\frac{P(x \mid \omega_j)P(\omega_j)}{P(x)},\ j=1,\ 2\cdots \quad (1)$$

其中x为映射定义域，即输入的已知测井数据；ω_j为映射值域，即要预测的横波数据；$P(\omega_j)$为先验概率；$P(x \mid \omega_j)$为映射条件概率密度；$P(\omega_j \mid x)$为所求后验概率密度，计算对比后使用最大后验概率映射对数据进行预测。

PNN神经网络预测的优势在于它无需进行多次充分计算，就能稳定收敛于bayes优化解。当训练模式样本数量固定时，通过调整平滑参数，就能实现网络快速收敛，亦可用于后续对属性的预测。PNN横波预测的流程，如下：

(1)数据准备，挑选合适的测井曲线例如伽玛射线、电阻率等曲线和对应的横波时差曲线作为输入数据；(2)属性分析，对输入测井曲线进行多属性分析，选取相关性高的多个属性作为PNN网络预测训练集并进行网络训练；(3)参数优化，调整敏感属性参数，使训练集预测结果准确率较高；(4)预测应用，将不含横波时差数据的井曲线作为预测集输入训练好的网络，即可得到横波数据智能预测结果。

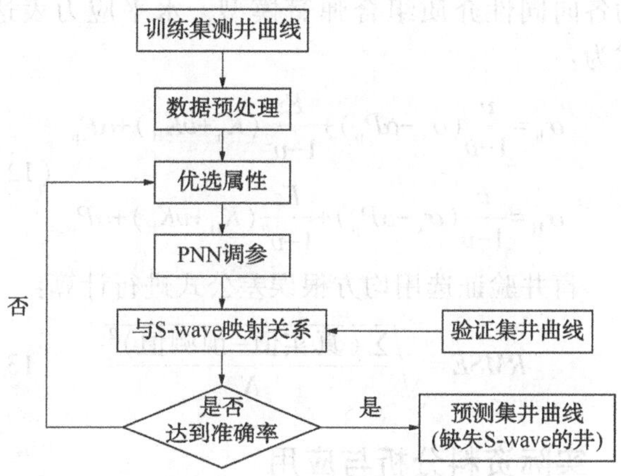

图 2　PNN 预测流程图

2.2　基于 AVO 反演的全层系弹性参数预测

本文基于 Aki-Richards 近似式进行 AVO 反演，其表达式如下：

$$R_{PP(\theta)}=c_1R_P+c_2R_S+c_3R_D \tag{2}$$

系数 c 是纵波速度 V_P、横波速度 V_S 和入射角 θ 的函数，R 为反射系数，具体表达式为：

$$R_P=R_P(0°)=\frac{1}{2}\left(\frac{\Delta V_P}{V_P}+\frac{\Delta\rho}{\rho}\right),$$

$$R_S=R_S(0°)=\frac{1}{2}\left(\frac{\Delta V_S}{V_S}+\frac{\Delta\rho}{\rho}\right),\ R_D=\frac{\Delta\rho}{\rho} \tag{3}$$

$$c_1=1+\tan^2\theta,\ c_2=-8\left(\frac{V_S}{V_P}\right)^2\sin^2\theta,$$

$$c_3=2\left(\frac{V_S}{V_P}\right)^2\sin^2\theta-\frac{1}{2}\tan^2\theta \tag{4}$$

首先，将全层系叠前地震数据分角度叠加，可以得到 N 个不同入射角下的叠后数据体，取其平均值作为该数据体的入射角；其次以全层系纵波时差、全层系密度和 PNN 网络预测的全层系横波时差曲线作为输入，结合地震数据中提取的地震子波来构建初始模型；然后通过与实际道集对比求残差，不断修正低频初始模型，多次迭代更新，反演得到全层系 3-D 的纵、横波时差和密度数据体；最后计算全层系三维岩石弹性参数杨氏模量 E 和泊松比 υ，计算表达式为：

$$E=\frac{\rho_b}{\Delta t_s^2}\frac{3\Delta t_s^2-4\Delta t_p^2}{\Delta t_s^2-\Delta t_p^2}$$

$$\upsilon=\frac{\Delta t_s^2-2\Delta t_p^2}{2(\Delta t_s^2-\Delta t_p^2)} \tag{5}$$

式中，ρ_b 为岩石密度；Δt_p 表示纵波时差；Δt_s 表示横波时差。

2.3　全层系 3D 地应力预测

地应力的大小通常通过地层上覆压力、最大水平应力和最小水平应力三个关键因素来描述。其中，最大、最小水平应力由骨架应力、构造应力和孔隙压力三个部分组成。骨架应力是指由岩石的固体部分传递的应力，它反应了岩石的变形特性和强度，由上覆压力和孔隙压力共同决定；构造应力是与地质构造运动密切相关的地应力，它是地震发生的一个重要诱因，主要由描述地层形变的应变或构造曲率表示；孔隙压力是指地层孔隙中流体承受的压力。

上覆压力，由岩层自身重力产生，为地应力的分析提供了重要参考依据。全层系上覆压力的计算是由密度积分得到，具体表达式为：

$$\sigma_V=\int_0^H g_0\rho(h)d(h)\times10^{-3} \tag{6}$$

式中，σ_V 表示垂向地应力，单位 MPa；H 表示深度，单位 m；g_0 是重力加速度，一般取值为 9.8m/s^2；$\rho(h)$ 是上覆岩层的密度，单位 g/cm^3。

孔隙压力，根据实际工区情况及地层岩石属性选取 Eaton 法计算。考虑研究工区目的层位于异常高压地层，地层压实程度大，且声波时差变化范围小，单纯调节 Eaton 指数 N 容易使整个地层压力剖面曲线变化波动较大，不符合实际地层压力纵向变化特征。为此，对孔隙压力 P_p 进行深度矫正，附加校正量为 Δp（一般在 0~0.5g/cm^3），由此建立的 Eaton 法预测地层孔隙压力非线性方程为：

$$P_p=\sigma_V-(\sigma_V-P_h)\left(\frac{\Delta t_0}{\Delta t_p}\right)^N+0.0098\Delta pH \tag{7}$$

其中，Δt_0 表示正常声波时差，单位 μs/ft；P_h 表示静水压力，单位 MPa。

构造曲率，用来定量的表征水平地层形变。Shuai 等人基于薄板理论引入了构造曲率属性，提出构造曲率与水平构造应变存在定量关系，表达式为：

$$\varepsilon_h=z\cdot K_h,\ \varepsilon_H=z\cdot K_H \tag{8}$$

其中 ε_h、ε_H 分别表示传统最小、最大水平应变常数，无量纲，K_h、K_H 表示两个方向上的欧拉曲率。三维构造曲率是在叠后地震数据体中提取，可以有效地表征地层构造信息，显著提高井间构造应力精度。

假设地下为各向同性介质，根据胡克定律可得应力与应变的关系为：

$$\varepsilon_i=S\cdot\sigma_j \tag{9}$$

其中 ε_i 是应变，σ_j 是应力，S 是各向同性

介质的柔度张量。将公式写成矩阵形式如下：

$$\begin{bmatrix}\varepsilon_h\\ \varepsilon_H\\ \varepsilon_V\\ \varepsilon_4\\ \varepsilon_5\\ \varepsilon_6\end{bmatrix}=\begin{bmatrix}\frac{1}{E} & \frac{-v}{E} & \frac{-v}{E} & & & \\ \frac{-v}{E} & \frac{1}{E} & \frac{-v}{E} & & & \\ \frac{-v}{E} & \frac{-v}{E} & \frac{1}{E} & & & \\ & & & \frac{1}{\mu} & & \\ & & & & \frac{1}{\mu} & \\ & & & & & \frac{1}{\mu}\end{bmatrix}\begin{bmatrix}\sigma_h\\ \sigma_H\\ \sigma_V\\ \sigma_4\\ \sigma_5\\ \sigma_6\end{bmatrix} \tag{10}$$

式中，μ 表示剪切模量；ε_V 表示垂向应变；σ_h、σ_H 分别代表最小水平主应力和最大水平主应力。

对公式进行整理，并加入孔隙压力的影响，可得最大、最小水平应力的表达式：

$$\begin{aligned}\sigma_h&=\frac{v}{1-v}(\sigma_v-\alpha P_p)+\frac{E}{1-v^2}\varepsilon_h+\frac{vE}{1-v^2}\varepsilon_H+\alpha P_p\\ \sigma_H&=\frac{v}{1-v}(\sigma_v-\alpha P_p)+\frac{E}{1-v^2}\varepsilon_H+\frac{vE}{1-v^2}\varepsilon_h+\alpha P_p\end{aligned} \tag{11}$$

最终，将公式代入公式，可得融入曲率属性的各向同性介质组合弹簧模型，水平应力表达式为：

$$\begin{aligned}\sigma_h&=\frac{v}{1-v}(\sigma_v-\alpha P_p)+\frac{Ez}{1-v^2}(K_h+vK_H)+\alpha P_p\\ \sigma_H&=\frac{v}{1-v}(\sigma_v-\alpha P_p)+\frac{Ez}{1-v^2}(K_H+vK_h)+\alpha P_p\end{aligned} \tag{12}$$

盲井验证选用均方根误差公式进行计算：

$$RMSE=\sqrt{\frac{\sum(真实值-预测值)^2}{N}} \tag{13}$$

3　实际资料分析与应用

3.1　实际数据应用

实际资料选取位于塔里木盆地北部南天山造山带与塔北隆起之间的库车坳陷克拉苏构造带博孜区块(图3(a))，该研究区面积约为600平方公里，内部发育近东西向断裂(图3(b))。研究区属于超深层裂缝型砂岩气藏，目的层油气资源丰富、勘探潜力大，但是普遍埋深超过5000米，且遭受了强烈的挤压变形。由于断裂、裂缝的大量发育，形成了逆冲叠瓦状的构造格局，岩性多样变化大(图3(c))。因此无论是地应力场预测还是地质-工程一体化研究都面临巨大挑战。

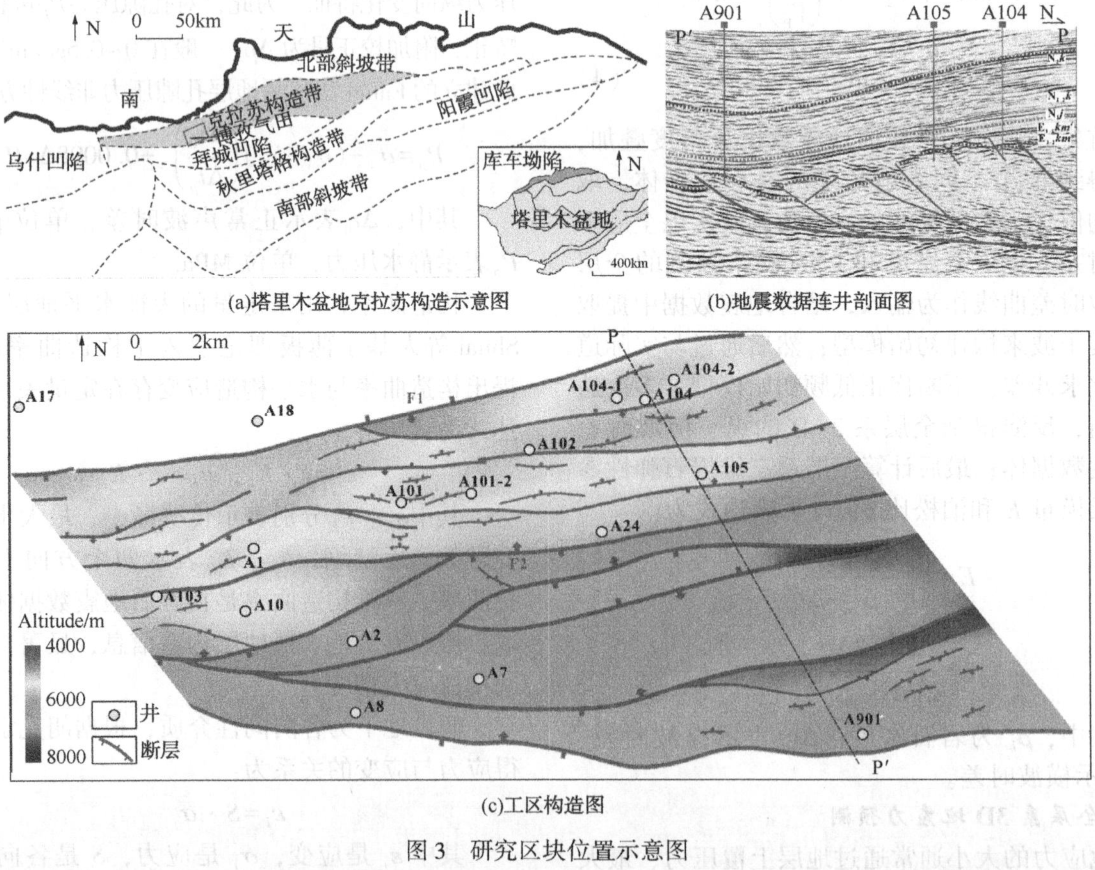

(a)塔里木盆地克拉苏构造示意图　(b)地震数据连井剖面图

(c)工区构造图

图3　研究区块位置示意图

首先叠前 AVO 反演的输入数据有“地表-目的层”的全层系纵、横波和密度测井资料，以及经过预处理、符合反演要求的入射角叠前地震资数据。对于部分缺失的重要测井资料，采用 PNN 概率神经网络进行精确预测。以横波时差数据的预测为例，以含有横波时差数据井为训练数据集，缺失横波时差的井数据作为预测集。通过训练井与预测井的对比分析[图 4(a)]，可以观察到预测结果与实际测井数据高度吻合，并通过公式计算出的相对误差在±2%以内。这一结果充分证明了 PNN 神经网络在数据预测上的高准确率，说明其预测数据与实际测井数据之间的一致性较高，能够用于后续横波数据预测。因此，基于 PNN 预测方法，预测井结果[图 4(b)]可直接做为叠前 AVO 反演测井输入数据，进一步确保了反演过程的精准度和可靠性。

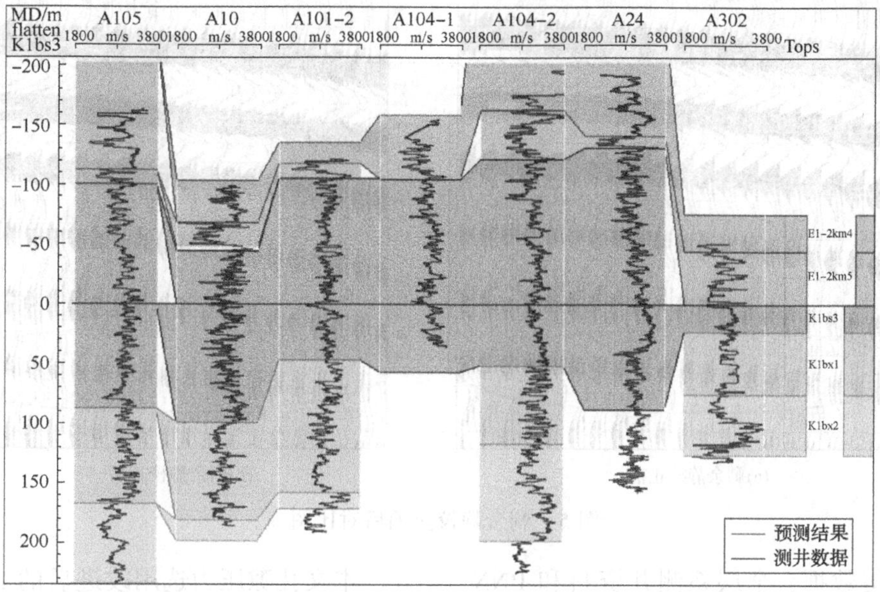

(a)横波预测——训练井结果

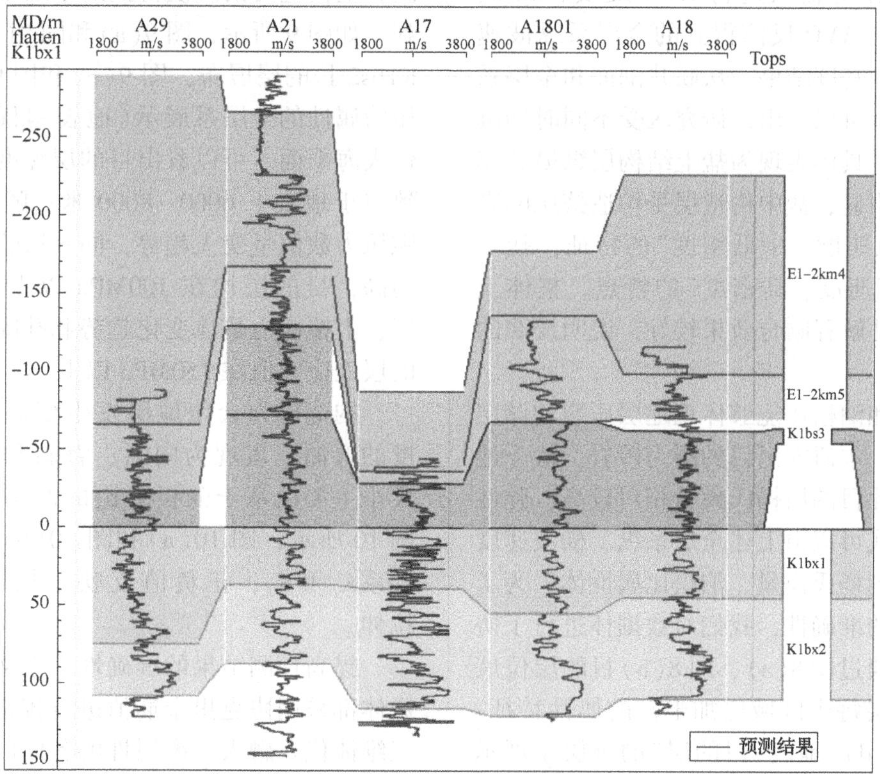

(b)横波预测——预测井结果

图 4　PNN 神经网络横波预测结果

基于 AVO 反演的弹性参数预测对地震数据质量要求较高，因此有必要对地震数据进行预处理。本文对叠前数据进行带通滤波、去噪、剩余动校正、分角度叠加和剩余静校正等处理，得到入射角分别为 9.8°、15.5°和 21.2°的三个叠前道集。其中剩余静校可以将同相轴拉平，是有效提高 AVO 特征分辨率和准确性的重要因素。剩余静校正前后的叠前地震剖面对比(图 5)清楚地展示了三个角道集的同相轴被矫正到同一水平线上[图 5(a)]。

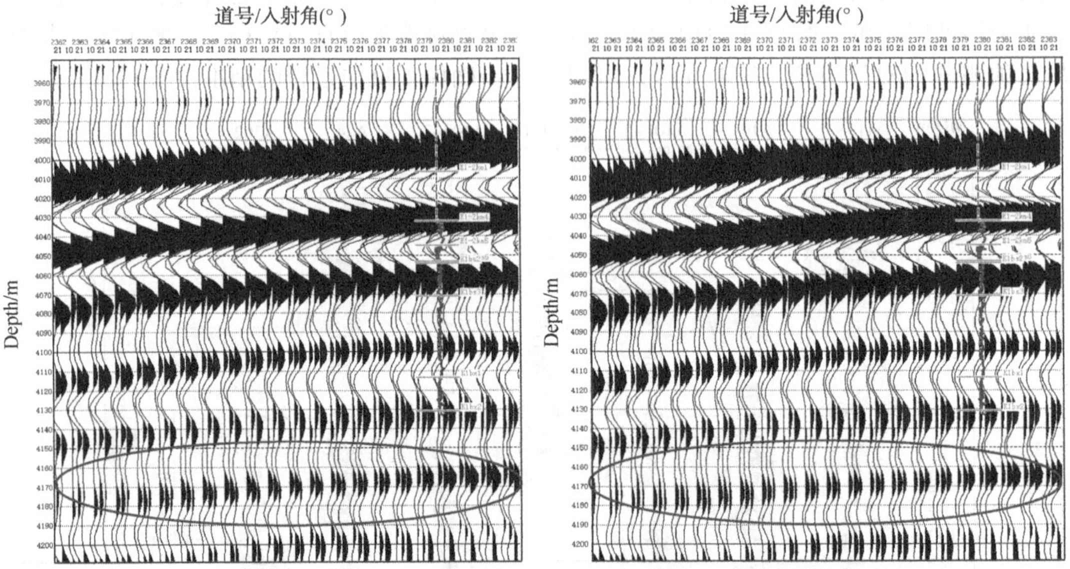

(a)剩余静校正前　　(b)剩余静校正后

图 5　剩余静校正前后对比图

将叠前道集数据、全层系测井资料和 PNN 横波预测结果作为输入进行 AVO 反演。图 6、图 7 分别展示了 AVO 反演得到的全层系纵波速度、横波速度和密度结果，从联井剖面和全层系三维图，从图上可以看出，研究区受不同时期沉积环境的影响，具体表现为盐上结构层纵横波速度、密度分层明显，盐中构造层受构造挤压的影响，具有“中低速度、中低密度”的特征，盐下结构层有“较高速度、高密度”的特点。整体上反演结果与测井解释吻合效果较好，说明反演的可靠性强。

杨氏模量和泊松比能够体现地层压裂和储层被改造的程度。本研究区目的层为砂岩，盐上地层为泥岩，因此目的层杨氏模量相对较高，脆性较高。根据公式可以由上述全层系纵、横波速度和密度计算得到杨氏模量、泊松比属性体。为了保证计算结果的准确性，我们对数据体进行了协克里金校正。通过图 8(a)、图 8(b)目的层位展示能够得到储层每个区域更加丰富的属性特征；图 8(c)、图 8(d)“地表-目的层”的全层系展示可以看出储层岩石杨氏模量值明显较高，浅层至盐层数值较低，泊松比反之。

本文孔隙压力选用改进后的 Eaton 法进行预测，上覆应力由反演得到的全层系密度体积分得到。如图 9 所示，图 9(a)和图 9(b)分别为两者 K1bs2 目的层展布，图 9(c)和图 9(d)分别为两压力属性的全层系展示(地表-目的层)，深度 0 代表海平面。可以看出目的层深度变化较大，大致位于地表下 6000~8000 米；随着深度增加孔隙压力数值呈变大趋势，同一层位上表现为北低南高，目的层均在 100MPa 以上，属于高压储层；上覆应力整体变化趋势和孔隙压力一致，目的层处应力值在 150MPa 以上。

构造应力会使地层发生变形，形成不同程度的弯曲，表现为向斜、背斜和断层等，数值大小主要由基于薄板理论的曲率属性体现。如图 10 所示，图 10(a)和图 10(b)分别展示了全层系 K_H 和 K_h，正负值反映了构造挤压与构造拉伸。

提高预测结果的准确性，本文对每个属性参数体都采用协克里金插值进行校正。将上述属性三维体代入融入曲率属性的各向同性介质组合弹簧模型公式，可以得到全层系三维水平应力场模型(图 11)。其典型特征是现今最大主应力场呈现北低南高，水平应力随深度逐渐增高，与实测数据的分布趋势一致；目的层均位于6000米以下，最大水平主应力主要分布于140~200MPa；最小水平主应力的分布趋势与最大水平主应力类似，总体呈北低南高，背斜高点为低值，主要分布于110~170MPa。

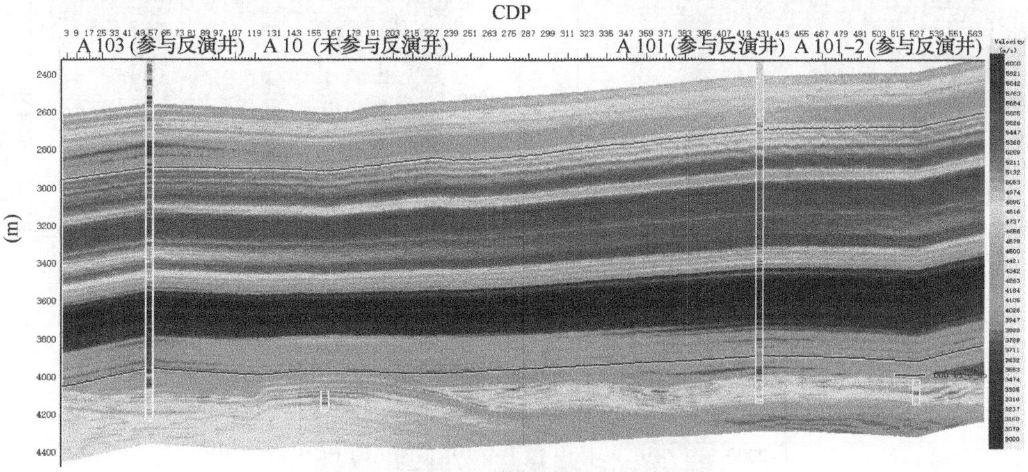

(a)全层系纵波速度反演结果

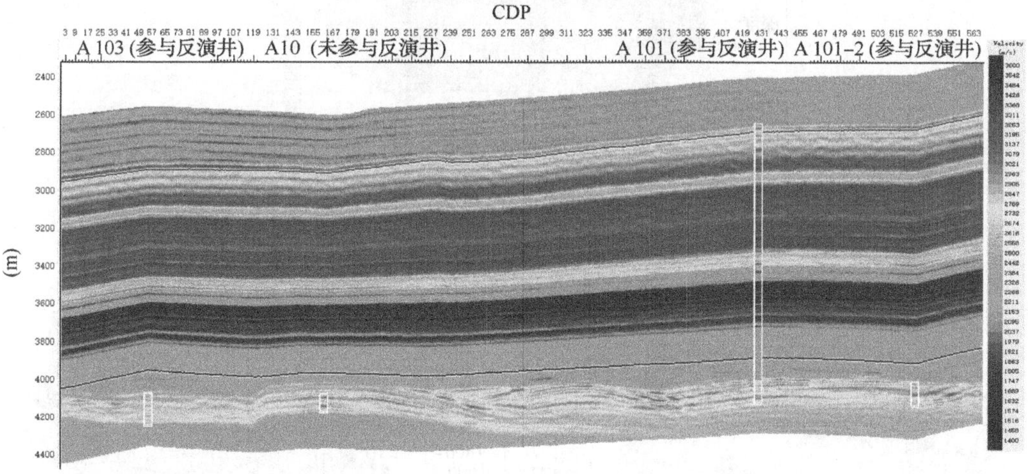

(b)全层系横波速度反演结果

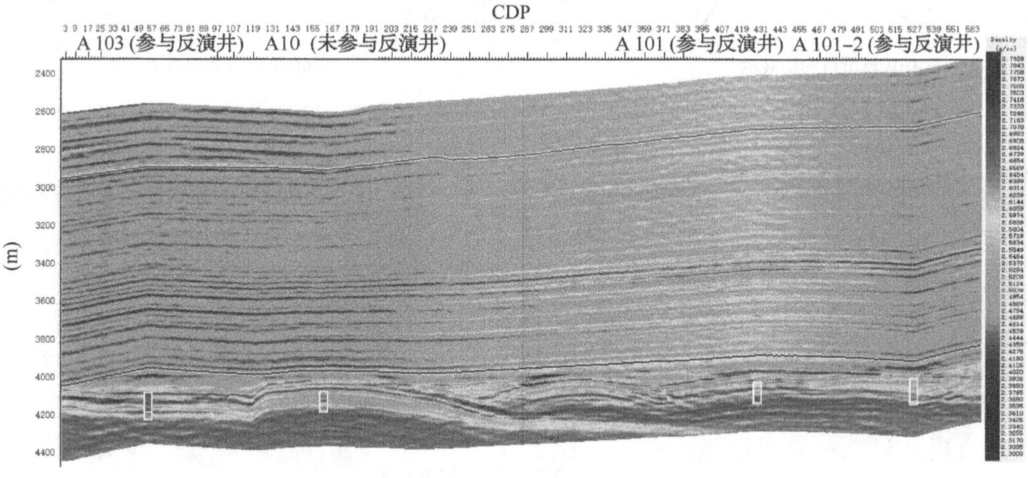

(c)全层系密度反演结果

图6　AVO全层系反演的弹性三参数联井剖面

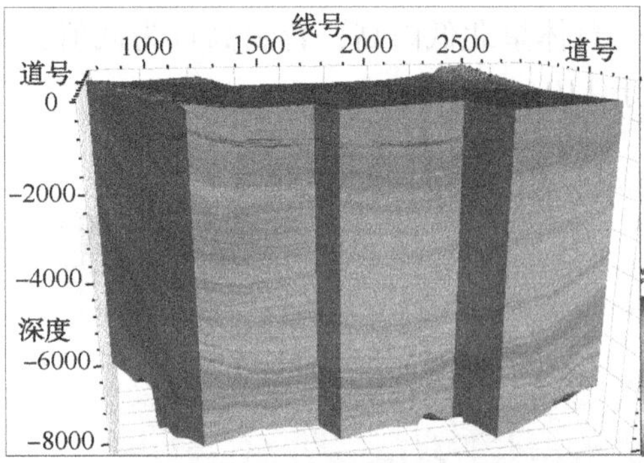

(a)全层系纵波速度三维体

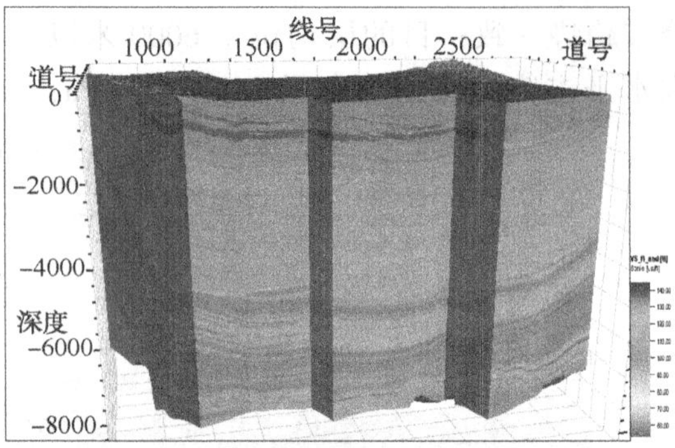

(b)全层系横波速度三维体

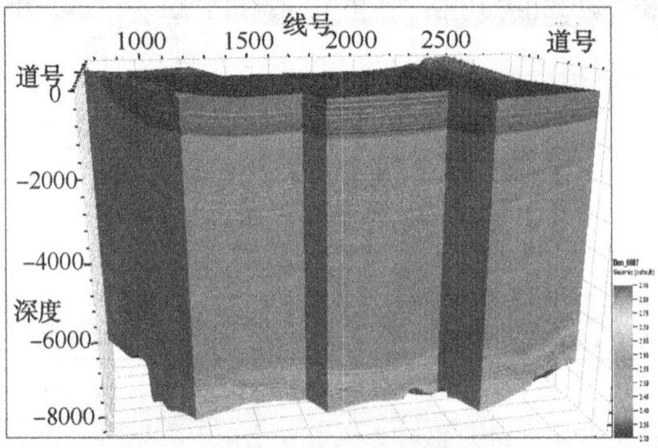

(c)全层系密度三维体

图 7　AVO 全层系反演的弹性三参数三维体

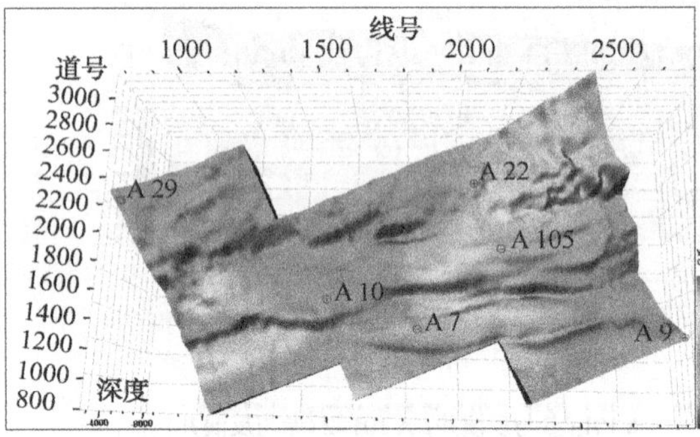

(a)杨氏模量目的层展示

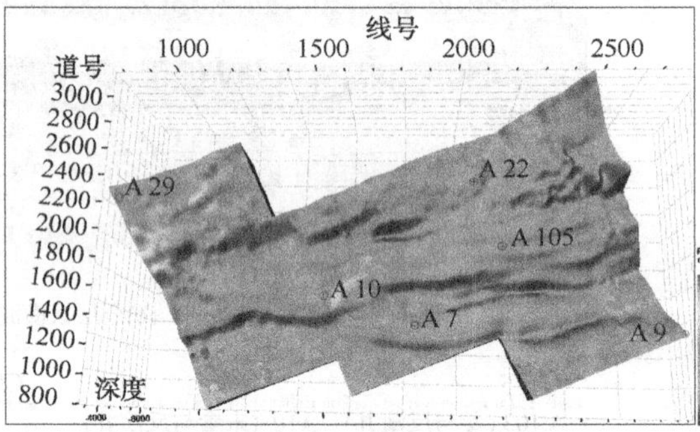

(b)泊松比目的层展示

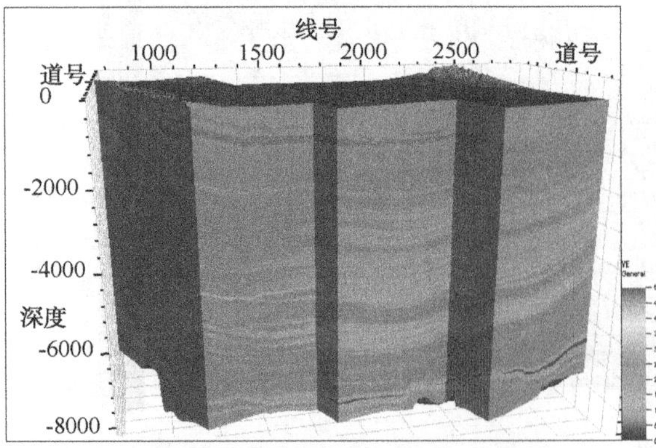

(c)全层系杨氏模量三维体全层系密度三维体

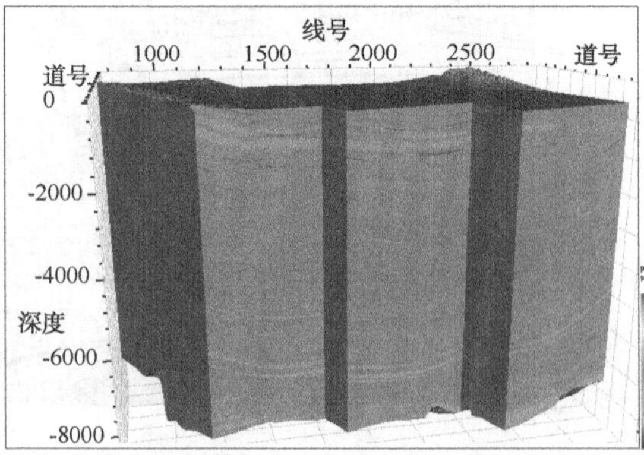

(d)全层系泊松比三维体

图 8　杨氏模量和泊松比目的层结果位展示

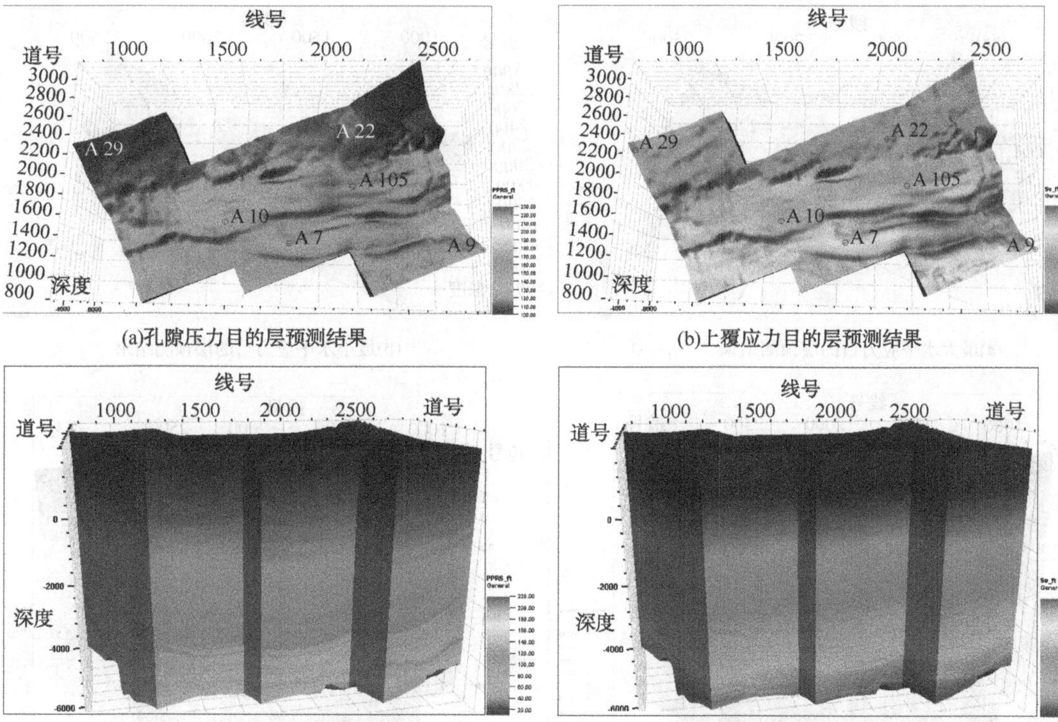

(a)孔隙压力目的层预测结果　　(b)上覆应力目的层预测结果

(c)孔隙压力全层系三维预测结果　　(d)上覆应力全层系三维预测结果

图 9　孔隙压力、上覆应力目的层和全层系三维数据体预测结果

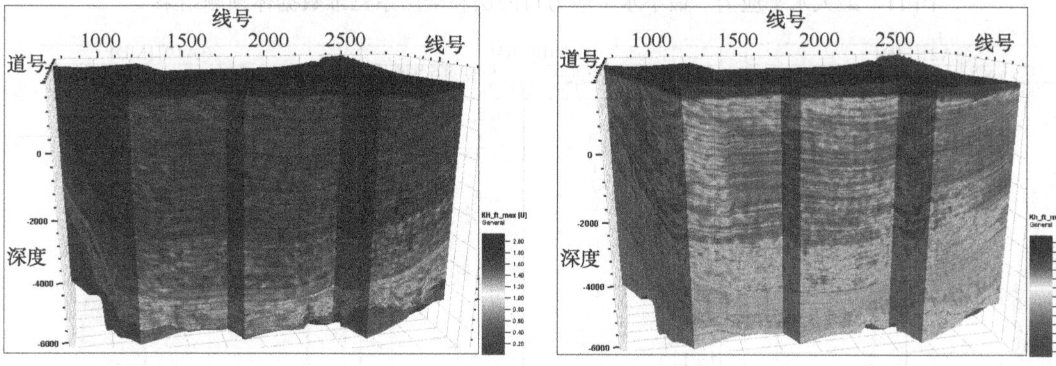

(a)层系最大水平曲率　　(b)全层系最小水平曲率

图 10　全层系曲率属性三维体

为了验证本文方法的准确率，我们提取了未参与校正的盲井数据与测井曲线进行对比。图 12 展示了两口盲井的预测结果与测井曲线的对比。以 A21 井为例[图 12(a)]，从全层系的角度展示了预测结果(彩色填充)与测井曲线(红色线)的吻合程度。该井的水平应力预测结果与测井数据较为一致，表明本文方法能够较好地反映地表至目的层的地应力场变化规律。图 12(b)、12(c)分别以 A101 井和 A10 井为例，更加详细地展示了目的层的预测结果与测井曲线的对比。表 1 列出了三口盲井的最大水平应力和最小水平应力的误差百分比和平均吻合率。图 12 和表 1 展示了预测结果与测井曲线的数值误差在 0～8MPa 之间，平均吻合率达到 93.793%，且变化趋势相同，进一步验证了预测结果的精确性。此外，本文方法还能够预测出“非目的层”缺失的测井曲线，显示了其优势。

3.2　地应力主控因素分析

基于地应力场模拟结果，我们对目的层应力分布主控因素进行了分析。由于超深层地层原因，“深度”成为影响其分布的最主要因素，同一地层呈现南高北低的地势，因此全层系地应力数值上呈现出南低北高的趋势。此外，由于强烈的横向挤压作用，目的层产生的叠瓦状构造和大量断层成了目的层地应力分布的主要影响因素。

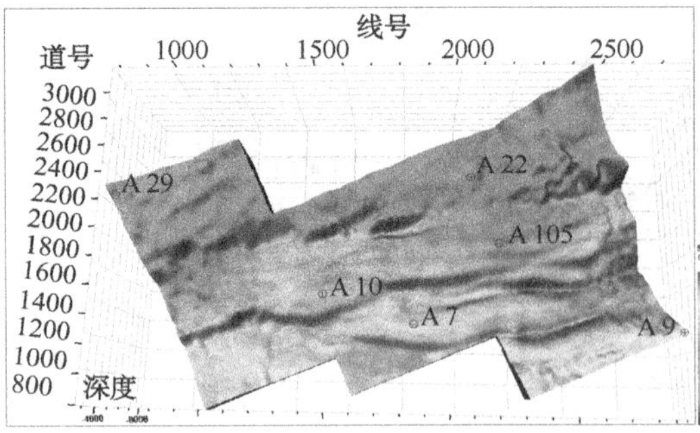

(a)最大水平应力目的层预测结果

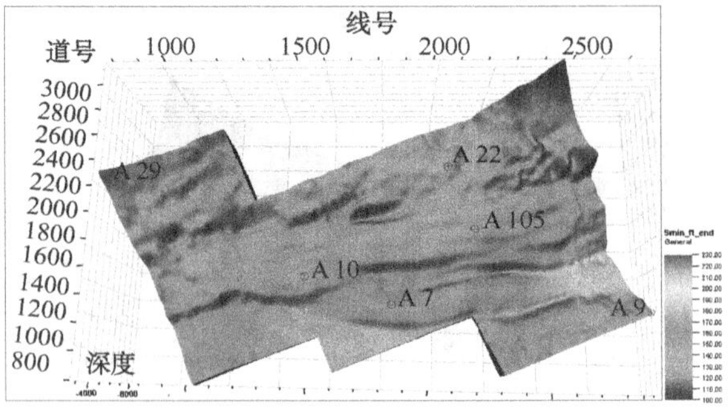

(b)最小水平应力目的层预测结果

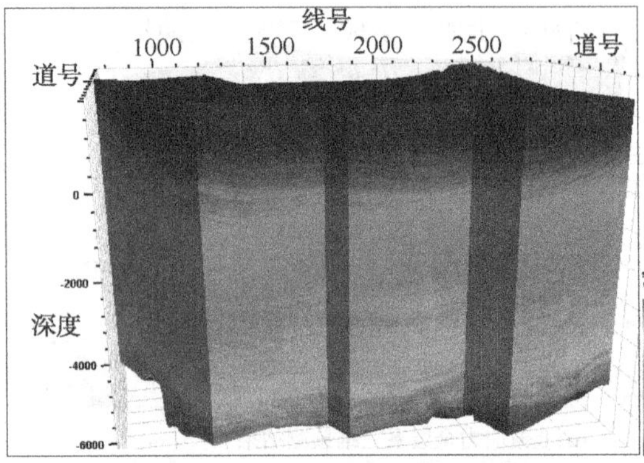

(c)最大水平应力全层系三维预测结果

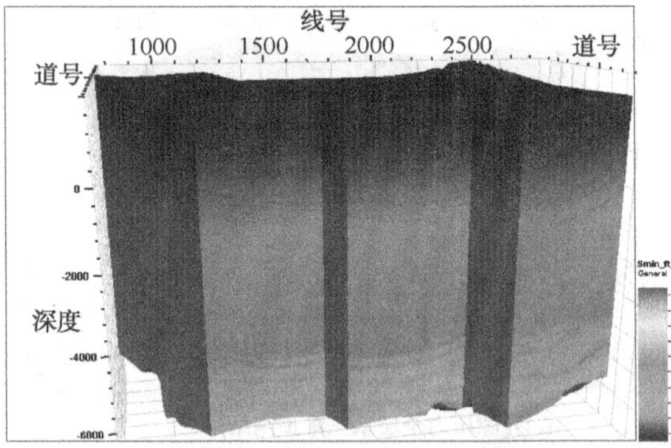

(d)最小水平应力全层系三维预测结果

图 11　最大水平应力、最小水平应力目的层和全层系三维数据体预测结果

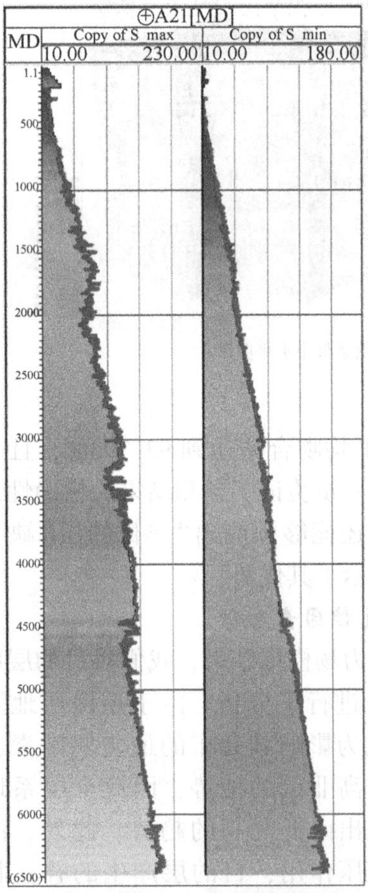

(a)A21井水平应力预测结果

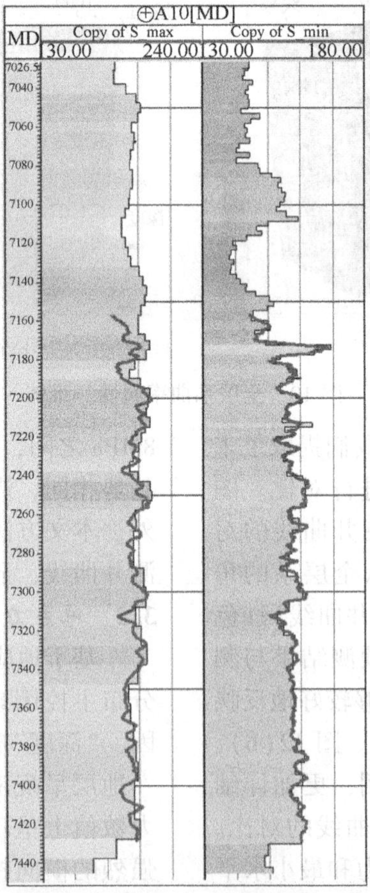

(b)A10井水平应力预测结果

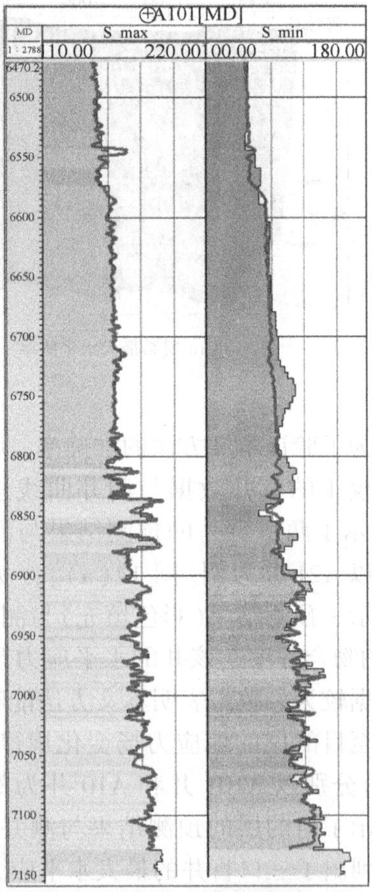

(c)A101井水平应力预测结果

图 12　三维地震水平地应力结果与一维测井曲线对比

表1　盲井水平应力误差百分比以及平均吻合率(%)

井号	水平最大主应力（误差值%）	水平最小主应力（误差值%）	平均吻合率
Well 21	4.602%	8.941%	93.793%
Well 101	10.112%	2.995%	
Well 10	5.131%	5.461%	

叠瓦构造对储层应力存在隔挡作用：在目的层叠瓦状构造处，构造曲率响应明显，应力值存在纵向分带性；垂向上叠瓦构造之下储层应力场呈现"低-高-低"分布，叠瓦构造对储层上下具有较强的应力隔挡作用。

褶皱中和面对地应力场存在一定影响：随着构造变形程度的加剧，背斜中和面逐渐向下迁移，向斜中和面逐渐向上迁移。裂缝在背斜中和面下密集发育，张性带裂缝主要为高角度，挤压带裂缝为低角度网状特征。中和面既无明显挤压、亦无明显拉张；背斜中和面上部水平主应力较高，下部逐渐减小，如图13所示。

断层处存在应力释放现象：断裂使得集聚的应力得到释放，因此断面处应力值相对较低，远离断层位置应力值相对较高。

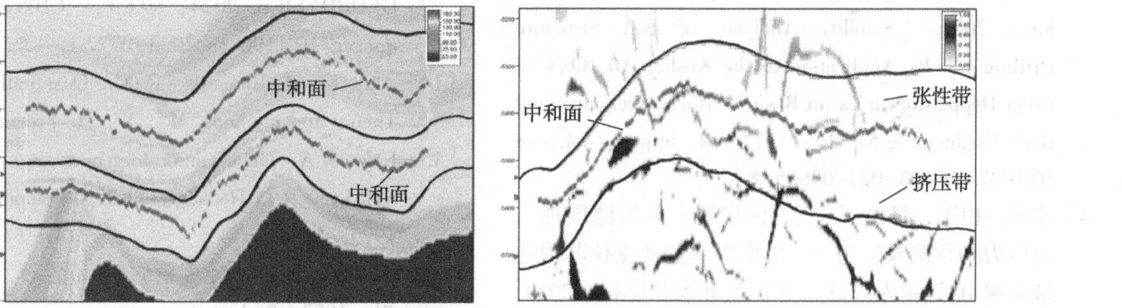

图13　褶皱中和面对地应力分布的影响图

4　讨论

本文在Shuai等提出的融入曲率属性的各向同性组合弹簧模型的基础上，利用PNN神经网络对全层系重要测井曲线进行了智能预测，实现了从地表到目的层近8000米深度的超深复杂全层系地应力场建模，同时考虑了超深层孔隙压力和水平构造应力的影响。本文方法为超深复杂地层的地应力场分析提供了一种有效的手段，但也存在以下几方面的局限性：(1)本研究假设地下介质为完全弹性和各向同性介质，但实际上地下介质往往具有复杂的各向异性特征，如横向各向同性介质(HTI)、纵向各向同性介质(VTI)和正交介质(OA)等。因此，在实际应用中，需要在实际应用中根据研究区的具体情况，考虑塑性地层和复杂各向异性介质的影响，以提高地应力场计算的精度和适用性。(2)本研究未考虑膏盐岩地层和断裂对地应力场的影响，塔里木盆地深部储层被不同厚度的膏盐层覆盖，盐层对目的层起到了一定程度的应力隔档作用。同时，研究区受到多期不同程度的构造挤压，导致盐下地层形成逆冲叠瓦状构造，不同尺度的断裂十分发育，断裂的应力集中和应力释放也会改变地应力的方向和大小。因此，在实际地应力场计算中，需要考虑膏盐岩地层和断裂的作用，以更真实地模拟地应力场的分布特征。

本研究采用的方法主要在大模型的精确构建以及计算效率方面展现了显著优势。与此同时，有限元建模方法作为一种成熟的建模方法，不仅能够模拟塑性地层，还可以通过数值拟合和人工调整参数完成裂缝型地层的建模，有效反映不同尺度断裂对地应力场的影响。因此，在未来研究中会将结合有限元方法和组合弹簧模型相，旨在更准确地模拟真实地层情况，以解决各向异性地层和不同尺度断裂构造对地应力场的影响，进一步完善超深复杂地层的地应力场建模方法。

5　结论

超深层复杂地质构造下地应力预测难度大，导致井壁失稳事故频发。为了应对这一挑战，本研究采用PNN神经网络预测技术、叠AVO反演技术以及协克里金插值方法，实现了全构造三维地应力场的高精度建模，准确率达到93.793%。根据地应力模型，我们深入分析了地应力的主要影响因素：叠瓦构造对地应力存在隔档作用、中和面随着构造变形程度的变大而加剧、断层处存在明显的应力释放。本研究采用的方法在建模效率、和分辨率等方面表现出色，尤其在超深复杂地层的应用中具有显著优势。其地应力分布结果可用于井筒稳定性分析、井眼轨迹/压裂优化、裂缝发育和稳定性以及震源破裂等工作，为地质工程一体化流程提供了有效支撑。

参 考 文 献

[1] 苏宏刚，罗黎明. 地应力测试技术研究现状[J]. 陕西煤炭，2023，42(01)：59-62.

[2] 李东东. 武陵山区中新生代古构造应力场分析[D]. 北京：中国地质大学(北京)，2017.

[3] Wang，Mingwen，Gang Luo，Zhaowei Chen，and Chao Fang. 2024. ‘Stability Analysis of Salt Structure Drilling and Its Application to the Keshen 10 Block of Kuqa Depression in Tarim Basin’. Rock Mechanics and Rock Engineering 57(2)：1171-94. https://doi.org/10.1007/s00603-023-03605-8.

[4] 徐珂，田军，杨海军，等. 深层致密砂岩储层现今地应力场预测及应用——以塔里木盆地克拉苏构造带克深10气藏为例[J]. 中国矿业大学学报，2020，49(4)：708-720.

[5] 刘明，李彦婧，潘兰，等. 南川地区页岩储层构造裂缝特征及其定量预测[J]. 非常规油气，2023，10(3)：8-14.

[6] Starr J. Closure stress gradient estimation of the Marcellus Shale from seismic data[C]//Society of Exploration Geophysicists. SEG Technical Program Expanded Abstracts 2011. Tulsa：Society of Exploration Geophysicists，2011：3862-3866.

[7] Gray F，Anderson P F，Logel J，et al. Estimating in-situ，anisotropic，principal stresses from 3D seismic[C]//European Association of Geoscientists & Engineers. 72nd EAGE Conference and Exhibition incorporating SPE EUROPEC 2010. Barcelona：European Association of Geoscientists & Engineers，2010.

[8] 马妮，印兴耀，孙成禹，等. 基于正交各向异性介质理论的地应力地震预测方法[J]. 地球物理学报，2017，60(12)：4766-4775.

[9] 马妮，印兴耀，孙成禹，等. 基于方位地震数据的地应力反演方法[J]. 地球物理学报，2018，61(02)：697-706.

[10] Shuai D，Stovas A，Wei J，et al. Effective elastic properties of rocks with transversely isotropic background permeated by a set of vertical fracture cluster[J]. Geophysics，2021，86(3)：C75-C87.

[11] Shuai D，Xian C，Zhao Y，et al. Using 3-D seismic data to estimate stress based on the curvature attribute integrated mechanical earth model[J]. Geophysical Journal International，2023，233(2)：885-899.

[12] Xing，Liang，XianChenggang，Shu Honglin，et al. 2016. ‘Three-Dimensional Full-Field and Pad Geomechanics Modeling Assists Effective Shale Gas Field Development，Sichuan Basin，China’. In Day 3 Wed，November 16，2016，D031S044R005. Bangkok，Thailand：IPTC. https://doi.org/10.2523/IPTC-18984-MS.

[13] Cao，Huan，Yang Zhao，et al. 2024. ‘Horizontal Transverse Isotropy Anisotropic Parameter Inversion via Azimuthal Seismic Velocity Anisotropy and Its Application to Anisotropic 3D In-Situ Stress Estimation’[J]. GEOPHYSICS. 2024，89(3)：C105-15. https://doi.org/10.1190/geo2023-0377.1.

[14] Aki，K.，& Richards，P. G.. Quantitative seismology：Theory and methods[M]. W. H. Freeman，1980.

[15] Eaton B A. The equation forgeopressure prediction from well logs[R]. Houston：Shell Development Company，1975.

[16] 黄荣樽. 地应力计算模式[J]. 岩石力学与工程学报，1983，2(1)：1-9.

[17] 王志民，孙海涛，张辉，等. 沉积微相对超深储层岩石力学性质的影响及其应用——以塔里木盆地库车坳陷BZ气田白垩系为例[J]. 石油实验地质，2023，45(1)：1-11.

[18] Wang Y，Wang Y F. Spectral decomposition and multifrequency joint amplitude-variation-with-offset inversion based on the neural network[J]. Geophysics，2023，88(3)：R373-R383.

[19] 张东涛，童亨茂，赵海涛，等. 砂泥岩地层地应力纵向分布特征与规律[J]. 地质力学学报，2014，20(4)：352-362.

[20] 李军，陈勉，金衍，等. 大位移井井壁稳定三维弹塑性有限元分析[J]. 岩石力学与工程学报，2004，23(14)：2385-2389.

[21] 李玉伟，龙敏，汤继周，等. 考虑裂尖塑性区影响的水力压裂缝高计算模型[J]. 石油勘探与开发，2020，47(1)：175-185.

[22] 蔡振忠，张辉，徐珂，等. 超深层断控碳酸盐岩油藏地质力学建模及其在开发中的应用[J/OL]. 石油实验地质，2023，45(6)：1-12.

[23] 吴嘉伟，张长好，司丹，等. 柴达木盆地狮子沟构造下干柴沟组上段有效裂缝与地应力关系及其意义[J]. 地球科学，2023，48(7)：2557-2571.

[24] 李鹏，苏生瑞，马驰，等. 不同组合形式叠瓦状逆断层地应力分布规律研究[J]. 工程地质学报，2017，25(3)：637-647.

[25] 苏生瑞. 断裂构造对地应力场的影响及其工程意义

[J]. 岩石力学与工程学报, 2002, 21(2): 296-300.

[26] 董培育, 程惠红, 石耀霖, 等. 基于Monte Carlo方法数值反演区域初始构造应力场——以巴颜喀拉块体为例[J]. 地球物理学报, 2019, 62(8): 2858-2870.

[27] 刘明, 杨瑞青, 杨风丽, 等. 渝东南南川地区五峰组—龙马溪组页岩气层地应力数值模拟及有利区预测[J]. 石油实验地质, 2023, 45(6): 1178-1188.

[28] 刘建, 惠晨, 樊建明, 等. 鄂尔多斯盆地合水地区长6致密砂岩储层现今地应力分布特征及其开发建议[J]. 地质力学学报, 2021, 27(1): 31-39.

[29] 徐珂, 戴俊生, 商琳等. 高尚堡油田深层油藏南区现今地应力场预测及应用[J]. 中国石油大学学报(自然科学版), 2018, 42(06): 19-29.

直推存储式声波在超深断控型碳酸盐岩储层评价中的应用研究

吴兴能[1~7]　刘妮[2]　唐保勇[2]　段文星[2~7]　黄若坤[1,2,5,6]　苏远大[1]　曹鸿飞[2]

[1. 中国石油大学(华东)地球科学与技术学院；2. 中国石油天然气股份有限公司塔里木油田公司勘探开发研究院；
3. 中国石油天然气集团有限公司超深层复杂油气藏勘探开发技术研发中心；
4. 新疆维吾尔自治区超深层复杂油气藏勘探开发工程研究中心；5. 国家能源碳酸盐岩油气重点实验室；
6. 中国石油天然气集团有限公司碳酸盐岩储层重点实验室；7. 新疆超深油气重点实验室]

摘　要　直推存储式测井新工艺具备适用性强、井控安全性高的优点，有效解决了富满油田超深井高温高压、易喷易漏复杂井况测井资料安全采集难题，但富满油田以大斜度井、水平井为主的井型极大影响了直推存储式声波时差质量，严重影响测井储层评价。针对直推存储式声波仪器特点，研发了直推存储式声波测井纵、横波时差提取及幅度衰减处理方法，实现了断控型碳酸盐岩储层孔隙度及裂缝有效性评价；结合水平井横波幅度衰减及近井筒声波反射波成像，精细评价近井筒裂缝有效性；联合井筒距离与横波反射波成像，综合评价侧钻井井旁缝洞储集体的有效性；系列技术在富满油田超深断控型碳酸盐岩中规模化应用，测井解释符合率达96.7%，应用效果显著。

关键词　直推存储式；声波测井；超深层；断控型碳酸盐岩；储层评价

1　引言

富满油田奥陶系碳酸盐岩是受断裂和岩溶共同控制的缝洞型碳酸盐岩油气藏，也是塔里木油田近年来原油增储上产的主力区块。富满油田碳酸盐岩油气藏埋深大于8000m，井底温度超过150℃，井型以大斜度井、水平井为主；储层缝洞发育，钻井过程中常常伴随钻井液漏失和钻具放空，钻井液安全窗口窄，井控安全风险高，常规测井施工难度大，传统的钻具传输、泵出测井工艺无法适应复杂的井筒条件，导致测井资料取不全、取不上、取不准。为有效解决富满油田超深断控型碳酸盐岩测井采集难题，引入了无电缆、适用性强、井控安全性高的直推存储式测井新工艺。

直推存储式新工艺规模采集测井项目主要为自然伽马、双侧向及声波测井资料，其中声波以数字声波和远探测声波为主。声波测井资料是孔隙度与裂缝评价的重要资料，但它受井筒含气及斜度井或水平井中仪器测量不居中的影响，导致现场提供的时差曲线质量不高，严重影响测井裂缝分析、储层评价及流体类型识别，需要开展直推存储式声波测井资料处理解释方法研究。直推存储式新工艺远探测声波处理方法较成熟，但直推存储式数字声波仪器类型多，数据采样及记录方式均不同，现有软件无法处理。

针对直推存储式数字声波仪器特点，研发了直推存储式声波测井模式波时差提取及幅度衰减处理方法，评价井筒储层有效性；结合水平井横波幅度衰减及近井筒声波反射波成像，精细评价井筒附近(<10m)裂缝有效性；远探测声波通过横波反射波成像，可有效探测并定位井旁缝洞体(<30m)。通过井筒-近井筒-井旁缝洞体有效性评价，可有效指导储层及流体类型解释评价，为富满油田勘探发现及增储上产提供了技术支撑。

2　富满油田应用直推存储式声波概况

直推存储式声波采用无电缆测井方式。通过转换短节，直接将测井仪器连接在钻具下方，由钻具将仪器送至目的层进行测井施工。仪器具有耐高温(最高工作温度200℃)、耐高压(最高工作压力170MPa)、测井时效性强、井控安全高等优点，极大地保障了富满油田超深高温复杂井况测井资料采集。

直推存储式声波新工艺仪器类型多，主要有数字声波(DAL)和远探测声波(XMAC-F1)，数字声波仪器又分为双发四收、单发四收和单发八收结构(图1)，不同仪器记录的有效数据采样率、记录点数均不同，这些参数均影响数据的正确处理(表1)。

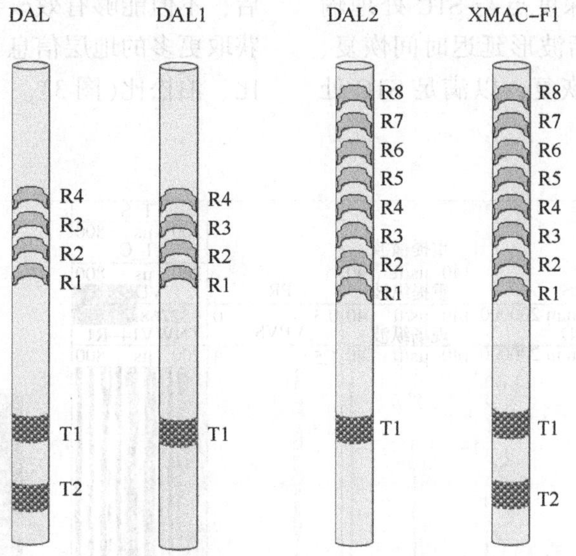

图1　直推存储式声波仪器类型

表1　直推存储式声波仪器数据结构与特点对比

仪器类型		仪器结构				数据特点		
		发射器个数/个	接收器个数/个	TR间距/ft	RR间距/ft	采样点数/个	时间采样率/μs	深度采样间隔/ft
数字声波	双发四收	2	4	3、5	0.5	672	8	0.5或0.25
	单发四收	1	4	5	0.5	128	4	
	单发八收	1	8	3	0.5	672	8	
远探测声波		2	8	12	0.5	672	12	0.5

直推存储式声波测井新工艺已在富满油田超深井、复杂井、漏失放空井进行规模化应用，2021~2022年在富满油田累计完成直推存储式数字声波采集61井次，远探测声波(XMAC-F1)采集32井次，测井资料采集覆盖率提升了48.9%，由33.3%上升至82.2%，为富满油田储量上交和规模效益开发提供了坚实的资料基础(图2)。

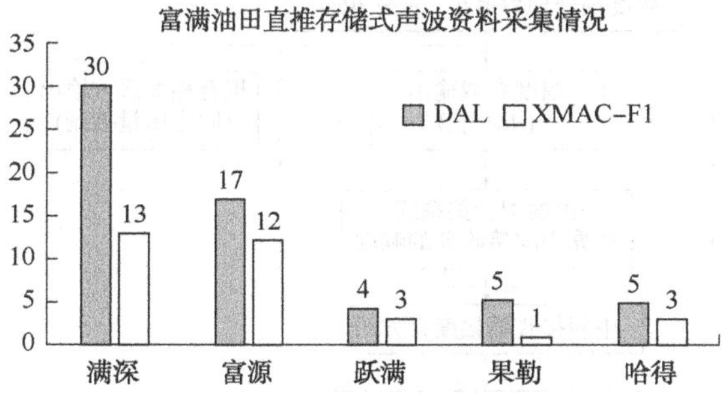

图2　直推存储式声波资料采集情况

3　直推存储式声波处理方法

针对直推存储式声波仪器特点及类型，建立直推存储式声波测井纵、横波时差提取及幅度衰减处理方法，编制不同声波仪器的资料预处理软件模块，实现了超深断控型碳酸盐岩储层孔隙度及裂缝有效性评价，为生产快速解释评价提供技术支持。

3.1　直推存储式声波时差提取方法

直推存储式新工艺远探测声波与现有的远探测声波仪器结构、数据采样方式、采样间隔等都是相似的，因此，可以采用现有的深横波资料处理方法进行处理。

直推存储式数字声波仪提供纵波时差，但数字声波时差受到周波跳跃、井筒含气、薄互层反射、仪器偏心等各种因素的影响，导致大斜度井及水平井中声波时差质量较差，不能满足测井储层评价。但已有的专业软件又无法对数字声波资料进行处理，因此，亟需建立直推存储式数字声波测井资料处理方法。

时间-慢度相关(STC)法是声波时差处理的成熟技术，数字声波时差测井资料利用STC处理之前，必须经过必要的预处理。预处理主要内容主要包括根据仪器结构对波形数据进行深度偏移，以校正测井采集记录深度点与 STC 处理输出深度的不一致；另外包括波形延迟时间恢复、增益恢复及数据特点属性恢复，以满足 STC 处理相关数据与参数的输入。

直推存储式新工艺数字声波波形通过预处理后，可顺利进行 STC 时差提取处理。数据处理后，不但能够有效改善纵波时差质量，而且还能获取更多的地层信息，如：横波时差、纵横波速比、泊松比(图 3)。

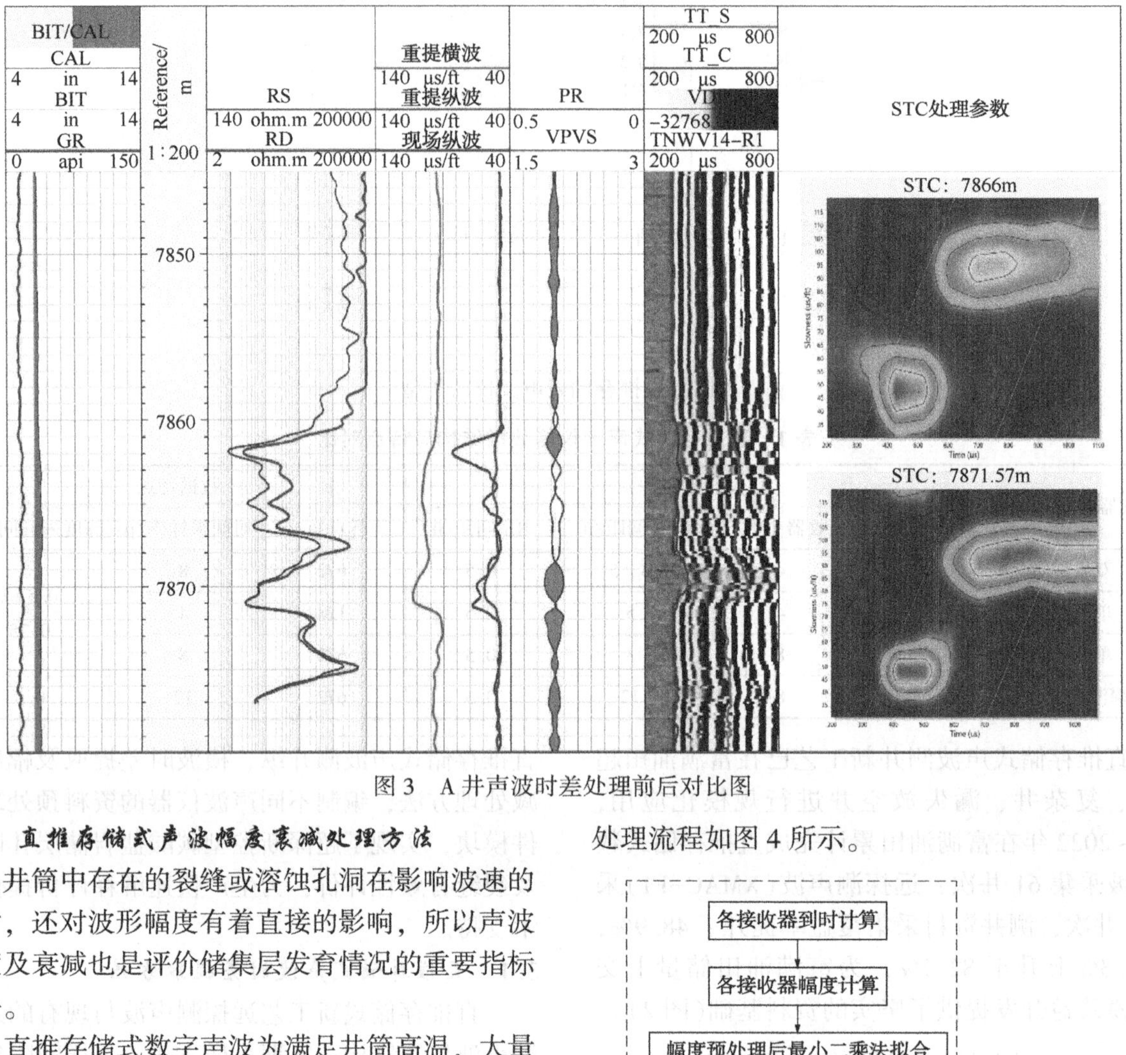

图 3　A 井声波时差处理前后对比图

3.2　直推存储式声波幅度衰减处理方法

井筒中存在的裂缝或溶蚀孔洞在影响波速的同时，还对波形幅度有着直接的影响，所以声波幅度及衰减也是评价储集层发育情况的重要指标之一。

直推存储式数字声波为满足井筒高温，大量采用了低功耗元器件，并高度集成在保温瓶。这种设计成功地满足了富满高温井筒安全高效采集，但也导致了直推存储式数字声波信号在储层较发育时，波幅度衰减非常强烈，甚至无有效波形。此时传统的幅度衰减计算方法将失去效果，为此提出了相对幅度衰减($XDAMP_{attn}$))计算方法，即储层发育段相对于干层段的幅度相对衰减量，以满足强衰减处的储层评价。直推存储式数字声波幅度衰减及相对幅度衰减计算主要包括到时计算、幅度计算、幅度衰减计算、平均幅度计算、干层幅度计算、相对幅度衰减计算等。具体处理流程如图 4 所示。

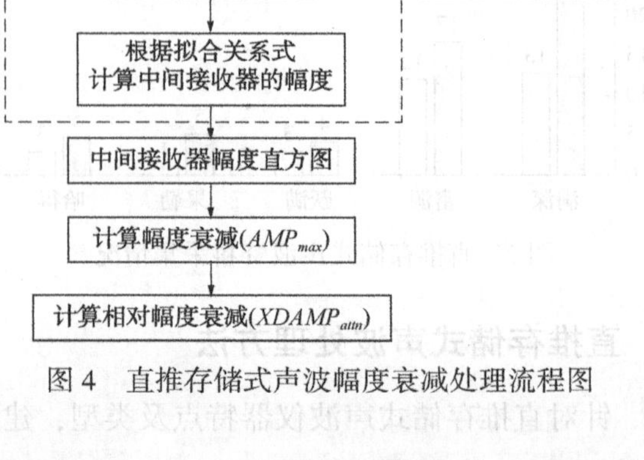

图 4　直推存储式声波幅度衰减处理流程图

3.2.1　到时计算

本次研究的幅度计算主要利用滤波后的波形在时域计算，模式波到达时间可采用模式波时差，结合井径、泥浆时差及仪器结构尺寸参数计算得到式(1)。

$$t_t=\Delta t_f\times\frac{2d_h-d_t-d_r}{2}+\Delta t\times[r_t+r_r\times(N_r-1)] \tag{1}$$

式中，t_t 为波形到达时间，μs；Δt_f 为井筒流体时差，μs/ft；d_h 为井径，in；d_t 为发射器短节仪器直径，in；d_r 为接收短节仪器直径，in；Δt 为声波时差，μs/ft；r_t 为发射器接收器间距，ft；r_r 为接收器间距，ft；N_r 为接收器个数。

3.2.2　幅度衰减计算

计算幅度衰减，首先要计算幅度，根据前面计算得到的纵横波时差，结合井径，计算每个接收器的到时，根据到时开窗计算模式波幅度式(2)。

$$AMP_{R_i}=\sum_{t=T_s}^{T_e}\mathrm{sum}(|A_t|)/N \tag{2}$$

式中，AMP_{R_i} 为第 i 个接收器的幅度，mV；T_e、T_s 为给定计算窗长的起止时间，μs；A_t 为接收器波形幅度，mV；N 为窗长。

模式波幅度呈指数衰减，将幅度取对数后，与接收器间距拟合直线，用直线斜率代表幅度的衰减(AMP_{attn})(图5)。

$$\lg(AMP_{R_i})=AMP_{attn}\times N+AMP_0 \tag{3}$$

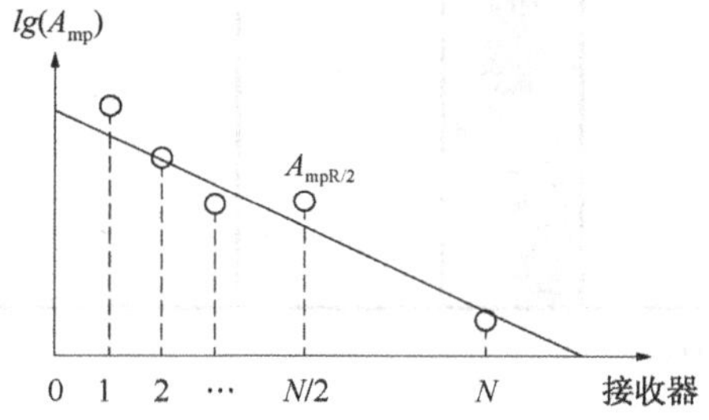

图5　幅度衰减计算示意图

将中间接收器的幅度($AMP_{R/2}$)定义为平均幅度。中间接收器实际测量的波形可能叠加反射波或多次波，为降低这些影响，利用上述拟合关系式重新计算得到的幅度作为平均幅度($AMP_{R/2}$)。

3.2.3　相对幅度衰减计算

对同一口井，相对幅度衰减($XDAMP_{attn}$)就是各储层段相对于干层段声波幅度的衰减量，干层的声波幅度(AMP_{max})定义为占比最大幅度75%～95%之间的几何平均值。相对幅度衰减($XDAMP_{attn}$)的计算公式下。

$$XDAMP_{attn}=\lg\left(\frac{AMP_{max}}{AMP_{R/2}}\right) \tag{4}$$

4　直推存储式声波储层评价

直推存储式声波测井在油田已广泛应用，利用提取的纵横波时差，计算的纵横波速比、泊松比、纵横波幅度相对衰减等参数，结合近井筒反射波信息，井旁横波反射波成像，为富满油田缝洞碳酸盐岩储层井筒-近井筒-井旁储集体有效性评价提供了新的技术手段。

4.1　井筒有效性储层评价

利用直推存储式声波处理方法，提取纵横波时差，准确计算孔隙度，评价井筒储层有效性。B井是富满油田的一口开发井(图6)，目的层为奥陶系一间房组，岩性为纯石灰岩。本井声波为双发四收数字声波，本井现场测量纵波时差在7909～7913m高达115us/ft，对波形数据进行处理后，纵波时差最高约为65us/ft，横波时差为115us/ft。综合分析表明，由于时差的快速变化，现场首波卡至横波，导致纵波时差在此井段实际为横波时差，经过处理后的时差计算孔隙度更准确，计算的纵波与横波幅度相对衰减与储层一致性强。根据声波时差及相对幅度衰减，综合解释第2、3、6层为Ⅰ级油层，第1、4、5层为Ⅱ级油层。本井对7629.0～7976.5m井段试油求产，日产油400方，日产气10万方，测试结论为油层。

4.2　近井筒储层有效性评价

富满油田碳酸盐岩规模采用了大斜度井及水平井井型，大斜度井、水平井往往以近垂直方式穿过高角度裂缝；此时，有效裂缝中充填了泥浆或泥浆滤液，有效裂缝对井筒中传播的横波近似于全反射，进而对横波造成极大的幅度衰减。若裂缝在地层中有一定的延伸，其有效性更好。因此结合模式波幅度衰减及近井筒声波反射成像，可有效识别近井筒(<10m)储层有效性。

C井是富满油田的一口碳酸盐岩水平开发井，目的层为奥陶系一间房组，该井井况复杂，累计漏失钻井液1300方。声波时差指示第17、18层储层发育，特别是第17层声波时差局部达到90us/ft；全波列反映第17层声波能量衰减大，但声波绝对幅度衰减与第18层相当，不能真正有效反映储层；相对幅度衰减表明第 17 层段横波衰减与斯通利波衰减较第 18 层储层更好，近井成像反映第 17、18 层近井筒储层发育。第 21~23 储层段电阻率接近 1000Ω·m，纵波时差平直，约为 49us/ft，平均孔隙度低于 2.0%，储层基质孔隙不发育，常规资料反映该井段储层差。但本井段斯通利波幅度相对衰减指示，本井段存在裂缝；10m 范围内近井筒成像表明，该井段存在清晰的反射信号，近井存在有效储层。该井段录井气测显示好，全烃最高约 59%，井漏曲线显示在该井段漏失量明显加大，综合分析本井段井筒储层物性较差，但存在过井裂缝，因此认为该段储层为有效储层（图 7）。本井对 6821.5~7305m 井段试油求产，日产油 200 方，日产气 4 万方，测试结论为油层。

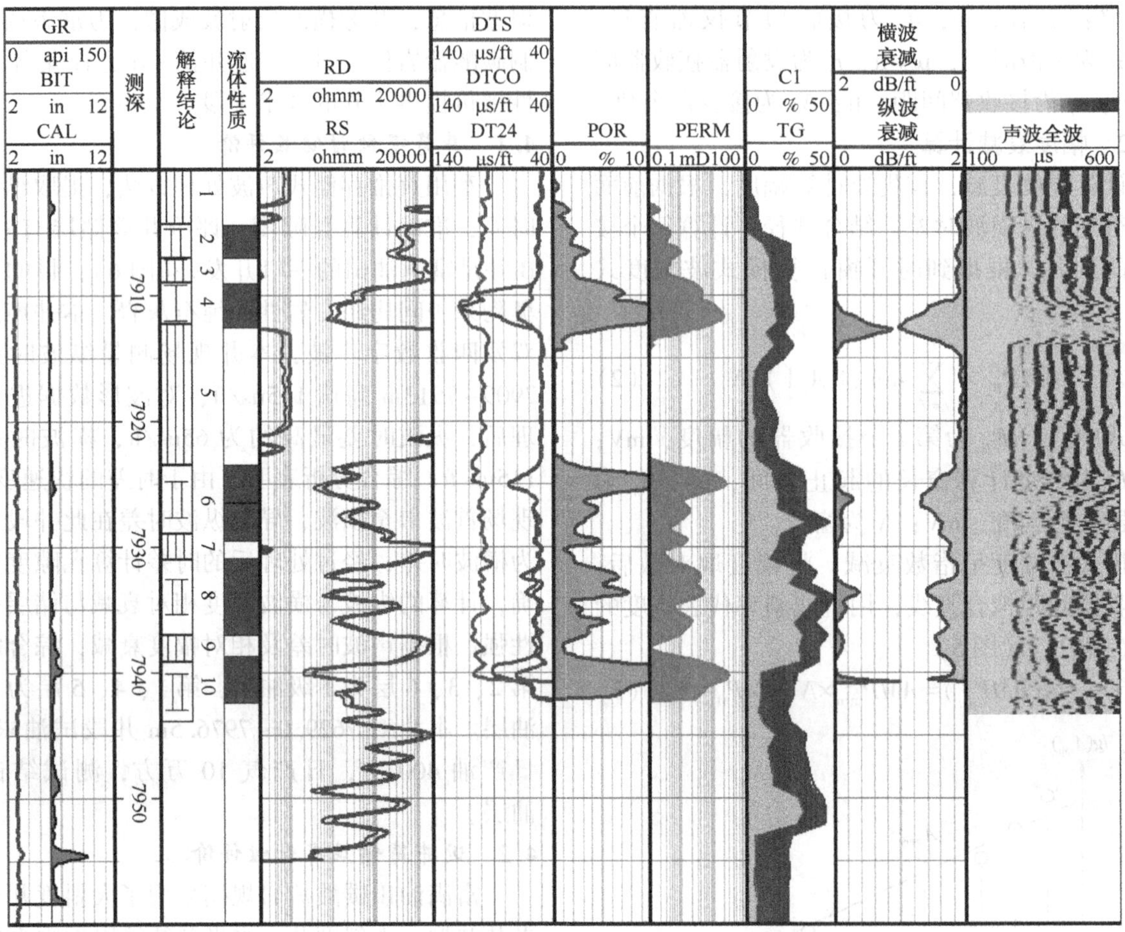

图 6　B 井综合处理成果图

4.3　井旁储层有效性评价

横波反射波成像技术是富满油田井旁缝洞体探测和定位的主要技术。结合电成像测井与常规测井资料，建立了裂缝、洞穴、泥质条带等不同地质反射体的横波反射波成像特征图版，指导不同井旁储集体有效识别[图 8(a)~8(d)]。

在探测与定位井旁储集体，并定性识别出反射体类型后，如何评价反射体的有效性是现有技术的一大难题。特别是在同一口井的多个井眼中，原井筒及原井筒酸化压裂试油造成的裂缝均会对侧钻井眼的横波反射成像造成一定影响，有效区分侧钻井眼中反射体的有效性，能有效指导侧钻井的试油方案。根据井眼三维位置关系，通过计算原井眼与侧钻井眼之间的水平距离和最小距离参数，联合深横波反射波成像测井资料，指导侧钻井井旁反射有效性综合评价。

D 井是富满油田的一口预探井，主要目的层为奥陶系一间房组—鹰山组。D 井原井眼电阻率整体较高，储层物性较差（图 9）。本井对 7575.8~8495m 井段酸压试油，注入地层 1700 方，敞放求产，含油花，日产气 700 方，测试结论为干层（含湿气）。酸压压力曲线指示，停泵压力高达 60MPa，说明本井原井眼未有效沟通井旁缝洞体(图 10)。

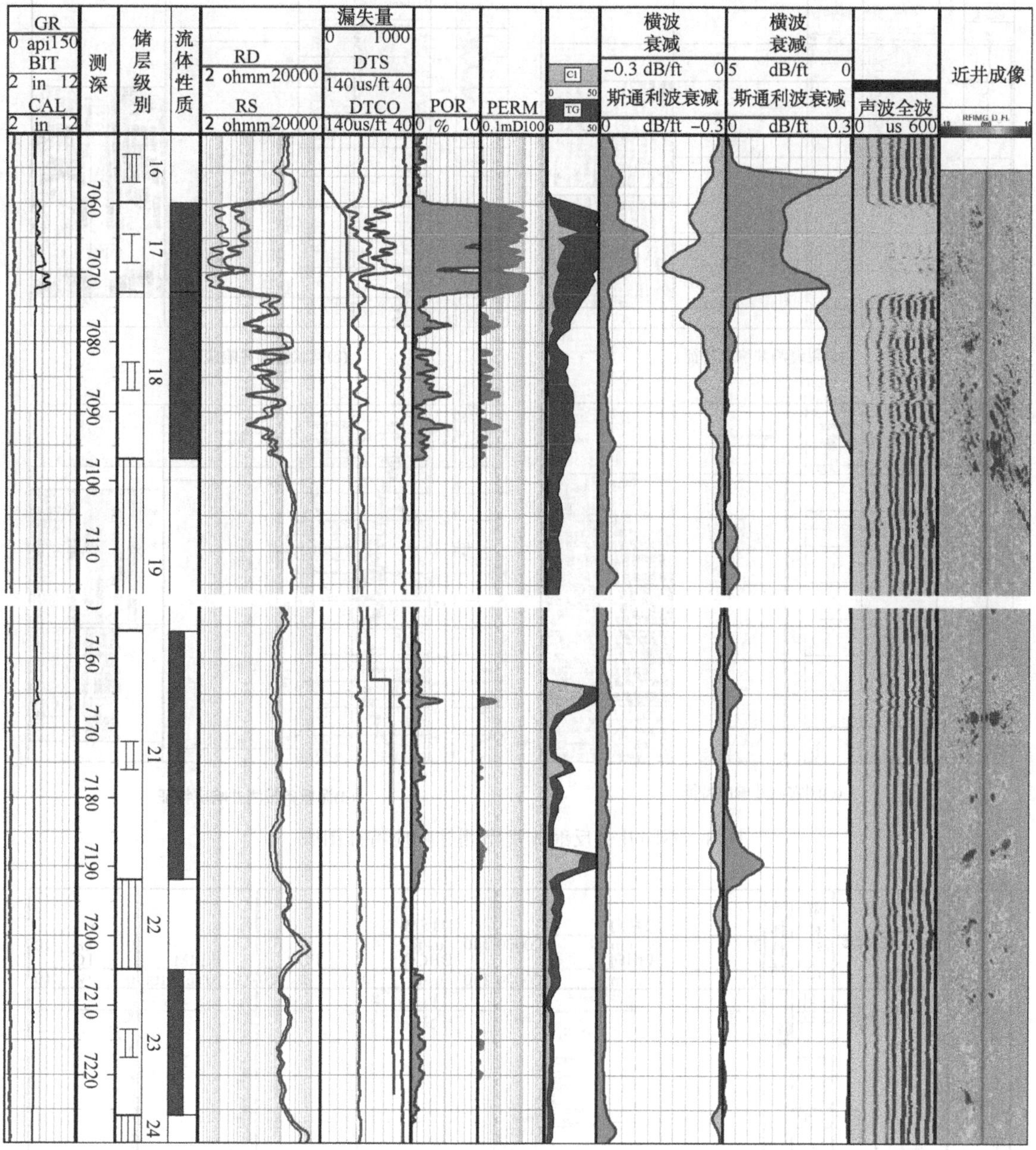

图 7　C 井综合处理成果图

D 井在 7593m 进行了侧钻，侧钻井筒采集了随钻电成像及横波反射波成像测井等资料。随钻电成像反映井壁裂缝非常发育，横波反射波成像反映井旁存在多个反射体(图 11)。考虑到原井眼规模酸压的影响，侧钻井筒井旁反射体是否为有效储集体反射成为迫切需要解决的问题。为此，研究了两个井筒的水平距离与最小距离参数计算方法，结合横波反射波成像分析反射体的有效性。

D 侧钻井顶部 7660~7710m 井段反射体，距离井筒 5~18m，该井段两个井筒的距离小于 30m，位于横波反射波探测范围内，原井筒位于新井筒的相对方位约 270°，综合分析该反射反映的是原井筒而非储层。该井底部 8190~8280m(垂深：8068.3~8132.4m)存在多套反射体，结合井筒距离分析，井旁反射体的数量与强度随着井筒距离的减小而增加，距离越近，反射体越多(图 12)，该现象反映该井段的反射体可能是原井眼酸压造缝的结果，而非天然有效的缝洞储集体。综合分析，由于原井筒酸化压裂规模较大，且未沟通缝洞储集体，导致压裂缝沿地层延伸较远。井旁反射体主要为原井筒及酸压裂缝，而非天然缝洞储集体，储层有效性较差。

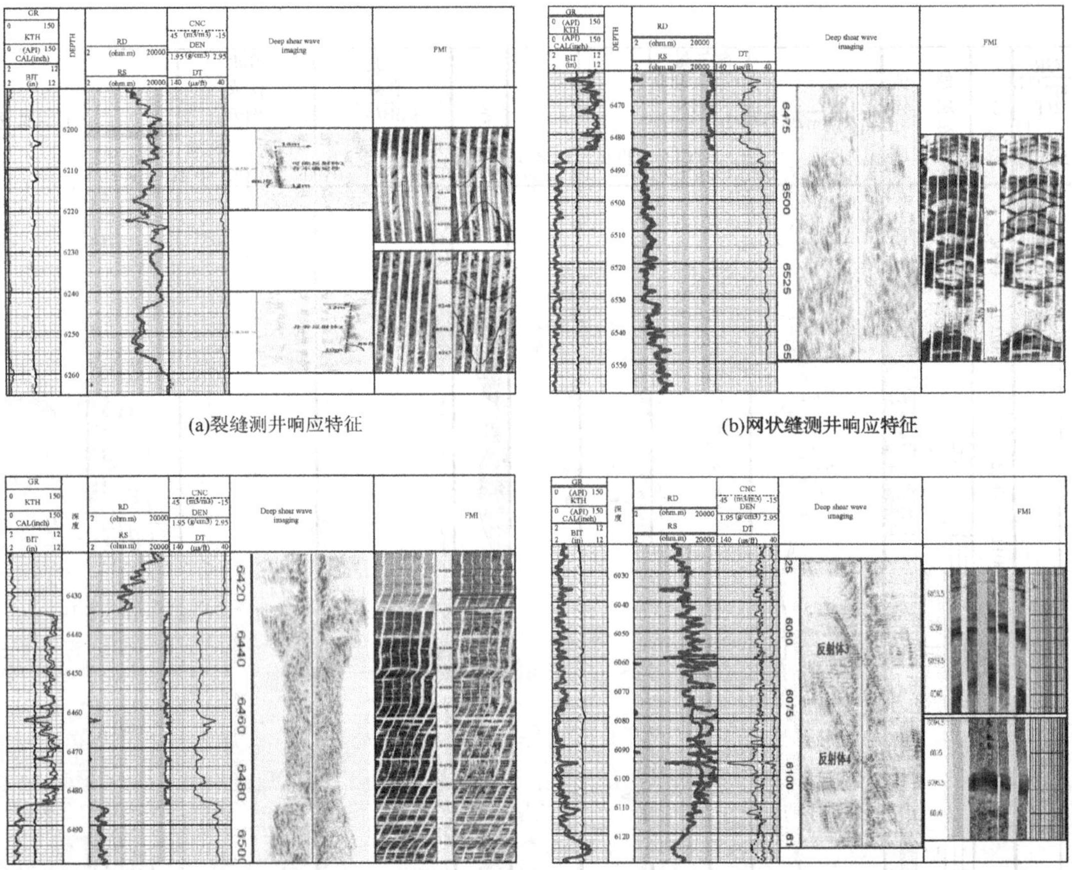

(a)裂缝测井响应特征　　(b)网状缝测井响应特征

(c)洞穴测井响应特征　　(d)泥质条带测井响应特征

图 8　不同井旁反射体类型测井响应特征图版

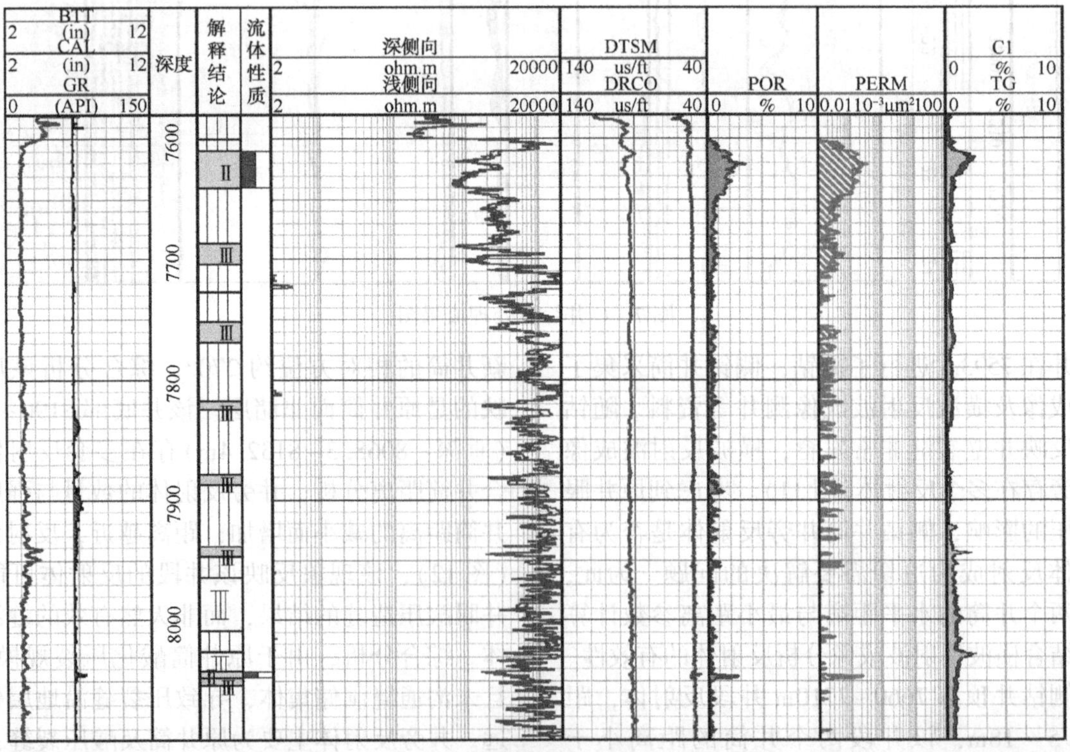

图 9　D 井测井解释成果图

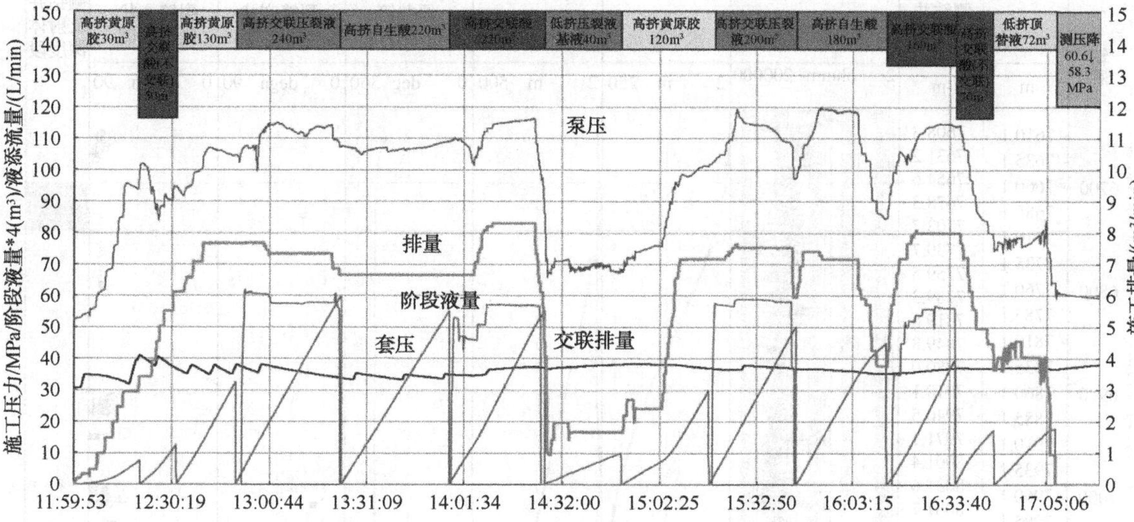

图 10　D 井酸压施工曲线

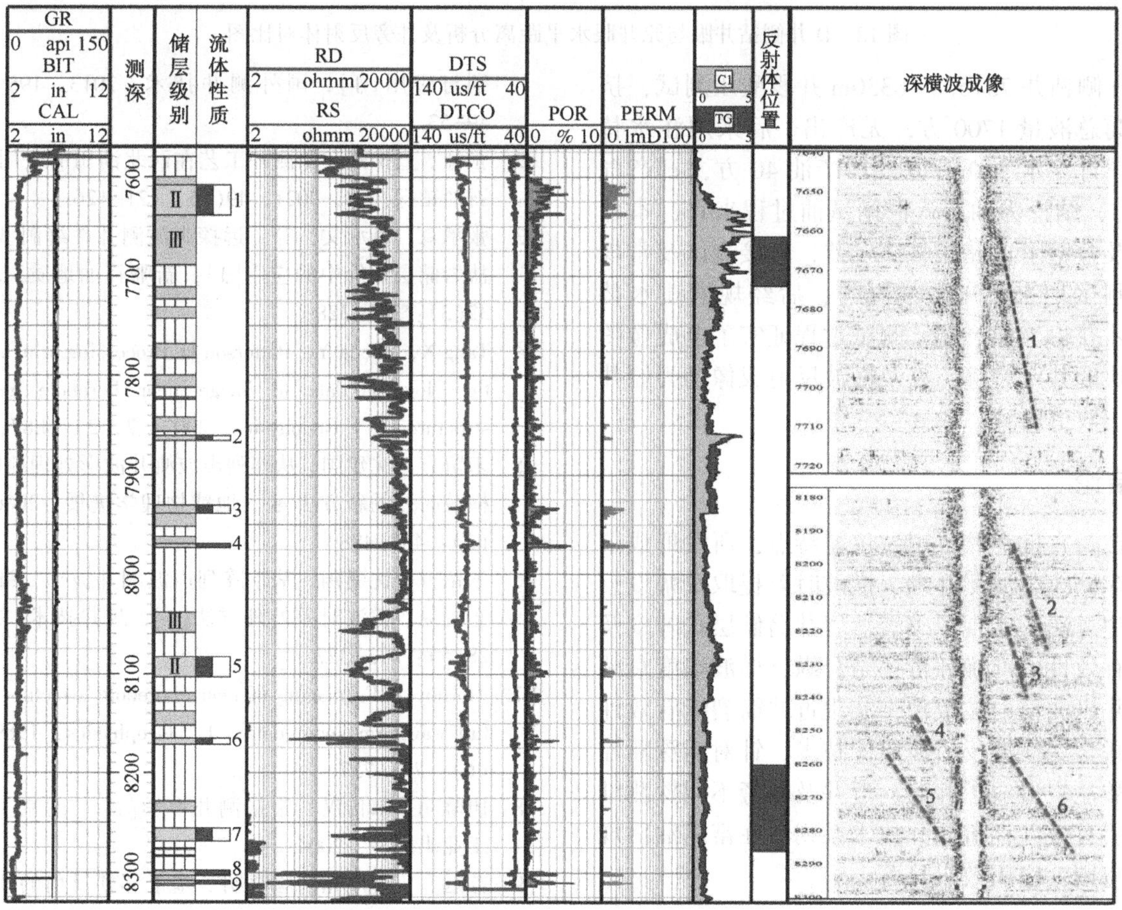

图 11　D 侧钻井测井解释成果图

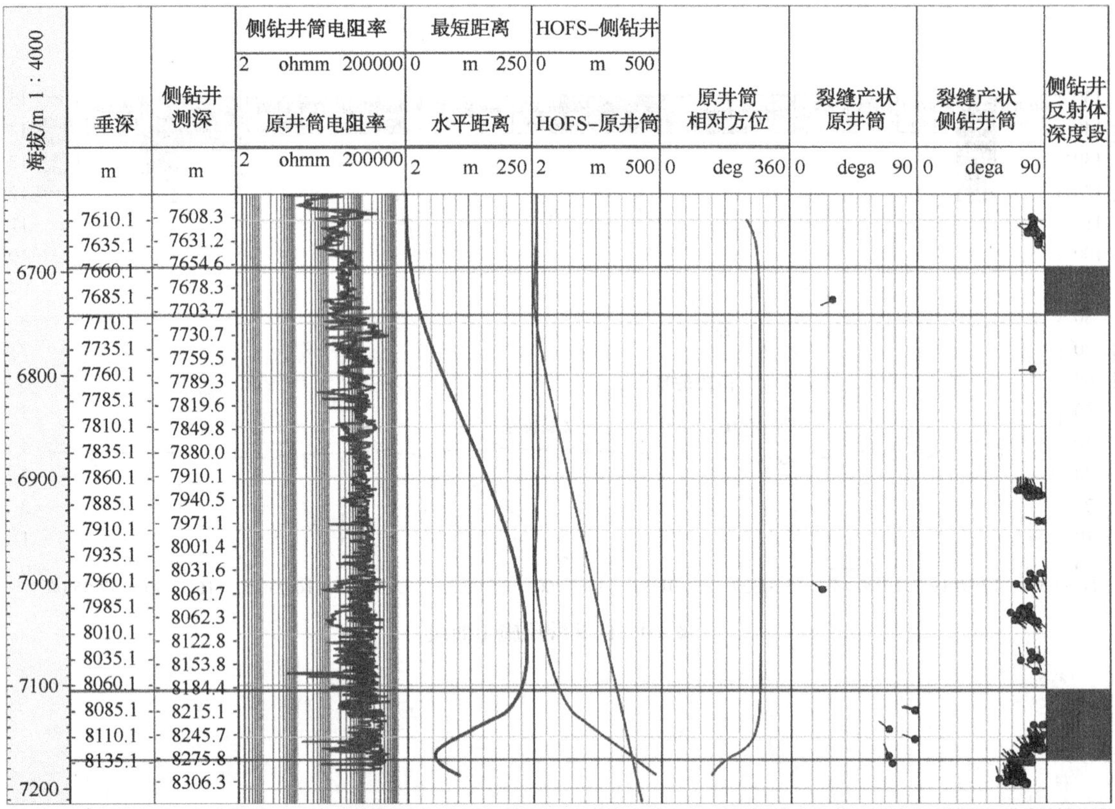

图 12　D 井侧钻井眼与原井眼水平距离分析及井旁反射体对比图

D 侧钻井 7575.8~8330m 井段酸压测试，挤入井筒总液量 1700 方，无产出。后采用注水替油，累计注水 3.0 万方，日产油 40 方，日产气 2 万方，结论为油层。根据试油过程来看，本井井筒及井壁附近储层整体较差，直接测试及常规酸压测试均未见工业油气流；后经规模注水替油，才获得工业产能。测试过程证实了电成像图像反映的井壁裂缝，以及横波反射成像均为原井眼酸压改造所致。

5　结论

针对直推存储式声波仪器特点，研发形成了直推存储式声波测井纵、横波时差提取及幅度衰减处理方法，实现了碳酸盐岩井筒储层孔隙度及裂缝有效性的准确评价；结合纵、横波幅度衰减及近井纵波反射波成像，实现近井筒裂缝有效评价；联合深横波反射波成像技术，针对超深断控型碳酸盐岩形成了井筒、近井及井旁不同探测维度储层有效性评价测井技术系列，在富满油田规模化应用，应用效果显著。

参考文献

[1] 吴兴能，肖承文，等．常规数字声波质量可靠性识别与应用[J]．国外测井技术，2013，195(3)：49-53.

[2] 张钰．直推式存储测井工艺在西北油田的应用[J]．石油钻探技术，2021，49(1)：121-126.

[3] 张承森，肖承文，等．远探声波测井在缝洞型碳酸盐岩储层评价中的应用[J]，新疆石油地质，2011，32(3)：325-328.

[4] Tang X，Zheng Y，Patterson D. Processing array acoustic - logging data to image near borehole geologic structures [J]. Geophysics，2007，72(2)：E87-E97.

[5] 朱留方，沈建国．从阵列声波测井波形处理地层纵、横波时差的新方法[J]．地球物理学进展，2006，21(2)：483-488.

[6] 朱留方，沈建国．基于阵列声波测井波形二维谱分布的纵、横波时差处理方法[J]．测井技术，2004，28(5)：373-377.

[7] Hornby B E. Imaging of near-borehole structure using full waveform sonic data [J]. Geophysics，1989，54(6)：747-757.

[8] 唐晓明，郑传汉．定量测井声学[M]．北京：石油工业出版社，2004.

[9] 苏远大，魏周拓，唐晓明．基于邻井反射的偶极横波远探测验证方法[J]．应用声学，2014，33(1)：29-34.

[10] 郝仲田，孙小芳，刘西恩，等．偶极横波远探测测

井技术应用研究[J]. 地球物理学进展，2014，29（5）：2172-2177.

[11] 赵腾. 基于多极子阵列声波测井资料的裂缝评价方法研究[M]. 中国石油大学硕士学位论文，2020.

[12] 唐军，章成广，信毅. 油基钻井液条件下裂缝声波测井评价方法—以塔里木盆地库车坳陷克深地区致密砂岩储集层为例[J]. 石油勘探与开发，2017（3）：389-397，406.

[13] 吴晓光，季凤玲，李德才. 偶极声波测井技术应用现状及研究进展[J]. 地球物理学进展，2016，31（1）：380-389.

基于双孔隙度模型的致密砂岩储层饱和度计算方法

徐思慧[1,2,3]　信　毅[1,2,3]　李兆平[1,2,3]　韩　闯[1,2,3]　别　康[1,2,3]　倪小威[1,2,3]

（1. 中国石油塔里木油田公司；2. 中国石油天然气集团有限公司超深层复杂油气藏勘探开发技术研发中心；3. 新疆维吾尔自治区超深层复杂油气藏勘探开发工程研究中心）

摘　要　致密砂岩储层具有岩性致密、孔隙结构复杂、非均质性强等特点。孔隙结构对电阻率测井响应有显著影响，因此，传统的阿尔奇模型不适合对该类储层饱和度进行定量评价。针对这种情况，本文提出了一种考虑孔隙类型和泥质含量的致密砂岩储层饱和度计算新方法。当泥质含量大于20%时，使用印尼公式计算饱和度；当泥质含量小于20%时，采用双孔隙度模型。本文基于岩石电阻率和核磁共振（NMR）实验结果，选取孔隙度和T2对数值作为影响因素，计算出双孔隙度模型的关键参数。在致密砂岩储层评价中应用表明，该方法计算的饱和度比传统的阿尔奇公式计算的饱和度更接近实际地层情况。

关键词　致密砂岩；双孔隙模型；电阻率测井；饱和度

1　简介

致密砂岩通常是指渗透率小于0.1mD、孔隙度小于10%的砂岩。随着勘探开发的不断发展，致密砂岩储层已成为油气勘探的重要领域。致密砂岩储层具有岩性致密、孔隙结构复杂、非均质性强等特点，使用阿尔奇公式计算致密砂岩储层含水饱和度的精度不高。因此，如何更准确地计算致密砂岩储层的饱和度是一个亟待解决的问题。

泥质含量对致密砂岩储层的储层性能有重要影响。当储层中含有泥质时，储层的电阻率会降低，传统饱和度计算方法的精度也会降低。有很多饱和度模型都考虑了泥质含量的影响，Simandoux公式和印尼公式适用于泥质砂岩。由于双层理论的发展，针对泥质砂岩或低电阻率储层建立了W-S模型。Clavier等人提出了泥质砂岩与黏土水和自由水平行导电，并建立了D-W模型。Silva等人研究了基质和孔隙结构对泥质砂岩的影响，提出了S-B模型。张晋言等人考虑到砂岩和泥岩薄互层的内部沉积构造特征，将储层视为层状介质，建立了薄互层砂岩和泥岩的饱和度计算模型。

致密砂岩储层基质孔隙度和渗透率较低，裂缝是油气运移的良好通道和储集空间。裂缝影响致密砂岩饱和度的准确计算。致密砂岩的储集空间包括基质孔隙和裂缝。Prison认为基质孔隙和断裂孔隙平行导电，提出了双孔隙模式。Aguilera等人考虑了基质孔隙、裂缝和孔洞对碳酸盐岩电导率的影响，提出了三孔隙模型。张厚淼建立了基于三孔隙模型的裂缝性储层饱和度计算模型。王谦利用裂缝-基质孔隙平行电导率模型以及数字岩心建立了致密砂岩饱和度模型。

此外，阿尔奇公式中参数m和n值的选择对于饱和度计算至关重要。许多学者通过调整m和n的值来提高阿尔奇公式的准确性。在以前的研究中，缺乏一个结合泥质和裂缝影响的更全面的饱和度模型。此外，致密砂岩的模型参数还受孔隙结构的影响，关键参数的精确计算方法难以建立。因此，致密砂岩的饱和度计算还有待进一步研究。

本文以塔里木盆地侏罗系阿合组致密砂岩储层为研究区域，提出了一种综合考虑泥质和裂缝影响的饱和度模型。当泥质含量超过20%时，采用印尼公式计算饱和度；当泥质含量小于20%时，采用基质孔隙和裂缝孔隙的双孔隙模型。通过对塔里木油田致密砂岩储层的应用表明，本文提出的饱和度计算方法比传统计算方法解释误差小，提高了饱和度评价的准确性。

2　地质背景

库车坳陷是位于塔里木盆地北部的一个地质构造，北临天山褶皱带。它属于中新生代前陆盆地，由四个冲断带和三个凹陷组成。北部构造带、克拉苏构造带、秋里塔格构造带和南部斜坡带构成四大构造带，三凹由西向东分别是乌什凹陷、拜城凹陷和阳霞凹陷。本次的研究区域位于北部构造带中部，以DB5井为主要研究对象。

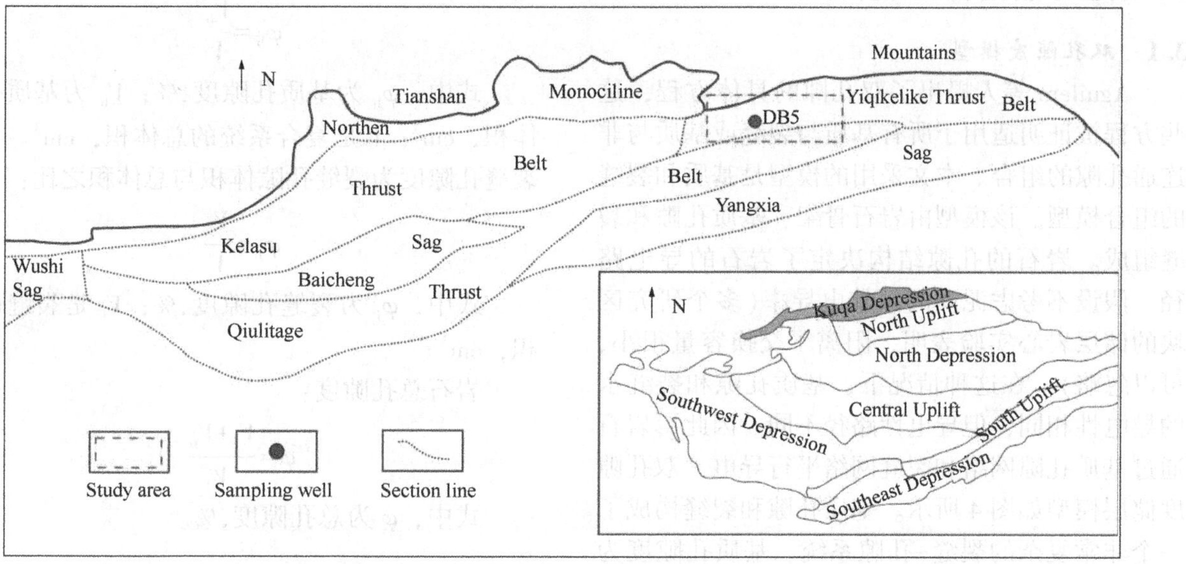

(a)库车坳陷　　(b)目标井位置及库车坳陷迪北气田构造轮廓

图1　库车坳陷迪北气田构造单元及位置

迪北气田主要含气层段为下侏罗系阿合组，为辫状河三角洲平原分流河道微相沉积，其组成成熟度较低。阿合组岩性主要为砾石、粗砂岩和中砂岩。该组砂岩储层的平均厚度在250~300m之间。迪北气田为典型的致密砂岩气藏，阿合组孔隙度为3.0%~9.0%，平均孔隙度为5.94%，渗透率在0.01~5.0mD之间，平均渗透率为4.14mD。根据钻井岩心、铸体薄片和扫描电镜资料，塔里木盆地侏罗系阿合组致密砂岩储层主要为孔隙型储层和孔缝型储层。孔隙型储层的主要储集空间为基质孔隙，如泥质微孔和粒间溶孔(图2)。

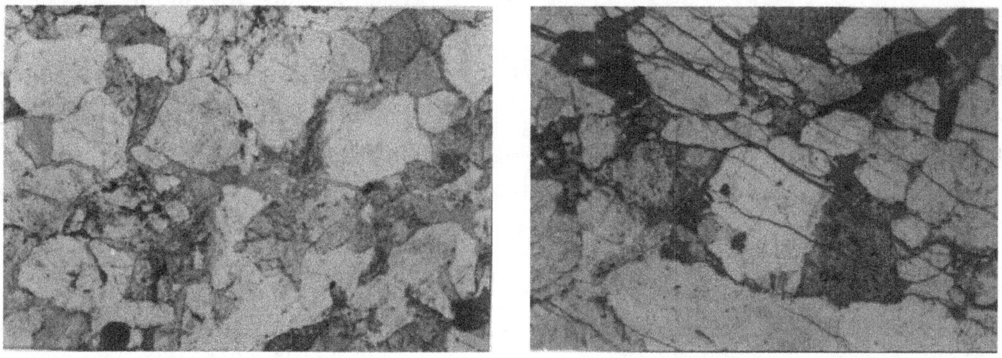

(a)泥质微孔，少量粒内溶孔　　(b)裂缝，钾长石粒内溶孔，基质微孔

图2　迪北地区侏罗系阿合组储集空间类型

岩心观察结果表明，阿合组裂缝普遍发育，裂缝以张开或半张开的高角度构造裂缝为主(图3)。在一些裂缝中可以看到硅和碳酸盐矿物，也可以看到填充物的腐蚀痕迹。孔缝型储层的主要储集空间为基质孔隙，基质由不同产状的各种裂缝切割而成。裂缝在提供部分储层空间的同时，主要起到连接基质和提高储层渗透率的作用。裂缝可以作为储层流体渗流的主要渗透通道。复杂的孔隙网络结构影响岩石的导电性。

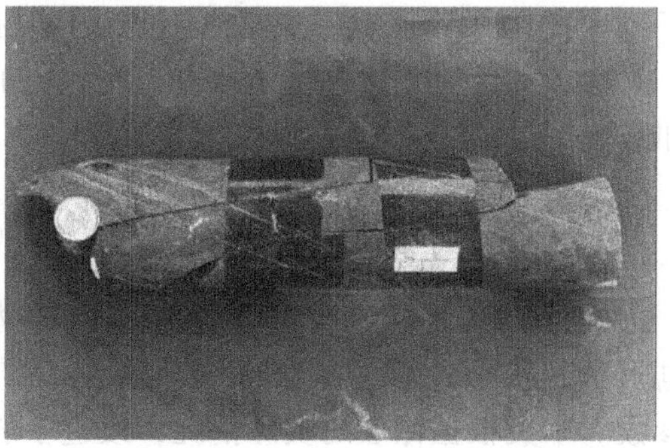

图3　迪北地区侏罗系阿合组岩心裂缝特征

3　致密砂岩饱和度计算方法

3.1　双孔隙度模型

Aguilera 等人提出了双孔隙的具体方程，这些方程被证明适用于所有基质与裂缝或基质与非连通孔隙的组合。本文采用的模型是基质和裂缝的组合模型。该模型由岩石骨架、基质孔隙和裂缝组成。岩石的孔隙结构决定了岩石的导电路径。假设不考虑泥质的额外电导率(多个研究区块的储层岩心实验表明，阳离子交换容量很小，可以忽略)。在这种情况下，基质孔隙和裂缝水的导电性相同，但导电性路径不同。因此，岩石通过基质孔隙网络和裂缝网络平行导电。双孔隙度储层模型如图 4 所示。基质孔隙和裂缝构成了一个非常复杂的裂缝-孔隙系统。基质孔隙度为基质孔隙体积与总体积之比：

$$\varphi_b=\frac{V_b}{V} \tag{1}$$

式中，φ_b 为基质孔隙度,%；V_b 为基质孔隙体积，cm^3；V 是复合系统的总体积，cm^3。岩石裂缝孔隙度为裂缝孔隙体积与总体积之比：

$$\varphi_f=\frac{V_f}{V} \tag{2}$$

式中，φ_f 为裂缝孔隙度,%；V_f 是裂缝的体积，cm^3。

岩石总孔隙度：

$$\varphi=\frac{V_f+V_b}{V} \tag{3}$$

式中，φ 为总孔隙度,%。

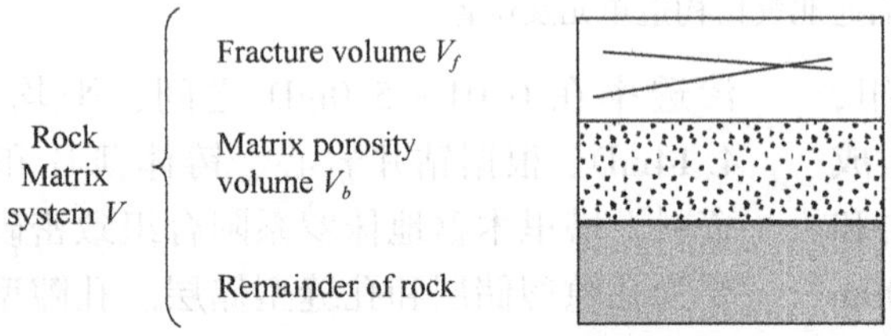

(a)岩石双孔隙模型的结构

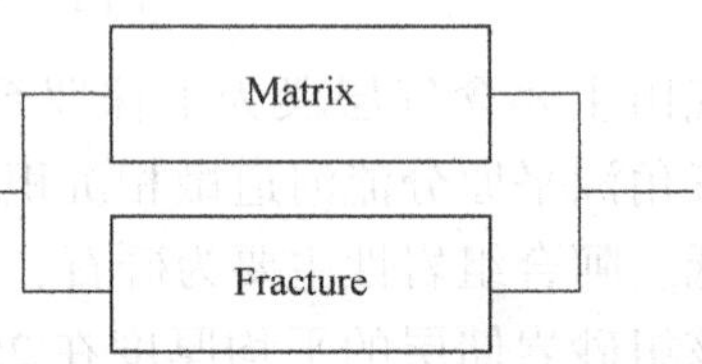

(b)岩石双孔隙模型的导电路径

图 4　双孔隙模型示意图

3.2　饱和度计算方法

根据双孔隙介质理论，将致密砂岩储层孔隙空间划分为基质孔隙空间和裂缝孔隙空间。根据含水饱和度的定义，总含水饱和度可表示为：

$$S_w=\frac{\varphi_b S_{wb}+\varphi_f S_{wf}}{\varphi_b+\varphi_f} \tag{4}$$

式中，φ_b 为基质孔隙度,%；S_{wb} 为基质含水饱和度,%；φ_f 为裂缝孔隙度,%；S_{wf} 为裂缝含水饱和度,%。

在裂缝和非连通孔隙下，储层基质物性相对均匀。因此，在计算基质孔隙饱和度时，我们采用了经典的阿尔奇公式，并根据储层的实际情况，对参数的计算方法进行了改进，使其更加合理和准确。

$$S_{wb}=\sqrt[nb]{\frac{abR_w}{\varphi_b^{mb}R_t}} \tag{5}$$

式中，R_w 为地层水电阻率，Ω · m；R_t 为地层电阻率，Ω · m；a、b、mb、nb 是矩阵的岩石电参数。本文根据储层的实际情况，改进了岩石电参数的计算方法，使饱和度计算更加合理准确。

由于孔隙大，渗透率高，裂缝容易被泥浆侵入。王谦根据双孔隙度渗透率特征，提出裂缝含水饱和度模型：

$$S_{wf}=\sqrt[nf]{\frac{1/R_t-1/R_{xo}+(1/R_{mf})\varphi_f^{mf}}{(1/R_w)\varphi_f^{mf}}} \tag{6}$$

式中，R_{xo} 为冲洗带的电阻率，Ω · m；R_{mf} 为泥浆滤液的电阻率，Ω · m；mf 和 nf 是裂缝的电学参数。

泥质对致密砂岩储层的储层性能影响较大，当储层中含有泥质时，会降低储层的电阻率，降低传统方法计算饱和度的精度。

泥质分散填充在砂岩的粒间孔隙中，与地层水平行导电。当储层中含有泥质时，储层的电阻率会降低，传统的饱和度计算方法的精度也会降低。许多饱和度模型都考虑了泥质的影响。印尼公式是测井评价储层的著名公式，其表达式为：

$$\frac{1}{S_w^n}=\left(\frac{V_{sh}^{cc}}{R_{sh}}+\frac{\phi}{\sqrt{aR_w}}\right) \tag{7}$$

式中，V_{sh} 为泥质含量,%；R_{sh} 为泥质电阻率，Ω·m；$cc=1-V_{sh}/2$。该公式适用于低地层水矿化度和V_{sh}小于50%的泥质砂岩。该公式较好地解决了泥质砂岩地层的饱和度计算问题。

研究区属于裂缝性致密砂岩储层。岩石中发育的裂缝提高了油气藏的产能，但也使油气饱和度的评价复杂化。在计算裂缝性致密砂岩储层的油气饱和度时，应考虑物理性质、裂缝和岩性等因素。对于此类储层，本文提出了一种考虑孔隙类型和泥质含量的饱和度评估方法(图5)。具体而言，当泥质含量超过20%时，使用印尼公式计算饱和度；如果泥质含量小于20%，则使用双孔隙模型来计算饱和度。

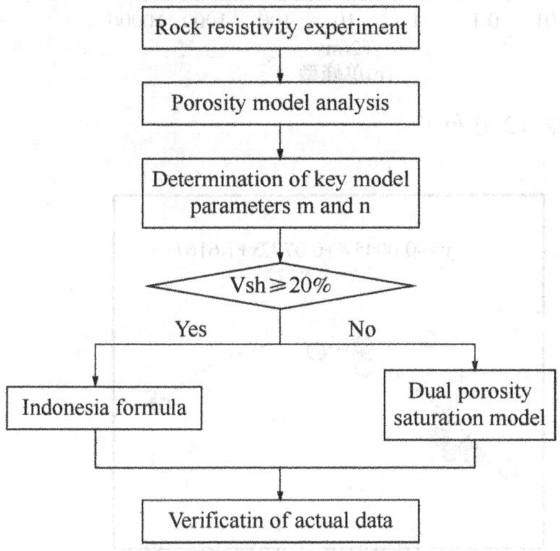

图5　饱和度计算流程图

4　双孔隙模型参数

4.1　孔隙度

为了得到准确的储层总孔隙度，通常结合多种测井方法的进行处理解释。与其他测井方法相比，密度和补偿中子测井的响应受裂缝性储层非均质性的影响较小。因此，我们采用密度和中子测井曲线同时计算来获得储层的总孔隙度。具体方法如下：

$$\varphi=\sqrt{\frac{pordsc^2+pornsc^2}{2}} \tag{8}$$

$$pordsc=\frac{\rho_b-\rho_{ma}}{\rho_f-\rho_{ma}}-V_{sh}\frac{\rho_{sh}-\rho_{ma}}{\rho_f-\rho_{ma}} \tag{9}$$

$$pornsc=\frac{\varphi_N-\varphi_{ma}}{\varphi_{Nf}-\varphi_{ma}}-V_{sh}\frac{\varphi_{Nsh}-\varphi_{ma}}{\varphi_{Nf}-\varphi_{ma}} \tag{10}$$

式中，ρ_{sh}，ρ_{ma}，ρ_f分别为泥浆、骨架和流体的密度测井值，g/cm^3，φ_{sh}，φ_{ma}，φ_f分别为泥质、岩石基质和孔隙流体的中子测井值,%。

声波测井资料基本不反映裂缝孔隙度，主要反映岩石的基质孔隙度。利用声体积模型计算储层基质孔隙度。计算公式如下：

$$\phi_b=\frac{\Delta t-\Delta t_{ma}}{\Delta t_f-\Delta t_{ma}}-V_{sh}\frac{\Delta t_{sh}-\Delta t_{ma}}{\Delta t_f-\Delta t_{ma}} \tag{11}$$

式中，Δt_{sh}，Δt_{ma}，Δt_f分别为泥质、岩石基质和孔隙流体的声波时差测井值，μs/ft。

在储层评价中，通常使用成像测井和双侧向测井资料计算裂缝孔隙度。本文基于FMI(地层微电阻率扫描成像测井)的直观解释，人工拾取裂缝，并利用岩心的光学扫描成像数据校准电成像数据，最后计算裂缝孔隙度等裂缝参数。

4.2　模型参数确定

准确的模型参数m值和n值是定量评价饱和度的关键。储层的孔隙度和微观孔隙结构影响模型参数。毛细管压力测量和核磁共振测量(NMR)是描述储层微观孔隙结构的主要方法。本文选用标准核磁共振T2谱对其微观孔隙结构进行了表征。图6是六个致密砂岩样品的标准T2谱，六个岩石样品被NaCl溶液饱和，NaCl溶液的电阻率为0.138Ω.m。三个岩石样品的T2谱的位置和形状基本相同(图6(a))，这表明三个岩石样本的微观孔隙分布相似。三个岩石样品的T2谱的振幅和包络面积不同，这表明三个岩石样本的孔隙度不同。在地层电阻率和微观孔隙结构基本相同的情况下，当三种岩石样品的孔隙度不同时，参数m和n也不同。结果表明，孔隙度的变化会导致m和n值的变化。三个岩石样品的T2谱的位置和形状不同，但包络面积相同(图6(b))，表明三个岩石样本的孔隙度相同，但微观孔隙结构不同。在地层电阻率和孔隙度基本相同的情况下，如果三种岩石样品的微观孔隙结构不同，则参数m和n也不同。结果表明，微观孔隙结构影响m和n的值。

在确定致密砂岩电性影响因素的基础上，有必要确定参数与孔隙结构之间的响应关系，为准确计算饱和度提供依据。通过分析，得出孔隙度和孔隙结构对岩石模型参数有显著影响。核磁共振T2谱的对数平均值通常用于描述储层微观孔隙结构的变化。T2(T_{2lm})的对数平均值越大，储层的孔径就越大。T_{2lm}越小，储层的孔径就越小。图7(a)显示了岩心分析的m值和孔隙度ϕ之间的关系。从图中可以看出，m值与孔隙度呈幂函数关系，m值随着孔隙度的增加而增加。图

7(b)显示了岩心分析的 m 值和 T_{2lm} 值之间的关系。统计结果表明，m 值首先随着 T_{2lm} 值的增大而增大，然后 m 值随着 T_{2lm} 的增大而减小。

图 8(a)显示了岩心分析的 n_b 值与孔隙度 ϕ 之间的关系。n_b 的值随着孔隙度的增加而增加，并呈现幂函数关系。图 8(b)显示了岩心分析的 n_b 和 T_{2lm} 之间的关系。统计结果表明，随着 T_{2lm} 值的增加，n_b 值先减小后增大。

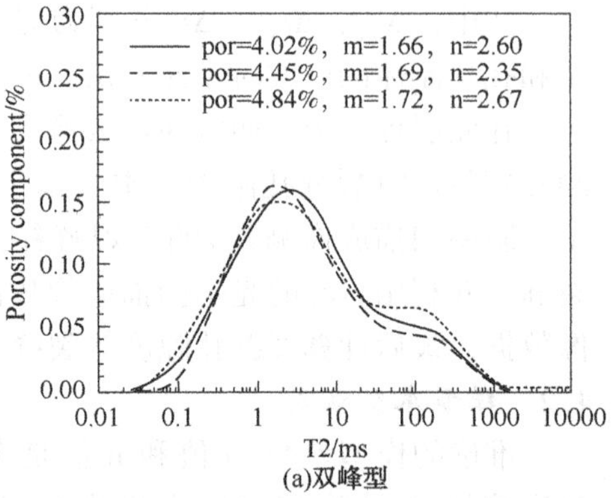

(a)双峰型　　(b)单峰型

图 6　不同岩石样品的标准 T2 分布

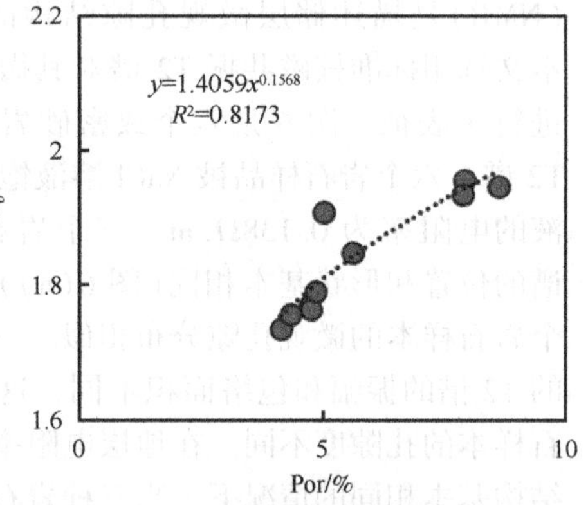

(a)m_b与孔隙度的关系　　(b)m_b与T2对数平均值的关系

图 7　m_b 值影响因素分析

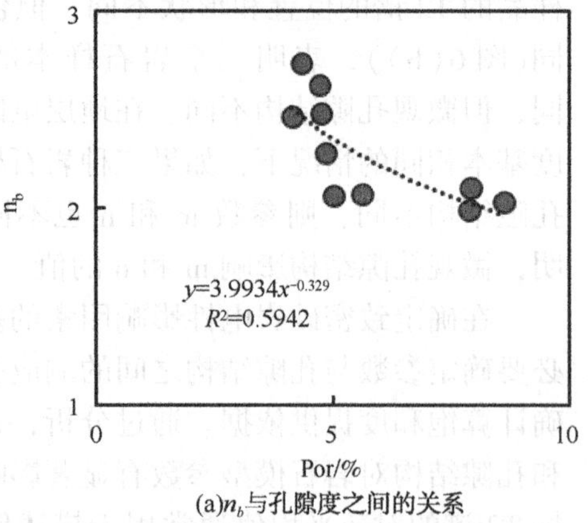

(a)n_b与孔隙度之间的关系　　(b)n_b与T2对数平均值之间的关系

图 8　n_b 值影响因素分析

实验结果表明，模型参数与任何单一因素的相关性都不是特别高。为了减少单因素回归计算的误差，使用多因素拟合回归方法计算 m 和 n 值。多因素回归考虑了多个参数之间的复杂相互作用，更准确地反映了岩石的实际性质。根据岩石电阻率和核磁共振(NMR)实验的结果，选择孔隙度和T2对数平均值作为影响因素，采用多元回归法建立了 m_b 值和 n_b 值的计算模型。模型表示如下：

$$m_b = 1.401\varphi_b^{0.1524} - 0.0004826T_{2lm}^{\ 2} + 0.004525T_{2lm} \quad (12)$$

$$n_b = 4.447\varphi_b^{-0.3701} + 0.0002246T_{2lm}^{\ 2} - 0.01689T_{2lm} \quad (13)$$

式中，m_b、n_b 为基体岩石电性参数；ϕ_b 为基质孔隙度(%)；T_{2lm} 是 T_2(ms)的对数平均值。

模型计算结果如图9所示。多元线性回归法计算的和 n_b 值与实验测量的m和n值相关性较合理。m_b 值的相关系数为0.8377，n_b 值的相关系数为0.7041，说明该方法的计算精度较高。孔隙度和孔隙结构是影响岩石模型参数的重要因素。

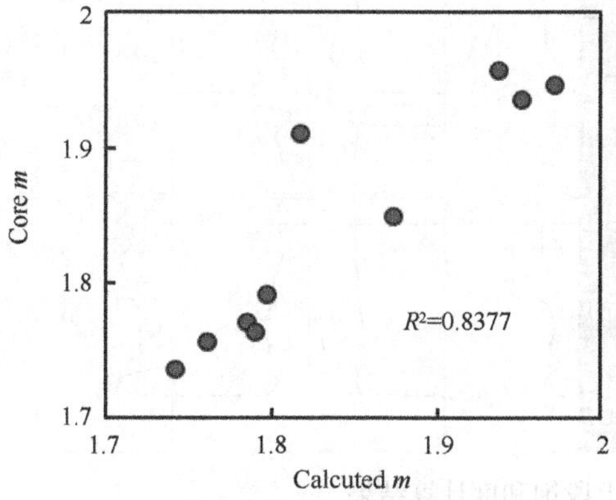

(a)岩心分析 m_b 与计算 m_b 值的交会图

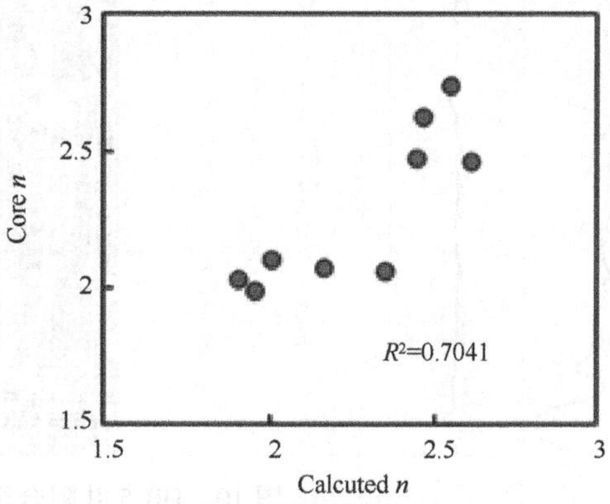

(b)岩心分析 n_b 与计算 n_b 值的交会图

图9　实测岩石电参数值与计算岩石电参数值的交会图

为了得到裂缝的电性参数，王谦假设岩石为长为l的正六面体，一条角度为β、宽为df的裂缝斜穿过岩石，岩石内部发育边长为c的正六面体孔。根据该理论，计算裂缝岩体参数的公式为：

$$m_f = -\frac{\log\left[l\left(\frac{1}{c+d_f}+\frac{l-c\cos\beta}{l\cos\beta d_f}+\frac{c}{(l-c)d_f}\right)\right]}{\log\left\{\left[\left(\frac{l^2}{\cos\beta}-c^2\right)d_f+c^3\right]/l^3\right\}} \quad (14)$$

式中，d_f 为裂缝宽度，mm；β 是断裂角，(dega)。代入公式(5)和公式(6)，计算基质饱和度和裂缝饱和度，用公式(4)计算储层总含水饱和度。

对于 n_f，目前还没有确定的方法，本文假设它等于 n_b。

5　实际井应用效果

采用本文提出的饱和度计算方法，对塔里木盆地侏罗系阿合组储层饱和度进行了定量评价。研究区储层空间类型主要为泥质微孔、粒内溶孔、粒间溶孔和微裂缝，原生孔隙发育程度较低。以DB 5井为例，平均岩心孔隙度为5.67%，渗透率为 $0.52\times10^{-3}\ \mu m^2$。阿合组是典型的致密砂岩储层。图10和图11显示了饱和度计算结果。第六道是成像测井的处理结果。第七道是多元回归计算的m值和岩心分析的m值，第八道是多元回归计算的n值和岩心分析的n值。用这种方法计算的m和n与岩心分析得到的m和n非常吻合。第9道是通过阿尔奇模型计算的含水饱和度，第10道是通过本文提出的致密砂岩饱和度计算方法计算的饱和度。同时，该层段铸体薄片实验表明储层为中细砂岩。原生孔隙发育程度低，结合水含量高。储层的电性不仅受含油量的影响，还受孔隙结构的影响。阿尔奇模型不能反映储层微孔发育对电性的影响，导致计算的含水饱和度较低。本文引入了基质孔隙和裂缝孔隙，双孔隙模型计算的含水饱和度比阿尔奇模型计算的更接近实际地层含水饱和度。

为了更直观地检验饱和计算方法的准确性，我们通过计算绝对误差和相对误差来评价饱和计算方法的准确性。由表1可知，传统阿尔奇公式计算的饱和度平均相对误差为5.88%。相比之下，本文提出的饱和计算方法的平均相对误差为3.55%，平均相对误差降低了2.33%。同样，传统阿尔奇公式计算的平均绝对误差为9.87%，本文提出的饱和计算方法平均绝对误差仅为

6.11%，精度提高了3.76%。结果表明，本文提出的饱和度计算方法满足储量计算的误差要求，比传统方法精度更高。

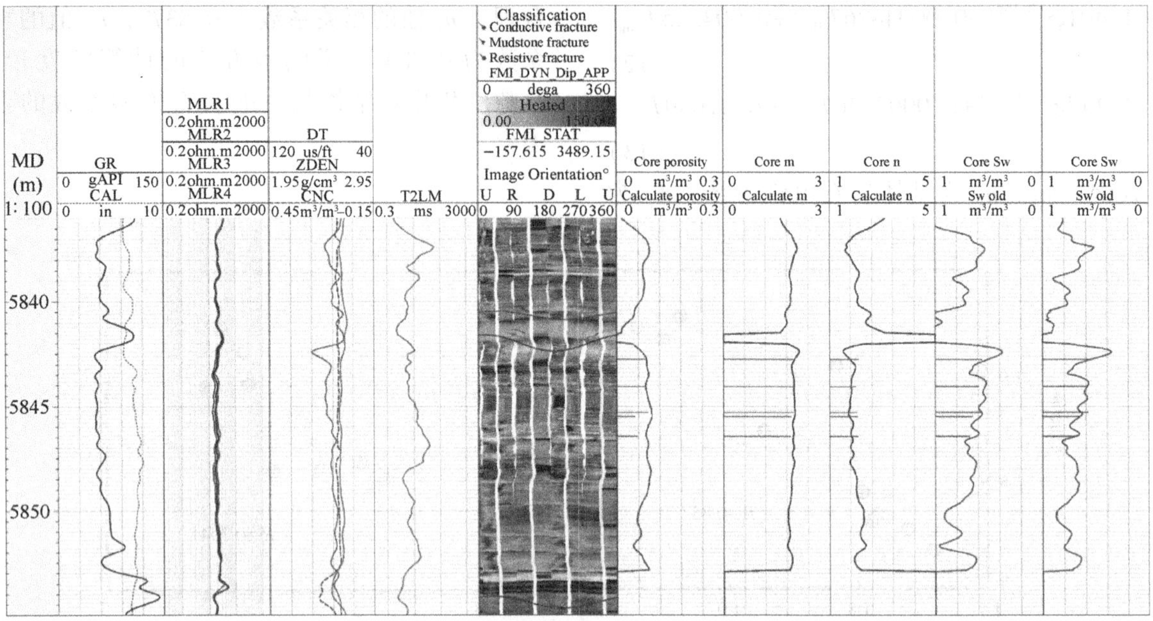

图10　DB 5井阿合组上段饱和度计算结果

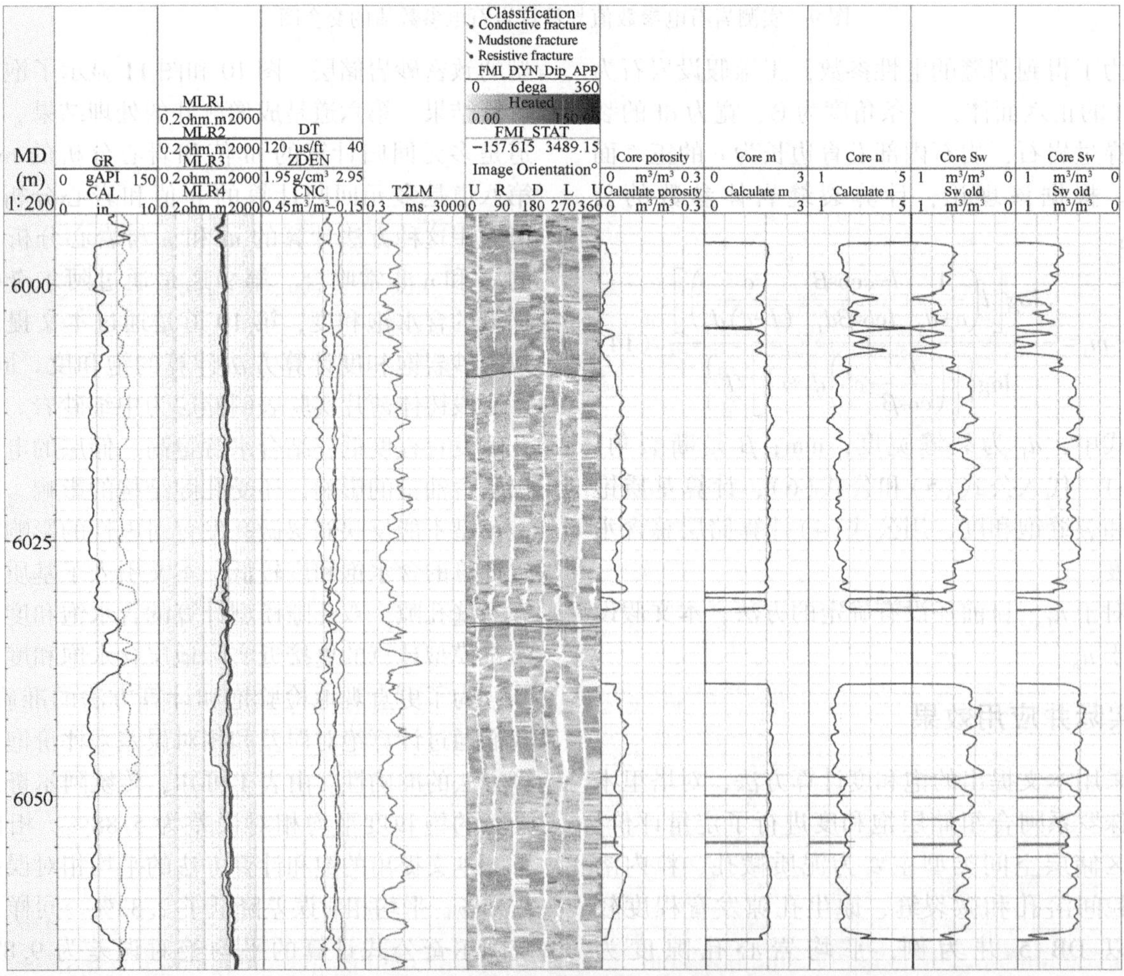

图11　DB 5井阿合组下段饱和度计算结果

表 1　饱和度计算误差对比分析表

深度/m	岩心分析饱和度/%	基于阿尔奇公式饱和度/%			本文提出方法/%		
		计算饱和度	相对误差	绝对误差	计算饱和度	相对误差	绝对误差
5842.73	56.28	52.10	4.18	7.43	57.06	0.78	1.38
5844.04	59.49	53.76	5.73	9.62	59.24	0.25	0.42
5845.27	57.98	56.81	1.17	2.02	64.38	6.40	11.04
5845.49	65.51	58.33	7.18	10.96	66.03	0.52	0.79
5846.43	68.12	61.70	6.42	9.42	69.09	0.97	1.42
6048.12	59.22	53.21	6.01	10.14	57.75	1.47	2.48
6049.98	57.81	41.97	15.84	27.40	43.73	14.08	24.36
6052.1	54.97	59.65	4.68	8.51	60.37	5.4	9.82
6054.49	53.84	52.28	1.56	2.90	54.31	0.47	0.87
6054.63	53.11	51.55	1.56	2.95	53.59	0.48	0.90
6055.73	60.55	50.13	10.42	17.21	52.25	8.30	13.71
	average		5.89	9.87		3.56	6.10

6　结论

（1）考虑裂缝、岩性等因素的影响，建立了致密砂岩储层饱和度的计算方法。如果泥质含量超过20%，则使用印尼公式计算饱和度；否则，采用双孔隙度模型计算。

（2）根据岩石电阻率和核磁共振实验结果，选取孔隙度和T2对数平均值作为输入因子计算模型参数，利用多元回归法建立了m值和n值的计算方法，计算得到的m和n值与岩心分析的m和n值吻合较好。

（3）阿尔奇模型不能反映储层微孔发育对电性的影响，导致致密砂岩含水饱和度低。本文引入了基质孔隙和裂缝孔隙，该方法计算的饱和度比阿尔奇公式计算的饱和度更符合实际地层情况。

参 考 文 献

[1] Gao, H., H. Zhou, and A. D. Li. Pore structure characterization, permeability evaluation and enhanced gas recovery techniques of tight gas sandstones[J]. *Journal of Natural Gas Science and Engineering*, 2016, 28: 536-547.

[2] 戴金星，倪云燕，吴小奇．中国致密砂岩气及在勘探开发上的重要意义[J]．石油勘探与开发，2012，39(03)：257-264.

[3] Rezaee, R., A. Saeedi, and B. Clennell. Tight gas sands permeability estimation from mercury injection capillary pressure and nuclear magnetic resonance data [J]. *Journal of Petroleum Science and Engineering*, 2012, 88-89: 92-99.

[4] Desbois, G., L. Janos, Urai, K. Peter A, K. Jan, and B. Claudia. High-resolution 3D fabric and porosity model in a tight gas sandstone reservoir: A new approach to investigate microstructures from mm-to nm-scale combining argon beam cross-sectioning and SEM imaging[J]. *Journal of Petroleum Science and Engineering*, 2011, 78(2): 243-257.

[5] 赖锦，王贵文，孙思勉，等．致密砂岩储层裂缝测井识别评价方法研究进展[J]．地球物理学进展，2015，30(04)：1712-1724.

[6] 李霞，李潮流，李波，等．致密砂岩岩电响应规律与饱和度评价方法[J]．石油勘探与开发，2020，47(01)：202-212.

[7] 胡胜福，周灿灿，李霞，等．复杂孔隙结构致密砂岩含油饱和度梯形孔隙模型[J]．石油勘探与开发，2017，44(05)：827-836.

[8] Feng, S. k., R. C. Xie, A. E. Radwan, Y. F. Wang, W. Zhou, and W. L. Cai. Accurate determination of water saturation in tight sandstone gas reservoirs based on optimized Gaussian process regression [J]. *Marine and Petroleum Geology*, 2023, 150: 0264-8172.

[9] Feng, S. K., R. C. Xie, W. Zhou, S. Yin, J. Chen, M. Y. Zhang, and Z. W. Luo. The new interpretation of the geological origin of differentiation phenomenon of resistivity in the tight sandstone reservoir [J]. *Arabian Journal of Geosciences*, 2021, 14(20): 2074-2089.

[10] Simandoux, P. Dielectric measurements of porous media: application to the measurement of water saturations, the study of the behavior of argillaceous formations[J]. *Revue*

de L' Institut Francais du Petrole, 1968, 18(S1): 193-215.

[11] Leveaux, J., and A. Poupon. 1971. "Evaluation of water saturation in shaly formations." *The Log Analyst*. 12(04): 3-8.

[12] Waxman, M. H., and L. J. M. Smits. "Electrical Conductivities in Oil-bearing Shaly Sands." *Society of Petroleum Engineers Journal*, 1968, 8(02): 107-122.

[13] Clavier, C., G. Coates, and J. Dumanoir. Theoretical and Experimental Bases for the Dual-Water Model for Interpretation of Shaly Sands [J]. 1984, 4(24): 153-168.

[14] Silva, P. L., and Z. Bassiouni. Statistical Evaluation of the S-b Conductivity Model for Water-bearing Shaly Formations[J]. *log analyst*, 1986, 27(3): 9-19.

[15] 张晋言，刘海河，刘伟，等. 基于双"泥质指示因子"的砂泥岩薄互层饱和度模型[J]. 石油钻探技术，2015，43(02)：59-62.

[16] 罗群. 致密砂岩裂缝型油藏的岩心观察描述——以文明寨致密砂岩为例[J]. 新疆石油地质，2010，31(03)：229-231.

[17] Zeng, L. B., H. Su, X. M. Tang, Y. M peng, and G. Lei. Fractured tight sandstone oil and gas reservoirs: A new play type in the Dongpu depression. Bohai Bay basin, China [J]. *AAPG Bulletin*, 2013, 97(3): 363-377.

[18] 刘智颖，章成广，唐军，等. 裂缝对岩石电阻率的影响及其在含气饱和度计算中的应用[J]. 岩性油气藏，2018，30(02)：120-128.

[19] Prison, S. J. 1957. "Log interpretation in rocks with multiple porosity types: water or oil wet." *World Oil*, Jun: 196.

[20] Aguilera, M. S., and R. Aguilera. 2003. "Improved Models for Petrophysical Analysis of Dual Porosity Reservoirs." *Petrophysics - The SPWLA Journal of Formation Evaluation and Reservoir Description*. 44(January): 21-35.

[21] 张厚森. 裂缝性储层饱和度解释模型研究[D]. 中国石油大学，2010.

[22] Wang, Q., M. J. Tan, C. W. Xiao, S. Y. Wang, C. Han, and L. T. Zhang. 2022. "Pore-scale electrical numerical simulation and new saturation model of fractured tight sandstone." *AAPG Bulletin*. 106(7): 1479-1497.

[23] 张明禄，石玉江. 复杂孔隙结构砂岩储层岩电参数研究[J]. 测井技术，2005，(05)：59-61+89.

[24] 闫建平，温丹妮，李尊芝，等. 低渗透砂岩孔隙结构对岩电参数的影响及应用[J]. 天然气地球科学，2015，26(12)：2227-2233.

[25] Xiao, L., C. C. Zou, Z. Q. Mao, Y. J. Shi, X. P. Liu, Y. Jin, H. P. Guo, and X. X. Hu. 2013. "Estimation of water saturation from nuclear magnetic resonance(NMR) and conventional logs in low permeability sandstone reservoirs." Journal of Petroleum Science and Engineering. 108(August): 40-51.

[26] 罗少成，成志刚，周金昱，等. 致密砂岩储层饱和度指数 n 计算方法研究[J]. 西南石油大学学报(自然科学版)，2014，36(04)：116-122.

[27] 姜浩. 川中侏罗系致密油岩石导电模型实验研究[D]. 北京：中国石油大学(北京)，2016.

[28] Zhao, G. J., X. Q. Li, M. C. Liu, C. Y. Dong, D. Y. Chen, and J. Z. Zhang. 2022. "Reservoir Characteristics of Tight Sandstone and Sweet Spot Prediction of Dibei Gas Field in Eastern Kuqa Depression." Northwest China. Energies 15(9): 3135.

[29] Shi, H., X. R. Luo, G. L. Lei, H. X. Wei, L. Q. Zhang, L. K. Zhang, and Y. H. Lei. 2017. "Effects of early oil emplacement on reservoir quality and gas migration in the Lower Jurassic tight sand reservoirs of Dibei gas field, Kuqa Depression, western China." *Journal of Natural Gas Science and Engineering*. 50: 250-258.

[30] Archie, G. E. 1942. "The electrical resistivity log as an aid in determining some reservoir characteristics." *Transactions of the Aime*. 146(01): 54-62.

[31] 王谦. 致密砂岩饱和度模型与含水率评价方法研究[D]. 北京：中国地质大学(北京)，2020.

[32] 赵辉，石新，司马立强. 裂缝性储层孔隙指数、饱和度及裂缝孔隙度计算研究[J]. 地球物理学进展，2012，27(06)：2639-2645.

[33] 陈莹，谭茂金. 利用测井技术识别和探测裂缝[J]. 测井技术，2003，(S1)：11-14+87.

[34] 丁娱娇，柴细元，邵维志，等. 基于核磁共振 T_2 谱集中度的低孔隙度低渗透率储层饱和度参数研究[J]. 测井技术，2017，41(04)：405-411.

[35] Guo, Y. H., B. Z. Pan, L. H. Zhang, J. Lei, Y. F. Fan, A. R. Han, D. D. Yan, and Y. Q. Zhao. 2022. "A study on water saturation predictions in igneous reservoirs based on the relationship between the transverse relaxation time and the resistivity index." *Journal of Petroleum Science and Engineering*. 208, Part C, 109519.

YN 地区检波器组合面积和个数对噪声和有效信号的影响研究分析

王国纬[1,2,3]　孙海军[1,2,3]　韦贵永[4]　崔永福[1,2,3]

（1. 中国石油天然气股份有限公司塔里木油田公司；
2. 中国石油天然气集团有限公司超深层复杂油气藏勘探开发技术研发中心；
3. 新疆维吾尔自治区超深层复杂油气藏勘探开发工程研究中心；
4. 北京锐浪石油技术有限公司）

摘　要　线性干扰和面波是塔克拉玛干沙漠主要的两种干扰波，为研究检波器组合对这两种干扰的压制作用，通过设计 5 种试验，分别对比研究了相同组合面积和组合个数的接收效果，通过对干扰波能量、资料信噪比的定量分析，认为增加组合面积和检波器个数可以有效压制面波，但在组合面积不变的情况下增加检波器个数可能会增加线性干扰的能量，而增加组合面积在压制线性干扰和面波方面都表现较好。

关键词　检波器；组合个数；组合基距；能量；信噪比

塔里木盆地作为目前我国最大的超深油气藏分布区，原始资料的信噪比低对勘探开发形成巨大挑战。塔河地区沙漠表层结构疏松，沙质松软，实际生产中面波和线性干扰严重影响了资料品质。组合检波是地震采集中用于压制干扰波、提高信噪比的常见技术手段，以往的研究从理论和试验验证了组合检波的压噪能力。也有研究认为过多的组合个数和过大的组合面积会损伤高频信号，不利于深部薄储层的勘探。

为探索适用于塔河地区沙漠的组合检波方式，有效提高资料信噪比，增强深层有效信号的接收效果，本研究设计相关的试验，并对其结果进行简要分析。

1　试验方法

本区单炮资料品质较好，噪声主要有面波、浅层折射和线性干扰。如图 1 所示，折射波能量强，频率较高，影响范围小。规则面波主要有两组，能量强，在炮集上分布比较广，对浅、中、深层都有影响，但频率相对较低，主要在 30Hz 以内，线性干扰发育明显。主要干扰波特征参数见表 1。

表 1

干扰波类型	视速度/(m/s)	视频率/Hz	视波长/m
折射波	1650	25	66
面波 1	440	8	55
面波 2	800	10	80
线性干扰	1200	27	53

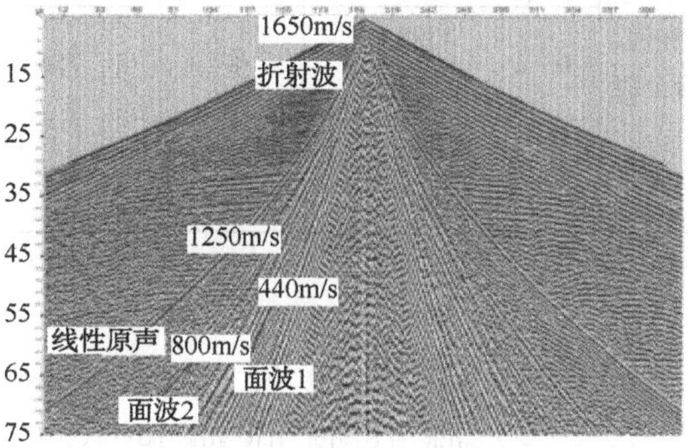

图 1　试验区单炮记录及干扰波类型

如图 2 所示，将 49 个单只检波器按照 7×7 的方式埋置，检波器间隔为 4m，，激发方式为潜水面下 2m，药量为 4kg。为组内高差引起的波形畸变等误差，埋置点地表类型为较为平坦的沙地。

通过在正常的地震采集中滚动炮点，这 49 道单只检波器通过抽共检波点道集的方式获得炮检点交换后的原始数据，经室内通过共反射点叠加后，可得模拟在野外不同组合个数和组内距的组合形式接收到的单炮数据。

本研究取其中 4 个室内叠加的结果，形成 2

组对比试验，对资料进行分析并得出结论，具体试验方案见表2。

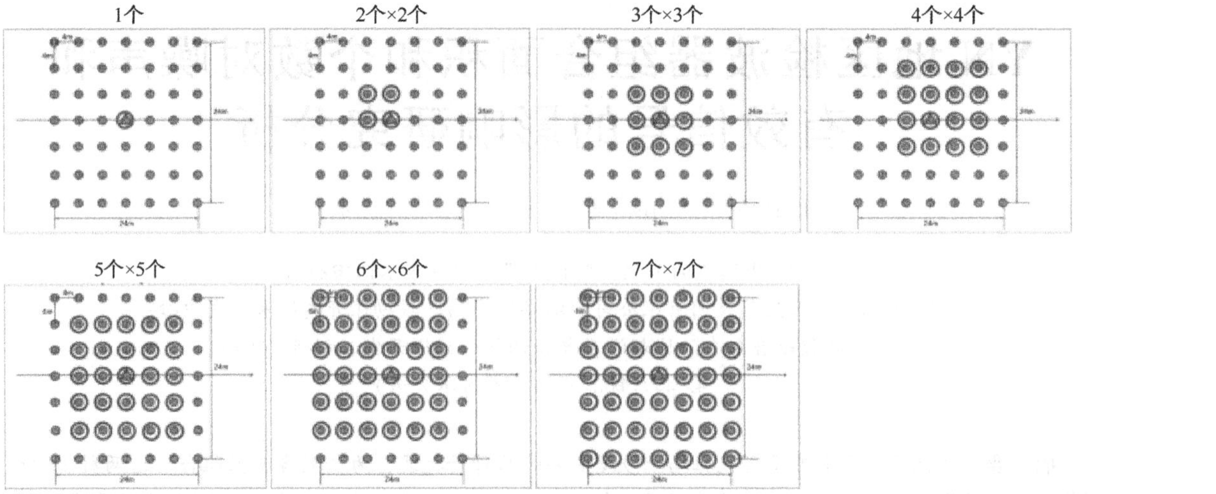

图2　49个检波器组合示意图

表2　试验编号及具体参数表

试验方案	编号	组合方式	组内距/m	接收面积/m^2
1. 相同组合面积	A	5×5矩形组合	4	256
	B	3×3矩形组合	8	256
2. 相同组合个数	C	3×3矩形组合	12	576
	D	3×3矩形组合	8	256
	E	3×3矩形组合	4	64

2　试验结果分析

2.1　相同接收面积不同检波器个数

图3(a)、(b)分别为试验A、B组合方式示意图。按照5×5及3×3两种组合方式进行叠加，叠后试验A、B等效组内距分别为4m、8m，组合基距都为16m，接收面积为256m^2。

图4(a)、(b)分别为试验A、B检波器单炮资料(固定增益)。从单炮资料来看，有效反射信号主要集中在3~5s范围内，试验A、B的信噪比相近，有效波形态无明显差异，试验A的有效波能量强于试验B，面波能量较为接近，试验A的线性干扰能量强于试验B，影响部分有效反射同向轴的连续性。

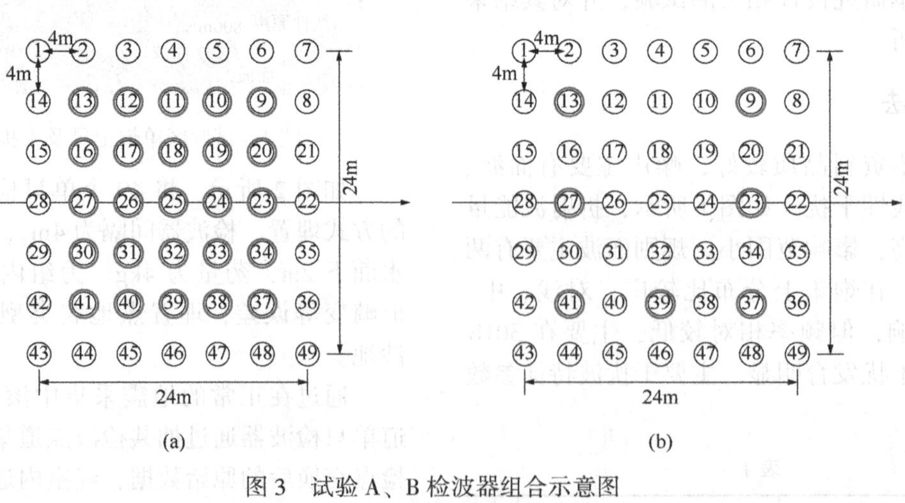

图3　试验A、B检波器组合示意图

图5(a)、(b)分别为试验A、B在30~60Hz的单炮资料，通过滤波，可见浅层有效信号，试验A浅层信噪比强于试验B，由上文可知本工区面波频率低于25Hz，该频段面波基本被滤除，绿

色范围内试验 A、B 有效波同向轴连续性显著增强，在主频段内试验 A 的信噪比明显高于试验 B。

2.2 相同检波器个数不同组合面积

图 6(a)、(b)、(c)分别展示了试验 C、D、E 的等效组合方式，都为 3×3 矩形组合，组内距分别为 12m、8m 和 4m，该组试验用来比较相同检波器个数条件下组内距不同对资料的影响。

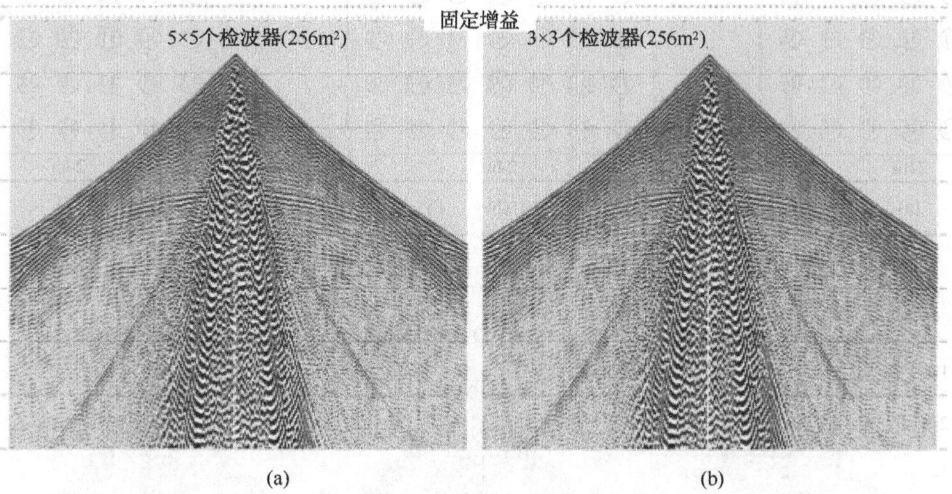

图 4　试验 A、B 共接收点记录

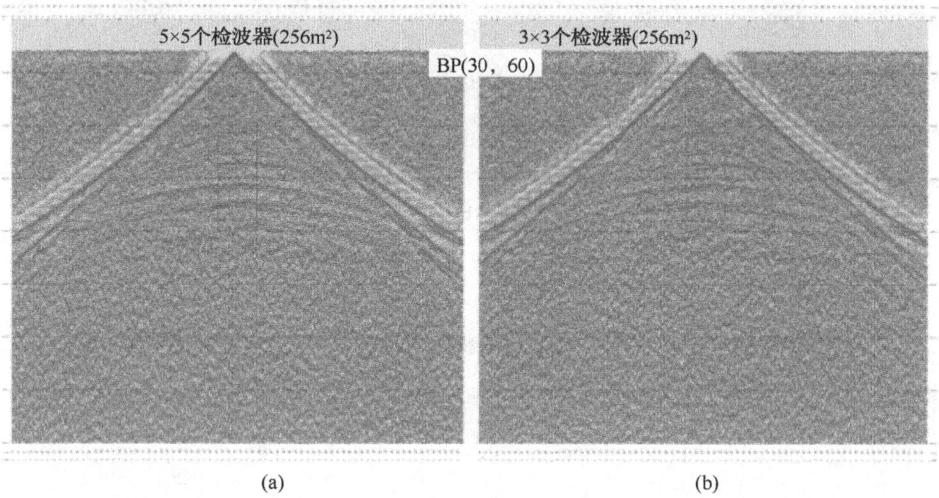

图 5　试验 A、B 共接收点记录(30~60Hz)

图 7(a)、(b)、(c)分别为试验 C、D、E 的叠加数据展示(固定增益)，浅层有效信号不明显，3~5s 内反射波信号可见，同向轴较连续，面波发育能量无显著差异，试验 E 的线性干扰最为明显，从浅层到深层都有发育，试验 C 的线性干扰较弱，反射波信号能量最强，试验 D 的线性干扰压制效果较好，三组试验中试验 E 的信噪比最低，试验 C、D 信噪比接近。

图 8(a)、(b)、(c)分别为试验 C、D、E 带通滤波后(30~60Hz)的结果显示。该频段内该面波和线性干扰得到有效压制，浅中层反射信号较为明显，在 3~4s 范围内试验 E 的强反射间的弱信号更为丰富，试验 C、D 中这部分弱信号显示不明显，4~5s 范围内试验 E 的信噪比更高，试验 C、D 接近。

3 讨论

上文定性分析了塔里木盆地塔克拉玛干沙漠地区相同检波器个数不同接收面积和相同接收面积不同检波器个数对面波和线性干扰的压制作用。

下文将对试验方案 1、2 的浅层和深层信噪比做定量分析。

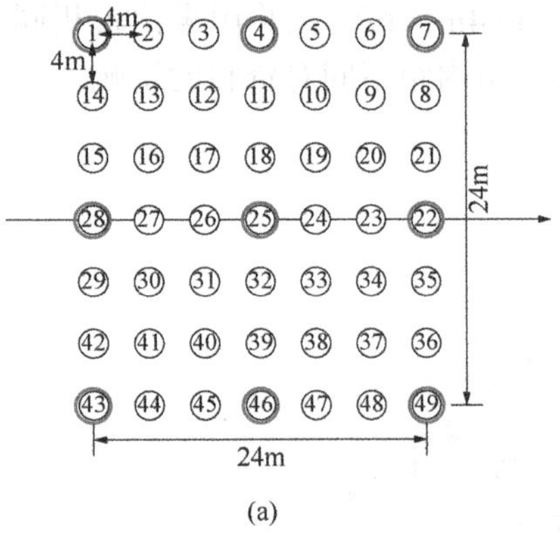

图 6　试验 C、D、E 检波器组合示意

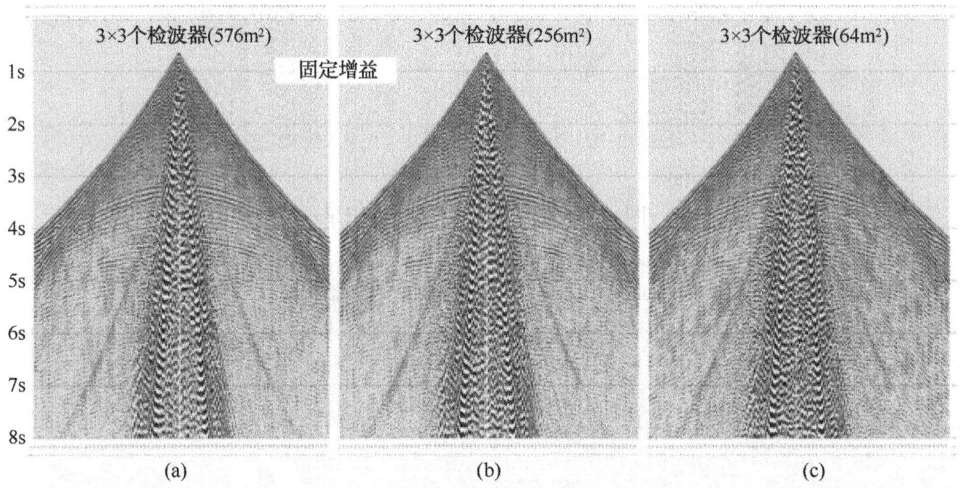

图 7　试验 C、D、E 共接收点记录

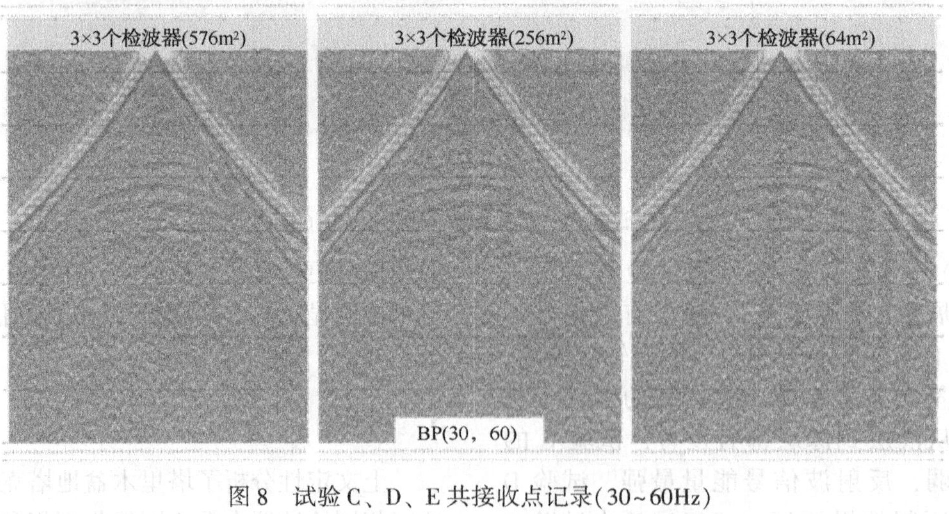

图 8　试验 C、D、E 共接收点记录(30~60Hz)

如图 9 所示，选取时窗位置显示于左侧，(a)、(b)、(c)和(d)分别为 8~80Hz(全频带)、10~20Hz、20~40Hz 和 30~60Hz 的信噪比对比条形图。从条形图中可以看到，左为试验 A，右为试验 B，在全频带和分频信噪比上，增加检波器都能够有效提高资料信噪比。

如图 10 所示，选取时窗位置显示于左侧，(a)、(b)、(c)和(d)分别为 8~80Hz(全频带)、10~20Hz、20~40Hz 和 30~60Hz 的信噪比对比条形图。从条形图中可以看到，在全频带和分频信噪比上，增加检波器都能够有效提高资料信噪比。

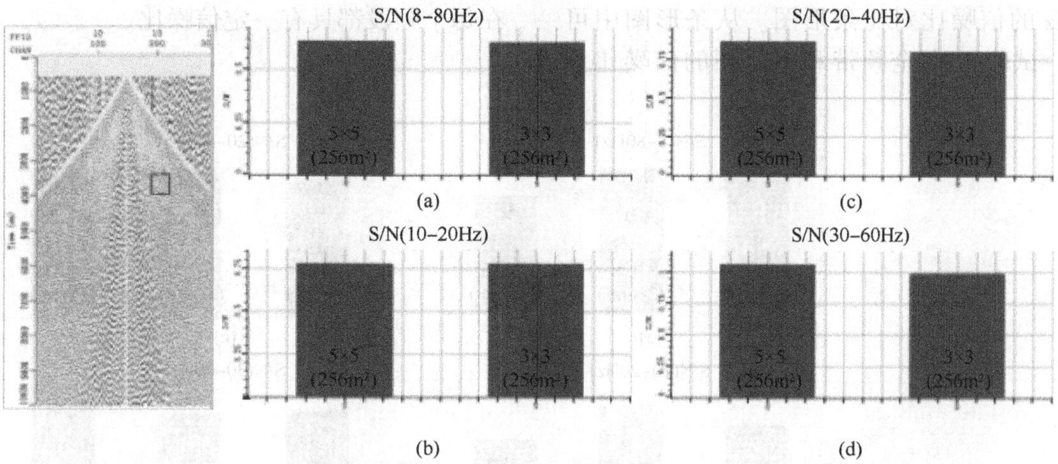

图 9　方案 1 浅层不同频带信噪比分析

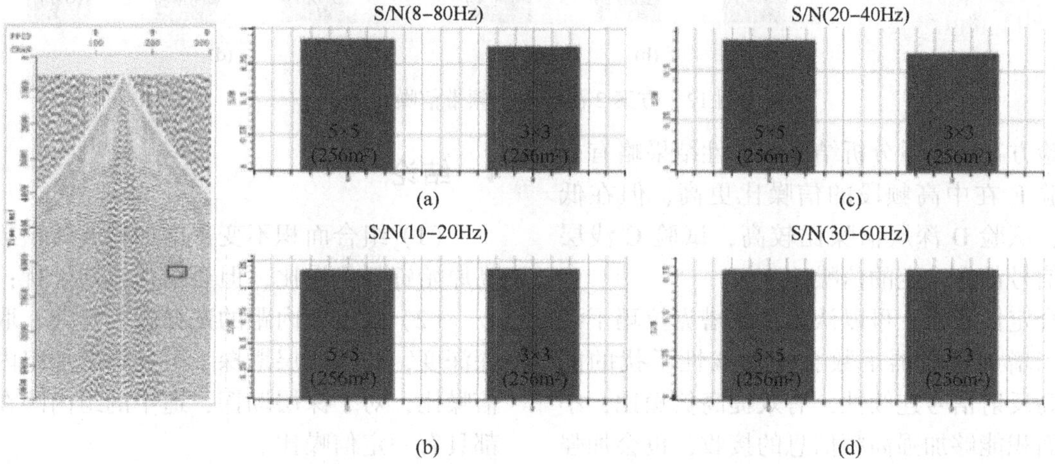

图 10　方案 1 深层不同频带信噪比分析

试验方案 1 的定量分析结果与定性分析一致，由此可知，在接收面积为 $256m^2$ 时，增加检波器个数可以有效提高信噪比。

如图 11 所示，选取时窗位置显示于左侧，(a)、(b)、(c)和(d)分别为 8－80Hz（全频带）、10~20Hz、20~40Hz 和 30~60Hz 的信噪比对比条形图。从条形图中可以看出，试验 C、D 在全频带的信噪比相当，显著高于试验 E，低频段试验 D 的信噪比最高，中高频段则最低，试验 E 信噪比为最高，试验 C 在所有频段的信噪比都较为适中。

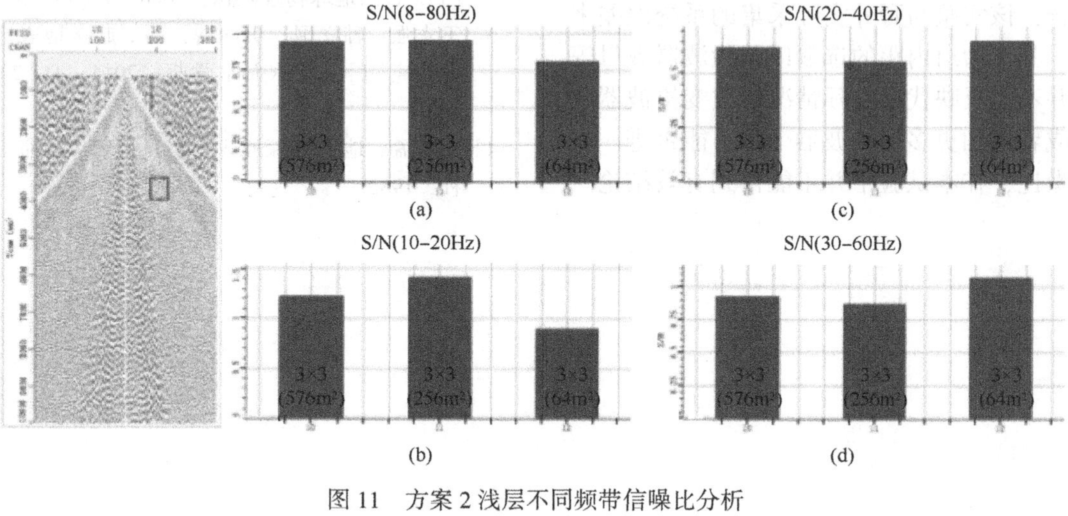

图 11　方案 2 浅层不同频带信噪比分析

如图12所示，(a)、(b)、(c)和(d)分别为8~80Hz(全频带)、10~20Hz、20~40Hz和30~60Hz的信噪比对比条形图。从条形图中可以看出，试验D在全频带和中低频的信噪比显著高于试验C和试验E，但在主频段上低于二者，小的组合面积低频段信噪比较低，试验C在每个频段都具有一定信噪比。

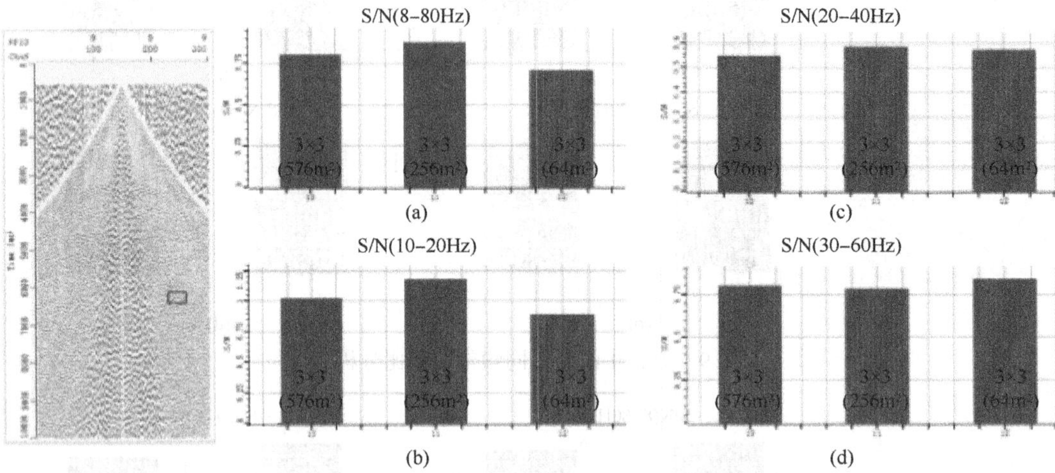

图12　方案2深层不同频带信噪比分析

试验方案2定量分析结果与定性结果略有差异，试验E在中高频段的信噪比更高，但在低频较差，试验D深层信噪比较高，试验C浅层和深层信号都有一定的信噪比。

结合定性分析，可以认为，在塔克拉玛干沙漠，适当增加检波器个数会增加线性干扰的能量，提高反射信号连续性，有效提高信噪比；小的组合面积能够加强高频信息的接收，也会加强干扰波，大组合面积能够有效压制线性干扰，但信噪比会降低。因此需要针对地质目标选取合适的接收参数。

此外，该实验存在一定的缺陷，首先是野外组合和室内组合间的差异，野外组合为电信号叠加后转化为数字信号，而室内组合为单纯的数字信号组合，该实验与野外实际采集的系统误差来源于此。其次为组内距的选取以及检波器数量等限制，并不能反映代表实际情况，改变检波器间的距离或者增加更多的检波器个数，能否进一步增加信噪比，在本试验中并不能得到有效结论。

4　结论

(1) 组合面积不变，增加检波器个数能够提高原始资料信噪比，但会增强线性干扰；

(2) 对于组内距的选择较为复杂，取决于勘探深度，针对浅层勘探，可选择增加组内距提高信噪比，对于深层勘探，适中的组内距在各频段都具有一定信噪比。

参 考 文 献

[1] 索重辉，杨勤勇，吕公河，等．塔河地区检波器组合方式选择及效果分析[J]．石油地球物理勘探，2015，50(3)，393-399.

[2] 李庆忠，魏继东．论检波器横向拉开组合的重要性[J]．石油地球物理勘探，2008，43(4)，375-383.

[3] 王志强．韩立国．巩向博，等．起伏地表检波器组合响应[J]．吉林大学学报，2014，44(2)，649-703.

[4] 陆基孟．地震勘探原理[M]．北京：石油工业出版社，1982.

酒泉盆地青西凹陷深层页岩油关键参数、富集特征及勘探潜力

肖文华　韦德强　刘国利　魏　军　刘欣泽　任盼亮　李铁锋　李新发　张　雪

（中国石油玉门油田分公司）

摘　要　酒泉盆地历经85年勘探开发，常规资源已接替不足，近年随着油气理论与技术手段的进步，国内外页岩油气革命正在进行，大型沉积盆地页岩油勘探已获得重要突破，页岩油等非常规油藏也成为了酒泉盆地中深层最有可能的规模增储领域。根据现有钻探认识，盆地中青西凹陷白垩系泥云岩源储一体、纹层及薄互层结构发育，具有优越的页岩油地质条件，借鉴国内外成熟做法整体评价，提出青西凹陷白垩系页岩油具有"二高一厚"的特点：一是有机质丰度高，TOC(总有机碳含量)值平均>1.5%，氯仿沥青"A"和总烃平均含量分别为1.9‰和1.5‰，是优质烃源岩，生油条件佳；二是受热水沉积作用改造，青西纹层型页岩晶间孔、溶孔、页理缝高频发育，孔隙度2%~6%，平均4.54%，储集条件好，利于页岩油富集；三是页岩叠置发育，厚度大约2000m，估算地质资源量亿吨级以上，具有规模勘探潜力。

关键词　酒泉盆地；深层页岩油；热水沉积；甜点评价；勘探潜力

1　区域地质概况

酒泉盆地地处河西走廊西端，位于祁连褶皱带、华北板块和塔里木板块的结合部，西部与阿尔金走滑断裂带相邻，区域构造位置独特，面积约为2.2万km^2。该盆地历经了早白垩世伸展断陷、晚白垩世—古新世挤压隆升、始新世—渐新世坳陷和新近纪挤压盆地演化阶段，为中、新生代断坳叠置型盆地。早白垩世拉张断陷阶段控制下白垩统沉积了巨厚烃源岩、储集层和盖层；晚白垩世—古新世的挤压隆升中、上白垩统沉积缺失，并形成盆地反转构造雏形；始新世—渐新世坳陷和新近纪挤压盆地演化，促进了烃源岩成熟演化与构造圈闭定形，是盆地油气聚集的主要时期。盆地由西向东划分为酒西坳陷、嘉峪关隆起、酒东坳陷三个一级构造单元，主要发育青西、石大、花海、营尔等生烃凹陷。其中位于酒西坳陷西南部的青西凹陷是酒泉盆地目前发现的油气最富集的凹陷(图1)。凹陷早白垩时期构造运动以近东西向拉张为主，形成东断西超的箕状断陷，喜山期由于祁连山北缘逆冲断裂带强烈向凹陷内部方向逆冲，挤压隆升形成了现今"东倾西翘、南断北缓、两凸夹一洼"的构造格局(图2)。自下而上发育地层为白垩系(K)、古近系(E)、新近系(N)和第四系(Q)，见图3，最厚达7000m，白垩系仅发育下统(K_1)，自下而上划分为赤金堡组(K_1c)、下沟组(K_1g)和中沟组(K_1z)，其中K_1c主体埋藏深(5200~7000m)、厚度大、勘探程度低，以暗色泥岩、白云质泥岩为主，含部分砂岩及砂砾岩，是凹陷重要的烃源岩，成熟度高；下沟组埋深4000-5200m，厚度在500~1200m，面积约180km^2，自下而上细分为：K_1g_0、K_1g_1、K_1g_2、K_1g_3四段，为亚热带至热带干旱-湿热的过渡性气候，发育半咸水湖泊相，为一套湖相暗色泥页岩、碎屑岩夹白云质泥岩及泥质白云岩的互层式沉积，由下至上随着湖盆的扩张，泥云岩分布范围逐渐扩大，环凹冲积扇相-扇三角洲相砂砾岩与凹内泥云岩有序过渡(图2)，组成了凹陷内主要的烃源岩层与储层，是常规重点勘探层系，因此勘探格局呈现出环凹发育碎屑岩油藏，中央洼槽区发育页岩油藏，常规-非常规有序聚集的特点。中沟组晚白垩世—古近纪早期曾遭受剥蚀，目前残存厚度为0~650m，整体岩性细，中部也发育暗色泥岩，但成熟度低，为区域盖层。

2　青西凹陷页岩油地质特征

2.1　矿物及岩石学特征

青西凹陷泥云岩整体矿物以长石、碳酸盐岩(主要为白云石，平均含量超过50%)、黏土、

石英为主，脆性矿物含量高，下沟组 K_1g_2-K_1g_0 上部白云石含量高，为白云岩，但矿物种类极为丰富，局部含重晶石(5%~20%)、方沸石(2%~18%)、地开石(2%~15%)、黄铁矿(0.3%~12.4%)与大量的铁白云石(含量在20%~66%)，个别样品含有微量的萤石、闪锌矿、黄铜矿、方铅矿、菱铁矿、芒硝、石盐和透闪石等矿物。在矿物结构特征上以岩石主要以具微—隐晶结构和纹层状构造为主，薄片下部分铁白云石、钠长石具有自行晶—半自行晶的镶嵌状或堆晶状结构，显示以热液结晶沉淀为主的化学沉积特征[图4(a)、(b)、(c)、(d)]；局部可出现热水碎屑结构、热水角砾结构和条带状、网脉状、旋涡状构造和同生变形层理[图4(e)、(f)、(g)、(h)]，这些特征都指示了本区白云岩具有与湖底热液喷流作用相关的热水沉积岩特征。

2.2 烃源岩及沉积环境特征

凹陷下白垩统 K_1c-K_1g 沉积了一套半深湖-深湖、咸水-淡水、偏碱性环境的富含有机质的陆相泥岩、白云质泥岩和泥质白云岩烃源岩，有机质类型偏腐泥型，以Ⅱ型、Ⅰ型为主，有机质来源主要为湖中的浮游和底栖生物以及少量的陆源植物，显微组分主要为高频发育的藻纹层与分散状孢子体及分散状植物碎屑，以及少量镜质体、丝质体(图5)。

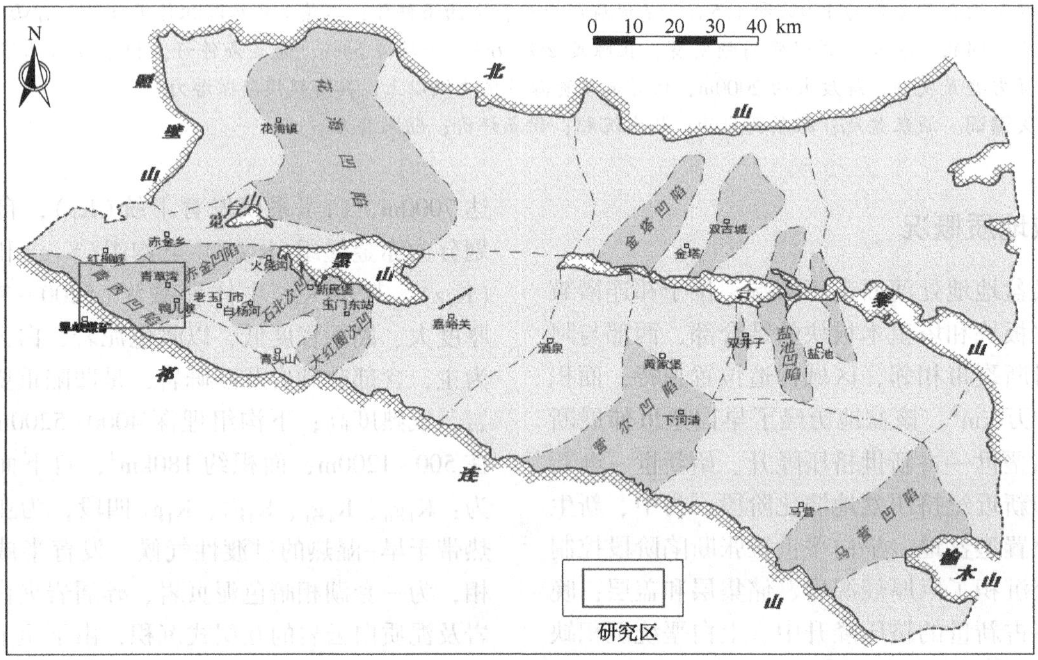

图1　酒泉盆地青西凹陷位置图

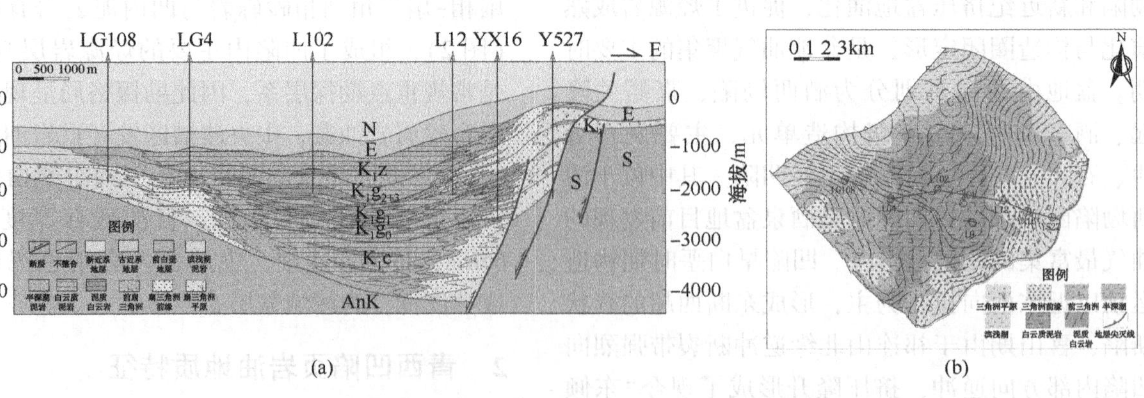

图2　青西凹陷东西向构造-沉积特征剖面图(a)、沉积相带分布图(b)

通过图6中微量元素分析，白垩系早期赤金堡沉积时期主要为淡水(Sr/Ba<1)、温湿相(Sr/Cu<10)沉积环境，碳酸盐岩含量低，而在下沟组 K_1g_2-K_1g_0 阶段气候变的干燥(Sr/Cu>10)、同时水体咸度增大(Sr/Ba>1)，并伴随以白云石为主的碳酸盐岩矿物含量显著增高。通常这种咸化湖盆中可溶有机质更易保存，在低成熟阶段即可规模生烃，白云岩类的存在使烃源岩具有很高可溶烃的转化率和排烃效率，因此凹陷虽然TOC值普遍不高(0.5%~4.5%)，但交汇分析发现当该烃源岩TOC值≥1.4%时，S_1(游离烃含量)呈现稳定高值段(0.3~8mg/g，平均2.8mg/g)(图7)，证实具有较高的单位有机碳生烃潜力，与柴西咸化湖盆古近系TOC值≥1%的优质烃源岩相当，是好-很好的烃源岩。K_1c烃源岩为Ⅱ型，K_1g烃源岩以Ⅱ为主，部分为Ⅰ型(图8)。

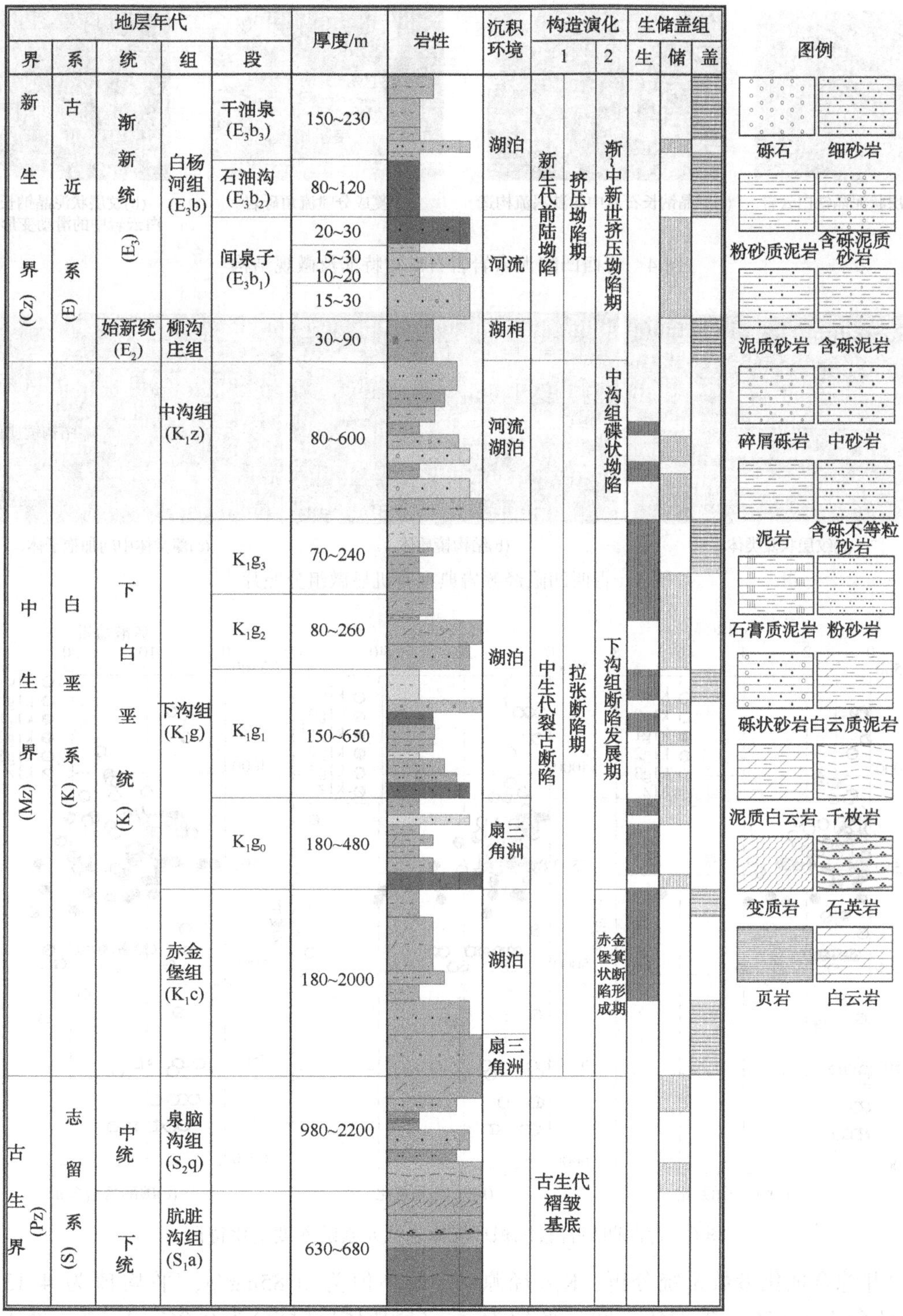

图3　青西凹陷综合柱状图

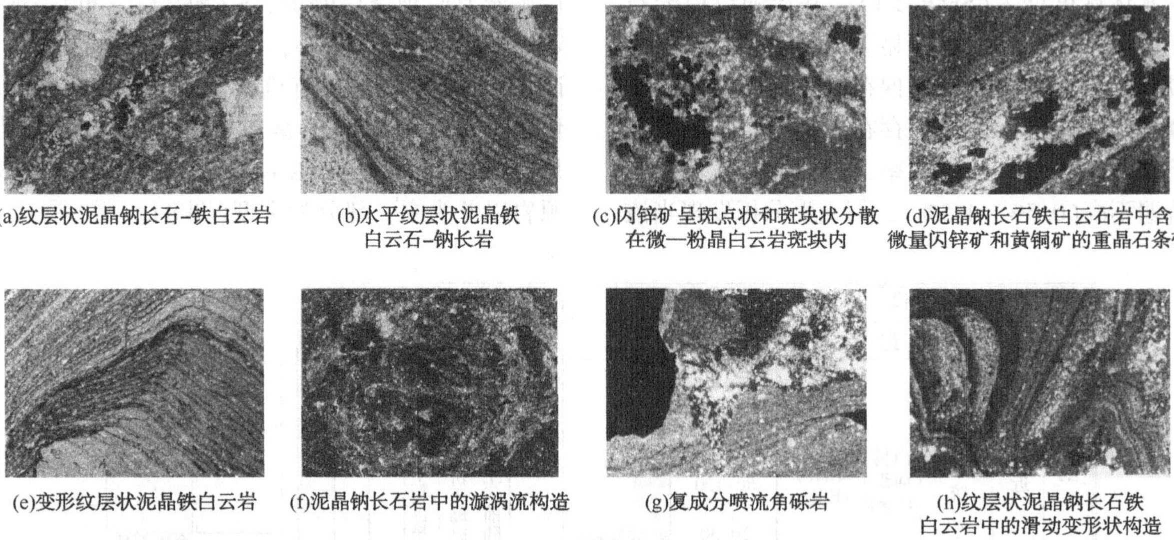

(a)纹层状泥晶钠长石–铁白云岩　(b)水平纹层状泥晶铁白云石–钠长岩　(c)闪锌矿呈斑点状和斑块状分散在微—粉晶白云岩斑块内　(d)泥晶钠长石铁白云石岩中含微量闪锌矿和黄铜矿的重晶石条带

(e)变形纹层状泥晶铁白云岩　(f)泥晶钠长石岩中的漩涡流构造　(g)复成分喷流角砾岩　(h)纹层状泥晶钠长石铁白云岩中的滑动变形状构造

图4　青西凹陷泥云岩岩石矿物特征及微观结构

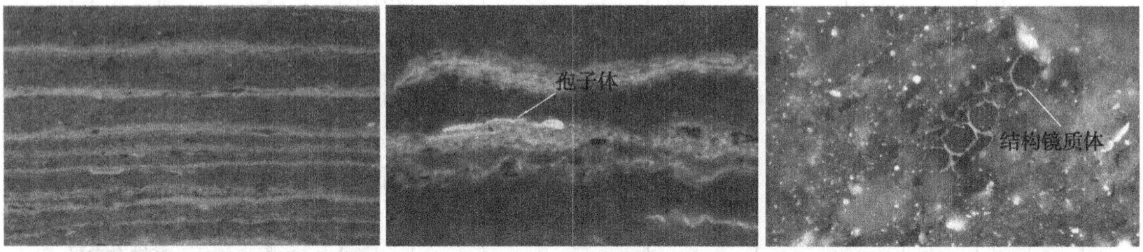

(a)纹层状藻类体　(b)结构镜质体　(c)藻类体中间加孢子体

图5　青西凹陷烃源岩典型有机显微组分照片

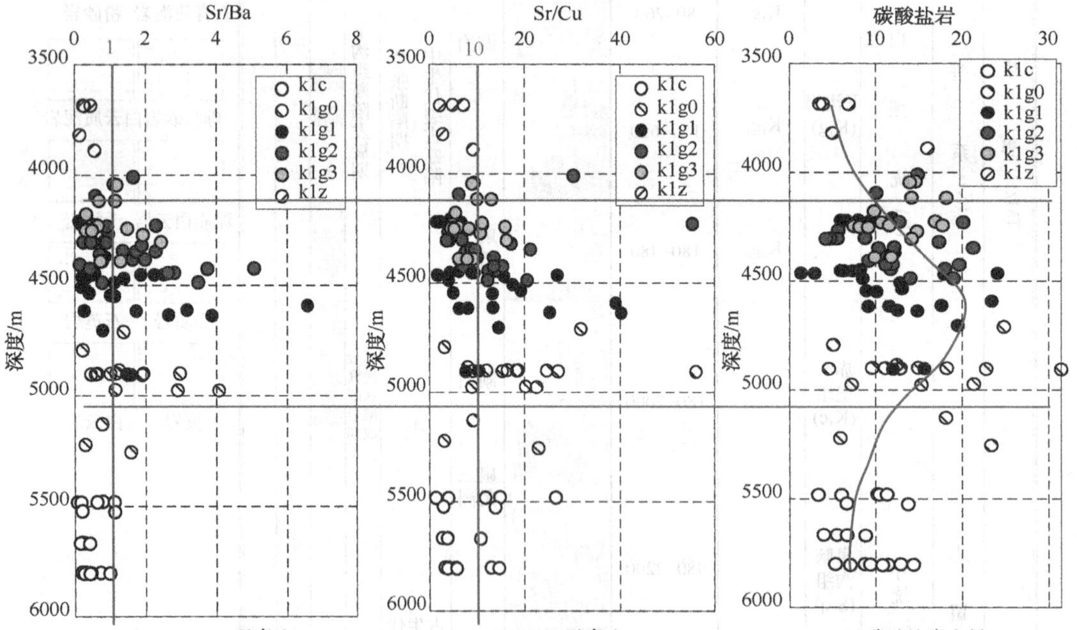

(a)Sr/Ba元素比　(b)Sr/Cu元素比　(c)碳酸盐岩含量

图6　青西凹陷岩石沉积环境标志性元素随深度变化特征

据多口井综合地化参数系统分析，K_1c 烃源岩TOC含量介于1.62%～2.83%之间，平均为2.19%，产烃潜量(S_1+S_2)最大值达11.16mg/g，最小值为0.85mg/g，平均值为4.13mg/g，R_o(镜质体反射率)为0.9%～1.5%，处于生油高峰后期，其氯仿沥青“A”和总烃含量仍然高达

2.3‰，取心已发现有较高的含气性；K_1g 烃源岩 TOC 含量在 0.58%～3.12%之间，均值为 2.04%，产烃潜量(S_1+S_2)分布介于 0.02mg/g～36.06mg/g，平均为 5.79mg/g，K_1g_2-K_1g_0 段 R_o 为 0.7%～1.1%，处于大量生油阶段或生油高峰阶段，氯仿沥青"A"和总烃含量高，平均含量分别为 1.322‰～2.0‰和 0.89‰～1.3‰，K_1g_3 段 R_o 为 0.5%～0.7%，烃源岩处于低成熟阶段，氯仿沥青"A"和总烃平均含量分别为 1.253‰和 0.772‰；K_1z 暗色泥岩厚度约 300m，烃源岩 TOC 含量主要为 0.5%，局部 TOC 在 1.0%～3.0%，即 K_1z 大部分暗色泥岩属于非烃源岩和一般烃源岩，R_o 值<0.5%，烃源岩整体处于低成熟或未成熟阶段，氯仿沥青"A"和总烃的平均含量分别为 0.623‰和 0.329‰。据 R_o 与可溶有机质转化率(氯仿沥青 A/TOC)等参数综合分析，青西凹陷烃源岩 R_o 为 0.7%开始大量生油，R_o 为 0.95%达到生油高峰[图 9(a)]。对应生油门限深度 3500m，开始大量生油深度 4000m，深度 5100m 达到生油高峰，大量生油窗深度 4000～5800m[图 9(b)、9(c)]，S_1 含量高，对应层位 K_1g_2、K_1g_1、K_1g_0、K_1c 页岩含油性好，此时也对应水体咸度最大的时期，有机质得到了有效保存。

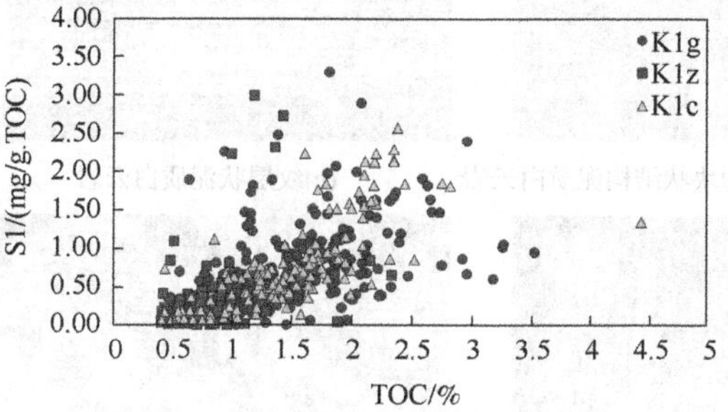

图 7　烃源岩 TOC-S1 交会分析图

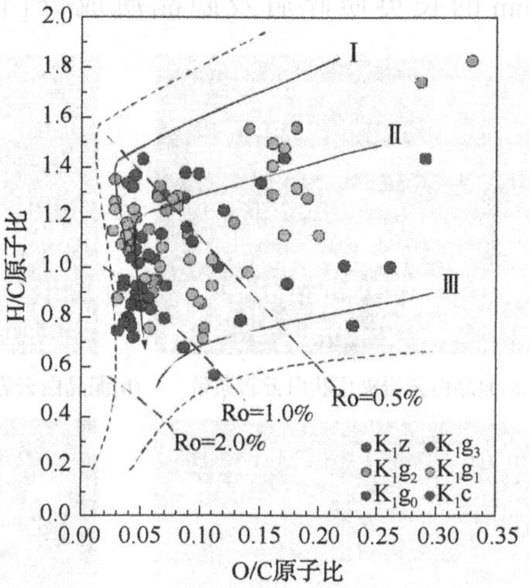

图 8　干酪根元素范氏图

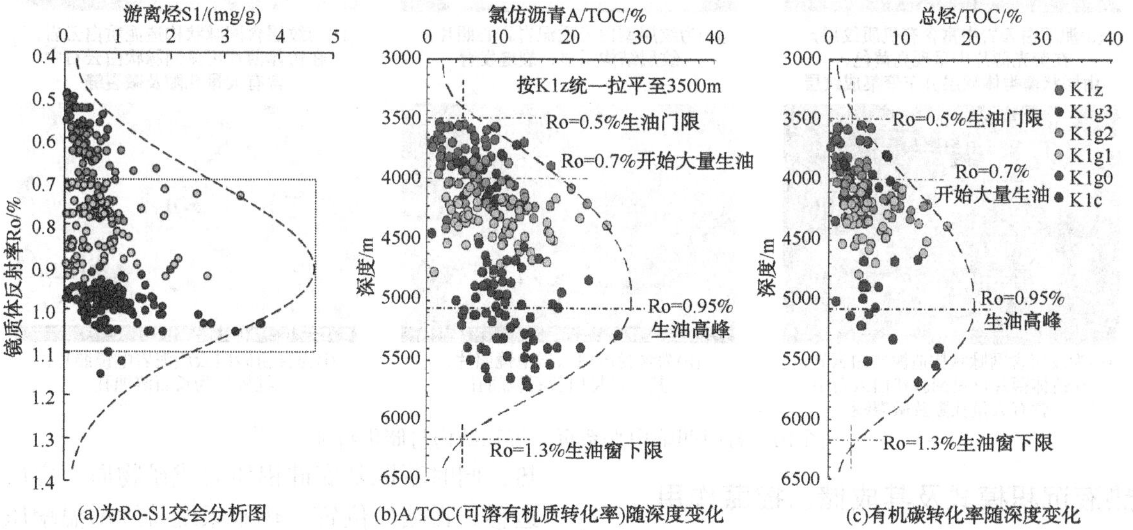

图 9　烃源岩多地化参数分析生油门限

2.3　储集层特征

凹陷中央泥云岩整体具有纹层、薄互层构造特征，部分形成了类似"千层饼"式的储集层，满足页岩的分类范畴(可定义为白云质页岩)，储集空间有孔和缝两大类，孔隙度范围在 1.44%～9.59%，平均 4.54%，集中分布在 2%～6%；渗透率范围在0.03mD~66.35mD，平均1.31mD。虽然整体上属于低孔低渗储层，但由于裂缝的发育，特别是微裂缝的发育，使得储层的渗透性得到了显著提高，已发现的泥云岩油藏产层均位于宏观裂缝(缝宽>1mm)发育段内，裂缝决定了渗透性。沉积结构可细分成块状构造、纹层状构造及纹层含网脉-角砾构造三种为主，纹层结构以具微—隐晶结构的白云石与泥岩、长英质碎屑及有机质互层季节性交互沉积组成，厚度一般为0.03mm~0.5mm，密度>2000层/m，有机质(藻纹层)富集程度高，多呈连续分布(图10)；块状构造镜下观察主要成分为泥晶白云石及泥岩，其次为直径小于0.03mm的长英质碎屑及隐晶质成分[图10(a)]。这两种储集层物性普遍较差，孔隙度和渗透率低，孔隙类型以晶间孔为主，偶见微裂缝、晶间次生溶孔，只有裂缝发育才能改善物性条件，但纹层状构造易受构造应力影响发育页理缝[图10(b)]，局部发育构造缝，经压裂改造后有潜力形成复杂缝网成为有利储层，块状构造更为致密，不易发育或后期改造形成裂缝，很难具有形成有利储层的潜力。而在网脉状-角砾结构中，白云石大多呈细晶，晶型更粗、自形程度高，晶间孔、粒间孔、溶蚀孔高频发育，成为主要的储集空间[图10(c)]，同时还具有大量的微裂缝与矿物接触界面，可作为主要的横向渗流通道和次要的储集空间，最易进行压裂改造。

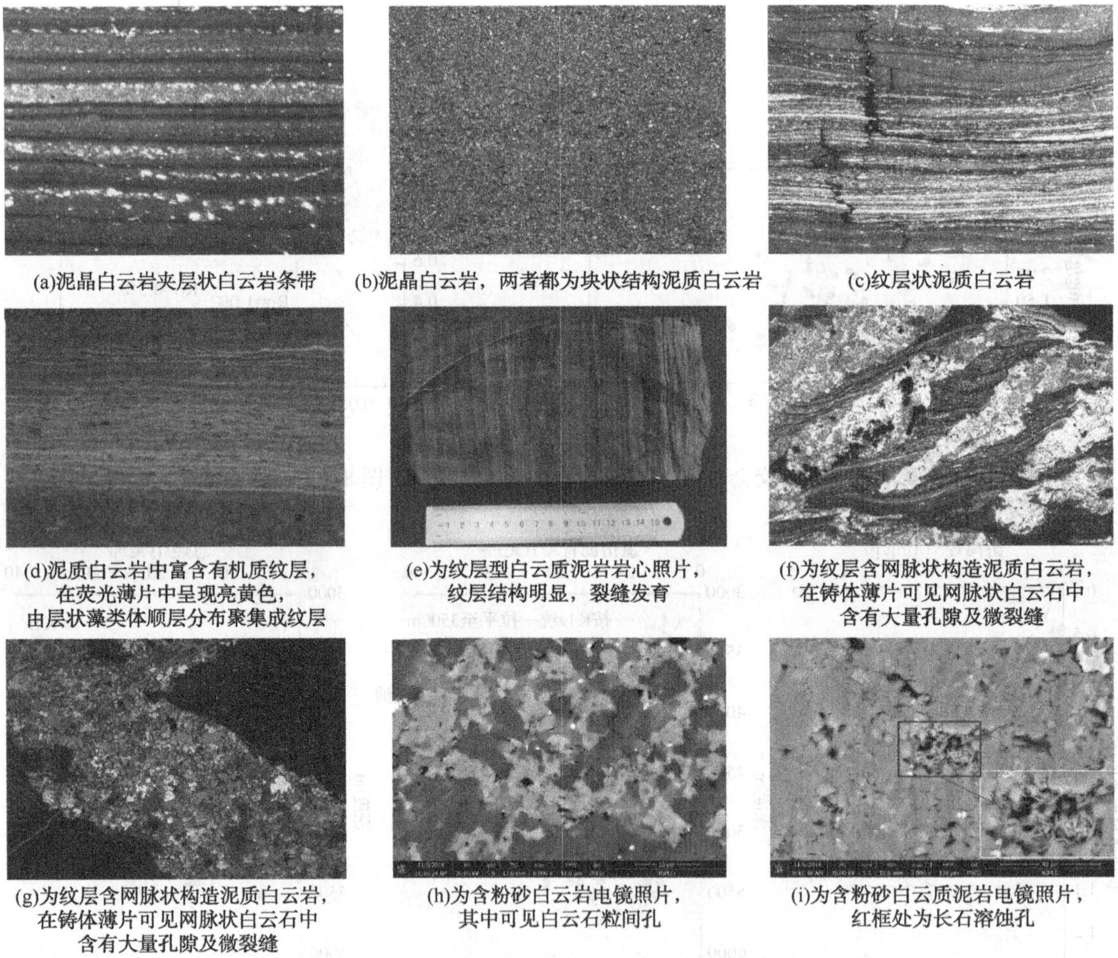

(a)泥晶白云岩夹层状白云岩条带　(b)泥晶白云岩，两者都为块状结构泥质白云岩　(c)纹层状泥质白云岩

(d)泥质白云岩中富含有机质纹层，在荧光薄片中呈现亮黄色，由层状藻类体顺层分布聚集成纹层　(e)为纹层型白云质泥岩岩心照片，纹层结构明显，裂缝发育　(f)为纹层含网脉状构造泥质白云岩，在铸体薄片可见网脉状白云石中含有大量孔隙及微裂缝

(g)为纹层含网脉状构造泥质白云岩，在铸体薄片可见网脉状白云石中含有大量孔隙及微裂缝　(h)为含粉砂白云岩电镜照片，其中可见白云石粒间孔　(i)为含粉砂白云质泥岩电镜照片，红框处为长石溶蚀孔

图10　青西凹陷白垩系页岩沉积结构与储集特征

3　热液沉积模式及其成储、控藏作用

热液流体活动是深层白云岩储层发育的关键因素，通过不同岩心样品中热水矿物的构造形态，本文初步建立青西热水矿物的沉积模式(图11)。在热液作用最开始活动时，凹陷内水体首先顺深部大断裂构成的通道向地壳深部下渗被加热，同时萃取基底硅铝质岩成矿物质，之后向上运移。在喷口位置，热水系统持续增温增压后发生热水沸腾与爆炸，将喷流口先期沉积的纹层状泥晶含铁白云岩震碎，并很快被热水矿物充填胶结，形成"水爆角砾岩"，也有旋涡状构造，此时能量强，热水矿物挤压并穿层充填进原本的块状及纹层结构中，沉淀结晶形成了晶粒更粗、自

形程度更高的白云石，具有更多的晶间孔与粒间孔，同时破坏原本的结构产生了大量微裂缝、矿物接触界面，另一方面热流体携带的如 CO_2 和 H_2S 等酸性气与碳酸盐岩矿物接触从而更易发生溶蚀，形成溶蚀孔洞。而在热液通道中或喷口内，热液能量没有爆发，能量较小，热水矿物结晶后充填进周围的纹层中，但并未直接穿过，而是产生挤压使纹层弯曲，形成脉状充填型喷流岩；随着热流体远离喷口，改造作用及热流体携带的热水矿物减少，在搬运稍远的位置还会形成斑点状构造，距离更远则以泥质、白云石纹层正常沉积为主。

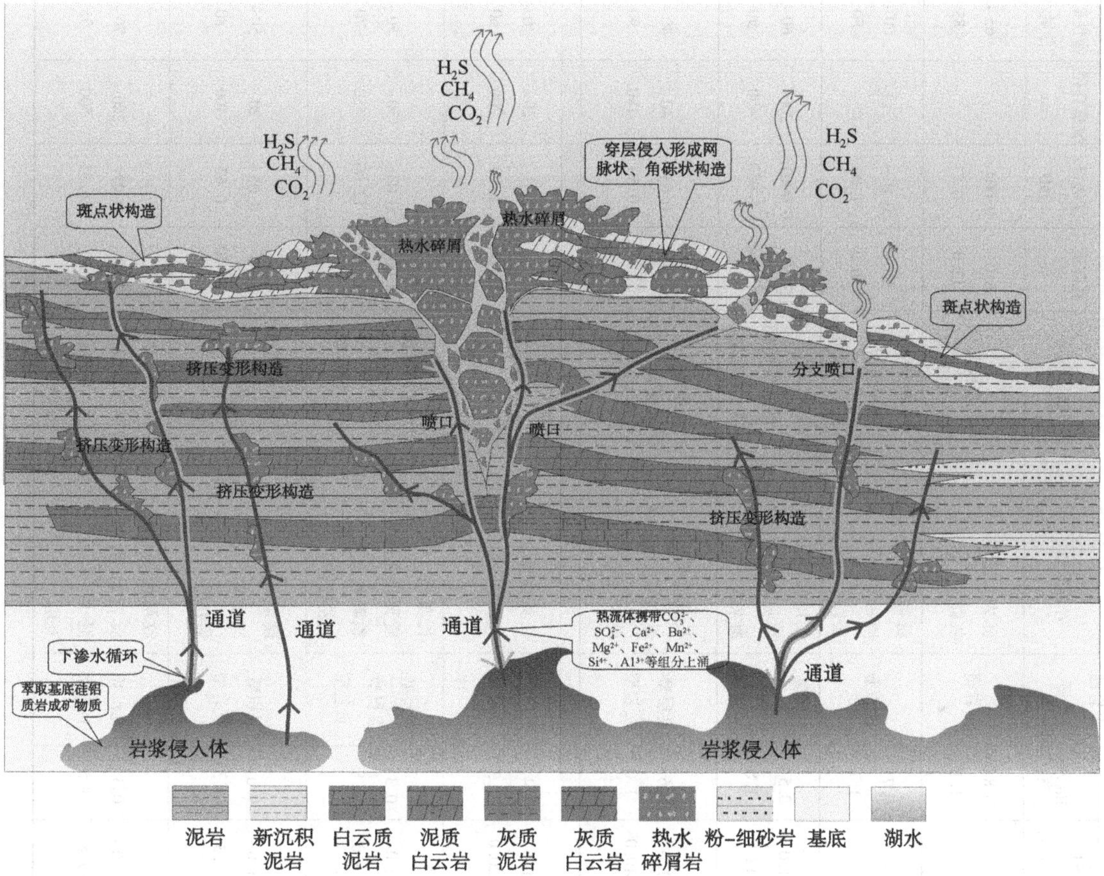

图 11　青西凹陷白垩系页岩热水沉积混合正常湖相沉积模式图

另外在生烃方面，湖底热液喷流活动通常会诱发空前繁盛的以低等高蛋白(厌氧)和菌藻类为主的热水生物群落，提高了水体的初级生产力，这使湖盆具备了形成优质烃源岩的先决条件。而在微观上，富有机质的纹层中的原位滞留烃通过微裂缝、矿物接触面向热水沉积的白云石等矿物的孔洞中发生微距运移(图 12)，以游离态赋存，局部构成了源储一体的组合关系，形成了页岩油藏。

4　页岩油勘探潜力评价

常规油气勘探的核心是寻找有效聚油圈闭，页岩油突破了圈闭的概念，理论上所有的具有成熟烃源岩的生油凹陷都有页岩油，只是规模的大小和能否开发。目前，由于国内外页岩油地质特征差异性大，没有统一的评价标准，而青西白垩系页岩无论是沉积环境、烃源岩特征、甜点储集层都不同于国内外典型的页岩油，尤其是埋藏深(4000~6000m)、构造应力大、纵向厚度大差异大(表 1)，因此总体按照常用的“七性三品质”参数围绕页岩油富集程度、经济可动用性进行分类评价。对比老井钻探储层特征与试油、生产井史发现，晶间孔、粒间孔、溶蚀孔及页理缝发育是稳产基础，若与斜交缝耦合即可高产，前期斜交缝发育位置已按照裂缝性油藏开发，剩余欠发育区域分布更广，根据上文参数按页岩油标准分段评价，容积法估算资源量达亿吨以上，勘探前景大，急需试验“水平井+大规模体积压裂”制造

表1 酒泉盆地青西凹陷与国内外典型页岩油区地质特征对比(据文献[6]修改)

典型盆地	典型区带	页岩油层系	埋藏深度/m	沉积		烃源岩					页岩油类型	储集层							压力系数	流体性质		
				构造背景	水体性质	厚度/m	有机质类型	TOC/%	S1/(mg/g)	Ro/%		岩石类型	甜点厚度/m	储集空间	孔隙度/%	渗透率/mD	喉道直径/nm	脆性矿物含量/%		原油密度/(g/cm^3)		含油饱和度/%
墨西哥湾	鹰滩地区	白垩系Eagleford组	1520~3500	裂谷盆地	海洋咸水	46~92	Ⅱ	2.0~8.0		0.8~1.1	页岩型	页岩，泥质灰岩		微米级溶孔、纳米级晶间孔、纹层缝	6.0~12.0	0.004~0.7		65~85	1.3~1.8	0.77~0.79	90~850	
威利斯顿	Bakken组	Bakken组	2500~3300	克拉通盆地	海洋咸水	20~45	Ⅰ-Ⅱ	5.0~35.0		0.7~1.1	混积型	粉砂岩、云质砂岩、白云岩		微米级溶孔、纳米级晶间孔、微裂缝	3.0~10.0	0.01~1.00		60~80	1.3~1.6	0.78~0.83	50~375	
准噶尔	吉木萨尔凹陷	二叠系芦草沟组	2300~4300	前陆盆地	咸化湖盆	200~1250	Ⅰ-Ⅱ	1.0~16.0	1.0~12.0	0.5~1.8	夹层型、混积型、页岩型	纹层状混积岩夹砂岩与凝灰岩	4~33	微米级溶孔、纳米级晶间孔、纹层缝	5.50~19.94	0.0004~1.950	200~400	60~90	1.2~1.5	0.89~0.93	10~20	80~90
鄂尔多斯	庆城地区	三叠系延长组长7段	1600~2200	坳陷盆地	淡水湖盆	10~160	Ⅰ-Ⅱ	0.8~22.0(主体3.0)	1.0~10.0	0.6~1.0	夹层型、页岩型	长英质页岩夹重力流砂岩	2~26	微米级溶孔、纳米级晶间孔、页理缝	6.00~12.00	0.03~0.50	40~180	40~90	0.7~0.8	0.83~0.88	20~100	60~80
松辽盆地	古龙凹陷	白垩系青山口组	1600~2500	坳陷盆地	淡水湖盆、局部海侵半咸化湖盆	50~600	Ⅰ型为主	0.5~5.4(主体2.0)	1.5~20.0	0.4~1.3	夹层型、页岩型	长英质页岩夹粉细砂岩	10~22	微米级溶孔、纳米级晶间孔、页理缝	3.40~16.00	0.01~1.00	20~200	40~60	1.2~1.6	0.78~0.87	50~500	>50
渤海湾	歧口、沧东凹陷	古近系孔店组、沙河街组	2600~4200	断陷盆地	咸化湖盆	400~1200	Ⅰ型为主	0.5~26.0	2.0~8.0	0.3~1.8	夹层型、混积型、页岩型	长英质、钙质页岩夹混积碳酸盐岩与粉砂岩	10~40	微米级溶孔、纳米级晶间孔、纹层缝	3.00~12.00	0.03~12.00	30~550	50~70	1.2~1.9	0.86~0.89	50~130	20~80
柴达木	英雄岭地区	古近系下干柴沟组上段	2500~5500	挤压盆地	咸化湖盆	1000~1500	Ⅰ-Ⅱ	0.6~2.7	1.0~1.3	0.6~1.3	混积型、页岩型	纹层状页岩与灰质白云岩互层	2~20	微米级溶孔、纳米级晶间孔、纹层缝	3.10~11.50	0.05~0.62	20~400	50~80	1.7~2.5	0.78~0.85	40~300	40~88
酒泉盆地	青西凹陷	白垩系下沟组、赤金堡组	3850~6200	断陷盆地	咸化湖盆	1500~2000	Ⅰ-Ⅱ	0.5~3.1(主体2.0)	1.0~9.8	0.5~1.5	混积型、页岩型	纹层状白云质混合质、泥质页岩互层	3~37	微米级溶孔、纳米级晶间孔、料间孔、页理缝	2.00~9.59	0.03~66.35	200~500	70~95	1.2~1.4	0.80~0.89	90~260	40~80

人工缝网的开发方式。但是，目前国内面对4000~6000 m深度进行水平井钻井与压裂改造工程难度很大，成功案例还较少，同时还面临超高的构造应力（构造应力系数0.65~0.78）。在当前技术条件下，玉门油田已在4800米左右针对最优势岩相“纹层含网脉-角砾状白云质页岩”成功完钻一口大斜度井，油气显示良好，下步将开展压裂攻关，探索效益开发的可行性。

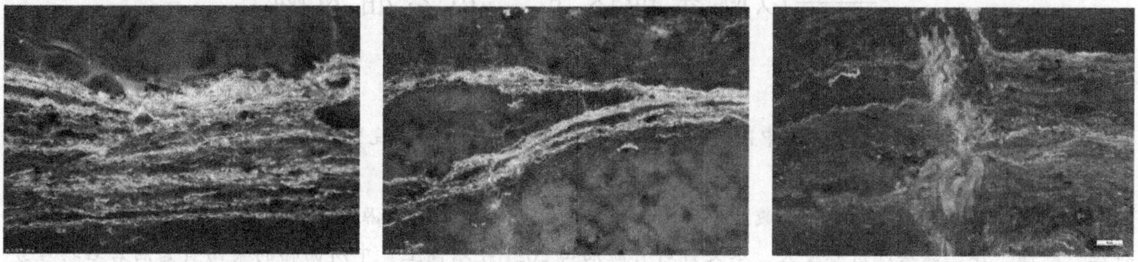

(a) (b) (c)

图12 凹陷内页岩中典型烃类赋存状态荧光薄片，亮黄色富有机质纹层中的原位滞留烃向周围碳酸盐岩（a、b）、石膏及热水沉积矿物（c）中的孔缝中发生微距运移，形成淡蓝色的原位游离烃

5 结论

（1）青西凹陷巨厚的纹层结构白云质页岩是良好的烃源岩，生烃潜力大、含油性好，且晶间孔、粒间孔、溶蚀孔及页理缝广泛发育，也是优质的储集层，组合成为自生自储、源储一体优质页岩油甜点。

（2）参考国内外页岩油甜点评价标准，初步建立基于TOC、岩性岩相、孔隙度、含油饱和度、脆性指数、地层压力、埋藏深度等8项评价参数的青西页岩油甜点评价体系，利用体积法估算页岩油资源量达亿吨级以上。

（3）与国内外其他地区页岩油相比，面临埋藏深、构造应力大等地质特性，钻、压工程困难，但也具有热水沉积导致的纹层含网脉-角砾状白云质页岩及多种有利岩相。需深化甜点评价，优化钻、压工艺，实现高产才能实现效益，进而落实规模接替储量。

参 考 文 献

[1] 文华国，郑荣才，HaiRuo QING，等．青藏高原北缘酒泉盆地青西凹陷白垩系湖相热水沉积原生白云岩[J]．中国科学，2014，44(04)：591-604.

[2] 陈建平，魏军，倪云燕，等．酒泉盆地酒西坳陷主力烃源岩分布及对油气勘探的启示[J]．石油学报，2018，39(11)：1223-1240.

[3] 匡立春，侯连华，杨智，等．陆相页岩油储层评价关键参数及方法[J]．石油学报，2021，42(1)：1-14.

[4] 张斌，何媛媛，陈琰，等．柴达木盆地西部咸化湖相优质烃源岩形成机理[J]．石油学报，2018，39(6)：674-685.

[5] 妥进才，邵宏舜，黄杏珍．湖相碳酸盐岩生油岩及其有机地球化学特征——以柴达木盆地第三系为例[J]．石油实验地质，1995，44(3)：272-276.

[6] 李国欣，朱如凯，张永庶，等．柴达木盆地英雄岭页岩油地质特征、评价标准及发现意义[J]．石油勘探与开发，2022，49(01)：18-31.

[7] 金之钧，张谦，朱如凯，等．中国陆相页岩油分类及其意义[J]．石油与天然气地质，2023，44(04)：801-819.

[8] 李婷婷，朱如凯，白斌，等．酒泉盆地青西凹陷下沟组湖相细粒沉积岩纹层特征及研究意义[J]．中国石油勘探，2015，20(01)：38-47.

[9] 孙福宁，胡文瑄，胡忠亚，等．断裂-层序双控机制下的热液活动及成储效应—以塔里木盆地塔河、玉北地区下奥陶统为例[J]．石油与天然气地质，2020，41(03)：558-575.

[10] 邹才能，马锋，潘松圻，等．全球页岩油形成分布潜力及中国陆相页岩油理论技术进展[J]．地学前缘，2023，30(01)：128-142.

[11] 杜金虎，胡素云，庞正炼，等．中国陆相页岩油类型、潜力及前景[J]．中国石油勘探，2019，24(5)：560-568.

[12] 白国平，邱海华，邓舟舟，等．美国页岩油资源分布特征与主控因素研究[J]．石油实验地质，2020，42(4)：524-532.

[13] 侯连华，于志超，罗霞，等．页岩油气最终采收量地质主控因素：以美国海湾盆地鹰滩页岩为例[J]．石油勘探与开发，2021，48(3)：654-665.

[14] 黎茂稳，马晓潇，蒋启贵，等．北美海相页岩油形成条件、富集特征与启示[J]．油气地质与采收率，2019，26(01)：13-28.

柴西地区混积型页岩油甜点评价方法
——以跃东地区 $E_3{}^2$ 页岩油为例

郭　逸

（中国石油集团测井有限公司地质研究院）

摘　要　柴西地区 $E_3{}^2$ 湖相碳酸盐岩页岩油为富油气凹陷的主要烃源岩发育段，岩性复杂且具有混积特性，源储一体，储层评价难度大。本文针对青海油田2021年增储上产中所面临的柴西页岩油岩石物理分析及解释评价难题及生产支持任务，开展有针对性的技术研究攻关，运用地质、测井、地化等资料，结合“七性、三品质”的页岩油测井评价思路，通过对跃东地区 $E_3{}^2$ 页岩油储层进行综合研究、重新认识，优选甜点区，形成了一套具有跃东地区特色的页岩油储层甜点评价技术。

关键词　页岩油；烃源岩；三品质；储层分类；储层甜点评价

跃东区块位于青海省柴达木盆地西部南区，行政隶属青海省海西洲茫崖镇。油田范围内地表平缓，地面海拔在2850~2780m左右。地貌为盐碱滩，气候干燥寒冷，属于大陆干旱气候。1979年进行二维地震勘探，发现潜伏的跃东构造，位于Ⅶ号断层下盘，上盘为跃进二号油田，北以阿拉尔断层与尕斯相接，东为跃东构造（图1）。1980年钻跃30井是该区块的第一口油流井。1993年三维地震勘探之后，钻探了跃东118井，该井对3211.47~3308.72米井段中途测试日产油6.24吨，水3.51方，进而发现了跃东油田。截止2005年底，该区已进行三维地震勘探121.82km²（面元25×25m），满覆盖面积97km²。共钻各类井15口，总进尺43173m。其中探井7口；评价井8口，年产油0.383×104t，累计产油4.56×104t。

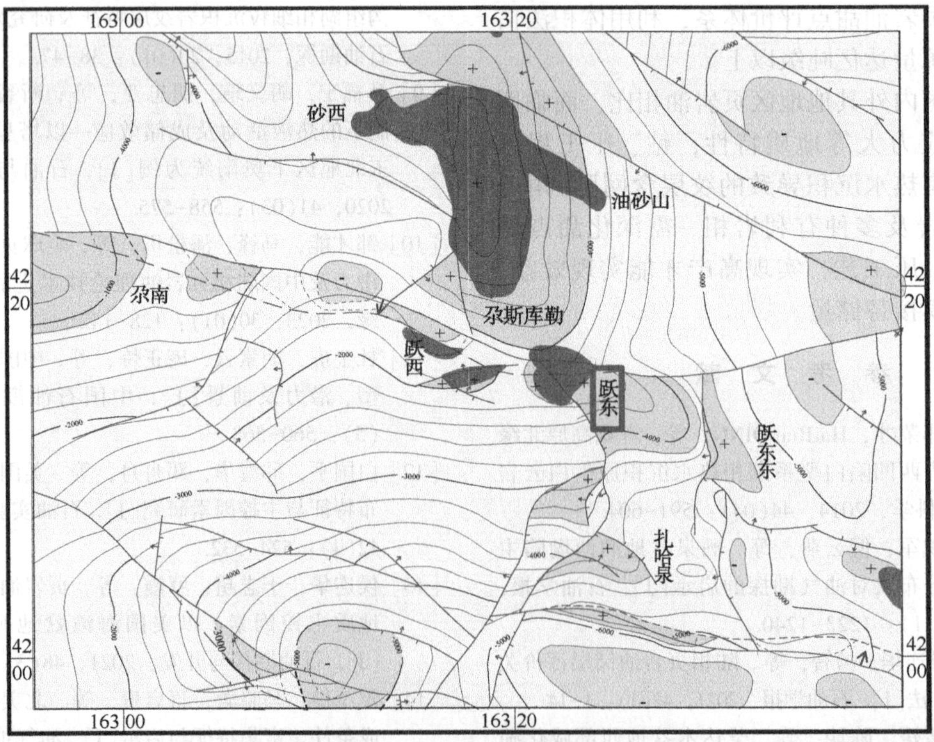

图1　跃东地区地理位置图

针对青海油田2022年增储上产中所面临的柴西页岩油岩石物理分析及解释评价难题及生产支持任务，开展有针对性的技术研究攻关，按照页岩油思路对跃东地区 $E_3{}^2$ 页岩油储层进行重新认识。近年来的勘探部署和地质研究结果表明，柴西地区 $E_3{}^2$ 湖相碳酸盐岩页岩油为富油气凹陷的主要烃源岩发育段，其岩石组份、结构产状极其复杂，储层矿物成分多样，孔隙结构复杂，岩性和物性的复杂性制约了油田对 $E_3{}^2$ 深化研究与勘探的时效。随着柴西地区 $E_3{}^2$ 研究资料的丰富，特别是系统的钻井取心和岩石物理实验，为柴西页岩油的研究打下了基础，国内其它油田页岩油的测井研究经验也值得借鉴。针对柴西重点领域跃东地区 $E_3{}^2$ 页岩油的复杂情况，如何进行重新认识，从测井角度研究出一套适用于目标区的甜点评价方法，成为目前挖潜增产迫切需要解决的问题。

1　跃东地区 $E_3{}^2$ 页岩油三品质评价方法

在页岩油七性关系研究的基础上，形成以烃源岩品质、储层品质、工程品质“三品质”评价为基础的跃东地区页岩油储层综合评价方法。

1.1　烃源岩品质评价

1.1.1　有机质成熟度

通常在页岩油有机质成熟度评价中，镜质体反射率(Ro)是目前应用最广泛、最重要的参数指标(图2)，它用来标定从早期成岩作用直至深变质阶段有机质的热演化。演化主要分为5个阶段，(1)未成熟段：Ro<0.5%，古地温达到50~60℃，主要以由微生物的催化作用产生生物甲烷以及未成熟凝析油为主；(2)低成熟段：0.5<Ro<0.7，古地温达到60~90℃，该阶段为干酪根开始逐渐生油的阶段，以低成熟(凝析)油为主；(3)成熟段：0.7<Ro<1.3，古地温达到90~150℃，在催化裂解作用下干酪根大量生油；(4)高成熟：1.3<Ro<2.0，古地温达到150~200℃，由于热裂解作用，油、沥青和干酪根裂解生气；(5)过成熟：Ro>2.0，古低温突破200℃，为形成干气的阶段。通过地化热解分析，跃东地区的Ro约为0.7，为低成熟特征。

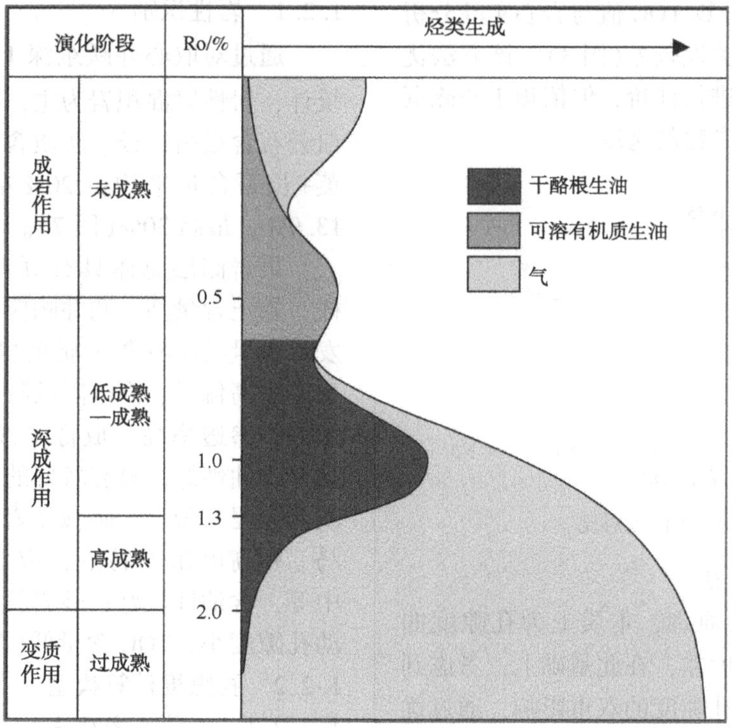

图2　热演化阶段图

1.1.2　有机碳含量计算模型

1.1.2.1　ΔLogR 法

普通泥页岩地层的电阻率较低而声波时差较高，富含有机质地层的电阻率和声波时差均相对较高，ΔLog*R* 方法基于该特点计算TOC。该方法利用测井曲线值与泥页岩基线差异来反映有机质含量，在岩性较纯页岩层段效果较好，但在含黄铁矿等低阻矿物地层的效果较差。对未成熟—成熟源岩的 TOC 评价，可采用 Passey 等提出的 $\Delta\log R$ 方法计算 *TOC*。具体模型如下：

$$\Delta LogR = \lg\left(\frac{Rt}{Rt_{基线}}\right) + 0.0061 * (\Delta t - \Delta t_{基线}) \quad (1)$$

$$TOC = \Delta LogR * 10^{2.296-0.1688 * LOM} \quad (2)$$

经过分析，确定跃东深 1 井 RT、AC 基线分别为 5Ω·m、200μs/m，并通过查阅前人研究成果，确定柴达木盆地 LOM 值一般为 11。代入公式运算，将得出的计算 TOC 值与岩心实验分析值进行精度验证，相关性一般(图 4)。该方法能一定程度上消除孔隙度对有机碳的测井响应影响，但模型中基线值、成熟度参数的选取主观因素影响较大。

1.1.2.2　*核磁法*

该方法利用干酪根体积(Kerogen Volume)、测井密度(RHOB)及干酪根密度(RHOK)以及转换因子(CONV)四个参数进行 TOC 计算。具体模型如下：

$$TOC = KerogenVolume * \frac{RHOK}{RHOB * CONV} \quad (3)$$

其中，干酪根密度为 1.3g/cm³，转换因子取值 1.2。将得出的计算 TOC 值与岩心实验分析值进行精度验证，相关性较差(图 3)。该方法优点在于从干酪根角度进行评价，但依赖于核磁资料的准确性及干酪根参数的选取。

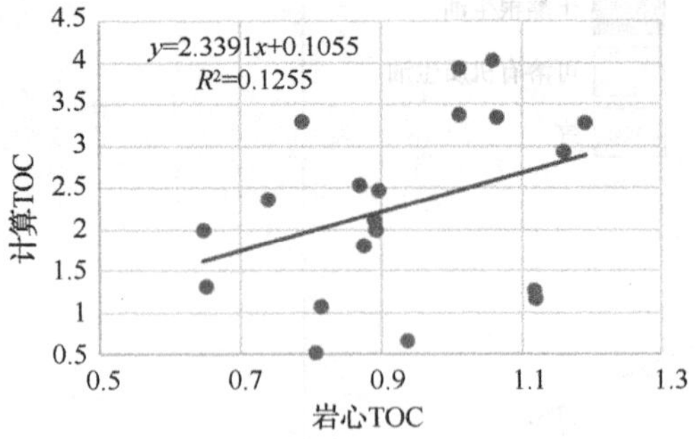

图 3　核磁法精度对比

1.1.2.3　*多参数回归法*

基于 ΔLogR 法的原理，本质上为孔隙度曲线与电阻率曲线的幅度差，在此基础上，考虑到跃东地区混积岩性和孔隙度的双重影响，通过优选敏感参数，认为密度曲线在一定程度上更能反应该地区岩性的变化规律。加入密度曲线与岩心分析值进行多参数回归，采用该方法进行计算的 TOC 值与岩心实验分析值相关性最高，更符合对该地区的认识(图 5)。

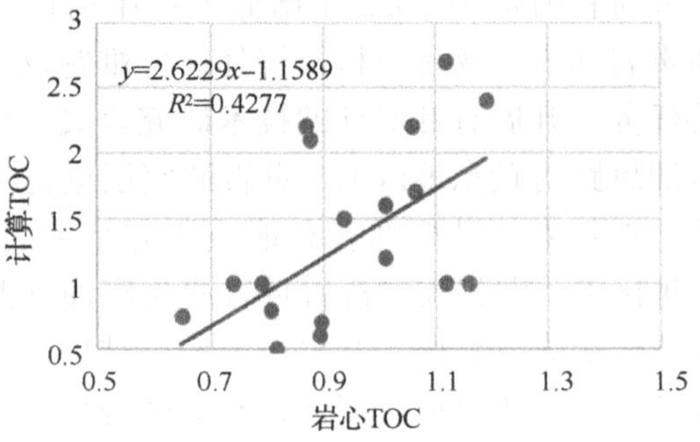

图 4　ΔLogR 法精度对比

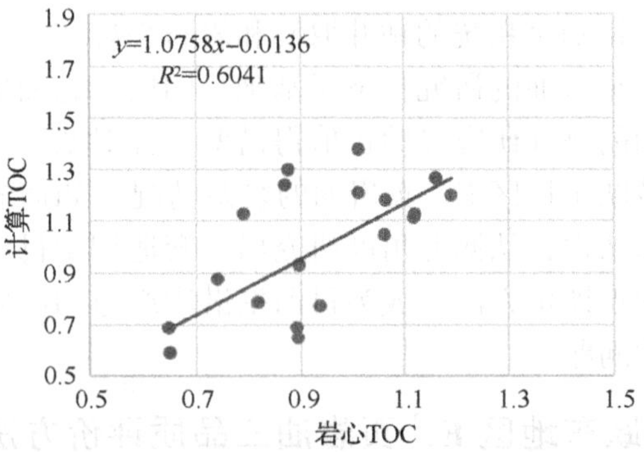

图 5　多参数法精度对比

1.2　储层品质评价

1.2.1　岩性识别

通过对取心井跃东深 1 井 E_3^2 组 97 块样品统计，岩性以混积岩为主，矿物含量以方解石及白云石含量高；云、灰质含量占 50%~60%，石英+长石含量平均占 20%左右，黏土含量平均 13.9%，最高 30%(图 7)。

页岩储层总体具有页理发育、矿物组分多样、黏土含量高、测井响应小等特点。跃东地区发育大量纹层状灰云质页岩，碳酸盐岩含量高，具有中高伽马、高电阻的特点，其核磁可动孔隙度大，渗透率高，成像上纹层明显，TOC 含量高，含油性好，具有较好的生烃能力；其次为泥质、含泥灰云岩，碳酸盐岩含量中等，具有低伽马、中高电阻的特点，成像上为弱层状，TOC 中等，含油性较好；砂岩较差，为块状结构，可动孔隙度小，TOC 含量低(图 8)。

1.2.2　孔隙度计算模型

1.2.2.1　*变骨架密度法*

应用岩扫及 Elan 多矿物组分程序拟合最优化处理，确定黏土、白云石、方解石、石英等组分的体积含量，再利用各种矿物的骨架密度与含量乘积之和，确定变骨架密度，确定孔隙度计算模型。具体模型如下：

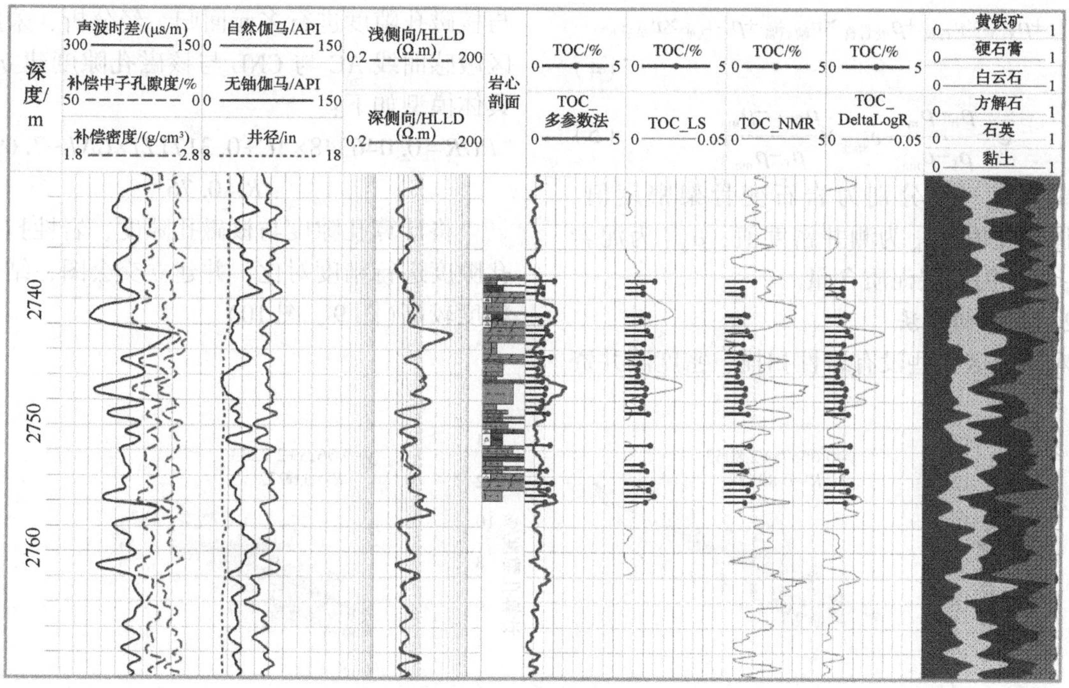

图 6　TOC 模型精度对比

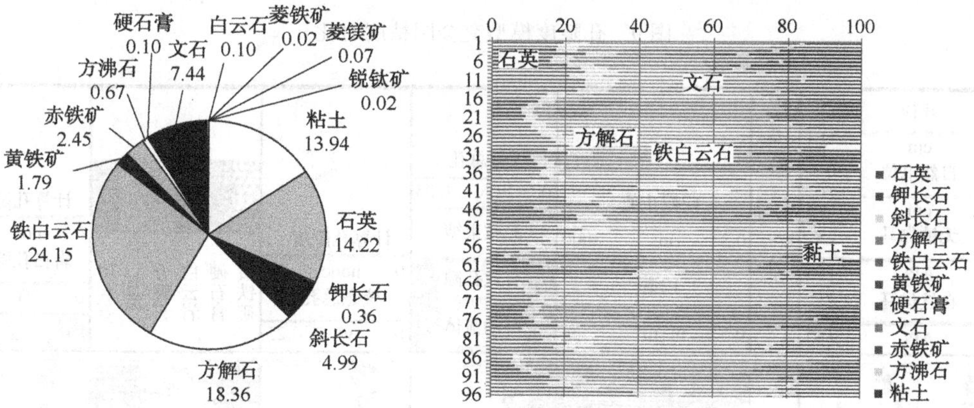

图 7　跃东地区 E_3^2 矿物组分图

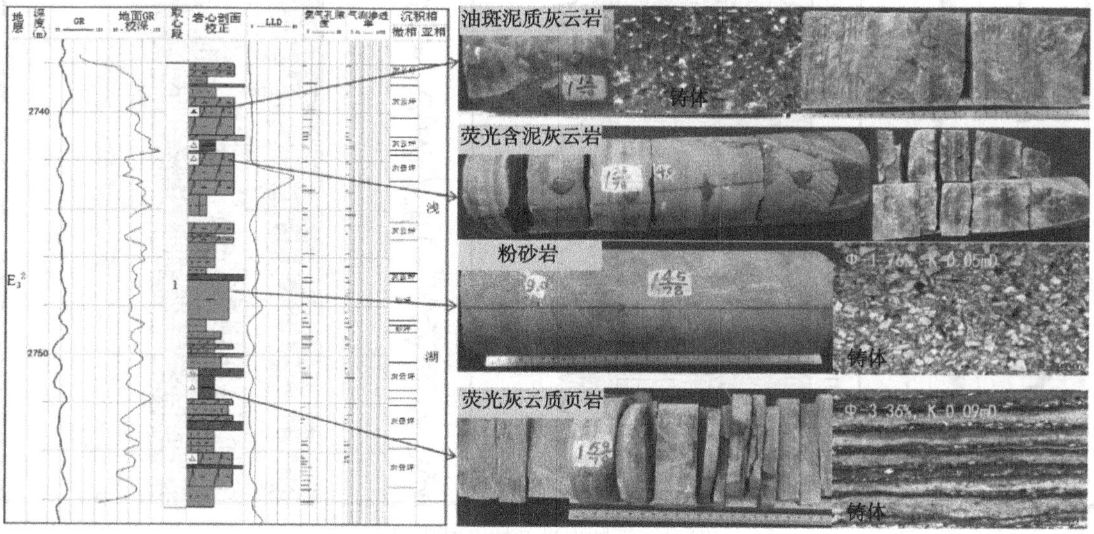

图 8　跃东地区 E32 优势岩性

$$\rho_{ma}=\rho_{黏土}\times v_{黏土}+\rho_{白云石}\times v_{白云石}+\rho_{方解石}\times v_{方解石}+\rho_{石英}\times v_{石英}+\rho_{硬石膏}\times v_{硬石膏}+\rho_{黄铁矿}\times v_{黄铁矿} \tag{4}$$

$$\varphi=\frac{\rho_b-\rho_{ma}}{\rho_f-\rho_{ma}}-v_{黏土}\times\frac{\rho_{黏土}-\rho_{ma}}{\rho_f-\rho_{ma}} \tag{5}$$

式中，ρ_{ma}、ρ_f 分别为岩石变骨架密度值、地层流体密度值；ρ_b 为测井密度值；$\rho_{黏土}$为泥岩密度值；$v_{黏土}$为储层泥质含量。

1.2.2.2　多元回归法

针对研究区一些没有岩性扫描、密度测井资料的井，通过优选孔隙度敏感曲线，将敏感曲线与核磁孔隙度进行多元回归。经分析，采用本地区敏感曲线 AC 与 CNL 与核磁孔隙度建立模型。具体模型如下：

$$POR=0.046348\times AC+0.317177\times CNL-7.69326;\quad R=0.76 \tag{6}$$

将计算孔隙度与核磁孔隙度、岩性扫描分析孔隙度进行精度对比，并建立交会图，结果显示精度较高(图 9、图 10)。

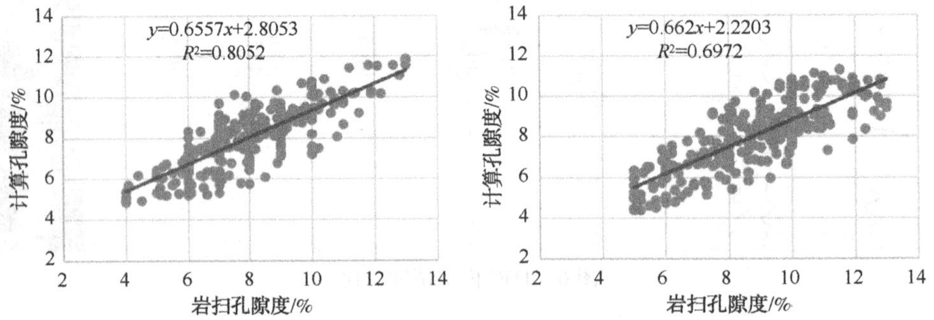

图 9　孔隙度模型交会图精度对比

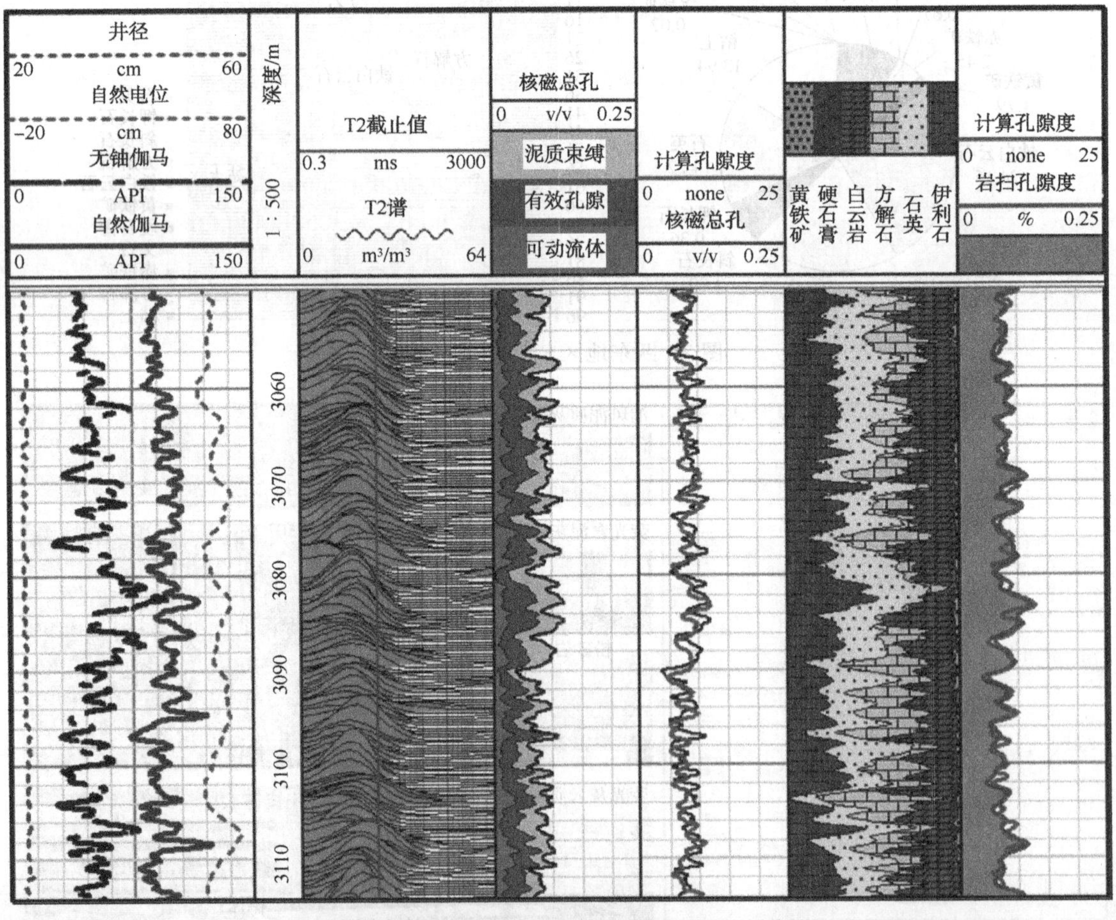

图 10　孔隙度模型精度对比图

1.2.3　饱和度计算模型

针对各种复杂地层和特定地区的地层，国内外学者提出了很多针对碳酸盐岩储层的饱和度模型，它们均不同程度地考虑了微观孔隙特征和不同导电形式的影响。一般来说，传统的阿尔奇公式(Archie)在泥质较少的纯砂岩地层中能够很好地评价地层含水饱和度，但在碳酸盐岩与碎屑岩混积并存的地层中，计算的含水饱和度误差较大，其应用受到了很大的限制；西门杜公式(Simandoux)由斯伦贝谢公司提出，广泛应用于岩性较细，泥质含量较多的碳酸盐岩地层含水饱和度计算，其变换后的表达式为：

$$S_w=\frac{0.4R_w}{\varphi_e^2}\times\left[\sqrt{\frac{5\varphi_e^2}{R_tR_w}+\left(\frac{V_{sh}}{R_{sh}}\right)^2}-\frac{V_{sh}}{R_{sh}}\right] \tag{7}$$

式中，S_w 为地层含水饱和度；R_w 为地层水电阻率；R_t 为电阻率测井值；Φ_e 为有效孔隙度；V_{sh} 为泥质含量；R_{sh} 为纯泥岩电阻率。

采用传统西门杜公式，由于岩性纵向上的变化较大，R_t 曲线对于地层岩性的敏感性较低，导致实际计算结果不准：(1)含砂的高电阻率致密层，计算含油饱和度偏高；(2)部分强层状的泥页岩受含泥重、薄互层特征的影响，电阻率低，导致计算含油饱和度偏低，不能反映地层的真实情况。经分析表明，TOC 在一定程度上能更直接地反映本地区地层的源、储特性。但由于计算过程中，TOC 值与电阻率值在数量级上存在一定的差别，故利用电阻率变化范围对 TOC 进行刻度。将刻度后的 TOC 值代替式中 R_t 值进行运算。计算结果能一定程度上反映地层岩性、物性特征，符合率较常规西门杜方法更高。

将计算结果与岩心分析油饱和率进行精度对比，如图 11 所示。

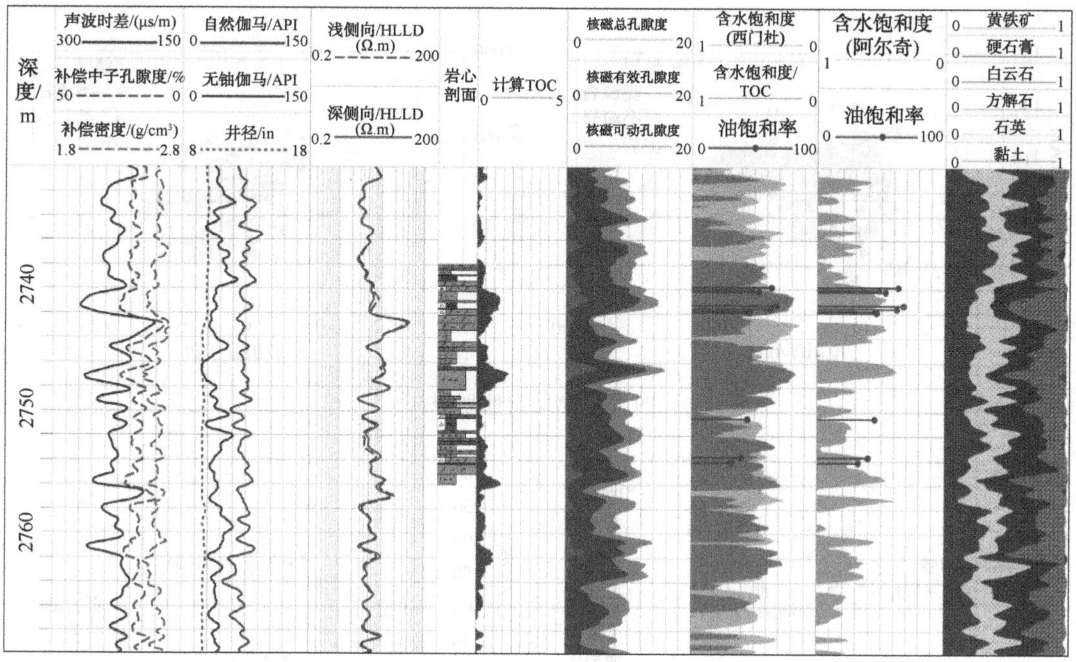

图 11　饱和度计算模型精度对比

1.3　工程品质评价

岩石的脆性决定了压裂改造是否能成功，对于页岩油储层来说，对岩石脆性的评价较为重要。目前对岩石脆性的评价主要有两种方法，即声波法和矿物组分法。前一种方法是用阵列声波资料中的纵横波计算出动态杨氏模量和泊松比，然后再进行归一化处理后求两者的平均值，算出储层岩石的脆性指数。在实际应用过程中很多井都没有测阵列声波，针对这样的井，通过计算储层岩石中脆性矿物所占的体积含量，石英和方解碳酸盐岩代表岩石脆性特征的矿物占总岩石的矿物体积的比例大小。

通过对比验证，脆性矿物占比法计算的脆性指数更为合理。利用脆性指数，以及地层压力、破裂压力、杨氏模量、泊松比等工程参数建立工程品质综合评价标准，认为脆性大于 70 为Ⅰ类，60~70 为Ⅱ类，小于 60 为Ⅲ类。

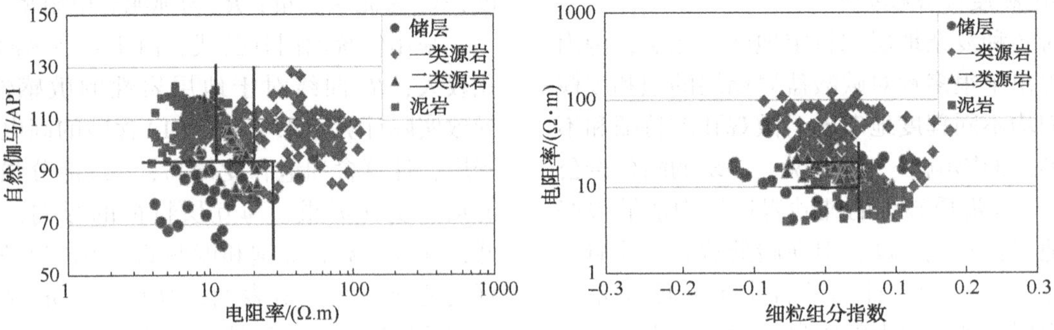

图 12　工程品质评价图

2　页岩油储层分类及甜点评价

2.1　储层定性划分

通过常规曲线交会图的方法，认为自然伽马、电阻率和采用 CNL、DEN 曲线构建的细粒组份指数对储层类别反应最为敏感。左图采用自然伽马可以有效区分开储层，用电阻率可以区分泥岩与一类源岩；采用细粒组份指数可以较好地区分泥岩与二类源岩(图 13)。

2.2　储层半定量划分

在定性划分储层的基础上，通过建立储层敏感参数以及基于 GR、RT、AC、TOC、有效孔隙度构建的综合指数(ZHZS)进行半定量的分类解释(图 14)。

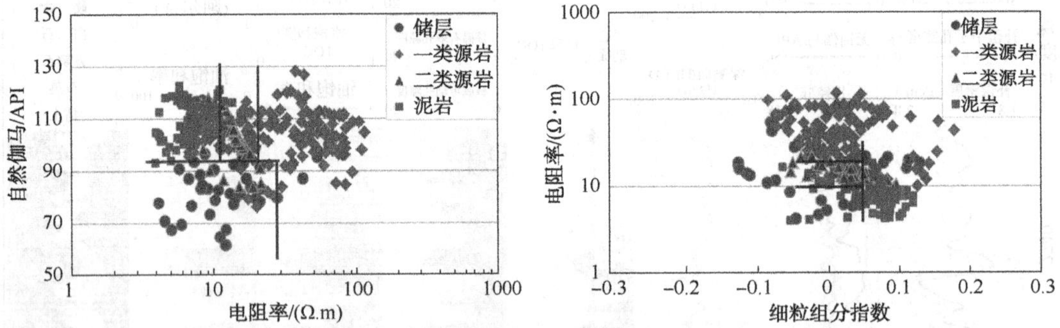

图 13　储层定性划分

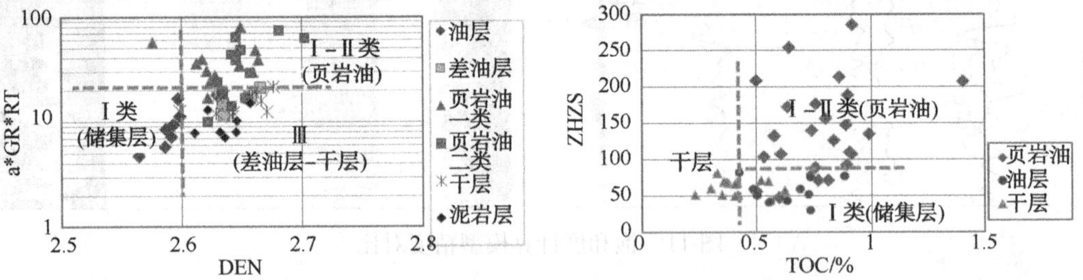

图 14　储层半定量划分

通过交会图技术，实现了储层的分类识别，将储层划分为一类(储集层)、二类(页岩油Ⅰ、Ⅱ类)和三类(干层)。

2.3　储层分类及甜点评价

在跃东三品质特征研究以及储层分类图版的基础上，应用常规敏感曲线、孔隙度、TOC、含油饱和度、细粒组分指数、脆性矿物含量等评价参数，综合分析，建立储层分类参考标准，将跃东地区页岩油储层划分为三大类：其中一类为油层，储层最富集，具有有机碳含量高、储层物性好、含油性好、脆性指数高的特点，是跃东页岩油效益开发优先动用的目的层段和目标靶层；二类为页岩油Ⅰ、Ⅱ类，储层次之，烃源岩特性更优；三类储层整体品质较差(表 1)。

表 1　储层分类参考标准

分类	一类(油)	二类(Ⅰ、Ⅱ)	三类(Ⅲ、干)
GR	<125	90~130	≥130 或<90
RT	3~25	≥10	-
POR	≥8.0	5.0~8.0	<5.0
TOC	≥0.8	0.6~0.8	<0.6
So	≥55%	35~55%	<35%
S1	≥4	2~4	<2
含油级别	油浸、油斑、油迹	油迹、荧光	荧光、不含油
细粒组分指数	—	<0.04	≥0.04
脆性矿物含量	≥70	60~70	<60

通过对页岩油储层的综合划分评价，结合试油，划分该地区页岩油综合品质，并进行甜点段的优选(图 15、图 16)。单井的甜点优选原则基本为：(1)烃源岩品质：选择 TOC 高且有一定孔隙的储层；(2)储层品质：选择储层集中发育段，表现为孔隙度大，含油饱和度高；工程品质：选择脆性指数大、可压性强的层段。两口重点探井优选的甜点层段，可有效地指导该地区 E_3^2 页岩油的开采。

3　结论

(1) 以“七性、三品质”的页岩油测井评价思路，对跃东地区 E_3^2 页岩油开展烃源岩、储层、工程品质的评价。通过对 TOC、孔隙度、饱和度建立合适的测井解释模型，构建储层分类参数，为下一步储层分类奠定了基础；

(2) 通过对跃东 E_3^2 储层的定性—半定量储层划分，综合考虑有机质丰度、有效孔隙度、含油饱和度、脆性指数等对产能敏感的三品质参数，建立了跃东 E_3^2 页岩油的储层分类参考标准，为单井的准确解释评价提供了技术支撑；通过综合品质，对储层甜点段进行优选，能够有效地指导本地区页岩油开发。

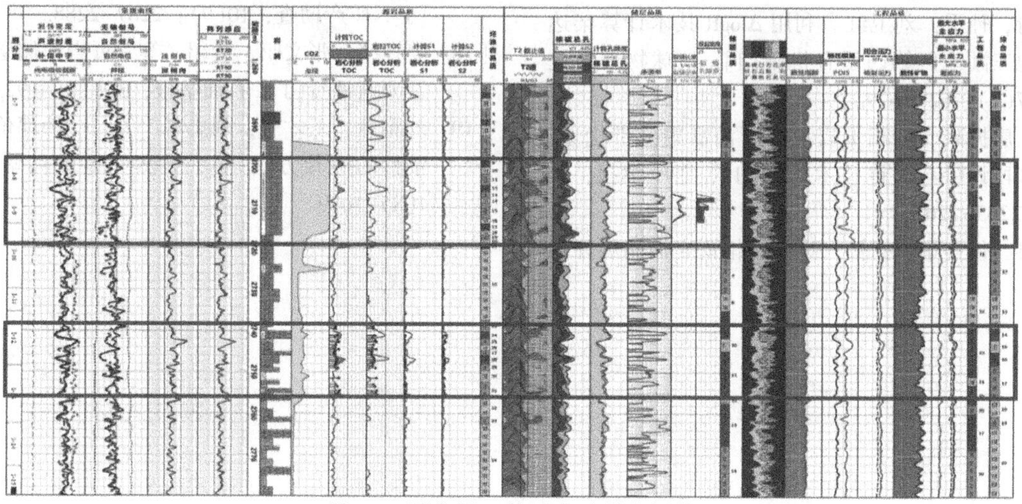

图 15　跃东深 1 井页岩油甜点评价

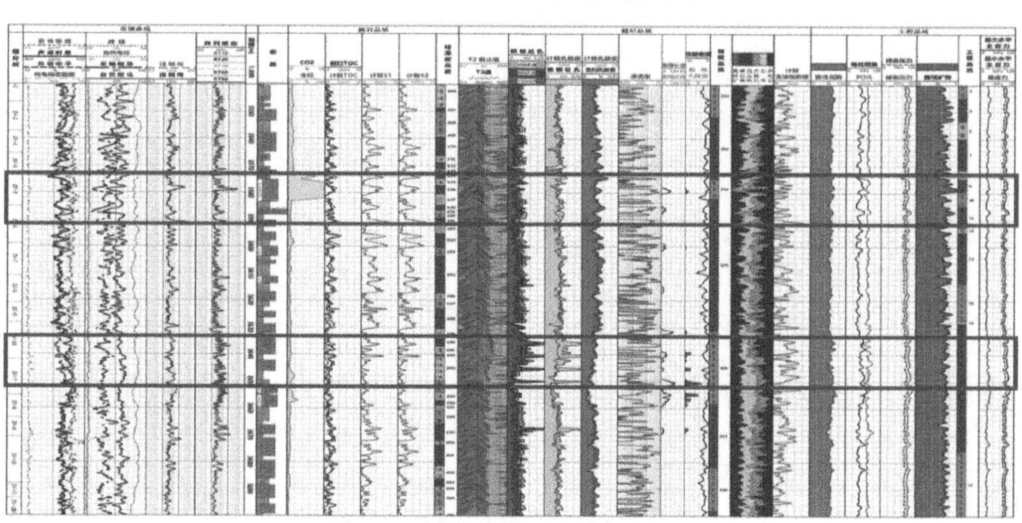

图 16　跃东 106 井页岩油甜点评价

参考文献

[1] 张道伟，薛建勤，伍坤宇，等．柴达木盆地英西地区页岩油储层特征及有利区优选[J]．岩性油气藏，32(4)：4-5.

[2] 李国欣，朱如凯，张永庶，等．柴达木盆地英雄岭页岩油地质特征、评价标准及发现意义[J]．石油勘探与开发，49(1)：2-3.

[3] 何传亮，黎泽刚．川南深层页岩气有机碳含量计算方法研究[J]．西部探矿工程，2019(7)：31-32.

[4] 张鹏飞，卢双舫，李俊乾，等．湖相页岩油有利甜点区优选方法及应用——以渤海湾盆地东营凹陷沙河街组为例[J]．石油与天然气地质，40(6)：1340-1341.

[5] 王建国，李忠刚，朱智，等．基于测井方法的页岩有机碳含量计算[J]．大庆石油地质与开发，34(3)：172-173.

[6] 周道容，邵威，黄正清，等．基于常规测井资料计算TOC含量——以安徽阜阳地区ZK001井为例[J]．内蒙古石油化工，2021(8)：26-27.

[7] 郭泽清，孙平，刘卫红．利用ΔlogR技术计算柴达木盆地三湖地区第四系有机碳[J]．地球物理学进展，27(2)：627-629.

[8] 杨智，唐振兴．陆相页岩层系石油富集区带优选、甜点区段评价与关键技术应用[J]．地质学报，95(8)：2265-2267.

[9] 匡立春，侯连华，杨智，等．陆相页岩油储层评价关键参数及方法[J]．石油学报，42(1)：6-8.

[10] 管文静．潜江凹陷盐间页岩油“甜点”评价标准研究[J]．江汉石油职工大学学报，33(3)：15-17.

[11] 钟雷文．浅谈页岩气测井有机碳含量的计算方法[J]．能源与环境，2017(3)：41-43.

[12] 高偎博，常振阳，代威，等．全二维气相色谱在石油地质样品分析中的应用进展[J]．色谱，32(10)：1059-1060.

[13] 谢静平．饶阳凹陷蠡县斜坡沙一下页岩油储层测井评价技术[J]．能源环境，2021(12)：148-0150.

[14] 施培华，范宜仁，顾定娜，等．三塘湖盆地芦草沟组致密油烃源岩总有机碳含量计算[J]．测井技术，39(4)：479-481.

[15] 郑建东，王春燕，章华兵，等．松辽盆地古龙页岩油储层七性参数和富集层测井评价方法[J]．大庆石油地质与开发，40(5)：89-93.

[16] 王凤兰，付志国，王建凯，等．松辽盆地古龙页岩油储层特征及分类评价[J]．大庆石油地质与开发，40(5)：149-153.

[17] 邢济麟．松辽盆地南部青一段页岩油甜点评价[J]．矿产勘查，10(9)：2287-2288.

[18] 姜在兴，张文昭，梁超，等．页岩油储层基本特征及要素评价[J]．石油学报，35(1)：192-195.

[19] 刘雅慧，王才志，刘忠华，等．一种评价页岩油含油性的测井方法[J]．天然气地球科学，32(7)：1085-1089.

川南地区超深层地震勘探技术研究与实践

袁　莹　陈明春　李洪万　李井元　石延兵　胡　敏

（中石化石油工程地球物理有限公司）

摘　要　川南地区海相下组合主力气层震旦系灯影组埋深达9000m，前期资料显示灯影组品质较低，部分地段甚至没有地震反射信息，严重制约了油气勘探进程。在川南赤水地区开展了超深层地震勘探攻关试验，设计了饱和低频激发药量试验、低频接收试验、宽线观测试验等3项试验，获得了满足油气研究的高品质灯影组资料，通过此次攻关得到以下认识。①10kg药量是满足灯影组勘探的最低药量。②速度型低频检波器更适合于超深层地震勘探。③观测系统要在保持长偏移距的前提下选择适合的覆盖次数，在构造复杂地区约680次，在构造简单地区约170次。

关键词　超深层；低频接收；长偏移距；灯影组

中国的油气勘探开发在中浅层程度高，但随着时间的推移，油气潜力逐步下降，而深层和超深层勘探开发程度低，油气潜力巨大，据中国《石油天然气储量计算规范》规定，将深度3500~4500m列为深层，大于4500m列为超深层，而大部分欧美学者将4500m以深列为深层，主要因为地下平均地温梯度为2.5~3.0℃/100m，当深度达到4000~5000m时液态烃转换成气态烃，因此定义超深等的绝对深度时，需要考虑地温梯度，在我国西部塔里木盆地，平均地温梯度约2.26±0.3℃/100m，因此深层定义深度为4500~6000m，大于6000m为超深层，四川盆地地温梯度约2.28℃/100m，基本与塔里木盆地在超深层定义深度上一致，本文探讨的川南赤水地区震旦系灯影组埋深约9000m，无论从国家规范还是行业实践，均可称为超深层勘探。

中石化在川南地区于2006年、2010年实施了两期针对海相上组合中、下三叠统及二叠系勘探，资料显示灯影组资料普遍存在能量弱、信噪比低、成像品质差的问题，同时受上伏复杂构造以及剧厚膏岩层的影响，构造形态难以落实。

为提高超深层地震勘探水平，实现超深层油气勘探技术突破，在借鉴超深层勘探前期成果的基础上，在川南赤水地区开展了震旦系灯影组（埋深约9000m）超深层采集技术攻关，本文主要介绍此次采集技术攻关试验成果。

1　地震资料采集技术方案

超深层勘探最大的问题是深部地震反射信号十分微弱，加上剧厚膏岩层的屏蔽作用，高频信号衰减殆尽，而低频信号相对损失较少，因此类似超深层勘探需要丰富的低频信号才能提高成像质量。根据炸药理论，药量越大激发产生的低频信号越丰富，而低频信号对超深层勘探成像较为有利，采用饱和大药量达到低频激发目的，通过低频激发、低频接收两项手段，最大限度获取深层信号。由于川南地区未开展过针对超深层灯影组的地震勘探，各项观测系统参数需要进一步优化，借鉴深地震勘探的经验，采用长偏移距接收，配合宽线观测，提高覆盖次数，提升深层成像质量。围绕超深层地震勘探，主要设计了以下三种试验。

1.1　饱和低频激发药量试验方案

根据中石化在四川地区发现普光气田、元坝气田的成功勘探经验，采取20m井深，药量从最低4kg开始，2kg一个阶梯，一直增加到18kg。

1.2　低频接收试验方案

除了目前小规模使用的自然频率5Hz的单点速度型检波器（型号GT DS-5Hz，下文简称5Hz检波器），还试验了处于研发阶段的频率带宽3~400Hz的单点陆用压电加速度检波器（型号LPA-1B，下文简称3Hz检波器），为了进一步对比低频接收效果，与此两种检波器同点埋置的还有常规动圈检波器（型号20DX-10Hz，下文简称10Hz检波器），具体方案见图3。

表1　试验检波器性能指标

指标	GT DS-5Hz	20DX-10
自然频率/Hz	5	10

续表

指标	GT DS-5Hz	20DX-10
失真系数	≤0.1	<0.2
灵敏度/(V/m/s)	83.2	20
阻力系数	0.6	0.7
线圈电阻/Ω	1920	395

指标	LPA-1B
频率带宽/Hz	3~400
失真系数	≤0.18
灵敏度/(V/g)	>7

根据李国栋、宋玉东等人的研究，速度型检波器幅频特性表达式为：

$$H(\omega)=|H(j\omega)|=\frac{G_0}{\sqrt{\left(1-\frac{\omega_0^2}{\omega^2}\right)^2+4D^2\frac{\omega_0^2}{\omega^2}}} \quad (1)$$

其中 G_0 为检波器的灵敏度，D 为阻力系数，ω_0 为检波器自然角频率，ω 为振动角频率。根据该公式绘制速度型检波器幅频特征曲线(图1)。从幅频特征曲线来看，5Hz 检波器约在 7Hz 时达到稳定输出，而 10Hz 检波器约在 15Hz 时达到稳定输出，意味着 5Hz 检波器在低频段接收到的信号要较 10Hz 检波器丰富。

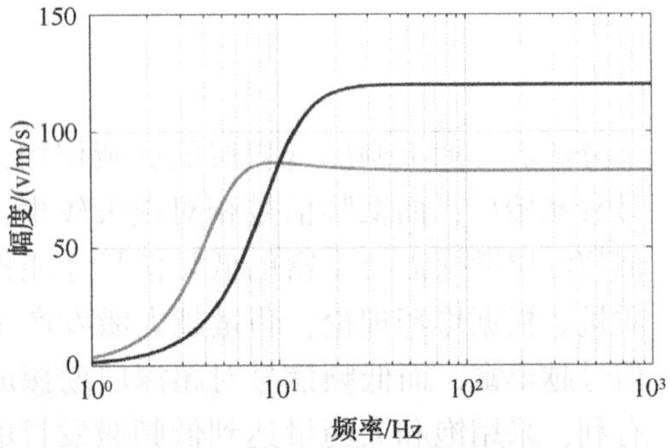

(a)原始幅频特征曲线

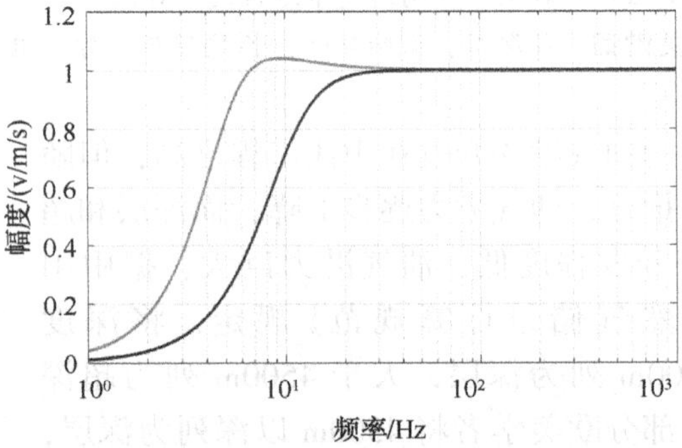

(b)归一化后幅频特征曲线

图1　10Hz 检波器与 5Hz 检波器幅频特征曲线(绿色为 5Hz 检波器，黑色为 10Hz 检波器)

在理论上加速度型检波器幅频特征表达式为：

$$A(\omega)=\frac{1}{\omega_0^2\times\sqrt{\left(1-\left(\frac{\omega_0}{\omega}\right)^2\right)^2+\left(\frac{2\xi\omega_0}{\omega}\right)^2}} \quad (2)$$

其中 ξ 为检波器阻尼系数，ω_0 为检波器自然角频率，ω 为振动角频率。

理论上加速度检波器的幅频特征曲线为一条直线[图2(a)]，在低频段(10Hz 以下)是没有衰减的，在现阶段受电路工艺的限制，暂时无法做到全通，3Hz 检波器的频段是通过振动台测试得到[图2(b)]，约在 4Hz 达到稳定输出状态，相对于速度型检波器达到稳定输出的要求更低，只有外界频率(一般约 500Hz 以上)接近固有频率时才有幅频特性曲线的突变，而石油勘探频带远低于此范围，因此在采集生产中可认为加速度型检波器是处于一个输出稳定的状态。为了对比三种检波器的同域效果，将 3Hz 加速度检波器资料进行积分转换到速度域，下文 3Hz 检波器单炮记录及剖面均为速度域资料。

1.3　宽线观测试验方案

设计了 3L1S 中间激发的宽线观测方式，最大偏移距 13580m，接收线距 40m，40m 道距(2号线 10Hz 检波器 20m 道距)，炮点距 40m，覆盖次数为 1360 次。其中中间 2 号线 10Hz 检波器加密到 20m 道距，同时部署了低频检波器接收试验，图3。

2　采集资料效果分析

2.1　饱和药量试验分析

从不同药量的固定增益单炮记录可见，随着药量的增加海相下组合深部能量也随之增强，面波能量亦伴随药量的增加而提高，此点对高分辨率勘探不利，但本次勘探是提高资料信噪比而非分辨率，因此采用大药量提高深层能量是首要任务。从图4红框部分可见，2~3s 反射能量随着药量的增加而增强，但面波干扰也随之增强，另外 16kg 与 18kg 两者记录未见明显的反射能量提高，说明炸药激发产生的下传能量达到了一定上限，即便再增加激发药量其所获地下反射能量也未能明显增强，因此可认为 16kg 为该区饱和激发药量。在生产实践中，受外部安全因素影响，所有炮井难以统一 16kg 激发药量，从图5定量分析可见，10kg 可认为是满足灯影组超深层地震勘探需求的最小激发药量。

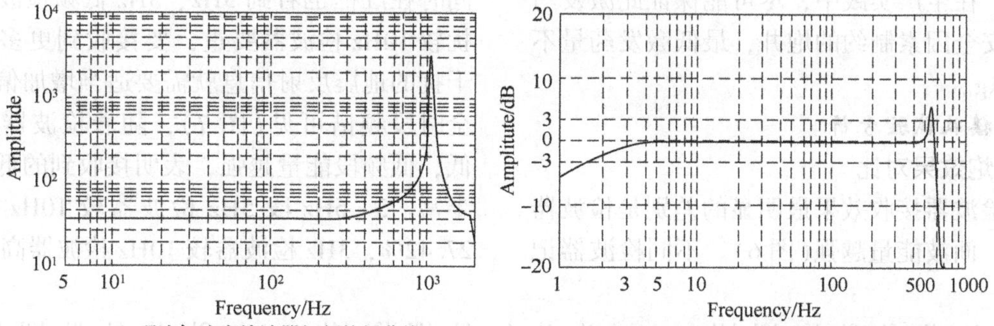

(a)理论加速度检波器幅频特征曲线　(b)振动台实测的3Hz检波器幅频特征曲线

图 2　加速度检波器幅频特征曲线

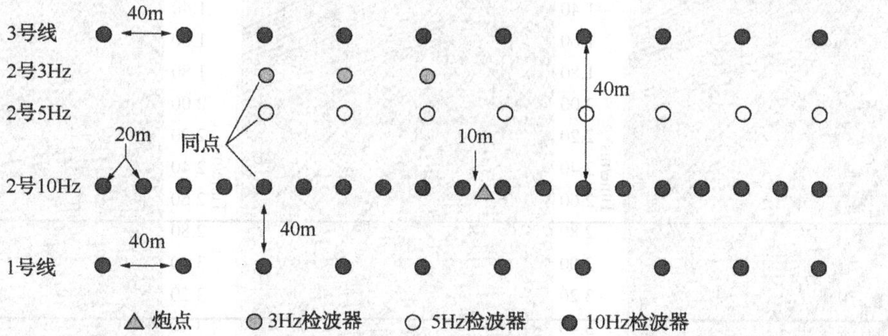

图 3　3L1S 观测系统示意图（1 号、3 号线 10Hz 检波器 40m 道距，2 号线 10Hz 检波器 20m 道距，5Hz、3Hz 检波器 40m 道距）

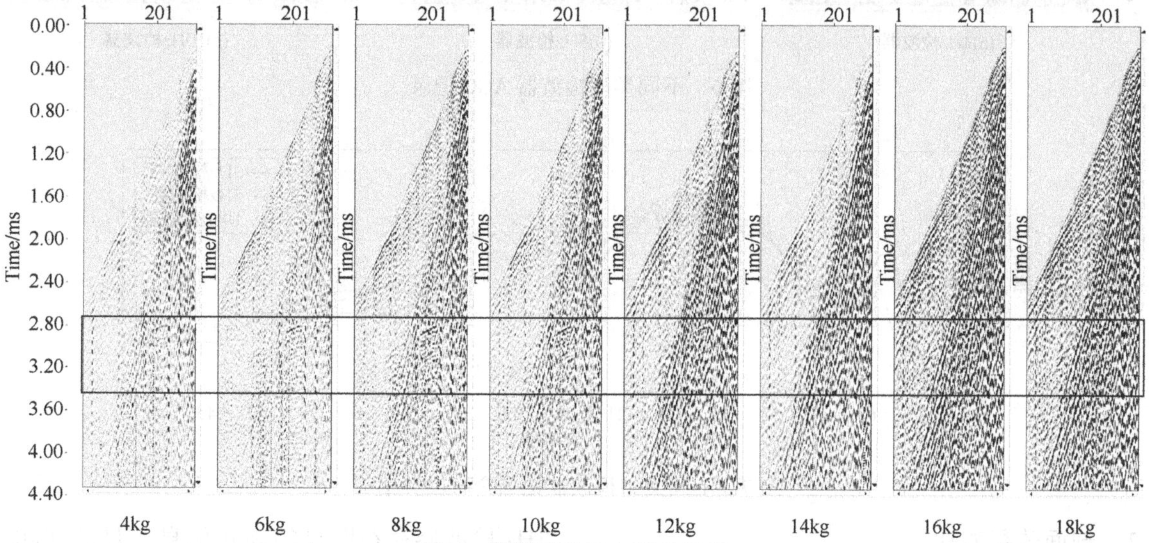

图 4　药量试验固定增益显示

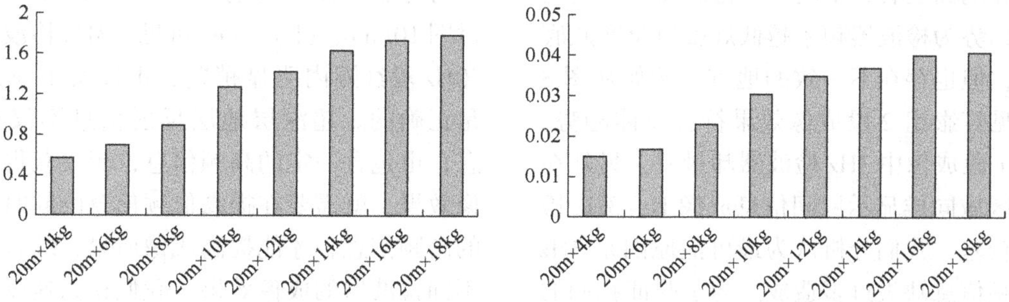

(a)全炮能量　(b)灯影组能量

图 5　药量试验定量分析

结论：在川南地区，16kg 激发药量为饱和低频药量，在生产实践中，尽可能保证此激发药量，在受安全因素制约的炮井，最低激发药量不得低于 10kg。

2.2　低频接收试验分析

2.2.1　单炮效果对比

不同检波器接收效果最明显的差别是检波器频率越低，面波能量越强(图 6)。不同检波器记录呈现的差别就是对低频信息可记录性的差别，同时在红框也看到 5Hz、3Hz 低频检波器面波干扰较 10Hz 检波器要重，要接收到更多未受面波干扰的地震反射信息就需要适当增加偏移距。从全时段频谱可见(图 7)，随着检波器频率的降低，低频段能量越强，表明接收到的低频信息越丰富。3 ~ 6Hz 段 5Hz 检波器较 10Hz 检波器高 27.42%，3Hz 检波器较 10Hz 检波器高 56.7%。

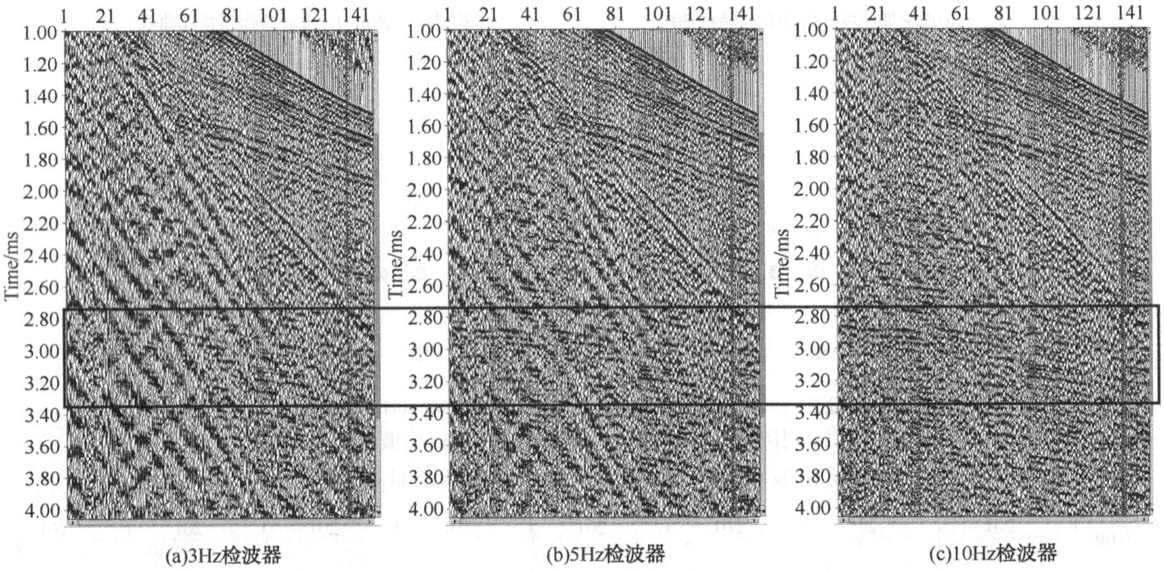

图 6　不同类型检波器 AGC 记录

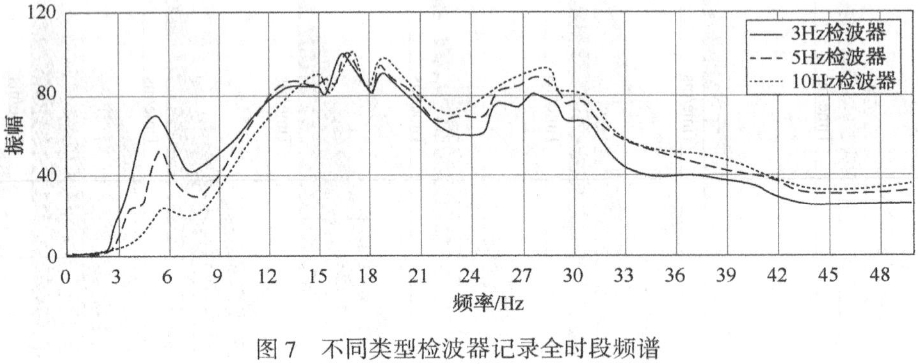

图 7　不同类型检波器记录全时段频谱

2.2.2　剖面效果对比

从成像剖面上看，不同类型检波器有一定差别，总体趋势为检波器频率越低灯影组及寒武底成像越好，但也存在不一致的地方。例如从图 8 红圈内可见灯影组 2 段成像效果符合总体趋势，但灯影组 1 段成像中 3Hz 检波器却最差，另外在图 8 蓝圈区域同样显示层间信息成像上，3Hz 检波器相对较差，我们分析认为最可能原因是 3Hz 检波器高频信息缺失过多造成。为了验证我们的猜想，对灯影组进行频谱分析(图 9)我们发现 3Hz 检波器存在明显的高频信息不足的问题，另外对灯影组段剖面进行 20 ~ 40Hz 分频显示，通过图 10(a)、(b)、(c)可见，3Hz 检波器在 20 ~ 40Hz 段红圈内明显稍差，也证实了我们的猜想是正确的。超深层地层反射信息不仅有低频信息，也包含一定的高频信息，想要获得较好的成像效果，就需要在提高低频信息的同时保证较好的高频信息，才能提高成像质量，综合对比分析不同检波器的成像效果，我们认为速度型低频检波器更适合超深层勘探。

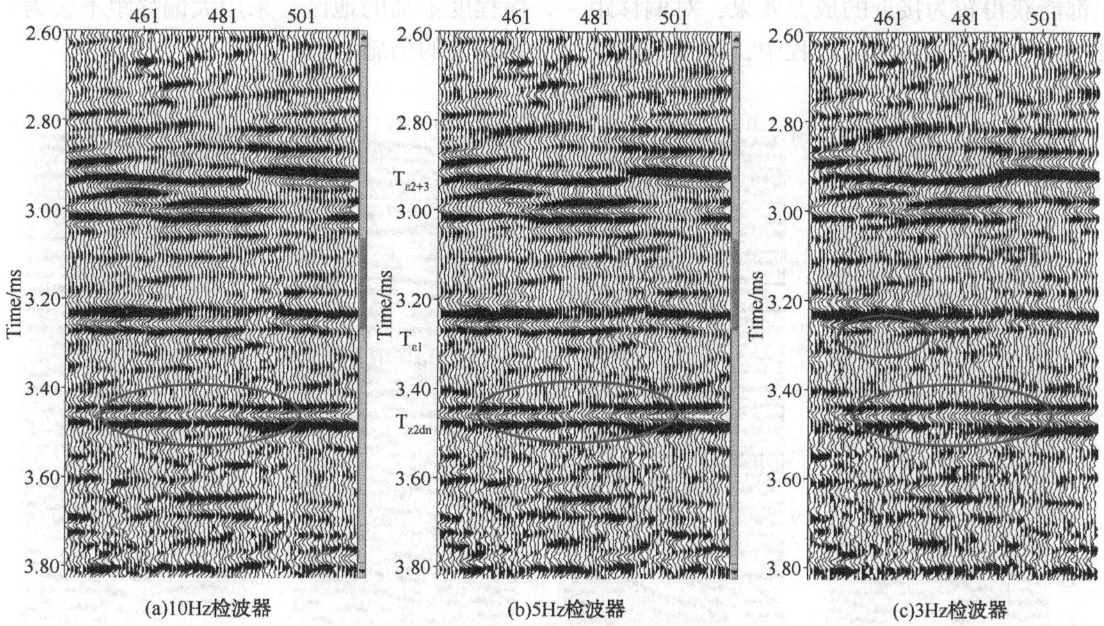

图 8　不同类型检波器剖面深层信息细节

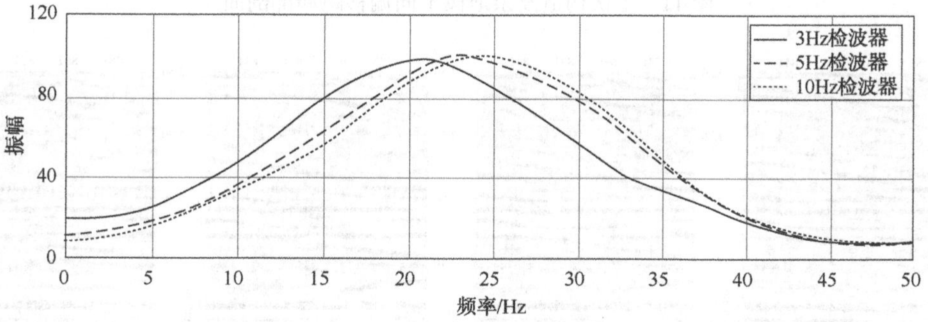

图 9　不同检波器灯影组频谱

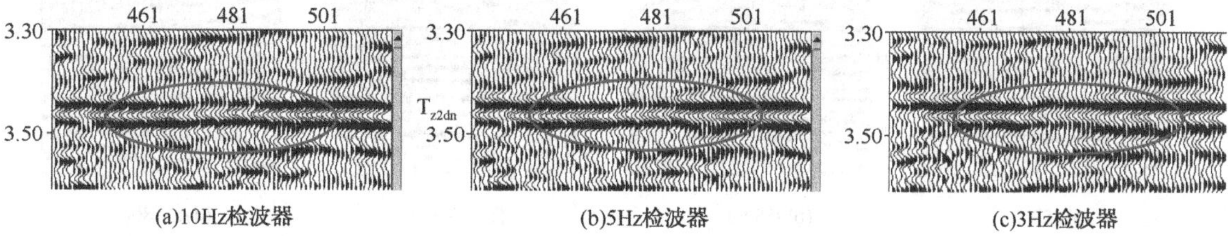

图 10　不同检波器灯影组 20-40Hz 分频

2.3　宽线观测分析

2.3.1　不同偏移距效果分析

宽线二维观测系统是一种强化的二维观测系统，通过增加小线距接收线的方式提高覆盖次数以期达到提高资料品质的目的。陆基孟等认为排列长度与反射系数、动校正拉伸、速度分析精度、多次波压制等因素有关，排列长度不宜过大。探区内灯影组埋深约 9000m，按照一般分析认为，最大偏移距(排列长度)约等于勘探深度较为适宜，从本次深层勘探效果来看，不同地区对排列长度要求不尽相同。按照一般分析结果，图 1(b)红框中剖面偏移距为 9580m，与勘探深度较为接近，理应勘探效果最佳，但实际成像效果却是图 11(d)中的 13580m 的大偏移距剖面效果最好，也进一步说明了大偏移距在超深层勘探中的作用，特别是在上伏构造复杂地段，效果越明显，这是因为根据地震运动学观点，地下反射面倾角越大，需要接收到地下反射信息的排列就越长。而在图 12(a)、(b)、(c)、(d)剖面对比中可见，在上伏地层构造相对简单的地区，不同偏移距都能获得较为接近的成像效果，对偏移距敏感度不高，而在实际勘探过程中，特别是在勘探程度不高的地区，采用大偏移距不失为一种较为稳妥的措施。

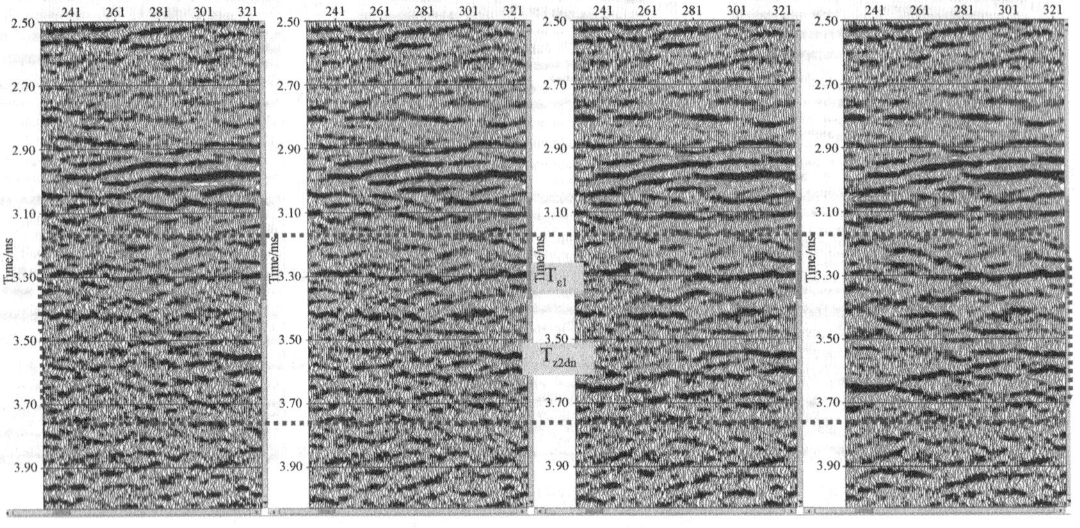

图 11　上伏构造复杂地段不同偏移距局部剖面

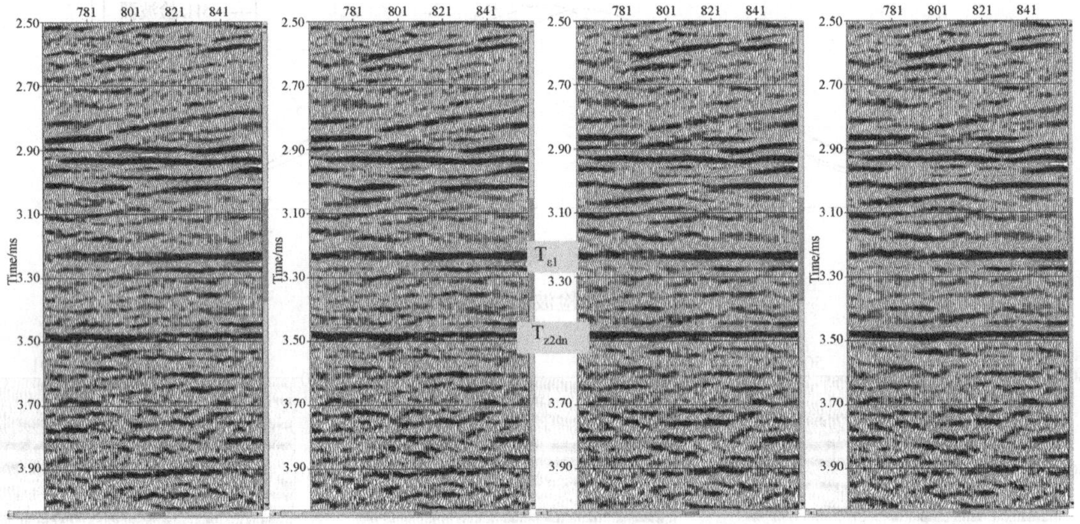

图 12　上伏构造简单地段不同偏移距局部剖面

结论：区内面波干扰距离达到 8700m，为更多接收到到未被面波干扰的有效反射，采用 13580m 的偏移距，约 1/3 排列远离面波区，获得较好的超深层灯影组资料，因不同地区勘探深度有差异，一般性建议是超深层勘探的最大偏移距要保证勘探目的层 1/3 排列位于面波区外，约 1.7 倍勘探目的层长度。

2.3.2　观测系统退化分析

为分析宽线观测对资料品质的改善程度，同时也进一步认识勘探区对覆盖次数的要求，在保证最大偏移距的基础上，对本次试验采取 3L1S 的观测系统(图 3)进行退化分析，分析了不同接收线、道距加密等五种观测系统。按照上伏构造复杂程度，分别进行分析。

在图 13 中可见，在上伏构造复杂地段，不同观测方式有一定差别，其中 a 剖面 340 次叠加效果相对较差，信噪比明显较低，b、c、d、e 剖面整体上较为一致，d 剖面 1020 次覆盖与 e 剖面 1360 次覆盖基本相当，改善微乎其微，因此可认为，1000 次覆盖是该区的饱和覆盖次数。

在同覆盖次数(680次)b剖面和c剖面相比中可见较为明显差别，说明超深层勘探中单线小道距(20m)并不能提高资料品质，相反宽线大道距(40m)在一定程度上能够改善信噪比。c剖面680次覆盖与d剖面1020次覆盖相比接收线减少1/3，但两者成像效果较为接近，因此在此类上伏构造复杂地区，考虑到综合投入与产出的关系，宽线680次覆盖次数可作为该区较为合适、经济的覆盖次数。

在上伏构造相对简单地区，不同观测系统效果十分接近(图14)，此类地区开展超深层勘探覆盖次数参数还可以下调，通过对比前文所述的上伏构造复杂地区可知，不同上伏构造的复杂度对勘探覆盖次数的需求是不尽相同的，下文将对构造较为简单区域进行更低覆盖次数的观测方式的分析。

对接收线不变炮点变化进行分析即炮点抽希分析(炮点抽希等同于覆盖次数的变化)，观测系统见图3，在资料相对较好地段(图15)，灯影组信噪比未受炮点密度降低而降低，85次覆盖就可以得到较好资料。据此可认为，超深层灯影组对炮点密度敏感度不高，因此针对不同资料品质区域，可考虑适中的覆盖次数，降低勘探成本的同时达到完成地质任务的目的。

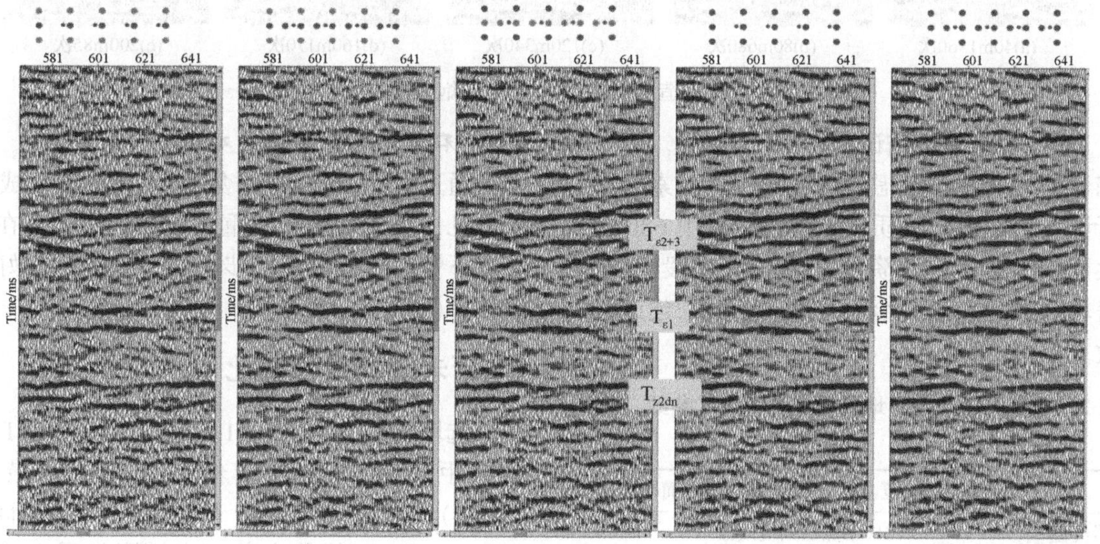

(a)340次40m道距　(b)680次20m道距　(c)680次宽线40m道距　(d)1020次宽线40m道距　(e)1360次宽线40m道距，中间线20m道距

图13　上伏构造复杂地段不同观测系统局部

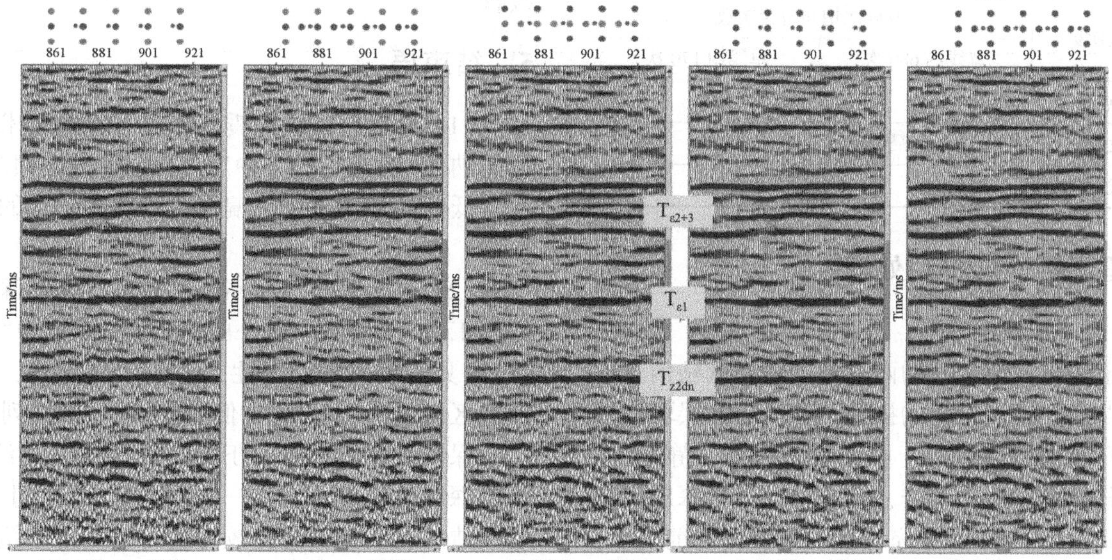

(a)340次40m道距　(b)680次20m道距　(c)680次宽线40m道距　(d)1020次宽线40m道距　(e)1360次宽线40m道距，中间线20m道距

图14　上伏构造相对简单地段不同观测系统局部

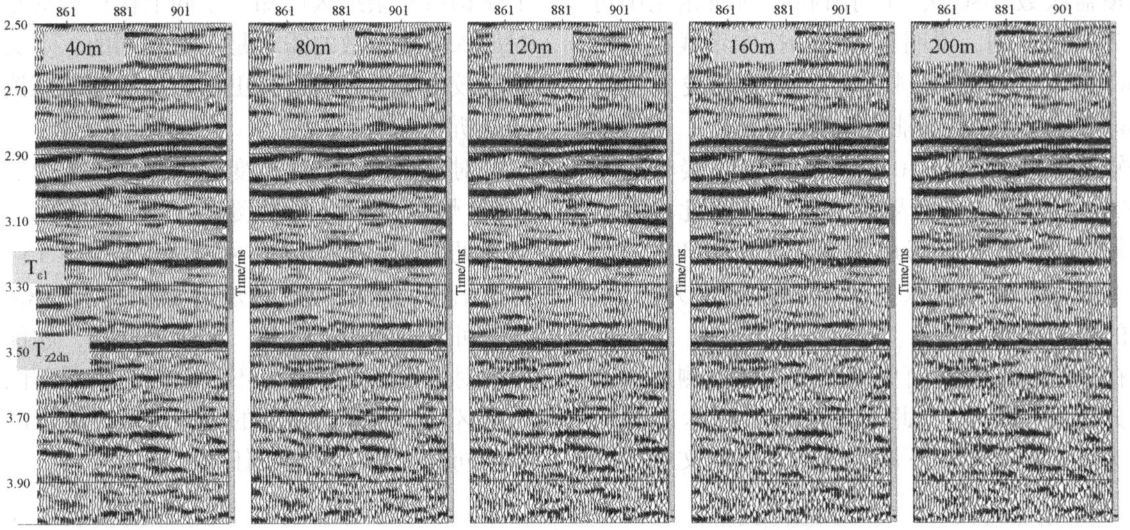

(a)40m1360次　(b)80m680次　(c)120m340次　(d)160m170次　(e)200m85次

图 15　上伏构造相对简单地段不同炮点距剖面局部

2.3.3　宽线观测分析结论

综合前文所述，考虑到环境干扰等因素，综合分析认为，在资料品质较差地段，采用 680 次覆盖次数较为合适，在资料品质较好地段，170 次覆盖较为适宜。表 2 给出了不同区域的建议施工参数。

表 2　不同区域超深层地震勘探建议施工参数

	上伏地层构造复杂地区	上伏地层构造简单地区
检波器类型	5Hz 单点低频检波器	
道间距	40m	
排列长度	保证勘探目的层 1/3 排列位于面波区外，约 1.7 倍勘探目的层长度	
覆盖次数	1000 次饱和覆盖次数	
	宽线约 680 次	单线约 170 次
炮点距	40m	80m
激发药量	最低药量不低于 10kg	
激发井深	20m	

3　超深层地震资料处理

3.1　处理流程

超深层资料处理的两大重点就是低频信息的保护以及低频信噪比的提升。针对超深层弱信号成像开展了振幅恢复、叠前噪音衰减、静校正、提高分辨率等多项工作，初步形成了超深层资料处理流程(图 16)，在充分保护信噪比的前提下，适当提升高频成分能量，拓宽有效波频带。

3.2　不同处理流程效果对比

通过对比 2006 年采集资料不同流程成像效果可见，新流程更加注重保护低频信号，在寒武系以下资料连续性进一步提高，获得了较好的成像效果(图 17、图 18)。

4　新老资料效果对比

选取 CS-10-NE-81.7 线与 CS-18-EW-2 线相距较近段进行成像效果对比（最远约 1.1km），通过对比图 19 与图 20 两张剖面可见，CS-18-EW-2 线除在黄框内灯影组受上伏地层断裂影响连续性相对稍差外，其余地段灯影组连续性较好，相比 CS-10-NE-81.7 线有本质改善。

5　结束语

（1）针对超深层地震勘探，其整体技术方案可归纳为“两低一长一中”。一是饱和低频激发，二是低频接收，三是长偏移距，四是适中的覆盖次数。

（2）试验表明，在不同区域进行的超深层勘探施工中，“两低一长一中”的技术方案中“两低一长”具有较大的稳定性，需要延续保持，在川南地区最低激发药量不低于 10kg，在排列长度上要保证排列的 1/3 位于面波区外，估算约 1.7 倍勘探目的层埋深。“一中”则需要根据上伏地层构造的复杂性来选择较为适中、经济的覆盖次数。在未开展过超深层采集攻关的地区，首先选择宽线 1000 次覆盖作为试验，根据试验结果逐步分析覆盖次数的门槛值，最终根据测线部署区域选择较为适中、经济的覆盖次数，达到高效勘探的目的，一般来说上伏构造较为复杂地区采用约 680 次，较为简单地区可采用约 170 次。

（3）野外实际资料表明，低频速度型检波器在保持常规检波器的勘探效果的基础上提高了低频段的响应，与加速度检波器转域后的低频效果接近，频带比加速度检波器转域后要宽，更加适合超深层地震勘探。

（4）在处理方面需要进一步加强低频信息的保护，进行处理攻关，充分挖掘低频接收的优势，进一步提高成像效果。

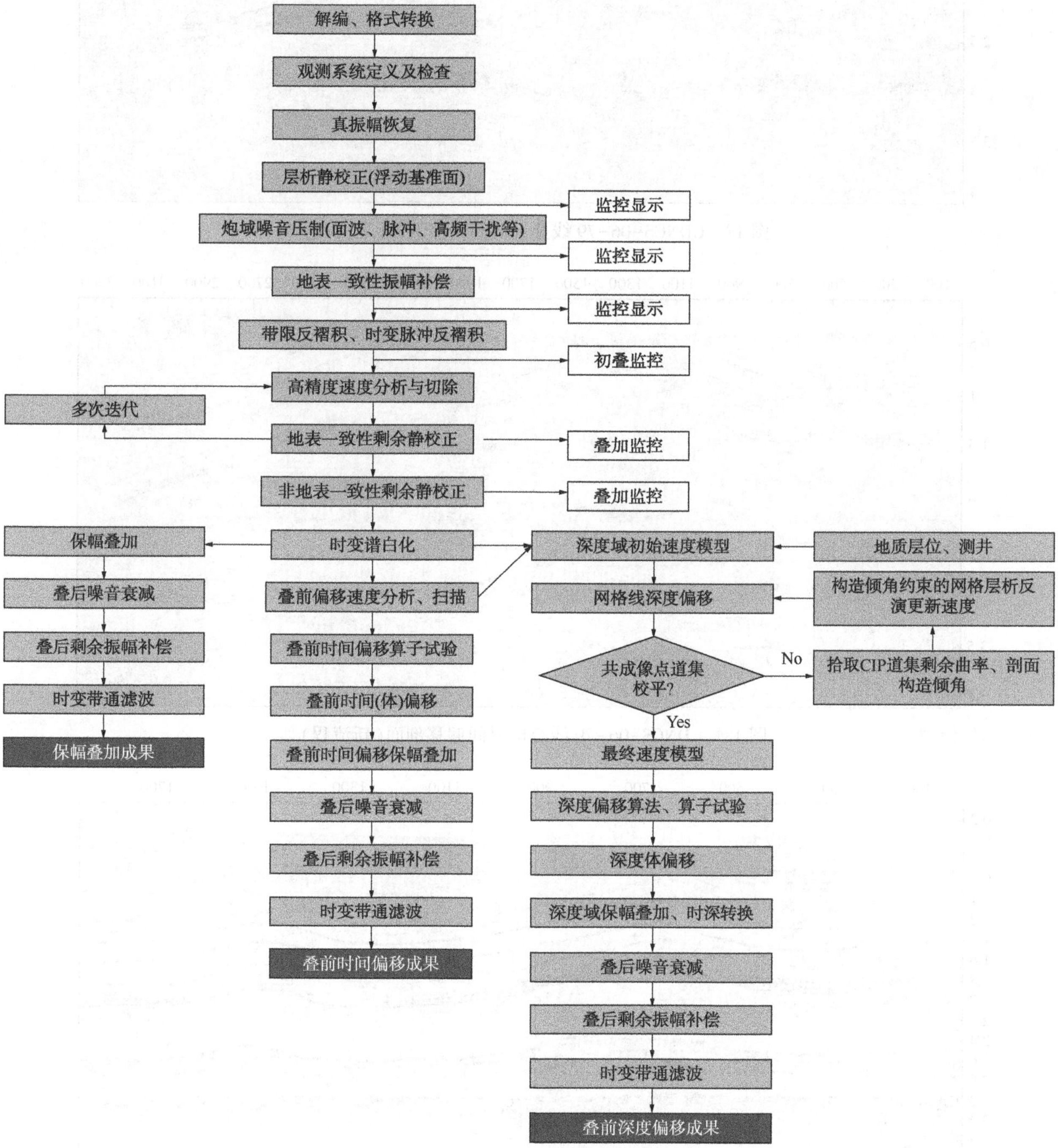

图 16　超深层资料处理流程

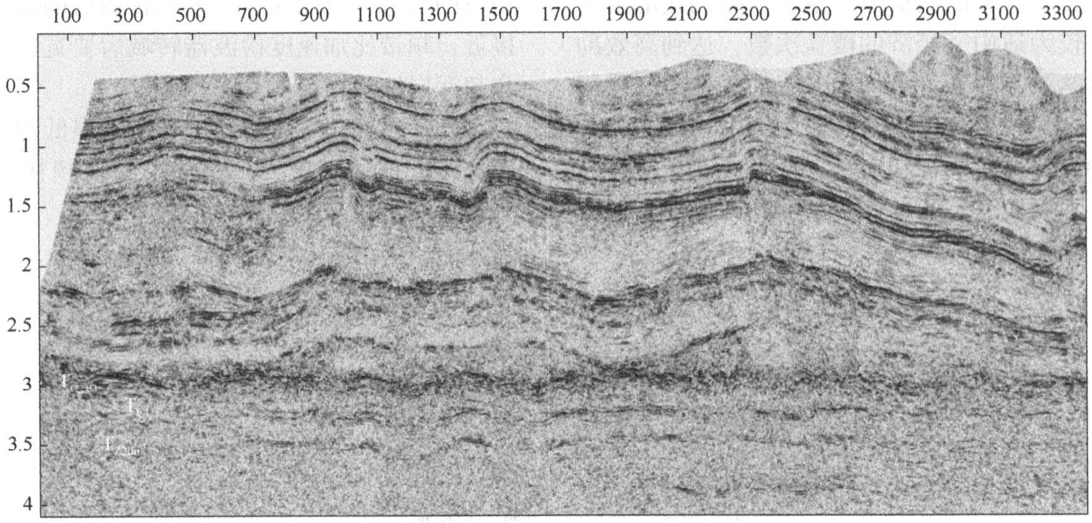

图 17　CDNCS-06-79 线叠前时间偏移剖面(老流程)

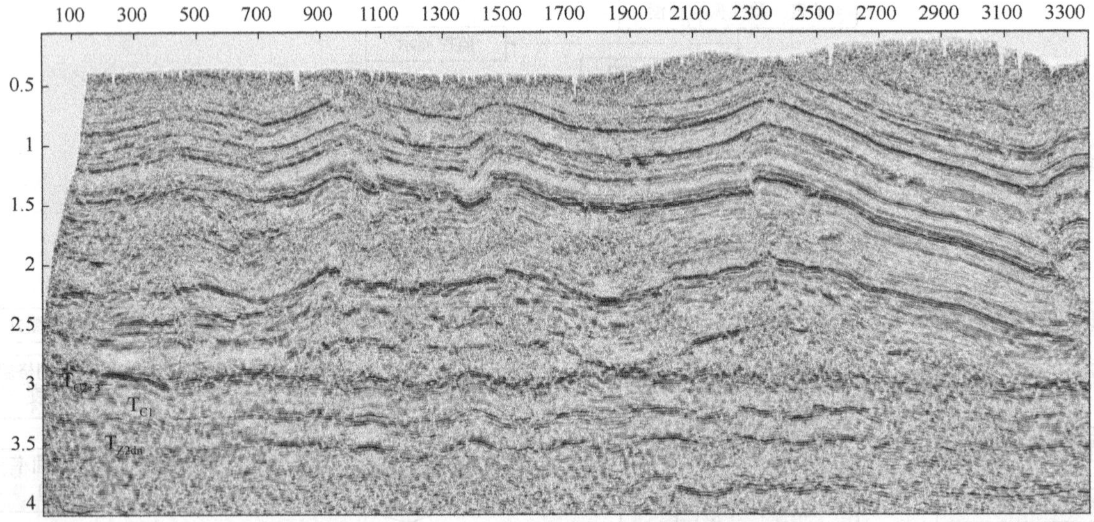

图 18　CDNCS-06-79 线叠前时间偏移剖面(新流程)

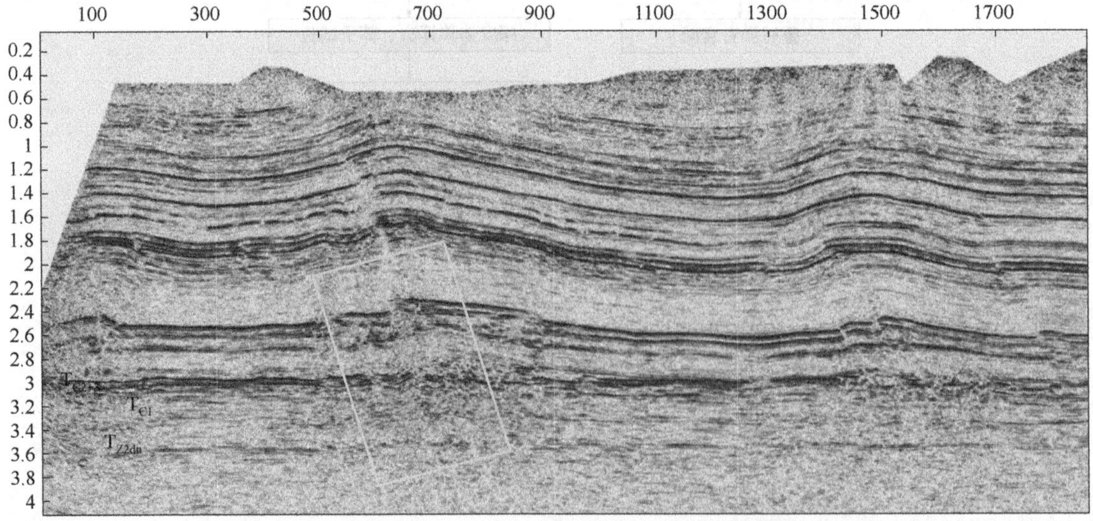

图 19　CS-10-NE-81.7 线叠前时间偏移剖面(老资料重处理)

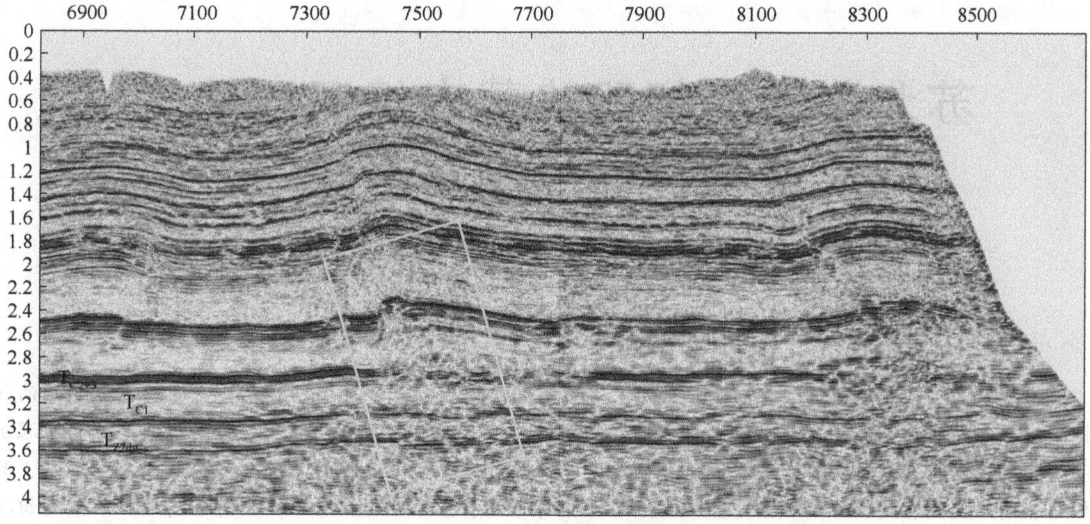

图 20　CS-18-EW-2 线叠前时间偏移剖面(新资料)

参　考　文　献

[1] 中华人民共和国国土资源部．石油天然气储量计算规范：DZ/T 0217—2005[S]．北京：中国标准出版社，2005.

[2] 冯昌格，刘绍文，王良书，等．塔里木盆地现今地热特征[J]．地球物理学报，2009，52(11)：2752-2762.

[3] 中国石油学会．深层油气地质学科发展报告[M]．北京：中国科学技术出版社，2016：5-6.

[4] 陆孟基，等．地震勘探原理(3 版)[M]．北京：中国石油大学出版社，2009：79.

[5] 李国栋，等．地震检波器频率响应特征的研究[J]．石油仪器，2009，23(04)．11-13.

[6] 陆孟基，等．地震勘探原理(3 版)[M]．北京：中国石油大学出版社，2009：409-412.

[7] 姜鹏飞，唐德高，任霞等．硬岩地层爆破地震勘探的激发因素分析[J]．湖南科技大学学报(自然科学版)，2009，24(4)：21-25.

苏北盆地高邮凹陷戴南组深层油气富集特征与勘探实践

范立新　李书瑜　夏连军　张　娟　罗　震　何俊卿　张　昊

（中国石化江苏油田分公司物探院）

摘　要　高邮凹陷是江苏油田勘探开发的主战场之一，随着勘探程度不断提高，主力层系戴南组油气勘探由浅层向深层进军势在必行，但戴南组深层以往探索较少、研究程度较低。针对高邮凹陷戴南组深层埋深大、构造圈闭少、富集特征不清、勘探潜力与增储方向不明等一系列问题，在系统研究层序地层、沉积体系、圈闭类型、成藏主控因素的基础上，发现了戴南组深层新的储盖组合，厘清了高邮凹陷戴南组深层"紧邻油源、盖层稳定、北洲南扇、圈闭多样、侧封控藏、储层控富、孔缝双储"的油气富集特征，明确了戴南组深层巨大的勘探潜力，指出了有利勘探区带。研究新认识为高邮凹陷戴南组深层效益与规模增储指明了方向，部署一批探井获得成功，推动高邮凹陷戴南组深层成为苏北盆地重要资源接替阵地。

关键词　高邮凹陷；戴南组；深层；油气富集特征；控藏特征；隐蔽油气藏

目前，深层已成为中国油气勘探的重要领域，高邮凹陷作为苏北盆地主战场之一，随着勘探程度的提高，主力层系戴南组油气勘探也开始向深层进军。但戴南组深层以往探索较少、研究程度较低，总体处于"碰的多、找的少、研究难"的现状。埋深较大、构造圈闭少、富集特征不清、勘探潜力与增储方向不明等一系列问题严重制约了勘探进程。本文通过系统研究戴南组深层层序地层、石油地质条件、成藏特征、主控因素，发现了新储盖组合，明确了高邮凹陷戴南组深层的油气富集特征，指出了有利勘探区带，为深层勘探提供了有力支撑。

1　基本地质特征

高邮凹陷是苏北盆地油气最富集的凹陷，位于苏北盆地南部的东台坳陷中部，呈北东向长条形分布，南为苏南隆起，北接柘垛低凸起与建湖隆起相连，东起白驹凹陷，东南靠吴堡低凸起与溱潼凹陷相连，西接菱塘桥低凸起与金湖凹陷相隔，受控于南部的边界大断层，总体结构呈南断北超的箕状断陷结构，由南向北依次划分为南部陡坡带（断阶带）、中央深凹带和北部缓坡带（斜坡带）三个次级构造单元。南部真①-吴①断层是高邮凹陷与苏南隆起、吴堡低凸起的分界，北部汉留断层是深凹带与缓坡带的分界，凹陷中西部属双断地堑式断陷结构，东部刘五舍次凹由于汉留断层不发育，斜坡与深凹无明显分界，属单断单斜式断陷结构（图1）。

高邮凹陷新生界沉积厚达7000m，是苏北盆地沉降最深的一个凹陷，自下而上沉积了泰州组、阜宁组、戴南组、三垛组、盐城组、东台组。戴南组是高邮凹陷进入断陷阶段之后沉积的一套地层，与下伏阜宁组烃源岩呈角度不整合接触，逐层充填超覆沉积在区域不整合面上，深凹带地层厚度大于2000m，北部斜坡带逐渐减薄，由下至上可分为戴一段（E_2d_1）和二段（E_2d_2）。自下而上戴一段进一步分为三个亚段，戴二段分为五个亚段（图2）。戴南组历经多年勘探，戴二段和戴一段中上部（$E_2d_1^1$、$E_2d_1^2$）已基本连片含油，进入评价勘探阶段。而戴南组底部埋藏最深的戴一三亚段（$E_2d_1^3$），勘探程度较低、仅有零星发现，分析认为戴南组深层戴一三亚段成藏条件优越，是重要的资源接替领域。

2　油气富集特征

研究表明，高邮凹陷戴南组深层具有"紧邻油源、盖层稳定、北洲南扇、圈闭多样、侧封控藏、储层控富、孔缝双储"的油气富集特征，勘探潜力大。

2.1　紧邻油源，盖层稳定

（1）戴南组深层之下为阜四段主力烃源岩。苏北盆地古近纪早期（阜宁组沉积时期）为统一湖盆的断坳阶段，沉积了苏北盆地阜二段、阜四段两大主力烃源岩，岩性为深—半深湖深色泥岩、泥灰岩。阜四段为断坳期最后沉积的一套地层，之后始新世末期的吴堡运动，盆地整体抬升，原来处于水下的高地也随之出露水面，断裂加剧活动，致使阜宁期统一的沉积盆地分解成凹凸相间的凸起、低凸起和凹陷，此后，进入了渐新世时期以强烈断陷为主的充填阶段。戴南组深层戴一三亚段就是断陷阶段最早沉积的一套地层，之下为阜四段烃源岩，且全部位于阜四段成熟烃源岩范围内，具备优先充注的有利条件，是戴南组供烃最充足的层段(图 3)。

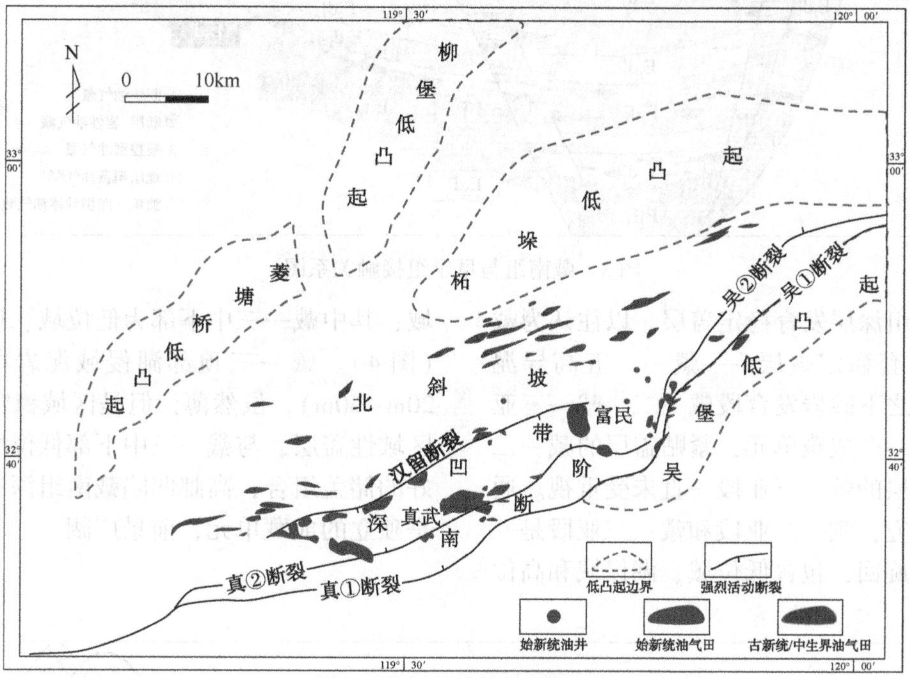

图 1　高邮凹陷构造纲要图

地层					距今年龄/Ma	地层厚度/M	地震反射标志
系	统	组	段	亚段			
下第三系	始新统	戴南组	戴二段	$E_2d_2^1$	50.5		T_2^3
				$E_2d_2^2$			
				$E_2d_2^3$		100~900	
				$E_2d_2^4$			
				$E_2d_2^5$	53.0		T_2^4
			戴一段	$E_2d_1^1$		0~200	T_2^5
				$E_2d_1^2$			
				$E_2d_1^3$	54.9	0~750	T_3^0

图 2　高邮凹陷戴南组地层划分

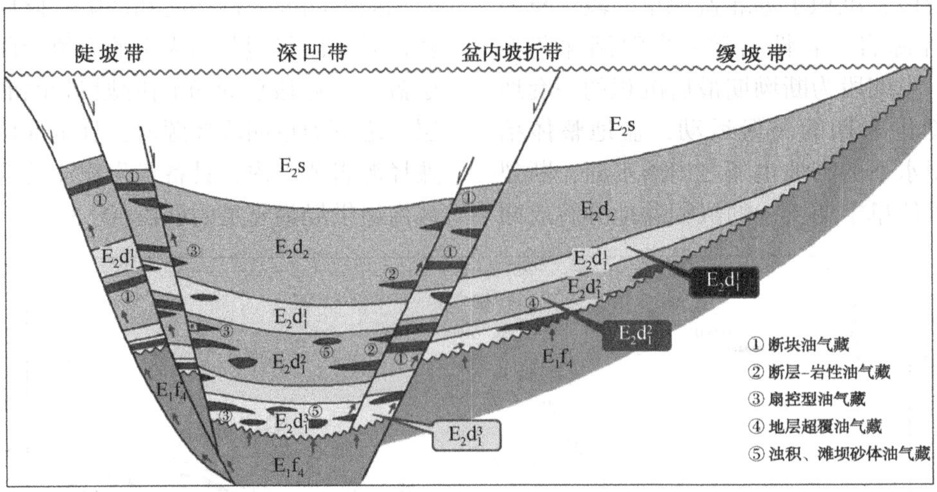

图 3　戴南组与阜宁组接触关系图

（2）戴南组深层发育稳定盖层。以往认为戴一段只发育一套稳定盖层——戴一一五高导泥岩，高导泥岩之下砂岩发育段戴一二、戴一三亚段纵向上属于一个成藏单元，紧贴盖层的戴一二是主探层，深层的戴一三亚段一直未受重视。通过层序地层研究，戴一二亚段和戴一三亚段是一个完整的沉积旋回，包含低位域、湖侵域和高位域，其中戴一三中下部为低位域、顶部为湖侵域（图 4）。戴一三顶部湖侵域泥岩段（平均厚度 20m～60m），虽然薄，但是区域稳定，是良好的区域性盖层，与戴一三中下部低位域砂岩形成良好的储盖组合，高邮凹陷戴南组深层戴一三亚段是独立的成藏单元，前景广阔。

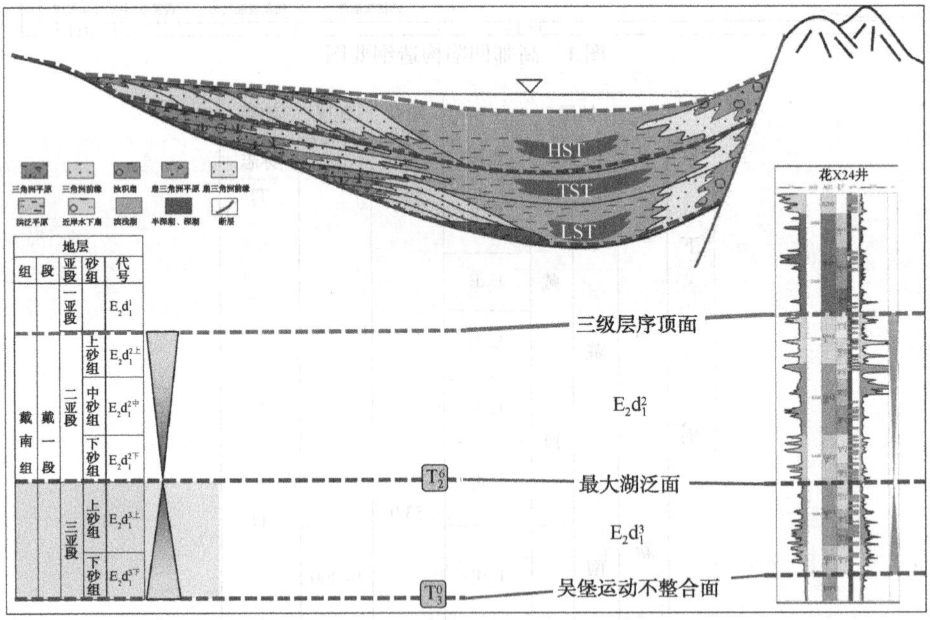

图 4　高邮凹陷戴一段层序地层模式图

2.2　北洲南扇，圈闭多样

（1）戴南组深层为北部三角洲、南部扇体的沉积格局。戴南组深层戴一三亚段为断陷早期沉积，湖盆窄、水体浅。沉积相研究表明，戴南组深层北部发育发育大型三角洲，南部发育各类扇体。来自北部物源的缓坡带三角洲砂体分布范围最广，如花庄地区、富民、永安等地区，主要发育三角洲前缘亚相，岩性为浅灰色粉砂岩与浅灰色、棕色泥岩互层，砂岩累计厚度 10m～90m，砂地比为 30%～70%；大型三角洲在向前推进过程中分流为多个分支河道，前端发育河口坝；永安西-联盟庄-马家嘴地区不发育大型三角洲，砂体发育程度低，以薄砂为主。来自南部物源的陡坡带，受上升盘母源和古地貌的影响，自东向西发育多类型扇体；周庄南-徐家庄地区发育泥扇、富民-肖刘庄地区发育富砂型扇三角洲、真武-曹庄地区发育富砾型扇三角洲、邵伯地区发育近岸水下扇、黄珏地区发育富砾型扇三角洲；整体扇体规模大，具备发育优质储层条件，勘探潜力大。

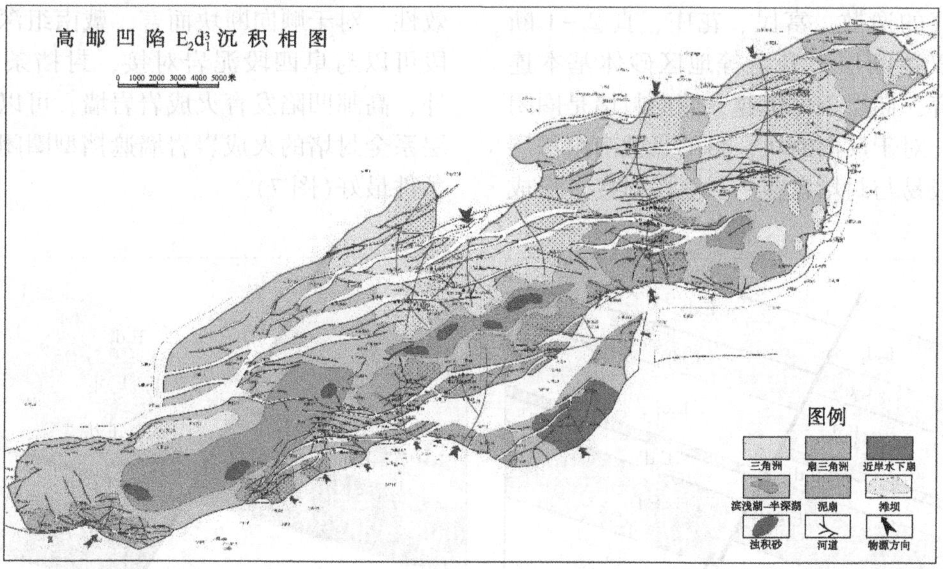

图5　高邮凹陷戴南组深层戴一三亚段沉积相图

（2）戴南组深层戴一三亚段发育7种圈闭类型。在北洲南扇沉积体系、断裂格局、火成岩的控制下，结合已发现油藏，明确了戴南组深层发育7种圈闭类型并建立了其成藏模式：构造（顺向断层型、反向断层型）、火成岩岩墙遮挡、顺向断层-分支河道型、顺向断层-扇控型、滩坝型和地层超覆。除构造型、超覆型等传统类型外，新发现了岩墙遮挡型、分支河道型、扇控型、透镜型等4种隐蔽圈闭类型，并且勘探潜力大。打破了戴南组深层戴一三亚段“构造不发育、勘探无潜力”的传统认识。

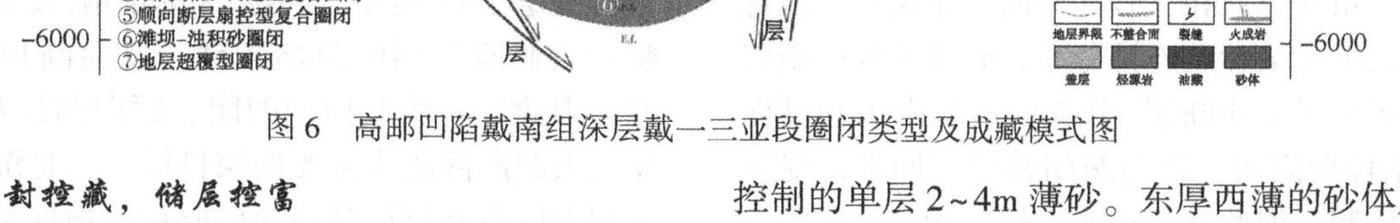

图6　高邮凹陷戴南组深层戴一三亚段圈闭类型及成藏模式图

2.3　侧封控藏，储层控富

从油气成藏的几大要素“生储盖圈运保”来看，戴南组深层油源、盖层、圈闭、运移、圈闭均有利，成藏的关键在于保存和储层。戴南组深层戴一三亚段砂体展布东西差异大，东厚西薄。东部发育大型三角洲、扇三角洲控制的10~90m厚砂体，西部发育小型扇三角洲、滩坝、浊积砂控制的单层2~4m薄砂。东厚西薄的砂体展布特征与断裂格局、地层产状共同控制下，形成了“侧封控藏，储层控富”的二元成藏特征。“东部、断裂带”砂体发育、小断层多或地层超覆——“侧封控藏”，这些地区不缺砂体，只有封堵条件有利，就能成藏。“环深凹带和西部”砂地比低——“储层控富”，这些地区整体保存条件好，有砂均能成藏，砂体越发育，油层越富集。

（1）侧向封堵控制油藏成藏。高邮凹陷受多期构造作用改造，断裂体系发育，与砂体形成的断-砂输导体系既为油气的运移提供了条件，但也造成了油气的逸散。富民、花庄、真②-1断层上升盘、汉留断层上升盘等地区砂体基本连片，断裂发育，储层条件优越，侧向封堵是圈闭成藏的关键。对于反向断块，目的盘戴南组深层戴一三亚段极易与封堵盘戴一二亚段对接，形成砂-砂对接，油气封挡能力较差，如构造背景上圈闭落实的富13块、富5块均因侧向封挡条件不利而落空。但当断距较大时，目的盘戴南组深层戴一三亚段与封堵盘戴一一亚段泥岩对接，形成砂-泥对接，则大大提高了油气侧向封挡的有效性。对于顺向断块而言，戴南组深层戴一三亚段可以与阜四段泥岩对接，封挡条件有利。另外，高邮凹陷发育火成岩岩墙，可以形成纵向多层系全封堵的火成岩岩墙遮挡型圈闭，侧向封挡条件最好（图7）。

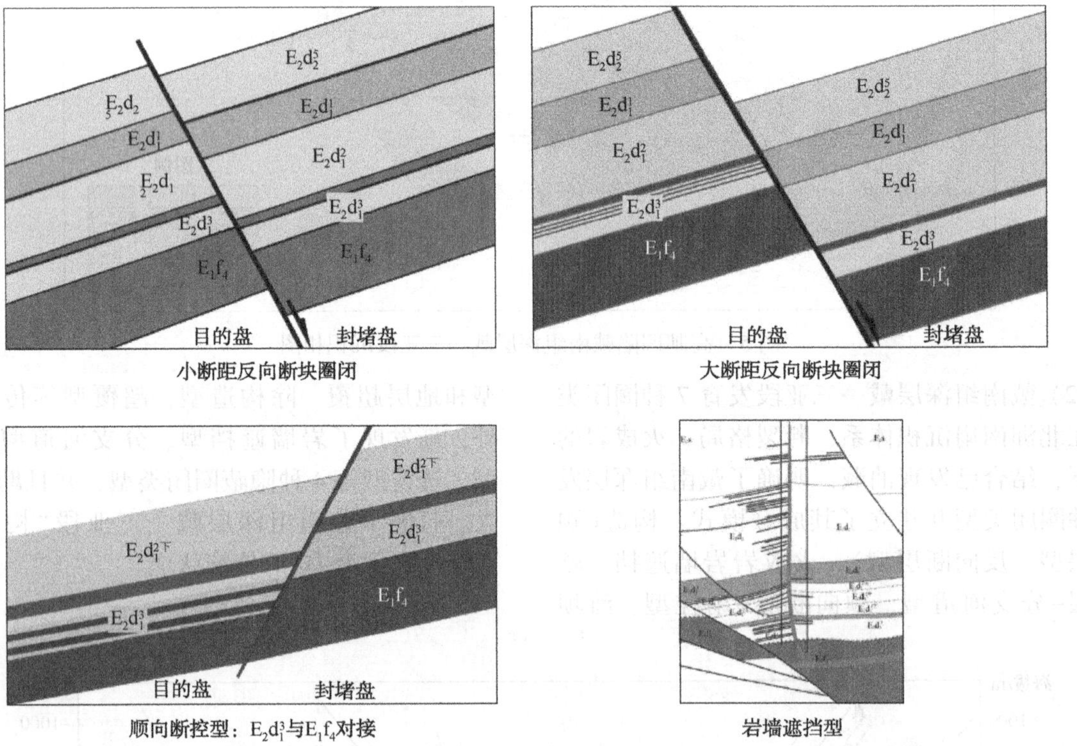

图7　不同侧向封挡模式

（2）优质储层控制油气富集。汉留断层下降盘、真武断层下降盘等深凹带及永安以西等地区，发育三角洲前缘、前三角洲、扇三角洲前缘和前扇三角洲等亚相，砂体横向变化快或砂地比低，平面上呈朵叶状连排分布，砂体被顺向断层切割，形成了顺向断层-分支河道型圈闭和顺向断层-扇控型圈闭。该类圈闭邻近深凹带，受顺向断层控制，因此具有近源供烃、侧向封挡能力强的优越成藏条件。但该类圈闭受沉积相带的控制，砂体横向变化较快，向深凹带和两侧快速尖灭，物性变化较大。因此其圈闭规模与富集受岩性的控制，其中三角洲前缘和扇三角洲前缘亚相的分支主河道储层物性条件相对较好，是油气富集的有利相带。

（3）高邮凹陷戴南组深层戴一三亚段成藏的新认识，带来了两点勘探思路的转变：一是侧向封堵决定了有利圈闭类型，高邮凹陷戴南组深层戴一三亚段苛刻的封堵条件，反向断块很难成藏，因此以岩墙遮挡型圈闭、顺向断层型圈闭、反向大断距圈闭为主要勘探目标；二是沉积相带控制下的有利储层具备深层成藏的物性条件，因此勘探方向上由边缘储层薄的超覆型圈闭转向储层厚的深凹带，寻找厚度大、物性好的有利储层为勘探重点。从区带来讲，“东部、断裂带”找构造，评价封堵；“西部、环凹带”找隐蔽，评价储层。

2.4 孔缝双储

高邮凹陷戴南组深层戴一三亚段作为戴南组最底部的地层，与阜四段不整合接触，特殊的纵向位置，使其储集空间可以分为孔隙和裂缝两大类。

（1）孔隙以次生孔隙为主。高邮凹陷戴南组深层储集类型以三角洲前缘水下分支河道及河口坝、扇三角洲前缘水下分支河道及河口坝各类砂岩为主。砂岩储层有原生孔隙和次生孔隙，原生孔隙主要是碎屑沉积颗粒在成岩作用过程中经压实作用和胶结作用而残余的原生粒间孔隙，包括压实残余原生粒间孔、胶结剩余粒间孔及杂基微孔隙等。次生孔隙则是长石、岩屑、黏土矿物和杂基等经淋滤作用、溶解作用、交代作用和重结晶作用后天形成的，包括各种溶蚀孔（粒间溶孔、粒内溶孔、铸模孔和超大孔）。戴南组深层埋深大于3000m，原生孔隙欠发育，以次生孔隙为主。从取芯实测数据来看，孔隙以溶蚀孔为主，孔隙度5.4%~12%，平均9.4%。镜下照片与分析表明，孔隙以原生粒间孔、粒内溶孔、粒间溶孔为主(图8)。

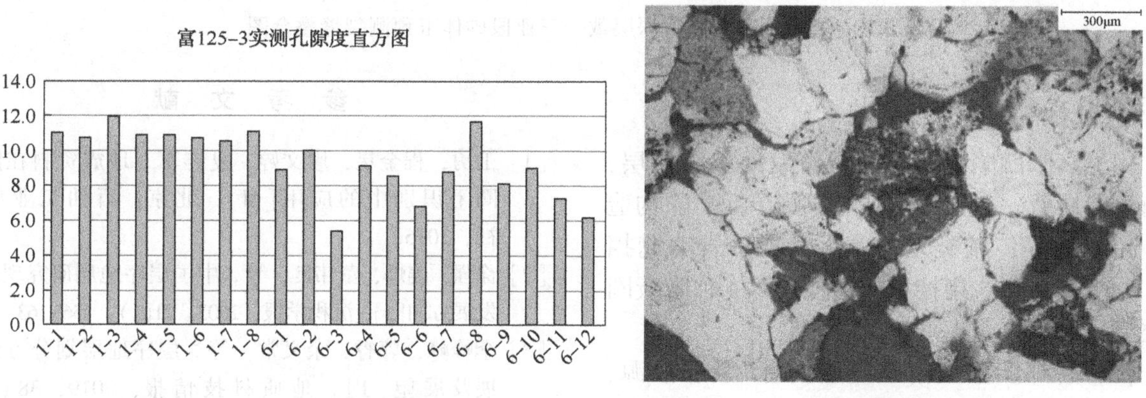

图8　富125-3井戴南组深层戴一三亚段(3579.2~3583.7m)实测数据与镜下照片

（2）裂缝是戴南组深层戴一三亚段另一个重要的储集空间。戴南组底为T_3^0不整合面，裂缝发育。如富125-3岩心观察揭示，裂缝较为发育，多为高角度裂缝、近90°垂直地层、多见X型剪切型裂缝组合样式、裂缝面呈水平擦痕、裂缝长度最大超过1m；裂缝密度最大约19条/m(图9)。从预测结果来看，戴南组深层裂缝发育具有普遍性，且砂体发育区一般裂缝较为发育(图10)。

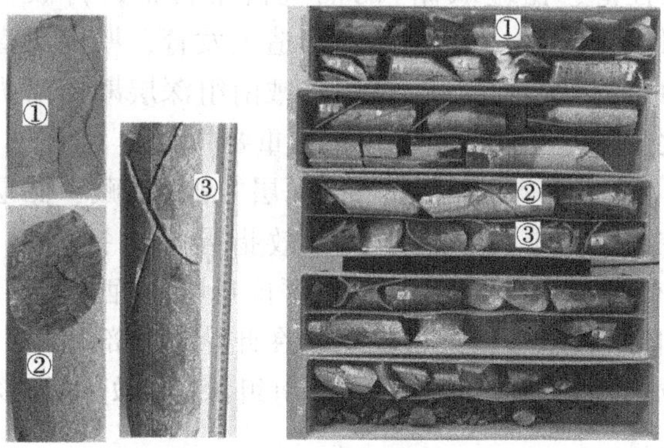

图9　富125-3井戴南组深层戴一三亚段裂缝发育岩心照片(3579.2~3592.5m)

“孔缝双储”控制下，戴南组深层的油气富集打破了物性限制，虽然埋藏深，但具备获得高产稳产的有利条件(图10)。

3　勘探实践

高邮凹陷戴南组深层“紧邻油源、盖层稳定、北洲南扇、圈闭多样、侧封控藏、储层控富、孔缝双储”油气富集特征的新认识，有力地指导和支撑了勘探实践。在该认识的指导下，高邮凹陷戴南组深层勘探实现了两大转变。一是打破“储层埋深大，物性差”的传统观念，勘探区带由“砂体薄、效益差、规模小的地层超覆带”转向“砂体厚、效益好、规模大的环深凹带”，如富民、永安、真曹等大型三角洲、扇三角洲发育区。二是打破“构造欠发育，勘探无潜力”传统观念，勘探类型由“找反向块、找超覆”转向“找岩墙、顺向断层遮挡”及“找水下分流河道、扇体、滩坝”等多类型复合油藏。部署井位10余口均获得成功，实现了高邮凹陷戴南组深层勘探突破，戴南组深层已成为苏北盆地重要的资源接替领域。

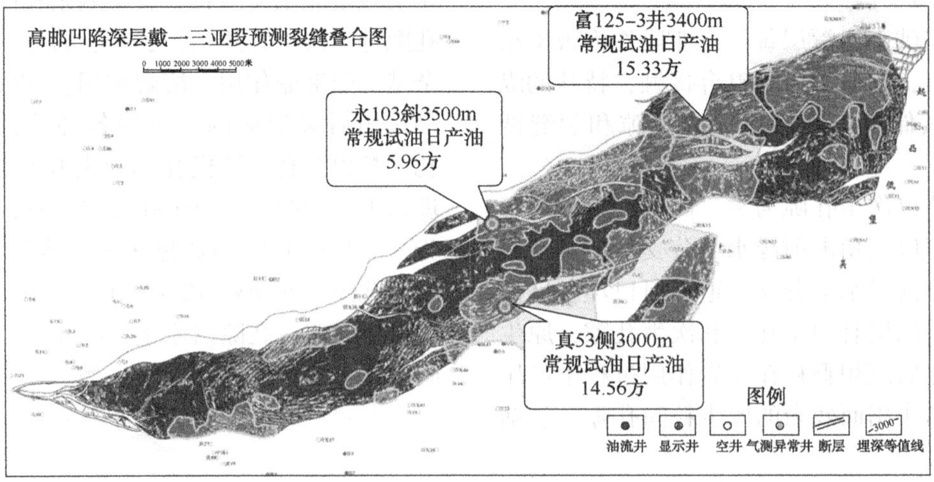

图 10　高邮凹陷戴南组深层戴一三亚段砂体玉预测裂缝叠合图

4　结论

（1）高邮凹陷戴南组深层新发现稳定盖层，戴南组深层戴一三亚段是独立成藏单元。除构造型、超覆型等传统类型外，新发现了岩墙遮挡型、分支河道型、扇控型、透镜型等4种隐蔽圈闭类型，是下步重点勘探类型。

（2）高邮凹陷戴南组深层具有“紧邻油源、盖层稳定、北洲南扇、圈闭多样、侧封控藏、储层控富、孔缝双储”的油气富集特征，打破了“储层埋深大、物性差；构造欠发育，勘探无潜力”的传统观念，高邮凹陷戴南组深层勘探潜力大，是苏北盆地资源接替的重要领域。

（3）高邮凹陷戴南组深层“侧封控藏、储层控富”的成藏新认识，有效指导了勘探方向。“东部、断裂带”找构造，评价封堵；“西部、环凹带”找隐蔽，评价储层。在此认识上部署的井位均获得成功，展示了戴南组深层良好的勘探前景。

参　考　文　献

[1] 王勇，程金星，廖文婷，夏连军．地震资料在隐蔽圈闭识别中的应用[M]．北京：石油工业出版社，2015.

[2] 徐强，姜烨，董伟良，等．中国层序地层研究现状和发展方向[J]．沉积学报，2003，21(1)：156-163.

[3] 李峰峰，郭睿，余义常，等．层序地层划分方法进展及展望[J]．地质科技情报，2019，38(4)：215-224.

[4] 纪友亮，王勇，李清山，等．高邮凹陷古近系戴南组戴一段物源分析[J]．同济大学学报(自然科学版)，2012，(9).

[5]李维，朱筱敏，马英俊．陆相断陷湖盆浅水三角洲沉积特征—以高邮凹陷刘五舍次凹戴南组一段为例[J]．石油实验地质，2018.9，40(5)：677-682.

[6] 张喜林，朱筱敏，钟大康，等．苏北盆地高邮凹陷古近系戴南组沉积相及其对隐蔽油气藏的控制[J]．古地理学报，2005，(2).

[7] 刘启东．高邮凹陷戴南组隐蔽油藏地质建模研究[J]．复杂油气藏，2012，(4).

东营凹陷页岩油岩相要素测井评价新方法及其应用

管倩倩　霍晗勇　周　旭

（中石化石油工程地球物理有限公司）

摘　要　济阳坳陷东营凹陷页岩油岩相具有岩性复杂、非均质性强以及区域分布差异明显等特征，目前没有测井方法能够很好的识别东营凹陷页岩油岩相特征并进行评价的。针对东营凹陷沙四上亚段页岩油岩相特点，从岩心刻度测井出发，结合岩心、薄片、实验分析化验等资料，以"三端元四要素"的页岩岩相划分方案为原则，明晰不同岩相测井响应特征并优选敏感参数测井曲线，建立适用的页岩油测井岩相划分方法。结果表明，通过"分层+聚类"、Fisher 判别法、小波提频、遗传优化神经网络等数学和地球物理方法结合，识别页岩油不同岩相的岩石组分、沉积构造、岩石结构和有机质含量，解决了因岩性复杂、测井分辨率不够、特殊测井资料不全、TOC 模型精度不够等因素导致的岩相识别不出或精度不够的问题，通过岩相"四特征"的识别，形成了东营凹陷页岩油岩相的测井定量判识方法技术，确定岩相集中段，为页岩油的大规模的勘探开发提供了重要的地质依据。

关键词　页岩油岩相，岩石结构，层理构造，有机碳含量，测井评价方法，沙四上亚段

近年来，经济快速发展，对油气的需求量逐年大量攀升，页岩油作为重要的资源接替阵地，已经成为勘探开发的新重点。济阳坳陷古近系烃源岩厚度大、分布广、生烃母质好、埋深适中、生烃效率高，奠定了济阳坳陷页岩油大规模勘探的资源基础。但与国内外页岩油特征对比，济阳坳陷页岩油特征与其他地区存在明显差异。目前，前人对页岩油岩相类型、储层特征、沉积环境做了大量的研究，对页岩油岩相要素预测，尤其是在岩心资料时空分布相对有限的情况下研究较少，因此需要建立能够反映页岩油岩相特征的测井评价方法，为页岩油精细勘探开发提供地质基础。

研究区页岩油储层中相同岩相所反应的测井响应特征不同，常规测井曲线交会图并不适用，且没有足够的岩心样本资料，前人研究的靠线性拟合或者人工智能所建的岩性模型或识别的岩性不具有代表性和适用性；页岩岩相中的层理结构，研究方法主要是通过 FMI 成像测井去识别，考虑到特殊测井价格高昂，不利于推广；针对岩石结构，由于测井分辨率精度不高导致目前暂无识别方法；在以往的有机碳含量计算中，可通过建立不同测井曲线与有机碳含量之间的关系或者常规的 ΔlogR 法求取，但是在研究区受复杂岩相影响应用效果不好。针对研究区缺少岩相测井预测和有利岩相评价技术，而不同页岩油岩相的开发潜力不同，因此寻找有利的页岩油岩相段是页岩系统寻找主要勘探开发目的层的关键所在，对其开展分析研究具有重要意义。

针对济阳坳陷东营凹陷页岩油岩相的特点，从岩心刻度测井出发，结合岩心、薄片、实验分析化验以及测录井数据等资料，提出以"三端元四要素"为基础的页岩岩相测井划分方案，通过"分层+聚类法"识别页岩油岩相的岩性、"Fisher 判别法"区分岩石结构、"小波提频法"划分层理构造以及机器学习遗传优化神经网络法预测有机碳含量，解决了因岩性复杂、测井分辨率不够、特殊测井资料不全、TOC 模型精度不够等因素导致的岩相识别不出或精度不够的问题，开展页岩油岩相的测井定量判识研究，明确了不同岩相的测井响应差异，建立了适用东营凹陷页岩油测井岩相划分方法确定有利岩相集中段，为页岩油规模勘探开发提供了地质依据。

1　沙四上亚段页岩油岩相划分及其分布

东营凹陷沙河街组沙四上亚段页岩油岩相主要位于牛庄洼陷，发育厚层湖相泥页岩，沉积厚度可达千米。在平面上，页岩油岩相类型多，环带分布，相变快，展布复杂，纵向上，不同岩相交互出现，不同层段岩相组合特征差异大，非均质性强。

前人多以岩石矿物含量结合有机碳含量进行页岩的综合命名，却忽略了页岩的沉积构造和岩

石结构的影响。沉积构造是沉积环境的表征形式，对页岩储层的物性和可压性起着关键作用；岩石结构决定了孔缝结构、孔隙度及渗透率的大小，东营凹陷沙四上亚段页岩层段广泛发育和充填纤维状方解石脉体，而研究方解石脉体的发育情况可以有效的表征页岩的沉积特征和成岩特征。为此，提出陆相页岩“三端元四要素”即“页岩岩石组分+沉积构造+岩石结构+有机质含量”四要素对页岩岩相进行划分。

东营凹陷沙四上亚段页岩油勘探开发研究表明，页岩的岩石组分可分为泥质、砂质以及灰质。$50\% < V_{灰岩} < 75\%$、$V_{泥岩}{}^{>50\%}$为灰质泥页岩，$50\% < V_{泥岩} < 75\%$、$V_{灰岩}{}^{>50\%}$为泥质灰页岩，$10\% < V_{灰岩} < 25\%$为含灰泥页岩，$10\% < V_{泥岩} < 25\%$为含泥灰页岩，$V_{灰岩} > 75\%$为灰岩，$V_{泥岩} > 75\%$为泥岩；沉积构造分为纹层状、层状、块状；岩石结构分为粗晶、泥晶、隐晶；将有机质含量 TOC ≥2%定为富有机质页岩、1%~2%为含有机质页岩、≤1%为贫有机质页岩。依据“三端元四要素”的岩相划分方案，对具备形成经济开采价值的页岩油岩相进行分类，通过东营凹陷牛庄洼陷 5 口取芯井，共计 582 块岩心观察、分析测试，将页岩油岩相细分为 16 种岩相类型，16 种岩相分别为富有机质纹层状亮晶泥质灰页岩、富有机质纹层/层状隐晶泥质灰-灰质泥页岩、富有机质纹层/层状隐晶含灰泥-含泥灰页岩、含有机质层状隐晶泥质灰-灰质泥页岩、含有机质层状隐晶含灰泥-含泥灰页岩、富有机质层状隐晶泥岩、含有机质隐晶灰岩，并确定了 6 种主体岩相类型，如图 1 所示。

岩相类型	岩心照片	镜下照片	现象描述
富有机质纹层状亮晶泥质灰页岩	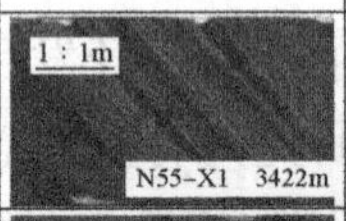	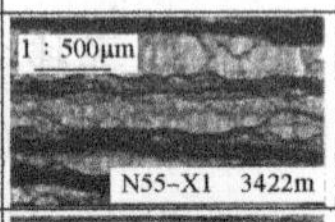	富含有机质泥质纹层与灰质纹层互层，纹层厚度多<1mm；孔隙类型以碳酸盐矿物粒间孔、溶蚀孔隙、黏土矿物粒间孔、黄铁矿晶间孔等为主；荧光显示含油性好
富有机质纹层状隐晶泥质灰页岩		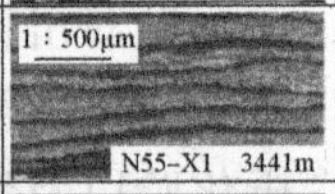	隐晶方解石纹层与泥质纹层频互层，纹层状层理构造；发育未充填层理缝和半充填高角度构造缝，孔隙类型以粒间孔、晶间孔为主，孔径在10nm-5μm；荧光显示含油性好。
富有机质纹层状隐晶灰质泥页岩		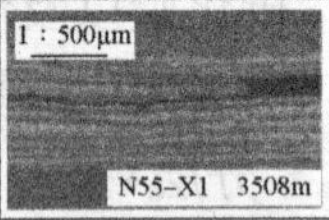	泥质与隐晶方解石互层，黑色有机质与泥质混染条带状分布；见高角度裂缝发育，被沥青质或方解石充填；方解石呈隐晶结构；层理构造：纹层发育，隐晶灰岩与泥岩互层，泥质纹层居多
富有机质层状隐晶泥质灰岩	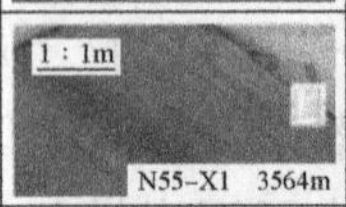	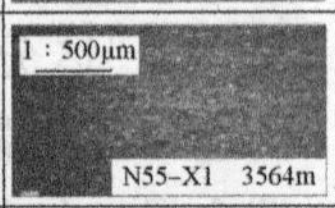	泥质与隐晶方解石较均匀相混，总体呈层状；整段岩心颜色较深，含油性较好富有机质；隐晶灰质纹层中亚微米一微米级晶间孔、溶蚀孔发育
富有机质层状隐晶灰质泥页岩		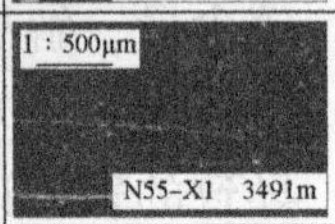	泥质与隐晶方解石较均匀相混，总体呈层状；
含有机质层状泥岩	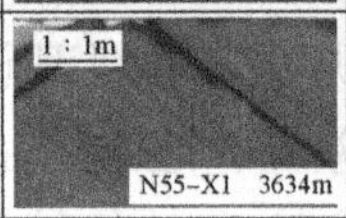	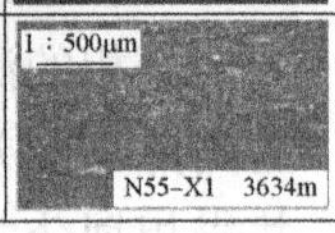	隐晶方解石与泥质呈层状结构；微米级黏土矿物片间孔(主要孔缝类型)、粒间孔；含油性较差

图 1　东营凹陷沙四上亚段页岩油岩相主要类型及特征

2　页岩油岩相测井识别方法

东营凹陷页岩油岩相由于不同的沉积环境，导致岩相差异较大，沙三下亚段沉积时期处于半咸水环境，岩相大多为富含有机质的暗色泥页岩，沙四纯上段为半咸水-咸水、半深水-深水、半湿润-湿润的沉积环境，岩性变化快，非均质性强，导致多种页岩岩相常规测井方法难以识别。

本着科学性和实用性的原则，本文中采用宏观构造和岩石类型相结合的方法进行泥页岩岩相划分，将有机质组分含量引入泥页岩的分类命名中，采用了“四组分三端元”的划分原则。利用数学和地球物理方法对岩性、岩石结构、层理构造、有机碳含量四个方面层层递进，对页岩油岩相精细测井识别。

2.1　“分层建模+聚类(AHC)识别法”岩性测井建模

岩石的矿物组成即岩性是页岩油岩相评价的主要内容之一。常用的岩性识别方法只是停留在对岩性测井响应特征分析上，或者利用单一方法如岩性交汇图、人工智能自动判别等，但在东营凹陷页岩油岩性的判别中不适用，研究区岩性受沉积环境影响，纵向上差异分布，常规测井响应反应不明显，一套单一的测井矿物模型无法准确评价整个沙四上亚段页岩油储层段，存在很大的不确定性。

本文在明确页岩岩相的沉积环境和演化规律上提出“分层建模+聚类(AHC)识别法”，依据测井响应特征，优选敏感曲线，利用全岩衍射资料和多元回归法对沙四上亚段纯1到纯4段分层对岩石矿物进行建模，得到页岩油储层井段的灰岩矿物含量、砂岩含量以及黏土含量的预测曲线。通过分层建模，提高了矿物含量的预测精确度，也解决了因沉积环境变化导致的相同岩相测井响应特征不一致的情况。

以东营凹陷牛庄洼陷N55-X1纯上2为例：

碳酸盐岩 = -0.871×GR+52.9846×DEN-0.6169×CNL；

砂岩含量=0.4147×GR-0.2561×AC-0.9117×DEN+0.8095×CNL；

黏土含量 = 0.7134×GR+0.1022×CNL-13.701×DEN；

分层矿物建模只能单纯的计算页岩油岩相的矿物含量，由于岩心样本数量的缺少，区域代表性不够，导致未取芯部分精度不高，推广性不好。

因此，在分层建模的基础上利用聚类(AHC)方法对已经识别的岩性进一步的优化识别。

聚类AHC属于层次聚类法，需要提前确定聚类的种类数量。通过对岩性敏感的测井曲线进行分析，最终地质能识别的岩性为6个，而由于岩性复杂，相同岩相所对应的测井响应特征不同，所以要考虑到聚类出的种类有一定的错误率，在此认为一种岩相有1~2种测井响应特征，6种岩性中排除灰岩和泥岩，这两种测井响应特征非常明显，最终确定最优模型的数量为10个。由于聚类AHC算法尚无法确定每种岩相类别的地质意义，故有必要利用岩心刻度方法建立由聚类AHC算法判别出的矿物含量、岩性和响应特征之间的关系。

如表1、图2所示，由聚类AHC算法共聚类出10种岩性，但是具有地质意义的只有6种，为了保证岩性识别的准确性，需要与测井曲线响应特征和分层建模求得的矿物含量双重结合，对聚类出来的岩性进行合并和地质识别。如含灰泥岩相对灰质泥岩，GR、AC相对偏高，其值在85API左右，RT相对偏低，在3.3Ω.m左右，黏土含量相对偏高；同理，含泥灰岩相对泥质灰岩，GR、AC相对偏低，其值在70API左右，RT相对偏高，在6.5Ω.m左右，碳酸盐岩含量相对偏高。通过合并同类测井响应特征，最终形成6种岩性，其结果与取芯资料符合率达92%以上。

该方法能够在有地质依据的情况下，综合考虑各个层段的岩性差异特征，突出各层段的测井响应特征，再利用聚类方法对岩性进行优选。

表1　东营凹陷泥页岩10种岩性的测井响应特征与矿物含量数据统计表

岩性分类/种	数量/个	GR/API	RT/Ω·m	AC/μs·ft^{-1}	黏土/%	灰岩/%	砂岩/%	岩性
5	146	83.8	3.63	96.3	57	23	20	含灰泥岩
6	606	82.3	3.11	101.1	63	21	16	含灰泥岩
2	354	70.0	5.21	127.1	18	53	29	含泥灰岩
7	540	72.2	6.87	97.1	23	56	21	含泥灰岩
3	91	62.9	1.31	81.0	14	78	8	灰岩
8	80	78.6	4.65	98.2	59	29	12	灰质泥岩
10	176	79.1	4.57	93.7	57	26	17	灰质泥岩
9	300	90.5	2.56	105.1	82	10	8	泥岩
4	207	78.7	1.2	91.6	26	58	16	泥质灰岩
1	534	75.9	2.07	97.6	28	51	21	泥质灰岩

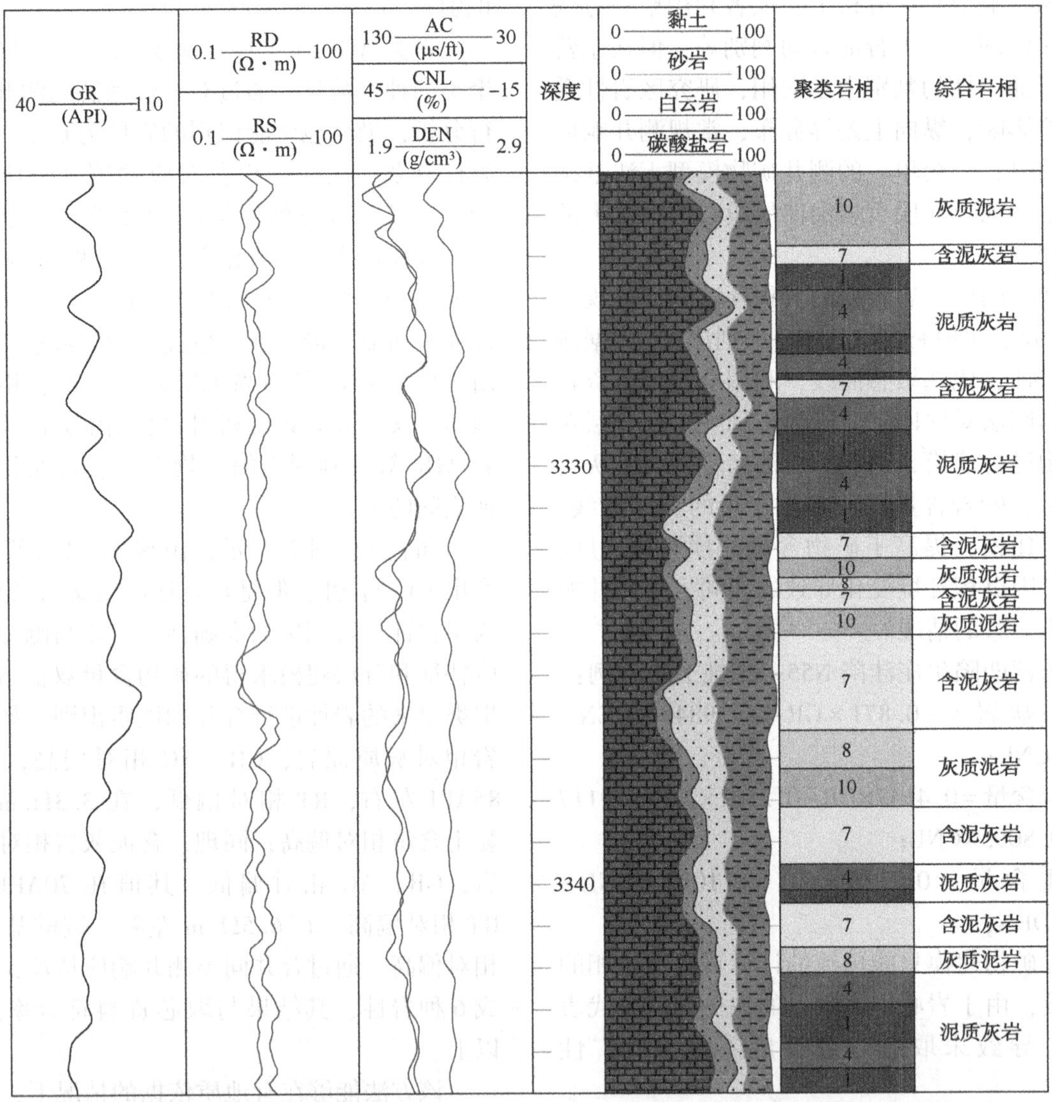

图 2　“分层建模+聚类(AHC)识别法”划分岩性

2.2　岩石结构测井建模

目前东营凹陷沙河街组页岩油岩相中的方解石脉体主要发育在富有机质纹层状亮晶灰质泥岩中。研究区的页岩油储层段沙四纯上亚段中下部沉积水体较深，处于还原环境且有一定的埋藏深度，方解石脉体集中发育。

亮晶方解石与隐晶方解石相比，前者抗压能力更强和储集空间更优越，更易形成微裂缝。据核磁共振方法测试结果显示，不同岩相的岩石结构的有效孔隙度特征不同：亮晶方解石纹层泥页岩孔隙度 6%～15%、隐晶方解石纹层泥页岩孔隙度 4%～8%、隐晶方解石层状泥页岩孔隙度 2%～4%(图 3)。这种岩性结构和物性的差异，更加要求开展页岩油岩相的岩石结构测井建模研究。

目前针对页岩油岩相的岩石结构的判别还没有较为成熟的测井识别方法。页岩油岩相的纹层状方解石单层厚度大部分都小于 1mm，测井分辨率不够(测井的分辨率大于 0.125m)，常规的测井方法很难识别。因此，本文利用 Fisher 判别分类法对岩石结构(亮晶和隐晶岩石结构)进行测井识别，再结合测录井对判别结果进行效果分析，Fisher 判别法对确定性的分类是适用的，且应用范围较广，效果较好。

Fisher 判别法是在进行降维的基础上，找到一个最合适的投影轴，使亮晶和隐晶方解石的样本在该轴上投影之间的距离尽可能远，而相同样本之间的投影尽可能紧凑，从而使亮晶与隐晶方解石分类效果达到最佳。

首先优选去铀伽马 KTH、声波时差 AC、密度 DEN 为敏感参数。伽马中的铀元素不能进入方解石晶体格架，但其形成时铀与不溶物在一起富集于缝合线中，导致在亮晶灰岩地层中铀元素无规律的富集；声波时差 AC 会因为地层富含有机质或油气而增大，而方解石脉体一般都是富有机质，AC 会增大；密度 DEN 对矿物成分之间的差异灵敏，会随着碳酸盐岩含量的增多而增大，这是按识别岩石结构的响应特征来选取，其余曲线测井响应特征极不明显。进而确定亮晶和隐晶纹层泥页岩岩相的样本矩阵，计算 2 类岩石结构的测井曲线平均值、离差矩阵和总协方差矩阵，求逆矩阵，确定亮晶与隐晶纹层的判别函数，公式如下：

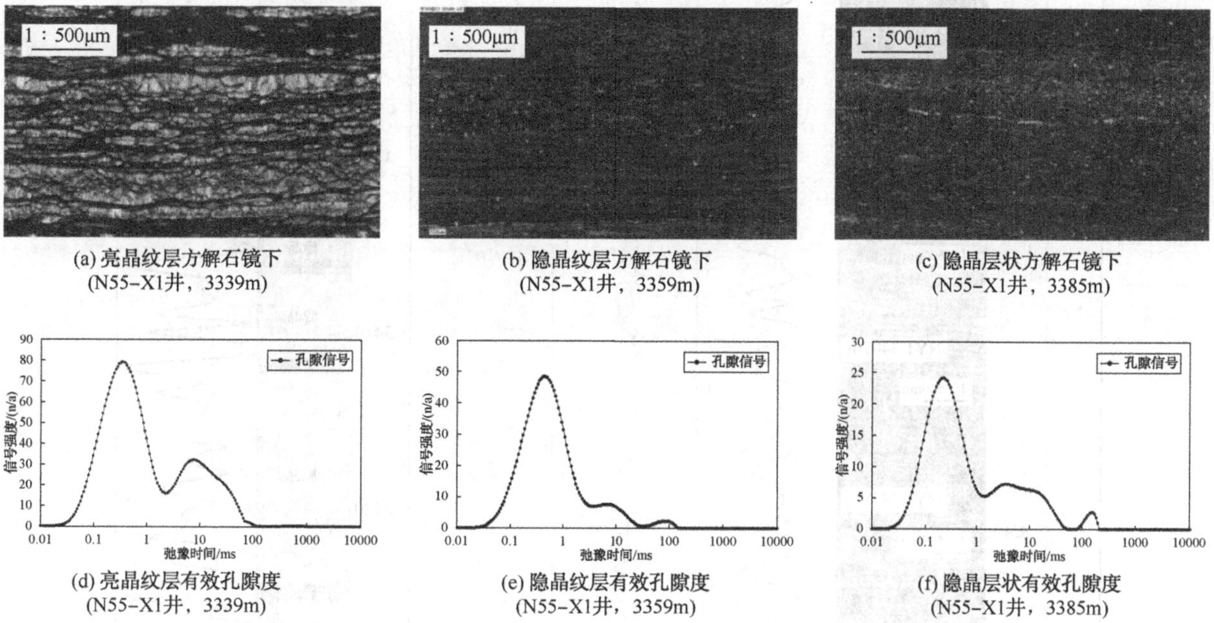

(a) 亮晶纹层方解石镜下 (N55-X1井，3339m)　(b) 隐晶纹层方解石镜下 (N55-X1井，3359m)　(c) 隐晶层状方解石镜下 (N55-X1井，3385m)
(d) 亮晶纹层有效孔隙度 (N55-X1井，3339m)　(e) 隐晶纹层有效孔隙度 (N55-X1井，3359m)　(f) 隐晶层状有效孔隙度 (N55-X1井，3385m)

图 3　东营凹陷页岩油井不同岩相的岩石结构特征

$$F_{亮晶}=-6.789\times GR+12.069\times AC+0.342\times DEN-491.246 \quad (1)$$

$$F_{隐晶}=-7.112\times GR+11.877\times AC-0.411\times DEN-471.799 \quad (2)$$

如图 4 所示，当 $F_{亮晶}>F_{隐晶}$ 为亮晶纹层，$F_{亮晶}<F_{隐晶}$ 为隐晶纹层，将 Fisher 判别法所分类的结果与岩心镜下观察的亮晶隐晶相对比，正确分类可达到 90.8%。

2.3　页岩油岩相纹层结构测井建模

灰质纹层与泥质纹层互层是东营凹陷沙河街组油页岩最具特色的岩石结构特征，有利的灰泥层耦结构形成了良好的源储配置关系。从形成机理上来说，纹层状的页岩岩相是由季节性悬浮（也是机械作用）与化学作用交替沉积而成，多为静水环境。层状的页岩岩相是机械沉积与化学沉积同时进行，水体较为动荡，基本不显纹层。东营凹陷沙四纯上亚段中段的页岩油储层中纹层较为发育，主要为黏土和碳酸盐矿物交替出现，由于黏土与碳酸盐矿物导电性的差异，在 FMI 电阻率动态图像上会呈现出明显的、亮暗相间的特征，亮色为灰质，暗色为黏土。如图 4 所示，在 NY1 井沙四纯上段（3326.3~3326.7m），电成像显示暗色条带，偏层状泥质；在沙四纯中段（3404.2~3404.8m），电成像显示亮色条带夹暗色条带，碳酸盐岩含量多，岩相为灰质泥岩相。

传统的识别页岩油储层纹层结构的方法有纵横波速度比以及利用成像测井 FMI 动态图像，但是这两种方法针对研究区的页岩油老井并不适用。很多老井测井曲线不全，没有横波曲线或者成像测井 FMI，因此提出声波锯齿频次识别方法来识别东营凹陷沙河街组页岩油纹层结构，解决了老井资料不全的问题。

为落实测井曲线对层理构造的影响，分析声波时差曲线与岩石纹层结构的关系，发现声波测井与纹层结构有良好的关系，同时与低角度裂缝和网状裂缝发育带也有影响。层理结构与裂缝发育都可以为油气提供输送通道，因此纹层和裂缝越发育，声波时差曲线振动的频次越大，反之越小。

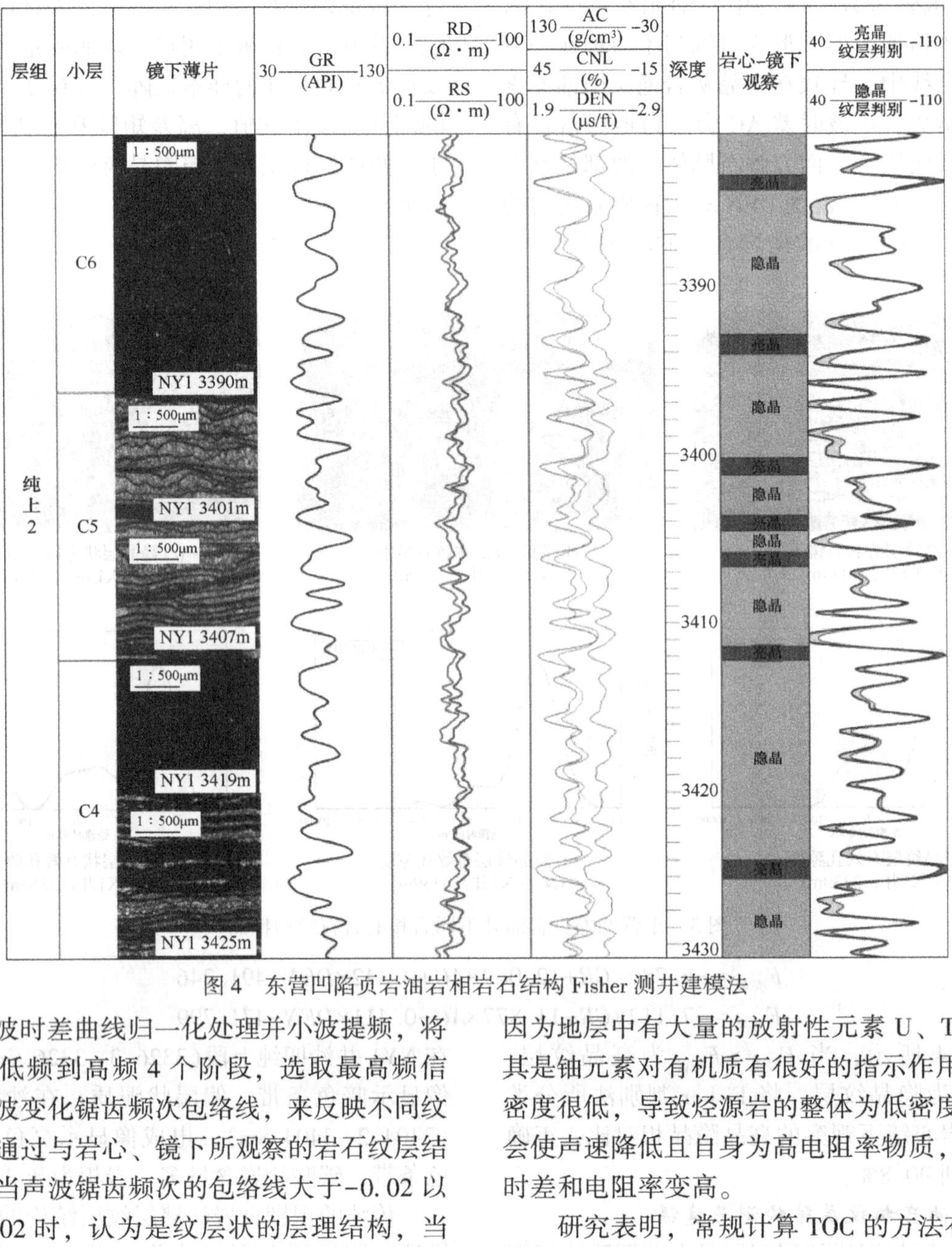

图4　东营凹陷页岩油岩相岩石结构 Fisher 测井建模法

将声波时差曲线归一化处理并小波提频，将声波提成低频到高频4个阶段，选取最高频信号，做声波变化锯齿频次包络线，来反映不同纹层结构。通过与岩心、镜下所观察的岩石纹层结构对比，当声波锯齿频次的包络线大于-0.02以及小于0.02时，认为是纹层状的层理结构，当值大于0.02或者小于-0.02时，认为是层状的层理结构，纹层不发育。

以东营凹陷NY1井为例，通过纵横波速度比法(V_P/V_S)和电成像FMI图像以及岩心对比，进一步证明声波锯齿频次识别纹层结构的方法是可靠的，确定NY1井3313~3356m以及3348~3468m为层状结构，岩心描述为层状泥质灰页岩，3386~3400m为纹层状结构，岩心描述为纹层状灰质泥页岩(图5)。

2.4　页岩油有机碳含量测井建模

一般富有机质烃源岩具有高自然伽马、高声波时差和低密度等测井响应特征。GR值偏高是因为地层中有大量的放射性元素U、Th、K，尤其是铀元素对有机质有很好的指示作用；有机质密度很低，导致烃源岩的整体为低密度；有机质会使声速降低且自身为高电阻率物质，导致声波时差和电阻率变高。

研究表明，常规计算TOC的方法有：Passey等人总结提出的ΔlogR方法，ΔlogR法受主观因素影响较多；Schmoker利用密度和自然伽马测井资料，回归计算页岩储层中的TOC，但适用用性不强。目前人工智能方法在处理大数据和预测TOC方面表现出优越的性能。

东营凹陷沙河街组烃源岩的有机碳含量受岩性影响，测井响应特征不明显，导致传统的计算方法如ΔlogR法、多云回归法等不适用。针对研究区老井测井曲线不全，无法找到敏感曲线，多云回归法精度不够，因此可用人工智能解决适用性以及资料不齐等问题。故本文采用遗传优化神经(GA-BP)网络法进行页岩油有机碳含量的预测。

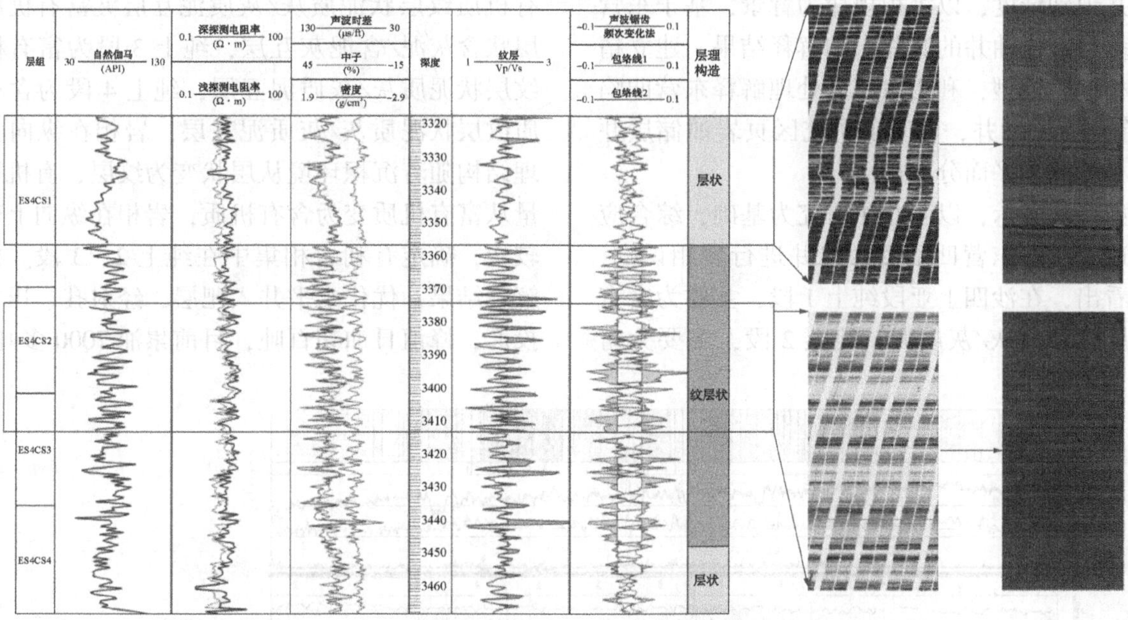

图5　东营凹陷页岩油井沙河街组泥页岩层理结构声波锯齿频次识别方法

遗传算法可以优化神经网络的输入数据，克服其原来BP神经算法的缺陷。遗传算法利用计算机仿真运算，通过选择、交叉、变异等操作，在求解较为复杂的组合优化问题时，寻找最优适应度值对应的个体，其本质上属于随机寻优过程，不存在局部收敛问题。

将优选出的新种群输入BP神经网络模型中，调整网络权值和阈值，通过反向传播算法，使最优种群的适应度达到给定的阈值，当适应度不再上升时，即迭代次数达到预设的代数时，算法终止。

图5中，绿色为BP神经网络预测TOC值，红色为遗传算法优化BP神经网络的预测TOC值。可以看出，改进的有机碳含量计算模型GA-BP神经网络法的预测效果要比常规的有机碳计算模型的精度高很多，也更为准确。将实测TOC值与GA-BP法预测的TOC相对比，相关性高达96.2%(图6)。利用常规TOC计算方法与人工智能方法做对比，可明显看出遗传优化神经网络的精度更好，传统的ΔlogR法受岩性的影响很大，容易造成TOC计算值偏大，人工智能方法BP神经网络精度不高，相反GA-BP法在前期利用遗传算法处理预测数据，提高了预测精度，使该方法准确性更高，同时也更适用于研究区块。

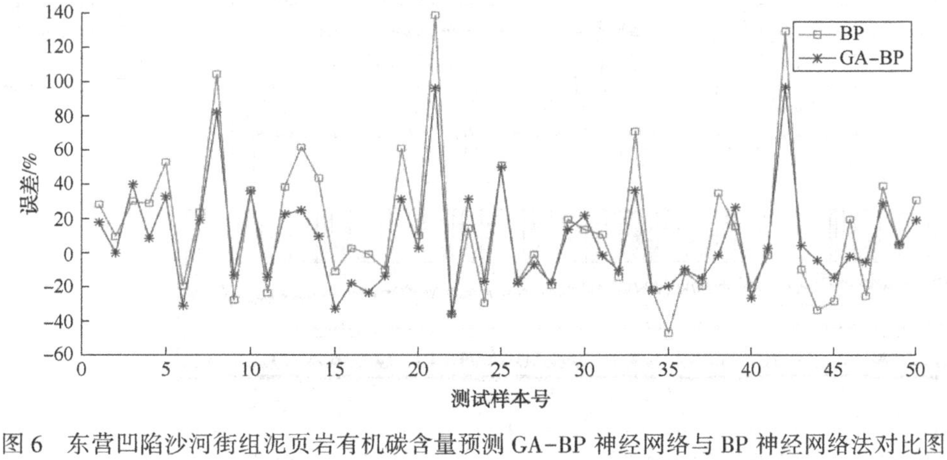

图6　东营凹陷沙河街组泥页岩有机碳含量预测GA-BP神经网络与BP神经网络法对比图

3　应用及推广

基于“三端元四要素”的岩相划分方案，对岩相进行“岩性+岩石结构+层理构造+有机碳含量”四个方面的测井建模，通过数学和地球物理方法结合建模，提升东营凹陷沙河街组页岩油岩相测井识别精度，以沉积规律为背景，基于东营凹陷多口页岩油井的测井岩相解释结果，建立精细岩相地质模型，利用该模型处理解释东营凹陷300余口页岩油井，明确了研究区页岩油储层井段岩相纵向和平面分布规律。

如图7所示，以测井相研究为基础，综合应用上述方法对东营凹陷的4口井进行岩相识别，可以看出，在沙四上亚段纯上1段，主要为富有机质层状泥质灰/灰质泥，纯上2段，主要为富有机质纹层状泥质灰/灰质泥互层夹富有机质纹层状含灰泥/含泥灰互层，纯上3段为富有机质纹层状泥质灰/灰质泥互层，纯上4段为含有机质纹层状泥质灰/灰质泥互层，岩相在纵向上层理结构随着沉积环境从层状变为纹层，有机质含量从富有机质变为含有机质，岩相在纵向上变化较快，确定有利岩相集中在纯上2、3段。根据解释结果，优化水平井入靶层，经射孔、压裂后投产，峰值日油超百吨，目前累油7000多吨。

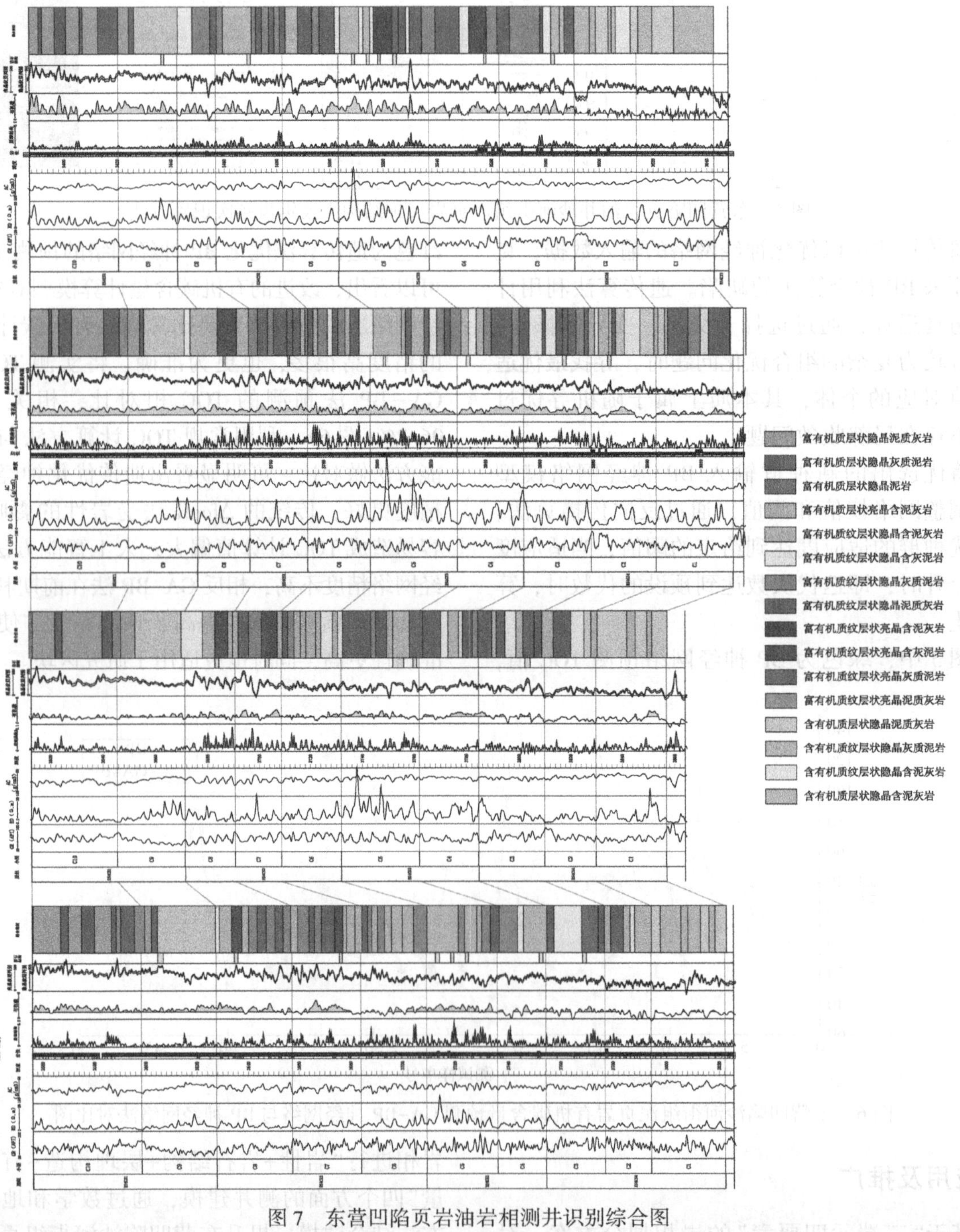

图7　东营凹陷页岩油岩相测井识别综合图

4 结论

（1）针对东营凹陷岩油岩相岩性复杂、非均质性强以及区域分布差异明显等特点，从岩心刻度测井出发，以“三端元四要素”的页岩岩相划分方案为原则，将页岩油岩相细分为16种岩相类型，并确定了6种主体岩相类型。

（2）通过“分层+聚类”、Fisher判别法、小波提频、遗传优化神经网络等数学和地球物理方法结合，识别页岩油岩性、沉积构造、岩石结构和有机质含量，解决了因岩性复杂、测井分辨率不够、特殊测井资料不全、TOC模型精度不够等因素导致的岩相识别不出或精度不够的问题，通过岩相“四特征”的识别，形成了东营凹陷页岩油岩相的测井定量判识方法技术。

（3）依据岩相评价模型，预测洼陷带页岩油岩相纵向上岩相变化规律，优选有利岩相集中段，优化水平井入靶层，为明确储层井段岩相纵向和平面分布规律提供依据，指导了多口井的高产开发，验证了岩相测井模型的推广性和实用价值。

参考文献

[1] 杨涛涛，范国章，吕福亮，等．烃源岩测井响应特征及识别评价方法[J]．天然气地球科学，2013，24(2)：414-422.

[2] 李阳，赵清民，吕琦，等．中国陆相页岩油开发评价技术与实践[J]．石油勘探与开发，2022，49(5).

[3] 孙焕泉．济阳坳陷页岩油勘探实践与认识[J]．中国石油勘探，2017，22(4)：1-14.

[4] 曾棒，刘小平，刘国勇，等．陆相泥页岩层系岩相测井识别与预测：以南堡凹陷拾场次洼为例[J]．地质科技通报，2021，40(1)：69-79.

[5] 卢双舫，马延伶，曹瑞成，等．优质烃源岩评价标准及其应用：以海拉尔盆地乌尔逊凹陷为例[J]．地球科学—中国地质大学学报，2012，37(3)：535-544.

[6] 李昌，沈安江，孟贺．电成像测井新参数在碳酸盐岩岩相识别中的应用[J]．科学技术与工程，2021，21(26)：11130-11135.

[7] 朱振宇，刘洪，李幼铭．ΔlogR技术在烃源岩识别中的应用与分析[J]．地球物理学进展，2003，18(4)：647-649.

[8] 彭军，杨一茗，刘惠民，等．陆相湖盆细粒混积岩的沉积特征与成因机理—以东营凹陷南坡陈官庄地区沙河街组四段上亚段为例[J]．石油学报，2022，43(10)：1409-1426.

[9] 彭君，周勇水，李红磊，等．渤海湾盆地东濮凹陷盐间细粒沉积岩岩相与含油性特征[J]．断块油气田，2021，28(2)：212-218.

[10] 刘惠民，张顺，王学军，等．陆相断陷盆地页岩岩相组合类型及特征：以济阳坳陷东营凹陷沙四上亚段页岩为例[J]．地球科学，48(1)：30-48.

[11] 刘惠民．济阳坳陷古近系页岩油地质特殊性及勘探实践—以沙河街组四段上亚段—沙河街组三段下亚段为例[J]．石油学报，2022，43(5)：581-594.

[12] ZHAO Xianzheng，Pu Xiugang，Zhou Lihong，et al. Geochemical，Mineralogical，and“Lithofacies Characterizations of Lacustrine”Shale：A Case Study From the Cangdong Sag，Bohai Bay Basin，China[J]. Frontiers in Earth Science，2021，11(8)：562-566.

[13] 张顺．济阳坳陷页岩油富集要素及地质甜点类型划分[J]．科学技术与工程，2021，21(2)：504-511.

[14] 张佳佳，李宏兵，姚逢昌，等．油页岩的地球物理识别和评价方法[J]．石油学报，2012，33(4)：625-632.

[15] 胡瑶，李军，苏俊磊．用地球物理测井方法识别碳酸盐岩储集层的岩性及孔隙结构—以巴西深海J油田案例[J]．地球物理学进展，2020，35(2)：735-742.

[16] BO Liu，XIAO Qingzhao，XIAO Feifu，et al. Petrophysical characteristics and log identification of lacustrine shale lithofacies：A case study of the first member of Qingshankou Formation in the Songliao Basin，Northeast China[J]. Petroleum Exploration and Development，2021，45(2)：884-894.

[17] 徐二社，陶国亮，李志明，等．江汉盆地潜江凹陷盐间页岩油储层不同岩相微观储集特征[J]．石油实验地质，2020，27(3)：120-128.

[18] 滕建彬．东营凹陷页岩油储层中方解石的成因及证据[J]．油气地质与采收率，2020，27(2)：18-25.

[19] 陈恋，袁梅，向维，等．PCA-Fisher判别模型在煤层底板突水预测中的应用[J]．数学的实践与认识，2021，51(6)：103-106.

[20] 陈红江，李夕兵，刘爱华，等．用Fisher判别法确定矿井突水水源[J]．中南大学学报(自然科学版)，2009，40(4)：1114-1120.

[21] 张海桥．海拉尔盆地红旗凹陷烃源岩评价及有利区预测[J]．大庆石油地质与开发，2020，39(2)：21-27.

[22] 王健，石万忠，舒志国，等．富有机质页岩TOC含量的地球物理定量化预测[J]．石油地球物理勘探，2016，51(3)：596-604.

[23] Passey Q R，Creaney S，Kulla J B，et al. A practical

model for organic richness from porosity and resistivity logs[J]. AAPG Bulletin, 1990, 74(12): 1777-1794.

[24] Schmoker J W. Determination of organic content of Appalachian Devonian shales from formation-density logs [J]. AAPG Bulletin, 1979, 63(9): 1504-1537.

[25] 陈钢花，梁莎莎，王军．卷积神经网络在岩性识别中的应用[J]. 测井技术，2019，43(2)：130-135.

[26] 刘巍，刘威，谷建伟，等．利用卡尔曼滤波和人工神经网络相结合的油藏井间连通性研究[J]. 油气地质与采收率，2020，27(2)：118-124.

四川盆地复杂深层天然气录井气测值处理与解释

赵 磊[1,2] 张 庆[1] 李洪玺[1] 罗谋兵[1] 雷 银[3] 唐正东[1]
杨 琳[1,2] 曹 雯[1] 付 宇[1] 朱茜霞[1] 付 晓[1]

(1. 中国石油集团川庆钻探工程有限公司地质勘探开发研究院；
2. 成都理工大学油气藏地质及开发工程全国重点实验室；
3. 中国石油天然气股份有限公司西南油气田分公司工程技术研究院)

摘 要 针对复杂深层天然气层录井气测背景值干扰强、有效性识别难的实际问题，中国石油集团驻川机构川庆钻探工程有限公司和西南油气田分公司在以双鱼石构造和剑阁潜伏构造为代表的复杂深层开展了录井气测值的大数据分析与研究，研发了基于频谱解析的适用于深层钻探的录井气测有效性处理和解释技术；通过对气测录井数据离散数据点的快速傅里叶变换-逆变换及解析，实现了录井气测值有效性的定量解析，一定程度上解决了后效气干扰和其他气测背景值影响，且其计算量适度、便于随钻实施，适用于综合录井仪器集成与应用。

关键词 四川盆地；复杂深层；天然气录井；录井气测值处理与解释

气测值系重要的录井参数，能够在钻进过程中第一时间表征钻遇储层含油气性、地层含水特征，近年来，关于气测数据的应用和挖掘随着综合录井仪的普及逐渐兴起，从最早的皮克斯图版法等国外引进的经典录井气测解释方法，到目前中石油集团及国内其他同行经常应用的各类曲线法和图版法解释技术均大量涉及录井气测数据。但长期以来，气测值的处理和解析停留在人工分析或简单时深变换分析层面，难以实现实质性进展和突破，导致目前气测值的利用仍处于定性分析阶段，长期落后于测井含气性分析。

录井气测值影响因素多、后效严重，目前，通过综合录井仪配发的气测色谱录井仪采集到的录井数据并不是真实的地层含气信息，既包括“新鲜“进入井筒的天然气部分，也包括当前迟到井深前几米井段的天然气持续释放效应，另外，由于每根钻杆均要停泵接单根，伴随以钻杆长度为变周期的单根峰后效也对录井气测值影响较大。因此，影响因素的识别、无效干扰值的影响程度和气测有效值的解析和提取是录井气测值分析和研究的重要技术问题。

针对上述难题，中国石油集团驻川机构川庆钻探工程有限公司和西南油气田分公司通过大数据分析，挖掘时间-深度剖面录井气测数据地质特征，建立录井气测值时间-深度-频率域转换和预处理的处理技术，提取有用地质信息，并在此基础上开发可视化和软件集成的解释方法，在四川盆地复杂深层录井关键数据处理与解释方面做了一定的前瞻性探索与尝试，并已在四川盆地3500米以深非常规致密气藏和8000米以深的深层-超深层天然气藏开展前期试验。

1 录井气测值预处理建模

（1）气测录井数据准备

气测值受多种因素影响，其主要影响因素可分为地质因素和工程因素，其中地质因素是钻井过程中评价钻开地层含气性的重要指标，对原始录井气测值进行数据预处理。包括去中心化和去趋势化处理；经离散傅立叶变换将时间序列转换为一个功率谱图，并对其进行快速傅立叶变换，去除单根峰特征值频率高于0.1的超额值，并进行逆傅立叶变换，得到去除有规律出现的单根后效异常值的新的时间序列数组。

（2）追踪并确定录井气测显示井段

首先，确定录井气测显示井段的标志；根据相关石油公司标准和规范，录井显示的定义包括两个方面，其一为气测显示的峰值相对气测基值的倍数，以中华人民共和国国内行业规范和中国石油集团企业标准为例，规定钻井过程中气测显示的标准为高于基值2倍及以上；其二为气测显示的持续时间，即显示步长，表征从气测显示峰值发生符合显示标准的数值变化的持续时间；本案在上述步骤完成录井气测数据准备的前提下，通过以下方式确定录井气测显示的井段。

其次，根据钻揭地层不同情况确定初始搜索显示步长；

通过上述步骤完成录井气测值的去除特定周期预处理，钻井过程中气测录井仪将连续接收采集的录井气测值离散信号，设其为一组非负离散数据 Xi，

设 d 为某井某地层待解释段邻井的通常显示段厚度，则

显示窗 D 应为

$$D = E(d) = \sum_{i=1}^{m} P_i d_i \tag{1}$$

以此作为初始步长进行显示井段长度的判定和分析。

（3）求取录井气测显示峰有效值

设显示首点气测值较前个数据点增加值为

$$C_1 = D_2 - D_1 \tag{2}$$

则以此类推，对于显示段各深度点较前一米的增加值的 C_i，$i=1, 2, 3, \cdots, n$，n 为显示段长，

$$C_i = D_i - D_{i-1} \tag{3}$$

则有衰减标定函数

$$y_{(i)} = \frac{1}{e^{iC_i - C_i}} \tag{4}$$

将显示段各点增幅值看作对同一个显示的多次测量，则有

对于其反映的实际测量值 Di 而言，其测量值 Ri 为其衰减后的结果，则有

$$D_1 = R_1 y_{(1)}$$

$$D_2 = R_1 y_{(2)} + R_2 y_{(1)}$$

$$D_3 = R_1 y_{(3)} + R_2 y_{(2)} + R_3 y_{(1)}$$

$$D_4 = R_1 y_{(4)} + R_2 y_{(3)} + R_3 y_{(2)} + R_4 y_{(1)}$$

$$\cdots$$

$$D_{i-1} = R_1 y_{(i-1)} + R_2 y_{(i-2)} + R_3 y_{(i-3)} + R_4 y_{(i-4)} + \cdots + R_{i-2} y_{(2)} + R_{i-1} y_{(1)}$$

$$D_i = R_1 y_{(i)} + R_2 y_{(i-1)} + R_3 y_{(i-2)} + R_4 y_{(i-3)} + \cdots + R_{i-1} y_{(2)} + R_i y_{(1)}$$

建立 i 元一次方程组，由以下矩阵变换完成求解 Ri：

$$\begin{pmatrix} y_{(1)} & y_{(2)} & y_{(3)} & \cdots & y_{(i-1)} & y_{(i)} \\ 0 & y_{(1)} & \cdots & \cdots & \cdots & y_{(i-1)} \\ 0 & 0 & y_{(1)} & \cdots & \cdots & y_{(i-2)} \\ \cdots & \cdots & 0 & y_{(1)} & \cdots & \cdots \\ 0 & \cdots & \cdots & 0 & y_{(1)} & y_{(2)} \\ 0 & 0 & \cdots & 0 & 0 & y_{(1)} \end{pmatrix} \begin{pmatrix} R_1 \\ R_2 \\ R_3 \\ \cdots \\ R_{i-1} \\ R_i \end{pmatrix} = \begin{pmatrix} D_1 \\ D_2 \\ D_3 \\ \cdots \\ D_{i-1} \\ Di \end{pmatrix}$$

$$\begin{pmatrix} R1 \\ R2 \\ R3 \\ \cdots \\ Ri \end{pmatrix} = \begin{pmatrix} D1 \\ D2 \\ D3 \\ \cdots \\ Di \end{pmatrix} \begin{pmatrix} y(1) & y(2) & y(3) & \cdots & y(i) \\ 0 & y(1) & \cdots & \cdots & y(i-1) \\ \cdots & 0 & y(1) & \cdots & y(i-2) \\ \cdots & \cdots & \cdots & \cdots & \cdots \\ 0 & 0 & \cdots & 0 & y(1) \end{pmatrix}^{-1}$$

则真实的气显示值设为如下数组：

$$M_1 = R_1$$

$$M_2 = R_1 + \frac{R_2 - R_1}{2}$$

$$M_3 = R_2 + \frac{R_3 - R_2}{3}$$

$$\cdots$$

$$M_i = R_{i-1} + \frac{R_i - R_{i-1}}{i}$$

即有

$$\begin{pmatrix} M_1 \\ M_2 \\ M_3 \\ \cdots \\ M_i \end{pmatrix} = \begin{pmatrix} R_1 \\ R_1 + \frac{R_2 - R_1}{2} \\ R_2 + \frac{R_3 - R_2}{3} \\ \cdots \\ R_{i-1} + \frac{R_i - R_{i-1}}{i} \end{pmatrix} \tag{5}$$

则最终求得首点校正值。

以某井为例，某井段录井气测甲烷数据如表所示（表 1），经数据预处理后开展基于逆变换值与去中心化，并推算基于逆变换的甲烷值进行。

表 1　某井某显示段气测值计算推算甲烷值数据表

序号	甲烷值/%	功率计数	逆变换读值	反算值	推算甲烷/%	D	R	M
1	0.1	0.03125	4.66	-1.80672	1.65	0.10	0.00	0.00
2	0.2	0.0625	4.45	-1.69754	1.76	0.20	0.22	0.11
3	0.1	0.09375	4.08	-1.50623	1.95	0.10	0.00	0.04
4	0.5	0.125	3.58	-1.25132	2.21	0.50	0.00	0.04

续表

序号	甲烷值/%	功率计数	逆变换读值	反算值	推算甲烷/%	D	R	M
5	1.1	0.15625	2.94	-0.91895	2.54	1.10	1.06	0.25
6	1.2	0.1875	2.18	-0.53119	2.93	1.20	0.00	0.07
7	1.9	0.21875	1.44	-0.146	3.31	1.90	0.88	0.20
8	3.8	0.25	0.68	0.242244	3.70	3.80	0.00	0.09
9	4.2	0.28125	-0.09	0.638703	4.10	4.20	1.19	0.22
10	5.1	0.3125	-0.85	1.031619	4.49	5.10	0.24	0.13
11	6.1	0.34375	-1.61	1.423247	4.88	6.10	1.70	0.26
12	7.0	0.375	-2.31	1.786856	5.25	7.00	0.00	0.12
13	5.5	0.40625	-2.99	2.13726	5.60	5.50	5.34	0.53
14	5.2	0.4375	-3.54	2.417776	5.88	5.20	0.00	0.15
15	5.1	0.46875	-3.93	2.617294	6.08	5.10	0.00	0.15
16	5.0	0.5	-4.21	2.761578	6.22	5.00	2.58	0.31
17	5.0	0.53125	-4.32	2.035654	5.50	5.00	0.50	0.18
18	4.9	0.5625	-4.21	1.96741	5.43	4.90	0.00	0.16
19	4.8	0.59375	-3.93	1.798962	5.26	4.80	4.24	0.38
20	4.7	0.625	-3.54	1.56603	5.03	4.70	2.57	0.30
21	4.6	0.65625	-2.99	1.238534	4.70	4.60	0.00	0.17
22	3.6	0.6875	-2.31	0.829446	4.29	3.60	2.77	0.30
23	3.2	0.71875	-1.61	0.404942	3.86	3.20	1.75	0.26
24	2.1	0.75	-0.85	-0.05227	3.41	2.10	0.00	0.18
25	2.0	0.78125	-0.09	-0.51099	2.95	2.00	0.69	0.21
26	1.9	0.8125	0.68	-0.97385	2.49	1.90	1.58	0.24
27	0.8	0.84375	1.44	-1.42712	2.03	0.80	0.00	0.19
28	0.7	0.875	2.18	-1.87681	1.58	0.70	0.22	0.19
29	0.6	0.90625	2.94	-2.32952	1.13	0.60	0.32	0.20
30	0.3	0.9375	3.58	-2.71755	0.74	0.30	0.03	0.19
31	0.2	0.96875	4.08	-3.01515	0.44	0.20	0.02	0.19
32	0.1	1	4.45	-3.2385	0.22	0.10	0.10	0.19

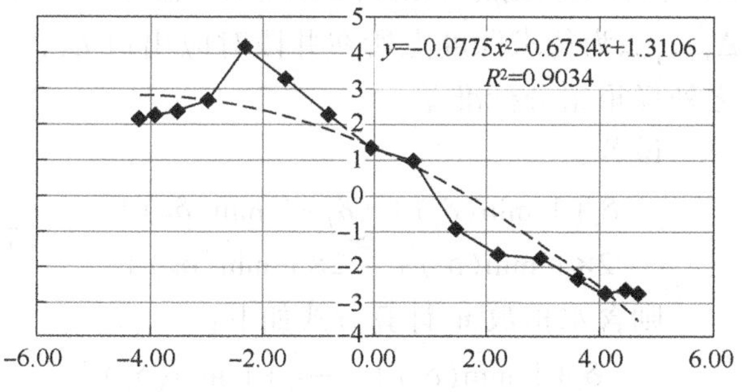

图1 序号1~16道址(前半支)拟合效果图

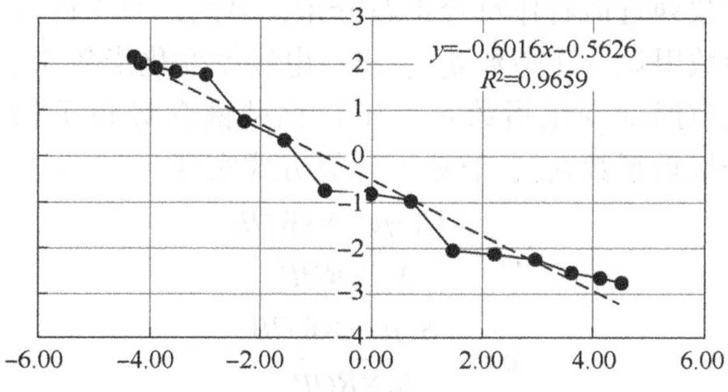

图2 序号17~32道址(后半支)拟合效果图

对应序号1~16道址(前半支)拟合公式为 $y=0.0775x^2-0.6754x+1.3106$,($N=16$,$R^2\approx 0.90$),对应序号17~32道址(后半支)拟合结果为 $y=-0.6016x-0.5626$,($N=16$,$R^2\approx 0.97$)(图1、图2),据此,可知推算甲烷值与原始甲烷值对应性较好,则有效气测值应为M列数据(表1,图3)。

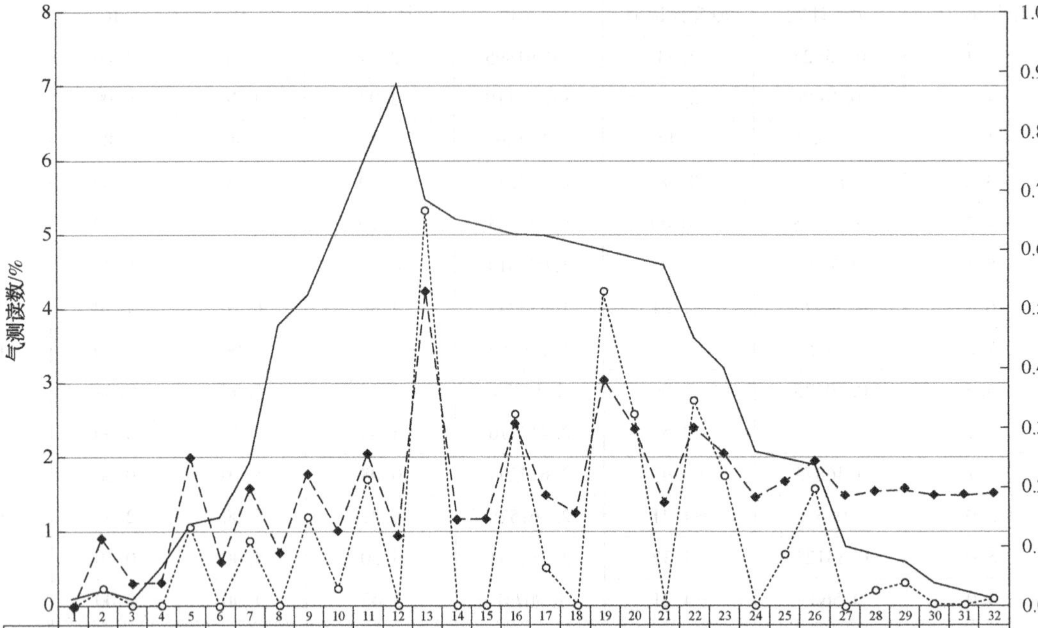

	1	2	3	4	5	6	7	8	9	10	11	12	13	14	15	16	17	18	19	20	21	22	23	24	25	26	27	28	29	30	31	32
—— D	0.1	0.2	0.1	0.5	1.1	1.2	1.9	3.8	4.2	5.1	6.1	7	5.5	5.2	5.1	5	5	4.9	4.8	4.7	4.6	3.6	3.2	2.1	2	1.9	0.8	0.7	0.6	0.3	0.2	0.1
··○·· R	0.00	0.22	0.00	0.00	1.05	0.00	0.87	0.00	1.19	0.23	1.70	0.00	5.33	0.00	0.00	2.57	0.50	0.00	4.23	2.57	0.00	2.77	1.74	0.00	0.69	1.58	0.00	0.22	0.32	0.02	0.01	0.10
–◆– M	0.00	0.11	0.04	0.04	0.25	0.07	0.20	0.09	0.22	0.13	0.26	0.12	0.53	0.15	0.15	0.31	0.18	0.16	0.38	0.30	0.17	0.30	0.26	0.18	0.21	0.24	0.19	0.19	0.20	0.19	0.19	0.19

图 3　气测值预处理效果图

（D 为原始气测值、R 为推算气测值，M 为有效气测值）

2　基于录井有效气测值的录井解释技术

（1）流体丰度指数计算

经过上述预处理计算，分别校正全烃组分值（TG,%或 ppm）、甲烷组分值（C_1，单位%或者 ppm）、乙烷组分值（C_2,%或 ppm）出口电导率值（S，单位 μs/cm 或者 μs/m）、出口温度值（T，单位℃或者℉），并归一化、标准化；分别计算甲烷变化指数 δ_{C1}、出口电导率变化指数 δ_S、出口温度变化指数 δ_T、重组分权重系数 δ_{Oil}。将甲烷数据数列、出口电导率数据数列和出口温度数据数列近似看作符合正态分布，显然，对于待求参数甲烷变化指数 δ_{C1}、出口电导率变化指数 δ_S、出口温度变化指数 δ_T、出口钻井液含烃较重组分权重系数 δ_{Oil}，有如下计算方式实现：

$$\delta_{C1}=\frac{(C_1-\mu_{C1})\times WOB}{\Delta_{C1}\times ROP}$$

$$\delta_S=\frac{(S-\mu_S)\times WOB}{\Delta_S\times ROP}$$

$$\delta_T=\frac{(T-\mu_T)\times WOB}{\Delta_T\times ROP}$$

$$\delta_{Oil}=\frac{(TG-C_1-C_2-\mu_{TG-C1-C2})\times WOB}{\Delta_{TG-C1-C2}\times ROP} \qquad (6)$$

其中，TG 为色谱检测到的全烃组分值，单位%，C_1 为色谱检测到的甲烷组分值，单位%，C_2 为色谱检测到的乙烷组分值，单位%，WOB 为钻压，单位 kN · m，ROP 为钻时，单位 min/m，μ_{C1}为待求深度点所在井段对应甲烷组分平均值，μ_s 为待求深度点所在井段对应出口电导率平均值，μ_T 为待求深度点所在井段对应出口温度平均值，$\mu_{TG-C1-C2}$ 为待求深度点所在井段对应出口 C_1、C_2 之外烃重组分平均值，Δ_{C1} 为待求深度点所在井段对应出口电导率标准差，δ_s 为待求深度点所在井段对应出口电导率标准差，Δ_T 为待求深度点所在井段对应出口温度标准差，$\Delta_{TG-C1-C2}$为待求深度点所在井段对应出口 C_1、C_2 之外烃重组分标准差。

设若

$$\frac{\delta_s+|\min(\delta_s)|}{2\times|\min(\delta_s)|}>\frac{\delta_T+|\min(\delta_T)|}{2\times|\min(\delta_T)|} \qquad (7)$$

则含水指数 W 计算方式如下：

$$W=\frac{\delta_s+|\min(\delta_s)|}{2\times|\min(\delta_s)|}-\frac{-\delta_T+|\min(\delta_T)|}{2\times|\min(\delta_T)|} \qquad (8)$$

设若

$$\frac{\delta_{C1}+|\min(\delta_{C1})|}{2\times|\min(\delta_{C1})|}>\frac{-\delta_{Oli}+|\min(\delta_{Oli})|}{2\times|\min(\delta_{Oli})|} \qquad (9)$$

则含气指数 G 计算方式如下：

$$G=\frac{\delta_{C1}+|\min(\delta_{C1})|}{2\times|\min(\delta_{C1})|}-\frac{-\delta_{Oli}+|\min(\delta_{Oli})|}{2\times|\min(\delta_{Oli})|} \tag{10}$$

设若

$$\frac{\delta_{Oli}+|\min(\delta_{Oli})|}{2\times|\min(\delta_{Oli})|}>\frac{-\delta_{C1}+|\min(\delta_{C1})|}{2\times|\min(\delta_{C1})|} \tag{11}$$

则含油指数 O 计算方式如下：

$$O=\frac{\delta_{Oli}+|\min(\delta_{Oli})|}{2\times|\min(\delta_{Oli})|}-\frac{\delta_{C1}+|\min(\delta_{C1})|}{2\times|\min(\delta_{C1})|} \tag{12}$$

（2）图版构建

根据地质经验建立三角解释集成图版，如图 4 所示正三角形，边长 L 代表油（*Oil*）、气（*Gas*）、水（*Water*）组分占钻井液体积理论最大百分含量，即 L 最大值 $L_{max}=1$，将边长等分为三段，即有

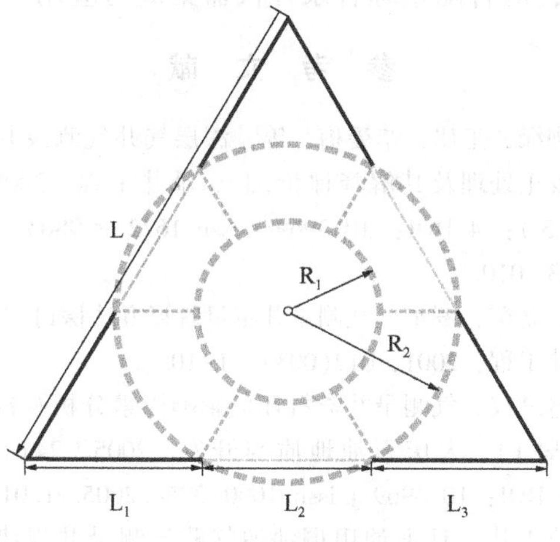

图 4　三角图版建立框架示意图

$$L=L_1+L_2+L_3 \tag{13}$$

$$L_1=L_2=L_3=\frac{L}{3}=\frac{1}{3}$$

本方法设定有一正圆 O1 与此正三角形各边三等分点均相交，易知其半径

$$R_1=\frac{L}{3}=\frac{1}{3}$$

更有与该圆同心另一圆形 O2，其半径 R_2

$$R_2=\frac{(\sqrt{5}-1)\sqrt{3}}{12}L=0.178411\approx0.1784$$

如图 5 所示，刻度为顺时针（0，1），即按照箭头方向，*Oil* 边自下而上，为零点和 1 点，*Water* 边自上而下，分别为零点和 1 点，*Gas* 边自右及左，依次为零点和 1 点。

根据 *W* 系数、*G* 系数和 *O* 系数结果，分别在三角图版各对应边分别标注，分别作过三点与其所在轴零刻度衔接的邻边之平行线，三线必然两两相交，围成一个正三角形，其重心落在图版上对应的区间则可判定该异常井段的储层发育情况及流体性质。

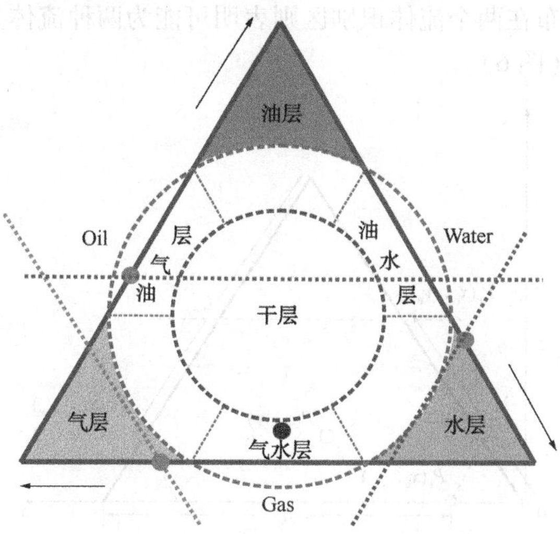

图 5　三角图版效果（气水层）图

（3）坐标变换计算

主要目标是将二维笛卡尔坐标系转换到本方法设定的三角坐标系，设含水指数为 L_w，含油指数为 L_o，含气指数 L_g，

$P_o(x_o,\ y_o)$：

$$x_0=L_o\times cos\left(\frac{\pi}{3}\right)=\frac{L_o}{6} \tag{14}$$

$$y_0=L_o\times sin\left(\frac{\pi}{3}\right)=\frac{\sqrt{3}}{2}L_o \tag{15}$$

$P_w(x_w,\ x_w)$：

$$x_w=1-(1-L_w)\times cos\left(\frac{\pi}{3}\right)=\frac{5}{6}+\frac{L_w}{6} \tag{16}$$

$$y_w=1-(1-L_w)\times sin\left(\frac{\pi}{3}\right) \tag{17}$$

$P_g(x_g,\ y_g)$：

$$x_g=1-L_g \tag{18}$$

$$y_g=0$$

由于平行于 L_g 边的辅助线必然斜率为 0，故 P_g 和 P_w 所在辅助线的交点为三角形顶点，而后三角形中心 $P(x,\ y)$ 的坐标分别为：

$$x_p=\frac{\left(x_w-\frac{\sqrt{3}}{3}y_w\right)-x_g}{2}+x_g \tag{19}$$

$$y_p=\frac{8}{9}y_o-\frac{\sqrt{3}}{18}x_w+\frac{1}{18}y_w+\frac{\sqrt{3}}{18}x_g+\frac{1}{9}y_g \tag{20}$$

由此可以方便将各深度点对应 P 坐标投影到三角图版中，也可以根据图版特征直接判断 P 点所在的流体识别区，将待解释井段的对应各深度点对应 P 点值投影到三角图版中即可根据散点的展布判断出该段可能钻遇某种流体，若散点分布在两个流体识别区则表明可能为两种流体并存(图6)。

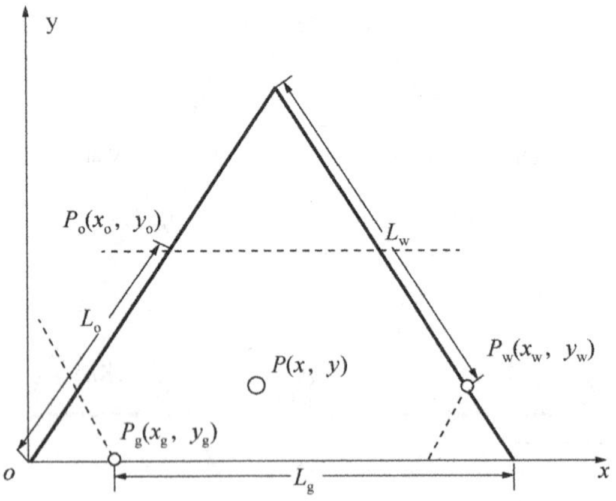

图6　三角图版自动化准备计算坐标变换示意图

(4) 储层含流体概率图道建立

该概率图道既可用多点井深组合的深度段进行总体识别，也可逐深度点识别。

对于单深度点的情形，设 *Wi* 为某深度点对应含水指数，*Oi* 为某深度点含油指数，*Gi* 为某深度点含气指数，对于任意序号为 i 的深度点有：

$$DO_i = \frac{O_i}{O_i+G_i+W_i} \times 100\% \tag{21}$$

$$DW_i = \frac{W_i}{O_i+G_i+W_i} \times 100\% \tag{22}$$

$$DG_i = \frac{G_i}{O_i+G_i+W_i} \times 100\% \tag{23}$$

其中，$i=1, 2, 3, \cdots, n, i \in Z$

设 *Wi* 为某深度点对应含水指数，*Oi* 为某深度点含油指数，*Gi* 为某深度点含气指数，设某井段内有 m 个深度点，即该井段长 m 米，则图道建立方法如下：

$$DO_i = \frac{O_i}{O_i+G_i+W_i} \times 100\% \tag{24}$$

$$DW_i = \frac{W_i}{O_i+G_i+W_i} \times 100\% \tag{25}$$

$$DG_i = \frac{G_i}{O_i+G_i+W_i} \times 100\% \tag{26}$$

$$DW = \sum DWi; \quad DO = \sum DOi; \quad DG = \sum DGi;$$

其中，

$i=1, 2, 3, \cdots, m, i \in Z$

DW：对应井段相对含水可能性，单位%

DO：对应井段相对含油可能性，单位%

DG：对应井段相对含气可能性，单位%

3　结论

针对气测背景值干扰强、有效性识别难的实际问题，中国石油集团驻川机构川庆钻探工程有限公司及西南油气田分公司在高石梯-磨溪和双鱼石构造开展了录井气测值的大数据分析与研究，研发了适用于深层钻探的录井气测有效性处理和解释技术；通过对气测录井数据离散数据点的快速傅里叶变换-逆变换及解析，实现了录井气测值有效性的定量解析，并在此基础上提出了一种录井解释方法，且计算量适度、便于计算机实施，适合随钻综合录井仪器集成与应用。

参　考　文　献

[1] 柳绿，王研，李爱梅，等．深层气井气测录井资料校正处理及其解释评价[J]．录井工程，2008，19(3)：4. DOI：10.3969/j.issn.1672－9803.2008.03.010.

[2] 王立东，罗平．气测录井定量解释方法探讨[J]．录井工程，2001，012(003)：1-10.

[3] 赵洪权．气测录井资料环境影响因素分析及校正方法[J]．大庆石油地质与开发，2005，24(B08)：3. DOI：10.3969/j.issn.1000-3754.2005.z1.014.

[4] 曹志壮．辽河油田稠油油气藏气测录井规律研究[J]．特种油气藏，2011，11.

[5] 王研．气测录井技术在深层气层评价中的应用研究[D]．大庆：大庆石油学院，2008.

[6] 曹凤俊．气测录井资料的影响分析及校正方法[J]．录井工程，2008. DOI：JournalArticle/5aebb21cc095d709440c82b9.

[7] 王雷，郭书生，杨红君，等．INFACT气测录井解释方法在北部湾盆地的应用[J]．中国海上油气，2012，24(6)：5. DOI：CNKI：SUN：ZHSD.0.2012-06-004.

[8] 曹凤俊．气测录井资料的影响分析及校正方法[J]．录井工程，2008，19(1)．DOI：10.3969/j.issn.1672-9803.2008.01.005.

[9] 黄小刚．气测录井甲烷校正法与气测解释方法选择原则[J]．录井工程，2007，18(4)：5. DOI：10.3969/j.issn.1672-9803.2007.04.001.

渤海渤中 19-6 大型深层变质岩潜山凝析气藏储层发育模式研究及应用

程　奇　廖新武　刘文超　鲍明阳　赵雨佳　宋新飞　柴秋会

[中海石油(中国)有限公司天津分公司]

摘　要　渤中 19-6 气田是渤海湾盆地近年来投入开发的规模最大的深层变质岩潜山凝析气田，发育裂缝性储层，裂缝成因及分布规律复杂，目前尚缺乏针对裂缝的有效识别及预测方法。基于测井、录井、岩心和地震等资料，建立了不同成因类型裂缝的识别图版，并探讨了优势裂缝发育的主控因素及发育模式。结果表明：渤中 19-6 气田基岩潜山储集体岩性为花岗片麻岩，储集空间主要包括构造缝和风化缝，其中构造缝发育段属于主力产出层段，风化缝发育段产能相对较差。控制优质储层发育的关键因素是：(1)早期大规模构造抬升和挤压活动，形成大量原生构造缝；(2)持续性活动的大断裂使原生构造缝得到持续正向改造；(3)研究区整体风化成岩作用相对较弱，风化缝发育相对较少，有利于深层潜山早期构造裂缝的保存；(4)顶部强风化带受风化影响强发育网状缝，岩石抗压实能力弱，且易充填，裂缝有效性较差，下部次风化带受风化影响较小，岩石抗压实能力强，裂缝有效性好。最终明确了渤中 19-6 潜山构造活动为裂缝储层发育主要控制因素，各单元构造缝发育程度表现为：褶皱核部+生长性大断层联合控制带>褶皱核部+走滑断层联合控制带>构造核部>翼部。

关键词　太古宇；变质岩潜山；裂缝储层；构造活动；渤海湾盆地

随着我国油气勘探开发的快速发展，潜山油气藏逐步展现出巨大的潜力。近年来，渤海海域在潜山勘探方面取得了显著成果，发现了多个大型油气田，标志着渤海潜山勘探进入了一个新的高潮。与常规油气藏相比，变质岩潜山储层不发育原生孔隙，有效储层的形成必须经过构造、风化、溶蚀等一系列地质作用才能形成，储集空间类型多样，变质岩潜山储集空间通常包括孔隙和裂缝两大类。

渤中 19-6 气田变质岩潜山埋藏深(埋深 4500~5300m)，主要发育裂缝型储层，裂缝是变质岩潜山储层的重要渗流通道，且研究区受印支期以来挤压及郯庐断裂持续走滑作用改造，发育多期次构造裂缝，多期复杂构造演化叠加改造，裂缝分布规律极其复杂，表现为裂缝产状多样、裂缝发育程度变化快。常规裂缝描述包括裂缝密度、开度及裂缝产状等，而对于裂缝的成因机制识别及裂缝分布预测方面缺乏有效手段。本文基于三维地震、钻井、测井以及岩心薄片等多尺度资料，首次建立研究区不同成因裂缝的识别图版，并重点探讨了优质裂缝储层特征及发育主控因素，最终建立不同构造单元裂缝储层发育模式，指导预测优质裂缝储层的分布。

1　区域地质概况

渤海湾盆地位于中国东部，盆地根据隆坳关系，可进一步划分为辽河坳陷、渤中坳陷、济阳坳陷、黄骅坳陷、冀中坳陷以及临清坳陷[图 1(a)]。渤中凹陷又可进一步划分为渤中凹陷和渤东凹陷。渤中凹陷自上而下发育沙河街组三段、沙河街组一段以及东营组三段三套优质烃源岩，属于典型的富烃凹陷，是渤海油田的主力勘探区。

渤中 19-6 构造位于渤中凹陷西南部，东南方向为渤南低凸起，西部为埕北低凸起，南接黄河口坳陷，北接渤中坳陷主洼地带，为渤中坳陷西南次洼和南次洼夹持。其构造背景整体表现为近南北向的洼中隆起带，内部被多条近东西向断层及派生断层所分割[图 1(b)]。潜山顶面构造呈现北低南高的特点，垂向上含油气层为主要为太古界变质岩，其上为角度不整合界面，与古近系地层相接[图 1(c)]。

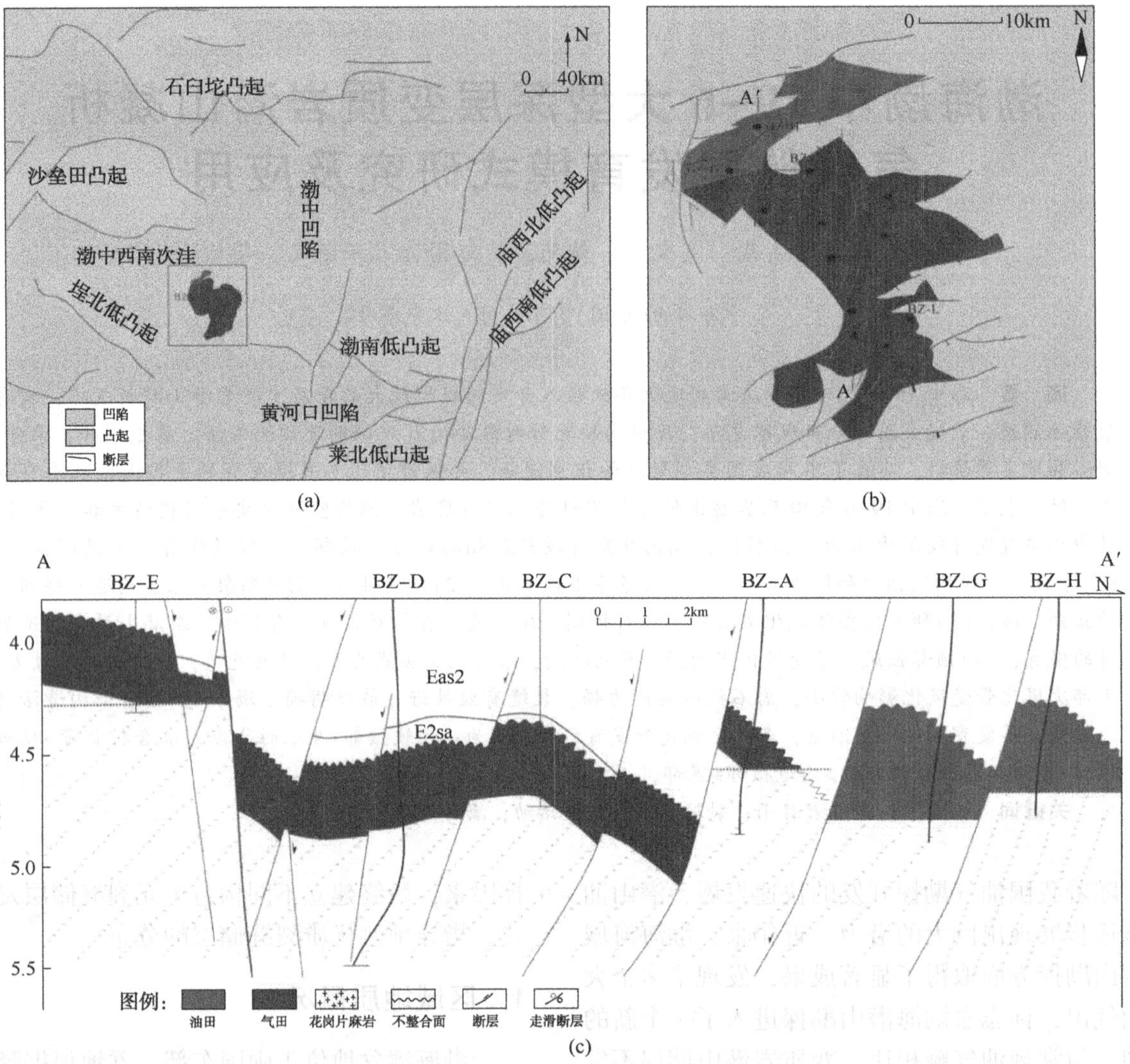

图1　渤中19-6气田区域位置及油藏剖面

2　变质岩潜山储集体发育特征

2.1　变质岩潜山岩性

根据区域钻井岩心、壁心资料，结合薄片鉴定结果，研究区太古界潜山主要发育变质岩和侵入岩两大类，变质岩为研究区潜山钻遇的主要岩性。其中，变质岩包括区域变质岩和动力变质岩[图2(a)~(c)]。区域变质岩以花岗片麻岩为主，呈浅灰色，成分主要为石英、长石，少量暗色矿物，显晶质中粒结构，致密，坚硬；动力变质岩主要包括碎裂化片麻岩和碎裂岩。

研究区侵入岩根据岩浆性质可划分为中性以及基性岩脉[图2(d)-(f)]。中性岩脉以闪长玢岩为主，灰色，成分主要由基质组成，长石及角闪石斑晶蚀变严重，斑状结构，致密、坚硬；基性岩脉主要为辉绿岩，具有典型的辉绿结构。

2.2　变质岩潜山储集空间特征

岩心及铸体薄片资料均表明潜山储集空间具有双重介质的特点，储集空间包括孔隙和裂缝，其中，裂缝类型又分为构造缝和风化缝。

孔隙类型主要为颗粒粒间孔及溶蚀孔隙[图3(a)、(f)]。颗粒粒间孔主要为碎裂颗粒粒间孔。溶蚀孔隙以易溶矿物斜长石和角闪石或者粒间、裂缝中的碳酸盐类填隙物溶蚀孔隙较为常见。

构造缝为主要受构造作用控制形成的裂缝。构造缝一般裂缝倾角较大，地震剖面上具有典型成组发育的高角度特征。薄片显示构造缝一般碎裂化程度高，充填程度低，有效性好[图3(c)、(d)]。岩心显示构造缝张开度大，构造缝发育段岩心一般较为破碎。

风化缝为主要受风化、成岩作用控制形成的裂缝。受风化作用影响，风化缝一般杂乱无章，多数不规则，总体倾角较小。地震剖面上一般无典型成组发育的高角度特征，地震相较为杂乱。薄片显示风化缝一般碎裂化程度高，充填程度高，有效性略差[图3(b)、(f)]。岩心显示风化缝张开度小，有效性略差，风化缝发育段岩心一般较为完整[图3(e)]。

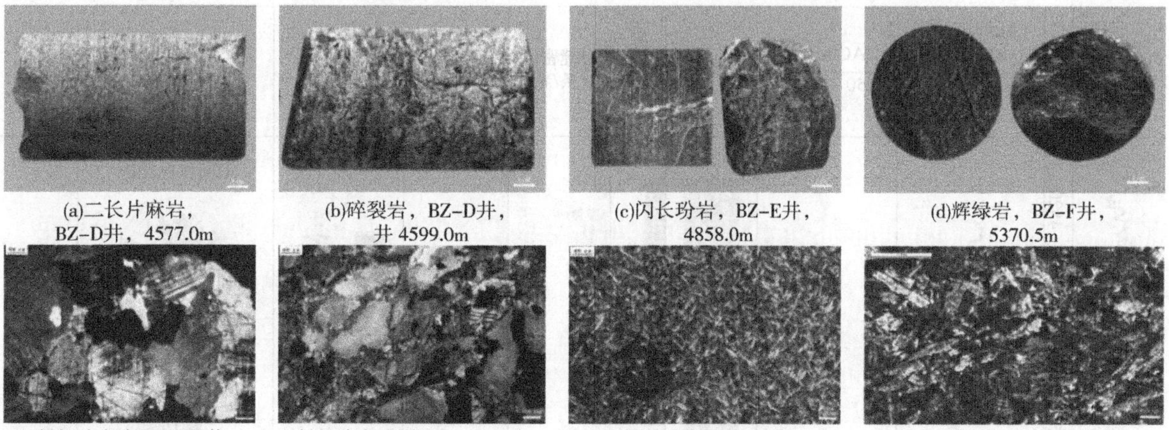

(a)二长片麻岩，BZ-D井，4577.0m　(b)碎裂岩，BZ-D井，井4599.0m　(c)闪长玢岩，BZ-E井，4858.0m　(d)辉绿岩，BZ-F井，5370.5m

(e)斜长片麻岩，BZ-D井，4692m　(f)斜长片麻碎裂岩，BZ-D井，井4700m　(g)闪长玢岩，BZ-D井，4577m　(h)辉绿岩，BZ-F井，4025.0m

图2　渤中19-6气田主要岩性类型

(a)粒间孔,BZ-C井,4432.0m，铸体薄片　(b)风化缝，BZ-C井,4650.0m，薄片　(c)构造缝，BZ-D井，4600.5m，薄片　(d)构造缝，BZ-D井，4602.50m，岩心　(e)风化缝，BZ-A井，4432.4m，岩心　(f)风化缝、溶蚀缝，BZ-D井，4595.30m，岩心

图3　渤中19-6气田主要储集空间类型

2.3　不同类型裂缝识别图版

结合区域构造应力分析，综合钻井、测井、成像、生产动态等资料开展不同类型成因识别，形成构造缝、风化缝判别图版，为裂缝储层主控因素、发育模式研究奠定基础(图4)。

构造缝一般分布于褶皱核部、走滑带及持续活动性大断层附近。电测曲线呈“刺刀状”，电阻率基质较高(>500Ω)，回返特征较为明显；电成像上表现为开度较大、相互独立的正弦曲线，倾角多为高角度缝(60～90°)，裂缝走向相对较为单一。实钻储层较薄，储层净毛比普遍较低(25%~35%)，且钻井过程中构造缝发育段通常会出现较大量的钻井液漏失现象。结合生产动态资料分析，构造缝较发育的生产井生产能力较强，日产油当量>300方，且生产压差较小(1~2MPa)。

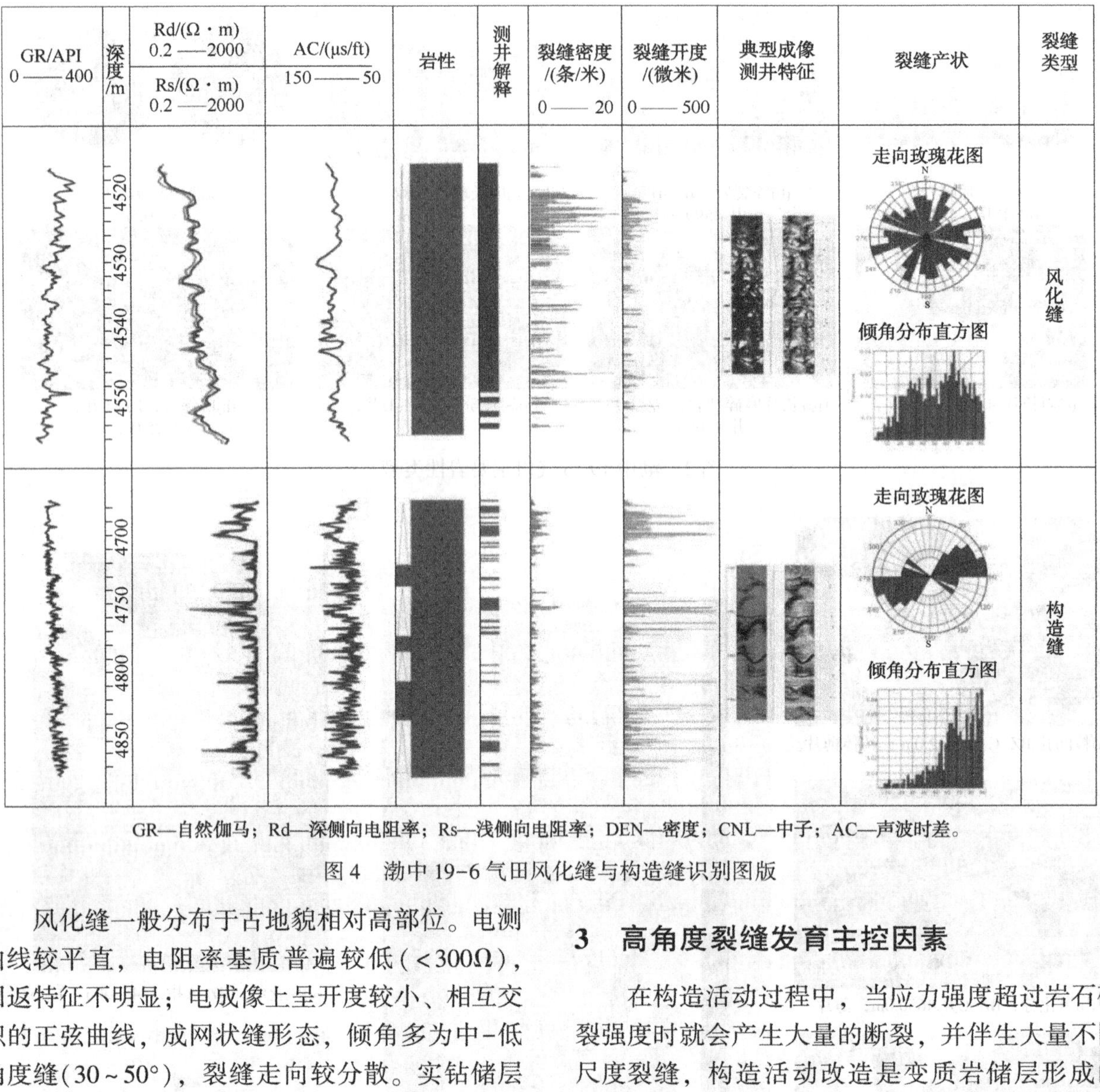

GR—自然伽马；Rd—深侧向电阻率；Rs—浅侧向电阻率；DEN—密度；CNL—中子；AC—声波时差。

图4　渤中19-6气田风化缝与构造缝识别图版

风化缝一般分布于古地貌相对高部位。电测曲线较平直，电阻率基质普遍较低(<300Ω)，回返特征不明显；电成像上呈开度较小、相互交织的正弦曲线，成网状缝形态，倾角多为中-低角度缝(30~50°)，裂缝走向较分散。实钻储层较厚，储层净毛比高(40%~70%)。风化缝发育位置钻完井过程中一般不出现较大量的漏失，或无漏失。结合生产动态资料分析，风化缝较发育的生产井产能略低于构造缝发育的开发井，日产油当量100~200方，且生产压差较小(10MPa)。

总体来说，渤中19-6气田构造缝普遍为高角度缝，裂缝发育段净毛比低(30%)，产出能力强，属于主力产出层段；风化缝以中-低角度网状缝为主，裂缝发育段净毛比高(70%)，但产出能力相对变弱，明确构造缝属于优势裂缝。

3　高角度裂缝发育主控因素

在构造活动过程中，当应力强度超过岩石破裂强度时就会产生大量的断裂，并伴生大量不同尺度裂缝，构造活动改造是变质岩储层形成的外因。

3.1　构造应力场背景分析

渤中19-6气田潜山经历多期次构造运动影响，印支早期，华北板块与扬子板块发生强烈的碰撞作用，研究区内部受南北向的强挤压应力作用，形成一系列近东西向的逆冲断层及宽缓褶皱，伴生大量近东西向构造裂缝；印支晚期，挤压应力方向转为北东向，研究区受北东向挤压应力影响，形成北西向逆冲断裂；燕山期，受太平洋板块向北北西方向的低角度俯冲，同时郯庐断裂发生左旋走滑作用，研究区受北西向挤压应力以及北东—南西向左行剪切应力场，形成北东向断裂；喜山期，受南北向拉张及郯庐断裂发生右旋走滑剪切应力场的双重影响，将早期形成的近东西、北西和北东向断裂发生伸展活化，反转形成正断层(图5)，喜山晚期整体断陷下沉，潜山整体构造面貌最终定型。

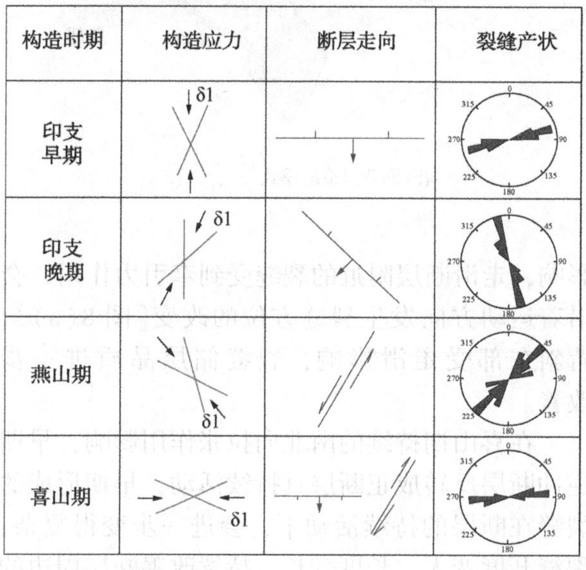

图5　渤中19-6气田区域应力场及裂缝发育期次

3.2　构造期次

构造裂缝发育程度受构造应力强弱影响，但多期次构造运动会使裂缝形成和改造趋于复杂。目前研究区缺乏对于不同构造运动时期形成的裂缝的精细识别。根据不同构造活动时期受到不同方向应力作用，形成不同走向的裂缝，因此通过裂缝走向来判断裂缝形成时期具有合理性。本文基于研究区的不同构造运动背景下的造缝机理，根据薄片、岩心、FMI成像测井分析，完成全区15口井的单井裂缝精细表征与分期配套。

印支早期受南北向挤压影响，形成近东西方向的构造裂缝；印支晚期受北东向挤压应力，形成北西方向的裂缝；燕山期受北西向挤压应力及左旋剪切应力应力影响，形成北东向张裂缝；喜山期受拉张应力及右旋走滑剪切应力作用，在活化早期裂缝同时，也形成少量近东西向的张裂缝。根据裂缝的走向可基本判断裂缝形成时期，然而印支早期和喜山期形成的裂缝走向基本一致，考虑喜山期的构造发生反转，导致印支早期形成的近东西向的裂缝的倾角变小，以中高角度(40~60°)为主，而喜山期形成的张裂缝以高角度(70~90°)为主，因此在区分印支早期和喜山期的裂缝需要增加裂缝倾角因素辅助判断(图6)。

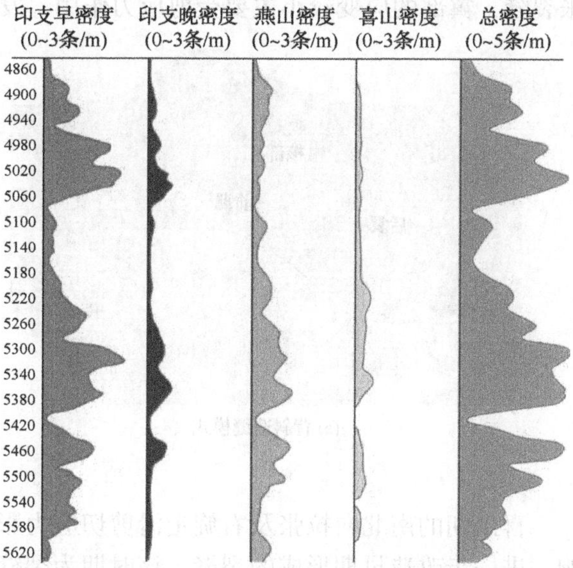

图6　BZ-C井不同期次裂缝识别划分

根据上述判别原理，通过对薄片、岩心、FMI成像测井资料进行分析，完成研究区单井裂缝不同期次的精细识别。以BZ-C井为例，整个井段不同深度的裂缝密度为0~5.2条/米，平均为3.8条/米，通过对不同时期的裂缝精细识别，其中印支早期裂缝密度为0~3条/米，平均为2.2条/米；印支晚期裂缝密度为0~1.5条/米，平均为0.8条/米；燕山期裂缝密度为0~2.2条/米，平均为1.4条/米；喜山期裂缝密度为0~0.8条/米，平均为0.4条/米。根据单井裂缝精细识别，印支早期裂缝密度最大，属于主裂缝发育期，燕山期裂缝密度次之，为次裂缝发育期(图6)。

3.3　构造裂缝形成机理

通过单井裂缝表征与分期配套确定印支早期属于主裂缝发育期，燕山期为次裂缝发育期。其中印支早期主要受南北向挤压形成东西向成排的多个近东西向断背斜、背斜，燕山期走滑断层、边界大断层开始活动。因此褶皱与断层活动共同控制了研究区构造缝的形成，早期的褶皱活动形成裂缝，后期断层活动(走滑、生长)活化改造裂缝。

印支早期研究区受南北向的挤压应力作用，形成近东西向背斜及断背斜构造(BZ-H区命名为断背斜1构造，BZ-G井区命名为断背斜2构造，BZ-B/C/D井区属于完整背斜构造)，对于背斜构造可进一步划分为核部和翼部，受挤压应力影响背斜核部的应变最大，受张应力作用发育张裂缝，翼部的应变较小主要受剪应力作用，发育共轭剪切缝(图 7)。

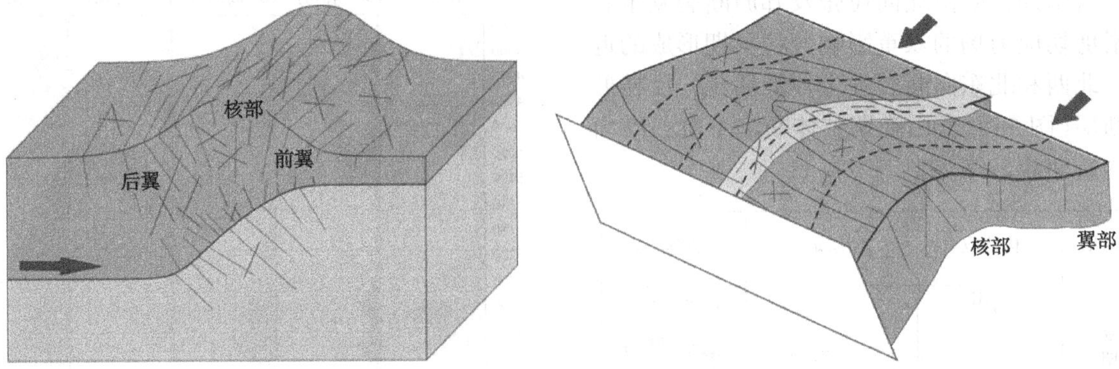

(a) 背斜造缝模式　　(b) 断背斜造缝模式

图 7

喜山期的南北向拉张及右旋走滑剪切应力影响，进一步改造早期形成的裂缝，该时期为裂缝改造时期，其主要有走滑断层的改造以及生长正断层的活化作用。

走滑断层的不同部位的应力存在较大差异，因此对裂缝的改造结果不同。在两组走滑断层相对接的复合部位，其内部受到方向不均一的挤压应力影响，一方面使早期裂缝的方位发生变化，同时会形成新裂缝，将裂缝网络复杂化。在单走滑断层的弯曲部位，由于受走滑断层的剪切作用影响，走滑断层附近的裂缝受到牵引力作用，会沿着运动方向发生裂缝方位的改变[图 8(a)]，背斜东部受走滑影响，裂缝储层品质进一步改善。

在喜山期持续的南北向拉张作用影响，早期逆冲断层反转成正断层且持续活动，早期形成的裂缝在断层的持续活动下，会进一步变得复杂，裂缝开度变大、长度变长，持续改善断层周边的裂缝发育[图 8(b)]，断背斜 1 构造受生长性边界大断层影响，裂缝进一步活化。

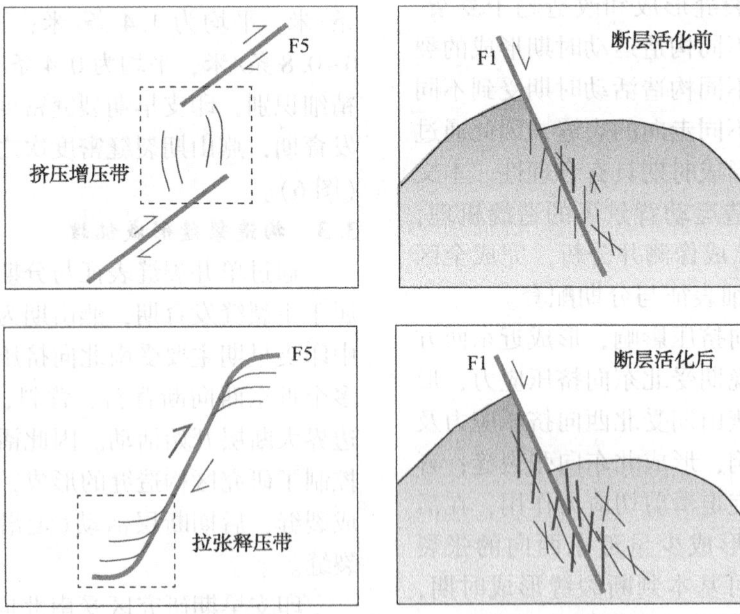

(a) 走滑断层对裂缝的改造　　(b) 生长正断层对裂缝改造

图 8

4 储层发育模式

渤中 19-6 气田变质岩潜山锆石测年年龄为古元古-新太古代(2500Ma)，相对渤海其他变质岩潜山(渤中 26-6、锦州 25-1 南潜山)岩石年龄(3200Ma)更为年轻，上伏覆盖中生界地层，埋藏较早，暴露时间较短，风化改造作用相对渤海其他变质岩潜山弱。岩石的抗压实能力较强，保证了构造裂缝能够得以在深埋条件下有效保存。

基于古构造活动造缝、风化作用改缝，建立渤中 19-6 不同类型潜山储层模式，主要发育 2 个断背斜、1 个背斜、1 个走滑区(图 9，表 1)，并结合新钻井完成裂缝储层参数(净毛比、开度及倾角)平面分布图(图 10)，与储层发育模式认识具有较好得一致性，背斜/断背斜核部及持续性活动大断层附近裂缝开度大，褶皱核部裂缝倾角大。

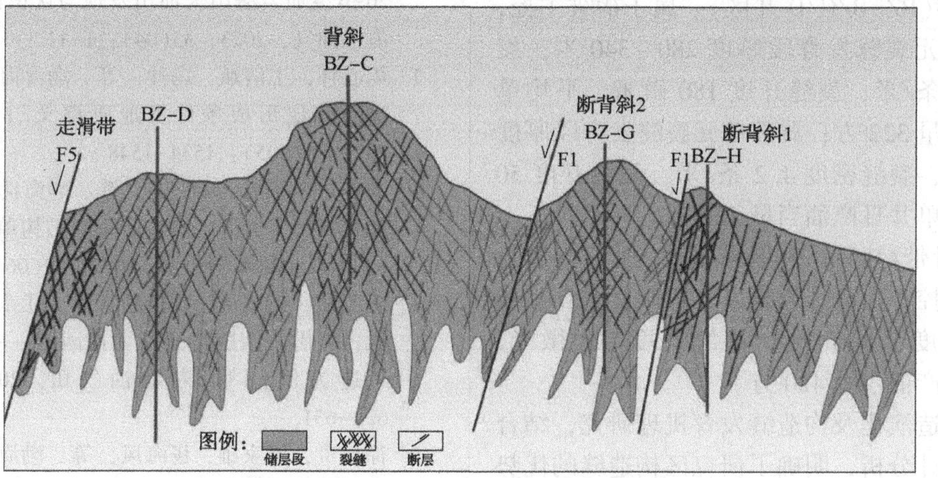

图 9　渤中 19-6 气田构造裂缝储层发育模式

表 1　不同井区裂缝主控因素及开发井产能统计

井区	主控因素	构造单元	井数/口	储层段厚度/米	裂缝密度/条/米	裂缝开度/微米	单井日产油当量/(方)
BZ-H	褶皱+生长断层双控	核部	2	260~340	3.3	243	458
		翼部	2	180~240	4.5	69	205
BZ-G	褶皱主控	核部	2	220~360	3.2	178	385
		翼部	1	160~220	4.6	46	182
BZ-B/C/D	褶皱主控	核部	5	280~340	3.3	180	322
		翼部	3	120~150	4.2	50	126
BZ-D 东部	褶皱+走滑断层双控	走滑区	2	220~290	2.8	224	420

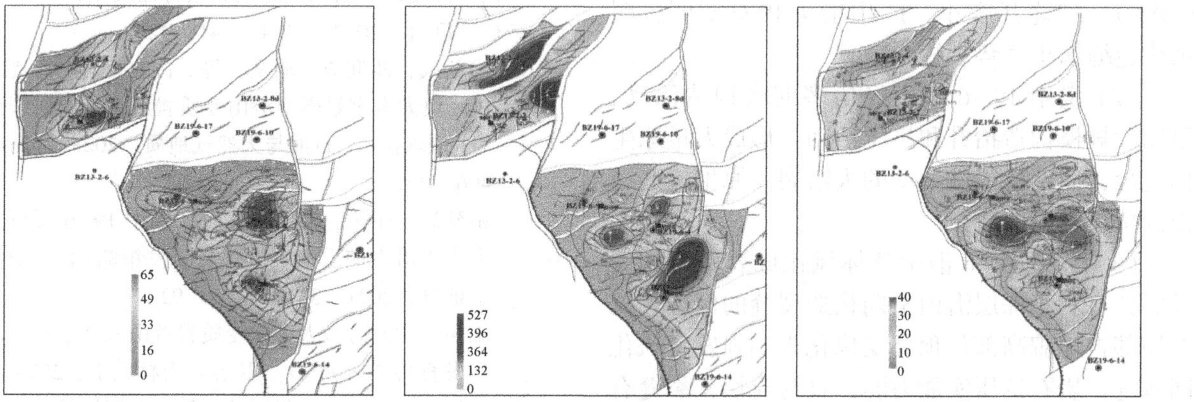

(a) 渤中19-6储层净毛比分布　(b) 渤中19-6裂缝开度分布　(c) 渤中19-6裂缝倾角分布

图 10

① 断背斜 1(BZ-H 井区)。属于褶皱与生长性断层双控，其中核部单元裂缝发育段厚度 260~340 米，裂缝密度 3.3 条/米，裂缝开度 243 微米，平均单井日产油当量 458 方；翼部单元裂缝发育段厚度 180~240 米，裂缝密度 4.5 条/米，裂缝开度 68 微米，平均单井日产油当量 205 方。

② 断背斜2(BZ-G井区)。属于褶皱主控，其中核部单元裂缝发育段厚度220~360米，裂缝密度3.2条/米，裂缝开度178微米，平均单井日产油当量385方；翼部单元裂缝发育段厚度160~220米，裂缝密度4.6条/米，裂缝开度46微米，平均单井日产油当量182方。

③ 背斜(BZ-B/C/D井区)。属于褶皱主控，其中核部单元裂缝发育段厚度280~340米，裂缝密度3.3条/米，裂缝开度180微米，平均单井日产油当量322方；翼部单元裂缝发育段厚度120~150米，裂缝密度4.2条/米，裂缝开度50微米，平均单井日产油当量126方。

④ 走滑带(BZ-D井区东部)。属于褶皱与走滑断层双控，走滑带裂缝发育段厚度220~290米，裂缝密度2.8条/米，裂缝开度224微米，平均单井日产油当量420方。

通过构造演化及构造缝发育机理研究，结合生产动态统计分析，明确了研究区构造缝的优势成储序列，构造缝发育程度表现为：褶皱核部+生长性大断层联合控制带>褶皱核部+走滑断层联合控制带>构造核部>翼部。

5　结论

（1）渤中19-6深层基岩潜山储集体岩性为花岗片麻岩，储集空间主要发育构造缝和风化缝两种类型裂缝，其中构造缝储层普遍为高角度缝，裂缝发育段净毛比低(30%)，裂缝开度大、产出能力强，属于主力产出层段；风化缝储层以中-低角度网状缝为主，裂缝发育段净毛比高(70%)，裂缝开度小、产出能力相对变弱，明确构造缝属于优势裂缝。

（2）渤中19-6潜山经历多期次构造活动，早期大规模构造抬升和挤压活动，形成大量原生构造缝，后期持续性活动的大断裂使原生构造缝得到持续正向改造。

（3）渤中19-6潜山整体风化成岩作用相对较弱，有利于深层潜山早期构造裂缝的保存。仅在局部古地貌高部位顶部受风化影响强发育风化网状缝，岩石抗压实能力弱，且易充填，裂缝有效性较差。

（4）通过储层发育主控因素综合研究，表明渤中19-6潜山构造活动为裂缝储层发育主要控制因素，并明确了研究区构造缝的优势成储序列，构造缝发育程度表现为：褶皱核部+生长性大断层联合控制带>褶皱核部+走滑断层联合控制带>构造核部>翼部。

参 考 文 献

[1] 周家雄，杨海风，官大勇，等．渤海湾盆地渤中26-6变质岩潜山大油田发现与认识创新[J]．中国海上油气，2023，35(04)：1-11.

[2] 周心怀，王清斌，冯冲，等．渤海海域大型太古界潜山储层形成条件及地质意义[J]．地球科学，2022，47(05)：1534-1548.

[3] 衣健，李慧勇，单玄龙，等．渤海湾盆地渤中凹陷太古宇变质岩潜山储集层垂向结构单元划分与识别[J]．石油勘探与开发，2022，49(06)：1107-1118.

[4] 王茂桢，王冰洁，杨传超，等．辽东湾坳陷斜坡型太古界潜山储层特征及主控因素——以锦州25-A构造为例[J]．断块油气田，2023，30(04)：624-631.

[5] 徐长贵，周家雄，杨海风，等．渤海湾盆地大型变质岩潜山油田勘探发现及地质意义[J]．石油学报，2023，44(10)：1587-1598+1611.

[6] 牛成民，王昕，叶涛，等．渤中凹陷西南部大型变质岩潜山裂缝特征及预测方法[J]．石油钻采工艺，2018，40(S1)：66-69.

[7] 徐长贵，杜晓峰，刘晓健，等．渤海海域太古界深埋变质岩潜山优质储集层形成机制与油气勘探意义[J]．石油与天然气地质，2020，41(02)：235-247.

[8] 叶涛，牛成民，王清斌，等．渤海湾盆地大型基岩潜山储层特征及其控制因素——以渤中19-6凝析气田为例[J]．地质学报，2021，95(06)：1889-1902.

[9] 许鹏，牛成民，李慧勇，等．渤海湾盆地渤中凹陷西南部变质岩潜山裂缝型储层特征及主控因素[J]．矿产勘查，2022，13(4)：418-427.

[10] 廖新武，谢润成，周文，等．古地貌对渤海湾盆地B区块太古宇暴露型潜山变质岩风化带储层裂缝发育的影响[J]．石油与天然气地质，2023，44(02)：406-417.

[11] 范廷恩，牛涛，范洪军，等．渤中19-6凝析气田太古界潜山储层地质模式及开发策略[J]．中国海上油气，2021，33(03)：85-92.

[12] 王蔚．渤海海域太古宇变质岩潜山构造演化及其裂缝发育特征研究[D]．长春：吉林大学，2023.

[13] 肖述光，吕丁友，侯明才，等．渤海海域西南部中生代构造演化过程与潜山形成机制[J]．天然气工业，2019，39(05)：34-44.

[14] 徐长贵．渤海海域大型伸展-走滑复合断裂特征与控藏作用[J]．中国海上油气，2022，34(06)：1-13.

渤海海域渤中26-6走滑-断块型潜山差异成藏主控因素研究

宿　雯　石文龙　梁　晓　白　冰　高雁飞

[中海石油(中国)有限公司天津分公司]

摘　要　渤南低凸起渤中26-6潜山取得良好的勘探效果，但钻井也揭示了潜山油气成藏的复杂性，不同断块油气藏高度不一、油水界面差异大。为厘清潜山内幕封隔机制及差异成藏的主控因素，本次研究以断裂带结构精细研究为主线，明确断块型潜山侧向和垂向保存主控因素与参数。首先，围绕变质岩潜山内幕封隔的核心问题，创新提出致密糜棱岩侧封新认识，建立了致密糜棱岩带"深剪切控形成-强剥露控分布-弱活化控保存"的形成机制，实现了"一山多圈"的成功实践；并提出潜山油藏富集的关键在于调整断层的纵向连通程度，建立应力和成岩胶结封闭联合作用下断裂带垂向保存模式。基于上述分析，本文形成一套走滑-断块型潜山圈闭有效性的评价思路，指导断块型潜山圈闭的识别与优选。

关键词　渤中26-6潜山；潜山油藏封隔；断裂带糜棱岩；应力封闭；成岩胶结；断块优选

渤中26-6潜山位于渤海海域南部，是太古界基底在燕山断裂作用下形成的多组变质岩-断块圈闭，该潜山带南北紧邻黄河口凹陷和渤中凹陷，油源充足，成藏条件优越。经过几年的探索和评价，潜山带发现探明地质储量2亿方(油当量)，成为目前全球最大的变质岩油田。随着勘探程度的不断深入，钻井揭示了潜山成藏的复杂性，证实潜山内幕存在多套流体系统，在风化壳储层稳定分布的条件下，断层侧向分隔的机制尚不清晰。潜山油藏封隔研究主要集中在碳酸盐岩地层中，往往是受到碳酸盐岩地层岩性差异变化控制，潜山储集层的上倾方向发育致密岩性，而针对太古界均质岩性控制下的潜山断层封隔无可借鉴模式。同时东、西块呈现明显的含油层系和潜山油气藏丰度差异，前人研究认为油气藏丰度多受盖层条件控制，但渤中26-6潜山带盖层厚度和成岩环境相似，油藏垂向保存条件仍需深入研究。本次研究以渤中26-6潜山油气差异成藏为核心，以断裂带结构精细研究为主线，开展潜山分隔机制和富集模式分析，明确断块型潜山的侧向和垂向保存主控因素与参数，对断块型潜山圈闭的识别和优选具有重要意义。

1　地质概况

渤中26-6油田位于渤海海域中南部渤南低凸起西段，表现为近东西向边界大断层夹持的大型古隆起，南、北两侧分别被黄河口凹陷、渤中凹陷两大富烃凹陷夹持。研究区潜山地层纵横向变化较大，低凸起高部位仅发育太古界地层，向东北方向潜山地层下倾，依次出露下古生界和中生界地层，潜山上覆新生界，自下而上发育古近系东二下亚段、东二上亚段、东一段，新近系馆陶组、明化镇组和第四系平原组。渤中26-6构造自太古宇结晶基底形成以来，经历了多期构造运动事件，其中印支、燕山、喜山运动对现今潜山圈闭发育起到明显的控制作用。印支挤压逆冲形成东西向大型褶皱古隆起；燕山运动发育多组北东向逆冲断层，对先存东西向褶皱切割分块，单一构造圈闭被改造为复杂断块；喜山早期，区域伸展南北两侧沉降，构造主体区仍遭受风化剥蚀，至喜山晚期，区域沉降，形成现今一系列断块潜山。

2　断块型潜山油藏侧封封隔机制分析

已钻井揭示断块潜山之间油水界面不统一，存在构造高部位见水，低部位仍然有油的现象，表明北东向断层对油藏具有较强的封隔作用。然而，这种封隔具体机制，前人尚未进行过详细研究。下文将围绕变质岩潜山内部封隔的核心问题展开分析论述。

2.1　糜棱岩断裂带的发育是潜山油藏封隔的关键

渤中26-6构造南部断阶带BZ26-5-A井钻

遇太古界潜山内幕断层，断面岩性为糜棱岩，厚度达100m，显微镜下薄片可见岩石成分主要见黑云母、绿泥石，暗色矿物明显多于浅色矿物，极细粒碎基占比高达90%，粒度稍粗的碎斑只占10%，塑性变形呈现明显的流动构造的糜棱结构、定向构造(图1)。

糜棱岩塑性变形、定向排列的极细粒碎基胶结致密，明显降低了岩石的孔渗性。16组岩心物性和突破压力测试表明，糜棱岩带平均孔隙度仅有0.57%，与泥岩孔隙度相当，为极致密超低孔型岩石，突破压力介于10.13～70.35MPa(图2)，为泥岩的2～3倍，对断层带附近的油气运移起到阻隔作用，具有优越的封堵能力。

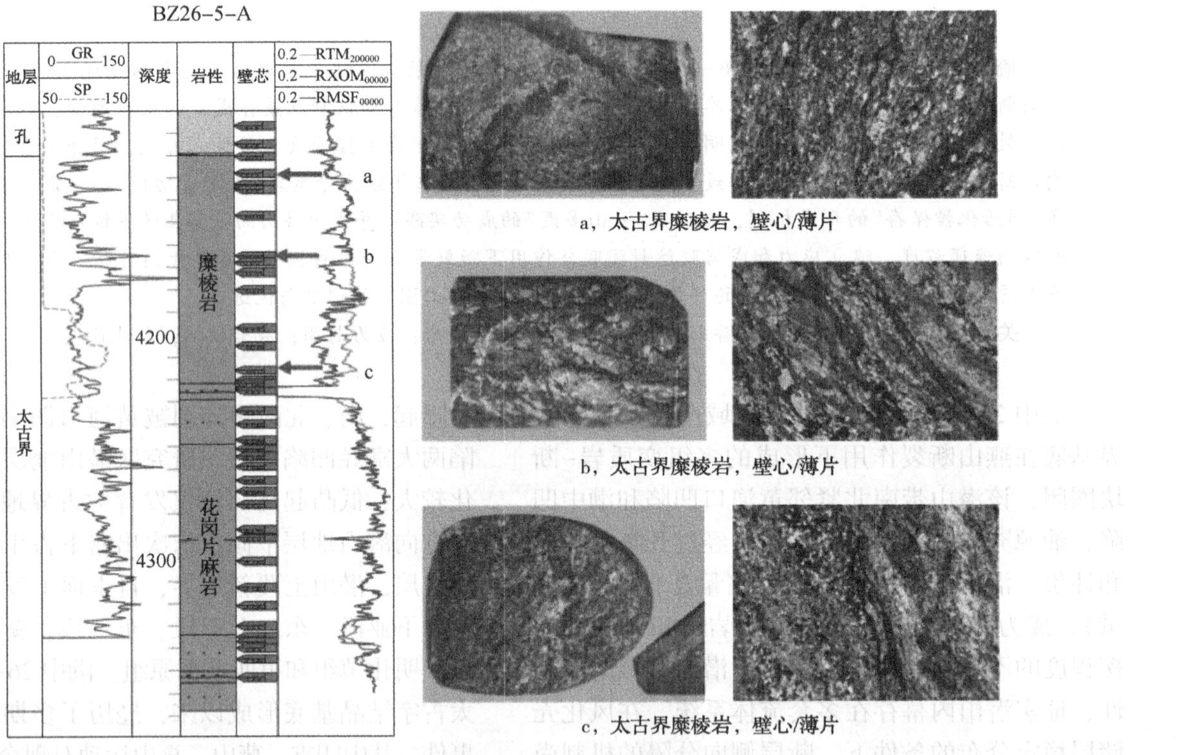

图1　BZ26-5-A井钻遇糜棱岩岩性和微观结构特征

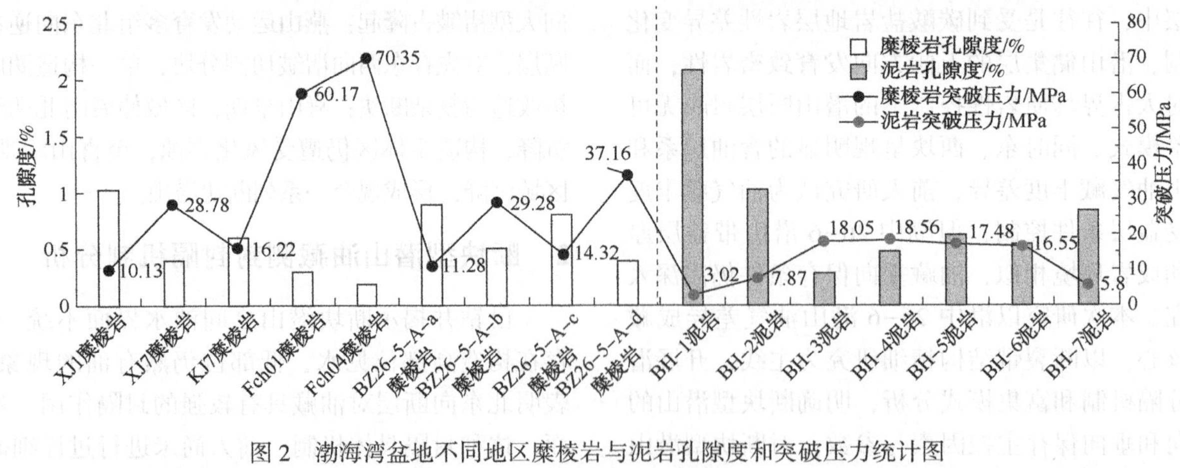

图2　渤海湾盆地不同地区糜棱岩与泥岩孔隙度和突破压力统计图

2.2　致密糜棱岩的形成机制

稳定连续分布的糜棱岩为潜山油藏的侧向分隔提供物质基础，通常被认为是发育在地壳深部(中地壳)的糜棱岩塑性剪切带，出现在埋深仅3000m的潜山顶面，反映了糜棱岩在深部形成后，经历了漫长的地质作用改造，并且在现今相对较浅的埋藏环境下仍然具有很强的封隔能力。因此，糜棱岩的形成机制和侧封能力的控制因素值得详细分析和探讨。

2.2.1 燕山运动早期地壳深部左旋走滑剪切作用控制了糜棱岩的形成

糜棱岩镜下薄片可以观察到很明显的矿物和碎斑旋转现象，长石矿物解理旋向为左旋特征，同时BZ26-5-A井所钻遇糜棱岩中云母定年实验显示(图3)，该井段糜棱岩化发生在中生代中晚期(距今190~120Ma)，与郯庐断裂带早期左旋走滑时间相吻合，说明该岩石形成与燕山造山运动中的深部韧性强压扭作用密切相关。利用主量元素进行相平衡模拟，模拟结果揭示了糜棱岩形成于中温(250~300℃)高压(平均值400MPa)环境(图4)。综合形成时期、环境判定，渤中26-6潜山断裂带发育的糜棱岩为左旋走滑断裂带的深部产物。

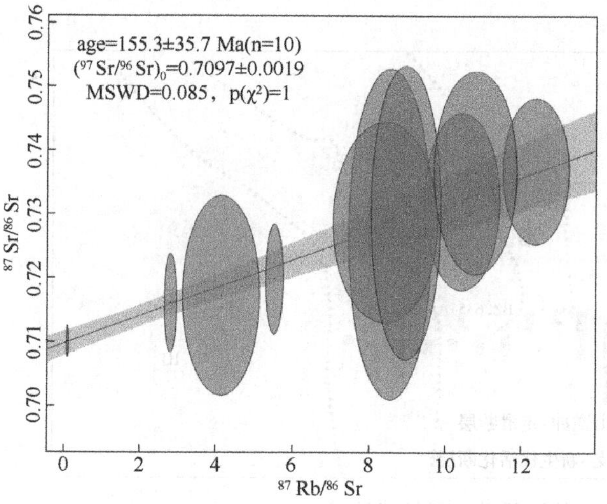

图3 BZ26-5-A井糜棱岩云母年龄特征

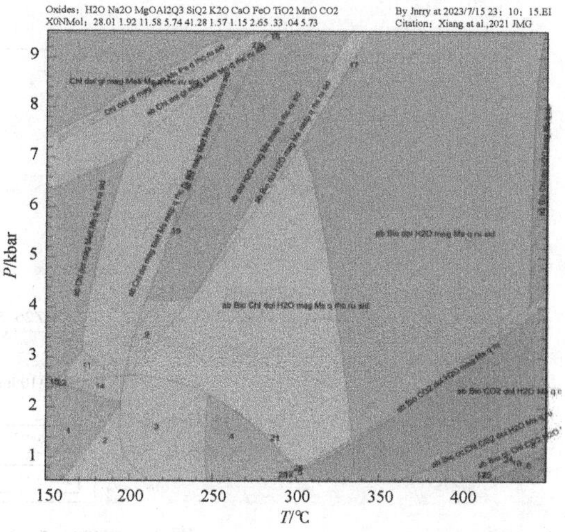

图4 BZ26-5-A井糜棱岩主量元素相平衡模拟

2.2.2 持续性的强隆升剥蚀使得深部形成的糜棱岩逐渐抬升到浅层

渤中26-6潜山上覆地层为东营组，潜山带历经燕山走滑逆冲、新生代裂陷-断陷期的持续隆升，自糜棱岩形成至东营组沉积，遭受长达130Ma的暴露剥蚀(图5)。渤南低凸起作为早期的持续性隆起，自中生代以来，为黄河口凹陷提供稳定物源，中生界-沙河街组沉积厚度超过4000m，根据变质岩成砂率70%估算，渤南低凸起累计剥蚀量约6000m。持续隆起和强烈的风化剥蚀，使得变质岩基底断裂变形的上地壳脆性段碎裂岩不复存在，而中地壳韧性剪切带的糜棱岩被抬升到地表浅层，形成潜山上部风化壳储层带内的稳定致密岩墙。

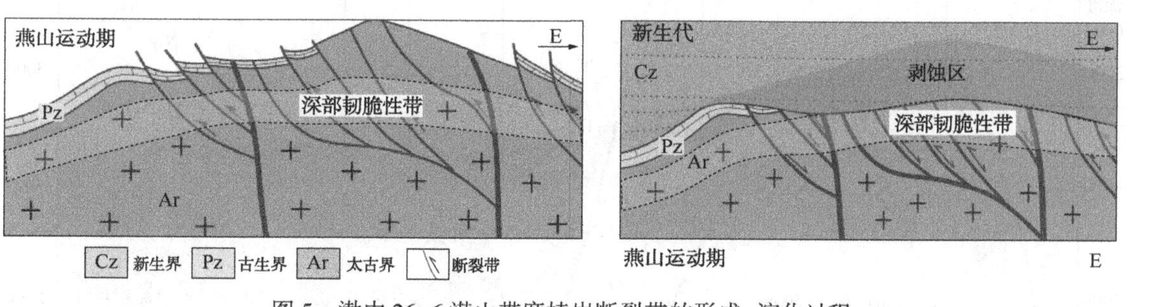

图5 渤中26-6潜山带糜棱岩断裂带的形成-演化过程

2.2.3 晚期弱构造运动改造使得糜棱岩的封隔能力得以留存

原始形成的糜棱岩由于其致密的结构、构造以及横向分布的稳定性，是封隔流体的天然屏障，在漫长的地质隆升过程中，如果遭受后期构造成缝作用的强烈改造，必然会增大岩石的孔渗性，内部发育的连通缝还会成为流体运移的通道，断块间的封隔能力势必大大降低。只有在隆升剥蚀后接受快速沉降，稳定沉积，不被新生代强烈活动改造，才能保证糜棱岩不被破坏，其封隔能力得以保存。

从物性上来看，BZ26-5-A井和BZ26-5-B

井均揭示糜棱岩，但两者改造程度存在差异：A井钻遇致密糜棱岩带，孔隙度小于2%，反映后期较弱的构造活动改造特征；B井糜棱岩带裂缝发育、蚀变明显，反映后期构造活动改造较强，实测孔隙度4-8%，孔隙度变大，封闭能力下降。

平面断层分段活动性也印证了上述特征(图6)，上述两口井均位于燕山期形成的断裂带附近，但B井区F1断层活动速率最大达36m/Ma，累计断距大，断裂带发育大量诱导裂缝，表明新生代强断陷，明显破坏了糜棱岩的致密性。而A井区为缓坡，F2断层最大活动速率为22m/Ma，最小仅有6.7m/Ma，累计断距小，反映构造活动相对较弱，这使得A井区的糜棱岩较好地保存了原始封隔能力。据此可标定，研究区新生代活动速率小于22m/Ma的弱改造带才能保存致密糜棱岩。

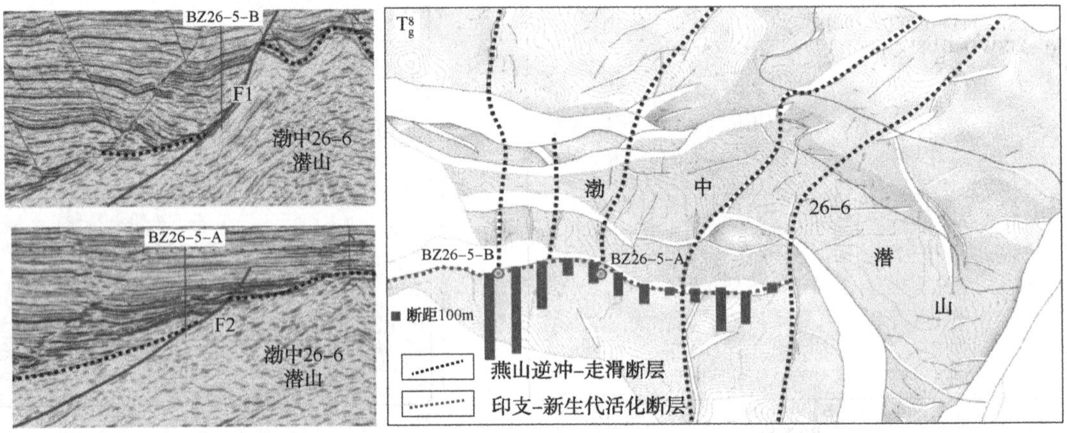

图6　BZ26-5-A/B井区构造活动差异性对比

综上，可以明确致密糜棱岩“深剪切控形成-强剥露控分布-弱活化控保存”的形成和保存机制，是潜山内部油藏封隔的关键，即：地壳深部的韧性剪切作用控制了致密糜棱岩的形成，持续性隆升和强烈风化剥蚀控制了糜棱岩的纵向分布，新生代晚期弱的构造活动控制着糜棱岩的保存。

基于糜棱岩断裂带封闭机理，尤其是对在构造解释过程中容易被忽视的新生代未活化的内幕潜山同样具有强封隔性的新认识，厘清了渤海潜山油气侧封模式，建立了渤中26-6潜山带阶梯式成藏模式(图7)。

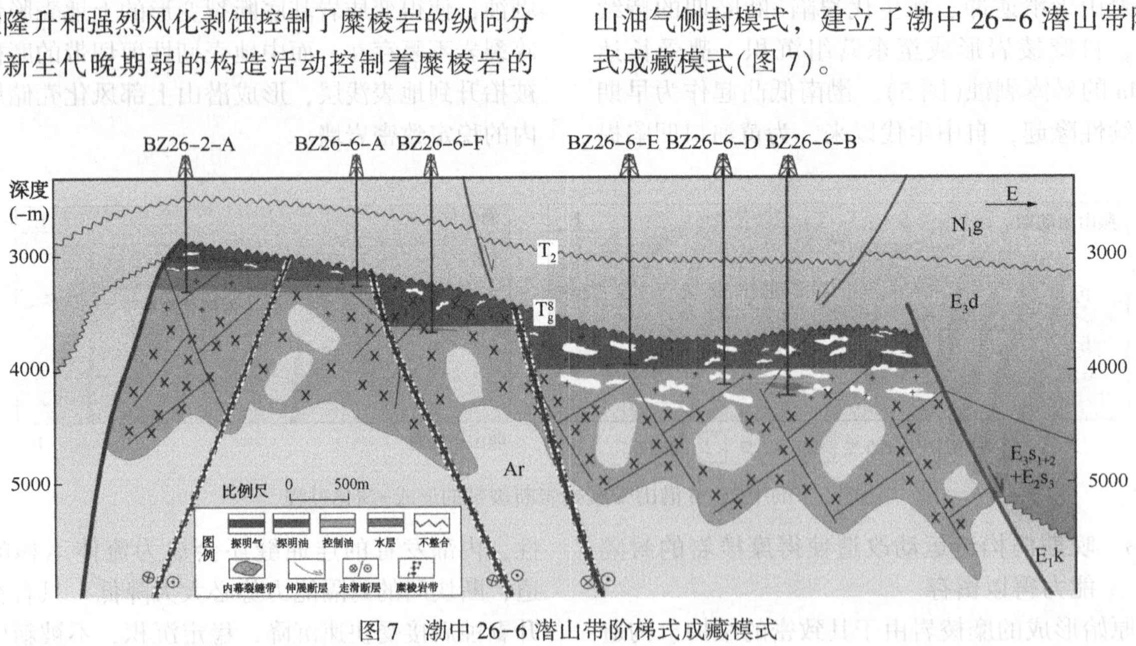

图7　渤中26-6潜山带阶梯式成藏模式

3　断块型潜山油藏垂向保存机制分析

传统认为盖层条件直接决定了潜山油气藏的富集程度，渤海湾盆地大中型油气田盖层岩性普遍为泥岩，泥岩的厚度、平面展布、孔隙结构及突破压力等因素决定了盖层的封闭能力。在对渤中26-6潜山油气藏盖层研究过程中发现，BZ26-6-A井泥岩厚度约210m，太古界油气藏烃柱高度仅有170m，BZ26-6-F井区泥岩厚度约240m，烃柱为370m，BZ26-6-B井区泥岩厚度约250m，烃柱高达628m，显然潜山油藏盖层泥岩的厚度与烃柱高度不是正相关的关系，传统观点较难解释。从油气藏的破坏角度，断裂既可以作为积极的一面——对油气藏起到侧向封堵作用，也可以作为消极的一面——对油气藏起到运移破坏的作用，本文基于区域构造解释、岩石薄片分析和同位素分析等手段，认为东西两侧断裂带内部应力状态和和成岩作用存在较大的差异，压应力封闭和成岩胶结决定了东断块油气藏油柱高度和富集程度。

3.1 应力封闭

含油气盆地断裂带内的应力分布状态对油气运聚以及保存具有关键控制作用，拉张断层断面开度大，断层角砾岩具有良好的孔渗结构，往往具有良好的油气运移能力；压扭断层断面开度小，加之断层滑动研磨作用，断层面易形成低孔低渗断层岩，使断层具有良好的侧向封闭性。

研究区东段北东主走滑断层与派生断层组成帚状走滑带[图8(a)]，右旋作用下帚状末梢形成局部压扭应力环境，西段断裂走向以东西向为主，西段应力以拉张为主，现今应力场模拟力模拟[图8(b)]显示，东段最小主应力绝对值明显大于西段，证实区域压应力大，东段挤压应力平均值约-15000，西段挤压应力平均值约-5000。

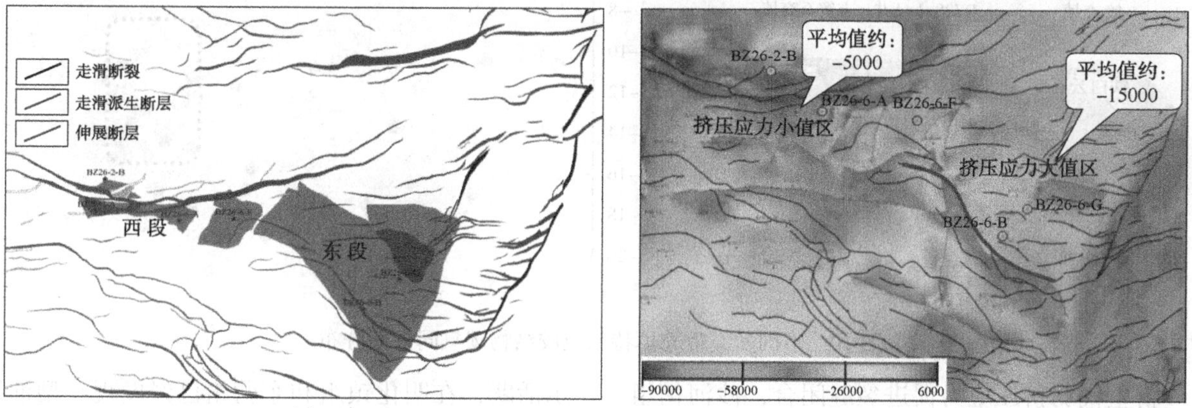

(a)　　(b)

图8　渤中26-6构造T_2层断裂体系与现今最小主应力分布(数值模拟)

断裂的应力状态除了跟应力大小相关外，跟区域应力的施压面(即断面)形态相关，根据上覆岩层断面正应力公式$\sigma 1H=\sigma 1\times\cos(\theta)=\rho\times g\times h\times\cos(\theta)$，断面倾角越小，上覆岩层的断面压应力σ1H越大。渤中26-6潜山控圈断层形态多样，东段断层以内凹式为主，断面倾角较小，而西段断层以板式断面为主，断面多直立，倾角较大，根据上述公式计算东段断面压应力相比西段断面压应力大，断裂的封闭能力东段优于西段。

综上所述，渤中26-6潜山东段断层处于走滑压扭应力场，同时断面呈内凹式，封闭能力较强，垂向运移较弱，断裂带内实测孔隙度和渗透率普遍较低(图9)，孔隙度普遍小于4%，渗透率小于0.010mD，而西段断裂带可破坏潜山油藏，实测孔隙度普遍大于4%，最大可达9%，渗透率多数大于0.010mD，最大可达2.3930mD。

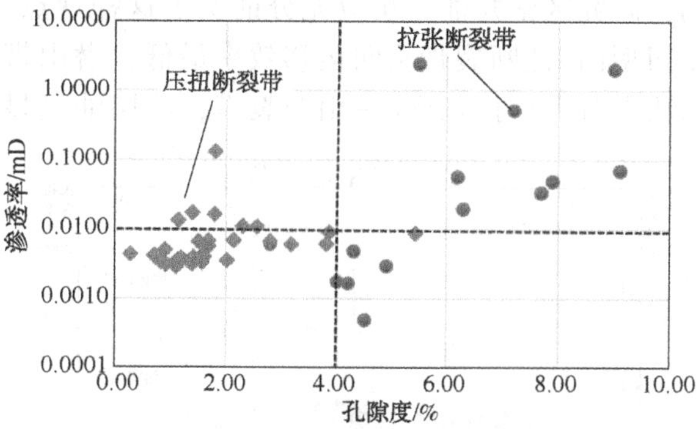

图9　渤中26-6油田及围区断裂带实测物性数据

3.2 成岩胶结封闭

成岩胶结强度控制断裂破碎带纵向连通程度，从而影响潜山不同断块的油藏差异保存。根据断层发育位置，研究区潜山段发育两类断层：山-洼和山-山对接断层。两种断层破碎带成岩胶结程度存在差异。

山-山对接断层发育在潜山内部，断层两盘

均为太古界地层。破碎带内有效裂缝占比较高。BZ26-6-G 井钻遇该种类型破碎带，镜下薄片显示岩石裂缝内方解石普遍被铁白云石交代，后期更易溶蚀，利于形成较为贯通的裂缝，为油气有利运移通道。山-洼对接断层为潜山边界断层，太古界地层与黄河口西洼沙河街组地层相接。破碎带内胶结作用强烈，岩石裂缝多被充填，有效裂缝占比少。BZ28-1-A 井钻遇该类型破碎带，成像测井数据显示岩石裂缝较发育，裂缝密度每米 0.62 条。但裂缝内被方解石充填[图 10a]，充填裂缝比例高达 81%。断裂顶部发育少量半充填裂缝，但荧光显示微弱，含油气性低。已钻井碳氧同位素数据显示，BZ28-1-A 井裂缝方解石胶结物 $^{13}C_{PDB}$-$^{18}O_{PDB}$ 分布与 BZ26-6-H 井沙河街组砂岩成岩胶结物范围一致[图 10(b)]。指示了山-洼对接断层破碎带晚期强胶结的碳酸盐矿物主要来自沙河街组。

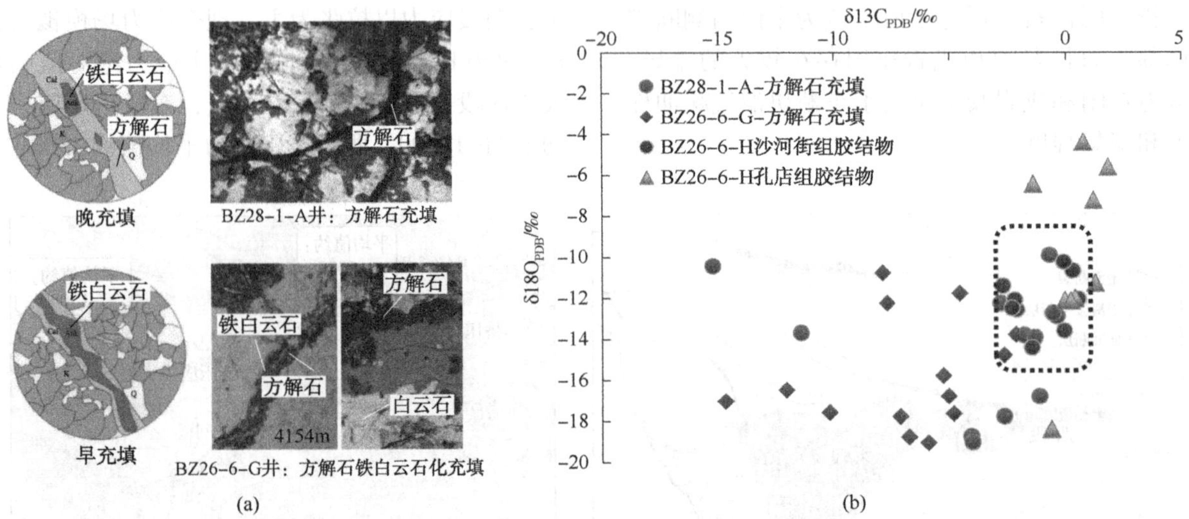

图 10　不同断裂带充填特征及胶结物碳氧同位素分布

新生代弱挤压应力促进裂缝闭合，沙河街组成岩作用促进相邻的断裂带成岩胶结两种因素联合作用，对油气在潜山圈闭保存成藏具有重要作用，研究区钻井油气响应充分证实了这种观点，压扭型山-洼断裂带垂向运移效率最低，潜山带西块发育大型拉张型山-山断裂带，浅层油气显示活跃，在明化镇组和东营组已经发现小型油田[图 11(a)]；东块 BZ26-6-G 井附近发育压扭型山山断裂带，东营组油气响应活跃，而高部位的 BZ26-6-B 井区东营组受压扭型山洼断裂带控制，发育背斜型构造圈闭，圈闭形态好，但未揭示油气显示[图 11(b)]。

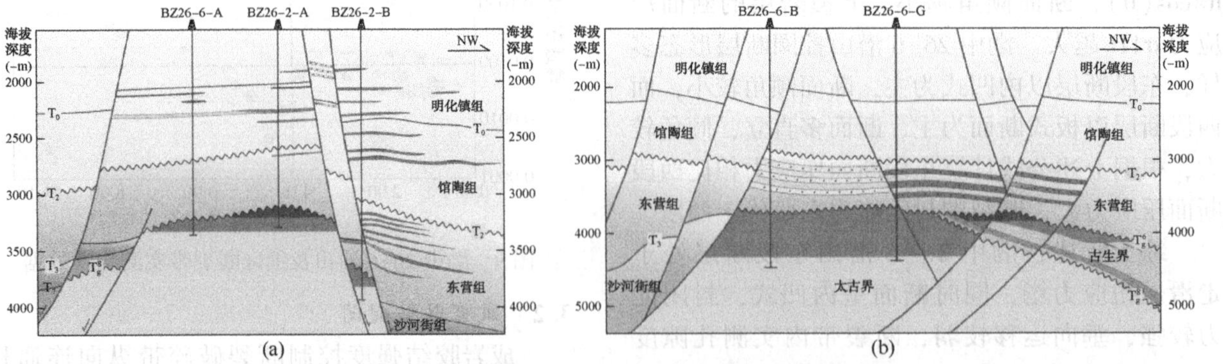

图 11　渤中 26-6 潜山带西块、东块油气田成藏模式图

4　结论

本次研究建立潜山断块圈闭侧向和垂向有效性的评价方法，形成一套走滑-断块型潜山圈闭有效性(侧向和垂向)的评价思路，明确致密糜棱岩“深剪切控形成-强剥露控分布-弱活化控保

存”的形成和保存机制，是潜山内部油藏封隔的关键；并指出压扭型、强胶结断裂带对潜山油气成藏起保护作用，油气往往在深层潜山成藏；而拉张型、弱胶结断裂带往往沟通深部潜山油藏将油气运移至浅层，形成深浅复式成藏。

参考文献

[1] 赵贤正，王权，金凤鸣，等．冀中坳陷隐蔽型潜山油气藏主控因素与勘探实践[J]．石油学报，2012，33(S1)：71-79.

[2] 刘念，邱楠生，秦明宽，等．冀中坳陷束鹿潜山带油气成藏主控因素与成藏模式[J]．地质学报，2023，97(03)：897-910.

[3] 吕雪莹，蒋有录，刘景东，等．渤海湾盆地黄骅坳陷潜山油气成藏差异性及主控因素[J]．中国矿业大学学报，2021，50(05)：835-846.

[4] 付晓飞，吴桐，吕延防，等．油气藏盖层封闭性研究现状及未来发展趋势[J]．石油与天然气地质，2018，39(3)：454-471.

[5] 刘林，桑琴，曹建，等．枯竭气藏改建储气库盖层封闭能力综合评价——以川西北中坝气田须二气藏为例[J]．大庆石油地质与开发，2022，41(6)：42-50.

[6] 沈群，孙同文，樊树峰，等．南堡凹陷盖层封闭油气有效性的定量评价[J]．断块油气田，2015，22(4)：415-418.

[7] 薛永安，李慧勇．渤海海域深层太古界变质岩潜山大型凝析气田的发现及其地质意义[J]．中国海上油气，2018，30(3)：1-9.

[8] 李三忠，索艳慧，戴黎明，等．渤海湾盆地形成与华北克拉通破坏[J]．地学前缘，2010，17(4)：64-89.

[9] 朱光，王薇，顾承串，等．郯庐断裂带晚中生代演化历史及其对华北克拉通破坏过程的指示[J]．岩石学报，2016，32(4)：935-949.

[10] 于福生，漆家福，王春英．华北东部印支期构造变形研究[J]．中国矿业大学学报，2002，31(4)：402-406.

[11] 李伟，吴智平，赵文栋．渤海湾盆地区燕山期构造特征与盆地转型[J]．地球物理学进展，2010，25(6)：2068-2077.

[12] 张进，曲军峰，赵衡，等．中亚造山带中部大型韧性走滑双重构造的形成、机制与涵义[J]．矿产勘查，2023，14(04)：519-540.

[13] 李晓崧，刘成东，万建军，等．粤北南雄断裂带糜棱岩岩相学特征及其对构造变形机制的指示意义[J]．东华理工大学学报(自然科学版)，2021，44(02)：131-139.

[14] 卢欢，徐长贵，王清斌，杜晓峰，刘晓健．碳酸盐胶结物形成机制及其对渤海海域C12和Q17构造中生界碎屑岩储层的影响[J]．石油与天然气地质，2019，40(06)：1270-1280.

[15] 崔殿．准噶尔盆地西北缘克夏断裂带胶结封闭作用研究[J]．岩性油气藏，2015，27(06)：48-54.

[16] 徐长贵．渤海走滑转换带及其对大中型油气田形成的控制作用[J]．地球科学：中国地质大学学报，2016，41(9)：1548-1560.

[17] 吴智平，张婧，任健，等．辽东湾坳陷东部地区走滑双重构造的发育特征及其石油地质意义[J]．地质学报，2016，90(5)：848-856.

渤海海域超深层太古界变质花岗岩潜山裂缝发育机制

刘晓健　金小燕　卢　欢　贾　业　达丽亚

[中海石油(中国)有限公司天津分公司]

摘　要　潜山油气藏是国内外油气勘探的重要领域，以变质岩为储层的潜山油气田所占比例较小，超过4500m的变质岩潜山油气田更是少见。由于岩性特殊，变质岩潜山储层具有非均质性强、表征困难和成因机理复杂等特点，国内外学者对超深层变质岩潜山研究相对较少。渤海湾盆地渤中凹陷太古界变质岩埋深4500～6000m，属于超深层潜山。由于埋藏深度大，潜山顶部风化壳致密，构造作用是储层是否优质的关键因素。基于岩心分析、薄片鉴定和岩石力学实验等多种手段，本文对渤中凹陷渤中19构造太古界变质岩储层形成机制和优质储层分布规律进行分析，阐明了变质岩潜山"早期挤压-后期活化"裂缝成因机理。研究表明，印支期华南与华北板块碰撞导致的强挤压推覆为变质岩储层"初始造缝"提供了良好的动力条件，形成了大量的北西向推覆构造，为后期改造奠定基础。燕山期左旋压扭作用对先存裂缝进行改造，在先存破裂基础上形成大量新裂缝。但与此同时，在斜坡区和构造相对低部位等低压应力区，挤压作用会造成先存裂缝发生闭合，导致这些部位裂缝不发育。声发射力学实验表明，喜山期伸展应力不足以使研究区太古界变质岩产生大规模裂缝体系，但对早期裂缝的"再活化"和"再扩大"至关重要，是有效裂缝形成的关键时期。因此，早期遭受大规模逆冲推覆，后期经历构造改造"再活化"的地区是超深层变质岩潜山储层有利发育区。本次研究为早期挤压、晚期走滑叠合型盆地的潜山油气勘探研究提供指导。

关键词　超深层潜山；太古界；花岗质片麻岩；构造运动；裂缝成因；渤中凹陷

潜山油气勘探一直都是国内外关注的重点领域，勘探实践证实了潜山油气藏的巨大潜力。世界上发现的潜山油气藏均分布在前第三系，储层的岩性包括碳酸盐岩、火山岩、碎屑岩、花岗岩和变质岩等，其中花岗岩和变质岩潜山勘探潜力最大。据统计，世界上已发现的几百个基岩油气田中以花岗岩和变质岩为基底的潜山油气田占40%，储量占潜山总储量的75%。变质岩潜山岩性以变质花岗岩、花岗质片麻岩和混合岩为主，层位大部分分布在前寒武系。世界上规模较大的变质岩潜山油田包括中国渤海湾盆地锦州25-1南花岗质片麻岩油田、中国松辽盆地兴隆台油田，利比亚 Sirte 盆地 Nafoora Augila 花岗岩油田、俄罗斯 West Siberia 盆地 Shaim 变质岩油田、埃及 Suez 盆地 Hurghada 和 Zeit Bay 花岗岩油田等。目前发现的花岗岩和花岗质片麻岩潜山油田大部分分布在构造凸起部位，埋深在1000～3500m之间。优质储层主要分布在距潜山顶面300m之内，风化淋滤作用对储层控制作用明显，如渤海海域锦州25-1南太古界潜山，均在潜山顶部风化壳发育厚层风化砂砾岩，是油气成藏的优质储集部位。

随着油气勘探理论的发展和钻井工程技术的进步，人们对深层-超深层潜山油气勘探的力度逐渐加大。目前在大于4500m的超深层潜山领域，国内外已经取得许多勘探突破和理论认识，但潜山岩性以碳酸盐岩和碎屑岩为主，针对超深层太古界花岗片麻质裂缝型储层成因研究较少。超深层太古界潜山时代老，经历了多期次构造运动叠加改造，遭受深埋压实作用，潜山顶部风化壳储层物性相对较差，潜山内幕储集空间结构复杂、裂缝发育非均质性强，对超深层古潜山储层中裂缝有效性评价一直以来都是有待攻克的难题。前人对花岗质片麻岩潜山的研究主要集中在岩石成因、构造指示意义、储集空间表征等方面，不同幕次构造对超深层潜山的差异造缝作用研究较少。

2016年中海油在渤海湾盆地渤中凹陷太古界花岗质片麻岩潜山中获得重大天然气勘探突破，发现了渤中19全球最大的变质岩凝析气田。与国内外其他变质岩潜山不同，渤中19构造潜山储层埋深4500～5500m，属于超深层片麻岩潜山。单井储层发育厚度最大为1600m，优质裂缝型储层平面分布面积达 $200km^2$，储量规模达千亿方。本文运用岩心、薄片、扫描电镜和岩石力学实验等多种实验技术方法，对超深层花岗质片麻岩潜山裂缝成因开展研究，落实了印支期、燕山期和喜马拉雅期不同时期构造运动对潜山裂缝的差异控制机制。对世界上其他地区挤压、伸展和走滑多期构造运动叠合型盆地潜山的勘探具有较好借鉴作用。

1　区域构造背景

渤海湾盆地是中国东部典型的裂谷盆地，是在华北地台基础上经历了太古代以来多期次构造运动形成的具有断陷-坳陷叠置构造特征的盆地。渤海海域位于渤海湾盆地中东部，距今约2.3Ma 时海水入侵形成现今的渤海，海域面积约 $7.3\times10^4km^2$，水深 5~25m。渤中凹陷是渤海海域最大的一个沉积凹陷，是渤海湾盆地新生代沉积和沉降中心。凹陷自下向上发育太古界、元古界、古生界、中生界和新生界。渤中 19 构造位于渤中凹陷西南部，发育于太古界基底上的一条南北向分布、南高北低的长轴背斜(图 1)。

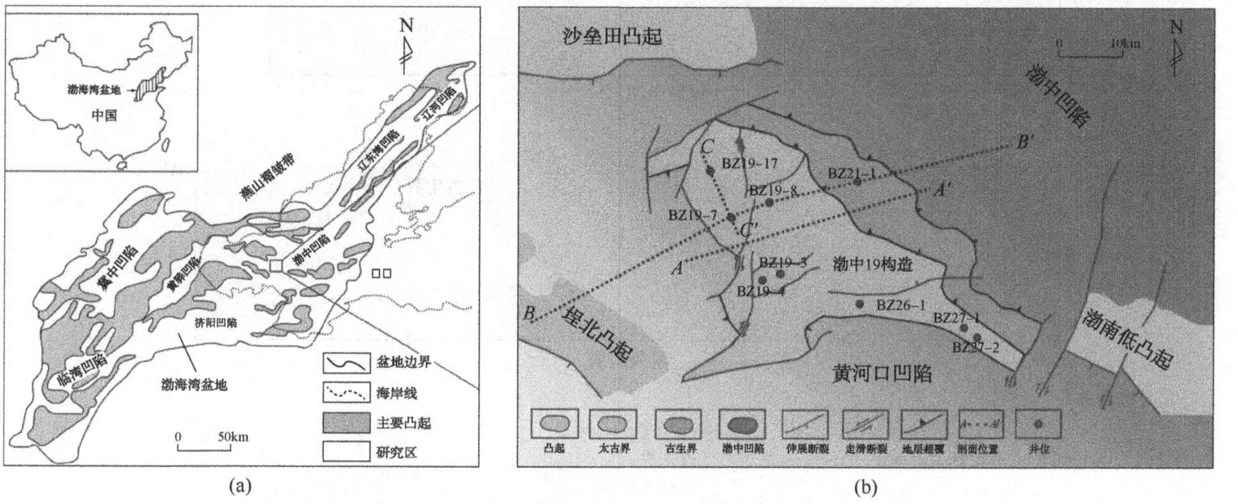

图 1　渤中凹陷渤中 19 区域地质位置

区域构造演化分析表明，渤中 19 构造区经历了加里东运动、海西运动、印支运动、燕山运动和喜马拉雅运动五期构造作用。早古生代的加里东运动和晚古生代的海西运动时期，华北地台主要发生垂直升降，对太古界潜山储层影响不大，根据华北区域地质志古生代末期太古界潜山上部古生界厚度约 3000~4000m。三叠纪-早侏罗纪印支构造运动时期华北板块和华南板块发生碰撞，南北向强烈挤压作用下研究区形成大量东西向逆冲断层，并发生强烈隆升，导致构造高部位的古生界开始剥蚀，其下的刚性太古界变质岩基底发生破碎，潜山内幕形成大规模裂缝。侏罗纪-白垩纪燕山运动时期，受古太平洋板块向东亚大陆俯冲影响，研究区遭受左旋压扭作用，古生界地层被剥蚀殆尽，太古界潜山暴露地表，潜山内部形成一系列北东向走滑断层，基底变质岩潜山在前期破碎基础上遭受第二次改造。新生代喜马拉雅运动以来，研究区一直沉降并接受沉积，从而在太古界潜山上部沉积了近 2000m 厚的古近系。同时，由于太平洋俯冲方向变化，研究区发生右旋张扭作用。太古界变质岩遭受第三次改造，潜山内部形成大规模裂缝体系。新近纪以来，研究区未发生大的构造运动，形成现今构造格局。太古界潜山顶面埋深 4000~5000m，属于超深层潜山(图 2)。由于埋深较大，潜山顶部风化壳受压实作用影响储层致密。因此，裂缝发育程度决定了潜山储层是否优质。

研究区太古界潜山受印支期、燕山期和喜马拉雅期三期构造作用影响，内部发育多期裂缝。不同期次裂缝叠加形成了潜山内幕巨大的“立体网状”裂缝体系，其平面分布超过 $200km^2$，裂缝纵向最大发育厚度超过 1000m，为油气提供良好储集空间。

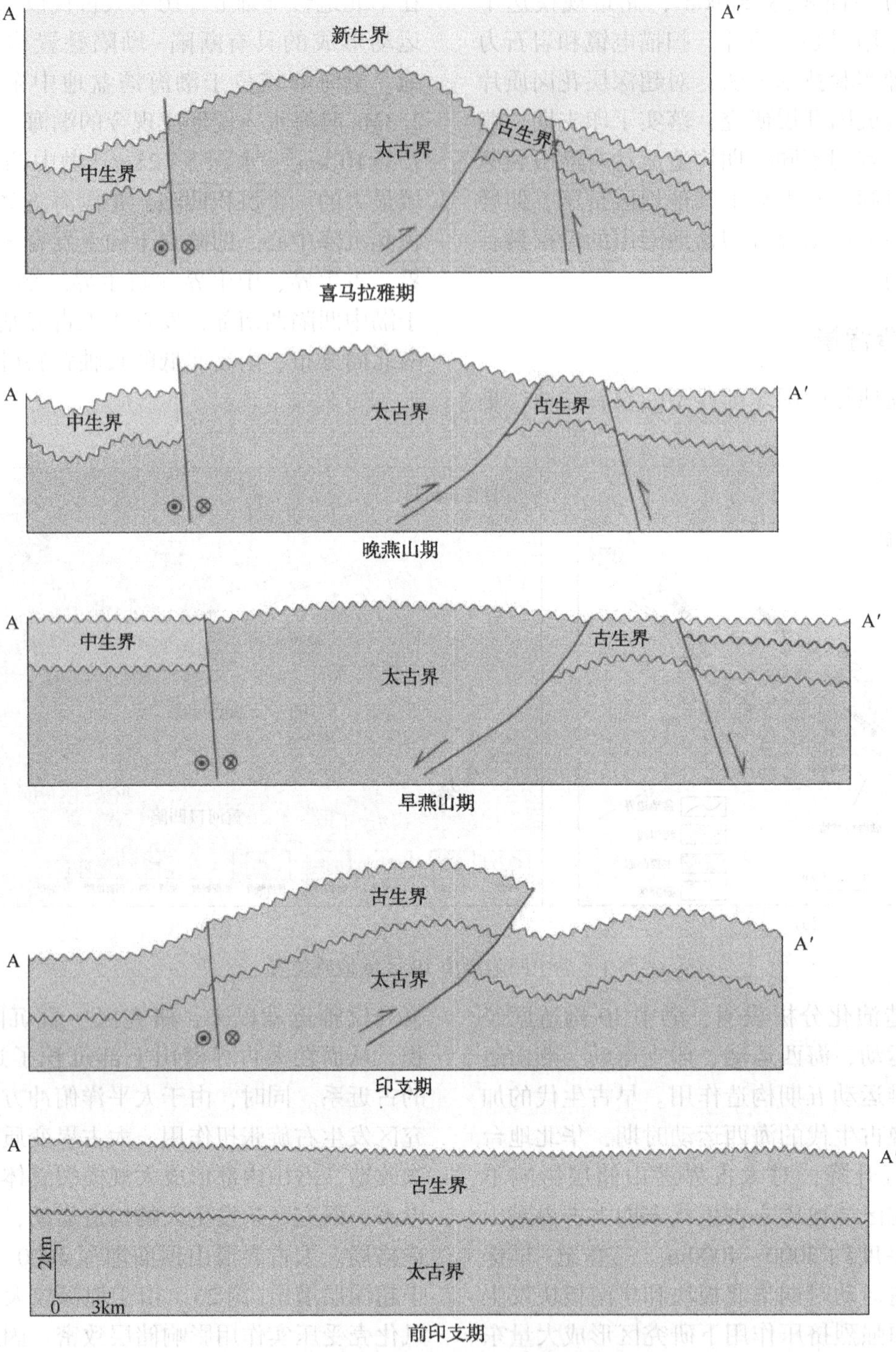

图 2　渤中凹陷渤中 19 构造区域构造演化(A-A′)

2　储层特征

2.1　*岩石学特征*

渤中凹陷潜山主要发育 3 种类型的岩石：①片麻岩：为前寒武系区域变质岩[图 3(a)]，根据岩石中斜长石比率可分为斜长片麻岩[图 3(b)]、二长片麻岩[图 3(c)]和碱长片麻岩[图 3(d)]。薄片中可以观察到片麻结构、粒状变晶结构和交代穿孔结构。斜长石绢云母化强烈，石英呈它形且多具波状消光，黑云母等暗色矿物定向排列，各种矿物晶体间呈不规则嵌晶接触。②碎裂岩：发育在断裂带附近，为片麻岩经历动力变质作用形成，其内大部分矿物破碎变形，具有碎裂结构[图 3(e)]、碎斑结构[图 3(f)]和糜棱结构[图 3(g)]。碎裂带内被长英质碎基充填，碎裂岩中裂缝极发育。③侵入岩：研究区侵入岩有三种类型：

花岗斑岩、闪长玢岩和辉绿斑岩。花岗斑岩具有斑状结构[图3(h)]，斑晶为石英，基质为显微嵌晶结构，碱性长石含量大于斜长石。闪长玢岩具有斑状结构[图3(i)]，斑晶主要为宽板状中性斜长石和角闪石，部分角闪石被白云石交代，基质主要由自形-半自形板条状斜长石、少量钾长石和石英组成。辉绿岩由基性斜长石和辉石组成，少量角闪石，基性斜长石组成的格架内分布辉石颗粒，呈辉绿结构[图3(j)]。

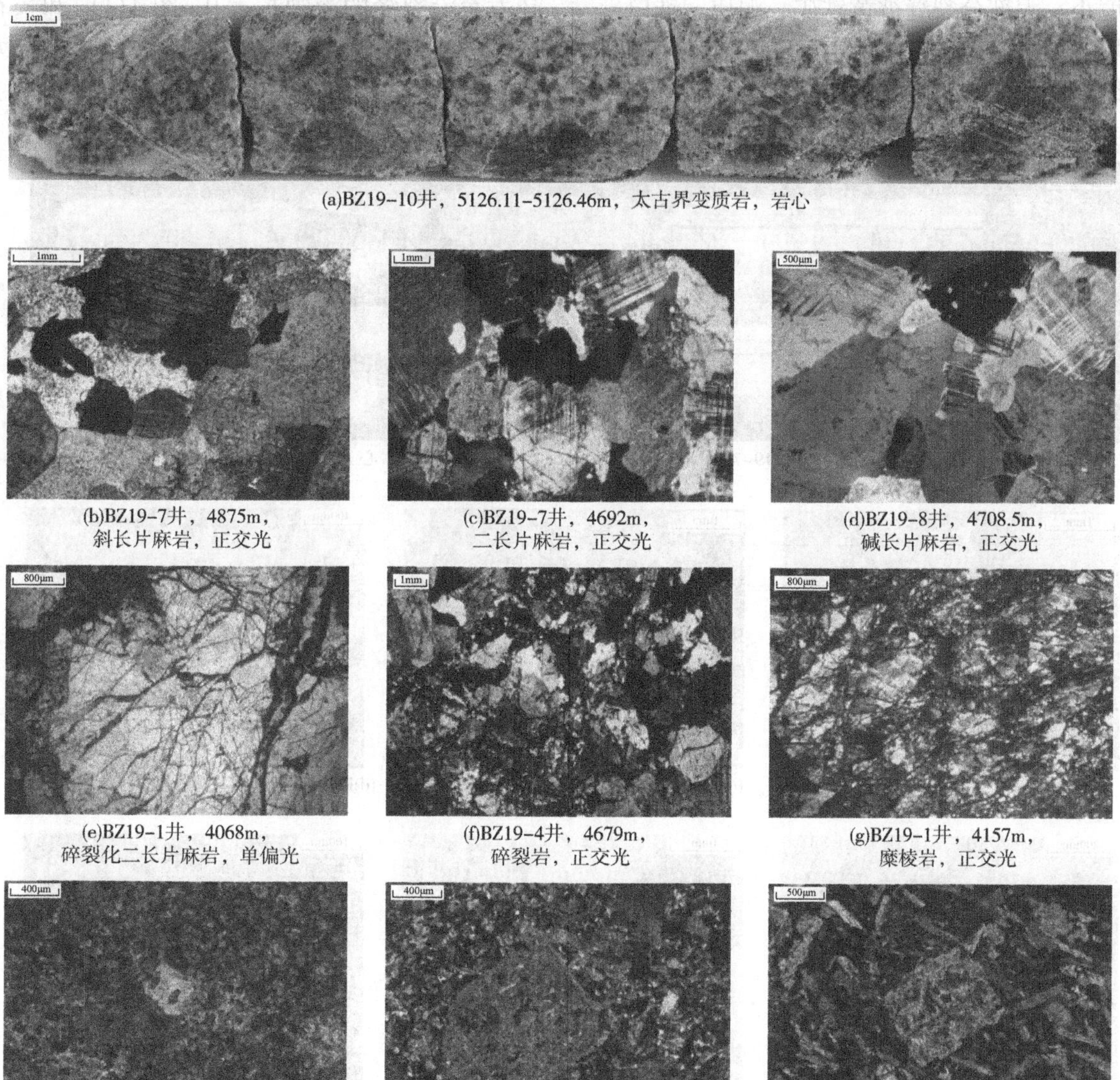

(a)BZ19-10井，5126.11-5126.46m，太古界变质岩，岩心

(b)BZ19-7井，4875m，斜长片麻岩，正交光

(c)BZ19-7井，4692m，二长片麻岩，正交光

(d)BZ19-8井，4708.5m，碱长片麻岩，正交光

(e)BZ19-1井，4068m，碎裂化二长片麻岩，单偏光

(f)BZ19-4井，4679m，碎裂岩，正交光

(g)BZ19-1井，4157m，糜棱岩，正交光

(h)BZ19-2Sa井，4025m，花岗斑岩，正交光

(i)BZ19-2Sa井，4020m，闪长玢岩，正交光

(j)BZ19-2Sa井，4076m，辉绿玢岩，正交光

图3　渤中凹陷渤中19构造太古界岩石类型

X衍射全岩分析表明渤中19构造太古界岩石中95%为脆性矿物含量较高的长英质岩石，其中石英含量平均为45%，长石含量平均为43%，角闪石和云母等暗色矿物含量介于5%～15%之间。剩余5%的岩石为暗色矿物含量较高的铁镁质岩石，其中石英含量平均为41%，长石含量平均为39%，角闪石和云母等暗色矿物含量介于30%～40%之间。长英质岩石脆性强，在相同应力作用下极易形成裂缝，为该区基岩潜山大规模裂缝网络系统的形成奠定了岩性基础。

2.2　变质岩潜山储集空间特征

渤中凹陷变质岩经历了太古代以来所有的构造事件，潜山内部储集空间多样。岩心、薄片、扫描电镜分析结果表明，渤中凹陷太古界变质岩储集空间主要为裂缝。由于潜山埋深超过4500m，潜山顶部风化壳受压实作用强，孔隙不发育，潜山内部发育少量构造-溶蚀缝和溶蚀孔隙。

多期构造运动导致潜山内部裂缝非常发育，岩心资料显示太古界储层裂缝极其发育，荧光下可以见到裂缝中有机质呈亮黄色和浅蓝色[图4(a)]。早期裂缝以水平和低角度裂缝为主，裂缝开度小，大部分裂缝被黄铁矿、泥质、铁白云石充填[图4(b)]，不能作为有效储集空间。晚期裂缝以高角度为主，切割早期裂缝，呈半充填[图4(c)]和开启状态[图4(d)]，多期次裂缝相互切割"网状"特征[图4(e)]。断裂带附近的构造应力集中部位岩石破碎强烈，显微镜下可观察到糜棱结构、斜长石节理弯曲、微断层中碎裂流动等微破裂作用。除构造裂缝之外，潜山内部还发育沿裂缝的溶蚀扩大孔[图4(f)]和长石晶体溶蚀孔[图4(g)]，溶蚀孔隙的形成与大气水、有机酸和深部流体密切相关。

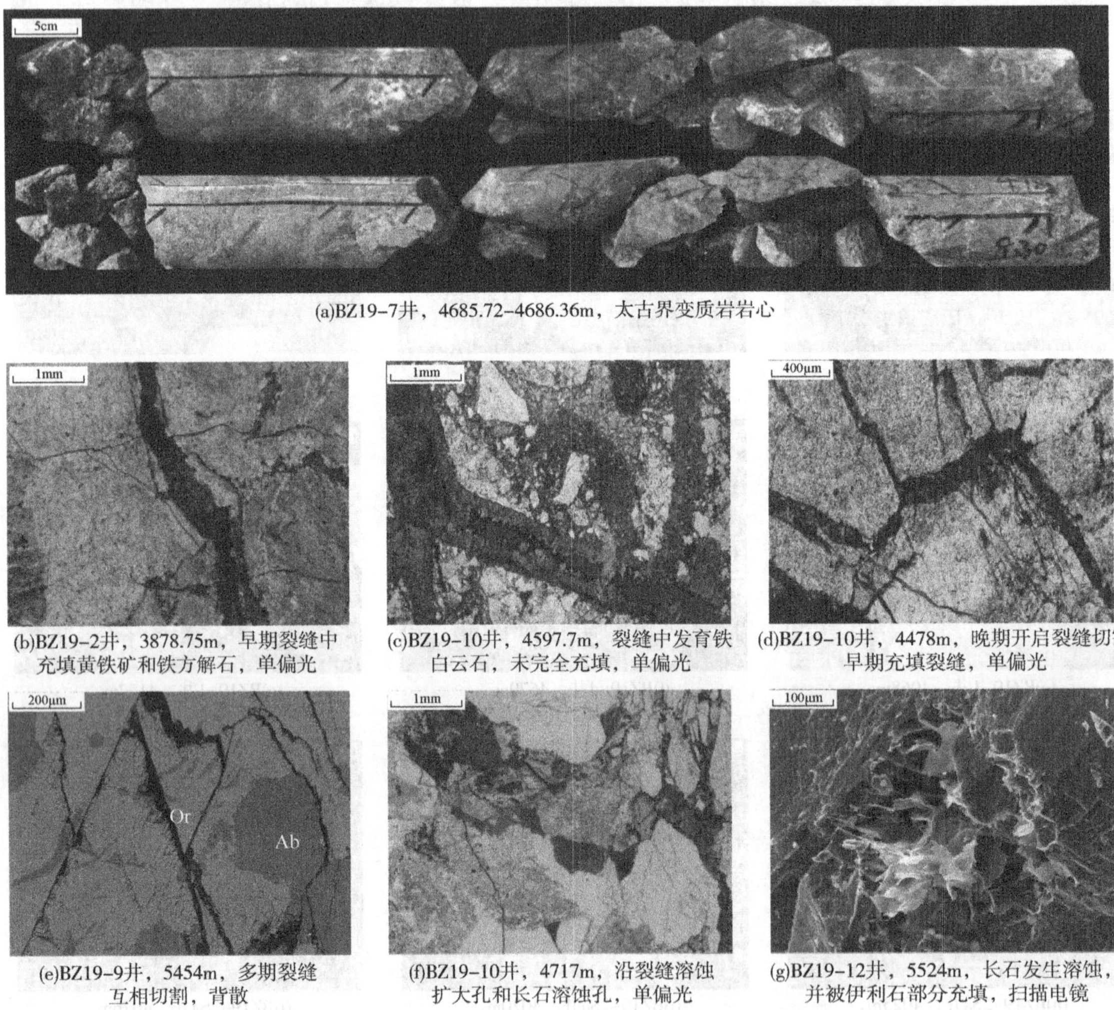

图4　渤中凹陷渤中19构造变质岩储集空间特征

3　样品采集与测试方法

3.1　样品采集

研究区岩石学和储层分析主要基于渤中凹陷钻入太古界的25口井的52m岩心、576块井壁取心样品的薄片、扫描电镜实验分析数据。构造变形对裂缝的控制作用研究主要基于岩石三轴压缩变形实验、声发射Kaiser效应实验、微米CT扫描和微图像拼接实验。三轴应力实验4组12块样品主要来源于渤中凹陷钻遇的太古界片麻岩岩心。通过改变围压实验条件，模拟印支期、燕山期和喜马拉雅期构造应力对潜山储层的影响。由于前印支期华北地台是稳定克拉通台地，太古界变质岩尚未遭受区域构造应力改造，裂缝不发育，因而模拟印支期构造应力的4块样品选取无裂缝的新鲜片麻岩岩心。燕山期和喜山期太古界变质岩受到了印支期构造运动的改造，潜山内部已经形成部分裂缝，因此，模拟燕山期、喜山期构造作用的8块样品选取有裂缝的片麻岩岩心。

首先对12块岩心样品进行微米CT扫描和背散射大面积拼接扫描电镜实验，得到压缩变形实验前岩石中裂缝展布特征三维数据体，然后进行岩石三轴压缩变形实验，最后对实验后样品进行微米CT扫描和背散射大面积拼接扫描电镜实验，得到变形后岩石中裂缝展布特征的三维数据体。通过前后对比可实现同一块样品相同部位变形前后的裂缝展布特征、变形后裂缝孔隙度、孔隙尺寸变化规律等研究。声发射地应力实验分析4组16块样品取自渤中凹陷太古界上覆古近系孔店组砂砾岩，用来模拟新生代喜马拉雅期研究区受到的最大地应力。

3.2 样品制备与测试方法

3.2.1 薄片分析

将岩石样品磨成薄片，在偏光显微镜下观察矿物结晶特征、结构和矿物共生组合，确定研究区岩石类型、储集空间特征、充填物类型、裂缝期次划分和变质变形特征。

3.2.2 岩石三轴压缩变形实验

岩石三轴压缩变形实验在中国石油大学(北京)岩石力学重点实验室完成，实验设备型号为TAW-1000深水孔隙压力伺服试验系统，实验中的围压靠一台液压泵及增压系统来提供，实验中岩样的应力用压力表来指示。

将岩心样品加工成标准圆柱体，直径为25mm，高度50mm，将圆柱形试样两端磨平，使之达到国际岩石力学学会规定的标准。同一深度段岩心取3个圆柱体样品，根据研究区构造演化史，分别进行围压0MPa、20MPa和40MPa条件下三轴力学实验，数据处理按照《ISRM-CLT1测定岩石材料单轴抗压强度和变形性质的建议方法》规范要求计算抗压强度等参数。

3.2.3 岩心微米CT扫描实验

岩心微米CT扫描实验在中海油实验中心完成，实验设备型号MicroXCT-200型微米CT扫描仪。X射线微米级CT是利用锥形X射线穿透物体，通过不同倍数的物镜放大图像，由360度旋转所得到的大量X射线衰减图像重构出三维的立体模型。CT图像反映的是X射线在穿透物体过程中能量衰减的信息，因此，三维CT图像能够真实的反映出岩心内部的孔隙结构与相对密度大小。

3.2.4 背散射大面积拼接扫描电镜(Maps)实验

微图像拼接实验中海油实验中心完成，实验设备型号FEI的Helios 650，分辨率2~800nm。微图像拼接的基本测试原理是在选定区域内排布扫描出几千张超高分辨率的大小相同的小图像，利用小图像拼接成一张超高分辨率、超大面积的二维背散射电子图像，更精确的分析矿物变形特征和微裂缝变化．这项技术可以使我们更加深入的理解构造应力、应变与岩石行为的相互关系。

样品制作过程如下：在做完岩心微米CT扫描实验的圆柱状样品上切下直径与原始样品相同，厚度为2~5mm的子样，镶嵌到直径为30mm厚度为1cm的环氧树脂中，表面进行机械抛光、氩离子抛光及镀碳，然后进行大面积背散射电子整体成像扫描，扫描分辨率为250nm。

3.2.5 声发射Kaiser效应实验

声发射Kaiser效应实验在中国石油大学(北京)岩石力学重点实验室完成，实验设备型号MTS(Material Test System)电液伺服系统。

声发射Kaiser效应是指经过一次或多次应力作用的材料，当再次加载到先前经受过的应力水平后，其声发射信号明显增强，这样就可以通过辨识“声信号-应力”曲线上的Kaiser点来测量岩样曾经承受过的最大压应力，进而计算地层主应力大小。Kaiser效应被发现以来，被认为是测试地应力的一种有效方法，利用Kaiser效应可以通过对定向岩心在实验室内重复加载来获取地下状态下曾受到的最高应力。

孔店组砂砾岩是渤海湾盆地新生代早期形成的一套砂砾岩，现今直接覆盖在太古界变质岩上。因此，孔店组砂砾岩声发射Kaiser效应实验能够反映喜马拉雅期研究区遭受的最大构造应力。开展一组Kaiser效应实验需要4块标准岩心柱塞，其中一块垂直于岩心方向，另外三块为水平方向，三块水平方向柱塞两两之间角度相差45°(0°、45°和90°)。岩心制备方法与三轴压缩变形实验相同，通过室内加工制取直径25mm，高50mm的标准岩心柱。本次研究共设计4组16块岩心样品，取样层位为太古界上覆古近系孔店组砂砾岩。实验条件为围压20MPa。

4 结果

4.1 岩石三轴应力压缩变形实验

岩石力学实验证实岩石的抗破裂程度与围压

(深度)有关(表 1)，随围压(深度)增加，岩石抗破裂能力增强。研究区太古界片麻岩经历了印支期、燕山期和喜山期 3 期构造运动。印支期构造运动之前太古界潜山上面覆盖了 3000~4000m 厚的古生界，产生的岩石骨架压力约 40MPa，对应 40MPa 围压实验条件下三轴应力实验，实验测得岩石破裂强度平均为 375MPa，岩石抗破裂能力最强。燕山期构造运动之前，潜山经历了印支期挤压，强烈抬升遭受风化剥蚀，上覆古生界被剥蚀殆尽，太古界暴露地表，对应 0MPa 围压实验条件下三轴应力实验，实验测得岩石破裂强度平均 96MPa，岩石抗破裂能力最弱；喜山期构造运动之前潜山再次深埋，上部沉积了 1500~2000m 的新生界，产生的岩石骨架压力约 20MPa，对应 20MPa 围压实验条件下三轴应力实验，岩石破裂强度平均 270MPa(图 5)。

表 1　渤中凹陷太古界变质岩岩石三轴压缩变形实验

井号	井段/m	长度/mm	直径/mm	重量/g	围压/MPa	抗压强度/MPa
BZ27-2	3695. 15~3695. 30	50. 79	25. 28	64. 77	0	109. 97
		50. 77	25. 27	64. 57	20	268. 47
		50. 18	25. 31	65. 03	40	368. 51
	3696. 47~3696. 55	50. 35	25. 34	61. 37	0	60. 67
		50. 35	25. 25	59. 07	20	313. 56
		50. 72	25. 31	58. 78	40	391. 71
BZ26-1	3111. 52~3111. 80	50. 58	25. 27	65. 95	0	128. 59
		50. 14	25. 28	60. 78	20	219. 05
		50. 62	25. 28	58. 66	40	301. 74
	3200. 50~3200. 73	50. 1	25. 32	66. 97	0	84. 40
		51. 11	25. 24	65. 32	20	278. 34
		50. 08	25. 29	62. 94	40	438. 52

构造运动及时期	古地貌模式	古埋深	对应实验压力条件	岩石破裂强度(实验数据)	实验数据分布
喜山期	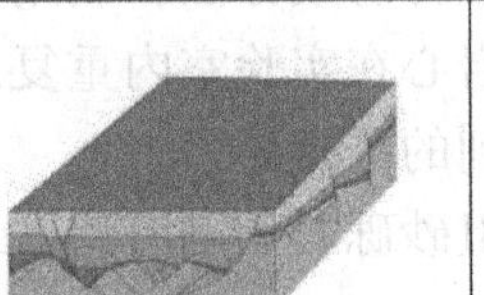	上覆部分新生代地层，太古界埋深1500~2000m	20MPa	变质岩抗破裂强度平均270MPa	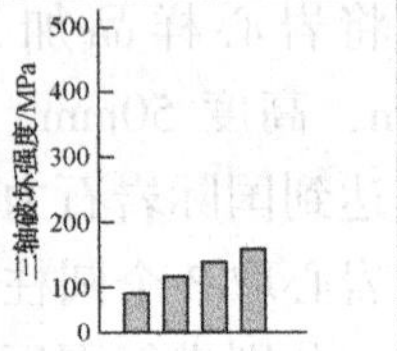
燕山期	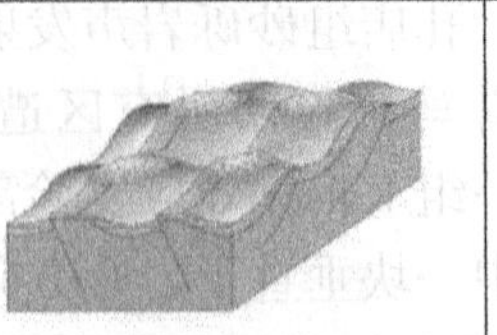	地层抬升，太古界暴露地表接受剥蚀和应力改造	0MPa	变质岩抗破裂强度平均96MPa	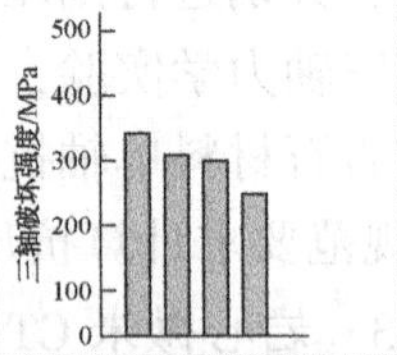
印支期	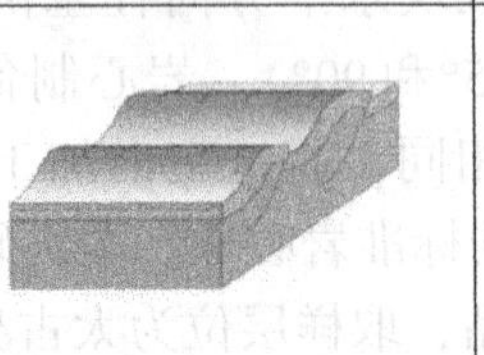	上覆元古界、古生界，太古界埋深大于3000m(据京津冀区域地质志)	40MPa	变质岩抗破裂强度平均375MPa	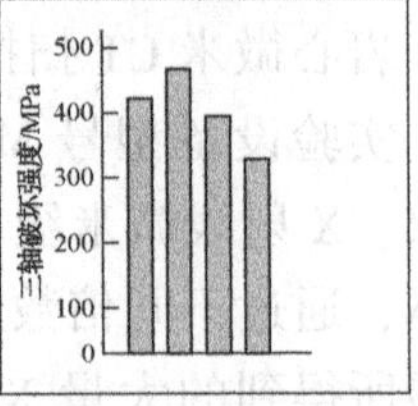

图 5　渤中凹陷渤中 19 构造不同围压条件下岩石力学实验

4.2　岩心微米 CT 扫描实验和背散射大面积扫描电镜实验

通过对同一块样品岩石力学实验前后进行微米 CT 扫描和背散射大面积拼接扫描电镜实验，可以得到同一块样品岩石变形实验前后的两个数据体。对两个数据体相同部位进行对比观察，可获取变形实验后变质岩中新形成裂缝的展布和形态特征信息。

模拟印支期构造应力4块样品为新鲜无裂缝片麻岩岩心，实验条件围压设定为40Mp。实验结果显示，岩石力学实验后在变质岩内部形成了大量新的裂缝(图6)。

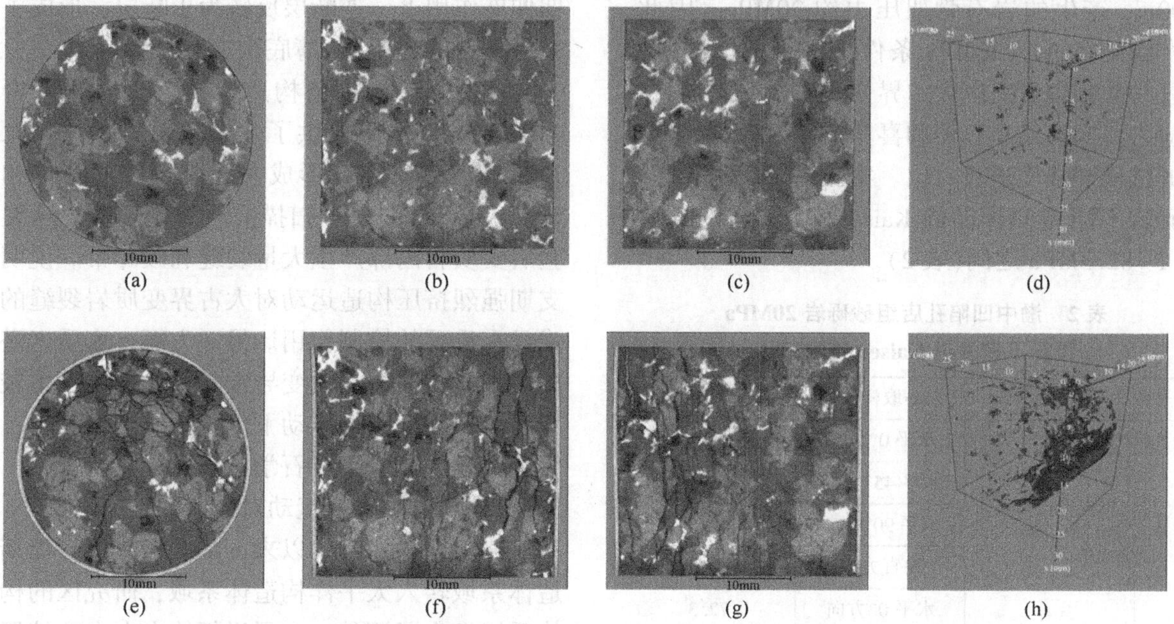

图6 渤中凹陷变质岩岩石力学前后相同视域下裂缝发育情况三维CT扫描对比

模拟燕山期和喜山期构造应力的8块样品为有裂缝的片麻岩岩心。从压裂前后岩心孔喉尺寸对比图可以看出，压裂前后存在三点变化：(1)在原来裂缝基础上发生再次扩大的裂缝(图7中①部分)，孔喉尺寸大概0.1~0.2μm，主要是在原矿物晶体内部微裂缝基础上发生延伸形成的微裂缝；(2)由于构造挤压作用发生闭合的裂缝(图7中②部分)，孔喉尺寸大概0.2~10μm；(3)新生成的宏观大裂缝(图7中③部分)，孔喉尺寸大概0.2~10μm。

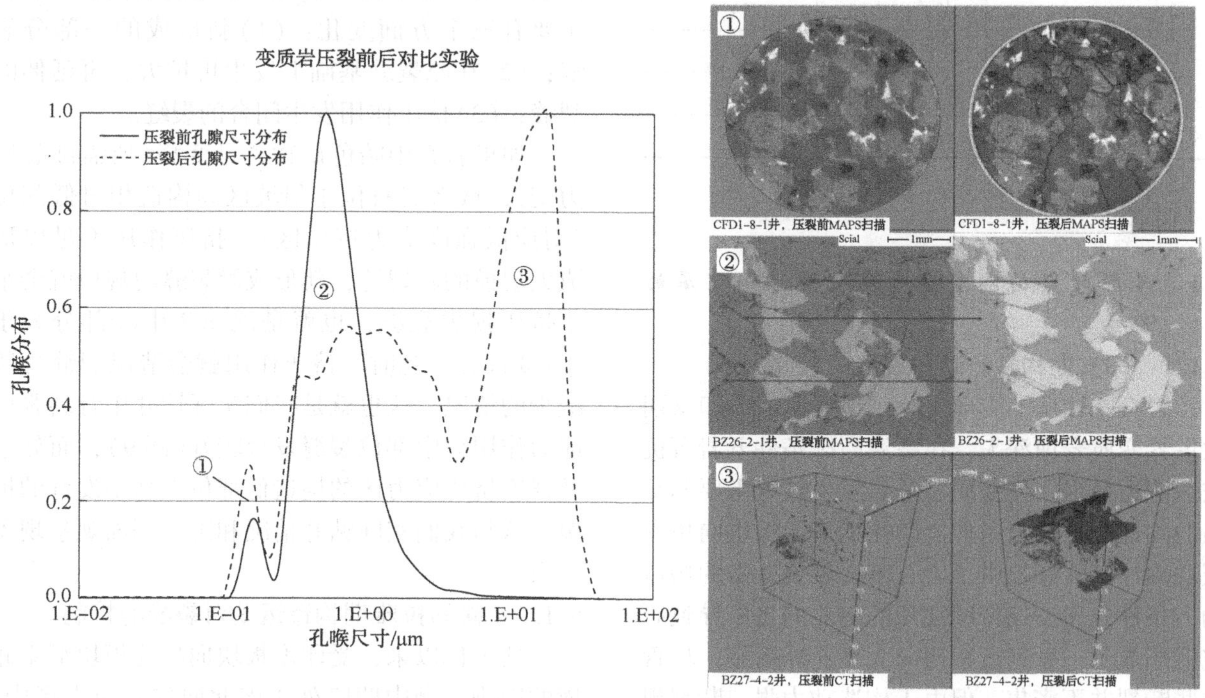

图7 渤中凹陷变质岩岩石力学前后相同视域下裂缝发育情况三维CT扫描和背散射大面积扫描电镜对比

4.3 声发射 Kaiser 效应实验

渤中凹陷孔店组砂砾岩是新生代早期形成的，在喜马拉雅期构造运动之前埋深在 1500~2000m，产生的岩石骨架压力约 20MPa。因此，本实验是在围压 20MPa 条件下进行的，用于模拟喜马拉雅期研究区太古界变质岩遭受的最大构造应力。实验结果以便和喜马拉雅期太古界变质岩的抗破裂强度进行对比。实验结果表明孔店组砂砾岩不同方向样品的 Kaiser 点应力值分布在 55.1~82.3MPa 之间(表 2)。

表 2　渤中凹陷孔店组砂砾岩 20MPa 围压下声发射 Kaiser 效应实验

井号	井段/m	岩心取样方向	Kaiser 点应力/MPa
BZ19-3	3850.0~3850.9	水平 0°方向	55.1
		水平 45°方向	65.4
		水平 90°方向	60.5
		垂直方向	80.4
	3852.8~3853.7	水平 0°方向	72.3
		水平 45°方向	64.6
		水平 90°方向	55.9
		垂直方向	82.8
	4050.8~4051.7	水平 0°方向	74.2
		水平 45°方向	59.4
		水平 90°方向	64.5
		垂直方向	82.1
	4052.6~4053.3	水平 0°方向	64.6
		水平 45°方向	59.5
		水平 90°方向	72.1
		垂直方向	82.3

5 讨论

5.1 不同时期构造应力对变质岩潜山储层的影响

5.1.1 印支期构造运动对裂缝的控制

岩石三轴压缩变形实验结果表明，前印支期太古界变质岩埋深大，在高温高压条件下岩石抗破裂能力最强。使变质岩基岩发生破碎需要非常强的外部构造动力条件。印支期华北板块向华南板块俯冲，恰好提供了岩石基岩破裂所需的构造动力条件。印支期持续强烈的南北向挤压导致研究区形成了一系列近东西向大型逆冲断裂。尽管这些断裂并不密集，但由于构造动力强、断裂规模大，在断裂的约束下形成了一系列大型东西向展布的“古背斜”和“古向斜”。由于长期隆起接受风化剥蚀，“古背斜”区域通常古生代地层缺失，而“古向斜”区域则残存古生代地层。在后期伸展作用下，逆断层反转为正断层，形成了研究区常见的古生界“薄底构造”(图 8)。

印支期挤压推覆构造背景为变质岩基岩的“初始造缝”作用提供了强大的动力条件，尤其是在“古背斜”核部形成大规模裂缝发育带和动力破碎带。微米 CT 扫描前后对比表明，压裂实验后变质岩内部产生大量裂缝和破碎带。说明印支期强烈挤压构造运动对太古界变质岩裂缝的形成具有重要的控制作用。另一方面，变质岩潜山碎裂带岩石结构的改变导致其力学性质发生较大变化，在后期构造运动下更容易发生再破碎，为后期再改造奠定了岩石学基础。

5.1.2 燕山期构造运动对裂缝的控制

燕山期构造运动以来，华北板块由特提斯构造体系域转入太平洋构造体系域，研究区的构造体系域发生了调整。太平洋板块在东向西挤压过程中，郯庐断裂发生左旋走滑，渤中凹陷发生第二次大规模挤压构造运动。

燕山期太古界变质岩大部分暴露地表，岩石力学实验结果表明，此时岩石抗破裂程度最低，在构造应力作用下最容易发育裂缝，但是同时燕山期应力的再改造，也使得变质岩中裂缝系统变的更复杂。发生第二次挤压作用的变质岩中裂缝主要有三个方面变化：(1)新形成的一部分裂缝；(2)在原裂缝基础上发生再扩大、再延伸的裂缝；(3)挤压作用发生闭合的裂缝。

如果岩石中暗色矿物含量变高(所需破裂压力变大)或者岩石位于斜坡区和构造相对低部位(对应低强度应力挤压区)，挤压作用不足以形成大规模的新裂缝，新形成微裂缝的规模就会小于挤压损失裂缝，也就是说图 7 中②部分大于①+③部分。此时，挤压作用就会造成裂缝总数减少的情况。这也就是我们实际钻井中背斜张性应力作用集中部位裂缝发育较好(图 9)，而处于低强度挤压应力区的构造低部位裂缝不发育的情况，这与我们实际钻井情况和野外剖面观察现象一致。

5.1.3 喜马拉雅期构造运动对裂缝的控制

新生代以来，受印度板块向华北板块汇聚碰撞的影响，渤中凹陷处于南北向伸展应力场中。在南北向拉张作用下，先存断裂发生伸展活化，与此同时形成了一系列北东东向正断层。

孔店组砂砾岩声发射 Kaiser 点应力值测定表明喜山期研究区遭受的最大地应力为 70MPa 左右(图 10)。而这个阶段太古界变质岩埋深为 1500~2000m，抗破裂强度为 236MPa 左右。因此，喜山期伸展应力不足以使渤中西南环太古界变质岩在区域上产生大规模裂缝体系，而主要以印支-燕山期裂缝活化为主。

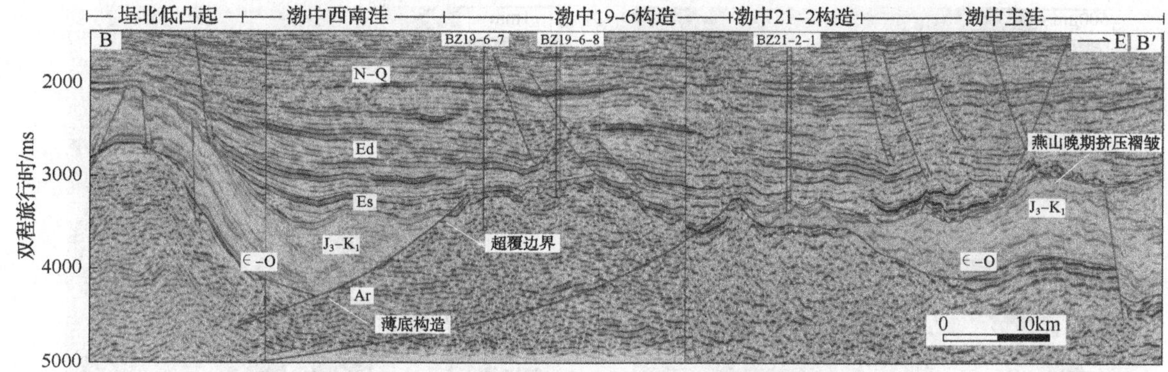

图 8　渤中凹陷渤中 19 构造印支期构造特征典型地震剖面(B-B′)

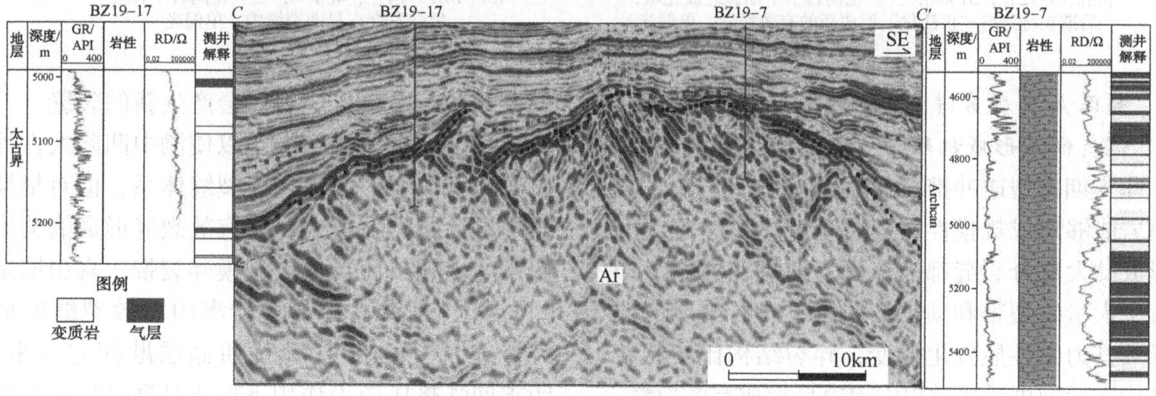

图 9　渤中 19 构造背斜轴部和翼部地震联井图(C-C′)

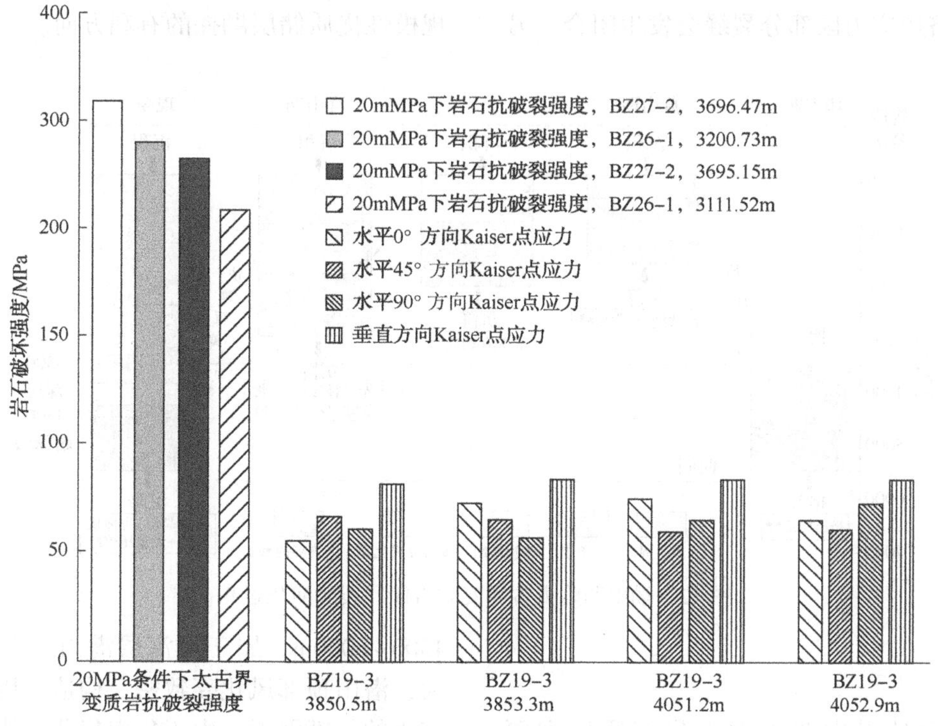

图 10　喜马拉雅期太古界变质岩破裂强度和孔店组砂砾岩最大地应力对比

在喜山期伸展应力作用下，早期先存裂隙周边会发生矿物微破裂，随着拉张应力逐渐加强先存裂缝发生延伸、加宽，形成“再活化”裂缝。晚期构造运动活化在微观上表现为在先存裂缝基础上形成的“缝缘缝”和“缝中缝”(图 11)，证实了伸展应力背景下主要在先存裂缝等应力薄弱区优先形成裂缝。

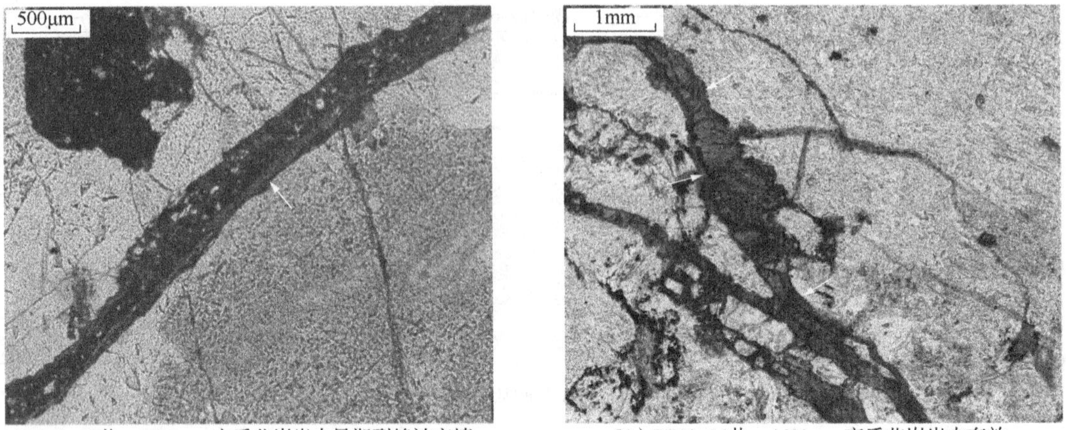

(a)BZ19-12井，5136m，变质花岗岩中早期裂缝被充填，后期裂缝边缘“再活化”形成新的有效裂缝，单偏光

(b)）BZ19-14井，4600m，变质花岗岩中有效裂缝发育在早期裂缝中，单偏光

图 11　晚期构造运动对早期裂缝再活化

5.2　超深层变质岩潜山“早期挤压—后期活化”优质储层形成机理

印支期大型逆冲推覆作用是渤中凹陷太古界变质岩能够形成规模性裂缝的基础。虽然这个时期形成的大部分裂缝都被充填，但是变质岩潜山发育了大量碎裂带和动力变质带，岩石结构的改变导致其力学性质发生改变，碎裂结构比块状花岗结构在后期再活化过程中更容易形成有效裂缝。

燕山期构造运动进一步是裂缝系统复杂化。一方面在低挤压应力区部分裂缝会发生闭合。另一方面，在高挤压应力区会产生新的裂缝。

喜山期走滑应力不足以使渤中凹陷太古界变质岩在区域上形成大规模裂缝体系，但对早期裂缝的再活化至关重要，是有效裂缝形成的关键时期。印支期挤压形成大规模碎裂带，喜山期走滑“再活化”是太古界变质岩潜山有效裂缝形成的完整旋回(图 12)。从优质储层勘探方向来讲，印支期强挤压应力作用下形成且遭受后期强烈走滑改造的“古背斜”核部，是太古界变质岩潜山规模性优质储层勘探的有利方向。

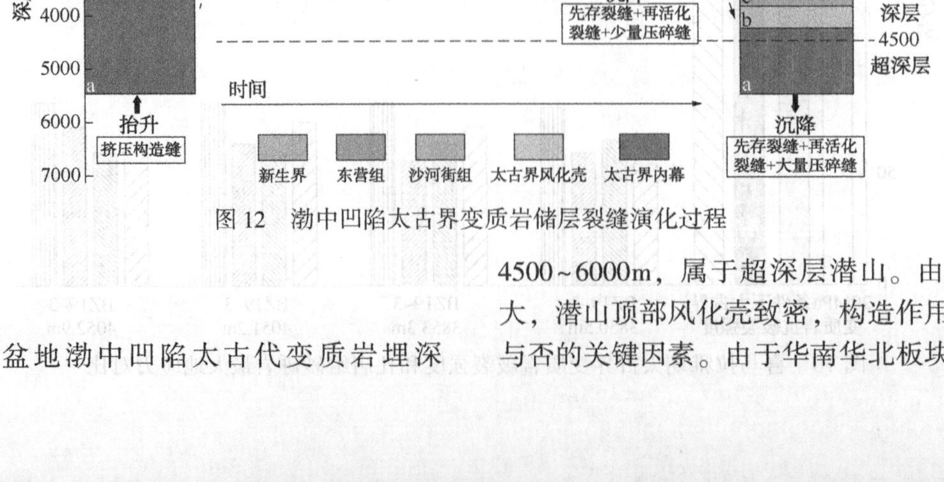

图 12　渤中凹陷太古界变质岩储层裂缝演化过程

6　结论

渤海湾盆地渤中凹陷太古代变质岩埋深4500~6000m，属于超深层潜山。由于埋藏深度大，潜山顶部风化壳致密，构造作用是储层优质与否的关键因素。由于华南华北板块碰撞，印支

期强挤压推覆构造背景为研究区“初始造缝”阶段提供了良好的动力条件，在“古背斜”核部形成大规模裂缝发育带和动力破碎带。变质岩潜山碎裂带岩石结构的改变导致其力学性质发生较大变化，为后期再改造奠定基础。燕山期左旋挤压构造作用对先期裂缝进行再改造，在先存破裂基础上形成大量新裂缝。但与此同时，在斜坡区和构造相对低部位等低强度应力挤压区，挤压作用会造成先存裂缝发生闭合，导致这些部位裂缝不发育。喜山期伸展应力不足以使渤中西南环太古界变质岩在区域上产生大规模裂缝体系，随着拉张应力逐渐加强先存裂缝会发生延伸、加宽，形成“再活化”裂缝，是有效裂缝形成的关键时期。印支期挤压形成大规模碎裂带，燕山-喜山期拉张“再活化”是渤中凹陷太古界变质岩潜山有效裂缝形成的完整过程。

参 考 文 献

[1] Barker C., Takach N. E., 1992. Prediction of natural gas composition in ultradeep sandstone reservoirs. AAPG bulletin, 76(12): 1859-1873.

[2] Bazalgette L., Petit J.-P., Amrhar M., et al., 2010. Aspects and origins of fractured dip-domain boundaries in folded carbonate rocks. Journal of Structural Geology, 32(4): 523-536.

[3] Chen M. Y., Jin W. and Zheng C. Q., 2009. Type of main metamorphic rocks by the composition fabric and genesis of metamorphic rocks. Acta Petrolei Sinica, 25 (8): 1749-1752.

[4] Chen Y., 1977. Application of Acoustic Emission Techniques to Rock Mechanics Resesrch. Acta Geophysica Sinica, 20(4): 312-322.

[5] Chen Z. H., Mou Z. B., Sun Y., 2009. Characteristics and Development Strategy of Fracture-Cavern Basement Oil Reservorior in White Tiger. Vietnam. Sino-global Energy, 9(14:): 45-49.

[6] Cortez MMM and Santos MAC., 2016. Seismic interpretation, attribute analysis, and illumination study for targets below a volcanic-sedimentary succession, Santos Basin, offshore Brazil. Interpretation, 4 (1): SB37-SB50.

[7] Deng J. F., Su S. G., Zhao H. L., et al., 2003. Deep Processes of Mesozoic Yanshanina Lithosphere Thinning in North China. Earth Science Frontiers, 10 (3): 41-50.

[8] Deng, Y. H., 2015. Formation mechanism and exploration practice of large-medium buried-hill oil fields in Bohai Sea. Acta Petrolei Sinica, 36(3): 253-261.

[9] Dou L. R., Wei X. D., Wang J. C., et al., 2015. Characteristics of granitic basement rock buried-hill reservoir in Bongor Basin, Chad. Acta Petrolei Sinica, 36 (8): 897-925.

[10] Dyman T. S., Crowelli R. A., Barberger C. E., et al. 2002. Worldwide estimates of deep natural gas resources based on the U. S. Geological Survey world petroleum assessment. Natural resources research, 2002, 11 (3): 207-218.

[11] Gao X. L., 2006. Recent activities of the Tan-Lu fault zone in the central Bohai sea and newly generated faults during Neogene in Bohai. Chinese Journal of Geology, 41(2): 355-364.

[12] Guo R. H., Li S. Z., Suo Y. H., et al., 2017. Indentation of North China Block into Greater South China Block and Indosinian Orocline. Earth Science Frontiers, 244: (171-184).

[13] He D. F., Cui Y. Q., Zhang Y. Y., et al., 2017. Structural genetic types of paleo-buried hill in Jizhong depression, Bohai Bay Basin. Acta Petrologica Sinica, 33(4): 1338-1356.

[14] Huang X. M., Zhang J. J., Xu Z. Q., 2016. The Application of EBSD in the Study of Crustal Structural Deformation. Acta Geologica Sinica, 90 (6): 1130-1145.

[15] Jia C. Z., Zou C. N., Li J. Z., et al., 2012. Assessment criteria, main types, basic features and resource prospects of the tight oil in China. Acta Petrolei Sinica, 33(3): 343-350.

[16] Jiang Y. D., Xian X. F., Xu J., 2005. Research on application of Kaiser effect of acoustic emission to measuring initial stress in rock mass. Rock and Soil Mechanics, 26(6): 946-950.

[17] Li D. S., 1980. Geology and structural characteristics of Bohai Bay, China. Acta Petrolei Sinica, 1 (1): 6-20.

[18] Li H. B., Zhao J., Li J. R., et al., 2004. Triaxial compression tests of a granite. Explosion and Shock Waves, 24(5): 470-474.

[19] Li J. P., Zhou X. H., Wang G. Z., 2014. Lithologic Constitution and Its Control on Reservoir Development on Penglai 9-1 Buried Hill, Bohai Sea. Earth Science, 39(10:): 1521-1530.

[20] Li S. Z., Sou Y. H., Dai L. M., et al., 2010. Development of the Bohai Bay Basin and destruction of the North China Craton. Earth Science Frontiers, 2010,

17(4): 064-089.

[21] Li X. G., Liu B. H., 2007. Main factors controlling the formation of interior reservoirs in the metamorphic palaeo-buried hills of the Liaohe Depression. Oil & Gas Geology, 28(5): 584-589.

[22] Liu J. L., Cao S. Y., Zou Y. X., et al., 2008. EBSD analysis of rock fabrics and its application. Geological Bulletin of China, 27 (10): 1638-1645.

[23] Lorenz J. C., Sterling J. L., Schechter D. S., et al., 2002. Natural fractures in the Spraberry Formation, Midland Basin, Texas: The effects of mechanical stratigraphy on fracture variability and reservoir behavior, AAPG Bulletin, 2002, 86(3): 505-524.

[24] Ma L., Liu Q. X., Zhang L., et al., 2006. A discussion of exploration potentlals of basement hydrocarbon reservoir. Natural Gas Industry, 26(1): 8-11.

[25] Ma W. G., Liu A. X., 2011. The study of the pore structure parameters in rocks by CT scanning technology. Sino - global Energy, 2011, 16 (7): 54-56.

[26] Ma Y. S., 2007. Generation mechanism of Puguang Gas Field in Sichuan Basin. Acta Petrolei Sinica, 28 (2): 9-21.

[27] Nie Z. S. 1985. The Yanshanian Movement in the North China. Scientia Geologica Sinica, 4: 320-333.

[28] Passchier C., 2009. 30 Years of the Journal of Structural Geology. Jurnal of Srtuctural Geology, 31 (2): 115.

[29] Price L. C., 1993. Thermal stability of hydrocarbons in nature: limits, evidence, characteristics, and possible controls. Geochimica et cosmochimica acta, 57(14): 3261-3280.

[30] Qi J. F., Yu F. S, Lu K. Z., et al., 2003. Conspectus on Mesozoic Basins in Bohai Bay province. Earth Science Frontiers, 10(S1): 199-206.

[31] Qi J. F., Wang Y. X., 2007. Origin type of tectonic fractures and geological conditions in low-permeability reservoirs. Acta Petrolei Sinica, 28(4): 52-56.

[32] Shi C. Q., Xu A. M., Wei H. X., et al., 2020. Quantitative characterization on the clastic reservoir destruction by tectonic compression: a case study of the Jurassic Ahe Formation in Yiqikelike structural belt, Kuqa depression. Acta Petrolei Sinica, 41 (2): 205-215.

[33] Somasundaram S, Mund B, Soni R and Sharda R. 2017. Seismic attribute analysis for fracture detection and porosity prediction: A case study from tight volcanic reservoirs, Barmer Basin, India. The Leading Edge, 36(11): 947b1-947b7.

[34] Song B. R., Hu Y. J., BIAN S. Z., et al., 2011. Reservoir characteristics of the crystal basement in the Xinglongtai buried-hill, Liaohe Depression. Acta Petrolei Sinica, 32(1): 77-82.

[35] Sun B. S., Ding Y. C., Shao Z. G., et al., 1996. Application of Acoustic Emission Technique in Determination of Fossil and Present - Day Stresses in Oil Fields. Journal of Geomechanics, 2(2): 11-17.

[36] Sun L. D., Zou C. N., Zhu R. K., et al., 2013. Formation, distribution and potential of deep hydrocarbon resources in China. Petroleum Exploration and Development, 40(6): 641-649.

[37] Tong X. G., Huang., 1991. Buried - hill discoveries of the damintun depression in North China. AAPG Bulletin, 75: 780-794.

[38] Wan Y. S., Xu Z. Q., Yang J. S., 2003. The Precambrian High-grade Basement of Qilian Terrane and Neighboring Areas: Its Ages and Compositions. Acta Geoscientia Sinica, 24(4): 319-324.

[39] Wan Z. J., Zhao Y. S., Dong F. K., et al., 2008. Experimental study on mechanical characteristics of granite under high temperatures and triaxial stresses. Chinese Journal of Rock Mechanics and Engineering, 27(1): 72-77.

[40] Wang, G., Li, S., Li, X., et al., 2019. Destruction effect on Meso-Neoproterozoic oil-gas traps derived from Meso-Cenozoic deformation in the North China Craton. Precambrian Research 333, 105427.

[41] Wang Q., Li F. L., Li Y. D., et al., 1986. Discussion on the naming of Quaternary transgressions in west-southern coast plain of Bohai Sea. Acta Oceanologica Sinica, 8(1): 72-82.

[42] Wang X., Zhou X. H., Xu G. S., 2015. Characteristics and controlling factors of reservoirs in Penglai 9-1 large-scale oilfield in buried. Oil & Gas Geology, 36 (2): 262-270.

[43] Wang Y. Z., Huang J. F., 1993. A Multisteps Coalescence Model for the Decelopment of Stress-induced Cracks in Reservoir Rocks. Progress in Geophysics, 8 (4): 81-89.

[44] Wu Z. P., Hou X. B., Li W., 2007. Discussion on Mesozoic Basins patterns and evolution in the eastern north China Block. Geotectonica et Metallogenia, 31 (4): 385-399.

[45] Wu Z. Y., Guo J. H., Wu D. S., 2001. Frantured

Characteristics of Metamorphic Reservoirs in Low Buried-hill in West of Jing' anpu, Damintun Depression. Oil & Gas Geology, 22(4): 322-325.

[46] Wu F. Y., XuY. G., Gao S., 2008. Lihtospheric thinning and destruction of the North China Craton. Acta Petrologica Sinica, 24(6): 1145-1174.

[47] Xie W. Y., Meng W. G., Zhang Z. W., et al., 2006. Formation model of multi - stage fracture reservoirs inside the buried hills in Liaohe depression. Petroleum Exploration and Development, 33(6): 649-652.

[48] Xu C. G., Yu H. B., Wang J., et al., 2019. Formation conditions and accumulation characteristics of Bozhong 19-6 gas field in Offshore Bohai Bay Basin. Petroleum Exploration and Development, 46(1): 1-12.

[49] Xu C. G., Zhou X. H., Deng J. H., et al., 2010. Geological significance in discovering large Jinzhou 25-1 light oilfield in Liaoxi sag. China Offshore Oil and Gas, 22(1): 7-16.

[50] Xu D. J., Geng N. G., 1986. The Various Stress Paths Causing Deformation and Failure in Rocks. Rock and Soil Mechanics, 7(2): 17-25.

[51] Xu Z. Q., Wang Q., Liang F. H., Chen F. Y., et al., 2009. Electron backscatter diffraction (EBSD) technique and its application to study of continental dynamics. Acta Petrologica Sinica, 25(7): 1721-1736.

[52] Zeng L. B., Qi J. F., Wang C. G., et al., 2008. The influence of tectonic stress on fracture formation and fluid flow. Earth Science Frontiers, 15(3): 292-298.

[53] Zhang G. Y., Ma F., Liang Y. B., et al., 2015. Domain and theory-technology progress of global deep oil & gas exploration. Acta Petrolei Sinica, 36(9): 1156-1166.

[54] Zhang J., Li S. W., Fu L. X., et al., 2014. Characteristics of inner buried hill clastic reservoirs and their main controlling factors in Kongnan area, Huanghua Depression. Lithologic Reservoirs, 26 (6): 50-56.

[55] Zhang Q., Jin W.J., Li C.D., et al. 2009. Yanshanian large - scale magmatism and lithosphere thinning in Eastern China: Relation to large igneous province. Earth Science Frontiers, 16(2): 021-051.

[56] Zhang Y. Q., Shi W., Dong S. W., 2019. Neotectonics of North China: interplay between far - field effect of India-Eurasia collision and Pacific subduction related deep-seated mantle upwelling. Acta Geologica Sinica, 93(5): 971-1001.

[57] Zhao G. C., 2009. When did Plate Tectonics Bagin on the North China Craton? Insights from Metamorphism. Cience Frontiers, 14(1): 19-32.

[58] Zhao W. Z., Shen A. J., Hu S. Y., et al., 2012. Geological conditions and distributional features of large - scale carbonate reservoirs onshore China. Petroleum Exploration and Development, 39(1): 1-12.

[59] Zhao W. Z., Shen A. J., Pan W. Q., et al., 2013. Geological conditions and distributional features of large-scale carbonate reservoirs onshore China. Acta Petrologica Sinica, 29(9): 3213-3222.

[60] Zhao Y., 1990. The Mesozoic Orogenies and Tectonic Evolution of the Yanshan Area. Geological Review, 38 (1): 1-12.

[61] Zheng J P, Lu F X, Yu C M, et al., 2007. Physical and chemical processes of the destruction of the North China Craton: Evidences from Peridotite. Bulletin of Mineralogy, Petrology and Geochemistry, 26 (4): 822-833.

[62] Zhou X. H., Xiang H., Yu S., et al., 2005. Reservoir Characteristics and Development Controlling Factors of JZS Neo-Archean Metamorphic Buried Hill Oil Pool in Bohai Sea [J]. Petroleum Exploration and Development, 32(6): 17-21.

[63] Zhu G., Liu G.S., Niu M.L., et al., 2003. Transcurrent movement and genesis of the Tan-Lu fault zone. Geological Bulletin of China, 22(3): 200-207.

[64] Zhu J.C., Feng Y.L., Meng Q.R., et al. 2019. Late Mesozoic tectonostratigraphic division and correlation of the Bohai Bay basin: Implications for the Yanshanian Orogeny. Sciences China Earth Sciences, 62: 1783-1804.

[65] Zhu Y. M., Qin Y., Fan B. H., et al., 2001. Restoration and Significance of the Original thickness of Triassic System in Baohaiwan Bay Basin. Journal of China University of Mining & Technology, 30 (2): 195-200.

[66] Zhu Y. X., Shan J. F., Wang H., et al., 2018. Petrological Characteristics of Archean Metamorphic Reservoir in Central Area of Damintun Depression, Liaohe. Journal of Jinlin University (Earth Science Edition), 48(5): 1304-1315.

[67] Zu K. W., Zeng L. B., Zhao X. Y., et al., 2014. Discussion on Development Models of the Shearing Fractures in Fault Bend Folds. Journal of Geomechanics, 20(1): 16-24.

渤中凹陷北部中生界油气成藏特征及北环中生界勘探前景展望

李志强　张江涛　王晨杰　滑彦岐

[中海石油(中国)有限公司天津分公司]

摘　要　渤中凹陷以往潜山油气勘探目的层主要是太古界和古生界，作为整个华北板块地壳厚度最薄且中生代克拉通破坏最为强烈的地区，渤海海域潜山90%以上出露中生界。对近年来在渤中凹陷北部渤中8-A构造中生界取得的重大油气勘探突破开展了系统的油气成藏研究：该构造原油和天然气为渤海海域盆地迄今发现成熟度最高的油气藏；中生界发育风化壳型酸性火山岩储层，以气孔状流纹岩物性最佳，显示出较强非均质性；潜山内幕传导型超压突破了以往"潜山常压、盖层超压"的成藏动力模式，为油气提供了强劲充注动力和良好封盖条件；2Ma超晚期油气充注和储层强非均质性造成油藏不均匀混合导致原油物性和生标差异较大。指出邻近的渤中坳陷北部中生界具备形成大油气田的有利条件：1)渤中凹陷北部发育东三段、沙一段和沙三段三套烃源岩，烃灶规模大、平均总生油强度$20\times10^6t/km^2$、平均生气强度超过$48\times10^8m^3/km^2$；2)古近系/中生界超覆不整合指示圈闭群具备长期风化背景；3)渤中北环晚期断裂活动性弱、古近系泥岩毛管力和生烃增压指示良好的区域封盖条件。渤中凹陷北部中生界油气成藏条件优越，勘探前景广阔，是保障中海油建成渤海"海上万亿气区"的重要战略储量接替领域。

关键词　渤中凹陷；中生界；低位潜山；传导型超压

渤中凹陷位于渤海海域中部，属于渤海湾盆沉积沉降中心。渤中凹陷总面积约$8729km^2$，是渤海油田最重要的富烃凹陷之一，且均为三维地震资料覆盖。围绕渤中凹陷，早期先后在凸起区发现了蓬莱19-3、秦皇岛32-6等一系列亿吨级大油田，油气发现主要分布在新生界。近年来，随着勘探的不断深入，尤其是蓬莱9-1、渤中19-6潜山油气藏的不断突破，促使渤海油田潜山油气勘探进入一个新的阶段。中生界火山岩作为各类盆地充填序列的重要组成部分，在渤海海域广泛分布，且厚度较大，资源量丰富，针对潜山的勘探不可避免的要钻遇中生界地层。早在20世纪70年代初陆上油田就在渤海湾盆地就发现了火山岩工业油气藏，并且随着近几年松辽盆地、准噶尔盆地都有火山岩油气藏的重大发现，火山岩油气藏勘探越来越受到广泛关注。渤海在早期渤中凹陷中生界钻遇20余口井，从岩性来看，主要分为两类，一类是以渤中西洼曹妃甸12-6构造为代表的中生界碎屑岩地层，第二类是以428、秦皇岛30-1构造为代表的中生界火山岩地层，两类地层均获得一定发现，但总体上岩性岩相变化快，油气成藏复杂，成藏规模较小。近年来，随着渤海油田勘探的不断深入，中生界火山岩勘探也越来越受到重视，在渤中凹陷地区发现了渤中8-A、秦皇岛35-A、秦皇岛34-A/B、曹妃甸6-A、曹妃甸12-A、龙口7-A等多个大型中生界圈闭，特别是近期渤中8-A构造和龙口7-A构造获得重大油气突破，其中渤中8-A构造测试油气当量超过1400吨每日，其紧邻的渤中凹陷北部新解释了大规模的中生界火山岩圈闭群。因此本次研究针对渤中8-A构造勘探突破取得的阶段认识，进一步总结成藏特点，并对渤中凹陷北部勘探潜力进行分析，以期推动渤中凹陷超深层中生界潜山油气勘探取得更大突破。

1　地质背景

渤海海域盆地东邻胶州-辽东断隆区，西部岐口凹陷为黄骅坳陷的次级构造单元在海域的延伸，南部埕北凹陷-黄河口凹陷与陆上济阳坳陷相邻，北部辽东湾凹陷与下辽河凹陷相连接。渤海海域主体属于华北板块的东部区内的盆地尺度断裂带极为发育，有著名的郯庐断裂带呈NNE方向贯穿整个盆地东部，以及共轭呈EW向的张家口-蓬莱断裂带。

渤海湾海域沉积了巨厚的晚侏罗-早白垩

系，且主要以早白垩系为主(图1)，早白垩世是华北克拉通破坏的巅峰时期，由多板块汇聚及古太平洋板块(伊泽奈崎板块)回撤引起的克拉通衰稳是该期大规模岩浆活动的根本动力来源。在渤海海域，中生界火山岩一半沿着深大断裂呈现裂隙式或者中心式喷发，火山机构十分发育、钻遇的火山岩种类多样，以往钻遇的岩性多以玄武岩、玄武安山岩、安山岩和粗面岩等中-基性火山岩为主，酸性火山岩较少。近年来在在锦州25-A构造、龙口7-A构造和渤中8-A构造均钻遇酸性火山岩储层。渤海海域发育三套烃源岩，分别是第一幕强裂陷期沉积的沙三段、第一幕热沉降期沉积的沙一段和第二幕强裂陷期沉积的东营组均是优质的湖相烃源岩。

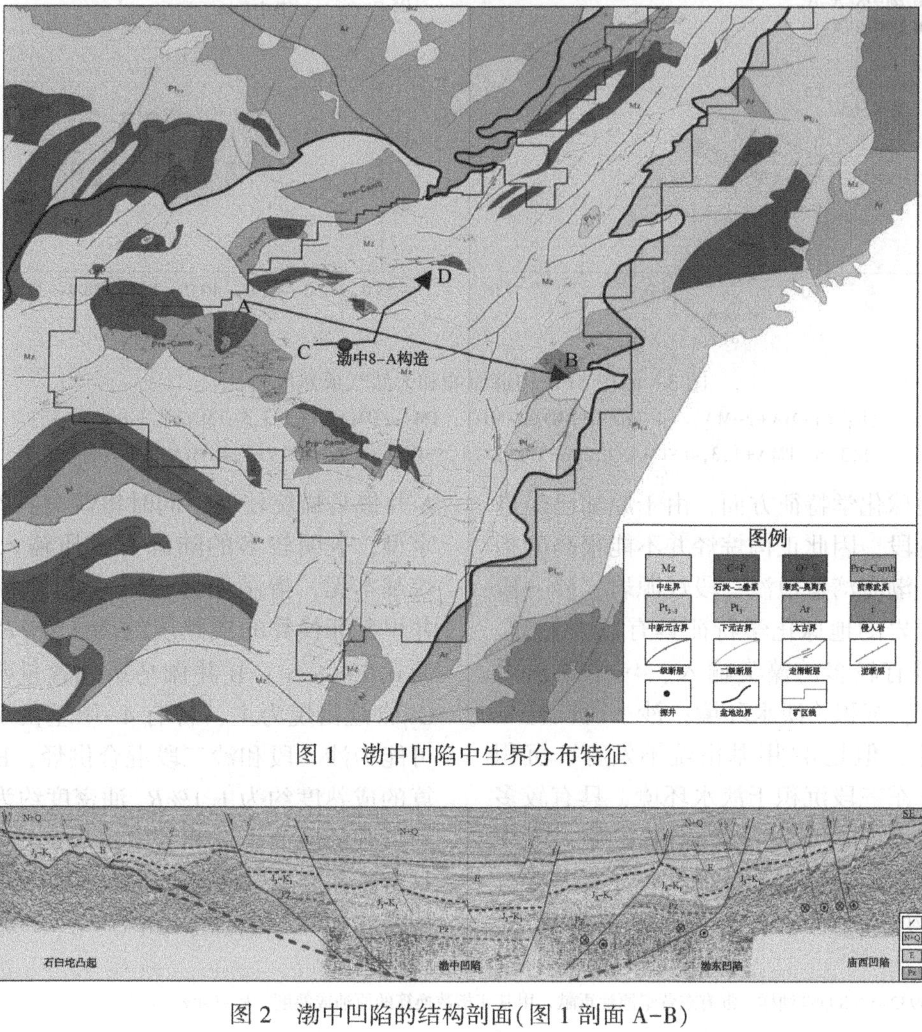

图1　渤中凹陷中生界分布特征

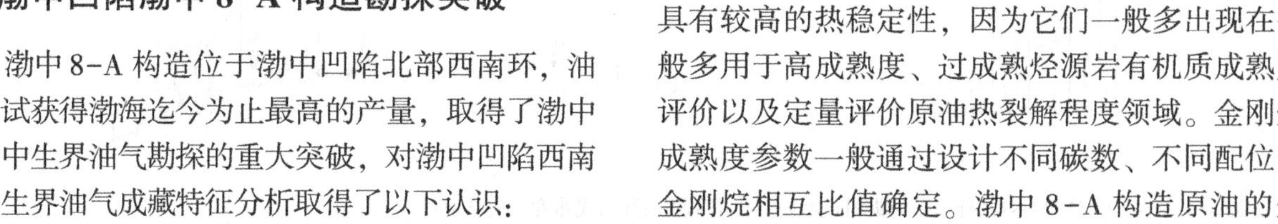

图2　渤中凹陷的结构剖面(图1剖面A-B)

2　渤中凹陷渤中8-A构造勘探突破

渤中8-A构造位于渤中凹陷北部西南环，油气测试获得渤海迄今为止最高的产量，取得了渤中凹陷中生界油气勘探的重大突破，对渤中凹陷西南部中生界油气成藏特征分析取得了以下认识：

2.1　油气地球化学特征

传统的生物的生物标志化合物，如甾烷和萜烷异构化成熟度参数只能指示未熟-成熟阶段早期原油的成熟度信息，通常超深层构造的油气成熟度较高，传统的生物标志化合物成熟度参数不能用于评价高熟原油的成熟度。金刚烷类化合物具有较高的热稳定性，因为它们一般多出现在一般多用于高成熟度、过成熟烃源岩有机质成熟度评价以及定量评价原油热裂解程度领域。金刚烷成熟度参数一般通过设计不同碳数、不同配位的金刚烷相互比值确定。渤中8-A构造原油的金刚烷成熟度参数显示(图3a)，其原油成熟度显著高于渤中19-6构造凝析气田和渤中13-2高挥发油田的原油成熟度，根据甲基菲指数换算的原油成熟度约为1.0%~1.4%R_o。渤中8-A构造天然气干燥系数约为89%，高于渤中19-6气田和渤中13-2油田，与渤中22-1气田和渤中21-2成熟度相似，甲烷碳同位素除了与母质类型有关外，还与天然气的成熟度相关，渤中8-A构造天然气同位素为-35.2‰～-36.7‰，平均为-35.78‰；乙烷同位素为-22.46‰～23.65‰，平均为-23.65‰。天然气甲烷同位素和乙烷同位素相比渤海湾已发现天然气气田碳同位素重，且与干燥系数有良好的正相关性[图3(b)]。综上所述，目前渤中8-A构造的发现的油气均具有较高的成熟度特征。

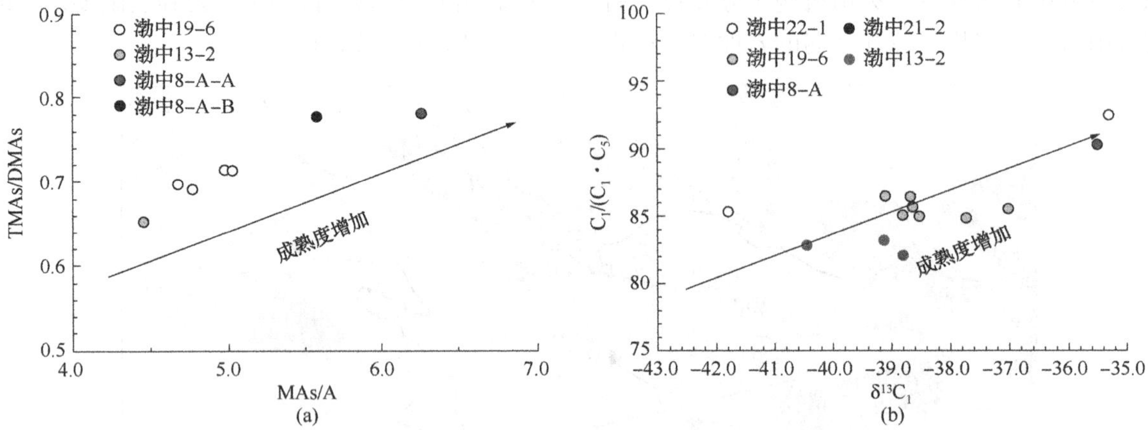

图3　渤中8-A构造原油和天然气成熟度特征

注：(1-MA+2-MA)/(4-MD+1-MD+3-MD)；TMAs/DMAs：(1,3,5-TMA+1,3,6-TMA+1,3,4c-TMA+1,3,4t-TMA+1,2,3-TMA)/(1,3-DMA+1,4c-DMA+1,4tDMA+1,2-DMA)

原油的地球化学特征方面，由于原油已经进入高过成熟阶段，因此正构烷烃并不能很高的指示尤其来源。渤海湾盆地沙三段烃源岩、沙一段和东三段烃源岩的地球化学特征具有较大差异，其中沙三段具有较多的藻类输入、4-甲基甾烷(4-MSI)发育、沉积于淡水环境；沙一段同样是藻类输入为主，但是4-甲基甾烷不发育、沉积于咸水环境；东三段沉积于淡水环境、具有较多的陆源有机质数据、不发育4-甲基甾烷，渤中凹陷几套烃源岩的地球化学特征具有显著差异。

从8-A构造的原油地球化学特征可以看出，A井伽马蜡烷较低，同时甾烷分布特征呈现"V"字型，表明较多的陆源有机质输入，4-甲基甾烷基本无，指示明显的东营组原油贡献，且A井甲基菲换算的成熟度约为1.4%R_o，油密度约为0.79g/cm^3；B井伽马蜡烷含量明显增高，以C_{27}常规甾烷为主，含有4-甲基甾烷，指示原油可能为沙一段和沙三段混合供烃，B井甲基菲换算的成熟度约为1.1%R_o油密度约为0.82g/cm^3。两口井的原油生标和密度出现了较大的差异，并且密度差异较大，相反的是、两口井的天然气同位素特征却相似(图4)。

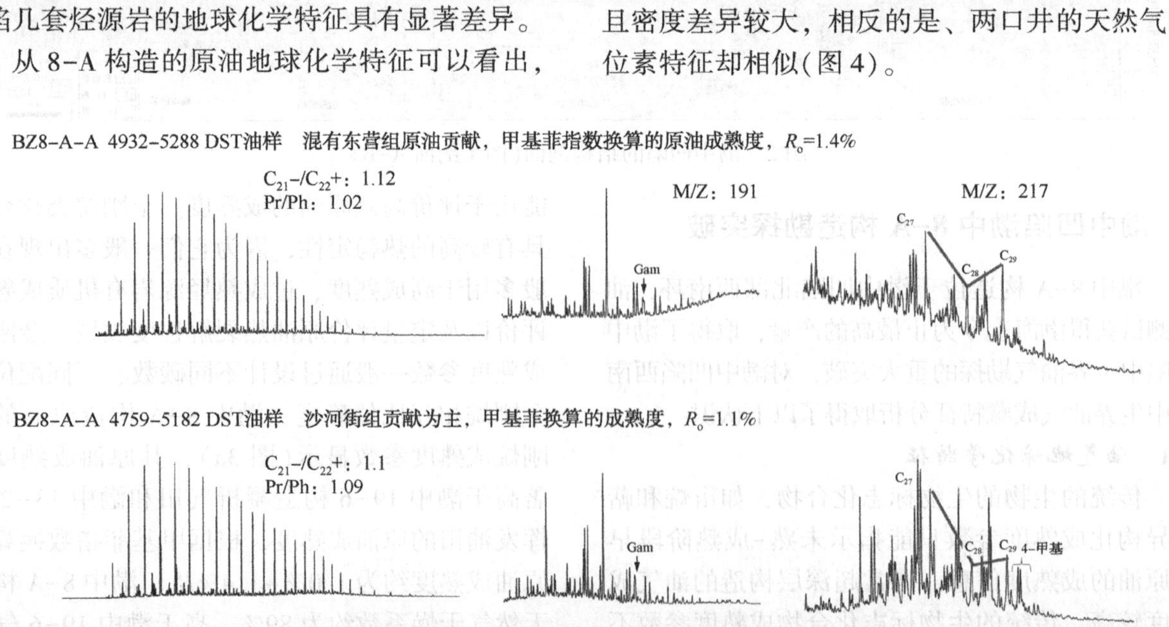

图4　渤中8-A构造原油生物标志化合物地球化学特征

2.2 储层特征

渤中 8-A 构造主要以中生界酸性流纹岩为主，表现出较强的非均质性。以 A 井为例，尽管中生界没有类似印支-燕山运动的强挤压造缝背景，但是在壁心中仍然观察到了很多断层角砾岩(图 5)，后期被方解石脉充填，这些裂缝成为了中生界除溶蚀孔外非常重要的储集空间；与 A 井相反的是，B 井微远离断层，壁心上基本没有观察到构造裂缝，观察到很多长石溶孔、这类储层虽然具有较高的储集性，但是渗透性较差。对渤中 8-A 构造中生界的岩性统计表明，孔隙度一般为 2.1%～13%，其中气孔流纹岩的孔隙度最好、断层角砾岩稍差、隐爆角砾岩和块状流纹岩孔隙度最差；渗透率一般为 0.001～0.01md，气孔状流纹岩渗透率最好，其次是断层角砾岩、隐爆角砾岩和块状流纹岩渗透率最低。总体上物性表现出酸性气孔熔岩>构造角砾岩>隐爆角砾岩>酸性块状熔岩。

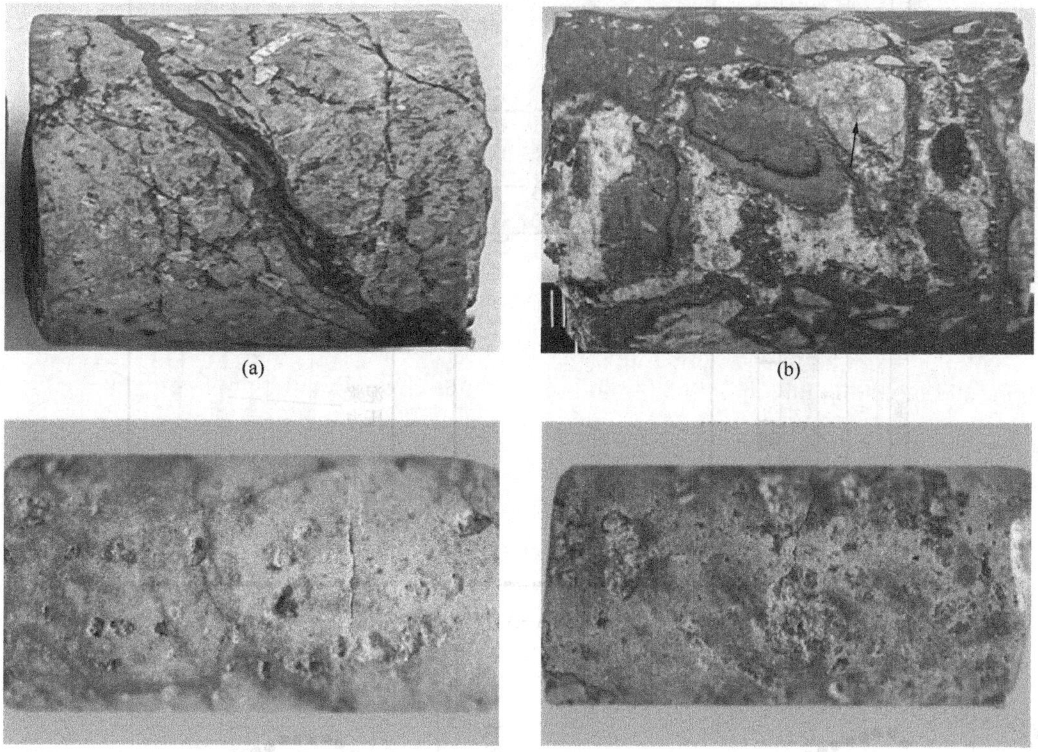

(a)　(b)　(c)　(d)

图 5　渤中 8-A 构造储层特征

注：(a)BZ8-A-A 井 4988.9 米，断层角砾岩，裂缝发育；(b)BZ8-A-A 井 4993.7m，断层角砾岩，裂缝发育；(c)BZ8-A-3 井 4832 米，块状流纹岩，溶蚀孔发育；(d)BZ8-A-3 井 5003 米，块状流纹岩，溶蚀孔发育

2.3 压力体系特征

由于渤海海域晚期走滑-伸展断裂极为发育，对盖层起到一定破坏作用，因此以往发现的油气藏全部为“潜山常压，盖层超压”模式。本次发现的渤中 8-A 构造突破了以往传统的地质认识，形成了“潜山超压，盖层超压”的立体超压模式，通过对潜山内部采用泥浆密度估算的压力系数高达 1.6(图 6)。显然潜山本身不能生烃增加，也不像碎屑岩一样快速埋深形成欠压实流体增压、因此只能是周边跟深层的烃源岩层通过断裂/砂体将压力传导至潜山内部。同时发现，中生界储层的孔吼半径明显小于太古界潜山储层，因此即便存在断裂活动导致油气藏存在一定漏失，但是储层内流体难以流动排除，因此可以较好地保持超压特征。

正构烷烃的摩尔质量百分比是指示油气藏气洗过程的重要指标，渤中 8-A 构造发生了明显的气洗过程(图 7)，同时在储层中发现了大量的沥青质，另外原油中胶质含量较高。因此可以认为，尽管渤中 8-A 构造由于断裂活动发生了气洗过程，但是目前潜山内幕超压指示了强劲的油气充注动力和保存条件，这也是渤中 8-A 构造具有较高气油比的原因之一。

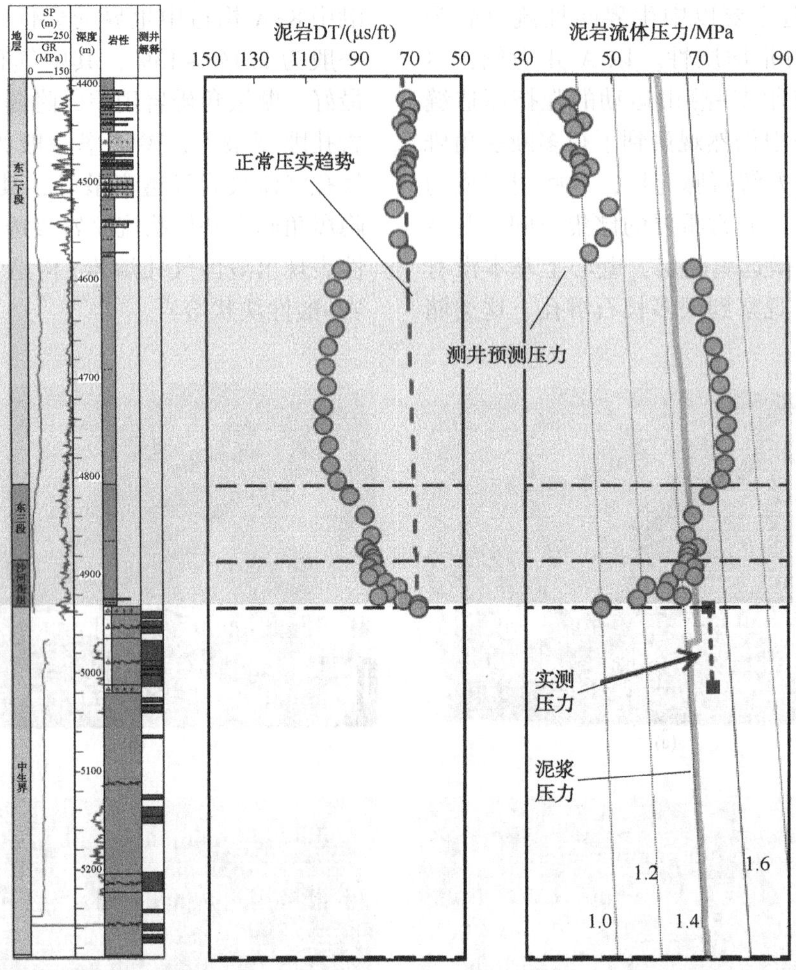

图6　BZ8-A-A井压力剖面

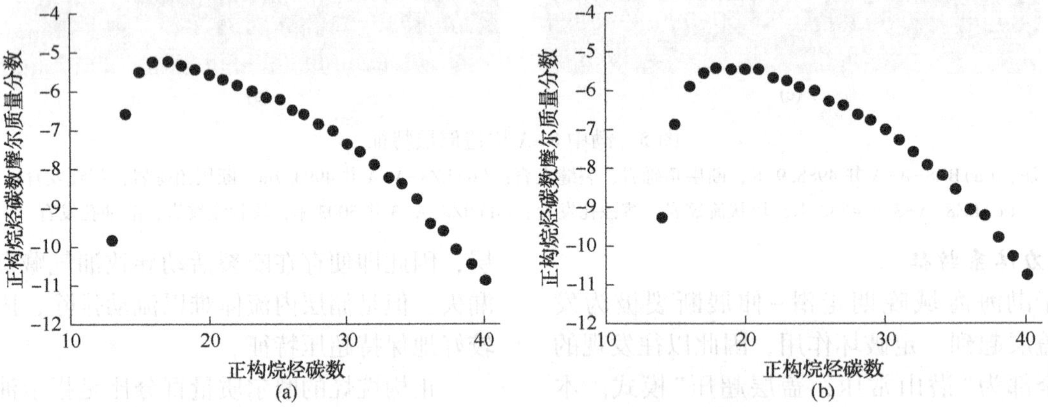

图7　渤中8-A构造A和B井的正构烷烃摩尔质量百分比

2.4　油气成藏模式

渤中8-A构造的原油地球化学特征表现出较大差异，但是天然气同位素特征相似，显然指示了特殊的油气成藏过程。BZ8-A-A井的镜下可以观察大量的蓝色光包裹体，指示了较高成熟度的原油地球化学特征（a）BZ8-A-A井，5242.8m，流纹岩，石英晶体捕获了含甲烷盐水包裹体，均一温度主要介于162~174℃，冰点主要介于-2.6~-7.0℃，揭示了一期含烃流体活动；（b）BZ8-A-A井，4993.7m，流纹岩，结晶较好的石英晶体捕获了油和含甲烷盐水包裹体，均一温度呈现

130～155℃、160～180℃两群，揭示了两期含烃流体活动，且第Ⅱ期流体的盐度高于第Ⅰ期；(c)BZ8-A-A井，4973.4m，流纹岩，结晶较好的石英晶体捕获了含甲烷盐水包裹体，均一温度呈现132～150℃、168～186℃两群，揭示了两期含烃流体活动，且第Ⅱ期流体的盐度高于第Ⅰ期；(d)BZ8-A-A井，5204.8m，流纹岩，结晶较好的长石晶体捕获了蓝色荧光油包裹体，石英晶体捕获了含甲烷盐水包裹体，均一温度主要介于168～180℃，冰点主要介于-3.6～-6.6℃，揭示了一期含烃流体活动(图8)。

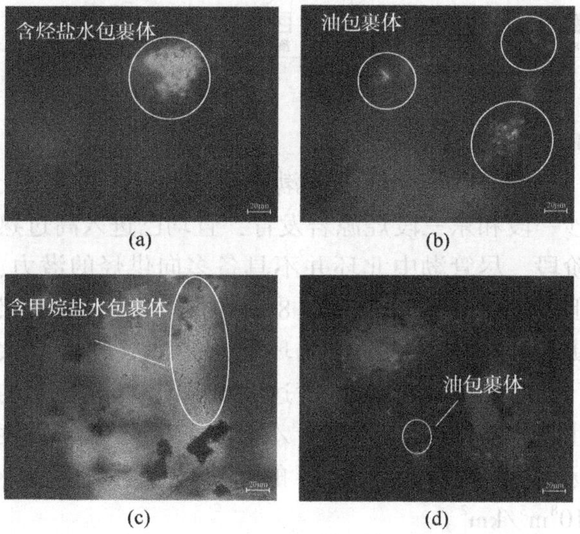

图8　渤中8-A-A井的包裹体地球化学特征

同时，渤中8-A-A井的流体包裹体指示了两期原油充注，其中第一期为潜山顶部，主要为发黄色光的成熟原油、包裹体温度介于132℃～155℃、另一期是潜山顶部和潜山内部均发育的蓝色包裹体，均有一化温度约为162℃～186℃，基本与火山岩储层温度接近，表明晚期超高熟油气充注较晚(图9)。

通过对渤中8-A构造的综合分析可以得出，渤中8-A构造的原油成熟度和天然气同位素是渤海发现的成熟度最高的油气田，中生界火山岩储层存在较强的非均质性，超高熟油气与超晚期成藏特征相匹配，超晚期充注造成的油藏混合不均匀可能是原油生标和密度差异比较大的主要原因。尽管正构烷烃摩尔质量指示油藏发生了一定气洗作用，但传导型构造超压贯通生油岩层，提供了强劲的充注动力和保存条件(图10)。总体上渤中8-A构造油气藏证实了渤海超深层低位潜山具有较大的勘探潜力。

尽管前文指出气洗作用可能是储层出现较多沥青的主要原因，但是根据激光拉曼测试，储层中的部分沥青显示出了热裂解的特征，根据激光拉曼计算的沥青反射率普遍不低于2.0% BR_o。天然气气洗只会导致油藏中胶质和沥青质沉淀，但是不会改变它们的成熟度，而这些超过2.0% BR_o 的沥青反射率也指示油藏可能发生了一些轻微的热裂解过程。

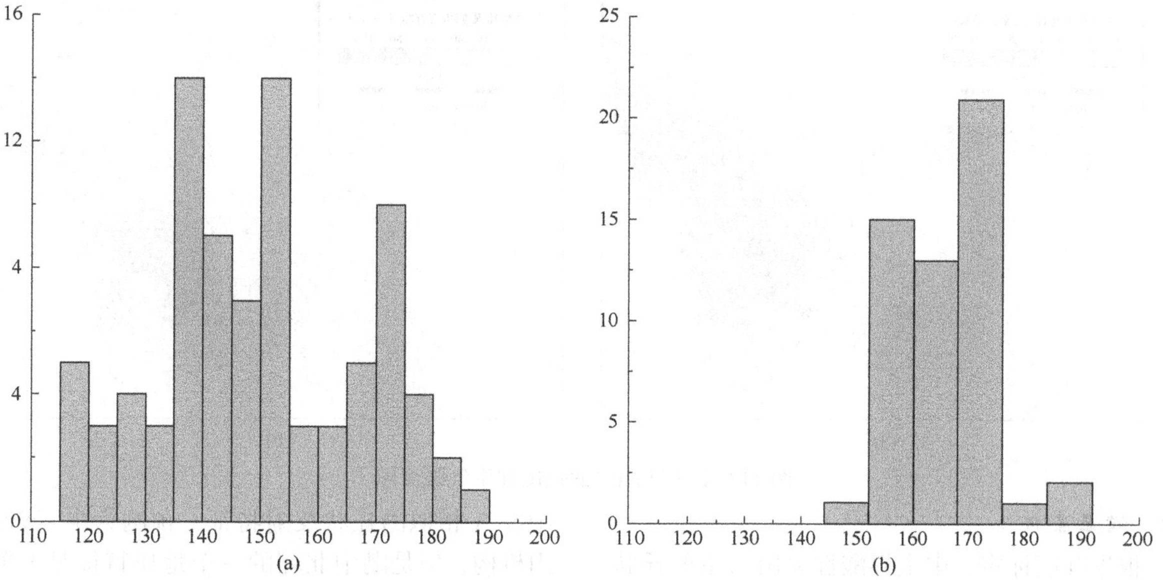

图9　渤中8-A-A井潜山顶部和潜山内部流体包裹体均一化温度

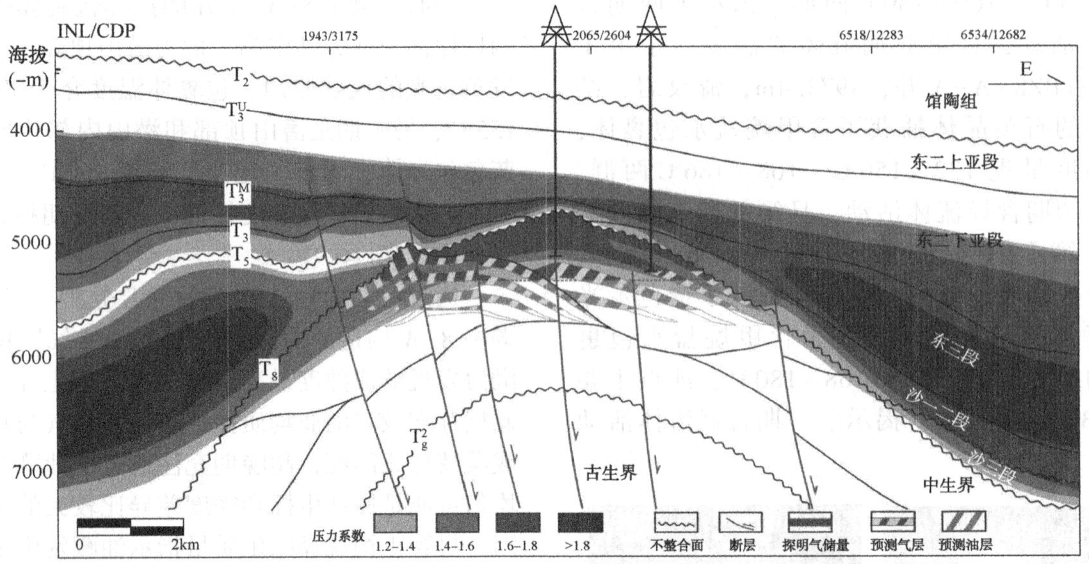

图 10　渤中 8-A 构造传导型超压形成机制及油气成藏模式

3　渤中凹陷北部中生界油气成藏条件及勘探前景

与渤中 8-A 构造相邻的渤中北环低位潜山发育大规模的火山岩圈闭群，渤中 8-A 构造的成功突破，只是渤中北环具有较大的油气勘探潜力。对渤中北环的油气成藏要素特征分析认为，渤中北环可以成为渤海海域未来重要的勘探战略接替领域。

3.1　烃源岩条件

渤中凹陷北环靠近渤中凹陷主洼，沙三段、沙一段和东三段烃源岩发育，且均已进入高过熟阶段，尽管渤中北环并不具备多向供烃的潜力，但是渤中北环相比渤中 8-A 构造，沙三段地层更加齐全，因此渤中北环的总生油气强度更大(图 11)，平均生油强度达到 $20\times10^6 t/km^2$、平均生气强度超过 $48\times10^8 m^3/km^2$，特别是生气强度远超形成大中型气田的门限生气强度 $20\times10^8 m^3/km^2$。

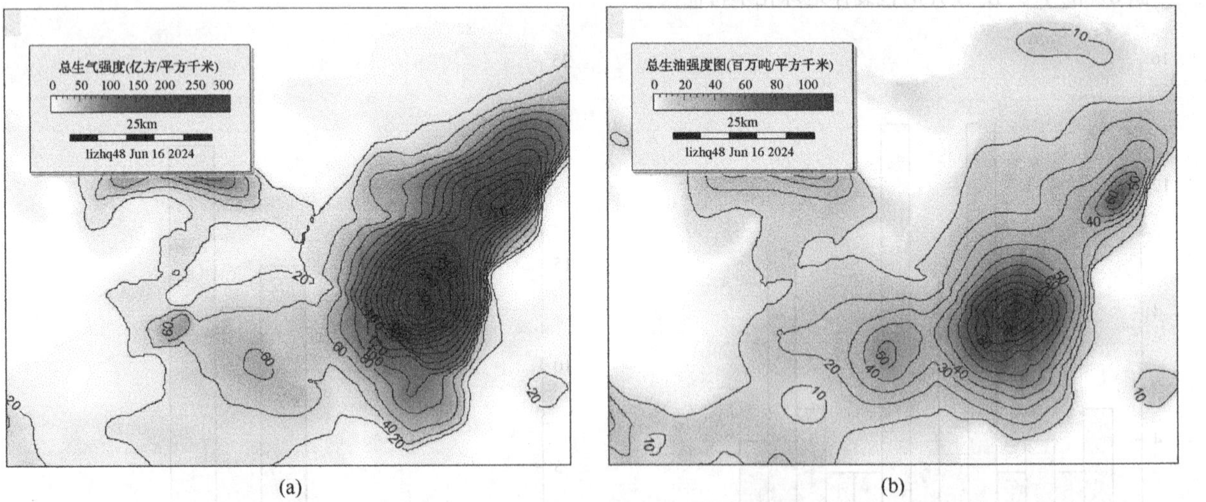

(a)　(b)

图 11　渤中凹陷生油强度和生气强度图

3.2　储层条件

根据井震标定，中生界酸性火山岩主要丘状连续弱反射特征为主，而在纵向上，中基性火山岩一般呈现只中-强振幅中等连续的反射特征，特别是渤中凹陷的北环秦皇岛 35-6 北构造具有与渤中 8-A 相似的丘状反射特征，预测为中-酸性火山机构，但是渤中北环的一个地质特征是上覆古近系厚度较大(图 12)，而渤中 8-A 构造主要为风化壳型酸性火山岩储层，因此北环中生界应该优选上覆盖层较薄的火山岩储层进行优先钻探。

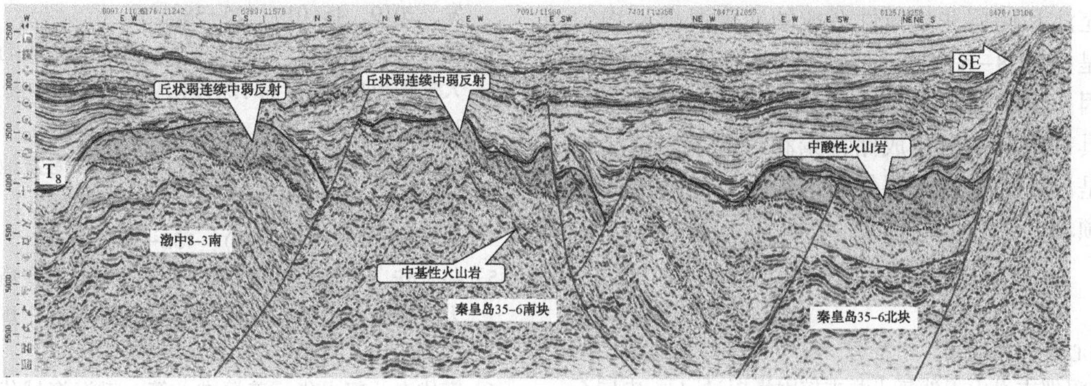

图 12　渤中凹陷中生界潜山地震剖面及解释剖面(见图 1 剖面 C-D)

3.3　盖层条件

由于渤中 8-A 构造发育传到型超压，因此盖层质量是封盖潜山传导构造差压的关键要素，从渤中凹陷东营组的地层压力和地球化学剖面上可以看出(图 13)：东营组在 4000～4600m 压力系数 1.2；在 4600～4800m 压力系数可达 1.6～1.7；超压发育带对应的烃源岩热成熟度(T_{max})异常变小，甲基菲指数略微变小或不变，抽提物碳同位素变重明显。可见压力系数为 1.2～1.5 的弱超压带对有机质热演化有一定的抑制作用，压力系数>1.5 的强超压带对有机质的热演化抑制明显。另外东营组超压发育层段有机质丰度、滞留烃(S_1/TOC)和残余生烃潜力(HI)都较高，抽提物族组分无规律性变化，热演化 T_{max} 基本保持不变，可见超压微弱抑制有机质的热演化，引起热演化产物的滞留，使得相对排油效率降低。由此可以看出东营组生烃增加自身的毛管力可以形成良好的垂向封堵，也是封盖潜山超压重要的因素。另外从地震剖面可以看出(图 12)，渤中北环晚期断裂活动性极弱，这也为盖层封盖潜山压力提供了良好基础。

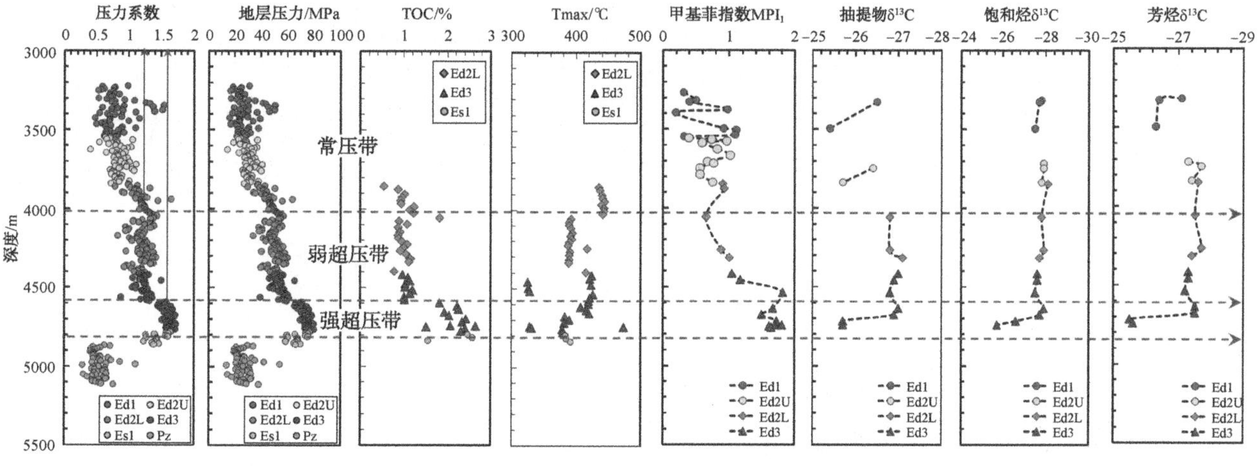

图 13　渤中凹陷东营组压力剖面及岩石热解剖面

3.4　勘探前景

通过对渤中凹陷渤中 8-A 构造油气成藏模式的综合分析，认为渤中北环中生界具有较大的勘探潜力，主要表现在古近系泥岩生油气强度大，古近系/中生界超覆不整合指示中生界长期具有风化成储的背景；晚期较弱的断裂活动，超压明显抑制烃源岩热演化，均指示古近系具有良好的盖层封盖条件。渤中北环低位潜山是未来渤海未来重要的勘探战略接替领域。

4　结论

渤中 8-A 构造发现了迄今为止渤海油气成熟度最高的油气田，传导型超压突破了以往“潜山常压，盖层超压”的充注和封存模式，为超高熟油气超晚期快速充注提供了强劲充注动力，超晚期充注和储层非均质性造成的油藏混合不均匀可能是渤中 8-A 构造原油物性差异比较大的主要原因。渤中北环古近系烃源岩生烃强度大、中生界具有较好的风化成储背景和封盖条件，渤中北环是渤海未来超深层低位潜山重要的勘探战略接替领域。

参 考 文 献

[1] 周心怀，张如才，李慧勇，等．渤海湾盆地渤中凹陷深埋古潜山天然气成藏主控因素探讨[J]．中国石油大学学报(自然科学版)，2017，41(01)：42-50.

[2] 徐长贵，于海波，王军，等．渤海海域渤中 19-6 大型凝析气田形成条件与成藏特征[J]．石油勘探与开发，2019，46(01)：25-38.

[3] 谢玉洪，张功成，沈朴，等．渤海湾盆地渤中凹陷大气田形成条件与勘探方向[J]．石油学报，2018，39(11)：1199-1210.

[4] 牛成民，于海波，胡安文，等．渤海湾盆地渤中坳陷天然气成藏主控因素与有利勘探方向[J]．中国石油勘探，2021，26(06)：152-164.

[5] 薛永安，李慧勇．渤海海域深层太古界变质岩潜山大型凝析气田的发现及其地质意义[J]．中国海上油气，2018，30(03)：1-9.

[6] 庞雄奇，郭永华，姜福杰，等．渤海海域优质烃源岩及其分布预测[J]．石油与天然气地质，2009，30(04)：393-397.

渤海海域中生界火山机构识别刻画及分布规律

揣媛媛　叶　涛　左中航　张同杰

[中海石油(中国)有限公司天津分公司]

摘　要　渤海油田深层潜山约82%的面积被中生界覆盖，中生界白垩系火山机构广泛发育。但由于盆地内部火山机构经历长期风化剥蚀，埋藏期复杂的构造叠加改造，残存的火山机构隐蔽性强。根据火山机构形态、喷发方式和岩石组合，将渤海中生界火山机构主要划分为两大类：壳源“丘状”火山机构和幔源“层状”火山机构。在此基础上，针对不同类型火山机构的地震响应特征分析总结，采用以灰度共生矩阵属性识别技术和基于分水岭算法的地质异常体自动追踪技术为核心的火山机构快速识别方法，形成了以“找通道、定外形、划相带”为核心步聚的的逐级火山机构识别刻画流程，开展整个渤海海域中生界火山机构刻画，并对渤海中生界火山岩分布规律喷发和就位机制进行了阐述。

关键词　渤海海域；中生界；火山机构；灰度共生矩阵；分水岭算法

火山岩已被证实是中国沉积盆地深层一种重要的油气储层。与常规砂岩、碳酸盐岩气藏相比，火山岩油气藏地质条件更复杂，勘探开发难度大。多年来，国内外学者针对火山岩油气藏开展了大量研究。针对火山岩的刻画，主要基于地震相、地震属性、相干体及反演等技术，对研究区火山岩发育情况、平面分布特征等方面进行预测。刘洪林等基于相干体切片横向不连续性，识别XD断陷地区火山机构平面分布范围；Lennon Infante-Paez提出了基于地震倾角方位角切片及SOM地震相分类技术，较好地刻画出火山机构及火山岩相空间展布规律；郭淑文等基于神经网络模式识别方法开展火山岩相预测，有效提高了东关潜山中生界火山岩岩相地震预测精度；杨晓光等利用分频重构技术及地震振幅、相干属性较好地刻画出准噶尔盆地木垒凹陷地区火山机构及岩相平面展布规律。

渤海湾盆地内部火山机构经历长期的风化剥蚀，埋藏期复杂的构造叠加改造，其原始形态被破坏，残存的火山机构隐蔽性强，不易识别。此外，深层地震资料分辨率低、内幕成像不清，严重制约了火山机构识别及分布规律研究。本文在对渤海海域中生界火山机构类型划分的基础上，对不同类型火山机构的地震响应特征开展系统总结。采用灰度共生矩阵属性识别技术和基于分水岭算法的地质异常体自动追踪技术做为快速识别火山机构的有效手段，形成以“找通道、定外形、划相带”为核心步聚的的火山机构识别刻画流程，开展全渤海海域中生界火山机构刻画，并对火山岩分布规律和喷发就位机制进行了阐述，研究成果对下一步的中生界火山岩潜山勘探具有重要意义。

1　区域地质概况

渤海湾盆地位于华北克拉通东部，为华北克拉通之上发育起来的新生代沉积盆地，面积超过$20\times10^4km^2$，是中国七大含油气盆地之一。渤海油田位于渤海湾盆地海域范围，其油气勘探始于20世纪50年代，经过60余年的勘探，除了新生界碎屑岩，还相继在盆地基底太古宇变质岩潜山、古生界碳酸盐岩潜山、中生界碎屑岩潜山和中生界花岗岩潜山等基底潜山中取得大量勘探突破。渤海深层潜山约82%的面积被中生界所覆盖，中生界由下至上可划分为中侏罗统与下白垩统，已钻井揭示油气主要分布在三套岩性组合，分别为白垩系火山岩、侏罗系侵入花岗岩与侏罗系碎屑岩。由于渤海油田从未针对中生界火山岩开展过系统性的勘探研究和钻井部署，经过半个世纪的钻探，仅发现了秦皇岛30-1、旅大25-1等中小型油气田，总体规模有限，未获商业突破。2022年12月，渤海油田在BZ8-3S-A井中生界义县组流纹岩中喜获日产天然气$17\times10^4m^3$，日产凝析油$83m^3$的重大发现，也掀起中生界火山岩勘探的新一轮热潮。

渤海海域中生界火山岩形成于华北克拉通强烈破坏背景下，发育壳-幔双源复合岩浆系统，存在基性、中性到酸性的全系列岩浆产物；同时，岩浆喷发受控于中国东部巨型郯庐走滑断裂带多期次活动，火山岩具有空间展布规模大、垂向多旋回叠置的特点。火山机构就位后多遭受了燕山晚期抬升暴露与喜山期断裂的叠加改造，导致火山岩性、岩相的空间分布极其复杂。与松辽盆地原位型火山机构不同，渤海海域火山岩喷发后多遭受多期改造，导致火山机构识别刻画困难，且空间分布规律不清楚。

2　火山岩潜山识别刻画

2.1　火山机构类型与地震响应特征

火山机构控制了火山岩岩性和岩相的空间分布特征，其规模和类型对火山岩模性油气藏的形成至关重要。目前钻井证实，渤海海域中生界火山机构广泛发育在中生界白垩系义县组地层中。受火山岩发育程度和岩石成分的影响，白垩系不同组段地震反射特征差异大(图 1)。义县组发育火山岩，杂乱弱反射，连续性差；九佛堂组、沙海组、阜新组发育含砾砂岩、泥岩、凝灰岩等，地震同相轴连续性较好。

通过典型火山机构钻井岩石学特征、地球化学特征等手段，结合机构外形和岩石组合，可将渤海中生界火山机构划分为两大类，对应不同的岩浆深部形成动力机制和浅表喷发就位响应。第一类为壳源“丘状”火山机构。壳源火山机构具有丘状外形，岩浆主要来源于地壳重熔，岩性主要为酸性流纹岩，形成低长高比的丘形火山机构。第二类为幔源“层状”火山机构。幔源层状火山机构岩浆主要来源于地幔，垂向上发生结晶分异，多形成自下向上基性、中酸性的岩性组合，多形成高长高比的层状火山机构。

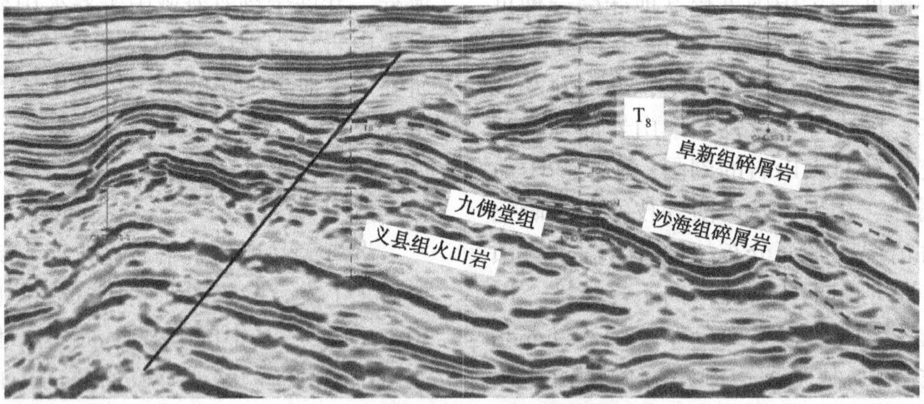

图 1　白垩系不同组段地震反射特征

2.1.1　丘状外形火山机构

丘状火山机构主要由 A 型流纹质岩石组成，岩性垂向变化小，岩浆主要来源于地壳重熔，钻井揭示主要为流纹岩，岩相为酸性溢流相，以中心式喷发为主。具有典型丘状外形特征的火山机构，在地震剖面上具有中等-弱振幅，以丘状外形为主，内部呈丘状和平行短反射，同相轴难于追踪[图 2(a)]。丘状火山机构以环渤中凹陷 BZ22-1-1A 井钻遇的火山机构为代表，岩石伽马普遍大于 120API，岩性以流纹岩与英安岩为主，岩石的酸度大，垂向岩性变化小。

2.1.2　层状外形火山机构

层状火山机构主要由埃达克质岩石组成，岩性垂向变化快，岩浆主要来源于地幔，钻井揭示多由玄武岩、安山岩、粗面岩、英安岩等互层组成，其喷发主要受断裂控制，以裂隙式喷发为主。具有典型层状外形特征的火山机构，在地震剖面上多以层状或者弱丘状为主，机构边界刻画困难。其地震反射在垂向上往往具有二分性，底部以连续强振幅为主，上部为断续弱振幅为主(图 2b)。层状火山机构以渤海北部辽东湾探区 JZ25-1-1 井钻遇机构为代表，其岩性具有明显的二分性，其顶部主要以粗面岩、粗面安山岩等中碱性岩石为主(中高自然伽马)，对应于上部的弱反射；底部以玄武岩为主(低自然伽马)，对应于下部的连续强反射，自下而上岩性具有由基性玄武岩演化至中碱性或者中酸性的特征。

2.2　火山机构识别与刻画

根据火山机构分类及其地震响应特征，在区域上排除中生界沉积岩地层，在白垩统义县组内寻找具有一定特殊外形结构的火山机构。典型的丘状外形火山机构易于识别和刻画；非典型的层状或弱丘状火山机构，火山口较难寻找，识别和刻画难度大。

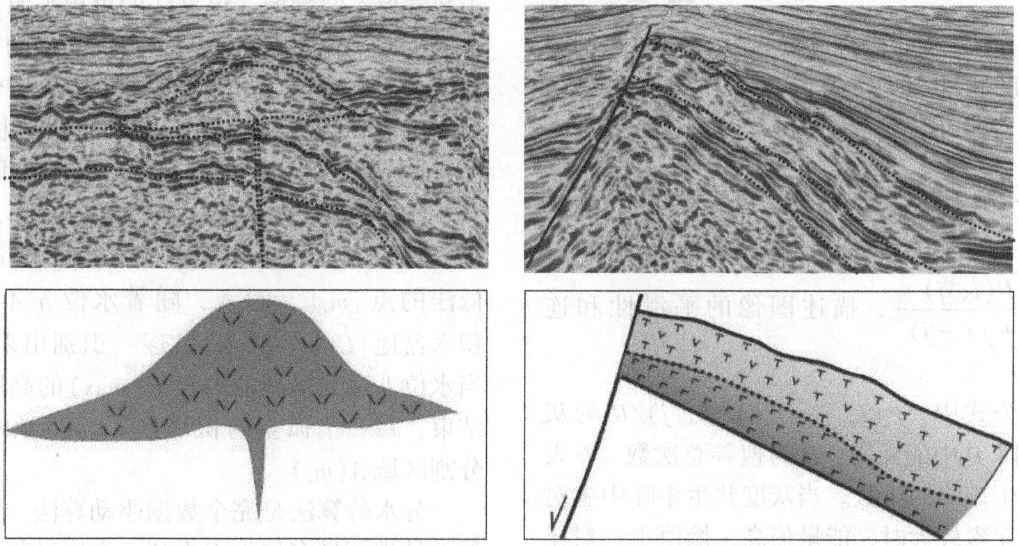

(a)丘状外形火山机构　　(b)层状外形火山机构

图 2　渤海中生界火山机构类型及地震响应特征

火山机构是一定地质时限内同源或同一火山口源区火山喷发物的总和，包括火山通道、火山口及火山喷发单元三大要素。火山通道是岩浆房到火山口顶部的整个岩浆导运系统，一般位于机构近中心部位。火山口是由火山喷出物四周堆积形成的环状坑，一般位于机构顶部。地震剖面上，火山通道往往呈刺穿状、柱状反射，两侧地层具有拖拽现象，上部火山口反射杂乱且对应机构厚度较大的部位为火山通道。平面上，火山通道通常呈点状分布。二者共生共存活动于整个火山活动周期，控制火山机构的类型、规模、形态、岩性岩相分布等。

2.2.1　技术流程

在针对性处理的基础上，综合多种资料和地震属性，采用“找通道、定外形、划相带”为核心步聚的中生界火山机构外形识别和刻画方法。(1)“找通道”是指通过属性融合来寻找火山喷出通道。火山通道主要以中心式和裂隙式两种方式为主，通过灰度共生矩阵属性、振幅包络梯度差等几何类属性可有效实现对火山通道快速定位和识别。(2)“定外形”是指根据“外部形态+地震反射结构”与“火山岩外形+内部结构地震”的机构外形描述方法，以还原火山机构原始形态为基础，结合已钻井岩性和井曲线数据，采用地质异常体自动追踪技术等高效描述多解性强的丘状和弱丘状火山口机构，以 BZ8-3S、LD25-1 丘状火山机构尤为典型。(3)在确定火山通道和丘状火山外部形态后，结合典型火山机构相带地震相特征及对应属性划分火山机构相带，从而实现整个渤海中生界火山机构识别刻画的技术流程。

2.2.2　方法原理

火山机构识别刻画主要通过地震属性实现。灰度共生矩阵属性能有效地反映火山口及火山喷发单元的响应特征，是实现火山机构识别的有效手段。而在渤海近 $4\times10^4\text{km}^2$ 研究区内开展火山机构刻画要求时效性，基于分水岭算法的地质异常体自动追踪技术有效地提高了刻画的效率和精度。本文仅就这两项关键技术进行阐述。

2.2.2.1　*灰度共生矩阵属性识别技术*

灰度共生矩阵属性是一种表征灰度空间相关特性的纹理属性，该技术引自图像处理领域，可以更准确地揭示小断层以及地质异常体等地质要素的空间分布规律。灰度共生矩阵(GLCM)是基于二阶组合条件的概率密度函数，统计在特定方向和距离条件下，特定灰度值的像素对出现的次数(或概率)。在 GLCM 基础上发展出 14 种二阶统计函数，常用能量、熵、对比度和均质性等四种特征值。

(1) 能量(*Energy*)：$Engergy=\sum_{i=0}^{L-1}\sum_{j=0}^{L-1}P(i,j)^2$，代表图像中灰度级别的分布均匀程度和纹理粗细程度。

（2）熵（*Entropy*）：$Engergy = \sum_{i=0}^{L-1}\sum_{j=0}^{L-1} P(i, j)\log P(i, j)^2$，表示纹理的随机性，用于衡量图像的无序度和复杂度。

（3）对比度（*Contrast*）：$Contrast = \sum_{i=0}^{L-1}\sum_{j=0}^{L-1}(i, j)^2 P(i, j)$，反映了图像的清晰度。

（4）均质性（*Homogeneity*）：$Homogeneity = \sum_{i=0}^{L-1}\sum_{j=0}^{L-1}\frac{P(i, j)}{1+(i-j)^2}$，描述图像的平滑性和连续性。

以上公式中，$P(i, j)=VCM(i, j)/R$ 为灰度共生矩阵 P 中的元素，R 为搜寻总次数，L 表示灰度共生矩阵的维数。当灰度共生矩阵中主对角线附近元素较大时，能量值高、熵值小、对比度高、均质性值大，表示图像具有粗糙纹理、简单纹理特征、图像清晰、较强的平滑性和连续性。反之，则具有细腻纹理、复杂纹理特征、图像模糊、较差的平滑性和连续性。

从火山根部到喷发的火山口，依次开展灰度共生矩阵属性分析（图 3），可有效识别火山通道边界（图 3-A、B、C）。火山通道外形呈现圆形或者椭圆形，通道边界清楚，当然火山口中间也存在杂乱反射（图 3-D）。灰度共生矩阵属性实现了对火山通道、火山口的精细刻画，更好地解析地震数据中的地质要素特征，有利于丘状特别是弱丘状火山机构的识别。

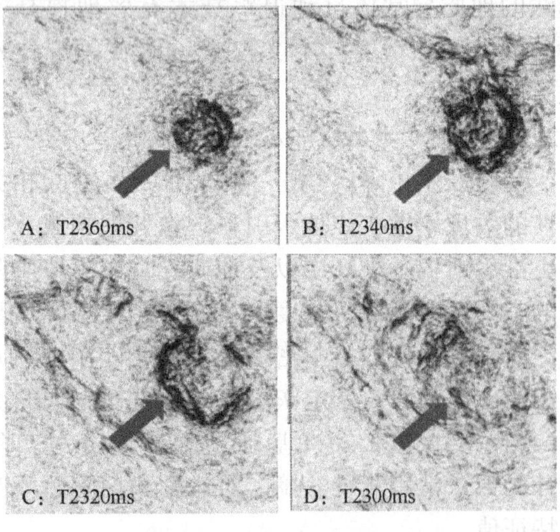

图 3　灰度共生矩阵属性

2.2.2.2　基于分水岭算法的地质异常体自动追踪技术

分水岭变换（*Watershed Transform*）算法是基于地理形态学的一种区域生长图像分割方法，属于数学形态学领域。该算法的思想来源于洼地积水的过程：首先，对于一个高低起伏的地形图 $\Gamma(P, I)$，$P=(X, Y)$ 为横纵坐标，I：$P \to R^*$。I 为高度值。$\Gamma(P, I)$ 中较平坦的区域梯度值较小，构成积水盆地 $\{C(m_t)\}_{t=1}^{k}$，m_t 为局部极小点。$\Gamma(P, I)$ 中的边界区域梯度值较大，构成分割盆地的山脊 $\{E(s)\}_{s=1}^{m}$；接着，水从盆地内最低洼的点 $\{m_t\}_{t=1}^{k}$ 渗入，随着水位 h 不断长高，积水盆地 $\{C(m_t)\}_{t=1}^{k}$ 将被逐一识别出来；最后，当水位 h 达到最高的山脊 $E(\max)$ 的高度时算法结束，每一个孤立的积水盆 $C(m_t)$ 地对应一个分割区域 $A(m_t)$。

分水岭算法是完全数据驱动算法，不需要解释人员进行过多的人工干预。在通过灰度共生矩阵属性等多种几何属性识别出火山通道和火山口后，将基于分水岭算法的图像分割方法引入地震属性分析中，自动识别地震属性异常区边缘，可实现火山机构的快速三维雕刻。图 4 为 LD25-1 构造一个典型的丘状火山机构，在多属性识别火山口和喷发单元的剖面地震响应特征后，根据分水岭算法自动快速追踪出火山机构的三维展布空间形态。分水岭算法对微弱边缘具有良好的响应，在火山机构的自动追踪中具有高效、精确的独特优势。

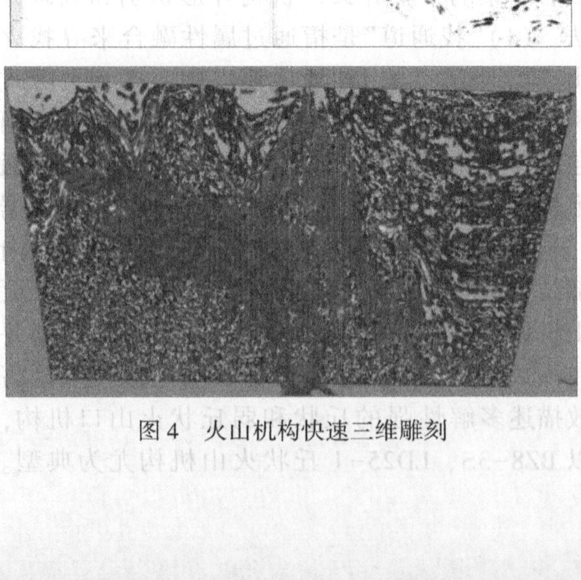

图 4　火山机构快速三维雕刻

2.2.3　火山机构识别刻画结果

根据上述中生界火山机构识别关键技术和刻画流程，以"火山岩的外形(外部形态)+内部结构(地震反射结构)"为描述原则，结合渤海已钻井典型火山机构地震反射特征，开展渤海油田中生界火山机构的识别与刻画，海域范围内共识别出263个具有典型丘状外形或弱丘状外形的火山机构(图5)。

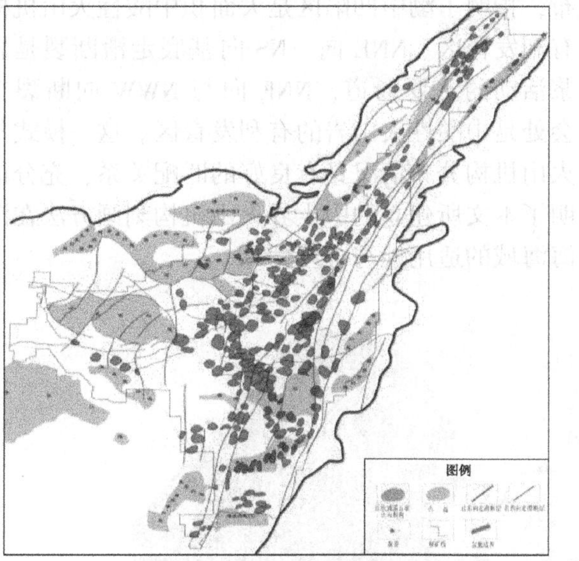

图5　中生界火山机构分布图

3　分布规律与就位机制

3.1　火山机构空间分布

前人研究表明，火山岩集中发育的中生界下白垩统义县组主要出露在渤海中东部，渤海西部主要以碎屑岩为主，火山机构刻画结果与前人认识一致。平面上，丘状火山机构主要分布在环渤中凹陷，层状火山机构全区均有分布；垂向上丘状火山岩叠加在层状火山机构之上，且层状火山机构中基性旋回存在多期叠加(图6)，表明丘状火山机构晚于层状火山机构，也证实了酸性火山岩整体喷发较晚。

3.2　喷发就位机制

火山分布与地壳厚度对比表明，火山岩分布具有明显的区带性，地壳越薄的区域火山岩分布越集中。其中，丘状的酸性火山岩主要分布在地壳厚度最薄的环渤中凹陷，显现出"圆环式"分布模式(图7)，推测岩浆的酸度受地壳厚度控制。渤中凹陷为中心地壳最薄，酸性火山岩最为发育；外环地壳较厚，发育基性、中酸性火山序列。地壳薄化强度控制了中酸性火山的平面宏观分布，现今地壳厚度小于30km地区是中酸性火山岩的有利分布区。

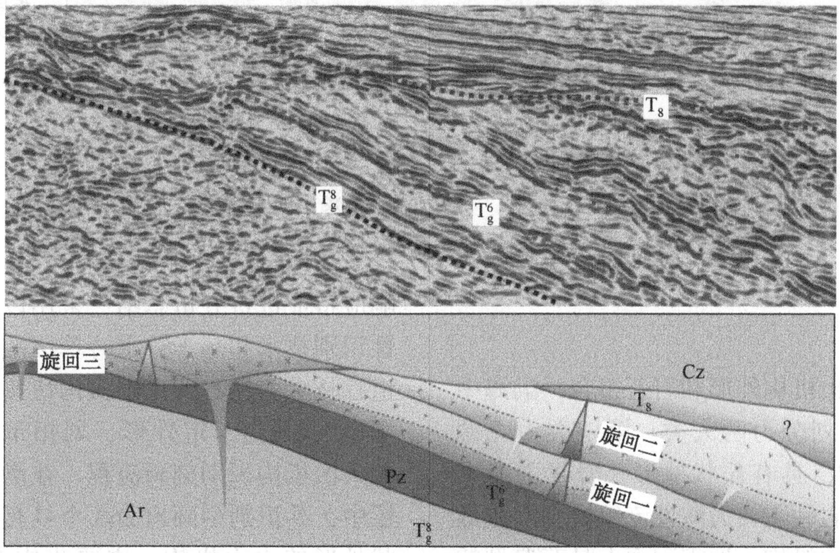

图6　火山机构多期叠加

前人大量研究指出，基性岩浆主要来自于地幔，而中酸性岩则是在地壳部分熔融的参与下形成的，通常以结晶分异或者与下部地壳熔体混合的形式形成酸性岩浆，大量的同位素研究证明了壳-幔混合作用的存在。火山喷发需要地幔上涌提供热量与熔体，断裂的切割深度决定熔体混合能力。具体表现为切入地壳的断裂，如NWW向拆离断裂，有利于岩浆在地壳聚集使得地壳发生重融产生酸性岩浆；而切入地幔的断裂，如NE向郯庐断裂以及近NS向逆冲调节走滑断裂，则直接沟通深部地幔岩浆并作为通道控制基性岩浆的发育。

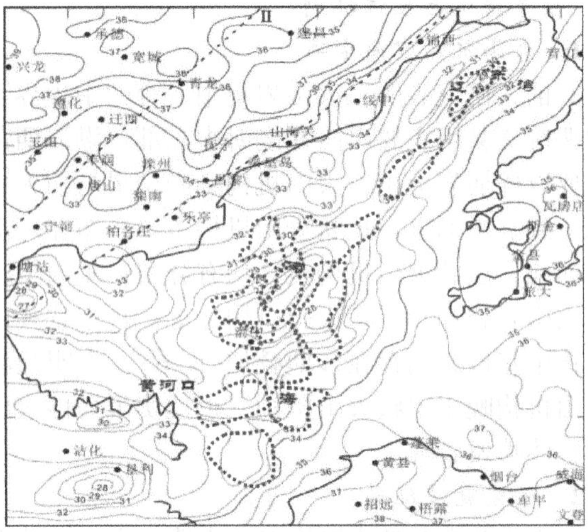

图 7　中酸性火山机构与地壳厚度关系
（红色虚线圈代表中酸性火山机构）

基于这一理论支撑，结合共轭断裂的发育与演化研究，创新建立了共轭断裂联合控制中酸性火山岩的模式(图 8、图 5)。即在地幔上涌背景下，NE、近 NS 向走滑断裂沟通深部岩浆，伸展活动的 NW 向张-蓬、秦-旅断裂拆离面聚集地幔岩浆引发地壳重融产生酸性岩浆，走滑断裂作为通道控制岩浆喷发，导致岩浆沿走滑断裂分布，指明了渤中凹陷区是大面积中酸性火山机构有利发育区。NNE 向、NS 向基底走滑断裂是岩浆活动的主要通道，NNE 向与 NWW 向断裂交会处是中酸性火山岩的有利发育区。这一模式与火山机构分布情况具有良好的匹配关系，充分证明了本文所建立的中生界火山机构刻画方法在渤海海域的适用性与合理性。

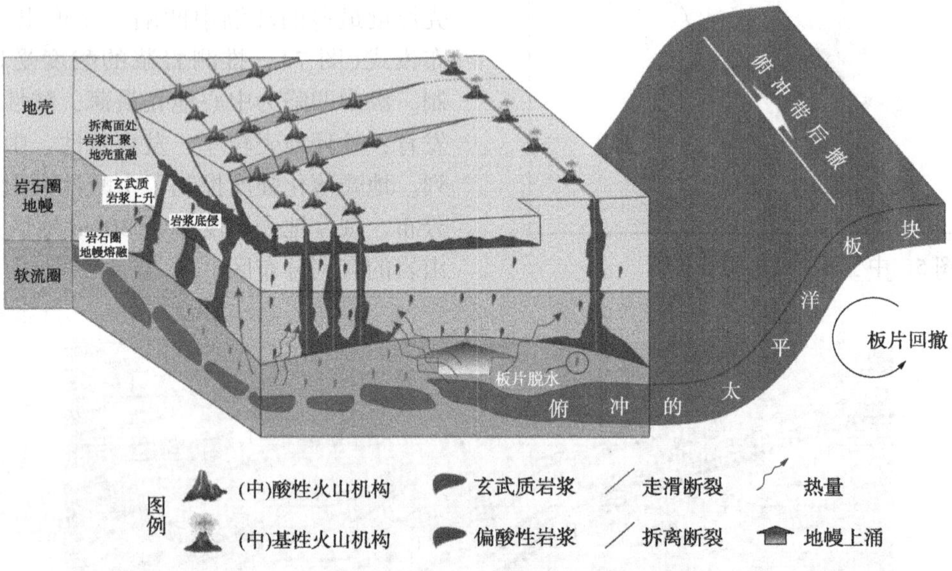

图 8　共轭断裂联合控制中酸性火山岩发育模式

4　结论

（1）根据火山机构外形和岩石组合，渤海中生界火山机构可划分为两大类：第一类为壳源“丘状”火山机构，具有丘状外形，岩浆主要来源于地壳重熔，岩性主要为酸性流纹岩，形成低长高比的丘形火山机构。地震剖面上具有典型的中弱振幅、低频复波、丘状反射特征。第二类为幔源“层状”火山机构，岩浆来源于地幔，垂向上发生结晶分异，多形成自下向上基性、中酸性的岩性组合，多形成高长高比的层状火山机构。其地震反射在垂向上具有二分性，底部以连续强振幅为主，上部为断续弱振幅为主。

（2）对渤海不同类型中生界火山机构的地震响应特征进行分析总结，采用以灰度共生矩阵属性识别技术和基于分水岭算法的地质异常体自动追踪技术为核心的火山机构快速识别方法，形成了以“找通道、定外形、划相带”为核心步聚的的火山机构识别刻画流程。在渤海海域中生界地层中，共识别刻画出 263 个具有丘状外形或弱丘状外形的火山机构，主要集中在渤海的中东部地区。

（3）渤海中酸性火山岩具有“圆环式”分布模式，推测岩浆的酸度受地壳厚度控制。以渤中凹陷为中心地壳最薄，为酸性火山岩有利发育区；外环地壳较厚，为基性-中酸性火山岩组合。火山岩分布具有明显的区带性，地壳薄化强度控制了中酸性火山的平面宏观分布，现今地壳厚度小于30km地区是中酸性火山岩的有利分布区。酸性火山机构在渤中凹陷最为发育；其余探区则发育基性、中酸性火山序列。

参考文献

[1] WANG P J, CHEN S M. Cretaceous volcanic reservoirs and their exploration in the Songliao Basin, northeast China[J]. AAPG Bulletin, 2015, 99(3): 499-523.

[2] 杜庆祥，沈晓丽，李道清，等．随钻跟踪分析精细地震解释技术在克拉美丽火山岩气田开发中的应用[J]．石油地球物理勘探，2015，50(2)：316-326.

[3] 张芝铭，张明学，胡玉双．叠前反演预测火山岩储层-以莺山-双城断陷为例[J]．地球物理学进展，2015，30(2)：0621-0627.

[4] 朱红涛，刘依梦，王永利，等．渤海湾盆地黄河口凹陷AZ34-9区带火山岩三维刻画及火山喷发期次[J]．地球科学-中国地质大学学报，2014，39(9)：1309-1316.

[5] 刘洪林，荆雅丽，李志明，等．火山机构的反射特征及其地震识别方法[J]．大庆石油学报，2008，32(4)：20-22.

[6] LENNON I-P, KURT J, M. Seismic expression and geomorphology of igneous bodies: a Taranaki basin, new zealand, case study[J]. Interpretation, 2017, 5(3): SK121-SK140.

[7] 郭淑文，王振升，牟智全，等．模式识别技术预测火山岩相[J]．石油地球物理勘探，2017，52(S1)：60-65.

[8] 杨晓光，刘震，李自远，等．利用分频重构技术预测古火山—以准噶尔盆地木垒凹陷为例[J]．石油地球物理勘探，2018，53(4)：805-816.

[9] 周家雄，徐春强，黄志，等．渤海湾盆地渤中凹陷BZ8-3S大型构造规模型火山岩储层形成条件[J]．地球科学，2024，26：1-21.

[10] 周心怀，张如才，李慧勇，等．渤海湾盆地渤中凹陷深埋古潜山天然气成藏主控因素探讨[J]．中国石油大学学报（自然科学版），2017，41(1)：42-50.

[11] 徐长贵，张功成，黄胜兵，等．渤海湾盆地海域白垩系大中型火山岩油气藏形成条件[J]．石油勘探与开发，2024，513)：467-477.

[12] 何登发，崔永谦，张煜颖，等．渤海湾盆地冀中坳陷古潜山的构造成因类型[J]．岩石学报，2017，33(4)：1338-1356.

[13] 邓运华．渤海大中型潜山油气田形成机理与勘探实践[J]．石油学报，2015，36(3)：253-261.

[14] 赵生嵘．查干花次凹查2区块火山机构识别及内幕结构解剖[J]．石油地质与工程，2022，36(06)：14-18.

[15] 杨双，李忠博，闫相宾，等．火山岩圈闭识别描述方法及其应用[J]．石油实验地质，2021，43(3)：540-548.

[16] 朱峰，罗瑛，尹照普，等．克拉美丽地区火山机构与岩相刻画技术及应用效果分析[J]．物探化探计算技术，2022，44(5)：560-569.

[17] 徐春强，张新涛，王晨杰，等．渤中凹陷中生界火山岩特征及优质储层控制因素[J]．吉林大学学报（地球科学版），2022，52(04)：1027-1036.

[18] 叶涛，韦阿娟，彭靖淞，等．渤海海域白垩系义县组火山岩岩相特征及成储差异[J]．中国矿业大学学报，2018，47(5)：1081-1091.

[19] 李胜军，高建虎，张军舵，等．体纹理属性提取技术研究及应用[J]．地球物理学进展，2013，28(3)：1563-1569.

[20] 李磊，万忠宏，幸华刚，等．分水岭算法在微构造圈闭自动识别中的应用实例[J]．中国地球科学联合学术年会，2014.

基于构造演化的暴露型潜山古地貌恢复方法
——以渤海湾盆地BZ凝析气田为例

李俊飞　王双龙　孟智强　刘洪洲　王　亚

［中海石油(中国)有限公司天津分公司］

摘　要　古地貌是控制潜山储层分布的重要因素之一。BZ太古界潜山埋藏深，经历多期构造运动的影响，古地貌恢复难度大，难以满足勘探开发的要求。本文基于岩心、测井、地震等资料，利用潜山关键深井不同层位的样品，获得潜山关键井不同构造时期剥蚀界面的剥蚀量；基于此，开展构造应力场数值模拟，获得整个工区不同构造时期的隆升量和沉降量；最后，以构造演化阶段为单元，在构造模拟约束下，恢复潜山不同构造时期的古地貌。研究发现，印支期和燕山期渤中19-6潜山的剥蚀量达1800±300m；在构造演化剖面的结果和井上的的剥蚀量基础上，通过选取合理参数组合，反复正演迭代，获得定量三维古地貌结果。综合地震相、应力场及古地貌结果，对油田有利区块进行了预测，指导油田开发。

关键词　潜山；构造演化；古地貌；剥蚀量

渤海湾盆地的潜山埋藏深，往往经历多期构造运动，每个期次的古地貌特征及古应力分布差异明显，从而进一步影响了裂缝的演化和分布。对于大型潜山油气田，优势储层预测和裂缝发育规律研究是油气田高效开发的关键。受古地貌的控制，潜山遭受风化作用及构造作用的强度均存在差异，进而影响了潜山储层的发育。近些年来，国内外学术界对古地貌的恢复工作进行了大量的探索，常规的古地貌恢复方法主要有：印模法、残余厚度法、层拉平法、层序地层学法和井震联合恢复法。常规古地貌恢复方法存在两点不足：一是适用于构造活动简单的地区，未考虑多期构造运动的影响，不能反映不同期次的古地貌特征；二是无法计算遭受剥蚀的潜山在不同构造运动时期的隆升量和剥蚀量。因此，需要寻找一种古地貌恢复新方法，为深埋潜山优势储层预测提供技术保障。

基于此，本文综合应用岩心、测井、地震等资料，利用潜山关键深井不同层位的样品，以低温热年代学技术为指导，获得潜山关键井不同构造时期剥蚀界面的剥蚀量。以岩石的力学参数为基础，依据构造演化剖面的结果和井上的的剥蚀量，开展构造应力场数值模拟，获得整个工区不同构造时期的隆升量和沉降量。最后，以构造演化阶段为单元，在构造模拟约束下，探索恢复潜山不同构造时期的古地貌，以期为油田的勘探开发提供依据。

1　区域地质背景

BZ凝析气田构造上位于渤中凹陷西南部，东南与渤南低凸起相邻，西部与埕北低凸起相邻，南部与黄河口凹陷相接，北为渤中凹陷主洼，表现为渤中凹陷西南次洼和南次洼夹持的、具有洼中隆特征的背斜构造带。被走滑断层及其派生断层复杂化的太古界潜山储层。BZ潜山埋藏深，经历多期构造运动的影响，裂缝发育规律复杂，储层非均质性强，海上深埋潜山受地震资料分辨率低限制，传统依靠地震进行裂缝储层预测效果不佳，优势储层预测困难。

2　估算潜山关键井不同构造时期的剥蚀量

低温热年代学是根据岩石矿物中放射性元素的衰变或裂变产物在矿物晶体内的产生和累积来确定地质体的冷却年龄，并根据不同矿物在不同封闭温度和退火带或保存带中所表现出的时间-温度特征重建所在地质体的热历史，是研究山体隆升、构造演化等的重要手段。

本次研究在研究区及其周缘凸起共采集的19份岩石样品（表1）进行低温热年代学分析，因研究区埋深4千多米，地下温度会比较高，选用的是磷灰石裂变径迹、锆石（U-Th）/He和锆石裂变径迹这三种方法，能够记录埋深3~6km厚的潜山隆升剥蚀史。另外，考虑到研究区实际温度可能会超过它们的封闭温度，采样时，除了在研究区进行采样，还在其同一构造带的周缘也采了样，得到区域演化的信息以这些信息为参考，约束研究区的演化过程。

表 1　样品基本信息

井号	取屑井段/m	岩性	样品实验分析方法
BZ-14	4200~4240	砂岩	锆石 U-Th-he
BZ-13	4510~4520	变质岩	锆石 U-Th-he
BZ-10	4500~4510	变质岩	锆石 U-Th-he
BZ-16	5010~5020	变质岩	磷灰石裂变径迹、锆石 U-Th-he
BZ-2	3900~3905	变质岩	锆石 U-Th-he、锆石裂变径迹
BZ-2Sa	4090~4100	变质岩	锆石 U-Th-he、锆石裂变径迹
BZ-4	4600~4605	变质岩	锆石 U-Th-he、锆石裂变径迹
BZ-4	4620~4630	变质岩	锆石 U-Th-he、锆石裂变径迹
BZ-8	4600~4615	变质岩	锆石 U-Th-he、
CFD-2	1695~1710	花岗岩	磷灰石裂变径迹、锆石 U-Th-he
CFD-3	2142~2145	花岗岩	磷灰石裂变径迹、锆石 U-Th-he
CFD-5	1941~1950	砂岩	磷灰石裂变径迹、锆石 U-Th-he
CFD-4	1710~1715	砂岩	磷灰石裂变径迹、锆石 U-Th-he
KL-1	2920~2925	砂岩	磷灰石裂变径迹、锆石 U-Th-he
KL2	3725~3730	砂砾岩	磷灰石裂变径迹、锆石 U-Th-he
CFD-1	3605~3640	变质岩	磷灰石裂变径迹、锆石 U-Th-he
BZ-15	3100~3105	花岗岩	磷灰石裂变径迹、锆石 U-Th-he
QHD-1	1910~1915	砂砾岩	磷灰石裂变径迹、锆石 U-Th-he
BZ-7	3124~3128	变质岩	磷灰石裂变径迹、锆石 U-Th-he

综合低温热年代学实验分析获得的有效磷灰石裂变径迹年龄、锆石(U-Th)/He 年龄和锆石裂变径迹年龄，编制渤中凹陷区域的低温热年代学年龄分布图(图 1)。研究区及其附近基底埋藏深，地温较高，它的磷灰石裂变径迹数据和锆石(U-Th)/He 数据部分样品年龄比新生代的沉积层年龄年轻，显示其经历了部分完全退火，故两者的年龄数据无法用于研究潜山的隆升和剥露过程，研究区主要有效的年龄是封闭温度更高的锆石裂变径迹。

对于研究区周缘的凸起，多数采样的井位有可信的磷灰石裂变径迹年龄和锆石(U-Th)/He 年龄，结合两者封闭温度不同的特点，可以得到抬升过程中取样位置在不同时间的不同地温，根据地温与深度的转换可以计算出其剥蚀速率和一段时间内的相对精确的剥蚀量。本次研究中生代古地温梯度采用 50~70℃/km。研究区周缘凸起对应时间段的剥蚀速率主要在 7.7~19.1m/Ma，

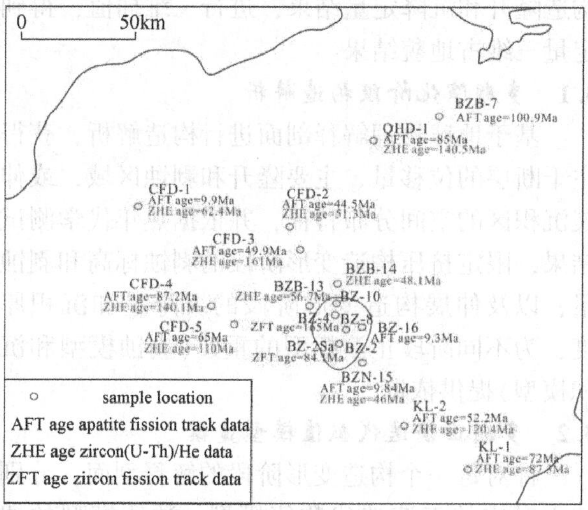

图 1　渤中凹陷区域获得的低温热年代学年龄分布图

剥蚀量介于 1200~2500m。

在研究区，应用锆石裂变径迹年龄，利用垂直地形剖面近似模拟地壳内部的基岩剥露差，垂直剖面不同高程样品及其热年代年龄来定量反演基岩的剥露和时间，选用了 BZ-2Sa 和 BZ-4 两口距离较近的井不同深度的锆石裂变径迹数据来对研究区的剥蚀速率和剥蚀量进行计算(图 2)，获得研究区剥蚀速率大约 8.8m/Ma，燕山期中晚期(165~84Ma)剥蚀量大约 800m，由此推断印支期/燕山期秃头潜山剥蚀量大约在 1800±300m 之间。

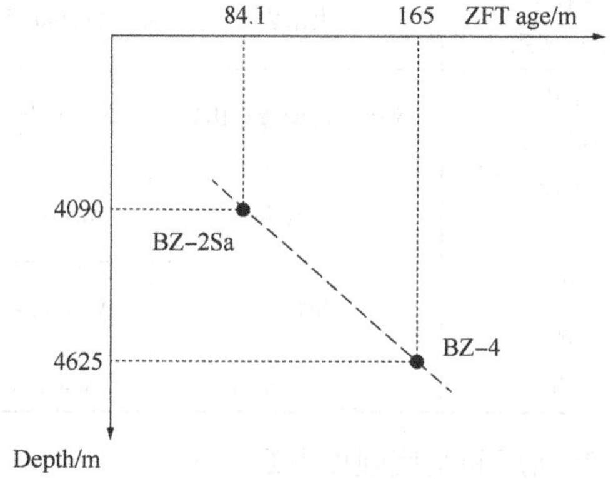

图 2　研究区年龄高程法

3　多期次正演古地貌恢复

研究区遭受印支期、燕山期及喜山期多期构造运动的影响，使得潜山区域遭受剥蚀，因此，限定各变形阶段的准确隆升量和剥蚀量是古地貌恢复的关键。本次研究为准确限定潜山早期剥蚀量，在构造解析和热年代学的约束下，开展正演模拟进行反复迭代计算，获得典型剖面的多阶段

构造隆升和沉降定量结果，进行三维插值，得到定量三维古地貌结果。

3.1　多期演化阶段构造解析

基于地球物理解释剖面进行构造解析，获得主干断层的位移量、主要隆升和剥蚀区域，或伸展沉积区的空间分布特征，并依据热年代学测试结果，限定挤压构造变形阶段的剥蚀标高和剥蚀量，以及伸展构造变形阶段的沉降量和沉积厚度，为不同阶段正演模型的重建(剥蚀模型和沉积模型)提供依据。

3.2　多期正演迭代数值模型建模

针对每一个构造变形阶段的解释剖面，分别建立对应的正演迭代数值模型。数值模型的建模，包括几何模型建模和力学模型的选取。不同阶段几何模型的重建考虑不同期次的隆升剥蚀和沉积厚度。模型边界条件主要考虑不同期次的构造挤压和伸展量，即模型边界位移方向和位移量。力学模型选用弹塑性模型，考虑地层的弹性变形和塑性变形特征。断裂构造和基底滑脱采用非线性接触模型。

3.3　最佳参数组合和最优模型的正演迭代

正演迭代模型的参数主要包括地层岩石力学参数、断层和基底强度参数、模型剥蚀和沉积参数，以及模型的边界条件参数。

① 地层岩石力学参数

模拟计算采用的岩石力学参数依据研究区的不同时代地层单元划分和主要地层岩性组合特征及差异。不同地层的岩石力学参数主要采用前人岩石力学试验结果和数值模拟研究常用参数，并考虑新地层的垂向重力压实作用(表2)。

表2　不同地层岩石力学参数

地层	岩性组成	材料编号	密度 ρ/(kg·m^{-3})	弹性模量 E/GPa	泊松比/μ	塑性屈服强度 σy/MPa
新近系明化镇组	含砾砂岩夹棕红色泥岩	Material-9-N_m	2000	13	0.24	55
新近系馆陶组	含砾砂岩夹棕红色泥岩	Material-8-N_g	2100	14	0.24	55
古近系东营组	砂泥岩互层	Material-7-E_3	2250	15	0.25	40
古近系孔店组-沙河街组	砂泥岩互层	Material-6-E_1-E_2	2300	16	0.25	40
晚侏罗早白垩系	火山岩	Material-5-J_3-K_1	2400	22	0.25	60
上中侏罗系	碎屑岩含少量火山岩	Material-4-J_1-J_2	2500	25	0.23	65
石炭二叠系	碎屑岩	Material-3-C-P	2600	30	0.24	70
寒武奥陶系	碳酸盐岩	Material-2-∈-O	2700	33	0.24	58
太古宙	基底变质岩	Material-1-Ar	2800	50	0.20	80

② 断层和基底强度参数

本研究区正演计算模型中，断层的初始摩擦系数参数组合的选取范围主要在0.1~0.3之间，个别断层的迭代参数选取范围为0.05~0.5之间，基底强度摩擦系数选为0.1。

③ 模型剥蚀和沉积参数

印支期为近南北向挤压构造变形阶段，需对正演模拟计算结果进行地层剥蚀处理，以重建下一期正演迭代模型。地层剥蚀厚度主要依据残余地层厚度，构造解析和热年代学测试结果获得的隆升和剥蚀量估算。燕山期构造变形正演迭代模型是在印支期计算结果基础上进行地层剥蚀重建。喜山期正演迭代模型是在燕山期计算结果上进行地层沉积补偿进行重建。印支期的地层剥蚀厚度主要为500~1700m，燕山期的地层剥蚀厚度主要为199~860m，喜山期地层沉积补偿厚度为370~1160m。

④ 模型的边界条件参数

模型边界条件主要考虑模型两侧边界的位移性质：单侧挤压或双侧挤压，单侧伸展或双侧伸展。基于平衡剖面恢复结果，将印支期和燕山期的挤压模型收缩率分别设置为 8%~10%和 2%~10%，喜山期的伸展量设置为 4%~8%。边界位移量根据模型长度、收缩率和伸展率设置。

（4）数据处理和古地貌重建

基于 14 个典型构造剖面，建立了 3 个主要构造变形期的 20 个几何模型，共采用 388 组参数，建立 388 个正演迭代计算模型，获得了 20 组最佳组合参数和 20 个最优正演模型（图 3）。

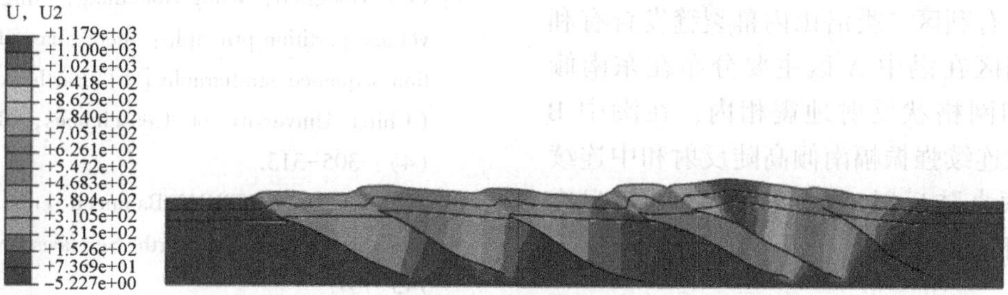

(a)纵向位置等直线图

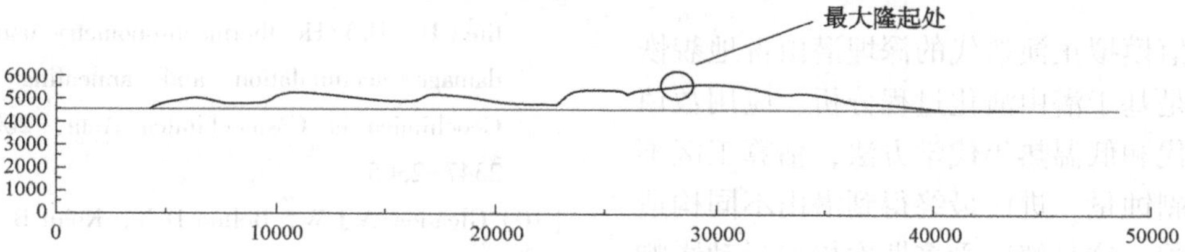

(b)挤压前后的地表高程图

图 3　NS03 剖面正演模拟结果

基于正演模拟的结果，提取每条正演迭代最优剖面上的节点数据，进行三维数据插值，对不同阶段的古地貌进行恢复和重建。

① X 和 Y 坐标的提取

每个最优剖面以模型左下角为坐标原点，提取剖面节点的横纵坐标 X 和纵坐标 Y，通过三角函数计算，将模型坐标转换为研究区平面投影坐标：

$$x_1 = x_0 + L\sin\theta \qquad (1)$$

$$y_1 = y_0 + L\cos\theta \qquad (2)$$

$(x_1,\ y_1)$为研究区平面投影坐标；$(x_0,\ y_0)$为剖面上节点坐标，θ 为剖面在平面图上的方位；L 为剖面节点与剖面起点的距离。

② Z 坐标的提取

隆升量或沉降量 Z 的数据从最优剖面的节点纵坐标可以读出。

③ 古地貌恢复

根据每条剖面上的 XYZ 数值，采用 Kriging 方法进行插值，得到印支期古地貌恢复图（图 4）。从印支期古地貌恢复图中可以看出主要隆升区主要分布于研究区中部偏左上方区域，总体沿 NEE-SWW 走向延伸。发育 5 个显著隆升区，其中最大隆升区分布于研究区西侧，最大隆升量达 1628.4m，呈 NEE-SWW 走向延伸。另外 4 个次隆升区发生在研究区北侧和南侧，隆升量达到 600~1000m。

(a)三维古地貌

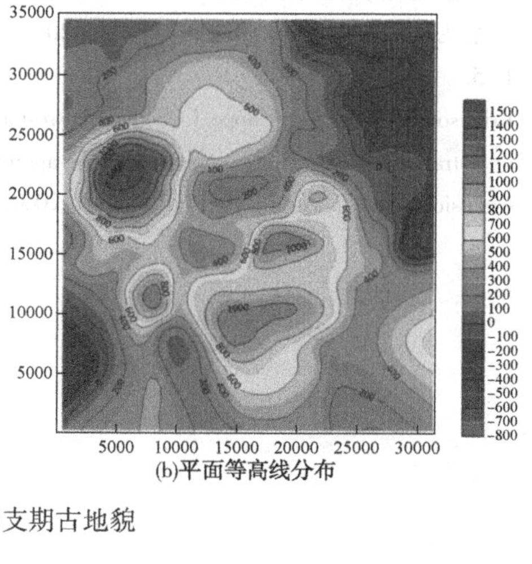

(b)平面等高线分布

图 4　基于正演数值模拟获得的印支期古地貌

4　有利储层预测

基于优选的地震属性，结合潜山内幕反射地震相类型、应力场及古地貌结果等参数综合开展研究区潜山内幕裂缝有利区预测，共划分Ⅰ类有利区、Ⅱ类较有利区二类潜山内幕裂缝发育有利区。Ⅰ类有利区在渤中A区主要分布在东南倾反射地震相和网格状反射地震相内，在渤中B区主要分布在连续强振幅南倾高陡反射和中连续中强振幅南倾高陡反射地震相内，应力场强度大，古地貌相对都较高。

5　结论

基于数值模拟正演迭代的深埋潜山古地貌恢复的方法，是基于潜山演化过程分析，应用数值模拟正演迭代和低温热年代学方法，估算工区不同构造时期剥蚀量，进而最终得到潜山不同构造时期的古地貌，这是解决受多期次构造运动影响的深埋潜山古地貌恢复的初次尝试。在此基础上，对有利开发区块进行了预测，为相似油田研究提供借鉴。

参考文献

[1] 付晓飞，李兆影，卢双舫，等．利用声波时差资料恢复剥蚀量方法研究与应用[J]．大庆石油地质与开发，2004，23(1)：9-11.

[2] 何生，陶一川，姜鹏．利用多种古地温计研究松辽盆地东南隆起区的地热史[J]．地球科学，1995(03)：328-334.

[3] 何生，王青玲．关于用镜质体反射率恢复地层剥蚀厚度的问题讨论[J]．地质论评，1989，35(2)：119-126.

[4] 洪余刚，陈景山，代宗仰，等．古地貌恢复在风化壳岩溶型储层研究中的应用-以川中-川南过渡带奥陶系为例[J]．大庆石油地质与开发，2007，26(1)：1-5.

[5] Erickson S，Hardy s，Suppe J.. Sequential restoration and un-straining of structural cross sections：applications to extensional ter-ranes[J]. AAPG Bulletin，2000，86(2)：234~249.

[6] AITKEN J F，HOWELL J A. High resolution sequence stratigraphy：innovations，applications and future prospects[J]. Geological Society，London，Special Publications，1996，104(1)：1-9.

[7] Deng Hongwen，Wang Hongliang，Ning Ning. Sediment volume partition principle：theory basis for high-resolution sequence stratigraphy[J]. Earth Science Frontiers (China University of Geosciences，Beijing)，2000 (4)：305-313.

[8] C. D. A. DAHLSTROM. Balanced cross sections [J]. Canadian Journal of Earth Sciences，1969，6(4)：743-757.

[9] Flowers R M，Ketcham R A，Shuster D L，et al. Apatite (U-Th)/He thermochronometry using a radiation damage accumulation and annealing model [J]. Geochimica et Cosmochimica Acta，2009，73(8)：2347-2365.

[10] Gleadow A J W，Belton D X，Kohn B P，et al. Fission Track Dating of Phosphate Minerals and the Thermochronology of Apatite[J]. Reviews in Mineralogy and Geochemistry，2002，48(1)：579-630.

[11] Gleadow A J W，Duddy I R，Green P F，et al. Fission track lengths in the apatite annealing zone and the interpretation of mixed ages[J]. Earth and Planetary Science Letters，1986，78(2)：245-254.

[12] Green P F，Duddy I R，Gleadow A J W，et al. Fission-track annealing in apatite：Track length measurements and the form of the Arrhenius plot[J]. Nuclear Tracks and Radiation Measurements (1982)，1985，10(3)：323-328.

[13] 何生，陶一川，姜鹏．利用多种古地温计研究松辽盆地东南隆起区的地热史[J]．地球科学，1995(03)：328-334.

[14] 何生，王青玲．关于用镜质体反射率恢复地层剥蚀厚度的问题讨论[J]．地质论评，1989，35(2)：119-126.

[15] 洪余刚，陈景山，代宗仰，等．古地貌恢复在风化壳岩溶型储层研究中的应用-以川中-川南过渡带奥陶系为例[J]．大庆石油地质与开发，2007，26(1)：1-5.

中深层砂砾岩体内幕岩石物理相及其对优质储层分布的控制
——以渤海湾盆地C油田东三段为例

孙藏军　吴小张　周立业　汪全林　王腾跃

［中海石油(中国)有限公司天津分公司渤海石油研究院］

摘　要　以C油田东三段为靶区，开展沉积相、成岩相及孔隙结构相综合作用下的岩石物理相研究及其对优质储层分布的控制。结果表明：①研究区东三段扇三角洲前缘沉积微相发育砾质水道、碎屑流、砂质水道和分流间湾。成岩相划分为泥/砂质杂基充填相、压实致密相、不稳定组分溶蚀相和碳酸盐胶结相。孔隙结构相划分为大孔粗喉、中孔中喉、大孔细-中喉和小孔细喉。②通过"相叠加"方法，将研究区东三段岩石物理相划分为PF1、PF2及PF3三类，依次对应优质、中等及差等储层。③湖侵退积背景下，砂体几何展布形态经历了条带状→朵叶状→指状演化。优质储层主要发育4~2小层沉积时期，以PF1、PF2类储层为主。研究成果可为该油藏注采优化调整提供一定地质依据。

关键词　砂砾岩；东三段；岩石物理相；储层分布

1　引言

紧邻渤海湾盆地基底的构造凸起边界断层下降盘，常常发育古近系扇三角洲砂砾岩沉积体，是渤海海域重要的勘探开发对象之一。其中，C油田古近系东三段为近年来渤海投入开发的首个巨厚砂砾岩油藏，但是该区的已有研究成果仅侧重于古地貌控储、沉积母源、孔隙结构和成岩等影响储层发育的单一因素角度开展，缺乏从多因素角度和成因机制上开展工作，制约了该油藏的进一步注采调整优化。

本文在前人研究成果的基础之上，以C油田东三段孔隙型储层为靶区，综合利用探井C1井获取的28颗壁心、开发井C4井获取的18.2m岩心以及分析化验资料，结合10口生产井获取的动态监测资料，进行沉积相、成岩相及孔隙结构相的综合研究，开展岩石物理相的划分，并基于岩石物理相开展储层分类及优质储层平面分布评价。研究成果可为该油藏注采优化调整提供一定地质依据。

2　研究区概况

C油田位于渤海湾盆地石臼坨凸起西段石南一号边界断层的下降盘，南侧紧邻渤中凹陷西次洼[图1(a)]。研究区内自上而下发育了馆陶组、东营组多套含油层系，其中，东三段埋深2600~3100m，为近物源搬运背景下的扇三角洲前缘沉积，为该区主力含油层位，纵向上自上而下细分8个小层。该油藏于2021年投入开发，采用定向井注水、大段合采的开发方式，共部署10口生产井、6口注水井[图1(b)]。

3　岩石物理相特征

3.1　沉积相特征

研究区东三段沉积期，以扇三角洲前缘亚相沉积为主，进一步识别出砾质水道、碎屑流、砂质水道和分流间湾4种沉积微相。

(1) 砾质水道　为扇面水道在前缘水下的延伸部分，沉积灰色叠瓦状砾岩岩相，砾径以细-中砾为主，呈次棱角-次圆状，砾石间充填中粗砂质和泥质杂基[图2(a)]。垂向整体呈正粒序，底部多见冲刷面，形成于高流态牵引流作用下，河道底部持续定向水流作用下的沉积产物。

(2) 碎屑流　相比平原亚相的泥石流，前缘亚相水下碎屑流的碎屑颗粒间泥质含量明显减少。表现为粗-中砾漂浮于砂、泥质杂基中，呈块状构造，砾石多呈次圆状-次棱角状，彼此之间接触关系差，泥、砂、砾杂乱堆积，垂向粒序特征不明显[图2(b)]。主要形成于阵发性洪水作用下，砾石以悬浮搬运再沉积的重力流产物，平面上呈指状插入前缘亚相水道沉积砂体中。

(3) 砂质水道　为砾质水道向湖盆方向的进一步分叉延伸，沉积灰色叠瓦状含砾砂岩和中粗砂岩两种岩相[图2(c)~图2(d)]。含砾砂岩相的砾径以细砾为主，偶见中砾，呈次棱角-次圆状，中、细砾镶嵌于中粗砂质基质中。水流作用下，砾石呈定向排列，中粗砂岩相见弱的交错层理，碎屑颗粒间杂基含量低。

(4) 分流间湾　为水道间低能沉积环境下的灰色泥岩、泥质粉砂岩沉积[图2(e)]，呈块状构造，偶见盆内介形虫和螺类生物碎屑。碎屑颗粒以悬浮负载搬运，显著呈棱角状[图3(c)]。碎屑颗粒间多见泥质杂基填隙。

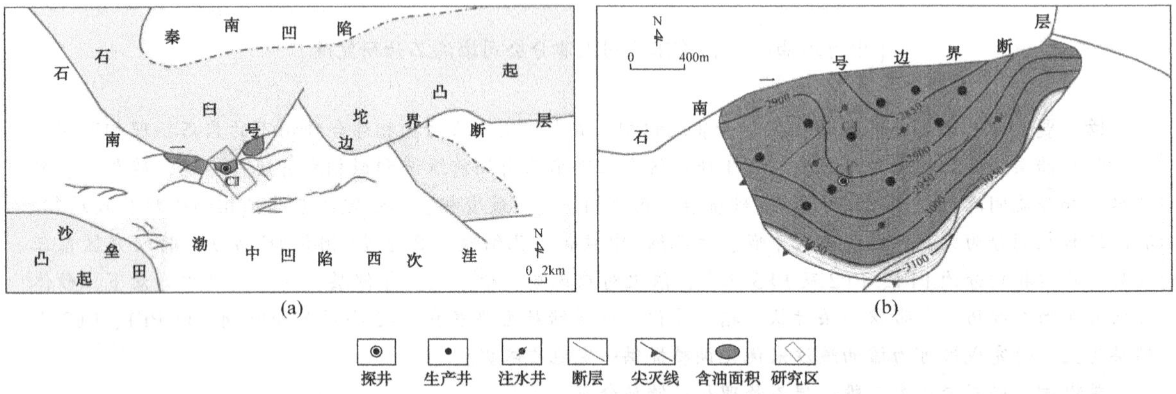

图1　研究区区域构造位置(a)和东三段含油顶面构造图(b)

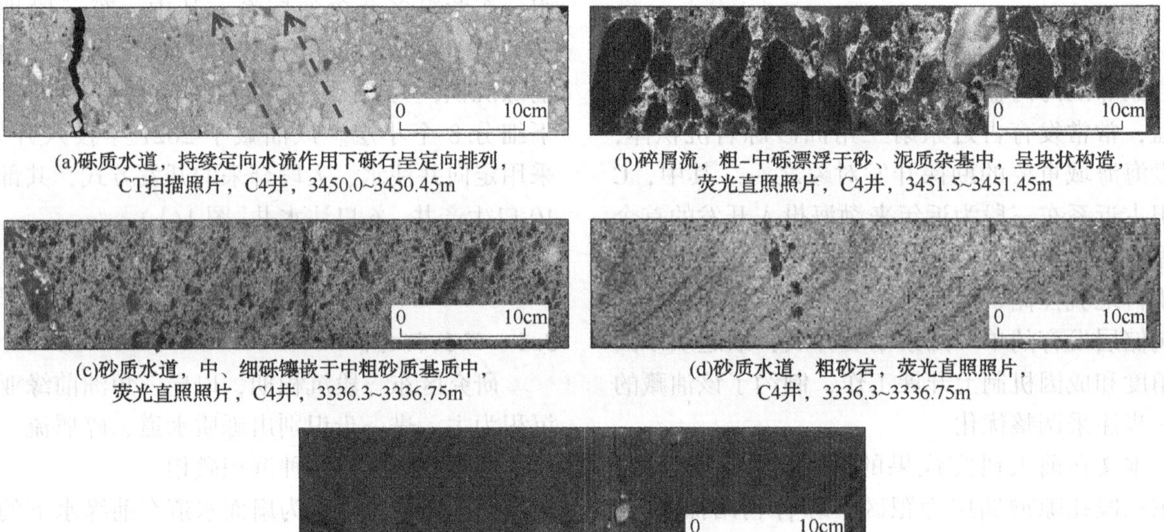

(a)砾质水道，持续定向水流作用下砾石呈定向排列，CT扫描照片，C4井，3450.0~3450.45m

(b)碎屑流，粗-中砾漂浮于砂、泥质杂基中，呈块状构造，荧光直照照片，C4井，3451.5~3451.45m

(c)砂质水道，中、细砾镶嵌于中粗砂质基质中，荧光直照照片，C4井，3336.3~3336.75m

(d)砂质水道，粗砂岩，荧光直照照片，C4井，3336.3~3336.75m

(e)分流间湾，低能水体环境泥质粉砂岩沉积，荧光直照照片，C4井，3454.5~3454.45m

图2　研究区东三段不同沉积微相典型岩心照片

3.2　*成岩相特征*

沉积相是储层宏观分布的基础，成岩相进一步促进了储层的分异，决定了不同沉积相、相同沉积相内部储层的非均质性。研究区东三段成岩作用类型主要包括压实、胶结和溶蚀作用，现主要处于中成岩A期。根据成岩作用强度、成岩矿物对储层物性的影响，将研究区成岩相划分为以下4类。

(1) 泥/砂质杂基充填相在沉积物快速沉积过程中，机械沉积分异作用差而形成泥、砂、砾混杂堆积，砂、泥质杂基含量高，泥质杂基含量可达7.1%~16.2%，砂质杂基含量15.1%~25.3%，砾石颗粒呈点接触或者不接触，孔隙结构复杂，表现为砂、泥质杂基支撑[图3(a)]，常见于砾质水道沉积的砾岩。

(2) 压实致密相深埋藏过程中，强烈压实作用导致碎屑颗粒紧密接触，促使原生孔隙减少，孔喉连通性变复杂，进而导致储层物性变差。碎屑颗粒间泥质杂基含量越高，深埋藏过程中对压实作用起到促进作用。该成岩相主要见于碎屑流砾岩[图3(b)]和分流间湾沉积的泥质粉砂岩[图3(c)]，埋藏压实过程中，泥质发生流变，碎屑颗粒更易趋于紧密接触，导致孔隙发育差。

(3) 不稳定组分溶蚀相　研究区为近物源沉积环境下，成分成熟度低，镜下多见长石颗粒、中酸性喷出岩岩屑的不稳定组分的大量溶蚀[图3(d)~图3(e)]。强水动力环境下形成的中粗砂岩、含砾砂岩，在水流反复冲刷作用下导致碎屑颗粒间杂基含量少，在埋藏成岩过程中抗压实作用较强，保留了较多的原生孔隙，有利于后期酸性流体的运移。新近纪末期，沙一段成熟烃源岩排出的大量有机酸，进入东三段储层加剧了不稳定组分的溶蚀。

(4) 碳酸盐胶结相主要表现为铁白云石、铁方解石呈斑块状胶结交代碎屑颗粒[图3(f)]。碳酸盐胶结作用多见于砂质水道、分流间湾沉积微相，原因是其沉积砂体邻近深湖相泥岩区，深埋藏过程中，泥岩中蒙脱石向伊利石转化过程中排除Ca^{2+}，随流体运移至储层，为碳酸盐沉淀提供了物质基础。

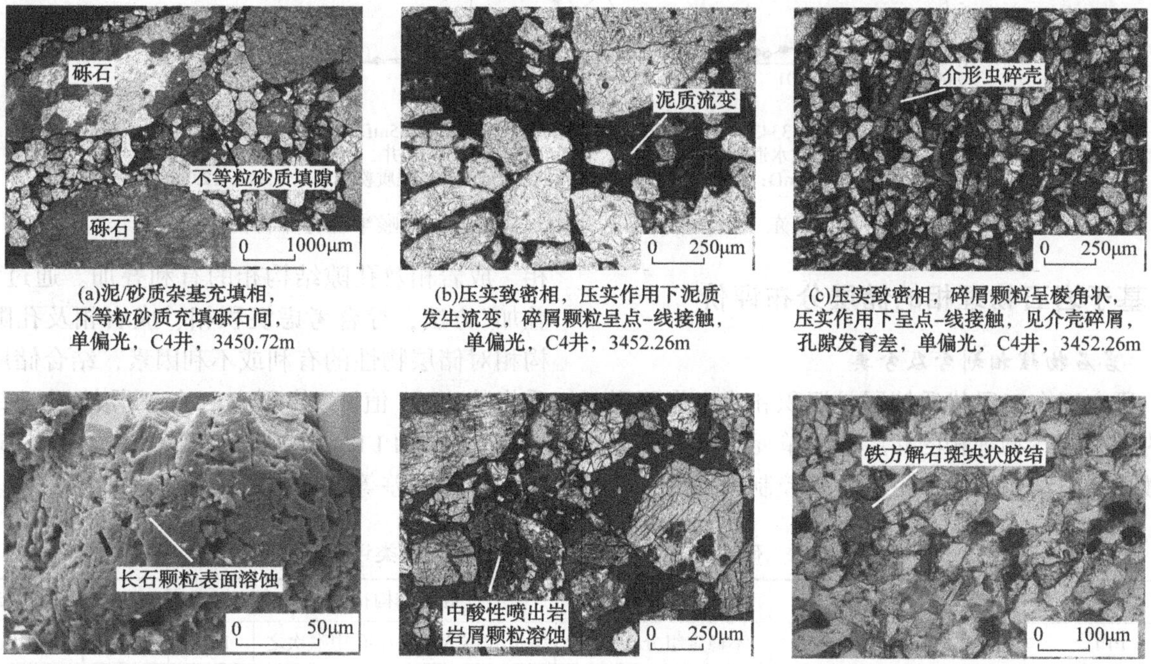

(a)泥/砂质杂基充填相，不等粒砂质充填砾石间，单偏光，C4井，3450.72m

(b)压实致密相，压实作用下泥质发生流变，碎屑颗粒呈点-线接触，单偏光，C4井，3452.26m

(c)压实致密相，碎屑颗粒呈棱角状，压实作用下呈点-线接触，见介壳碎屑，孔隙发育差，单偏光，C4井，3452.26m

(d)不稳定组分溶蚀相，长石颗粒呈蜂窝状溶蚀，扫描电镜，C4井，3340.10m

(e)不稳定组分溶蚀相，中酸性喷出岩岩屑颗粒溶蚀，单偏光，C4井，3336.74m

(f)碳酸盐胶结相，铁方解石呈斑块状胶结，单偏光，C1井，2993.51m

图3　研究区东三段镜下微观特征及成岩相

3.3　孔隙结构相特征

利用研究区东三段储层的33块样品高压压汞测试资料，优选反映孔喉大小和连通性的参数，划分出4类孔隙结构。孔喉分布差异主要体现在孔喉分布形态和集中程度，典型样品见Y_1~Y_4(图4)。

(1) 大孔粗喉　该类型排驱压力平均0.03MPa，孔喉半径平均6.54μm，最大进汞饱和度平均93.6%，退汞效率平均22.3%，总体特征表现为原生粒间孔、长石或岩屑次生溶蚀孔较发育，喉道粗，孔喉分布以单峰型为主且连通好(样品Y_1)，物性最好。

(2) 中孔中喉　该类型排驱压力平均0.05MPa，孔喉半径平均3.28μm，最大进汞饱和度平均90.1%，退汞效率平均26.3%，总体特征表现为原生粒间孔保留相对较少、长石或岩屑次生溶蚀孔较发育，孔喉集中分布范围较大且连通较好(样品Y_2)，物性相对较好。

(3) 大孔细-中喉　该类型排驱压力平均0.13MPa，孔喉半径平均1.13μm，最大进汞饱和度平均85.9%，退汞效率平均35.6%，总体特征表现为孔隙类型以长石或岩屑次生溶蚀孔发育为特征，不等粒碎屑颗粒混杂堆积而导致孔喉大小不均，呈多峰型且连通性较差(样品Y_3)，物性一般。

(4) 小孔细喉　该类型排驱压力平均0.28MPa，孔喉半径平均0.71μm，最大进汞饱和度平均84.5%，退汞效率平均37.1%，总体特征表现为孔隙发育差，一般形成于抗压实能力较差的细粒的储层，孔喉半径最小，呈分布集中(样品 Y_4)，孔喉分选较好但物性最差。

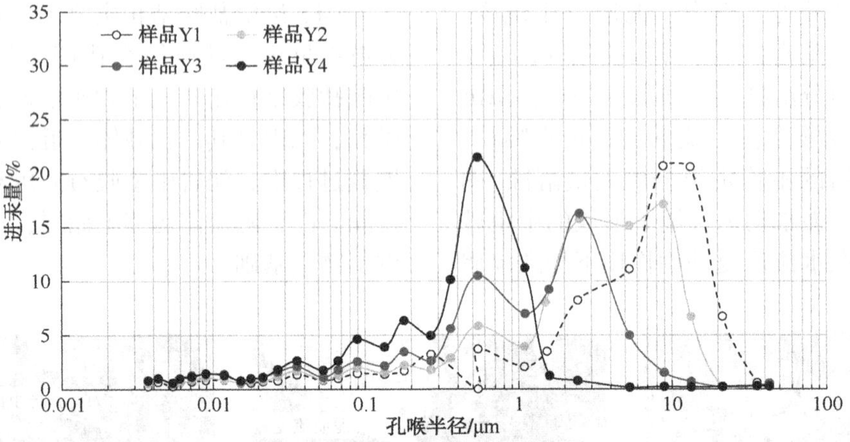

样品Y1，C4井，3343.17m，砂质水道中粗砂岩，23.8%，633.5mD；样品Y2，C4井，3449.81m，砾质水道中砾岩，14.4%，43.5mD；样品Y3，C4井，3451.60m，碎屑流砂砾岩，9.0%，34.7mD；样品Y4，C4井，3454.24m，分流间湾泥质粉砂岩，13.9%，12.0mD

图4　研究区东三段储层高压压汞测试典型样品孔喉半径分布特征

4　基于岩石物理相的储层分布评价

4.1　岩石物理相划分及分类

研究区东三段优质储层是沉积和成岩作用形成的有利岩石物理相的储层成因单元，具有较好的微观孔隙结构和渗流特征，其控制因素为沉积相、成岩相及孔隙结构相的有利叠加。通过“相叠加”方法，综合考虑沉积相、成岩相及孔隙结构相对储层物性的有利或不利因素，结合储层品质指数(RQI 值)，将研究区东三段储层岩石物理相划分为 PF1、PF2 及 PF3 三类，依次对应优质、中等及差等储层(表1)。

表1　研究区东三段岩石物理相及储层分类评价

岩石物理相类别	RQI/um	沉积相	成岩相	孔隙结构相	Φ/%	K/%	评价结果
PF1	2.6~7.5/4.9	砂质水道	不稳定组分溶蚀相	大孔粗喉为主、中孔中喉次之	19.4	485.4	优质
PF2	0.9~4.0/2.1	砂质水道	碳酸盐胶结相	中孔中喉	15.3	46.4	中等
		砾质水道	不稳定组分溶蚀相	大孔细-中喉	14.4	43.5	
		砾质水道	泥/砂质杂基充填相	大孔细-中喉	15.3	35.0	
PF3	0.6~2.0/1.2	分流间湾	压实致密相	小孔细喉	10.1	9.4	差
		碎屑流	压实致密相	小孔细喉	16.0	6.0	

注：数据为最小值．~最大值/平均值，RQI 为储层品质指数，Φ 为孔隙度，K 为渗透率．

PF1类　发育于砂质水道-不稳定组分溶蚀相，是最有利的沉积相带(砂质水道)和最有利的成岩相(不稳定组分溶蚀相)叠加的结果，孔隙结构相以大孔粗喉为主，中孔中喉次之，为研究区物性最好的储层段。砂质水道搬运距离较远，碎屑颗粒分选磨圆相对较好，杂基含量低，保留了较多的原生粒间孔，加之岩屑和长石受后期较强的次生溶蚀改造，使得孔隙最为发育，储层物性最好。

PF2类　主要发育于砂质水道-碳酸盐胶结相、砾质水道-泥/砂质杂基充填相和砾质水道-不稳定组分溶蚀相，是有利的沉积相带和破坏性的成岩相、或者不利的沉积相带和有利的成岩相叠加的结果，孔隙结构相以中孔中喉为主，大孔细-中喉次之。具体表现为：①砂质水道沉积砂体邻近湖相泥岩区，砂体顶部或底部易受碳酸盐胶结而导致储层物性变差；②砾质水道由于搬运距离相对较近，砾间泥质、砂质不等粒混杂堆积，导致孔隙结构复杂，次生溶蚀作用多造成砾石或岩屑的不稳定组分溶蚀，改善孔隙结构，整体多以大孔细-中喉孔隙结构为主，储层物性中等。

PF3类　主要发育于碎屑流-压实致密相及分流间湾-压实致密相，处于不利的沉积相带(碎屑流、分流间湾)和破坏性的成岩相(压实致密相)叠加的结果，孔隙结构相以小孔细喉相为主，物性相对最差。其原因主要是沉积物经较短距离搬运形成的碎屑流沉积物或者沉积物形成于低能沉积环境的分流间湾，均会导致碎屑颗粒间泥质杂基含量高，经埋藏压实后，高含量的泥质杂基，导致碎屑颗粒间润滑作用增强，使得储层压实致密，储层物性最差。

4.2 相控约束下的储层分布评价

通过相控模式约束，绘制研究区东三段各小层储层岩石物理相平面展布图(图5)。湖侵退积背景下，砂体几何展布形态经历了条带状→朵叶状→指状演化。

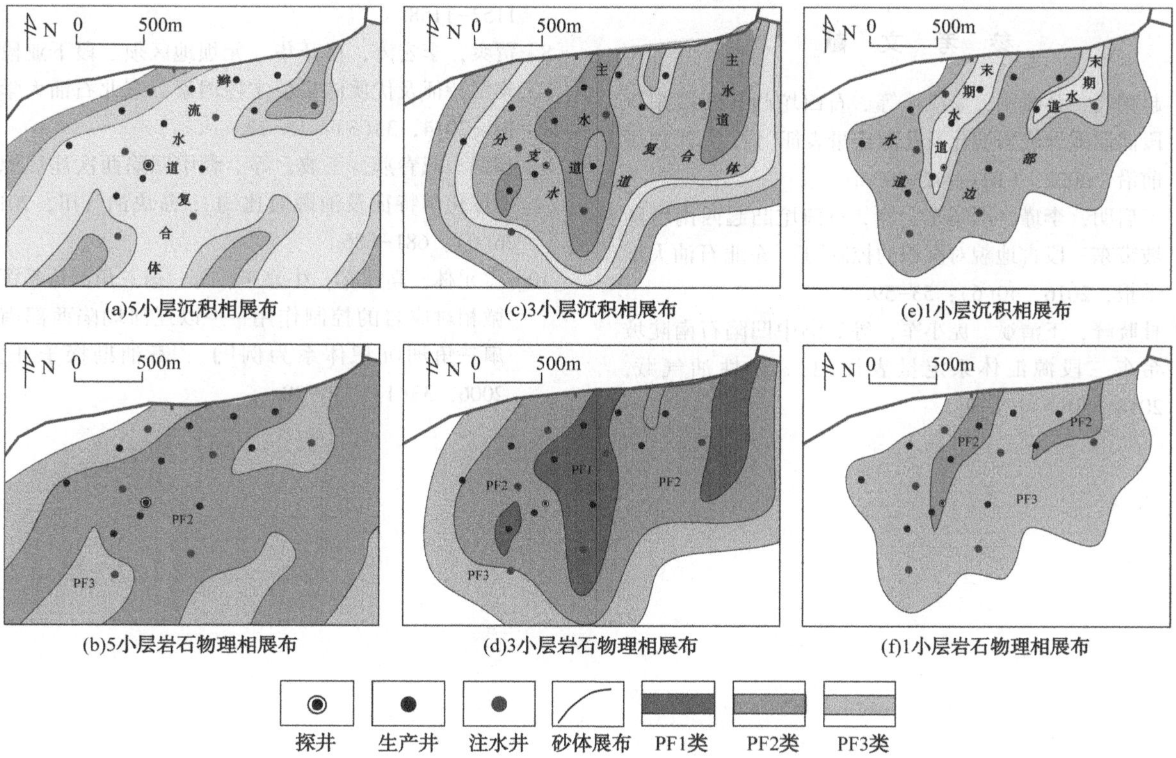

图5　研究区东三段沉积相与岩石物理相平展布图

条带状　发育在8～5小层沉积时期，研究区钻井揭示大扇体朵叶体边部，沉积了富泥、中-粗砾质的辫流水道频繁改道而形成的复合砂体，平面上条带状砂体呈北东-南西向展布，主要发育PF2类中等储层。

朵叶状　发育于4～2小层沉积时期，扇体退积背景下，水体流态逐渐转变牵引流，扇体展布范围逐渐变小，沉积了砂质、细砾质为主的牵引流复合砂体，平面上砂体呈朵叶状展布，储层品质好，主要发育PF1、PF2类储层。主水道下切侵蚀能力强，顶部及内部的细粒沉积物常被侵蚀，从而形成厚度大、隔夹层欠发育、物性好的I类优质储层。分支水道侧向迁移及下切能力均变弱，河道砂体在垂向上易于保存较为完整的正韵律，沉积砂体内部物性差异大，隔夹层相对较为发育，主要发育PF2类储层。

指状　发育于1小层沉积时期，形成于湖盆水体持续上升，物源供给最弱的扇体萎缩期。沉积砂体仅分布末期水道主流线一带，沉积了完整的正旋回韵律砂体，发育PF2类储层。水道边部水动力减弱，沉积砂体单层厚度薄，隔夹层最为发育，物性变差，发育PF3类差储层。

5　结论

(1) 研究区东三段以扇三角洲前缘亚相沉积为主，沉积微相发育砾质水道、碎屑流、砂质水道和分流间湾。成岩相划分为泥/砂质杂基充填相、压实致密相、不稳定组分溶蚀相和碳酸盐胶结相。孔隙结构相划分为大孔粗喉、中孔中喉、大孔细-中喉和小孔细喉。

(2) 通过“相叠加”方法，将研究区东三段储层岩石物理相划分为 PF1、PF2、PF3 三类，依次对应优质、中等及差等储层。

(3) 湖侵退积背景下，砂体几何展布形态经历了条带状→朵叶状→指状演化。优质储层主要发育 4～2 小层沉积时期，呈朵叶状展布，以 PF1、PF2 类储层为主。

参　考　文　献

[1] 赵鹏飞，孙藏军，康凯，等．石臼坨凸起西段东三段储层差异成岩演化及孔隙定量表征[J]．海洋地质前沿，2022，(10)：42-50.

[2] 王启明，李瑾，周晓光，等．石臼坨凸起西南缘陡坡带东三段古地貌对沉积的控制[J]．东北石油大学学报，2016，40(6)：53-59.

[3] 杜晓峰，王清斌，庞小军，等．渤中凹陷石南陡坡带东三段源汇体系定量表征[J]．岩性油气藏，2018，30(5)：1-9.

[4] 万琳，王清斌，代黎明，等．应用恒速压汞技术定量评价低渗-特低渗砂岩储层微观孔喉特征：以石臼坨凸起陡坡带东三段为例[J]．高校地质学报，2018，24(4)：584-592.

[5] 孙藏军，别旭伟，聂玲玲，等．渤海曹妃甸 6-4 油田东三段储层孔隙演化定量分析[J]．中国海上油气，2019，31(6)：44-51.

[6] 杨凡凡，姚宗全，杨帆，等．准噶尔盆地玛北地区三叠系百口泉组岩石物理相[J]．岩性油气藏，2021，33(1)：99-108.

[7] 操应长，葸克来，王健，等．砂岩机械压实与物性演化成岩模拟实验初探．现代地质，2011，25(6)：1152-1158.

[8] 贾爽，李宏涛，肖开华．元坝地区须二段下亚段储集层特征及优质储集层主控因素．东北石油大学学报，2014，38(5)：15-22.

[9] 郝鹏，臧春燕，王波，等．渤中凹陷西次洼烃源岩地球化学特征及油源对比[J]．断块油气田，2019，26(6)：681-686.

[10] 孟元林，高建军，牛嘉玉，等．扇三角洲体系沉积微相对成岩的控制作用——以辽河坳陷西部南段扇三角洲沉积体系为例[J]．石油勘探与开发，2006，33(1)：36-38.

叠前反演分频融合技术在新场须二气藏开发中的应用

钱玉贵　赵　爽

（中国石化西南油气分公司勘探开发研究院）

摘　要　新场须家河组二段致密砂岩气藏随着开发不断深入，大量水平井工艺被采用，为保证水平段在优质储层中钻进，储层精细预测至关重要。须二段致密砂岩优质储层具有非均质性强、储层薄等特点。前期储层预测开展大量研究工作，确定性反演受限于地震资料纵向分辨率、随机模拟反演受限于测井资料横向分辨率，导致单一反演结果往往不能满足气藏精细开发（描述）需求。针对上述问题，本文将钻井（测井）低频信息、地震中频信息和随机模拟高频信息通过机器深度学习技术进行有机融合，不仅提高了薄储层预测精度，同时也保证了储层横向预测吻合度，实现优质储层综合预测。后经A-1H井钻井证实，该方法行之有效，预测结果对储层研究、成藏分析和井位部署等提供了有效支撑，在新场须家河组二段气藏开发中取得较好应用效果。

关键词　优质储层；分辨率；确定性反演；随机模拟；叠前地质统计学反演；机器深度学习

新场须二气藏已开发20余年，前期针对储层预测开展了大量研究工作，包括地震属性方法、叠后反演技术、叠前反演技术，多波反演技术等，每一种方法技术在气藏不同开发阶段都发挥了重要作用。随着气田开发不断深入，开发目标由易变难，气藏富集规律越发复杂，优质薄储层预测更加困难，尤其是水平井技术的应用，更需要精准的储层预测结果来保证钻井水平段在优质储层中钻进。研究发现，叠后反演技术在研究区不能解决储层与围岩叠置问题，而叠前同时反演技术可以得到纵波阻抗体、横波阻抗体、纵横波速度比体和密度体，能够解决复杂波阻抗储层的识别问题，但反演受地震频带限制，纵向分辨率有限。基于随机建模技术的叠前地质统计学反演方法，能有效地综合地质、测井和三维地震数据，极大地提高储层预测结果的纵向分辨率，但受限于变程参数不易确定，导致该方法反演结果横向分辨率往往较差。本文根据两种方法特点，采用目前比较广泛的机器深度学习技术，把叠前确定性反演结果和叠前模拟反演结果进行分频段融合，实现储层精细预测，该方法不仅保留了模拟结果纵向分辨率的优势，同时，保留了确定性反演结果横向分辨率的优势，储层预测精度得到较大提高，预测结果在新场地区钻井部署中发挥了重要作用。

1　研究区概况

新场须二气田处于四川盆地川西坳陷中段孝泉-丰谷北东东向大型隆起构造带上，该隆起构造带位于彭州-德阳向斜和梓潼向斜之间，是从晚三叠世以来经历了多期构造运动的古今复合大型隆起带。工区内发育多条东西向和南北向大断裂，是须二气藏成藏的主要运移通道。新场须二主要为辫状河三角洲沉积，发育厚大砂岩，纵向上砂岩的粒度变化较大，横向上岩性变化较快，储层非均质性强，储层孔隙度一般在5%左右，属于致密储层，有效优质储层薄。储层波阻抗特征与泥岩叠置严重，地震属性变化同时受到岩性变化和孔隙变化等多重因素影响，属于常规属性和叠后反演难以识别的隐蔽储层。须二下覆地层马鞍塘-小塘子组发育巨厚泥页岩，可作为须二气藏的烃源岩，为其提供充足气源；上覆地层须三段为泥页岩沉积，可作为良好盖层。新场须家河组二段满足成藏的基本地质条件。

2　方法技术

叠前反演分频融合技术旨在解决确定性反演纵向分辨率低、随机模拟反演横向分辨率低的问题，通过分频段融合技术充分挖掘确定性反演横向分辨率高、随机模拟反演纵向分辨率高的优势，进而实现优质储层的精准预测。无论哪种地震储层预测技术，都是基于地震数据开展研究工作，但地震数据的频带宽度有限，缺失了甚高频和低频的信息。高频信息的缺失影响薄层的分辨率，而低频信息的缺失则影响储层的变化趋势。图 1 为不同频带数据频谱，第 1 部分（约 0~10Hz）为低频部分，代表地层长旋回背景，反应地层的横向展布趋势，具有连续、平稳特点，可以应用钻井资料采用克里金或等距离加权等插值方法进行建模实现；第 2 部分（约 0~90Hz）是地震频带，可以采用叠前确定性反演技术实现，此时反演的结果与原始地震资料的分辨率相当，往往可以预测较为厚大砂体储层；第 3 部分（约 90Hz 以上）表征的是超短旋回的地层，此时储层连续性差、随机性强，应采用满足地质统计规律的叠前随机模拟反演技术实现。最后把每个实现作为机器学习的输入，根据钻井上的学习，最终实现储层的预测。

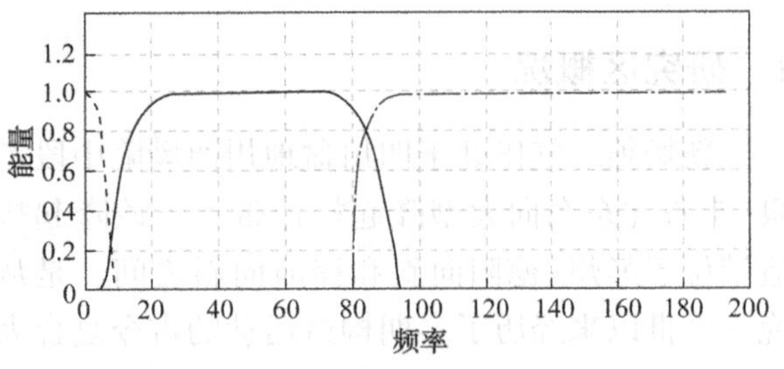

图 1　不同频带能量谱

2.1　叠前确定性反演

叠前多角度道集的同时反演以常规约束稀疏脉冲反演技术为基础，根据选择的弹性参数配置，对不同角度或者偏移距叠加后的多个地震数据体同时进行反演，生成纵波阻抗、横波阻抗、纵横波速度比等数据体，此反演方法可以解决子波随偏移距变化的问题，即每一个角道集都对应一个子波。对于每个叠加道集数据应用相同的褶积模型，应用 Knott-Zoeppritz 方程或者 Aki-Richards 近似方法，确定适合每个叠加道集数据的反射系数。同时反演还可对小块三维数据体进行操作，这使得可以对多道数据同时进行反演，而不是传统意义上的单道反演。在叠前同时反演过程中需注意三个方面：

首先，该算法中的关键参数之一 λ，该系数用于控制每个等角度道集反射系数序列的稀疏程度，进而也就控制了合成记录与实际地震资料匹配程度。λ 值越小，角度道集的反射系数序列越稀疏；λ 值越大，从稀疏反射系数序列得到的合成地震数据与实际地震数据之间的符合程度越高。如果 λ 值选择过高，在模型中会加入地震数据的噪音。如果 λ 值选择太小，在所建立的模型将无法提取细小的地质信息。在测试 λ 参数时，需检查反演得到的纵波阻抗、纵横波速度比和测井测量的纵波阻抗、纵横波速度比之间的相关关系。

期次，叠前同时反演算法可直接得到绝对弹性参数模型。实测地震数据中缺失的低频成分无法直接从反演中得到，需要建立低频趋势模型作为反演的约束条件。在反射率域首先进行角度道集数据的非约束反射率反演。通过加权叠加，将得到的反射系数转换成为弹性参数。得到的弹性参数进一步与低频模型组合为弹性参数。对于弹性参数，开展完全约束同时反演，以提高合成地震记录与输入角度叠加道集数据之间的相关性。

最后，软空间约束用于沿层方向上，约束反演结果的横向突变。可以在弹性参数模型中消除随机噪音，增强弹性模型的横向连续性。软空间约束同样有助纵波阻抗、横波阻抗、纵横波速度比等模型更加稳定。通过调整软空间约束的强度，可以在反演的弹性模型中保留重要的横向变化信息。

2.2　叠前随机反演

叠前随机反演目前比较成熟的技术有叠前地质统计学反演和叠前波形指示模拟，根据钻井密度和地质分布特征，本文研究采用叠前地质统计学反演技术实现高频部分反演。叠前地质统计学反演以地质统计学分析为基础，主要包括随机模拟过程和反演过程。通过对地震和测井数据进行统计分析，求取变差函数，选择合适的随机模拟算法和反演算法，得到高分辨率的数据体。当然在提高纵向分辨率的同时也会引入误差，通过应用多次的等概率模拟，可以得到多个与井资料、地质信息，地震资料相吻合模拟结果，基于多个模拟实现可以求取最大似然属性体。

叠前地质统计学反演方法采用严格的马尔科夫链蒙特卡洛算法，通过将地震和岩相、测井曲线、概率分布函数、变差函数等信息相结合，定义严格的概率分布模型，通过对井资料和地质信息的分析后获得概率分布函数和变差函数。其中概率分布函数描述的是特定岩性对应的岩石物理参数在空间的概率分布情况，对于序贯高斯模拟要求数据服从高斯分布，因此模拟前应对数据进行分析，若不服从高斯分布，需要进行数据转换。而变差函数描述的是横向和纵向地质特征的结构和特征尺度，是地质统计学中描述区域化变量空间结构性和随机性的基本工具。地质统计学反演中垂向变差函数从井数据求取，水平方向变差函数根据已经建立的地质信息库信息，结合研究区的沉积环境特征，地震属性分析，定性确定不同沉积环境下沉积体的变差函数。

2.3 机器学习分频融合技术

随着计算机算力的提高使得多层次网络机器学习应用到生产中得以实现，训练更复杂的网络变得更为快捷，现已成为最受欢迎的数据挖掘工具。随着机器学习技术在各个领域不断应用，现已开发出多种机器学习模型，如卷积神经网络模型、决策树模型、支持向量机模型和随机森林模型等。这些具有算法的机器学习模型被用于多个领域并取得了很好的应用效果。深度学习是机器学习领域里更高阶、更深层的方法技术，主要运用统计学、应用数学等理论知识，通过建立多层神经元或采用多个非线性转换函数来学习训练以实现目标属性更深层的表征。在众多的深度学习方法中，应用最为广泛的模型为全连接网络模型，该模型的基本原理如下：

假设一个由 n 个输入层、n 个隐藏层和一个输出层构成的全连接模型。n 个输入层子空间的期望值构成的输入层，数据可表示为 $(x_1, x_2, x_3 \cdots x_n)$。$n$ 个隐藏层的第 i 层可表示为 i^n 维全连接层，数据可表示为 $(y_{i1}, y_{i2}, y_{i3} \cdots y_{in},)$，$y_{im} = \sum_{a=1}^{n} x_a w_{am} + b_m$，$m \in [1, n]$，其中隐藏层之间分别通过激活函数 tanh 和 Leaky relu 连接，依次作为隐藏层的计算；最后产生一维输出层数值 Y_{out}，由输出值 Y_{out} 与实际目标值的最小均方差构建损失函数。采用实际属性值样本点作为训练数据与验证数据训练网络模型，由损失函数通过前向传播和反向传播控制训练吻合度，最终完成属性预测网络模型训练。

双曲正切激活函数(tanh)表达式为：$f(x) = \tanh(x)$，

Leaky Relu 激活函数表达式为：$LeskyRelu(x) = \begin{cases} x, & x>0 \\ ax, & x<0 \end{cases}$

损失函数(Lose)表达式为：$MSE = \frac{1}{n}\sum_{i}^{n}(y_{out} - y'_{in})^2$

3 应用实例

新场地区须家河组二段气藏高效开发受控于优质储层和裂缝发育程度，其中优质储层是高效开发的物质基础。前期开展多轮的储层预测研究，分别从叠后反演、叠前反演、确定性反演、模拟反演和多波反演开展了大量研究工作，每种方法都取得一定效果但都具有局限性。根据新场须二段开发需求，本文从多种方法预测结果特点出发，通过机器深度学习方法有效融合了确定性反演结果和统计学反演结果，因此，既保留了确定性反演结果横向分辨率的优势，同时也发挥了统计学反演纵向分辨率较高的优势，使得优质储层预测精度大大提高，有效支持开发建产。

3.1 储层基本特征

新场须家河组二段致密砂岩气藏埋深 4500m 左右，主要为辫状河三角洲沉积环境，发育大套的砂岩，砂岩类型主要为岩屑石英砂岩、石英砂岩、长石岩屑砂岩，其中在砂岩之间分布不均匀的泥岩条带。对研究区 15 口取芯钻井 1481 个样品进行物性分析，孔隙度主要分布在 1~6 区间，孔隙发育程度极差，渗透率普遍低于 0.06×10^{-3} μm^2，基质渗透性极差。总体上须二段储层受岩相变化影响，具有岩性复杂、物性差、储层类型多样、岩相变化快、非均质性强等特点(图 2)。

3.2 储层敏感参数分析

须二储层岩性主要为致密砂岩，因此，优质储层预测思路为先剔除泥岩影响，然后在砂岩中进行高孔隙砂岩预测。从钻井弹性参数与岩性的直方图统计表明，砂岩的纵波速度略大于泥岩，砂岩和泥岩的纵波阻抗叠置非常严重，但纵横波速度比可以有效识别砂岩和泥岩，如图 3 所示。因此，纵横波速度比是个对岩性非常敏感且与地震相关的弹性参数，可以作为优质储层预测过程中深度学习的输入。

根据测井孔隙度解释结果与弹性参数的交汇分析，孔隙度与砂岩纵波阻抗有很好的负相关性(图 4)，优质储层主要位于低波阻抗区域，这也意味着在岩性有效划分前提下，通过钻井物性解释结果与阻抗的学习，把反演得到的阻抗作为深度学习的输入可以得到准确的孔隙度体。

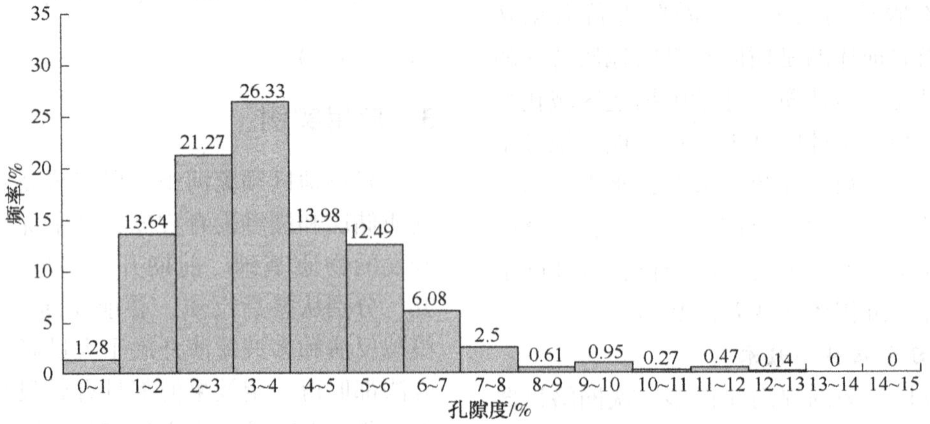

图 2　物性分析图

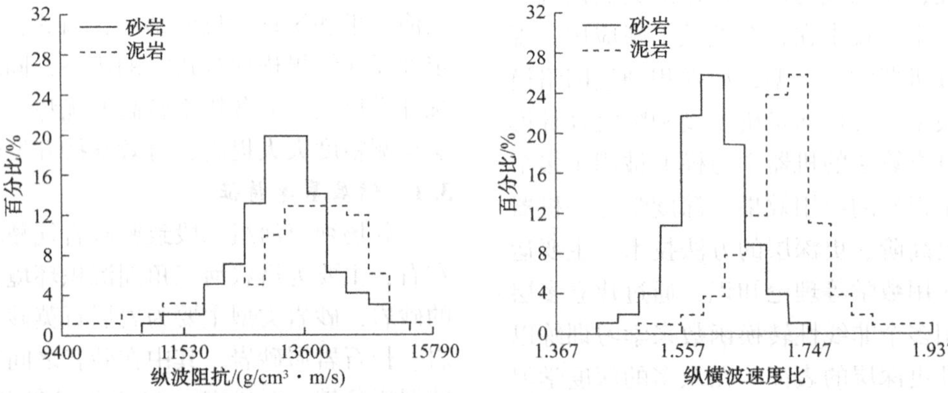

图 3　岩性敏感参数统计结果

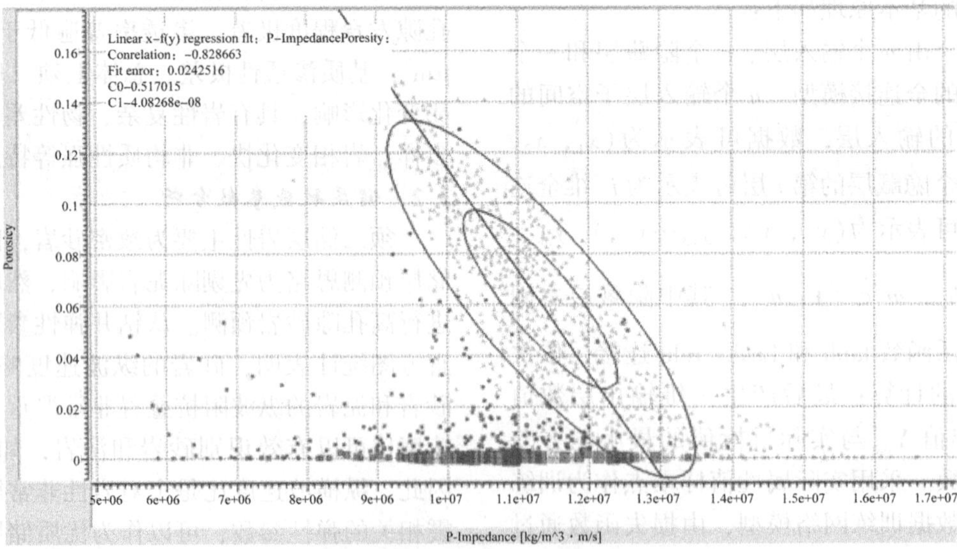

图 4　须二砂岩样本孔隙度和波阻抗交汇图

3.3　叠前同时反演

AVO 叠前同时反演得到了地震分辨率下精确的岩石弹性参数数据体，在测井资料的约束下对不同角度或者偏移距部分叠加后的多个地震数据体同时进行反演，生成纵波阻抗、横波阻抗、纵横波速度比等数据体。对于同时反演结果，横向分辨率较高，但纵向分辨率较差，如图 5 所示。叠前同时反演涉及的主要步骤有：①地震子波提取；②根据地质模型建立纵波阻抗、纵横波速度比和密度的低频约束模型；③部分叠加数据体的 AVO/AVA 约束稀疏脉冲同时反演。

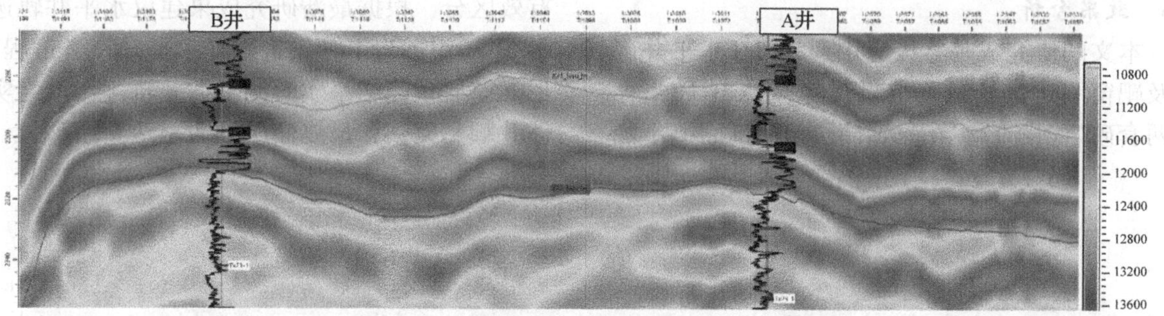

图 5　叠前确定性反演联井波阻抗剖面

3.4　叠前地质统计学反演

叠前地质统计学反演重点工作是参数的选择，通过对工区内 15 口测井曲线质量好的井进行分析，确定阻抗概率分布严格服从高斯分布，中值为 1.14952e+07（$kg/cm^3*m/s$），方差为 1.478611（$kg/cm^3*m/s$）^{2}；变差函数的求取来自于井震拟合，在拟合的过程中需要确定三个方向的变程（纵向、横向之东西向、横向之南北向），由于纵向样本点较多，拟合的纵向变程比较落实，通过对高斯型和指数型拟合的比较，本地区指数型拟合较好，纵向变程为 6m；而其余两个水平方向的变程往往由于横向采样数据点不足，研究中是通过对地质沉积规律的认识来确定，可以通过测试稳定分布泥岩或煤层反演结果确定变程参数。为了减小单次模拟造成的统计学涨落误差，进行了 20 次岩性模拟，然后对 20 次实现的岩性概率体和属性概率体进行统计计算，得到阻抗体和纵横波速度比体，虽然纵向有较高分辨率，但横向连续性较差，如图 6 所示。

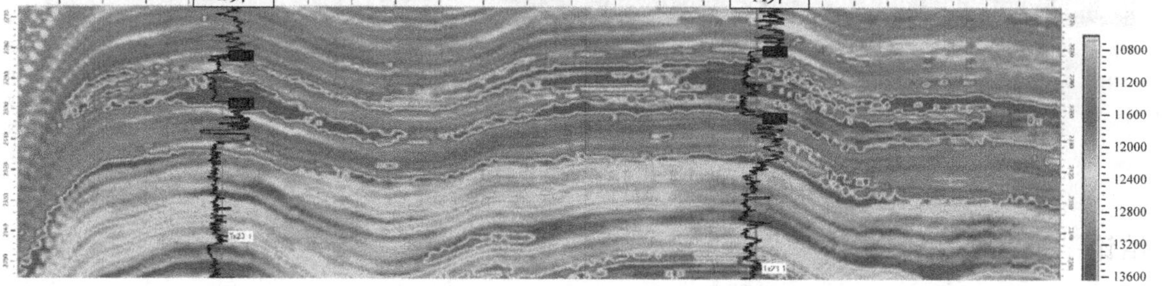

图 6　叠前地质统计学反演联井波阻抗剖面

3.5　深度机器学习储层预测

深度学习开展储层预测学习样本和参数选取十分重要，需要根据实际钻井资料开展多次重复试验，最终确定输入的参数和计算层数，在学习过程中可以与实际目标曲线对比，满足要求择参数正确，切记学习过度。如图 7 所示，为学习后与实际曲线对比，红色为原始曲线，蓝色为学习曲线，从对比结果看，学习结果与实际结果对比度较高，说明学习参数确定合理。以叠前同时反演阻抗数据和叠前地质统计学反演阻抗数据作为输入，以纵横波速度比作为岩性约束，根据孔隙度和阻抗之间的负相关关系，采用机器深度学习方法实现孔隙度预测，预测结果如图 8 所示，从预测结果看，在保留了横向连续性的同时提高了纵向分辨率。

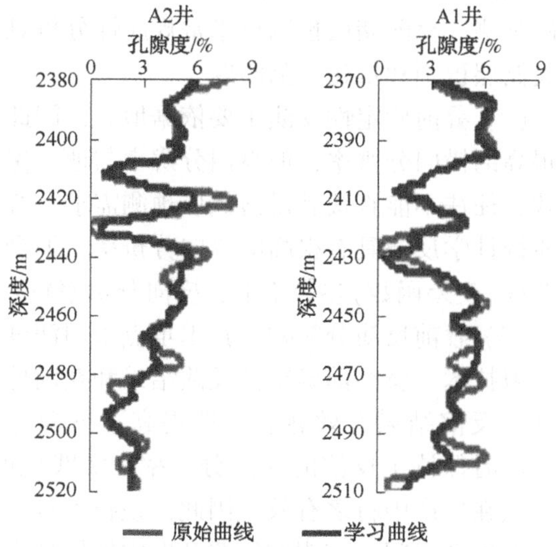

图 7　深度学习参数确定
（红色曲线为原始，蓝色曲线为学习）

3.6 效果分析

本文的研究成果直接应用到A-1H水平井部署及靶窗制定，从预测结果得知，TX21砂组存在两套砂岩(图9)，在原始储层预测剖面上不能有效区分，根据最新研究成果建议水平井轨迹在TX21砂组砂岩下部钻进，在水平井钻进过程中，根据储层预测结果实时调整钻井轨迹，最终实现该井顺利完钻，最终储层钻遇率达90%以上。

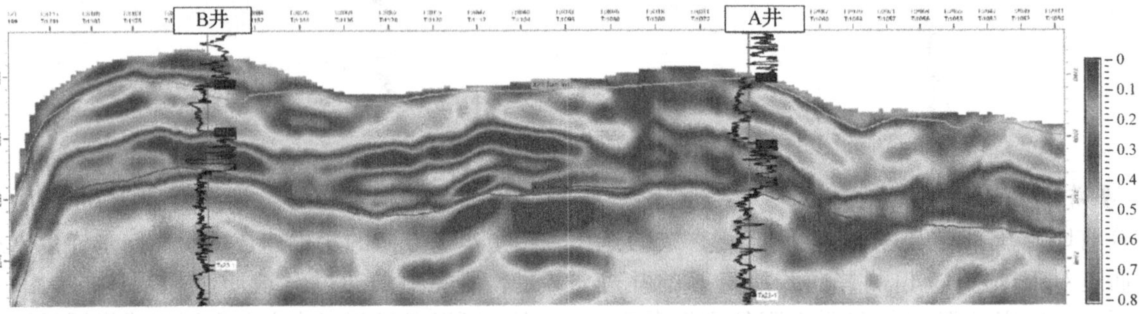

图8　深度学习联井孔隙度剖面

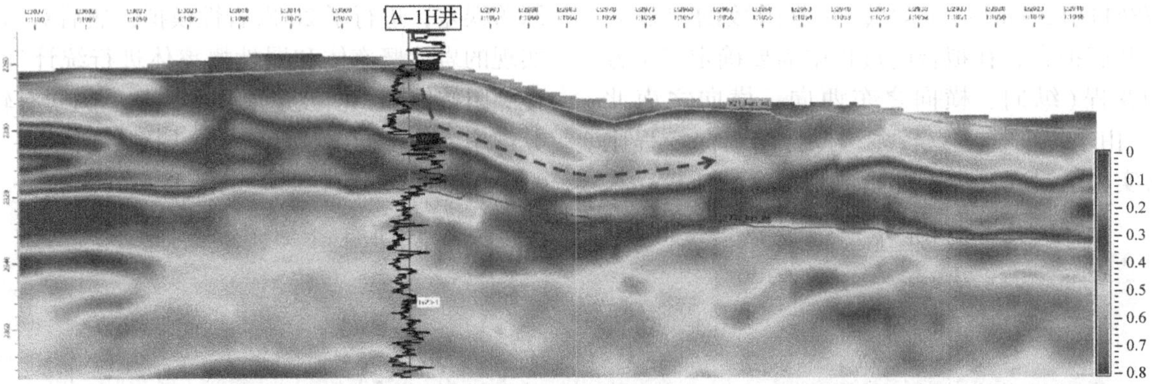

图9　A-1H井水平估计设计孔隙度剖面

4 结论

(1) 须家河组致密砂岩储层往往具有储层薄、横向非均质性大的特点，叠后反演技术难以准确预测，叠前储层预测技术常规属性分析难以解决储层识别和量化预测问题。

(2) 叠前确定性反演主要依据地震，因此具有很高的横向分辨率，但纵向分辨率与地震保持一致，往往不能直接满足薄储层预测需求；叠前地质统计学反演具有很高的纵向分辨率，但受限于变程(变差函数)参数不准，横向分辨率较差。

(3) 叠前反演分频融合技术重点采用深度机器学习技术，将叠前确定性反演结果和叠前地质统计学反演结果有效融合，即提高了纵向分辨率，同时保持了反演的横向分辨率。实践证明，该方法在生产中行之有效。因此，该技术具有较广阔的发展空间，有望在气藏开发中发挥越来越大的作用。

参考文献

[1] 伊万顺，陈绪清，徐海，等．叠前道集地层约束反演技术在砂砾岩储层预测中的应用[J]．大庆石油学院学报，2009，33(2)：27-30.

[2] 刘百红，李建华，魏小东，等．随机反演在储层预测中的应用[J]．地球物理学进展，2009，24(2)：581-589.

[3] HAAS A，DUBRULE O. Geostatistical inversion—A sequential method for stochastic reservoir modeling constrained by seismic data [J]. First Break，1994，3(12)：25-29.

[4] 季玉新，刘春园，陈冬，等．分频反演方法及其在塔河A区储层预测中的应用[J]．石油与天然气地质，2010，31(1)：38-42.

[5] 黄林军，潘建国，黄玉，等．分频反演技术在准东XIQ地区古沟谷薄砂层储层预测中的应用[J]．石油天然气学报，2012，34(11)：52-55.

[6] 代玲，万钧，罗泽．分频反演精细储层预测[J]．中外能源，2021，26(12)：48-53.

[7] 张新超，李锋，严永新，等．分频融合反演技术在春光探区的应用[J]．石油地球物理勘探，2018，53(5)：1006-1013.

[8] 赵继龙，熊冉，陈戈，等．分频重构反演及在薄互层储层预测中的应用[J]．西南石油大学学报：自然科学版，2014，36(4)：47-54.

[9] 郎晓玲，彭仕宓，康洪全，等．叠前同时反演方法在流体识别中的应用[J]．石油物探，2010，49(2)：164-169.

[10] 吴淑玉，陈建文，刘俊，等．叠前同时反演技术在南黄海崂山隆起储层预测中的应用[J]．海洋地质与第四纪地质，2018，38(3)：162-174.

[11] 成德安．叠前同时反演在复杂岩性预测中的应用[J]．油气地球物理，2017，15(3)：32-36.

[12] 黄饶，刘志斌．叠前同时反演在砂岩油藏预测中的应用[J]．地球物理学进展，2013，28(1)：380-386.

[13] 何火华，李少华，杜家元，等．利用地质统计学反演进行薄砂体储层预测[J]．物探与化探，2011，35(6)：804-808.

[14] 赵林．马尔可夫链蒙特卡罗模拟在储层反演中的应用[J]．石油天然气学报，2009，24(2)：249-252.

[15] 孙思敏，彭仕宓．地质统计学反演方法及其在薄层砂体预测中的应用[J]．西安石油大学学报，2007，22(1)：41-48.

[16] 孙思敏，彭仕宓．地质统计学反演及其在吉林扶余油田储层预测中的应用[J]．物探与化探，2007，31(1)：51-54.

[17] 侯晓琳．深度学习在地质储层属性预测中的应用研究[J]．计算机应用与软件，2020，37(4)：40-47.

[18] 郑宇哲，叶朝辉，等．基于深度学习的储层物性参数预测方法研究[J]．探索与发现，2020，35(6)：23-26.

[19] 何玉春．基于机器学习的储层渗透率预测方法[J]．石化技术，2022，11(13)：182-184.

[20] 程超，李培彦，陈雁，等．基于机器学习的储层测井评价研究进展[J]．地球物理学进展，2022，37(1)：164-177.

川西地区须家河组裂缝成因机制及精细刻画
——以新场地区须二气藏为例

杨　成　毕有益　冯　英　严焕榕　邓美洲　王　荐　苏　娜　苏　燕

（中国石化西南油气分公司勘探开发研究院）

摘　要　四川盆地深层须家河组致密砂岩气储量规模大，但储量动用程度低。前期新场须二气藏工业气井占比低，天然气年产量低，建产潜力大。2018年以来，多学科一体化攻关，转变勘探开发思路，提出致密砂岩气藏新型富集模式，推广新工程工艺实践，难动用储量效益开发，取得深层致密砂岩气规模效益开发重大突破，新场地区须二气藏已经成为了川西地区重要的增储上产阵地。该地区孔隙度和渗透率极低，属于特低孔渗的致密气藏，裂缝对改善储层的渗滤能力，起到了至关重要的作用。构造、成岩以及区域应力是影响裂缝发育的控制因素，明确了断褶、断缝、褶缝3种甜点类型裂缝体的的成因机制，“最大似然+熵+曲度”多属性融合的精细刻画技术，落实断褶裂缝体空间展布特征，后期的评价开发转向储量规模更大，但构造裂缝不发育地区，需要开展微裂缝的深入攻关工作。

关键词　川西地区；须家河组；裂缝特征；主控因素；融合属性；精细刻画

新场气田位于德阳市以北约20km，地处成都平原，地势平坦，平均海拔高度530m。东部与川中隆起衔接，西与鸭子河构造鞍部相连，北邻梓潼坳陷，南靠成都坳陷，是经历了多期构造运动的古今复合构造变形隆起区域。须家河组纵向地层厚大，须五段和须三段主要为泥岩和碳质页岩，可作为区域盖层和优质烃源岩，须二段主要为细-中粒岩屑砂岩，是储层发育的层段。根据新场气田的储层研究结果表明，须二段属于特低孔渗的致密储层，纵向上非均质性较强，局部地区由于裂缝发育，储层的物性得到了极大改善，对裂缝特征及其主控因素研究具有十分重要的意义(图1)。

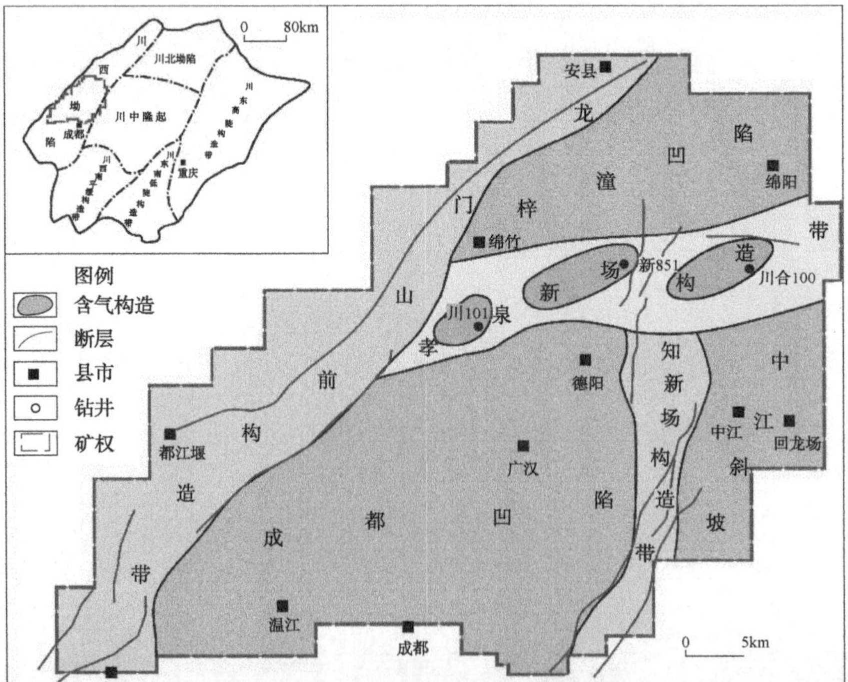

图1　新场地区须二气藏位置示意图

1　地质特征概述

G1 井测试获得高产，揭开了新场须家河组气藏的勘探开发的序幕。新场地区须二段地层埋藏深度 4900～5000m，地层厚度 560～800m。以三角洲沉积体系下的三角洲前缘和前三角洲亚相为主，沉积时期砂体较发育，岩性表现为砂岩和泥岩不等厚互层，其中砂岩厚度最高达 80%以上占明显优势；须二段纵向上可以分为上、中、下三个亚段，岩性主要为岩屑砂岩、岩屑石英砂岩或长石岩屑砂岩，以及少量泥岩、页岩和碳质页岩等。孔隙度和渗透率极低，属于特低孔、致密储层。储层孔隙空间包括原生孔隙和次生孔隙，次生孔隙主要为粒间溶孔和粒内溶孔，占比较高，原生孔隙受成岩作用影响占比较少。地层压力系数平均 1.58，地温梯度平均 2.36℃/100m，该气藏属于为受构造-岩性控制的裂缝-孔隙型高压致密气藏。

2　裂缝特征

2.1　裂缝类型

根据岩心和薄片观察，新场地区须二段地层裂缝类型可分为构造缝、成岩缝以及构造-成岩复合成因裂缝三种类型，因构造、成岩两种缝类型占比超过 80%，下文主要论述构造缝和成岩缝的特征。

2.1.1　构造缝

因构造运动形成的剪切缝和张性缝是研究区最为主要的裂缝类型。受印支、燕山和喜山运动等构造事件影响，研究区内发育了 SN、NE、EW 向不同级别的断层近 250 条，其中对成藏作用较大的 SN 向断层 9 条，在断层周边 200m 范围内密集发育低、中、高多种角度，多个方向的网状裂缝系统。

中、高角度剪切缝产生于挤压环境，与最大主应力方向(σ1)以一定锐夹角共轭产出，由于致密砂岩非均质性强，一般只发育一组受逆断层控制的高角度剪切缝，此类剪切缝较少，在主断层周边 200m 范围内发育；第二类剪切缝倾角多小于 30°，缝面平直光滑，常成组、近似等间距出现，多为地层经历挤压、挠曲，层间滑动及断层相关褶皱派生而成裂缝。此类剪切缝较发育，占比近 50%，多见于须二段钙钙质及泥质含量较高的砂岩。

张性缝是在外力作用下，当张应力达到或者超过岩石的抗张强度时，在垂直于主张应力轴向或是平行于主压应力轴方向上产生的断裂，在须二段岩心观察张性缝为次要构造成因缝类型，多表现为绕过颗粒边缘分布，缝面不平直，整体具有优势延伸方向，延伸长度较长的特点(图 2)。

2.1.2　成岩缝

主要包括成岩溶蚀缝和成岩压裂纹，成岩溶蚀缝：裂缝经溶蚀作用改造形成，宽度较大，可达数十微米，缝壁有溶蚀痕迹，连通两个或以上次生孔隙，研究区相对较为宽大的缝类型，经过岩心的裂缝统计观察，表明裂缝内部多数未被次生矿物和有机质充填或者只是半充填，说明热液流体沿裂缝侵入的事件较少，对岩石颗粒发生溶蚀作用的情况较少。压裂纹：强压实造成刚性颗粒之间相互挤压破裂，仅限于颗粒内部(石英、长石等)，宽度较小(通常<1μm)延伸范围有限。成岩缝整体对储层的贡献较小，有两方面原因，其一是成岩过程中，川西新场须二气藏埋深较深(平均垂深接近 5000m)，原始的岩石粒内孔和粒间孔被成岩作用破坏，压实作用主要对缝体是破坏性的；另一方原因是裂缝内部多数未被次生矿物和有机质充填，说明热液流体沿裂缝侵入的事件较少，溶蚀情况较少。

2.2　裂缝参数特征

2.2.1　裂缝的走向

根据成像测井资料显示，裂缝的走向主要包括为近东西向(EW)，近南北向(SN)、北东-南西向(NE-SW)、北西-南东向(NW-SE)，低角度和平缝的走向多变，各个方向均有分布，一般不具规律性。立缝、高角度缝多为东西走向，不同倾向的各种裂缝可同时出现，它们可能是同期的，也可能是非同期的，共同形成网状裂缝系统(图 3)。

2.2.2　裂缝的产状

低角度裂缝的倾角 10°～30°，斜缝的倾角 30°～60°，高角度裂缝的倾角 60°～80°，立缝的倾角大于 80°，岩心观察以及成像测井揭示，以中低角度缝为主，高角度缝少见，立缝仅在个别井发育。根据岩心、薄片观察数据(图 2)，高角度缝的密度较小，出现频率也较低，常是被次生矿物充填或者呈半充填状态，裂缝的断面处可以观察明显擦动痕迹，高角度缝具有在须二段的出现频次低、特征明显，分布规律明确等特点；中角度缝是被低角度缝和高角度缝相互切割形成的多期次组合缝，低角度缝为早期形成，高角度缝为晚期形成；低角度具有缝断面不平直沿着脆性矿物延伸、多组低角度缝伴生的特征，多数未充填，少数全充填或者半充填有机质和次生矿物，断面有明亮的镜面效果和擦动痕迹。在少数高产井的取芯中可以见到低角度缝和高角度缝相互切割形成的网络缝体系统，是高效的储集渗流体。

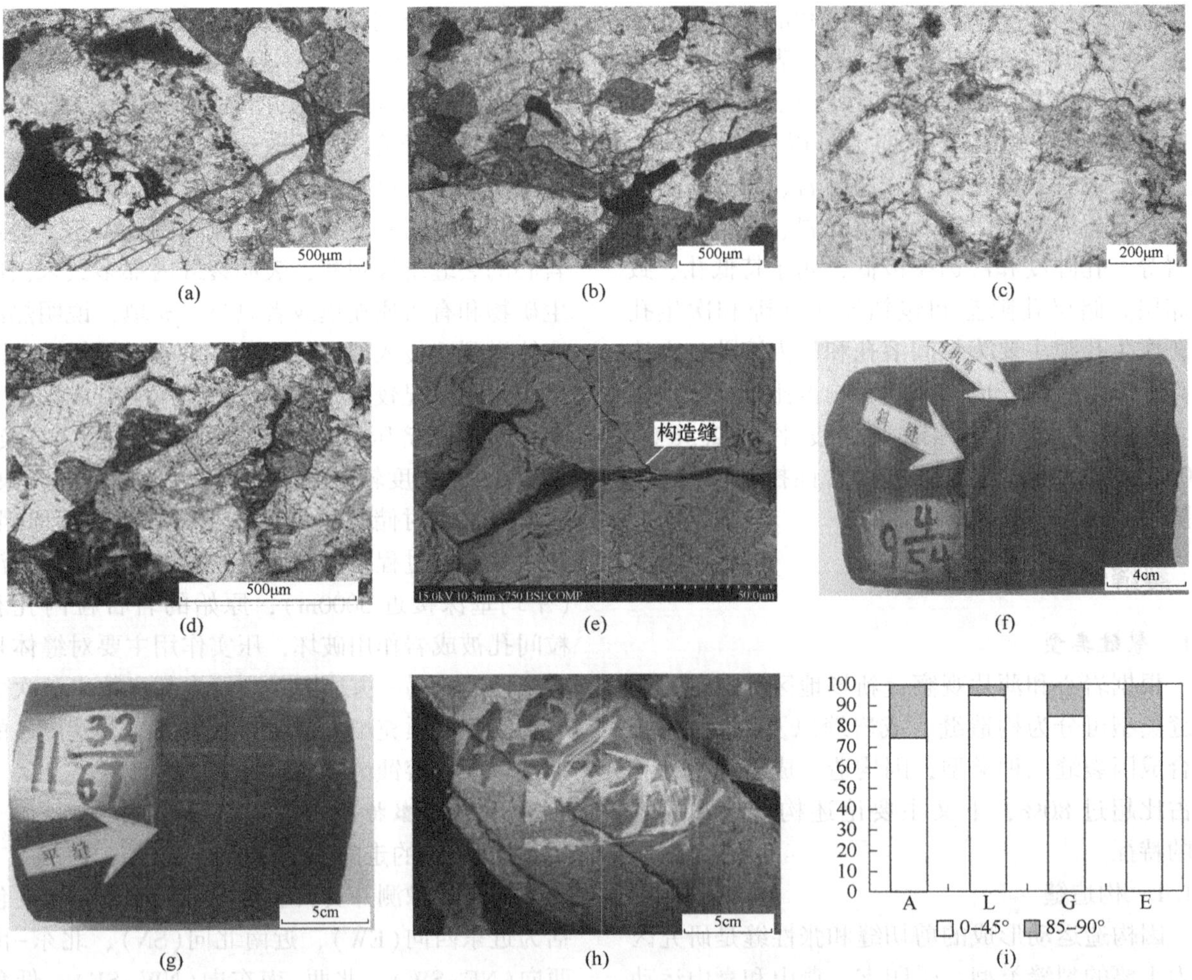

图 2　研究区须二段岩心和薄片裂缝照片

(a)F1 井，剪切缝破裂作用的，4942.24m，须二段；(b)C4，4693.74m，张性缝，TX22；
(c)C4 井，4607.04m，粒缘溶缝，TX21；(d)C4 井，4707.45m，粒内压实缝；
(e)F1 井，4932.6m，TX24，构造缝；(f)A9，TX22，4754m，高角度缝；
(g)A9 井，TX26，5069m，水平缝；(h)S1 井，4485.86~4486.26m，斜交缝；(i)裂缝倾角分布图

2.2.3　裂缝的张开度和延伸长度

通过钻井取心观察，结果表明岩心裂缝开度一般为 0.1~2.0mm，观察过程中最大的裂缝能容纳下一支黑色碳素墨水笔；延伸长度一般为几 cm 到数十 cm。实际断层核心区域的裂缝可能远大于观测结果，穿断层和靠近断层(100m)的钻井普遍漏失钻井液和钻遇次生矿物，例如 D3-4 井在须二段发生 5 处漏失，累计漏失钻井液 $103m^3$，近厘米级的次生矿物(方解石和石英)数百颗，说明大型网状裂缝系统极其发育，能提供相当规模的储集空间。

通过镜下薄片观察，高产井的有效缝较发育，有利于沟通孔隙和喉道，形成相互连通的立体储集空间网络。镜下裂缝开度的分布范围较广，最小的有 2μm，最大的有 30μm，但一般分布于 1μm~5μm。

2.2.4　裂缝的充填特征

根据填隙物的多少，裂缝可分未充填、半充填和全充填 3 种类型。新场须二段裂缝未充填缝占近七成，20%为全充填缝，其余为半充填缝。未充填缝发育较多的原因有两个，一方面原因是须二段砂组之间存在泥岩夹层，阻断了地下流体

的渗滤通道，缺少地层水的补给，流体物质难以进入裂缝系统内进行填充；另一方面原因是储层内早期运聚的天然气对储集空间起到了天然的保护作用。

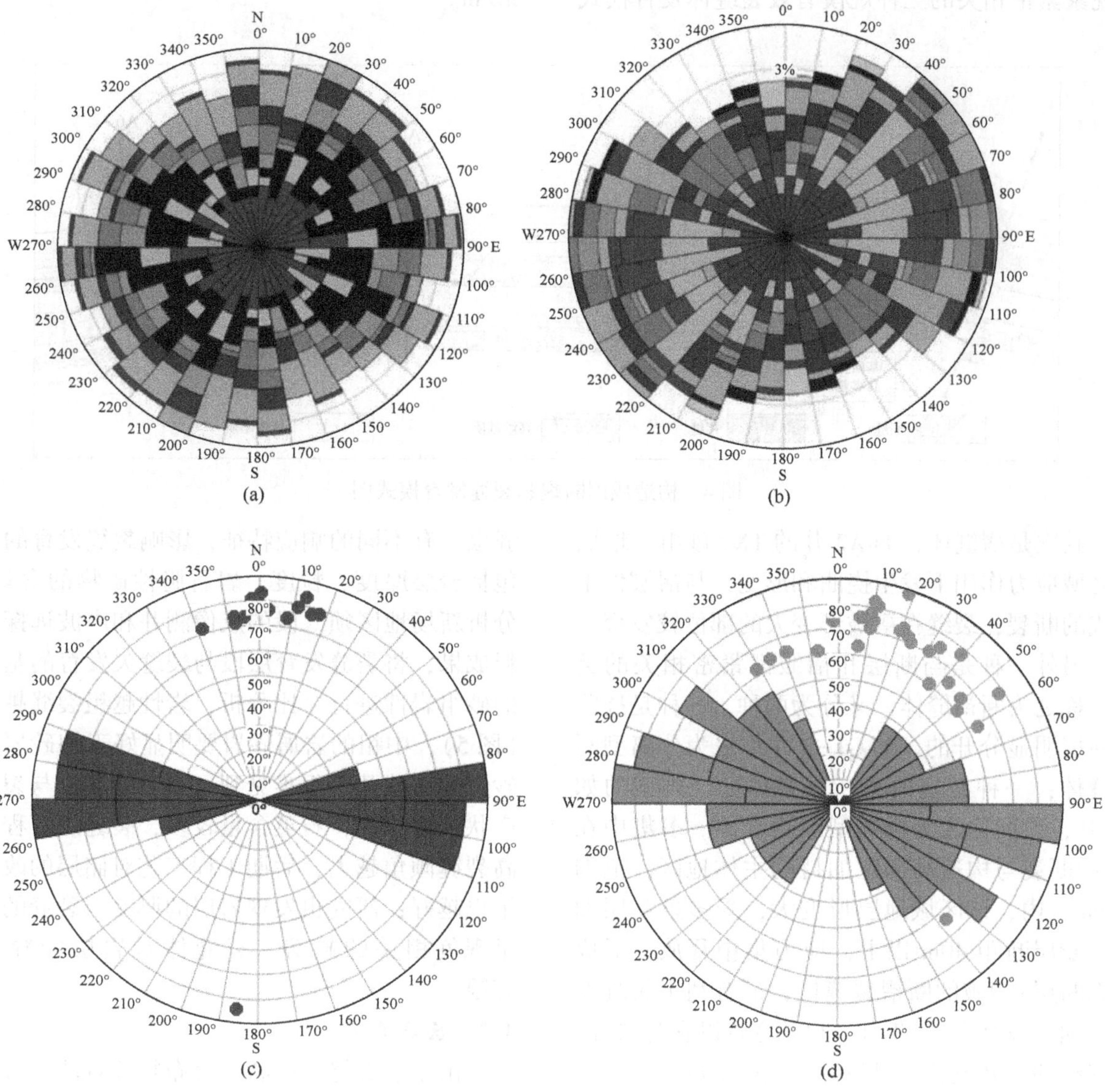

图 3　研究区须二段典型井裂缝走向

(a)为低角度裂缝走向示意图；(b)为斜缝走向示意图；

(c)A2 井高角度缝走向玫瑰花图；(d)A1 井高角度缝走向玫瑰花图

3　裂缝发育的主控因素

新场地区须二段的裂缝发育受到多方面因素的共同影响，包括岩石粒度大小、岩石成分、岩层厚度差异、构造形变、断裂等。相对而言，晚期形成的 SN 向断裂与构造主体高部位加持是裂缝发育的最主要的控制因素，其次是区域主应力以及岩相、粒度、层厚等因素，这两方面共同控制的新场地区裂缝发育情况。

3.1　构造因素

印支中晚期的构造运动奠基了新场地区的主体构造格局，形成了西高东低的地貌特征，区内受南北挤压应力的影响，形成了一系列东西向断层；燕山期受青藏高原隆升侧向挤压和龙门山强烈逆冲推覆，构造分异作用进一步加强，新场地区发育了 12 个 NE/NNE 向局部构造高点；喜山期受龙门山进一步推覆影响，构造变形更为强烈，形成了一系列 SN 向切割构造高部位的断层，且区域构造格局反转，转变为现今“西高东低、北高南低”的态势。

受多期次的构造运动影响，结合钻井分析，归纳出研究区三种与晚期南北走向断层及地层褶皱现象紧密相关的三种规模有效裂缝体发育模式（图4），一种是断缝体模式，这是最为普遍，同时也是最先关注到的一种模式，该模式受单一断层控制，断距10~20m左右，裂缝密度0.2~0.5条/m。

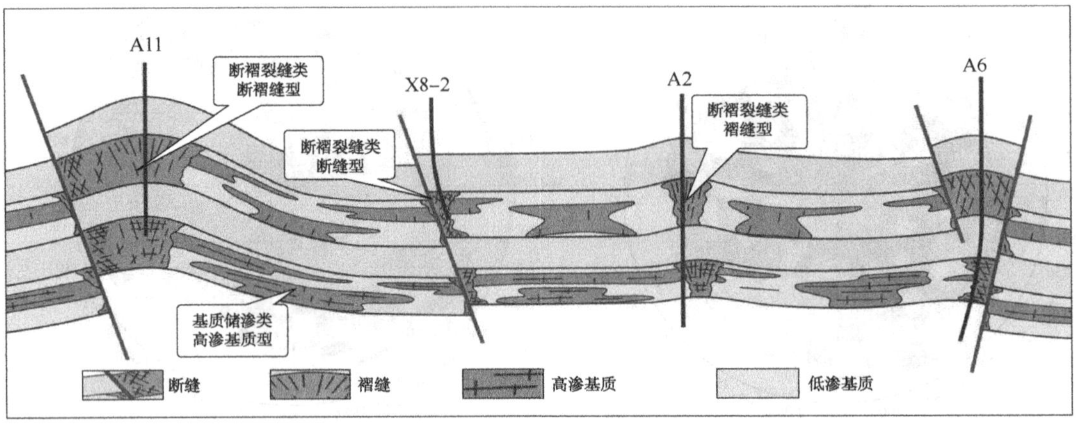

图4 构造成因断裂和裂缝发育模式图

其次是褶缝体，如A2井的TX_2^2砂组。地层在区域应力作用下发生挠曲和形变，与褶皱伴生形成的断裂，裂缝在褶皱形变大的部位较发育。

另外一种是与断层和褶皱都紧密相关的类型，称之为断褶缝体，又分为两种，一种是挠曲和断层明显分开的，如G1-3井称之为分离型断褶缝体；一种是挠曲和断层紧邻的，典型的如A6井，我们称之为毗邻型断褶缝体。多集中在SN向断裂与构造高部位加持的主体地区，范围200m以内，该区域地层形变大，受多条断层加持，断层断距40m以上，应力集中释放，形成了大断层+褶皱的断褶裂缝体，最有利于裂缝发育，须二段高产井(例如A11井)就以它为目标，是气藏评价开发首要寻找的甜点(图4)。

构造应力生成的裂缝广泛存在须二段地层之中，裂缝发育程度与地层因构造作用的形变程度、断层的产状以及密切相关，通常情况下构造应力越集中，裂缝越容易发育。在构造高部位、构造轴部等部位，构造应力大，地层易发生形变，裂缝发育的程度高；在构造应力相对次一级的部位，断层和地层褶皱的规模相对小，裂缝发育的程度相对较小。须二段砂岩在构造作用的影响下，不同构造部位形成了不同的裂缝发育特征。

3.2 岩相因素

对新场地区，不同的岩相及岩石结构特征形成了多种岩石组合类型，其机械强度不同，对裂缝也会有不同的响应特征，影响裂缝发育的因素包括岩层厚度、粒度、岩石脆性矿物的含量等。分析新场地区须二段的成像测井和声波远探测解释成果，将裂缝发育层段与裂缝欠发育的基质区的砂组岩性进行对比分析，岩性越粗裂缝越发育（图5），中粗的岩屑砂岩要明显好于细砂岩，粉砂岩的裂缝几乎很难见到；石英的含量与裂缝的产状密切相关，石英含量较多，裂缝发育程度较高裂缝倾角越大，后期工程工艺对储层的改造效果也越好；研究也发现岩层的厚度与裂缝的发育呈现负相关的趋势，裂缝体对岩层的穿透性有限。

3.3 区域应力

由于裂缝缝的产状、分布特征观测手段的原因，构造缝的特征、成因及控制因素研究成为重点，容易忽视区域性裂缝系统的存在。实际上无论受构造作用控制的变形区，还是平缓区，普遍存在区域性裂缝，在区域应力场的影响下，会产生产状稳定、分布广泛不受区域构造特征控制或是受构造特征影响很小的裂缝系统，在研究或是生产中称之为区域性裂缝或是微裂缝。但新场地区须二气藏大尺度断缝体面积相对较小，储量基本被动用，目前的评价开发目标正转向储量更大，但是构造裂缝相对不发育的平缓区，更应该重视区域性裂缝或是微裂缝的研究工作。

研究区构造特征复杂，基于断裂特征、褶皱应力扰动特征，形成复杂构造区地应力场模拟方法，预测新场须二气藏水平应力分布情况预测图以及平面裂缝发育甜点图，再结合现今生产井的产能情况，以最小主应力 95MPa、水平应力差 44MPa 为界限(图6、7)，确定低应力差-低地应力、高应力差-低地应力为有利应力分布区。其中 GMZ、LJ 地区南北向断裂区以及高部位褶皱发育区是现今地应力的有利区(图8)。

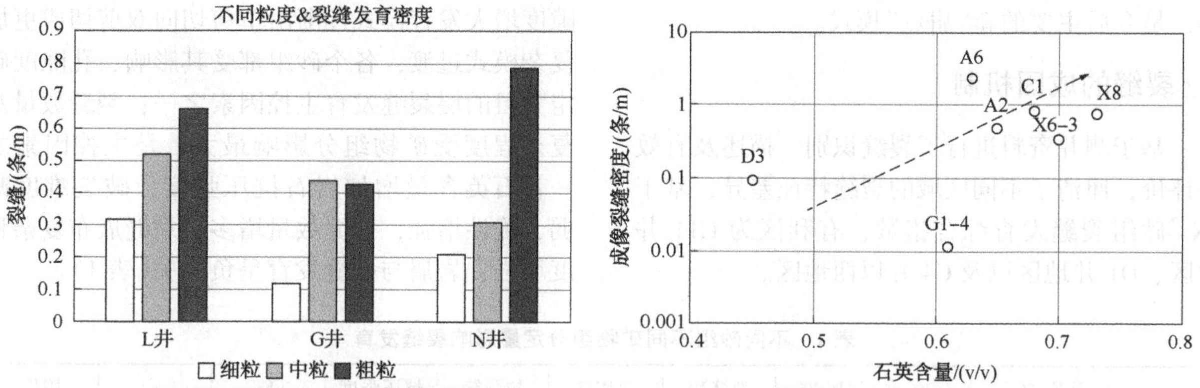

(a)新场须二不同粒度岩性与裂缝发育统计图　　(b)新场须二气藏裂缝与石英含量关系图

图5　研究区须二段典型井岩屑砂岩微裂缝

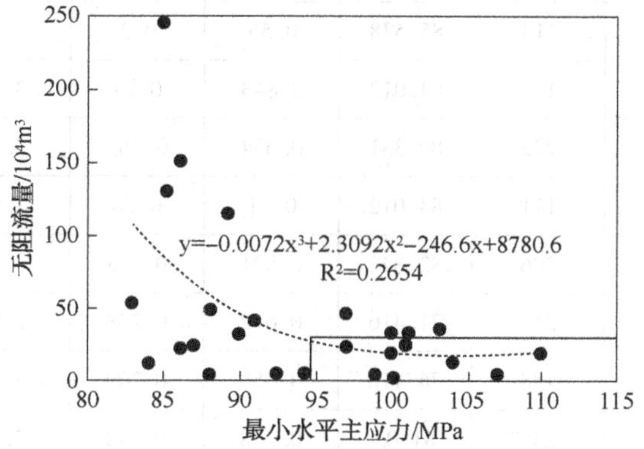

图6　无阻流量与最小水平主应力交会图

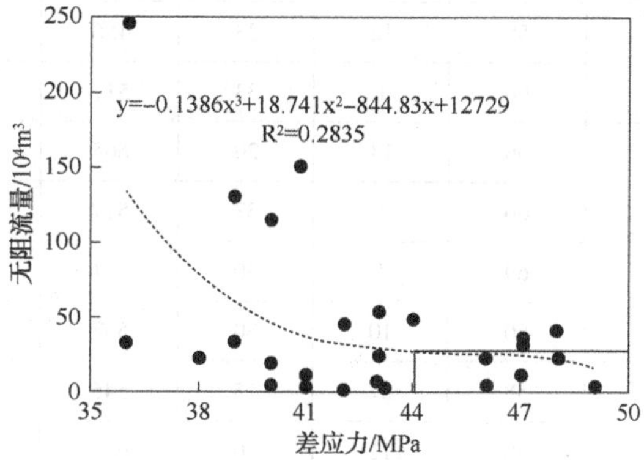

图7　无阻流量与差应力交会图

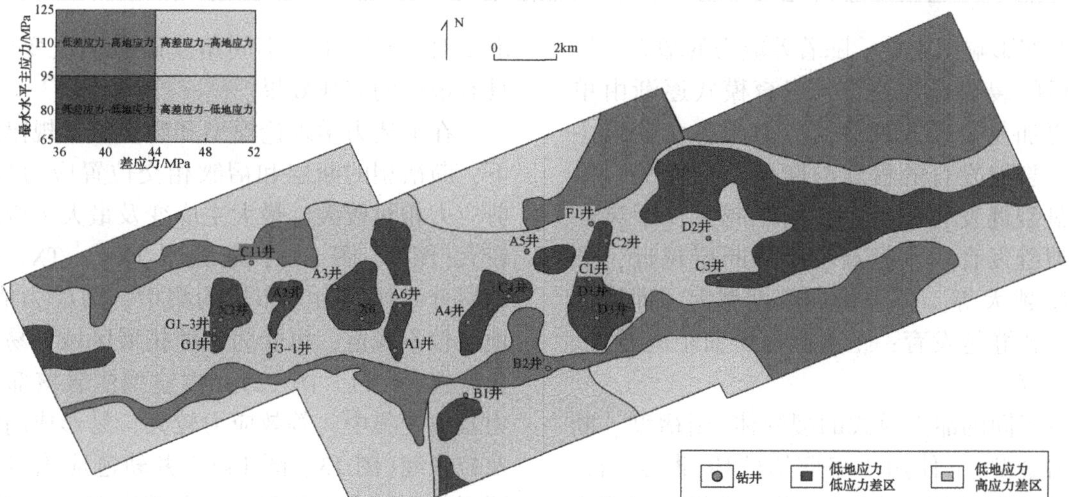

图8　须二上亚段应力分区结果图

针对储量规模更大的高渗基质区，没有明显构造形变，但在应力的影响下，区域裂缝(微小尺度裂缝)广泛分布，结合现今地应力平面展布特征(图8)，地震属性精细刻画小尺度断裂，断层沟通微小尺度裂缝形成互相连通的小规模储集体，是今后主要的新“甜点”模式。

4　裂缝的成因机制

基于测井资料进行了裂缝识别、描述及有效性评价，厘清了不同区域的裂缝特征差异，基于TX_2^2砂组裂缝发育综合指数，有利区为C11井地区、D1井地区以及C4井以西地区。

明确须家河组不同砂组裂缝发育主控因素，主要包括内因：矿物组分，孔隙度，粒径；外因：应力条件、断层和褶皱形变强度。

基于PFC数字岩石模拟技术，厘清了不同主控因素作用下破裂模式及裂缝发育特征。随孔隙度增大发育模式逐渐由单剪切向双剪切或更加复杂模式过渡，各个砂组都受其影响，孔隙度确定为目的层裂缝发育主控因素之一；裂缝数量及复杂程度受矿物组分影响最大，是主控因素之一；石英含量增加岩石抗压强度，破裂难度减弱，脆性增强，裂缝数量增多，裂缝展布复杂程度增强；岩屑与裂缝发育呈负相关(表1)。

表1　不同砂组不同矿物组分定量影响裂缝发育

	石英/%	长石/%	岩屑/%	裂缝数	剪切缝	拉张缝	抗压强度	E	v	脆性
TX_2^1	63	10	27	737	437	300	78.161	0.885	0.231	3.83
	63	1	36	737	456	281	80.568	0.639	0.251	2.55
	55	12	33	456	349	114	85.538	0.55	0.2	2.75
	66	1	33	517	346	171	84.012	0.843	0.24	3.51
TX_2^2	66	14	20	665	393	272	80.331	0.654	0.265	2.47
	66	1	33	517	346	171	84.012	0.71	0.24	2.96
	69	1	30	571	365	206	82.842	0.821	0.263	3.12
	60	10	30	538	323	215	71.416	0.672	0.238	2.82
TX_2^4	58	27	15	546	358	188	76.416	0.658	0.209	3.15
	58	12	30	621	375	246	81.02	0.738	0.248	2.98
	68	12	20	617	399	218	86.586	0.832	0.213	3.91
	50	30	20	442	280	162	79.75	0.682	0.234	2.91

在外部影响因素中，随着差应力的增大，样品破裂后的裂缝更加发育，发育模式逐渐由单剪切向更加复杂模式过渡，应力为各套砂组主控因素；裂缝发育的程度与断层密切相关，上盘比下盘裂缝发育程度高、断距越大、距离断面越近裂缝发育程度越高、距离断层越近，裂缝线密度越大等。褶皱褶曲幅度越大，即宽高比越小，裂缝越发育；距褶皱枢纽面距离越近，裂缝越发育。

针对不同的甜点模式的裂缝体(断褶型、断缝型、褶缝型)，使用压缩剪切破坏(断层相关和)拉伸破坏(褶皱相关)的两种破裂机理构建表征不同破裂模式下的力学理论模型。对比结果表明，综合考虑弱面滑移及基质最大轴向应变破坏准则对不同围压下不同角度破裂强度变化规律，具有最优的表征效果。

在上述力学理论模型和破裂强度规律的指导下，断褶型的断层和褶皱相交位置应力强度大，剪应力相对较大，最大主应变及最大主应力相对较大(图9、图10)；断缝型TX_2^2、TX_2^3砂组在地层分界处应力分布较为集中，剪应力值较大，地层较不稳定，可能为裂隙拓展区域，易发育低角度缝(图11、图12)；褶缝型褶皱核部出现应力及应变集中，等效应力较大，易形成高角度缝及拉张缝(图13、图14)。井轨迹应该尽量穿过断层与褶皱交会位置，正向剪应力高，可能增加裂缝拓展形成大尺度缝及缝网。

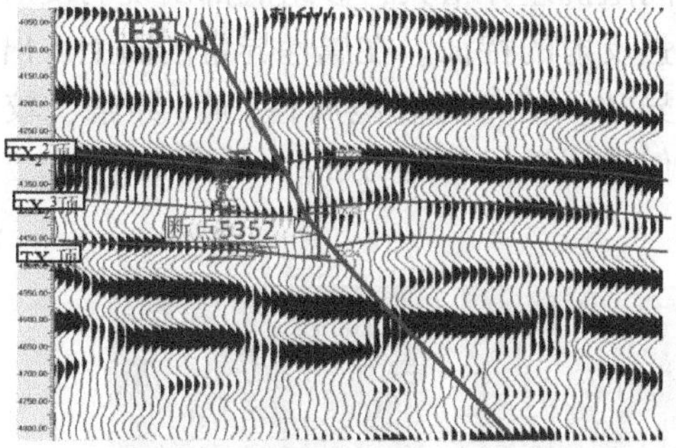

图 9　F3-1 井，井剖面方向：东西向，深度：4200～4500m

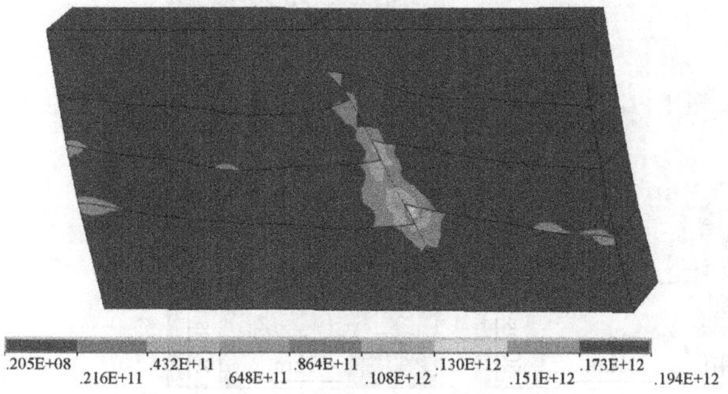

图 10　断褶型模拟等效应力强度大小

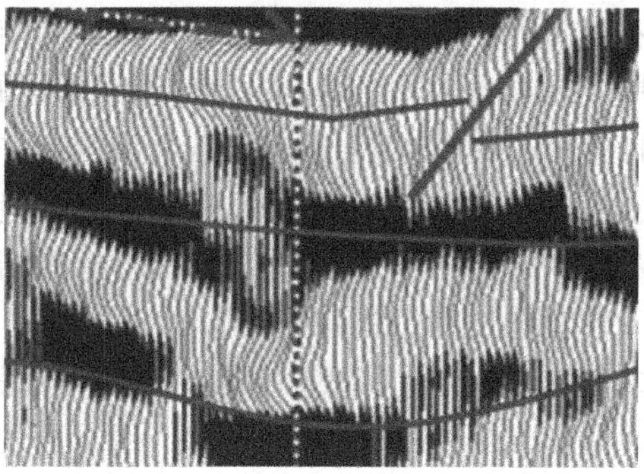

图 11　C4 井，井剖面方向：北偏东 15°，深度：4100～4500m

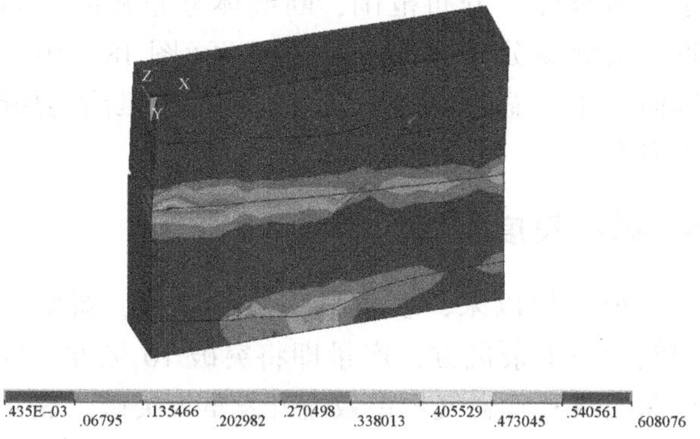

图 12　断缝型模拟等效应力强度大小

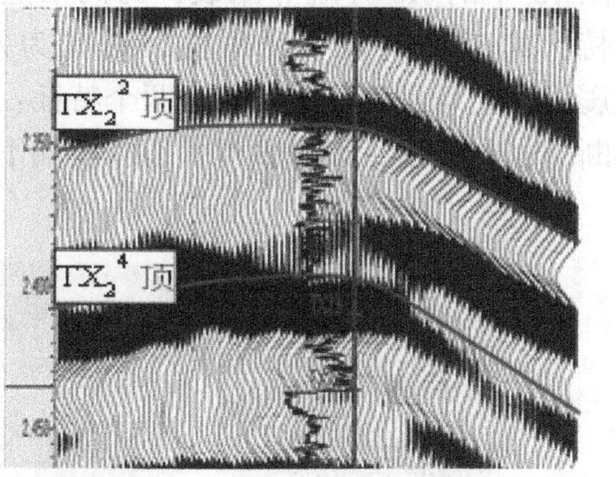

图 13　A2 井，井剖面方向：北偏东 25°，深度：4600～4900m

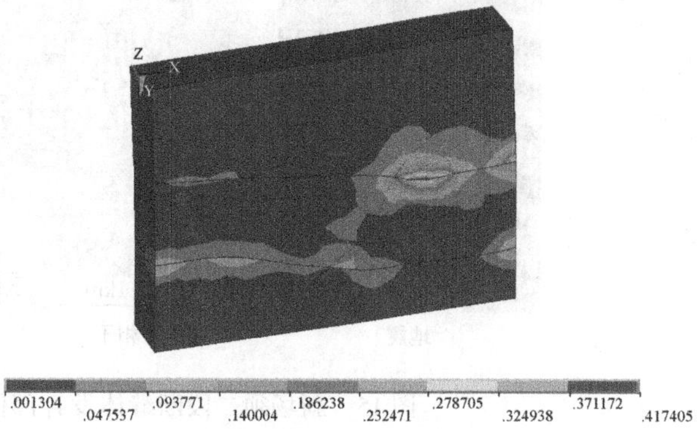

图 14　褶缝型模拟等效应力强度大小

5　裂缝的精细刻画技术

熵是描述信息混乱程度的度量。地震振幅空间连续性好，表示信号有序，不混乱，熵低。在断裂附近，地震振幅空间连续性差，表现为信号无序，混乱，熵高。地震熵属性计算采用的是基于梯度结构张量（GST，Gradient Structure Tensor）的计算方法分析地震振幅变化梯度预测裂缝。基于 GST 的混沌属性（熵）可以较为有效地反映局部数据结构的规则性。

最大似然属性是一种相干属性空间连续性准则条件下的断裂可能性预测方法。相干属性是一种单点地震振幅不连续性预测方法，只是根据（X，Y，T）点位置相干属性预测该点裂缝可能性。单点的相干属性只是表示局部异常，如果没有空间的连续性和延展性，那么该点的异常是裂缝的可能性小。对空间任意一个网格点，沿方位角 ϕ 和倾角 θ 扫描三维空间的相干属性值，对 $f(\phi, \theta)$ 扫描的三维空间平面上的相干属性求和 S，使 S 最大的 $f'(\phi, \theta)$ 就是最大可能的裂缝面。

图 15 中的 A6 井毗邻断裂，为两条逆断层所挟持，其 TX_2^2 砂组中高角度裂缝尤为发育，在地震剖面上可以明显的观察到两个特征：一是毗邻断裂；二是由于裂缝发育，裂缝段同下伏地层之间阻抗差异增大，砂组底部出现弱反射背景下较强反射的特征。在属性异常剖面上，出现弱相干异常、较高的混沌属性(熵)异常、较高的最大似然属性异常等特征。

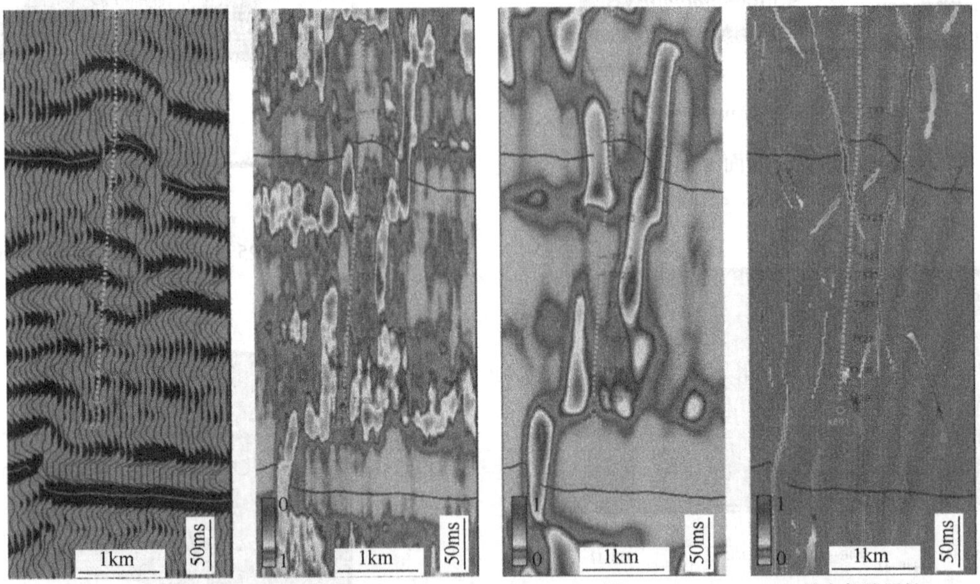

图 15　新场须二段断缝体发育部位的地震反射特征及最大似然地震属性

褶皱改变了地层长度使整个地层受力，顶部拉张增强，底部压缩增大，中立面处于一种特殊位置——中间没有应力，应力差异作用造成的形变会产生复杂的断层和裂缝几何形状，在背斜顶部或翼部形成与层面近于垂直的裂缝。可以利用曲率的衍生属性来表征褶皱(图 16)。

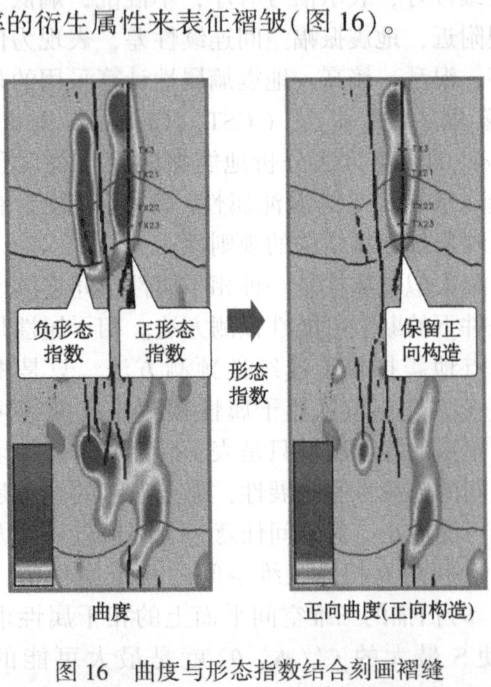

图 16　曲度与形态指数结合刻画褶缝

采用曲度和形态指数结合的方法预测结果与实钻井情况吻合较好，弥补了前期断缝体预测中存在的遗漏。典型的例子是 A11 井和 A2 井。实钻揭示两口井裂缝均发育，但前期做的断缝体预测结果显示裂缝不发育，曲度与形态指数结合预测两口井裂缝发育(图 17)。

综合“熵、最大似然、形态指数、曲度”多属性融合形成断褶缝体刻画技术，利用最大似然属性和熵属性融合表征断缝体轮廓，利用正曲度属性表征褶缝体轮廓，最后在将断缝体地震属性与褶缝体地震属性融合来表征断褶裂缝体。明确了断褶裂缝体分布范围，断缝体分布在断裂附近，褶缝体分布在断裂中间地区(图 18、19)。纵向上 TX_2^4 砂组较 TX_2^1、TX_2^2 砂组的断褶裂缝更发育。

6　微小尺度裂缝的研究

2018 年以来，多学科一体化攻关，新增探明储量一千余亿方，产量即将突破 10 亿方，取得深层致密砂岩气规模效益开发重大突破。建立了以储层物性为基础，裂缝规模为关键的分类评价标准，Ⅰ、Ⅱ、Ⅲ类甜点为攻关建产目标。

评价落实三类甜点区地质储量近一千亿方，I类区17%亿方，II、III类区占比82%。I类大规模断褶裂缝区即将全部动用，II、III类小规模断褶裂缝与高渗基质区剩余未动用储量非常大，II、Ⅲ类区仍处于评价阶段，亟需有效的开发技术支撑，特别是微裂缝精细刻画技术。

后期的评价开发以川西深层致密砂岩气藏Ⅱ、Ⅲ类储量区的微小尺度裂缝为主要研究对象，以效益开发为目标，深入开展微小尺度裂缝发育特征及形成机制研究，攻关配套精细刻画技术，旨在落实微小尺度裂缝空间展布规律，形成有效的超出地震分辨率的微小尺度裂缝刻画方法并示范应用推广，为II、III类区有利目标优选提供强大支持，推动深层致密砂岩气资源规模开发(图20)。

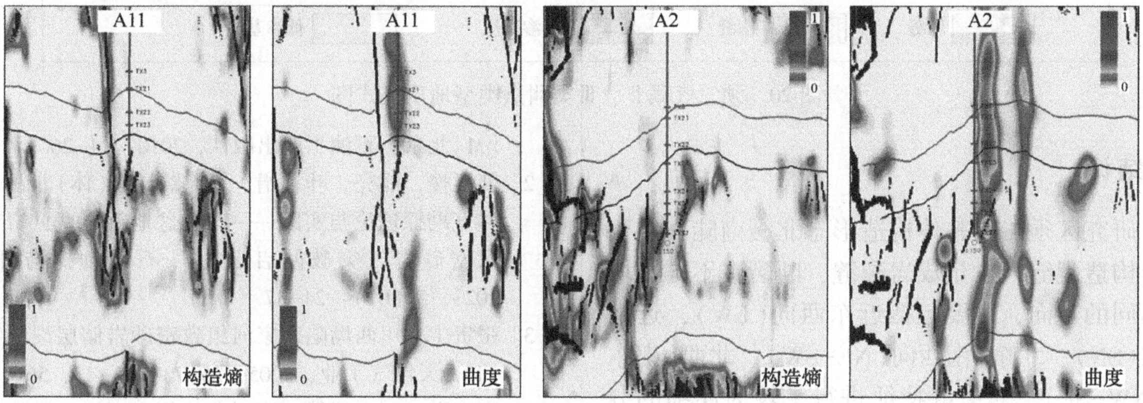

图17　A11井、A2井断缝和褶缝对比分析图

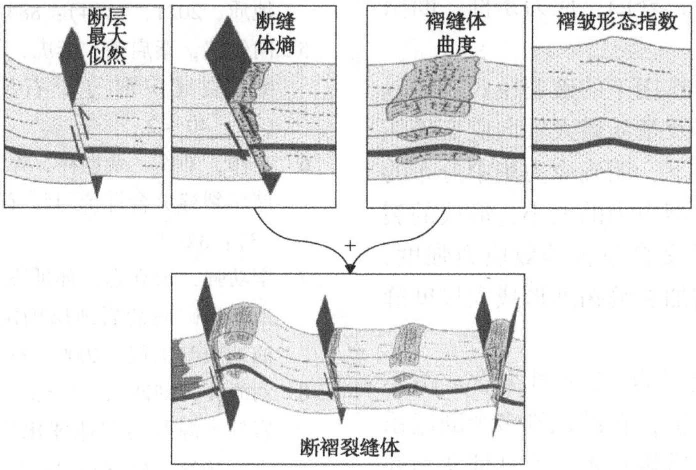

图18　断褶裂缝体预测流程

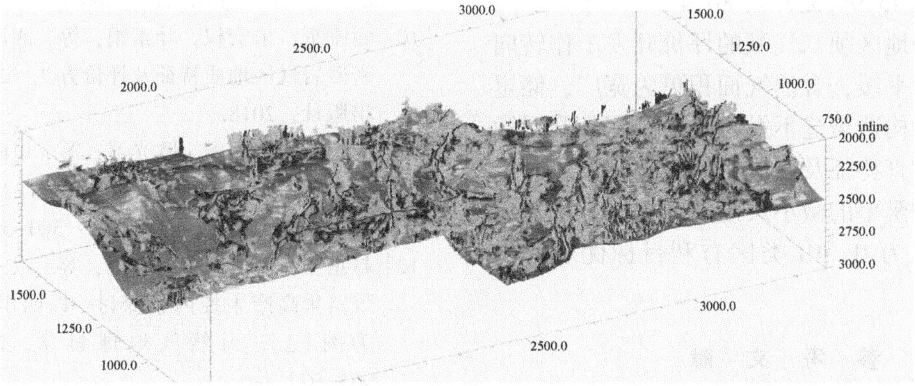
图19　新场-合兴场须二段断层+熵+曲度融合三维可视化图

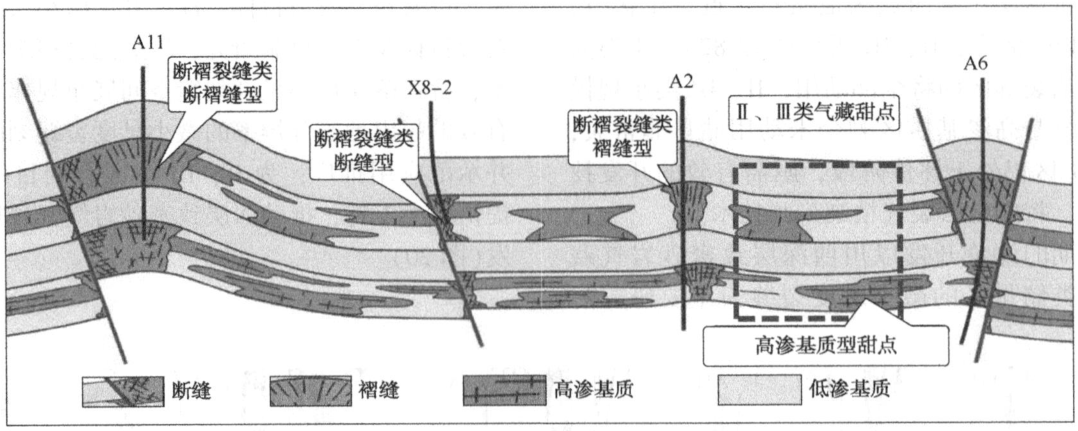

图20　须二气藏Ⅱ、Ⅲ类甜点类型地质模式图

7　结论

研究区须二段整体构造形态北缓南陡，主要发育构造裂缝，少量成岩裂缝，断裂在不同区域有不同的走向，主要包括近东西向(EW)，近南北向(SN)、北东-南西向(NE-SW)、北西-南东向(NW-SE)，对裂缝特征进行了较为详细的分析；裂缝的形成控制因素包括，要包括内因：矿物组分，孔隙度，粒径；外因：应力条件、断层和褶皱形变强度。

基于不同主控因素作用下的破裂模式及裂缝发育特征，在弱面滑移及基质最大轴向应变破坏准则力学理论模型指导下，明确应力集中分布的位置、方向以及不同类型应力的大小，形成的裂缝类型。在断层与褶皱交会位置等效应力强度，正向剪应力高，可能增加裂缝拓展形成大尺度缝及缝网。

最大似然+熵+曲度融合"多属性融合，落实断褶裂缝体空间展布特征，精准识别多个断缝系统，表征效果明显优于常规技术，实钻证实新井断褶裂缝体钻遇成功率100%；各砂组有效裂缝预测符合率从45.9%提升到86.4%。

后期新场地区须二气藏的评价开发工作转向构造特征较为平缓，含油气面积更为宽广，储量规模更大，但构造裂缝不发育地区。深入开展微小尺度裂缝发育特征及形成机制研究，形成有效的超出地震分辨率的微小尺度裂缝刻画方法并示范应用推广，为Ⅱ、Ⅲ类区有利目标优选提供强大支持。

参考文献

[1] 蔡希源，杨克明．川西须家河组致密砂岩气藏．[M]北京：石油工业出版社，2010：24-26.

[2] 郭彤楼，熊亮，叶素娟，等．输导层(体)非常规天然气勘探理论与实践——四川盆地新类型页岩气与致密砂岩气突破的启示[J]．石油勘探与开发，2023，50(01)：24-37.

[3] 张贵生．川西坳陷须家河组致密砂岩储层裂缝特征[J]．天然气工业，2005，25(7)：41-43，56.

[4] 李王鹏，刘忠群等．四川盆地须家河组二段致密砂岩储层裂缝发育特征及主控因素[J]石油与天然气地质，2021，42(4)：884-896

[5] 向俊铭，秦启荣，李虎，等．大邑构造须家河组气藏的裂缝识别[J]．石油地质与工程，2010，24(4)：40-42.

[6] 高伟，刘安，费世祥，等．库车坳陷大北地区深部储层裂缝综合评价[J]．石油地质与工程，2012，26(3)：32-35.

[7] 李功强，宋立志，孙延飞，等．鄂尔多斯盆地大牛地气田碳酸盐岩地层确定岩性的测井方法[J]．石油地质与工程，2009，23(3)：47-49.

[8] 刘海亮，刘四兵，周栋，等．四川盆地西部致密砂岩气来源及运移地球化学示踪[J]．天然气地球科学，2021，32(8)：1127-1141.

[9] 张金川，金之钧．深盆气成藏机理及分布预测[M]．北京：石油工业出版社，2005.

[10] 谢刚平，朱宏权，叶素娟，等．四川盆地叠覆型致密砂岩气区地质特征及评价方法[M]．北京：科学出版社，2018.

[11] 尚长健，朱振宏，欧光习，等．川西坳陷中段须家河组致密砂岩气藏成藏模式探讨[J]．浙江大学学报(理学版)，2016，43(5)：580-586.

[12] 赵正望，唐大海，王晓娟，等．致密砂岩气藏天然气富集高产主控因素探讨—以四川盆地须家河组为例[J]．天然气地球科学，2019，30(7)：963-972.

[13] 马旭杰，周文，唐俞，等．川西新场地区须家河组

二段气藏天然裂缝形成期次的确定[J]. 天然气工业，2013，33，(8)：15-19.

[14] 王莹，张克银，甘其刚，等. 四川盆地西部新场地区上三叠统须家河组二段构造裂缝的分布规律.[J]. 地质学刊，2015，39(4)：543-551.

[15] 陈冬霞，庞雄奇，杨克明，等. 川西坳陷深层叠复连续型致密砂岩气藏成因及形成过程[J]. 吉林大学学报(地球科学版)，2016，46(6)：1161-1623.

[16] 叶素娟，李嵘，杨克明，等. 川西坳陷叠覆型致密砂岩气区储层特征及定量预测评价[J]. 石油学报，2015，36(12)：1484-1494.

[17] 赵文智，王红军，徐春春，等. 川中地区须家河组天然气藏大范围成藏机理与富集条件[J]. 石油勘探与开发，2010，37(02)：146-157.

[18] 邓虎成，周文，周秋媚，等. 新场气田须二气藏天然裂缝有效性定量表征方法及应用[J]. 岩石学报，2013，29(03)：1087-1097.

[19] 张莉，田作基，吴胜华，等. 川西须家河组储层成岩演化[J]. 岩石学报，2008，24(09)：2179-2184.

[20] 赵艳，吴胜和，徐樟有，等. 川西新场气田上三叠统须家河组二段致密砂岩优质储层控制因素[J]. 中国石油大学学报(自然科学版)，2010，34(04)：1-6.

四川盆地超深层震旦系灯影组圈闭特征及成藏差异性分析

董　军　王　东　董　霞　卿　萍　陈小梅　李瑞嵩　谢　洁　王海军　闫　亮　黎虹玮

(中国石化西南油气分公司勘探开发研究院)

摘　要　四川盆地震旦系灯影组是迄今为止发现的最古老气藏，同时也是埋深最深的碳酸盐岩气藏。钻井揭示震旦-寒武系地层中发育良好的烃源岩及多套储盖组合，储层气测显示较好，揭示了多种圈闭类型，油气勘探效果差异性很大。越来越明确槽子的形成演化与圈闭的时空匹配关系密切相关，厘清圈闭特征及成藏的差异性尤为重要。槽子的成因存在4种观点，并存在争议。针对这一科学问题，本次研究从圈闭关键要素特征入手，运用地层学、地貌学和几何学特征，结合槽子内在动力学机制和形成的时期进行了证据链分析和关键成因要素取证，列举野外露头、岩心描述及地震剖面等5个方面的依据，最后认为"侵蚀槽"学说证据更充分，更具有合理性。结果表明：(1)四川盆地筇竹寺组烃源岩发育，储层主要发育在震旦系灯影组四段与二段，纵向上发育两套储盖组合。输导体系主要以断裂和裂缝为主。(2)绵阳-长宁侵蚀槽东、西两侧，同侧的不同位置(北段、中段、南段)存在明显的差异性特征，北陡南缓，东侧侵蚀阶地(陡坎)发育，而西侧呈斜坡。(3)临近侵蚀槽崖缘的距离0~30km，控制着灯影组古油藏裂解气的充注、输导效率和气藏的规模。(4)超深层震旦系灯影组圈闭类型，灯二段受构造控制明显，灯四段则主要发育岩性、地层-岩性圈闭。热模拟对比表明，紧邻侵蚀槽崖缘的东侧气藏成藏期早一些，主要是晚三叠，西侧气藏要晚一些，天然气充满度要低一些。(5)结合成藏差异性分析和有利区带评价结果，在侵蚀槽两侧灯影组四段与灯二段提出2个有利目标区，主要探索地层-岩性圈闭和构造-地层圈闭。

关键词　四川盆地；超深层；震旦系灯影组；圈闭特征；成藏差异性；有利区带

四川盆地深层-超深层海相碳酸盐岩油气领域取得丰富成果，前期勘探证实下寒武统筇竹寺组烃源岩是深层碳酸盐岩沉积中重要的烃源岩发育层系之一，加之震旦系海相碳酸盐岩沉积广布，潮坪相岩溶储层、藻丘滩储集层物性好、规模大，具有良好的勘探前景。近年来国内各大盆地开始向海相超深层进军，"深地工程"开展得如火如荼。尤其是塔里木盆地走在前列，中国石化"深地一号"XX井完钻井深深达9432m，测试日产油200吨，日产天然气5万方/d；深地TK1井钻探深度成功突破1万m，为亚洲第一口垂直深度超万米井。四川盆地"深地工程"于2023年7月拉开序幕，中国石油在龙门山北段广元实施的深地CK1井，设计井深10520m，钻穿灯影组进入前震旦南华系苏雄组完钻。上世纪60年代初，四川盆地灯影组在威远构造实现首次取得突破，获得工业气流，发现受晚期构造控制威远震旦系气田，位于乐山-龙女寺古隆起的高部位埋深仅3000~4000m。深入梳理了海相下组合钻探的历程，大致分为四个阶段。第一阶段：1964~2002年，发现威远灯二气藏，后续钻探了龙女寺构造女基井，资阳灯二段古圈闭的Z2、Z4井，高石梯构造等井钻遇震旦系地层，获得工业气流或者油气显示，但埋深都比较浅。第二阶段：2003~2017年，GS1井风险井在灯二段获得近半个世纪以来海相灯影组油气勘探重大突破，日产天然气102万方/d的高产工业气流，发现高石梯-磨溪震旦系-寒武系特大型气田，提交了万亿方探明储量，具有里程碑意义。MS1井完钻井深8418m创亚洲新记录。第三阶段：2018~2021年，开启风险勘探岩性圈闭的序幕，分别针对灯四台缘丘滩体部署JT1井，针对灯二台缘丘滩体部署实施了PT1井，2020年该井灯二段测试获日产天然气121.98万方，发现并建成蓬莱气区。同期，中石化在侵蚀槽东侧北段的阆中-元坝地区的灯影组四段岩性圈闭开展风险勘探，先后钻探了A1井、和A2井，灯影组顶部钻遇很好的油气显示，其次，仁和场RT1灯影组储层欠发育，川南地区远离侵蚀槽崖缘的F1井测试效果不理想。第四阶段：2020~现今，向更深的领域探索，中石油在蓬莱气区以西钻探了ZJ2、DT1、ST1等井，测试效果都不好。川西南大兴场DT1灯四段、灯二段均测获高产气流。综上，针对震旦系油气勘探实践证明表明，对于深层海相碳酸盐岩勘探的目标主要是围绕古隆起及古斜坡周缘开展的。震旦系灯影组超深层（埋深>7000m）的油气勘探取得更好的效果，已探明天然气地质储量为近万亿立方米，三级储量超万亿立方米，证实了震旦系巨大的资源潜力。JT1井在川中古隆起北斜坡灯影组获得良好的油气显示，并在寒武系获得工业产能，进一步证实了北斜坡良好的资源潜力。A1井在川北阆中地区钻遇震旦—寒武系气测显示较好，指示该区具有优越的油气成藏地质条件(图1)。为了进一步取得勘探突破，更加深入认识油气成藏过程及富集规律，本文借助侵蚀槽关键成因要素分析多手段，从实钻井出发，结合地震资料，对比分析侵蚀槽两侧、同侧不同段部位的成藏差异性，开展有利区评价，想法设法为下一步勘探提供支持。

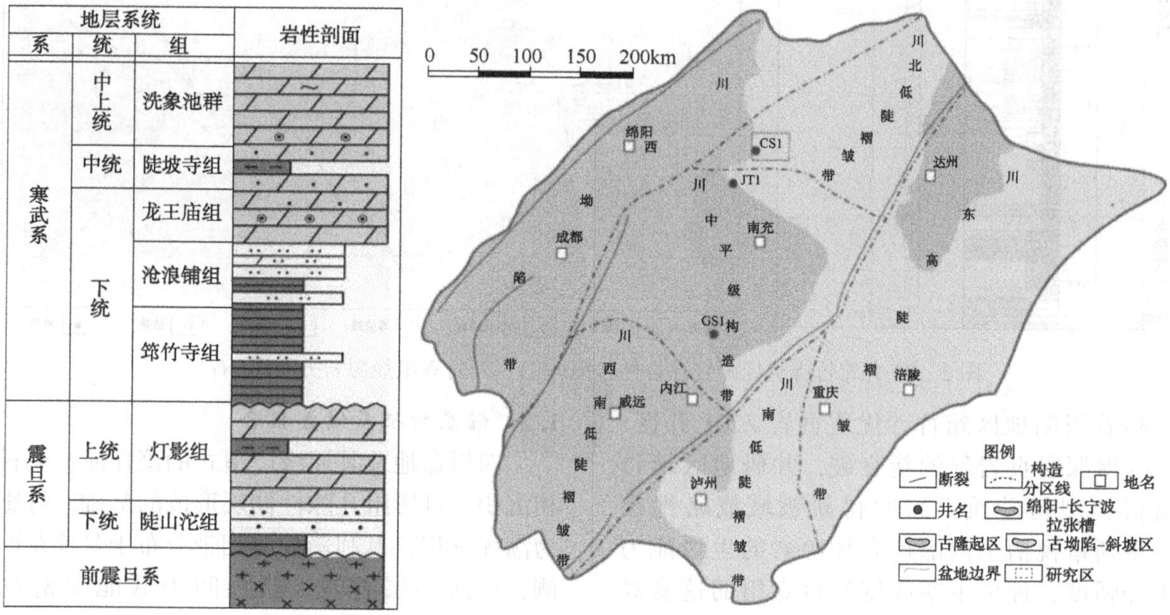

图1　四川盆地震旦系-寒武系地层、构造分区及古地理格局图

1　圈闭类型及特征分析

四川盆地震旦系灯影组古地理位置属于川中古隆起及其周缘斜坡带，灯影期沉积相带有利，储层条件优越，关键在于今、古圈闭的有效性评价，本文重点剖析绵阳—长宁侵蚀槽两侧圈闭条件。前期勘探成果及综合研究普遍认为灯二段气藏受构造控制，圈闭类型属于典型构造圈闭。震旦系灯影组地层埋深属于深层-超深层，构造较为简单，整体呈向西南方向的上倾的单斜构造，无大型统一的构造圈闭形态，仅发育一系列小型背斜或断背斜构造。区域地质研究认为下寒武统筇竹寺组烃源岩分布广、厚度大，晚震旦—寒武系高能滩沉积环境发育，纵向上存在多套储盖组合，槽子西侧的威远灯影组二段取得突破最早，属于典型的构造圈闭，而槽子的东侧高石梯-磨溪地区灯四段勘探开发程度较高，是典型的大面积岩性圈闭，局部发育微幅构造，后来蓬莱气区灯二段、元坝-阆中地区灯四段以及川西广汉斜坡带知新场地区灯二段陆续发现地层-岩性圈闭，以下从灯影组圈闭条件的关键要素逐一厘清、阐述其特征。

1.1　烃源岩特征

目前，研究普遍认为筇竹寺组烃源岩作为主力烃源岩，除在侵蚀槽生烃中心外的区域，烃源岩质量也很好。该套地层在研究区广泛沉积，厚度由东向西逐渐减薄(图2)。筇竹寺组可分为筇一、筇二、筇三段，其中筇一段细分为两个亚段，每段中都发育一套黑色优质页岩。据B1井钻井揭示下寒武统筇竹寺组为灰黑色、深灰色的页岩、炭质页岩与泥岩、砂质页岩互层，单层厚度为1.50~16.00m，最大厚度为68.00m。烃源岩主要分布于筇竹寺组下部，总厚度为604.00m，TOC为0.48~4.58%，平均1.59%。其中，有效烃源岩(TOC>0.5%)厚度为384.00m。地化资料显示为腐泥型干酪根，热演化程度高，总体上处于生干气阶段。筇竹寺组干酪根δ13C介于34.27‰~-32.00‰，平均-32.67‰，有机质类型为Ⅰ型，Ro(激光拉曼)介于3.39%~3.57%、平均3.46%，处于过成熟阶段。

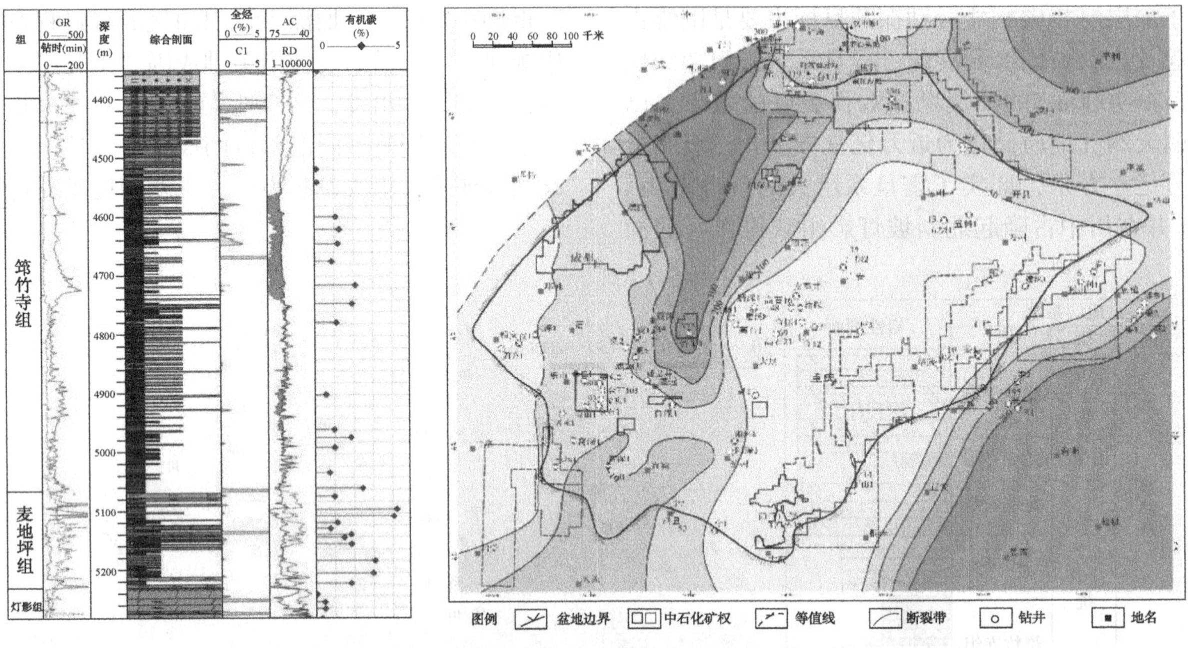

图2　B1井筇竹寺组烃源岩综合柱状图(左)，筇竹寺组烃源岩分布图(右)

随着资阳地区筇竹寺优质页岩Z201井区、ZY2取得深层页岩气的新突破，井研地区筇竹寺组新类型粉砂质页岩取得新领域战略性突破，重新审视槽子内部这套烃源岩的生烃能力和生烃强度，评估下寒武统筇竹寺组的这套烃源岩，资阳地区位于槽内深水陆棚区，有机碳含量TOC 2.3%~3.0%，有机质热演化程度等效Ro为3.0%，而井研地区位于槽外斜坡浅水陆棚区，烃源岩品质要差一些，有机碳含量TOC仅1.5%~2.0%，有机质热演化程度等效Ro<3.0%。

1.2　储层特征及储盖组合

四川盆地及其周缘广覆式的藻丘滩、藻丘席相沉积是灯影组孔隙性储层形成的基础。灯影组为潮坪沉积，有利藻丘滩相带分布于盆地东西两侧，纵向多层叠置，藻丘间为低能致密贫藻沉积。

四川盆地震旦系—寒武系发育震旦系灯影组二、四段丘滩体白云岩、下寒武统龙王庙组颗粒滩白云岩和中上寒武统洗象池组岩溶白云岩共4套规模储层。A1井钻揭研究区震旦—寒武系储层具有特低孔、特低渗的特征(表1)。

表1　四川盆地灯影组储层物性统计表

地层	样品个数	孔隙度范围/%	孔隙度平均值/%	渗透率范围/($\times10^{-3}\mu m^2$)	渗透率平均值/($\times10^{-3}\mu m^2$)	备注
灯二段	-	2~12.5	4.79	0.06~4.16	1.448	
灯四段	23	3.2~7.39	4.62	0.044~129	11.89	

沉积相是有利储集体形成的基础。四川盆地震旦系—寒武系发育震旦系灯影组二、四段丘滩体白云岩、下寒武统龙王庙组颗粒滩白云岩和中上寒武统洗象池组岩溶白云岩共4套规模储层。A1井钻揭研究区震旦系储层具有低孔、特低渗的特征(表1、图3)。

灯二段储层岩性以以侵蚀崖缘藻丘滩相藻叠层、藻凝块白云岩及颗粒滩沉积的白云岩为主。储层类型主要为孔洞型和裂缝-孔洞型。邻区全直径孔隙度平均值3%~4%，全直径渗透率平均值1mD～10mD，储集空间主要为准同生期溶蚀孔、洞及裂缝，孔隙包括残余格架孔、粒间孔、粒内溶孔、晶间孔，其中以残余格架孔和粒间孔为主。溶蚀孔洞主要为葡萄花边溶洞和蜂窝状溶洞。储存展布受高能滩相及和表生期顶部顺层岩溶作用共同控制。有效储层位于灯二段向中上部，横向上连续性较差，非均质性强。

图3　研究区震旦—寒武系储层镜下观察图

(a)8156.03m，深灰色含多孔细晶白云岩，格架孔，晶粒结构，微裂缝发育，A1，Z_2dn^4；

(b)8278m粉晶藻叠层白云岩，窗口孔被沥青充填，A1，Z_2dn^4，×100，-；

(c)7435m，残余砂屑粉晶含灰白云岩，粒间孔被沥青充填(黄箭头)，晶间孔(红箭头)发育A1，$\in_1l$，×100

灯四段储集岩性以侵蚀崖缘藻丘滩相藻(屑)白云岩、藻凝块云岩、藻叠层云岩为主。储集类型以裂缝-孔洞型为主，裂缝型，洞孔型次之，部分见孔隙-溶洞型储层，孔洞受准同生溶蚀+表生溶蚀影响。储集空间以裂缝，溶蚀孔洞，残余粒间孔，粒间溶孔为主，少见洞穴。孔洞缝在灯四段顶部较发育，具有选择性溶蚀特征。储层集中分布在灯四中上部，具有多层叠置特性，向下孔隙发育程度降低。

灯三段为富泥段，整体厚度相对较薄，在川中-川北地区厚10～100m，以砂质白云岩、泥质白云岩、泥岩、泥质粉砂岩等为主。川中地区多为砂质白云岩、泥质白云岩，川北地区则多为泥岩、泥质粉砂岩和砂质白云岩，在靠近汉南古陆的福成剖面则可见厚层砂岩、砾岩沉积。

灯二段优质储层总体表现为低孔-中低孔储层，部分样品受溶蚀作用的影响呈高孔隙型储层。储集空间可划分为溶洞型、孔隙型和裂缝型3种储集空间类型，储层总体表现为孔洞、孔隙及裂缝-孔隙型3类储集类型

灯影组储盖组合主要有2套：(1)寒武系下统筇竹寺组为生油层，筇竹寺组泥岩、页岩为盖层，震旦系上统灯影组四段白云岩为储层的上生下储组合；(2)以寒武系下统筇竹寺组为生油层，灯二段藻白云岩为储层，灯三段混积泥岩为直接盖层，局部为侧接的筇竹寺组优质页岩作为盖层，旁生侧储成藏组合。

1.3　输导及充注特征

输导体系是油气成藏过程中连接源岩与圈闭之间的路径网。研究区震旦—寒武系输导体系主要为断裂型及裂缝型，其中灯四段还发育输导层型及不整合型输导体系，输导条件更好。二叠纪末生油气期灯影组古构造高部位有利于油气运聚，可形成规模气藏(图4)，阆中-元坝、川西知新场和崇州-绵竹地区处于烃源岩生油气期古构造北斜坡区，为油气指向带，油气通过断裂垂向运移后，可向构造高部位横向运聚。从成藏演化剖面上看，断裂缺乏，裂缝较为发育。整体上具备油气运移的通道。

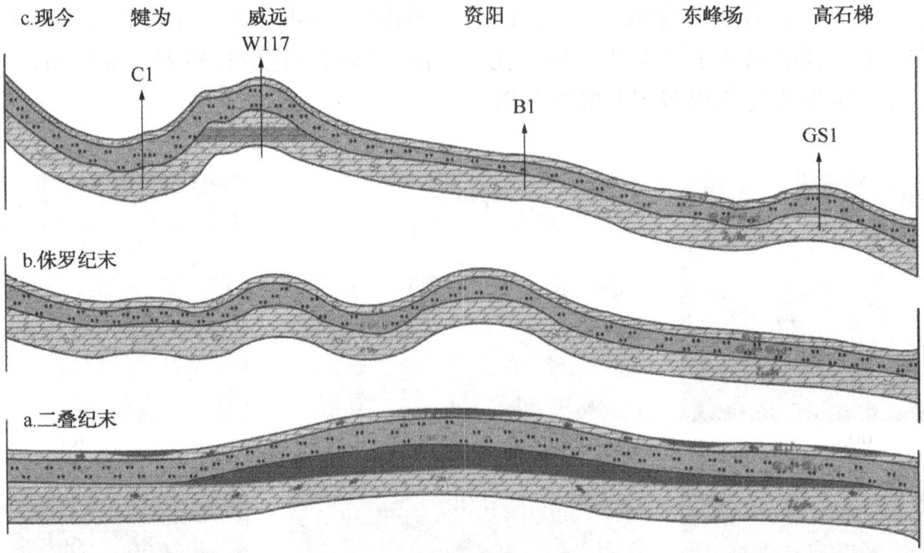

图4　四川盆地井研-威远-资阳-高石梯震旦系灯影组成藏配置关系图

灯影组储层条件良好，研究区位于寒武系生烃中心，烃源条件良好；下寒武统烃源岩与灯影组储层直接接触，通过侧向运移至灯影组圈闭中成藏，源储配置良好；灯影组上覆下寒武统泥页岩发育，盖层条件良好。综上所述，槽子两侧不同类型的圈闭具备良好的成藏条件及成藏配置关系。

2　绵阳-长宁侵蚀槽的成因及其对成储、成圈、成藏的影响

2.1　槽子成因探讨

关于桐湾运动末期-兴凯早期这个槽子的形成演化和成因的认识，大致有4种，结合参考文献分析槽子的成因。本文系统梳理了不同成因分类的内在动力、槽子形成时期差异以对灯影组沉积地层的认识差异，对比分析了不同代表学者提出的相应的成因类型的异同(表2)。本文更倾向于侵蚀槽成因论，主要内涵有四条基底大断裂的活动和海水侵蚀下切，主要形成时期在灯影末期剥蚀和侵蚀双重作用形成的。笔者从诸多方面开展了对比研究，重点内在动力学机制和形成的时期进行了证据链分析和关键成因要素取证，最后认为“侵蚀槽”学说，证据更加充分，更具有合理性和科学性。

2.2　“侵蚀槽”成因学说依据

前期每种成因类型都有支撑自身观点的依据，但都很难形成证据链条，形成完善的排他性体系。前人对槽子成因认识主要有4种，认识差异主要在于形成时期、内在动力及对灯四段沉积的影响，争议较大。

本文围绕“侵蚀槽”成因学说，通过“相面”法，应用几何学特征和地貌学特征，总结出绵阳-长宁”侵蚀槽”整体呈近南北走向，北至绵阳-广元、南至长宁-永川，具“北深南浅、南北分段、向南北开口“的特征，最宽处>180m，最窄处宽约30km。依据侵蚀槽的平面特征和剖面结构，侵蚀槽划分为内、中、外带，主体位于川西、川南地区，识别出侵蚀洼地、侵蚀崖、一级侵蚀阶地和二级侵蚀阶地等地貌单元，如图5所示。尤其灯四期、灯二期的“崖缘”陡坎特征非常明显。侵蚀槽分为灯二和灯四两期“槽盆”，两者形态和展布范围有差异；灯二段槽盆残留灯一段和灯二段，灯四段槽盆主要残留灯一段至灯四段。灯二段槽盆分布于盆地中北部和南部，呈“U”型展布，灯四段槽盆贯穿整个四川盆地，呈南北向展布。

槽内主要充填麦地坪组和筇竹寺组，早期表现为超覆充填沉积，晚期表现为广覆式填平补齐沉积，如图6所示。综上，四川盆地这个古老地层中发育的深层-超深的槽子客观存在，我们通过“问心”来解剖其内在成因机制和动力学机制。

由于侵蚀槽、裂陷槽、地幔柱模型均不能有效解释“槽子”内外的构造、沉积特征。所以进一步寻找证据链条。

表 2　四川盆地超深层灯影组侵蚀槽成因分类统计表

成因分类		关键成因要素	对灯影组沉积认识差异	代表学者
侵蚀槽成因论		内在动力：灯影末期，地幔异常活动，寒武系早期兴凯地裂(刘树根)；地幔柱隆升塌陷(刘静江)。 形成时期：灯影组末期隆升剥蚀、寒武系早期拉张充填。	侵蚀槽对灯影组沉积无明显控制作用	刘树根(2013)，汪泽成(2014)，刘静江(2021)
裂陷槽成因论	灯影组早期裂陷	内在动力：克拉通内拉张、断陷 形成时期：灯一~灯二期形成雏形，灯三~灯四期形成，寒武系早期充填沉积。	侵蚀槽对灯影组沉积明显，灯四段槽内深水沉积，槽外浅水沉积，槽缘发育台缘丘滩带	魏国齐(2015)，杜金虎(2016)，周进高(2018)
	灯影组晚期裂陷	内在动力：侵蚀作用 形成时期：灯二段末期侵蚀成槽，灯三~灯四期台盆发育，寒武系早期充填沉积。		周慧(2015)
		内在动力：南华系裂谷继承性发育 形成时期：灯二段末期侵蚀成槽，灯三~灯四期成槽，寒武系早期充填沉积。		李双建(2018)
		内在动力：古裂陷+断陷，使得台缘迁移 形成时期：灯二段台地边缘在双探地区，灯三、灯四段台地边缘迁移至高石梯地区		段金宝(2019)
侵蚀槽成因论		内在动力：4 条基底断裂活动+河流下切侵蚀 形成时期：灯影组末期剥蚀+侵蚀作用	侵蚀槽对灯影组沉积无明显控制作用	李忠权(2015)
分段成因论 (北沉积、南侵蚀)		北段(射洪-绵阳-广元)： 内在动力：与上扬子北缘板块活动有关的拉张裂陷； 形成时期：灯二段早期 中-南段(资阳-遂宁、宜宾-隆昌)： 内在动力：桐湾运动多幕次侵蚀改造； 形成时期：灯四段末期	北段：灯二、灯四台缘丘滩发育； 南部：侵蚀槽对灯影组沉积无明显影响	马奎(2022)

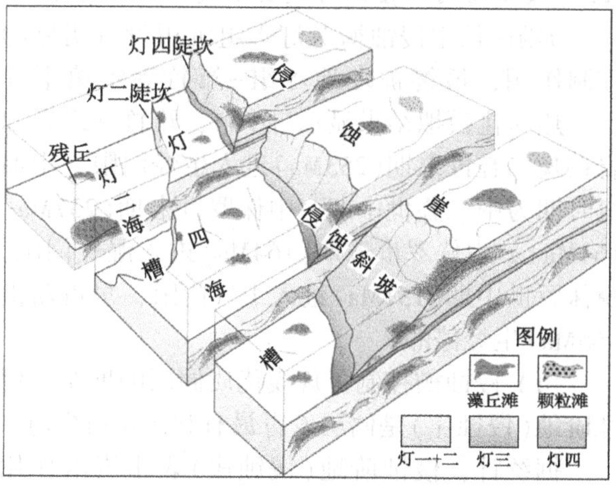

图 5　四川盆地震旦系灯影组侵蚀槽模式图

晚震旦-早寒武世，四川盆地大地构造处于罗迪尼亚超大陆裂解到冈瓦纳大陆初始聚合的转换期，盆地整体性垂直升降(桐湾运动Ⅰ~Ⅲ三幕)，大规模表生岩溶作用导致绵阳-长宁侵蚀槽的形成。

依据 1：地层学证据，大规模表生岩溶作用奠定了绵阳-长宁侵蚀槽形成的基础。野外露头、岩心描述及地震剖面均识别出地层缺失现象和 3 期不整合面(麦地坪组顶面、灯影组顶面的不整合面存在)，揭示大规模表生岩溶作用发育。岩心观察发育大量溶洞、溶沟、溶缝及常见与大气淡水有关的成岩产物，如渗流粉砂，佐证了大规模表生岩溶作用发育。钻井过程中井漏、放空等现象，指示灯影组发育大规模表生岩溶作用发育。

依据2：沉积学证据，岩性、岩相及小壳化石分析表明，侵蚀槽内、外灯影组均为潮坪沉积，沉积水体深度变化不大，表明此时期盆地构造稳定，灯影组没有发生相变。

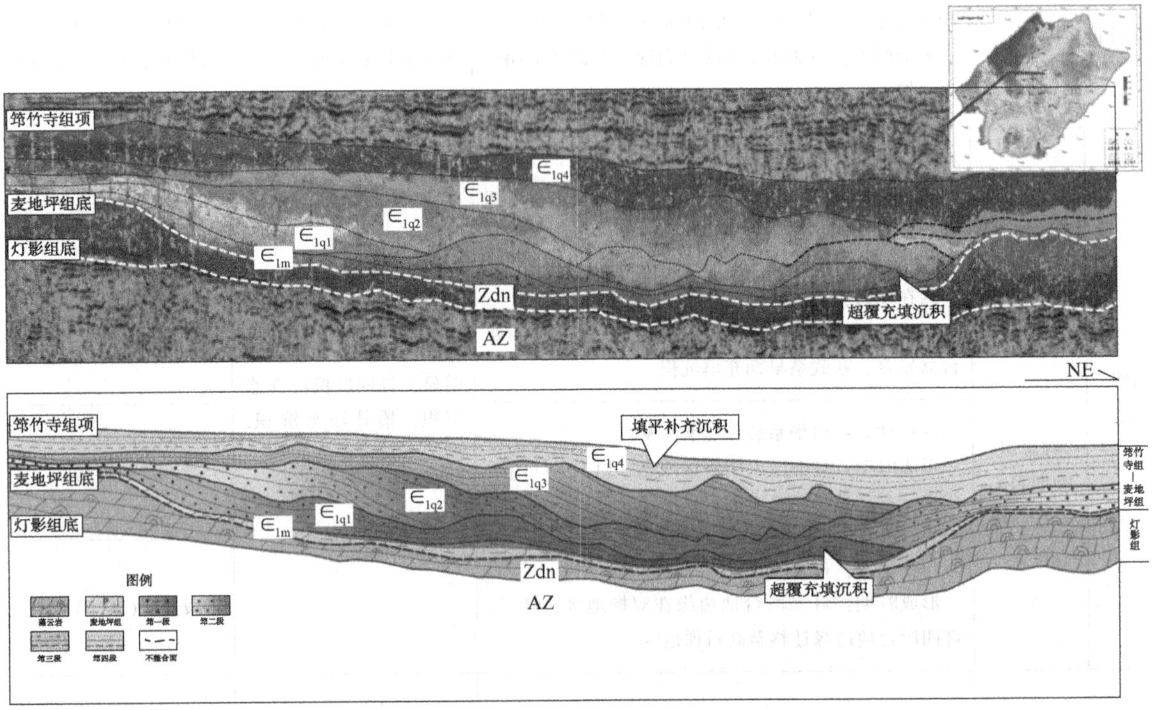

图6　绵阳-长宁侵蚀槽内部地震层序地层分析示意图

依据3：地貌学证据，古地貌恢复表明灯影组侵蚀地貌呈蜂窝状，侵蚀槽两侧发育与侵蚀槽大角度相交的侵蚀沟壑，表现出典型的岩溶地貌特征，指示大规模表生岩溶作用发育。

依据4：钻井直接证据，威远、资阳地区灯影组约15%的钻井具有井漏和放空，且漏失与放空的层位以震旦系顶界(以下简称震顶)风化壳以下50~100m的地层为主；磨溪-高石梯地区也存在频繁的井漏和放空，尤其是GS6井钻井液漏失量达到1081m^3，GS2井灯四段放空可达6m，A1井在8153.63~8153.76m放空，表明存在较大型的缝洞系统，这种规模溶洞是准同生溶蚀和埋藏溶蚀所不能形成的。

依据5：演化过程证据，大规模表生岩溶作用导致侵蚀槽对灯影组沉积没有明显的控制作用，最终被麦地坪组-筇竹寺组填平补齐。形成时限：灯二末、灯四末、麦地坪组末；充填时限：麦地坪组-筇竹寺组末期；对灯四段沉积无影响；演化过程：4个阶段。

①灯一段、灯二段沉积期，发育浅水碳酸盐台地，灯二段末期桐湾运动Ⅰ幕使灯二段顶部遭受不同程度的岩溶侵蚀，形成侵蚀槽的雏形；②灯影组沉积末期，桐湾运动Ⅱ幕作用使得四川盆地整体抬升遭受暴露，高部位风化剥蚀、低部位流体下切侵蚀，表生岩溶作用范围达到最大，侵蚀槽形态完全形；③麦地坪组为灯影组岩溶地貌基础上的第一套充填沉积，桐湾运动Ⅲ幕作用对麦地坪组沉积后的地貌进行了局部岩溶改造；④筇竹寺组的持续充填，使四川盆地演化为一较平缓的碎屑岩缓坡，早期侵蚀槽被完全填平补齐。

2.3　侵蚀槽两侧崖缘对成圈及成藏的控制作用

绵阳-长宁侵蚀槽对灯影组沉积没有明显的控制作用，最终被麦地坪组-筇竹寺组填平补齐。热演化模拟结果显示(图6)，筇竹寺组烃源岩在晚二叠世末期(253Ma)进入生烃门限，生油窗时期为中三叠世中期—中侏罗世末期(237Ma-164Ma)，中侏罗世末期(164Ma)进入湿气门限，晚侏罗世中期(151Ma)进入干气门限，早古新世(65Ma)生烃停滞。

(1)侵蚀槽控制了规模优质储层的展布，侵蚀阶地(侵蚀崖)是储层发育最有利部位(图7)。

据统计，侵蚀阶地(侵蚀崖)表生岩溶作用深度可达400m，常见井漏、放空现象，储层厚度厚度>100m，储地比>40%，孔隙度>3.5%。

位于侵蚀阶地典型例子：井研地区典型井JY1储层厚度：206m，储地比：68%，POR：3.94%；蓬莱气区PT1井储层厚度：291m，储地比：51%，孔隙度：3.1%；GS1井储层厚度：350m，储地比：55%，POR：4.7%。而侵蚀高地或远离侵蚀崖缘的情形，GS16井储层厚度57m，储地比：21%，POR：2.75%，GT2井储层厚度，仅16m，储地比6%，孔隙度：4.33%，储层厚度明显变薄和孔隙度变差，距离崖缘越远溶蚀作用也不发育，垂向上表生岩溶作用影响的深度也越浅；位于侵蚀洼地的B1井则是储层厚度22m，储地比：35%，POR：3.4%。

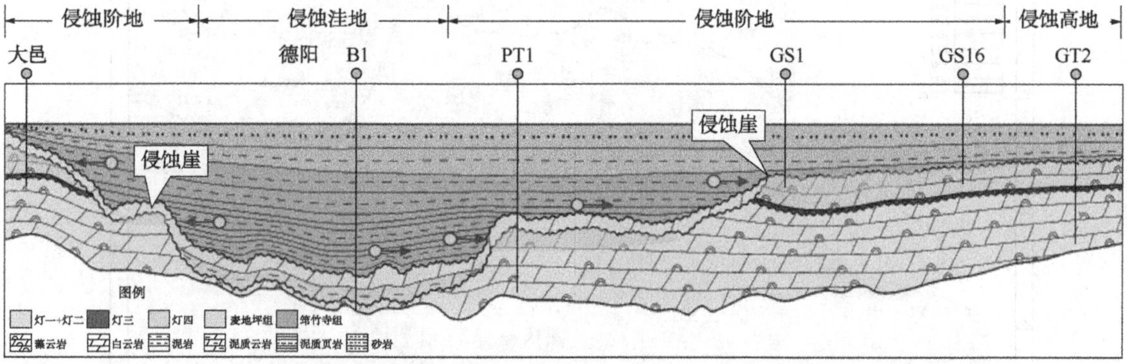

图7　四川盆地灯影组侵蚀槽两侧的成藏差异对比图

（2）侵蚀槽控制了筇竹寺组优质烃源岩的分布，侵蚀洼地是优质烃源岩发育区。

侵蚀洼地烃源岩厚度可达300m以上，B1井烃源岩厚322m，向侵蚀阶地厚度减薄（A1井厚247m），侵蚀高地厚度最薄（MS1井厚130m）。呈现出由侵蚀洼地→侵蚀阶地→侵蚀高地厚度逐渐减薄的特征。

（3）侵蚀槽控制了圈闭、气藏的分布，近侵蚀崖缘（0~30km）是旁生侧储地层-岩性圈闭发育区，也是油气藏富集区。距统计近两级侵蚀阶地侵蚀崖缘范围内，紧临生烃中心，近源旁生侧储源储配置条件良好，是岩性气藏高产富集区，远离侵蚀崖圈闭、气藏规模越小。

流体包裹体均一温度表明，震旦系灯四段存在3期油气充注，分别为中三叠世末期（232Ma），晚三叠世末期（203Ma）和中侏罗世末期（163Ma）。

侵蚀槽控制了气藏的分布，近侵蚀崖缘（0~30km）是旁生侧储岩性气藏富集区。近侵蚀崖边缘，紧临生烃中心，近源旁生侧储源储配置条件良好，是岩性气藏高产富集区，远离侵蚀崖气藏规模越小。据统计高产井（灯影组测试产气>50万方/d）主要分布于近侵蚀崖。

3　侵蚀槽两侧灯影组成藏差异性分析

3.1　成藏体系的划分

在桐湾期多幕运动背景下，盆地级大槽子发育大规模表生岩溶侵蚀，下寒武统沉积充填。发育两套亚成藏体系：成藏体系一、寒武系下统筇竹寺组为生油层，筇竹寺组泥岩、页岩为盖层，震旦系上统灯影组四段白云岩为储层的上生下储组合；成藏体系二、以寒武系下统筇竹寺组为生油层，灯二段藻白云岩为储层，灯三段混积泥岩为直接盖层，局部为侧接的筇竹寺组优质页岩作为盖层，旁生侧储成藏组合。

3.2　成藏关键期和关键要素

本次研究以研究区地震解释层面出发，运用回剥法，结合油气充注的关键时期，恢复震旦系灯影组顶以及下寒武统龙王庙组顶的古构造，并以此为基础开展流线分析。

震旦系灯影组油气成藏期主要为：须家河组沉积初期以成熟油充注为主（Ro为0.7%~1.0%），自流井组沉积初期以高熟油充注为主（Ro为1.0%~1.2%），遂宁组沉积初期以湿气充注为主（Ro为1.2%~2.0%），白垩系后为干气充注（Ro>2.0）及后期调整阶段。

从古构造演化来看，油气成藏期古构造整体北倾，局部演化为东高西低到西高东低最后到两凹夹一隆的构造格局。其中变化最为明显的为东北部长条状低隆在湿气充注阶段消亡，东部坳陷在晚白垩世后的调整中向北部移动，造成了油气的重新分配。油气运聚趋势演变为成熟油—高熟油充注期的由西向东，南北分区到湿气充注阶段的由东向西，最后整体向南调整。油气运聚有利区分布在西北部、中部稳定低隆及北部、中南部低隆的北翼(图7)。

前期研究表明，盆地寒武系古构造演化与震旦系有所不同。油气成藏期古构造从东倾逐渐转变了东北倾，局部则同样表现为东部凹陷在持续扩大后向北调整。油气运聚趋势演变为高熟油—湿气充注期的由东向西、南北分区，最后到整体向西南调整。有利的油气聚集带为西北部稳定古低隆、东北部低隆及中部低隆北翼、中南部低隆起东北翼(图8)。

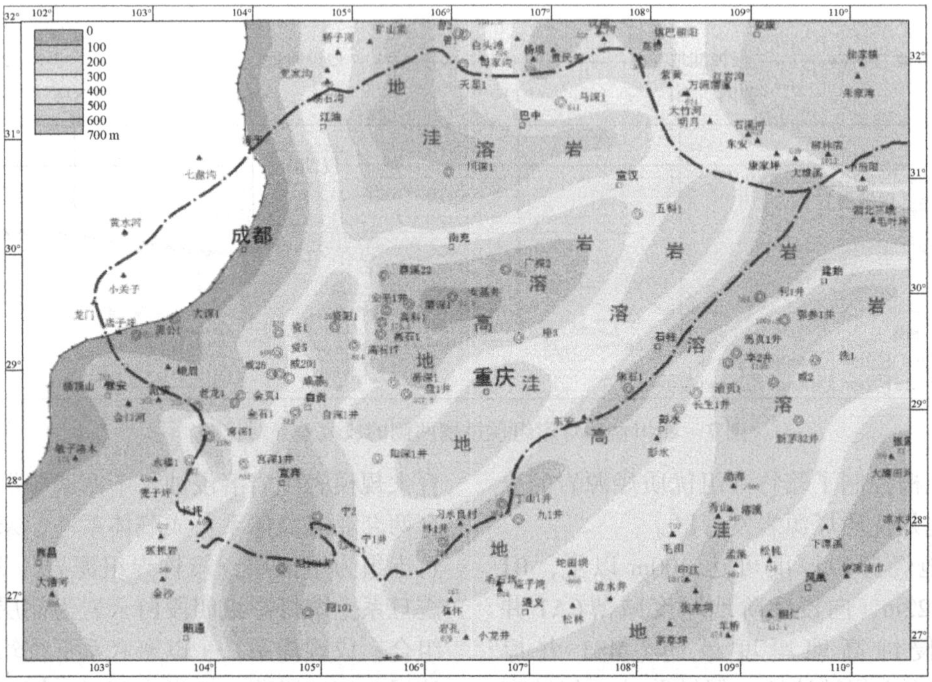

图8　震旦系灯影组顶面油气成藏关键时期古构造图

3.3　典型实例剖析

(1) 川北阆中灯四段岩性圈闭

圈闭位于四川盆地川北坳陷阆中-平昌缓坡带，绵阳-长宁侵蚀槽东侧。所处二阶侵蚀阶地紧邻侵蚀崖，A1井所在圈闭西侧边界为侵蚀崖缘，源储配置极佳。保存条件：研究区发育筇竹寺组泥页岩区域性直接盖层，对灯影组储层主要构成物性封闭、烃浓度封闭。筇竹寺组厚300~400m，主要为浅水陆棚灰黑色页岩、黑灰色炭质泥岩，岩性较为致密，作为区域盖层，从而形成“旁生侧储”、“上生下储”的两种优质生储盖组合。此外，工区内整体位于斜坡背景，构造活动相对较弱，大断裂不发育，保存条件良好(图9)。

A1井紧邻川北阆中地区灯四段侵蚀崖缘，距陡坎的距离紧1.5km，在灯四段钻遇藻丘白云岩储层82米，呈“低伽马，高阻抗”特征，储层响应为丘状隆起下的顶部波峰变弱，波谷增强特征。阆中灯四段发育三排藻丘，藻丘相具备微幅丘状、内部弱反射特征，藻间云坪相为厚度薄、平行强反射特征。证实潮坪藻丘相带是基础，溶蚀作用是关键。藻丘及其叠加准同生期的溶蚀作用和桐湾期的岩溶作用，是优质储层发育的根本；源储组合关系主要为“下生上储、旁生侧储”，均紧靠生烃中心，均上覆筇竹寺组优质烃源岩；独立的气水界面，表明灯四气藏丘间致密岩性具有很好的侧向封堵能力，灯四气藏为晚期弱调整原位聚集岩性气藏。①邻近裂陷槽生烃中心是高效充注成藏的关键；②台内裂陷边缘带叠加古岩溶作用控制优质储层规模分布；③川中古隆起继承性演化有利于古油藏聚集及晚期裂解气聚集成藏。

对比邻区A2井灯四段台缘丘滩储层发育受丘滩相带及早期暴露溶蚀改造控制，为相控型储层；相比于A1井，地层增厚，藻云岩厚度及藻丘建造相对发育，A1井顶部储层更发育、物性变好，A2井中上部油气显示厚度及储层厚度增厚、物性变好。台缘地貌对比：A1井处于台缘外侧，顶部储层变好，；A2井处于台缘中部，顶部储层减薄，中上储层变好，厚度增加。沉积结构对比：A1 井坡度变缓，藻丘厚度减薄，表现为藻丘多期叠置；A2 井陡坡变陡，藻丘增厚，表现为丘核纵向加积。

(2) 川西广汉斜坡带知新场灯二段地层-岩性圈闭

构造位位于四川盆地川西坳陷广汉-中江斜坡带，同样位于绵阳-长宁侵蚀槽东侧。圈闭所处灯二段一阶侵蚀阶地紧邻侵蚀崖，JT1 井所在圈闭西侧边界为侵蚀崖缘，源储配置极佳。

保存条件：研究区主要发育筇竹寺组、麦地坪组泥页岩区域性直接盖层，对灯影组储层主要构成物性封闭、烃浓度封闭。筇竹寺组主要为浅水陆棚灰黑色页岩、黑灰色炭质泥岩，岩性较为致密，作为区域盖层。此外，工区整体构造为单斜形态，大断裂不发育，断层往上断至筇竹寺组，顶封条件良好。邻区 DT1、ZJ2 和 PT1 是不同的滩，滩间致密带发育是侧向封堵的条件。分析致密带发育的 ZS101 井地震响应特征，开展滩间致密带预测，通过三维加二维地震测线解释，较可能存在与 DT1 井所在藻丘滩侧向封隔带(图 10)。

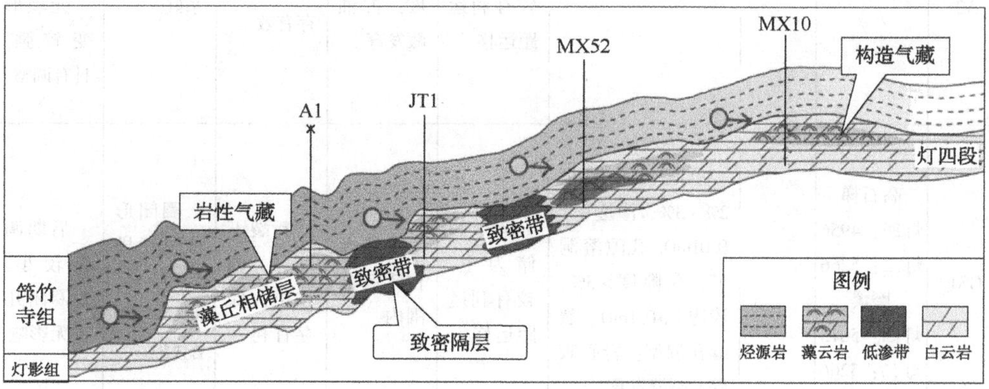

图 9　川北阆中灯四段岩性圈闭成藏配置示意图

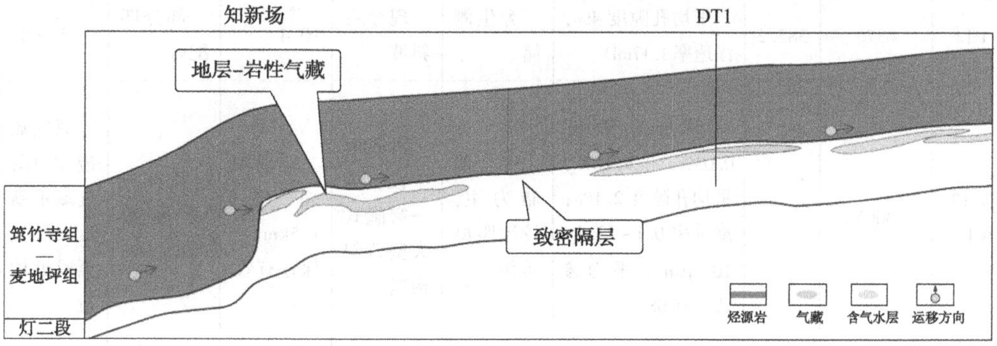

图 10　川西广汉斜坡带灯二段地层-岩性圈闭成藏配置示意图

DT1 井证实，灯影组发育“藻丘相控表生岩溶”孔洞型储层，侵蚀阶地上(侵蚀崖)储层最发育。藻丘之间存在丘间洼地，孔隙欠发育，岩石致密，可作为藻丘相储层良好的纵横向封隔层。侵蚀槽控制了气藏的分布，近侵蚀崖缘是旁生侧储岩性气藏富集区。PT1 和 DT1 和 ZJ2 钻探证实灯二段气藏气水界面不统一，表现出一丘滩一气藏特征。

3.4　成藏差异性对比

总体上，侵蚀槽内充填的筇竹寺组烃源岩北厚南薄，东厚西薄，侵蚀槽中段崖缘陡坎呈现出东陡西缓的趋势，两侧崖缘陡坎也具有北陡南缓的规律。因此，侵蚀槽是关键，对灯影组的成藏有着明显的控制作用，控制储层溶蚀发育程度，圈闭类型及油气的充注(表 3)。

灯影组发育“藻丘相控表生岩溶”孔洞型储层，侵蚀阶地上(侵蚀崖)储层最发，藻丘间为良好的纵横向岩性封隔层。侵蚀阶地(侵蚀崖)：储层厚度最大(>100m)，物性好(孔隙度：3%~7.1%)；侵蚀洼地(资阳)：储层厚度小(<30m)，局部物性较好(孔隙度：3.0%)；侵蚀高地(台内区)：储层厚度较小(<60m)，局部物性较好(孔隙度：<3%)；藻丘之间存在丘间洼地，孔隙欠发育，岩石致密，可作为藻丘相储层良好的纵横向封隔层。

表 3　四川盆地绵阳-长宁侵蚀槽两侧灯影组成藏差异统计表

类型	区带/气田	代表井	灯影顶面埋深/m	成藏关键要素					圈闭形成与排烃主幕之间的匹配关系	后期调整与圈闭的时空关系	圈闭、气藏有效性评价
				储层厚度/m	储层物性（Φ/K）	源储配置关系	古、今构造	距陡坎崖缘距离/km			
侵蚀槽东侧	阆中-元坝	A1 A2	8140	82	4.67	旁生侧储为主，较有利运距运移	古：继承性斜坡，古油藏发育	断裂欠发育，保存有效	匹配关系好	阆中形变弱，继承性保持；元坝形变较强，具有调整	有效，A1 井见良好气显示
侵蚀槽东侧	高石梯-磨溪	GS1	高石梯 灯四：4956 灯二：5266 磨溪 灯四：5015 灯二：5266		孔隙型孔隙度 2%~3%，渗透率<0.01mD. 孔隙溶洞型：孔隙度>3%，渗透率>0.1mD。裂缝孔洞型：岩心破碎，裂缝发育。	旁生侧储为主，较有利运距运移	继承性古隆起范围内	断裂不发育，调整小，保存有利	圈闭形成早于排烃主幕，时空匹配好。	后期调整较小，对圈闭几乎无影响	有效
侵蚀槽东侧	蓬莱气区	PT1	6376	382.2	平均孔隙度 4%，渗透率 1.17mD	旁生侧储	现今古斜坡	10.4	部分匹配好	调整小	非常有效
侵蚀槽西侧	威远地区	W13 W117	3005		储层孔隙度 0.03% ~ 9.16%，平均孔隙度 2.1%；渗透率 0.1~23.4×$10^{-3}\mu m^2$，平均渗透率 0.08。	旁生侧储为主，较远距离运移	古隆起中段，为一穹隆式大型背斜构造。	距离断裂 1.5km，保存有效	圈闭形成与排烃匹配良好	原气藏遭破坏，气藏重新运聚调整至威远构造。	圈闭保存遭破坏，依然有效。
侵蚀槽西侧	资阳地区	B1	5228.5	17.2	低孔低渗，孔隙度 0.15% ~ 5.55%，渗透率 0.01~79.9mD。		南古斜坡带上，今川中隆起带轴部		圈闭形成早于排烃主幕，时空匹配好。	后期构造调整，保存条件有一定的破坏。	部分有效
侵蚀槽西侧	井研-犍为	JY1、PR1	3650 4280	灯四 16-144 灯二 202.5~288.9	平均 1.84%。实测渗透率平均为 1.40×$10^{-3}\mu m^2$。	旁生侧储为主，较远距离运移	灯影组顶部为南高北低，南陡北缓的构造形态。	断裂附近，保存不利	圈闭形成早于排烃主幕，时空匹配好。晚于圈闭形成时间。	构造格部分发生调整，大部分天然气得以原地保存。	部分有效

3.5 有利区带评价

研究区震旦—寒武系发育滩控岩性气藏，“滩相储层发育、生烃期古构造位置、构造调整”是控制油气成藏的关键因素。

如图11所示，侵蚀槽周缘灯影组四段、二段的尖灭线很清楚，分别对应灯四段的二级侵蚀阶地(陡坎)为绿色地层尖灭线，而红色地层尖灭线对应灯二段一级侵蚀阶地(陡坎)，源储有效配置，形成圈闭类型多样的圈闭群、气藏群。

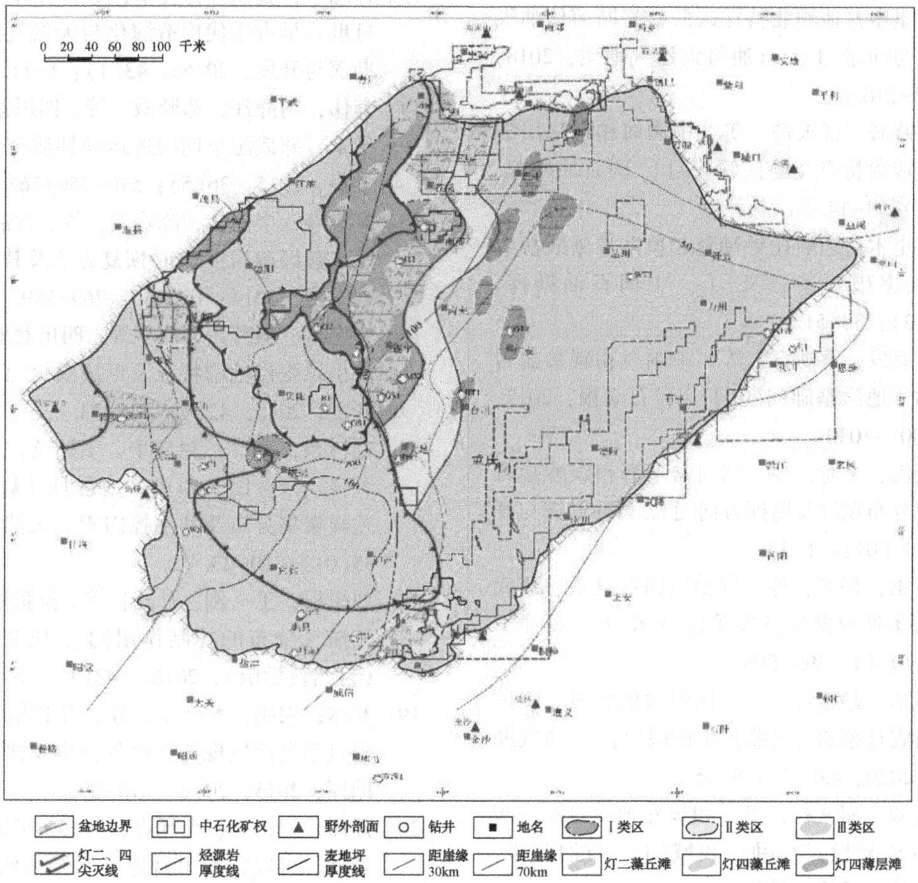

图11　四川盆地震旦系灯影组(灯四段、灯二段)有利区带评价图

针对全盆地开展有利区带评价研究，震旦系灯影组评价要素：烃源岩分布(近源)+厚大藻丘相(优势相)+距崖缘距离(优储、控藏)+麦地坪组分布(输导)；灯影组有利区带：川中-川北为Ⅰ-Ⅱ类有利区带，川北阆中、川西知新场地区处于Ⅰ类有利区带内。

4　结论

四川盆地绵阳-长宁侵蚀槽内筇竹寺组烃源岩发育，质量好，具备形成大中型气田物质基础。储层主要发育在震旦系灯影组四段与侵蚀第二阶地的灯二段，纵向上发育良好的储盖组合。输导体系主要以断裂和裂缝为主。整体上具备大型油气成藏的地质条件。

(1) 发育多种不同类型的圈闭，绵阳-长宁侵蚀槽东、西两侧，同侧的不同位置(北段、中段、南段)存在明显的差异性特征，北陡南缓，东侧侵蚀阶地(陡坎)发育，而西侧呈斜坡；

(2) 临近侵蚀槽崖缘的距离0~30km，控制着灯影组古油藏裂解气的充注、输导效率和气藏的规模。

(3) 超深层震旦系灯影组圈闭类型，灯二段受构造控制明显，灯四段则主要发育岩性、地层-岩性圈闭。

(4) 热模拟对比表明，紧邻侵蚀槽崖缘的东侧气藏成藏期早一些，主要是晚三叠，西侧气藏要晚一些，天然气充满度要低一些。

结合盆地及其周缘灯影组气藏有利评价结果，侵蚀槽西侧灯影组油气勘探突破最早，但整体上东侧的勘探开发程度更高，认为寻找地层-

岩性圈闭是下步勘探的方向，探索东侧灯二段的勘探目标，西侧可探索灯四段、等二段的目标，灯影组二段的资源潜力较灯四段更好，分别提出2个有利目标区。

参 考 文 献

[1] 焦方正．塔里木盆地顺北特深碳酸盐岩断溶体油气藏发现意义与前景[J]．石油与天然气地质，2018，39(2)：207-216.

[2] 何治亮，金晓辉，沃玉进，等．中国海相超深层碳酸盐岩油气成藏特点及勘探领域[J]．国石油勘探，2016，21(1)：3-14.

[3] 漆立新．塔里木盆地顺托果勒隆起奥陶系碳酸盐岩超深层油气突破及其意义[J]．中国石油勘探，2016，21(03)：38-51.

[4] 马永生，何登发，蔡勋育，等．中国海相碳酸盐岩的分布及油气地质基础问题[J]．岩石学报，2017，33(04)：1007-1020.

[5] 马新华，杨雨，文龙，等．四川盆地海相碳酸盐岩大中型气田分布规律及勘探方向[J]．石油勘探与开发，2019，46(01)：1-13.

[6] 杨跃明，杨雨，杨光，等．安岳气田震旦系、寒武系气藏成藏条件及勘探开发关键技术[J]．石油学报，2019，40(4)：493-508.

[7] 马奎，张玺华，彭瀚霖，等．四川盆地磨溪北斜坡构造演化对震旦系油气成藏控制作用[J]．天然气勘探与开发，2020，43(10)：8-15.

[8] 魏国齐，杨威，谢武仁，等．四川盆地震旦系—寒武系天然气成藏模式与勘探领域[J]．石油学报，2018，39(12)：1317-1327.

[9] 杨威，魏国齐，赵蓉蓉，等．四川盆地震旦系灯影组岩溶储层特征及展布[J]．天然气工业，2014，34(3)：55-60.

[10] 宋金民，刘树根，孙玮，武文慧，王国芝，彭瀚霖，田艳红，钟勇．兴凯地裂运动对四川盆地灯影组优质储层的控制作用．成都理工大学学报(自然科学版)[J]，2013，40(06)：658-670.

[11] 杜金虎，汪泽成，邹才能，等．上扬子克拉通内裂陷的发现及对安岳特大型气田形成的控制作用[J]．石油学报，2016，37(1)：1-16.

[12] 徐安娜，胡素云，汪泽成，等．四川盆地寒武系碳酸盐岩—膏盐岩共生体系沉积模式及储层分布[J]．天然气工业，2016，36(6)：11-20.

[13] 谷志东，殷积峰，姜华，等．四川盆地西北部晚震旦世—早古生代构造演化与天然气勘探[J]．石油勘探与开发，2016a，43(1)：1-11.

[14] 李伟，刘静江，邓胜徽，等．四川盆地及邻区震旦纪末—寒武纪早期构造运动性质与作用[J]．石油学报，2015，36(5)：546-556+563.

[15] 庞雄奇，李倩文，陈践发，等．含油气盆地深部高过成熟烃源岩古TOC恢复方法及其应用[J]．古地理学报，2014，16(06)：769-789.

[16] 李忠权，赖芳，李应，等．四川盆地震旦系威远—安岳拉张侵蚀槽特征及形成演化[J]．石油勘探与开发，2015，42(1)：26-33.

[17] 刘树根，孙玮，赵异华，王国芝，宋林珂，邓宾，梁锋，宋金民．四川盆地震旦系灯影组天然气的差异聚集分布及其主控因素．天然气工业，2015，35(01)：10-23.

[18] 刘树根，王一刚，孙玮，等．拉张槽对四川盆地海相油气分布的控制作用[J]．成都理工大学学报(自然科学版)，2016a，43(1)：1-23.

[19] 罗冰，周刚，罗文军，等．川中古隆起下古生界—震旦系勘探发现与天然气富集规律[J]．中国石油勘探，2015，20(2)：18-29.

[20] 孙玮，刘树根，李泽奇，邓宾，吴娟，宋金民，何若玮，可以．四川盆地灯影组天然气晚期调整成藏的主控因素[J]．成都理工大学学报(自然科学版)，2021，48(06)：641-652.

[21] 刘树根，李泽奇，邓宾，孙玮，李智武，丁一，宋金民，吴娟．四川盆地震旦系灯影组深层碳酸盐岩储层沥青赋存形态及其油气藏示踪作用．天然气工业，2021，41(08)：102-112.

源-断-砂-脊共控的高效排烃机理及对深层油气富集的意义
——以南海琼东南盆地宝岛断阶带为例

甘　军[1]　吴克强[1]　高之业[2]　梁　刚[1]　刘昭臣[2]　熊小峰[1]

[1. 中海石油(中国)有限公司海南分公司；2. 中国石油大学(北京)非常规油气科学技术研究院]

摘　要　南海北部琼东南盆地宝岛断阶带已发现B21大气田，然而深部高温高压条件下的排烃机理不清、油气运聚过程不明，制约了深层勘探进一步突破。因此，综合应用构造-沉积演化、油气地球化学及物理模拟分析技术，深入剖析研究区烃源岩-沟源断层-输导砂体形成演化，及其对油气排出、二次运移的控制作用。结果表明：①北东向转换断阶带控制了崖城组-陵水组扇三角洲、三角洲砂岩及陆源海相烃源岩的形成及演化，靠近凹陷的主干断裂带具备源-断-砂耦合排烃的有利条件。②由于超压驱动作用，封闭性主干断层具备幕式开启的可能；在超压、毛细管力及浮力综合作用下，构造脊倾没端主干断层+规模砂体发育区可有效提高排烃量。③持续高强度油气充注是深部砂岩抗成岩作用的关键因素，构造脊倾没端油气持续充注占位、溶蚀增孔且发育未充填张性裂缝，可形成连续分布的深埋"甜区"储层。④源-断-砂耦合的构造脊倾没端具备高效排烃、汇聚多洼多期油气的有利条件，深层-超深层成藏潜力大。研究成果为宝岛凹陷断阶带的油气排出、运聚过程及深层富集区预测提供理论指导，并被近期在多个构造脊倾没端的油气发现所证实。

关键词　源-断-砂-脊耦合；构造脊倾没端；排烃机理；"甜区"储层；深层油气富集

地质条件下，受烃源岩自身的吸附作用、源岩孔隙的毛细管封闭作用、源岩孔隙水的水溶及油溶作用等影响，烃源岩生烃不能立即排出，生成的烃只有满足了以上的残存条件后才能大量排出。烃源岩大量排烃的临界条件即烃源岩的排烃门限，排烃门限理论认为，烃源岩何时达到排烃门限主要受3个要素的控制，即烃源岩的有机碳含量、烃源岩的热演化程度、烃源岩的干酪根类型指数，综合决定了源岩是否排烃及排烃类型。B21-1井钻探揭示，宝岛断阶带发育地层较厚、分布范围广的崖城组海相烃源岩，TOC普遍介于0.6%~1%之间，生烃潜量在1.2~4.5mg/g之间，表现为中等-好烃源岩；干酪根类型以II_2-III型为主，R_o值普遍大于0.5%，处于成熟-高成熟演化阶段，以生成大量湿气为主，伴生少量凝析油，表明研究区烃源岩具备良好的生排烃潜力。

油气自烃源岩内排出历经生油层向砂体或输导层运移的初次运移过程及油气在砂体内运移的二次运移过程，自20世纪80年代，油气二次运移的研究在物理实验、数值模拟、油气运移历史示踪分析等方面进展迅速。然而，油气初次运移的相关研究则进展相对缓慢。油气初次运移的研究重点主要是油气运移动力、相态和运移路径，而油气初次运移动态过程的研究一直比较薄弱。对此笔者以宝岛断阶带地质特征为依据，构建源-断-砂-脊耦合的排烃过程物理模拟实验；综合研究区构造-沉积演化、油气地球化学等特征，查明源岩排烃过程、油气优势运移路径及油气聚集过程，以期为海上深层-超深层油气勘探开发提供理论参考。

1　B21-1气藏地质特征及气源分析

1.1　构造及储层特征

构造-沉积演化分析表明，宝岛凹陷北部斜坡在始新世~渐新世北西向区域右旋拉张应力作用下，发育一组北东~北东东走向的深大断裂，形成了多个转换断阶带(图1)。其中的B21断阶带，表现为F12、12-1控制的"二台阶+低凸起"特征，从基底到陵水组三段继承性发育大型构造脊，向南西方向倾没到宝岛凹陷中，具备宝岛25洼、27洼及21洼环抱的良好聚气背景(图2)。

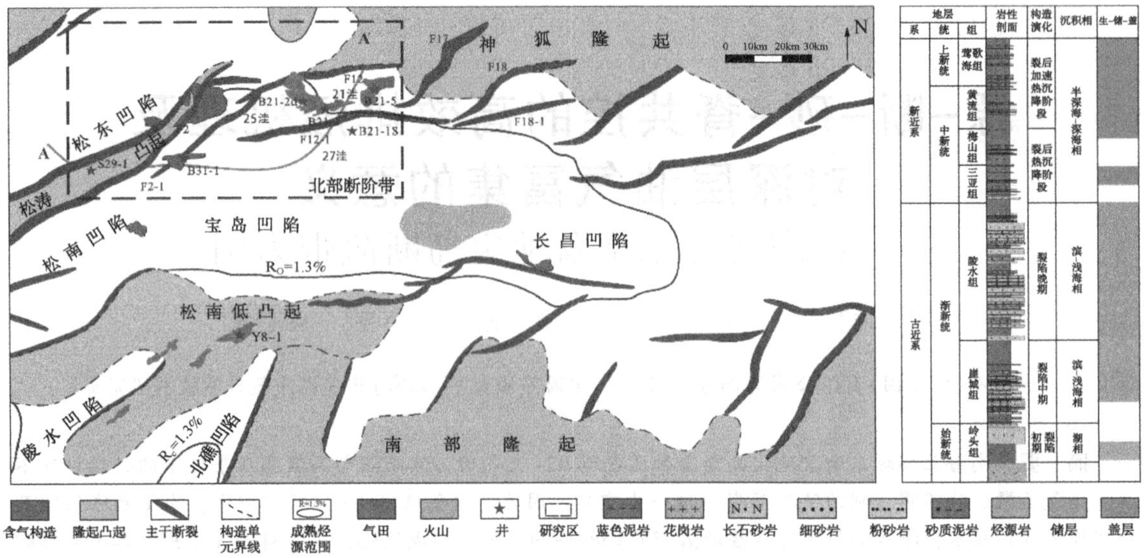

图 1　琼东南盆地东区构造纲要及地层柱状图

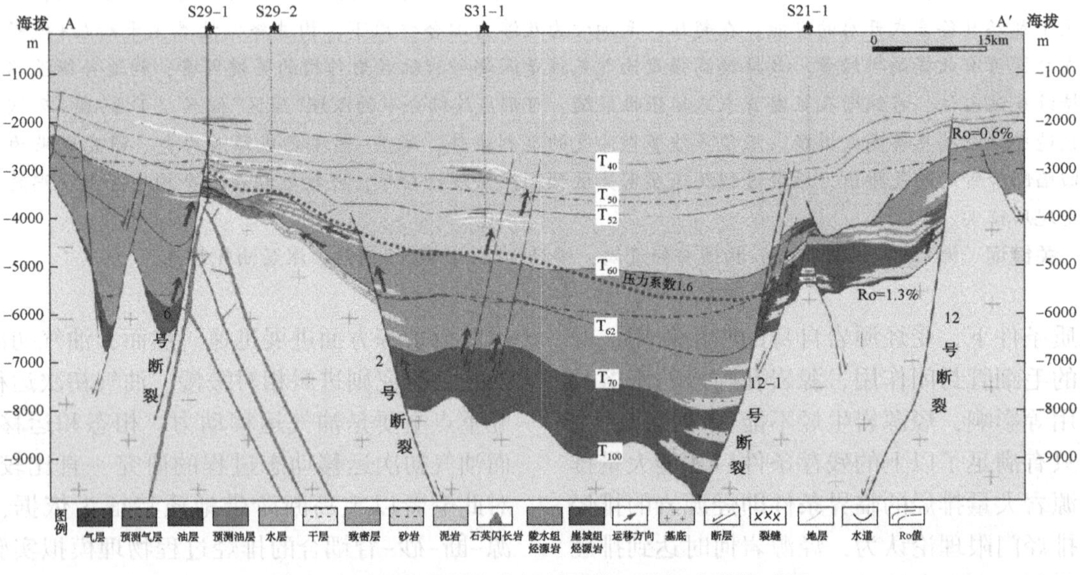

图 2　松南-宝岛凹陷北部断阶带天然气成藏模式图

B21 断阶带物源主要来自神狐隆起，由于神狐隆起基岩主要发育燕山期的花岗岩、变质砂岩及凝灰岩等，在始新世～渐新世处于长期隆升、剥蚀状态，能够提供大量物源。在北东向转换断阶带，继承性沉积了崖城组、陵水组三段等多个扇三角洲、三角洲，其中崖城组发育海陆过渡相及浅海两种类型的烃源岩，陵水组三段大型三角洲前缘水道砂发育，构造脊上的水道砂面积达到 268km^2，与上覆深海泥岩形成好的储盖组合。

B21 构造的首口探井 B21-1 井成功发现陵三段 108m 气层，埋深 3900m～4400m，温度 130℃～147℃，压力系数 1.04～1.18，属高温常压构造+岩性大型气藏。陵三段储层属海侵～高位体系域三角洲分流河道微相，岩性为中-粗砂岩、细砂岩，气层段岩芯常规物性分析孔隙度为 10.3%～16.3%，渗透率 1.28～17.3mD，表现为低-中孔、低-中渗特征；局部中粗砂岩、杂砂岩发育微裂缝，对储层渗透性有明显的改善（图 3）。

1.2　气源与排烃场所的确定

从天然气地球化学特征来看，B21-1 井陵三段天然气干燥系数 0.92，烃类气含量 73%～39%；甲烷碳同位素分布于-40.2‰～-38.6‰，乙烷同位素分布在-29.6‰～-28.4‰，乙烷碳同位素-28‰作为区分油型气与煤型气的界限，分析认为 B21-1 天然气为油型气与煤型气的混合。B21-1 井实钻崖城组烃源岩干酪根碳同位素为-28.2～-26.7‰，陵水组烃源岩干酪根碳同位素为-26.5~25.2‰。烃源岩生成天然气乙烷碳同位素随着成熟度升高逐渐变重，过成熟天然气乙烷碳同位素接近烃源岩干酪根碳同位素。B21-1天然气乙烷碳同位素比崖城组烃源岩干酪根碳同位素略轻，比陵水组干酪根碳同位素轻的多，而B21-1天然气为高熟气，天然气乙烷碳同位素应与气源岩干酪根碳同位素接近，因此分析B21-1天然气主要来自崖城组烃源岩，可能有陵水组烃源岩生成的低熟~成熟气混入。

据本区崖城组海陆过渡相、海相泥岩成熟度与甲烷的碳同位素关系分析[图4(a)]，B21-1井陵三段天然气成熟度为1.5~2.1%，主要充注期为7.8Ma至今，天然气主要来自于宝岛27洼、25洼Ro=1.5~2.1%范围内的崖城组~陵水组烃源，按本区实测的烃源岩Ro-深度关系[图4(b)]，Ro=1.5%对应的排烃门限为5300m(含水深1400m)。B21-1构造脊倾没端崖城组、陵水组烃源岩埋深整体大于5300m，且陵水组三段三角洲前缘分流河道砂、主干沟源断裂和烃源岩配置好，是排烃发生的有利场所。

B21-2d井，4299.96m，粗-细砂岩，见微裂缝，岩心　　B21-5井，4000.7m，不等粒砂岩，见裂缝，壁心

图3　B21气田陵水组三段储层孔隙结构

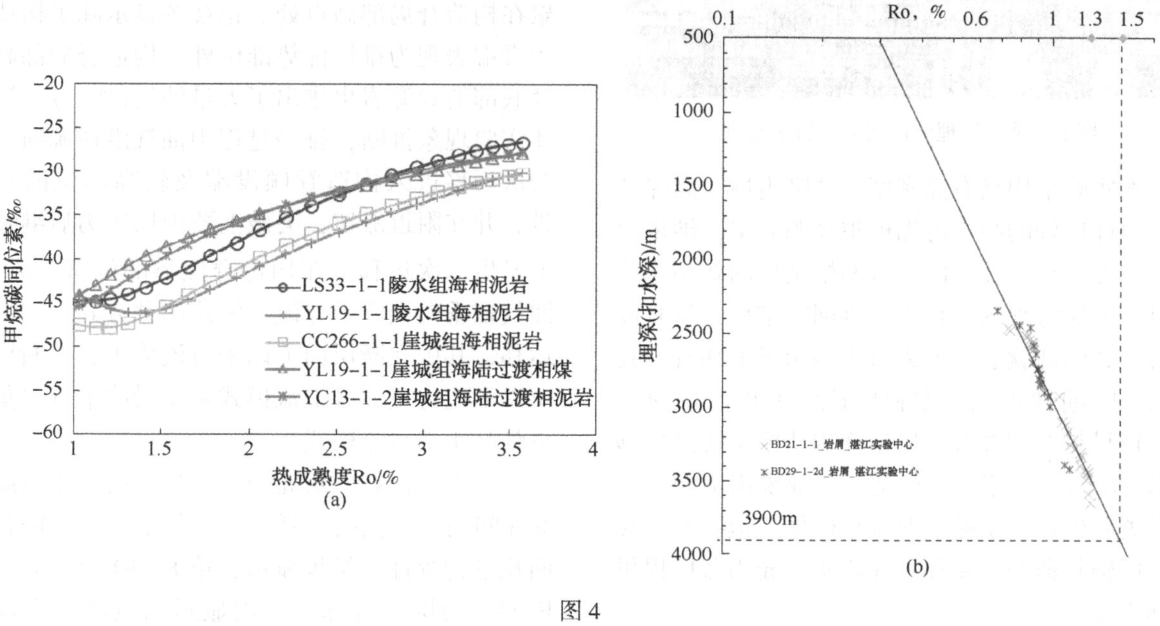

图4

(a)琼东南盆地甲烷碳同位素动力学判识天然气成熟度图版；(b)宝岛凹陷实测的烃源岩Ro-深度关系

2　源-断-砂-脊耦合的排烃过程及机理

2.1　排烃动力分析与排烃物理模拟实验模型的建立

前人研究发现，烃源岩内油气初次运移动力来源是烃源岩孔隙系统内的异常高压形成的压差。油气的初次运移动力主要包括3种形式：毛细管力、浮力、异常压力。B21断阶带烃源岩处于成熟-高成熟阶段，结合区域沉积埋藏史、热史及生排烃史分析认为，处在低断阶的宝岛27

注自7.8Ma至今持续供烃，源岩内部在持续的生烃增压下存在使孔隙连通性变好，渗透性明显增大的烃类占位现象，由此形成的微孔隙是高成岩阶段烃源岩的主要排烃通道之一。在毛细管力、浮力及烃源岩内部超压共同驱动下，排出的油气经主干通源断层幕式输导至上覆砂体内，随后在输导脊进行二次运移。综上，研究区具有源-断-砂-脊耦合下的高效排烃模式。

据此开展研究区排烃物理模拟实验，采用中国石油大学(北京)“常规与非常规油气构造演化与运聚富集动态定量模拟装置”动态化模拟烃源岩排烃过程。该装置是由亚克力板、金属及带气孔的钢板组成的实验箱体，箱体长40cm，宽30cm，高30cm，背部分布30个充注孔；箱体可360°旋转，可实现实验过程三维可视化(图5)。

图5　排烃物理模拟实验装置示意图

本实验采用具有高密度、高吸附性、高保油率、塑性良好的纳米海绵模拟烃源岩层，纳米海绵是一种有高开孔率的三维网格结构的新型泡沫塑料，依靠海绵内的特殊三维网状结构，将其浸湿后，其内部就会形成无数个纳米级毛细管开孔结构，吸油性很强。饱和后挤压可将油快速排出。将材料按照烃源岩层顶面构造模型切割后饱和水(图6)，置于箱体底部；顶部采用不同粒度的石英砂模拟主干断层及规模砂体，饱和水后覆盖一层塑料薄膜，箱体内注满水，充当盖层提供的静岩压力。

2.2　排烃物理模拟实验过程及结果分析

实验开始后开启箱体底部中央的充注口，按照0.05MPa充注压力恒压、不间断地充注红油(染色后的矿物油)，用以模拟烃源岩生烃增压；实验中使用相机多角度记录油气运聚过程；停止充注后切割纳米海绵，对烃源岩内的排烃现象进行分析。

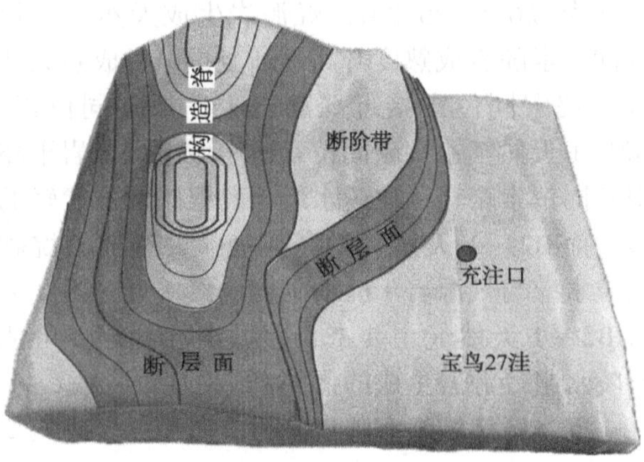

图6　宝岛断阶带崖城组烃源岩顶面构造模型示意图

30分钟时，俯视图显示在构造脊倾没端附近有局部的油气运聚，表明此时底部烃源岩层中的油气已趋于饱和并开始发生初次运移；60分钟时，俯视图与正视图均显示在持续的充注下烃源岩排出的油气沿通源断层优先进入构造脊倾没端；90分钟时，俯视图显示油气除了在构造脊倾没端持续运聚外，另一端的断阶带也开始有局部油气运聚。正视图则显示构造脊倾没端仍是烃源岩排烃优势部位；实验进行到150~180分钟时，俯视图显示来自构造脊两个方向油气最终汇聚在构造脊局部高点处。正视图显示除了构造脊倾没端表现为排烃优势部位外，构造脊局部高点处底部的烃源岩也排出了大量油气(图7)。据上述实验现象推断，排烃过程中油气沿通源断层经初次运移进入构造脊倾没端及较高部位的断阶带，并在附近滞留，突破上覆地层压力后继续向上发生二次运移，在构造脊优势部位富集成藏。油气在垂向上以平行流和汇流两种方式向构造脊运移，其中在断层面上以平行流为主，非断层部位以汇流为主，且汇流模式对于最终油气聚集的贡献高于平行流模式。

结束充注后，对充当烃源岩层的纳米海绵以3cm间隔进行纵向切割，并对每个剖面上的含油面积进行统计。结果显示，第8~10个剖面对应模型中的构造脊部位，均显示出较高的含油量(图8)，且从低部位到高部位，剖面含油面积呈逐渐升高趋势，表明研究区发育较厚的崖城组海相泥岩作为优质烃源岩层，在其排烃过程中有两种运移路径，即通过通源断层向上运移或直接向储层排烃，且构造脊高部位的烃源岩和储层含油量都明显占优势。

将实验结果图片进行定量化提取，处理结果显示，宝岛 27 洼崖城组烃源岩层作为研究区主要油气来源，在源-断-砂-脊耦合下条件下发生了高效排烃，即构造脊部位的烃源岩由于张性微孔隙发育，在压差驱动下可大量排出油气进入邻近的通源断层或上覆砂体，然后再沿输导脊向高部位运聚(图 9)。

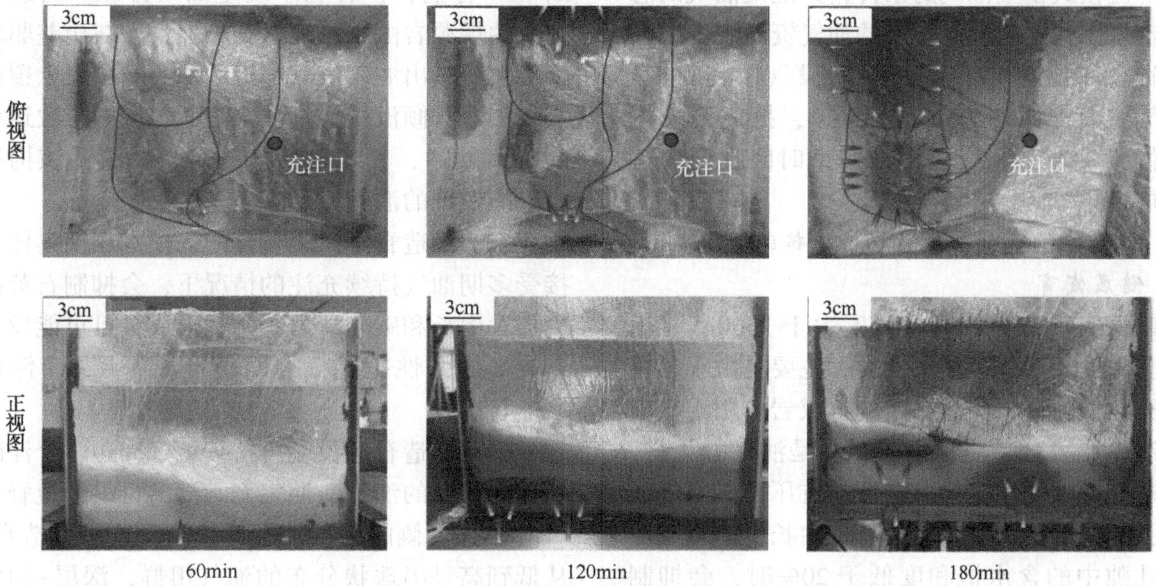

图 7　排烃物理模拟实验现象示意图

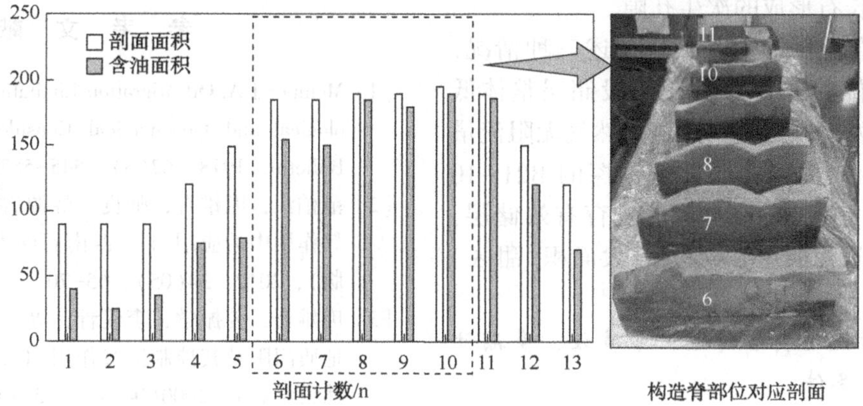

图 8　烃源岩各纵向剖面含油面积统计图

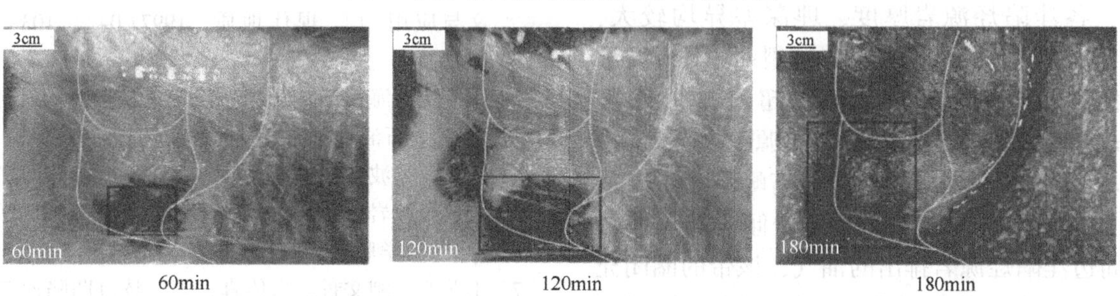

图 9　图像提取后的排烃过程含油面积占比变化图

3　深层油气富集的主控因素

3.1　大规模持续排烃是深层油气富集的基础

综合 B21 气田构造-沉积演化、天然气地球化学特征及排烃物理模拟实验结果分析，气田西南侧的构造脊倾没端紧邻宝岛 27 洼、25 洼，崖城组-陵水组陆源海相烃源岩热演化程度高(现今 Ro = 1.5%~2.1%)，地层压力高(现今压力系数1.4~1.7)，烃源岩上覆广泛发育陵水组三段三角洲前缘分流河道砂和12-1等主干通源断裂，是烃源岩大规模排烃的主要场所；构造脊倾没端也是油气在储集层内二次运移的“始发站”，具备汇流模式富集油气的条件，其汇集油气的总量决定了该构造脊上能发现的油气资源规模。在构造脊高部位的B21-1井陵三段气层超百米，天然气主要充注期为7.8Ma至今，据此推算构造脊倾没端在7.8Ma以前的某个时间到现今持续大规模排烃。

3.2 油气持续充注有利于深层-超深层“甜区”储层发育

勘探实践证实，埋藏深度大于3500m时仍可见孔隙度较高的储集层发育，主要是由于早期油气充注使得砂岩具有一定的抗成岩作用。其成因机制主要可分为三种情况：一是油气的生排、充注造成地层超压，增加储层的抗压实能力进而保护孔隙；二是抑制自生矿物的生长，油气充注使得孔隙中的含水饱和度低于20%时，会抑制石英次生加大生长和碳酸盐岩胶结物形成；三是有机酸的溶蚀长石形成的次生孔隙。

B21构造脊倾没端同时具备上述三种情况，构造脊较高部位的B21-1井陵三段储层整体低孔低渗，局部发育微裂缝，测试天然气无阻流量超百万方/日；在构造脊低部位钻探的B21-10井陵三段埋深大于4600m，仍然发育有效储层，证实B21构造脊深层-超深层发育大面积“甜区”储层。

3.3 构造脊倾没端具备持续汇聚多洼、多期油气的有利条件

B21构造脊倾没端邻近宝岛27洼、25洼及21洼，各洼陷烃源岩厚度、埋深差异均较大，其中宝岛27洼、宝岛25洼崖城组+陵水组烃源岩主体厚度超过1500m，埋深超过排烃门限5300m；宝岛21洼仅崖城组烃源岩埋深超过5300m。上述3个洼陷的生排烃高峰不一致，从20Ma持续至今，导致B21构造脊倾没端可持续汇聚周边洼陷烃源岩排出的油气，该带的圈闭充满油气后，油气溢出再沿陵三段“甜区”储层侧向运移到构造脊高部位，形成沿构造脊、从低到高呈串珠状分布的气田群。目前构造脊高部位已发现B21大气田，构造脊低部位的深层-超深层圈闭具备较大的勘探潜力。上述认识应用到松涛凸起东倾没端勘探中，成功发现了S29-1潜山油藏(图2)。

4 结论

(1) 宝岛凹陷北坡B21构造脊倾没端源-断-砂-脊耦合，有利于发生高效排烃。构造脊部位的烃源岩由于张性微孔隙发育，在压差驱动下可大量排出油气进入邻近的通源断层或上覆砂体。构造脊倾没端也是油气在储集层内二次运移的“始发站”，其汇集油气的总量决定了该构造脊上能发现的油气资源规模。

(2) 构造脊倾没端发育的规模优相储集体在接受多期油气持续充注的情况下，会抑制石英次生加大生长和碳酸盐岩胶结物形成，且可能发育未充填的张性裂缝，有助于形成深层-超深层“甜区”储层。

(3) 构造脊倾没端可持续汇聚周边多个洼陷烃源岩排出的油气，油气充满溢出再沿构造脊上“甜区”储层侧向运移到高部位，形成沿构造脊、从低到高呈串珠状分布的油气田群，深层-超深层勘探潜力大。

参考文献

[1] Momper J A. Oil Migration Limitations Suggested by Geological and Geochemical Considerations[J]. AAPG Bulletin, 1978, 62(3): 545-557.

[2] 范柏江，庞雄奇，师良．烃源岩排烃门限在生排油气作用中的应用[J]．西南石油大学学报(自然科学版)，2012，34(05)：65-70.

[3] 庞雄奇，姜振学，李建青，等．油气成藏过程中的地质门限及其控制油气作用[J]．石油大学学报(自然科学版)，2000(04)：53-57+127.

[4] 庞雄奇，陈章明．排油气门限的基本概念、研究意义与应用[J]．现代地质，1997(04)：103-110+112-114.

[5] 陈安定．海相“有效烃源岩”定义及丰度下限问题讨论[J]．石油勘探与开发，2005(02)：23-25.

[6] 宋兵，王波，刘少治，等．辽河盆地东部凹陷北段有效烃源岩分布及排烃特征[J]．西安石油大学学报(自然科学版)，2021，36(06)：9-15.

[7] 王艺帆，刚文哲，朱传真，等．歧口凹陷沙三段烃源岩评价及生排烃特征[J]．油气地质与采收率，2023，30(03)：11-27. DOI：10.13673/j.cnki.cn37-1359/te.202110017.

[8] 张迎朝，甘军，徐新德，等．琼东南盆地海相烃源岩的发现与勘探意义[J]．煤炭技术，2020，39(2)：43-45.

[9] 刘昆，宋鹏，胡雯燕，等．南海北部琼东南盆地烃源岩发育特征与气源综合分析[J]．海洋地质与第四纪地质，2022，42(6)：173-184.
[10] 邓勇，裴健翔，胡林，等．南海西部海域宝岛 21-1 气田的发现与成藏模式[J]．中国海上油气，2022，34(5)：13-22.
[11] 黄传卿，张金功，席辉．油气初次运移机制与运移方向的研究[J]．地下水，2014，36(01)：181-184.
[12] 李传亮，张景廉，杜志敏．油气初次运移理论新探[J]．地学前缘，2007(04)：132-142.
[13] 包友书，张林晔，张守春，等．毛细管力的初次运移及成藏作用有效性分析[J]．高校地质学报，2017，23（02）：296 - 303. DOI：10.16108/j.issn1006-7493.2016211.
[14] 何川，郑伦举，王强，等．烃源岩生排烃模拟实验技术现状、应用与发展方向[J]．石油实验地质，2021，43(05)：862-870.
[15] 邓运华．裂谷盆地油气运移"中转站"模式的实践效果——以渤海油区第三系为例[J]．石油学报，2012，33(01)：18-24.
[16] 甘军，高之业，熊小峰，等．基于物理模拟实验的天然气幕式动态成藏模式—以琼东南盆地宝岛凹陷北部断阶带为例[J/OL]．天然气地球科学：1-16[2024-06-13]．http：//kns.cnki.net/kcms/detail/62.1177.TE.20231211.1350.002.html.
[17] 甘军，张亚震，林璐，等．琼东南盆地宝岛凹陷天然气差异聚集主控因素与成藏模式[J]．地球科学，2023，48(02)：439-450.
[18] 徐长贵，尤丽．琼东南盆地松南—宝岛凹陷北坡转换带特征及其对大中型气田的控制[J]．石油勘探与开发，2022，49(06)：1061-1072.
[19] 徐长贵，邓勇，吴克强，等．南海北部强活动型被动陆缘盆地宝岛 21-1 大气田的发现及地质意义[J]．石油学报，2023，44(05)：713-729.
[20] 康德江．碎屑岩中油气初次运移输导体系分类及特征[J]．石油实验地质，2009，31(05)：455-461.
[21] 刘道理，杜忠明，许新明，等．古近系油气初次运移有效性的主控因素——以珠江口盆地西江 A 和西江 B 构造圈闭油气勘探效果对比为例[J]．海洋地质前沿，2017，33（10）：40 - 48. DOI：10.16028/j.1009-2722.2017.10005.
[22] 王义凤，王东良，马成华，等．烃源岩高—过成熟阶段排烃机理[J]．石油学报，2013，34(S1)：51-56.
[23] Welte D H，Yukler M A，Petroleum Origin and Accumulation in Basin Evolution Quantitative Model[J]．AAPG Bulletin，1981，65(8)：1787-1396.
[24] 金之钧，张发强．油气运移研究现状及主要进展[J]．石油与天然气地质，2005(03)：263-270.
[25] 夏青松，黄成刚，陆江．沉积盆地中油气充注与储集层成岩作用的响应关系[J]．地球科学与环境学报，2019，41(02)：185-196.
[26] 胡海燕．油气充注对成岩作用的影响[J]．海相油气地质，2004(Z1)：85-89+122.

济阳坳陷深层勘探新认识及潜在勘探方向

王树刚　于正军　刘建伟　王　红　魏　文

（中国石油化工股份有限公司胜利油田分公司物探研究院）

摘　要　随着勘探开发进程加快，济阳坳陷深层已经逐步成为勘探开发的重要接替阵地，针对深层存在的问题，结合济阳坳陷地震资料条件，重新拼接处理了14条济阳坳陷深层骨干剖面，进一步梳理了济阳坳陷深层地层格架，厘定了深层构造解释方案，初步分析了个凹陷的构造差异，结合成藏条件分析，指出了济阳坳陷深层勘探的潜力方向。

关键词　济阳深层；构造解释；地层格架；构造样式潜力方向

近几年，随着勘探开发进程加快，深层勘探所占的比重逐步增加，已经成为济阳坳陷勘探老区的重要潜力接替阵地，近几年在沙四-孔店红层、潜山等方面均取得了较好的效益。根据胜利油田面临的勘探形势及主要矛盾，在区域上需要快速实现“由富油凹陷老油区，向包含外围探区的全面勘探转变”，在层系上需要快速实现“由中浅层作为增储主体，向深层、超深层转变”，显示出深层基础研究的紧迫性和必要性。从目前的勘探实际来看，虽然深层勘探取得了较大了进展，展现了良好的勘探效益，但深层勘探仍然存在较大的问题，主要表现在以下几个方面：

（1）深层地震资料差

深层资料由于埋深压实、复杂岩性、多期构造等因素的影响，使得深层资料成像效果相对较差，分辨率较低，可描述性差。

（2）构造落实难度大

济阳坳陷深层构造受多期构造演化的叠加影响，断裂复杂、构造破碎，构造难落实。

（3）宏观地层格架再认识难度大

济阳坳陷深层多为区块研究，缺少宏观地层格架的深入研究，之前地层格局的认识是基于老地震资料，随着地震资料的改进（新三维、重采集、重处理）需要重新厘定地层格架，建立深层典型构造样式。

针对济阳坳陷深层勘探存在的问题，基于现有的资料基础，对济阳坳陷14条骨干剖面进行重新拼接、处理并进行地震精细解释，明确济阳坳陷深层构造格架，建立深层典型构造样式，为济阳坳陷深层勘探定洼选区和勘探区带的选取提供基础。

1　资料拼接与处理

截止2020年，济阳坳陷共实施三维267块，面积37366.38km^2。基于新资料，优选地震资料品质好的三维进行拼接处理。14条大剖面涉及了257个拼接点，在时差、波组特征、分辨率和振幅能量上存在很大差异。根据不同拼接点资料的特点，测试不同的处理技术或者技术组合，选取最优的处理方法，提高资料品质与处理效果，处理技术或者技术组合主要包括时差调整、匹配滤波、频率特征调整、网格、振幅能量调整、斜线拼接、径向滤波调整等。拼接处理后地震资料得到明显提升，深层地震资料得到较大的改善，构造特征、地层接触关系清晰（图1）。

2　构造解释新方案

2.1　地震资料品质改善带来的解释方案改善

随着高精度、高密度等地震资料越来越丰富，深层地震资料品质得到了明显提升，使得深层构造解释精度得到较大提高。比如樊家鼻状构造带得到较好的落实、义和庄凸起周缘断裂刻画更加精细。

2.2　地震认识带来的解释方案改变

进过近几年的勘探实践，深层地质认识有了新的改变，通过新拼接处理的剖面，进一步支撑了新的地质认识。随着张扭构造和逆冲挤压构造认识的逐步成熟，仁凤断裂带地震解释方案由平行断阶式的构造样式，改变为半花状的构造样式；在纯化构造带，石村断层的下降盘具有较复杂的花状构造，体现了较强的走滑特征。惠民南坡、车西断裂带、桩海等地区则保留了逆冲挤压的构造特征。

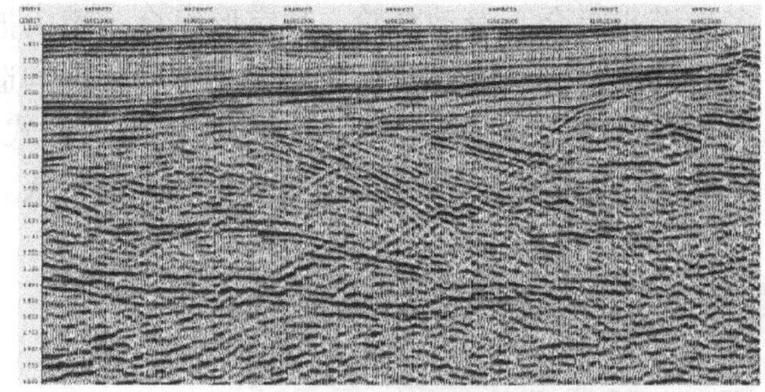

(a)160线剖面局部(老)

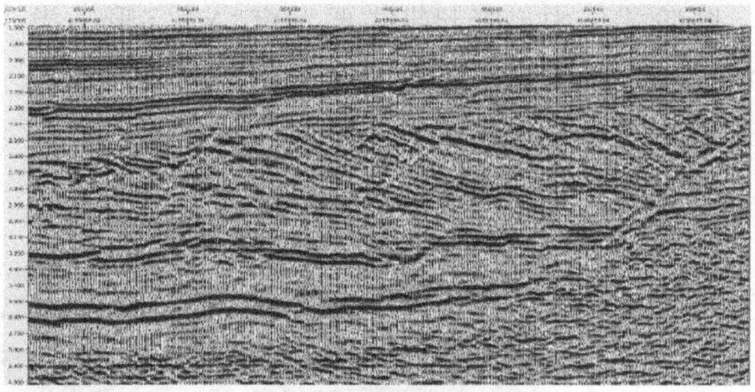

(b)160线剖面局部(新)

图1　160线处理前后对比

3　构造解释新认识

3.1　济阳深层具有多个沉降中心

济阳坳陷盆地具有较强的分割性，坳陷内部义和庄凸起、陈家庄凸起、无棣凸起、滨县凸起、青坨子凸起、广饶凸起又将其分为车镇凹陷、惠民凹陷、沾化凹陷和东营凹陷四个凹陷带。平面上(图2)古生界顶面构造主要发育北西、北东向断层。其中北西向断层多为早期印支期区域大断层，北东向、近东西向断层为后期燕山期区域大断层，早期断层(北西向)控带、后期断层(北东向)控注，两组断裂控制圈闭分布，断裂交汇处构造油藏勘探有利区带。自孔二段沉积以后，盆地展布从NNW向逐渐演变为近EW向，沉降中心发生迁移：东营凹陷从NW-EW迁移距离17km(孔二段-沙四下)。

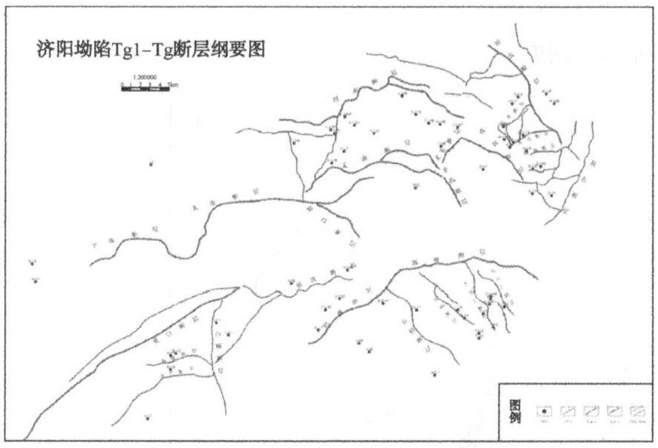

图2-1　济阳坳陷中生界主要断裂体系图

3.2　古近系深层具有独立的成藏体系

受多期构造运动的影响，剖面上(图3)，济阳坳陷呈现四层楼式的断裂体系，与上下层系不同，古近系深层发育了一些列的反向(南倾)断层，具有独立的断裂体系。早期断层的隐伏性：北西向断层发育较早，后经多期构造叠加，局部保留特征。断层活动的继承性：受后期构造运动影响，早期断层或活化、或反转。

古近系深层膏盐发育，盐下成为相对独立的成藏系统，莱深斜2井的钻探，进一步证实了孔二段烃源岩的生烃能力，进一步扩展了古近系深层的勘探空间。

3.3　北西向断裂具有多期性

受早期印支运动的影响，济阳坳陷发育了7个北西向主干断裂控制形成七条北西向潜山带：陵县断裂、白桥断裂带、车西-滨西断裂带、套尔河-石村断裂带、罗西-王古1断裂带、埕南(东段)-孤西-陈南(东段)断裂带、埕北-埕北20-五号桩断裂带。这些北西向断裂，后期历经燕山运动和喜马拉雅运动，具有多期次叠加、多延伸方向、多种断层类型、多种组合方式等特征(图4、图5)。不同期次断层表现为不同的优势方位，北西向(340°)、北西西向(290°)、北东向(25~40°)、北北东向(60°)、东西向及南北向；早期北西向断层具有隐伏性特征，北西向断层发育较早，后经多期构造叠加，局部保留特征；受后期构造运动影响，早期断层或活化、或反转，体现了早期断层活动具有继承性。

3.4　初步明确了深层构造样式差异性

经过济阳坳陷为一典型的“北断南超”箕状断陷盆地，主要发育伸展、走滑、挤压、反转等构造样式(图6)，从构造变形体制来看，在剖面形态上，主要表现为伸展构造和走滑构造的构造变形。在构造解释的基础上，对不同地区的剖面和平面构造样式进行了分析，初步明确了不同地区的构造样式差异。东营凹陷断裂在剖面上的组合有花状、阶梯状、堑垒式、“Y”字形、反向多级“Y”字形等5种组合样式，中央断裂背斜带东部发育典型底辟构造；平面组合特征主要表现为平行式、雁列式、马尾式、斜交式等多种类型。

惠民凹陷内断层的北部陡坡带上主要发育“Y”字形、断阶式，中央隆起带主要发育“Y”字形、类花状，洼陷带中主要发育“Y”字形，南部缓坡带上主要发育地垒地堑；平面组合样式多变，平行式、斜交式、雁列式、弧形、帚状等平面断层组合样式交替出现。剖面上，沾化凹陷深层识别出多米诺式组合、滑动断阶、Y字形组合、潜山披覆、堑垒组合、重力背形等多种类型的伸展构造样式和负反转构造；平面上主要表现出平行式，斜交式，网格状和雁列式等多种平面组合样式。

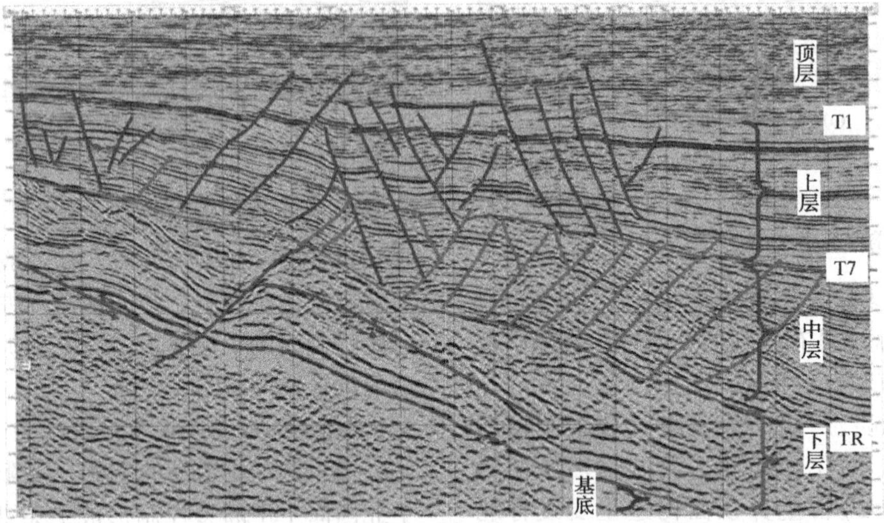

图3　639线局部剖面

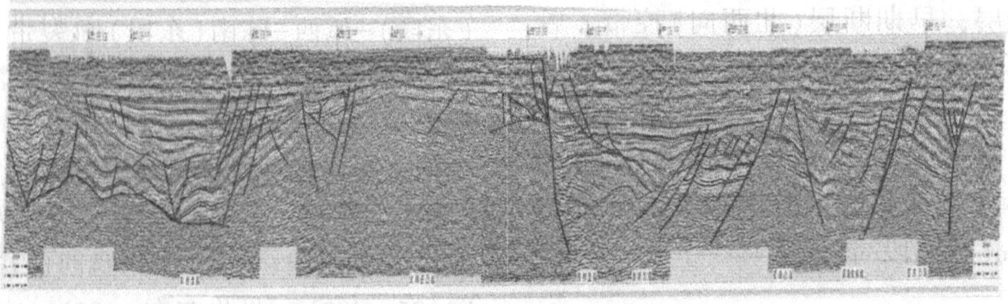
图4　济阳坳陷东西向160剖面

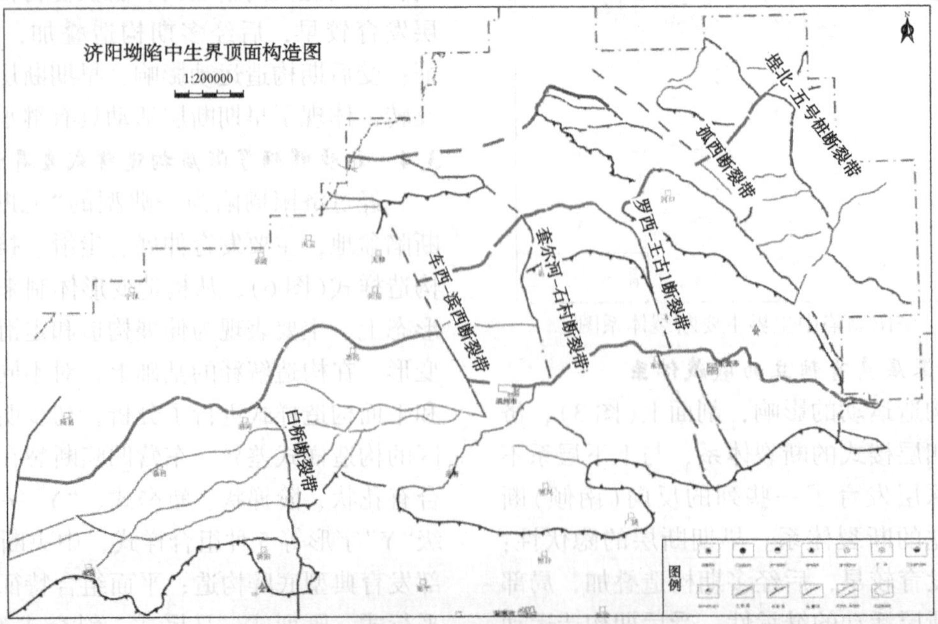

图5　济阳坳陷中生界主要断裂体系图

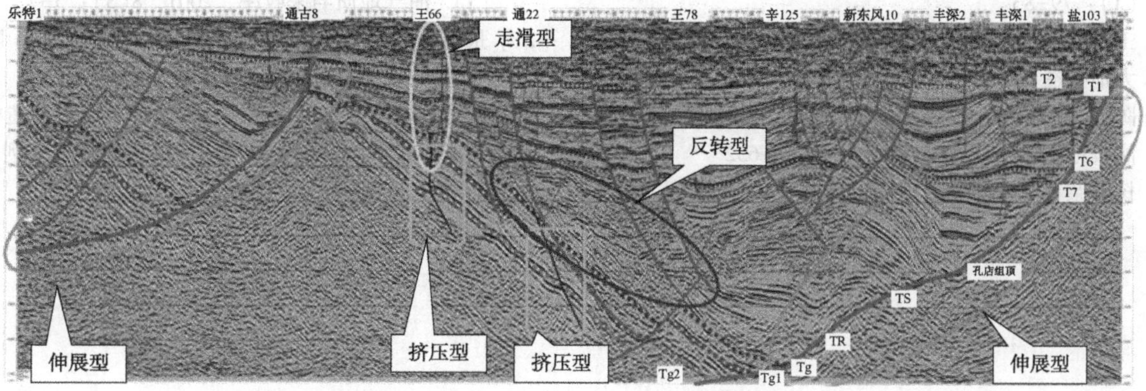

图6　济阳坳陷主要断裂剖面构造样式图

4　潜力方向

紧紧围绕油田高质量发展战略目标，深入实施三大战略转变，通过大剖面持续深化研究，提升了济阳坳陷构造特征和成盆、成藏的认识。结合油田当前勘探形势，下一步勘探潜力方向主要包括以下几个方面：

（1）中古生界低位潜山

当前高部位的中古生界潜山和斜坡带勘探程度相对比较高，取得了较好的勘探效益，低位潜山是下一步重要勘探方向。

（2）太古界潜山

凸起周缘的太古界潜山，经过风化溶蚀和内幕断缝，具备油气成藏条件，同时位于油气有利运移指向上，是下一步有利勘探方向。

（3）古近系深层

济阳坳陷沙四下已证实有三种成藏模式：Es4下供烃、Es4下储自源型；Es4上-Es3下供烃、Es4下储的它源型；Es4-Es3下供烃、Es4下储的混源型。王46、莱深斜2等井的钻探进一步证实了孔二段烃源的生烃能力，进一步打开了古近系深层的勘探空间。

（4）外围小洼陷

外围小洼陷深层整体勘探程度较低，可以采取近源找油、常非并举的方式，积极探索周缘小洼陷的勘探潜力。

参　考　文　献

[1] 胡英，张研，等. 速度建模的影响因素与技术对策[J]. 石油物探，2006，45(5)，503-508.

[2] 张敏，李振春. 偏移速度分析与建模方法综述[J]. 勘探地球物理进展，2007，30(6)，421-428.

[3] 井西利，杨长春，等. 建立速度模型的层析成像方法研究[J]. 石油物探，2002，41(1)，72-75.

[4] 陈辉，李录明，等. 基于共成像点道集评价的偏移速度建模[J]. 石油地球物理勘探，2010，45(4)，485-490.

[5] 辛可锋，王华忠，等. 共聚焦点层析速度建模方法[J]. 石油物探，2005，44(4)，329-333.

[6] 毕丽飞，秦宁，李钟晓，等. 应用逆散射级数波场预测和2D卷积盲分离压制层间多次波[J]. 石油地球物理勘探，2020，55(3)：521-529

[7] 黄明忠. 叠前时间偏移和共反射面叠加技术应用[J]. 勘探地球物理进展，2007，30(04)：275-279

[8] 覃天，沈水荣，彭文绪. 叠前三维共反射面叠加在实际地震资料处理中的应用[J]. 地球物理学进展，2014，29(3)：1257-1261

[9] 娄兵，郑鸿明，郭宏宪，等. 基于输出道成像方式共反射面元叠加方法的应用[J]. 新疆石油地质，2011，32(1)：83-84

[10] 董大伟，李继岩，王晓蕾. 渤海湾盆地东营凹陷东部孔店组红层储层特征及控制因素[J]. 中国石油大学学报：自然科学版，2017，41(5)：20-29.

[11] 宋国奇，李继岩，贾光华. 东营凹陷王家岗构造带孔店组构造特征及其控藏作用[J]. 石油与天然气地质，2013，34(2)：207-214.

[12] 吴笑荷. 济阳坳陷走滑场域构造特征及其石油地质意义[D]. 中国地质大学(北京)，2018.

[13] 吴孔友，李偲瑶，谭明友，刘化清. 渤海湾盆地义和庄凸起义东地区构造特征及形成与演化[J. 地学前缘，2019，26(02)：194-202.

[14] 肖静. 济阳坳陷古近纪古湖泊特征分析[D]. 焦作：河南理工大学，2017.

[15] 李润芳. 渤海湾盆地沾化凹陷构造特征研究[D]. 成都：成都理工大学，2018.

[16] 杜小亮. 惠民凹陷西部断裂构造样式及主干断层封闭性研究[D]. 青岛：山东科技大学，2011

[17] 丁桔红. 济阳坳陷不同区带构造样式发育与油气富集差异性分析[J]. 华南地质与矿产，2013，29

(1)：79-83
[18] 王世虎．济阳坳陷构造特征及形成机制讨论[J]．大地构造与成矿学，2004，28(4)：428-434
[19] 陈海云等．济阳坳陷构造样式及其与油气关系[J]．高校地质学报，2005，11(4)：622-632
[20] 杨品荣等．济阳坳陷构造转型期及其石油地质意义[J]．油气地质与采收率，2001，8(3)：5-7
[21] 张宇．济阳坳陷缓坡带构造特征及分类[J]．断块油气田，2005，12(3)：22-24
[22] 杨林龙，唐宏宇，刘惠民．斜向伸展变形构造样式及成因机制分析——以济阳坳陷沾化凹陷为例[J]．地质评论，2021，67(增刊)：129-130

深层火山岩油气藏五维地震反演技术研究

巫芙蓉　顾　雯　王书言　徐宝亮　吴建学

（中国石油集团东方地球物理勘探有限责任公司）

摘　要　近年来，火山岩油气藏已经成为准噶尔盆地油气增储上产的重要领域，但火山岩优质储层地震预测是制约火山岩精细勘探的难点。火山岩储层发育高角度裂缝，具有明显的HTI各向异性特征，基于各向异性参数与火山岩储层物性参数的相关性，提出了一种基于岩石物理驱动的火山岩储层五维相控反演方法。首先从火山岩储层微观岩石物理特征出发，针对骨架矿物及孔隙结构的强非均质性特点，构建了HTI各向异性火山岩等效岩石物理建模方法；其次，针对不同岩相火山岩岩石组分、储层物性参数与弹性参数间变化关系的差异性，提出了一种基于RBF相控建模方法，在此基础上通过HTI介质多参数分步反演方法，最终实现了优质火山岩储层五维地震数据反演和各向异性参数定量预测。

关键词　火山岩；五维地震；岩石物理建模；RBF建模；多参数分步反演

近年来，在准噶尔盆地、松辽盆地、渤海湾盆地等多个含油气盆地，火山岩油气藏已经成为重要的油气增储上产领域。由于火山岩气藏的复杂性，对火山岩储层类型划分没有统一意见，也缺乏专门针对火山岩油气藏成熟的地震勘探配套技术，实际生产中大多直接采用碎屑岩储层勘探所利用的技术，尚未形成针对火山岩的储层预测方法，且仅仅落实火山岩相带分布和岩体宏观展布已经难以满足火山岩气藏精细勘探的需求。

地震反演根据所使用的正演模型主要分为叠后地震反演和叠前地震反演两大类。叠后反演基于垂直入射假设，无法区分岩性地层信息，已很难满足实际的勘探需求。与叠后反演相比，叠前反演利用信息丰富的原始角度道集，可以同步获得纵波速度、横波速度及密度等多种弹性参数。Zoeppritz在1919年给出了弹性纵波在分界面的传播方程式，即计算纵波入射分界面所产生的反射纵波、反射横波、透射纵波和透射横波的反射系数的著名Zoeppritz方程，奠定了叠前AVO反演的理论基础。由于Zoeppritz方程表示的反射系数形式复杂、物理意义不明确及不易进行数值计算，许多学者依据对Zoeppritz方程进行了简化和改写，其中包括幂级数拟合、突出流体指示参数、以反射系数表示、用射线参数近似和用弹性模量表达等。然而，上述叠前地震反演针对各向同性介质，随着油气勘探的不断推进，油气勘探开发从常规油气储层转向火山岩、页岩、致密砂岩等复杂油气藏，这些油气藏都涉及到裂缝参数预测，裂缝型储层由于裂缝走向、地层压实等因素，其地震响应通常表现各向异性特征。目前，各向异性叠前地震反演主要分为VTI（Vertical Transversely Isotropic）反演和HTI（Horizontal Transversely Isotropic）反演，前者适用于水平层状的各向异性介质储层（如页岩），后者适用于发育有垂直裂缝的各向异性介质储层（如垂向裂缝型储层）。侯栋甲等将VTI介质的Rüger近似式作为多波联合各向异性AVA反演的正演算子，并采用贝叶斯方法建立目标函数开展了五参数的各向异性同时反演。陈怀震等提出了一种针对HTI介质的AVAZ反演方法，提高了裂缝型储层的流体识别精度。Padhi和Mallick进行了各向异性介质的P-P和P-S联合的叠前波形反演。Luo等提出了基于传播矩阵的VTI介质P-P和P-S联合叠前反演方法。虽然相比各向同性叠前反演，各向异性反演起步较晚，但随着各向异性理论的完善及方位地震数据采集技术的发展，各向异性反演技术在裂缝型储层地震预测中将发挥日益重要的作用。

本文基于等效介质理论，从微观岩石物理出发，构建了准噶尔盆地火山岩岩石物理模型，据此基于各向异性叠前反演理论，提出一种岩石物理驱动的五维地震数据叠前多参数反演方法，发展了HTI介质多参数分步反演方法，实现了优质火山岩储层五维地震反演和各向异性参数定量预测，预测结果对井吻合率高，为火山岩高效勘探开发提供了技术支撑。

1　基于等效介质理论的岩石物理建模

储层物性参数是定量描述储层力学性质及物性特征的物理量，储层物性参数预测是储层评价及开发的重要环节。现在常用的储层物性参数预测方法通常通过地震反演技术反演得到地震弹性参数，然后建立弹性参数与储层物性参数之间的联系，进行储层物性参数的预测，其建立的联系可以是统计关系，也可以是基于岩石物理理论的定量关系，其中基于岩石物理理论的弹性参数与储层物性参数关系通常具有明确的物理意义，可以从根本上定量描述储层的地震响应与弹性特征。

岩石物理主要研究岩石的力学、弹性、波传播、孔隙结构等特征及其引起的地球物理响应。针对火山岩储层的难点，本文通过分析火山岩复杂的矿物成分、储集空间、流体特征等方面对火山岩的弹性响应的影响，同时考虑骨架多矿物组分及多种孔隙结构的非均质性，构建了HTI各向异性火山岩岩石物理模型，据此形成了火山岩储层岩石物理建模方法(图1)。

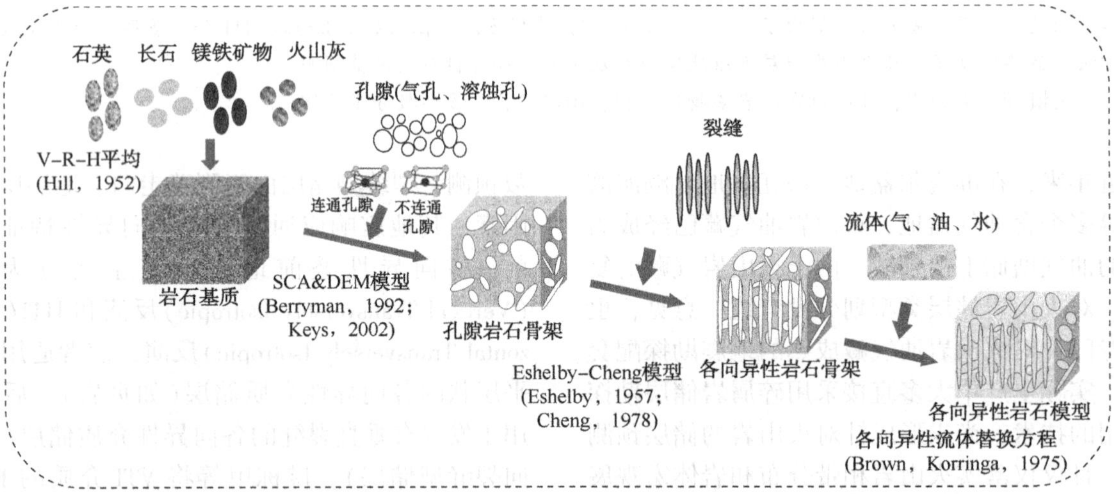

图1　火山岩岩石物理建模流程

第一步：火山岩矿物含量计算。构建火山岩岩石物理模型要首先实现基质主要矿物类型及其含量的确定。综合不同岩性的矿物特征，本文橄榄石、辉石、黑云母，角闪石等归为一类代表暗色矿物，以石英，长石作为浅色矿物代表，另外还有一类是火山岩独有的火山灰。在确定矿物组分的基础上，采用多重矿物解释模型，将复合型优化算法引入火山岩岩石物理反演与测井解释中，选用中子孔隙度，密度，声波时差，伽马，核磁孔隙度等测井曲线建立响应方程，最终得到复合型最优测井解释的各组分含量预测。

第二步：耦合多重孔隙空间。火山岩形成初期一般连通性较差，不经过次生作用的改造很难成为有效的储集空间。受后期风化、溶蚀等次生作用以及构造作用的影响，不稳定晶体及矿物遭到破坏，各种次生孔隙以及微裂缝开始发育，孔隙种类趋于复杂，储层储集空间类型增多，渗透率增强，逐渐发育成连通程度不一的孔隙网络。因此，在耦合多重孔裂隙空间时，首先进行孔隙度分离，将总孔隙度分为非联通孔与连通孔，而连通的孔隙是渗透性孔隙，并认为流体流动只发生在连通孔隙中；其次，在连通孔隙中，将有效孔隙度分为气孔，溶蚀孔，以及高角度裂缝三种孔隙结构。在骨架模量进行计算时首先针对气孔跟溶蚀孔这类影响较小的硬孔利用SCA&DEM模型在各向同性背景下进行耦合；然后重点考虑裂缝引起的强各向异性，基于各向异性理论，Cheng基于Eshelby(1957)椭球包含物的各向同性固体矿物内部应变的静态解理论，提出了横向各向同性含裂缝岩石的等效模量模型。Eshelby-Cheng模型可以用来模拟任意纵横比的裂缝模型，其模拟结果是在实验室条件下的高频结果。因此，选取各向异性模型Eshelby-Cheng模型耦合裂缝，最终估算各向异性等效骨架模量。

该裂隙模型求取具有含有垂直裂缝的岩石等效模量 c_{ij}^{eff} 的表达式为：

$$c_{ij}^{eff}=c_{ij}^{0}-\varphi_m c_{ij}^{1} \qquad (1)$$

其中，φ_m是裂缝孔隙度，c_{ij}^0是不含裂缝的各向同性背景岩石弹性模量，c_{ij}^1‖为校正项。

第三步：饱和流体岩石模量计算。目前，行业内使用最广泛的流体替换方程是 Gassmann 方程，可以由干岩石骨架模量估算饱和岩石的弹性模量，进而可以分析孔隙流体对地震响应的影响，是双相介质的基础理论，但是 Gassmann 方程基于各向同性的假设，不适用于火山岩流体替换，所以，应利用各向异性流体替换公式（Brown-Korringa 方程）向孔裂隙中充填流体，估算流体饱和火山岩等效弹性模量及各向异性参数。

$$s_{ij}^{(sat)}=s_{ij}^{(dry)}-[(s_{i\alpha}^{(dry)}-s_{i\alpha}^{0})(s_{j\alpha}^{(dry)}-s_{j\alpha}^{0})]/[(s_{\alpha\beta}^{(dry)}-s_{\alpha\beta}^{0})+(\beta_{fl}-\beta_0)\varphi_c] \tag{2}$$

$$c_{ij}^{sat}=(s_{ij}^{sat})^{-1} \tag{3}$$

其中，$s_{ij}^{(dry)}=(c_{ij}^{eff})^{-1}$，$s_{ij}^{0}=(c_{ij}^{m})^{-1}$是刚度张量矩阵的逆矩阵，$\beta_{fl}=\dfrac{1}{K_f}$，$\beta_0=\dfrac{1}{K_m'}$分别表示流体和矿物的可压缩性。

岩石纵波、横波速度可以分别表示为，

$$V_p(\theta)=\frac{1}{\sqrt{2\rho}}\sqrt{(c_{11}+c_{55})\sin^2\theta+(c_{33}+c_{55})\cos^2\theta+D(\theta)} \tag{4}$$

$$V_s(\theta)=\frac{1}{\sqrt{2\rho}}\sqrt{(c_{11}+c_{55})\sin^2\theta+(c_{33}+c_{55})\cos^2\theta-D(\theta)} \tag{5}$$

$$D(\theta)=\{[(c_{11}-c_{55})\sin^2\theta-(c_{33}-c_{55})\cos^2\theta]+4(c_{13}+c_{55})^2\sin^2\theta\cos^2\theta\}^{1/2} \tag{6}$$

式中，θ为波传播方向与对称轴的夹角。

通过岩石物理模型最终得到了火山岩岩石物理量版（图 2），从图上看出，火山岩不同岩性具备一定分区性、规律性，玄武安山岩较致密，孔隙度较小、纵横比速度比较低，流纹英安岩孔隙度较高，纵横比速递比较高；火山碎屑岩（角砾岩、凝灰质砂砾岩）相对于火山熔岩物性更好。另外，研究区优质储层主要表现为低纵横比速度比特征（V_P/V_S<1.8 区域），孔隙度值域为 10%～18%，该量版为后续火山岩储层预测奠定了岩石物理基础。

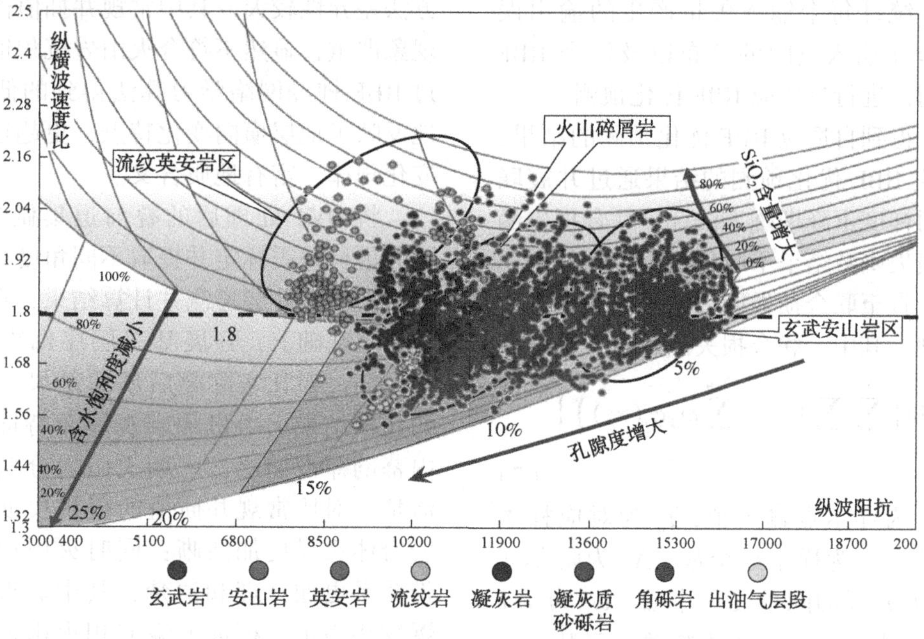

图 2　火山岩岩石物理量版

2　火山层序约束下五维地震反演

2.1　火山层序约束下相控建模

现有地震波阻抗反演主要针对常规碎屑岩储层，低频约束模型以均匀介质理论为基础，通过对测井数据线性内插而建立。对于裂缝-孔隙型火山岩储层，不同岩相火山岩岩石组分、孔隙结构差异较大，储层物性参数与弹性参数间变化关系也不同，常规反演无法有效预测优质储层。要想获得高精度储层反演结果，构建合理的低频模型至关重要，可以增强地质体空间识别能力。目前，行业内常规的低频模型建立主要是依赖于井数据插值算法，比如克里金插值、反距离加权、局部加权插值等。这种插值方法只适用于构造相对稳定且多井地区，在少井且井距较大地区，所构建的低频模型容易出现“牛眼”现象，且低频分量在沿地震剖面横向递推时，低频信息只是简单的线性内插或者外推，无法反映地层产状、岩性横向变化等构造特点。

本文提出一种火山岩储层层序约束下的 RBF 建模方法（Radial-Basis Function），即一种多变量插值的径向基函数方法。RBF 神经网络的基本思想是用径向基函数作为隐单元的“基”（隐单元的个数由所要描述的问题而定），隐含层对输入矢量进行相应数学变换，将低维度的输入数据变换到高维度空间内，使得在低维空间内线性不可分的问题在高维空间内实现线性可分。构建 RBF 网络的关键是合理选取径向基函数的数量和中心向量。本文提出的 RBF 建模方法，不需要确定 RBF 的数量和中心向量，而是在学习过程中，根据误差在输入空间的分布，自适应地增加 RBF 的数量，并适当调节中心向量。具体为两步：

第一步：统计每个输入矢量产生的输出误差，结合误差在输入空间的分布以及每个 RBF 对网络的作用，进行自适应 RBF 优化预测。

第二步：得到自适应 RBF 优化预测的结果，将所述自适应 RBF 优化预测的结果通过井震联合对比，采用梯度下降训练方法计算联合损失函数，若联合损失函数结果不收敛，则重新从第一步开始执行，直至联合损失函数结果收敛，即可输出初始模型。其中，联合损失函数定义为：

$$W=\underset{W}{\operatorname{argmin}}\left\{\sum_{n=1}^{N}\sum_{k=1}^{N_0}\left(t_n-\sum_{j=1}^{N_{kH}}\omega_{jk}\varphi_j(x_n)\right)\right\} \tag{7}$$

式中，x_n 为样本点输入值，t_n 为对应样本在 k 层的输出，N 为样本点个数，N_0 为隐单元层数，N_{kH}为第 k 层的隐单元层个数，ω_{jk}为第 k 层 j 样本点的输出权重，$\varphi_j(x^n)$为隐单元函数，n，i，j，k 均为索引下标变量。

W 的相对宽度和权重 ω_{ji}的负梯度为：

$$-\nabla W(\sigma_i)=-\frac{\partial W}{\partial\sigma_i}=-\frac{\partial W}{\partial y_i}\frac{\partial y_i}{\partial\varphi_i}\frac{\partial\varphi_i}{\partial\sigma_i}$$

$$=\sum_{x_i\in L\cup U}(t_i-y_i)\times\omega_{ii}\times\exp\left(-\frac{\|x_i-c_i\|^2}{\sigma_i^2}\right)\frac{\|x_i-c_i\|^2}{\sigma_i^3},$$

$$-\nabla W(\omega_{\mathrm{ji}})=-\frac{\partial W}{\partial\omega_{\mathrm{ji}}}=-\frac{\partial W}{\partial \mathrm{y}_i}\frac{\partial \mathrm{y}_i}{\partial\omega_{\mathrm{ji}}}$$

$$=\sum_{x_i\in L\cup U}(t_i-\mathrm{y}_i)\times\varphi_j(\|x_i-c_i\|) \tag{8}$$

其中 c_i 为第 i 个高斯分量的中心，σ_i 为第 i 个高斯分量的半径，L 和 U 为样本所在空间；

沿着梯度下降方向，径向基函数宽度及权重的调整方法如下：

$$\begin{aligned}\sigma_i(t+1)&=\sigma_i(t)-\eta\nabla W(\sigma_i)\\ \omega_{ji}(t+1)&=\omega_{ji}(t)-\beta\nabla W(\omega_{ji})\end{aligned} \tag{9}$$

式中，η，$\beta\in[0,\ 1]$分别为宽度和权重的学习效率，决定梯度搜索步长，t 为迭代次数。

该方法得到的低频趋势更符合地下真实变化规律。图 3 为三种不同方法建立低频模型的对比图，(a)为通过常规井插值建立的低频模型，(b)为火山岩层序约束下的井内插模型，(c)为火山岩层序约束下的 RBF 属性相控模型。三种方法差异性较大。其中常规井插值模型水平层状现象严重，显然不符合火山岩沉积地质规律。通过 RBF 神经网络学习算法得到的低频模型较好地反映了地层横向变化特点，更趋近于地下真实变化规律，富有地质含义。

将 OVT 处理后的叠前道集做分角度叠加，同时进行井震标定并提取不同角度叠加数据体的子波，结合井旁道测井计算结果，在上述低频模型建立基础上，开展基于层序约束下的五维相控反演。对比实际叠后反演结果，层序约束下的建模结果火山机构宏观展布特征清晰，针对内幕韵律型储层，三期火山岩分期次喷发特征清楚，对比常规井插值的阻抗反演结果，火山岩岩体边界更加清晰；同时火山机构内部的相带关系更加合理和清楚，其中靠近火山通道为爆发相为主，稍远为溢流相火山岩，相对较远的属于火山沉积相，基于层序约束 RBF 建模的反演结果更加符合火山岩沉积地质规律，其相控储层反演预测的三期火山岩优质储层。，但叠后反演只能预测火山岩储层，不能解剖井间油水关系。因此，在此基础上进一步利用五维地震数据进行反演。

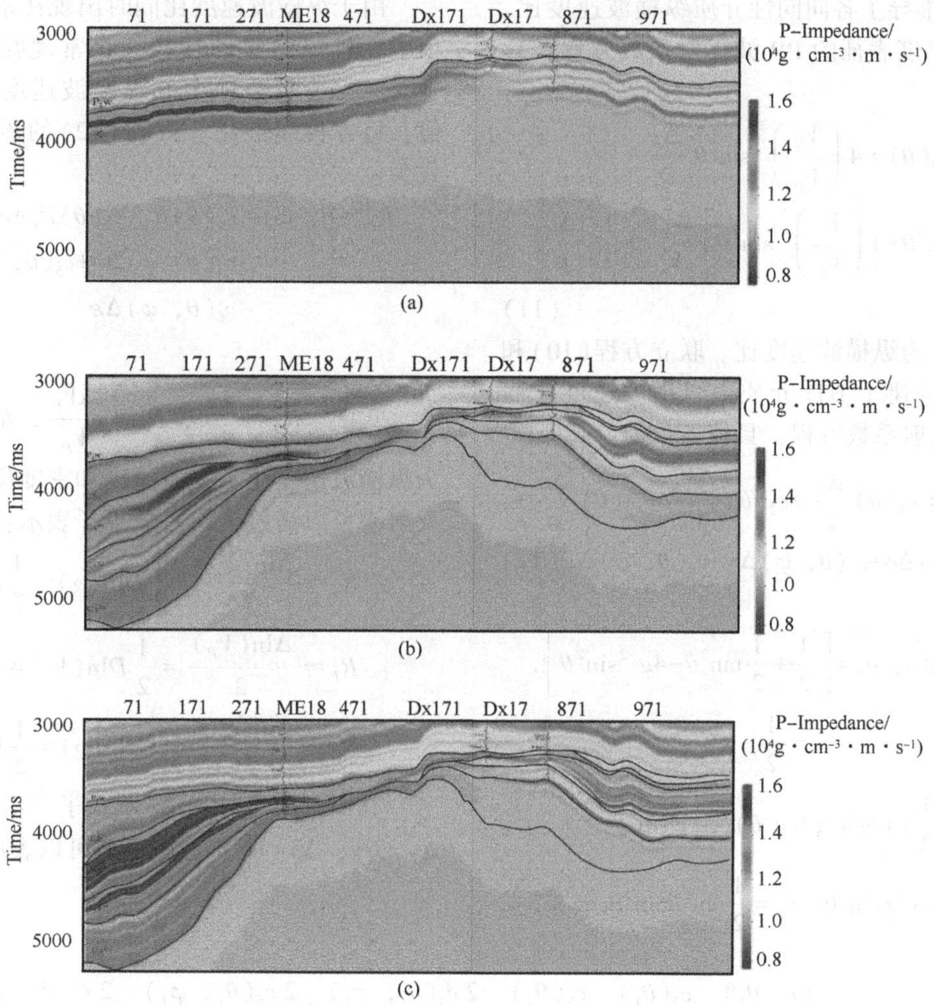

图 3　不同方法低频模型建立对比

2.2　火山岩五维地震数据反演

考虑火山岩通常发育高角度或垂直裂缝，本文以 HTI 介质模型为基础，利用五维地震数据反演方法，研究火山岩储层的各向异性及流体发育特征。Rüger(1998)从拟 Zeoppritz 方程出发，基于微扰理论将 HTI 介质反射系数近似为各向同性和各向异性扰动两个部分，其具体表达式为：

$$R_{PP}=R_{PP}^{iso}+R_{PP}^{ani} \tag{10}$$

其中，

$$R_{PP}^{iso}(\theta)=\frac{1}{2}\frac{\Delta Z}{Z}+\frac{1}{2}\left[\frac{\Delta V_p}{V_p}-\left(\frac{2\overline{V_s}}{\overline{V_p}}\right)^2\frac{\Delta G}{G}\right]\sin^2\theta+\frac{1}{2}\frac{\Delta V_p}{V_p}\sin^2\theta\tan^2\theta$$

$$R_{PP}^{ani}(\theta,\ \varphi)=\frac{1}{2}\left\{\left[\Delta\delta+2\left(\frac{2V_s}{V_p}\right)^2\Delta\gamma\right]\cos^2\varphi\right\}\sin^2\theta+\frac{1}{2}\left\{\Delta\varepsilon\cos^4\varphi+\Delta\delta\sin^2\varphi\cos^2\varphi\right\}\sin^2\theta\tan^2\theta$$

式中，θ 为入射角，φ 为方位角，表示观测方位与裂缝对称轴的夹角，$Z=\rho V_p$ 表示纵波阻抗，$G=\rho V_s{}^2$ 表示剪切模量，V_P 和 V_S 分别表示纵横波，δ、ε 和 γ 为 Thomsen 各向异性参数。

式(10)构建了 HTI 介质 V_P、V_S、ρ、δ、ε、γ 等参数与反射系数之间的定量关系，可以从五维地震数据中直接反演纵横波速度、密度及各向异性参数。然而，如何从地震数据中直接预测储层流体变化特征一直是油气地球物理勘探的研究重点，式(10)难以直接获得对储层流体变化的敏感参数。由于纵、横波速度对不同的流体类型具有不同的响应特征，纵横波速度比常被作为流体敏感参数，用于储层含油气性预测。

Chen 等推导了各向同性介质纵横波速度比、纵波速度及密度表征的 PP 波反射系数方程，具体表征为：

$$R_{PP}^{1}(\theta)=4\left(\frac{V_S}{V_P}\right)^2\sin^2\theta\frac{\Delta g}{g}+\left[\frac{1}{2}+\frac{1}{2}\tan^2\theta-4\left(\frac{V_S}{V_P}\right)^2\sin^2\theta\right]\frac{\Delta V_p}{V_p}+\frac{1}{2}\frac{\Delta\rho}{\rho} \tag{11}$$

式中，g 为纵横波速度比。联立方程(10)和(11)，本文构建了 HTI 介质由纵横波速度比表征的 PP 波反射系数方程，具体表示为：

$$R_{PP}^{HTI}(\theta,\varphi)=c_1(\theta)\frac{\Delta g}{g}+c_2(\theta)\frac{\Delta V_P}{V_P}+c_3(\theta)\frac{\Delta\rho}{\rho}+c_4(\theta,\varphi)\Delta\delta+c_5(\theta,\varphi)\Delta\gamma+c_6(\theta,\varphi)\Delta\varepsilon \tag{12}$$

其中，

$$c_1=4g^{-2}\sin^2\theta,\ c_2=\left[\frac{1}{2}+\frac{1}{2}\tan^2\theta-4g^{-2}\sin^2\theta\right],$$

$$c_3=\frac{1}{2}$$

$$c_4=\frac{1}{2}(1+\sin^2\varphi\tan^2\theta)\cos^2\varphi\sin^2\theta,$$

$$c_5=2g^{-2}\cos^2\varphi\sin^2\theta,\ c_6=\frac{1}{2}\sin^2\theta\tan^2\theta\cos^4\varphi$$

由于纵横波速度比同时出现在系数项和扰动项中，式(12)呈非线性。在常规叠前地震反演中，通常给系数项中的纵横波速度比设置参考值，将方程线性化。方程(12)的矩阵—向量形式为：

$$R_{PP}^{HTI}(\theta,\varphi)=c_1(\theta)R_g+c_2(\theta)R_P+c_3(\theta)R_\rho+c_4(\theta,\varphi)\Delta\delta+c_5(\theta,\varphi)\Delta\gamma+c_6(\theta,\varphi)\Delta\varepsilon \tag{13}$$

式中，$R_g=\frac{\Delta g}{g}$，$R_P=\frac{\Delta V_P}{V_P}$，$R_\rho=\frac{\Delta\rho}{\rho}$ 分别为纵横波速度比、纵波速度和密度反射率。这些反射率可以通过一阶差分算子表示：

$$\begin{aligned}R_g&\approx\frac{\Delta\ln(g)}{2}=\frac{1}{2}D\ln(g)=\frac{1}{2}DI_g\\R_P&\approx\frac{\Delta\ln(V_P)}{2}=\frac{1}{2}D\ln(V_P)=\frac{1}{2}DI_P\\R_\rho&\approx\frac{\Delta\ln(\rho)}{2}=\frac{1}{2}D\ln(\rho)=\frac{1}{2}DI_\rho\end{aligned} \tag{14}$$

其中，D 为一阶差分算子。由于 $\Delta\varepsilon=D\varepsilon$，$\Delta\gamma=D\gamma$，$\Delta\delta=D\delta$，正演模型可以表示为：

$$\underbrace{\begin{bmatrix}S(\theta_1,\varphi_1)\\S(\theta_2,\varphi_1)\\\vdots\\S(\theta_h,\varphi_1)\\S(\theta_1,\varphi_2)\\S(\theta_2,\varphi_2)\\\vdots\\S(\theta_h,\varphi_2)\end{bmatrix}}_{S}=\frac{1}{2}W\underbrace{\begin{bmatrix}c_1(\theta_1)&c_2(\theta_1)&c_3(\theta_1)&2c_4(\theta_1,\varphi_1)&2c_5(\theta_1,\varphi_1)&2c_6(\theta_1,\varphi_1)\\c_1(\theta_2)&c_2(\theta_2)&c_3(\theta_2)&2c_4(\theta_2,\varphi_1)&2c_5(\theta_2,\varphi_1)&2c_6(\theta_2,\varphi_1)\\\vdots&\vdots&\vdots&\vdots&\vdots&\vdots\\c_1(\theta_h)&c_2(\theta_h)&c_3(\theta_h)&2c_4(\theta_h,\varphi_1)&2c_5(\theta_h,\varphi_1)&2c_6(\theta_h,\varphi_1)\\c_1(\theta_1)&c_2(\theta_1)&c_3(\theta_1)&2c_4(\theta_1,\varphi_2)&2c_5(\theta_1,\varphi_2)&2c_6(\theta_1,\varphi_2)\\c_1(\theta_2)&c_2(\theta_2)&c_3(\theta_2)&2c_4(\theta_2,\varphi_2)&2c_5(\theta_2,\varphi_2)&2c_6(\theta_2,\varphi_2)\\\vdots&\vdots&\vdots&\vdots&\vdots&\vdots\\c_1(\theta_h)&c_2(\theta_h)&c_3(\theta_h)&2c_4(\theta_h,\varphi_2)&2c_5(\theta_h,\varphi_2)&2c_6(\theta_h,\varphi_2)\end{bmatrix}}_{A}\underbrace{\begin{bmatrix}I_g\\I_P\\I_\rho\\\delta\\\gamma\\\varepsilon\end{bmatrix}}_{m} \tag{15}$$

式中，S 为由两个方位 h 个入射角道集组成的地震数据，W 为子波核矩阵，A 为正演算子，m 为反演参数。由于待反演参数较多，本文采用分步反演策略来估计纵横波速度比。主要步骤包括：(1)估计纵横波速度比、纵波速度和密度等三个对反射系数贡献较大的参数；(2)估计 Thomsen 各向异性参数；(3)交替循环直至算法收敛。

本文设计了两个系数矩阵来实现该分步反演。在步骤 1 中，构建了 HTI 介质多参数反演的目标泛函，具体如下：

$$f(m_1)=\min\|S-A(C_1m_1+C_2m_{lfm})\|_2^2+\xi_1\|Dm_1\|_2^2 \tag{16}$$

其中，m_{lfm} 为初始模型，由纵横波速度比、纵波速度、密度和各向异性参数组成；$\xi_1>0$ 为正则化参数，可提高反演算法的抗噪性；C_1 和 C_2 为系数矩阵，用来控制参与反演的参数，具体形式如下：

$$C_1=kron(\nu,I_{n\times n}),\ C_2=kron(\upsilon,I_{n\times n}) \tag{17}$$

其中，$I_{n\times n}$ 为 n 阶单位矩阵，n 表示地震数据每道的采样点数，$kron(\,)$ 为克罗内积算子；$\nu=[1,\ 1,\ 1,\ 0,\ 0,\ 0]^{\mathrm{T}}$，$\upsilon=[0,\ 0,\ 0,\ 1,\ 1,\ 1]^{\mathrm{T}}$，系数矩阵 C_1 和 C_2 的具体形式为：

$$C_1=\begin{bmatrix} I_{n\times n} & & & & & \\ & I_{n\times n} & & & & \\ & & I_{n\times n} & & & \\ & & & 0 & & \\ & & & & 0 & \\ & & & & & 0 \end{bmatrix},\quad C_2=\begin{bmatrix} 0 & & & & & \\ & 0 & & & & \\ & & 0 & & & \\ & & & I_{n\times n} & & \\ & & & & I_{n\times n} & \\ & & & & & I_{n\times n} \end{bmatrix} \tag{18}$$

在步骤 2 中，各向异性参数更新的目标泛函：

$$f(m_2)=\min \| S-A(C_2\,m_2+C_1\,m_1)\|_2^2+\xi_2\,\| D\,m_2\|_2^2 \tag{19}$$

式(16)和(19)均为凸优化问题，通过求偏导即可获得目标泛函的极小化解。

在步骤 3 中，将步骤 2 反演得到的纵横波速度比、纵波速度、密度及各向异性参数作为初始模型，即 $m_{lfm}=m_2$，重复执行步骤 1 和步骤 2，循环迭代保证算法的收敛性。

算法 1：HTI 介质多参数分步反演

1) 输入：构建低频模型 m_{lfm}，设置正则化参数 ξ_1 和 ξ_2、各向同性和各向异性分步反演的终止误差 Γ_{iso} 和 Γ_{ani}。

2) 根据式(12)~(15)，构建地震数据 S 和正演算子 A。

3) 当 $\| m_1^{\,k+1}-m_1^{\,k}\|^2>\Gamma_{iso}$ 或 $\| m_2^{\,k+1}-m_2^{\,k}\|^2>\Gamma_{ani}$ 时，执行：

4) $m_1=((A\,C_1)^{\mathrm{T}}(A\,C_1)+\xi_1\,D^{\mathrm{T}}D)^{-1}((A\,C_1)^{\mathrm{T}}S-(A\,C_1)^{\mathrm{T}}A\,C_2\,m_{lfm})$；

5) $m_2=((A\,C_2)^{\mathrm{T}}(A\,C_2)+\xi_2\,D^{\mathrm{T}}D)^{-1}((A\,C_2)^{\mathrm{T}}S-(A\,C_2)^{\mathrm{T}}A\,C_1\,m_1)$；

6) $m_{lfm}=m_2$；

7) 结束

8) 输出：$[g,\ V_P,\ \rho,\ I,\ I,\ I]^{\mathrm{T}}=\exp(m_1)$，$[0,\ 0,\ 0,\ \delta,\ \gamma,\ \varepsilon]^{\mathrm{T}}=m_2$，其中 I 和 0 分别为 n 阶单位矩阵和零矩阵，n 为每个地震道的采样点数。

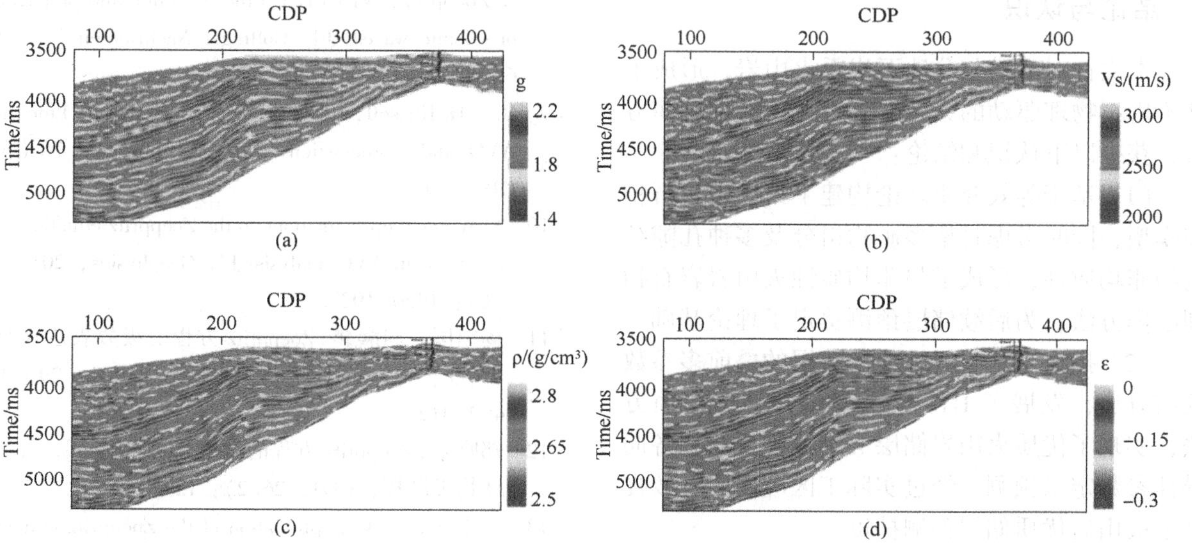

图 4　五维多参数反演剖面

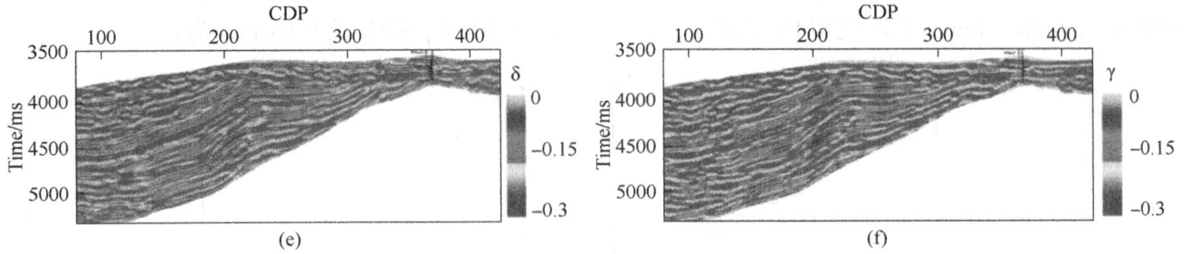

图 4　五维多参数反演剖面(续)

图 5 为不同方位的叠前反演剖面图，(a)为全叠加数据叠前纵横波速度比剖面，(b)为五维地震多参数反演的叠前纵横波速度比剖面，从五维地震叠前反演剖面上看，M003 井为产水，M005 为油气井，相对全叠加叠前反演，五维相控叠前反演能有效解剖井间油水关系。

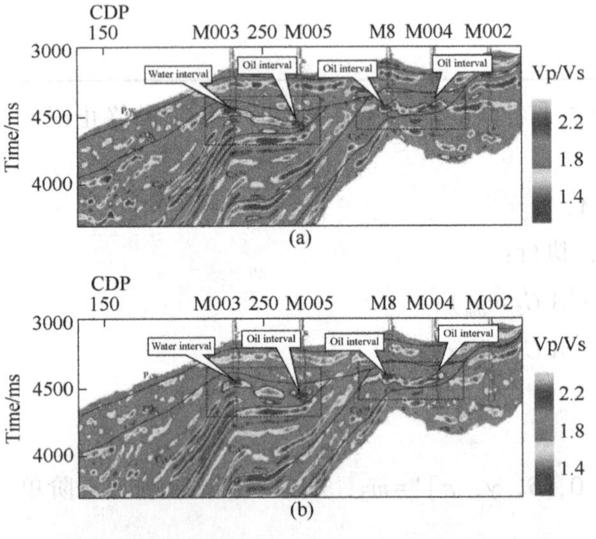

图 5　传统叠前反演与五维多参数反演剖面对比

3　结论与认识

本文针对准噶尔盆地石炭系火山岩，形成了基于岩石物理驱动的火山岩五维地震数据反演方法，获得以下认识和结论：

(1) 基于等效介质理论构建了火山岩岩石物理模型，同时考虑骨架多矿物组分及多种孔隙结构的非均质性，形成了强非均质性火山岩岩石物理建模方法，为后续储层预测奠定了理论基础。

(2) 提出了基于五维地震数据的叠前多参数反演方法，发展了 HTI 介质多参数分步反演方法，实现了优质火山岩储层五维地震反演和各向异性参数定量预测。经过实际工区应用，有效提高了火山岩优质储层预测精度。

参 考 文 献

[1] 姚姚．地球物理反演基本理论与应用方法[M]．武汉：中国地质大学出版社，2002.

[2] O. Yilmaz. Seismic Data Analysis：Processing，Inversion and Interpretation of Seismic Data，2nd Edition[M]. 2001，SEG，OK，USA.

[3] S. K. Ghosh. Limitations on impedance inversion of band-limited reflection data[J]. Geophysics，2000，65(3)：951-957.

[4] J. E. Downton，C. Ursenbach. Linearized amplitude variation with offset (AVO) inversion with supercritical angles[J]. Geophysics，2006，71(5)：E49-E55.

[5] F. Chiappa，A. Mazzotti. Estimation of petrophysical parameters by linearized inversion of angle domain pre-stack data[J]. Geophysical Prospecting，2009，57(3)，413-426.

[6] Wang L，Zhou H，Wang Y. Three-parameter prestack seismic inversion based on L1-2 minimization[J]. Geophysics，2019，84(5)：R753-R766.

[7] C. G. Knott. Reflexion and refraction of elastic waves，with seismological applications[J]. Philosophical Magazine，1899，48(290)：64-97.

[8] K. Zoeppritz，VIIIB E. On the reflection and propagation of seismic waves[J]. Gottinger Nachrichten 1，1919，66-84.

[9] B. H. Russell，D. Gray，D. P. Hampson. Linearized AVO and poroelasticity [J]. Geophysics，76 (3)：C19-C29.

[10] Y. Wang. Approximations to the Zoeppritz equations and their use in AVO analysis[J]. Geophysics，2012，64(6)：1920-1927.

[11] 杨绍国，周熙襄．Zoeppritz 方程的级数表达式及近似[J]．石油地球物理勘探，1994，29(4)：409-412.

[12] 郑晓东．Zoeppritz 方程的近似及其应用[J]．石油地球物理勘探，1991，26(2)：129-144.

[13] R. T. Shuey. A simplification of the Zoeppritz equations [J]. Geophysics，1985，50(50)：609-614.

[14] F. Gray, T. Chen, W. Goodway. Bridging the gap: Using AVO to detect changes in fundamental elastic constants [C]. SEG Expanded Abstracts, USA, 1999: 852-855.

[15] J. L. Fatti, G. C. Smith, P. J. Vail, et al. Detection of gas in sandstone reservoirs using AVO analysis: A 3-D seismic case history using the Geostack technique [J]. Geophysics, 1994, 59(9): 1362-1376.

[16] R. Bortfeld. Approximations to the reflection and transmission coefficients of plane longitudinal and transverse waves[J]. Geophysical Prospecting, 1961, 9(4): 485-502.

[17] B. Goodway, T. Chen, J. Downton. Improved AVO fluid detection and lithology discrimination using Lame petrophysical parameters from P and S inversions[C]. CSEG Expanded Abstracts, Canada, 1997: 183-186.

[18] C. Ursenbach. Testing pseudo-linear Zoeppritz approximations: P-waveAVO inversion[R]. CREWES Research Report, 2003, 15: 1-14.

[19] S. Mallick. AVO and elastic impedance [J]. The Leading Edge, 2001, 20: 1094-1104.

[20] Pike R J(1978). Volcanoes on the inner planets: some preliminary comparisons of gross topography[C]. Proc 9th Lunar Planet Sci Conf, p 3239-3273.

[21] 侯栋甲，刘洋，任志明，等．基于贝叶斯理论的VTI介质多波叠前联合反演[J]．石油物探，2014，53(3)：294-303.

[22] 陈怀震，印兴耀，高成国，等．基于各向异性岩石物理的缝隙流体因子AVAZ反演[J]．地球物理学报，2014，57(3)：968-978.

转换波岩相识别技术在ZT凹陷须家河组四段砂岩刻画中的应用

赵　尧[1,2]　张宇生[3]　王　静[1,2]　谢万学[1,2]　陈　立[1,2]

（1. 中国石油集团东方地球物理勘探有限责任公司物探技术研究中心；
2. 油气勘探计算机软件国家工程研究中心；3. 中国石油西南油气田公司）

摘　要　ZT地区须家河组四段以浅灰色厚-巨厚层状砂岩沉积为主，是目前致密气增储上产的主力产层。根据已钻井显示，须四中部部分井发育大段泥岩，而当泥岩发育时，纵波速度降低，与下覆致密砂岩在纵波地震剖面上呈明显的波峰"亮点"反射；当储层砂岩发育时，储层纵波速度降低，与围岩仍形成波峰"亮点"反射，因此导致储层砂岩与泥岩具有相同的强"亮点"地震反射，前期单一纵波较难准确区分低速砂岩和泥岩，依据优质储层砂岩地震强波峰反射模式，造成部分井钻井失利，因此开展地震岩相研究并预测砂岩有利区分布具有重要意义。本次利用转换波地震资料为基础，开展须四段地震岩相研究，以模型正演为指导，建立不同岩相体多波地震响应特征，得出转换波更有利区分砂岩、泥岩岩性体。同时对研究区测井资料、地球物理响应特征进行研究，利用转换波岩相识别优势，通过泥岩与砂岩在转换波地震剖面上不同的响应特征，基于转换波属性分析来判别须四内部真假"亮点"，识别有利砂体分布。岩相预测结果表明，利用转换波资料刻画的地震岩相平面分布规律性强，"东西两分"特征明显，西北部主要发育砂岩夹厚层泥岩，东南部发育砂岩夹薄层泥岩，转换波岩相识别结果与研究区单井砂、泥解释成果吻合程度高，能够反映须四段砂岩、泥岩平面分布规律，后续新钻井进一步证实转换波岩相预测成果的可靠性，为该区致密气藏下步勘探部署指明了方向。

关键词　须家河组；转换波；岩相识别；真假亮点；模型正演

须家河组是四川盆地晚三叠世沉积在中三叠统雷口坡组之上的一套含煤砂泥岩层系，厚度约200~4000m，自西向东减薄，全盆地广泛分布。ZT凹陷地区须家河组埋深一般大于3000m，厚度在1000~1400m之间，以三角洲沉积体系为主。该区钻探工作始于20世纪70年代，须家河组四段是上三叠统显示程度较好的层段，也是获气最多的层段，共有测试井24口，获工业气井15口，获气井成功率62.5%。从目前开采情况看，须家河组四段累产气量优于须家河组二段、三段，是目前四川盆地浅层致密气效益化勘探开发的重要领域之一。

ZT地区须家河组四段以浅灰色厚-巨厚层状砂岩沉积为主，中部夹大段泥岩，当优质储层砂岩发育时，储层砂岩纵波速度与内部泥岩纵波速度接近，导致储层砂岩与泥岩具有相同的强"亮点"地震反射。随着开发深入，多口井钻井证实利用纵波地震强振幅识别的优质砂岩模式存在砂体钻遇不准，砂体分布规律识别不清等问题。而在致密砂岩气藏勘探开发中，砂体预测是基础和关键，砂体分布规律识别是当前钻井高效开发的前提。因此开展地震岩相研究具有积极意义。

陆地多波勘探技术是一项综合利用纵波和转换横波开展油气勘探的重要技术，该技术前后经历了四十多年的发展和应用。在岩性与储层识别等方面具有一定的优势，是提高致密、低渗透等复杂油气藏勘探开发精度的有效手段之一。

本文以该区多分量地震资料为基础，以模型正演为指导，研究不同岩相体测井响应、地震响应特征，厘清各岩相体纵波、转换波响应特征差异，得出转换波更有利于岩相识别，因此基于泥岩与砂岩在转换波地震剖面上的差异响应，利用转换波属性判别须四内部真假"亮点"，划分有利地震岩相，从而识别砂体横向分布，指导下步井位部署。

1　须四段区域研究背景

ZT凹陷地区位于四川盆地西北，地理上位于绵阳、广元市境内；区域构造上位于四川盆地川西北古中坳陷低缓构造区，北西邻龙门山逆掩推覆构造带，北靠米仓山山前断褶构造带，东接川中隆起。从上古生代—中生代该区长期处于下沉地带，三叠纪印支运动仅见微弱影响，致使地层遭受剥蚀程度不大，保存地层较全。局部圈闭构造闭合度小，地层平缓，断裂不发育。

ZT凹陷须四段位于三角洲前缘沉积，整体发育厚层砂岩，中部夹泥岩，砂体厚度大，砂地比高，主要表现为“砂包泥”的特征。

2　转换波岩相刻画

纵波资料反映了岩石骨架和流体特性，而横波是偏振波，只能通过岩石基质的骨架传播，因而流体的存在对横波的传播速度几乎不产生影响。因此依据纵波和横波不同的运动学和动力学特征，可以有效识别地层岩性及含气性。

2.1　测井响应特征研究

ZT凹陷须四段岩性主要为砂岩和泥岩，具有“砂包泥”的空间配置关系。在岩心标定的基础上结合测井曲线比较砂岩、泥岩差异。须四段泥岩样点的泥质含量值多大于30%。通常以泥质含量曲线为基础，泥质含量值30%为门槛，划分须四段砂泥岩，同时以孔隙度4%为门槛划分致密砂岩与优质储层砂岩。

根据已知井测井响应特征，致密砂岩表现为高纵波速度、高横波速度、低孔隙度、低纵横比速度比的特征；优质砂岩表现为低纵波速度、较高横波速度、高孔隙度、低纵横比速度比特征；泥岩表现为低纵波速度、低横波速度、低孔隙度、高纵横比速度比特征(图1)。优质砂岩与泥岩均表现为低纵波速度。

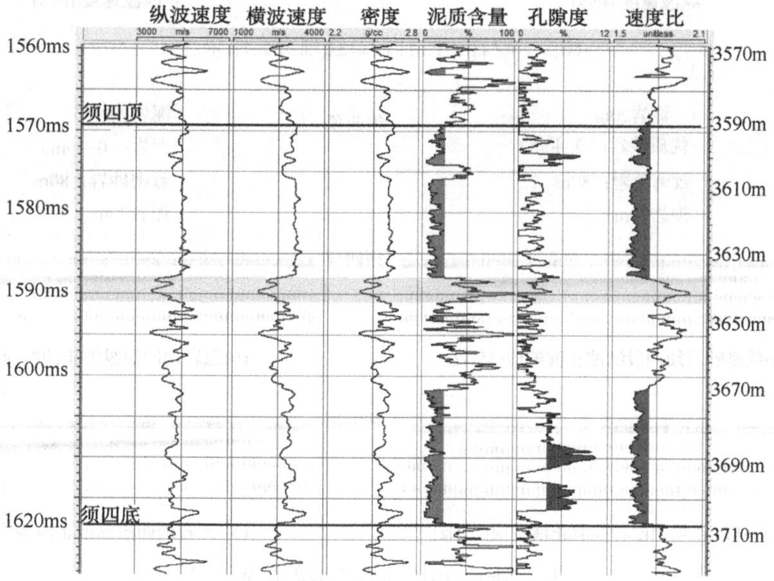

图1　ZTA井测井响应特征

为了更好分析泥岩与优质砂岩纵波、横波速度差异，优选须四内部泥岩段与优质砂岩段进行岩石物理交会分析，从交会图上获得，优质砂岩与泥岩纵波速度重叠范围4300～4650m/s，纵波阻抗重叠范围10750～11900g/cc＊m/s；优质砂岩与泥岩纵波速度和阻抗重叠明显，而横波速度和横波阻抗两者具有明显差异，砂岩横波速度大于2500m/s，横波阻抗大于6500g/cc＊m/s，因此横波更能区分砂岩、泥岩，更好指示岩性界面。

2.2　多波正演特征研究

为了明确须四段砂岩、泥岩不同岩相体的地震响应特征，根据已知井实测数据(表1)，建立与实际地层结构吻合的正演模型(图3)。根据正演记录，在纵波正演记录上，优质砂岩与泥岩底界均呈强波峰反射[图3(a)和(b)]，单一纵波较难区分须四内部真假“亮点”；而对应的转换波正演记录上，优质砂岩底界呈弱波峰反射[图3(a′)]，泥岩底界呈强波峰反射[图3(b′)]，两者反射振幅存在明显差异，因此转换波对岩性更为敏感，可以利用转换波区分须四内部真假“亮点”，划分岩相相带，识别优质砂岩发育区。

表 1　不同岩相体弹性参数统计表

岩性	密度/(g/cm³)	纵波速度/(m/s)	横波速度/(m/s)
泥岩	2.62	4400	2400
储层砂岩	2.5	4400	2600
致密砂岩	2.56	5000	2850

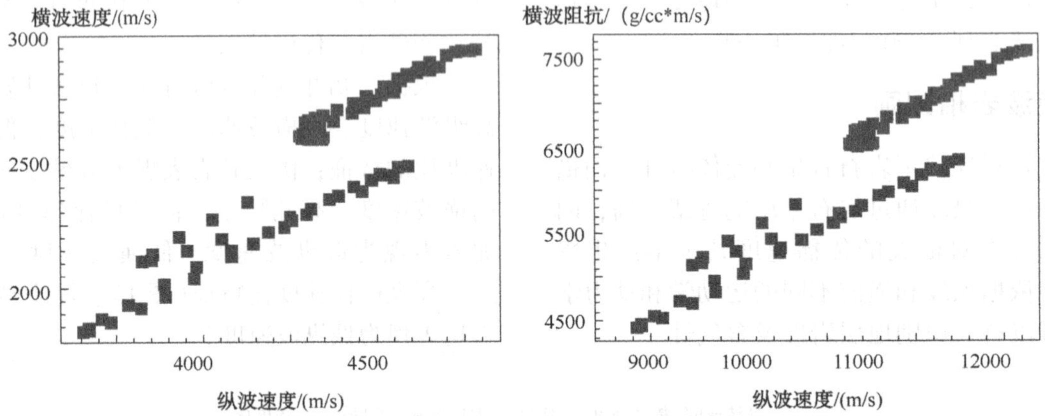

图 2　砂岩、泥岩岩石物理交会结果

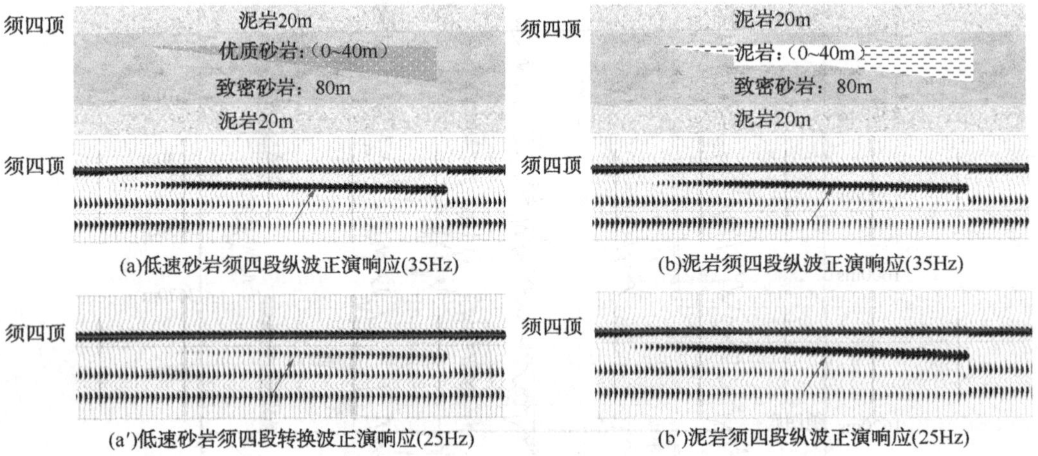

图 3　不同岩相体的多波地震正演记录

2.3　多波地震岩相研究

ZTB 井须四内部发育了一套 24.8m 厚的优质砂岩，其下覆围岩为致密砂岩，优质砂岩具有较低的纵波速度和密度，因此与下覆致密砂岩在纵波地震记录上形成强“亮点”反射[图 4(a)，红色箭头所示]。ZTA 井须四内部发育一套 26.7m 厚的泥岩，下覆围岩为致密砂岩，泥岩具有较低的纵波速度和密度，与下覆砂岩在纵波地震记录上同样形成强“亮点”反射[图 4(b)，红色箭头所示]。因此，纵波地震记录上强“亮点”可能是优质砂岩，也可能是泥岩，单一纵波难以区分砂岩和泥岩。

转换波反映岩石骨架信息，能较好区分砂泥岩岩相体。ZTB 井须四内部优质砂岩的横波速度相较下覆致密砂岩略有降低，但两者速度差异不明显，在转换波地震记录上形成弱波峰反射[图 5(a)，红色箭头所示]；而 ZTA 井须四内部厚泥岩引起了明显的横波速度降，在转换波地震记录上形成明显的波峰反射[图 5(b)，红色箭头所示]，因此，可以依据转换波剖面上须四内部地震反射强弱来表针不同的岩性组合结构。转换波强波峰反射反映内部厚层泥岩发育，弱反射反映优质砂岩发育。

已知井研究表明，不同的地质岩相体引起不同的纵、横波速度变化，从而导致不同的地震响应。在沿须四顶拉平的连井剖面中(剖面插入曲线为伽玛曲线，高伽玛为泥岩，箱形为砂岩），C井须四中部发育一套厚度16.4m泥岩，D井中部发育一套17.6m泥岩，E井中部发育3.7m泥岩。通过井震精细标定，泥岩底界在转换波地震剖面上对应波峰反射，泥岩厚度越大，振幅越强，转换波地震反射与泥岩底界对应性好。而相对应的纵波泥岩底界与剖面无明显的对应关系。C井泥岩底界对应波谷反射，D井对应波峰反射。因此，实际地震资料也揭示转换波划分砂、泥岩岩相特征更具有优势（图6）。

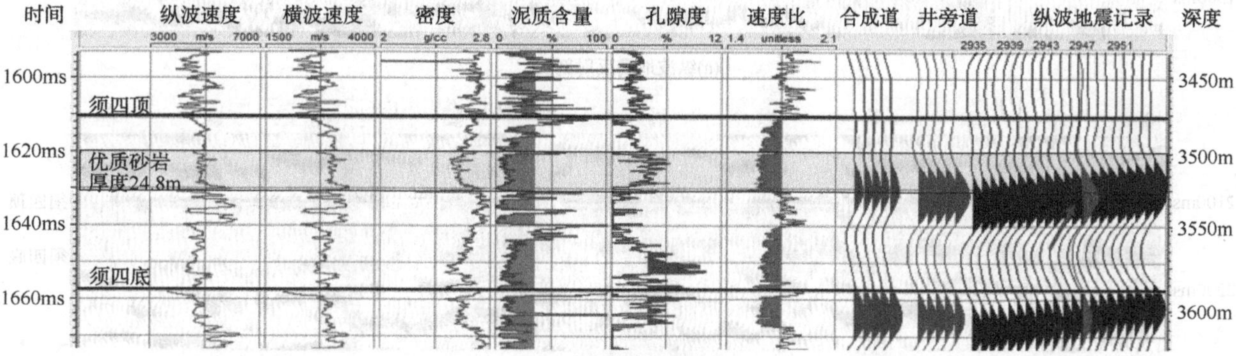

(a) ZTB井纵波地震响应

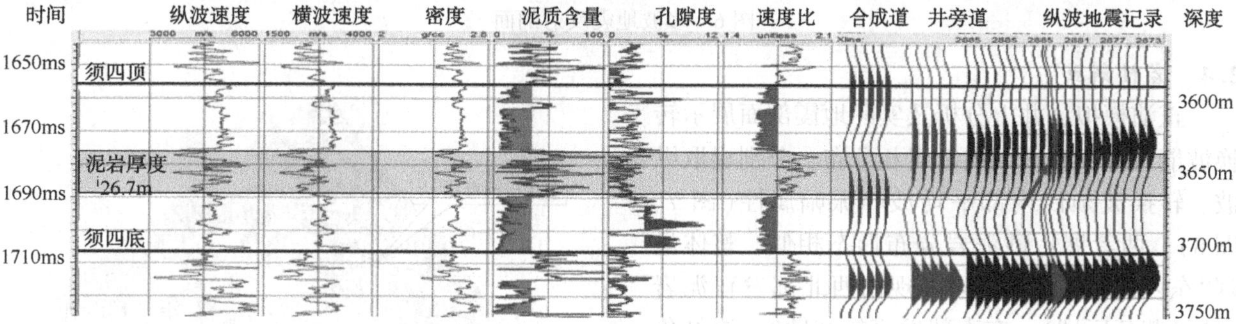

(b) ZTA井纵波地震响应

图4　纵波地震响应特征

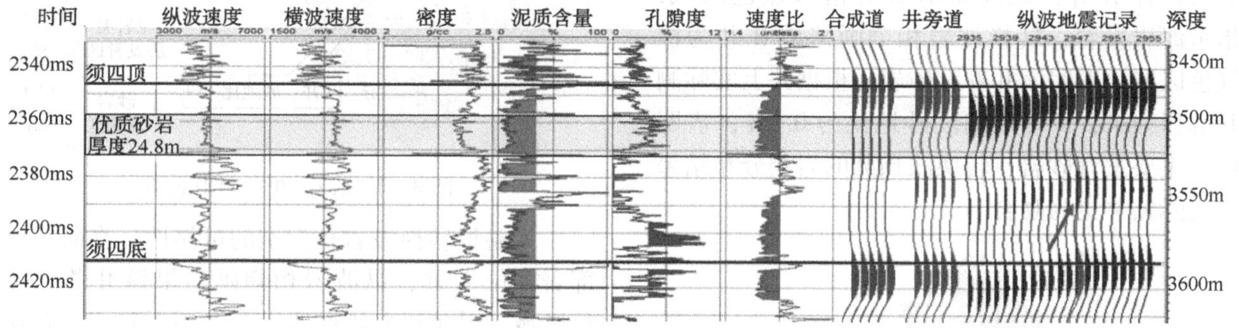

(a) ZTB井转换波地震响应

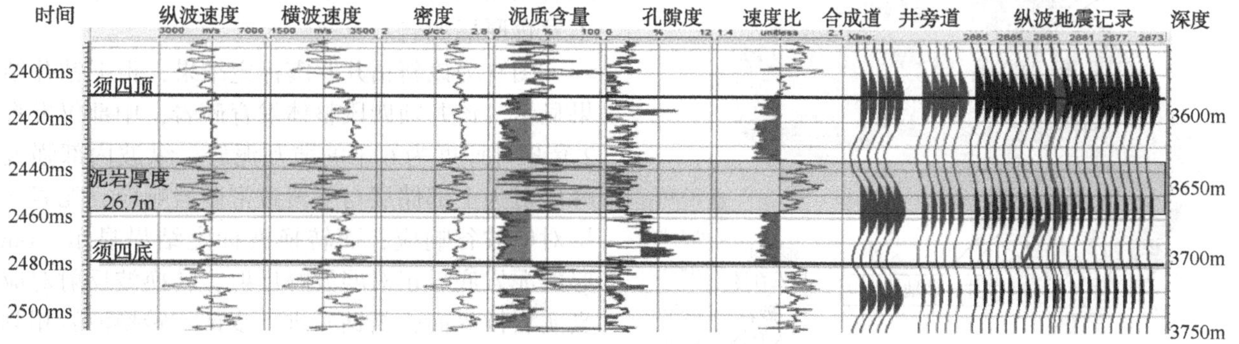

(b) ZTA井转换波地震响应

图5　转换波地震响应特征

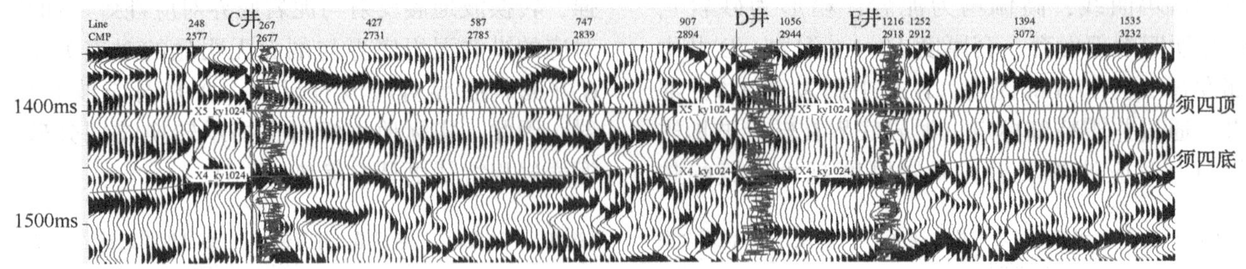

(a)纵波地震反射剖面

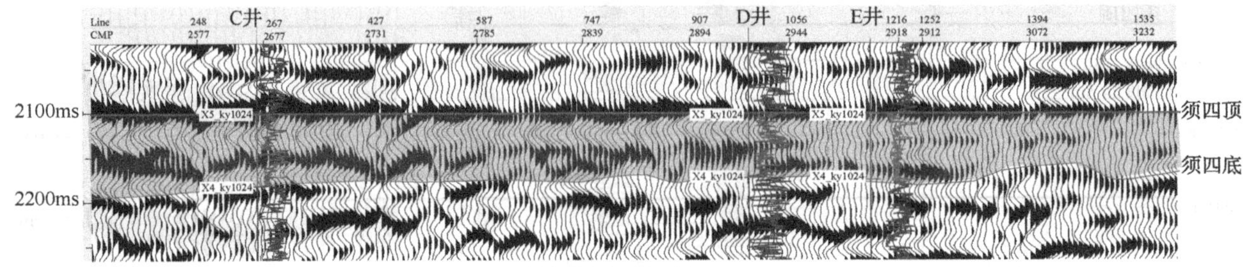

(b)转换波地震反射剖面

图6　多波地震反射剖面

2.4　岩性刻画

正演模拟、井上分析及实际地震剖面展示转换波能较好反映须四内部岩相分布，分别提取纵波、转换波须四内部平均波峰振幅属性(图7、图8)。两者展示砂泥岩分布形态相似，整体呈现“东西两分”特征，均表现出西北部发育泥岩夹层(蓝色区域)，东南部发育较纯砂岩(橙红色区域)。但两者岩相刻画结果局部存在差异，例如已钻井B井，纵波显示B井落入蓝色区域，指示泥岩发育，转换波岩相刻画结果B井为橙红色区域，表明该井发育砂岩。根据井上实际测井解释结果，B井须四段砂地比为0.9%，表明该井主要发育砂岩，转换波预测的岩相分布结果与实际钻井更为吻合。

图7　纵波岩相预测平面图

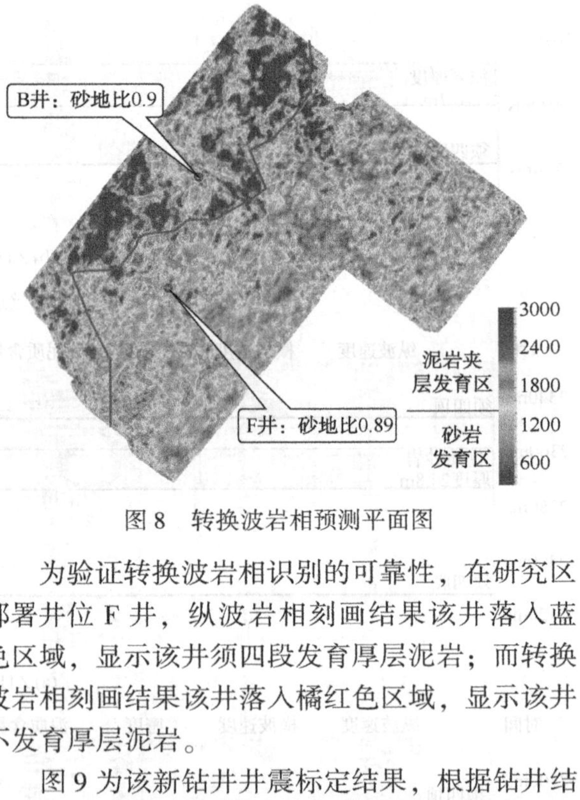

图8　转换波岩相预测平面图

为验证转换波岩相识别的可靠性，在研究区部署井位F井，纵波岩相刻画结果该井落入蓝色区域，显示该井须四段发育厚层泥岩；而转换波岩相刻画结果该井落入橘红色区域，显示该井不发育厚层泥岩。

图9为该新钻井井震标定结果，根据钻井结果显示，该井须四段整体发育砂岩，中部仅发育2套累计厚度为6米的薄互泥岩，纵波内部强波峰反射为上部储层与下覆致密砂岩响应，泥岩夹层对应波谷响应；而转换波标定结果显示，6m厚的泥岩底界正对弱波峰反射，转换波反射对应真实岩性界面，新钻井进一步证实转换波岩相刻画结果与实际地层岩相更为吻合。

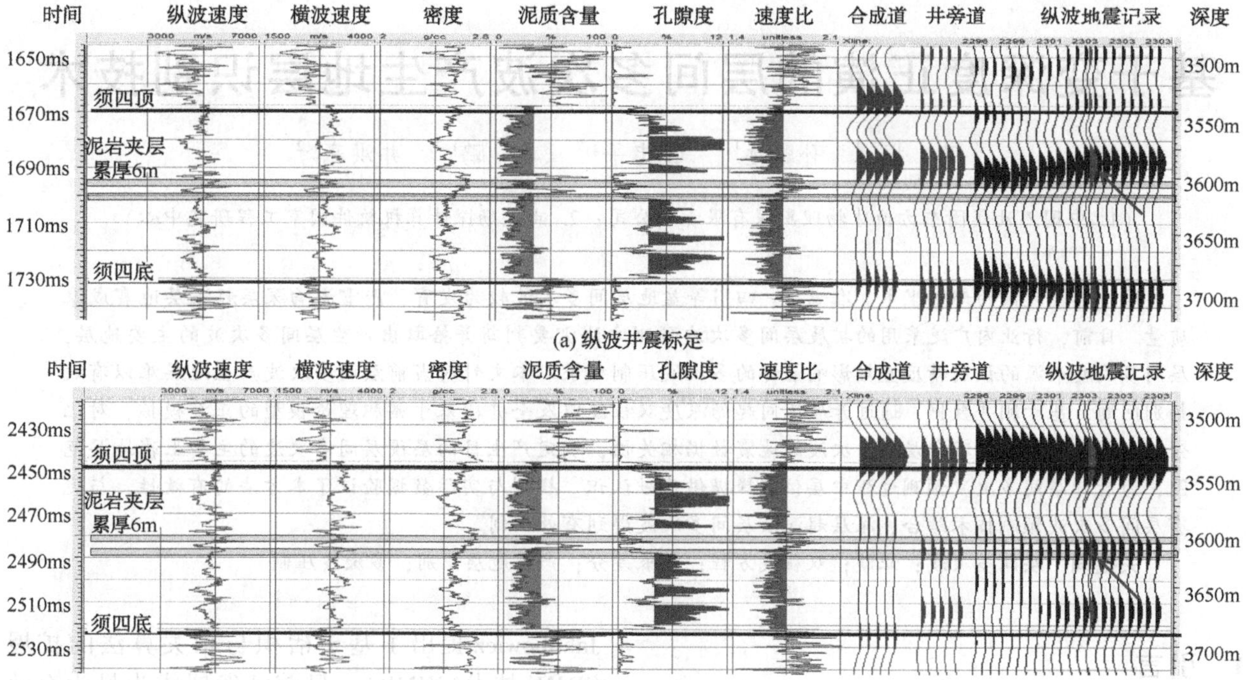

(a) 纵波井震标定

(b) 转换波井震标定

图9　后验井多波井震标定

3　结论

（1）ZT凹陷须家河组四段优质砂岩与泥岩具有相同的地震反射特征，单一纵波岩性识别存在多解性，模型正演、测井、地震均表明转换波能较好区分砂岩、泥岩岩相体；

（2）利用转换波资料刻画的地震岩相分布结果，平面分布规律性强，“东西两分”特征明显，西北部主要发育砂岩夹厚层泥岩，东南部发育砂岩夹薄层泥岩，刻画结果与研究区单井砂、泥岩解释成果吻合程度高，能够反映须四段砂岩、泥岩平面分布规律；

（3）新钻井证实转换波岩相刻画成果与实钻井更吻合，转换波更好地反映了泥岩和砂岩分布，为下步勘探部署提供指导。

参　考　文　献

[1] 雷越，黄嵌，王旭丽，等．川西北地区须家河组二段致密砂岩储层特征及其主控因素[J]．特种油气藏，2023，30(5)：50-57.

[2] 袁成，李景叶，陈小宏．地震岩相识别概率表针方法[J]．地球物理学报，2016，59(1)：288-298.

[3] 孙红杰．川中地区上三叠统须家河组二、四段储层特征研究[D]．成都理工大学硕士学位论文，2007.

[4] 王旭丽，曾琪，李荣容等．梓潼凹陷须四段致密砂砾岩储层高产控制因素分析[J]．天然气技术与经济，2018，12(3)：19-23.

[5] 苗凤彬，曾联波，祖克威，等．四川盆地梓潼地区须家河组储集层裂缝特征及控制因素[J]．地质力学学报，2016，22(1)：76-84.

[6] 谢继容，李国辉，罗凤姿．四川盆地上三叠统须家河组储集特征[J]．成都理工大学学报，自然科学版，2009，36(1)：13-18.

[7] 张虹，李曙光，徐天吉，等．川西深层致密气藏多波地震预测技术及应用[J]．地质勘探，2019，39(1)：91-95.

[8] 臧殿光，张延庆，王刚，等．四川盆地须三段低孔渗储层稳产主控因素及其地震响应特征[J]．石油地球物理勘探，2018，53(1)：256-263.

[9] 黄莉莎，闫建平，刘明洁，等．深层致密砂岩气储层成岩相测井识别及应用[J]．中国矿业大学学报，2012，51(1)：107-123.

[10] 周益来．致密碎屑岩岩相分类及物性参数预测[D]．中国石油大学硕士学位论文，2021.

[11] 周林，刘皓天，周坤，等．致密砂岩储层“甜点”识别及评价方法[J]．地质科技通报，2020，39(4)：165-173.

基于变深度正演的层间多次波产生地层识别技术

邹　振[1,2]　孙鹏远[1,2]　钱忠平[1,2]　李　鹏[1,2]　井洪亮[1,2]

（1. 中国石油集团东方地球物理勘探有限责任公司；2. 油气勘探计算机软件国家工程研究中心）

摘　要　我国西部塔里木、准噶尔、四川等盆地层间多次波较为发育，严重影响深层超深层地震成像质量。目前，行业内广泛采用的扩展层间多次波预测方法需要判断并拾取出产生层间多次波的主要地层，层间多次波来源的识别精度直接影响最终的多次波压制效果。本文针对当前层间多次波产生地层难以有效判别问题，基于测井数据，通过开展不同起始深度双程波以及全井段基于褶积理论模型的正演模拟，对比分析含层间多次波与不含层间多次波的地震数据相关性，确定产生目的层段层间多次波的主要上覆地层范围，为后续层间多次波预测过程中层位解释提供基础认识。模型与实际数据验证了本方法的有效性，与现有层间多次波预测技术结合，深层超深层层间多次波得到有效压制。

关键词　层间多次波；正演；双程波方程；有限差分；产生地层识别；多次波压制

1　引言

当前地震勘探主要利用一次反射波（文中统称为一次波）实现地下介质成像与储层刻画。相对于一次波，多次波是指在地下介质传播过程中经过多次上行反射的地震波场。多次波与一次波发生干涉，严重影响地震成像质量，使地震剖面出现假的地质现象进而降低地震解释结果的可靠性。深层超深层地震反射振幅通常较弱，多次波的影响更加严重，将会影响地质认识，从而影响勘探决策部署。因此，多次波通常作为一类特殊噪声需要在地震数据处理中进行针对性的压制。

根据最浅下行反射界面的位置，多次波可分为自由表面多次波与层间多次波。自由表面多次波最浅下行反射发生在地表，而层间多次波主要是由自由地表以下的强反射地层之间发生下行反射而形成的多次波。自由表面多次波主要存在于海洋地震数据中，并且占据绝大部分多次波能量，自由表面多次波采用地表相关多次波衰减技术（SRME）可以得到很好的压制效果，已在工业界广泛应用。我国西部地区普遍存在低速夹层，例如四川盆地二叠系和奥陶系的低速泥页岩层、塔里木盆地侏罗系煤层等，一系列低速或者高速地层组合产生大的波阻抗差异，地震波信号在这些波阻抗差异大的界面之间来回传播，导致层间多次波发育，严重影响了深层超深层地震成像。层间多次波压制是陆上地震资料处理最具挑战的环节之一，也是世界级的地球物理难题。Jakubowicz 提出了基于褶积与相关算法的扩展 SRME 技术（XIMP），目前已发展成为最为有效的层间多次波压制技术并在实际生产中逐步推广，但该技术需要识别并拾取层间多次波产生界面，最终层间多次波压制效果取决于产生层间多次波地层识别与拾取精度。

多次波识别是有效压制多次波的基础，通常可根据一次波与多次波速度差异、炮记录与叠加剖面上多次波周期性特征等识别多次波。理论上，任意地下反射界面之间都会产生层间多次波，但对一次波影响较大的通常是强反射界面产生的层间多次波。与自由表面多次波相比，实际数据层间多次波与一次波速度差异较小，这给层间多次波识别带来困难。王冲等利用 VSP 资料识别层间多次波，指导地面地震多次波压制。地震正演技术能够从理论角度揭示地震波传播与响应机理，指导地震数据处理。地震数值模拟方法主要包含射线追踪法、有限差分法和反射率法。基于有限差分方法的双程波方程正演算法无法有效区分一次波与层间多次波。Kennett 最早提出基于反射率法的层间多次波模拟方法，但该方法目前无法很好地适应介质横向变化；杨昊等、甘利灯等采用反射率正演方法分析了四川盆地川中地区灯影组层间多次波主要来源；Berkhout 提出一种基于波场延拓的全波场模拟方法，弥补了有限差分方法只能一次模拟总波场的缺陷，可以分阶次模拟多次波；匡伟康等、黄建东等提出自适应可控层的层间多次波模拟与识别技术，进一步提高了效率，同时可忽略其它层位的影响，能够模拟指定地层产生的各阶层间多次波。

有限差分方法能够一次性模拟一次波与各阶层间多次波，本文针对有限差分法模拟不能区分一次波与层间多次波缺陷，利用井数据，采用变深度模拟方式，开展不同起始深度的有限差分数值模拟，并与基于褶积模型的地震合成记录（不含层间多次波）进行对比，确定目的层段层间多次波主要来源，为实际数据层间多次波压制过程中多次波产生地层对应层位拾取提供指导。模型数据、四川盆地与准噶尔盆地实际数据应用均验证了方法的有效性。

2　层间多次波产生地层识别方法

本文提出的层间多次波来源确定技术主要包含以下几步：

（1）收集工区典型测井数据，井曲线尽可能长，浅层至深层地层应均具有声波测井，如果未测量密度，可通过 Gardner 公式计算或者设定密度为常量；

（2）对测井数据进行重采样（方波化）以降低基于有限差分的波动方程正演成本，深度采样根据目的层厚度而定，可为 5m 或者 10m，并构建正演所用的一维与二维模型；

（3）选择与实际数据主频近似的地震子波作为正演子波，对全井段数据进行一维基于褶积理论模型的合成记录制作或者基于二维单程波方程的数值模拟，在此基础上开展起始深度变化（由浅至深层目的层）的双程波数值模拟，双程波数值模拟采用有限差分法以及吸收边界条件，不产生自由表面多次波；

（4）对不同方法、不同深度正演模拟结果进行综合分析，判断目的层段发育的层间多次波产生的主要地层。

首先以国际标准层间多次波模型数据为例，详细说明本方法如何识别层间多次波产生地层。图 1（a）、1（b）、1（c）分别为声波测井曲线、密度曲线、全井段基于褶积理论模型的地震合成记录（仅含一次波），图 1（d）为不同起始深度基于有限差分双程波方程的正演记录，该记录包含一次波与多阶层间多次波，与图 1（c）不含层间多次波的地震记录对比，随着波动方程正演起始深度由浅层向深层变化，目标地层（红色方框内）的地震响应特征也随之发生变化，以蓝色竖线为分界面，该分界线右侧即绿色方框代表的地层以下开始的地震模拟记录与不含多次波地震记录相似性增强。分别计算红色方框不同深度地震合成记录与图 1c 一次波的相关系数，如图 2 所示，红色竖线对应图 1 蓝色竖线位置，即该深度以下相关系数由 0.6 突增至 0.8，这表明该深度以下地层产生的层间多次波对目的层（红色方框）影响可以忽略，同时能够明确绿色方框对应的强反射地层是目的层段层间多次波的主要来源。

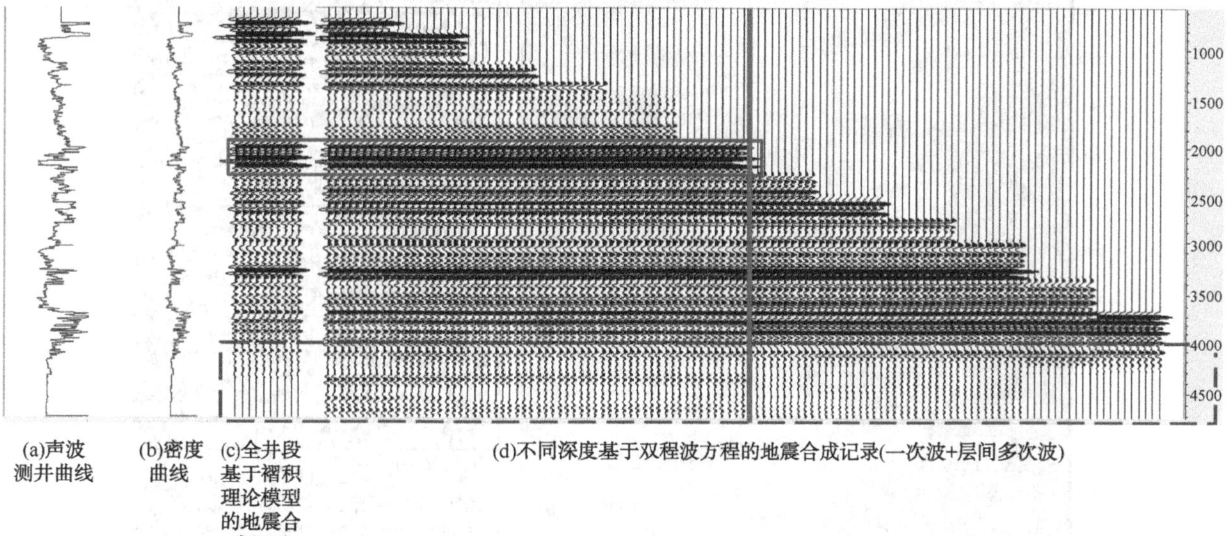

图 1　国际标准层间多次波模型数据层间多次波产生地层综合分析

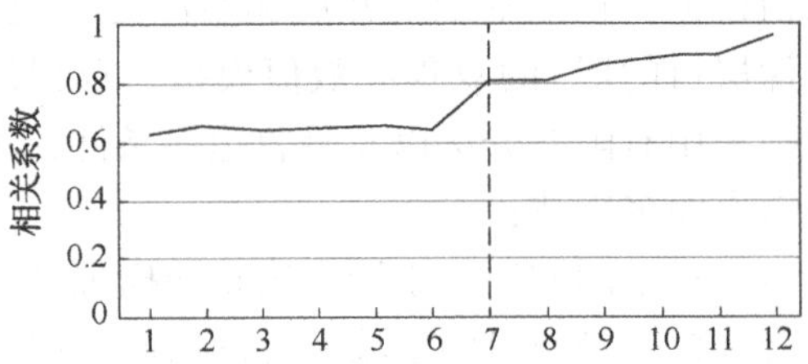

图 2　不同深度基于双程波方程的地震模拟数据与一次波相关系数(目的层段)

3　应用实例

3.1　川中某工区灯影组层间多次波实例

研究区位于四川盆地川中古隆起，该区灯影组为低孔低渗白云岩岩溶储层，主要目的层灯影组灯四段深度在5000米左右，厚度为200~300米。受深层地震反射弱、层间多次波发育等影响，灯影组面临高产井地震响应不明确、建立高产井模式困难、优质储层预测精度低等问题。灯影组地震数据与合成记录对比如图 7 所示，图 7(a)为基于褶积模型的地震合成记录，图 7(d)为井旁实际地震数据，实际地震数据灯影组强反射[图 7(d)红色箭头所示]在一次波地震记录上[图 7(a)]没有强反射与之对应。图 3 为灯影组附近速度分析与对应的动校正后 CMP 道集显示，图中可见速度谱存在低速能量，对应的道集位置出现不平现象，经分析这部分波场为多次波。研究认为灯影组层间多次波较发育，需要明确灯影组多次波主要来源。

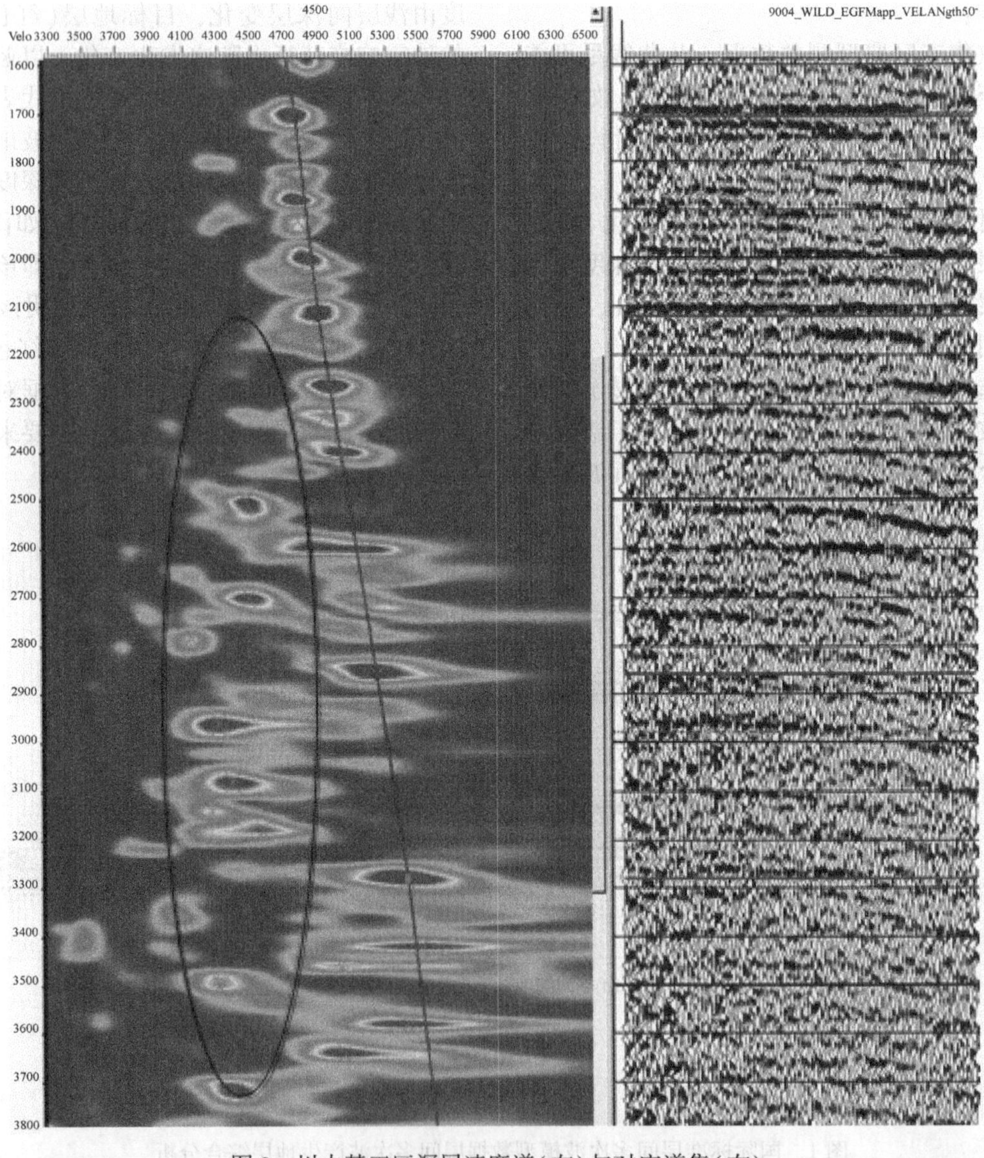

图 3　川中某工区深层速度谱(左)与对应道集(右)

利用本区测井数据生成二维速度模型，如图4所示，分别开展基于单程波方程与双程波方程的二维数值模拟，单炮记录如图5所示。单程波方程正演过程中仅向下延拓至模型最深处再向上延拓至地表进而生成合成记录，因此不含自由表面及层间多次波；基于采用吸收边界条件的双程波方程生成的合成记录包含一次波与多阶层间多次波，因此，图5(b)黑色方框所示均为上覆地层产生的层间多次波，与图5(a)一次波对比，多次波能量掩盖了真实地层反射。图5(a)、5(b)地震数据对应的速度谱如图6(a)、6(b)所示，受到层间多次波影响，图6(b)黑色方框内速度谱明显出现低速能量团，这与实际数据多次波特征基本一致(图3)。

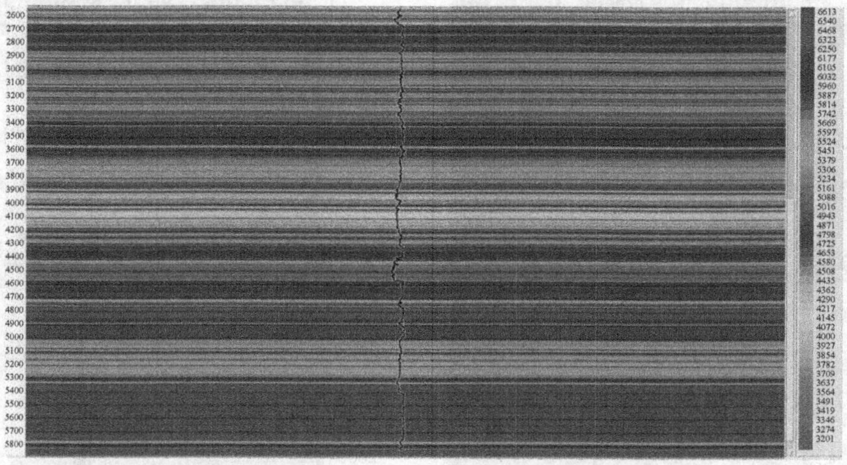

图4　川中某工区测井数据生成的速度模型

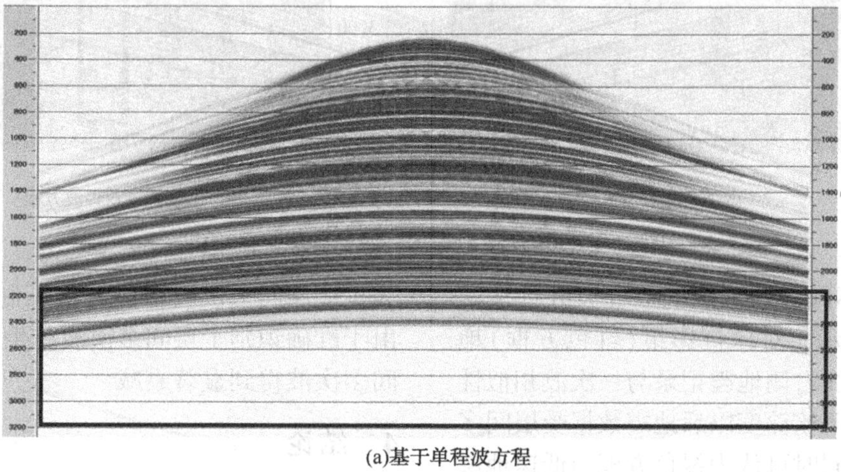

(a)基于单程波方程

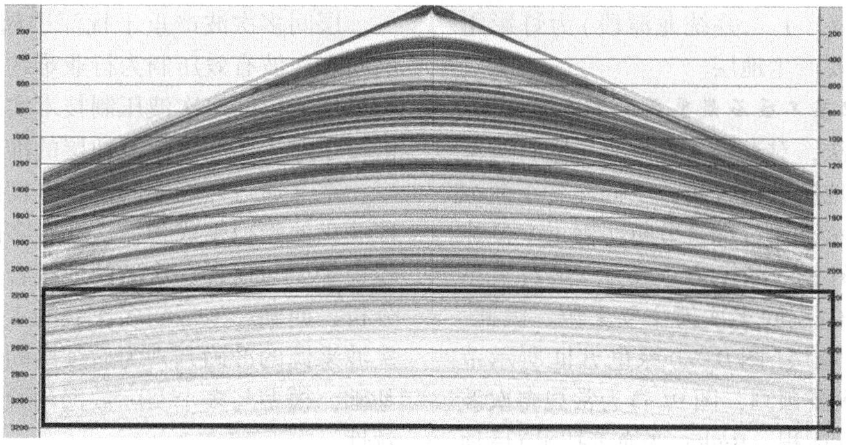

(b)基于双程波方程

图5　不同正演模拟方法单炮记录对比

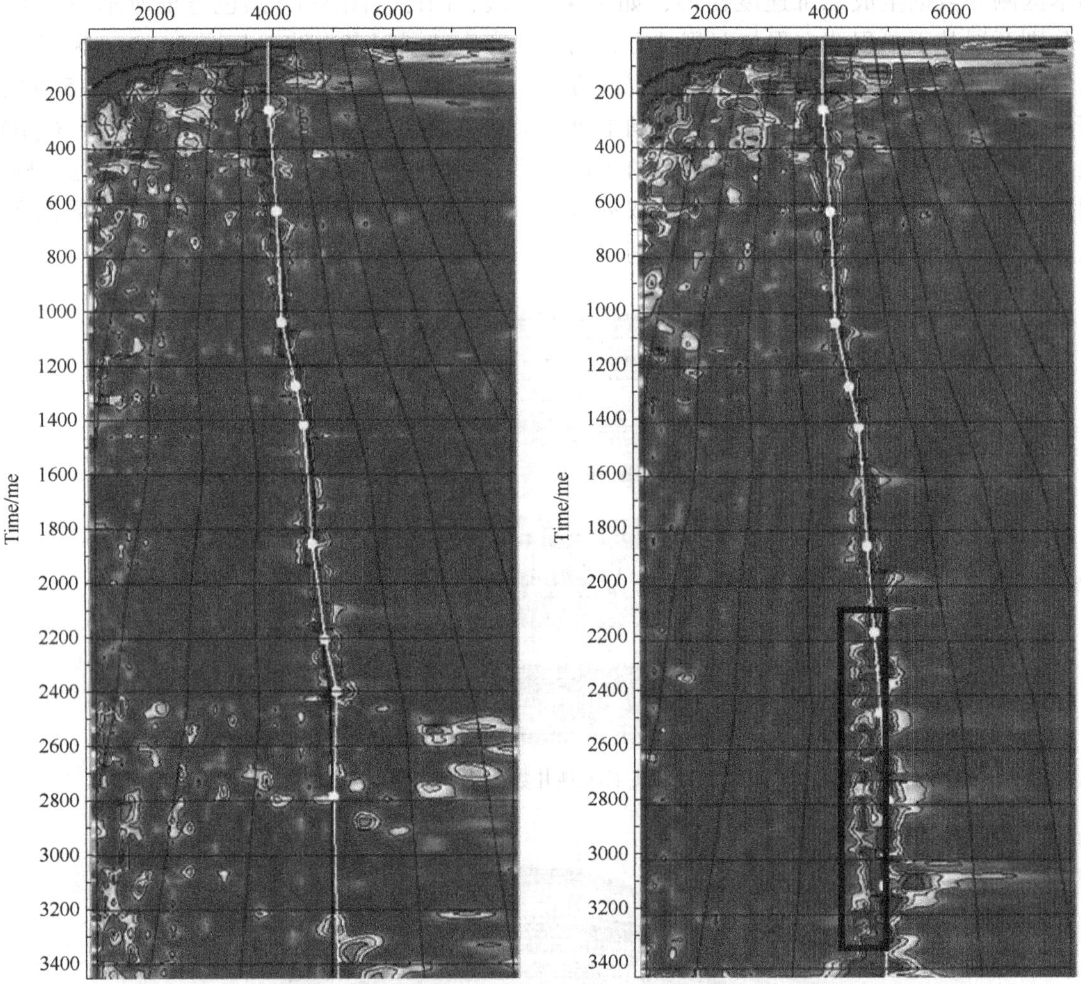

(a)基于单程波方程　　(b)基于双程波方程

图6　不同正演模拟方法合成记录速度谱分析

图7(c)为不同起始深度的双程波方程地震合成记录综合显示，对比灯影组(红色方框)地震特征，竖直蓝线右侧地震记录与一次波相似性明显增强，这表明该深度以后地震数据受层间多次波影响较小，同时可认为绿色方框内低速地层(下三叠统飞二段、上二叠统龙潭段)为灯影组层间多次波的主要产生地层。

3.2　准噶尔盆地某工区石炭系层间多次波实例

运用上述方法，对准噶尔盆地某工区石炭系层间多次波产生地层进行分析，不同深度正演记录对比如图8所示，通过综合分析明确了上覆侏罗系低速煤层(图8中绿色方框所示)是石炭系(图8中红色方框)层间多次波主要来源。因此，拾取侏罗系低速煤层[图9(a)绿色方框所示范围]用于层间多次波预测，图9(a)为常规多次波压制(应用预测反褶积、Radon变换等技术)后地震剖面，层间多次波仍有较明显残余，图9(b)为扩展层间多次波预测方法压制后的地震剖面，由于准确识别了层间多次波产生地层，石炭系层间多次波得到显著衰减。

4　结论

层间多次波严重干扰深层超深层地震成像，层间多次波有效压制为行业难题，目前商业软件所采用的层间多次波压制技术实际应用效果通常依赖于产生层间多次波地层的准确拾取。

本文通过开展不同起始深度的有限差分法双程波正演模拟生成含一次波与多阶层间多次波地震记录，与仅含一次波的地震合成记录综合对比分析，明确产生层间多次波的主要地层。层间多次波来源的准确判别为后续层间多次波压制提供基础，模型与多个实际数据均验证了本方法的有效性。

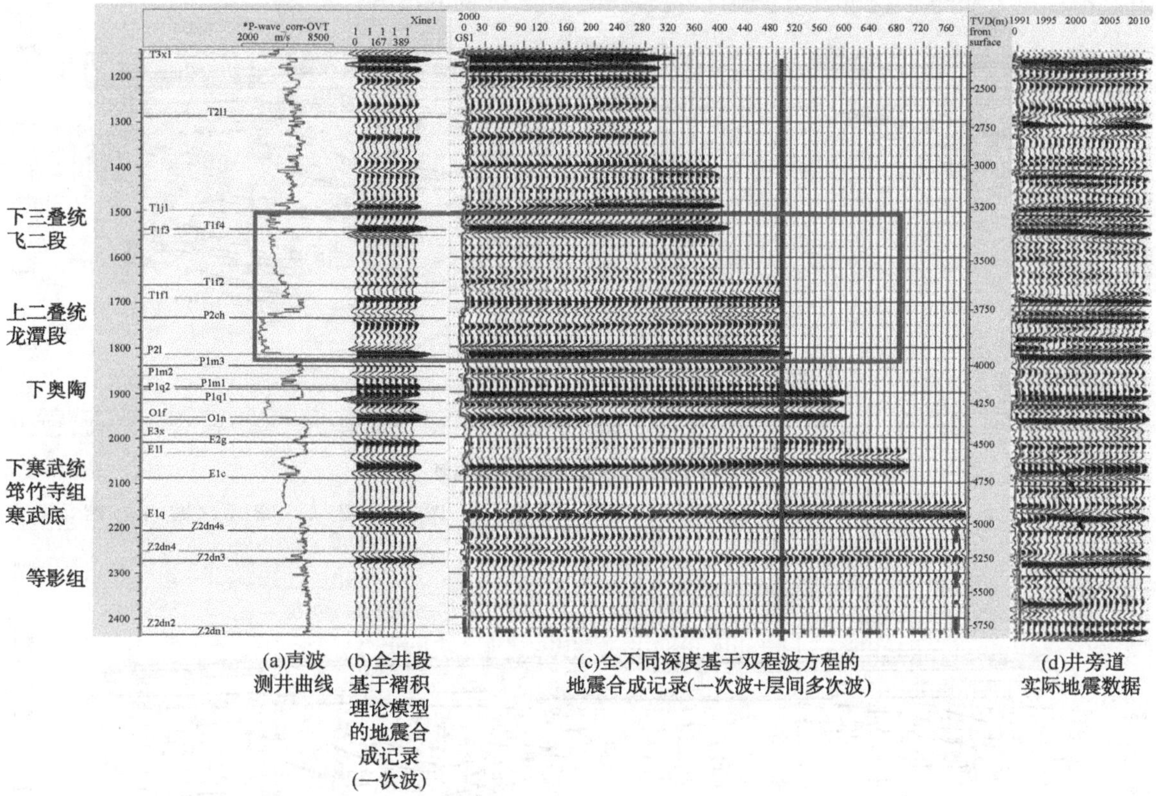

图 7　川中某工区灯影组层间多次波产生地层综合分析

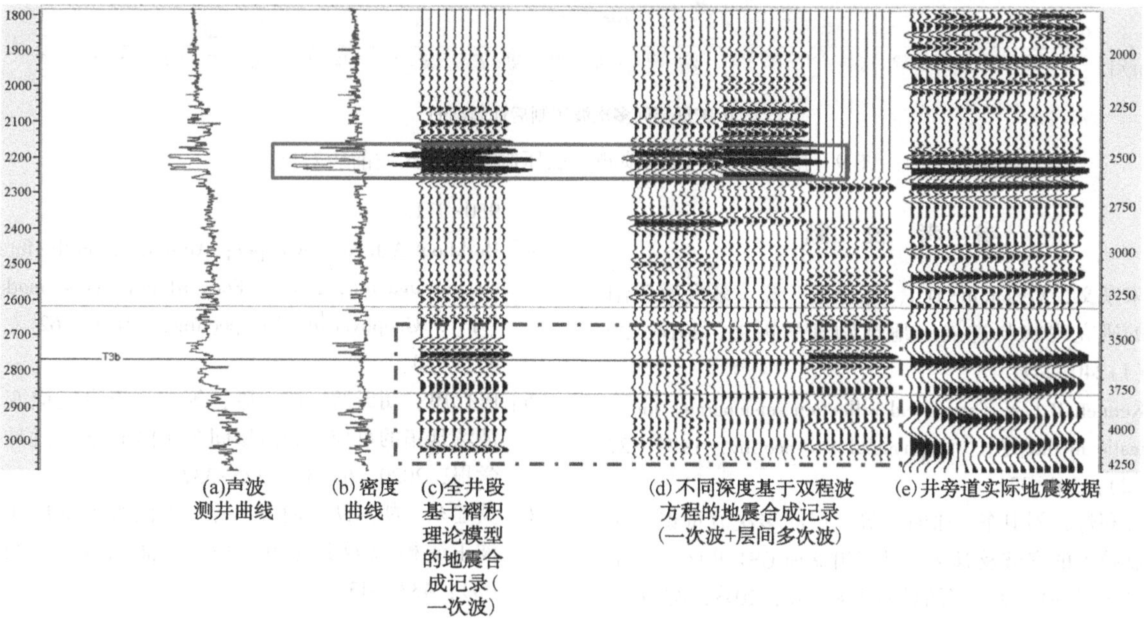

图 8　准噶尔盆地某工区石炭系层间多次波产生地层综合分析

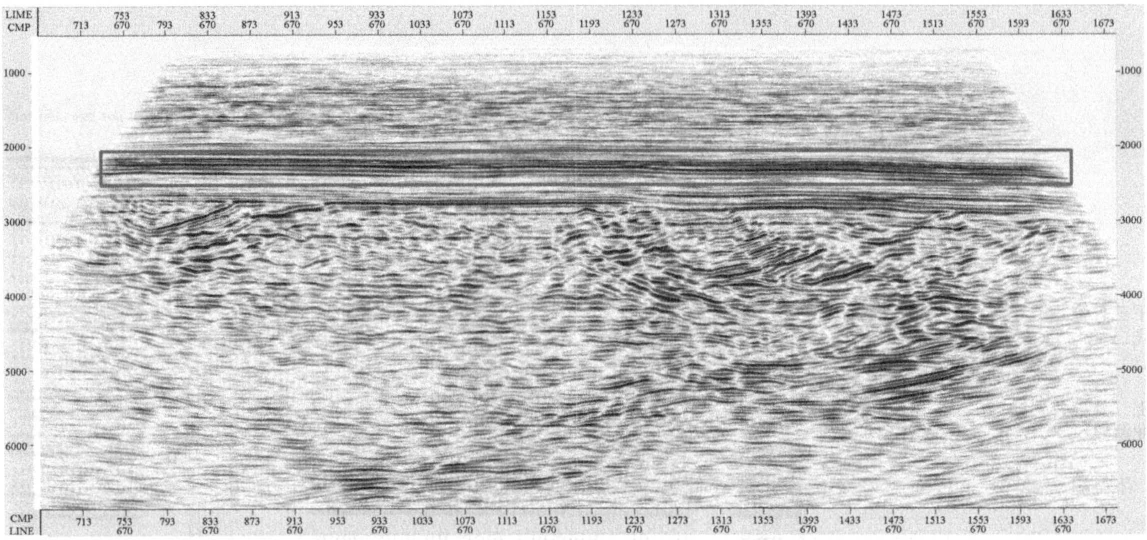

(a)常规方法多次波压制后地震剖面

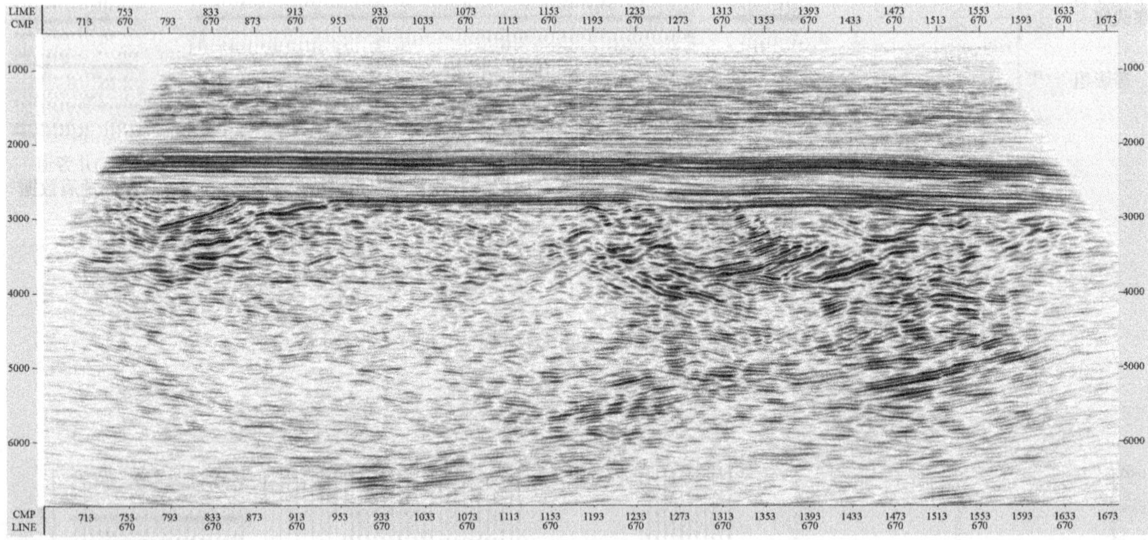

(b)扩展层间多次波压制后地震剖面

图 9　拓展层间多次波预测方法压制层间多次波前后对比

参 考 文 献

[1] 宋家文，Verschuur D J，陈小宏，等．多次波压制的研究现状与进展．地球物理学进展，2014，29(1)240-247.

[2] Kennett B L N. Theoretical reflection seismograms for elastic media[J]. Geophysical Prospecting，1979，27(2)：301-321.

[3] 甘利灯，刘卫东，张明，等．层间多次波辨识与压制技术的突破及意义—以四川盆地 GS1 井区震旦系灯影组为例[J]．石油勘探与开发，2018，45(6)：960-971.

[4] Berkhout A J. Review paper：An outlook on the future of seismic imaging，Part I：Forward and reverse modelling [J]. Geophysical Prospecting，2014，62(5)：911-930.

[5] 匡伟康，胡天跃，段文胜，等．基于自适应变步长波场延拓的可控层分阶层间多次模拟[J]．地球物理学报，2020，63(5)：325-337.

[6] 黄建东，胡天跃，谢飞，等．不同维度下层间多次波正演模拟及其应用[J]．石油物探，2022，61(3)：433-443.

基于井震联合的地层孔隙压力预测技术研究

廖　军[1,2]　范　晓[1,2]　吕文彪[1,2]　何昌龙[3]　陈　伟[3]

(1. 中国石油集团东方地球物理勘探有限责任公司；
2. 油气勘探计算机软件国家工程研究中心；3. 中国石油西南油气田分公司)

摘　要　准确预测地层孔隙压力是合理设计钻井液密度和井身结构的基础，也是保护油气层，降低钻探成本和提高钻探成功率的前提，对油气安全稳定的勘探开发起着重要的作用和意义。本文通过方位各向异性的叠前地震反演方法，获得弹性参数的地震预测结果，再结合改进 Eaton 法，探讨了利用井震数据预测地层孔隙压力的方法，实现了研究区三维地层孔隙压力预测，通过与实钻井实测数据对比，验证了方法的可靠性，为研究区提高钻探成功率提供了重要依据。

关键词　地层孔隙压力；改进 Eaton 法；地震数据；叠前反演；井壁稳定性

地层孔隙压力始终贯穿于整个油气田勘探开发的各重要环节，尤其是钻井过程、压裂施工、油气田开采过程中均涉及到地层孔隙压力，它是指地层岩石孔隙中流体所具有的压力。当地层孔隙压力高于静液压力时，地层出现异常高压现象。若钻遇地层的孔隙压力出现高异常值，不仅严重影响井壁稳定性，还可能导致井涌、井喷等复杂钻井事。

油气聚集常与异常压力密切相关，在油气勘探和开发中，预测储层和盖层压力的能力是安全和井控的关键，了解压力分布对储量预测、钻井安全及优化采收率具有重要意义。当孔隙压力超过静水压力时发生超压情况，可能会引起井喷、井筒失稳、侵蚀、钻井液泄漏等安全问题。这一现象对石油的勘探开发，即从甜点的识别到钻井安全、井的设计和储层规划都产生了显著的影响，如果在钻井前不能准确预测地层的性质，那么在异常压力地层中会给钻井作业带来诸多挑战和风险。要想安全地钻穿异常压带，需要准确预测地层孔隙压力。

本文基于改进的 Eaton 方法，通过方位各项异性叠前地震反演方法获得纵波、横波和密度等弹性参数，结合弹性参数的地震预测结果，开发了井震联合的地层孔隙压力预测技术，实现了研究区三维地层孔隙压力地震预测。

1　方法原理

1.1　基于方位各向异性叠前地震反演方法

Ruger 推导了 HTI 介质的方位反射系数近似方程，如下所示：

$$R_{pp}(\theta,\ \varphi)=\frac{1}{2}\ \frac{\Delta Z}{\overline{Z}}+\frac{1}{2}\left\{\frac{\Delta\alpha}{\overline{\alpha}}-\left(\frac{2\overline{\beta}}{\overline{\alpha}}\right)^2\frac{\Delta G}{\overline{G}}+\left[\Delta\delta^{(v)}+2\left(\frac{2\overline{\beta}}{\overline{\alpha}}\right)^2\Delta\gamma\right]\cos^2\varphi\right\}\sin^2\theta+\frac{1}{2}\left\{\frac{\Delta\alpha}{\overline{\alpha}}+\Delta\varepsilon^{(v)}\cos^4\varphi+\Delta\delta^{(v)}\sin^2\varphi\cos^2\varphi\right\}\sin^2\theta\tan^2\theta \tag{1}$$

其中，α 为纵波速度，β 为横波速度，ρ 为密度，$\Delta\alpha/\overline{\alpha}$ 为纵波反射系数，$G=\rho\beta^2$ 为切变模量，$Z=\rho\alpha$ 为纵波阻抗，θ 为入射角，φ 为方位角，$\overline{\alpha}$、$\overline{\beta}$、$\overline{G}$ 和 $\overline{Z}$ 分别为界面上下层介质对应物理量的均值 $\Delta\alpha$、$\Delta\beta$、ΔG 和 ΔZ 分别为界面上下层介质对应物理量之差。$\Delta\delta^{(v)}$、$\Delta\varepsilon^{(v)}$ 和 $\Delta\gamma$ 为界面上下介质各向异性参数的差值。那么基于上述反射系数方程，根据扰动理论和弱各向异性近似理论，利用弹性参数之间的关系以及各向异性参数($\varepsilon^{(v)}$、$\delta^{(v)}$ 和 γ)和裂缝岩石物理参数(Δ_N 和 Δ_T)的关系，可将公式(1)进行改写，得到以杨氏模量、泊松比、密度以及裂缝岩石物理参数表征的形式为：

$$R_{pp}(\theta,\ \varphi)=\left(\frac{1}{4}\sec^2\theta-2k\sin^2\theta\right)\frac{\Delta E}{\bar{E}}+\left[\frac{1}{4}\sec^2\theta\frac{(2k-3)(2k-1)^2}{k(4g-3)}+2k\sin^2\theta\frac{1-2k}{3-4k}\right]\frac{\Delta\sigma}{\bar{\sigma}}+\left(\frac{1}{2}-\frac{1}{4}\sec^2\theta\right)\frac{\Delta\rho}{\bar{\rho}}-(k\cos^2\varphi\sin^2\theta)(1-2k)\Delta_N+(k\cos^2\varphi\sin^2\theta)\Delta_T \tag{2}$$

其中，$k=\left(\frac{\bar{\beta}}{\bar{\alpha}}\right)^2$，$E$ 为杨氏模量，σ 为泊松比，$\frac{\Delta E}{\bar{E}}$为杨氏模量反射系数，$\frac{\Delta\sigma}{\bar{\sigma}}$为泊松比反射系数，$\frac{\Delta\rho}{\bar{\rho}}$为密度反射系数，$\Delta E$、$\Delta\sigma$、$\Delta\rho$ 分别为界面上下介质杨氏模量、泊松比、密度之差，$\bar{E}$、$\bar{\sigma}$、$\bar{\rho}$ 分别为界面上下介质杨氏模量、泊松比、密度的均值，Δ_N 为裂缝的法向弱度，Δ_T 为裂缝的切向弱度。基于反射系数近似公式(2)，采用基于贝叶斯理论的 AVAZ(地震反射振幅随入射角和方位角的变，Amplitude variation with incident and azimuthal angle)反演方法可以同时获得与岩石力学性质更相关的杨氏模量、泊松比、密度、法向弱度和切向弱度参数，由已知弹性参数可得到未知弹性参数，即利用杨氏模量、泊松比和密度可以通过公式计算相应的纵波速度、横波速度等参数。

1.2　改进 Eaton 法

针对 Fillippone 法与 Eaton 法在实际资料应用中存在的问题，考虑到在地层正常压实情况 Eaton 和 Fillippone 的公式应满足压力关系以及速度关系，王玉柱人等提出了一种新的地层孔隙压力预测方法，称为改进 Eaton 法，该方法先采用 Fillippone 方法计算正常压实情况的地层层速度，再采用 Eaton 方法计算地层孔隙流体压力，其克服了常规方法中正常压实情况下的地层层速度计算的难点问题。

该方法的核心计算公式如下：

(1) Fillippone 方法计算公式。

$$P_f=P_{ov}[(V_{max}-V_i)/(V_{max}-V_{min})] \tag{3}$$

其中：P_f为地层孔隙流体压力；P_{ov}为上覆岩层压力；V_{max}为岩石基质速度；V_{min}为岩石孔隙流体速度；V_i为当前地层(计算点)的纵波速度。

(2) Eaton 方法计算公式。

$$P_f=P_{ov}-(P_{ov}-P_w)/(V_i/V_n)^c \tag{4}$$

其中：P_w为静水压力；V_n为地层正常压实情况下的纵波速度；C 为调节因子。

式(3)中，当 $P_f=P_w$，有 $V_i=V_n$(正常压实情况下的地层层速度)，即

$$P_f=P_w=P_w\frac{V_{max}-V_n}{V_{max}-V_{min}} \tag{5}$$

根据公式(5)可以计算 V_n(正常压实情况下的地层层速度)。

$$V_n=V_{max}-\frac{P_w}{P_{ov}}(V_{max}-V_{min}) \tag{6}$$

将公式(6)代入公式(4)得式(7)。

$$P_f=P_{ov}-(P_{ov}-P_w)\times\left[\frac{V_i}{V_{max}-\frac{P_w}{P_{ov}}(V_{max}-V_{min})}\right]^c \tag{7}$$

公式(7)是改进的 Eaton 方法计算公式，其输入数据为地震层速度数据体，调节因子 C 由各单井实测点拟合计算得到，V_{max} 和 V_{min} 由经验值结和工区测井实测值给出，输出是三维地层孔隙压力数据体。

2　应用实例

实际资料选择四川盆地的川中地区，利用本文提出的基于井震联合的地层孔隙压力预测方法实现三维工区的地层孔隙压力预测。首先通过基于方位各向异性的叠前地震反演方法得到纵波速度、横波速度与密度等弹性参数(图 1~图 3)，为后续地层孔隙压力预测提供数据基础。

利用方位各项异性叠前反演获得的纵波速度、横波速度与密度等弹性数据，再结合基于改进 Eaton 法的井震联合地层孔隙压力预测技术，实现了研究区三维的孔隙压力地震预测(图 4)，准确刻画了井间地层孔隙压力空间展布特征。

J1 井在 6164.5 米与 6999.0 米处有实测孔隙压力。预测结果与实测数据对比分析(表 1)，两个位置的孔隙压力误差率分别为 0.9% 和 8.43%，地层孔隙压力的预测精度基本满足生产要求。

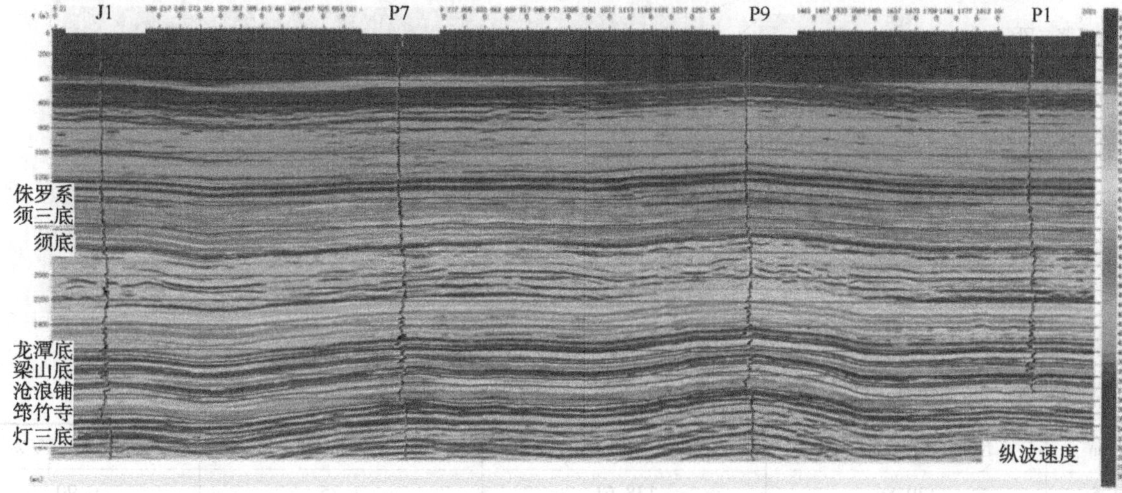

图 1　纵波速度预测结果

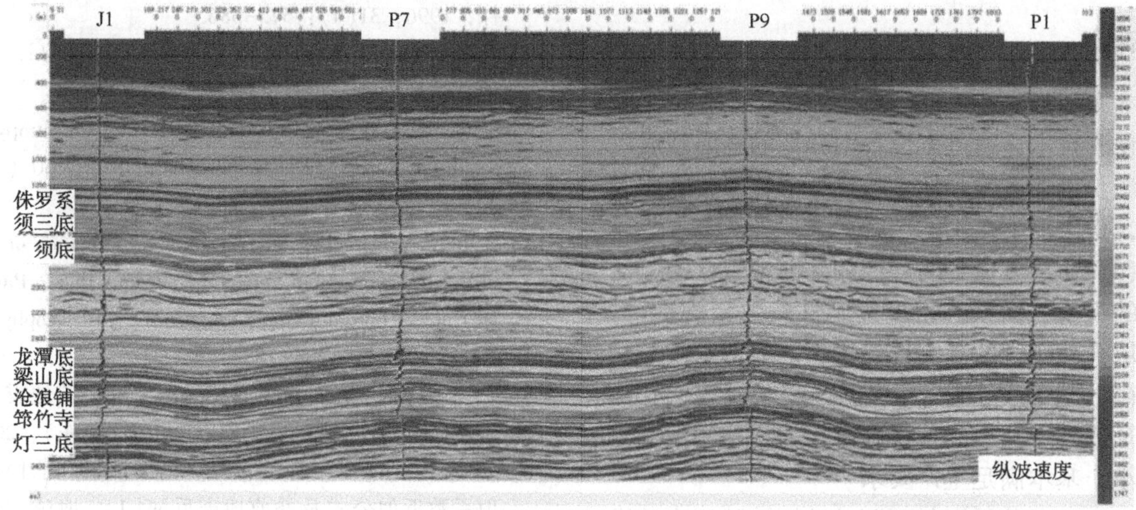

图 2　横波速度预测结果

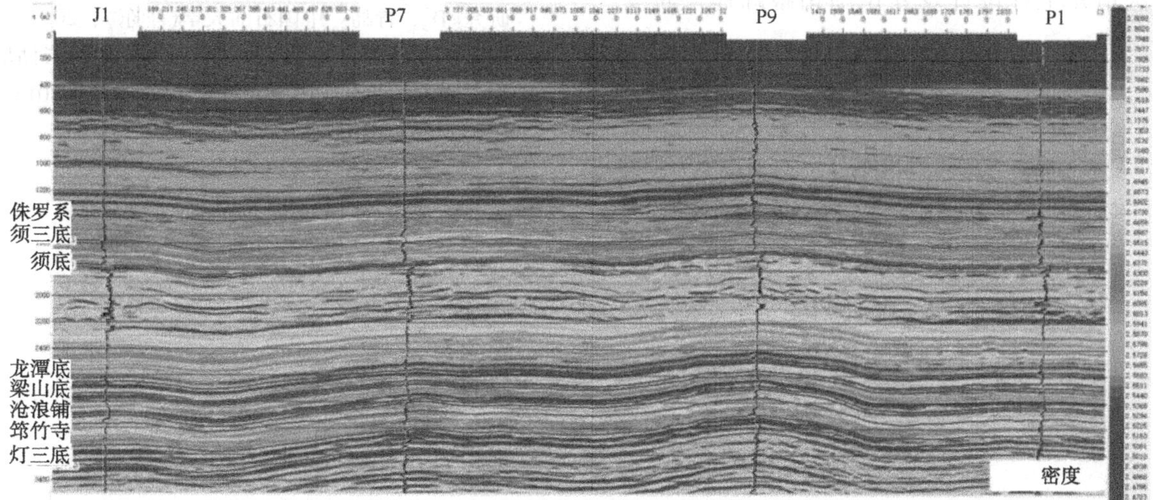

图 3　密度预测结果

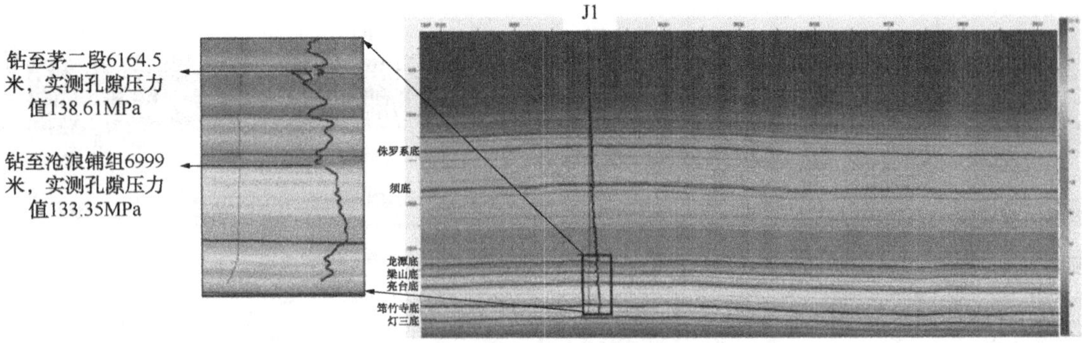

图4　地层孔隙压力预测结果

表1　J1井孔隙压力预测值误差统计表

井段/m	预测孔隙压力/MPa	实测孔隙压力/MPa	误差值/MPa	预测误差率/%
6164.5	139.86	138.61	1.25	0.90
6999.0	144.60	133.35	11.25	8.43

3　结论

本文基于改进Eaton法的井震联合地层孔隙压力预测技术，通过方位各向异性的叠前地震反演方法获得的准确弹性参数进行了地层孔隙压力预测，得出以下结论：

（1）通过方位各向异性的叠前地震反演方法获得的纵波、横波和密度等弹性参数较为准确，为地层孔隙压力的预测提供可靠的数据基础。

（2）基于改进Eaton法的井震联合地层孔隙压力预测技术获得的地层孔隙压力与实测数据的误差小，基本满足生产要求。

（3）基于井震资料预测的地层孔隙压力，准确刻画整个研究区的孔隙压力空间展布特征，为研究区钻井工程设计及井位随钻跟踪提供重要支撑。

参　考　文　献

[1] 云美厚．地震地层压力预测[J]．石油地球物理勘探，1996，31(4)：575-586.

[2] 孙武亮，孙开峰．地震地层压力预测综述[J]．勘探地球物理进展，2007，30(6)：428-432.

[3] Schoenber M, Sayer M C. Seismic anisotropy of fractured rock [J]. Geophysics, 1995, 60 (1): 204-311.

[4] Bakulin A, Grechka V, Tsvankin I. Estimation of fracture parameters from reflection seismic data - Part I: HTI model due to a single fracture set[J]. Geophysics, 2000, 65(6): 1788-1802.

[5] 陈怀震．基于岩石物理的裂缝型储层叠前地震反演方法研究[D]．青岛：中国石油大学(华东)，2015.

[6] 宗兆云，印兴耀，张峰，等．杨氏模量和泊松比反射系数近似公式及叠前地震反演[J]．地球物理学报，2012，55(11)：3786-3794.

[7] 宋佳杰．正交各向异性介质方位叠前地震反演方法研究[D]．青岛：中国石油大学(华东)，2017.

[8] 王玉柱，孟召平，郭锐等．华南古生界页岩储层压力预测方法及其应用研究[J]．煤炭学报，2016，41(10)：2631-2637.

致密砂岩气薄储层预测技术综合研究及效果
——以鄂尔多斯宜庆地区为例

杨庆宁[1]　陈国文[1]　何　燕[1]　李宗亮[2]　姜凯月[1]　邵　敏[1]

(1. 中国石油集团东方地球物理勘探有限责任公司；2. 中国石油辽河油田公司)

摘　要　鄂尔多斯宜川地区上古生界发育多套含气主力层系(山2、山1、盒8)，沉积相带变化快，储层厚度变薄，单层砂体厚度2~8m，致密砂岩气面临最大的问题是薄储层预测难度大。通过充分挖掘新采集的"两宽一高"三维资料信息，叠前叠后技术相结合，落实薄储层分布规律，满足上古生界致密砂岩气多层系立体开发需求。首先利用地震叠后属性定相带，微古地貌控制了上古生界相带和砂体分布，通过恢复古地形，基于"三相"(岩性相、测井相、地震相)特征，落实上古生界沉积相带及砂体的宏观分布规律。再进行多参数联合反演，优选岩性敏感曲线，建立岩性识别图版，剔除煤层、泥岩、灰岩(imP<8000或imP>15000)，定性识别出致密薄砂岩(GR<100)，开展基于地质模型控制的薄储层反演，可以突破地震分辨率极限识别薄储层。在此基础上，开展叠前弹性参数反演，通过敏感参数交汇模版分析，纵横波速度比能够反映储层含气性，含气砂体纵横速度比小于1.7、致密层1.7~1.82、泥岩大于1.82，预测出盒8段、山1段、山2段、本溪砂组主力河道砂体含气性分布范围。综上所述，有利相带和砂体厚度共同决定了储层的含油气性，上古生界致密砂岩气具备多层系立体开发能力，具有纵向多层叠置、横向连片分布特点，此方法大幅度提高了该地区的水平井气层钻遇率。随着水平井储层和气层钻遇率的大幅提高，产能将会有较大提升。

关键词　致密砂岩气；地震属性；联合反演；致密薄砂岩；叠前反演；钻遇率

1　引言

随着国内油气勘探程度不断加深，非常规油气勘探目标的储层条件日益复杂，尤其是薄储层含气性预测面临诸多挑战。传统的反演技术作为储层预测的重要手段，由于受地震资料频带的限制，难以满足薄储层预测的精度要求。鄂尔多斯盆地宜川区块，古生界埋藏相对较浅(2000~2400m)，致密气资源丰富，自2014年以来，气田历经勘探增储-评价增储-评价试采三个阶段，非常规油气层已经成为气区勘探开发的主要类型。

针对本区块致密砂岩气藏高效建产，二叠系石盒子组河流相储层，具有砂岩厚度薄、纵向多期叠置、横向空间变化快的特点，薄储层含气性预测困难，充分挖掘新采集的"两宽一高"三维资料信息，采用不同的方法进行砂岩储层的地震预测，先易后难、先定性后定量、先趋势后局部，叠前叠后技术相结合，形成了一种相控地质统计学叠前反演储层预测技术，落实薄储层分布规律，实现了有利储层的含气性预测，满足上古生界致密砂岩气多层系立体开发需求。

2　叠后属性定相带

微古地貌控制了上古生界相带和砂体分布，通过恢复古底形，基于"三相"特征，整体上分析本区块属于辫状河三角洲相，已钻井上Gr曲线呈箱型特征，受加里东期风化壳溶蚀残留古地貌控制，地震剖面展现出本溪组砂体呈透镜状在低洼部位集中发育，钻遇厚度4~8m；山2至盒8段，经填平补齐后，地形趋于平缓，砂体多期叠置，且向上规模逐渐增大，山2段、山1段砂体厚度5~15m，盒8段山体厚度15~20m。落实了上古生界沉积相带及砂体宏观分布规律(图1)。

井震联合标定，明确了剖面上的"亮点"为河道砂体的地震响应特征，根据地震沉积学原理，利用谱分解技术反映砂体沉积规律。谱分解在薄层与地质体不连续部位的成像和绘图方面是一个有力的工具，实际的地震资料极少以简单块状和可分辨的反射为主。另外，真正的地质体边界也极少完全沿可分辨的波峰与波谷分布。通过傅里叶变换将数据变换到频率域，短时窗振幅和相位谱可以确定薄层反射位置，并确定复杂岩层内的地层厚度变化。与井上砂体信息二者结合，再次确定本区的砂体平面展布规律(图 2)。

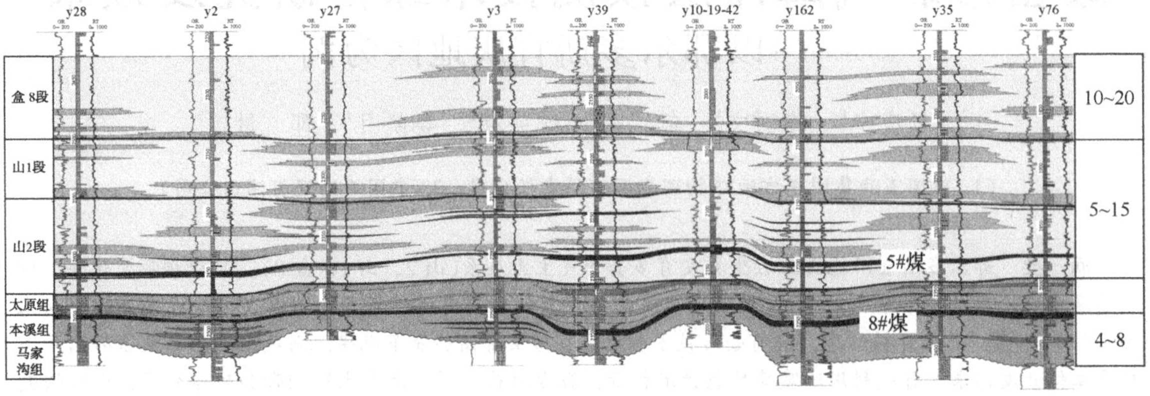

图 1　y28-y76 砂体图

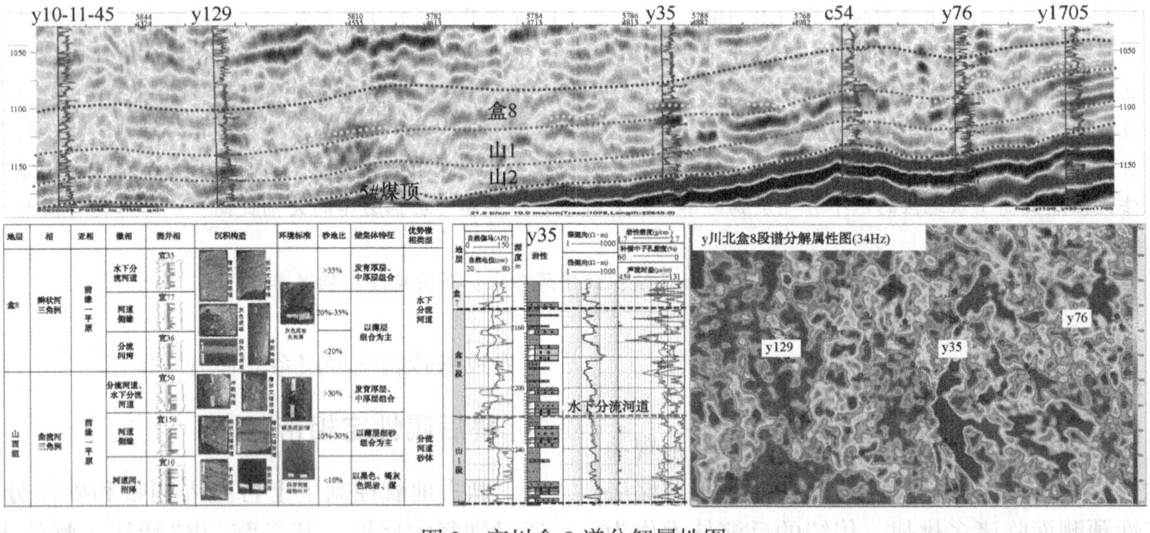

图 2　宜川盒 8 谱分解属性图

3　多参数联合反演技术识别薄储层

优选岩性敏感曲线，建立岩性识别图版。开展基于地质模型控制的薄储层反演，可以突破地震分辨率极限识别薄储层。

先剔除煤层、灰岩，再识别砂岩储层。第一步：波阻抗反演，将阻抗小于 7600 的煤层和阻抗大于 14100 的白云岩剔除掉。第二步：应用 GR 协模拟体，将 GR 值大于 80 的泥岩剔除掉。第三步：联合反演体，明确砂体分布(图 3)。

宜川北地区沟槽控制了上古生界水下分流河道砂体分布，呈北西向网状和条带状展布，单支河道宽度 500~1600m，多期砂体纵向叠置，盒 8 段砂体累计分布厚度在 15~30m。

宜川地区纵向上发育多套薄砂层，以 y10-8-53 井为例，在盒 8 段预测 4 套薄砂体，可识别 4m 薄砂层，后验井砂体预测符合率达到 83%(图 4)。

宜川北地区沟槽控制了上古生界水下分流河道砂体分布，呈北西向网状和条带状展布，单支河道宽度 500~1600m，多期砂体纵向叠置，盒 8 段砂体累计分布厚度在 15~30m(图 5)。

4　叠前弹性参数反演识别含气砂体

叠前地质统计学反演是一种新的油气藏综合描述技术。它将叠前同时反演和地质统计学技术融合到一起，利用部分叠加地震体和岩相、测井曲线、概率分布函数、变差函数等信息，采用马尔科夫链蒙特卡洛算法来获得纵向细节更加丰富，横向预测性更强的高分辨率的储层预测结果。

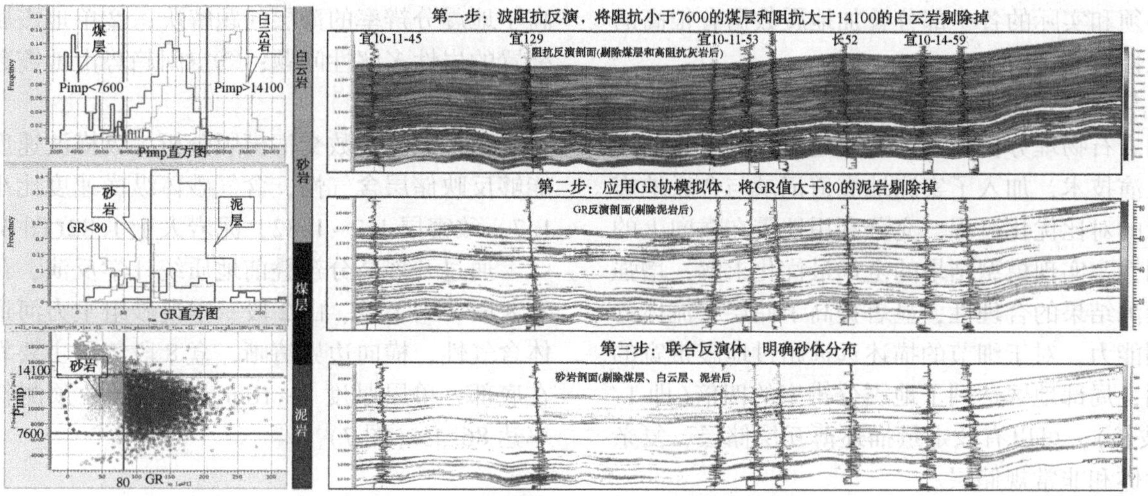

图 3　多参数联合反演识别薄储层

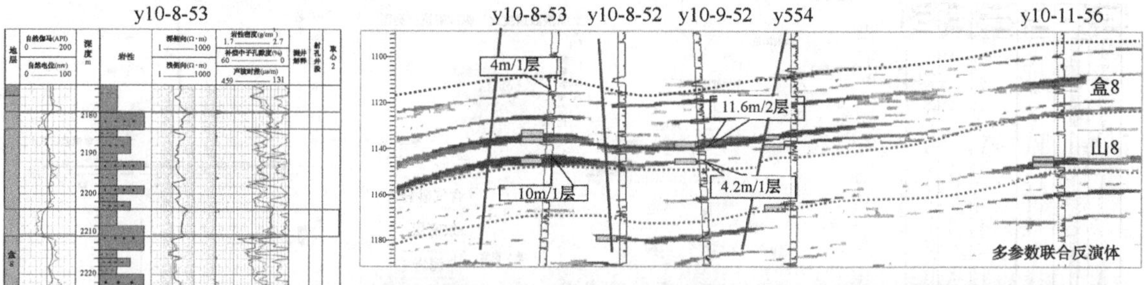

井号	预测厚度	实钻厚度	符合率
y10-9-52	17.2	18.4	93%
y10-9-51	21.5	15.9	74%
y10-7-52	23.7	21.9	92%
y10-23-56X1	21.5	23.2	93%
y10-23-56	17.2	16.0	93%
y10-20-47	25.8	14.6	57%

井号	预测厚度	实钻厚度	符合率
y10-17-56	17.2	19.4	89%
y10-17-55	12.9	20.6	63%
y10-15-60	23.7	24.9	95%
y10-14-59	17.2	14.9	87%
y10-13-54	17.2	20.9	82%

图 4　y10-8-53 多参数联合反演识别薄储层

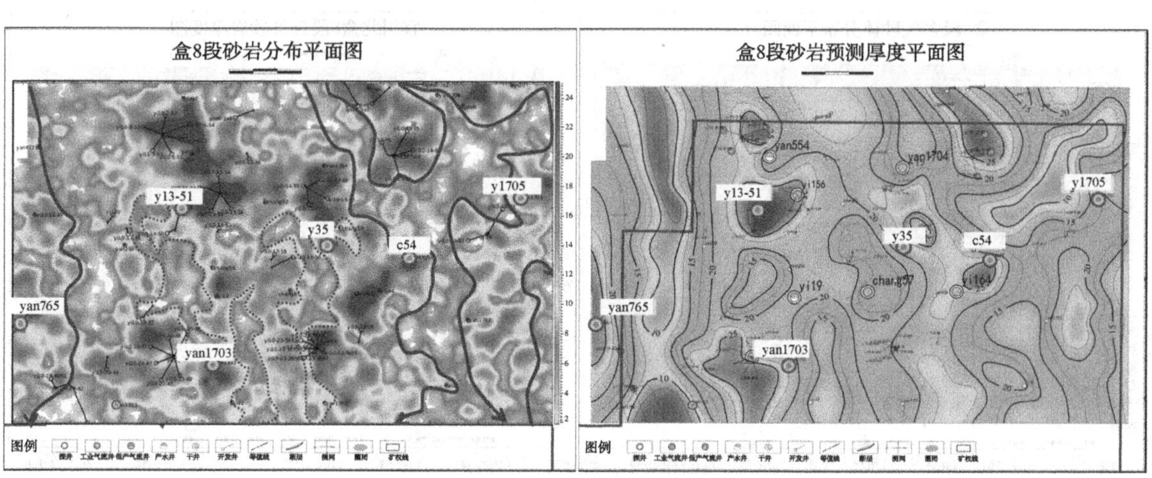

图 5　盒 8 段砂岩分布平面图、砂岩预测厚度图

叠前地质统计学反演首先建立精细的地质框架模型和岩石物理模版，通过对井资料和地质信息的分析后获得概率分布函数和变差函数，其中概率分布函数描述的是特定岩性对应的岩石物理参数分布的可能性，而变差函数描述的是横向和纵向地质特征的结构和特征尺度；其次，马尔科夫链蒙特卡洛算法根据概率分布函数能够得到多种类型的结果，如岩性体；再次，通过反复迭代

计算，保证最终的岩性模拟所对应的合成地震记录必须和实际的各个部分叠加地震数据有很高的相似性。

与常规反演相比，叠前地质统计学反演联合运用岩石物理分析技术、地质建模技术、叠前同时反演技术，加入了实测地震道记录与合成地震记录的对比优化过程，充分利用地震在横向上的预测性，实现模型结果的全局最优化求解，增强了预测结果的合理性，显著提高了储层、流体的识别能力，对于细节的描述远远超过地震带宽的限制，局部地区达到了地震分辨率的四倍(即1/16波长)，可以有效定量描述薄互层储层、复杂岩性体和非常规储层。

叠前地质统计学反演技术的优点有：①解决高于地震分辨率的薄层问题解决；②单地震属性叠置的岩性多解性问题；③空间趋势由地震数据控制。

通过敏感参数交汇模版分析，纵横波速度比能够反映储层含气性，含气砂体纵横速度比小于1.7，致密层1.7~1.82，泥岩大于1.82(图6)。

通过开展高分辨叠前地质统计学反演，预测盒8段、山1段、山2段、本溪砂组主力河道砂体含气性，横向边界清晰，盒8段气层主要发育在底部，单层厚度3~10m，含油气性预测符合率达86.4%(图7)。

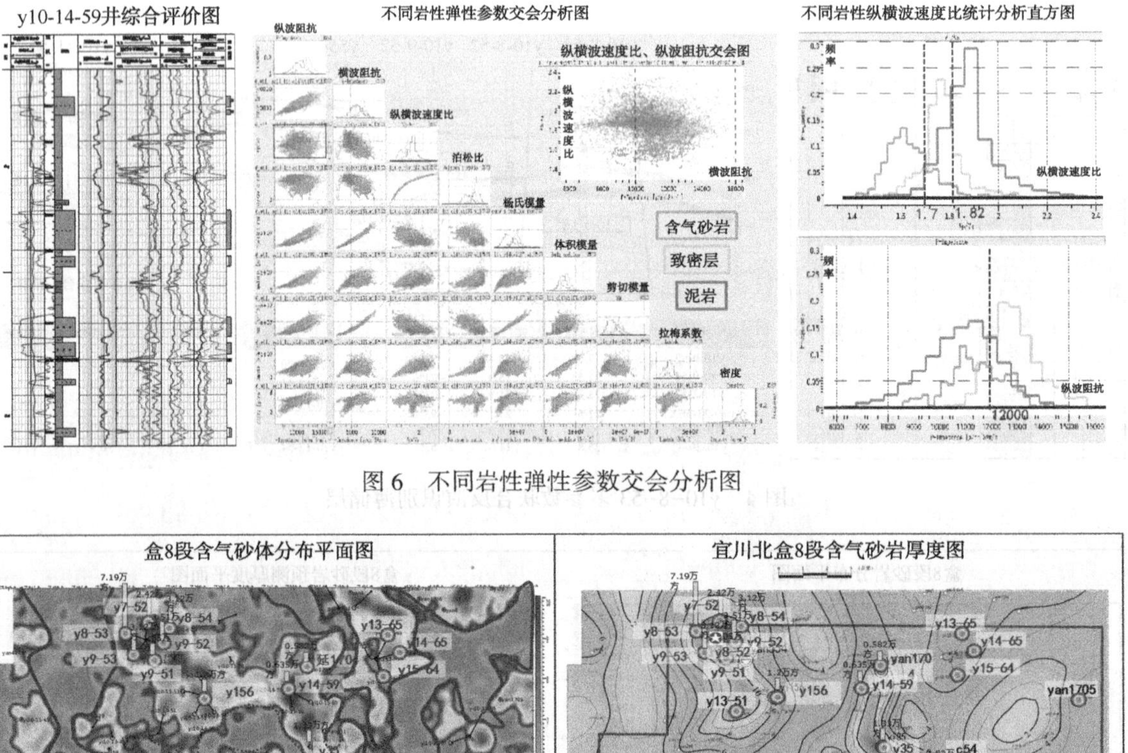

图6　不同岩性弹性参数交会分析图

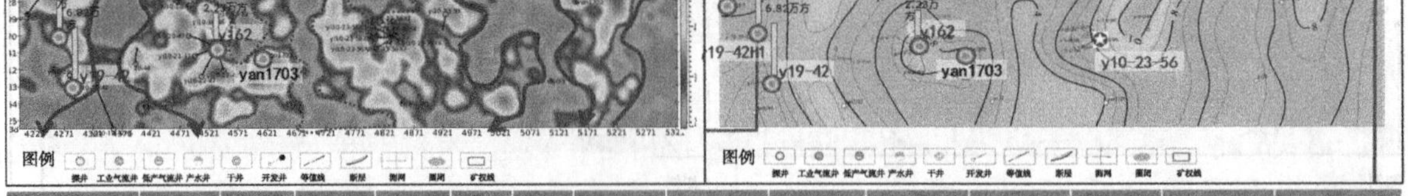

井别	yan1704	y164	y156	y35	y162	y19	y10-19-42	y10-8-53	y10-8-54	y10-9-53	y10-7-52	y10-9-52	y10-9-51	y10-19-42H1
日产气(10^4m^3)	0.582	2.820	1.210	1.338	2.223	0.053	6.822	7.191	3.120	3.120	2.426	3.518	1.052	3.591

图7　盒8段含气砂岩分布平面图

落实各套主力层系甜点区分布，为建立了“大平台-多层系-多类型-多井型”立体开发模式提供参考依据，确定了y10-8-52、y10-23-56两个平台，开发模式以直定井为主，水平井为辅。

5　结论与认识

应用钻进曲线结合地震属性分析，初步预测出该区的砂体分布，通过多参数岩性联合反演识别技术，较准确的预测出薄砂体的平面展布。在此基础上，开展叠前反演进一步分析研究区盒8段含气砂组的勘探潜力，为钻探开发部署提供可靠依据，推动了该区的勘探进程。通过该项目研究，形成了一套致密砂岩气薄储层预测技术。

认识1：有利相带和砂体厚度决定了储层的含油气性。y164、c57、y19井钻遇了两支河道砂体。y19井位于河道侧缘，含气性差；新井y10-18-47井位于构造低部位，砂体欠发育，整体含气性差；y164井位于主河道上，砂体发育，含气性较好。

y35、y164井钻遇了水下分流河道有利相带，向构造高部位砂体具有上倾尖灭特征，结合东南高、西北低构造背景，高部位砂体含气性好；y35井钻遇了河道边部，砂体薄物性差，含气性差(图9)。

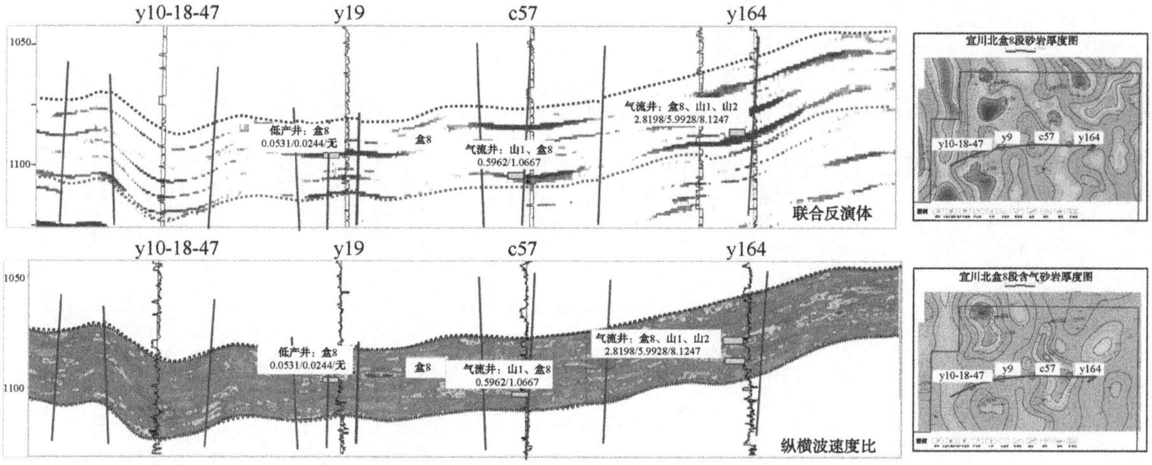

图8　y10-18-47_ y19_ c57_ y164联合反演、叠前反演

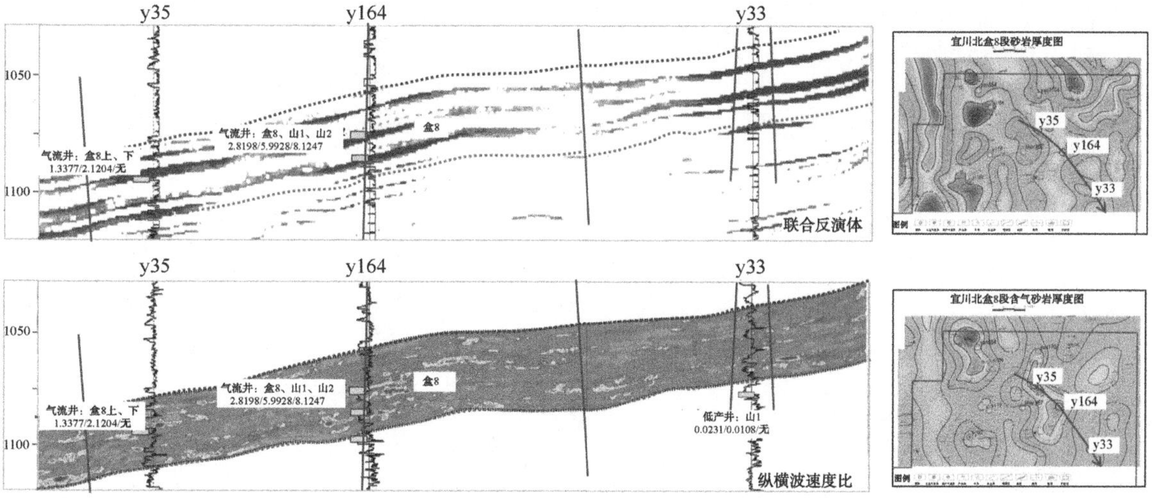

图9　y35_ y164_ y33联合反演、叠前反演

认识2：三维资料有效支撑了水平井部署与钻探。二维地震信噪比低，分辨率低，y10-19-42H1、y10-19-42H5井等水平段钻遇率不到30%，气层钻遇率低。通过深度应用三维地震资料，水平井气层钻遇率大幅提高，正钻的y10-14-61H1井水平段气层钻遇率达97.5%，随着水平井储层和气层钻遇率的大幅提高，产能将会有较大提升。

参 考 文 献

[1] 李芳，蒋佳玉，杨彩娥，鄂尔多斯盆地上古生界山二三亚段储层预测方法及效果[J]，石油天然气学报，2005，27(6)：859-861.

[2] 汪关妹，张万福，张宏伟，等．致密砂岩气地震预测关键技术及效果[J]，石油地球物理勘探，2020，55(增刊1)：72-79.

[3] 徐伟，周家雄，马光克，等．基于含砂率的相控地质统计学反演储层预测技术研究[J]．地球物理学进展，2021，36(2)：817-825.

[4] 张丽华，潘保芝，单刚义，等．基于纵横波速度的致密砂岩气层定性识别与定量计算方法研究[J]．非常规油气，2017，4(6)：13-18.

顺北地区走滑断裂带断控油气藏地质条件表征研究

何　娟　郭元岭

(中国石化石油勘探开发研究院)

摘　要　本文以石油地质学为指导，针对顺北地区中—下奥陶统海相碳酸盐岩层系走滑断裂带断控油气藏，提出11个新的地质要素，既表征了该类油气藏的特殊性，也提升了地质评价的完整性和规范性。分析地质条件的控藏作用认为，顺北地区成藏主控因素是储层条件，而生油气条件、盖层条件不构成本地区的成藏风险。以此为基础，结合探井钻探效果与地质研究成果，建立了包括6项地质条件19个地质要素的断控圈闭地质风险评价标准及计算方法。经探井验证，能够反映顺北地区的成藏地质规律。

关键词　塔里木盆地；顺北地区；奥陶系；走滑断裂带；断控油气藏；圈闭地质风险评价标准

自2015年顺北1-1H在奥陶系突破发现顺北油气田以来，石油地质学理论体系中就增加了一种全新的油气藏类型，即海相碳酸盐岩层系走滑断裂带断控油气藏。截至2022年底，顺北油气田奥陶系已累计探明含油面积102.64km^2，探明地质储量石油2.51×10^{8}t(含凝析油)、天然气1417.51×10^{8}m^3；年产量原油69×10^{4}t(含凝析油)、天然气14.75×10^{8}m^3。经过多年的勘探开发实践，已基本明确了该地区走滑断裂带控储、控藏、控富集、控高产的基本特点，逐步建立起该类油气藏的勘探思路和技术方法。但此类发育于海相碳酸盐岩层系、以走滑断裂带为成因机制、以断缝为主要储集空间、以“立式板状”为三维空间特征的新型油气藏，既服从石油地质学中生、储、盖、运、圈、保控制成藏的一般规律，又不同于传统的层状、块状常规油气藏的地质特点。对于此类油气藏地质条件认识上的不足，既影响了地质评价的完整性和规范性，也影响了对其成藏地质规律的深化认识。

本文即在前人研究成果的基础上，针对碳酸盐岩断控油气成藏地质条件的特殊性，结合探井钻探实践，提出多项新的地质要素，进一步丰富和完善油气成藏规律的认识。并以此为指导，制定出该类断控圈闭地质风险评价标准，经钻井验证，地质标准的钻井符合率达到73.2%。

1　地质概况

塔里木盆地顺北地区构造上处于北部沙雅隆起、南部卡塔克隆起、东部满加尔坳陷、西部阿瓦提坳陷之间的“马鞍形”构造带，称为顺托果勒低隆起(图1)。顺北油气田含油层系为中—下奥陶统，地层厚度达3000m，已发现油气藏埋深7200~8600m。顺北地区的主力烃源岩为下寒武统玉尔吐斯组海相暗色泥岩，主力储集层为中奥陶统一间房组(O_2yj)、中—下奥陶统鹰山组($O_{1-2}y$)，主要储层岩性为海相泥晶灰岩、灰岩、灰云岩，上奥陶统桑塔木组(O_3s)巨厚泥岩成为油气藏的直接盖层，生储盖组合良好。

顺北中—下奥陶统走滑断裂带按成因机制可分为压扭段、张扭段和平移段3种基本类型，均具有“立式板状”三维空间特征，不同成因类型的走滑断裂带中油气富集特点有所差异(图2)。根据资源评价，顺北地区中—下奥陶统共发育18条NNE、NNW向大型走滑断裂带，有利勘探面积2.0×10^{4}km^2，油气地质资源量约20×10^{8}t。

2　成藏地质条件

本文按照石油地质学的理论体系，结合顺北地区探井钻探效果，提出11个新的地质要素，分析生、储、盖、运、圈、保6项地质条件的控藏作用。本次共收集到地震、地质、测试资料齐全、可对比性强的探井33口，其中，19口井测试油气日产量≥50t/d，达到商业油气流标准。

2.1　生油气条件

当前普遍认为，顺北地区的主力烃源岩为下寒武统玉尔吐斯组，分布范围覆盖了整个走滑断裂发育区，平均TOC>2%，Ro=1.3%~1.8%，属于高成熟优质烃源岩(图3)。从33口探井钻井情况来看，顺北地区生油气条件良好，不存在因烃源岩条件差而失利的探井。

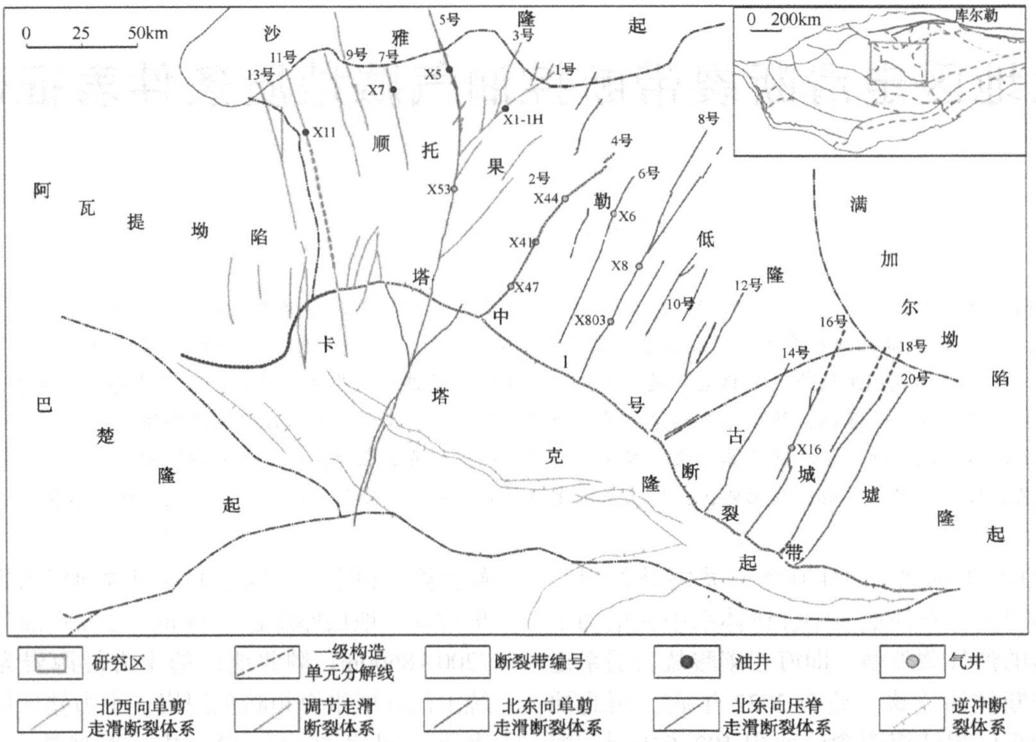

图 1　顺北地区中—下奥陶统走滑断裂体系分布图(据张煜等，2023)

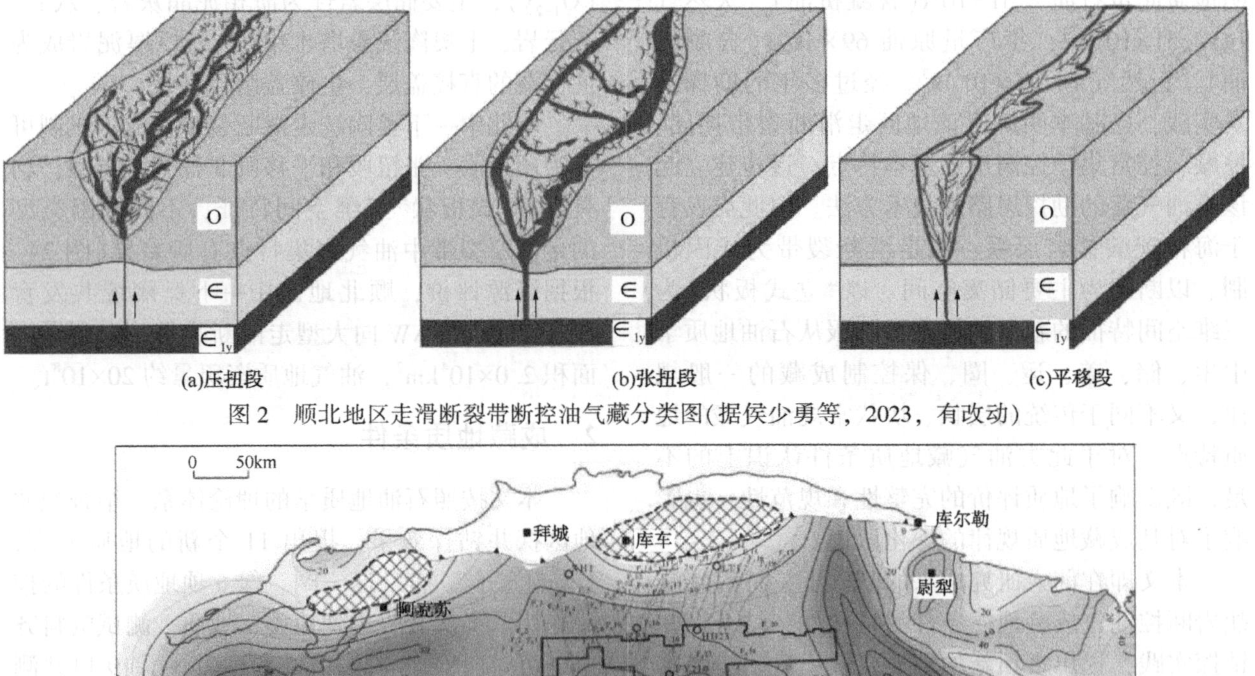

图 2　顺北地区走滑断裂带断控油气藏分类图(据侯少勇等，2023，有改动)

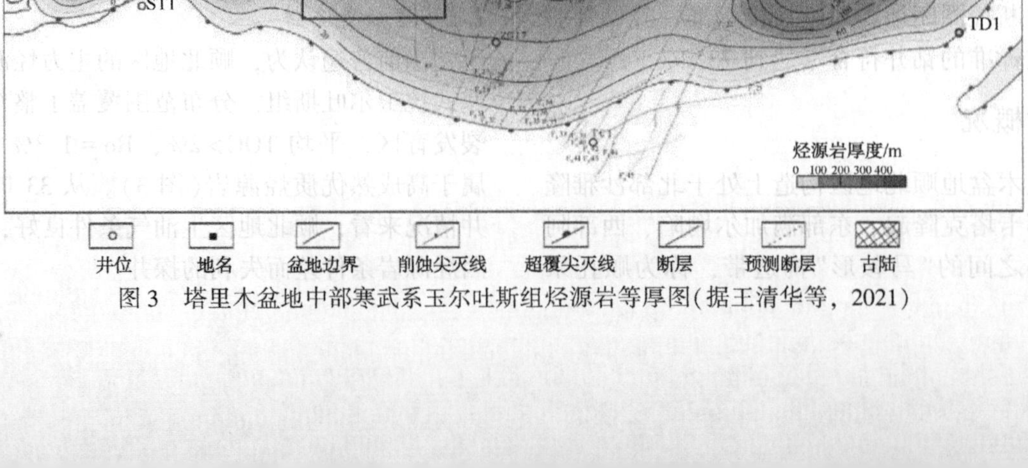

图 3　塔里木盆地中部寒武系玉尔吐斯组烃源岩等厚图(据王清华等，2021)

2.2 储层条件

顺北地区中下奥陶统断控储层为具有“立式板状”三维空间特征的断缝体。本次研究，新提出6个储层评价要素，分别是：走滑断裂带的成因类型、储层岩性、活动盘的位置、储集空间发育程度(串珠个数)、圈闭纵横比、圈闭活动盘边界断裂与大型走滑断裂夹角，既体现了断控储层的特殊性，通过探井成功率的对比，也明确了每类储层在成藏中的控制作用。

(1) T_7^4层面走滑断裂带成因类型：T_7^4相当于中—下奥陶统顶面的地震反射面。地震统计获得商业油气流的探井发现，在33口井中(表1)，钻遇平移段的探井成功率为50.00%，钻遇拉分段的探井成功率为36.36%，钻遇压扭段的探井成功率为33.33。可见，从成藏有利程度来看，平移段>张扭段>压扭段。究其原因，平移段成因主要为水平剪切应力，断层走滑位移大，可沿整个断裂带形成较好连通性的大型缝洞单元，油气富集在整个断裂带中；张扭段成因主要为拉张应力，断裂带两侧是拉张应力释放区，油气主要分布在走滑断裂带两侧的断裂带中，垂向断距较大的一侧油气更富集；压扭段成因主要为挤压应力，断裂带中部是挤压应力释放区，也是油气富集部位。

表1　顺北地区断控圈闭部分地质条件探井测试情况统计表

一级地质条件	二级地质条件	特征	商业油气流井数/口	低产油气流井及干井数/口	水井数/口	商业成功率/%
储层	T_7^4层面断层类型	压扭段	2	3	1	33.33
		拉分段	4	5	2	36.36
		平移段	8	7	1	50.00
	储层岩性	泥晶灰岩	12	11	2	48.00
		灰岩、灰云岩	2	4	2	25.00
	活动盘位置	东侧	9	5	3	52.94
		西侧	5	11		31.25
运移	油源断裂与源岩连通性	连通性好	10	8	2	50.00
		连通性中等	3	5	1	33.33
		连通性一般	1	3		25.00
圈闭	圈闭形态	地堑式断块	2	3		40.00
		断背斜	1	4	1	16.67
		破碎断块	11	8	2	53.38
保存	T_7^4轴剖面形态	错断	7	2	1	70.00
		背斜/向斜	3	3	1	42.86
		平直	4	9	1	28.57
		单斜		2		0.00

(2) 储层岩性：据统计，钻遇泥晶灰岩的探井成功率达到48%，钻遇灰岩/灰云岩的探井成功率仅为25%，目前泥云岩、泥灰岩的含油性尚未获得钻井证实，但野外露头采样进行镜下观察，储层物性要低于灰岩/灰云岩，更低于泥晶灰岩。因此，从储层有效性来看，泥晶灰岩>灰岩/灰云岩>泥云岩>泥灰岩。

(3) 活动盘位置：在碳酸盐岩地层刚性(脆性)相当的情况下，相对不动盘(被动盘)而言，活动盘(主动盘)一侧的地层更容易形成破碎带，从而储集性能更好。据统计，活动盘在走滑断裂带东侧的探井成功率为52.94%，活动盘在西侧的探井成功率为31.25%。可见，对比成藏概率，活动盘在东侧>活动盘在西侧。

(4) 储集空间发育程度：用三维地震剖面上的串珠个数来表征。根据正演模拟与实钻证实，地震剖面上“串珠”越发育，碳酸盐岩地层破碎程度越高，储集空间越有利。以探井测试井段内的串珠个数为横坐标，以测试日产液量为纵坐标，以日产液量≥$50m^3/d$作为有效储层进行统计[图4(a)]，串珠数≥4个的储层有效率为81.3%，串珠数2~3个的储层有效率为60.0%，钻遇串珠特征不明显的探井仅有1口且日产液量不足1t。

（5）圈闭纵横比：以中奥陶统顶界面T_7^4至钻井揭示的含油底界的最大深度作为断控圈闭的纵向深度，用三维地震剖面纵向刻度ms表示；以垂直走滑断裂带边界断层方向的平面最大距离作为断控圈闭的横向宽度，用三维地震剖面的横向刻度m表示；则走滑断裂纵向深度与横向宽度的比值，即圈闭纵横比，反映了断控储层的发育程度。圈闭纵横比越大，说明在断裂带裂开度相同的情况下含油高度越大，储层越发育。据统计[图4(b)]，圈闭纵横比≥2的储层有效率为72.7%，圈闭纵横比≥1.5~2的储层有效率为62.5%，圈闭纵横比≥0.5~1.5的储层有效率为30.0%，圈闭纵横比<0.5的井数最少只有2口。

（6）圈闭活动盘边界断裂与大型走滑断裂夹角：断控圈闭走滑断层活动盘一侧边界断裂的走向，与大型走滑断裂带的整体走向之间，往往存在一定夹角。夹角的绝对值越大，代表断裂带的裂开度越大，断控储集体越发育。据统计[图4(c)]，圈闭活动盘边界断裂与大型走滑断裂夹角绝对值≥25°的储层有效率为80%，夹角10~25°的储层有效率为55.6%，夹角3~10°的储层有效率为33.3%，夹角0~3°的储层有效率为71.4%。对于夹角<3°的情况尚需要综合分析

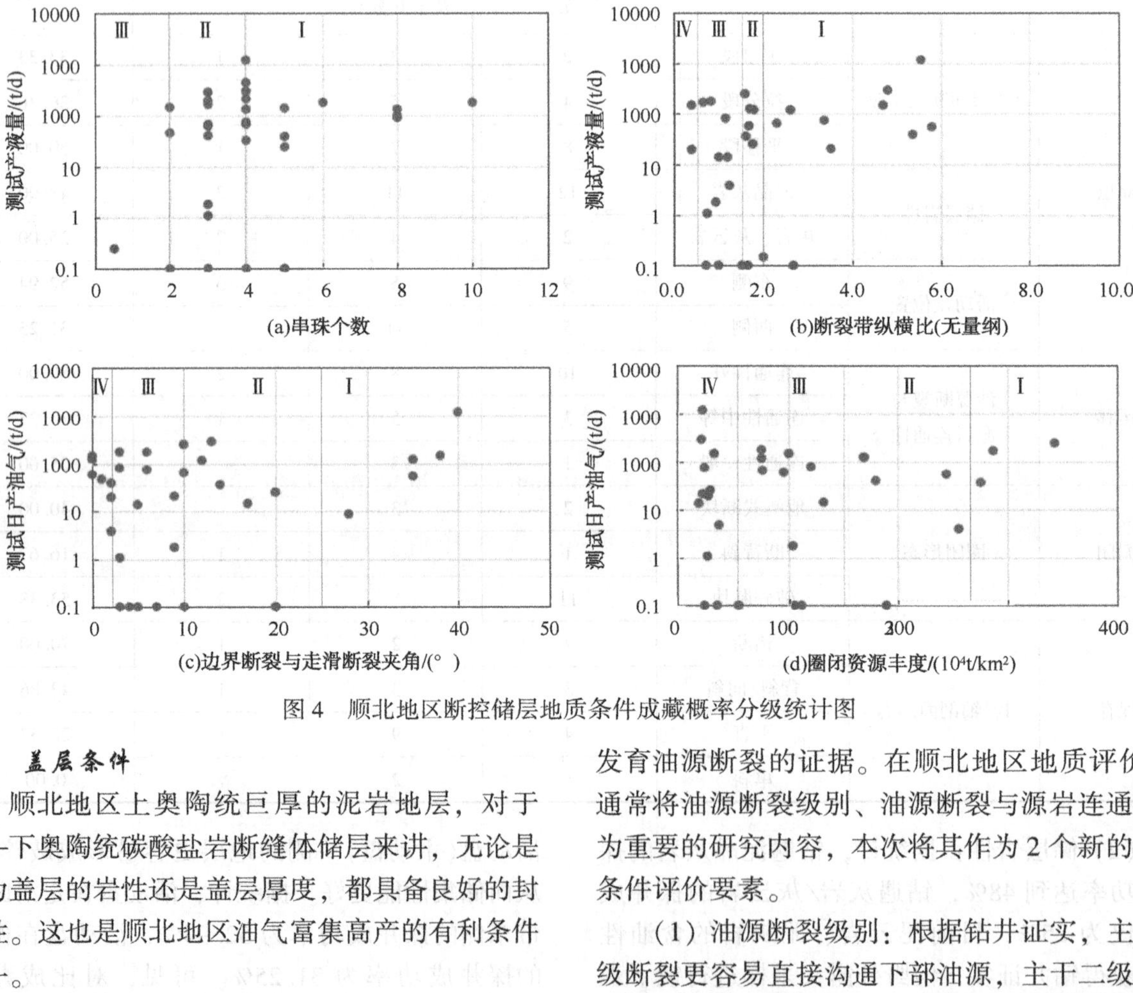

图4　顺北地区断控储层地质条件成藏概率分级统计图

2.3　盖层条件

顺北地区上奥陶统巨厚的泥岩地层，对于中—下奥陶统碳酸盐岩断缝体储层来讲，无论是作为盖层的岩性还是盖层厚度，都具备良好的封闭性。这也是顺北地区油气富集高产的有利条件之一。

2.4　运移条件

顺北地区中—下奥陶统断控油气藏的油气主要来自于下寒武统玉尔吐斯组烃源岩，因此，中下奥陶统的走滑断裂是否直接或间接往下沟通到寒武系底部，成为是否具备油气运移条件或是否发育油源断裂的证据。在顺北地区地质评价中，通常将油源断裂级别、油源断裂与源岩连通性作为重要的研究内容，本次将其作为2个新的运移条件评价要素。

（1）油源断裂级别：根据钻井证实，主干一级断裂更容易直接沟通下部油源，主干二级断裂也具备直接沟通下部油源的能力，次级或隐伏断裂一般是借助相邻的主干一级、二级断裂间接沟通油源，而更低序级的断裂则只能将运移至中—下奥陶统走滑断裂带中的油气进行再运移分配。

（2）油源断裂与源岩连通性：据统计

(表1)，在三维地震剖面上油源断裂连续性(即连通性)好的探井成功率为50%，油源断裂连续性中等的探井成功率为33.3%，连通性一般的探井成功率只有25%。可见，油源断裂与源岩连通性越好，越有利于油气成藏。

2.5 圈闭条件

针对圈闭的描述与评价，结合常规做法，本文新提出2个断控圈闭条件评价要素。

(1) $T_7{}^4$层面圈闭形态：在地震$T_7{}^4$反射层构造图上，与3种走滑断裂带成因类型相对应，圈闭形态也可以分为3类，分别是平移段的破碎断块、拉分段的地堑式断块、压扭段的复杂断背斜。据统计(表1)，钻遇破碎断块的探井成功率为53.38%，钻遇地堑式断块的探井成功率为40%，钻遇复杂断背斜的探井成功率为16.67%。当前还没有将断块特征不明显的单斜构造作为钻探目标。因此，从成藏的有效性来讲，破碎断块>地堑式断块>复杂断背斜>单斜构造。

(2) 圈闭资源丰度；据统计[图4(d)]，圈闭资源丰度≥270×10^4 t/km^{2}的探井成功率为100%，圈闭资源丰度≥150~270×10^4t/km^{2}的探井成功率为60%，圈闭资源丰度≥50~150×10^4 t/km^{2}的探井成功率为54.5%，圈闭资源丰度<50×10^4t/km^{2}的探井成功率为33.3%。可见，资源丰度越大，即相同圈闭面积条件下，预计含油气高度越大，实际探井成功率越高。

2.6 保存条件

保存条件通常是指油源断层活动期与圈闭形成期的时空匹配关系，以及油气成藏之后的构造破坏情况。由于顺北地区发育巨厚的上覆盖层，且油气成藏之后未在发生极具破坏性的构造运动，总体保存条件较好。为了反映断控油气藏的特殊性，本文新提出$T_7{}^4$轴剖面形态，作为油气保存条件的补充要素。

$T_7{}^4$轴剖面形态：在三维地震剖面上，$T_7{}^4$轴线的形态主要可分为错断、背斜/向斜、平直、单斜4种。钻井发现，中—下奥陶统顶面$T_7{}^4$轴的剖面形态对油气有着一定的保存作用。据统计(表1)，钻遇错断形态的探井成功率为70%，钻遇背斜/向斜形态的探井成功率为42.86%，钻遇平直形态的探井成功率为28.57%。当前，还没有将单斜形态的圈闭作为钻探目标。可见，对于$T_7{}^4$轴的剖面形态，在有利于油气保存方面，错断>背斜/向斜>平直>单斜。

3 圈闭地质风险评价标准

根据上述11个新的地质要素，参照我国油气行业标准《圈闭评价技术规范》(SY/T 5520-2019)，提出包含6项地质条件19项地质要素的顺北地区走滑断裂带断控圈闭地质风险评价指标体系(表3)。

针对6项地质条件的成藏概率，是通过求取各项地质要素成藏概率算数平均值的方法加以获得。而对于圈闭的成藏概率，则是通过6项地质条件成藏概率的加权求和而得到。

对于6项地质条件的权重系数，本次采用“探井失利地质原因比重法”加以确定。具体来讲，就是通过钻后地质研究，判断出导致探井失利的地质条件，再统计出每项地质条件分别所占的失利原因的比重，即可作为地质条件的权重系数。分析顺北地区中—下奥陶统14口失利探井的地质原因(表2)，导致探井失利的地质原因共23井项。其中，导致探井失利的储层条件有10井项，因此，储层条件的权重系数=10/23=0.43。同样，可以计算出运移、圈闭、保存3项条件的权重系数。在14口失利探井中，没有因为生油气条件、盖层条件而失利的探井，因此两项条件的权重系数均为0。可以看出，储层条件是顺北地区的成藏主控因素。

在上述研究基础上，将19项地质要素的成藏概率赋值标准划分为4个级别，按照上述统计的探井成功率，结合地质研究成果认识，综合提出顺北地区中—下奥陶统走滑断裂带断控圈闭地质风险评价标准(表3)。

表2 顺北地区断控圈闭钻探失利地质原因分析表

井号	钻完井结论	生油气条件	储层条件	盖层条件	运移条件	圈闭条件	保存条件
A1	直接封井		1		1		
X1	低产油层		1				
X14	干井封井		1		1		

续表

井号	钻完井结论	生油气条件	储层条件	盖层条件	运移条件	圈闭条件	保存条件
X52X	干井封井		1		1		
X56X	水层见气封井					1	
XP1	水层				1		
XY1	干井封井		1		1		
XN2	干井封井		1			1	
XN3	干井见气封井		1			1	
XNP1	水层				1		
XX101	低产油层含水		1			1	1
XX3	干井封井		1				
Z1	水层				1		
Z2	干井封井		1		1		
合计			10		8	4	1

表3　顺北地区断控圈闭地质风险评价标准表

地质条件	地质要素	成藏概率赋值标准				权重系数
		Ⅰ类 (0.75~1.00)	Ⅱ类 (0.50~0.75)	Ⅲ类 (0.25~0.50)	Ⅳ类 (0~0.25)	
生油气	烃源岩发育程度	本区均发育有效烃源岩				0
	邻井是否发现油气	邻井获工业油气流	邻井获低产油气流	邻井见油气显示	邻井未见油气显示	
储层	T_7^4层面断层类型	平移段	拉分段	挤压段	/	0.43
	储层岩性	泥晶灰岩	灰岩、云灰岩	泥云岩	泥灰岩	
	活动盘位置	东侧	西侧	/	/	
	储集空间发育程度(串珠个数)	≥4	2~3	不清晰	无	
	圈闭纵横比(无量纲)	≥2	≥1.5~2	≥0.5~1.5	0~0.5	
	圈闭活动盘边界断裂与大型走滑断裂夹角/(°)	≥25	≥10~25	≥3~10	0~3	
盖层	盖层岩性	本区均为有效盖层				0
	盖层厚度/m					
运移	油源断裂级别	主干一级	主干二级	次级或隐伏断裂	不明显	0.35
	油源断裂与源岩连通性	好	中	一般	不连通	
圈闭	地震资料品质	Ⅰ级	Ⅱ级	Ⅲ级	等外品	0.17
	控圈边界断裂落实程度	断裂特征清晰	断裂较明显	断裂特征一般但能识别	断裂特征不明显	
	解释方案及图件	规范、齐全	规范、较齐全	基本规范齐全	不规范、不齐全	
	T_7^4界面圈闭形态	破碎断块	地堑式断块	断背斜	单斜	
	圈闭资源丰度/($10^4 t/km^2$)	≥270	≥150~270	≥50~150	0~50	
保存	油源断裂活动期与油气充注期匹配关系	匹配多个充注期	至少匹配一个充注期	至少与一个充注期基本匹配	都不匹配	0.04
	T_7^4轴剖面形态	错断	背/向斜	平直	单斜	

利用顺北地区33口探井进行验证，在圈闭成藏概率值为0.75~1.00的I类圈闭范围内有8口井，均获得商业油气流，探井成功率为100%；在圈闭成藏概率值为0.50~0.75的II类圈闭范围内有27口井，其中有21口均获得商业油气流，探井成功率为77.8%；在成藏概率值<0.50的III+IV类圈闭范围内有6口探井，仅1口井获得商业油气流，探井成功率为16.7%（图5）。

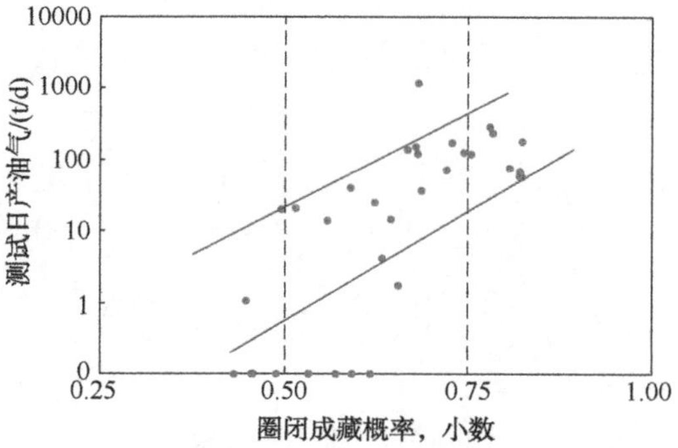

图5　顺北地区断控圈闭地质风险评价标准可靠性验证图

可以看出，基于新提出的地质要素，结合探井成功率，研究制定的圈闭地质风险评价标准，具有较强的分级符合率，能够反映顺北地区的成藏地质规律。

4　结论与认识

（1）以石油地质学为指导，针对顺北地区走滑断裂带断控油气藏，新提出11个地质要素，丰富和完善了该类油气藏地质评价的内容体系。

（2）基于新提出的地质要素，结合探井成功率和地质研究成果，提出了顺北地区走滑断裂带断控圈闭地质风险评价标准。采用求取各项地质要素成藏概率算数平均值的方法获得6项地质条件的成藏概率，采用“探井失利地质原因比重法”获得6项地质条件的权重系数，再通过6项地质条件成藏概率的加权求和的方法获得圈闭的成藏概率。经探井验证，具有较强的分级符合率，能够反映顺北地区的成藏地质规律。

（3）本文的研究成果，既体现了顺北地区成藏地质条件的特殊性，也反应了当前阶段的勘探特点。相信随着勘探程度的不断提高和钻井资料的日益积累，对于顺北地区走滑断裂带断控油气藏规律性认识也将不断丰富和完善。

参 考 文 献

[1] 张煜，毛庆言，李海英，等．顺北中部超深层断控缝洞型油气藏储集体特征与实践应用[J]．中国石油勘探，2023，28(1)：1-13.

[2] 邓尚，李慧莉，张仲培，等．塔里木盆地顺北及邻区主干走滑断裂带差异活动特征及其与油气富集的关系[J]．石油与天然气地质，2018，39(5)：878-888.

[3] 朱秀香，赵锐，赵腾．塔里木盆地顺北1号断裂带走滑分段特征与控储控藏作用[J]．岩性油气藏，2023，35(5)：131-138.

[4] 李映涛，邓尚，张继标，等．深层致密碳酸盐岩走滑断裂带核带结构与断控储集体簇状发育模式：以塔里木盆地顺北4号断裂带为例[J]．地学前缘(中国地质大学(北京)；北京大学)，2023，30(6)：80-94.

[5] 云露，邓尚．塔里木盆地深层走滑断裂差异变形与控储控藏特征——以顺北油气田为例[J]．石油学报，2022，43(6)：770-787.

[6] 刘宝增．塔里木盆地顺北地区油气差异聚集主控因素分析——以顺北1号、顺北5号走滑断裂带为例[J]．中国石油勘探，2020，25(3)：83-95.

[7] 云露．顺北地区奥陶系超深断溶体油气成藏条件[J]．新疆石油地质，2021，42(2)：136-142.

[8] 吕海涛，韩俊，张继标，等．塔里木盆地顺北地区超深碳酸盐岩断溶体发育特征与形成机制[J]．石油实验地质，2021，43(1)：14-22.

[9] 漆立新，丁勇．塔里木盆地顺北地区东西部海相油气成藏差异[J]．石油实验地质，2023，45(1)：20-28.

[10] 马永生，蔡勋育，云露，等．塔里木盆地顺北超深层碳酸盐岩油气田勘探开发实践与理论技术进展[J]．石油勘探与开发，2022，49(1)：1-17.

[11] 胡文革．塔里木盆地顺北地区不同断裂带油气充注能力表征研究与实践[J]．石油与天然气地质，2022，43(3)：528-541.

[12] 漆立新．塔里木盆地顺托果勒隆起奥陶系碳酸盐岩超深层油气突破及其意义[J]．中国石油勘探，2016，21(3)：38-50.

[13] 焦方正．塔里木盆地顺托果勒地区北东向走滑断裂带的油气勘探意义[J]．石油与天然气地质，2017，38(5)：831-839.

[14] 廖茂辉，刘军，龚伟，等．顺北地区断控缝洞型储层反射特征与预测技术探讨[J]．工程地球物理学报，2020，17(6)：703-710.

[15] 周铂文，陈红汉，云露，等．塔里木盆地顺北地区下古生界走滑断裂带断距分段差异与断层宽度关

系[J]. 地球科学，2022，47(2)：437-451.

[16] 侯少勇，段霈泽，赫庆庆，等. 富满油田超深碳酸盐岩油气藏走滑断裂带有利储层发育区研究[J]. 海洋石油，2023，43(1)：10-15.

[17] 杨海军，蔡振忠，李勇，等. 塔里木盆地富满地区吐木休克组烃源岩有机地球化学特征及其油气勘探意义[J]. 地质科技通报，2023，网络首发日期2023-05-30：1-14.

[18] 张科，苏劲，陈永权，等. 塔里木盆地寒武系—奥陶系烃源岩油源特征与超深层油气来源[J]. 地质学报，2023，97(6)：2026-2041.

[19] 马庆佑，曹自成，蒋华山，等. 塔河—顺北地区走滑断裂带的通源性及其与油气富集的关系[J]. 海相油气地质，2020，25(4)：327-334.

超深层储层有效性评价技术研究
——以准噶尔盆地南缘清水河组为例

阮　东[1]　吴　越[1]　刘羲和[1]　孟庆阳[1]　邢昊明[1]　丁　乙[2]

（1. 中国石油新疆油田分公司勘探事业部；2. 西南石油大学）

摘　要　超深层油气资源开采难度极大，需要明确储层有效性，选取最优开采层段，提升开发效益。为此，本文以准噶尔盆地南缘清水河组为例，结合裂缝有效性、可压裂性、应力敏感性，对储层有效性开展了系统评价。研究显示：储层裂缝不发育，以缝控思路实现高效开发难度较大。可压裂性差异显著，需要避免盲目压裂。应力敏感性弱且呈现异常超压，是形成清水河高产的核心因素，也是储层有效性评价的关键。研究成果对超深层储层高效开发具有重要。

关键词　超深层；清水河组；储层有效性；可压裂性；应力敏感

随着中浅层勘探开发程度不断提高，世界油气勘探开发已经逐渐迈向深层—超深层领域。我国超深层油气资源量丰富，是我国未来能源开发的主战场。目前，我国已探明深层、超深层油气资源达671亿吨油当量，占全国油气资源总量的34%，是保障国家能源安全的战略接替区。然而，超深层勘探开发难度极大，储层位于超高压、超高应力、超高温等极端环境，面临诸多技术难题，整体开发效益有待进一步提升。

由于超深层特殊复杂的地质与工况环境，要提升开发效益，必须对储层特征具有深入认识，从而实现准确的层位选择。围绕储层评价，大量工作集中在储层含油气性评价，从选取最优地质甜点角度出发，找出高含油气饱和度、高孔渗的区域。此外，从工程甜点角度，为更好实现压裂改造，Jin、Yang、赵金洲等学者综合室内实验与测井信息响应，形成了储层可压性评价模型，用于指导压裂分段分簇。唐巨鹏、唐书恒等学者从地应力大小与应力差的角度，对储层改造难易程度进行分析，进而实现储层改造性能评价。现阶段，虽然从不同角度开展了储层评价，但评价效果有限，且主要围绕储层含油气性与可压性两部分，对部分区域超深层高产机制无法合理解释，制约了储层评价的准确性，需要开展进一步研究。

鉴于此，本文以准噶尔盆地南缘清水河组为例，综合裂缝有效性、可压裂性、应力敏感性，形成了一套新的储层评价方法体系，系统评价了清水河组储层有效性，明确了储层有效性的关键因素，以及清水河超深层储层高产的核心因素。研究成果对指导南缘超深层勘探开发具有重要意义，也为我国其他区块超深层储层开发提供了理论借鉴。

1　储层有效性评价方法

从超深层储层高效开采而言，由于超深层压实效果显著，整体基质较为致密，在此条件下，裂缝作为相对较高渗透面，在国内多个深层油气藏开发中，均证实为高产的重要影响因素。此外，对于目前超深层开发，大部分均依赖压裂改造，在此过程中为克服超深层高应力环境，从可压裂性角度而言，一方面要保证当前井口设备能够压开地层，另一方面要保证压开后形成有效复杂缝网，从而实现储层增产。同时，在后期生产过程中，要保持长期稳产。这要求在储层内部孔隙压力衰减过程中，孔隙空间需要克服超深层高应力环境，保持住油气运移通道。为此，应力敏感性是影响后续长期稳产的关键。

鉴于此，综合裂缝有效性、可压裂性、应力敏感性，从保证“储层优势通道-储层有效改造-储层持续高产”三个方面，构建了超深层储层评价方法，流程如图1所示。以此为依据，以准噶尔盆地南缘清水河组为对象，开展了储层有效性分析，为我国超深层储层评价提供技术支撑。

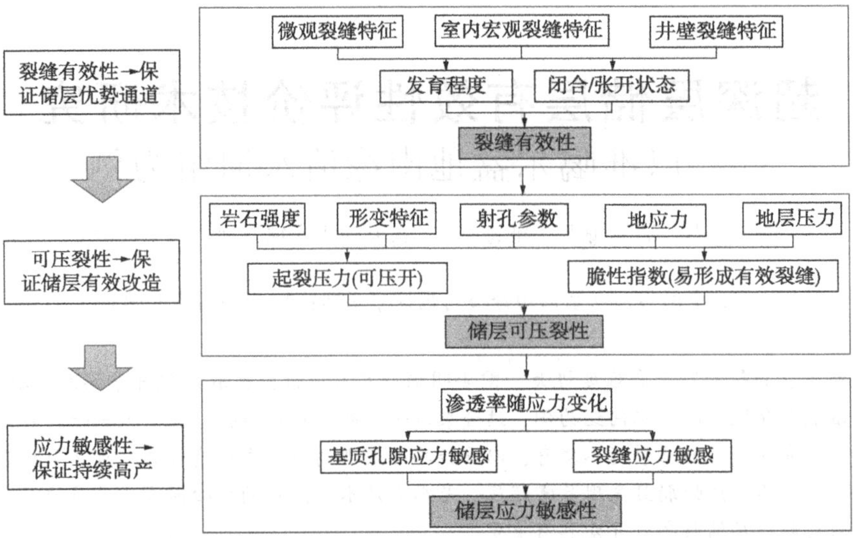

图 1　储层有效性评价方法流程图

2　裂缝发育特征评价

地层天然裂缝一直是评价储层的关键指标。由于裂缝面属于典型高渗透空间，被认为是实现高产的重要通道。基于此，对清水河组储层岩样开展裂缝多尺度分析，评价储层裂缝有效性。依据井下岩心观测与电镜扫描测试，获取储层岩石微观与室内宏观结构，如图 2 所示。可以发现，在微观尺度下难见微裂缝，且井下取心得到的岩心柱整体完整，未见裂缝发育特征。在此基础上，进一步对南缘区块多口井成像资料开展分析，以 50m 间隔为一段，统计裂缝发育程度与闭合、张开情况，如图 3 所示。清水河组裂缝发育密度分布在 0.43 条/m～0.02 条/m。依据业标准 SY/T 5579.5—2016(《油藏描述方法第 5 部分：致密砂岩油藏》)，储层裂缝发育程度较低、甚至不发育。此外，统计显示接近 40% 为闭合裂缝。由此可见，清水河组裂缝不发育，且较多裂缝呈现闭合状态，从裂缝发育特征而言，储层有效性整体较差。在此条件下，要依赖天然裂缝实现储层高产，极为困难。

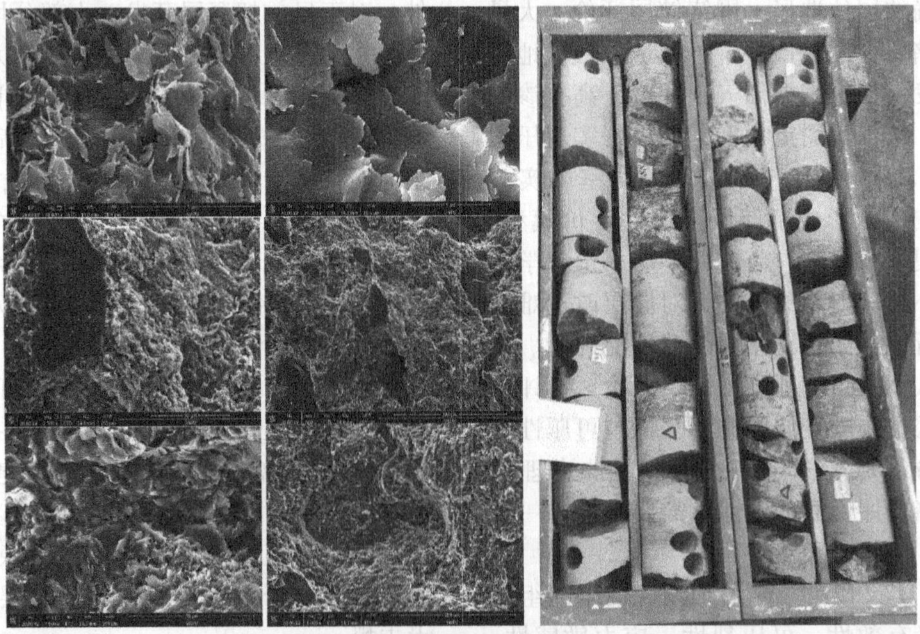

图 2　清水河组岩样微观和宏观结构特征

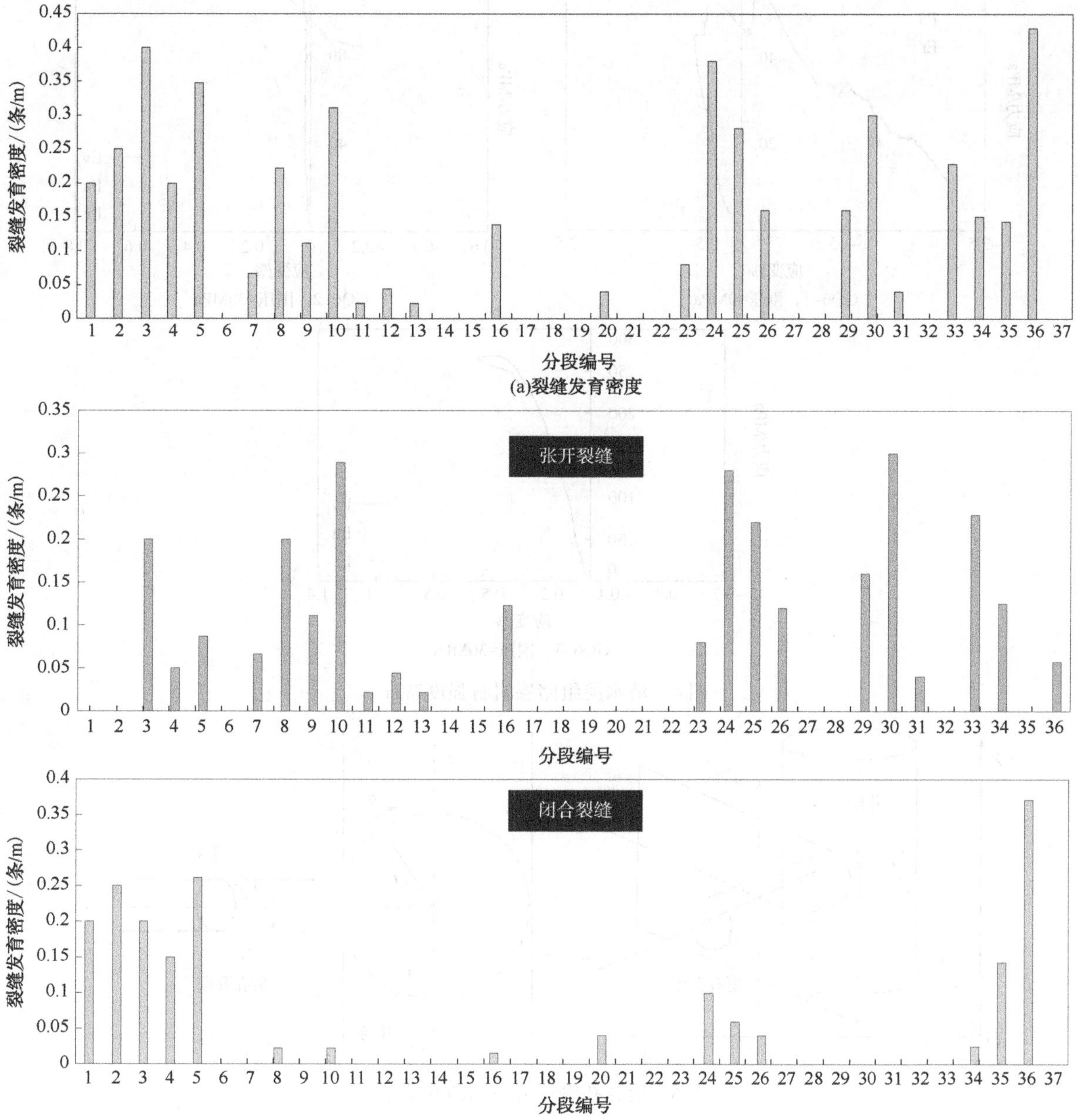

(b)裂缝张开与闭合情况

图3 基于成像测井的井壁裂缝特征

3 储层可压裂性评价

储层可压裂性主要围绕两点：(1)当前设备能够压开地层，实施改造；(2)压后能够形成有效复杂裂缝。为此，首先针对地层起裂压力开展分析。从岩石强度而言，如图4所示，单轴抗压强度下清水河组岩石强度为58.6MPa，随围压增大后，岩石抗压强度逐渐增大，在围压60MPa时，抗压强度达到了262.4MPa。整体而言，储层岩石自身强度并不大，不属于高强度岩石，但鉴于超深层的极高应力环境，在高围压下易增加地层起裂难度。

为进一步量化分析地层起裂压力，以地层三向地应力为基础，通过井筒与孔眼空间转换关系，如图5所示，依据线弹性与多孔介质理论，采用最大张应力破裂准则，实现射孔下的破裂压力计算。首先，针对任意井眼轨迹，井周应力方程如式(1)所示。

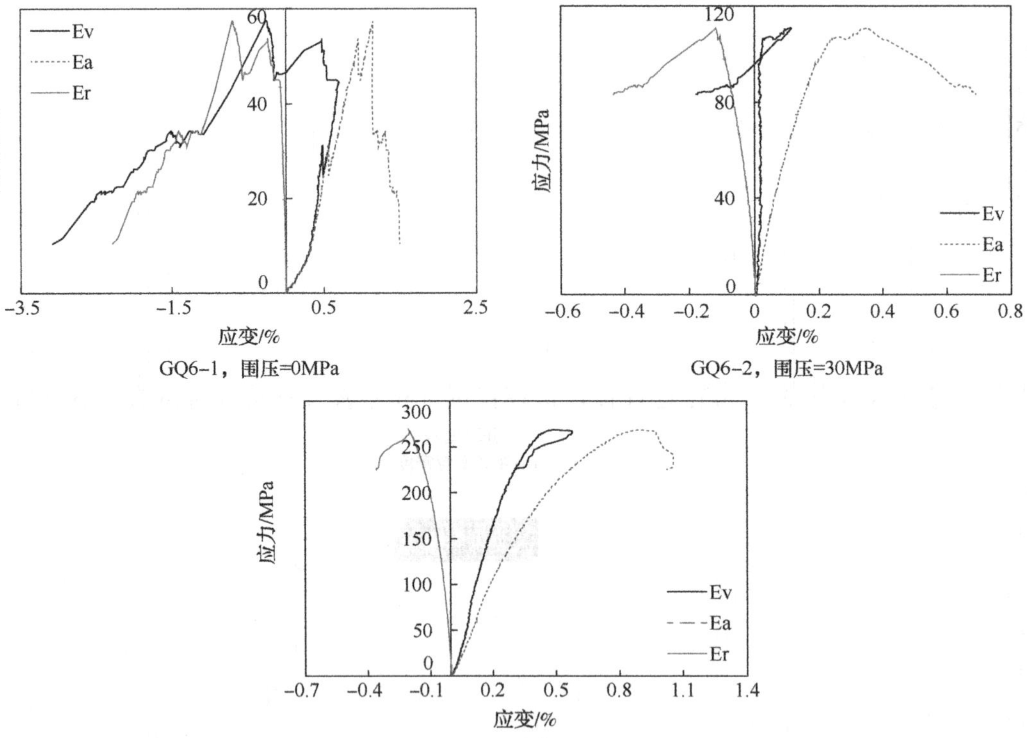

图 4　清水河组储层岩石强度特征

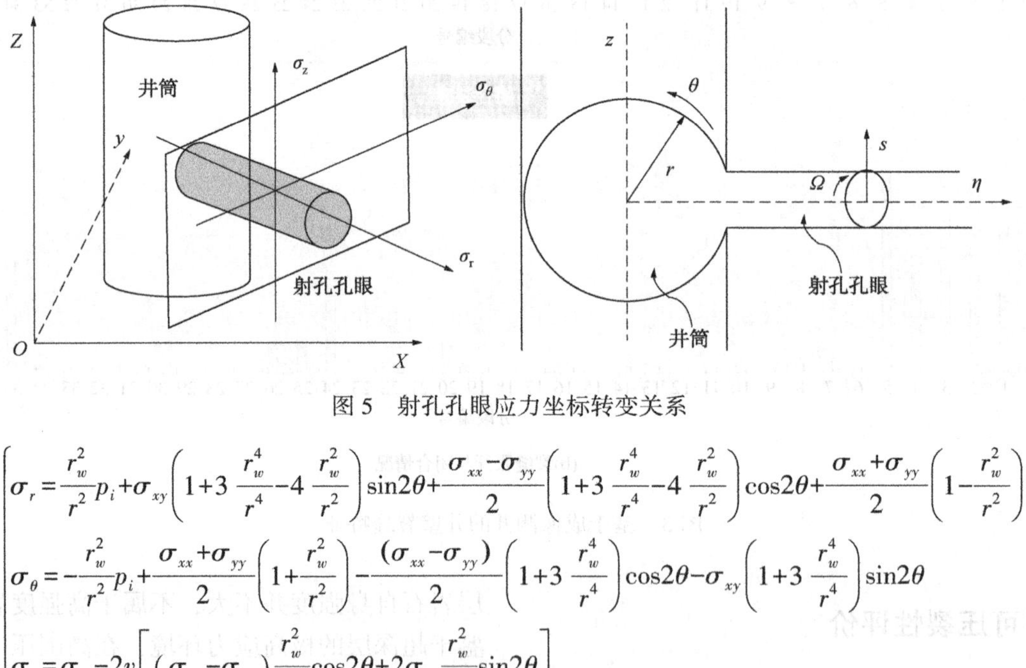

图 5　射孔孔眼应力坐标转变关系

$$
\left\{
\begin{aligned}
&\sigma_r=\frac{r_w^2}{r^2}p_i+\sigma_{xy}\left(1+3\frac{r_w^4}{r^4}-4\frac{r_w^2}{r^2}\right)\sin2\theta+\frac{\sigma_{xx}-\sigma_{yy}}{2}\left(1+3\frac{r_w^4}{r^4}-4\frac{r_w^2}{r^2}\right)\cos2\theta+\frac{\sigma_{xx}+\sigma_{yy}}{2}\left(1-\frac{r_w^2}{r^2}\right)\\
&\sigma_\theta=-\frac{r_w^2}{r^2}p_i+\frac{\sigma_{xx}+\sigma_{yy}}{2}\left(1+\frac{r_w^2}{r^2}\right)-\frac{(\sigma_{xx}-\sigma_{yy})}{2}\left(1+3\frac{r_w^4}{r^4}\right)\cos2\theta-\sigma_{xy}\left(1+3\frac{r_w^4}{r^4}\right)\sin2\theta\\
&\sigma_z=\sigma_{zz}-2v\left[(\sigma_{xx}-\sigma_{yy})\frac{r_w^2}{r^2}\cos2\theta+2\sigma_{xy}\frac{r_w^2}{r^2}\sin2\theta\right]\\
&\tau_{r\theta}=\sigma_{xy}\left(1+2\frac{r_w^2}{r^2}-3\frac{r_w^4}{r^4}\right)\cos2\theta\\
&\tau_{z\theta}=\sigma_{yz}\left(1+\frac{r_w^2}{r^2}\right)\cos\theta-\sigma_{xz}\left(1+\frac{r_w^2}{r^2}\right)\sin\theta\\
&\tau_{rz}=\sigma_{xz}\left(1-\frac{r_w^2}{r^2}\right)\cos\theta+\sigma_{yz}\left(1-\frac{r_w^2}{r^2}\right)\sin\theta
\end{aligned}
\right.
\quad (1)
$$

上式中，σ_{xx}，σ_{yy}，σ_{zz}，σ_{xy}，σ_{yz}，σ_{xz}为井筒坐标系下的原地应力分量，MPa；σ_r，σ_θ，σ_z为井眼坐标系下径向、周向和轴向应力，MPa；$\tau_{\theta z}$，$\tau_{r\theta}$，τ_{rz}为井眼坐标系下剪应力分量，MPa；θ为井周角，°；p_i为井筒液柱压力，MPa；r井眼径向距离，m；r_w为井眼半径，m。

依据井周应力分布，进一步考虑射孔后孔眼周围应力分布，如式(1)所示：

$$\left\{\begin{aligned}
\sigma_s &= \frac{r_{hs}^2}{s^2}p_{perf}+\tau_{\theta z}\left(1+3\frac{r_{hs}^4}{s^4}-4\frac{r_{hs}^2}{s^2}\right)\sin 2\Omega+\frac{\sigma_\theta-\sigma_z}{2}\left(1+3\frac{r_{hs}^4}{s^4}-4\frac{r_{hs}^2}{s^2}\right)\cos 2\Omega+\frac{\sigma_\theta+\sigma_z}{2}\left(1-\frac{r_{hs}^2}{s^2}\right)+\\
&\quad\left[\frac{a(1-2v)}{2(1-v)}\frac{(s^2-r_{hs}^2)}{s^2}-\varphi\right](P_{perf}-P_p)\\
\sigma_\Omega &= -\frac{r_{hs}^2}{s^2}p_{perf}+\frac{\sigma_\theta+\sigma_z}{2}\left(1+\frac{r_{hs}^2}{s^2}\right)-\frac{(\sigma_\theta-\sigma_z)}{2}\left(1+3\frac{r_{hs}^4}{s^4}\right)\cos 2\Omega-\tau_{\theta z}\left(1+3\frac{r_{hs}^4}{s^4}\right)\sin 2\Omega+\\
&\quad\left[\frac{a(1-2v)}{2(1-v)}\frac{(s^2+r_{hs}^2)}{s^2}-\varphi\right](P_{perf}-P_p)\\
\sigma_\eta &= \sigma_r-2v\left[(\sigma_\theta-\sigma_z)\frac{r_{hs}^2}{s^2}\cos 2\Omega+2\tau_{\theta z}\frac{r_{hs}^2}{s^2}\sin 2\Omega\right]+\left[\frac{a(1-2v)}{1-v}-\varphi\right](P_{perf}-P_p)\\
\tau_{s\Omega} &= \tau_{\theta z}\left(1+2\frac{r_{hs}^2}{s^2}-3\frac{r_{hs}^4}{s^4}\right)\cos 2\Omega+\left(\frac{\sigma_\theta-\sigma_z}{2}\right)\left(1+2\frac{r_{hs}^2}{s^2}-3\frac{r_{hs}^4}{s^4}\right)\sin 2\Omega\\
\tau_{\eta\Omega} &= \tau_{zr}\left(1+\frac{r_{hs}^2}{s^2}\right)\cos\Omega-\tau_{\theta r}\left(1+\frac{r_{hs}^2}{s^2}\right)\sin\Omega\\
\tau_{s\eta} &= \tau_{\theta r}\left(1-\frac{r_{hs}^2}{s^2}\right)\cos\Omega+\tau_{zr}\left(1-\frac{r_{hs}^2}{s^2}\right)\sin\Omega
\end{aligned}\right. \tag{2}$$

上式中，σ_s，σ_Ω，σ_η为孔眼坐标系下径向、周向和轴向应力，MPa；$\tau_{s\Omega}$，$\tau_{\Omega\eta}$，$\tau_{s\eta}$为孔眼坐标系下三向剪应力，MPa；Ω为孔眼上极坐标角，°；r_{hs}为孔眼半径，m；s为孔眼径向距离，m；p_{perf}孔眼流体压力，MPa；p_p孔隙压力，MPa；φ为孔隙度，°；v为泊松比；α为Biot系数。

依据孔眼应力分布方程，利用最大张应力准则，进而得到地层起裂压力。以此流程，分析了不同影响因素与破裂压力的对应关系，如图6所示。基于单因素与破裂压力相关性，以单因素与破裂压力的增长速率为依据，对比影响程度，如图7所示。由图可知：强度与水平最小地应力是地层压开难以程度的主控因素。弹性模量与孔眼深度的影响显著，是识别难压地层需要考虑的重点。整体而言，该储层起裂压力较高，井口设备需要提升到140MPa，从降低破压角度，孔眼深度是降破压工艺的着手点，高孔隙压力有利于降低起裂压力，因此寻找超压区域有利于储层压裂。

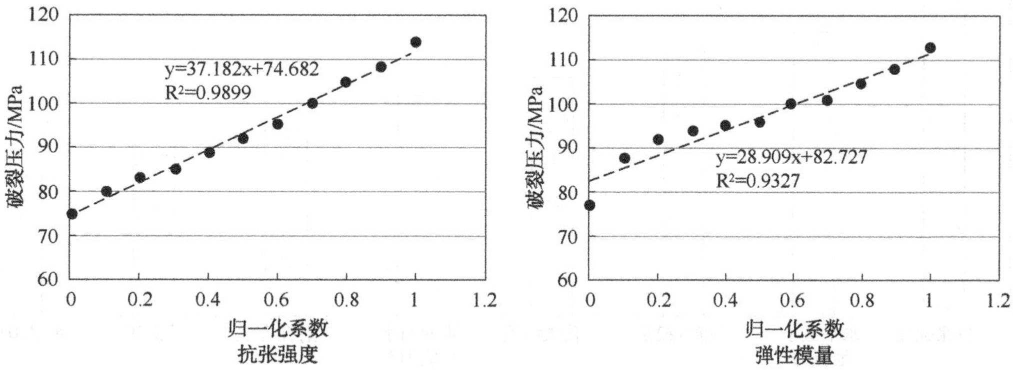

图6　清水河组射孔起裂压力影响因素分析

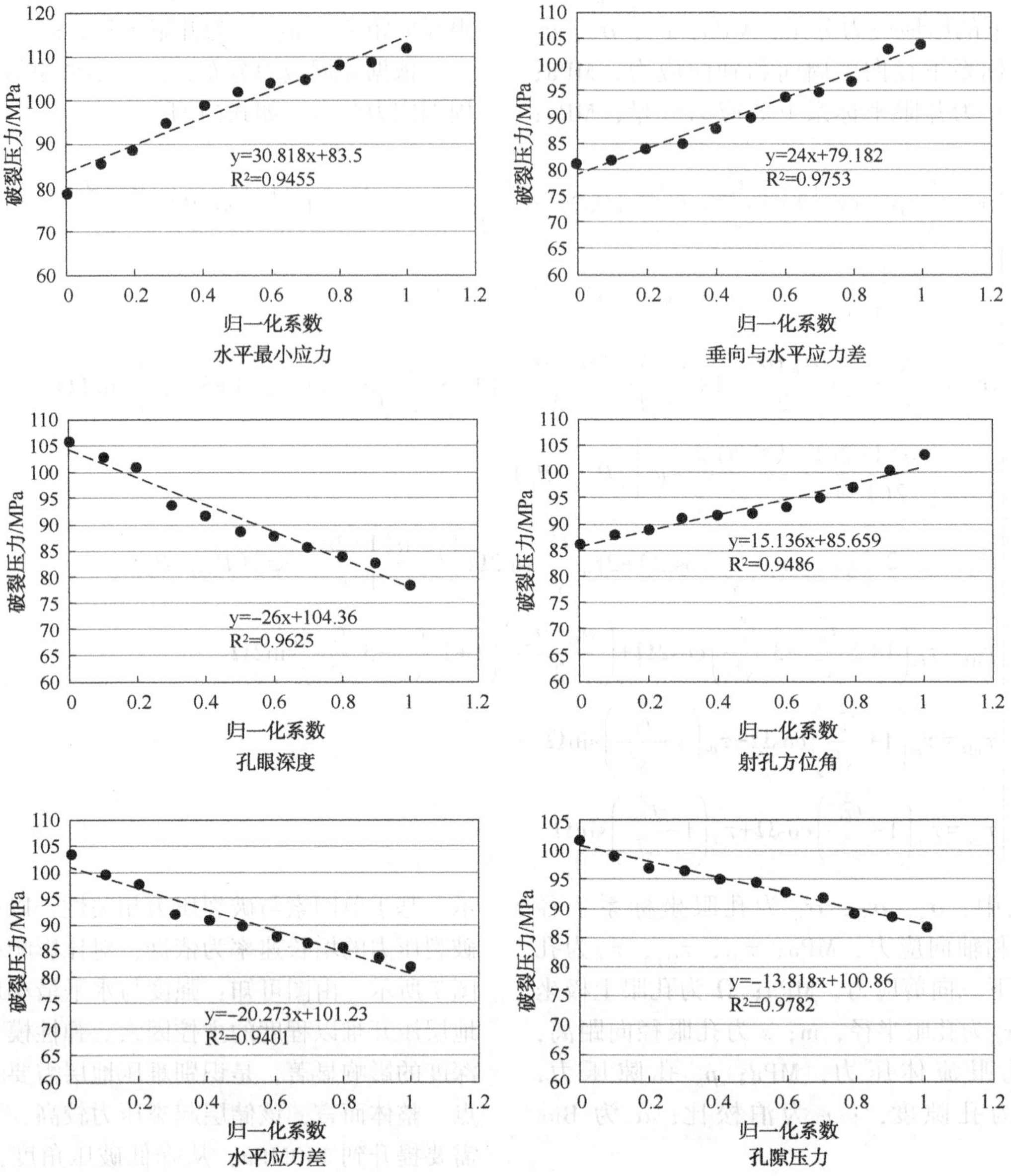

图6 清水河组射孔起裂压力影响因素分析(续)

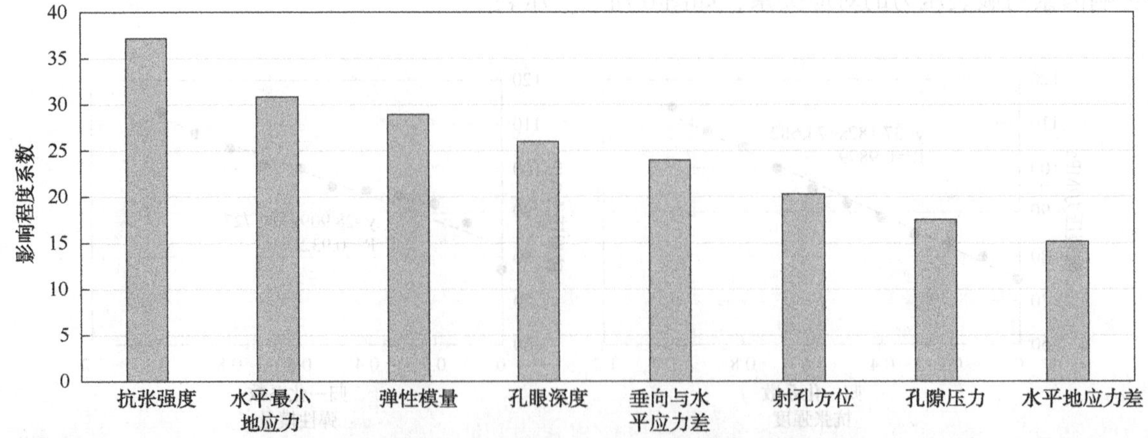

图7 清水河组射孔起裂压力的影响因素重要程度排序

针对储层岩石破裂特征，分析了岩石脆性特征，如图8(a)所示。可以发现，在单轴条件下，储层岩石破碎程度相对较高，但是围压作用后，由于围压的限制作用，岩样破裂均呈现单一破坏面，脆性表现整体显著减弱。在此基础上，借助经典 Rickman 方程，获取储层脆性分布特征，如图8(b)所示。储层脆性指数波动较大，差异明显。因此，对于压裂改造而言，层段的选择至关重要，需要明确可压裂性较高位置，利于后续压裂效果。

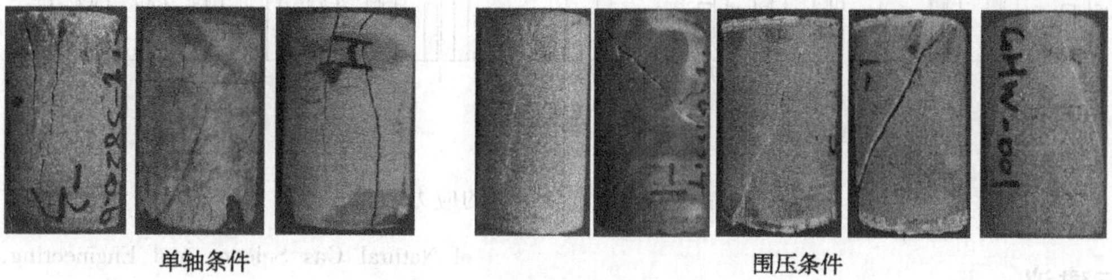

(a)岩石破裂特征

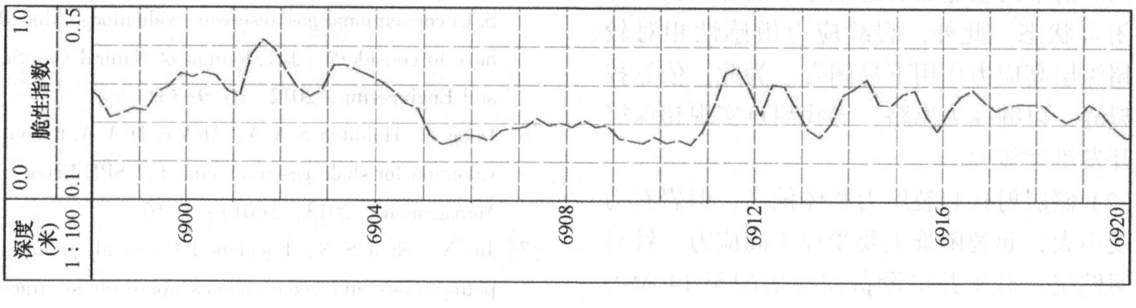

(b)脆性指数分布

图8　清水河组储层岩石脆性特征

4　储层应力敏感性

通过原状与三轴破坏后岩样，构建加卸载的有效应力过程，如图9所示，同步开展不同围压下的渗透率测试。基于渗透率变化明确储层应力敏感性。依据加卸载过程，加卸与卸载过程的应力敏感性系数求解方程，如式(3)所示：

$$\begin{cases} k = k_o e^{-\alpha_k \Delta p} \text{加载} \\ \beta_k = \dfrac{k_o - k_l}{k_o} \text{卸载} \end{cases} \quad (3)$$

上式中，k 为有效应力点下的渗透率，mD；k_o为初始渗透率，mD；α_k 为加载下的应力敏感系数；Δp 为有效应力变化幅度，MPa；k_l为加卸载循环后回归初始有效应力下的渗透率，mD；β_k为卸载应力敏感系数。

加卸载过程中，孔隙与裂缝的应力敏感性系数如图10所示。由图可知：在加载过程中，基质孔隙与裂缝的应力敏感系数的平均值分别为0.11和0.17。卸载过程中，基质孔隙与裂缝的应力敏感系数的平均值分别为0.08和0.13。总体而言，裂缝的应力敏感性强于基质孔隙，但整体储层敏感性较弱。在此条件下，表明储层孔隙空间不易受到应力干扰。此外，由于清水组地层存在超压状态，进一步支撑孔隙空间，因此有利于在生产过程中保持孔隙空间，从而保证稳产。因此，从储层评价而言，需要找到应力敏感低区域和超压区域。

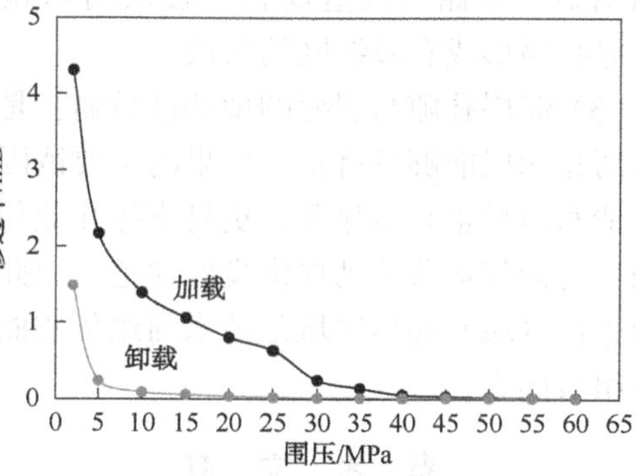

图9　应力敏感性系数测试过程

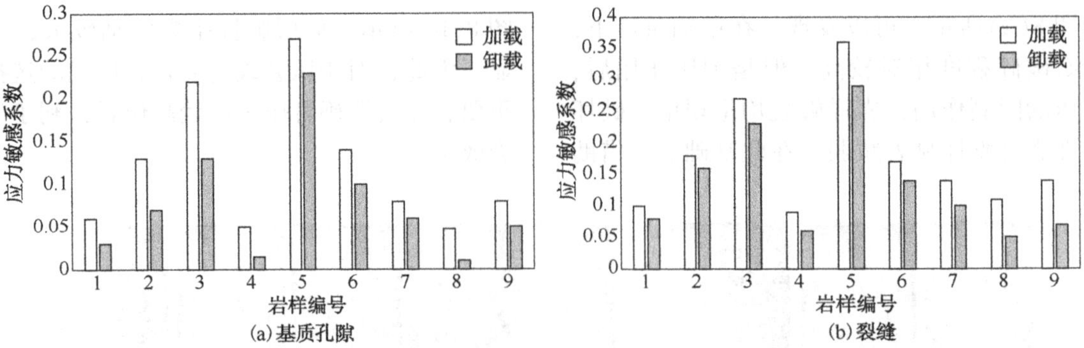

图 10　储层基质孔隙与裂缝的应力敏感系数

5　结论与建议

（1）清水河组储层裂缝整体不发育，且大部分呈闭合状态。此外，裂缝应力敏感性相对较高，超深层高应力作用下易闭合。为此，依靠找天然裂缝，以缝控为思路，寻找甜点实现超深层高效开发难度较大。

（2）储层射孔起裂压力整体偏高，但岩石力学强度不大，起裂困难主要受控于高应力。针对清水河储层，对于井口设备需要搭配至 140MPa 更具有合理性，才能保证较好压开地层。采用合理的射孔方式、选取超高压点，有利于起裂。储层脆性分布差异性较大，且岩石脆性受到了应力限制明显。从储层改造而言，必须明确脆性特征，寻找易形成有效缝网的层段。

（3）储层孔隙与裂缝的敏感性较弱，是目前清水河超深层能够具有稳产效果的主要诱因。此外，清水河异常高压显著，更易支撑孔隙与裂缝空间，为油气运移流动提供良好通道。因此，应力敏感低区域和超压区域是清水河组优质储层的关键组成因素。

参　考　文　献

[1] 杨柳青，陈文才，曾欣．深层超深层取心技术进展与未来解决方案[J]．钻采工艺，2024，47(02)：113-120.

[2] 孙金声，刘伟，王庆，等．万米超深层油气钻完井关键技术面临挑战与发展展望[J]．钻采工艺，2024，47(02)：1-9.

[3] 柳贡慧，查春青，陈添，等．深层超深层油气安全高效开发若干关键问题与新型解决方案[J]．石油钻探技术，2024，52(02)：24-30.

[4] Rui Z，Lu J，Zhang Z，et al. A quantitative oil and gas reservoir evaluation system for development[J]. Journal of Natural Gas Science and Engineering，2017，42：31-39.

[5] Clarkson C R，Jensen J L，Chipperfield S. Unconventional gas reservoir evaluation：what do we have to consider?［J］. Journal of Natural Gas Science and Engineering，2012，8：9-33.

[6] Dong Z，Holditch S A A，McVay D A A. Resource evaluation for shale gas reservoirs[J]. SPE Economics & Management，2013，5(01)：5-16.

[7] Jin X，Shah S N，Roegiers J C，et al. An integrated petrophysics and geomechanics approach for fracability evaluation in shale reservoirs[J]. SPE Journal，2015，20(03)：518-526.

[8] Yang B，Xue L，Duan Y，et al. Correlation study between fracability and brittleness of shale-gas reservoir [J]. Geomechanics and Geophysics for Geo-Energy and Geo-Resources，2021，7：1-13.

[9] 赵金洲，许文俊，李勇明，等．页岩气储层可压性评价新方法[J]．天然气地球科学，2015，26(6)：1165-1172.

[10] 唐巨鹏，齐桐，代树红，等．水平地应力差对周期注水应力改造水力压裂影响的试验研究[J]．应用力学学报，2020，37(3)：990-998.

[11] 唐书恒，朱宝存，颜志丰．地应力对煤层气井水力压裂裂缝发育的影响[J]．煤炭学报，2011，36(1)：65-69.

[12] 史超群，张慧芳，周思宇，等．塔里木盆地库车坳陷克拉苏构造带—秋里塔格构造带白垩系巴什基奇克组深层，高产储层特征及控制因素[J]．天然气地球科学，2020，31(8)：1126-1138.

[13] 张本健，方进，尹宏，等．高产水平井的突破与四川盆地深层常规气藏巨大的勘探开发潜力[J]．天然气工业，2019，39(12)：1-9.

[14] 丁乙，刘向君，罗平亚．裂缝性储层射孔井起裂压力影响因素分析[J]．应用数学和力学，2018，39(07)：811-820.

[15] 李根生，刘丽，黄中伟，等．水力射孔对地层破裂压力的影响研究[J]．中国石油大学学报：自然科学版，2006，30(5)：42-45.

[16] Rickman R，Mullen M，Petre E，et al. A practical use of shale petrophysics for stimulation design optimization：All shale plays are not clones of the Barnett Shale[C]//SPE Annual Technical Conference and Exhibition？. SPE，2008：SPE-115258-MS.

[17] 游利军，王巧智，康毅力，等．压裂液浸润对页岩储层应力敏感性的影响[J]．油气地质与采收率，2015，21(6)：102-106.

复杂区近地表建模技术及应用

闫智慧[1,2]　李亚昕[1]　吴　蔚[1]　侯喜长[1]　侯玉鑫[1]　祖云飞[1,2]

（1. 中国石油集团东方地球物理勘探有限责任公司；2. 河北省地震勘探数据采集技术创新中心）

摘　要　我国西部勘探区多为黄土塬、山地、沙漠等复杂地区，地表起伏变化剧烈、低降速带纵横向速度及厚度变化大。复杂的近地表结构导致静校正问题突出，直接影响地震剖面成像质量和构造形态。KL-MCT使用了渐进多尺度约束技术，先用大尺度反演出稳定的速度模型，再用小尺度提高模型精度；沙丘曲线约束层析反演技术得到了真实的大沙地表区近地表模型精度，极大减少了野外表层调查的施工成本；剩余时差二次反演技术提高了黄土塬巨厚低降速带模型精度；微测井约束层析反演技术提高了复杂山地近地表模型精度；浅层模型100%约束+大炮检距初至层析反演技术，可以给“真”地表偏移提供更深的近地表速度模型。

关键词　静校正；近地表建模；约束；多尺度；层析

随着“真”地表叠前深度偏移技术的应用和发展，叠前深度偏移技术从由统一偏移基准面到浮动偏移基准面再到现在基于真地表偏移的一个过程。对近地表的重点逐渐由时间域静校正量向深度域速度模型转变。“真”地表偏移需要高精度的近地表速度建模，深度要求越来越深，最好可提供1000m深度的速度模型。但是浅层10%的速度误差将会导致深层构造形态有较大异常，所以说“问题在深层，原因在浅层”，建好浅层速度模型是偏移整体建模的关键。微测井成果约束初至层析反演是目前最常用的近地表建模技术。而复杂区地表条件复杂，沟壑纵横，地表起伏剧烈，呈现山地速度横纵向变化快，大沙和巨厚黄土区速度连续介质特征明显、有稳定速度界面，低降速带巨厚的特点，微测井施工成本高且约束效果不明显。

东方物探公司近年来充分利用现有技术成果和表层调查的特性、约束初至层析反演建立更加合理的近地表速度模型，形成了工业化应用的多尺度约束层析KL-MCT（Multi-scale Constraint Tomography）软件，在多个复杂地表区项目中取得了优于商业软件的效果。

1　主要技术

1.1　渐进多尺度层析反演技术

在“真”地表偏移速度建模时，需要高精度的低降速带速度模型，也需要高速顶之下较深层稳定的速度模型。在层析反演时，大网格层析反演存在对近地表刻画不足的局限，而选取网格尺寸较小时，由于射线分布不均匀且有大量网格没有射线穿过，导致反演模型局部存在明显的不稳定现象，影响模型的合理性和最终应用效果。

图1是巨厚黄土地表区的近地表速度模型。在用单尺度层析反演的模型中，高速顶界面下局部位置速度出现上下翻转、左右突变等问题。KL-MCT采用渐进多尺度层析反演技术即先使用大网格尺寸进行层析反演，确保背景速度整体稳定可靠；随迭代次数增加网格尺寸逐渐减小至用户定义的尺度，用小网格层析刻画模型细节，提高模型精度。

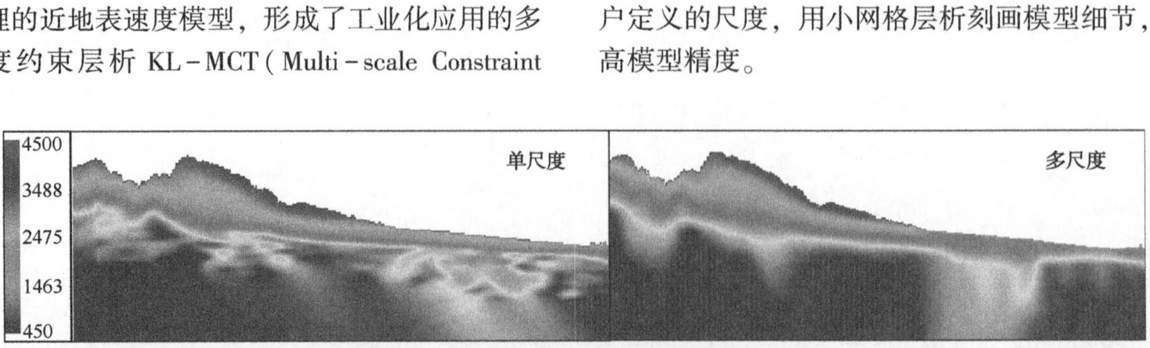

图1　渐进多尺度层析反演技术

1.2 沙丘曲线约束层析反演技术

在巨厚大沙地表区近地表速度模型中，地表高程起伏剧烈，低速层厚度大，局部厚度可达170m，低速从上到下呈明显的连续介质特征，并有稳定的折射界面(高速顶界面)。由于施工技术和成本等因素，不是所有的微测井都可打穿低速层，根据其地表位置的分布解释的结果，表层调查的深度在1~150m之间。在这种地表区域中，用微测井成果建立的初始模型与实际相差较大，尤其在没有微测井的区域。用这样的模型来约束出至层析反演，会导致局部速度异常。

在图2中上部，KL-MCT根据稳定的高速顶界面，从成熟的沙丘曲线中提取低速，建立层析反演的初始模型，并且用该模型中的低速部分进行约束初至层析反演，修改浅层速度反演深层速度，给真地表偏移提供了高精度的近地表速度模型。在图3的时间剖面静校正量对比中，同相轴形态整体相当，但是用沙丘曲线约束的连续性更佳，这也说明沙丘曲线约束建立的速度模型精度更高。

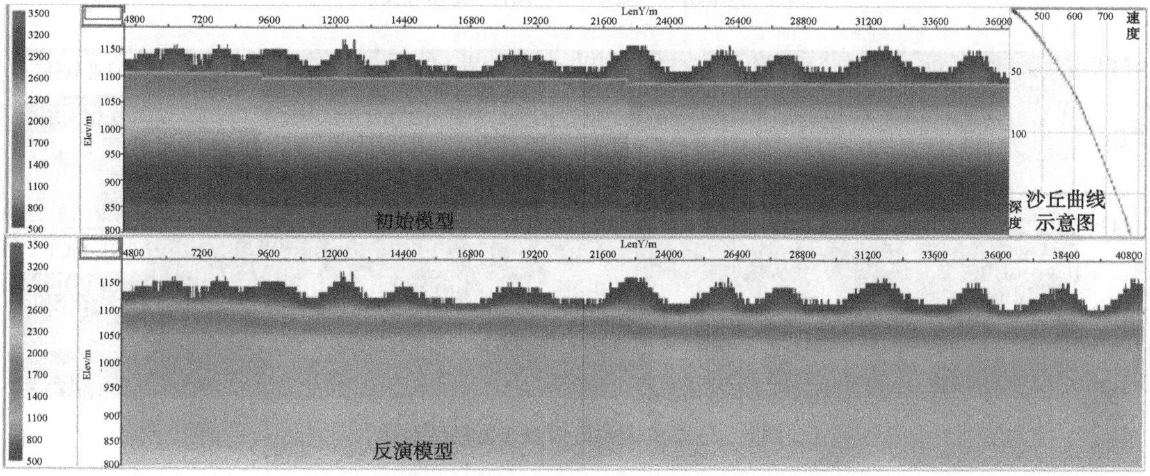

图2　沙丘曲线约束层析建立的初始模型(上)和反演模型(下)

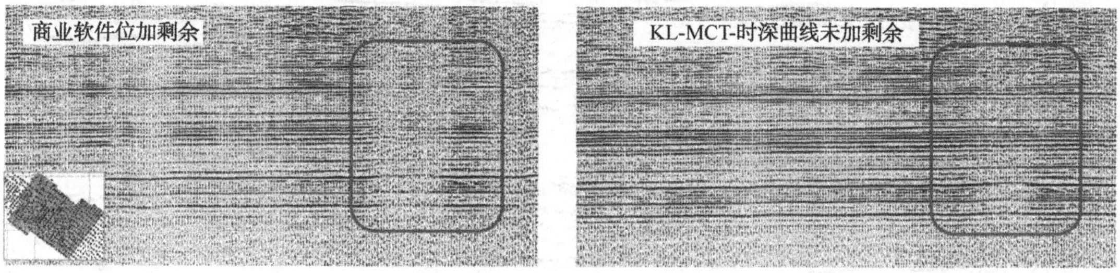

图3　应用层析速度模型静校正量的局部剖面对比

1.3 剩余时差二次反演技术

在巨厚黄土塬地表区(图4)，层析反演后，收敛曲线中拾取初至与射线追踪的均方根时差在20ms下，看似误差较小，但是在单炮初至道集中，层析反演模型中初至和射线追踪的时差或剩余静校正量高达50ms，该差值主要是低降速带速度精度低引起的。用该差值对层析模型的低速进行二次反演，可提高模型中低降速带速度的精度。

在黄土塬地表区的沟壑处，低速层厚度薄，在0.5m~2m之间；在塬顶处，低速层巨厚可达450m。在图5中，从地表(红色曲线)到高速顶界面(黑色曲线)的深度整体看，KL-MCT厚度沟壑处较浅、趋势更接近真实。把这两个近地表速度应用到真地表深度偏移中，结果如图6所示。应用KL-MCT的剖面中，同相轴的趋势更加合理。

1.4 微测井成果约束层析反演技术

山地区地表条件复杂，速度横纵向变化剧烈。用微测井成果建立初至波层析反演的初始模型，并在层析反演过程中，约束浅层速度，反演深层速度。如图7所示，将微测井成果的厚度和速度通过三角网方法网格化，可得到初至层析的初始模型，再结合地表认识，重新构建权重模型，最后通过初至层析反演提高复杂地表区近地表模型精度。

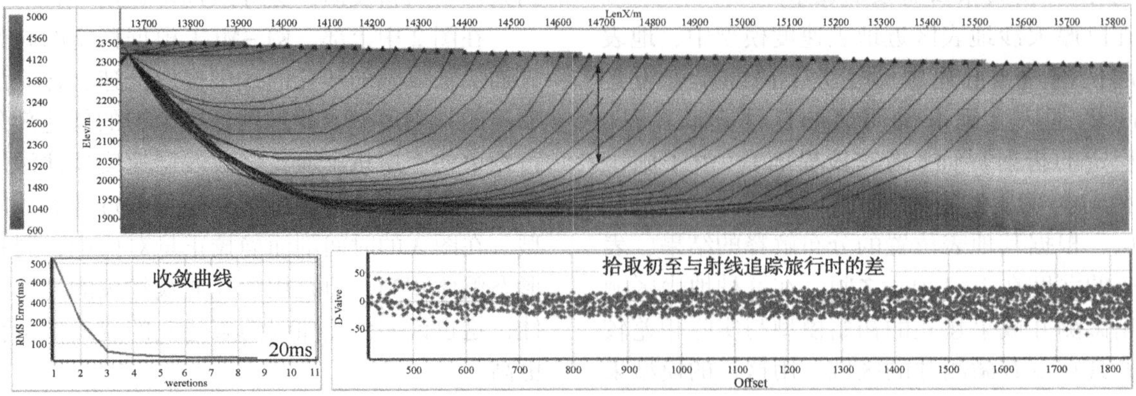

图 4　反演层析模型初至与射线追踪时差图

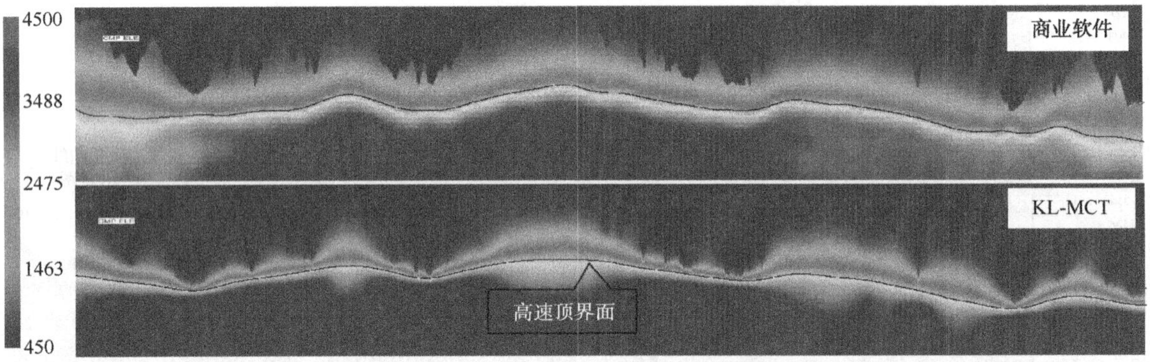

图 5　巨厚黄土塬近地表速度模型对比

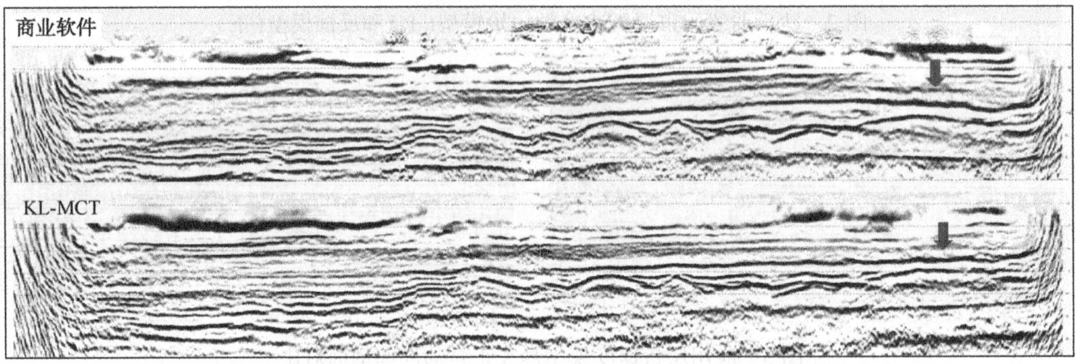

图 6　巨厚黄土塬应用不同近地表速度模型的深度偏移剖面对比

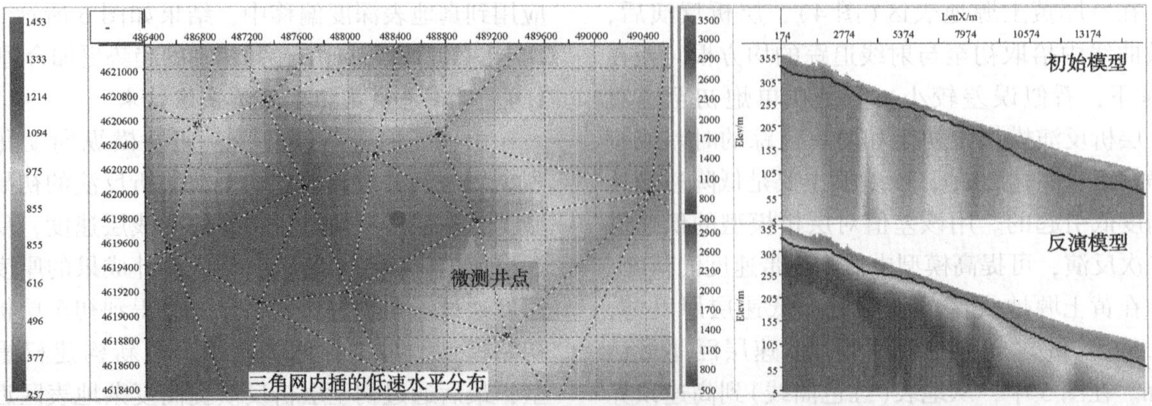

图 7　微测井成果约束层析反演技术

图 8 是用 KL-MCT 建立的某山地近地表速度模型，采用了微测井强约束+1500m 小炮检距初至层析反演+剩余时差二次反演联合应用，建立的速度模型与深井微测井吻合度高。

图 9 是应用层析模型静校正量和其它静校正量方法对比的时间剖面，在红色箭头构造陡峭区域，应用 KL-MCT 静校正的剖面中成像连续性好，尤其深层，实现了从无到有的质变。

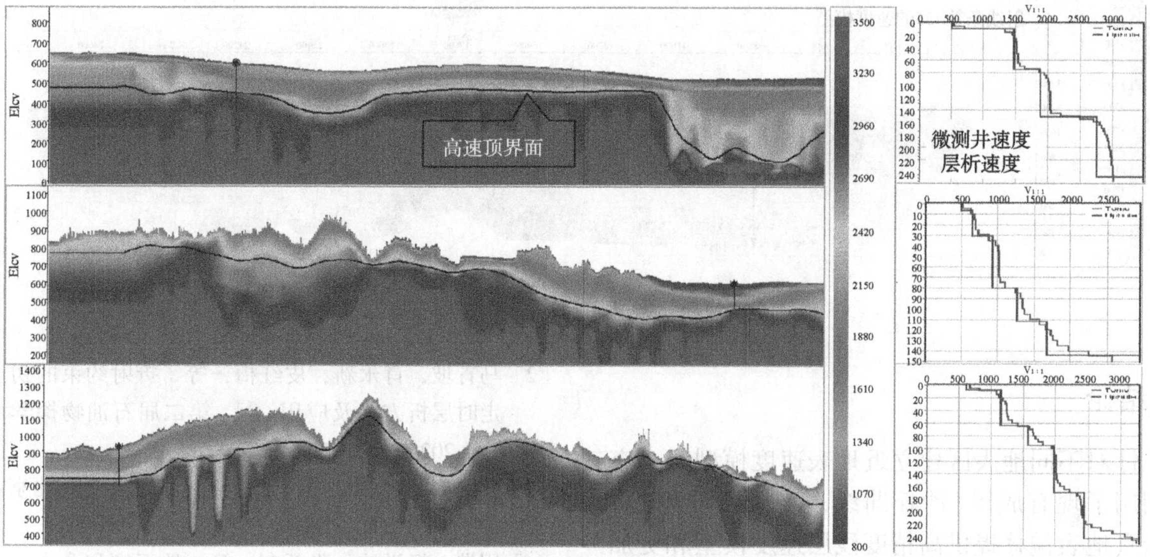

图 8　山地近地表模型及超深微测井速度对比

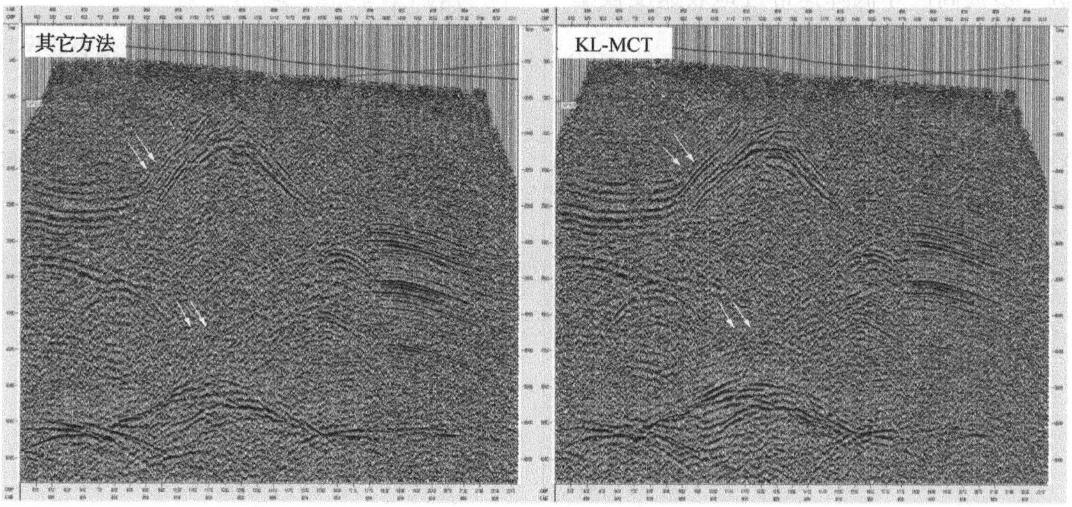

图 9　山地模型应用不同静校正量的时间剖面对比

1.5　分步自约束层析反演技术

真地表偏移不仅需要高速顶界面上的速度模型，也需要高速顶界面下更深的速度模型。直接用大炮检距初至层析建立的速度模型时，会导致地表处速度偏低，降低了速度模型精度。KL-MCT 采用分步自约束层析反演技术就是先用小炮检距初至进行层析反演，确定可信的速度模型，用此模型再约束大炮检距初至层析反演，既能确保浅层速度 100%不变，又能给偏移提供更深的速度模型。

图 10 上图是用 2000m 小炮检距初至层析建立了浅层速度模型，用射线条数大于 25 来评判速度模型可信深度，薄沙区可信深度 400m；用该模型约束 9000m 炮检距初至层析反演，结果是如图 10 下图所示。速度模型浅层 100%没有变化，扩展了可信深度，在薄沙区可信深度达 1000m。

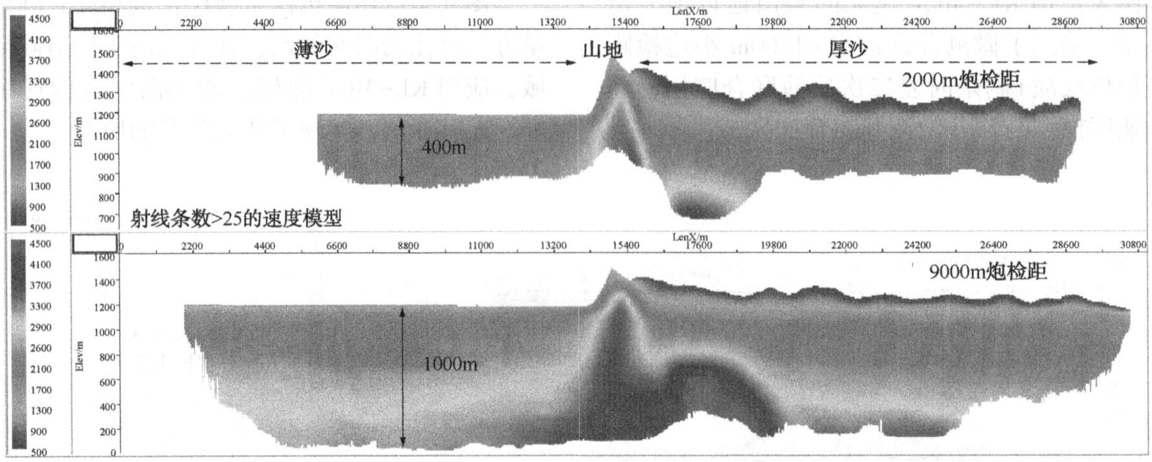

图 10　分步自约束层析反演技术

2　结论

针对不同地表区建立近地表速度模型时，充分利用了现有成果（沙丘曲线，浅层模型等）可以给真地表偏移提供高精度浅层速度模型和更加合理的深层模型；在巨厚黄土塬区，可以利用剩余时差进一步提高巨厚低降速带近地表速度模型精度。

参　考　文　献

[1] 赵玲芝，冯许魁，祖云飞，等．复杂地表区叠前深度偏移近地表速度应用技术研究[J]．地球物理学进展，2018，33(3)：1176-1183.

[2] 马青坡，肖永新，皮红梅，等．折射约束的初至波走时层析方法及应用[C]．第二届石油物探学术年会，2024，220-223.

[3] Mike Cox. 反射地震勘探静校正技术[M]．北京：石油工业出版社，2004.

[4] 周翼，杨洪波，张新东，等．地下饱和含水沙漠区静校正技术应用及效果[J]．非常规油气，2017，4(3)：1-7.

[5] 李培明，张少华．陆上复杂区近地表建模与静校正技术[M]．北京：石油工业出版社，2023.

[6] 周衍，饶莹．黄土塬覆盖区的层析反演静校正校正方法研究[J]．地球物理学报，2019，62(11)：4393-4400.

塔里木盆地碳酸盐岩断控油藏开发地震关键技术及成效

刘永雷　唐　靖　王子傲　苑恒超　杜仲元　田　进

（中国石油集团东方地球物理勘探有限责任公司）

摘　要　断控型碳酸盐岩储层是塔里木独具特色的储层类型，主要储集空间由孔洞、断裂裂缝及溶蚀洞穴组成，具有外观形态非规则，储集空间尺度变化大，储层物性非均质性强，地震响应特征复杂等特点。加之，受塔里木盆地巨厚沙丘地表及超深埋藏深度的影响，地震波吸收衰减严重，信号能量较弱、整体成像精度偏低，导致储层精准识别困难。为解决上述问题，近年来持续开展了面向超深层碳酸盐岩储层精细描述的三维地震技术攻关，逐步形成了以高密度三维地震为主的碳酸盐岩断控体储层开发地震技术系列，通过高密度、宽方位、高覆盖地震采集获取高品质地震资料，解决信号能量弱整体信噪比低的问题；通过高保真叠前深度偏移资料处理，解决断裂及储层精准成像的问题；通过多元属性融合开展断裂和储层的精细预测，解决断控体储层的精细描述问题。近几年该方法在塔里木盆地得到了有效的验证并得到了大力的推广应用，三年来累计部署完成高密度三维地震8块，总面积近2000平方公里，有效支撑了碳酸盐岩断控体储层的高效开发，具有极大的推广价值。

关键词　断控油藏；碳酸盐岩；三维地震；叠前深度偏移

塔里木盆地奥陶系断控型碳酸盐岩储层在奥陶系广泛发育，地层埋深一般超过7000m，主要储集空间由孔洞、断裂裂缝及溶蚀洞穴组成，断控岩溶储集体沿着大型走滑断裂带集中发育，走滑断裂是奥陶系主要的油源断裂，既是是油气疏导通道又是成藏有利空间。储层在致密灰岩地层中非均匀分布，在地震剖面上表现为“串珠状反射”，是目前碳酸盐岩勘探开发的主要钻探目标。

塔里木盆地塔中地区随着油气勘探开发程度的不断深入，已经进入开发阶段，采用开发地震技术来寻找剩余油储层，增加储量或产量，提高采收率，但是该区块目前使用的地震资料大都为常规勘探三维资料，以往三维资料存在明显劣势，首先对断裂刻画不清，目前部分区域对Ⅰ级断裂的识别仍存在多解性，更无法准确识别Ⅱ、Ⅲ级断裂，严重制约断控型油藏描述；其次，现有地震资料对断控型储层识别能力有限，受地质、地表条件影响，断控型储层内部非均质性强横向和纵向分段储层空间展布十分复杂因而储层预测难以满足高效开发的研究需求。

为此，本为将根据塔里木盆地大沙漠地区断控碳酸盐岩储层的地质特点以及地表、地下条件的特殊性，在总结前期地震勘探的技术的基础上，逐步完善面向高精度储层刻画需求，以高密度地震资料为基础，高保真地震资料成像为核心，高精度储层及油藏描述为目标的采集、处理、解释一体化地震技术系列，为超深断控型储层的高效开发提供了技术支撑。

1　超深断控体地震采集关键技术

塔里木盆地大沙漠区地表覆盖松散的流动性沙丘，最大的沙丘高度可达50m以上，同时碳酸盐岩断控体储层受岩溶孔洞、裂缝控制的储集体形态非常复杂，非均质性强，多数溶洞体直径仅10~30m，目的层埋藏深深度达到6000~7000m，地震采集的激发、接收条件差，因此深层地震资料存在信噪比低、主频低有效频带窄、干扰波发育且能量强等特点。因此地震采集技术主要通过优化采用小面元、长排列、宽方位、高覆盖的观测系统以及在野外采用高品质激发、接收技术，最终达到提高原始地震资料的信噪比、分辨率和保真度，为成像处理提供高质量基础数据。

1.1　采集参数优化

（1）面元大小优化

碳酸盐岩主要以断控岩溶型储层为主，储层

内幕岩性的变化尺度较小，在地震勘探中常常会产生弱绕射。因此，在面元的设计中，重点考虑足横向分辨率要求和满足反射波、绕射波不产生空间假频的要求，满足缝洞体的绕射收敛，在低信噪比地区，当工区存在较强的相干噪音时，还需考虑满足干扰波不出现空间假频。经论证分析，高覆盖适中面元对储层预测及断裂刻画效果更好，所以面元尺寸的选择应不大于25m×25m。

（2）方位角优化

由于塔里木盆地整体断裂、断控储层绕射波发育，方位角的宽窄直接影响到绕射波横向信息的接收，较宽的观测方位可以改善地下地质体照明度、衰减相干噪声和多次波、改善速度分析精度、获得相对均匀的采样空间，从而提高成像效果，针对断控岩溶型储层，确保断裂带和缝洞储层清晰成像，横纵比应保持在0.75以上。

（3）覆盖次数优化

要提高对碳酸盐岩储层的分辨能力，首先应保证地震信号的信噪比，高覆盖次数是提高大沙漠区地震资料信噪比的最有效手段，覆盖次数越高成像品质越好，对比塔里木盆地某三维地震不同覆盖次数的叠加剖面(图1)可以看出高覆盖次数对深层成像效果更好，随着覆盖次数的提高，信噪比逐渐提升，242次覆盖相比121次覆盖有明显的提高，因此200次覆盖是第一个门槛值，396次覆盖相比242次又有显著的提高，因此400次覆盖是第二个门槛值，当覆盖次数达到484次时与396次无明显差异，剖面整体信噪比较高，层间信息丰富。因此，综合考虑经济可行性，400次覆盖次数是该地区最优且经济高效的覆盖次数。

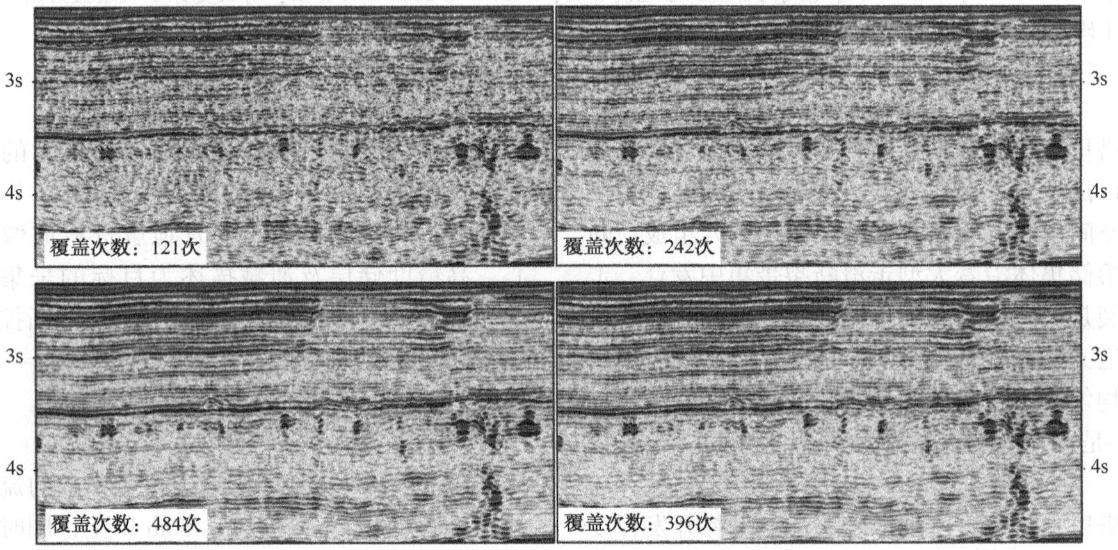

图1　塔里木盆地某三维地震不同覆盖次数叠加剖面

（4）接收参数优化

理论上减少检波器组合个数可减小对高频的压制，有利于保护高频同时拓宽有效频宽，而增加检波器组合个数有利于压制噪声、提高原始资料信噪比，根据检波器对比试验地震剖面分析(图2)，相比检波器类型，组合个数对原始资料品质的影响更大，20个检波面积组合剖面更有利于提高高频端信噪比，更加适合大沙漠地区地震勘探的实际情况。

经过上述的分析与研究，明确了大沙漠区高密度采集核心参数，即高速层合适药量激发，多串检波器组合接收，400次以上覆盖次数，面元尺寸的应不大于25m×25m，0.75以上横纵比。

2　超深大沙漠低信噪比区高精度地震资料处理技术

在地震资料处理中如何获取准确合理的速度模型是处理成像的核心问题，由于大沙漠区碳酸盐岩储层超大埋深、超小地质目标的特点，速度和偏移方法是影响成像精度的重要因素，从不同碳酸盐岩顶面速度的正演模拟结果发现(图3)，速度偏大、偏小都会造成地质目标体位置和形态不准确，因此高精度速度场建立是处理工作的核心，近年来围绕如何建立高精度速度模型，形成了以高精度成像为目标，攻关形成了微测井约束的层析静校正、层析速度建模及各向异性逆时偏移为核心的配套高密度地震资料处理技术，使串珠成像精度提高到 30m 以内。

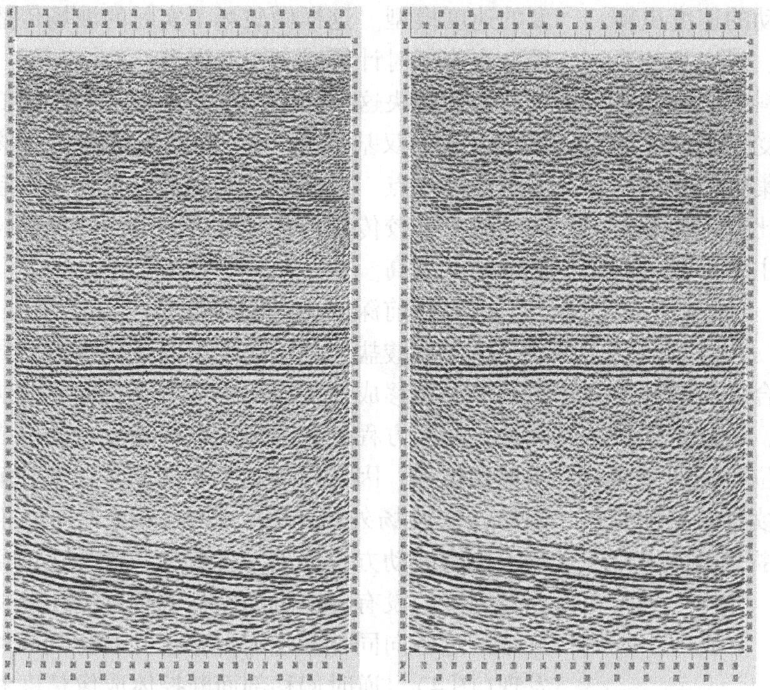

(a)单支–埋深20cm　(b)单支–埋深50cm　(c)20个检波器面积组合

图 2　不同组合个数叠前时间偏移对比

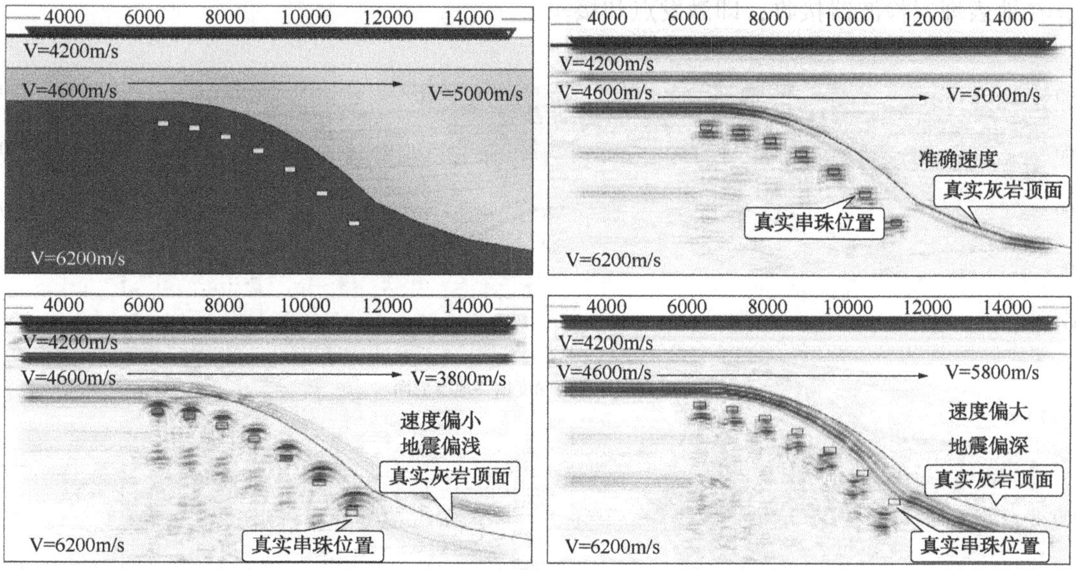

图 3　不同速度场正演模拟结果

2.1　全深度一体化速度建场技术

（1）层析反演浅层建模技术

利用微测井约束的层析反演技术，能够得到准确的近地表模型，将微测井约束的层析反演的表层模型嵌入到深度偏移速度场中，就能将静校正处理融入到深度偏移中，使叠前深度偏移的波场更符合实际地震波场传播路径，实现真正意义上的真地表叠前深度偏移，有效提高成像精度，

（2）中深层建模技术

网格层析建模技术主要分为正演和反演两部

分：正演部分为波前重建射线追踪和旅行时计算；层析反演基于初始速度模型，通过模型走时与实际走时的差值修改初始速度模型，当正演走时与实际走时方差最小时，认为模型收敛

网格层析技术作为一项数据驱动的速度更新技术，有着人为因素小、应用方便、效率高的优势，但是由于大沙漠区所获得的资料大多数信噪比都较低，这项技术的应用在以往受到限制，随着大沙漠区高密度宽方位数据的采集推广和信号处理技术的进步，目前资料的信噪比得到明显提高，网格层析技术作为速度更新的主要手段，在应用中也看到了良好的效果。

（3）井控各向异性参数建场

利用井震误差建立模型，其结合各向同性速度模型可以建立各向异性速度模型，通过迭代估算，最后加入拾取的地层倾角和方位角场即完成各向异性叠前深度偏移参数，为后续各向异性偏移提供了高质量的参数场，进一步提升了“小目标”的成像精度。

2.2　叠前深度偏移成像技术

（1）双基准面深度偏移成像

在大沙漠区为了获得更多更强的地震反射信息，地震采集工程采用炸药震源潜水面以下的井炮激发，在地表埋置检波器接收，即激发点和接收点不在一个面上。以往的叠前深度偏移技术，由于无法解决浅层速度和地表地形的剧烈变化，是通过静校正技术对数据做时移，将真实的深度域速度模型，替换为平滑地表，浅层填充替换速度的速度模型。这样做破坏了实际的波场传播路径，在旅行时计算时会引起误差。

为了解决这一问题，创新形成了大沙漠低信噪比区基于双基准面“真”地表偏移技术，该技术不移动炮点、检波点，避免静校正处理引起的波场畸变，较传统的基于地表圆滑面的偏移技术成像精度更高。

（2）叠前深度逆时偏移技术

由于碳酸盐岩地层速度横向变化剧烈，导致射线理论偏移成像的应用存在多路径问题和焦散问题，波动方程的积分解难以描述复杂的地震波场偏移过程。因此发展了基于波动方程微分解的偏移成像波场外推方法，即沿深度方向外推波场，称为波动方程叠前深度偏移，该方法理论上比较完善，没有高频近似，保幅程度高。分析某三维区过各向同性和逆时偏移连井对比剖面可以发现(图4)，逆时偏移剖面断控体成像精度和归位准确性明显提高，有效降低了井震误差，为提高钻井成功率奠定了基础。

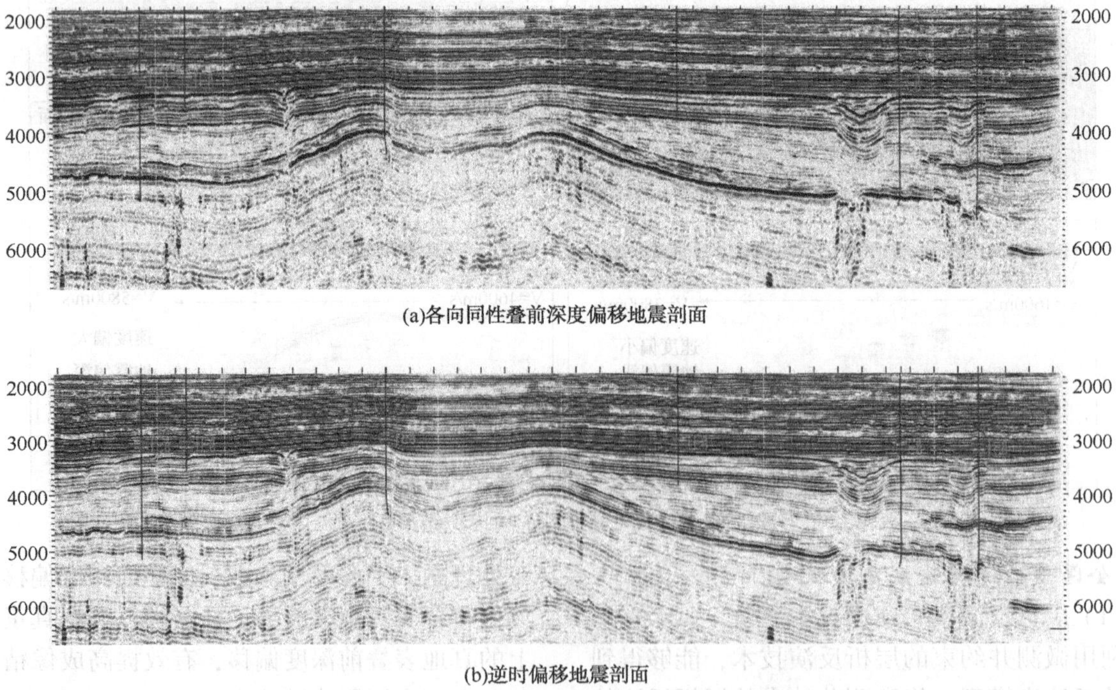

(a)各向同性叠前深度偏移地震剖面

(b)逆时偏移地震剖面

图4

3　超深断控型碳酸盐储层精细描述技术

3.1　叠后多尺度断裂识别技术

塔里木盆地碳酸盐岩断控体油气藏，储层大都沿着大型走滑断裂带分布，走滑断裂控储控藏的规律明显，精细刻画断裂对油藏开发尤其重要。

以往常规三维叠后地震数据，受限于资料信噪比和频带宽度，获取的连续属性所能反映的断裂尺度与预测精度也相对固定，无法识别出小尺度断裂。相比而言，高密度宽方位地震数据包含信息更丰富，可以对不同尺度的断裂进行描述。采用主成分分析技术，对相干和曲率等不连续属性进行降维处理，减少噪音和冗余，经过属性融合结果与常规属性结果对比分析发现(图5)，融合结果兼顾原各个属性优势，整体信噪比也有明显提高，可以有效识别多种尺度的断裂，大尺度主干断裂更加清楚，小尺度断裂细节更加凸显，如图中红圈处断裂细节更加清楚、连续，且具有较强抗噪性，最终得到综合性的断裂指示属性，可更好的指导断裂解释。

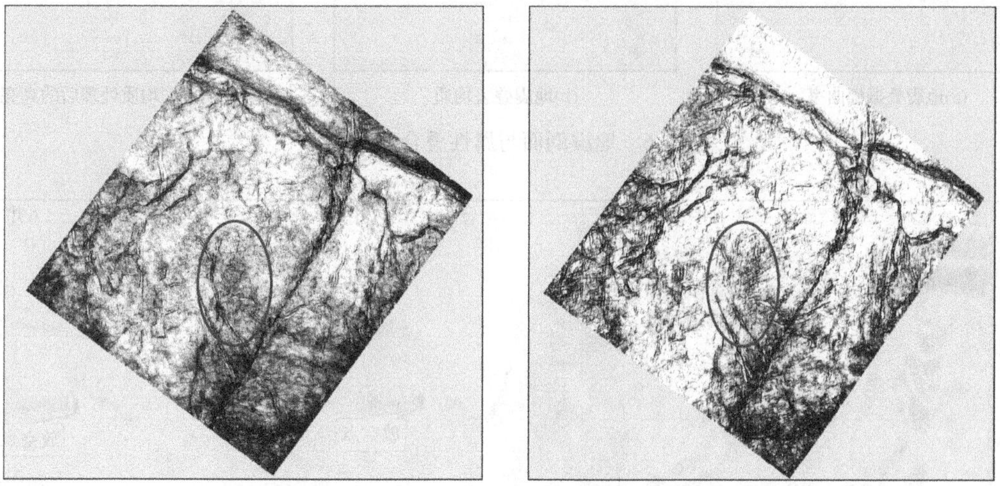

(a)常规断裂平面图　　(b)主成分分析综合断裂指示属性平面图

图5　断裂指示属性平面图对比

3.2　断控型碳酸盐岩储层定量预测技术

塔里木盆地碳酸盐岩断控储集体主要分布在奥陶系一间房组-鹰山组，沿走滑断裂带集中发育，储集性能良好，具有很强的非均质性，根据钻井揭示情况，断控缝洞体并非孤立的孔洞，而是由孔洞、断裂裂缝及溶蚀洞穴共同构成的储集单元，常规反演只能对孤立的洞穴型储层进行预测，无法实现缝洞岩溶带的整体量化预测，因此断控体储层预测主要考虑断裂岩溶带和洞穴型储层两个部分进行刻画。

（1）断控体轮廓刻画技术

常规的属性很难有效刻画断控岩溶带的外部轮廓，通过大量的属性对比分析，基于去均质处理后的高亮体属性能够有效刻画断控岩溶带的边界(图6)，高亮体级联属性刻画破碎带相的效果明显优于单一属性，刻画的断控岩溶带边界更符合走滑断裂带发育的地质模式

（2）断控体储层预测技术

碳酸盐岩常规建模反演方法是建立层状模型，填充阻抗均值，进行波阻抗反演，但常规反演结果横向展布比较连续，纵向连续性差，不符合断控岩溶体纵向上贯穿地层的特征，因此我们采用一种新的断控岩溶属性约束的反演方法，即通过断控岩溶技术优选可以有效刻画断控岩溶带的高亮体属性为约束建立低频模型，再将这个低频模型作为约束条件应用到反演中。

图7对比了地震剖面常规波阻抗反演剖面与断控岩溶约束反演剖面，经分析发现采用高亮体约束反演的结果纵向连续性更强，更清楚刻画出整个断控岩溶带边界范围，精确刻画出断控缝洞体孔洞、断裂裂缝及溶蚀洞穴储集单元的模式。通过对A井的分析，更证实基于断控岩溶约束反演的结果不仅可以精细的刻画断控体的形态，还可以在一定程度上区分储层的好坏。在常规反

演剖面上，第一个储层响应的位置并未发生放空漏失，而该响应在断控岩溶约束反演剖面上只是一个二三类储层的响应，直到钻至真正的储层位置才发生了漏失。常规反演结果只能预测储层有无，并不能预测储层的好坏，因此断控岩溶约束反演预测储层的精度更高。

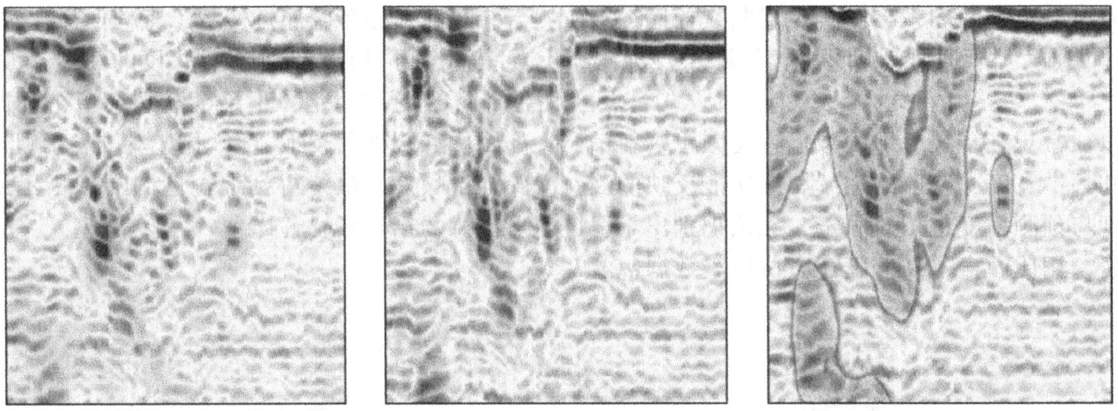

(a)地震叠振幅曲率　　(b)地震叠去均质　　(c)地震叠去均质处理后的高亮体

图 6　地震剖面与属性叠合显示图

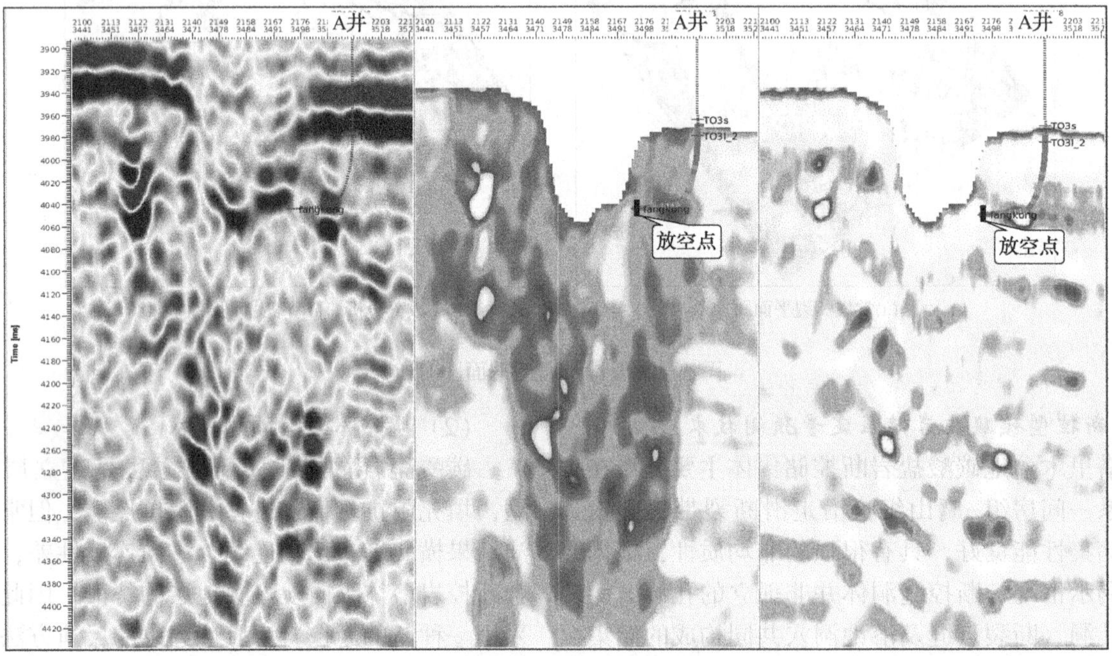

(a)地震叠振幅曲率　　(b)地震叠去均质　　(c)2地震叠去均质处理后的高亮体

图 7　地震剖面与属性叠合显示图

4　应用效果

近年来持续开展了面向超深层碳酸盐岩储层精细描述的三维地震技术攻关研究，形成了适合塔里木盆地超深断控体目标的采集、处理、解释一体化技术序列，近三年来累计部署完成高密度三维地震 8 块，总面积近 2000 平方公里，高密度采集资料可显著提高资料的信噪比和分辨率，能够解决大沙漠区超深断裂和断控型储层的精准成像问题，高精度断控型碳酸盐岩储层精细刻画技术在这些区域的应用使储层预测吻合率达到了 83.3%，钻井成功率达到了 87.5%，重新落实和评价开发单元 13 个，支撑井位 21 口，新增资源量油 3852 万吨，气 2652 亿方，有效支撑了塔里木盆地碳酸盐岩断控体储层的高效开发，具有极大的推广价值。

5 结论与认识

通过近年来持续的攻关完善了面向超深断控体储层刻画需求，以高密度地震资料为基础，高保真地震资料成像为核心，高精度储层及油藏描述为目标的采集处理解释一体化地震技术系列，并在塔里木盆地取得了非常好的效果，证实了该方法是切实可行的，有以下几点结论：

（1）高密度三维地震技术可以有效提高大沙漠区资料的信噪比和资料品质，主要的采集参数应满足高速层合适药量激发，多串检波器组合接收，400次以上覆盖次数，面元尺寸的选择应不大于25m×25m，0.75以上横纵比的要求。

（2）以层析反演技术、层析速度建模及各向异性逆时偏移为核心的配套高密度地震资料叠前偏移处理技术可有效提升大沙漠区地震资料的成像精度，使断控型碳酸盐岩储层规模得到增加，且可有效提升地质体偏移归位精度，是提高钻井成功率的基础。

（3）断控型碳酸盐岩储层具有极强的断控特征，叠后多尺度断裂识别技术可以极大的改善地震资料对小尺度断裂的识别精度。

（4）基于断控岩溶约束反演方法可以实现对洞穴型储层和裂缝型储层空间形态的有效控制，解决强非均质性储层的横向分布问题，又可以有效提升反演结果的纵横向分辨率，从而使储层预测符合率得到极大的提升。

参 考 文 献

[1] 焦方正．塔里木盆地顺托果勒地区北东向走滑断裂带的油气勘探意义[J]石油与天然气地质，2017，38(5)：831-839.

[2] 漆立新．塔里木盆地顺托果勒隆起奥陶系碳酸盐岩超深层油气突破及其意义[J]．中国石油勘探，2016，21(3)：38-51.

[3] 漆立新，樊政军，李宗杰，等．塔河油田碳酸盐岩储层三孔隙度测井模型的建立及其应用[J]．石油物探，2010，49(5)：489-494.

[4] 刘军，任丽丹，李宗杰，等．塔里木盆地顺南地区深层碳酸盐岩断裂和裂缝地震识别与评价[J]．石油与天然气地质，2017，38(4)：703-710.

[5] 吴安楚．宽方位三维地震采集设计技术及应用[J]．油气地质与采收率，2009，16(003)：65-67.

[6] 马渊明，杨雪霖，张丽梅，等．GeoEast-OVT宽方位处理技术[J]．石油工业计算机应用，2018，26(Z1)：31-34.

[7] 冯凯，和冠慧，尹成，等．宽方位三维观测系统的发展现状与趋势[J]．西南石油学院学报，2006，28(6)：24-24.

[8] 陈学强，段孟川，钟海等．塔里木盆地碳酸盐岩提高分辨率地震采集技术[J]．石油地球物理勘探，2004，(西部会议专刊)：38-51.

[9] Sherif R E，Geldart L P. 勘探地震学[M]．初英译．北京：石油工业出版社，1999，：220-221.

[10] 王震，文欢，邓光校，等．塔河油田碳酸盐岩断溶体刻画技术研究与应用[J]．石油物探，2019，58(1)：149-154.

[11] 卢志强，王力，杨瑞召，等．基于相干的精细断裂刻画技术在顺北地区的应用[J]．天然气勘探与开发，2018，41(3)：20-25.

[12] 王熊飞．相控反演技术在塔中碳酸盐岩储层预测中的应用[D]．2015.

[13] 杨晓利，王童奎，柳晓风，et al. 相控地震多属性预测技术在南堡凹陷碳酸盐岩储层的应用[J]．地球物理学进展，2012，27(4)：1565-1571.

[14] 胡向阳，袁向春，侯加根，等．多尺度岩溶相控碳酸盐岩缝洞型油藏储集体建模方法[J]．石油学报，2014，000(002)：340-346.

[15] 倪胜利．碳酸盐岩储集相控建模技术在中古43井区鹰山组的应用[J]．中国矿业，2016(z1).

[16] 刘立峰，孙赞东，杨海军，等．塔中地区碳酸盐岩储集相控建模技术及应用[J]．石油学报，2010，31(006)：952-958.

柴达木盆地尕斯油区Ⅰ号断层主断裂带展布及油气富集规律研究

苏亚中　王　勇　火　宁　王　举　郝　俊　王　俊　泽仁拉姆　赵　匡

（中国石油青海油田公司）

摘　要　本文主要研究了尕斯油区内的主断裂带特征及其油气分布规律。尕斯油区位于柴达木盆地西南部的茫崖凹陷。该区域的油气藏主要是受断层控制的背斜、断鼻、断块类断控型油藏。借鉴国内油气田“断缝体”储层研究成果。通过现场试点压裂试验。认为尕斯油区主控断层主断裂带内裂缝发育，因四周低渗储层遮挡，在断层内部形成有效的油气存储空间。研究通过对比分析过路井数据，绘制了Ⅰ号断层的横向与纵向分布图，并结合断层走向制作了平面分布图。利用地震资料验证了断层走向，并通过井震结合的方式准确地确定了Ⅰ号断层的空间分布特征。主裂缝带油气分布特征方面，Ⅰ号断层主裂缝带受断层活动强烈的挤压研磨作用，岩性复杂。通过现场压裂改造，部分井取得了较好的增油效果。主裂缝带储集空间类型多样，流体性质划分标准及油气富集规律是当前开发工作的核心内容。除Ⅰ号断层外，Ⅱ号断层主裂缝带也开展了相应挖潜工作，未来可推广至油区范围内油源断层。Ⅰ号断层断缝体储层主裂缝带及上下伴生带均含油，沿断层产状在不同区域、不同深度找油潜力较大。断控体储层常规投产效果差异大，压裂改造可以有效提升油井单产。初步判断Ⅰ号断层主断裂带在单井配产2~3吨前提下，可具备5至7万吨建产能力。

关键词　断控体系；断缝体；主断裂带；储集空间类型；尕斯油区；柴达木盆地

1　区域地质特征

尕斯油区位于柴达木盆地西南茫崖凹陷，主要包含尕斯 E_31、N1-N21、油砂山等 10 个油藏，探明地质储量 1.8957 亿吨，含油面积 64.1km²，主要是中高渗砂岩油藏。尕斯油区所有油气藏主要是Ⅰ号断层（狮子沟断裂）、Ⅱ号断层、阿拉尔断层作用形成的背斜、断鼻、断块类断控型油藏，因断层对油气成藏控制作用不同，构造发育区油气富集程度不一。尕斯库勒油田是在基岩长期隆起的基础上形成的同沉积构造。E3 为主要的发展时期，N1 进入缓慢发展阶段，N2 末期形成稳定古构造特征。到 N23 末期，受区域构造影响，Ⅱ号—油砂山大逆断层及Ⅰ号逆断层开始形成。Ⅰ号逆断层上盘为油砂山油田（图 1）。

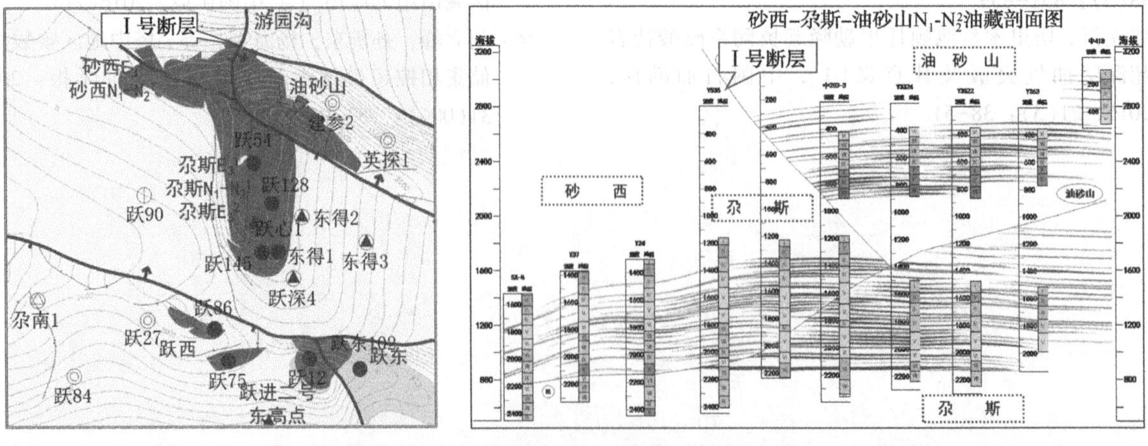

图 1　尕斯油区构造图及Ⅰ号断层纵向展布

2　主裂缝带展布特征

本研究主要借鉴了国内关于“断缝体储层”的纵向分类标准，对原有的断层破碎带进行了细致的分层，具体划分为上段的伴生带、主断裂破碎带以及下段的伴生带。通过对比分析大量的过路井数据绘制了Ⅰ号断层的横向与纵向分布图，进一步结合断层的走向，制作了平面的Ⅰ号和Ⅱ号断层分布图。此外，我们还利用地震资料对前期的断层走向进行了验证，并通过井震结合的方式，准确地落实了Ⅰ号断层的空间分布特征。考虑Ⅰ号断层纵向上沟通茫崖凹陷 E32 烃源岩，断层本身为初期油气运移通道，随后期断层周围岩性变化，若存在泥质粉砂岩、泥灰岩等低渗层遮挡，则断层主裂缝段及其周围衍生断缝体可形成断缝体油藏。

2.1　重新定义断层破碎带划分标准

本次研究历经三个阶段室内对比分析和现场试采反馈，断缝体储层认识不断深入，将Ⅰ、Ⅱ号断层的断缝体储层纵向划分为主裂缝破碎区、上下伴生带诱导裂缝区、上下微裂缝改造区。其中主裂缝带主裂缝带电性特征主要为电阻变平，深浅电阻率多呈低阻侵入特征。上下伴生带电性特征主要为感应电阻率值相对原状地层电阻较高。主裂缝带声波明显增加、密度缩小，因裂缝发育，井壁常有垮塌现在，井径扩径明显。上下伴生带声波值较常规地层变好。因受断层牵引作用，上下伴生带倾角较大，主裂缝带倾角杂乱。原生状地层倾角较小(图 2)。

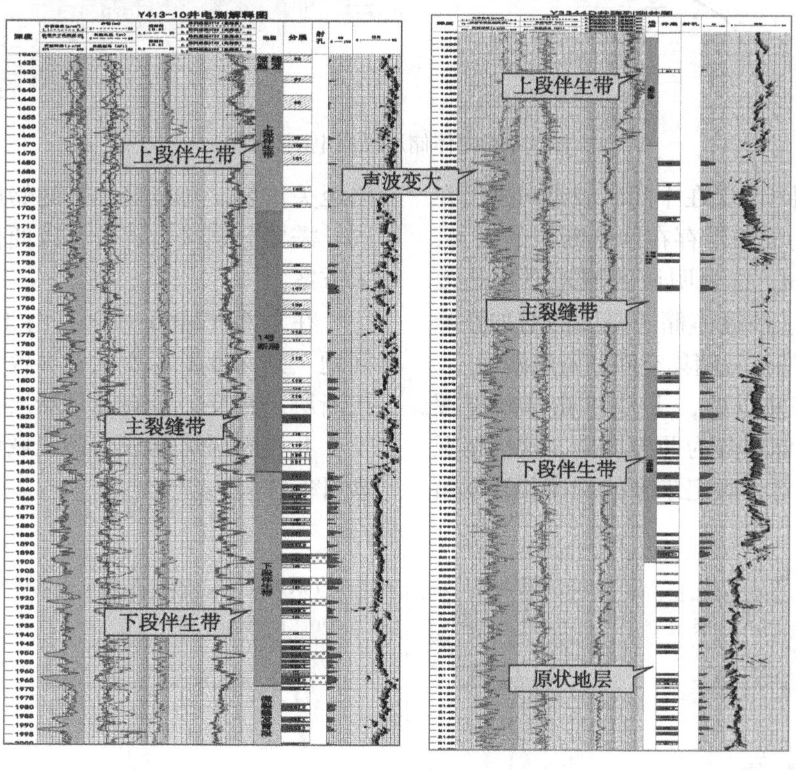

图 2　断缝体储层纵向电测特征

2.2　依托地层对比明确主裂缝带空间分布

据本次研究结果表明，从Ⅰ号断层到尕斯上盘外扩区域的 2.3km 范围内，存在断缝体储层。这些储层的长度在 120 到 480m 之间变化。从过路井资料来看，无论是南北平面还是东西平面，主裂缝带及其上下伴生带都有发育。这些裂缝带和伴生带是断层活动形成的裂缝系统，它们在平面上和纵向上的展布特征对于油气藏的开发具有重要指导意义。

南北平面展布达到 2300m，东西平面展布达到 1350m，表明这些裂缝带和伴生带在平面上的规模较大。断距从南到北逐渐缩小，这可能是由于断层活动力的变化或者是地层条件的差异导致的。断层长度在 120~480m 之间，这个长度范围对于断层物理特性和油气藏的建模都是重要的参数。

上段伴生带平均长度约为100m，下段伴生带平均长度约为110m，这样的长度差异可能反映了断层在不同部位的活动程度或者地层条件的变化。伴生带的长度及其分布对于油气藏的开发设计也是非常重要的，因为它们影响着油气的运移和储存条件。从南北剖面看Ⅰ号断层南部消失于与Ⅱ号断层相接处。整体断距南部大，向北断层逐渐加深主裂缝带断距逐渐减小。深部断层主裂缝段断距虽变小，但考虑深部断层形成期构造应力更强，上下伴生带纵向长度实际较浅部长（图3）。

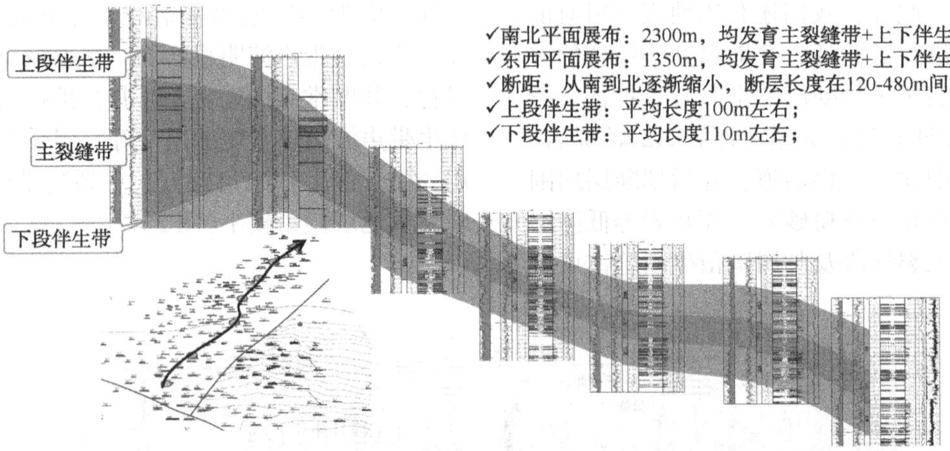

图3　断缝体储层纵向电测特征

从东西剖面看Ⅰ号断层在中间区域纵向搭接在Ⅱ号上，中间区域南北条带存在两条断层的交叉，断距最大可达800m，这表明该区域地质构造复杂，断层活动显著。断缝体储层厚度的增加意味着该区域具有较大的油气储集空间和资源潜力。

在西部Y3309井以西，Ⅰ号和Ⅱ号断层逐渐分开，导致断缝储层分为两段伴生。这种情况下，分段潜力评价对于确定未来的勘探和开发策略至关重要。每段伴生带的储层特征可能有所不同，需要分别进行评价，以便优化井位布置和开采方案。

在东部Y3460井区，由于Ⅰ号断层的倾向问题，其深度发生变化，导致常规井位未能钻遇该断层。相反，只有Ⅱ号断层被钻遇。这种情况下，Ⅱ号断层可能成为该区域储层控制的主要因素（图4）。

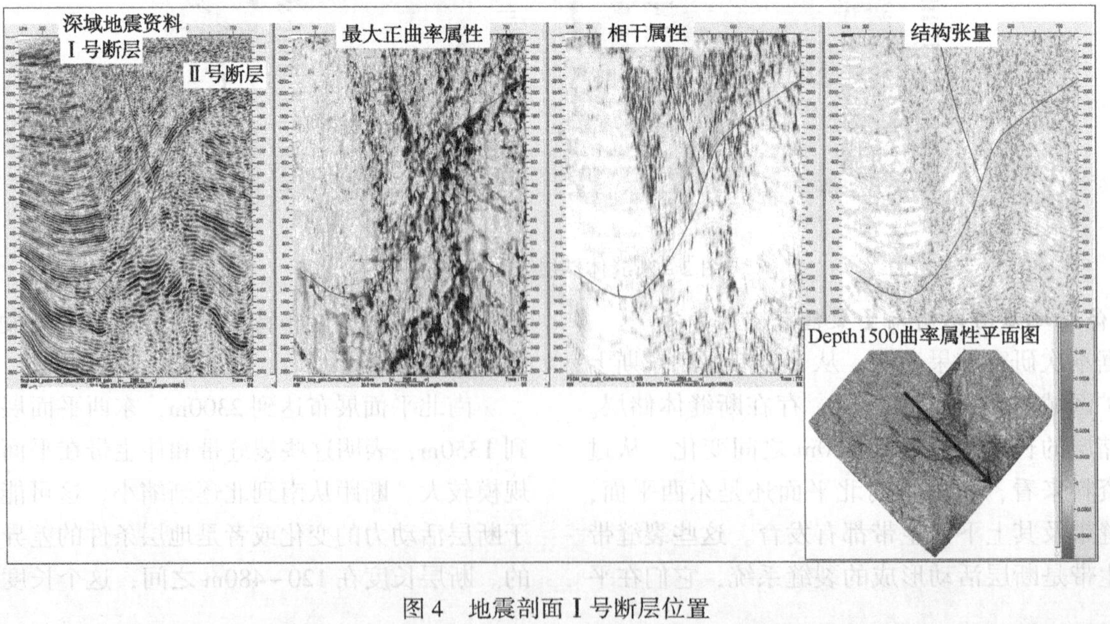

图4　地震剖面Ⅰ号断层位置

实际对比断层空间展布与地震资料相符合，从自西向东地震剖面明显看出浅部Ⅰ号断层搭接在Ⅱ号断层之上。

2.3　井震结合确定断层平面分布

尕斯油田Ⅰ号断层、Ⅱ号断层及油砂山大逆断层纵向展布关系，空间相互搭接情况历年来存在说法不统一，产状描述困难等问题。本次研究经大量地层对比，推演断层走向及倾向展布。最终确定尕斯油区主要Ⅰ号、Ⅱ号影响为主。油砂山大逆断层分布在研究区东部，向东延伸至英东构造。从实际对比情况看以浅部油砂山油田Ⅰ号断层受储层构造、地应力、物性等因素的影响，断裂带内部结构是极其复杂的；即使是同一断裂带也具有垂向上的分层性、横向上的分带性和走向上的分段性。Ⅰ号断层走向近南北、东倾，南端搭接在Ⅱ号断层之上。Ⅱ号断层近东西向展布，北北西倾向断面上陡下缓，断距东大西小，地震资料解释与实际对比情况符合。Ⅰ号断层自西向东切割地层分布由浅到深，以 K_6 构造图为例，断层西侧断缝体储层影响 N_2^1 段地层，断层以东最倾向加深断缝体储层主要位于 N_1 段地层，断层以下为尕斯上盘油藏，断层以上为油砂山油田，本次挖潜对象主要为纵向尕斯与油砂山地层中间段控缝体储层(图 5)。

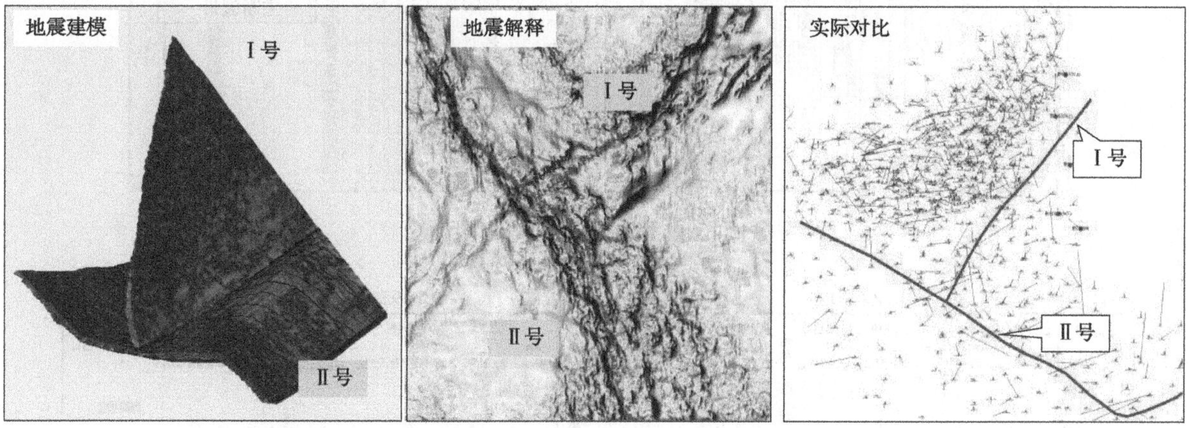

图 5　地震解释与实际对比断层平面形态

3　主断裂带油气分布特征

研究区内Ⅰ号断层受断层活动强烈的挤压研磨作用的影响，岩性比较复杂，不太位置岩性不同，主裂缝带原始解释主要认为岩心为断层泥、上下地层储层碎块、粘土团块等。原始解释均以干层、水层或纵向未划分渗透层段。本次对Ⅰ号断层主裂缝带现场压裂改造，均取得较好增油效果。部分井初期弱喷，也有个别井改造效果差。分析认为实施效果主要受断层平面位置、纵向深度、储集空间类型、原始电性差异所致。如何识别主裂缝带储层储集空间类型、流体性质划分标准、沿断层产状油气富集规律是目前开发工作的核心内容。

3.1　主断裂带测井特征

研究区内Ⅰ号断层沿倾向分布切割 N_2^1、N_1 段地层。N_2^1 段地层岩心主要以常规砂岩夹泥岩隔夹层为主。电测特征主要表现为渗透层自然电位负异常明显、油层电阻值多在 3～4.5Ωm 间，声波值较高。N_1 段地层因处于滨浅湖沉积环境，泥质、灰质含量逐渐增多，储层以粉砂岩、泥质粉砂泥、灰质泥岩等岩性为主。若断层位于 N_2^1 段，进入断层后，声波有小幅增加，断层内电阻拉平，呈小幅锯齿状。密度测井大幅下降，井径测井上存在明显垮塌现象；若断层位于 N_1 段，进入断层后因上部接触地层偏致密，主裂缝带声波会有大幅提升，密度下降明显，井径垮塌现象明显，相对于 N_2^1 段主裂缝带特征，N_1 段电阻有明显“下降台阶”，且断层内部电阻拉平趋势更直观(图 6)。

3.2　主断裂带储集空间类型

经对比Ⅰ号断层主裂缝带电性特征，发现因裂缝带高角度裂缝发育，钻井过程中主裂缝带井径垮塌现象明显，井径曲线纵向上裂缝段扩井明显。未破碎砂岩碎块及上下段常规砂岩钻井过程中主要以形成泥饼，井径曲线以缩径为主；结合主断裂带密度测井下降明显，组合密度与井径曲线，并对两条曲线包络区进行充填，可直观从测井曲线常规识别裂缝及基质孔隙均发育(图 7)。

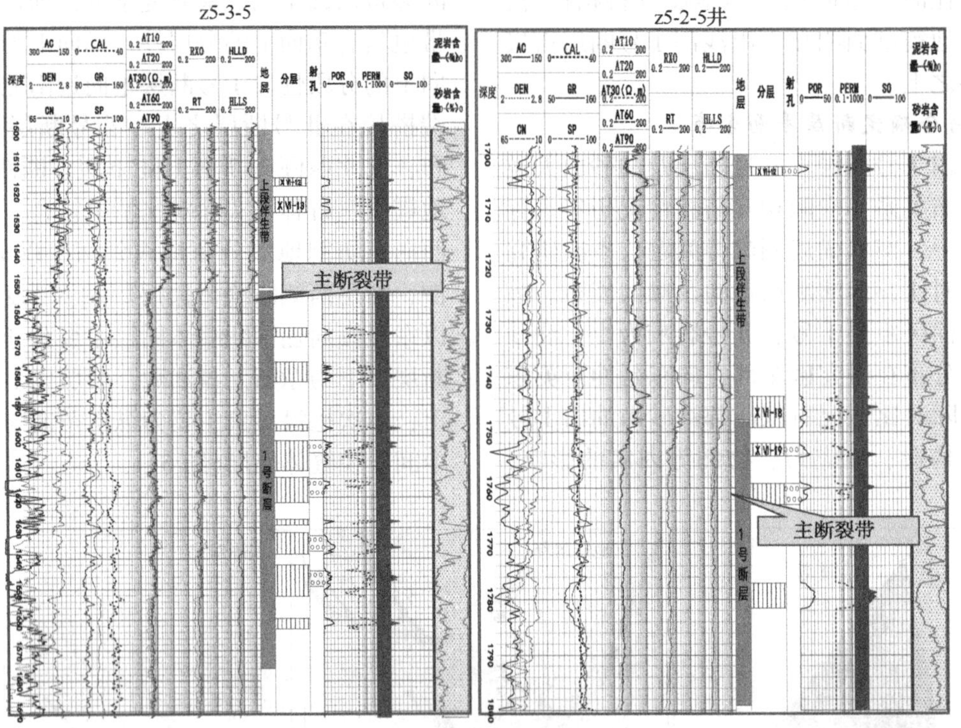

图6　I号断层 N_1 段电测图

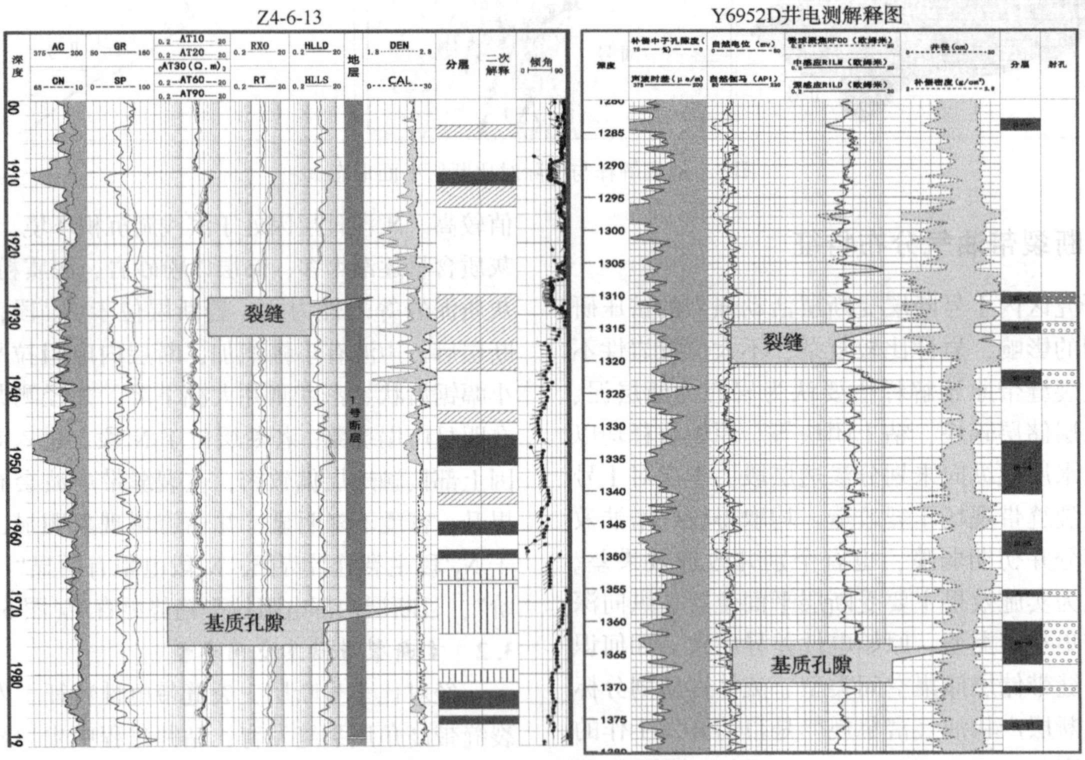

图7　基质空隙与裂缝井径曲线差异

3.3　主断裂带试油效果

结合研究成果推翻原I号断层主裂缝带储层破碎，油气逸散导致储层偏干不含油的常规认识。认为I号断层在周围低渗围岩遮挡下主裂缝孔隙发育，应该为较好的储油空间。现场相继压裂主裂缝带段15口，均取得不用程度增油效果。结合措施跟踪情况取得以下几点认识：一是虽主断裂带深度不同，压裂效果差距明显。整体上表现为压裂段越深，上覆地层压力大，压裂井段供液能力重组，液量较高。压裂段在 500~800m 单井初期日产油在 1.5~3t。压裂段在 800~1200m 单井初期日产油在 2~4t。压裂段在 1200~1500m 初期单井日产油 3~5t；压裂段在 1500~1900m 单井日产油 5t 以上；二是利用扩井及密度变化可初步识别纵向高角度裂缝，裂缝发育段或裂缝与基质空隙搭配较好层段压裂效果最好。如图 5 中 5-3-5 井 2023 年 7 月压裂 1650m 主裂缝段储层，压裂初期日产液 6 吨，日产油 5.4 吨，截至 2024 年 5 月仍在措施有效期内。图 7 所示 Z4-6-13 井 2024 年投产初期日产液 10 吨，日产油 7 吨，截至 2024 年 5 月仍高产。Y6952D 井 2023 年 12 月压裂投产后日产液 7.3 吨，日产油 4.6 吨，2024 年 4 月日产液 8.8 吨，日产油 8.48 吨，含水仅 3%。由此可见主断裂带高角度裂缝储层压裂后增产效果好，稳产期长。相对基质空隙压裂试验井，表现为改造后前 3 月产量高，第四月开始递减可达 50%，但后期仍可维持日产油 2 吨左右生产水平。

3.4 主断裂带油气分布规律

结合现场挖潜及大量对比工作，总结认为本次Ⅰ号断层主断裂带含油规律主要受沿断层倾向切割地层岩性有关。因断层自西向东位置逐步加深，东部为深部断裂发起区域。西侧断层沿倾向在浅部切割 N_2^1段储层，从本次挖潜情况看主破碎带在 900m 以上，N_2^1段地层以常规砂岩为主，储层物性条件好。主裂缝带内油气可能会沿Ⅰ号断层断裂系统逸散到浅部，900m 以下 N_2^1段地层因沉积环境渐变泥质含量逐渐增加，泥岩隔夹层发育。主裂缝带内储集空间因低渗及不渗透带遮挡逐渐含油。沿断层倾向向西至深部 N_1段地层，因处于滨浅湖沉积微相，还原环境下泥质、灰质含量逐渐增加。储层渗透性变差，对主破裂带剩余油气可形成天然遮挡。结合现场认识及断层产状整体上认为沿断层倾向自西向东从 900m 至西部 2200m 均为有利的主破碎带储油空间(图 8)。南北走向上北部断层继续向北延伸，南部搭接在 2 号断层上。从目前过路井看走向方向上断层主破碎带裂缝区均为有利储集空间。

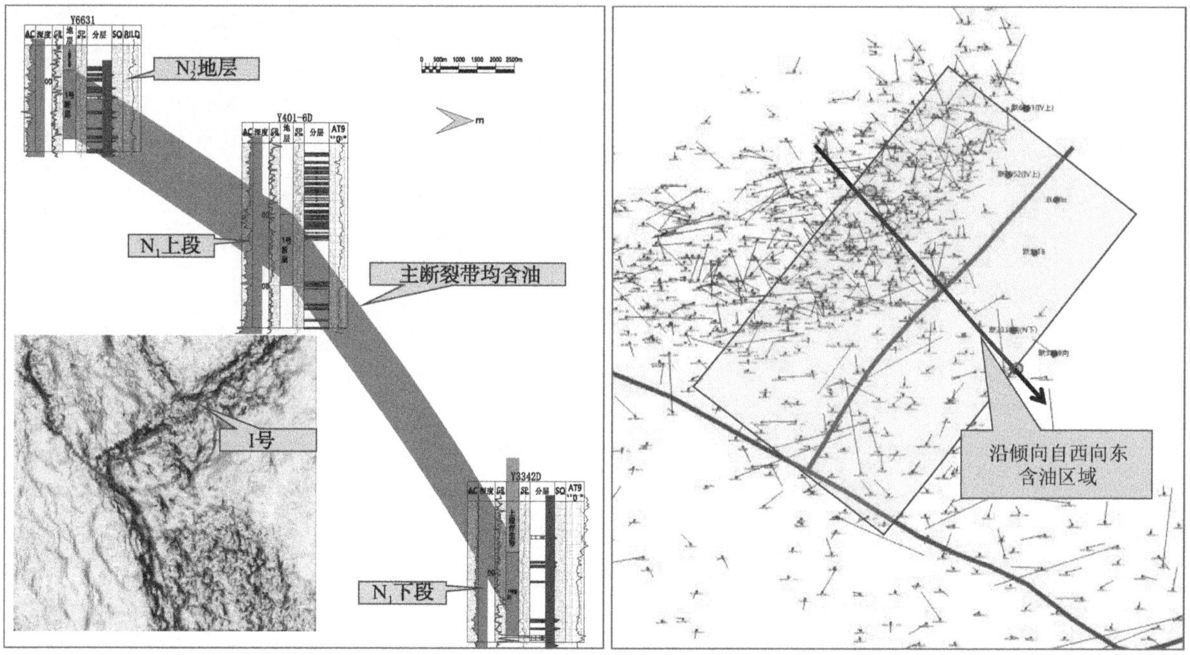

图 8 Ⅰ号断层切割地层及含油区域示意图

4 主断裂带前景展望

经现场开展不同深度主裂缝带压裂及储层下限评价工作。目前可确定Ⅰ号断层主裂缝带沿倾向方向东西 1350m，沿走向南北 2500m 均为有利主裂缝带储油空间。初步可确定该区域挖潜面积 2.5km²左右。预估储量在 1000 万吨左右。除Ⅰ号断层断层外，目前试点在Ⅱ号断层主裂缝带也开展相应挖潜工作。下步可推广至油区范围内油源断层。

5 结论

（1）Ⅰ号断层断缝体储层主裂缝带及上下伴生带均含油。沿断层产状在不同区域、不同深度找油潜力较大。油砂山及尕斯中浅层含油边界外均存在断控体类型储层，下步可作为储量上报挖潜区块。

（2）断控体储层常规投产效果差异大，若基质孔隙与裂缝搭配较好，则油井高产，否则油井产量较低。压裂改造可以有效提升油井单产。

（3）Ⅰ号断层主断裂带经现场试点评价，目前储量较落实。在单井配产2~3吨前提下，初步判断可具备5至7万吨建产能力。

参 考 文 献

［1］王威，凡睿，等．川东北地区须家河组“断缝体”气藏有利勘探目标和预测技术［J］石油与天然气地质 2021，8（4）：993-1001.

［2］刘振峰，刘忠群，郭元岭，等．“断缝体”概念、地质模式及其在裂缝预测中的应用—以四川盆地川西坳陷新场地区须家河组二段致密砂岩气藏为例［J］油与天然气地质 2021，8（4）：974-980.

断溶体的内部结构测井精细表征
——以塔里木盆地顺北地区为例

申本科[1]　王晓畅[1]　李　浩[1]　蒋阿明[2]　胡　松[1]　田纳新[1]

(1. 中国石化石油勘探开发研究院有限公司；2. 中国石化江苏油田分公司)

摘　要　断溶体是受断控岩溶改造作用所形成的一种特殊类型碳酸盐岩缝洞型储集体，埋藏深、空间结构复杂、非均质性极强。通过成像测井处理解释，发现沿井深变化发育风化壳岩溶带、断层相关溶蚀带和断层缝溶蚀带。进一步分析认为断溶体可以分为风化壳岩溶型、断层相关溶蚀型和断层缝溶蚀型，三种类型发育各自不同的裂缝、溶蚀孔与洞特征。通过储集空间分类与测井识别将缝洞体分为洞穴型、裂缝孔洞型和裂缝型三大类型，其中洞穴依据充填情况不同，进一步分为未充填洞穴型、砂泥充填洞穴型、角砾充填洞穴型和方解石充填洞穴型四种类型，这些类型在露头、岩心及井壁成像测井上均有发育和显示。断溶体的非均质描述分为裂缝、溶洞发育空间关系描述及其非均质描述，基于钻井常规与成像测井资料，证实井下断层内部存在"核—带"系统。

关键词　塔里木盆地；顺北地区；成像测井；走滑断裂；断溶体；模式

顺北地区位于塔里木盆地顺托果勒地区北部，处于塔中、塔北2大古隆起的构造鞍部，长期稳定沉降。鲁新便等人针对顺北油田碳酸盐岩的开发实践首次提出了断溶体油气藏的概念，即碳酸盐岩受构造作用形成的深大断裂破碎带，受多期断控岩溶或局部热液溶蚀作用形成大型洞穴、溶蚀孔洞和裂缝组成的储集体，在上覆泥灰岩、泥岩等盖层封堵以及侧向致密灰岩遮挡下，形成由不规则状的断控岩溶缝洞体组成的断溶体圈闭，经油气充注成藏后形成一类特殊的断溶体油气藏，顺北油田百万吨产能建设稳步快速推进。

顺北地区寒武系—中下奥陶统以巨厚碳酸盐岩为主，随后碳酸盐岩克拉通消亡，发育上覆巨厚陆棚—滨岸相碎屑岩。海西晚期，北天山洋和南特提斯洋关闭造山，塔里木陆块成为欧亚大陆的南缘，结束海相沉积，以陆相滨浅湖及河流相沉积为主，在塔中—塔北2大古隆起多期活动产生的斜向和旋转应力场控制下，形成了一系列与区域构造事件呈良好匹配关系的板内小尺度走滑断裂带。走滑断裂带高陡直立，贯穿古生界地层序列，在斜压和斜拉背景下，分别呈现正花状、负花状构造，沿断裂走向呈现明显的横向分段性

目前，国内外对断溶体进行刻画主要利用地震资料，但由于地震资料分辨率较低，导致刻画结果无法精细体现断溶体的连续分布，由此建立的断溶体发育模式也具有不确定性和多解性针对顺北油田断溶体研究的难点，本研究拟以纵向分辨率较高的成像等测井资料为基础，开展断溶体储集空间测井识别、断溶体发育非均质性分析，建立断溶体储集空间内部结构模式，为断溶体理论的丰富和塔河油田的油气勘探开发提供参考。

1　断溶体类型识别

顺北油气田主体位于顺托果勒低隆起，其南延伸至古城墟隆起的顺南斜坡。顺托果勒低隆起北连沙雅隆起，南接卡塔克隆起，东邻满加尔坳陷，西接阿瓦提坳陷。顺托果勒低隆起经历多期复杂的沉积构造演化，为多期缝洞型储层发育和油气成藏富集提供了良好的地质条件。寒武纪—中奥陶世，顺托果勒地区为海相泥质烃源岩与碳酸盐岩台地沉积期。早寒武世早期塔里木板块周缘快速拉张裂陷，顺托果勒地区发育了一套斜坡-陆棚相的玉尔吐斯源岩。其后转变为弱伸展背景下的区域性稳定构造沉降，发了一大套台地相的碳酸盐岩地层，与塔中和塔北地区连为一体。碳酸盐岩建造呈多旋回性，发育多期与沉积间断相关的不整合和大气淡水岩溶作用，形成多层系、广泛分布的岩溶缝洞型储层。此时，顺托果勒东北部的满加尔坳陷区为盆地相沉积，发育一套寒武系—中奥陶统烃源岩。

中奥陶世末(加里东中期Ⅰ幕)作为构造-沉

积性质转换的重要时期，对顺托果勒低隆起沉积演化具有重要控制作用。加里东中期，顺托果勒低隆起在南北向和北东向应力共同作用下形成了北东和北西向走滑断裂系统，此时基本奠定了该区的断裂体系格架。走滑断裂剖面上表现为陡直的直立断层或正花状构造，向下断穿寒武系或断至寒武系内部，向上多数断至中-下奥陶统顶面附近，消失在塑性的上奥陶统泥岩中；平面上多呈线状延伸或雁列式排列。复杂的走滑断裂体系为断溶体的形成奠定了基础。

顺北 Q 井实现了北西向主干二级 Q 号断裂带的油气新突破，向西拓展了勘探领域。为整体控制 Q 号断裂带，进一步探索顺 B 井北三维工区 Q 号断裂南段的储层发育情况与含油气性，决定在 Q 号断裂带南段甩开部署 1 口探井—顺北 QY-1。本井进行了地层微电阻率扫描成像测井(FMI)测井，从裂缝定量计算结果来看，本井部分层段裂缝相对较发育，主要分布在：层段 7677~7902m、7945~8187m、8375~8526m，见图 1。从图中可以看出，沿井深变化发育风化壳岩溶带、断层相关溶蚀带和断层缝溶蚀带。

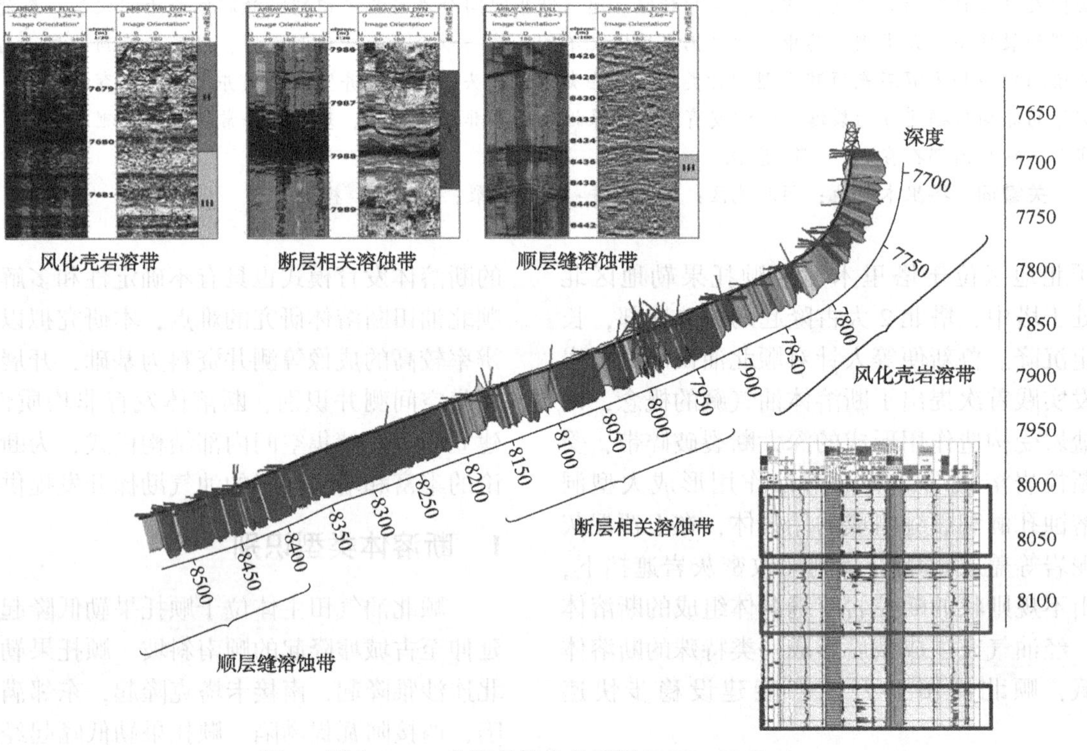

图 1　顺北 QY-1 井测井综合分析图(7650~8458m)

1.1　风化壳岩溶型

本井在 7677~7902m 段发育风化壳岩溶带，低角度顺层缝较发育，斯通利波反射系数小，斯通利波变密度图见微弱反射，整体裂缝有效性较差。

1.2　断溶体型

1.2.1　断层相关溶蚀型

本井在 7945~8187m 段发育断层相关溶蚀带，成像测井证实在 7987~7988m 钻遇主断层断面，附近裂缝及溶蚀较发育，发育角度较高的高导缝，裂缝孔隙度相对较高，高导缝在动态图像上往往表现为褐黑色正弦曲线，有的连续性较高，有的呈半闭合状，图像上的褐黑色表明此类裂缝未被方解石等高阻矿物完全充填，属于有效缝，但部分高导缝也不排除被低阻泥质充填的可能性，可通过 DSI 偶极横波测井分析裂缝的有效性，斯通利波反射系数明显较大，斯通利波变密度图见明显反射，整体裂缝有效性较好。高导缝主要分布在测量段中部的断裂带，以中高角度裂缝为主走向以近那南北向为主，见图 3。

1.2.2　顺层缝溶蚀型

本井在 8375~8526m 段发育顺层缝溶蚀带，顺层缝在动态图像上往往表现为褐黑色的正弦曲线，连续性较好，裂缝产状和地层界面基本一致，但存在明显的溶蚀加大。由于此类裂缝与地层界面产状非常接近，裂缝相对较难识别，以静态图像上明显的低阻异常为标志，综合地应力特征，多为受走滑断层影响产状顺层滑脱，见图4。

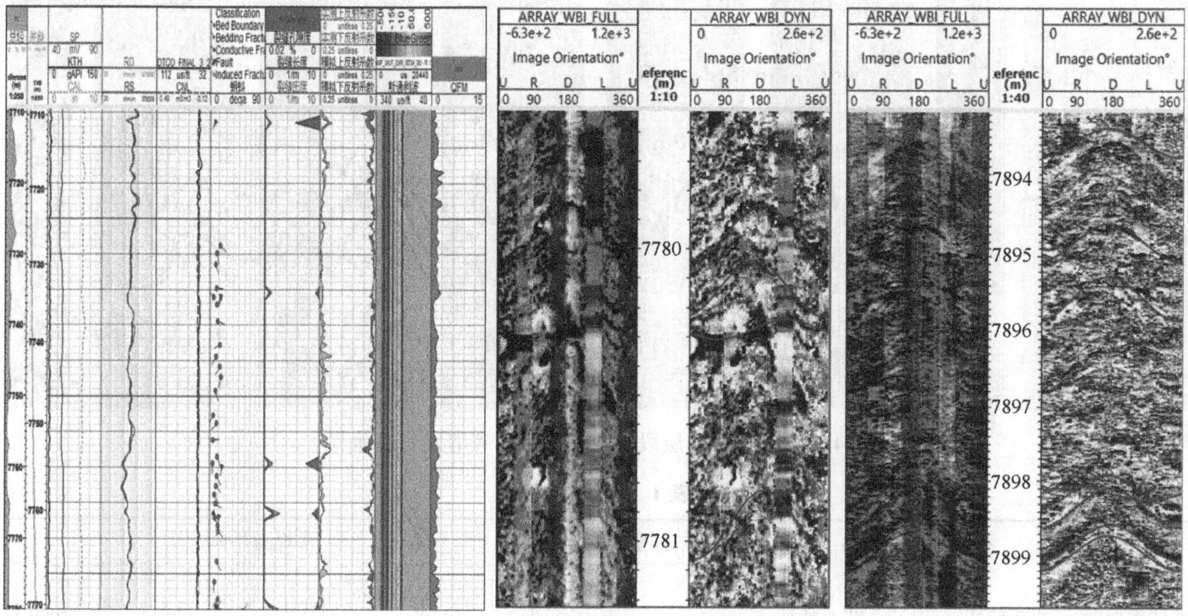

图2　顺北 QY-X 层段 7677~7902m 裂缝发育特征图

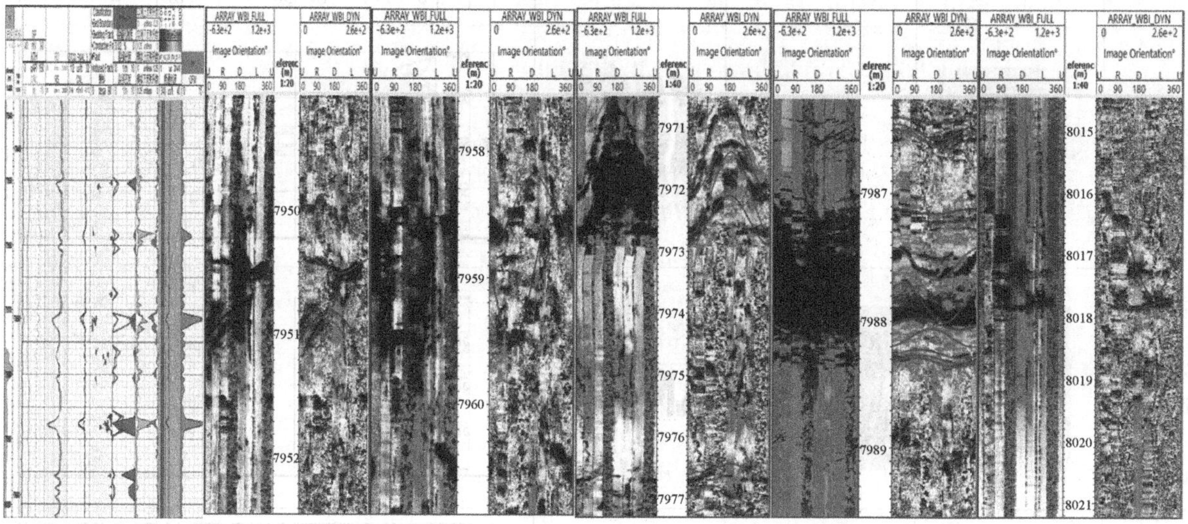

图3　顺北 QY-X 层段 7945~8187m 裂缝发育特征图

2　断溶体发育特征

沿深大断裂带溶蚀形成的断溶体油藏，储集空间以大型洞穴或溶蚀孔洞为主。此类储集体在钻井过程中常发生放空、泥浆漏失和井涌等现象，一般因岩心破碎或取不到岩心而缺乏实测物性数据，但是测试分析、测井解释和生产动态表明大型孔洞和洞穴型储层是优质的储集体。

2.1　储集空间分类与测井识别

在应用常规测井进行缝洞体类型识别时，要综合考虑两方面因素：一是划分出的缝洞体类型在地质上有意义，二是划分出的缝洞体类型要控制在常规测井纵向分层能力范围内。本文将缝洞体分为洞穴型、裂缝孔洞型和裂缝型三大类型，其中洞穴依据充填情况不同，进一步分为未充填洞穴型、砂泥充填洞穴型、角砾充填洞穴型和方解石充填洞穴型四种类型，这些类型在露头、岩心及井壁成像测井上均有发育和显示(表1)。

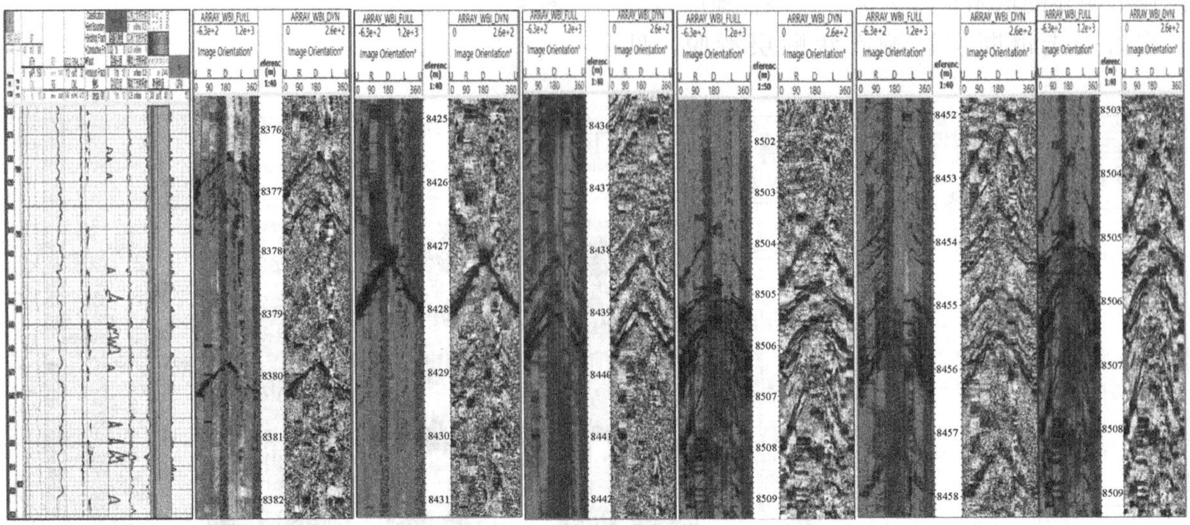

图 4　顺北 QY-X 层段 7945~8187m 裂缝发育特征图

表 1　缝洞体类型

缝洞体类型	露头特征	岩心特征	井壁成像	常规测井响应
			静态+动态	地层　深度　0 GR 150, 0 KTH 150, 0 CAL 10　116.3 AC 33.7, 1.86 DEH 2.88, 50 CNL -10　1 RD 30000, 0 RS 30000
未充填洞穴型	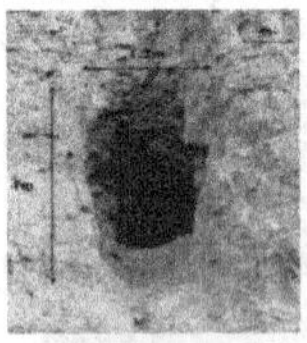	无取心		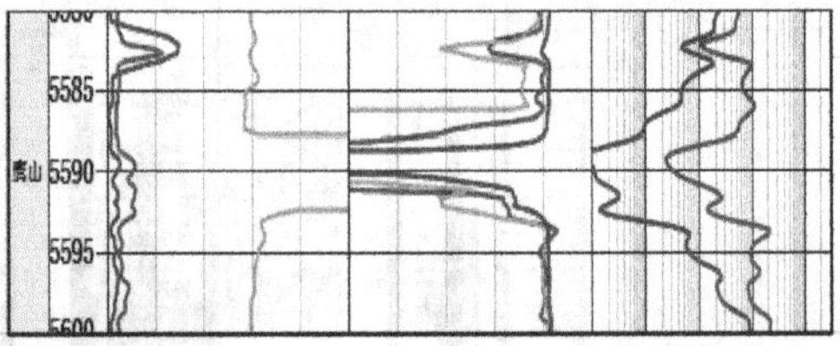
砂泥充填洞穴型	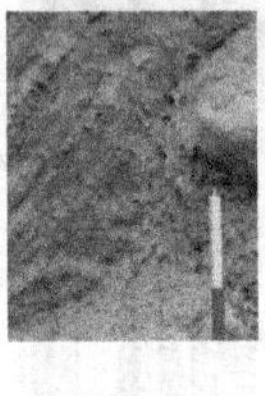			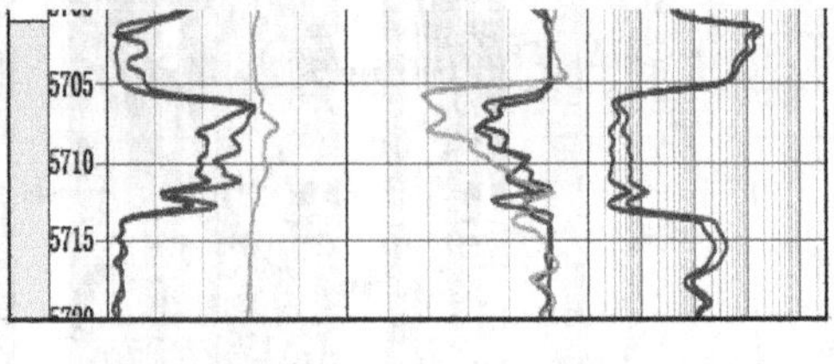
角砾充填洞穴型			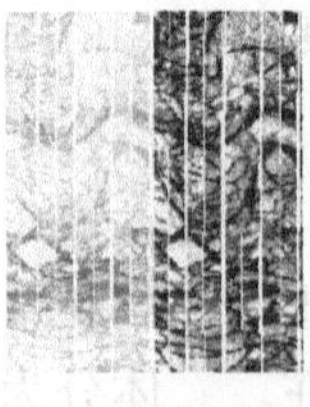	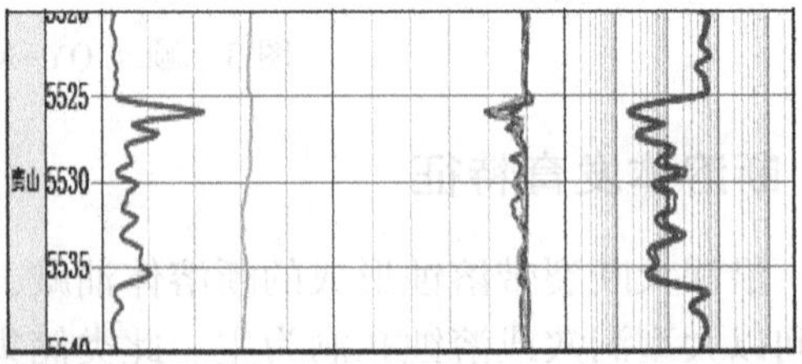
方解石充填洞穴型			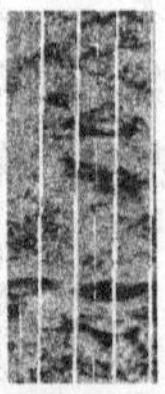	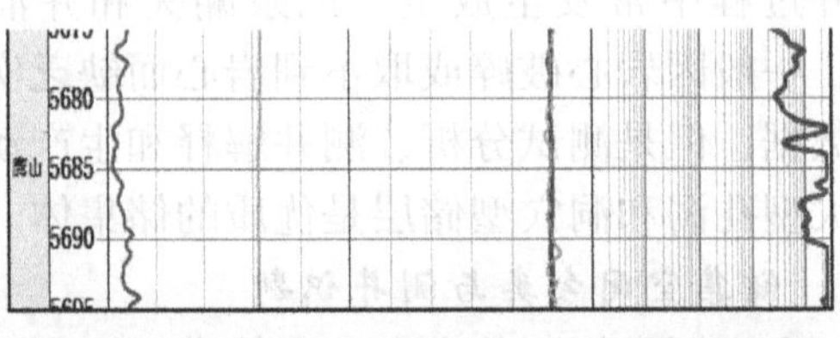

续表

缝洞体类型	露头特征	岩心特征	井壁成像 静态+动态	常规测井响应 地层 深度 0 GR 150 / 0 KTH 150 / 0 CAL 10; 116.3 AC 33.7 / 1.86 DEH 2.88 / 50 CNL -10; 1 RD 30000 / 0 RS 30000
裂缝孔洞型	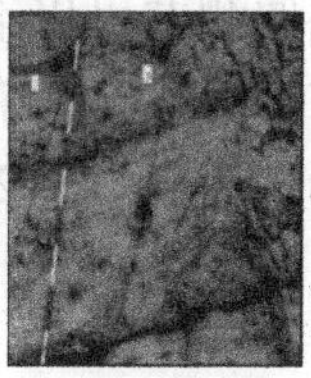		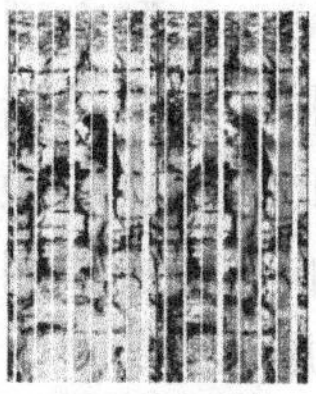	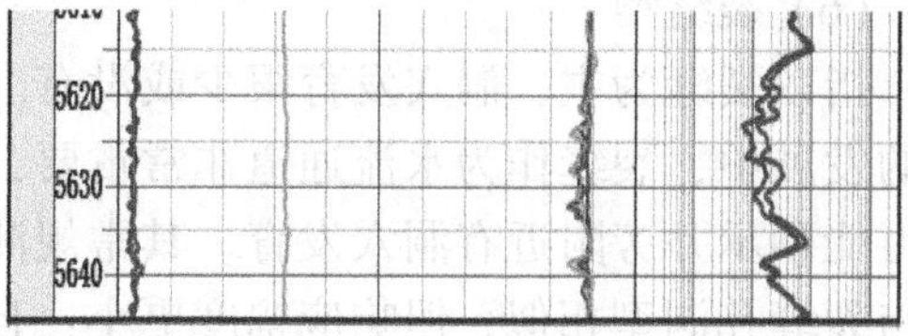
裂缝型	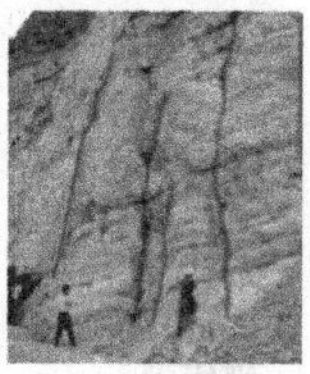		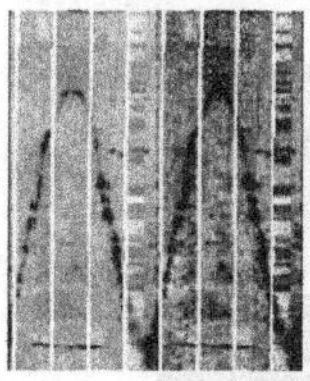	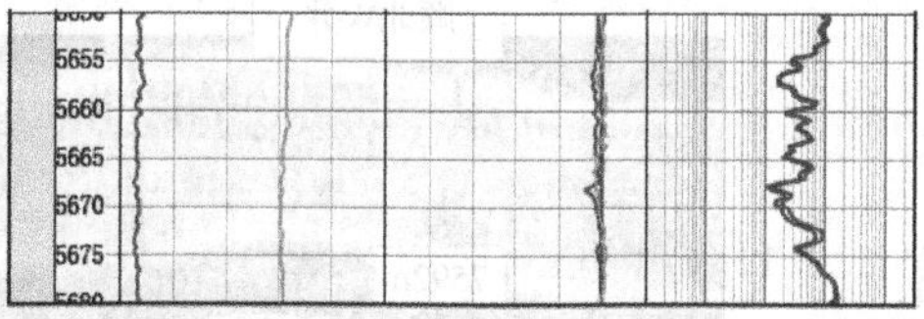

（1）未充填洞穴型

指未被砂泥质、角砾、方解石等充填的洞穴，通常会有钻具放空、泥浆大量漏失等情况显示。这类缝洞体的储集空间得到了很好的保存，具有良好的生产能力，物性非常好。未充填洞穴在露头上较为多见，不能获得岩心（岩心上可见的溶蚀孔洞的，在此次研究中归入裂缝孔洞型），在井壁成像上为黑色团块。常规曲线有明显的扩径，自然伽马曲线值较上下围岩略有增大或保持不变，三孔隙度曲线与上覆、下伏地层相比变化剧烈；声波时差测井值表现为极高值，个别井段甚至大于150μs/ft；中子测井值表现为极高值，部分井段高达50%；密度测井值为极低值，普遍小于1.8g/cm^3。深浅双侧向电阻率测井值较低，基本小于150Ω·m。

（2）砂泥充填洞穴型

指在流水作用和重力作用下沉积形成的物质充填洞穴，具有流水冲刷和重力分异作用产生的层理以及分选性结构特征。充填物颗粒间的孔隙是油气储集的有效空间。岩性主要为砂泥岩，物性相对较好，岩心孔隙最大可达20%。砂泥充填洞穴在露头和岩心上均有发育，井壁成像上为暗色团块或条带。砂泥充填洞穴一般在泥质含量较高时出现井径曲线的扩径现象；自然伽马曲线值较上下围岩增大，最高可达95API；三孔隙度曲线与上覆、下伏地层相比有明显变化；声波时差测井值表现为高时差，甚至大于170μs/ft；中子测井值表现为高值，有的井段甚至高达40%；密度测井值为低值；深浅双侧向电阻率测井值一般较低，一般小于180Ω·m。

（3）角砾充填洞穴型

指在溶洞形成演化过程中，洞顶、洞侧基岩垮塌崩落后原地堆积的产物，角砾成分一般与碳酸盐岩围岩一致，角砾间的孔隙是油气储集的有效空间。岩性主要为灰岩，角砾间普遍充填泥质。角砾充填洞穴在露头和岩心上均有发育，井壁成像上颜色较亮，并呈棱角状。角砾充填洞穴自然伽马曲线值较上下围岩略有增大；声波时差和中子测井值与围岩相比有小幅度增大；密度测井值为低值；深浅双侧向电阻率测井值一般较低。

（4）方解石充填洞穴型

指以化学沉淀方式沿溶洞壁向溶洞中心生长而形成的各种溶洞充填物质，包括白色粗晶或巨晶方解石、流石类灰岩和钙结岩，多见于潜流岩溶带，其成分主要为方解石。化学沉积充填物的储集空间以晶间孔为主，基本不具有储渗性能，难以构成有效的储集空间。

方解石充填洞穴与基岩测井响应相似，只是岩性更纯，自然伽马值更低；深浅双侧向电阻率测井值更高。

（5）裂缝孔洞型

指相对较小的洞穴和裂缝的组合体，基本上

过井垂深小于0.5m的洞穴归于此种类型。较小洞穴中的有效空间为储集空间，酸化压裂后具有一定的生产能力。具体表现在自然伽马曲线值与基岩近似；声波时差和中子测井值与基岩相比略有增大；密度测井值略有降低；深浅双侧向电阻率测井值较低。

（6）裂缝型

指以裂缝为主，洞穴发育很少或没有。在洞穴的发展中，裂缝作为水流通道非常重要，因此有可能预示井旁附近有洞穴发育。其常规测井响应与裂缝孔洞型相似，但响应幅度更小：自然伽马曲线值与基岩近似；声波时差和中子测井值与基岩相比略有增大；密度测井值略有降低；深浅双侧向电阻率测井值较低。

2.2 断溶体的非均质描述

2.2.1 裂缝、溶洞发育空间关系描述

断层滑动面主要形成2类储集结构：裂缝-洞穴型、裂缝型，通过成像测井可以准确确定这两类储层在空间中的分布，见图5，第1个漏失点成像测井特征为裂缝-洞穴型，第2个漏失点成像测井特征为裂缝型。

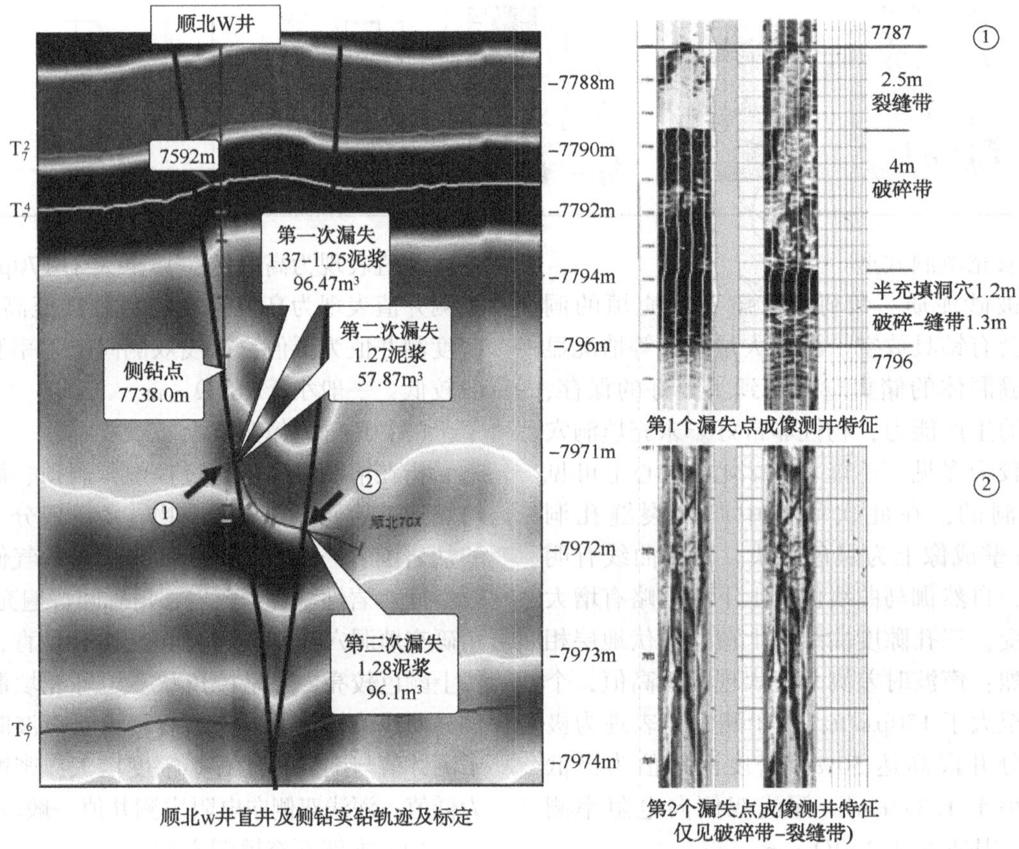

图5　顺北Q与QCH井裂缝、溶洞发育空间关系图

2.2.2 非均质描述

根据顺北Q井钻遇奥陶系地层测井曲线分析显示，自上往下，7786.68~7789.17m段为侧钻裂缝带1，长2.49m，GR值从12API增大至18API，最后回落到10API，SP值保持为44mv，RTM曲线呈阶梯状，值从33增大至42，再增大至47，最后回落至14，AC值保持在54us/ft附近，最后增大至96us/ft，CNL值保持2%附近，最后增大至15%，RD与RS曲线分离，整体在减小，RD值位于10000~10000ohmm之间，RS值位于100~1000ohmm之间，相差近100倍，井径测井井眼破碎轻微，成像测井显示正弦曲线状裂缝，表明该段发育高角度裂缝，且裂缝宽度在2~8mm不等，测井资料指示此段为开放性裂缝，储集条件较好(图6)。对裂缝走向的统计分析指示，侧钻裂缝带1走向主要为NW-SN和NEE-SWW。

7789.17 ~ 7793.41m段为破碎带，长4.24m，GR值从10API增大至13API，最后又回落到10API，SP值保持为44mv，DRTM值从

14减少至13，再增大至17，再增大至28，最后增大至50，AC值整体在112us/ft附近，中间出现过回落到78us/ft，对应井径测井破碎范围减小，CNL值从45%减少至21%，再增大至27%后，最后增大至23%，RD与RS曲线分离，整体波动不大，RD值位于100~1000ohmm之间，RS值位于1~10ohmm之间，相差近100倍，井径测井井眼破碎强烈，成像测井显示破碎严重，储集条件较好(图6)。

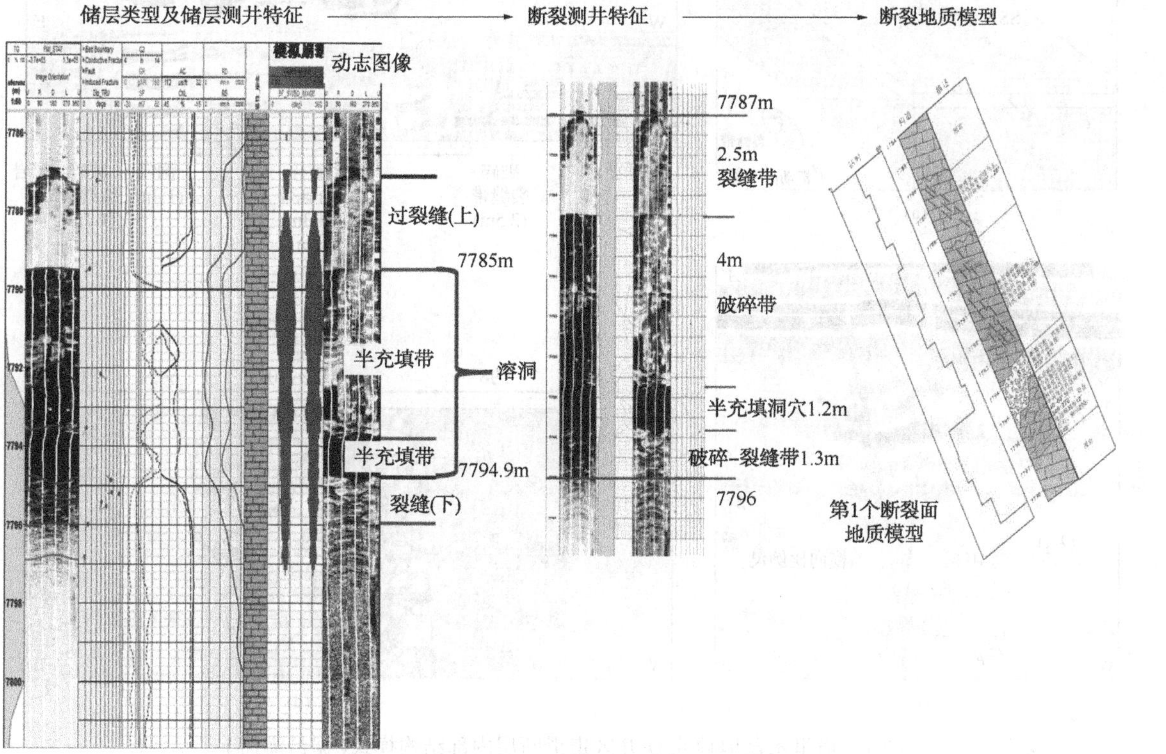

图6　顺北QCH井裂缝、溶洞非均质描述图

7793.41~7794.82m段为洞穴，长1.41m，GR值从10API增大至16API，最后又回落至12API，SP值保持为44mv，DRTM值从50减少至25，AC值保持为112us/ft附近，CNL值从23%减少至19%，最后增大至22%，RD与RS曲线分离，整体波动不大，RD值位于100~1000ohmm之间，RS值位于1~10ohmm之间，相差近100倍，井径测井井眼破碎稍微强烈，成像测井显示洞穴发育，储集条件较好。

7794.82~7795.97m段为破裂带2，长1.15m，GR值从12API减小至10API，最后又增大至12API，SP值保持为44mv，DRTM值从25增大至26，AC值从100us/ft减少至54us/ft，CNL值从22%减少至1%，RD与RS曲线分离，整体在增大，RD值位于600~1030ohmm之间，RS值位于10~200ohmm之间，相差近50~60倍，井径测井井眼破碎轻微，成像测井显示洞穴和裂缝发育，且裂缝宽度较小，约为1mm，测井资料指示此段为开放性裂缝，储集条件较好。对裂缝走向的统计分析指示，侧钻裂缝带2走向主要为NNW-SSE和NWW-SNN。

3　断溶体的地质结构模型

基于钻井常规与成像测井资料，证实井下断层内部存在“核—带”系统。以顺北Q井为例(图7)，Q井侧钻穿过了一条北北东向的断裂带，平面上井区为“左行右阶”的叠接隆起段，钻井从西往东侧钻穿过了断裂带，钻遇2个断层[图7(a)，(b)]。其中，西侧断层成像测井资料揭示核—带结构清楚，断层内部发育破碎裂缝带、破碎角砾带、洞穴等结构[图7(c)]。测井呈低阻特征，井径测井井眼破碎轻微—强烈，破碎带可见明显地层垮塌现象；成像测井显示正弦曲线状高角度裂缝和洞穴发育，裂缝宽度在1~8mm，多为开放性裂缝，裂缝走向与断裂带走向呈小角度相交。断层内部不同结构测井孔隙度变化快，介于3%～50%之间。其中破碎带成像测井上呈现“砾状亮斑”特征，测井孔隙度较稳定，介于20%～40%之间；洞穴层测井解释孔隙度变化大，介于6%～50%之间；裂缝带电阻率略低于围岩，基质孔隙不发育，测井孔隙度介于3%～8%之间[图7(d)]。

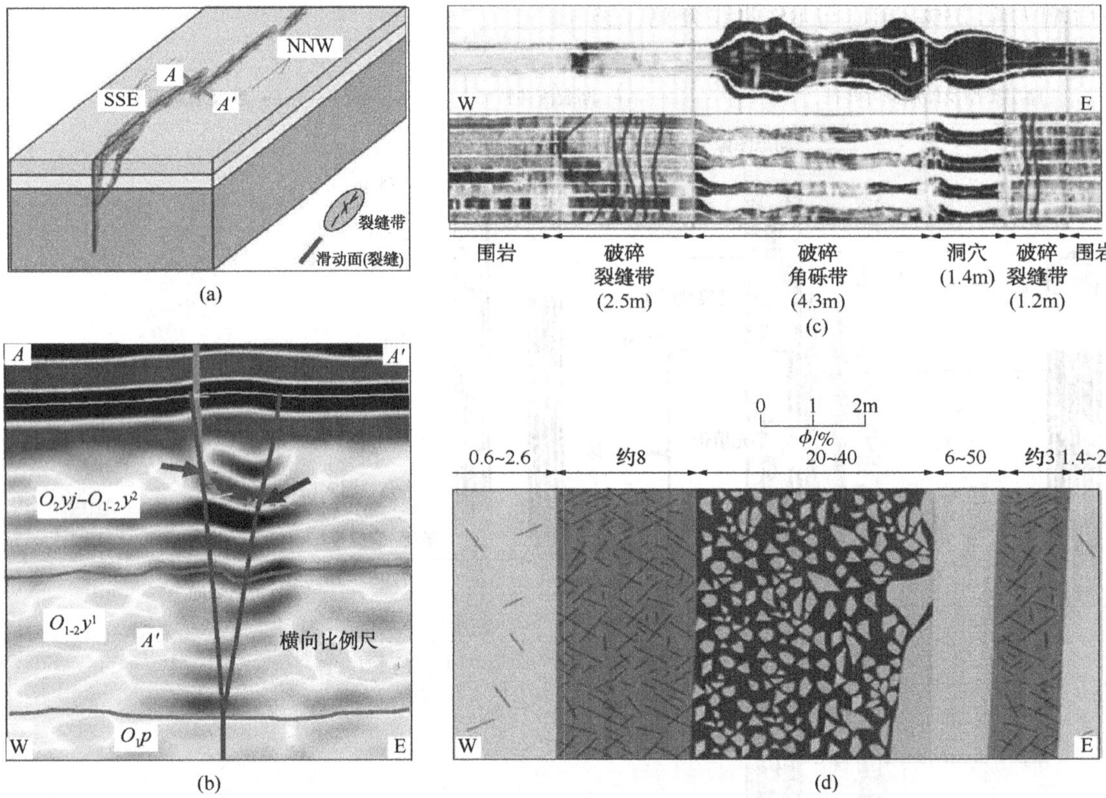

图7　塔里木盆地顺北Q井区走滑断层内部结构模式(据吕海涛)

根据上述特征，理论上可定义走滑断层在内部结构上可表现为“一元裂缝系统”与“二元核带系统”两种结构类型。一元结构断层表现为单一滑动面或雁行式破碎带形成的裂缝系统(图8A，a)；二元核带系统结构断层通常被分成两部分：中低渗透性的断层核和高渗透率的破碎带，内部可能发育“空腔型”洞穴，与断层核相比，破碎带位于断层核两侧且形变程度较低，向外逐渐过渡为致密围岩(图8B，b)。顺北地区钻井证实走滑断裂带存在规模缝洞系统，水平井轨迹或侧斜井轨迹横穿断层的过程中，普遍会发生不同程度的放空、漏失现象，远离断层破碎带和裂缝带的围岩则相对致密，鲜有放空、漏失现象，地层结构较稳定，与走滑断裂内部结构的理论模型较吻合。

3.1　一元裂缝系统

“一元裂缝系统”是断溶体储层的重要补充，起到连通“核—带”系统中各种孔隙空间的作用，其自身也具备一定的储集性能(图8A)。岩心观察和成像测井是描述井下裂缝发育情况最直接的方法。通过统计裂缝的发育方位及产状，计算裂缝发育密度，发现顺北地区主要发育2种类型裂缝：构造缝和成岩缝。构造裂缝以剪切裂缝为主，裂缝面平直，横向延伸较长，主要介于0～0.5m之间，裂缝开度主要介于0～0.2mm之间，是有效裂缝。通过统计走滑断裂不同变形强度的钻井裂缝发育密度，发现断裂变形强度与裂缝发育密度呈正相关。成岩缝形成于成岩压实作用阶段，基本全被方解石、沥青质等充填，规模较小，无油气输导集聚意义，属于无效裂缝。

3.2　二元核带系统

“二元核带系统”的缝洞系统和储集结构主要由断层核和破碎带构成。断层核内集中了断层大部分应变和位移量，碎粒岩/碎粉岩的形成可能破坏了构造破裂形成的高孔渗缝洞结构，断层核演化为流体屏障。破碎带则在旋转、位移过程中，形成“点—面”支撑结构的洞穴和缝洞系统(图8B)。两者相伴而生，无法从断层结构中完全剥离研究。

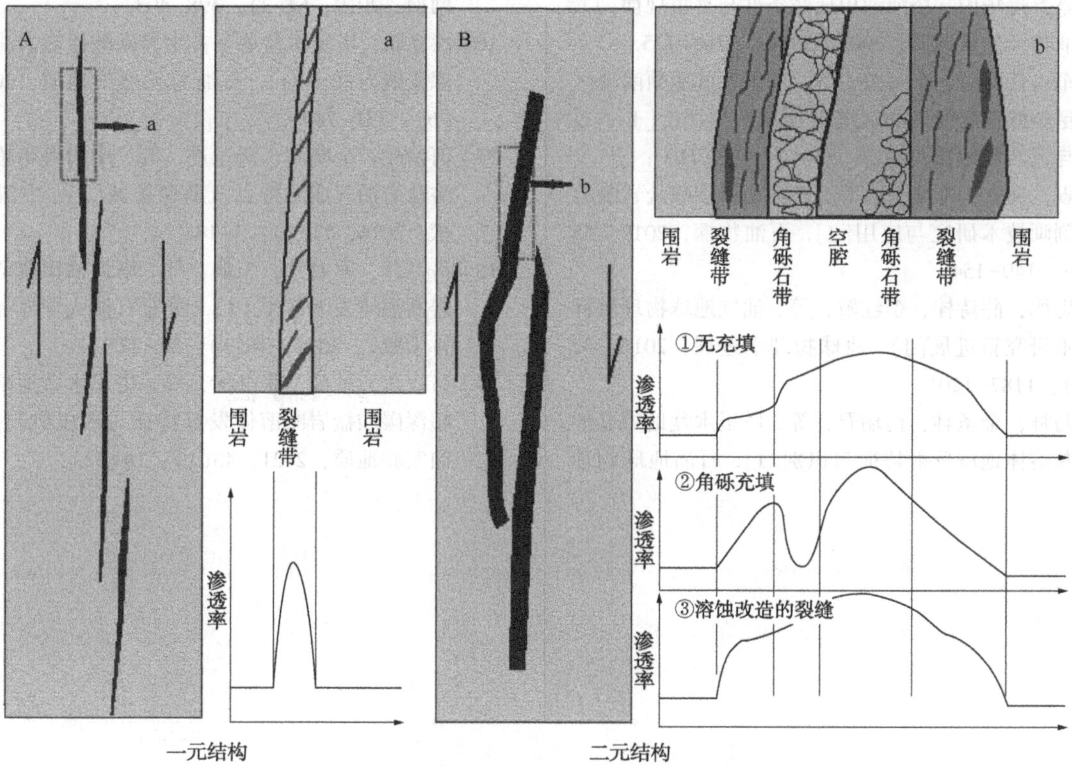

图 8　走滑断层内部结构的两种结构类型(据吕海涛)

4　结论

(1) 将断溶体的成因机制划分为“三端元”类型，即岩溶型、断容型和热溶型。根据微电阻率成像等特殊测井成果划分成风化壳岩溶带、断层相关溶蚀带、顺层峰溶蚀带。

(2) 走滑断裂作为一个空间地质体，具备物理—化学机制下的增容作用，可以在断裂带内部形成伴生的孔隙空间和缝洞系统，形成具有油气勘探开发经济价值的断溶体。流体活动参与到断裂形成演化过程中，对构造增储空间进行二次改造，造成断溶体成储机制复杂化，是断溶体成因机制的理论外延。微电阻率成像等特殊测井结合常规测井对走滑断裂空间地质体能够进行详尽的描述。

(3) 塔里木盆地顺北地区走滑断层在内部结构上可表现为“一元裂缝系统”与“二元核带系统”两种结构类型。

参 考 文 献

[1] 焦方正. 塔里木盆地顺北特深碳酸盐岩断溶体油气藏发现意义与前景[J]. 石油与天然气地质，2018，39(2)：207-216.

[2] 漆立新. 塔里木盆地顺北超深断溶体油藏特征与启示[J]. 中国石油勘探，2020，25(1)：102-111.

[3] 罗群，黄捍东，庞雄奇，等. 自然界可能存在的断层体圈闭[J]1 石油勘探与开发，2064，31(3)：149-154.

[4] 鲁新便，胡文革，汪彦，等. 塔河地区碳酸盐岩断溶体油藏特征与开发实践[J]. 石油实验地质，2015，36(3)：347-355.

[5] 鲁新便，杨敏，汪彦，等. 塔里木盆地北部“层控”与“断控”型油藏特征：以塔河油田奥陶系油藏为例[J]. 石油实验地质，2018，40(4)：461-469.

[6] CHESTER F M，EVANS J P，BIEGEL R L. Internal structure and weakening mechanisms of the Sanandreas fault[J]. Journal of Geophysical Reseah：Solid Earth 1993，98(B1)：771-786.

[7] 马永生，何治亮，赵培荣，等. 深层—超深层碳酸盐岩储层形成机理新进展[J]. 石油学报，2019，40(12)：1415-1425.

[8] 程洪，汪彦，鲁新便. 塔河地区深层碳酸盐岩断溶体圈闭类型及特征[J]. 石油学报，2020，41(3)：301-309.

[9] 韩俊，曹自成，邱华标，等. 塔中北斜坡奥陶系走滑断裂带与岩溶储集体发育模式[J]. 新疆石油地质，2016，37(2)：145-151.

[10] 周文，李秀华，金文辉，等. 塔河奥陶系油藏断裂对古岩溶的控制作用[J]. 岩石学报，2011，27(8)：2339-2348.

[11] 云露，蒋华山．塔河油田成藏条件与富集规律[J]．石油与天然气地质，2007，28(6)：768-775.
[12] 刘军，任丽丹，李宗杰，等．塔里木盆地顺南地区深层碳酸盐岩断裂和裂缝地震识别与评价[J]．石油与天然气地质，2017，38(4)：703-710
[13] 王震，文欢，邓光校，等．塔河油田碳酸盐岩断溶体刻画技术研究与应用[J]．石油物探，2019，58(1)：149-154
[14] 汪忠德，薛诗桂，李红敬，等．油气地球物理解释技术研究新进展[J]．地球物理学进展，2016，31(3)：1187-1201
[15] 马乃拜，金圣林，杨瑞召，等．塔里木盆地顺北地区断溶体地震反射特征与识别[J]．石油地球物理勘探，2019，54(2)：398-403.
[16] 漆立新．塔里木盆地下古生界碳酸盐岩大油气田勘探实践与展望[J]．石油与天然气地质，2014，35(6)：771-780.
[17] 何治亮，金晓辉，沃玉进，等．中国海相超深层碳酸盐岩油气成藏特点及勘探领域[J]．中国石油勘探，2016，21(1)：3-14.
[18] 吕艳萍，罗君兰，王炯，等．塔河油田典型碳酸盐岩断溶体发育模式[J]．西安石油大学学报(自然科学版)，2021，36(1)：20-27
[19] 吕海涛，韩俊，张继标，等．塔里木盆地顺北地区超深碳酸盐岩断溶体发育特征与形成机制[J]．石油实验地质，2021，43(1)：14-22.

准噶尔盆地南缘冲断带呼图壁背斜超深井钻井关键技术研究与实践

黄　鸿　宋　琳　王灿坤　曹光福　姚旭洋

（中国石油新疆油田公司）

摘　要　呼图壁背斜是准噶尔盆地南缘冲断带超深层油气勘探开发最现实领域，本文针对该背斜地层压力预测精度低，井身结构设计难度大，钻井周期长的难题，建立了三维多信息井震结合地层压力预测方法，优化形成了五开备用六开井身结构，针对形成了全井筒钻井提速、随钻扩眼、强封堵井壁稳定、变形填充桥堵、低密度油基钻井液、抗高温高密度水泥浆等系列关键技术。现场应用综合提速达41%，表明该系列技术能有效支撑呼图壁背斜超深井优快钻完井。

关键词　南缘冲断带；超深井；井身结构优化设计；钻井提速；套管柱设计

准噶尔盆地南缘冲断带地处北天山山麓，经历过多期构造运动，为一大型持续沉积坳陷，发育二叠系—第四系沉积，总厚度达15000m。2019年，GT1井于白垩系清水河组获日产千吨油气流，是南缘冲断带下组合深大构造带油气勘探的首次突破；随后，呼图壁背斜HT1井又在清水河组获得高产油气流，成为准噶尔盆地油气勘探的重要战略接替区。

但由于该区地质条件复杂，在钻井过程中将面临高陡地层防斜打直难度大、井下故障复杂多发、深层高温高压、钻井速度慢、作业周期长等问题。呼图壁背斜HT1井完钻井深7601m，平均机械钻速1.38m/h，钻井周期长达502d、完井周期556d。为解决上述难题，针对性开展了安全、高效钻井技术研究与试验，有效保障了准噶尔盆地南缘冲断带超深井钻井作业的顺利实施，钻井提速取得了显著成效。

1　地质概况及钻井难点分析

1.1　地质概况

南缘冲断带纵向上整体可分为上、中、下3套成藏组合(图1)：上组合为新近系塔西河组与沙湾组砂岩形成的上部成藏组合，中组合为古近系安集海河组泥岩与紫泥泉子组砂岩或上白垩统东沟组砂岩形成的中部成藏组合，下组合为下白垩统吐谷鲁群与底砂岩及侏罗系砂岩形成的下部成藏组合。

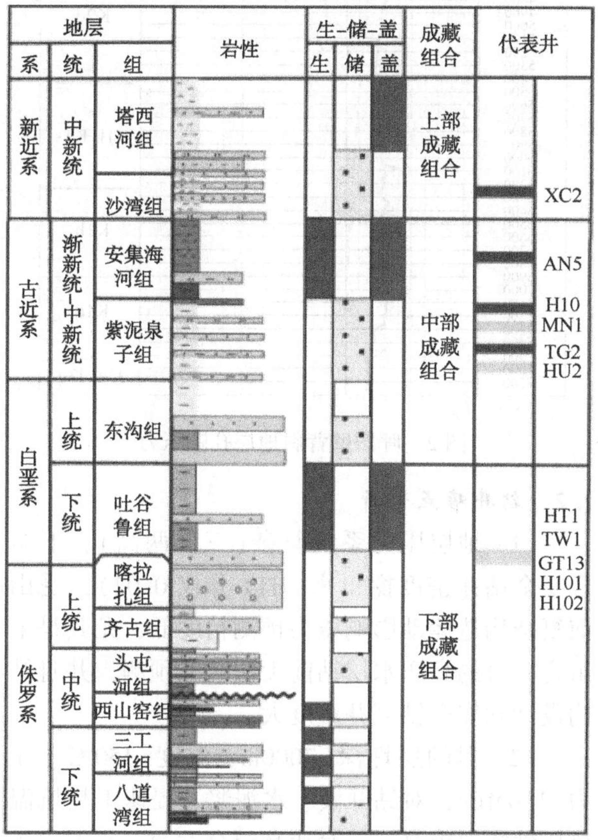

图1　南缘冲断带成藏组合特征

纵向上地层压力整体呈现“三低两高”特征(图2)，第四系-新近系独山子组为正常地层压力，塔西河组压力有所抬升，沙湾组地层压力回落到正常压力；古近系安集海河组-紫泥泉子组上部为异常高压段，压力最高1.80；紫泥泉子组下部-白垩系连木沁组上部压力逐步回落至1.50左右；连木沁组下部-白垩系清水河组上部地层压力抬升至2.1左右；清水河组下部-侏罗系压力开始回落，其中HT1井清水河组底砂岩压力回落至2.02，HT1井实钻证实下组合地层孔隙压力与漏失压力接近且裂缝发育，安全密度窗口窄。

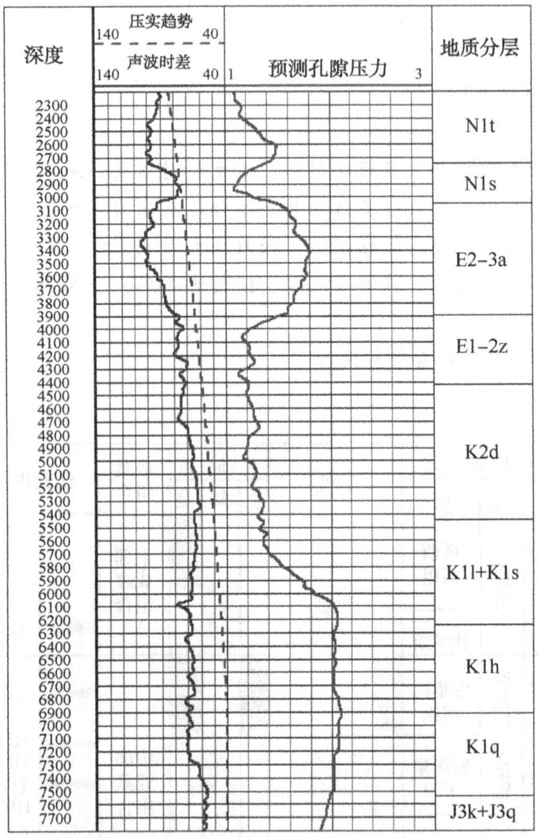

图2　呼图壁背斜地层孔隙压力

1.2　钻井难点分析

(1) 地层压力系统复杂(三低两高)、下组合安全钻井密度窗口窄(HT1井仅0.02)，受山前复杂构造运动影响压力预测精度低，尤其是下组合发育的高压水层钻前无法精准预测，井身结构设计和安全钻完井难度大。

(2) 目的层埋深>7000m、温度>150℃、压力>150MPa，对钻井液、水泥浆、提速工具抗温抗压性能要求高；三套成藏组合发育三套泥岩盖层、井壁稳定难度大，尤其是中组合安集海河组为一套平均厚度达960m的强水敏泥岩，粘土矿物含量30.6%、伊蒙混层含量74%，俗称为“死亡之海”。

(3) 第四系~独山子组发育砾石层，钻头先期破坏严重，钻具事故多，叠加高陡构造和大尺寸井眼、防斜打快难度进一步加大；侏罗系喀拉扎组为一套含砾砂岩，利用测井数据反演UCS>170MPa，单只钻头进尺<100m、机械钻速<0.6m/h。

2　钻井关键技术研究与集成

2.1　井身结构优化设计

为优化南缘冲断带超深井井身结构，深化开展了基于异常高压成因机制的地层压力预测研究，明确了关键高压层位的高压形成机理：古近系安集海河组主要为“流体充注”，白垩系主要为“欠压实+构造增压+流体充注”，侏罗系主要为“构造增压+流体充注”。按照测井声波速度、地震层速度、反演速度递进式约束，分层系建立三维多信息融合速度体，井震结合大幅提升了地层压力预测精度，为井身结构优化提供了科学指导。

HT1井完钻井深7601m，采用五开井身结构，实现了“中组合安集海河组专封、下组合高压专打”，但五开实钻在胜金口组遭遇高压水层(压力系数2.12)、清水河组和喀拉扎组裂缝发育且压力持续回落(压力系数1.90)，高低压同层钻进漏失钻井液680m^3。基于实钻认识和胜金口组高压水层发育的不确定性，将五开井身结构优化为“六开备用五开”井身结构(图3)，实钻过程中根据胜金口组高压水层的发育情况“动态”决定Φ219.1mm技术尾管是否需要下入。最终，H102井实现六开井身结构“下组合零漏失”完井、呼101井实现五开井身结构完井、下组合漏失量大幅降低至252m^3。

2.2　钻井液技术

为解决HT1井新近系、古近系及白垩系上部井壁失稳、深部储层漏失的难题，深入开展了地质特征研究及钻井液体系适应性评价，明确了各层位井壁失稳和漏失机理。其中新近系上部地层胶结疏松，下部构造应力强，且局部存在破碎带，HT1井使用造壁性能较差的油基钻井液、下部钻井液使用1.40g/cm^{3}钻井液密度不能有效平衡地层坍塌压力；古近系安集海河组地层构造应力强、微裂缝发育，HT1井使用沥青封堵性能较差、1.80g/cm^{3}钻井液密度不能平衡地层坍塌压力；白垩系东沟组与古近系紫泥泉子组低承压地层同开次钻进，钻井液使用密度受限，低密度油基钻井液高温时粘切低，岩屑及剥落掉块不能及时携带出井眼，导致阻卡频发。白垩系清水河组和侏罗系喀拉扎组储层裂缝发育，地层压力逐步回落，安全密度窗口窄，高密度钻井液钻井时易发生压力敏感性裂缝性漏失。

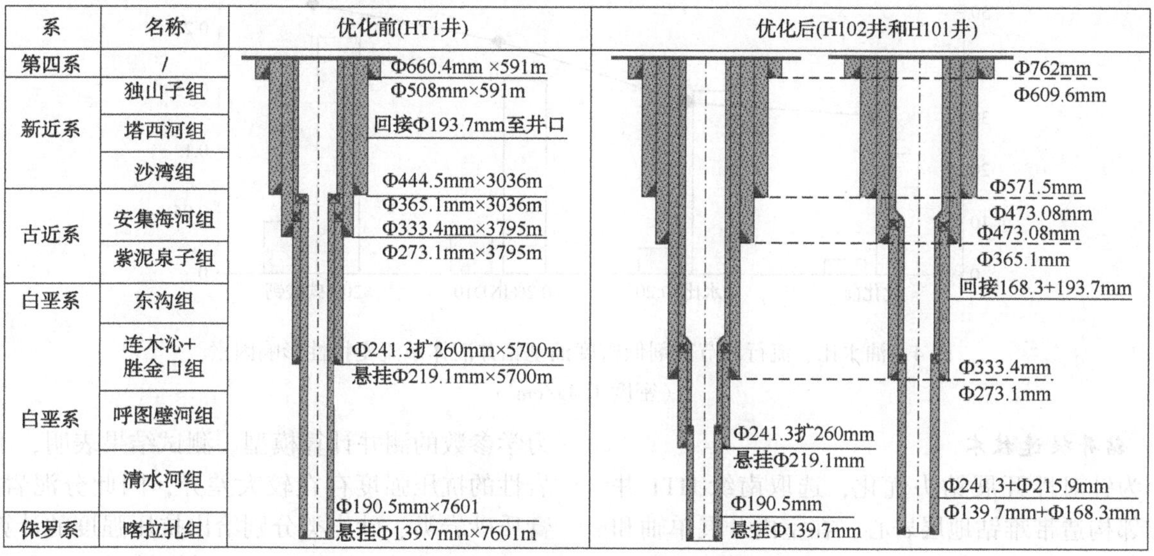

图 3　南缘冲断带井身结构优化示意图

通过钻井液体系选型及关键处理剂优选，形成了适用于该区块的复杂防控钻井液技术。二开古近系采用钾钙基有机盐钻井液体系，使用有机盐和 KCl 协同抑制、羧羟基烷烯共聚物和复合金属离子聚合物包被降滤失，实现上部胶结疏松地层造壁、膏质泥岩水化抑制及大尺寸井眼减摩携岩，表 1 为钾钙基有机盐钻井液体系关键技术及性能指标。三开古近系安集海河组优选可胶结微纳米封堵剂、亲油球状凝胶和高水溶磺化沥青，形成了强构造破碎地层强封堵井壁稳定技术，实现微裂缝发育地层的封-堵-固；四开白垩系东沟组使用羧羟基烷烯共聚物流型调节剂和低密度加重剂超细碳酸钙优化低密度油基钻井液流变性，形成超深井用密度 1.40g/cm^{3}高效携岩（掉块）油基钻井液体系（图 4）。五～六开白垩系清水河组和侏罗系喀拉扎组优选凝胶微球、成膜剂与蛭石/碳酸钙复配，构建了粒径 0.005～0.5mm 的广谱变形防漏技术；优选吸油膨胀树脂、弹性石墨、片状聚丁酯为填充剂、方解石为架桥剂，建立了缝板承压大于 7MPa 变形填充桥堵技术。

表 1　钾钙基有机盐钻井液体系关键技术及性能指标

关键技术	钻井液配方	性能指标
砾石层护壁携岩	10%坂土+0.5%纯碱+0.5%～0.7%增粘剂+0.5%～0.7%降滤失剂+0.1%～0.3%包被剂	塑性黏度：17～25mPa·s 动切力：7～10Pa API 滤失：4～5ml
膏质泥岩抑制封堵	4%～6%坂土+3%～5%RSTF+1%增粘剂+0.5% REDU1+0.5%PMHA-2+10% KCl+2%PPL+2%超细碳酸钙+15%有机盐+2%～3%液体润滑剂	API 滤失：2～3ml K^+≥30000mg/L
大尺寸井眼润滑	2%～3%聚合醇+2%～3%润滑剂+1%～2%石墨	摩阻系数<0.035
大尺寸井眼携岩	5%～6%坂土+2%降滤失剂+1%～3%包被剂+2%PPL	塑性黏度：25～30mPa·s 动切力：9～12Pa Φ6/Φ3：5～8/3～6

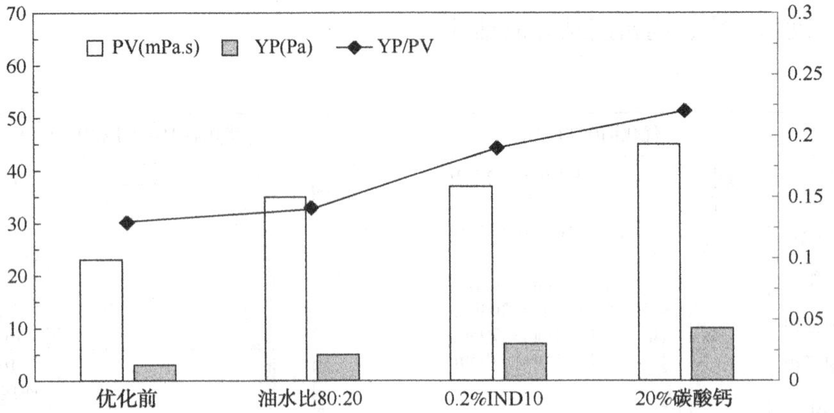

图 4　油水比、流行调节剂剂低密度油基钻井液体系流变特性影响因素

(密度 1.4g/cm³)

2.3 钻井提速技术

为针对性开展钻头优化，选取南缘 HT1 井和相邻构造带难钻地层岩心，在室内开展单轴和三轴岩石力学测试。根据室内实验结果，采用多元回归方法，建立了岩石力学参数与声波时差、密度等参数之间的对应关系式，从而确定各主要力学参数的测井计算模型。测试结果表明，不同岩性的抗压强度存在较大差异，因此分泥岩类、膏质砂岩类、砂岩类分别给出抗压强度的计算模型。根据单轴(未泡油)、三轴(未泡油)力学测试结果，拟合出各参数的关系式(图 5)。

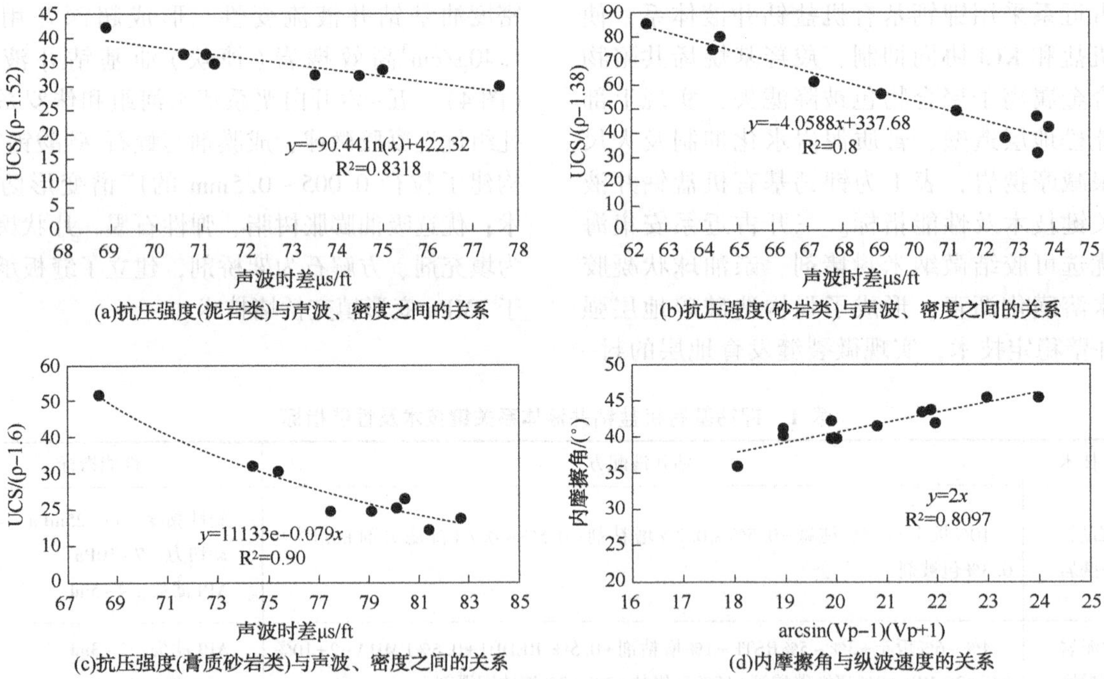

图 5　室内岩石力学参数测试拟合

利用 HT1 井测井数据绘制了岩石力学剖面(图 6)：东沟组 UCS 为 40~120MPa，内摩擦系数为 0.7~0.85，可钻性极值为 5~7；连木沁组和胜金口组 UCS 为 45~90MPa，内摩擦系数为 0.8~0.9，可钻性极值为 5.5~6.1；清水河组 UCS 为 80~150MPa，内摩擦系数为 0.75~0.9，可钻性极值为 5.5~7；喀拉扎组 UCS 为 130~170MPa，内摩擦系数为 0.9~1.0，可钻性极值为 6.5~7.5。由此可以得出，东沟组、清水河组和喀拉扎组为相对较难钻地层。

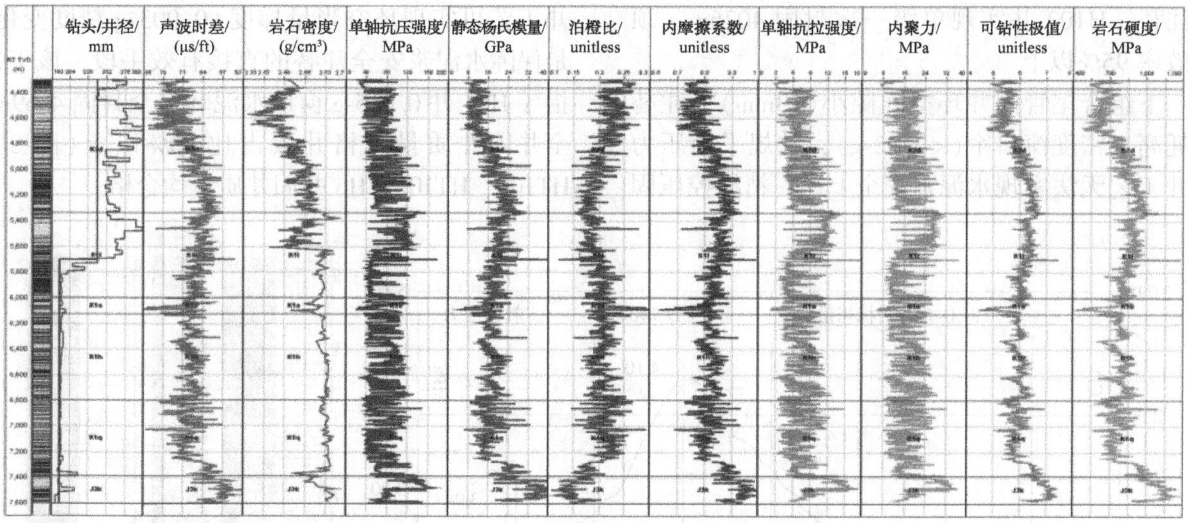

图6　HT1井岩石抗钻特性力学参数剖面

2.3.1　中上组合大尺寸井眼提速技术

综合考虑地层高陡(倾角>10°)、井眼尺寸大(≥333.4mm)，按照“主动防斜、释放钻井参数”的原则，优选了斯伦贝谢公司POWER-V工具作为前四个开次提速“标配”，同时，搭配低速大扭矩螺杆增加钻进过程中的破岩能量。二开Φ571.5mm井眼：上部砾石层优选复合钻头(狮虎兽)、搭配减震器，后续井段优选5刀翼19mm异形齿PDC钻头、保证攻击性。三开Φ431.8mm井眼：优选尖圆混合布齿的高效PDC钻头，解决安集海河组巨厚泥岩的“吃入”问题。四开Φ333.4mm井眼：优选兼顾强研磨砂岩和塑性泥岩的“软硬兼顾”四刀翼或五刀翼高效PDC钻头，追求更高的行程进尺和机械钻速。

2.3.2　下组合随钻扩眼技术

为降低六开Φ139.7mm套管固井施工难度，需将五开井眼尺寸由Φ241.3mm扩至Φ260mm，以保障六开可以采用Φ190.5mm井眼。针对HT1井采用双心钻头机械钻速低、井斜难以控制的难题，优选了斯伦贝谢公司的“犀牛随钻扩眼器”，并结合南缘地层可钻性差的特性进行针对性优化：将扩眼器刀翼由“单一圆弧”优化为阶梯剖面、以获得更好的稳定性；将扩眼器切削齿由单一平面齿优化为异性非平面齿、以获得更高的切削效率。

2.3.3　下组合小尺寸井眼提速技术

针对Φ190.5mm小尺寸井眼无适配垂直钻井工具的难题，根据变截面纵横弯曲梁法，系统开展了弯外壳螺杆钻具力学特性及井斜控制原理分析。优选出“Φ146mm单弯螺杆(0.75～1°)+Φ181mm稳定器+Φ146mm钻铤”底部钻具组合。同时，基于岩石动态强度本构和井底岩石动态损伤理论，建立了钻头-岩石互作用动态破岩模型，模拟了钻压、转速对钻头黏滑的影响(图7)：钻压对黏滑振动影响非常敏感，钻压越大，钻头黏滑现象越明显，当钻压超过60kN后黏滑现象较明显；转速对黏滑振动影响亦非常重要，60kN钻压条件下，转速提高会降低粘滞时间，当转速增至70r/min时，黏卡现象减少，超过90r/min后黏滑现象逐渐消失。

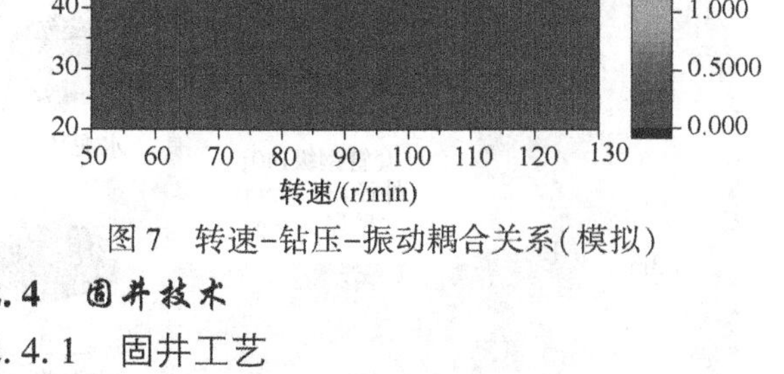

图7　转速-钻压-振动耦合关系(模拟)

2.4　固井技术

2.4.1　固井工艺

中上组合大尺寸井眼(≥333.4mm)套管下入困难，固井注替顶替效率低。通过POWER-V垂钻工具控制井斜1°以内，根据纵横弯曲梁理论，采用近钻头满眼高刚度钻具组合实施通井+修复井壁，近四年中上组合套管全部一次到位；建立顶替指数模型明确水泥浆流变要求，结合三凝注替，H102 井实现单级一次封固 4076m，顶替效率 95%以上。

下组合尾管固井环空间隙小(13mm)、注替压耗高、密度窗口窄(<0.02sg)，常规平衡压力固井工艺无法实现水泥浆安全上返。精细控压固井工艺可实现环空当量梯度±0.003sg 精度变化，是保障水泥浆安全注替的直接有效手段，该工艺指导 HT1 井 0.015sg 窗口水泥环安全封固 4069m，全井固井质量合格井段占比 90%以上(图 8)，HT101、HT102、H6 井固井质量均合格。

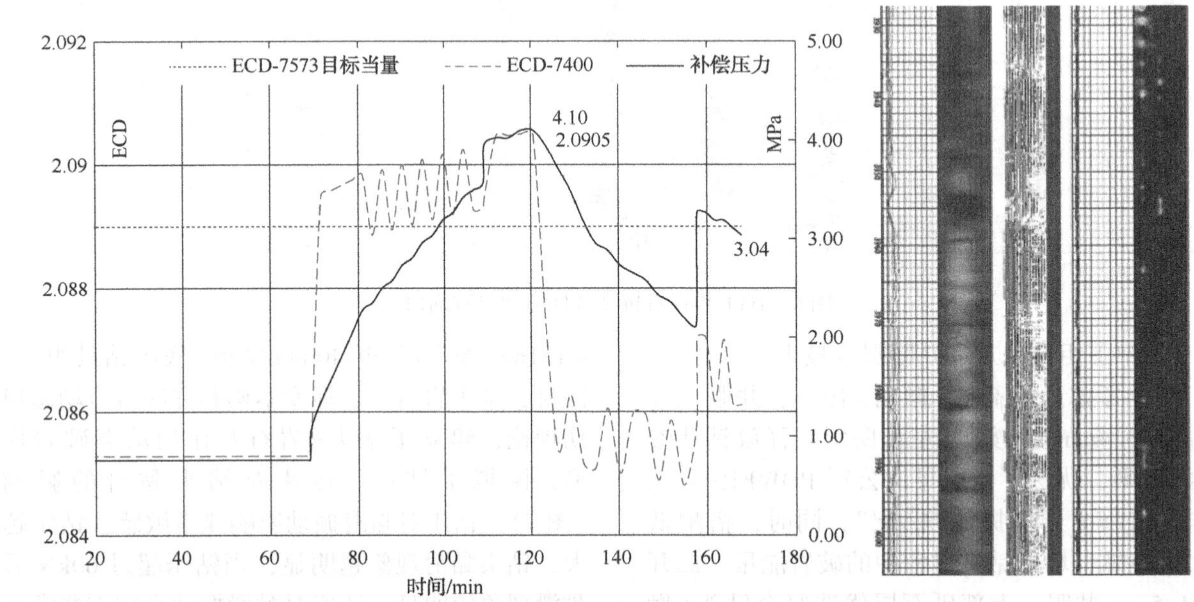

图 8　HT1 井精细控压 ECD 控制变化曲线及固井质量解释图

2.4.2　考虑强度衰退的套管柱设计方法

生产套管钢材高温环境遇射孔爆轰，强度衰退明显，满足高温压环境安全服役，开展油层套管大型环状靶射孔模拟物模试验及有限元分析力学分析(图 9，图 10)。通过模拟螺旋布孔，对强度衰退程度展开量化。研究表明，基于南缘典型井地层温压条件，综合对比套管在射孔环状靶的物模表现及爆炸力学数值模拟，得出射孔对套管剩余强度影响极值(相位角影响最高 6%)(图 11)，结合三轴应力椭圆理论，形成保障全掏空-射孔-生产全工况的套管柱强度设计方法，确定了基于 140 钢级的不同壁厚生产尾管选型，HT1 井选型管柱全掏空外挤系数为 1.186，保障了呼图壁背斜多井次 150MPa 环境安全试油(图 12)。

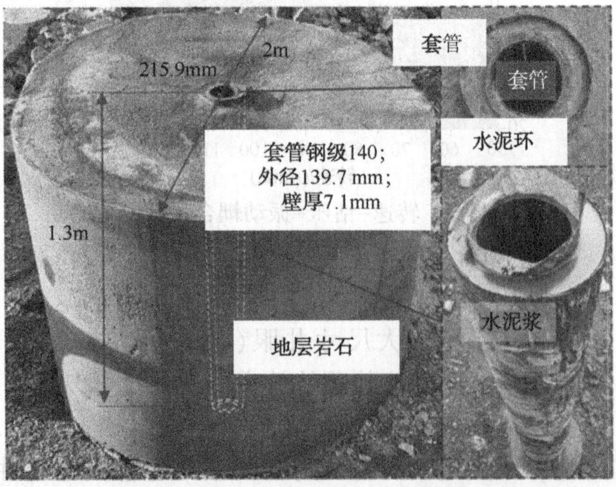

图 9　大型环状靶射孔模拟物模试验

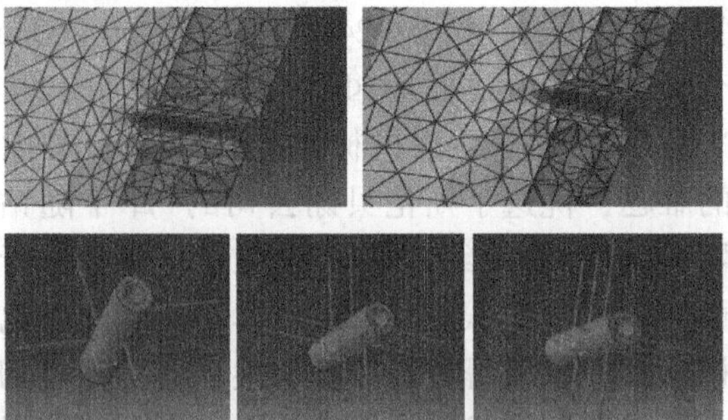

图 10　射孔参数对套管强度的影响模拟

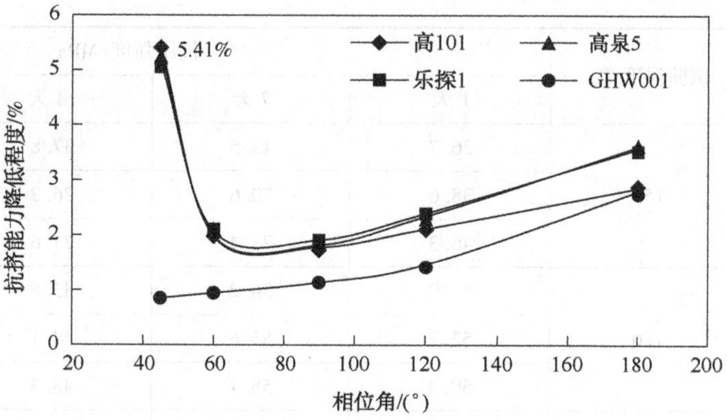

图 11　相位角对套管强度衰竭程度的影响结果

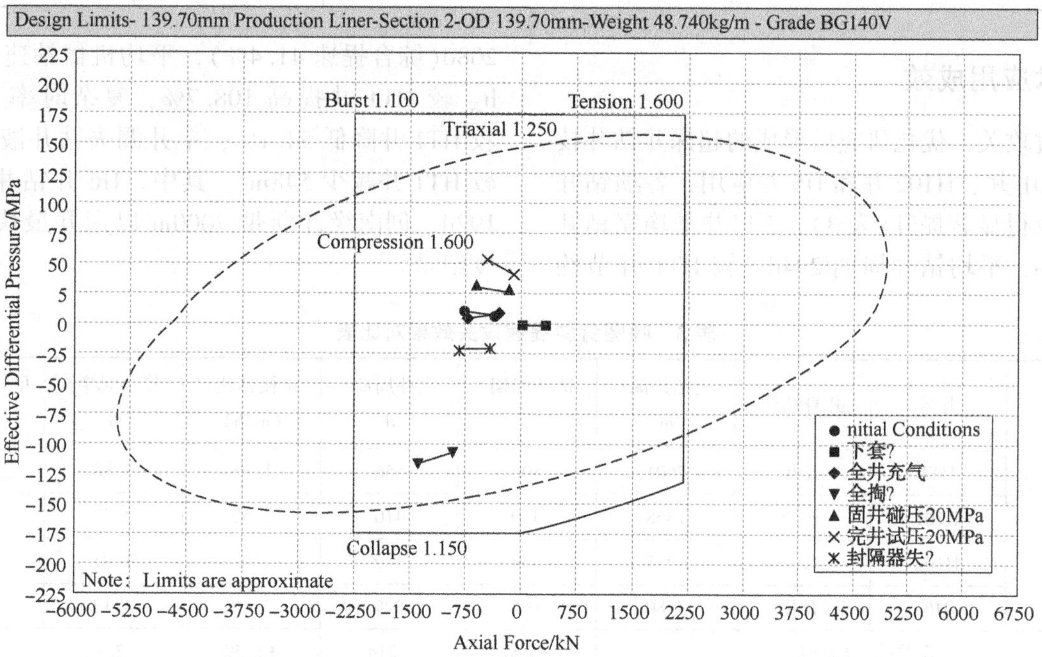

图 12　呼探 1 井生产尾管三轴校核图

2.4.3　抗高温水泥浆技术

下组合超 160℃高温，固井过程中易发生水泥浆稠化时间突变、稳定性及流变性突变等风险。根据球形堆积密实度充填经典模型，通过抗高温材料在水泥石堆积骨架结构中微观级配填充，配合浆体流变、沉降稳定及提高水化反映速率优化，形成密度 1.90~2.58g/cm^3 可调的国产抗高温 200℃水泥浆体系，适应压力环境满足 190MPa，200℃顶部强度（48h）达 7.30MPa，200℃底部强度（24h）达 14.03MPa，27d 达 40.3MPa（表 2），该体系支撑 HT1 井 4068m 尾管有效封固，H101、H102 井 170℃固井施工，固井质量全部合格，投产以来环空均无带压。

表 2　抗高温 200℃高密度水泥浆抗压强度表现

序号	密度/(g/cm^3)	试验温度/℃	抗压强度/MPa			
			1 天	7 天	14 天	28 天
1	1.90	135	18.6	35.1	42.6	46.3
			28.5	50.6	70.1	85.2
			34.9	55.4	72.9	82.3

续表

序号	密度/(g/cm³)	试验温度/℃	抗压强度/MPa			
			1天	7天	14天	28天
2	1.90	155	26.7	43.5	37.8	30.6
			38.6	70.6	76.2	70.4
			46.3	73.4	77.6	68.6
3	1.95	180	31.2	36.2	33.8	21.5
			52.7	55.6	44.1	50.2
			50.3	58.1	48.3	46.6
4	2.00	200	49.8	55.6	48.5	40.3
			53.8	60.2	50.6	40.7

3 技术应用成效

通过攻关，优化研究后形成的超深井钻井技术在H101井、H102井和H6井应用，各项钻井指标均取得显著提升(表3)，3口井平均完钻井深7628m，平均钻井周期294d、较HT1井节约208d(综合提速41.4%)，平均机械钻速2.88m/h、较HT1井提高108.7%，复杂时率1.78%、较HT1井降低54.1%，单井漏失钻井液188m³、较HT1井减少548m³。其中，H6井钻井周期仅192d，创南缘冲断带7000m以深井最快钻井速度纪录。

表3　呼图背斜提速攻关效果对比表

对比	井号	井身结构	完钻井深/m	钻井周期/d	完井周期/d	机械钻速/(m/h)	复杂时率/%	单井漏失量/m³
攻关前	HT1	五开	7601	502	556	1.38	3.88	736
攻关后	H101	五开	7868	350	410	2.52	2.32	428
	H102	六开	7735	339	389	2.65	1.91	135
	H6	五开	7280	192	229	3.48	1.13	0
攻关后-攻关前				-208	-214	+1.50	-2.10	-548

4 结论与建议

(1)通过开展基于异常高压成因机制的地层压力预测研究，明确了呼图壁背斜地层纵向上主要必封点及风险点，结合胜金口组高压水层发育的不确定性，形成“六开反向备用五开”的井身结构，支撑H101、H102井打成打好；下步仍需针对高压水层的埋深压力分布深化研究，为井身结构持续优化提供理论依据；

(2)结合纵向地层压力及岩性特征，形成了“上组合水基+中下组合油基”的钻井液配套技术，在H101/H102/H6井应用取得显著效果，下步仍需攻关完善抗高温油基钻井液防漏堵漏技术；

(3)中上组合集成应用“POWER-V垂直钻井工具+低速大扭矩螺杆”、末开次小尺寸井眼“优化钻具组合+钻井参数”，钻井综合提速40%以上；

(4)采用物模及数模方法研究形成了“考虑强度衰退的套管柱设计方法”，指导了140V钢级生产尾管选型，满足后期试油需求；采用精细控压固井工艺和抗高温水泥浆体系基本解决了窄密度窗口固井难题。

参　考　文　献

[1] 庞志超，冀冬生，刘敏，等．准噶尔盆地南缘冲断带侏罗系—白垩系油气成藏条件及勘探潜力[J]．石油学报，2023，44(8)：1258-1273.

[2] 徐生江，吴宝成，徐新钮，等．准噶尔南缘高泉背斜钻井液技术难点与对策[J]．西南石油大学学报(自然科学版)，2023，45(3)：89-97.

[3] 张茂林，王志刚，罗科海，等．准噶尔南缘 H6 井钻井提速主要技术应用[J]．工艺技术，2022，23：172-174.
[4] 何立成，唐波．准噶尔盆地超深井钻井技术现状与发展建议[J]．石油钻探技术，2022，50(5)：1-8.
[5] 纪国栋，陈畅畅，汪海阁，等．准噶尔南缘超深层个性化 PDC 钻头研发与应用．IFEDC-202210846.
[6] 廖新伟，胡挺，戴勇，等．准噶尔盆地南缘呼探 1 井深部窄密度窗口地层精细控压固井技术应用探讨．IFEDC-202211732.
[7] 费中明，刘鑫，张晔，等．准噶尔盆地南缘超深井天 X 井尾管精细控压固井技术[J]．钻井液与完井液，2023(40)：391-396.
[8] 王俊博，田继军，李飞，等．准噶尔盆地南缘煤层气井管柱腐蚀原因及防腐策略[J]．特种油气藏，2023，30(5)：151-157.
[9] 叶成，任涛，尹泽斌，等．准噶尔南缘冲断带破碎地层井壁稳定性机理[J]．西南石油大学学报(自然科学版)，2023，45(6)：95-103.

渤海潜山地震成像关键技术及成效

朱金强　蒲晓东　宋　鑫　桂红兵　谢　涛

（中海油田服务股份有限公司）

摘　要　近年来渤海油田在潜山层系接连发现亿吨级油气田，强力支撑了上产4000万吨的目标，潜山也成为渤海勘探最重要的方向。但由于潜山埋藏深，地震信号吸收衰减严重，且受上覆地层产生的多次波影响，其成像难度远大于浅层。在深入分析潜山成像难点的基础上，本文通过双鬼波压制技术提升了潜山弱信号能量，通过并联多次波压制技术消除了复杂多次波，通过百分比扫描层析技术技术提高了低信噪比区的速度模型精度，形成了一套针对渤海潜山成像的技术流程。在多个工区的实际应用表明，该技术系列可明显提升潜山成像效果，具有良好的工业应用价值。

关键词　渤海盆地；潜山；弱信号

1　引言

渤海油田是中国现代海洋石油工业的发源地，已有60多年的勘探历史。2018年以前油气发现主要集中在中浅层，潜山勘探处于探索阶段，断续发现了如曹妃甸18-2、渤中26-2等中小型变质岩油气田。2019年在渤中凹陷发现了渤中19-6凝析气田，探明天然气地质储量近2000亿立方米、凝析油地质储量超1.5亿立方米，开启了渤海油田立体式潜山勘探模式。随后几年在潜山接连发现亿吨级油田，如渤中13-2、渤中26-6等，如今潜山目标已成为渤海油田重要的储量增长点。

由于潜山埋藏深，地震信号弱，勘探难度远大于浅层。为了更好地看清潜山地层结构，勘探初期在地震采集和信号处理方面进行了大量探索。采集方面以大震源、高覆盖、长偏移距和宽方位角为主，大容量震源提高了低频信号的穿透能力，高覆盖提升了弱信号的信噪比，长偏移距和宽方位角可以更好地解决上覆地层的屏蔽问题，同时为速度建模提供良好的数据基础。为了提升潜山信号的成像效果，前人在处理技术方面也进行了许多的尝试，周东红通过广义S变换对弱信号进行了能量补偿；徐强等提出了基于格林函数的层间多次波预测方法，对潜山上覆地层产生的层间多次波进行了较好压制；肖广瑞锐等通过对叠前数据进行绕射波分离和成像，突出了潜山内幕高陡断裂的成像；张明强等通过逆时偏移技术提高了潜山边界断层的成像质量。

本文根据渤海潜山的地质问题，深入分析了成像难点，并在此基础上开展了弱信号能量恢复、复杂多次波压制、低信噪比区速度建模等技术的研究，形成了针对渤海潜山的处理流程，在多个工区的实际应用中取得了良好效果。

2　潜山资料处理难点

渤海油田的潜山分为出露型潜山和隐蔽型潜山两种，出露型潜山为太古界地层出露，与上覆烃源岩直接接触；由于缺乏风化作用，太古界被中生界或古生界地层所覆盖的潜山成为隐蔽型潜山。由于不同潜山岩性及沉积环境的不同，在进行资料处理时也具有不同的难点。太古界以变质花岗岩为主，网状裂缝为主要储层，但裂缝尺度小、发育杂乱，因此内幕断裂特征（能量强弱、密集程度、倾斜方向）的准确刻画是太古界成像的难点；古生界上部以海相碳酸盐岩为主，是主要的储集岩，表现为断续反射，下部以灰岩为主，呈连续强反射，根据反射特征识别古生界地层是该层系的成像重点；中生界火山岩广泛发育，由于在中生代、新生代普遍遭受改造，导致反射复杂，如何准确刻画不同的火山机构是中生界成像的难点。

除潜山结构自身的复杂性以外，信号基础更是制约成像效果的关键。与浅层目标不同，潜山资料处理主要面临以下几个难点：

（1）信号吸收衰减严重。由于潜山普遍埋藏较深，地震信号到达时能量得到大幅衰减，导致资料信噪比也较低[图1(a)]。

(2) 多次波影响严重。渤海潜山上覆古近系、新近系地层，上覆地层产生的多次波都会在潜山出现，导致真实地层难以识别[图 1(b)]。

(3) 速度模型精度低。上述 2 两个问题使得潜山资料品质较差，基于数据驱动的层析反演方法难以刻画不同潜山地层的速度差异，对地层的准确归位产生较大影响。

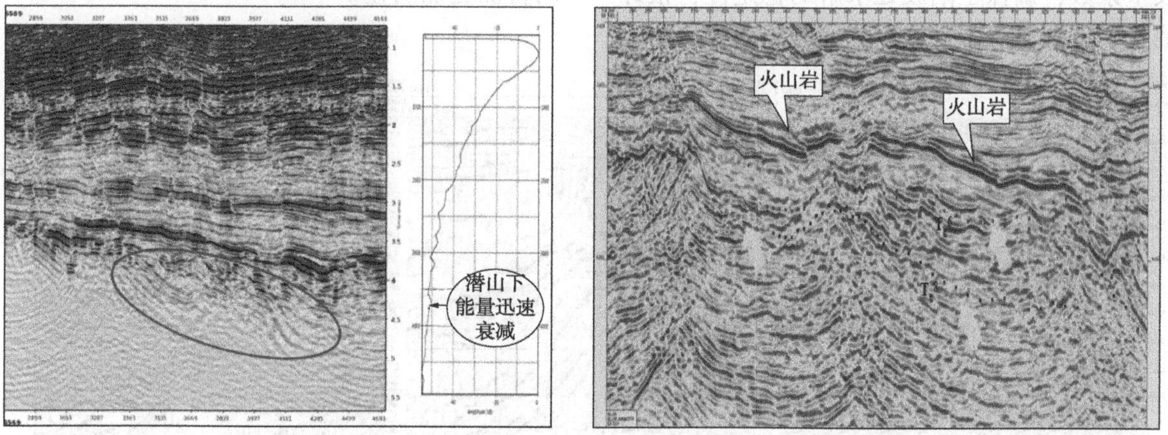

(a) (b)

图 1 潜山能量衰减特征(左)及多次波影响(右)

3 潜山地震资料处理关键技术

针对上述处理难点，研究了双鬼波压制、并联多次波压制、百分比扫描层析 3 项关键技术，同时辅助弱信号保护的去噪技术、高斯束偏移等其他配套技术，形成了针对渤海潜山的处理流程，提高了潜山地层的成像效果。

3.1 三维 $\tau-p$ 域双鬼波压制技术

由于地层对高频信号的吸收衰减作用，能传播到潜山的信号以低频为主，因此低频信号对于潜山成像至关重要。海洋地震采集的震源和检波器都沉放于海面以下，地震波传播过程会在激发端和接收端产生鬼波，鬼波的存在导致低频处产生陷波，减弱了低频信号能量。图 2 为潜山模型分别用自由边界(a)和吸收边界(b)正演结果对比，可以看出鬼波的存在使得地层反射产生续至相位，多解性增强，而鬼波压制后低频信号增强，地层反射更加清晰明确。因此要想恢复潜山信号的低频能量，必须要进行鬼波的压制。

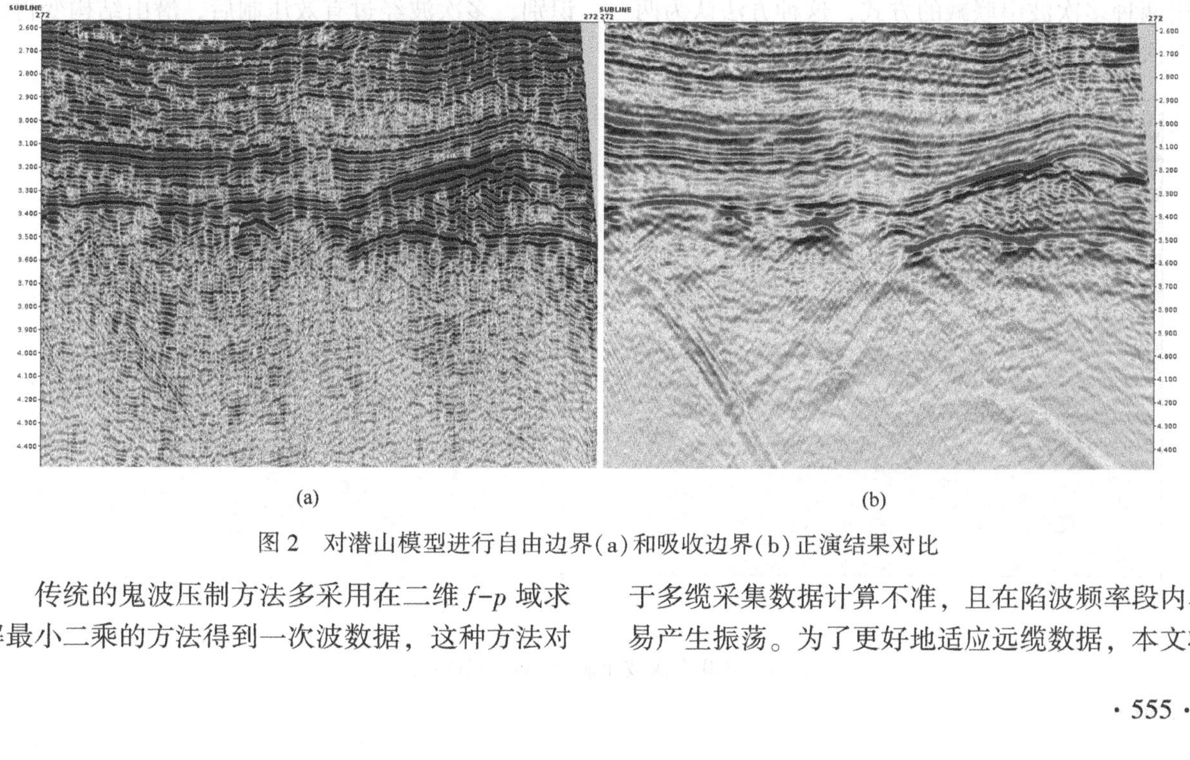

(a) (b)

图 2 对潜山模型进行自由边界(a)和吸收边界(b)正演结果对比

传统的鬼波压制方法多采用在二维 $f-p$ 域求解最小二乘的方法得到一次波数据，这种方法对于多缆采集数据计算不准，且在陷波频率段内容易产生振荡。为了更好地适应远缆数据，本文将同一炮的多缆数据进行三维 $\tau-p$ 变换，在 $\tau-p_x-p_y$ 域对方程进行求解，提高了远缆数据鬼波预测的精度。同时采用稀疏反演的方法进行方程求解，通过多次迭代的方法对每个采样点赋予不同的权重系数，确保了陷波处求解的稳定性，很好地消除了传统方法带来的振荡问题。

图 3 为该方法在实际工区的应用效果，可以看到鬼波压制前潜山信号能量弱，信噪比低，而经过电缆鬼波、震源鬼波的依次压制后，低频能量明显提升，地层连续性增强，古生界上弱下强的特征更加明显。

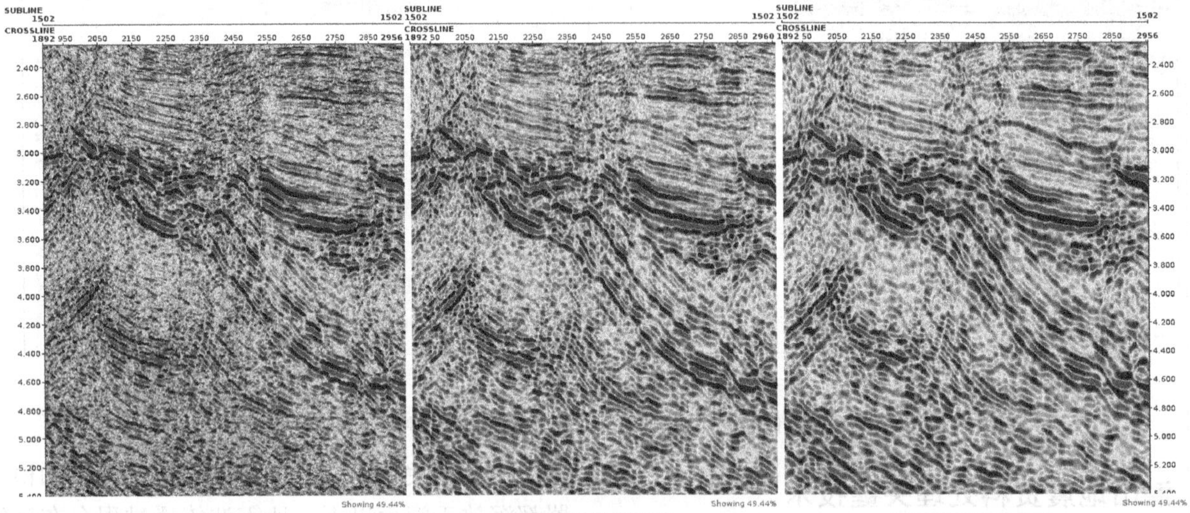

(a)鬼波压制前　(b)电缆鬼波压制后　(c)源缆鬼波压制后

图 3　鬼波压制技术对潜山地层信号的恢复作用

3.2　并联多次波压制技术

渤海海域潜山主要发育两种多次波，一种是跟水层相关的短周期多次波，一种是强反射产生的全程多次波，这些多次波聚集于潜山地层，严重影响有效信号的识别。水层相关多次波采用格林函数法进行预测，全程多次波通过三维 SRME 进行预测。在进行多次波的减法时，常规方法多采用两种多次波串联减的方式，这种方法认为两种多次波是独立的，在两者交错的区域会存在压制不彻底或者损伤有效信号的情况。

针对潜山多次波的特点，本文采用曲波域并联减的方法，首先把两个多次波模型在曲波域向一次波匹配，然后同步进行一次减法，既节省了运算时间，又避免了多次减法带来的信号损失。图 4 为该方法压制多次波效果展示，可以看到多次波压制前，潜山地层被大量多次波覆盖，难以识别，多次波经过有效压制后，潜山结构变得清晰，内幕断裂也更易识别。

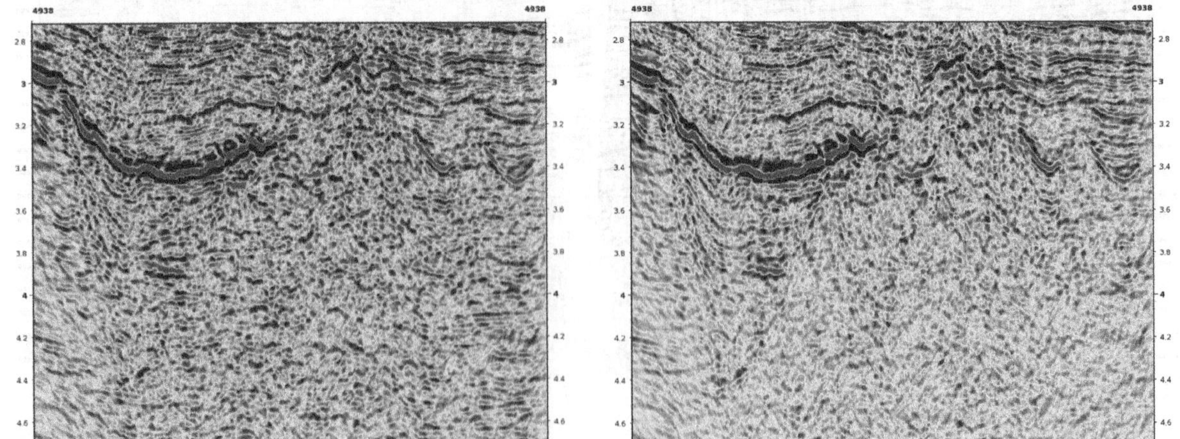

(a)　(b)

图 4　并联多次波压制前(a)后(b)对比

3.3 自适应扫描层析建模技术

层析反演是速度建模最主要的手段，它是通过拾取偏移后道集的剩余曲率逐层修正速度模型，在道集质量良好的情况下都可以取得理想效果。但潜山地层道集质量差，当初始速度与真实速度差异大时，反射信号难以归位，导致剩余曲率无法拾取，常规层析反演方法在潜山地层很难取得好的效果。全波形反演(Full Waveform Inversion，FWI)可以根据回转波反演速度，但回转波很难穿透到潜山的深度，即使是反射波FWI也需要数据有较好的反射信息，因此FWI难以在潜山建模中发挥作用。根据地质认识对速度进行填充是潜山建模常用的方法，但该方法受主观认识影响大，当认识不合理时容易产生大的偏差。综上所述，潜山速度建模难度远大于浅层，而其对于偏移成像又至关重要。

本文提出一种自适应扫描层析的方法，其理论基础是大范围的扫描一定可以找到使道集拉平的速度，具体实现过程如图5所示。首先对初始速度进行不同百分比扫描，当初始速度偏差较大时扫描范围建议扩大，以保证能包含真实速度；然后用各自速度进行偏移，并对偏移道集进行剩余曲率拾取，此时拾取的同向轴应该是剩余曲率小其振幅强的；最后把不同剩余曲率求取的反偏移量进行合并，并进行统一的非线性层析反演。与传统方法相比，该方法的优势是：通过大范围的速度扫描可以找到目的层的相对准确速度，随后的非线性层析反演避免了人工判断的不准确性，对于潜山一类的低信噪比区具有很好的适用性。

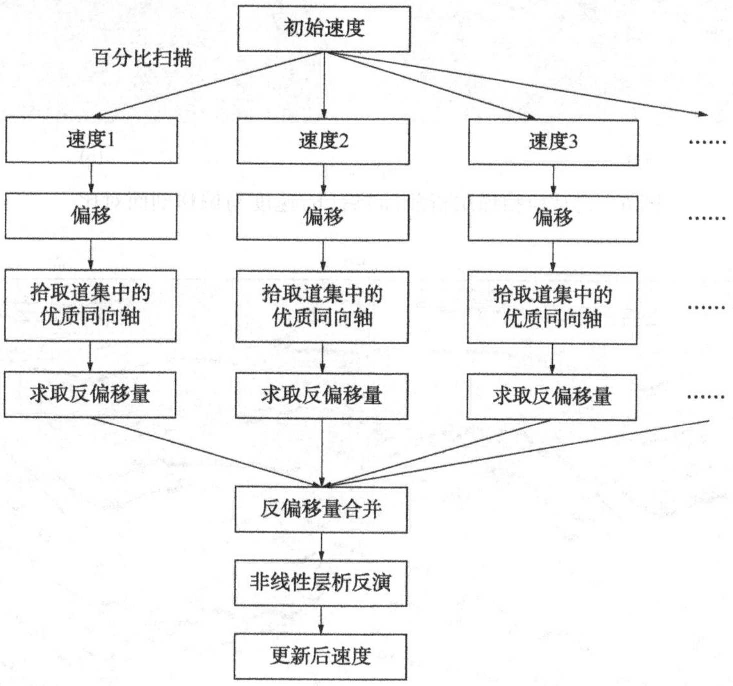

图5　自适应扫描层析建模过程

图6(b)为渤海某工区采用自适应扫描层析建模技术得到的速度和偏移结果，可以看出潜山速度局部进行了更新，并带来了成像质量的提升，表明该方法获得了更为准确的潜山速度。

4　实际应用效果

本文研究工区位于渤中凹陷西南部，已钻井表明该构造区的古生界碳酸盐岩潜山和太古界变质岩潜山储层具有良好的成藏条件，展现了较大的勘探潜力。但原有地震资料潜山成像质量差，局部中生界顶面、上古生界顶面、太古界顶面反射特征不清晰，影响了潜山的储层预测及构造落实程度，制约了勘探目标的深入研究。

为此进行了针对潜山成像的重处理，图7为老成果与重处理新成果对比，可以看出老成果中不同潜山分界面不清晰，潜山构造难以落实，而经过针对性处理后中生界、古生界、太古界地层反射特征清晰可辩，资料整体信噪比得到提升，太古界多次波得到有效压制，为潜山储层的预测提供了可靠的数据基础。

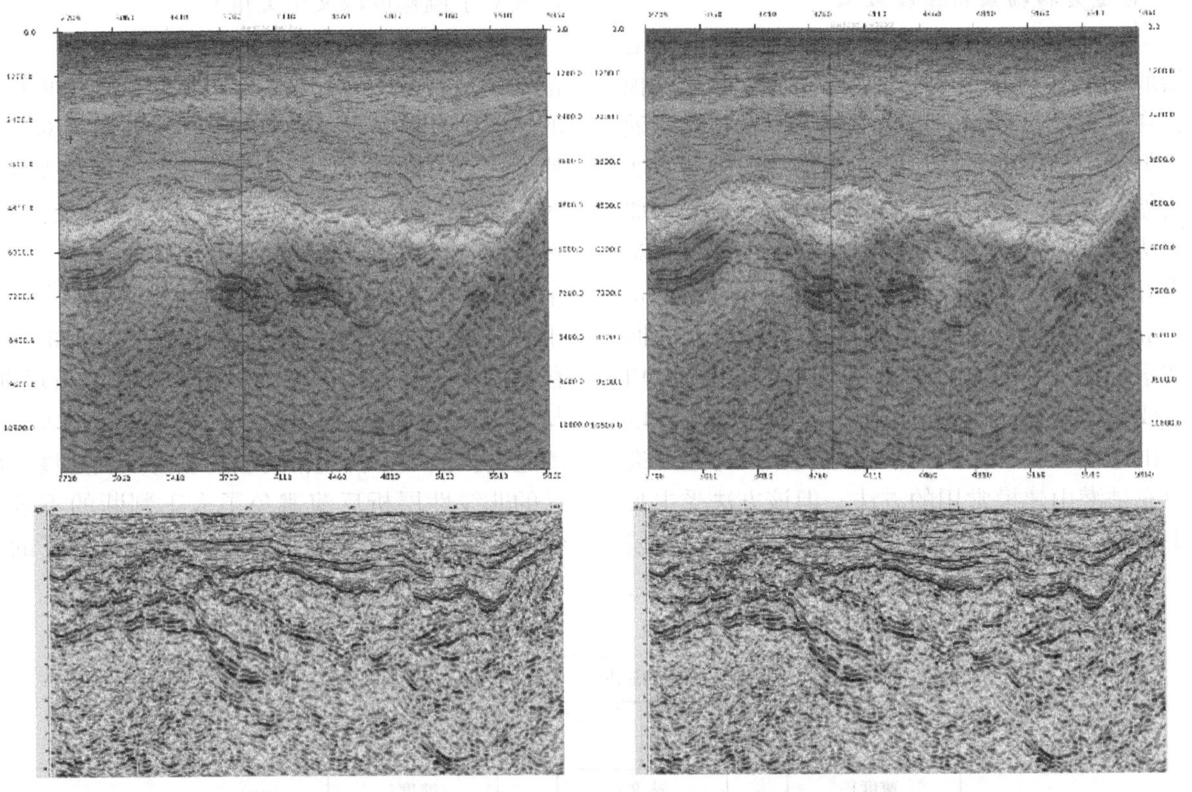

(a)　　　　　　　　　　　　　　　　(b)

图6　自适应扫描层析前(a)后(b)速度与偏移剖面对比

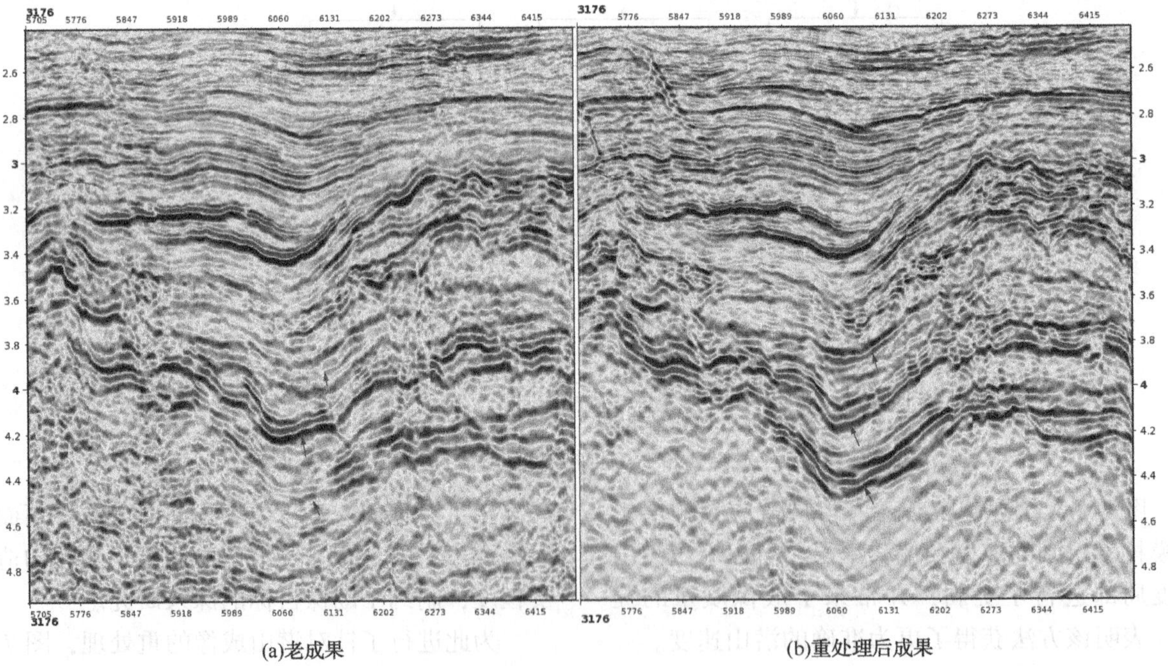

(a)老成果　　　　　　　　　　　　　　　　(b)重处理后成果

图7　针对潜山处理前后效果对比

5　结论

（1）三维 $\tau\text{-}p$ 域双鬼波压制技术通过消除电缆和震源鬼波，很好地恢复了潜山低频信号，提高了地层连续性，为后续偏移成像提供了良好数据基础。

（2）上覆地层的复杂多次波严重影响潜山成像效果，通过并联多次波压制技术很好地消除了水层多次波和全程多次波，降低了潜山成像的多解性。

(3) 针对潜山目的层道集质量差的特点，提出了自适应扫描层析建模技术，从不同扫描结果中提取可靠速度，既提高了反演精度，又避免了人工干预的影响。

(4) 实际资料处理结果表明，本文形成的渤海潜山处理关键技术明显提升了潜山成像效果，具有很好的工业应用价值。

参 考 文 献

[1] 谢玉洪，袁全社．中国近海深水深层油气地球物理勘探实践与展望[J]．石油物探，2023，62(02)：183-193.

[2] 徐长贵．渤海湾盆地天然气勘探新进展、未来方向与挑战[J]．天然气工业，2024，44(01)：72-85.

[3] 高阳东，赖维成，张新涛，等．中国海油油气勘探新进展与下步勘探方向[J]．中国海上油气，2024，36(03)：1-10.

[4] 周东红．渤海海域新生界火山岩发育区地震资料处理关键技术[J]．中国海上油气，2019，31(06)：13-24.

[5] 周心怀，王清斌，冯冲，等．渤海海域大型太古界潜山储层形成条件及地质意义[J]．地球科学，2022，47(05)：1534-1548.

[6] 李达，赵昌垒，刘巍，等．一种改进的DWD+SRME表面多次波组合法压制技术在南海西部浅水工区的应用[J]．石油物探，2022，61(03)：473-482.

[7] 徐强，徐爽，王炜，等．基于格林函数的层间多次波预测[J]．物探与化探，2022，46(06)：1512-1517.

[8] 肖广锐，李尧，张羽茹，等．绕射波成像在潜山裂缝储层预测中的应用——以渤中A气田为例[J]．石油物探，2022，61(05)：812-820+829.

[9] 张明强，程耀，谢涛，等．逆时偏移对复杂构造成像影响因素分析[J]．工程地球物理学报，2022，19(03)：316-321.

[10] 宋鑫，王征，王炜，等．频率—慢度域鬼波压制技术在海底电缆资料中的应用[J]．工程地球物理学报，2023，20(01)：11-17.

超深断控缝洞型油气藏孔隙度模型预测新技术

康志江[1,2]　邓紫妍[3]　杨　帆[1,2]　周东升[3]

[1. 中国石化石油勘探开发研究院有限公司；2. 国家能源碳酸盐岩油气重点实验室；3. 中国地质大学(北京)]

摘　要　油气藏孔隙度模型预测多采用地震波阻抗体来预测，超深缝洞油藏埋藏深(>6000m)、地震信噪比低、缝洞非均性质极强，导致基于地震波阻抗的孔隙度模型与测井对比偏差较大。首次提出了基于深度学习多地震属性非线性关系的孔隙度模型预测方法，选取与孔隙度相关的8类地震属性，建立与测井解释孔隙度匹配的地震属性训练集，通过广义对数变换方法改善数据集偏态分布，并采用地震相约束的深度学习模型与贝叶斯算法进行优化，最终建立多地震属性与孔隙度非线性关系的数学模型，较高精度预测了缝洞体孔隙度模型，测井符合率达87.5%，为超深断控缝洞型油气藏开发和生产决策提供了地质支撑。

关键词　塔里木盆地；碳酸盐岩；缝洞型油藏；孔隙度；深度学习

中国深-超深层碳酸盐岩油气资源量丰富，油气资源量为671×10^8t油当量，占全国油气资源总量的34%，已经成为我国油气增储上产的重要领域和新的增长点。超深断控缝洞型油藏是新发现的一种超深层油藏类型，埋藏深(>6000m)、地震信噪比低、缝洞体结构复杂、非均质性极强，超深缝洞型油藏孔隙度分布预测挑战性大。

孔隙度分布是油藏储量评价与高效开发的重要关键参数。孔隙度的预测通常依赖于传统的物理建模方法，Miah等根据单一测井方法以及中子密度和声波测井估算页岩孔隙度，Gassmann关系式实现了储层孔隙度的预测，油藏孔隙度分布预测多采用地震波阻抗体来预测。实践表明，基于地震波阻抗体来预测超深断控缝洞孔隙度误差较多大，与地震波阻抗体呈非线性关系，因此需要一种能够综合考虑多元地震属性的孔隙度预测方法，以提高复杂缝洞型油藏预测的准确性和可靠性。

深度学习方法可以实现复杂因素的非线性关系模型建立。近年来深度学习在地球物理勘探领域的应用有一些进展，例如，Saljooghi提出将小波理论与多层感知机相结合的孔隙度预测方法，以提高人工神经网络的收敛速度和泛化能力；Zhou等通过多个个体学习器集成模型获得了比单一模型更好的预测结果；而魏国华等则利用半监督高斯混合模型与梯度提升树实现了对砂岩储层相控孔隙度分布的高精度预测。对于超深多尺度缝洞体孔隙度预测方法研究未见报道。

本文基于深度学习对复杂非线性关系拟合能力以及地震相的先验知识，建立了一种超深断控缝洞储集体孔隙度预测方法。该方法融合了多类地震属性，如相干体、相位蚂蚁体、波阻抗、能量梯度等，反映不同缝洞地震属性对孔隙度的影响。通过与测井孔隙度匹配建立训练数据集，并采用广义对数变换对地震属性数据集的偏态分布进行调整，引入地震相控制的深度学习建模，最终建立了多类地震属性与孔隙度非线性关系的深度学习模型，测试井储层符合率达87.5%，为超深碳酸盐岩油藏孔隙度预测提供了新的方法和思路。

1　断控缝洞体地质特征与波阻抗孔隙度预测

顺北4号走滑断裂带油气藏是典型的超深断控缝洞型油气藏，位于新疆塔里木盆地顺北油气田，油藏埋深7000~8500m，受大型走滑断裂控制，缝洞储集体呈板状，厚度可达1041m，主要产层为中下奥陶统的鹰山组(O_{1-2y})和中奥陶统的一间房组(O_{2yj})。

断裂带内部地质结构复杂(图1)，受控于大型走滑断裂带内部差异活动，具有分段成藏、纵向穿层、张扭压扭断续分布特点。以走滑断裂多期活动产生的构造破裂带缝洞储集体为主，上部被致密碳酸盐岩侧封和上覆巨厚泥岩盖层顶封遮挡，形成断控缝洞型油气藏。缝洞储集体主要由断裂带与破碎体组成，断裂带可分为主、次断裂带，主断裂带多为钻井过程中的漏失点；破碎体可分为三类，一类破碎体主要为洞穴为主，二类破碎体主要为孔洞为主，三类破碎体主要为裂缝(图1)。

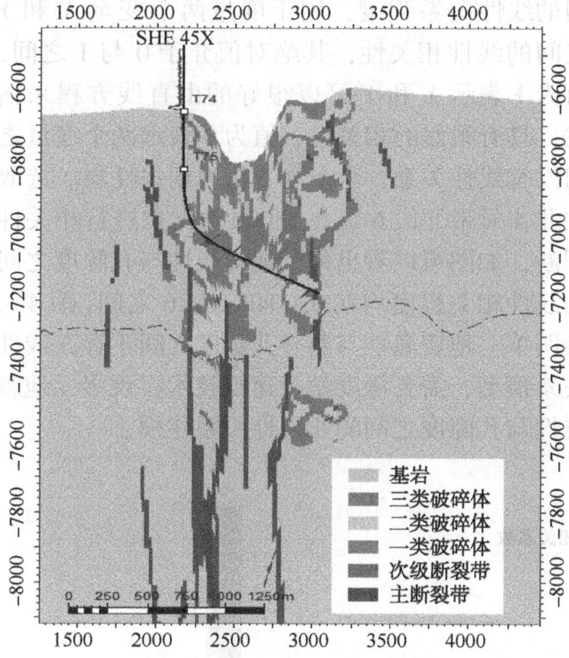

图1　断控缝洞体单井模型

孔隙度建模面临问题是常用的波阻抗反演孔隙度预测方法难以准确预测缝洞型储层孔隙度。由于超深缝洞油藏埋藏深(>6000m)、地震信噪比低、缝洞非均性质极强，导致基于地震波阻抗的孔隙度模型与测井对比偏差较大。通过波阻抗与岩心测井孔隙度建立线性关系，预测孔隙度模型与测井孔隙度对比发现：预测孔隙度显明大于测井孔隙度(图2)。需要开展新的孔隙度预测方法研究。

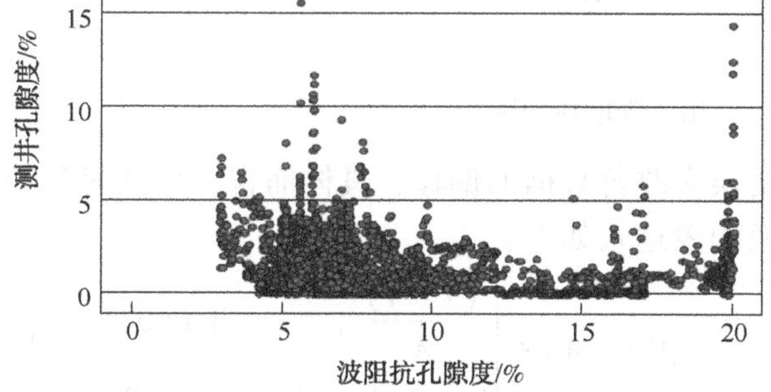

图2　波阻抗预测孔隙度与测井孔隙度对比

2　多类震属性融合的孔隙度模型预测方法

建立孔隙度有关的多类地震属性，如预测大断裂的相干体、预测裂缝的相位蚂蚁体、预测物性的波阻抗体、预测溶洞的能量梯度体等，与同一深度的测井孔隙度进行匹配，基于皮尔逊相关系数方法检测不同地震属性与测井孔隙度之间的线性关系程度，在确定地震属性与孔隙度之间关系之后，建立机器学习训练集，每个地震属性作为一个特征变量，对特征变量偏态分布进行正态分布优化，解决少数样本学习能力差的问题。基于贝叶斯算法优化深度学习模型神经元、网络层数等参数，建立多元地震属性与测井非线性关系模型，之后基于模型预测孔隙度分布。

技术方法：建立不同地震属性与测井孔隙度匹配的单井数据集，地震属性分布正态分布优化；基于贝叶斯算法优化树深度、树个数等参数，建立多类地震属性与测井非线性关系模型，之后基于关系模型预测孔隙度分布(图3)。

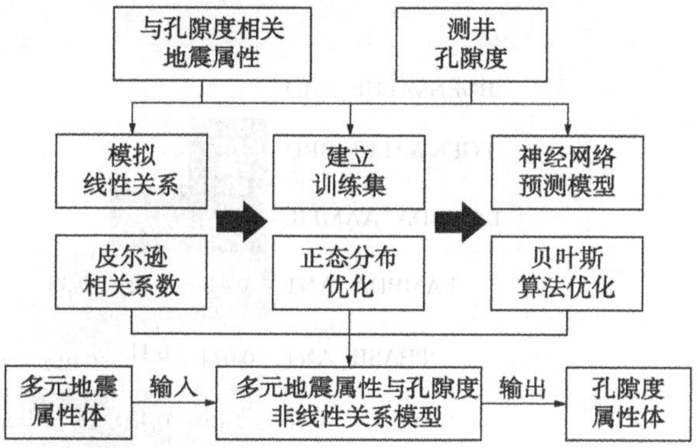

图3　基于机器学习的孔隙度模型预测流程

2.1　地震属性与测井孔隙度线性关系检测

优选出相干能量梯度、波相位蚂蚁体、阻抗、张量蚂蚁体、张量本征值等8种与孔隙度相关的地震属性，这些属性从不同角度表征了超深层断控缝洞型油藏的孔隙、缝洞类型、断裂、不同尺度裂缝等特征。其中，蚂蚁类属性体反映了中小尺度裂缝地质信息，是基质岩石中裂缝或连续孔洞的迹象，能够捕捉到地下岩石结构微小变化的细节，不同尺度裂缝与孔隙度直接相关；相干类属性体反映了断裂及断控缝洞体地质信息，通过三维地震数据体中相邻地震道信号的相似性来表达地层的横向非均匀性，从而确定地层中的断层或缝洞体；波阻抗属性体反映了地层中孔隙度的变化，其数值等于介质密度与波速的乘积，波阻抗的变化主要由孔隙或者裂隙引起，与孔隙度曲线存在明显的镜像对称关系。张量类属性体反映了地震数据中杂乱反射结构特征，是将地震数据构建为二维或三维图像数据属性，进而基于局部的构造张量特征值相对大小及组合参数确定地震图像数据中的地质结构属性，可以定性、定量描述断层、小型缝洞地质体引起的不连续反射特征。这些地震属性是预测缝洞体类型、内部结构和孔隙度重要关键属性，作为孔隙度预测的有效关联参数集。

测井解释孔隙度作为地震预测孔隙度的目标值(标签)。测井测量解释精度为0.125m，目标区超深层(>7000m)地震采样预测精度为25m，测井解释孔隙度更加精准，可作为地震预测孔隙度的目标值。研究中单井测井与地震数据的归一化对应，对地震属性进行数据加密重采样，使地震属性与测井解释数据同一深度相互匹配。

基于皮尔逊相关系数方法检测不同地震属性与测井孔隙度之间的线性关系程度。用皮尔逊相关系数来定量反映不同地震属性与测井孔隙度之间的线性关系程度，用于度量两个变量 X 和 Y 之间的线性相关性，其绝对值介于0与1之间，值为1表示 X 和 Y 可以很好的由直线方程来描述，具有很好的相关性，值为0表示两个变量之间没有线性关系，小于0.2认为相关性弱。选取顺北4号带北段6口井13000数据点进行相关性判断，如图可以看出每个地震属性与孔隙度之间的线性相关程度均在0.0049~0.26之间(图4)，表明单一地震属性与测井孔隙度之间不存在线性关系模型，需要深度学习建模技术实现多元地震属性与孔隙度之间的非线性关系建模。

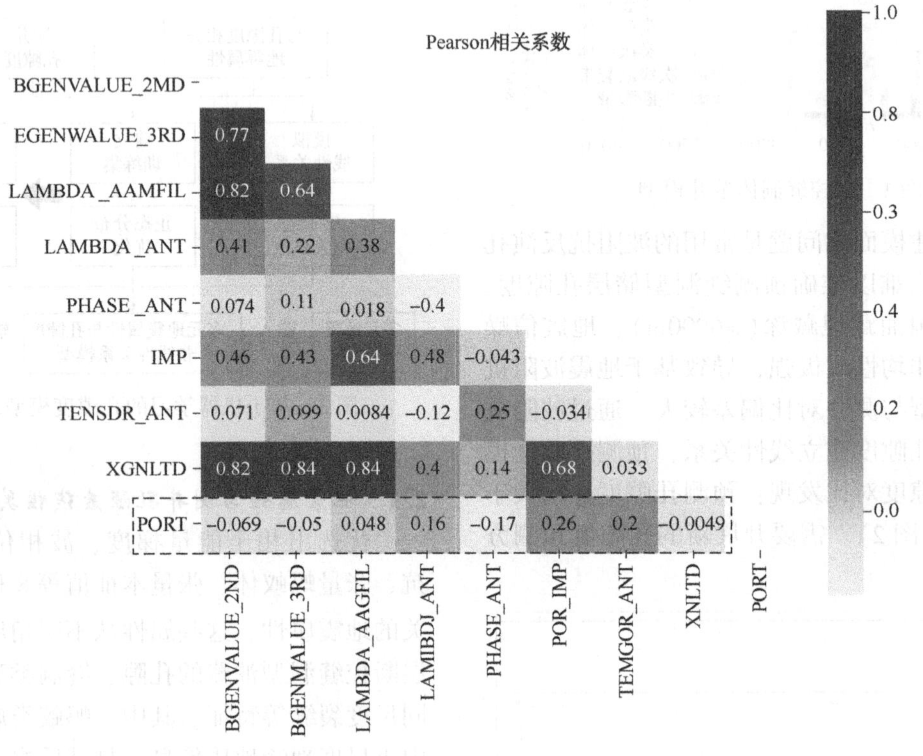

图4　地震属性与孔隙度皮尔逊相关程度热力图

2.2　地震属性训练集建立与优化

建立表征孔隙度分布的多元地震属性数据集，并对其分布进行优化调整。8大地震属性多呈现偏态分布，存在明显的偏斜或集中趋势，这种偏态分布导致深度学习模型提取属性特征的偏差，因为深度学习模型更容易学习到地震属性数据的主导趋势而忽视分布的长尾，导致长尾部分地震属性特征难以学习。

依据数据的偏态分布特征，采用了广义对数变换来改善数据的偏移，具体而言，广义对数变换的表达式如下：

$$f(x,\lambda)=\begin{cases}\dfrac{(x^{\lambda}-1)}{\lambda}, & \text{if } x>0,\\ \log(1+\lambda\cdot x), & \text{if } x\leqslant 0.\end{cases}\qquad(1)$$

(x 是原始数据，λ 是变换参数)

地震属性提取后，属性1、3呈现0-5数据占优逐步减小的偏态分布，属性2呈现0-10数据占优逐步减小的偏态分布，而经过变换优化后，数据分布更为合理，呈多源分布的特点，有效改善了原数据偏移(图 5)，数据分布更均匀，解决了偏态分布导致的不可预测性。

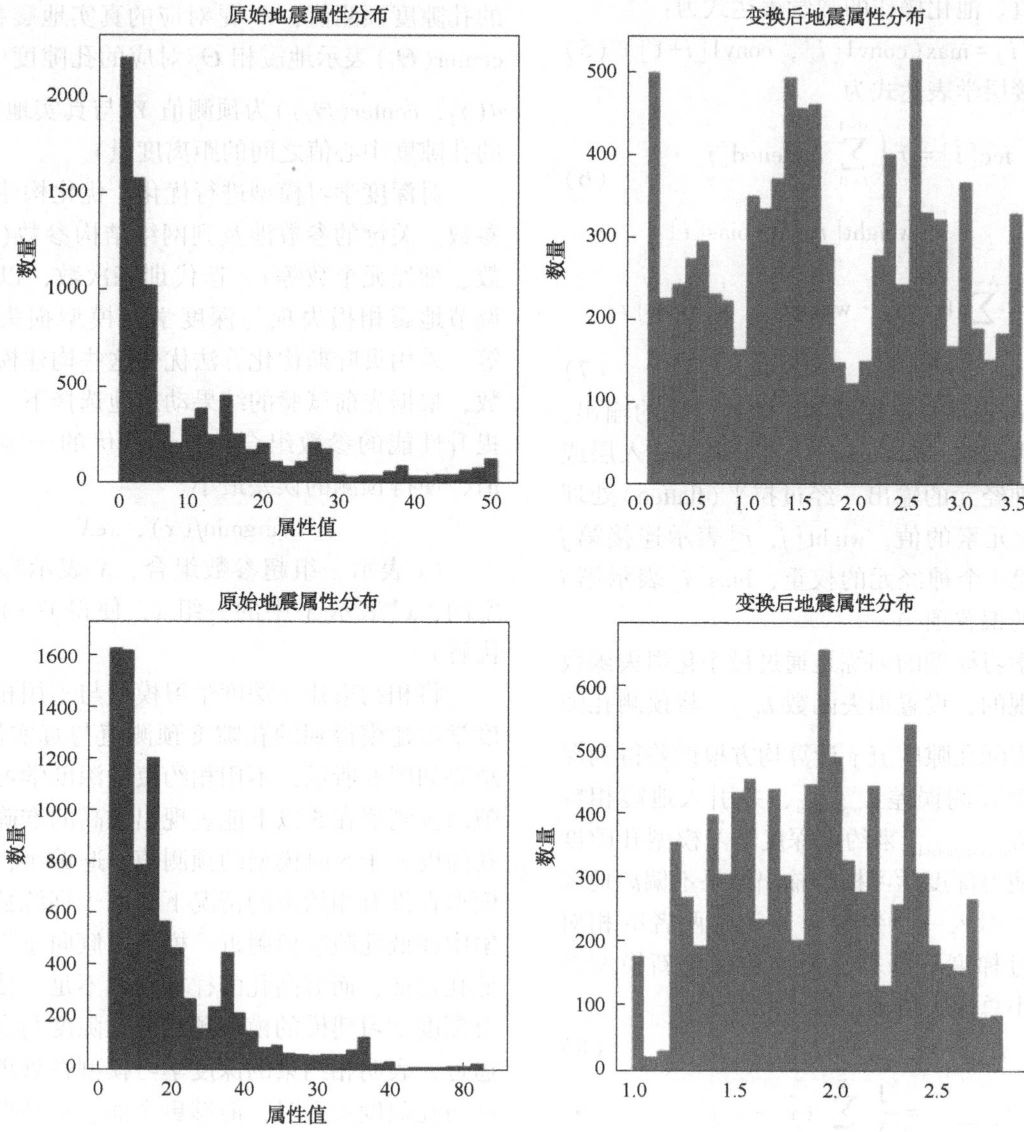

图 5　广义对数变换前后地震属性值分布

2.3　相约束深度学习模型建立与优化

面临问题：传统的纯数据驱动深度学习模型通常更倾向于学习多数低孔样本的特征，而对少数样本如高孔样本学习能力较弱。引入地震相参数约束的深度学习模型，通过约束模型训练过程中与地震相一致性，提高模型对高孔隙度值的精准预测能力。相约束深度学习模型建立及优化过程如下：

搭建相约束深度学习模型。主要分为特征提取与回归两模块，特征提取部分负责从多元地震属性中学习有关孔隙度的相关特征，而回归部分负责将提取到的特征映射到孔隙度值。输入多元地震属性数据 seismic_data 经过特征提取与回归运算得到模型的预测孔隙度 $\hat{y}$。

$$\hat{y}=\mathrm{fc2}(\mathrm{fc1}(\mathrm{flatten}(\mathrm{pool1}(\mathrm{relu\ 1}(\mathrm{conv1}(\mathrm{seismic\_data}))))))\tag{2}$$

其中卷积层 conv1 在输入地震数据上滑动卷积核，提取局部特征。

$$\mathrm{conv1}[i]=\mathrm{ReLu}\left(\sum_{k=0}^{K-1} seisimic\_\mathrm{data}[i+k]\cdot \mathrm{weight}[k]+\mathrm{bias}\right)\tag{3}$$

$$\mathrm{ReLU}(x)=\max(0,\ x)\tag{4}$$

(seisimic_data[i]是输入数据的第 i 个元素，k 表示卷积核的滑动位置，weight[k]表示卷积核的权重，bias 表示偏置项。）

池化操作 pool1 是在每个滑动窗口上取最大值或平均值。池化操作的数学表达式为：

$$\text{pool1}[i]=\max(\text{conv1}[i],\ \text{conv1}[i+1]) \quad (5)$$

全连接层学表达式为

$$\text{fcc}[i]=\sigma\left(\sum_{j=0}^{M-1}\text{flattened}[j]\cdot\text{weight}[j,\ i]+\text{bias}[i]\right) \quad (6)$$

$$\text{fc2}[i]=\sum_{j=0}^{N-1}\text{fc1}[j]\cdot\text{weight}[j,\ i]+\text{bias}[i] \quad (7)$$

（fc1[i]表示全连接层第 i 个神经元的输出，σ 表示激活函数，flattened[j]表示表示输入层或者上一层神经元的输出，经过拉平（flatten）处理后的第 j 个元素的值，wight[j，i]表示连接第 j 个输入到第 i 个神经元的权重，bias[i]表示第 i 个神经元的偏置项。）

深度学习模型的训练是通过最小化损失函数的值来实现的，设置损失函数 L_{total}，将预测孔隙度值 $\hat{y}$ 与实际孔隙度值 y 计算均方根误差得到深度学习模型预测误差 $L_{\text{regression}}$，并引入地震相数据损失项 $L_{\text{nearest\_neighbor}}$ 来约束深度学习模型孔隙度值输出，使得深度学习模型输出结果不偏离地震相的控制。引入一个参数 λ 来调整两者的相对权重，通过梯度下降算法反向传播更新模型参数，以最小总损失值 L_{total}。

$$L_{\text{total}}=L_{\text{regression}}+\lambda L_{\text{nearest\_neighbor}} \quad (8)$$

$$L_{\text{regression}}=\frac{1}{N}\sum_{i=1}^{N}(\hat{y}_i-y_i)^2 \quad (9)$$

$$L_{\text{nearest\_neighbor}}=\frac{1}{N}\sum_{i=1}^{N}d(\hat{y}_i,\ \text{center}(\Theta_i)) \quad (10)$$

（$L_{\text{regression}}$ 表示回归任务的损失函数，$L_{\text{nearest\_neighbor}}$ 表示地震相损失项，$\hat{Y}_i$ 是第 i 个样本的孔隙度预测值，Θ_i 是对应的真实地震相标签，center(Θ_i)表示地震相 Θ_i 对应的孔隙度中心值，$d(\hat{Y}_i$，center(Θ_i))为预测值 $\hat{Y}_i$ 与真实地震相 Θ_i 的孔隙度中心值之间的距离度量）。

对深度学习模型进行优化，优化构建模型的参数。关键的参数涉及到网络结构参数（网络层数、神经元个数等）、迭代训练次数，以及用于调节地震相损失项与深度学习模型损失参数 λ 等。采用贝叶斯优化算法优化这些构建模型的参数，根据先前试验的结果动态地选择下一个可能提升性能的参数组合，找到最优的一组参数取值，使得预测的误差最小。

$$x^*=\text{argmin}f(x),\ x\epsilon X \quad (11)$$

（x 表示一组超参数组合，X 表示参数组合空间，x^* 表示 X 中的一组 x，使得 $f(x)$ 取得最优解）

将相约束建立深度学习模型与不用相约束深度学习建模得到的孔隙度预测值与真实值对比，结果如图 6 所示，不用相约束的深度学习模型孔隙度预测值在 5 以下能表现出较高的准确性，而孔隙度大于 5 时模型的预测值普遍偏小，这表明模型在没有相约束的情况下，由于训练数据主要集中在低孔隙度值附近，模型更倾向于学习这些低孔特征，而对高孔的样本学习不足。使用相约束深度学习建模的模型预测的孔隙度与真实值更逼近，表明相约束的深度学习模型在处理地震属性与孔隙度关系时，能够更全面、更精准地考虑地震相的影响，显著提高了模型的拟合能力。

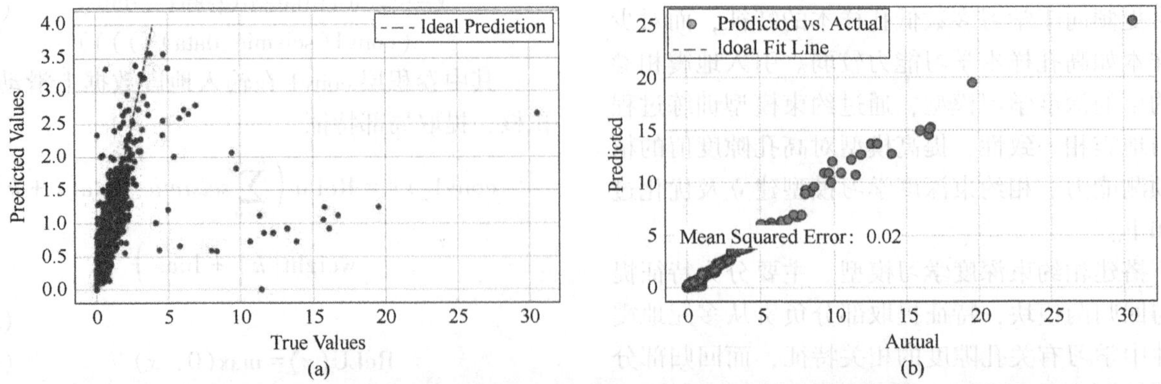

图 6　相约束深度学习与不用相约束深度学习模型拟合能力对比

3　方法验证与应用

顺北油田4号走滑断裂带油气藏进行验证与应用，选取了该区域超深缝洞油藏中4口井8个储层段来检验相约束深度学习模型预测能力，4口井完钻井深均在8000以上，钻井过程中都有放空漏失。

3.1　模型评估与分析

对本文方法建立的多元属性到孔隙度的深度学习预测模型与传统波阻抗反演的孔隙度分布采用均方根误差对比评估。

$$MSE = \frac{1}{n}\sum_{i=1}^{n}(\hat{y}_i - y_i)^2$$

（$\hat{y}_i$表示预测值，y_i表示真实值，n表示样本个数）

经计算得到的每口井两种方法下的均方根误差由表1所示，本文地震相约束下构建的深度学习模型预测的孔隙度比传统波阻抗反演预测孔隙度的均方误差平均降低了50%，表明深度学习方法预测孔隙度比传统波阻抗反演方法更精确。

表1　四口井孔隙度两种方法MSE误差对比

方法	井1	井2	井3	井4
传统物理模型	0.83	0.79	1.85	0.83
深度学习模型	0.66	0.36	0.16	0.39

由4口井的8个储层段的测井曲线图所示（图7），深度学习模型在这8个储层段的预测孔隙度表现出较高的符合度，只有在井1的第二段储层偏差较大，预测符合率达87.5%。

采用机器学习中一种可解释模型随机森林分析多元地震属性对孔隙度预测的影响程度。随机森林模型的特征重要性排序能够深入了解地震属性如何影响孔隙度。在随机森林中，每个地震属性都参与构建多个决策树，每个决策树都对孔隙度进行预测。模型会观察在每次分裂时选择哪个地震属性，以及该属性的分裂点，从而形成对孔隙度的预测。通过多次迭代和集成这些决策树的结果，随机森林模型最终给出了每个地震属性对于孔隙度预测的影响程度排序，由图可以看出，lambda_AAGfil和Phase ant相对而言对孔隙度预测影响最大。lambda_AAGfil反映了储集体结构，Phase ant反映了断裂结构，是超深缝洞油藏的重要属性，表明了预测结果的合理性。

3.2　模型应用

将采用本文方法建立的深度学习模型应用于顺北油田4号带工区的孔隙度分布预测，并与传统物理方法波阻抗反演的预测结果进行对比。

研究区平面预测结果如图8所示，传统方法预测出的孔隙度总体均在10%以上，且高孔隙度分布在较宽的区内，不实现井建产井不符合；而采用深度学习方法获得的预测结果孔隙度总体在5%左右，高孔隙度也主要分布在主断裂带上，高孔隙度分布区明显减小，与实际井认识相符，除了几口“千吨井”的孔隙度在15%～20%，其他孔隙度分布在10%左右，且对于主断裂的孔隙度变化刻画更为丰富，压隆段和中部拉分段结构较为一致；除非发育断裂和溶蚀，基质物性极差，断裂带一般呈现出低孔高渗的特征。

从储层剖面上观察，预测结果与单井的解释结果较为一致，而传统波阻抗反演预测结果明显偏大（图9）。深度学习方法断裂区域孔隙度在7%左右，缝洞区域孔隙度在10%以上，在井1深度为8330m处传统波阻抗反演预测孔隙度为20%以上，深度学习方法预测为10%，更符合实际测井值11%。

综合平面和剖面预测结果，深度学习方法由于融入了丰富的表征超深缝洞油藏的地震属性特征，通过深度学习强大的非线性关系拟合能力，更全面反映了超深断控缝洞油藏的结构复杂性，使得对于断控缝洞型储层的孔隙度预测更为准确。

4　结论

研究建立多地震属性融合预测孔隙度预测方法，采用深度学习建模手段并引入地震相约束项，有效解决了超深断控缝洞油藏孔隙度预测不准确性的问题。实现了工区孔隙度分布的更高精度的预测，储层预测符合率达87.5%，并获得以下结论：

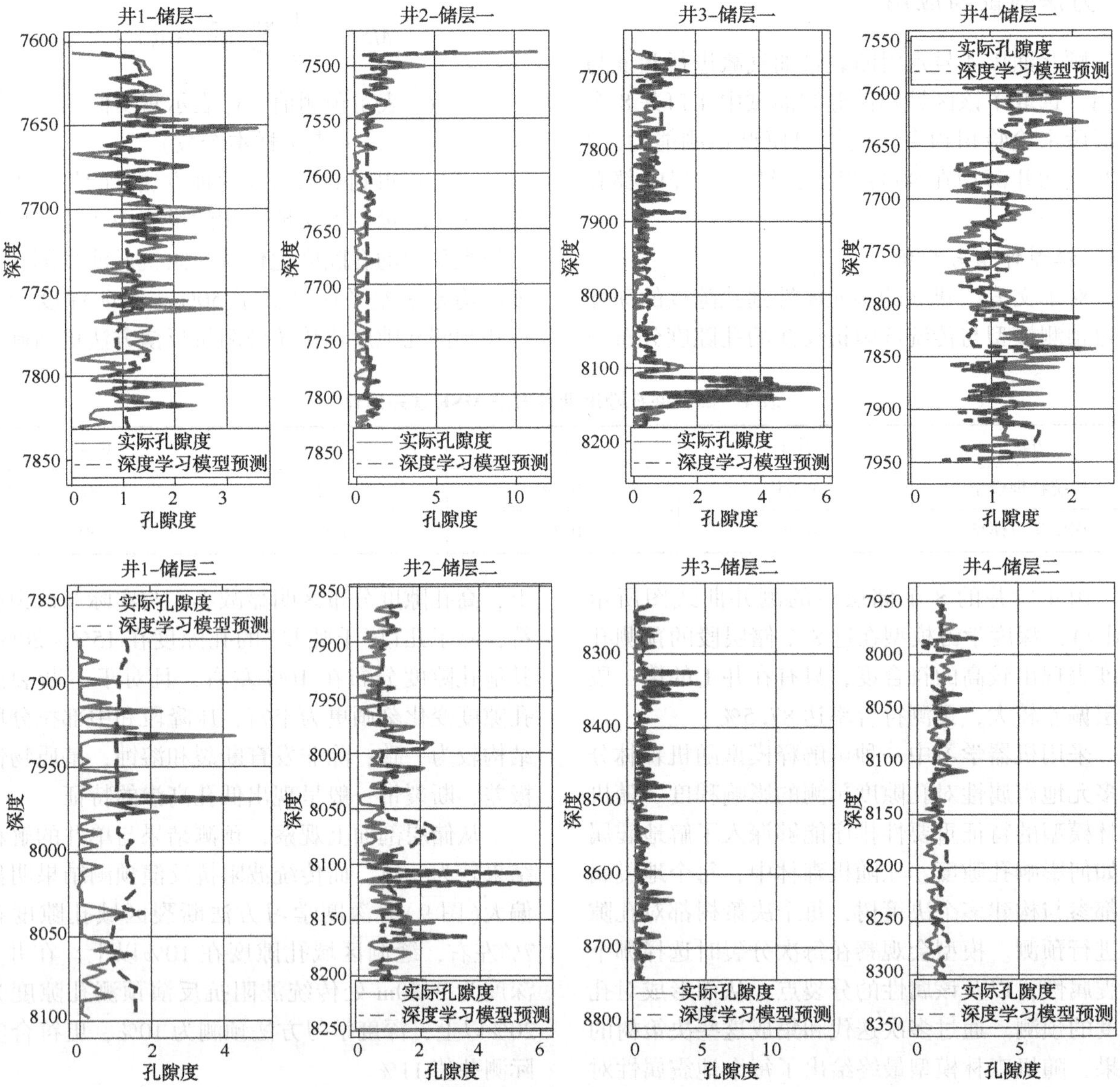

图7　8个储层段测井孔隙度预测于实际对比图

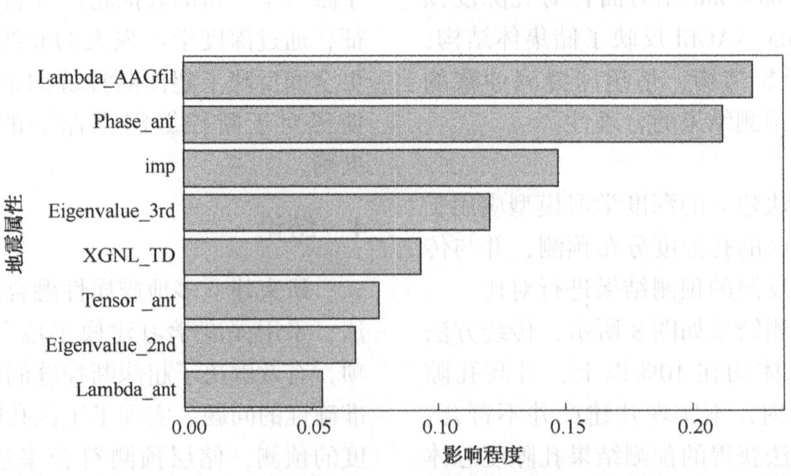

图8　地震属性对孔隙度影响程度条形图

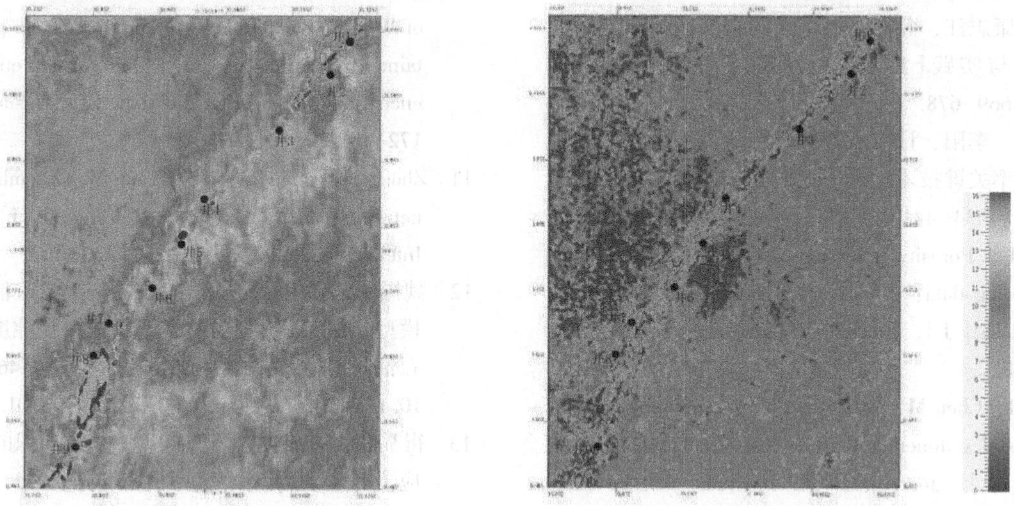

(a) (b)

图 9 传统物理方法(a)与深度学习方法(b)预测孔隙度平面对比图

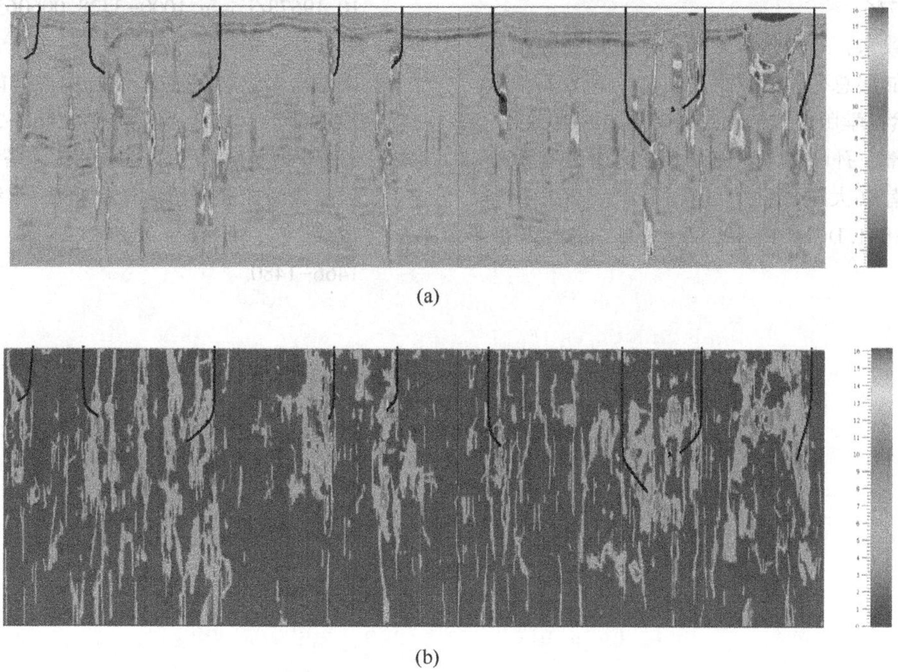

(a)

(b)

图 10 传统物理方法(a)与深度学习方法(b)预测孔隙度剖面对比图

(1) 通过深入分析相干能量梯度、波相位蚂蚁体、阻抗、张量蚂蚁体、张量本征值等地震属性，建立了多元地震属性与孔隙度之间的深度学习非线性关系模型。这一融合策略充分利用了地震属性中包含的丰富地下结构信息，以及深度学习强大的非线性关系拟合能力。

(2) 通过对深度学习模型引入地震相约束，解决了传统深度学习模型在高孔隙度样本过少难以准确预测的问题，提高了深度学习模型对高孔样本的拟合能力。

(3) 采用可解释模型随机森林对多元地震属性对孔隙度预测进行影响程度分析，表明刻画缝洞结构与断裂结构的地震属性对孔隙度预测的影响程度较高。

参 考 文 献

[1] 马永生，蔡勋育，云露等．塔里木盆地顺北超深层碳酸盐岩油气田勘探开发实践与理论技术进展[J]．石油勘探与开发，2022，49(01)：1-17.

[2] 康志江，张冬梅，张振坤等．深层缝洞型油藏井间连通路径智能预测技术[J]．石油与天然气地质，

2023，44(05)：1290-1299.

[3] 李阳，康志江，薛兆杰等．中国碳酸盐岩油气藏开发理论与实践[J]．石油勘探与开发，2018，45(04)：669-678.

[4] 康志江，李阳，计秉玉等．碳酸盐岩缝洞型油藏提高采收率关键技术[J]．石油与天然气地质，2020，41(02)：434-441.

[5] Miah M I. Porosity assessment of gas reservoir using wireline log data：A case study of Bokabil Formation，Bangladesh [J]. Procedia Engineering，2014，90：663-668.

[6] Wang H，Chen M，Wei S，et al. The influence of barrier coastal sedimentary system lost circulation in sandstone [J]. Journal of Petroleum Science and Engineering，2020，185：106654.

[7] 申波，王刚，樊海涛等．一种基于变骨架参数的孔隙度预测新方法[J]．石油与天然气地质，2022，43(03)：711-716.

[8] 张秉铭，刘致水，刘俊州等．基于多边形孔隙结构模型的砂岩储层总孔隙度预测方法[J]．西安石油大学学报(自然科学版)，2023，38(05)：12-19.

[9] 段友祥，柳璠，孙歧峰等．基于相带划分的孔隙度预测[J]．南京大学学报(自然科学)，2019，55(06)：934-941. DOI：10.13232/j.cnki.jnju.2019.06.006.

[10] Shokooh Saljooghi；A. Hezarkhani，et al. Comparison of WAVENET and ANN for predicting the porosity obtained from well log data[J]Journal of Petroleum Science and Engineering. Volume 123，Issue. 2014. PP 172-182

[11] Zhou Z H，Jianxin W U，Tang W. Ensembling neural networks：Many could be better than all[J]. Artificial Intelligence，2002，137(1)：239-263

[12] 魏国华，韩宏伟，刘浩杰等．基于半监督高斯混合模型与梯度提升树的砂岩储层相控孔隙度预测[J]．石油地球物理勘探，2023，58(01)：46-55. DOI：10.13810/j.cnki.issn.1000-7210.2023.01.004.

[13] 崔福伟，吴璇璇，陈钰枫等．融合知识的领域自适应方法综述[J]．计算机科学，2023，50(08)：142-149.

[14] 李晶晶，孟利超，张可等．领域自适应研究综述[J]．计算机工程，2021，47(06)：1-13. DOI：10.19678/j.issn.1000-3428.0060659.

[15] 鲍明阳，董少群，曾联波等．基于地震属性的致密碳酸盐岩储层裂缝分布的人工智能预测方法[J]．地球科学，2023，48(07)：2462-2474.

[16] 张煜李海英陈修平卜旭强韩俊．塔里木盆地顺北地区超深断控缝洞型油气藏地质-工程一体化实践与成效[J]．石油与天然气地质，2022，43(6)：1466-1480.

川中地区震旦系灯影组台内成藏模式探讨及勘探方向

杨　波　赵　婧　李海银　朱绪峰　吕　继　张敬东　刘士靖

（中国石油集团东方地球物理勘探有限责任公司）

摘　要　四川盆地川中地区震旦系灯影组已发现特大型气田，川中安岳灯四段为构造-地层圈闭气田，已获探明地质储量4084×108m³，属于特大型气田，灯影组藻白云岩为储集层，下寒武统泥页岩为烃源岩和盖层。川中台内灯影组烃源岩、古构造和储层条件均较为优越，如何确定成藏富集要素是关键。川中地区灯影组灯四段台内与台缘带成藏模式差异大，台缘带灯四段储层与德阳安岳裂陷槽烃源岩直接侧向对接，形成良好的旁生侧储源储组合。而台内灯四段筇竹寺组烃源岩位于灯四段之上，而且灯四段顶部从台缘到台内均不同程度发育薄层灰岩或致密层，具有隔挡作用，因此台内灯四段可以通过断层形成以旁生侧储源储组合为主，上生下储和下生上储次之的成藏模式。

关键词　四川盆地；震旦系灯影组；成藏富集要素；旁生侧储源储组合

四川盆地川中地区震旦系灯影组已发现特大型气田，川中安岳灯四段为构造-地层圈闭气田，已获探明地质储量4084×108m³，属于特大型气田，灯影组为局限台地潮坪、泻湖及滩相沉积，岩性为厚层的晶粒白云岩、藻白云岩、泥岩及硅质岩、砂(鲕)粒屑白云岩夹薄层砂，为典型的低孔、低渗、高度非均质的孔隙-裂缝型藻白云岩储层，储层的横向上变化较大，可对比性较差。马新华等研究认为安岳震旦系灯影组气田位于德阳—安岳古裂陷边缘，桐湾期古侵蚀面进一步促进台缘带储集层的发育，与裂陷内下寒武统厚层优质烃源岩形成旁生侧储配置关系，构成“上封侧堵”大型构造-地层古圈闭。后期成藏过程中，乐山-龙女寺古隆起在川中地区继承性稳定发育，形成的大型古油藏历经的调整幅度小，最终裂解成气，形成特大型气田。梁霄等研究认为川中地区震旦系灯影组气藏的成藏主控因素主要是古构造背景，沉积相分布，还有岩溶作用，古构造对油气聚集具有重要控制作用，沉积相展布控制储层发育，以及岩溶作用进一步改造储层。

1　研究现状

前人对灯影组台缘带成藏条件进行了大量的研究，明确了灯影组台缘带成藏主控因素和成藏模式，实现了油气勘探突破。目前台内灯影组成藏条件前人研究相对较少，虽然已有钻井揭示获得工业气流，仅零星分布，未形成规模，成藏条件复杂，但说明台内灯影组也具有相当大的勘探潜力，值得深入研究。本文分析川中台内灯影组成藏主要控制因素，研究台内灯影组成藏模式和勘探方向，以期为后续的研究和勘探提供借鉴。

2　烃源岩条件

灯影组以下寒武统烃源岩为主，生烃中心主要位于德阳-安岳大型裂陷槽和忠县凹陷区，合川区块筇竹寺组厚度在100～150m，生气强度为20亿方/km²，GS16井筇竹寺组地层厚度130m，下部以灰质页岩和灰质泥岩为主，约60m，灰质页岩位于筇竹寺底部，厚度13m，上部以粉砂质泥岩和泥质粉砂岩为主，厚度70m，烃源岩主要位于筇竹寺组下部(图1)。陡山沱组烃源岩高生气强度区主要分布四川盆地周缘，盆地内大川中地区生气强度在5×10^8～$20\times10^8 m^3/km^2$之间，灯一段厚度在40～60m，灯三段厚度在60～80m，也具有一定的生烃能力，整体来看川中合川区块灯影组具有多套烃源岩，油源条件好。

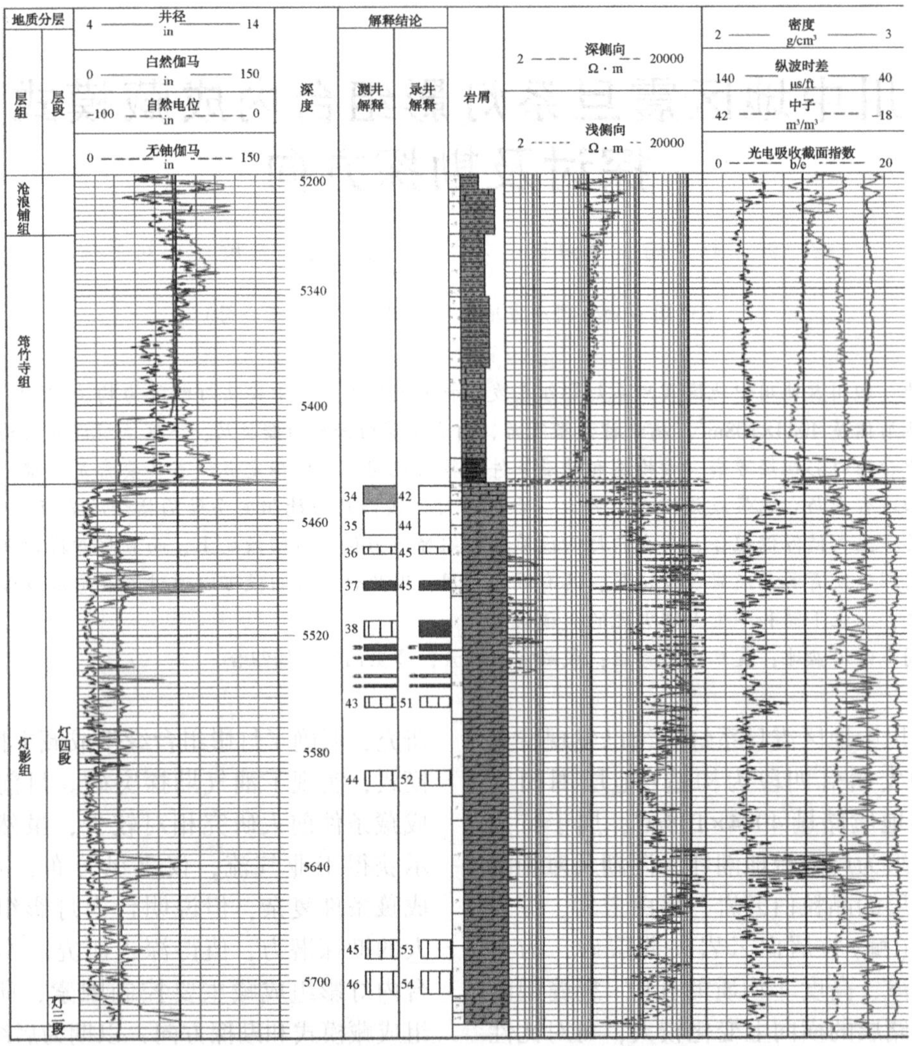

图 1　合川区块高石 16 井灯影组柱状图

3　古构造演化特征

灯影组成藏经历中晚寒武纪开始生烃期、中奥陶世-二叠纪排烃生油阶段、中晚三叠世-白垩纪原油裂解生气阶段和白垩系到现今后期调整共四个阶段。在中寒武纪，合川区块灯影组顶面表现为西高东低构造格局，在中奥陶世-二叠纪继承性发育，主要发育磨溪构造带，在中晚三叠世-白垩纪构造格局有所变化，从平面图和地震剖面上来看，灯影组顶面南部高石梯构造隆升，形成磨溪和高石梯两大构造带，构造格局基本定型，到白垩系到现今，灯影组顶面整体构造格局基本不变，局部略有不同(图 2 和图 3)。对应四个油气成藏阶段，灯影组顶面古构造演化具有很好的继承性，磨溪和高石梯构造带继承性发育，是油气运移的优势指向区，整体上合川区块灯影组具有大面积成藏的条件。

4　储层特征分析

灯影组灯四段为一套台内藻丘滩相沉积，储层较为发育，从多口井来看优质储层主要发育在灯影组顶部，其中 GS18 井灯四段上部储层厚度 34m，GS16 井灯四段上部储层厚度 28m，HS2 井灯四段上部储层厚度 27m，整体上台内普遍发育藻丘滩相岩溶储层，主要发育于距灯顶 40m 范围内，均位于高 GR 段上部，横向分布较稳定(图 4)。寒武系筇竹寺组沉积时期，德阳-安岳裂陷槽持续沉降，从台缘到台内逐渐抬升，多期海进导致海平面上升，发育多期表生岩溶储层(图 5)，从而灯四段顶部在台内可以发育岩溶储层，与钻井揭示结果一致。模型正演分析表明，上覆筇竹寺组地层为一套泥岩组合，速度基本不变，下覆灯四段若岩溶储层发育，地层速度相对降低，阻抗值降低，从地震上表现弱振幅或弱复波特征，确定灯四段储层有利区面积 2370km²，勘探潜力巨大(图6)。

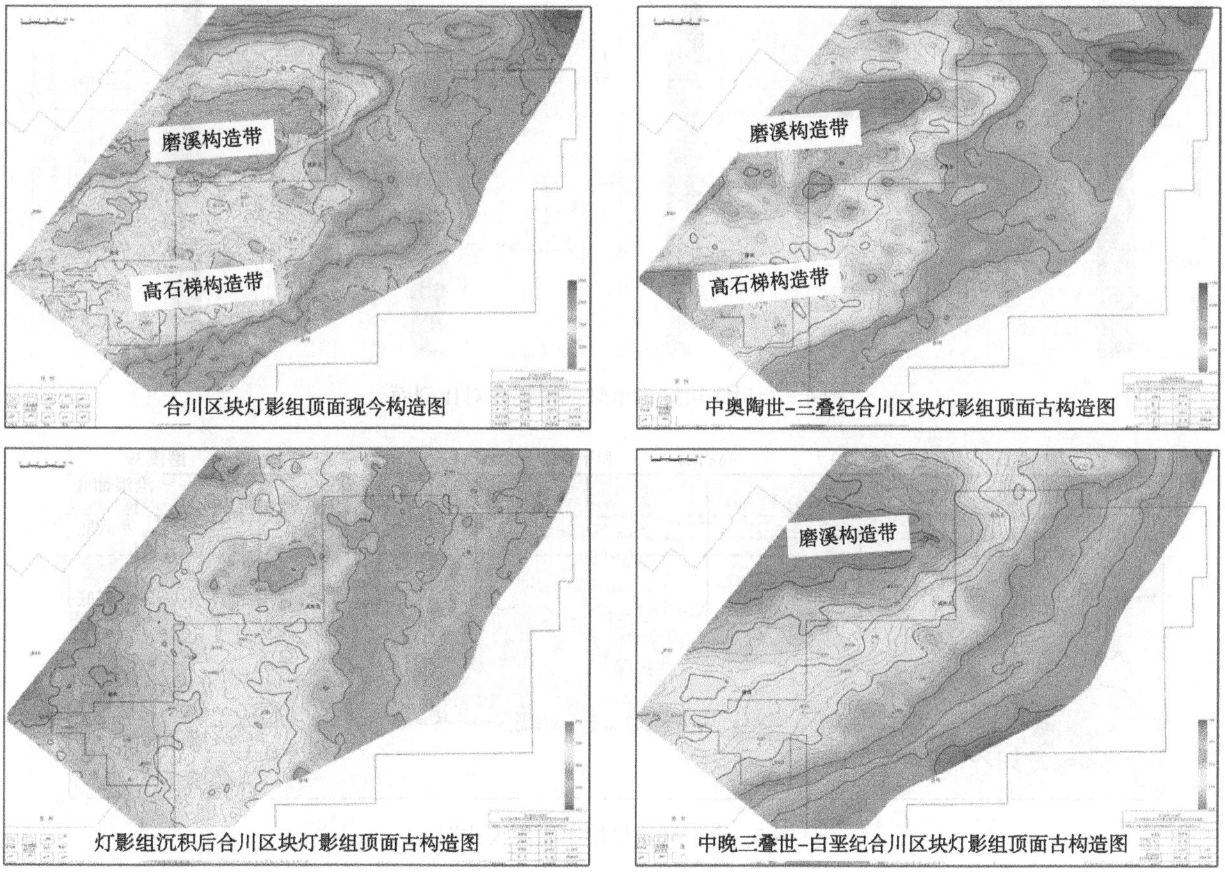

图2　合川区块四期灯影组顶面古构造图

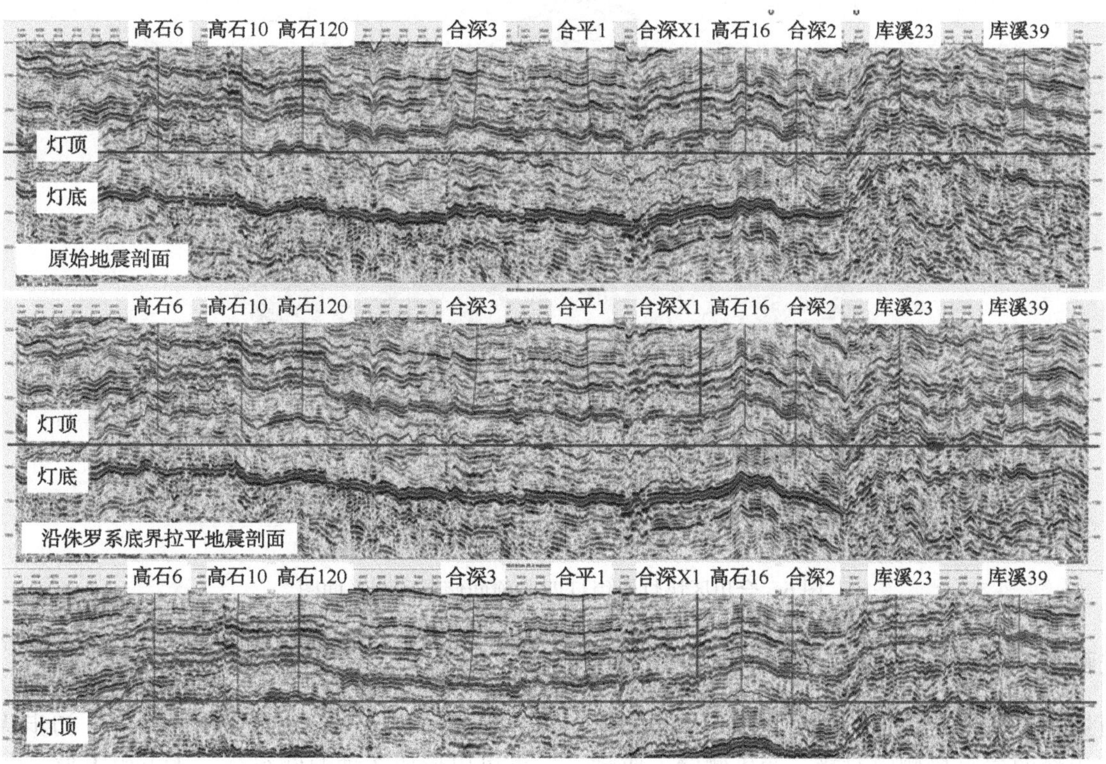

图3　合川区块灯影组顶面地震剖面

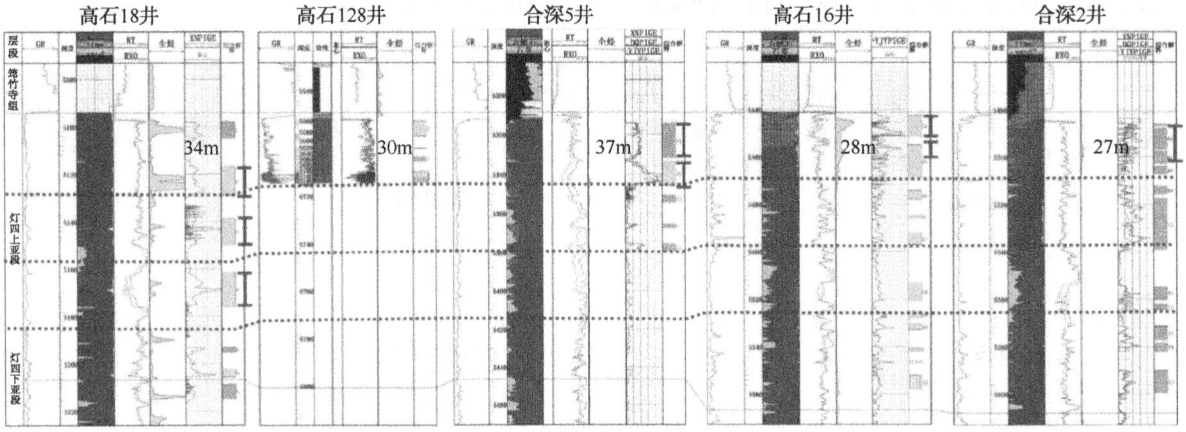

图 4　合川区块灯影组灯四段连井对比剖面

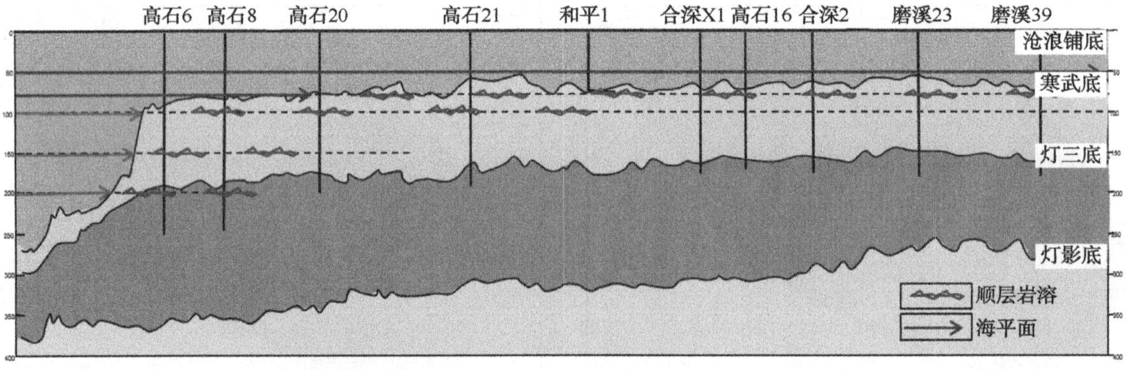

图 5　合川区块灯影组岩溶模式图

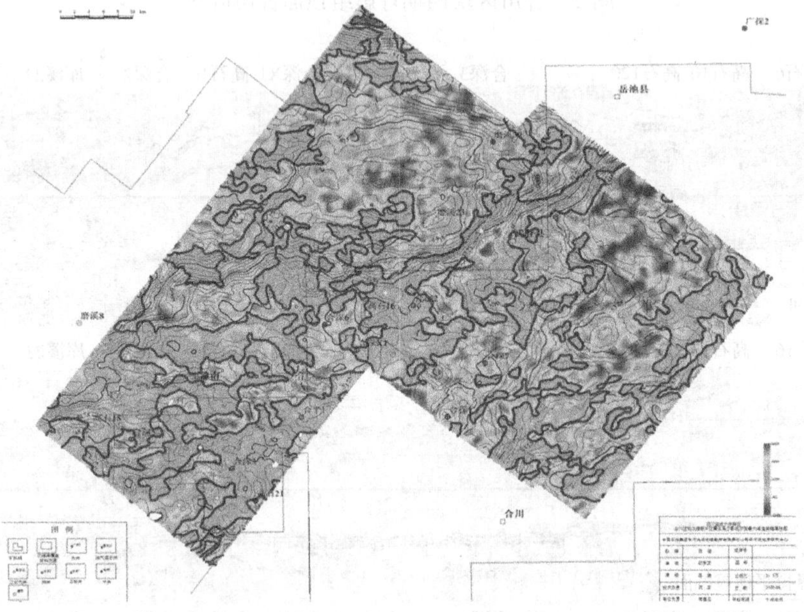

图 6　合川区块灯影组灯四段顶面储层预测平面图

5　成藏模式分析

灯影组灯四段台缘带储层与德阳安岳裂陷槽筇竹寺组烃源岩直接侧向对接，旁生侧储，成藏条件优越。灯四段台内成藏模式与台缘带差异大，由于主力筇竹寺组烃源岩位于灯影组之上，下部还发育灯一段和灯三段烃源岩，初步认为应该可以形成 3 种源储组合，①上生下储、②下生上储、③旁生侧储，结合已知钻井可知灯四段顶部从台缘带到台内均不同程度发育薄层灰岩或致密层，具有明显的隔挡作用，在台内上生下储成藏较困难，综合分析认为台内源储组合以旁生侧储和下生上储成藏组合为主。

川中台内灯影组烃源岩、古构造和储层条件均较为优越，如何确定成藏富集要素是关键。首先对断层进行分析，通过已知井相邻断层断距和油气产量进行交汇分析，表明断距越大产量越高，源储配置关系好，筇竹寺组底部烃源岩与断层上升盘灯四段储层可形成良好源储对接关系(图7)；另外已钻井距离大断层的距离与产气量也有较好相关性，距离大断层越近产量越高，距离越近越有利于油气运移(图8)。由此认为台内灯影组的断裂是控藏的关键要素，断层断距越大，源储对接窗口越大，距离大断层越近约利于成藏。

从灯影组顶面断裂系统来看，主要发育北西西向(近东西)和北东向两组断裂，断裂断距较小，为了更好的分析断裂展布特征，将断距大小定量化来对断裂进行分类，分为大于20m，10~20m和10m以下断层，其中断距大于20m断层主要以北西西向断层为主，断距在10~20m的断层有北西西向和北东向两组，均为晚印支期(生油阶段)形成的断层，是成藏的关键时刻形成的断层，位于断层上升盘储层与下降盘烃源岩可以形成良好的源储配置关系，富集成藏(图9)。

HS5井在台内灯四段钻探获高产工业气流，进一步证实了台内灯四段旁生侧储的源储组合。结合HS5井钻井结果，重新构建了川中地区灯影组台内以侧向对接成藏模式为主(图10)。在成藏模式认识的基础上，明确了台内灯四段“储层、断裂、构造和裂缝”四要素控藏，重新建立了台内灯四段井位部署原则，一个是灯四段有利岩溶储层发育区，灯顶表现为弱波峰和弱复波地震反射特征，第二个是位于断层上升盘，靠近断距大断裂及距离断层较近，可形成旁生侧储成藏组合，三是位于古今构造高部位，为油气优势运移指向区，四是碳酸盐岩非均质性强，储层裂缝发育也是重要的控藏要素。

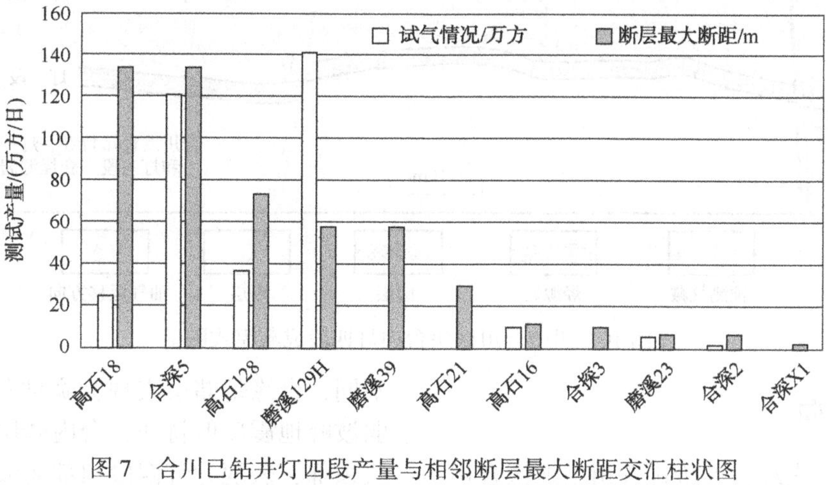

图7　合川已钻井灯四段产量与相邻断层最大断距交汇柱状图

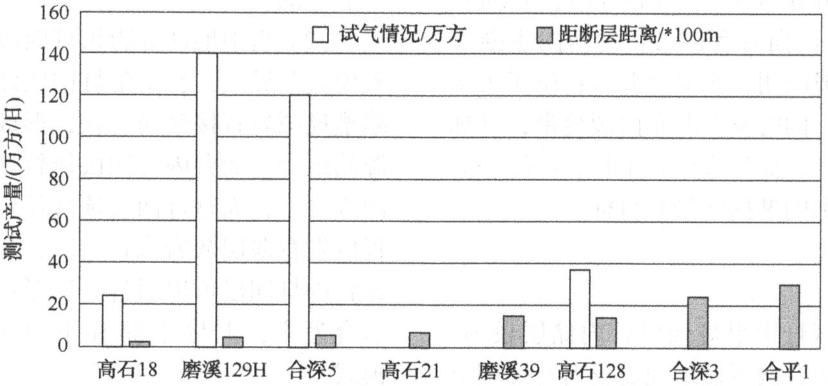

图8　合川已钻井灯四段产量与离相邻断层距离交汇柱状图

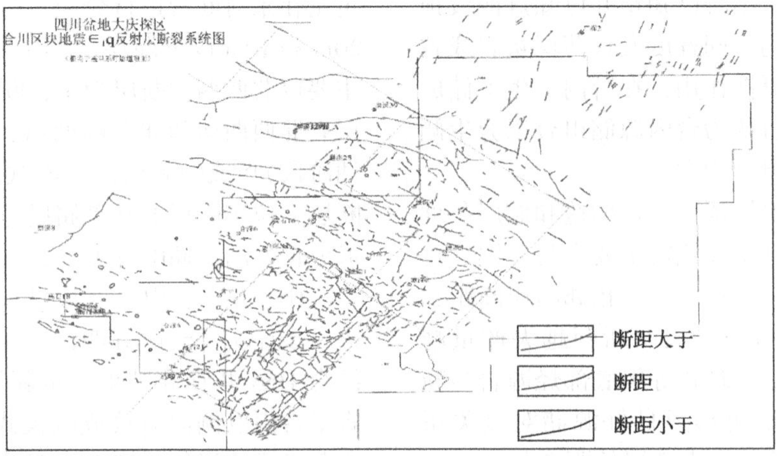

图 9　合川灯四段顶面断裂系统图

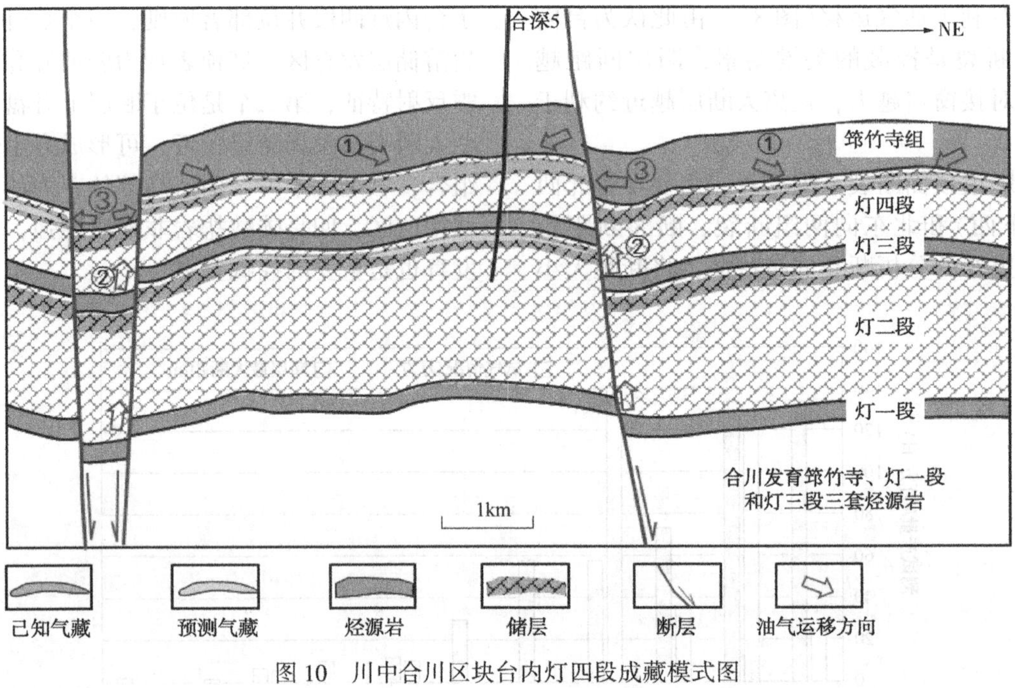

图 10　川中合川区块台内灯四段成藏模式图

6　下步勘探方向

按照控藏四要素综合评价优选川中地区合川灯四段 I 类有利勘探区带 7 个(图 11)，总面积 1046km^2，七个北西向有利区带：北西向主断裂与北东向储层形成圈闭，沟通烃源岩；位于古今构造相对高部位；同时发育北东向裂缝带，增加规模与储层渗透性，储量规模超千亿，勘探潜力大，是下一步有利的勘探区带和目标。

7　结论

(1) 川中地区灯影组灯四段台内储层较薄，台缘带储层厚度大，两者储层地震反射特征明显不同，台缘带储层表现为宽波谷和宽波谷+断续弱波峰地震反射特征，台内储层主要发育在灯四段顶部，表现为灯四段顶部弱波峰或弱复波地震反射特征。

(2) 川中地区灯影组灯四段台内与台缘带成藏模式差异大，台缘带灯四段储层与德阳安岳裂陷槽烃源岩直接侧向对接，形成良好的旁生侧储源储组合。而台内灯四段筇竹寺组烃源岩位于灯四段之上，而且灯四段顶部从台缘到台内均不同程度发育薄层灰岩或致密层，具有隔挡作用，因此台内灯四段可以通过断层形成以旁生侧储源储组合为主，上生下储和下生上储次之的成藏模式。

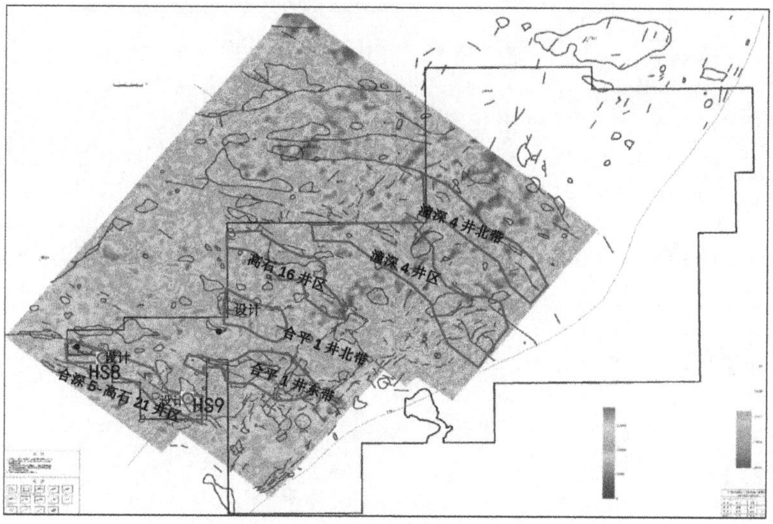

图11　合川区块灯四段有利区划分图

参　考　文　献

[1] 沙茨基(方维明等译)，四川盆地长宁地区震旦系—寒武系裂陷槽的发现及其地质意义，天然气勘探与开发，42(2)：22~28，1959，古陆台比较大地构造学，北京：地质出版社：1~210.

[2] 王剑，刘宝珺，潘桂堂．华南新元古代裂谷盆地演化—Rodinia超大陆解体的前奏[J]，矿物学报，2001，21(3)：123-145.

[3] 罗志立．四川盆地基底结构的新认识[J]，成都理工学院学报，1998.25(2)：191-200.

[4] 宋洪彪、罗志立，四川盆地基底及深部地质结构研究的进展[J]，地学前缘，1995.2(3/4)：231-232.

[5] 魏国齐、杨威、杜金虎等，四川盆地高石梯—磨溪古隆起构造特征及对特大型气田形成的控制作用[J]．石油勘探与开发，2015，42(3)：257-265.

第二篇　深层、超深层油气开发技术篇

我国深层油气资源丰富，“陆地超深层”、“海洋深水深层”油气的高效开发已成为油气增储上产的新兴领域，近几十年来新勘探开发的大型油气田大多位于“两深”范畴。深层–超深层油气的高效开发已成为助推油气行业持续发展的强劲动力，亦已成为未来发展的战略方向之一。伴随深层高效开发技术持续攻关，我国在深层油气地质规律、井网设计、油藏工程、建模数模、水平井钻井、酸压完井、采油等方面获取了一系列关键突破，使深层油气资源的高效开发与提高采收率具备可行性，引领了全球相关技术快速发展。本篇汇集了众多在新技术、新方法等层面的优秀文章，诸如超深断控缝洞型油藏孔隙度模型预测新技术、深层礁滩相高含硫边底水气藏安全高效稳产关键技术、超深裂缝型储层地质工程一体化研究与实践、深层煤层气勘探开发现状及开采关键技术、东海深层低渗气藏特殊渗流机理数值模拟研究等。本篇文章紧扣油田需求，化解生产难题，体现技术创新，将对推动企业提高生产效率、实现管理模式变革起到有效推动作用。

超深裂缝型储层地质工程一体化研究与实践

梁景瑞[1]　徐　珂[1,2,3,4]　王志民[1,2,3,4]　王海应[1,2,3,4]　强剑力[1,2,3]　张　禹[1]　来姝君[1]

（1. 中国石油塔里木油田公司；
2. 中国石油天然气集团有限公司超深层复杂油气藏勘探开发技术研发中心；
3. 新疆维吾尔自治区超深层复杂油气藏勘探开发工程研究中心；4. 新疆超深油气重点实验室）

摘　要　塔里木油田库车坳陷超深低孔、低渗裂缝性复杂地质构造及温压系统导致储层裂缝钻遇率低、钻井复杂频发、增产措施实践困难，制约了油气勘探开发过程。以地质力学为基础的地质工程一体化研究思路，结合地质、地球物理、石油工程等多学科综合研究，从井位设计、钻井地质设计、钻井安全措施、完井提产措施等环节确保库车坳陷超深裂缝性储层的钻遇率，实现从地质源头增产。井位设计及井轨迹优化过程中，重点考虑断裂系统的分布、现今主应力方向分布、天然裂缝渗透性方向和井壁稳定性方向等因素；钻井地质设计阶段，精细刻画复杂地质构造砾石层、膏盐岩层、储层砂体和断裂系统，利用井震联合手段预测全地层压力分布，设计最优钻井液密度窗口及井身结构；钻进过程实时跟踪，研究应力性垮塌及裂缝弱面漏失机理，科学设计钻井液密度并提供复杂处理措施建议，确保安全快速钻进；完井措施环节，根据高应力天然裂缝力学扩展机理研究及划分类型，结合井筒储层发育特征，建立了五类地质力学模式增产措施方法。研究结果已在塔里木库车坳陷克拉苏构造带成熟应用，成功优化克深1002等20余口大斜度井井眼轨迹，2018~2020年增产措施应用150余井，实现克深区块增产2.6倍，大北区块增产4.8倍，博孜区块增产3.8倍，该研究思路为其它超深裂缝型储层勘探开发提供了借鉴依据。

关键词　地质工程一体化；超深裂缝；地质力学；轨迹优化；增产措施；裂缝力学

塔里木盆地库车坳陷，目前已钻井1200余口，总进尺约700万米，投资超1500亿，产能超300亿。这类超深裂缝性砂岩储层，埋深普遍在6000米~8500米，白垩系是最主要的勘探层和产气层之一，早期沉积大套砂岩，晚期快速沉积埋深压实和构造运动及古应力、现今应力共同作用下，形成低孔、低渗砂岩裂缝型储层；新近系库车组、康村组普遍存在巨厚砾石层，厚度相差大，区域实钻经验预测厚度差异大，提速困难；古近系特殊岩性膏盐岩层蠕变及高压盐水分布不均，传统经验做法无法解决钻井复杂。

由于“强压实、高应力”效应，优质储层受裂缝发育模式的影响非均质性较强，增大了储层预测难度，影响了井位优选，制约了勘探进程；由于构造挤压变形强烈、断裂发育，地层岩性复杂、导致储层裂缝钻遇率低，单井产能不理想；储层致密，强应力集中，导致工程方案实施难、改造设计优化缺乏科学依据。超深层由于压实作用强烈，基质孔隙度和渗流能力极低，沟通更多的天然裂缝是改善储层品质的关键，前人研究天然裂缝预测方法主要有曲率法、统计法、地震属性法、构造恢复法等，针对白垩系这种构造复杂、高陡、多期次裂缝发育区，本文基于前人研究，本文将地质、地球物理、地质力学、石油工程多学科相结合，建立了基于地质力学研究为基础的超深裂缝型气藏地质工程一体化解决思路。以储层甜点预测及断裂系统刻画为基础，研究断裂系统与区域主应力方位、区域天然裂缝渗透性方位关系，考虑井壁稳定性方向等因素，优选井点及井轨迹；结合预测砾石层厚度、膏盐岩层高压盐水及软泥岩分布规律，创新适用于库车坳陷的地层五压力计算方法；预测纵向和横向上的地层压力分布特征，提高钻井液安全窗口预测精度，优化井身结构，随时跟踪钻井复杂，研究复杂机理，为钻井工程及时提供调整措施及建议；开展井筒天然裂缝力学特性、高应力作用下裂缝延展特性、井周应力场特征、应力方位与储层主体分布方向的分析，建立五种地质力学分类提产措施方法。

整个地质工程一体化研究过程中，以地质力学为“龙头”，结合地质、地球物理、石油工程等多学科综合研究，落实方案，应用实施，解决了库车坳陷超深裂缝性储层很多复杂地质条件引起的工程地质问题，推动了地质工程一体化研究，加快了塔里木油气藏的勘探开发步伐。

1　研究背景

库车坳陷位于塔里木盆地北部，南天山山前，为北东东向长条状坳陷，构造变形强烈，根据地质构造特征及形成时代划分为北部构造带、克拉苏-依奇克里克构造带、秋里塔格构造带、南部斜坡带和乌什凹陷、拜城凹陷、阳霞凹陷7个二级构造单元(图1)。主要目的层为白垩系，储层类型为低孔低渗裂缝型储层，受构造运动影响，裂缝主要分为三期次，第一期为白垩纪末-新近纪吉迪克组(燕山晚期-喜马拉雅早期)近南北伸展和短暂弱挤压抬升形成，裂缝数量少，走向近南北和近东西向，角度高，开度小，被充填，裂缝有效性差；第二期为新近纪康村组-库车组早期(喜马拉雅中期)近南北向挤压形成，裂缝数量中等，走向近南北向，以剪切缝为主，多被充填，裂缝有效性差；第三期为新近纪库车组晚期-第四纪西域组(喜马拉雅晚期)近南北快速强烈挤压形成，裂缝数量大，走向近南北向和近东西向，裂缝开度大，基本未充填，裂缝有效性好(图2)。

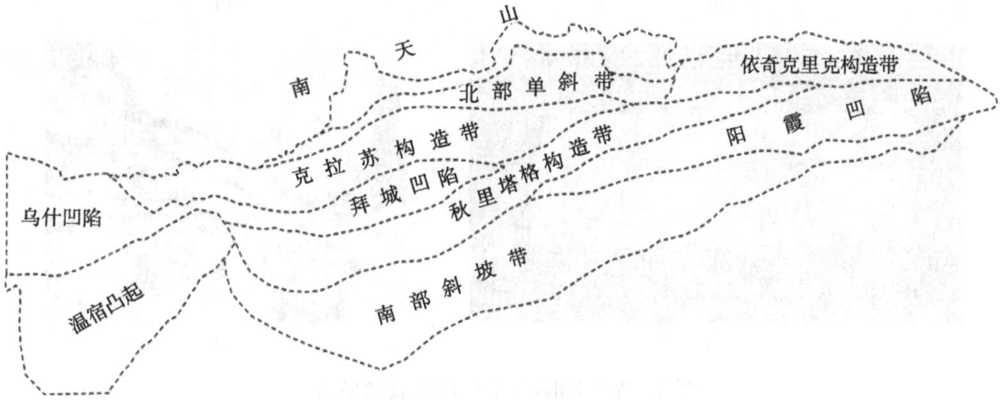

图1　研究工区构造区域位置图

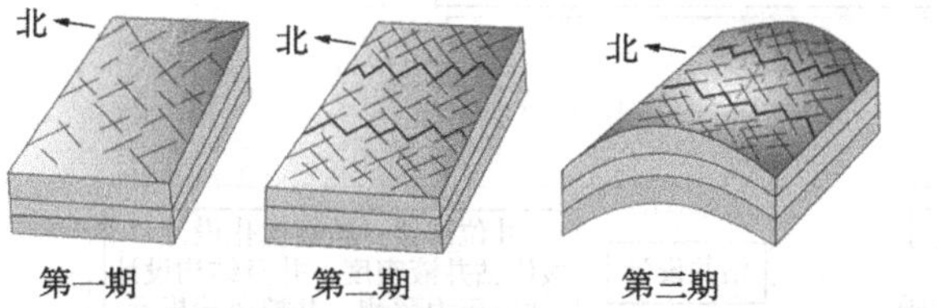

图2　库车坳陷白垩系地层裂缝示意图

白垩系超深裂缝型储层非均质性强，各向异性和地应力与裂缝关系控制储层品质。古应力创造裂缝，控制其产状，现今应力改造裂缝，控制其渗流能力。通过裂缝对储层作用可分为四个级别：I级，由构造运动所形成，裂缝开度大，角度高，延伸长，能够提高储层渗流能力[图3(a)]；II级，构造伴生裂缝，裂缝开度10μm~100μm，连通基质大孔隙，能够改善储层渗流能力[图3(b)]；III级，成岩期裂缝，裂缝开度1μm~10μm，长度0.2mm~2mm，能够改善孔隙连通网格，提高天然气运移充注效率[图3(c)]；IV级，原生级成岩裂隙，裂缝开度0.05μm~1μm，长度0.2mm以下，沟通粒内孔隙，扩大储层空间，增加储量规模[图3(d)]。

库车坳陷构造变形强烈，构造样式复杂，层系间工程问题复杂。上覆地层西域组至新近系康村组砾岩厚度难以预测准确，影响钻井安全及钻井钻速，古近系膏盐岩层，地层缺失、重复，断裂、裂缝发育、高压盐水层、高应力等造成钻井复杂频发；白垩系目的层多期次断裂系统、裂缝非均质性及复杂应力机制导致部分井裂缝钻遇率低，提产效果不理想。

2　地质工程一体化研究成果

2.1　地质工程一体化具体流程

地质工程一体化的研究思路以地质、储层研究为基础，地质力学研究为桥梁，从井位设计、钻井地质设计、钻进、完井措施四个阶段将地质、油藏工程、地质力学、石油工程融合为一个有机整体，实现勘探发现及提高油气产量的目的(图4)：

井位设计阶段：以地质建模为平台，研究地质构造特征为基础，利用三维地震资料刻画储层甜点结构，开展三维应力场、压力场建模、天然裂缝预测、井壁稳定性预测等地质力学研究工作，论证井位，规避井位风险，同时深入分析现今最大水平主应力方位与储层、天然裂缝之间的关系，确定最优井型，确保贯穿更多裂缝、最有利于井壁稳定、最有利于后期改造的井眼轨迹，实现地质钻探目的第一步；

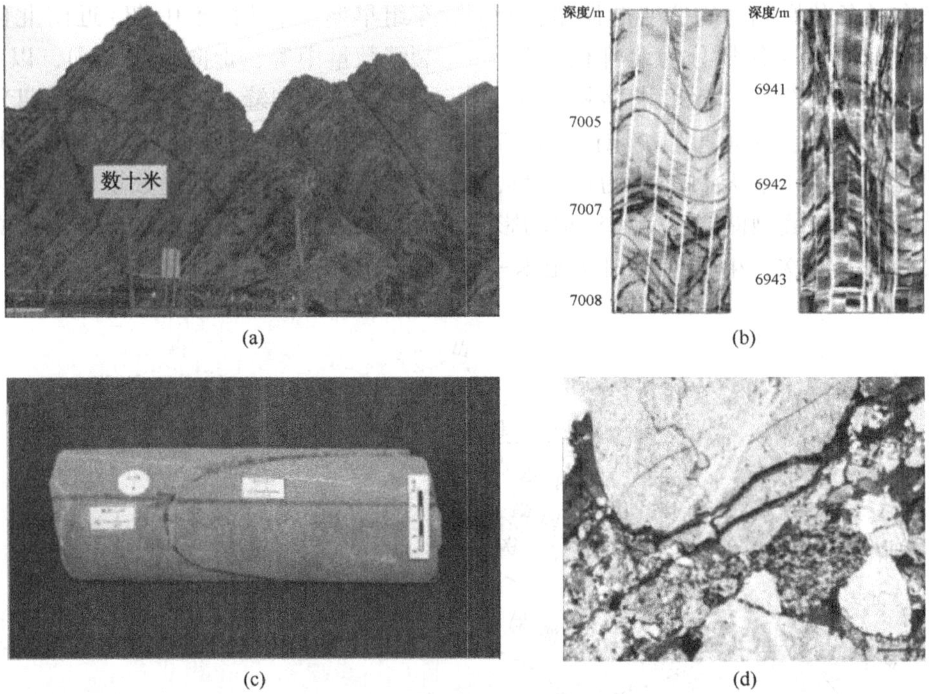

图 3　库车坳陷白垩系地层裂缝描述

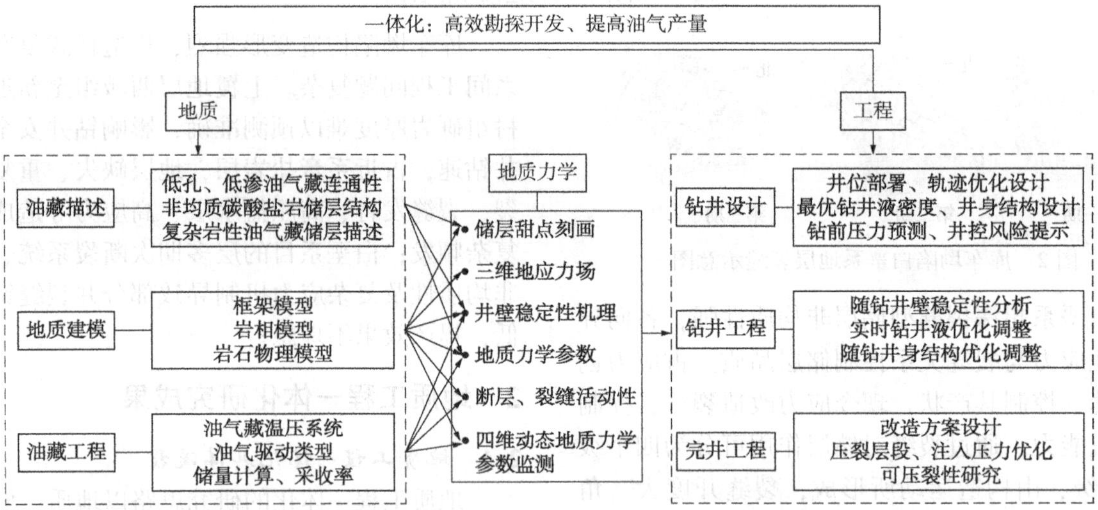

图 4　塔里木超深裂缝型储层地质工程一体化研究思路

钻井地质设计阶段：在地质构造模型、储层刻画基础上，了解油气藏连通性、结构特征、储层规模、温压系统等地质力学研究参数，利用地震属性，结合三维应力场、压力场分布规律定量预测全地层孔隙压力、坍塌压力、漏失压力、闭合压力及破裂压力，并以坍塌压力上限和漏失压力下限确定最优钻井液密度。在地质建模、地质力学模型基础上分析断层、裂缝活动性，利用岩石物理模型、岩相模型预测复杂地层井壁稳定性，为钻井工程提供风险提示及预防措施，同时，依据地质特性、最优钻井液密度及预测风险层位，设计合适的井身结构，为安全钻井保驾护航；

钻进阶段：需要实时跟踪钻井情况，包括油气藏开采过程中压力变化情况、钻井过程中复杂情况，开展井壁稳定性机理研究以及四维地质力学参数（应力场、压力场动态等）监测。同时依据实钻地层地质、工程、测、录井等资料分析，提供科学钻井液性能和井身结构调整方案，确保顺利钻进；

完钻措施阶段：首先利用测井资料评价储层物性、井筒构造特征拾取，分析研究现今主应力方位与储层、裂缝走向等相互关系，其次，利用录井资料开展岩石物理分析基础上，开展单井地质力学综合评价，结合井周应力场、压力场大小确定改造方案，再对储层甜点结构、天然裂缝力学扩展等机理研究，确定相应改造措施对策，设计地层可压裂层段、注入压力等，达到单井提产目的。

2.2 地质工程一体化阶段措施及应用

2.2.1 基于地质力学研究井位及井轨迹优化设计

地质工程一体化初始工作是井位设计、井型选择、井轨迹优选阶段。与以往井位部署研究思路不同，在地质构造建模、油气藏结构认识基础上，利用地震资料结合研究工区已钻井实测、实钻数据，研究地质力学应力场、储层甜点刻画、断-缝活动性、井壁稳定性，以确保井眼避开井控风险地层，钻遇最有利储层、钻穿更多缝洞体，同时深入研究现今主应力方位与储层、裂缝关系，考虑更有利于后期提产措施的井眼轨迹。

在优选井位、井轨迹阶段，地质工程一体化在地质力学研究基础上创新了砂体和断缝系统叠合的储层甜点刻画思路，首先在地质构造建模、岩相建模及岩石物理建模基础上，对储层砂体精细描述，同时开展叠前储层反演，刻画通源断裂；其次利用井筒天然裂缝特性融合地震叠前各向异性裂缝强度属性，叠后最大构造曲率属性、最大似然法等多属性刻画裂缝体；最后将储层砂体、通源断裂、裂缝体叠合，形成砂体+断缝叠合刻画的储层甜点区。

在储层甜点精细刻画基础上优选井点位置，如图5（a）所示，新部署井位于断缝性甜点区。井型及井轨迹优选环节，还需要模拟分析井轨迹与裂缝关系、研究井轨迹钻穿地层的井壁稳定性以及现今最大水平主应力与裂缝关系等。

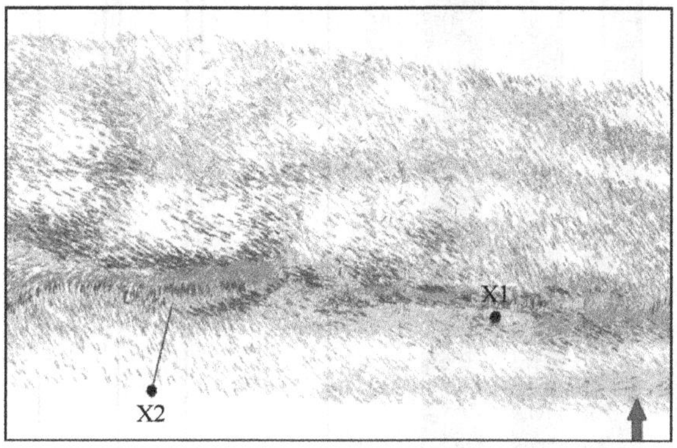

(a)库车坳陷克深区裂缝性甜点预测

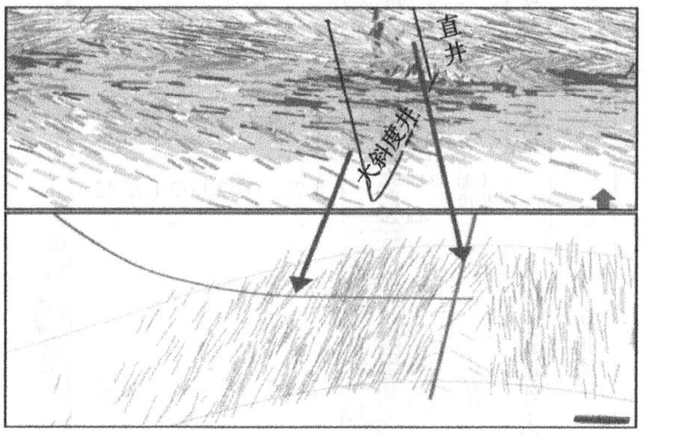

(b)根据砂体、裂缝预测优选井位、井型

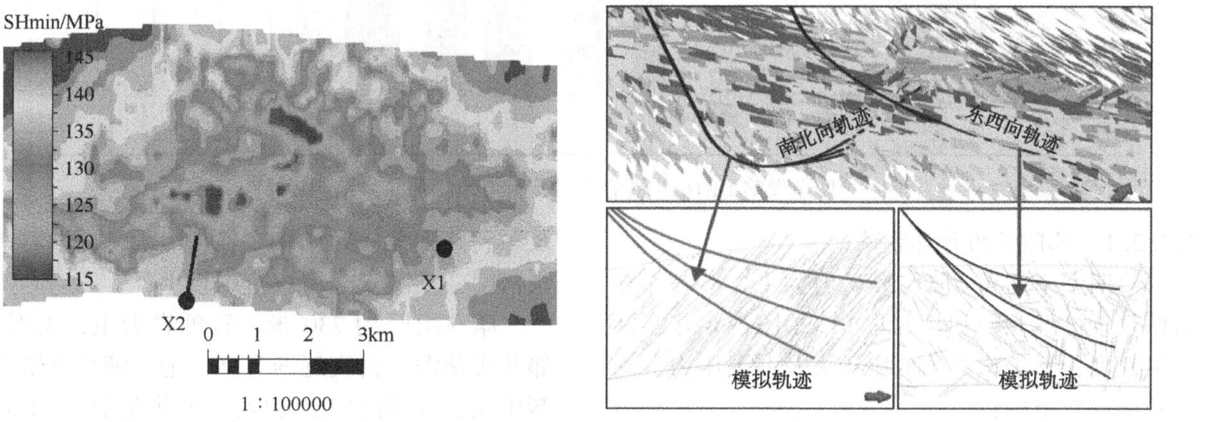

(c)结合构造、应力优选井型及井轨迹优化

图5　超深裂缝型储层井位优选、井轨迹优化设计

在图5(b)中可以看出，采用大斜度井模式能够有效钻遇更多断缝体储层，而直井轨迹与裂缝走向接近平行，钻遇断缝几率较小，由此可见，大斜度井更具优势。

井轨迹的优选，在地质力学研究基础上，考虑了钻井井壁稳定性，在最小水平主应力分布规律[图5(c)]中可以看出，井眼正北方位最小水平主应力由高变低，钻井过程中的井壁稳定变好；模拟不同方位井轨迹钻穿裂缝情况，南北向轨迹钻遇裂缝更多。综合确定最优井轨迹为正北向大斜度井。

2.2.2　地层五压力计算方法

钻井地质设计中重要环节钻前地层五压力预测，它是最优钻井液密度设计、井身结构设计的直接依据。在地质预测基础上，利用井震联合地震属性提取技术手段，参考邻井、邻区实钻工程数据，结合油气藏、钻井工程实测、试验数据，依据沿井轨迹提取的地震属性全井筒、分层系精细预测(图6)，并对复杂地质层井壁稳定性分析，提示井控风险，提供预防措施。

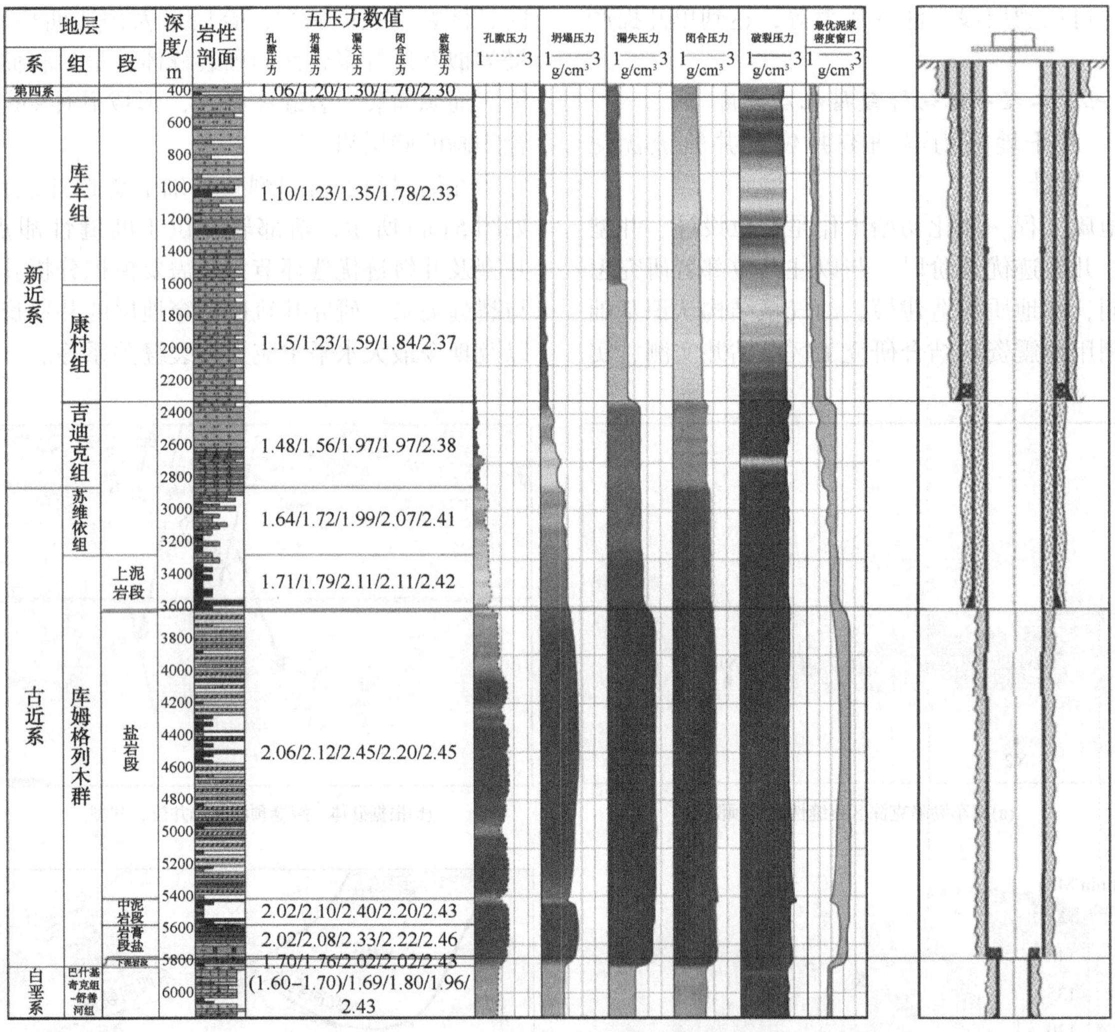

图6　库车坳陷DB16井钻前地层五压力预测及井身结构设计

2.2.2.1　*孔隙压力计算方法*

第四系厚约422米，砂砾岩为主。参考邻井实钻复杂情况及顺利井大北13、DB12-8井实钻泥浆密度，基于预测的坍塌压力及漏失压力，确定安全窗口范围；

库车组厚约1170米，砂砾岩为主，夹泥岩。强应力砾岩层井壁稳定性差。参考邻井实钻复杂及顺利井大北13、DB12-7、DB12-8井实钻泥浆密度，预测安全窗口范围较小；

康村组厚约730米，砂砾岩为主，夹泥岩。邻井实钻泥浆密度逐渐升高、地层随深度增大逐渐压实，实钻复杂减少，预测安全窗口范围变大；

吉迪克组厚约530米，上部地层主要为砂砾岩，下部地层泥岩含量升高。参照邻井实钻工程数据，基于压实趋势预测地层孔隙压力升高；

苏维依组厚约 420 米，上泥岩段厚约 350 米，主要为膏质泥岩。地层塑性成分逐渐增加，依据压实趋势预测，参考邻井实钻工程数据，综合确定安全窗口范围；

盐岩段厚约 1789 米、中泥岩段 166 米、膏盐岩段 245 米、下泥岩段 15 米，强塑性层总厚度约 2215 米。盐、膏、泥复合岩性层自身稳定性差，盐岩蠕变、软泥岩流变以及高压盐水都是导致井壁失稳主要因素，仅仅依靠泥浆密度压稳超高压盐水、维持蠕变及流变变形，同时预防断层裂缝性漏失难度较大，要维持井壁稳定，钻井液性能及钻井工艺至关重要。结合地质构造特征，参考邻井实钻复杂，基于符合塑性地层应力模型处理(三轴应力接近一致)，综合预测安全窗口；

目的层巴什基奇克组及巴西改组地层总厚度约 283 米，舒善河组 30 米未钻穿。砂岩裂缝性地层，漏失严重，裂缝弱面易发生掉块，漏失会加重掉块发生。地层压力预测参考大北邻区实测压力，依据压实趋势预测。

根据地质预测结果、地层五压力预测结果、最优钻井液密度窗口以及井壁稳定性研究结果优化了该井的井身结构：一开封堵地表疏松层、二开封堵浅层新近系库车组至康村组低压层、三开封堵吉迪克组至库姆格列木群上泥岩段泥岩段、四开封特殊岩性膏盐岩、五开目的层专打(图 6 右)，以确保安全钻进和实现油气发现。

2.2.3　地质工程一体化随钻跟踪预测

钻进阶段的任务就是保证安全钻进。主要工作包括实时跟踪钻井情况，分析复杂原因，开展二次预测工作，提供钻井液密度及井轨迹调整方案，减少复杂，其次还需要注意已开采油气藏压力变化情况，及时调整压力预测方案，预防复杂发生，确保顺利钻进。

随着油田勘探开发步伐加快，钻遇复杂地质情况越来越多，当钻进过程中发生复杂，我们需要准确认识井壁失稳机理，依据科学手段设计钻井液密度，仅依靠经验或传统做法可能适得其反，阻碍地质工程一体化研究进程。例如，塔里木盆地库车坳陷，博孜 25 井在钻进过程中非目的层段白垩系舒善河组地层钻遇断裂破碎带，地质预测为砂泥岩互层，层间各项异性强，导致钻进过程中漏失(红色实线)与垮塌(蓝色圆点)并存，严重影响钻井速度及安全(图 7)。

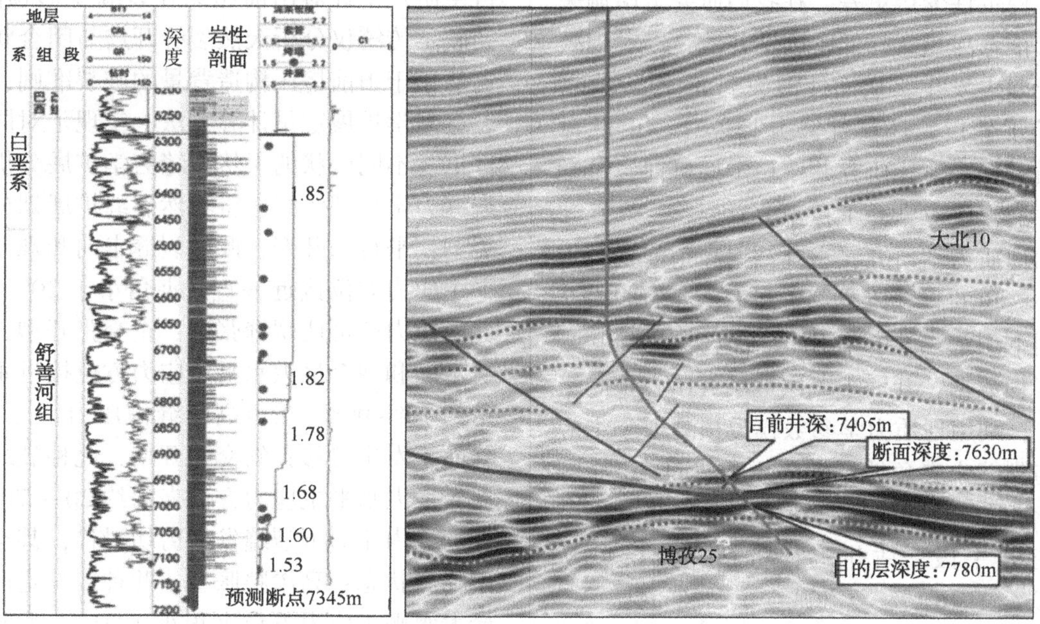

图 7　重点井随钻跟踪预测

在地质力学实验基础上，分析应力性垮塌与弱面漏失性垮塌的机理。应力性垮塌，垮塌初始崩落宽度小于 60°，垮塌宽度较窄，随着应力增强，垮塌宽度基本不变，垮塌深度增大，直至井眼稳定。这种垮塌落入井筒的破碎岩石相对较少，只要及时清洁井眼就能保证安全钻进[图 8

(a)]；存在弱面漏失后导致的垮塌不同，垮塌的初始崩落宽度约120°，随着不断漏失及应力增大，垮塌宽度会大幅度增加，垮塌深度变化不大，直至井壁周围完全坍塌。这种垮塌会有大量破碎岩石落入井筒，导致遇阻、卡钻等复杂[图8(b)]。

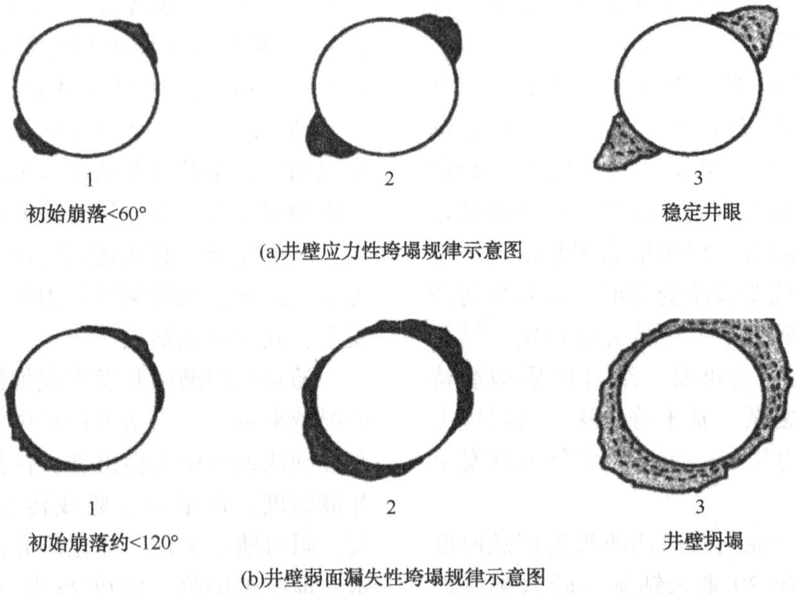

图8　井壁垮塌机理研究

当钻井过程中钻遇断裂破碎带及弱面漏失性垮塌地层，垮塌、漏失复杂并存时，传统做法会提高钻井液密度，从而导致漏失加剧，垮塌加剧，井壁稳定性变得更差，在我们研究了垮塌失机理后，推荐尽量选择低密度钻井液，以实现减少或停止漏失发生，从而使漏失弱面掉块减少，不但保护了储层，还能保障井控安全，由此可见，地质工程一体化研究井壁稳定性机理，科学设计钻井液密度对钻井工程至关重要。

根据地质力学研究，本井钻遇高角度且与主应力较小夹角的裂缝体，发生漏失，漏失弱面在应力作用下引起垮塌，利用已钻地层实测测井、录井、工程数据，开展了二次地层五压力预测工作(图9)，利用地质力学参数模拟预测现今主应力方位与裂缝小夹角地层漏失压力当量密度(图10)，综合判定降低钻井液密度是解决井壁失稳问题最有效手段，钻井工程将钻井液密度从1.70降低至1.46后，复杂减少，顺利完钻。

2.2.4　地质工程一体化完井措施方案

塔里木油田库车坳陷主要为高压、高应力的低孔低渗砂岩裂缝型储层，自然投产率低，其次由于储层天然裂缝发育，在钻井过程中发生钻井液漏失等复杂导致泥浆伤害比较严重，多数井必须通过储层改造才能达到经济开发的要求。

为推动地质工程一体化研究工作，塔里木油田地质力学工作室在地质力学参数评价基础上，自主研发了针对山前超深井裂缝变形预测技术，突破了传统仅分析天然裂缝开启与闭合状态，优选适用于山前挤压构造背景的破裂准则，建立了裂缝力学扩展定量计算方法，实现了对同应力条件下、不同产状的天然裂缝力学扩展分析，基于裂缝力学机理研究，将天然裂缝扩展划分为四种类型：平行张开型，此种裂缝走向和现今最大水平主应力方位接近一直，夹角小于20°，较低的缝内压力即可使裂缝张开；正交张开型，此种裂缝走向和现今最大水平主应力方位接近垂直，夹角约70°~90°，在很高的缝内压力下才可张开，缝面不发生滑移；斜交张开型，此种裂缝走向和现今最大水平主应力方位夹角约20°~70°，在较低的缝内压力下裂缝发生剪切滑移，甚至天然处于临界状态；高渗膨胀型，此种裂缝走向和现今最大水平主应力方位夹角小于45°，需要较高的缝内压力才能发生剪切滑移(图11)。

根据高应力天然裂缝力学扩展机理研究及划分类型，结合井筒储层发育特征，建立了五类地质力学模式：第一类，裂缝为高渗膨胀型扩展机理，储层渗流能力超强，此种裂缝在钻井过程中发生钻井液漏失等复杂导致泥浆伤害比较严重，压裂改造措施为解除裂缝通道污染；第二类，裂缝为平行张开型扩展机理，储层渗流能力一般，压裂缝为张开型，建议分层改造、暂堵非油气层；第三类，裂缝为斜交剪滑型扩展机理，储层渗流能力强，压裂缝易剪切滑移，需要加砂压裂；第四类，裂缝为正交张开型扩展机理，储层渗流能力弱，加砂压裂使裂缝张开并延伸至储层；第五类，无天然裂缝地层，地层无法压开，主要原因未钻遇裂缝储层，建议侧钻。

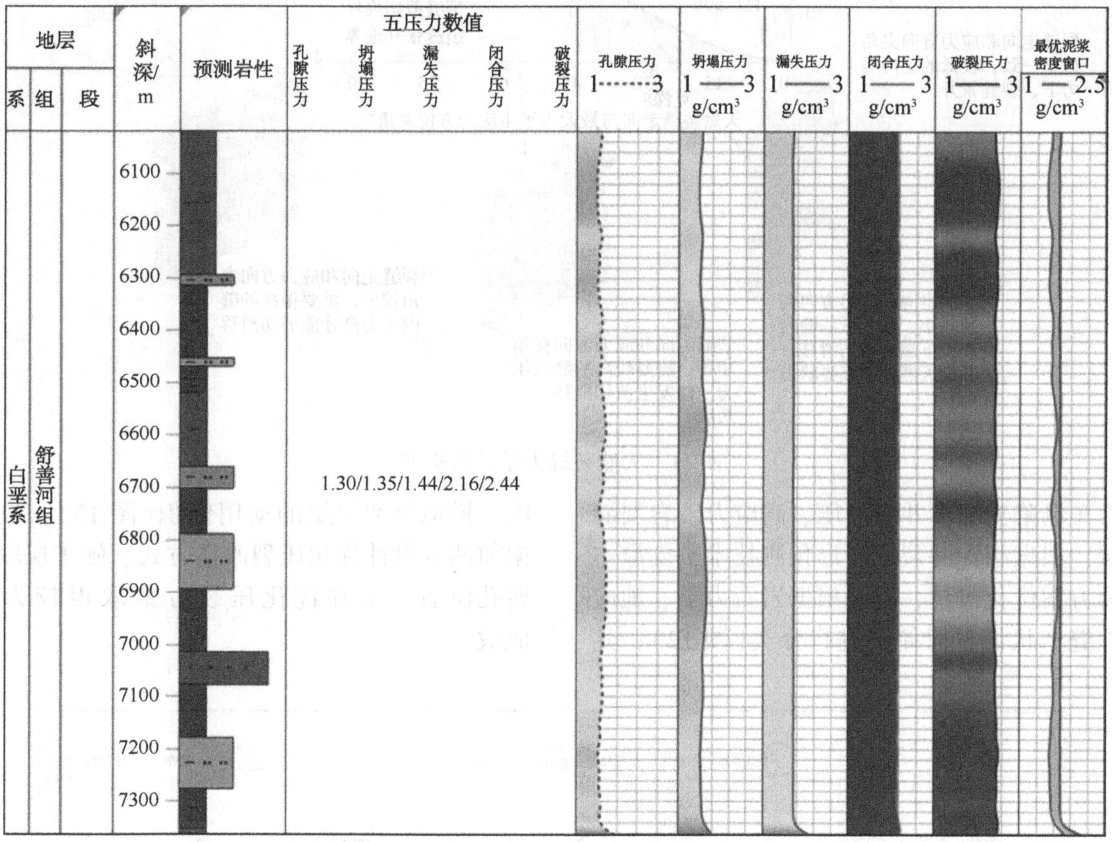

图 9　BZ25 井随钻跟踪二次压力预测剖面

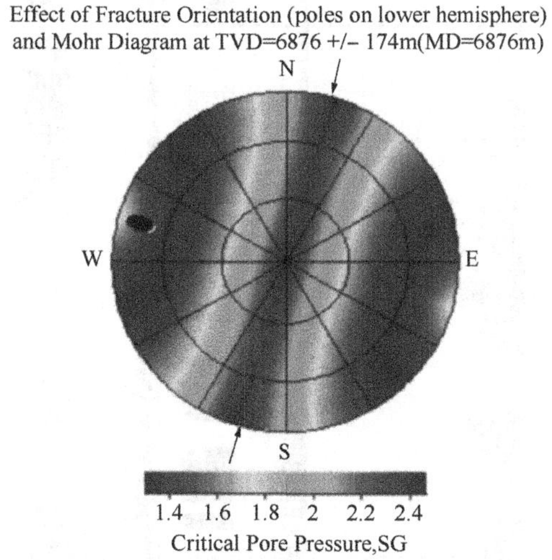

图 10　力-缝小夹角漏失压力模拟

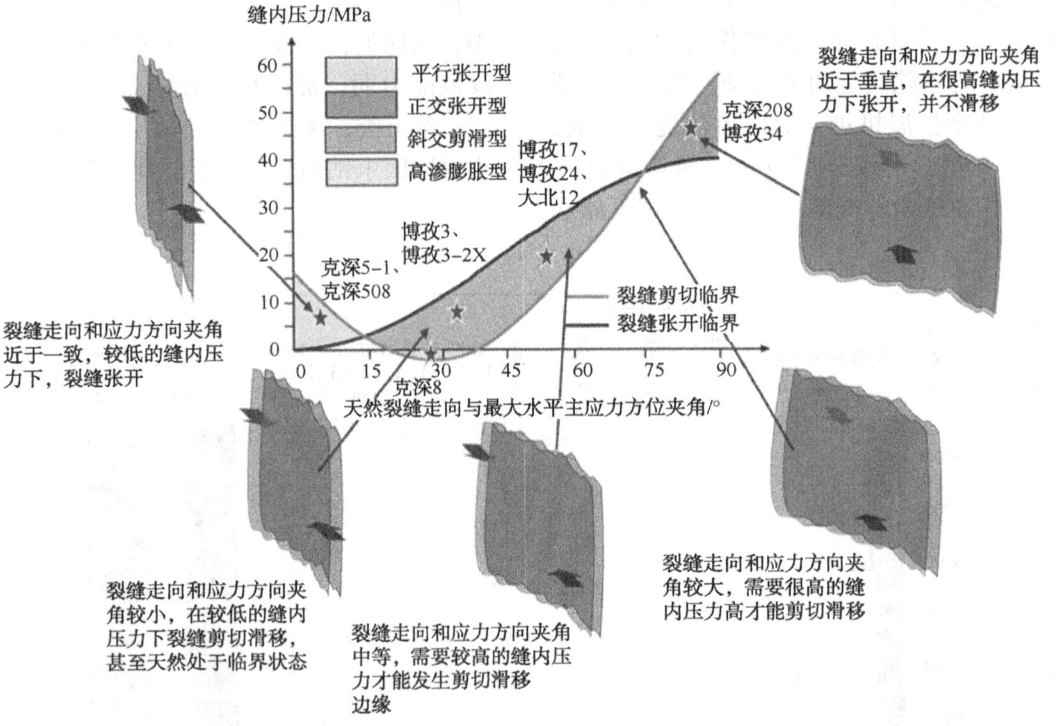

图 11　天然裂缝力学扩展机理

库车坳陷克探 1 井为高压、高应力砂岩裂缝性储层，根据超深井裂缝变形预测技术，支撑本井压力方案优化设计，首先根据岩石力学、地应力和裂缝产状信息对储层进行分类(图 12)；其次，模拟分类储层的动用体积(图 13)；最后根据前两点设计优化压裂改造方式、施工层段以及射孔位置。本井优化压裂方案取得较为显著成效。

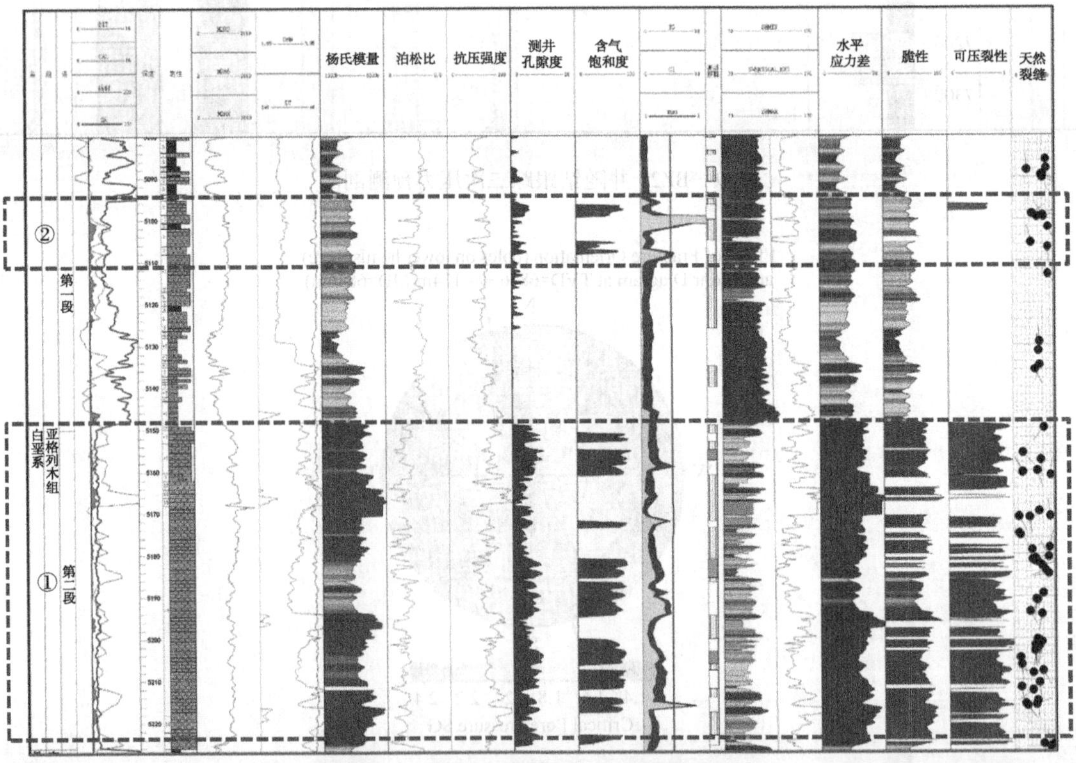

图 12　储层地质力学综合评价成果图

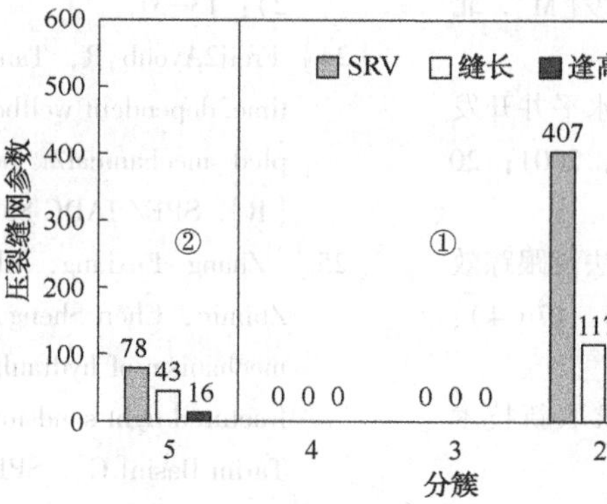

图 13　压裂缝网储层动用体积模拟

3　结论及建议

从井位、井轨迹优化设计到实钻应用；从钻井地质设计中地层五压力钻前预测支持钻井液密度设计、井身结构设计到复杂地质层段井壁稳定性预测；从钻井过程中复杂情况实时跟踪，到井壁失稳机理研究，再到科学提供合理钻井液密度及措施；从不同油气藏类型深入解读，到储层微构造与地质力学融合，支持储层改造方案设计及措施应用，证实了地质工程一体化理念对油气藏勘探开发的重要性。

地质工程一体化研究中，地质力学搭建了多专业、多学科、多环节、多部门的共同“对话平台”。基于地质模型基础上的三维应力场模型及井壁稳定性预测技术引领了地质与工程相结合、地质力学随钻跟踪，从地质出发分析复杂原因，研究井壁失稳机理，为钻井工程提供措施建议，搭建了地质到工程的桥梁、基于地质力学完井措施方案优化设计为地质工程一体化核心目标开通了“高铁”。地质力学在地质工程一体化研究中起到引导、桥梁、推动作用。

随着塔里木油田勘探开发技术不断提高，钻遇的地质复杂体、工程复杂问题会越来越多，地质工程一体化研究面临更多、更大挑战，不同类型油气藏需要建立不同地质工程一体化研究思路，不同的地质复杂体具有不同的侧重点，不同的井需要不同的方案措施。所有难题需要我们深入推进地质工程一体化协同研究才能解决，才能实现油气藏高效勘探开发，提产稳产的目标。

参　考　文　献

[1] 田东江，牛新年，郜国喜，张秋生．库车山前大北地区裂缝性气藏储层改造评价研究[J]．中国石油勘探，2012，21(5).

[2] 施立志，王震亮，姚勇，王卓卓．塔里木盆地库车拗陷现今异常高压分布特征及其成因[J]．大庆石油学院学报，2006，30(3)：1000-1891.

[3] 胡文瑞．地质工程一体化是实现复杂油气藏效益勘探开发的必由之路[J]．中国石油勘探，2017，22(1)：1672-7703.

[4] 谢军，张浩，佘朝毅，等．地质工程一体化在长宁国家级页岩气示范区的实践[J]．中国石油勘探，2017，22(1)：1672-7703.

[5] 章敬，罗兆，徐明强，等．新疆油田致密油地质工程一体化实践与思考[J]．中国石油勘探，2017，22(1)：1672-7703.

[6] 张辉，李进福，袁士俊，吴庆宽．塔里木油田井壁稳定性方法初探[J]．西南石油大学学报(自然科学版)，2008，30(5)：32-36.

[7] 金衍，陈勉，张旭东．钻前井壁稳定预测方法的研究[J]．石油学报，2001，(3)：96-99.

[8] 吴超，陈勉，金衍．利用地震反演技术钻前预测井壁稳定性[J]．石油钻采工艺，2006，(2)：18-20.

[9] 刘伟，李丽，吴建忠，王旭东，张发旺．川东北大斜度定向井井身结构优化研究[J]．石油地质与工程，2010，24(1)：91-93.

[10] 张山，白俊辉，李彦鹏，吴超，李青．复杂山前带有偏 VSP 数据处理方法研究[J]．石油物探，2012，51(2)：164-171.

[11] 杨海军．塔里木油田碳酸盐岩油气藏勘探开发一体化实践与成效[J]．石油地质，2012，05：1-10.

[12] 王昕，杨斌，王瑞．吐哈油田低饱和度油藏地质工程一体化效益勘探实践[J]．中国石油勘探，2017，22(1)：38-45.

[13] 鲜成钢，张介辉，陈欣，等．地质力学在地质工程一体化中的应用[J]．中国石油勘探，2017，22(1)：75-88.

[14] 刘向君，罗平亚．岩石力学与石油工程[M]．北京：石油工业出版社，2004.

[15] 李志明，张金珠．地应力与油气勘探开发[M]．北京：石油工业出版社，1997.

[16] 王书礼，唐许平，李伯虎．低渗透油藏水平井开发设计研究[J]．大庆石油地质与开发，2001；20(1)：56-58.

[17] 相建民．塔里木油田水平井优化设计方法及跟踪效果评价[J]．天然气地球科学，2006，17(4)：34-38.

[18] 樊洪海，张传进．复杂地层孔隙压力求取新技术[J]．石油勘探技术，2005，33(5).

[19] 金业权，王越之，李自俊．地震资料预测地层孔隙压力应基于欠压实成因[J]．石油钻探技术，2000，28.

[20] 张学文，马金华，李俊军．随钻测井地层评价技术现状与发展[J]．石油勘探与开发，1996，23(2)：92-94.

[21] 杨进，高德利，宋朝晖．随钻地层孔隙压力预测技术初探[J]．石油钻采工艺，1998，20(4).

[22] 金衍，陈勉．水敏性泥页岩地层临界坍塌时间的确定方法[J]．石油钻探技术，2004，32(2)：12-14.

[23] Rahman M K, Naseby D, Rahman S S. Borehole collapse analysis incorporating time2dependent pore pressure due to mud penetra2 tion in shales[J]. Journal of Petroleum Science and Engineering, 2002, 28 (1/2): 13-31.

[24] Freij2Ayoub R, Tan C P, Choi S K. Simulation of time2dependent wellbore stability in shales using a coupled mechanical2t hermal2 physico2chemical model [R]. SPE/ IADC 85344, 2003: 1-7.

[25] Zhang Fuxiang, Zhang Hui, Yuan Fang, Wang Zhimin, Chen Sheng, Li Chao, *et al.* Geomechanical mechanism of hydraulic fracability evaluation of natural fractured tight sandstone reservoir in Keshen Gasfield in Tarim Basin[C]. SPE, 177457-MS, The Abu Dhabi International Petroleum Exhibition & Conference, Abu Dhabi, UAE, 9-12 December 2015.

[26] Cai Zhenzhong, Zhang Hui, Yang Haijun, Yin Guoqing, Zhu Yongfeng, Chen Peisi, *et al.* Investigation of geomechanical response of fault in carbonate reservoir and its application to well placement optimization in YM2 Oilfield in Tarim Basin [C]. SPE, 175017-MS, The SPE Annual Technical Conference and Exhibition, in Houston, Texas, USA, 28-30 September 2015.

[27] Barton, C. A., Zoback, M. D. (2002). Wellbore imaging technologies applied to reservoir geomechanics and environmental engineering. AAPG Methods in Exploration, No. 13, 229-239.

超深碳酸盐岩储层地质力学建模技术及其地质工程应用

钱子维[1] 徐 珂[1,2,3,4,5,6] 张 辉[1,2,3,4,5,6] 尹国庆[1,2,3,4,5,6] 张 禹[1] 袁 芳[1] 杨科夫[1]

（1. 中国石油塔里木油田公司；
2. 中国石油天然气集团有限公司超深层复杂油气藏勘探开发技术研发中心；
3. 新疆维吾尔自治区超深层复杂油气藏勘探开发工程研究中心；4. 新疆超深油气重点实验室；
5. 国家能源碳酸盐岩油气重点实验室；6. 中国石油天然气集团有限公司碳酸盐岩储层重点实验室）

摘 要 缝洞型储层普遍发育在碳酸盐岩地层，断裂与缝洞体组合体的产量、成因机制与地应力密切相关，建立一套缝洞型储层地质力学建模技术，预测三维地应力场分布，对缝洞型油藏井轨迹设计、储层改造至关重要。本文对缝洞型储层的集合形态进行精细雕刻，并建立缝洞型储层地质力学非均质模型。依据井壁崩落、诱导裂缝明确现今地应力方向，预测复杂缝洞型储层地应力场三维分布。研究成果应用于塔里木盆地塔北隆起深层碳酸盐岩井壁稳定性、缝洞体活动性评价、井轨迹优化中。

关键词 缝洞型储层；地应力；数值模拟；碳酸盐岩；塔里木盆地

1 前言

碳酸盐岩蕴含着丰富的油气资源，世界范围内以碳酸盐岩为主要储层的大油气田数目约占总数的25%，但却贡献了近60%的油气产量。近年来在塔里木盆地发现了中国最大超深海相断控缝洞型碳酸盐岩油藏，这是全球陆上最深海相碳酸盐岩油田，油气埋深普遍超过7500m。随着埋藏深度的增大，地质条件越来越复杂，钻探施工、油气开发等方面面临巨大的挑战。前期勘探开发实践表明，深层-超深层(大于6000m)储层岩石力学性质、地应力状态以及天然裂缝特征，对超深层油气勘探和开发有重要意义，特别是现今地应力及其控制下的裂缝状态，对超深储集层品质和气井产能起关键作用。目前，现今地应力大小主要通过实验测试、水压致裂法等方法确定。前人已对塔北隆起缝洞型储层沉积、构造、储集层等方面已开展了不同程度的研究，但对缝洞型储层地应力的研究不够深入，对缝洞型储层地应力分布预测技术及其影响因素认识不足，制约了该区油气勘探、开发进程。因此，有必要开展缝洞型储层现今地应力预测方法研究，查明应力三维分布规律，明确其主控因素，这对缝洞型油气田的高效勘探开发具有重要的意义。

塔里木盆地超深碳酸盐岩储层经历多期构造运动、走滑断裂发育，导致地应力复杂多变，地应力沿走滑断裂破碎带呈条带状分布的控制机理不明。一些学者充分利用测井资料的连续性、经济性、高分辨率的优势，综合运用数理统计方法以及计算机综合成图技术，对岩石力学参数和地应力进行了一维研究。另外，部分学者采用有限元数值模拟技术预测了裂缝性储层地应力场三维分布特征，模型中主要考虑断层、构造形态或者储层力学参数对应力的影响。总体而言，地应力建模方法主要适用于传统的碎屑岩储层，以构造建模和储层建模为主。目前，针对复杂缝洞体地质力学建模处于起步阶段，国际上缝洞型储层地应力预测以二维建模或者简单三维建模为主，无法反映地下真实缝洞体几何形态，更无法预测缝洞型储层地应力场三维分布规律。缝洞型储层地质力学建模面临诸多技术难题，例如，如何在有限元软件中真实的还原地震资料刻画的缝洞体几何形态，如何实现缝洞体岩石力学参数非均质化。因此，亟需开展复杂缝洞体扰动下碳酸盐岩储层地应力预测方法研究，这对缝洞型碳酸盐岩油藏勘探开发至关重要。

针对超深缝洞型储层应力场预测存在的问题，在本文中，基于岩心、测井以及三维地震资料，建立一套碳酸盐岩储层缝洞体雕刻方法，并在有限元软件ANSYS中建立了地下真实的缝洞体几何模型；通过测井解释，计算单井地应力与岩石力学参数分布；采用井震结合的方法，反演碳酸盐岩储层岩石力学参数三维分布，建立研究区缝洞型储层地质力学非均质模型。结合井点地应力大小、方向，确定地质力学模型的边界载荷条件，实现了复杂缝洞型储层三维应力场预测。

2　地质概况

研究区跃满区块位于中国西北部塔里木盆地塔北隆起斜坡部位，历经多期构造运动；现今整体构造平缓，表现为西南倾向的斜坡。研究区碳酸盐岩油藏经历多期、多类型岩溶作用、构造活动的叠加改造，发育典型走滑断裂控制的碳酸盐岩缝洞型油气藏，是近期中国塔里木油田原油增产的主要领域，勘探开发潜力大，已基本落实石油储量近 10 亿吨，2021 年产量已超过 200 万吨，至 2025 年富满油田年产原油将达到 401 万吨，天然气 13.8 亿方，油气当量达到 510 万吨，在中国超深油气勘探开发中发挥着重要的作用。

从区域背景来看，塔北隆起是在前震旦系变质岩基底上发育起来的一个长期性继承发育的古隆起，于加里东中-晚期由于塔里木板块北缘的板块构造活动而形成凸起雏形，海西早期受区域性挤压抬升形成向西南倾伏的北东向展布的大型鼻凸，海西中-晚期由于区域性挤压应力的不断加强，塔北隆起大部分遭受剥蚀，其隆起格局最终定型。研究区内断裂发育，主要为北东、北西向走滑断裂，走滑断裂发育类型多样，表现为多期挤压变形、形成早。中加里东期以大型走滑断裂为主，该期断裂走向主要呈 NW、NE 向，且平面上形成“X”型组合(图 1)，对油气的分布有明显的控制作用，目前高产井主要分布在断裂带附近。油气沿走滑断裂带运移，在走滑断裂带控制的碳酸盐岩缝洞-裂缝型储集体内聚集的油气藏，具有沿断裂带富集、没有统一油水界面、油气藏丰度大、储集层连通性复杂等特征。断控缝洞体油气藏突破了油气勘探的深度限制，在埋深超过 8000m 的地层内，发现大规模油气藏，油气藏的厚度为 150～550m，具有极大的勘探潜力；断控缝洞体油气藏突破了碳酸盐岩储集层的物性限制，不受碳酸盐岩地层埋深及碳酸盐岩储集层岩石物性的影响。

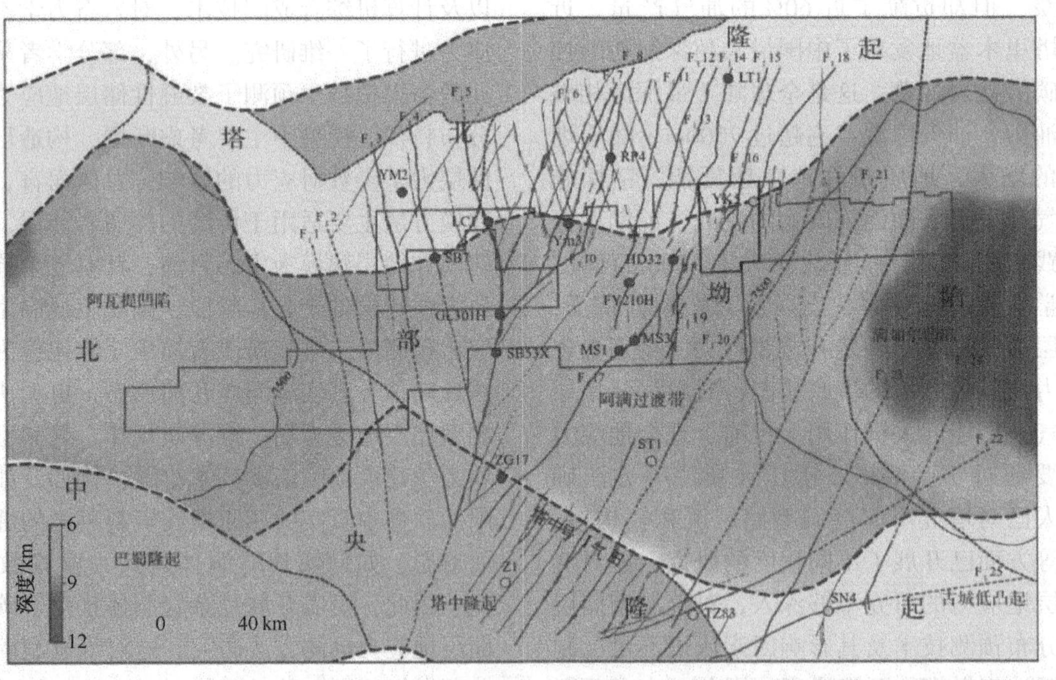

图 1　研究区构造位置与断裂系统分布

3　数据和方法

3.1　缝洞体岩心观察与测井识别

在岩溶地质背景下，一般孔、缝的形成在先，溶洞往往是在裂缝或溶孔的基础上扩展形成，溶洞形成后又易受到应力作用产生派生裂缝，在缝-孔-洞的不断溶蚀、扩展和演化中逐渐形成了复杂的缝洞储集体。在本文中，利用5口井岩心与7口井成像测井，实现单井缝洞体发育规律描述。

3.2　缝洞体地震雕刻方法

通过建立储层与测井响应、地震反射特征的对应关系，进行缝洞体雕刻与定量评价，具体步骤如下：首先对地震偏移数据做解释、差异属性分析与优化，建立反映致密灰岩地层断裂破碎带背景的低频模型。同时，开展井震约束的稀疏脉冲反演基本流程，求得高品质的纵波阻抗、最大似然以及孔隙度属性并雕刻出优质储层空间轮廓数据。第二步是属性优选和多属性分析；通过优选地震属性，利用缝洞体孔洞雕刻以及多属性孔、洞、缝融合雕刻等技术，结合测井标定的孔、洞、缝确定地震属性的门槛值，综合刻画缝洞体的“串珠”相、杂乱相、裂缝相。最后，将井震标定与三维缝洞储层正演分析技术相结合，对缝洞型储层“串珠状”、“片状”、“杂乱状”的地震反射特征分别进行地震相刻画，并采样到三维地质模型网格中，从而得到缝洞体几何结构定量化模型，最终实现缝洞体三维精细描述。

3.3　岩石力学参数测井解释与三维反演

通常岩石力学实验、测井解释难以准确地反演岩石力学参数三维空间分布规律，采用地震多属性检测-融合岩石力学参数反演技术，预测研究区缝洞型储层岩石力学参数三维分布；利用测井资料计算岩石力学参数，并采用成像测井中缝洞体的形态和发育位置验证测井计算的岩石力学参数大小是否可靠；以测井资料为约束，通过地震最大似然属性、孔隙度属性、波阻抗、振幅以及蚂蚁体多属性筛选、剔除，建立岩石力学参数预测模型；通过地震与测井解释的动态力学参数结果的标定，建立岩石动态力学参数预测模型，确定研究地区岩石力学参数(泊松比、杨氏模量以及岩石密度)三维分布。

3.4　地应力大小、方向测井解释

应用测井资料分析油气藏的地应力特征，具有垂向连续性好、精度高和应用范围广的优点，国内外众多学者主要利用成像测井，基于井壁崩落法、诱导缝法开展地应力场的研究工作。钻井诱导缝包括应力释放缝和重泥浆压裂缝两种类型。应力释放缝呈180°对称排列，应力释放裂缝走向即为S_H方位。井壁崩落法地应力分析主要利用地层倾角测井和成像测井资料，与井壁崩落垂直的方向代表水平最大主应力方向。利用交叉偶极子阵列声波测井评价地应力大小。

3.5　缝洞型储层地质力学建模方法

如图2所示，基于三维地震解释与缝洞型储层地震多属性反演结果，依据精细雕刻缝洞体几何形态，在有限元软件中，雕刻缝洞体地质力学均质模型；基于常规测井-成像测井-地震结合，反演缝洞型储层三维岩石力学参数分布，实现缝洞型地质力学模型的单元体力学属性非均质化；依据确定的现今地应力方向，确定模型边界载荷与位移约束条件，实现复杂缝洞型储层三维应力场数值模拟。

3.6　缝洞体现今活动性评价方法

在油气田开发过程中，缝洞体受到作用于其的现今应力场的控制，不同位置、不同深度断裂和缝洞体的活动性不一。断裂的地质力学活动性指的是断裂结构面在现今地应力场作用下的力学特征。由于断裂带产状的变化和地下三维空间应力场的分布不同，因此在同一油气藏内不同断裂之间和断裂带上的不同部位所表现的力学特征存在差异，这种力学特征的差异性与油气藏内部的渗透性密切相关，对储层内流体的流动影响较大。对于一个已知的断裂面，其活动性主要取决于断裂面所受正应力、剪应力之间的相互关系，在本文中，我们将缝洞体的活动性定义为缝洞体所受的正应力与剪应力的比值。

4　结果

4.1　缝洞体岩心与测井发育特征

超深层碳酸盐岩储集空间主要有孔、洞、缝三大类，储层类型主要为洞穴型、孔洞型、裂缝型。岩心观察到的溶洞尺度较小，长度一般不超过6cm，宽度主要是分布在2~30mm之间，大多被方解石、白云石或砂泥等碎屑物质充填。从裂缝的溶蚀、充填和组合形式来看，研究区肉眼可辨的构造裂缝约占裂缝总数的80%以上，这类裂缝多为垂直裂缝、张性裂缝和剪性裂缝，裂缝

发育比例相同，充填率为 31%，大部分呈未充填状态(图 3)，甚至发育成为网状缝，裂缝的空间连通性较好。

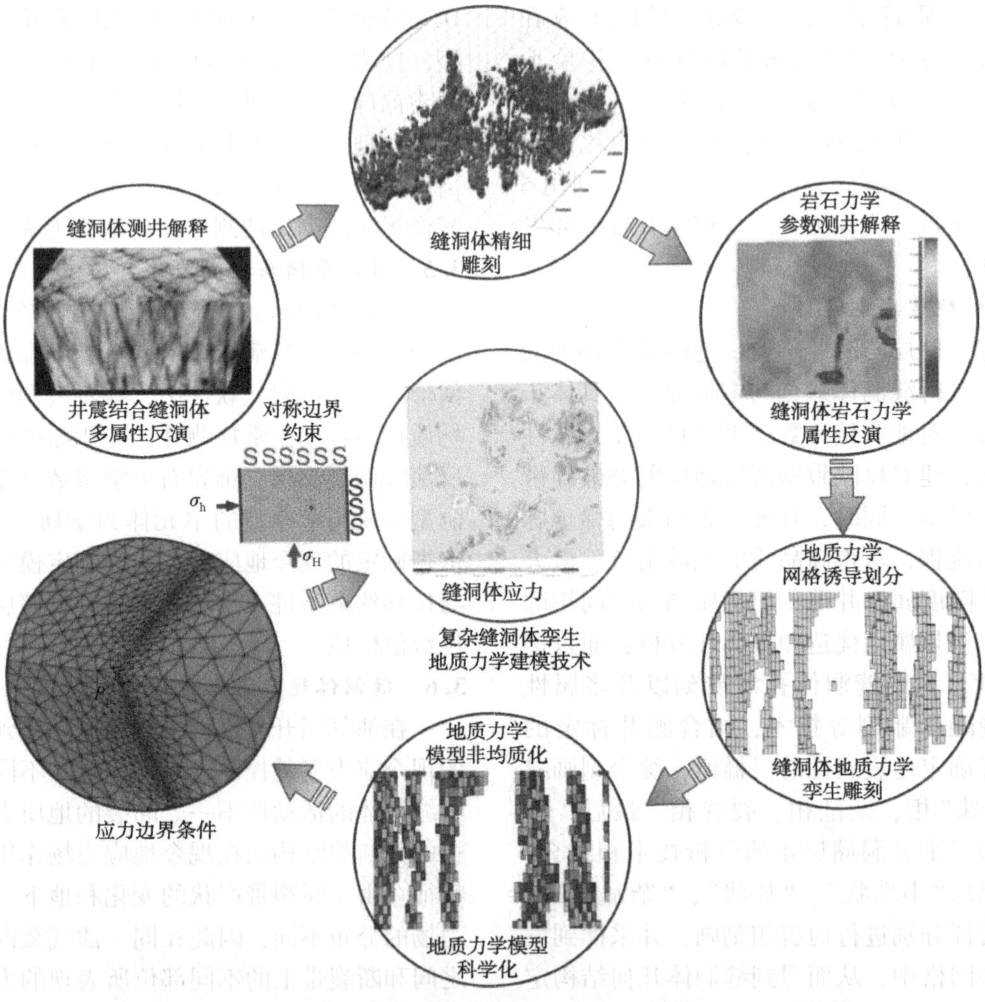

图 2　缝洞型储层地质力学建模流程

图 3(A)岩心发育的张裂缝和溶洞，YM25 井，7517.74m；
(B)岩心发育的未充填剪裂缝(红箭头)和方解石充填剪裂缝(黄箭头)，YM25 井，7517.74m；
(C)岩心网状缝，YM25 井，7517.22m。

对于溶蚀孔洞发育的储层，成像测井图像显示为不规则圆状或椭圆形暗色斑点。对于裂缝发育的储层，成像测井图像显示暗色正弦曲线(图4A-C)。当裂缝为低角度缝时，呈不规则暗线，当裂缝为斜角缝时，呈单一暗色正弦曲线，当裂缝为网状缝时，呈不规则断线组合暗线(图4B、C)。对于裂缝-孔洞型储层，兼具溶蚀孔洞和裂缝型储层的特点，在图像常见正弦裂缝以及少量不规则圆状或椭圆形暗色斑点。成像测井表明，研究区裂缝十分发育，并且以高角度裂缝为主，与岩心观察结果基本一致。

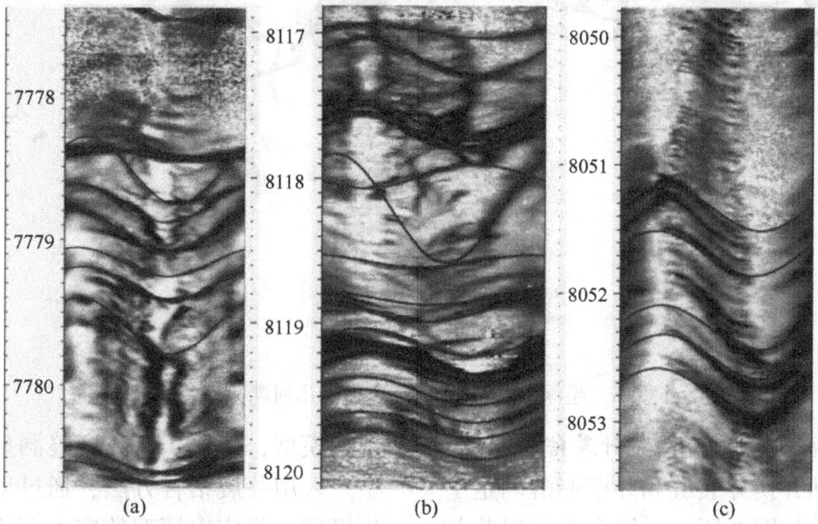

图4(A)成像测井中低角度裂缝与高角度裂缝组成的网状缝，YM25井，7778~7780m；(B)平行剪裂缝，YM25井，8117~8120m；(C)高角度剪裂缝，YM25井，7517.22m。

4.2 缝洞体三维分布规律

通过对地震敏感属性体、地震测井联合波阻抗反演体以及地震相约束下的缝洞型储层建模方法，开展缝洞体三维几何形态、储层有效空间雕刻，计算出不同储层类型的有效储集空间，从而实现对超深碳酸盐岩储层缝洞体的定量雕刻与表征。综合利用实钻井钻时、放空、漏失等信息，结合地震剖面、张量属性明确属性门槛值，刻画出断溶体外部轮廓，在张量外部轮廓约束下进行波阻抗反演，利用邻区钻井统计和正演分析得到的波阻抗值作为门槛值，雕刻出裂缝、溶洞储层三维特征(图5)。通过井震结合对比，优选最大似然0~0.045且孔隙度大于0.004~0.06为缝洞体，具体雕刻的缝洞体如图6所示。缝洞体主要沿断层分布，主干断裂缝洞体复杂，体积大，分支断裂缝洞体简单，体积小。

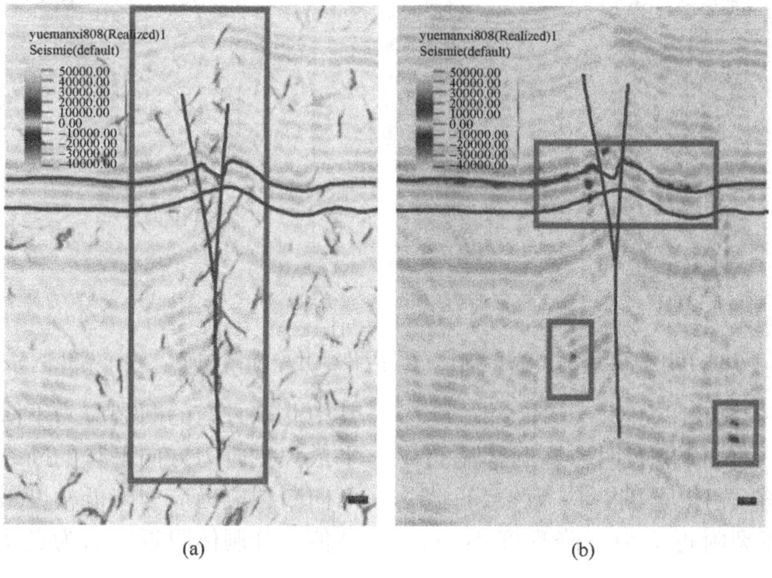

图5(A)最大似然雕刻裂缝；(B)孔隙度雕刻孔洞发育特征

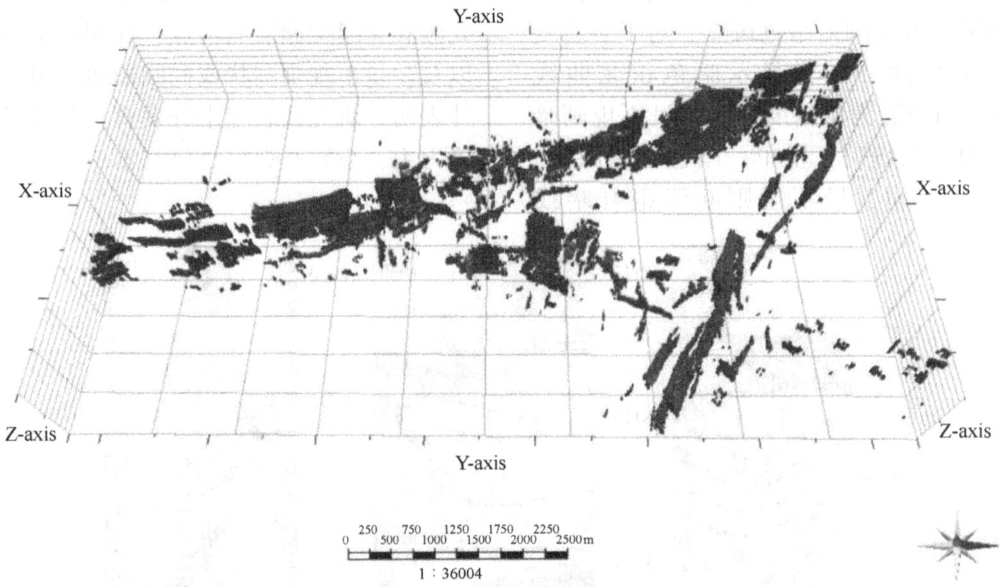

图6　超深碳酸盐岩储层缝洞体几何雕刻结果

4.3　岩石力学参数与地应力测井计算结果

利用研究区钻井诱导裂缝和井壁崩落确定了现今地应力方向，如图7所示，综合井壁崩落与钻井诱导裂缝，确定研究区现今地应力方向为北北东18°。如图8所示，基于复杂缝洞体岩石力学参数定量预测计算的地应力模型与单井测井曲线良好匹配。基于复杂缝洞体岩石力学参数定量预测模型，建立了研究区缝洞型储层力学属性模型。采用井震结合方法，通过地质力学建模，优化模型，将应力模型的应力下降段和应力下降范围精确表征，预测现今地应力三维分布，与单井应力计算结果表明，在缝洞体附近，应力均呈现不同程度下降(图9)。

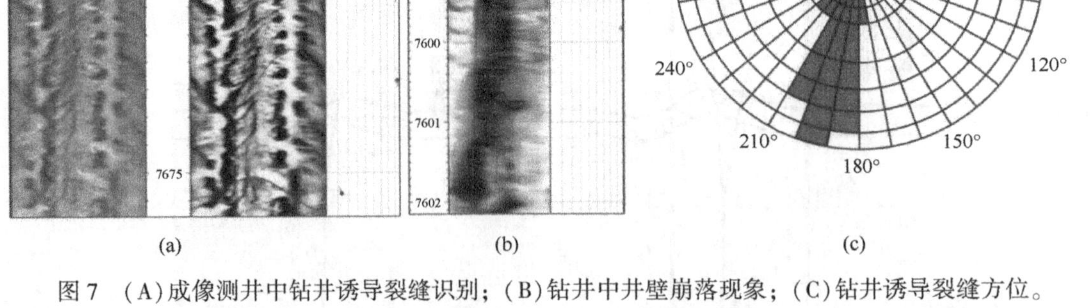

图7　(A)成像测井中钻井诱导裂缝识别；(B)钻井中井壁崩落现象；(C)钻井诱导裂缝方位。

4.4　地应力三维分布规律

如图10所示，数值模拟表明，缝洞体附近应力为低值，在缝洞体周围，应力会下降12MPa，不同方向断裂附近应力下降程度不一，其中北东方向的断裂应力下降幅度最大，即与水平最大主应力方向平行的断裂附近应力最低，北西向断裂应力应力降低幅度最小，即应力相对为高值，缝洞体附近应力为点状分布。

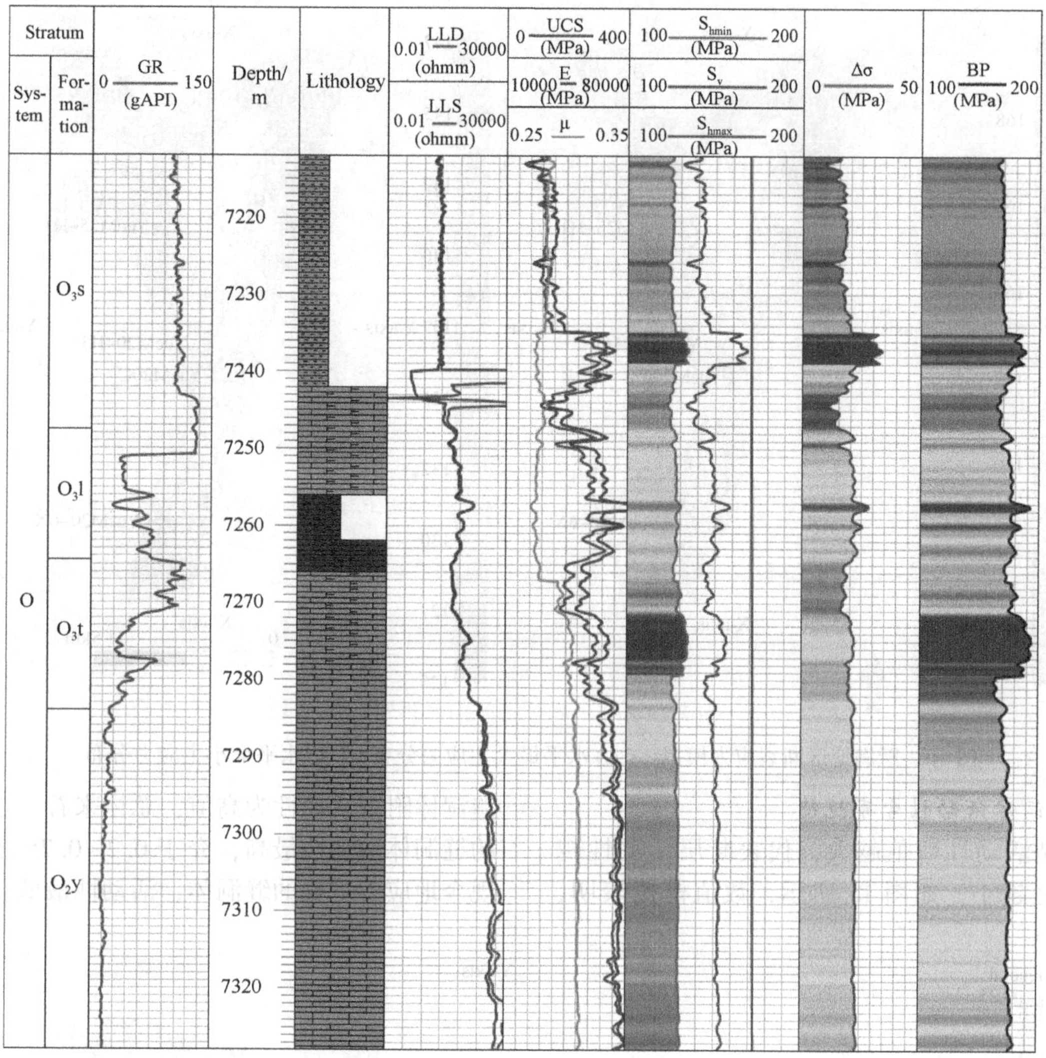

图 8　岩石力学参数与地应力综合解释，UCS 为单轴抗压强度，E 为杨氏模量，μ 为岩石泊松比，BP 为储层破裂压力，Δσ 为水平应力差。

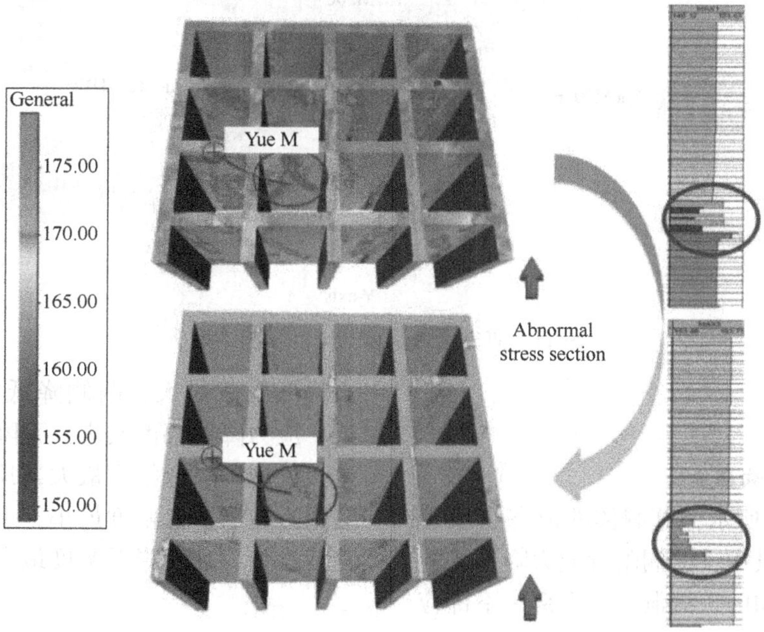

图 9　复杂缝洞类型地质力学参数定量预测结果

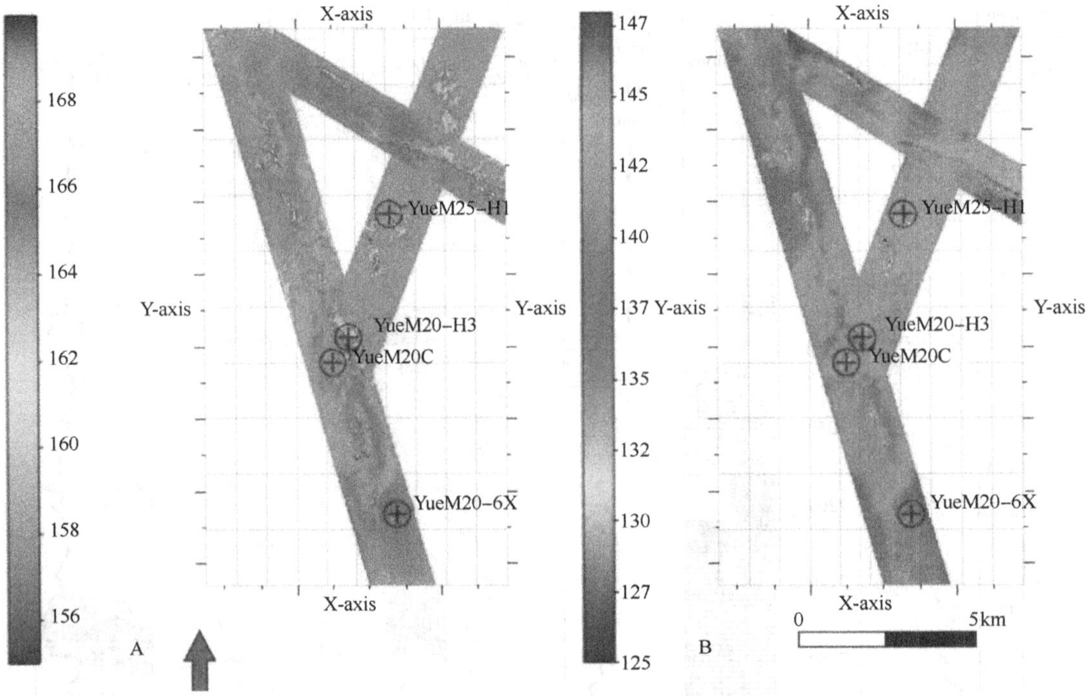

图 10　跃满地区断裂应力模拟：(A)水平最大主应力分布；(B)水平最小主应力分布。

4.5　缝洞体活动性分布规律

断裂活动性数值越大，代表断层活动性越大，反之越小。如图 11 所示，数值模拟表明，缝洞体附近活动性为高值，总体来看，连片分布的缝洞体活动性最高，介于 0.2~0.25 之间；与现今地应力垂直的缝洞体，活动性最低。

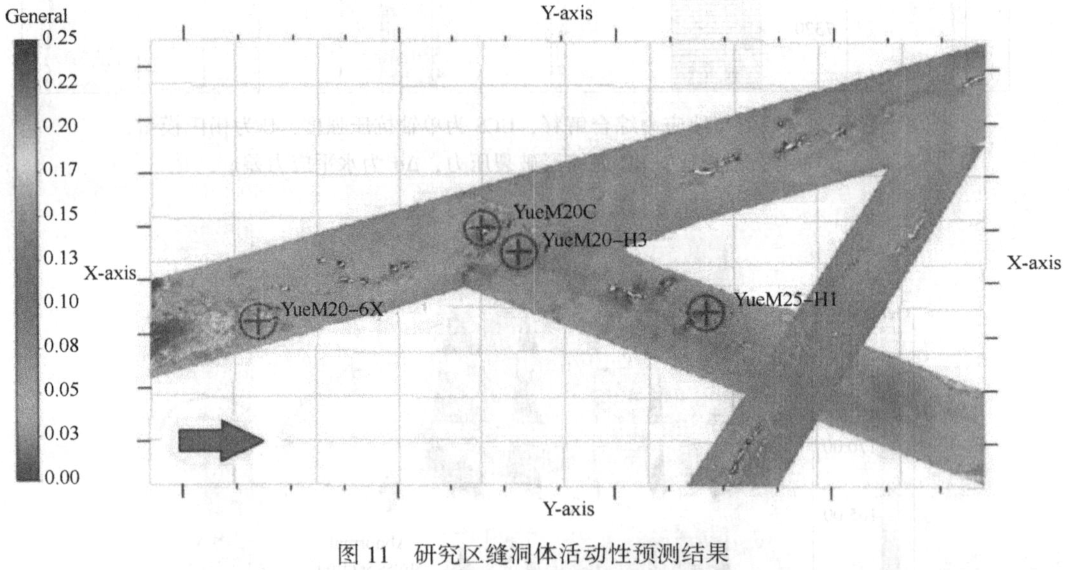

图 11　研究区缝洞体活动性预测结果

5　讨论

5.1　地应力大小影响因素

如图 12~图 14 所示，缝洞体的形态会显著影响附近的应力，其中，溶洞附近应力降低的幅度最大，下降约 20MPa，缝洞体的上部、下部应力降低幅度最大，两侧降低幅度小。缝洞体附近，应力降低幅度次之，下降约 15MPa，缝洞体连接处应力降低幅度最大，顶部、底部次之。裂缝附近应力降低幅度最小，下降约 10MPa，在裂缝溶蚀处，裂缝降低幅度最大。

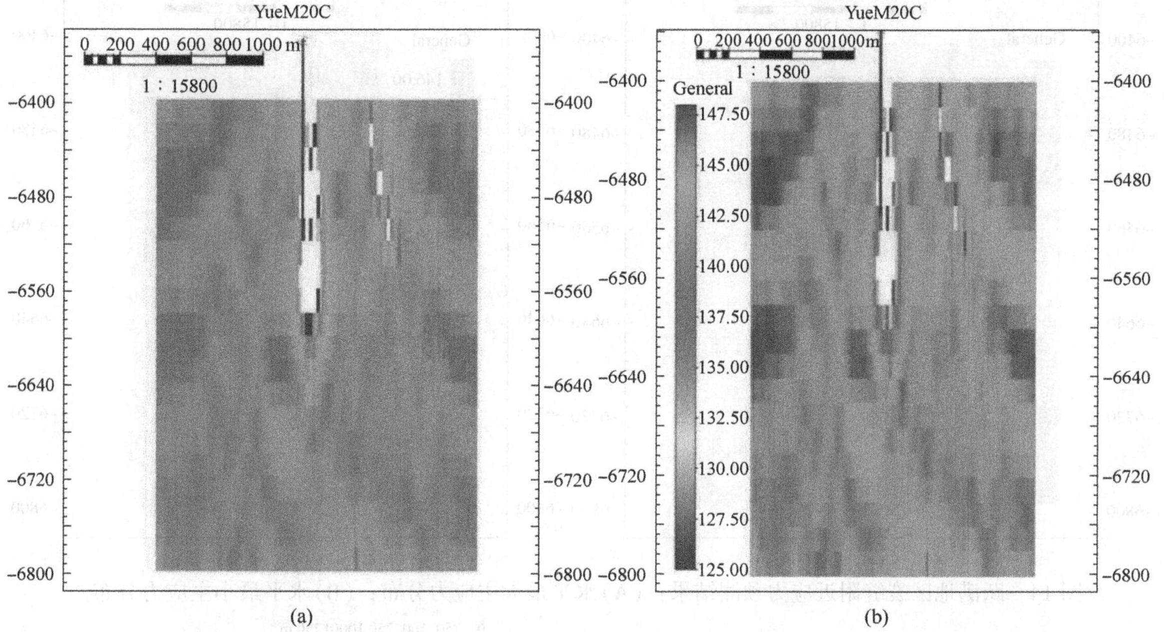

图 12　跃满地区缝洞体附近应力预测结果：(A)水平最大主应力分布；(B)水平最小主应力分布。

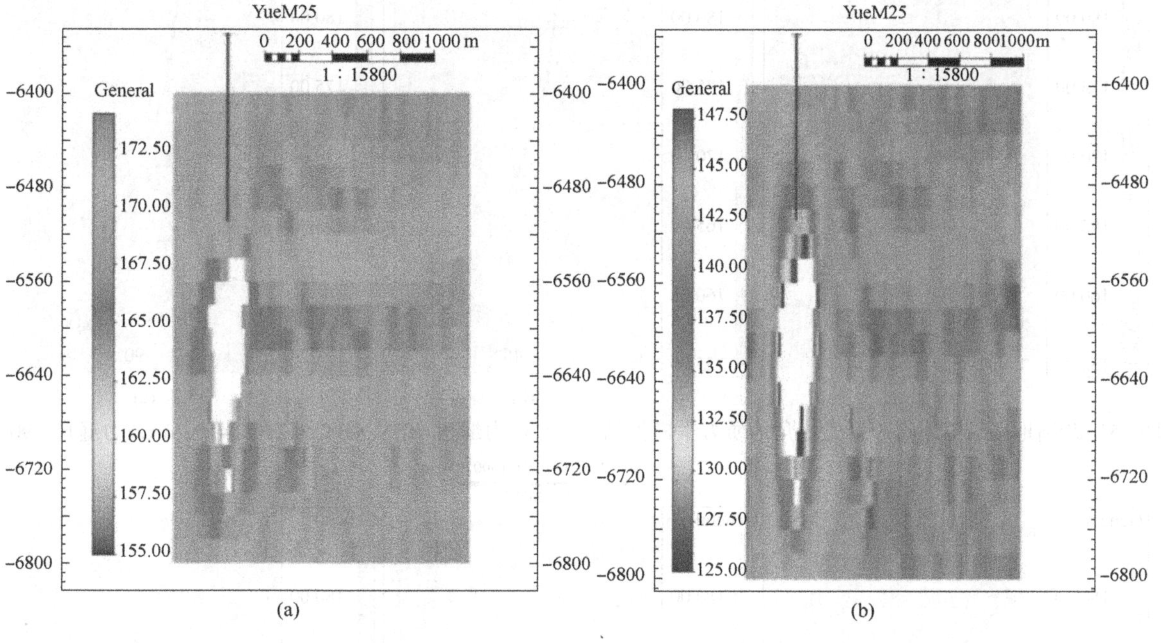

图 13　跃满地区溶洞附近应力预测结果：(A)水平最大主应力分布；(B)水平最小主应力分布。

5.2　力缝角对现今地应力大小的影响

通过建立不同边界应力方向的缝洞体模型，分析力缝角对缝洞体应力的影响。如图 15～图 17所示，当力缝角较小时，断裂走向与应力方向平行，水平最小应力的应力范围最大；当力缝角较大时，断裂走向与应力方向垂直，水平最小应力的应力范围最小；裂缝对力缝角方向的敏感性明显。当力缝角较小时，断裂走向与应力方向平行，地应力范围最大；当力缝角较大时，断裂走向与应力方向垂直，地应力范围最小；裂缝+孔对力缝角方向的敏感性较明显。当力缝角较小时，断裂走向与应力方向平行，地应力范围最大；当力缝角较大时，断裂走向与应力方向垂直，地应力范围最小；孔对力缝角方向的敏感性不明显，对应力方向敏感度：裂缝>孔缝>孔洞。

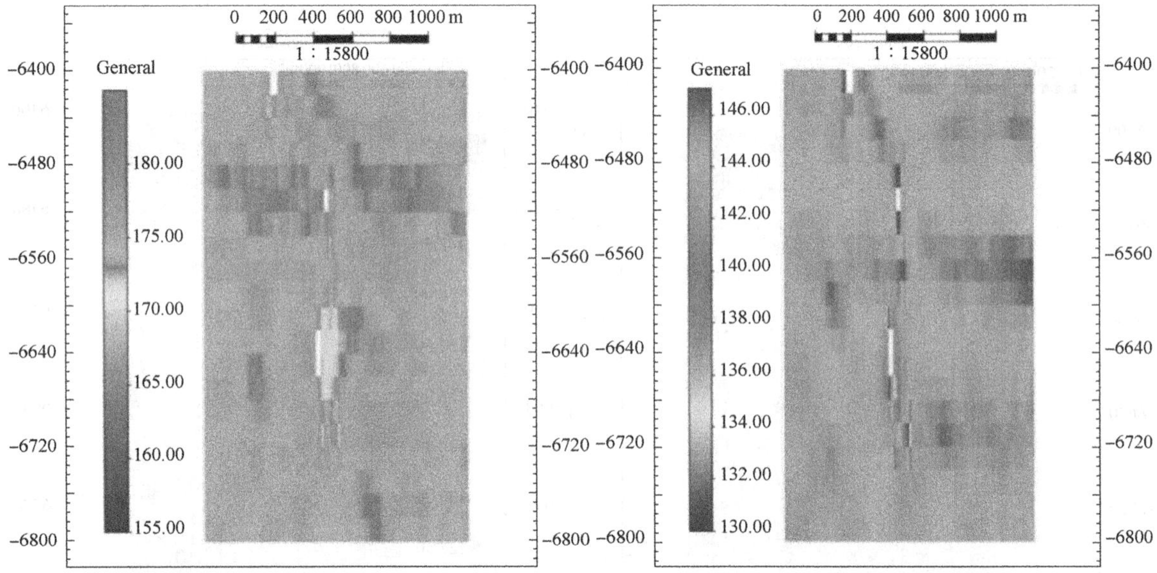

图 14　跃满地区裂缝附近应力预测结果：（A）水平最大主应力分布；（B）水平最小主应力分布。

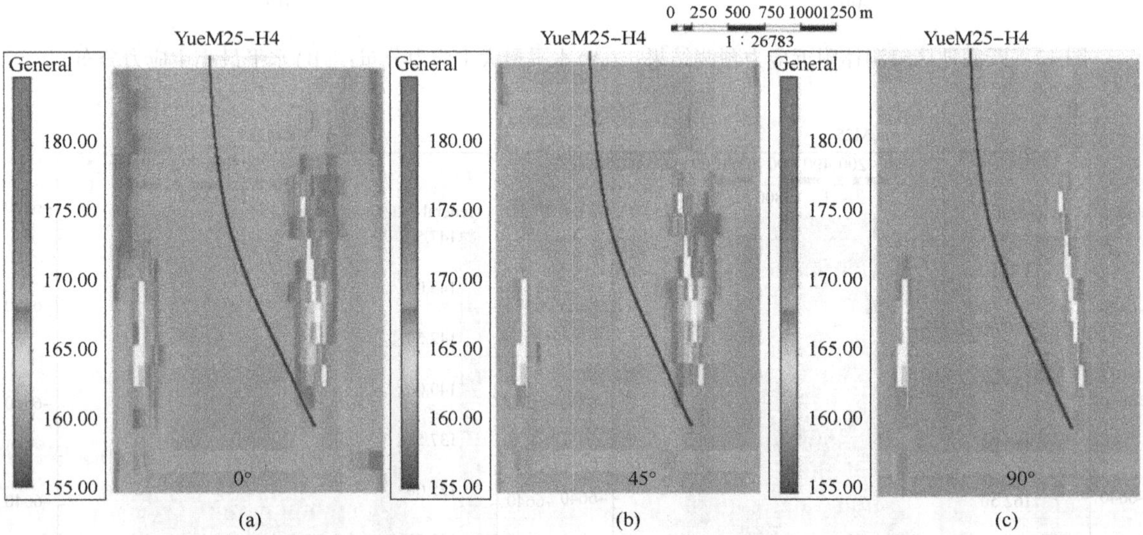

图 15　跃满地区裂缝附近不同力缝角地质力学模拟结果：（A）力缝角 = 0°；（B）力缝角 = 45°；（C）力缝角 = 90°

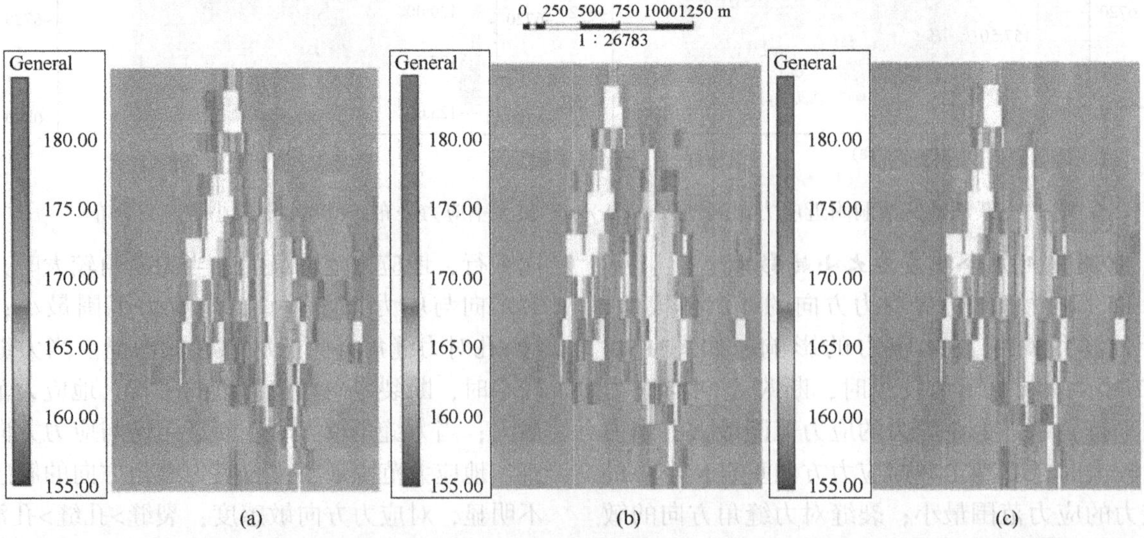

图 16　跃满地区缝洞体附近不同力缝角地质力学模拟结果：
（A）力缝角 = 0°；（B）力缝角 = 45°；（C）力缝角 = 90°

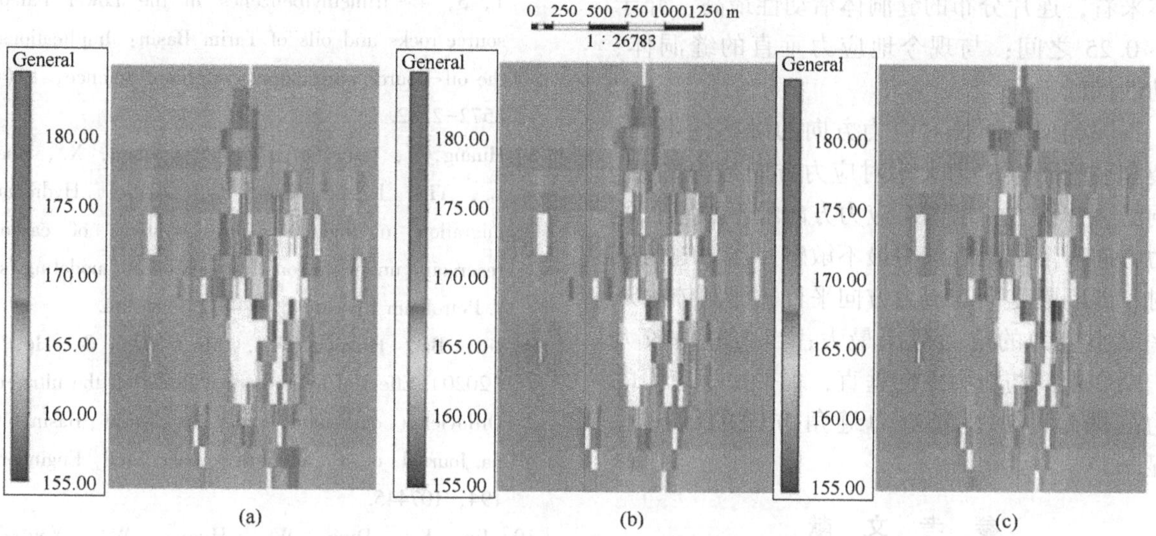

图 17　跃满地区大溶洞附近不同力缝角地质力学模拟结果：
(A)力缝角＝0°；(B)力缝角＝45°；(C)力缝角＝90°

5.3　缝洞体活动性与井轨迹设计

如图 18 所示，不同的深度、不同部位活动性呈带状分布，应力活动性差异大。构建“一井多控、一井一靶、一井多靶”等 3 类井轨迹设计方案，结合不同类型缝洞体地应力分布模式，实现高产井部署由论证向设计的转变，实现单井控制储量最大化和“少井高产”。在三维构造建模和三维地应力场建模的基础上，选择科学合理的井轨迹，对于钻遇更多的缝洞体有重要作用。对于大斜度井和水平井而言，不同的井轨迹对后期改造能够形成的裂缝网络具有重要影响。不同的井轨迹由于与现今地应力和天然裂缝交互的不同，形成的水力压裂缝网可能存在巨大的差异。因此，根据最优井眼轨迹设计原理，即综合考虑低应力区、缝洞体钻遇率、裂缝活动性和井壁稳定性确定最优井眼轨迹。

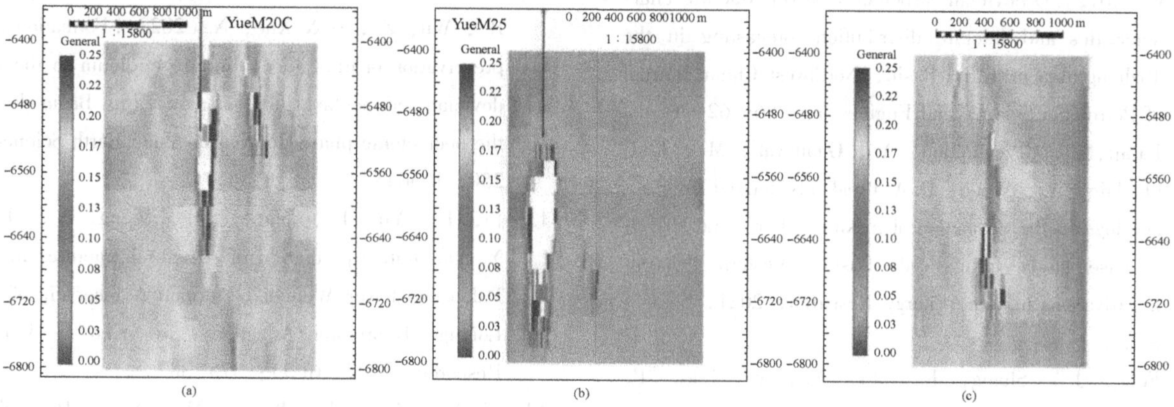

图 18　跃满地区缝洞体附近活动性模拟结果：(A)力缝角＝0°；(B)力缝角＝45°；(C)力缝角＝90°

6　结论

在本文中，提出了一种缝洞型储层地质力学建模方法，依据三维缝洞体雕刻结果，建立了碳酸盐岩储层地质力学均质模型；基于常规测井与三维地震反演，预测缝洞型储层三维岩石力学参数分布，建立缝洞型地质力学非均质模型，预测了超深复杂缝洞型储层三维应力场分布。研究成果可以有效的指导超深缝洞型油藏井壁稳定性、断裂活动性评价、井轨迹设计。

缝洞体的形态会显著影响附近的应力，其中，溶洞附近应力降低的幅度最大，下降约 20MPa，缝洞体附近，应力降低幅度次之，下降约 15MPa。裂缝附近应力降低幅度最小，下降约 10MPa，在裂缝面发生溶蚀处，裂缝降低幅度最大。数值模拟表明，缝洞体附近活动性为高值，总体来看，连片分布的缝洞体活动性最高，介于0.2~0.25之间；与现今地应力垂直的缝洞体，活动性最低。

不同类型缝洞体对应力方向的敏感性不同，断裂和裂缝附近应力大小对应力方向最为敏感，缝洞组合体次之，溶洞对应力方向最不敏感，即应力方向对溶洞附近应力最不敏感。当力缝角较小时，即断裂走向与应力方向平行，缝洞体附近水平最小应力的应力范围最大；当力缝角较大时，断裂走向与应力方向垂直，水平最小应力的应力范围最小；裂缝对力缝角方向的敏感性明显。

参考文献

[1] Abdelaziz, A., Ha, J., Li, M., Magsipoc, E., Sun, L., Grasselli, G. Understanding hydraulic fracture mechanisms: From the laboratory to numerical modelling. Advances in Geo-Energy Research, 2023, 7(1): 66-68.

[2] Deng, S., Zhao, R., Kong, Q., Li, Y., & Li, B. (2022). Two distinct strike-slip fault networks in the Shunbei area and its surroundings, Tarim Basin: Hydrocarbon accumulation, distribution, and controlling factors. AAPG Bulletin, 106(1), 77-102.

[3] Ding, W., Fan, T., Yu, B., Huang, X., & Liu, C. (2012). Ordovician carbonate reservoir fracture characteristics and fracture distribution forecasting in the Tazhong area of Tarim Basin, Northwest China. Journal of Petroleum Science and Engineering, 86, 62-70.

[4] Faraji, M., Rezagholilou, A., Ghanavati, M., Kadkhodaie, A., Wood, D. A. Breakouts derived from image logsaid the estimation of maximum horizontal stress: A case study from Perth Basin, Western Australia. Advances in Geo-Energy Research, 2021, 5(1): 8-24.

[5] Feng, J., Shang, L., Li, X., & Luo, P. (2019). 3D numerical simulation of heterogeneous in situ stress field in low-permeability reservoirs. Petroleum Science, 16, 939-955.

[6] Guo C., Chen D., Fu Y., et al. (2023). Origin of burrow-associated dolomites and its reservoir implications: A case study from the Lower-Middle Ordovician carbonates of Tarim Basin(NW China). Journal of Earth Science: 1-53

[7] He, T. H., Li, W. H., Lu, S. F., Yang, E. Q., Jing, T. T., Ying, J. F., … & Chen, Z. H. (2022). Distribution and isotopic signature of 2-alkyl-1, 3, 4-trimethylbenzenes in the Lower Paleozoic source rocks and oils of Tarim Basin: Implications for the oil-source correlation. Petroleum Science, 19(6), 2572-2582.

[8] Huang, C., Liu, G., Ma, Y., Zhou, X., Zhang, L., Yin, J., & Guo, J. (2019). Hydrocarbon migration in fracture - cave systems of carbonate reservoirs under tectonic stresses: A modeling study. Petroleum Research, 4(4), 354-364.

[9] Jiu, B., Huang, W., Mu, N., & He, M. (2020). Effect of hydrothermal fluids on the ultra-deep Ordovician carbonate rocks in Tarim Basin, China. Journal of Petroleum Science and Engineering, 194, 107445.

[10] Jiu, K., Ding, W., Huang, W., You, S., Zhang, Y., & Zeng, W. (2013). Simulation of paleotectonic stress fields within Paleogene shale reservoirs and prediction of favorable zones for fracture development within the Zhanhua Depression, Bohai Bay Basin, east China. Journal of Petroleum Science and Engineering, 110, 119-131.

[11] Lai, J., Li, D., Ai, Y., Liu, H., Cai, D., Chen, K., …& Wang, G. (2022). Structural diagenesis in ultra-deep tight sandstones in the Kuqa Depression, Tarim Basin, China. Solid Earth, 13(6), 975-1002.

[12] Li, F., Lü, X., Zhu, G., Chen, J., Wang, R., Wu, Z., …& Xue, N. (2023). Formation and preservation of ultra-deep liquid petroleum in the Ordovician sedimentary succession in Tarim Basin during the neotectonic phase. Journal of Asian Earth Sciences, 250, 105645.

[13] Li, H., Yu, F., Wang, M., Wang, Y., Liu, Y. Quantitative prediction of structural fractures in the Paleocene lower Wenchang formation reservoir of the Lufeng Depression. Advances in Geo - Energy Research, 2022, 6(5): 375-387.

[14] Li, X., Zhu, Z., Wang, M., Xiao, D., Shu, Y., & Deng, S. (2021). Fracture mechanism of rock around a tunnel - shaped cavity with interconnected cracks under blasting stress waves. International Journal of Impact Engineering, 157, 103999.

[15] Liu, J. S., Ding, W. L., Dai, J. S., Gu, Y., Yang, H. M., & Sun, B. (2018). Quantitative multiparameter prediction of fault-related fractures: a case study of the second member of the Funing Formation in the Jinhu Sag, Subei Basin. Petroleum Science, 15, 468-483.

[16] Liu, J., Chen, P., Xu, K., Yang, H., Liu, H., & Liu, Y. (2022b). Fracture stratigraphy and mechanical stratigraphy in sandstone: A multiscale quantitative analysis. Marine and Petroleum Geology, 145, 105891.

[17] Liu, J., Mei, L., Ding, W., Xu, K., Yang, H., & Liu, Y. (2023). Asymmetric propagation mechanism of hydraulic fracture networks in continental reservoirs. GSA Bulletin, 135(3-4), 678-688.

[18] Liu, J., Yang, H., Bai, J., Wu, K., Zhang, G., Liu, Y., & Xiao, Z. (2021). Numerical simulation to determine the fracture aperture in a typical basin of China. Fuel, 283, 118952.

[19] Liu, J., Yang, H., Xu, K., Wang, Z., Liu, X., Cui, L., …& Liu, Y. (2022a). Genetic mechanism of transfer zones in rift basins: Insights from geomechanical models. GSA Bulletin, 134 (9-10), 2436-2452.

[20] Liu,S., Liu, Z., & Zhang, Z. (2022). Numerical study on hydraulic fracture-cavity interaction in fractured-vuggy carbonate reservoir. Journal of Petroleum Science and Engineering, 213, 110426.

[21] Luo,J., Cao, H., Chiarella, D., Miao, R., Ye, T., Xu, Y., …& Luo, X. (2023). Ultra-deep carbonate basement reservoirs formed by polyphase fracture-related karstification in the Offshore Bohai Bay Basin, China. Petroleum Science.

[22] Qiao, J., Tang, X., Hu, M., Rutqvist, J., & Liu, Z. (2022). The hydraulic fracturing with multiple influencing factors in carbonate fracture-cavity reservoirs. Computers and Geotechnics, 147, 104773.

[23] Salah, M.K., Janjuhah, H.T., & Sanjuan, J. (2023). Analysis and Characterization of Pore System and Grain Sizes of Carbonate Rocks from Southern Lebanon. Journal of Earth Science, 34(1), 101-121.

[24] Su,Z., Liu, Y., Han, J., Luo, H., Yang, F., Cui, Y., …& Liu, Z. (2020). Application of ultra-deep sandstone reservoirs prediction technology under controlled seismic facies in Yudong block of Tabei Uplift, Tarim Basin, China. Journal of Natural Gas Geoscience, 5(3), 157-167.

[25] Tan, Y., Li, Q., Xu, L., Ghaffar, A., Zhou, X., & Li, P. (2022). A critical review of carbon dioxide enhanced oil recovery in carbonate reservoirs. Fuel, 328, 125256.

[26] Tariq, W., Rehman, G., Gardezi, S.A.H., & Ikram, N. (2023). Impact of Fractures and Diagenesis on Reservoir Potential of Inner Ramp Paleocene Carbonates Exposed in Western Part of the Lesser Himalayas of Pakistan. Journal of Earth Science, 34 (2), 536-555.

[27] Wang, L., Wu, X., Hou, L., Guo, Y., Bi, Z., & Yang, H. (2022). Experimental and Numerical Investigation on the Interaction between Hydraulic Fractures and Vugs in Fracture-Cavity Carbo-
Sun, Q., Fan, T., Gao, Z., Wu, J., Zhang, H., Jiang, Q., … & Yuan, Y. (2021). New insights on the geometry and kinematics of the Shunbei 5 strike-slip fault in the central Tarim Basin, China. Journal of Structural Geology, 150, 104400.

[28] Wang, Q., Hao, F., Cao, Z., Tian, J., & Cong, F. (2021). Geochemistry and origin of the ultra-deep Ordovician oils in the Shunbei field, Tarim Basin, China: Implications on alteration and mixing. Marine and Petroleum Geology, 123, 104725.

[29] Wang, S., Wang, G.W., Li, D., Wu, X.N., Chen, X., Wang, Q.Q., … & Zhang, Y.L. (2022). Comparison between double caliper, imaging logs, and array sonic log for determining the in-situ stress direction: A case study from the ultra-deep fractured tight sandstone reservoirs, the Cretaceous Bashijiqike Formation in Keshen8 region of Kuqa depression, Tarim Basin, China. Petroleum Science, 19 (6), 2601-2617.

[30] Xu, K., Yang, H., Zhang, H., Ju, W., Li, C., Fang, L., …& Liang, J. (2022). Fracture effectiveness evaluation in ultra-deep reservoirs based on geomechanical method, Kuqa Depression, Tarim Basin, NW China. Journal of Petroleum Science and Engineering, 215, 110604.

[31] Xu, Z.X., Li, S.Y., Li, B.F., Chen, D.Q., Liu, Z.Y., & Li, Z.M. (2020). A review of development methods and EOR technologies for carbonate reservoirs. Petroleum Science, 17, 990-1013.

[32] Zeng, W., Ding, W., Zhang, J., Zhang, Y., Guo, L., Jiu, K., & Li, Y. (2013). Fracture development in Paleozoic shale of Chongqing area (South China). Part two: Numerical simulation of tectonic stress field and prediction of fractures distribution. Journal of Asian Earth Sciences, 75, 267-279.

[33] Zhou,X., Lü, X., Quan, H., Qian, W., Mu, X., Chen, K., … & Bai, Z. (2019). Influence factors and an evaluation method about breakthrough pressure of carbonate rocks: An experimental study on the Ordovician of carbonate rock from the Kalpin area, Tarim Basin, China. Marine and Petroleum Geology,

104, 313–330.

[34] Zhou, X., Lü, X., Sui, F., Wang, X., & Li, Y. (2022). The breakthrough pressure and sealing property of Lower Paleozoic carbonate rocks in the Gucheng area of the Tarim Basin. Journal of Petroleum Science and Engineering, 208, 109289.

[35] Zhu, G., Cao, Y., Yan, L., Yang, H., Sun, C., Zhang, Z., … & Chen, Y. (2018). Potential and favorable areas of petroleum exploration of ultra-deep marine strata more than 8000 m deep in the Tarim Basin, Northwest China. Journal of Natural Gas Geoscience, 3(6), 321–337.

[36] Zhu, Y., Zhang, Y., Zhao, X., Xie, Z., Wu, G., Li, T., … & Kang, P. (2022). The fault effects on the oil migration in the ultra-deep Fuman Oilfield of the Tarim Basin, NW China. Energies, 15(16), 5789. nate Reservoirs. Energies, 15(20), 7661.

油气藏数值模拟前后处理软件 Simtools 研发与应用

邵光强[1,2,4]　卞万江[1,2,3]　吕伦杰[1,2,3,4]　练章贵[1,2,3]　伍藏原[1,2,3,4]
张　亮[1]　杜虹宝[1]　李　杨[1]　闫更平[1,2,4]　付　莹[1]

（1. 中国石油塔里木油田公司；2. 中国石油天然气集团有限公司超深层复杂油气藏勘探开发技术研发中心；3. 新疆维吾尔自治区超深层复杂油气藏勘探开发工程研究中心；4. 新疆超深油气重点实验室）

摘　要　为了提高效率、弥补油气藏数值模拟软件在模型建立、井网设计、动态数据输入、预测数据批量输出、剩余油量化等不足之处，满足复杂油气藏开发规律模拟精细研究需要，卞万江等1992年开始自主研发油气藏数值模拟前后处理软Simtools。目前程序已达30万行，分为前后处理两大模块，软件贴近实际，操作简便，实用性强，大幅提高工作效率，在处理倾斜油水界面、带薄油环的凝析气藏、夹隔层和特殊区域、复杂数模分区与数据提取以及剩余油量化等方面具有同行业领先水平，仍起着同类软件不可替代的作用，是塔里木数模前后处理主流软件。已完成与HiSim的数据接口研发，实现对国内最大自主知识产权数值模拟软件的深度融合，应用于油气藏开发调整、提高采收率等技术攻关与实践，在节省软件费用，提升工作效率方面，效益突出。

关键词　油气藏数值模拟；前后处理；复杂分区；剩余油综合分析；快速井网设计；辅助历史拟合

20世纪90年代开始，塔里木油田先后引进国外Workbench、Eclipse油气藏数值模拟软件和Petrel地质建模软件，但只是应用这些软件作为模拟器开展模拟运算为主。这些软件商业化程度高，但是侧重模拟运算，存在前后处理功能不全，操作流程复杂，效率低等问题。例如，前处理中特殊类型模型处理、井网设计、动态数据输入等功能相对较弱小，且需要大量的手工操作，无法准确处理倾斜油水界面、不规则稠油垫描述建立、不规则水体快速连接等复杂类型油气藏模型建立；数值模拟模型后处理中复杂分区快速建立、预测数据批量输出、多方案快速提取指标、精细剩余油多方法刻画、复杂井网快速批量设计等功能不足，使得模型误差较大，需针对性开展软件开发。

坚持问题导向、生产导向，在塔里木复杂类型油气藏地质建模和数值模拟技术创新基础上，针对传统商业软件功能不足和模型前后处理功能操作效率低等问题，结合油气藏特征和建模数模需求，全自主研发数值模拟前后处理处理软件（图1～2），改进数值模拟模型前后处理方法，提升模型建立和模型综合应用效果，提高稀井网、复杂类型油气藏建模精度，提升油气藏数值模拟研究水平。在技术创新和软件开发的基础上，进行推广应用和大量实践，紧密结合科研生产需求，不断完善技术体系和升级软件。该软件具有倾斜界面饱和度等属性场处理、凝析气藏带薄油环界面处混合网格划分、数模模型局部合理修改或重建、复杂数模分区与数据提取（含后处理）、ECLIPSE多方案快速数据提取与显示；分区提取井指标，批量提取产吸剖面数据；辅助选择性数模跟踪拟合，包括：井快速定位、误差分析及信息筛选等；方案计算井网井位设计；流线显示与配产、配注指标提取；建立局部模型；LGR单独处理与显示等特色功能，在复杂分区、快速的复杂井网自动设计、一次性快速提取油藏到单井的动静态数据、剩余油气厚度与储量分区一次批量提取和成图、3D模型或场图快速任意

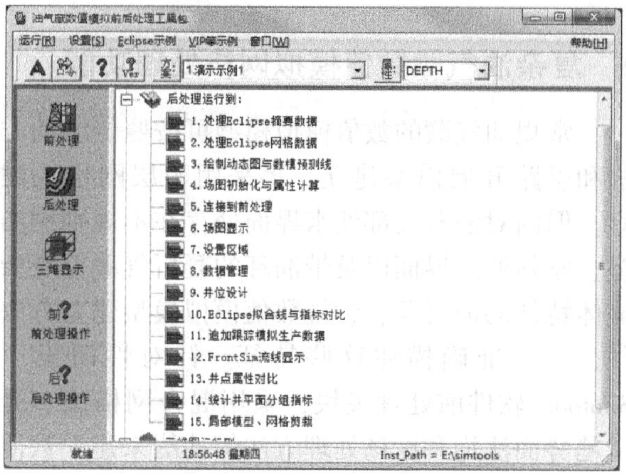

图1　油气藏前后处理软件 Simtools

剖面截取、多模型模拟实现中的局部模型更换、已拟合多油气藏叠合模拟技术、上亿年成藏数模机理研究模拟场图的显示、油气水的红黄蓝三色二三维高清显示(国内标准)等方面具有明显优势。其中最后的4个技术在国际主流软件中是没有的，填补了主流软件空白。

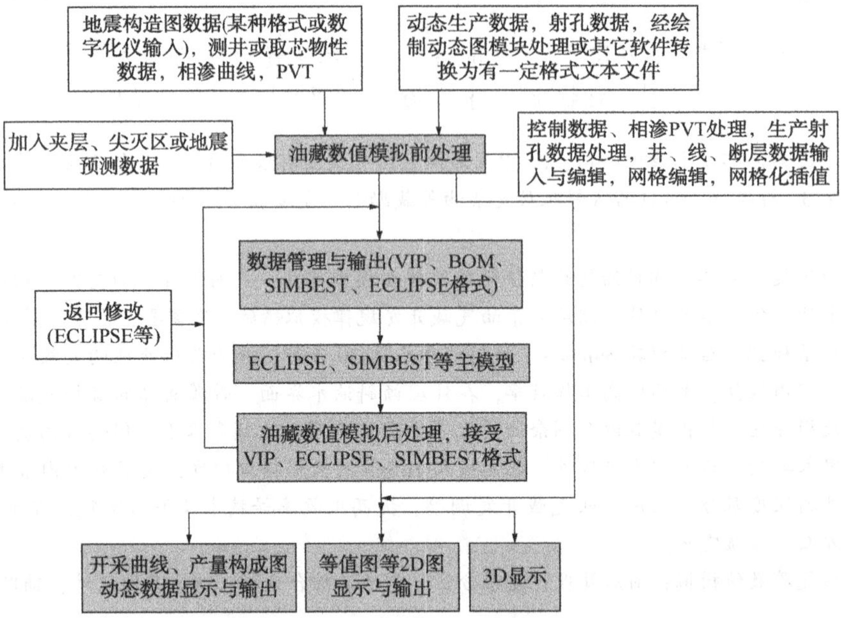

图2　Simtools软件架构

1　复杂油气藏数值模拟网格处理功能

常规油气藏的数值模拟模型可按照传统的方法和思路开展模型建立，多采用顺层网格法建立。但面对油藏底部油水界面处存在不规则稠油垫、倾斜油水界面以及带油环的凝析气藏等复杂流体特征的油气藏，常规数值模拟模型建立方法往往无法准确描述这些特征。针对性研发了Simtools软件前处理模块，采用混合网格法、光滑趋势面法饱和度场处理方法等功能来建立数值模拟模型。

1.1　带稠油段巨厚海相砂岩油藏建模

塔里木DH油藏发育稠油段，平均厚度约16m，呈现边部厚、中间薄的分布特点。油藏上部稀油密度为0.8547g/cm³，20℃时黏度为5.23mPa·s，凝固点为-20℃；底部稠油垫原油密度为0.9202g/cm³，50℃时黏度为4700.00mPa·s，凝固点为29℃，从开发特征来看，稠油段对底水具有遮挡作用(图3)。对于底部稠油段的描述问题，按照形态刻画、自研软件建模、机理模型对比和实际模型应用的思路开展建模研究。

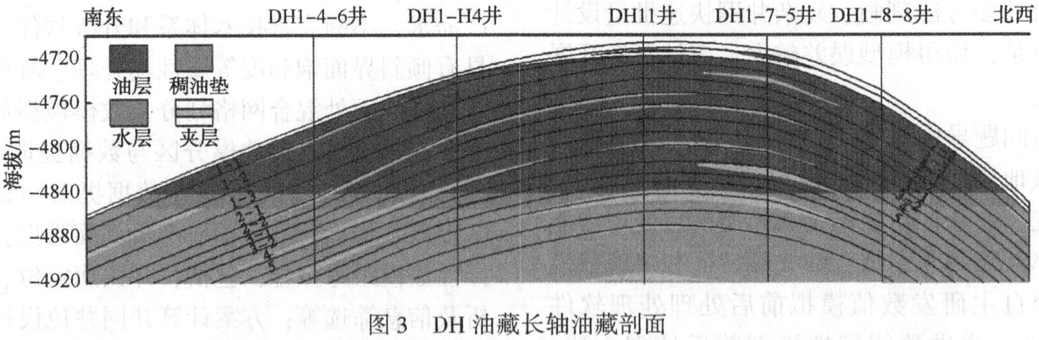

图3　DH油藏长轴油藏剖面

在地质油藏综合研究基础上，绘制得到DH油藏底部稠油段顶面趋势面等值线图(图4)，应用自研软件前处理模块，建立等效数模机理模型，通过快速模拟，对比分析稠油垫建模、流体特征描述、组分模型建立等问题，减少由于人为操作不当或理解不当而造成的实际模型数值模拟计算误差。机理研究表明，应用混合网格划分方法可解决该问题(图5)，即稠油垫深度范围改用平行网格划分，其他部分仍沿用顺层网格划分，参数场初始化更加精细。

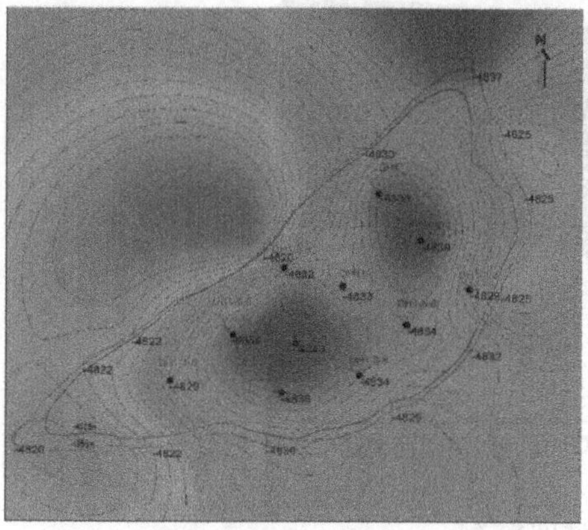

图4　稠油段顶面趋势面等值线图

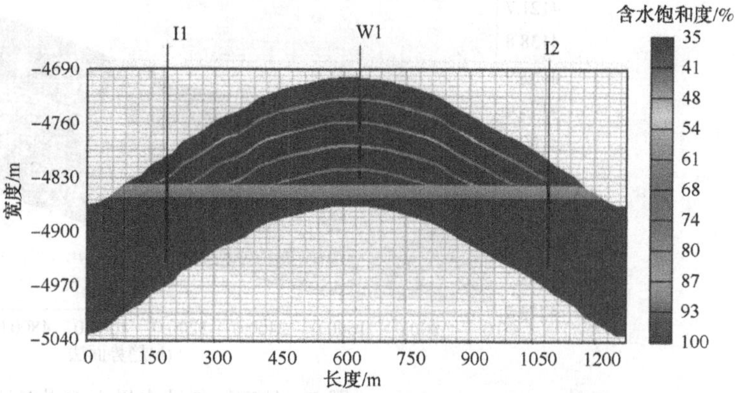

图5　混合网格法模型中部原始含水饱和度剖面

DH油藏实际组分模型采用混合网格划分方法解决稠油垫精细刻画难题(图6)，即稠油垫深度范围改用平行网格划分，其他部分仍沿用顺层网格划分。该方法很好地解决了不规则稠油段形态刻画问题，与之前旧模型对比，剩余油描述更加精细。

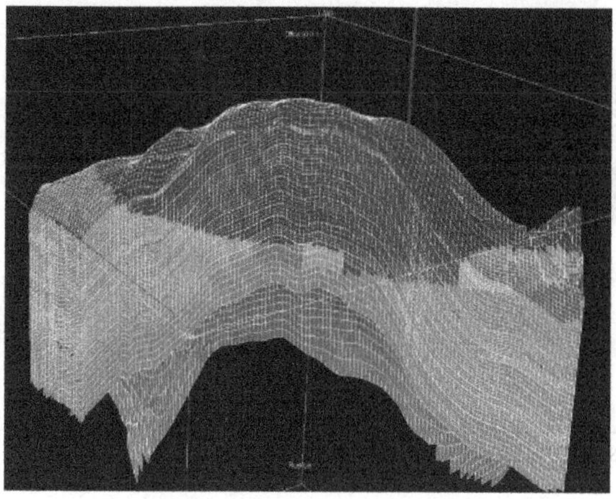

图6　DH油藏底部稠油段形态和分区属性三维示意图

1.2　倾斜油水界面油藏建模

应用Simtools软件前处理模块建模功能和混合网格建模思路，可快速解决类似数值模拟模型建立的难题。推广应用到倾斜油水界面油藏和带底油(油环)凝析气藏等数值模拟模型建立。

常规油藏的油水界面一般是统一而且水平的，而塔里木油田存在倾斜油水界面油藏，例如哈得逊东河砂岩油藏和轮南3TⅡ0油藏。基于对油藏特征的创新认识和倾斜油水界面成因的探究，应用趋势面方法建立油藏模型。常规平衡区方法，无法精细处理倾斜油水界面，模型初始化形成锯齿状油水界面，与实际差距很大(图7)。改为趋势面方法，根据各资料井点的油水界面插值生成一趋势面，用该趋势面与地质格架模型的交求每层的原始含水饱和度值，过渡带的宽窄根据实验毛管压力求取。原始含水饱和度可根据物性孔渗属性模型作进一步细化分类处理，原始地层压力的求取参考原始饱和度取值。

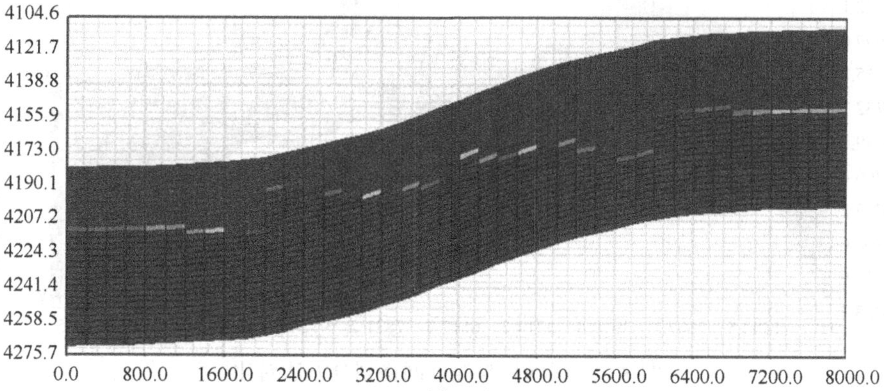

(a)平衡区法

图7　处理倾斜油水界面效果对比图

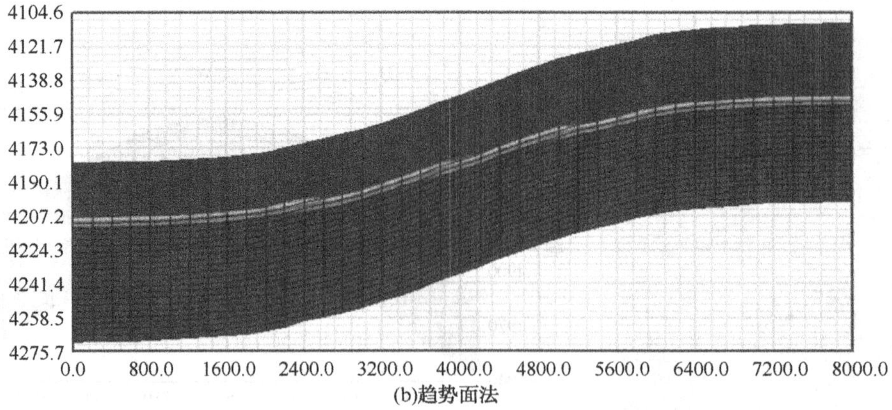

(b)趋势面法

图7　处理倾斜油水界面效果对比图(续图)

1.3　带底油(油环)凝析气藏建模

带底油(油环)凝析气藏的数值模拟中，网格的划分对底油(油环)的描述起着很重要的作用。由于地层倾角的存在，常规的顺层网格经常会出现油气或油水界面在同一个网格内，甚至油气、油水界面在同一网格的情况，饱和度变化不连续，不能很好地描述油环油的分布；加密网格虽然在一定程度上减轻了这种现象，但是网格过多，影响数值模拟计算效率，考虑薄油环处采用平行网格划分解决以上问题，见图8。该技术应用在塔里木油田牙哈及英买力等带薄油环凝析气藏数值模拟研究中，可实现层状复合倾斜油水界面以及底部薄油环复杂油气藏的数模模型建立(图9)。

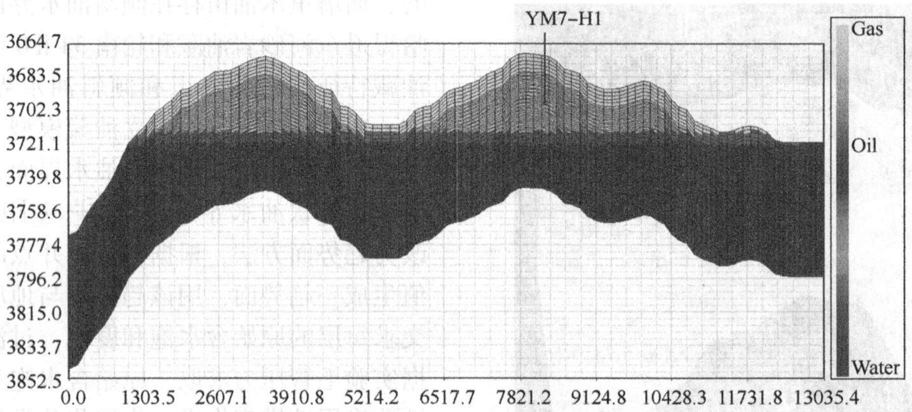

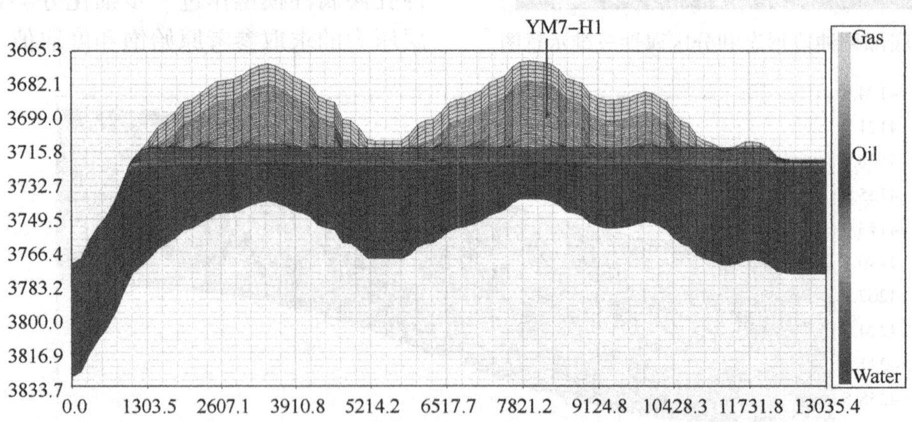

图8　顺层网格与混合网格划分方法对比

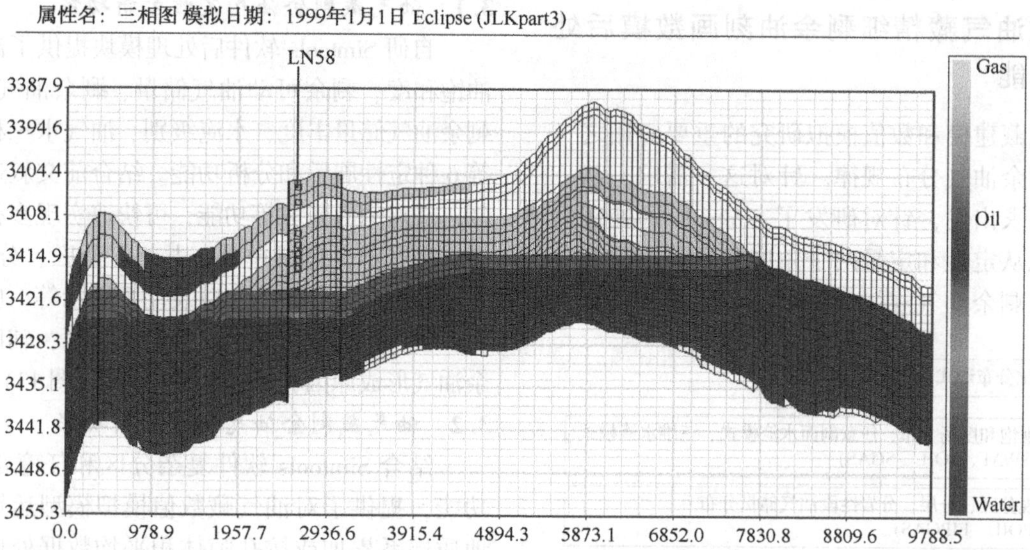

图 9　层状+倾斜油水界面处理后的网格剖面图

2 快捷便利的复杂分区功能

开展油气藏数值模拟研究的重要工作之一是开展分区划分，但是有些属性以及区域分区的划分较为复杂，常规方法费时费力，甚至无法实现。针对复杂分区这一需求，针对开发了 Simtools 复杂分区快速划分功能。应用该功能，首先可勾画任意形状的区域，然后再通过属性、深度或者模型小层等方法进行属性区域划分或者修改复制，实现相渗分区(图 10~图 11)、储量分区以及油气藏本身不同储层、流体等差异性区域划分。结合前处理模块，通过相带区域方法，只对勾画的任意区域内某层段的值重新插值，采用并行插值算法，大大地缩短了数模历史拟合模型修改时间。

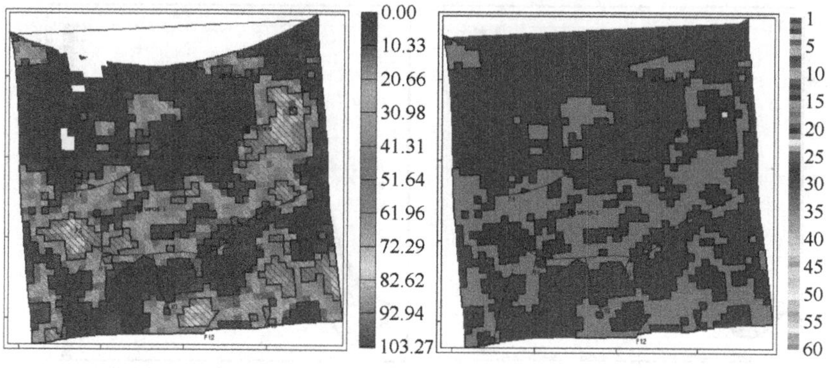

图 10　按渗透率属性实现的数模分区平面图(60 个分区)

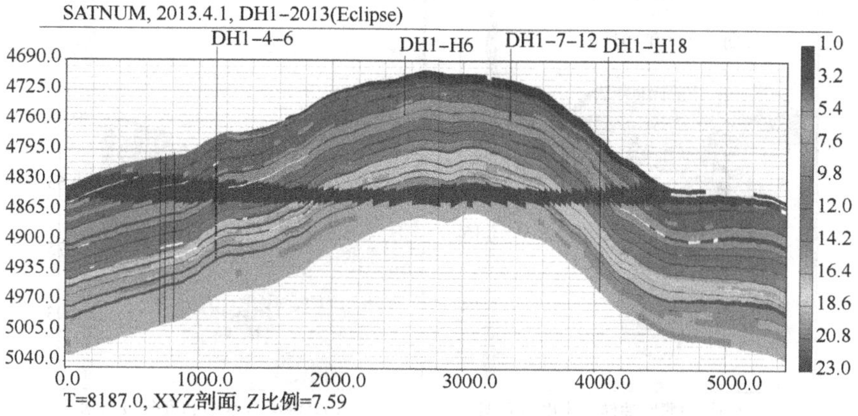

图 11　某油藏相渗分区划分剖面示意图(24 条相渗，任意方面剖面)

3　高效油气藏精细剩余油刻画数模后处理功能

油气藏建模和数值模拟研究的重要应用之一是认识剩余油气分布规律。针对这一需求，从一线研究需求出发，针对研发了 Simtools 后处理模块，实现从定性和定量两个角度分区分段综合分析油气藏剩余油气规律(图 12)。

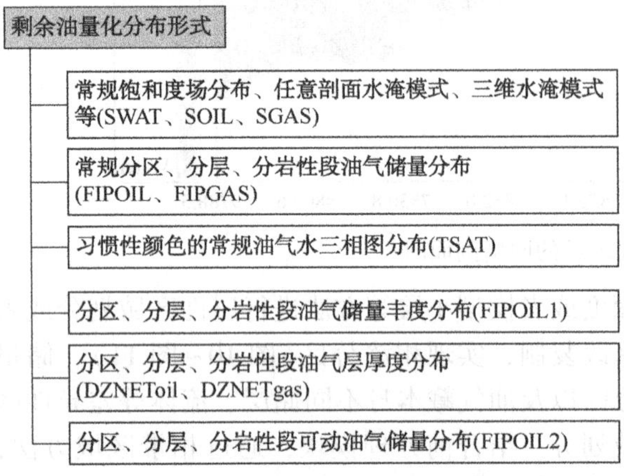

图 12　Simtools 软件剩余油综合分析量化分析功能

3.1　油气藏剩余油气定性分析功能

自研 Simtools 软件后处理模块提供了油气藏含油饱和度、剩余可动油气储量、剩余油气层厚度、剩余油气储量丰度、水淹级别、油气水三相饱和度等 6 种定性展示和分析功能。结合前文叙述复杂分区、任意剖面截取等功能，可快速实现多种属性的进一步展示，包括单井、井组、分区、分层展示，平面和剖面结合展示，以及动画展示等。应用该功能，实现定性分析剩余油气分布特征，辅助分析剩余油气形成原因和油气水运移规律(图 13)。

3.2　油气藏剩余油气定量分析功能

结合 Simtools 软件复杂分区和任意剖面截取功能，提供了对油气藏数值模拟模型运算结果分地质层系累加或按孔隙体积平均数据处理、任意分区指标量化提取和分区计算等功能。在 Simtools 软件后处理中完成区域划分后，即可根据划定的区域进行指标统计，不需要用 Eclipse 根据分区进行重新计算即可得到分区类的指标统计结果。图 14a 即为某模型第 7 号网格层剩余可动油储量的分布图及自定义的区域划分方案，图 14b 为 Simtools 软件输出的该模型中各分区的剩余可动油储量的统计结果。

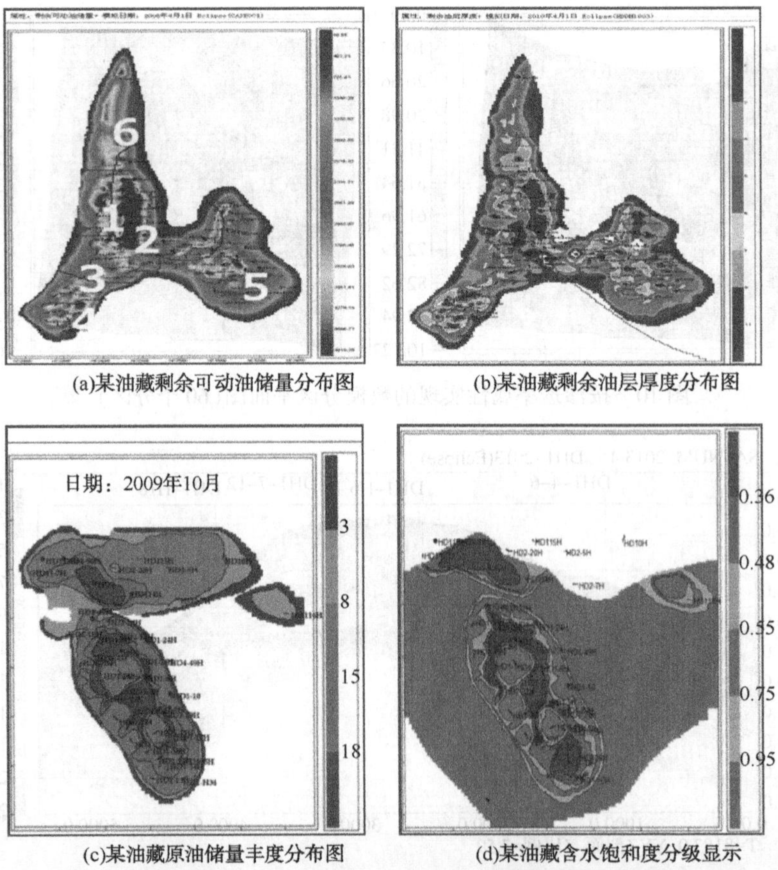

(a)某油藏剩余可动油储量分布图　(b)某油藏剩余油层厚度分布图

(c)某油藏原油储量丰度分布图　(d)某油藏含水饱和度分级显示

图 13　自研 Simtools 软件油气藏剩余油气分布规律定性展示功能

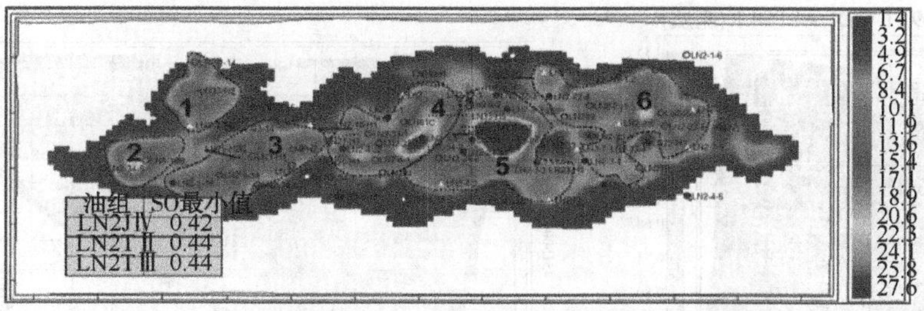

(e)某油藏未水淹、弱水淹剩余油层厚度分区平面图

图 13　自研 Simtools 软件油气藏剩余油气分布规律定性展示功能(续图)

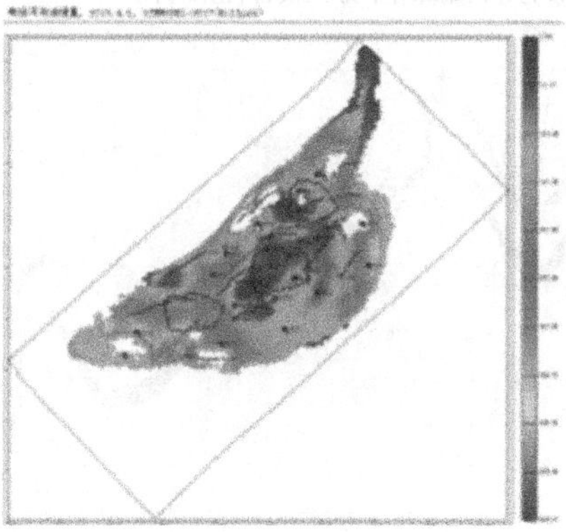

(a)剩余可动油储量区域划分示意图

序号	层号	区域号	最小值	最大值	平均值	网格求和值	面积(Km^2)
1	7	1	8.0325	432.4601	151.3114	455750.0	4.687577
2	7	2	80.5954	376.2994	248.0885	36965.1933	0.228909
3	7	3	14.0578	178.5824	66.3363	12073.2144	0.283769
4	7	4	13.2847	179.4983	85.5912	10185.3537	0.191943
5	7	合计	8.0325	432.4601	137.8319	514973.76	5.392198
6	all	所有层:					
7	all	1	0.9383	502.6689	103.1299	5098744.0	null
8	all	2	80.5954	376.2994	248.0885	36965.1933	null
9	all	3	14.0578	178.5824	68.3383	12073.2144	null
10	all	4	13.2847	179.4983	85.5912	10185.3537	null
11	all	合计	0.9383	502.6689	125.7865	5157987.7	null

(b)该模型中各分区的剩余可动油储量的统计表

图 14　自研软件油气藏分区剩余可动油储量定量统计

4　快捷高效的复杂井网快速设计功能

井网设计的科学性、合理性对于提高油气藏产能和整体开发效果效益十分关键。基于剩余油气分布规律，应用自主研发软件 Simtools 开展复杂井网快速优化设计，井网井型设计功能比较齐全，方便大批量新井井网井位设计。也可根据油田实际生产需要进行个性化设计和批量复杂井网设计，同时可自动输出相应的 Eclipse 关键字代码，直接粘贴至 DATA 文件中进行数值模拟模型预测计算，支撑井位部署论证、方案优选设计和机理研究等。

4.1　自定义井点设计

应用油气藏数值模拟运算结果，根据剩余油气分布规律，采用鼠标拾取的方式，快速自定义增加直井、水平井，可对已设计井进行修改、移动、删除、恢复删除等，也可以输出运行代码和井点信息。例如针对 DH 油藏 2013 年 4 月剩余油的分布和井网现状，在油藏东南边部部署一口水平井，只需在自研软件设置好相关参数，鼠标点击几下，5 分钟内即可导入预测模型中进行运算，和传统商业软件对比，提升效率在 5 倍以上。

4.2　快速批量复杂井网设计

可根据需要设定井距、井型、井别、射孔层位、产量等参数，快速设计规则井网，包括面积井网、水平井与直井混合井网、多台阶水平井等全部类型，并输出 Eclipse 软件 DATA 文件中 Schedule 部分的生产模型代码用于模拟计算，而且可输出所有设计井点的大地坐标，用于实际生产地质设计等。

预设一定夹角和井距的井网线，自动生成任意多边形内的新井井网井位坐标，转换为数模需要的格式，节省了大量数模方案或机理研究的时间。自动调整井型、井位、井网，适用大批量数模新井井位井网设计。批量修改新井属性，或修改多边形内的新井属性，调整井型井网方便。相对传统商业软件，操作步骤大大简化，节省 30 倍以上操作时间。

例如 HD 薄砂层油藏油层平均厚度 1~3 米，针对其油层薄特点，应用 Simtools 软件后处理模块井网设计功能，设计多种规则井网、水平井+直井混合井网、双台阶水平井网等井网方案对比(图 15)。该项功能和软件操作速度明显领先主流软件 Petrel RE。

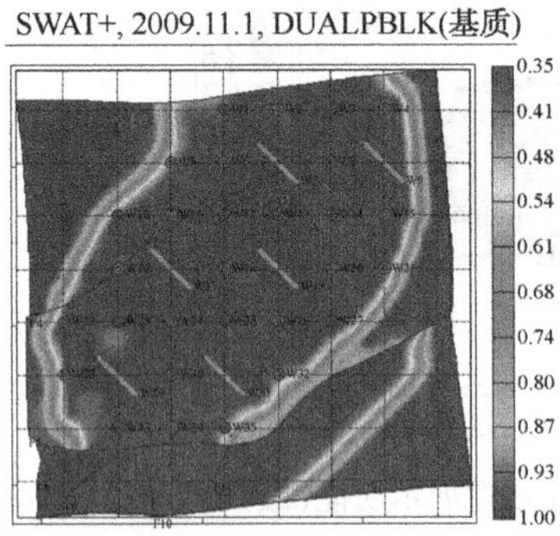

(a)方案设计水平井+直井注采井网

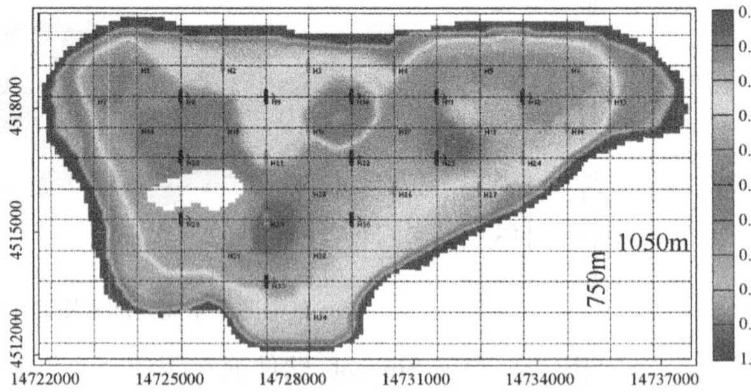

(b)实际油藏调整方案设计注采井网

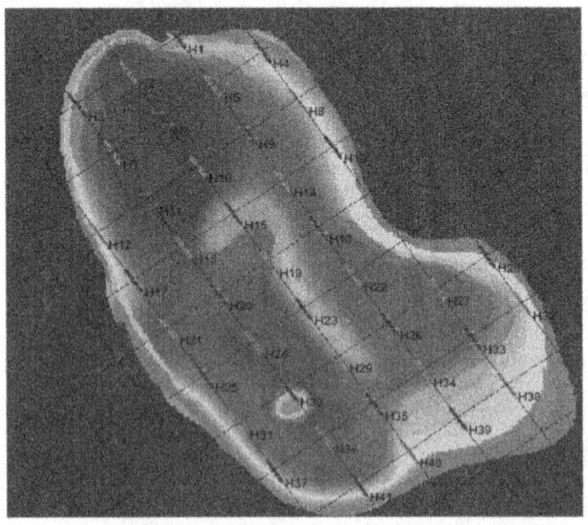

(c)BSC油藏双台阶水平井网设计图

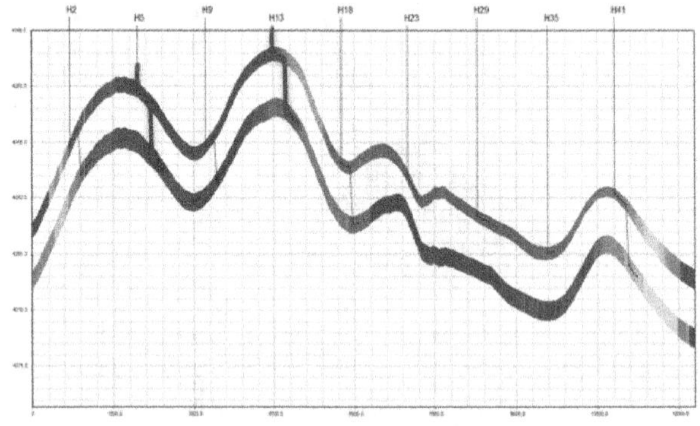

(d)BSC油藏双台阶水平井设计剖面

图 15　Simtools 软件井网设计功能双台阶水平井快速设计展示

此外，软件还具备很多提高数值模拟和油藏工程研究的快捷功能，例如当油藏有新井完钻投产后，自研软件可根据实际新井的大地坐标和生产井段等数据，增加直井或水平井，并输出新井的运行代码。此项功能应用于油气藏数值模拟模型跟踪完善。井史反向输出功能，旧模型建立后，如果建立 Schedule 代码的原始数据体丢失，可利用自研软件将当前模型中所有井的大地坐标信息和射孔井段深度信息等以自研软件本身的格式进行输出，当新模型初始化完成后，可将旧模型中的井点及射孔井史加至新模型中，用户不需要再整理井史。

5　已拟合多层油气藏数值模拟模型叠合处理功能

重建叠合地质模型工作周期较长，通过 Eclipse 及自研后处理软件技术处理，对已拟合多油气藏数模模型进行叠合模拟，可以缩短数模工作周期，对于合采油气藏合理劈产，判断目前剩余油分布规律，具有一定的参考价值和推广意义（图 16）。

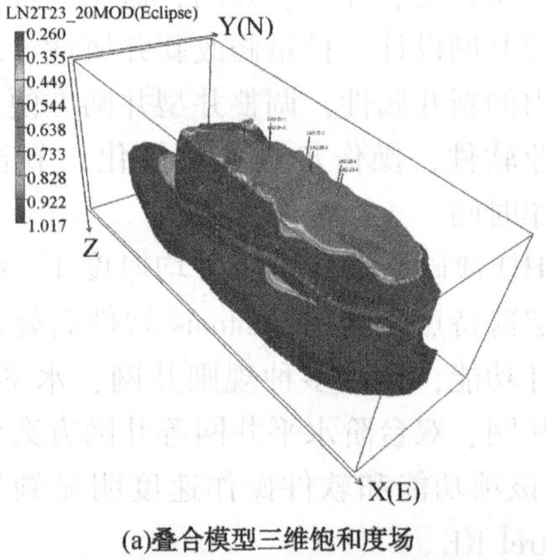

(a)叠合模型三维饱和度场

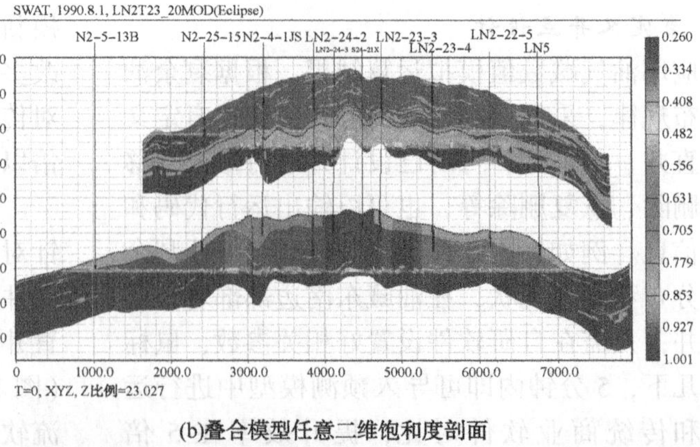

(b)叠合模型任意二维饱和度剖面

图 16　已拟合多油气藏数值模拟模型叠合模拟处理

6　SimTools 与 HiSim 等主流软件数据接口研发

Simtools 软件对主流地质建模和数值模拟软件数据具有良好的兼容和数据接口。以中国石油自主研发数值模拟软件 HiSim 软件为例，通过数据接口程序研发，实现 Eclipse 到 HiSim 数据格式转换、读取 HiSim 二进制及文本输出结果、常规网格达到与读取 Eclipse 格式处理效果一样以及 HiSim 非结构化网格与嵌入式裂缝数据处理与显示等功能(图 17)。

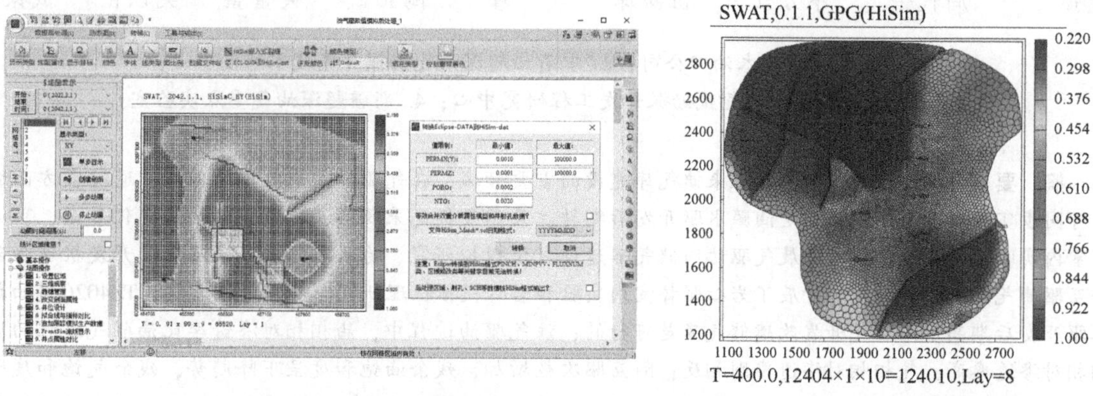

(a)Eclipse到HiSim数据格式转换界面　　(b)非结构化网格处理界面

图 17　SimTools 与 HiSim 数据接口功能实例

7　结论

（1）油藏数值模拟前后处理软件主要针对油藏数值模拟的数据处理和图形处理而设计，软件研制从油田的实际工作需要出发，以解决诸多数模细节问题为前提，最终力争做到操作简便、快捷且方便数模专业人员的使用。软件包分为前处理、后处理和三维显示三部分，微机版程序源码大约 29.6 万行，其主要功能分油气藏数值模拟处理和后处理两大部分。

（2）创新形成高效油气藏精细剩余油刻画数模后处理和快速复杂井网设计技术。采用多手段定性和定量描述方法，显著提高油气藏剩余油描述及预测精度；实现在剩余油研究基础上规则井网快速批量自动设计和不规则井网个性设计及优化等功能，为方案编制、实施跟踪优化和井位论证提供可靠依据。

（3）软件具有以下优势：快速的复杂井网自动设计；一次性快速提取油藏到单井的动静态数据；剩余油气厚度与储量分区一次批量提取和成图；3D 模型或场图快速任意剖面截取；多模型模拟实现中的局部模型更换；已拟合多油气藏叠合模拟技术；上亿年成藏数模机理研究模拟场图的显示；油气水的红黄蓝三色二三维高清显示(国内标准)。其中最后的 4 个技术在国际主流软件中是没有的，填补了国际主流软件的空白。

参　考　文　献

［1］练章贵，卞万江，刘加元，等．油气藏数模前后处理软件开发与应用［J］．西南石油学院学报，2005，27(3)：34-36.

［2］邵光强，卞万江，王开宇，等．东河 1 石炭系具稠油垫油藏注气开发数值模拟［J］．新疆石油地质，2019，40(4)：473-480.

［3］李玉梅，陈开远，赵玉欣．提高油藏数值模拟精度的对策研究［J］．石油天然气学报，2010，32(3)：350-352.

［4］张烈辉，李允．混合网格在水平井油藏数值模拟中的应用［J］．西南石油学院学报，1995，17(1)：63-69.

［5］张勇，杜志敏，郭肖，等．底水凝析气藏薄油环开采数值模拟方 法研究［J］．石油学报，2009，30(1)：88-91.

塔里木盆地TZ402石炭系油藏气驱协同储气库建设数值模拟研究

邵光强[1,2,3,4]　周代余[1,2]　卞万江[1,2]　伍藏原[1]　樊　瑾[1,2]　陶正武[1]　吴蜜蜜[1]　吴以臣[1]　成荣红[1]

（1. 中国石油塔里木油田公司；2. 中石油超深油气勘探开发技术研发中心；3. 自治区超深层复杂油气藏勘探开发工程研究中心；4. 新疆超深油气重点实验室）

摘　要　深层油藏型储气库是未来储气库建设的重要领域，在气驱提高采收率的同时，通过多方面协同可同步实现储气库建设，但是油藏水驱开发后期转注天然气提高采收率，地层流体相态变化复杂，可通过室内实验获得关键参数，开展气驱协同储气库建设数值模拟研究。为明确高水淹油藏注气开发机理和多轮互驱油气两相渗流规律，开展了岩心驱替室内实验和岩心模拟机理研究。研究结果表明，TZ402CⅢ油藏水驱开发后期高水淹注气开发改建储气库是可行的；注气驱油过程中，油相相对渗透率比油驱气过程的油相相对渗透率高，气相相对渗透率则相反；随互驱次数增加，残余油饱和度呈下降趋势，残余气饱和度则有所上升，储气库库容有所减小；物性越好，对应残余油饱和度和残余气饱和度相对越低，高渗储层储气库渗流能力、库容也越大，更适合储气库建设和运行；油藏注气开发协同储气库建设组分模型应充分考虑多轮互驱相渗滞后效影响。

关键词　高水淹油藏；油藏型储气库；注气开发；数值模拟；油气协同；机理研究

地下储气库（以下简称储气库）是将从天然气田采出的天然气重新注入地下可以保存气体的空间而形成的一种人工气田或气藏。储气库作为一种安全供气、调峰的手段和方法，目前被世界各国开发利用天然气时所广泛采用，它可以很好的解决供气的不稳定性与安全平稳供气要求之间的矛盾。开展注气驱油协同储气库建设机目前国内外在役注气开发油藏改建储气库领域，技术规范及标准和可借鉴经验几乎是空白，目标油藏水驱开发后期转注天然气+轻烃复合驱后相态变化复杂，周期注采油气运移及成库机理与衰竭气藏或者咸水层建设储气库不同，如何提高库容控制，确保驱替效率，存在一定的不确定性。同时，实践表明注气开发是大幅度提高采收率的有效技术手段，基于油气协同开发理念，将注气驱油与储气库二者结合，开展试验研究探索深层高水淹油藏气驱协同储气库建设技术，为类似开发中后期高水淹油藏注气开发提高采收率和储气库建设提供技术借鉴及矿场经验。

1　油藏地质及开发概况

TZ402CⅢ油藏为长轴背斜带气顶块状底水油藏，油藏埋深3500~3620m（图1）。依据等时+岩性对比相结合的原则，至上而下划分为CⅢ1~CⅢ12共12个小层，储层类型主要为三角洲及滨岸相砂岩。其中，CⅢ1~CⅢ3小层为三角洲前缘沉积，隔夹层相对发育；CⅢ4~CⅢ12小层主要为滨岸相沉积，主要发育前滨和临滨亚相。储层非均质性自上而下呈减弱趋势，CⅢ4~CⅢ5小层平均孔隙度15.01%，平均渗透率$457\times10^{-3}\mu m^2$，CⅢ6~CⅢ8平均孔隙度为17.75%，平均渗透率为$385\times10^{-3}\mu m^2$，均属中孔、中渗储层，CⅢ9~CⅢ12小层平均孔隙度17.42%，平均渗透率$251\times10^{-3}\mu m^2$。油气水分布受构造及夹层影响，CⅢ1~CⅢ3小层为带凝析气顶的层状边水油藏；CⅢ4~CⅢ8小层（油水界面-2510之上）为块状底水油藏，CⅢ9~CⅢ12小层（-2510m与-2610m之间）。TZ402CⅢ油藏为正常温度压力系统，地层温度106~110℃，原始地层压力42.5MPa；CⅢ1~CⅢ3小层原油属挥发~轻质特低~低黏度油，CⅢ4~CⅢ8小层原油属轻质低黏度油，原油黏度（50℃）0.69~4.04mPa·s。油藏核算地质储量原油2000×10^4t左右，气顶部分折凝析油储量近40×10^4t，凝析气约$5\times10^8m^3$。依据开发特征，划分为CⅢ1~CⅢ3小层和CⅢ4~CⅢ8小层两套开发系统。截止目前，油藏综合含水92%，地质储量采出程度50.3%，

日注天然气近 $60\times10^4 m^3/d$，累计注气超 $2\times10^8 m^3$。

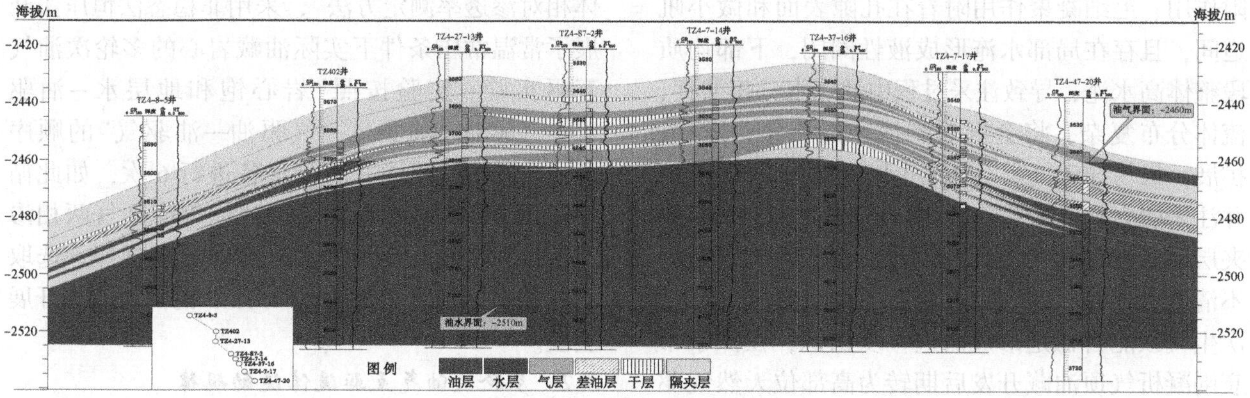

图1　TZ402CⅢ油藏剖面图

TZ402CⅢ油藏目前两套开发层系均已转为注天然气+轻烃复合驱提高采收率重大开发试验，并以注气重大开发试验为基础，进行油气协同开发，开展油藏型储气库先导试验。

2　改建储气库可行性评价

针对储气库建库关键要素(圈闭密封性、老井井筒完整性、建库空间)开展了储气库库库址优选评价。前期评价研究表明TZ402CⅢ油藏构造整装、带凝析气顶、盖层全区稳定分布、库区内部断裂不发育，封闭性强，建库对象石炭系东河砂岩段，储层发育稳定，与上覆下泥岩段形成优质储盖组合，具备建成储气库的先天条件。从动态评价来看，2020年7月注气重大开发试验正式投注气以来，TZ402 CⅢ1～CⅢ3小层注气以来未出现天然气通过盖层、断层和井筒环空逸散的情况，证明油藏封闭性良好。从静态评价来看，表1和表2从技术因素和地质安全因素两个方面对该油藏建设储气库址评价进行了研究。评价结果为Ⅱ及和Ⅰ级，表明TZ402CⅢ油藏具备储气库建库条件。

表1　含水层储气库评价(技术因素)

分级	有效厚度/m	孔隙度/%	圈闭容积/$10^8 m^3$	储层渗透率/mD	埋深/m	圈闭特征
Ⅰ	>80	>25	>50	>100	250～1000	完整背斜
Ⅱ	80～30	15～25	30～50	50～100	1000～2000	单面断层
Ⅲ	30～10	5～15	10～30	3～50	2100～3500	断块
Ⅳ	<10	<5	<10	<3	>3500	复杂断块
TZ402CⅢ	60	9～18		84～450		

表2　含水层储气库选址评价(地质安全因素)

分级	盖层				断层		区域地震特征
	岩性	厚度 m	连续性	封气能力 MPa	垂向密封压力 MPa	侧向封堵性	
Ⅰ	泥岩	>300	连续、稳定	>10	-	-	记载历史地震活动很弱
Ⅱ	含砂泥岩	150～300	较连续、稳定	5～10	>5	侧向大套泥岩、膏岩封堵	记载历史地震活动较弱
Ⅲ	砂质泥岩	50～150	稍连续、稳定	1～5	1～5	泥岩涂抹断面封堵	近期无大的历史地震
Ⅳ	泥质砂岩、页岩、致密灰岩	<50	不连续、稳定	<1	<1	随机封堵或储层物性封堵	近期有大的历史地震
TZ402 CⅢ	泥岩		连续、稳定			泥岩涂抹断面封堵	很弱

由于原始气顶收缩，反凝析油、侵入油以吸附作用、毛细凝聚作用附着在孔隙表面和微小吼道间，且存在局部水淹形成液性圈闭，下部均质段整体高水淹，导致注采过程中油气水三相共存，流体分布复杂，将会影响到流体的聚集、运移、扩展，极易导致气窜、气油(水)互锁，需评价单井注采能力和油藏扩容能力。CⅢ1~CⅢ3 小层隔夹层相对发育，非均质性较强，注气优势通道尚不清楚，存在不确定性，气液界面能否均匀推进、次生气顶能否稳定形成需进一步认识；在探索带衰竭凝析气顶油藏开发后期转为高部位天然气驱与储气库联动建库新模式，TZ4 储气库建设分为先导试验提采评价、扩容达产、全油藏循环注采运行等三个阶段，不同阶段的技术界限均需落实。

基于以上油藏特点和储气库建设需求，进行了室内实验和数值模拟机理研究。

3 多轮互驱周期注采室内实验

3.1 实验过程

为评价油藏改建储气库多轮次油气互驱两相渗流特征，按照 GB/T 28912-2012“岩石中两相流体相对渗透率测定方法”，采用非稳态法恒压法开展了常温常压条件下实际油藏岩心的多轮次油气互驱实验。实验按照“岩心饱和地层水—油驱水—气驱油—油驱气—气驱油—油驱气”的顺序开展，其中气驱油、油驱气各进行 6 次，如此循环往复，研究高水淹油藏改建储气库油气两相渗流特征和多轮互驱周期注采流体流动规律。选取了渗透率分别为 290mD 和 451mD 的两块岩心开展实验。

3.2 多轮次油气互驱流体流动规律

从两块岩心 6 次油气互驱实验结果来看，6 次油气互驱条件下渗流能力具有相同的变化规律，均表现出气驱油过程比油驱气过程的油相相对渗透率高，气相相对渗透率则相反。随互驱次数的增加，气相相对渗透率降低，油相相对渗透率增加，等渗点逐渐左移(图 2)。

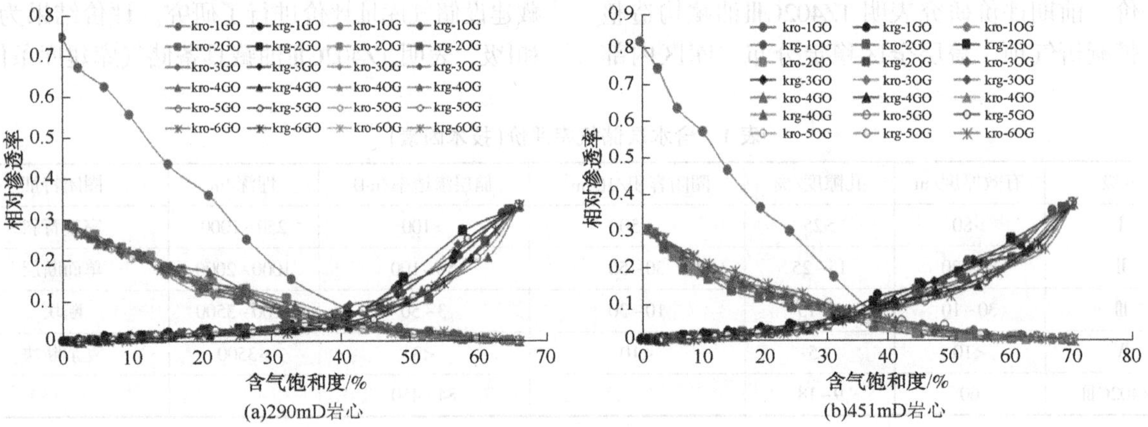

图 2　不同渗透率岩心多轮气油互驱相对渗透率曲线

分析其原因，首次气驱油结束后，油藏孔隙中存在残余气，导致油相饱和度无法恢复到初始，所以第二次气驱油相相对渗透率远低于首次气驱油，但随着不断互驱，注入气可以波及更多微小孔道的油相，使油相相对渗透率有所恢复；反之，油驱气时油相会优先驱替大孔道，其次是较小孔道，残余气饱和度降低，气相相对渗透率降低。

对比六轮气油互驱相对渗透率曲线(图 3)，可以得出在相同饱和度下，物性对不同流体的相对渗透率具有影响，物性好，油或者气相的相对渗透率高；随着驱替次数的增加，共渗区的范围增加，并且等渗点饱和度降低、等渗点渗透率增加，原因是油藏物性越好，流体流动阻力越小，气相和油相的残余饱和度降低。随着油气互驱次数的增加，残余油饱和度降低，残余气饱和度增加，可动含气饱和度大致呈增加趋势，含气空间利用率则降低。

综合两组实验，随着互驱次数的增加，残余油饱和度呈下降趋势，残余气饱和度则有所上升，且变化幅度逐渐减小(图 4)，随注采周期的增加注入气的损失有所减小，储气库库容也有所减小。比较两组实验，岩心绝对渗透率越高，对应残余油饱和度相对越低、残余气饱和度相对越低，高渗储层储气库渗流能力、库容也越大，更适合储气库建设和运行。

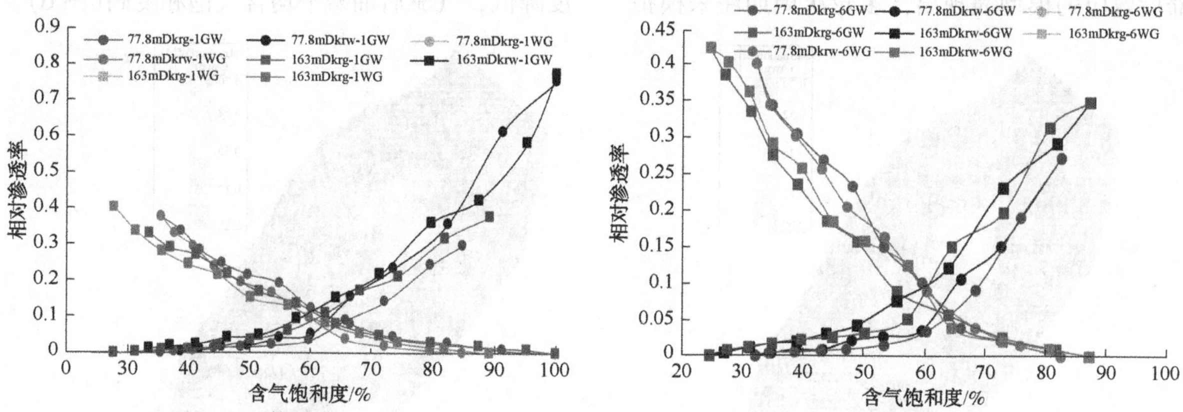

(a)第1回合　　(b)第6回合

图3　气水互驱相对渗透率曲线

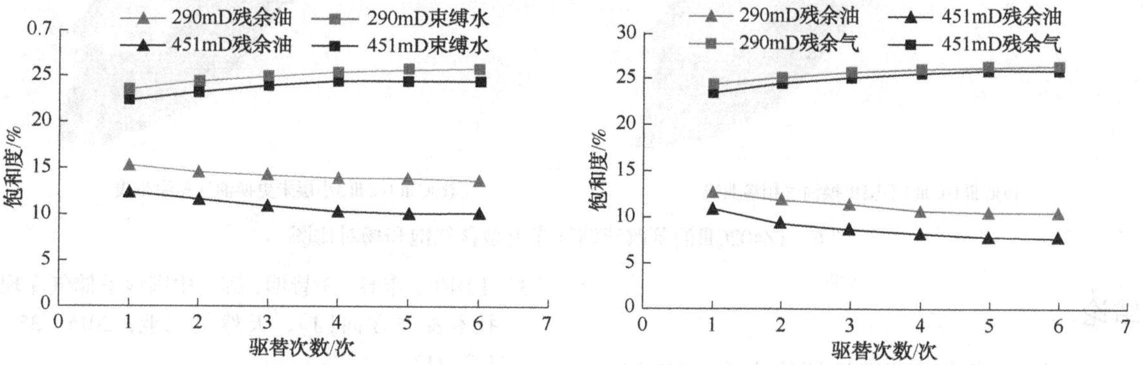

(a)油水多轮互驱饱和度　　(b)气油多轮互驱饱和度

图4　多轮互驱饱和度随驱替次数变化曲线

4　建立基于实验的数值模拟模型相对渗透率曲线

油藏注气开发协同储气库建设，在扩容过程中，油气互驱后，含油饱和度大幅度降低，气相相对渗透率增加，油气相对渗透率曲线向左偏移，存在多轮相渗滞后效应。因此，在建立TZ402CⅢ油藏改建储气库数值模拟模型的过程中，应考虑多轮相渗滞后效应，使用往复注采相对渗透率曲线，评价其对驱油效率和库容影响，进而降低多轮互驱相渗滞效应数值模拟模型指标预测的影响(图5)。

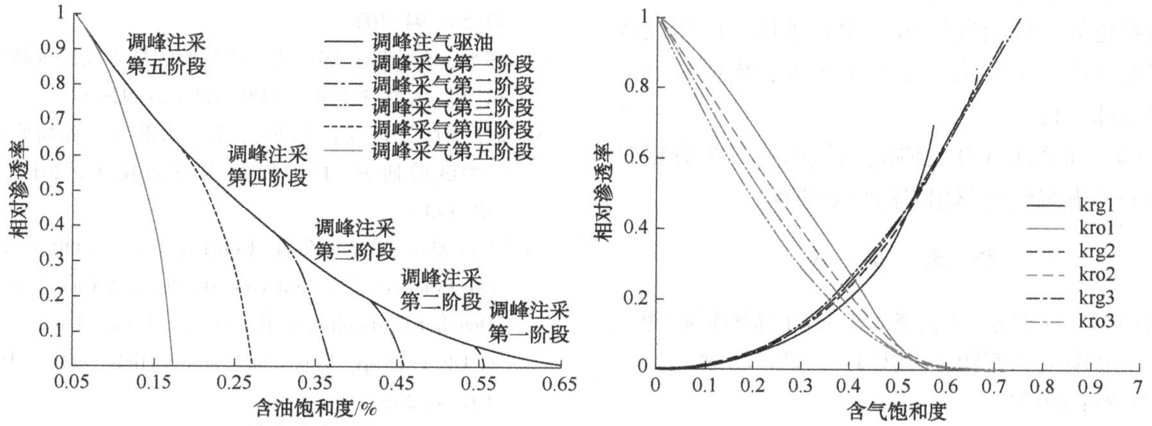

(a)油气相渗变化模式图　　(b)油气相渗变化曲线

图5　TZ402CⅢ油藏气驱协同储气库建设模型往复注采相对渗透率曲线

对比应用后的组分模型，考虑了油气驱替相渗滞后效应的模型表现出，多轮次周期注采模拟后，在扩容过程中，油气互驱后含油饱和度大幅度降低，气驱后油藏平均含气饱和度高(图6)。

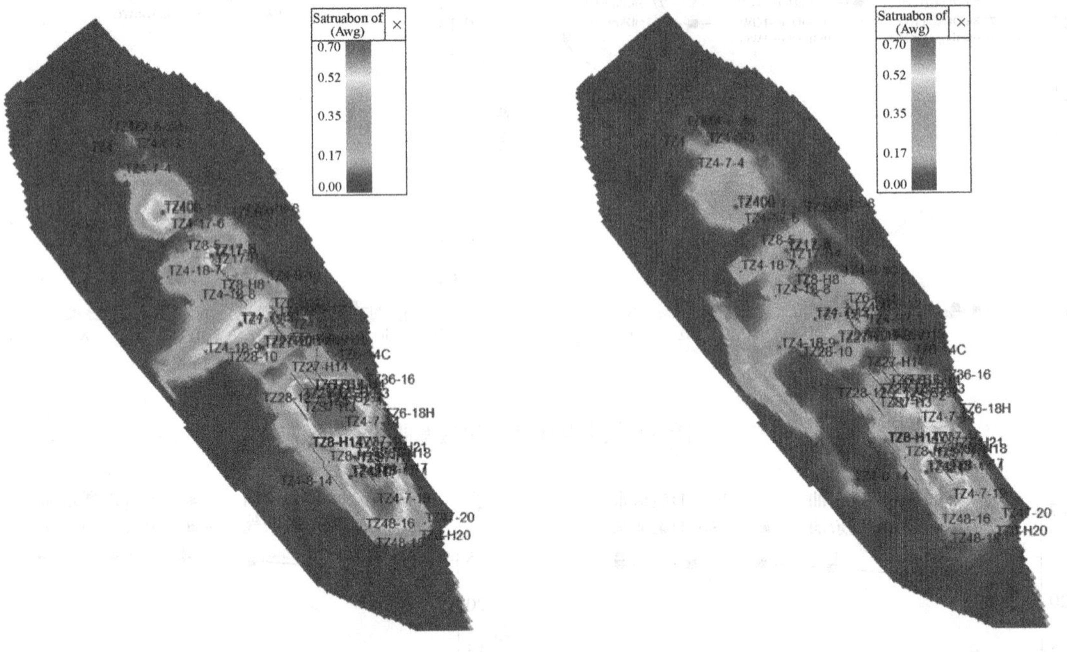

(a)CⅢ1-CⅢ3小层更换油气相渗曲线　　(b)CⅢ1-CⅢ3小层未更换油气相渗曲线

图6　TZ402CⅢ油藏改建储气库模型含气饱和场对比图

5　结论

（1）从储气库建库可行性评价来看，TZ402CⅢ油藏具备建设储气库的基本地质条件，可以开展气驱提高采收率协同储气库建设。

（2）多轮油气互相非稳态相渗透实验表明，注气驱油过程中，油相相对渗透率比油驱气过程的高，气相相对渗透率则相反。随互驱次数增加，残余油饱和度呈下降趋势，残余气饱和度则有所上升，储气库库容也有所减小。

（3）岩心绝对渗透率越高，对应残余油饱和度相对越低、残余气饱和度相对越低。说明高渗储层储气库渗流能力、库容也越大，更适合储气库建设和运行。

（4）油藏注气开发协同储气库建设组分模型应充分考虑多轮互驱相渗滞后效影响。

参 考 文 献

[1] 江同文，王锦芳，王正茂，等．地下储气库与天然气驱油协同建设实践与认识[J]．天然气工业，2021，41(9)：66-74.

[2] 马新华，郑得文，申瑞臣，等．中国复杂地质条件气藏型储气库建库关键技术与实践[J]．石油勘探与开发，2018，45(3)：489-499.

[3] 丁国生，李春，王皆明，等．中国地下储气库现状及技术发展方向[J]．天然气工业，2015，35(11)：107-112.

[4] 马新华，丁国生．中国天然气地下储气库[M]．北京：石油工业出版社，2018：1-22.

[5] 丁国生，魏欢．中国地下储气库建设20年回顾与展望[J]．油气储运，2020，39(1)：25-31.

[6] 2015-2018 Triennium Work Reports. Working committee 2: Underground gas storage [C]//the 27th World Gas Conference, 15-28 June 2018, Washington DC, USA..

[7] 郑雅丽，孙军昌，邱小松，等．油气藏型储气库地质体完整性内涵与评价技术[J]．天然气工业，2020，40(5)：94-102.

[8] 郭平，苑志旺，廖广志．注气驱油技术发展现状与启示[J]．天然气工业，2009，29(8)：92-96.

[9] 袁广均，王进安，王兴忠，等．天然气驱提高原油采收率试验研究[J]．内蒙古石油化工，2013(4)：142-143.

[10] Wei Zhou, Daiyu Zhou, Kun Fan, et al. EOR Technology Practice of Natural Gas Flooding: A Case Study on Donghel Carboniferous Reservoir with the Characteristics of Ultra-Deep, Very Thick and 3 Highs [C]. IPTC-19744, 2020.

[11] Tongwen Jiang, Daiyu Zhou, Yiming Wu, et al. Research Method of Phase Behavior in Gas-Crude System and the Application in L Block with HP/HT [C].

IPTC-21267-MS, 2021.

[12] 李士伦，孙雷，郭平，等．再论我国 发展注气提高采收率技术[J]．天然气工业，2006，26(12)：30-34.

[13] 廖广志，王连刚，王正茂．重大开发试验实践及启示[J]．石油科技论坛，2019，38(2)：1-10.

[14] 周炜，张建东，唐永亮，等．顶部注气重力驱技术在底水油藏应用探讨[J]．西南石油大学学报(自然科学版)，2017，39(6)：92-100.

[15] Wei Zhou, Daiyu Zhou, Kun Fan, et al. EOR Technology Practice of Natural Gas Flooding: A Case Study on Donghel Carboniferous Reservoir with the Characteristics of Ultra-Deep, Very Thick and 3 Highs [C]. IPTC-19744, 2020.

[16] Tongwen Jiang, Daiyu Zhou, Yiming Wu, et al. Research Method of Phase Behavior in Gas-Crude System and the Application in L Block with HP/HT [C]. IPTC-21267-MS, 2021.

中深层火成岩区油田高效开发技术与实践

马　栋　张正龙　闫建丽　但　华　崔名喆

[中海石油(中国)有限公司天津分公司]

摘　要　渤海湾盆地经历了中生代与新生代两个裂陷旋回，形成了大量的中酸性和中基性岩浆岩，形成了火成岩遮挡下的油田，受火成岩影响，地震波衰减严重，火成岩下伏目的层成像精度低；中深层储层埋藏深，同时受事件性火成岩切割、穿插的中深层储层，储层预测难度大，预测精度低；由于储层受到火成岩破坏，储层展布复杂，井网部署难度大。针对以上问题，本文利用广义S变换分频能量补偿技术，火山岩下伏地层反射地震信号得到有效恢复，实现了火山岩下伏地层的保真成像。利用模式约束下准层序等时单元砂体预测技术，实现了优势储层发育区半定量预测，提高了储层预测精度。利用综合井网并联优化评价技术实现了井网优化部署。研究结果表明：油田范围内火成岩体整体呈现蘑菇状，具有继承性特征，自下而上范围逐步变大，火成岩体内部具有杂乱反射特征，优势储层主要展布特征为受沉积相和火成岩双重控制，分流河道相是主要的优势储层发育区。通过井网优化，建立了高效注采关系，取得了良好的开发效果，为类似复杂岩性区中深层油田的高效开发改造提供了借鉴。

关键词　中深层；火成岩区；地震成像；储层预测；井网优化

近年油气勘探表明，岩浆侵入活动能够形成多种不同类型的油气储层，中国东部含油气盆地中发育大量的火山岩或浅层侵入岩，其中黄河口凹陷中洼南部斜坡带构造运动和岩浆活动频繁，岩浆活动与断裂系统相互作用相互影响，探明了多个受火成岩遮挡的油气藏。渤海新生界火山岩发育区已探明地质储量近2亿吨。且油气田以中深层砂岩油藏为主，油藏高效开发难度大，无成功经验可借鉴。

渤海D油田位于渤南南部海域，是渤海首个在火成岩发育区投入开发的砂岩油藏。油田火山岩喷发模式、岩性、岩相及平面分布形态差异显著，在火成岩对下伏地层地震反射能量的屏蔽作用叠加火山机构对沉积储层的破坏作用的双重挑战下，火山岩发育区古近系储层预测困难重重，且火山通道及侵入相火山岩严重干扰油田开发井井位优化部署。

本文的创新点如下：第一，创新提出了广义S变换分频能量补偿技术，实现了火山岩下伏地层地震振幅高保真恢复；第二，提出了模式约束下准层序等时单元砂体预测技术，实现了中深层储层半定量预测；第三，创新建立综合井网并联优化评价技术，实现了井网优化部署，指导了油田产能建设高效实施。

1　油田概况

D油田作为近年来渤海湾盆地发现的最大规模的新生界火成岩发育区油田，是渤海湾盆地首个投入开发的受火成岩遮挡的大型油田，含油面积23平方公里，探明地质储量近5000万吨。构造上位于渤海湾盆地莱北低凸起北部、黄河口凹陷中洼南部斜坡带，紧邻郯庐断裂渤南段中支，构造活动强烈，郯庐断裂活动形成的断裂深切上地幔岩浆房，为岩浆的大规模喷发提供了强大的动力[5、6]。岩性分析结果显示，渐新统东一段、东二段沉积时期发生了大规模的火山活动，岩性可见大套玄武岩、凝灰岩、安山岩等。油田主要含油层系为古近系东营组及沙河街组，埋深2400~3300m，发育辫状河三角洲沉积，油田共投产开发井78口，所有井均在古近系东二段(含油层系之上)及含油层系内部不同程度地钻遇火成岩。

2　中深层火成岩区地震精细识别

2.1　火成岩对地震波屏蔽作用

由于火成岩发育区的地震波场复杂，高速高密的火山岩对地震波具有极强的屏蔽作用，地震波透射下传能量受火成岩屏蔽和吸收的影响衰减严重，致使其下伏地层反射振幅变弱，从而影响了火成岩下伏地层的成像质量。

采用不同主频的雷克子波，制作一系列的合成地震记录，采用同样的时窗长度分析火成岩及下伏地层的振幅比值，进一步将能量比值表达为频率因子的函数。通过对实际地震记录的时频分解，建立相对应的振幅补偿方案。低频分频剖面表明，地震低频分量受火成岩屏蔽影响作用较小，与常规地球物理认识一致。中高频分频剖面表明，位于火成岩发育区的地震中高频分量受火成岩屏蔽影响作用较大，在火成岩不发育区，地震中高频仍有较强能量。上述研究显示，高阻抗火成岩的屏蔽作用对地震的低频分量影响较小，而对地震的中高频分量影响较大。

2.2　广义S变换分频能量补偿

基于成岩对地震波屏蔽作用认识，本文采用广义S变换技术对地震数据进行分频能量补偿处理，即将地震的低频分量作为参考，对地震中高频分量进行补充。在火成岩发育区，由于地震低频分量和高频分量的能量差异较大，从而得到较大的补偿因子；在非火成岩发育区，地震低频分量和高频分量的能量差异相对较小，补偿因子因此较小，从而实现火成岩屏蔽的补偿。

首先构建5参数小波：

$$\omega(t)=A\exp[-\gamma(t-\beta)^2f^2]\exp[-i(2\pi ft+\varphi)] \tag{1}$$

其中A为振幅，γ为能量衰减系数，控制高斯窗随时间的衰减快慢，同时也在频率域控制小波的频带宽度，衰减越快，时间窗越窄，对应频率域频带越宽，反之亦然，β为能量延迟系数控制高斯窗在时域的移动，但不改变简谐波的相位，f为频率，φ为相位延迟系数。

其次对5参数小波进行S变换：

$$GS(\tau,\ f)=\int_{-\infty}^{+\infty}h(t)Ae^{-\gamma(\tau-t-\beta)^2f^2}e^{-i2\pi f\tau}e^{-i\varphi}\mathrm{d}t \tag{2}$$

对于一个地震数据体，坐标为x，y，t。在t域中进行广义S变换，得到的自变量为x，y，t，f的四维数据体。取固定频率f，得到单频数据体，对各单频数据采取相关加权处理后，要进行逆变换，重新将上述单频数据体变换到时间域。

然后广义S变换分频：

$$x_f(\tau,\ f)=\int_{-\infty}^{\infty}h(t)e^{-\frac{f^2(\tau-t)^2}{2}}e^{-2i\pi ft}\mathrm{d}t=\frac{\sqrt{2\pi}}{|f|}S(\tau,\ f) \tag{3}$$

利用上述广义S变换技术，对地震数据进行分频，得到多个频率切片。以地震中不同频率分量为参考，对地震中高频分量进行补偿。对于补偿后的频率切片，利用广义S变换的反变换，从频率域变换到时间域，最终得到能量补偿(高频补偿)后的地震数据体。

经过广义S变换分频能量补偿后，火山岩下伏地层反射地震信号得到有效恢复，断层更加明显，平面振幅属性也更为可靠。新技术的应用实现了火山岩下伏地层的保真成像(图1)。

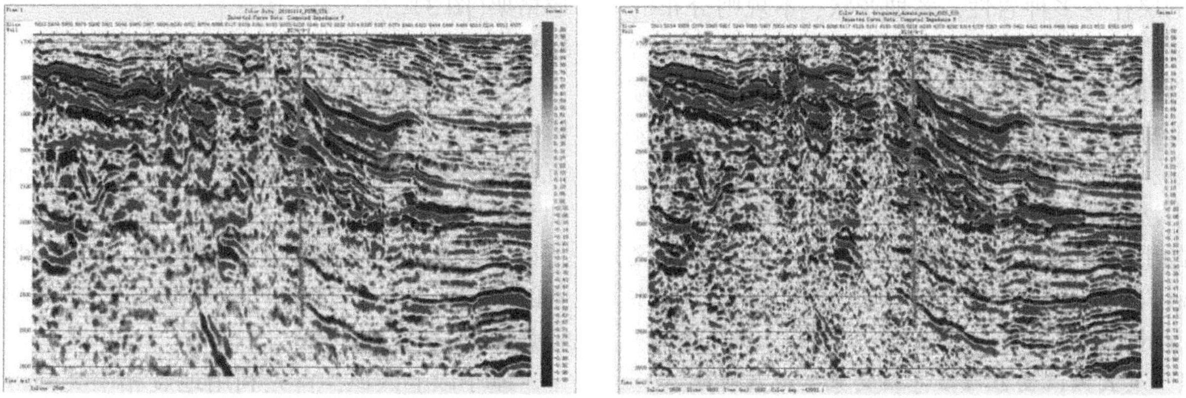

图1　火成岩屏蔽能量补偿前(上)后(下)对比

2.3　火成岩精细刻画

在火山岩下伏地层高质量成像的基础上，对油田的火成岩展布特征开展了研究。根据火山岩空间展布规律和不同岩性组合特征，油田主要发育3种火成岩相，分别为火山通道相、溢流相、爆发相(图2)。火山通道相是指岩浆自岩浆房向火山口运移过程中受冷凝、垮塌、回填等作用在火山通道中形成的多种火山岩石类型的组合，地震相特征表现为中低频弱振幅，外形呈倒锥状。溢流相主要形成于火山喷发活动的中期，岩浆在自身重力和后续岩浆的推动下受地形的控制沿着地表缓慢流动，随温度降低逐渐冷凝固结而形成喷出熔岩的岩性组合，地震相特征表现为低频强振幅，层状连续反射，溢流相岩浆岩与围岩物性差别较大。爆发相多形成于早期火山喷发较为强烈时期，围岩破碎物混杂着岩浆与气体一起喷出，不同粒级的火山碎屑物质散落在火山口周围，岩石组成较为复杂，火山口附近地震反射连续性较差，逐渐向周围地区反射连续性增强，具有中高方差值和中等均方根振幅值的特征。基于以上研究结果，油田范围内精细刻画火成岩体 21 个，火成岩面积范围为 0.01km^2 ~ 1.62km^2，合计面积 14.14km^2。

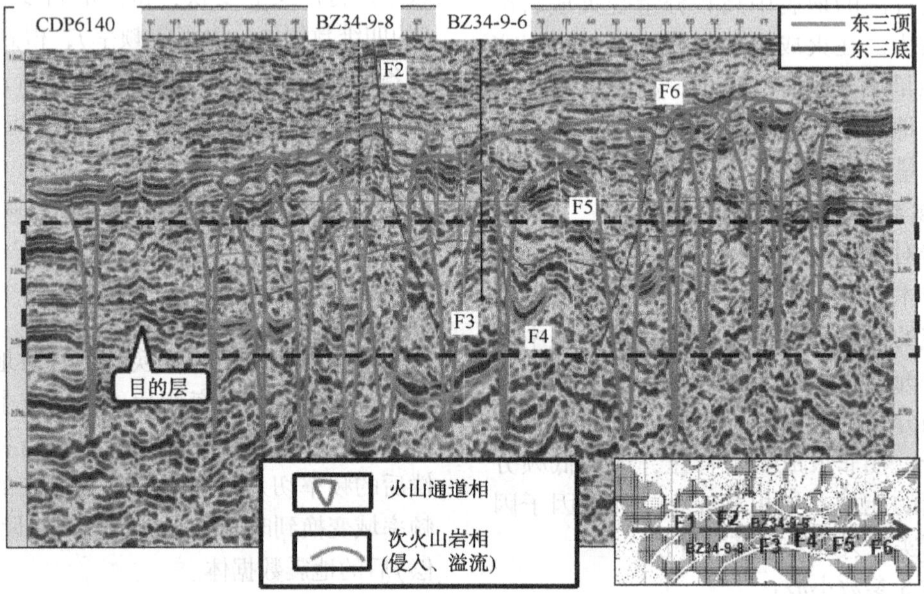

图 2　D 油田火成岩发育特征

3　火成岩遮挡下中深层储层精细预测

D 油田主力含油层系为受复杂火成岩影响下的中深层储层，成藏埋藏深、储层横向变化快，目的层存在多种岩性，多种产状、不规则分布的火成岩。储层精细预测面临以下难点：受火成岩事件性沉积的影响，渤海地区东二下段普遍发育的的稳定泥岩段并不能成为研究区稳定追踪的标志层，传统利用三级层序界面开展四级层序划分的方法已然无法适用；受事件性火成岩切割、穿插的中深层储层，研究区的波阻抗不能很好地区分砂岩和泥岩，储层的地震相识别受到复杂地质情况的影响。

3.1　最大湖泛面及准层序组约束下地层对比

针对油田目的层发育火成岩，无法应用由大到小“分级控制”的方法开展对比的难题，本文提出以三级沉积旋回内部的最大湖泛面作为标准层，综合以岩相、测井相、地震相及岩心特征，总结湖平面变化规律，确定单期河道自旋回完整性序列特征，向上、向下约束层序划分，建立了高分辨率旋回序列模式。

以标志层和沉积旋回为对比依据，井震结合，油田范围内建立了 6 个准层序，实现了全区闭合、分级控制、模式指导、动态验证的高精度层序地层格架(图 3)。

3.2　多维融合等时单元分区带砂体预测

由于油田发育火成岩，对地震波的反射能量影响较大，但是对于地震相的影响较小，不同的沉积微相具有明显的地震相差异，水下分流河道和河口坝相具有中频、低连续、弱振幅的地震相特征，远砂坝和席状砂相具有低频、连续、弱振幅的地震相特征，而前三角洲相具低频、连续、较强振幅的地震相特征。

基于以上认识，首先利用地震相聚类分析划分出优势储层发育区和非优势储层发育区，实现储层定性预测，然后根据不同岩相在纵波阻抗、自然伽马、纵横波速度比等参数的差异，确定不同岩相的反演参数，在优势储层发育区开展叠前多维岩相反演，获取火成岩、砂岩、泥岩等不同岩相的厚度分布。

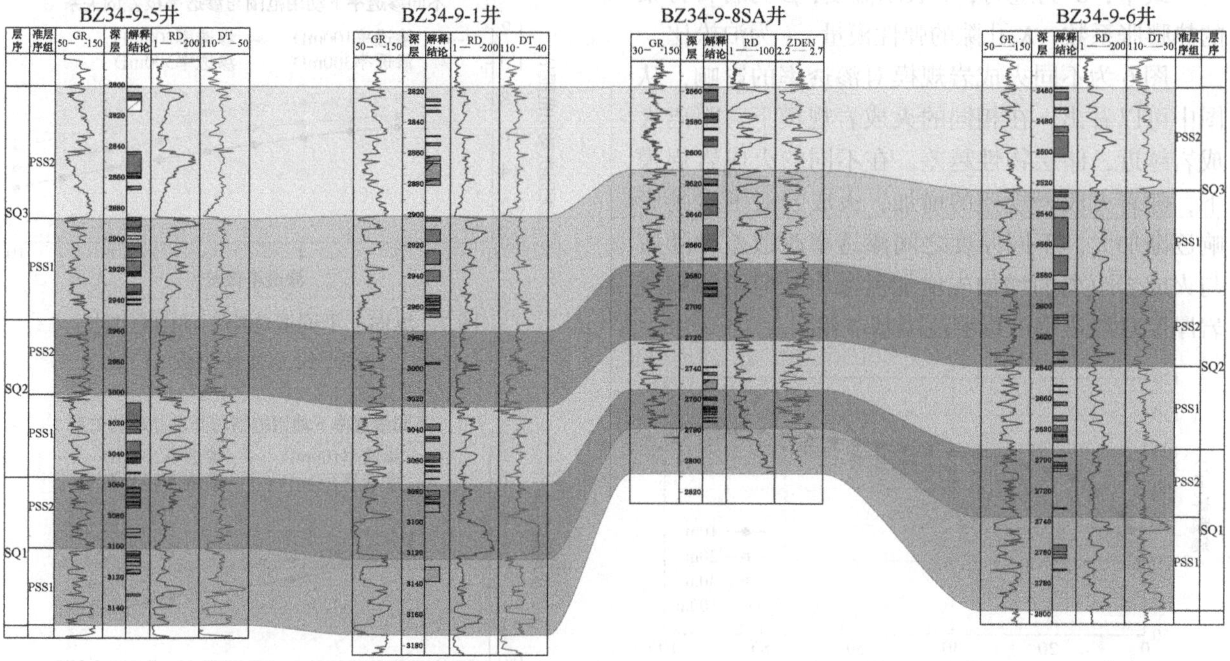

图3　油田全区高分辨率层序地层框架

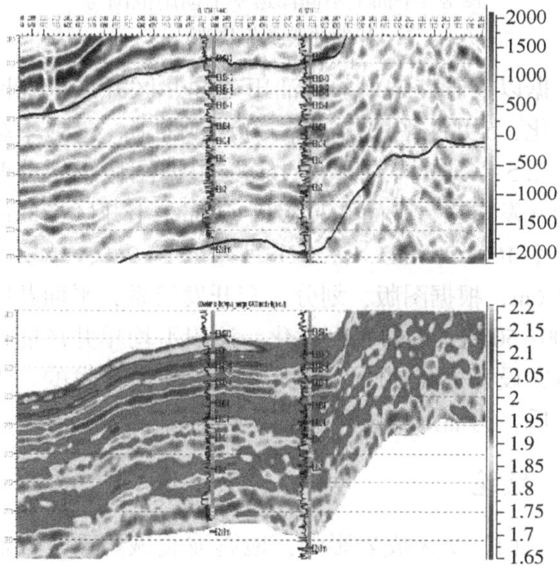

图4　原始地震剖面(上)与反演地震剖面(下)

依据模式约束下准层序等时单元砂体预测技术，利用叠前多维岩相反演方法消除了上覆火成岩对储层预测的影响，实现了储层半定量化预测。按小层计算的井震符合率达到75%，有效指导了开发井位优化(图5)。

4　火成岩遮挡下中深层井网优化部署

黄河口凹陷中洼南部斜坡带构造运动和岩浆活动频繁，火成岩与常规沉积岩相互交互分布，接触关系较为复杂，岩浆活动会对周边储层的改

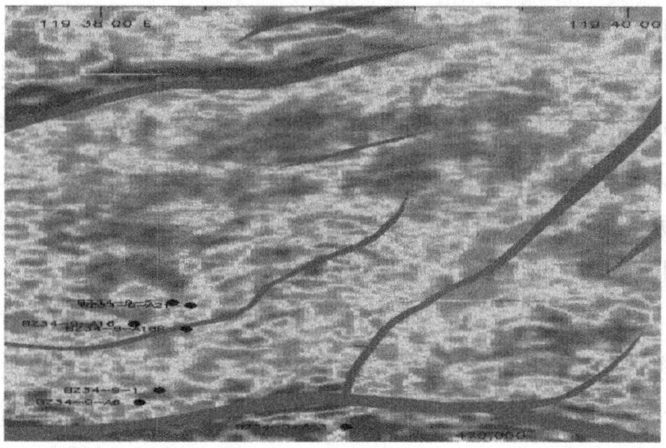

图5　油田Ⅰ类储层发育区(红色)与Ⅱ类储层发育区(绿色)

造作用包括：火成岩侵入热烘烤变质作用、岩浆热流体活动对储层的改造作用、火成岩侵入加速成岩作用，在以上作用的综合改造下，火成岩周边形成了火成岩影响带，储层物性变差。由于火成岩在油田范围内的不规则分布，导致油田平面储层质量差异大，井网优化部署难。

4.1　火成岩影响下储层物性评价

基于以上机理分析，火成岩对周边储层的影响主要以岩浆的热力作用为主，根据火成岩与储层的接触关系，简化为火成岩与储层接触关系模型。

在热膨胀的作用下，岩石会发生变形，变形产生的应力表达式为：

$$\sigma-\sigma_0=\frac{2(1-2v)}{3(1-v)}[\beta K(T-T_0)] \tag{4}$$

式中，σ 为应力，T 表示温度，β 为岩石骨架的热膨胀系数，K 孔隙的弹性模量，v 为泊松比。

图 6 为不同火成岩规模对渗透率的影响，从图中可以看出，在相同的火成岩规模下，距离火成岩越近，储层物性越差，在不同的火成岩规模下，随着火成岩规模的增加，火成岩对围岩的影响逐渐加大，不同厚度之间渗透率改造差异随着与火成岩距离的增加先增加后减小，但不同火成岩厚度对渗透率的影响范围基本相同。

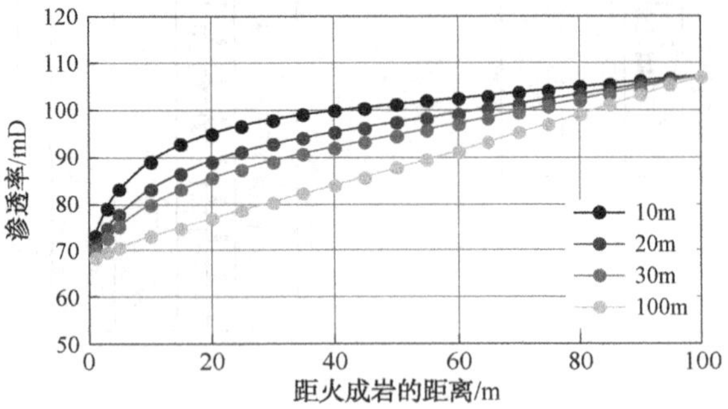

图 6　不同火成岩规模对渗透率影响

4.2　火成岩影响下井网优化

对于常规的中深层油藏，物性差异主要是层间差异，井网优化部署的策略是首先根据渗透率极差，划分层系，然后进行平面井网部署，受火成岩影响的油田，平面储层质量差异大，需要同时考虑平面和层内井网部署。

首先建立综合井网评价模型，综合井网评价模型包含平面井网评价模型和纵向井网评价模型，平面井网评价模型主要反映储层平面上的非均质性，纵向评价模型主要反映层间差异性，将常规的串联井网优化模式转变为并联优化模式，同步开展平面井网、纵向井网评价。

其次根据影响开发效果的主控因素，分别对纵向井网、平面井网进行不同方案设置。在纵向上设置不同的渗透率水平和渗透率级差，本文设置渗透率水平为 100、200、300、500mD，渗透率级差范围 1~10，在平面上设置不同的渗透率水平和井距，本文设置的渗透率水平为 100、200、300、500mD，井距为 100~1000m，开展不同方案模拟研究。

然后绘制不同方案的压力梯度场图，开展压力梯度分布统计，并与启动压力梯度对比，压力梯度大于启动压力梯度区为可动用范围。

最后编制平面、纵向的可动用范围图版（图7、图8），指导井网优化。

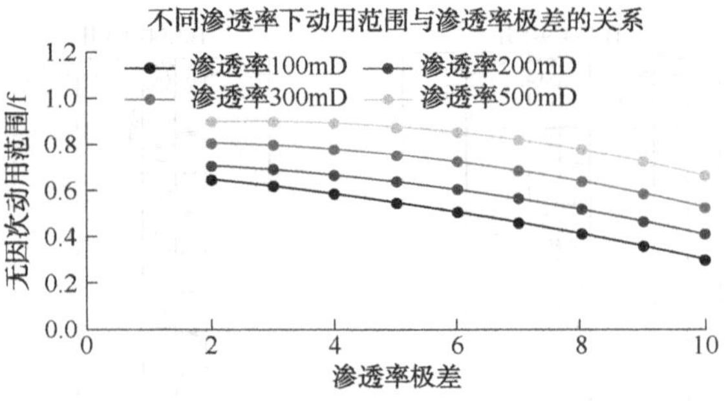

图 7　纵向上不同渗透率下动用范围与渗透率级差关系图版

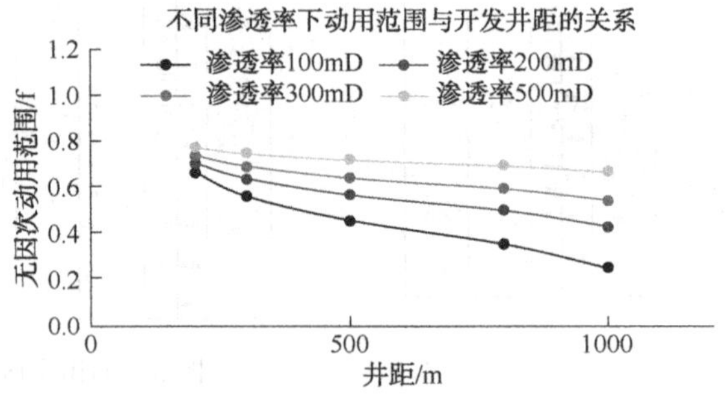

图 8　平面上不同渗透率下动用范围与开发井距关系图版

根据以上研究结果，对油田不同井区开展了井网优化，5 井区平面渗透率 300~500mD，渗透率级差 2.5~4.5，单层厚度 15m，根据图版，划分两套开发层系，平面井距 450~600m；1 井区平面渗透率 100~200mD，渗透率级差 1.5~2.0，单层厚度 6m，根据图版，划分一套开发层系，平面井距 300~500m，通过井网优化，油田平均单井产能比方案设计提高 20%，大大减缓了油田开发的三大矛盾，为油田高效开发打下坚实基础。

5　结论

（1）受火成岩影响，地震波衰减严重，火成岩下伏目的层成像精度低，利用广义 S 变换分频能量补偿技术，火山岩下伏地层反射地震信号得到有效恢复，实现了火山岩下伏地层的保真成像，油田主要发育火山通道相、溢流相、爆发相 3 种火成岩相，依据不同岩相的地震反射特征，精确刻画了火成岩三维空间展布。

（2）中深层储层埋藏深，同时受事件性火成岩切割、穿插的中深层储层，储层预测难度大，预测精度低；利用模式约束下准层序等时单元砂体预测技术，实现了优势储层发育区半定量预测，优势储层主要展布特征为受沉积相和火成岩双重控制，分流河道相是主要的优势储层发育区。

(3) 由于储层受到火成岩破坏，储层展布复杂，井网部署难度大。利用综合井网并联优化评价技术实现了井网优化部署。建立了高效注采关系，取得了良好的开发效果，为类似复杂岩性区中深层油田的高效开发改造提供了借鉴。

参 考 文 献

[1] 张子枢，吴邦辉．国内外火山岩油气藏研究现状及勘探技术调研[J]．天然气勘探与开发，1994，16(1)：1-23.

[2] 杜贤樾，肖焕钦．渤海湾盆地火成岩油气藏勘探研究进展[J]．复式油气藏．1998，1(4)：1-4.

[3] 唐华风，王璞君，姜传金，等．松辽盆地火山岩相地震特征及其与控陷断裂的关系[J]．吉林大学学报(地球科学版)，2007，37(1)：73-78.

[4] 郭涛，杨波，陈磊，等．岩浆岩三维精细刻画—黄河口凹陷南斜坡渤中34-9油田的发现[J]．中国海上油气，2016，28(2)：71-77.

[5] 崔名喆，李超，袁勋，等．渤海南部渤中34-9油田发现的勘探开发启示[J]．中国石油勘探，2023，28(2)：57-69.

[6] 郭维，王少鹏，田晓平，等．黄河口凹陷D油田古近系火山岩岩性识别及发育模式[J]．海洋地质前沿，2018，34(2)：16-22.

[7] 裴正林，牟永光．火成岩区地震波传播规律研究[J]．石油物探，2004，43(5)：433-437.

[8] 周东红．渤海海域新生界火山岩发育区地震资料处理关键技术[J]．中国海上油气，2019，31(6)：13-24.

[9] 王少鹏，袁勋，崔名喆，等．黄河口凹陷BZ油田古近系层状火成岩发育模式及精细刻画[J]．特种油气藏，2019，26(4)：21-26.

[10] Wu Changzhi. Formation mechanisms of hydrocarbon reservoirs associated with volcanic and subvolcanic intrusive rocks[J]. AAPG Bulletin, 2006, 90(1) : 137-147.

[11] 陶洪兴，徐元秀．热液作用与油气储层[J]．石油勘探与开发，1995，21(6)：92-98.

[12] 张映红，顾家裕．热液环流——侵入岩-外变质带储层发育的重要影响因素[J]．特种油气藏，2003，10(1) : 86-89.

深层低渗油藏特高含水期高效调整技术

贾云超　刘峰刚　罗波波

（中国石化中原油田分公司）

摘　要　本文通过室内实验、物模和数模等多方法综合研究，明确了深层低渗油藏高倍水驱后的渗流规律、微观剩余油赋存特征及水驱可动用潜力界限，建立了人工裂缝导流能力时效性评价方法，形成了时变人工裂缝数值模拟技术，剩余油描述精度提高了 9 个百分点。在此基础上，制定了高效调整技术政策，有效支撑了特高含水期剩余油的高效挖潜，在文 13 东块应用后，提高采收率 2.23%，效果显著。研究成果对国内同类油藏高效开发具有较好的推广应用价值。

关键词　深层低渗；特高含水；人工裂缝时效性；时变数模；缝控矢量调整

中原油田深层低渗储量 2.77 亿吨，储量占比 48.0%，综合含水 91.8%，采出程度仅 19.98%，已进入特高含水开发阶段，通过进一步的研究和治理，理论可新增可采储量 1567.4 万吨，提高采收率的潜力大。但是受油藏埋藏深（大于 3000m）、高温（大于 110℃）、高压（原始压力系数 1.7～1.8）、高盐影响（大于 25×10^4mg/L）的制约，进一步提高采收率的难度大。因此，攻关该类油藏特高含水期高效调整技术，对同类油藏提高采收率具有重要的指导意义。

如何实现深层低渗油藏特高含水期进一步提高采收率，存在两个方面的问题，一是多轮次压裂后水驱波及体积小，油藏采收率低；二是受复杂地质情况影响，井网损坏严重，有效调整难度大。要解决这两个问题，面临三个方面的挑战，一是高倍水驱后的渗流规律和微观剩余可动油分布特征不清，由于高倍水驱后储层孔喉特征发生变化，同时受人工裂缝影响，渗流规律和微观剩余可动油分布特征需要深化研究；二是缺乏人工裂缝导流能力时效性评价方法，定量评价难度大，低渗油藏压裂井占比 98%，重复压裂井占比 33.1%，人工裂缝对开发影响大，亟需攻关人工裂缝导流能力时效性评价技术；三是考虑人工裂缝的建模数模技术不完善，剩余油精准预测和挖潜难度大，现有的数值模拟技术虽考虑了人工裂缝，但未考虑时效性，导致高含水期剩余油认识精度低，开发技术政策不完善，调整挖潜的难度大。

本文以文留油田文 13 东块为研究对象，开展技术攻关和先导试验。文 13 东块位于文东背斜的东翼，属于深水-半深水浊积扇沉积环境，主要发育沟道和近漫溢微相。该区块含油层位沙三中 4-10，压裂井占比达 100%，重复压裂占比 26.6%。地质储量总计 1569×10 81吨，A标定采收率为 29.86%。油藏平均深度为 3410m，孔隙度为 16.7%，平均渗透率为 35.5mD。此外，该区块还面临原始压力系数 1.80、地层温度 135℃、地层水矿化度 31～34×10 81 3mg/L D等极端条件。自 1987 年投入开发以来，1990 年开始注水，目前综合含水率高达 93.3%，采出程度为 28.68%，整体上也已进入特高含水开发阶段。因此，针对文 13 东块的技术攻关和先导试验对于同类油藏提高采收率具有重要的实践意义和理论价值。

1　剩余可动油潜力评价研究

1.1　高倍水驱后渗流规律与剩余油动用界限研究

通过扫描电镜、高倍水驱、核磁共振等多种实验方法，揭示了高倍水驱后的孔喉及相渗变化规律，明确了微观剩余油分布特征及水驱可动用潜力，为特高含水阶段挖潜指明方向。

1.1.1　高倍水驱后储层物性和渗流规律

通过扫描电镜和恒速压汞实验研究，高倍水驱后储层结构变的疏松，注水冲刷导致粒间孔变大，大孔隙体积增大 14%，总孔隙增大 2.83%。水驱前伊利石附着粒表，高岭石集合体充填粒间孔，残留粒间孔发育；水驱后次生石英伊蒙混层附着粒表，高岭石充填粒间孔，粒间孔变大。

通过高倍水驱试验研究，不同相带储层水驱后的渗透率变化差异大，沟道微相增大 50.3%，近漫溢、远漫溢增大 48.1%、42.4%；物性好的储层(沟道)在小于300PV时渗透率增速较快，大于300PV后渗透率基本不变；物性差储层(近漫溢、远漫溢)小于700PV时渗透率增速较快，大于700PV后渗透率基本不变。通过高倍水驱相渗实验研究，常规岩心水驱后两相区变宽，等渗点前移，束缚水减少，水相渗透率增大；造缝后两相区变窄，等渗点前移，水相渗流能力大幅提高(图1)。

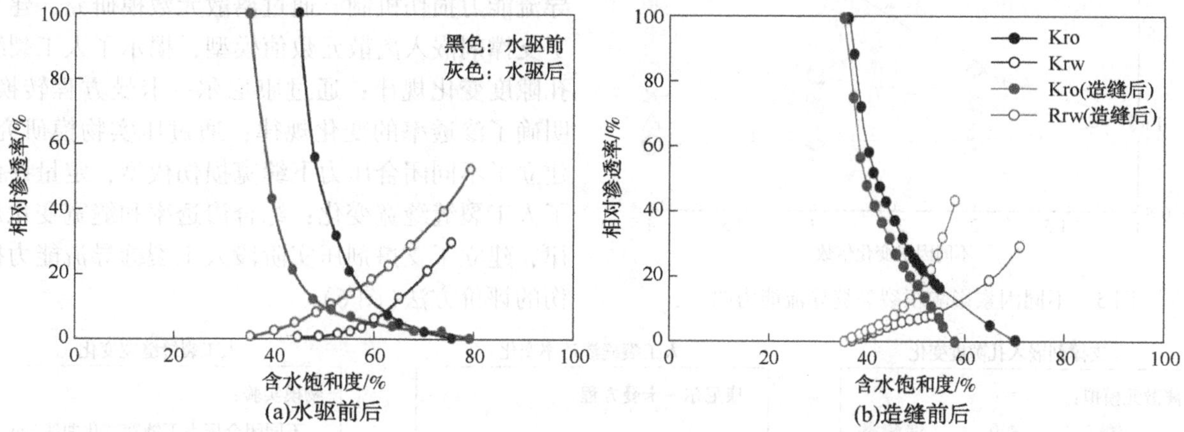

图1　常规岩心相渗曲线

1.1.2　高倍水驱后微观剩余油赋存特征与动用界限

通过微观可视化研究，低倍水驱后剩余油以簇状、柱状为主，占比71.28%；高倍水驱后主要动用簇状剩余油，剩余油以小孔喉中的柱状为主，占比为68.29%；通过核磁共振研究，低渗储层水驱动用极限孔喉半径为0.1μm，高倍水驱主要动用了0.5μm以上孔喉潜力，剩余可动油主要分布在0.1~0.5μm的孔喉中(图2、图3)。

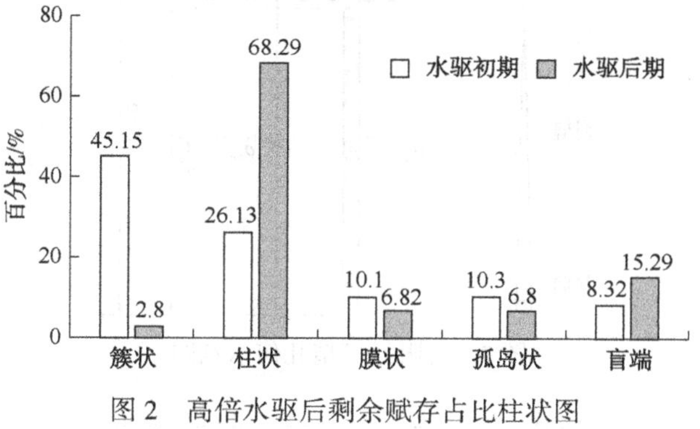

图2　高倍水驱后剩余赋存占比柱状图

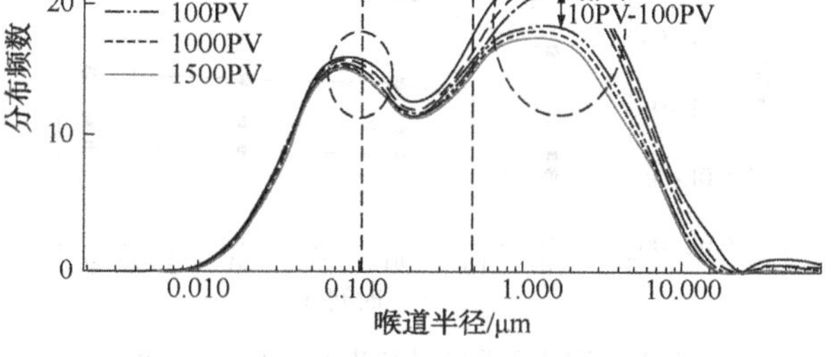

图3　不同注水倍数动用毛管半径分布

1.2　深层低渗油藏人工裂缝导流能力时效性评价方法

通过物模与数模相结合的方法，开展了人工裂缝扩展、支撑剂压实、微粒侵入模拟研究，建立了深层低渗油藏人工裂缝导流能力时效性评价方法，明确了人工裂缝导流能力损伤规律，实现了人工裂缝导流能力动态定量预测。

1.2.1　人工裂缝扩展模拟

基于研究区实际参数，应用三维水力压裂裂缝扩展数值模拟技术，定量评价人工裂缝的扩展形态参数，明确了影响人工裂缝导流能力的主控因素是压裂液粘度，影响规律是粘度>液量>排量>杨氏模量，指导了压裂方案的优化设计(图4、图5)。

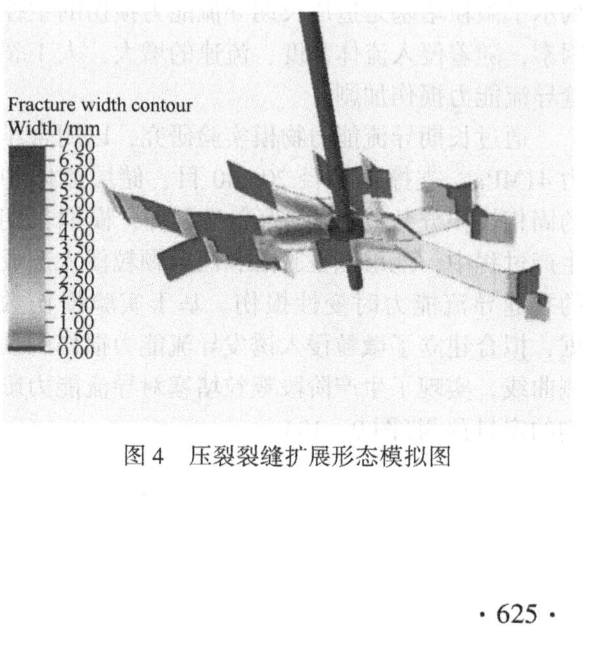

图4　压裂裂缝扩展形态模拟图

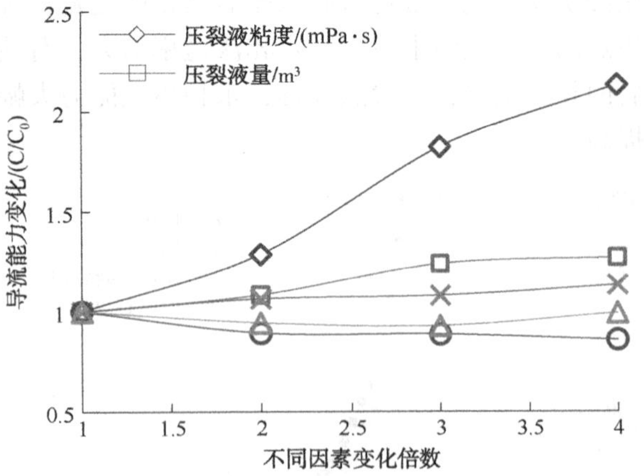

图 5　不同因素影响压裂裂缝导流能力图

1.2.2　支撑剂压实模拟

通过室内实验和离散元模拟综合研究，模拟地层条件下人工裂缝缝面嵌入地层过程，从壁面嵌入损伤与有效缝宽损失两个角度探究人工裂缝导流能力损伤机制。通过离散元数模研究，建立了支撑剂嵌入离散元数值模型，揭示了人工裂缝孔隙度变化规律；通过康尼尔—卡曼方程转换，明确了渗透率的变化规律；通过压实物模研究，建立了不同闭合压力下缝宽损伤模型，定量评价了人工裂缝缝宽变化；综合渗透率和缝宽变化规律，建立了支撑剂压实阶段人工裂缝导流能力损伤的评价方法(图 6)。

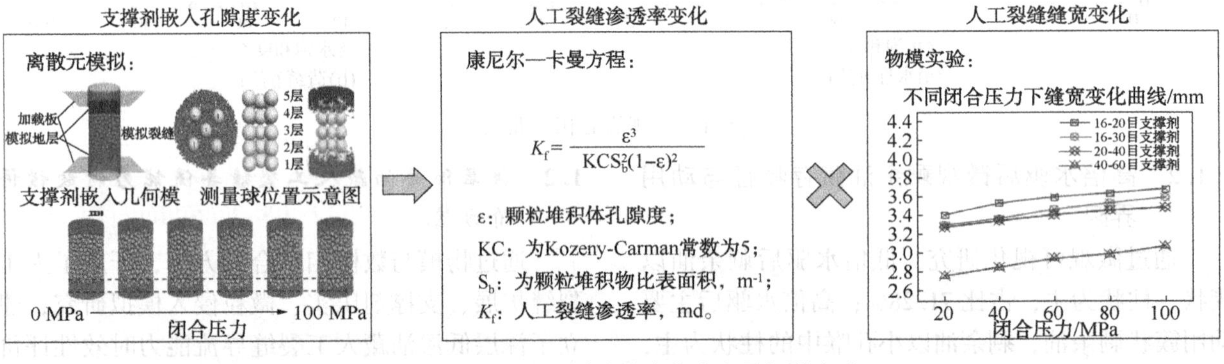

图 6　压实阶段人工裂缝导流能力定量评价方法

1.2.3　长期微粒侵入模拟

通过流固耦合模拟研究，在长期生产过程中，不同储层、不同渗透率流体对缝宽影响较小，在地层压力 55MPa 下，长期缝宽损失率在 1.17%~3.20%，说明生产阶段缝宽损失很小，缝宽损失对导流能力的影响不大(图 7，8)。

通过微粒-流体两相流数值模拟研究，建立了缝内微粒侵入运移模型，随着微粒不断侵入，揭示了微粒堵塞是造成长期导流能力损伤的主控因素，随着侵入流体黏度、流速的增大，人工裂缝导流能力损伤加剧。

通过长期导流能力物模实验研究，以闭合压力 41MPa、支撑剂粒径 20-40 目、储层流体中的固相体积分数 0.225% 为实验条件，模拟长期生产过程中，地层颗粒脱落和注入颗粒侵入造成的裂缝导流能力时变性损伤。基于实验损伤数据，拟合建立了微粒侵入诱发导流能力损伤的预测曲线，实现了生产阶段颗粒堵塞对导流能力影响的定量预测(图 9，10)。

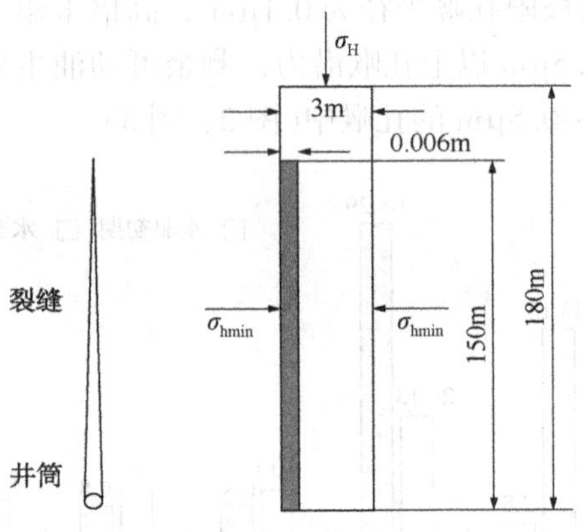

图 7　有限元模型几何示意图

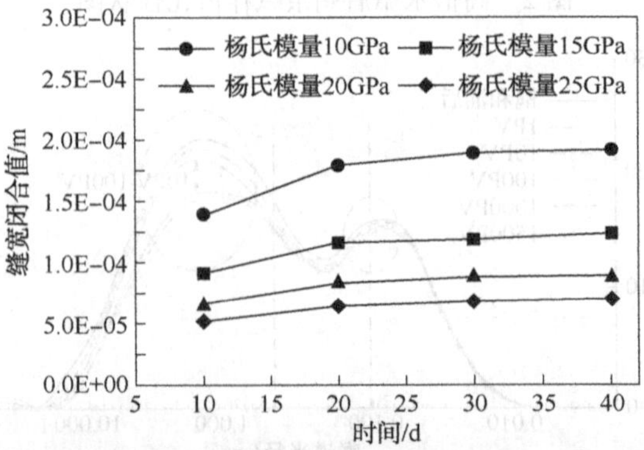

图 8　不同杨氏模量长期缝宽闭合变化

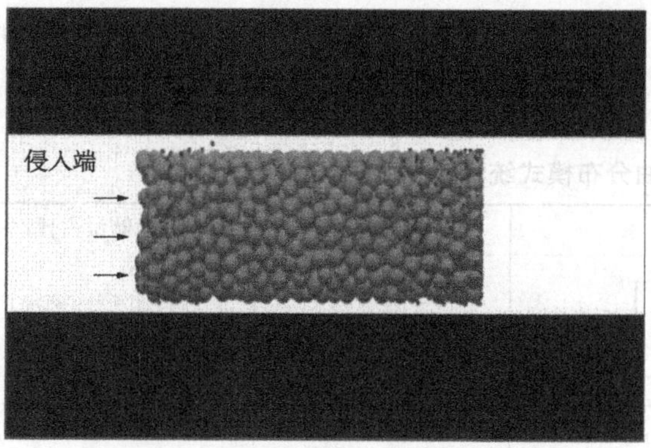

图 9　长期微粒侵入动态模拟图

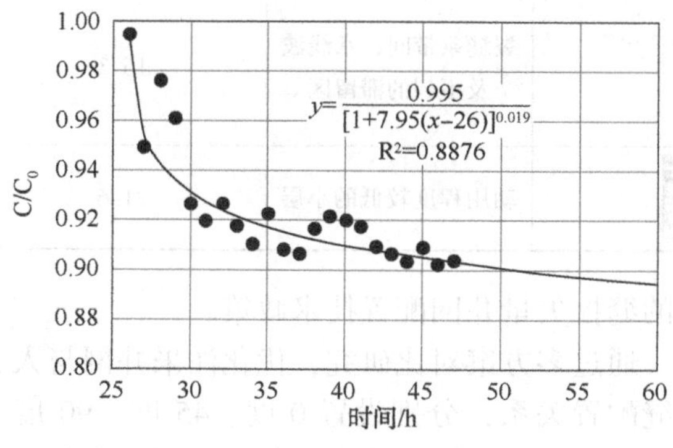

图 10　微粒侵入诱发导流能力损伤拟合曲线

1.3　深层低渗油藏时变人工裂缝建模数模一体化技术

在人工裂缝双重介质模型的基础上，通过高倍水驱相渗、人工裂缝时效性变化规律约束，形成了时变人工裂缝建模数模一体化技术，实现人工裂缝相渗、导流能力的动态模拟，提高剩余油研究的精度。

1.3.1　时变人工裂缝建模

基于人工裂缝监测、预测及生产动态数据，建立人工裂缝单井模型，通过局部网格加密细化人工裂缝模型；在基质模型的基础上，通过不同时段人工裂缝模型嵌套，建立四维人工裂缝地质模型(图 11)。

1.3.2　时变人工裂缝数值模拟

通过高倍水驱相渗、人工裂缝时效性变化规律约束，攻关形成时变人工裂缝建模数模一体化技术，实现人工裂缝相渗、导流能力的动态模拟，指导了精准数值模拟研究。对比不考虑人工裂缝模拟、考虑人工裂缝模拟以及考虑人工裂缝时变性三种模拟方法，加入高倍水驱相渗、人工裂缝时效性规律后，拟合精度得到有效提升，剩余油分布规律更加符合实际，剩余可动油描述精度从 78%提高到 87%(图 12)。

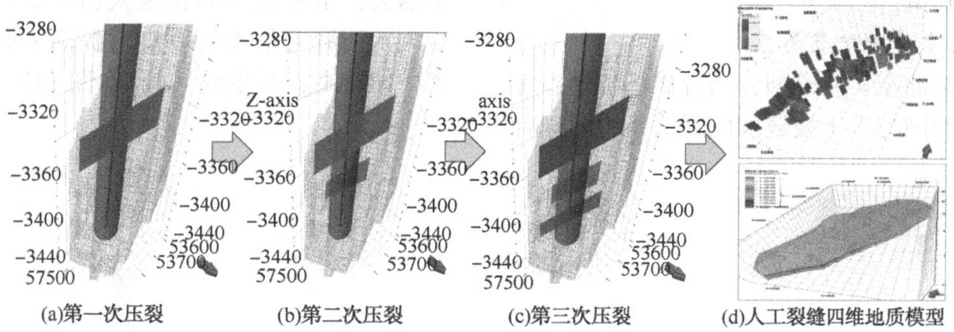

图 11　时变人工裂缝建模流程图

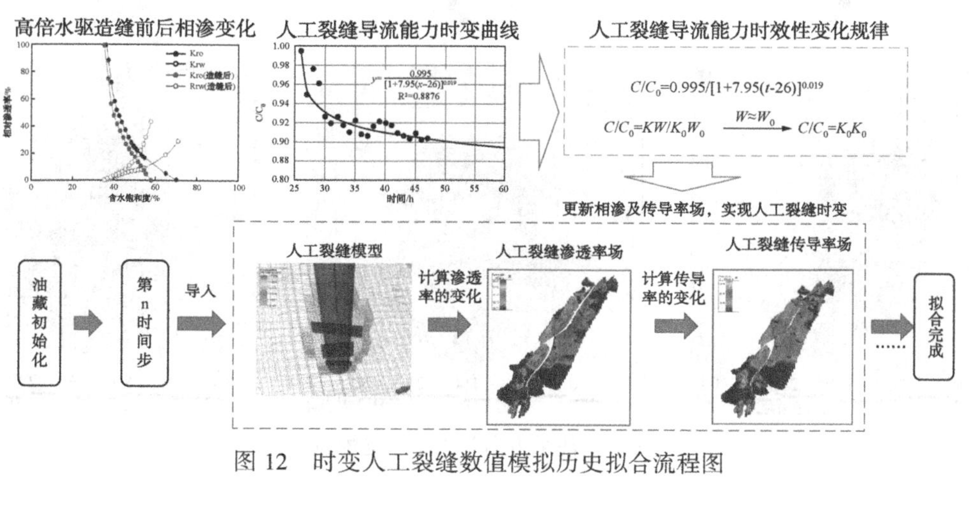

图 12　时变人工裂缝数值模拟历史拟合流程图

1.3.3　特高含水期剩余可动油分布规律

通过数值模拟研究，明确了特高含水期剩余可动油的分布潜力，建立了3类人工裂缝影响下剩余可动油分布模式，分别是裂缝与注采流线控制型、裂缝条带间滞留型、多层合压合注层间干扰型。其中裂缝与注采流线控制型剩余可动油占比最大，占62.1%(表1)。

表1　人工裂缝影响下剩余油分布模式统计表

分布类型	剩余油潜力模式		分布区域	剩余可动储量占比/%
平面	裂缝与注采流线控制型	水线侧向 	裂缝侧翼，水线侧向	51.7
		夹角外 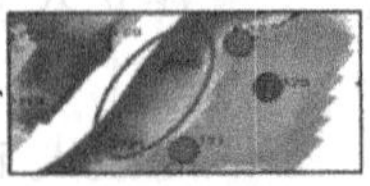	裂缝与注采流线夹角范围外	10.4
	裂缝条带间滞留型	裂缝条间 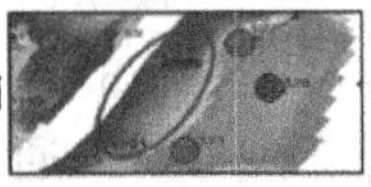	裂缝条带间，水线波及不到的滞留区	16.3
层间	多层合压合注层间干扰型	层间干扰 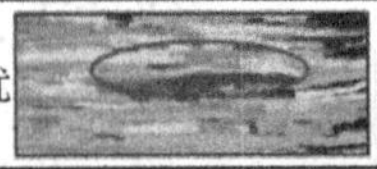	动用程度较低的小层	21.6

2　深层低渗油藏缝控矢量调整技术政策

针对深层低渗油藏高含水期的非均质特征和剩余油分布规律，通过数值模拟方法，结合矿场统计，建立缝控矢量井网调整、重复压裂方式及时机等技术政策。

2.1　缝控矢量井网配置关系

基于目标油藏实际模型，结合矿场统计，综合分析注采井网与人工裂缝的配置关系，明确合理的缝控矢量井网配置技术政策。

通过多方案对比研究，优化注采井网与人工裂缝配置关系，分别设置0度、45度、90度三个方向，论证不同注采方向与人工裂缝夹角的合理配置关系。研究表明，注采方向与人工裂缝夹角越大，水驱波及面积越大(图13)，注采方向与人工裂缝夹角45-90度时提高采收率效果好，累产油较高，开发效果较好(图14)。

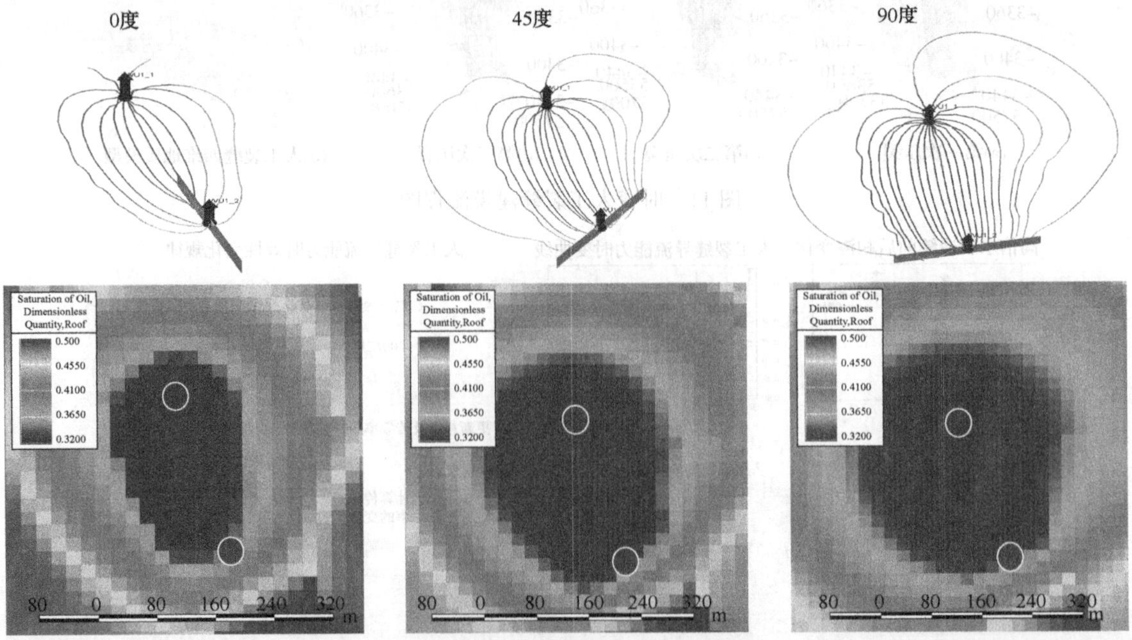

图13　注采方向与人工裂缝配置

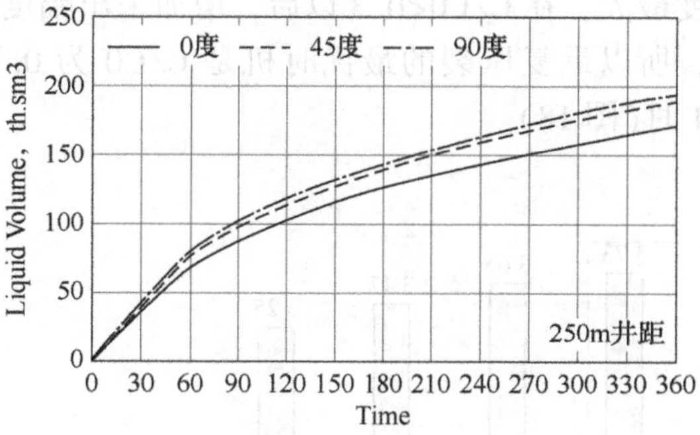

图 14　沟道相不同夹角下累产油变化

2.2　重复压裂方式与时机优化

重复压裂是低渗油藏低产井提高单井产能的主要措施之一，而重复压裂的方式和时机是保证改造效果的关键。为了提高重复压裂的增产效果，有必要对重复压裂的方式和时机进行优化。根据油藏实际模型，利用数值模拟方法，研究不同压裂方式下增产改造效果，在确定最优重复压裂方式的基础上，研究不同重复压裂时机下的增产改造效果，明确最佳的压裂时机。

2.2.1　重复压裂方式优选

根据特高含水阶段剩余油的分布特征，提出3种针对性重复压裂方式：老缝重开、老缝加长、缝内转向，以恢复老缝导流能力和增加新缝的方式提高水驱动用程度，实现提高采收率的目的。

以目标油藏模型为基础，进行重复压裂模拟预测，对比不同重复压裂方式增产改造效果，可以看出，3种重复压裂方式都可以提高单井产能，压裂初期日产油量较高，其中缝内转向的效果明显优于其他几种方式。由于缝内转向方式沟通了裂缝侧向剩余油，对产能贡献最大，与未重复压裂对比，提高采出程度幅度最大，其次为老缝加长方式，改造后产能有所提高，重压老缝方式对产能贡献较低，因此，最优重复压裂方式为缝内转向(图15、16)。

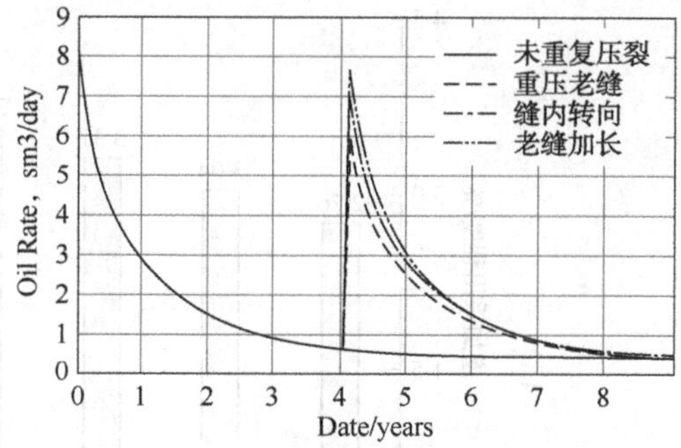

图 15　不同重复压裂日产油量曲线

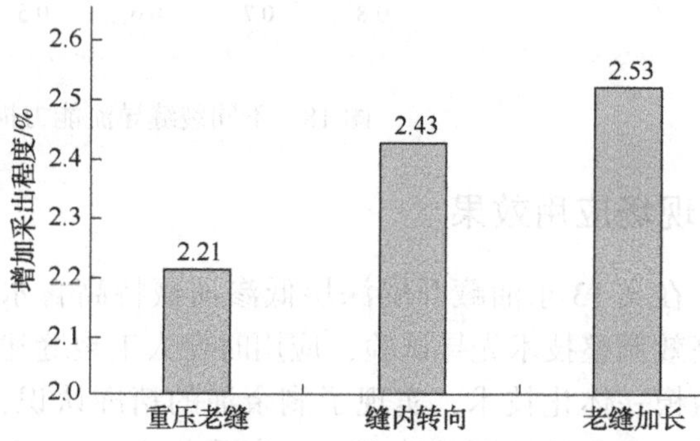

图 16　不同重复压裂增加采出程度幅度图

2.2.2　重复压裂时机优化

由于低渗油藏人工裂缝导流能力存在时效性变化，不同裂缝导流能力下重复压裂效果差异较大，研究不同裂缝导流能力下重复压裂的增产效果，选取裂缝导流能力动态损伤值(C/C0：C0为初始导流能力)为0.8、0.7、0.6、0.5、0.4、0.3、0.2、0.1、0进行模拟，分析不同裂缝导流能力下重复压裂效果(图17)。

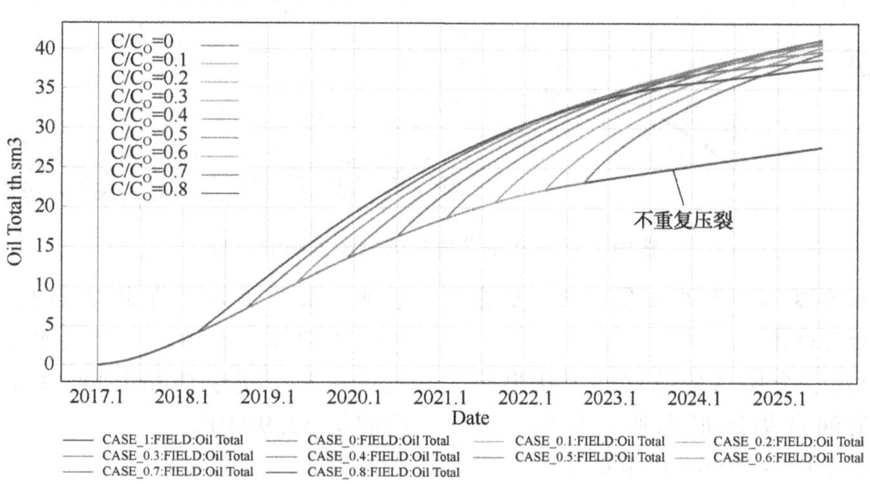

图 17　不同裂缝导流能力衰减下重复压裂累产油量对比曲线

相比未重复压裂，不同时机重复压裂均能增加采出程度，前期(C/C0<0.4)重复压裂，增加采出程度幅度较大，在 C/C0 为 0.3 时增加采出程度最大，在 C/C0<0.3 以后，增加采出幅度减小，所以重复压裂的最优时机是 C/C0 为 0.3-0.4 时(图 18)。

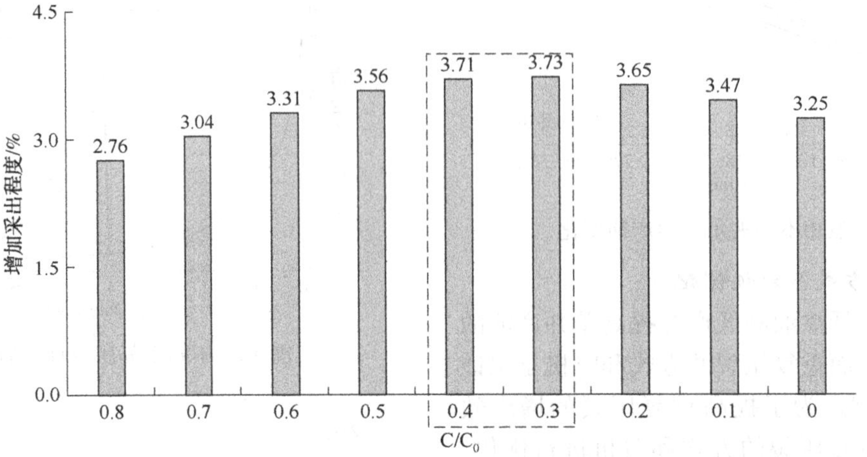

图 18　不同裂缝导流能力损伤程度下重复压裂增加采出程度

3　现场应用效果

在文 13 东油藏开展深层低渗油藏特高含水期高效调整技术先导试验，应用时变人工裂缝建模数模一体化技术，实现了剩余油的精准认识，通过矢量化缝控调整治理，提高采收率 2.23 个百分点，取得显著效果。

3.1　通过平面缝控矢量注采井网调整，提高水驱波及程度

平面上考虑人工裂缝分布，剩余油的形态、面积、储量、富集程度，对井网井距进行优化，通过大网连小网、变角度组网动用裂缝与注采流线控制型及裂缝条带间滞留型剩余油，改善水驱效果。治理井组 11 个，累增油 4096 吨。其中文 13-侧 307 井转注矢量调整，挖潜裂缝与主流线控制型剩余油，沙三中 5.8 注水见效，初期日增油 19.8 吨，含水由 94.2%下降至 56.2%，阶段增油 1768t(图 19)。

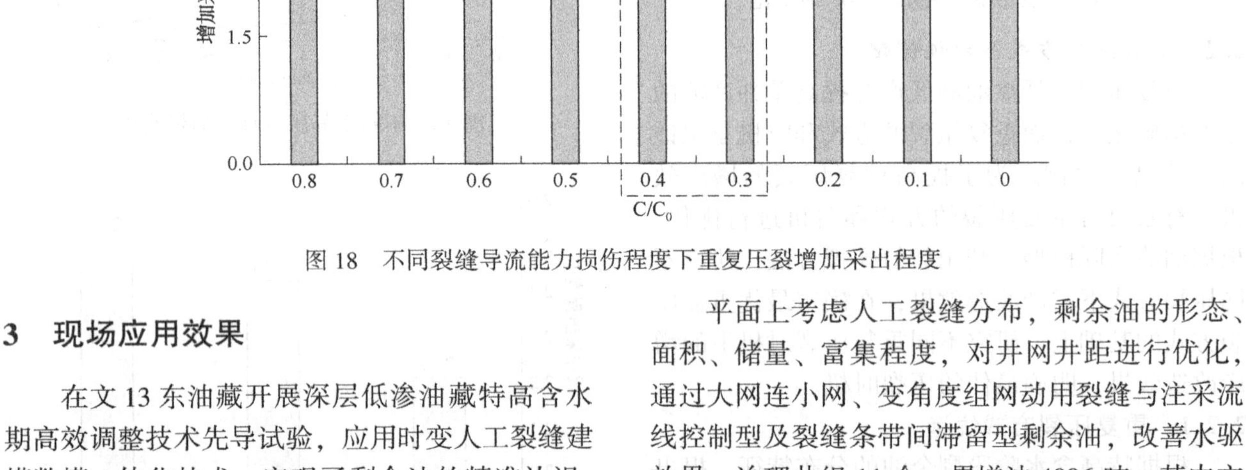

图 19　文 13 东油藏缝控矢量注采调整实例

3.2　强化层间细分注水、分层压裂引效，提高层间水驱动用程度

针对多层合注、合压造成的层间干扰型剩余油，根据剩余油富集区形态通过侧钻、大修、转注等手段以 150~200m 井距重建二三类层独立矢量井网，在此基础上通过细分注水、分层压裂等，提高二三类层水驱动用程度。恢复重建二三类层矢量井网 13 个，增加水驱动用储量 32.9×10^{4}t。

3.3 优化注采参数、调整流场，实现均衡驱替

综合考虑人工裂缝的影响，通过优化注采，实现均衡驱替。顺裂缝方向控制注入水量及产出液量，垂直裂缝方向补充地层能量、提液。实施动态调参、调水 68 井次，新增见效井 21 口，累增油 770t。文 13 东油藏通过缝控矢量化注采调整治理，日产油上升了 26t，产量提升率 44.8%，自然递减下降了 16.1 个百分点，采收率提高了 2.23 个百分点，调整治理效果显著（图 20）。

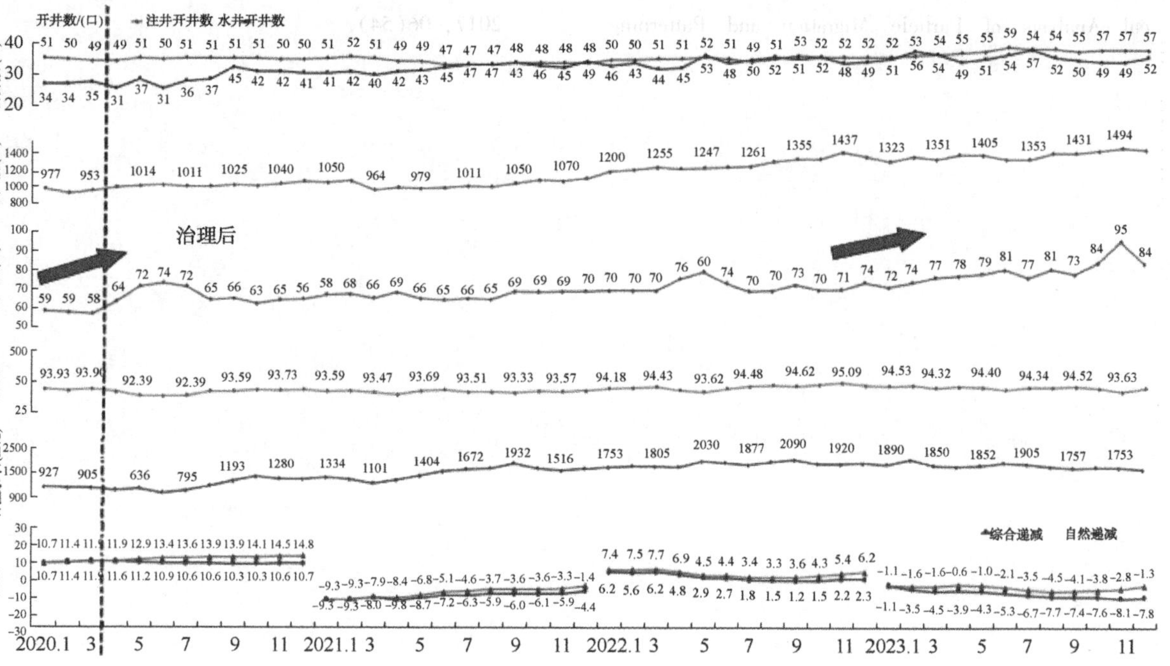

图 20 文 13 东油藏缝控调整治理曲线

在文 13 东先导试验取得显著效果的基础上，进一步推广应用 12 个单元，覆盖地质储量 6598 万吨，新增经济可采储量 26.3 万吨，新建产能 6.7 万吨；新增原油 7.31 万吨，新增产值 27818.3 万元、新增利润 9189.4 万元，产生了良好的经济社会效益。同时研究成果对国内同类油藏高效开发也有很大的应用价值，可进一步推广应用到中石化低渗储量 14.4 亿吨，预计新增可采储量 3024 万吨，推广应用前景广阔。

4 结论

（1）通过室内实验、物模和数模等综合研究方法，成功揭示了深层低渗油藏高倍水驱后的渗流规律与微观剩余油分布特征，创建了人工裂缝导流能力时效性评价方法及时变人工裂缝数值模拟技术。

（2）针对深层低渗油藏高倍水驱后的复杂问题，建立了人工裂缝导流性能退化评估技术，创新形成了人工裂缝时变建模数模一体化技术，实现了剩余油分布的精准预测和高效挖潜，不仅提高了剩余油描述精度 9%，并通过优化井网部署使采收率增加 2.23%，为同类油藏的高效开发提供了重要的技术借鉴。

（3）该技术体系在应对国内深层低渗油藏进入极高含水阶段的开发难题上展现出明显优势，并在中原油田文 13 东块成功实施，取得了显著的应用效果，对于提升我国深层低渗油藏的整体开发水平具有具有重大战略意义和实践价值。

参 考 文 献

[1] 王明，耿师江．平面非均质油藏水驱模拟实验和剩余油分析[J]．中国科技论文，2020，15(9)：1058-1063.

[2] 罗波波，刘峰刚，等．挥发性致密油藏孔隙结构及高温高压三相相渗实验[J]．石油地质与工程，2023，37(3)：69-75.

[3] 吴志伟，杨朝蓬，等．平面非均质油藏水驱开采特征和剩余油分布实验研究[J]．科学技术与工程，2016，16(13)：48-55.

[4] 张全培，王海红，等．超低渗透储层全孔径分布及其分形特征研究[J]. 中国矿业大学学报，2020，49(6)：1137-1149.

[5] 樊康杰，王健，魏峰，等．陆相砂岩油藏高含水阶

段驱油效率再认识[J]. 油气地质与采收率，2023，30(3)：128-135.
[6] 邹雨时，等．薄互层型页岩油储集层水力裂缝形态与支撑剂分布特征[J]. 石油勘探与开发，2022，49(5)：1025-1032.
[7] Bobo Luo，Yunbin Xiongetc. Experimental and Numerical Analysis of Particle Migration and Patterning Behavior in a Gravel Pack[J]. Fluid Dynamics & Materials Processing，2023，19(4)：911-928.
[8] Deng，F.，Feng，Y.，Yan，C.，Lin，H.，Gong，N. et al. Experimental investigation of factors affecting gravel pack efficiency for thermal recovery wells in Bohai Bay[J]. Journal of Petroleum Science and Engineering，2017，06(54).

深层煤层气勘探开发现状及开采关键技术

张　磊[1,2]　乔红军[1,2]　罗　攀[1,2]　梁小兵[1,2]　王卫刚[1,2]

[1. 陕西延长油田(集团)有限责任公司; 2. 陕西省页岩气勘探开发工程技术研究中心]

摘　要　我国深层煤层气资源丰富，勘探开发潜力巨大。与中浅部相比，深层煤层气在富集成藏规律与开发方式方面均具有显著的差异性，概述了中国深层煤层气的储量、分布、形成条件及成藏机理以及国内深层煤层气勘探开发的现状；着重综述了当前中国深层煤层气开采的关键技术，对射孔技术、大规模压裂技术、压裂液体系、排水采气工艺等关键技术给予归纳总结，并提出针对性策略，以推动中国深层煤层气有序高效发展。

关键词　深层煤层气；勘探开发现状；成藏机理；大规模压裂技术；排水采气工艺

1　引言

根据国际能源署(IEA)资料统计，全球煤层气资源量大约为 $2.6\times10^{14}\,m^3$，90%分布在 12 个主要产煤国，其中俄罗斯、加拿大、澳大利亚、中国以及美国的煤层气资源量均超过 $10\times10^{12}\,m^3$。1976 年，美国最早开展煤层气商业开发，2008 年产量达到峰值 $549\times10^8\sim556.7\times10^8\,m^3$，后期由于页岩气的低成本开发，CBM 产量快速下降(图 1)。

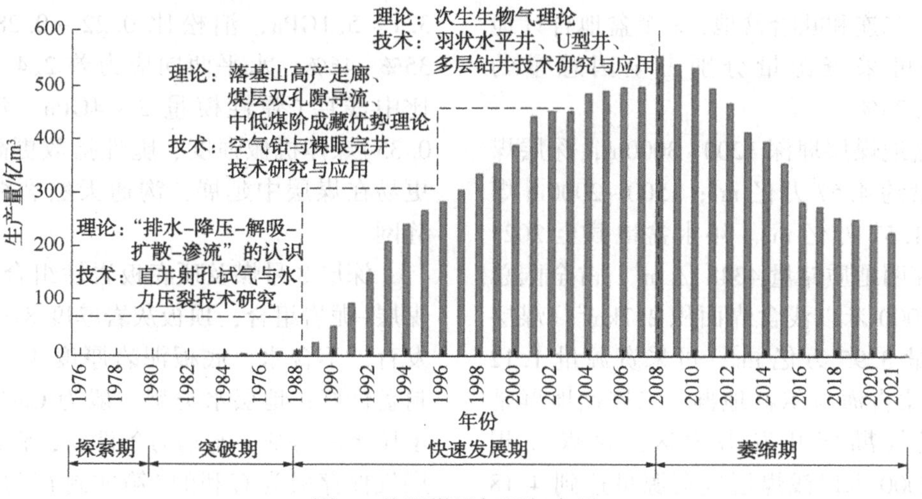

图 1　美国煤层气历年产量

我国 CBM 总量达 $45.8\times10^{12}\,m^3$，但是研究起步晚，近 10 年发展迅速，相继建立了鄂尔多斯、沁水两大 CBM 示范区，并于川南、辽西等地实现了小规模开发。全国含煤盆地 39 个，可划分为 60 个主要含煤区，根据第四轮油气评估，全国有 100 个 CBM 富集区带，总储量 $30.8\times10^{12}\,m^3$，截止到 2022 年底，煤层气累积探明 8145.4 亿 m^3，技术可采储量 8.7 万亿 m^3，产量 96 亿 m^3。

2　深层煤层气概况

2.1　深层煤层气定义

秦勇等把深层煤层气定义为“处于地应力状态和(或)含气量‘临界深度’之下的煤层气资源及其赋存和开发地质条件”，这一观点得到了业界的广泛认可。

“深层”煤层气不等同于某一确定“深度”之下的煤层气，是因为深层强调的是一种状态的改变，包括但不限于煤储层物性、含气性、力学性质、所受地应力状态等方面的转变，但这种状态的改变与深度息息相关，也就是存在所谓的“临界深度”。不同沉积演化史、构造演化史、热演化史等方面的差异，导致不同区块的临界深度存在明显差异，多位学者根据地质特征确定的临界深度主要介于400~1500m，临界深度以深的煤层气成藏地质特征与开发方式明显区别于临界深度以浅。埋藏深度增加所引起的最显著变化是压力及温度的提高，由于温度和压力的大幅增加，相比于浅部煤储层，深层煤储层地质条件或煤层气生产动态会发生变化。因此，煤层气目前尚未有深层划分标准，石油公司普遍将1500m定义为深层和浅层的界限。

2.2 储量与分布

全国深层煤层气资源丰富，埋深1000~2000m的深层煤层气资源量$22.5\times10^{12}m^3$，占埋深2000m以浅总资源量的75%。埋深1500~2000m地质资源量为11.9万亿m^3，预测2000~3000m地质资源量为18~20万亿m^3。全国煤层气地质资源量大于万亿立方米的盆地有8个，分别为鄂尔多斯、沁水、准噶尔、滇东黔西、塔里木、海拉尔、二连和吐哈盆地，8个盆地合计地质资源量和可采资源量分别占全国总量的78.20%和81.23%。

准噶尔盆地煤层埋深1200~3000m，深层煤层气总资源量约4.57万亿m^3；1500~2000m煤层气资源量1.57万亿m^3。沁水盆地截至2021年底，累计探明地质储量4348亿m^3，占全国总量的69%。2000米以浅含煤面积2.7km^2，煤层气地质资源量3.95万亿m^3，可采资源量1.12万亿m^3。内蒙古海拉尔盆地群、二连盆地群是低阶煤煤层气勘探开发潜力区，含煤面积47839km^2，2000米以浅煤层气资源量达到4.18万亿m^3，占全国低阶煤煤层气总量的35%。鄂尔多斯盆地1500~2000m埋深的煤层气地质资源量为4.13万m^3，2000m以深的煤层气资源蕴藏量巨大，在乌审旗和榆林横山一带存在一个煤层气超饱和区域，含气饱和度最高可达130%，最佳有利区含气面积为6500km^2，预测煤层气资源量为2.27万亿m^3，埋深小于2000m煤层气总资源量5.28万亿~8.08万亿m^3。

2.3 成藏模式

深层煤层气的赋存特征与浅部煤层气、常规天然气明显不同：常规天然气主要以游离态在圈闭中富集；浅部煤层气主要以吸附态赋存在煤基质表面；深层煤层气具有吸附态和游离态共存的赋存特征，其成藏条件优越但成藏过程较复杂。

国内外学者对于深层煤层气成藏模式进行了不同程度的研究，以压力和构造等为主控因素的煤层气富集成藏模式划分有4大类：微幅褶皱、单斜与水动力耦合、断层与水动力耦合、鼻状构造。

2.4 物性特征

鄂尔多斯盆地煤层大面积稳定分布，含气性好且富含游离气，太原组8号煤形成于潟湖-潮坪沉积环境，具有广覆式发育、大面积稳定分布特征，煤层厚度4~12m，平均7.8m；含气量9.3~30m^3/t，平均24.3m^3/t，含气饱和度86.8%~100%，平均93.6%。深层煤层气含气量和含气饱和度分别是中浅层煤层气的2.0倍和1.5倍。

煤体结构好，脆性指数高，煤的弹性模量3.1~5.1GPa，泊松比0.22~0.28，脆性指数35%~46%，水平两向应力差2.4~4.2MPa，相比中浅层(弹性模量2~4GPa，泊松比0.3~0.35)煤体机械强度、脆性指数更高，人工裂缝更易在煤层中延展，沟通天然裂缝，形成网状缝网。

深层8号煤及顶底板岩性组合一般为灰岩-煤层-泥岩组合，顶板灰岩厚度8~14m，裂缝不发育，不含水，底板泥岩厚度4~15m，顶底板封盖性好；地层水类型一般为$CaCl_2$型，表现为承压水的特征，水动力条件弱，整体构成了对煤层气保存极为有利的“箱式封存”成藏环境。顶板灰岩弹性模量24.6~50.3GPa，泊松比0.18~0.28，底板泥岩弹性模量14.1~23.1GPa，泊松比0.21~0.23，与煤层低弹性模量、高泊松比的岩石力学参数差异较大，且煤层与顶底板应力差分别为11~31MPa和4~22MPa，煤层与顶底板较大岩石力学差异和较高应力差有利于人工裂缝高度控制(图2)。

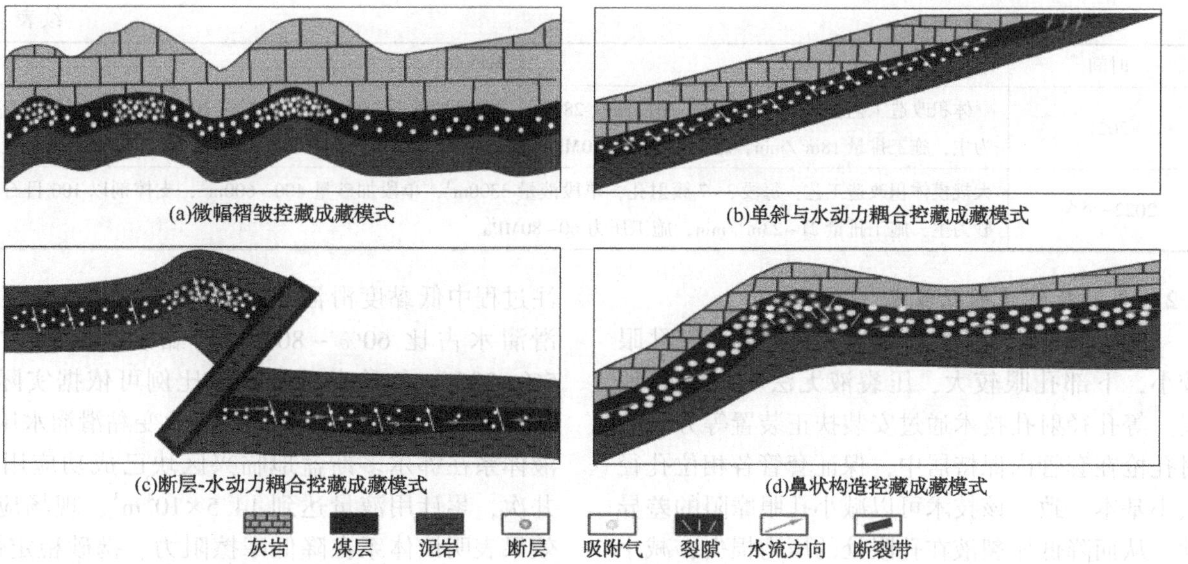

图 2　深层煤层气成藏模式

3　深层煤层气开采关键技术

深层煤岩具有“高压力、高温度、高含气量、高饱和度、高游离气含量”的赋存特征，具有“强封存”的成藏特征，具有“微孔、多孔、特低渗”的致密储层特征，一般只有 0.001～0.13mD，比中浅层低 2～3 个数量级，且孔隙连通性差，通常没有自然产能，需要经过大规模体积压裂才能形成工业产量。深层煤层地质特点导致实现效益开发存在多重困难，需开展多学科协同攻关，落实开发“甜点”区，明确煤层微幅构造特征、纵向岩性组合特征、天然裂隙及应力条件等地质、工程因素，开展地质-工程一体化井网优化设计，通过大规模体积压裂形成“人造高渗区”，大幅度改变煤储层渗流环境和气体赋存状态，构建煤层基质-微孔-井筒的高渗导流通道，使部分基质表面吸附气转化为游离气，同时束缚在封闭孔隙中的游离气实现连通具有渗流能力，形成井网与缝网高度弥合的“人造气藏”。

3.1　大规模体积压裂优化技术

深层煤层具有割理/裂隙发育、脆性指数高等适用体积缝网改造的有利条件，目前中国深层煤层气开发主要借鉴页岩气“高排量+强加砂+密切割”的大规模压裂技术。2021 年中石油煤层气有限责任公司在鄂尔多斯盆地大宁—吉县区块吉深 6-7 平 01 井首次成功完成深煤层大规模体积压裂，煤层埋深 2100m，单级入井平均液量 2805m^3，单级平均加砂 347.6m^3，平均日产气量 6.0×104m^3，标志着中国深层煤层气开发取得了重大突破。随后，中国多个煤层气主力区块相继开展了深层煤层气勘探开发有益探索。中国石化华东油气分公司在延川南深煤层实施“大排量、大砂量、大液量”的大规模极限连续加砂体积压裂工艺，压后平均单井日增产气 1800m^3。中国石油新疆油田分公司在准噶尔盆地白家海凸起彩探 1H 水平井采用“冻胶造长缝+细分密切割”压裂工艺，获取高产天然气流达 5.7×10^4m^3/d。

基于“控液增砂”储层改造技术思路，通过控制前置液比例和总液量，快速提高携砂液阶段砂比，大幅提高排量和优化压裂液黏度实现高砂比连续加砂，优化支撑剂粒径组合和大规模加砂提高有效改造体积。构建超大、超密、充分支撑的体积缝网，形成深层煤层“大规模体积压裂”技术。大吉区块经过 3 轮次压裂工艺优化和实践，压裂施工排量由 18m^3/min 提高到 21～23m^3/min，单段加砂量由 340m^3 提高到 400～600m^3，支撑剂由 100 目和 40/70 为主优化为以 100 目石英砂为主(表 1)。

表 1　深层煤层气压裂工艺技术发展历程简表

时间	主要特点
2020 以前	常规改造工艺：每段 5～6 簇射孔，单段液量 1000～1500m^3，单段加砂量 10～50m^3，支撑剂以 40/70 目石英砂、30/50 目陶粒为主，施工排量 8～10m^3/min，施工压力 30～55MPa。

续表

时间	主要特点
2021	体积改造工艺：每段3簇射孔，单段液量2800m³，单段加砂量340m³，支撑剂以100目和40/70目石英砂为主，施工排量18m³/min，施工压力60~80MPa。
2022-至今	大规模体积改造工艺：每段3~7簇射孔，单段液量3300m³，单段加砂量400~600m³，支撑剂以100目石英砂为主，施工排量21~23m³/min，施工压力60~80MPa。

3.2　等孔径限流射孔技术

由于射孔枪受重力影响，水平井眼上部孔眼较小，下部孔眼较大，压裂液无法均匀注入地层。等孔径射孔技术通过安装扶正装置等方式使射孔枪在套管内保持居中，保证套管各相位孔径大小基本一致。该技术可以减小孔眼摩阻的差异性，从而降低压裂液在孔眼处的压力损失，减小近井地带由于流通路径的不规则造成的额外流动阻力，降低施工压力，同时使各射孔孔眼进液均匀，实现各簇均匀改造。限流射孔技术通过减少各射孔簇的孔数，并针对不同层段设置射孔数量，结合大排量施工，提高射孔摩阻和井底施工压力，迫使压裂液分流，依次压开破裂压力相近的层段。

3.3　一体化可变黏滑溜水技术

前置液阶段采用高黏度（20~40mPa·s）滑溜水造优势主缝，起裂后形成较宽缝口，降低后续支撑剂向缝内运移的难度。携砂液阶段初期注入低黏度（1~3mPa·s）滑溜水，激活煤层割理/层理，形成复杂缝网，扩大裂缝波及体积；当支撑剂由小粒径转换为中粒径时，滑溜水切换为中黏度（10~20mPa·s），保障中粒径支撑剂携砂效果；携砂液末期采用大粒径支撑剂封口。最后，顶替液阶段采用低黏度滑溜水进行洗井。泵注过程中低黏度滑溜水占比7%~17%，中黏度滑溜水占比60%~80%，高黏度滑溜水占比5%~30%，各黏度滑溜水的比例可依据实际施工情况进行调整。目前，一体化变黏滑溜水压裂液体系在鄂尔多斯盆地临兴区块已成功应用62井次，累计用液量达到$14.5\times10^4m^3$，现场应用效果表明该体系在降低摩擦阻力、携砂稳定性、施工连续性等方面均能满足大规模极限体积压裂工艺改造的需求，可以扩大主缝体积、激活各级割理/裂隙，提升深煤层整体改造体积。

3.4　水力射流泵举升工艺

水力射流泵以高压水为动力液，由井口通过Ø48mm油管注入井下射流泵工作筒，通过在喷嘴喉管之间形成负压，将地层流体通过Ø48mm油管和Ø73或者Ø89mm油管之间的环空举升至地面。现场应用效果表明，水力射流泵工艺适应排量范围一般为0.1~200m³/d，应用于深层煤层气井举升具有两方面优势：一是水力射流泵工艺下入深度不受井斜限制，可下至水平段，能够最大限度降低井底压力；二是水力射流泵工艺对高矿化度水及CO_2复杂工况具有良好的适应性，排采举升连续性较好，检泵周期长，具备实现全生命周期一体化排采的可行性（图3）。

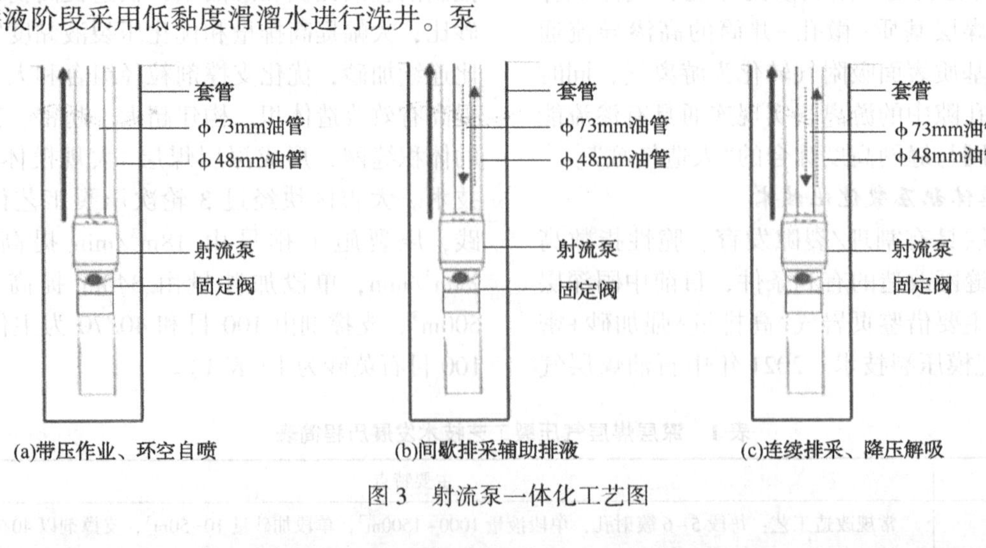

图3　射流泵一体化工艺图

3.5 全生命周期排采优化控制技术

深层煤层气富含游离气，气井生产特征与中浅层明显不同，经过短期返排后快速见气，产气量较短时间可达峰值，生产初期可自喷生产，不需要人工举升。结合深层煤层气赋存特征和渗流机理，初步建立气井全生命周期五个阶段的典型生产曲线，并针对各阶段产出特征形成与之相适应的排采优化控制措施。

阶段1和阶段2处于压裂液返排阶段，阶段1为单相排液期，表现为返排液量逐渐增大，只产液不产气；从阶段2开始，产液量逐渐上升到最高，游离气开始产出，气液比逐渐增大，压裂液返排阶段一般出砂量较小。因此，前两个阶段的控制目标以“不出砂、不出煤粉”为原则，加快排液，提高返排率，降低压裂液对储层伤害。

阶段3为高产稳产阶段，表现出产液量迅速下降，产气量逐渐上升到峰值，气液比持续增大，游离气大量产出，随着缝网内压力降低，吸附气开始解吸。较高的初期配产对煤层产生较大的应力敏感伤害，压降漏斗无法有效扩展，较低的初期配产无法保证压裂液正常排出。要根据产能预测结果，在保证气井正常生产、满足临界携液流量的基础上，制定合理配产。

阶段4为递减阶段，随着压裂缝网附近地层压力持续降低，产气持续下降，游离气减少而吸附气解吸，气井表现为产液缓慢下降，产气量缓慢下降，该阶段需采用增压气举等措施延长自喷生产时间，扩大压降范围，为解吸气大量产出奠定基础。阶段5为低产阶段，随着地层压力持续降低，以裂缝远端吸附气解吸为主，表现为“低产液、低产气、低压力”的生产特点，生产特征与中浅层煤层气类似，需要人工举升设备，控制的关键在提高设备运行连续性，确保气井连续稳定生产，以实现解吸气大量产出(图4)。

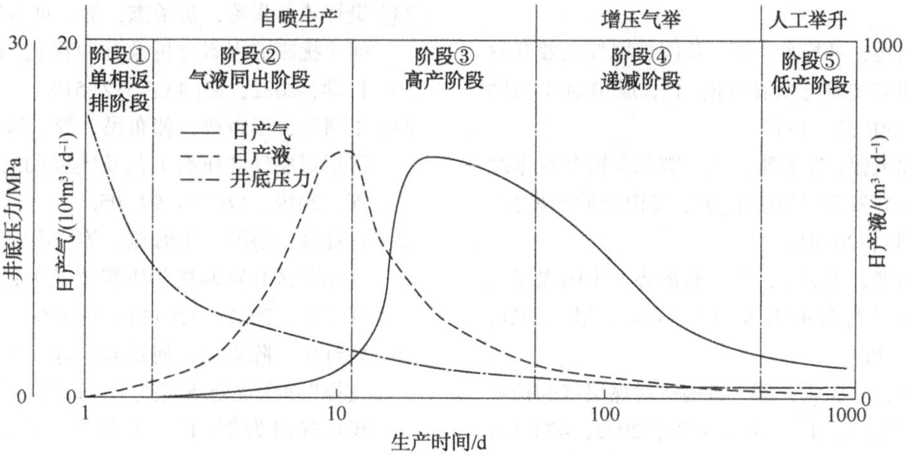

图4　深层煤层气生产阶段划分及典型曲线

4　结论与建议

生产实践表明，大规模(超大规模)压裂是获得高效开发的重要途径，如何降低割理裂隙造成的滤失、提高深层(层)煤储层加砂强度和加砂规模成为提升储层改造效果的关键点。需要开展三方面研究：(1)工程-地质一体化选段选簇技术。以地质力学为桥梁，建立以随钻GR、气测录井、岩屑录井、岩石力学参数等多参数组合的分段分簇技术。(2)大规模缝网压裂机理研究。通过缝网形成机理研究，明确缝网形成的地质、工程主控因素，开展精细压裂地质建模，指导缝网压裂工程设计。(3)研发适用于深层煤层低成本、免配液、耐盐、可重复利用的一体化压裂液体系压裂液。应对深层(层)煤层气井压后返排液量大、矿化度高、重复利用难度大、安全环保面临较大挑战的难题。

参 考 文 献

[1] Yang R Y, Qin X Z, Liu Wei, et al. A physics-constrained datadriven workflow for predicting coalbed methane well production using artificial neural network [J]. SPE Journal, 2022, 27 (3): 1531-1552.

[2] Peng F, Peng S P, Du W F, et al. Coalbed methane content prediction using deep belief network[J]. Interpretation, 2020, 8 (2): T309-T321.

[3] 李登华，高媛，刘卓亚，等．中美煤层气资源分布特征和开发现状对比及启示[J]．煤炭科学技术，2018，46(1)：252-261.

[4] 周德华，陈刚，陈贞龙，等．中国深层煤层气勘探开发进展、关键评价参数与前景展望[J]．天然气工业，2022，42(6)：43-51.
[5] 邹才能，杨智，董大忠，等．非常规源岩层系油气形成分布与前景展望[J]．地球科学，2022，47(5)：1517-1533.
[6] 徐凤银，王勃，赵欣，等．“双碳”目标下推进中国煤层气业务高质量发展的思考与建议[J]．中国石油勘探，2021，26(3)：9-18.
[7] 李德慧，李国富，刘亮亮，等．山西省煤层气(瓦斯)开发利用现状及发展方向[J]．矿业安全与环保，2022，4(2)：132-136，142.
[8] 汤达祯，杨曙光，唐淑玲，等．准噶尔盆地煤层气勘探开发与地质研究进展[J]．煤炭学报，2021，46(8)：2412-2425.
[9] 秦勇，申建．论深层煤层气基本地质问题[J]．石油学报，2016，37(01)：125-136.
[10] 李辛子，王运海，姜昭琛，等．深层煤层气勘探开发进展与研究[J]．煤炭学报，2016，41(1)：24-31.
[11] 徐凤银，闫霞，林振盘，等．我国煤层气高效开发关键技术研究进展与发展方向[J]．煤田地质与勘探，2022，50(3)：1-14.
[12] 杨秀春，徐凤银，王虹雅，等．鄂尔多斯盆地东缘煤层气勘探开发历程与启示[J]．煤田地质与勘探，2022，50(3)：30-41.
[13] 孙钦平，赵群，姜馨淳，等．新形势下中国煤层气勘探开发前景与对策思考[J]．煤炭学报，2021，46(1)：65-76.
[14] 闫霞，徐凤银，张雷，等．微构造对煤层气的控藏机理与控产模式[J]．煤炭学报，2022，47(2)：893-905.
[15] 朱光辉，李本亮，李忠城，等．鄂尔多斯盆地东缘非常规天然气勘探实践及发展方向——以临兴-神府气田为例[J]．中国海上油气，2022，34(4)：16-29.
[16] 徐凤银，侯伟，熊先钺，等．中国煤层气产业现状与发展战略[J]．石油勘探与开发，2023，50(4)：669-682.
[17] 张道勇，朱杰，赵先良，等．全国煤层气资源动态评价与可利用性分析[J]．煤炭学报，2018，43(6)：1598-1604.
[18] 聂志宏，时小松，孙伟，等．大宁-吉县区块深层煤层气生产特征与开发技术对策[J]．煤田地质与勘探，2022，50(3)：193-200.
[19] 杜佳，朱光辉，李勇，等．鄂尔多斯盆缘致密砂岩气藏勘探开发挑战与技术对策——以临兴—神府气田为例[J]．天然气工业，2022，42(1)：114-124.
[20] 周德华，陈刚，陈贞龙，等．中国深层煤层气勘探开发进展、关键评价参数与前景展望[J]．天然气工业，2022，42(6)：43-51.
[21] 刘顺喜，樊坤雨，金毅，等．深层煤储层应力敏感性特征及其对煤层气产能的影响[J]．煤田地质与勘探，2022，50(6)：56-64.
[22] 高玉巧，李鑫，何希鹏，等．延川南深层煤层气高产主控地质因素研究[J]．煤田地质与勘探，2021，49(2)：21-27.
[23] 樊怀才，张鉴，岳圣杰，等．页岩气平台式井组井间干扰影响因素分析及井距优化[J]．天然气地球科学，2022，33(4)：512-519.
[24] 王绪性，王杏尊，郭布民，等．鄂尔多斯盆地东部深层煤层气井压裂工艺及实践[J]．煤田地质与勘探，2019，47(1)：92-95.
[25] 肖佳林，游园，朱海燕，等．重庆涪陵国家级页岩气示范区开发调整井压裂工艺关键技术[J]．天然气工业，2022，42(11)：58-65.
[26] 姚红生，陈贞龙，何希鹏，等．深层煤层气“有效支撑”理念及创新实践——以鄂尔多斯盆地延川南煤层气田为例[J]．天然气工业，2022，42(6)：97-106.
[27] 叶建平，侯淞译，张守仁．“十三五”期间我国煤层气勘探开发进展及下一步勘探方向[J]．煤田地质与勘探，2022，50(3)：15-22.
[28] 曾雯婷，葛腾泽，王倩等．深层煤层气全生命周期一体化排采工艺探索——以大宁－吉县区块为例[J]．煤田地质与勘探，2022，50(9)：78-85.

深层礁滩相高含硫边底水气藏安全高效稳产关键技术

张纪喜　罗周亮　宿亚仙　卓色强　余启奎　彭　松

（中国石化中原油田分公司）

摘　要　通过"十一五"~"十三五"的持续攻关，普光气田基本形成了高含硫天然气田开发的理论及技术系列，建成了百亿立方米级的特大型高含硫气田，并连续12年保持安全高效与持续稳产。但经过十余年的持续高产稳产，气田开发中也反映出了纵向上储量动用差异大、边水侵入与硫沉积影响逐步显现等问题，需要持续攻关研究，延长稳产期。为此，通过完善深层礁滩相储层精细描述技术，形成低孔低渗储层有效动用技术对策；开展深层礁滩相气藏水侵前缘变化规律研究，建立气藏控(治)水技术对策。采用数值模拟方法开展储层中硫沉积动态变化规律及高含硫气藏气井产能变化规律等方面研究，为研究控(治)硫技术提供手段及依据。

关键词　边底水气藏；普光气田；礁滩相；水侵规律；硫沉积；动用对策

1　深层礁滩相储层内幕精细刻画及有效动用对策研究

1.1　低孔低渗台内滩储层精细预测技术

通过对取心段岩芯观察、薄片鉴定、物性分析、电性识别等基础研究，结合区域沉积背景特征以及前人的研究成果，完成四级层序下飞三段43口单井的沉积微相划分，并制作了沉积相连井剖面图和平面图。

（1）沉积相剖面能够很好的展示沉积相纵向演化与横向展布特征，在单井相分析的基础上，建立连井沉积微相对比剖面(图1、图2)。

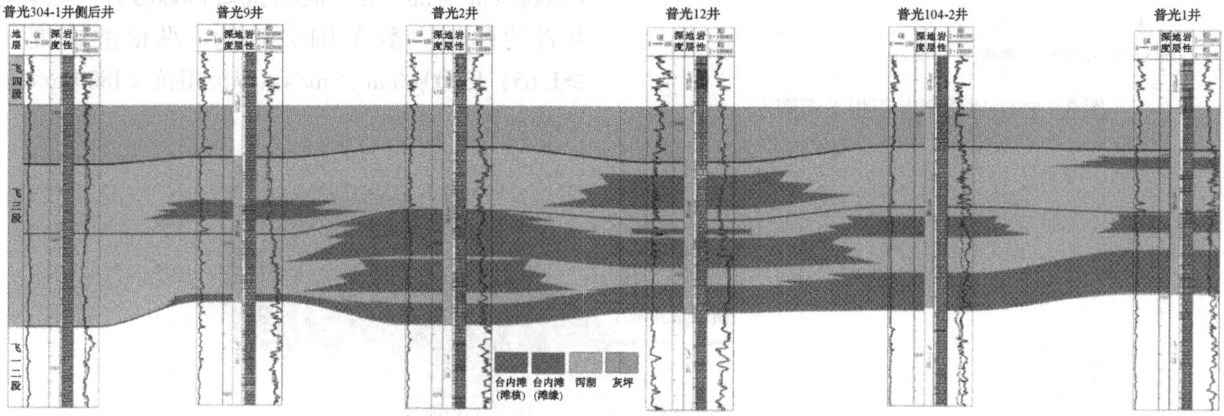

图1　PG304-1井-PG9-P104-2-PG1井沉积相对比剖面

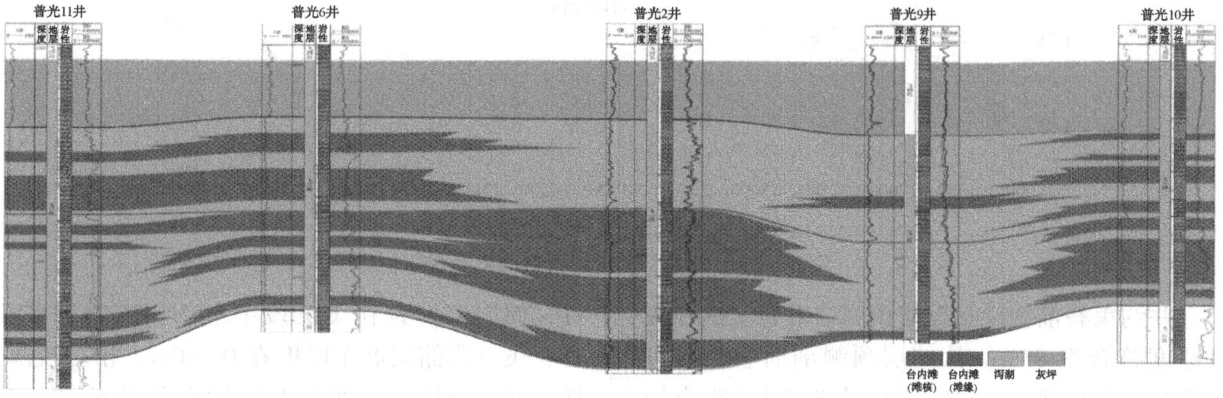

图2　P302-1井-P102-1井-PG1井沉积相对比剖面

(2) 沉积相平面展布特征

滩体面积变得很小且呈零星分布，主要以开阔台地台内滩形式存在，滩体主要为鲕粒滩或生屑滩沉积。其中，普光11-普光6井区为台地边缘滩的生屑滩沉积，台内鲕粒滩发育在普光2-普光12井区、普光10井区、普光1-普光4井区、普光2井区、普光5井区(图3、图4)。

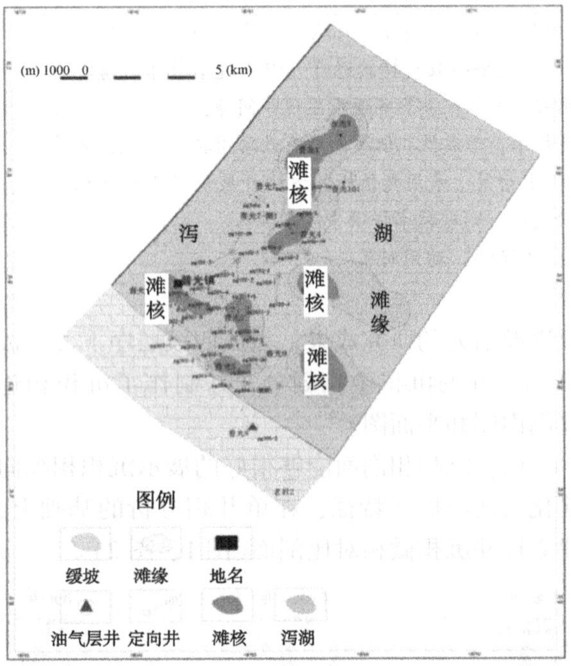

图3　TSQ_2 Ⅶ层序沉积相平面图

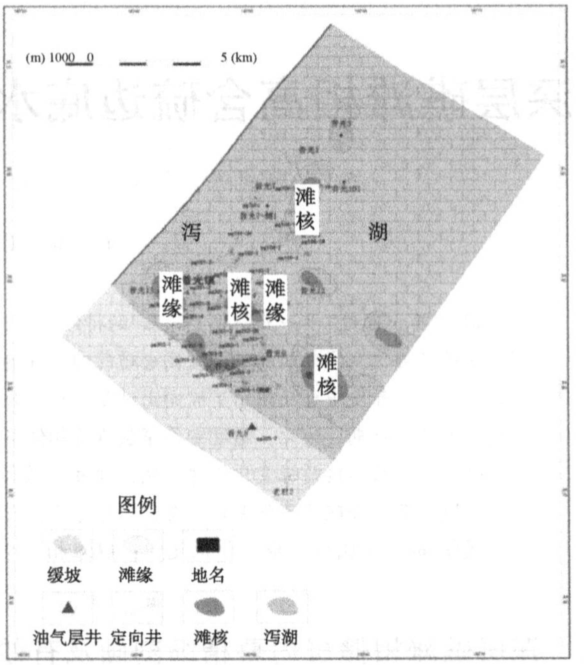

图4　TSQ_2 Ⅷ层序沉积相平面图

针对低孔低渗储层特征，开展岩石物理分析，构建相位旋转因子，新量版储层界限更清晰：白云岩的弹性参数范围大致为纵横波速度比≥1.83，14500g/cm^3 * m/s≤纵波阻抗≤19800g/cm^3 * m/s；灰岩的弹性参数范围大致为：纵横波速度比≥1.65，13000g/cm^3 * m/s≤纵波阻抗≤18000g/cm^3 * m/s(图5)

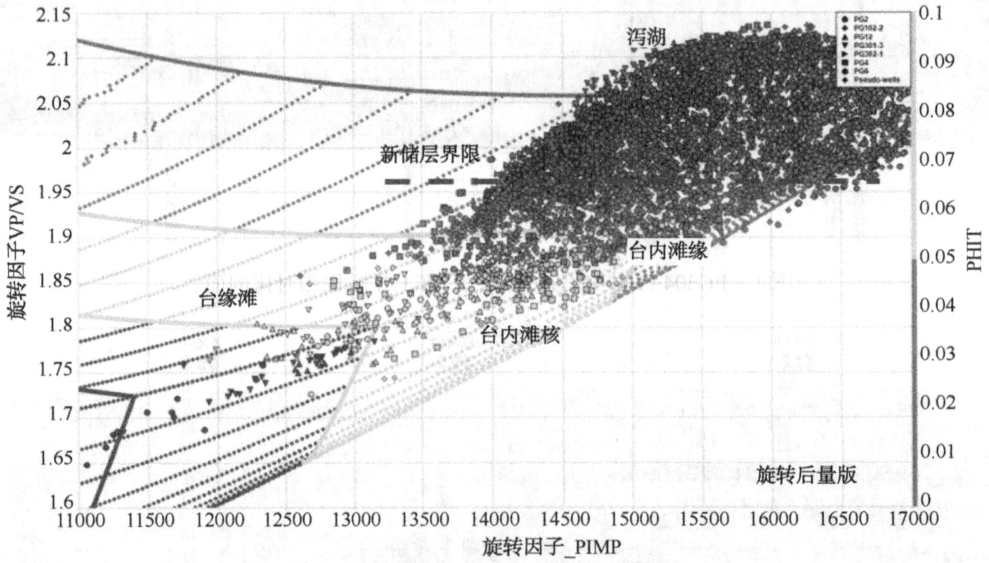

图5　普光主体飞三段岩石物理解释量版

井约束叠前统计学反演预测结果与实钻井统计厚度符合率85%。从储层预测剖面看，通过地质统计学反演，飞三段薄储层与实钻井吻合较好，储层多发育在飞三段中下部(图6)。平面看，飞三段储层展布厚度在0~50m，相对较薄，横向变化较快；在实钻井区发育普光6、2、5、

10、12、4、3 等7个储层发育区，厚度在20~50m；普光8井北和主体东北部预测有储层发育（图7）。

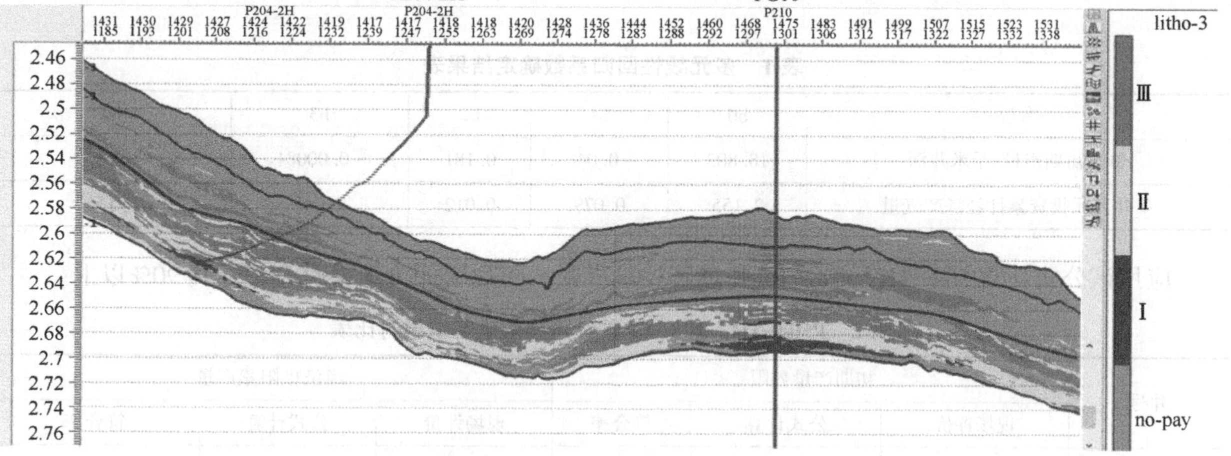

图6　飞三段低孔低渗薄储层地质统计学反演剖面图

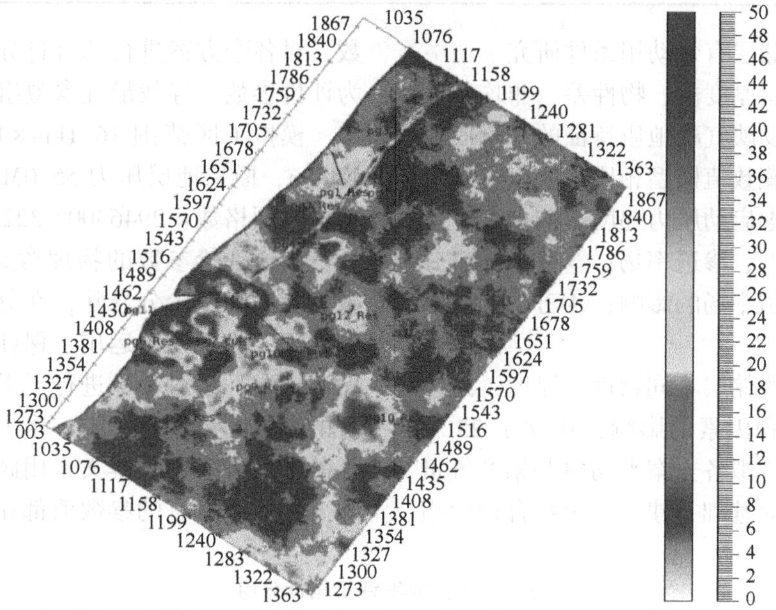

图7　飞三段储层地质统计学预测厚度平面图

1.2　低孔低渗储层有效动用对策

（1）低孔低渗储层经济界限计算方法

经济界限的经济影响因素有投资、成本、气价、基准内部收益率等，技术影响因素有产量规模、稳产期、递减率等，同时考虑这些因素的变化将有数千种组合，计算量非常庞大。在实际工作中，如何消除单一因素的影响，建立起一个误差小、使用方便的通用公式，将大大提高工作效率。

考虑经济界限的代表性和全面性，优选“单井初期产量”和“单井累计产气量”，通过分析影响经济界限参数的个性因素，对其进行变换，消除个性因素影响，引入单井“千米井深初期产量”和“万元投资累计经济产气量”两个概念，其中：

单井初期产量/千米井深=单井初期产量/井深×1000

单井万元投资累计经济产气量=单井累计经济产气量/投资×10000

分析各因素对经济界限参数的影响特征，确定经济界限参数的计算方法——多元线性回归方法。选择对稳产期、递减率、投资、内部收益率等多个自变量进行多元线性回归，得到“千米井深初期产量”和“万元投资累计经济产气量”表达式及其系数b0、b1、b2、b3、b4确定结果如下：

单井初期产量/千米井深=b0+b1×稳产期+b2×递减率+b3×投资+b4×内部收益率

单井万元投资累计经济产气量=b0+b1×稳产期+b2×递减率+b3×内部收益率+b4×单井初期产量/千米井深(表1、2)。

表1　多元线性回归系数确定结果表

参数	b0	b1	b2	b3	b4
单井初期产量/千米井深	18.803	-0.048	0.181	-0.00081	0.087
单井万元投资累计经济产气量	2.155	0.079	0.012	0.045	0.156

应用该公式计算504-1H、108-1T井经济技术界限，与现场评价结果符合率达到90%以上。

表2　P504-1H、108-1T井经济界限确定结果对比表

井号	初期产量界限			经济极限累产量		
	现场评价	公式计算	符合率	现场评价	公式计算	符合率
108-1T	35.21	37	95%	10.17	9.5	93.4%
504-1H	31.27	30	96%	9.03	8.5	94%

(2) 低孔低渗储层有效动用条件研究

针对飞三段储层厚度薄、物性差、非均质性强等特点，建立了反映气藏地质特征的非均质数值模型，与常规气藏数值模型相比具有以下几个方面的特点：①考虑启动压力梯度影响；②呈正态分布的基质孔隙度、渗透率场；③考虑随机分布的天然裂缝对渗透率场的影响；④考虑储层发育连续性的影响。

通过考虑飞三段储层不同物性、厚度、连续性、天然裂缝等多种因素的影响，建立了25个不同因素的模型。模拟各方案平均单井累产气量及采收率指标，在此基础上建立一个综合评价指数，对各个方案进行综合打分。采用综合分值作为评价参数，寻找最优参数组合。

模拟工区范围16.1km×15.3km，顶面埋深4800m，原始地层压力55.0MPa。采用迪卡尔网格，总网格数：2946300=322×305×30。

由于评价参数的物理意义不同，量纲不同，数值范围相差十分悬殊，在分析时难以得到合理的结论。为了便于运用，保证参数的等效性和同序性，进一步对参数进行了无量纲化处理，使所有的参数的数值处于同一水平。参数无量纲化处理的方法有多种，本文采用阀值法，应用这种方法变换后，所有的参数值都在0~1之间(表3)。

表3　不同方案评价指标分值

分类评价参数	等级	Ⅰ	Ⅱ	Ⅲ
	评语	好	中	差
	分值区间	≥1.5	1.0~1.5	<1.0
储层孔隙度/%	≥4.0	3.5~4.0	<3.5	
储层厚度/m	≥35	15~35	<15	
裂缝网格占比/%	≥8	2~8	<2.0	
裂缝/基质渗透率/倍	≥600	200~600	<200	
非储层比例/%	<40	40~60	>60	
连续区半径/m	≥400	200~400	<200	
初期产量/(10^4m^3/d)	≥25	15~25	<15.0	
累产气量/(10^8m^3)	≥8.1	5.0~8.1	<5.0	
内部收益率/%	12~20	8~12	<8	

该类参数的标准化方法为第 i 个参数值除以该项参数的最大值：

产量无量纲：$Eq_i = \frac{q_i}{q_{\max}}$ 采出程度无量纲：$Er_i = \frac{r_i}{r_{\max}}$

综合评价指数为单项评价参数加权后求和：

$$M^i = Epi * Wq + Eri * Wr \quad (1)$$

评价参数的权重通过该项参数变异系数除以所选 2 项参数变异系数的和求取：

$$W_q = \frac{\dfrac{\sqrt{\sum_{i=1}^{n}(Eqi-\overline{Eqi})^2/_n}}{\overline{Eqi}}}{\dfrac{\sqrt{\sum_{i=1}^{n}(Eqi-\overline{Eqi})^2/_n}}{\overline{Eqi}}+\dfrac{\sqrt{\sum_{i=1}^{n}(Eri-\overline{Eri})^2/_n}}{\overline{Eri}}} \quad (2)$$

$$W_r = \frac{\dfrac{\sqrt{\sum_{i=1}^{n}(Eri-\overline{Eri})^2/_n}}{\overline{Eqi}}}{\dfrac{\sqrt{\sum_{i=1}^{n}(Eqi-\overline{Eqi})^2/_n}}{\overline{Eqi}}+\dfrac{\sqrt{\sum_{i=1}^{n}(Eri-\overline{Eri})^2/_n}}{\overline{Eri}}} \quad (3)$$

在此基础上，采用二次回归模型构建综合参数与储层孔隙度(x_1)、非储层比例(x_2)、储层厚度(x_3)、连续区半径(x_4)等 4 个主要影响因素间的计算方程，并回归相关系数。

$$Mi = -1.9847+70.7952x_1+0.0108x_2-1.5358x_3 +0.0049x_4+1.1756x_1x_2-0.1722x_1x_4+0.0028x_2x_3 +0.0001x_2x_4-0.0009x_2^2-0.2452x_3^2 \quad (4)$$

根据上述计算方程，结合普光气田钻完井作业及生产运行成本，在目前经济技术条件依据 Mi 值大小将普光气田飞三段划分为三类目标区域。

一类：Mi≥1.5 主要位于滩核，新钻井具有较好的效益，开发潜力大。

二类：1.0≤Mi<1.5 主要位于滩缘内侧，满足新井经济界限，具有一定开发潜力。

三类：Mi<1.0 主要位于滩缘外围，达不到新钻井经济界限，潜力小。

根据单井模拟结果，对比 25 个部署方案，储层物性、连续性及储层厚度是影响气井产能的主要因素，天然裂缝对气井产能影响相对较小。

采用此方法综合评价普光飞三段 10 个井区有效动用储量 127.3 亿方。飞三段低渗层储层预测结果及以上综合评价指标结果，平面上一类区域有效区分布在普光 10、2 井区，二类区域有效区分布在普光 12、1、4、6 井区，三类区域有效区分布在普光 5 井区。评价三类目标区可有效动用低孔低渗层储量 127.3 亿方(表 4)。

表 4　普光飞三段井网方案优选模拟

序号	井区	面积/km²	厚度/m	孔隙度/%	M	井网评价			动用对策		可动用储量/(10^8m^3)
						控制	产出	动用程度/%	新井	措施	
1	普光 10	6.14	21.3	4.6	1.53	×	×	0	√		18.32
2	普光 2	4.27	19.7	5.8	1.68	√	√	100			15.35
3	普光 12	4.19	20.1	5.0	1.14	×	×	0	√		12.80
4	普光 1	4.83	17.3	4.8	1.08	×	×	0	注水		12.25
5	普光 4	4.65	20.3	4.1	1.00	√	√	50.2		√	7.60
6	普光 6	3.51	16.2	5.8	1.08	√	×	0	√	√	10.44
7	普光 5	4.04	14.2	5.0	0.90	√	×	0		√	5.50
8	毛坝 4 块	3.84	25.0	7.2	1.76	×	×	0	√		20.44
9	大湾 1 块	5.54	13.2	5.2	1.01	√	×	0	√		11.21
10	大湾 2 南	4.90	17.8	5.1	1.12	×	×	0	√		13.35

2 边底水气藏水侵规律研究

2.1 水侵优势通道刻画

普光气田投产4年以后，普光105-1H井开始产出地层水，在随后的3年内陆续出现5口产水气井。从这6口气井的气水比与出水后累计产气量的关系图中可看出，水气比上升特征呈现2种类型：一种为快速上升型，另一种为缓慢增加型(图8)。

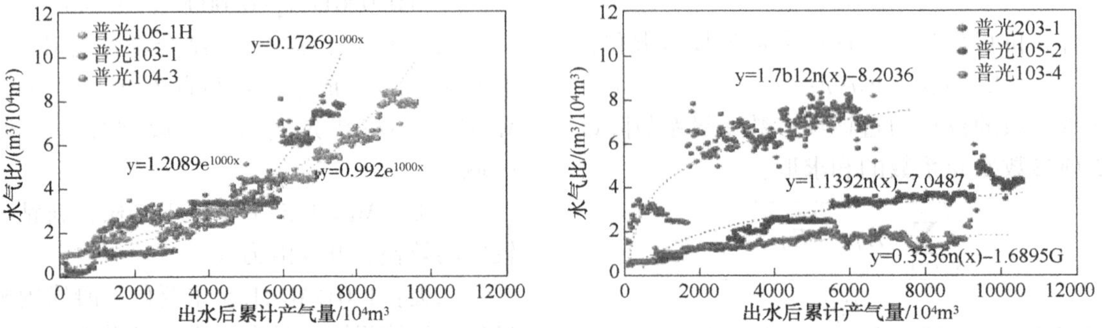

图8　普光气田产水气井水气比变化图

水气比上升特征是水侵速度的直观反映。从地质角度出发及6口气井出水层段的平均渗透率及发育的裂缝数量对比表可以看出，可分为裂缝型、孔隙型两种水侵模式(表5)。

表5　产水气井出水层段渗透率及裂缝数量对比表

井号	渗透率/$10^{-3}\mu m^2$		裂缝数量/条		水气比上升速率/($m^3/10^4m^3/d$)	水侵模式
	TSQ_1 Ⅲ	TSQ_1 Ⅳ	TSQ_1 Ⅲ	TSQ_1 Ⅳ		
普光103-1	2.51	0.19	34	21	0.021	裂缝型水侵
普光104-3	8.4	2.72	47	—	0.023	
普光105-1H	1.9	0.69	58	9	0.018	
普光203-1	0.49	3.31	—	3	0.008	孔隙型水侵
普光105-2	2.09	3.64	12	10	0.007	
普光103-4	1.42	0.68	7	9	0.005	

分析已知储层渗透率和裂缝发育数量是影响水侵的两项主要因素，在这二者共同作用下，渗流能力强的区域即为水侵优势通道。为此，我们同时考虑储层渗透率及裂缝的综合影响，提出了双因素水侵通道因子γ

$$\gamma=\alpha_k\cdot\alpha_f\cdot f_D \tag{4}$$

采用灰色关联法求得储层渗透率和裂缝密度的权重系数分别为0.22、0.78。

基于产水气井的水侵通道因子值γ，综合考虑水侵类型以及水气比上升速率，将水侵通道划分为三个级别：当$\gamma\geqslant0.6$时为一类高渗带，以Ⅰ、Ⅱ类储层为主，裂缝发育；当$0.3\leqslant\gamma<0.6$时为二类高渗带，以Ⅱ类储层为主，裂缝较发育；当$\gamma<0.3$时为非高渗带，以Ⅲ类储层为主，裂缝基本不发育(图10)。

2.2 四维地震识别水侵前缘空间分布

在地震数据识别气水界面方法优选的基础上，利用普光气田两期采集地震数据，开展不同时期气水界面在纵向上各个四级层序的空间分布及动态移动特征分析，同时结合叠前地震数据裂缝定量预测成果，并立足于气水界面推进规律分析及控制因素研究，形成一套适合普光气田的时移地震监测气水界面识别、预测及定量评价技术。

(1) 气水识别地震属性优选

基于一致性优化处理的时移地震数据，结合生产动态资料，沿边部水侵气井井轨迹提取地震属性，分析分类地震属性识别水侵井段适用性，优选地震振幅属性，确定气水界面地震(属性)响应特征。

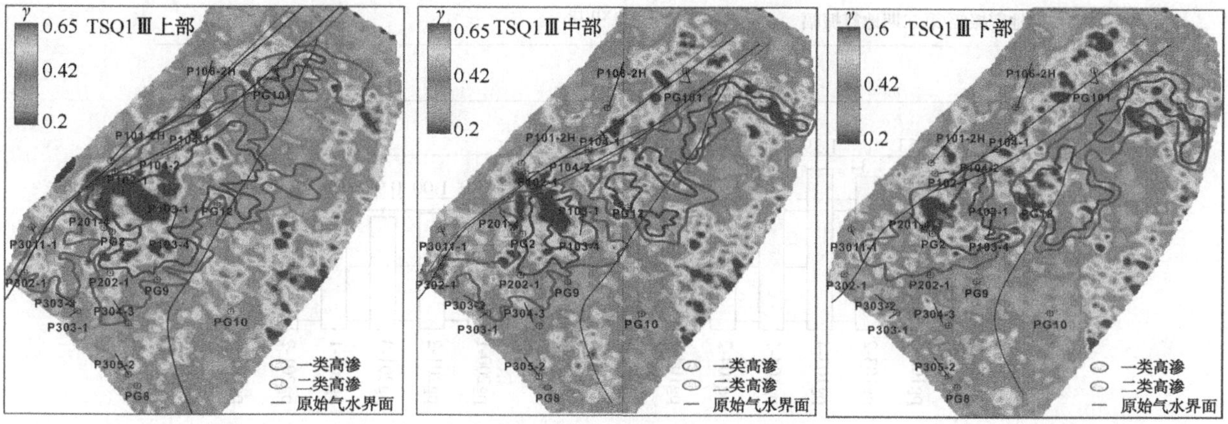

图 9　TSQ1Ⅲ层序高渗条带展布图

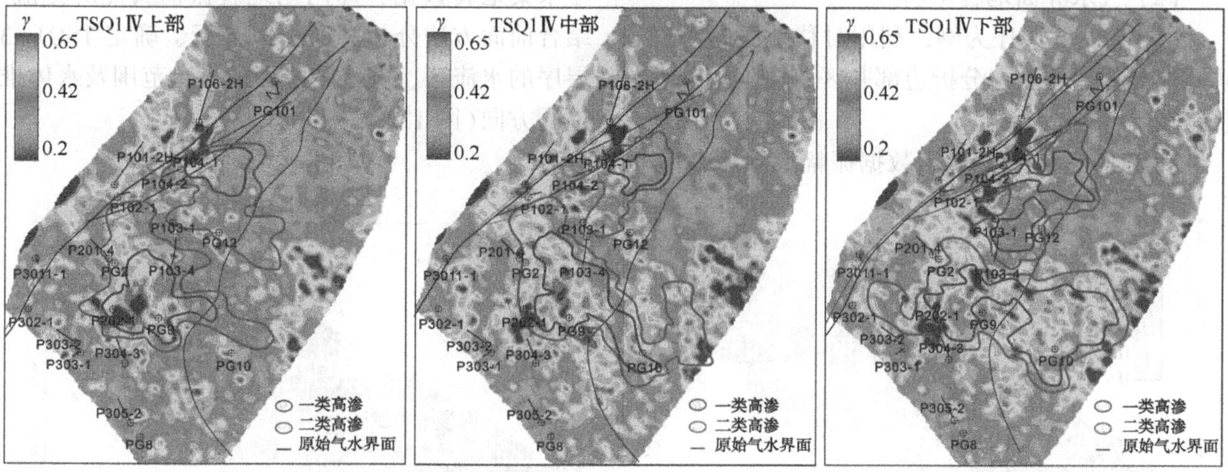

图 10　TSQ1Ⅳ层序高渗条带展布图

通过两期对比，认为第二期地震资料振幅能量在水侵层段 5750m 附近位置明显变弱，变化率约为 20%(图 11)。

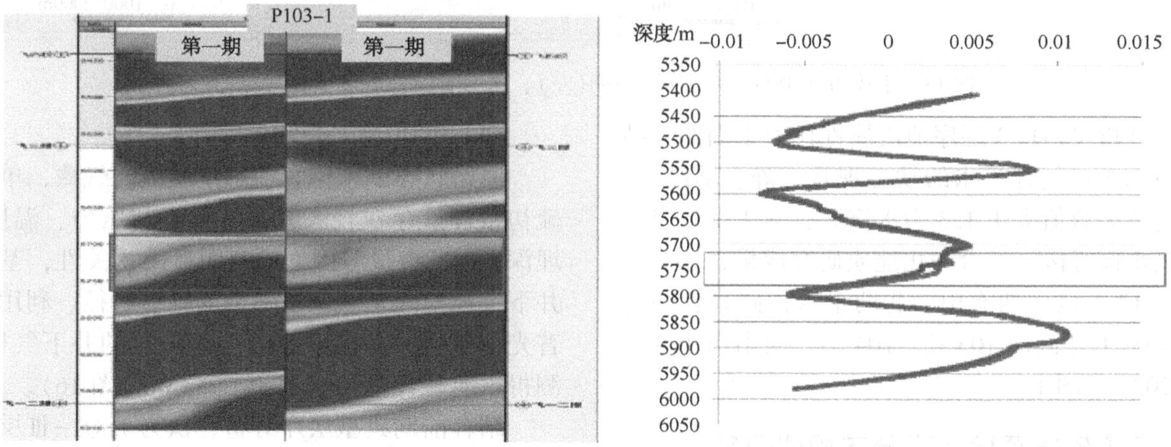

图 11　过普光 103-1 井轨迹两期地震数据振幅对比图

提取边部多口气井两期地震振幅比值，对比显示已水淹的普光 103-1、103-4、104-3、105-2 井两期振幅比值大于 1.3；处于气水前缘的普光 103-2、104-1、105-1H 振幅比值较高；其它没有水淹井两期阻抗比值接近 1(图 12)。

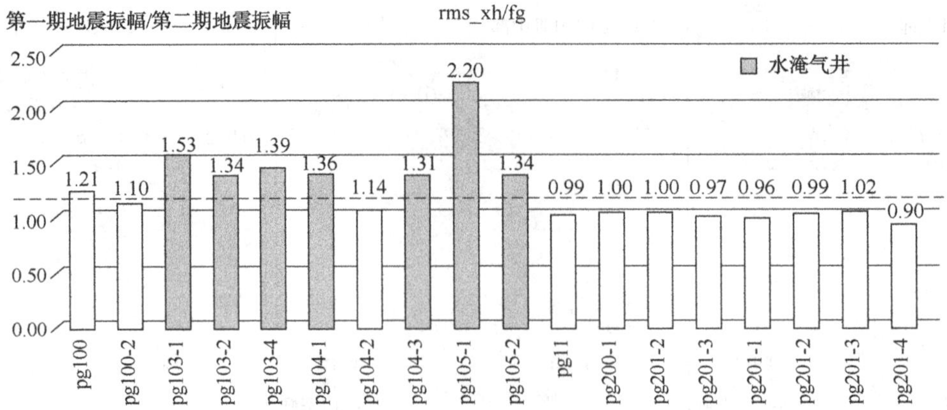

图 12　边部气井两期地震数据振幅比值对比直方图

（2）气水界面地震识别

以 TSQ1-3 层序为例，利用时移地震叠后振幅属性分析的方法，分析边部井区水侵范围、水侵路径等特征。

利用 2003 年采集地震数据振幅值除以 2016 年采集地震数据，即两期地震振幅属性的比值，结合前面方法分析，就可以分析、确定 TSQ1-3 层序的水淹区、气水前缘区的大致范围及水体推进的方向（图 13）。

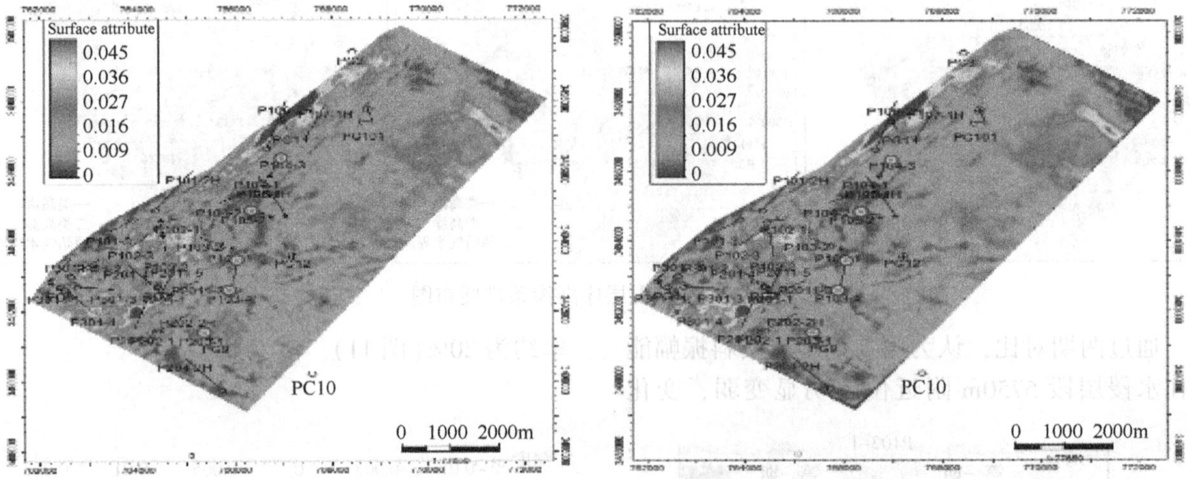

图 13　主体边部 TSQ1-3 层序第一期（左）、第二期（右）地震 RMS 振幅值

分析 TSQ1-3 层序地震属性比值平面图，结合边部 5 口气井见水的动态现状。静、动结合，标定认为数值大于 1.3 为水淹区，介于 1.2~1.3 为气水前缘区。结合深化地质研究成果，边水由普光 12 井区向西有南、北两个水侵路径：向北由 103-1 井区向 105-2、104-3，向南由 103-4 向 203-1（图 14）。

3　高含硫气藏硫沉积分布规律研究

3.1　高含硫气藏硫析出与沉积机理

1）高含硫气藏单质硫析出条件确实

高含 H_2S 天然气中单质硫的初始含量、饱和状态、临界析出条件以及在不同温度压力下的溶解度，是研究硫沉积问题的重要基础参数。

（1）单质硫含量测定

原始状态下未饱和溶解单质硫的气藏，单质硫初始含量存在较大差异，并且与压力、温度、埋深、H_2S 含量等因素没有明显的相关性，基于井下气样检测是获取该参数的唯一途径。利用从普光 104-1 井和毛坝 502-1 井取得的井下气样，测得单质硫含量为 0.1~0.39g/Nm^3（图 16）。

结合前期典型层序分析，认为 TSQ1-Ⅲ层序是主要水侵层，水侵范围主要在 P103-104-105-107 井区，气井产出状况好、与边水连通好、高渗带发育面积大。TSQ1-Ⅳ层序主要水侵范围在构造南部 P203-204 井区。TSQ1-Ⅴ、Ⅵ层序边水整体推进，局部突进不明显（图 15）。

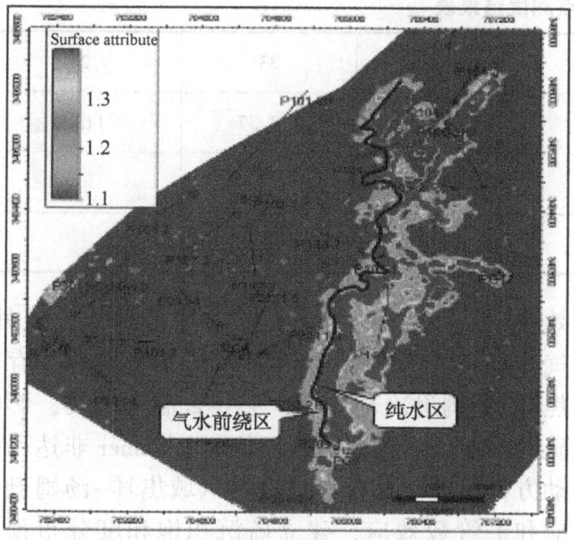

图 14　边部 TSQ1-3 层序水侵前缘区分布图

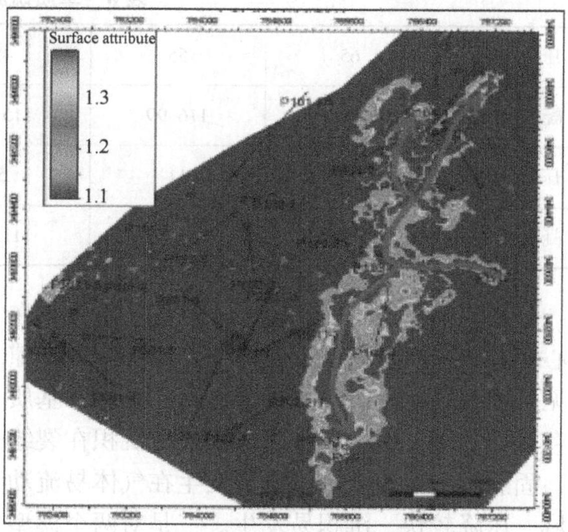

图 15　边部 TSQ1-3 层序水侵路径

图 16　普光 104-1(左)和毛坝 502-1(右)井下气样

(2) 储层中硫临界析出压力确定

采用改进的色谱法测试了地层温度、不同压力条件下酸气中硫的饱和含量，采用线性插值法求得普光气田地层中单质硫临界析出压力 19.2~21MPa。截至 2020 年 12 月，普光气田地层压力 26~32MPa，高于储层中单质硫的析出压力，表明地层中尚未发生单质硫析出和沉积现象(图 17)。

(3) 储层中单质硫析出相态确定

采用高温高压单质硫熔点测试装置，测定普光气田酸气中单质硫的凝固点。普光气田主体地层温度高于 120℃，地层中析出的单质硫为液态；大湾和毛坝气藏地层温度在 90~110℃，地层中析出的单质硫为固态(表 6)。

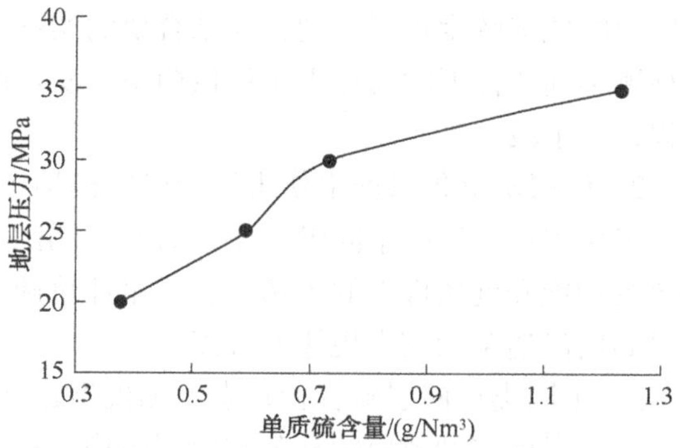

图 17　普光 104-1 井下气样单质硫饱和含量变化曲线

2) 高含硫气藏硫沉积特征

利用微观渗流可视化装置，开展储层中硫沉积微观分布实验，揭示气体-液态硫、气体-固态硫在岩心多孔介质中的微观运移、沉积形态及

表 6　单质硫凝固点测试结果表

压力/MPa	65	55	45	39	33	23
凝固点/℃	118.65	116.99	115.23	114.25	113.37	112.1
压力/MPa	17	11	5	3	0.5	
凝固点/℃	111.52	111.42	111.91	112.4	114.25	

分布特征：一是固态硫、液态硫主要分布在岩心相对疏松的裂缝、大孔隙中，大部分微孔隙没见到固态硫、液态硫沉积。二是在裂缝和基质共存区域，固态硫、液态硫沉积优先沉积在裂缝中，固态硫、液态硫沉积主要发生在气体易流动区域，压降较快，沉积易发生。三是对两个模型分析发现，储层的非均质性对硫沉积具有较大影响。裂缝和基质共存条件下，硫优先沉积在裂缝中，总体呈现非均匀分布特征。四是固硫沉积时，单质硫逐渐聚积，最终将会在狭窄孔道处形成桥塞，堵塞部分孔道，导致严重的渗流能力伤害；而液硫沉积时，当沉积量达到一定饱和度后可以流动。

3.2　储层硫沉积分布预测模型

为准确描述开发中后期储层硫沉积动态分布特征、评价对气井产能的影响，创新开展储层硫沉积伤害渗流实验，综合考虑近井区域温降、压降、高流速、非平衡等渗流特征，建立了高含硫气藏储层硫沉积动态分布预测模型。

1）普光气田高含 H_2S 天然气中单质硫溶解度预测模型

基于硫溶解度实验测试数据，建立适用于普光气田的硫溶解度预测模型，为结合硫的实际含量预测不同条件下的硫析出量提供简单、实用的工程计算手段。

2）储层硫沉积渗透率伤害评价经验模型

采用现场取得的不同渗透率的岩心，测试不同硫沉积饱和度条件下的渗透率，定量评价硫沉积对储层渗透率的伤害规律及程度。

3）不同类型储层硫沉积动态预测模型建立

（1）考虑多种效应的孔隙型储层硫饱沉积预测模型

从气体渗流理论来看，近井区域存在压降大、流速高两个显著特征，高流速带来不利的“非达西效应”，同时也能引起正效应—“毛管数效应”，它们共同影响硫饱和度的分布。另外，气体具有可压缩性，在近井地带降压膨胀，存在焦耳-汤姆逊冷却效应，会导致温度改变，影响硫的溶解度。为此，我们从 Forcheimer 非达西流动方程出发，综合考虑近井区域焦耳-汤姆逊效应和毛管数效应，建立硫沉积饱和度分布预测模型。

（2）基于等效流管模型的裂缝性储层硫沉积预测模型

对于天然裂缝发育的储层，我们所关心的重点是与井筒相连的较大裂缝中的气体的流动规律，为此基于等效流管模型，建立了描述天然气从裂缝向井筒流动的方程，预测沿着裂缝的压力、温度及气体流速分布。

3.3　高含硫气藏硫沉积分布规律

（1）硫沉积预测模型计算程序编制

联合建立的饱和度预测模型方程组，求出压力、温度、速度分布，再结合硫溶解度预测模型计算硫饱和度径向分布。由于方程组中涉及到的高压物性等多个参数均是压力、温度的函数，需要耦合迭代求解，基于 VB6.0 编制了计算程序，并获得了软件著作权（图 18）。

（2）储层中硫沉积分布特征

普光气田飞一二段储层并不发育大规模的裂缝，以孔隙型储层为主，但是部分气井在投产时进行了酸压改造措施，在近井区域存在人工裂缝。截至 2020 年 12 月，普光气田中高部位气井的平均地层压力为 26.4MPa，高于单质硫的临界析出压力，目前地层中尚未发生硫析出和沉积现象。为了摸清地层压力下降到临界析出压力以下后储层硫沉积分布特征，利用建立的方法和编制的程序，从中高部位气井中选取 P201-2（孔隙型）、P302-1 和 P2011-5（人工裂缝）等典型气井开展储层硫沉积饱和度分布预测及影响因素分析（表 7）。

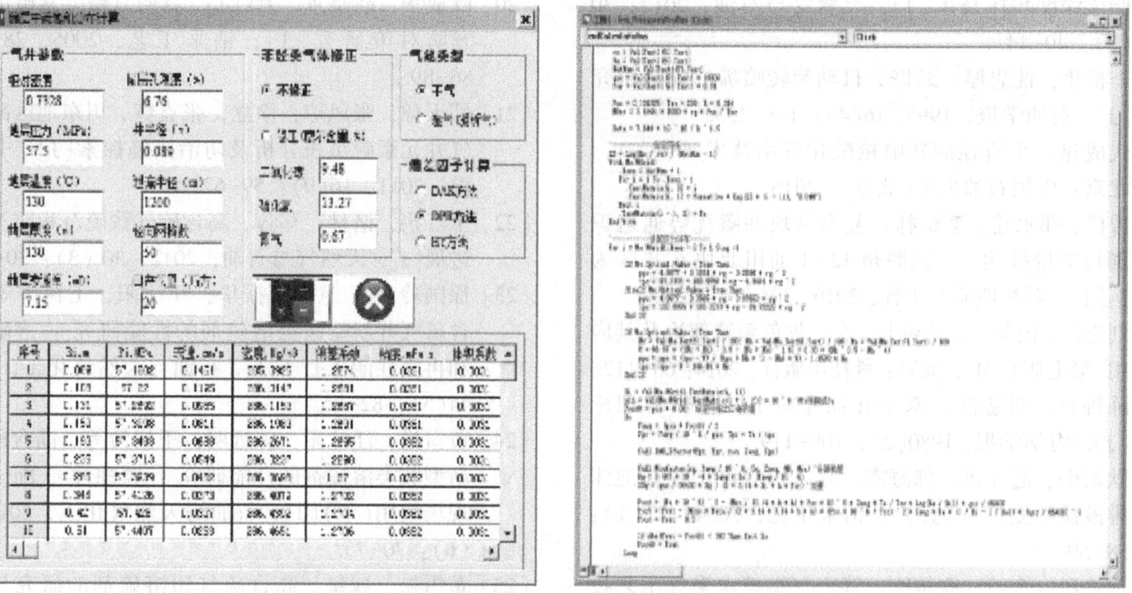

图 18　径向硫沉积饱和度分布预测程序界面及部分代码

表 7　典型气井参数汇总表

井号	目前地层压力/MPa	地层温度/℃	产层厚度/m	渗透率/mD	孔隙度/%	泄流半径/m	裂缝半长/m	平均日产气/(10^4m^3/d)
P201-2	26.5	128.3	111.5	13.92	6.24	950	/	55.58
302-1	27.2	128.9	105.4	10.03	6.02	945	52.0	57.8
2011-5	28.8	128.1	255.4	9.75	6.76	950	49.6	92.2

3.4　高含硫气井井筒硫沉积分布预测

当前普光气田地层中尚未发生硫沉积现象，然而井筒中硫沉积问题已经显现并且呈现加重趋势，为了给井筒解硫堵提供依据，开展了高含硫气井井筒硫沉积分布预测研究。基于井筒温度压力动态分布预测，结合用于硫溶解度预测的 Chrastil 热力学模型，建立高含硫气井井筒硫析出预测模型，提出硫沉积的判断准则。从井筒中硫颗粒和硫液滴的受力情况出发，分别建立基于连续携液理论和颗粒动力学的硫液与硫颗粒运移沉积模型，用于计算硫液滴和硫颗粒被携带出井筒所需要的临界流速和临界产量，指导高含硫气井合理配产和制定工艺制度。

（1）井筒温度-压力剖面计算

普光气田不同压力温度下硫溶解度实验测试结果表明，影响硫溶解度的主要因素是温度和压力。因此，在高含硫气井生产过程中，准确计算高含硫气井井筒温度、压力剖面，对井筒硫沉积预测极为重要。

由质量、动量和能量守恒及其井筒传热理论，考虑非烃影响，建立高含硫气井井筒温度压力耦合计算数学模型。在建立模型时作如下假设：油套管同心；气体在井筒作一维稳定流动；从井筒到第二界面的传热为一维稳态传热，从第二界面到井筒周围地层的传热为一维非稳态传热；井筒和周围地层中的热损失是径向的，不考虑沿井深方向的传热；地层温度沿线性变化，地温梯度已知。

（2）井筒中单质硫析出与沉积预测

由高含硫气井井筒温度压力耦合计算可得到沿高含硫气井井筒压力和温度剖面，采用 Chrastil 硫溶解度预测热力学模型，并将模型转化为温度和压力函数的关系，获得硫在高含硫天然气混合物中沿井筒不同位置的溶解度，一旦硫的溶解度小于高含硫天然气中的含硫量，即超过载硫气体的溶解度，就势必导致硫的析出，这样可以大致判断井中硫是否会析出以及析出的大概部位，为高含硫气井井筒硫沉积防治奠定基础。

参　考　文　献

[1] 李国峰，刘洪升，张国宝，等．ZD-10 暂堵剂性能研究及其在普光气田酸压中的应用[J]．河南化工，2012，29(3)：23-26.

[2] 黄霞，程礼军，李克智，等．川东北地区碳酸盐岩

储层深度酸压技术[J]. 天然气与石油，2012，30(3)：40-44.

[3] 李根生，沈忠厚，彭烨. 自动旋转喷嘴的理论研究[J]. 石油学报，1995，16(4)：148-153.

[4] 代成建. 小直径旋转喷枪酸化解堵技术研究[D]. 北京：中国石油大学(北京)，2016.

[5] 曾桃，郑永建，李跃林. 复杂断块油藏优势通道识别与定量描述——以涠州 12-1 油田北块 6 井区为例[J]. 石油地质与工程，2016，30(4)：92-95.

[6] 刘思峰，杨英杰，吴利丰，等. 灰色系统理论及其应用(第七版)[M]. 北京：科技出版社，2014：63-112.

[7] 陈钟祥，刘慈群. 双重孔隙介质中二相驱替理论[J]. 力学学报，1980(2)：109-119.

[8] 耿新中，赵先进，郭海霞，等. 积液停产气井泡沫排液诱喷复产工艺[J]. 钻采工艺，2004，27(1)：58-59.

[9] 贾浩民，李治，张耀刚，等. 气举排水采气工艺技术研究及应用[J]. 石油化工应用，2010，29(12)：35-38.

[10] 陈大钧，郭东旭，邓英江，等. 液态双酚 F 型环氧树脂在堵水中的作用探讨[J]. 精细石油化工进展 2011，12(1)，5-8.

[11] 杨学锋，黄先平，钟兵，等. 高含硫气体中单质硫溶解度实验测定及计算方法研究[J]. 天然气地球科学，2009，20(3)：416-419.

[12] 罗勤，涂振权，姬忠礼. 高含硫天然气中元素硫含量测定的影响因素分析[J]. 天然气工业，2012，32：95-98.

[13] 刘建仪，刘敬平，李丽，等. 含硫气井新型溶硫剂研究与评价[J]. 应用化学，2013，42(3)：401-403，409-331.

[14] 尹伟，法焕宝，鲜晓红，等. 气-质联用仪外标法定量分析的实验教学探索[J]. 实验科学与技术，2014，12(1)：13-14，33.

[15] 梅海燕，张茂林，孙良田，等. 气—液—固三相相平衡计算[J]. 石油与天然气化工，2003，32(5)：269-271.

[16] 陈磊，李长俊. 基于 BP 神经网络预测硫在高含硫气体中溶解度[J]. 石油与天然气化工，2015，44(3)：1-5.

[17] 王颖，施雷霆，舒政. 高含 H_2S 气藏硫溶解度的关联和预测研究[J]. 断块油气田，2007，14(4)：57-59.

[18] CHRASTIL J. Solubility of solids and liquids in supercritical gases [J]. Journal of Physical Chemistry, 1982, 86(15): 3016-3021.

[19] ROBERTS B E. The effect of sulfur deposition on gas well inflow performance [J]. SPE Reservoir Engineering, 1997, 12(02): 118-123.

[20] 欧成华，胡晓东，万红心. 含硫气藏元素硫沉积及预防对策研究[J]，钻采工艺，2005，28(6)：86-89.

[21] 邵天翔，张凤琼，徐立，张袁辉. 川东地区高含硫气井元素硫沉积分析及防治措施探索[J]. 中外能源，2011，16(9)：59-62.

[22] 王红娟，诸林，郑蓉. 高含硫气藏硫沉积防治措施进展[J]. 天然气与石油，2012，30(3)：30-33.

[23] 徐国玲，王慧，王振华，汪沈阳，王树涛等. 高含硫气井新型胺类溶硫剂的性能研究：溶硫规律和再生性能（上）[J]. 石油与天然气化工，2015，44(5)：82-85.

[24] 黄雪松，汪沈阳，郭远明，王树涛等. 高含硫气井新型胺类溶硫剂的性能研究：腐蚀性、配伍性和现场应用(下)[J]. 石油与天然气化工，2015，44(6)：70-75.

[25] 黄雪松，魏星. 高含硫气田溶硫剂的研究与应用[J]，石油与天然气化工，2012，44(1)：58-61.

[26] 张广东等. 新型低毒低刺激溶硫剂的研制及评价[J]. 应用化工，2014，43(3)：412-416.

[27] 李晶明，李圭甲. 含硫天然气开发中的硫溶剂(上)[J]. 天然气工业，1991，11(3)：73-77.

[28] 王晓页，王奎升，王风祥，等. 非均匀地应力下套管变形和整形复位分析[J]. 石油矿场机械，2009，38(005)：9-14.

[29] Han W. M., Yan Y. F., Yan X. Z. Uncertainty and sensitivity analysis of in-situ stress in deep inclined strata[J]. Geotechnical and Geological Engineering, 2020, 38: 2699-2712.

[30] 韩伟民，闫怡飞，闫相祯. 基于广义 Kelvin 模型的非定常盐岩蠕变模型[J]. 中南大学学报(自然科学版)，2020，051(005)：1337-1349.

[31] 马海志. BP 神经网络的改进研究及应用[D]. 东北农业大学，2015. 8-15.

[32] 吴姗，郭利杰. 基于模糊聚类及 BP 神经网络的采矿方法选择研究[J]. 中国矿业，2016，25(z2)，281-285.

[33] 李伟，戴文新，关乃佳，等，以大孔容 TiO2 和大孔容 Al2O3 为混合载体的加氢脱氮(HDN)催化剂的研究[J]. 燃料化学学报，2000，28(4)：352~355.

[34] 张义玲，赵双霞，等，低温 Claus 尾气加氢催化剂浅析[J]. 硫酸工业，2010，3：43-46.

[35] 谭伟雄，张志虎，马猛，等. X 射线元素录井与测井结合识别碳酸盐岩岩性[J]. 录井工程，2017，28(4)：12-15，21.

[36] 何素文，杨春文，李爱润，刘卫东. RMT 测井资料处理解释软件开发及应用[J]. 测井技术，2012，36(2)：170-174.

东海深层低渗气藏特殊渗流机理数值模拟研究

张春光　石美雪　丁　芳　罗岐岚

[中海石油(中国)有限公司上海分公司]

摘　要　东海深层低渗气藏由于其高压、低渗特性，存在明显的应力敏感性、非线性渗流特征及相渗时变效应，常规数值模拟方法存在局限性。针对这一问题，基于渗流机理研究明确区域应力敏感、非线性渗流评价系数及气水相渗时变规律，建立深层高压低渗气藏渗流数学模型；在渗流新模型通过测试的基础上进行参数敏感性分析，明确特殊渗流机理对生产动态的影响；以东海S气田为例，对典型低渗气藏进行实际应用，检验方法的先进性。结果表明：应力敏感性主要影响气井稳产期及采收率，影响程度取决于应力敏感性的强弱及生产压差；气井动用范围及井底流压受非线性渗流影响而减小；气水相渗时变效应导致气井产水量增大、稳产时间缩短。新模型提高了低渗气藏的数值模拟精度，可客观预测气井生产动态，为后续精细开发提供依据。

关键词　高压低渗气藏；应力敏感；非线性渗流；相渗时变；数值模拟

东海深层低渗-特低渗气藏资源潜力巨大，此类气藏的有效开发已成为东海重要的产能接替阵地。实践表明，深层低渗气藏普遍具备高温高压、低渗透率、高束缚水饱和度的特点，储层应力敏感性、流体非线性渗流特性及气水相渗时变效应明显，生产动态规律复杂。深化深层低渗气藏特殊渗流机理研究，提高数值模拟精度，对精准预测气藏生产动态、指导合理开发具有重要意义。

气藏高压特性使得储层岩石承受的有效应力变化范围增加，岩石弹塑性形变更大，应力敏感特征更明显。国内外通常采用变围压定内压及定围压变内压2种室内实验的方式评价储层应力敏感性，探究其对气井产能及开发指标的影响。大部分研究未能真正模拟地层存在束缚水下的渗流情况，缺乏对实验结果和气藏实践的对比分析，尚未明确应力敏感在不同开采阶段对生产动态的影响规律。低渗透率的特点导致此类气藏在开发过程中气体流动需克服一定的渗流阻力，呈现非线性渗流特征，以达西渗流方程为核心的表征方法存在局限性。大量的研究表明低渗气藏渗流模式可分为非线性段和拟线性段两部分，当前主流的非线性渗流表征多采用拟启动压力梯度模型，对非线性段简化处理，渗流阻力被主观夸大。除此之外，储层压力变化和流体冲刷等因素对束缚水饱和度、相渗形态等参数的影响也不可忽略，当前关于渗流参数时变的研究大都基于渗流机理实验探索可动水饱和度及气水相渗的变化规律，现有研究鲜见渗流参数时变效应对可动水饱和度及气水两相渗流特征的探讨。

综上所述，笔者基于微观渗流机理分析及开发实践总结，明确储层应力敏感性、非线性渗流及气水相渗时变规律，建立深层低渗气藏渗流数学模型，通过参数敏感性分析，客观评价渗流机理对开发的影响，利用该模型提高了东海S气田的生产历史拟合效果，客观预测气井的生产特征，为东海深层低渗气藏的开发及综合调整提供技术支撑。

1　深层低渗气藏渗流实验规律

东海S气田PX层低渗气藏埋深超4000m，压力系数1.6，平均孔隙度8.5%，平均渗透率0.38mD，初始含水饱和度45%，储层厚度26m，原始天然气体积系数0.00299，属于典型的深层高压低渗-特低渗气藏，通过储层应力敏感性研究、非线性渗流测定及气水相渗时变分析探究渗流机理对气井动态的影响机理，指导气田高效开发技术政策制定。

1.1　储层应力敏感性

在应力敏感实验中，孔隙被压缩后会造成一定程度的束缚水运移，无法移出岩心，只在岩心内部重新分布，堵塞较小的孔隙，造成岩心渗透率降低。为精细模拟气藏开发过程中地层压力的变化情况，同时考虑随着压力的下降束缚水对物性的影响，利用变内压建立束缚水实验开展目标气田应力敏感研究，获得研究区应力敏感评价系数。

如图1所示，高压气藏前期渗透率下降速度较快，应力敏感表现较强，当研究区有效应力变化达到一定程度后，渗透率下降幅度明显降低，整个开发过程的应力敏感强度呈“两段式”特征，曲线为“先陡后缓”型。采用PEDROSA O A定义的渗透率模量来描述渗透率随压力的变化关系：

$$\gamma=\frac{1}{K_n}\frac{dK_n}{dp} \tag{1}$$

对式(1)进行积分，利用指数模型对储层的应力敏感性进行描述：

$$K_n=K_i e^{-\gamma(p_i-p)} \tag{2}$$

式(1)~(2)中，K_i为初始渗透率，10^{-3} μm^2；K_n为有效应力增加过程中不同有效应力下的岩心渗透率，10^{-3} μm^2；γ为渗透率模量；p_i为原始地层压力，MPa；p为当前地层压力，MPa。

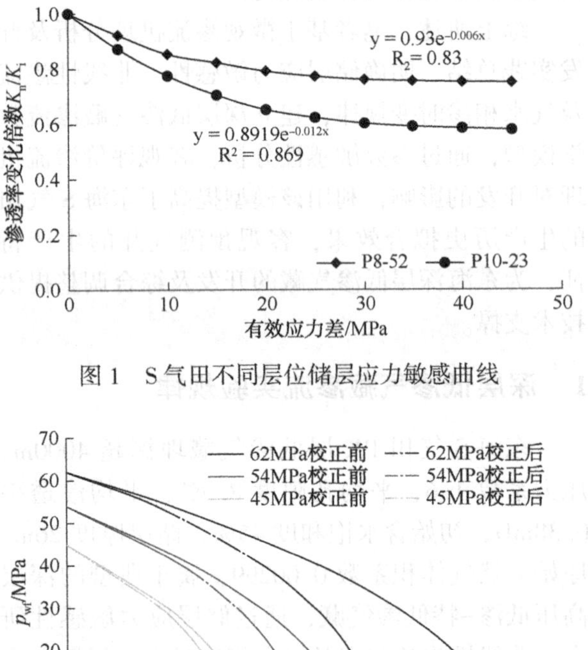

图1　S气田不同层位储层应力敏感曲线

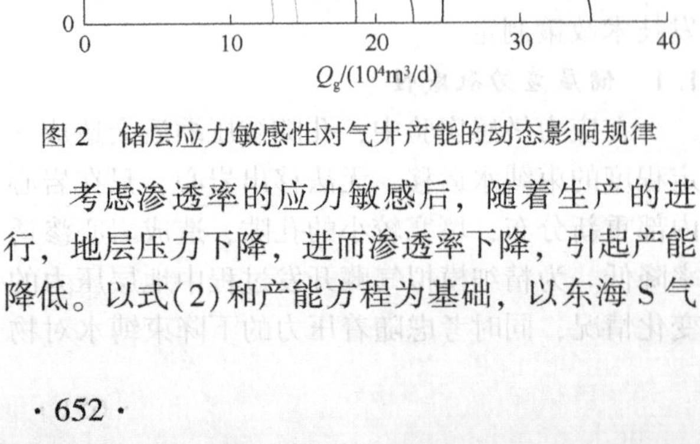

图2　储层应力敏感性对气井产能的动态影响规律

考虑渗透率的应力敏感后，随着生产的进行，地层压力下降，进而渗透率下降，引起产能降低。以式(2)和产能方程为基础，以东海S气田A6H井为例，进行应力敏感对产能影响研究。在同一地层压力下，在生产压差较小时，应力敏感对产能影响不大，校正前后曲线基本重合；在生产压差达到一定程度时，应力敏感性对产能的影响逐渐明显，IPR曲线明显偏左；在同一应力敏感强度下，开发早期气井平均无阻流量递减幅度明显高于地层压力递减幅度，储层应力敏感是影响产能的重要因素；当地层压力降至一定程度时，产能下降幅度逐渐与地层压力保持一致，应力敏感对产能的影响逐渐减小，如图2所示。通过应力敏感规律的研究可提高油藏数值模拟动态预测的精度，从而指导气井配产动态优化。

1.2　非线性渗流特征

低渗气藏储层物性差、束缚水饱和度高，气相吸附作用增强，气体流动需克服一定的渗流阻力，导致非线性渗流特征的出现，低渗储层非线性渗流模式见图3，由非线性段$\zeta^*\alpha$与拟线性段$\alpha\beta$组成，α为临界点，η为临界点对应的压力梯度，β为渗流曲线的末端点。选用可以反映渗流曲线非线性段与最小启动压力梯度的模型：

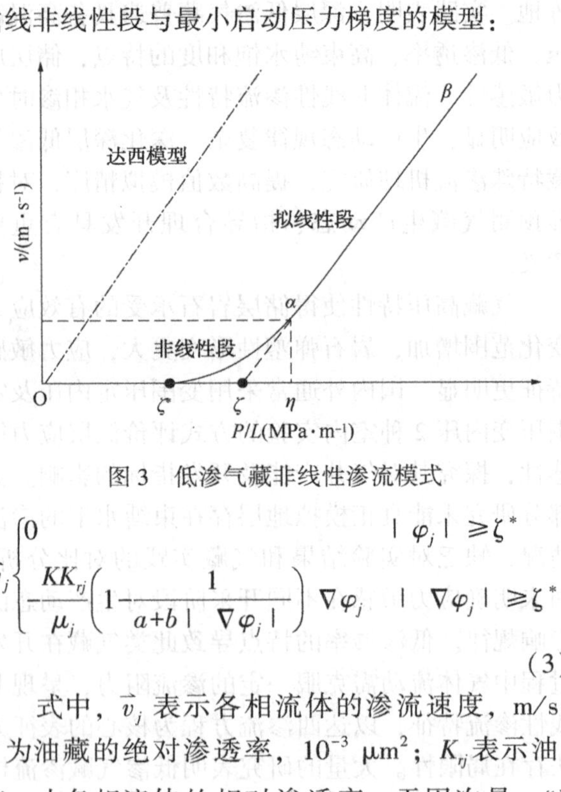

图3　低渗气藏非线性渗流模式

$$\vec{v}_j\begin{cases}0 & |\varphi_j|\geq\zeta^* \\ \dfrac{KK_{rj}}{\mu_j}\left(1-\dfrac{1}{a+b|\nabla\varphi_j|}\right)\nabla\varphi_j & |\nabla\varphi_j|\geq\zeta^*\end{cases} \tag{3}$$

式中，$\vec{v}_j$表示各相流体的渗流速度，m/s；K为油藏的绝对渗透率，10^{-3} μm^2；K_{rj}表示油、气、水各相流体的相对渗透率，无因次量；ζ^*为最小启动压力梯度，MPa/m；φ_j表示各相流体的流动势，MPa；μ_j表示各相流体的粘度，mPa·s；a为非线性系数，反应非线性段的弯曲程度，小数；b为拟启动压力梯度的倒数，m/MPa。

研究表明气井产能受非线性渗流影响较大，为精确预测低渗气藏开发效果，基于渗流实验数据回归建立东海S气田启动压力梯度与岩心渗透率关系函数(图4)，精确表征启动压力梯度在油藏模型中的空间分布；运动方程中b的值可通过实验获取，非线性系数a的值可通过生产历史拟合、动态调试获取，落实非线性段的弯曲形态。

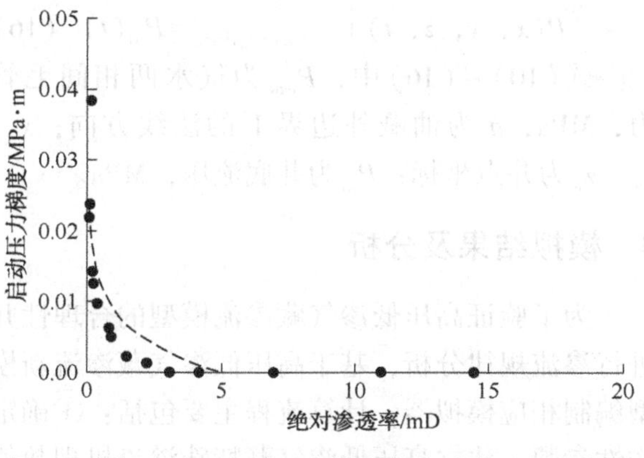

图4　东海S气田启动压力梯度和绝对渗透率曲线图

1.3　渗流参数时变效应

由于开发过程驱替压力梯度大于成藏驱替压力梯度，束缚水饱和度随生产压差逐渐增大而减小，部分易动用束缚水饱和度转化为可动水，气相相对渗透率减小。为提高预测精度，模型中需额外考虑气水相渗时变效应。

对东海S气田不同驱替压差下的相渗曲线进行归一化处理(图5)。归一化的相渗曲线形态并不随驱替压力梯度的变化而改变，可用经典的Corey模型表示：

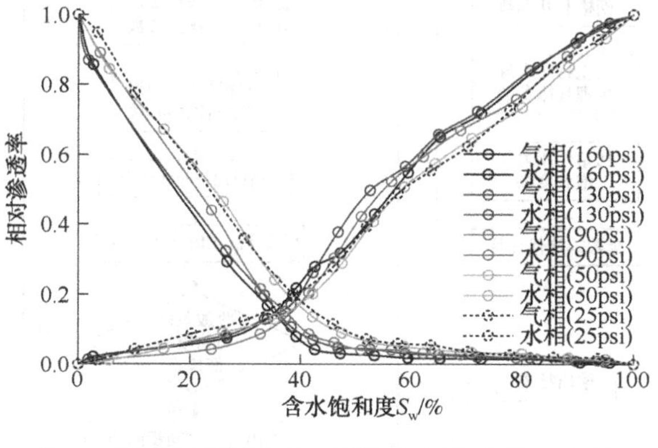

图5　不同驱替压力梯度下气水相渗曲线标准化

$$K_{rg}^{*}=(1-S_{w}^{*})^{n} \tag{4}$$

$$K_{rw}^{*}=(S_{w}^{*})^{l} \tag{5}$$

式(5)～(6)中，K_{rg}^{*}、K_{rw}^{*}为标准化气相、水相相对渗透率，小数；S_{w}^{*}为标准化含水饱和度，小数；n和l分别是气相指数和水相指数，这两个参数由岩石的孔隙结构所决定，在S气田岩心测试中的拟合值为$n=3.058$，$l=1.512$。

基于动态驱替核磁测试(不同驱替压差)计算条件束缚水饱和度、含气饱和度等参数，形成东海低渗气藏衰竭开发过程中条件束缚水饱和度评价图版(图6)。实验结果表明，条件束缚水饱和度与驱替压力梯度呈现负相关对数关系。综上所述，统计不同驱替压差下的束缚水饱和度值及最大气相相对渗透率，结合气相及水相指数可确定相渗曲线形态，从而建立相渗时变图版(图7)。

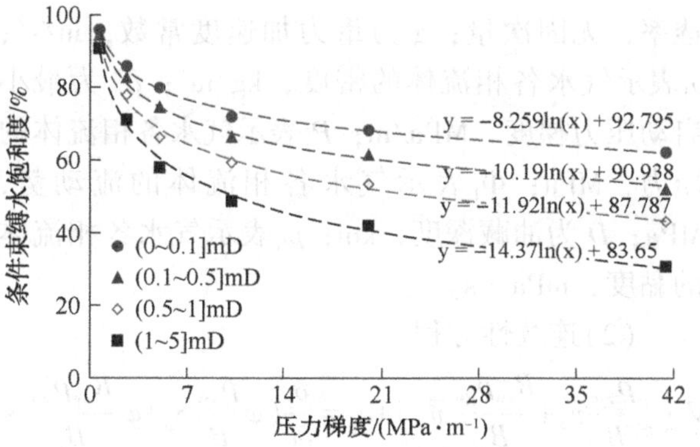

图6　不同驱替压力梯度下条件束缚水饱和度回归曲线

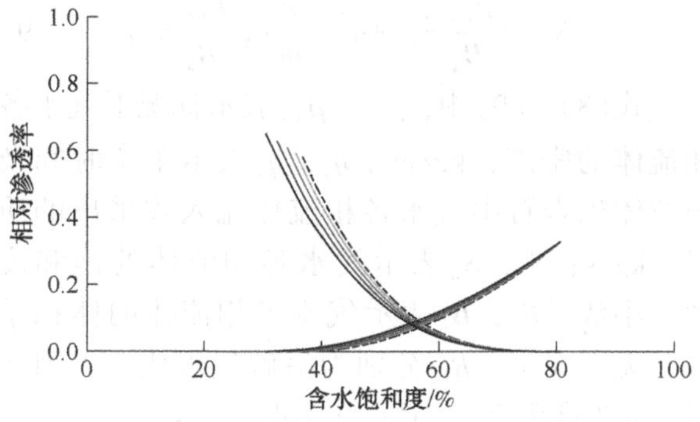

图7　不同驱替压力梯度下气水相渗曲线时变图版

2　高压低渗气藏渗流模型

通过机理研究建立低渗气藏渗流模型，模型前提条件如下：①开发过程中不考虑地层温度的变化；②气藏流体为气水两相，均具有可压缩性；③储层具有微可压缩性、各向异性；④开发过程中，考虑气体在水中溶解性、储层应力敏感性、流体非线性渗流特征、毛管力及重力影响，不考虑气体滑脱效应；⑤随生产压差增大，束缚水饱和度与气相渗透率逐渐变小，水相相对渗透率逐渐增大。

在气水两相渗流模型基础上考虑渗流参数时

变、流体非线性渗流、储层应力敏感性建立的数学模型如下：

(1) 运动方程

$$\vec{v}_l = \begin{cases} 0 & |\nabla\Phi_o| < \zeta^* \\ -\dfrac{K_n K_{rl}(S_w,\ \nabla p_g)}{\mu_l}\left(1 - \dfrac{1}{a + b|\nabla\Phi l|}\right)\nabla\Phi l & |\nabla\Phi_o| \geqslant \zeta^* \end{cases} \quad (6)$$

其中：

$$\nabla\Phi_l = \nabla(P_l - \rho_l gD)\ (l = g,\ w) \quad (7)$$

式(6)～(7)中，$\vec{v}_l$ 表示气水各相流体的渗流速度，m/s；K_n为气藏不同地层压力下考虑应力敏感性的绝对渗透率，$10^{-3}\ \mu m^2$；p 为气藏的绝对压力，MPa；K_{rl}表示气水各相流体的相对渗透率，无因次量；g 为重力加速度常数，m/s^2；ρ_l表示气水各相流体的密度，kg/m^3；ζ^* 为最小启动压力梯度，MPa/m；P_l表示气水各相流体的压力，MPa；Φ_l 表示气水各相流体的流动势，MPa；D 为油藏深度，km；μ_l表示气水各相流体的黏度，mPa·s。

(2)连续性方程

$$-\nabla\cdot\left[\frac{\rho_{gsc}}{B_g}\vec{v}_g + \frac{R_{sw}\rho_{gsc}}{B_w}\vec{v}_w\right] + q_g = \frac{\partial}{\partial t}\left(\varphi\frac{\rho_{gsc}}{B_g}S_g + \varphi\frac{R_{sw}\rho_{gsc}}{B_w}S_w\right) \quad (8)$$

$$-\nabla\cdot\left[\frac{\rho_{wsc}}{B_w}\vec{v}_w\right] + q_w = \frac{\partial}{\partial t}\left(\varphi\frac{\rho_{wsc}}{B_w}S_w\right) \quad (9)$$

式(8)～(9)中，ρ_{gsc}，ρ_{wsc}表示标况下气水各相流体的密度，kg/m^3；q_g，q_w表示单位时间及单位体积岩石中气水各相流体流入或采出的质量，kg/s；S_g，S_w表示气水各相流体的饱和度值，小数；B_g，B_w表示气水各相流体的体积系数，无因次量；R_{sw}分别为溶解气水比，无因次量；φ 为孔隙度，小数；t 为时间，s。

(3)辅助方程

$$S_w + S_g = 1 \quad (10)$$

$$P_{cgw} = P_g - P_w \quad (11)$$

(4)初始条件

$$P_l(x,\ y,\ z,\ 0)\mid_{t=0} = P^0(x,\ y,\ z) \quad (12)$$

$$S_l(x,\ y,\ z,\ 0)\mid_{t=0} = S^0(x,\ y,\ z) \quad (13)$$

(5)边界条件

外边界条件(封闭)：

$$\begin{cases} \dfrac{\partial\Phi_w}{\partial n}\Big|_\Gamma = \dfrac{\partial(P_w - \rho_w gD)}{\partial n}\Big|_\Gamma = 0 \\ \dfrac{\partial\Phi_g}{\partial n}\Big|_\Gamma = \dfrac{\partial(P_g - \rho_g gD)}{\partial n}\Big|_\Gamma = 0 \end{cases} \quad (14)$$

内边界条件(定井产量)：

$$Q_l(x,\ y,\ z,\ t)\mid_{x=x_w,y=y_w,z=z_w} = Q_l(t) \quad (15)$$

内边界条件(定井底流压)：

$$P(x,\ y,\ z,\ t)\mid_{x=x_w,y=y_w,z=z_w} = P_{wf}(t) \quad (16)$$

式(10)～(16)中，P_{cgw} 为气水两相间毛管力，MPa；n 为油藏外边界 Γ 的法线方向；x_w、y_w、z_w为井点坐标；P_{wf}为井底流压，MPa。

3　模拟结果及分析

为了验证高压低渗气藏渗流模型的合理性并进行渗流规律分析，基于高压低渗气藏渗流新模型编制相应模拟器，计算流程主要包括：①确定物性参数，建立高压低渗气藏特殊渗流机理数值模拟模型；②初始化压力和饱和度场；③采用全隐式迭代方法求解目标区块的压力和饱和度：a、根据束缚水饱和度随驱替压差变化曲线，插值计算新的束缚水饱和度并更新各网格的气水相渗；b、根据地层孔隙压力，计算应力敏感修正系数，并更新各网格的渗透率；c、利用各网格的压力梯度计算非线性渗流修正系数，修正传导率；④进行收敛条件与物质平衡检查；⑤检查是否达到模拟结束时刻，否则重复步骤(图8)。

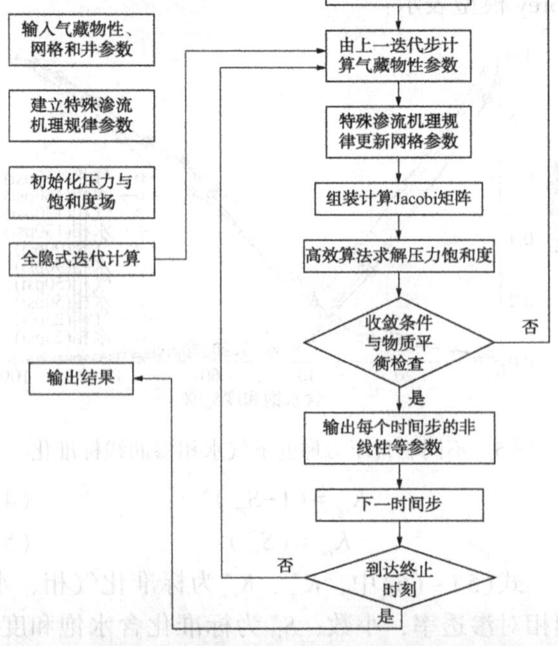

图 8　考虑特殊渗流机理的高压低渗气藏数值计算流程

以东海S气田典型孔渗饱等参数为基础构建机理模型开展正确性验证并进行敏感性分析，主要分析储层应力敏感性、非线性渗流及时变效应对稳产期、压力及产水的影响。模型网格总数为60×50×40，网格步长 $\Delta x=\Delta y=20m$，$\Delta z=1m$；顶部网格海拔深度4000m，渗透率(0.5～3.0)mD，孔隙度8.5%，Z方向渗透率为平面渗透率的0.1倍，压力系数为1.6，相关参数见表1。

表1　机理模型基础参数

参数	取值
气藏尺寸/(m×m×m)	1200×1000×40
网格规模	60×50×40
气藏埋深/m	4000
渗透率/mD	0.5～3.0
孔隙度/f	0.085
原始含水饱和度/f	0.45
岩石压缩系数/MPa^{-1}	5.09×10^{-4}
流体密度/(kg/m^3)	气：0.752，水1000

针对常规数值模拟方法在低渗气藏渗流特征描述方面存在的局限，通过机理研究建立低渗气藏渗流模型，模型灵活且物理背景丰富，不仅可以模拟普通的黑油模型，还可基于渗流实验设置参数，模拟应力敏感性、非线性渗流、时变效应等特殊渗流机理对开发的影响，适用范围广泛。为进行后续研究，首先要对模型进行正确性验证，在不考虑任何特殊渗流机理的情况下将模型退化成黑油模型，通过与ECLIPSE软件对比检验模型计算结果是否满足精度要求。模拟表明，无论是产气速度还是压力指标，在黑油模拟的条件下，计算结果与ECLIPSE的误差可忽略不计如图9所示，证明了模型的合理性与正确性。

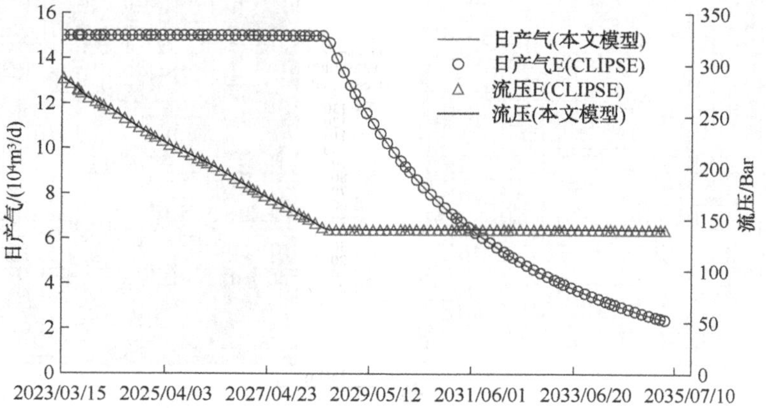

图9　本文模型不考虑特殊渗流机理的计算结果与ECLIPSE对比

启动压力梯度对生产的影响如图10所示。启动压力梯度等效增加地层渗流阻力，对剩余潜力分布及生产指标的影响显著。数模结果表明，随启动压力梯度增加，渗流阻力增大，压力传播范围变小，单井动用范围越小(图10～图11)，井底流压衰竭越快，稳产期缩短。

当压力梯度介于最小启动压力梯度与拟启动压力梯度之间时，渗流速度较低且呈现明显非线性特征，其对开发的影响如图12所示。与启动压力梯度的影响机制较为类似，考虑非线性系数也是等效增加了储层流体的渗流阻力，非线性系数a的值越小，非线性段越弯曲，非线性强度越大，气井稳产期越短，非线性段对生产效果的影响不可忽视。

储层应力敏感性对生产的影响如图13所示。常规数值模拟方法在不考虑应力敏感效应时，生产压差的大小基本不影响气井的累产气，但在考虑应力敏感效应对储层物性的影响时，无论生产压差大小，应力敏感均会在一定程度上影响气井累产。在生产压差较小时应力敏感引起的储层物性变化小，整体表现为应力敏感对产气量影响程度较小。生产压差较大时，在相同的应力敏感强度下，储层物性变化较大，特别是近井带产生较强的“应力污染”，甚至可能出现产气量随井底流压减小而减小的现象。因此，对于应力敏感性气藏，初期生产压差不宜过高。

气水相渗时变对生产的影响如图14所示。油气藏开发过程中，除了弹性膨胀能量引起的产水外，随着生产压差的变大条件束缚水饱和减小(图14～图15)，导致可动水饱和度增加，气井产水明显增大。随着时变速度增大，条件束缚水转变为可动水饱和度的速度提高，气井产水量愈加明显。除此之外，开发过程中气相相对渗透率　　减小导致气井稳产期明显减短。

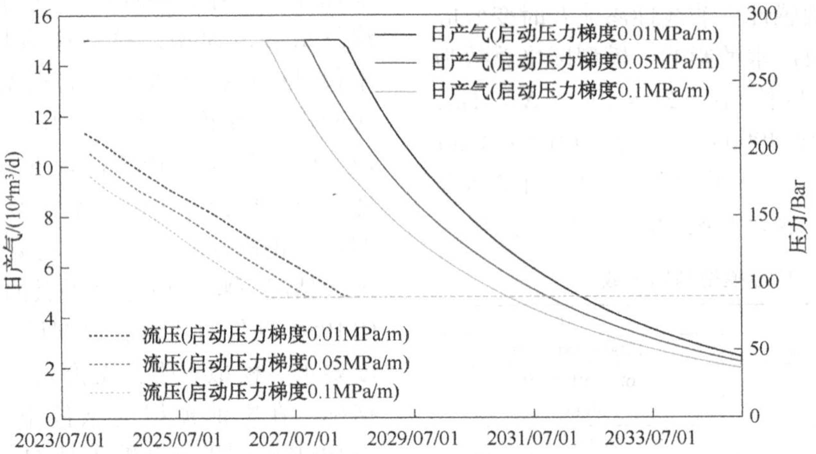

图 10　不同启动压力梯度对生产的影响曲线图

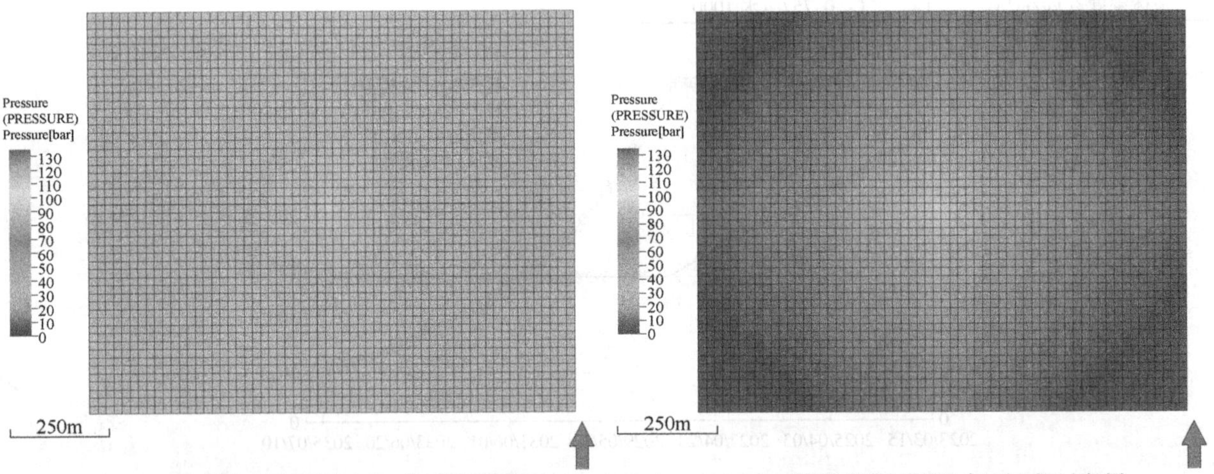

(a)不考虑启动压力梯度生产10年后压力场图　　(b)考虑启动压力梯度生产10年后压力场图

图 11　启动压力梯度对压力场的影响

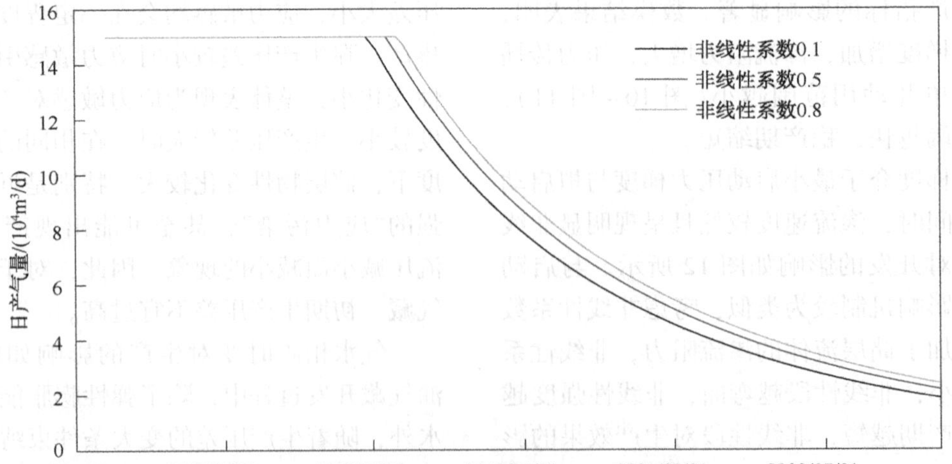

图 12　非线性系数对日产气的影响曲线图

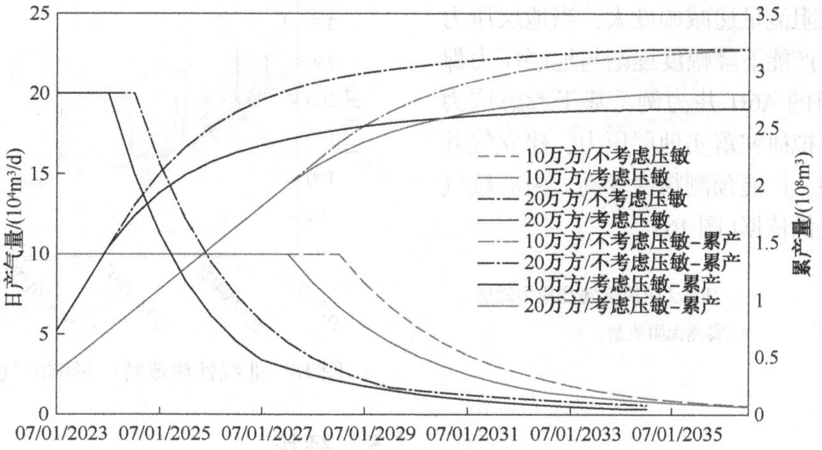

图 13　应力敏感对生产指标的影响曲线图

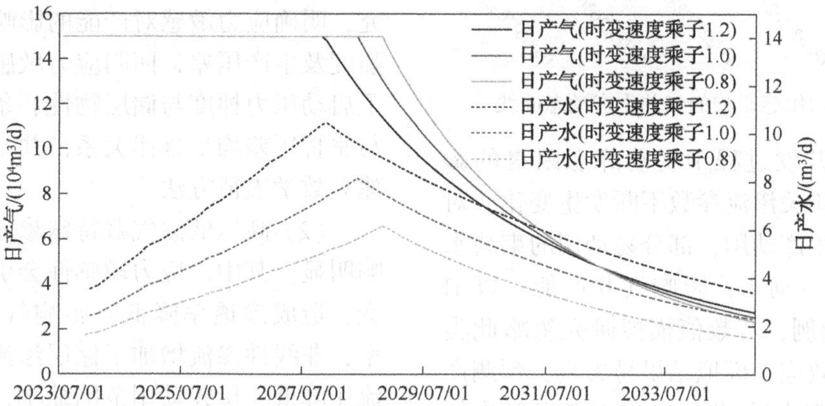

图 14　考虑气水相渗时变对生产的影响曲线图

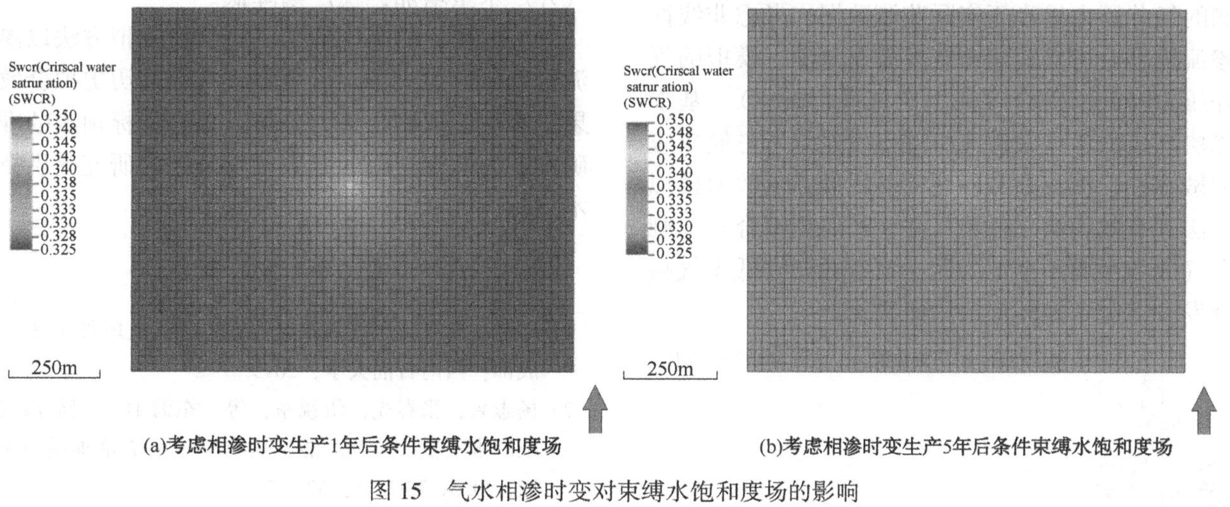

图 15　气水相渗时变对束缚水饱和度场的影响

4　应用实例分析

选取东海 S 气田 A6H 井、H 气田 A6M 井的实际生产数据进行历史拟合研究，验证方法的适用性及精确性。A6H 井埋深 4000m，地层压力系数 1.6，平均渗透率 0.38mD；A6M 井埋深 3500m，平均渗透率 3mD，初始含水饱和度超 45%，均表现出典型的深层高压低渗气藏生产特征，采用定产气拟合日产水及井底流压，考虑储层应力敏感性、渗流时变效应及非线性渗流机理，有效改善了该井的指标拟合效果（图 15～图 17）。

研究表明，应力敏感会引起储层物性变化，开发早期气井平均无阻流量递减幅度大，当地层压力降至一定程度时，产能下降幅度逐渐与地层压力保持一致。以S气田的A6H井为例，基于考虑应力敏感的油藏数值模拟研究落实地层压力，建立气井动态产能预测模型，产能预测精度较高，为后续气井配产动态优化提供依据(图16)。

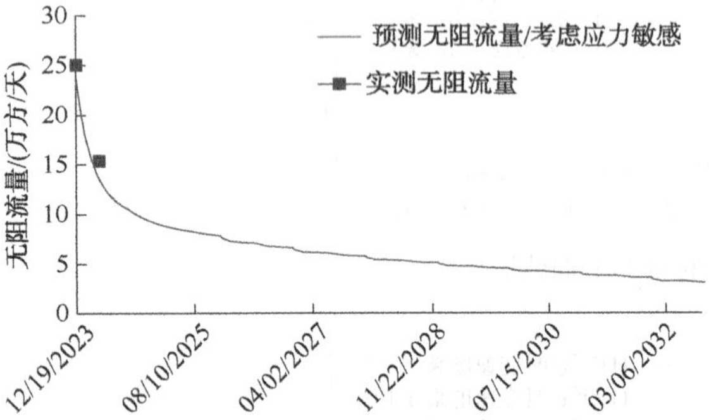

图16　储层应力敏感影响的气井生产动态曲线

除此之外，开发过程中受动静态因素的影响，储层及流体相关渗流参数不断发生变化，对气藏而言，随着生产动用，部分易动用的束缚水饱和度会转化为可动水，影响气井产能。以H气田的A6M井为例，若数值模拟研究忽略此类渗流参数的时变效应，模拟结果易失真，预测产水量远低于实际产水量(图17)；不考虑低渗气藏非线性渗流特征，容易高估气体流动能力，预测的气井压力远高于实际监测数据，考虑非线性渗流机理后可真实刻画气井波及范围，模拟的气井压力降低，符合客观生产规律(图18)。基于深层高压低渗气藏渗流机理出发建立考虑储层应力敏感性、渗流参数时变的非线性渗流数值模拟方法，有效解决了低渗气井生产历史拟合难、剩余气分布预测不准的问题，可有效指导低渗气藏开发方案制定及挖潜措施研究。

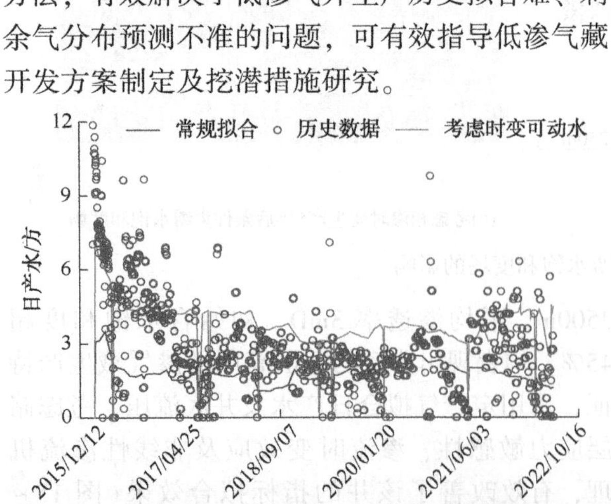

图17　渗流参数时变影响的气井生产动态曲线

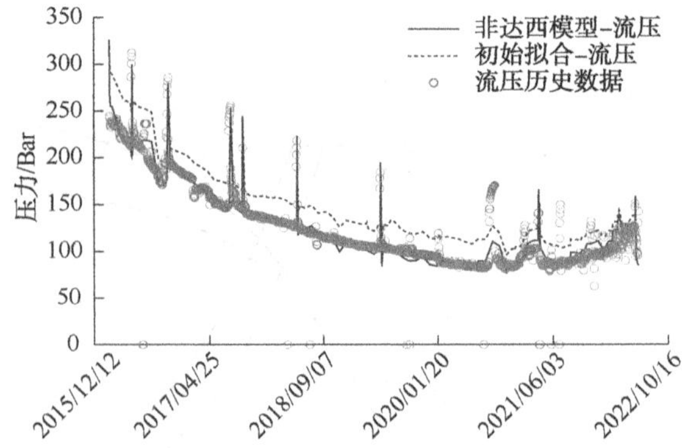

图18　非线性渗流特征影响的气井生产动态曲线

5　结论

(1)基于深层高压低渗气藏特殊渗流机理研究，明确应力敏感对产能的影响取决于应力敏感强度及生产压差，回归应力敏感评价系数；落实了启动压力梯度与储层物性、条件束缚水饱和度与驱替压差均呈幂律关系，并基于渗流规律研究建立数学表征方法。

(2)高压低渗气藏特殊渗流机理对生产的影响明显。其中，应力敏感性会引起岩石弹塑性形变，造成渗透率降低，影响气井稳产期及采收率；非线性渗流增加了储层渗流阻力，导致井底流压降低，单井动用范围缩小，稳产期缩短；气水相渗时变增加了生产过程中可动水的饱和度，气井产水量增加，稳产期降低。

(3)建立的高压低渗气藏数值模拟方法以渗流机理研究为支撑，可有效改善数模历史拟合效果，客观表征剩余潜力分布，提高指标预测的准确度，为低渗气藏的有效开发及挖潜研究提供技术支持。

参考文献

[1] 邱悦．高温高压气藏储层伤害实验及机理研究[D]．成都：西南石油大学，2019.

[2] 杨志兴，张春光，伍锐东，等．东海H气田低渗气藏产水定量评价及产能影响规律[J]．石油地质与工程，2023，37(03)：52-57.

[3] 王敬，刘慧卿，刘仁静，等．考虑启动压力和应力敏感效应的低渗、特低渗油藏数值模拟研究[J]．岩石力学与工程学报，2013，32(S2)：3317-3327.

[4] 张辉，王磊，汪新光，等．异常高压气藏气水两相流井产能分析方法[J]．石油勘探与开发，2017，44(02)：258-262.

[5] 杨柳，雷霄，王雯娟，等．超高压低渗气藏弹性膨

胀与应力敏感对采收率的影响[J]. 中国海上油气，2020，32(04)：111-116.
[6] 张永乾. 高温高压气藏渗流机理及水平井产能研究[D]. 西南石油大学，2017.
[7] 鲁瑞彬，胡琳，王雯娟，等. 高温高压气藏应力敏感表征及矿场应用[J]. 特种油气藏，2020，27(01)：108-113.
[8] 陈玉玺，蒋利平，李华，等. 考虑压敏的异常高压气藏产能校正及适用研究[J]. 广东石油化工学院学报，2020，30(04)：10-14.
[9] 陈建华，骆逸婷，刘凯，等. 考虑应力敏感影响的气井产能分析新方法[J]. 油气井测试，2020，29(02)：1-6.
[10] 谢兴礼，朱玉新，李保柱，等. 克拉2气田储层岩石的应力敏感性及其对生产动态的影响[J]. 大庆石油地质与开发，2005(01)：46-48.
[11] 李允，陈军，张烈辉. 一个新的低渗气藏开发数值模拟模型[J]. 天然气工业，2004，24(08)：65-68.
[12] 李松泉，程林松，李秀生，等. 特低渗透油藏非线性渗流模型[J]. 石油勘探与开发，2008，35(05)：606-612.
[13] 冯青. 低渗透气藏非线性渗流试井理论研究[D]. 成都：西南石油大学，2013：17-56.
[14] 张旭，姜瑞忠，崔永正等. 考虑束缚水时变的致密气藏数值模拟研究[J]. 中国海上油气，2017，29(05)：82-89.
[15] 蔡华，鹿克峰，何贤科等. 低渗气藏初始产水定量评价新方法——以东海盆地西湖凹陷为例[J]. 中国海上油气，2019，31(03)：84-91.
[16] 王香增，冯东，李相方等. 考虑时变效应的致密气井产能评价——以延安气田为例[J]. 石油学报，2019，40(11)：1358-1367.
[17] Xu Jianchun, Guo Chaohua, Jiang Ruizhong, etal. Study on relative permeability characteristics affected by displacement pressure gradient: Experimental study and numerical simulation. [J]. Fuel, 2016, 163: 314~323.
[18] 郭平，黄伟岗，姜贻伟，等. 致密气藏束缚与可动水研究[J]. 天然气工业，2006，26(10)：99-101.

宜川地区深层煤层气勘探开发新进展

李博文　吕　滨　王奕舜　缑　鹏

（中国石油辽河油田分公司）

摘　要　近十年，随着地质工程一体化和压裂革命的兴起，致密气得到充足的开发与发展，其中页岩气近5年天然气产量占全国天然气总产量越来越大，涪陵页岩气田是中国首个大型页岩气田，同时也是全球除北美之外最大的页岩气田，随着技术的发展，深层煤层气近两年呈现爆发式增长，中国石油先后在陕北组织三家公司组织深层煤层气先导试验，辽河油田庆阳分公司、长庆煤层气项目部、冀东油田西部分公司，2024.4月冀东油田佳县项目部佳25-2井，目的层本溪组8#煤，压裂放喷后求产，日产15.2万方，辽河油田在宜川甜点地区部署宜10-8-52H1等5口水平井准备于五月末压裂，预计每口井10万方/天。

关键词　地质工程一体化；深层煤层气；甜点；水平井压裂

1　宜川地区深层煤层气先导试验概况

1.1　先导试验背景

宜川地区深层煤层气是增储上产的新领域，初步评价结果表明，地质条件较为有利且与大吉地区相当，资源规模5102亿方（8#煤3026亿方、5#煤2076亿方），即将成为辽河油田高质量发展新的支撑点。根据吴奇在地质工程一体化勘探高效开发中指出，要利用地质工程一体解决深层致密油/气难点。充分借鉴煤层气公司成熟的技术及经验，优选地质条件代表性强、地面条件有利的宜平2井区三维区编制先导试验方案。方案设计2座平台，14口井（13口新井：5平8直），新建产能0.85亿方，总投资3.79亿元，内部收益率6.45%。

1.2　地区矿权现状及自然环境

试验矿权位置：位于宜川气田北部，行政区属于陕西省延安市宜川县，构造位于鄂尔多斯盆地伊陕斜坡东南部。地貌：典型的黄土塬地貌，沟壑纵横、梁峁广布，地面海拔1100m左右。自然气候：内陆性半干旱气候。年气温最高36℃、最低-28℃。交通：较为便利，一级公路和乡村简易公路遍布全区。环保：方案编制区不涉及自然保护区等禁止勘查开采区域。矿权合法有效。方案编制区位于“陕西鄂尔多斯盆地宜川A2油气勘查”探矿权（T1000002023021018001327），有效期限至2028年x月x日（图1）。

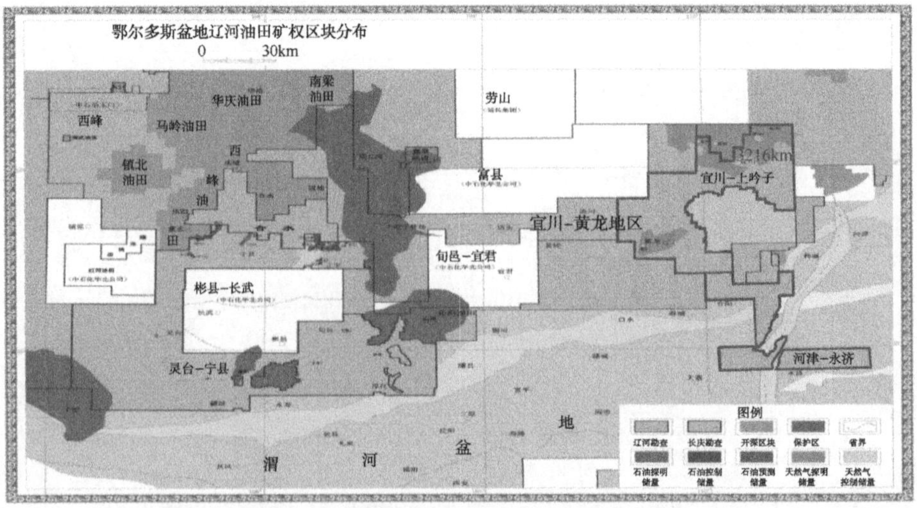

图1　鄂尔多斯盆地辽河矿权区块位置图

1.3 先导试验目的

试验目的：针对宜川地区煤层气埋藏深、厚度薄、含气好、游离气与吸附气并存的特征，以提高单井产量及经济效益为目标，深化认识气藏地质特征，试验培植钻压采及地面配套技术，为增储建产提供依据。

（1）实现规模开发的现实需求，根据地质认识和深层煤层气资源初步评价结果，宜川地区深层煤层气是天然气规模增储效益上产的主要领域。

（2）实现效益开发技术系列完善定型的现实需求，邻区大吉地区初步形成了以厚煤层储层评价技术、水平井一体化地质导向技术、超密缝网极限体积压裂技术、气井全生命周期采气工艺技术等为代表的深层煤层气效益开发主体技术，支撑了规模开发。但上述技术系列对宜川地区薄煤层适用性有待进一步评价、完善。

（3）提交探明储量和编制开发方案的基本要求《天然气开发管理纲要》规定，深层煤层气评价应按照勘探开发一体化工作模式，在勘探初步查清气藏构造特征、资源潜力的基础上，部署地震、评价井，开展井组、区块试采或开发先导试验，取全取准相关资料，评价气藏地质特征、产能特征、可开发地质储量及采收率，优选开发主体工艺技术，确定合理的开发指标，开展质量健康安全环境预评价，完成初步开发方案或开发方案编制，提交控制储量、探明储量。

1.4 先导试验方案要点

现有资料基本满足先导试验方案编制需求。区内完钻井53(探评井35口、开发井18口)，三维地震资料200km^2，煤岩分析化验17类/373块次。下步通过本方案实施继续补充、完善相关资料。

地质与气藏工程方案要点：统筹煤层气与致密气立体开发，针对不同类别储层个性化设计。方案动用储量10.78×10^{8}m^3，采用单排水平井与不规则定向井井网，分别试验1200m、1500m、2000m长度水平段评价气井产能，设计井距350m、400m评价井距合理性；设计2座平台14口井，新钻井13口(水平井5口、定向井8口)，利用老直井1口，峰值年产气量0.87×10^{8}m^3，评价期末累产气4.97×10^{8}m^3。钻采工程方案：借鉴大吉区块已有成功经验，优选高效钻压采工艺技术，践行地质工程一体化、钻压采一体化设计理念，努力提产降本。

2 深层煤层气先导试验目前工作进展

2023年3月9日，油田公司首席专家单xx在西安前线审查煤岩气井位整体部署工作，并提出指导意见：(1)梳理明确储量上报潜力区，落实目前区内井控程度和资料基础；(2)明确上钻顺序，落实近期能快速上钻的井位；(3)要充分挖潜老井，新老井结合落实储量规模。

2.1 启动储量预研工作

（1）了解大吉地区探明储量提交情况一是在大吉区块河东中北部探明国内首个千亿方深层煤层气田，探明地质储量1121.62亿方，单层丰度2.34×10^{8}m^3/km^2。二是通过扩大试采明确第二个千亿方储量目标区，初步落实三级地质储量1238亿方。三是整体规划，滚动评价，规划至2026年实现大吉区块深层煤层气资源整体规模探明，累计探明3700亿方以上；

（2）了解大吉地区探明储量区钻完井工作量；

（3）学习大吉煤层气储量含气面积与计算边界圈定方法，①含气面积由计算边界确定。②构造类型简单，煤层厚度大、分布稳定，储量区为I类一型。③基本井距：3.0~4.0km。综合考虑，沿达标井向外推1个基本井距划计算边界。

2.2 梳理优选潜力老井

宜川-黄龙地区共有钻遇本溪组完钻井186口，其中宜川125口、黄龙61口。综合厚度、气测、含气量等优选潜力井25口，考虑井况、储层特征分成两个批次(表1)。

表1　宜川-黄龙地区深层煤岩气潜力井筛选

延长井	生产井	计划投产井	有利区外井	复杂井况井						煤岩气潜力井
				计划试气	同平台有生产井	同平台有计划投产井	注灰封井	井口报废、井场被占	合计	
53	28	19	40	3	8	3	5	2	21	25

2.3　开展煤岩气整体部署

宜川-黄龙煤岩气勘探程度低，完钻井数不能满足探明储量上报需求。为加快推进煤岩气储量工作、完成既定目标，按照"整体部署、分步实施"的原则，主攻评价宜平 2、宜探 1、宜庆 21 区块，部署评价井 16 口，保障 2024 年煤岩气储量任务顺利完成；甩开预探宜 29、宜庆 9、宜 12 区块，部署探井 7 口，为 2025 年 400 亿方储量储备潜力区块(表 2)。

表 2　宜川-黄龙地区煤岩气井部署工作量统计表

区块	层位	2023 年煤岩气整体部署井位	
		2023 年实施	2024 年实施
宜平 2	8#煤	评价井 4 口	评价井 6 口
宜探 1	8#煤	评价井 1 口	评价井 1 口
宜 21	8#煤	评价井 2 口	评价井 2 口
宜 29	5#煤、8#煤	预探井 1 口	预探井 2 口
宜庆 9	8#煤	预探井 1 口	预探井 1 口
宜 12	8#煤	预探井 1 口	预探井 1 口
合计		评价井 7 口、预探井 3 口	评价井 9 口、预探井 4 口

3　先导试验区地质特征

3.1　具备发育优质煤岩古地理背景

(1) 宜川-黄龙地区晚古生代经历了早期海相潮坪-海陆过渡相-陆相河流、三角洲沉积体系演变过程，形成海陆过渡相和陆相含煤碎屑岩建造。本溪末期发生大范围海退，以泥坪沼泽沉积为主，发育区域上广泛分布的 8#煤层。

(2) 利用亚显微组分开展煤岩岩相分析，8#煤煤相为强还原条件下的富营养沼泽相，利于优质煤岩发育，通过结构保存指数(TPI)和凝胶化指数(GI)分析表明：区块深层 8#煤层的煤相类型为覆水森林沼泽相。通过植被指数(VI)和流动性指数(MI)分析表明：区块深层 8#煤层的成煤沼泽为富营养森林沼泽。富营养覆水森林沼泽相发育的煤层，植被指数高、水体流动性弱，强还原环境，最有利于有机质沉积和保存，形成富凝胶化组分的光亮和半亮煤(镜质组含量高)，最有利于煤层气生成(图 2)。

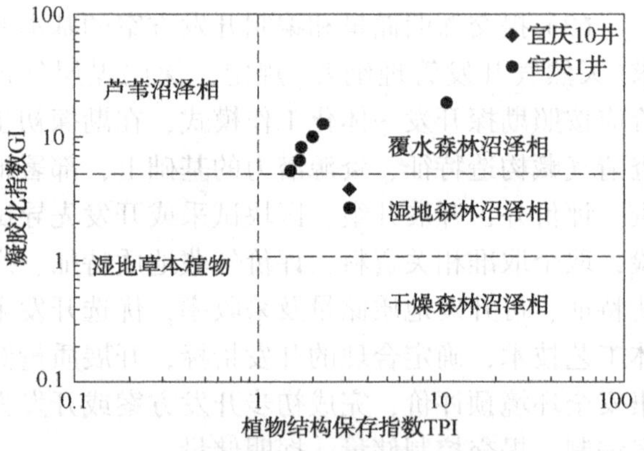

图 2　深部煤层 TPI-GI 相图

3.2　煤层厚度大、分布广泛

8#煤埋深 1600~2900m，测井上具有"四高两低"测井响应特征，与围岩波阻抗差异大，地震反射能量强、连续性好。井震结合落实煤层厚度，8#煤厚 2~10m，平均厚度 4.2m(图 3)。

3.3　主体位于平缓斜坡区，构造稳定、断裂少

大吉西部平缓带整体地层倾角小于 2°，为非常平缓的大型斜坡区。宜川-黄龙位于西部平缓带，构造相对简单、本溪组顶界断层不发育，为深层煤层气的富集提供了极为有利的构造条件(图 4)。

3.4　煤岩演化程度高、生烃能力强

宜川地区煤的演化程度偏高，镜质体反射率 Ro 显示有机质演化阶段和特征为 1.2~2.0，高成熟阶段，干酪根颜色深暗褐色，生烃机理为热裂解作用，主要产物是湿气，6 口井实测 8#煤 Ro 值 1.64~3.01%，平均 2.78%，主要为瘦煤-无烟煤，煤岩处于中-高煤阶；随深度加深，演化程度升高，生烃能力增强。

通过对 6 口井岩心实际试验，含气量现场解吸测定：12 块样品现场解吸计算含气量 16.9~33.13m^3/t，平均含气量 24.26m^3/t；等温吸附测试分析：兰氏体积(VL)介于 11.9~34.8m^3/t 之间，平均值为 25.92$m^3/$ t，兰氏压力平均

1.33MPa；测井解释：含气量4.31~27.8m3/t之间，平均值为20.6m^3/t(图5)。

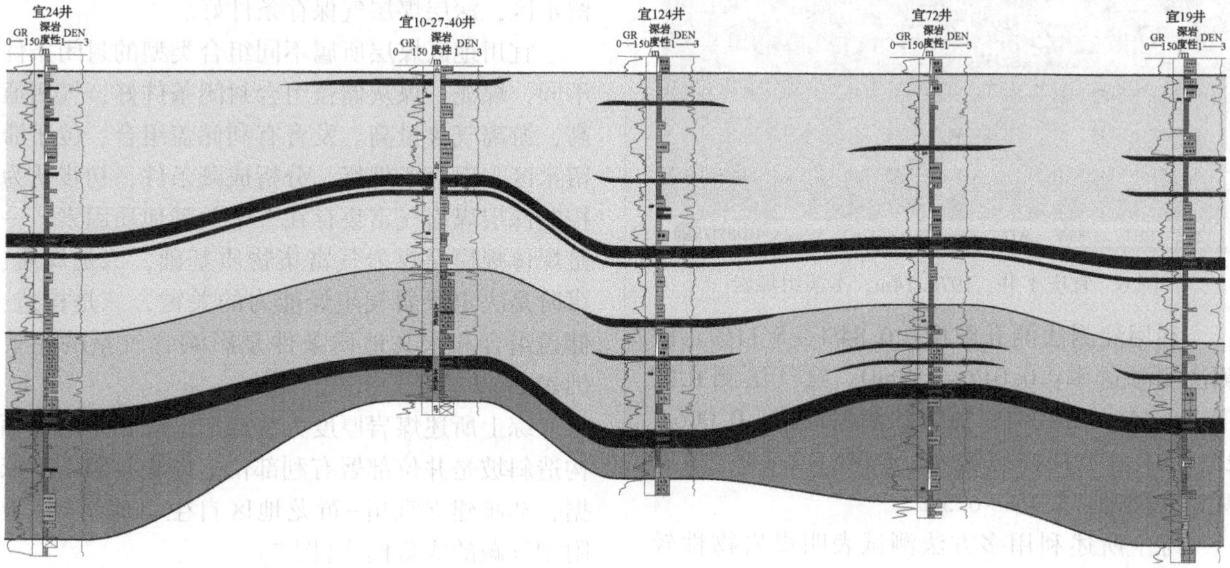

图3　区域地层剖面图

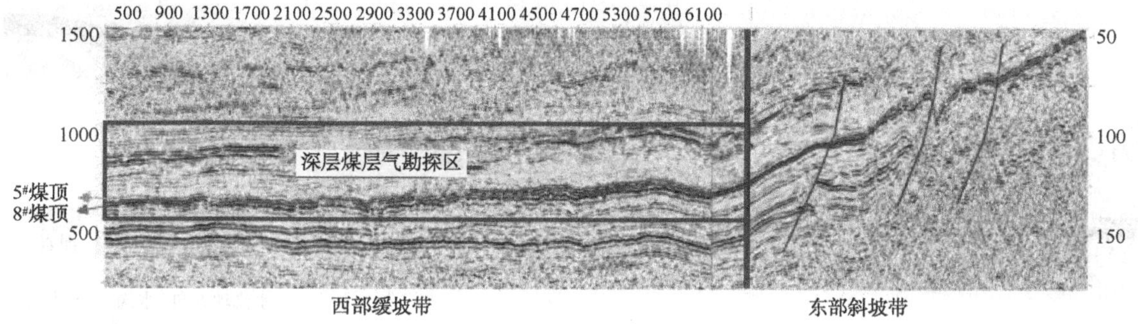

图4　宜川-黄龙地区二维地震剖面

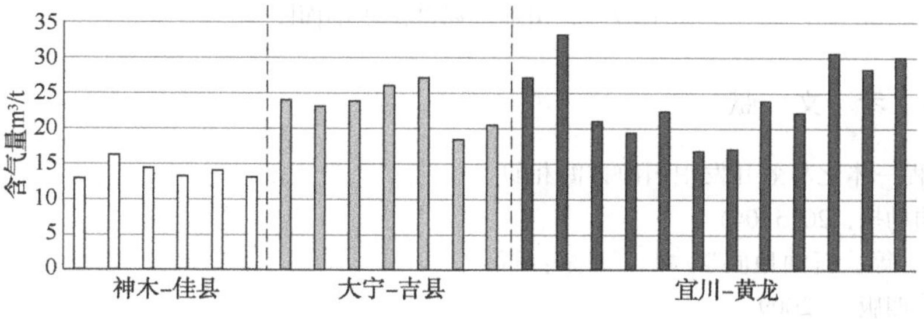

图5　三家试验单位煤层含气量对比

3.5　镜质组含量高，微裂隙发育，物性条件好

宏观上，以光亮煤、半亮煤为主，煤体结构以原生结构煤为主，割理裂缝发育，岩心断面可见，割理呈线状、网状连续性分布，面割理4条/5cm，端割理3~7条/5cm，利于气体产出。微观上，有机质孔、晶间孔等纳米级孔隙和有机质裂缝等微米级裂隙发育，组成孔-缝复合储层。图6为宜庆19井本溪组8#煤的岩片分析，可以明显观察到有机质孔隙，部分孔隙中充填黏土矿物，裂隙发育，次裂隙与主裂隙近垂直，局

部偶见气体晕痕。

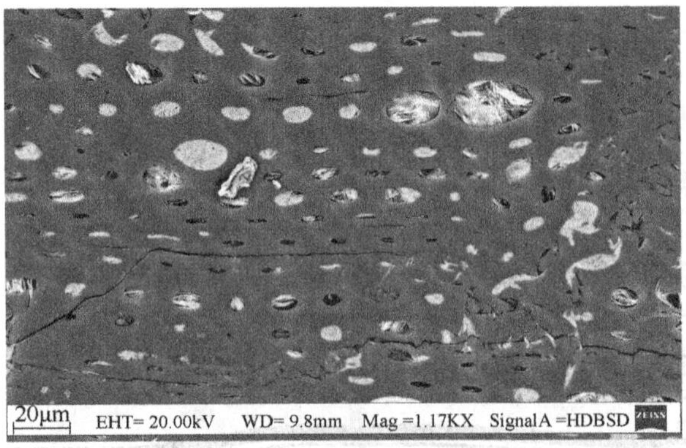

图6　宜庆1井，1976.14m，本溪组煤岩

利用液测法测孔隙度：0.84%~5.11%。液测法测渗透率：0.017~159mD。氦气法测孔隙度：1.45%~6.33%，氦气法测渗透率：0.006~25.1mD，CT扫描孔隙度：1.6%~2.8%，核磁测定孔隙度：3.4%~6.3%。

综上所述利用多方法测试表明煤岩物性较好，裂隙发育可有效提升渗流能力，也为游离气富集提供储集空间。

3.6　深层煤岩气成藏模式

宜川-黄龙地区本溪组地层水矿化度平均61350mg/L，水型为CaCl2，表明地下水流动强度较弱，有利于深层煤层气的保存。处于承压滞留水区，深层煤层气保存条件好。

宜川地区煤层所属不同组合类型的封闭条件不同，煤泥、煤灰储盖组合封闭条件好，气测值高，游离气含量高。发育有利储盖组合、位于滞留水区，保存条件好。分析成藏条件，初步认为控制深层煤岩气富集存在三个关键地质因素，一是煤体规模是煤岩气富集物质基础，二是煤质、煤阶是决定煤岩气生烃能力的关键，三是构造、储盖组合和水文地质条件是影响含气量的主要因素。

综上所述煤岩厚度大、构造平缓稳定的微幅构造斜坡是井位部署有利部位。以主控因素为依据，初步建立宜川-黄龙地区自生自储游离-吸附型气藏的成藏模式(图7)。

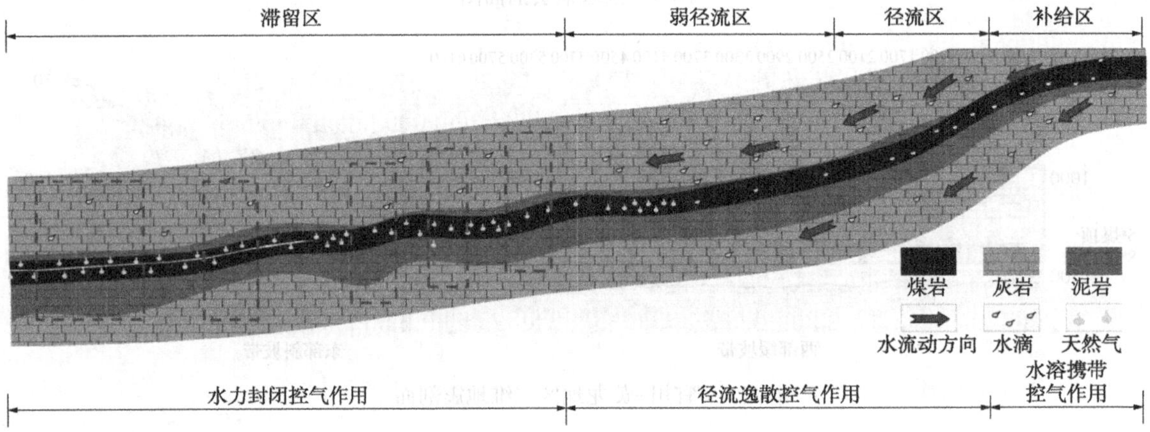

图7　宜川地区局部沉积剖面图

参考文献

[1] 吴奇．地质—工程一体化高效开发中国南方海相页岩气[J]中国石油勘探，2015(04).

[2] 柳广弟，张厚福，等．石油地质学[M]．北京：石油工业出版社(第四版)，2009.

[3] 赵靖舟，吴少波，武富礼．论低渗透储层的分类与评价标准—以鄂尔多斯盆地为例[J]．岩性油气藏，2007. 19(3)：28-32.

[4] 付伟，赵俊兴，刘丽丽．姬塬油田马家山地区长4+5油层组储层特征与评价研究[J]．天然气地球科学．2009 (04).

超临界凝析气藏非平衡相态及注气提高凝析油采收率研究

张利军[1,2]　王志凯[1,2]　李　南[1,2]　赵　林[1,2]

（1. 海洋油气高效开发国家重点实验室；2. 中海油研究总院有限责任公司）

摘　要　不同于常规凝析气藏，近临界凝析气藏相态演变特征更加复杂，生产动态预测更为困难，深入研究此类储层流体相态特征对其高效开发具有重要意义。本文以渤海 BZ 油田近临界凝析气藏流体为研究对象，通过平衡态 PVT 相态特征分析明确了通过平衡态 PVT 相态特征研究，分析了储层温压条件下地层流体相图形态及演变规律；进一步开展非平衡态 PVT 相态实验研究，分析了分平衡压降过程中弛豫效应的影响以及其对储层采出程度的影响。并最终结合注气物理模拟实验，进一步分析了凝析油注气膨胀及相态演变规律，研究了不同注气方法、注气类型对储层采出程度的影响，为此类储层中后期注气开发提高采收率提供技术储备。

关键词　凝析气藏；近临界；相态；注气

1　引言

近年来，随着国内外深层储层勘探开发的深入，陆续发现一系列具有临界-近临界特性的油气藏。不同于常规凝析气藏，近临界/超临界凝析气储层流体气-液间性质差异小、地层流体雾状流特征明显、压力变化引发相态变化剧烈，传统相态分析方法对此类储层流体相态演变研究较少。现场生产动态表明，复杂的相态特征导致此类储层生产过程中存在单井开采效果差异大，传统凝析气藏产能评价方法难以适用，生产动态预测、解释困难等问题，严重影响了现场方案的制定与调整。深入研究此类储层流体相态演变规律，明晰生产及注气开发不同阶段流体动态特征，对对于轻质挥发油和富含凝析油的凝析气高效开发具有十分重要的意义。

凝析气相态变化及流态特征是影响凝析气产能的关键，国内外学者通过等温闪蒸、等组成膨胀、定容衰竭、P-T 相图等物理模拟实验及数值模拟计算，较全面的分析了常规凝析气藏露点压力、相图、临界点等参数。但是，有关近临界区真实储层流体(挥发油和富凝析气藏)的相态实验和气液相平衡理论研究较少。侯大力等人通过实时 PVT 实验装置开展了等组成膨胀实验，研究了近临界流体不同温压条件下 P-T 相图演变特征。李二鹏等人结合常规 PVT 物理模拟实验也发现近临界凝析气藏流体发生反凝析时会产生更多的凝析油，并且其流体相态变化更为剧烈。张利明等人通过对塔里木盆地塔中地区近临界地层流体进行相态实验测试，观察地层流体的近临界“乳光现象”，同时利用气油比、相图等不同的判别方法对该地区油气藏种类进行分析。但上述研究在对近临界凝析气进行分析时仍依托常规凝析气藏平衡相态研究理念，李相方、刘念秋等人考虑流体相态演变过程中的非平衡特征，开展了凝析油气非平衡相态研究方法，更有利于对近临界凝析气剧烈相变过程进行分析。同时，现有近临界凝析气藏储层相态研究均未结合衰竭开发、注气开发等生产阶段，与现场结合有所不足，难以直接有效的为现场生产提供理论指导。

本文以海上近临界凝析气藏地层流体相态为研究基础，通过平衡态 PVT 相态特征研究，分析了储层温压条件下地层流体相图形态及演变规律；进一步开展非平衡态 PVT 相态实验研究，分析了分平衡压降过程中弛豫效应的影响以及其对储层采出程度的影响。并最终结合注气物理模拟实验，进一步分析了凝析油注气膨胀及相态演变规律，研究了不同注气方法、注气类型对储层采出程度的影响，为此类储层中后期注气开发提高采收率提供技术储备。

2 近\超临界凝析气相态特征研究

以 BZ 油田典型井地层凝析气样品为基础，开展 PVT 相态实验测试分析研究。通过平衡态 PVT 相态测试分析确定了露点压力、体积系数等高压物性参数。通过非平衡 PVT 相态特征研究，对压降过程中弛豫效应进行观测，并分析了弛豫时间以及采收率变化特征。

2.1 凝析气平衡态 PVT 相态特征分析

目标井原始地层流体井流物组成如表 1 所示，C_1+N_2 含量 = 71.206(mol%)；$CO_2+C_2\sim C_6$ 含量 = 18.905(mol%)；C_{7+} 含量 = 9.888(mol%)。与国内其他油田凝析气藏井流物组成相比，A 井地层流体属于中高含甲烷、中含中间烃、中低含重质烃的凝析气体系。

表 1　典型井凝析气藏井流物组成

组分	CO2	N2	C1	C2	C3	IC4	NC4	IC5	NC5	C6	C7	C8	C9	C10	C11+
摩尔分数%	8.84	0.33	70.87	7.59	0.47	0.06	0.73	0.30	0.33	0.58	0.88	1.50	1.62	1.20	4.70

C_{11}+密度为 0.8403，C_{11}+分子量为 228.71

图 1 为原始地层流体的 P-T 相图，相图结果表明在地层条件下流体呈气态，露点压力为 47.31MPa，凝析油含量为 743.4g/m³，地层压力 51.3MPa、地层温度 170℃ 位于相图临界点右上侧，地层流体属于特高凝析油含量、未饱和凝析气藏。

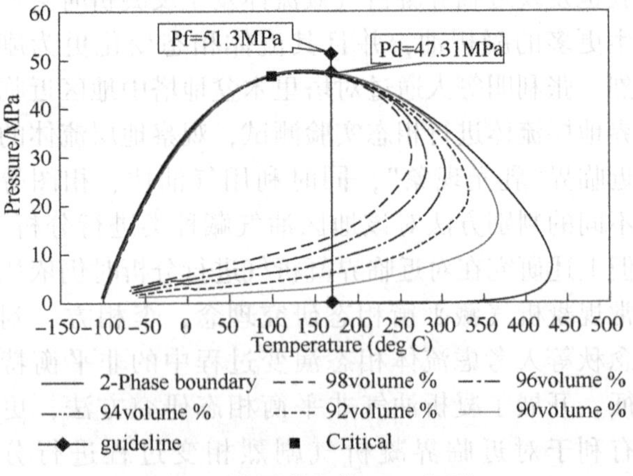

图 1　典型井流体 P-T 相图

定容衰竭实验表明，储层凝析气最大反凝析压力为 37.00MPa，最大反凝析液饱和度：26.74(孔隙体积%)。地露压差较小，最大反凝析压力相对较低，因此建议气藏开发早期便采用衰竭方式开发。

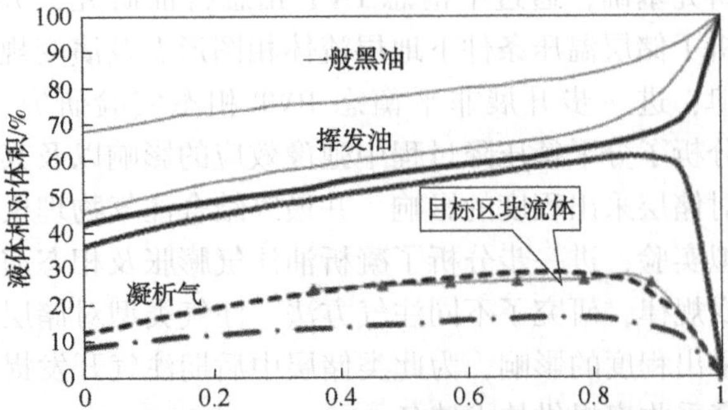

图 2　典型井地层流体反凝析液饱和度变化趋势

2.2 凝析气非平衡态 PVT 相态特征分析

随着储层压力从露点压力分级降压，地层凝析气从亚稳态雾状反凝析相态逐渐转换为雾状凝析油完全析出并重力沉降相平衡状态。整个时间称为弛豫时间，过程中的亚稳态雾状反凝析现象称为弛豫效应。当近井带地层渗流孔道中的反凝析沉降松弛时间(如在近井区 5m 以内)大于渗流时间时，有利于雾状凝析油被气流驱替和采出，从而可提高近井地带凝析油的采出程度。

基于雾状流和重力反凝析相态自动检测系统，开展 1MPa/h、2MPa/h、3MPa/h 以及 4MPa/h 的不同压降速度非平衡衰竭过程雾状特征观察实验。从实验效果可以看出(图 3)，压降速度越大，反凝析过程中雾状流态越强(乳光颜色越深)，在生产过程中也越有利于采收率的提升。

理论上刚刚出现亚稳态雾状流态的驰豫时间应是趋于“无穷大”的，随着压力级的降低，驰豫时间逐渐变小，到最大反凝析压力点时，由于最大反凝析压力点是反凝析过程结束的压力点，因此该压力点的驰豫时间应趋于“0”。图 4 给出不同压降速度下多级压降过程中凝析油采出程度变化特征。压降速度越快，对应压降区间的雾状特征持续时间越长，凝析油采出程度增加，但雾状特征出现的压力区间减小，凝析油采出程度增幅减小(47.3~37MPa 为主要非平衡态区间)。这对有效有利悬浮态雾状凝析油流态提高凝析油的采出程度作用较强。

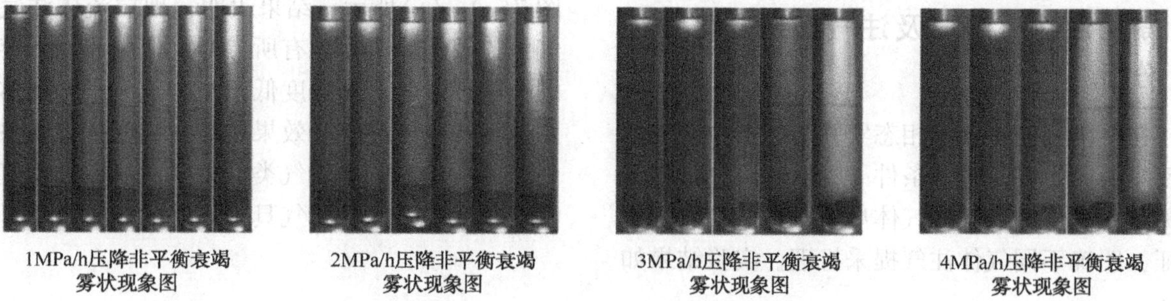

图 3　典型井凝析气非平衡衰竭过程特征图

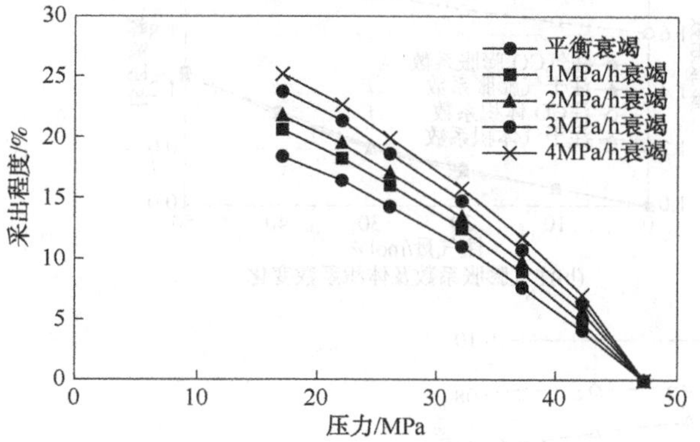

图 4　不同速度下非平衡压降凝析油采出程度

当凝析油气体系在外部环境作用下，自身系统状态会发生改变，如果外部环境变化速度比系统状态变化速度大得多时，非平衡状态出现。针对超临界态凝析油气体系，假设温度恒定，则系统状态由压力变化速度来决定，在非平衡状态下，体系中凝析油含量关于压力变化速度的函数关系如下：

$$q = A\left(p_b - p + \int_0^t K(T-t)\frac{\mathrm{d}p(t)}{\mathrm{d}t}\mathrm{d}t\right) \qquad (1)$$

式中，p_{max}为最大反凝析压力；$A=q_{max}/(p_b-p_{max})$为平衡态条件下单位压差的反凝析油量；p_b为体系露点压力；q_{max}为最大反凝析油量和；q为目前压力下的反凝析油量；$K_t=K_0/T$为系统弛豫时间函数，并且遵守$K_t>0$，$\mathrm{d}K_t\mathrm{d}t<0$，$K_\infty=0$；$T$和$K_0$为弛豫时间和重量系数，弛豫时间$T$和重量系数$K_0$较为复杂；$t$为压力变化时间。

当$\mathrm{d}p(t)/\mathrm{d}t \to 0$时，即$t=T$，此时近似取$\mathrm{d}p(t)\mathrm{d}t=0$，上式则变为$q=A(pb-p)$，即平衡态条件下反凝析油量与目前地层压力的关系。从上式可以得到，非平衡条件下，即$\mathrm{d}p(t)\mathrm{d}t<0$，凝析气体系在平衡条件析出油量大于非平衡条件下析出凝析油量。根据凝析气体系在非平衡条件下的凝析油含量方程，得到非平衡相变条件下瞬时凝析油含量摩尔分数关系式：

$$L' = L + L\frac{\int_0^t K(T-t)\frac{\mathrm{d}p(t)}{\mathrm{d}t}\mathrm{d}t}{p_b - p} \qquad (2)$$

式中，L为平衡相变条件下凝析油含量摩尔分数；L'为非平衡相变条件下瞬时凝析油含量摩尔分数。

利用非平衡相态理论对超临界凝析气地层流体非平衡相态计算应用主要是计算不同衰竭速度下，不同压力级的凝析油饱和度计算。如图 5 所示，非平衡压降凝析油饱和度小于平衡压降的，并且在一定压力区间内压降速度越大，凝析油饱和度越小，从而在一定程度提升凝析油的采出程度，如图 6 所示。但在实际开发中，不能无限制降低衰竭速度，还需结合渗流、产能等因素综合来制定合理衰竭开发制度。

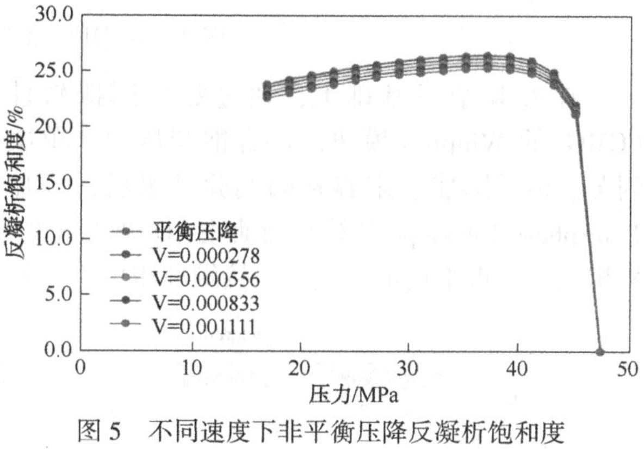

图 5　不同速度下非平衡压降反凝析饱和度

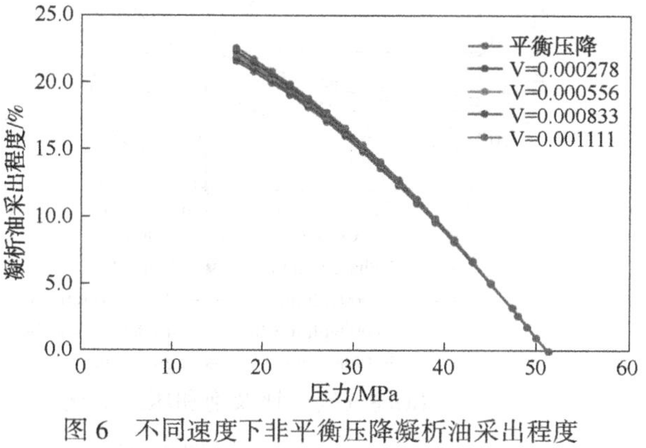

图 6　不同速度下非平衡压降凝析油采出程度

3　凝析油注气膨胀及注气相态变化特征分析

在凝析气储层流体相态实验基础上，开展最大反凝析压力(37MPa)条件下凝析油注气膨胀实验测试，测试注入不同气体后高压物性参数变化特征，明确不同气体注气提采机理。实验结果如图7(a)~(c)所示。结果表明，地层流体注气后气油比及饱和压力均有所上升，但由于CO_2存在混相机理，其上升幅度低于注干气。平衡油体积系数增加，增溶膨胀效果较好，该变化仅与注入气摩尔含量有关与注气类型无关。从原油密度及黏度角度来看，注干气具有更好的降黏效果。

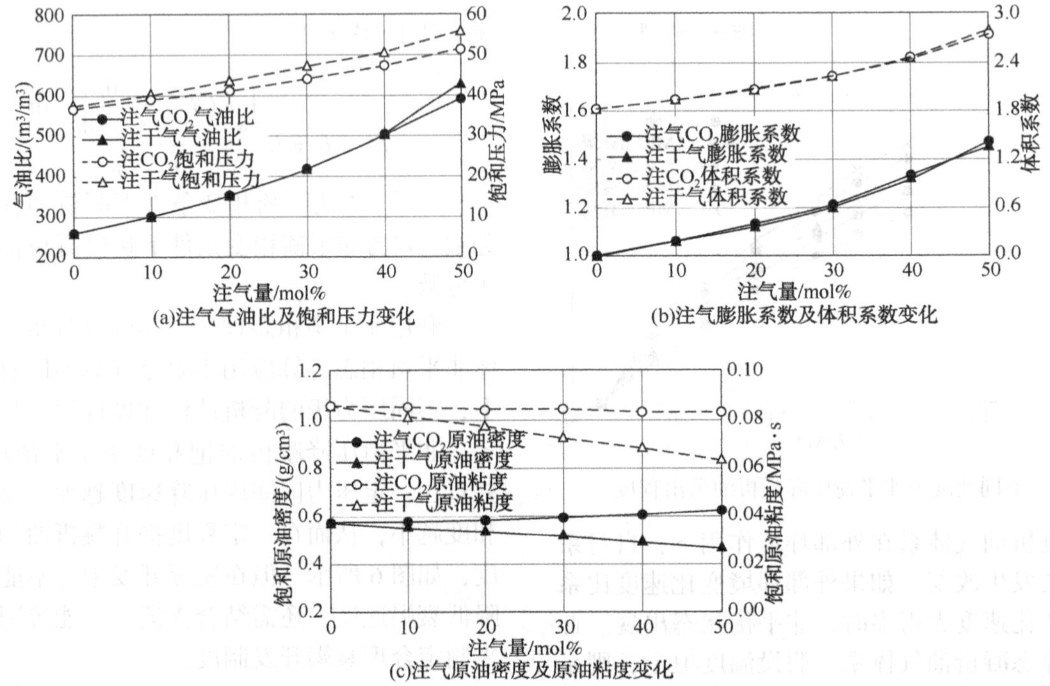

图7　不同注气量下原油PVT参数变化曲线

在实验结果基础上，通过数值模拟软件(CMG)的Winprop模块，拟合饱和压力、单次闪蒸、恒质膨胀、定容衰竭实验结果后，添加Two-phase Envelope计算平衡油注CO_2及干气P-X相图，获得平衡油注气一次接触混相压力，如图8所示，结果表明，地层条件下，注气不能达到一次接触混相，注入CO_2较干气效果更好一些，开发过程中，应早期注气，保持压力水平尽量更高。

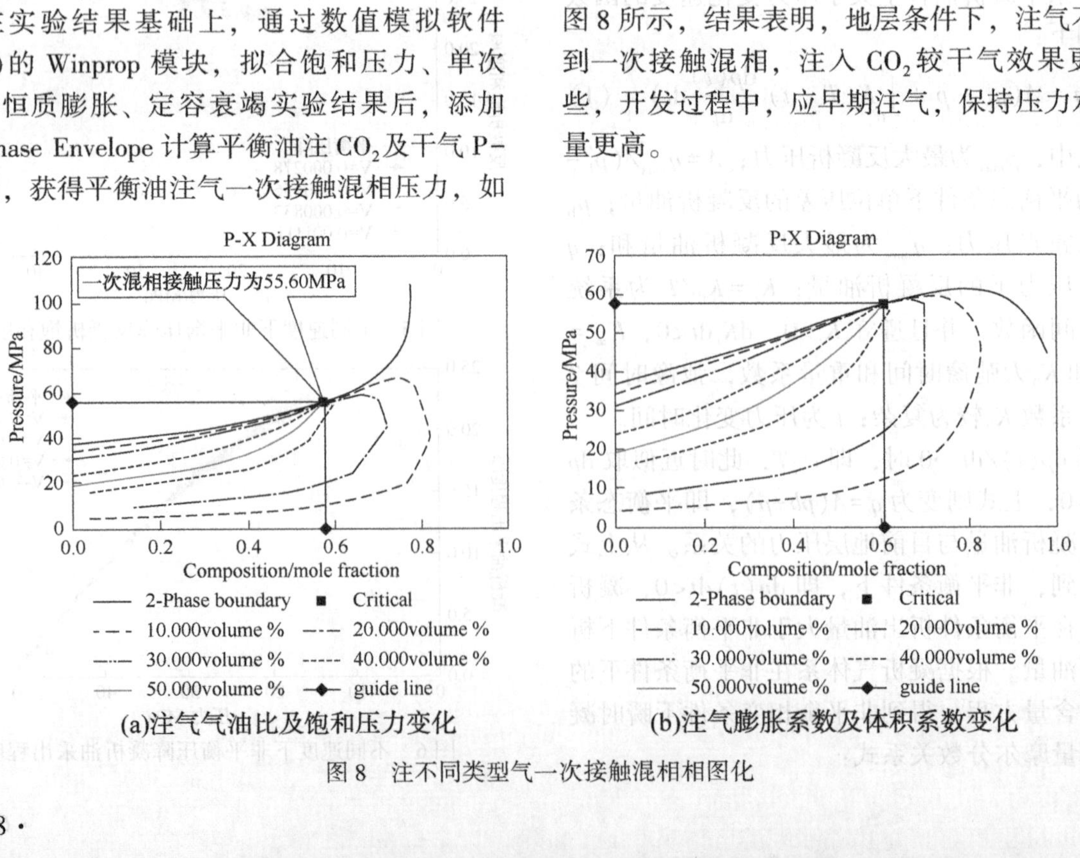

图8　注不同类型气一次接触混相相图化

4 不同注气介质和注气方式对凝析油采出影响分析

4.1 连续注气效果分析

在地层压力从 53.1MPa 衰竭至最大反凝析压力 37MPa 后，在 37MPa 下连续注入不同类型介质(CO_2、干气)0.7HCPV，分析凝析油产出程度、天然气采出程度以及产出气油比曲线特征。曲线实验结果如图 9 所示，连续恒速 0.1ml/min 注入 CO_2 驱替 0.7HCPV 后，凝析油采出程度从 10.25%提高至 29.04%，提高 18.79%。连续注干气驱替 0.7HCPV 后，凝析油采出程度从 10.25%提高至 27.16%，提高 16.91%。连续注气条件下，注 CO_2 驱替效果略高于注干气，但实验过程中发现，由于裂缝易导致气窜，影响注气效果。

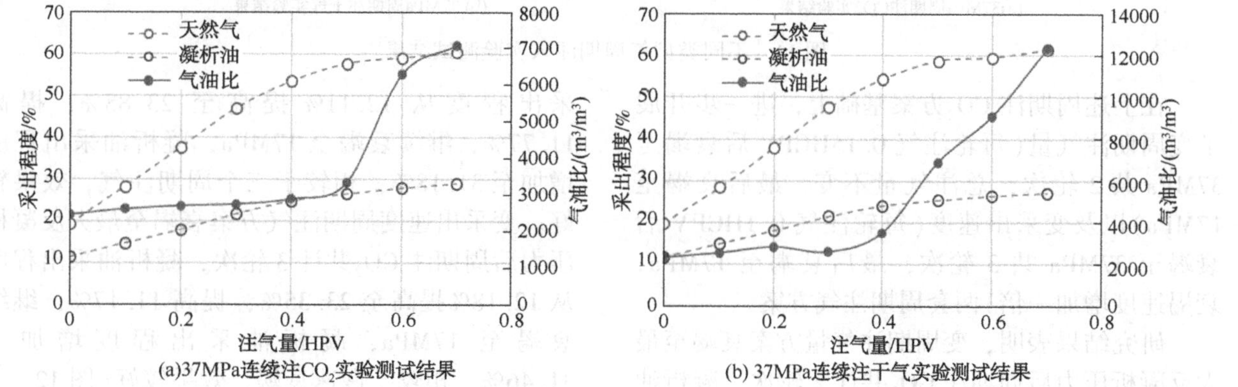

(a)37MPa连续注CO_2实验测试结果　　(b) 37MPa连续注干气实验测试结果

图 9　不同类型气连续注气实验测试结果

4.2 吞吐注气效果分析

在地层压力从 53.1MPa 衰竭至最大反凝析压力 37MPa 后，在 37MPa 下注不同类型介质(CO_2、干气)，吞吐 3 轮次凝析油产出程度、天然气采出程度以及产出气油比曲线实验结果如图 10 所示。由图 10 可知，注 CO_2吞吐 3 轮次，每次 0.1HPV 后，凝析油采出程度从 10.25%提高至 28.51%，提高 18.26%。注干气吞吐 3 轮次后，凝析油采出程度从 10.25%提高至 24.66%，提高 14.41%。吞吐提采效果同样时 CO2 略高于注干气，与连续注气相比，在获取相近提高采收率效果情况下，吞吐所需注入气量更低。

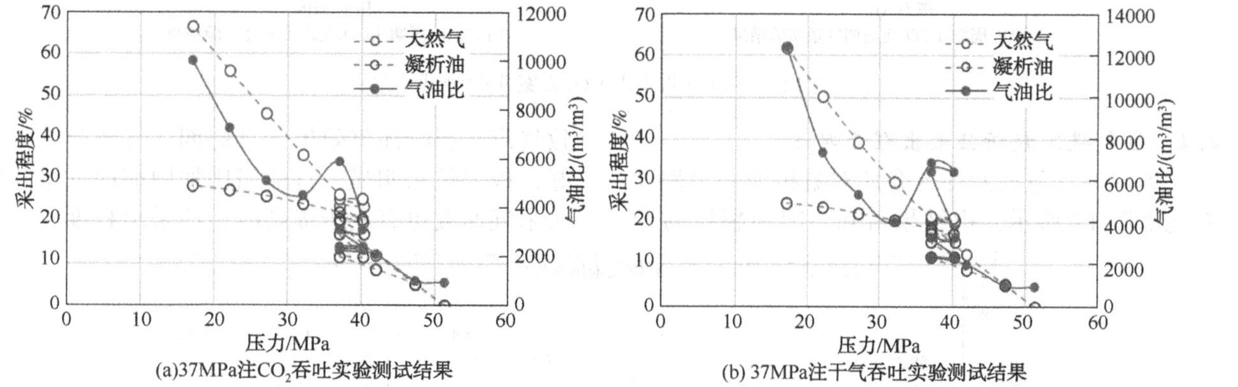

(a)37MPa注CO_2吞吐实验测试结果　　(b) 37MPa注干气吞吐实验测试结果

图 10　不同类型气吞吐实验测试结果

4.3 周期注气效果分析

在地层压力从 53.1MPa 衰竭至最大反凝析压力 37MPa 后，在 37MPa 下周期注 CO_2(每轮注气 0.10HCPV 后衰竭至 37MPa 共 3 轮次，最后衰竭至 17MPa)凝析油产出程度以及产出气油比曲线实验结果如图 11 所示。由结果可知，衰竭至最大反凝析压力后周期注 CO_2共计 3 轮次，凝析油采出程度从 11.93%提高至 22.45%，提高 10.52%，继续衰竭至 17MPa，凝析油采出程度增加至 30.47%，相较于直接衰竭，凝析油采出程度的 18.7%，增加 11.77%，效果明显。周期注干气相较于直接衰竭，凝析油采出程度增加 6.79%，效果低于注 CO_2。因此周期注 CO_2从采出程度而言更有利。

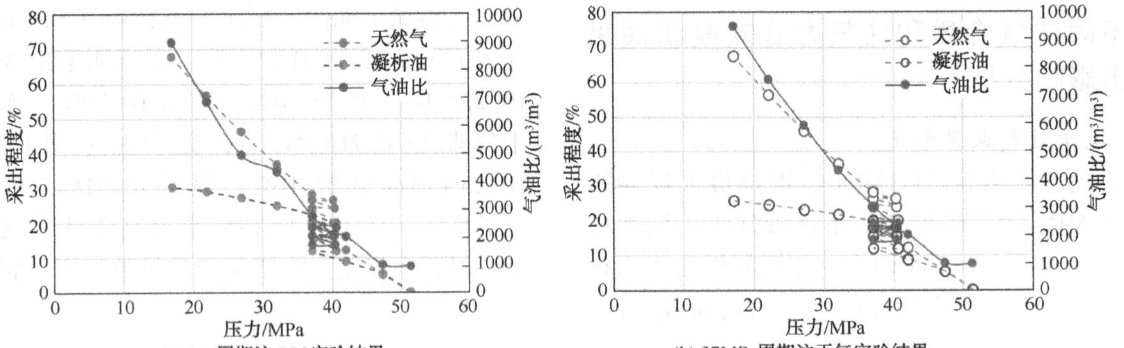

(a)37MPa周期注CO2实验结果　　(b) 37MPa周期注干气实验结果

图 11　不同类型气周期注入实验测试结果

在上述周期注 CO_2 方案基础上，进一步开展了变周期注气量(每轮注气 0.15HCPV 后衰竭至 37MPa 共 2 轮次，总注气量不变，最后衰竭至 17MPa)以及变采出速度(每轮注气 0.1HCPV 后衰竭至 37MPa 共 3 轮次，最后衰竭至 17MPa，衰竭速度增加一倍)两套周期注气方案。

研究结果表明，变周期注气量方案衰竭至最大反凝析压力后周期注 CO_2 共计 2 轮次，凝析油采出程度从 12.11% 提高至 23.88%，提高 11.77%，继续衰竭至 17MPa，凝析油采出程度增加至 31.18%，相较于三个周期注气，效果较好。变采出速度周期注气方案衰竭至最大反凝析压力后周期注 CO_2 共计 3 轮次，凝析油采出程度从 12.18% 提高至 23.35%，提高 11.17%，继续衰竭至 17MPa，凝析油采出程度增加至 31.46%，相较于慢速衰竭，效果较好(图 12)。

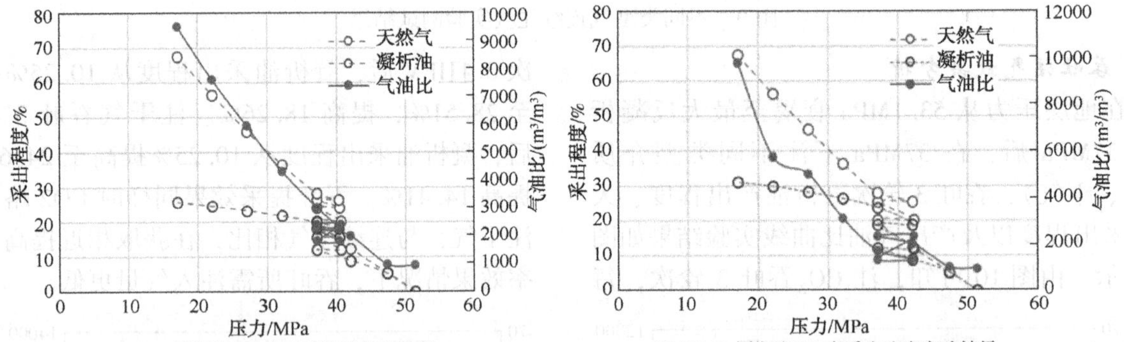

(a) 37MPa周期注 CO_2 变周期气量实验结果　　(b) 37MPa周期注 CO_2 变采出速度实验结果

图 12　不同周期注入 CO_2 方案实验测试结果

4.4　注气提高凝析油采出程度对比

不同注气方式及注入介质对凝析油采出程度对比如图 13 所示，由结果可知，因为裂缝易导致气窜，影响注气效果，且周期注气实验效果更好，提采效果明显，且适当增加周期内气量并增大采气速度也有利于提高凝析油采出程度。

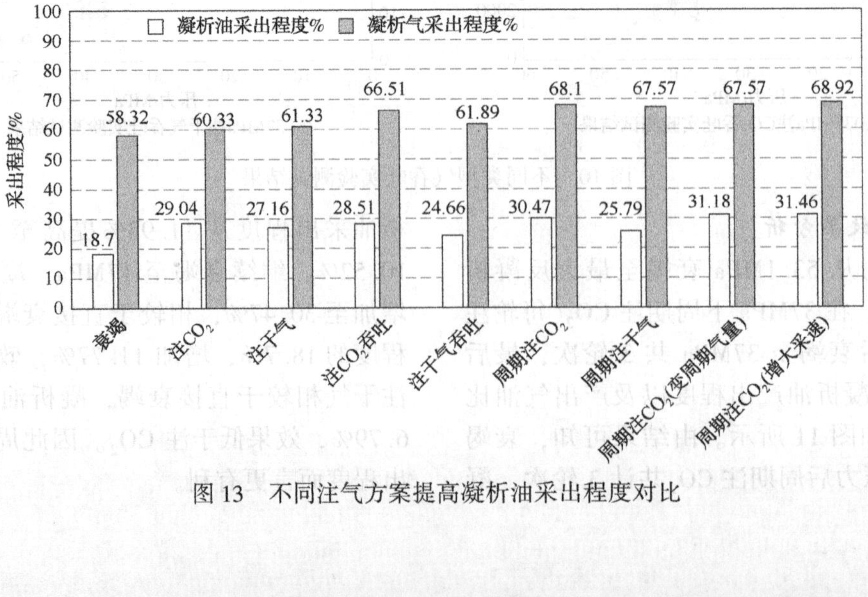

图 13　不同注气方案提高凝析油采出程度对比

5 结论

（1）近临界凝析气地层流体压降过程中的非平衡状态反凝析沉降弛豫时间结果显示，压降速度越快，对应压降区间的雾状特征持续时间越长，凝析油采出程度增加，但雾状特征出现的压力区间减小，凝析油采出程度增幅减小；

（2）地层流体注气后溶解气油比变化与注入气摩尔含量有关，与注气类型无关，注相同摩尔含量不同类型气体后溶解气油比一致，注气后，平衡油体积系数增加，增溶膨胀效果较好；注入CO_2更易溶解于平衡油中，同等压力条件下较注干气效果更好。并且通过数值模拟地层条件下，注气不能达到一次接触混相，注入CO_2较干气效果更好一些，开发过程中，应早期注气，保持压力水平尽量更高。

（3）注气驱替、吞吐均能有效提高凝析油采出程度，CO_2效果优于干气；但由于裂缝发育易导致气窜，影响连续注气效果，周期注气（注采耦合）效果优于注气驱替、吞吐，同时，适当提升注气周期内气量，并增大衰竭速度有利于提高周期注气开发效果。

参 考 文 献

[1] 陈卫东，郭天民．近临界油气藏流体相行为研究的现状[J]．石油勘探与开发，1996(1)：76-79，106.

[2] 李骞，李相方，单江，等．凝析气藏生产过程中气油比异常原因分析[J]．天然气工业，2011，31(6)：63-65，128.

[3] 陈文龙，廖发明，吕波，等．牙哈凝析气藏注气开发过程反蒸发动态相态特征[J]．天然气工业，2012，32(8)：67-70，131-132.

[4] Zheng Xitan, Sheng Pingping, Li Shi, et al. Experimental Investigation into near-critical phenomena of rich gas condensate systems [R]. SPE64712, 2000.

[5] Parral Coronado C-A, Remolina Escobar J-C-M. Experimental study and calculations of the near critical behavior of a synthetic fluid in nitrogen injection [J]. Ciencia Tecnologfa y Futuro, 2005, 3(1): 127-137.

[6] 郭平，王娟，刘伟，等．缝洞型凝析气藏衰竭开采动态实验研究[J/OL]．石油钻采工艺，2013，35(2)：67-70. https://doi.org/10.13639/j.odpt.2013.02.019.

[7] 赵金洲，胡永全，朱炬辉．凝析气井压裂生产动态模拟研究[J]．天然气工业，2004(10)：86-88+13-14.

[8] 王奥，李菊花，郑斌．多孔介质中凝析气相态特征[J]．大庆石油地质与开发，2021，40(01)：61-67. DOI：10.19597/j.issn.1000-3754.201909016.

[9] 朱彦杰，杨鹏，白美丽，等．富含气态凝析水的相态研究新应用[J]．中外能源，2019，24(12)：40-44.

[10] 余华杰．CO_2对凝析气藏相态特征及开发指标的影响[J]．东北石油大学学报，2014，38(02)：86-90+10.

[11] 侯大力；罗平亚；孙雷；乐潇；陈亮；卢斐．近临界凝析气藏动态相态行为[J]．大庆石油地质与开发，2014，33(01)：86-91.

[12] 侯大力；高黎惠；刘浩成；张梅珠；崔飞飞．近临界态凝析气藏地层流体特殊相态行为[J]．天然气工业，2013，33(11)：68-73.

[13] 李二鹏，唐永亮，李鹏冲，等．近临界凝析气藏相态特征与开发方式研究[J]．科学技术与工程，2014，14(05)：223-226.

[14] 张利明；王小强；侯大力；肖克；姜晨光；邹晓梅．塔里木盆地近临界油气藏相态特征[J]．天然气地球科学，2020，31(03)：370-374.

[15] 吴克柳，李相方，王海涛，等．挥发油非平衡相变对脱气影响的定量评价模型[J]．石油勘探与开发，2012，39(05)：597-604.

[16] 刘念秋，孙雷，周剑锋，等．易挥发性原油定容衰竭非平衡相态研究[J]．重庆科技学院学报(自然科学版)，2015，17(06)：23-26. DOI：10.19406/j.cnki.cqkjxyxbzkb.2015.06.006.

深层煤甜点预测技术在宜川地区的应用

姜凯月　陈国文　何　燕　杨庆宁　邵　敏

（中国石油集团东方地球物理勘探有限公司）

摘　要　宜川区块位于鄂东缘，地层相对平缓，局部微幅度构造非常发育，古生界埋藏相对较浅，发育致密砂岩、煤岩、碳酸盐岩等3种类型气藏。上古生界共发育10套煤层，其中本溪组8#煤、山2段5#煤厚度大、分布广、构造平缓，是煤层气勘探开发的主要层系。本溪组8#煤全区稳定发育，厚度薄(2~10米)，平均厚度4.2米；山2段5#煤局部稳定发育，厚度相对更薄(1~6米)，平均厚度2.8米，煤层靶窗小，导致水平井钻探难度更大。本文充分挖掘“两宽一高”三维地震信息，在全层系构造精细解释基础上，针对本溪组8#煤、山2段5#煤，应用微幅度构造定量刻画技术落实微幅圈闭形态；多属性联合运用定性明确煤层宏观分布趋势；宽频高分辨率反演与叠前地质统计学反演相结合定量刻画薄煤层的边界及厚度，进一步应用多尺度裂缝预测技术预测裂缝发育方向及强度，为工程甜点选区和压裂方案设计提供支撑。在精细构造、断裂，储层刻画的基础上，建立煤岩6要素地质、工程地震评价标准，优选靶区支撑钻前高效，精细设计。8#煤新钻井后验平均误差0.9m，符合率达到83.1%，煤岩钻遇率提升至92%。正向微幅度构造背景有利于游离气富集，有效指导了水平井轨迹设计和调整，为效益开发奠定了基础。

关键词　深层煤；微幅度构造；宽频高分辨率反演；叠前地质统计学反演；裂缝预测

1　引言

鄂尔多斯盆地是中国最大的天然气生产基地，在缓 坡型三角洲沉积模式指导下先后发现了苏里格、米脂、子洲、榆林等大气田，到2021年底已经提交$6.9\times10^{12}m^3$地质储量，为支撑中国能源安全发挥了重要作用。按照非常规天然气勘探的思路，盆地上古生界石炭系—二叠系致密砂岩气是以煤系为主要烃源岩的非常规天然气，直接对煤系源岩层进行勘探开发具有重要的意义。

鄂尔多斯盆地煤系分布范围广，埋深差异大。在本溪组、太原组和山西组发育多套煤岩，尤其是山2段5#煤、本溪组8#煤在全盆地稳定分布，但由于埋深大，按照过去的勘探思维方式，在天然气产量近似的情况下中浅层更有开发效益，因此长期以来把勘探开发的重点放在中浅层的煤层气，一直没有对盆地内部深层煤岩中的天然气进行规模勘探。近年来勘探发现，深层煤岩中的天然气产量远高于中浅层，展示了良好的勘探开发前景．本文于盆地内原有钻井资料、岩心分析数据、测井资料和 地震资料。充分挖掘“两宽一高”三维地震信息，在全层系构造精细解释基础上，结合深层煤甜点预测技术，提高煤岩钻遇率。

2　深层煤甜点预测技术

宜川地区上古生界共发育10套煤层，山西组主要发育1~5#煤岩，与砂岩、泥岩间互。太原组主要发育6#、6#下、7#、8#上煤岩，分布于山西组底部的北岔沟砂岩和太原组东大窑灰岩、斜道灰岩、毛儿沟灰岩以及庙沟灰岩之间。本溪组主要发育8#、9#、10#煤岩8#和9#煤岩经常合并为一体，习惯上统称8#煤岩，位于本溪组吴家裕灰岩之上，太原组庙沟灰岩之下。其中本溪组8#煤、山2段5#煤厚度大、分布广、构造平缓，是煤层气勘探开发的主要层系。本溪组8#煤全区稳定发育，厚度薄(2~10m)，平均厚度4.2m；山2段5#煤局部稳定发育，厚度相对更薄(1~6m)，平均厚度2.8m，煤层靶窗小，导致水平井钻探难度更大。本文以本溪组8#煤、山2段5#煤为主要研究对象，在全层系构造精细解释基础上，应用微幅度构造定量刻画，开展振幅、频率多属性联合、宽频高分辨率反演、多尺度裂缝预测，准确落实煤岩气地质甜点。

2.1　微幅度构造定量刻画

利用“曲率定量化”落实正向微幅度构造背景，“构造平滑余量法”落实微幅度圈闭形态。断层在常规地震剖面上表现为同相轴的微小变化、扭曲、振幅突然变弱等特征，利用这些微小的变化在地震层曲率属性上表现为线性构造，进行小断层识别(图1)。

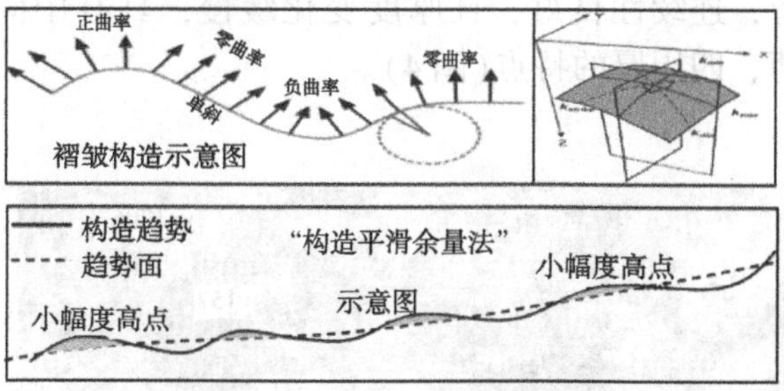

图1　褶皱构造示意图(左)“构造平滑余量法”示意图(右)

受北西、北东向两组断裂控制，宜川北地区识别出大量的微构造圈闭，圈闭幅度多小于5m，单个面积较小，低幅度圈闭平面分布为靶区选择、水平井精准入靶导向提供指导。微幅度构造圈闭有利于游离气富集(图2、表1)。

2.2 多属性联合运用

地震属性是原始地震资料所包含总信息的一个子集，旨在把地震信息向地质特征转换，进而用 于评估地质特征。先进行井震合成记录标定，5#煤及8#煤由于与上覆地层岩性差异大，均表现为强振幅反射特征。

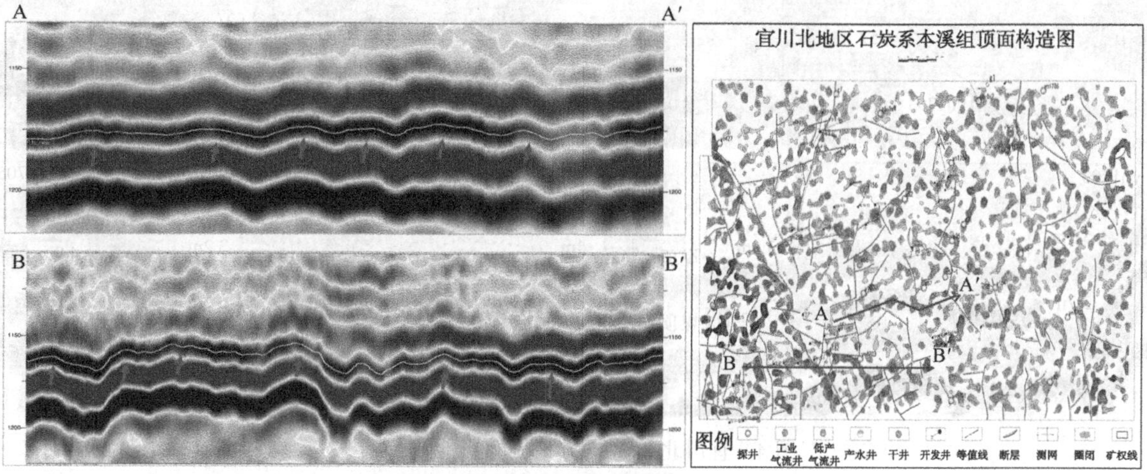

图2　AA′、BB′线剖面图(左)8#煤层低幅度顶面构造圈闭图(右)

表1　各单元微构造圈闭统计表

构造单元名称	单元面积/km²	微构造圈闭个数	圈闭面积/km²	圈闭面积占比/%
西南	56.3	104	16.3	28.9
东北	257.8	551	49.6	19.2

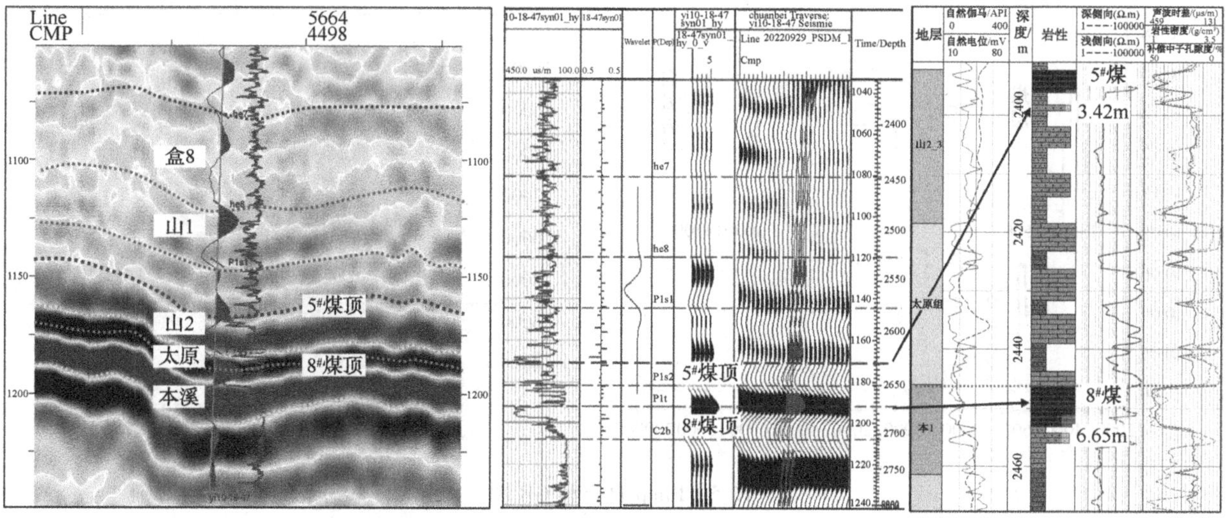

图3　过y10-18-47井地震剖面(左)
y10-18-47合成记录、y10-18-47井测井解释图(右)

振幅、频率多属性联合，煤岩响应特征，煤层较厚时对应地震强振幅值、低频率，较薄时振幅相对较小、频率大。说明均方根振幅属性及频率属性对煤层厚度有较好的响应。厚煤层(>6m)-强振幅值、低频率；薄煤层(<4m)-中强振幅值、较高频率，宏观分布趋势明确，但细节性差。优选出均方根振幅属性、瞬时频率属性、反射 强度属性，通过分析敏感属性，能够定性辨别出研 究区本溪组 8#煤岩全工区普遍发育，连续性良好，且厚度变化缓慢，具有中间薄，四周厚的特点(图 4)。

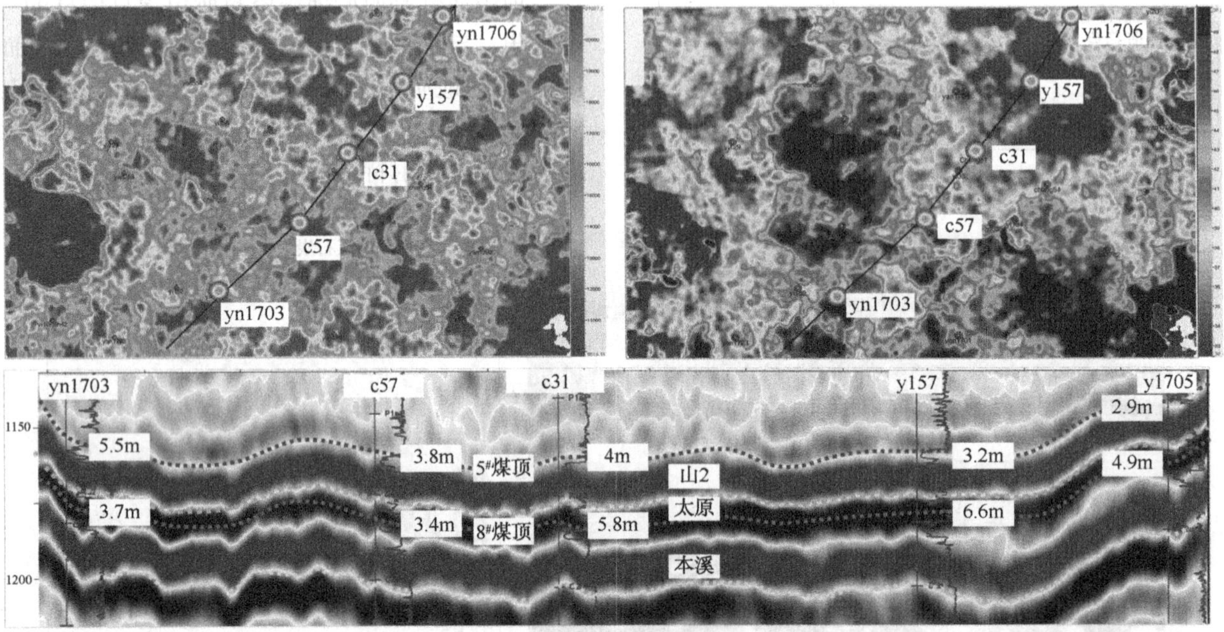

图 4　宜川北 8#煤均方根振幅属性图(左)

宜川北 8#煤主频属性图(右)

基于地震振幅属性与煤岩厚度呈正相关，预测 出相关系数，振幅属性可以有效进行煤岩厚度预测，进而指导全区煤岩厚度地震预测工作。

2.3　宽频高分辨率反演与叠前地质统计学反演

宽频高分辨率反演技术，确定阻抗为煤层敏感曲线，拓宽反演确定性频带范围，井震结合提高煤层预测分辨率(3~5m)；定量刻画煤层边界及厚度。常规叠后波阻抗煤层低阻特征清楚，但分辨率低；宽频反演与叠前地质统计学反演分辨率高，可有效识别 3~5m 薄煤层(图 5)。

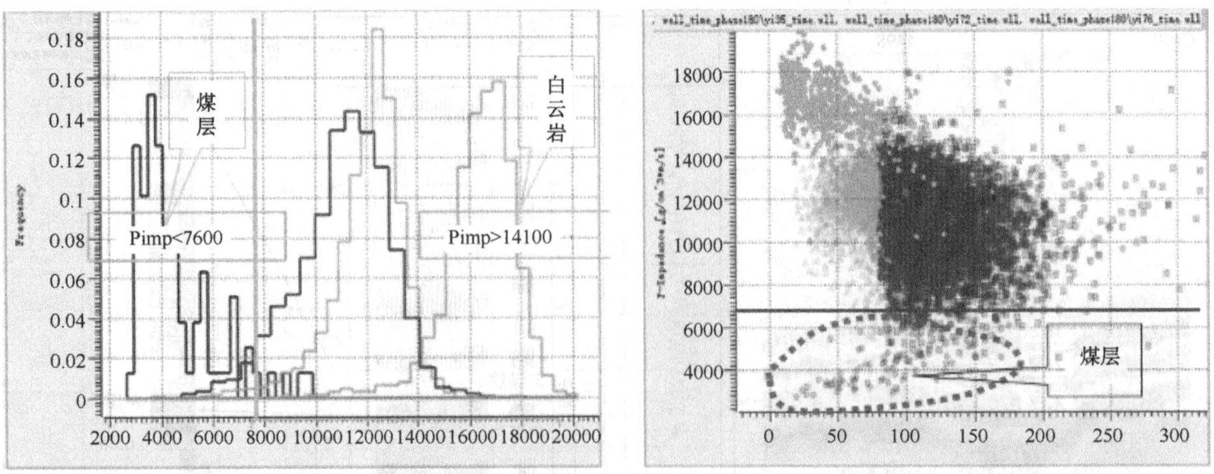

图 5　Pimp 直方和 GR 图

宽频高分辨率反演发挥资料宽频带优势，横向预测连续性好；叠前地质统计学反演纵向分辨率更高，纵向薄层识别能力更强，综合两种方法优势定量刻画煤层边界及厚度(图 6~图 8)。

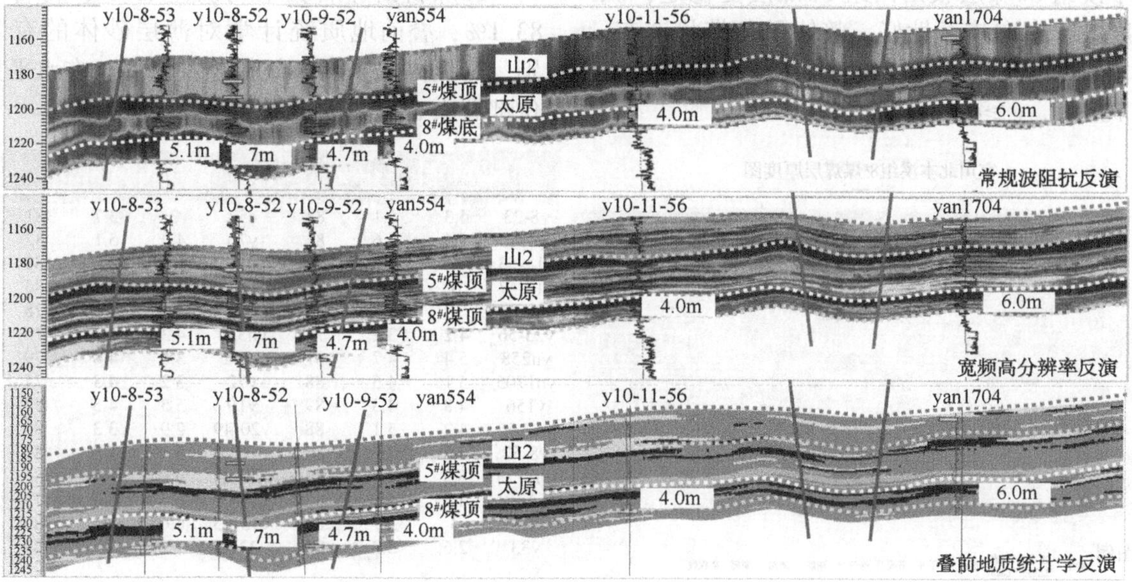

图 6　反演方法效果对比图

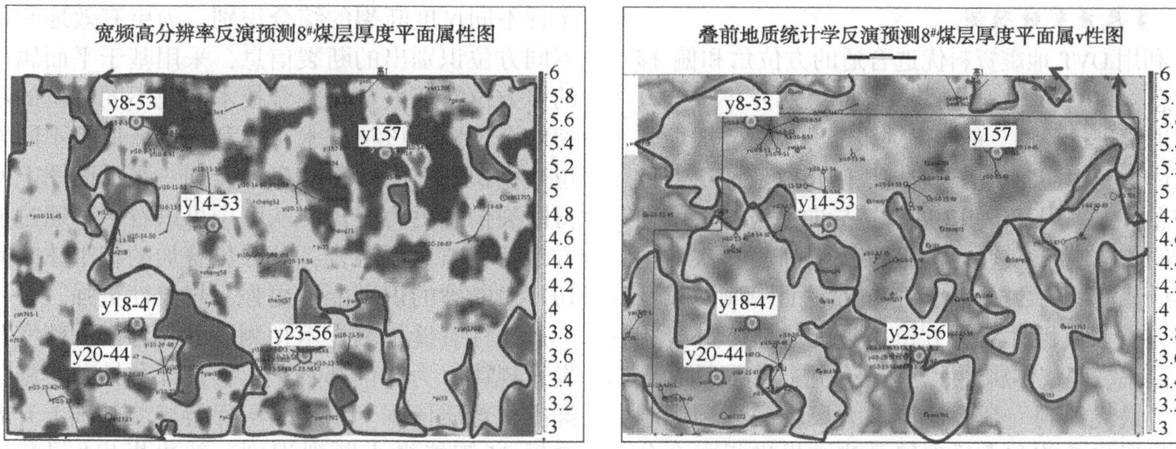

图 7　宽频高分辨率反演预测 8#煤层厚度平面属性图及叠前地质统计学反演预测 8#煤层厚度平面属性图

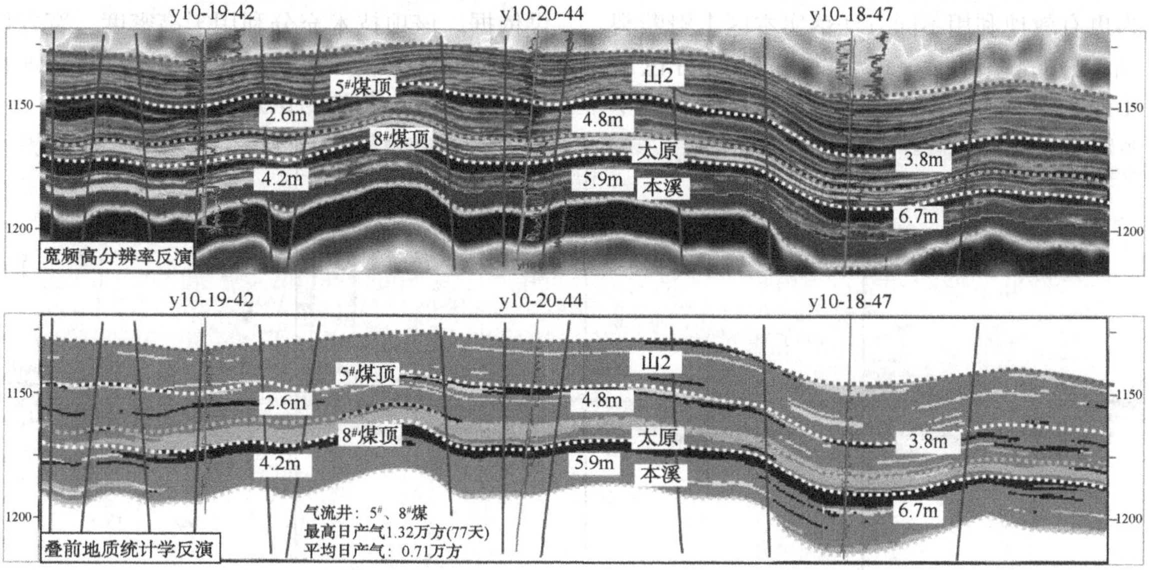

图 8　宽频高分辨率反演(左)叠前地质统计学反演(右)

本溪组 8#煤层较山西组 5#煤层更稳定，纵向厚度大，横向连续性好，整体呈条带状展布，区内 8#煤富煤区(≥4m) 面积 188km^2，(≥5m) 面积 78km^2，(≥6m) 面积 16km^2。

8#煤新钻井后验平均误差 0.9m，符合率达 83.1%，叠前地质统计学对薄层砂体的有效识别，可提高水平井有效储层钻遇率，在水平井井位部署中有重要的指导意义(图 9)。

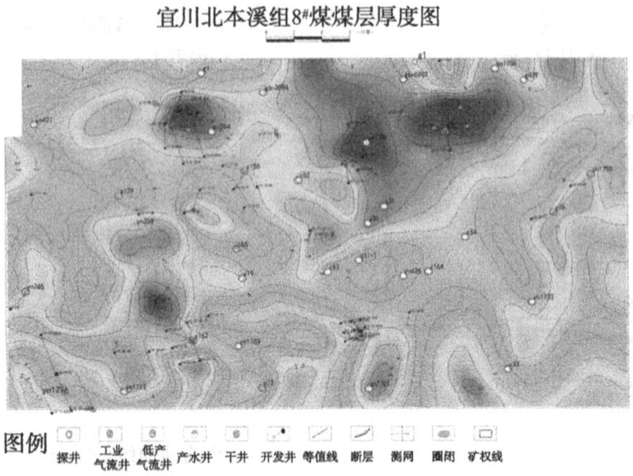

井号	预测厚度/m	实钻厚度/m	符合率/%	井号	预测厚度/m	实钻厚度/m	符合率/%
y8-23	4.3	5.1	84	c57	3	3.7	81
y157	5.4	6.6	82	y76	4.2	5.1	82
y14-53	4	3.6	90	c31	6.6	5.8	88
y18-47	6	7	86	c54	4.9	4.2	85
y20-44	6.2	5.3	85	c52	3.5	4.5	78
y23-56	4.2	3.2	76	yn554	4.3	6.1	70
yn258	5.4	4.7	87	y162	3.8	4.8	79
yn1705	5.1	4.5	88	y72	3.2	4.3	74
y156	4.8	4.3	89	y19	5.5	4.5	82
y17-56	4.2	5.1	88	y20-49	2.9	3.3	88
y8-52	6.3	7.3	86	yn1704	6.4	7.8	82
yn1723	5.3	4.6	86	y20-44	6.2	5.3	85
yn1701	4.5	5.5	82	y14-65	6.5	8.3	78
yn635	3	3.7	81	y13-65	6.6	8.2	80
y33	2.6	3.2	81	y22-48	1.9	2.01	89

图 9 宜川北地区 8#煤层厚度图(左) 8#煤新钻井符合率表(右)

2.4 多尺度裂缝预测

利用 OVT 地震资料优选合适的方位角和偏 移距信息，将 OVT 域道集按照方位角划分并对分方位角道集进行叠加，最终得到多个方位角叠加地震数据体。利用逆向量法求取地层倾角以及地层方位角信息，并采用基于倾角的构造导向滤波算法增强地震同相轴横向不连续性增强断裂特征。再次对构造导向滤波后的数据体利用逆向量法计算倾角以及地层方位角属性并对分方位角地震数据体进行相干、曲率、蚂蚁体属性计算，最后进行多属性融合分析，最终得到一个叠后属性大尺度裂缝预测结果。最后将叠前和叠后裂缝预测结果进行融合分析，得到最终的多尺度裂缝综合预测。

为更有效地利用不同方法落实本区走滑断裂的展布规律，结合 geoeast 解释系统的特色属性，主要采用基于主成分分析的多信息融合技术实现不同尺度断裂的综合识别。为更有效地利用不同方位识别出的断裂信息，采用基于平面属性的多方位特征值数据融合技术实现不同方位的断裂综合识别。该项技术主要利用特征值将不同方位数据识别出的断裂信息融合到一张平面图上使得断裂信息更为丰富。从图中可以看出：通过多方位特征值数据融合，分方位叠加的相干体时间切片对断裂的识别能力更强，规律性更强。

属性裂缝预测技术预测裂缝发育区，落实其发育规律，为井位部署、工程设计和钻井实施防漏提供地质依据。基于断层保持滤波基础上开展叠后 AI 智能微小断裂识别，解决煤岩“层断轴不断”问题，识别 5 米微小断裂，为压裂改造提供依据。该项技术充分利用了高密度、宽方位地震数据的优势，通过属性融合技术，有效地提高了多方位微小断裂的识别能力(图 10)。

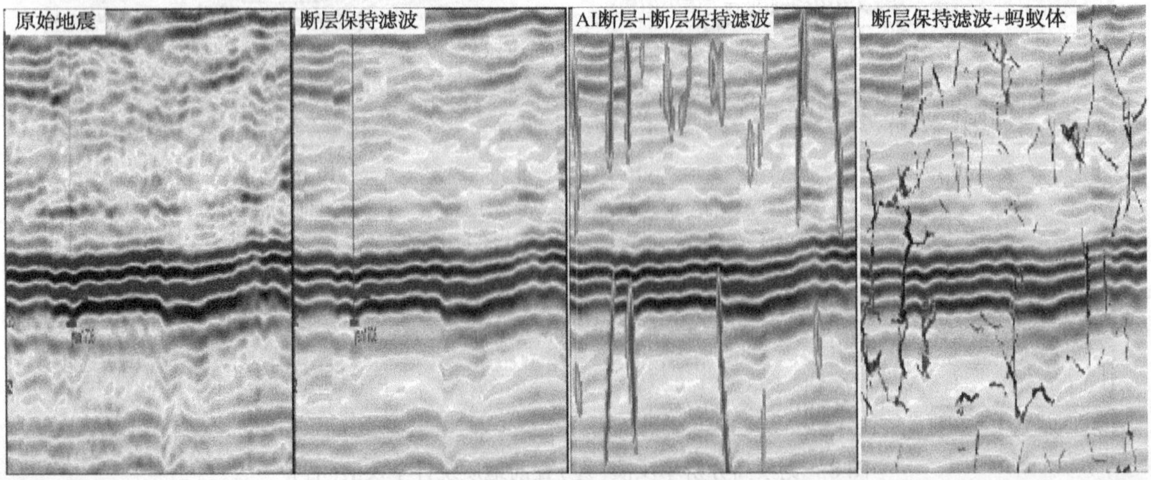

图 10　AI 断层保持滤波剖面图

断层错断特征不明显，多表现为扭动、挠曲特征，纵向断距小，一般小于10m，平面上延伸距离3~4km，主要呈北西向、北东向两组，小断裂控制了微幅度构造圈闭形态(图11)。

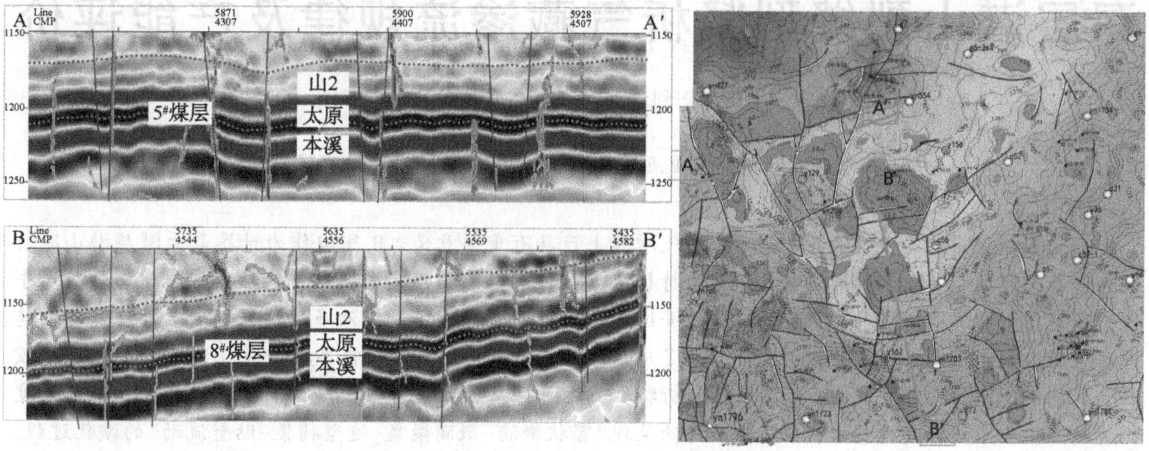

图11　AA’，BB’线微小断裂剖面图

通过3D体属性滤波消除随机噪声，采用蚂蚁追踪算法及AI智能断裂解释，捕捉大裂缝特征，与地层主应力方位一致，较大规模的裂缝(小断层)可能导致套管变形(图12)。

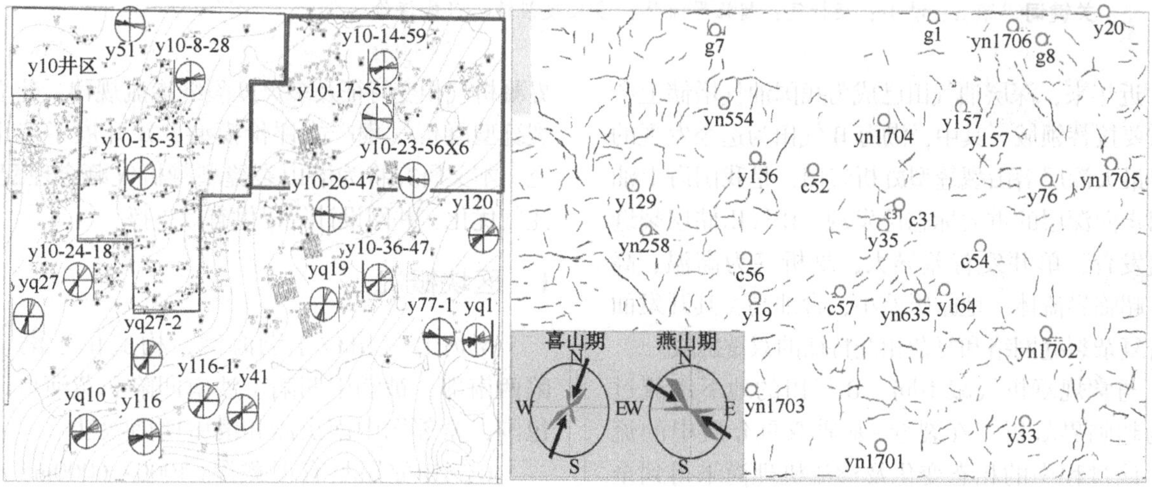

图12　宜川气田单井最大主应力方位图(左)8#煤顶沿层蚂蚁体属性(右)

3　结论与认识

(1) 正向微幅度构造背景有利于游离气富集，位于正向构造带井后期产量进一步提升，位于带负向构造带井含油气性差。

(2) 有效指导了水平井轨迹设计和调整，煤岩气先导试验井区煤层厚5~8米，y10-8-52H2井水平段1506m，煤岩钻遇率提升至92%，煤顶深度预测误差小于1‰，为效益开发奠定了基础。

(3) 应用基于叠前方位各向异性的裂缝预测技术预测裂缝发育区。微裂缝的发育有利于游离气聚集，易于压裂改造，是有利的工程甜点区。

参 考 文 献

[1] 赵喆，徐旺林，赵振宇，等．鄂尔多斯盆地石炭系本溪组煤岩气地质特征与勘探突破［J］．石油勘探与开发，2024，51 (02)：234-247+259.

[2] 赵小辉，于宝利，曹小璐．属性融合技术在微小断裂识别中的应用［J］．石油地球物理勘探，2017，52 (S2)：164-169+8.

深层潜山裂缝型凝析气藏渗流规律及产能评价

赵　林[1,2]　张利军[1,2]　谭先红[1,2]　李　南[1,2]

（1. 海洋油气高效开发全国重点实验室；2. 中海油研究总院有限责任公司）

摘　要　深层油气田有效开发对我国油气增储上产具有重要意义。B气田作为世界最大深层潜山凝析气田，其开发面临复杂裂缝网络和复杂相变特征双重挑战。本文利用室内实验、数值模拟、动态分析等手段，研究了超临界凝析气的雾状流效应及近井速度剥离效应，提出了凝析油多尺度裂缝流动开度界限，建立了裂缝型凝析气藏产能评价模型，并开展了应用。结果表明，B气田超临界凝析气在露点压力的下一段压力区间(10MPa)存在气液共存的雾状反凝析特征。近井区域的高毛管数使凝析油累积量减少，呈现速度剥离效应。在衰竭开发过程中，裂缝中凝析油呈现“雾状微滴-微滴聚集-缝壁捕集-贴壁流动”的演化过程，且凝析油流动的开度界限为25mm。基于超临界流体相变特征及多尺度裂缝渗流规律，建立了裂缝型凝析气藏五区+等效地层系数产能评价模型。该模型解释了B气田气井实测日产气能力随着压差增大而增加的新现象。对模型进行扩展，分别得到了六参数多点法单井产能方程和区块无阻流量方程，并取得了较好的拟合效果。本文研究将为潜山裂缝型凝析气藏配产、注气优化、井网设计等提供有效支撑。

关键词　深层；潜山；凝析气；超临界流体；多尺度裂缝；产能评价

近年来，深层油气田已成为我国油气增储上产的重要接替领域。其中，渤海B气田为迄今发现的世界最大深层潜山裂缝型凝析气田，是我国海上油气田走向深层的重大标志性发现。B气田储层裂缝普遍发育，单井发育差异大，凝析气为高温、高压、超临界流体，地露压差小，含油高，其开发面临着复杂裂缝网络和复杂相变特征的双重挑战。

与常规凝析气藏不同，B气田的地下渗流过程为超临界凝析气在裂缝-基质双重介质中的流动，该过程中的相态变化及渗流机理尚未得到全面认识。B气田气井测试资料显示，测试日产气能力随生产压差增大而增强，与常规凝析油析出堵塞地层造成产气能力下降的认识不符。此外，常规单相气井产能方程对测试资料解释效果较差，线性式方程拟合直线不过原点，指数式方程拟合产能指数大于2，二项式拟合直线斜率为负值。凝析气藏产能方程主要基于Fevang等提出的三区拟压力模型，Mott等、何志雄等、齐明明等在此基础上分别考虑高速非达西流、毛管数效应、非平衡相变效应建立了相应的产能模型，但拟压力形式复杂，应用难度大。

本文以渤海B气田为对象，通过室内实验研究了高温高压超临界凝析气相变过程中的雾状流效应和近井剥离效应，并利用微流控实验及数值实验，揭示了凝析油多尺度裂缝流动开度界限。基于超临界凝析气相变特征及多尺度裂缝渗流规律，建立了裂缝型凝析气藏产能评价模型，并开展了应用研究。本文研究将为潜山裂缝型凝析气藏合理配产、注气优化、井网设计等提供有效支撑。

1　区块概况

渤海B气田位于渤海湾，构造位于渤中凹陷西南部，被渤中凹陷、沙南凹陷和黄河口凹陷包围，紧邻渤中南次洼和渤中西南次洼。

B气田储层具有埋藏深(4000~6000m)、厚度大(100~900m)、低渗(3.7mD)的特点，自上钻遇层位砂砾岩、潜山风化带、潜山内幕，其中潜山风化带为主力含气层位，分为强风化带和次风化带，揭示地层厚度60~329m。风化带裂缝普遍发育，各井发育程度不均，裂缝密度2~5条/m，裂缝开度14~330mm，裂缝倾角49~63°，由此造成单井测试无阻流量差异较大($9.5 \sim 102 \times 10^4 m^3$)。B气田凝析气具有高温(171~192℃)、高压(49.8~53.2MPa)、近露点(1.3~7.3MPa)、高含油($605 \sim 774 g/m^3$)、超临界流体的特点，相变特征复杂。

B气田开发分为试验区、Ⅰ期、Ⅱ期三个阶段，其中试验区已于2020年投产。气田总体采用立体井网、顶部注气的模式进行开发，井型以水平井和大斜度井为主，如图1所示。

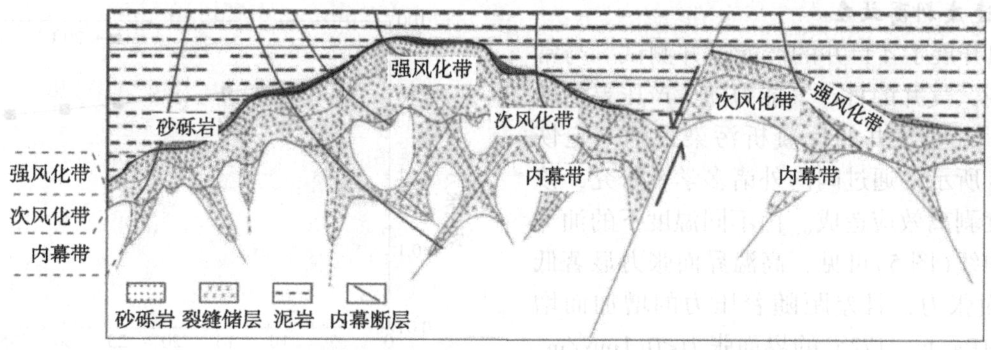

图 1　渤海 B 气田地质模式及立体井网示意图

2　超临界流体相变特征

2.1　雾状流效应

在地层温度条件下，开展 B 气田凝析气恒质膨胀实验，见图 2。在露点压力(47MPa)之上，体系呈现单一气相。露点压力以下，凝析油开始析出。与常规凝析气藏不同，B 气田凝析气体系此时并未出现明显油气界面，析出的凝析油悬浮在高密度气体中，呈现雾状的临界乳光现象。当压力下降到临界压力(37MPa)以下后，体系开始出现明显油气界面。对比 B 气田高温高压超临界凝析气与常规凝析气 P-T 相图(图 3)，B 气田凝析气在等温衰竭过程中，露点压力的下一段压力区间位于超临界流体区域。超临界流体体系为一种高密度、低粘度、无油气界面的均相体系。B 气田凝析气在低于露点压力后会存在一定压力区间(10MPa)的气液共存的雾状反凝析特征。在气田开发过程中，可通过合理控制压降速度使其处于雾状流体开采，有效提高衰竭阶段凝析油的采出程度。

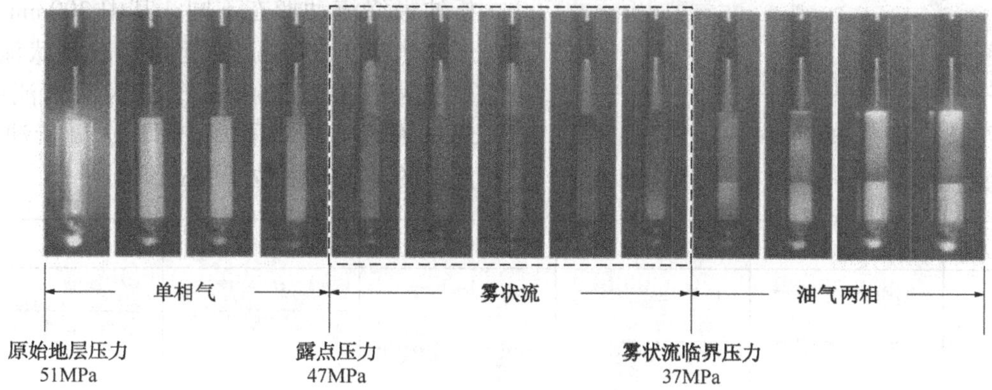

图 2　凝析气衰竭过程观测图

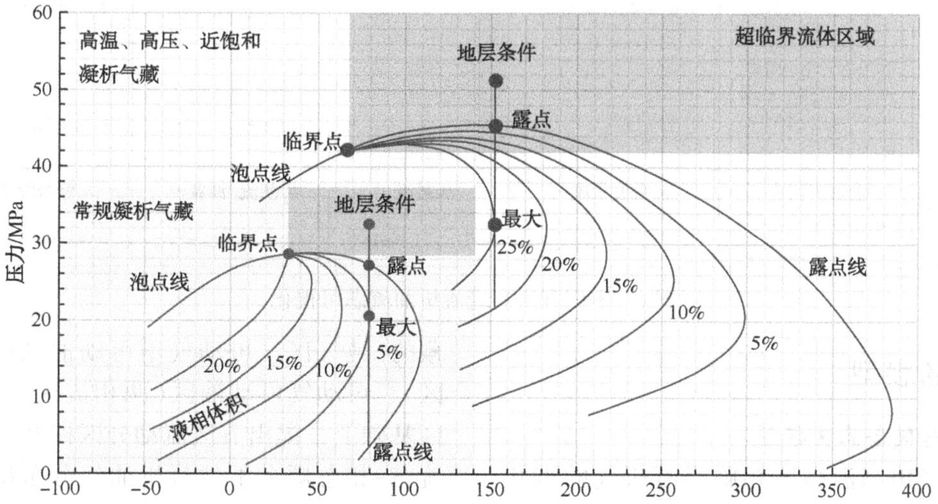

图 3　高温、高压、超临界凝析气和常规凝析气 P-T 相图对比

2.2　近井速度剥离效应

B气田开展了4口井的产能试井测试。与常规认识不同，气井的日产气能力随生产压差的增加而增大，说明气井的反凝析污染得到一定恢复，如图4所示。通过国内外诸多学者研究，该现象由速度剥离效应造成。由不同温度下的油气界面张力曲线(图5)可见，高温界面张力显著低于低温界面张力，且差距随着压力的增加而增大。在35MPa下，172℃的界面张力<0.1mN/m，20℃的界面张力约为10mN/m。在高温高压下，体系呈超低界面张力状态，近井区域流速大，气体携液作用强，油气毛管数大，体系接近混相状态，凝析油在近井区域的累积量减少，呈现速度剥离效应，反凝析污染得到恢复。

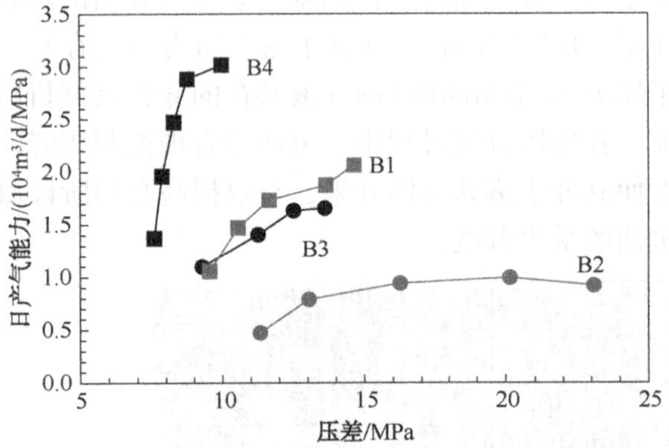

图4　B气田4口气井日产气能力随压差变化

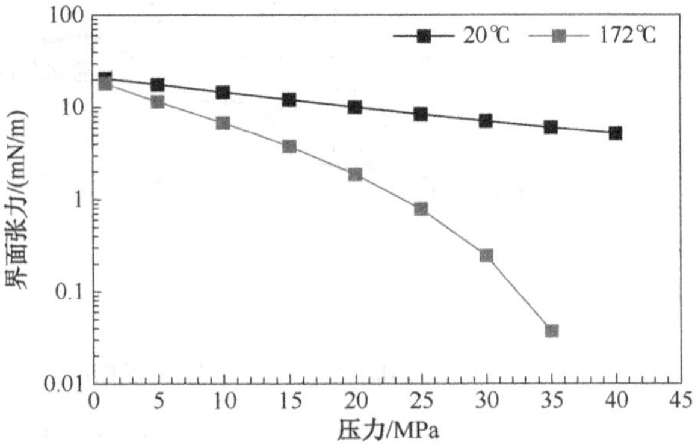

图5　不同温度下的油气界面张力随压力变化

3　多尺度裂缝渗流特征

B气田为潜山裂缝储层，裂缝发育非均质性强，凝析油气在不同尺度裂缝中的渗流特征不同。利用高温高压微流控微观实验技术，开展了五组不同尺度裂缝的单缝凝析气衰竭开发实验，如图6所示。在衰竭开发过程中，不同开度裂缝中凝析油均呈现"雾状微滴–微滴聚集–缝壁捕集–贴壁流动"的演化过程。不同开度裂缝中凝析油最终流动形态不同，其中300mm裂缝为波形膜状流，200mm裂缝为离散波状流，100mm裂缝为活塞流，50mm裂缝为活塞流+波状流，5mm裂缝为停滞段塞。因此，凝析油析出后可流动的开度界限位于5mm。

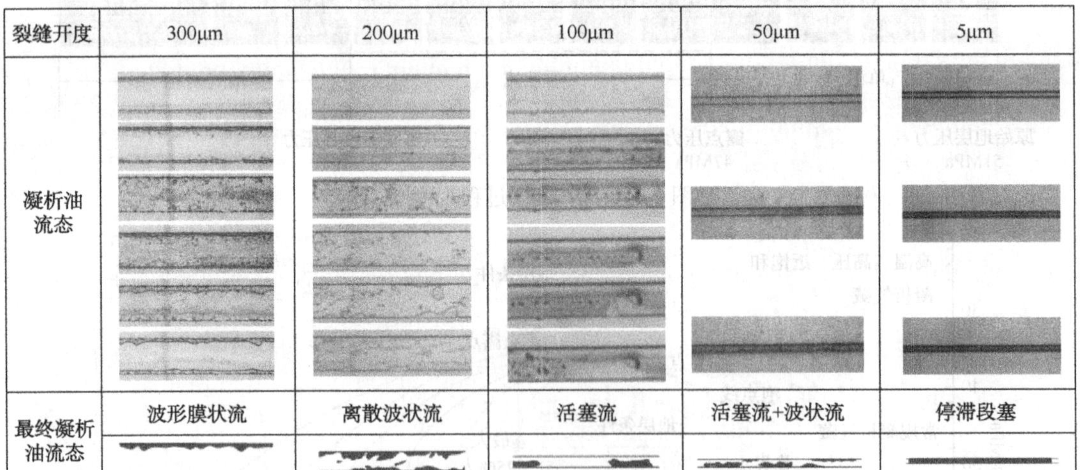

图6　不同开度裂缝凝析油流态可视化

4　产能评价模型

4.1　流–相态耦合五区模型

基于B气田高温高压超临界凝析气的雾状流效应及近井速度剥离效应认识，在常规凝析气藏的"纯气区、可动气不可动油区(凝析油累积区)、可动气可动油区(两相流区)"三区流动分区基础上，提出五区流动分区模型，以准确表征流态–相态耦合下的凝析油气分布特征，如图7所示。不同区域的渗流机理及两相拟压力表达形式如表1。

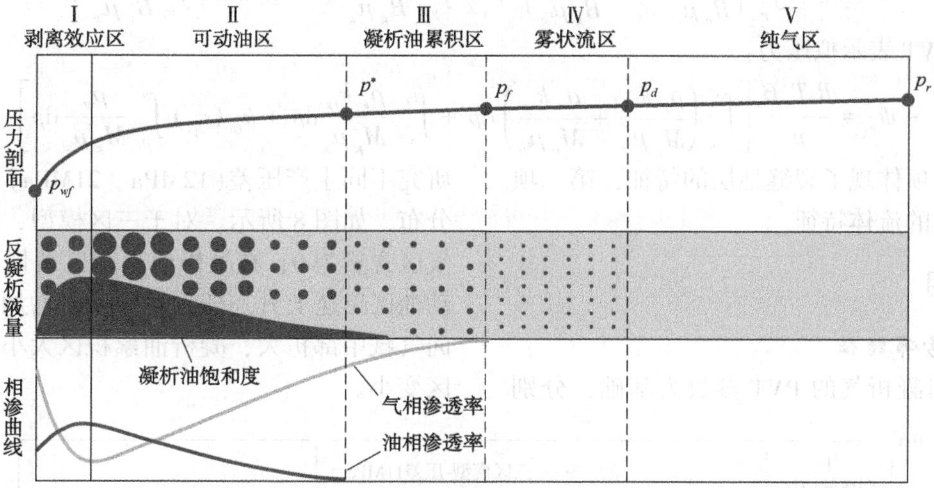

图7　高温高压超临界凝析气藏的五区流动分区模型

表1　五区模型的各区域渗流机理及两相拟压力

分区	渗流机理	两相拟压力(黑油形式)	两相拟压力(组分形式)
Ⅴ-纯气区	单相流动	$k_{rg}(s_{wi})\int_{p_d}^{p_r}\frac{1}{B_g\mu_g}dp$	$\frac{RT_s\beta_s}{p_s}k_{rg}(s_{wi})\int_{p_d}^{p_r}\frac{\rho_g}{M_g\mu_g}dp$
Ⅳ-雾状流区	雾状流效应	$k_{rg}(s_{wi})\int_{p_f}^{p_d}\frac{1}{B_g\mu_g}dp$	$\frac{RT_s\beta_s}{p_s}k_{rg}(s_{wi})\int_{p_d}^{p_r}\frac{\rho_g}{M_g\mu_g}dp$
Ⅲ-凝析油累积区	反凝析净累积	$\int_{p^*}^{p_f}\frac{k_{rg}}{B_g\mu_g}dp$	$\frac{RT_s\beta_s}{p_s}\int_{p^*}^{p_f}\frac{\rho_g k_{rg}}{M_g\mu_g}dp$
Ⅱ-可动油区	反凝析两相流	$\int_{p_w}^{p^*}\left(\frac{k_{ro}}{B_o\mu_o}R_s+\frac{k_{rg}}{B_g\mu_g}\right)dp$	$\frac{RT_s\beta_s}{p_s}\int_{p_w}^{p^*}\left(\frac{\rho_g k_{rg}}{M_g\mu_g}+\frac{\rho_o k_{ro}}{M_o\mu_o}\right)dp$
Ⅰ-剥离效应区	近井速度剥离效应		

对于剥离效应区，利用混相插值系数进行表征：

$$f=\frac{1}{(\alpha N_c)^n+1} \tag{1}$$

式中，N_c 为毛管数：

$$N_c=\frac{v_g\mu_g}{\sigma} \tag{2}$$

流动速度越大，油气界面张力越小，毛管数越大，f 越接近于0，流动接近混相。根据完全非混相油气相渗曲线(初始相渗曲线)和完全混相油气相渗曲线(两条相交直线)，得到不同毛管数下的相对渗透率：

$$k_{rg}=f\,k_{rg}^{imms}+(1-f)\,k_{rg}^{misc} \tag{3}$$

$$k_{ro}=f\,k_{ro}^{imms}+(1-f)\,k_{ro}^{misc} \tag{4}$$

4.2　裂缝气藏地层系数

裂缝发育特征对气井产能具有重要影响。基于裂缝网络逾渗表征理论，并利用离散裂缝组分模型开展数值实验，引入了表征复杂裂缝网络的加权裂缝密度：$C_f\rho_e sin\beta$，进而提出裂缝气藏的等效地层系数：

$$(kh)_f=\ln(w_f^3\rho_e sin\beta)j \tag{5}$$

结合流-相态耦合五区模型以及等效地层系数，得到潜山裂缝型凝析气井产能方程为：

$$q=\frac{2\pi C_1\ln(C_2w_f^3\rho_e sin\beta)h}{\ln(r_e/r_w)}(\psi_r-\psi_w) \tag{6}$$

以黑油PVT表示拟压力：

$$\psi_r - \psi_w = \int_{p_w}^{p^*}\left(\frac{k_{ro}}{B_o\mu_o}R_s + \frac{k_{rg}}{B_g\mu_g}\right)dp + \int_{p^*}^{p_f}\frac{k_{rg}}{B_g\mu_g}dp + k_{rg}(s_{wi})\int_{p_f}^{p_r}\frac{1}{B_g\mu_g}dp \tag{7}$$

以组分 PVT 表示拟压力：

$$\psi_r - \psi_w = \frac{RT_s\beta_s}{p_s}\left[\int_{p_w}^{p^*}\left(\frac{\rho_g k_{rg}}{M_g\mu_g} + \frac{\rho_o k_{ro}}{M_o\mu_o}\right)dp + \int_{p^*}^{p_f}\frac{\rho_g k_{rg}}{M_g\mu_g}dp + k_{rg}(s_{wi})\int_{p_f}^{p_r}\frac{\rho_g}{M_g\mu_g}dp\right] \tag{8}$$

方程第一项体现了裂缝地层的特征，第二项体现了凝析气的流体特征。

5 方法应用

5.1 凝析油分布特征

以 B 气田凝析气的 PVT 参数为基础，分别研究不同生产压差(12MPa、21MPa)下的凝析油分布，如图 8 所示。对于三区模型，凝析油在纯气区含量为 0，在凝析油累积区缓慢上升，在可动油区迅速上升。随着生产压差增加，可动油区向气藏中部扩大，凝析油累积区大小不变，纯气区变小。

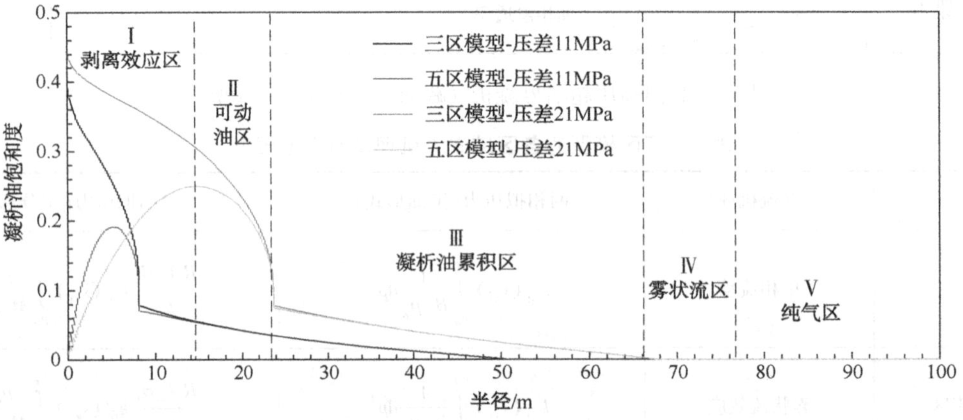

图 8　不同压差下的凝析油饱和度分布

对于五区模型，纯气区、雾状流区、凝析油累积区的流速较小，油气混相程度较弱，凝析油含量与三区模型基本一致。对于可动油区，当凝析油含量增加至一定程度后，进入剥离效应区。该区凝析油含量迅速减低，直至井底处的低饱和度。随着生产压差的增加，剥离效应区向气藏中部扩大，井底处的凝析油饱和度降低，最大凝析油饱和增加。可动油区同样向气藏中部扩大，纯气区范围不断减小，凝析油累积区范围先增大再减小，如图 9 所示。当生产压差达到 30MPa 时，速度剥离效应区域为 24m，即在供给半径的 25%处，凝析油含量达到最大；两相流动区域(剥离效应区+可动油区)可达 38m，即在供给半径的 40%处，油相开始流动。

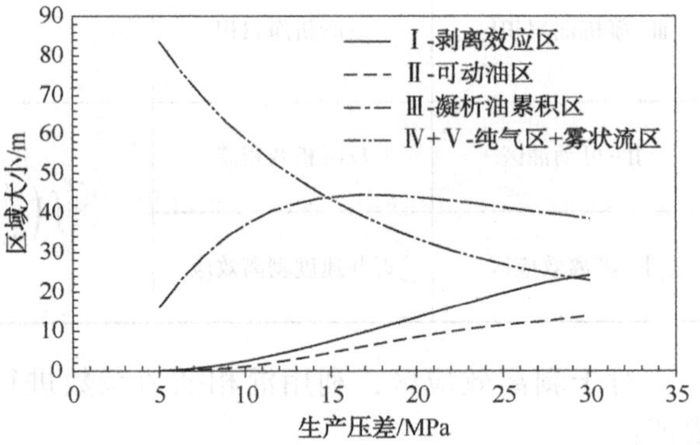

图 9　不同压差下各区域的大小

5.2 产能变化规律

日产气能力随压差的变化关系如图 10 所示。由图可见，计算日产气能力曲线处于常规三区流动曲线与纯气流动曲线之间。随着生产压差的增大，雾状流及速度剥离效应变强，日产气能力曲线逐渐接近纯气流动时的曲线。对于纯气流动，随着生产压差的增加，纯气粘度变低，体积系数变小，气体流动阻力减小，因此纯气流动的日产气能力增强。对于常规三区流动，随着生产压差的增加，凝析油析出量变大，凝析油使气相流动阻力增加，日产气能力变差。实际日产气能力曲线位于二者之间，且雾状流及速度剥离效应的正作用较强，使实际日产气能力随着压差的增加而变大，由此解释了 B 气田气井实测日产气能力随着压差增大而增加的现象。

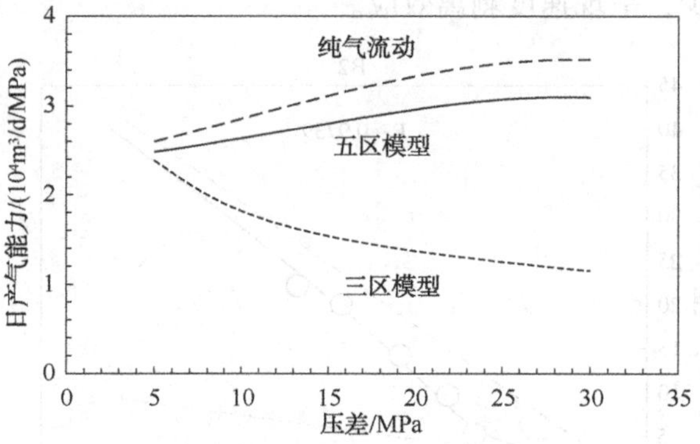

图 10　日产气能力随压差的变化曲线

5.3　产能试井数据解释

由裂缝性凝析气藏产能评价方程式(6)，对于单口气井，其裂缝参数固定，产能主要受凝析气特征的影响。在气井存在多点产能试井数据的条件下，主要对拟压力项进行计算和拟合。拟压力形式较为复杂，矿场实用性不强。结合计算结果和理论分析，对产能方程进行简化，建立一种实用的多点法凝析气藏产能方程：

$$q_s=\frac{1}{1+C\ (q_s)^m}(A_2\Delta p+B_2)+\frac{C\ (q_s)^m}{1+C\ (q_s)^m}(A_1\Delta p+B_1)\#(8)\qquad(9)$$

式中，A_1、B_1、A_2、B_2、C、m 均为拟合常数，且$A_1>A_2>0$，$B_2>0>B_1$。

采用式(7)对产能试井数据进行解释时，可采用试算法：首先在取值范围内生成一系列的纯气曲线和三区模型曲线，之后以 $ln[f_q/(1-f_q)]$与 $ln\ q_s$的线性关系为拟合目标，获得六个参数的最优值。B气田两口气井的拟合结果如图 11 所示。可见，拟合效果较好，拟合优度$R^2>0.97$。式(9)为凝析气井产能评价提供了一种实用的方法。

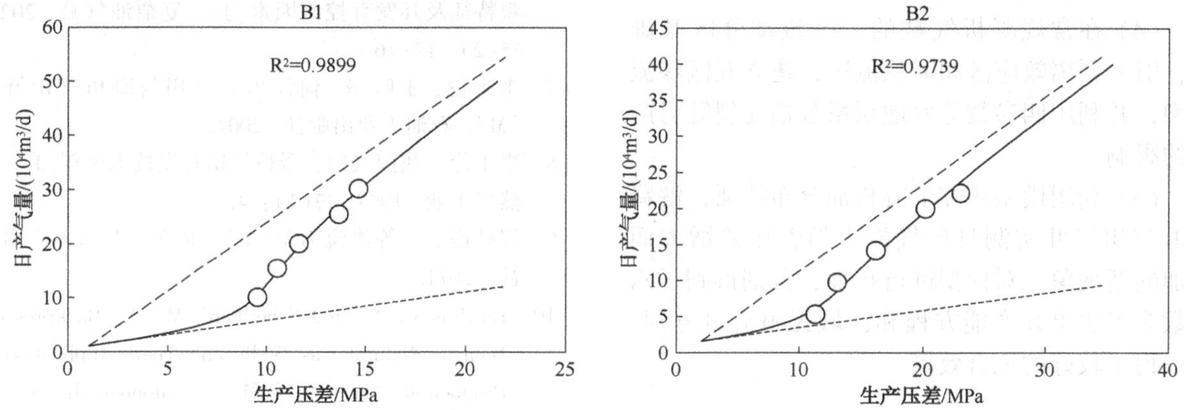

图 11　B1 井和 B2 井拟合效果图

对于同一区块的多口气井，若流体系统和压力系统相同，则不同井之间的产能受裂缝特征的影响。若气井存在单点或无产能试井数据的条件下，主要对裂缝参数项拟合。基于式(6)，建立区域无阻流量方程：

$$q_{AOF}=\frac{2\pi\ C_1\ln(C_2w_f^3\rho_e sin\beta)\ h}{\ln(r_e/r_w)}(\psi_r-\psi_0)\quad(10)$$

对于相同的流体及压力系统，区块不同气井的无阻流量与等效地层系数呈如下关系：

$$q_{AOF}=A_1\ln(w_f^3\rho_e sin\beta)\ h+A_2\qquad(11)$$

式中，A_1及A_2为拟合常数。上式建立了裂缝气藏无阻流量与裂缝参数的关系，可见无阻流量与等效地层系数呈线性关系。

统计 B 气田无阻流量与等效地层系数关系图(图 12)可见，无阻流量与等效地层系数呈现较强的线性关系，验证了方法的准确性。利用拟合关系式，可快速计算 B 气田后续开发井的无阻流量，为 B 气田的井网部署和气井配产提供了依据，也为类似裂缝气田的开发设计提供了参考。

6　结论

本文利用室内实验、数值模拟、动态分析等手段，研究了超临界凝析气的相变特征以及多尺度裂缝渗流规律，建立了裂缝型凝析气藏产能评价模型并开展了应用。主要结论如下：

(1) B 气田超临界凝析气在露点压力的下一段压力区间(10MPa)存在气液共存的雾状反凝析特征，析出的凝析油悬浮在高密度气体中，呈现雾状临界乳光现象。

(2) B 气田高温高压下体系呈现超低界面张力状态，且近井区域流速大，油气毛管数大，体系接近混相状态，凝析油在近井区域的累积量减少，呈现速度剥离效应。

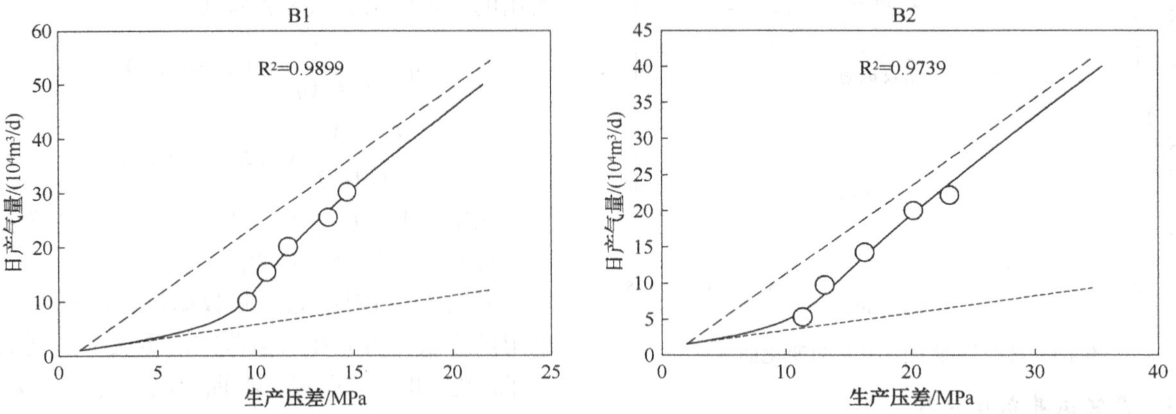

图 12　等效地层系数与无阻流量的关系图

（3）在衰竭开发过程中，裂缝中凝析油呈现“雾状微滴-微滴聚集-缝壁捕集-贴壁流动”的演化过程，且凝析油流动的开度界限为 25mm，凝析油在小于 25mm 的裂缝中为停滞段塞。

（4）在常规凝析气藏的三区流动分区基础上，引入剥离效应区和雾状流区，建立五区渗流模型，并利用四参数等效地层系数描述裂缝对产能的影响。

（5）利用模型研究了凝析油分布特征，解释了 B 气田气井实测日产气能力随着压差增大而增加的新现象。对模型进行扩展，分别得到了六参数多点法单井产能方程和区域无阻流量方程，并取得了较好的拟合效果。

参 考 文 献

[1] 王粤川，于海波，彭靖淞，等．渤海海域潜山油气藏形成条件与富集模式[J]．中国海上气，2021，33(3)：28-38.

[2] 康凯，赵林，罗宪波，等．裂缝性潜山气藏产能评价新方法及其应用[J]．中国海上油气，2021，33(3)：100-106.

[3] 周东红．渤海油田深埋潜山储层预测关键技术研究—以渤中 19-6 潜山为例[J]．中国海上油气，2021，33(3)：69-76.

[4] 范廷恩，牛涛，范洪军，等．渤中 19-6 凝析气田太古界潜山储层地质模式及开发策略[J]．中国海上油气，2021，33(3)：85-92.

[5] 谭先红，范廷恩，范洪军，等．渤中 19-6 气田裂缝性低渗巨厚储层立体井网部署研究[J]．中国海上油气，2021，33(3)：107-113.

[6] 齐玉民．渤海海域渤中 19-6 基岩潜山储层孔隙微观特征及其发育控制因素[J]．复杂油气藏，2022，15(2)：12-16.

[7] 李士伦，王鸣华，何江川．气田与凝析气田开发[M]．石油工业出版社，2004.

[8] 李士伦．我国气田，凝析气田开发技术展望[J]．天然气工业，1997，17(1)：4.

[9] 程林松．高等渗流力学[M]．北京：石油工业出版社，2011.

[10] Rawlins E. L. and Schellhardt M. A：Backpressure Data on Natural Gas Wells and Their Application to Production Practices [M]. Monograph Series, USBM, 2012.

[11] Fevang O., Whitson C. H. Modeling Gas-Condensate Well Deliverability [J]. SPE Reservoir Engineering, 1996, 11(4): 221-230.

[12] Mott R., Cable A., Spearing M.. Measurements and Simulation of Inertial and High Capillary Number Flow Phenomena in Gas-Condensate Relative Permeability [J]. SPE62932.

[13] 何志雄，孙雷．凝析气井产能分析新方法[J]．天然气工业，1996，16(005)：32-36.

[14] 齐明明，雷征东，康晓东，等．综合高速效应的凝析气藏流入动态[J]．石油钻采工艺，2006，028(003)：74-77，80.

威远区块深层页岩气生产特征及潜力评价

张廷帅

（中国石油集团长城钻探工程有限公司）

摘　要　四川威远页岩气田长城钻探区块已累计投产二百余口水平井，目前开发重心已从浅层、中浅层向深层页岩气转变。深层页岩气井除了在生产特征表现与浅层、中浅层存在差异之外，深层页岩气井在生产过程中更容易受井筒积液、压裂水淹、油管腐蚀等多因素影响，导致常规评价气井可采储量的方法不太适用深层页岩气。而准确地评价气井生产潜力，对于后续气井挖潜、提高采收率的工作十分重要。因此本文通过从剩余地层能量、生产差异以及剩余气藏通道几个方面评价气井剩余潜力的大小，分别代表了气井剩余地层供气能力、剩余供气通道和生产过程中受外界因素影响程度。为评价深层页岩气井生产潜力提供另外一种思路，在实际的页岩气井生产管理中，取得了较好的措施增产效果。

关键词　深层页岩气；生产特征；潜力评价；提高采收率；气井挖潜

威远页岩气田于2014年开始建产，长城威远区块于2015年投产第一口页岩气井，至今已投产页岩气井二百余口，建成15亿方产能。目前开发重心已从浅层、中浅层向深层页岩气转变。虽然均采用多段压裂水平井开发，放压式生产制度相同，但由于深层页岩气地质条件、压裂配套施工参数等差异，深层页岩气在生产过程中表现出来的特征与前期开发浅层、中浅层有一定差异。

截至2023年底，长城威远区块深层页岩气井平均累产仅仅占其预测可采储量的40%左右，超过半数的剩余气尚未采出，剩余潜力巨大。

大多数页岩气井可以通过建立单井的解析或数值模型，通过开展历史拟合，从而预测气井可采储量。但深层页岩气井开发过程中，部分气井受外界因素如邻井压窜水淹、油管腐蚀和井筒积液等的影响大，这些因素会导致井筒流态变化情况复杂，目前的可采储量预测方法不能模拟上述情况，况且从已经投产的深层页岩气井发现，不同地质条件甚至相似地质条件的井，压裂后产量差异明显，可以理解为深层页岩气储层的压裂改造效果存在差异，相当于储层改造后渗透率差别很大，而主流的解析法预测气井可采储量，渗透率的取值往往取决于操作人的经验，预测结果准确性无法保证。本文主要从剩余地层能量、生产差异以及剩余气藏通道几个方面评价气井剩余潜力的大小，为后续筛选重点井挖潜提供依据。

1　深层页岩气井生产特征分析

从长城威远区块地质条件来看，深层页岩气井压力系数高、埋深超过3500m，通过对比浅层、中浅层与深层页岩气井生产情况发现，深层页岩气井相比与浅层页岩气井，其开井压力高、初期峰值产量高、但递减速度快，统计了39口深层页岩气井生产数据，平均开井压力49.3MPa，初期峰值产量34.3万方/天，首年递减率66%(表1)。

表1　长城威远区块浅层、中浅层与深层页岩气井生产参数对比表

项目	浅层	中浅层	深层
井数/口	62	26	39
开井压力/MPa	36.8	38.8	49.3
峰值产量/10^4m^3	27.8	28.5	34.3
首月压力降/MPa	10.8(38%)	11.4(40%)	19.4(43%)
首年产量/10^4m^3	3868	3911	4297
首年递减/%	57	58	66
第二年递减/%	31	32	36
第三年递减/%	22	23	25

以X井为例：该井2022年9月投产，开井压力49MPa，初期峰值产量25万方/天，投产首月压力由39.6MPa下降至19.9MPa，下降50%，目前该井日产气2.63万方/天，累产气2095万方，返排率45%。

2　深层页岩气井生产潜力评价

深层页岩气井生产过程中，其剩余潜力的大

小主要受限于三个方面，分别是剩余地层能量、剩余有效裂缝体积和生产差异产量，分别代表了气井剩余地层供气能力、剩余供气通道和生产过程中受外界因素影响程度。通过合理的方法计算这三个因素的大小，筛选出剩余最多的因素针对性的开展挖潜措施，能有效增加排采措施效果，增加气井采收率，实现气井产能最大化。

2.1　利用气井剩余地层能量表征生产潜力

地层压力能直接反映页岩气藏能量大小，因此能及时了解气藏开发当前的地层压力，对于掌握气井剩余开发潜力的大小具有十分重要。目前，威远页岩气田现场主要通过关井测压来获取气井地层压力，但由于这种方法一般需要关井3~5天甚至更久才能获取较为准确的地层压力值，这样测量不但直接影响气井产量，影响区块产值目标的完成，关井时间太长还会造成气井井筒内积液无法及时携出井筒，严重时会导致气井水淹无法重新开井生产。因此关井测压在威远现场难以大规模开展，多数气井无法及时有效获取地层压力。

本文通过不稳定产量分析法(RTA)，通过威远区块百余口页岩气井生产历史和井口压力数据分别建立单井解析模型，通过历史拟合，实现在不关井的情况下计算地层压力(表2)。

表2　建立模型需输入参数

序号	参数名	获取方式
1	原始地层压力	微压裂测试、压力恢复试井
2	含气饱和度	测井解释、取心实验室测定
3	孔隙度	测井解释、取心实验室测定
4	渗透率	微压裂测试、压力恢复试井
5	压缩系数	取心实验室测定
6	兰氏体积	取心实验室测定
7	兰氏压力	取心实验室测定
8	有效水平段长度	实际压裂数据
9	压裂段数	实际压裂数据
10	裂缝半长	微地震监测、压力恢复试井
11	裂缝高度	微地震监测
12	产量	单井计量
13	井底流压	实测井底流压校正

在拟合后的模型上，可以模拟预测产气量、井底流压以及地层压力变化过程，为评价气井储层能量和产能提供依据(图1)。

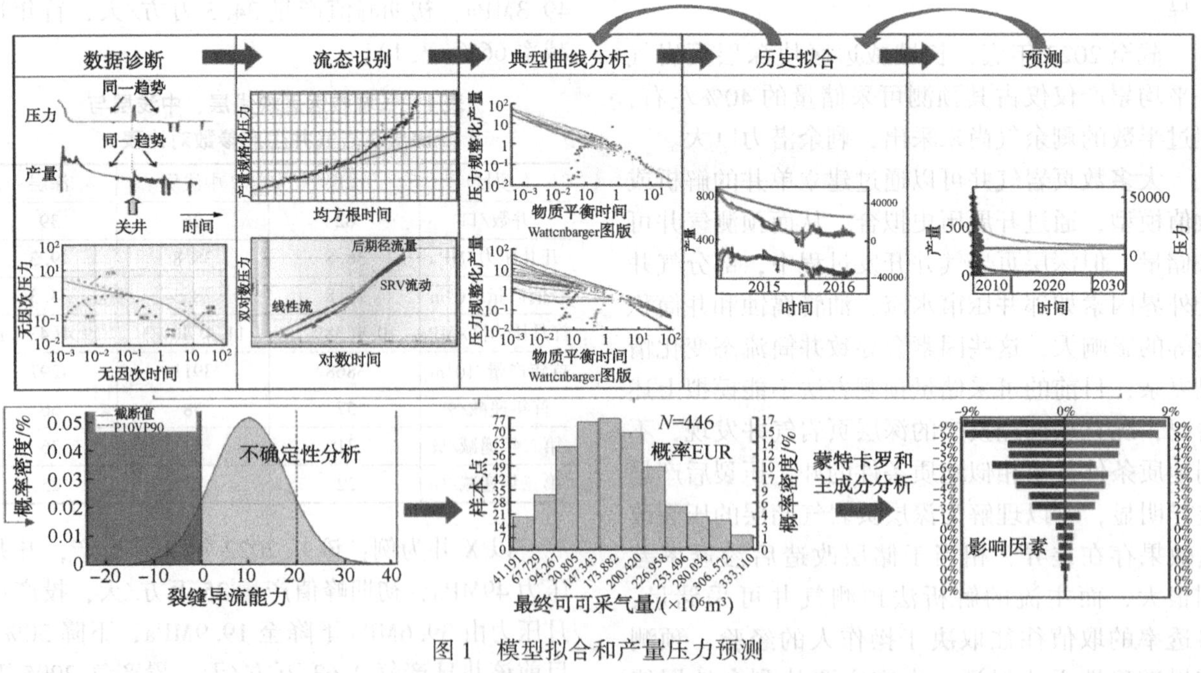

图1　模型拟合和产量压力预测

通过百余口井地层压力预测与现场关井实测数据对比发现，预测压力与实测压力间的绝对误差在1MPa以内，说明该方法用于评价地层压力基本可靠。特别是地质情况比较清楚、生产历史较长、产量保持相对稳定的气井，预测压力基本与实测压力一致。将获取的气井目前地层压力与原始地层压力对比，根据地层压力的剩余程度判断气井剩余潜力大小。通常情况下，剩余地层压力越高，气井剩余潜力越大。

2.2 利用页岩气井剩余有效裂缝体积与气井剩余生产潜力

页岩气井经过水力压裂形成人工缝网，这些缝网往往十分复杂，还存在人工裂缝沟通天然裂缝的情况。在压裂结束气井开始返排时，由于地层压力下降，部分缝网发生闭合不再与井筒连接，而有效裂缝体积指的是气井开井返排后，与井筒有效沟通，对后期生产产生贡献的裂缝体积。

在实际生产中，由于气井压裂后裂缝的形态和复杂程度往往很难获得，初始有效裂缝体积很难直接计算或者通过设备测量得出，导致剩余有效裂缝体积也很难得出。在这里，我们通过更换思路，假定返排开始前，有效裂缝内充满了压裂液，同时返排后返出的水也全部来自有效裂缝。由于水是不可压缩流体，其在地层和地面体积基本保持不变，因此，我们可以近似认为气井返排出的总液量就约等于初始有效裂缝体积。

但由于页岩气井生命周期长，气井在全生命周期内能累计排出的总液量同样很难获得。在这里，我们通过查阅文献，发现在美国上百口页岩气井统计分析中，当作出日产液量与累产水量的关系曲线时，可以发现它们之间的关系呈一条直线，这一直线关系在气相突破，两相流返排阶段后尤为明显。将这一直线趋势外推，当气井生产至产液量降为0无法继续生产时，可以估算出最终返排总液量。

一般情况下，压裂液在裂缝中起到支撑裂缝的作用，随着气井的生产，压裂液不断从裂缝中返出，裂缝失去压裂液的支撑从而闭合。这里，我们认为裂缝失去压裂液的部分会完全闭合。因此，剩余的有效裂缝体积即为初始有效裂缝体积与总返排液量的差值，也是气井在生产过程中剩余的有效供气通道的体积，其大小也直接影响了气井剩余潜力的大小。

我们在威远区块百余口对这种方法进行了验证，发现威远区块页岩气井的日产液量与累产水量之间也存在这种直线关系，通过这种方法，可以有效获得各井初始有效裂缝体积。

而由于压裂液在裂缝中起到支撑裂缝的作用，随着气井的生产，压裂液不断从裂缝中返出，裂缝失去压裂液的支撑从而闭合。这里，我们认为裂缝失去压裂液的部分会完全闭合。因此，剩余的有效裂缝体积即为初始有效裂缝体积与总返排液量的差值，也是气井在生产过程中剩余的有效供气通道的体积，其大小也直接影响了气井剩余潜力的大小。一般来说，剩余有效裂缝体积越大，剩余潜力相对也越大。

2.3 利用生产数据与标准井差异反映气井剩余潜力

页岩气井在生产过程中，受邻井压窜水淹、油管腐蚀和井筒积液等外界因素影响，其产量会受到不同程度的影响，与未受到外界因素干扰下的理想产量之间存在差异，这一差异产量的大小影响气井剩余潜力的大小。

由于实际产量是一个确定的数，气井差异产量的确定主要取决于理想产量的计算。它的计算方法是分析投产井初期生产数据，分析递减趋势，拟合不同地质区域、不同类别井标准生产曲线，求取其递减率参数作为标准参数。将此递减率应用到其他页岩气井，即可以计算得出其理想状态下气井累产（图2）。

一般来说，气井实际产量与理想产量之间的产值越大，气井剩余潜力就越大。但这一潜力的发挥需要配合后续合理工作制度的制定以及有效排采措施的实施。

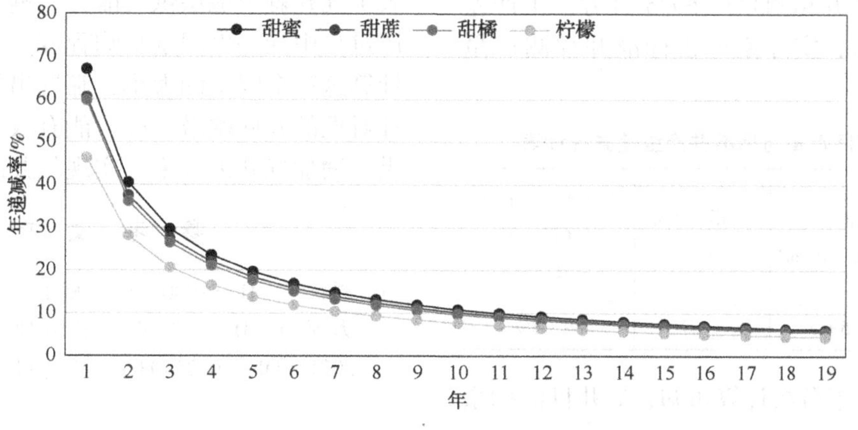

图2　不同地质区域标准井日产曲线图

3 现场应用实例

目前，该潜力评价方法已经在威远区块展开应用。以Y井为例：

3.1 剩余地层能量

根据RTA软件模拟的地层压力变化过程，截止2021年底，Y井剩余的地层压力约为36MPa，相较于投产前该井接近80MPa的地层压力，其剩余的地层压力较低(图3)。

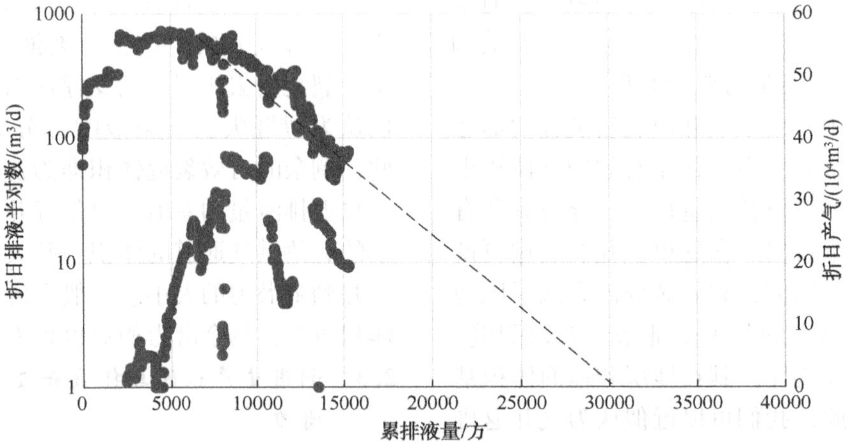

图3

3.2 剩余有效裂缝体积

根据Y井返排阶段日产液和累产液关系曲线，将后半段直线段延长至x轴(累产液)，可以读出有效孔隙体积预测结果，约为30000方。再根据2021年底该井实际累产液21629方，计算可知其剩余有效裂缝体积威8371方(图3、表3)。

表3 Y井剩余有效裂缝体积计算表

井号	有效裂缝体积/m³	目前返排液量方/m³	剩余有效裂缝体积方/m³
Y井	30000	21629	8371

3.3 生产差异产量

通过标准井递减率拟合的Y井预测产量与其实际产量相对比，该井2021年底实际累产5299万方，标准井预测累产5935万方，生产差异产量637万方，实际累产占标准井预测产量89.28%(表4)。

表4 Y井实际产量与标准井产量差异统计表

井号	实际累产/10^4m^3	标准井预测累产/10^4m^3	生产指标差距/10^4m^3	实际累产占标准井预测产量百分比/%
Y井	5299	5935	-637	89.28%

通过三个因素分析计算可知，Y井目前剩余地层能量低，但还有一定的剩余有效裂缝体积，其实际产量与标准井预测产量也有一定差距。根据气井挖潜措施分析，该井后续可通过举升排液措施排除井筒积液，提高气井返排率，帮助气井提高产量。

4 结论

(1) 深层页岩气相比浅层、中浅层，其生产表现存在明显差异，具体表现威初期压力高、产量高，但压力初期递减快，首月下降43%左右，首年产量递减率66%左右。

(2) 深层页岩气井生产过程中，其剩余潜力的大小主要受限于三个方面，分别是剩余地层能量、剩余有效裂缝体积和生产差异产量，分别代表了气井剩余地层供气能力、剩余供气通道和生产过程中受外界因素影响程度。通过合理的方法计算这三个因素的大小，筛选出剩余最多的因素针对性的开展挖潜措施，能有效增加排采措施效果，增加气井采收率，实现气井产能最大化。

参考文献

[1] 刘新菲. H气田须二段气藏生产动态分析及开发潜力评价[D]. 北京：中国地质大学(北京)，2021. DOI：10.27493/d.cnki.gzdzy.2021.001705.

海上深层低渗透油藏压裂开发效果与启示

肖大坤 刘 帅 孔星星 邹明俾 江媛媛

（中海油研究总院有限责任公司）

摘 要 海上低渗透油气资源丰富、分布广泛，但受海洋特殊作业环境、技术和经济性等限制，经济有效开采难度大，攻克技术瓶颈、推进规模化开发意义重大。历经多年实践，充分吸收陆上油田开发经验，立足少井高产，围绕"四个匹配"攻关形成了具有海上特色的低渗有效开发技术路径，包括5项关键技术内容，即储层综合评价、有效能量补充、地质工程一体化、压裂工艺工具与经济评价，成功突破20mD以上低渗透油藏开发瓶颈，并逐渐下探至5mD近特低渗油藏有效开发，有力推进了海上低渗油田开发进程。未来将进一步探索深层–超深层油气领域关键技术，研发大型压裂作业技术装备，打造海上低渗"CO_2驱油+埋存"联合工程。

关键词 海上低渗透油气田；压裂开发；地质工程一体化；能量补充；降本增效

近年来，加大油气勘探开发力度、保障国家能源安全的能源战略，对海上油气资源勘探开发提出高要求，低渗透油气田作为增储上产的主力军，推进有效开发势在必行。历经"十二五"、"十三五"的攻关，基本形成了海上低渗透油气"以好带差"依托开发和挖潜开发技术策略，建立了20mD以上低渗透油藏有效开发技术，开辟了海上水平井多级压裂先导试验，积累了注气开发技术经验，技术推动海上低渗透油田初步建成一定年产规模。然而，低渗产量的构成基本以20~50mD为主，整体依然面临储量动用低、采出程度低、单井产量低的"三低"现状，以少井高产为目标，进一步提高20~50mD低渗储量采收率、提高5~20mD储量动用率并逐步下探小于5mD的低渗储量，是海上低渗透油气田经济有效开发的关键。本文结合海上典型低渗透油气田开发实践经验，阐述了海上低渗透油气田资源特征、开发历程、关键技术与未来5~10年内的攻关方向。

1 海上低渗开发历程、经验与启示

海上低渗透油田自1990年首次钻遇低渗储层以来，数十年间不断获得储量发现，开发工作主要集中于低渗相对优质储量。自2004年起，随油价上涨和勘探发现增多，开展试验性开发，逐步认识到渗透率30mD以上的低渗储量具有商业开发机会。2008年至今，通过以好带差的方式动用低渗储量成为低渗开发的常态，逐步形成渗透率10~30mD的低渗储量开发技术体系，对渗透率10mD以下的储量开展技术试验，并在南海西部取得一定效果。

目前，海上低渗透储量，动用储量物性以20mD以上的常规低渗油藏为主，多分布在有依托条件的在生产油田，但是单井累产低，采收率5%~15%。部分相对成熟的低渗开发油田开始出现注采井网不完善、注水能力下降、产量递减加快的问题，渗透率10mD至20mD低渗透油藏显示初期产能低、水驱补能困难，正在开展压驱自补能试验推进有效动用。由于地层能量不足、相对高渗层发育程度较低、储层特征与压裂工艺的匹配性较差等因素，通过压裂增产下探渗透率低于10mD的近特低渗储层产能，仍处于试验阶段，压裂作业大多数是单层压裂作业，规模小，压后产量递减快、有效期短、达产率较低，开发效果有待进一步提升。

虽然海上低渗透和特低渗透储量存量大、分布广，但受海洋作业环境、技术和经济性等诸多条件限制，油气田开采难度大，开发过程中的"层内、层间、平面"三项开发矛盾导致低渗透油气储量动用率低、产量贡献不高，进一步突进规模化开发进展缓慢，经济有效开发面临严峻挑战：第一，海上经济开发对单井累产和初产要求高；第二，在井控范围内，海陆对比，尽管技术采收率水平相当，但由于海上不具备陆上整体加密井网条件，在海上稀井网条件下，实现低渗透油田技术采收率将更难。多年开发历程表明，由于海上低渗透油藏成因类型、施工条件、作业难度与经济性等要求，在借鉴陆上低渗透油田开发经验的同时，亟需构建适应于海上特点的地质工程一体化技术理念和研究方法。

第一，海上古近系低渗油藏包含扇三角洲、辫状河、湖泊、海相等多种沉积类型，储层有厚层、厚薄交互层、薄互层等多种砂岩样式，储量动用程度及生产特征差异大，不同油田渗透率相近的储层单井产能差异大，表明地质工程甜点发育规律十分复杂。目前主要的低渗透储层分类评价方法所反映的维度以储层物性、微观特征及产能水平为核心，难以刻画海上实际开发特征，需要构建反映不同成因类型低渗储层结构、产能水平及其对应开发方式(井网井型、补能方式、储层改造方式等)的综合分类方法，以适应地质工程一体化研究的需要。

第二，海上油田施工环境、开发模式、开发成本等与陆上差异大，海上油田单井初产、累产要求高，陆上地质工程一体化经验难以直接应用于海上。例如，随着储层物性降低(从 10mD 以上的常规低渗至低于 0.1mD 的超低渗储层)，陆上油田通过定向井变水平井、延长水平井长度、压裂规模由“三低”压裂(低液量、低砂量、低排量)提高至体积压裂等手段，解决更低渗透率储层初期产能低的难题，由注水开发转为注气开发应对更低渗透率储层递减快、单井累产低的挑战。然而，当上述成熟经验应用于海上时，通常面临载体空间有限压裂规模受限、气源不充足或注气设施成本高等一系列不利因素。

2　低渗透油气藏有效开发关键技术

根据上述三项策略，从低渗储层评价、有效能量补充、地质工程一体化、压裂工艺工具、经济评价 5 个方面进一步明确了海上低渗透油气藏有效开发的技术路径。

(1) 储层综合评价技术

低渗透储层评价旨在通过合理的分类，全面地反映不同成因类型低渗储层的主要宏微观特征、产能水平及影响因素，落实地质工程甜点特征、有效判断开发潜力并为其明确合理的开发方式，关键在于评价参数的优选。陆上油田一般采用以“五元”参数(主流喉道半径、可动流体占比、拟启动压力梯度、黏土矿物含量、原油粘度)为主的综合分类指数法来表征储渗空间孔隙结构、渗流特征、固液作用强度及阻力，从而达到综合评价低渗储层的渗流能力和开发潜力的目的。在此基础上，为了进一步反映低渗透储量规模，提出了海上低渗透储层综合评价的“6+6”参数，即渗流能力评价 6 参数(渗透率、启动压力梯度、应力敏感性、主流喉道半径、黏土矿物类型及含量、原油黏度)、可采储量评价 6 参数(油层厚度、有效孔隙度、净毛比、可动流体饱和度、砂体面积、储层非均质参数)。

图 1 为优选主干砂层均厚(厚度>5m 的砂体累计厚度)、主干砂层渗透率与开发井初期产能(初期三个月)参数建立的海上低渗透油藏储层分类与开发方式映射图版，根据各区间生产井的实际效果，共划分为 5 个区间：区间①②主干砂层均厚>15m，以三角洲/辫状河三角洲叠置互层厚砂储层为主，以提高甜点钻遇率及增加井控动用储量为目的，需采用长水平井、分支井斜穿多

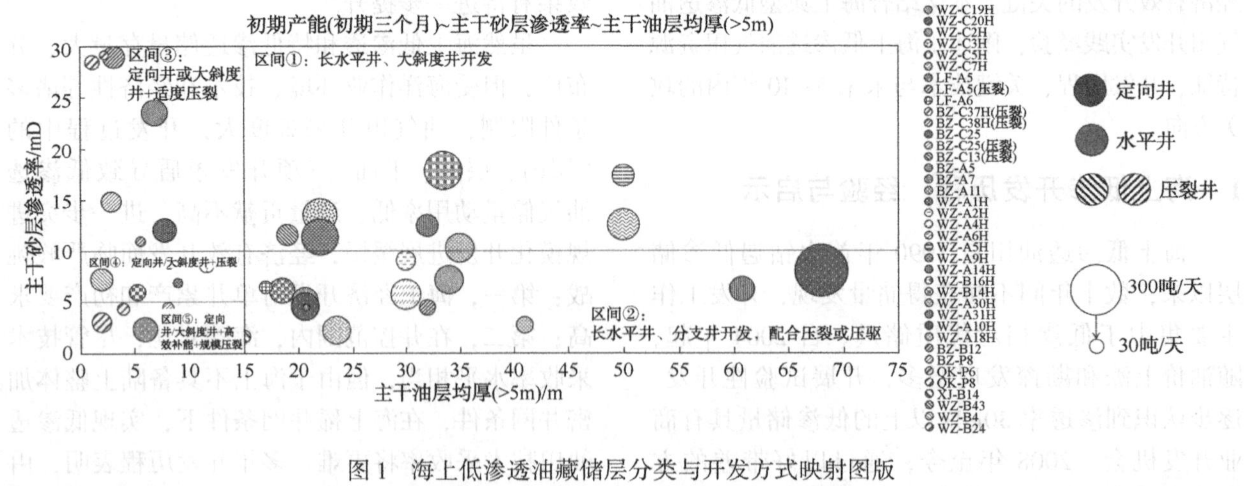

图 1　海上低渗透油藏储层分类与开发方式映射图版

层地质甜点，对于甜点钻遇率较低的部位通过压裂辅助；区间③主干砂层均厚<15m，以扇三角洲厚薄互层砂型储层为主，以提高空间储量动用程度为目的，需采用定向井或大斜度井井型，开

展适度压裂提高纵向多层的储量动用；区间④⑤主干砂层均厚<15m，以扇三角洲薄互层砂型储层为主，以增加井控动用储量为目的，需采用定向井或大斜度井，开展大规模压裂并适度补充能量建立空间均衡驱替系统。

（2）有效能量补充技术

提前培育地层能量，兼具提高初产和延缓递减、保障累产的作用，采用何种补能方式需低渗油藏特征而定。

对于相对整装、储层连通性较好的油藏，优先通过完善注采井网，尤其是通过酸化解堵或微压裂等方式着重提升注入井端的注入能力。对于独立断块或小型孤立砂体油藏，无法形成注采系统，可采用单井自驱替自补能的方式（如压驱补能、CO_2吞吐、烃类气吞吐或表活剂吞吐）。2022~2023年海上首次在南海西部古近系流沙港组流二段断块复杂、薄互层（单砂层厚度<3m）、低渗（10~20mD）油藏实施了4口压驱井实践，通过注入9000~35000方含表活剂的压驱液补能，将原本亏空严重的低渗油藏地层压力系数提升了0.1~0.2，投产后初产达到51~85吨/天，平均67t/d，相比压驱实施之前，增产倍数1.3~12.5倍，平均5.8倍，增油量10~65t/d，平均39.2t/d。

当下影响海上注气开发效果的主要因素为气源成本、气源稳定性及安全生产监测，并且CO_2驱和减氧空气驱虽能实现防腐，保证注入井和采油井长时间稳定工作，但是防腐成本较高。已开展的两个注气试验区，渤海低渗油田注天然气试验区、南海涠洲地区低渗油田注天然气试验区矿场实践表明，受平台限制以及注气压缩机功率影响，注气时间短及注气量不足导致受效缓慢。

（3）地质工程一体化

“地质工程一体化”概念的提出已近二十年，旨在围绕提高平均单井产能，以综合地质研究为基础，以三维地质模型为核心，在油气藏勘探开发的不同阶段，开展具有前瞻性、针对性、预测性、指导性、实效性和时效性的动态研究和及时应用，配合有效的组织管理和作业实施，对钻井、固井、压裂、试采、生产等多学科知识及工程作业经验进行系统性、针对性和快速的积累和丰富，对钻井、压裂等工程技术方案进行不断调整和完善，在区块、平台和单井3种尺度，分层次、动态地优化工程效率与开发效益，实现提产增效的中长期目标。国外应用的典型油气田如加拿大Montney、美国Eagle Ford和二叠盆地Wlofcamp、墨西哥油田、滨里海盆地Zanazour等区块，国内如长宁、威远、昭通、库车地区、三塘湖等区块，施工周期得到大大缩减，产油（气）量、钻遇率获得大幅提升。地质工程一体化对技术团队内的多学科背景与数据整合提出了较高的要求，相关理念、工作流程与技术方法已成为陆上低渗-致密油气、页岩油气等非常规资源开发的核心。

与陆上相比，海上基于低渗开发“少井高产”的地质工程一体化，根本在于立足地质工程甜点分布构建开发井之间空间均衡驱替系统，最大幅度提高储量控制和采出程度，降低低产低效井比例，由此形成具有海上特色的“四个匹配”。

① 井点与地质工程甜点匹配

地质甜点作为低渗储层中物性相对较好、可提供较高油气产量、具有相对持久经济效益的部分，与低渗储层的主力沉积微相带、溶蚀改造优势带密切相关，是保证单井累产的基础。工程甜点作为低渗储层中脆性好、可压性较高的部分，与岩石矿物组成、破裂压力、地应力及天然裂缝发育程度等紧密相关，是压裂作业的优势区域和保障单井初产的基础。因此，该匹配的要点在于，基于双因素系列优选评价指标，通过低渗储层综合评价划分甜点的“甜度”等级，围绕甜点分布与规模部署注、采矢量井网，形成高效的能量补充和传递系统，最大程度地保障单井初产和累产。

② 井网与压裂裂缝匹配

压裂改造具有两面性，既是低渗增产的有效手段，也是导致后期窜流的因素，尤其是低渗透油藏由于启动压力梯度的影响，驱动压力梯度应大于启动压力梯度，通常采用缩小井距的方式保障注采受效，但会加剧水窜或气窜程度。因此，注采井网与压裂裂缝之间匹配的目的在于构建均衡驱替路径，兼具实现单井提产、扩大波及范围、延缓窜流时间等作用，具体优化参数包括包括井距排距、注采方位、裂缝穿透比等。

生产井井距除了根据启动压力梯度、开发方式确定技术极限井距以及根据生产井单井累产要求明确最小经济井距外，还应考虑地应力特征开展井网部署与井距排距优化设计。受最大主应力方向和两向应力差的影响，除局部应力扰动带之外，各井压裂裂缝产状一般差异不大，随着两向应力差的增大，压裂裂缝由复杂缝逐渐过渡为双翼缝。因此，为有效避免注入流体沿裂缝突进，提高波及体积，减缓见水时间，需适当沿裂缝方向延长注采间距，井网形式优选由正方形九点井网过渡为菱形九点井网或五点井网，同时综合考虑储层物性、砂体展布方向和连续性优化裂缝穿透比，进一步促进形成有效驱替以及延缓见水时间。

③ 压裂裂缝导流能力与储层渗流能力匹配

该匹配旨在通过耦合压裂裂缝导流能力、地层渗流能力，使基质向裂缝面渗流的能力与裂缝内流动的能力形成合理匹配，构建长期有效的裂缝输导通道，使投入产出比达到最优。为明确最优的裂缝导流能力，采用无因次裂缝导流能力 C_{fD}、支撑剂数量 N_p、无量纲米采液指数 J_D 三个参数建立综合图版(图 2)，反映裂缝质量、压裂规模、压后产能之间的关系。

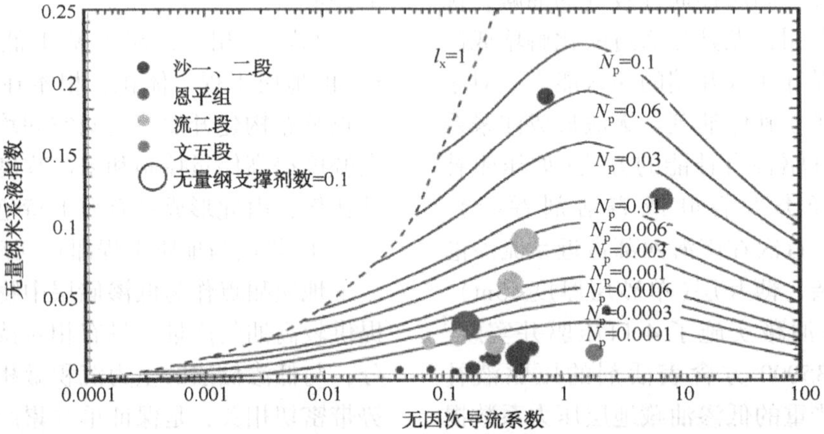

图 2　海上低渗透油藏基于无量纲米采指数的压裂产能预测图版

对于海上 22 口压裂井的地质、施工、压后动态等数据进行处理，进而得到每口井所对应的三个参数。以 J_D 为纵轴，C_{fD} 为横轴，数据点大小反映 N_p 大小，图中数据点代表每口压裂井的数值，曲线为反映三个参数关系的理论模型。数据点显示，大部分井的 C_{fD} 处于理论最优区间(1~3)的左侧，这些位于左侧的点 J_D 随着 C_{fD} 的增大而增大，该现象符合理论模型规律，说明针对海上主要压裂目标地层，还可以继续优化裂缝参数(半长、导流能力)，增大 C_{fD} 至最优区间，从而释放更大产能。根据理论模型，如果加砂量保持不变，当 C_{fD} 大于3时，由于缝长减小，地层流体进入裂缝能力减弱，所以 J_D 随 C_{fD} 增大而减小，超低渗、致密储层中的压裂井通常位于该 C_{fD} 区间。

④ 压裂液与地层性质匹配

海上低渗透油藏压裂施工受平台有限空间限制，利用海水资源配制压裂液是提高作业效率、降低压裂成本的主要手段之一，已普遍应用。相比淡水基压裂液，海水基压裂液配方除了具备滤失少、热稳定性及剪切稳定性好、低残渣、配伍性好、破胶性能好等特点，还需满足 3 个条件，降低对地层的伤害程度：压裂液成分与地层矿物组分相适应，减少粘土矿物对储层的伤害；支撑剂粒径与储层孔喉半径相适应，确保压裂液携带支撑剂进入地层后达到合理铺置溶度，同时避免支撑剂进入地层堵塞喉道；压裂液性能与地层物性相匹配，提高压裂液返排率，降低残渣对地层堵塞。

(4) 压裂工艺工具

依托压裂船和平台的物资存储和施工方式，导致海上压裂规模长期被限制在“千方液、百方砂”的水平。为保障压裂质量，关键的工艺工具包括压裂液连续供给、支撑剂连续输送、压裂精控及裂缝监测、储层保护与压裂液配方、压裂排采一体化管柱等。

压裂液在线连续混配连续供给方面，通过水粉高效混合，消除“鱼眼”，提高搅拌强度达到快速增粘，实现了最高 8 方/小时海水压裂液连续混配装置，实现了 5min 内达到最终粘度的 80%，已具备 3~8 级的水平井多级压裂能力，施工规模可以满足一般低渗透油藏压裂开发技术需要。基于海上压裂液连续混配工艺现状，亟需进一步研发基于均质研磨拉伸工艺与超重力强制分散工艺，实现无熟化罐(动态增粘系统)的高效连续混配技术。

缝高控制方面，鉴于压裂缝高受岩石力学性质、盖底层厚度、射孔厚度和位置、施工工艺等因素影响，通过变密度控缝高、人工隔层、二次加砂压裂、优化射孔、降低破裂压力等技术应用实现裂缝精控。海上主要应用的技术为压裂液变密度控缝高技术，通过在压裂液中加入砂、陶粒或者可溶性钡盐等增大压裂液密度或者柴油、油气水混相泡沫降低压裂液密度，从而可以改变压裂液中的垂向压力分布，从而控制裂缝垂向延伸。

(5) 经济评价

基于依托开发模式，从方案设计、高效建井、连续压裂、平台改造及日常操作维护等各环节进行目标化全过程成本管理，紧控关键成本，并以技术界限反向推动压裂市场形成适合海上低渗开发的合作模式。

建井和压裂成本是海上低渗透开发投资的主要构成。降低建井成本的主要途径为综合各方面资料，统筹优化井身结构、套管设计、提速工具、钻头及钻具，实现一体化高效提速[51-52]，针对非目的层最大化提速，同时针对目的层加强储层保护。此外，油套管费用占钻完井费用比例约20%，高等级防腐管材占比高达40%至50%，通过实施基于分压剖面的组合防腐策略，以套管材质不发生点蚀且均匀腐蚀速率满足全寿命生产期限为原则，沿井筒细化温度和CO_2分压剖面，进行分段防腐设计，使每段材质均能满足服役要求，从而降低油套管投资。当前海上储层改造单条裂缝获取成本高，通过提高压裂船使用率降低单层段施工载体成本，通过优化储层改造工艺技术、采用工厂化压裂作业扩大工作量降低作业成本；研发新型材料和工具，降低耗材成本，综合推动单条裂缝获取成本逐渐降至陆上80万至100万成本水平。

3 面临问题及下一步攻关方向

(1) 海上低渗透储层甜点预测问题

海上低渗透油田普遍低产低效，在依托平台的开发模式下，单井经济任务重，如何利用稀井网条件实现地质工程甜点的准确预测，是优化井位部署、保障单井产能的前提。

22口海上压裂油井投产规律显示，低渗层段内层间非均质程度和甜点发育程度直接影响压裂产能。作为海上低渗透油藏“少井高产”地质工程一体化研究的关键评价环节，地质工程甜点，尤其是工程甜点的预测与评价对于实施高效压裂开发、保障单井产能至关重要。陆上油田在致密油气、页岩油气等非常规资源开发过程中，普遍通过孔隙压力、岩石脆性、最小水平主应力、水平应力差、破裂压力等参数描述工程甜点，应用叠前地震资料进行空间预测。海上低渗透油藏普遍位于中深层，受三维地震资料品质影响，传统方法通常利用地震叠前反演等技术进行杨氏模量预测，基于杨氏模量间接刻画岩石脆性指数，多解性较强，亟需进一步探索基于岩、电、震多维数据的岩石脆性指数预测方法，提高低渗储层工程甜点预测精度。

(2) 海上低渗透油藏开发储量控制与精控压裂问题

海上稀疏井网条件下，无法通过陆上密井网体积压裂或整体压裂改善油藏开发效果，扩大井点有效控制范围、保障充足的井控动用储量是实现“少井高产”的基础。

为了实现井点附近的有效控制，需通过对压裂裂缝进行地质工程一体化优化设计，使其承担“仿水平井”或“仿定向井”的作用，重构原低渗透油藏的渗流趋势，促成“人造流场”，因此，需基于低渗透油藏精细描述，针对低渗透复合油藏内部非均质特征进行“一井一策”、“一藏一策”的压裂裂缝个性化设计，使“缝”与“网”形成时空匹配。具体需要攻克的问题包括：①裂缝空间几何形态与海上包含多种井型(定向井、水平井、分支井等)的非规则井网之间的合理匹配，控制注入段造缝规模以保障注入量、控制采出端造缝规模以扩大泄油范围、注采两端缝控范围弱叠置以建立有效驱替路径；②裂缝导流能力、改造体积与井组生产管理(生产制度、作业措施等)的合理匹配，避免强注、强采、强改造，使裂缝性能持续稳定；③裂缝有效期与补能时机及强度的匹配，兼实现能量有效补充与延缓窜流。

为进一步解决上述问题，需基于低渗透油藏“四场(物性场、脆性场、裂缝场、应力场)”构建与精细表征，针对厚层、多层、互层等具有强层间非均质程度的低渗层段，精控缝宽、缝高实施，以投球暂堵工艺逐渐取代传统的机械分层工艺，促进从合层笼统压裂走向小层精细压裂，实现纵向均衡改造。针对低渗单砂层来说，精控缝长及导流能力并辅以单井自驱替等补能手段，提高压裂综合效能。海上目前压裂施工排量普遍在3~5方/min，为了实现精控造缝，一般采用中、高粘类型压裂液，辅以二次加砂、人工隔板等手段，难以兼具实现控缝和储保的要求，油基压裂液则面临存储与循环利用困难。因此，一方面在作业能力范围内，丰富海上特色的“适度规模、中高排量、复合压裂”的增效改造措施，另一方面逐步提高海上压裂施工作业能力上限，成熟化压裂监测技术、自动控制技术和智能化辅助决策技术以保障精控压裂效果。

（3）海上大型压裂作业技术装备问题

依托钻井船和大型生产平台支持方式，未来将难以全面适应低渗透油藏经济有效开发需要。随着体积压裂对大功率压裂泵的需求、节能减排、绿色发展等新发展理念对燃料清洁性的需求，电驱压裂泵、连续输砂等技术快速发展。5000hp型电驱压裂泵技术已经比较成熟，具备单泵功率高、占地面积小、燃料成本低、环境污染小等优势，已广泛应用在页岩油气井场，将是海上向大型压裂过渡的关键装备。

实现大型水力压裂，还需要在施工载体、压裂液体系、输砂工艺方面做系统配套，且尽可能地降低作业成本。针对海上空间有限、现场压裂装备能力不足的问题，亟需发展移动式压裂装备，如压裂船或压裂支持平台，以及配套的连续混配海水基压裂液和支撑剂连续补给技术，实现规模化、批量化压裂作业，在摆脱平台面积限制的同时简化压裂装备动复员作业，提升多作业点设备共享便利性。

海上深层、超深层蕴藏丰富的油气资源，近十年内相继发现了大量近特低渗-致密（如南海东部陆丰地区）、潜山（如渤海渤中地区）及页岩油气（如南海西部涠西南地区）资源。相比常规碎屑岩低渗透油气藏，这些类型的油气藏埋藏更深、物性更差、单井自然产能更低。由于多位于勘探新区，周边缺少开发依托条件，投资更高，因此，单井产量要求反而更高。如何有效提高单井日产和累产能力，需要从油藏布井与产能预测、钻完井优化、酸压/大规模压裂增产等技术上综合考虑，并研制耐高温酸液体系和耐高温压裂液体系及配套工具。

4　结论

海上低渗透油气资源丰富、各海域广泛分布，受海洋作业环境、技术和经济性等限制，油气田经济有效开采难度大，产量贡献不高，规模化开发进展缓慢。历经多年开发实践，通过充分吸收陆上开发经验、技术提级及独立科研攻关，形成了具有海上“少井高产”特色的低渗有效开发技术体系。技术体系的核心包括三项策略：针对不同物性级别储层实施压裂投产策略，保障单井产能；构建低渗油藏内空间均衡有效的驱替系统，保障能量补充和累产能力；以依托开发模式为核心促进整体降本增效。具体包括5项关键技术：储层综合评价、有效能量补充、地质工程一体化、压裂工艺工具及经济评价。

技术体系的应用成功突破了20mD以上常规低渗碎屑岩油藏的规模开发，并逐渐下探至5mD近特低渗油藏。随着海上勘探开发逐渐走向深海、深地，深层、超深层油气藏将成为未来新领域，亟待进一步攻关复杂结构井、移动式大型压裂装备等新型工具工艺技术，将海上低渗开发与“双碳”目标相结合，促进协同发展。

参 考 文 献

[1] 胡文瑞，魏漪，鲍敬伟．中国低渗透油气藏开发理论与技术进展[J]．石油勘探与开发，2018，45(4)：646-656.

[2] 胡文瑞．中国低渗透油气的现状与未来[J]．中国工程科学，2009，11(8)：29-37.

[3] 谢玉洪．中国海油近海油气勘探实践与思考[J]．中国海上油气，2020，32(2)：1-13.

[4] 徐长贵．中国近海油气勘探新进展与勘探突破方向[J]．中国海上油气，2022，34(1)：9-16.

[5] 何家雄，姚永坚，于俊峰，等．中国近海盆地油气地质特征及勘探开发进展[J]．海洋地质前沿，2022，38(11)：1-17.

[6] 孙福街．中国海上油田高效开发与提高采收率技术现状及展望[J]．中国海上油气，2023，35(5)：91-99.

[7] 中华人民共和国自然资源部．海上石油天然气储量估算规范：DZ/T0252—2020[S]．北京：地质出版社，2020.

[8] 张金庆，杨凯雷，梁斌．我国海上低渗油田分类标准研究[J]．中国海上油气，2012，24(6)：25-27.

[9] 张安达，陈润．齐家—古龙地区高台子油层储层微观孔隙结构特征[J]．中外能源，2018，23(10)：

36-40.
[10] 马奔奔，操应长，王艳忠．东营凹陷盐家地区沙四上亚段储层低渗成因机制及分类评价[J]．中南大学学报(自然科学版)，2014，45(12)：4277-4291.
[11] 雷倩倩，郭峰，彭晓霞，等．鄂尔多斯盆地安边地区长8段致密砂岩储层特征及分类评价[J]．天然气地球科学，2021，32(11)：1685-1696.
[12] 操应长，杨田，宋明水，等．陆相断陷湖盆低渗透碎屑岩储层特征及相对优质储层成因——以济阳坳陷东营凹陷古近系为例[J]．石油学报，2018，39(7)：727-743.
[13] 周磊．梨树断陷十屋油田营城组物源体系、沉积特征及储层特征研究[D]．青岛：中国石油大学(华东)，2010.
[14] 孙雨，邓明，马世忠，等．松辽盆地大安地区扶余油层致密砂岩油分布特征及控制因素[J]．石油勘探与开发，2015，42(5)：589-597.
[15] 操应长，葸克来，朱如凯，等．松辽盆地南部泉四段扶余油层致密砂岩储层微观孔喉结构特征[J]．中国石油大学学报(自然科学版)，2015，39(5)：7-16.
[16] 李海燕，岳大力，张秀娟，等．苏里格气田低渗透储层微观孔隙结构特征及其分类评价方法[J]．地学前缘，2012，19(2)：133-140.
[17] 李海华，张彦霞，王保华．松辽盆地长岭断陷层碎屑岩储层微观特征研究[J]．石油实验地质，2009，31(6)：557-563.
[18] 张飞飞．特低渗-致密砂岩孔喉结构特征、演化及其对物性的控制：以松辽盆地北部下白垩统为例[J]．东北石油大学学报，2018，42(5)：54-62.
[19] 陈志海．特低渗油藏储层微观孔喉分布特征与可动油评价：以十屋油田营城组油藏为例[J]．石油实验地质，2011，33(6)：657-661，670.
[20] 王键，贾爱林，魏铁军，等．长岭气田登娄库组低渗砂岩储层控制因素分析[J]．天然气地球科学，2011，22(5)：827-833.
[21] 李向峰，张春生，肖梦华．长岭气田登娄库组储层物性研究[J]．岩性油气藏，2010，22(4)：64-67.
[22] 徐文江，谭先红，余焱冰，等．海上低渗透油田开发基本矛盾和主控因素研究[J]．石油科技论坛，2013，32(5)：12-16.
[23] 曾祥林，梁丹，孙福街．海上低渗透油田开发特征及开发技术对策[J]．特种油气藏，2011，18(2)：66-67.

海上低渗油田产能评价与提产措施优选

熊　琪　黄余金　戴建文　王　华　李晨阳　江健超

[中国石油大学(北京)]

摘　要　鉴于开发特殊性，海上低渗油田的提产技术优选与实践较为缺乏，导致其经济高效开发仍然面临严峻挑战。作为研究目标区块的A油田属于典型海上低渗油层，受非线性渗流、储层污染、强非均质性等因素制约，表现出产能低、递减率快、含水率高等特征。基于多孔介质渗流理论与油藏启动压力梯度，本文建立了适用于多种开发方式的产能评价方法，结合目标区块实际地质情况，对不同开发方式的提产效果进行了对比，为提产措施优选、合理开发方案制定与生产部署提供有力支撑。结果显示：与现有生产数据对比，产能评价方法的符合率达到85%。水平井相对于直井的开发优势会随着层厚的增加而减弱，当层厚超过45米时，二者产能倍比小于5。薄层开发时，建议15mD以下采用分段压裂水平井，反之使用多分支井。本研究将为海上低渗油田提产措施优选、开发方案调整提供理论指导与实践参考。

关键词　产能评价方法；低渗；海上油田；生产部署；提产措施

1　前言

充足的能源供给是支撑我国经济社会持续高速发展的物质前提，海上油田开发作为国家能源安全战略的组成部分，发挥着越来越重要的作用。随着近年来海上油气勘探的不断深入，低渗储量比例逐年上升，与此同时，绝大部分中、高渗油田进入“特高含水”阶段，进一步生产潜力有限。鉴于此，占据更大比例的海上低渗油田是重要的接替能源与未来增长点。然而，海上低渗油田由于特殊的开发环境，相关产能评价研究尚薄弱，提产措施优化与实践较为缺乏，导致其经济高效开发仍然面临严峻挑战。

研究目标区块为A油田，位于珠江口盆地南部缓坡带上，孔隙度介于15.1%～21.3%，渗透率介于1.4mD～17.4mD，属于典型海上低渗油田，受非线性渗流、储层污染、强非均质性等因素制约，主力层位测试采油指数仅为0.04m^3/(MPa·d·m)。为提高开发效率，开展A油田的产能评价与提产措施优化工作非常必要。产能评价方法大致可分为三类，公式法、经验法(或类比法)和数值模拟法。其中，数值模拟方法需要精细地质模型与海量储层物性参数，而海上油田普遍测试较少，获取的物性参数匮乏，因此数值模拟方法在海上油田的适用性较弱。许建红通过大量生产数据与物性参数的对比，研究并归纳了影响低渗油藏开发效果的主控因素。章雨等基于多元回归分析法进行了低渗油田产能评价工作。此类经验法对已开发生产数据依赖性强，不能作为新油田开发方案制定的依据。朱维耀等推导了水平井压裂产能模型，能够准确量化各物理参数对产能的影响，具有很强的应用意义。任俊杰等建立了考虑启动压力梯度的产能预测模型，研究了非线性渗流对产能的影响，具有计算简便、物理意义明确等优点。

基于上述对比，本文选用公式法对海上低渗油田进行产能评价。基于多孔介质渗流理论与室内实验测得的启动压力梯度数据，建立适用于多种开发方式的产能评价方法，进一步结合A油田地质特征，给出提产措施优化建议与预期开发效果。本研究将为海上低渗油田开发方式优选提供参考与理论支撑。

2　产能评价方法研究

开采方式差异会引起多孔介质中流体渗流特征发生改变，进而影响油藏采出效率，具体渗流特征可用渗流理论描述，并推导对应产能评价方程。值得注意的是，考虑到随着生产时间的油藏压力下降、井间压力传递等动态过程，产能评价方程可细化为稳态和非稳态。与稳态法相比，非稳态公式法增加与时间相关的控制方程，导致求解难度上升，对于复杂的开采方式，难以求解。稳态法虽然规避了时间因素，但求解简单，而且预测的产能往往能满足现场应用精度要求，能够为开发方案制定提供指导性建议。

2.1 定向井产能公式

定向井是常见的油气藏开发方式，此处考虑到A油田低渗特征，流体渗流特征表现出极强的非线性特征。鉴于此，本文建立的产能评价方程均考虑了低速非线性渗流对油井产能的影响。采用启动压力梯度概念来表征非线性渗流，具体见式(1)、式(2)，仅当驱替压力梯度超过启动压力梯度(G)，流体才发生渗流。

$$\nu=0,\ \frac{dP}{dr}<G \tag{1}$$

$$\nu=\frac{K}{\mu}\left(\frac{dP}{dr}-G\right),\ \frac{dP}{dr}<G \tag{2}$$

其中，ν 代表渗流速度，m/s；P 代表流体压力，MPa；G 代表启动压力梯度，MPa/m；K 代表储层渗透率，mD；μ 代表油黏度，cp；r 代表流体流动方向，m。

根据定向井渗流特征，结合公式(2)，可推导得到式(3)，反映不同生产压差的采油指数。

$$J=\frac{Q}{P_e-P_w}=\frac{2\pi Kh[(P_e-P_w)-G(r_e-r_w)]}{\mu B_o(P_e-P_w)\ln\frac{r_e}{r_w}} \tag{3}$$

其中，J 代表采油指数，$m^3/(d*MPa)$；Q 代表采出油的体积流量，m^3/d；h 代表储层厚度，m；P_e 代表油藏边界压力，MPa；P_w 代表井底压力，MPa；B_o 代表原油体积系数，无因次；r_e 代表边界距离，m；r_w 代表井筒半径，m。

2.2 水平井产能公式

不同于定向井周围流体以圆形等势面渗流，水平井等势面为椭圆，基于此并结合非线性渗流理论，推导得下式(4)。需要注意的是，公式(4)未考虑流体在水平井管柱内的摩阻损耗。

$$J=\frac{2\pi Kh}{\mu B_o(P_e-P_w)(\xi_R-\xi_w)}\left(P_i-P_w-\frac{2LG}{\pi}(\sinh\xi_R-\sinh\xi_w)\right) \tag{4}$$

其中，L 代表生产井水平段半长，m；ξ_R 代表椭圆坐标系内油藏边界对应的量，无因次；ξ_w 代表椭圆坐标系内井筒半径，无因次。

椭圆坐标系与直角坐标系的对应关系由公式(5)描述。

$$a=L\cosh\xi;\ b=L\sinh\xi \tag{5}$$

其中，a 代表椭圆边界的长半轴，m；b 代表椭圆边界的短半轴，m。

矿场实践与油藏数值模拟均表明，水平井等势面形态会随着距离增大发生由椭圆形向圆形的转变，因此在边界处可认为水平井等势面为圆形。将油藏边界值代入公式(5)，即可计算对应椭圆坐标系下 ξ_R，再通过式(4)可评估油井产能。

2.3 鱼骨型分支井产能公式

流体在鱼骨型分支井周围渗流行为复杂，对其精确描述存在挑战性。与水平井类似，忽略井筒中流体摩阻压降，则可将鱼骨型分支井看作具有椭圆形井筒的直井。进一步，可以将鱼骨型分支井渗流问题拆分为两部分，一部分流体从油藏边界向椭圆形井筒渗流，另一部分从井筒处向分支井渗流。基于此，分别计算这两部分流体压降，即推导得到鱼骨型分支井产能公式(6)。

$$J=\frac{2\pi Kh[(P_e-P_w)-G(r_e-r_w)]}{\mu B_o\left(\frac{h}{nL_b+L-L_b/m}\ln\frac{R_c}{R_w}+\ln\frac{2R_e+\sqrt{4R_e^2+L^2-4L_b^2\sin^2A}}{L+2L_b\sin A}\right)(P_e-P_w)} \tag{6}$$

其中，n 代表鱼骨井分支数，无因次；L_b 代表单分支井长度，m；A 代表分支井与井筒的夹角，度；m 代表分支井根部之间距离，m；R_c 代表分支井井筒半径，m。

2.4 多底型分支井产能公式

多底型分支井的控制面积大，增产效果显著，在油气田开发中得到广泛应用。从渗流角度看，可将多底型分支井看作多口水平井的叠加，借鉴水平井产能公式，结合叠加原理，推导得到适合多底型分支井的产能评价公式。分析公式(7)，随着分支井数量(n)增多，油井采油指数逐渐上升。

$$J=\frac{2\pi kh[P_e-P_w-G(r_e-r_w)]}{\mu B_o(P_e-P_w)\left(\frac{2^{\frac{2}{n}}r_e}{L}+\frac{h}{nL}\ln\frac{h}{2\pi r_w}\right)} \tag{7}$$

2.5 压裂直井产能公式

考虑人工裂缝具有无限导流能力，与此同时，忽略流体在井筒内摩阻压降，认为流体直接从储层进入井底。要注意的是，压裂井的等势线为椭圆，而且随着油藏开发，逐渐转变为圆形。基于渗流理论，推到得到压裂井产能公式(8)。

$$J=\frac{2\pi Kh[(P_e-P_w)-G(r_e-r_w)]}{\mu B_o(P_e-P_w)\ln\left(\frac{2r_e}{L_f}\right)} \quad (8)$$

其中，L_f代表裂缝半长，m。

2.6 分段压裂水平井产能公式

与压裂井类似，认为形成的水力割缝具有无限导流能力。但水平井水力割缝数量众多，导致渗流复杂性极强，求解复杂。一般而言，在评估分段压裂水平井产能时，首先根据定产内边界条件求出 Laplace 空间考虑井筒储集和表皮系数的无因次井底压力 $\overline{\Psi}_{wD}$，再根据定压的内边界条件的产量 $\bar{q}_D$ 与定产量生产时井底压力值 $\overline{\Psi}_{wD}$ 的关系求出定压生产时 Laplace 空间内的产量 $\bar{q}_D$。最后，利用 Stehfest 数值反演得到实空间内定压生产时的无因次水平井产量 q_D。相关计算公式如下。

$$\overline{\Psi}_{wD}=\frac{s\overline{\Psi}'_{wD}+S_f}{S+S^2C_D(s\overline{\Psi}'_{wD}+S_f)} \quad (9)$$

$$S_f=\frac{\pi K_f hT_{sc}}{p_{sc}q_{sc}T}\Delta\psi_s \quad (10)$$

$$C_D=\frac{C}{2\pi hL^2/\mu} \quad (11)$$

$$\bar{q}_D=\frac{1}{s^2\psi_{wD}} \quad (12)$$

其中，C 代表井筒储集常数，m^3/MPa；S_f 代表表皮因子污染引起的附加拟压降，无因次；S 代表表皮因子，无因次；P_{sc}代表地面标准状况下压力，MPa；T_{sc}代表地面标准状况下温度，K；q_{sc}代表地面产量，m^3/d。

3 模型验证

目标区块 A 油田具有低渗特征，流体在小驱替压差下流动规律不满足线性渗流，这是由于流体在小尺度孔隙内渗流时除了受黏滞力影响外，还存在附加阻力，而且该附加阻力的影响随着孔隙尺度变大而逐渐消失。鉴于此，收集 A 油田代表性区块 7 块岩芯，通过室内实验分别测试启动压力梯度，得到启动压力梯度与储层渗透率之间关系曲线。具体数据见表 1 与图 1。根据实验结果可知，启动压力梯度与渗透率存在明显负相关，与上述理论分析吻合。

表 1　启动压力梯度实验数据表

样品编号	孔隙度/%	渗透率/mD	启动压力梯度/(MPa/m)
1#	6.753	0.00733	10.6
2#	11.384	0.213	0.31
3#	16.745	0.721	0.034
4#	13.177	1.225	0.019
5#	12.289	1.667	0.019
6#	19.962	15.5	0.018
7#	14.245	62.5	0.015

将表中数据绘制成图 1，进一步检查启动压力梯度与油藏渗透率的相关性。可以看出，当渗透率低于 5mD，启动压力梯度随着渗透率改善而迅速下降，当渗透率超过 5mD，基本可以忽略启动压力梯度(<0.015MPa/m)。目标区块大部分油藏渗透率低于 5mD，因此文中考虑启动压力梯度的影响非常必要。

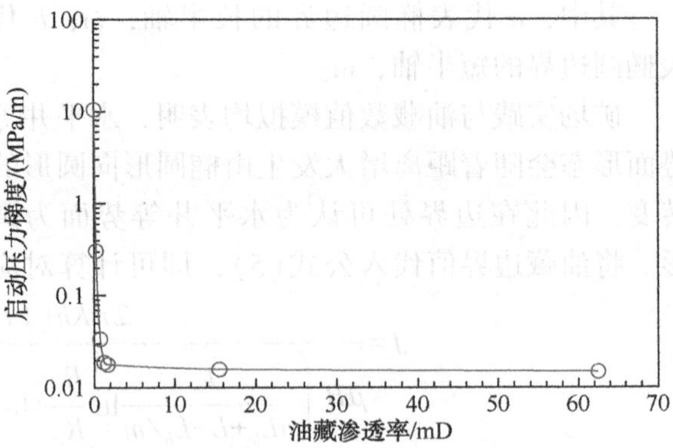

图 1　A 油田渗透率与启动压力梯度的关系曲线

在使用第 2 部分的产能方程指导开发方案制定前，需要验证其对 A 油田实际井生产预测的适应性。基于多种开发方式下产能方程，结合上述启动压力梯度数据，计算多口数据完善的低渗井产能，与实际产能对比，见表 2 和图 2。结果显示，模型计算结果与实际油井产能符合率较高，误差均小于 15%，平均误差为 7.4%，满足现场应用的精度要求。

表 2　A 油田实际井产量与模型计算产量对比表

井号	储层厚度/m	渗透率/mD	生产压差/MPa	开发方式	实际产量/(m^3/d)	计算产量/(m^3/d)	绝对误差/%
XJ-1	13.3	3.3	11.0	定向井	9.0	9.7	7.8
XJ-2	28.8	78.6	8.7	压裂井	196.1	211.2	7.7
XJ-3	24.7	91.0	3.8	压裂井	98.5	93.4	5.2
XJ-4	28.5	12.1	11.8	压裂井	229.8	250.1	8.8
XJ-5	47.1	20.1	5.1	定向井	95.8	106.5	11.2
XJ-6	41.7	48.9	4.1	压裂井	140.2	145.1	3.5
XJ-7	7.5	98.7	9.5	定向井	32.1	30.4	14.6
XJ-8	4.0	99.1	9.3	定向井	25.7	26.4	2.7
XJ-9	20.7	25.3	7.7	压裂井	106.8	100.2	6.2
XJ-10	32.2	35.4	4.5	压裂井	114.5	106.5	7.0
XJ-11	27.7	6.5	12.1	定向井	50.2	44.5	11.4
XJ-12	19.2	12.8	12.1	定向井	46.6	46.4	0.4

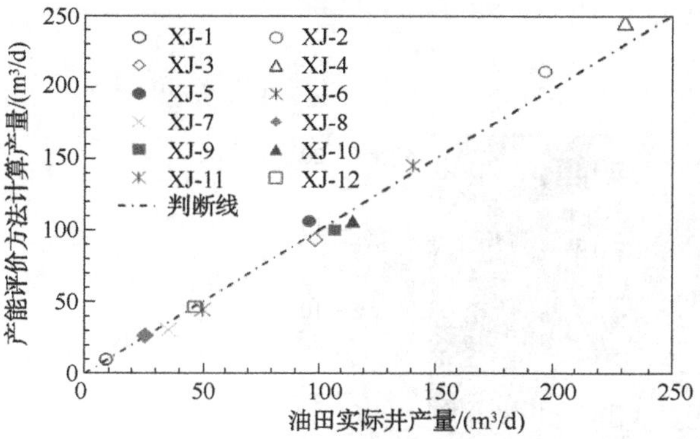

图 2　提出的产能评价方法对目标区块的适应性

4　低渗油田提产措施优选

优选合适开发方式对低渗油田进行产能挖潜是提高开发效率的常用手段。合适的开发方式要求与实际油藏物性达到相当的匹配，才能最大化开采效果，目前针对海上低渗油田提产措施优选研究还比较缺乏。根据建立的产能评价方法，首先对各类开发方式产能提升幅度进行了量化比较，随后探讨了开发方式对于不同油藏参数的适应性，最后根据 A 油田实际情况给出优选的提产措施。

4.1　*不同开发方式产能提升幅度*

根据表 2 中 XJ-7 井的基本参数，预测不同开发方式下油井产能，如表 3 所示。表中产能倍比代表该开发方式下产能与定向井产能之比，反映其提产效果。可以看出，不同开发方式的提产效果均在调研的产能倍比内，进一步表明了产能评价方法的可靠性。与此同时，对比提产效果，分段压裂水平井、压裂井与鱼骨型分支井的效果最优，水平井和多底型分支井其次，定向井表现最差。但上述结果主要是基于产能单一因素层面考虑，未考虑不同开发方式的工程成本。

表 3　不同开发方式的提产效果

开发方式	预测产能(m^3/d)	产能倍比	调研的产能倍比
定向井	32.1	1	1
水平井	145.2	4.5	2~5
鱼骨分型支井	170.6	5.3	4~15
多底型分支井	113.7	3.5	3~10
压裂井	184.1	5.7	3~9
分段压裂水平井	163.7	5.1	3~8

A 油田非均质性强，渗透率、储层厚度等储层基本物性表现出较大差异，故有必要探讨油藏实际对开发方式优选的影响。如图 3 所示，表明水平井相对于直井的开发优势会随着层厚的增加而减弱，当层厚超过 45m 时，二者产能倍比小于 5。尽管水平井提产效果始终优于直井，考虑到水平井钻井复杂度与成本，层厚达到一定程度时，选用直井开发更具有经济性。

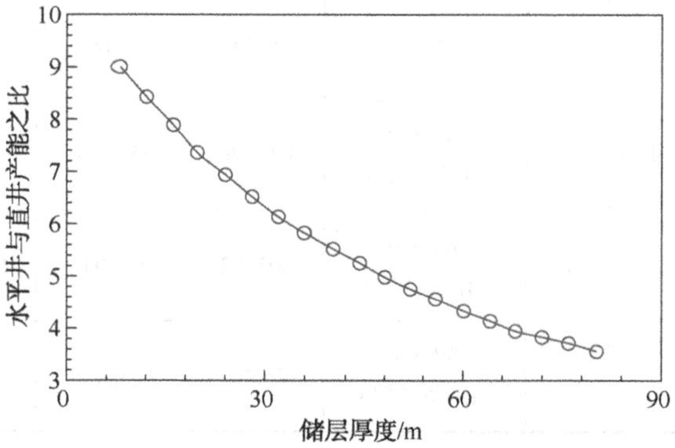

图 3　层厚对水平井与直井产能倍比的影响

如图 4 所示，鱼骨井与压裂水平井产能之比随着储层渗透率升高而升高，意味着高渗储层会更倾向使用鱼骨井进行开发，而压裂水平井在低渗储层更具有优势。具体到 A 油田，对于薄层开发时，建议 15mD 以下采用多级压裂水平井，反之使用多分支井。

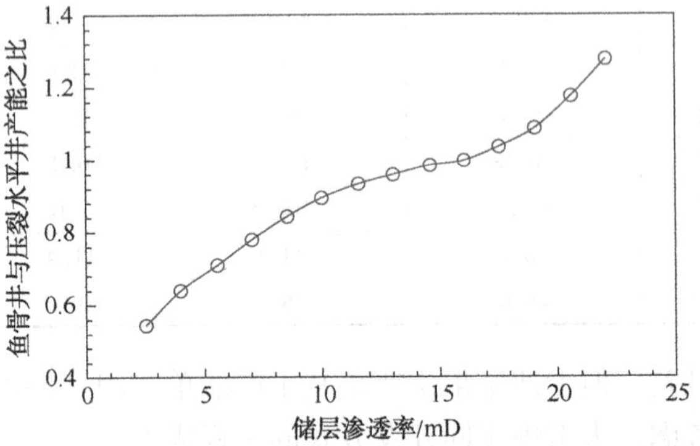

图 4　渗透率对鱼骨井与压裂水平井产能倍比的影响

4.2　提产措施优选

如图 5 所示，目标储层的渗透率分布表现出极强的非均质性，其中 A1 区块主力产层渗透率介于 8～16.5mD，A2 区块主力产层渗透率介于 1～4mD。此外，A1 区块的 EP410、420 油组厚度均较小，建议采用水平井开发，考虑到渗透率相对较低，建议通过水力割缝等手段提升产能。A2 区块的 WC320 油组建议在相对较厚的Ⅱ类储层部署定向井开发，Ⅰ、Ⅲ类储层相对较薄，可部署水平井开发。考虑到 WC320 渗透率普遍较低，建议均采用多级水力压裂手段提升产能。各类储层具体实施措施后产能预期见表 4。

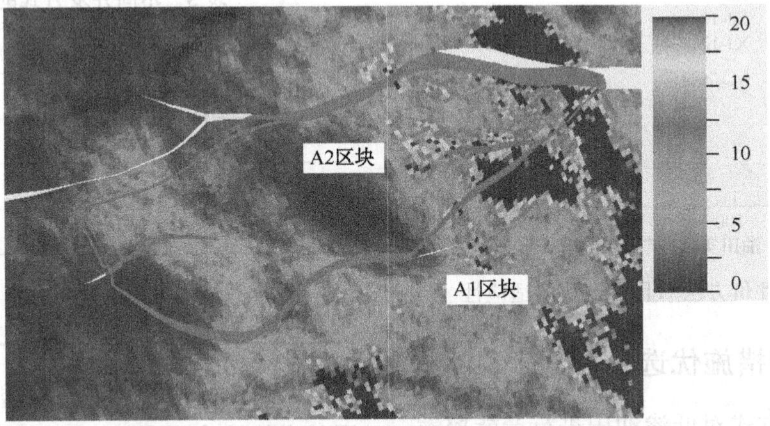

图 5　目标储层渗透率平面分布示意图

表 4　目标储层提产措施优化与产能预测

油田	区块	油藏	探明储量/万方	动用储量/万方	渗透率/mD	厚度/m	流度/(mD/mPa·s)	推荐井型	推荐提升技术	预期平均产能/(m^3/d)
A 油田	A1	EP410	71.46	64.31	8.0～16.5	9.6	30.42～62.74	水平井	水平井分段压裂	378.7
		EP420	35.75	32.18		5.7		水平井	水平井分段压裂	220.6
	A2	WC320（Ⅰ类储层）	620.16	558.144	>2.5	1.4～10.6	>7.0	水平井	水平井分段压裂	112.3
		WC320（Ⅱ类储层）	1007.82	907.04	1.5～2.5	0.5～26.3	4.2～7.0	定向井	水力压裂	70.9
		WC320（Ⅲ类储层）	126.02	113.42	<1.5	3～17.6	<4.2	水平井	水平井分段压裂	39.8

4.3 A1区块提产效果分析

以A1区块为例，结合地质模型与数值模拟技术，此处进行了不同开发方式下提产效果分析，包括定向井、水平井、定向井压裂与水平井分段压裂。其中，水平井分段压裂方式是本文方法优选出的开发方式(见表4)。为合理评价现场开发情况，选取净现值、采收率作为关键指标，二者既能考虑油藏整体开发效率又能兼顾经济因素。具体结果见图6，发现水平井分段压裂开发方式的采收率与净现值均表现最优，分别能达到31.3%和64亿元。此外，水平井与定向井开发效率表现一致，表明虽然水平井产量高于定向井，但是递减较快，导致开发效果较差。水平井分段压裂能够有效增加油藏泄压面积，维持水平井在长时间内高产稳产，这是本文优选开发方式提产效果优良的内在原因。

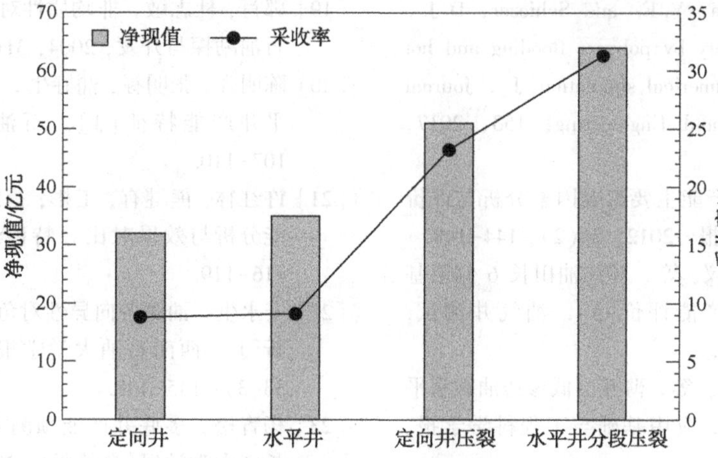

图6 A1区块提产效果分析

5 结论

(1) 基于多孔介质渗流理论与油藏启动压力梯度数据，本文建立了适用于多种开发方式的产能评价方法，包括定向井、水平井、鱼骨型分支井、多底型分支井、压裂直井与分段压裂水平井。将产能评价方法计算结果与实际油井生产数据对比，结果显示产能评价方法的符合率达到85%，平均误差仅为7.4%。

(2) 水平井相对于直井的开发优势会随着层厚的增加而减弱，当层厚超过45米时，二者产能倍比小于5。尽管水平井提产效果始终优于直井，考虑到水平井钻井复杂度与成本，层厚达到一定程度时，选用直井开发更具有经济性。薄层开发时，建议15mD以下采用多段压裂水平井，反之使用多分支井。

(3) 结合目标区块实际地质情况，认为A1区块EP410、420油组厚度均较小且渗透率相对较低，建议采用水平井水力割缝开发手段提升产能，A2区块的WC320油组建议在相对较厚的Ⅱ类储层部署定向井开发，Ⅰ、Ⅲ类储层相对较薄，可部署水平井开发。本研究具有较强应用性，将为海上低渗油田提产措施优选、开发方案制定提供理论指导与实践参考。

参 考 文 献

[1] Liu, Y., Zou, J., Meng, X., Zhou, F., Liu, H., Wang, Q., Qi, Z. and Fan, J., Experimental study on horizontal-well multi-thermal fluid stimulation process in offshore heavy oil reservoirs[J]. Journal of Petroleum Exploration and Production Technology, 2020: 1-12.

[2] Seyyedattar, M., Zendehboudi, S. and Butt, S., Technical and non-technical challenges of development of offshore petroleum reservoirs: characterization and production [J]. Natural Resources Research, 29, 2020, (3), 2147-2189.

[3] 孙林，宋爱莉，易飞，等．爆压酸化技术在中国海上低渗油田适应性分析．钻采工艺，39(1)，60.

[4] Aghaeifar, Z., Strand, S., Puntervold, T., Austad, T. and Sajjad, F. M., Smart Water injection strategies for optimized EOR in a high temperature offshore oil reservoir [J]. Journal of Petroleum Science and Engineering, 2018, 165: 743-751.

[5] Sun, Z., Li, X., Liu, W., Zhang, T., He, M. and Nasrabadi, H., Molecular Dynamics of Methane Flow Behavior through Realistic Organic Nanopores under Geologic Shale Condition: Pore size and Kerogen Types. Chemical Engineering Journal, p. 124341.

[6] Sun, X., Luo, T., Wang, L., Wang, H., Song, Y. and Li, Y., Numerical simulation of gas recovery from a low-permeability hydrate reservoir by depressurization [J]. Applied energy, 2019, 250, 7-18.

[7] Sun, Z., Shi, J., Wu, K., Liu, W., Wang, S. and Li, X., A prediction model for desorption area propagation of coalbed methane wells with hydraulic fracturing [J]. Journal of Petroleum Science and Engineering, 2019, 175: 286-293.

[8] Rego, F. B., Botechia, V. E. and Schiozer, D. J., 2017. Heavy oil recovery by polymer flooding and hot water injection using numerical simulation [J]. Journal of Petroleum Science and Engineering, 153, 2017, 187-196.

[9] 许建红．低渗透油藏产能主要影响因素分析与评价[J]．西南石油大学学报，2012，34(2)，144-148.

[10] 章雨，李少华，李俊仪，等．环江油田长 6 储层基于多元回归分析的产能评价[J]．油气井测试，2019，28(2)：68-72.

[11] 朱维耀，高英，岳明，等．薄互层低渗透油藏水平井压裂产能模型[J]．应用基础与工程科学学报，22(6)，1140-1149.

[12] 任俊杰，郭平，汪周华，张小龙．非线性渗流条件的低渗油藏产能计算方法．西安石油大学学报：自然科学版，2013，28(1)：57-60.

[13] Chen, Z., Liao, X., Zhao, X., Lyu, S. and Zhu, L., A comprehensive productivity equation for multiple fractured vertical wells with non-linear effects under steady-state flow. Journal of Petroleum Science and Engineering, 2017, 149: 9-24.

[14] 孙政，李相方，徐兵祥，等．一种表征煤储层压力与流体饱和度关系的数学模型．中国科学：技术科学，2017，56(56)，1519.

[15] Huang, X., Guo, X., Lu, X., Zhou, X., Qi, Z., Yan, W. and Li, J., Mathematical model study on the damage of the liquid phase to productivity in the gas reservoir with a bottom water zone [J]. Petroleum, 2018, 4(2), 209-214.

[16] Wang, J., Xu, J., Wang, Y., Li, H., Liu, T. and Wen, X., Productivity of hydraulically-fractured horizontal wells in tight oil reservoirs using a linear composite method [J]. Journal of Petroleum Science and Engineering, 2018, 164: 450-458.

[17] 孙政，李相方，徐兵祥，等．低渗欠饱和煤层气井产能分析新方法研究[J]．煤炭科学技术，2019，47(06)，238-243.

[18] Sun, Z., Shi, J., Wu, K., Miao, Y., Zhang, T., Feng, D., Xiao, Z., Wu, N., Lin, W. and Li, X., A fully-coupled gas-water two phase productivity equations for low-permeability CBM wells. Journal of Petroleum Science and Engineering, 166, 2018, 611-620.

[19] 郭肖，杜志敏．非均质性对水平井产能的影响[J]．石油勘探与开发，2004，31(1)：91-93.

[20] 陈明强，张明禄，蒲春生．变形介质低渗透油藏水平井产能特征[J]．石油学报，2007，28(1)：107-110.

[21] 许红林，熊继有，王彬，范志利．鱼骨形水平井产能分析与效果对比．特种油气藏，2014，21(4)：116-119.

[22] 安永生．油藏各向异性对鱼骨状分支井产能影响分析[J]．西南石油大学学报(自然科学版)，2011，33(3)：145-148.

[23] 杨青松．多底井产能预测方法的分类与比较[J]．长江大学学报(自然版)，2013，10(8)：67-72.

[24] Sun, Z., Shi, J., Wu, K., Zhang, T., Feng, D. and Li, X., 2019. Effect of pressure-propagation behavior on production performance: implication for advancing low-permeability coalbed-methane recovery [J]. SPE Journal, 2019, 24(02), pp. 681-697.

[25] Chen, Y., Ma, G., Jin, Y., Wang, H. and Wang, Y., 2019. Productivity evaluation of unconventional reservoir development with three-dimensional fracture networks[J]. Fuel, 2019, 244: 304-313.

[26] Cao, L. N., Li, X. P., Luo, C., Yuan, L., Zhang, J. Q. and Tan, X. H., Horizontal well transient rate decline analysis in low permeability gas reservoirs employing an orthogonal transformation method. Journal of Natural Gas Science and Engineering, 2016, 33: 703-716.

[27] Shi, J., Wang, S., Xu, X., Sun, Z., Li, J., Meng, Y., A Semianalytical productivity model for a vertically fractured well with arbitrary fracture length under complex boundary conditions[J]. SPE Journal, 2018, 23(6), 2-80.

基于拟压力函数的深层气藏单井气水两相生产数据分析方法

王军磊

（中国石油勘探开发研究院）

摘　要　气水PVT参数间的差异性以及压力–饱和度的相互作用导致基于单相流的生产数据分析方法不再适用。本文通过推导压力与饱和度间本构关系，定义两相拟压力函数和beta因子，实现封闭地层单井气水两相非线性渗流数学模型的线性化，并给出定流压、定产量、阶段变流压等生产制度下的单井全生命周期产能公式；通过Duhamel褶积原理推导变流压/变产量下非稳态/拟稳态的解析解，明确两相物质平衡拟时间适用条件，形成生产数据分析方法。研究表明：①积分形式的拟压力和beta因子能够表征渗流过程中压力–饱和度的变化路径及相互影响，适用于不同生产制度的产能预测；②在拟稳态时期两相物质平衡拟时间对任何生产制度均精确成立，在非稳态时期对呈阶段性单调递减或连续性变化的生产制度近似渐进；③无量纲形式下的规整化产气量和气相物质平衡拟时间对应关系与水相数据相同，通过图版拟合可获取储层物性、单井控制含气/水储量等参数。

关键词　气水两相；非线性渗流；压力–饱和度关系；拟压力；物质平衡拟时间；生产数据分析

以日产量、压力等生产数据为依据的动态分析方法是认识储层宏观物性、预测未来产量的重要技术，是气藏动态描述的主要组成部分。以单相液体不稳定试井理论成果为基础，结合油藏工程方法，目前形成了既具理论性又具实操性的动态分析方法体系，称为现代产量递减分析、产量不稳定分析或生产数据分析。使用物质平衡(拟)时间概念，建立变产量/变流压数据分析与单相液体定产量非稳态压力解之间的等效转换关系，是该方法实现技术跨越的重要标志，并已成功应用至不同井型及气藏类型。

对于气藏尤其低渗致密气藏，气水同层分布模式导致气井产水现象较为普遍。生产过程中气相/水相饱和度场与压力场同步变化且相互影响，均是关于空间与时间的变化量。气水流动的差异性以及两相渗流的非线性使得基于单相流的传统生产数据分析方法不再适用。将气水流动模型处理成与液态单相线性流模型一致的形式，能够将关于液体渗流的众多研究成果借鉴到气水两相渗流问题中来，基于拟压力形式和密度形式的定义是目前应用最广泛的两种处理方法。拟压力是关于压力和饱和度的函数，根据气水产量比平衡条件假设建立的压力与饱和度对应关系，成绥民等推导出以气水总产量为预测指标的稳态产量递减公式及非稳态井底压力公式，刘志强等推广应用至压裂井气水两相产能计算，根据气、水产量数据结合物质平衡方程建立的压力与饱和度关系，Sun等预测煤层解吸气与割理水同产的气水两相动态产能；当流体黏度与压缩系数乘积的空间梯度较小时，密度形式下的气相、水相拟线性渗流控制方程近似成立，以相对渗透率作为产能指数修正项可建立关于流体密度差形式的拟稳态两相产量递减公式。以上研究成果构成了气水两相渗流的主要理论系统，但存在两个主要问题：一是压力与饱和度关系中涉及的气水产量数据与拟压力、密度耦合，需要迭代求解，大大限制了该应用方法的灵活性，二是气水两相产能预测是建立在拟稳态流动、稳定工作制度的假设基础上，对经历全生命周期生产且工作制度频繁变化的产水气井适用性存疑。

为提高两相流生产数据分析方法的灵活性和适用范围，本文以气水两相非线性渗流控制方程、流体状态方程为基础，根据Perrine–Martin近似条件，使用微分/积分物质平衡方程获得关于PVT参数和相渗参数的压力–饱和度本构关系函数，利用Duhamel褶积推导三类典型工作制度下的气水产能公式并验证在非稳态、拟稳态生产阶段预测的可靠性，进而通过严格理论推导明确提出两相物质平衡拟时间概念，给出 Blasingame 型、Agarwal-Gardner 型两种典型曲线图版及拟合流程，最终形成从理论推导到实际应用的气水两相生产数据分析方法。

1　气水两相流动数学模型

1.1　流动控制方程

本文以圆形封闭地层直井生产为例建立数学模型，相应假设条件如下：①储层等厚、圆形封闭；②物性均质、气水分布均匀；③不考虑孔隙度弹性、流体重力及地层温度变化；④直井完全穿透储层，地层内为二维流动；⑤流体满足达西运动定律，气水间无传质现象。

分别根据水相及气相物质守恒原理，建立密度形式或体积形式的两相渗流控制方程：

$$-\nabla\cdot(\rho_\upsilon\vec{v}_\upsilon)=\phi\frac{\partial(\rho_\upsilon S_\upsilon)}{\partial t},\quad \nabla\cdot\left(\frac{\vec{v}_\upsilon}{B_\upsilon}\right)=\phi\frac{\partial}{\partial t}\left(\frac{S_\upsilon}{B_\upsilon}\right)\tag{1}$$

式中，下标 $\upsilon=g$ 代表气相，$\upsilon=w$ 代表水相。根据两相达西运动公式 $\vec{v}_\upsilon=k\,k_{r\upsilon}/\mu_\upsilon\nabla p$，将其入式(1)即可获得关于压力和饱和度时空分布的两相非线性流动控制方程。

气、水流体具有不同的高压物性，其中气体为强可压缩流体，黏度 μ_g、压缩因子 Z_g、压缩系数 c_g 等均是关于压力的强非线性函数；水为微可压缩流体，黏度 μ_w、压缩系数 c_w 均为常数，体积系数 B_w 和密度 ρ_w 是关于压力的弱非线性函数(近似线性函数)。

考虑到气水 PVT 参数的差异性，分别给出密度形式及体积形式下的气相、水相拟压力函数定义，如式(2)：

$$m_g^*=2\theta\int_{\rho_{gsc}}^{\rho_g}\frac{k_{rg}}{c_g\mu_g}\mathrm{d}\rho_g=2\theta\rho_{gsc}\int_{p_{sc}}^{p}\frac{k_{rg}}{B_g\mu_g}\mathrm{d}p,\quad m_w^*=\frac{1}{c_w\rho_{wsc}}\int_{\rho_{wsc}}^{\rho_w}k_{rw}\mathrm{d}\rho_w=\int_{p_{sc}}^{p}\frac{k_{rw}}{B_w}\mathrm{d}p\tag{2}$$

式中，参数组合 $\theta=RT/M_g$，R 为常数 8314Pa·m³/(kmol·K)，气相 μ_g 采用 Lee-Gonzalez-Eakin 公式、c_g 采用 Abou-Kassem 公式[图 1(a)]，PVT 参数取值如下：$M_g=26.51$g/mol，$T=373.15$K，$\rho_{gsc}=1.11$kg/m³，$Z_{gsc}=0.77$，$p_{sc}=0.101$MPa，$T_{sc}=293.15$K，其它 PVT 物性计算公式如下：$Z_g=\frac{T_{sc}Z_{gsc}\rho_{gsc}p}{p_{sc}T\rho_g}$，$\rho_g=\rho_{gsc}exp[-c_g(p-p_{sc})]$，$B_g=\frac{\rho_{gsc}}{\rho_g}$[图 1(b)]。水相参数为：$c_w=4.28\times10^{-10}$ Pa^{-1}，$\mu_w=3.46\times10^{-4}$ Pa·s，$\rho_{wsc}=974.15$kg/m³，根据流体状态方程，利用以上参数获得 B_w，ρ_w 等其他 PVT 属性。

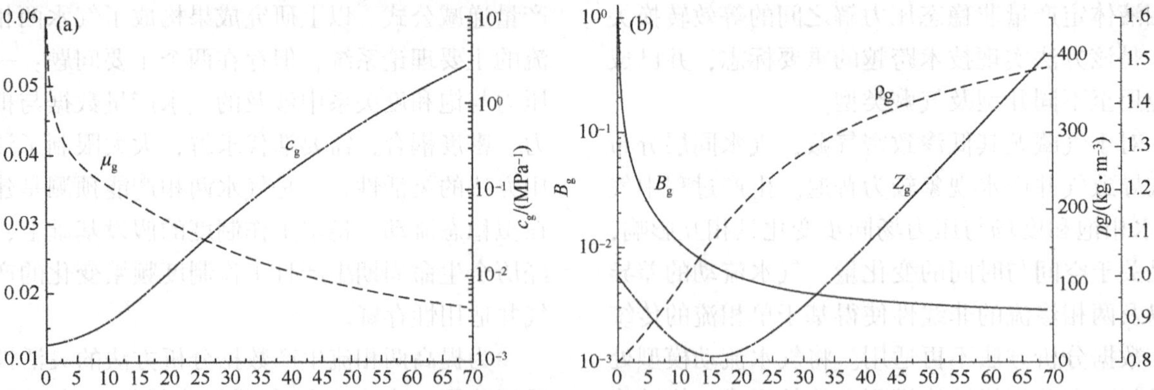

图 1　气体 PVT 物性随压力压力的变化曲线

气水相对渗透率曲线采用 Corey 型相渗模型：

$$k_{rg}(S_w)=k_{rg}^*(1-\hat{S}_w)^{n_g},\ k_{rw}(S_w)=k_{rw}^*(\hat{S}_w)^{n_w},\ \hat{S}_w=\frac{S_w-S_w^{min}}{S_w^{max}-S_w^{min}}\tag{3}$$

式中，S_w^{min} 为最小含水饱和度，S_w^{max} 为最大含水饱和度，k_{rg}^* 为 S_w^{min} 对应的气相相对渗透率值，k_{rw}^* 为 S_w^{max} 对应的水相相对渗透率值，n_g 及 n_w 为不大于 1 的 Corey 常数。

需要明确的是，式(1)～式(2)中的密度形式和体积形式是等价的，通过状态方程可相互转换。将式(2)代入式(1)，可以获得密度与体积形式统一的气水相拟压力控制方程：

$$\nabla^2 m_v^* = \frac{\varphi \mu_v c_v^* S_v \partial m_v^*}{kk_{rv} \partial t} \tag{4}$$

其中，气、水相流体两相压缩系数为

$$c_v^* = c_v + \frac{1}{S_v}\frac{dS_v}{dp}\bigg|_p \tag{5}$$

式(4)弱化了原方程的非线性，但扩散系数项 η_v(即公式右侧参数项)仍为饱和度、压力及其梯度的非线性项，强行近似将引起较大的计算误差。单相气渗流研究表明，关于压力的扩散系数项可使用空间积分平均值消除压力场空间变化的影响；同理，当饱和度变化较为平缓(即满足 Perrine-Martin 近似条件)时，饱和度场也可采用类似的处理方法。

以圆形封闭地层直井定井底压力生产模型为例(为了充分模拟非稳态流动和拟稳态流动，模型参数设为 $p_i=3.42\times10^7$Pa，$r_e=3000$m，$h=10$，$k=10^{-15}$m^2，$\varphi=0.3$，$S_{wi}=0.5$，$p_{wf}=7\times10^6$Pa，$S_w^{min}=0.2$，$S_w^{max}=0.9$，$k_{rg}^*=0.9$，$k_{rw}^*=1$，$n_g=0.5$，$n_w=1$)，通过数值模拟建立压力场、饱和度场随时间的变化规律图版(图2)，证实在衰竭式开采过程中，相比于压力场，饱和度场空间梯度变化较小，满足饱和度场空间积分平均处理的条件。

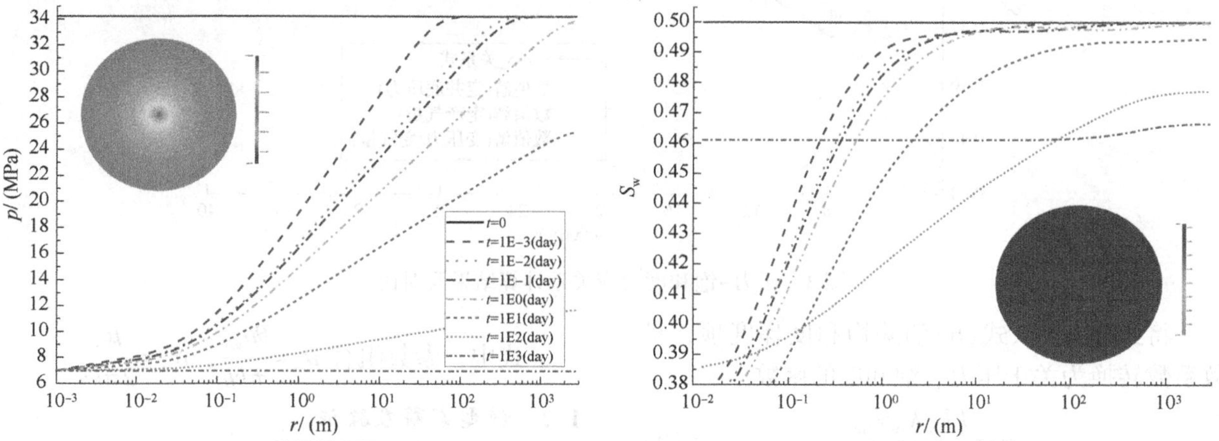

(a)地层压力场　　(b)地层饱和度场

图2　不同时刻压力场/饱和度场的数值模拟结果(以定井底压力制度为例)

至此，扩散系数项 η_v 可最终近似处理为关于平均地层饱和度、平均地层压力的函数：

$$\eta_v = \frac{kk_{rv}(S_v)}{\phi S_v \mu_v(p) c_v^*(p,\ S_v)} \approx \frac{kk_{rv}(\bar{S}_v)}{\overline{\varphi S_v \mu_v(\bar{p}) c_v^*(\bar{p},\ \bar{S}_v)}} = \frac{k\bar{k}_{rv}}{\overline{\phi S_v} \bar{\mu}_v \bar{c}_v^*} \tag{6}$$

式(2)和式(6)均是关于压力、饱和度的函数，通过建立饱和度-压力的对应关系，将双变量问题转化为单变量，以降低求解难度。在封闭定容储层中，饱和度-压力的关系本质上是微分物质平衡方程。在地层范围内对式(1)两侧进行空间积分，获得时间微分下的物质平衡方程：

$$-q_{vsc} = \frac{q_v}{B_v} = V_p \frac{d}{dt}\left(\frac{\bar{S}_v}{\bar{B}_v}\right) = \frac{V_p}{B_v}\left(\bar{c}_v \bar{S}_v \frac{d\bar{p}}{dt} + \frac{d\bar{S}_v}{dt}\right) \tag{7}$$

联立气水两相微分物质平衡方程[式(7)]，分别获得饱和度、压力关于时间的微分形式，进一步处理可获得饱和度关于压力的常微分方程：

$$\frac{d\bar{S}_w}{d\bar{p}} = \frac{d\bar{S}_w/dt}{d\bar{p}/dt} = \frac{-\text{GWR}\cdot\bar{c}_w\bar{S}_w\bar{B}_g + \bar{c}_g\bar{S}_g B_w}{B_w + \text{GWR}\cdot\bar{B}_g} = \frac{\bar{M}_{rw}\bar{c}_g\bar{S}_g - \bar{M}_{rg}\bar{c}_w\bar{S}_w}{\bar{M}_{rg}+\bar{M}_{rw}} \tag{8}$$

式中，GWR 为单井生产气水比。根据 Perrine-Martin 近似条件，井筒处压力、饱和度的流度比近似为平均地层压力、平均地层饱和度下的流度比，即

$$\mathrm{GWR}=\frac{q_{\mathrm{gsc}}}{q_{\mathrm{wsc}}}=\left.\frac{(k_{\mathrm{rg}}/\mu_{\mathrm{g}})B_{\mathrm{w}}}{(k_{\mathrm{rw}}/\mu_{\mathrm{w}})B_{\mathrm{g}}}\right|_{r=r_{\mathrm{w}}}\approx\frac{(\bar{k}_{\mathrm{rg}}/\bar{\mu}_{\mathrm{g}})\bar{B}_{\mathrm{w}}}{(\bar{k}_{\mathrm{rw}}/\bar{\mu}_{\mathrm{w}})\bar{B}_{\mathrm{g}}}=\frac{\bar{M}_{\mathrm{rg}}\bar{B}_{\mathrm{w}}}{\bar{M}_{\mathrm{rw}}\bar{B}_{\mathrm{g}}} \tag{9a}$$

式(9a)也可以利用物质平衡方程求解，即：

$$\mathrm{GWR}=\frac{q_{\mathrm{gsc}}}{q_{\mathrm{wsc}}}=\frac{\mathrm{d}G_{\mathrm{p}}/\mathrm{d}t}{\mathrm{d}W_{\mathrm{p}}/\mathrm{d}t}=\frac{\mathrm{d}G_{\mathrm{p}}/\mathrm{d}p}{\mathrm{d}W_{\mathrm{p}}/\mathrm{d}p} \tag{9b}$$

利用自适应步长的 Runge-Kutta 方法求解常微分方程[式(8)]。在图 2 模型所用参数条件下，验证定井底压力、定产气量、阶段变井底压力三种典型生产制度下的饱和度-压力关系，其中定井底压力制度中 $p_{\mathrm{wf}}=7\times10^{6}\mathrm{Pa}$，定产气量制度中 $q_{\mathrm{gsc}}=10^{7}\mathrm{m}^{3}\cdot\mathrm{d}^{-1}$，阶段变流压制度中 $p_{\mathrm{wf}}=1.4\times10^{7}\mathrm{Pa}\,(0<t<1\mathrm{day})$、$2.5\times10^{7}\mathrm{Pa}\,(1<t<50\mathrm{day})$、$2.0\times10^{7}\mathrm{Pa}\,(50<t<100\mathrm{day})$、$1.5\times10^{7}\mathrm{Pa}\,(100<t<200\mathrm{day})$、$1.0\times10^{7}\mathrm{Pa}\,(200<t<300\mathrm{day})$、$7.0\times10^{6}\mathrm{Pa}\,(t>300\mathrm{day})$。图 3 给出了三种工作制度下的饱和度-压力关系，均式(8)拟合良好，说明饱和度-压力关系是关于 PVT 参数和相渗参数的本构方程，与储层参数、生产制度等外部因素无关。

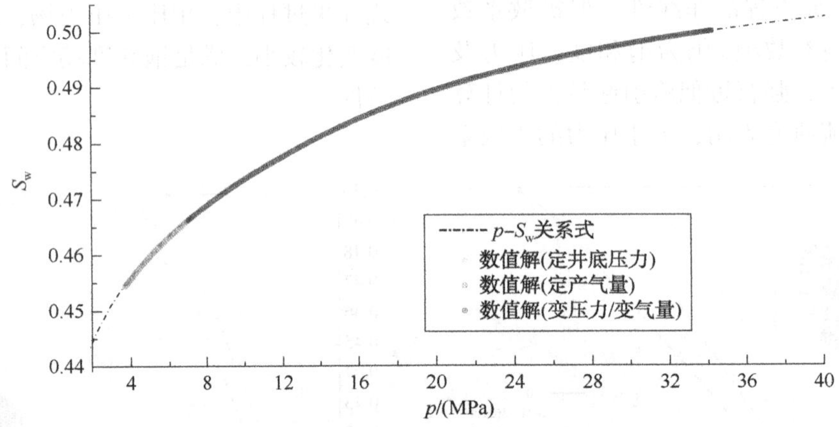

图 3　压力-饱和度对应关系计算结果及对比

将式(8)代入式(6)消除饱和度梯度项，扩散系数转换为关于压力、饱和度的函数：

$$\eta_{\upsilon}=\frac{k\bar{k}_{\mathrm{r}\upsilon}\lambda_{\mathrm{r}\upsilon}\gamma_{\mathrm{M}\upsilon}}{\phi c_{\upsilon\mathrm{i}}\mu_{\upsilon\mathrm{i}}S_{\upsilon\mathrm{i}}} \tag{10}$$

式中，相关变量 $\lambda_{\mathrm{w}}=1$，$\lambda_{\mathrm{g}}=(c_{\mathrm{gi}}\mu_{\mathrm{gi}})/(\bar{c}_{\mathrm{g}}\bar{\mu}_{\mathrm{g}})$，$\bar{\gamma}_{\mathrm{M}\upsilon}=(S_{\upsilon\mathrm{i}}\bar{c}_{\upsilon}\bar{M}_{\mathrm{rt}})/(\bar{c}_{\mathrm{t}}\bar{M}_{\mathrm{r}\upsilon})$，$\bar{c}_{\mathrm{t}}=\bar{c}_{\mathrm{w}}\bar{S}_{\mathrm{w}}+\bar{c}_{\mathrm{g}}\bar{S}_{\mathrm{g}}$，$\bar{M}_{\mathrm{rt}}=\bar{M}_{\mathrm{rg}}+\bar{M}_{\mathrm{rw}}$。同时定义时间积分形式的 beta 因子以考虑扩散系数的时间演化影响，对应表达式为：

$$\beta_{\upsilon}=\frac{1}{t}\int_{0}^{t}(\lambda_{\upsilon}\bar{k}_{\mathrm{r}\upsilon}\gamma_{\mathrm{M}\upsilon})\,\mathrm{d}t \tag{11}$$

至此，气水两相非线性渗流控制方程进一步表征为关于拟压力及 beta 因子的线性形式：

$$\nabla^{2}m_{\upsilon}^{*}=\frac{\phi c_{\upsilon\mathrm{i}}\mu_{\upsilon\mathrm{i}}S_{\upsilon\mathrm{i}}}{k}\frac{\partial\ m_{\upsilon}^{*}}{\partial\ (\beta_{\upsilon}t)} \tag{12}$$

根据拟压力定义和达西运动定律，在直井井筒处建立产气(水)量与气(水)相拟压力梯度的对应关系式，即内边界条件：

$$q_{\upsilon\mathrm{sc}}=\left.\frac{r_{\mathrm{w}}}{\vartheta_{\upsilon}}\frac{\partial\ m_{\upsilon}^{*}}{\partial\ r}\right|_{r=r_{\mathrm{w}}} \tag{13}$$

式中，参数组合 $\vartheta_{\mathrm{g}}=\frac{\theta\rho_{\mathrm{gsc}}}{\pi kh}$，$\vartheta_{\mathrm{w}}=\frac{\mu_{\mathrm{w}}}{2\pi kh}$。

1.2　模型求解及验证

在拟压力及 beta 因子的作用下，气水两相非线性渗流控制方程组[式(12)～式(13)]与单相液体线性渗流控制方程组等价，单相液体非稳态解经过转换后适用于气水两相方程(即单相解中的压力对应两相解中的拟压力，单相解中的时间对应两相解中的 beta 因子乘以时间)。这里分别给出定流压、定产量、阶段变流压等三种常见的工作制度下的气水两相非稳态解。

定井底压力生产时，单井的产量递减模型满足：

$$q_{\upsilon\mathrm{sc}}(t)=\frac{m_{\upsilon\mathrm{i}}^{*}-m_{\upsilon\mathrm{wf}}^{*}}{\vartheta_{\upsilon}}q_{\mathrm{D,cp}}^{\mathrm{liquid}}(\kappa_{\upsilon}\beta_{\upsilon}t) \tag{14}$$

定产气/水量生产时，单井瞬时井底拟压力以及相应的产量递减模型分别满足：

$$m_{\upsilon wf}^{*}(t)=m_{\upsilon i}^{*}-\vartheta_{\upsilon}p_{wfD,cr}^{liquid}(\kappa_{\upsilon}\beta_{\upsilon}t),$$

阶段变井底压力生产时，根据 Duhamel 褶积考虑变流压对产量的时间褶积影响，同时需要考虑 beta 因子关于时间导数的影响，进而获得不同生产阶段时的瞬时产气/水量：

$$q_{\upsilon sc}(t)=\int_{0}^{t}\frac{m_{\upsilon i}^{*}-m_{\upsilon wf}^{*}(\tau)}{\vartheta_{\upsilon}}\frac{d(\beta_{\upsilon}\tau)}{d\tau}\frac{\partial q_{D,cp}^{liquid}(\kappa_{\upsilon}\beta_{\upsilon}t-\kappa_{\upsilon}\beta_{\upsilon}\tau)}{\partial\tau}d\tau \tag{16a}$$

相应离散形式下的第 j 阶段产量为：

$$q_{\upsilon sc}(t)=\frac{m_{\upsilon i}^{*}-m_{\upsilon wf,1}^{*}}{\vartheta_{\upsilon}}q_{D,cp}^{liquid}(\kappa_{\upsilon}\beta_{\upsilon}t)+\sum_{k=1}^{j-1}\frac{m_{\upsilon wf,k+1}^{*}-m_{\upsilon wf,k}^{*}}{\vartheta_{\upsilon}}q_{D,cp}^{liquid}(\kappa_{\upsilon}\beta_{\upsilon}t-\kappa_{\upsilon}\beta_{\upsilon,k}t_{k}),\quad t_{j-1}<t<t_{j} \tag{16b}$$

其中，参数组合 $\kappa_{\upsilon}=\dfrac{k}{\phi\mu_{\upsilon i}c_{\upsilon i}S_{\upsilon i}r_{w}^{2}}$，$m_{\upsilon wf,j}^{*}$ 为第 j 阶段流压 $p_{wf,j}$ 对应的井底拟压力；$q_{D,cp}^{liquid}$ 为定井底压力条件下的单相液体无量纲产量；$p_{wfD,cr}^{liquid}$ 为定产量条件下的单相液体无量纲井底压力，Raghavan 等提供了圆形封闭地层直井单相液体的实时域非稳态解。

式(14)~式(16)形式上消除了两相渗流控制方程组的非线性，但计算过程中积分形式的拟压力 m_{υ}^{*} 及变量 λ_{υ} 和 β_{υ} 需要使用压力、饱和度等未知量，这里借助饱和度-压力关系式[式(8)]及两相物质平衡方程实现。其中，两相物质平衡方程通过公式(5)的时间积分获得：

$$\begin{cases}q_{wsc}(t)=q_{gsc}/GWR(t)\text{定产气量时}\\ q_{gsc}(t)=q_{wsc}GWR(t)\text{定产水量时}\end{cases} \tag{15}$$

$$\frac{\bar{S}_{w}}{\bar{B}_{w}}=\frac{S_{wi}}{B_{wi}}\left(1-\frac{W_{p}}{OWIP}\right),\quad \frac{\bar{S}_{g}}{\bar{B}_{g}}=\frac{S_{gi}}{B_{gi}}\left(1-\frac{G_{p}}{OGIP}\right) \tag{17}$$

式中，原始含水地质储量 $OWIP=V_{p}S_{wi}/B_{wi}$，原始含气地质储量 $OGIP=V_{p}S_{gi}/B_{gi}$。

在第 i 个时间步中，$\bar{p}$，$\bar{S}_{w}$，λ_{υ}，β_{υ} 均为未知量，需要显式时间迭代求解。具体步骤如下：

- 步骤 1：使用前一时间步(i-1)的压力、饱和度作为迭代初始值(k=0)，即 $\bar{p}^{<i,0>}=\bar{p}^{<i-1>}$，$\bar{S}_{w}^{<i,0>}=\bar{S}_{w}^{<i-1>}$。
- 步骤 2：计算 λ_{υ} 和 β_{υ}，其中 β_{υ} 用时间离散求和项近似 $0\sim t^{<i>}$ 内的时间积分，即

$$\beta_{\upsilon}^{<i>}=\frac{1}{t^{<i>}}\left[\lambda_{M\upsilon}^{<i,k>}\bar{k}_{r\upsilon}^{<i,k>}\bar{\gamma}_{M\upsilon}^{<i,k>}\Delta t^{<i>}+\sum_{i'=1}^{i-1}\lambda_{M\upsilon}^{<i'>}\bar{k}_{r\upsilon}^{<i'>}\bar{\gamma}_{M\upsilon}^{<i'>}\Delta t^{<i'>}\right] \tag{18}$$

- 步骤 3：使用式(14)~式(16)给定的瞬时产量公式，计算当前时间步对应的(累积)产气量、(累积)产水量，

$$G_{p}^{<i,k>}=q_{gsc}^{<i,k>}\Delta t^{<i>}+\sum_{i'=1}^{i-1}q_{gsc}^{<i'>}\Delta t^{<i'>},\quad W_{p}^{<i,k>}=q_{wsc}^{<i,k>}\Delta t^{<i>}+\sum_{i'=1}^{i-1}q_{wsc}^{<i'>}\Delta t^{<i'>} \tag{19}$$

- 步骤 4：根据气水两相物质平衡方程[式(15)]，依次求解平均地层压力和含水饱和度。其中，通过非线性方程求零根获得平均地层压力，

$$\frac{S_{wi}B_{w}(\bar{p}^{<i,k>})}{B_{wi}}\left(1-\frac{W_{p}^{<i,k>}}{OWIP}\right)+\frac{S_{gi}B_{g}(\bar{p}^{<i,k>})}{B_{gi}}\left(1-\frac{G_{p}^{<i,k>}}{OGIP}\right)-1=0 \tag{20}$$

进而获得平均含水饱和度

$$\bar{S}_{w}^{<i,k>}=\frac{S_{wi}B_{w}(\bar{p}^{<i,k>})}{B_{wi}}\left(1-\frac{W_{p}^{<i,k>}}{OWIP}\right) \tag{21}$$

- 步骤 5：更新当前时间步下的平均地层压力($\bar{p}^{<i,k+1>}=\bar{p}^{<k>}$)及含水饱和度($\bar{S}_{w}^{<i,k+1>}=\bar{S}_{w}^{<k>}$)，并重复步骤 1~步骤 4 直到满足计算精度，即 $|\bar{p}^{<i,k+1>}-\bar{p}^{<k>}|<\varepsilon$。

基于图 2 算例模型，模拟不同工作制度下的(累积)产气量、(累积)产水量、井底流压等单井产能指标随时间的变化，对比数值模拟结果(图 4~5)，解析解与数值解之间具有很好的拟合效果，证明了本文模型适用于不同流动时期和不同生产制度的产能预测。原因在于，关于压力积分的拟压力函数完整保留了原方程中的非线性作用项，在压力-饱和度本构关系基础上，拟压力同步考虑了渗流过程中压力、饱和度的变化路径及相互影响。

2 两相物质平衡拟时间

根据 Duhamel 褶积原理，建立气水两相定(拟)压力解与变(拟)压力解之间的函数关系。在连续变产量条件下，两相非稳态拟压力差解析

解表述为时间积分形式，即：

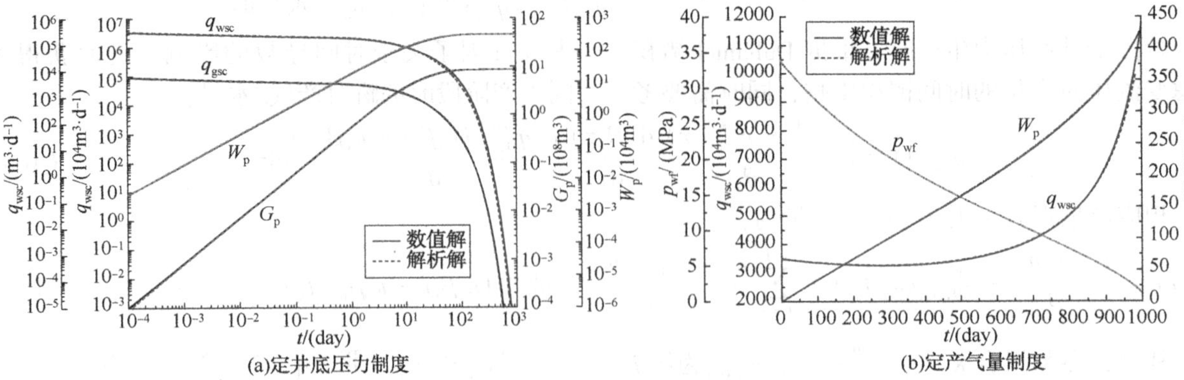

(a)定井底压力制度　　(b)定产气量制度

图 4　定生产制度下单井产能结果对比

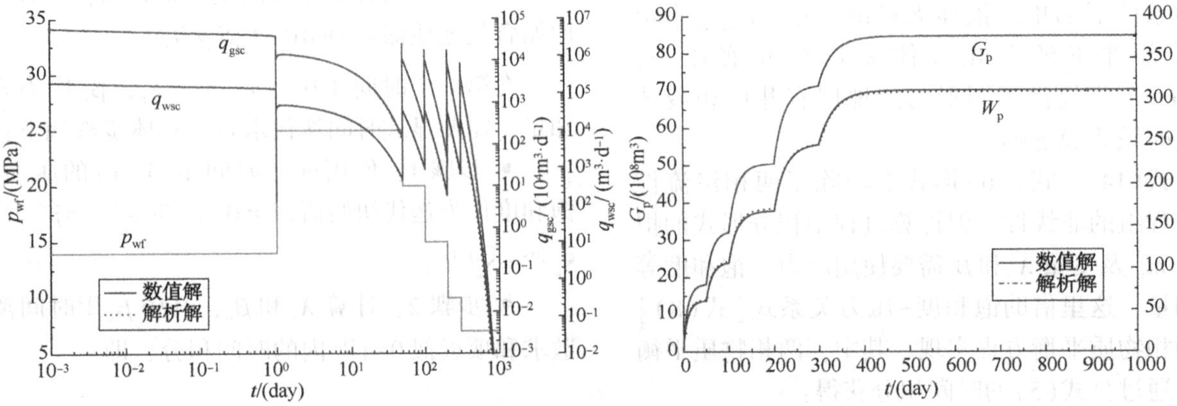

图 5　阶段变生产制度下单井产能结果对比

$$m_{vi}^{*}-m_{vwf}^{*}(t)=\kappa_{v}\vartheta_{v}\int_{0}^{t}\frac{\partial\ q_{vsc}(\tau)}{\partial\ \tau}p_{wfD,\ cr}^{liquid}(\kappa_{v}\beta_{v}t-\kappa_{v}\beta_{v}\tau)\,d\tau \tag{22}$$

根据卷积定律之交换律可知，式(22)与式(16a)等价。其中，单相液体定产量条件下的无量纲井底压力解为

$$p_{wfD,\ cr}^{liquid}(t_{D})=\frac{2}{r_{eD}^{2}-1}t_{D}+b_{Dpss}+\pi\sum_{n=1}^{\infty}B_{n}(r_{eD})\exp(-z_{n}^{2}t_{D}) \tag{23}$$

其中，中间变量 $B_n(r_{eD})=\frac{J_1^2(z_n r_{eD})[J_1^2(z_n r_{eD})Y_0^2(z_n)-Y_1^2(z_n)J_0^2(z_n)]}{z_n[J_1^2(z_n r_{eD})-J_1^2(z_n)]}$，$b_{Dpss}=\frac{1}{2(r_{eD}^2-1)}-\frac{3r_{eD}^4-4r_{eD}^4\ln r_{eD}-2r_{eD}^2-1}{4(r_{eD}^2-1)^2}$，$r_{eD}=r_e/r_w$。

将 $p_{wfD,cr}^{liquid}$ 为代入式(20)，同时方程两侧除以产量，即：

$$\frac{m_{vi}^{*}-m_{vwf}^{*}(t)}{q_{vsc}(t)}=\frac{2\kappa_{v}\vartheta_{v}}{r_{eD}^{2}-1}\frac{\int_{0}^{t}\bar{\gamma}_{Mv}\lambda_{v}q_{vsc}\mathrm{d}\tau}{q_{vsc}(t)}+\frac{\vartheta_{v}b_{Dpss}}{q_{vsc}(t)}\int_{0}^{t}\frac{\partial\ q_{vsc}}{\partial\ \tau}\mathrm{d}\tau+\vartheta_{v}\pi F_{v}(t) \tag{24a}$$

其中 $F_v(t)$ 为时间相关项，对应表达式为：

$$F_{v}(t)=\sum_{n=1}^{\infty}B_{n}(r_{eD})\exp(-z_{n}^{2}\kappa_{v}\beta_{v}t)+\frac{1}{q_{vsc}(t)}\sum_{n=1}^{\infty}z_{n}^{2}\int_{0}^{\kappa_{v}\beta_{v}t}q_{vsc}(\tau)\exp[-z_{n}^{2}(t-\tau)]\mathrm{d}\tau \tag{24b}$$

$F_v(t)$ 在非稳态时期随时间变化，进入拟稳态时期后，可忽略不计。

将相应参数组合重新代入式(24)，获得拟稳态时期的气相、水相动态物质平衡方程：

$$\frac{m_{gi}^*-m_{gwf}^*(t)}{q_{gsc}(t)}=\frac{2\theta\rho_{gsc}}{V_p\mu_{gi}c_{gi}S_{gi}}t_{gamb}+\frac{\theta\rho_{gsc}}{\pi kh}b_{Dpss}, \quad \frac{m_{wi}^*-m_{wwf}^*}{q_{wsc}(t)}=\frac{1}{V_pS_{wi}c_w}t_{wamb}+\frac{\mu_w}{2\pi kh}b_{Dpss} \tag{25a}$$

其中，方程左侧取倒数即$\frac{q_{\upsilon sc}}{m_{\upsilon i}^*-m_{\upsilon wf}^*}$，称为规整化产量。方程右侧 $t_{\upsilon amb}$ 为两相物质平衡拟时间，表达式为：

$$t_{\upsilon amb}(t)=\frac{1}{q_{\upsilon sc}(t)}\int_0^t\bar{\gamma}_{M\upsilon}(\tau)\bar{k}_{r\upsilon}(\tau)q_{\upsilon sc}(\tau)\mathrm{d}\tau \tag{25b}$$

式(25)为两相拟稳态产能公式，与经典单相液态动态物质平衡方程形式一致，本文称为两相动态物质平衡方程。对式(25)无量纲化处理，公式两侧同时取倒数，结果为：

$$q_{\upsilon D}=\frac{1}{2t_{\upsilon ambD}/(r_{eD}^2-1)+b_{Dpss}} \tag{26}$$

相关无量纲定义：$q_{\upsilon D}=\vartheta_\upsilon\frac{q_{\upsilon sc}}{m_{\upsilon i}^*-m_{\upsilon wf}^*}$，$t_{\upsilon aD}=\frac{kt_{\upsilon amb}}{\phi\mu_{\upsilon i}c_{\upsilon i}S_{\upsilon i}r_w^2}$。

式(26)为无量纲化形式的Arp调和产量递减公式，在拟稳态生产时期，两相动态物质平衡方程反映了规整化产量倒数与物质平衡拟时间之间的线性关系[式(25)]，或规整化产量与物质平衡拟时间的调和关系[式(26)]。

按式(26)对定井底流压[式(14)]、定产气量[式(15)]、阶段变井流压[式(16)]产能公式获得的动态数据进行无量纲处理，图版拟合如图6所示。结果表明，气相规整化产量与物质平衡拟时间的对应关系，与水相数据的对应关系相同，均与单相液态定产量条件下的无量纲井底压力之倒数趋于一致，其中在非稳态时期近似渐进，随着时间延续渐进精度不断提高，在拟稳态时期精确成立。

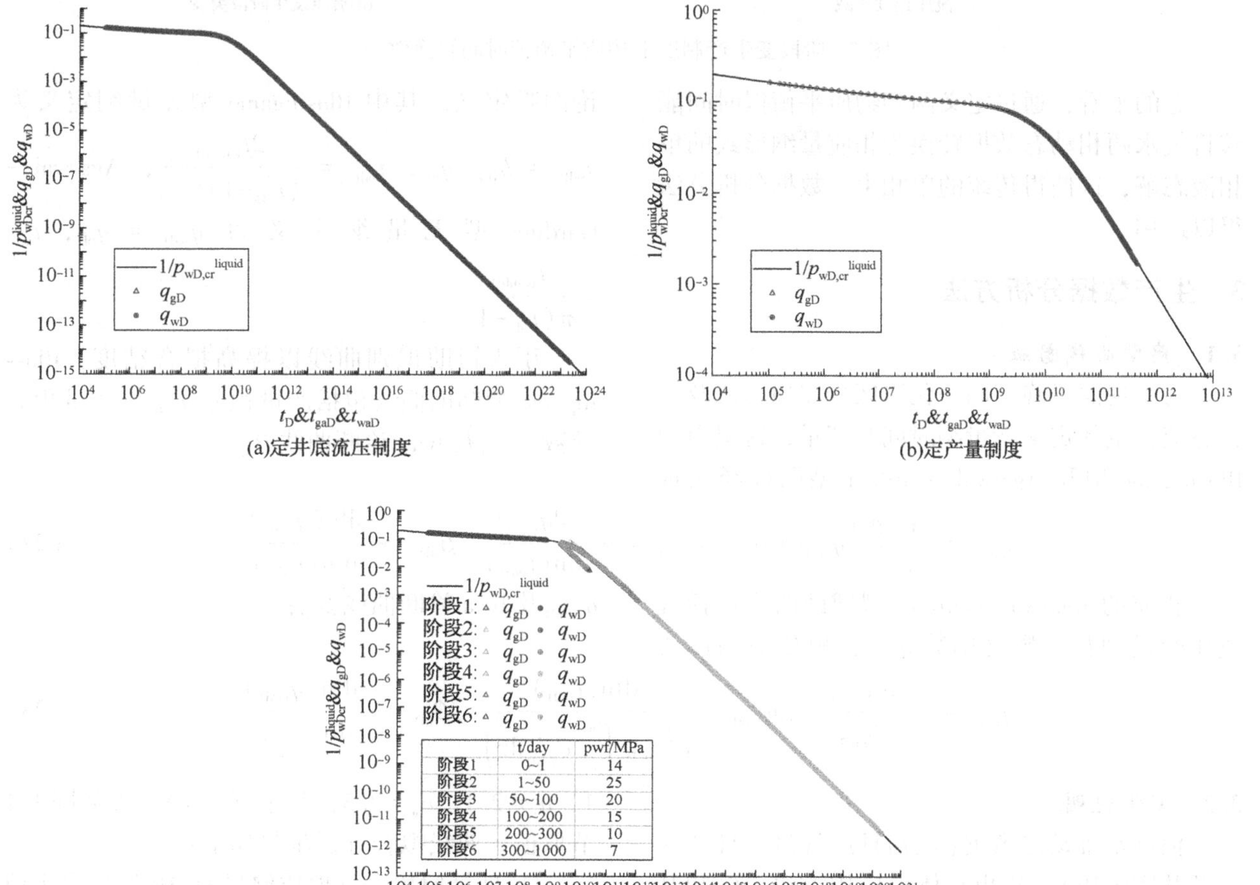

(a)定井底流压制度　(b)定产量制度　(c)阶段变流压制度

图6　不同生产制度下物质平衡拟时间转换效果

需要说明的是，对于阶段变流压生产制度（图 6c），非稳态时期内的流压不满足单调递减特征（0~50 天 p_{wf} 高于相邻时间段），两相非稳态产能公式（即规整化产量与物质平衡拟时间关系）偏离单相液态解，即物质平衡拟时间无法消除变流压/变产量产生的时间震荡影响。

将图 6c 中的阶段变流压转换为单调递减模式（图 7a），模拟结果表明，即使在非稳态时期，规整化产量-物质平衡拟时间对应关系也与液态解拟合效果良好；将原方案处于拟稳态时期的第 3~5 阶段流压均设定为非单调递减模式（图 7b），规整化数据也与液态解拟合较好。对比图 6c 及图 7 可知，在拟稳态时期，两相动态物质平衡方程的线性或调和关系始终成立，与生产制度无关；在非稳态时期，生产制度呈阶段性单调变化时两相物质平衡拟时间近似成立，生产制度呈阶段性非单调变化时两相物质平衡拟时间的转换效果较差。

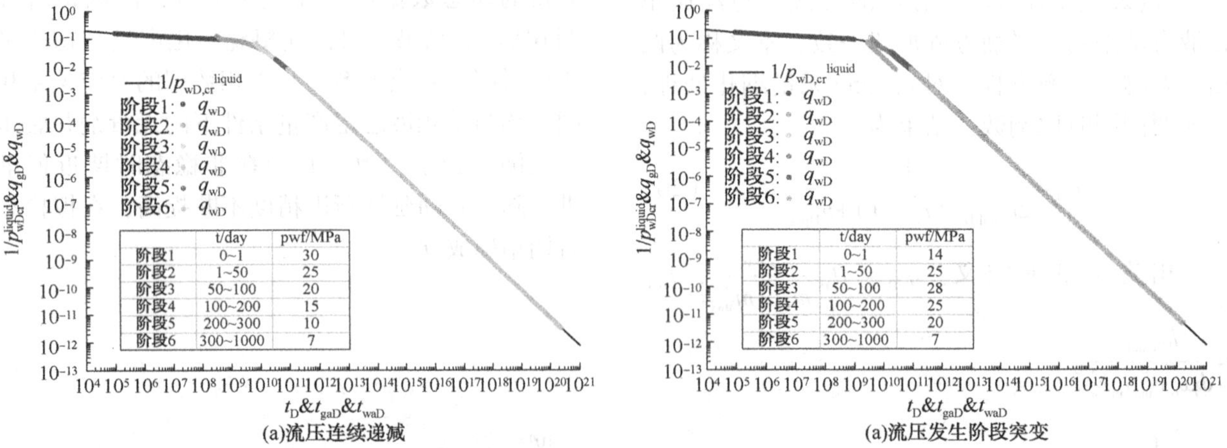

(a)流压连续递减　　(a)流压发生阶段突变

图 7　阶段变生产制度下物质平衡拟时间转换效果

总的来看，通过定义两相物质平衡拟时间能够将气水两相动态数据转换为相应量纲形式的单相液态解，这使得传统的单相生产数据分析方法得以适用。

3　生产数据分析方法

3.1　典型曲线图版

为实现曲线晚期归一化以区分非稳态流及拟稳态流，重新定义无量纲时间与产量，这里引用 Blasingame 型和 Agarwal-Gardner 型两种经典理论图版定义，其中 Blasingame 型无量纲定义为 $q_{\upsilon dD}=b_{Dpss}\,q_{\upsilon D}$，$t_{\upsilon dD}=\dfrac{2t_{\upsilon ambD}}{(r_{eD}^2-1)b_{Dpss}}$，Agarwal-Gardner 型无量纲定义为 $q_{\upsilon aD}=q_{\upsilon D}$，$t_{\upsilon aD}=\dfrac{t_{\upsilon ambD}}{\pi(r_{eD}^2-1)}$。

引入辅助识别曲线以提高拟合精度，Blasingame 型辅助曲线包括产量积分 $q_{\upsilon idD}$、产量积分导数 $q_{\upsilon didD}$ 及 beta 诊断曲线 β_{dD}：

$$q_{\upsilon idD}=\frac{1}{t_{\upsilon dD}}\int_0^{t_{\upsilon dD}}q_{\upsilon dD}(\tau)\,\mathrm{d}\tau,\quad q_{\upsilon didD}=-\frac{\mathrm{d}q_{\upsilon idD}}{\mathrm{dln}(t_{\upsilon dD})},\quad \beta_{dD}=-\frac{\mathrm{dln}(q_{\upsilon idD})}{\mathrm{dln}(t_{\upsilon dD})} \tag{27}$$

相应的 Agarwal-Gardner 型辅助曲线包括规整化产量倒数导数之倒数 $q_{\upsilon daD}$，积分平均形式 $q_{\upsilon diaD}$ 及 beta 诊断曲线 β_{aD}：

$$q_{\upsilon daD}=-\frac{\mathrm{dln}(t_{\upsilon aD})}{\mathrm{d}q_{\upsilon aD}^{-1}},\quad q_{\upsilon diaD}=\frac{\mathrm{dln}(t_{\upsilon dD})}{\mathrm{d}\left(t_{\upsilon dD}^{-1}\int_0^{t_{\upsilon dD}}q_{q_{\upsilon aD}}^{-1}\mathrm{d}\tau\right)},\quad \beta_{aD}=-\frac{\mathrm{dln}(q_{\upsilon iaD})}{\mathrm{dln}(t_{\upsilon aD})} \tag{28}$$

3.2　实例说明

根据基础动态数据（包括日产气量、日产水量及井底流压），给出具体的应用方法。已知基础数据为：$p_i=4.72\times10^7$Pa，$r_w=0.07$m，h=20，$\varphi=0.42$，$S_w^{min}=0.12$，$S_w^{max}=1$，$k_{rg}^*=0.92$，$k_{rw}^*=1$，$n_g=2.1$，$n_w=2.3$，其余气水 PVT 参数同 1.1 节取值。曲线拟合分析步骤如下：

① 估算原始含气地质储量 OGIP 原始含水地质储量 OWIP，作为初始值（$OGIP_0$、$OWIP_0$）；

② 根据目标井生产数据，计算累积产气量、

累积产水量，根据1.2节步骤3确定平均含水饱和度、平均地层压力；

③ 计算气水两相物质平衡拟时间 $t_{\upsilon amb}$、拟压力规整化产量 $\frac{q_{\upsilon sc}}{m_{\upsilon i}^{*}-m_{\upsilon wf}^{*}}$ 以及相应的辅助值；

④ 根据③中计算结果，绘制气水两相 $\frac{q_{\upsilon sc}}{m_{\upsilon i}^{*}-m_{\upsilon wf}^{*}}\sim t_{\upsilon amb}$ 及其他辅助值与 $t_{\upsilon amb}$ 曲线；

⑤ 完成与Agarwal-Gardner型典型图版拟合，根据拟合点计算储层渗透率(以气相数据为例)

$$k=\frac{\theta\rho_{gsc}}{\pi h}\left(\frac{q_{gsc}/\Delta m_{gwf}^{*}}{q_{gaD}}\right)_{M} \tag{29}$$

以及原始地质储量

$$\mathrm{OGIP}=\frac{\theta\rho_{gsc}}{\pi B_{gi}\mu_{gi}c_{gi}}\left(\frac{t_{gamb}}{t_{gaD}}\right)_{M}\left(\frac{q_{gsc}/\Delta m_{gwf}^{*}}{q_{gaD}}\right)_{M},\quad \mathrm{OWIP}=\frac{1}{2\pi B_{wi}c_{w}}\left(\frac{q_{wsc}/\Delta m_{wwf}^{*}}{q_{waD}}\right)_{M}\left(\frac{t_{wamb}}{t_{waD}}\right)_{M} \tag{30}$$

⑥ 比较 $|\mathrm{OGIP}-\mathrm{OGIP}_0|<\varepsilon$ 及 $|\mathrm{OWIP}-\mathrm{OWIP}_0|<\varepsilon$，若不满足精度则令 $\mathrm{OGIP}_0=\mathrm{OGIP}$、$\mathrm{OWIP}_0=\mathrm{OWIP}$，从步骤②开始循环计算，直到满足精度未知。

⑦ 根据Agarwal-Gardner最终拟合结果，计算泄流半径 r_e 及原始含水饱和度 S_{wi}

$$r_e=\sqrt{\frac{\mathrm{OWIP}\cdot B_{wi}+\mathrm{OGIP}\cdot B_{gi}}{\pi h\varphi}},\quad S_{wi}=\frac{\mathrm{OWIP}\cdot B_{wi}}{\mathrm{OGIP}\cdot B_{gi}+\mathrm{OWIP}\cdot B_{wi}} \tag{31}$$

⑧ 计算 b_{Dpss}，并根据Blasingame图版无量纲定义处理生产数据，判断是否与Blasingame型典型曲线重合，验证Agarwal-Gardner拟合结果。

选取了某口数据质量较好的气井生产数据，该井生产历史较长、数据分辨率较高，同时生产制度连续性好。图8为处理后数据与理论曲线的拟合效果，Blasingame图版与Agarwal-Gardner图版拟合结果一致性较好。根据式(30)~式(31)解释结果为：$k=1.02\times10^{-14}\mathrm{m}^2$，$S_{wi}=0.28$，$r_e=419.32\mathrm{m}$，$\mathrm{OGIP}=1.02\times10^{9}\mathrm{m}^3$，$\mathrm{OWIP}=1.23\times10^{6}\mathrm{m}^3$。

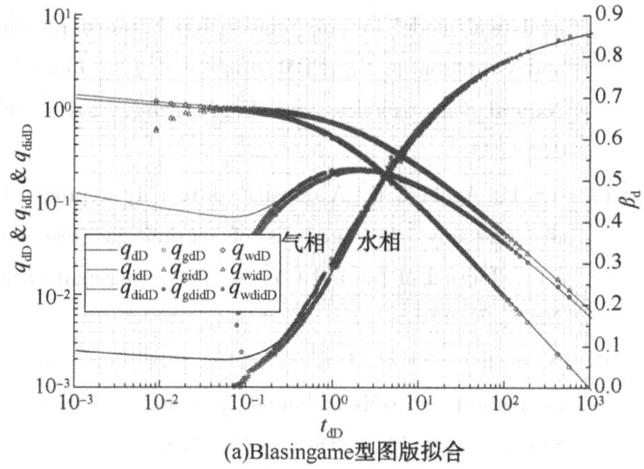

(a)Blasingame型图版拟合

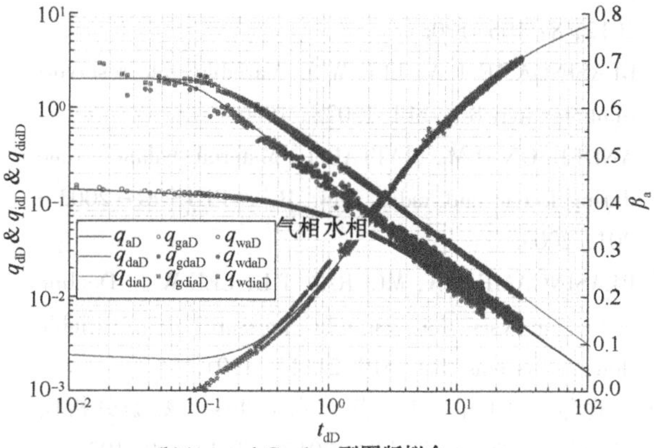

(b)Agarwal-Gardner型图版拟合

图8 实际生产数据与典型图版拟合效果

将已知参数及解释参数代入数值模拟模型，以井底压力为生产制度，重新进行历史拟合(如图9)。在整个历史生产周期内，实际产气量、产水量与模拟基本拟合，良好的历史拟合效果进一步验证了本文分析方法的可靠性与实用性。

值得注意的是，该井的生产制度在非稳态时期呈非单调递减模式，但连续性较好、无阶段性的非单调时段，物质平衡拟时间等效转换效果也较好(图8)。结合图7分析可知，物质平衡拟时间仅不适用于在非稳态时期呈阶段性非单调递减的生产制度，其余工作制度均适用。

4 结论

(1) 使用压力-饱和度本构关系、拟压力函数、beta因子等手段可将气水两相非线性渗流方程转换为单相线性渗流方程。

(2) 在拟稳态时期内，任何生产制度下两相物质平衡拟时间均精确成立，规整化产量与物质平衡拟时间之间满足调和递减关系。

(3) 在非稳态时期的连续性或阶段性单调递

减的生产制度下，两相物质平衡拟时间渐进成立，但不适用于阶段性非单调生产制度。

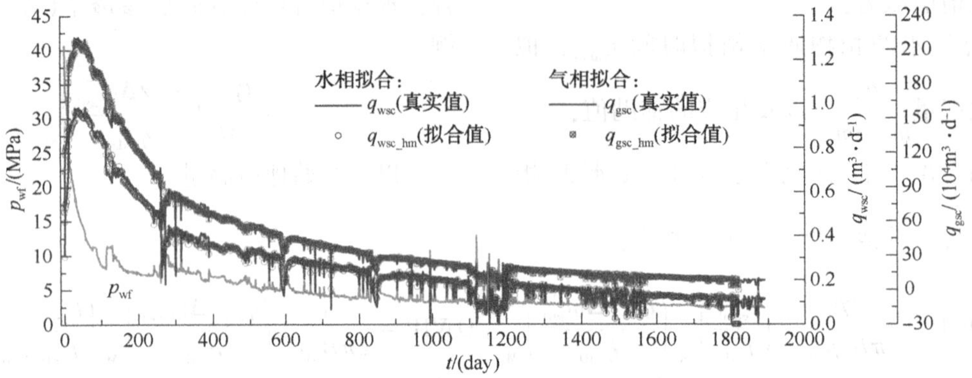

图9　生产历史拟合效果

参考文献

[1] 孙贺东，欧阳伟平，张冕，等．考虑裂缝变导流能力的致密气井现代产量递减分析[J]．石油勘探与开发，2018，45(3)：455-463.

[2] FETKOVICH M J. Decline curve analysis using type curves[J]. Journal of Petroleum Technology，1980，32(6)：1065-1077.

[3] CLARKSON C R，JORDAN C L，ILK D，et al. Rate-transient analysis of 2-phase (gas+water) CBM wells[J]. Journal of Natural Gas Science and Engineering，2012，8：106-120.

[4] BLASINGAME T A，LEE W J. Variable-rate reservoir limits testing[R]. SPE 15028，1986.

[5] ANDERSON D M，MATTAR L. Material-balance-time during linear and radial flow[R]. PETSOC-2003-201，2003.

[6] BLASINGAME T A，MCCRAY T L，LEE W J. Decline curve analysis for variable pressure drop/variable flowrate systems[R]. SPE 21513，1991.

[7] 王晓冬，胡永乐，丁一萍．水平井生产数据分析模型[J]．石油勘探与开发，2010，37(1)：99-103.

[8] 王皆明，李春，孙军昌，等．气藏型储气库井注采动态不稳定流分析方法[J]．石油勘探与开发，2022，49(1)：156-165.

[9] 姜瑞忠，何吉祥，姜宇，等．页岩气藏压裂水平井Blasingame产量递减分析方法建立与应用[J]．石油学报，2019，40(12)：1503-1510.

[10] 王军磊，位云生，罗万静，等．页岩气压裂水平井生产数据分析方法[J]．重庆大学学报，2014，37(1)：102-109.

[11] KAMAL M M，SIX J L. Pressure transient testing of methane producing coalbeds. SPE Advanced Technology Series，1993，1(1)：195-230.

[12] MARHAENDRAJANA T A，PERMADI A K. Performance prediction of a well under multiphase flow conditions. SPE 80534，2001.

[13] CLARKSON C R，JORDAN C L，GIERHART R R，et al. Production data analysis of CBM wells. SPE 107705，2007.

[14] 成绥民，成珍，杨勤涛，等．气水两相渗流稳定与不稳定试井分析[J]．油气井测试，2006，15(3)：4-8.

[15] 刘志强，杨婧．低渗透气藏压裂井气水两相产能计算方法[J]．油气井测试，2019，28(3)：67-73.

[16] SUN Zheng，LI Xiangfang，SHI Juntai，et al. A semi-analytical model for the relationship between pressure and saturation in the CBM reservoirs[J]. Journal of Natural Gas Science and Engineering，2018，49：365-375.

[17] YE P，Ayala L F. A density-diffusivity approach for the unsteady state analysis of natural gas reservoirs[J]. Journal of Natural Gas Science and Engineering，2012，7：22-34.

[18] Ayala L F，YE P. Unified decline type-curve analysis for natural gas wells in boundary-dominated flow[J]. SPE Journal，2013，18(1)：97-113.

[19] YE P，Ayala L F. Straightline-analysis of flow rate vs. cumulative-production data for the explicit determination of gas reserves[J]. Journal of Canadian Petroleum Technology，2013，52(4)：296-305.

[20] FENG Yao. Rate transient analysis of gas/water two-phase reservoirs：a density-based approach[M]. The Pennsylvania State University，2016.

[21] AYALA L F，ZHANG M. Rescaled exponential and density-based decline models：extension to variable-rate/pressure-drawdown conditions[J]. Journal of Canadian Petroleum Technology，2013，52(60)：433-440.

[22] CARTER R D. Type curves for finite radial and linear

gas-flow systems: constant-terminal-pressure case [J]. SPE Journal, 1985, 25(5): 719-728.

[23] AGARWAL R G. "Real gas pseudo-time"-a new function for pressure buildup analysis of mhf gas wells [R]. SPE 8279, 1979.

[24] FIRANDA E. Gas and water production forecasting using semi-analytical method in coalbed methane reservoirs[R]. AAPG International Conference and Exhibition, 2011.

[25] 王晓冬. 渗流力学基础[M]. 石油工业出版社, 2006.

[26] RAGHAVAN R. Well Test Analysis[M]. P T R Prentice-Hall, Inc, 1993.

[27] MATTAR L, ANDERSON D. Dynamic material balance (oil or gas-in-place without shut-ins)[R]. PETSOC-06-11-TN-P, 2006.

[28] PALACIO J C, BLASINGAME T A. Decline curve analysis using type curves - analysis of gas well production data[R]. SPE 25909, 1993.

[29] AGARWAL R G, GARDNER D C, KLEINSTEIBER S W. Analyzing well production data using combined-type-curve and decline-curve analysis concepts[J]. SPE Reservoir Evaluation & Engineering, 1999, 2(5): 478-486.

塔河超稠油常二馏分油掺稀降粘应用分析

闫永赞[1,2]　刘　磊[1,2]　曹　畅[1,2]　丁保东[1,2]　郭　波[1,2]　陈渊博[2]

（1. 中国石化集团缝洞型油藏提高采收率重点实验室；2. 中国石化西北油田分公司）

摘　要　塔河油田稠油探明储量大，占塔河油田探明总量的65%，稠油埋藏超深、超稠，开发难度大。为了开发稠油资源，塔河油田主要采用掺稀降黏工艺，目前面临掺稀比逐年增加，井筒及地面系统循环量大、凝析油被迫掺稀经济效益差等问题。为高效开发稠油资源，开展了常二馏分油掺稀室内实验，证明现有掺稀用油掺入馏分油后掺稀效果变好，纯常二馏分油可降低掺稀比70%。为进一步验证常二馏分油掺稀现场应用效果，选取YQX1-7A井开展常二馏分油掺稀现场先导试验，掺稀比由3.2降至1.3，降低掺稀比60%，油井产能释放87%。

关键词　常二馏分油；塔河油田；特超稠油；掺稀降黏

1　塔河油田开发难点

在我国，稠油资源分布广、储量大，产量占总产油量的比例较大。一方面由于稠油黏度大，油层渗流阻力大，稠油无法流入井筒，这在浅层稠油中发生较多；另一方面稠油流入井底，在井筒中上升的过程中，温度、压力的降低，稠油逐渐失去流动性，堵塞井筒，这在超深层稠油中发生较多(图1)。这两个方面均导致稠油在地下流动性差，难以开采。

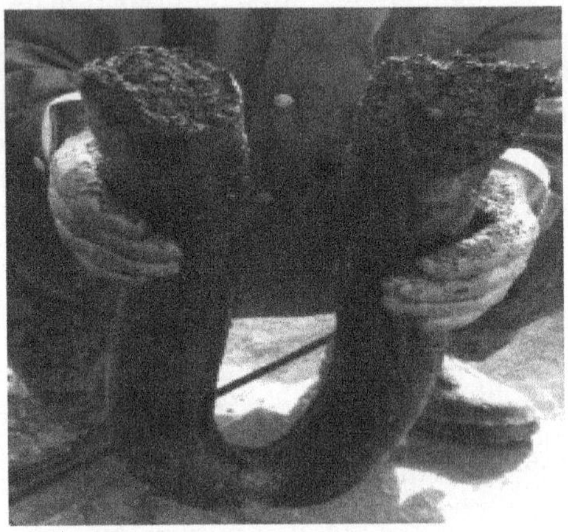

图1　塔河油田典型超稠油

塔河油田拥有目前世界上埋藏最深(7000m)、黏度最高(1.8×10^7mPa·s/50℃)的超深井超稠油油藏，稠油占比大，占塔河油田探明总量的65%[2]。稠油中金属元素含量高，过渡微量元素Ni、V等容易与沥青质中的N、P、S元素形成配合物，加剧了胶质、沥青质的聚集。与国内外其他油田相比，塔河稠油过渡金属元素含量更大，导致了原油结构复杂，黏度高，开采困难。同时塔河稠油具有很强的温敏特性(图2)，温度降10℃、黏度翻1倍，稠油在井筒上升过程中逐渐流动性，在3000米左右堵塞井筒。

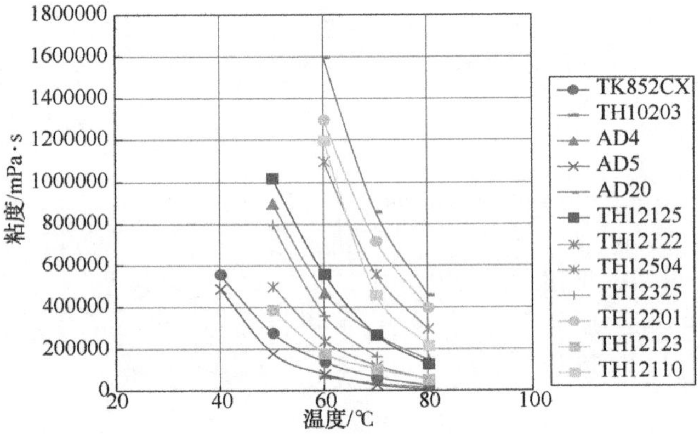

图2　塔河稠油典型井粘温曲线

2　塔河油田稠油开发现状分析

在塔河油田稠油产量占比高，2021年塔河油田稠油占比56%，2022年占比60%，2023年塔河部署新井中稠油井占比62%，稠油产量323万吨，稠油的效益开发事关塔河稳产。塔河油田稠油开采主要采用掺稀降黏工艺，从油管或者套管注入稀油，稀油和稠油在井筒下部混合(图3)，利用相似相溶和稀释作用原理，通过掺入黏度小的轻质油或其他有机溶剂来降低重质组分含量，使稠油黏度和密度降低，从而将稠油采出。随着开发的进行，塔河油田掺稀油用量和掺稀比增加，2016年掺稀比1.48，2023年掺稀比达1.92，增幅达30%。

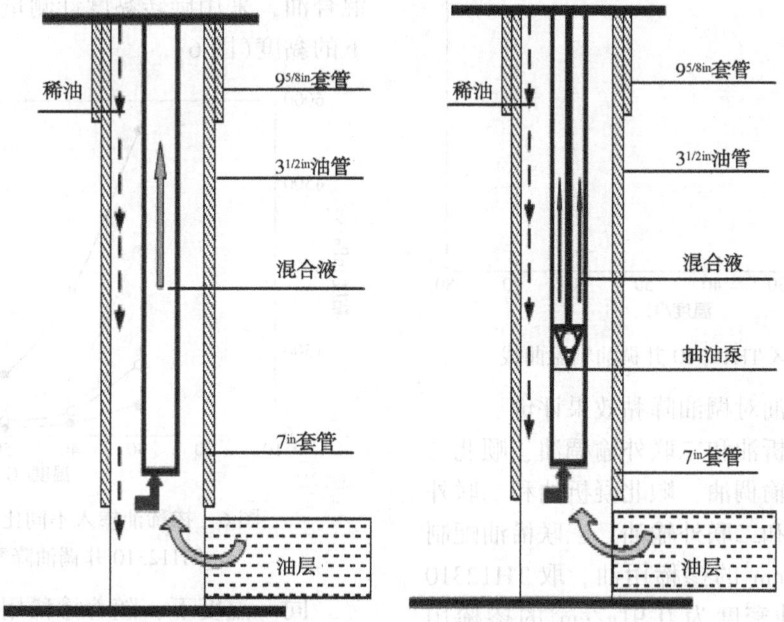

图3　自喷井、机采井掺稀管柱示意图

为了稠油的开发，油田不断攻关新型稠油降黏技术，探索塔河稠油高效开发方向。在塔河油田稠油的实际开发过程中采用多种降黏方法，包括电加热杆加热降黏技术、闭式热流体循环降黏技术、纳米保温油管技术、矿物绝缘电缆等物理降黏技术；复合降黏技术、低温催化降粘技术等化学降黏技术。但存在以下难题：一是超稠油化学降黏的适应性差。主要表现在：①化学降黏成本高，常规油溶性及水溶性化学降黏的纯剂市场价格普遍在2万元/吨以上，加量2000ppm以上，节约稀油成本大于300元/吨；②水溶性降黏存在井筒乳化与联合站破乳的矛盾，尤其是针对$100×10^4$mPa·s稠油(50℃)难以同时解决乳化与破乳的难题。二是常规物理加热降黏受地层及设备配套影响大。主要表现在：①超稠油黏温拐点超过3000米，加热设备下深难以满足；②稠油储层地温梯度低，平均仅2.2℃/100m，加热降黏热损失大。基于以上问题，亟待寻找新型高效的稠油降黏工艺。

3　塔河油田常二馏分油掺稀室内实验分析

常二馏分油又称常二柴油，其富含长链饱和烃和芳香烃，降黏有效组分含量高，分散能力强，馏分油轻组分含量高，大幅降低沥青质分布浓度，馏分油中的小分子嵌入沥青团，阻止沥青聚集成团，减低稠油黏度。常二馏分油是炼厂常压蒸馏装置产出的一种馏分油，溜出温度为260℃~350℃；其主要组成为C10~C22长链饱和烃、异构烷烃和芳香烃；成品馏分油是常二馏分油、加氢焦化馏分油的混合物。常二馏分油密度约0.85g/cm³，闪点90℃，在30℃黏度小于20mPa·s，塔河油田常用的掺稀用中质油闪点为34℃，馏分油储存比掺稀用中质油更安全。同时调研到国内油田有馏分油掺稀应用案例。风城油田采用蒸汽驱方式开采稠油，开采出来的稠油在地面管输时，温度降低，黏度增加，流动困难，常规加热输送能耗高，油田在地面管道系统掺入20%的焦化柴油(焦化馏分油)，稠油黏度大幅度降低，实现了热采稠油的顺利外输。运送至克拉玛依石化后，将焦化柴油蒸馏出来，重新运至风城油田，实现了焦化柴油的循环使用。

理论上常二馏分油是一种优良的降黏剂，为支撑常二馏分油现场先导试验，评价馏分油降黏效果，选取超稠油区块塔河12区TH12310稠油井进行室内实验。

(1) 原始稠油黏度测定

取TH12310稠油井油样，采用旋转黏度计测量稠油原始黏度。稠油在30℃时黏度为247000mPa·s，50℃时黏度为41800mPa·s，70℃时黏度为9850mPa·s(图4)。

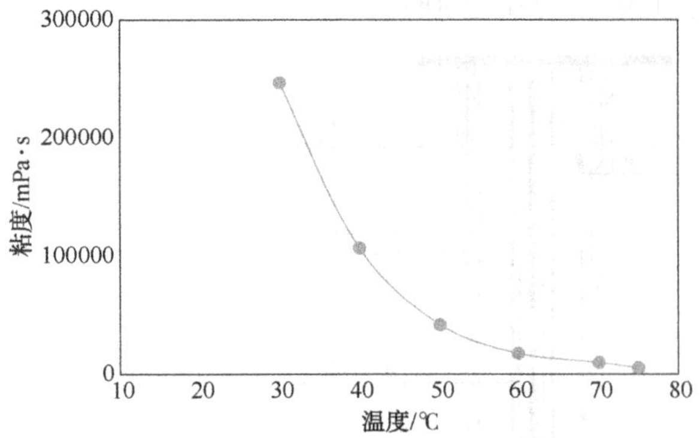

图 4　塔河 12 区 TH12310 井稠油粘温曲线

（2）现有掺稀油对稠油降黏效果评价

取顺北一区凝析油和二联外输稠油、顺北二区凝析油和二联外输稠油、顺北凝析油和二联外输稠油、一联稀油和二联外输油、三联稀油配制 5 种密度为 0.91g/cm³ 的掺稀用油。取 TH12310 稠油井油样和 5 种密度为 0.91g/cm³ 的掺稀用油，掺稀比 1∶1，配制 5 种混合油，采用旋转黏度计测量混合油在不同温度下的黏度(图 5)。

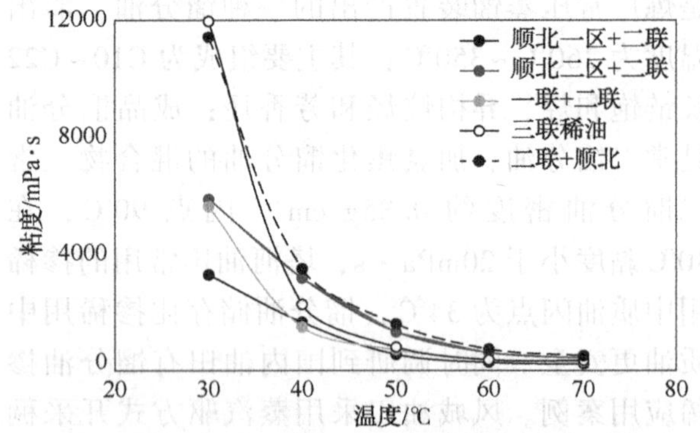

图 5　油田不同掺稀油对 TH12310 井稠油降粘曲线

40℃以下，5 种掺稀油效果差异较大；在 50℃情况下，将稠油黏度降低至 2000 mPa.s 以内；较高温度下，5 种掺稀油掺稀效果接近。在 30℃情况下，顺北一区凝析油和二联外输稠油、顺北二区凝析油和二联外输稠油、一联稀油和二联外输油均能将稠油降黏至 6000mPa · s；二联外输油和顺北凝析油、三联稀油效果略差，将稠油降黏至 12000mPa · s。与顺北二区凝析油混配掺稀油相比，在相同条件下顺北一区凝析油混配掺稀油效果优于二区。

（3）现有掺稀油掺入馏分油降黏效果评价

取密度为 0.91g/cm³ 二联掺稀用油，在该掺稀用油中掺入常二馏分油，质量加量分别为 10%、20%、30%、40%、50%，混配新的掺稀用油。取 TH12310 稠油井油样和 5 种不同馏分油含量的的掺稀用油，掺稀比 1：1，配制 5 种混合油，采用旋转黏度计测量混合油在不同温度下的黏度(图 6)。

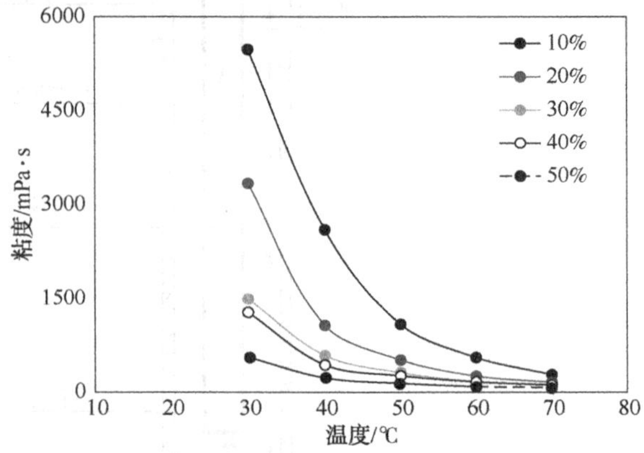

图 6　掺稀油掺入不同比例馏分油对 TH12310 井稠油降黏曲线

同一温度下，随着掺稀用油中常二馏分油质量分数的增加，混合油黏度减小，掺稀用油对稠油的降黏效果变好。在小于 30%情况下，常二馏分油质量分数增加，黏度降低幅度大；在大于 30%情况下，稠油黏度较小，粘度降低幅度放缓。在 30℃时，20%加量情况下，混合油黏度为 3340mPa · s，明显优于油田现有掺稀油降粘效果；50%加量情况下，粘度下降至 560mPa · s。对于 TH12310 井，采用掺稀用油中加入纯馏分油可使掺稀效果变好，当掺稀用油中馏分油质量分数大于 20%，掺稀效果明显改善。

（4）纯馏分油降黏效果评价

采用塔河炼化纯常二馏分油作为掺稀用油，掺稀比分别为 0.1、0.3、0.5、0.7，取 TH12310 稠油井油样和馏分油进行混合，配制 4 种混合油，采用旋转黏度计测量混合油在不同温度下的黏度(图 7)。

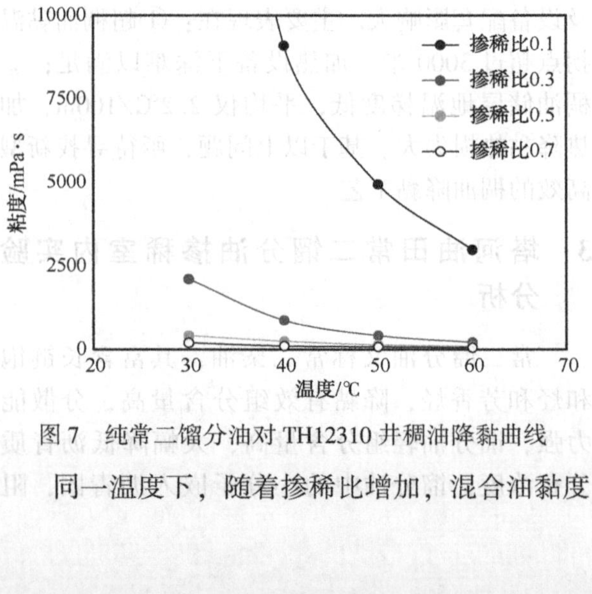

图 7　纯常二馏分油对 TH12310 井稠油降黏曲线

同一温度下，随着掺稀比增加，混合油黏度

减小，对稠油的降黏效果变好。掺稀比小于0.3情况下，稠油黏度降低幅度大；掺稀比大于0.3时，能将稠油黏度降至较低水平。在30℃时，掺稀比0.3情况下，混合油黏度为2120mPa·s；掺稀比0.5情况下，混合油黏度为421mPa·s；掺稀比0.7情况下，混合油黏度为205mPa·s。对于TH12310井采用纯馏分油掺稀，在掺稀比0.3的情况下，与塔河现有掺稀油掺稀比1时降粘效果相当，纯馏分油降低掺稀比达70%。常二馏分油作为掺稀降黏介质开采塔河稠油室内实验评价是可行的。

4　塔河油田常二馏分油掺稀先导试验分析

为验证常二馏分油的现场降黏效果，在特超稠油区块选XQX1-7A井进行常二馏分油现场掺稀先导实验。先导试验前优化掺稀、录取试验前的数据，确定该井采用油田现有掺稀油生产的基值为：小时掺稀5.9m^3，小时地产稠油1.6m^3，不含水，掺稀油密度0.9g/cm^3，稠油密度1.01g/cm^3，计算掺稀比为3.2，产出液40℃黏度为32000±3000mPa. s。

先导试验期间每小时进行测定返出液黏度、密度、含水，录取油压、套压、回压、掺稀量、返出液量、净产液量等生产数据。逐渐降低掺稀量，观察油井生产效果，测取油井生产参数。常二馏分油小时掺稀量分别设定为5.9m^3、5.3m^3、5.0m^3、4.8m^3、4.6m^3、4.4m^3、4.2m^3。当馏分油小时掺稀量优化为4.6m^3时，小时地产稠油3m^3，产出液密度、黏度温度，生产稳定，油井生产平稳，黏度、密度接近基值(图8)。常二馏分油密度0.85 g/cm^3，计算此时掺稀比为1.3，与基值相比，减低掺稀比60%，产能释放87%。现场先导试验验证常二馏分油是一种可行的掺稀介质，能够大幅度降低掺稀比，同时释放油井产能。常二馏分油作为掺稀降黏介质开采塔河稠油矿场先导试验证明是可行的(图8)。

先导试验证明掺稀存在着最佳掺稀量。在试验过程中，随着馏分油掺稀排量的增加，日产油先增加后减少。分析原因：常二馏分油掺入量过小，会导致生产不稳定、稠油上返甚至堵塞井

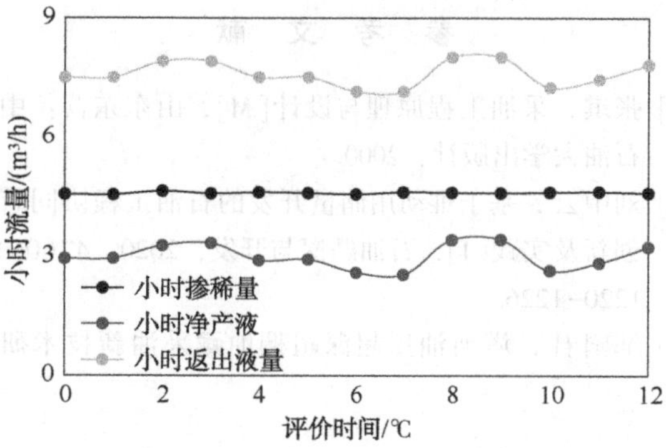

图8　XQX1-1井生产曲线

筒；当馏分油掺入量过大会压制地层能量，导致地产减少(图9)。

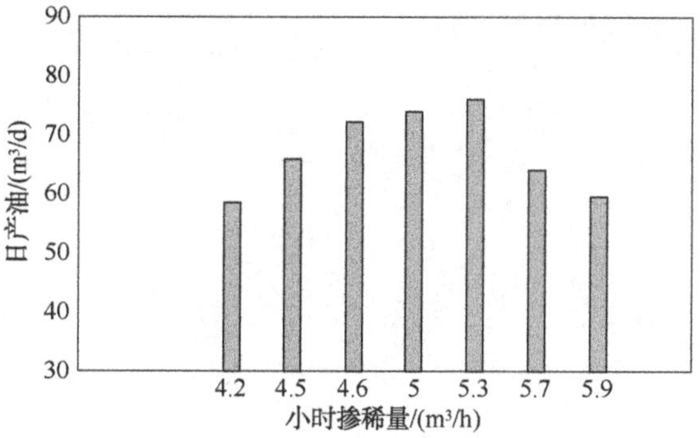

图9　XQX1-7A井掺稀量与日产油关系曲线

5　结论与认识

（1）塔河稠油产量和探明储量占比高。稠油超深超稠，常规降黏方式开发困难，油田采用掺稀降黏方式，目前面临掺稀量大、稀油缺口大、井筒及地面系统循环量大、设备超负荷运行、稀油稠油价差大等问题，亟需掺稀变革。

（2）室内评价实验表明：在现有掺稀用油中加入纯馏分油可使掺稀效果变好，当掺稀用油中馏分油质量分数大于30%，掺稀效果明显改善；采用纯馏分油掺稀可降低掺稀比50%以上。

（3）现场先导试验表明：常二馏分油是一种可行的掺稀介质，能够大幅度降低掺稀比，减小井筒及地面系统负荷，同时释放油井产能。与采用油田现有掺稀油相比，YQX1-7A井采用纯馏分油掺稀生产，掺稀比由3.2降至1.3，地产稠油由1.6m^3/h提高至3m^3/h，减低掺稀比60%，产能提高87%。

参 考 文 献

[1] 张琪. 采油工程原理与设计[M]. 山东东营：中国石油大学出版社，2000.

[2] 刘中云. 基于难动用储量开发的石油工程协同管理创新及实践[J]. 石油勘探与开发，2020，47(06)：1220-1226.

[3] 邹国君. 塔河油田超深超稠油藏采油新技术研究[J]. 西南石油大学学报(自然科学版)，2008，30(4)：130-134.

[4] 贾晓燕. 塔河油田深层稠油开采技术研究[J]. 西部探矿工程，2014，26(4)：46-48.

[5] 梁志艳，邱振军，夏新跃，等. 矿物绝缘加热电缆在塔河超稠油开采中的应用[J]. 新疆石油天然气，2018，14(02)：64-67+4.

第三篇　深层、超深层油气工程技术篇

当前，海洋深水深层、陆地深层超深层（“两深”）油气勘探开发已成为增储上产新阵地。我国陆上深层超深层油气资源丰富，总量达670亿吨油当量，约占常规油气资源总量的30%，塔里木盆地和四川盆地等深层油气勘探不断取得突破。例如，塔里木盆地超深层发现了千亿方天然气储量的博孜-大北油气田。2023年，陆上深层原油产量超千万吨，天然气超五百亿方，加快深层超深层油气勘探开发是保障国家能源安全的必然选择。我国南海油气资源约300亿吨，其中70%蕴藏于深水区域，国家十三五规划纲要、党的十九大报告等明确提出“要加快深水油气勘探开发”、“加快建设海洋强国”等要求。近几年来，深海一号大气田等深水自营大型油气田的开发建设，标志着我国深水油气勘探开发步入了蓬勃发展时期。本篇汇集了“两深”油气工程领域新理论、新方法、新技术及新装备等方面的优秀论文，内容涵盖深井超深井钻完井技术进展、地质工程一体化研究、超深层气井井壁稳定性评价、超深层大井眼固井技术、海上油气增产等。这些文章围绕深部地层油气勘探开发业务需求、解决生产痛点、实现了工程技术创新，将对推动企业生产方式转变、提高生产效率、实现管理模式升级以及推动“两深”油气勘探开发领域新质生产力发展起到积极推动作用。

中国石油深井超深井钻完井技术进展及发展建议

刘绪全　陈畅畅　黄洪春　纪国栋　刘　力　于金平

（中国石油集团工程技术研究院有限公司）

摘　要　深层超深层是我国油气勘探开发的重要增储上产领域，针对深层超深层高温高压及复杂地质环境带来的钻井工程挑战，中国石油持续开展钻完井关键核心技术攻关，在基础理论和工艺方法、关键装备、高温井筒工作液、耐高温井下工具仪器和完井测试等方面取得了一批科技成果，成功实施了一批标志性超深井钻探。8000~9000m 钻完井技术体系基本成熟，钻深能力迈上万 m 新台阶，工程技术进步支撑了塔里木盆地、四川盆地海相碳酸盐岩、新疆准噶尔盆地南缘、青海柴达木盆地等重点地区深层超深层油气勘探开发。随着油气勘探开发不断向更深层推进，钻井面临的工程地质风险、新的挑战仍然不断出现，还需进一步突破耐高温关键工具仪器和井筒工作液，加快推进钻完井工程技术向数智化转型，为保障深层、超深层油气高效勘探开发和加快工程技术装备迭代升级提供科技支撑。

关键词　深层超深层；钻完井；技术进展；难题与挑战；发展建议

我国深层-超深层油气资源丰富，总量达670亿吨油当量，约占常规油气资源总量的30%。2023 年，陆上深层原油产量超千万吨，天然气超五百亿方，已成为我国油气增储上产的生力军，加快深层-超深油气勘探开发是保障国家能源安全的必然选择。为贯彻落实国家“向地球深部进军”和保障国家能源安全的要求，中国石油着力攻克深层超深层钻完井关键核心技术瓶颈，形成了具有自主知识产权的7000~12000m系列自动化钻机、钻测固完一体化精细控压装备、垂直钻井系统、抗240℃高温钻井液、140MPa 测试与压裂装备等 8000m 级成熟配套钻完井技术及装备体系(图 1)，支撑近三年我国完钻 8000m级超深井 280 余口，已成为全球陆地超深钻井第一大国，推动了塔里木、四川等盆地超深层油气勘探开发取得重要突破。启动实施了国内首个万米深地油气科探和预探工程，在塔里木盆地和四川盆地开钻实施深地 TK1 井和深地 CK1 井两口万 m 深井，其中深地 TK1 井成功突破 10000m 大关，成为世界陆上第二、亚洲第一垂深井，实现中国钻探历史性跨越。

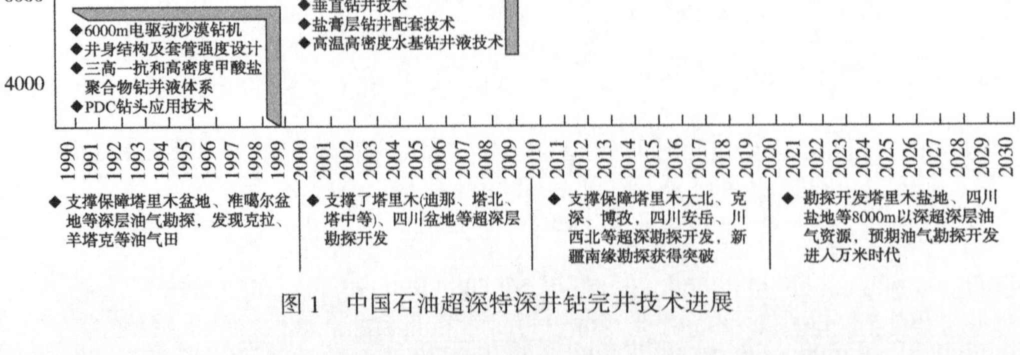

图 1　中国石油超深特深井钻完井技术进展

从已钻超深井看，随着储层埋深增加，地层和压力系统复杂，超深、超高温高压、复杂高地应力、强腐蚀环境等给钻井带来巨大挑战。随着勘探开发挺向万米深层，钻完井难度更大，关键核心工程技术装备仍需迭代升级。加快关键核心技术攻关，培育新质生产力，是破解深层-超深层油气勘探开发工程技术难题，保障国家油气供给安全的重要战略举措。

1 深井超深井钻完井技术实施进展

通过持续攻关，井身结构优化与拓展、井震结合风险预警、非平面齿 PDC 钻头、耐高温螺杆、高效扩眼、耐高温井筒工作液等多项技术取得突破，为超深层油气井安全高效开发提供了技术支持。2023 年，中石油完成 4500 米以上深井 1073 口，较 2022 年增加 135 口；完成 6000m 以上超深井 397 口，较 2022 年增加 84 口，在平均井深增加条件下，平均机械钻速提高 12.9%，钻井周期缩短 14%，较“十三五”平均提高近 41.7%。近三年已实施超 8000m 油气井 130 余口，8000m 深井钻井周期较“十三五”末缩短 36.8%(图 2)。创造多项钻井纪录，其中 HX 1 井首次实现八开八完井身结构，MS-XX 井首次实现 8500 米以深井 100 天内完钻，四川盆地 PS6 井、完钻井深 9026m，创国内当期最深直井纪录，在茅口组测试获气 146 万方/天，取得重大勘探及工程突破。8000m 超深层油气勘探开发“井工程”技术与装备基本成熟，钻探能力迈上 10000m 新台阶，支撑塔里木、四川盆地等深层-超深层油气勘探不断取得突破发现。

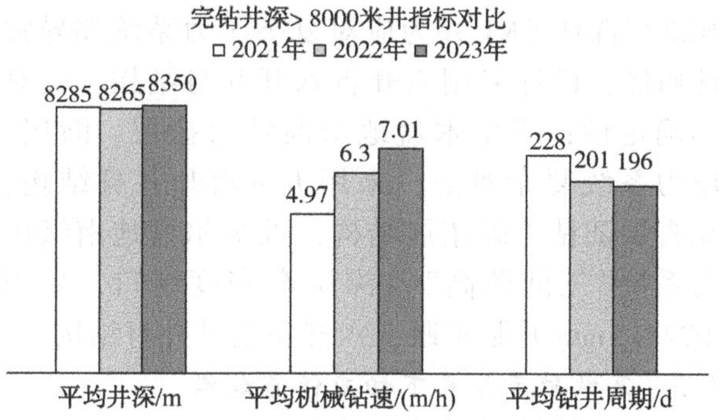

图 2 中国石油近三年 8000m 以深井指标对比

1.1 深井超深井钻井关键装备

近年来，中国石油通过持续攻关，钻机及配套装备逐步迭代升级，钻深能力与自动化水平持续提升，引领行业发展。实现 7000～12000m 超深井钻机系列配套并全面进入国际市场，研制的“一键式”人机交互 7000m 自动化钻机及配套设备能够实现钻台面和井场 80% 以上的重体力劳动被机械替代，钻机核心部件实现 100% 国产化。2023 年中国石油宝石机械研制了国内首台 12000m 特深井自动化钻机，最大钩载 900t，钻台面高度 15m，配套 70MPa 高压大排量五缸钻井泵、900t 大通径顶部驱动装置，研制的轻量化电驱动绞车，最大钩速超过 2m/s，起下钻平均速度提高 25%。配套万米级管柱自动化系统，集成高效联动控制，实现钻井管柱从井场到井口全流程自动化作业，控制更精准、作业更高效、运行更环保。研制出 15000m 自动化钻机样机，最大钩载达 1150t，实现钻机控制平台与自主决策系统的高效协同、一体化管控，推动管柱智能作业系统、高精度重载提升系统等地面装备的高效联动作业。整机实现绿色、经济作业，安全、少人操控，控制、决策系统，高效、优化运行。中国深地 CK1 井、深地 TK1 井两口万米特深井配套应用 12000m 自动化钻机、70MPa 钻井泵、900t 顶驱。

1.2 井身结构优化与拓展技术

1.2.1 井震结合风险预警技术

基于地质力学模型，创新结合地震解释成果、测井数据和随钻岩屑，自主研发井震结合的地层压力预测软件，实现高精度三维孔隙压力、坍塌压力及破裂压力的计算。建立一套井震一体化钻井风险预测方法，精准识别断层、裂缝及溶洞等复杂地层，预测井漏、井壁失稳等潜在风险，实现区域地质体及其特征的三维可视化。井震结合的超深复杂地层压力预测技术解决了传统地震资料预测新井地层压力精度低的问题，为钻井风险防范提供有力支撑。

基于井震结合的地层压力预测技术在深地 TK1 井应用，实现了高精度三维孔隙压力、坍塌压力及破裂压力的计算(计算精度>85%)。通过精细化建立区域裂缝断层分布特征，明确了深地 TK1 井在二叠系、奥陶系桑塔木组、奥陶系鹰山组及寒武系沙依立里克组和吾松格尔组裂缝密度较大，有裂缝型漏失风险，指导深地 TK1 井工程方案设计(图 3)。

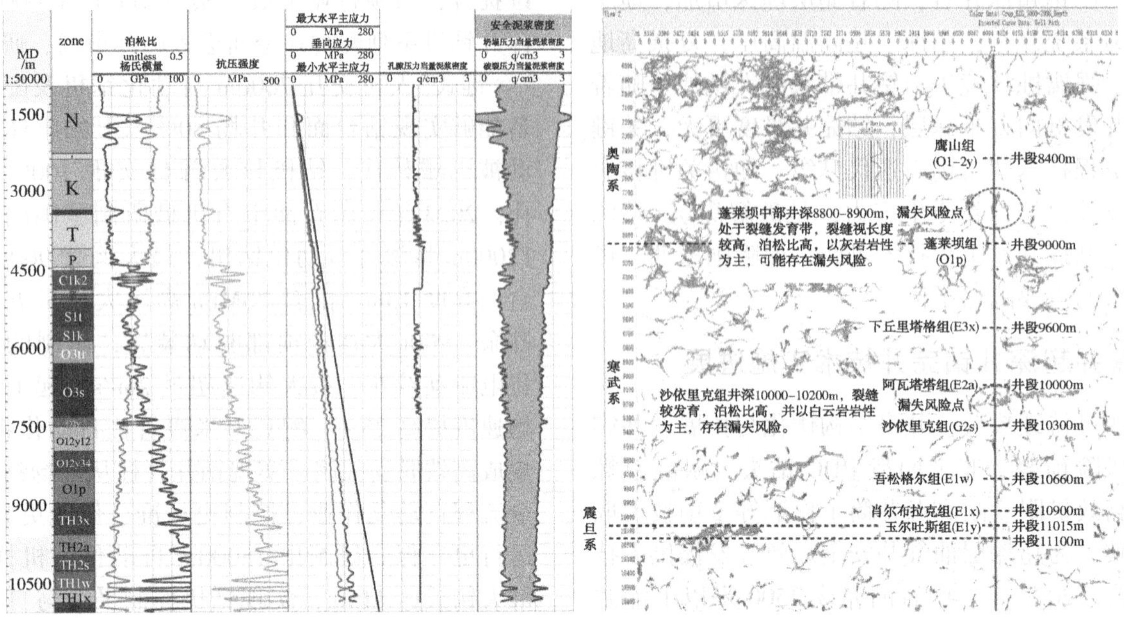

图 3　深地 TK1 井各层系地层三压力剖面与钻井风险预测

1.2.2　高性能膨胀管

深井超深井地质条件复杂、压力体系多，常规井身结构设计难度大，采用膨胀管井身结构拓展技术可有效提升应对复杂风险地层的能力。针对万米超深井对膨胀管材料强度要求高、施工工艺难度大的问题，在前期 N80 钢级膨胀管材料的基础上，研制出 P110 钢级膨胀管材料，胀后屈服强度≥750MPa，抗拉强度≥800MPa，完成工业化样管试制。形成超深井膨胀管井身结构拓展工艺，Φ299mm 膨胀管在西南油气田 Z203H5-8 井低压层成功实施裸眼封堵，施工作业长度 828.14m，成功解决了该井之前近 5 个月反复堵漏未成功的难题，胀后通径达 Φ284mm，确保了该井后续在不改变原有井身结构的情况下顺利钻进和中完。在 LH1 井、ZG3C 井等风险探井和超深井中进行了试验应用(图 4)，膨胀管最大下深 6170m、单次下入最长 838m、应用井段最高温度 145℃，进一步提升了超深井膨胀管井身结构拓展水平。

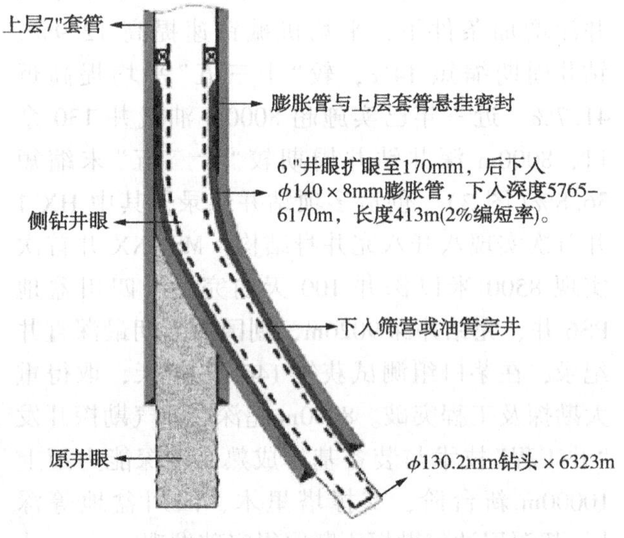

图 4　ZG3C 井膨胀管应用

1.2.3　井身结构拓展

通过地质工程、井震一体化风险预警，识别必封点和风险点，结合非标尺寸套管应用，持续拓展井身结构层次。六开井身结构成熟、七开基本配套，八开井身结构设计由 Φ114.3mm 尾管完井拓展至 Φ139.7mm，为应对深部未知地层不确定风险留有余地，支撑 PS6、DT1 等一批复杂超深探井钻探成功并取得勘探突破。四川盆地海相地层深地 CK1 井为应对复杂压力系统和异常地质体，设计采用六开备八开井身结构，应对不确定性；塔里木盆地山前针对盐层、断层、压力系统复杂难点，采用五～六开井身结构，盐膏层随钻扩眼拓展结构；准噶尔盆地南缘压力系统“三低两高”及深层窄密度窗口，采用 Φ241.3mm 井眼扩眼，六开备七开井身结构。

1.3　高效破岩与井下动力传递技术

1.3.1　系列长寿命高耐磨钻头

针对深部强研磨难钻地层，突破抗冲击型、耐研磨型、均衡型 3 种超硬材料配方体系，形成 >7GPa 超高压金刚石复合片合成工艺，研制出凸脊型、低后倾角型、大曲率型、凹型 4 种高效异形齿及非平面齿 PDC 钻头，形成从超硬耐磨材料、复合片设计、合成到 PDC 钻头设计、仿真评价、制造的一体化高端钻头研发平台，系列高端钻头产品在塔里木、西南、大庆、新疆以及北美、巴西、西非等地应用600余井次，平均提速46.5%，平均进尺提高136.7%。西南油气田 ST 107 井吴家坪组岩性为含燧石硅质、黄铁矿强研磨灰岩，非平面齿 PDC 钻头实现趟钻进尺为57.47m，平均机械钻速为2.36m/h，同比邻井分别提高19%、162%。在塔里木油田 GL3C 井实现9000m以深单趟进尺超200m，平均机械钻速为3.05m/h，创国产钻头9000m以深进尺最高纪录。

针对深地 TK1 井四开下丘里塔格组高硅质地层可钻性差、非均质性强，钻头易先期磨损等难题，个性化设计非平面齿 PDC 钻头，在8800m以深地层进尺141m，平均机械钻速1.87m/h，相比同地层进口钻头进尺优势明显。在深地 CK1 井须家河组石英砂岩地层(须三~须二)应用，钻进井段4161.13m~4286.68m，钻头总进尺125.55m，纯钻时间61.82h，平均机械钻速2.03m/h。

针对超深层岩石硬度高、研磨性强、钻头寿命短等难题，融合 PDC 齿抗冲击性和孕镶齿耐磨性，研制出高耐磨 PDC/孕镶齿复合钻头，有效提高超深地层钻头单趟进尺，减少起下钻趟数，提高行程钻速。在川渝深层、辽河深部花岗岩、新疆玛北风城组等深部难钻地层现场应用10余井次，平均进尺提高近1倍，在深地 CK1 井吴家坪组~茅口组石灰岩(含燧石结核、黄铁矿)应用，应用井段7108-7216.7m，进尺108.7m，平均机械钻速1.33m/h，与上趟钻进口钻头相比，进尺提高12.06%，平均机械钻速提高72.73%。

1.3.2　耐高温螺杆钻具

针对现有螺杆抗温能力不足的难题，创新结合 HNBR/聚酰胺共聚物材料的耐温性、碳纳米管高长径比的截面缝合作用，形成耐200℃高温橡胶，突破200℃高温定子橡胶配方及粘接工艺，研制出抗200℃高温螺杆，解决万米深井超深井段能量有效传输与高效破岩问题。200℃高温螺杆在西南 PS 101 井六开 Φ160mm 井眼现场试验6井次，应用井深6837~7950m，最高进尺153.2m，最大循环工作时间113h(因仪器无信号起钻)，油基钻井液密度1.4g/cm³，井底最高温度176℃，验证了超高温下螺杆钻具工作可靠性。

表1　PS101 井耐高温螺杆试验情况

螺杆型号	试验井段/m	工作时间/h	进尺/m	机械钻速/(m/h)
NOV	7532-7602	81.33	70	1.27
立林	7372-7399	56.5	27	1.8
北石 7LZ197×7.0	6837-6915	73	78	1.95
	6965-7064	113	99	1.63
北石 7LZ127×7.0	7624-7643	49	19	2.46
北石 7LZ127×7.0	7643-7739	108	96	2.41
	7739-7796.8	108	57.58	2.47
北石 7LZ127×7.0	7796.8-7950	96	153.2	2.66

1.3.3　井底钻柱减振增能工具

针对超深超长井段钻柱振动剧烈、能量传递效率低的难题，研制出井底钻柱减振增能工具，创新形成利用井底钻柱振动能量提高钻头射流压力(增压8~10MPa)的方法，实现“变害为利”，减小钻柱振动、保护钻头、提高射流压力，实现井底增能破岩。在西南、塔里木等油气田现场试验4井次，西南 NT1 井同比邻井同井段 PDC 钻头提速32.6%，井下振动强度降低45.4%(图5)，减振提速效果显著，塔里木 MS-XX 井同比邻井提速31.7%~119.5%。

1.4　抗高温钻井液技术

油基钻井液高温高密度条件下沉降稳定性好，是减少超深井复杂事故的重要钻井液体系。中石油工程院研发了抗高温高密度油基钻井液核心处理剂，包括有机土、主/辅乳化剂、降滤失剂、纳微米封堵剂和可膨胀堵漏材料等，形成抗240℃油基钻井液体系，解决了高压盐水侵、破碎带、大段泥岩的井壁失稳难题，大幅降低井下故障复杂发生率。在塔里木库车山前、西南和新疆南缘深层超深层规模应用200余井次，创造TT 1井温度最高（210℃）、BZ 8井井深最深（8235m）、LT1井密度最高（2.68g/cm³）等多项纪录，各项主要技术指标比肩国外产品，为深地TK 1井下部复杂井段钻进提供了重要技术支撑。

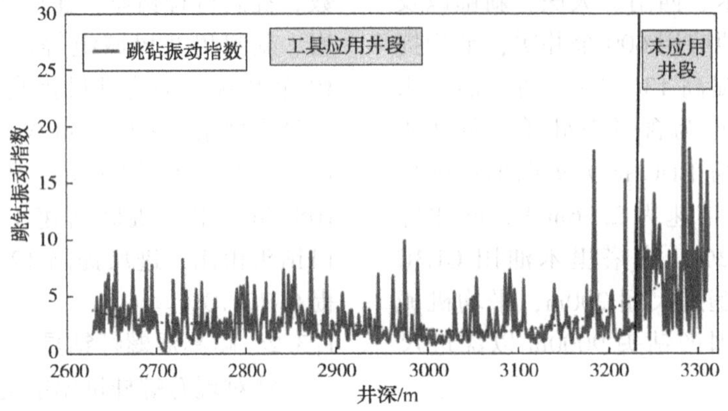

图5　NT1井减振增能工具效果分析

中石油工程院攻克新材料制备、材料协同增效与体系稳定性控制等卡点技术，研发降滤失剂CPJ、流型调节剂CPL等超高温关键材料，形成抗温220℃与抗温240℃水基钻井液体系，密度最高2.40g/cm³。在深地TK1井应用，成功钻至10006m，井底温度超过195℃，体系长时间抗高温稳定性好，流变与滤失可控，抗石膏达3%，高温高压失水≤15mL，抗劣质土污染可达10%，保证了高温下体系稳定性、润滑性等，有力地支撑TK1井四开及下部井段钻进。

针对裂缝性地层造成的恶性漏失，攻关形成了井漏预测预警与决策系统Fracseal V1.0，开发了包括地震属性体、岩性、测井、录井、钻井等数据的防漏堵漏大数据库，井漏智能预测及防漏堵漏辅助决策专家系统，库车山前漏层深度、漏速预测准确率90%、缝宽符合率85%。开发了温压响应型堵漏材料DRWm，材料抗返吐强、适用温度范围50~180℃，2~4mm楔形缝板正反向承压≥15MPa，在冀东、新疆、青海等油田裂缝性地层成功应用35井次，一次堵漏成功率91.4%，在深地CK1井栖霞组压力亏空地层备用。

超深井高密度钻井液流动阻力大，井深超万米后循环压耗超过40MPa，易引发钻进效率低低、井下复杂，研制承受超高温高压条件下的降摩阻材料是万米深钻面临的主要难点也是攻关的主要方向之一。基于超高温高压钻井液摩阻产生机制，以超高温润滑剂、低粘高切流型调节剂等自主研发处理剂为核心，形成超高温高压钻井液降摩阻技术。240℃老化后钻井液黏附系数降低74.5%，极压润滑系数降低37.8%（图6），与国外抗高温润滑技术水平相当，在深地TK1井四开井段奥陶系鹰山组开展应用，井底钻井液循环当量密度与实际钻井液密度差值控制在0.1g/cm³以内，降摩减阻效果良好。

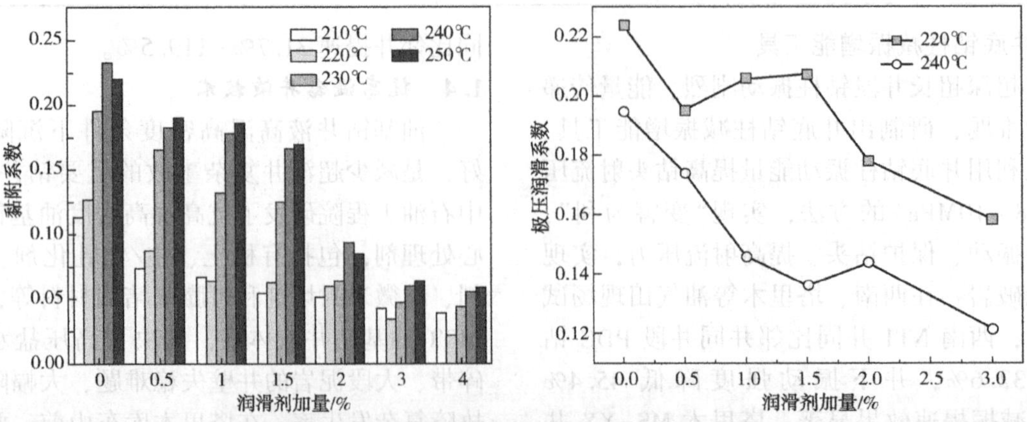

图6　钻井液体系的黏附系数和极压润滑系数

针对超深井钻井液人工加料带来人工劳动强度大、加料效率低等一系列问题，中石油工程院研制出国内首套钻井液自动加料装置，能够实时快速调控钻井液性能，并在塔里木深地TK1井成功应用。该技术颠覆了传统人工作业模式，形成仓储式一键密闭自动加料、气顶力自平衡高精度定量配料和防堵密闭钻井液混合漏斗等多项创新成果，满足90%以上处理剂自动加料需求，可实现一键化自动加料，偏差小于±1kg，精度达到99%以上。实现了处理剂安全高效混合，为复杂条件下的钻井安全提供了保障，同时也显著提升钻井效率，降低钻井成本。

1.5　钻柱安全防控与井眼质量保障技术

1.5.1　钻柱安全防控技术

突破传统钻柱静态安全校核方法局限，综合考虑地层岩性、井眼轨迹、钻井参数、钻具振动等因素，创新形成超长钻柱动力学仿真与动态防斜评价方法，开发了mydrill钻柱动力学分析软件，可根据井下参数的变化分析钻具动态损伤风险点，形成钻井管柱安全设计和钻井参数匹配方法，优化钻具组合和钻井参数，保障防斜打快和钻具安全。针对深地CK1井四开超深大尺寸井眼钻柱振动强度高、安全风险大、防斜与打快矛盾突出等难题，从钻具振动、弯曲内力(图7)、防斜能力、井眼清洁等多角度优化钻具组合及钻井参数，被现场采纳应用。

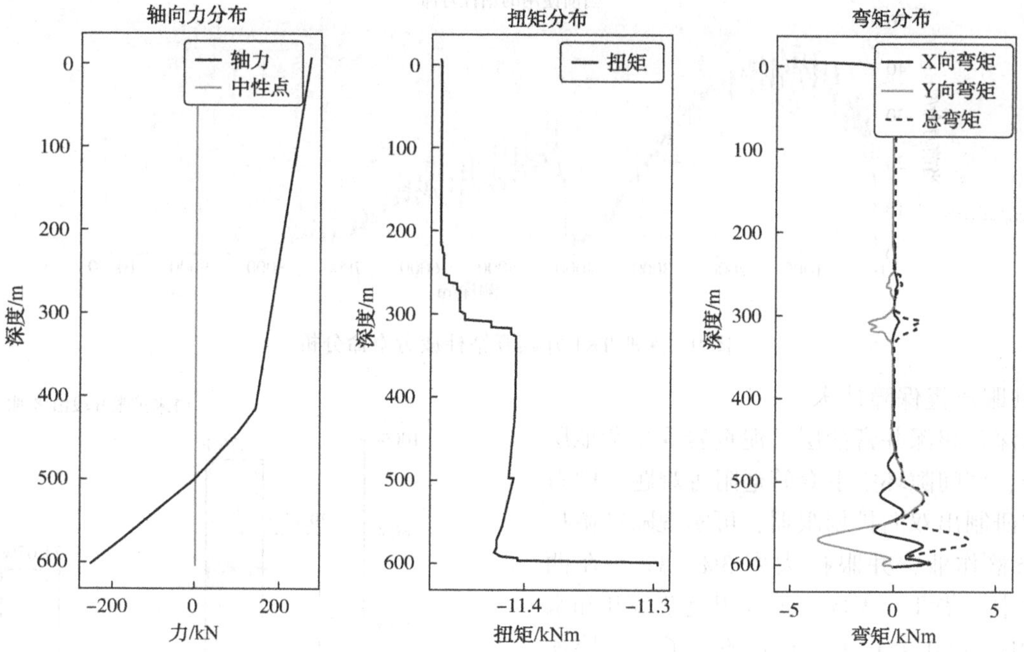

图7　深地CK1井四开带垂钻钻具组合内力分析

创新提出钻柱振动强度评价指数，构建了共振强度评价、临界破岩参数分析等模型及频谱分析图版，研发i-DAS钻井多目标协同优化系统，具备岩石可钻性评价，钻头破岩比能、钻具振动、井眼清洁实时监测评估，钻井参数实时优化等9大模块，在深地CK1井二开及后续井段部署应用，目前振动监测及参数优化井段5000m以上，累计推荐参数组合3000余组，推荐参数采纳率达到80%以上，三开日进尺由10m提高至30m以上，最高85m。将i-DAS系统实时分析结果与垂钻工具、钻头传感器实测井下振动数据对比，地面监测与井下实测数据趋势基本相符(图8)，符合率85%以上，验证了i-DAS系统对井下振动监测分析的可靠性。

针对万米深井钻柱动态失效风险大的难题，综合考虑钻具弯曲、井眼曲率等因素，建立了超长钻柱疲劳失效预测模型，钻前开展钻柱动态强度校核，纳入钻井工程设计；钻进过程中根据钻具使用时间和实钻工况进行疲劳分析(图9)，预测疲劳风险点，提出钻具倒换及探伤建议措施，保障超深超长管柱安全。

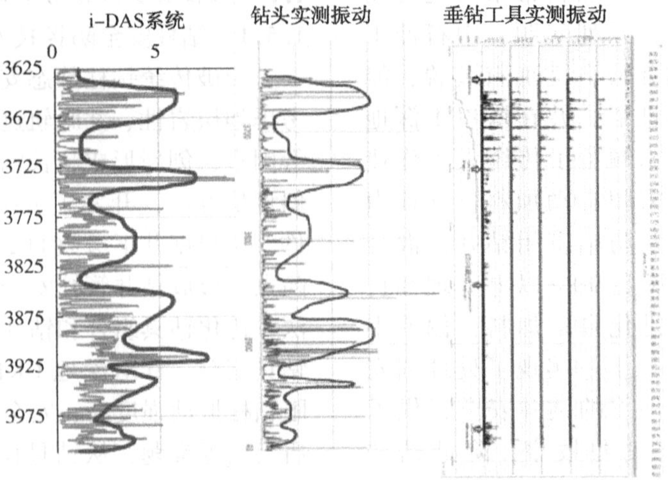

图 8　深地 CK1 井四开钻柱振动监测对比

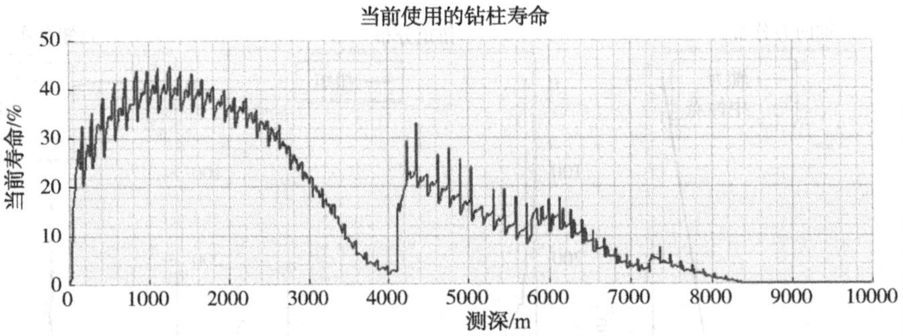

图 9　深地 TK1 井四开钻柱疲劳寿命分析

1.5.2　井眼质量保障技术

针对深井超深井膏盐层、泥页岩等复杂地层缩径阻卡、窄间隙环空下套管遇阻等难题，中石油工程院研制出双向扩划眼器，可实现随钻微扩眼井壁修整作业，井眼扩大率 3%-8%。在西南、塔里木、华北、大庆等油气田复杂深井和水平井成功应用 50 余井次，有效解决了盐膏层缩径阻卡、窄间隙井眼安全下套管等难题。西南油气田风险探井 YT 1 井扩眼井径扩大率 4.3%，固井优质率提高 47%(图 10)，塔里木 YK 8 井应用井深达到 7885m，保障了套管安全下入。针对深地 CK1 井四开 17-1/2″井眼膏岩层等复杂地层缩颈阻卡难题，优化设计了高耐磨双向扩划眼器，采用一体式刀翼，低扭矩螺旋结构，优选高抗冲击复合片，提高硬地层适应性，保障井眼通畅。在深地 CK1 井须家河组~茅口组随钻应用 16 趟钻，累计进尺 2542.84m，电测平均井径扩大率 5.2%，保障了起下钻通畅、无阻卡，有效验证了双向扩划眼器的高耐磨性、降低摩阻扭矩和防泥包性能。

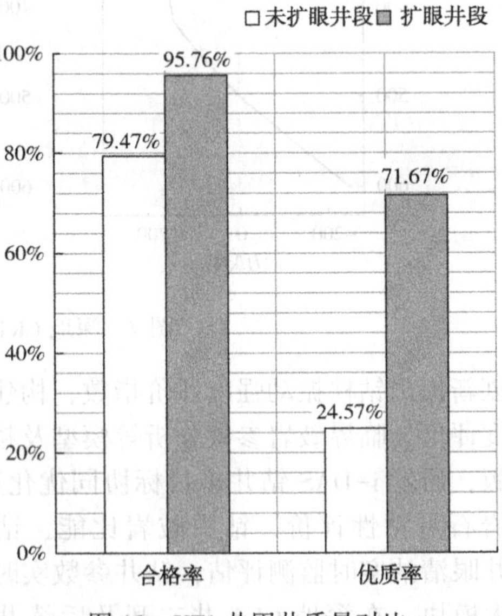

图 10　YT1 井固井质量对比

1.6　精细控压钻完井技术

精细控压钻井正朝着钻-测-固-完井全过程一体化控压发展。针对深井超深井、特殊复杂井窄压力窗口“溢漏共存”难题，中石油研制出 PCDS-Ⅰ、Ⅱ、S 等系列精细控压钻井系统，并实现控压钻井、测井、固井、完井全过程应用，解决窄安全密度窗口、多压力系统“溢漏共存”复杂难题。针对超深井及万米深井控压钻完井需求，迭代升级形成70MPa精细空压钻完井装备，井口控压能力由7MPa提升至12.5MPa，自动控制系统响应速度提高20%，在高压窄密度窗口地层应用取得突破，地面水循环控制精度由±0.2MPa提升至±0.05MPa，实现钻井液漏失量降低70%以上，复杂处理时间降低70%，支撑了塔里木、四川、准噶尔南缘等超深井安全钻井，引领控压技术发展。已在塔里木、四川、新疆南缘、青海、中海油等12个油气田现场应用500余井次；在渤海湾海洋钻井规模化应用22口井，并进入印度尼西亚等国际市场，有效保证井控安全，大幅提高作业效率，目前已在万米深井深地TK-1井部署。

四川盆地HX 1井是国内首口“八开八完”井，该井七开钻至7678m中完，中完油基钻井液密度1.92g/cm³。采用精细控压固井工艺技术，在安全密度窗口0.07g/cm³条件下确保了固井全过程气层压稳、漏层防漏，固井质量合格率达99.5%。

1.7 高温高压固井技术

1.7.1 高温高压固井水泥浆体系

超深特深井固井面临超高温、超高压、长封固段大温差、窄环隙等复杂地质及工况，对固井工作液关键材料及体系综合性能提出更高要求。中国石油经过持续攻关与现场实践，研发出了系列抗高温固井关键新材料，构建了超高温水泥浆体系、高温大温差水泥浆体系、高强度韧性水泥浆体系等多套适用于超深特深井的抗高温水泥浆体系，现场应用效果显著。

自主研发抗高温大温差缓凝剂、降失水剂、早强剂等关键外加剂及配套材料，构建了抗温200℃且适用温差100℃以上的高性能高温大温差水泥浆体系，解决了超深特深井长封固段固井顶部水泥石强度发展缓慢甚至超缓凝的问题。在柴达木盆地C909井(一次封固段长5302m，温差达150℃)成功应用，创中国石油最大温差固井纪录。针对超高温条件下固井材料易失效、固井施工安全和固井质量难以保障等难题，研发出抗240℃高温稳定剂、降失水剂、缓凝剂及强度防衰退材料等系列关键新材料，形成了抗温240℃常规水泥浆体系，28天抗压强度40MPa以上且无衰退，在西南油气田PS6井(9026m，205℃)、塔里木油田深地TK1井、大港油田QT1井(213℃)等重点探井中成功应用。研发了高温增强材料、增韧材料、力学改性材料等，构建了抗温200℃、抗压40MPa以上的高强度韧性水泥浆体系，适用密度范围1.30~2.60/cm³，弹性模量同比降低20%-40%，解决了深层高压气井固井质量低、界面失效等问题，在川渝、塔里木等盆地深层高压天然气井规模推广应用(PS6井，最大应用井深9026m)，大幅提升了超深、超高温高压极端条件下水泥环密封完整性。

1.7.2 高温高压固井配套工具

超深特深井面临超高温高压、复杂介质等恶劣工况，对固井工具耐温承压能力、长时间抗冲蚀性和可靠性提出更高要求，中石油川庆钻探研制的封隔式尾管悬挂器本体抗内压90MPa，环空封隔能力70MPa，现场应用100余井次，套管最高下深8305m，最高井底温度近200℃。中石油工程院研制的封隔式分级注水泥器，集环空封隔和分级固井于一体，形成可靠的联作控制系统，环空封隔能力42MPa，现场应用100余井次，应用井深超6000m，固井质量合格率平均提高40%以上，解决了复杂超深井漏失层固井漏失难题，保障了超深井固井井筒密封完整性。

1.8 试油完井技术

超深层高温高压储层和复杂岩性低渗储层试油难度大，以川中高石梯-磨溪、塔里木库车前陆冲断带油气藏为例，油气藏埋藏深(6000~8000m)、地层压力高(105~135MPa)、温度高(140℃~180℃)、地层破裂压力高(140~175MPa)、储层物性较差(孔隙度2.1%~9%，渗透率0.01~1mD)、非均质性强、储层类型复杂、天然裂缝不同程度发育，含H_2S和CO_2，安全试油难度大，对试油装备和井下工具性能要求高。中石油工程院研制出高温高压测试工具，测试工具整体耐温耐压差能力由177℃/70MPa提升到200℃/105MPa，配套形成“两阀一封”到“五阀一封”系列深层超深层APR测试联作技术，2023年应用80层，满足深层超深层测试需求。针对深井井身结构层次多，洗井趟数多、工序繁琐等难题，研发出井筒清洁多功能一体化作业系统，形成超深试油测试管柱优化分析能力，系统耐温200℃、耐压105MPa，实现“通刮洗刷捞”一趟作业。在西南、青海等油气田现场应用15口井，成功率100%，大幅缩短了试油、完井期间井筒清洁作业时间，作业效率提高45%以上。深层超深层试油工艺成功率由86%提高到93%(图8)，试油周期整体保持稳定，高温高压试油完井工具逐步实现国产化替代，有力支撑了库车山前、富满、准噶尔南缘和川中古隆起等勘探工作。

研发了230℃超级缓速酸体系，具备耐高温、低腐蚀、高溶蚀、低酸岩反应速率、可加重、高减阻、可在线混配等优点，在GT1井碳酸盐岩储层(6236.25m、171.8℃)现场试验300方；胶凝酸、超级缓速酸体系将在万米深井储层改造阶段应用。

2 深井超深井面临的工程技术挑战及发展展望

2.1 面临的工程技术挑战

绝对钻探深度带来极端钻完井施工难题，随着井深跨上万米新台阶，实施难度远超预期。上部超大尺寸井眼在防斜打直、钻具安全、井壁稳定、钻井提速等方面的难度远超预期。大尺Φ寸井眼钻进面临环空钻井液携砂困难、井眼不畅、钻具频繁阻卡、环空异常升温，井壁失稳风险高，钻具振动强度大，钻头外肩部切削线速度高、切削齿磨损快、单只钻头进尺短，井漏防治难度凸显，大尺寸装备工具不配套等系列新问题。下部超深超长井段钻头破岩难度大，钻具剧烈振动、复杂交变应力导致钻柱易疲劳失效，安全风险高。万米超深层岩石压实程度高，单轴抗压强度超过198MPa，围压下强度611MPa，杨氏模量67GPa，致密难钻，钻头极易产生切削齿破损，且井下动力传递困难，破岩效率低；超长钻具浮重超过380t，多挠度交变应力大，钻具组合受强烈冲击、涡动、振动多重影响，套管与钻具互磨，易导致疲劳损伤。贯穿地层层系显著增多，复杂压力系统与复杂岩性地层交互，涌、漏、塌、卡频发，井筒风险管控难度倍增；井筒超温度(>220℃)、超高压(>140MPa)、复杂地应力条件更加苛刻，现有工具、仪器、材料难以有效应对，并且从单一复杂加剧成错综复杂，同一井段多种风险共存，多重条件制约。超深地层地震资料分辨率低，复杂地层及岩性识别难、地层压力预测精度低，深部未钻揭地层缺乏邻井实钻资料，存在高度不确定性，易发生“遭遇战”，套管层次不足，井身结构优化拓展难度大，井漏频发、井控风险大、固井质量难以保障，上述难题需重点攻关解决。

2.2 发展建议及展望

2.2.1 强化基础研究和应用基础研究，着力解决万米超深层钻完井关键科学问题

随着井深跨上万米新台阶，钻完井施工难度远超预期，万米深井极端工况下地层岩石-流体-管柱力学多元耦合作用机理与调控机制不清，高温高压高腐蚀环境下材料性能及失效机理亟待探明，需加大超深层油气钻探基础理论研究。在地质和岩石力学方面，模拟万米深井实际工况特征，建设耐温240℃耐压240MPa的岩石力学三轴测试系统、地应力测试系统、岩石可钻性测试及全工况破岩模拟实验装置等。在高温井筒工作液方面，建设高精度工业CT扫描仪器、超高温高压井壁稳定力学耦合实验装置等。在抗高温井下工具仪器方面，以超深井井筒温压环境为基础，建设模拟实验井，真实模拟超深井工况，系统开展工具仪器性能测试，探明高温高压高腐蚀环境下材料性能及失效机理。加强地质工程一体化，深化复杂地层压力系统研究，构建符合万米超深层成压机制的地层三压力预测监测方法。

2.2.2 攻关大尺寸井眼钻井提速关键技术，持续推动万米深井作业效率提升

万米特深井钻探，首先应解决“大尺寸井眼效应”带来的系列问题。针对Φ812.8mm、Φ593.7mm等超大尺寸井眼携砂困难、钻具振动剧烈、钻头磨损快、防斜打直矛盾突出等难题，需要加强超大排量钻井泵、大尺寸井眼岩屑运移机理及井眼清洁工具、高效携砂剂、反循环钻井等关键技术攻关；开展大尺寸井眼钻柱振动等动力学行为表征方法研究，优化钻具组合，研制大尺寸减振工具，解决疲劳失效难题；开展大尺寸井眼钻头磨损机理研究，研制大尺寸PDC钻头、双级钻压自适应钻头等，提升大尺寸井眼钻头进尺和机械钻速；研制成熟配套的超大尺寸垂直钻井工具，进一步优化大尺寸钟摆钻具组合，解决大尺寸井眼防斜打直难题。

2.2.3 加快研发耐高温关键工具仪器、液体，形成超深井安全高效钻完井配套技术

加大耐高温新材料与井筒工作液体系攻关。

攻克抗高温高盐的智能绿色环保井筒工作液新材料，开发240℃以上的钻完井液、固井水泥浆、酸化压裂液等体系及工艺技术，推进高温化学新材料产业发展；研发240℃随钻测控仪器，解决超深地层随钻测控瓶颈难题。研制高强度轻质钻杆、加长钻杆，形成完备的装备、工具及技术系列，大幅提升超深井钻探效率及安全性，推进万米超深层油气资源勘探开发进程。探索超深超高温高压地层岩石抗钻特性及破碎机理，攻关超硬耐磨材料金刚石复合片、长寿命高耐磨钻头、耐240℃高温螺杆钻具、长寿命低速大扭矩涡轮钻具等系列提速工具，形成超深层提速成套技术，提升超深难钻地层钻井速度。

2.2.4　大力推进数字化转型、智能化发展，助力超深层钻完井技术装备转型升级

针对深层油气勘探开发的工程技术需求，聚焦钻完井装备工具仪器、软件系统、井筒工作液等方面，研发15000m智能钻机、大功率智能顶驱、智能导向工具、智能钻头、智能钻井液等，不断拓展数智技术的应用场景，建立大数据、云计算、人工智能等信息技术与传统钻完井工程技术深度融合新模式。通过不断融合发展，持续推进钻完井工程技术向智慧工程、数字化、智能化升级转型，强化超深地层复杂处理能力，提高工程作业效率，培育智能钻完井新质生产力，持续提升工程技术的服务保障能力和核心竞争力。

3　结论

深层超深层、万米级深层油气资源已成为国家油气增储上产的重要阵地。通过“十三五”“十四五”的集中攻关，中国石油突破多项技术瓶颈，研制了一批深井超深井重大装备、关键工具、高端井筒工作液和顶级软件，在12000m自动化钻机、井身结构优化设计与拓展、高效PDC钻头、全过程精细控压钻井系统、高温钻井液体系和防漏堵漏技术、高温固井水泥浆体系和配套装备、高温高压完井与测试装备等方面取得了重要进展，实现8000m、9000m级钻完井技术基本成熟配套，推动超深井钻探能力迈上10000m新台阶，有力支撑了深层超深层油气勘探开发，为万米深地油气科探和预探工程的实施奠定坚实基础。随着勘探开发向万米深层迈进，钻完井工程面临更高的技术挑战和技术需求。建议围绕基础理论研究、重大关键装备研制、抗高温井下工具仪器及井筒工作液研发、数智化转型升级等方面，联合相关企业、科研院所、优势高校等，成立“产学研用融”一体化创新联盟，开展超深层钻井地质环境精细描述、井震一体化复杂防治等方面研究，攻关大尺寸井眼减振提速、抗高温高压关键工具仪器及井筒工作液体系、超深超长井段能量有效传递高效破岩等关键技术，加快推进数字化转型、智能化发展，拓展数智技术在钻完井工程方面的应用场景，为万米深井“打成、打好”及深地油气未来产业培育提供科技支撑。

参　考　文　献

[1] 李阳，薛兆杰，程喆，等．中国深层油气勘探开发进展与发展方向[J]．中国石油勘探，2020，25(1)：45-57.

[2] 王永祥，杨涛，徐小林，等．中国新增油气探明经济可采储量特征分析[J]．中国石油勘探，2022，27(05)：13-26.

[3] 孙金声，刘伟，王庆，黄洪春，纪国栋．万米超深层油气钻完井关键技术面临挑战与发展展望[J]．钻采工艺，2024，47(02)：1-9.

[4] 何骁．四川盆地超深井钻井关键技术及发展方向[J]．钻采工艺，2024，47(02)：19-27.

[5] SALEH S，WILLIAMS K E，RIZVI A. Rubble zone below salt：Identification and best drilling practices[R]. SPE-166115-MS，2013.

[6] TOUBOUL N，WOMBLE L，KOTRLA J，et al. New technologies combine to reduce drilling costs in ultra-deepwater applications[R]. SPE-90830-MS，2004.

[7] 苏义脑，路保平，刘岩生，等．中国陆上深井超深井钻完井技术现状及攻关建议[J]．石油钻采工艺，2020，42(05)：527-542.

[8] 王志刚，王稳石，张立烨，等．万米科学超深井钻完井现状与展望[J]．科技导报，2022，40(13)：27-35.

[9] 孙金声，刘伟．我国石油工程技术与装备走向高端的发展战略思考与建议[J]．石油科技论坛，2021，40(3)：43-55.

[10] 谭宾，张斌，陶怀志．深地勘探钻井技术现状及发展思考[J]．钻采工艺，2024，47(02)：70-82.

[11] 王团，李奎周，赵海波等．泥页岩油井震结合孔隙压力预测方法研究及应用[C]//中国石油学会(CPS)，国际勘探地球物理学家学会(SEG)．CPS/SEG北京2018国际地球物理会议暨展览电子论文集．《中国学术期刊(光盘版)》电子杂志社，2018：1325-1328.

[12] 冯定，王高磊，侯学文，等．膨胀管技术研究现状及发展趋势[J]．石油机械，2022，50(12)：142-148.

[13] TECHENTIEN B，INGRAM S，GROSSMANN A. The future state of completions for the lower tertiary in the Gulf of Mexico[R]. OTC-27203-MS，2016.

[14] DOOPLY M，SIANIPAR S，RODRIGUEZ F，et al. Overcoming tight annulus cementing design challenges：Gulf of Mexico case study[R]. SPE-189687-MS，2018.

[15] TEOH M，MOGHAZY S，SMELKER K，et al. Managed pressure cementing MPC within a narrow pressure window，deepwater Gulf of Mexico application[R]. SPE-194536-MS，2019.

[16] RAHMANI R，OMIDVAR N，HANLEY C. Novel drill bit technology combined with system matcher increases torque efficiency and reduces stick-slip and vibrations[R]. SPE-189671-MS，2018.

[17] CHOWDHURY A R，CALLAIS R，RODRIGUE W，et al. Meeting the large-diameter drilling challenges and securing sustainable performance gains using hybrid bit technology in deepwater Gulf of Mexico[R]. SPE187052-MS，2017.

[18] RODRIGUE W，CALLAIS R，ROY CHOWDHURY A. Self-adjusting PDC bits reduce drilling dysfunction，increase drilling efficiency in Gulf of Mexico wells[R]. SPE-194128-MS，2019.

[19] PRASAD U，ROY CHOWDHURY A，ANDERSON M. Drilling mechanics analysis of record hybrid drill bit runs in Gulf of Mexico salt formation and its correlation with rock-mechanical properties of salt[R]. SPE195860-MS，2019.

[20] 孙金声，王韧，龙一夫．我国钻井液技术难题、新进展及发展建议[J]．钻井液与完井液，2024，41(1)：1-30

[21] JAIMES J P，CROY S，BOUGUETTA M，et al. Drilling fluids design and field deployment for the first HTHP deepwater production project in the US Gulf of Mexico[R]. SPE-208668-MS，2022.

[22] 孙金声，白英睿，程荣超等．裂缝性恶性井漏地层堵漏技术研究进展与展望[J]．石油勘探与开发，2021，48(3)：630-638.

[23] 狄勤丰，杨赫源，王文昌等．钻柱动力学研究进展及发展趋势．石油科学通报，2024，02：224-239.

[24] 靳建洲，魏风奇，艾正青等．超深特深油气井固井关键技术进展[J]．钻采工艺，2024，47(02)：104-112.

[25] BOGAERTS M，CARDOZO J，FLAMANT N，et al. Novel 3D fluid displacement simulations improve cement job design and planning in the Gulf of Mexico[R]. SPE-196077-MS，2019.

[26] KAMGANG S，PIERRE A，NEUPANE R，et al. Cement evaluation case studies：Application of multiphysics measurements to address different challenges in deepwater Gulf of Mexico environment[R]. OTC-31601-MS，2022.

[27] 李根生，宋先知，田守嶒等．智能钻井技术研究现状及发展趋势[J]．石油钻探技术，2020，48(1)：1-8.

低渗储层间歇性泵抽取样方式的研究与应用

王世越[1,3]　郭书生[1,3]　柳泽旭[1,3]　饶　广[2]　任搏难[2]

[1. 中海石油(中国)有限公司海南分公司;
2. 斯伦贝谢中国公司; 3. 海南省深海深层能源工程重点实验室]

摘　要　目前，我国海上低渗透油气藏勘探针对流体识别和地层动态评价主要依靠电缆地层测试(WFT)技术。但由于渗透率低，泵抽作业时无法实现连续泵抽，因此低渗/特低渗透储层泵抽取样作业存在成功率低、时效性差等问题，增加了运营成本和勘探风险。本文创新性地提出了针对低/特低渗油气藏储层的间歇性泵抽方式，并运用数值模拟方法对间歇性泵抽方式进行了系统地论证和分析，明确了影响间歇性泵抽的关键因素，设计了相应的间歇性泵抽方式作业指导方案。间歇性泵抽已在中国南海低渗透储层中得到应用与验证，成功地识别和获取了地层流体。

关键词　电缆地层测试；低/特低渗透油气藏；数值模拟；间歇性泵抽；持续侵入

我国海上低渗透油气藏勘探针对流体识别和地层动态评价主要依靠电缆地层测试(WFT)技术。随着石油和天然气勘探进入更深、更致密的储层，对电缆地层测试仪也提出了更高的技术要求。斯伦贝谢模块化电缆地层测试仪(MDT)主要模块包括入口探针模块、泵抽模块、井下流体分析仪模块、样品瓶模块等。为了适应更具挑战性的地层，自1989年斯伦贝谢公司第一代模块化地层测试仪(MDT)投入商业应用以来，也在不断对各模块进行技术更新迭代，如为适应不同的井眼环境和地质条件，针对探针模块先后推出了超大直径探针、椭圆探针、聚焦探针及三维径向探针。然而，任何工具都具有其应用下限，目前在中国南海电缆地层测试过程中时常遇到因地层流度低而不能连续泵抽作业的情况，导致无法完成流体识别和取样任务。本文针对地层低渗无法实现连续泵抽作业，创新性地提出间歇式泵抽方式，运用数值模拟方法进行了相关研究分析，明确了影响间歇性泵抽的关键因素，设计了相应的间歇性泵抽方式作业指导方案。目前本文研究成果已在中国南海低渗透储层中得到应用与验证，成功地识别和获取了地层流体。

1　MDT 连续泵抽地层流度下限

探针模块和泵抽模块是决定连续泵抽地层流度下限的两大模块。由公式1可知，流度一定时，要获得更大的流速，则需要更大的压差(地层压力-流压)。但是，一方面受制于入口探针胶皮压差承受能力(在实际作业过程中，为了维持更长的使用寿命，通常将探针处压差控制在一定范围内，如超大直径和椭圆探针应小于5000psi，三维径向探针应小于8000psi)；另一方面受制于不同泵抽模块压力转换系数和最高泵压的限制(高压泵、超高压泵、双超高压泵的置换系数分别为1.523、2.09、2.94，能提供得最大泵压分别为6092psi，8360psi，11760psi)，如公式(2)所示，当流压降低至某一值时，将超过泵抽模块工作极限，即不能克服泥浆压力将地层流体泵抽至井筒。因此不能通过无限制的降低流压来获得更高的流体流速。

$$\Delta P = c_s \frac{POFR}{\frac{k}{\mu}} \tag{1}$$

其中，$\frac{k}{\mu}$为流度，mD/Cp；c_s为探针形状系数，无因次；$POFR$为流速，cc/s；ΔP为地层压力与流压之差，psi。

$$P_m = D_u \cdot P_h + P_l \tag{2}$$

其中，P_m为泥浆压力，psi；P_l为入口流压，psi；P_h为泵液压，psi；D_u为置换系数。

目前中国南海常用泵抽模块均为由电机驱动的液压泵，其特点是流速仅取决于液压，如公式(3)、公式(4)所示。

$$POFR = \frac{\gamma \cdot s}{60 \cdot D_u} \tag{3}$$

$$y=-1.2524\cdot10^{-17}\cdot x^5+1.1166\cdot10^{-13}\cdot x^4-3.0068\cdot10^{-10}\cdot x^3+1.2524\cdot10^{-17}\cdot x^2-1.2525\cdot10^{-17}\cdot x+1.0218 \quad (4)$$

其中，x 为泵液压，psi；y 为排量，cc/rev；s 为电机转速。

因此，按照图 1 思路进行编程计算，可得到不同工具组合的连续泵抽下限，结果如表 1 所示。在实际作业过程中，若地层流度低于对应仪器组合的泵抽下限时，建议采取间歇性泵抽方式。

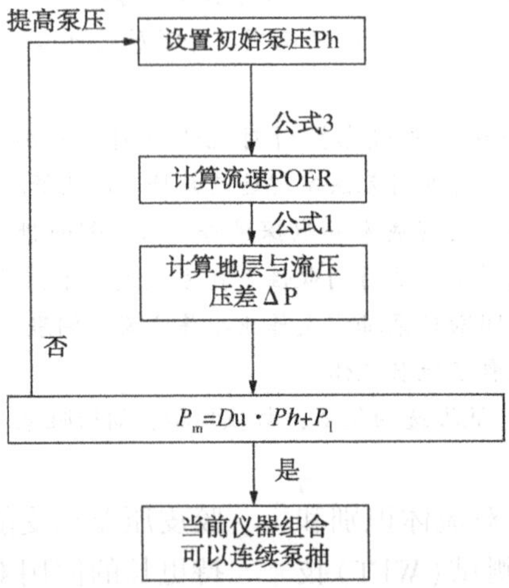

图 1　不同入口探针模块与不同泵抽模块工具组合流度下限计算流程图

表 1　不同入口探针模块与不同泵抽模块工具组合连续泵抽地层流度下限

	超大直径探针（最大压差：5000psi）	椭圆探针（最大压差：5000psi）	三维径向探针（最大压差：8000 psi）
高压泵（最大泵压 6092psi）	流度下限：0.7mD/cP	流度下限：0.27mD/cP	流度下限：0.07mD/cP
超高压泵（最大泵压 8360psi）	流度下限：0.35mD/cP	流度下限：0.15mD/cP	流度下限：0.04mD/cP
双超高压泵（最大泵压 11760psi）	流度下限：0.28mD/cP	流度下限：0.13mD/cP	流度下限：0.03mD/cP

2　间歇性泵抽数值模拟研究

2020 年赵元良等人对泵抽突破机理进行了研究，得到孔隙度和侵入深度是影响泵抽取样作业过程中地层流体纯度的主要两大因素。因此，对间歇性泵抽方式的研究主要目标是在一定的地质条件下，对比到达目标污染率或一定泵抽体积时，不同侵入深度和不同间歇性泵抽方案的总作业时间，即间歇性泵抽时不同侵入深度和不同压恢程度(停泵时压力恢复/地层压力)对作业总时间的影响，如图 2 所示。

本文通过数值模拟方式对间歇性泵抽进行了数值模拟研究，参考中国南海真实地层及流体参数，建立了厘米级数值模拟模型，模型基础参数如表 2 所示。

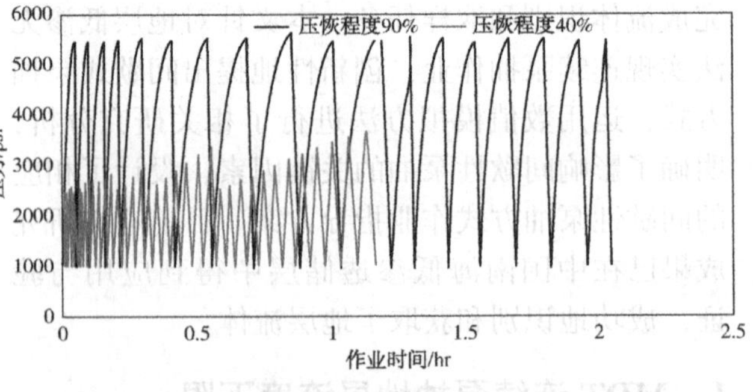

图 2　压力恢复程度 40%、90%作业时间对比图

为明确在一定的油气藏地质条件下，侵入深度和间歇性泵抽压恢程度对作业总时间的影响，本文对不同侵入深度(8in、15in、20in)和不同压恢程度(40%、50%、60%、70%、80%、90%)

进行了模拟研究，数值模拟结果如图3～图5所示。

表2　数值模型基础参数

孔隙度/%	水平渗透率/$10^{-3}\mu m^2$	垂向渗透率/$10^{-3}\mu m^2$	侵入深度/in	地层流体黏度/mPa·s	地层流体密度/g·cm^{-3}	过平衡压力/psi	水基泥浆滤液黏度 mPa·s	水基泥浆滤液密度/g·cm^{-3}
6	0.03	0.015	10	0.1	0.4	1000	0.5	1.02

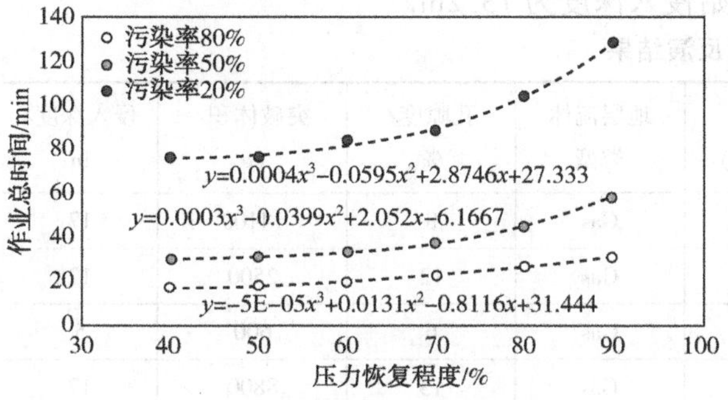

图3　8in侵入深度条件下，不同压恢程度和作业时间关系图

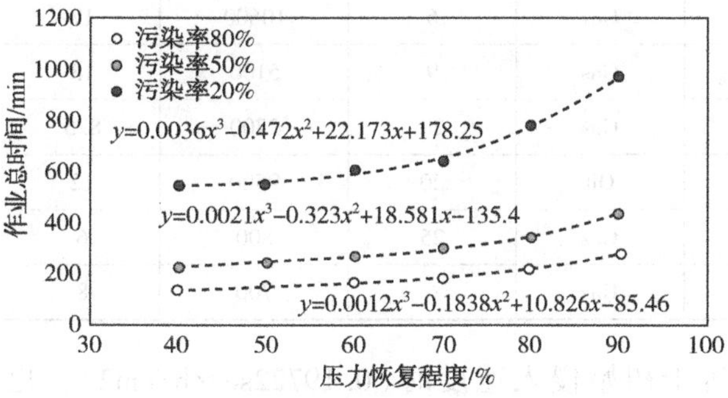

图4　15in侵入深度条件下，不同压恢程度和作业时间关系图

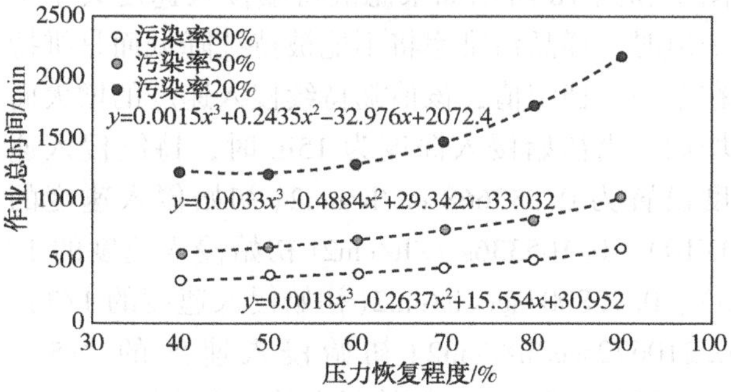

图5　20in侵入深度条件下，不同压恢程度和作业时间关系图

由以上模拟结果可知：总作业时间随压恢程度的增加而增加，但当压恢程度小于50%时，作业时间增加幅度较小，而当压恢程度大于70%时，作业时间会明显增加。因此，最优的压恢程度为50%～70%。

当压恢程度为70%时，侵入深度和作业时间关系如图6～7所示。当侵入深度较浅时（8in），间歇性泵抽方式能够很快使样品污染率降低至20%；然而当侵入深度较深时（15in和20in），即使将样品污染率降低至80%，也分别需要超过200min和400min。因此，采用间歇性泵抽方式进行泵抽取样作业时，不建议追求较高的样品纯度，能够精确识别地层流体类型即可。

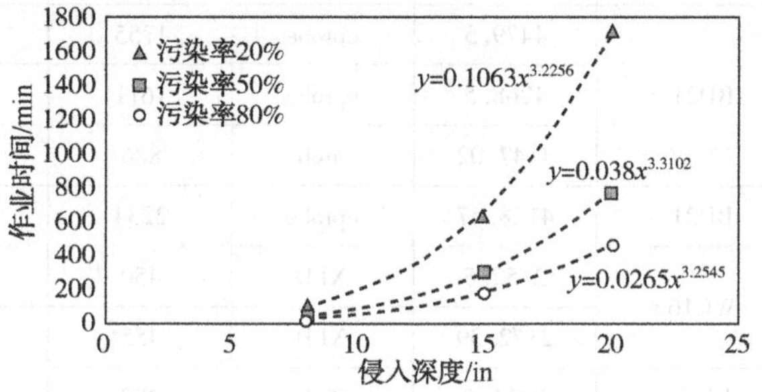

图6　地层孔隙度6%，间歇性泵抽压力恢复70%条件下，不同侵入深度与作业时间关系曲线

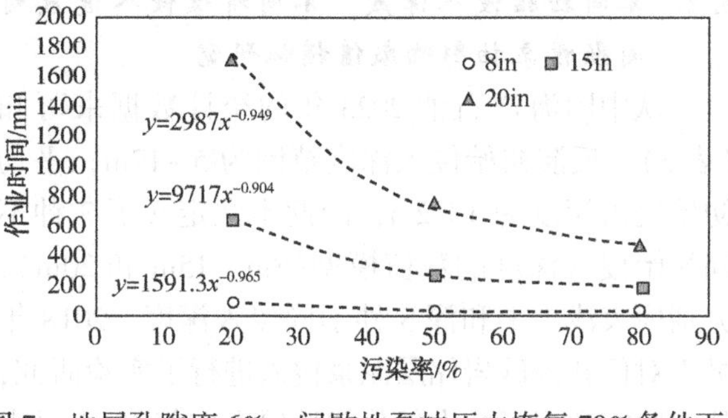

图7　地层孔隙度6%，间歇性泵抽压力恢复70%条件下，污染率和作业时间关系图

3　持续侵入对间歇性泵抽的影响

在电缆地层测试作业过程中，由于泵抽作业造成的压力降，使泥浆滤液持续地侵入地层。当采用间歇性泵抽作业方式时，无论开泵阶段还是停泵阶段均存在该现象。因此，当采用间歇性泵抽作业方式时，其有效泵抽速度（总泵抽体积/总作业时间）需大于滤液持续侵入平均速度才能获取地层流体。从泥饼的形成和泥浆滤液侵入过

程来看，泵抽作业过程中滤液的持续侵入速度与初始侵入深度（即测压取样作业前泥浆滤液侵入深度）必然有一定的关系，因此本节研究了初始侵入速度和泵抽作业过程中的持续侵入速度对间歇性泵抽方式的影响。

3.1 初始侵入深度反演

如前文所述，当没有泥浆滤液持续侵入或持续侵入速度可以忽略不记时，影响地层流体突破体积的主要因素是地层孔隙度和侵入深度。当地层流体突破体积、孔隙度和侵入深度三个因素已知其中两个时，则第三个因素可通过数值模拟方式获得。采用该方式，基于 2023 年中国海洋石油海南分公司电缆地层作业实际数据，对初始侵入深度进行了反演求解，结果如表 3 所示。可知，初始侵入深度最深 17in，最浅 5in，平均初始侵入深度为 13.2in。

表 3　侵入深度反演结果

井名	作业深度/m	探针类型	过平衡压力/Psi	流度/（mD/cp）	地层流体类型	孔隙度/%	突破体积/cc	侵入深度/in
YL10 *	5066	eprobe	300	0.284	Gas	8	14100	17
BD21 *	3823.31	XLD	1279	30.2	Gas	12	2500	12
	3851.5	eprobe	1072	0.28	Gas	6	600	5
LS36 *	4339.31	XLD	355	20.19	Gas	13	8800	17
BD21 *	4479.5	eprobe	1755	1.28	Gas	6	4700	12
	4268.5	eprobe	1611	1.17	Gas	6	10000	17
	4147.02	eprobe	886	0.15	Gas	6	10600	17
BD21 *	4128.47	eprobe	2234	2.18	Gas	9	5100	13
WC16 *	2152.5	XLD	450	23.4	Gas	20	2700	8.5
	2172.39	XLD	455	15.7	Oil	20	9500	12
YL10 *	2711.5	XLD	200	19.66	Gas	25	800	6
DF13 *	2948.55	3D	100	0.01	Gas	6	700	8

3.2 不同初始侵入深度、不同持续侵入速度对间歇性泵抽影响数值模拟研究

从中国海洋石油 2023 年的统计数据来可知（表 3），反演初始侵入深度范围为 5~17in，平均初始侵入深度为 13.2in，因此本文定义了 3 种不同初始侵入深度的数值模型（8in、15in 和 20in），分别代表浅、中和深 3 种不同侵入深度。2018 年吴飞对低孔渗砂岩储层泥浆侵入进行了实验研究，从实验室数据可知大部分初始侵入在前 12 小时内完成，因此当初始侵入深度分别为 8in、15in 和 20in 时，初始滤液侵入速度分别为 0.19722scc/h/cm2、0.52668scc/h/cm2 和 0.85165scc/h/cm2，而电缆地层作业测试时泥浆滤液的持续侵入速度应小于等于相应的初始侵入速度。不同初始侵入深度下，电缆地层测试作业总时间与不同侵入速度关系曲线如图 8~图 10 所示。

当初始侵入深度为 8in 时，尽管达到 20%污染率的作业时间随持续侵入速度的增加而增加，但是由于初始侵入深度浅，即使当持续侵入速度等于初始侵入速度时（0.19722scc/h/cm2），也能够使样品污染率降低至 20%。

然而当初始侵入深度为 15in 和 20in 时，如图 9 和图 10 所示如果滤液持续侵入速度大于某个值时，样品污染率将不能被持续降低而是维持在某一个稳定值，该值随持续侵入速度的增大而增加。当初始侵入深度为 15in 时，持续侵入速度设置为 0.052668scc/h/cm2（初始侵入速度的 1/10）、0.105336scc/h/cm2（初始侵入速度的 1/5）、0.158004scc/h/cm2（初始侵入速度的 1/3）、0.210672scc/h//cm2（初始侵入速度的 2/5）、0.26334scc/h/cm2（初始侵入的 1/2）时，最终污染水平将分别稳定在 20%、28%、45%、65%和 80%。当初始侵入深度为 20in 时，持续侵入速度设置为 0.085165scc/h/cm2（初始侵入速度的 1/10）和 0.17033scc/h/cm2（初始侵入速度的 1/5）时，污染率将分别稳定在 42%和 81%；当持续侵入速度达到 0.255495 scc/h/cm2（初始侵入速度的 3/10）时，污染率几乎不能被降低，即

无论泵抽作业多长时间，也不会见到地层流体突破。

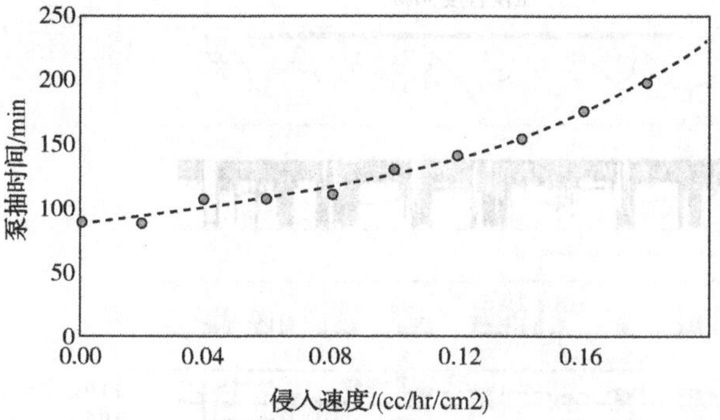

图 8　8in 初始侵入深度条件下，污染率达到 20%时，作业时间与持续侵入速度关系曲线

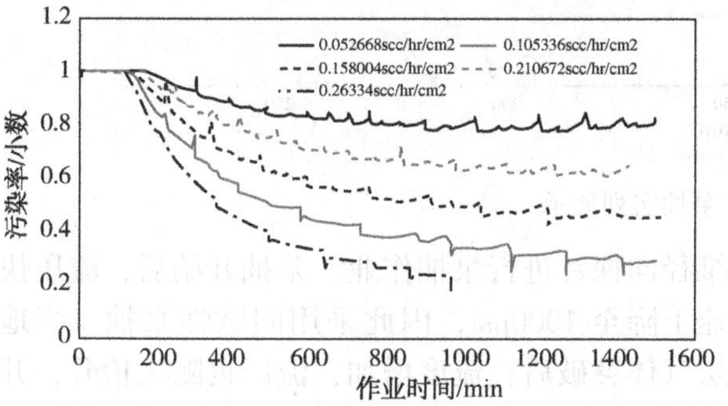

图 9　15in 初始侵入深度条件下，不同持续侵入速度，污染率和作业时间关系曲线

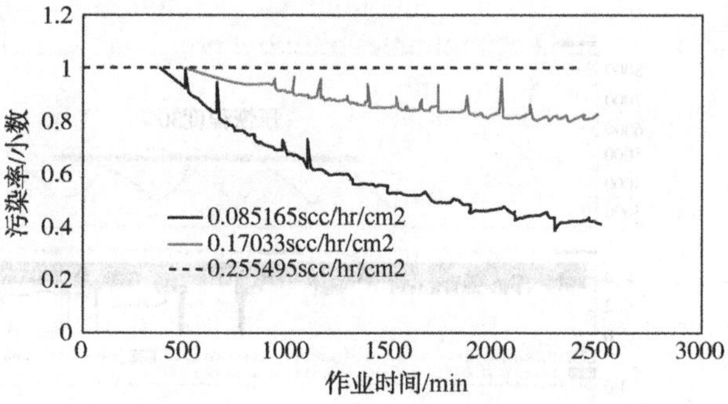

图 10　20in 初始侵入深度条件下，不同持续侵入速度，污染率和作业时间关系曲线

4　泵抽取样方案设计和实例应用

基于前文研究内容，归纳了总结了不同探针在超低渗透储层中进行电缆地层测试的泵抽取样方案，为低渗透储层泵抽取样的可行性评估、间歇泵抽方案和作业时间估算提供了指导。如图 11 是超大直径探针在超低渗透储层中进行泵抽取样作业时的方案设计。

目前，本文研究成果已在中国海洋石油公司海南分公司 3 口勘探井中得到验证与应用，在进一步降低电缆地层测试下限的同时，获得了有效地层样品。

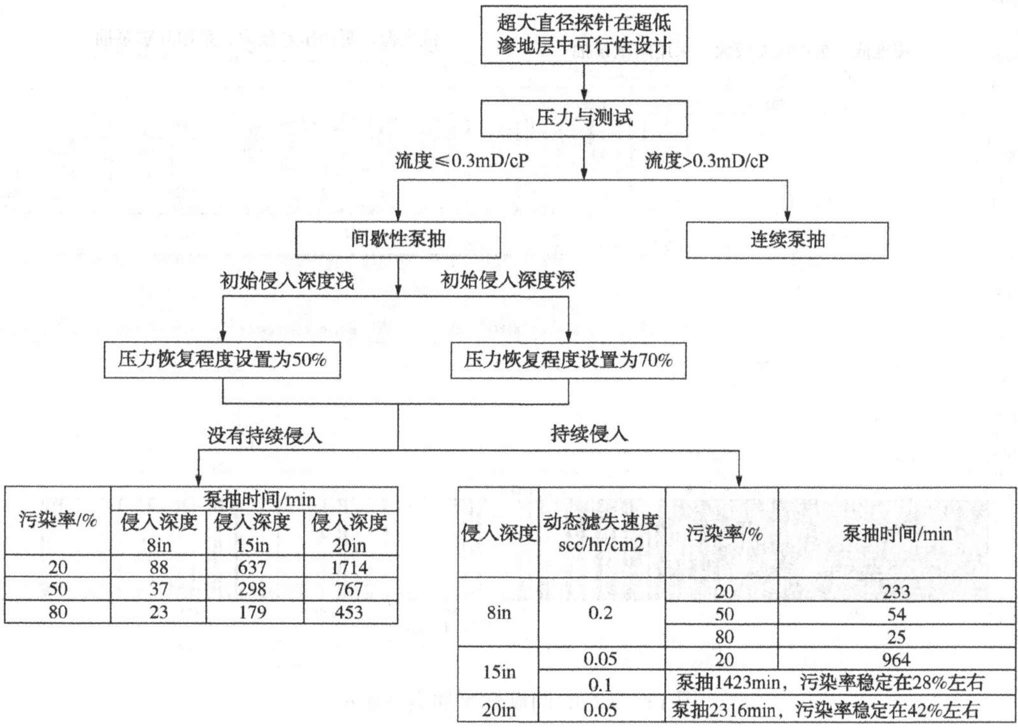

污染率/%	泵抽时间/min		
	侵入深度 8in	侵入深度 15in	侵入深度 20in
20	88	637	1714
50	37	298	767
80	23	179	453

侵入深度	动态滤失速度 scc/hr/cm2	污染率/%	泵抽时间/min
8in	0.2	20	233
		50	54
		80	25
15in	0.05	20	964
	0.1	泵抽1423min，污染率稳定在28%左右	
20in	0.05	泵抽2316min，污染率稳定在42%左右	

图 11　超大直径探针在超低渗储层中泵抽取样方案设计

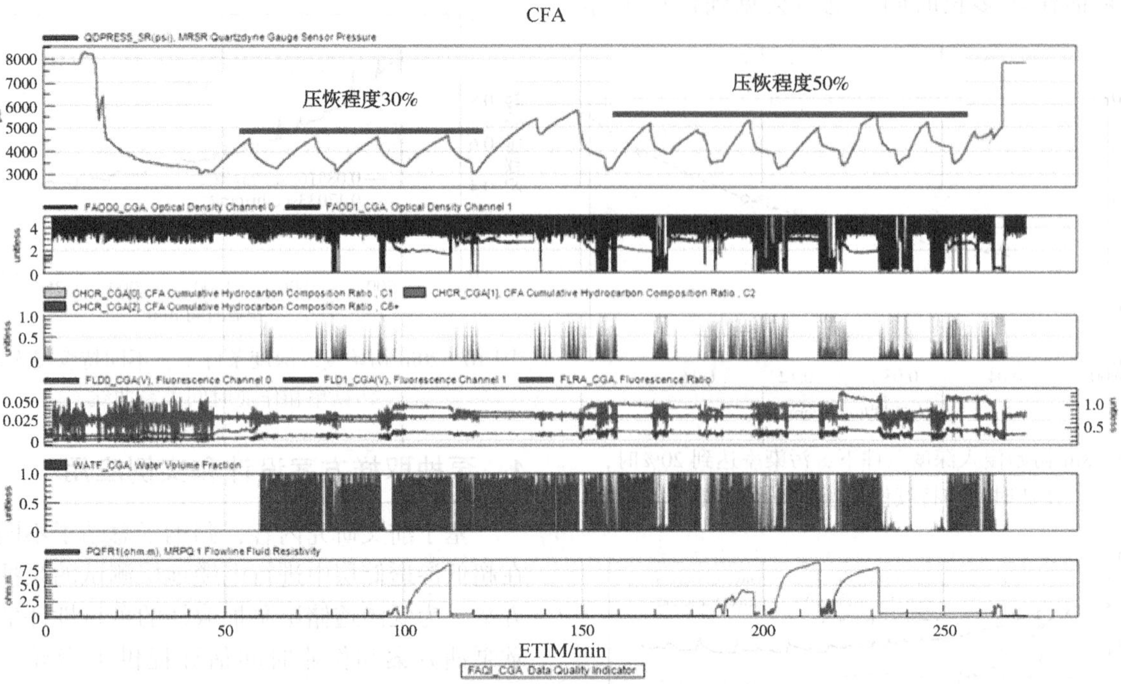

图 12　X1 井 间歇性泵抽实列展示

X1 井，测压流度小于 0.03mD/cp，采用三维径向探针进行泵抽作业，如图 12 所示。间歇性泵抽方式进行泵抽，累计泵抽时间 220min，泵抽流体 3L，成功获取了地层气体样品。

X2 井，测压流度小于 0.01mD/cp，采用三维径向探针进行泵抽作业。泵抽开始后，流压快速下降至 1000psi，因此采用间歇性泵抽。当地层气体突破后，流度增加，流压也随之抬升，开始采用连续泵抽方式进行泵抽。累计作业 320min，泵抽出流体 17.5L(图 13)。

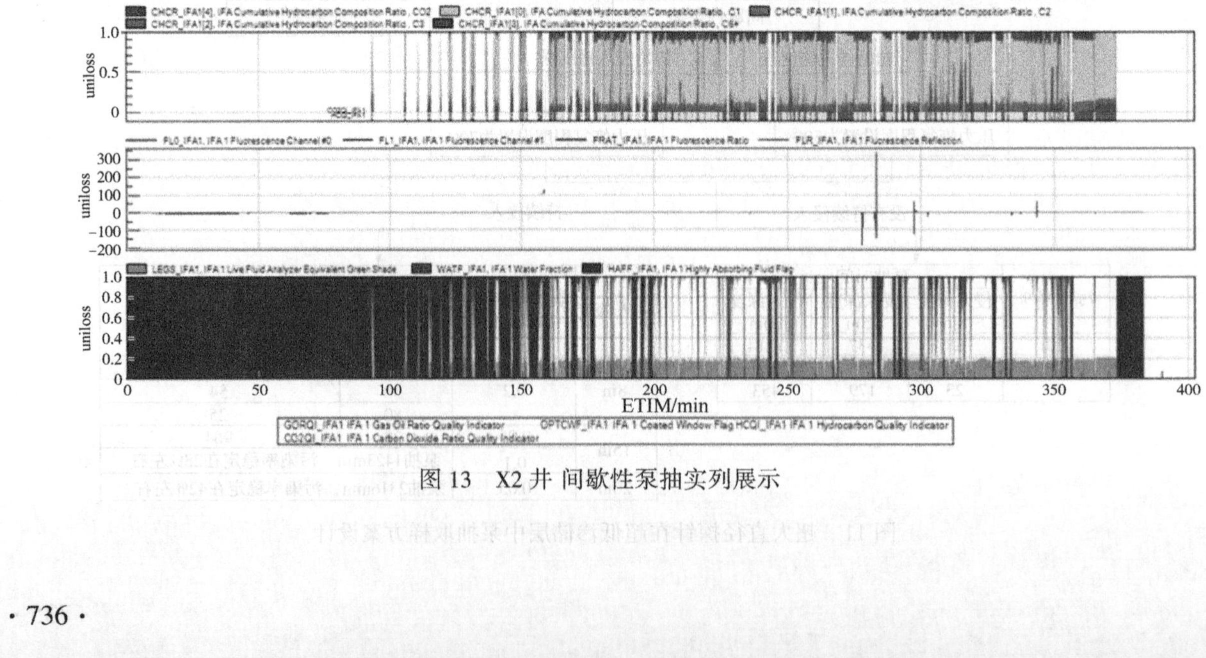

图 13　X2 井 间歇性泵抽实列展示

5 结论

（1）电缆地层测试作业中常用的入口探针类型有超大直径探针、椭圆探针和三维径向探针，其连续泵抽下限分别为0.3mD/cP、0.13mD/cP、0.03mD/cP。通过实例应用证明，间歇性泵抽具有可行性，能够识别和获取地层流体，拓展了电缆地层测试应用下限。

（2）间歇性泵抽取样时，推荐压力恢复程度为50%~70%。

（3）在初始入侵深度较深的情况下，间歇性泵抽很难完成流体采样。因此，在低渗透和超低渗透条件下，不建议追求过高的样品纯度，能够准确识别地层流体即可。

（4）滤液的持续侵入对间歇性泵抽有很大影响，会延长作业时间。储层初始侵入深度越深，滤液持续侵入的影响越明显，在相同条件下作业时间越长。当持续侵入速度增加到一定程度时，间歇性泵抽将无法使样品污染率降低到设定水平，甚至无法看到地层流体突破。

参考文献

[1] 陈建亮．电缆测压取样仪器在南海东部勘探中的应用[J]．中国石油石化，2017(11)：90-92.

[2] 冯永仁，左有祥，王健等．地层测试技术及其应用的进展与挑战[J]．测井技术，2019，43(03)：217-227.

[3] 周明高，左有祥，薛永增．新型3D推靠自适应坐封取样系统的研发与应用[J]．地球物理学进展，2022，37(02)：938-944.

[4] 赵元良，葛盛权，韩闯等．基于数值模拟的电缆地层测试泵抽油气纯度预判[J]．测井技术，2020，44(06)：534-538+552.

[5] QINGBIN G，BIN Q，et al. Data - Analytics - Based Wireline Formation Tester Adaption and Optimization Study，West China Ultradeep Formation[C]//SPE Annual Technical Conference and Exhibition，Calgary，Canada，2019.

[6] CHIN W C，PROETT M. Formation tester immiscible and miscible flow modeling for job planning applications [C]//SPWLA 46th Annual Logging Sympsium，New Orleans，USA，2005.

[7] 吴飞．低孔渗砂岩储层泥浆侵入模拟及侵入特征研究[D]．青岛：中国石油大学(华东)，2018.

渤中26-A油田太古界变质岩潜山岩石学特征及对裂缝的控制作用

江媛媛[1]　牛　涛[1]　梁　旭[2]

[1. 中海油研究总院有限责任公司；2. 中海石油(中国)有限公司勘探开发部]

摘　要　渤中26-A油田作为我国最大的变质岩潜山油田，受到广泛关注。通过详细分析岩心、测井、录井、铸体薄片等资料，对该油田太古宇变质岩的岩性特征、岩性与裂缝关系开展了系统研究。研究表明，以暗色矿物、结构构造划分依据为主，自然伽马、岩石密度和补偿中子曲线为辅助的岩矿鉴定和测井联合识别方法能够有效地划分出变质岩的岩石类型。结果表明渤中26-A油田太古界主要出露混合花岗岩、变质二长花岗岩、花岗片麻岩、黑云片麻岩和斜长角闪岩。综合利用成像测井和岩心等资料，引入裂缝线密度、薄片见缝频率和岩石脆度等定量参数，可以准确反映裂缝的发育情况，并进一步总结出了成缝优势岩性序列：动力变质岩>混合岩类>酸性侵入岩类>片麻岩类>基性岩类。本文表明，岩石类型从根本上决定了裂缝的密度，这对于油田勘探开发过程中对裂缝的预测和井网优化具有重要的指导作用。

关键词　渤中26-A太古界潜山；变质岩；岩石类型；裂缝发育

1　前言

随着油气勘探工作的不断发展，基岩潜山油藏已经成为油气勘探的重要领域。太古宇潜山作为一种重要的接替领域逐渐受到人们的关注。其中渤海海域太古宇变质岩分布广泛，经历了多期构造运动，形成了多种基岩潜山。我国陆续在渤海湾盆地发现了数个大规模的变质岩潜山油气田，探明储量占总储量的20%以上。国内外学者对潜山进行了大量的研究，普遍认识到变质岩潜山可以形成优质储层。然而，渤海太古宇潜山的储层研究相对薄弱，识别出来的岩性较为单一，比如大型凝析气田渤中19-6、蓬莱9-1油气田利用传统的变质岩分类方案，识别出种类较为简单的岩性，且岩性对裂缝的控制作用研究不全面。岩石类型作为控制潜山储层发育的根本内因，直接影响裂缝形成的难易程度，因此全面研究太古界变质岩储层岩性及对裂缝的控制作用，有助于揭示潜山裂缝发育规律。本文将通过渤中26-A潜山油藏岩心、壁心、铸体薄片的观察，以及测井曲线的识别，对研究区内发育的岩石类型及其岩石学特征进行精细识别和分析，并统计岩心、薄片和成像测井尺度裂缝密度，分析裂缝发育差异，进一步探讨岩性对裂缝储集空间发育的控制作用。

2　区域地质概况

渤中26-A变质岩潜山油藏位于渤海湾盆地渤海南部海域，构造上位于渤南低凸起西段，南北被黄河口和渤中两大富烃凹陷夹持，具有双洼供烃优势，生烃潜力大，油源条件充足，区域成藏位置非常有利。该油田受印支、燕山和喜山三期构造运动控制，发育近东西向断层，整体为夹持于渤南低凸起南北两侧深大断裂形成的近东西向断背斜圈闭，构造基底为中太古界-古太古界潜山。渤中26-A油田位于断背斜的东侧高点，东高点呈东西高、中间低，南北低、中间高的马鞍状构造。根据太古界潜山顶面形态，自西向东将渤南低潜山带分为凸起区、斜坡区、平台区和倾末端。该油田主要钻遇新生界和太古界潜山地层，自下而上发育了太古界潜山、古近系的沙河街组、东营组、新近系的馆陶组、明化镇组和第四系平原组地层，主要目的层是太古界潜山。其中东营组烃源岩直接覆盖在中太古界潜山不整合面之上。

3　变质岩类型及其岩石学特征

3.1　岩性识别方法

变质岩是三大岩类最为复杂的一种岩性，它涉及到原岩类型和变质作用两大因素，因此准确识别变质岩岩性并对其进行分类是个难点。因此，本文主要依靠常规岩矿鉴定进行岩性划分，包括：铸体薄片的观察鉴定、岩芯和壁芯的辅助观察、以及全岩矿物成分的分析。此外联合测井响应的方法对岩性识别进行研究工作，本文选用受流体干扰小、对矿物和元素反映敏感的自然伽马（GR）曲线，岩石密度（DEN）和补偿中子（CNL）起辅助标定角色。

许多学者对各种类型的潜山油田进行了测井曲线分析，不同变质岩岩性的中心、自然伽马、密度值存在一定的差异性，曲线形态特征也存在区别。比如兴隆台潜山角闪岩的密度中子曲线负差异最大，自然伽马值最低；中酸性岩（混合花岗岩）正差异小，自然伽马值高。辽河大民屯凹陷潜山的主要岩性测井曲线形态特征也存在区别，混合花岗岩、片麻岩类自然伽马曲线呈高-锯齿状，浅粒岩-变粒岩类呈中-较平直状，角闪岩类和基性侵入岩类自然伽马曲线呈低-平直状。研究表明不同矿物组分对测井的响应不同，造成了不同岩石的测井特征不同。其中暗色矿物（黑云母、角闪石、辉石等）含量高，会导致密度（DEN）、补偿中子（CNL）测井值的增大。而浅色矿物（长石、石英）含量高，会导致响应的测井值减小。另外，自然伽马值（GR）的高低与矿物中放射性元素（Th、U、K等）含量相关，因此钾长石和黑云母矿物其自然伽马值明显强于斜长石、石英、角闪石和辉石等矿物。同时从定量化角度去区分岩性—构建交会图。它是目前常用的一种区分复杂岩性的方法，通过采用两种或多种测井响应参数直观展示各类岩石关键测井参数的变化，给出不同岩性的测井响应区域，进而区分不同的岩性。引入岩性（LITHCON =（ZDEN - 1.95）/（2.95 - 1.95）-（CNCF - 0.45）/（- 0.15 - 0.45）区分岩性：当 LITHCON>0，中子-密度正向包络；当 LITHCON<0，中子-密度反向包络。基于以上造岩矿物表现出来的响应特征，本文在传统岩矿鉴定的基础上，构建了变质岩岩性测井识别方法，对研究区岩性进行了准确有效的标定研究。

3.2 测井响应及岩矿特征

岩心、壁心和薄片等鉴定资料分析表明，渤中26-A太古界整体岩性较为复杂，以暗色矿物含量、结构构造等特征揭示研究区太古界出露五种岩性，局部受碎裂化的作用，形成碎裂岩，同时存在辉绿岩脉侵入体（表1、图1）。现依据暗色矿物含量由少到多依次阐述。

表1　渤中26-A太古代潜山岩性分类表

岩性分类	大类	亚类	结构构造	暗色矿物含量
变质岩	混合岩	混合花岗岩	花岗变晶结构，条带状构造	黑云母1%~2%，角闪石0~1%
		变质二长花岗岩	花岗变晶结构，块状构造	黑云母1%~4%，角闪石0~1%
	区域变质岩	花岗片麻岩	花岗变晶结构，片麻状构造	黑云母5%~10%，角闪石1%~5%
		黑云片麻岩	花岗变晶结构，片麻状构造	黑云母5%~15%，角闪石5%~10%
		斜长角闪岩	花岗变晶结构，块状构造	角闪石50%~60%
	动力变质岩	碎粒岩		
岩浆岩	基性岩	辉绿岩		

（1）混合花岗岩

灰白色，花岗变晶结构，条带状构造[图1（a）]。主要矿物为石英、钾长石和斜长石，混合岩化作用强烈。矿物组成为：斜长石约30%~35%，钾长石约35%~40%，石英约20%~30%，黑云母约1%左右，碱性长石含量略高于斜长石。钾长石具半自形粒状和他形，主要见条纹长石和微斜长石。斜长石呈半自形粒状，多具聚片双晶，见绢云母化现象，偶见长石被白云石交代现象。石英呈它形且多具波状消光[图1（b）]。钾含量高（>3.8），自然伽马曲线平直，偶夹高值。岩石密度和补偿中子曲线较为平直，表现为负差异形态，呈反向包络（图2、3）。

（2）变质二长花岗岩

灰白色，具有花岗变晶结构，块状构造，矿物特征为斜长石含量稍高于碱性长石含量，主要矿物组成为石英、斜长石和钾长石[图1（c）、（d）]。石英含量约20%~30%，钾长石约25%~45%，斜长石约20%~55%，黑云母约1%~4%，角闪石约0~1%。钾长石具半自形-他形粒状，主要见条纹长石和微斜长石。斜长石呈半自形粒状，多具聚片双晶，见绢云母化或泥化现象。石英呈它形且多具波状消光。自然伽马曲线呈小锯齿状，GR<114API，钾含量较高，K>2.28，密度和中子曲线呈夹有绞合状的正差异，中子曲线平直或钟型，密度曲线减小，齿化明显(图2、3)。

（3）花岗片麻岩

灰黑色，花岗变晶结构，片麻状构造。矿物组成为斜长石约35%~40%，钾长石约25%~35%，石英约20%~30%，黑云母约5%~10%，角闪石约1%~5%[图1(e)、(f)]。矿物晶粒间接触多呈镶嵌状，钾长石具半自形粒状，主要见条纹长石和微斜长石。斜长石呈半自形粒状，多具聚片双晶，偶见长石被白云石交代现象。石英呈它形且多具波状消光。黑云母和白云母半定向展布，角闪石零星发育。自然伽马曲线呈小微齿箱型，钾含量低，岩性系数<0，中子、密度曲线呈锯齿状的正差异，中子—密度正向包络(图2、3)。

（4）黑云片麻岩

黑灰色，主要矿物为石英、斜长石和钾长石，次要矿物为黑云母、角闪石，辉石少见，具有花岗变晶结构，片麻状构造。镜下特征显示石英约30%~35%，斜长石约25%~35%，钾长石约15%~25%，黑云母约5%~15%，角闪石约5%~10%[图1(g)、(h)]。钾长石呈半自形-他形粒状，主要为条纹长石和微斜长石。斜长石呈半自形粒状，多具聚片双晶，见绢云母化现象。石英呈它形，多具波状消光。黑云母和白云母半定向展布，角闪石少量发育。自然伽马曲线呈小微齿箱型，GR介于95~162API之间，钾含量低，岩性系数介于0~0.16之间，中子、密度曲线呈锯齿状的正差异，中子—密度正向包络(图2、3)。

（5）斜长角闪岩

绿黑色，花岗变晶结构、块状构造，主要矿物为角闪石和基性斜长石，次要矿物为单斜辉石、橄榄石、黑云母和石英等[图1(i)、(j)]。镜下特征为角闪石约50%~60%，斜长石约30%~35%，石英10~15%。斜长石呈半自形粒状，多具聚片双晶，见绢云母化现象。自然伽马曲线呈小锯齿状，GR<75API，基值较低，岩性系数>0.36，中子、密度曲线正向包络，呈高密度、高中子的强绞合状(图2、3)。

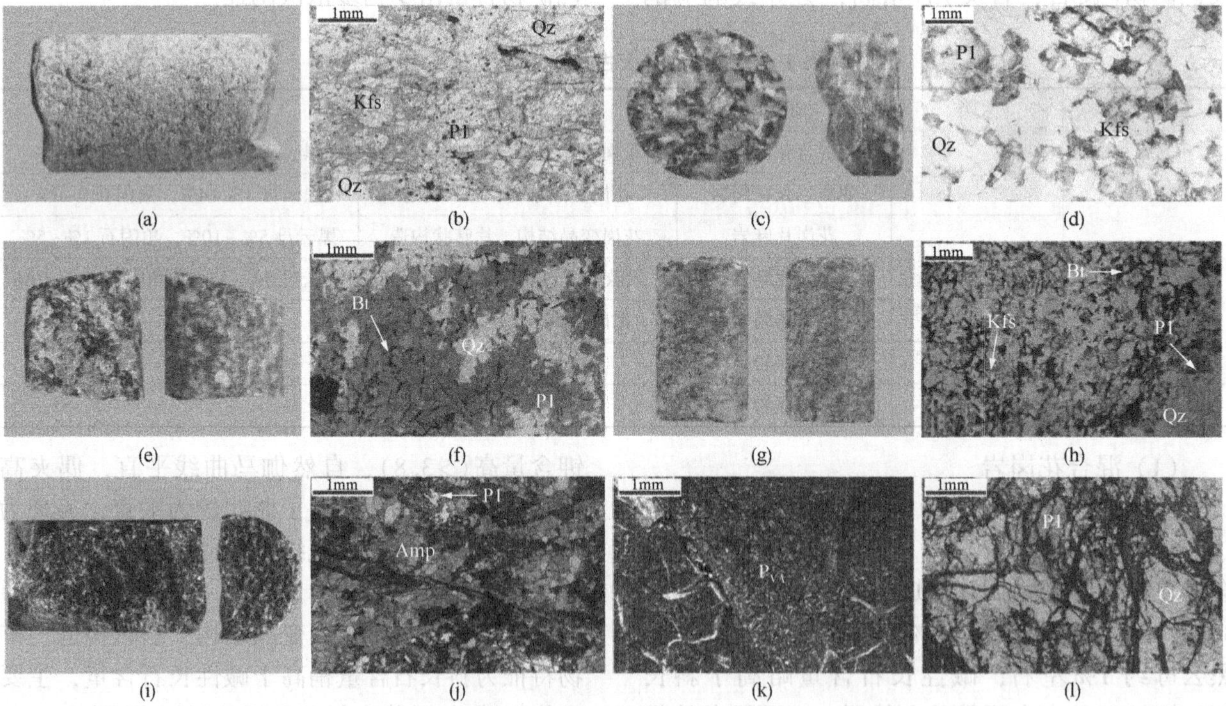

图1　渤中26-A油田太古界潜山主要岩石类型

(a)、(b)混合花岗岩，BZ26-A-2井，3763m；(c)、(d)变质二长花岗岩，BZ26-A-1井，3186m；(e)、(f)花岗片麻岩，BZ26-A-5井，4310m；(g)、(h)黑云片麻岩，BZ26-A-2井，4251m；(i)、(j)斜长角闪岩，BZ26-A-2井，4251m；(k)辉绿岩，BZ26-A-4井，3794m；(l)碎粒岩，BZ26-A-5井，3972m

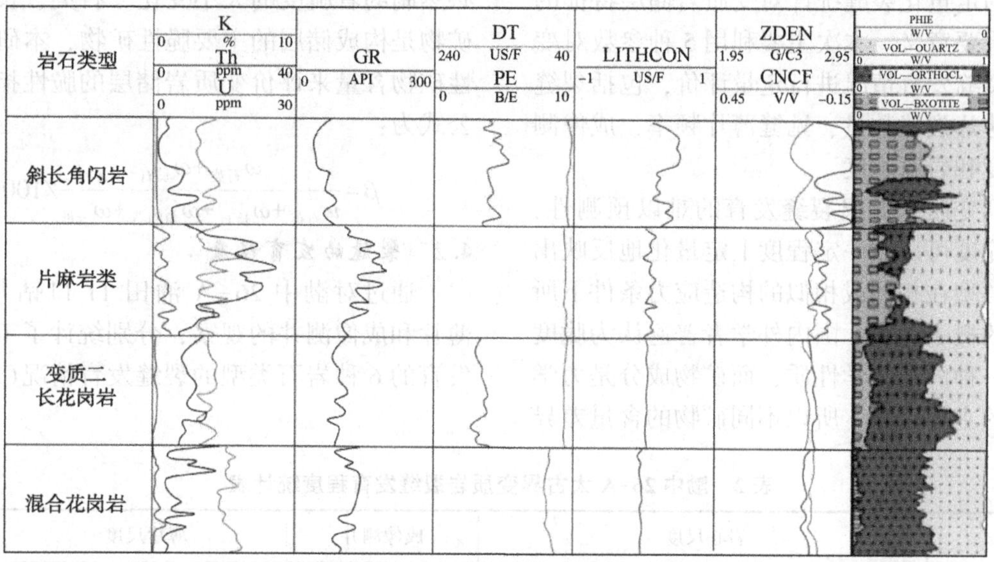

图2 渤中26-A油田太古界潜山主要岩石类型测井响应特征

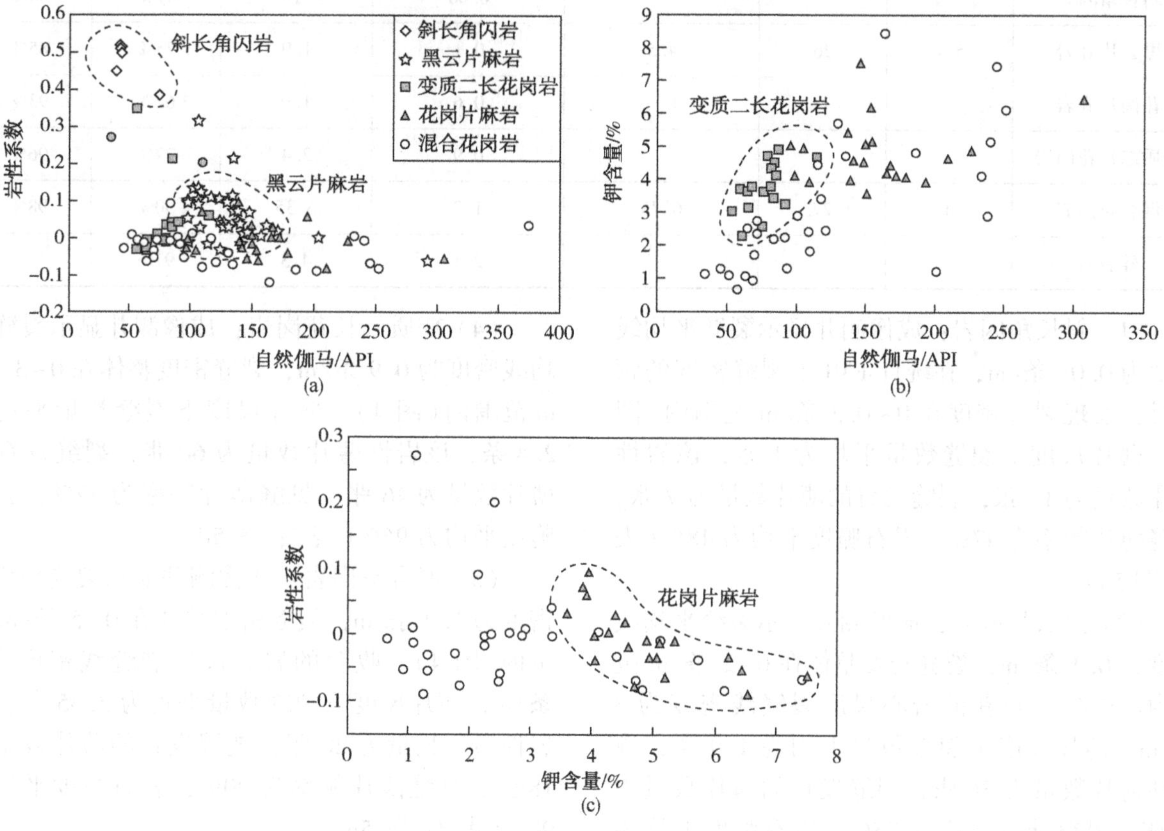

图3 渤中26-A油田太古界潜山主要岩石类型测井交会图

4 裂缝定量评价与特征

4.1 研究方法

岩心、薄片裂缝是变质岩岩石破裂程度的直接证据，观察和统计岩心、薄片裂缝是正确评价变质岩储层特征必不可少的环节。通过岩心、壁心、薄片观察，渤中26-A潜山主要储集空间类型为裂缝，根据成因机理，裂缝分为构造裂缝和非构造裂缝。本研究涉及的裂缝均属于构造裂缝，其发育的控制因素极其复杂，包括挤压、隆升等构造因素，其中岩石类型(物质成分、结构特征等)是裂缝发育的最根本因素。因此，基于不同岩性的定量化裂缝统计对变质岩储层特征的研究具有重要意义。本次主要利用5种参数对变质岩构造裂缝发育情况进行定量评价，包括裂缝线密度、薄片裂缝数量、见缝薄片频率、成像测井裂缝密度和岩石脆度。

考虑到变质岩储层裂缝发育的难以预测性，利用岩石脆度可以在一定程度上定量化地反映出某种岩石类型在相同或相似的构造应力条件下所产生裂缝的概率大小。国内外学者普遍认为脆度是岩石的一种内在力学性质，而矿物成分是力学性质差异的主控因素，所以不同矿物的含量差异必然制约着脆度的大小变化。石英、长石等浅色矿物是构成储层的主要脆性矿物，本研究利用脆性矿物含量来评价变质岩储层的脆性指数，计算公式为：

$$\beta=\frac{\omega_{石英}+\omega_{长石}}{w_{石英}+\omega_{长石}+\omega_{角闪石}+\omega_{云母}}/100\%$$

4.2 裂缝的发育程度

通过对渤中26-A油田11口钻井的岩心、薄片和成像测井的观察，分别统计了工区内主要发育的6种岩石类型的裂缝发育情况(表2)。

表2　渤中26-A太古界变质岩裂缝发育程度统计表

岩性	岩心尺度			成像测井	薄片尺度		岩石脆度
	岩心长度	裂缝条数	裂缝密度/(条/m)	裂缝密度/(条/m)	裂缝/(条/张)	见缝频率	
斜长角闪岩				0.08	1	47%	48%
黑云片麻岩	5.7	26	4.5	0.1	1.9	75%	85%
花岗片麻岩				0.6	1.9	62%	93%
变质二长花岗岩				0.9	2.4	77%	96%
混合花岗岩	4	27	6.75	1.2	3.35	90%	98%
碎裂岩				2.1	4.3	97%	

(1) 斜长角闪岩：成像测井显示裂缝平均线密度为0.08条/m，在统计FMI上裂缝密度的频率时，发现裂缝密度在0~0.3条/m范围内(图4)。薄片尺度下裂缝数量平均为1条，该岩性薄片数量为15张，裂缝发育的薄片数量为7张，见缝薄片频率为47%，岩石脆度平均为48%(表2；图5a)。

(2) 黑云片麻岩：成像测井显示裂缝平均线密度为0.1条/m，裂缝密度整体在0~2条/m范围内(图4)。收获的岩心尺度裂缝线密度为3条/m，薄片尺度下裂缝数量平均为1.9条，该岩性薄片数量为36张，裂缝发育的薄片数量为27张，见缝薄片频率为75%，岩石脆度平均为85%(表2；图5b)。

(3) 花岗片麻岩：成像测井显示裂缝平均线密度为0.6条/m，裂缝密度整体在0~2条/m范围内(图4)。薄片尺度下裂缝数量平均为1.9条，该岩性薄片数量为52张，裂缝发育的薄片数量为32张，见缝薄片频率为62%，岩石脆度平均为93%(表2；图5c)。

(4) 变质二长花岗岩：成像测井显示裂缝平均线密度为0.9条/m，裂缝密度整体在0~3条/m范围内(图4)。薄片尺度下裂缝数量平均为2.4条，该岩性薄片数量为60张，裂缝发育的薄片数量为46张，见缝薄片频率为77%，岩石脆度平均为96%(表2；图5d)。

(5) 混合花岗岩：成像测井显示裂缝平均线密度为1.2条/m，裂缝密度整体在0~5条/m范围内(图4)。收获的岩心尺度裂缝线密度为5条/m，薄片尺度下裂缝数量平均为3.35条，该岩性薄片数量为20张，裂缝发育的薄片数量为18张，见缝薄片频率为90%，岩石脆度平均为98%(表2；图5e)。

(6) 碎粒岩：成像测井显示裂缝线密度为2.1条/m，在统计FMI上裂缝密度的频率时，整体在0~5条/m范围内(图4)。薄片尺度下裂缝数量平均为4.3条，该岩性薄片数量为29张，裂缝发育的薄片数量为28张，见缝薄片频率为97%(表2；图5f)。

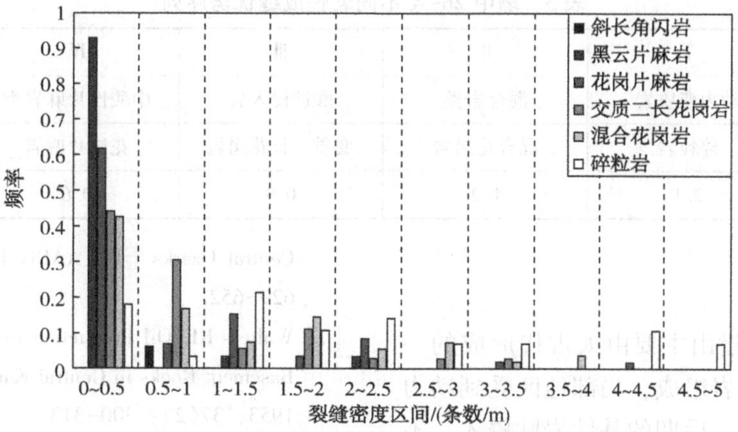

图 4 渤中 26-A 太古界潜山裂缝密度频率分布直方图

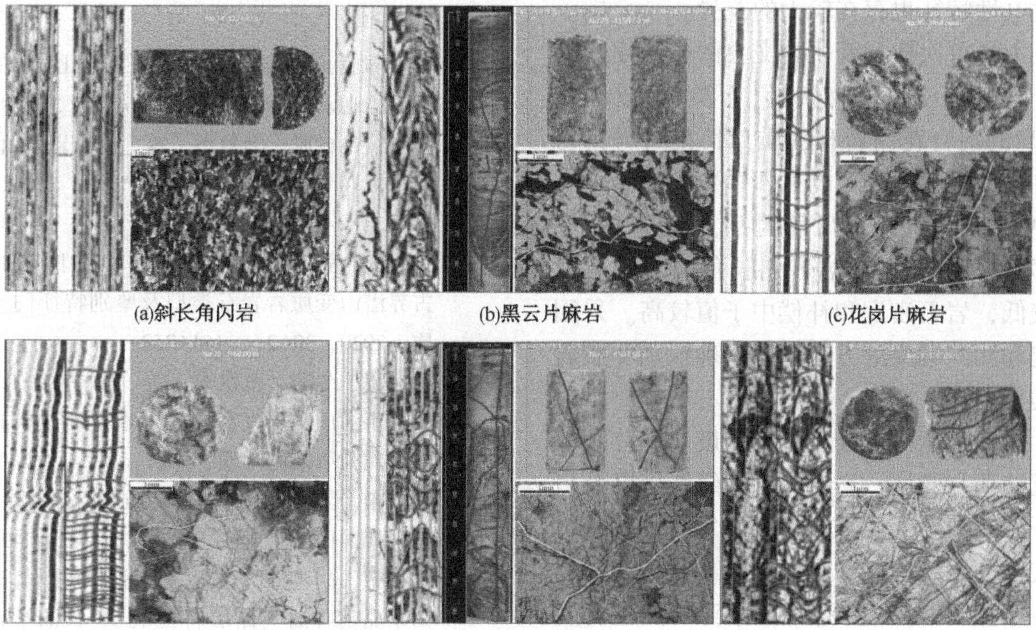

(a)斜长角闪岩 (b)黑云片麻岩 (c)花岗片麻岩

(d)变质二长花岗岩 (e)混合花岗岩 (f)碎粒岩

图 5 渤中 26-A 太古界潜山不同岩性裂缝对比

综上所述，研究区内 6 种主要岩石类型的裂缝发育特征存在明显的差异。一般地，受动力变质作用形成的碎粒岩裂缝密度最大；其次是暗色矿物体积分数小于 5%、条带状构造的混合花岗岩易受力形成裂缝，裂缝密度为 1.2 条/m；未经混合岩化作用的变质二长花岗岩次之，裂缝密度平均为 0.9 条/m；其次是暗色矿物体积分数小于 11%、片麻状构造的花岗片麻岩，裂缝密度平均为 0.6 条/m；暗色矿物体积分数相对高(7%~30%)的黑云片麻岩不易形成裂缝，裂缝密度平均仅为 0.1 条/m；暗色矿物含量极高(50%~55%)、块状构造的斜长角闪岩最不易破碎形成裂缝。由动力变质岩→混合岩→酸性侵入岩→片麻岩→斜长角闪岩，在相同条件下，产生裂缝的难度逐渐加大，裂缝的发育程度依次减小，这可能与不同变质岩之间的岩性内部差异有关。陈心路等认为岩性对构造裂缝的发育起着根本性的控制作用，其与裂缝发育的关系主要受矿物成分、晶粒大小、非均质程度以及混合岩化作用 4 个方面的共同影响。

基于研究区内 6 种主要岩石类型的裂缝发育程度的对比，系统建立了渤中区域的成缝优势岩性序列(表 3)：动力变质岩>混合岩类>酸性侵入岩类>中酸性片麻岩类>基性岩类，其中序列内越靠前的岩石类型越容易产生裂缝，裂缝发育程度也越高，越靠后的岩石类型相对裂缝发育程度较低。

表3 渤中26-A不同岩性成缝优势序列

优势序列	Ⅰ	Ⅱ	Ⅲ	Ⅳ	Ⅴ
岩石类型	动力变质岩	混合岩类	酸性侵入岩	中酸性片麻岩类	基性岩类
具体岩性	碎粒岩	混合花岗岩	变质二长花岗岩	花岗片麻岩	斜长角闪岩
裂缝密度	2.1	1.2	0.9	0.6	0.08

5 结论

（1）渤中26-A潜山主要由太古代形成的一套区域变质岩和混合岩组成，局部地区受到动力变质作用形成碎裂岩，后期的基性岩脉侵入。不同类型的变质岩其暗色矿物成分存在明显的区别，同时电性特征也存在较大的差异。

（2）本文首次构建变质岩交会图进行逐层剥离来区分岩性，浅色矿物含量(石英、斜长石、钾长石)高的混合花岗岩和变质二长花岗岩具有较高的自然伽马值，较低的岩性系数、岩石密度和补偿中子值；暗色矿物(角闪石、黑云母、辉石等)较发育的黑云片麻岩和斜长角闪岩的自然伽马值较低，岩石密度和补偿中子值较高。采用岩矿鉴定和测井响应的方法可以准确识别变质岩的岩石类型。

（3）辩证地运用裂缝裂缝线密度、薄片裂缝数量、见缝薄片频率、岩心尺度裂缝线密度及岩石脆度5种参数对变质岩构造裂缝发育程度进行了定量表征，系统建立了渤中26-A油田的成缝优势岩性序列(由好到差)：动力变质岩>混合岩类>酸性侵入岩类>片麻岩类>基性岩类。

参 考 文 献

[1] 邓运华．渤海大中型潜山油气田形成机理与勘探实践[J]．石油学报，2015，36(3)：253-261.

[2] 童凯军，赵春明，吕坐彬，等．渤海变质岩潜山油藏储集层综合评价与裂缝表征[J]．石油勘探与开发，2012，39(1)：56-63.

[3] 徐长贵，于海波，王军，等．渤海海域渤中19-6大型凝析气田形成条件与成藏特征[J]．石油勘探与开发，2019，46(1)：25-38.

[4] 侯明才，曹海洋，李慧勇，等．渤海海域渤中19-6构造带深层潜山储层特征及其控制因素[J]．天然气工业，2019，39(1)：33-44.

[5] 贾海松．BZ气田变质岩潜山储层特征研究[J]．石油地质与工程，2019，33(5)：1-4.

[6] Dake CL, Bridge J. Buried and Resurrected Hills of Central Ozarks [J]. AAPG Bulletin, 1932, 16(7): 629-652.

[7] Walters RE. Oil Production from Fractured PreCambrian Basement Rocks in Central Kansas [J]. AAPG Bulletin, 1953, 37(2): 300-313.

[8] 胡见义，童晓光，徐树宝．渤海湾盆地古潜山油藏的区域分布规律[J]．石油勘探与开发，1981，8(5)：1-9.

[9] 李军，刘丽峰，赵玉合，等．古潜山油气藏研究综述[J]．地球物理学进展，2006，21(3)：879-887.

[10] 卢欢，牛成民，李慧勇，等．变质岩潜山油气藏储层特征及评价[J]．断块油气田，2020，27(1)：28-33.

[11] 宋国民，张艳，李慧勇，等．渤中凹陷19-6区太古界潜山变质岩岩石类型及鉴别特征[J]．世界地质，2020，39(2)：344-352.

[12] 范廷恩，牛涛，范洪军，等．渤中19-6凝析气田太古宇潜山储层发育主控因素及地质模式[J]．海洋地质与第四纪地质，2021，41(4)：170-178.

[13] 李云松．辽河坳陷兴隆台变质岩潜山储层识别及评价[J]．中国石油勘探，2008，13(5)：49-53.

[14] 宋柏荣，胡英杰，边少之，等．辽河坳陷兴隆台潜山结晶基岩油气储层特征[J]．石油学报，2011，32(1)：77-82.

[15] 黄凤祥，夏振宇，马秀玲，等．基于测井和地震技术变质岩潜山岩性识别与预测[J]．断块油气田，2016，23(6)：721-725.

[16] 朱毅秀，单俊峰，王欢，等．辽河大民屯凹陷中央构造带太古宇变质储层岩性特征分析[J]．吉林大学学报(地球科学版)，2018，48(5)：1304-1315.

[17] 谭延栋，廖明书，郝志兴，等．测井解释基础与数据采集[M]．北京：石油工业出版社，1992，10-20.

[18] 张福功．辽河坳陷西部凹陷兴马潜山储层研究[D]．大庆：大庆石油学院，2008.

[19] 李广龙，王双龙，施淳元，等．锦州南变质岩潜山岩性测井响应及储层展布研究[J]．石油地质与工程，2022，36(4)：34-40.

[20] Rickman R, Mullen M, Petre E, et al. A practical use of shale peteophysics for stimulation design optimi-

zation: All shale plays are not clones of the Barnett Shale [R]. SPE 115258, 2008: 22-33.

[21] 赵金洲，任岚，胡永全. 页岩储层压裂缝成网延伸的受控因素分析[J]. 西南石油大学学报：自然科学版，2013，35(1)：1-9.

[22] 李浩，高先志，杨得相，等. 内蒙古二连盆地不同岩性潜山储层特征及其影响因素[J]. 地球学报，2013，34(3)：325-337.

[23] 李兰斌，朱卡，李华明，等. 三塘湖盆地石炭系火山岩储集空间类型及储层特征[J]. 地质科技情报，2014，33(3)：71-77.

[24] 陈心路，韦阿娟，王粤川，等. 渤海海域西南部太古宙变质岩岩性对裂缝的控制作用[J]. 地质科技情报，2018，37(2)：165-173.

232℃/103.4MPa超高温高压气井完井封隔器研制

程文佳　秦小飞　孙永涛　魏瑞涛　郭志霞　孟令坤

（中海油田服务股份有限公司）

摘　要　随着深层油气资源的勘探开发，井下高温高压腐蚀环境对封隔器性能提出了更高要求，然而国内现有封隔器无法满足工况需求。针对上述问题，本文开发了一种耐高温、高压、腐蚀的新型特种氟橡胶材料和多材料复合密封单元结构，研制了一款温压级别为232℃/103.4MPA的超高温高压气井完井封隔器，并进行了仿真分析和室内测试。结果表明，密封单元在232℃/103.4MPA密封完好，封隔器整机满足API-11D1 V0等级测试要求，具备现场推广应用价值。

关键词　超高温高压；特种氟橡胶；封隔器密封单元；有限元分析；完井封隔器

随着我国经济的发展，对油气资源的需求不断增加，油气勘探开发向深层和超深层迈进，我国深层和超深层天然气藏开采往往面临高温高压挑战。例如塔里木油田储层的地层压力超过103.4MPA，地层温度超过150℃。封隔器密封胶筒作为保证完井封隔器密封性能的关键部件，其在高温高压环境下的性能成为限制封隔器密封性的主要原因。目前，封隔器的密封件主要为橡胶产品，在高温高压工况下往往受到强烈侵蚀，如最大压差达到103.4MPA，工作温度达到177℃时，将可能导致橡胶产品密封失效，发生泄漏，严重影响油气井开发效率。

国内对胶筒材料配方方面做了一些研究，以适应井下复杂环境。吕阳等研究了炭黑—维填料协同补强氟橡胶，李舜水等研究了气井腐蚀环境对封隔器胶筒橡胶材料的影响，张瑞等研究了四丙氟橡胶在含H_2S和CO_2酸性环境中的耐蚀性。也有专家学者借鉴和吸收国外的封隔器技术，研制出多种新型封隔器及其配套辅助工具。目前国内外对封隔器橡胶密封件的研究主要集中在力学分析、结构设计与改进、井下工作性能及封隔器室内试验。Ben研究了在高温高压下暴露于碳氢化合物（甲苯、庚烷和环己烷）混合物的典型炭黑增强氢化丁腈橡胶的机械性能。然而，这些研究主要适用于工作压力和温度低于100MPA和200℃的工况，不能满足超高温高压气井开发的需求。

针对上述问题，本文研制一款超高温高压气井完井封隔器，开展了特种橡胶材料配方及其成型工艺、密封单元结构和封隔器整机研究，结果表明，特种橡胶材料胶筒在232℃下具有良好的密封性能，封隔器整机通过API 11D1 V0等级测试，满足232℃/103.4MPA的使用要求，为深地深层超高温高压油气田作业提供了重要的装备支撑。

1　特种氟橡胶材料研究

1.1　橡胶配方及工艺研究

根据高温、高压、强腐蚀的特殊工况和密封单元的结构特性，制成80A、90A两种不同硬度的特种氟橡胶材料。其中橡胶基体材料选用四丙橡胶——AFLAS氟橡胶，增强剂采用正常硫化速率（Normal）下平均颗粒在40-48nm的炭黑材料，助剂选用对硫化胶耐热性能和尺寸稳定性没有影响的硬脂酸SA，并通过添加碳纳米管的方式对原材料改性，形成橡胶与碳纳米管的结合体，使之与橡胶相互复合制成类似于聚合物共混体的增强型复合材料，有效提升材料的力学性能、耐腐蚀性和抗气爆性。

特种氟橡胶制成工艺采用生胶塑练——混炼——硫化——倒胶——薄通的一系列流程，其中硫化工艺是指线性高分子通过交联作用而形成的网状高分子的工艺过程，硫化性能好坏决定了橡胶制品的理化性能指标。为确定80A、90A两种橡胶材料的最佳硫化参数，开展了232℃温度条件下，80A、90A特种氟橡胶材料在不同温度下的硫化曲线测试，结果如图2、图3所示：

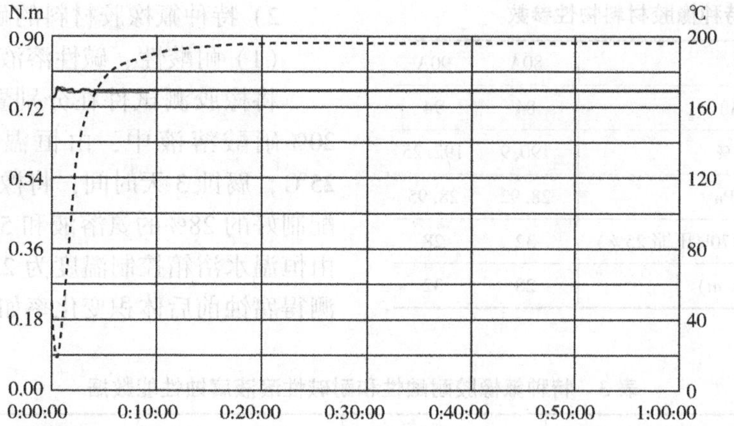

试验结果

	ML	MH	T10	T30	T50	T90	TS1	TS2	VC1	VC2
1	0.453	4.244	0:00:48	0:01:29	0:01:58	0:02:14	0:00:48	0:00:54	20.547	20.979
平均	0.453	4.244	0:00:48	0:01:29	0:01:58	0:02:14	0:00:48	0:00:54	20.547	20.979

图 1　80A 氟橡胶硫化曲线

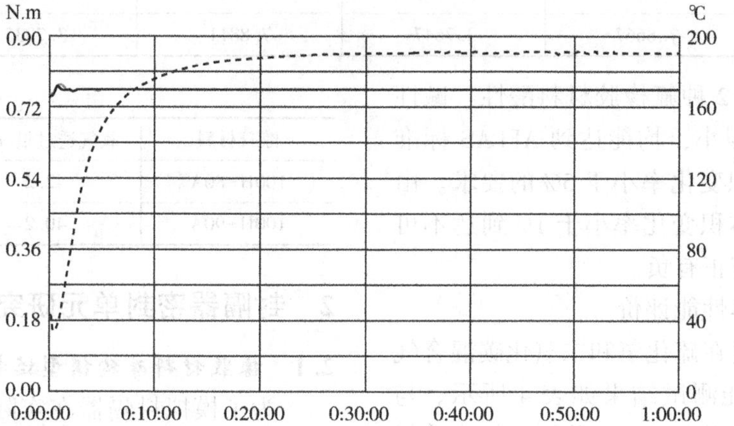

试验结果

	ML	MH	T10	T30	T50	T90	TS1	TS2	VC1	VC2
1	1.524	8.446	0:00:54	0:02:03	0:02:12	0:02:56	0:00:42	0:00:48	10.989	11.111
平均	1.524	8.446	0:00:54	0:02:03	0:02:12	0:02:56	0:00:42	0:00:48	10.989	11.111

图 2　90A 氟橡胶硫化曲线

特种氟橡胶不同温度下的硫化性能如表 1 所示，结果表明温度在 145～150℃，时间在 35～40min 时，80A 橡胶材料具有良好的力学性能；温度在 145～150℃，时间在 35～40min 时，90A 橡胶材料具有良好的力学性能。2 种特种氟橡胶材料拉伸强度等关键力学性能均优于同等邵氏硬度的 AFLAS 氟橡胶 100H 标准配方。

表 1　2 种硬度特种氟橡胶在不同温度下的硫化性能

硫化条件	145℃×40min		150℃×35min		155℃×30min		160℃×25min	
材料	80A	90A	80A	90A	80A	90A	80A	90A
邵氏硬度/A	80	92	80	93	81	94	82	95
拉伸强度/MPa	26.32	27.25	27.88	28.11	28.78	28.92	30.97	29.56
扯断伸长率/%	236.7	187.4	214.8	186.9	187.5	175.8	175.3	165.2
拉伸永久变形/%	16.3	16.5	15.7	15.2	15.4	14.3	14.6	13.8

1.2　特种氟橡胶性能测试

1）物性测试

在 232℃ 环境下，80A 和 90A 两种硬度的特种氟橡胶材料物性参数如表 2 所示。

表 2　232℃特种橡胶材料物性参数

项　　目	80A	90A
硬度(邵尔 A)	84	94
扯断伸长率/%	190.9	192.25
拉伸强度/MPa	28.92	28.95
压缩永久变形/%(232℃×70h 压缩 25%)	32	28
撕裂强度/(kN/m)	28	32

2）特种氟橡胶材料的耐腐蚀性能测试

（1）耐酸性、碱性溶液腐蚀评价

将橡胶测试件在分别置于 20%硫酸溶液和 20%硝酸溶液中，由恒温水浴箱控制温度为 25℃，腐蚀 3 天时间；将橡胶测试件在分别置于配制好的 28%的氨溶液和 50%氢氧化钠溶液中，由恒温水浴箱控制温度为 25℃，腐蚀 7 天时间。测得腐蚀前后体积变化率如表 3 所示。

表 3　特种氟橡胶耐酸性和耐碱性溶液腐蚀性能数据

测试环境	材料	m_0浸泡前试样在空气中的质量/g	m_{0w}浸泡前试样在水中的质量/g	m_1浸泡后试样在空气中的质量/g	m_{1w}浸泡后试样在水中的质量/g	体积变化率/%
耐酸	80A	8.1832	3.9101	8.1945	3.9226	-0.0281
	90A	7.7771	3.7448	7.7864	3.7596	-0.1364
耐碱	80A	7.7449	3.7183	7.7581	3.7158	0.3900
	90A	7.8667	3.7647	7.8811	3.7935	-0.3510

试验结果表明，2 种氟橡胶材料酸性、碱性腐蚀后体积变化率很小，均能达到 AFLAS 标准配方橡胶腐蚀后体积变化率小于 5%的要求。由于存在测量误差，体积变化率小于 1%到达不可测范围，故测试值有正有负。

（2）耐混合气体性能评价

特种氟橡胶材料在硫化氢和二氧化碳混合气体腐蚀后，拉伸性能测试结果如表 4 所示。与 AFLAS 标准配方氟橡胶相比，2 种特种氟橡胶材料的硬度变化小于 6%、拉伸强度和扯断伸长率小于 20%，腐蚀后性能拉伸优于 AFLAS 标准配方氟橡胶。

表 4　拉伸性能测试结果

橡胶试样名称	拉伸强度变化率	扯断伸长率变化率
80A	-13.1%	-5.6%
90A	-8.9%	-4.9%
AFLAS 标准配方	≤20%	≤20%

（3）抗气体穿透性能测试

氟橡胶密封材料的气体透过量汇总如表 5 所示，自研特种氟橡胶材料的抗气穿性能测试结果优于同种条件下的 AFLAS 标准配方氟橡胶。

表 5　氟橡胶密封材料的气体穿透性能测试结果

橡胶材料	氧气透过量/cm^3	氮气透过量/cm^3
80A	18.6	19.8
90A	19.4	17.6
100H-80A	42.2	35.5
100H-90A	40.2	42.5

2　封隔器密封单元研究

2.1　橡胶材料本构模型选择与试验

为了模拟封隔器在实际服役时的力学行为，建立了材料本构模型，考虑橡胶材料超弹性高分子属性具有大变形、不可压缩的特点，在小应变范围内将其视为线弹性的。橡胶材料本构关系一般用应变能密度函数描述，分析时认为橡胶是各向同性体。在封隔器工作过程中，边胶筒和中胶筒的变形一般不超过 Mooney-Rivlin 本构的适用范围，本研究在有限元分析中采用由 Rivlin 提出的级数形式的应变能函数：

$$W=\sum_{ijk}^{\infty} C_{ijk}\ (I_1-3)^i\ (I_2-3)^j\ (I_3-1)^k \tag{1}$$

Mooney-Rivlin 模型能够很好地描述橡胶材料在 150%应变范围内的变形，由于本文主要分析橡胶基复合材料的中小变形，所以后续分析中主要采用 Mooney-Rivlin 模型：

$$W=C_{10}(I_1-3)+C_{01}(I_2-3) \tag{2}$$

有限元分析时，材料属性已经弱化为在 232℃环境下的性能，本构应力应变曲线如图 3 所示。

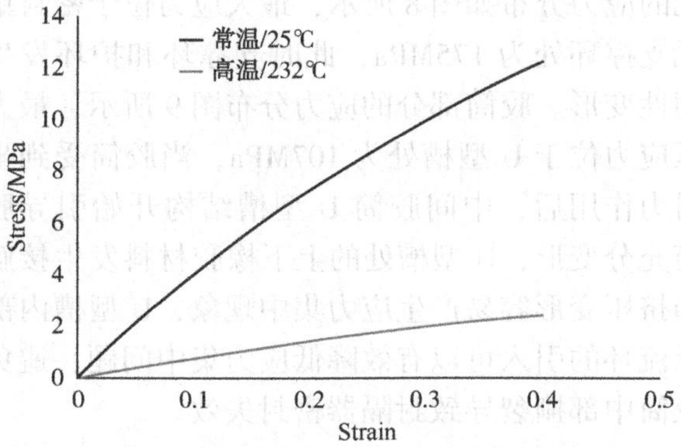

图 3　橡胶 232℃本构应力应变曲线

2.2　封隔器密封单元结构设计及有限元分析

（1）结构设计

封隔器密封单元结构设计采用上下对称结构，从上到下依次为支撑环、护肩、护环、边胶筒、中胶筒，采用多材料、多结构串联的形式，可防止结构硬性破坏，减弱老化疲劳引起的性能下降。护环采用 PTFE 材质，可防止胶筒肩突，并起缓冲作用，防止胶筒发生失稳性破坏；支撑环和护肩采用金属材料，防止胶筒朝油套环形空间突出和流动，从而提高和保持接触应力。边胶筒采用 90A 硬度特种氟橡胶，中胶筒采用 80A 硬度特种氟橡胶，中胶筒中部设计一个 U 型槽，可诱导中胶筒充分变形，从而获得更高的接触应力，提高其密封能力(图 4)。

（2）有限元分析

根据封隔器密封单元的结构特点，建立如图 5 所示的密封单元二维轴对称模型进行有限元分析。其中中胶筒和边胶筒为超弹性材料，通过非线性数值仿真软件拟合得到超弹性模型的本构参数 C10、C20、C30，完成特种氟橡胶材料的设定(图 6)。

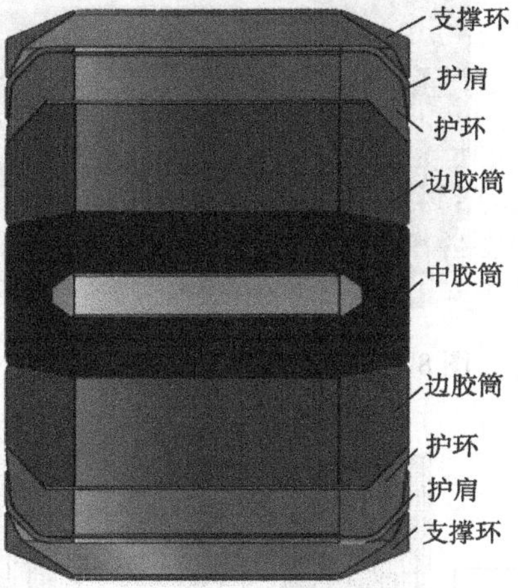

图 4　封隔器密封单元

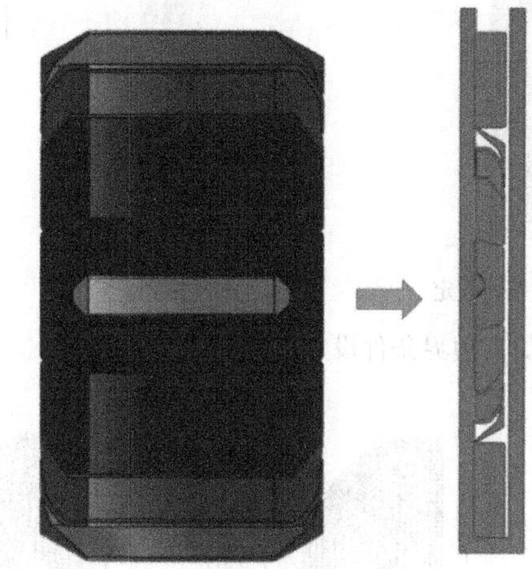

图 5　二维轴对称模型

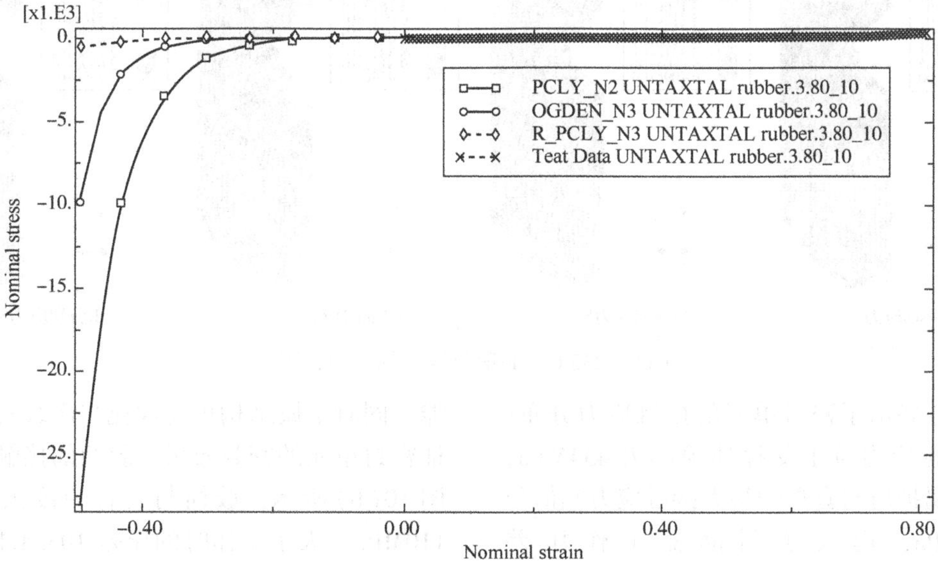

图 6　超弹性材料拟合本构参数

仿真分析边界条件如图7所示，设定套管、上下压块为刚体，保留上压块X方向的移动能力，套管与下压块则完全固定。添加胶筒、护环、护肩与支撑环之间的相互接触，同时考虑到胶筒的自身侵入现象，在边胶筒和中胶筒添加自接触，各部件间的摩擦系数设定为0.3。密封单元的网格划分情况如图7(b)所示，套管和密封单元均采用CAX4R网格单元。

对密封单元施加22t轴向坐封力后，密封单元的应力分布如图8所示，最大应力位于密封单元支撑环处为175MPa，此时支撑环和护环发生塑性变形。胶筒部分的应力分布图9所示，最大压应力位于U型槽处为107MPa，当胶筒受到坐封力作用后，中间胶筒U型槽结构开始引导胶筒充分变形，U型槽处的上下橡胶材料发生接触和挤压变形容易产生应力集中现象，U型槽内部承流环的引入可以有效降低应力集中问题，避免胶筒中部撕裂导致封隔器密封失效。

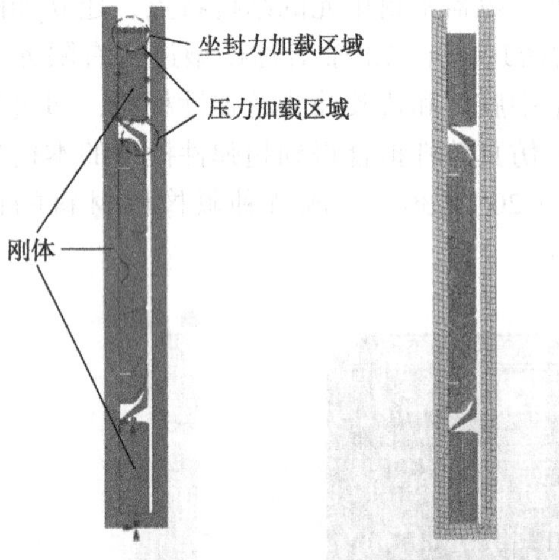

(a)边界条件设定　　(b)网格划分

图7　仿真边界条件设定和网格划分

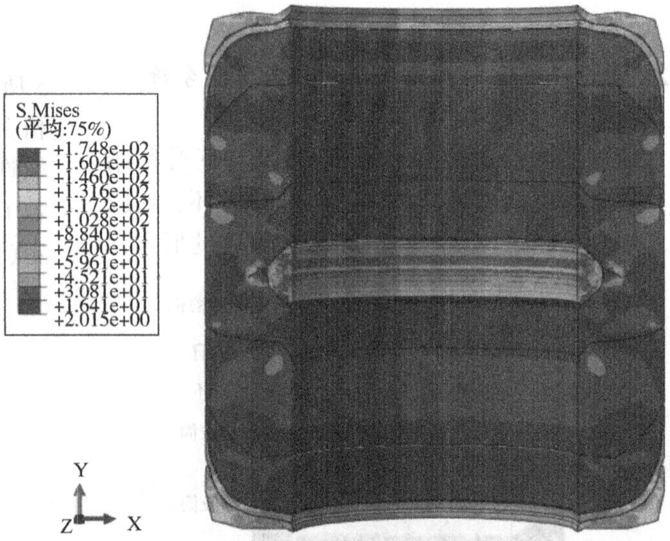

图8　密封单元应力云图

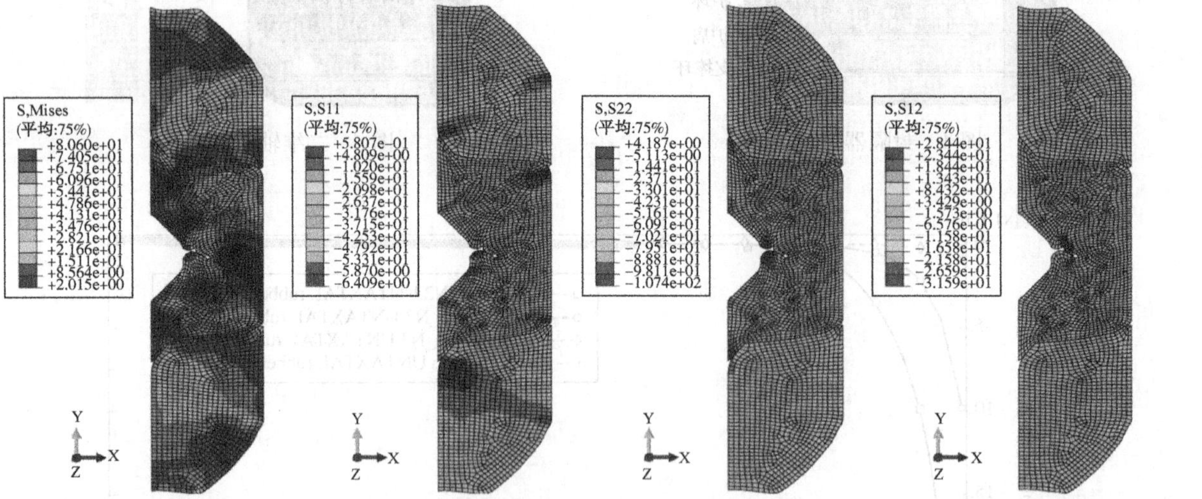

(a)Mises应力　　(b)横向应力S11　　(c)轴向应力S22　　(d)剪切应力S12

图9　232℃下封隔器胶筒的应力云图

图10(a)展示了密封单元的接触应力分布，其中最大接触应力位于支撑环顶部为434MPa，支撑环和金属护肩与套管的最大接触应力幅值分别为289MPa，远大于封隔器工作压差103.4MPa，这表明密封单元具有良好的防突功能，同时金属结构也能够充当次级密封装置，保证密封单元的密封效果。胶筒的接触应力分布如图10(b)所示，胶筒与套管的接触应力最大为110MPa，大于工作时的压差103.4MPa，能够保证密封单元的有效密封。

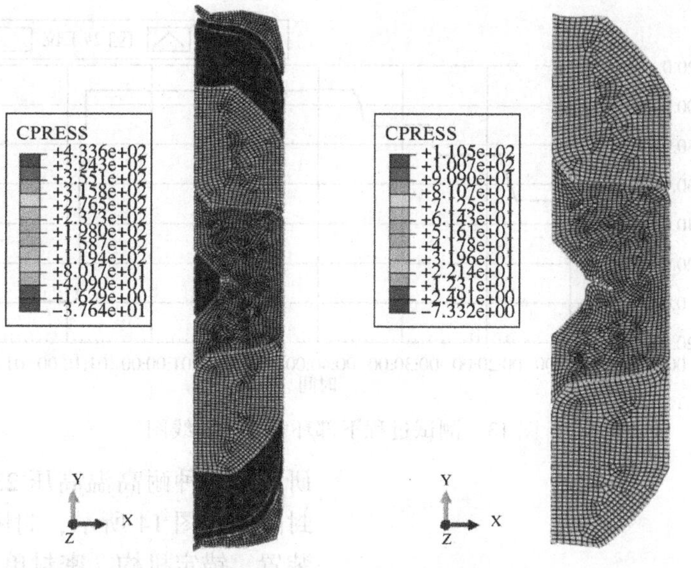

(a)密封单元接触应力云图　　(b)胶筒接触应力云图

图 10　232℃下封隔器密封单元的接触应力云图

2.3　封隔器密封单元测试及结果分析

为验证封隔器密封单元性能，设计了专用测试工装。工装由密封结构、活塞及其他安装固定装置组成，按照测试需要其上留有坐封加压孔和上下环空加压孔，密封单元测试工装及实物如图 11 所示。

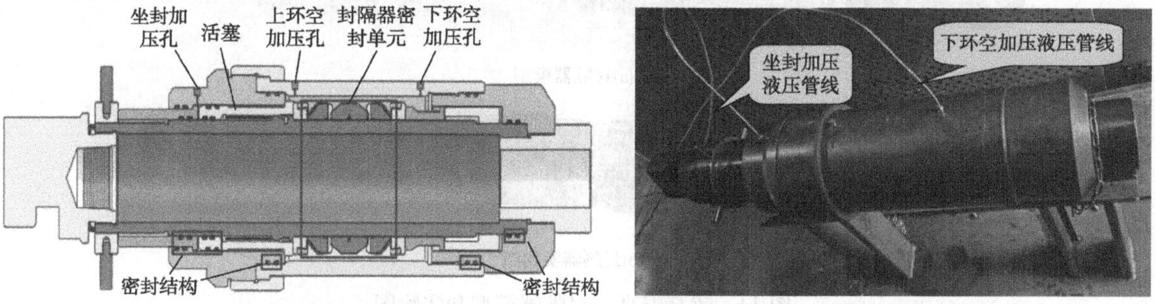

(a)密封单元测试工装结构图　　(b)密封单元测试工装实物图

图 11　密封单元测试工装及实物

按照 API 11D1 标准 V0 等级测试要求，以 N_2为测试介质加热到 232℃，保温 2h,，按照 20t 坐封胶筒，胶筒充分压缩后分别上下环空打压 103.4MPa，得到上、下环空压力测试曲线分别如图 12、图 13 所示，过程中无压降、无气泡泄漏现象，拆卸后胶筒未发生损坏或肩突现象。试验结果表明，胶筒变形充分，提供了足够的接触应力，与仿真结果一致，满足 232℃/103.4MPa 的高温高压要求。

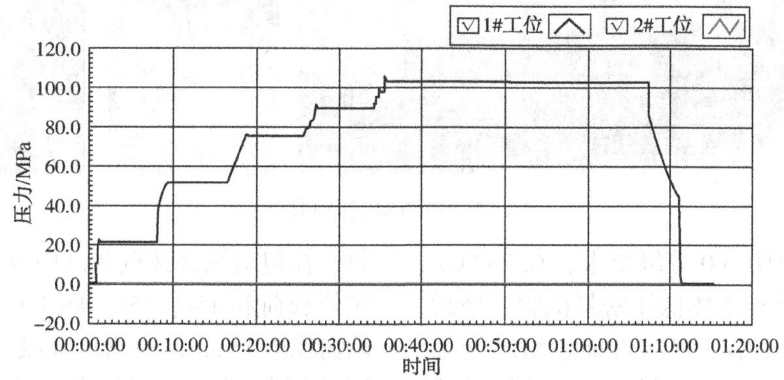

图 12　测试过程上部环空压力曲线图

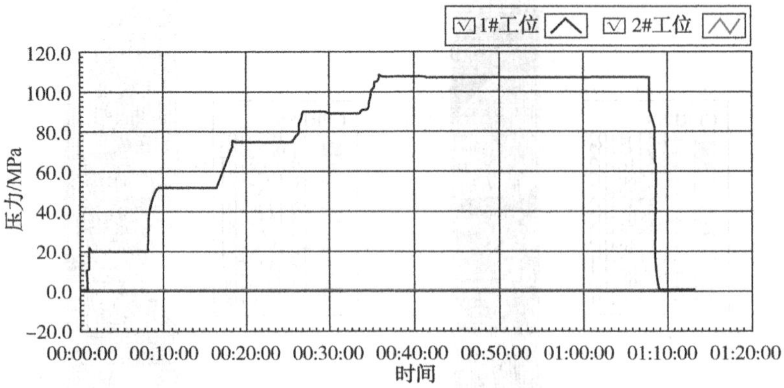

图 13　测试过程下部环空压力曲线图

3　封隔器研制

3.1　封隔器结构

应用新型特种氟橡胶材料和密封单元结构，研制了一种耐高温高压 232℃/103.4MPa 的完井封隔器如图 14 所示，封隔器主要结构包括挡砂装置、锚定机构、密封单元、坐封机构和切割解封机构。

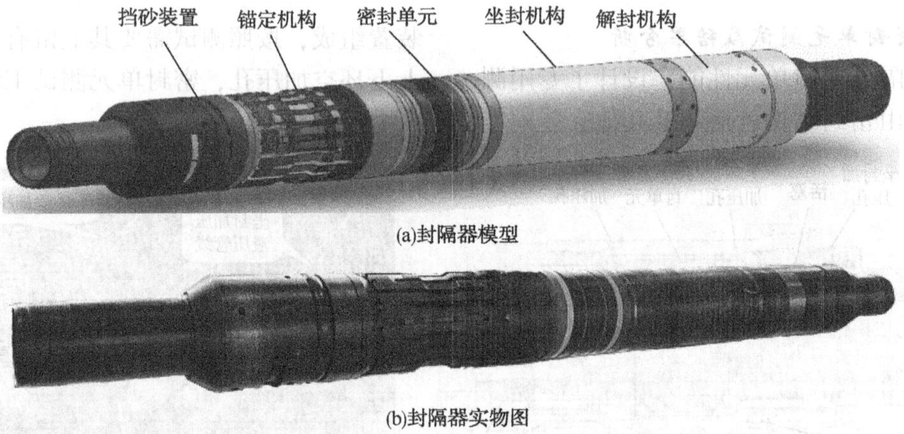

图 14　超高温高压封隔器模型和实物图

3.2　封隔器测试及结果分析

利用高等级封隔器功能试验设备进行封隔器测试，该装置按照 API 11D1 V0-H 标准建设，最高测试压力 140MPa，最高测试温度 350℃，配备加温保温装置、控制柜实现试验温压控制，并利用真空检漏技术检测封隔器密封性能，封隔器测试现场如图 15 所示。

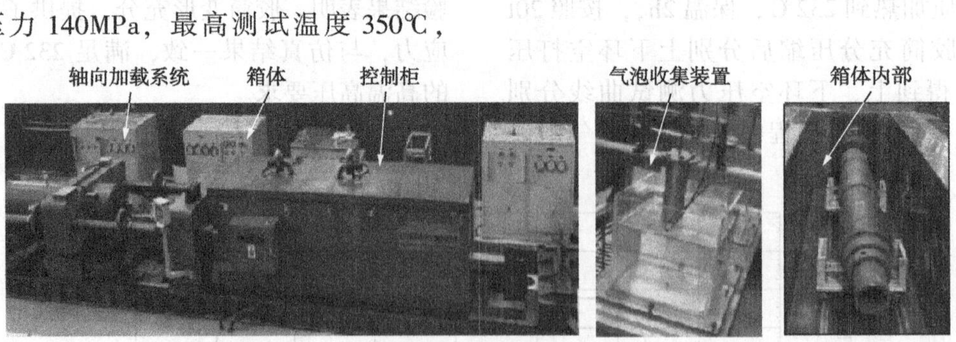

图 15　封隔器室内测试

测试按照 API 11D1 V0 等级要求，在 232℃/103.4MPa 条件下，进行本体低压密封试验、坐封功能试验、气体密封试验、额定性能包络线交叉点试验(包括载荷试压)、温度循环试验等测试项目，在包络线交叉点测试中分别施加 15t、250t 的拉伸载荷和 15t、25t、45t 的压缩载荷，每项测试均需稳压 15min，检测压降或气体泄漏情况，各项测试参数和测试结果如表 6、图 16 和图 17 所示。

表 6　封隔器测试数据

测试项目		稳压时间/min	温度/℃	中心腔压力/MPa	上压腔压力/MPa	下压腔压力/MPa	拉伸载荷/t	压缩载荷/t	测试结果	测试结论
本体低压密封测试		15	常温	10	0	0	0	0	无压降	合格
坐封试验		15	232.4	37.93	0	0	0	0	无压降	合格
气体密封试验	下腔压力测试 1	15	232.5	0	0	103.4	0	0	0 气泡	合格
	上腔压力测试 1	15	232.3	0	103.4	0	0	0	0 气泡	合格
	下腔压力测试 2	15	232.4	0	0	103.4	0	0	0 气泡	合格
	上腔压力测试 2	15	232.1	0	103.4	0	0	0	0 气泡	合格
额定包络线交叉点性能测试	点 1	15	232.5	0	103.4	0	25	0	0 气泡	合格
	点 2	15	232.7	0	103.4	0	0	15	0 气泡	合格
	点 3	15	232.3	0	83.44	0	0	45	0 气泡	合格
	点 4	15	232.1	0	0	93.44	25	0	0 气泡	合格
	点 5	15	232.4	0	0	103.4	15	0	0 气泡	合格
	点 6	15	232.3	0	0	103.4	0	25	0 气泡	合格
	点 7	15	232.2	0	0	83.44	0	45	0 气泡	合格
温度循环测试	高温	15	232.6	0	0	103.4	0	0	0 气泡	合格
	低温	15	120.4	0	0	103.4	0	0	0 气泡	合格
	高温	15	232.3	0	0	103.4	0	0	0 气泡	合格

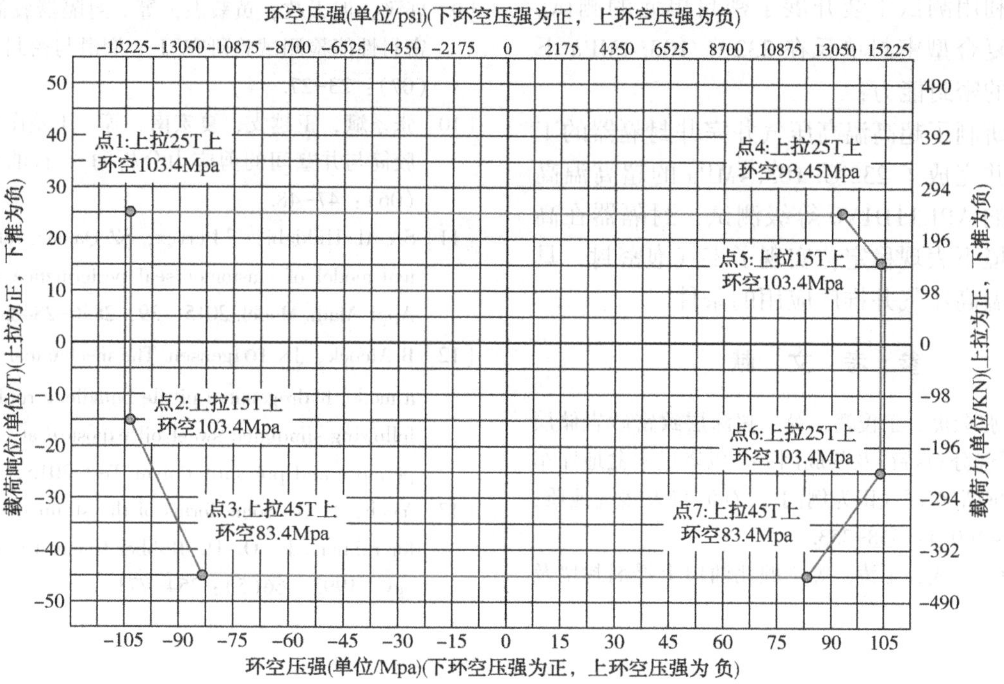

图 16　额定性能包络线交叉点

(a)试验前胶筒　　(b)试验后胶筒

图 17　测试前后封隔器密封单元对比图

试验全程无压降或气泡产生，满足 API 11D1 V0 等级的压降小于 1%或 0 气泡的要求。胶筒无气泡、无损坏。试验结果表明，利用新型特种橡胶材料制备的封隔器密封单元具备良好的高温密封性能，工具符合现场 232℃/103.4MPa 工况的使用需求，具备现场推广应用能力。

4　结论

（1）为满足超高温高压气井开发需求，通过开展橡胶材料的配方、橡胶成型工艺方法研究，形成了 80A 和 90A 两种硬度的特种橡胶密封材料，并经过室内测试，验证其具备良好的物性、耐腐蚀性和抗气爆性，满足高温高压环境下橡胶材料的属性要求；

（2）研发了由 80A、90A 两种硬度橡胶材料以及 PTFE、金属材料组成的复合型密封单元，通过仿真分析得到金属支撑环和护肩的应用能有效避免胶筒的“肩突”现象，并且起到辅助密封的作用。利用测试工装开展了密封单元的测试，结果表明复合型密封单元在 232℃/103.4MPa 下具有良好的密封能力；

（3）研制了超高温高压气井完井封隔器的工具整机，并完成了 232℃/103.4MPa 的超高温高压环境下的 API 11D1V0 等级测试，封隔器在高温高压环境下表现稳定，实现了零气泡密封，具备在超高温高压气井推广应用的条件。

参　考　文　献

[1] 王珂，张荣虎，王俊鹏，等．超深层致密砂岩储层构造裂缝分布特征及其成因——以塔里木盆地库车前陆冲断带克深气田为例[J]．石油与天然气地质，2021，42(02)：338-353.

[2] 李新勇，纪成，王涛，等．顺北油田上浮剂封堵及泵注参数实验研究[J]．断块油气田，2021，28(01)：139-144.

[3] 张瑾，李风，郭志永，等．封隔器胶筒高温密封性能实验装置[J]．化工设计通讯，2021，47(01)：24-25+39.

[4] 张付英，郭威，张玉飞．三种结构封隔器胶筒变形稳定性对比研究[J]．润滑与密封，2021，46(03)：95-99.

[5] 段风海，李振，侯承勋，等．耐高温高压封隔器胶筒性能研究[J]．石油矿场机械，2020，49(02)：66-70.

[6] 吕阳，张茂林，史新妍．炭黑与一维填料协同补强氟橡胶[J]．青岛科技大学学报(自然科学版)，2019，40(01)：91-98.

[7] 李舜水，葛俊瑞，殷启帅，等．气井腐蚀环境对封隔器胶筒橡胶材料的影响[J]．表面技术，2018，47(12)：51-59.

[8] 张瑞，李夯，冯丽莹，等．四丙氟橡胶在含 H2S 和 CO2 酸性环境中的耐蚀性[J]．腐蚀与防护，2018，39(08)：582-586.

[9] 郭飞，温天政，黄毅杰，等．封隔器胶筒高温高压密封性能检测试验研究[J]．润滑与密封，2020，45(07)：23-27.

[10] 张系斌，王越支，夏宏南，等．压差作用下封隔器胶筒与井壁间的剪应力分析[J]．石油机械，2000(06)：47-48.

[11] SA Al-Hiddabi，T Pervez，SZ Qamar，et al. Analytical model of elastomer seal performance in oil wells. Appl. Math. Model. 2015，39，2836-2848. [CrossRef]

[12] B Alcock，JK JØrgensen. The mechanical properties of a model hydrogenated nitrile butadiene rubber(HNBR) following simulated sweet oil exposure at elevated temperature and pressure. Polym. Test. 2015，4，50-58.

[13] Yeoh，H O. Some forms of the strain energy function for rubber [J]. O. H. Rubber Chemistry and Technology，1993，66(5)：754-771.

大港油田孔二段页岩油水平井体积压裂关键技术攻关与应用

赵 涛 刘学伟 杨立永 构小婷 唐红霞 隋向云 王 娟

（中国石油大港油田公司）

摘 要 大港油田沧东凹陷孔二段页岩油属于典型的湖相环境页岩油，埋深3000~5000m，是页岩油勘探开发的主力区。针对大港油田页岩油闭合应力高、可压性差、难以形成复杂缝网，基质物性差、原油黏度高、地层能量低、流动能力差的特点，建立基于岩石脆性、天然裂缝和地应力的裂缝复杂程度评价模型，创新密切割分段改造模式，提高裂缝复杂程度；研发变黏滑溜水压裂液体系，形成全程滑溜水连续加砂工艺，砂液比由3.4%提高至10%；建立多级裂缝导流能力优化方法，形成多级缝网高效支撑工艺技术，石英砂占比80%；形成趾端蓄能+前置二氧化碳增能体积压裂技术，溶蚀碳酸盐岩扩大孔喉尺寸，降低原油黏度提高流动能力，补充地层能量提高压裂效果；2022年官页5号平台应用页岩油水平井体积压裂技术，压裂后放喷即见油，2.5毫米油嘴单井日产油稳定在40~50吨，单井首年产油超1万吨、EUR4.1万吨。

关键词 页岩油；水平井；体积压裂；连续加砂；沧东凹陷

近年来，页岩油气、致密油气等低品位资源成为国内各油田储量增长主体和产量重要接替领域。中国页岩油勘探起步晚，面临着开发难度大、成本高的困难，目前仅在以准噶尔盆地吉木萨尔组、鄂尔多斯盆地延长组长7段等页岩油实现规模效益开发。纯页岩型页岩油尚未取得工业突破。渤海湾盆地沧东凹陷古近系孔店组二段(Ek2)页岩直井压裂获得日产油5~30t，但试采产量递减快，不能实现工业化开发。水平井体积压裂是实现页岩油工业化开发的重要手段。本文针对大港油田页岩油可压性低、基质物性差、原油黏度高、流动能力差的特点，创新密切割分段改造模式，提高裂缝复杂程度，形成全程滑溜水连续加砂多级缝网高效支撑工艺，优化了趾端蓄能+前置二氧化碳增能体积压裂技术，形成了适用于沧东凹陷页岩油的水平井体积压裂技术，实现了页岩型陆相页岩油勘探开发的重大突破，为页岩型页岩油水平井体积压裂提供借鉴。

1 孔二段页岩油储层特征

大港探区发育沧东、岐口两大富油凹陷，主力烃源岩发育层段有三套，分别为沧东凹陷孔二段、岐口凹陷沙三段、沙河街组一段中—下亚段，是页岩油气富集层段。沧东凹陷孔二段埋深3000~5000m，厚度400m，有利面积260km^2，是页岩油勘探开发的主力区。沧东凹陷孔二段页岩油是典型的湖相环境页岩油，属于高凝中黏高含蜡中质油。按照X射线衍射矿物组分三端元与结构构造相结合的岩性分类方案，孔二段主要有长英质页岩、混合质页岩。

长英质页岩长英质含量高，石英+长石含量60%~67%，其中石英17%~34%，黏土矿物3%~19%；纹层发育程度大，纹层密度40条/dm，杨氏模量17880MPa，泊松比0.118，Rickman脆性指数为0.64，峰值应力139.3MPa，岩心为劈裂多缝形态，由多组贯穿岩样的劈裂张拉裂纹构成，破裂形态复杂；混合质页岩石英+长石含量25%~29%，其中石英15%~18%，黏土矿物7%~17%；纹层发育程度小，纹层密度20条/dm；杨氏模量29038MPa，泊松比0.213，Rickman脆性指数0.75，峰值应力314.9MPa。混合质页岩岩心一条贯通性劈裂裂缝和一条剪切裂缝，伴随少量横断裂缝，破裂形态简单。

2 页岩油体积压裂工艺技术

2.1 密切割压裂技术提高裂缝复杂程度，提高渗流速度

大港油田页岩油闭合应力高、可压性差、难

以形成复杂缝网，建立基于岩石脆性、天然裂缝和地应力的裂缝复杂程度评价模型，创新密切割分段改造模式，提高裂缝复杂程度。

2.1.1　缝网指数可压性评价方法

通过三轴实验确定地层的杨氏模量、泊松比、断裂能等岩石力学参数，采用理学 DMAX-3C 衍射仪对岩石三轴破裂岩样进行了 X 射线衍射全岩定量分析，依据盒子法计算岩样的岩石破裂复杂程度系数。结果表明 Rickman 指数与破裂复杂程度相关性差，相关性系数为 0.329，Jarvie 指数与岩石破裂复杂程度相关性更差，相关性系数为 0.0183。岩石破裂复杂程度与杨氏模量的相关性系数为 0.4883，与峰值应变相关性系数达 0.597，与剪胀角相关性系数 0.6162。杨氏模量、剪胀角和峰值应变可以分别反映页岩抵抗变形的能力、变形的速率和变形的大小，可以较好的描述岩石的脆性特征。建立适合陆相页岩油的脆性评价方法如式(1)所示：

$$B_1 = 0.262E_n + 0.353\psi_n + 0.385\varepsilon_{pn} \quad (1)$$

式中，B_1 为脆性指数；E_n 为归一化的杨氏模量；ψ_n 为归一化的剪胀角；ε_{pn} 为归一化的峰值应变。

可压性不仅包含岩石本身脆性破裂性质，也包含地层天然裂缝发育情况、地应力差大小，单独一个参数不能充分评价页岩岩石形成复杂裂缝程度，因此基于岩石脆性、天然裂缝、地应力三个因素，建立页岩油裂缝复杂程度计算模型，定义缝网指数(公式 2)为：

$$F_1 = B_1(w_4F_n + w_5S_1) \quad (2)$$

式中，F_1 为缝网指数；B_1 为脆性指数；F_n 为天然裂缝张开影响因子；S_1 为地应力影响因子；w_4 为天然裂缝张开影响因子权重系数；w_5 为地应力影响因子权重系数；

利用室内水力压裂实验岩样的数据进行分析，如图 1 所示，缝网指数与水力裂缝形态有较好的一致性。$F_r \leq 0.3$ 时，压裂裂缝呈水力单缝形态；$0.3 < F_r \leq 0.4$ 时，压裂裂缝沿天然裂缝开启；$F_r > 0.4$ 时，压裂裂缝穿过天然裂缝。

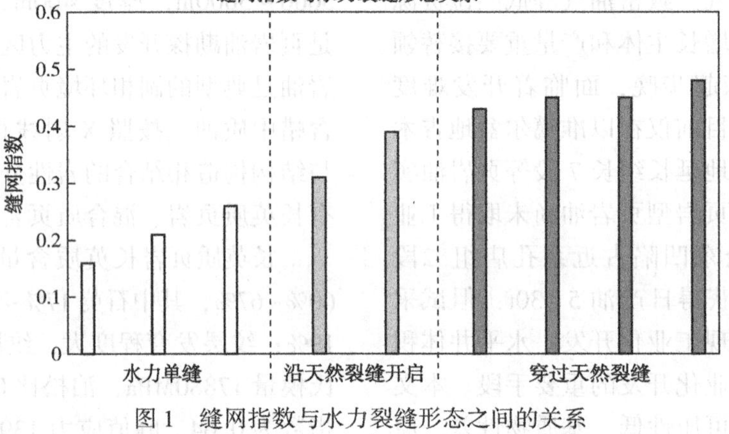

图 1　缝网指数与水力裂缝形态之间的关系

2.1.2　油藏模拟优化簇间距缩短渗流距离

页岩油与常规低渗透储层最大的差别在于存在较强的启动压力梯度，页岩油储层，启动压力梯度高，即使实施压裂改造可动的范围小，产量短时间就降为 0。页岩油储层启动压裂梯度高，启动压力梯度的大小直接决定了储层的可动用范围。采用“缝控储量”压裂改造技术，减少非流动区域面积，降低流体在基质中的渗流距离，提高基质中的油气驱动压力梯度，可大幅度提高页岩油水平井可动用储量。油藏模拟软件评价分析，10m 簇间距与 30m 簇间距相比，缝控程度由 50%提高至 100%，初期日产量提高 70%，累产量提高 25%。簇间距缩短累产量提高，簇间距 10m 与 5m 相比累产量相当，优化簇间距 10m 左右(图 2~4)。

2.1.3　裂缝扩展模拟优化簇间距提高裂缝复杂程度

孔二段页岩油岩石缝网指数差异性大，以小于 0.4 的缝网指数为主，难以形成复杂压裂裂缝。页岩油岩石压裂裂缝形态跟脆性、天然裂缝、地应力密切相关，脆性、天然裂缝为页岩油岩石自身特性，无法改变。地应力为页岩油岩石所处外部环境，利用诱导应力场分析，等间距内随着裂缝条数的增加，即簇间距的缩短，地应力干扰越大，水平应力差异系数减小，如图 5 所示，缝网指数变大，容易形成复杂裂缝。

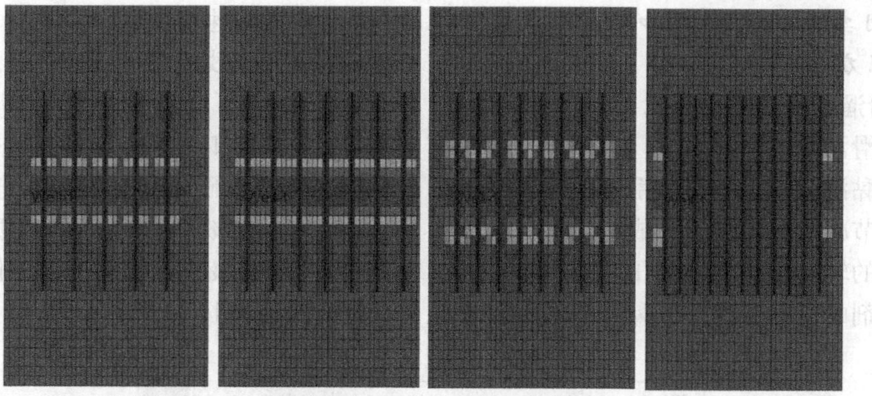

(a)30m簇间距　(b)20m簇间距　(c)15m簇间距　(d)10m簇间距

图 2　沧东页岩油不同簇间距储量动用程度对比

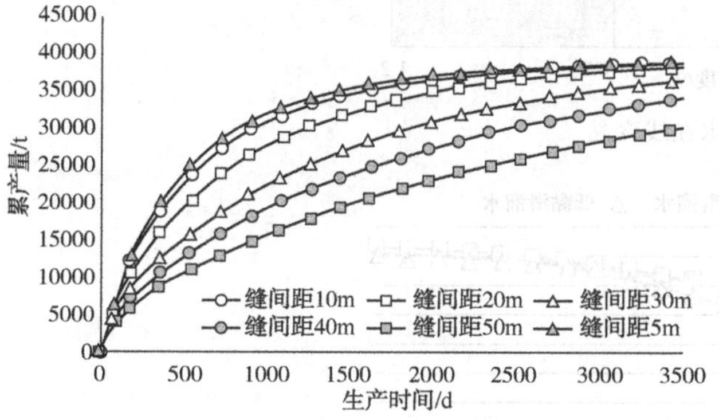

图 3　沧东页岩油不同簇间距累产对比

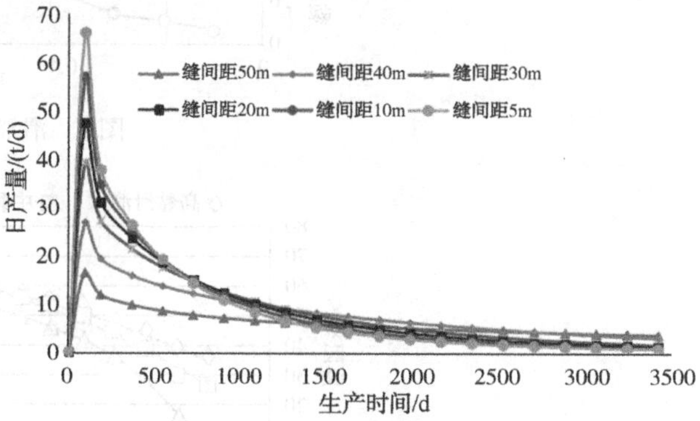

图 4　沧东页岩油不同簇间距日产对比

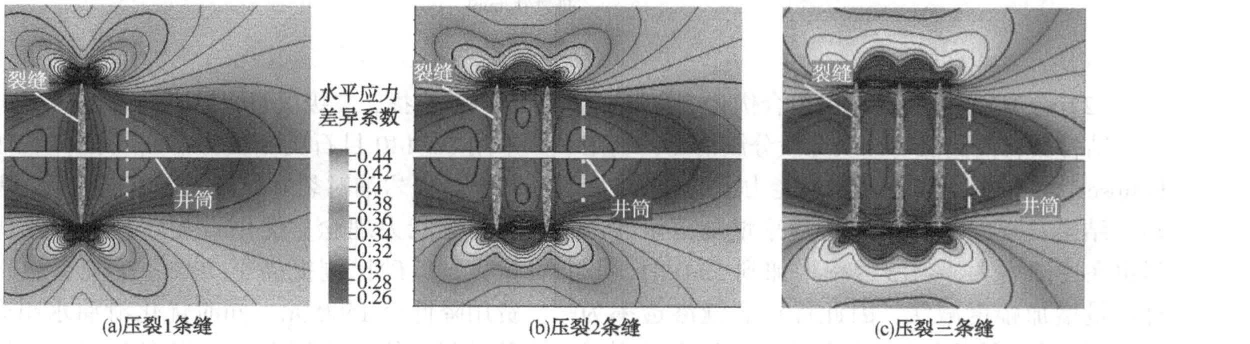

(a)压裂1条缝　(b)压裂2条缝　(c)压裂三条缝

图 5　压裂不同裂缝条数后地层差异系数分布

压裂裂缝模拟发现，随着簇间距的缩小，缝间应力干扰尖端孔隙压力叠加，造成裂缝吸引、重合；簇间距至 10m 时，即可以利用缝间应力干扰增加裂缝复杂程度，又可以使压裂裂缝独立延伸，获得更大的改造面积，优化簇间距 10m 左右(图 6)。

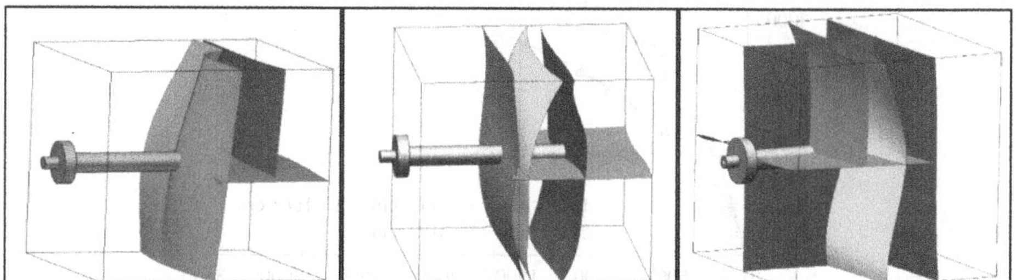

(a)簇间距5m　(b)簇间距10m　(c)簇间距15m

图 6　不同簇间距下裂缝扩展形态

2.2 多级缝网支撑+全程连续加砂技术提高裂缝导流能力

2.2.1 全程滑溜水连续加砂技术

（1）变黏滑溜水体系

研制了变黏滑溜水压裂液体系，该压裂液体系能够通过调节减阻剂加量，完成从低黏滑溜水向高黏滑溜水的转变，实现一种压裂液体系完成不同类型支撑剂的携砂工作。变黏滑溜水压裂液体系具有溶解速度快、降阻率高、精准变频、悬砂性能良好、残渣含量低等优势。首先，其溶解速度为40s，可以实现在线连续混配，降低劳动强度，提高施工效率，与瓜胶压裂液相比，简化了配液流程及配液工序。其次，其不同黏度滑溜水降阻率≥70%，有效降低施工摩阻，瓜胶压裂液降阻率≥65%，相比之下，该体系的降阻率有明显的提升（图7、8）。

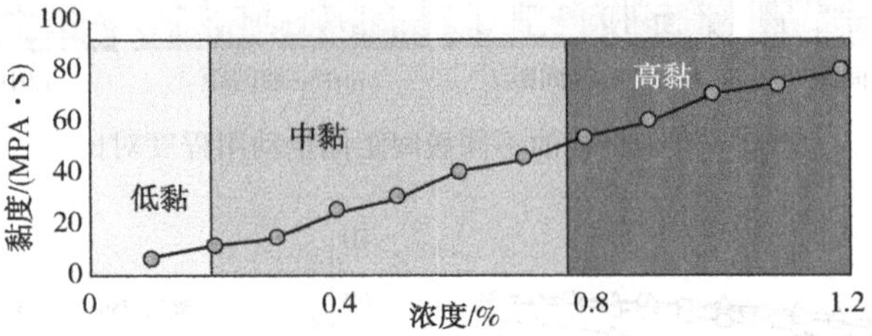

图7　滑溜水在线变黏

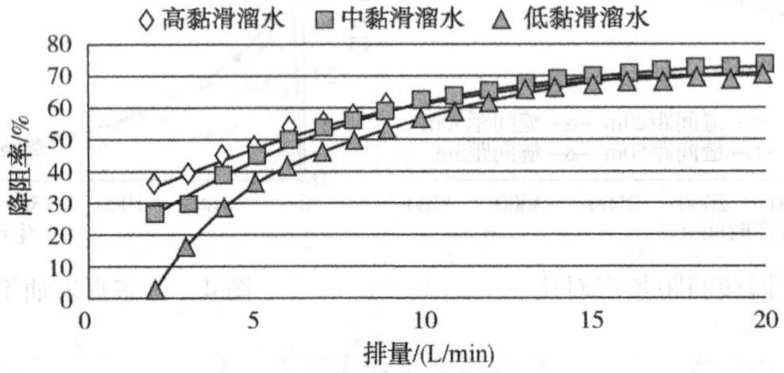

图8　滑溜水降阻曲线

（2）石英砂+陶粒支撑剂组合优化

结合页岩油储层物性及分段分簇情况，利用Eclipse软件模拟不同裂缝导流能力下的产能（图4）。结果发现，随着储层渗透率增加，累计产量也在逐渐增大，当渗透率增加到5mD时，累计产量增加幅度减缓，因此优选裂缝渗透率为5mD。同时，利用水电相似原理，开展多级裂缝数值模拟，等效裂缝最优导流能力为6.29D·cm，一级次裂缝导流能力为1.55D·cm，采用40/70目陶粒支撑，二级次裂缝导流能力为0.13D·cm，采用70/140目石英砂支撑。密切割体积压裂模式下，页岩油对裂缝导流能力需求降低，基于经济导流能力理念，优化石英砂与陶粒支撑剂用量，石英砂比例提高至70%，单吨支撑剂综合费用降低至1500元。同时优化滑溜水组合，低黏滑溜水使用比例由47%提高至80%，压裂液综合成本降低至69元/方。

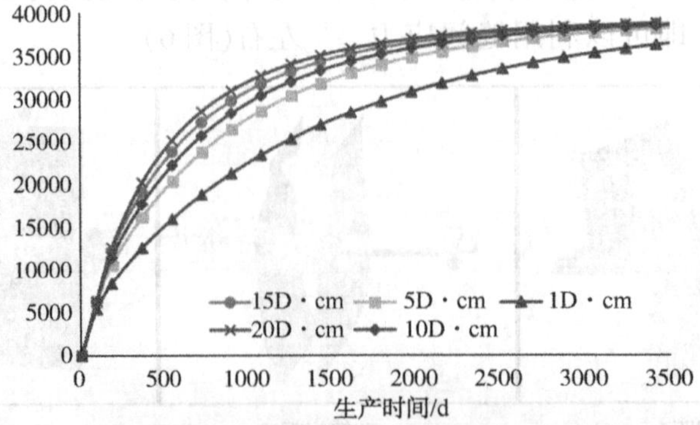

图9　不同导流能力下模拟累产量对比

(3) 全程滑溜水连续加砂工艺

根据斯托克斯定律，计算了不同粒径、不同密度支撑剂在压裂液中的沉降速度，随着支撑剂的粒径和密度减小，其沉降速度变慢，可以被压裂液携带至裂缝更远处，打破了传统的黏度携砂理论，结合压裂液性能及可视化沉降实验，形成流速-温度-浓度耦合图版，如图10所示。

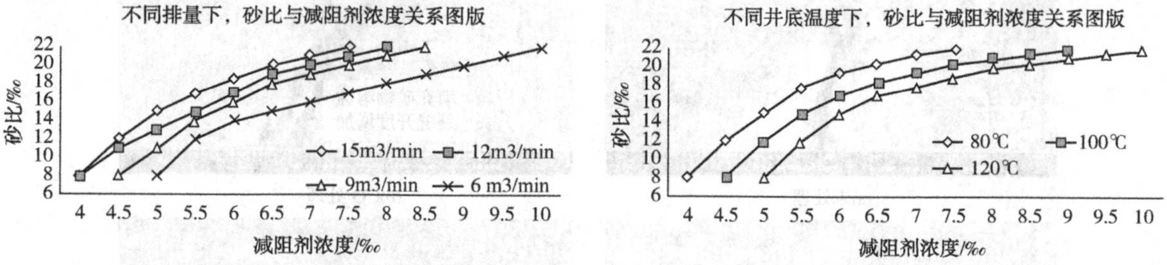

图10 不同排量下及井底温度下，砂比与减阻剂浓度关系图版

在G页2H井进行了连续加砂试验，探索不同黏度滑溜水压裂液携带不同砂比支撑剂的可行性，形成了一套全程滑溜水连续加砂压裂工艺：1)应用低黏滑溜水(黏度2~5mPa·s，降阻剂B质量分数0.1%)携带砂比7%~10%的70/140目石英砂小段塞压裂，打磨近井炮眼，然后连续注入砂比为8%~14%的石英砂连续加砂压裂；2)应用高黏滑溜水(黏度50~80mPa·s，降阻剂B质量分数0.5%~0.7%)携带砂比12%~22%的40/70目陶粒连续加砂压裂。连续加砂工艺与传统段塞加砂工艺相比，有效提高了单位液体的携砂量，与应用传统段塞加砂压裂的邻井相比，施工效率提高了37.5%，每米加砂量提高73%，节约压裂液用量31.7%。

2.3 趾端蓄能+前置二氧化碳增能补充地层能量，提高原油流动能力

2.3.1 形成趾端蓄能工艺，补充地层能量

水力增能改造以压裂增能和渗吸置换为主，压裂增能是指大规模注入压裂液改变地层压力场和含油饱和度场，驱动裂缝基质间流体作用；渗吸置换是注入液体在毛管力、化学渗透协同作用下，自发吸入储层孔隙排出孔隙原油。基于增能改造作用机理，开展静动态渗吸实验，明确含油饱和度和油藏润湿性是影响渗吸置换效果主要因素。基于渗吸置换主要影响因素，创建页岩油水力增能数学模型。利用数值模拟方法对比不同压裂方式阶段累计产量，与常规体积压裂技术相比，趾端蓄能体积压裂，阶段产能提高25.8%。基于压力场分布、含油饱和度场分布等数值模拟分析，开展不同蓄能规模阶段累产研究，优化趾端蓄能5000m^3，提升地层能量，延长压后稳产期(图11)。

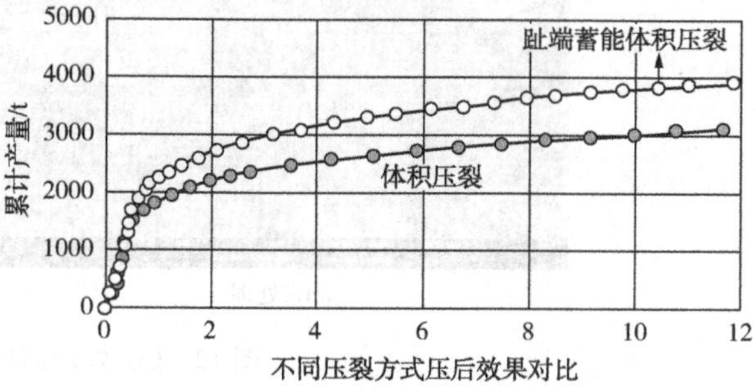

图11 不同压裂方式压后效果对比

2.3.2 优选前置二氧化碳压裂工艺，提高原油流动能力

孔二段页岩油原油黏度较高，原油流动性差。CO_2-原油体系PVT实验显示，CO_2-原油体系的饱和压力达到地层压力(35MPa)时，地层原油分子量由283降为84，原油黏度由28.75mPa·s降低到4.21mPa·s，CO_2对页岩地层油有较强的降黏效果。利用$CO_{2水溶液}$与页岩开展采收率物理模拟实验，核磁共振监测表明微孔(0.01~0.1μm)、小孔(0.1~0.2μm)、中孔(0.2~0.5μm)和大孔(>0.5μm)采出程度分别为9.33%、12.12%、21.52%和35.34%，说明CO_2可有效提高页岩油采收率。

CO_2水溶液呈酸性，对碳酸盐岩溶蚀作用较强，溶蚀能力方解石最大，其次是白云石。孔二段页岩CO_2水溶液浸泡页岩后由图1扫描电镜结果发现，CO_2处理后的页岩表面微观形貌发生明显变化，部分原有矿物颗粒被溶蚀(图12绿色框)，使得粒间孔孔径增大；CO_2水溶液的溶蚀作用也使得原来被方解石充填的微裂缝开度增加，如图12中红色框所示。CO_2水溶液与岩石充分接触并溶蚀碳酸盐岩，扩大原有孔喉尺寸，形成新的孔喉，提高了储集层物性。

图 12　CO_2处理前后页岩表面微观形貌特征

3　现场应用效果

2022 年 GY5 号平台立体布井 5 口，优选 C1、C3 层位着陆点，水平段长度 1809～1952 米，井距 300 米，井轨迹与主应力夹角 80°，试验井组单井平均进尺 6048m，平均水平段长 1973m，Ⅰ类甜点钻遇率 95%(以往 73%)，S1* 数值 9.5～12.1mg/g。GY5 号平台于 2022 年 11 月完成 5 口井 179 段压裂，注入液量 27.8 万方，支撑剂 2.2 万方，二氧化碳 1.37 万方；主体段长 50 米，簇间距 8～11m，米液量 35 方、米砂量 2.0～3.0 方，石英砂比例 74%～83%。采用稳定电场裂缝监测技术监测 5 口井 171 段压裂裂缝(8 段因疫情原因未能现场布点监测)，裂缝半长 126～150m，裂缝开启率 73.4%～96%，单井改造面积 10.4～15.3 万 m^2，改造体积 76.8～138.9 万 m^3(图 13)。

2022 年 GY5 号平台 5 口井压裂后放喷 1～2 天即见油早，见油返排率 0.07%～0.37%，4mm 油嘴产量测试单井日产油 80～122t，12 小时压降 1.05～1.7MPa，压力保持情况好，高产稳产效果好；截至 2024 年 6 月，2～3mm 油嘴连续自喷生产 530 天，日产油 105t，累产油 8.7 万 t，预计十五年累产油 26.42 万 t。

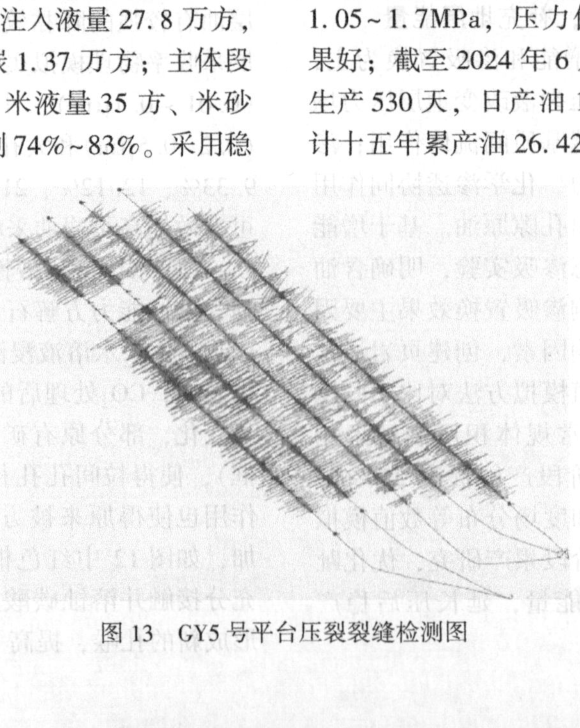

图 13　GY5 号平台压裂裂缝检测图

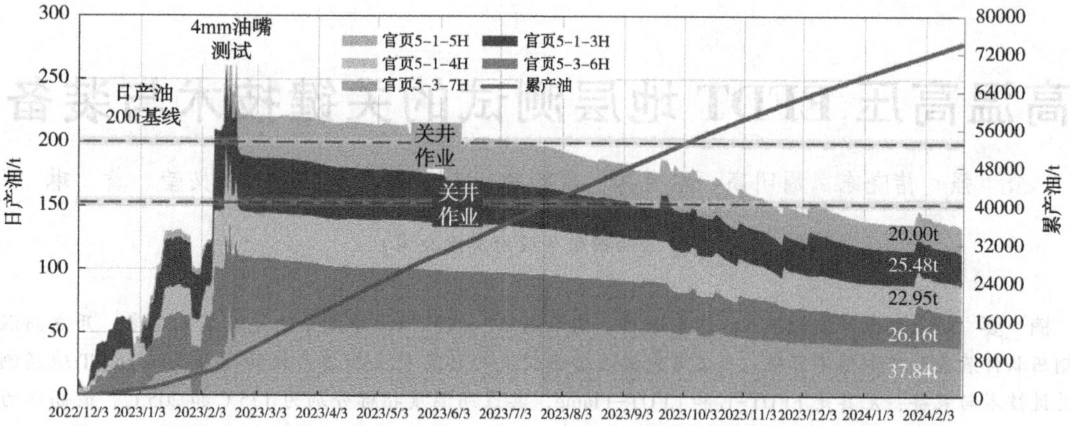

图14　沧东页岩油5号试验平台生产曲线

4　结论与认识

（1）针对大港油田页岩油闭合应力高、可压性差、难以形成复杂缝网特点，建立基于岩石脆性、天然裂缝和地应力的裂缝复杂程度评价模型，创新密切割分段改造模式，簇间距10m左右可以提高裂缝复杂程度，压裂缝长、裂缝改造体积与300m井网相符，实现了井间储量高效动用；

（2）全程滑溜水连续加砂工艺砂液比提高至10%，多级缝网高效支撑工艺技术石英砂占比80%，加砂强度提高到2.5~3.0方/米，解决了页岩油基质物性差、流动能力差的难点，能够实现页岩油的高效支撑，导流能力满足页岩油开发需求；

（3）针对页岩油原油黏度高、地层能量低的特点优选的趾端蓄能+前置二氧化碳增能体积压裂技术，降低原油粘度提高流动能力，补充地层能量，提高压裂效果；实现了GY5号平台高产稳产，为页岩型页岩油勘探开发提供了技术支撑。

参 考 文 献

[1] 赵贤正，蒲秀刚，金凤鸣，等．黄骅坳陷页岩型页岩油富集规律及勘探有利区[J]．石油学报，2023，44(01)：158-175.

[2] 赵贤正，金凤鸣，周立宏，等．渤海湾盆地风险探井歧页1H井沙河街组一段页岩油勘探突破及其意义[J]．石油学报，2022，43(10)：1369-1382.

[3] 赵贤正，陈长伟，宋舜尧，等．渤海湾盆地沧东凹陷孔二段页岩层系不同岩性储层结构特征[J]．地球科学，2023，48(01)：63-76.

[4] 姜文亚，王娜，汪晓敏等．黄骅坳陷沧东凹陷孔店组石油资源潜力及勘探方向[J]．海相油气地质，2019，024(002)：55-63.

[5] 邓远，陈世悦，蒲秀刚，等．渤海湾盆地沧东凹陷孔店组二段细粒沉积岩形成机理与环境演化[J]．石油与天然气地质，2020(4).

[6] 周立宏，刘学伟，付大其，等．陆相页岩油岩石可压裂性影响因素评价与应用——以沧东凹陷孔二段为例[J]．中国石油勘探，2019，24(05)：670-678.

[7] 田福春，刘学伟，张胜传，等．大港油田陆相页岩油滑溜水连续加砂压裂技术[J]．石油钻探技术，2021，49(04)：118-124.

[8] 雷群，杨立峰，段瑶瑶，等. 非常规油气“缝控储量”改造优化设计技术[J]. 石油勘探与开发，2018，45(4)：719-726.

[9] 周立宏，赵贤正，柴公权，等．陆相页岩油效益勘探开发关键技术与工程实践——以渤海湾盆地沧东凹陷古近系孔二段为例[J]．石油勘探与开发，2020，47(05)：1059-1066.

高温高压 EFDT 地层测试的关键技术与装备

余　强　褚晓东　周明高　左有祥　周艳敏　孔　笋　沈　阳　聂义莹　黄　琳

（中海油田服务股份有限公司）

摘　要　随着勘探开发的深入，深水深层、高温高压、低孔低渗等复杂油气藏越来越多。开发高温高压测压取样装备和技术刻不容缓。本文首先描述了新研发的具有自主知识产权的高温高压 EFDT 地层测试的关键技术与装备，尤其是 EFDT-E 和 EFDT-Flame，其最高温度指标分别为 175℃和 205℃，最高压力指标均为 140MPa。其次，分别给出了测压、取样过程的数值模拟方法，以及改进的光谱组成和智能流体类型识别方法。然后，详细分析和讨论了将这些方法应用于实际案例。在测压和取样过程的数值模拟用于测前作业计划制定的应用中，模拟结果提供了最佳作业方案。在实时取样案例中，EFDT-Flame 用于温度高达 176℃的低渗凝析气井，连续作业达 20 多小时，在五个取样点均取得有效凝析气样品。改进的光谱测量给出了 CO_2、C_1、C_2、C_3、C_4、C_5和 C_{6+}的组成、气油比和油水相分率。光谱测量受固体微粒附着光窗而产生的光散射影响，改进的智能流体类型识别准确地预测了光散射和凝析气。但是荧光测量不受固体微粒和乳化造成的光散射影响，可有效地用于油基钻井液滤液污染的实时监测。这些技术属于国内首创，为高温高压井下流体实时测压和取样提供可靠参数，优化作业过程，节约钻井平台时间，降低测压取样成本和风险。

关键词　高温高压；地层测试；测压取样；数值模拟；井下荧光；井下光谱

1　前言

随着油气藏勘探开发不断进入海洋深水深层、陆地超深层，地层测试技术和装备也需要满足高温高压、低孔低渗等复杂油气藏的勘探开发需求，挑战性极强。国外油田服务公司，针对这种复杂油气藏的地层测试，相继商业化了不同的新型装备和技术，例如斯伦贝谢公司的 Ora、MDT-Forte。它们在国内主导了这种复杂油气藏的地层测试技术和市场。尽管中海油田服务股份有限公司的国产 EFDT（Enhanced Formation Dynamics Tester）电缆地层测试器可以满足常规油气藏的测压取样需求，但对于高温高压、低孔低渗等复杂油气藏的测压取样尚存不足之处。因此，开发具有自主知识产权的高温高压、低孔低渗等复杂油气藏测压取样装备和技术刻不容缓。

EFDT 是 2008 年开始推广应用的。它由各种功能模块组成，根据不同的作业需求，可进行灵活配置组合。常规 EFDT 的温度和压力指标分别为 150℃和 140MPa。在第一代 EFDT 的基础上，中海油服不断借鉴国外最新技术，针对当前油气勘探开发瓶颈问题，研发地层测压取样新技术和装备、形成自主知识产权的新一代高精度、高适用性和高时效性的地层测试技术与装备，解决高温高压、低孔低渗地层测压与高纯度取样、实时定量智能流体识别和分析难题。中海油服在 2021 年推出了第二代 EFDT 地层测试器：EDFT-E，其温度和压力指标分别为 175℃和 140MPa。在 2023 年，又推出了第三代 EFDT 地层测试器：EDFT-Flame，其温度和压力指标分别为 205℃和 140MPa。

本文首先对新研发的具有自主知识产权的 EFDT-Flame 的关键技术和装备（硬件）进行简单介绍（综述）。其次，分别给出测压、取样过程的数值模拟方法，以及改进的光谱组成和智能流体类型识别方法（软件）。然后，详细分析和讨论将这些方法用于实际案例的情况。

2　高温高压地层测试器的主要关键装备技术

2.1　EFDT 系列化装备技术

如前所述，EFDT 已经形成了系列化产品，如图 1 所示。EFDT-A 到 EFDT-D 系列的温度指标均为 150℃，EFDT-E 温度为 175℃（36h），EFDT-Flame 为 205℃（25h），压力指标均为 140MPa。根据不同的作业需求，各种功能模块可进行灵活配置组合。可满足高温高压、低孔低渗、稠油出沙、裂缝和溶洞等多种复杂情况下作业需求，并且提供定制化服务，方便用户灵活定制产品。

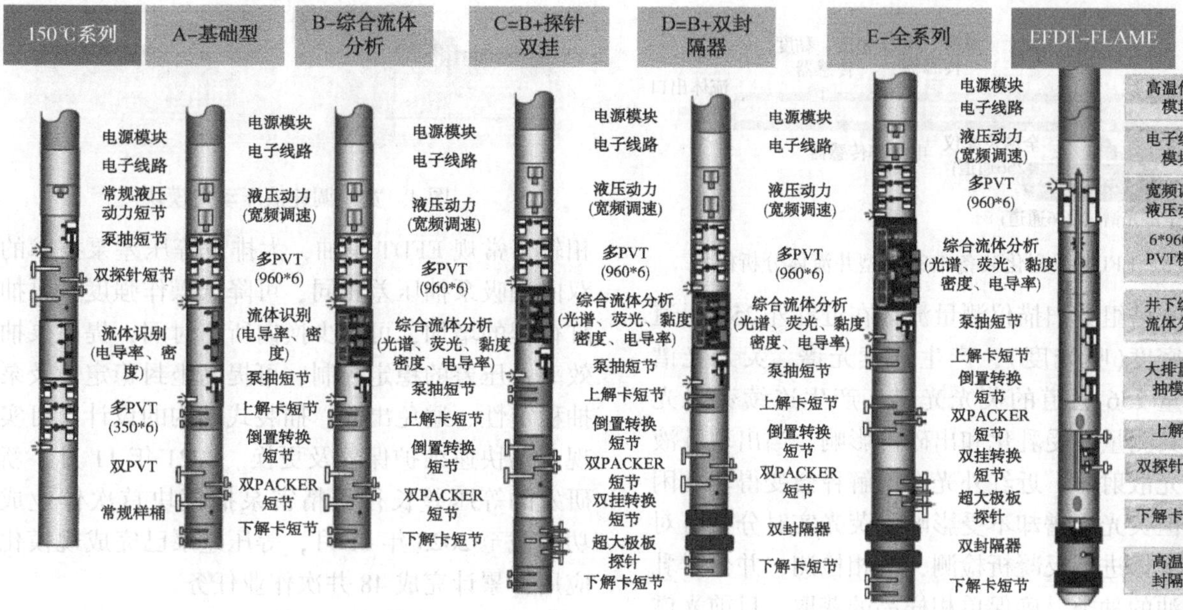

图 1　EFDT 系列化产品

2.2　高温电路控制技术

针对深层深水、高温高压等储层，开发适用于高温(175℃~205℃)的电源和电路控制技术及其重要。高温电源作为地层测试器的独立模块，为井下测控系统提供所有的低压直流电源。主要技术包括：(1)合理设计电路，确保长时间超高温环境下稳定工作；(2)通过优选超高温器件、井下制冷、特种井下绝热、电液集成、特种材料研制、液压集成等技术手段，提高仪器的耐高温能力；(3)大幅度缩短仪器长度，提高其稳定性与可靠性。

高温控制电路系统在结构上采用“一主多从”总线式、模块化结构，即主控电路负责仪器与地面系统之间的数据交换，并通过多条内部总线采集从节点数据，向从节点发送指令。从节点测控电路分布在仪器的每一个功能模块中，完成本功能模块各种传感器的数据采集和受控部件控制指令下发。其余采集和控制电路分别位于各功能模块内，直接完成各传感器数据读取和电磁阀控制，并以“应答”的方式通过多个内部总线实现与主控电路的数据交换。

2.3　系列化探针和封隔器技术

EFDT 拥有多款不同类型坐封探针(图 2)，坐封吸口面积多样化，满足不同渗透率、不同地质条件下地层测试作业；EFDT-E 和 EFDT-Flame 系列支持探针双挂，一次下井可同时挂接多达 4 种不同类型探针。

双封隔器之间的距离可为 1.1m~2.0m，可在其上方加入观察探针，进行垂向间隔测试(VIT)。双封隔地层测试器结合大流量泵抽模块，可进行深度 mini-DST 和微压裂测试，并预测单井产能和提供水力压裂的设计参数。国内外多口井应用表明：EFDT 双封隔器测压取样技术已具备解决海上潜山储层流体取样难题的能力。

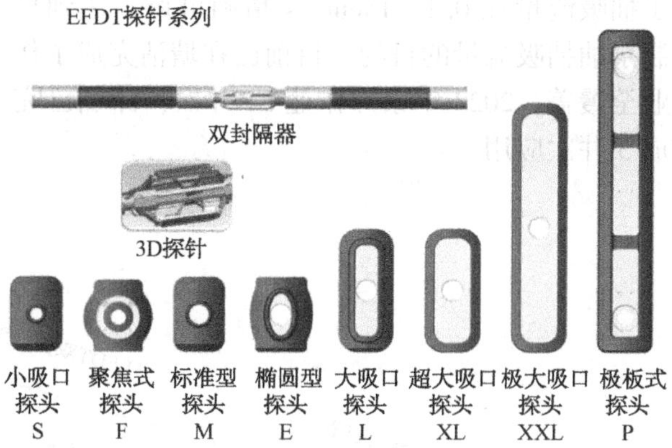

图 2　EFDT 系列化探针和封隔器

2.4　新型井下流体分析技术

EFDT 系列化地层测试器的流体分析模块是具有自主知识产权的新型井下近红外光谱组分扫描仪、荧光光谱仪、气体测量仪、密度、黏度、电导率、温度和压力传感器组成，如图 3 所示。它是井下流体组分组成分析技术的一个重大突破。其基本原理由传感器硬件测量和模型算法软件处理两部分组成。

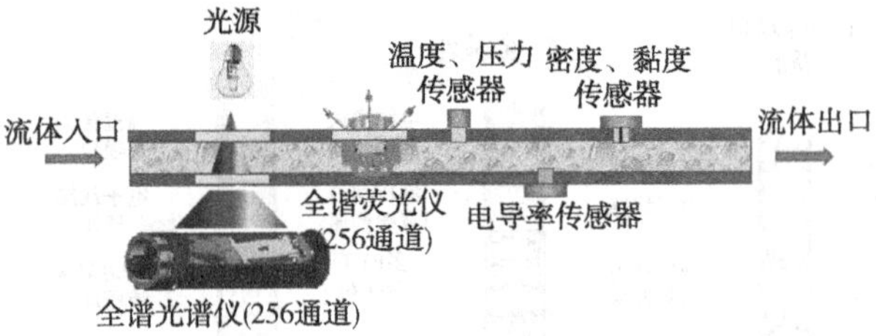

图 3　EFDT 系列化装备中的新型井流体分析模块

光谱组分扫描仪测量流体在近红外 256 通道的光密度(吸光度)，产生连续光谱。荧光光谱仪测量 256 通道的荧光光谱，产生连续荧光光谱，其测量不受乳化和出砂的影响。当出现乳液造成光散射时，近红外光谱的解释会变得非常困难，但荧光光谱却不受影响。荧光实时分析可对井下流体进行反凝析检测，流相检测，并分辨乳液中油的种类，确保单相样品的获取。目前光谱组分扫描仪已完成 50 余井次，150 多个测点的作业任务。

2.5　高温高压宽频调速液压动力和大排量等压差泵技术

对稠油、出砂、低孔渗等疑难储层进行测压取样时，泵抽速度(尤其是低速)的精准控制，是决定作业成败的主要因素。宽频调速液压动力模块采用单电动机带双泵无干扰输出技术(图 4)，控制电机调速范围在 50 至 3000RPM，实现了抽吸流量在 0.1～15cm^3/s 精确可调，达到控制泵抽抽吸流量的目的。目前已在塘沽完成了作业全覆盖，2023 年累计作业 31 井次，深圳已完成 3 井次应用。

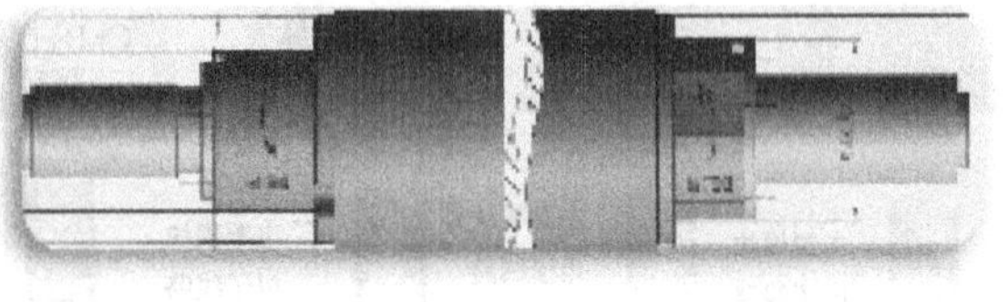

图 4　宽频调速液压动力模块

相较于常规 EFDT 泵抽，大排量等压差泵技术的双向抽吸泵抽压差相同，可降低操作强度；泵抽缸行程的增加，可减少换向所需时间，提高泵抽效率；压差的稳定控制，可提高坐封稳定性及泵抽稳定性、避免出沙；插装式结构的设计，可实现现场快速维护保养及更换。2021 年 11 月，新研发的等压差长行程精密泵抽模块首次作业成功。截至 2023 年 11 月，等压差泵已完成规模化应用，累计完成 48 井次作业任务。

2.6　异向推靠解卡技术

地层测试器在泥浆比重大、测井深度较深、泥饼比较厚且定点作业时间长的情况下，极容易发生泥浆吸附卡。如果采用穿心打捞方法解卡，成本高而且耗时长。

中海油服自主研制了异向解卡工具(图 5)，该解卡装置在仪器吸附卡时由液压系统驱动解卡臂，从地层测试器推靠坐封垂直方向进行推靠解卡。异向推靠解卡装置的成功研制及应用，增强了地层测试器测井安全性，降低了测井时遇卡风险，完美解决了仪器吸附卡难题，使 EFDT 井下作业遇卡打捞风险趋近于零。渤海所有井次作业均携带解卡短节，2020 年～2022 年，3 年作业 110 井次，地层测试仅一次打捞。

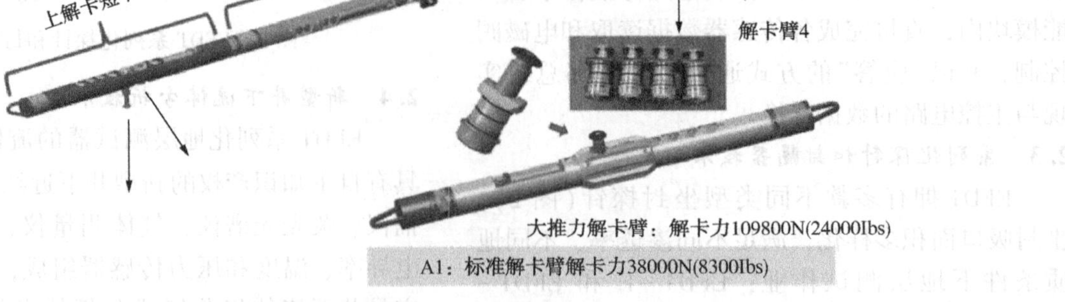

图 5　异向推靠解卡模块

3　高温高压地层测试器的新关键解释方法与技术

3.1　测压过程的数值模拟方法与技术

压力预测试是 EFDT 取样作业前必须进行的作业项目。其目的是确定测点深度的流度和地层压力。本文以圆形探针作为范例加以说明，其他探针可以如法炮制。在圆柱坐标系(r, θ, z)下，具有均匀各向异性的三维多孔介质中，单相可轻微压缩流体的压力扩散方程为：

$$m_h\frac{1}{r}\frac{\partial}{\partial r}\left(r\frac{\partial\Delta p}{\partial r}\right)+m_h\frac{1}{r^2}\frac{\partial^2\Delta p}{\partial\theta^2}+m_v\frac{1}{r^2}\frac{\partial^2\Delta p}{\partial z^2}=\varphi\frac{\partial\Delta p}{\partial t} \tag{1}$$

式中，m_h和m_v为纵向和垂向流度，Δp 为压力变化，t 为时间。$\varphi=\phi c_t$，ϕ 和c_t分别为孔隙度和总压缩系数。初始和边界条件为：

$$\Delta p(r,\ \theta,\ z,\ t=0)=0 \tag{2}$$

$$\Delta p(r,\ \theta,\ z,\ t)=0，当\sqrt{r^2+z^2}\to\infty \tag{3}$$

$\Delta p(r_w,\ \theta,\ z,\ t)=\Delta p_w$，当$|\theta|<r_p/r_w$和$|z|<r_p$，圆形探针以内　(4)

$m_h\frac{\partial}{\partial r}\Delta p(r_w,\ \theta,\ z,\ t)=0$，当$|\theta|\geq r_p/r_w$和$|z|\geq r_p$，圆形探针　(5)

$m_h r_w\int_0^{r_p}\int_0^{2\pi}\frac{\partial}{\partial r}\Delta p(r_w,\ \theta,\ z,\ t)\mathrm{d}\theta\mathrm{d}z=-q$，圆形探针　(6)

r_p和r_w为探针和井筒半径，q 为泵抽流量。上述方程的数值求解与取样过程相似，故在下节描述。

3.2　取样过程的数值模拟方法与技术

多相多组分体系，总体和每个组分 i 在 α 相中的质量守恒(连续性)方程为：

$$\frac{\partial}{\partial t}(\phi\sum_\alpha\rho_\alpha)+\nabla\cdot(\sum_\alpha\rho_\alpha u_\alpha)=(\sum_\alpha q_\alpha),\ \alpha=1,\ \cdots,\ n_p;\ i=1,\ \cdots,\ n_c \tag{7}$$

$$\frac{\partial}{\partial t}(\phi\sum_\alpha C_{i\alpha}\rho_\alpha S_\alpha)+\nabla\cdot(\sum_\alpha C_{i\alpha}\rho_\alpha u_\alpha)=(\sum_\alpha C_{i\alpha}q_\alpha),\ \alpha=1,\ \cdots,\ n_p;\ i=1,\ \cdots,\ n_c \tag{8}$$

式中，S_α为 α 相的饱和度；$C_{i\alpha}$是组分 i 在 α 相中的质量分率；ρ_α为 α 相的密度；q_α为 α 相的源汇流率；u_α为 α 相的速度：

$$u_\alpha=-K\frac{k_{r\alpha}}{\mu_\alpha}(\nabla p_\alpha-\rho_\alpha g\nabla z),\ \alpha=1,\ \cdots,\ n_p \tag{8}$$

式中，p_α为 α 相的压力；K 为渗透率；$k_{r\alpha}$为 α 相的相对渗透率；μ_α为 α 相的流体黏度、g 为重力加速度，z 为垂直方向的高度。加上初始和边界条件就构成了取样过程的微分方程。

对于前述测压和取样微分方程，可结合油藏和流体的特性及边界和初始条件进行数值求解。求解过程如下：(1)将微分方程和边界条件离散化；(2)将油藏和探针划分为不同网格，井筒和探针附近的网格需要进一步细分，以提高计算精度；(3)将初始油藏和流体的特性分配到每个网格；(4)规定对油藏如何生产(恒流量或恒压差)；(5)从时间为 0 开始，对所有网格求解相关方程，直至收敛；(6)增加时间步长，对所有网格求解相关方程；(7)这样循环一直到达规定的生产时间为止。

3.3　改进的光谱组分和智能流体类型识别方法与技术

在原有组成的算法和原有智能流体类型识别的基础上，增加了新的光谱数据，并进行了新的机器学习模型训练。使原有模型的精度得以显著提高。

4　应用实例的结果与讨论

下面将上述尚未发表的主要关键技术应用到实际案例中，并加以详细描述和讨论。

4.1　测压和取样过程数值模拟的应用

测压和取样过程数值模拟可以用于测压和取样过程的测前计划制定和测后的压力和取样数据解释，并反演出油藏参数。基于海上某井测压和取样点的储藏和流体参数，对测压和取样过程进行数值模拟和测前计划的制定。泵抽流量假设为 $2\mathrm{cm}^3/\mathrm{s}$，储藏初始压力为 3.48MPa。数值模拟以圆形探针为例加以说明。

假设储层为上下封闭的扁圆形储层(半径为 1000m，厚度为 9.14m)，如图 7(a)所示。由于对称性，数值模拟计算时只取 1/2(半圆)。探针放置在储层的中间左侧。为了获得更加准确的数值解结果，径向网格在井筒附近很致密[如图 7(b)和(e)井筒附近的白线所示]，然后逐渐变稀疏；垂向网格在探针附也近很致密[如图 7(c)和(f)的白线所示]，然后逐渐变稀疏。

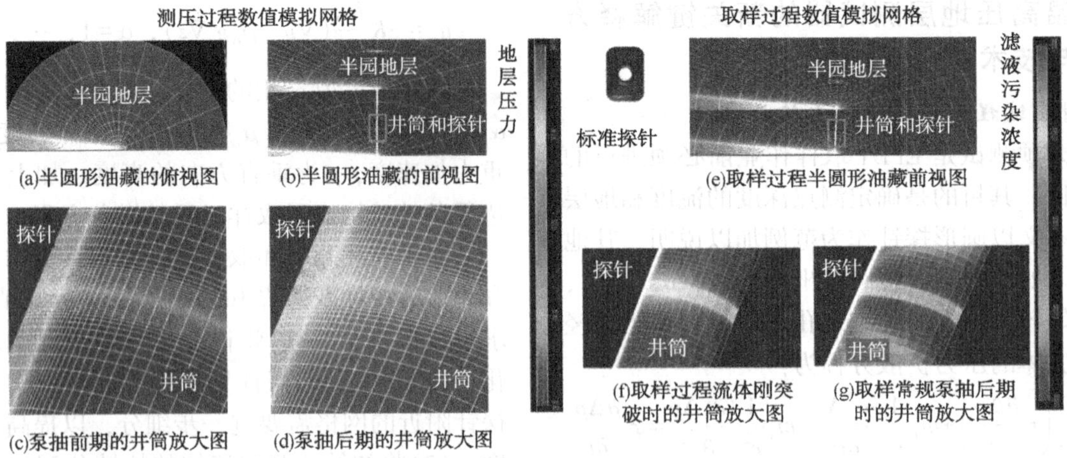

图7　油藏模拟中圆形探针的网格图及井筒附近泵抽前、后期压力和取样变化放大示意图。白色为网格线，红色部分为初始压力或纯滤液，蓝色为最低压力或纯流体，其他颜色代表压力或污染度变化

在制定测前测压计划时，可选择不同探针进行比较，优化得出最佳探针、抽吸流量、压差和时间等。数值模拟计算的八种探针的压差及其导数如图8所示。八种探针的压差由小到大的顺序为：双封隔器<3D探针<大极板探针<极大吸口探针<超大吸口探针<大吸口探针<椭圆探针<标准探针。达到稳态流的时间由小到大的顺序为：3D探针<大极板探针<极大吸口探针<超大吸口探针<大吸口探针<椭圆探针<标准探针，由于双封隔器的管储非常大，所以其达到稳态流的时间最长。

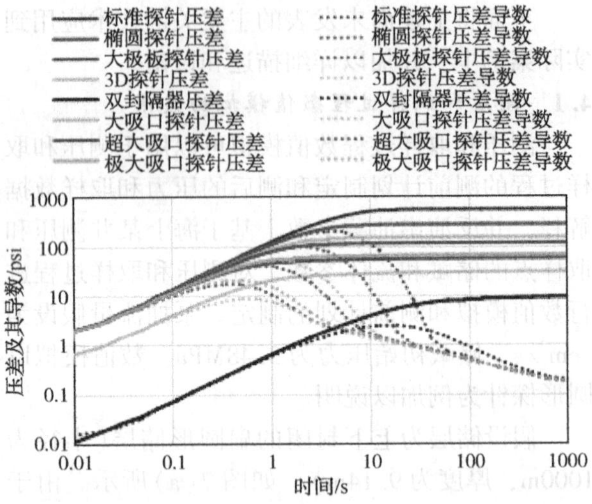

图8　八种探针的压差及其导数比较

同样的过程可用于制定测前取样计划。八种探针取样滤液污染度随时间的变化结果如图9所示。八种探针达到10%污染度时的时间由小到大的顺序为：双封隔器<3D探针<大极板探针<极大吸口探针<超大吸口探针<大吸口探针<椭圆探针<标准探针。

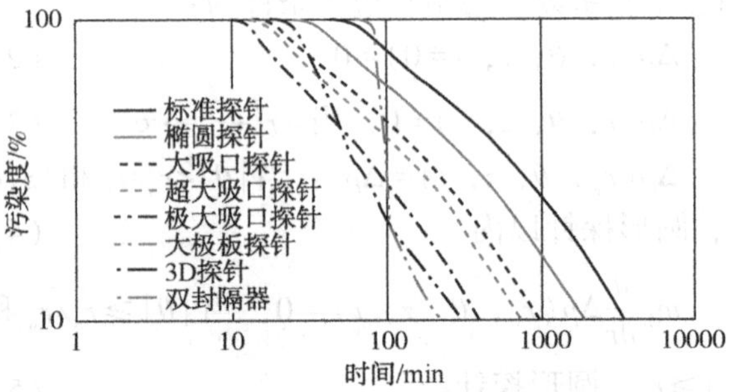

图9　八种探针取样时滤液污染度随时间的变化比较

当然，在制定作业计划时还要考虑各种不同因素的影响，如疏松、出砂、裂缝、溶洞、探针坐封和耐压差性能，用户期望的抽吸时间和污染度等。综合所有因素，最终采用大吸口探针测压和取样。作业取得了圆满成功。由于篇幅有限，测后测压和取样数据解释的相关内容就不在此赘述。

4.2　高温高压EFDT-Flame的应用实例

最近，EFDT-Flame用于温度高达176℃、钻井液为油基的凝析气井。测压和取样作业连续达20多小时，在五个取样点均取得有效凝析气样品。尤其是近红外光谱仪和荧光仪的使用，有效地测量了凝析气的组分和区分了滤液和凝析气。本文以其中一个取样点加以讨论。

基于光谱测量的改进组成和改进智能流体类型识别结果如图10所示。当智能流体识别为泥浆时，无法得到流体组成，其他情况下，得出较好的连续组组成，其中含有大量的C_1和C_{6+}，以及CO_2和C_2-C_5。气油比为1813m^3/m^3，气相分率为100%。

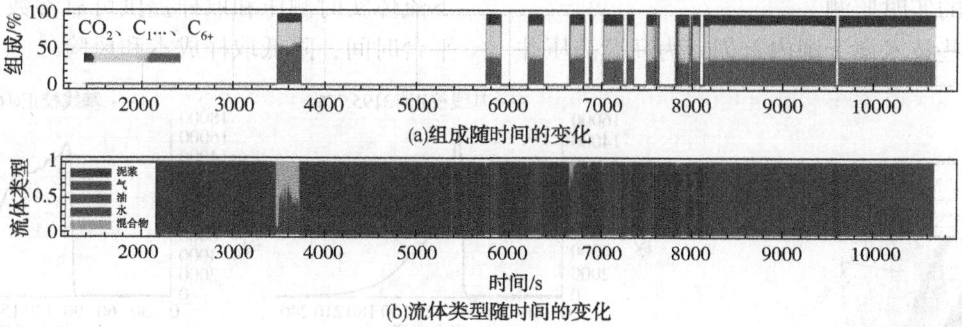

图 10　基于光谱测量的改进组成和改进智能流体类型的识别结果

图 11 比较了 256 通道光谱和 256 通道荧光测量的分布谱图随时间的变化结果。由于固体微粒有时附着在近红外光谱光窗上(如图 11(a)绿色所示)，产生光散射，故智能流体类型识别为泥浆，无法得到组成。但是荧光测量不受固体微粒和乳化造成的光散射影响，如图 11(b)所示。在荧光测量中，流体突破后，早期荧光为滤液的荧光，后期为受到滤液污染的凝析气荧光。因此，荧光可有效地用于油基钻井液滤液污染的实时监测。当荧光谱图不再随时间变化时，可认为是纯地层流体。

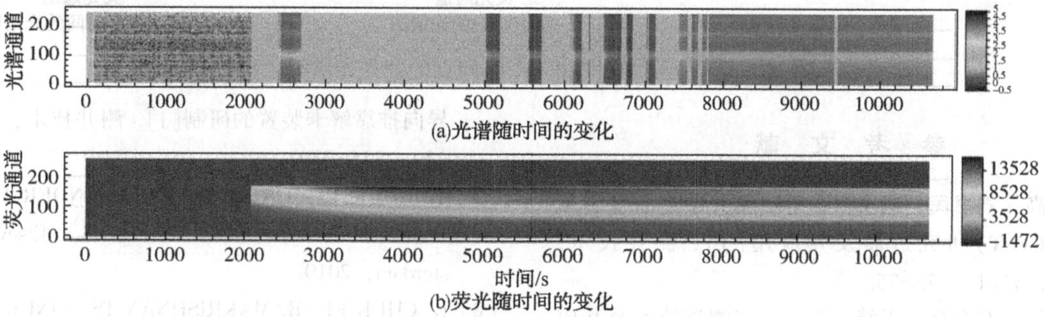

图 11　光谱和荧光测量的结果图

为了更清楚直观地说明荧光光谱测量的变化过程，图 12 给出了荧光 3D 图和三个时间点的荧光图比较。由荧光 3D 图可以看出：泵抽开始到流体突破之前[0-3196s]，荧光测量为钻井液，荧光 3D 图表现为深蓝色；流体突破之后(3196s)，主要为钻井液滤液，荧光 3D 图表现为陡峭山峰，对应的荧光谱图如图 12(b)所示；然后，荧光不受固体微粒影响，直至测量结束，荧光 3D 图表现为山峰越来越宽，并在 143 通道出现另一个峰值。在 6000s 时切片，对应的典型荧光图如图 12(c)所示，在 10677s 时切片，对应的典型荧光图如图 12(d)所示，流体为凝析气。在 3196s、6000s 和 10677s 的荧光图比较结果显示在图 12(e)。流体突破时和最后的荧光图有明显区别，而且变化很大。在此案例中利用荧光区分滤液和凝析气的效果甚佳。

5　结论

(1) 描述了具有自主知识产权的高温高压地层测试器 EFDT 的主要关键技术和装备，尤其是 EFDT-E 和 EFDT-Flame，最高温度指标分别为 175℃和 205℃，最高压力指标均为 140MPa。

(2) 给出了探针测压和取样过程的数值模拟方法，以及改进的光谱组分和智能流体类型识别方法。

(3) 详细分析和讨论了将测压和取样过程的数值模拟方法，以及改进的光谱组分和智能流体类型识别方法用于实际案例的情况。结果表明：

(a) 测压和取样过程数值模拟用于测前作业计划制定，获得良好效果。

(b) EFDT-Flame 用于温度高达 176℃的凝析气井，连续作业达 20 多小时，在五个取样点均取得有效凝析气样品。改进的光谱测量给出了 CO_2、C_1、C_2、C_3、C_4、C_5和 C_{6+}的组成、气油比和油水相分率；光谱测量受固体微粒附着光窗产生的光散射影响，改进的智能流体类型识别准确地预测光散射；但是荧光测量不受固体微粒和乳化造成的光散射影响，可有效地用于油基钻井液滤液污染的实时监测。

（4）这些技术属于国内首创，为高温高压井下流体实时测压和取样提供可靠参数，节约钻井平台时间，降低取样成本和风险。

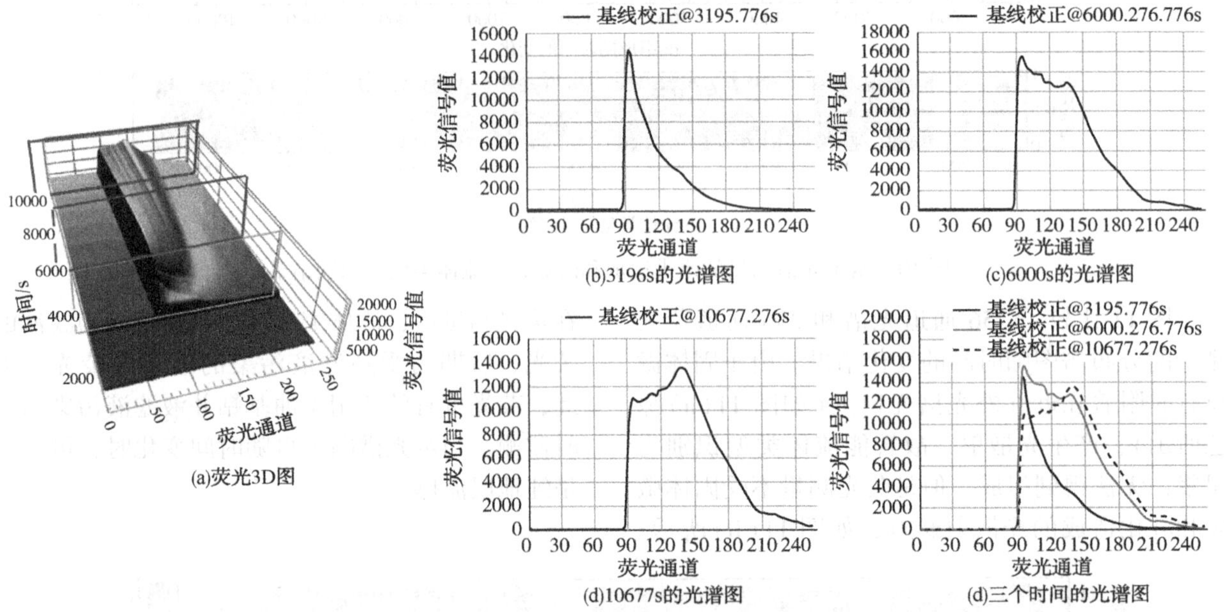

图12　荧光光谱3D图和三个时间点的荧光光谱图比较

参考文献

[1] 周明高，刘书民，冯永仁，等．钻井中途油气层测试仪(FCT)研究进展及其应用[J]．测井技术，2008，32(1)：72-75.

[2] 冯永仁，左有祥，王健，等．地层测试技术及其应用的进展与挑战[J]．测井技术，2019，43(3)：217-227.

[3] 周明高，左有祥，薛永增．新型3D推靠自适应坐封取样系统的研发与应用[J]．地球物理学进展，2022，37(2)，待定。

[4] 秦小飞，冯永仁．地层测试器双封隔器坐封性能研究[J]．液压气动与密封，2012.(12)：12-17.

[5] 左有祥，冯永仁，鲁法伟，等．新型井下流体光谱组成分析技术[J]．测井技术，2021.45(2)：128-133.

[6] 秦小飞，冯永仁，张国强，等．电缆式地层测试器异向推靠解卡装置的研制[J]．测井技术，2016，40(3)：328-330.

[7] KUCHUK FJ，ONUR M，HOLLAENDER F. Pressure Transient Formation Well Testing[M]. Elsevier，Amsterdam，2010.

[8] KUCHUK FJ，RAMAKRISHNAN TS，ONUR M. Wireline Formation Testing：Hardware，Pressure Transient Testing，Interpretation and Sampling[M]. Society of Petroleum Engineers，Richardson，TX，2021.

[9] KRISTENSEN M，CHUGUNOV N，GISOLF A. et al. Real-time Formation Evaluation and Contamination Prediction Through Inversion of Downhole Fluid-Sampling Measurements[J]. SPE Reservoir Evaluation & Engineering，2018：1-17.

[10] 孔笄，沈阳，余强等．井下光谱数据驱动的实时智能流体识别方法[C]. 2023油气田勘探与开发国际会议，武汉，9月20-22日，2023.

深层煤层气“饱和加砂、有效支撑”理念及创新实践

——以鄂尔多斯盆地大牛地气田为例

胡艾国　常　辉

（中国石化华北油气分公司）

摘　要　深层煤层气先后在鄂尔多斯盆地取得探勘突破，但目前未系统建立有效指导深层煤层气探勘开发的理论和技术，特别是2800米以深煤层，为此，基于大牛地气田深8#煤煤岩力学特征、裂缝扩展规律实验等基础理论研究，创新提出“饱和加砂、有效支撑”压裂理念，即在“剁碎”煤层储集体后，极大限度充填煤层裂缝，形成“人造气藏”；通过“大规模、大排量、高强度”为参数的压裂技术，进行先导实验8口，定向井产量突破2.3万方/天，水平井试气产量超10万方/天，实现了2800米以深煤层气的重大战略突破。

关键词　深层煤层气；大牛地气田；饱和加砂；有效支撑；控近扩远；创新实践

我国先后在鄂尔多斯盆地东缘等地区开展深层煤层气的先导试验，取得了产量突破；但相关理论和技术体系仍处于探索阶段，特别是在高温、高压、高应力特征条件下裂缝扩展机理、以及支撑剂运移铺置规律等不明确，造成压裂设计参数的针对性和有效性较差。如何设计压裂参数，使煤层改造体积最大化，建立“人造气藏”，扩大储层泄流面积，增加气井产量，成为制约深层煤层气资源效益动用的难题。

大牛地气田石炭-二叠系煤层资源丰度较高，达到4.51亿方/km^2，估算煤层气资源量5644亿方，是深层煤层气富集有利区。但埋藏较深2500~3000m，勘探开发难度较大，为实现探勘突破，通过开展煤岩特性、裂缝延伸机理等实验研究，不断迭代优化压裂工艺，创新提出了“饱和加砂、有效支撑”压裂理念，实现了勘探开发突破。

1　储层地质特征

大牛地气田位于于鄂尔多斯盆地东北缘，石炭-二叠系发育5#和8#煤，其中8#煤埋深介于2450~2950m，厚度8~11m为主，平均9.4m；孔隙度平均4.68%，渗透率0.24md，镜质体反射率(Ro)为1.2%~2.19%，平均1.63%，以中阶煤为主，镜质组占比70.6%，属原生-碎裂煤体结构。区内煤层含气量介于16.5~26m^3/t，平均值为20.68m^3/t，游离气含量平均4.56m^3/t，占总含气量的20%~25%。计算结果显示游离气饱和度(59%)较高。兰氏体积介于7.94~20.02m^3/t，平均为14.47m^3/t；兰氏压力介于2.57~6.82MPa，平均值为3.93MPa。

2　岩石力学特征

裂缝形态能否成为网状复杂缝主要取决于两个水平主应力的差异，水平地应力各向异性(或水平地应力差异系数)越小(应力差越小)，越有利于形成缝网系统。

$$\varepsilon=\frac{\sigma_H-\sigma_h}{\sigma_h} \tag{1}$$

式中，ξ表示水平地应力差异系数，无因次；σ_H表示最大水平地应力，MPa；σ_h表示最小水平地应力，MPa。

如表1所示，根据深8#煤力学特征测试：煤层最大与最小水平主应力比值为1.14，水平应力差为7.53MPa，ξ为0.14，预示储层剪应力较低，该应力环境倾向于形成复杂缝网结构；与顶板应力差为6~10MPa，与底板应力差4~11.2MPa，对控制缝高有利，裂缝倾向于沿煤层扩展。煤岩以塑性破坏为主，煤岩弹性模量平均7.59GPa；泊松比平均0.228。根据煤岩脆性指数计算公式：煤岩力学脆性指数0.65，脆性指数高，易形成复杂缝网。且煤岩与顶底板杨氏模量差异大，抗压强度远低于顶底板，有利于控制缝高(表2)。

表 1　大牛地深 8#煤地应力特征

岩石类型	水平最小主应力/MPa	水平最大主应力/MPa	垂直主应力/MPa
顶板灰岩	60.04	70.11	75.64
煤岩	53.66	61.07	64.82
底板泥岩	57.16	67.01	76.02

表 2　深 8#煤岩石力学特征

岩石类型	杨氏模量/GPa	平均弹性模量/GPa	泊松比	平均泊松比	抗压强度/MPa	断裂韧性平均值/($MPa \cdot m^{1/2}$)	断裂能平均值/Pa · m
顶板灰岩	18.64~22.36	20.818	0.21~0.248	0.23	126.1	1.464	125.5
煤岩	7.26~8.27	7.59	0.186~0.253	0.228	72.18	0.315	15.3
底板泥岩	10.76~16.89	14.204	0.194~0.238	0.228	109.9	0.999	78.5

3　裂缝延伸机理

为明确裂隙和层理对煤岩水力压裂裂缝扩展的影响，首先从宏观上明确了煤岩发育程度，并根据实际情况，采用 ABAQUS 软件进行数值模拟，研究层理和割理对水力压裂裂缝的扩展行为特征。

3.1　煤岩裂隙和割理发育情况

根据取心观察描述，煤层天然裂隙和割理较为发育，面割理密度介于 6~20 条/5cm、平均 13 条/5cm，端割理密度介于 4~18 条/5cm、平均为 9 条/5cm，且煤岩发育网状割理(图 1~3)。

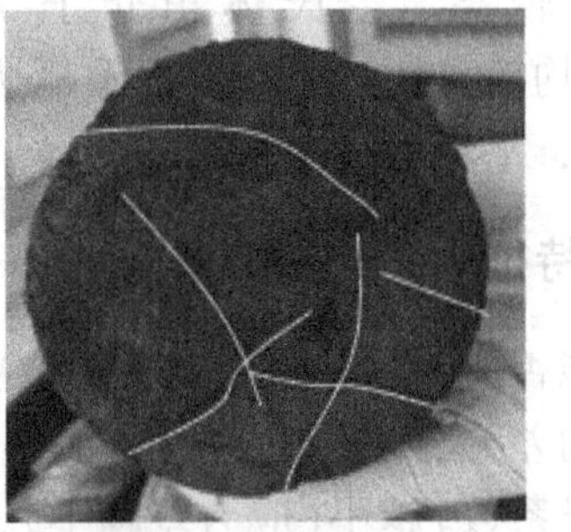

图 1　煤岩裂隙

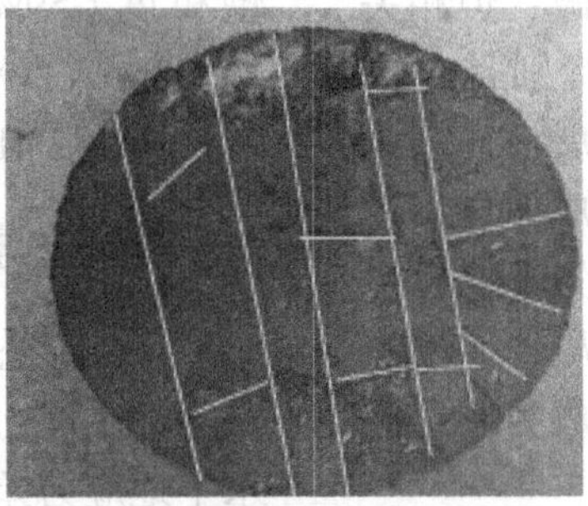

图 2　煤岩割理

图 3　煤岩网状割理

3.2　储层层理对水力裂缝扩展影响数值模拟研究

采用 ABAQUS 的 Cohesive 单元法进行二次编程开发，利用 USDFLD 子程序编写了压剪模型和动态断裂模型，基于 Python 脚本实现了裂隙、割理系统建模，模拟分析层理倾角、层理粗糙度、地应力、排量等因素对水力压裂扩展形态的影响。

(1) 设计参数

设计参数，层理倾角：0°、30°和 60°；层理粗糙度 5-10-15-20；有效应力差(最大水平，垂直，最小水平 = 28-34-44-54，31，24-34)，见表 3。

表 3　数值模型设计参数

变量	层理倾角	层理粗糙度	有效应力场/MPa（最大水平，垂直，最小水平）	注液排量等效峰值/(m^3/min)
层理倾角	0°	20	(34，31，24)	20
	30°	20		20
	60°	20		20
层理粗糙度	30°	5		10
		10		10
		15		10
		20		10

续表

变量	层理倾角	层理粗糙度	有效应力场/MPa（最大水平，垂直，最小水平）	注液排量等效峰值/(m^3/min)
应力场大小	30°	20	(28, 31, 24)	20
		20	(34, 31, 24)	20
		20	(48, 31, 24)	20
		20	(34, 31, 24)	20
		20	(44, 41, 34)	20
		20	(54, 51, 44)	20
排量	0°	15	(34, 31, 24)	20
		15		16
		15		12

(2) 不同层理倾角下裂缝形态

主缝附近形成密集的张拉型多缝结构，部分煤割理被激活，层理对裂缝方向的控制作用随其与最大主应力交角增大而减小，层理与最小主应力夹角为30°时次级裂缝最发育(表4、图4)。

表4 不同层理倾角割理与裂缝成因

层理倾角	次裂缝/主裂缝	割理是否被激活	剪切裂缝比例	层理面破坏成因
0°	6.61	是	26.3%~27.1%	剪切
30°	14.2		6.6%~17.9%	
60°	10.07		21.3%~27.8%	

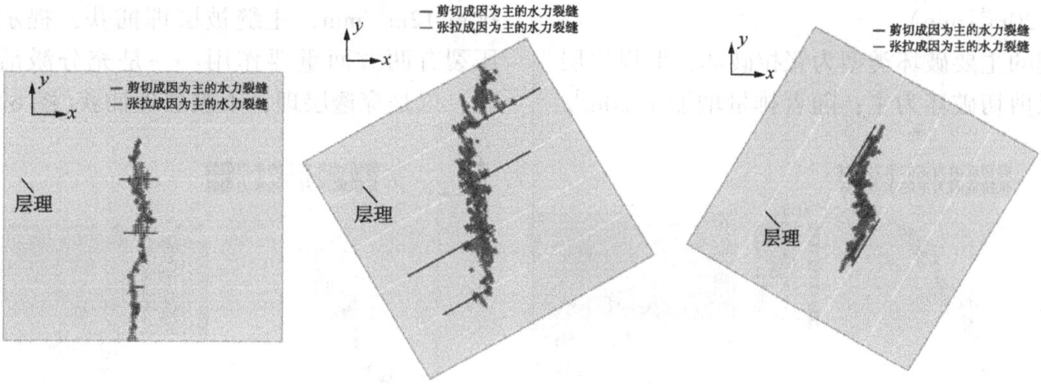

图4 不同层理倾角下裂缝形态

(3) 不同地应力下的水力裂缝扩展形态

随应力差增大，主缝类型由剪切缝向张拉缝过渡，剪切缝分支长度减小；随围压增大，主缝类型由张拉缝向剪切缝过渡，次级裂缝显著减小；随着应力差增大，次级裂缝与主裂缝长度之比逐渐上升；随着围压增加，次级裂缝总长度呈减少趋势，围压增加不利于次级裂缝的开启(表5、图5)。

表5 不同地应力下裂缝扩展形态

地应力	次裂缝/主裂缝	裂缝扩展方向	剪切/张拉裂缝比例	被激活割理数量
(28, 31, 24)	6.31~9.78	沿层理扩展	35%	一般
(34, 31, 24)		贯穿层理扩展	36%	较好
(48, 31, 24)			33%	较好
(34, 31, 24)	7.03	贯穿层理扩展	36%	较好
(44, 41, 34)	4.34	沿层理扩展	104%	一般
(54, 51, 44)	5.08		96%	差

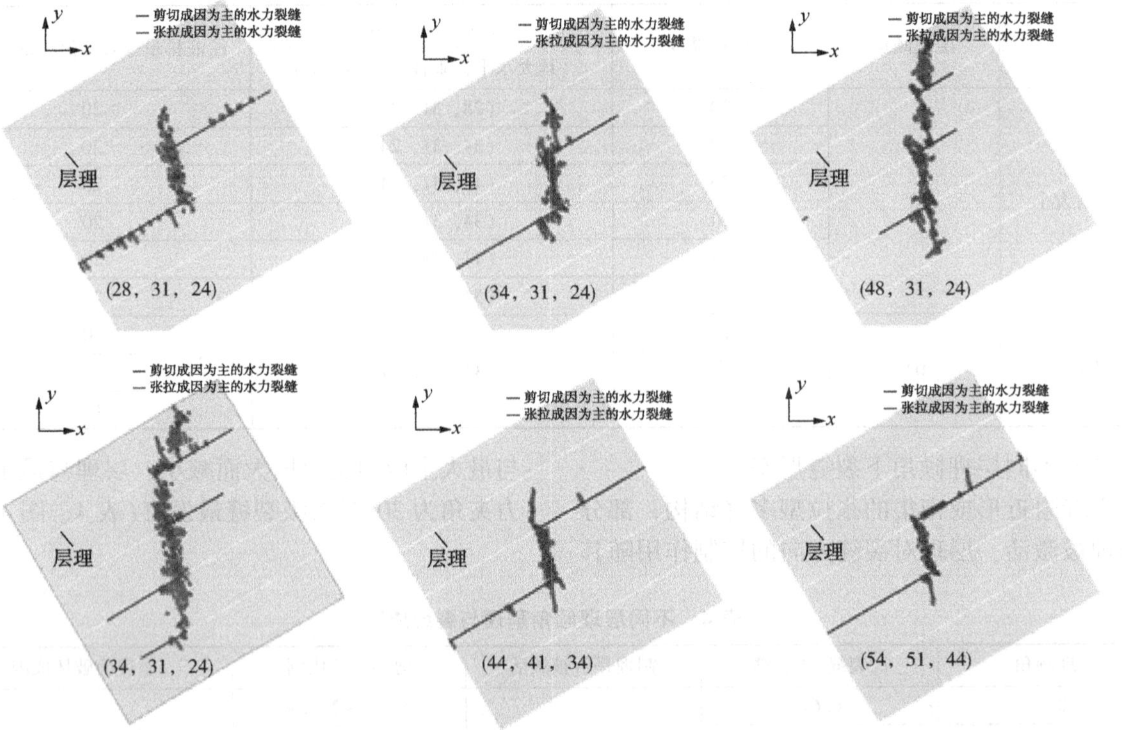

图5　不同应力特征条件下裂缝扩展形态图

（4）不同排量下的水力裂缝扩展形态（排量12、16、$20m^3/min$）

割理的主要破坏类型为张拉破坏，但煤岩层理主要以剪切破坏为主；随着排量增加至$20m^3/min$，主裂缝垂直发育，但同时可激活层理；当排量$12m^3/min$，主缝被层理捕获，提示大排量压裂有两方面重要作用：一是充分激活煤中割理，二是穿透层理，不被层理捕获（图6）。

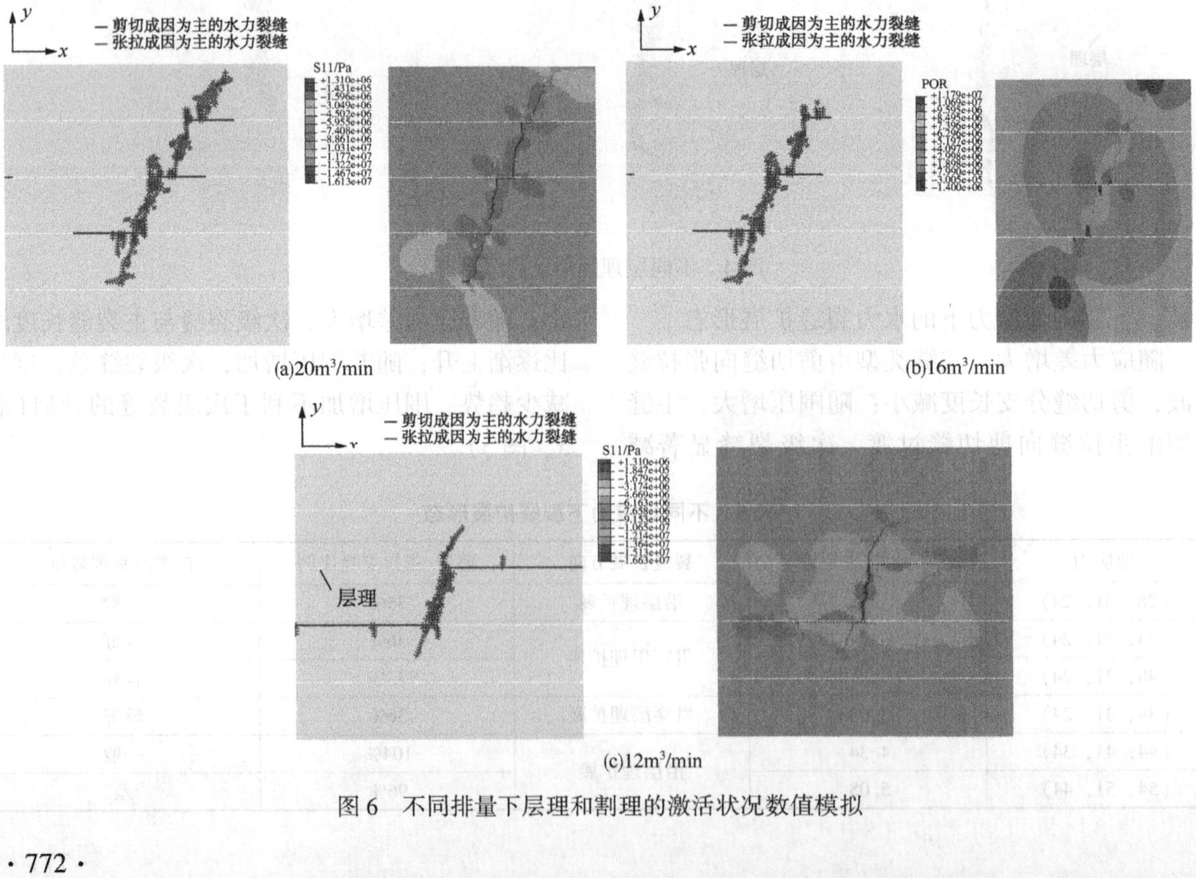

图6　不同排量下层理和割理的激活状况数值模拟

3.3 深层裂隙煤岩储层水力缝网形成规律数值模拟研究

深煤储层在构造应力作用下往往形成大尺度非连续节理，节理对水力压裂裂缝形态有重要影响。因此，模拟分析了非连续天然裂缝网络中的压裂缝网扩展规律。

（1）设计参数

影响因素：粗糙度、节理方向、压裂液排量；模拟压裂范围：400m，见表6。

表6　压裂缝网扩展模拟参数设计

方案编号	变量	共轭节理方向	层理粗糙度	应力场大小 MPa（最大水平，垂直，最小水平）	排量/(m^3/min)	总液量/m^3
A-1	共轭节理方向	0°	15	（34，31，24）	20	4000
A-2		45°				
A-3		90°				
R-1	节理粗糙度	0°	5			
R-2		0°	10			
R-3		0°	15			
R-4		0°	20			
S-1	应力场大小	0°	15	（28，31，24）		
S-2		0°		（34，31，24）		
S-3		0°		（48，31，24）		
P-1	压裂液排量	0°		（34，31，24）	24	4500
P-2		0°			16	3500
P-3		0°			10	2000

（2）不同地应力差下的裂缝扩展形态

应力差较小时，裂缝沿层理扩展较远距离才开始折返；应力差较大时，水力裂缝的迂回度减小，裂缝沿层理扩展较短距离马上折返，在宏观上使裂缝扩展逼近最大主应力方向；分支裂缝总长度随应力差增加显著降低，剪切裂缝随应力差增加而增加（表7、图7）。

表7　不同地应力差异条件下裂缝扩展形态

序号	地应力环境/MPa（最大水平，垂直，最小水平）	裂网长度/m	裂缝总长度/m	裂缝发育是否对称	最大缝宽/cm	剪切/张拉裂缝	缝网轮廓及宽度/m	改造体积/m^3
NJ-S-1	（28，31，24）	512	5928	基本对称	5.34	0.24	多级分支，42	100352
NJ-S-2	（34，31，24）	374	4604		5.52	0.34	多级分支，123	214676
NJ-S-3	（48，31，24）	370	4600		5.85	0.46	多级分支，88	151946

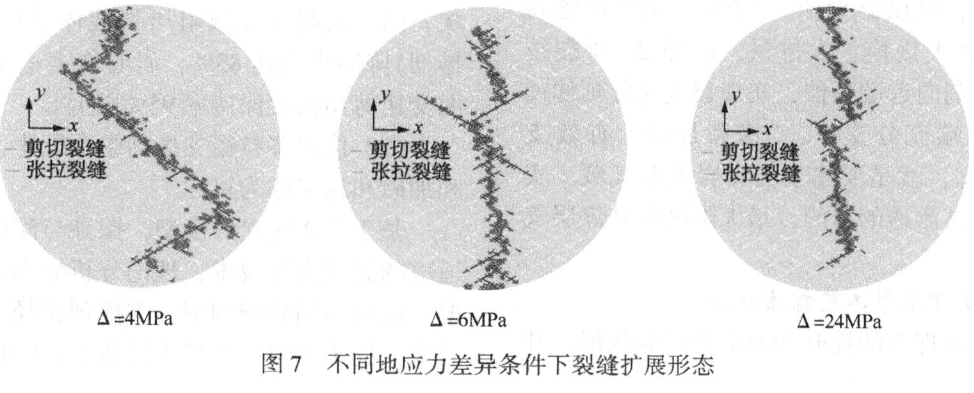

Δ=4MPa　　Δ=6MPa　　Δ=24MPa

图7　不同地应力差异条件下裂缝扩展形态

(3) 不同排量下的裂缝扩展形态

排量增大引起分叉裂缝数量增多，排量从 $10m^3/min$ 增加至 $24m^3/min$，次级裂缝占比由 2.85 增加至 7.70；排量增加促进了缝网结构向多级裂缝结构发展，排量增加有效促进缝网影响宽度增大(表 8、图 8)。

表 8　不同排量下缝网扩展形态

排量/(m^3/min)	裂网长度/m	裂缝总长度/m	最大缝宽/cm	缝网轮廓及宽度/m	改造体积/m^3
24	467	4063	6.21	多级分支，187	305651
16	423	2860	4.85	多级分支，122	196424
10	415	1598	2.76	多级分支，45	97150

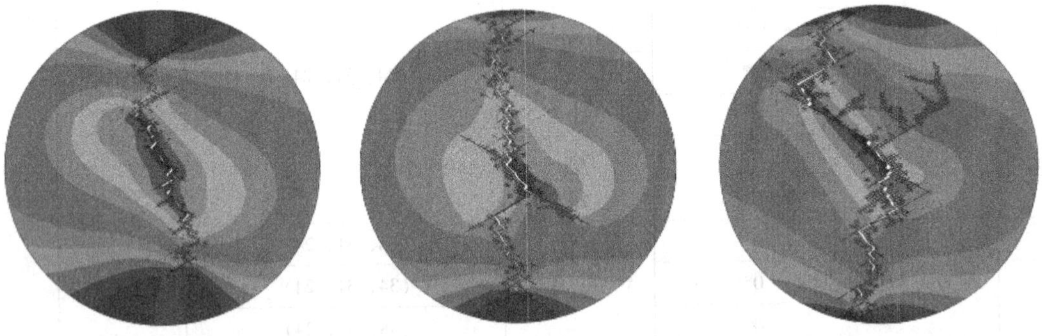

图 8　不同排量条件下缝网扩展形态

煤中天然裂缝，如层理、节理、割理的存在，使得深部煤系储层压裂中可形成多级分叉裂缝缝网；针对深层渗透率低、孔隙连通性差的问题，必须充分沟通割理-裂隙和微孔系统，建立大面积渗流通道，释放煤层气产能。

4 “饱和加砂、有效支撑”理念及关键技术

由于煤岩的强塑性，剁碎煤储层后，必须有足够的支撑剂充填裂缝，并建立起高导流的通道，支撑煤层气高效排采。饱和加砂的理念，就是实现极限充填煤层复杂缝网，沟通次级裂缝和微裂缝；改变压后煤岩的塑性，使整体改造体积实现强支撑，提供高导流。“有效支撑”理念就是通过采用“大规模、大排量、高强度”压裂技术，使支撑剂向远端延伸，实现裂缝充分延伸铺砂，实现远端充分支撑。“饱和加砂、有效支撑”整体理念，就是要建立起煤岩人造气藏，实现高导流、高渗透的目的，最大限度提升煤层气井产气量。

4.1 有效支撑压裂工艺探索试验

基于压裂理念的提升和改造难点的认识，开展了“饱和加砂、有效支撑”迭代优化现场试验，一方面是优化压裂液体系、优选支撑剂类型及配比；另一方面，优化压裂施工参数，目前基本明确了“饱和加砂、有效支撑”压裂攻关方向和关键参数。

4.1.1 有效支撑新材料应用和试验

(1) 提升液体抗减阻和携砂能力，以实现有效造缝和有效支撑为目标

由于大牛地煤岩埋藏深，实现大排量必须使液体具有高降阻性能，且压裂液的耐温耐剪切性对施工压力的稳定也至关重要。通过对液体体系优选，开展了聚合物体系、表面活性剂体系、变粘减阻压裂液体室内性能测试和现场试验 12 井次，结果表明变黏减阻压裂液体系(减阻剂+助排剂)降阻率可达 83%，岩心伤害率 13.2%，恒温变速剪切粘度保持率 95%以上。

(2) 优化多粒径支撑剂组合配比，以实现饱和加砂和远支撑为目标

基于 3.2 建立的模型，探寻与深层煤储层相适应的裂缝支撑技术，理论分析缝内流体流动状况，研究不同缝网构型、支撑剂粒径级配下支撑效果，提出有效的裂缝支撑技术(表 9、图 9)。

表 9　支撑剂分布规律数值模拟条件

裂缝网络级别	裂缝宽度	支撑剂粒径	各级裂缝是否均被支撑	支撑剂分布评价
5 级	5mm~2mm	中小微级配	是	良好
6 级		40~70 目		
4 级		20~40 目		
4 级		70~140 目	否	差
4 级			否	差
层理结构	2mm	40~70 目	是	良好

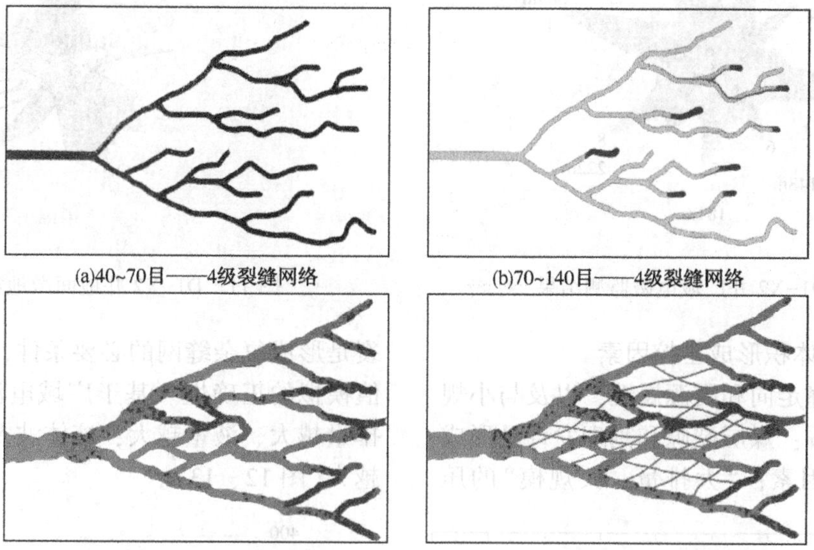

(a)40~70目——4级裂缝网络　(b)70~140目——4级裂缝网络
(c)中小微级配——5级裂缝网络　(d)中小微级配——6级裂缝网络

图 9　多级裂缝多级配支撑剂运移数值模拟结果

数模模拟表明：合理的支撑剂级配对于保证各级裂缝支撑效果至关重要，中小微级配支撑剂分布呈“房柱式”支撑，各级裂缝均有支撑点；用“中-小-细-微”4 级支撑组合，100/200 目石英砂支撑微裂缝，实现远支撑；70/140 目石英砂打磨降滤并支撑远端，40/70 目石英砂支撑割理及次生缝，30/50 目陶粒支撑主裂缝，提高近井导流能力；比例为 1：5：3：1 组合在煤储层压裂裂缝中的分布较好，可实现多级裂缝多点房柱式支撑。

4.1.2　排量和加砂强度提升试验

通过 3 口井压裂试验，排量由 12 方/分提升至 21 方/分，加砂强度由 9.5 方/米提升至 79 方/米，通过排量和加砂强度逐步增大，试气产量由 1000 方提升至 15000 方/天，产量提升 15 倍(表 10)。

表 10　煤层气压裂实验数据表

序号	井号	排量/(m^3/min)	加砂强/(m^3/m)	注液强度/(m^3/m)	试气产量/(10^4m^3/d)
1	石 X	12	9.54	140	0.1
2	D1-X1	12~14.1	60.29	503.7	0.3
3	D1-X2	16~21	79.3	720	1.5

通过以上饱和加砂、有效支撑先导试验及增产效果对比分析，初步形成了“大规模、大排量、高强度”技术及工艺模式，开展了大量压裂试验，基本上验证了通过优化水力压裂参数可以满足煤储层有效支撑目的。

4.1.3　复杂缝网体积压裂验证

D1-X2 井太 1 段煤深 2970m，厚度 14m，施工排量 16-21 方/分，加砂 1110 方，液量 10090 方，加砂强度 79.3 方/米，采用广域电磁法、地面微地震监测裂缝延伸情况，验证形成了复杂体积缝网。

广域电磁监测裂缝半缝长 296~309m，实现了长缝压裂，同时微地震也验证了在主裂缝方向延伸外，另有 3 条次裂缝，且向井筒周边扩展，井筒周边的密集度较高；从延伸情况看，压裂前期以增加主裂缝，造长缝为主，中期加砂充填主裂缝，中后期进一步增加裂缝的宽度以及向井筒周边延伸，增加裂缝的复杂度，沟通更多割理和次级裂缝(图 10、11)。

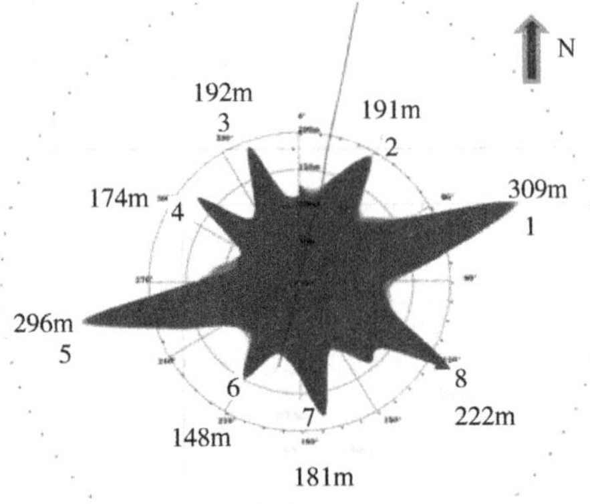

图 10　D1-X2 井广域电磁监测结果

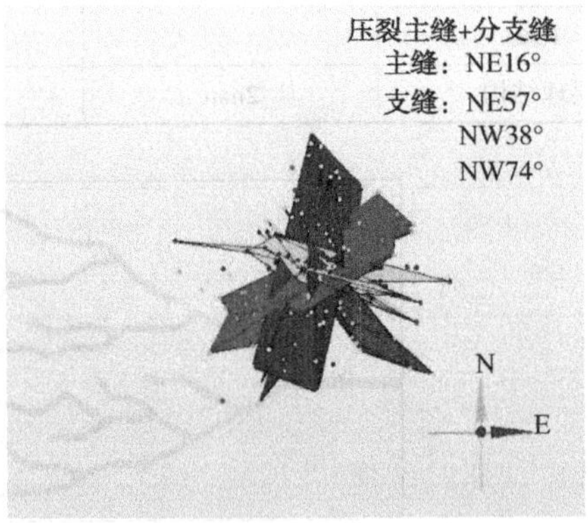

图 11　D1-X2 井地面微地震监测结果

4.1.4　复杂缝网体积形成主控因素

从微地震裂缝走向和震源属性，以及与小规模煤层压裂对比看：煤层裂隙和割理发育是形成复杂缝网的主要因素；“大排量、大规模”的压裂是形成复杂缝网的必要条件，从侧面证明了数值模拟的正确性。基于广域电测监测数据分析，排量越大、液量越大，液体波及缝长和改造体积越大(图 12、13)。

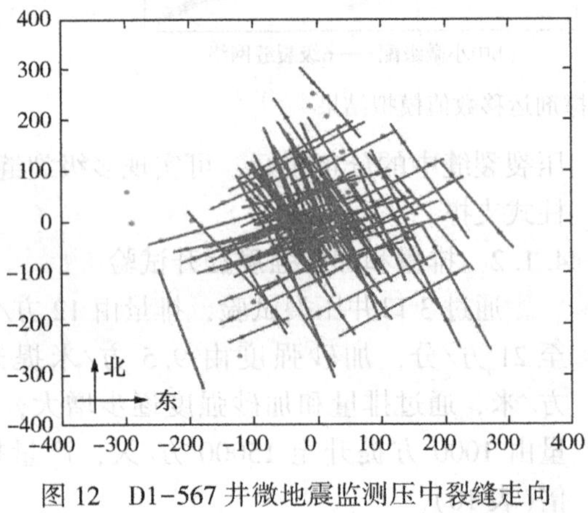

图 12　D1-567 井微地震监测压中裂缝走向

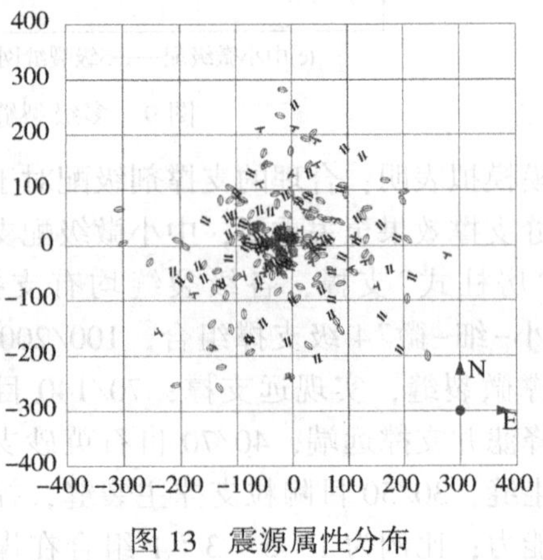

图 13　震源属性分布

表 11　煤层气井广域电磁监测及计算数据表

序号	井号	排量/(m^3/min)	砂量/m^3	液量/m^3	波及半缝长/m	波及面积/m^2	改造体积/10^4m^3
1	石 X	12	133.5	1955	120	14554	25
2	D1-X1	12-14.1	627	5238	197	40713	115
3	D1-X2	16-21	1110	10090	296	71814	267

4.2　“饱和加砂、有效支撑”技术优化及形成

基于前期数值模拟以及先导试验井裂缝监测分析，深层煤层气有效压裂的控制条件为裂缝沿煤层割理和裂隙方向扩展延伸；煤层压裂过程：随着压裂液注入，裂缝起裂，层理和裂隙被激活；多裂缝产生，压裂液作用下，裂缝破坏弱胶结面，贯通裂隙，微缝网逐步形成；随着排量增大，裂缝穿过结构面以及煤岩交界面，形成长缝，并携带支撑剂向远端延伸；压裂中后期，通过大排量、大规模注入，压裂液沟通分支裂缝和微裂缝，形成复杂缝网，且支撑剂充填分支裂缝和微裂缝。因此，深部煤层气的有效改造的力学机理是塑性

剪切致裂理论，需要更多破裂能，需要大排量、大规模、高强度压裂工艺优化(图 14)。

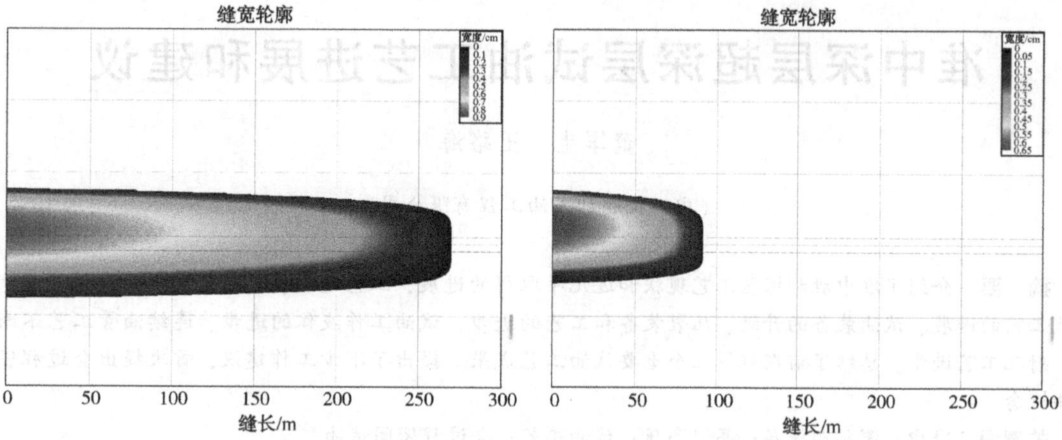

图 14　有效支撑压裂较常规压裂模拟有效半缝长对比图

(1) 大排量：提高缝内净压力，缝网结构向多级裂缝结构发展，沟通割理和裂隙，并有效增加缝宽，促进裂缝有效延伸和支撑剂的有效铺置，提升远端铺砂浓度；

(2) 大液量：深穿透造缝沟通割理和裂缝，携砂造体积缝网，提高有效改造面积。

(3) 高强度加砂：一方面采用大排量、大液量在尽可能提高裂缝延伸的同时，配合高强度加砂形成具备稳定增渗、导流和供气的支撑裂缝带；另一方面考虑煤岩割理和裂隙发育，采用组合支撑剂体系粒径充填不同宽度的裂缝，形成长缝，提高不同尺度裂缝导流能力。

4.3 "饱和加砂、有效支撑"压裂推广应用及发展前景

基于上述饱和加砂、有效支撑压裂技术的不断迭代优化，2023 年在鄂尔多斯盆地石炭-二叠系太原组深 8#煤取得重大突破，定向井单井日产气由 1.5 万方突破至 2.3 万方；风险探井阳煤 X1 井水平段长 1030 米，施工排量 14~22.5 方/分，入井液量 55185 方，加砂 6614 方，波及缝长 316~472 米，波及面积 2.88 万平方米，实现压后第四天点火试气，试气产量达到 10 万方/天，稳产 442 天，累产超 2700 万方。

饱和加砂、有效支撑压裂技术的应用成功将扩大我国深部煤层气勘探开发领域，解放深部丰富的煤层气资源，极大地推动我国煤层气产业发展，并进一步推动天然气结构优化调整，助力我国能源结构改善。

5 结论

(1) 研究区煤层埋深 2500-3000m，储层厚度大、分布稳定、具有高生烃、高含气等特点，煤层基质孔渗性差、割理及裂隙发育、塑性强、应力高、人工裂缝难延伸难等特点，常规压裂加砂困难，施工压力高，裂缝延伸困难，缝长较短。

(2) 通过数值模拟证明，层理与最小主应力夹角为 30°时次级裂缝最发育；随着围压增加，次级裂缝总长度呈减少趋势，围压增加不利于次级裂缝的开启。排量增加促进了缝网结构向多级裂缝结构发展，并有效促进缝网影响宽度增大。

(3) 提出"饱和加砂、有效支撑"压裂理念，即在"剁碎"煤层储集体后，极大限度充填煤层次生裂缝和微裂缝，形成高导流通道，达到有效支撑的目的，形成人造气藏；优化形成"大规模、大排量、高强度"为参数的压裂技术，实现煤层"控近扩远"的目的，扩大储层泄流面积。

参 考 文 献

[1] 姚红生，陈贞龙，郭涛，等．延川南深部煤层气地质工程一体化压裂增产实践[J]．油气藏评价与开发，2021，11(3)：291-296.

[2] 刘长松，赵海峰，陈帅，等．大宁－吉县区块深层煤层气井酸压工艺及现场试验[J]．煤田地质与勘探，2022，50(9)：154-162.

[3] 姚红生，陈贞龙，何希鹏，等．深部煤层气"有效支撑"理念及创新实践——以鄂尔多斯盆地延川南煤层气田为例[J]．天然气工业，2022，42(6)：97-106.

[4] 陈贞龙，郭涛，李鑫，等．延川南煤层气田深部煤层气成藏规律与开发技术[J]．煤炭科学技术，2019，47(9)：112-118.

[5] 肖翠，陈贞龙，金晓波．延川南煤层气田煤体结构模式及改造效果分析[J]．煤炭科学技术，2021，49(11)：38.

准中深层超深层试油工艺进展和建议

董军生　王路海

（中石化胜利石油工程有限公司）

摘　要　介绍了准中胜利探区工艺现状和近几年取得的进展，工艺进步表现在六大方面，分别是试油测试工艺的进展、试油装备的升级、压裂装备和工艺的进步、试油工作液体的进步、连续油管工艺不断进步、射孔工艺进步。总结了前期取得三个重要试油工艺成果。提出了下步工作建议，首次提出全过程密闭试油概念。

关键词　准中；深层超深层；高温高压；试油工艺；全过程密闭试油

1　前言

近年来，全球新发现的油气储层由中—浅层逐渐向深层—超深层转移，深层—超深层领域成为未来全球重要的增储上产领域。中国深层油气资源丰富、潜力巨大。据预测，中国深层—超深层油气资源量达 671×10^8t 油当量，占中国油气资源总量的34%，其中，39%的剩余石油和57%的剩余天然气资源分布在深层，是未来中国增储上产的重要接替领域，加快深层—超深层油气勘探开发已成为中国重要的油气发展战略。

准噶尔盆地面积 13.4 万平方公里，中石化矿权 14 个，面积 3.2 万平方公里，准中四个勘探区块整体处于低-中等勘探程度，具有较大勘探潜力，是今后重要接替阵地。准噶尔中部地区勘探开发的对象也逐渐由上组合向下组推进，深层超深层试油量不断增加。这个领域也是工程技术面临挑战最大、工程复杂程度最高、难题最集中的区域之一。通过近几年探索、发展，尤其是“十四五”以来，准噶尔盆地中部胜利区块勘探试油工艺技术和相关领域已取得快速的发展。试油井深最深 8546m(ZHS1 井)，已经完钻即将试油施工的 ZHS101 井完钻井深达到了 8962.85m；ZHS1 完井井身结构达到 5 层；射孔器材承压能力实施井已经达到 175MPa，耐温 200℃，电缆带压作业、射孔施工已经达到井深 7800m；连续油管实际作业深度达到 8000m 以上。并形成了一体化处理井筒工艺，深层新型射孔丢枪破堵测试联作工艺，深层压裂工艺系列，深层排液工艺系列。这些工艺较好地支撑了准噶尔盆地中部深层超深层油气的勘探开发。“十四五”以来，这些工艺助力准中勘探实现三个重大突破、一个好苗头。ZH10 井上乌尔禾组压裂，日油 $9.04m^3$，日气 $9355m^3$，日水 $38.2m^3$。克拉玛依组，射孔测试联作，峰值自喷油 $78m^3$，日气 $7530m^3$，累油 10109t，首次在下组合获得高产油气流。HS5 山前带准原地风城组地层，致密油多尺度复杂缝网体积压裂工艺，峰值自喷压裂初期峰值日油 $112m^3$，日气 $6869m^3$，累油 $2069m^3$，累水 $1476m^3$。借鉴非常规工艺在西部深井中获得突破。准中八道湾组压裂见到好效果，拓展了新层系勘探新空间。永进地区勘探持续推进，不断扩大含油气面积。

2　试油工艺进展

近年来，随着勘探向地层深部位发展，促使工艺措施、设备配套、科研攻关紧紧跟上。通过深化各区块各层系的地质研究，加强地质工程一体化运作，深化技术攻关，准中深层超深层井筒工程技术进步显著。

2.1　*工艺进展*

工艺进步表现在以下六个大的方面。分别是试油测试工艺的进展、试油装备的升级、压裂装备和工艺的进步、试油工作液体的进步、连续油管工艺不断进步、射孔工艺进步。

2.1.1　试油测试工艺的进展

试油测试技术的进展主要体现在五个方面，井筒处理、测试技术、破堵技术、排液技术、封闭上返技术。

井筒处理：准中深层完井井筒结构一般两种组合套管，技套 1 下深 6000~7000m，油套作为尾管悬挂在 7000~8000m 左右。常规施工，分段替泥浆一趟钻，通井两趟钻，刮管两趟钻，共5趟钻3次洗井，需要20天左右。研发的井筒处理一体化工具，具有通井、刮管、磁吸功能，安全性高，具有防卡洗井功能。强磁管能将套管内铁屑铁质杂物捞出，可以减少2趟钻，节省施工周期7天左右。近年采用连续油管带通刮一体化工具组合处理井筒，速度再次提升。施工周期再次减少3天。对于深井效果尤其明显。

测试：过去常用的测试技术是射孔测试联作，常用测试工具有MFE、DST、APR-N。由于准中地层的特点，压力高、温度高、气层多的特点，MFE和DST这种通过上提下放管柱开关井的方式不适用了。APR-N阀工具多次打压开关井，势必太繁琐，故障率高。通过优化改进，形成“两阀一封、三阀一封”等超深层射孔测试联作工艺技术。加强型RD阀+加强型RDS阀+RTTS封隔器组合，开井下入，安装全套试油井口。放喷流动后，环空打压关闭RDS阀，取得关井恢复压力资料。操作简单可靠，适用于6000m以深高压井。现场实施中，该测试工艺座封最深7200m，联作成功实施最深6703.9m。测试工具同步升级为耐静压105MPa，耐温204℃(图1)。

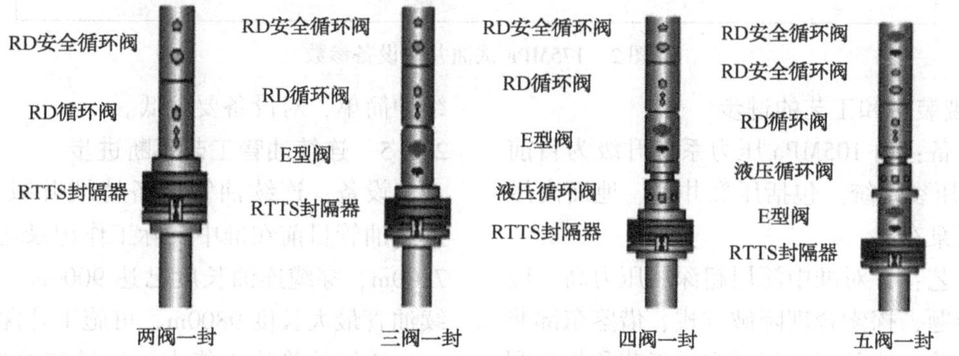

图1　几种深井测试管柱类型

破堵：针对超深层高温高压条件下射孔穿深较小、近井存在一定污染，仅仅依靠射孔沟通地层，无法获得准确认识。发展了射孔-丢枪-破堵工艺或者单独下管柱破堵，通过挤注破堵液，突破泥浆滤液侵入带，疏通射孔炮眼，消除原油乳化造成的堵塞，进一步沟通原状地层，落实地层真实产能。

排液：过去常用泵抽排液工艺，周期长，工序繁杂，辅助设备庞大，周期长。对于高压层、高气油比层，常规泵抽技术不适用。

控压放喷技术。最初针对永进齐古组生产压差过大，地层出砂、出胶质沥青质、堵塞井筒或者生产流程，而进行研究总结出的一套放喷办法。通过控制生产压差，尽可能将井筒压力维持在原油泡点以上，减少气体析出，减少重组分产生，同时减小了生产压差，降低流速、控制地应力剧烈变化，也起到了减少地层出砂的目的。后来专门开展了地层出砂极限压力研究，进行了地层出砂极限压力计算，将这套理论推广到整个准中超深层，目前永进地区以及下组合超深层试油过程中，未见明显出砂，没有砂卡管住事件发生。

气举排液技术。下气举阀氮气举，需要下管柱带多级气举阀，最大举深可以达到3500m左右。对于井筒有压力的情况，可以使用连续油管气举排液方式。这两种气举排液方式的共同优点是：掏空深，周期短，解堵作用明显。可以快速落实地层产量。

封闭上返：超深层往往都是高压层，封闭上返时，常规做法是重浆压井，管柱注灰封井。组织泥浆时间长、成本高、动用钻机起下管柱、安全井控风险大。开创连续油管带压注灰封层技术，现场实施成功率达100%，最深注灰深度8074m。董15井带压穿过井内油管，在油管鞋下部成功注灰封层。连油桥塞封层技术，实现了在深度7300m、井口放喷压力20MPa情况下，桥塞一次封闭成功。

2.1.2　试油装备的升级

试油井口和地面放喷流程由105MPa压力级别，升级配套了部分140MPa设备，如今正在配套175MPa试油井口和地面放喷流程(图2)。

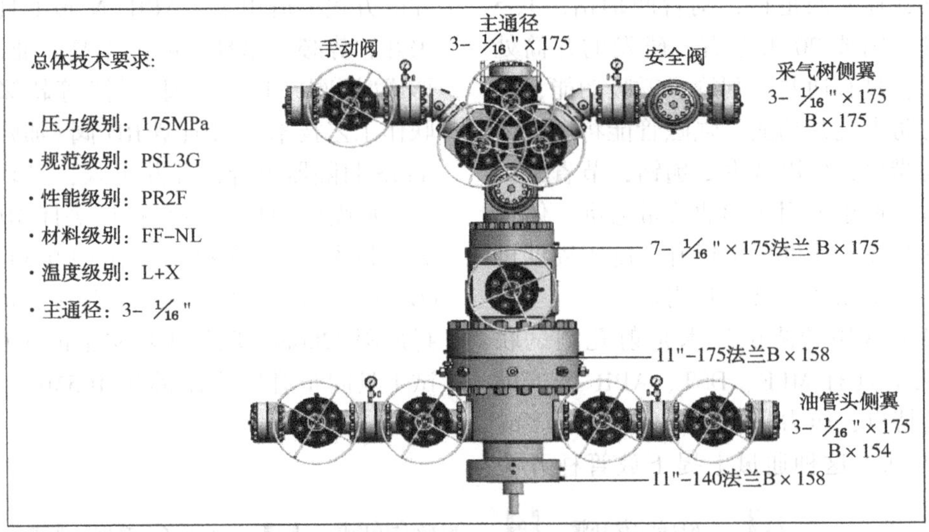

图 2　175MPa 试油井口设备参数

2.1.3　压裂装备和工艺的进步

压裂装备：由 105MPa 压力系统升级为目前的 140MPa 压裂系统。包括压裂井口、地面高压管汇、压裂泵车。

压裂工艺：针对准中深层超深层压力高、应力复杂的难题，探索合理降破方式、借鉴东部非常规压裂经验，攻关复杂缝网主导工艺和相关配套技术。成功应用“二次压裂”、“渗吸压裂液”、高强度支撑剂以及耐高温压裂液工艺，实现了超深井从“压不开”到“压得开”再到“压得成”的转变。

2.1.4　试油工作液体的进步

针对超深井井眼小、摩阻大、井底温度高的环境，常用高密度水基泥浆和合成基泥浆压井，但这些常规高密度泥浆粘度大、摩阻高、易于沉淀等不利特性，常常造成施工复杂化。开展了高比重无固相试油工作液的研究，形成了具有准中特色的不同密度无固相压井液系列，基本满足准中试油修井工作液体的要求。

1.0~1.38g/cm³低密度试油工作液体系：氯化钾、氯化钠、氯化钙溶液；

1.30~1.55g/cm³甲酸盐盐水体系：甲酸钠、甲酸钾溶液；

1.60~2.0g/cm³溴盐等盐水体系：氯化锌、溴化锌。

无固相试油工作液，优点很多。性能稳定，不易沉淀，耐高温，减少工程风险。粘度低，循环摩阻小，易于实现压井、钻塞等作业。起钻灌液也易于操作。盐溶液体系保护油气层。配制、维护简单，对设备要求低。

2.1.5　连续油管工艺不断进步

设备：连续油管设备持续升级。1.75 英吋连续油管目前在准中实际工作记录达到井深接近 7800m，穿缆连油长度已达 9000m。国内已有连续油管最大长度 9800m，可施工井深 9400m。

连续油管施工能力：从最初的冲砂、钻塞，拓展到连油打桥塞、注灰、冲洗井筒、替浆、气举；携带测井仪器可以进行测井；携带伽马仪可进行校深、射孔等工作，新的工艺能力还在不断地开发出来。连续油管作业，胜利工区井口防喷管是 105MPa 级别的，带压压力也在不断拓展，实现了最高井口压力 58MPa 情况下，起下连续油管 7800m 没有渗漏。调研国内井口防喷管动密封现场最高施工压力记录是 89MPa(防喷管压力级别是 140MPa)。

2.1.6　射孔工艺进步

射孔作为试油工艺过程中非常重要的一环而被重视。最近几年射孔工艺也在快速发展。

射孔设备：目前现场已经达到的指标是：射孔枪抗压 175MPa，温度达到 200℃，射孔电缆总长达 8500m，施工最大深度达 7800m；

工艺：经历了常规油管传输射孔，穿缆连油输送射孔，带压环境下电缆密闭输送射孔三个发展阶段。截止 2024 年 6 月，5 井层深层超深层在带压环境下，完成电缆密闭输送射孔。该工艺的发展有效缩短试油周期，在高压深井环境下，极大地节省了起下管柱时间，节省了组织重泥浆的时间和费用，极大地减少了井控风险。

2.2 工艺突破

（1）征沙村三工河组，高破裂压力，采用高密度压裂液和140MPa压裂系统，压裂工艺实现突破，本区三工河组首次压开地层。前期邻井ZH8C井三工河组地层井段5225.00~5230.00m，在准噶尔中部埋深并非最深，但破裂压力很高，虽经过水力喷砂射孔、酸化、压裂仍然超过限压，无法压开，停泵压力达到100MPa，施工无法实施。ZH301井该层位试挤119MPa，仍然无法建立排量。本次采用加重压裂液，密度1.3g/cm^3，最高压力103MPa地层破裂，施工排量7.0m^3，加砂50m^3，成功压开了征沙村地区三工河组地层，实现了工艺突破。

（2）哈山山前带准原地地层风城组致密砂岩，多级分段压裂获得突破。

HS5风城组，井段5115.4−5553.0m，采用致密油多尺度复杂缝网体积压裂工艺，获得高产。压裂初期峰值日油112m^3，日气6869m^3，累油2069m^3，累水1476m^3。针对哈山5井山前带复杂应力致密储层特点，超前开展室内岩心实验、矿物分析、压裂模拟，借鉴胜利东部非常规压裂技术，多次迭代优化方案，对不同岩性采用深穿透+多尺度复杂缝网体积压裂技术。5段压裂，最大施工压力达到109MPa，5段总液量9631m^3、加砂662m^3，首次实现5000m以深致密油压裂改造，是准噶尔盆地西北缘山前带准原地地层致密砂获得的重大突破。

（3）超深井压裂ZH10井最深7650m，最高压力119MPa。

ZH10井是一口超深井，地层埋深超过76505.4米，在准噶尔盆地上乌尔禾组地层压裂，工艺成功，井深创造了最深记录，施工压力达119MPa，准中压裂最高压力。压裂后峰值日油11.8m^3，日气15630m^3。压裂工艺成功，效果良好。

3 下步建议

随着勘探向深层发展，试油各行业、各环节都要紧紧跟上发展的需求，不断提高设备、装备、工具、仪表施工能力。我们的理念、工作模式、工艺、先进技术也必须不断发展，以满足勘探发展的需求。

3.1 井筒完整性进行独立评估

高压超深井，由于施工难度大，导致套管强度，固井质量，套管头耐压级别，悬挂尾管悬挂器处的密封性往往达不到试气要求。这给后续试气带来很多隐患和风险。对于超深井特高压地层，试油过程中井控设施耐压级别需满足控制地层压力的要求。因此进行井筒完整性评估，在试气前组织独立的评估。试气过程中井筒发生重要变化时，重新评估。方可进行下步施工。

3.2 推广电缆密闭传输射孔

目前电缆密闭传输射孔工艺逐渐成熟，射孔枪最高设计耐压可达245MPa，射孔弹设计耐温可达230℃，井口电缆防喷管耐压140MPa，电缆动密封现场实现110MPa正常施工。电缆长度最长9500m，目前的施工能力，理论上可达到孔8600m试油层。下步建议继续加强对外交流合作，尽快引进、研发长度更长、强度更大、安全性能更高的电缆，保证万米井深超深井电缆密闭射孔。对比传统下管柱射孔，时间、安全性、费用等方面优越太多。

3.3 推广连续油管试油施工

目前连续油管施工工艺逐渐成熟，可以承担处理井筒、处理油管内腔、打桥塞、钻塞、注灰、压井、射孔、测井等工艺。目前可用连油设备井口防喷管压力级别140、105MPa，全国范围内井口防喷管动密封现场最高压力记录是89MPa。最大长度9800m，可施工井深9400m。面对高压深井，广泛推广连续油管带压下井施工，减少重浆压井起下管柱的次数。节省重浆配制运输维护时间和费用，减少起下钻时间，减少井控风险，减少重浆沉淀带来的工程事故，减少重浆对地层的污染，优点很多。

3.4 全过程密闭试油

3.4.1 全过程密闭试油说明

全过程密闭试油，井场只有井口和放喷流程（见图3，是一个模拟场景），不再有钻机或者修井机，没有钻台、钻杆、油管、防喷器组、举升设备等试油起下钻设备。钻井完井后，替出井内重浆，安装好试油井口交给试油队。试油期间井口不再轻易拆卸。所有的试油操作都是在不动井口的情况下，由电缆和连续油管带压下入井筒施工。

这样试油工艺成为：连续油管处理井筒、洗井→电缆输送密闭带压射孔→空井筒破堵（也可以连油替入破堵液）→空井筒放喷→空井筒压裂→空井筒放喷→连油桥塞或者注灰封层，试油

图3　全过程密闭试油现场只有高压井口和放喷流程示意图

结束。若需要更多地层参数，放喷期间电缆下压力计测流压、取高压物性样品、关井测压力恢复或探边测试。全过程不拆井口，全过程带压施工。目前以上所有的工序都在不同的井上单独施工过，唯独没有在同一口井上使用所有工序，还没有在同一口井上做到全过程密闭带压试油。建议在今后的施工中，选择风险低的井展开工艺试验。

3.4.2　存在哪些优点

全过程密闭试油，试油过程电缆、连油带压作业。避免了重浆压井工作，避免了起下管柱作业，省去了井口防喷器管串，省去了修井机、钻台、油管、泥浆循环系统等大型设备。安全性更高，施工周期更短，利于保护油气层。

3.4.3　存在哪些缺点和风险

对电缆作业、连续油管作业要求更高。电缆密闭带压射孔必须能满足超深井要求，目前射孔最大深度7800m，应当引入新设备加深射孔深度至10000m左右，紧紧跟上勘探的步伐。

连续油管目前长度基本满足井深的需求，最高压力级别140MPa防喷管，动密封现场最高达到了89MPa，下步应当跟井口压力级别匹配，逐步配套175MPa防喷管，将动密封提高到105MPa左右。

全过程封闭试油要求井筒完整性良好，套管钢级必须满足套管压裂要求，固井质量良好，水泥返至地面。套管头与试油井口同一级别，满足压裂放喷要求。

风险：试油过程中井口发生刺漏，须采取挤压井方式，泵压高于循环压力。或者下连油作为循环通道，边循环边下入压井方式。组织连油、安装需要一定时间。

4　结束语

随着准噶尔盆地油气勘探向超深层发展，试油工程也发生了重大变化，试油工况越发恶劣，准噶尔盆地胜利探区在试油完井工艺和地面地下测试装备不断升级完善的同时，也在不断刷新试油施工纪录。但试油周期长、井下故障多发以及装备、工具跟不上勘探形势发展、而且多数依赖进口等问题较为突出。今后坚持技术装备交流合作，持续开展技术攻关创新，共同推动准中深层超深层工程技术不断发展，为实现准噶尔大发现大突破贡献力量。

参　考　文　献

[1] 王兆明，温志新，贺正军，等. 全球近10年油气勘探新进展特点与启示[J]. 中国石油勘探，2022，27(2)：27-37.

[2] 赵文智，窦立荣. 中国陆上剩余油气资源潜力及其分布和勘探对策[J]. 石油勘探与开发，2001，28(1)：1-5.

[3] 唐玮，张国生，徐鹏. "十四五"油气勘探开发科技创新重点领域与方向[J]. 石油科技论坛，2022，41(5)：7-15.

[4] 杨金华，张焕芝. 非常规、深层、海洋油气勘探开发技术展望[J]. 世界石油工业，2020，27(6)：20-26.

[5] 贾承造，张永峰，赵霞. 中国天然气工业发展前景与挑战[J]. 天然气工业，2014，34(2)：1-11.

胜利油田西部探区准噶尔盆地深层压裂技术进展与实践

林柏华　钟安海　丁　然　李　敏　刘子铭　崔世杰

（中国石化胜利油田分公司）

摘　要　胜利西部探区主要集中于准噶尔盆地中部，储层垂深在4000-8000m之间，表现为应力高、塑性强、应力差大等特点。前期常规压裂加砂难度大，压后增产效果差，为此近年强化超深层压裂技术攻关。本文以高围压力学特征为基础，建立超深层脆性评价方法，明确裂缝扩展规律，并针对不同类型储层配套差异性改造工艺；基于超深层研究认识，目前已形成强支撑长缝体积压裂技术。现场实践20余井次，压裂深度突破7800m，单井压后最高日油破百吨。

关键词　深层压裂；高温高压；甜点预测；复杂裂缝；裂缝扩展；强化支撑；渗吸补能

1　前言

准噶尔盆地中部整体深度分布在4000～8000m之间，水平应力差达10～30MPa，闭合应力达120～170MPa，在高围压下塑性较强，且多为低饱和度油藏，含油丰度低。绝大部分单井自然投产日油低于5t，无商业价值，需压裂改造增产。前期压裂多出现施工压力高，加砂难度大，甚至压不开储层的情况。整体施工成功率与措施有效率达不到50%，因此有必要开展准中深层压裂关键技术研究。

胜利西部深层见过前期十年的深层探索和实践，分别从储层评价、裂缝扩展、压裂改造、液体体系以及改造工艺5个方面，总结出5点改造难点，包括：难点一，高围压下岩石塑性转变加剧，常用脆性评价方法不适用；难点二，高位压走滑断层下，水力裂缝起裂扩展规律不明确；难点三，施工压力高加砂难度大，无法有效改造；难点四，孔喉半径小（Ⅱ～Ⅲ类），压裂液低伤害性要求高；难点五，胜利油田东部成熟工艺适用性差，未形成针对性改造技术和体系。针对以上难点，胜利油田石油工程技术研究院以岩石力学、矿物组分和渗流特点为攻关基础，并基于“降低破裂压力、裂缝扩展最大化、支撑剂高效铺置、裂缝强化支撑”等多个方面开展关键技术研究，完成了对超深层储层可压型的评价，揭示了超深层的裂缝扩展机理，研发并形成低伤害加重压裂液体系，建立了强支撑长缝体积压裂技术（图1）。

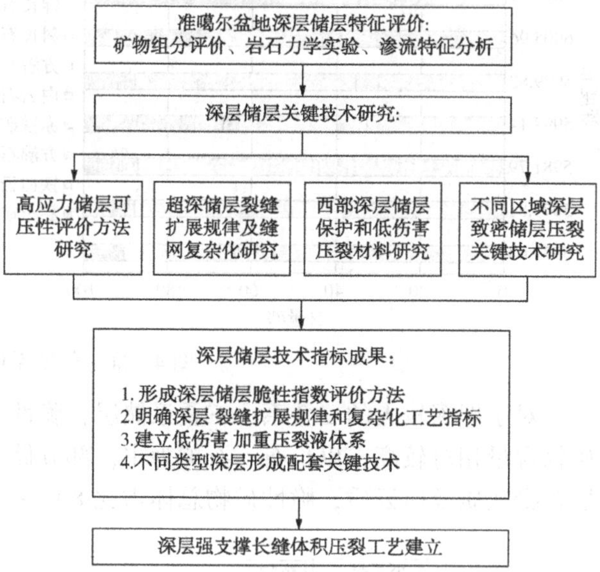

图1　准噶尔盆地超深层技术攻关流程图

2　准噶尔盆地深层储层特征评价

2.1　储层矿物特征分析

埋深相对较浅（4000～6000m）的准中侏罗系储层，脆性矿物成分以石英为主，占比38%～53%，长石含量次之，占比30%～40%，部分样本含有少量方解石、白云石以及赤铁矿、铁白云石等含铁矿物；黏土含量10%～30%，属于中等水平，以伊利石，绿泥石，伊蒙间层为主（图2、3、4）。

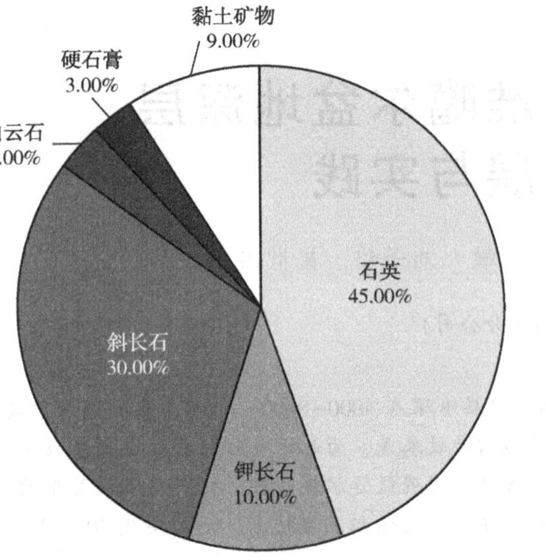

图2　侏罗系 Z1-4 井矿物成分图(4783.8m)

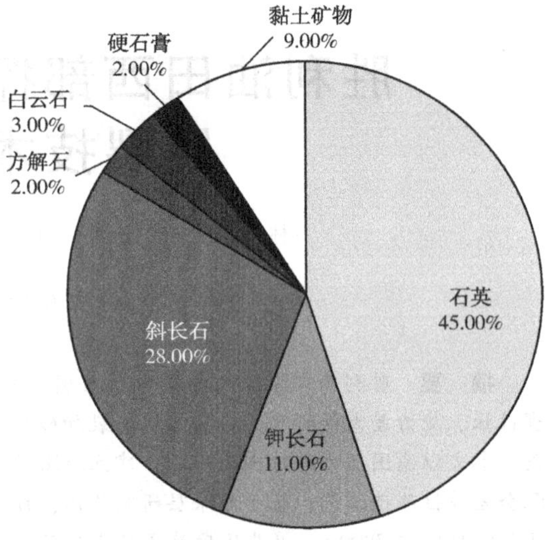

图3　Z1-4 井矿物成分图(4785.00m)

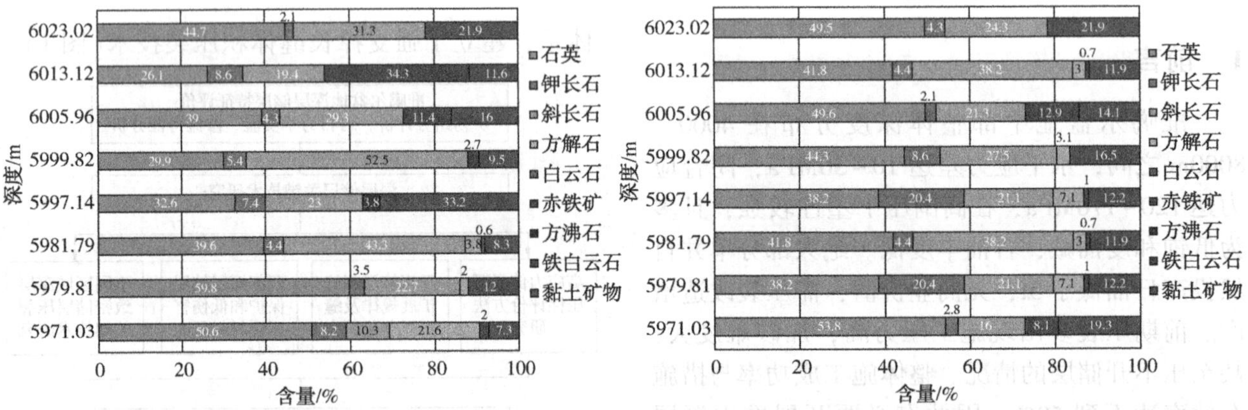

图4　准中侏罗系储层矿物组份分布特征

对于埋深较大的二叠系、三叠系储层，脆性矿物含量相对较高，以长石、石英为主，部分储层含凝灰质及白云质，脆性矿物总体占比80%~90%以上，黏土矿物含量低于10%，以绿泥石含量为主，伊利石、伊蒙间层次之(图5)。

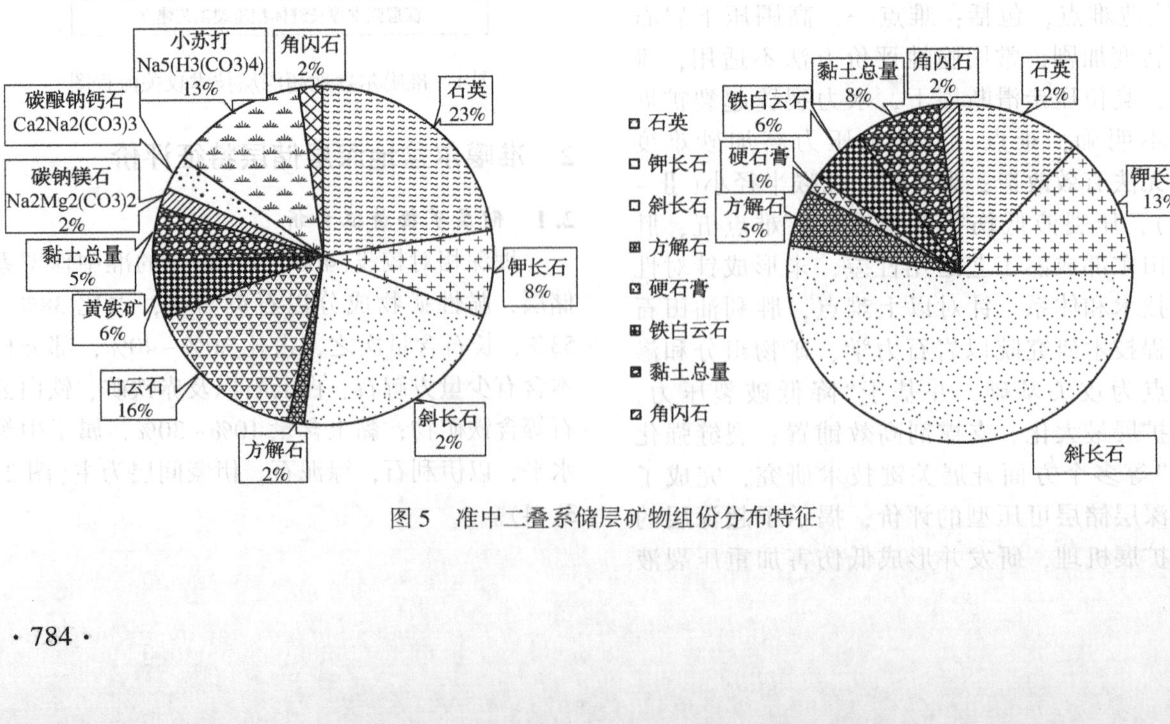

图5　准中二叠系储层矿物组份分布特征

因此通过准中深层侏罗系—二叠系储层矿物分布规律来看，整体脆性矿物含量较高，黏土含量低，水敏风险较低，但整体绿泥石含量高，具有一定酸敏风险。

2.2 高围压下力学特征分析

通过岩石力学实验得出，单轴条件下岩心破坏呈现以劈裂破坏为主导的破裂模式，主要由贯穿整个岩心的高角度劈裂裂纹和一条斜向剪切裂纹导致，局部产生多条伴生裂纹，表现出强脆性特征。随着围压增大，破裂模式转为单斜面剪切破坏，说明脆性变弱。

由测试数据可见，准中深层致密砂岩单轴抗压强度较小，介于49.1MPa～60.3MPa之间，但是在高围压条件下，其三轴抗压强度较高，且随着围压增大，岩石抗压强度参数显著增大。抗剪强度指标之一的黏聚力达到20MPa以上，而内摩擦角平均不到35°。整体呈现为高围压下塑性强，抗剪强度大，难以形成复杂剪切缝的状态(图6)。

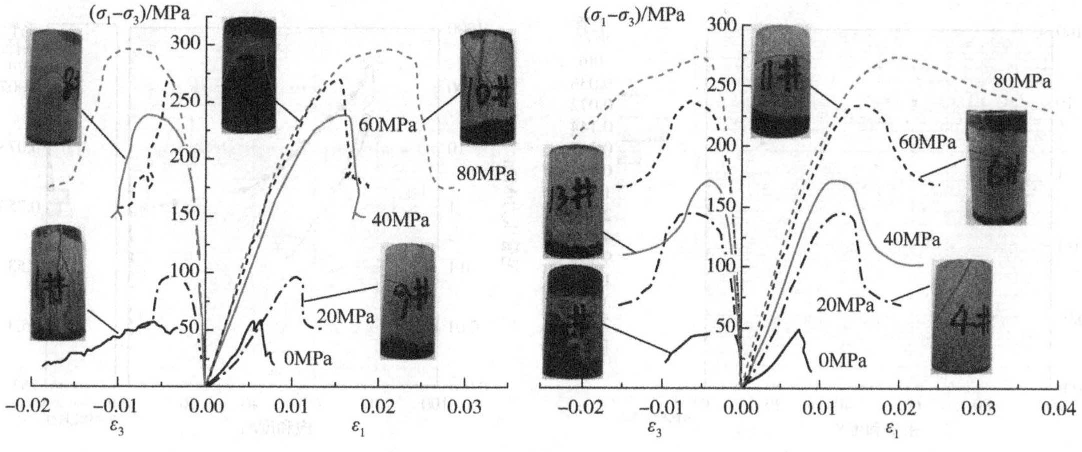

图6 准中深层三轴压缩测试应力应变曲线及破裂模式

通过深层抗压强度随围压变化曲线图可见，抗压强度240～380MPa，杨氏模量35～50GPa，残余应力240MPa，说明在真实储层围压中表现出更高抗压，更强塑性，造缝难，缝宽较窄的特点(图7)。

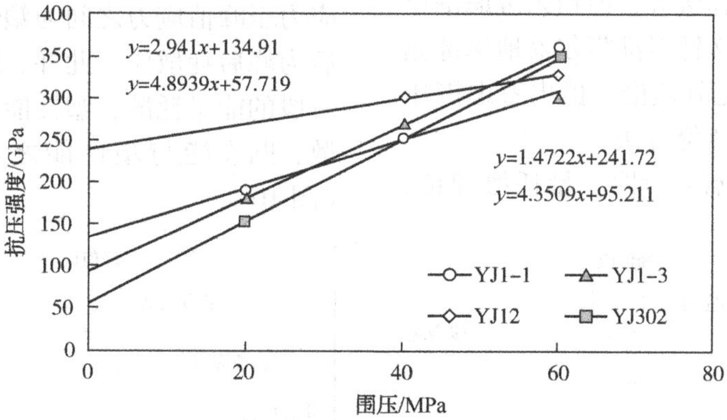

图7 准中深层抗压强度随围压变化曲线图

2.3 高围压下孔隙及渗流特征分析

根据扫描电镜看出，准中深层主要喉道类型为片状喉道为主，具有孔隙极小、喉道极细的特点，导致储层连通性较差；储集空间以粒间孔、粒内溶孔为主，大部分地区储层由于塑性岩屑含量高且埋深大，因此压实作用强烈。少部分地区因脆性矿物解理、破碎，形成粒缘缝及微裂缝，是改善储层物性条件的重要因素(图8)。

图 8　准中深层扫描电镜下孔隙特征

根据压汞试验得出，准中深层岩心毛管压力曲线形态为细歪度为主，孔喉尺寸分布较均匀，孔喉分选性差，孔喉半径介于 0.5~4.27μm，中值半径 0.08~0.42μm，排驱压力介于 0.8~1.0MPa，退汞效率介于 15%~25%，属于Ⅱ类中低-低孔细喉型和Ⅲ类低-特低孔微细喉型，导致孔隙连通性较差，需要储层改造后方可实现有效流动(图 9)。

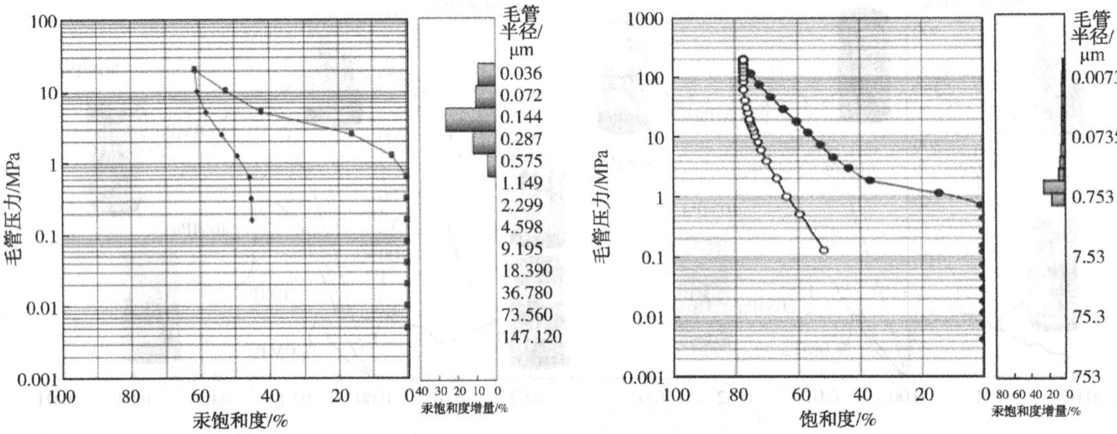

图 9　准中深层高压压汞曲线

3　准噶尔盆地深层压裂关键技术研究与成果

3.1　深层岩石脆性评价方法建立

目前常用的岩石脆性指数评价方法有矿物成分计算法、弹性参数计算法等，但均未考虑围压对岩石脆性的影响，本文针对准噶尔盆地深部储层，基于弹-塑性能量耗散理论，提出考虑围压与峰后塑性耗散的脆性评价方法。

此评价方法是基于弹-塑性能量耗散理论，并通过三轴力学试验的应力-应变测试曲线完成脆性指数计算。其主要是将岩石高围压条件下的全应力-应变曲线划分为五个阶段，闭合应力前为压密段，闭合应力至起裂应力之间为弹性段，起裂应力至损伤应力之间为裂纹发育阶段，损伤应力至峰值应力之间为塑性损伤段，峰值应力之后为峰后耗散段。此外，断裂能定义为裂纹发育阶段的能量耗散，塑性能为塑性损伤段的能量耗散，断裂能与塑性能之和为峰前总能量耗散(图 10)。

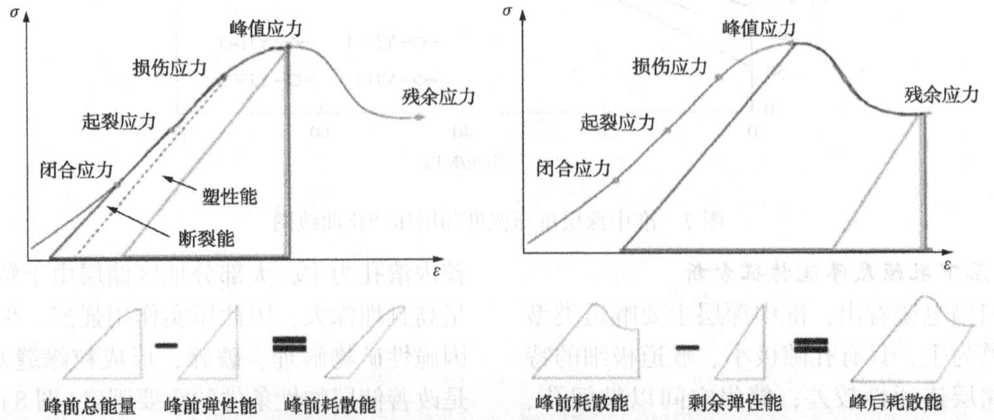

图 10　基于弹-塑性能量耗散理论的脆性评价方法原理

并根据上述五个阶段，开展峰前轴向断裂能、峰前环向耗散能和峰后耗散能等相关计算，并完成储层脆性表征：

1）$B1=W11/W1$，峰前轴向断裂能占峰前耗散能比值计算：

峰前轴向总能量耗散计算方法为：

$$W1=\int_{起裂}^{峰值}\sigma_1(\varepsilon_1)d\varepsilon+\frac{1}{2E}(\sigma_{1起裂}^2-\sigma_{1峰值}^2) \tag{1}$$

峰前轴向断裂能计算方法为：

$$W11=\int_{起裂}^{峰值}\sigma_1(\varepsilon_1)d\varepsilon-\int_{损伤}^{峰值}\sigma_1(\varepsilon_1)d\varepsilon+\frac{1}{2E}(\sigma_{1起裂}^2-\sigma_{1损伤}^2) \tag{2}$$

2）$B2=W21/W2$，峰前环向断裂能占峰前耗散能比值计算：

峰前环向总能量耗散计算方法为：

$$W2=2\sigma_3(\varepsilon_{2起裂}^2-\varepsilon_{2峰值}^2) \tag{3}$$

峰前环向断裂能计算方法为：

$$W21=2\sigma_3(\varepsilon_{2起裂}^2-\varepsilon_{2损伤}^2) \tag{4}$$

3）$B3=W3/(W3+W31+W32)$，峰后轴向耗散能与剩余弹性能比值计算：

峰后耗散能计算方法为：

$$W3=\int_{峰值}^{残余}\sigma_1(\varepsilon_1)d\varepsilon+\frac{1}{2E}(\sigma_{1峰值}^2+\sigma_{1残余}^2) \tag{5}$$

峰后剩余弹性能计算方法为：

$$W31=\frac{1}{2E}\sigma_{1残余}^2 \tag{6}$$

若岩石的全应力-应变曲线为II型破坏，峰后过剩弹性能计算方法为：

$$W32=\int_{破坏}^{残余}\sigma_1(\varepsilon_1)d\varepsilon \tag{7}$$

4）计算待评价岩石的脆性指数B，计算公式为：

$$B=(B1+B2)/B3 \tag{8}$$

新的脆性评价方法优势在于，充分考虑峰前积累总能量中用于断裂的耗散能比例，考虑峰后剪切滑移耗散能比例，通过考虑围压对环向应变能的影响，考虑地应力条件对岩石脆性的影响，根据新的脆性指数评级方法评级准噶尔盆地深层岩石，结果显示整体脆性较低，体现出深层岩石在高围压下的塑性变强（表1）。

表1　准噶尔盆地深层部分地区储层的脆性评价结果

井号	B1	B2	B3	能量耗散理论计算 B
ZSCSGH	0.32	0.76	0.37	0.03
ZSCQG	0.31	0.85	0.43	0.04
ZSCBDW	0.52	0.86	0.60	0.06
YJ1-1	0.49	0.86	0.61	0.06
YJ1-3(L)	0.58	0.87	1.14	0.13
YJ12	0.54	0.82	1.04	0.12
YJ302	0.44	0.83	1.67	0.20
YJ1-3(H)	0.68	0.77	3.73	0.39

3.2　准噶尔盆地深层裂缝扩展规律研究

走滑断层应力情况下的裂缝扩展规律：物模结合CT扫描，完成切片三维重构，获取裂缝扩展路径。模拟走滑断层应力分布（SH＝45MPa，Sv＝40MPa，Sh＝25MPa）。黏度选择1、10、50mPa·s，不同排量，结果如图11。结果显示走滑断层应力状态下，裂缝形态仍以沿着最大主应力方向的垂直缝为主，裂缝为双翼单缝（图11）。

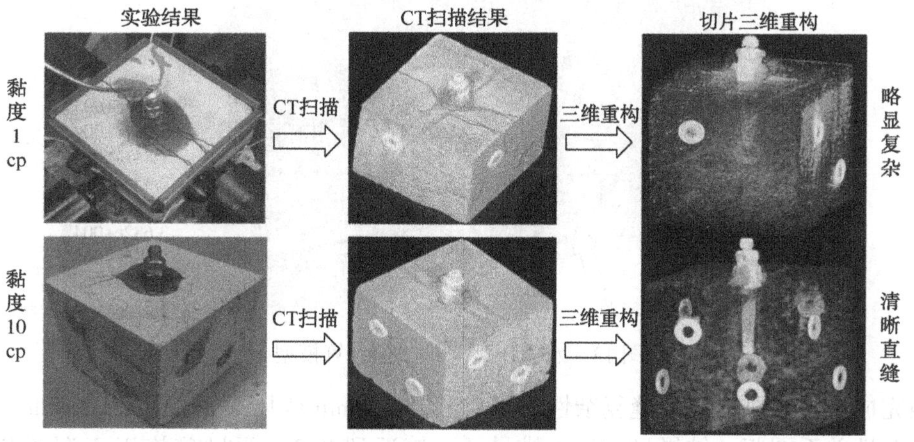

图11　不同参数下走滑断层裂缝扩展形态

不同天然裂缝下真三轴压裂裂缝扩展规律：通过水泥试样浇筑时预置纸片、亚克力板模拟天然或填充裂缝，开展真三轴物模实验结合压后CT扫描，完成三维裂缝面描述。重构结果显示：高围压以沿着最大主应力方向的垂直单一缝为主，天然裂缝的开度对裂缝扩展影响较大，大尺度裂缝下裂缝有较多分支偏转(图12)。

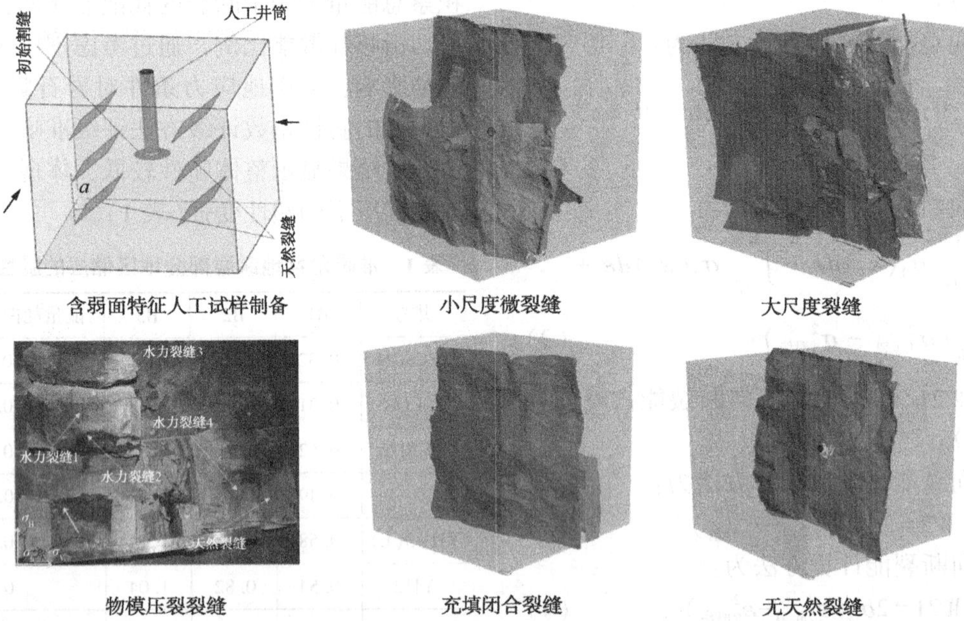

图12　不同天然裂缝下真三轴压裂裂缝扩展形态

3.3　准噶尔盆地深层裂缝复杂化研究

基于宏观物模裂缝扩展结果，完成裂缝扩展耦合算法反演(公式9)，建立超深层原位工程尺度下的裂缝扩展数值模型(图13)，模型X、Y、Z方向尺寸分别为500m、270m、100m，划分为900000个单元网格。模型垂向应力为130MPa，最大水平主应力为140MPa，最小水平主应力为115MPa，水平应力差为25MPa，储层渗透率为0.1mD，完成裂缝复杂缝工艺参数研究。

$$\sigma_\theta=-\frac{1-3m^2+2m\cos2\theta}{1+m^2-2m\cos2\theta}p_{net}+\frac{1-m^2-2m+2\cos2\theta}{1+m^2-2m\cos2\theta}\sigma_h+\frac{1-m^2+2m-2\cos2\theta}{1+m^2-2m\cos2\theta}\sigma_H \tag{9}$$

$$\sigma_p=-p_{net},\ \tau_{p\theta}=0$$

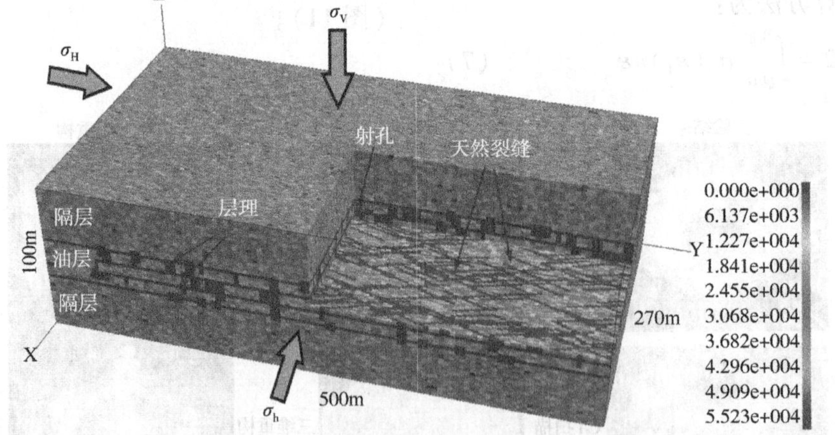

图13　水力压裂三维数值计算模型

三维模型完成排量和黏度对裂缝复杂性的模拟，并绘制复杂性关系图版，结果显示施工排量25m³/min或压裂液粘度为5mPa·s时，FCI值接近到0.3，而目前施工工况难以满足参数要求，可知预置低黏流体预先干预近井孔隙压力，降低有效应力从而提高缝网复杂性，模拟显示在水平应力差是25MPa条件下，近井带约30~40m内具备裂缝转向的条件(图14、15)。

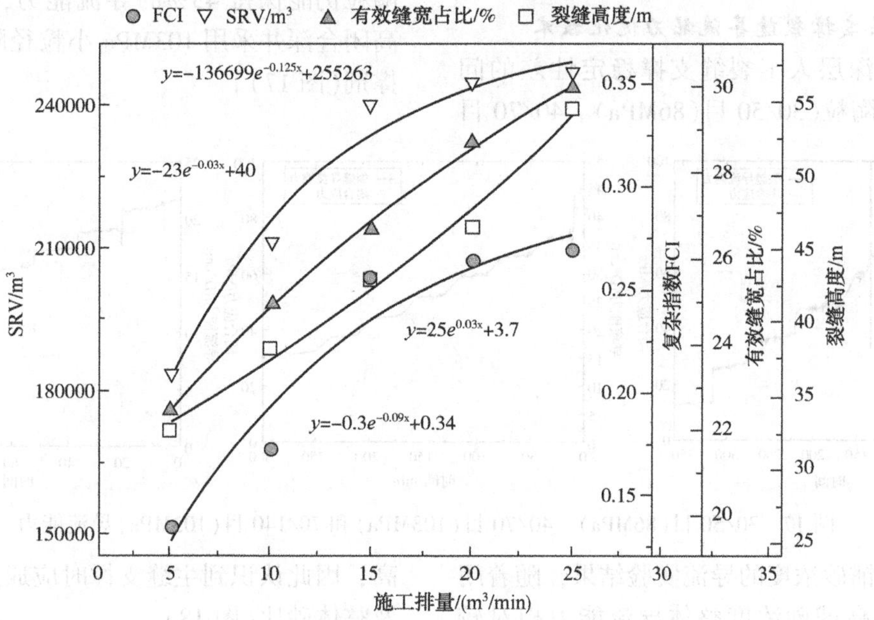

图14　排量与裂缝复杂性关系图版

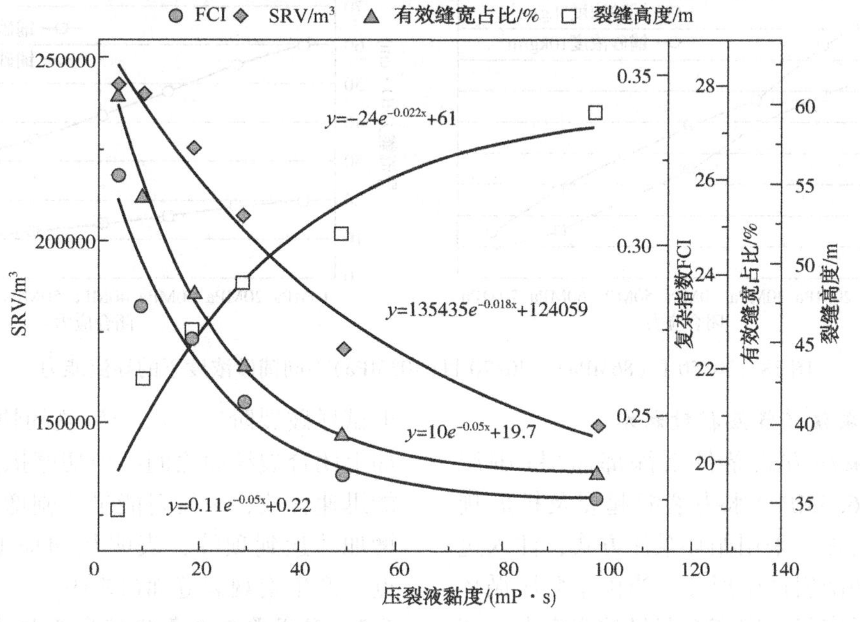

图15　黏度与裂缝复杂性关系图版

3.4　准噶尔深层低伤害一体化压裂液体系研发

研发NaCl、KCl、HCOOK和HCOONa加重，密度1.2~1.4g/cm³的一体化体系，成本降低40%以上，加重滑溜水降阻率70%~78%，可降低施工压力10~16MPa。

开展不同加重盐配置的压裂液破胶液(过滤残渣后)岩心水敏伤害实验，均会导致KCl溶液流速降低，产生水敏伤害。通过岩心CT扫描，破胶液固相残渣对岩心基质的侵入滞留，岩心伤害率10%~18%，整体低于20%(图16)。

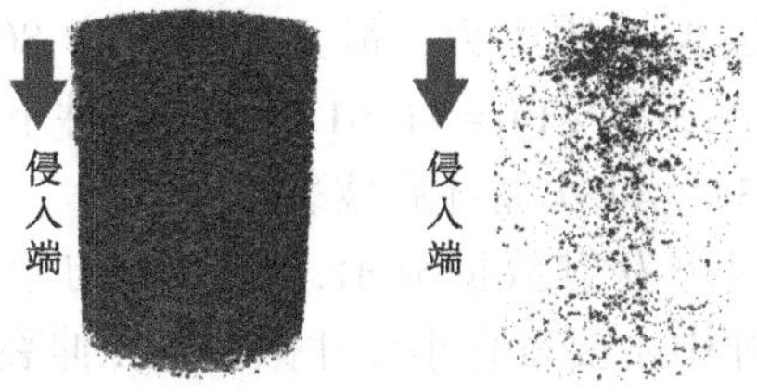

图16　压裂液伤害前后岩心CT扫描

4 初步形成准噶尔盆地深层长缝体积压裂技术体系

4.1 形成深层支撑裂缝导流能力优化技术

针对准中深层人工裂缝支撑稳定性差的问题，开展不同陶粒(30/50 目(86MPa)、40/70 目(103MPa)、70/140 目(103MPa))在不同围压下的导流能力对比，高闭合压力下 103MPa 小粒径陶粒仍能保持 45%的导流能力，因此建议对于高闭合深井采用 103MPa 小粒径陶粒作为主要支撑剂(图 17)。

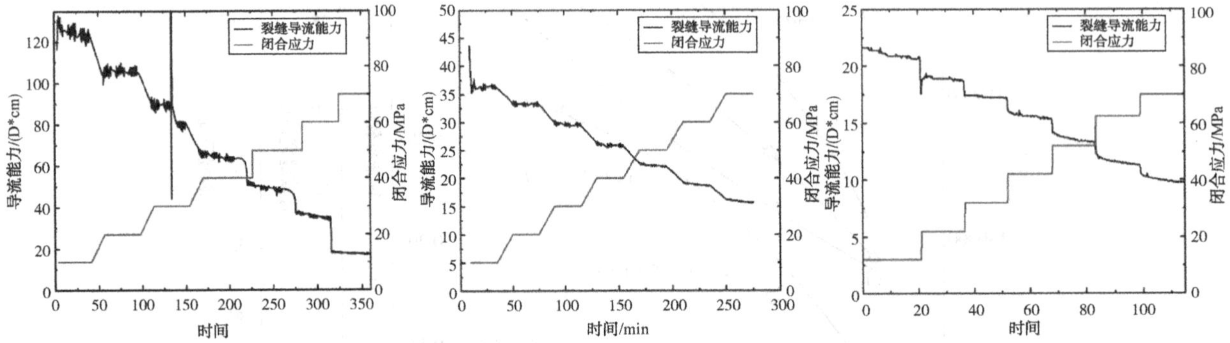

图 17　30/50 目(86MPa)、40/70 目(103MPa)和 70/140 目(103MPa)导流能力

通过不同铺砂浓度的导流实验结果，随着闭合压力升高，高铺砂浓度整体导流能力相对较高，因此认识到主缝支撑时应通过提高段塞砂量及整体砂比(图 18)。

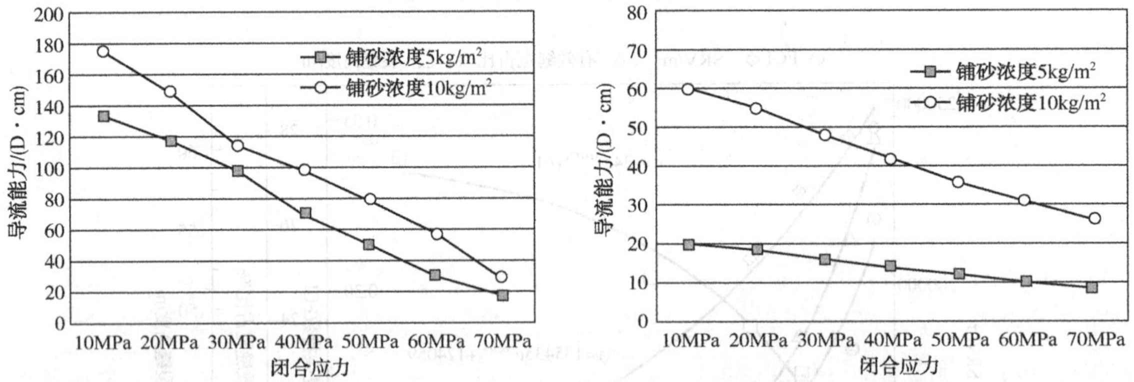

图 18　30/50 目(86MPa)、40/70 目(103MPa)不同铺砂浓度下的导流能力

4.2 形成循环泵注法降压扩缝技术

开展不同泵注方式条件下深部储层(围压 50MPa，轴压 56.5MPa)水力裂缝起裂及扩展规律研究。结果发现，采用循环泵注方式，注入过程会对井筒近场围岩产生形变，当由于泵压循环试验破裂时，对应径向应变有明显的突变点，产生了宏观压裂缝面。其中，最大流体压力 90% Pb=92.07MPa 的条件下，高压段(5s)，低压段(15s)，试样经历 7 次循环后试样发生破裂，依次降低最大流体压力，最大流体压力 80% Pb=81.84MPa、70%Pb=71.61MPa 的条件下，试样需经历 37、44 次循环后破裂。

通过声发射数据显示，在水压初始加载阶段，试样中主要发育小尺寸微裂缝拉伸裂纹，但拉伸裂纹仅在不稳定生长阶段产生声发射，在临近试样破裂阶段，由于裂纹的快速扩张和聚结，加上闭合裂纹面之间的剪切摩擦，试件内部应变能迅速释放，声发射能量急剧增加，呈现出跳跃增加并达到顶峰，表明径向应变出现明显突变点，产生宏观裂缝面(图 19)。

4.3 形成前置二氧化碳降压扩缝技术

在相同三向地应力加载条件，开展线性胶、滑溜水及超临界二氧化碳压裂裂缝扩展试验。通过泵压特征看，高粘压裂液对应破裂压力值更高，超临界 CO2 对应的破裂压力峰值最低。从裂缝形态特征看，线性胶、滑溜水裂缝简单，以主纵向压裂缝为主，小范围的天然裂缝开启；超临界二氧化碳激活了较多的天然裂缝，裂缝形态更加复杂(图 20)。

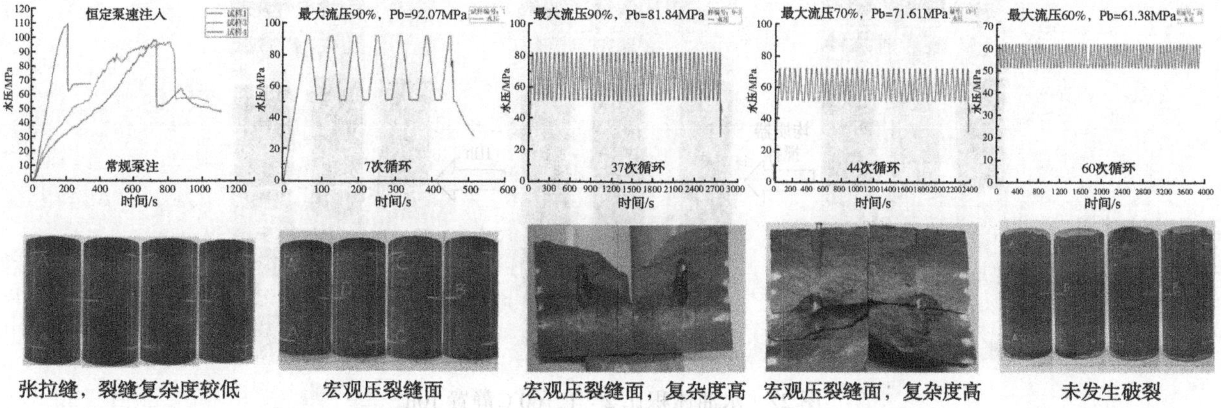

图19　循环泵注时间曲线及裂缝特征

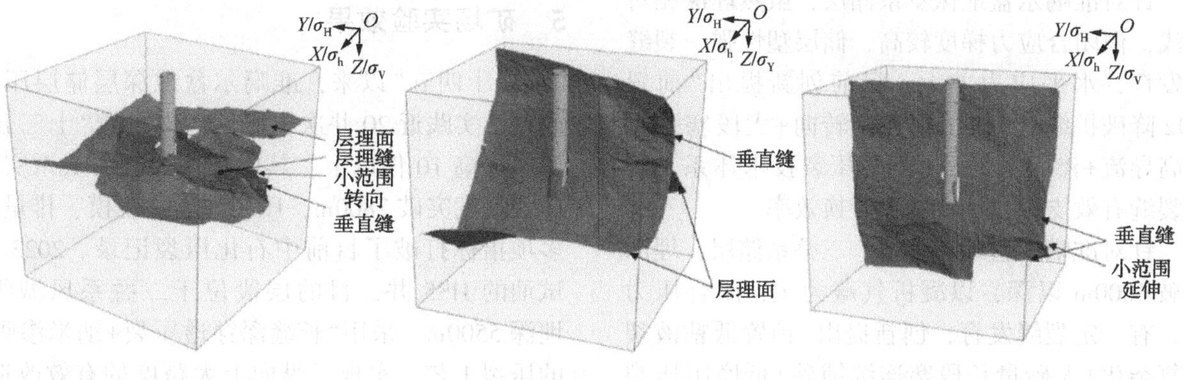

(a)超临界二氧化碳致裂特征　(b)滑溜水致裂特征　(c)线性胶致裂特征

图20　不同流体起裂裂缝形态扫描图

4.4　研发活性硅点纳米渗吸剂

针对地层水矿化度高，常规渗吸剂易乳化，研发耐温150℃，耐盐70000mg/L的渗吸剂；室内岩心渗吸采出程度达38.9%，乳化率仅7%（图21、22）。

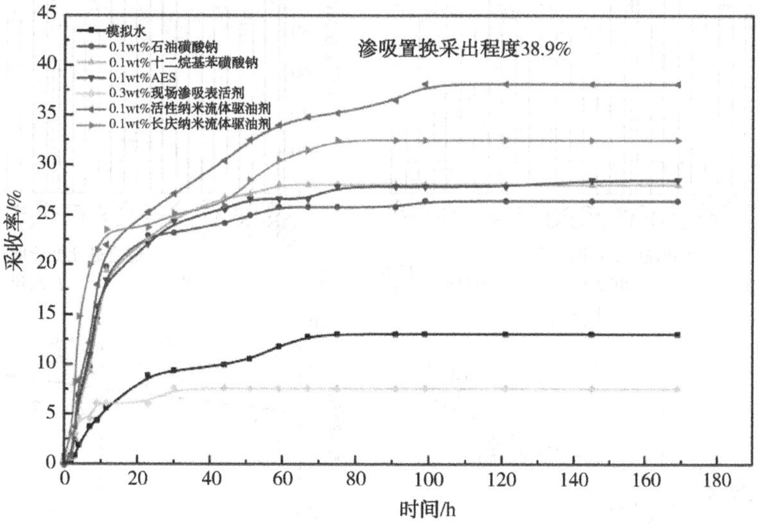

图21　不同渗吸驱油体系采收率对比

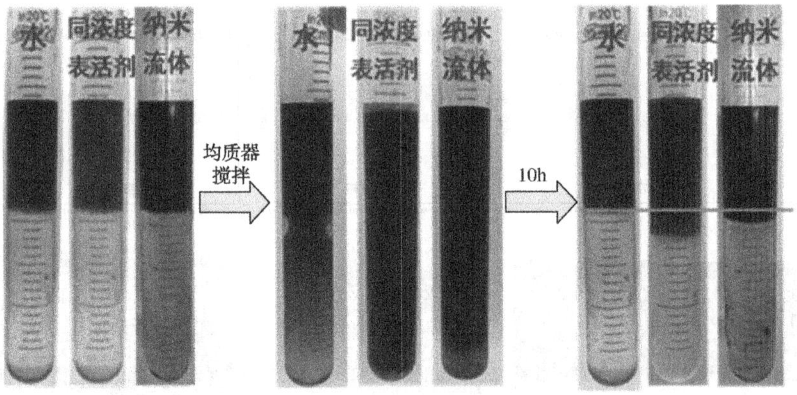

图 22　水油体积比 2：1，60℃静置 10h

4.5　形成不同类型储层压裂技术体系

针对准噶尔盆地侏罗系储层，虽然埋深相对较浅，但闭合应力梯度较高，储层塑性强，裂缝不发育，水平应力差大，目前创新提出“前置 CO2 降破扩缝+二次压裂强制转向+大段塞强支撑高导流+渗吸闷井置换”的压裂技术体系，提高裂缝有效支撑，加快油水置换效率。

针对准噶尔盆地二叠系、三叠系储层，埋深突破 6000m 以深，以凝析气藏为主，闭合压力高，有一定裂缝发育，创新提出“预置低粘液裂缝复杂化+大砂量长段塞连续铺砂+低摩阻压裂液有效携砂+广域电磁裂缝监测识别裂缝”的压裂技术体系，在保证缝长的同时尽可能提高裂缝复杂程度。

5　矿场实验效果

“十四五”以来，准噶尔盆地深层储层压裂改造已实践近 20 井次，压后产液量较“十三五”期间提高 10 倍以上，其中 ZS1 井在石炭系实现压裂深度突破 7800m，压裂深度、规模、排量等多项指标打破了目前中石化压裂记录。2023 年试油的 HS5 井，目的层段位于二叠系风城组，埋深 5500m。采用“长缝深穿透压裂+纳米渗吸”的压裂工艺，实现了纵向上大跨度的有效改造，压后峰值日油 112m^3，创造了准噶尔盆地胜利探区压裂产量纪录(图 23)。

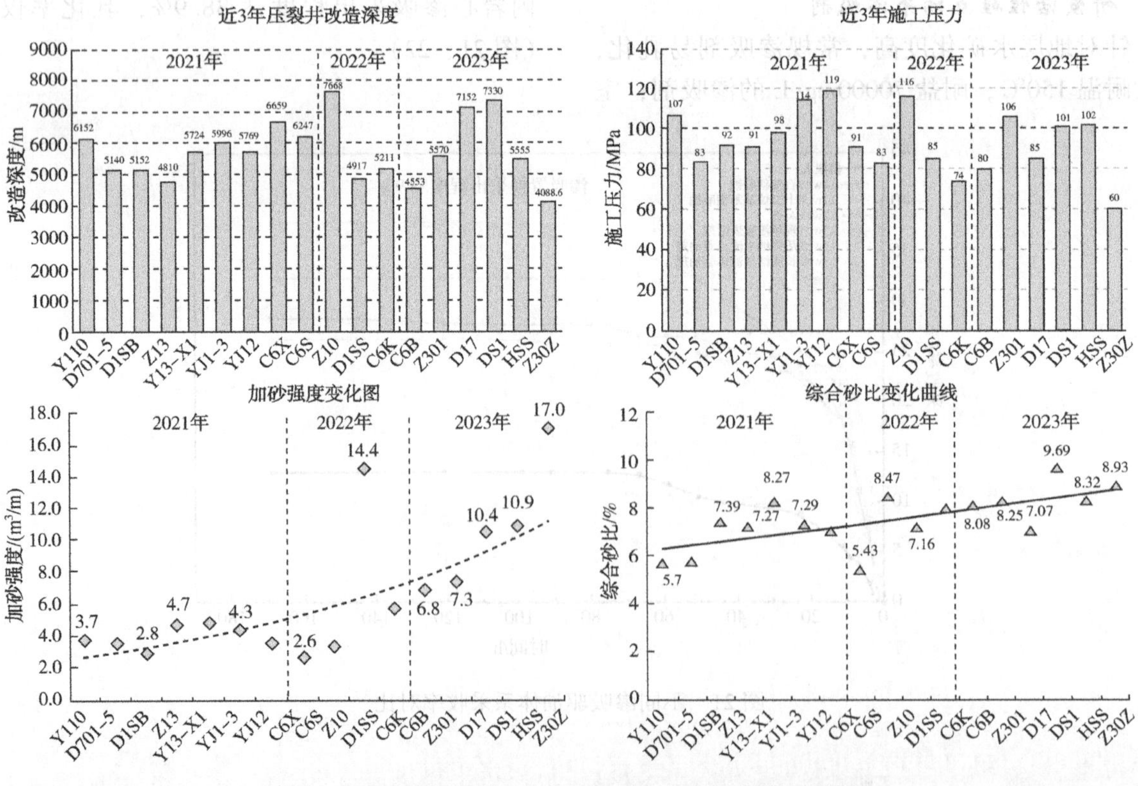

图 23　胜利西部探区近 3 年深层压裂改造矿场实验结果

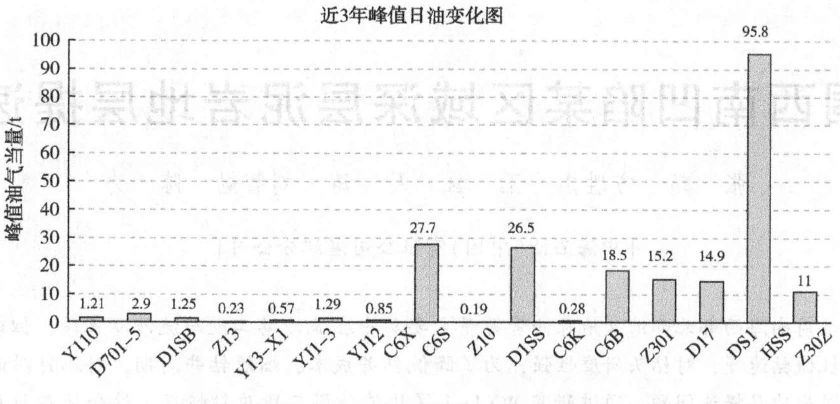

图 23　胜利西部探区近 3 年深层压裂改造矿场实验结果(续)

6　总结及建议

西部深层致密砂岩，经历了"十四五"期间的技术攻关，目前逐步向"压的好"方向攻关，其主要改造矛盾和难点为：一是资源储备不足，甜点认识不足，工程甜点与地质甜点匹配度差。二是针对更差品质的胜利准中下组合超深层，应致力于更大缝控体积及裂缝导流的压裂改造，因此有必要从裂缝扩展及裂缝导流等机理研究出发，开展下组合超深层大规模强化体积压裂技术研究。三是深层水平井作为勘探部署重要一环，在大应力差下水平井裂缝形态不清楚，分层、分段、布缝等工作需提速攻关。四是储层埋藏深地应力高，压裂改造时存在压力高无法提高单簇排量、裂缝形态简单、缝口支撑不足，地层能量低压后压力和产量难以维持，亟待创新型压裂工艺实现革命性技术突破。五是目前超深层压裂改造采取广域电磁监测方法，手段单一且结果存在局限性，无法准确指导现场施工，且压后分析难点较大，亟待配套数字智能化井底监测系统，提高监测。

下一步，胜利工程院将继续以甜点分析、工艺迭代、精细分层、长效支撑、创新工艺为方向，开展规划，逐步形成超深层综合甜点评价方法、超深层裂缝长效支撑技术、多级实时暂堵工艺，实现甜点层位均衡改造。

参 考 文 献

[1] 蒽克来，操应长，朱如凯，等．吉木萨尔凹陷二叠系芦草沟组致密油储层岩石类型及特征[J]. 石油学报，2015，36(12)：1495-1507.

[2] 匡立春，唐勇，雷德文，等．准噶尔盆地二叠系咸化湖相云质岩致密油形成条件与勘探潜力[J]. 石油勘探与开发，2012.

[3] Mark M B E Moen K. Compaction microstructures in quartz grains and quartz cement in deeply buried reservoir sandstones using combined petrography and EBSD analysis [J]. Journal of Structural Geology. 2007 29 (11)：1843-1854.

[4] Nelson R A. Geologic analysis of naturally fractured reservoirs [M]. Houston：Gulf Professional Publishing, 2001：332.

[5] 李华阳，周灿灿，李长喜，等．致密砂岩脆性指数测井评价方法——以鄂尔多斯盆地陇东地区长 7 段致密砂岩储集层为例[J]. 新疆石油地质，2014，35(05)：593-597.

[6] 郭旭光，牛志杰，王振林，等．岩石脆性预测在吉木萨尔凹陷致密油勘探中的应用[J]. 地质与勘探，2015，51(3)：592-598.

南海涠西南凹陷某区域深层泥岩地层提速技术

张　超　方胜杰　王　巍　马　涛　刘智勤　陈　力

［中海石油（中国）有限公司湛江分公司］

摘　要　目前南海西部北部湾盆地原油资源量主要集中在流沙港二段与流沙港三段，但此地层属于深层泥岩地层，机械钻速慢，对钻头研磨性强，为了降低钻井成本，缩短钻井周期，因此针对南海涠西南凹陷某区域深层泥岩地层提速问题，通过研究 WX1-1 区块流沙港二段难钻情况，结合地层抗压强度、地层矿物分析、流沙港三段钻井特征和难钻原因，分析 WZM-N 区块流沙港二段难钻原因。并通过塑性泥岩段钻头优化技术，基于 Pearson 系数法的流沙港二段钻井参数优选技术对流沙港二段进行提速，现场研究与应用表明：①海涠西南凹陷某区域岩心矿物组分以泥质硅质页岩、富硅粘土质页岩及富粘土硅质页岩为主，地层含有一定量的黄铁矿和菱铁矿等重矿物，对复合片具有潜在的磨损风险；②流沙港二段的泥页岩在高静液柱压力（大于 57MPa）条件下，地层呈现塑性，造成钻头吃入困难；③优化后的钻头在 WX1-1-4 井使用，在埋深更深的情况下一趟钻完成，整体机械钻速从 7m/h 提高到 12m/h，油页岩段机械钻速由提高到 2m/h 提高到 6m/h，优选后的钻头复合片具有吃入塑性泥页岩能力，并能兼顾流三段抗研磨和抗冲击能力，大力推动了北部湾盆地区域深层钻井提质增效和油气勘探开发。

关键词　涠西南；流沙港二段；抗压强度；机械钻速；person 相关系数法；钻头

近年来，伴随着老油田常规油气开发步入中后期，我国正亟需寻找资源接替和稳产增产的新方向。南海西部北部湾盆地原油资源量高，目前勘探和开发进入到中深层区域。但涠西南凹陷为陆相沉积，地质压实强，流沙港二段埋深在 3000m 以深，部分区域含高压，涠西南地层井壁容易失稳，钻井液比重高，带来环空静液柱压力增加，影响钻井机械钻速。其下部的埋深在 3500m 以深，地层强度大，部分地层含砂砾岩，对钻头复合片磨损大。本文分析了流沙港二段抗压强度、矿物组分，综合考虑待钻地层的强度和岩性，针对性设计了异形齿个性化钻头。在钻头优化上，主要考虑塑性地层地层提速，兼顾流沙港三段研磨性地层，在。应用 person 相关系数法，分析了钻井参数和机械钻速的关系，优选了适合泥页岩的钻井参数，形成综合提速技术。成果在 WX1-1-4 井进行了应用，机械钻速提高显著，为后续北部湾盆地深层油气田勘探开发和钻井提质增效提供了技术支撑。

1　WX1-1 区块流沙港二段钻速情况

WX1-1 构造在区域上处于北部湾盆地涠西南凹陷西区一号断裂带下降盘，钻探主要目的层为流沙港组三段，自上而下地质分层为：第四系-角尾组和下洋组，古近系涠洲组、流沙港二段和流沙港三段，其中流沙港组二段地层岩性为大套褐灰色泥岩、页岩，上部夹少量薄层粉砂岩、泥质粉砂岩，地层压力系数最高 1.7g/cm^3，流沙港三段主要岩性为砂岩夹泥岩。

已钻 2 口井机械钻速和钻头出井情况如下：

如图 1～图 3 所地，在流沙港二段泥页岩地层，机械钻速会有明显的下降，由 10m/h 下降到 2m/h 左右，出井钻头磨损轻微，表明地层对钻头的磨损并大，需要分析地层难钻原因，对钻头和钻井参数做出针对性的优化措施。

2　WZM-N 区块流沙港二段难钻原因

2.1　地层抗压强度计算

地层的软硬程度直接影响到钻头的吃入和磨损，地层强度评价主要采用抗压强度作为评价指标。利用测井资料中的声波时差，建立地层抗压强度剖面，如公式 1：

选取涠西南凹陷，有代表性岩心，拟合了计算公式：

$$UCS = a \times \exp(b * tp) \quad (1)$$

式中，a、b = 系数；tp 为声波时差 us/ft；UCS 为地层抗压强度，psi。

选取 WX1-1-2 井流沙港二段泥岩地层计算

抗压强度剖面如图：

如图 4 所示，流沙港二段地层泥岩和页岩抗压强度在 4000 ~ 8000psi，属于软 - 中等硬度地层。

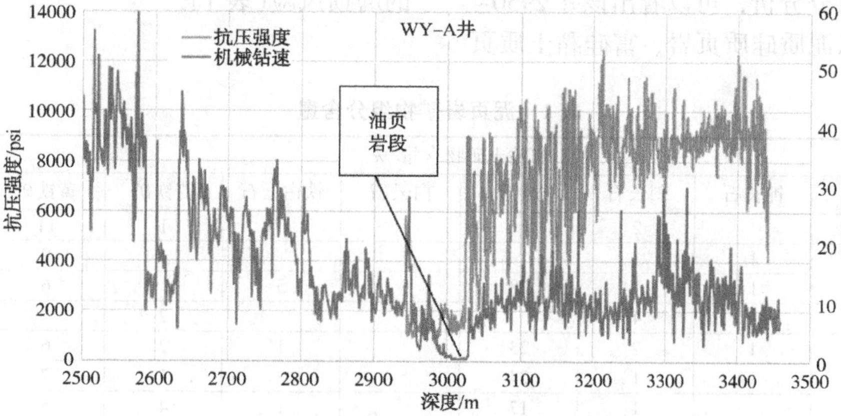

图 1　WX1-1-1 井抗压强度与机械钻速

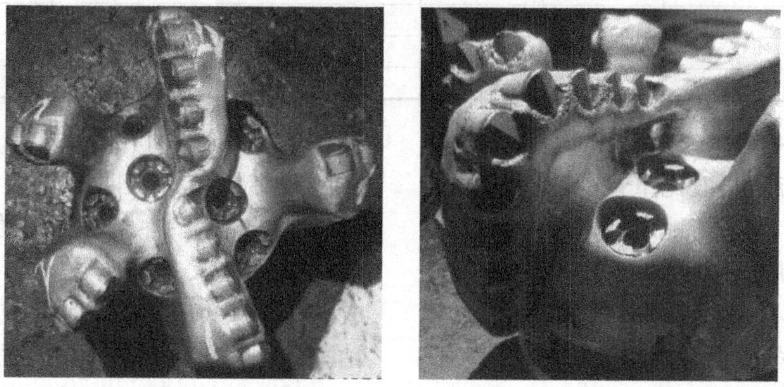

图 2　WX1-1-1 井钻头磨损情况(钻头状态评价：1-1-WT-A-X-I-NO-TD)

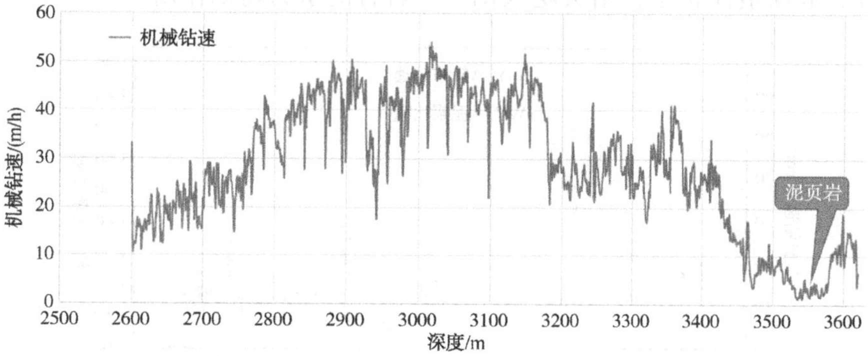

图 3　WX1-1-2 井抗压强度与机械钻速

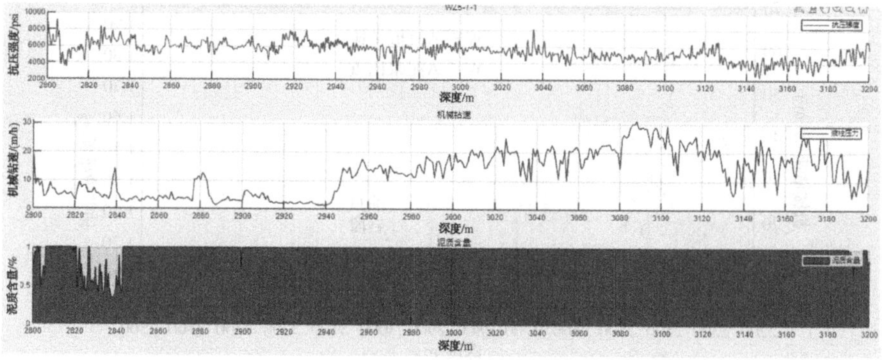

图 4　WX1-1-2 井流沙港二段泥岩地层抗压强度剖面

2.2 地层矿物组分分析

用XRD进行了搜集涠西南邻井泥页岩岩屑测定了岩心矿物组分分析，可以看出该井2950~2993m层段岩性以泥质硅质页岩、富硅黏土质页岩及富黏土硅质页岩为主，地层含有一定量的黄铁矿和菱铁矿等重矿物，对钻头复合片具有潜在的磨损风险(表1)。

表1　泥页岩矿物组分含量

井深/m	非粘土矿物含量/%								黏土总量/%
	石英	钾长石	斜长石	方解石	白云石	铁白云石	菱铁矿	黄铁矿	
3005.71	39		2				1	11	47
3006.01	41	1	1				1	9	47
3007	22	1	1	28		5		6	37
3007.89	35		4				2		59
3008	26	1	2	23		1	2	6	39
3009.5	23		1	24			1	7	44
3010.2	26		1	17		1	4	5	46
3011.5	25		2	22		1	3	6	41
3014	41		1					9	49
3018.9	33		1			5	1	12	48
3020	35		1					12	52
3022	38		2				2	10	48

2.3 流沙港三段钻井特征和难钻原因

分析机械钻速与钻井液比重、静液柱压力的关系，如图5所示，为平衡地层坍塌压力，维护井壁稳定，油页岩泥浆比重达到1.72g/cm³时，机械钻速降低至1~2m/h，对应泥浆静液柱压力约51MPa。泥页岩地层在高比重泥浆条件下机械钻速慢，有三个原因：泥页岩地层在高比重静液柱下作用下呈现塑性状态，钻头吃入困难。现场钻后评价分析发现，通过室内岩石力学试验结果分析表明，随着围压增加，地层强度增加的幅度越大，因此随着围压压力越高，地层硬度越大；高比重泥浆条件下，对井底形成的“压持效应”，岩屑形成了垫层，影响机械钻速；1.70g/cm³比重下泥浆固相含量达到36%，固相含量高，也不利于发挥泥浆冲击对岩石的水力切割作用。

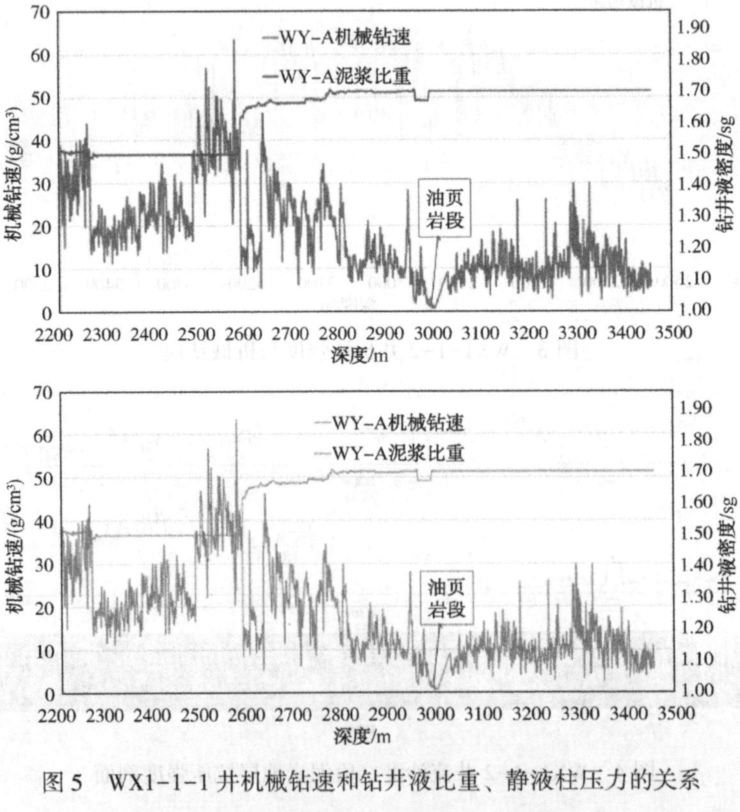

图5　WX1-1-1井机械钻速和钻井液比重、静液柱压力的关系

3 塑性泥岩段钻头优化技术

基于 WX1-1-1 井所表现出的机械钻速慢的原因分析，对高泥浆比重塑性油页岩的钻头改进总体原则：增加钻头复合片吃入地层的能力，但是同一井段要穿越流三段地层，抗压强度多在 6000~12000psi 之间，为中等硬度地层，且部分地层含少量砾石，为保证一趟钻完成 8½″井段，由于在流三段地层含砾，砾径 2~5mm，特别是流沙港三段超过 8000psi 的中等硬度以上地层占比 50%，且软硬交错的夹层比较频繁，属于中等硬度-硬地层，需要钻头具备的攻击性同时还有一定程度的强抗研磨性、强抗冲击性以提高钻头寿命。

根据以上原则，从钻头复合片尺寸和类型、布齿密度、刀翼设计、齿型选择、后倾角设计等方面，进行钻头优化设计，钻头复合片的优选方面，如图 6 所示，荆棘齿、尖圆混合齿和偃月齿等异性齿形会使其前方岩石内部形成一个应力集中区，更容易吃入并撕开塑性泥岩地层，切削效率高。考虑到尖圆混合齿和偃月齿的齿型应力更集中，齿型太尖，不利于应付软硬交错的夹层，优选荆棘齿作为主切削齿。通过增加 PDC 切削齿尺寸(“包络圆”直径)，可有效提高 PDC 钻头的机械钻速，选择尺寸更大的 19mm 齿作为主切削齿。

(a)　(b)　(c)

图 6　油页岩地层选用切削齿类型

使用刀翼数量较少的五刀翼钻头，五刀翼钻头心部开阔更容易吃入地层，同时排屑槽较宽，钻头设计方面进行了四方面改进：改进一：心部到肩部后倾角减小 1~2°，加强钻头的攻击性；改进二：心部到肩部位置刀翼减薄 3mm，在油页岩中钻进提高钻头的吃入效果；改进三：加大排屑槽空间设计，排屑槽内直径由 142mm 减小为 122mm，加强钻头的水力和排屑效果，有利于岩屑快速脱离井底；改进四：为提高破岩效率，选取较大齿间距，降低心部到肩部的布齿密度，将心部布齿减少 1 颗齿，增加切削齿之间的间距 0. 2~0. 3mm，提高钻头的攻击性。同时保径采用优质的热稳定聚晶，增加钻头钻进过程的稳定性，保证井眼尺寸符合要求，同时延长钻头寿命。加强钻头保径，使之具有更高的抗研磨性和更长的使用寿命；设计倒划眼齿，满足起钻过程中倒划眼的需要，增强钻头处理井下复杂的能力，减少卡钻的风险；采用流体分析技术，模拟仿真井底流场，优化钻头水力性能，主切削部位获得了更高的流速，能够确保清洗效率，减少泥包的可能性，提高机械钻速。前者清洗效率不佳，改进后能覆盖全钻头(图 7)。

4 基于 Pearson 系数法的流沙港二段钻井参数优选

钻井过程中会产生大量的工程参数，机械钻速智能分析常采用的有：钻压、转速、排量、扭矩，近年来，随着对机械钻速影响因素的深入研究，钻井液比重、钻井液液柱压力也是考虑的重要因素。由于井下工况复杂，工程参数和机械钻速的关系并不是固定不变的，有研究表明，如钻头磨损后，钻压和机械钻速不是处于正相关的关系，在塑性地层，转速对机械钻速的影响程度也并不高。流三段由于地层复杂，砾石对钻头的冲击磨损大，需要根据实际已经发生钻井参数与机械钻速的关系，来确定合理的钻井参数。

在数据处理方面，对于钻井数据而言，很多数据由于仪器的差异性，使得记录的数据存在量纲或者数量级方面的差异，如果直接应用该种数据，将会是那些数值较小的数据很难被显示，造成一种“被淹没”的现象，从而降低或者削弱这些小数据的作用。因此能更好的提升上述小数据的应用价值，提高不同数据之间的计算性，有必要对这些数据实施标准化，采用一些既定规则方式实现对这些数据的缩放，使得数据的试验结果能够具有较好的可靠性，从而能够在既定范围内保持较好的稳定性。

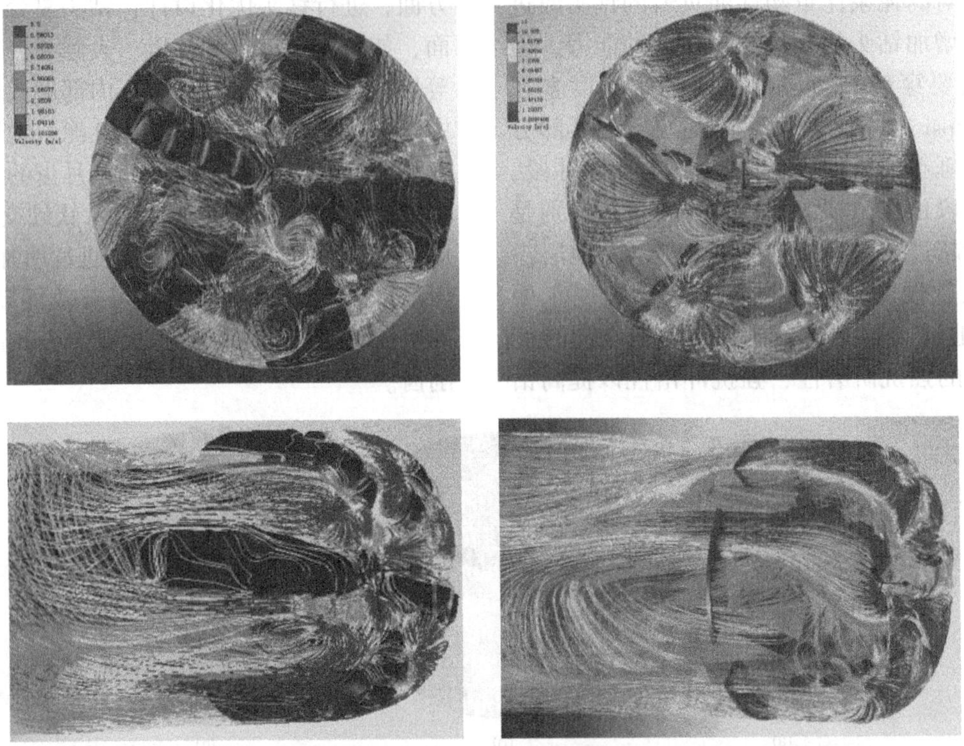

图 7　钻头改进前后井底流场模拟仿真

采用 min-max 标准化对钻井数据的归一化处理。该种规则也就是将所有数据经过转化后转变在[0，1]之间，从而降低不同数据之间的量级方面的影响。对于一个数据 xi，经过标准化之后，则转换之后的结果 xi′为：

$$x'_{\mathrm{i}}=\frac{x_{\mathrm{i}}-x_{\min}}{x_{\max}-x_{\min}} \tag{2}$$

不同的地层，机械钻速对参数的敏感性并不一致，本文根据不同的地质分层，采用皮尔逊相关系数衡量两个变量之间的线性关系强度和方向，当相关系数值达到+1 的时候，表示这两个变量间完全正相关(即其中一个变量增加时，另一个变量也增加)，且值越接近+1，两变量正相关性越大数；当值为 0 时，表示这两个变量无关，且值越接近 0，两变量的关联程度越弱；当值为-1 时表示这两个变量完全负相关(即其中一个变量增加时，另一个变量减少)，且值越接近-1，两变量的负相关性越大。

相关系数的计算公式为：

$$r_{xy}=\frac{s_{xy}}{s_x s_y} \tag{3}$$

其中，r_{xy} 表示样本相关系数，s_{xy} 表示样本协方差，s_x 表示 x 的样本标准差，s_y 表示 y 的样本标准差。

其中协方差 s_{xy} 和样本标准差 s_x 和 s_y 的计算公式如下

$$s_{xy}=\frac{\sum_{i=1}^{n}\left(x_{\mathrm{i}}-\frac{1}{X}\right)\left(y_{\mathrm{i}}-\frac{1}{Y}\right)}{n-1} \tag{4}$$

$$S_y=\sqrt{\frac{\left(y_{\mathrm{i}}-\frac{1}{y}\right)^2}{n-1}} \tag{5}$$

$$S_x=\sqrt{\frac{\left(x_{\mathrm{i}}-\frac{1}{x}\right)^2}{n-1}} \tag{6}$$

由于是样本协方差和样本标准差，因此分母均为 $n-1$。

利用相关系数法，编制了计算程序，梳理了现场具有的数据(图 8)，对 WX1-1-1 井进行了实时钻井参数优选。

如图 8 分析结果可以得到流沙港二段泥岩段相关性信息，与机械钻速呈正相关的有钻压和扭矩，表明在较大钻压条件下，增加钻头吃入塑性泥页岩的能力，可以提高机械钻速。呈现负相关关系的有转速和钻井液比重，说明比重越高泥岩的塑性越强，转速越高，钻头在塑性泥岩上打滑，会导致机械钻速下降。

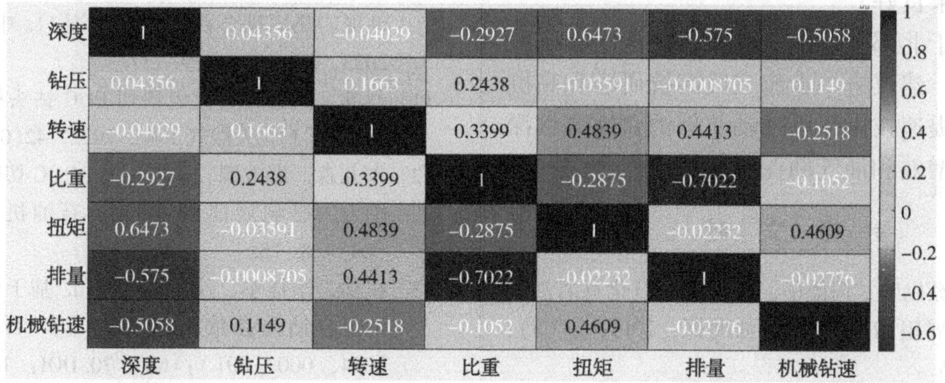

图 8　WX1-1-1 井流沙港二段泥页岩部分相关系数

如图 9 分析结果可以得到流沙港三段砂岩段相关性信息，与机械钻速呈正相关的有转速和扭矩，表明砂岩地层钻头容易吃入地层，在较大转速条件下，增加了钻头切削地层的线速度，扭矩较高变现出有效切削地层的能力，可以提高机械钻速。呈现负相关关系的有钻压，说明流三段砂岩地层，钻压加得较高，可能导致管柱运动的不稳定，会导致机械钻速下降。

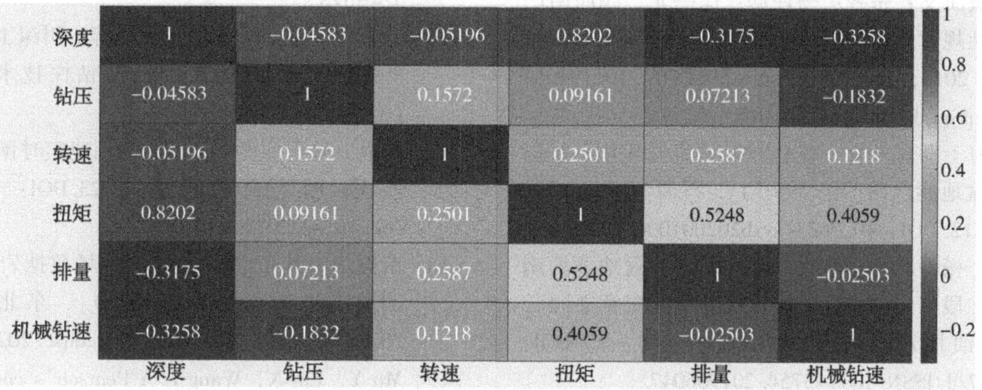

图 9　WX1-1-1 井流沙港三段砂岩部分相关系数

5　成果应用

优化后的钻头在 WX1-1-4 井使用，在埋深更深的情况下一趟钻完成，整体机械钻速从 7m/h 提高到 12m/h，油页岩段机械钻速由提高到2m/h 提高到 6m/h，出井钻头评价 1-1-WT-A-X-I-NO-TD。表明选用的钻头复合片具有吃入塑性泥页岩能力，并能兼顾流三段抗研磨和抗冲击能力，可以为后续类似深层含砾石地层钻井提速提供储备。

6　结论与建议

（1）用 XRD 进行了搜集涠西南邻井泥页岩岩屑测定了岩心矿物组分分析，可以看出该井 2950~2993m 层段岩性以泥质硅质页岩、富硅粘土质页岩及富粘土硅质页岩为主，地层含有一定量的黄铁矿和菱铁矿等重矿物，对复合片具有潜在的磨损风险；

（2）涠洲中浅层地层，静液柱压力在 57MPa 以内的条件下，机械钻速较高。随着井深的增加，静液柱压力逐渐升高，流沙港二段的泥页岩地层在高静液柱压力（大于 57MPa）条件下，机械钻速下降到 5m/h 以内。表明流沙港二段的泥页岩在高静液柱压力条件下，地层呈现塑性，造成钻头吃入困难；

（3）通过复合片压入地层分析，优选了吃入地层能力强的荆棘齿，从钻头复合片尺寸、布齿密度、刀翼设计、齿型选择、后倾角设计等方面，进行钻头优化设计，应用 person 相关系数法，分析了钻井参数和机械钻速的关系，优选了适合泥页岩的钻井参数，形成综合提速技术，在现场应用效果良好。

（4）由于北部湾盆地区域面临更深的流三段含砂砾地层，建议进一步流三段高抗研磨和高抗冲击性钻头提速技术，以推动北部湾盆地区域深层钻井提质增效和油气勘探开发。

参 考 文 献

[1] 孙焕泉，蔡勋育，周德华，等．中国石化页岩油勘探实践与展望[J]．中国石油勘探，2019，24(5)：569 – 575.

[2] 张瀚之，翟晓鹏，楼一珊．中国陆相页岩油钻井技术发展现状与前景展望[J]．石油钻采工艺，2019，41(3)：265 – 271.]

[3] 徐长贵，邓勇，范彩伟等．北部湾盆地涠西南凹陷页岩油地质特征与资源潜力[J]．中国海上油气，2022，34(05)：1-12.]

[4] 张超；黄凯文；张智；杨仲涵；徐一龙．涠西南凹陷可钻性规律分析[J]．重庆科技学院学报(自然科学版)，2013，15(02)：56 – 59. DOI：10.19406/j.cnki.cqkjxyxbzkb.2013.02.014.

[5] 陈奎．海上勘探开发一体化技术研究及应用——以北部湾盆地涠西南凹陷为例[J]．石油学报，2020，41(1)：12. DOI：10.7623/syxb202001006.

[6] 董贵能，杨希冰，何小胡，等．北部湾盆地涠西南凹陷流二段三角洲的沉积特征及油气勘探意义[J]．大庆石油地质与开发，2020，39(4)：10. DOI：10.19597/J.ISSN.1000-3754.201906047.

[7] 祝小林．海南福山油田优快钻井技术研究[D]．荆州：长江大学，2013.

[8] 李超，寇明富，王世永等．酒西地区白垩系地层新型 PDC 钻头技术及应用[J]．石油机械，2019，47(03)：7-13.

[9] 骆光亮，蒋祖军，杨迎新等．川西须家河深层 PDC 钻头新技术研究与应用[J]．西部探矿工程，2013，25(04)：46-48.

[10] 罗鸣，高德利，李文拓．异形 PDC 切削齿破碎塑性泥岩热固耦合数值模拟研究[J]．中国海上油气，2023，35(02)：129-137.

[11] 刘维，高德利．大齿快切 PDC 钻头提速研究与现场试验[J]．天然气工业，2022，42(09)：102-110.

[12] 未九森，邵方源，谭紫阳等．PDC 切削齿直径对切削力的影响规律研究[J]．石油机械，2023，51(04)：8-15.]

[13] 崔猛，李佳军，纪国栋，et al. 基于机械比能理论的复合钻井参数优选方法[J]．石油钻探技术，2014，000(001)：66 – 70. DOI：10.3969/j.issn.1001-0890.2014.01.013.

[14] 史怀忠，李根生，王学杰，等．水力脉冲空化射流欠平衡钻井提高钻速技术[J]．石油勘探与开发，2010，37(01)：111-115.

[15] 谢静，吴惠梅，楼一珊，等．钻井水力参数对钻头优选的影响[J]．中国科技论文，2021，016(005)：524-528.

[16] 叶金龙，沈建文，吴玉君，等．川深 1 井超深井钻井提速关键技术[J]．石油钻探技术，2019，47(3)：121-126.

[17] 焦通．基于深度学习方法的钻速实时预测研究[D]．西安：西安石油大学，2023. DOI：10.27400/d.cnki.gxasc.2023.001118.

[18] 苗振华．基于南海 A 区块井场数据岩石可钻性预测及钻井参数优化研究[D]．东北石油大学，2023. DOI：10.26995/d.cnki.gdqsc.2023.000220.

[19] Mu Y, Liu X, Wang L. A Pearson's correlation coefficient based decision tree and its parallel implementation[J]. Information Sciences, 2018, 435: 40-58.

[20] 马涛，张超，王巍，等．涠西南凹陷基于机械比能的钻头磨损评价方法[J]．中国石油和化工标准与质量，2024，44(01)：4-6.

白云岩野外露头大尺寸岩样岩石物理实验研究

段文星[1,2,3]　张承森[1,2,3]　郭清滨[1,2,3]　吴兴能[1,2,3]　陈　旭[1,2,3]
唐保勇[1,2,3]　艾　勇[1,2,3]　黄若坤[1,2,3]　文生财[1,2,3]　刘　妮[1,2,3]

（1. 中国石油天然气集团有限公司超深复杂油气勘探开发技术研发中心；2. 新疆维吾尔自治区超深层复杂油气藏勘探开发工程研究中心；3. 新疆超深油气重点实验室）

摘　要　塔里木盆地寒武系盐下白云岩是油气勘探重要接替领域，通过井下与野外露头地质特征对比，选取什艾日克剖面露头大尺寸岩样，开展岩石物理实验：(1)依据核磁T2谱、CT扫描微观孔隙分布等关键参数将储层划分为四种孔隙结构类型，并确定了不同级别储层有效性评价依据。(2)相对致密白云岩声波孔隙度与氦气法和核磁孔隙度基本吻合，孔洞发育型白云岩声波孔隙度小于氦气法和核磁孔隙度。(3)建立了不同孔隙结构类型的岩电参数模型。

关键词　塔里木盆地；白云岩；露头；大尺寸岩样；岩石物理实验

塔里木盆地寒武系盐下及震旦系白云岩是盆地油气勘探重要的接替领域，该区储层整体表现为岩性复杂、基质岩块孔隙度渗透率低、储层发育溶孔及网状裂缝，各向异性强的特征。因此，小柱塞样样品的岩石物理实验结果已无法完全代表白云岩储层的岩石物理特征，需通过从野外获取大尺寸岩心开展配套岩石物理实验与分析。通过对塔里木盆地什艾日克剖面奇格不拉克组、肖尔布拉克组、沙依里克组13块大尺寸白云岩岩石样品开展岩性、孔隙结构、工业化数字CT扫描及电声核磁联测，提取实验样品的物性与孔隙结构参数，分析不同地层的岩石微观孔隙分布与结构特征。

1　寒武系白云岩储层岩石物理实验方法

1.1　实验内容

根据实验研究需求，进行了什艾日克剖面露头白云岩样品，露头采样后在实验室完成加工，制备成全直径样品及方形样品，针对露头全直径样品分别开展x衍射全岩、常规孔渗、核磁共振、常温常压岩电、三维CT扫描、声波测量共计6项岩石物理实验内容，针对方形样品开展斯通利波测量。

1.2　实验方案设计

本次实验分两批进行，第一批为露头全直径白云岩的配套实验，第二批为露头方样斯通利波的测试。每一批次之间相互独立，同一批次中的样品在保证不破孔隙结构的前提下开展下一组实验，尽可能把前后两组实验项目的相互影响降到最低，合理的安排了实验顺序(图1)。

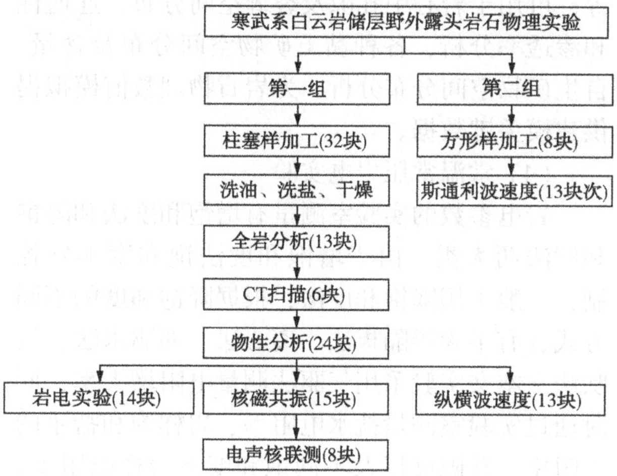

图1　实验方案设计

1.3　实验内容

(1)X衍射全岩实验

X射线衍射分析是将具有一定波长的X射线照射到晶体上，X射线因在晶体内部遇到规则排列的原子或离子而发生散射，散射的X射线在某些方向上相位得到加强，从而显示与晶体结构相对应的衍射现象。X射线的波长已知，衍射角通过测定可得到，根据每种晶体的衍射角进而求得面间隔，即结晶内原子或离子的规则排列状态，即可确定晶体的结构得到矿物的种类信息，即定性分析。通过测量各矿物衍射峰的强度，利用衍射强度与含量的正比关系可以计算各矿物的相对含量，即定量分析。

（2）常规孔渗实验

孔隙度参数是最基础、最重要、最常用的关键参数之一，储集层的总孔隙度越大，说明岩石中孔隙空间越大。从实用出发，只有那些互相连通的孔隙才有实际意义，因为它们不仅能储存油气，而且可以允许油气在其中渗滤。实验室测定岩石孔隙度的方法，主要从岩石孔隙度的定义出发，在实验室测出岩石的孔隙体积和同一岩石的外表体积，即可按定义求出孔隙度。实验室测定岩石外表体积的方法是卡尺测量法，实验室测定岩石孔隙体积的方法是波义尔(Boyles)定律先测定岩石颗粒体积，然后用岩石外表体积减去颗粒体积即可计算出岩石孔隙体积。

（3）三维CT扫描实验

CT扫描主要用于岩心样品的三维微观结构扫描，在不破坏岩心状态的情况下完成对岩心样品成像，得到样品连续的横向切片、纵向不同方向切片、三维重建图及孔隙结构提取后的透视图等，可用于岩心中孔隙及裂缝空间分布、连通性和渗透率分析，各种黏土矿物空间分布及含量，自生矿物空间分布分析，为岩石物理数值模拟提供建模关键数据。

（4）常温常压岩电实验

岩电参数的实验室测量有增饱和度法和降饱和度法两大类。由于增饱和度法饱和度不好控制，一般采用降饱和度法，根据降饱和度的不同方式，有半渗透隔板法、离心法、油驱水法、气吹法。本文实验采用气驱法测量电阻增大率，同时通过实验室测量盐水电阻率、岩样饱和盐水的电阻率、孔隙度以及不同饱和度下岩样电阻率，按阿尔奇公式得到岩电参数，供测井计算地层的含油饱和度。

（5）核磁共振实验

核磁共振技术是一种探测原子核与外加磁场之间相互作用后的弛豫过程的成熟技术，是以测量岩石孔隙中被磁化氢核的磁化强度及衰减时间为主。其信号的强度主要与岩石孔隙中氢核的数量有关，因此可以反映岩石的孔隙度，而衰减时间主要反映氢核磁化的弛豫时间。实验室岩心核磁共振测量主要用以确定核磁共振测井资料解释中的关键参数之一：T_2截止值，同时用以建立孔隙度、渗透率、束缚流体饱和度、可动流体饱和度等测井解释模型参数。实验室岩心核磁共振测量还有助于现场测井中有关参数的合理选择，用以更好地评价油、气储层。

（6）声波实验

岩石的弹性和它们的有关应力条件在井眼周围应力场的估算中很重要。通过纵、横波时差和体积密度资料，计算地层条件下的岩石动态弹性模量，可以用于确定岩石强度、地应力等参数，从而进行井眼稳定性分析、地层出砂分析、人工压裂设计等方面的研究。本文实验采用透射波法测量全直径岩样的纵横波速度，采用滑行波法测量方形岩样的斯通利波速度。

2　储层岩石物理实验数据分析

通过对岩石物理实验数据进行分类汇总，分别从岩性、物性、孔隙结构、岩电规律和声学特征五个方面进行统计分析，总结奇格不拉克组、肖尔布拉克组、沙依里克组白云岩岩石物理特征，为白云岩储层地质特征研究、测井参数计算、储层级别划分等提供实验数据依据。

2.1　露头全直径样岩性特征

分别针对什艾日克剖面奇格不拉克组、肖尔布拉克组、沙依里克组13块样品开展X岩石全岩分析，数据表明，奇格不拉克组、肖尔布拉克组、沙依里克组岩性均以白云岩为主，其中：奇格布拉克组白云石含量范围为89%~96%，平均体积含量为92%，方解石平均体积含量为7%，石英平均体积含量为0.1%，四号采样点样品为外界搬运而来或受风化作用溶蚀重结晶等作用，测得该点样品为灰岩，方解石体积含量为86%；肖尔布拉克组白云石含量范围为85%~100%，平均体积含量为94%，方解石平均体积含量为6%，石英平均体积含量为0.1%；沙依里克组白云石平均体积含量为99%，方解石平均体积含量为0.5%(图2)。

2.2　露头全直径样物性特征

(1)奇格布拉克组物性特征

通过对奇格布拉克组6块样品孔隙度与渗透率数据统计分析可知：孔隙度主要分布在3%~14%之间，平均为9%；渗透率主要分布在0.018~13.1×10^{-3} μm^2之间，算术平均3.490×10^{-3} μm^2(如图3)。利用该层位孔隙度、渗透率数据建立相关关系可知，孔渗之间具有很好的正相关关系(图4)。

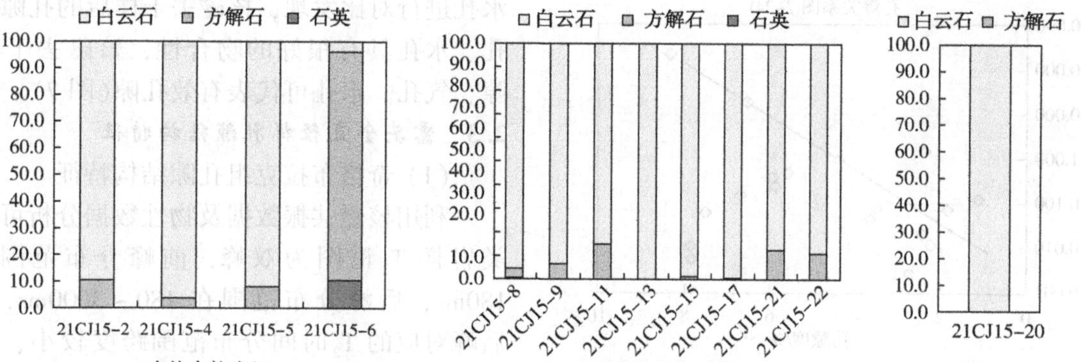

(a)奇格布拉克组　　(b)奇格布拉克组　　(c)沙依里克组

图 2　全岩矿物分布图

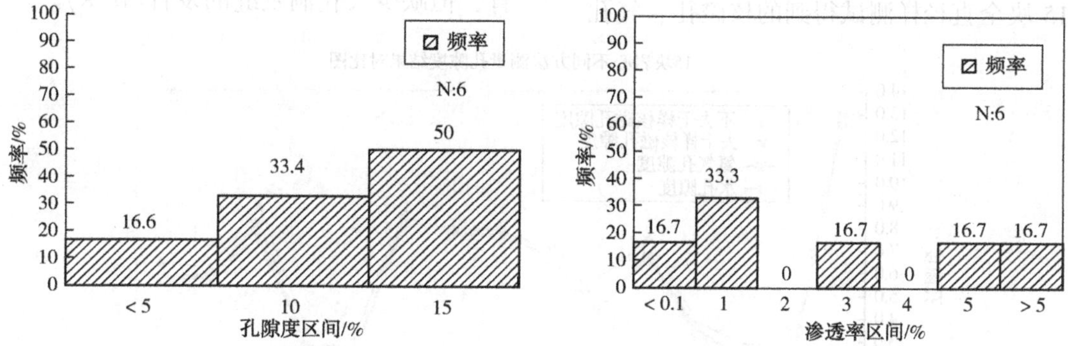

(a)孔隙度　　(b)渗透率

图 3　奇格布拉克组孔隙度、渗透率分布

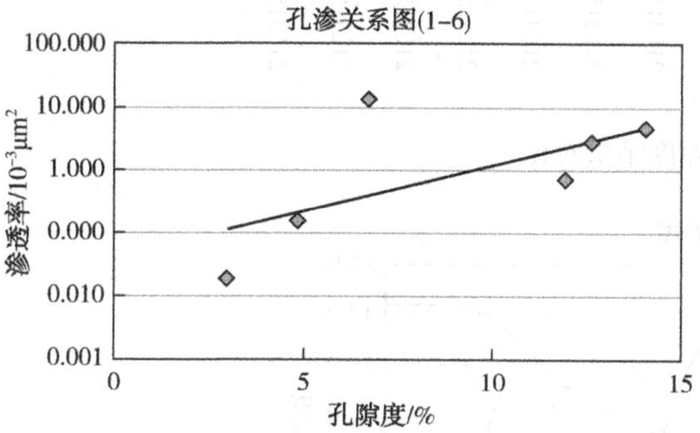

图 4　奇格布拉克组孔渗关系

(2) 肖尔布拉克、沙依里克组物性特征

通过对肖尔布拉克、沙依里克组 18 块样品孔隙度与渗透率数据统计分析可知：孔隙度主要分布在 1%~8%之间，平均 5%；渗透率主要分布在 0.0026~213×10^{-3}um^{2}之间，排除掉两块发育裂缝样品的渗透率数值后，渗透率算术平均 0.248×10^{-3}um^2(图 5)。同样利用孔隙度、渗透率数据建立相关关系可知，孔渗之间具有很好的正相关关系，但其中有两个点偏移趋势线，为针孔白云岩孔隙间连通性差导致(图 6)。

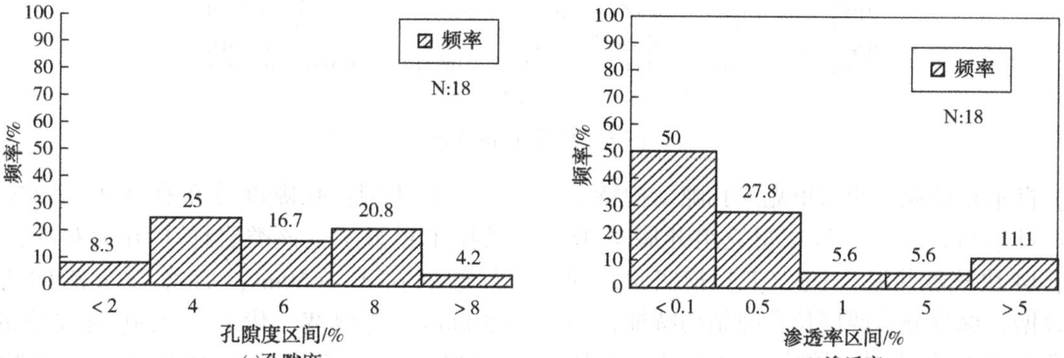

(a)孔隙度　　(b)渗透率

图 5　肖尔布拉克、沙依里克组孔隙度、渗透率分布

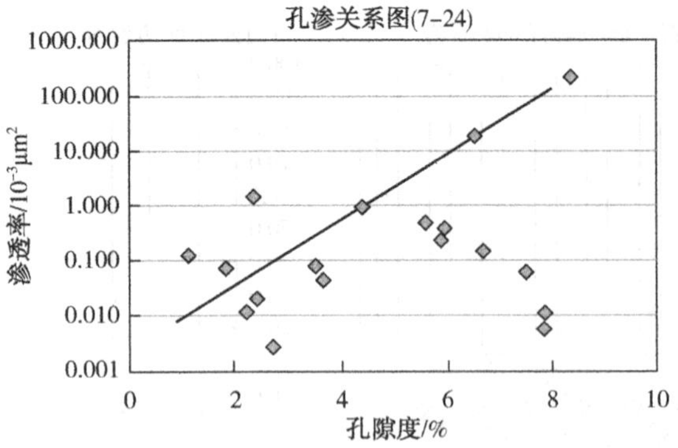

图6　肖尔布拉克、沙依里克组组孔渗关系

（3）不同方法测试孔隙度间对比

将15块全直径样测试得到的核磁孔、气孔、水孔进行对比发现，核磁去干样后的孔隙度与气孔、水孔具有很好的吻合性，核磁去干样后孔隙、气孔、水孔可代表有效孔隙(图7)。

2.3　露头全直径样孔隙结构特征

（1）奇格布拉克组孔隙结构特征

利用核磁共振数据及物性数据分析可知：该类岩样 T_2 谱图为双峰，前峰分布范围为 1～180ms，后峰分布范围在 180～3000ms，前峰、后峰对应的 T_2 时间分布范围跨度较小、谱型较窄，且前峰、后峰对应孔的总体积相差不大，表明样品大孔、小孔孔隙半径相差不大，且均有发育，但缺少大孔洞及缝的发育(图8)。

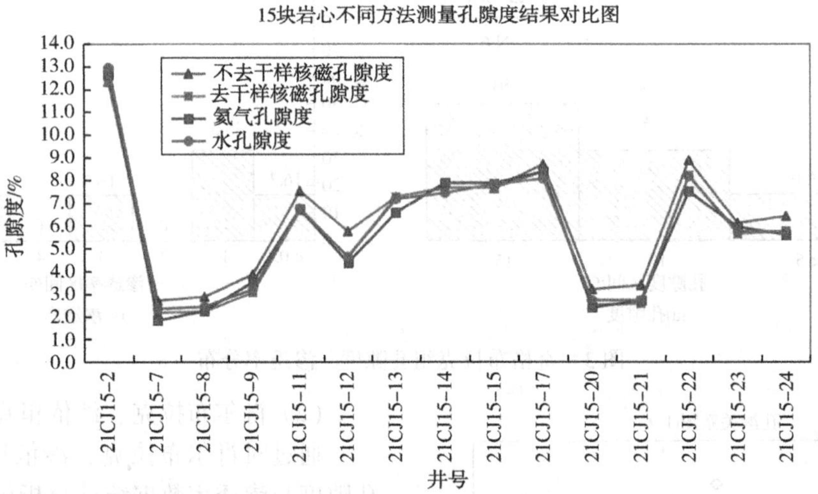

图7　不同方法测量孔隙度结果对比

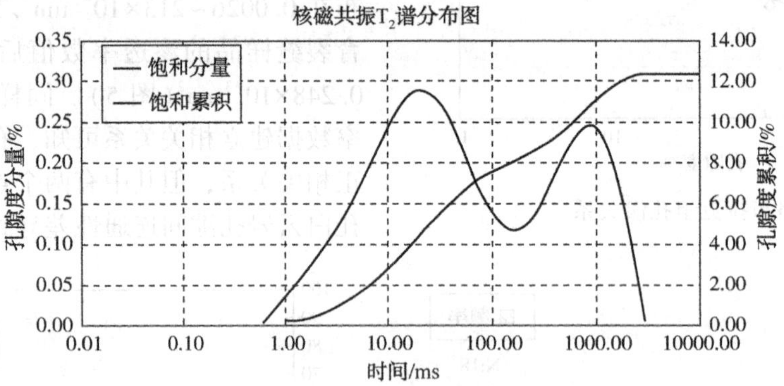

图8　样品 T_2 核磁谱

（2）肖尔布拉克、沙依里克组孔隙结构特征

针对肖尔布拉克组、沙依里克组开展了18块孔渗、14块核磁共振、6块CT扫描实验，利用以上数据，综合分析两层位孔隙结构特征，最终根据孔隙度分布范围、核磁 T_2 谱特征、峰值范围、CT扫描计算孔隙半径等参数，该区肖尔布拉克、沙依里克组白云岩可分为4类：

① Ⅰ型：孔隙度分布在4.4～7.5%，核磁共振 T_2 谱显示：该类岩样 T_2 峰为双峰，前峰分布范围在 1～650ms，后峰分布范围为 650～6500ms，谱型宽，代表有大孔洞或缝的发育，后峰所对应大孔、洞、缝的体积占总孔隙体积的25～50%(图9)。CT结果显示：前锋后峰过渡处 T_2 时间 650ms 对应孔隙半径为 1mm，2245ms 对

应孔隙半径为6mm，该类岩样孔隙半径以大于1mm为主(图10)。

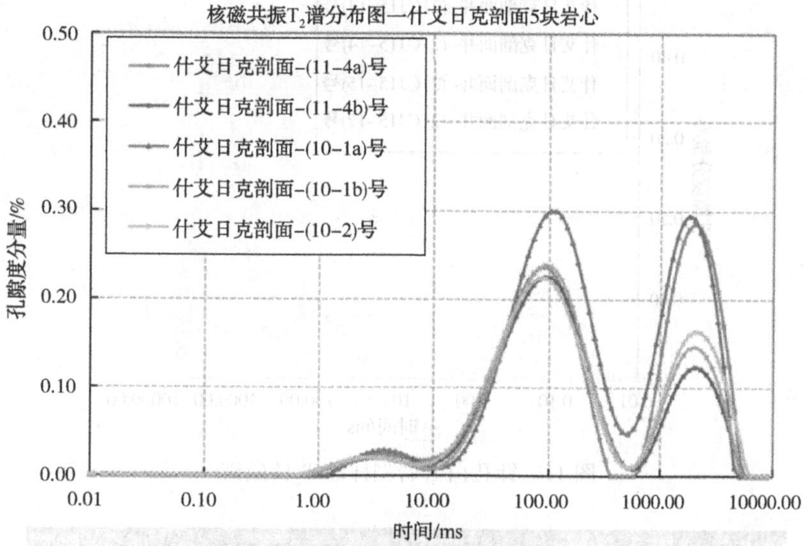

图9　Ⅰ型样品 T_2 核磁谱图

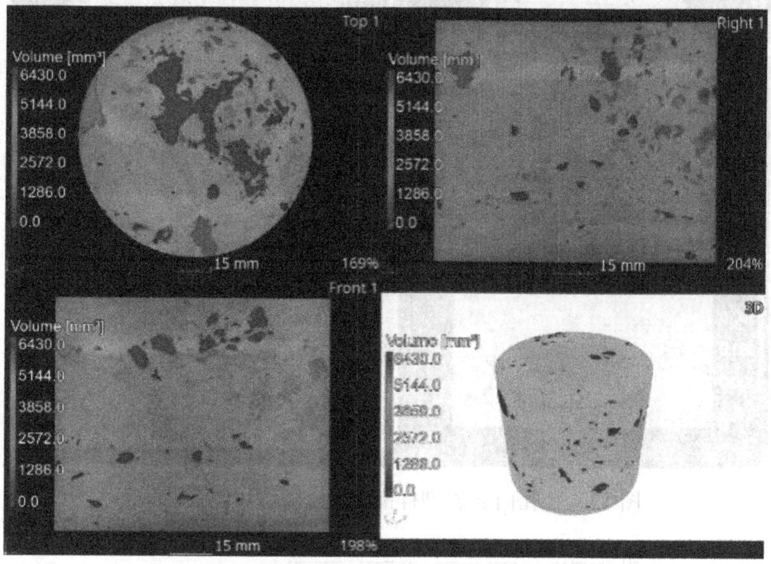

图10　Ⅰ型样品CT扫描切片图及重构图

② Ⅱ型：均为针孔白云岩。其孔隙度范围为5.9%～8.4%，核磁共振 T_2 谱显示：该类岩样T2峰为双峰，前峰分布范围在1～300ms，后峰分布范围为300～4000ms，谱型较Ⅰ型窄，表示该类岩样大孔洞孔隙半径小于Ⅰ类岩样，但其后峰所占比例大，后峰所对应大孔及缝的体积占总孔隙体积的50%～80%(图11)。CT结果显示：该类型样孔隙虽发育、孔隙度较大、但孔隙间连通性很差，大孔洞孔隙半径小于Ⅰ类岩样。前锋后峰过渡处 T_2 时间300mm对应孔隙半径为0.8mm，后峰最高峰 T_2 时间1445ms对应孔隙半径为1.3mm，该样以孔隙半径大于0.8mm孔隙为主(图12)。

③ Ⅲ型：孔隙度范围为2.2-3.6%，核磁共振 T_2 谱显示：该类岩样T2峰为双峰，前峰分布范围为1～650ms，后峰分布范围在650～6500ms，谱型也较宽，但后峰所占比例较Ⅰ型低，表明有大孔洞的发育但只有零星分布，其孔隙体积只占总孔的10%～25%，前峰所对应小孔的体积占总孔隙体积的75%～90%(如图13)。CT结果与核磁谱图对比可知：前锋后峰过渡处 T_2 时间650mm对应孔隙半径为1mm，后峰最高峰 T_2 时间2200ms对应孔隙半径为4.8mm，该样以孔隙半径小于1mm孔隙为主(图14)。

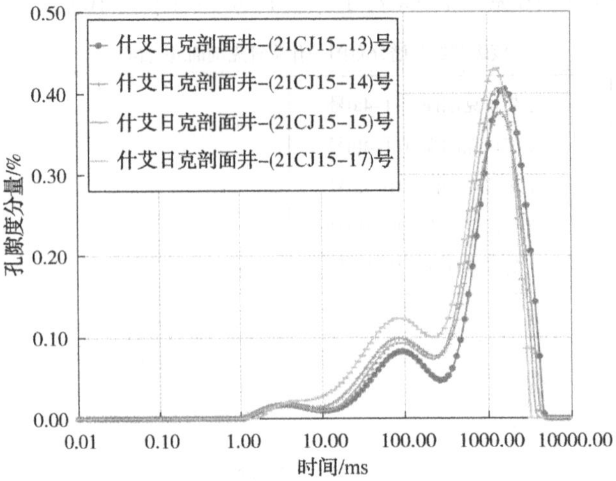

图 11　针孔白云岩型样品 T_2 核磁谱

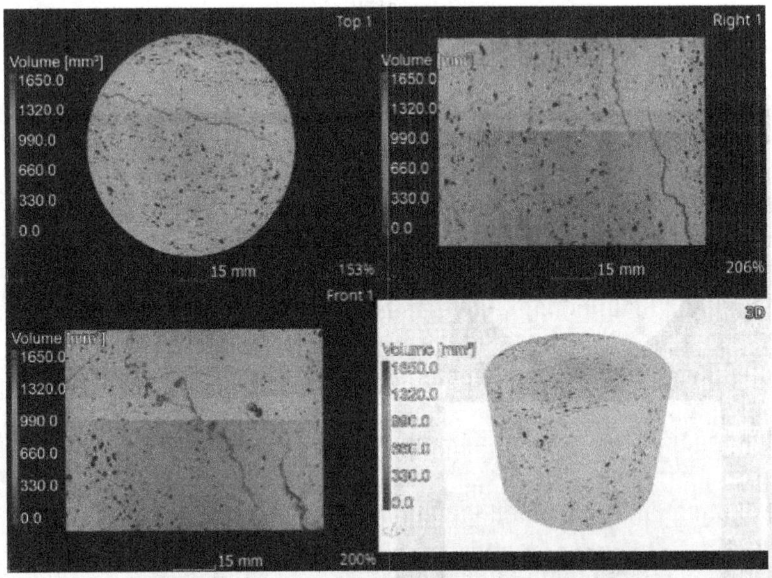

图 12　针孔白云岩型样品 CT 扫描切片图及重构

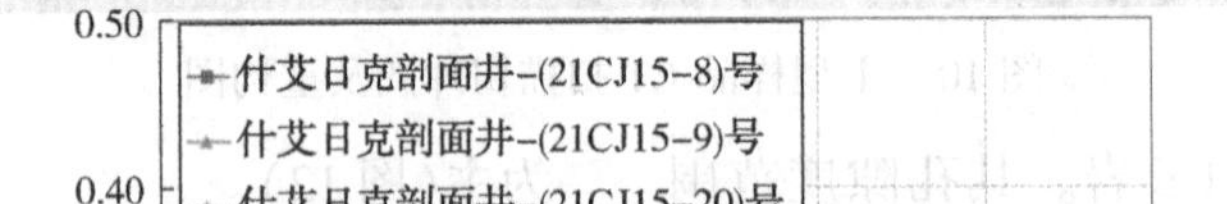

图 13　Ⅲ型样品 T_2 核磁谱

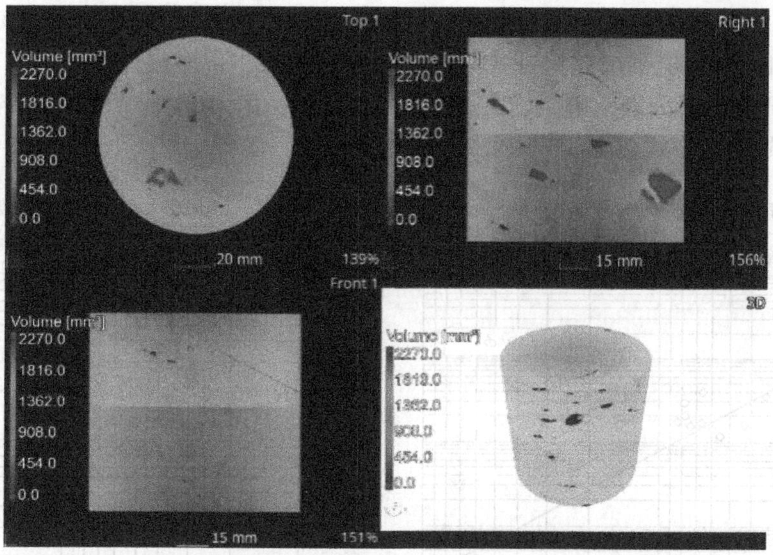

图 14　Ⅲ型-21CJ15-8 样品 CT 扫描切片图及重构图

④ Ⅳ型：孔隙度为 1.8%，核磁共振 T_2 谱显示：该类岩样 T_2 谱图为单峰，主要分布时间在 1~800ms，谱型窄，表明岩心以小孔发育为主，其所对应小孔的孔隙体积占总孔隙体积的 90% 以上（图 15）。

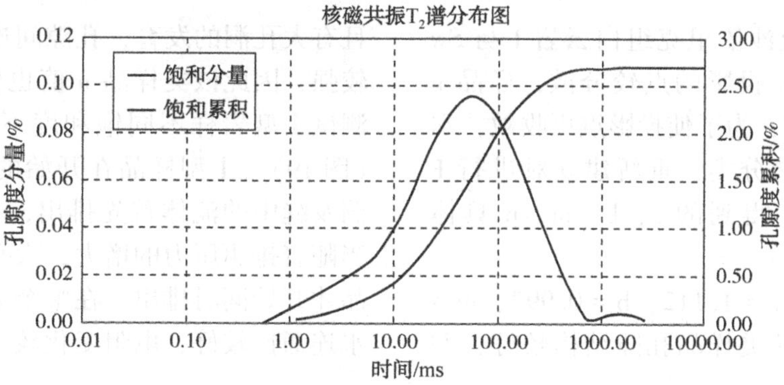

图 15　致密型样品 T_2 核磁谱图

综合物性、核磁、CT 等数据分析（图 16），认为研究区共发育 4 类储层，Ⅰ类储层以发育孔隙半径>1mm 的孔洞为主，为该区的优质储层；Ⅱ类储层为针孔白云岩，该类储层孔隙度虽大，但渗透率极差，后期可通过人工造缝来提高孔隙连通性；Ⅲ类储层以孔隙半径<1mm 的孔为主，孔隙度较小，但连通性较好于Ⅱ类储层；Ⅳ类储层致密，以小孔发育为主。

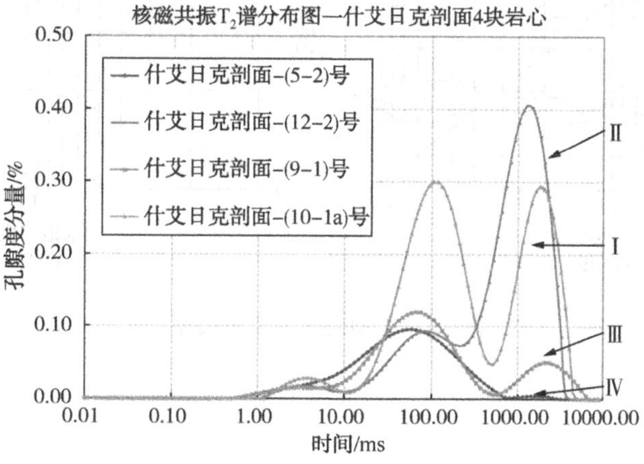

图 16　什艾日克剖面 4 类样品 T_2 核磁谱图

2.4　露头全直径样岩电规律特征

本次项目针对 13 块肖尔布拉克组及 1 块沙依里克组全直径样开展地层因素及电阻增大率参数测量，依据阿尔奇经验公式建立 F 与 φ，I 与 S_w 相关关系（图 17），得到该批岩样 a = 2.324、b = 1.142、m = 1.519、n = 2.252，可利用 $S_w = (a \cdot b \cdot R_w / Rt \cdot \varphi^m)^{1/n}$ 计算含水饱和度。

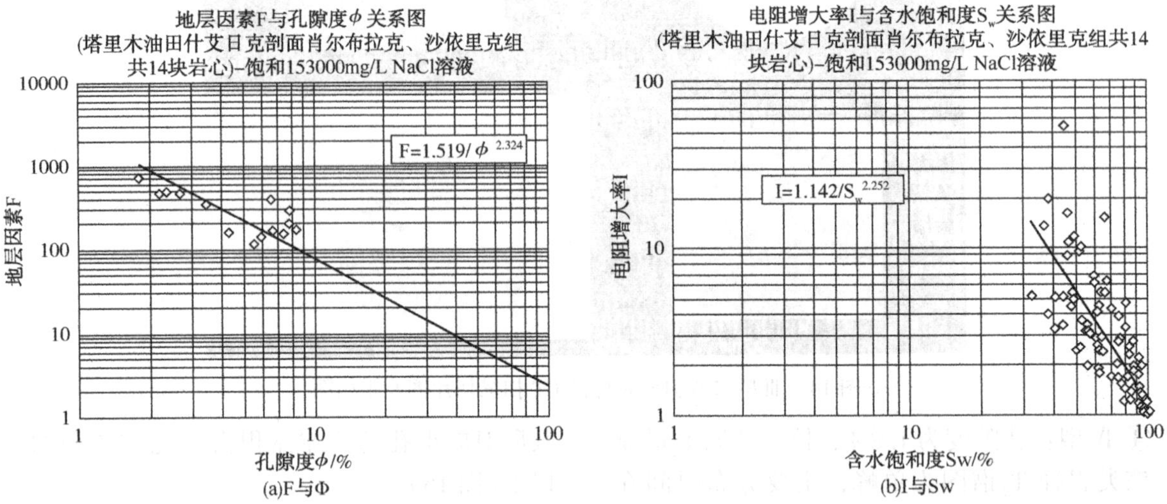

图 17　肖尔布拉克及沙依里克组白云岩岩电关系

由肖尔布拉克及沙依里克组白云岩 I 与 Sw 关系图可知，I 与 Sw 投影的点较分散，样品 n 值变化规律有所差异，为了使投影点更收敛，本次根据样品孔隙结构分类，重新建立对进行 F 与 φ，I 与 S_w 关系，得到的 a、b、m、n 具体如下：

① Ⅰ型：岩样 a = 1.112、b = 0.997、m = 1.714、n = 1.618，该类样品孔隙结构较好，并且有大孔洞的发育，孔隙间连通性较好，导电性较强，因此该类样品 n 值也较小（图 18）。通过测试Ⅰ型岩样不同饱和度下核磁共振数据发现（图 19），Ⅰ型样品在开始的驱替过程中，大孔洞及缝中的流体首先排出，小孔洞中流体不动，当随着排驱压力的增大，大孔洞、缝及小孔洞样品才开始同时排出。在整个驱替过程中，孔隙间水连通性较好，电阻变化较小，n 值最小。

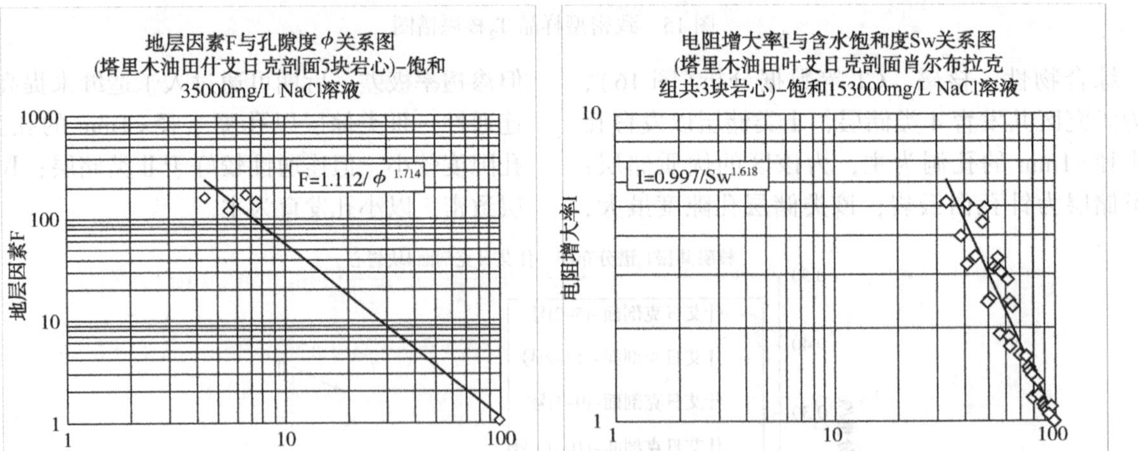

图 18　Ⅰ型白云岩岩电关系

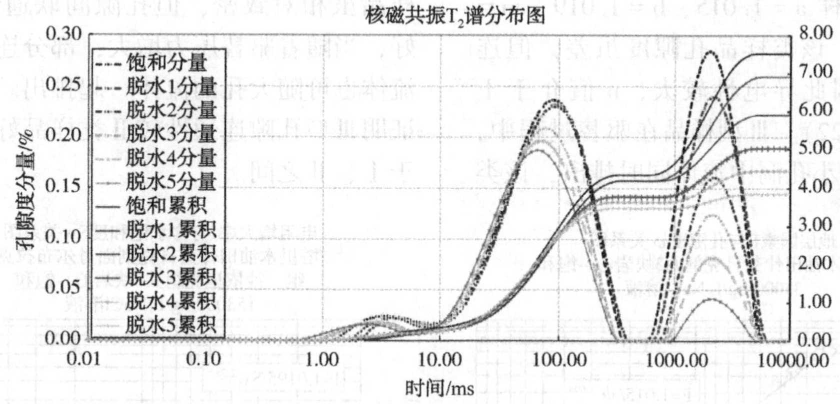

图 19　不同饱和度下核磁 T_2 谱

② Ⅱ型：为针孔白云岩，依据阿尔奇经验公式建立 F 与 φ，I 与 Sw 相关关系(图 20)，得到该类岩样 a = 0.987、b = 1.177、m = 2.156、n=3.240。该类样品孔隙度虽大，但连通性较差，导电性差，样品的 n 值也相对较高。Ⅱ型样品驱替过程中(图 21)，大孔中的流体随驱替压力增大相继排出，但由于该类孔隙之间连通性差，驱替压力一直达不到驱替小孔流体的压力，所有小孔中流体很少排出。此结果进一步证明针孔白云岩孔隙结构较差，渗透率低，导致 n 值偏高。

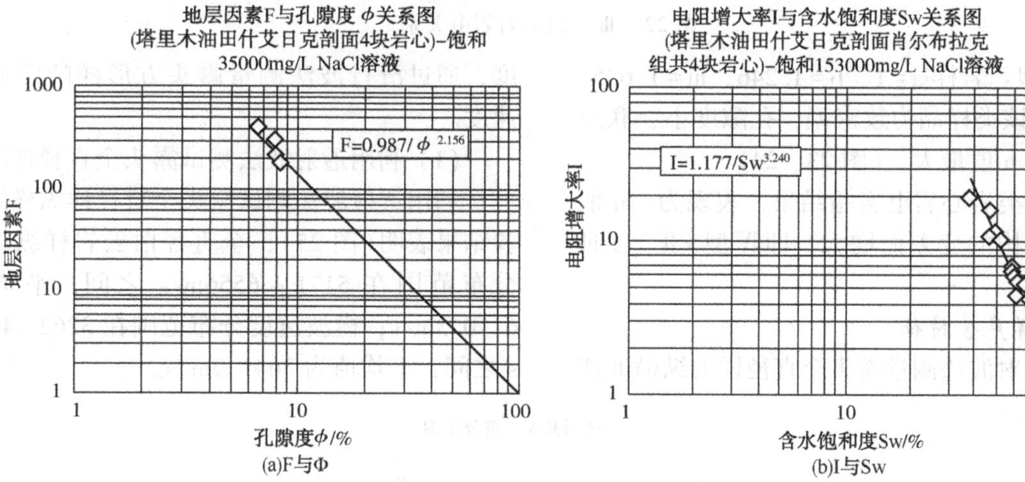

图 20　针孔白云岩岩电关系

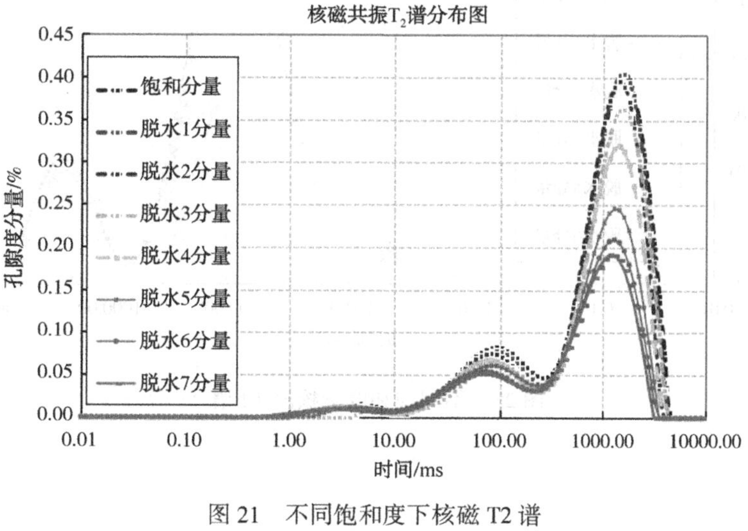

图 21　不同饱和度下核磁 T2 谱

③ Ⅲ型：岩样 a = 1.015、b = 1.019、m = 1.694、n = 2.382。该类样品孔隙度虽差，但连通性较Ⅱ型好，因此导电性较大，n值介于Ⅰ型、Ⅱ型之间(图22)。Ⅲ型样品在驱替过程中，大孔洞中的流体与小孔洞中流体同时排出，该类样品虽相对致密，但孔隙间联通性较Ⅱ类样品好，当随着驱替压力增大，部分连通的小孔中的流体也可随大孔的流体一起排出。该结果进一步证明Ⅲ型孔隙连通性较Ⅱ类样品好，因此n值介于Ⅰ、Ⅱ之间。

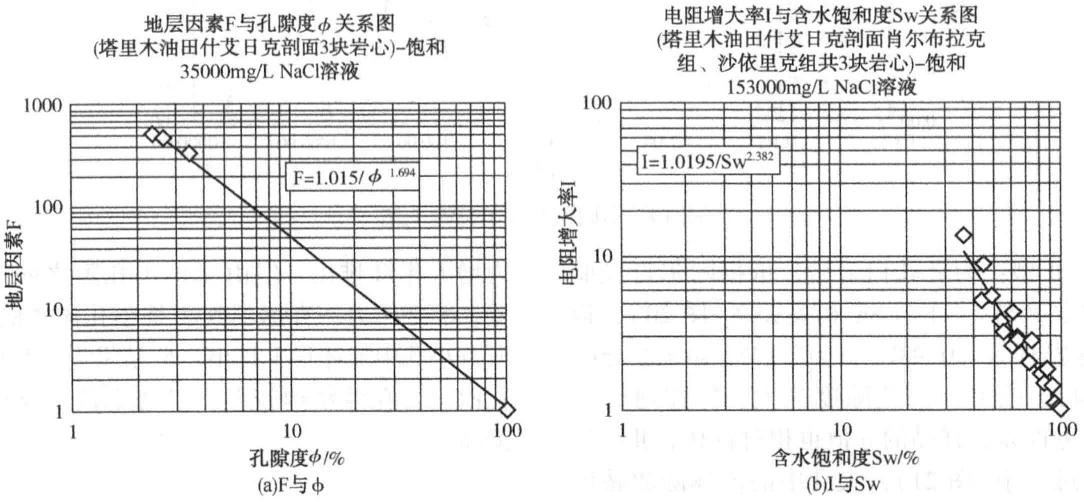

图22　Ⅲ型白云岩岩电关系

④ Ⅳ型：岩样 a = 1、b = 1.246、m = 1.635、n = 3.488。该类样品为致密型，孔隙度小、联通性差，因此n值最大。(图23、24)

综合四类岩心岩电实验结果，表现为：n值随着孔隙结构的变差而增大，即Ⅳ型>Ⅱ型>Ⅲ型>Ⅰ型。

2.5　露头样声学特征

通过透射波法测量露头全直径样的纵横波速度，通过滑行波法测量露头方形样的斯通利波速度。

(1) 利用透射波法测试露头全直径样纵横波

利用透射波法测试露头全直径样纵横波，实验结果表明(图25)，全直径白云岩样纵波速度分布范围在5171～6556m/s之间，平均值为6110.3m/s；横波速度分布范围在3262～4049m/s之间，平均值为3641.9m/s。

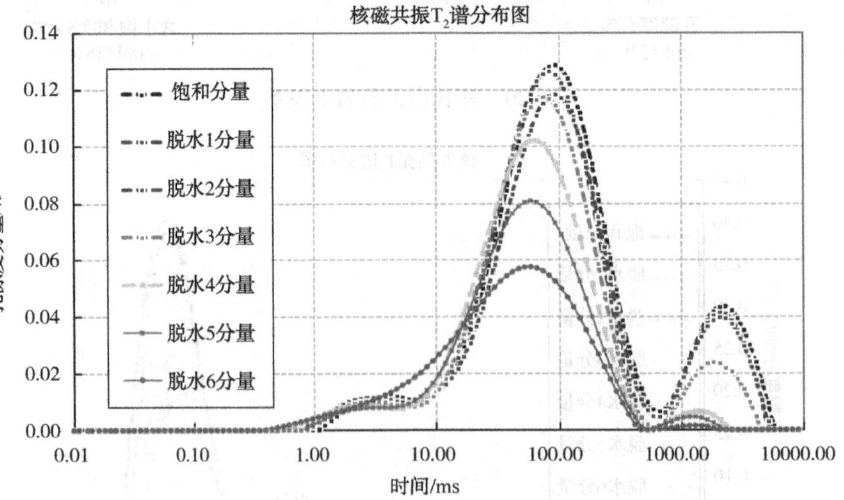

图23　不同饱和度下核磁 T2 谱

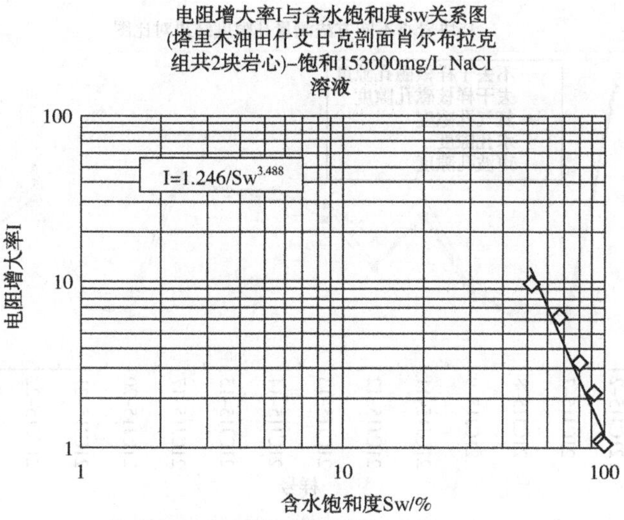

图 24　Ⅳ型白云岩 I 与 Sw 关系图

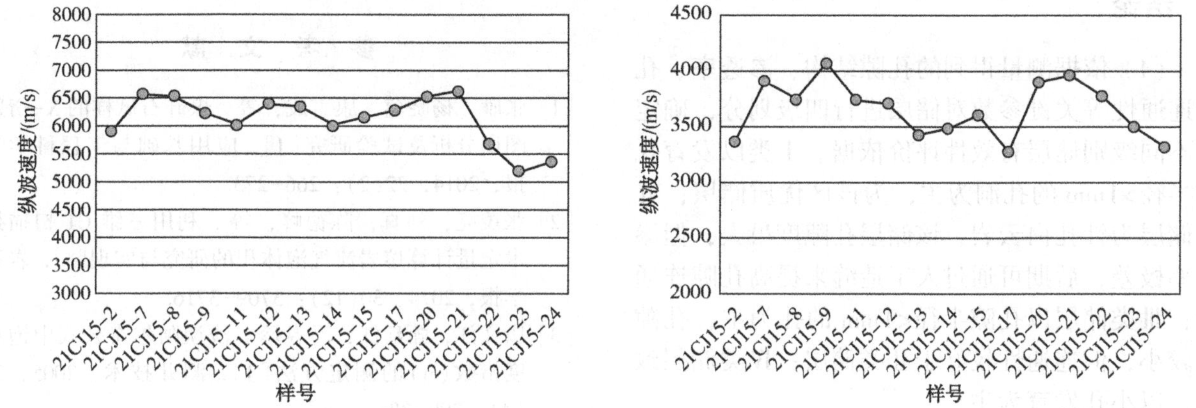

图 25　露头白云岩全直径样纵、横波速度分布图

（2）利用滑行波法测试露头方样斯通利波

利用滑行波法测试露头方样斯通利波，实验结果表明(图 26)，方型白云岩样纵斯通利波速度分布范围在 1127. 2～1587. 7m/s 之间，平均值为 1410. 2m/s。

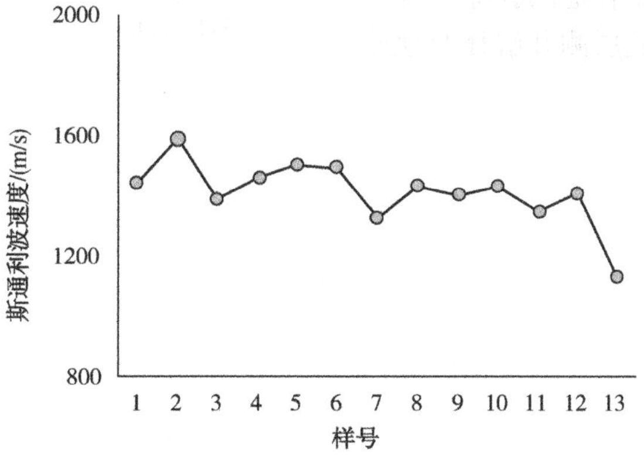

图 26　露头白云岩方样斯通利波速度分布图

（3）利用纵横波计算孔隙度–露头全直径样

纵波时差计算孔隙度表明，相对致密(基质孔发育)的白云岩声波计算孔隙度与气测、核磁孔隙度基本吻合，孔洞发育型白云岩声波计算孔隙度较小于气测、核磁孔隙度，在进行测井解释时需要依据储层类型确定合适的孔隙度计算方法(图 27)。

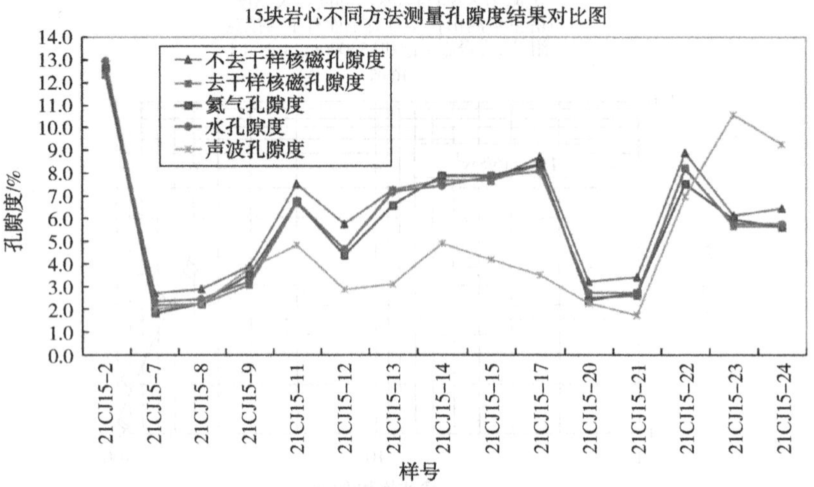

图 27　不同方法测量孔隙度结果对比图

3　结论

（1）依据测量得到的孔隙结构、渗透率、孔隙连通性等关键参数对储层进行四级划分，确定了不同级别储层有效性评价依据。Ⅰ类以发育孔隙半径>1mm 的孔洞为主，为该区优质储层；Ⅱ类储层为针孔白云岩，该储层孔隙度虽大，但渗透率极差，后期可通过人工造缝来提高孔隙连通性；Ⅲ类储层以孔隙半径<1mm 的孔为主，孔隙度较小，但连通性较好于Ⅱ类储层；Ⅳ类储层致密，以小孔发育为主。

（2）纵波时差计算孔隙度表明，相对致密（基质孔发育）的白云岩声波计算孔隙度与气测、核磁孔隙度基本吻合，孔洞发育型白云岩声波计算孔隙度较小于气测、核磁孔隙度，在进行测井解释时需要依据储层类型确定合适的孔隙度计算方法。实验结果将为白云岩储层测井解释及地质认识深化提供有效的基础数据保障。

参 考 文 献

[1] 张雁，杨晓蕴，康雪成，等．煤矸石试样的X-衍射图谱分析及试验研究[J]．应用基础与工程科学学报，2014，22(2)：266-273.

[2] 张茂亮，刘真，陈德峰，等．利用三维 CT 扫描技术定量计算熔岩流气泡体积的研究与实现[J]．岩石学报，2014，30(12)：3709-3716.

[3] 唐文江，甄廷江，冯春珍．浅谈阿尔奇公式中饱和度指数(n)的测定方法[J]．测井技术，2005，29(4)：299-388.

[4] 房春慧，潘保芝，刘思慧，等．含气饱和度对致密砂岩纵波速度影响的实验研究及应用[J]．地球物理学进展，2015，30(4)：1673-1676.

[5] 郭健，乔文孝，车小花，等，一种岩心样品横波速度的实验室测量方法[J]．声学技术，2016，35(4)：341-344.

旋转导向系统中低功耗高容错性导向头的设计与优化

梁海涛　裴　斐　刘海波　常　宏　王秋然

（大庆油田有限责任公司钻井工程技术研究院）

摘　要　导向头是旋转导向系统中最重要的组成部分，大庆钻探旋转导向采用不旋转外套结构以及推靠导向方式，其动力来自于三块液压模块。首先总结了这种结构的导向头所采用液压模块的特点，然后根据其在使用时的功耗比较大的弊端提出了一种自保持式液压模块的设计思路，给出了该液压模块的机械结构及工作原理，同时采用了无感正弦的驱动方式，有效的降低了系统的损耗同时提高了系统的可靠性。接下来为了提高导向系统的容错性，首先给出了基本的导向模型设计思路，并在此基础上提出了一种全新的闭环自适应导向方式，详细分析这种导向方式的实现方法及原理，最后给出了该导向控制方法的仿真结果。通过多次现场施工中大量反馈，证明了该导向头在有一个液压模块损坏的情况下，能够保证方位的准确并实现预期的造斜能力，同时具有功耗低、寿命高的特点。

关键词　旋转导向；导向头；液压模块；功耗；容错性；闭环自适应

目前国际三大石油公司旋转导向工具所采用的方式主要有如下四种，分别是以贝克休斯公司AutoTrack为代表的非旋转外套+外部推靠方式、以哈里伯顿公司Geo-Pilot为代表的非旋转外套+内部弯曲指向方式、以斯伦贝谢公司Power-Drive为代表的全旋转+外部分时推靠方式以及全旋转+钻头轴偏转指向方式。大庆钻探通过对比以上四种导向方式的性能特点，并结合目前国内相关基础工业的发展水平，制定了采用非旋转外套+外部推靠方式的技术路线。这种方式采用3个相位均匀分布的翼肋，在钻井液动力作用下，在要求的方向上依次伸出，从而使导向工具具有侧向控制力的作用。其特点是可靠高且系统工作稳定、鲁棒性强；无需精确同步运动控制，测量与控制难度小，易实现；机械结构相对简单、维护保养方便；通用性强，通过调整钻井参数和微调钻具组合，完全可以满足设计的导向性能。

其中液压模块是导向头中主要的功耗来源，大庆钻探在研发过程中遇到如下难点：

（1）液压模块消耗功率过大，实际工作中给定75%造斜力的情况下，三支液压模块同时工作以及周边电路总消耗功率接近100W，而导向头非接触供电单元的传输功率也为100W，系统工作在极限状态；

（2）液压模块工作在高温、高压、高振动的环境中，在使用过程中难以避免的出现导向力输出不足甚至完全失效的问题，而三个液压模块有任何一个出现问题都会导致系统导向力不足以及“跑方位”等问题，容错性比较低。

围绕上述问题，本文从液压模块的本体设计、驱动方式的选择以及导向控制三个方面给出了解决方法及措施。

1　液压模块的改进

液压模块是导向头的核心部件，通过内部的液压系统推动活塞使肋板伸出，进而使导向头处于偏心扶正器状态，此时旋转导向工具可等效为一个弯角可调的弯接头，可以通过调整3个翼肋的偏心位移矢量，形成不同的工具面角和弯接头弯角，实现导向目的。液压模块是导向头最大耗能部件，为降低功耗并提高液压模块的寿命，大庆钻探在老式液压模块的基础上设计了自保持式液压模块。

1.1　*老式液压模块*

该液压模块原理如图1所示。

电机驱动微型泵提供压力油，使活塞顶出，提供推力，期间安全阀一般不开启，节流阀卸荷一定流量，当活塞内部升压达到预设推力值时，电机扭矩及功耗加大，直到稳定输出流量足以保持活塞中的压力。这种液压模块的工作特点是：

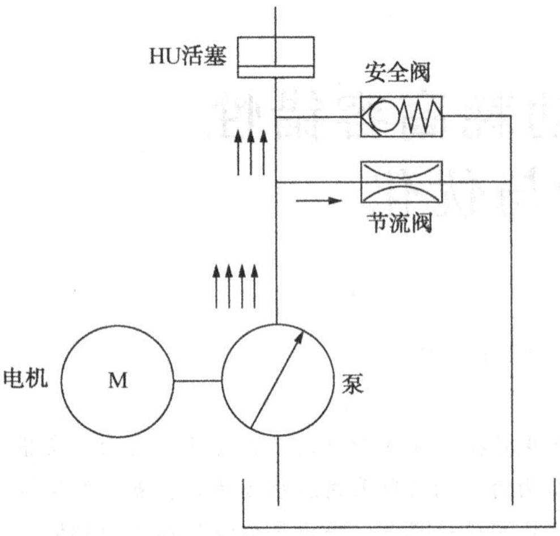

图 1　老式液压模块原理图

（1）维持液压时电机必须一直处于工作状态，无法实现“停机保压”；

（2）由于采用柱塞缸结构，活塞回落需要依靠外力，实测仅依靠支撑肋板弹簧片外力的情况下（大约产生 400psi 压力）大约需要 15 分钟能够恢复到原始位置；

（3）由于液压模块工作温度较高，油镶式油箱的可靠性也是影响液压模块寿命的一个主要因素。

1.2　改进的自保持式液压模块

针对老式液压模块的上述弊端，在其基础上设计了自保持式液压模块，其液压系统原理图如图 2 所示。

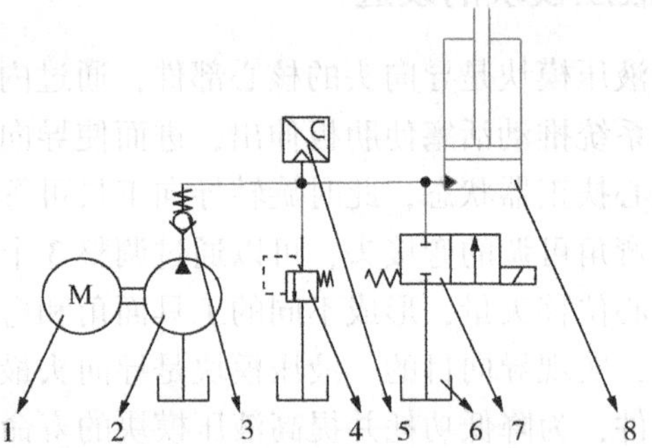

图 2　自保持式液压模块原理图

1—无刷直流电机；2—柱塞泵；3—单向阀；4—溢流阀；5—压差传感器；6—油箱；7—常闭电磁阀；8—活塞

当达到预定压力时，控制器控制电机停机，此时通过电磁阀以及单向阀可以实现“停机保持”。当液压系统需要由高压力状态转变为低压力状态时，先将电磁阀断电导通，使系统泄压，然后将电磁阀上电关闭，之后控制电机驱动油泵为高压系统供油，达到目标压力后停机。

这种液压模块巧妙的解决了老式液压模块的一些弊端：首先由于实现了在保压时电机以及泵的停机，这样显著降低了系统的功耗，同时又提高了系统核心部件的使用寿命。其次由于内部采用了电磁阀主动泄压方式，实测在仅依靠支撑肋板弹簧片外力的情况下（大约产生 400psi 压力），肋板归位时间仅需要 3 秒钟，极大的降低了井下的风险。另外，采用活塞式油箱代替老式油箱，使得油箱的耐温性、耐腐蚀性以及使用寿命极大增加，进一步提高了液压模块的可靠性。

2　驱动方式的选择

针对导向头工作的环境及特点，大庆钻探采用了三相星型连接的双极性无感正弦驱动方式，相比于传统有传感器六拍换相驱动方法，无传感器正旋驱动具有如下优点：

（1）霍尔元件在高温高压环境中的寿命极易导致元件的损坏或特性劣化，三个传感器中的任何一个出现问题都会导致电机无法继续工作，采用无传感器的方式能够彻底消除这种隐患，提高系统的可靠性；

（2）电机作为感性负载，当进行方波驱动时，驱动线圈从导通到断电的转换过程会发生电流的激变，而激变的电流会产生感应电压，从而使电机转矩起伏较大，产生噪声及振动。采用正弦驱动能够显著降低系统噪音并提高电机寿命；

（3）方波驱动时电机电子电磁场并非持续转动，从而额外增加电机定子铁芯的损耗。采用正弦波驱动能够有效降低铁损，进而提高系统效率。

3　自适应导向控制

3.1　两种基本导向模型

在实际工作过程中，由于芯轴的带动，不旋转外套也在缓慢旋转。1#液压模块肋板相对于仪器重力高边的位置也是不断变化的，所以为保持给定方向上的合力不变，三个液压模块需要动态调节推靠力。本文是通过比较 1#肋板与目标合力 F 相对位置角 α_{1f}，同时以 1#肋板相对于高边的角度作为基准建立数学模型。该数学模型的核心思想如下：

（1）首先确定每个支撑肋板的作用域，若以支撑肋板左右 30°划分，那么作用域为 60°，整个 360°控制周期分为 6 个扇区。若以支撑肋板左右60°划分，那么作用域为120°，整个控制周期分为3个扇区；

（2）由于任意时刻目标合力矢量F对应的三个液压模块分力矢量（$F_{1\#}$、$F_{2\#}$、$F_{3\#}$）无唯一解，那么这里假设一个工程概念，即合力促进区以及合力抑制区。当支撑肋板作用域为60°的情况时，可以约定，当目标合力处于扇区1时，$F_{1\#}$处于合力抑制区，此时取为最小值；当目标合力处于扇区2时，$F_{3\#}$处于合力促进区，此时取为最大值。其他扇区以此类推，如图3所示。

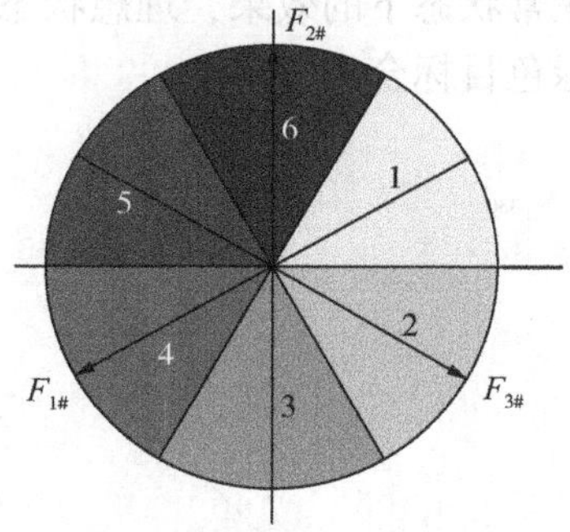

图3　60°作用域时的约定

当假设肋板作用域为120°时，可以约定如下控制规律：当目标合力处于扇区1时，$F_{1\#}$处于合力抑制区，此时取为最小值；当目标合力处于扇区2时，$F_{2\#}$处于合力抑制区，此时取为最小值。其他扇区以此类推，如图4所示。

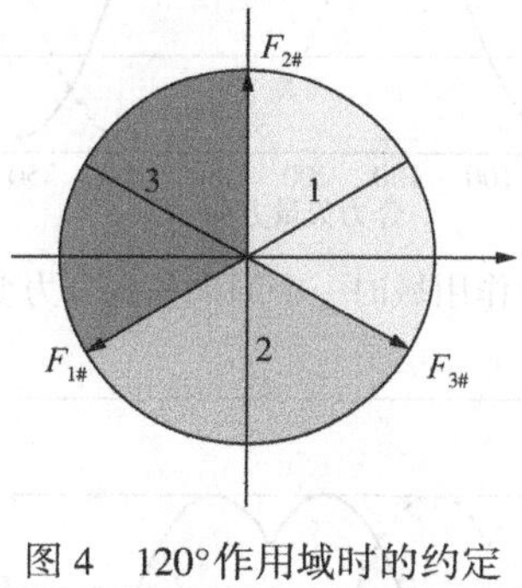

图4　120°作用域时的约定

（3）基于以上约定，可以针对指定扇区建立方程组，由于篇幅有限，本文只针对这两种作用域中的扇区1进行描述，其他扇区以此类推。对于支撑肋板为60°以及120°作用域，目标合力F处于扇区1时，如图5、6所示。

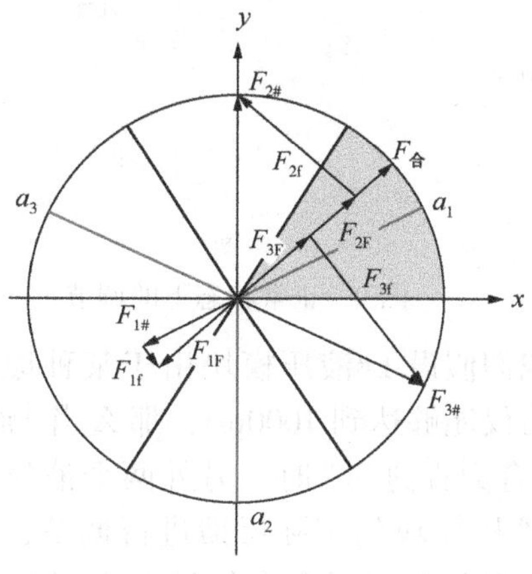

图5　60°作用域目标合力处于扇区1时

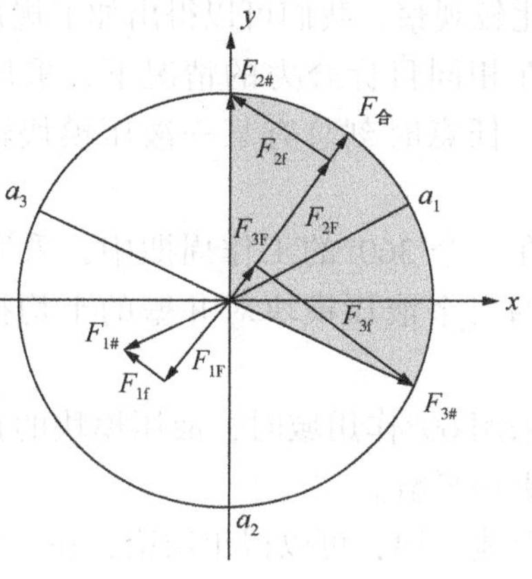

图6　120°作用域目标合力处于扇区1时

此时分力$F_{1\#}$处于不利区，按照约定取最小值$F_{\min}$，可以建立方程组，其中：

$$\begin{cases} F_{1\#}\times\cos(\theta-180°)+F_{2\#}\times\cos(\theta-300°)+ \\ \quad F_{3\#}\times\cos(\theta-60°)=F_{合} \\ F_{1\#}\times\sin(\theta-180°)+F_{2\#}\times\sin(\theta-300°)+ \\ \quad F_{3\#}\times\sin(\theta-60°)=0 \\ F_{1\#}=F_{\min} \end{cases}$$

扇区1中可以获得唯一解，其他扇区以此类推。

$$\begin{cases} F_{3\#}=F_{\min}+\dfrac{2\sqrt{3}}{3}\times\sin(\theta+60°)\times F_{合} \\ F_{2\#}=F_{\min}-\dfrac{2\sqrt{3}}{3}\times\sin(-+60°)\times F_{合} \\ F_{1\#}=F_{\min} \end{cases}$$

以此类推，对于上述两种约定均能够获得目标合力矢量在任意位置时的唯一解。

3.2　导向模型的选择

在产生同一目标合力的情况下三个液压模块推靠力变化趋势如图7、8所示。

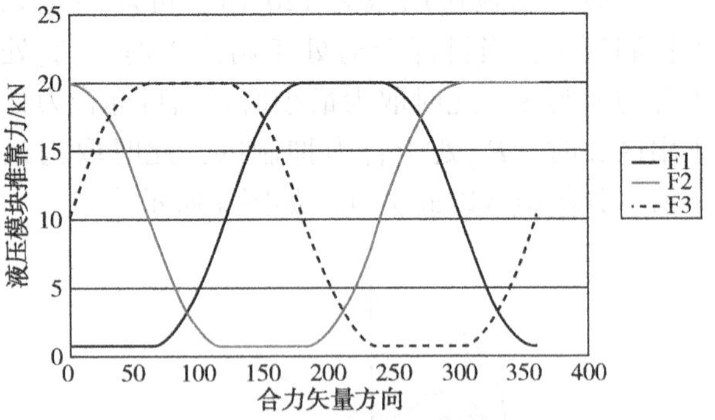

图 7　60°作用域时一个周期矢量分力变化趋势

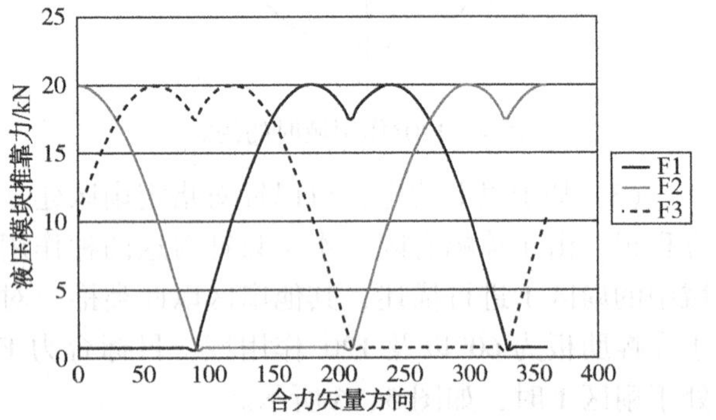

图 8　120°作用域时一个周期矢量分力变化趋势

通过比较观察，我们可以得出如下规律：

（1）在相同目标合力的情况下，采用 120°作用域时，任意时刻总有某一液压模块输出最小值；

（2）在一个 360°的工作周期中，采用 120°作用域时的三个液压模块对井壁的平均推靠力更小；

（3）采用 60°作用域时，液压模块的目标推靠力变化更加平滑。

鉴于上述规律，可以得出结论，在产生相同目标合力的情况下，采用 120°作用域控制时能够有效的降低液压模块对井壁的推靠力，从而达到“托压”抑制的目的。同时由于这种控制方式能够保证任意时刻总有某一液压模块输出最小值，即任意时刻仅有两个液压模块工作，另一个液压模块电机可以停止工作，那么这种方式可以进一步降低系统功耗，可以实现在使用 100w 非接触传输单元的条件下，系统工作稳定，导向能力不受影响。虽然这种控制方式的平滑度不如 60°的方式，但是在实际使用的效果无任何影响，所以大庆钻探采用作用域为 120°的导向模型。

3.3　自适应导向控制方法

该控制方法的核心思想是：任意一个液压模块的目标推靠力是根据该模块在理想状态下的目标值以及其他两个液压模块的实际反馈进行计算，若其他两个液压模块的反馈的压力未达到预期目标压力，该液压模块会自动调节自身的推靠力以实现矢量方向的正确。由于篇幅有限，本文不列写具体实现算法，仅通过专门开发的导向模拟程序来展示实际效果。如图 9 所示，绿色粗线代表目标合力矢量，大小为最大值的 60%，方向为 45°，蓝色线代表三个分量，红色粗线表示三个分力实际产生的合力矢量。左图代表当三个液压模块正常状态下的效果，理想状态下红色实际合力与绿色目标合力重合。

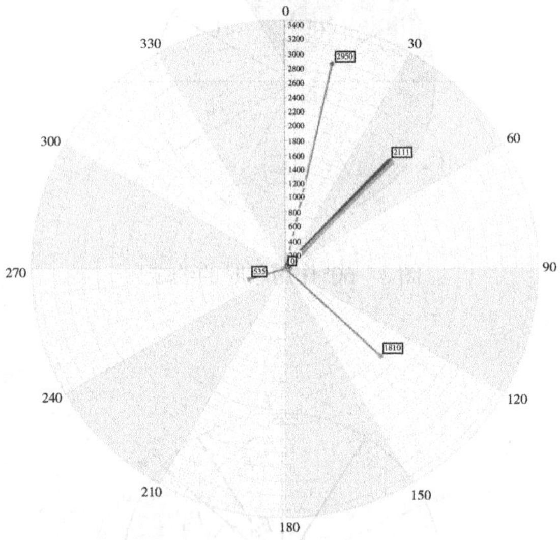

图 9　正常状态下的调节

我们假设 1#液压模块由于某种原因使得最大压力仅能够达到 1000psi，那么当 1#液压模块处于“合力促进区”时，另外两个液压模块会根据 1#液压模块的实际反馈进行调节，通过仿真可以发现此时实际合力矢量大小（绿色）小于目标合力矢量大小（绿色），但是合力方向保持不变，如图 10 所示。

当 1#有缺陷液压模块处于“合力抑制区”时，该液压模块输出值最小，另外两个液压模块正常工作能够实现预计的导向合力，如图 11 所示。

一种极端情况假设 1#液压模块完全损坏，那么在工具面旋转一周时会有 240°区间三个液压模块处于“收缩”模式，另外 120°区间（即 1#液压模块位于合力抑制区时）处于正常导向模式。

综上所述，可以发现采用这种闭环自适应导向方法可以在某一液压模块存在问题时，通过适当牺牲导向合力大小而保证合力方向的准确性。

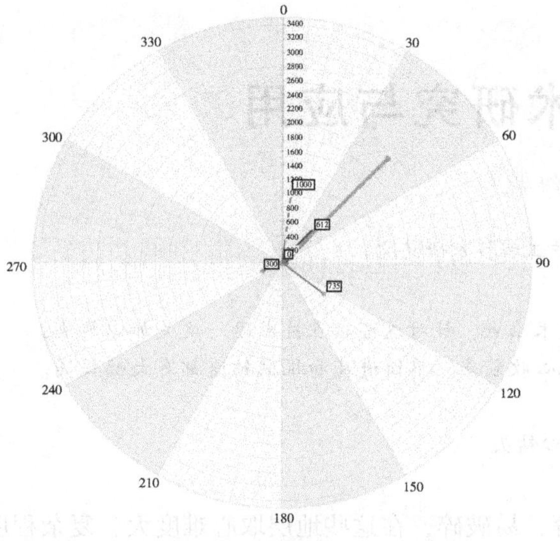

图 10　当有缺陷液压模块处于促进区时

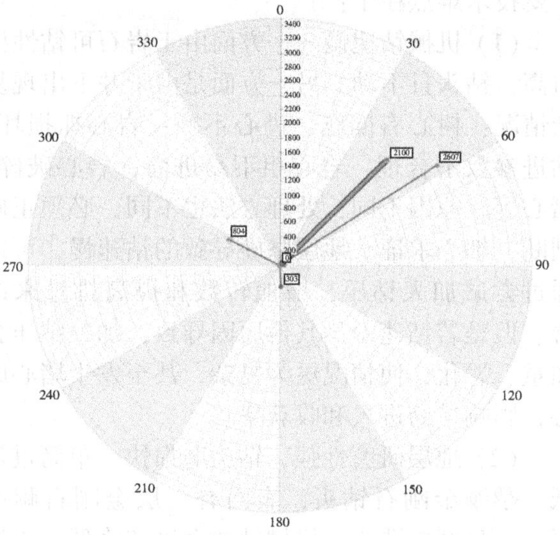

图 11　当有缺陷液压模块处于抑制区时

另外，在实际使用中，在目标导向合力减少期间，三个液压模块对井壁的推靠力也显著降低，此时不旋转外套相对于井壁的转动速度会增加，使得故障液压模块快速进入“合力抑制区”，进而另外两个液压模块快速支撑井壁使得不旋转外套转速降低。在整个工作周期来看，正常导向的时间远大于导向合力减少时间。所以这种导向控制方法能够有效提高系统的容错性以及可靠性。

4　结论

本文针对导向头在使用过程中存在的功耗大、可靠性低等问题，首先介绍了一种在原有老式液压模块基础上改进而来的自保持式液压模块，该液压模块通过常闭电磁阀实现了当实际压力达到目标压力后电机关闭保压，极大的降低了系统的功耗同时提高了机械部件的寿命。在对电机的驱动方式上，采用了无霍尔传感器的正弦波驱动方式，有效的降低了电机扭矩的波动以及电流谐波，进一步提高了液压工作时的效率以及可靠性。接下来，本文首先提出了建立在合理约定条件下的导向控制模型，并且比较了两种约定条件下实际的导向效果，最终确定使用 120° 作用域时能够有效降低对井壁的支撑力，进而达到抑制“托压”的目的。在此基础上，文中最后提出一种自适应闭环导向控制方式，该控制方式能够实现某一液压模块出现故障的情况下系统依然可以正常导向，有效的提高了系统容错性以及可靠性。

2018 年底，大庆钻探实现了采用上述设计方法重新加工制造了导向头，2019 年全年到 2020 年 8 月份，总计施工 6 口井，全过程导向头表现稳定可靠，未发生过由于导向头故障导致起钻的问题。在 2020 年施工的第一口井双 66-平 4 井中，在该井施工的后期，3#液压模块反馈压力为 0，仅依靠两个液压模块依然能够实现 5°/30 米左右的造斜率，同时保证方位的准确，满足甲方的各种要求，最终一趟钻完钻，充分验证了这种导向头和自适应导向控制方法具备良好的纠错能力。

参　考　文　献

[1] 雷静，杨甘生，梁涛，胡驰．国内外旋转导向钻井系统导向原理[J]．探矿工程(岩土钻掘工程)，2012，039(009)：53-58.

[2] 狄勤丰．旋转导向工具设计及其旋转导向机理研究[J]．西北大学学报：自然科学版，1998，028(004)：299-303.

[3] 赵金海，赵金洲，韩来聚，等．推靠式旋转导向钻具力学性能研究[J]．石油钻采工艺，2004，26(001)：013-15.

[4] 李汉兴，姜伟，蒋世全．可控偏心器旋转导向钻井工具偏心位移控制研究[J]．中国海上油气，2008，20(003)：184-188.

[5] 李汉兴，姜伟，高德利．可控偏心器旋转导向钻具组合的性能分析[A]．第六届全国石油钻井院所长会议论文集[C]．北京：石油工业出版社，2006：373-378.

深井取心配套技术研究与应用

杨　宇　张绍先

（大庆油田有限责任公司钻井工程技术研究院）

摘　要　本文介绍了深井取心的技术现状和面临的技术难点，针对这些难点技术逐一攻关加以解决，形成一套适合于深井取心的配套技术，现场应用表明，取心收获率、单筒进尺和机械钻速都有大幅提高。达到了深井取心提速提效的目的。

关键词　深井取心；坚硬地层；基岩；螺杆钻具；取心钻头

1　概述

钻井取心是获取地层原始资料最为直观有效的技术手段。近年来，随着大庆油田深层找油找气力度加大，深层探井逐年增多。对于深井取心提速提效，取全取准地质资料均提出了更高要求。大庆油田深层地层可钻性差、研磨性强、钻头磨损快，机械钻速低，单筒进尺少。深井裸眼段长，井壁摩阻大，井深复杂情况多且判断困难。另外地层往往伴有裂缝发育，容易破碎，出现堵心、磨心等复杂情况，取心难度大。

针对以上问题我们研究并优化了取心工具结构，配套了孕镶块结构，宽排液槽式高效研磨钻头，探索了将螺杆钻具与取心工具相连接，采用螺杆和转盘联合驱动方式。通过采取了不同的应对措施，在多口深井中应用效果显著。以大庆区块基岩取心为例，已钻的5口基岩地层取心井，岩性均为碎裂花岗岩，平均单筒进尺2.31m。钻速平均0.2m/h。其中的1口井（FS4），仅取心0.38m，机械钻速0.07m/h。因取心效率极低而取消取心任务，无法满足取全地质资料的设计要求。前2口井应用传统的常规取心技术，孕镶金刚石取心钻头，在碎裂花岗岩地层，取心单筒进尺2.89m、平均钻速0.19m/h，取心效率低。第3口井在使用了我们的配套取心技术后，在最大井斜角为48.2°的LTX3井实现了平均单筒进尺4.65m，平均机械钻速0.72m/h，收获率100%。单筒进尺提高了60.9%，机械钻速提高了2.79倍，提速提效效果显著。

2　深井取心技术难点

深井地层埋藏深，可钻性差，往往裂缝发育，易破碎，在这些地层取心难度大，复杂程度高，单筒进尺和机械钻速低，达不到理想效果。主要技术难点在于：

（1）机械钻速慢。一方面由于岩石可钻性极值高，钻头打不动。另一方面是由于井下出现复杂情况：树心有问题，进心不顺；岩心抓损坏；钻进参数不合理，岩心粗不易进筒；岩心破碎，堵心等。原因不同，处理方法也不同，必须正确判断，细心求证。地层坚硬导致的钻速慢，可以通过尝试加大钻压，增加转数和提高排量来改善。但是若钻速慢是其他原因导致，加大钻压会加重、恶化，使情况更为复杂，甚至发生堵心磨心，影响单筒进尺和收获率。

（2）地层研磨性强，钻头磨损快，单筒进尺低。孕镶金刚石钻头，表面有一层金刚石耐磨层，一旦磨损严重，机械钻速会迅速降低，无法继续钻进。

（3）地层裂缝发育、岩心易破碎导致井下复杂。岩性裂缝往往成网状分布，取心钻进时，钻具的震动或者钻头齿对岩心表面的切削破坏作用，导致地层薄弱处裂缝裂开，产生岩心碎块，若发生在内筒中，岩心碎块卡在内筒和岩心之间，造成内筒卡心，后续岩心进筒困难；若碎块在钻头处，后续岩心进筒受阻，会导致堵心和磨心，并且坚硬的岩心碎块会加速钻头齿的磨损和破坏，不但影响收获率，还会造成出心困难。

（4）割心困难。岩心硬度大，抗拉强度高，不易割断；岩心表面光滑，可能撸心。岩性坚硬，拔断岩心需要更大的力。自锁式割心，要求岩心爪与岩心之间有足够摩擦力，岩心表面光滑，两者之间摩擦力不足，钻具上提时，岩心爪可能沿岩心表面滑脱，出现撸心，井底留有余心。

（5）深井复杂情况多，井下情况判断困难。深井钻井取心由于受井深结构限制，井眼不规则，特别是斜井和裸眼段长的井，上提下放井壁摩阻大，钻具弹性变形拉伸量大，给准确判断井下情况带来困难。例如取心前的寻底操作以及割心时对拉断岩心指重表的观察，甚至取心时确定实际施加的钻压值都有影响。增大了取心难度。

（6）钻井取心只是钻井一个环节，取心施工需以井下安全为主。取心措施难以全面落实。例如扶正器利于取心工具在井眼中居中，增加工具运转稳定性，有利于取心顺利进行。但是增大了取心工具下钻遇阻遇卡的风险。大庆深井取心通常不下扶正器。

3　深井地层取心技术思路

通过对上述技术难点进行深入分析和研究，我们认为实现深井坚硬地层取心提速提效，必须从提高工具运转稳定性；减少井下复杂情况；提高钻头寿命等方面进行公关。形成技术思路如下：

3.1　提高取心工具运转稳定性

实际钻井中，所形成的井眼是弯曲螺旋的，井眼中的钻具也不可能是垂直的，而是沿着井眼的走势柔性弯曲，钻具的旋转轴线与钻头旋转轴线是不重合的，钻头围绕钻具轴线公转，同时绕自身轴线有一定程度的自转。钻头既有纵向震动也有横向的摆动。井眼扩大率不同，井陉不规则，钻井驱动力距井底越远，钻头的震动和摆动幅度越大，井下钻具运转越不平稳。

贝克休斯公司对于工具运转平稳性对取心的影响有个试验，见图1，表明工具运转平稳，形成的岩心光滑、规整，成柱性好，反之，形成的岩心表面凸凹不平、粗细不均、多处断裂。这一结论，我们在一口小井眼井的岩心上得到明显验证。如图2所示，岩心呈螺旋形，粗细不均。如果裂缝发育、破碎地层，这种工况岩心容易破碎。深井取心单筒进尺少，钻头磨损严重是原因之一，更多的情形是地层破碎导致堵心磨心等复杂情况而提前起钻。反之，提高取心工具运转平稳性可以减小钻头对岩心的破坏，减少复杂情况。因此，必须采取措施提高取心工具运转平稳性。

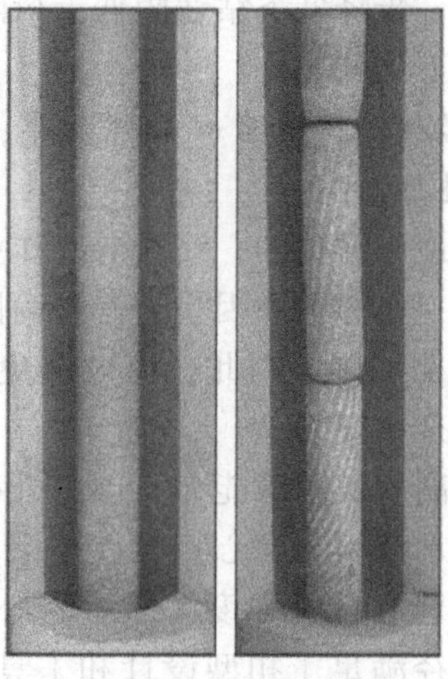

图1　岩心对比图

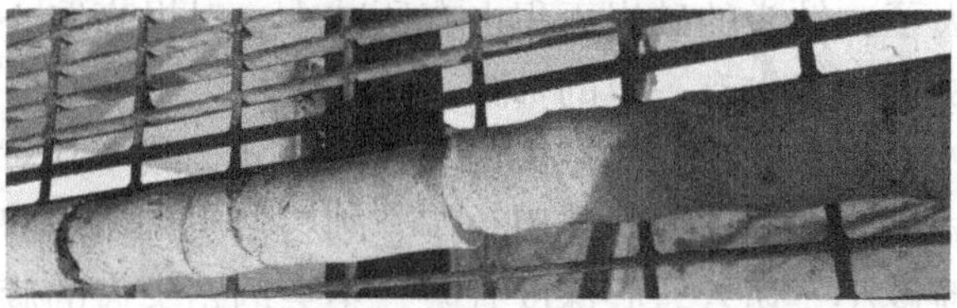

图2　某小井眼井岩心

（1）工具结构上增强内筒扶正，保证内外筒同轴。

工具上部悬挂总成采用轴向和径向轴承相组合的双轴承悬挂，轴向轴承起到悬挂内筒管串作用，径向轴承使内筒旋转更为灵活，双筒单动更为可靠，轴承直接座在外筒中，增加了内筒稳定性。两个轴承间距200mm，与钻头内设置的滑动轴承，形成三点扶正，保证内筒与外筒同轴居中。

（2）内筒管串上部设置串联碟簧，使内筒在轴向上具有一定弹性，能够缓冲内筒管串纵向震动，有助于工具运转平稳，在一定程度上减小堵心几率。

（3）配合使用螺杆钻具，提高工具运转稳定性和机械钻速

顶驱或转盘驱动的取心作业，驱动力距钻头远，井下钻具组合的扰动作用大，转数越高，钻头处的震动和摆动越大，于取心不利，因此取心作业中，转盘转数通常不超过70n/min。而使用螺杆钻具直接驱动取心工具，最大程度较减小了驱动力与钻头距离，工具稳定性大幅提高，螺杆的高转数（120－150n/min）又有利于充分发挥金刚石钻头的破岩效果，提高机械钻速。

（4）使用单筒取心工具，工具刚度大，利于工具平稳运转。斜井还需根据狗腿度缩短取心工

具长度，进一步降低下钻遇阻遇卡风险，保证取心工具顺利下到井底。

3.2 保护岩心，降低岩心破碎几率，保证取心顺利进行

堵心是最为常见的，终止取心作业提前起钻的复杂情况。堵心的原因是岩心进筒困难，而地层破碎是主要原因，因此，有效避免岩心破碎，可以降低复杂情况发生。

（1）提高岩心承载能力，国内外都有类似研究，岩心的承载力与岩心直径成正比。增大岩心直径，提高岩心自身强度，减小岩心破碎几率。通过接头变径满足了扣型设计和工具强度要求，岩心直径由100mm增大到120mm，岩心强度增大了，钻头的破岩面积也有所减小，对提高取心机械钻速也有一定的贡献。

（2）减小取心钻头切削齿的尺寸，减小其对岩心表面的破坏。使用孕镶金刚石钻头，切削刃粒度小，切入岩心深度有限，不会因钻头齿的旋转而产生震动，对岩心表面的破坏最小，有利于岩心光滑规整。

（3）双岩心爪结构，增大坚硬地层割心力，割心更为可靠。

（4）高效孕镶金刚石钻头，耐磨，寿命长，提高取心单筒进尺。

以往钻井取心用孕镶金刚石取心钻头耐磨层薄，一旦磨损严重，钻速急剧下降。一只钻头在坚硬地层取心寿命5m左右，严重限制取心单筒进尺。增厚金刚石钻头孕镶层，采用孕镶块式，宽排屑槽孕镶金刚石取心钻头设计，提高钻头寿命，保证单筒进尺。

4 现场应用情况

该项技术在多口深井进行应用，取心平均单筒进尺及钻速提高明显，应用情况如下。

该井井斜角48.2°，取心层位基底。采用螺杆钻具与转盘复合驱动，钻具组合：ϕ215.9mm取心钻头+SQ178取心工具+ϕ172mm螺杆（5头）+ϕ165mm钻铤（3柱）+ϕ127mm加重钻杆（5柱）++ϕ127mm加重钻杆+顶驱。该井取心2筒，平均单筒进尺4.65m，平均机械钻速0.72m/h，单筒进尺提高了60.9%，机械钻速提高了2.79倍。钻速明显提高，速度均匀。出心顺利，岩心光滑规整，钻头仍然可继续使用。说明螺杆钻具可以保证取心工具运转稳定性，在此基础上增大钻压，大幅提高机械钻速（表1，图3）。

表1　LTX3井取心数据表

序号	取心井段/m	层位/岩性	进尺/m	心长/m	收获率/%	钻速/（m/h）
1	3230.24~3234.44	基底/碎裂花岗岩	4.2	4.2	100	0.53
2	3311.8~3316.9	基底/碎裂花岗岩	5.1	5.1	100	1.02
合计			9.3	9.3	100	0.72

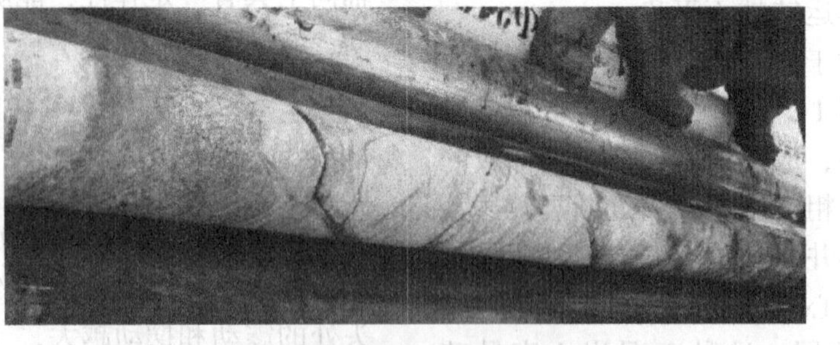

图3　LTX3井岩心

表2　F4-X4井取心数据表

序号	取心井段/m	层位/岩性	进尺/m	心长/m	收获率/%	钻速/（m/h）
1	3274.56~3342.23	乌一段	67.67	66.86	98.80	2.31

该井平均单趟进尺9.57m，最大单趟进尺18.00m，与该区块临井取心对比，平均单趟进尺提高20%以上，机械钻速提高20%以上。

表 3　XT1 井取心数据表

序号	取心井段/m	层位/岩性	进尺/m	心长/m	收获率/%	钻速/(m/h)
1	3430.40~3553.67	双一段	123.27	122.78	99.60	5.13

该井平均单趟进尺 15.41m，最大单趟进尺 17.57m，与该区块临井取心对比单趟进尺提高 90%以上，机械钻速提高 80%以上。

表 4　ZS19-X1 井取心数据表

序号	取心井段/m	层位/岩性	进尺/m	心长/m	收获率/%	钻速/(m/h)
1	3399~3579	营城组	27.8	27.77	99.80	2.26

5　认识与结论

(1) 地质高研磨性取心钻头是提高取心效率的关键，钻头孕镶块密度大、强度高，更耐磨，保证了单筒进尺；

(2) 取心工具与井下动力钻具(螺杆)配合是深井提速有效手段，驱动力与井底近能够保证取心工具运转平稳，螺杆的高转速能够充分发挥金刚石钻头的破岩特性，在工具运转稳定的基础上可采用较大钻压提高机械钻速；

(3) 增大岩心直径，提高了岩心强度，降低了岩心破碎几率和堵心风险，有利于岩心完整，保证取心顺利进行；

(4) 直接座于外筒的轴向和径向的双轴承结构，轴向轴承起悬挂作用，径向轴承使内筒旋转灵活，双筒单动更为可靠，与钻头处滑动轴承形成三点扶正，保证内筒与外筒居中和稳定。

(5) 深井取心，适时短起下，必要时通井，降低取心工具下钻遇阻风险。

参 考 文 献

[1] 王兴武，李让，王万红．我国西部地区超深井钻井取心技术[J]．天然气工业，2010，30(11)：63-6.

[2] 李伟成，陈晓彬，陈立，等．提高碳酸盐岩破碎地层取心收获率技术[J]．钻采工艺，2007，30(2)：37-38.

[3] 王士权．塔深 1 井超深井段取心工艺[J]．钻采工艺，2007，30(4)：24-25.

[4] 杨柳青，陈文才，曾欣．深层超深层取心技术进展与未来解决方案[J]．钻采工艺，2024，47(2)：113~120.

万米超深井测井工艺技术进展与成效

张海军　张炳军　杨新宏　马江湖　郭　帅　杨青建　刘　昆

（中国石油集团测井有限公司）

摘　要　针对万米超深井电缆测井面临的高温、高压、超深、高张力等难题，采用理论设计与试验测试相结合的方法，开展万米超深井测井工艺技术攻关，形成了15000m高张力动力橇、145kN超高强度电缆、300kN高载荷工器具以及260℃/210MPa井下防卡解卡工具等测井核心装备及工艺技术。通过深地TKX井及深地CKX井两口万米井的现场试验及分析评价，表明该技术有较高的可靠性及适用性，对超深井电缆测井工艺技术发展有指导意义。

关键词　万米超深井；电缆测井；动力系统；工艺工器具；工艺技术

我国资源条件好的油气盆地在经历半个多世纪的开发后，大部分区域勘探程度已进入中高阶段，例如松辽盆地、渤海湾陆上、鄂尔多斯盆地，资源探明率分别达到70%、53%和50%，这意味着，在中浅层发现大型资源富集油气田的机会越来越渺茫，中国陆上常规天然气资源量为$41.00\times10^{12}m^3$，其中深层约占30.1%，超深层约占40.2%。因此，超深层钻井就是为探索油气资源战略接替领域迈出的重要一步，在更深、更古老层系寻找资源战略接替区，便成为保障国家能源安全的必然选择。但随着钻井深度不断加深，贯穿层系增多、温压条件更苛刻、地层岩性愈发复杂，同时也给测井施工带来更严峻的挑战。油田公司在钻的深地CKX井及深地TKX井深分别为10520m和11100m，井底最高温度压力达到224℃/174MPa，测井存在如下技术难点：

（1）万米超深井已超出当前绞车最大作业深度、超出成熟电缆测井动力系统的作业极限，测井作业对电缆的高张力、大容量提出了新要求、新挑战，常规电缆已经无法满足测井施工需求，需大容量滚筒及高强度电缆设备。根据以往经验估算施工电缆长度应在13000m左右，电缆拉断力需大于140kN，最大安全使用拉力不小于90kN，因此需研发制造高强度动力系统。

（2）随着电缆载荷的增加，测井地面承重工具载荷也需进一步提升，按照井口承重能力大于电缆破断力2倍的要求，地面承重工具额定载荷应大于28t，目前常用工具载荷为18t，因此需开展高载荷承重工具研制。

（3）万米超深井施工时，由于下入井内电缆过长，电缆自重及与井壁摩阻较大导致地面电缆所受张力急剧增加，普通机械弱点无法满足弱点设计要求，且电缆无法提供充足的仪器解卡力，因此需进行224℃/174MPa以上高温高压可释放马笼头及震击器的研发。

围绕以上保障难点，张炳军等对测井工艺技术的特点和应用条件进行分析，提出测井工艺技术发展对策。陈曾宝针对8000m以上的超深井测井一次成功率不高问题进行分析研究，提出了提高超深井测井一次成功率的方法并实际应用。罗荣发表了超深井测井遇阻遇卡原因分析及解决对策，对塔河油田奥陶系油藏超深井测井存在的吸附卡、掉块卡、键槽卡3种遇卡情况进行了深度分析，并针对性的提出改进措施。乔文玮等针对深地深海油气勘探用测井电缆，研发深地深海测井电缆铠装钢丝，大大提高了钢丝抗拉强度。杨兴琴等发表了海上深水超深井电缆传输系统，对斯伦贝谢公司开发的海上深水超深井集成化电缆测井传输系统进行了详细论述，研究其高强度力矩平衡复合电缆TuffLINE、测井拖撬OSU-N、电动控制的电缆弱点释放装置SureLOC之间配合关系以及应用效果。郭帅等针对深地TKX井电缆遇阻遇卡问题，进行井下、滑轮、滚筒等位置处电缆的受力分享，研究拉力棒、滚筒直径、上提速度对万米测井电缆强度的影响。本文结合万米超深井对电缆测井工艺的具体要求，开展超高强度电缆、高载荷动力系统、高载荷承重工具、超高温高压防卡解卡工具及工艺方法研究设计。

1　万米超深井电缆测井技术进展

1.1　研制超高强度万米电缆

电缆是测井施工的“生命线”，主要作用为连接地面测井设备与井下仪器，实现仪器通讯畅通和测井数据高速上传，同时也负责将测井仪器在井筒内部匀速的下放和起出。12.5mm 超高强度电缆通过研发新型钢丝技术，钢丝强度从2160MPa 提高至 2600MPa，电缆拉断力从 110kN 提升至 145kN 以上，耐温性能达到 260℃。电缆外层使用双合金镀层钢丝，使电缆强度、耐磨、抗碱性腐蚀性能大大提高，有效安全工作拉力范围从拉断力 50%提升至 60%。

电缆缆芯选用双金属材料铜导体缆芯，通过加大导体截面积，增加绝缘层厚度，进一步降低电缆容抗阻抗，提高电气性能。制造工艺方面，创新缆芯包覆工艺和双层钢丝“S-Z”铠装工艺，解决双层钢丝反弹松散技术难题，使得电缆抗挤压性能从 55kN 提升至 90kN，钢丝预变形率达到 92%，提升电缆的平衡性能。电缆具体结构如图 1 所示。

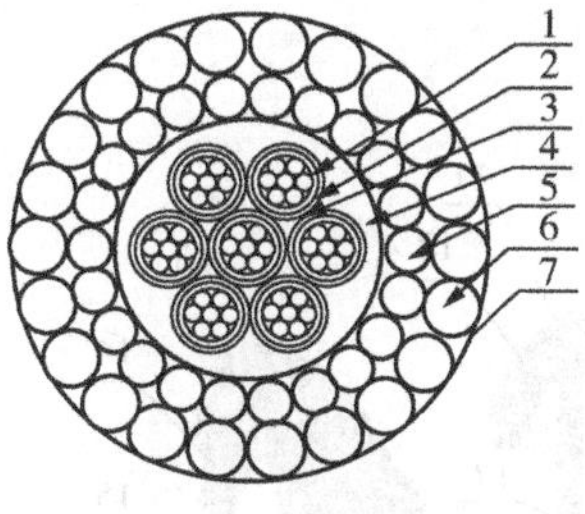

图 1　超高强度万米电缆结构

1—阻水密封导体；2—内绝缘；3—外绝缘；4—耐压支架；
5—内铠超高强度双合金镀层钢丝；
6—外铠超高强度双合金镀层钢丝；
7—密封防腐黏附

1.2　研发高载荷动力系统

国内测井设备目前最大作业深度达到 9000 多米，现有车载测井动力系统是以 10500m 电缆容量进行设计，不适用超万米深井施工。针对万米超深井测井需求，创新研发高载荷动力系统，攻克了高强度防磁滚筒及动力绞盘与主绞车联合控制技术，实现国内首次成功研制液压传动动力绞盘。本系统采用高张力动力拖撬加恒张力动力绞盘模式，有效保护滚筒及底层电缆不受高应力损伤。其中拖撬采用高强度防磁滚筒设计及制造技术，冶炼和锻造更高强度的防磁钢材料，设计新的滚筒结构，实现绞车提升载荷从 85kN 提升至 156kN，滚筒容量从 10500m 提升至 15000m。另外新型滚筒能承载更大电缆拉力和更多电缆缠绕，解决电缆滚筒变形和开裂问题，还可利用防磁钢不会被通电电缆磁化的特性，避免作业时干扰电缆信号传输。

恒张力动力绞盘采用辅助超深井电缆张力释放技术，利用电缆与绞盘绳槽产生的静摩擦力实现 110kN 的最大辅助提升载荷，使缠绕在滚筒上的电缆张力变小，从而防止电缆被过度挤压损坏。此外，高强度动力系统采用主绞车与动力绞盘协同计算机控制技术，通过计算机控制调节绞盘速度和张力，保持动力绞盘与主绞车同步协同作业。图 2 和图 3 分别为电缆滚筒和绞盘滚轮应力布局云图，图 2 中滚筒绿色箭头为固定端，粉色箭头为侧壁受力指示，红色箭头为筒身受力指示，滚筒最大应力点出现在侧壁与筒身交汇处，最大应力为 282MPa，滚筒材料屈服强度为520MPa；图 3 中动力绞盘绿色箭头为固定端，红色箭头为滚轮绳槽受力指示，最大应力点出现在轮毂与筒身交汇处，最大应力为 29.9MPa，绞盘材料屈服强度为 100MPa，两者均符合使用要求。

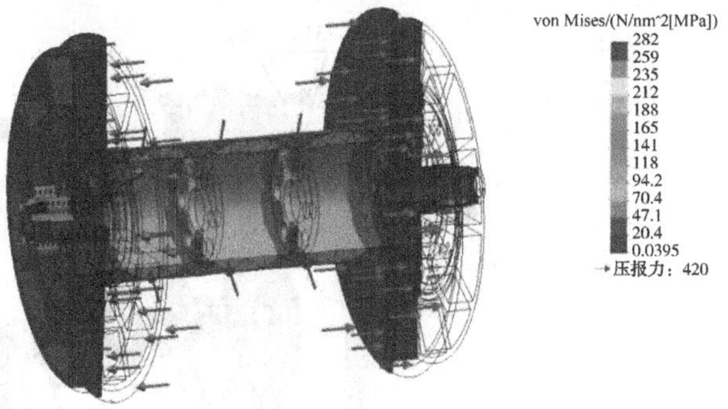

图 2　滚筒应力布局云图

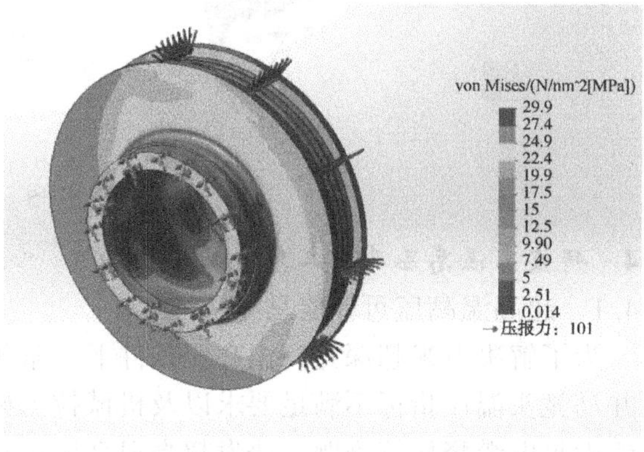

图 3　动力绞盘滚轮应力布局云图

1.3 研制高载荷承重工具

井口工具作为测井地面辅助工具，主要作用为依靠井架承载井下仪器及电缆的重量，为测井电缆建立运行通道，实现井下仪器自由起下，承重设备的载荷强度直接关系到测井作业的施工安全。根据万米超深井测井施工要求，攻克了金属材料屈服强度衰减、橡胶密封件变形失效等技术难题，完成了张力计、滑轮、链条、T型棒等12种井口工器具结构设计仿真、高强度高韧性材料优选，额定载荷从180kN提升至300kN，全面满足万米超深井高张力作业需求。图4和图5分别为T型棒受力仿真分析以及滑轮设计图。

图4　承重工器具T型棒有限元分析

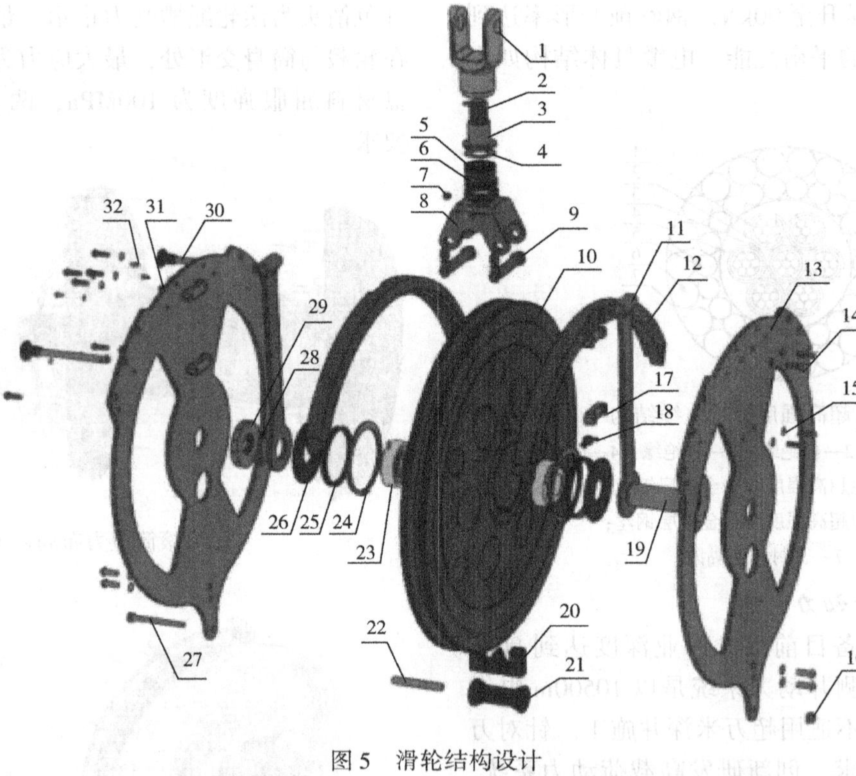

图5　滑轮结构设计

1.4 研发高温高压井下工具

1.4.1 超高温高压可释放马笼头

为了解决万米超深井高温高压条件下，常规测井马笼头温压指标不满足要求以及机械拉力棒无法满足电缆释放等难题，研发超高温高压可释放马笼头。其耐温耐压性能从175℃/140MPa提升至260℃/210MPa，具体结构如图6所示，马笼头内部创新配置平衡筒组件，通过平衡活塞调节仪器内部与外界的压力，从而适应最高210MPa的超深井地层高压；下接头组件中的保温瓶部件确保仪器的电路部分可在超高温环境中安全可靠工作，从而适应最高260℃的超深井井底高温；同时马笼头利用电控释放装置来代替传统的机械拉力棒释放装置，在需要时通过电缆传输信号将井下仪器与测井电缆分离，相比传统机械弱点能够实现地面人工控制释放，保护电缆的同时降低复杂处置难度。

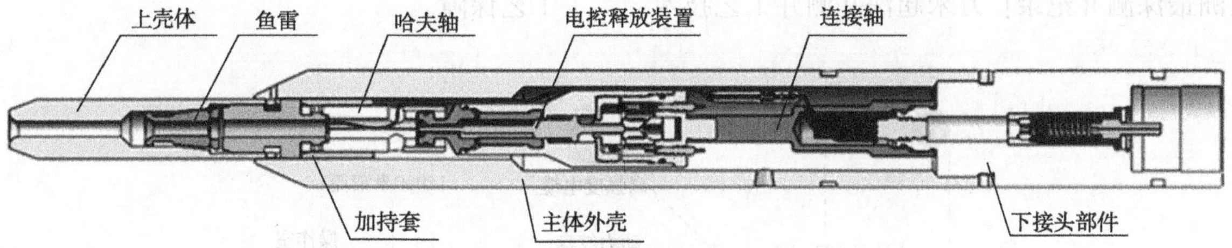

图 6　可释放马笼头结构示意图

1.4.2　超高温高压震击器

超深井地应力、钻井液粘度高、井筒砂桥等因素导致电缆测井仪器遇卡率增高，且由于井深原因，电缆无法给仪器提供足够的解卡张力，为了提高仪器串防卡解卡能力，研制超高温高压电缆震击器。当仪器遇卡时，通过上拉电缆使震击器蓄存大量弹性势能，至激发点时解锁，弹性势能释放，震击锤向上产生震击，使遇卡仪器成功解卡，在一定程度上可以防止仪器卡死或电缆粘卡，保障测井施工安全。图 7、图 8 分别为震击器的工作示意图及工作原理。

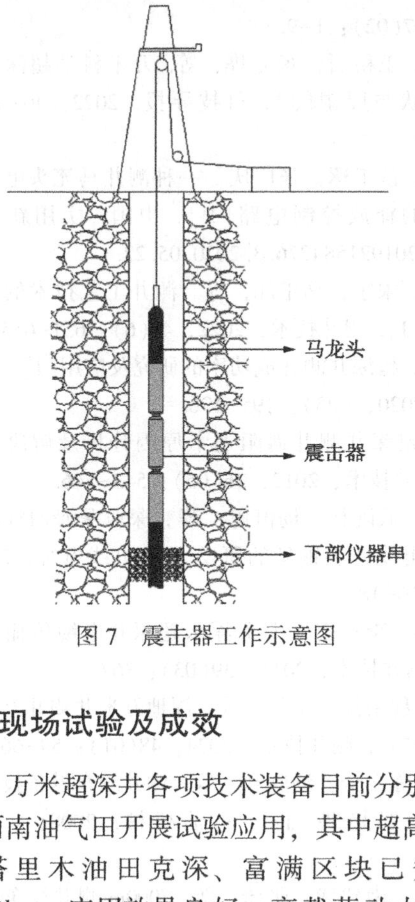

图 7　震击器工作示意图

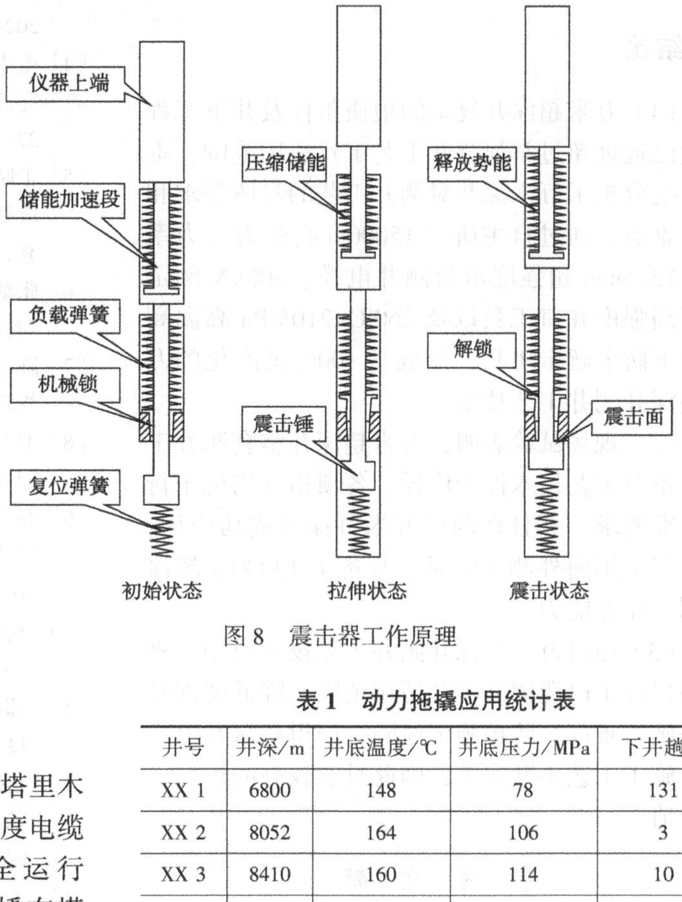

图 8　震击器工作原理

2　现场试验及成效

万米超深井各项技术装备目前分别在塔里木和西南油气田开展试验应用，其中超高强度电缆在塔里木油田克深、富满区块已安全运行 1500km，应用效果良好。高载荷动力拖撬在塔里木油田配套超高强度电缆累计下井 148 趟次，安全运行超 1200h，性能稳定，统计数据见表 1。12 种高载荷工具在塔里木油田、西南油气田现场应用成熟，配套可释放马笼头累计现场使用 45 井次，并高效完成深地 TKX 井三开完井及深地 CKX 井三开完井、四开即时测井施工任务。

表 1　动力拖撬应用统计表

井号	井深/m	井底温度/℃	井底压力/MPa	下井趟次
XX 1	6800	148	78	131
XX 2	8052	164	106	3
XX 3	8410	160	114	10
XX 4	7600	175	154	2
XX 5	9621	188	138	1
XX 6	9038	184	144	1

2024 年 4 月 16 日，中油测井塔里木分公司应用超高强度电缆、高载荷动力系统、配套高载荷地面承重工具和高温压防卡解卡工具，顺利完

成深地 TKX 井四开工程测井任务，井底温度 188℃，压力 138.6MPa，最大测井井深 9621.8m，创亚洲最深测井纪录！万米超深井测井工艺技术及设备性能得到检验，形成了超万米测井工艺技术体系(图 9)，为后期万米科探井测井作业提供了工艺保障。

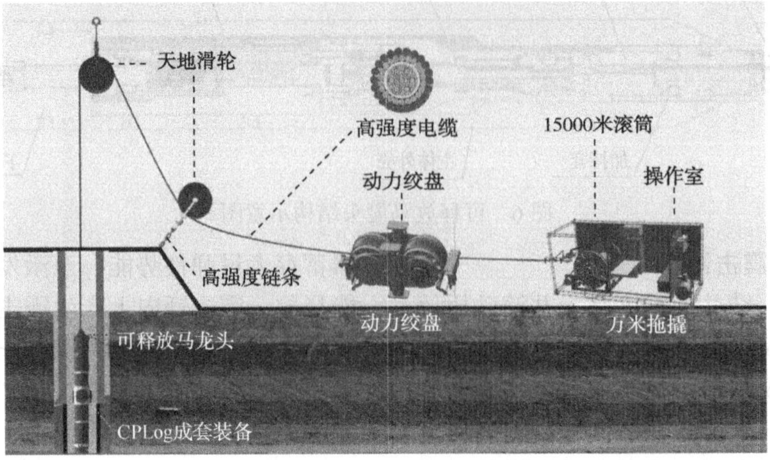

图 9　万米井测井工艺示意图

3　结论

(1) 万米超深井复杂的地质条件及井下工程环境已远远超过常规测井工艺工具适用范围，本文系统分析了万米深井对测井工艺的具体要求和技术难点，通过自主研发 15000m 高张力动力系统、12.5mm 超强度承荷测井电缆、300kN 额定载荷高强度井口工具以及 260℃/210MPa 高温高压井下防卡解卡工具，形成了 100%国产化的万米超深井测井工艺技术。

(2) 现场试验表明，万米超深井整套测井工艺设备及工艺技术性能优异，各项指标均优于行业标准要求，并且在两口万米科探井成功应用，创造多项国内外测井纪录，具备了 13000m 超深井测井作业能力。

(3) 通过万米超深井测井工艺技术应用，极大的提高了电缆测井工艺适用范围，降低超深井测井施工难度，防控施工风险，使得超深井电缆测井施工工艺不断完善，因此具有较高的推广应用价值。

参 考 文 献

[1] 余果林，高屾，任柯霓．中国深度　大国“气”度[N]．中国石油报，2023-07-24(001).

[2] 李剑，余源琦，高阳，等．中国陆上深层-超深层天然气勘探领域及潜力[J]．中国石油勘探，2019，24(4)：403-417.

[3] 孙金声，王伟，王庆，等．万米超深层油气钻完井关键技术面临挑战与发展展望[J]．钻采工艺，2024，47(02)：1-9.

[4] 王志刚，王稳石，张立烨，等．万米科学超深井钻完井现状与展望[J]．科技导报，2022，40(13)：27-35.

[5] 王晓强，沙玉琢，张广庆．一种测井马笼头电气释放装置的释放控制电路[P]．中国，实用新型专利，CN201921584276.3. 2020. 05. 22.

[6] 张炳军，宋宇，马正江，等．测井工艺技术的发展与探析[J]．测井技术，2022，46(6)：651-655.

[7] 陈增宝．超深井测井成功率的研究及应用[J]．化工管理，2020，(23)：195-196.

[8] 罗荣．超深井测井遇阻遇卡原因分析及解决对策[J]．测井技术，2012，36(05)：543-546.

[9] 乔文玮，武阿林，杨恒勇，等．深地深海油气勘探用测井电缆铠装钢丝的研发[J]．电线电缆，2022，(01)：16-18.

[10] 杨兴琴，李总南．海上深水超深井电缆传输系统[J]．测井技术，2015，39(03)：367.

[11] 郭帅，魏荣江，张强，等．深地万米井测井电缆强度分析[J]．测井技术，2024，48(01)：59-66.

[12] 董凯，陈文全，汤胜利，等．测井绞车设备技术现状与发展趋势[J]．石油机械，2008，(10)：84-87.

[13] 王来智，南建武，张涛，等．7000m 测井绞车滚筒强度及电磁场分析[J]．机械工师，2021，(08)：126-129.

[14] 罗学东．可释放马笼头的研制[J]．石油仪器，2009，23(04)：20-21+24+100.

[15] 龚光勇，孙志忠，薛建民，等．测井液压震击器的研制与应用[J]．测井技术，2021，45(06)：568-572.

高含CO_2环境中橡胶-金属接触区腐蚀规律研究

龚　宁　徐　涛　张　帅　王孔阳　贾立新

（中海石油（中国）有限公司天津分公司）

摘　要　为明确高含CO_2油气井中橡胶与金属相互作用过程中的腐蚀行为，选取13CrS、22Cr、25Cr、HS110S和钛合金作为金属材料，四丙基氟橡胶和氢化丁腈橡胶作为非金属材料，进行了不同环境下的腐蚀实验。结果表明，压缩接触不会影响橡胶自身原有的腐蚀规律，氢化丁腈橡胶的使用性能略优于四丙基氟橡胶；压缩接触对13CrS、22Cr、25Cr和钛合金的腐蚀规律影响甚微，但对HS110S的影响较大。通过室内实验揭示了橡胶与金属接触区的腐蚀行为，补充了含H_2S和CO_2油气井的腐蚀理论。

关键词　封隔器；套管；酸性环境；接触腐蚀；硫化氢和二氧化碳

随着我国油气勘探开发的不断深入，大规模开发中深层、深层资源是保障油气产量的关键课题。中深层油气田的高温、高压、高含硫的特点呈现出恶劣的井下腐蚀环境和作业工况，短期内便可导致生产管柱腐蚀穿孔，封隔器腐蚀密封失效等问题，造成油气泄漏、环空带压、管柱断裂等重大作业事故，严重威胁井筒完整性和安全作业。

封隔器是油气井生产的必要工具之一，其可靠性直接影响油气井安全生产和寿命。国内外学者对于油气井生产过程中的封隔器腐蚀行为进行了较多的研究。封隔器腐蚀行为主要受温度、压力、酸性气体分压、氧气含量、含水率、氯离子浓度等因素的影响。其中，温度、压力和酸性气体分压重要的影响因素。目前，封隔器腐蚀的研究主要集中在封隔器本体金属腐蚀、封隔器密封胶圈的腐蚀，然而在生产管柱服役过程中，封隔器纵向与油管螺纹连接，径向与套管接触，形成多种组合结构。不同组合结构由于连接或接触形式的区别，在腐蚀环境中会引发多种腐蚀问题，如缝隙腐蚀、浓差腐蚀等。因此需对不同组合体在不同环境中开展腐蚀行为研究，明确腐蚀规律。

渤中A气田凝析气藏温度高于150℃、压力大于50MPa，含硫量0.01%～0.02%，高含CO_2，分压可达3.36～7.8MPa，属于典型的高温、高压、高腐蚀气田。本文针对该气田储层条件，通过室内试验开展封隔器组合体的井下腐蚀规律研究。

1　研究方法

1.1　组合体简述

根据封隔器的服役状态，可将封隔器-胶筒-套管组合体大概分为三类：

（1）“封隔器内部构件”组合体；

渤中A气田使用的HPS封隔器材质及结构如图1所示。封隔器由卡瓦、密封胶筒、中心管组成。在服役过程中，根据封隔器内部结构可形成“胶筒-卡瓦”组合体和“胶筒-中心管”组合体。其中，胶筒受到卡瓦的高挤压应力，产生形变提供密封效果。即使发生腐蚀，对整体的密封效果也影响甚微，故“胶筒-卡瓦”组合体暂不考虑。在“胶筒-中心管”组合体中，中心管是油气连通输送装置，连接封隔器上下油管，其安全性与稳定性对于封隔器的服役可靠性至关重要。故“胶筒-中心管”组合体应重点考虑。

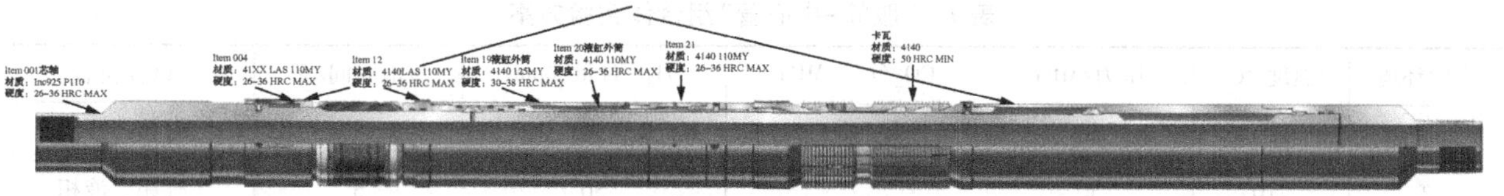

图1　HPS封隔器材质及结构图

（2）“封隔器-油管”组合体；

“封隔器-油管”组合体为封隔器与油管相互连接形成的组合体，与材料类别有关。封隔器服役时井下结构如图 2 所示。由于中心管与油管的选材范围及标准规范一致，故组合处发生腐蚀风向较小。

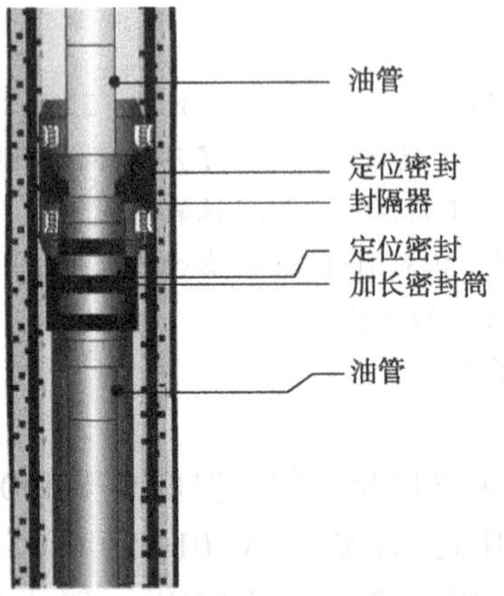

图 2　封隔器服役结构图

（3）“封隔器-套管”组合体。

“封隔器-套管”组合体的实质为“卡瓦-套管”组合体。卡瓦一般为 35CrMo 和 42CrMo 等合金结构钢，套管选材标准通常与油管钢相同，选材的结果存在较大差异，导致卡瓦（电位较低）与套管（电位较高）存在较大的电位差，存在电偶腐蚀。卡瓦与套管的接触为卡瓦发生弹性形变而产生的机械挤压接触，主要起到固定作用，对于密封的贡献小，故在本文中不考虑此组合体的腐蚀情况。

因此，本文重点开展胶筒和中心管组合体的腐蚀规律研究。

1.2　研究方法

选取常用管材材料（13CrS、22Cr、25Cr、钛合金、HS110S）作为金属材料，四丙氟橡胶和氢化丁腈橡胶作为非金属材料，开展组合体腐蚀实验。

腐蚀行为测试参考《GB/T 7759.1—2015/ISO815-1：2008 硫化橡胶或热塑型橡胶压缩永久变形的测定第 1 部分：在常温及高温条件下》进行。10IRHD～95IRHD 范围内的橡胶测试通常选取 25% 的压缩率，研究其弹性能力。压缩永久变形取决于压缩作用的温度和时间，以及恢复高度时的温度和时间，在高温环境中，化学变化是导致橡胶发生压缩永久变形的主要原因。组合体腐蚀行为研究需利用高温高压釜模拟封隔器服役工况，综合考虑设备情况和样品数量，对标准压缩永久变形实验装置进行优化改装，得到“胶筒-中心管”组合体腐蚀测试装置，如图 3 所示。具体实验环境见表 1。

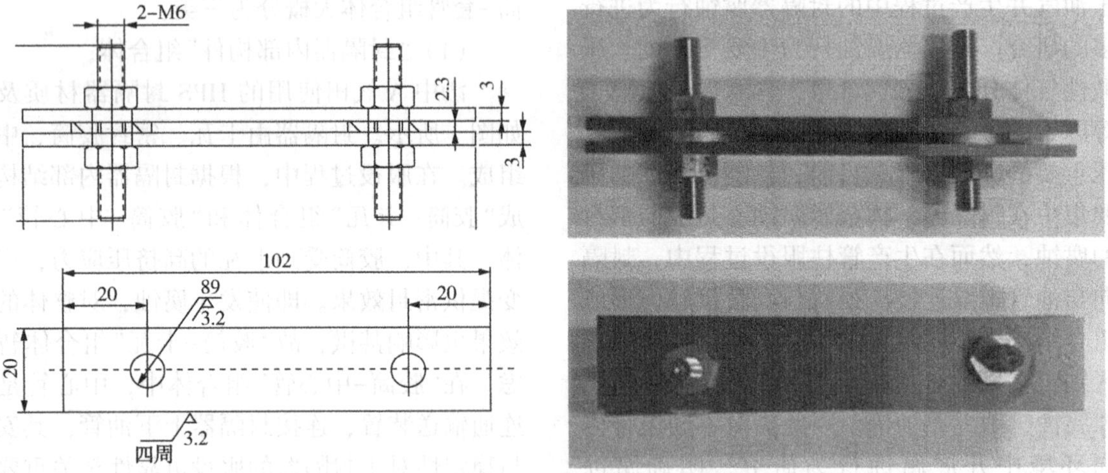

图 3　“胶筒-中心管”组合体腐蚀测试装置（左，示意图；右，实物图）

表 1　“胶筒-中心管”组合体实验方案

实验环境	温度/℃	压力/MPa	CO_2分压/MPa	H_2S 含量/ppm	浸泡时间/天	试样位置
1	180	50	8	50	5	气相、液相
2	210	50	3	50	5	气相、液相
3	210	50	8	0	5	气相、液相

实验步骤如下：

（1）按照图 4 所示，将目标研究材料进行组合；

（2）将组合好的样本，按照图 4 所示安装在实验设备上；

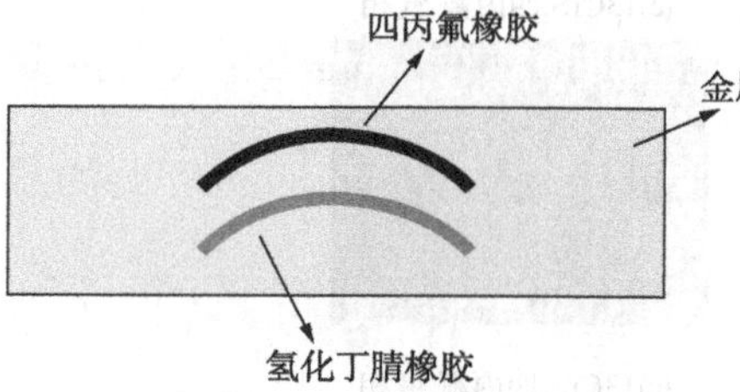

图 4　实验安装示意

（3）表 1 中的实验环境开展浸泡腐蚀实验；

（4）取出实验样本进行宏观形貌和微观形貌分析。

2　接触行为对金属材质腐蚀的影响

2.1　宏观形貌

图 5 为“胶筒-中心管”组合体在实验环境中腐蚀 120 小时后的宏观腐蚀形貌图。由图可知，除 HS110S 抗硫钢外，13CrS、22Cr、25Cr 和钛合金的腐蚀较为轻微，橡胶材料与金属材料的压缩覆盖位置拥有较高金属光泽，压缩覆盖痕迹明显。

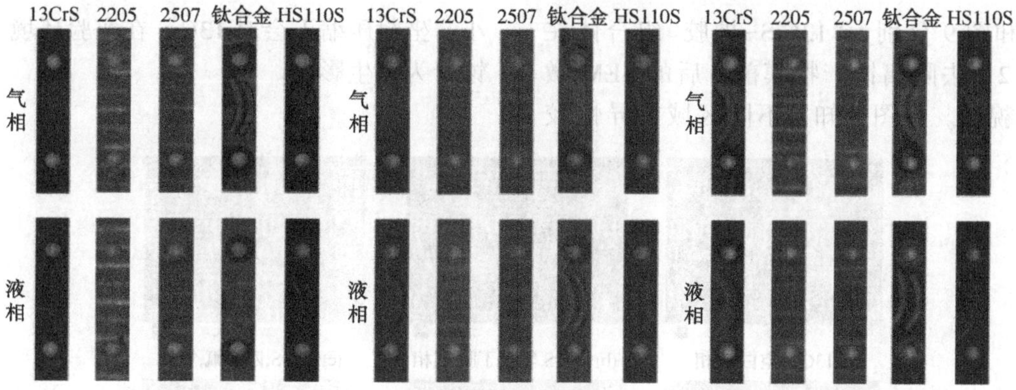

(a)实验环境1　(b)实验环境2　(c)实验环境3

图 5　宏观腐蚀形貌图

2.2　微观形貌

使用扫描电镜对组合体金属的空白区（橡胶未覆盖区）、氢化丁腈橡胶覆盖区和四丙氟橡胶覆盖区区域的微观腐蚀形貌进行分析。

2.2.1　13CrS

图 6 和图 7 分别为“13CrS-橡胶”组合体在实验环境 1，去除腐蚀产物膜前、后的 SEM 微观腐蚀形貌图。由图可知，13CrS 组合体金属板上，不同区域间差异性较小。说明坐封压缩不会对 13CrS 在实验环境 1 中的腐蚀行为产生影响。

(a)13CrS,空白,气相　(b)13CrS,氢化丁腈,气相　(c)13CrS,四丙氟,气相

(a)13CrS,空白,液相　(b)13CrS,氢化丁腈,液相　(c)13CrS,四丙氟,液相

图 6　实验环境 1-13CrS-去膜前

(a)13CrS,空白,气相　(b)13CrS,氢化丁腈,气相　(c)13CrS,四丙氟,气相

(a)13CrS,空白,液相　(b)13CrS,氢化丁腈,液相　(c)13CrS,四丙氟,液相

图 7　实验环境 1-13CrS-去膜后

图 8 和图 9 分别为“13CrS-橡胶”组合体在实验环境 2，去除腐蚀产物膜前、后的 SEM 微观腐蚀形貌图。由图可知，不同区域差异性较小，坐封压缩不会对 13CrS 在实验环境 2 中的腐蚀行为产生影响。

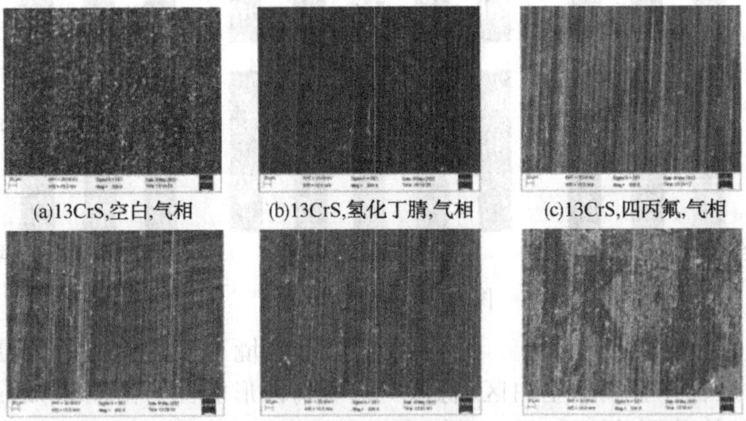

(a)13CrS,空白,气相　(b)13CrS,氢化丁腈,气相　(c)13CrS,四丙氟,气相

(a)13CrS,空白,液相　(b)13CrS,氢化丁腈,液相　(c)13CrS,四丙氟,液相

图 8　实验环境 2-13CrS-去膜前

(a)13CrS,空白,气相　(b)13CrS,氢化丁腈,气相　(c)13CrS,四丙氟,气相

(a)13CrS,空白,液相　(b)13CrS,氢化丁腈,液相　(c)13CrS,四丙氟,液相

图 9　实验环境 2-13CrS-去膜后

图 10 和图 11 分别为“13CrS-橡胶”组合体在实验环境 3，去除腐蚀产物膜前、后的 SEM 微观腐蚀形貌图。由图可知，不同区域间差异性较小，坐封压缩不会对 13CrS 在实验环境 3 中的腐蚀行为产生影响。

(a)13CrS,空白,气相　(b)13CrS,氢化丁腈,气相　(c)13CrS,四丙氟,气相

(a)13CrS,空白,液相　(b)13CrS,氢化丁腈,液相　(c)13CrS,四丙氟,液相

图 10　实验环境 3-13CrS-去膜前

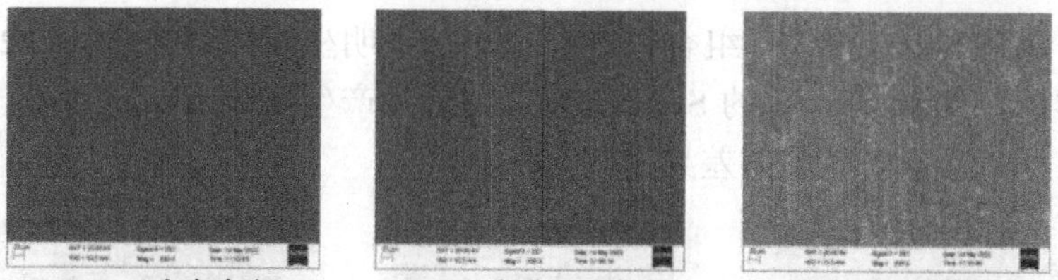

(a)13CrS,空白,气相　(b)13CrS,氢化丁腈,气相　(c)13CrS,四丙氟,气相

(a)13CrS,空白,液相　(b)13CrS,氢化丁腈,液相　(c)13CrS,四丙氟,液相

图 11　实验环境 3-13CrS-去膜后

综上所述，“13CrS-橡胶”组合体在不同环境中腐蚀120小时后，金属表面未发生明显的均匀腐蚀及点蚀，均表现出较好的耐蚀性。氢化丁腈橡胶和四丙氟橡胶分别与13CrS金属板挤压接触时，接触区域和未接触区域的腐蚀形貌之间未见明显差异，说明橡胶对13CrS金属板的挤压不会影响其腐蚀行。

2.2.2　22Cr

图12和图13分别为“22Cr-橡胶”组合体在实验环境1，去除腐蚀产物膜前、后的SEM微观腐蚀形貌图。由图可知，22Cr组合体金属板上，不同区域间差异性较小。说明坐封压缩不会对22Cr在该实验环境中的腐蚀行为产生影响。

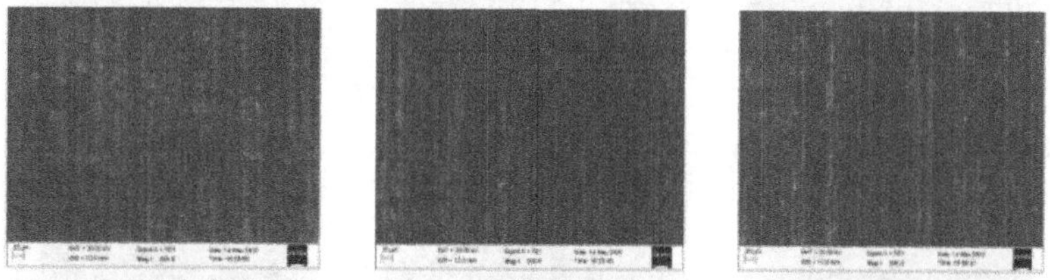

(a)2205,空白,气相　(b)2205,氢化丁腈,气相　(c)2205,四丙氟,气相

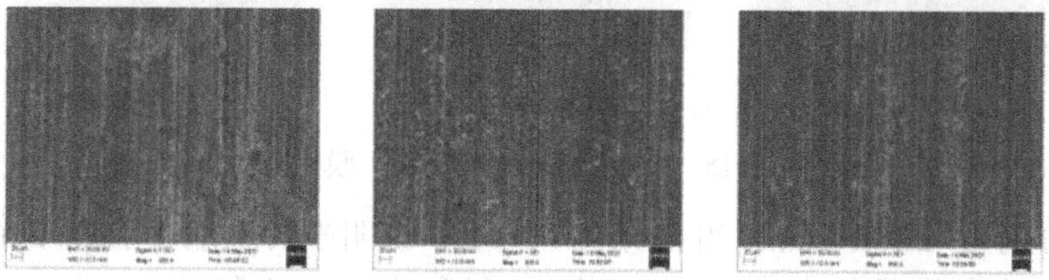

(a)2205,空白,液相　(b)2205,氢化丁腈,液相　(c)2205,四丙氟,液相

图 12　实验环境 1-22CrS-去膜前

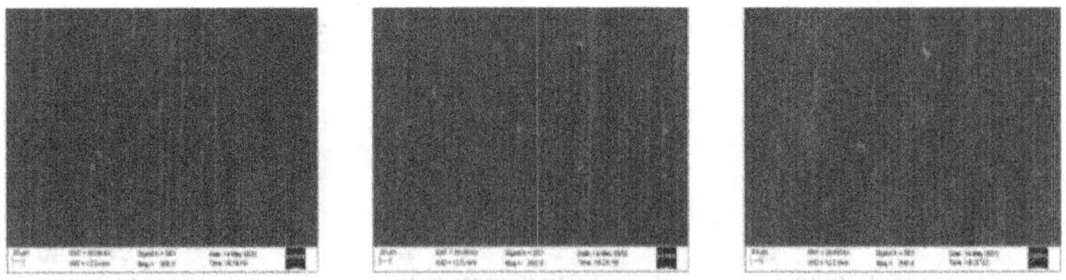

(a)2205,空白,气相　(b)2205,氢化丁腈,气相　(c)2205,四丙氟,气相

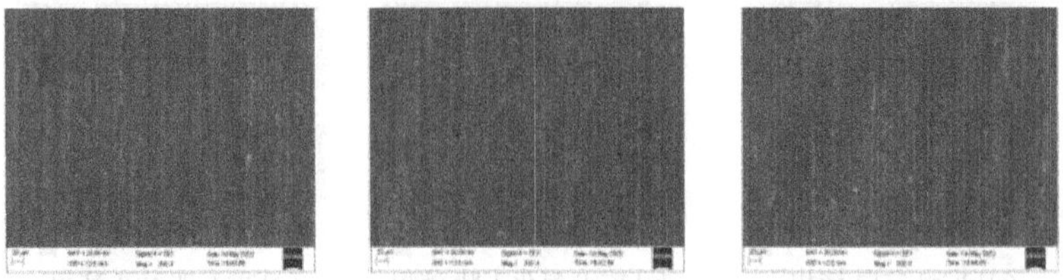

(a)2205,空白,液相　(b)2205,氢化丁腈,液相　(c)2205,四丙氟,液相

图 13　实验环境 1-22CrS-去膜后

图 14 和图 15 分别为“22Cr-橡胶”组合体在实验环境 2，去除腐蚀产物膜前、后的 SEM 微观腐蚀形貌图。由图可知，不同区域间差异性较小。说明坐封压缩不会对 22Cr 在该环境中的腐蚀行为产生影响。

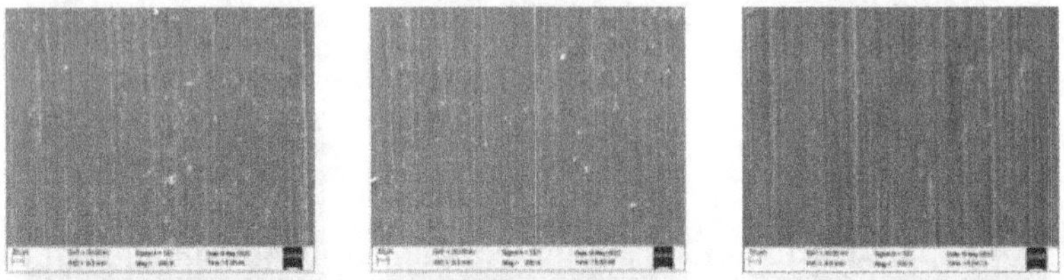

(a)2205,空白,气相　(b)2205,氢化丁腈,气相　(c)2205,四丙氟,气相

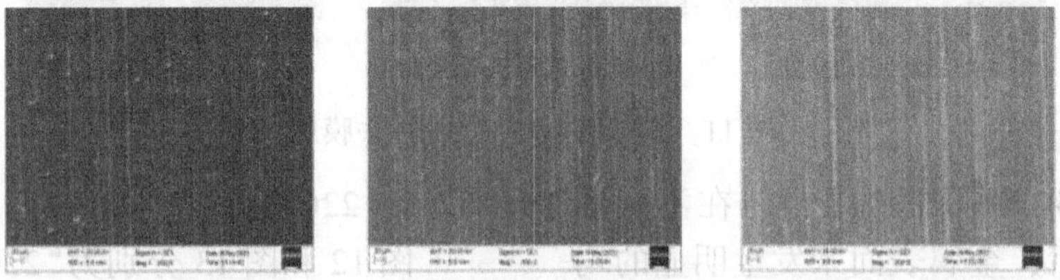

(a)2205,空白,液相　(b)2205,氢化丁腈,液相　(c)2205,四丙氟,液相

图 14　实验环境 2-22CrS-去膜前

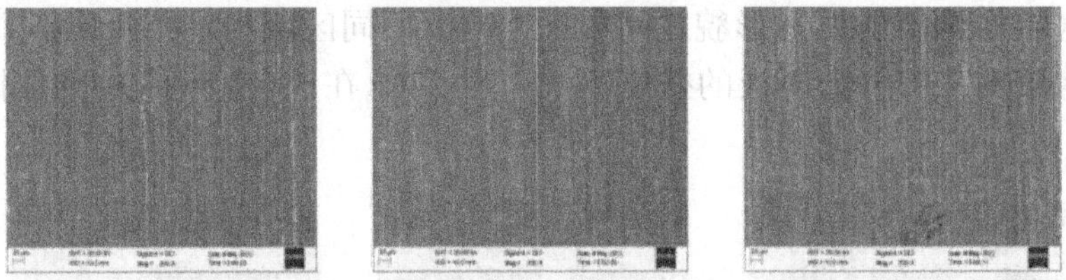

(a)2205,空白,气相　(b)2205,氢化丁腈,气相　(c)2205,四丙氟,气相

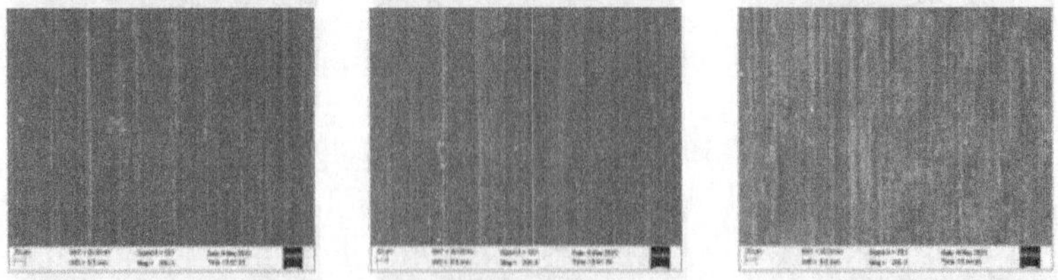

(a)2205,空白,液相　(b)2205,氢化丁腈,液相　(c)2205,四丙氟,液相

图 15　实验环境 2-22CrS-去膜后

图 16 和图 17 分别为“22Cr-橡胶”组合体在实验环境 3，去除腐蚀产物膜前、后的 SEM 微观腐蚀形貌图。由图可知，不同区域间差异性较小。说明坐封压缩不会对 22Cr 在该环境中的腐蚀行为产生影响。

(a)2205,空白,气相　(b)2205,氢化丁腈,气相　(c)2205,四丙氟,气相

(a)2205,空白,液相　(b)2205,氢化丁腈,液相　(c)2205,四丙氟,液相

图 16　实验环境 3-22CrS-去膜前

(a)2205,空白,气相　(b)2205,氢化丁腈,气相　(c)2205,四丙氟,气相

(a)2205,空白,液相　(b)2205,氢化丁腈,液相　(c)2205,四丙氟,液相

图 17　实验环境 3-22CrS-去膜后

综上所述，“22Cr-橡胶”组合体中，在不同环境中腐蚀 120 小时后，金属表面未发生明显的均匀腐蚀及点蚀，均表现出较好的耐蚀性。氢化丁腈橡胶和四丙氟橡胶分别与 22Cr 金属板挤压接触时，接触区域和未接触区域的腐蚀形貌之间未见明显差异，说明橡胶对 22Cr 金属板的挤压并不会对其腐蚀行为及腐蚀机理产生影响。

2.2.3　25Cr

图 18 和图 19 分别为“25Cr-橡胶”组合体在实验环境 1，去除腐蚀产物膜前、后的 SEM 微观腐蚀形貌图。由图可知，25Cr 组合体金属板上，不同区域间差异性较小。说明坐封压缩不会对 25Cr 在该环境中的腐蚀行为产生影响。

(a)2507,空白,气相　(b)2507,氢化丁腈,气相　(c)2507,四丙氟,气相

(a)2507,空白,液相　(b)2507,氢化丁腈,液相　(c)2507,四丙氟,液相

图 18　实验环境 1-25CrS-去膜前

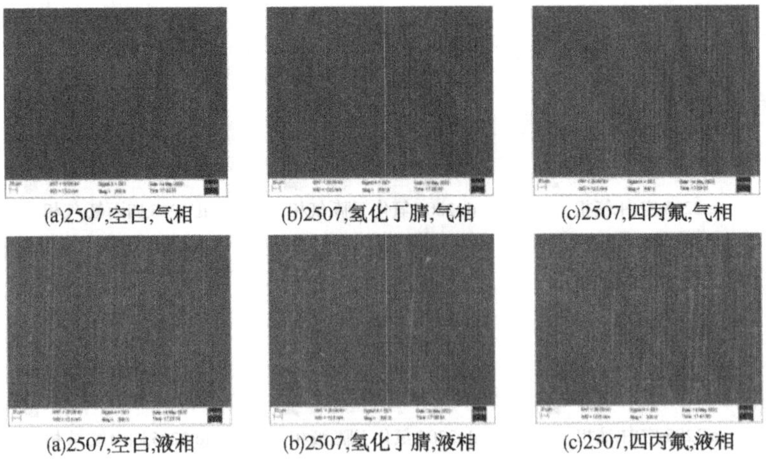

图 19　实验环境 1-25CrS-去膜后

图 20 和图 21 分别为“25Cr-橡胶”组合体在实验环境 2，去除腐蚀产物膜前、后的 SEM 微观腐蚀形貌图。由图可知，不同区域间差异性较小。说明坐封压缩不会对 25Cr 在该环境中的腐蚀行为产生影响。

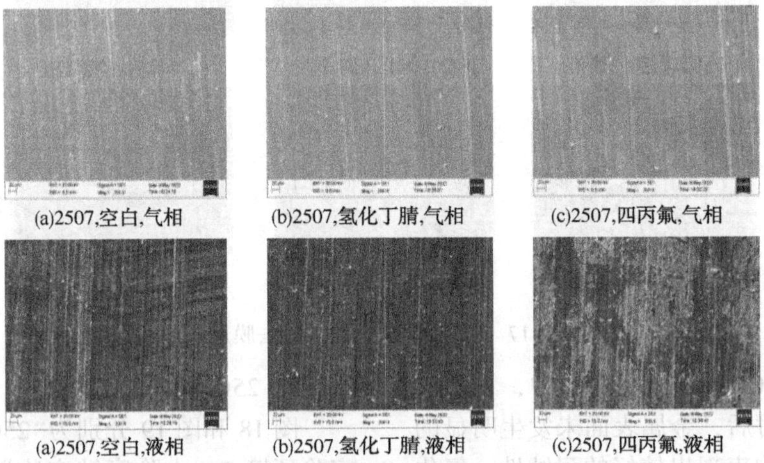

图 20　实验环境 2-25CrS-去膜前

图 21　实验环境 2-25CrS-去膜后

图 22 和图 23 分别为“25Cr-橡胶”组合体在实验环境 3，去除腐蚀产物膜前、后的 SEM 微观腐蚀形貌图。由图可知，不同区域间差异性较小。说明坐封压缩不会对 25Cr 在该环境中的腐蚀行为产生影响。

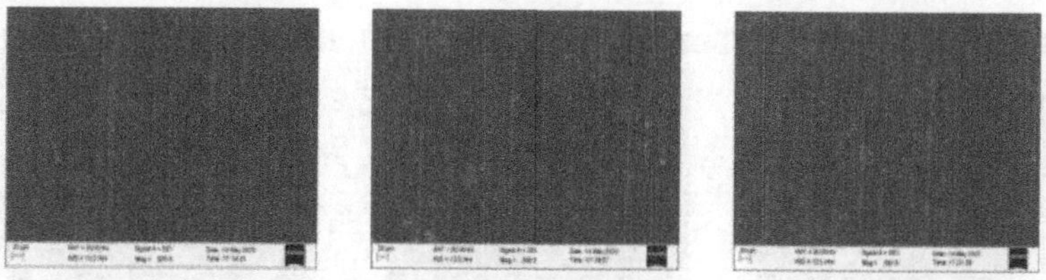

(a)2507,空白,气相 (b)2507,氢化丁腈,气相 (c)2507,四丙氟,气相

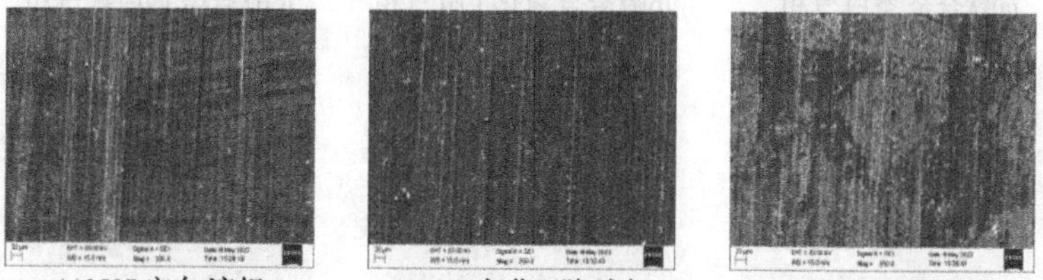

(a)2507,空白,液相 (b)2507,氢化丁腈,液相 (c)2507,四丙氟,液相

图 22 实验环境 3-25CrS-去膜前

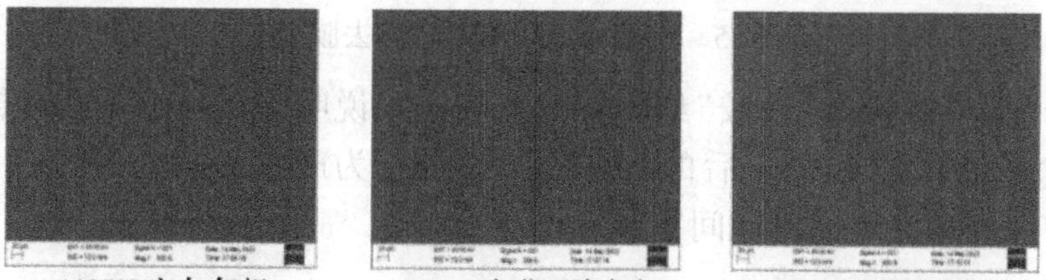

(a)2507,空白,气相 (b)2507,氢化丁腈,气相 (c)2507,四丙氟,气相

(a)2507,空白,液相 (b)2507,氢化丁腈,液相 (c)2507,四丙氟,液相

图 23 实验环境 3-25CrS-去膜后

综上所述，“25Cr-橡胶”组合体，在不同环境中腐蚀 120 小时后，金属表面未发生明显的均匀腐蚀及点蚀，均表现出较好的耐蚀性。氢化丁腈橡胶和四丙氟橡胶分别与 25Cr 金属板挤压接触时，接触区域和未接触区域的腐蚀形貌之间未见明显差异，说明橡胶对 25Cr 金属板的挤压并不会对其腐蚀行为及腐蚀机理产生影响。

2.2.4 钛合金

图 24 和图 25 分别为“钛合金-橡胶”组合体在实验环境 1，去除腐蚀产物膜前、后的 SEM 微观腐蚀形貌图。由图可知，不同区域间差异性较小。说明坐封压缩不会对钛合金在该环境中的腐蚀行为产生影响。

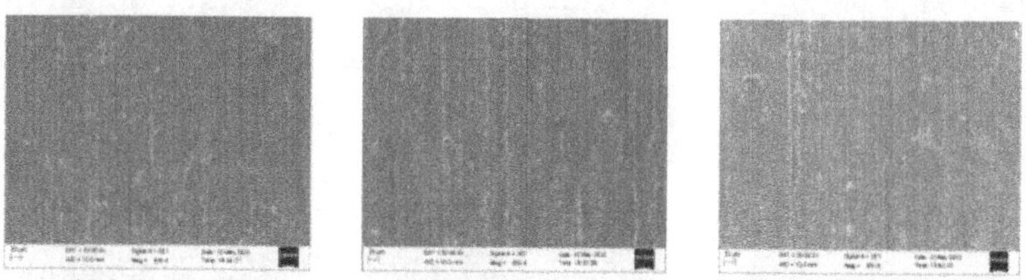

(a)钛合金,空白,气相 (b)钛合金,氢化丁腈,气相 (c)钛合金,四丙氟,气相

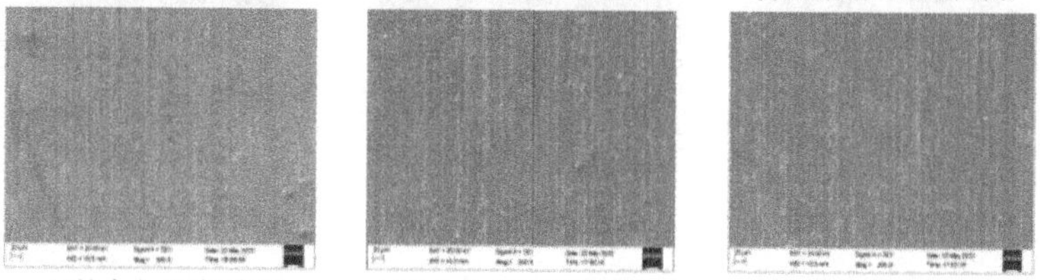

(a)钛合金,空白,液相 (b)钛合金,氢化丁腈,液相 (c)钛合金,四丙氟,液相

图 24 实验环境 1-钛合金-去膜前

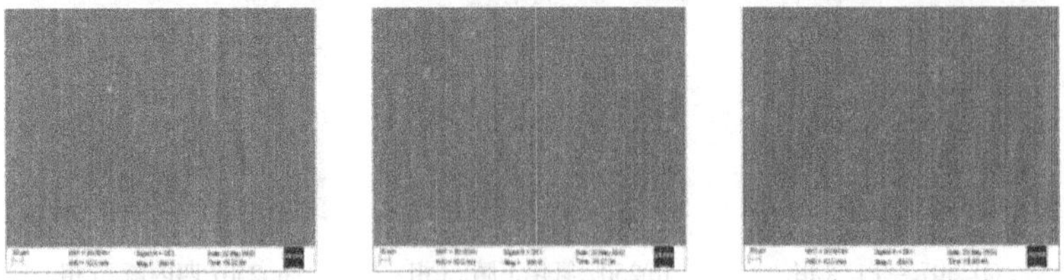

(a)钛合金,空白,气相　(b)钛合金,氢化丁腈,气相　(c)钛合金,四丙氟,气相

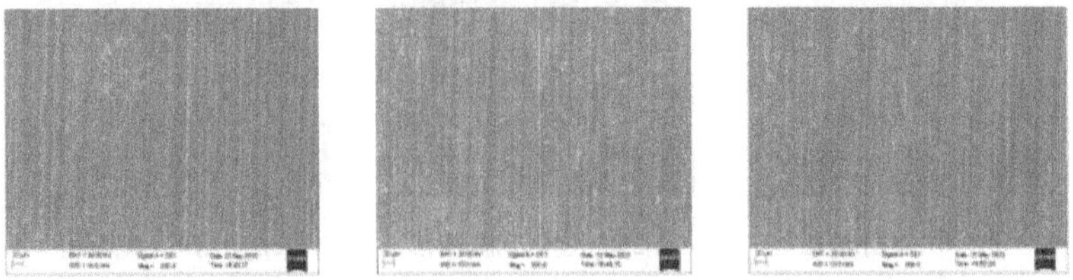

(a)钛合金,空白,液相　(b)钛合金,氢化丁腈,液相　(c)钛合金,四丙氟,液相

图 25　实验环境 1-钛合金-去膜后

图 26 和图 27 分别为“钛合金-橡胶”组合体在实验环境 2，去除腐蚀产物膜前、后的 SEM 微观腐蚀形貌图。由图可知，不同区域间差异性较小。说明坐封压缩不会对钛合金在该环境中的腐蚀行为产生影响。

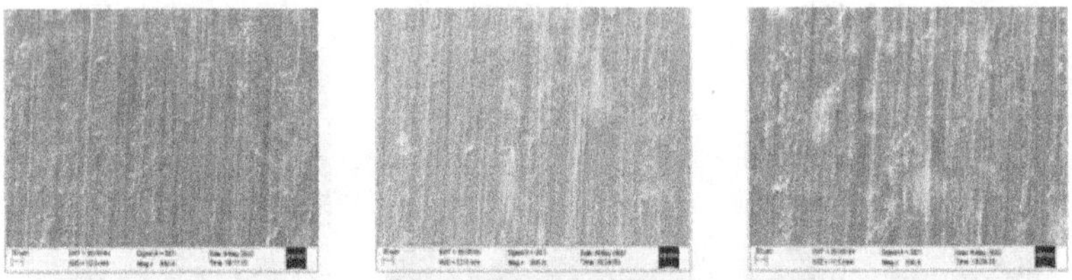

(a)钛合金,空白,气相　(b)钛合金,氢化丁腈,气相　(c)钛合金,四丙氟,气相

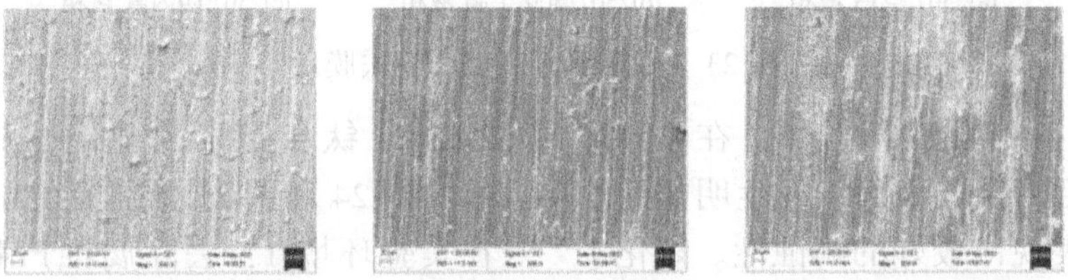

(a)钛合金,空白,液相　(b)钛合金,氢化丁腈,液相　(c)钛合金,四丙氟,液相

图 26　实验环境 2-钛合金-去膜前

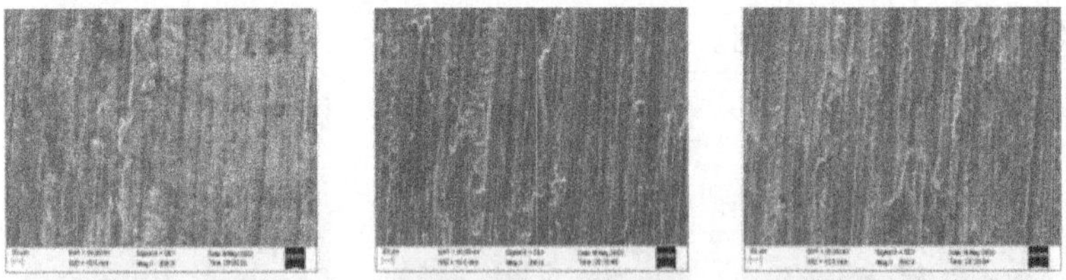

(a)钛合金,空白,气相　(b)钛合金,氢化丁腈,气相　(c)钛合金,四丙氟,气相

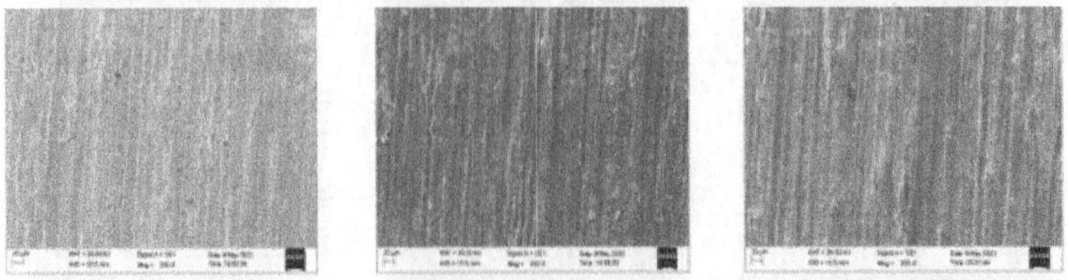

(a)钛合金,空白,液相　(b)钛合金,氢化丁腈,液相　(c)钛合金,四丙氟,液相

图 27　实验环境 2-钛合金-去膜后

图 28 和图 29 分别为“钛合金-橡胶”组合体在实验环境 3，去除腐蚀产物膜前、后的 SEM 微观腐蚀形貌图。由图可知，钛合金组合体金属板上，不同区域间差异性较小。说明坐封压缩不会对钛合金在该环境中的腐蚀行为产生影响。

(a)钛合金,空白,气相　(b)钛合金,氢化丁腈,气相　(c)钛合金,四丙氟,气相

(a)钛合金,空白,液相　(b)钛合金,氢化丁腈,液相　(c)钛合金,四丙氟,液相

图 28　实验环境 3-钛合金-去膜前

(a)钛合金,空白,气相　(b)钛合金,氢化丁腈,气相　(c)钛合金,四丙氟,气相

(a)钛合金,空白,液相　(b)钛合金,氢化丁腈,液相　(c)钛合金,四丙氟,液相

图 29　实验环境 3-钛合金-去膜后

综上所述，“钛合金-橡胶”组合体中，钛合金在不同环境中，金属表面未发生明显的均匀腐蚀及点蚀，均表现出较好的耐蚀性。氢化丁腈橡胶和四丙氟橡胶分别与钛合金金属板挤压接触时，接触区域和未接触区域的腐蚀形貌之间未见明显差异，说明橡胶对钛合金金属板的挤压并不会对其腐蚀行为及腐蚀机理产生影响。

2.2.5　HS110S

图 30 和图 31 分别为“HS110S-橡胶”组合体在实验环境 1，去除腐蚀产物膜前、后的 SEM 微观腐蚀形貌图。由图可知，HS110S 组合体金属板上，不同区域间存在较大腐蚀差异。空白区(未被橡胶挤压的区域)的腐蚀最为严重，橡胶挤压区的腐蚀较空白区略显轻微。原因在于橡胶对接触面的金属形成密封隔绝效果，减缓挤压区域金属的腐蚀。通过对气相和液相环境的对比发现，这种差异以气相环境最为明显。因此，坐封压缩对 HS110S 在实验环境 1 中的腐蚀行为产生严重影响。

图 32 和图 33 分别为“HS110S-橡胶”组合体在实验环境 2，去除腐蚀产物膜前、后的 SEM 微观腐蚀形貌图。由图可知，整体腐蚀趋势与实验环境 1 的腐蚀结果基本相同。区别在于，通过对比发现，腐蚀差异以液相环境最为明显。因此，坐封压缩对 HS110S 在实验环境 2 中的腐蚀行为产生严重影响。

图 34 和图 35 分别为“HS110S-橡胶”组合体在实验环境 3，去除腐蚀产物膜前、后的 SEM 微观腐蚀形貌图。腐蚀趋势与实验环境 1 和 2 相同。腐蚀差异以气相环境最为明显。

(a)HS110S,空白,气相　(b)HS110S,氢化丁腈,气相　(c)HS110S,四丙氟,气相

(a)HS110S,空白,液相　(b)HS110S,氢化丁腈,液相　(c)HS110S,四丙氟,液相

图 30　实验环境 1-HS110S-去膜前

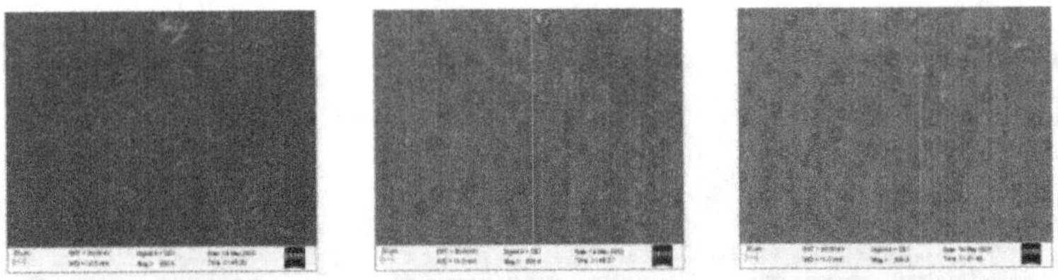

(a)HS110S,空白,气相　(b)HS110S,氢化丁腈,气相　(c)HS110S,四丙氟,气相

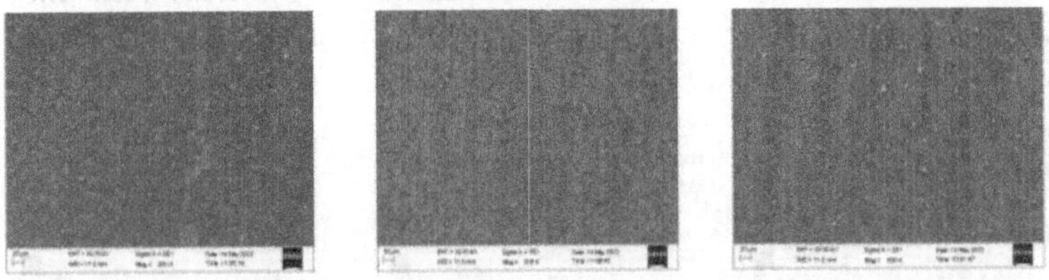

(a)HS110S,空白,液相　(b)HS110S,氢化丁腈,液相　(c)HS110S,四丙氟,液相

图 31　实验环境 1-HS110S-去膜后

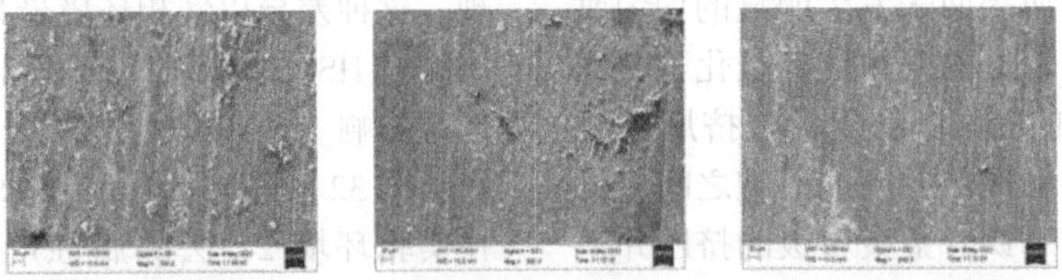

(a)HS110S,空白,气相　(b)HS110S,氢化丁腈,气相　(c)HS110S,四丙氟,气相

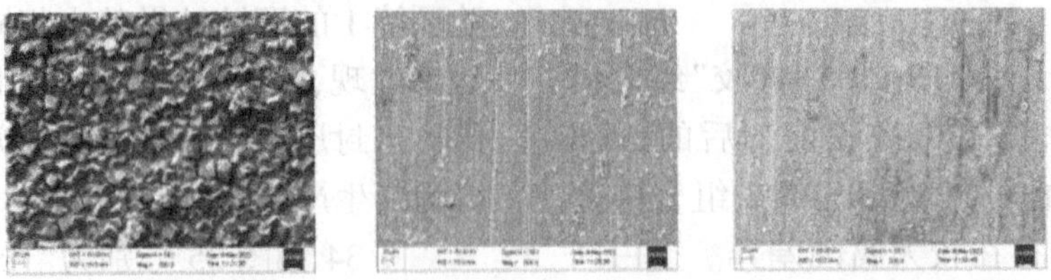

(a)HS110S,空白,液相　(b)HS110S,氢化丁腈,液相　(c)HS110S,四丙氟,液相

图 32　实验环境 2-HS110S-去膜前

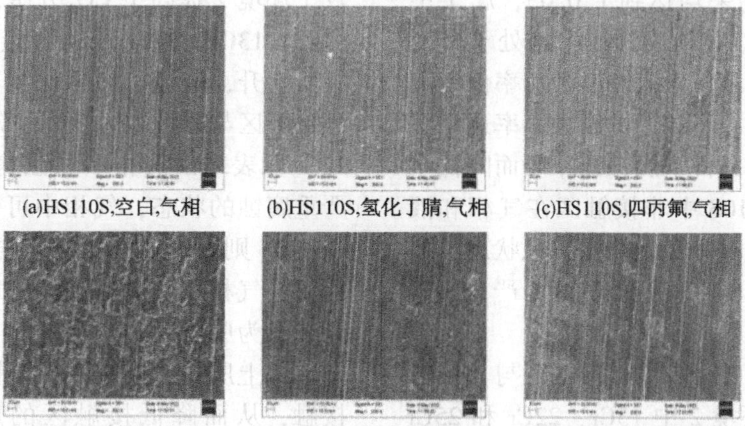

(a)HS110S,空白,气相　(b)HS110S,氢化丁腈,气相　(c)HS110S,四丙氟,气相

(a)HS110S,空白,液相　(b)HS110S,氢化丁腈,液相　(c)HS110S,四丙氟,液相

图 33　实验环境 2-HS110S-去膜后

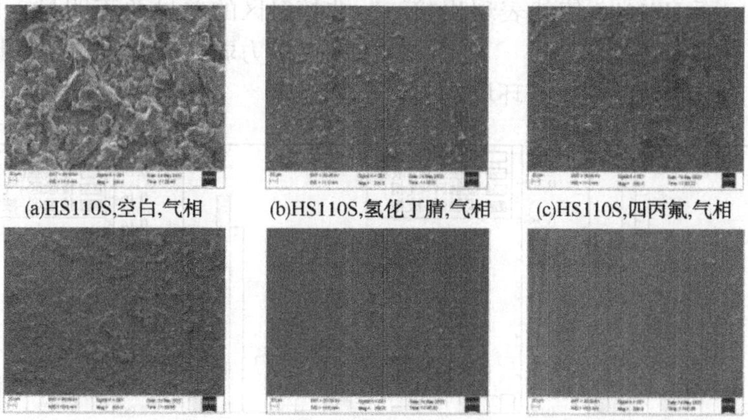

(a)HS110S,空白,气相　(b)HS110S,氢化丁腈,气相　(c)HS110S,四丙氟,气相

(a)HS110S,空白,液相　(b)HS110S,氢化丁腈,液相　(c)HS110S,四丙氟,液相

图 34　实验环境 3-HS110S-去膜前

(a)13CrS,空白,气相　(b)13CrS,氢化丁腈,气相　(c)13CrS,四丙氟,气相

(a)13CrS,空白,液相　(b)13CrS,氢化丁腈,液相　(c)13CrS,四丙氟,液相

图 35　实验环境 3-HS110S-去膜后

综上所述，"HS110S-橡胶"组合体中，在不同环境中金属表面均发生显著的腐蚀，接触区域和未接触区域的腐蚀形貌之间存在明显差异，说明橡胶对 HS110S 金属板的挤压会对其腐蚀行为及腐蚀机理产生显著影响。

2.3　腐蚀速率

腐蚀速率判别标准，<0.025 为轻度腐蚀，0.025~0.125 为中度腐蚀，0.125~0.254 为严重腐蚀，>0.254 为极严重腐蚀。

图 36(a)是环境 1 中金属板接触区与非接触区的腐蚀速率。在环境 1 中 13Cr 的接触区和非

接触区的气相实验结果均达到了 0.05，属于中度腐蚀；22Cr 和 25Cr 整体腐蚀速率均处于轻度腐蚀范围，其中相同环境下气相腐蚀速率低于液相腐蚀速率；钛合金在气相中的腐蚀速率达到了严重腐蚀程度，液相条件下腐蚀速率反而降低至轻度腐蚀状态；HS110S 中非接触区在气相和液相条件下分别为严重腐蚀和极严重腐蚀状态，接触区腐蚀速率显著降低，但整体仍处于严重腐蚀状态。

图 36(b)是环境 2 中金属板接触区与非接触区的腐蚀速率。在环境 2 中 13Cr、22Cr 和 25Cr 接触区和非接触区均表现出了良好的抗腐蚀能力，且腐蚀速率相差甚微；钛合金表现最好，所有腐蚀速率几乎为 0；而 HS110S 依然表现出接触区优于非接触区且严重腐蚀的状态。

图 36(c)为环境 3 中的腐蚀速率。环境 3 相较于环境 2 提高了 CO_2分压，降低了 H_2S 含量。此时，13Cr、22Cr 和钛合金虽然整体腐蚀速率有所上升，但也可勉强保持在轻微腐蚀的状态，且接触区与非接触区在同一条件下相差无几；而 22Cr 则表现出液相中腐蚀速率大幅增加，达到严重腐蚀的状态，气相中可保持轻微腐蚀速率；HS110S 则表现出液相环境与气相环境相差大的趋势，气相环境中可保持轻微腐蚀，液相环境中则上升为中度腐蚀。

综上所述，接触区会抑制腐蚀介质与金属的接触，从而降低接触区的腐蚀速率。但由于 13Cr、22Cr、25Cr 以及钛合金材质自身均具备良好的抗腐蚀能力，因此，这些材质中接触区与非接触区的差异并不明显。HS110S 材质本身抗腐蚀能力弱，因此接触区对其腐蚀速率的降低效果显著。

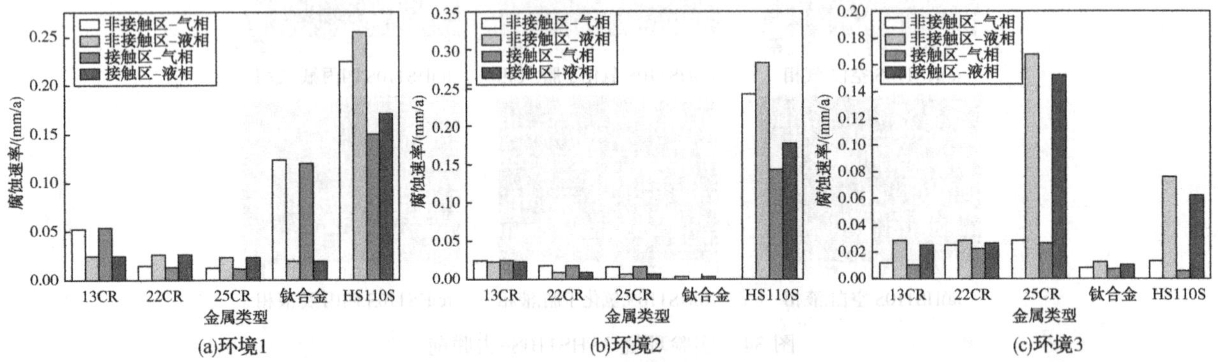

(a)环境1　(b)环境2　(c)环境3

图 36　不同环境下的腐蚀速率

3　接触行为对非金属材质腐蚀行为的影响

3.1　宏观形貌

图 37 和图 38 分别为“氢化丁腈-中心管”组合体、“四丙氟-中心管”组合体在不同环境中的宏观腐蚀形貌。由图可知，氢化丁腈橡胶和四丙氟橡胶的外观均保持一定的完整性，无鼓泡、破损、开裂等失效现象，外观状态良好。

(a)实验环境1　(b)实验环境2　(c)实验环境3

图 37　组合体中氢化丁腈腐蚀形貌

(a)实验环境1　(b)实验环境2　(c)实验环境3

图 38　组合体中四丙氟腐蚀形貌

3.2　微观形貌

3.2.1　氢化丁腈橡胶

组合体在不同环境下，氢化丁腈橡胶内剖面的 SEM 微观腐蚀形貌如图 39 所示。由图可知，在不同环境中，氢化丁腈橡胶的内部完整，无开裂、气泡等失效现象。因此，金属材料的挤压未对其腐蚀行为及腐蚀机理产生显著影响。

3.2.2　四丙氟橡胶

组合体在不同环境下，四丙氟橡胶内剖面的 SEM 微观腐蚀形貌如图 40 所示。由图可知，在不同环境中，四丙氟橡胶的内剖面出现轻微开裂。因此，金属材料的挤压对四丙氟橡胶材质的腐蚀行为及腐蚀机理产生轻微影响。

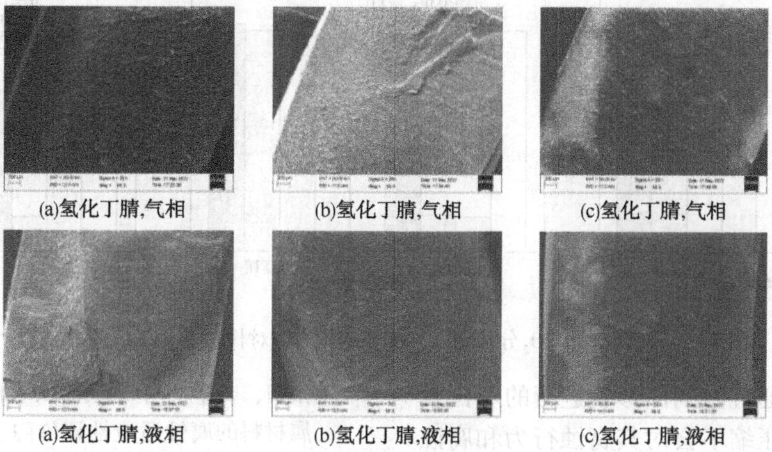

图 39　氢化丁腈橡胶微观形貌

(a)实验环境 1；(b)实验环境 2；(c)实验环境 3

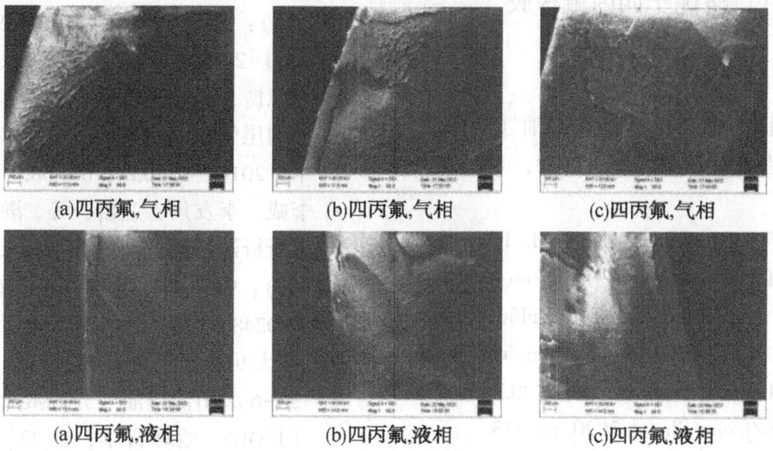

图 40　四丙氟橡胶微观形貌

(a)实验环境 1；(b)实验环境 2；(c)实验环境 3

3.3　力学性能

图 41(a)为不同橡胶材质于气相和液相环境中腐蚀后，极限应力随温度变化趋势图。温度对氢化丁腈橡胶极限应力的影响不大，稳定性较好。在气相环境中，四丙氟橡胶的极限应力随温度的升高而下降。在液相环境中，四丙氟橡胶的极限应力随温度的升高而升高。

橡胶材料在不同CO_2分压条件下的极限应力对比如图 41(b)所示。氢化丁腈橡胶对环境中CO_2分压变化的敏感性较小。氢化丁腈橡胶对服役相态的敏感性较低，四丙氟橡胶对相态敏感性较高。

橡胶材料在不同H_2S含量环境中的极限应力如图 41(c)所示。随着H_2S含量的增加，橡胶材料腐蚀后的极限应力降低。橡胶材料普遍在含有 50ppm H_2S环境中腐蚀后的极限应力要低于含有 0ppm H_2S环境中的，液相环境中的最大应力均高于气相环境中的。气相腐蚀环境对橡胶分子结构的破坏较为严重。

综上，四丙氟橡胶在不同环境下均表现出了不稳定状态，而氢化丁腈橡胶稳定性较好。

4　结论

对中心管金属而言，通过将“中心管-胶筒”中不同金属材质及不同橡胶种类压缩接触区域间的腐蚀形貌进行对比分析发现，橡胶与金属板间的压缩接触对 13CrS、22Cr、25Cr 和钛合金等耐蚀合金材质的腐蚀行为及腐蚀机理影响不大，但对 HS110S 的腐蚀行为和腐蚀机理影响较大。因此，推荐 25Cr、22Cr、钛合金和 13CrS 作为井下封隔器中心管的备选材质。HS110S 腐蚀速率较高，不推荐使用。

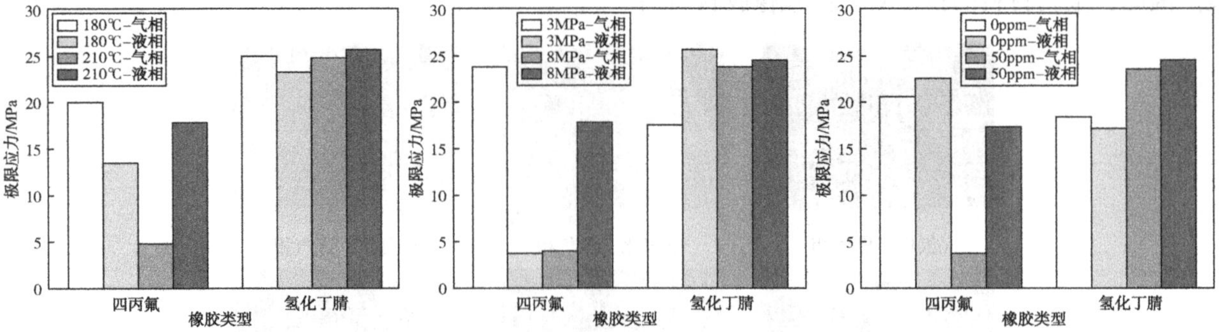

图 41　温度(a)、CO_2分压(b)、H_2S 浓度(c)对橡胶极限应力的影响

对橡胶而言，通过内剖面形貌进行的对比发现，金属对橡胶的压缩不会对其腐蚀行为和腐蚀机理产生显著影响，氢化丁腈橡胶内部形貌与未压缩时相同，四丙氟橡胶产生开裂。因此，氢化丁腈的服役性能更好，略优于四丙氟橡胶。

参 考 文 献

[1] 曹宏，常德双，胡少华，等．中国深层油气勘探地球物理技术与展望[J]．石油学报，2023，44(12)：2250-2269.

[2] B S S M T A，C R T B，C R V L，et al. Investigation of the effect of low temperature aging on the mechanical properties and susceptibility to sulfide stress corrosion cracking of 22% Cr duplex stainless steel [J]. Engineering Failure Analysis，113 [2024-06-12]. DOI：10. 1016/j. engfailanal. 2020. 104553.

[3] 李强，曹砚锋，刘书杰，等．海上油气井完整性现状及解决方案[J]．中国海上油气，2018，30(06)：115-122.

[4] 宋佳佳，裴峻峰，邓学风，等．海洋油气井的硫化氢腐蚀与防护进展[J]．腐蚀与防护，2012，33(08)：648-651+667.

[5] 张立新，沈泽俊，李益良，等．我国封隔器技术的发展与应用[J]．石油机械，2007，(08)：58-60+74+80.

[6] 张明，龚宁，马英文，等．渤中 19-6 气田封隔器金属材料的腐蚀适应性评价[J]．腐蚀与防护，2023，44(02)：45-52+81.

[7] 李舜水，葛俊瑞，殷启帅，等．气井腐蚀环境对封隔器胶筒橡胶材料的影响[J]．表面技术，2018，47(12)：51-59. DOI：10. 16490/j. cnki. issn. 1001-3660. 2018. 12. 008.

[8] 尹慧博，张瑞，陈武君，等．高温高压高酸性油气井用尾管顶部封隔器关键技术研究[J]．石油钻探技术，2018，46(05)：63-68.

[9] 李威，李友川，兰蕾，等．渤海湾盆地渤中 19-6 气田凝析油特征及油气关系[J]．地质学报，2021，95(03)：913-923. DOI：10. 19762/j. cnki. dizhixuebao. 2020248.

[10] 官大勇，石文龙，赵弟江，等．渤海湾盆地渤中 26-6 潜山油田油气异源混合成藏特征及充注过程[J/OL]．地球科学，1-23[2024-06-12]. http://kns. cnki. net/kcms/detail/42. 1874. P. 20240506.1559. 006. html.

[11] 李威，李友川，兰蕾，等．渤海湾盆地渤中 19-6 气田凝析油特征及油气关系[J]．地质学报，2021，95(03)：913-923. DOI：10. 19762/j. cnki. dizhixuebao. 2020248.

[12] GB/T 7759. 1—2015，硫化橡胶或热塑性橡胶压缩永久变形的测定 第 1 部分：在常温及高温条件下[S].

海上大跨度薄互层均衡压裂技术研究与应用

杜建波　张启龙　温海涛　刘长松　董平华　张　超　翁昊阳　李月丽　颜　菲

[中海石油(中国)有限公司天津分公司]

摘　要

海上低渗储层垂向跨度大、薄互层发育，若采用常规笼统压裂改造储层，多簇裂缝竞争起裂导致部分薄油层无法充分改造，压裂产量衰减快；若采用机械分层，由于隔层封隔能力弱，易使储层压窜引起砂卡管柱，且海上压裂高投入，低产出矛盾突出。基于以上难题，采用基于地质工程双甜点的精细分簇技术对改造段进行射孔，通过缝口暂堵改善段内各簇孔眼的进液分布，优化暂堵参数实现多簇裂缝均衡起裂，优选低伤害高温海水基压裂液降低储层伤害和海上用液成本，通过高频压力监测技术实时解释多簇压裂进液点，最终形成了适用于海上低渗薄互层的“精细分簇+暂堵均扩+高频监测”多簇暂堵控流压裂技术。该技术在海上首次应用取得了显著增产效果，日产油量超百方，较常规笼统压裂井增产5倍。实施效果表明，多簇暂堵控流压裂技术可有效提高薄互储层的簇间动用率和改造程度，为海上低渗储层经济有效开发提供有力的技术支撑。

关键词　海上低渗；大跨度；薄互层；多簇暂堵；地质工程双甜点；精细分簇

1　前言

海上低渗储量丰富，其中原油探明储量4.16亿吨，天然气探明储量5435亿方，但实际动用比例只有28%，仍有3亿吨低渗储量未动用。低渗储量的有效开发是海上增储上产和持续稳产的关键。

海上低渗储层普遍存在物性差、跨度大、薄互层发育等特征。以渤海HB低渗区块为例，主力油层为沙二段，为辫状河三角洲沉积，砂体厚度大。该储层砂泥纵向叠置发育，表现出强非均质性，平均渗透率为10mD，为典型的低渗薄互储层。以往的开发实践表明，HB区块压裂完井开采效果明显优于常规完井，压裂是实现低渗薄互层储量高效开发的重要手段。

相比于陆地压裂，海上压裂受作业条件限制，施工规模小、排量低。常规的笼统压裂在低排量、低规模下无法充分动用各个含油小层，导致压裂后产量低，稳产期短。同时，受海上井况、储层高温等影响，K344/Y344机械分层压裂工具在海上出现多次砂卡管柱复杂工况，限制了机械分层压裂工艺在海上大跨度薄互储层中的应用。

大跨度段内多簇压裂是实现海上薄互储层高效开发的关键技术之一。但受到储层非均质性以及裂缝扩展应力阴影的影响，多簇压裂过程中应力小，易破裂的射孔簇会优先破裂。射孔孔眼无法均衡进液，导致各簇水力裂缝非均匀扩展，难破裂的层位压裂裂缝延伸距离短，难以被充分改造。因此，如何使储层段内各簇裂缝均衡扩展，充分动用多个改造层，是海上薄互储层高效开发的关键问题。

近年来，通过理论研究，一些学者提出非均匀限流射孔技术和投球暂堵技术是实现多簇均衡改造的有效途径。但实践发现，非均匀限流射孔技术需要对储层有深入认识，必须在压裂前精确判断易开裂层位，从而设置各簇射孔孔眼密度。海上低渗薄互层砂体不连续，非均质性强，难以准确判断不同薄层的破裂难度，因此限流射孔方案在海上实施中存在一定难度。

与非均匀限流射孔技术相比，投球暂堵工艺具有施工简单便捷、安全、成本低等优势，目前在多簇压裂中被广泛应用。在多簇压裂中，易破裂的层位首先破裂，压裂液会优先流向这些射孔簇。当易开裂层位注砂完成后，投入可溶暂堵材料。这些暂堵材料会随着压裂液流向易开裂射孔簇，对近井筒裂缝及射孔孔眼进行封堵，从而使压裂液流入应力高、难破裂的射孔簇，诱导新裂缝起裂延伸，实现各簇裂缝均衡扩展。现场微地震检测结果显示多簇压裂暂堵后会产生更多的储层破裂信号，表明其工艺的有效性和可靠性。目前该技术尚未在海上油田有所应用。笔者通过结合地质工程一体化理念对射孔簇、暂堵参数等进行优化研究，并优选低伤害高温海水基压裂液降低储层伤害和海上用液成本，通过高频压力监测技术实时解释多簇压裂进液点，建立了一套适用于海上低渗薄互层的"精细分簇+暂堵均扩+高频监测"多簇暂堵控流压裂技术，并在海上进行了成功应用。

2 "精细分簇+暂堵匀扩+高频监测"多簇暂堵压裂技术

2.1 工艺技术理念

"精细分簇+暂堵匀扩+高频监测"多簇暂堵压裂技术是对缝控压裂技术的丰富与完善，即以经典达西理论为基础，以"长段多簇、暂堵匀扩、精准改造"为关键技术措施，其关键措施包括：

① 针对大跨度砂泥岩互层储层，采用"长段多簇"，提高簇间动用率，增大人工裂缝与基质的接触面积，缩短流体从基质向裂缝的流动距离进而减小渗流阻力；

② "暂堵匀扩"通过压裂过程中的暂堵控流，确保各簇的有效开启与延展，实现人工裂缝的均衡扩展；

③ "精准改造"是在投入暂堵剂前，通过高频压力监测技术实时解释多簇压裂进液点，精准确定已压裂的射孔簇，针对性地设计暂堵参数，保障暂堵后未改造的层位被充分改造。通过对射孔簇数、簇间距、暂堵参数等核心参数的优化，实现对储层的充分改造，通过优选低伤害高温海水基压裂液降低储层伤害和海上用液成本，最终达到降低海上施工成本、提升人工缝控储量、单井产量与油藏采收率的综合目标。

2.2 关键参数设计研究

2.2.1 基于地质工程双甜点的"长段多簇"参数优化

长段多簇压裂是陆地压裂发展的技术方向，可以在减少机械分层的同时增加射孔簇数，减小射孔簇间距。在压裂过程中形成短间距多裂缝，一方面增加了裂缝与储层基质的接触面积，另一方面短间距多簇裂缝延伸过程中形成的诱导应力会减小水平应力差，促使复杂裂缝形成，进一步增大基质泄油面积。

Mayerhofer 等研究成果表明，随射孔簇数增多和簇间距缩小，单井采收率提高。借鉴以往压裂井的油藏数值模拟结果，评估簇间距对采收率影响。如图 1 所示，随簇间距由 20m 减小至 5m，开采前 3 年油藏采收率由 18%提升至 28%，短簇间距可以提升油藏初期及最终采收率，另外可以看出簇间距从 10m 缩减至 5m，对采收率影响不大，因此综合考虑开发效果和经济成本，最优簇间距为 10m 左右。针对海上低渗油藏，10m 簇间距可以达到高效开采目的。

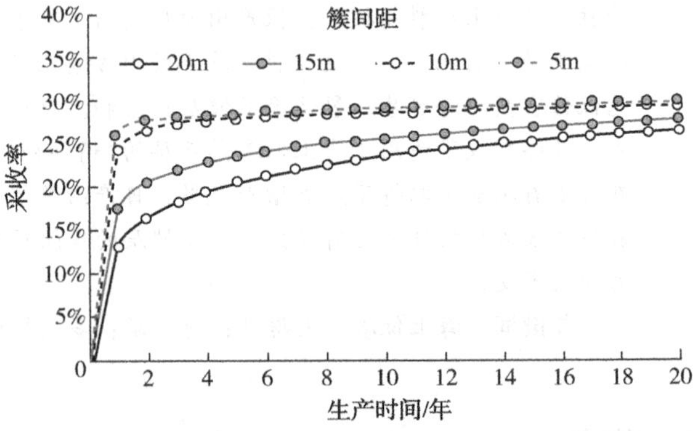

图 1　簇间距对采收率影响

常规射孔参数选择常以"孔、渗、饱"等地质油藏参数为依据，而基于压裂破裂的工程甜点考虑较少。根据微地震裂缝监测解释出的水力裂缝起裂位置，提取测录井参数进行关联度分析，选取关联度最高的钻时和全烃的异常倍数建立压裂易破裂甜点识别方法（Ktr）。经过微地震监测和薄片分析结果验证，Ktr 可以同时表征地层工程甜点和地质甜点发育程度。Ktr 异常幅度越大，表明岩石脆性较强，微裂隙发育，油气含量高，容易高产。Ktr 表征方程如下：

$$K_{tr}=\exp\left[a\times\log\left(\frac{ROP1}{ROP}-1\right)+b\times\lg\left(\frac{Tg}{Tg1}-10\right)\right] \tag{1}$$

式中，K_{tr}为易破裂甜点识别参数；a，b 为钻时和全烃分配权重；ROP，$ROP1$ 分别为砂岩段钻时和邻近非储层段钻时基线值；Tg，$Tg1$ 分别为砂岩段全烃最大值和邻近非储层段的全烃基线值。

结合地质甜点和工程甜点形成基于地质工程双甜点的精细分簇技术，优化射孔段设置，为压裂改造提供进液改造通道。

2.2.2 "暂堵匀扩"关键参数设计方法研究

多簇射孔压裂过程中由于存在物性、应力等

差异，易出现部分裂缝延伸严重受阻甚至无法起裂扩展情况，导致裂缝非均匀扩展。基于此，采用暂堵压裂工艺，通过在压裂过程中途向井下泵入暂堵球封堵优势起裂簇，提高劣势射孔簇的液体流入量，实现各簇均衡扩展。多簇缝口暂堵裂缝扩展模拟方法包括多簇裂缝扩展模型、暂堵球封堵模型。首先通过分析不同簇之间物性和地应力的差异预设优势起裂簇，再通过暂堵球封堵模型和多裂缝扩展模型，优化暂堵球数量、暂堵次数、暂堵时机等暂堵参数以及压裂施工参数。

多裂缝扩展模型：

基于压裂过程中的物质平衡理论，单条人工裂缝内的物质平衡方程和整体物质平衡方程分别为：

$$\frac{\partial q(s,\ t)}{\partial s}=q_{\mathrm{L}}(s,\ t)h_{\mathrm{f}}+\frac{\partial w_{\mathrm{f}}(s,\ t)}{\partial t}h_{\mathrm{f}} \tag{2}$$

$$\int_0 q_{\mathrm{T}}\mathrm{d}t=\sum_1^N\int_0^{L_{f,\ i(t)}}h_{\mathrm{f}}w_{\mathrm{f}}\mathrm{d}s+\sum_1^N\int_0^{L_{f,\ i(t)}}\int_0^t q_{\mathrm{L}}(s,\ t)\mathrm{d}t\mathrm{d}s \tag{3}$$

式中，q 为裂缝内流体排量，m^3/s；q_L为液体滤失速度，m/s；q_T为总排量，m^3/s；t 为时间，s；s 为裂缝长度方向坐标，m；h_f为缝高，m；w_f为缝宽，m；$L_{f,t}$为裂缝 i 的缝长，m。

其中，压裂过程中注入总液体量等于每条裂缝内液体之和：

$$q_{\mathrm{T}}=\sum_{i=1}^N q_i \tag{4}$$

式中，q_i为裂缝 i 内的液体排量，m^3/s；N 为裂缝条数。

人工裂缝内的压降方程为：

$$\frac{\partial p}{\partial s}=-\frac{64\mu}{\pi h_f w_f^3}q \tag{5}$$

式中，p 为裂缝内压力，Pa；μ 为液体黏度，mPa·s。

根据岩石断裂力学理论，人工裂缝高度扩展方程为：

$$h_{\mathrm{f}}=\frac{2}{\pi}\left(\frac{K_{\mathrm{IC}}}{p_{\mathrm{f}}-\sigma_{\mathrm{c}}}\right)^2 \tag{6}$$

式中，K_{IC}为岩石断裂韧性，Pa·$m^{0.5}$，σ_c为裂缝闭合应力，Pa；p_f为缝内压力，Pa。

因此，裂缝内流体排量决定了裂缝缝长、缝宽、缝高方向的扩展。暂堵压裂通过封堵易进液孔眼，切断易开裂储层的进液通道，使易开裂储层的裂缝不过度延伸，增大难开裂储层的进液排量，使难开裂储层的裂缝能进一步延伸。

暂堵球封堵模型：

根据 Brown 等研究成果，暂堵球运行到炮眼附近时，受到惯性力和拖拽力双重作用，当拖拽力大于惯性力时，暂堵球座封在炮眼上。

惯性力计算公式：

$$F_{\mathrm{I}}=\frac{\pi}{12}\frac{\rho_{\mathrm{b}}d_{\mathrm{b}}^3v_{\mathrm{b}}^2}{d_{\mathrm{pipe}}} \tag{7}$$

拖拽力计算公式：

$$F_{\mathrm{D}}=\frac{\pi}{32}K_{\mathrm{D}}\rho_{\mathrm{l}}d_{\mathrm{b}}^2v_{\mathrm{perf}}^2 \tag{8}$$

其中，射孔炮眼处的流速为：

$$v_{\mathrm{perf}}=\frac{q}{60A_{\mathrm{perf}}}=\frac{q}{60\alpha n_{\mathrm{perf}}C_{\mathrm{D}}\frac{\pi d_{\mathrm{perf}}^2}{4}} \tag{9}$$

$$C_{\mathrm{D}}=[1-e^{-86.614}d_{\mathrm{perf}}/(1000\mu_{\mathrm{a}})^{0.1}]^{0.4} \tag{10}$$

定义封堵因子为：

$$R_{\mathrm{b}}=\frac{F_{\mathrm{D}}}{F_{\mathrm{I}}}=\frac{3}{8}\frac{K_{\mathrm{D}}\rho_{\mathrm{l}}d_{\mathrm{pipe}}v_{\mathrm{perf}}^2}{\rho_{\mathrm{b}}d_{\mathrm{b}}v_{\mathrm{b}}^2} \tag{11}$$

式中：d_{pipe}为套管内径，m；d_{perf}为射孔炮眼内径，m；d_b为暂堵球直径，m；C_D为流量系数，无因次；α 为有效进液射孔炮眼比例；n_{perf}为射孔孔眼数。

暂堵球座封因子越大，表明暂堵球流经炮眼时拖拽力越大，越容易封堵进液炮眼，通过调研发现，当$R_b>3.25$时，暂堵球才能够达到对射孔炮眼较高的封堵率。在暂堵压裂中，可以根据拟暂堵的射孔簇参数，通过该公式可以计算得到暂堵球数量和粒径。

2.3 暂堵球性能优化

射孔孔眼进砂后会磨蚀变大，经过现场统计优化，当暂堵球的直径不大于射孔孔眼的 1.25 倍时有好的封堵效果。选取水溶性暂堵球以避免压后堵塞射孔孔眼，同时暂堵球应满足压裂施工期间承压要求和压后快速、彻底降解要求(图 2)。目标储层温度 130℃，射孔孔眼直径 11.7mm，通过室内评价试验，优化暂堵球性能参数见表 1。

表 1　暂堵剂性能指标要求

序号	项目	单位	技术指标	检测结果
1	规格	mm	15~19	15/19
2	密度	g/cm³	<1.5	1.287

续表

序号	项目	单位	技术指标	检测结果
3	溶解介质	–	压裂液、地层水	压裂液、地层水
4	溶解时间(130℃)	天	<4	1
5	水不溶物	%	<1	0.5
6	承压能力(130℃)	MPa	≥40	60
7	稳压时间(130℃、40MPa)	h	≥2	6

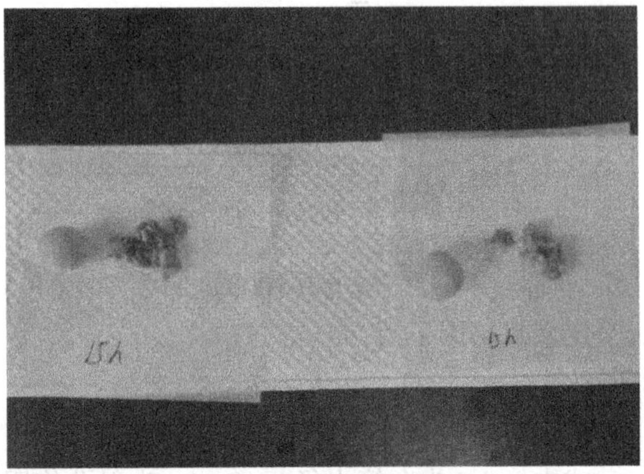

图 2　暂堵球溶解状态(15h)

2.4　低伤害高温海水基压裂液体系

采用高温海水基压裂液能够满足海上就地供水需求，大幅提高施工效率，同时减低施工成本。但该体系依然存在弊端：一方面，高温压裂液为满足耐温耐剪切需求往往粉比较高；另一方面，海水中的钙、镁离子在储层条件下容易形成沉淀。两方面因素都会导致施工液体对储层的二次伤害。

为了减少储层伤害，需要对压裂液体系进行优化。首先，随着压裂液的持续注入，井筒以及储层的温度是持续降低的，这样就为降低粉比提供了条件，因此可以通过模拟施工过程中井筒和储层的温度场变化，动态优化调整施工不同阶段的粉比，达到降低压后残渣的目的；其次，通过加入螯合调节剂螯合海水基压裂液中的钙、镁离子，减少进入地层流体中的钙镁离子沉淀；最后，通过加入破乳助排剂、黏土稳定剂等添加剂，减小黏土膨胀和乳化现象，同时降低表界面张力促进压裂液返排。

通过室内试验优化各添加剂配比以达到高温耐剪切、低伤害等特性，满足携砂和储层保护要求。优化后的高温海水基压裂液性能指标如表 2 所示。

表 2　低伤害高温海水基压裂液体系指标

序号	项目		行标要求	检测结果
1	基液黏度/mPa·s	120℃≤t≤180℃	≤120	35(511s^{-1})
2	交联时间/s		60~300	180(挑挂)
3	增黏速率/%		≥65	94.1
4	耐温耐剪切能力/mPa·s		≥50	51.4
5	破胶性能	破胶时间/min	≤720	120
		破胶液黏度/(mm^2/s)	≤5	2.78
		表面张力/(mN/m)	≤32	26.147
		破胶液与煤油的界面张力/(mN/m)	≤3	0.036
6		残渣含量/(mg/L)	≤600	375
7		黏土防膨率/%	≥60	92.6
8		与原油破乳率/%	≥95	100
9		与地层水配伍性	无沉淀、无絮凝	无絮凝或沉淀
10	岩心基质渗透率伤害率/%		≤30	12.5%
参考行业标准《SYT 7627—2021 水基压裂液技术要求》				

2.5　高频压力监测技术

微地震监测技术、分布式光纤监测技术、声呐远探测技术等技术为目前常用的压后评估技术。暂堵压裂后，可根据不同技术可解释裂缝形态、进行压后效果评估，但不同技术均参在费用高、数据采集和处理耗时长等难题。且由于海上空间有限，部分技术海上应用壁垒仍未突破。

高频压力监测技术利用高频压力信号采集系统监测停泵后的水击压力波动，然后对信号做去噪处理，通过倒谱算法实现快速拾取压裂过程中的进液点位置，从而确定射孔簇的改造情况。高频压力监测技术实现了压裂全过程远程压力监测，为压裂施工数据实时优化调整提供依据。相比其他工艺技术，高频压力监测技术具备实时解释、方便快捷等明显优势。目前该技术已经在国内外多个油气田推广应用，国内四川盆地页岩气井累计应用30井次，鄂尔多斯盆地致密油、致密气区块累计应用超过250井次。

应用该技术能够在投入暂堵剂前，通过高频压力监测技术实时解释多簇压裂进液点，精准确定已压裂的射孔簇，针对性地设计暂堵参数，保障暂堵后未改造的层位被充分改造，实现“精准改造”。

3　现场试验与效果分析

3.1　试验井差异性特征分析

优选渤海HB区块同平台同储层两口邻井，开展不同工艺试验效果分析；对比常规多簇压裂技术、多簇暂堵控流压裂技术差异性。其中，HB-5井采用常规多簇压裂技术；HB-6井采用多簇暂堵控流压裂技术。由表3可知，HB-5井、HB-6井孔隙度、渗透率、含油饱和度等物性参数基本一致；裂缝簇数、砂量、暂堵工艺等压裂施工参数存在差异。

表3　试验井地质及工程参数表

井号	地质参数				工程参数				
	孔隙度/%	渗透率/mD	含油饱和度/%	油层厚度/m	簇数	暂堵情况	加砂量/m^3	加砂强度/(m^3/m)	用液强度/(m^3/m)
HB-5	13.8	10.3	69.7	11.7	4	未使用	35.1	3	32.7
HB-6	13.6	8.2	72.6	20.7	5	使用	50.0	2.4	27.6

3.2　试验井地质、工程参数优化

3.2.1　精细分簇射孔优选

针对砂泥岩互层储层，为充分改造储层，提供高效油气渗流通道，结合基于KTR及储层物性参数的地质工程甜点识别技术，精细设置多簇射孔段，增强甜点改造效果。HB-5井优选4簇射孔段为：3393.1～3393.7m，3394.8～3396.8m，3401.3～3404.3m，3407.5～3409.0m；HB-6井井优选5簇射孔段为：3987.0～3988.5m；4001.0～4002.5m；4007.5～4009.5m；4019.05～4021.0m；4025.0～4028.0m。

3.2.2　“暂堵匀扩”施工参数优化

多簇裂缝暂堵时，以储层物性、地应力为综合评价指标，优选暂堵射孔簇。结合不同射孔簇物性及地应力差异，优选确定第4、5簇为优势射孔簇（4019.05～4021.0m；4025.0～4028.0m）。根据暂堵球封堵模型并结合现场应用情况优选暂堵参数；通过室内封堵实验并结合射孔参数，优化了投球数量和投球参数；宜采用组合粒径15mm、19mm的暂堵球，并按照组合比例1∶1投入160颗的封堵效果最好，暂堵施工排量为2-3m^3/min。

结合暂堵球封堵模型、多裂缝扩展模型特征，按照25+25m^3两段加入支撑剂、中间投球暂堵工艺能够满足压裂改造需求，进一步增大加砂量有压窜下部3小层（高含水层）风险；同时考虑到储层起裂的不确定性，25+25m^3加砂可以满足限流后均匀改造储层的目的同时减小压窜3小层风险。

3.3　多簇裂缝暂堵控流效果评价分析

3.3.1　暂堵响应特征分析

（1）泵注压力曲线分析

HB-5井和HB-6井均按照设计完成施工；其中，HB-6井按照设计投入15mm、19mm直径的可溶球各80个，送球排量2.2～2.7m^3/min，注入液量一个井筒容积后，井口压力从33.2MPa提升高至37.14MPa。从泵注压力曲线上分析，暂堵前后相同排量下压力升高5.8MPa（图4）；暂堵施工过程中，压力响应明显表明暂堵剂可有效实现暂堵、限流开启新缝。

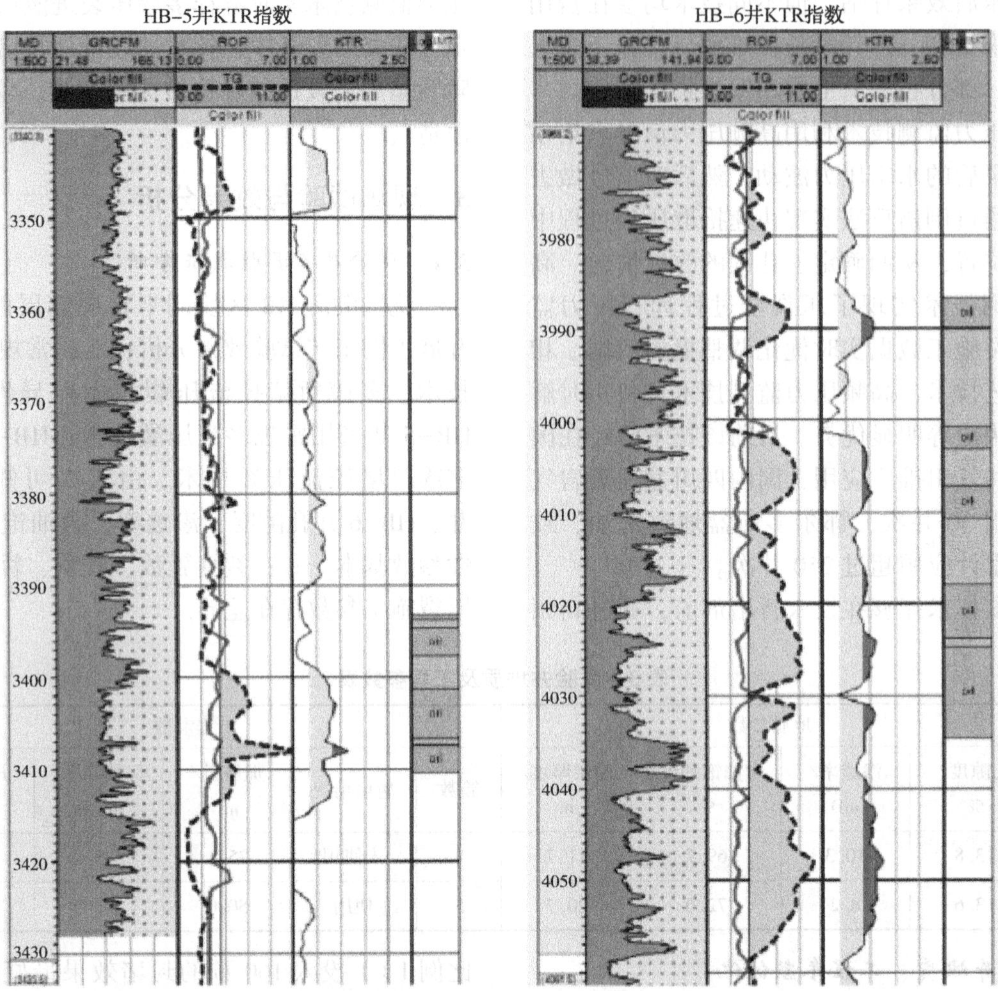

图 3　HB-5 井和 HB-6 井 KTR 指数

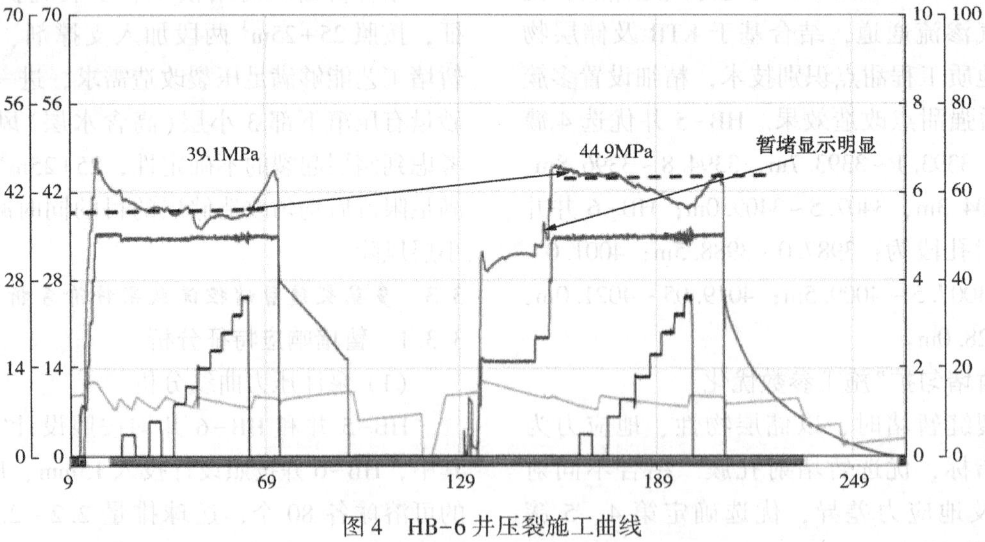

图 4　HB-6 井压裂施工曲线

（2）高频压力监测特征分析

通过高频压裂检测技术解释暂堵前开启 2、3、5 簇，因此，实时对暂堵球数量、粒径组合等参数进行了调整确保剩余 1、4 簇能够均衡开启。由高频压力监测解释结果分析可知（图 6），HB-6 井暂堵压裂过程中，第二段加砂在一段加砂基础上开启了新裂缝，与暂堵压力响应相吻合（图 5）。此外，结合压裂后“G 函数”曲线分析

(图6)，进一步证明压裂产生多裂缝特征。多种压裂后评估技术交叉印证了多簇暂堵控流技术在大跨度薄互储层中实现了储层段纵向改造程度的目的。

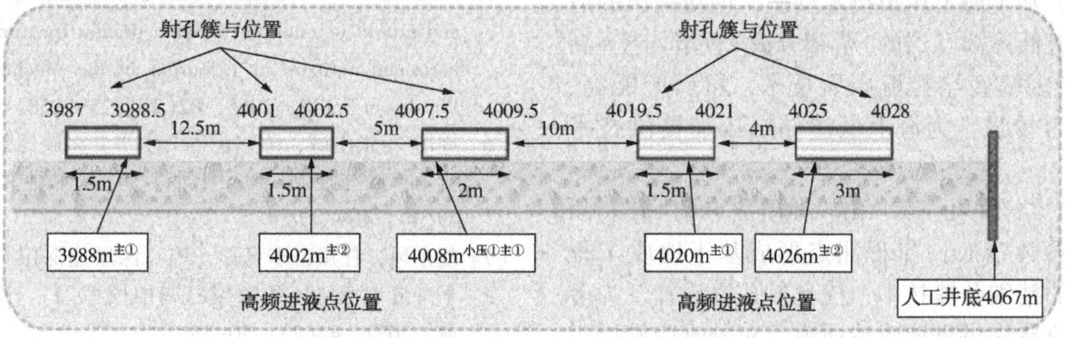

图5　HB-6井高频压力监测解释多簇进液点

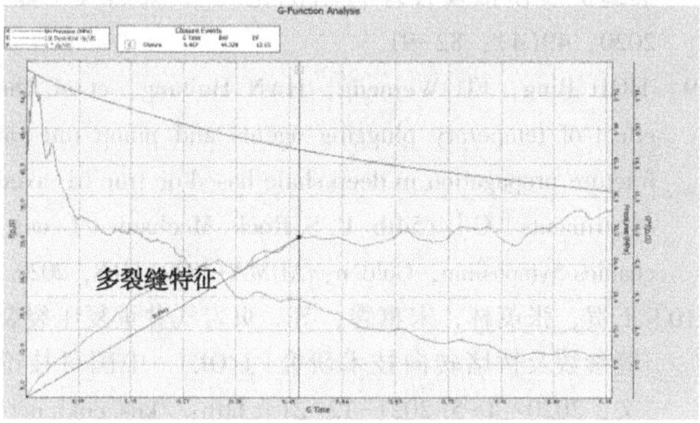

图6　HB-6井压降数据G函数曲线分析

3.3.2　裂缝均匀性特征分析

基于压后数据分析开展压后拟合，对实际裂缝形态进行重构(如图7)，各簇裂缝延展情况对比评价采用裂缝延展差异指数来表征。

$$\delta = \frac{1}{n}\sum_{i=1}^{n}\left(\frac{\left|L_i - \bar{L}\right|}{\bar{L}}\right) \tag{12}$$

式中，δ为裂缝延展差异指数，无量纲；n为总射孔簇数，无量纲；L_i为第i簇裂缝延展长度，m；$\bar{L}$为第n簇裂缝平均扩展长度，m。

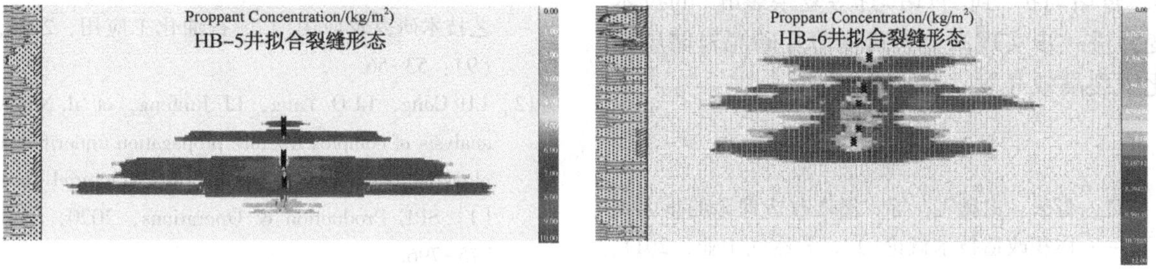

图7　HB-5井和HB-6井拟合裂缝形态

裂缝延展差异指数越大表征裂缝延展差异越大。根据计算，HB-5井的裂缝延展差异指数为0.45，HB-6井的裂缝延展差异指数为0.11。表明采用多簇暂堵控流压裂技术能够明显促使裂缝均衡扩展。结合数值模拟、理论计算可知，HB-6井裂缝延展差异指数由暂堵前的0.36减小到0.11，进一步证明多簇暂堵控流压裂技术能够有效减小各簇之间的裂缝扩展差异，实现储层均衡改造。

3.3.3　HB-6井、HB-5井产能特征分析

由表4可知，HB-6井可以发现应用多簇暂堵控流压裂技术后，日产油量和比采油指数分别达到HB-5井的5.4倍和5.6倍。同时，HB-6井压后日产量超过100m^3，表明多簇控流暂堵压裂技术在海上低渗储层改造中具有明显优势，为海上低渗储层开发提供技术借鉴。

表4　HB-5井和HB-6井压后投产数据表

井名	厚度/m	测井渗透率/mD	日产液/(m^3/d)	日产油/(m^3/d)	含水/%	生产压差/MPa	比采液指数/(m^3/d/MPa/m)
HB-5	11.7	10.3	20	19	4	10.6	0.15
HB-6	21.1	16.9	106	102	4.5	5.8	0.84

4 结论

（1）基于海上压裂技术壁垒，创新提出的适用于海上低渗薄互层的“精细分簇+暂堵均扩+高频监测”多簇暂堵控流压裂技术，压后产能高、上产潜力较强，为海上低渗储层压裂提供技术借鉴。

（2）结合“孔、渗、饱”地质甜点和“破裂甜点识别参数”（Ktr）工程甜点形成基于地质工程双甜点的精细分簇技术，优化射孔段设置，为多簇压裂改造提供进液改造通道，充分改造储层。

（3）“暂堵均扩”工艺可充分改造大跨度砂泥岩薄互储层，降低海上井因机械分层引起的砂卡管柱风险。HB-6井从施工压力响应，压力监测、压后拟合等方面表现出暂堵响应特征。

（4）高频压力监测技术实现了压裂全过程远程压力监测，为压裂施工数据实时优化调整提供依据。HB-6井压裂后通过多技术交叉、多维度校核，实现压裂裂缝的精细化评价。

（5）鉴于海上压裂长期发展需求，建议进一步开展大规模条件下，低渗薄互层复杂缝网压裂技术研究。通过多缝内、缝口多种暂堵模式，实现从“暂堵匀扩”到“暂堵匀扩+复杂裂缝”的技术转变，进一步实现海上大跨度薄互砂泥岩储层精细化压裂高效开发。

参考文献

[1] 吴奇，胥云，王腾飞，等．增产改造理念的重大变革——体积改造技术概论[J]．天然气工业，2011，31(4)：7-12.

[2] PEIRCE A，BUNGER A. Interference fracturing：Nonuniform distributions of perforation clusters that promote simultaneous growth of multiple hydraulic fractures [J]. SPE Journal，2015，20(2)：384-395.

[3] WU Kan，OLSON J，MATTHEW T，et al. Numerical analysis for promoting uniform development of simultaneous multiple fracture propagation in horizontal wells [C]//SPE Annual Technical Conference and Exhibition，28-30 September 2015，Houston，Texas，USA. DOI：10.2118/174869-MS.

[4] 赵金洲，陈曦宇，李勇明，等．水平井分段多簇压裂模拟分析及射孔优化[J]．石油勘探与开发，2017，44(1)：117-124.

[5] LECAMPION B，DESROCHES J. Simultaneous initiation and growth of multiple radial hydraulic fractures from a horizontal wellbore [J]. Journal of the Mechanics and Physics of Solids，2015，82(2)：235-258.

[6] 周彤，张士诚，陈铭，等．水平井多簇压裂裂缝的竞争扩展与控制[J]．中国科学：技术科学，2019，49(4)：469-478.

[7] 胡东风，任岚，李真祥，等．深层超深层页岩气水平井缝口暂堵压裂的裂缝调控模拟[J]．天然气工业，2022，42(2)：50-58.

[8] 周彤，陈铭，张士诚，等．非均匀应力场影响下的裂缝扩展模拟及投球暂堵优化[J]．天然气工业，2020，49(4)：82-91.

[9] HOU Bing，FU Weineng，HAN Huifang，et al. The effect of temporary plugging agents and pump rate on fracture propagation in deep shale based on true tri-axial experiments [C]//54th U. S. Rock Mechanics/Geomechanics Symposium，Golden：ARMA-2020-1168，2020.

[10] 王贺，张茂林，宋惠馨，等．页岩气井重复压裂裂缝参数及暂堵转向技术研究[J/OL]．中国科技论文，2020：1-5[2021-12-21]. http://kns.cnki.net/kcms/detail/10.1033.N.20201030.1351.002.html.

[11] 吴宏杰，肖博，张旭东．页岩气井暂堵重复压裂工艺技术研究及应用[J]．石油化工应用，2020，39(9)：53-56.

[12] LU Cong，LUO Yang，LI Junfeng，et al. Numerical analysis of complex fracture propagation under temporary plugging conditions in a naturally fractured reservoir [J]. SPE Production & Operations，2020，35(4)：775-796.

[13] MACK M G，ZHANG F. Microseismic geomechanics for refracturing[C]//50th U. S. Rock Mechanics/Geomechanics Symposium，26-29 June 2016，Houston，Texas，USA. DOI：ARMA-2016-546.

[14] 胡俊杰，周小金，周拿云，等．井筒听诊器技术在川南页岩气田的应用研究[J]．钻采工艺，2022，45(6)：65-69.

[15] 张好林，李根生，王伟，等．水平井井筒清洁临界流速简化模型[J]．钻采工艺，2014，37(4)：5-8.

[16] 李彦超，张庆，沈建国，等．页岩气藏长段多簇暂堵体积改造技术[J]．天然气工业，2022，42(2)：143-150.

基于压裂微地震监测的地层滤失系数校准研究

贺　沛　乔红军　张军涛　梁小兵　郭　庆

[陕西延长油田(集团)有限责任公司研究院]

摘　要　水力压裂是目前增产改造的主要手段，建立合适的压裂地质模型是一切压裂设计的基础。常见的岩石力学测试和测井解释无法计算出压裂地质模型中的全部参数，从而导致模型差异，无法准确描述人工裂缝形态。微地震监测技术是目前评价压裂造缝情况、压裂效果最有效的方法，本文基于微地震解释的人工裂缝形态，以及实际的施工参数，反演校正地层滤失系数，为压裂地质模型提供数据，提高压裂设计的可靠性。

关键词　微地震监测；岩石力学；裂缝扩展；压裂模拟

1　引言

随着致密油、页岩油气等非常规油气的规模性勘探开发，水力压裂成为油田增产不可或缺的技术手段。压裂是一个复杂的实施过程，通过测井解释和岩石力学实验，建立地质模型和地应力剖面，是压裂参数设计的基础。然而资料数据的缺失和不准确使得压裂地质模型与实际情况有一定差异，无法准确描述人工裂缝形态。

微地震监测技术是目前评价压裂造缝情况、压裂效果最有效的方法。它以声发射学和地震学为基础，通过观测水力压裂作业时产生的微小地震事件绘制裂缝的空间图像，监测裂缝的发育过程，是唯一可以对复杂地层断裂扩张进行监测的技术。利用微地震监测，对微地震事件点空间分布进行直接解释，从实时监测的地层破裂能量点位置，解释压裂产生的裂缝带长度、高度、倾角、方位，从而实现人工裂缝的准确描述。

本文通过对井下微地震监测数据解释的人工裂缝形态，以及实际压裂施工参数，反演压裂地质模型中需要的地层滤失系数，克服测井资料有限情况下的建模难题，为压裂方案优化设计提供基础，以提高储层压裂效果，实现油气资源的高效开发。

2　研究区块概况

七里村油田是中国陆上开发最早的油田，位于鄂尔多斯盆地陕北斜坡带东部。内部构造简单，为一平缓的西倾单斜，平均倾角小于1°，地层每公里向西下降7～10m，断层不发育，仅发育鼻状构造。主力油层为延长组上统长6油层组，油藏埋深在245～740m之间，平均油层深度为500m，油层压力为2.6～6.2MPa，油层平均压力4.5MPa，压力系数约为0.9，为低压油藏。地层温度为24.6～27.5℃，为常温系统。油层平均孔隙度8%，平均渗透率$0.50\times10^{-3}\mu m^2$，为特低渗透油藏，原油密度0.83g/cm^3、黏度50℃时4.44mPa·s、凝固点7.50℃(表1～3)。

表1　七里村油田岩石应力基本参数(岳乐平，2007)

样品号	天然容重/(g/cm^3)	普通吸水率/%	饱和抗压强度/MPa	弹模/GPa	泊松比
003	2.40	2.71	43.5	8.64	0.21
025	2.47	3.91	37.7	5.23	0.21
052	2.36	1.26	52.2	13.9	0.13

表2　长6储层孔隙度统计表

层　位	长6
样品数	753
孔隙度最大值/%	16.6
孔隙度最小值/%	1
孔隙度平均值/%	7.81

表3　长6渗透率统计表

层　位	长6
样品数	1325
渗透率最大值/($\times10^{-3}\mu m^2$)	8.7
渗透率最小值/($\times10^{-3}\mu m^2$)	0.02
渗透率平均值/($\times10^{-3}\mu m^2$)	0.53

3　水力压裂微地震监测技术

在水力压裂的过程中，储层内的岩石由于受到高压破裂，地层被强制压开一条较大裂缝，沿着这条主裂缝，能量不断的向地层中辐射，形成主裂缝周围地层类似于地震勘探中的震源，压裂裂缝微地震监测技术就是通过收集这些弹性波信号，确定地层的破裂事件，再绘制出裂缝图像，从而实现对裂缝形态的定量表征。

3.1　井下微地震监测技术

井下微地震监测技术示意图如图 1 所示。

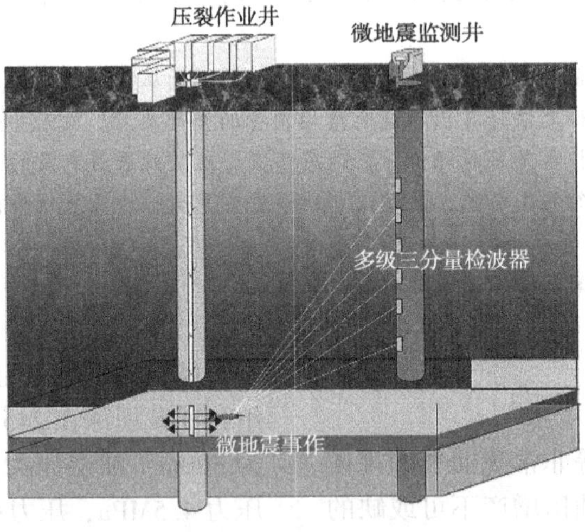

图 1　井下微地震监测技术示意图

与常规监测相比，井下微地震监测主要有以下优点：

（1）可以实时地裂缝进行监测，实时地反映的裂缝的延伸方向、裂缝长度、裂缝宽度、裂缝高度，其他人工裂缝监测方法只能测出其中几种或一种，微地震监测能够更全面的反映裂缝信息（表 4）。

（2）微地震压裂监测施工方便，不受环境因素影响；

（3）微地震监测相比放射性测试而言，对环境危害相对较小。

表 4　压裂监测的不同方法及能力对比

类型	监测方法	缝长	缝高	缝宽	方位	倾角	体积	实时
间接诊断	净压分析	√	√				√	√
	试井分析	√		√				√
	产量分析	√		√				
近井监测	放射性示踪法		√	√	√	√		
	井温测井		√					
	井眼成像				√	√		
	井下电视		√					
	井径测井							
远井监测	微地震井下监测	√	√	√	√	√	√	√
	微地震地表监测	√	√	√	√		√	√
	微地震浅井监测	√	√	√	√			√
	测斜仪				√			√

注：表中“√”表示具备该项能力，空为没有该项能力

3.2　研究区水平井微地震事件解释

研究区内进行压裂微地震监测的水平井共计 65 口，其中井下微地震监测井 9 口。通过微地震点筛查并剔除不合理数据后，确定可靠事件点

的空间分布，对有效事件的空间分布与裂缝关系进行量化解释，得到压裂裂缝的几何特征(缝长、缝宽、缝高)和储层改造体积，部分数据见表5。

表5　井下微地震监测井裂缝参数解释(部分)

井号	压裂段数	缝长/m	缝宽/m	缝高/m	主裂缝方向	储层改造体积/10^6m^3
J407平X井	第1段	158	156	80	NW24°	1.2
	第2段	237	145	92	NW27°	1.6
	第3段	204	113	76	NE6°	0.9
	第4段	/	/	/	/	/
	第5段	221	127	58	NE2°	1.3
	第6段	182	90	40	NE0°	0.6
	第7段	200	120	55	NW2°	1.6
G158平X	第1段	196	70	40	NE78°	0.7
	第2段	300	110	38	NE80°	3.3
	第3段	386	163	49	NE86°	5.6
	第4段	388	133	46	NE86°	3.4
	第5段	319	122	53	NE88°	2.5
	第6段	286	114	63	NE86°	4.4
Z707平8X	第1段	230	105	47	NE75°	1.4
	第2段	209	117	56	NE72°	2.0
	第3段	258	126	66	NE76°	2.0
	第4段	284	99	54	NE80°	1.2
	第5段	291	95	62	NE75°	1.2
	第6段	288	86	74	NE86°	2.1
	第7段	279	80	60	NE79°	2.4

4　水力压裂数值模拟

4.1　压裂地质模型

在压裂设计中，使用不同的压裂模拟软件，需要输入的参数不尽相同。以Frac pro和Stimplan为例，对比两种压裂地质模型中的输入参数可以发现，在压裂地质模型中，主要输入的地层参数有：地层深度、地应力、杨氏模量、泊松比、渗透率、断裂韧性和滤失系数等。

地应力、杨氏模量、断裂韧性和滤失系数是影响裂缝几何尺寸(缝长、缝宽、缝高)的四个主要因素。这四个参数也是压裂地质模型中必须输入的参数。因此模拟计算时，可以通过调整这四个主要变量，在确定的压裂施工条件下，来控制最终的裂缝形态，使模拟计算的裂缝结果与微地震监测解释的裂缝结果相接近，反推出这几个参数的合理值。

这四个参数中，杨氏模量可以通过测井解释和岩石力学实验测得，测试得到的参数可信度更高，无需作为变量调整。断裂韧性属于岩石的基本属性，在成熟的岩石数据库中，可以通过选择岩石类型，得到数值。而且不同微地震监测解释的裂缝高度差异较大，缝高同时受层间应力差和层间断裂韧性差影响，反推计算准确性差。滤失系数，是受油藏基质的孔隙度、渗透率以及缝网系统的孔隙度及渗透率，地层的非均质性等综合影响的参数，这些参数部分获取的可靠性较差，部分参数获得的是实验室理想值，使用可靠度也较差，因此，滤失系数作为不确定性较高且对裂缝形态影响结果大的参数，是压裂模拟拟合计算中重点调整的。

4.2　滤失系数拟合

为了减少变量，对研究区内的微地震监测水平井进行筛选，以郭958井场长6储层的4口水平井(图2)作为研究对象。这4口井均采用簇式射孔速钻桥塞分段压裂工艺。

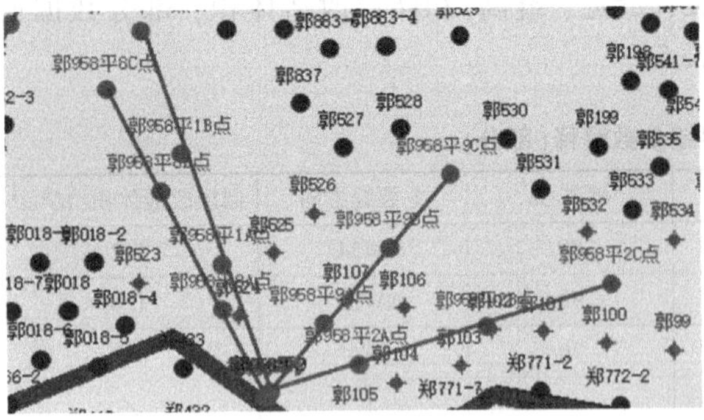

图 2　郭 958 平台水平井井位图

结合裂缝模拟和微地震解释资料，设计出滤失系数的模拟计算步骤如图 3 所示。在已有地质资料下建立初步压裂模型，使用实际的施工参数，通过不断调整模型中的滤失系数，使模拟计算的裂缝缝长与微地震解释的缝长误差在 15%以内。

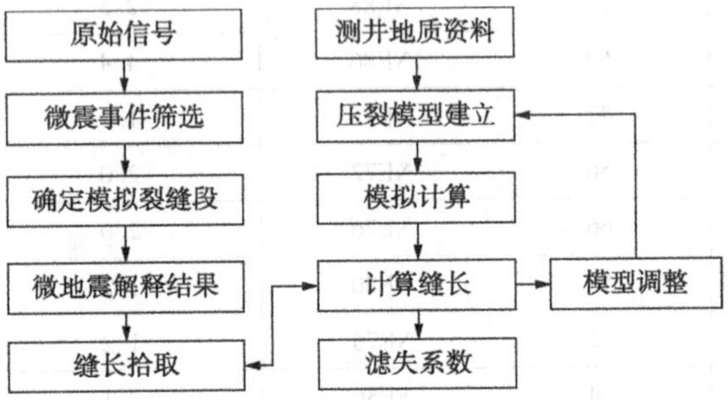

图 3　压裂模拟计算步骤

对郭 958 平 2 井进行模拟计算。该井设计压裂 8 段，现场施工时第 4 段射孔后发现与郑 771-2 井串层，决定放弃第 4 段。根据地质资料显示，该井储层平均孔隙度 8.23%，平均渗透率 $0.75\times10^{-3}\mu m^2$，水平段砂岩厚度 15~20m 左右，油层平均压力为 4.5MPa，油藏压力系数约 0.9，平均油层温度 25℃，地温梯度 3.1℃/100m。根据该井的基本压裂参数，对实际压裂的这 7 段进行裂缝模拟，通过不断调整滤失系数，使模拟计算的缝长与微地震监测的缝长误差在 15%。各段模拟缝长在误差范围内使用的滤失系数如表 6，该滤失系数下，各段裂缝的扩展情况如图 4 所示（图中横坐标为半缝长）。从表 6 可以看出，郭 958 平 2 井的压裂模型中，滤失系数在 0.006~0.018 时，计算的缝长与微地震监测的缝长误差在 15%以内。

表 6　压裂模拟缝长及模拟使用的滤失系数

压裂段	监测解释缝/长 m	模拟缝长/m	误差/%	滤失系数
1	263	224	14.83	0.0086
2	217	184	15.20	0.015
3	253	218	13.83	0.0067
5	220	191	13.18	0.0059
6	246	210	14.63	0.0073
7	221	200	9.50	0.0060
8	188	161	14.36	0.018

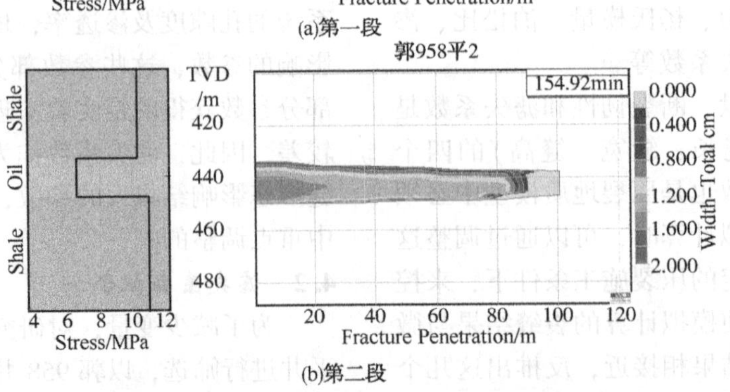

图 4　郭 958 平 2 井实际压裂段的裂缝扩展形态图

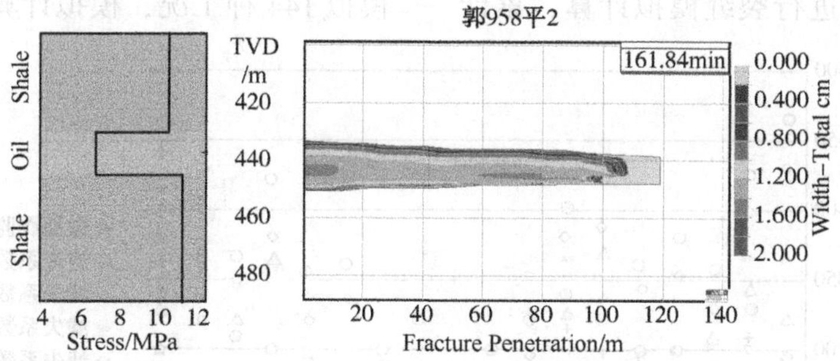

(c)第三段

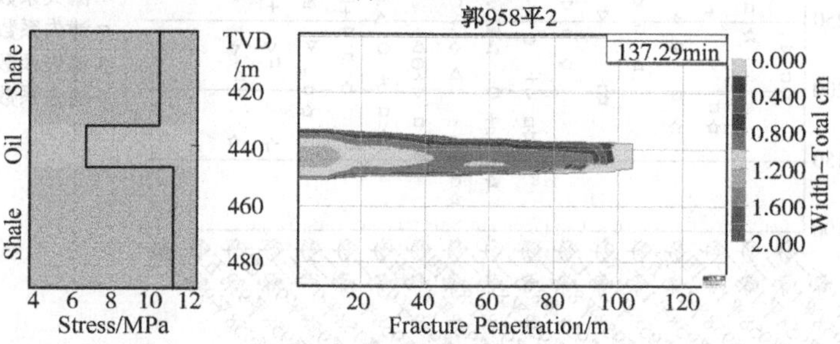

(d)第五段

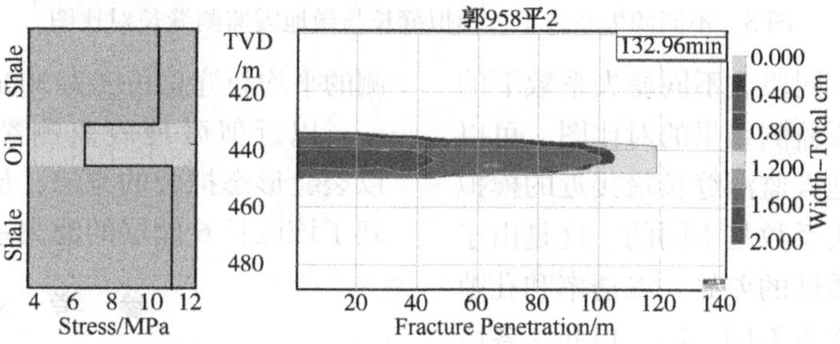

(e)第六段

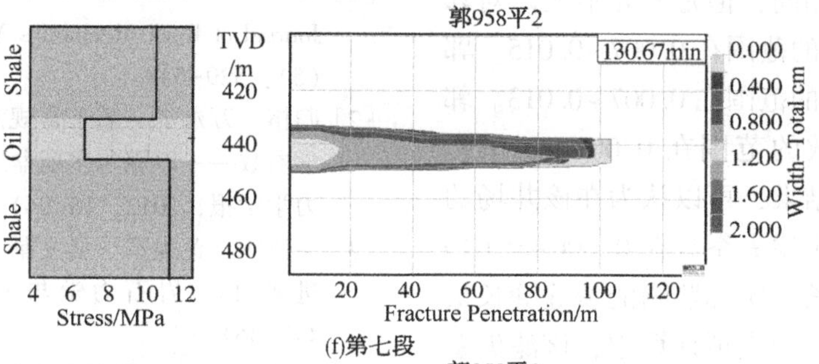

(f)第七段

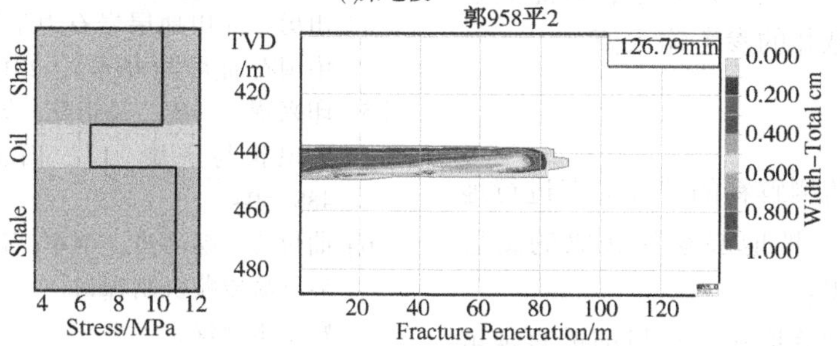

(g)第八段

图4　郭958平2井实际压裂段的裂缝扩展形态图(续)

为了进一步确认该地层压裂时模型中的滤失系数值，以郭958平2井计算出的滤失系数0.006-0.018为基准，设计8种滤失条件进行裂缝模拟，模型中的滤失系数分别为0.005、0.007、0.009、0.011、0.013、0.015、0.017和0.019，保持其他参数不变，对同井场的其他3

口水平井 18 段压裂段进行裂缝模拟计算，累计模拟 144 种工况，模拟计算结果如图 5 所示。

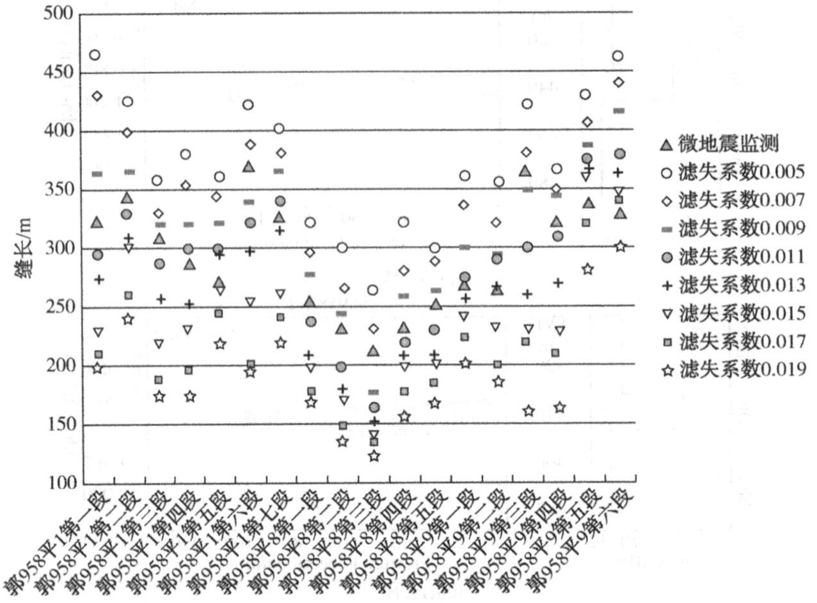

图 5　不同滤失系数下，模拟缝长与微地震监测缝长对比图

图 5 是不同井、不同段、不同滤失系数下的裂缝模拟结果与微地震监测结果的对比图。可以看出，不同井，与微地震监测缝长最接近的模拟计算缝长，使用的滤失系数是不同的，这是由于各井的储层存在非均质性的差异，渗透率和孔隙度不同，地层滤失系数也不同。同一口井，各段之间，滤失系数也不相同，但是差异不大。对郭 958 平 1 井，滤失系数的范围在 0.007~0.015。郭 958 平 8 井，滤失系数的范围在 0.007~0.013。郭 958 平 9 井，滤失系数的范围在 0.009~0.019。综合这 4 口井的计算结果，可以认为在该井场的长 6 地层，压裂模型中滤失系数在 0.006~0.019 时，计算出的裂缝缝长与实际监测的裂缝缝长最接近。因此在后续的压裂模拟计算中，该滤失系数可以作为该层该区域井的参考输入值。

5　结论与建议

本文利用微地震监测解释的裂缝形态进行地层参数反演，提供了一种地层参数获取的新思路，得到以下成果认识：

微地震监测解释裂缝形态，是目前最直观可靠的裂缝形态研究方法之一。利用微地震数据时，筛选确定有效的微地震事件点，是裂缝解释的基础。分析区块内部分水平井的微地震监测有效事件点，解释裂缝形态后发现，该区内人工裂缝的优势方位为北东方位，平均为 NE51.5°，监测的平均裂缝总长度为 300m，平均缝高 21~55m。

以近似微地震监测裂缝形态 85% 为基准，以裂缝形态拟合的方法，反演地层滤失系数，得到了该区长 6 储层的滤失系数为 0.006~0.019。

参　考　文　献

[1] Brown E T. Rock mechanics in Astralia[J]. International Journal of Rock Mechanics Mining Sciences, 2002, 39(5): 529-538.

[2] 归榕，万永平．基于常规测井数据计算储层岩石力学参数——以鄂尔多斯盆地上古生界为例[J]．地质力学学报，2012，18(04)：418-424.

[3] 佘诗刚，董陇军．从文献统计分析看中国岩石力学进展[J]．岩石力学与工程学报，2013. 32(03)：442-464.

[4] 田勇．油田地层岩石力学特性及应力场研究[D]．中国石油大学(华东)，2015.

[5] 印兴耀，马妮，马正乾，等．地应力预测技术的研究现状与进展[J]．石油物探，2018，57(4)：488-504.

[6] 曲付涛，赵靖舟，李军．鄂尔多斯盆地南部上古生界气藏成藏机制探讨[C]．中国含油气系统与油气藏学术会议．

[7] 刘池洋，赵红格，王锋，等．鄂尔多斯盆地西缘中生代构造属性[J]．地质学报，2005，79(6)：737-747.

[8] 孙建国．岩石物理学基础[M]．北京：地质出版社，2006.

[9] 林英松，葛洪魁，王顺昌．岩石动静力学参数的试

验研究[J]. 岩石力学与工程学报，1998. 17(2)：216-222.

[10] 艾池，冯福平，李洪伟．地层压力预测技术现状及发展趋势[J]. 石油地质与工程，2007，21(6)：71-76.

[11] 夏宏泉，文晓峰，冯春珍，等. 基于测井信息的致密油层射孔优化选层方法研究[J]. 测井技术，2017，41(03)：353-357.

[12] 刘忠华，宋连腾，王长胜，等. 各向异性快地层最小水平主应力测井计算方法[J]. 石油勘探与开发，2017，44(05)：745-752.

[13] 蒋廷学，汪永利，丁云宏，等. 由地面压裂施工压力资料反求储层岩石力学参数[J]. 岩石力学与工程学报，2004，23(14)：2424~2429.

[14] 王建强，张丽君. 利用横波时差计算孔隙度的方法研究[J]. 石油天然气学报，2007，29(6)：92~94.

[15] 杨秀娟，张敏，闫相祯. 基于声波测井信息的岩石弹性力学参数研究[J]. 石油地质与工程，2008，22(4)：39~42.

[16] 路保平，鲍洪志. 岩石力学参数求取方法进展[J]. 石油钻探技术，2005，33(5)：44~47.

[17] 范天佑．断裂理论基础[M]. 北京：科学出版社，2003.

[18] Dyer B C. 北海油田某储层的微地震测量[J]. 石油物探译丛，1999(5)：12-16.

[19] 梁生微地震裂缝监测技术研究及在秦家屯油田的应用[D]. 长春：吉林大学，2008.

[20] 王海华，田黔宁．微地震监测技术在非常规能源勘探开发中的应用及发展前景[C]//中国石油学会．2015 年物探技术研讨会论文集，涿州，2015：755-758.

[21] 李大军，杨晓，王小兰，等．四川盆地 W 地区龙马溪组页岩气压裂效果评估和产能预测研究[J]. 石油物探，2017，56(5)：735-745.

[22] 刘博，梁雪莉，容娇君，等．非常规油气层压裂微地震监测技术与应用[J]. 石油地质与工程，2016，30(1)：142-145.

[23] 崔庆辉，尹成，刁瑞，等．地面微地震监测数据处理难点及对策[J]. 油气藏评价与开发，2017，7(1)：7-13.

[24] 谢宋雷，桂志先，赵成，等．水力压裂诱生微震资料处理方法[J]. 石油天然气学报，2009，31(4)：81-82.

[25] TANG H Y, WINTERFELD P H, WU Y S, et al. Integrated simulation of multi-stage hydraulic fracturing in unconventional reservoirs[J]. Journal of Natural Gas Science and Engineering, 2016, 36: 875-892.

[26] 李政，常旭，姚振兴，王一博．微地震方法的裂缝监测与储层评价[J]. 地球物理学报，2019，62(02)：707-719.

[27] 黄小贞，谷红陶．井中微地震监测技术在平桥南页岩气区块应用效果分析[J]. 油气藏评价与开发，2020，10(01)：43-48.

[28] 李静嘉，檀朝东，褚会丽，等．拟三维压裂模型最优裂缝尺寸的计算方法研究[J]. 石油地质与工程，2012，26(6)：103-107.

200℃加重胶凝酸体系研究及其性能评价

张世岭　张　杨　乔　岩　侯腾飞　刘　乐　尚立涛　白昊立　任广聪

（中国石油集团工程技术研究院有限公司）

摘　要　为应对油气勘探的持续推进以及保障中国能源供应的迫切需要，解决深层资源开采的挑战已成为重要的科学和技术任务。因此，中国在塔里木和四川地区开展了两项一万米超深井的科学技术探索。本研究旨在解决在超深和高温条件下有效部署酸化工作液所面临的挑战。我们通过优化加重剂、缓蚀剂和胶凝剂的选择，开发了一种具有耐200℃的加重胶凝酸体系。该体系的性能通过流变特性、高温高压动态腐蚀率等关键指标进行了评估。结果表明，该加重胶凝酸体系的密度可达1.3g/cm^3。此外，在200℃下，体系表现出小于80g/(m^2·h)的高温高压动态腐蚀速率。在170s^{-1}剪切30分钟后，黏度保持在15mPa·s以上。这些发现为酸化液在超深高温储层中的成功应用提供了重要的技术支持。

关键词　超深井；超高温；万米井；加重胶凝酸；酸化压裂

1　前言

为了积极响应中国“十三五”规划中提出的“深地、深海、深空、深蓝”战略，中国在塔里木盆地和四川盆地开展了1万米超深井的科学探索。这些努力旨在确保国家能源安全。酸压裂是改造深井和超深井的关键技术。然而，根据深层储层勘探与开发的经验，超深储层面临独特的挑战，包括超过200℃的极高温度，这加速了酸岩反应并导致井下管柱和套管的严重腐蚀。此外，这些储层具有超低孔隙度和渗透率的非常致密的地层特征。进一步，这些储层的破裂压力和闭合压力显著偏高，导致高施工压力、低施工排量和巨大的施工风险。

利用加重酸液进行酸化和增产是改造超高破裂压力储层（如深井和超深井）的有效方法。增加酸体系的密度提高了井筒内静液柱压力，从而降低了施工过程中所需的地面泵压。此外，酸的溶解作用有助于缓解由于重型钻井和完井泥浆造成的近井区污染，恢复近井区的孔隙度和渗透率，并进一步降低储层的破裂压力。该技术还具有操作简单、安全性高和加重性能强的特点。然而，在超高温条件下，加重酸对井下管柱的腐蚀作用比常规酸更严重，影响施工安全，并限制其在高温深井中的应用。

本文介绍了一种耐受高达200℃温度的加重胶凝酸体系的开发。该体系通过精心选择合适的加重剂并优化缓蚀剂配方构建而成。所得的胶凝酸体系表现出优异的流变特性和低腐蚀率，适用于深井和超深井的酸化预处理。

2　实验部分

2.1　实验仪器与材料

实验仪器：数字六速旋转黏度计（HTD-6ST，青岛恒泰达机电设备有限公司），高温高压缓蚀评价装置（GHPJ-3型，江苏南通华星石油仪器有限公司），高温高压流变仪（HAAKE MARS 60，Thermo Fisher Scientific，德国），电热鼓风干燥箱（101-3B型，绍兴速佩仪器有限公司）。

实验材料：复合缓蚀剂、缓蚀剂、铁离子稳定剂、拔染辅助剂、胶凝剂均为实验室自制；溴化钙、溴化钠、氯化钙、氯化钾、氯化钠、氢氧化钠、酚酞试剂等均购自国药集团化学复碱剂有限公司；P110钢板购自成都博恒通科技有限责任公司。

2.2　实验方法

腐蚀速率：按照中华人民共和国石油天然气行业标准《SY/T 5405—2019 酸化用缓蚀剂性能试验方法及评价指标》测定高温高压静态和动态腐蚀速率。

流变性能：按中华人民共和国石油天然气工业标准《SYT 6214—2016 稠化酸用稠化剂》评价加重胶凝酸体系的高温高压流变性能。

铁离子稳定能力：酸体系稳定铁离子的能力按照中华人民共和国石油和工业部标准《SY/T

6571—2012 酸化用铁离子稳定剂性能评价方法》进行评价。天然气工业。

助排性能：残余酸截留能力按照中华人民共和国石油天然气行业标准《SY/T 5755—2016 压裂酸化用助排剂性能评价方法》进行测试。

3　结果与讨论

3.1　加重剂优选

加重剂的优化主要基于酸溶解度和加重密度。使用质量分数 15%的盐酸溶液评价这些性能。实验结果如表 1 所示。

表 1　各种加重剂的酸溶解度和加重密度

类型	酸溶性	加重密度/(g/cm^3)
氯化钾	不溶	/
氯化钠	不溶	/
氯化钙$_2$	易溶	1.4
溴化钠	不溶	/
溴化钙	易溶	1.6
复合加重剂	易溶	1.7

如表 1 所示，氯化钾、氯化钠和溴化钠不溶于盐酸溶液，因此不能增加酸密度。相比之下，氯化钙、溴化钙和实验室制备的复合加重盐都高度溶于盐酸。然而，氯化钙的重量密度低，溶解时氯含量高，导致严重的腐蚀问题。溴化钙虽然可实现高达 1.6g/cm^3的高重量密度，但价格昂贵且经济效率不高。与溴化钙相比，复合加重剂以更低的成本提供了高加重密度。综合考虑这些因素，复合加重剂更适合在盐酸溶液中使用。

3.2　缓蚀剂体系优化

通过高温高压静态腐蚀实验对各种缓蚀剂进行优化。优化的主要标准是 P110 钢片的腐蚀速率和表面腐蚀情况。实验温度为 200℃，盐酸浓度为 15%，胶凝剂用量为 0.6%，加重后密度为 1.3g/cm^3。实验结果如图 1 至图 3 所示。

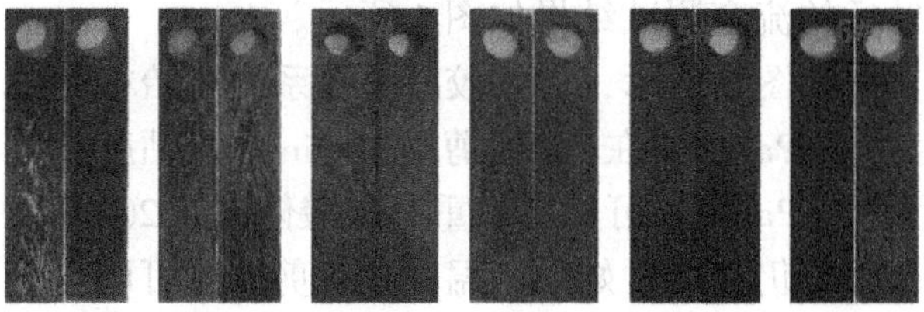

图 1　P110 钢片在不同类型缓蚀剂作用下的形貌

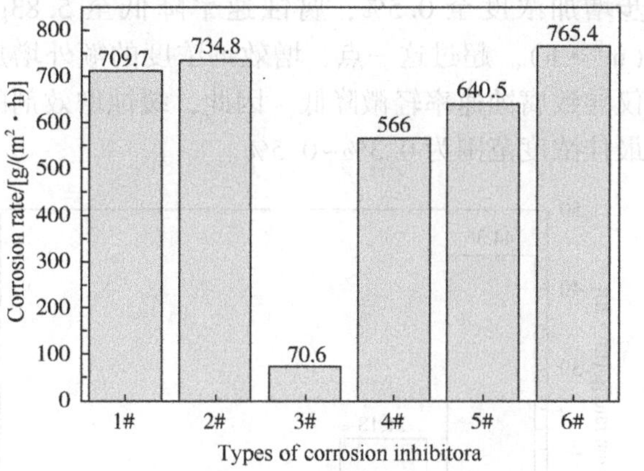

图 2　不同类型缓蚀剂的腐蚀速率

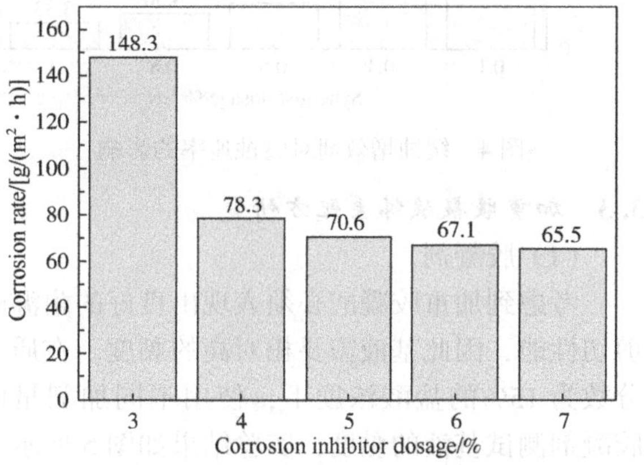

图 3　缓蚀剂加剂量对腐蚀速率的影响

如图 1 和图 2 所示，经 1#、2#、6#缓蚀剂处理后的 P110 钢片表面出现凹槽状的不均匀腐蚀，腐蚀速率超过 700$g/(m^2 \cdot h)$。相比之下，用缓蚀剂 3#、4#和 5#处理的钢板表现出均匀的腐蚀，没有明显的点蚀或缩孔。其中，缓蚀剂 4#和 5#性能较差，腐蚀速率超过 550$g/(m^2 \cdot h)$。缓蚀剂 3#的腐蚀速率显着降低，为 70.6$g/(m^2 \cdot h)$，成为后续实验的首选。如图 3 所示，增加缓蚀剂 3#的用量，P110 钢片的腐蚀速率逐渐降低。当用量达到 4%时，进一步增加用量导致腐蚀速率下降较慢。因此，缓蚀剂 3#的最佳添加量范围为 4%~5%。

为了提高加重酸缓蚀剂体系的缓蚀性能，优化缓蚀增效剂的用量，进一步降低腐蚀速率。实验温度为 200℃，盐酸浓度为 15%，胶凝剂用量为 0.6%，加重密度为 1.3g/cm^3。实验结果如图 4 所示。

如图 4 所示，随着缓蚀增效剂用量的增加，加重酸溶液的腐蚀速率降低。当增效剂浓度达到 0.3%时，腐蚀速率降至 21.18$g/(m^2 \cdot h)$。进一步增加浓度至 0.5%，腐蚀速率降低至 5.83g/(m^2·h)。超过这一点，增效剂浓度的额外增加仅导致腐蚀速率轻微降低。因此，缓蚀增效剂的最佳浓度范围为 0.3%~0.5%。

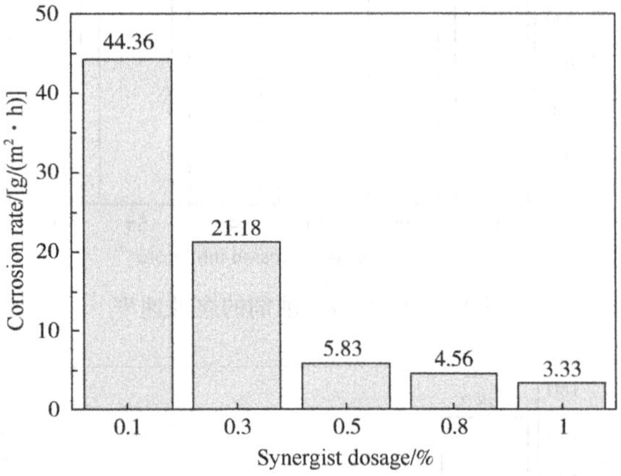

图 4　缓蚀增效剂对腐蚀速率的影响

3.3　加重胶凝酸体系配方研究

（1）胶凝剂

考虑到加重胶凝酸必须表现出良好的耐温耐剪切性能，因此基液需要相对高的黏度。在质量分数为 15% 的盐酸浓度下，使用不同加剂量的胶凝剂测试基液的黏度，实验结果如图 5 所示。

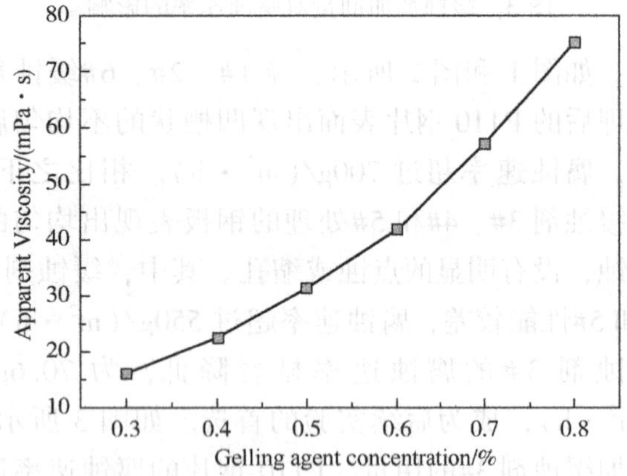

图 5　不同胶凝剂浓度下的基液黏度

如图 5 所示，盐酸溶液的表观黏度随着胶凝剂浓度的增加而增加。当胶凝剂用量为 0.6% 时，表观黏度超过 40mPa·s。当用量增加到 0.8%时，表观黏度达到 75mPa·s 以上。这些结果表明该胶凝剂具有优异的耐酸增黏能力。然而，过高的黏度会导致摩擦阻力增加和泵送困难，以及破坏凝胶的挑战。因此，建议最佳胶凝剂浓度范围为 0.5%~0.7%。

（2）铁离子稳定剂

为了防止酸化过程中管柱酸腐蚀产生铁离子沉淀，造成储层损害，必须添加铁离子稳定剂。实验结果如表 2 所示。

表 2　加重胶凝酸体系铁离子稳定能力评价

铁离子稳定剂种类及用量	稳定 Fe^{3+}/(mg/mL) 的能力	平均值/(mg/mL)
1%FS-1 型	246	248
	251	
	249	

如表 2 所示，FS-1 型铁离子稳定剂表现出优异的稳定能力。添加 1%的 FS-1 铁离子稳定剂后，稳定能力超过 240mg/mL。

（3）助排剂

为保证施工后残酸顺利返排，必须在酸液体系中添加酸用助排剂剂。判断残酸排放效果最直观的方法是在室内实验中测量表面张力。实验结果如表 3 所示。

表 3　加重胶凝酸体系表面张力测试实验

助剂种类及用量	表面张力/(mN/m)	平均值/(mN/m)
1%HA-1	24.82	24.84
	24.66	
	25.03	

如表 3 所示，多次测试助排剂在酸溶液中的表面张力，其表面张力始终保持在 25mN/m 以下。这表明该助排剂在加重胶凝酸体系中性能稳定，可有效保证残酸的高效返排。

综合上述评价实验，耐 200℃加重胶凝酸体系配方如下：15%盐酸、加重剂、4%~5%缓蚀剂、0.3%~0.5%缓蚀增效剂、0.5%~0.7%胶凝剂、1%铁离子稳定剂和 1%助排剂。

3.4　加重胶凝酸体系性能评价

（1）流变学性能

胶凝酸体系的流变特性决定了其在储层内的作用距离，从而影响储层改造的效果。在超高温条件下，酸岩反应速率极快，使得胶凝酸体系的流变性能尤为关键。在 200℃，170s^{-1}剪切 90 分钟后的流变测试结果如图 6 所示。

如图 6 所示，加重胶凝酸体系的初始粘度约为 36mPa·s，在 200℃剪切 90min 后其粘度仍约为 18mPa·s。可见，加重胶凝酸体系在 200℃超高温下仍保持良好的耐温性和抗剪性，可以保证施工时作用到储层远端，实现深层超高温油藏的超深酸化。

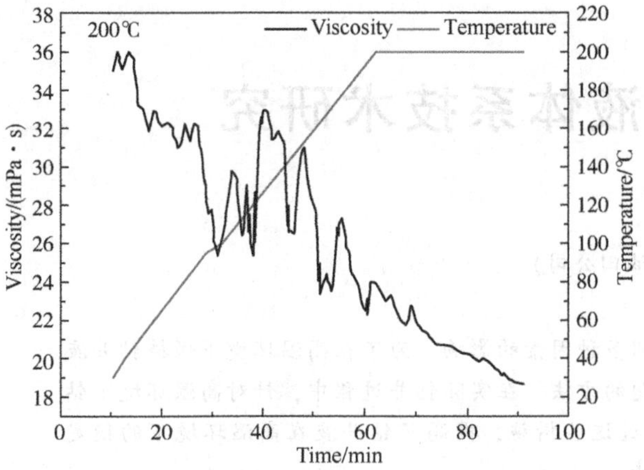

图 6　加重胶凝酸体系流变性能曲线

（2）高温高压下的动态腐蚀速率

为了模拟真实施工条件，进行高温高压动态腐蚀实验，评价施工过程中酸液对管柱的腐蚀作用。实验条件为 200℃、16MPa、100rpm、4h。实验结果如表 4 和图 7 所示。

表 4　加重胶凝酸体系高温高压动态腐蚀速率测试

序号	温度/℃	腐蚀速率/g/（m^2·h）	腐蚀条件
1	200	69.2	腐蚀均匀，无点蚀
2		78.6	腐蚀均匀，无点蚀
3		73.1	腐蚀均匀，无点蚀

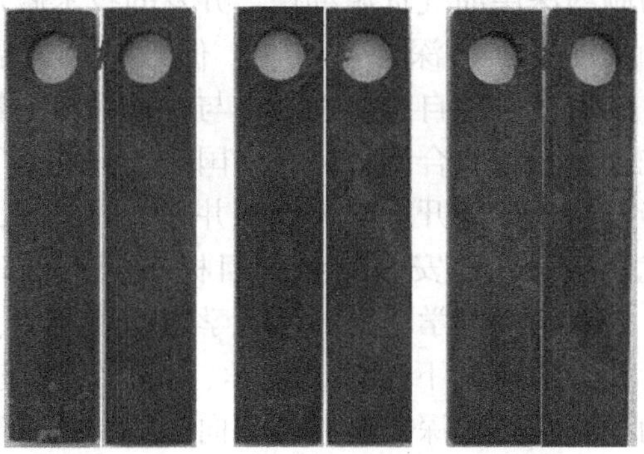

图 7　高温高压动态腐蚀钢板形态

由表 4 和图 7 可知，加重酸体系的高温高压动态腐蚀速率低于 80g/（m^2·h）。钢板表现出均匀的腐蚀，没有点蚀或其他不良影响。结果表明，加重酸体系满足高温深井酸化施工的要求。

4　结论

本研究通过优化选择加重剂、缓蚀剂、缓蚀增效剂、胶凝剂、铁离子稳定剂和助排剂，研发了耐温 200℃ 的加重胶凝酸体系。具体配方如下：15% 盐酸、加重剂、4% ~ 5% 缓蚀剂、0.3%~0.5%缓蚀增效剂、0.5%~0.7%胶凝剂、1%铁离子稳定剂、1%助排剂。该加重胶凝酸体系具有高密度、低腐蚀和优异的流变性能的特点。该体系的密度可达 1.7g/cm^3，高温高压条件下的动态腐蚀速率约为 70g/（m^2·h）。在 200℃ 和 170s^{-1} 下剪切 90 分钟后，黏度保持在 15mPa·s 以上。这为确保超深层油藏平稳保压运行提供了强有力的技术支撑。

参考文献

[1] C Y She. Progress in ultra-deep drilling and completion technology in the Sichuan Basin and its implications for extra-deep wells of more than ten thou-sand meters in depth [J]. Natural Gas Industry. 2024, 44 (1): 40-48.

[2] J S Sun, W Liu, Q Wang, et al. Challenges and Development Prospects of Oil and Gas Driling and Completion in Myriametric Deep Formation in China [J]. Drilling & Production Technology. 2024, (02): 1-9.

[3] Z G Wang, W S Wang, L Y Zhang, et al. Present situation and prospect of drilling and completion of 10000 meter scientific ultra deep wells[J]. Science & Technology Review, 2022, 40(13): 27-35.

[4] H G Wang, H C Huang, G D Ji, et al. Progress and challenges of drilling and completion technologies for deep, ultra - deep and horizontal wells of CNPC [J]. China Petroleum Exploration, 2023, 28 (03): 1-11.

[5] M G Wang, C J Zhang, X Long, et al. Study on application of less corrosive weighted acids in deep zone with high fracture pressure in Yuanba block[J]. Oil Drilling & Production Technology, 2010, 32(S1): 142-145.

[6] X G Li, Z Z Yang, T Y Wang, et al. Evaluation of aggravated acid corrosion performance test [J]. Energy Conservation in Petroleum & Petrochemical Indus-try, 2006, (01): 19-21.

[7] X S Cheng, Y P Li, Y H Ding, et al. Study and Application of High Densi - ty Acid in HPHT Deep Well. Society of Petroleum Engineers. (2011).

[8] M G Wang, P Wang, H Li, et al. Application of weighted acid with low corrosivity in deep zone with high fracturing pressure: to yuanba block[J]. Natural Gas Exploration and Development, 2011, 34(03): 62-65.

[9] P Wang, X Long, H Li, et al. Laboratory Study and Application of Less Corrosive Weighted Acid[J]. Sino-Global Energy, 2011, 16(03): 68-72.

深层井抗高温钻井液体系技术研究

孙　睿

（中国石油辽河油田公司）

摘　要　在深层井高温环境下，钻井液的稳定性受到多种因素的影响。为了在高温环境下保持钻井液的稳定性，科研人员需对其进行研究，以期找出解决问题的方法。在实际钻井过程中，针对高温环境下钻井液稳定性存在的问题，提出相应的优化改进措施。通过这些措施，提高了钻井液在高温环境下的稳定性，为辽河油田深层井钻井工程的高效实施提供有力支持。

关键词　深层井；高温；钻井液稳定性；辽河油田；优化改进

1　国内外高温钻井液技术研究现状

按照国际通用概念，深度超过 4500m 的井称为深井，深度超过 6000m 的井为超深井，超过 9000m 的井为特深井。因此，国际上通常将钻探深度及深井钻速作为衡量钻井技术水平的重要标志。钻井实践表明，钻井液的性能对于确保深井和超深井的安全、快速、优质钻进起着十分关键的作用。常用的深井钻井液主要有水基和油基钻井液两大类，目前国内主要使用水基钻井液钻深井和超深井。超深井钻井液的最大特点是使用于高温高压的条件下，井底温度可达 150～250℃。井越深，地层越老，也越可能出现温度梯度异常，井底温度会更高。而一般 5000m 以上深井的井底压力可能高达 100MPa 以上。如此高温高压必然会对钻井液体系产生严重的影响。对于钻井液，压力的影响较小，而高温的影响是最主要的。

在深井超深井钻井中，钻井液通常会遭受高温的考验。在长时间的高温作用下，钻井液流变性能很容易发生恶化。随着温度的增加，钻井液的各种性能都会随之而发生改变。一般而言，升温使钻井液的造壁性能变坏，即泥饼变厚、渗透性变大、滤失量增高，很容易形成水流优势通道。高温对钻井液流变性的影响比较复杂，其影响情况可根据粘度与温度的关系分为三种形式。第一种，粘度随着温度升高而降低；第二种，黏度随着温度升高而增大；第三种，各类水基钻井液在较宽的温度范围内表现为随温度的升高黏度先降低再增大。高温使钻井液中各组分本身及各组分之间在低温下本来不易发生的变化、不剧烈的反应、不显著的影响都变得激化。这些作用的结果必然改变、损害以至完全破坏钻井液的性能，而这种影响一般是不可逆的。它反映了钻井液体系受高温作用后的稳定能力的变化，实际反映钻井液在使用过程中循环进出口性能的变化。井越深，钻井技术上的困难越多。随着我国石油天然气能源需求快速增加和浅层油气资源枯竭，深部地层突破成为我国能源建设重要出路。国内外实践都证明，钻井液性能对钻超深井的成败和快慢起着关键的作用。而国内的水基钻井液的抗高温能力普遍不高，因此抗超高温钻井液技术已成为制约深层油气资源勘探、开发的技术瓶颈。

我国深井超深井起步晚，但近年来发展迅速，已形成一条自主研发为主与有选择地吸收国外先进技术相结合的道路，在国内外市场竞争力逐步提高。我国开展了大量深井理论的研究，如以优质、快速、安全钻井为目标的岩石破碎力学、岩石工程力学、钻井体力学与物理化学、钻井管柱力学与井下控制工程学、优质钻井液等，推动我国深井超深井钻井技术向优质高速、经济有效和安全环保方向发展。综合分析有关资料，可将 1994 年作为国内深井施工发展的一个分界点，在此之前，国内钻井技术人员在复杂地质条件下还不能完全掌握或运用深探井科学施工规律，只能“科学探索”办法解决复杂深探井施工的基本问题，更谈不上用“高新技术”或“先进适用技术”提高钻速、减少钻头用量、缩短周期、降低成本等解决复杂问题。继“五口科学探索井”在塔里木盆地成功实施以后，该地区复杂地表地质条件下深井超深井钻井技术有了长足进展，进而也带动了全国深井技术的发展。

从调研资料看，国内外深井钻井技术差距主要体现在设备的配置、辅助设施(井控、数据采集分析系统、实时监测系统、固控系统等)的现代化程度、技术与科学管理决策的有机结合等方面。

2　深层井钻井液配方及性能评价

辽河油田施工两口超深预探井——LHZJ2 井和 LHZJ1 井，两口井的井深均超过 5500m，LHZJ1 井更达到 5877m，井底温度达到 180℃以上，LHZJ1 井的井底温度静止温度超过 200℃，井底高温对钻井液体系提出了严苛的要求。LHZJ1 井四开 149.2mm 小井眼施工的局限性带来诸多其他风险：不同工况下的压力控制和井下不同压力系数同层的矛盾；环空间隙小，极易引起井下复杂，且一旦出现复杂情况处理手段单一；环空压耗的控制与钻井液有效携砂的矛盾；小井眼电测，下套管和固井施工的一系列风险。LHZJ2 井三开施工井段裸眼段长达近 2000m，多套煤层、碳质泥岩、蚀变玄武岩等易塌岩层均错落其中，井壁稳定面临极大挑战。简言之，这两口井面临的主要技术难点：井壁稳定和高温稳定性。根据高温对钻井液处理剂性能的影响，可归纳出选择深层井抗高温钻井液处理剂要求是：高温稳定性好，在高温条件下不易降解。对黏土颗粒有较强的吸附能力，受温度影响小。有较强的水化基团，使处理剂在高温下有良好的亲水特性。能有效地抑制黏土的高温分散作用。在有效加量范围内，抗高温降滤失剂不得使钻井液严重增稠，保证施工安全。

为了能够满足深层井抗高温要求，对 LHZJ2 井和 LHZJ1 井的抗高温处理剂的选择应具备以下特征。为了提高热稳定性，处理剂分子主链的连接键，以及主链与亲水基团的连接键应为“C-C”、“C-N”和“C-S”等键，应尽量避免分子中有易氧化的醚键和易水解的酯键。使处理剂在高温下对黏土表面有较强的吸附能力，常在处理剂分子中引入 Cr^{3+}、Fe^{3+} 等高价金属阳离子，使之与有机处理剂形成络合物，如铬-腐植酸钠和铁铬盐等。其目的是用这些高价金属阳离子作为吸附基，它们在带负电荷的黏土表面上可发生牢固而受温度影响较小的静电吸附。与此同时，高价金属阳离子的引入对抑制黏土颗粒的高温分散也会起相当大的作用。为了尽量减轻高温去水化作用，处理剂分子中的主要水化基团也应选用亲水性强的离子基，如磺酸基(—SO_3^-)、磺甲基(—$CH_2SO_3^-$)和羧基(—COO^-)等，以保证处理剂吸附在黏土颗粒表面后能形成较厚的水化膜，使钻井液具有较强的热稳定性。使处理剂在较低 pH 值情况下也能充分发挥其效力，则要求其亲水基团的亲水性尽量不受 pH 值的影响。相比之下，带有磺酸基的处理剂可以较好地满足这一要求。

针对 LHZJ2 井和 LHZJ1 井这两口井的钻井液技术点及地层特点，通过对不同处理剂进行合理配比，及配方评价实验，优选抑制性强、抗温能力强的抗高温高性能钻井液体系，钻井液配方具体如下：

2%膨润土+4%～5%①号抗高温堵漏剂+7%～8%①号抗高温降滤失剂+1%～1.5%①号液体润滑剂+0.2%～0.3%①号抗高温抑制剂+0.3%～0.4%烧碱+0.5%～0.8%②号抗高温降滤失剂+0.2%～0.35%①号抗高温提切剂+2%～3%①号抗高温提粘剂+2%～3%①号抗高温堵漏剂+1%～1.5%②号抗高温提粘剂+0.1%～0.3%③号降滤失剂+2%～3%①号固体润滑剂+3%～4%②号抗高温抑制剂+2%～3%②液体润滑剂+2%～3%①润滑抑制剂+1.5%～2%①号抗高温封堵剂+1.5～2%①号防水锁剂

2.1　钻井液抗高温性能测试

钻井液实验条件为：泥浆在 200℃下，热滚 16 小时，进行流变参数测定及高温高压滤失量测定。从实验数据可以看出，钻井液在高温下有良好的流变参数，并且能够保持较低的高温高压滤失量。钻井液的抗高温性实验数据见表 1。

表 1　钻井液抗温性实验

密度/(g/cm³)	温度/℃	Φ600	Φ300	Φ6	Φ3	初/终切/(Pa/Pa)	PV/mPa·s	YP/Pa	n	K/mPa·sn	HTHP/(mL/180℃)
1.60	60	242	156	22	16	9/25.5	86	35	0.63	1534	11
1.60	200(16h)	169	104	10	8	4.5/17.5	65	19.5	0.70	673	12

2.2 钻井液抑制性能测试

本文中选用辽河油区#1 区块泥岩岩屑，实验条件为在 200℃滚动 16h 后，过孔径 0.45mm 的筛网，测定岩屑回收率，结果见表 2。由表 2 可以看出，抗高温高性能钻井液具有很强的抑制能力。有利于井壁的长期稳定，可防止井壁坍塌等事故发生。

表 2　泥岩抑制性评价

配方	岩屑入罐质量/g	岩屑出筛质量/g	回收率/%
清水	50	19.5	39.00
氯化钾聚合物钻井液	50	47.5	95.00
抗高温高性能钻井液	50	48.7	97.40

3 现场应用

抗高温高性能钻井液分别应用于 LHZJ2 井 3570m～5530m 井段，LHZJ1 井 3900m～5877m 井段。

4500m 以上井段具体配方：2% 膨润土+7%～8%①号抗高温降滤失剂+1%～1.5%①号液体润滑剂+0.2%～0.3%①号抗高温抑制剂+0.3%～0.4%烧碱+0.2%～0.3%②号抗高温降滤失剂+1.5%～2%①号抗高温提切剂+1.5%～2%①号抗高温提黏剂+1%～1.2%①号抗高温堵漏剂+2%～3%②号抗高温提黏剂+3%～4%③号降滤失剂+2%～3%①号固体润滑剂+2%～3%②号抗高温抑制剂+1.5%～2%①号抗高温封堵剂+1.5～2%①号防水锁剂

在 4500m 以上井段钻井液维护中要注意：钻进过程中，要时刻注意监测膨润土含量，保持膨润土含量在 15～30g/L 之间；若超过 30g/L，则按照比例倒出部分原浆，然后按照计算比例补充胶液稀释；若低于 15g/L，则可以按照计算比例补充预水化膨润土浆，提高膨润土含量。钻进过程中注意检测膨润土含量，保持在 7%～8%左右。加入护胶材料提高体系稳定性，复配补充磺化类降失水剂，降低滤失量，并补充聚合醇、白沥青、超细钙等材料提高体系封堵能力，改善泥饼质量，提高渗透膜效应，减少地层侵入，稳定井壁。钻进过程中若黏切偏高，则需使用稀胶液进行稀释；若黏切偏低，则使用提切剂调节；施工过程中注意补充自由水，采用细水长流的方式向钻井液补水，以补充钻井液因高温蒸发而丧失的水分。钻进过程要保证固控设备灵活好用，振动筛使用 200 目筛布，除砂器除泥器底筛使用 260 目筛布，彻底降低有害固相和膨润土含量，根据低密度固相含量及时调整离心机使用，减少泥浆中亚微米颗粒的含量，保证钻井液体系稳定。

4500m 以下井段具体配方：2% 膨润土+4%～5%①号抗高温降滤失剂+7%～8% LHJ+1%～1.5%①号液体润滑剂+0.2%～0.3%①号包被抑制剂+0.3%～0.4%烧碱+0.2%～0.35%②号抗高温降滤失剂+2%～3%②号抗高温降滤失剂+2%～3%①号抗高温提切剂+1%～1.5%①号抗高温提黏剂+0.1%～0.3%①号抗高温堵漏剂+3%～4%②号抗高温提黏剂+3%～4%③号降滤失剂+2%～3%①号固体润滑+2%～3%②号抗高温抑制剂+1.5%～2%①号抗高温封堵剂+1.5～2%①号防水锁剂

4500m 以下井段钻井液维护需注意：继续沿用三开所用钻井液，钻进过程中注意监测膨润土含量，保持在 15～30g/L 之间；若超过 30g/L，则可以倒出部分原浆，然后补充胶液稀释；若低于 15g/L，则可以补充适量预水化膨润土浆。

钻进过程中注意检测 LHJ 含量，保持在 7%～8%。补充抗高温降失水剂胶液，控制钻井液 API 和 HTHP 滤失，及时监控 180℃ HTHP，及高温老化性能。钻进过程中以胶液形式补充钻井液量，配制胶液时应按配方比例加入足量处理剂，保持体系内各类处理剂含量，尤其保证封堵剂含量要加足。加入抗高温护胶材料提高体系高温稳定性，提高磺化类降失水剂加量提至 2%，降低滤失量，减少地层侵入，改善泥饼质量，并补充 HY-268、聚合醇、白沥青、超细钙等提高体系封堵能力，稳定井壁。施工过程中注意补充自由水，采用细水长流的方式向钻井液补水，以补充钻井液因高温蒸发而丧失的水分。钻进过程要保证固控设备灵活好用，振动筛使用 180～200 目筛布，除砂器除泥器底筛使用 260 目筛布，彻底降低有害固相和膨润土含量，根据低密度固相含量及时调整离心机使用。

4 应用效果

目前 LHZJ1 井井径数据图如图 1，整个四开井眼扩大率为 1.41%，井眼规则，井壁稳定。

本井三开于 5266m 处发生钻具落井情况，打捞钻具累计长达 32 天，施工周期大幅度延长，但起下钻顺利，井壁稳定，该钻井液应用效果良好。本井四开完井作业时间，长达 30 天，四开套管接箍与井壁平均环空间隙仅为 5mm，整个下套管过程顺利，无遇阻现象，证明井壁稳定。

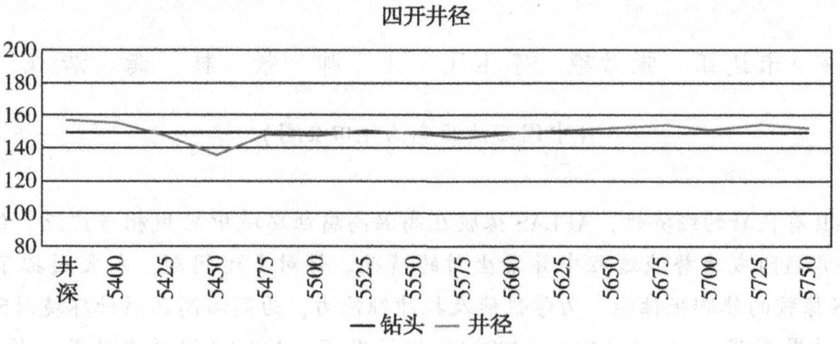

图 1　LHZJ1 井井径曲线

5　结论与认识

自主研发的抗高温高性能钻井液抗高温达 200℃，密度最高为 2.00g/cm^3，具有良好的流变性能和滤失性能，抗污染能力强，井壁稳定性好，具有优异的综合性能。抗高温高性能钻井液能有效解决煤层段遇阻、卡钻及大段碳质泥岩井壁失稳难题，保障复杂地质条件下超深井安全、高效钻井。抗高温高性能复合盐钻井液体系目前在 LHZJ2 井和 LHZJ1 井应用效果良好，钻井施工顺利，对于辽河油区开发 5000m 超深井提供了坚实的基础和技术保障。

参　考　文　献

[1] 张克勤，何纶，安淑芳，等．国外高性能水基钻井液介绍［J］．钻井液与完井液，2007，24（3）：68-73.

[2] 禹影．聚合物驱后油层优势渗透通道识别与治理［J］．大庆石油地质与开发，2017，36（04）：101-105.

[3] 范先祥，夏景刚，王凤雨．苏北探区海安区块钻井液技术［J］．钻井液与完井液，2010，27（5）：79-80.

[4] 司贤群，吕振华．聚合醇防塌钻井液体系的室内评价与应用［J］．石油钻探技术，2001，29（3）：45-46.

[5] 胡景东，龚志敏，王增顺，等．渤海湾超深井牛东 1 井钻井液技术[J]．精细石油化工进展，2009，10(09)：28-30.

[6] 孙长健，彭国，张仁德，等．碳酸根和碳酸氢根离子对钻井液的污染及处理[J]．钻井液与完井液，2012，29(3)：9-11.

AFLAS 橡胶材料超深井下性能的实验评价

朱达江　张乃艳　李玉飞　王　帅　张　林　龚　浩

（中国石油西南油气田公司）

摘　要　因其具有良好的经济性，AFLAS 橡胶在高温高腐蚀环境中应用相当广泛。但在少数案例中出现了封隔器下入异常遇阻或者替液过程中异常坐封的情况。针对上述问题，本文模拟了井下高温特征环境，测定了 AFLAS 橡胶的热膨胀性能、力学性能及抗冲蚀能力，为高温高压腐蚀环境封隔器胶桶材料的选择提供依据。实验结果表明：(1)在 140℃～200℃高温情况下，AFLAS 橡胶在油基工作液溶胀速度较快，24h 之内溶胀增加体积 20%～40%；(2)AFLAS 橡胶材料的邵氏硬度、拉伸强度和撕裂强度整体随温度的增加而逐渐降低，降低程度油基工作液>>无固相工作液>水基工作液；(3)AFLAS 橡胶的冲蚀程度随着冲蚀时间、冲蚀速度的增加而增加，但是整体的冲蚀程度较小。综合考虑 AFLAS 橡胶在不同高温工作液中物理性能及力学性能变化情况，推荐 AFLAS 封隔器下入的施工作业应避免使用油基工作液，尽量选用水基工作液。

关键词　AFLAS 橡胶；热膨胀；邵氏硬度；拉伸强度；撕裂强度；替液速率；冲蚀程度

目前油气开发向深井、超深井持续迈进，高温高压生产井已成为了新的常态。而在高温高压环境下，封隔器密封件容易出现溶胀、应力松弛等问题，造成密封性能下降甚至完全失效。氟橡胶(FKM)可在 250℃下长期工作，在 300℃下短期工作；具有极优越的耐热、耐水蒸气、耐酸碱胺腐蚀性能，气透性是橡胶中较低的，密封性能较好。该类材料中的 AFLAS 橡胶经济性较好，是目前高温腐蚀环境普遍应用的封隔器胶桶材料。

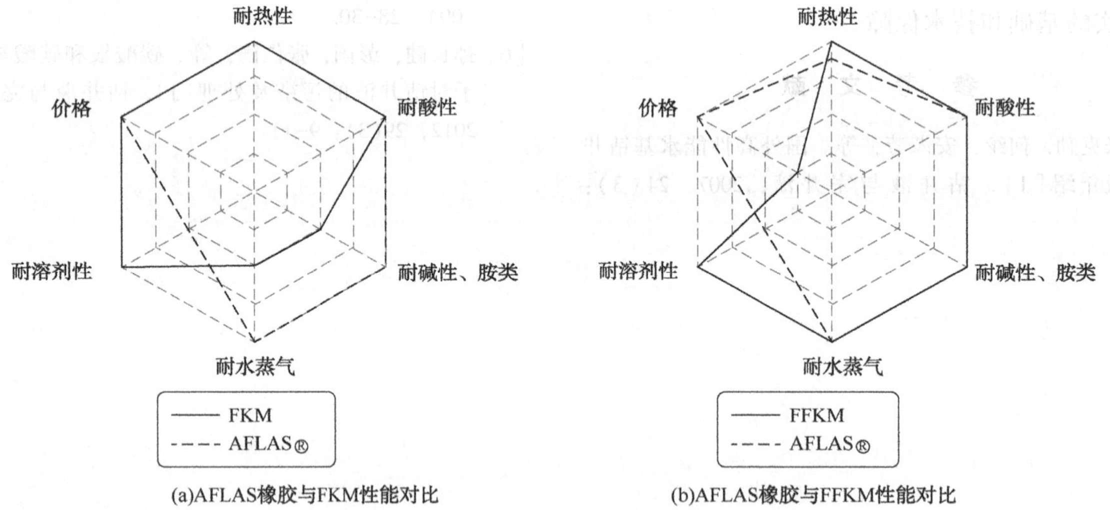

图 1　AFLAS 橡胶与氟橡胶(FKM)全氟橡胶(FFKM)性能对比

封隔器胶筒使用工况非常复杂，处于高压、高温油水混合介质中，同时受到硫化氢、蒸汽、酸碱介质等的侵蚀，在这样的环境中，弹性体复合材料会发生油溶胀、老化、过度交联等现象，从而导致橡胶材料硬度上升、强度下降、弹性也明显降低。同时，井下压力、温度的变化导致管柱变形，从而导致加载在橡胶胶筒上的坐封力增大(或减小)，增大胶筒横向或径向形变。同时，井筒温度的变化也将影响胶筒硬度的变化，导致胶筒发生形变，短期内密封失效。

在实际应用中，封隔器出现下入过程异常遇阻或者替液过程中封隔器异常坐封的案例。针对上述问题，本文将探讨某厂家 AFLAS 橡胶在高温环境下的热膨胀性能、力学性能及耐冲蚀能力，主要包括测定不同工作液作用下封隔器胶桶热膨胀性能、力学性能降低情况及替液的冲蚀程度等，为高温高压腐蚀环境封隔器胶桶材料的选择提供依据。

1 封隔器胶桶材料高温热膨胀性能

硫化橡胶弹性统计理论认为橡胶材料的立体网状结构在有机溶剂中只会溶胀。为了解高温下橡胶的溶胀特性，开展封隔器胶桶材料在不同温度和不同工种液体的热膨胀性能测定。

1.1 实验方案

测试封隔器胶筒材料经 3 种不同工作液（油基工作液、水基工作液、无固相工作液）在 3 种不同温度（80℃、140℃、200℃）下浸泡作用后体积变化率。如表 1 所示。

表 1 工作液工作液作用前后封隔器胶筒材料热膨胀性能测试实验方案

序号	工作液编号	工作液浸泡温度/℃	工作液浸泡时间/h
1	#1	80	24、48、72、96、120
2	#2	80	
3	#3	80	
4	#1	140	
5	#2	140	
6	#3	140	
7	#1	200	
8	#2	200	
9	#3	200	

1.2 实验方法

通过测试试样经工作液浸泡作用前后试样在空气、水中质量，利用阿基米德原理浮力法即可求出样件体积变化率。

$$\Delta V=\frac{m_3-m_4}{m_1-m_2}\times 100\%$$

式中，ΔV 为试样体积变化率，%；m_1 为浸泡前试样在空气中的质量，g；m_2 为浸泡前试样在蒸馏水中的质量，g；m_3 为浸泡后试样在空气中的质量，g；m_4 为浸泡后试样在蒸馏水中的质量，g。

1.3 实验结果

在 80℃/140℃/200℃ 的水基工作液和无固相工作液中浸泡，AFLAS 橡胶试样体积变化甚微。80℃油基工作液浸泡下 AFLAS 橡胶试样体积变化率随浸泡的时间逐渐增加，中温 140℃下体积变化随浸泡的时间先微增在微降；高温 200℃下体积变化随浸泡的时间微降。

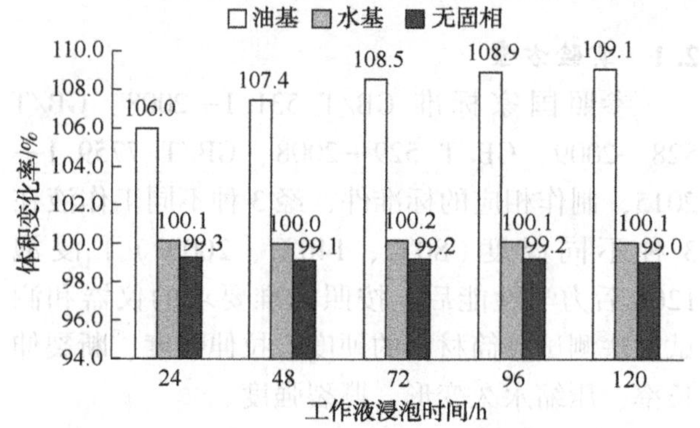

图 2 80℃不同工作液作用前后封隔器胶筒材料体积变化率对比表

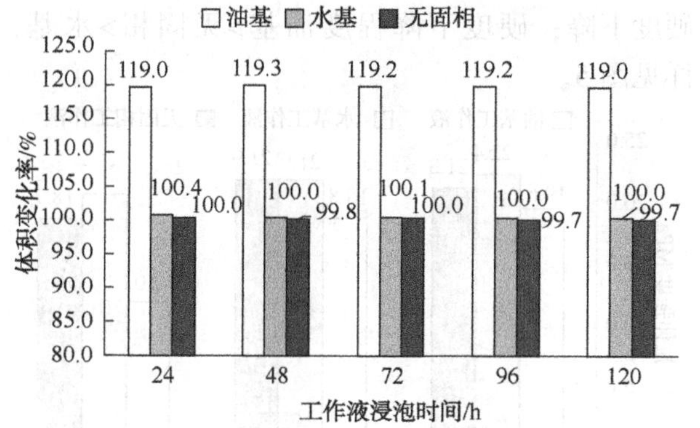

图 3 140℃工作液作用前后封隔器胶筒材料体积变化率对比图

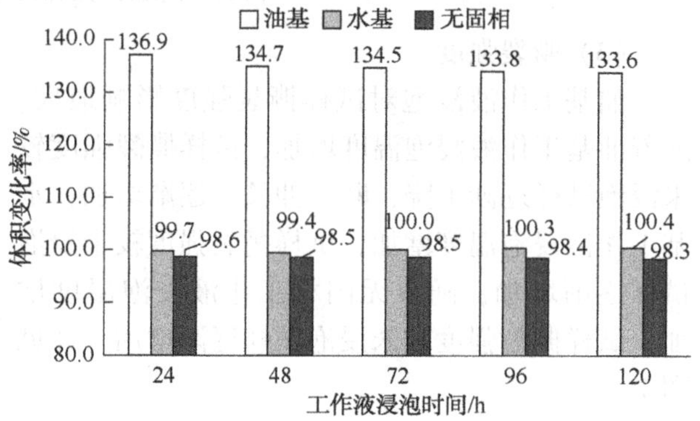

图 4 200℃工作液作用前后封隔器胶筒材料体积变化率对比表

1.4 小结

在清水和无固相溶液中 AFLAS 橡胶溶胀现象不明显，在油基工作液中其溶胀现象较明显。在油基工作液中，低温（80℃）下溶胀速度呈先快速增加、逐渐趋于稳定值的特征，完全溶胀的时间 5 天左右；在 140℃ 和 200℃ 情况下，24h 之内溶胀至最大值，溶胀增加体积为 20% ~

40%，之后出现质量略微降低的情况。

2 封隔器胶筒材料高温力学性能

2.1 实验方案

参照国家标准 GB/T 531.1—2008、GB/T 528—2009、GB/T 529—2008、GB/T 7759.1—2015，制作相应的标准件，经3种不同工作液在3种不同温度（80℃、140℃、200℃）下浸泡120h后力学性能后，按照标准要求的仪器和测试方法测试胶筒材料的硬度、拉伸强度、断裂伸长率、压缩永久变形、撕裂强度。

2.2 实验结果

（1）邵氏硬度

胶筒材料硬度随着工作液浸泡温度增加试样硬度下降；硬度下降程度油基>无固相>水基，详见图5。

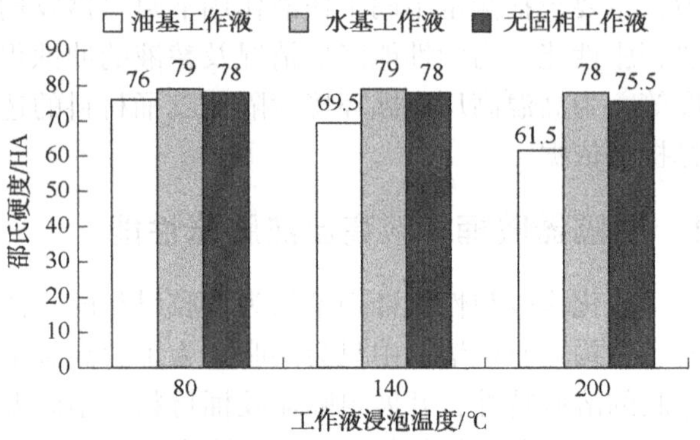

图5 工作液作用前后封隔器胶筒材料硬度对比

（2）拉伸强度/断裂伸长率

油基工作液浸泡对试样拉伸强度/断裂伸长率影响最大，随着油基工作液浸泡温度增加，试样拉伸强度较未浸泡试样逐渐下降，断裂伸长率逐渐增加，详见图6。

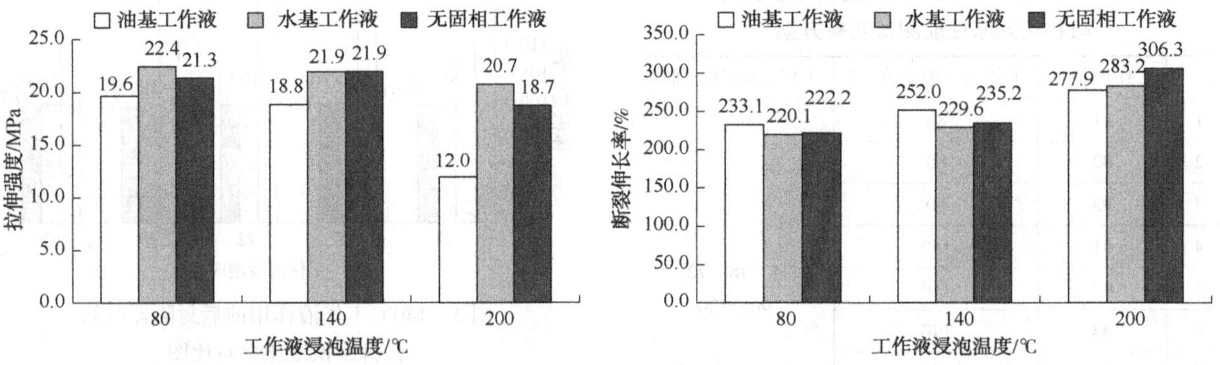

图6 工作液作用前后封隔器胶筒材料拉伸强度、断裂伸长率对比

（3）撕裂强度

油基工作液浸泡对试样撕裂强度影响最大，随着油基工作液浸泡温度增加，试样撕裂强度较未浸泡试样逐渐下降，断裂伸长率逐渐增加；水基工作液浸泡温度增加，试样撕裂强度较未浸泡试样逐渐增加；随着无固相工作液浸泡温度增加，试样撕裂强度较未浸泡试样逐渐增加，详见图7。

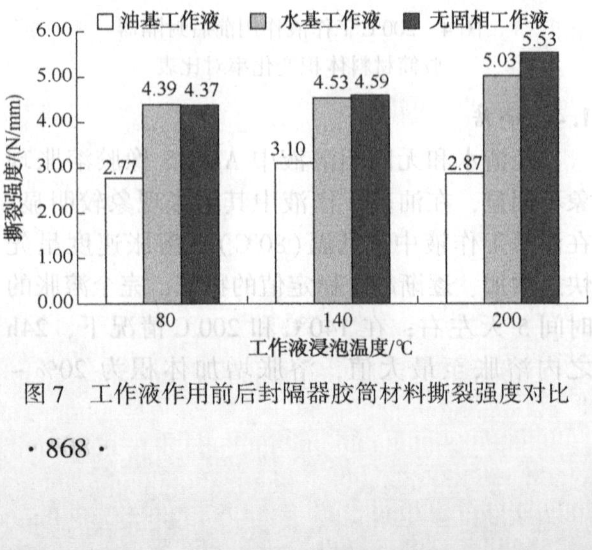

图7 工作液作用前后封隔器胶筒材料撕裂强度对比

（4）压缩永久变形

油基工作液浸泡对试样压缩永久变形影响较大；随着工作液温度增加，试样压缩永久变形先下降后增加，详见图8。

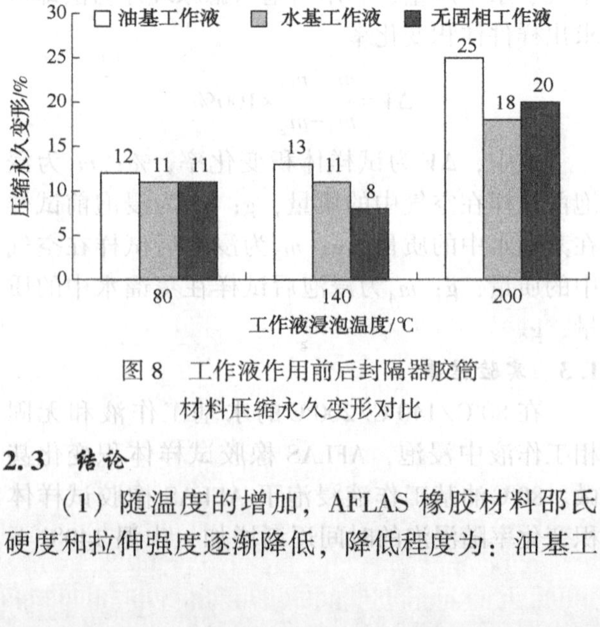

图8 工作液作用前后封隔器胶筒材料压缩永久变形对比

2.3 结论

（1）随温度的增加，AFLAS橡胶材料邵氏硬度和拉伸强度逐渐降低，降低程度为：油基工

作液>无固相工作液>水基工作液。

（2）随温度的增加，AFLAS 橡胶材料撕裂强度和永久变形呈逐渐上升趋势，说明高温下的该橡胶材料已经出现明显过度交联现象。

（3）在 200℃高温下浸泡 120h，水基工作液中的 AFLAS 橡胶材料性能最优，其次是无固相工作液，最后是油基工作液，且水基工作液和无固相工作液对橡胶性能影响相近。如表 2 所示。

表 2　AFLAS 橡胶 200℃高温下浸泡 120h 后力学参数变化情况

序号	工作液类型	硬度/%	拉伸强度/%	撕裂强度/%	永久变形/%
1	油基	23.1	48.1	33.4	-47.1
2	水基	2.5	10	-16.7	-5.9
3	无固相	5.6	18.7	-28.3	-17.6

备注：‘-’代表增加，否则代表降低。

3　替液速率对胶筒冲蚀程度

3.1　实验方案

测试封隔器胶筒材料在 140℃中浸泡 120h 后，经 3 种不同工作液（油基工作液、水基工作液、无固相工作液）在 3 种不同替液速率（2m/s、3m/s、5m/s）2 种冲蚀时间（4h、8h）条件下冲蚀程度。

3.2　实验方法

① 试样，称重。

② 将工作液加入加热箱，预热工作液。

③ 开启设置循环泵流量（模拟工作液流速 2m/s、3m/s、5m/s），模拟工作液流速 2m/s、3m/s、5m/s 冲蚀橡胶样片 4h/8h。

④ 关闭循环泵，取出橡胶样片，清洗、烘干后，观察、称重。如图 9 所示。

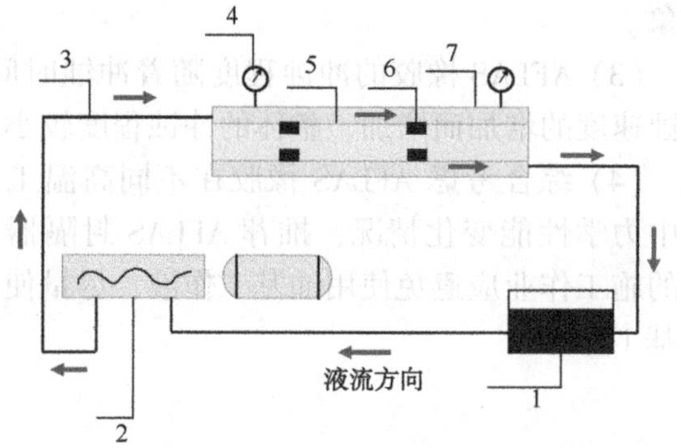

图 9　封隔器橡胶材料冲蚀测试实验装置及流程

3.3　实验结果

三种工作液在流速 2m/s、3m/s、5m/s 条件下，对封隔器胶筒冲蚀程度较小，冲蚀程度随着冲蚀速率、冲蚀时间增加而增加。整体的冲蚀损失油基工作液>无固相工作液>水基工作液。如图 10 所示。

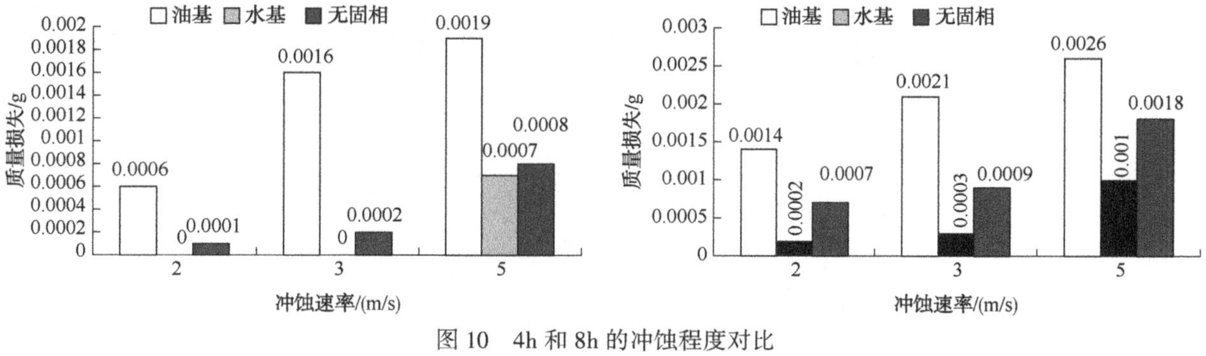

图 10　4h 和 8h 的冲蚀程度对比

3.4　结论

AFLAS 橡胶的冲蚀程度随着冲蚀时间、冲蚀速度的增加而增加。140℃ 浸泡 120h 后，AFLAS 橡胶在 2~5m/s 的速度下冲蚀 8h 最大冲程度小于 0.5%，整体冲蚀程度较小。如表 3 所示。

表 3　140℃浸泡 120h 后不同替液速度冲蚀程度

序号	冲蚀时间	油基工作液			水基工作液			无固相工作液		
		2m/s	3m/s	5m/s	2m/s	3m/s	5m/s	2m/s	3m/s	5m/s
1	4h	0.09%	0.23%	0.35%	0	0	0.11%	0.02%	0.03%	0.10%
2	8h	0.22%	0.32%	0.47%	0.02%	0.04%	0.16%	0.12%	0.15%	0.24%

4　结论及建议

（1）在 140～200℃高温情况下，AFLAS 橡胶在油基工作液溶胀速度较快，24h 之内溶胀至最大值，溶胀增加体积为 20%～40%。

（2）AFLAS 橡胶材料的邵氏硬度、拉伸强度和撕裂强度随温度的增加而逐渐降低，降低程度油基工作液>>无固相工作液>水基工作液；撕裂强度和永久变形整体呈增加的趋势，说明高温下的该橡胶材料已经出现明显的过度交联现象。

（3）AFLAS 橡胶的冲蚀程度随着冲蚀时间、冲蚀速度的增加而增加，整体的冲蚀程度较小。

（4）综合考虑 AFLAS 橡胶在不同高温工作液中力学性能变化情况，推荐 AFLAS 封隔器下入的施工作业应避免使用油基工作液，尽量使用水基工作液。

参　考　文　献

[1] 丛川波，欧阳江林，周琼．2011 年全国高分子学术论文报告会[R]．中国大连，2011.

[2] 徐兴权，王成军，姜建平等．封隔器胶筒橡胶材料力学性能试验[J]．江汉石油职工大学学报，2010，23(2)：82-84.

[3] 夏富国，米光勇，李成全等．裸眼分段工具高温高压性能稳定性评价实验[J]．油气井测试，2024，33(1)：43-48.

[4] 卢秋羽，李俊亮，许永权等．浅谈高温高压井下封隔器发展现状[J]．中国设备工程，2024(1)：18-24.

[5] 赵倩，林元华，王奇等，热老化对四丙氟橡胶(AFLAS)力学性能的影响研究[J]．新技术新工艺，2021(8)：71-75.

[6] 张瑞，李夯，冯丽莹等，四丙氟橡胶在含 H_2S 和 CO_2酸性环境中的耐蚀性[J]．腐蚀与防护，2018，39(8)：582-586.

深地塔科1井安全高效钻井关键技术

王春生[1,2,3,4]　冯少波[1,2,3,4]　李　宁[1,2,3,4]　张　志[1,2,3,4]　吕晓钢[1,2,3,4]　文　亮[1,2,3,4]　周　宝[1,2,3,4]

（1. 中国石油塔里木油田分公司；2. 中国石油天然气集团有限公司超深层复杂油气藏勘探开发技术研发中心；3. 新疆维吾尔自治区超深层复杂油气藏勘探开发工程研究中心；4. 新疆超深油气重点实验室）

摘　要　基于油气发现和科学探索双重目的，中国石油在塔里木盆地部署了我国首口万米科探井-深地塔科1井。该井设计井深11100m，预测井底温度213℃，预测地层压力133MPa，钻井作业面临超深、超高温、超高压、高含硫“三超一高”的极端恶劣井况。该井于2023年5月30日开钻，2024年3月4日历时279天突破10000m。深地工程实施过程中，特深层安全高效钻井关键技术取得了进步，主要包括特深复杂地层井身结构设计、基于地质工程一体化的随钻优化、特深井钻工具安全管控、超长裸眼超重载荷下套管及固井、抗220℃聚合物钻井液等。同时，实钻过程中产生了新的问题和需求，亟需开展特深层钻柱动力学理论研究、成熟可靠的耐高温工具仪器研发，加快推进钻完井工程技术向数智化转型，为保障深层、超深层油气高效勘探开发和加快技术升级转型提供工程技术支撑。

关键词　深地塔科1井；井身结构；超深；超重载荷；钻具安全；耐高温

我国深部油气资源总量达671×10⁸t油当量，占全国油气资源总量的34%，目前83%的深地油气资源尚未开发，近10年新增探明储量中，深层超深层油气资源占50%以上，其高效开发对保障国家能源安全意义重大。为持续推进深层超深层油气资源高效勘探开发力度，中国石油启动了万米深地科探工程，加大深地科技创新力度，突破超深层油气理论和关键技术，提升油气勘探开发水平和能力。

目前，全球陆上完钻垂深超过万米的深井仅有1口，为前苏联1989年钻探的SG-3井，完钻井深12262m，是目前垂深最深的井。2009年，美国墨西哥湾深水盆地Tiber井钻至井深10685m(含水深1259m)，成为全球第二口超万米深井。2022年10月，阿联酋在Upper Zakum油田人工岛UZ-688井创造了世界最深井新纪录，该水平井完钻斜深达1.524万米。我国第一口井深超过7000m的超深井是关基井，完钻井深7175m。2019年，塔里木油田完钻的轮探1井，垂直深度达8882m，首次超越珠穆朗玛峰13。2022年，中国石化塔深5井完钻井深9017m，垂深首次超过9000m。深地塔科1井是中国石油在塔里木盆地实施的重大“深地工程”，位于新疆塔克拉玛干沙漠腹地，设计井深11100m，计划钻穿寒武系地层，钻揭震旦系奇格布拉克组，预测井底温度212.8℃、地层压力136MPa，完钻后将是世界第二口陆上万米超深科探井，使我国成为继美国、俄罗斯之后第三个掌握万米深地钻井技术的国家。通过实施万米深地科探工程，能够突破万米深井钻完井关键核心技术难题，带动我国超深层油气勘探开发突破，提升工程技术支撑能力和核心竞争力。同时，探索轮南-古城超深层万亿方大气区，开辟万米深地战略接替领域，轮南-富满段寒武系-奥陶系天然气资源量3.02万亿立方米、石油10.78亿吨，是超万亿方和十亿吨级油气富集的重大战略接替领域。

基于上述背景，笔者以实现万米科探工程为目标，针对深地塔科1井钻井中面临的钻井作业面临超深、超高温、超高压、高含硫“三超一高”的极端恶劣井况，分析了钻井设计难点，总结回顾了万米钻探过程中的安全高效钻井关键技术进展，可为今后的特深层钻井提供借鉴。

1　万米超深井钻井难点

钻揭的地层复杂，井身结构设计困难。深地塔科1井钻揭13套地层，区域存在火成岩、盐膏层、含燧石白云岩等复杂岩性地层，奥陶系发育断裂及储层等特殊复杂地层。同时，万米以深寒武系地层预测可参考的地震与测井等资料数据少、品质差，现有技术精准预测地层压力困难、不确定性强。

超深复杂硬质地层造成高效破岩与综合提速

困难。深地塔科1井深部岩石具有强度大、非均质性强、研磨性强的难点。邻井轮探1蓬莱坝组-下丘里塔格组钻头冲击损伤、磨损严重，钻头平均进尺短120~147m，平均机速低1.2~1.7m。

管柱重量超长、超重，钻具安全保障及套管柱安全下入困难。长度10000m、重量超340t的钻具在井底运动状态复杂，振动强烈，钻具安全保障面临更加复杂的工况环境和受力状态；超深超重套管浮重超过600t，载荷超过了9000m钻机的安全载荷(540t)，面临安全下入难题。

高温高压条件下，井筒工作液性能难以保障。预测深地塔科1井井底温度最高达213℃，要求钻井液具备耐高温、高密度、耐高盐且长时间性能稳定。

2　钻井关键技术进展

2.1　特深复杂地层井身结构设计技术

复杂地层需要多层次井身结构，而常规的多层次井身结构面临上部井眼尺寸大带来的系列问题。根据尺寸效应，井眼尺寸越大，钻遇裂缝、微裂隙等岩石缺陷的概率越大，井壁失稳、漏失的风险越高；同时，大尺寸井眼面临机速慢、周期长，单个裸眼段长时间作业增加井漏、垮塌等风险；使用的大尺寸套管强度难以提升，也面临下入困难等问题。为解决深地塔科1井井身结构层次多、井眼尺寸大造成的难题，在井身结构设计前开展了地质工程一体化研究。通过对地震、测井、邻井实钻等资料等分析研究，定量预测特殊岩性的厚度、空间位置，实施了全层系地层岩性、厚度、温度、压力与流体预测。根据研究结果优选井位，尽量避开区域复杂地层，使用尽可能少的井身结构层次完成万米钻探目标。

以二叠系为例进行研究。区域二叠系火山岩段裂缝发育，邻井在钻穿二叠系地层后都下套管封固上部易漏失、垮塌地层。通过对比地震资料和邻井实钻过程，根据岩相特征和漏失统计分析结果，空白相英安岩漏失量大，杂乱相凝灰岩局部漏失，平行相玄武岩漏失风险小，如图1所示。该井地震相为平行相，预测二叠系地层(4120~4480m)火成岩段上部为凝灰岩，下部为凝灰岩与英安岩互层，下碎屑岩段以灰岩与泥岩互层为主(见图2)。依据地震特征和邻井实钻情况，预测漏失压力大于1.32g/cm³。

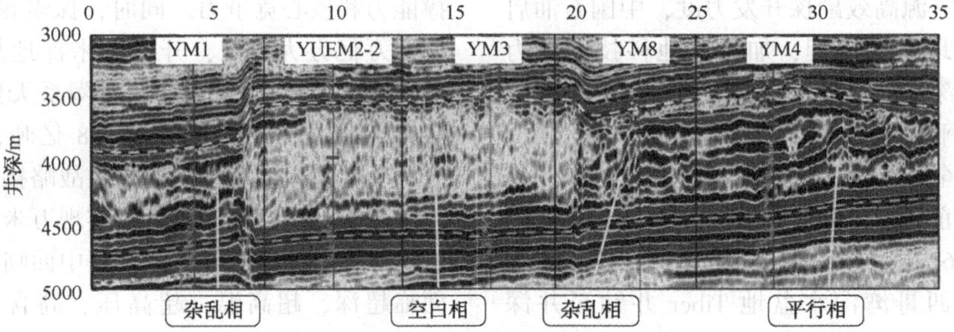

图1　二叠系典型火成岩地震剖面

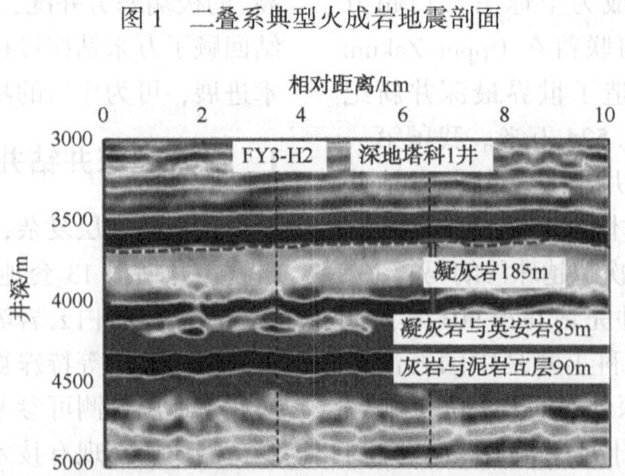

图2　二叠系火成岩段邻井实钻情况与深地塔科1井预测结果

地质工程一体化研究中对二叠系火成岩、石炭系盐膏岩等特殊岩性、奥陶系上部水层等特殊流体、鹰山组串珠特殊温压场、奥陶系断裂、侵入体等特殊构造进行了精细刻画和分析。确定了必封点和风险点。在清楚认识地层的前提下，设计了五开五完井身结构，在每个必封点和风险点上部下套管，每层套管尽量深下，使用有限的开次实现钻探目标，同时三开、四开套管应尽可能深地揭开地层，为深部地层不可预测的风险预留空间。该井身结构与六开井身结构相比（见图 3），避免了大尺寸井眼井壁稳定性差、钻进时效底、大尺寸套管下入困难等难题。

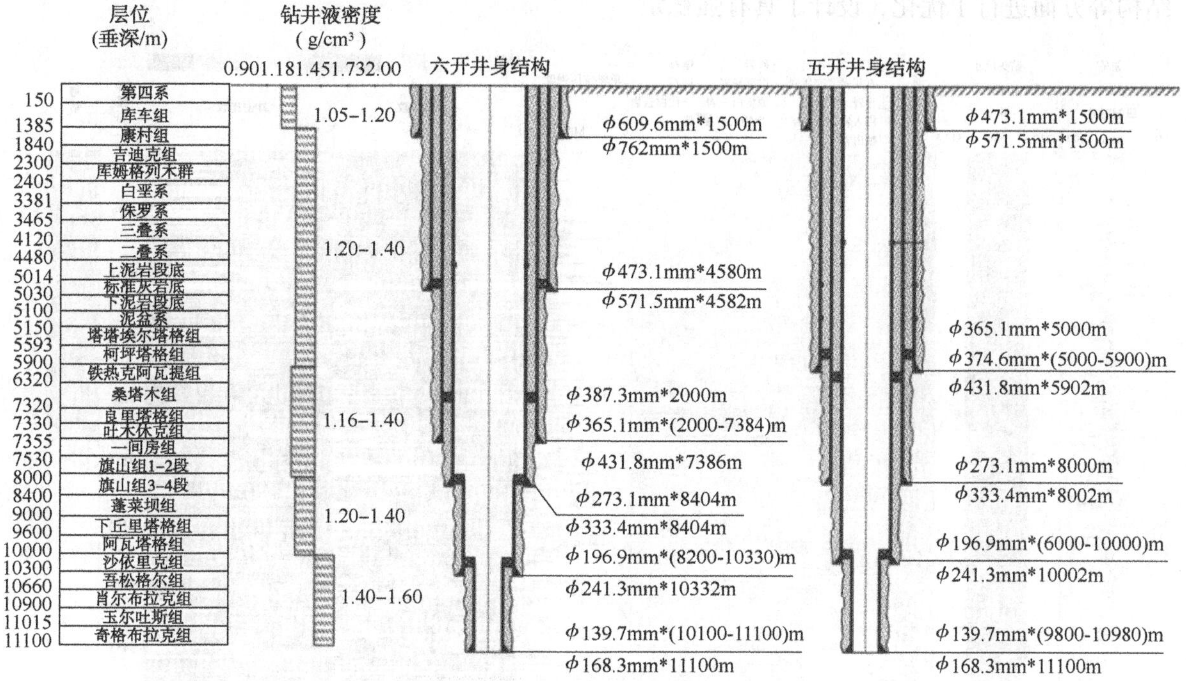

图 3　深地塔科 1 井井身结构设计结果

2.2　基于地质工程一体化的随钻优化技术

随钻过程中具象化地质特征，建立“地震-露头-薄片”三位一体构建待钻地层模型，见图 4，指导井参数、钻具组合等优化，保障优质高效钻进。将实验室设置在井场，及时对岩屑、掉块开展岩石力学、电镜扫描、矿物组分分析、元素分析等试验，实时获取岩石特性，明晰岩性组合特征，综合分析工程异常井段的岩屑、掉块，对比地震、露头等岩石特征，预测下部地层风险，制定精准应对措施，以降低故障复杂风险。

图 4　具象化地质特征

随钻过程汇总建立硬质、难钻地层可钻性评价方法，通过地震数据修正邻井测井数据，量化岩石单轴抗压强度、研磨指数、冲击指数、含燧石白云岩的可钻性，见图 5，通过对比井下、露头岩石力学实验结果，对模型进行修正，结合控斜和抗震动需求，强化钻头侧向切削能力和抗侧向震动能力，个性化设计和定制 PDC 钻头。依据模型预测，奥陶系蓬莱坝至寒武系下丘里塔克组地层(埋深 8391～9593m、段长 1202m)富含硅质燧石结核，岩石强度高、研磨性强，邻井单只钻头进尺短、机械钻速低，严重影响深部井段的钻井速度。基于模型分析认识，从钻头齿型、布齿、结构等方面进行了优化，设计了具有强稳定性、高抗侧向冲击的非平面切削齿 PDC 钻头，成功经受住了侧向冲击高达 625g、扭矩波动达 15kN·m 的极端工况考验，钻头在井下无主动防斜工具的情况下，通过底部钻具组合和钻井参数优化，机械钻速较邻井同层段提高 47%，井斜控制在 3°以内。

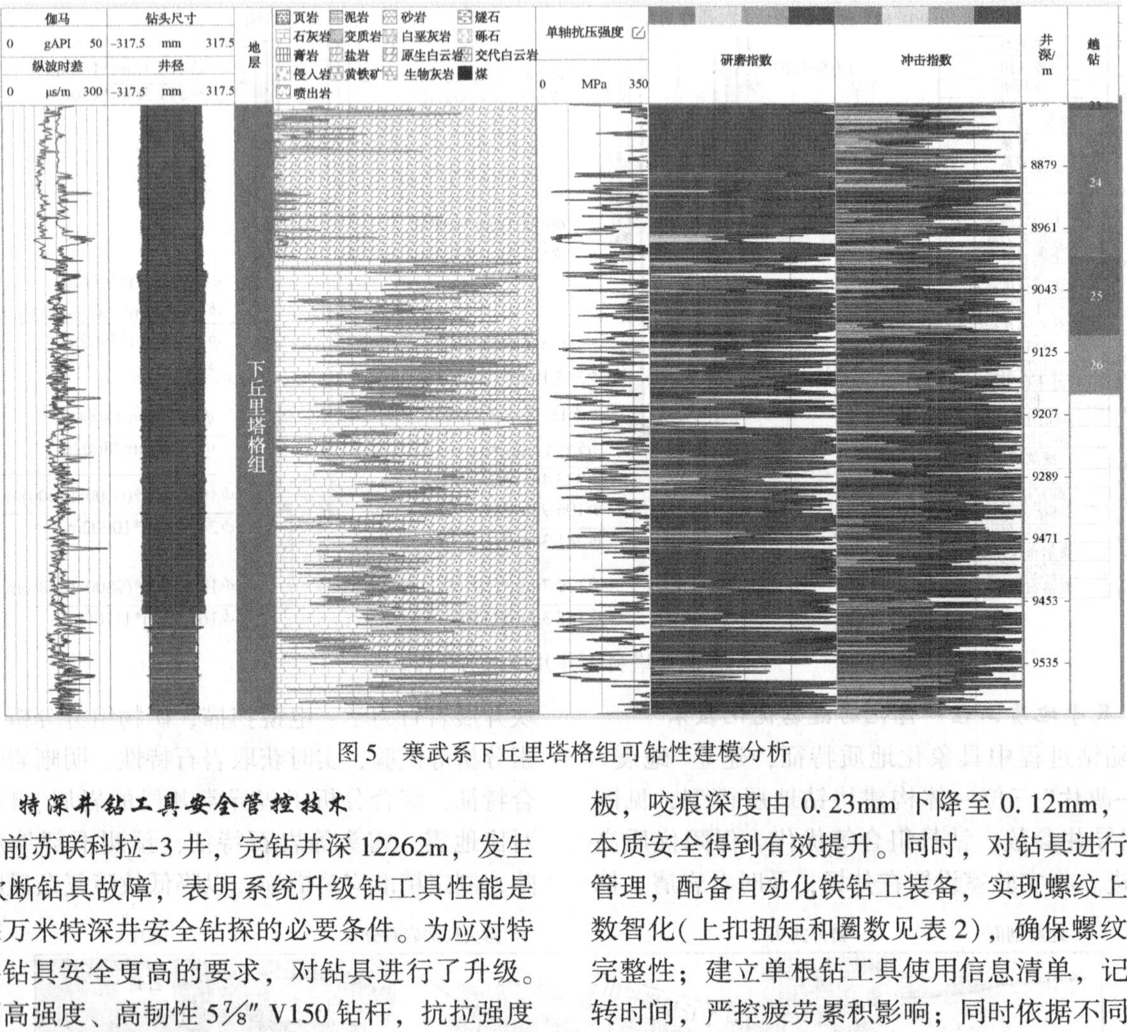

图 5　寒武系下丘里塔格组可钻性建模分析

2.3　特深井钻工具安全管控技术

前苏联科拉-3 井，完钻井深 12262m，发生 27 次断钻具故障，表明系统升级钻工具性能是确保万米特深井安全钻探的必要条件。为应对特深层钻具安全更高的要求，对钻具进行了升级。采用高强度、高韧性 5⅞″ V150 钻杆，抗拉强度提升至 492t(见表 1)；定制高性能钻具稳定器、转换接头，冲击功由 80J 提升至 100J；7″钻铤螺纹优化为双台肩，抗扭提升 40%；改进卡瓦牙板，咬痕深度由 0.23mm 下降至 0.12mm，钻具本质安全得到有效提升。同时，对钻具进行精细管理，配备自动化铁钻工装备，实现螺纹上卸扣数智化(上扣扭矩和圈数见表 2)，确保螺纹连接完整性；建立单根钻工具使用信息清单，记录旋转时间，严控疲劳累积影响；同时依据不同位置钻具受力状态，制定检测和更换时间，严防薄弱环节疲劳失效。

表 1　使用钻杆性能

外径		壁厚/	内径/	钢级/	抗拉强度/	抗扭强度/	抗内压/	抗挤毁/	接头类型
英寸	mm	mm	mm	psi	kN	kN·m	MPa	MPa	
4	101.6	9.65	82.3	150000	2883	70.0	171.9	177.8	DS39
5	127.0	9.65	107.7	135000	3311	104.3	123.8	119.0	NC52
5⅞	149.2	10.92	127.4	150000	4906	182.5	132.5	125.5	5½″ FHDS
5⅞	149.2	9.65	129.9	150000	4375	165.5	117.1	96.6	5½″ FHDS
6⅝	168.3	19.05	130.2	150000	9238	358.5	204.9	97.3	6⅝″ FH

表2　钻具上扣扭矩和上卸扣圈数控制标准

钻具类型	螺纹类型	上扣扭矩	卸扣圈数
5⅞″钻杆	5½FHDS	58kN·m	6.1
5″钻杆	NC52	40kN·m	4.2
5″加重钻杆	NC52	40kN·m	4.2
7″钻铤	NC50	42kN·m	5.2
7¾″钻铤	NC56	65kN·m	3.8

2.4　超长裸眼超重载荷下套管及固井技术

深地塔科1井二开14⅜″+14¾″套管下深5853m、浮重660t，三开10¾″套管下深7856m、浮重665t，国内未有施工经验。二、三开固井面临的超重套管下入、超长裸眼固井易漏、井口坐挂吨位控制要求高的三大难题。二开固井研发14⅜″高强度套管，钢级由110升级为140，并采用有限元分析与室内拉伸试验相结合的方式，明确750t条件下套管接箍无塑性变形风险(见图6)。同时配套750t吊环、吊卡、卡盘、上扣扭矩圈数记录仪，确保了超重套管安全下入；研发了14⅜″大尺寸封隔式分级箍，正向封隔能力35MPa，保障了一级固井后二级固井不漏，水泥车泵入能力由5m^3/min提升至8m^3/min，实现超长裸眼易漏地层的全井封固，固井质量合格率大于80%；设计了三凝三密度水泥浆浆柱结构，精准控制水泥浆体稠化、起强度时间和超重套管坐挂吨位，保证了井口套管和套管头安全，为后续作业创造了良好条件。

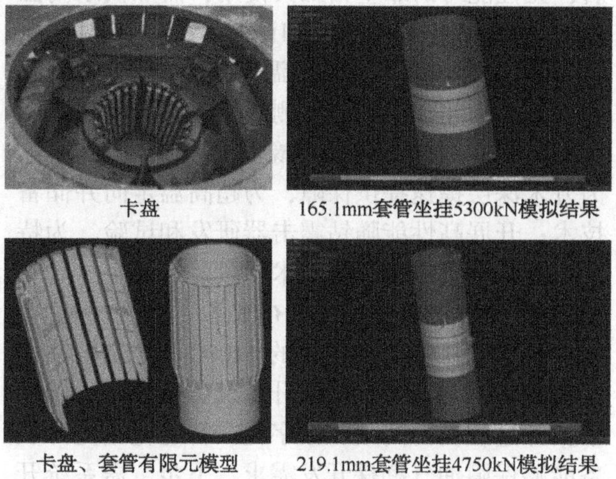

图6　井口套管受力有限元分析

2.5　抗高温220℃聚合物水基钻井液

为应对深地塔科1井钻井面临的高温挑战，从核心机理、评价装置、关键材料、体系配方及配套工艺等方面开展攻关，研制了钻井液降滤失剂梳型聚合物CPJ、流型调节剂、极压抗磨润滑剂等5种抗220~240℃高温的关键处理剂，构建了抗220℃高温的水基钻井液体系，表现出优良的抗高温性、沉降稳定性、抗污染性能(老化试验见表3)。四开处理复杂期间，在井底温度192℃条件下静止12天，井底无沉砂，6.6L/s排量下顶通压力仅3MPa。

表3　抗高温聚合物水基钻井液老化性能评价

温度	条件	AV/mPa·s	PV/mPa·s	YP/Pa	初/终切/Pa
170℃	老化前	33	23	10	4/10
	老化3天	35	25	10	4.5/13
180℃	老化前	18.5	14	4.5	2/5
	老化3天	20	13	7	3.5/7
200℃	老化前	37	26	11	3.5/5
	老化3天	39.5	24	15.5	5/6
	老化11天	42.5	32	10.5	4/6

3　面临的工程技术挑战及发展展望

3.1　深度开展特深层钻柱动力学研究

随着井深突破9000m，特深井钻柱的超柔和非线性特征更加突出，钻柱涡动和粘滑更易发生，钻工具损伤和接头微观裂纹频繁出现，地面扭矩大范围波动频发，大幅增加了钻具失效风险。目前，国内外在特深井钻柱动力学特性模拟和动态安全性理论研究方面均处于起步阶段。亟需深度开展特深井超柔多挠度钻柱动力学理论研究，指导钻具组合和钻井参数优化以减少井下有害振动；开展高应力条件下钻具疲劳失效机理研究，定量评价钻具疲劳与使用时间、井下工况的关系，支撑确定钻具科学合理的使用，指导特深井安全钻井。

3.2　加快推进耐高温工具、仪器的研发

目前，国内抗高温井垂钻、井下动力钻具、MWD、随钻震击器等工具仪器不满足特深层钻

进需求。井深超 9000m、循环温度超过 165℃后，无性能可的靠垂钻工具使用，需加快耐高温 200℃垂直钻井系统研发和试验，解决高温井段防斜问题，同时，开展耐温超 200℃ MWD 研发和试验，为超深层井斜监测提供工具；亟需研制抗高温 200-220℃长寿命橡胶螺杆或金属螺杆，为万米深层提速提供保障，为超高温定向井储备技术；开展高性能随钻震击器研发和试验，为特深层复杂处置提供关键技术手段。

3.3 加快推进钻完井数智化发展

深地塔科 1 井所使用的 12000m 自动化钻机大幅降低了劳动强度，提升了设备安全性，确保了钻井过程安全高效，数字化、智能化钻完井装备能够保障油气勘探开发需求。下步，需系统开展钻前、随钻、钻后的地质工程一体化理论、方法研究，建立大数据、云计算、人工智能等信息技术与传统钻完井工程技术深度融合新模式，提高复杂地层预测、风险识别管控、钻井提速等能力和效率。

4 结论

2024 年 3 月 4 日，深地塔科 1 井钻进至 10000m，证明了中国石油钻探技术和钻探装备具备万米钻探能力。同时，通过钻探实践，发现了特深层钻柱动力学理论、抗高温高压工具仪器、数智化发展亟需攻关，为推进深层、超深层油气勘探开发和加快技术升级转型提供有力的支撑。

参 考 文 献

[1] 苏义脑，路保平，刘岩生，等．中国陆上深井超深井钻完井技术现状及攻关建议[J]．石油钻采工艺，2020，42(05)：527-542.

[2] 王志刚，王稳石，张立烨，等．万米科学超深井钻完井现状与展望[J]．科技导报，2022，40(13)：27-35.

[3] 李剑，佘源琦，高阳，等．中国陆上深层—超深层天然气勘探领域及潜力[J]．中国石油勘探，2019，24(04)：403-417.

[4] 赵金海，张洪宁，王恒，等．中国石化超深层钻完井关键技术挑战及展望[J]．钻采工艺，2024，47(02)：28-34.

[5] 莫杰．科拉超深钻的重大成果[J]．地质与勘探，1987(05)：29-30.

[6] 杨明清，杨一鹏，卞玮，等．俄罗斯超深井钻井进展及技术进步[J]．石油钻采工艺，2021，43(1)：15-20.

[7] Naranjo J C，Ekstrand E J，Etgen J，et al. Survey design and implementation of a multiple wide - azimuth towed streamer seismic acquisition strategy at the Tiber Discovery; deep water Gulf of Mexico，USA[J]. 2011.

[8] Galvan，Irma & Mallanao，Genesis & McClelland，Garry & Rowland，Ray & Novak，Daniel. (2023). Pushing Coiled Tubing Design and Manufacturing Boundaries to Service 50，000-ft Mega-Reach Wells in Abu Dhabi. 10.2118/212892-MS.

[9] 苏义脑，路保平，刘岩生，等．中国陆上深井超深井钻完井技术现状及攻关建议[J]．石油钻采工艺，2020(005)：042.

[10] 杨沛，刘洪涛，李宁，等．塔里木油田超深井钻井设计及优化技术——以亚洲最深井轮探 1 井为例[J]．中国石油勘探，2021，26(3)：10.

[11] 王建云，韩涛，赵宽心，张立，军席宝滨，叶翔．塔深 5 井超深层钻井关键技术[J]．石油钻探技术，2022，50(5)：27-33.

[12] 贾承造．含油气盆地深层—超深层油气勘探开发的科学技术问题[J]．中国石油大学学报(自然科学版)，2023，47(05)：1-12.

[13] 宋周成，翟文宝，邓昌松等．富满油田超深井井身结构优化技术与应用[J]．钻采工艺，2022，45(06)：36-41.

[14] 王团，李奎周，赵海波，等．泥页岩油井震结合孔隙压力预测方法研究及应用[C]//中国石油学会(CPS)，国际勘探地球物理学家学会(SEG)．CPS/SEG 北京 2018 国际地球物理会议暨展览电子论文集．北京：《中国学术期刊(光盘版)》电子杂志社，2018：1325-1328.

[15] 张雁，屈沅治，张志磊等．超高温水基钻井液技术研究现状及发展方向[J]．油田化学，2022，39(03)：540-547.

[16] 王中华．国内钻井液技术进展评述 [J]．石油钻探技术，2019，47(3)：95-102.

[17] 刘素君，唐克松，雷俨卜．应对复杂推覆体七开非常规井身结构开发与应用：以红星 1 井为例[C]//第 33 届全国天然气学术年会(2023)论文集(04 钻采工程)．北京：中国石油学会天然气专业委员会，2023：551-560.

[18] 汪海阁，葛云华，石林．深井超深井钻完井技术现状、挑战和"十三五"发展方向[J]．天然气工业，2017，37(04)：1-8.

[19] 王春生，冯少波，张志，等．深地塔科 1 井钻井设计关键技术[J]．石油钻探技术，2024，52(02)：78-86.

[20] 张银涛，刘正文，袁敬一等．主成分分析在塔里木盆地哈拉哈塘二叠系火成岩岩性识别中的应用[J]．能源技术与管理，2020，45(03)：174-176.

基于不确定性因素分析的深水气田产水预测研究

李　华　叶　青　王攀荣　周　伟　殷修杏　高子康　胡　疆

[中海石油(中国)有限公司海南分公司]

摘　要　L 气田以边底水气藏为主，且采用水下井口开发，气田未来投产后治水措施难以实施。国内外很多气田的生产实践表明，气田实际生产的水气比常常高于总体开发方案设计的预测水气比，产水是该气田开发面临的最大不确定性难题。本次研究结合各砂体的地质气藏特征，分析了多种不确定性因素对产水的影响，结合各气藏的见水风险，分类类比了相似的在生产气田开发井见水特征，从而对各气藏进行了相对合理的产水预测，降低了开发风险。

关键词　深水气田；边底水气藏；不确定性因素；隔夹层分布产水预测

1　引言

L 气田是深水海域高孔高渗高烃高产的优质气田，以边底水气藏为主，故气田在未来生产中不可避免地会有一定程度产水。由于该气田采用水下井口进行开发，未来投产后治水措施难以实施，所以产水将影响着气田的正常生产。从所在海域其他 3 个在生产的产水气田以及国外类似深水气田的生产实践发现，气田实际生产的水气比常常比总体开发方案设计(简称 ODP)的预测水气比高，数值模拟技术在气藏产水模拟方面存在一定缺陷。因此，产水预测是该气田开发面临的最大不确定性难题。本文分析了该气田各砂体多种不确定性因素对产水的影响，并在各气藏见水风险划分的基础上，分类类比了相似在生产气田的开发井见水特征，从而对各气藏进行相对合理的产水预测。

2　气藏见水风险划分

L 气田储层砂体为深海背景下受峡谷限制的浊积水道复合体，纵向上发育多期沉积，平面上表现为沿峡谷轴向呈条带状展布的孤立砂体。岩心孔隙度为 21.2%～36.4%，岩心渗透率为 89.0mD～2512.3mD，物性表现为高孔～特高孔、高渗～特高渗。L 气田为深海泥岩背景下的岩性气藏，如图 1 所示，主要驱动类型为弹性驱动和边、底水驱动，压力系数 1.19～1.20，地温梯度 3.87℃/100m，属正常压力、温度系统。

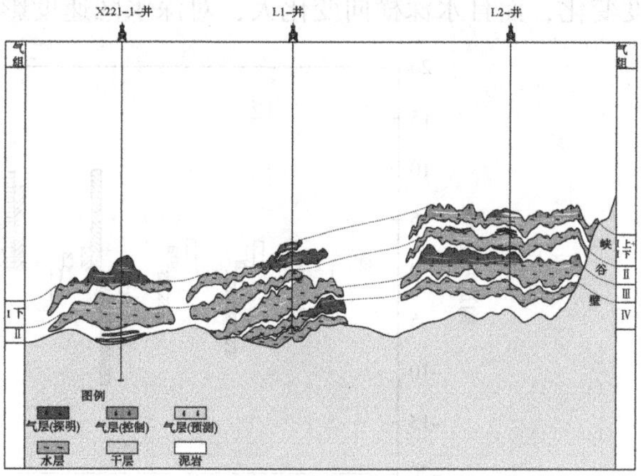

图 1　L 气田峡谷北壁气藏剖面示意图

全气田共有 7 个井区 15 个砂体，边底水气藏的探明地质储量占全气田储量的 86%。各砂体的驱动类型、水体倍数、气柱高度、纯气区范围、隔夹层发育等均存在一定的差异，这些因素对各砂体的见水特征有一定影响。综合考虑以上因素，结合类似在生产气田开发井的生产资料，划分了各气藏的见水风险，分类结果见表 1。

表 1　各气藏见水风险划分依据及分类结果表

见水风险类别	气藏	分类依据	代表性气藏	砂体数目
无见水风险	I	弹性气驱	L-1 井区 I上 气组、L-4 井区 0 气组和 I上 气组	3

续表

见水风险类别	气藏	分类依据	代表性气藏	砂体数目
见水风险低	Ⅱ类	水体倍数小、且开发井距边水的距离大于500m以上的弱边水驱动或极弱的底水驱动	L-1井区Ⅰ下气组、L-3井区Ⅰ上气组和Ⅳ气组，X22-1-1井区Ⅰ下气组	4
见水风险中等	$Ⅲ_1$类	水体倍数小、但开发井距边水的距离小于200m的边底水驱动	L-1井区Ⅳ气组、L-7井工Ⅰ下气组、L-4井区Ⅳ气组和L-8井区Ⅰ下气组	4
见水风险较高	$Ⅲ_2$类	水体倍数中等(4~12倍)、夹层较发育且开发井避射后距底水的距离大于25m的纯底水驱动	L-2井区Ⅲ气组、L-4井区Ⅰ下+Ⅱ气组	2
见水风险高	$Ⅲ_3$类	水体倍数中等(25~86倍)的纯底水驱动，水淹风险大	L-2井区Ⅰ上+Ⅰ下气组、L-4井区Ⅲ气组	2

3　影响气藏产水的不确定性因素分析

3.1　构造不确定性对产水的影响

时深转换是构造预测常用方法，该方法虽然考虑了区块速度的整体变化情况和单点速度沿深度的变化趋势，但是由于深水区钻井较少，井网密度小，没有足够多的井来控制平面上的地层速度变化，而且水深横向变化大，对深水区速度影响也比较大，对于无井控区和井控程度较低的区域，通过速度体进行时深转换，依然会存在一定的误差。

该气田探井钻前钻后的构造深度的误差统计结果见图2，15个砂体中，其中构造变深的砂体有8个，平均变深4.1m；构造变浅的砂体有7个，平均变浅5.1m。

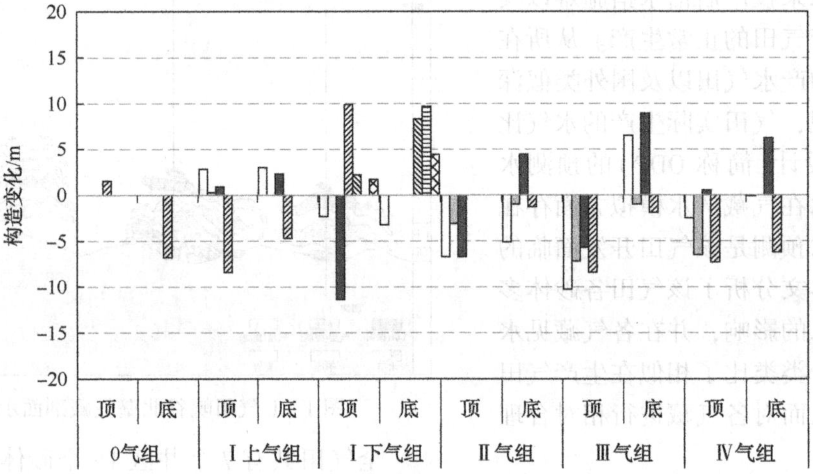

图2　探井钻后构造及储层厚度误差统计分析图

钻后构造的加深或变浅，也会引起纯气区范围、气柱高度、驱动类型和水体倍数的变化，最终会影响产水。数值模拟研究结果如图3所示，随着构造加深，累产气减少且产水增加，开发效果变差；反之，随着构造变浅，累产气增加且产水减少。

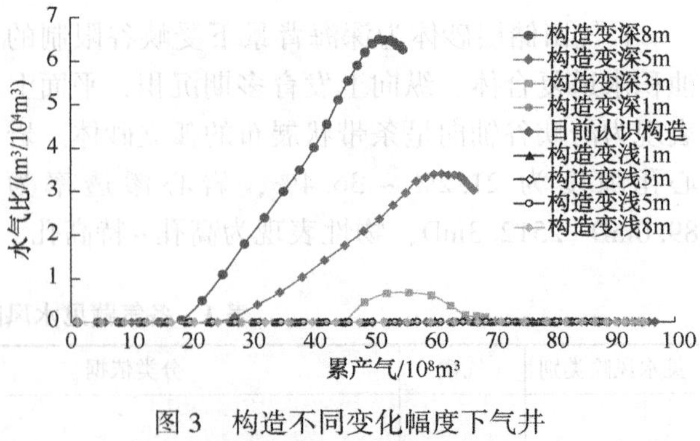

图3　构造不同变化幅度下气井水气比与累产气关系曲线

3.2　储层厚度不确定性对产水的影响

本区钻遇的单砂体厚度存在差异，对于地震分辨率可以识别的砂体，可通过砂体的时差图、层速度和净毛比情况，采用油藏描述方法确定有效厚度，但远离探井的区域没有井点速度控制，砂体厚度存在预测误差；对于低于地震分辨率识别下限的砂体，基于地震振幅与地层厚度及波形宽度等参数的关系进行预测是较为实用的有效厚度预测方法，但也存在误差。综上所述，对于远离探井控制的远井区和低于地震分辨率识别下限的砂体，储层厚度均存在一定不确定性。

探井钻前钻后的储层厚度误差统计结果见图4，15个砂体中，储层厚度增厚的砂体有7个，平均增厚5.6m；储层厚度减薄的砂体有8个，平均减薄5.6m。

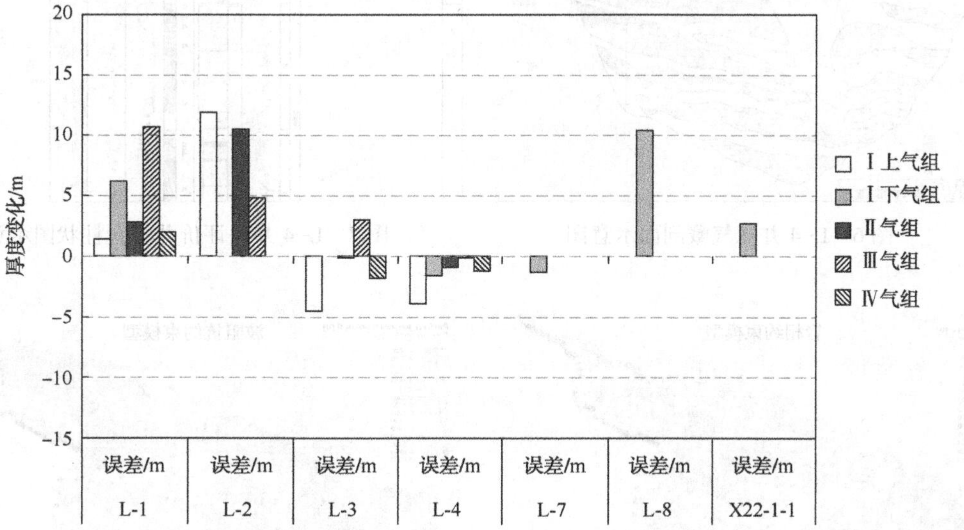

图4　探井钻后储层厚度误差统计分析图

基于以上统计结果，分析了储层厚度变化前后各砂体及全气田地质储量、气柱高度的变化对产水的影响。数值模拟研究结果如图5所示，随着厚度减薄，产水增加，累产气减少；反之，随着厚度增厚，产水减少，累产气增加。

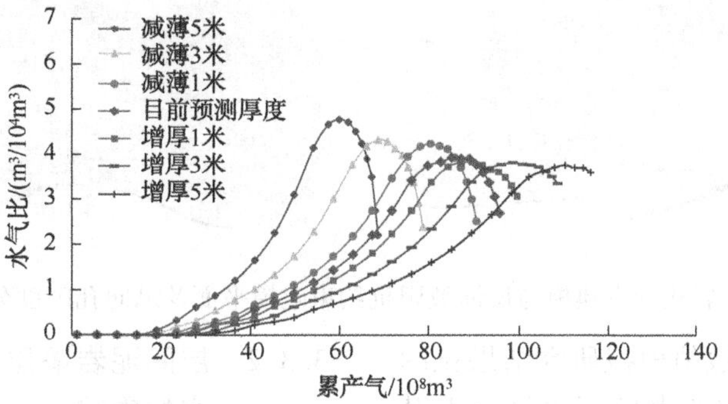

图5　储层厚度不同变化幅度下气井水气比与累产气关系曲线

3.3　砂体非均质性的不确定性对气井产水的影响

L气田探井少，砂体平面非均质性、层间泥岩隔层展布、层内夹层展布情况存在一定的不确定性，这些因素对气井产水也有一定的影响。

3.3.1　砂体平面非均质性的不确定性对气井产水的影响

如图6和图7所示，L-4井区是隔夹层相对比较发育的井区，其中Ⅰ$_{\text{下}}$+Ⅱ气组隔夹层发育比例从探井看高达48%。砂体平面非均质性和隔夹层分布对Ⅰ$_{\text{下}}$+Ⅱ气组和Ⅳ气组产水的影响是研究中较为关注的一个问题。

砂体平面非均质性的刻画考虑采用波阻抗约束模型，即建立地球物理参数与物性的关系，引入反演波阻抗作为建模中的物性约束，精细刻画各砂体的平面非均质性。从图8可以看出，波阻抗约束模型由于地震属性图上属性好的区域呈现片状的分布，约束之后的地质模型孔隙度分布图上物性相对好的区域平面上也呈片状分布，纵向上呈高渗条带分布，比传统的岩相约束模型对储层特征刻画更为合理。

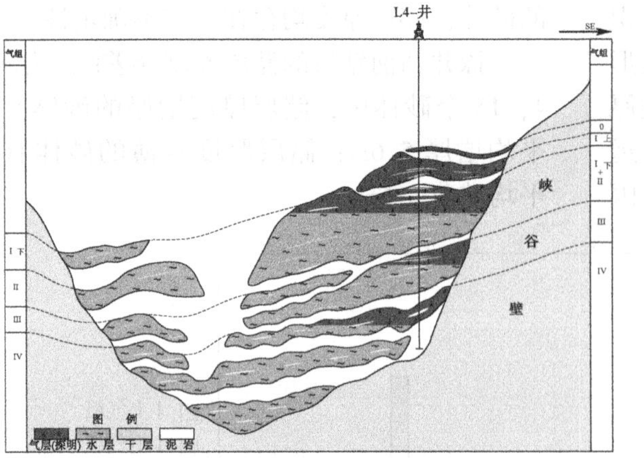

图 6　L-4 井区气藏剖面示意图

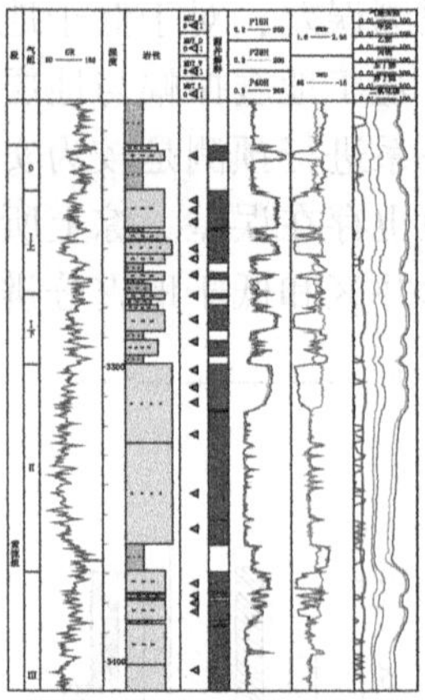

图 7　L-4 井区评价井综合柱状图示意图

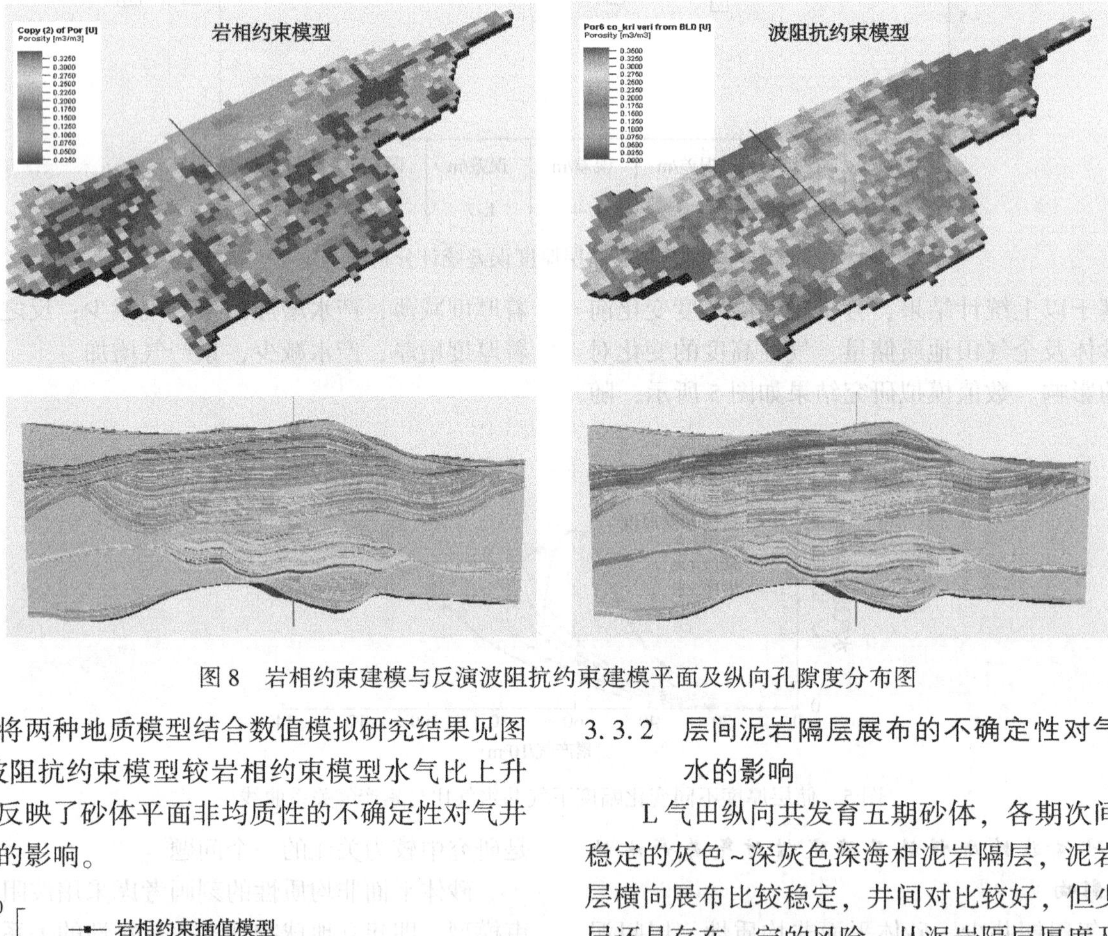

图 8　岩相约束建模与反演波阻抗约束建模平面及纵向孔隙度分布图

将两种地质模型结合数值模拟研究结果见图 9，波阻抗约束模型较岩相约束模型水气比上升快，反映了砂体平面非均质性的不确定性对气井产水的影响。

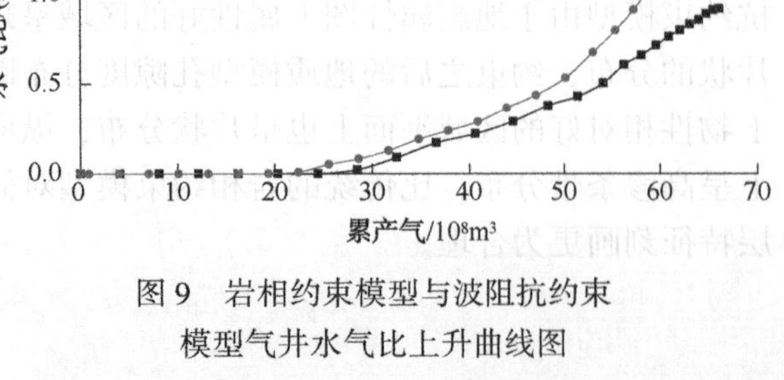

图 9　岩相约束模型与波阻抗约束模型气井水气比上升曲线图

3.3.2　层间泥岩隔层展布的不确定性对气井产水的影响

L 气田纵向共发育五期砂体，各期次间发育稳定的灰色~深灰色深海相泥岩隔层，泥岩标志层横向展布比较稳定，井间对比较好，但少数隔层还是存在一定的风险，从泥岩隔层厚度及泥岩界面的地震反射连续性两个方面进行了分析，将所有隔层分为三类，如表 2 所示。

以上分类中，Ⅲ类隔层存在与下部水体或相邻低部位水体连通从而造成水体倍数变大的风险，L-1 井区Ⅳ气组、L-3 井区Ⅳ气组和 L-4 井区Ⅳ气组下部隔层属于此类。如图 10 和图 11 所示，L-4 井区Ⅳ气组泥岩隔层厚度小于 5m，泥岩隔层厚度较薄，地震反射同相轴连续一般，存在与下部水体或相邻低部位水体连通的风险，可能由目前认识的3.8倍水体增大到13.2倍水体，因此开发井存在实际产水量高于目前预测值的风险。另外，L-1井区Ⅳ气组、L-3井区Ⅳ气组可能由目前认识的4.5倍、6.8倍水体分别增大到7.5倍、17.9倍水体，同样也存在产水量高于目前预测值的风险。

表2 层间泥岩隔层的分类标准及分类结果表

类型	分类标准	可靠性	典型气组
Ⅰ类	上下泥岩隔层厚度大于9m，砂泥岩界面地震反射清楚，同相轴连续，且与周边砂体无明显叠置连通现象	隔层横向分布稳定、分隔性好，水体可靠	X22-1-1井区Ⅰ下气组，1井区Ⅰ上、Ⅰ下气组，2井区Ⅰ上，Ⅲ气组，4井区Ⅰ上、Ⅰ下、Ⅱ、Ⅲ气组，8井区Ⅰ下气组
Ⅱ类	上下泥岩隔层厚度在5~9m之间，砂泥岩界面地震反射清楚，同相轴连续，且与周边砂体无明显叠置连通现象	虽然隔层厚度稍薄，但横向分布稳定、仍具有较好的分隔性，水体可靠	3井区Ⅰ气组，7井区Ⅰ下气组
Ⅲ类	上下泥岩隔层厚度小于5m，泥岩隔层厚度较薄，地震反射同相轴连续一般	存在与下部水体或相邻低部位水体连通的内险	1井区Ⅳ气组、3井区Ⅳ气组、4井区Ⅳ气组

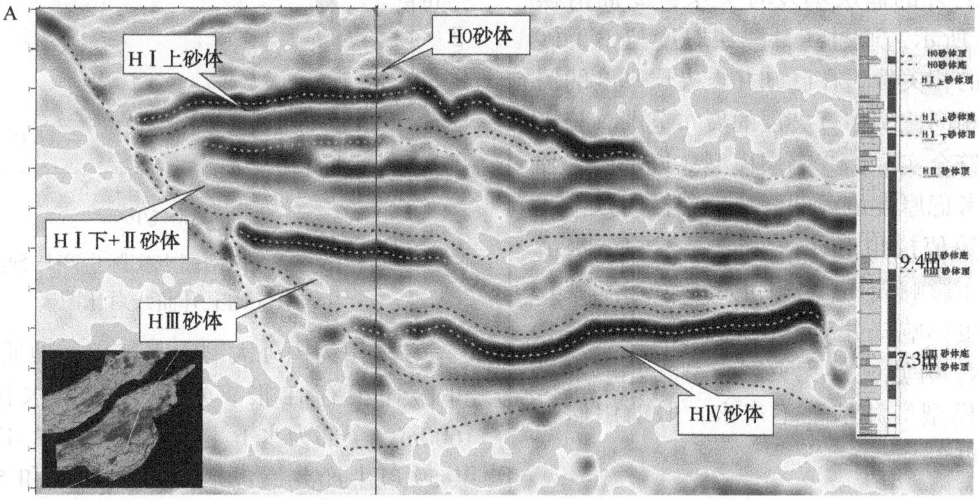

图10 L-4井区Ⅳ气组泥岩隔层地震反射特征图

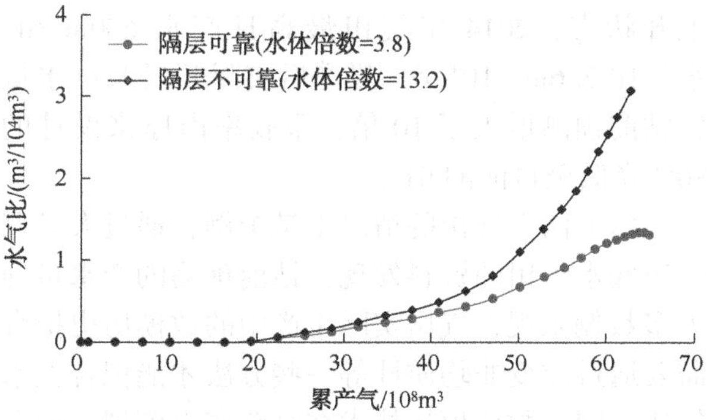

图11 不同隔层条件下气井水气比上升曲线图

3.3.3 层内夹层(或隔层)展布的不确定性对气井产水的影响

夹层的分类统计结果见图12和图13，厚度小于1m的钙质夹层占90%以上，结合钙质夹层自身特点来看，其横向展布范围有限，对后续开发中产水的影响可以忽略；厚度大于0.8m的泥质夹层占40.8%，结合区域上泥质夹层自身特点来看，其横向有一定展布范围，对后续开发中产水的影响较大，是夹层分布的主要研究对象。

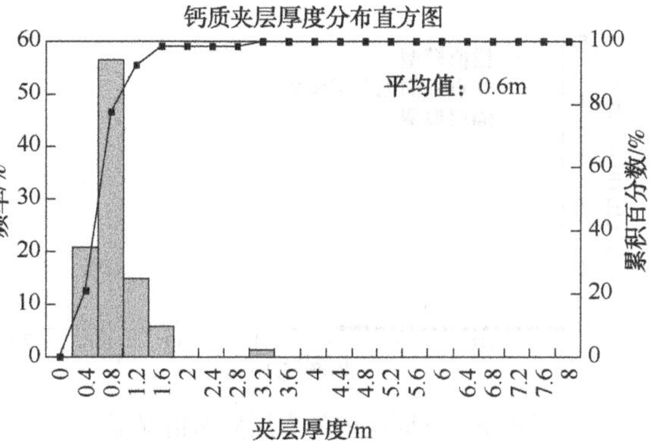

图12 L气田钙质夹层厚度频率分布直方图

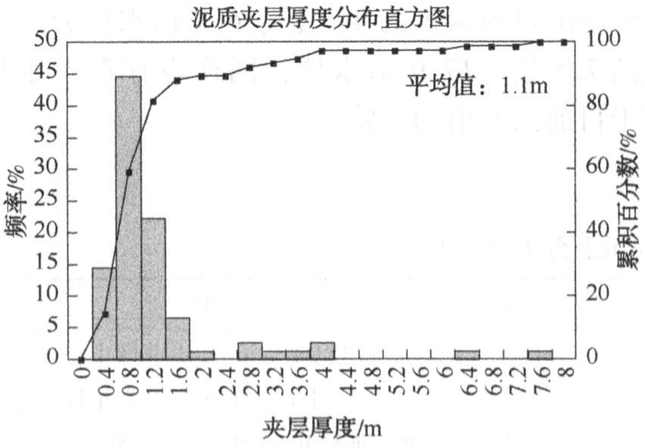

图 13　L 气田泥质夹层厚度频率分布直方图

根据以上分析结果，地质建模中忽略钙质夹层和厚度较薄的泥质夹层的影响，重点研究厚度较大的泥质夹层的分布情况。研究中考虑三种地质模型：①井点之外无夹层模型，这是一种极端情况，井点之外的储层不发育夹层；②插值模型，如图 14 所示，通过统计隔层厚度与整个砂体展布范围的相关性，在已知井点夹层厚度的情况下，按照相同比例估算夹层的展布范围，分析认为其比较符合实际；③隔层模型，这是另一种极端情况，考虑厚度最大的泥质夹层横向延伸成隔层。采用数值模拟对比三种情况下的产水情况，夹层展布影响气井产水，而隔层在影响气井产水的同时也影响气井对隔层以下储量的动用。如图 15 所示，井点之外无夹层模型气井产水量最大，隔层模型气井基本不产水，但动用储量少，累产气也少。

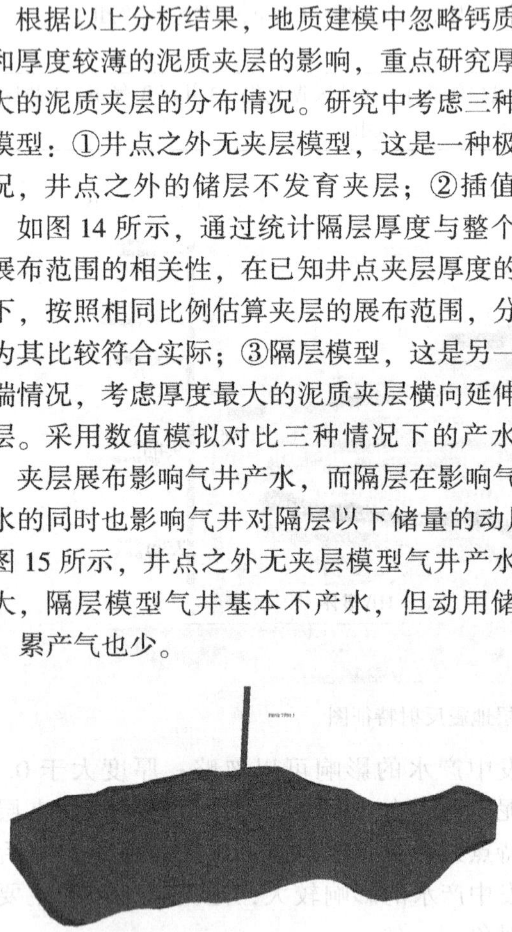

图 14　插值模型夹层分布示意图

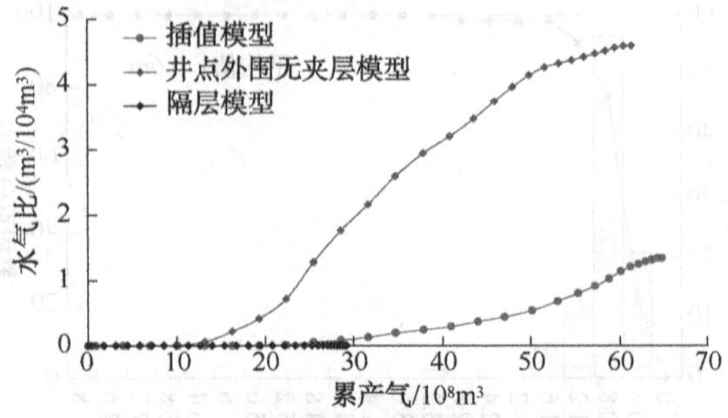

图 15　不同层内隔夹层展布情况下气井水气比上升曲线图

4　气田产水预测

4.1　数值模拟在气藏产水模拟方面的缺陷

从所在海域其他 3 个在生产气田以及国外类似深水气田的生产实践发现，气田实际生产的水气比常常高于 ODP 预测的水气比。如图 16 所示，X 气田南高点 ODP 预测产水较实际生产水气比少，分析其原因之一在于钻后储层认识的变化，基于这一考虑，根据钻后实际情况对气田的地质模型调整和优化，优化后的预测水气比和 ODP 预测结果相比，与实际生产水气比更为接近，但仍存在差异，预测的产水量较少。

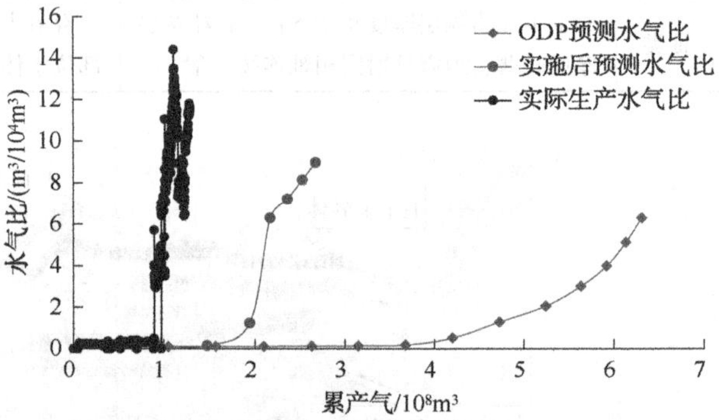

图 16　X 气田南高点实际生产与预测水气比上升曲线对比图

S 气田为国外大型深水气田，地质油藏特征和 L 气田存在很多相似之处，水深 300m ~ 1600m，全部为水下生产系统。2003 年投产，总共 59 口生产井，包括 1 口水平井和 58 口定向井。2009 年气田开始见水，见水时水气比为 $0.15m^3/10^4m^3$，见水后气田的水气比一直处于上升状态，2014 年气田最高日产水 $600m^3/d$，水气比 $2.6m^3/10^4m^3$，投产后实际开发井产水量较钻前预测增大了 10 倍，采收率由原来设计的 80%降低至目前的 61%。

以上两个气田的情况不是个例，通过大量调研边底水气田的资料发现，钻前预测的产水量绝大多数偏乐观，气田实际生产中的数模历史拟合需要通过改变非均质性等一些方法才能拟合上水气比。因此数值模拟技术在气藏产水模拟方面存在一定的缺陷，这是导致国内外很多气田实际生产的水气比高于钻前预测水气比的另一个原因。

4.2　产水预测

为了预测相对合理的产水量，综合考虑水体大小、隔夹层展布、气层厚度、开发井距边水的距离以及开发井距底水的避射高度等影响产水的各方面因素，筛选出所在海域Y气田、国外深水S气田水气比上升曲线分别作为L气田的类比基础。

通过进一步分析，L气田开发井距离内边界的距离(大于800m)大于Y气田开发井距离内边界的距离(200m~400m左右)，同时开发井均避射1/2~2/3，预测L气田边水区块见水风险较Y气田小；如表3所示，L气田采气速度3%小于S气田的采气速度(大于5.5%)，同时L气田井型均为水平井，预测L气田底水区块见水风险较S气田小；

表3　L气田底水区块与S气田情况对比表

气藏参数	S气田	L气田底水区块
水深/m	1400	1550
气层厚度/m	35	30
驱动类型	底水驱	底水驱
水体倍数/m	弱水驱	<5
地层压力/MPa	25	39
井口压力/MPa	4.8	5.5
开发井型	定向井	水平井
采气速度/%	>5	3
稳产期/%		13
采出程度/%	60	63
递减率/%	20	20

基于以上考虑，选择数模产水量作为产水乐观方案。

气田目前数值模拟预测的产水量主要来自见水风险相对较大的Ⅲ$_2$类气藏的3口生产井，其他井基本不产地层水，只产凝析水。

产水推荐方案按以下原则类比：

Ⅰ类(弹性驱气藏)：水气比按照凝析水考虑；

Ⅱ类(边水驱气藏)：分析认为L气田边水区块见水风险较Y气田小，故水气比按照Y气田水气比的50%考虑；

Ⅲ$_1$类(风险相对较小的底水气藏)：分析认为L气田底水区块见水风险较S气田小，故水气比按照S气田水气比的50%考虑；

Ⅲ$_2$类(风险相对较大的底水气藏)：在数模产水量的基础上，考虑增加一定的水量(增加的水气比按照S气田的水气比的50%考虑)。

产水风险方案类比原则和产水推荐方案类似，区别在于类比时按所类比气田水气比的100%考虑。

按照以上目标在数模中进行了产水预测。L气田推荐方案、风险及乐观方案产水预测结果见图17，产水风险方案气田最高水气比为3.2方/万方，最高日产水为1735方/天；产水推荐方案气田最高水气比2.6方/万方，最高日产水1196方/天；产水乐观方案气田最高水气比0.8方/万方，最高日产水580方/天。

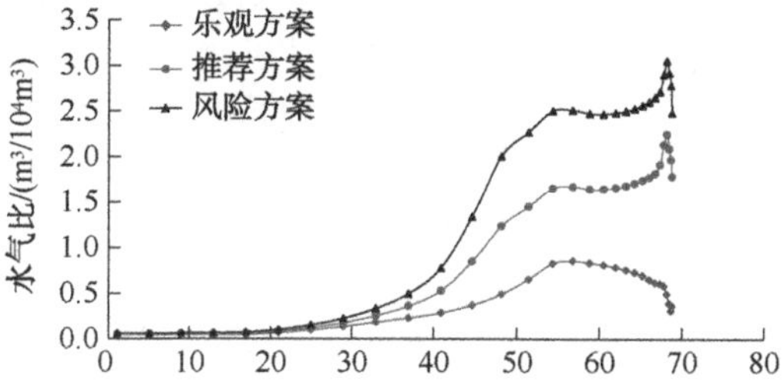

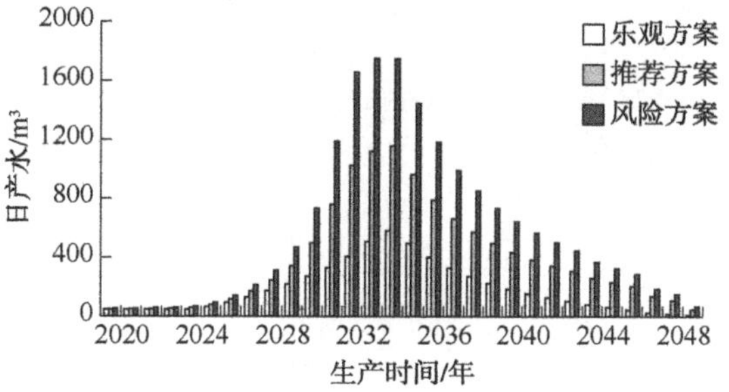

图17　L气田推荐方案、风险及乐观方案产水预测对比图

5　结论

(1) 远离探井控制的远井区域构造和储存厚度存在一定不确定性，从而对累产气和产水量产生较大的影响；平面非均质性及隔夹层展布的不确定性也可能引起气井实际生产产水量高于目前预测值。因此钻后变化导致很多气田实际生产水气比与钻前预测不相符。

(2) 数值模拟技术在气藏产水模拟方面存在一定的缺陷，这是导致国内外很多气田实际生产的水气比高于钻前预测水气比的另一个原因。

(3) 考虑以上不确定性因素引起产水量增大的风险以及数值模拟技术在气藏产水模拟方面的缺陷，通过类比相似在生产气田的产水特征进行了产水预测，从而降低了气田开发风险。

参考文献

[1] 王雯娟，成涛，欧阳铁兵，等. 崖城13-1气田中后

期高效开发难点及对策[J]. 天然气工业，2011，31(8)：22-24.

[2] 周耐强，朱国金，张茂林，等. 荔湾 3-1 气田开发数值模拟研究[J]. 西南石油大学学报(自然科学版)，2010，32(6)：84-89.

[3] 张数球，李晓波. 四川地区水驱气藏开发探讨[J]. 中外能源，2009，14(4)：43-47.

[4] 生如岩，冯其红. 有限底水驱气藏气水均衡同采的实例评价[J]. 天然气工业，2011，31(2)63-65.

[5] 郑舰. 胜利油区三合村浅层气藏合理产能和射开程度研究[J]. 油气地质与采收率，2005，12(3)：51-53.

[6] 谢林峰，李相方. 底水气藏水锥高度与形状计算新方法[J]. 天然气工业，2004，(4).

[7] 张勇，杜志敏，郭肖，等. 底水凝析气藏薄油环开采数值模拟方法研究[J]. 石油学报，2009，30(1)：88-91.

[8] 刘华勋，任东，高树生等. 边、底水气藏水侵机理与开发对策[J]. 天然气工业，2015，35(2)：47-53.

[9] 邓勇，李列，柴继堂，等. 琼东南盆地深水区地震资料品质影响因素探析[J]. 中国海上油气，2010，22(6)：382-386.

[10] 孙立春，郭丽娜，何娟，等. 地质建模中基于响应面代理的不确定性研究[J]. 西南石油大学学报(自然科学版)，2014，36(1)：65-73.

[11] 生如岩，马瑞国. 影响砂岩底水气藏开发动态的因素研究[J]. 海洋石油，2005，24(4)：61-66.

地质工程一体化研究在茅口组超深层碳酸盐岩酸压改造中的应用

杨　苗　王瀚成　贾宇成　李金穗　何婷婷　胡秋筠

（中国石油西南油气田公司）

摘　要　针对四川地区茅口组岩性多样，储层低孔、基质低渗，难于开展有效储层改造的问题，本文基于地质工程一体化研究，利用钻录测、三维地震等资料，精细建立构造模型，在构造模型基础上开展优质储层展布刻画，利用成像测井资料及地震资料表征井周天然裂缝分布特征，通过地质模型与有限元地质力学模型耦合，分析具有改造潜力的天然裂缝的特征，并对酸压改造参数进行针对性优化。结果表明，一体化酸压设计能有效对储层进行针对性改造，提高储层动用程度，增产效果明显。

关键词　三维地质建模；三维天然裂缝建模；有限元模拟；天然裂缝开启性；针对性改造

1　地质背景

JT1井位于华四川盆地川东高陡构造带九岭场潜伏构造。其长兴组、飞仙关组礁滩气藏的生油层主要来自下伏二叠系富含有机质的碳酸盐岩、泥质岩和煤，烃源层条件好；石炭系气藏生油层为下伏的志留系，储气层为石炭系溶蚀孔(洞)型云岩，储层紧邻于烃源层之上，成藏条件较优越；茅口组具有滩溶共存、多储集类型、双源(茅口组、志留系)供烃，在印支期受开江古隆起影响，油气成藏期为高部位，有利油气聚集；邻区龙会场地区石炭系、茅口组、长兴组、飞仙关组均获得产气，证实区域上具备优良的成藏条件。如图1所示。

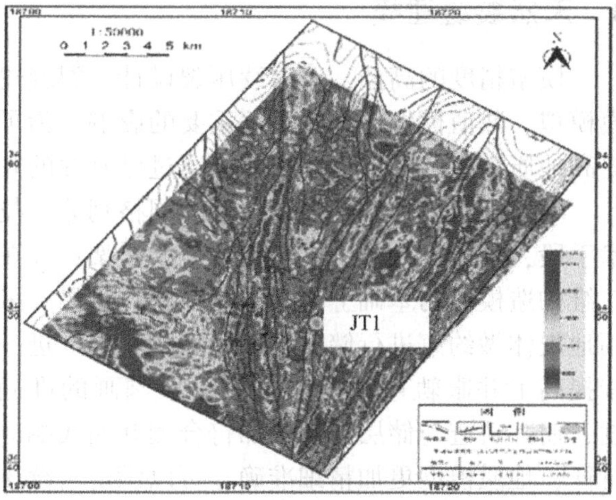

图1　JT1井区下二叠底构造图+石炭系均方根振幅属性

2　一体化建模

目前常用的建模方法有确定性建模、随机建模等方法。对于能够确定的参数，优先采用确定性建模的方法；对于影响因素多的参数，考虑用确定性建模与随机建模相结合的方法进行模拟。特别是采用随机建模时，井间多用反演数据体进行约束，进而来减少模型的不确定性，提高三维地质模型的精度。本次建立JT1井地质模型主要采用确定性建模和随机建模相结合的方法，充分利用测井数据具有较高垂向分辨率的特点，同时将地震数据作为第二变量参与到地质模型的模拟运算中，在有井分布区域以井数据为基础，同时参考地震反演信息，在无井区域主要参考地震反演信息进行模拟运算，这样既充分运用了井资料又克服了因钻井密度低构造、储层难以控制的问题，使建立的地质模型更加可信。

2.1　三维构造建模

基于复杂构造建模技术流程，以单井地质分层数据为基础，结合气藏发育特点、构造背景下的地层厚度变化及各小层之间的接触关系，采用合理的网格划分及建模方法，建立高精度的三维构造模型，并应用三维地震数据体及钻井资料对构造模型进行检查和质量控制。如图2、图3所示。

在JT1井测录试及测井、地震基础资料上，精细建立吴家坪组、茅口组三维地质模型。

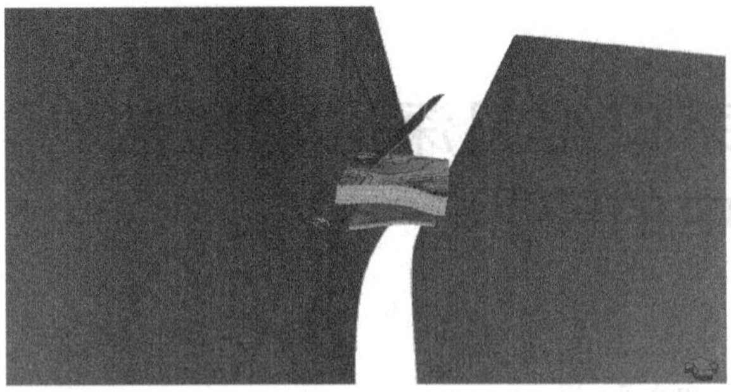

图2　JT1井茅口组三维构造模型

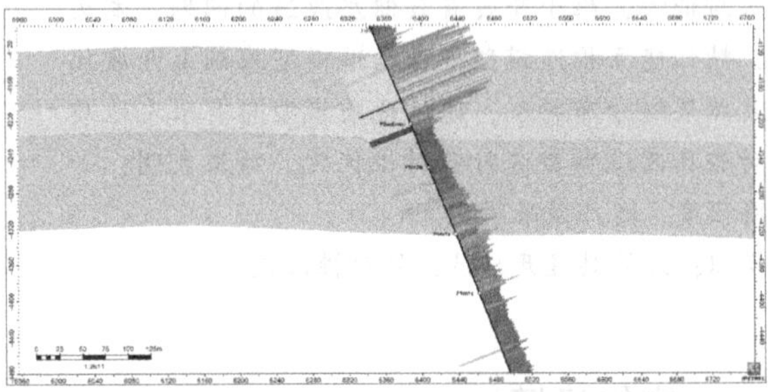

图3　JT1井茅口组纵向模型剖面

模型参数：吴家坪组～茅口组，模型面积6.5km²，总网格数3750602个。

静态参数：茅二段孔隙度范围3.03%～3.23%、含水饱和度平均24%、渗透率平均0.176mD；与测井解释结果一致。

2.2　三维地质属性模型

储层三维建模的最终目的是建立能够反映储层物性(孔、渗、饱、含气性等)空间分布的参数模型。由于储层物性分布的非均质性与各向异性，用少数观测点进行空间数学算法计算的确定性建模，难以反映储层物性的空间变化，因此，应用地质统计学和相控随机模拟方法，是定量描述储层物性空间分布的最佳选择。

三维属性建模采用相控条件下的序贯高斯(SGS)模拟算法，建立孔隙度、渗透率、饱和度和脆性指数等模型。本次建模中，储层物性模型的建立是在构造模型的约束控制下，充分利用测井数据具有较高垂向分辨率的特点，优选地质统计学中适用于连续变量模拟的序贯高斯模拟算法，运用变差函数作为控制手段进行模型的建立。

孔隙度模型：在反演数据体的约束控制下，以测井解释的孔隙度为硬数据，进行孔隙度的模拟计算。

渗透率模型：根据测井解释的渗透率成果，采用序贯高斯模拟方法，以孔隙度模型作为第二变量协同模拟。

脆性指数等模型：根据单井测井解释结果，在构造模型的约束控制下，以孔隙度模型作为第二变量协同模拟。如图4、图5、表1所示。

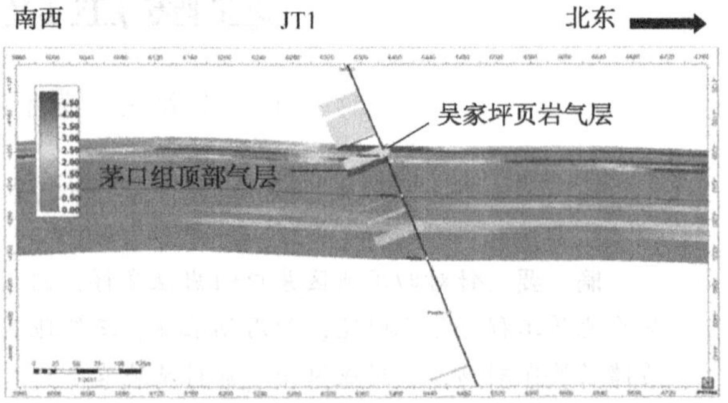

图4　过JT1井南西-北东向孔隙度剖面

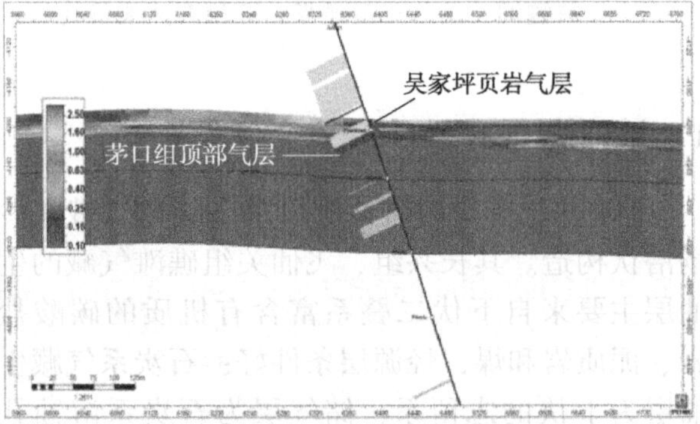

图5　过JT1井南西-北东向渗透率剖面

表1　JT1井物性参数与测井解释对比表

(统计茅口组平均值)

数据来源	孔隙度/%	渗透率/mD
测井解释	3.3	0.22
地质建模	2.65	0.21

3　天然裂缝建模

模型精度的高低，对后续压裂设计、裂缝建模模拟、数值模拟等有着至关重要的影响。为了提高地质模型的精度，本次建模通过已有井的井孔、增加虚拟井控制信息、合理的网格划分等技术手段，构建复杂的三维精细的地层格架；并在三维构造模型的基础上，基于测井解释结果，采用地震体做约束进行储层属性模型的建立。进一步提高了井眼轨迹与地层空间关系刻画的准确度，使井轨迹与储层关系更加符合测井曲线响应特征，地质模型更加精细准确，可以满足后续压裂设计、裂缝建模模拟、数值模拟等研究工作的要求。

裂缝既可提供聚集空间，也可为生产提供运移通道；裂缝识别特征及成因机制各不相同，裂缝的存在某种程度上提高了水力压裂效应的有效性，从而极大改善储层的渗流能力。同时，裂缝的存在也具有两面性。当井的裂缝钻遇程度较高时甚至沟通断层，在压裂时也有可能会造成滤失大，加砂困难等工程问题。

研究区裂缝研究分两步来完成：单井裂缝识别描述、叠后地震属性裂缝预测、裂缝分布规律研究及与构造断层的关系分析。具体研究思路为：①通过成像测井识别和解释出井上裂缝，总结井上裂缝发育情况及裂缝产状、发育程度、发育深度、分类等；②结合构造、断层和裂缝的关系特征，分析裂缝的分布规律。

3.1 单井裂缝识别与特征分析

裂缝是指岩石受力发生破裂作用而形成的不连续面，其长度从几厘米到数公里不等，通常容易在岩心描述数据中获得厘米级的裂缝数据，在地震断层数据中获得公里级的裂缝数据，在露头数据中获得米级、十米级的裂缝数据。

实际工作中，对裂缝的识别和描述难度相对较大，成像测井和岩心观察是对裂缝解释最准确的方法。FMI 成像测井是目前分辨率最高、能够对储层的裂缝发育情况进行定性和半定量的解释。FMI 图像解释与岩心描述有很多相似之处，可以直观地反映微沉积构造、成岩现象、岩相变化、裂缝、孔、洞等。FMI 成像测井为井壁描述，井壁上的诱导缝及破损也反映了地应力的分布情况，而层理及裂缝的定向数据也是岩心上很难得到的。本项目主要采用成像测井资料对井上裂缝进行识别和描述。

本井在茅口组顶部储层测井解释物性较好，电成像资料见溶蚀孔洞发育，远探测声波和三维远场声波均可见缝、洞反射体，预计含气性较好。如图 6 所示。

3.2 三维天然裂缝模型

裂缝的物理属性复杂和横向、纵向变化大，因此单靠测井数据得到的裂缝方向和密度等的结果难以横向外推。地震资料中含有裂缝信息，且具有横向连续性上的优势，因此地震方法是裂缝识别和预测的重要手段。如图 7 所示。

通过天然裂缝建模结果显示：平面上，天然裂缝主要发育北东向为主，黄龙组东侧靠近 H5 断层处天然裂缝比较发育。如图 8、图 9 所示。

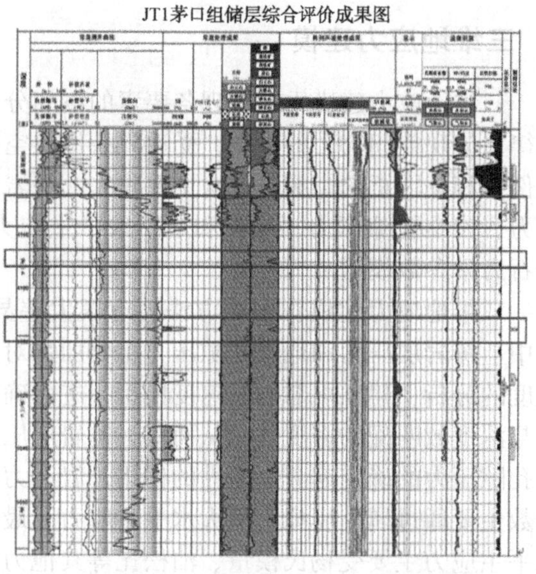

图 6　JT1 井茅二段测井综合解释图

图 7　JT1 井茅口组天然裂缝模拟

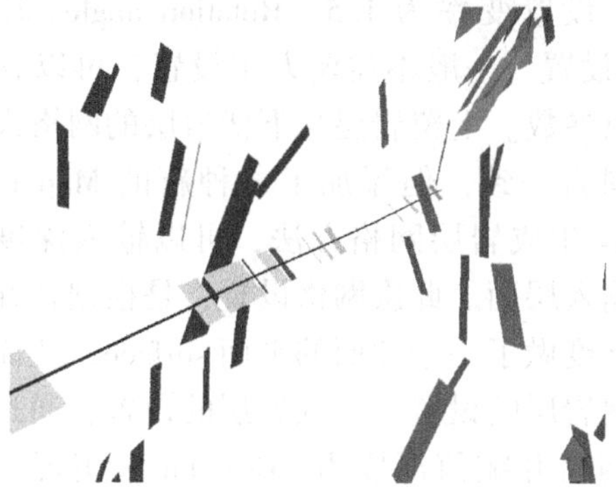

图 8　茅口组 4947~4955 气层天然裂缝分布图

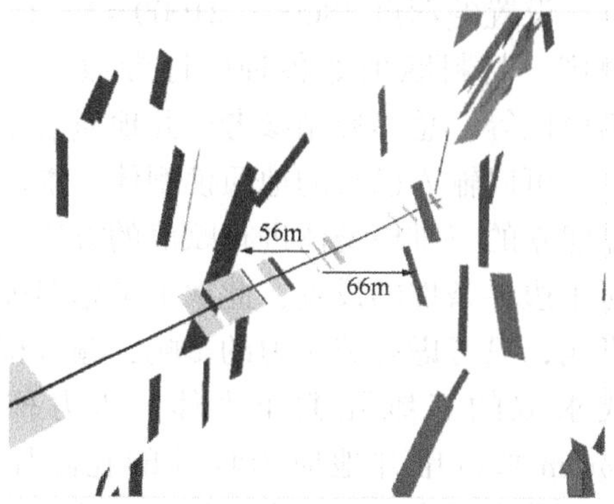

图 9　茅口组 4967-4972、4994-5000 气层天然裂缝分布图

4　三维地应力建模

三维地应力建模重在展现各要素的空间分布规律，体现空间上力的平衡，受边界条件及空间条件等相关因素的影响。此次主要建立上覆岩层压力、三维孔隙压力、最大和最小水平主应力、岩石力学参数模型。

三维地应力建模在预测方法上有很大差异，其中上覆岩层压力和地层孔隙压力主要加强对层速度的分析，建立可靠的层速度模型，进而确定出与深度域匹配的密度体，从而对上覆岩层压力及孔隙压力的确定起着决定性的作用。岩石力学参数主要通过属性模拟，最大水平主应力及最小水平主应力主要受杨氏模量、泊松比等其他力学参数的影响，通过整体应力网格模拟来实现。

本次应力模拟，通过多次模拟试验，最多只能支持500多万左右的网格，所以对地质模型进行了粗化处理，从而达到应力模型网格的要求。其次是围岩网格的建立，对应整个应力网格一般要求是尽量成一个正方体或者长方体。对于I方向的网格、J方向的网格根据工区外扩1.25倍的距离。Variation(变率)的设置，主要选取了几何变化的方法来设置，这种设置方式更符合力的传播，设置变率为1.5。Rotation angle(旋转角度)的设置，一般不需要人工设置，可以软件自动获取参数。上覆岩层与下伏岩层的网格设置方法与围岩一致，但添加了一种新的Map horizon controls生成岩层网格方法，可以输入深度，也可以输入层面。此次网格设置，是根据各井口的海拔高度做了一个地面的平面surface，从而完成了上覆岩层的设置。下伏岩层的设置，通过增加一个网格并赋值深度为-18000m来实现；深度要根据整体网格满足1∶1-1∶2网格体的原则来求取，设置的深度18000∶21000=1∶1.17符合此原则。材料赋值如各种弹性参数、杨氏模量、泊松比等，总体遵循参考单井地质力学参数数据，也可以输入已有的地质模型体，本次采用对已经建立的三维模型体进行赋值的方法。

对于边界条件的设置，此次不考虑温度对压力的影响，只考虑孔隙压力的影响，输入根据伊顿公式求取的三维孔隙压力体，压力梯度值0.22bar/m来自单井地应力计算的孔隙压力梯度。对于最小最大应力的变化量来自地应力试验数据分析结果，取值为0.000015及-0.00082。

4.1　三维最小水平主应力建模

对于压裂工程来讲，最小水平主应力可以分析储隔层应力差异，同时也可以结合主压裂模拟，定量分析压裂缝扩展形态。最小水平主应力计算通常包括测井公式法和有效应力比值法两种方法，测井公式法能够反映储隔层应力差异，但是受到测井井段的限制，对测井数据具有较高的依赖性；有效应力比值法不受井段限制，只要有个别可靠的应力点就可以拟合全井段的应力，但是计算结果难以反映储隔层应力差异特征。本次最小主应力三维模拟，采用的是测井公式法，考虑边界条件最小水平主应力的应变量(0.000015)及最大水平主应力的应变量(-0.000085)，在三维应力模拟时考虑孔隙度、单轴抗压强度UCS、单轴抗拉强度BRIT等因素的影响。

测井公式法：

$$S_{h\min}=\frac{\nu}{1-\nu}S_{v}+\frac{1-2\nu}{1-\nu}\alpha P_{p}+\frac{E}{1-\nu^{2}}\varepsilon_{x}+\frac{\nu E}{1-\nu^{2}}\varepsilon_{y}$$

式中，S_v为上覆岩层压力，Pa；P_p为孔隙压力，Pa；E为弹性模量，Pa；V为泊松比，无量纲；α为BIOT系数，经验取值0.7。

根据模拟结果显示，平面上，地应力及岩石力学参数分布非均质性强；剖面上，灯四段最小主应力存在纵向应力差3~5MPa左右。

地应力：最小水平主应力92~106MPa，井周平均104MPa左右。

岩石力学：杨氏模量平均45~65GPa、泊松比平均0.32。

如图10、图11所示。

4.2　三维岩石力学参数建模

地层岩石的力学性质是储层改造研究的重要基础之一，岩石强度、泊松比、摩擦系数、多孔弹性系数等力学参数，因岩石类别、矿物成分、压实程度、胶结程度等不同而具有较大的变化。

采用成熟的地层岩石力学参数的计算技术，通过对常规测井资料的分析，快速计算地层的岩石力学参数并用岩心实验数据进行校验。本项目计算岩石力学参数是基于岩石力学参数与有效孔隙度、声波时差、弹性模量及岩性的相关统计关系，将该统计关系简化成某个或几个相关变量的函数表达式，再将该函数表达式运用到测井曲线分析中，从而得到对应测井响应的岩石力学参数，同时用实验数据点进行标定。室内试验数据相对准确，但是试验数据离散，为分析纵向连续的岩石力学参数分布规律，研究选取测井方法建立剖面，并以岩心试验数据对其进行校正的方法对比与优选，确定了计算大探1井的力学参数计算模型，研究区主要目标层位灯影组岩石力学参数计算模型选取如下：

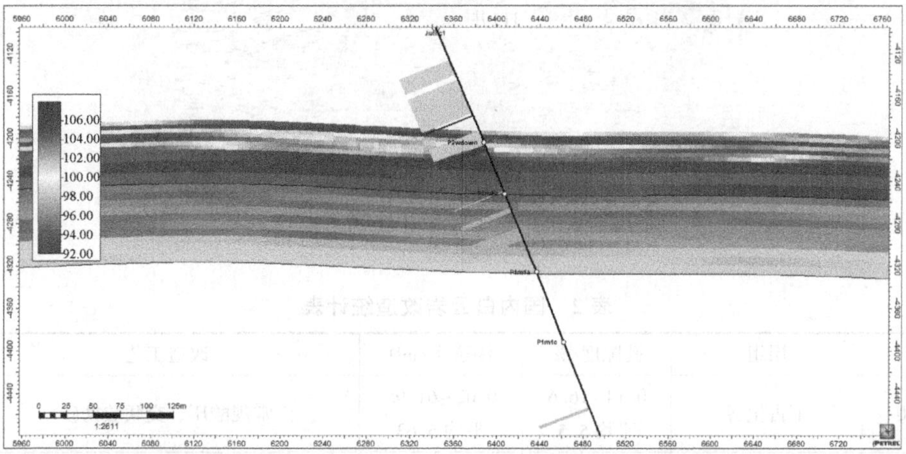

图10　过JT1井南西-北东向最小水平主应力剖面

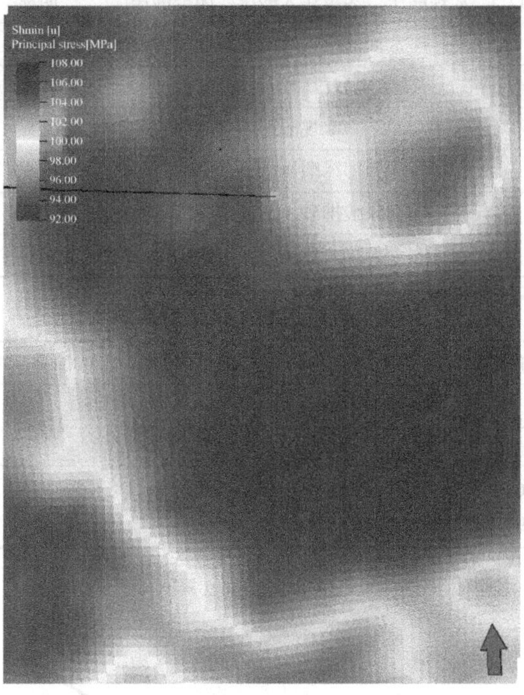

图11　茅口组顶部气层最小水平主应力平面图

单轴抗压强度：$UCS=72\times V_p^3$

动态弹性模量：$E_{dyn}=\rho V_s^2(3V_p^2-4V_s^2)/(V_p^2-V_s^2)$；

静态弹性模量：$E_{sta}=0.7\times E_{dyn}$；

泊松比：$\upsilon=(V_p^2-2V_s^2)/2(V_p^2-V_s^2)$；

脆性指数：$[(E-E_{min})/(E_{max}-E_{min})\times100\%+(\upsilon-\upsilon_{max})/(\upsilon_{min}-\upsilon_{max})\times100\%]/2$

式中，V_p，V_s 分别代表测井纵横波速度，km/s；E 为杨氏模量，GPa；υ 为泊松比，无单位。

如图12所示。

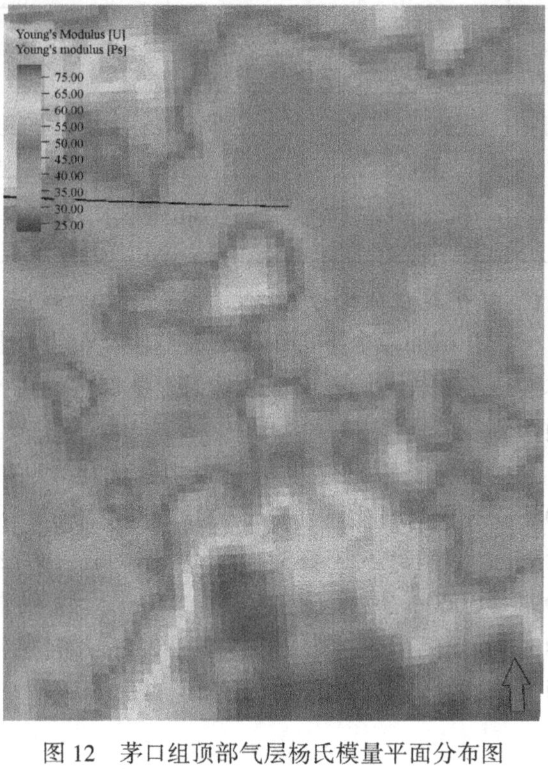

图12　茅口组顶部气层杨氏模量平面分布图

4.3　应力方向模拟

平面上应力以近东西向为主，茅口组井周最大主应力以东西向为主。如图13所示。

5　酸压模拟与优化分析

国内外多个油田均见有白云岩改造实例，主体改造工艺多为酸压及交联酸携砂工艺，以获得高导流能力酸蚀裂缝，改造后增产效果明显。如表2所示。

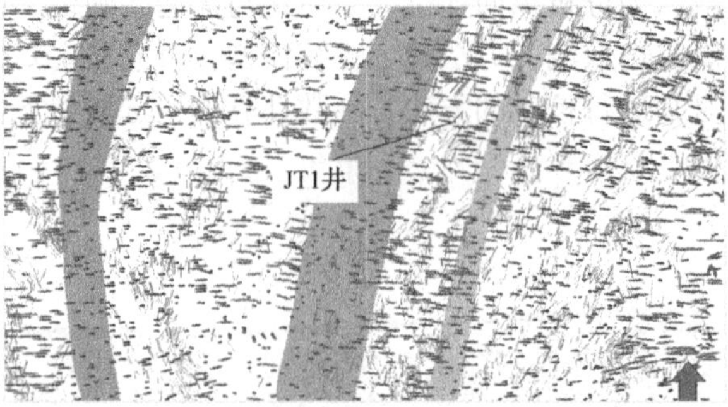

图 13　茅口组最大水平主应力方向模拟

表 2　国内白云岩改造统计表

序号	油田	层组	孔隙度/%	渗透率/mD	改造工艺	效果
1	靖边气田	下古生界	0.14~16.6 平均 5.5	0.02~61.95 平均 5.63	常规酸压、交联酸携砂	明显
2	大牛地气田	下古生界	3.42~6.97	0.193~1.184	多级注入酸压、多级注入加砂酸压	明显
3	川东北气田	长兴组、飞仙关组	0.24~13.06	0.001~460.42	常规酸压、多级注入酸压、闭合酸压	明显
4	磨溪油田	寒武系白云岩	2.1~12.1	0.006~108.1	常规酸压、转向酸酸压	明显
5	胜利油田	奥陶系~寒武系	/	0.27	常规酸压、闭合酸压	明显
6	玉门青西油田	白垩下沟组	2.28~4.49	10.4~47.4	常规酸压	明显
7	苏里格气田	马五段	2.9	0.158	酸压	明显
8	辽河油田	沙四段	1.5~19.7	/	交联酸携砂、加砂压裂	不明显
9	塔里木油田	寒武系	3.6~18.3	/	酸压	明显

5.1　酸化规模优化方案

结合试油段上下部距天然裂缝距离，设计整体酸压半缝长 80m，确保改造后上下储层均可沟通两侧裂缝

根据缝长设计结果进行模拟，优化 4947~4955m 规模为自生酸 100m³，胶凝酸 220m³，压后酸蚀半缝长 76.3~83.1m；优化 4967~4972、4994~5000m 规模为自生酸 140m³，胶凝酸 280m³，压后酸蚀半缝长 75.2~82.2m，满足沟通天然裂缝需求。如表 3、图 14、图 15 所示。

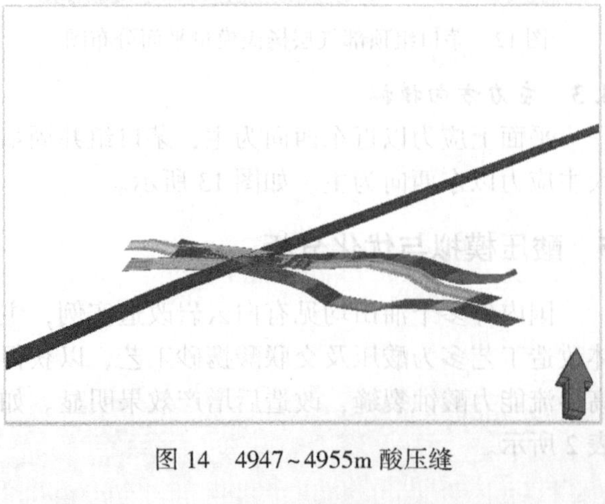

图 14　4947~4955m 酸压缝

表 3　灯影组酸液优化参数表

试油井段/m	酸化规模/m³	酸蚀半缝长/m	酸蚀缝高/m
4947~4955	胶凝酸 200m³ 自生酸 100m³	76.31~83.14	12.16
4967-4972 4994-5000	胶凝酸 280m³ 自生酸 140m³	75.22~82.15	13.52~18.08

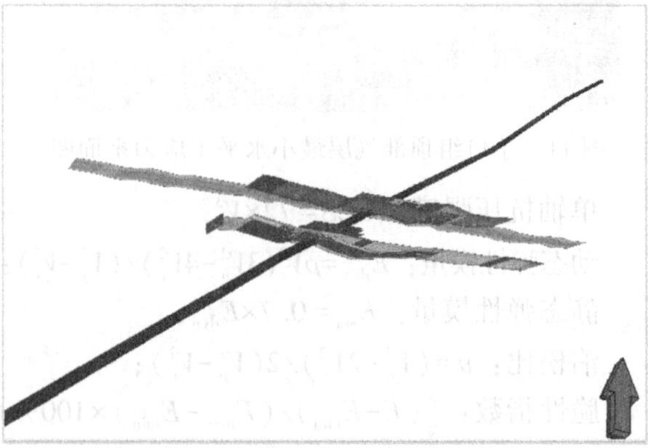

图 15　4967-4972、4994-5000m 酸压缝

6　结论

地质工程一体化的一个重要理念，就是把一

体化研究成果，即使和充分应用到实际施工中。在理解不确定和局限性基础上，即使是早期的或初步的研究成果，都具有较强的应用价值。通过JT1井地质工程一体化研究与应用可知，茅口组的地质工程特点，决定了地质力学是地质工程一体化承上启下的关键技术环节。

JT1井茅口组测试获得日产17.08万方，证明了地质工程一体化研究，能够科学的、合理的指导储层改造的参数与方案优化。

在今后的地质工程一体化实践中，应从两方面进一步升华地质工程一体化的应用。一是在平台尺度，加强地质力学、压裂动态和气藏动态三者耦合的相互作用研究，综合考虑短期和中长期地质力学动态变化规律。二是在单井尺度，加强地质力学与材料力学、压裂动态在压裂施工过程中、压裂后生产过程中的耦合研究，对中长期套变和井周破坏进行评估与预测，优化今后的套管方案及压裂工艺等。

参 考 文 献

[1] 吴奇，梁兴，鲜成钢等，地质工程一体化高效开发中国南方海相页岩气[J]。中国石油勘探，2015，20(4)：1-23.

[2] Al-Hussainy R, Ramey Jr H J. Application of real gas flow theory to well testing and deliverability forecasting [J]. Journal of Petroleum Technology, 1966, 18(05): 637-642.

[3] 李勇，李保柱，胡永乐等．塔中Ⅰ号碳酸盐岩凝析气藏单井产能变化规律[J]．天然气工业，2008(10)：87-89+145.

[4] 李晓平，赵必荣．气水两相流井产能分析方法研究[J]．油气井测试，2001(04)：8-10+74.

[5] 李元生，李相方，藤赛男等．低渗透气藏产水气井两相产能方程研究[J]．特种油气藏，2014，21(04)：97-100+155.

[6] 郭小哲，刘学锋．产水气井产能方程修正新方法研究[J]．油气井测试，2015，24(04)：11-13+75.

[7] 李跃刚，肖峰，徐文等．基于气水相对渗透率曲线的产水气井开采效果评价——以苏里格气田致密砂岩气藏为例[J]．天然气工业，2015，35(12)：27-34.

[8] 周克明，李宁，张清秀等．气水两相渗流及封闭气的形成机理实验研究[J]．天然气工业，2002(S1)：122-125+1.

[9] 谢林峰，李相方．底水气藏水锥高度与形状计算新方法[J]．天然气工业，2004(04)：54-56+8.

[10] 彭小龙，杜志敏．大裂缝底水气藏渗流模型及数值模拟[J]．天然气工业，2004(11)：116-119+25.

[11] 吴建发，郭建春，赵金洲．裂缝性地层气水两相渗流机理研究[J]．天然气工业，2004(11)：85-87+21.

[12] 何晓东，邹绍林，卢晓敏．边水气藏水侵特征识别及机理初探[J]．天然气工业，2006(03)：87-89+167.

[13] 杨荣奎，吕涛，吕劲．底水气藏打开不完善井二项式产能公式[J]．天然气工业，2006(08)：96-98+169-170.

[14] 王会强，李晓平，杨琪等．底水气藏见水时间预测方法[J]．新疆石油地质，2007(01)：92-93.

[15] 程开河，江同文，王新裕等．和田河气田奥陶系底水气藏水侵机理研究[J]．天然气工业，2007(03)：108-110+159.

[16] 陈小刚．裂缝孔洞型底水气藏合理开发技术研究[D]．重庆大学，2009.

[17] 熊钰，杨水清，乐宏等．裂缝型底水气藏水侵动态分析方法[J]．天然气工业，2010，30(01)：61-64+142.

[18] 李凤颖，伊向艺，卢渊等．异常高压有水气藏水侵特征[J]．特种油气藏，2011，18(05)：89-92+140.

[19] 吴克柳，李相方，韩易龙等．底水气藏水平井临界生产压差变化规律[J]．新疆石油地质，2011，32(06)：630-633.

[20] 樊怀才，钟兵，李晓平等．裂缝型产水气藏水侵机理研究[J]．天然气地球科学，2012，23(06)：1179-1184.

[21] 李隆新，吴锋，张烈辉等．缝洞型底水油藏油井见水及含水规律实验研究[J]．西南石油大学学报(自然科学版)，2013，35(02)：127-134.

[22] 黄小荷，朱维耀，岳明等．基于分形几何的裂缝型底水气藏产能模型[J]．东北石油大学学报，2013，37(06)：86-93+10.

[23] 沈伟军，李熙喆，刘晓华等．裂缝性气藏水侵机理物理模拟[J]．中南大学学报(自然科学版)，2014，45(09)：3283-3287.

[24] 樊怀才，钟兵，邓惠等．三重介质底水气藏压裂水平井非稳态产能变化规律研究[J]．天然气地球科学，2014，25(11)：1861-1867.

[25] 赵智强．MX区块缝洞型气藏应力敏感及水侵机理研究[D]．西南石油大学，2015.

[26] 樊怀才，钟兵，刘义成等．三重介质底水气藏非稳态水侵规律研究[J]．天然气地球科学，2015，26(03)：556-563.

[27] 刘华勋，任东，高树生等．边、底水气藏水侵机理

与开发对策[J]．天然气工业，2015，35(02)：47-53.

[28] Cipolla C L, Warpinski N R, Mayerhofer M J, et al. The relationship between fracture complexity, reservoir properties, and fracture treatment design[C]//SPE Annual Technical Conference and Exhibition. SPE, 2008: SPE-115769-MS.

[29] 李廷礼，李春兰，吴英等．低渗透油藏压裂水平井产能计算新方法[J]．中国石油大学学报(自然科学版)，2006(02)：48-52.

[30] 曲占庆，张琪，吴志民等．水平井压裂产能电模拟实验研究[J]．油气地质与采收率，2006(03)：53-55+107.

[31] 曾凡辉，郭建春，赵金洲等．水平井分级压裂优化设计软件研制及应用[J]．石油地质与工程，2008(01)：78-81.

[32] 王晓泉，张守良，吴奇等．水平井分段压裂多段裂缝产能影响因素分析[J]．石油钻采工艺，2009，31(01)：73-76.

[33] 孙良田，孙宜建，黄志文等．低渗透油气藏水平井压裂优化设计[J]．西安石油大学学报(自然科学版)，2009，24(03)：45-48+111.

[34] 张广清，赵文，李志文等．基于裂缝形态和产能的水平井分段压裂优化研究[J]．科学技术与工程，2012，12(02)：296-299+312.

[35] 田冷，何永宏，王石头等．超低渗透油藏水平井参数正交试验设计与分析[J]．石油天然气学报，2012，34(07)：106-108+8.

[36] 郭建春，路千里，曾凡辉．楔形裂缝压裂井产量预测模型[J]．石油学报，2013，34(02)：346-352.

[37] 杨正明，张仲宏，刘学伟等．低渗/致密油藏分段压裂水平井渗流特征的物理模拟及数值模拟[J]．石油学报，2014，35(01)：85-92.

[38] 赵金洲，李志强，胡永全等．考虑页岩储层微观渗流的压裂产能数值模拟[J]．天然气工业，2015，35(06)：53-58.

[39] 李忠兴，赵继勇，屈雪峰等．超低渗致密砂岩油藏水平井井网优化研究——以西峰油田长8油藏为例[J]．西北大学学报(自然科学版)，2015，45(05)：787-794.

四川盆地寒武系筇竹寺组页岩气水平井储层改造技术

邓　琪[1,2]　宋　毅[1,2]　郭兴午[1,2]　王颂夏[1,2]

(1. 中国石油西南油气田公司页岩气研究院；2. 页岩气评价与开采四川省重点实验室)

摘　要　四川盆地及其周缘寒武系筇竹寺组页岩气资源丰富，受地层埋藏深度大、地质条件复杂、地层应力高、水平应力差值大、施工压力高、加砂困难等影响，多口水平井储层改造实现商业性规模开发尚未突破。本文通过剖析筇竹寺组页岩储层地质工程特征及蕴含的压裂改造难点，针对性定制了筇竹寺组页岩气水平井储层改造的主体思路及技术对策，并在德阳-安岳裂陷槽中心超深层(大于4500m)页岩气井进行了现场应用。研究结果表明：①筇竹寺组早期气井施工强度较低，形成的裂缝改造体积小、裂缝形态简单、气井导流能力低；②针对优质储层厚、基质渗透率低、垂向/水平应力差值大、高角度天然裂缝发育、层理缝弱发育的储层特点，明确了"陀螺体"裂缝形态最适宜于该储层；③所形成的"加密布缝匹配渗透率、暂堵转向保证簇效率"工艺大幅提高水力裂缝密度，"前置高黏扩缝高、增大液量促缝长"工艺有效保障储层改造体积、"多粒径支撑剂组合、中高黏度连续加砂"工艺显著提升气井导流能力。试验井综合集成工艺应用获 73.88×10⁴m³/d 的测试产量，较早期实施井提升3~5倍。结论认为，所形成的储层改造技术适用于筇竹寺组超深层页岩气储层的压裂改造作业，可以为同类型页岩气水平井的压裂施工提供借鉴。

关键词　筇竹寺组；四川盆地；页岩气；压裂改造技术；压裂实践

四川盆地及周缘地区主要发育大安寨段、须家河组、龙潭组、龙马溪组、筇竹寺组、陡山沱组6套富有机质页岩层系，其中志留系龙马溪组和寒武系筇竹寺组是最具勘探潜力的两套海相页岩气层系。历经二十余年探索实践，中国已经在四川盆地及周缘奥陶系五峰组~志留系龙马溪组海相页岩气获得了商业突破和规模效益开发，2022年产量突破 $240\times10^8m^3$[4-7]。2010年以来四川盆地筇竹寺组共钻井10余口，仅在威远~犍为地区的4口井获工业性气流，测试产量 0.23×10^4~$8.60\times10^4m^3/d$，拉开了筇竹寺组页岩气开发的序幕，但因该层系页岩储层埋藏深度大、地质条件复杂、地层应力高、应力差大、施工压力高、加砂困难等，导致难以建立有效排量形成复杂缝网，无法实现高强度改造保证裂缝改造体积与导流能力。为此，笔者对比分析了四川盆地筇竹寺组和龙马溪组海相页岩气储层的储层特征，梳理了筇竹寺组页岩储层压裂改造难点，制定了储层改造的主体思路及技术对策，明确了关键技术参数，并在德阳~安岳裂陷槽中心资阳地区探井进行应用，取得显著的增产效果。该研究成果可以为四川盆地寒武系筇竹寺组页岩气藏的储层改造提供有益借鉴。如图1所示。

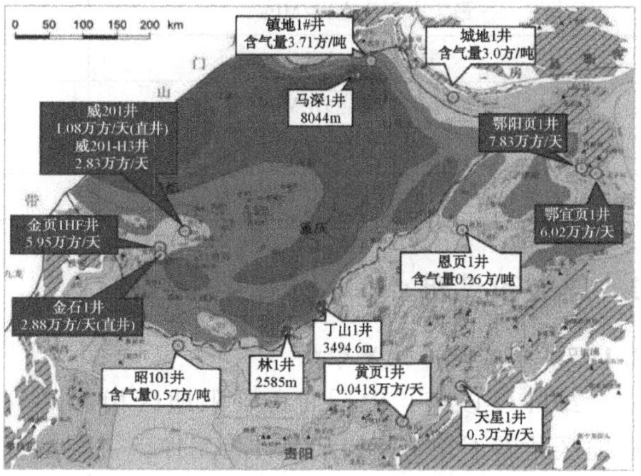

图1　2010~2022年四川盆地及周缘筇竹寺组勘探形式图

1　筇竹寺组储层特征

资阳地区位于四川盆地德阳~安岳裂陷槽深水陆棚沉积中心，该区域筇竹寺组储层相对于龙马溪组区内断层数量少、规模小，以Ⅳ级断层为主。其中，Z201井区筇竹寺组目的层埋深4100~5050m，地层厚度500~700m，根据储集层物性特征，将筇竹寺组由下至上共划分为8个小层。其中，筇一$_2$压段5小层页岩层段储层参数最优，如表1所示，Ⅰ+Ⅱ类储层厚度25~43m，

TOC介于2.0%~2.3%、孔隙度介于3.5%~4.6%、含气量介于4.5~6.0m³/t、地层压力系数介于1.8~2.0MPa/100m，整体地质条件略低于川南深层龙马溪组。整体来看，筇竹寺组地质力学与地应力条件与龙马溪组页岩储层基本一致，但区块内储层基质渗透率低，仅为75~86nD，层理缝不发育，高角度裂缝发育，三向主应力在100MPa以上，水平应力差介于14~18MPa，垂向应力与最小水平主应力差介于12~15MPa，压裂时难以形成水平裂缝，高角度天然裂缝难以开启，形成复杂缝网难度大，加砂困难、层间应力差异大，缝高难以保障，难以获得较大的改造体积。如表1所示。

表1　四川盆地龙马溪组、Z201井区筇竹寺组页岩储层地质工程参数表

参　　数	川南深层龙马溪组	Z201井区筇竹寺组
埋深/m	3500~4200	4100~5050
Ⅰ+Ⅱ类储层厚度/m	20~30	25~43
TOC/%	3.0~4.1	2.0~2.3
孔隙度/%	5.0~5.5	3.5~4.6
含气量/($m^3 \cdot t^{-1}$)	6.0~7.0	4.5~6.0
脆性矿物含量/%	60~70	70~75
基质渗透率/nD	100~225	75~86
层理缝密度/(条·m^{-1})	4~10	不发育
高角度缝密度/(条·m^{-1})	1~2	1~2
杨氏模量/GPa	35~50	36~40
泊松比	0.2~0.3	0.2~0.25
最大水平主应力/MPa	94~115	118~128
垂向应力/MPa	88~108	116~125
最小水平主应力/MPa	83~99	105~110
水平应力差/MPa	11~16	14~18
垂向应力与最小水平主应力差/MPa	5~9	12~15

2　压裂改造难点

2.1　早期实施井效果分析

2011年以来，中石油在资阳地区相邻的威远地区开展了筇竹寺组勘探评价工作，主要借鉴龙马溪组中高排量、低黏滑溜水、段塞加砂压裂模式开展了3口井试验，早期实施井井口限压80MPa，主体以低黏滑溜水、段长123m(单段3簇)、施工排量6~13m³/min、单段液量1600~1810m³、单段砂量20~65t(主体40/70目陶粒段塞加砂)为主(表2)。筇竹寺组页岩储层特征为形成复杂缝网带来了较大挑战，W207井微地震监测显示裂缝长度延伸受限，表现为水力裂缝与天然裂缝相交后被捕获、难以突破，导致加砂困难、整体加砂规模小、低裂缝导流能力，压后测试产量仅0.23~2.83万方/天。

表2　四川盆地筇竹寺组页岩压裂关键参数及测试产量表

井号	井型	分段段长/厚度/m	单段簇数/簇	施工排量/(m^3/min)	单段砂量/t	单段液量/m^3	液体类型	测试产量/(万方/天)
W201井	直井	10	/	6.5~7	26.5	1810	滑溜水	1.08
W207	直井	36	/	2~6	64.6	1594	滑溜水	0.23
W201-H3井	水平井	123	3	10~13	19.5	1650	滑溜水	2.83

2.2　筇竹寺组压裂改造难点

结合Z201井区储层特征与早期筇竹寺组实施井效果分析梳理筇竹寺组压裂改造难点如下：

(1)层理缝不发育、垂向应力差大，缺少形

成水平裂缝的基础条件

天然弱面(层理缝与天然裂缝)是产生复杂裂缝的地质基础和关键，其弱面性质、产状以及与地应力关系共同决定了裂缝扩展形态。龙马溪组页岩层理缝4~10条/米，但筇竹寺组页岩层理缝不发育，不具备水力主裂缝沟通层理缝的地质条件。同时，筇竹寺组页岩垂向地应力与最小水平主应力差介于12~15MPa，明显高于龙马溪组，压裂时倾向于形成单一垂向水力主裂缝。

(2) 水平应力差大，沟通天然裂缝形成复杂缝网难度大

取心及成像测井表明，筇竹寺组页岩储层高角度天然裂缝1~2条/米，但水平应力差值14~18MPa，高于龙马溪组，人工裂缝与天然裂缝相交后难以转向，形成的裂缝复杂程度低。

(3) 储层中部存在应力隔档层，裂缝纵向穿层难度大

层间应力差指的是目的层以及邻近隔夹层最小水平地应力之间的差值，是影响裂缝垂向扩展的关键因素。根据Z201井导眼井资料，筇一$_2$压段5小层可细分为5个层位单元，其中3号层位顶部存在应力隔档层(层间应力差6MPa)，当层间应力差为4~8MPa时能有效阻止水力裂缝的纵向扩展，如何保障裂缝纵向有效扩展覆盖优质储层段充满挑战。

(4) 储层地应力高，裂缝横向扩展距离受限

相同用液强度条件下储层改造体积与地应力负相关，Z201井区储层地应力>100MPa，远高于龙马溪组深层页岩气，储层整体改造体积偏小。

(5) 加砂困难导致高导流裂缝形成难度大

提高加砂强度以保证裂缝高导流能力是深层页岩气高产的前提条件之一。资阳地区筇竹寺组页岩储层埋藏深4100~5050m、地层闭合应力超过100MPa，压裂裂缝平均宽度较龙马溪组深层更低，如何优选与不同开度裂缝相匹配的支撑剂粒径难度大；同时筇竹寺组页岩气储层埋藏深、闭合应力高，导致施工压力高、压力窗口窄、加砂难度大大粒径支撑剂容易砂比敏感，早期实施井砂浓度100kg/m^{3}即有砂堵迹象，难以获得较高的裂缝导流能力。

3　筇竹寺组页岩储层改造技术

3.1　压裂设计理念

基于页岩储层基质中流体非达西渗流理论，为了最大程度提升单井产量与储层动用率，水平井储层改造要以增大储层改造体积保证最大泄油面积、提升缝网复杂程度实现最小渗流距离、裂缝系统高效支撑实现最小流动阻力为目标，对段长、簇数、排量、规模、液体、暂堵等压裂参数进行优化设计。

龙马溪组页岩储层层理缝与天然裂缝均发育、垂向应力差较小，压裂过程中压裂液会优先沿水平层理缝与人工主裂缝方向流动，驱使主裂缝以及水平层理缝不断与高角度天然裂缝沟通，最终形成类似“星形体”的压裂改造区域。同时受五峰组高应力影响，底部存在应力隔档层，裂缝主要向上延伸，如图2所示。

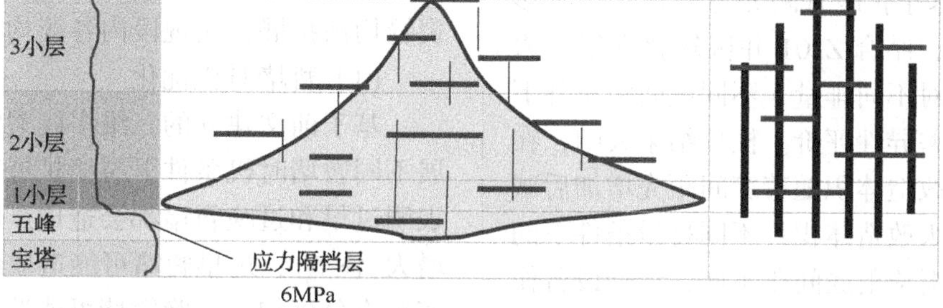

图2　四川盆地龙马溪组压裂“陀螺体”缝网示意图

筇竹寺组页岩层理缝弱发育、垂向应力差大，难以形成水平裂缝，裂缝系统主要由水力主裂缝与高角度天然裂缝组成，同时受到层间高应力差影响，最终形成类似“陀螺体”裂缝形态，如图3所示。与龙马溪组相比缺少横向的渗流通道，需要增加垂向裂缝条数来提升裂缝密度，增加裂缝与基质储层的接触面积。

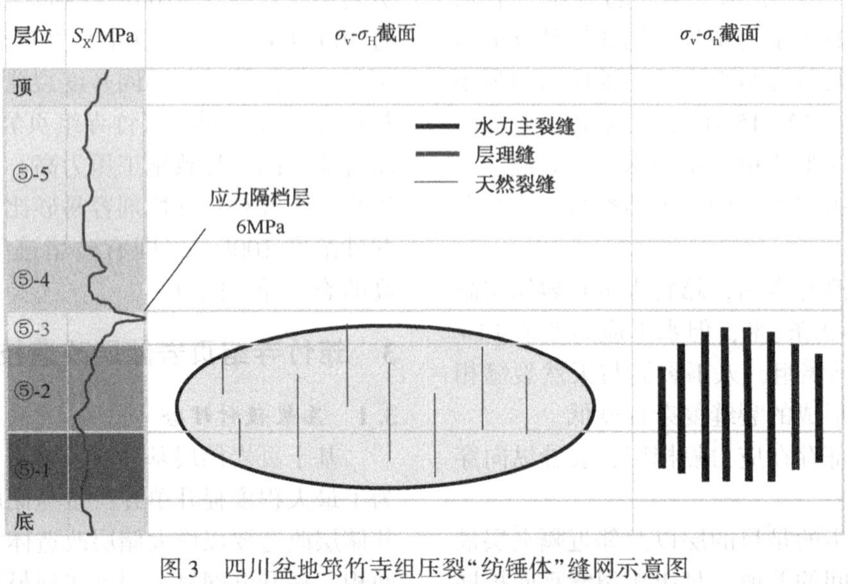

图3　四川盆地筇竹寺组压裂“纺锤体”缝网示意图

3.2　复杂缝网建造工艺

针对前述资阳地区筇竹寺组页岩储层压裂难点，基于筇竹寺组最优裂缝形态压裂设计理念，优化形成一套适合于该套层系的“多簇裂缝均匀起裂+人工裂缝全域扩展+多级裂缝高效支撑”压裂工艺。

3.2.1　“加密布缝、暂堵转向”工艺提升水力裂缝密度

3.2.1.1　加密布缝匹配储层渗透率工艺

裂缝系统的密度决定渗流距离的大小，筇竹寺组页岩储层难以形成水平裂缝，为了保证裂缝与基质储层充分接触需要加密布缝增加垂向裂缝条数保证裂缝密度，同时采用加密布缝的方式可以一定程度上缓解储层高应力差条件下分支缝形成难度大的问题。筇竹寺组页岩基质储层渗透率为75~100nD，20年开采时间内有效渗流距离为3.3~3.9m，合理簇间距应为渗流距离的2倍，即6.6~7.8m。基于扩展有限元方法建立三维多簇裂缝压裂模型，结合Z201井区筇竹寺组页岩基础力学参数，对不同排量、不同簇间距条件下的裂缝改造体积差异性评价。模拟结果表明，在相同排量下单段改造体积随着簇间距先增加后减小，存在一个最大改造体积；不同排量条件下的最大改造体积所对应的簇间距不同，结合设备作业能力当段长为60m、簇间距为8簇、排量为$18m^3$/min时满足合理簇间距需求(图4)。

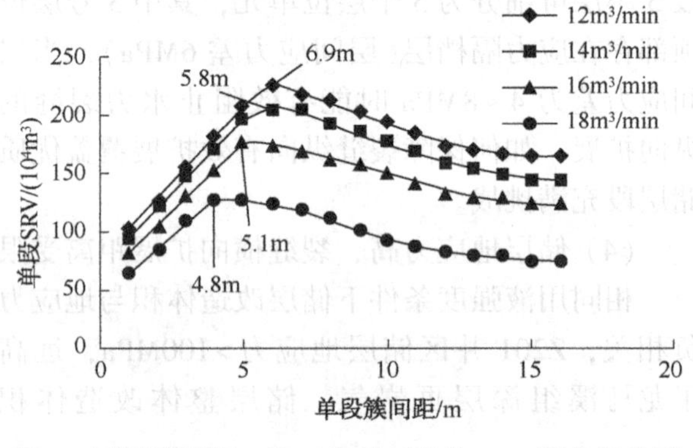

图4　不同簇间距、施工排量对应的SRV演化趋势图

3.2.1.2　暂堵转向保证簇效率工艺

在采用单段8簇工艺条件下，如何保证各簇裂缝均匀起裂，保证各射孔簇均匀进液成为关键，目前投球暂堵工艺在水平井分段多簇压裂中被广泛应用。暂堵球通过对优势扩展簇的孔眼进行封堵，迫使压裂液进入劣势射孔簇，促使各簇裂缝均衡扩展，实现段内各簇均匀改造。

(1) 暂堵时机优化

基于前文建立的三维多簇裂缝压裂模型，开展不同暂堵时机条件下裂缝扩展特征评价，结果表明过早和过晚暂堵都会造成簇间裂缝扩展差异增大(图5)，过早暂堵可能造成已开启裂缝无法实现充分延伸，过晚暂堵可能造成优势裂缝过度

延伸难以实现有效封堵，合理暂堵时机范围为总液量的45%~55%。

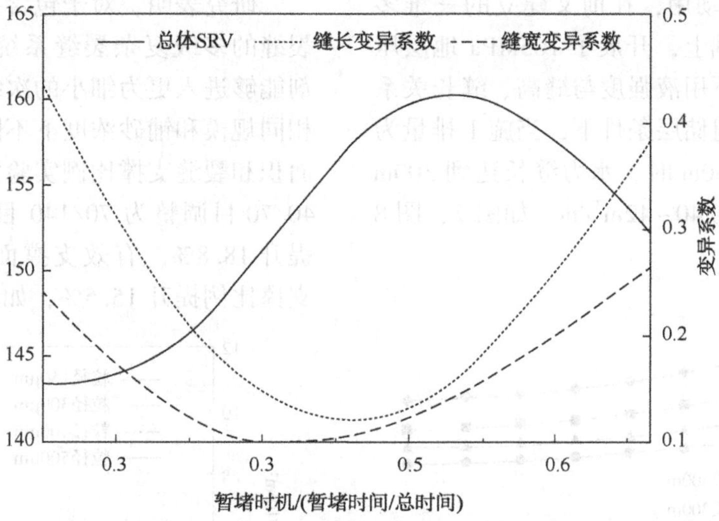

图5　基于多簇压裂裂缝扩展模拟暂堵时机选择图

(2) 暂堵球数量优化

基于三维多簇裂缝压裂模型，以8簇7m簇间距为例开展不同暂堵球数量封堵效果模拟，表明暂堵4簇时各簇液量分配较为均匀(图6)，同时考虑暂堵球运移过程中实际有效坐封与理想状态存在一定差异，现场实际过程中按照封堵孔眼数量的110%~120%设计暂堵球数量，即为55%~60%设计孔眼数量。

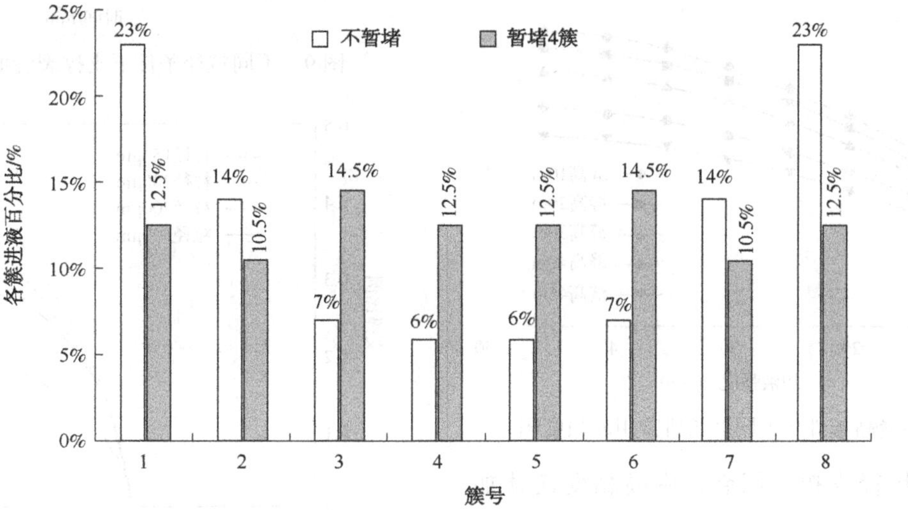

图6　7m簇间距暂堵4簇情况下各簇进液百分比图

3.2.2　"前置高黏、增大液量"工艺提升储层改造体积

3.2.2.1　前置高黏压裂液扩缝高工艺

Beugelsdijk等指出施工排量与压裂液黏度的乘积($Q\times\mu$)是影响人工裂缝造缝能力的关键。同时，在现场施工过程中排量为14~18m^3/min，通过提高施工排量难以实现造缝能力的提升。因此主要开展压裂液黏度变化对压裂缝高扩展的分析，刘玉章等开展大物模实验研究表明，采用高黏压裂液(60mPa·s)压裂会显著增加缝内净压力，造缝形态为椭圆形，裂缝高度延伸进上下隔层，缝高较滑溜水压裂提升33%。但高黏度压裂液阻止压裂液向地层渗滤，降低了剪切滑移的可能性，也降低了裂缝的复杂程度，因此采用"高黏压裂液破岩+滑溜水携砂"的组合技术可有效提升裂缝高度，同时提升远井带裂缝复杂程度。

3.2.2.2　增大液量促缝长工艺

通过国内外页岩气井的压裂改造实践调研发现，单井用液规模与储层改造体积有一定的正相关关系，增加用液量可增加单井控制区域，提高单井产能。为实现纵向缝高 30m、横向缝长 300m 井控储量充分动用，在前文建立的三维多簇裂缝压裂模型基础上，开展了 105MPa 地层压力下不同排量条件下用液强度与缝高、缝长关系模拟发现，筇竹寺组储层条件下，当施工排量为 $18m^3/min$、缝高为 30m 时，水力缝长达到 300m 所需用液强度条件为 $40 \sim 42m^3/m$。如图 7、图 8 所示。

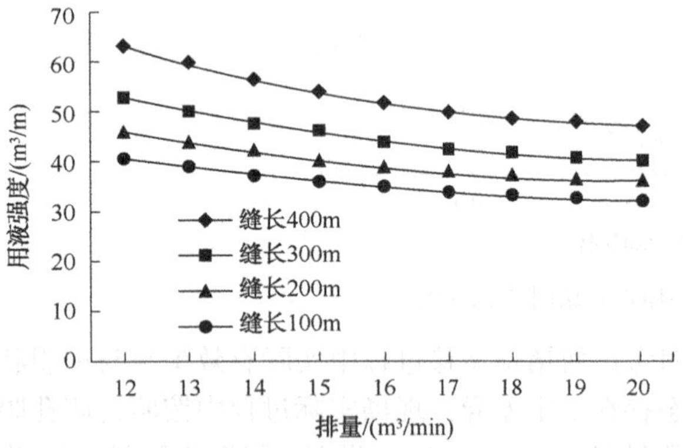

图 7　不同排量条件下不同缝长所需用液强度图

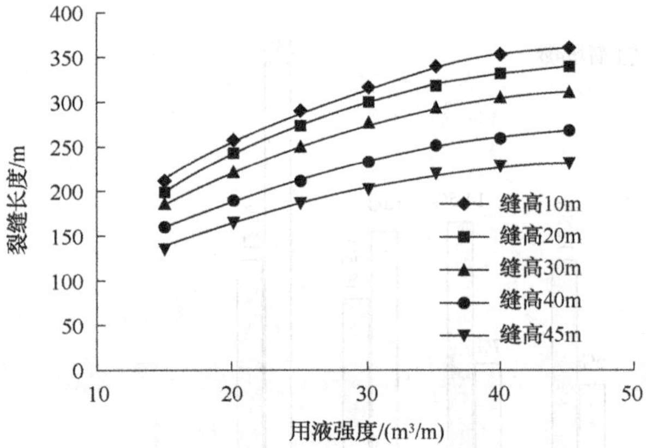

图 8　不同缝高条件下不同缝长所需用液强度图

3.2.3　“多粒径支撑剂组合、中高黏度连续加砂”工艺提升支撑导流能力

不同尺度的裂缝空间建造后，如何实现多级裂缝的高效充填是保证气井长期稳产的关键。根据支撑剂进入裂缝和桥接的条件，裂缝开度小于 3 倍支撑剂粒径时支撑剂会在裂缝内桥接（Abrams，1977），裂缝开度大于支撑剂粒径 6～7 倍以上支撑剂才能通过裂缝运移（Lau 和 Davis，1997）。同时，低黏度滑溜水携砂液进入地层后支撑剂沉降迅速、以翻滚式向前运移，支撑剂在裂缝中运移距离受限，因此，主要从支撑剂粒径与携砂液黏度 2 个方面开展优化以提升裂缝导流能力。

3.2.3.1　多粒径支撑剂组合提升通过能力工艺

研究表明，对于包含主裂缝、分支缝、次级裂缝的多级复杂裂缝系统而言，70/140 目支撑剂能够进入更为细小的次级裂缝中。同时，开展相同规模和铺砂浓度下不同粒径支撑剂有效支撑面积和裂缝支撑比例实验发现，当支撑剂粒径由 40/70 目调整为 70/140 目，裂缝有效支撑长度提升 18.8%，有效支撑面积提升 17.7%，裂缝支撑比例提升 15.5%，如图 9、图 10 所示。

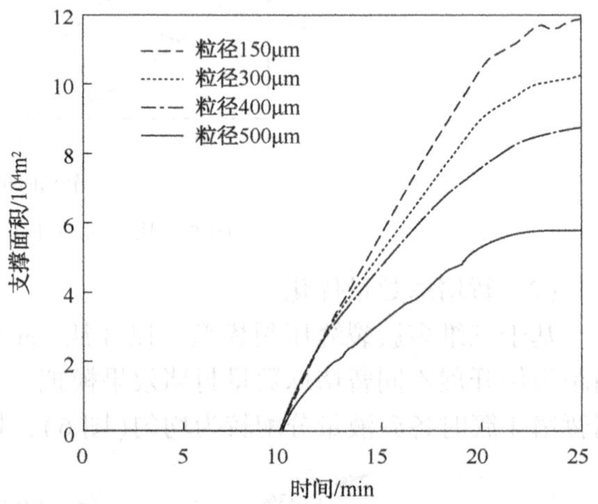

图 9　不同粒径条件下支撑裂缝面积对比图

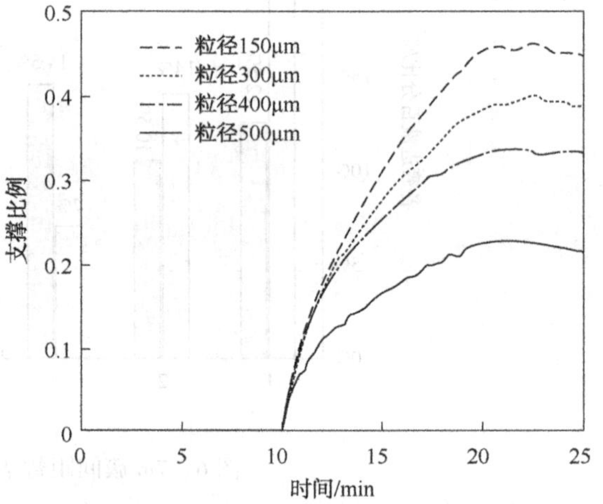

图 10　不同粒径条件下裂缝支撑比例对比图

基于此采用室内实验与数值模拟相结合的方式，开展不同支撑剂组合条件下裂缝导流能力分析，室内实验和数值模拟结果表明采用 30% 比例 70/140 目石英砂+35% 比例 70/140 目陶粒+35% 比例 40/70 目陶粒时裂缝导流能力分别为 6.1、4.2D·cm，满足裂缝导流能力需求。

3.2.3.2　中高黏度连续加砂保证支撑缝长工艺

为满足高加砂强度，需要在 $40 \sim 42m^3/m$ 用液强度条件下采用 $160 \sim 200kg/m^3$ 高浓度连续加砂模式，携砂液必须具有足够的携砂速度或携砂黏度才能保证主裂缝中高浓度支撑剂快速沉降，现场施工过程中排量为 14～18m³/min，难以进一步通过提升排量来提升携砂速度，因此开展不同携砂液黏度下支撑剂运移模拟，如图 11 所示，当携砂液黏度由 3mPa·s 提升至 10mPa·s 时，支撑剂运移距离可提升 35%～54%。因此，在 70/140 目小粒径支撑剂的加入过程中采用 3～5mPa·s 的低黏滑溜水，在高浓度携砂以及 40/70 目陶粒加入过程中采用 10mPa·s 中高黏度携砂液，以提高携砂效率，实现裂缝远端有效支撑。如图 11 所示。

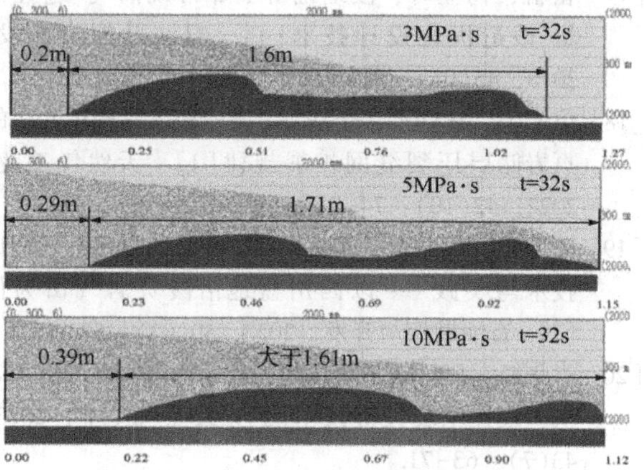

图 11　不同液体粘度携砂模拟图

4　矿场实践效果

Z201 井位于川中平缓构造带、德阳～安岳裂陷槽槽内中段，是中石油部署在筇竹寺组的 1 口重点探井，该井埋深 4600m、水平段长 1800m，层理整体弱发育、高角度裂缝发育，最小水平水平主应力大于 100 兆帕、水平应力差大于 15 兆帕、垂向应力差 12 兆帕。针对该井储层特征，采用前文形成的“多簇裂缝均匀起裂+人工裂缝全域扩展+多级裂缝高效支撑”工艺，分段段长 60m、簇间距 7.5m、排量 18～20m³/min、用液强度 42.8m³/m、加砂强度 3.8t/m(表 3、图 12)，各项压裂参数按照本研究实施，较早期实施井大幅提升。

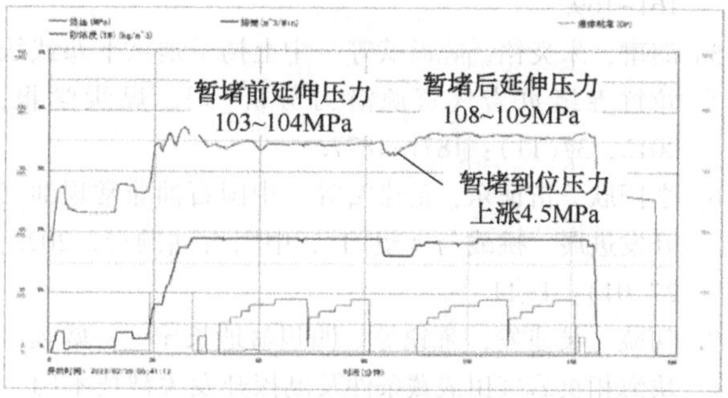

图 12　Z201 井第 27 段施工曲线图

表 3　Z201 井关键压裂参数实施表

改造目的	人工裂缝密度			储层改造体积			人工导流能力
井号	分段段长/m	单段簇数/簇	簇间距/m	施工排量/(m³/min)	高粘液体量/m³	用液强度/(m³/m)	加砂强度/(t/m)
本技术设计	60	8～9	6.6～7.8	18～20	300～400	40～42	3.6～4
资 201 井	60	8	7.5	18～20	300	42.8	3.8
早期威 201-H3	123	3	41	10～13	/	13.4	0.16

从裂缝复杂度来看，采用该套工艺后 Z201 井采用单段 8 簇工艺，各段暂堵后压力涨幅 3～8MPa，实现了各簇裂缝均匀起裂，同时压后相同时间停泵压降达到 3.4 兆帕，较龙马溪组深层提升 79%，实现了裂缝与基质储层的充分接触。从改造体积来看，微地震监测缝高达到 121m，较龙马溪组深层提升 73%，实现了裂缝高度的充分延伸；百米改造体积达到 1490 万方，较龙马溪组深层提升 54%，实现了裂缝长度的充分延伸。从支撑导流能力来看，整体小粒径支撑剂比例由 30%提升至 66%，加砂强度达到 3.8t/m，实现了不同尺度裂缝的有效支撑。综合集成本工艺应用后 Z201 井获测试产量 73.88 万方/天，为国内首次在寒武系 4500 米以深的页岩储层获得高产工业气流。

5　结论

(1) 资阳地区筇竹寺组页岩物性、储层厚度、保存条件好，资源量丰富，具有规模化建产基础。但储层渗透率低、层理缝弱发育、地应力高、各向应力差大，导致压裂裂缝复杂程度低、改造体积小、稳产能力低。

(2) 针对筇竹寺组改造难点，形成的“加密布缝、暂堵转向”工艺有效提升水力裂缝密度，“前置高黏、增大液量”工艺有效提升储层改造体积，“多粒径支撑剂组合、中高黏度连续加砂”工艺有效提升支撑导流能力，该技术适用于筇竹寺组超深层页岩气储层的压裂改造作业。

参考文献

[1] 邹才能，董大忠，王社教等．中国页岩气形成机理、地质特征及资源潜力[J]．石油勘探与开发，2010，37(06)：641-653.

[2] 赵文智，李建忠，杨涛等．中国南方海相页岩气成藏差异性比较与意义[J]．石油勘探与开发，2016，43(04)：499-510.

[3] 黄金亮，邹才能，李建忠等．川南下寒武统筇竹寺组页岩气形成条件及资源潜力[J]．石油勘探与开发，2012，39(01)：69-75.

[4] 马新华，谢军．川南地区页岩气勘探开发进展及发展前景[J]．石油勘探与开发，2018，45(01)：161-169.

[5] 胡琳，朱炎铭，陈尚斌等．中上扬子地区下寒武统筇竹寺组页岩气资源潜力分析[J]．煤炭学报，2012，37(11)：1871-1877.

[6] 李国欣，雷征东，董伟宏等．中国石油非常规油气开发进展、挑战与展望[J]．中国石油勘探，2022，27(01)：1-11.

[7] 何骁，吴建发，雍锐等．四川盆地长宁——威远区块海相页岩气田成藏条件及勘探开发关键技术[J]．石油学报，2021，42(02)：259-272.

[8] 赵金洲，任岚，沈骋等．页岩气储层缝网压裂理论与技术研究新进展[J]．天然气工业，2018，38(03)：1-14.

[9] 侯冰，陈勉，李志猛等．页岩储集层水力裂缝网络扩展规模评价方法[J]．石油勘探与开发，2014，41(06)：763-768.

[10] 张丰收，吴建发，黄浩勇等．提高深层页岩裂缝扩展复杂程度的工艺参数优化[J]．天然气工业，2021，41(01)：125-135.

[11] 史璨，林伯韬．页岩储层压裂裂缝扩展规律及影响因素研究探讨[J]．石油科学通报，2021，6(01)：92-113.

[12] Teufel L W，Clark J A. Hydraulic Fracture Propagation in Layered Rock：Experimental Studies of Fracture Containment[J]. Society of Petroleum Engineers Journal，1984，24(1)：19-32.

[13] 刘玉章，付海峰，丁云宏等．层间应力差对水力裂缝扩展影响的大尺度实验模拟与分析[J]．石油钻采工艺，2014，36(04)：88-92.

[14] 纪国法，张公社，许冬进等．页岩气体积压裂支撑裂缝长期导流能力研究现状与展望[J]．科学技术与工程，2016，16(14)：78-88.

[15] 陆程，刘雄，程敏华等．页岩气体积压裂水平井产能影响因素研究[J]．特种油气藏，2014，21(04)：108-112+156.

[16] 马新华．四川盆地南部页岩气富集规律与规模有效开发探索[J]．天然气工业，2018，38(10)：1-10.

[17] 雷群，杨立峰，段瑶瑶等．非常规油气“缝控储量”改造优化设计技术[J]．石油勘探与开发，2018，45(04)：719-726.

[18] 位云生，林铁军，于浩等．基于嵌入黏聚单元法的页岩储层压裂缝网扩展规律[J]．天然气工业，2022，42(10)：74-83.

[19] 孙焕泉，蔡勋育，胡德高等．页岩气立体开发理论技术与实践——以四川盆地涪陵页岩气田为例[J]．石油勘探与开发，2023，50(03)：573-584.

[20] 肖剑锋，何怀银，李彦超，等．四川盆地威远页岩气田缝控压裂关键技术[J]．天然气工业，2023，43(7)：63-71.

[21] 周彤，陈铭，张士诚，等．非均匀应力场影响下的裂缝扩展模拟及投球暂堵优化[J]．天然气工业，2020，40(3).10.

[22] BEUGELSDIJK L J L，PATER C J，SATO K. Experimental hydraulic fracture propagation in a multi-fractured medium[R]. SPE 59419，2000.

[23] 刘玉章，付海峰，丁云宏，et al. 层间应力差对水力裂缝扩展影响的大尺度实验模拟与分析[J]．石油钻采工艺，2014，36(4)：5. DOI：10.13639/j.odpt.2014.04.022.

[24] 蒋廷学，卞晓冰，王海涛，等．深层页岩气水平井体积压裂技术[J]．天然气工业，2017，37(1)：7. DOI：10.3787/j.issn.1000-0976.2017.01.011.

微粒径支撑剂支撑裂缝导流能力实验评价及其在川渝深层页岩气井应用

刘春亭 石孝志 管 彬 王素兵 朱炬辉 何 乐 齐天俊 周川云

（中国石油川庆钻探工程有限公司）

摘 要 为厘清微粒径支撑剂在川渝地区深层页岩气井适用性，本文开展了自支撑裂缝（未支撑张性裂缝及剪切裂缝）、微粒径支撑剂及70~140目粉砂支撑裂缝导流能力实验，以厘清深层页岩气井自支撑裂缝及微粒径支撑剂支撑裂缝效果。结果表明：①充填0.5kg/m^{2}微粒径支撑剂填砂缝导流能力与剪切缝相当，充填2kg/m^{2}微粒径支撑剂填砂缝导流能力约为剪切缝导流能力2倍；剪切裂缝及充填微粒径支撑剂填砂缝导流能力比张性裂缝导流能力高近3个数量级；充填微粒径支撑剂填砂缝与剪切裂缝的应力敏感性较弱，而张性裂缝应力敏感性较强。②微粒径支撑剂现场应用结果表明，使用微粒径支撑剂可以增加川渝地区深层页岩气井有效改造体积，提升深层页岩气储层改造效果。

关键词 微粒径支撑剂；导流能力；闭合压力；张性裂缝；剪切裂缝；应力敏感性

川渝地区深层页岩气资源潜力大，实现深层页岩气的有效开发是实现持续上产的重要方向。随着储层埋深增加，三向应力逐渐增高，施工形成水力裂缝缝宽变窄，真三轴大物模实验结果表明页岩储层改造微裂缝缝宽分布0.1~0.4mm，平均0.261mm，现有的主体支撑剂体系（70~140目石英砂、40~70目陶粒）难以进入微裂缝形成对微裂缝有效支撑。根据缝宽准入准则（粒径/缝宽比<1/3），小于170μm的支撑剂才能进入微裂缝。另外，前期复杂缝网内支撑剂沉降运移规律实验及数值模拟研究可知，在复杂缝网内，粒径越小，支撑剂静态沉降速度越小，其可知支撑裂缝长度更大，且随着支撑剂粒径减小，进入分支裂缝比例增加。因此，采用微粒径支撑剂可以增加缝网有效支撑体积。然而，微粒径支撑剂对裂缝支撑效果尚不明确，亟需开展微粒径支撑剂支撑裂缝导流能力实验，以探究粒径更小的微粒径支撑剂在深层页岩气井储层改造适用性，进而实现深层页岩气井复杂缝网多尺度支撑。

目前，关于页岩储层水力裂缝导流能力研究成果较多，对于自支撑裂缝，Fredd等探究了闭合应力、裂缝的表面形态和自支撑裂缝的剪切滑移量对自支撑裂缝的导流能力有影响。结果表明在无支撑剂有效支撑的情况下，裂缝能够通过剪切滑移、裂缝表面微凸起保持一定的裂缝宽度和导流能力。但随着闭合应力的增加，裂缝宽度和导流能力逐步降低。Morales等发现具有一定偏移量的自支撑裂缝在加载闭合应力后，仍具有一定的导流能力，但裂缝具有强应力敏感效应，随闭合应力的增加，导流能力剧烈下降。曹海涛等针对裂缝的剪切滑移量进行研究，发现随着滑移量的增加，导流能力越大。对于支撑剂支撑裂缝，温庆志等人改进API标准导流室，利用氮气测试页岩储层裂缝渗透能力实验，得出结论：在铺制相同支撑剂情况下，导流能力随着铺砂浓度的增加而增大；有一定宽度的支撑裂缝的渗透率普遍高于储层基质渗透率，铺砂浓度在页岩气开发开采中是重要的增产要素。毕文韬通过对裂缝短期导流实验发现，随驱替时间的增加，支撑剂嵌入、破碎等共同作用使得低铺砂浓度的裂缝导流效率较差，但在高铺砂浓度下的裂缝导流效率也并不是最高的。因此认为裂缝支撑剂浓度应存在某一个最佳值，具体应考虑岩样本身的物性进行分析。Cooke在研究不同铺砂浓度支撑裂缝的导流能力时，他提出嵌入这一因素对导流能力的影响，高铺砂浓度使支撑剂嵌入对导流能力损伤的影响程度有限，因此在工业生产中，可以通过提高铺制浓度，达到更好的压裂效果。Chen等通过制作大量裂缝面粗糙度均匀、力学性能相似的页岩样品对不同铺砂浓度的导流能力进行测试，研究发现在低有效应力条件下存在临界铺砂浓度，铺砂浓度低于临界浓度的岩样比高于铺砂浓度的岩样具有更高的导流能力，而临界铺砂浓度与裂缝面粗糙度有关。曲占庆等通过室内裂缝导流能力实验采用正交试验和灰色关联分析法研究各参数对导流能力的影响程度。研究表明提高铺砂浓度对获得高导流能力有一定的帮助，但当闭合压力达到一定值后，由于支撑剂碎屑堵塞孔隙，再增大铺砂浓度对提高支撑裂缝导流能力意义不大。由文献调研结果可知，目前已经厘清了铺砂浓度、闭合压力等因素对裂缝导流能力影响，但结果多针对常规粒径支撑剂，对微粒径支撑剂支撑裂缝导流能力效果研究较少，且川渝地区深层页岩气井自支撑裂缝导流能力效果也不明确。

基于此，为厘清微粒径支撑剂在深层页岩气井适用性，本文拟开展川渝地区页岩储层未支撑裂缝及微粒径支撑剂支撑裂缝导流能力实验，以为川渝地区深层页岩气井多尺度支撑提供重要基础。

1　实验装置、材料及实验方案

1.1　实验装置

导流能力所用实验装置如图 1 所示。

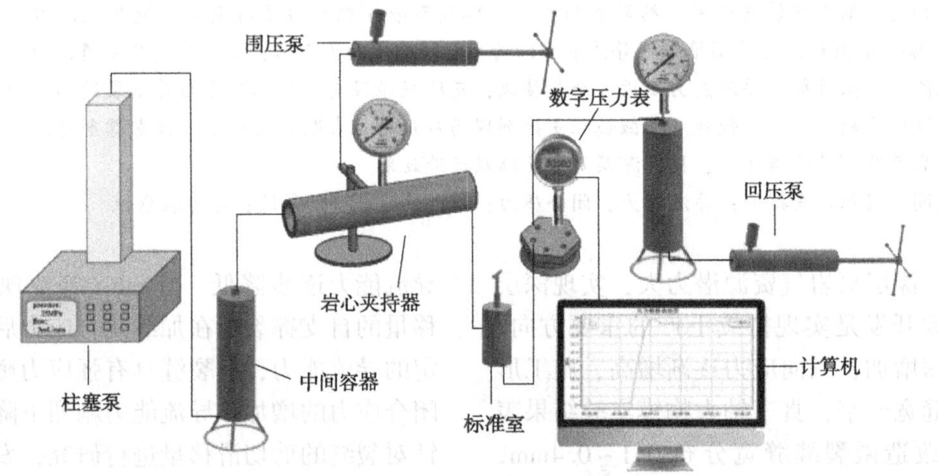

图 1　压力脉冲测量装置示意图

1.2　实验材料

（1）支撑剂

支撑裂缝导流能力实验中采用三种支撑剂：①支撑剂 1：100~300 目微粒径支撑剂；②支撑剂 2：200~400 目微粒径支撑剂；③支撑剂 3：70~140 目粉砂。使用激光粒度分析仪器测得支撑剂粒径，其中支撑剂 1~3 平均粒径分别为 24.3μm、20.5μm、189μm。

（2）岩样

实验所用岩心取自川渝地区，为保留裂缝面粗糙度，还原地层条件下储层改造后裂缝形态，采用巴西劈裂法对岩心进行人工造缝，并通过三维壁面扫描后，计算壁面粗糙度及迂曲度。

1.3　实验方案

未支撑裂缝导流能力实验方案如表 1 所示；填砂裂缝导流能力实验方案如表 2 所示。

表 1　自支撑裂缝导流能力实验方案

实验项目	具体参数				
	序号	围压/MPa	迂曲度	粗糙度	裂缝类型
未支撑裂缝导流能力测试	1	20、25、30、35、40、45、50	0.477	0.477	张性裂缝（不同节理粗糙度）
	2	20、25、30、35、40、45、50	1.0669	1.569	
	3	20、25、30、35、40、45、50	1.0016	1.497	
	4	20、25、30、35、40、45、50	1.0039	3.366	
	5	20、25、30、35、40、45、50	1.0012	1.232	剪切裂缝
	6	20、25、30、35、40、45、50	1.0026	3.463	
	7	20、25、30、35、40、45、50	1.0016	1.605	
	8	20、25、30、35、40、45、50	1.0071	4.951	

表 2　填砂裂缝导流能力实验方案

实验项目	具体参数				
	序号	围压/MPa	铺砂浓度/(kg/m²)	迂曲度	粗糙度
填砂裂缝导流能力测试	1(岩样 1)	20、25、30、35、40、45、50	0.5		0.477
	2(岩样 2)	20、25、30、35、40、45、50	0.5		1.569
	3(岩样 3)	20、25、30、35、40、45、50	0.5		1.497
	4(岩样 4)	20、25、30、35、40、45、50	0.5		3.366
	5	20、25、30、35、40、45、50	1	—	
	6	20、25、30、35、40、45、50	1.5		
	7	20、25、30、35、40、45、50	2		

2　实验结果分析

2.1　张性裂缝应力敏感特性研究

图 2 为张性裂缝导流能力随有效应力(围压与下游端压力之差)变化。当有效闭合应力小于 20MPa 时，随着闭合应力增加，张性未支撑裂缝流动能力迅速降低，这是由于岩样所受有效应力逐渐增加，造成岩样裂缝面逐渐闭合；当压力大于 20MPa 后，随着围压继续增加，内部孔隙被压缩，孔隙体积越来越小，造成岩样渗透率下降，但下降趋势相对较慢。

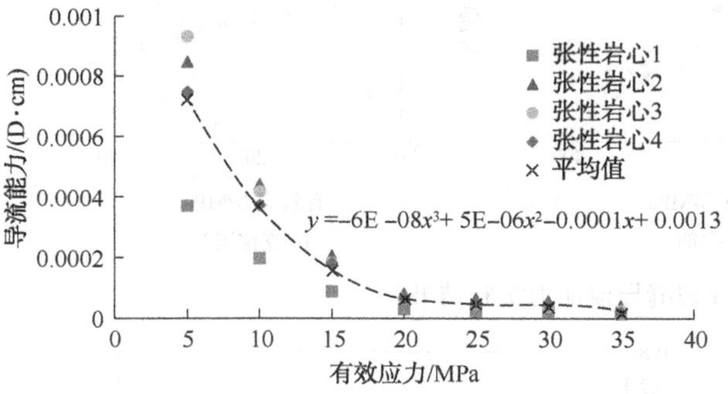

图 2　不同张性裂缝岩样渗透率与有效应力关系图

利用公式(1)计算应力敏感系数，计算结果如表 3 所示。

$$S=\frac{1-(K_0/K)^{1/3}}{\ln(\sigma_0/\sigma)} \tag{1}$$

表 3　张性裂缝应力敏感性计算结果

岩心编号	张性岩心 1	张性岩心 2	张性岩心 3	张性岩心 4
应力敏感系数 S	0.534	0.753	0.826	0.828
敏感程度	中等偏强	强	强	强

四块岩心导流能力对比可知，张性裂缝的导流能力与裂缝表面粗糙度及迂曲度没有呈现出明显的正相关关系，但裂缝表面粗糙度及迂曲度相对较小的张性岩心 1，其裂缝导流能力明显较小，且应力敏感程度相对较小。

2.2　剪切裂缝应力敏感特性研究

图 3 为剪切裂缝导流能力随有效应力变化。由图可知，随着闭合应力增加，剪切裂缝导流能力迅速减小，在 20~25MPa 左右出现拐点。利用公式计算剪切裂缝应力敏感性系数，结果如表 4 所示。由计算结果可知，剪切裂缝应力敏感性较弱。

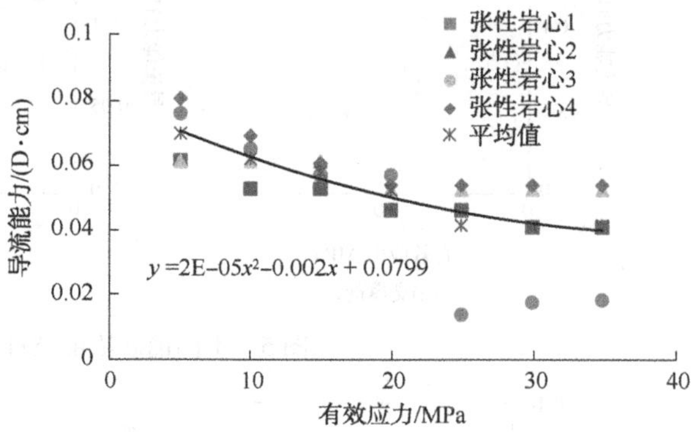

图 3　剪切裂缝导流能力随有效应力变化

表 4　剪切裂缝应力敏感性计算结果

岩心编号	剪切岩心 1	剪切岩心 2	剪切岩心 3	剪切岩心 4
应力敏感系数 S	0.448	0.150	0.059	0.149
敏感程度	中等偏弱	弱	弱	弱

2.3　微粒径支撑剂支撑裂缝应力敏感特性研究

(1) 相同铺砂浓度下不同粗糙度裂缝支撑裂缝导流能力结果分析

由图 4 可知，在铺砂浓度较小条件下，裂缝壁面粗糙度对支撑裂缝导流能力没有明显影响。裂缝壁面粗糙度对支撑裂缝导流能力影响随着支撑剂粒径增大而减弱。

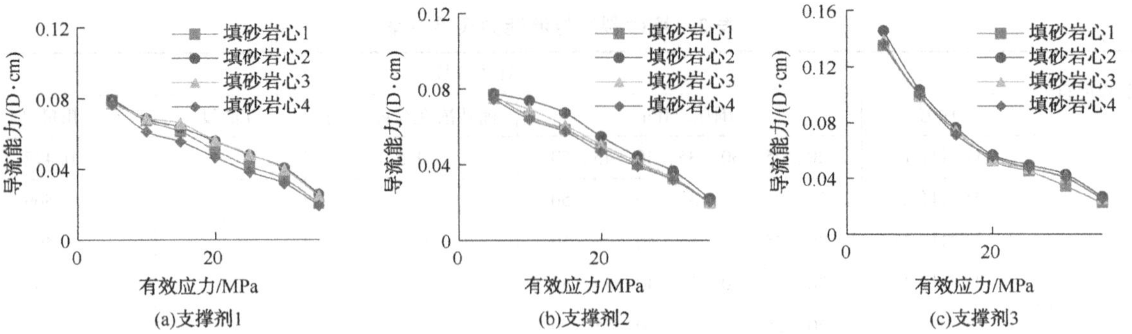

图4　铺砂浓度 0.5kg/m²时不同壁面粗糙度裂缝导流能力对比

(2) 不同铺砂浓度条件下支撑裂缝导流能力分析

由图5可知，三种支撑剂支撑裂缝导流能力均随着铺砂浓度增加而增加。两种微粒径支撑剂支撑裂缝导流能力随着有效应力增加基本呈线性递减。而70~140目粉砂支撑裂缝导流能力在有效应力小于20MPa时，递减速率较快，当有效应力高于20MPa时，其递减速率减慢。由图6可知，铺砂浓度为0.5kg/m²，有效应力小于20MPa时，70~140目粉砂支撑裂缝导流能力较大，而当有效应力大于20MPa时，粉砂与微粒径支撑剂支撑裂缝导流能力相当。随着铺砂浓度增加，粉砂支撑裂缝导流能力增加显著，远高于微粒径支撑剂支撑裂缝效果。由剪切裂缝应力敏感性计算结果可知，剪切裂缝的应力敏感性较弱，如表5所示。

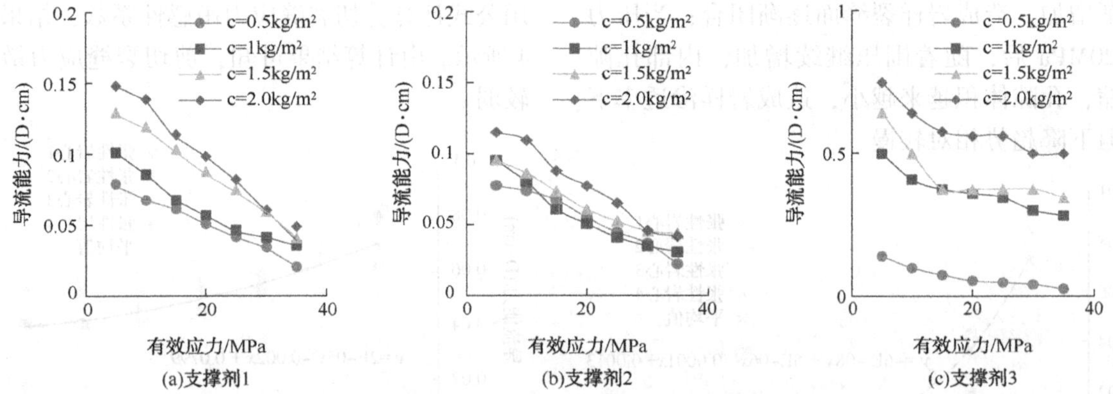

图5　不同铺砂浓度条件下支撑裂缝导流能力实验结果

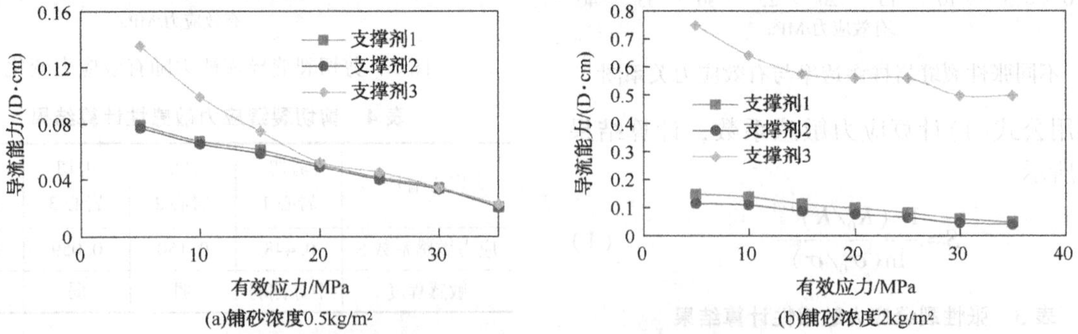

图6　不同铺砂浓度条件下三种支撑剂支撑裂缝导流能力对比

表5　剪切裂缝应力敏感性计算结果

岩心编号	剪切岩心1	剪切岩心2	剪切岩心3	剪切岩心4
应力敏感系数S	0.448	0.150	0.059	0.149
敏感程度	中等偏弱	弱	弱	弱

2.3　自支撑裂缝与微粒径支撑剂支撑裂缝导流能力对比分析

由图7可以看出，充填0.5kg/m²微粒径支撑剂1填砂缝导流能力与剪切缝相当，充填2kg/m²微粒径支撑剂1填砂缝导流能力约为剪切缝导流能力 2 倍；剪切裂缝及充填微粒径支撑 1 填砂缝导流能力比张性裂缝导流能力高近 3 个数量级。

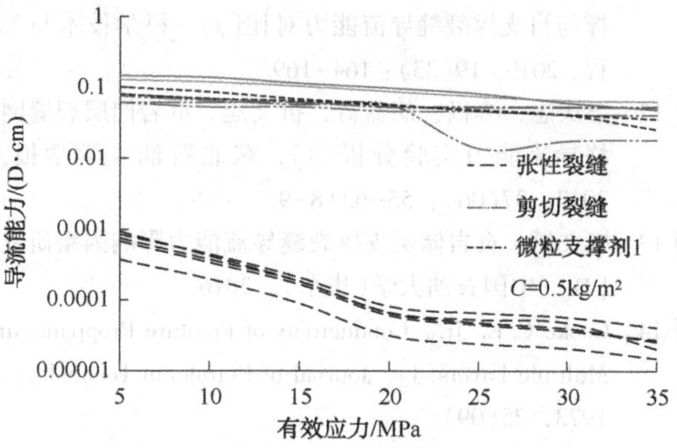

图 7　自支撑裂缝与微粒径支撑剂支撑裂缝导流能力对比

由图 8 可知，充填微粒径支撑剂后，裂缝导流能力应力敏感性与剪切裂缝相当，约为张性裂缝 1/2。由此可知，在深层页岩气加砂压裂过程中，添加微粒径支撑剂可以提高水力裂缝的支撑效果。

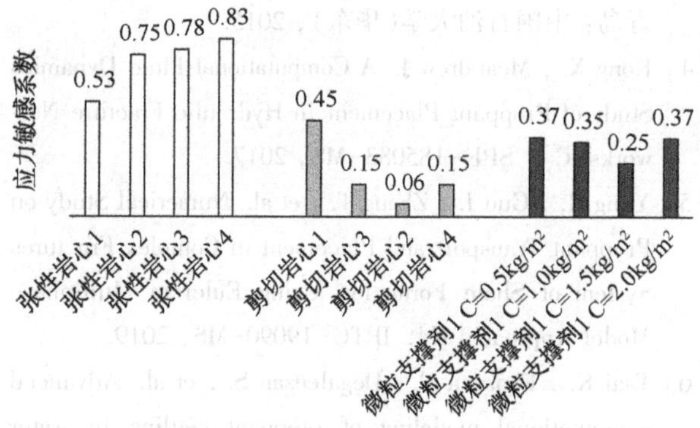

图 8　自支撑裂缝及微粒径支撑剂支撑裂缝应力敏感性对比

3　微粒径支撑剂现场应用

微粒径支撑剂在川渝地区深层页岩气 Z4 井开展了现场应用，以储层物性参数接近的同平台邻井 3 井作为对比井。两口井施工参数及生产数据如表 6 所示。由表可知，试验井测试产量 34.7 万方，较对比井(测试产量 20.8 万方)提升 66.8%，且目前现阶段生产情况优于邻井。现场应用结果表明微粒径支撑剂对 EUR 提升具有较好效果。

表 6　微粒径支撑剂应用井及邻井施工参数及生产数据对比

井号	水平段长/m	压裂参数						生产数据		
		压裂长度/m	分段段长/m	施工排量/(m^3/min)	用液强度/(m^3/m)	加砂强度/(t/m)	测试产量/万方	套压/MPa	日产气量/万方	累产气量/万方
Z3	1553	1414	78.6(主体段 73)	18~20	31.1	3.2	20.8	20.1	7.0	517
Z4	1600	1580	71.8(主体段 71)	18~20	28.7	3.1	34.7	29.2	11.9	818

4　总结

本文通过导流能力实验探究了川渝地区页岩未支撑裂缝(张性裂缝、剪切裂缝)及微粒径支撑剂支撑裂缝导流能力，得到主要结论如下：

(1) 对于未支撑裂缝，随着有效应力增加，张性裂缝及剪切裂缝导流能力都迅速下降，有效应力 20MPa 时，张性裂缝几乎失去导流能力，而剪切裂缝导流能力比张性裂缝高三个数量级；

(2) 微粒径支撑剂可以有效增加裂缝导流能力，低铺砂浓度下(0.5kg/m^2)，其支撑裂缝导流能力与剪切裂缝及粉砂相当，而铺砂浓度达到 2kg/m^2时，微粒径支撑剂支撑裂缝导流能力约为剪切裂缝 2 倍，但较粉砂明显较低；微粒径支撑剂支撑裂缝应力敏感性与剪切裂缝相当，约为张性裂缝 1/2；

(3) 现场应用结果表明微粒径支撑剂可以提升深层页岩气井有效改造体积进而提高 EUR，因此，微粒径支撑剂可以在深层页岩气井推广应用。

参 考 文 献

[1] 钟颖．页岩气储层压裂改造暂堵支撑协同增效机理[D]．成都理工大学，2020.

[2] Sahai R., Miskimins J. L., Olson K. E. Laboratory Results of Proppant Transport in Complex Fracture Systems[C]. SPE-168579-MS, 2014.

[3] 李杨．体积压裂复杂缝网支撑剂沉降规律研究[D].

青岛：中国石油大学(华东)，2015.

[4] Kong X., Mcandrew J. A Computational Fluid Dynamics Study of Proppant Placement in Hydraulic Fracture Networks[C]. SPE-185083-MS, 2017.

[5] Yang R., Guo J., Zhang T., et al. Numerical Study on Proppant Transport and Placement in Complex Fractures System of Shale Formation Using Eulerian Multiphase Model Approach[C]. IPTC-19090-MS, 2019.

[6] Tsai K., Fonseca E., Degaleesan S., et al. Advanced computational modeling of proppant settling in water fractures for shale gas production[J]. SPE Journal, 2013, 18(1): 50-56.

[7] 冯国强，赵立强，卞晓冰，等．深层页岩气水平井多尺度裂缝压裂技术[J]. 石油钻探技术，2017，45(06)：77-82.

[8] 蒋廷学，卞晓冰，王海涛，等．深层页岩气水平井体积压裂技术[J]. 天然气工业，2017，37(01)：90-96.

[9] FREDD C N, MCCONNELL S B, BONEY C L, et al. Experimental study of fracture conductivity for water-fracturing and conventional fracturing applications[J]. SPE Journal, 2001, 6(03): 288-298.

[10] MORALES R H, SUAREZ-RIVERA R, EDELMAN E. Experimental evaluation of hydraulic fracture impairment in shale reservoirs[C]. Symposium on Rock Mechanics. 2011.

[11] 曹海涛，詹国卫，赵勇，等．川南深层页岩气藏支撑与自支撑裂缝导流能力对比[J]. 科学技术与工程，2019，19(33)：164-169.

[12] 温庆志，李杨，胡蓝霄，折文旭．页岩储层裂缝网络导流能力实验分析[J]. 东北石油大学学报，2013，37(06)：55-62+8-9.

[13] 毕文韬．页岩储层支撑裂缝导流能力影响因素研究[D]. 中国石油大学(华东)，2016.

[14] Cooke C. E. Jr.. Conductivity of Fracture Proppants in Multiple Layers[J]. Journal of Petroleum Technology, 1973, 25(09).

[15] Chen Chi, Wang Shouxin, Lu Cong, Liu Yuxuan, Guo Jianchun, Lai Jie, Tao Liang, Wu Kaidi, Wen Dilin. Experimental study on the effectiveness of using 3D scanning and 3D engraving technology to accurately assess shale fracture conductivity[J]. Journal of Petroleum Science and Engineering, 2022, 208(PC).

[16] 曲占庆，周丽萍，郭天魁，等．基于灰色关联法的裂缝导流能力影响因素分析[J]. 西安石油大学学报：自然科学版，2015，30(4)：5.

多级交替注入深度靶向酸压技术研究与现场实践
——以四川盆地深层海相碳酸盐岩为例

谢信捷[1] 唐锐峰[2] 汪晓星[2] 任冀川[3] 莫倩文[2] 杨若愚[2]

(1. 中国石油川庆钻探工程有限公司; 2. 中国石油西南油气田分公司勘探事业部; 3. 西南石油大学)

摘　要　本文融合常规钻、录、测井资料及声波远探测技术，综合分析储层岩性、物性、应力剖面数据及井周30m范围内缝洞体三维分布特征，采用酸蚀导流能力评价实验及多场耦合酸压数值模拟方法，分析不同流体、工艺参数下酸蚀裂缝形态与导流能力特征。形成了以一体化变粘胶凝酸为主要工作液体系的多级交替注入深度靶向酸压工艺技术，指导PY1井茅口组碳酸盐岩储层酸压施工，措施后测试产量156.55万方/天。现场微地震与示踪剂解释结果验证了所建立的多场耦合酸压数值计算模型的准确性与声波远探测技术的可靠性，裂缝形态参数模拟结果与现场微地震裂缝监测结果符合率在85%以上。建立的基于近井钻、录、测井数据及远井缝洞声波探测技术的精细优化酸压参数的方法，对于深层碳酸盐岩储层立体靶向酸压工艺优化具有借鉴意义。

关键词　深层碳酸盐岩；声波远探测井；多级交替注入；深度靶向酸压；现场应用

海相碳酸盐岩储层是油气勘探开发的重点和热点领域之一，我国先后发现并探明开发了安岳、普光、元坝、塔中、龙岗等一批深层碳酸盐岩油气田，对国内天然气产量的持续快速上升发挥了重要作用。四川盆地天然气总资源量为$39.94\times10^{12}m^3$，是我国天然气勘探开发最具潜力的盆地，其中海相碳酸盐岩天然气资源量为$14.33\times10^{12}m^3$，主要集中在深层、超深层储层，居全国各盆地之首。作为碳酸盐岩气藏勘探开发的主战场，四川盆地深层海相碳酸盐岩储层具有埋藏深、温度高、岩性致密、非均质强等特征，常规酸压技术面临沟通天然裂缝系统有限、酸液波及体积及在裂缝中作用距离受限、酸蚀导流能力难以长效保持等难点，影响了该类储层的经济有效开发。近年来，国内外学者在多级交替注入酸压技术方面进行了大量研究和现场试验，取得了较好的应用效果。现场实践经验表明，有效沟通储层缝洞系统是实现良好改造效果的关键；但目前，常规测井方法无法识别远井缝洞，导致酸压工艺优化存在一定的盲目性。为此，笔者在分析常规钻、录、测井资料的基础上，融合声波远探测井技术，在充分明确近井、远井储层地质特征的基础上，采用酸压数值模拟与导流能力评价实验相结合的方法，分析不同流体、工艺参数下储层酸蚀裂缝形态与导流能力特征，为工艺参数优化提供理论依据；与此同时，采用微地震监测、示踪剂等后评估手段，反向验证地质认识的准确性与工程实施的有效性，实现储层纵向与横向的立体化改造。

1　地质特征与工程挑战

1.1　储层埋藏深，岩性致密，施工排量受限

由于深层、超深层碳酸盐岩储层埋藏深、岩性相对致密、地应力高，且在钻完井过程中，储层长期暴露于高密度钻井液环境中，储层污染程度严重，导致地层吸液困难，进而难以破裂形成人工裂缝；同时受井口和设备承压能力的限制，难以建立较大施工排量。以四川盆地PS6井灯影组（灯二段）储层为例，储层段埋藏深度8830~8860m，最小水平主应力183MPa，由于储层致密，施工压力较高，试挤3次后酸液才成功注入地层；一般泵注排量在3方/分以下，施工排量受限，难以实现酸液深穿透，储层改造范围受到影响。如图1所示。

1.2　储层温度高，酸岩反应速率快，酸液有效作用距离提升难度大

四川盆地栖霞组、灯影组、长兴组、茅口组碳酸盐岩储层埋深5000~7500m，地层温度125~180℃。以茅口组储层岩石与胶凝酸酸岩反应速率随温度变化曲线为例，储层温度125~140℃，胶凝酸酸岩反应速率：$(6\sim9)\times10^{-5}mol/cm^2/s$ 在同一实验转速下，随着温度的增加，岩

盘溶蚀量增加，反应速率增加，当温度超过110℃时，酸岩反应速率迅速增加。相比茅口组储层，其他层位储层温度更高，酸岩反应速度更快，严重制约酸液作用距离。如表1、图2所示。

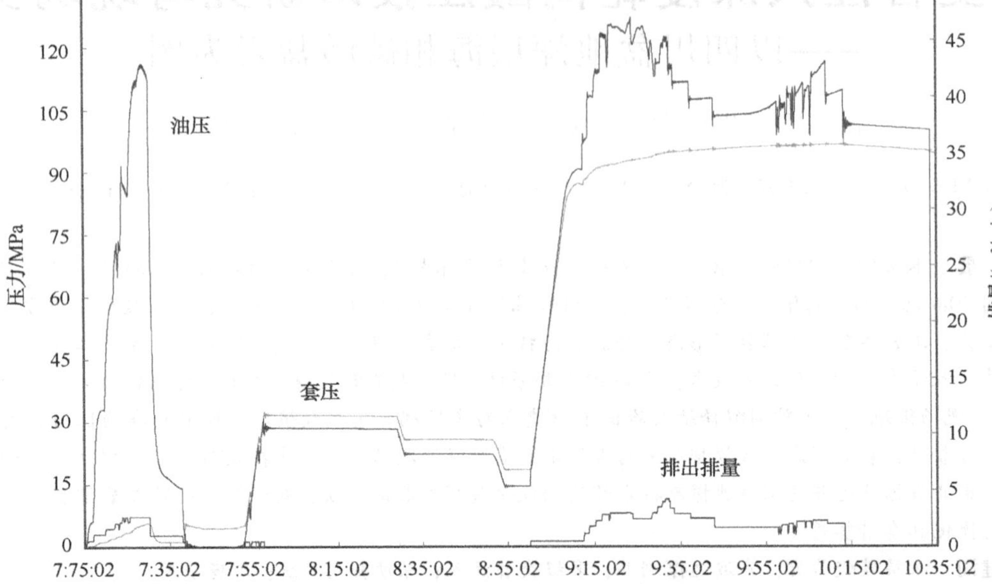

图1　PS6井灯影组酸压施工曲线

表1　四川盆地海相碳酸盐岩储层埋深与温度

对比项	川西栖霞组	蓬莱气区灯影组	元坝长兴组	川中茅口组
埋深/m	7200~7500	7000~9000	6700~7500	5000~6000
温度/℃	150~180	160~200	145~160	125~140

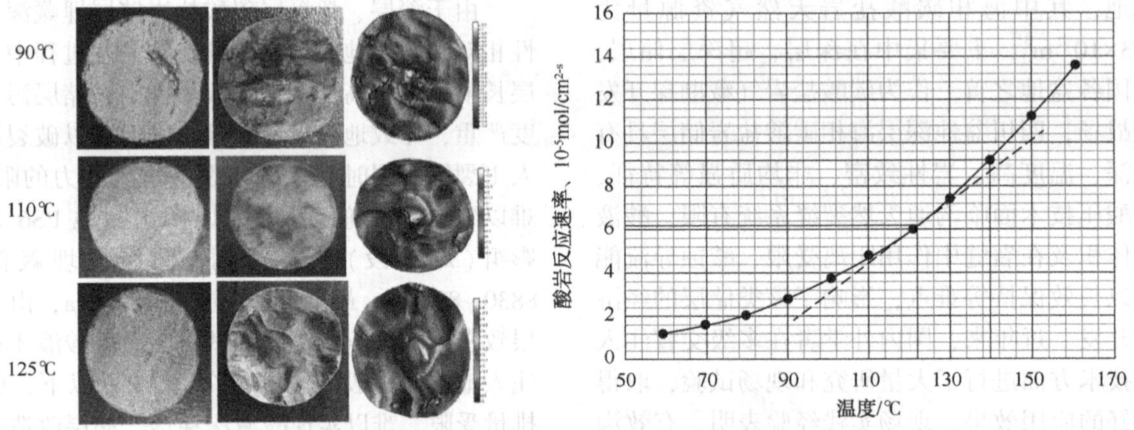

图2　茅口组储层胶凝酸酸岩反应速率随温度的变化

1.3　储层闭合应力较高，长效-高导流酸压裂缝保持难度大

深层、超深层碳酸盐岩储层埋藏深、闭合压力高，酸压裂缝导流能力较低，且裂缝容易失效，从而使酸压后油气井的产量递减快，稳产困难。四川盆地碳酸盐岩储层地应力普遍在120MPa以上，闭合应力在50~70MPa，其中栖霞组最小水平主应力150~165MPa；茅口组最小水平主应力100-155MPa。以PY3井茅口组储层为例，利用Kaiser声发射效应，对水平方向0°、45°、90°以及垂直方向岩心进行声发射实验，最小水平地应力在152.97MPa。如图3、图4、表2所示。

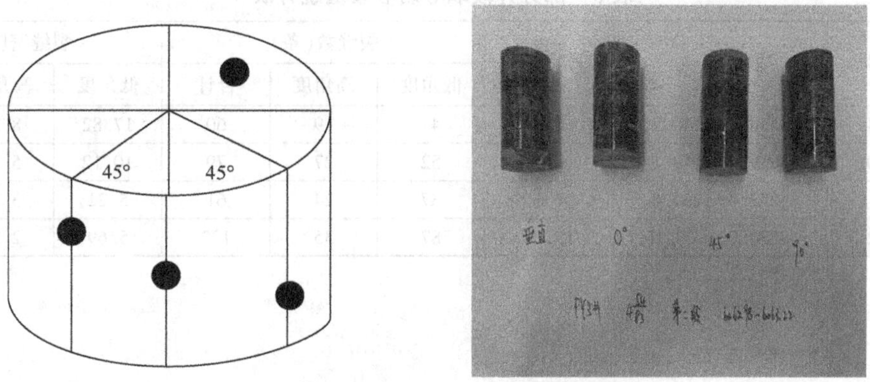

(a)Kaiser声发射实验取心示意图　　(b) PY3井茅口组6062.98-6063.22m

图 3　Kaiser 声发射实验岩心制备图

表 2　PY3 井茅口组水平地应力测试结果

井号	编号	Kaiser 点应力值/MPa			井深/m	最大地应力/MPa	最大地应力梯度/(MPa/100)	最小地应力/MPa	最小地应力梯度/(MPa/100)	有效应力系数/α
		0 度	45 度	90 度						
PY3	54/83	104.97	87.56	94.41	6063.10	179.43	2.959	152.97	2.523	0.479

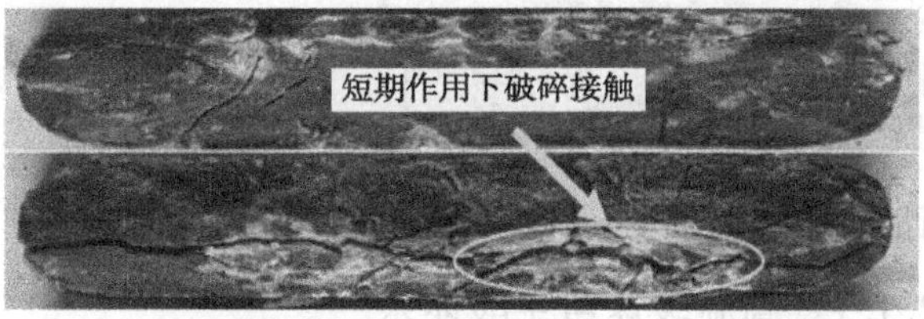

图 4　茅口组储层岩石酸蚀裂缝短期导流能力测试结果

1.4 储层非均质性强，横向与纵向均匀改造难度大

四川盆地碳酸盐岩储层非均质性极强，以龙女寺-合川地区茅口组储层为例，储层类型可划分为 4 类：缝洞型储层、裂缝-孔隙型储层、孔洞型储层和基质孔隙型储层；储层段云化程度差异大(白云石含量 10%～86%)、裂缝发育程度差异大(近井裂缝发育密度 7.98～26.08 条/米)、孔渗条件差异大(孔隙度 2%～4%、渗透率 0.1～10mD)、地应力差异大(同改造段内地应力最大相差 10MPa)，储层厚度薄且差异大(4～22.5m)，均匀布酸/均衡改造难度大。如图 5、图 6、表 3 所示。

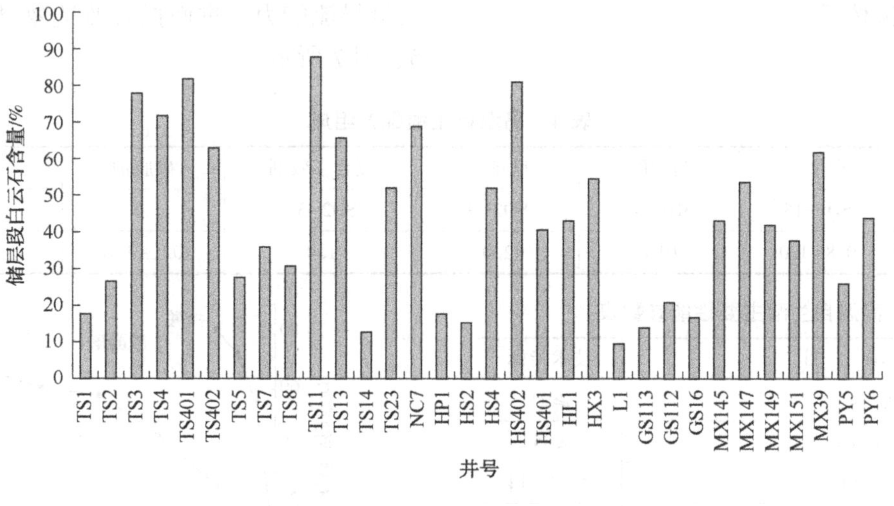

图 6　龙女寺-合川地区茅二下储层段测井解释白云石含量

表 3　部分井段取心岩心裂缝统计表

云化程度	井号	取芯深/m	厚度/m	裂缝数(条)			裂缝密度(条/米)		
				低角度	高角度	合计	低角度	高角度	合计
强云化区	HS4	4338.4-4340.7	2.3	41	19	60	17.82	8.26	26.08
	HS402	4639.4-4649.1	5.14	52	27	79	10.12	5.25	15.37
弱云化区	HSX1	4257.4-4264.5	7.1	37	24	61	5.21	3.38	8.59
	HS2	4334.9-4351.0	15.28	87	35	122	5.69	2.29	7.98

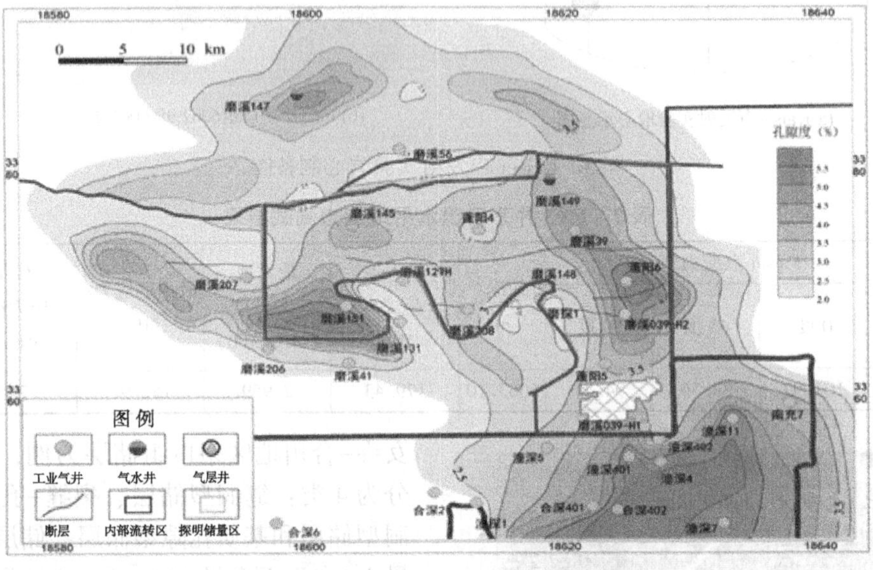

图 6　龙女寺区块茅二下储层孔隙度平面图

2　酸液体系与性能评价

2.1　常规酸液体系

经过多年的室内研究与现场实践，四川盆地碳酸盐岩酸压配套常规工作液体系主要有 3 大类：高温缓速自生酸体系、高温缓蚀胶凝酸体系、自转向酸液体系。

2.1.1　高温缓速自生酸体系

基于有机酸盐水解反应原理，自主研发第三代自生酸液体系，当量盐酸浓度最高可达 10%；缓速性能好，200℃下缓速能力是盐酸的 10 倍以上，胶凝酸的 3 倍以上。凭借其优良的缓速性能，实现酸压裂缝端部刻蚀，提高远井地带酸蚀裂缝导流能力，进而提升改造效果。如表 4、表 5、图 7 所示。

表 4　高温自生酸配方组成

名称	稠化剂	自生酸	助排剂	复合多效剂	破胶剂	交联剂
代号	SD1-15	SD1-44	SD2-9	SD2-33	/	SD2-37
加量/%	0.8~1.0	10.0	2.0	1.0	0.1~1.0	0.3~0.6

表 5　高温自生酸主要性能参数表

项　目	技术指标
粘度($170s^{-1}$)/mPa·s	≥21
残酸表面张力/(mN/m)	<35
耐温能力，($170s^{-1}$)/℃	≥135.14
自生酸有效氢离子浓度(以 HCl 计)/%	≥6
交联时间/s	60-600 可调
交联液耐温耐剪切性能(90℃，1h)/mPa·s	≥50

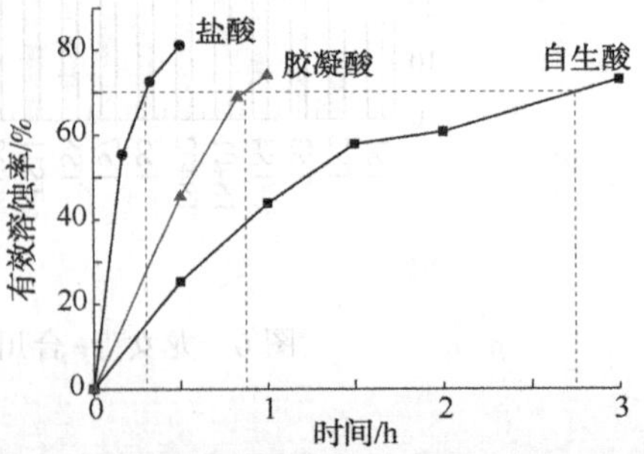

图 7　自生酸、胶凝酸、盐酸缓速性能对比

2.1.2 高温胶凝酸体系

优选溶解性好、高温稳定性强的阳离子型聚丙烯酰胺乳液以及多点吸附型高温酸化缓蚀剂，耐温160~180℃，常温、170s^{-1}剪切速率下表观粘度大于27mPa·s，180℃腐蚀速率低于60g/(m^2·h)。如表6、表7所示。

表6 高温胶凝酸配方组成

名称	盐酸	缓蚀剂	胶凝剂	铁离子稳定剂	助排剂	复合多效剂	缓释增效剂
代号	/	SD1-41	SD1-31	SD1-11	SD2-9	SD2-33	SD1-2B
加量/%	20.0	2.5	3.0	1.0	1.0	1.0	1.0

表7 高温胶凝酸主要性能参数表

酸液	项目	评价结果
高温胶凝酸	180℃腐蚀速率/(g/m^2·h)	<60
	常温下表观粘度(170s^{-1})/mPa·s	>27
	返排液表面张力/(mN/m)	<32

2.1.3 自转向酸液体系

转向酸是通过pH值和钙镁离子浓度变化实现变粘转向均匀酸化的，随着酸岩反应的进行，酸液粘度不断增大，酸液的滤失量随之降低，进而封堵储层中高渗透区域，使得低粘度新鲜酸液更容易进入低渗透带，达到改造低渗透带的目的。该酸液体系适用储层温度90~150℃，高温条件下具有较好的稳定性。如表8、图8所示。

表8 高温自生酸主要性能参数表

评价参数	性能指标
鲜酸表观粘度(常温)/mPa·s	30
峰值粘度(常温)/mPa·s	180
峰值粘度(90℃)/mPa·s	80
峰值剪切粘度(90℃)/mPa·s	41
鲜酸表面张力/(mN/m)	31.5
腐蚀速率(90℃静态)/[g/(m^2·h)]	0.88

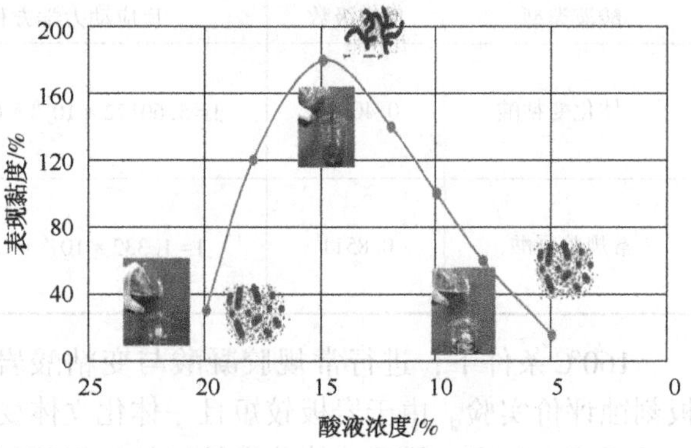

图8 转向酸粘度随酸液浓度变化

2.2 一体化变粘胶凝酸体系

2.2.1 体系配方与基础性能

深层/超深层碳酸盐岩储层具有埋藏深、温度高、破裂压力高、地应力高、储集空间类型多样、非均质性强等特点。对酸液在高温下稳定性、缓蚀性、缓速性、降阻性等关键性能提出了更高的要求。根据目前碳酸盐岩开发对酸液的需求，研发出用一种乳液稠化剂，实现一体化高温变粘酸粘度从3~270mPa·s可调。如表9、表10所示。

表9 高温一体化变粘胶凝酸配方组成

名称	盐酸	缓蚀剂	缓蚀增效剂	胶凝剂	铁离子稳定剂	助排剂	复合多效剂
代号	/	SD1-41	SD1-2B	SD1-31	SD1-11	SD2-9	SD2-33
加量/%	20.0	3.0	1.0	1.0-4.0	1.0	1.0	1.0

表10 高温一体化变粘胶凝酸主要性能参数表

项 目		技术指标	室内实验结果
酸浓度/%		20±1	20.1
粘度(170s^{-1})/mPa·s	1.0%胶凝剂	≥9	12
	4.0%胶凝剂	≥40	45
动态腐蚀速率/(g/m^2·h)，140℃		≤45	27.1
残酸表面张力/(mN/m)		≤35	33.5
耐温能力，(170s^{-1})，℃高粘酸		≥135.14	160

2.2.2　性能优势分析

（1）缓速性更强，有利于实现深部刻蚀

乳液稠化剂 SP-JZ 具有耐温性能好的刚性基团，且在酸液中能很好的伸展，形成粘度较高的稠化酸，对 H+实现包裹达到缓速释放的目的。通过对比胶凝酸，一体化高温变粘酸反应级数更低，说明其受到酸液浓度影响更小，在地层中反应时液体性能更加稳定；一体化高温变粘酸活化能更高，说明一体化高温变粘酸分子变成可参与反应的活化分子需要吸收的能量更高，即缓速性能更好，能够实现裂缝远端刻蚀，达到深穿透的目的。变粘酸传质系数更低，酸液对流扩散作用弱，H+与岩石之间反应频率更低，缓速效果更好。如表 11 所示。

表 11　一体化变黏酸与常规胶凝酸酸岩反应动力学参数对比表

酸液类型	反应级数	反应动力学方程	活化能/(J/mol)	H^+传质系数/(cm^2/s)
一体化变粘酸	0.40226	$J=5.60122*10^{-6}*C^{0.40226}$	46910.5	1.74E-06
				2.59E-06
				2.91E-06
常规胶凝酸	0.8511	$J=1.332*10^{-6}*C^{0.8511}$	9387.089	3.32E-06
				8.79E-06
				1.03E-05

160℃条件下，进行常规胶凝酸与变粘酸岩板刻蚀评价实验。由于岩板较短且一体化立体变粘酸缓速率较高，导致一体化变粘酸较常规胶凝酸较低，表明一体化立体变粘酸缓速性能较好，较常规的胶凝酸穿透的距离更远。如表 12、图 9 所示。

表 12　一体化变黏酸与常规胶凝酸岩板刻蚀数据

酸液类型	上岩板刻蚀前重/g	上岩板刻蚀后重量/g	下岩板刻蚀前重量/g	下岩板刻蚀后重量/g	酸蚀率/%
常规胶凝酸	423.97	378.99	424.77	374.94	11.1
一体化变粘酸	427.74	385.6	427.79	384.76	9.9

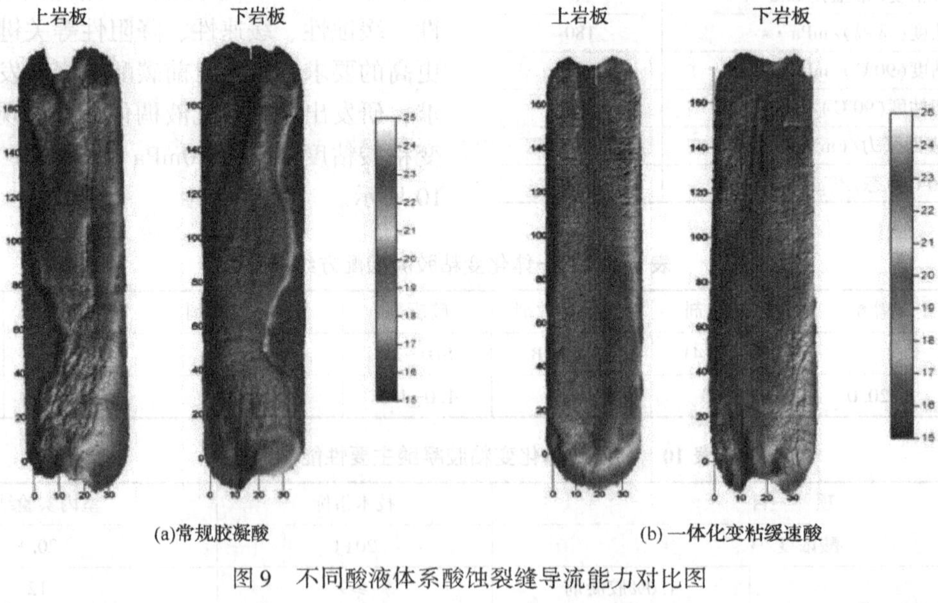

(a)常规胶凝酸　　(b)一体化变粘缓速酸

图 9　不同酸液体系酸蚀裂缝导流能力对比图

（2）降阻效果更优，有利于提高施工排量

一体化变黏酸液体系耐剪切性能良好，在高速剪切条件下，黏粘度可稳定保持在 40mPa·s 左右。与此同时，基于现场实际施工压力变化曲线，通过对比分析同区块同层位不同单井不同液体类型酸压改造后停泵压力数据、施工排量与井口压力数据发现，一体化变粘胶凝酸体系降阻率高达 75%以上，大大提升了酸压施工排量。如图 10、图 11、表 13 所示。

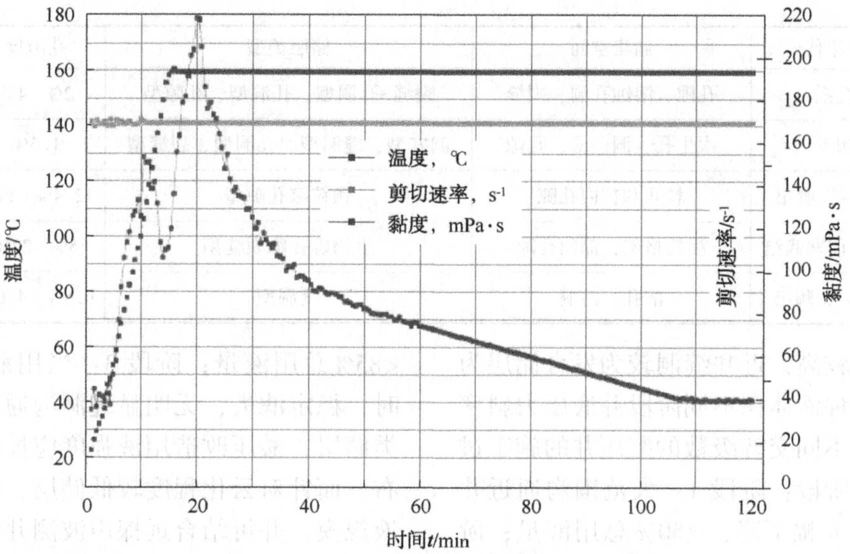

图 10　160℃酸液高温流变曲线图

表 13　PS13 井第 2、3 次酸压改造排量及液体降阻率数据

改造次数	液体类型	排量/(m^3/min)	实际摩阻/MPa	降阻率/%
第 2 次	胶凝酸	4	26.7	64
第 3 次	一体化变粘酸(高粘)	6.6	43.57	76.5
	一体化变粘酸(低粘)	4	15.91	79.8

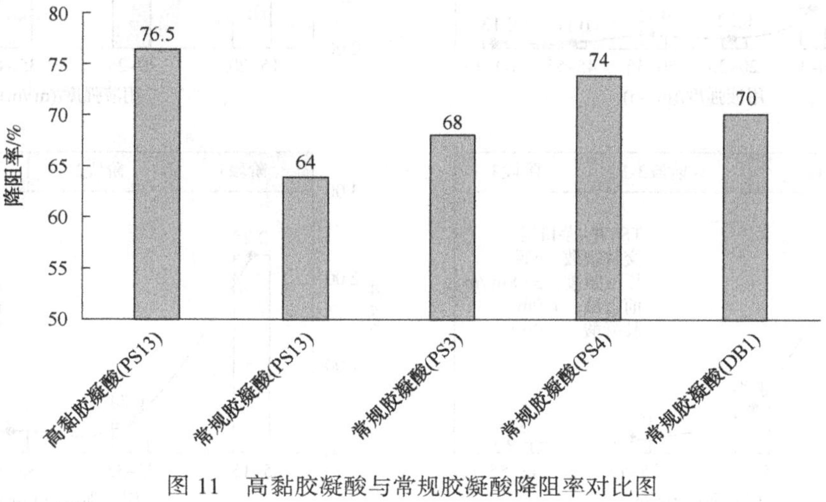

图 11　高黏胶凝酸与常规胶凝酸降阻率对比图

3　酸压工艺参数优化

3.1　用液规模

用液规模与储层地质条件密切相关，四川盆地碳酸盐岩储集空间多样、储层类型复杂，仅发育厘米-毫米级孔洞和微细天然裂缝，孔缝搭配复杂、连通性差，与国内外高孔高渗孔隙型储层基质酸化、塔里木盆地洞穴型储层找洞串洞酸压存在差异。如表 14 所示。

表 14　国内外典型碳酸盐岩油气储层特征对比表

地区	地质年代	储集空间	储层类型	孔隙度	渗透率
高磨	震旦系	孔隙、溶蚀孔洞、裂缝	裂缝-孔洞型、孔洞型、孔隙型	3.87%	0.51mD
川西	二叠系栖霞组	孔隙、溶蚀孔洞、裂缝	裂缝-孔洞型、孔洞型	3.11%	<1mD

续表

地区	地质年代	储集空间	储层类型	孔隙度	渗透率
川中	二叠系	孔隙、溶蚀孔洞、裂缝	裂缝-孔洞型、孔洞型、孔隙型	2%~4%	0.1~10mD
塔中	奥陶系	次生孔、洞、缝，孔隙	洞穴型、缝洞型、孔洞型、裂缝型	1.5%	7mD
中东	白垩纪~二叠纪	粒间和粒内孔隙	颗粒滩孔隙型	12.4%~19%	37~1000mD
俄罗斯	二叠纪~前寒武纪	生物格架，晶间孔隙	生物礁孔隙裂缝型	5%~22%	0.1~35mD
北美	二叠纪~奥陶纪	溶孔、溶洞	缝洞型	0.5%~4.6%	0.1~10mD

以云化程度较高，近井缝洞较为发育储层为例，通过对比同种液体在不同阶段井底压力斜率变化发现，采用不同交替级数的酸压井的施工过程均可分为3个阶段：阶段1：大范围沟通近井带缝洞体，压力大幅下降，<50%总用液量；阶段2：持续沟通中远端缝洞体，压力小幅下降，<85%总用液量；阶段3：当用液强度>40方/m时，稳定滤失，无明显缝洞沟通显示。故推荐此类储层，酸压改造用液强度应控制在40方/m左右。而针对云化程度较低储层，则需适当增大用液规模，并可结合远探声波测井解释结果进一步优化液量。如图12所示。

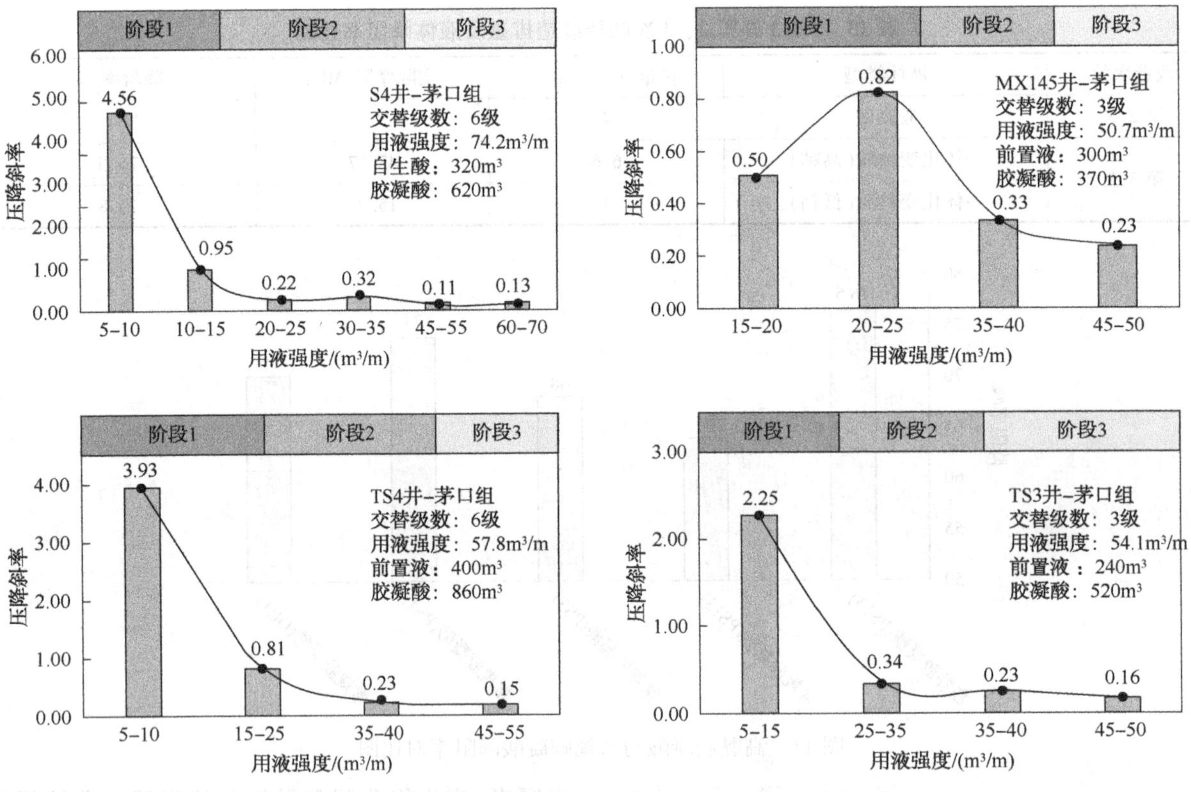

图12　酸压过程中不同阶段压降显示与用液强度的关系

3.2　用液比例

以前置液酸压（交替级数为1级）为例，井底温度随注液量的增加呈现出先快速下降后趋于平衡的趋势，为了最大化利用前置液的降温作用，又同时兼顾前置液占比对酸压裂缝形态的影响，前置液占比应不超过总液量的45%。如图13~图15所示。

3.3　交替级数

模拟了前置液酸压（一级）、二级、三级交替注入条件下（前置液200m³，酸液400m³总量恒定）裂缝形态及刻蚀特征；随交替级数的增加，裂缝高度在二级交替注入时增加最为明显（较一级增加3.4m），在增加至三级交替时仅增加0.4m；缝高则随交替级数的增加而增加，一级到二级增加9.8m（15%↑），二级到三级有所减缓，仅增加8%。如图16~图18所示。

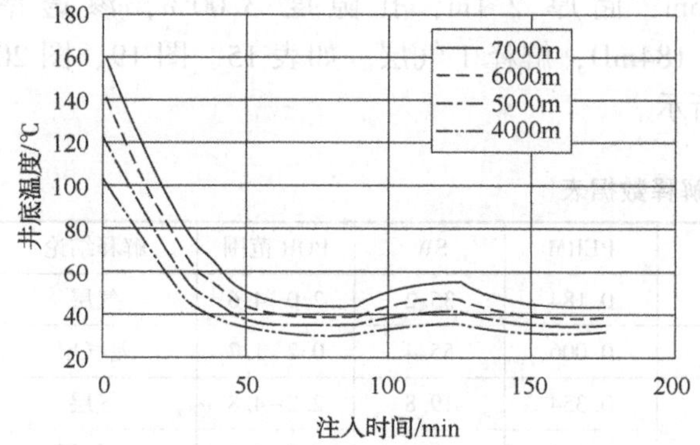

图 13 不同深度下井底温度温度随注入时间变化

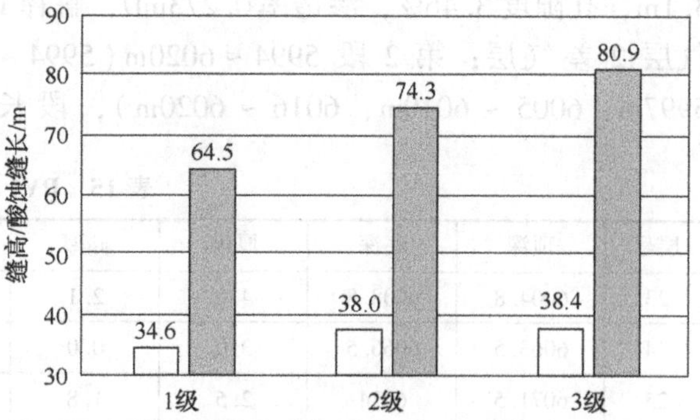

图 17 不同交替级数酸蚀缝长和缝高的影响

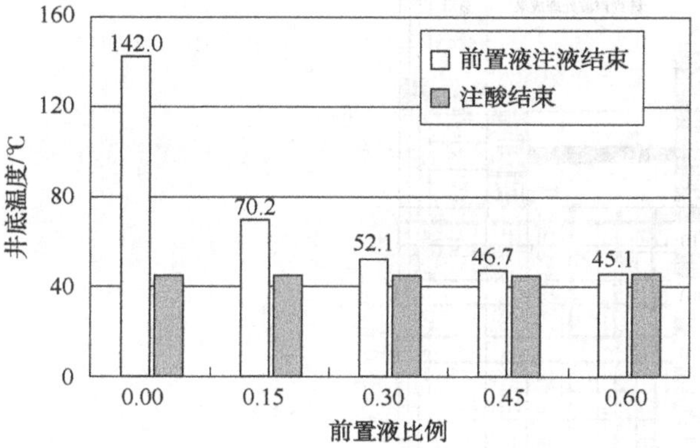

图 14 不同注入液量下对注酸阶段井底温度的影响

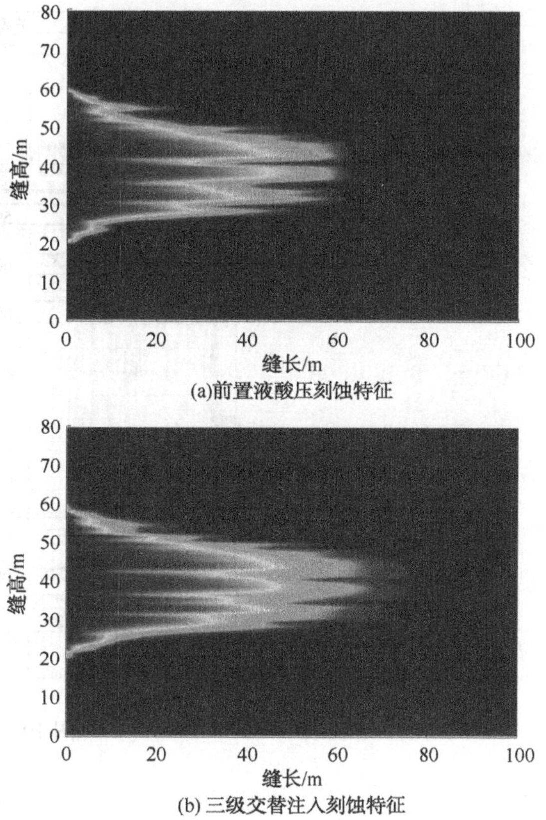

图 18 不同交替级数酸蚀裂缝形态

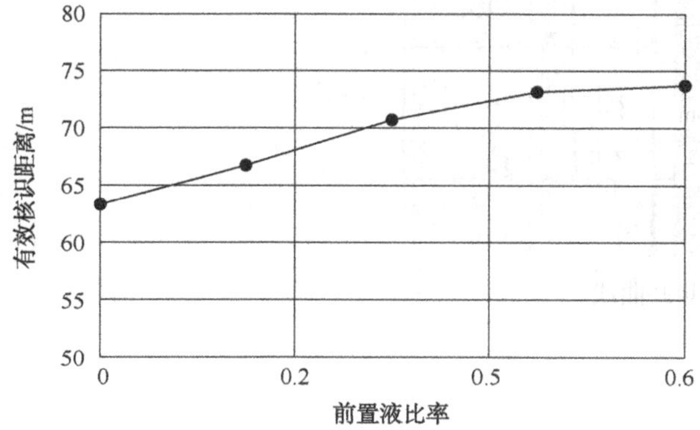

图 15 前置液占比对有效酸蚀缝长

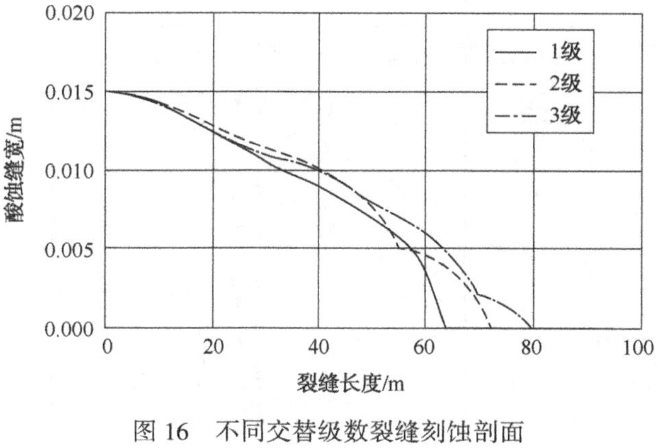

图 16 不同交替级数裂缝刻蚀剖面

4 现场实施效果及后评价

4.1 目标井层概况

4.1.1 井层基本条件

PY1 井为一口直井/预探井，采用射孔完井方式。纵向上测井解释 2 段气层、2 段差气层，且云化程度存在差异。横向上结合声波远探测手段，6072~6077m 见井旁溶蚀孔洞、裂缝，且与最大主应力方向重合，存在较大沟通概率。由于储层纵、横向物性条件存在较大差异，故对茅二段 5994 ~ 6086m 分 2 段酸化改造，纵向跨度 92m；第 1 段 6063 ~ 6086m，段长 23m，储厚

3.1m，孔隙度3.46%，渗透率0.273mD，解释1气层2差气层；第2段5994～6020m（5994～5997m、6005～6010m、6016～6020m），段长26m，储厚2.1m，孔隙度3.00%，渗透率0.184mD，解释1气层。如表15、图19、图20所示。

表15　PY1井测井解释数据表

层号	顶深	底深	厚度	储厚	POR	PERM	SW	POR范围	解释结论
23	6004.8	6008.8	4.0	2.1	3.0	0.184	35.2	2.0~4.6	气层
24	6063.5	6066.5	3.0	0.0	1.0	0.006	55.4	0.2~1.7	差气层
25	6071.5	6074	2.5	1.8	3.8	0.354	19.8	2.2~4.8	气层
26	6077.2	6085	7.8	1.3	3.0	0.162	6.6	2.3~4.1	差气层

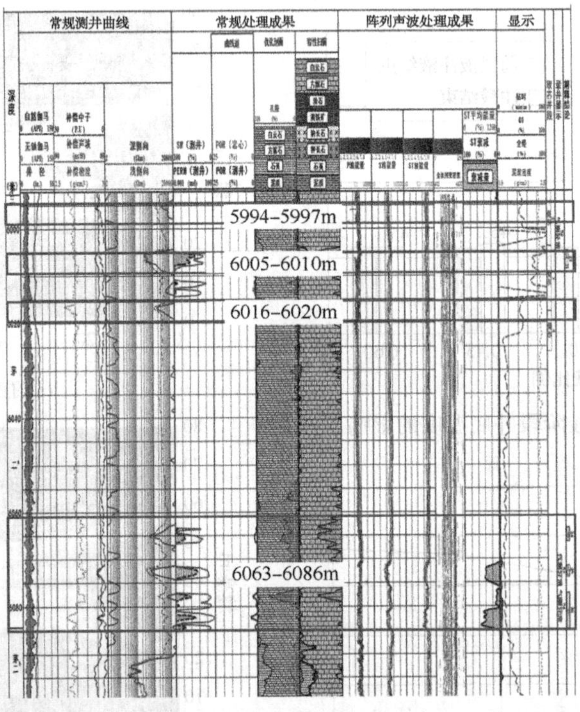

图19　PY1井测井曲线

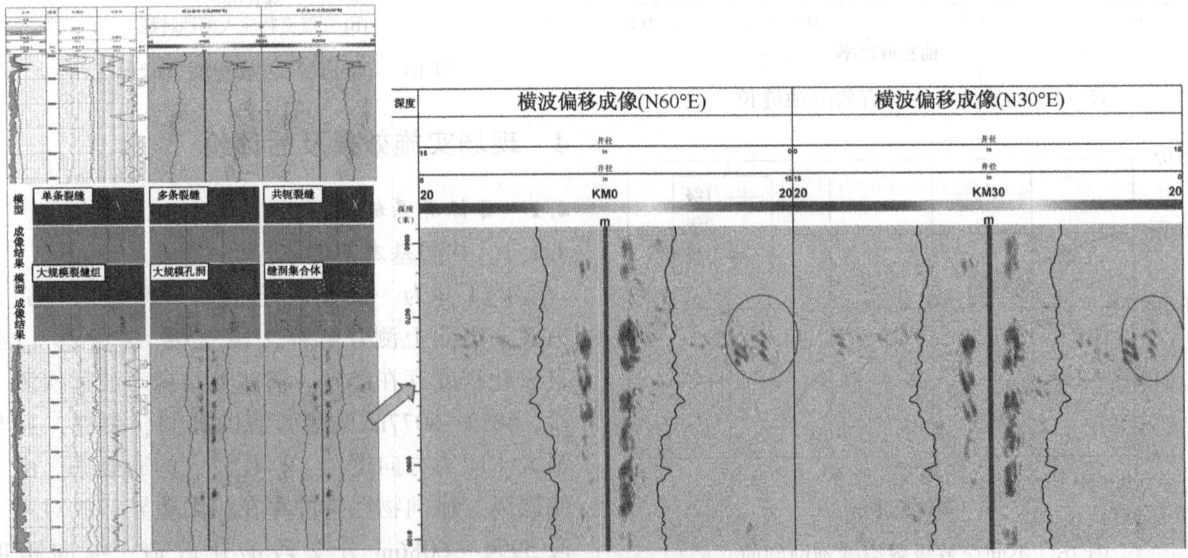

图20　PY1远探声波测试解释结果

4.1.2 改造目标与对策

通过酸压改造提高酸蚀导流能力以及酸蚀裂缝长度，增大改造范围，沟通储层天然缝洞系统，提升改造效果。茅口组储层较致密、测井解释低孔低渗特征、溶洞欠发育，开展大规模多级交替注入酸压进行深度改造，力争造长缝沟通远井储集体，提升改造效果；储层温度较高（134℃），存在酸岩作用距离短的问题，优选一体化变粘胶凝酸具有降阻率高、缓速性好的特点，可提高施工排量、增加酸液有效作用距离；同时采用自生酸前置液体系，利用其前置造缝、降温缓速、深部刻蚀、指进效应作用，进一步提升酸蚀缝长和裂缝导流能力；井口作业范围内，尽量提高施工排量，增大酸液波及范围，沟通远井缝洞系统，提高改造效果。如表 16 所示。

表 16　PY1 井酸压工艺参数汇总表

酸压工艺	自生酸前置液+一体化变粘胶凝酸交替注入投球分段酸压工艺
第 1 段	6063～6086m
第 2 段	5994～5997m，6005～6010m，6016～6020m
注入方式	油管注入
酸压规模/m^3	1320
一体化变粘酸/m^3	320
自生酸/m^3	1000
一体化变粘酸施工排量/(m^3/min)	4.0～5.0
自生酸施工排量/(m^3/min)	3.0～4.0

4.2　酸压施工过程分析

（1）酸压施工概况

2023. 8. 16 日 07：00-19：06 完成 PY1 井茅口组（5994 ～ 5997m、6005 ～ 6010m、6016 ～ 6020m、6063～6086m，厚度 35m，跨度 92m）自生酸前置液+一体化变粘胶凝酸多级交替注入投球分段酸压工艺施工，采用 88.9mm 油管施工，油管容积 24.4 方，累计注入井筒液量 1396.62 方，其中：自生酸 320 方，一体化变粘胶凝酸酸 1000 方，降阻水 30 方，清水 46.62 方。如图 21 所示。

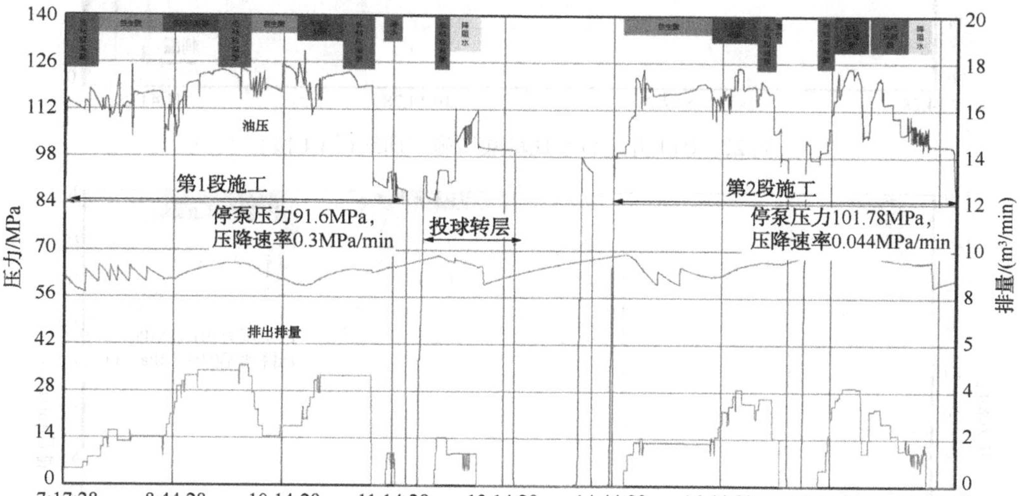

图 21　PY1 井茅口组现场酸压施工曲线(整体)

（2）施工曲线分析

第 1 段(6063～6086m)：累计注入井筒液量 800 方，其中：自生酸 200 方，胶凝酸 600 方。施工过程中最高施工油压 124.8MPa，一般油压 118-124MPa；套压 60～70MPa，最高排量 5.1 方/min。自生酸泵注阶段一般排量 2.05～2.25 方/分，胶凝酸泵注阶段一般排量 4～5 方/min。第 1 段施工结束停泵压力 91.6MPa，10 分钟后降至 88.6MPa，压降速率 0.3MPa/min。排除摩阻、排量影响，第 1 段施工过程中出现了 7 次明显的压降响应，压降幅度梳理如下：①低黏胶凝酸入地后压力由 114 降至 111MPa；②高黏胶凝酸入地后压力由 115 降至 103MPa；③低黏胶凝酸入地后压力由 123 降至 121MPa；④低黏胶凝酸入地后压力由 124 降至 123MPa；⑤自生酸入地后压力由 119 降至 117MPa；⑥自生酸入地后压力由 124.8 降至 119.6MPa；⑦高黏胶凝酸入地后压力由 115 降至 110MPa。

第 2 段（5994 ~ 5997m、6005 ~ 6010m、6016~6020mm）：累计注入井筒液量 596.62 方，其中：自生酸 120 方，胶凝酸 400 方，降阻水 30 方，清水 46.62 方。施工过程中最高施工油压 124.7MPa，一般油压 119 ~ 124MPa；套压 60~70MPa，最高排量 4.2 方/min，自生酸泵注阶段一般排量 1.85~2.05 方/min，胶凝酸泵注阶段一般排量 3.8~4.2 方/min。第 2 段施工结束停泵压力 101.78MPa，10 分钟压降至 101.34MPa，压降速度 0.044MPa/min。排除摩阻、排量影响，第 2 段施工过程中出现了 3 次明显的压降响应，压降幅度梳理如下：①自生酸入地后压力由 1118 降至 116MPa；②低粘胶凝酸入地后压力由 120 降至 117MPa；③低粘胶凝酸入地后压力由 123 降至 115MPa。如图 22、图 23 所示。

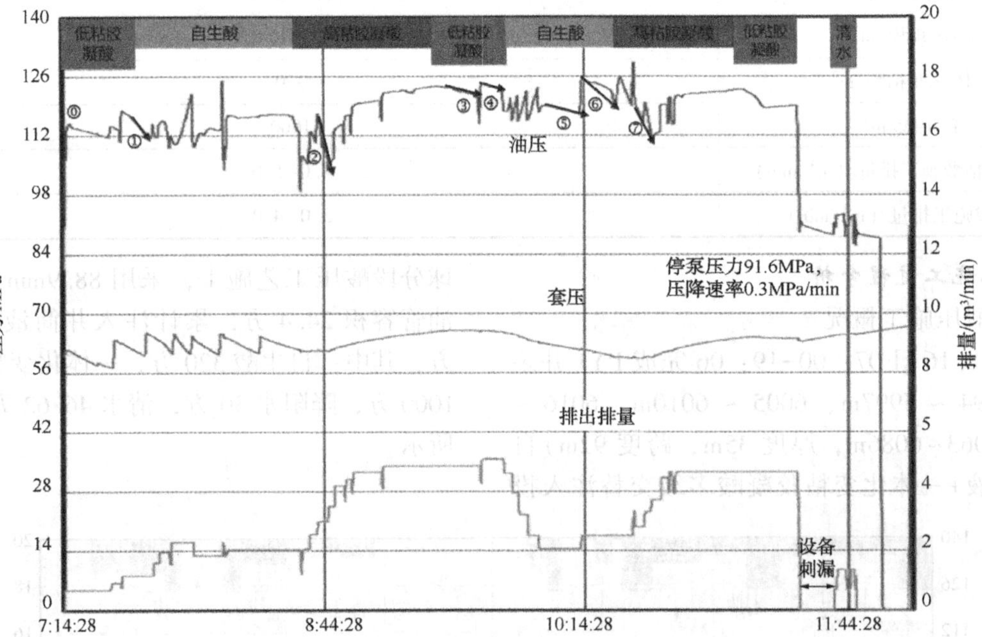

图 22　PY1 井茅口组现场酸压施工曲线(第 1 段)

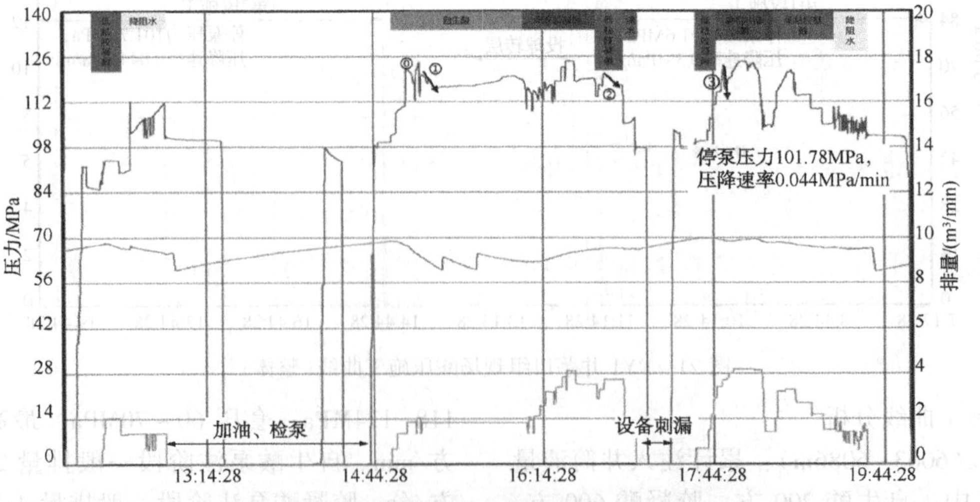

图 23　PY1 井茅口组现场酸压施工曲线(第 2 段)

4.3 增产效果与后评价

（1）排液测试情况

本井与8月16日20：20开始放喷排液。8月17日11：00，针阀开度27%，油压67.21MPa，瞬时产气量为61.9×$10^4 m^3/d$，产气量持续上升。截止17：30，油压79.69MPa，累计返排371m^3，返排率25.96%，瞬时产气量156.55×$10^4 m^3/d$。如图24所示。

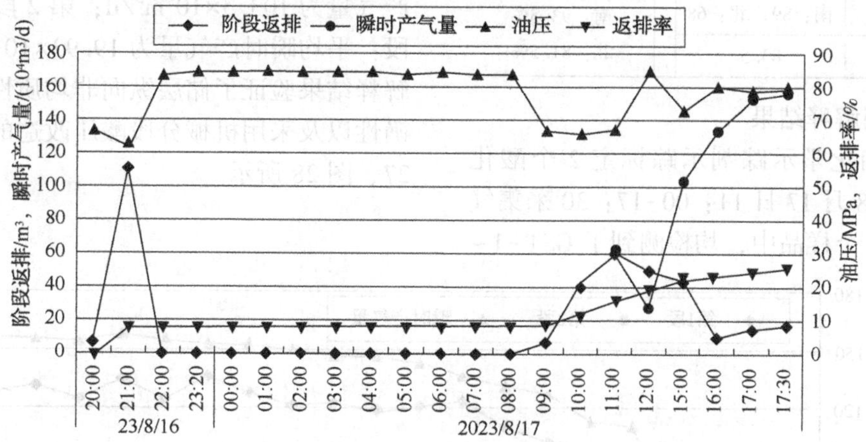

图24　PY1井茅口组排采曲线

（2）微地震解释结果

基于现场施工曲线反演得到的酸压裂缝形态与微地震解释结果符合率在80%以上。如图25、图26所示。

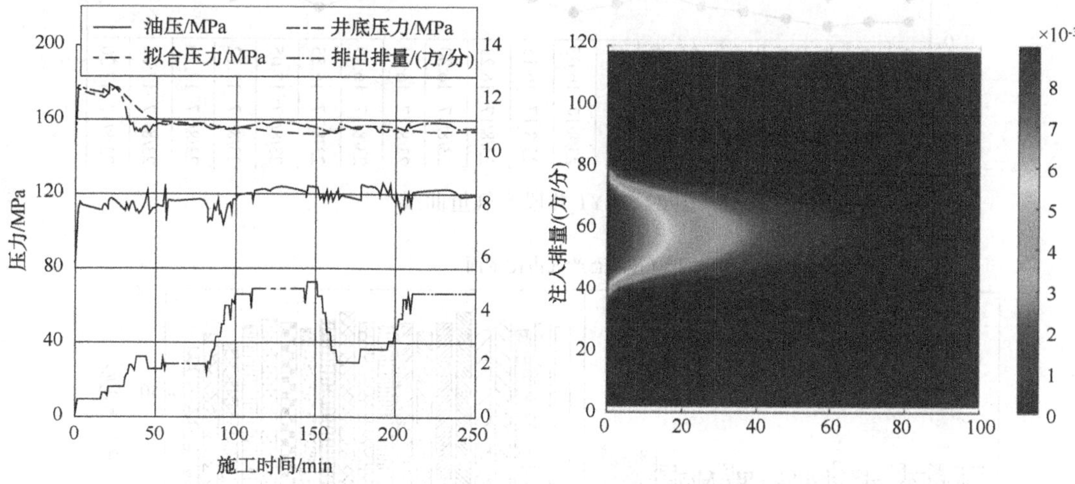

图25　第1段净压力拟合与裂缝形态图

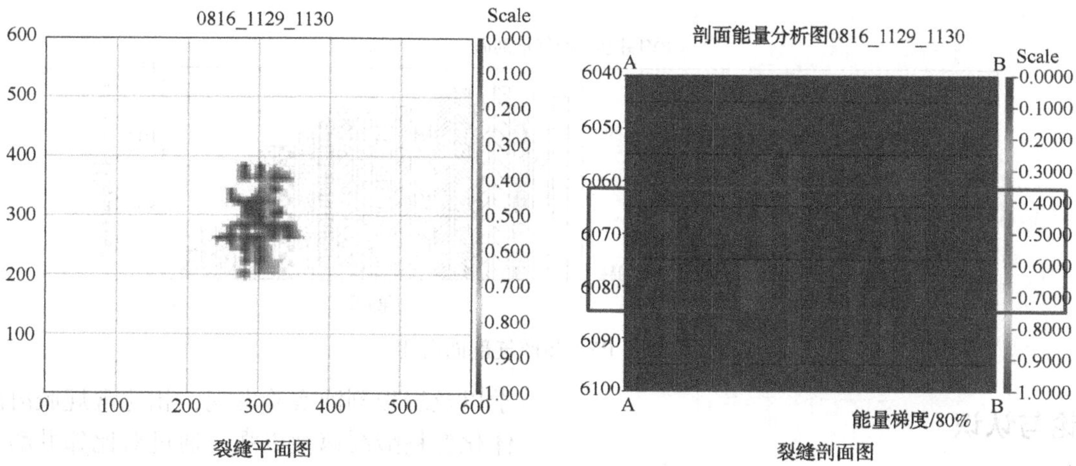

图26　第1段微地震监测结果

表 17　PY1 井裂缝拟合形态与微地震解释结果对比表

结果类型	水力半缝长/m	水力缝长符合度
第 1 段微地震解释	南：112、北：92	南：88% 北：93%
第 1 段软件模拟	99	
第 2 段微地震解释	南：89、北：68	南：93.5% 北：81.5%
第 2 段软件模拟	83.5	

（3）示踪剂解释结果

用 2 种气相化学示踪剂示踪标定 2 个酸化段，于 2023 年 8 月 17 日 11：00-17：30 采集气样 20 个，在 20 个样品中，均检测到了 GST-1～2 号示踪剂，表明各酸化段在监测期间均产气。第 1 段为高产气贡献段占比在 72.88～89.62%，第 2 段为低产气贡献段占比在 10.38%～27.12%。第 1 段为为高产气贡献段：平均瞬时产气量为 103.3×10^4m^3/d；第 2 段为低产气贡献段：平均瞬时产气量为 19.93×10^4m^3/d，示踪剂解释结果验证了储层纵向非均质性地质解释的准确性以及采用机械分段酸压改造的有效性。如图 27、图 28 所示。

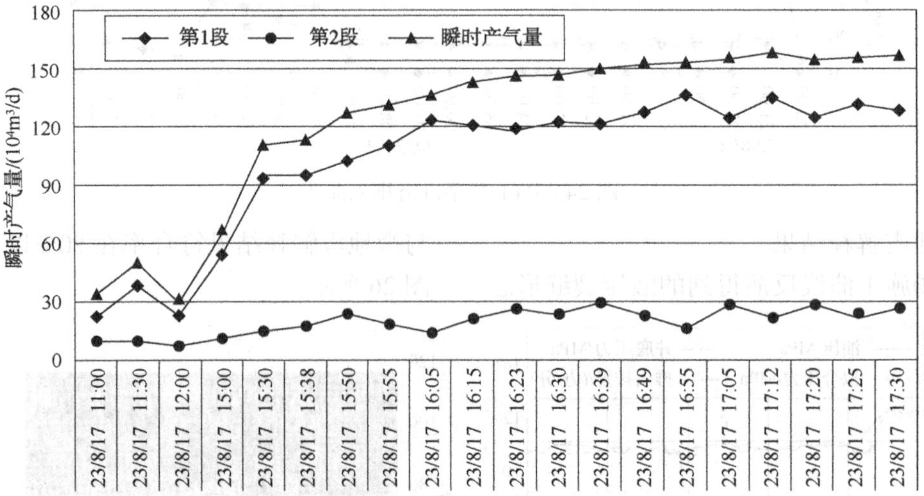

图 27　PY1 井段产气量曲线

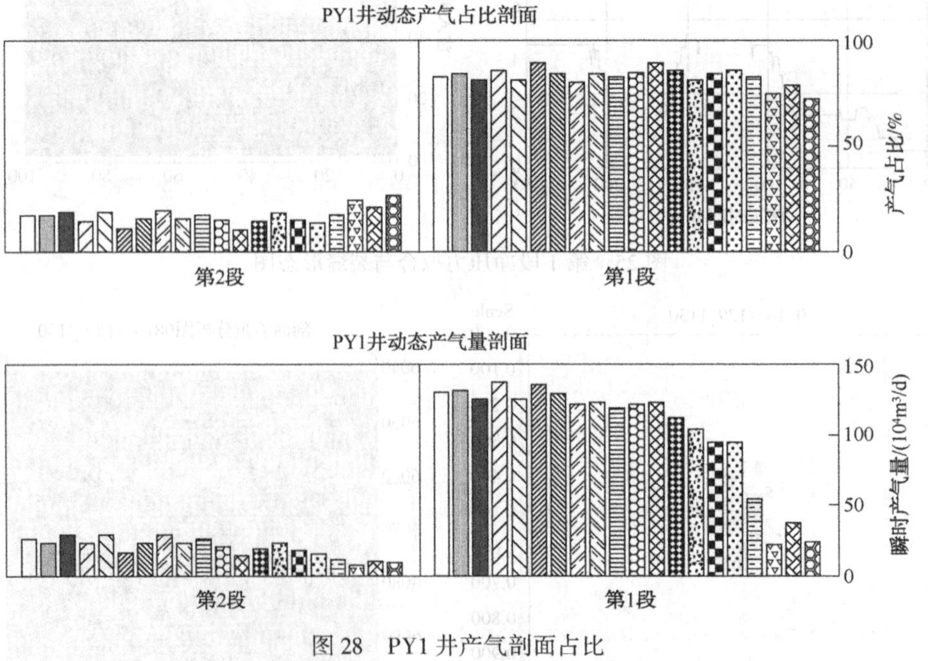

图 28　PY1 井产气剖面占比

5　结论与认识

（1）酸液体系方面，通过开展酸岩反应动力学以及岩板刻蚀实验发现，相比常规胶凝酸，一体化变粘酸缓速性更强。通过对比邻井酸压施工数据发现，一体化变粘胶凝酸降阻率和常规胶凝酸的降阻率分别为 76.5%和 64%，一体化变粘胶凝酸降低摩擦阻力的效果更显著，更有利于提高施工排量，实现酸液的深部刻蚀；

（2）酸压工艺参数优化方面，针对缝洞发育型储层，建议用液强度应控制在 40 方/米左右，采用前置液酸压工艺前置液占比不超过总液量的 45%，采用多级交替注入酸压工艺，交替级数在 3 级左右；

（3）本文建立了一种基于钻、录、测井数据及声波远探测技术的酸压方案设计方法，指导 PY1 井茅口组储层酸压工艺优化及现场实施，措施后测试产量 156.55 万方/天。微地震解释结果验证了所建立的多场耦合酸压数值计算模型的准确性，裂缝形态参数模拟结果与现场微地震裂缝监测结果符合率在 85%以上；示踪剂解释结果验证了储层纵向非均质性地质解释的准确性以及采用机械分段酸压改造的有效性，对于碳酸盐岩储层立体靶向酸压工艺优化具有借鉴意义。

参 考 文 献

[1] 马新华，杨雨，文龙，等．四川盆地海相碳酸盐岩大中型气田分布规律及勘探方向[J]．石油勘探与开发，2019，46(1)：1-13.

[2] 杨雨，文龙，谢继容，等．四川盆地海相碳酸盐岩天然气勘探进展与方向[J]．中国石油勘探，2020，25(3)：44-55.

[3] 郭建春，管晨呈，李骁，等．四川盆地深层含硫碳酸盐岩储层立体酸压核心理念与关键技术[J]．天然气工业，2023，43(09)：14-24.

[4] 刘湘，胡韵，肖佳林，等．洗象池组白云岩多级交替注入酸压工艺优化研究[J]．石化技术，2023，30(05)：76-78.

[5] 苟申延，王世彬，郭凌峣，等．交替注入工艺对深层海相碳酸盐岩酸蚀裂缝导流能力的影响研究[J]．钻采工艺，2023，46(02)：94-99.

[6] 许孝凯．声波远探测测井与地震缝洞精细评价技术[J]．应用声学，2023，42(06)：1185-1191.

[7] 董经利，许孝凯，张晋言，等．声波远探测技术概述及发展[J]．地球物理学进展，2020，35(02)：566-572.

[8] 郭建春，苟波，秦楠，等．深层碳酸盐岩储层改造理念的革新——立体酸压技术[J]．天然气工业，2020，40(02)：61-74.

[9] 苟波，李骁，马辉运，等．水力裂缝形貌对酸刻蚀行为及导流能力影响[J]．西南石油大学学报（自然科学版），2019，41(3)：80-90.

[10] 刘宇，王亮，罗洋，等．川中地区茅口组碳酸盐岩储层类型测井识别[J]．物探与化探，2024，48(03)：1-11.

[11] 付鹏，沈亮．适用于高温储层自生酸性能评价及应用[J]．内蒙古石油化工，2022，48(07)：108-111+124.

[12] 梁兴，曾晶，李德旗，等．灰质源岩储层复合加砂酸压工艺的应用[J]．钻采工艺，2023，46(05)：74-79.

[13] 吴安林，唐浩，李嘉，等．黏弹性转向酸转向剂的研制及性能评价[J]．新疆石油天然气，2021，17(01)：65-68+4.

[14] 刘洪涛，刘举，刘会锋，等．塔里木盆地超深层油气藏试油与储层改造技术进展及发展方向[J]．天然气工业，2020，40(11)：76-88.

[15] 张煜，李海英，陈修平，等．塔里木盆地顺北地区超深断控缝洞型油气藏地质-工程一体化实践与成效[J]．石油与天然气地质，2022，43(06)：1466-1480.